## 编审委员会

中国科学技术大学精品教材

# 信号与系统

## 理论、方法和应用

第 3 版

XINHAO YU XITONG
LILUN FANGFA HE YINGYONG

徐守时　谭　勇　郭　武　编著

中国科学技术大学出版社

## 内 容 简 介

本书采用先时域后变换域、从输入输出描述到状态变量描述的顺序和结构，以对偶和类比的方式逐章逐节、完全并行地介绍和讲述连续时间和离散时间信号与系统的一系列基本概念、理论和方法，包括数字信号处理方面的基本概念、理论和方法，以及它们在通信、信号处理和反馈与控制等领域中的主要应用。

本书第3版在遵循前两版编写理念，保持原有鲜明特色的基础上，在对原有内容做适当调整和精练的同时，主要增加了离散傅里叶变换(DFT)、快速傅里叶变换(FFT)、模拟和数字滤波器设计与实现等数字信号处理方面的基本内容，以及信号与系统的概念、理论和方法在反馈和控制中的应用，并把它们有机地融入原有的内容框架，更完整地展现出一个“系统分析和综合”与“信号分析和处理”两方面知识既并重又相互交融，具有鲜明特色的信号与系统课程内容体系。全书共11章，各章都有足够数量的精选例题，兼顾基本练习和应用分析技巧，章末配有相当数量丰富多彩的习题，以帮助读者加深对理论和方法的理解与应用，使之在学术思想和方法论方面获得的启示终身受益。

本书可作为通信和电子工程、自动化、计算机等电子信息类专业本科“信号与系统”课程的教材，且内容符合国内研究生入学考试中“信号与系统”科目考试的范围和要求，可以作为该科目的考研参考书以及供从事信息获取、转换、传输和处理、信息系统等领域工作的其他专业研究生、教师和科技工作者参考。

本书先后入选中国科学技术大学精品教材、国家重点图书出版规划项目、中国科学院指定考研参考书目。

**图书在版编目（CIP）数据**

信号与系统：理论、方法和应用/徐守时，谭勇，郭武编著. —3版. —合肥：中国科学技术大学出版社，2019.2（2023.10重印）
（中国科学技术大学精品教材）
国家重点图书出版规划项目
中国科学院考研指定参考书
ISBN 978-7-312-04429-8

Ⅰ. 信…　Ⅱ. ①徐…　②谭…　③郭…　Ⅲ. 信号系统—高等学校—教材　Ⅳ. TN911.6

中国版本图书馆CIP数据核字(2018)第043652号

**出版**　中国科学技术大学出版社
安徽省合肥市金寨路96号，230026
http://press.ustc.edu.cn
https://zgkxjsdxcbs.tmall.com
**印刷**　合肥华苑印刷包装有限公司
**发行**　中国科学技术大学出版社
**经销**　全国新华书店
**开本**　787mm×1092mm　1/16
**印张**　39.75
**插页**　2
**字数**　1112千
**版次**　1999年10月第1版　2019年2月第3版
**印次**　2023年10月第8次印刷
**定价**　84.00元

# 总　序

2008 年是中国科学技术大学建校五十周年。为了反映五十年来办学理念和特色，集中展示教材建设的成果，学校决定组织编写出版代表中国科学技术大学教学水平的精品教材系列。在各方的共同努力下，共组织选题 281 种，经过多轮、严格的评审，最后确定 50 种入选精品教材系列。

1958 年学校成立之时，教员大部分都来自中国科学院的各个研究所。作为各个研究所的科研人员，他们到学校后保持了教学的同时又作研究的传统。同时，根据"全院办校，所系结合"的原则，科学院各个研究所在科研第一线工作的杰出科学家也参与学校的教学，为本科生授课，将最新的科研成果融入到教学中。五十年来，外界环境和内在条件都发生了很大变化，但学校以教学为主、教学与科研相结合的方针没有变。正因为坚持了科学与技术相结合、理论与实践相结合、教学与科研相结合的方针，并形成了优良的传统，才培养出了一批又一批高质量的人才。

学校非常重视基础课和专业基础课教学的传统，也是她特别成功的原因之一。当今社会，科技发展突飞猛进、科技成果日新月异，没有扎实的基础知识，很难在科学技术研究中作出重大贡献。建校之初，华罗庚、吴有训、严济慈等老一辈科学家、教育家就身体力行，亲自为本科生讲授基础课。他们以渊博的学识、精湛的讲课艺术、高尚的师德，带出一批又一批杰出的年轻教员，培养了一届又一届优秀学生。这次入选精品教材系列的绝大部分是本科生基础课或专业基础课的教材，其作者大多直接或间接受到过这些老一辈科学家、教育家的教诲和影响，因此在教材中也贯穿着这些先辈的教育教学理念与科学探索精神。

改革开放之初，学校最先选派青年骨干教师赴西方国家交流、学习，他们在带回先进科学技术的同时，也把西方先进的教育理念、教学方法、教学内容等带回到中国科学技术大学，并以极大的热情进行教学实践，使"科学与技术相结合、理论与实践相结合、教学与科研相结合"的方针得到进一步深化，取得了非常好的效果，培养的学生得到全社会的认可。这些教学改革影响深远，直到今天仍然受到学生的欢迎，并辐射到其他高校。在入选的精品教材中，这种理念与尝试也都有充分的体现。

中国科学技术大学自建校以来就形成的又一传统是根据学生的特点，用创新的精神编写教材。五十年来，进入我校学习的都是基础扎实、学业优秀、求知欲强、勇于探索和追求的学生，针对他们的具体情况编写教材，才能更加有利于培养他们的创新精神。教师们坚持教学与科研的结合，根据自己的科研体会，借鉴目前国外相关专业有关课程的经验，注意理论与实际应用的结合，基础知识与最新发展的结合，课堂教学与课外实践的结合，精心组织材料、认真编写教材，使学生在掌握扎实的理论基础的同时，了解最新的研究方法，掌握实际应用的技术。

这次入选的 50 种精品教材，既是教学一线教师长期教学积累的成果，也是学校五十年教学传统的体现，反映了中国科学技术大学的教学理念、教学特色和教学改革成果。该精品教材系列的出版，既是向学校五十周年校庆的献礼，也是对那些在学校发展历史中留下宝贵财富的老一代科学家、教育家的最好纪念。

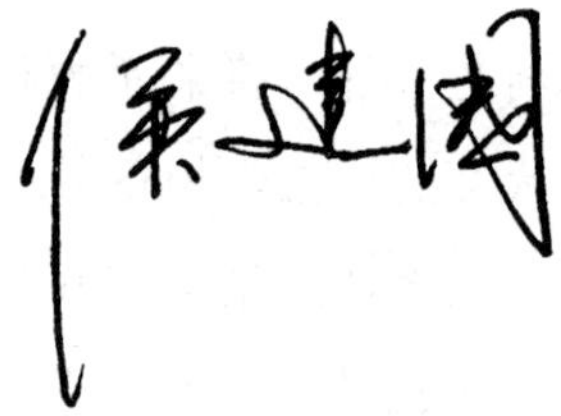

2008 年 8 月

# 序　　言

徐守时教授在中国科学技术大学电子工程与信息科学系长期讲授“信号与系统”课程，积多年之教学经验，经反复修改写成本书。

这是一本很有特色的本科生教材，非常值得教师和学生认真研究与参考。与国内外同类著作相比较，本书有以下几个突出特点:

（1）在全书的每一章乃至每一节完全并行展开连续时间和离散时间信号与系统的讨论，注重按照二者的对偶特性把它们的内在规律展示给读者。

（2）将傅里叶变换、拉普拉斯变换和Z变换也完全并行讲授。不是按三种变换划分章目，而是在同一章内讲述三种变换的定义和收敛性，在另外两章内分别讲述它们的性质和如何利用三种变换方法进行系统分析。

（3）集中在一章内讲授信号与系统数学方法在通信和信号处理领域的主要应用。

在本课程中，连续时间和离散时间信号与系统讲授顺序的争执已持续多年。实践表明，很难说某种顺序显示突出的先进性而代表改革方向，从国内外大量教材和各校教学计划来看，多种形式并存的局面将长期持续。而徐守时教授的讲述方式具有新意，特色鲜明。

上述第（2）个特点在同类教材中尚属罕见，具有创新精神。最后一个特点也不失为一个值得推敲的尝试。

本书的出版对于繁荣我国信息科学领域的教学改革与学术交流以及推动学术争鸣，将会做出有益的贡献。

多年来，作为同行和校友，我与徐守时教授坦诚交换意见，探讨“信号与系统”课程和教材的改革方向，在争议之中共同受益，愿我们的友谊长存！

预祝本书出版成功！

郑君里

1999年4月28日于清华园

---

郑君里先生，清华大学信息科学技术学院教授、博士生导师，曾任全国政协委员、中国电子学会电路与系统学会委员、中国神经网络委员会委员、教育部电工课程教学指导委员会副主任、全国高校通信与信息专业教学指导委员会副主任、全国高校电路信号系统教学研究会理事长、中国通信学会会士、《电子学报》常务编委。

# 第 3 版前言

自 1999 年《信号与系统：理论、方法和应用》第一次出版至今已经近 20 年了。2008 年本书被列入中国科学技术大学 50 周年校庆精品教材，并同时选为“十一五”国家重点图书出版规划项目和中国科学院指定考研参考书。10 年过去了，根据学科发展和新形势下进一步深化教育教学改革的需要，决定对第 2 版教材进行全面修订和调整，以适应教育教学和新技术革命深入发展的需要。

在中国科学技术大学电子工程与信息科学学院本科的“信号与系统”课程教学实践中，历届学生对本书从内容体系和讲述方式到鲜明特色及体现的教学理念都大为赞赏，他们普遍认为从中获益匪浅，不仅对后续一系列专业课程的学习产生重大和深刻的影响，而且由此获得的有关思想和方法论的启示将使自己终身受益。由于各种原因，目前选用本书作为教材的高等院校不多，更多的是被推荐为参考书。深感欣慰的是本书受到全国考研复习学生的赞扬，很多读者纷纷来信表示：本书的内容体系和讲述方式独树一帜，读起来让人产生耳目一新的感觉；本书讲清楚了其他同类书籍中许多没有交代清楚的问题，突出了本课程有关知识点之间以及本课程与其他相关课程内容之间的联系与作用，这不仅促使读者在学习中深入思考，逐步领悟信号与系统有关知识的真正内涵，更使读者从中受到如何在更高层次上把知识融会贯通的有益启迪；许多读者在来信中也表示希望能将离散傅里叶变换(DFT)、快速傅里叶变换(FFT)、模拟和数字滤波器设计与实现等数字信号处理方面的知识纳入本书讲述。本课程长期教学实践的良好反映和学生及读者的各种意见和建议，成为本书改版的主要动力和追求的目标。

第 3 版在遵循前两版编写的相同理念、保持原有特色的基础上，在对第 2 版内容进行全面的审定并做了适当调整和精练的同时，主要增加了 DFT、FFT、模拟和数字滤波器设计与实现等数字信号处理方面的基本内容，以及信号与系统的概念、理论和方法在反馈和控制中的应用，并把它们有机地融入原有的内容框架，更为完整地展现出一个“系统分析和综合”与“信号分析和处理”两方面知识既并重又相互交融，并具有鲜明特色的信号与系统课程内容体系。

第 3 版内容的主要调整和增删及其考虑如下：

(1) 第 2 版的第 1 章至第 4 章，以及第 7 章“系统的变换域分析”和最后 1 章“系统的状态变量分析”中的内容基本不变，只是做了小的调整和精练，分别成为第 3 版中的第 1 章至第 4 章，以及第 8 章和第 11 章。

(2) 在第 2 版的第 5 章“信号和系统的变换域表示法”中，增加了“有限长序列的频域表示法：离散傅里叶变换”和“快速傅里叶变换”的内容，仍然作为第 3 版第 5 章。

(3) 第 2 版的第 6 章“变换的性质及其揭示的时域与频域、复频域之间的关系”仍然作为第 3 版第 6 章。但是做了两方面的改动：一是把变换的卷积性质提到前面讲述，以便突出卷积性质对其他大部分性质的统领作用，强调其他大部分性质可以分别看作卷积性质的特例；二是在相应各节中不仅融入离散傅里叶变换的各种性质，而且增加了第 2 版中大部分被省略的连续傅里叶级数和离散傅里叶级数的性质。

(4) 第 2 版第 8 章“信号与系统理论和方法的主要应用”只涉及在通信和信号处理方面的主要应用。为了更完整地体现信号与系统的概念、理论和方法在实际应用中的指导作用，进一步激发学生的兴趣，第 3 版根据电子信息领域的不同需求，分成 3 章分别介绍和讲述信号与系统概念、理论和方法在通信系统和技术、信号分析和处理，以及在反馈和控制中的主要应用。由于在通信系统和技术中的应用主要涉及信号与系统的时域方法和傅里叶(频域)方法，故把它作为第 7 章，放到“系统的变换域分析和综合”之前介绍和讲述，使读者早一点感受到信号与系统概念和方法在实际应用中的巨大作用。其余两方面的应用需要运用复频域的概念和方法，因此被安排到第 9 章和第 10 章中分别介绍和讲述。

(5) 为了减少本书的篇幅，以便降低书价，在第 3 版中不仅把例题和习题用小五号字体排版，大部分有关推导和证明的内容也用小五号字体，并且排版尽量紧凑。由此给读者带来学习上的不便，恳请谅解。

信号与系统问题的研究可以追溯到 17 世纪牛顿时代，但发展成为专门的信号与系统学科，形成一整套理论和方法，并作为高等学校电子信息类大部分专业必修的一门基本课程，只有半个多世纪。在此期间，随着技术的发展，“信号与系统”课程内容和教材经历了几次不同程度的改革。起初叫做“电路、信号与系统”它以电路和网络问题为研究对象，以输入输出描述为基础，介绍模拟信号与系统(连续时间信号与系统)的概念、理论和方法，以及在通信和电子系统中的应用。此后，为了面向更广的工程应用领域，逐渐淡化了电路系统的背景，有些教材还加进了基于系统状态变量描述和分析的有关概念和方法。20 世纪 70 年代被称为通信和计算机“结婚”的年代，数字技术和数字信号处理技术快速兴起，并获得广泛应用。这一技术发展，一方面，促使国外知名高校纷纷开设“数字信号处理”课程，我国在改革开放以后，国外优秀的“数字信号处理”教材被引入，“数字信号处理”课程也逐渐列入我国高校电子信息类各专业的教学计划，并开设至今；另一方面，也催生和导致“信号与系统”课程内容的一次重大改革，即在原来连续时间信号与系统内容的基础上，加入离散时间信号与系统的内容，既讲述“系统分析与综合”的概念、理论和方法，又介绍“信号分析与处理”的概念、理论和方法，逐渐形成包括连续时间和离散时间信号与系统两大部分内容，“系统分析与综合”和“信号分析与处理”既并重又相互交融的课程内容体系。

鉴于上面所述的“信号与系统”课程内容变革的历史及其与“数字信号处理”课程内容之间的关系，借本书出版的机会，作者建议并呼吁对目前国内大部分高校电子信息类专业所开设的“信号与系统”和“数字信号处理”两门课程的设置及其课程内容进行改革，建议基本上按照本书的内容体系，组成一学期每周 6 学时或两学期每周 3 学时(总共 120 学时)的“信号与系统”课程，不再开设“数字信号处理”课程，或者在高年级开设更深入的“数字信号处理”课程，主要讲述有关数字信号处理的概念和方法以及新的应用、具体的实现算法、多抽样率处理和自适应信号处理等内容。

除了按照上述建议，选用本书作为“信号与系统”课程教材的方案外，为适应目前通行的课程设置情况，可以按照本书有关章节的选取和组合，构成深度和学时不同的讲授课程。这里推荐以下三种“信号与系统”课程基本组课方案：

(1) 主要讲授本书第 1 章至第 6 章，以及第 8 章、第 10 章和第 11 章的内容，但不含第 5 章有关 DFT 和 FFT 及第 6 章有关 DFT 性质的内容。

(2) 主要讲授本书第 1 章至第 9 章的内容。

(3) 主要讲授本书第 1 章至第 6 章，以及第 8 章至第 10 章的内容。

上述方案(1)适合在“信号与系统”课程后，还开设“通信原理”和“数字信号处理”课程，并且不设置“自动控制原理”课程的专业；方案(2)适合课程设置与方案(1)相反的情况，如自动控制和自动化专业；方案(3)则适合在本课程后不再开设“通信原理”、“数字信号处理”和“自动控制原理”等课程的情况，如计算机技术类专业。这些组课方案的内容基本上都可以在每周 4 学时的一学期内完成。即使按照上述推荐方案组织教学，对于所属每章中各节的内容仍有灵活选取的余地，以适应不同层次院校的教学要求，例如，虽然第 7 章和第 9 章未列入方案(1)，但其中一些主要的基本概念和方法，可以在第 6 章介绍变换的有关性质时引申或作为其应用来介绍。如：滤波和滤波器的概念和方法可在讲述时域卷积性质时引入，调制与解调、频分和时分多路复用等的概念和方法可在讲述频域卷积性质和频移性质时简要介绍，无失真传输和均衡的概念和方法可在讲述时移性质时引申，连续时间信号的离散时间处理的概念和方法，可以在讲述连续时域抽样定理后作为其应用做简要介绍等；对于一般本科院校，在讲授时可舍弃或简化部分章节中一些深入的内容，把它们作为因材施教的资料，如：奇异函数及其离散时间对偶、线性常系数差分方程解法、周期信号的傅里叶变换表示法、频域抽样定理、离散时间抽取和内插的频域和复频域性质、希尔伯特变换、单边带调制、正交复用和码分复用、匹配滤波器——相关接收条件下的信号设计、均衡、系统的信号流图表示法、离散时间信号的多抽样率处理等，以及第 10 章后 3 节和第 11 章有关系统状态变量描述和分析的内容。当然，授课教师还可根据学生的能力和培养计划的要求，设计其他的内容选组方案和讲授深浅的程度。但是无论哪种方案，都不宜按照教材照本宣讲，书中的许多内容应当留给学生自学并组织讨论。

本书内容符合国内大部分高校和研究院所研究生入学考试中“信号与系统”科目的考试内容范围和要求，可用作国内有关专业的考研参考书，特别是对本科学习时选用其他“信号与系统”教材的考生，可以使他们从不同角度、不同层次来认识和掌握信号与系统的概念、理论、方法和应用。本书的编写也充分考虑到自学的需求，只要有微积分、微分方程、线性代数和复变函数方面的数学基础，完全可以自学本书。这将方便在职科研和工程技术人员自学和知识更新。

本书的知识结构、章节安排和编写提纲由徐守时制定，除第 5 章和第 6 章外，其余各章的改写或编写也由徐守时完成，第 5 章和第 6 章的内容分别由谭勇和郭武两位老师编写，并由徐守时对全书做最后统稿。

在本书出版之际，要特别感谢中国科学技术大学历年来听课的学生，他们的勤奋好学和对知识的不懈追求促使我们不断改进和完善授课内容和讲述方式。还要感谢多年来一直关心和支持本书的各兄弟院校老师、中国科学院有关研究院所的同行和广大读者。

尽管我们非常努力，力争使本书在内容体系、知识完备性和讲述方式方面尽善尽美，但限于水平和视野，书中疏漏和不妥在所难免，恳请同行学者和读者指正。

作　者
2018 年 8 月 8 日

# 前　　言

信号与系统问题的研究可以追溯到 17 世纪牛顿时代，但发展成为专门的信号与系统学科，形成一整套理论和方法，并作为高等学校电子信息类各专业的一门基本课程，仅有三四十年历史。起初叫做“电路、信号与系统”，它以电路和网络问题为研究对象，以输入输出描述为基础，介绍模拟信号与系统(连续时间信号与系统)的概念、理论和方法；后来逐步加入离散时间信号与系统的内容，此后，又增加了基于系统的状态变量描述的有关信号与系统内容，相应的著作和教材在内容的安排上，基本上是先连续时间，后离散时间，此类教材相当广泛。1983 年，美国麻省理工学院(MIT)A. V. Oppenheim 教授等的《Signals and Systems》一书，在内容安排上作了新的尝试，基本上并行地展开连续时间和离散时间两大部分内容，以另一种方式揭示了两者之间的一系列对偶或类比关系。十多年来，上述两种教材成为我国大部分高校“信号与系统”课程采用的主流教材，这两种内容安排各有千秋，可以使学生从不同的角度来认识和掌握信号与系统的概念、理论和方法。

本书积作者多年的心血，特别是连续为中国科学技术大学电子工程与信息科学系学生讲授“信号与系统”课程已达 15 年之久，并在此基础上逐渐形成了本书的内容体系。在此过程中，作者借鉴了上面提到的两类教材的优点，但在内容安排上做了一些新的尝试，这些安排及其主要考虑是：

(1) 在信号与系统领域中，连续时间信号与系统和离散时间信号与系统的内容之间，从它们的数学描述到它们各自的一整套概念、理论和方法，都存在着近于完美的对偶关系或很好的可类比性。充分利用这种对偶关系或可类比性，完全并行地展开连续时间和离散时间信号与系统这两大部分内容，把它们相互对偶或类比的东西更紧密，并成体系地展示给读者，不仅便于更好地联系和对比，也将更符合信号与系统内容体系本身的内在规律。因此，本书在内容的安排上，不再是先连续时间，后离散时间，也不再把连续和离散时间傅里叶变换、拉普拉斯变换和 Z 变换分章讨论，而是先时域后变换域，对偶和类比地介绍和讨论连续时间和离散时间信号与系统的一整套概念、理论和方法，并在本书的每一章中完全并行地展开。

(2) 顾名思义，“信号与系统”有两个研究对象：一个是信号，另一个是系统。实际上，信号和系统两者之间有着密不可分的关系，这就导致在“系统分析与综合”和“信号分析与处理”的概念、理论和方法之间，也是紧密相关的。其实它们就是“信号与系统”一整套完整的概念、理论和方法的两个方面，在研究系统的分析或综合时，将从另一个侧面获得有关信号分析与处理的概念、理论和方法，反过来也是这样。因此，有关基本的信号分析与处理的概念、理论和方法，在“信号与系统”课程的内容中就应该建立起来了。正因为这样，本书将把“信号分析与处理”的概念、理论和方法，提到和“系统分析与综合”同样的高度和地位加以介绍和讨论。

(3) 在信号与系统的基本内容中，主要涉及两类系统：一类是所谓线性时不变系统，另一类是用线性常系数微分方程或差分方程描述的系统。前者是具有良好性能的一类比较理想的系统，后者更接近于实际的系统，因为任何实际系统所建立的数学描述，基本上都是微分方程(组)或差分方程(组)。在相当宽松的条件下，用线性常系数微分方程或差分方程描述的系统可以归结为线性时不变系统，因此，本书用更多的篇幅讨论线性时不变系统。但是，这两类系统仍有不同的基本分析方法，例如，在时域中，前者的分析方法是卷积方法，而后者则是方程解法；在变换域中，前者是傅里叶方法、双边拉氏变换方法或双边 Z 变换方法，而后者却是单边拉氏变换方法或单边 Z 变换方法。因此，本书在第 3 章、第 4 章中分别讨论这两类系统及其不同的时域分析方法，同时阐明这两类系统之间的联系，并在第 7 章和第 9 章中，也分别介绍这两类系统的变换域分析方法和状态变量分析方法。

(4) 在信号与系统中涉及的变换，包括连续和离散时间傅里叶变换、拉普拉斯变换和 Z 变换，其中，拉氏变换和 Z 变换又有双边与单边之分。但它们都是信号的变换域表示法，其作用是建立信号与系统的变换域解析体系。按照信号空间的概念，连续和离散时间傅里叶变换与双边拉氏变换或双边 Z 变换之间的差别仅是各自的基信号集不同，前者是$\{e^{j\omega t},\ \omega\in\mathbf{R}\}$和$\{e^{j\Omega n},\ \Omega\in\mathbf{R}\}$，后者是$\{e^{st},\ s\in\mathbf{C}\}$和$\{z^n,\ z\in\mathbf{C}\}$，且$\{e^{j\omega t},\ \omega\in\mathbf{R}\}$和$\{e^{j\Omega n},\ \Omega\in\mathbf{R}\}$分别是$\{e^{st},\ s\in\mathbf{C}\}$和$\{z^n,\ z\in\mathbf{C}\}$的子集。因此，双边拉氏变换和双边 Z 变换分别是连续和离散时间傅里叶变换的推广或一般化，或者说，连续和离散时间傅里叶变换分别是双边拉氏变换和双边 Z 变换的特例，可以在统一的数学框架下先后对偶地讨论，这就是本书第 5 章要介绍的内容。此外，本书在第 6 章以专门的一章讨论上述四种变换的性质，不仅介绍这些性质的数学表示及统一和对偶的关系，更注重这些性质揭示的物理含义，因为，每一个性质都在系统分析与综合和信号分析与处理中有着重要的应用，它们是信号与系统概念和方法的重要组成部分。至于单边拉氏变换和单边 Z 变换，它们分别是双边拉氏变换和双边 Z 变换的另一种特例，而且，它们只能作为一类因果时间信号和序列的复频域表示，不能作为整个时域上定义的所有信号和序列的一种变换域表示，它们的作用仅在于分析所谓因果系统，包括线性时不变的因果系统，以及用线性常系数微分或差分方程描述的因果系统，特别是后者，单边拉氏变换或单边 Z 变换提供了有效的分析方法，这就是历史上研究出微分方程的算子解法的根本原因。正是由于这一理由，本书主要基于双边拉氏变换和双边 Z 变换来讨论信号和系统的复频域方法，而把单边拉氏变换和单边 Z 变换作为因果系统的分析工具，在第 7 章的 7.2 节中介绍。

(5) 信号与系统这一学科的内容极为丰富，并且还在不断发展，但按照目前国内高校工科电气与信息类“信号与系统”课程的教学大纲，或者就信号与系统的基本概念、理论和方法而言，本书的前 7 章加上第 11 章“系统的状态变量分析”就已完全覆盖了。编写第 8 章“信号与系统理论和方法的主要应用”主要有两个方面的目的：一是使学生通过了解信号与系统的理论和方法的主要应用，反过来丰富和加深对信号与系统的基本概念、理论和方法的理解和认识；二是通过由这些应用所产生的一系列极为有用的技术的入门性介绍，使学生获得寓于其中的思想和方法论方面的认识，对学生而言，这可能比具体的技术更重要。

(6) 要全面深入地掌握信号与系统的概念、理论和方法，离开一定数量的习题练习是不可能完全做到的。因此，本书除第 1 章外，每章末都收集和设计了总数近 300 道各类习题。其中，许多习题是对各章所涉及的基本概念和方法的训练；也有不少习题本身就是从某些实用技术中抽象出来的，要求学生应用信号与系统的有关概念和方法去解决实际问题；另有一些则要求学生通过深入的思考来扩展本书的有关概念和方法；还有一些是精心设计的综合性习题。除此之外，不少习题并非只有一种解法，这些都要求学生综合运用信号与系统的有关概念和方法。

基于上述几点考虑，本书的内容安排为：在简短的第 1 章“绪论”后，第 2 章到第 4 章介绍信号与系统在时域中的概念、理论和方法。其中，第 2 章主要介绍信号和系统的数学描述及与此有关的概念、一些基本信号和基本系统以及信号和系统的主要性质等，建立起信号与系统的时域解析体系。第 3 章首先以时移单位冲激为基本信号，介绍连续时间和离散时间信号的表示法；在此基础上，介绍和讨论信号的卷积运算以及线性时不变系统的时域分析方法，并简要地推广到线性时变系统，其中特别强调卷积运算的性质和单位冲激响应在信号与系统的时域方法中的重要作用；最后，通过历史上出现过的杜哈米尔积分，以及有关奇异函数与其离散时间对偶的讨论，把线性时不变系统的卷积方法提升到一般化的程度。第 4 章主要讨论用线性常系数微分方程和差分方程描述的系统。在这一章中，我们首先讨论这类系统数学描述的特点，并简洁地介绍它们的时域解法——经典的微分或差分方程的解法，包括差分方程的递推算法；然后，通过对这类系统性质的讨论，得出这类实际的因果系统是一类所谓增量线性时不变系统，并在非常宽松的条件(所谓“起始松弛”条件)下，可以归结为线性时不变系统，在此基础上，介绍这类实际的因果系统的零状态响应和零输入响应分析方法，并介绍用微分方程或差分方程表示的因果线性时不变系统单位冲激响应的确定方法；最后介绍系统模拟和仿真的概念，并讨论这类因果线性时不变系统的一种综合方法——用三种基本系统单元的直接型实现结构。

第 5 章到第 7 章则在变换域介绍和讨论信号与系统的另一套概念、理论和方法。在第 5 章中，我们首先讨论线性时不变系统对复指数信号(包括虚指数信号)的响应，在此基础上，以统一的数学框架，先后分别以虚指数信号和一般复指数信号为基信号，介绍连续和离散傅里叶级数、连续和离散时间傅里叶变换，以及双边拉氏变换和双边 Z 变换的信号变换域表示法，并把周期信号的傅里叶级数表示法统一到傅里叶变换表示法中，同时介绍和讨论了信号和系统的频域和复频域表示的有关概念，建立起信号与系统变换域方法的解析体系。第 6 章集中介绍和讨论连续和离散时间四种变换的性质。在此我们首先介绍和讨论四种变换共有和对偶的大部分性质；然后介绍和讨论傅里叶变换和双边拉氏变换或双边 Z 变换各自特有的性质，在介绍和讨论这些性质时，特别强调它们所揭示的有关信号和系统的时域、频域和复频域表示之间的关系。第 7 章介绍和讨论连续和离散时间系统的变换域方法及有关概念，首先介绍线性时不变系统的变换域分析方法，然后介绍用微分方程或差分方程描述的一类因果系统的复频域分析方法，即用单边拉氏变换或单边 Z 变换的零状态响应和零输入响应复频域解法；接着讨论系统的频率响应和系统函数的有关概念及其在系统变换域分析中的作用。在此基础上，进一步介绍在系统分析与综合中有重要意义的一阶和二阶系统、全通系统和最小相移系统等；最后，以系统函数或频率响应为依据，介绍因果线性时不变系统的另一类综合方法——系统的级联和并联实现结构，并引出一种很有用的系统表示法——系统的信号流图表示法。

到第 7 章为止，基本上比较完整地介绍和论述了输入输出描述方式下、信号与系统的概念、理论和方法。第 8 章主要从通信和电子工程、信号处理等领域中，选择一些有代表性的实际问题和应用，做入门性的介绍和讨论，包括信号的无失真传输和处理、均衡、信号设计和信号加窗、滤波和滤波器、调制和解调、频分复用、时分复用和正交及码分复用、连续时间和离散时间信号之间的转换、连续时间信号的离散时间处理、多抽样率信号处理和信号的分析/合成、连续时间和离散时间系统之间的变换(S 平面和 Z 平面间的变换)等，其中，有些是信号与系统概念、理论和方法的一些新近的应用和发展。

最后一章介绍系统的状态变量分析方法，包括因果线性时不变系统和起始不松弛的因果线性系统。在这一章中，我们首先把前面在单输入、单输出系统下形成的信号与系统的概念和方法，推广到多输入、多输出系统，随后在介绍与系统状态变量描述有关概念的基础上，较全面地介绍和讨论几种规范的建模方法。然后，简单地介绍用状态变量描述之系统的时域和复频域求解方法，并讨论状态空间中状态矢量的线性变换，最后讨论状态变量描述下系统的两个特有的性质——可观察性和可控制性。在介绍和讨论这一章的内容时，强调利用在输入输出描述下已建立起来的概念和方法，并着重于两种描述方式下信号与系统概念和方法之间的联系。

由于计算机技术和数字信号处理技术的飞速发展，离散时间信号与系统变得越来越重要，在实际的技术实现中，甚至有取代原来连续时间信号与系统所占的统治地位之势。面对 21 世纪科技进步与发展的挑战，学生需要对信号与系统的一整套概念、理论和方法有完整和深入的了解，因此，以连续时间和离散时间信号与系统并重和并行地展开为特色的上述内容，形成 80～100 学时的课程是必要的。同时，上述内容安排(包括章末的习题)也给教师在组织课堂教学内容的取材上，有相当大的灵活性和尽可能大的可用性，可以用不同的组合方式形成几种不同的教学内容。例如：仅包括前 7 章的内容；前 8 章的内容；或者前 7 章加上最后一章等。此外，在一些章节中，带“*”的内容也可以按不同需要而取舍。

作者在中国科学技术大学电子工程与信息科学系长期讲授“信号与系统”课程，本书是作者在长期从事该课程教学实践的基础上写成的。中国科学技术大学素有重视教学的优良传统，非常重视优秀教材的建设，以及学生勤奋好学的精神等，都给写成本书有很大帮助和支持；中国科学技术大学“红专并进，理实交融”的优良校风，以及开放、严谨、活跃的学术气氛也对本书的形成有很大的影响。

我有幸在清华大学电子工程系度过本科和研究生共 9 年的学习生活，1978 年开始的第二次研究生生活中，又有一半是在清华园度过的。长期沐浴在清华园的蓝天和阳光下，深受清华教学风格的熏陶，特别是得到常迥教授、马世雄教授、吴佑寿教授、陆大绘教授、冯子良教授、冯重熙教授、冯一云教授等先生的真传。故本书要献给我清华大学的领导、老师和同学，感谢他们的培养、关心和爱护。在本人讲授“信号与系统”课程期间，一直以美国 MIT 的 A. V. Oppenheim 教授的《Signals and Systems》一书作为主要参考书，1980 年夏，在清华我还亲自听过他讲授的“数学信号处理”课，深受启迪。在我讲授“信号与系统”课程的过程中，多次得到我的老师——清华大学电子工程系郑君里教授的指导和建议，这些都对讲稿的演变和本书的形成产生了重要的影响。郑君里教授对本书的出版给予了极大的关心，在百忙中审阅了本书的全部内容，并欣然为本书作序。此外，我的许多同事和学生为本书的众多插图、公式和文字输入等，做了大量的工作，在此一并向他们表示衷心的感谢！

徐守时

1999 年 5 月 18 日

# 目　　次

# 第1章　绪　　论

## 1.1　信息、信号和系统

### 1.1.1　信息、信号和系统

20世纪80年代以来，以电子计算机广泛应用为先导，人类社会进入了信息时代，其主要标志之一是信息对人类而言，已处于举足轻重的地位。人们每时每刻都在通过各种媒体获得许多信息，这些信息以日益深入的程度影响着人们的日常生活和各种活动。人们经常谈论信息、信息处理、信息系统和信息网等问题。那么，**信息**究竟是什么呢？控制论的创始人维纳认为，信息是人与外部世界交换的内容，“内容”是事物的原形，“交换”则是信息载体将事物原形映射到人或其他物体的感觉器官，人们认为这种映射的结果即为“信息”。通俗地说，“信息”是**指人们得到的“消息”，即原来不知道的知识**。实际上，不仅人类能接受信息，其他生物和事物也与外部环境交换信息，它们也对环境变化作出反应，只是在不同领域中，通常不称其为信息，而称为刺激、激励或影响因素等。

信息是多种多样、丰富多彩的，它们的具体物理形态也千差万别。例如：语声信息(话音或音乐)是以声压变化表示的；视觉信息是以亮度或色彩变化表示的；文字和数据信息是以字符串表示的；影响物体运动的信息是由作用于物体上的外力表示的；影响经济运行的信息表现为投资及各个产业的统计数据等。通常人们把**信息的具体表现形式称为信号**，或者说，**信息是信号包含的内容**。表现各种不同信息的信号都有一个共同点，即**信号是一个或多个独立变量的函数，它一般包含了某个或某些现象的信息**。信号不同的物理形态并不影响它们所包含的信息内容，而且不同物理形态的信号之间可以相互转换。例如：以声压变化表示的语声信号可以转换成以电压或电流变化表示的语声电信号，甚至还可以转换为一组数据表示的语声信号，即所谓数字语声。它们仅在物理形态上不一样，但都包含了同样的语声信息。

系统这一术语在众多的科学和工程领域，甚至社会经济和文化领域广泛地使用着，例如：各种通信系统、雷达系统、各种自动化系统、各种计算机系统、因特网(Internet)、各种信息管理系统、电力系统和电力网、交通运输系统、控制系统、机械系统、航空和宇航系统、遥测和遥感系统、软件系统、生态系统、神经系统、视觉和听觉系统、消化系统、血液循环系统、气象预报系统、水文系统、经济预测(系统)、决策系统等等。所谓**系统，就是由若干既相互关联又相互作用的事物组合而成的、具有某种或某些特定功能和特性的整体**。例如：电路就是由电阻、电感、电容、开关和连接导线(有时还包括电源)组成的一种系统，它在外加电压或电流的激励下，电路内部的各个支路电流和所有元件两端的电压都将发生变化，这些电压或电流的变化称为电路的响应，在某种激励下电路有什么样的响应，就是该电路系统的特定功能和特性；电力网是十分复杂的电路系统，它由多个发电机、各种变压器、不同等级的输电线路和众多的用电负载组成，其特定功能是进行能量的输送和分配；由一个发射机、传输媒质(信道)和一个接收机可以组成一个最简单的通信系统，复杂的通信系统(如通信网)则由多个收发终端、复用设备、交换机、多种传输媒质(信道)，以及负责通信网运行管理的计算机(硬件和软件)等组成，它的特定功能是在任何两个终端之间进行通信，即相互传递包含信息的信号；实际上，组成通信系统或通信网的各个不同部分本身就是一个系统，它们也都由元件、器件和部件组成，并有各自特定的功能和特性；相互关联和相互作用的若干物体可以构成一个动力学系统(机械系统)，作用于系统中各个物体上的外力(激励)将使其中的物体产生运动，物体运动的位移、速度或加速度就是系统的响应；自动诊断心电图的计算机程序也是一个系统，给它输入一组心电图数据，它就能给出诸如心跳频率等参数值；某一地区的各个产业部门及其市场、金融机构和相应的管理部门等构成了该地区的经济系统，诸如市场需求、投资、各种经济政策、各个产业的投入和产出等各种因素，将影响经济系统的运行；另外，研究经济系统的运行规律，就可以在一些诸如农作物欠收、新兴产业、金融风暴等潜在的、不能事先预见的情况出现时，更好地预测它们对本地区经济造成的影响，这就是经济预测系统；天气预报是与经济预测系统类似的系统。还可以举出更多的系统例子。系统可以小到一个电阻或一个细胞，甚至基本粒子，也可以大或复杂到诸如人体、全球通信网，乃至整个宇宙，它们可以是自然的系统，也可以是人为的系统。但是，众多领域各不相同的系统也都有一个共同点，即所有的系统总是对施加于它的信号(激励、刺激、影响因素等)作出响应，产生出另外的信号。本书把施加于它的信号统称为系统的**输入信号**或**激励**，由此产生的另外的信号统称为系统的**输出信号**或**响应**，**系统的功能和特性**就体现在什么样的输入信号产生怎样不同的输出信号。

### 1.1.2 信号与系统问题

上面各个不同领域、不同研究场合的有关信号、信息和系统的例子，都说明了这样一个事实，即信号和系统总是紧密地联系在一起的：一方面，任何系统都接收输入信号，产生另外的输出信号，系统的特定功能和特性就是用其输入/输出信号的变换关系来描述或表征的。另一方面，信号的任何改变，无论是包含信息内容的变化，还是物理形态的改变，都是通过某种系统实现或完成的。例如，各种各样的信号(或信息)获取、转换、压缩、编码、传输、交换、分析、校正、处理、特征提取、检测和识别、融合、预测、监视、控制、记录、存储、显示和检索等等，都需相应的系统来实现。

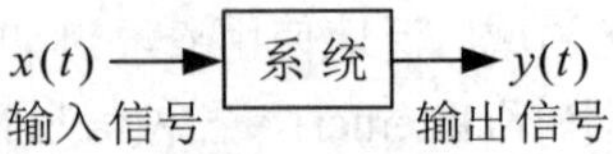

图 1.1 系统的输入输出模型

信号和系统的上述关系形成了所谓“信号与系统”问题，所有信号与系统问题都可表示为图 1.1 这样的框图。它极为广泛地存在于各种工程和科学领域中。这类问题的广泛性，必然形成专门研究信号与系统问题普遍共有的概念、理论和方法的科学，即“信号与系统”科学。当然，不同工程和科学领域中的信号与系统问题还有各自的特殊性，有各种专门的研究和分析方法，例如：“电路分析”课程介绍和讨论电路系统的概念、理论和方法；“动力学原理”和“机械学原理”等课程介绍和讨论力学和机械系统的理论和方法。从历史上看，最先形成现代信号与系统的概念和方法，并使其获得应用的是通信、信号处理等电子工程、控制和自动化等领域，这些领域至今仍是信号与系统概念、理论和方法施展其影响和作用的主要舞台。随着科学技术的不断发展和相互渗透，特别是电子技术和计算机技术在各个领域中的广泛应用，信号与系统的概念、理论和方法已逐渐成为许多科学和工程领域中最基本的概念和方法之一，并且几乎在各个科学和技术领域中起着越来越重要的作用。本书不刻意针对具体哪个领域中的信号与系统问题，而是就所有信号与系统问题共有的概念、理论和方法进行介绍和讨论，尽管书中的应用实例大部分来自通信、信号处理、自动控制等领域，但这并不影响它们的普遍性。因此，本书介绍的信号与系统的基本概念、理论和方法，对各种不同的信号与系统问题都有普遍的指导意义，换言之，它们是普遍适用的。

## 1.2 系统分析与综合和信号分析与处理

就工程科学而言，信号与系统科学主要研究和解决两方面的问题，或者说两方面的基本知识，即“系统分析与综合”和“信号分析与处理”。因此，本书介绍和讨论信号与系统的基本概念、理论和方法，既包括系统分析与综合的概念、理论和方法，又包括信号分析与处理的概念、理论和方法。

### 1.2.1 系统分析与综合

系统的分析与综合又包括两个方面，即系统分析和系统综合。

所谓“**系统分析**”就是针对给定系统，研究系统对输入信号所产生的响应，并由此获得对系统功能和特性的认知。一般说来，系统分析包括以下三个步骤：首先，必须针对研究的系统建立合理并便于分析的数学表达(或描述)，例如，系统满足的方程或系统的输入输出信号变换关系，即所谓系统的建模；然后，利用数学工具求解系统，即对给定的激励或输入信号，确定其响应或输出信号；最后，还需对求解的结果做出合理的解释，并根据它对不同输入产生的不同响应，认识系统的功能和特性，甚至全部行为，以及系统参数对其特性的影响。而“**系统综合**”又可叫做系统的设计或实现，它是指在给定的系统功能和特性的情况下，或者已知系统在什么样的输入时应有什么样的输出，设计出并实现这样的系统。

通常，系统分析是针对已有的系统，系统综合往往意味着做出新系统，这是工程问题中更富于创造性的环节。显然，前者属于认识世界的问题，后者则是改造世界的问题，也是人们追求的最终目标。一般说来，系统分析是系统综合的基础，只有精于分析，才能善于综合。尽管本书大部分篇幅放在系统分析上，但也涉及系统综合和实现的许多基本概念、思想和方法。至于不同领域系统的具体设计或实现技术，则是其他专业课程的任务。

### 1.2.2 信号分析与处理

信号分析与处理是信号与系统学科的另一个主要研究领域，它也包括两个方面，即信号分析和信号处理。“**信号分析**”是指把信号分解成它的各个组成分量或成分，以及它们各自包含什么样的特征信息等有关的概念、理论和方法，例如，信号空间表示法或其各种线性组合表示法、信号谱分析、信号的时频分析和多尺度分析、信号特征分析等。“**信号处理**”则指按某种需要或目的，对信号进行特定的操作、加工、提炼和修改等。信号处理涉及的领域非常广泛，就其功能和目的而言，有诸如信号滤波、信号中的干扰或噪声抑制、信号平滑、信号锐化、信号增强、信号的数字化、信号的恢复和重构、信号的编码和译码、信号的调制和解调、信号加密和解密、信号均衡或校正、信号特征提取、信号辨识或目标识别、信息融合及信号控制等。现在，信号分析与处理不再限于电子工程、通信、自动化和计算机技术等工程学科中的专业知识，已成为相当广泛的科学和工程领域中十分有用的概念和方法。

目前，在电子工程、通信、自动化和计算机科学与技术等专业，一般都开设“数字信号处理”课程，有的还另外开设“信号分析”课程，但是，前者只讲数字(离散时间)信号处理，不涉及连续时间信号处理，后者则着重随机信号分析，这些课程并没有涵盖整套信号分析与处理的概念、理论和方法。正如在 1.1.2 节开头就指出的：信号和系统之间有着密不可分的关系，这就导致了系统分析与综合和信号分析与处理的概念、理论和方法也是紧密相关的。实际上，它们是信号与系统的概念、理论和方法的两个方面，在研究系统的分析或综合时，将从另一个侧面获得有关信号分析与处理的概念、理论和方法，反过来也一样。因此，有关基本的信号分析与处理的概念、理论和方法，应该在“信号与系统”课程的内容中建立起来。正因为这样，在本书中将把“信号分析与处理”的概念、理论和方法，提到与“系统分析与综合”同样的高度和地位加以讲授。

## 1.3 信号与系统的内容体系

信号与系统的概念、理论和方法，目前已发展到相当严密、完整，甚至近乎完美的程度，概括地说，主要体现在以下几个方面：

**1．两大部分内容：连续时间信号与系统和离散时间(数字)信号与系统**

连续时间信号与系统就是所谓模拟信号和系统，而数字信号与系统分别是序列值和系统参数都为整数的一类离散时间信号和系统，它可以看成离散时间信号和系统的子类。

尽管连续时间信号与系统和离散时间(数字)信号与系统有着不同的历史渊源，也各自经历了不同的发展过程，但发展到今天，在这两部分内容之间，从它们的数学描述到它们的一系列概念、理论和方法，都存在着相当完美的对偶或类比关系。可以说，在连续时间信号与系统中的任何一个概念、理论和方法，几乎都能在离散时间(数字)信号与系统中找到其对偶或类比。反之亦然。当然，它们之间的对偶或类比关系并不意味着两者完全相同，它们之间还是有差别或不同点的，有的地方甚至有重要区别。

本书将充分利用连续时间与离散时间之间的这种对偶或类比关系，以同等重要的地位和完全并行的方式，展开和介绍这两部分内容。这种完全并行处理的展开方式会带来明显的好处：一方面，这有助于两部分内容间的彼此启示和相互类比，更便于读者全面系统地掌握信号与系统的概念、理论和方法；另一方面，可以在把这两部分内容中的概念和方法相互分享的同时，使读者把注意力更好地集中在它们之间的类同和差别上，促进深入思考，并获得有益的启迪。例如，有些概念和方法在连续时间中比较容易接受，或者已经比较熟悉，对它的理解将有助于对离散时间中对偶或类似概念和方法的理解，反过来也是如此。此外，这种完全并行的展开方式，特别适合对连续时间信号与系统比较熟悉的读者，便于把连续时间信号与系统中的概念、理论和方法，直接扩展到离散时间(数字)信号与系统中去。

**2．两种数学描述方式：输入输出描述和状态变量描述**

研究信号与系统问题的数学模型或描述方式有两种，即系统的**端口模型**或**输入输出描述方式**，以及系统的**状态空间模型**或系统的**状态变量描述方式**。前者像图 1.1 那样，把系统看成具有某种或某些功能和特性的“黑匣子”，仅用输入信号和输出信号之间满足的数学关系来描述，建立起信号与系统问题的数学模型；后者是把系统的输入和输出信号与系统内部的中间信号(称为状态变量)一起，用它们所满足的方程组来描述，从而建立信号与系统问题的另一种数学模型。前者注重于输入信号通过系统最终变成什么样的输出信号，即注重系统的功能和特性；后者不仅体现了输入输出信号之间的变换，更考虑了系统内部是怎样的变化过程。

本书将主要在系统的端口模型和输入输出描述方式下展开，介绍和讨论信号与系统的一整套概念、理论和方法。对于涉及信号与系统的大部分工程问题，以及信号与系统概念、理论和方法的大部分应用中，系统的端口模型和输入输出描述方式已足够了。本书最后一章介绍系统的状态变量描述方式，并简要地介绍和讨论状态变量描述下，信号与系统的一些主要概念、方法及其特点，以及它们与输入输出描述下的概念和方法之间的联系，以便了解用多变量方法研究系统工程问题的基本知识。

**3．两大类方法：时域方法和变换域方法**

研究信号与系统问题的基本方法主要分两大类：一类称为**时域方法**，另一类叫做**变换域方法**。这里的方法既包括系统分析和信号分析方法，也包括系统综合和信号处理方法。时域方法主要是卷积方法和方程(或方程组)的解法，而变换域方法主要包括频域方法和复频域方法，即傅里叶方法和拉普拉斯变换及其离散时间对偶——Z 变换方法。这两类方法各有所长，互为补充，相得益彰，一起构成了完整的信号与系统方法。本书将以先时域后变换域的方式，全面地介绍和讨论这两大类方法及其主要应用。

**4．着重讨论两大类系统：线性时不变系统和用微分和差分方程描述的系统**

本书着重讨论两大类系统：一类是所谓线性时不变(LTI)系统，另一类是用微分方程或差分方程描述的系统。前者是一类具有良好性能的系统，它有既严密又十分有效和简便的工程分析方法。后者是更接近于实际的系统，因为任何实际系统所建立的数学描述，基本上都是微分方程(组)或差分方程(组)，但本书也只涉及用线性常系数微分方程和线性常系数差分方程描述的系统。在本书中将会看到，尽管 LTI 系统是一类理想化的系统，但是在相当宽松的条件下，许多实际的系统可以归结为 LTI 系统，因此，在信号与系统的概念、理论和方法中，LTI 系统有着非常重要的地位，对它的讨论占据了本书的大部分篇幅。此外，在着重讨论这两类系统的同时，也引申出非 LTI 系统的一些概念和方法。

**5．连续与离散时间之间、输入输出描述与状态变量描述之间的桥梁**

在连续时间和离散时间之间，以及输入输出描述和状态变量描述之间，都存在着联系、沟通和转换的桥梁。连续时间和离散时间信号与系统之间有两个主要的桥梁：一个是抽样定理，另一个是 S 平面与 Z 平面的转换；输入输出描述和状态变量描述方式之间的主要桥梁是系统函数(或传递函数)。这些桥梁建立了它们所沟通的两部分之间内容的联系，通过它们可以实现两者之间的相互转换。

**6．基本信号和基本系统、系统的等价和等效**

本书特别强调一系列基本信号和基本系统的作用，其中有些在讨论时域方法时引入，有些在变换域中引入。这些基本信号的各种表示和性质，以及基本系统的多种表示及其功能和特性，对于深入理解、掌握信号与系统的概念、理论和方法，以及习题的分析和求解都起着特别重要的作用，也是学好本课程的关键之一。此外，系统的等价和等效的概念、方法几乎贯穿于本书内容的始终，这是系统分析与综合很有用的方法和技巧，请读者学习时留意它们。掌握这些技巧并灵活运用它们，是学好本课程并有效解决实际问题(如求解习题)的又一关键。

# 第2章　信号和系统的数学描述及其性质

## 2.1　引　言

为了深入研究各种信号与系统问题，并全面介绍和讨论信号与系统的概念、理论和方法，有必要建立适用于广泛一类信号与系统问题一般的分析体系。本章首先从有关信号、系统以及信号与系统问题的一些直观概念入手，引入信号和系统的一般数学描述及其表示法，即信号和系统的时域描述，并介绍和讨论一些基本信号和基本系统；然后，基于信号和系统的时域描述，着重阐明蕴含于其中的有关信号和系统主要的基本概念，介绍和讨论信号和系统的一些基本性质或特性，从而建立起信号和系统的一个时域分析体系。

## 2.2　信号的数学描述和分类

### 2.2.1　信号的数学描述

第 1 章中列举了一些信号的例子，得到了有关信号的直观认识。尽管信号能以多种多样的形式出现、存在或表示出来，但是一般说来，信号是信息的表现形式或载体，在极为广泛的一类物理现象和事物运动过程中，它是用来描述各种各样物理量或数量的变化。信号所包含的信息就蕴含在这些物理量或数量变化之中。基于这样的直观认知，信号可用**某个物理量或数量的一个或多个自变量的函数**来描述。也就是说，任何信号可用一个单变量或多变量的函数来表示，用不同的函数表示的信号就意味着它们包含了不同的信息。在用函数表示信号这一数学描述中，因变量可以是不同物理量或数量，以体现具体信号的不同物理形态。在不同物理形态信号的函数表示中，信号值具有各自不同的量纲，例如，电压信号和电流信号值的量纲分别为伏特(V)和安培(A)。正如在绪论中所指出的，本书并非针对特定的信号与系统问题，而是可应用于所有信号与系统问题的一般概念、理论和方法，故用函数来表示信号，一般不考虑(或隐去)信号具体的物理形态，而仅把它看成数学上的函数。从这一意义上讲，本书中“信号”和“函数”同义，可以互相通用。在讨论具体的信号与系统问题的例子时，才把信号的物理形态和物理量纲考虑进去。

许多信号只需用一个自变量的函数表示。例如：电路中的电压或电流信号是电路中元件两端的电压或支路中的电流随时间变化的函数；气象观察中的气压、温度和风速等随高度变化；统计学研究中的各个年度、月份和日期的人口、产量、股票指数值等统计数据，都是一个自变量信号的例子。也有许多信号要用多个自变量的函数来描述，典型的例子是图像信号，例如，一幅黑白照片必须用亮度随二维空间变量变化的函数来表示，而现实的图像场景需用三维空间和时间四个变量的函数来描述。但不管是单个还是多个自变量的情况，信号总可以用相应的单变量或多变量的函数来描述，这在数学表示上没有什么困难。

在阐明了信号和它的数学描述——函数之间的关系后，就可以把数学中函数的许多表示法照搬过来，作为信号的表示法。最基本的一种信号表示法是**信号(函数)表达式**。例如，图 2.1 所示的某个正弦信号 $x(t)$ 的表达式为

$$x(t)=A\cos(\omega t+\varphi) \tag{2.2.1}$$

其中，$A$，$\omega$ 和 $\varphi$ 分别为正弦信号的幅度、角频率和初相角。

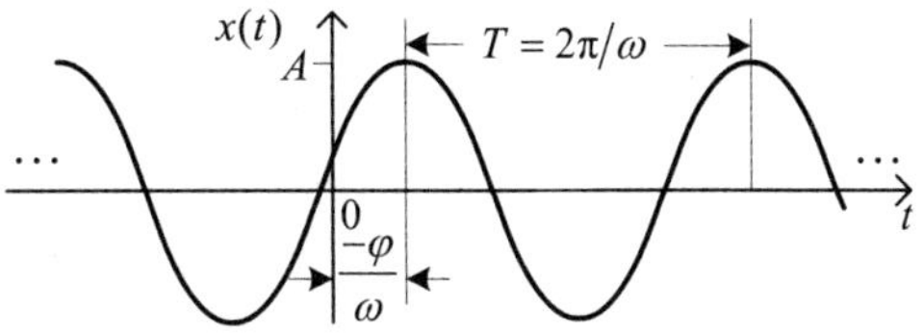

图 2.1　(2.2.1)式表示的正弦信号波形

自变量的定义域一般应在表达式中加以注明，可以是有限区间(例如，$0\leqslant t<1$)、半无限区间($t\geqslant 0$ 或 $t<0$)和无限区间($-\infty<t<\infty$)。若表达式中不注明自变量的定义区间，就意味着信号表达式在自变量的无限区间上都成立。如果在自变量的不同定义区间上服从不同的函数变化规律，该信号可用分段的函数表达式表示，例如，单边实指数信号 $x(t)$ 可表示为

$$x(t)=\begin{cases}e^{-at}, & t>0\\ 0, & t<0\end{cases}，\ 实数\ a>0 \tag{2.2.2}$$

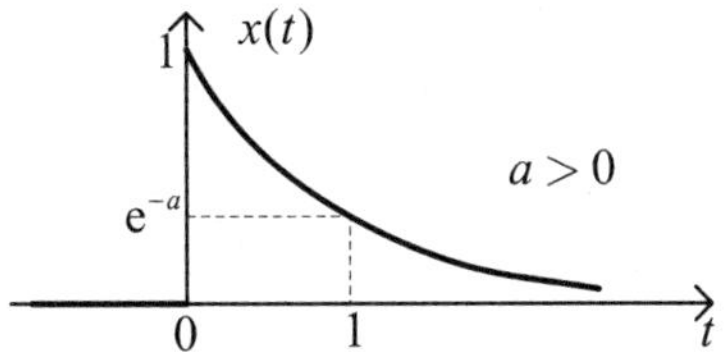

图 2.2　单边实指数信号的波形

在数学中，函数还常用其几何图形来表示，显然它也可以用来表示信号，信号的函数图形通常称为**波形**，(2.2.1)式和(2.2.2)式的信号波形分别如图 2.1 和图 2.2 所示。

一个信号既可以用其表达式表示，也可用它的波形或函数图形表示，因此作为基本技巧，必须熟练掌握由信号表达式概画出其波形，或由信号的波形归纳出信号表达式。

## 2.2.2　信号的分类

在不同研究领域和场合，对信号有不同的分类。例如，按信号包含或携带的信息分类，可把信号分成语声信号、图像信号和数据信号；若按信号所属的物理形态分类，则有电信号、声信号、光信号和其他物理信号之分；按信号的不同功用或应用来分，又有通信信号、广播信号、电视信号、雷达信号、控制信号和遥测信号等；按信号占有的频率范围不同，还可以把信号分成低频信号、高频信号、视频信号和微波信号，等等。这里仅从信号的数学描述出发、讨论带有普遍意义的信号分类。在本章后面几节中，我们还将介绍几种与信号性质和特征有关的信号分类。例如，周期信号和非周期信号、能量受限信号和功率受限信号、正交信号和非正交信号等。这样的信号分类及其有关的概念都和本书后面的内容有关。

**1．一维信号和多维信号**

根据信号自变量的个数不同，可把信号分成一维信号和多维信号。 用一个自变量的函数表示的信号称为**一维信号**，要用两个或两个以上自变量的函数描述的信号即为**多维信号**。显然，一维信号就是数学中的单变量函数，多维信号就是多变量函数。

鉴于在研究信号与系统以及信号分析和处理问题中，大量的场合只涉及一维信号，本书中基本上只限于一维信号范围，如果不加以说明，凡提及信号都是指一维信号。在某些场合涉及多维信号，也只是把它们作为一维信号的推广，这种推广在数学上没有什么困难。

一维信号的自变量可以是时间变量，也可以是空间或其他变量，例如高度、深度、位移或其他统计分布的坐标变量。由于大量实际信号所涉及的自变量都是时间变量，本书中把一维信号的自变量都说成时间变量，既可使信号自变量的称谓简单化，也不失去其一般性。

**2．连续时间信号、离散时间信号和数字信号**

信号按自变量变化或取值方式不同，分为两种基本类型的信号：连续时间信号和离散时间信号。如果信号的自变量是连续可变的，即信号在一个实数区间上都有定义，就称为**连续时间信号**。前面的正弦信号和单边实指数信号都属于连续时间信号；如果信号的自变量仅仅取值于一组离散值，即信号仅在离散的时刻点上有定义，则称为**离散时间信号**。

在实际问题中遇到离散时间信号有两种情况：一种是自变量本身只能取值于某个整数集合，另一种是对连续时间信号以某种方式获取的样本形成的信号。绝大部分统计数据就属于前一种情况，例如年平均收入、各种农作物的收成、不同商品的价格等统计数据，以及数字计算机中存储的数据等，它们的自变量(年份、月份以及存储单元的序号)都只能是整数。在抽样数据系统中出现的离散时间信号则属于后一种情况，例如数字电话系统中 8 kHz 采样的数字语声信号。对后一种情况，自变量取值于采样间隔的整数倍，即仅在采样间隔的整数倍时刻点上才有信号值。基于上述两种情况，本书中把离散时间信号的自变量定义域限定为整数域。对于由连续时间信号采样形成的离散时间信号，则把自变量按采样间隔归一化，也看成自变量只取值于整数。这样不仅统一和简化了离散时间信号的表示，而且与数字计算机或数字系统对它们进行处理的实际情况相一致。正因为如此，离散时间信号又可称作**离散时间序列**，或简称**序列**，这里的“序列”意思指的是数值的有序排列。

为了区分连续时间和离散时间信号，本书中用 $t$，$\tau$ 等实数型变量表示连续时间变量，而用 $n$，$m$ 等整数型变量表示离散时间变量。另外，将连续时间信号用圆括号(*)来表示，例如 $x(t)$，$y(t)$ 等，而离散时间信号则用方括号[*]来表示，例如 $x[n]$，$y[n]$ 等。和连续时间信号一样，离散时间信号也有序列表达式，它的图形表示称为**序列图形**，也可称为离散时间信号的**波形**，图 2.3 给出了一个离散时间信号的序列图形(或波形)的例子。另外，离散时间信号实际上是一个数值序列，还可以用**序列值表**来表示，见表 2.1。至少可以说，对于有限区间的离散时间信号，它的序列值表可以完全地表示该序列。

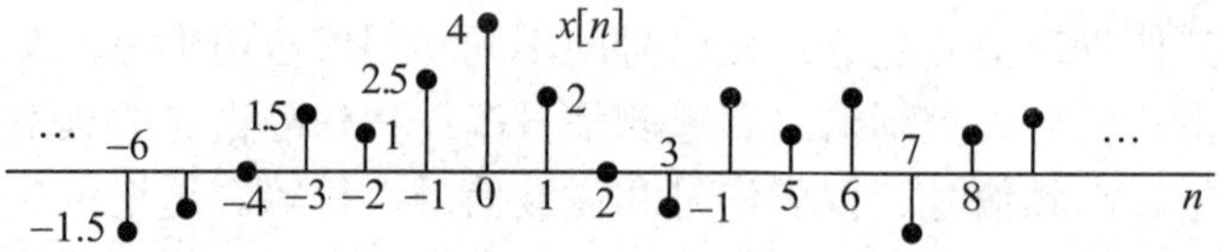


图 2.3　一个离散时间信号的序列图形

**表 2.1　图 2.3 所示离散时间信号的序列值表**

| $n$ | … | −5 | −4 | −3 | −2 | −1 | 0 | 1 | 2 | 3 | 4 | 5 | 6 | … |
|---|---|---|---|---|---|---|---|---|---|---|---|---|---|---|
| $x[n]$ | … | −1.0 | 0 | 1.5 | 1.0 | 2.5 | 4.0 | 2.0 | 0 | −1.0 | 2.0 | 1.0 | 2.0 | … |

对于连续时间信号还需作两点说明：

(1) 连续时间信号并不限于处处连续的函数，在自变量定义区间内允许有不连续点。对于阶跃型不连续点，在数学中，人们常认为其函数值等于该阶跃点左、右极限和的一半。但本书采用“泛函分析”中广义函数的方法，认为**连续时间信号在其阶跃型不连续点上没有定义**。之所以这样看待，不仅是因为这种处理方法并不会给像信号的大小等特征量(例如信号的能量与功率)带来任何影响(理由很简单，因为任何有界函数在某个区间上的积分值，不会因区间中存在阶跃型不连续点(不管此函数值有无定义)而有所不同)，而且是因为为了适应后面常用的像 $\delta(t)$ 等一类奇异函数的需要。在离散时间信号中，情况却简单得多，尽管自变量是离散的，但在其自变量定义的区间上处处有定义，不存在像连续函数中不连续点这样的情况。从这种意义上说，倒是可以把离散时间信号看成在其自变量的离散定义域上“处处连续”的函数。鉴于这一点，脉冲和数字逻辑电路中的波形都是连续时间信号，不应误认为是离散时间信号。

(2) 在连续时间和离散时间信号中，“连续”和“离散”是指自变量的定义域是连续还是离散的，并不是指信号值的取值是连续还是离散的。在信号处理领域中，常遇到模拟信号和数字信号这两个术语。一般来说，**模拟信号**是指自变量和信号值均连续可变的信号，它与本书的连续时间信号同义；**数字信号**则是指自变量取值和信号值均离散的一类信号，信号值连续变化的离散时间信号，经过幅度上的离散化才能变成数字信号，这种信号幅值离散化的过程称为**量化**，在后面 9.3.1 小节将简要介绍量化的基本概念和方法。只需弄清**数字信号仅仅是离散时间信号的一个子类**，即离散时间信号的信号值是实数，甚至可以是复数，而数字信号的信号值只能是整数。基于这一认识，本书中讲述的离散时间信号与系统的理论和方法，必然可原封不动地适用于数字信号与系统。

**3．实信号与复信号**

依据信号值属于复数还是只取值于实数，可以把信号分成复信号和实信号。实信号就是数学中的实(值)函数，而复信号则为复(值)函数。显然，从关系上讲实信号是复信号的一个子类，且一个复信号需用两个实信号(实部信号和虚部信号)来表示，等等。由于本书内容基本上是针对复信号来介绍和讨论的，如不加以说明，凡提及信号均泛指复信号。另外，由于复信号的具体表示不方便(例如很难描绘复信号的波形)，本书中的大部分信号例子是在实信号情况下讨论的，这并不表示有关的理论和方法只适用于实信号。

**4．确定信号和随机信号**

按照信号变化服从的规律来分，可把信号归类为确定性信号和随机信号。如果信号可用一个确定的时间函数或序列来表示，即使有时要写出其信号表达式非常困难，但只要对于任何指定的时刻，都有一个确定的信号值相对应，这种信号就称为**确定性信号**或**规则信号**。在许多实际信号与系统问题中，在理想的情况下会碰到确定性信号，典型的例子就是在电路分析中涉及的信号。反之，还有一类信号，它们不能用自变量的一个确定性函数或序列来表示，即对每一个自变量的取值，其信号值具有某种不确定性或不可预知性，这样一类信号称为**随机信号**或**不确定性信号**。随机信号要用概率和统计方法来描述，研究它需要概率与统计及随机过程等数学知识。从通信和信息论的观点讲，实际通信系统中传送的信号都属于随机信号，否则，如果传送的是确定性信号，接收者就不可能由它获知任何新的消息。此外，在实际电路以及在信号的传输过程中，不可避免地受到噪声和干扰的影响，噪声和许多干扰都具有随机特性，在其他实际的信号与系统问题中也是如此。因此，实际问题中的信号都属于随机信号，例如，任何通信或处理所面对的语音、图像和数据都是随机信号；但是，任何随机过程(即随机信号)的样本函数，如录制的一段语音或拍摄的一幅图像，都是确定性信号。本书基本上只涉及确定性信号，首先通过确定性信号来研究信号与系统问题，获得信号与系统的有关概念、理论和方法，在此基础上，再根据随机信号的统计规律，进一步研究随机信号作用于系统的问题，这些都是后续专业课程的任务。

# 2.3 系统的数学描述和分类

## 2.3.1 系统的数学模型和描述方法

在本书绪论中，已定义系统为由若干相互关联的事物组成，并具有特定功能或特性的整体。同时指出，本书两个主要任务之一是研究系统分析和实现(综合或设计)的理论和方法。为此，首先介绍系统的数学模型和描述方法，建立起系统研究的分析体系。**系统的数学模型**就是系统的特定功能、特性或全部行为的一种数学抽象或数学描述。具体地说，就是用某种数学关系，或具有基本特性的符号组合图形，来描述系统的特定功能或特性。下面先看几个例子：

图 2.4 中分别给出了四种不同的物理系统和它们的基本特性，如果把电阻器中流过的电流 $i(t)$、理想变压器初级激励电压 $v_1(t)$、电压放大器的输入电压 $v_i(t)$ 和扬声器输入的语声电流信号 $i(t)$，分别看成各自系统的输入信号或激励，而把电阻器两端的电压 $v(t)$、理想变压器次级电压 $v_2(t)$、电压放大器输出端电压 $v_o(t)$ 和扬声器放出的声压信号 $p(t)$，分别看成各自系统的输出信号或响应，那么，这些系统的基本特性都表示为各自的输入信号与输出信号(或激励和响应)的一个表达式。如果隐去各自输入和输出信号的不同物理量纲，都用 $x(t)$ 表示输入信号，$y(t)$ 表示输出信号，则这四个系统的输出信号与输入信号表达式都可写为

$$y(t) = cx(t) \tag{2.3.1}$$

其中，$c$ 分别代表电阻器电阻值 $R$，理想变压器的匝数比 $N_2/N_1$，电压放大器的增益 $G$ 和扬声器的电－声转换比 $k$，如果不考虑它们的物理量纲，$c$ 就是一个常数。(2.3.1)式表明，这些系统基本特性的数学描述都是输出和输入成比例的关系，换言之，这些系统都对输入信号具有放大($c>1$)或衰减($0<c<1$)功能。 还可以举出具有同样输出输入特性的许多其他系统的例子，可以说，大部分物理传感器(换能器)的功能或特性都可以数学抽象为(2.3.1)式来表达。

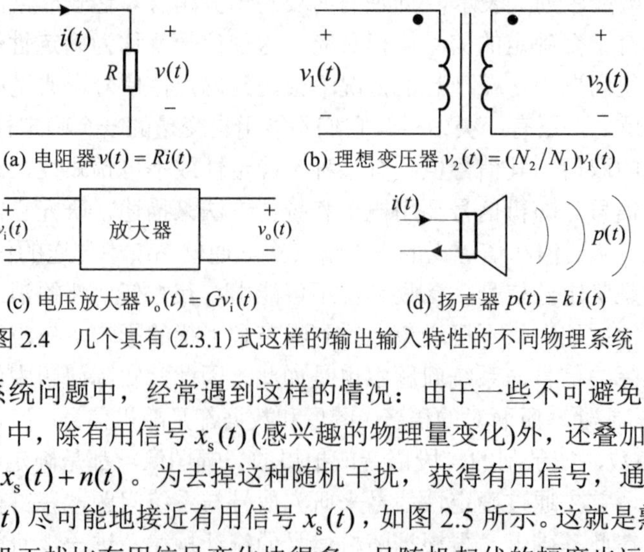

(a) 电阻器 $v(t) = Ri(t)$ (b) 理想变压器 $v_2(t) = (N_2/N_1)v_1(t)$

(c) 电压放大器 $v_o(t) = Gv_i(t)$ (d) 扬声器 $p(t) = k\,i(t)$

图 2.4 几个具有(2.3.1)式这样的输出输入特性的不同物理系统

在实际信号与系统问题中，经常遇到这样的情况：由于一些不可避免的随机因素影响，在要处理的信号 $x(t)$ 中，除有用信号 $x_s(t)$(感兴趣的物理量变化)外，还叠加了某种随机形式的干扰 $n(t)$，即 $x(t) = x_s(t) + n(t)$。为去掉这种随机干扰，获得有用信号，通常让它通过一个系统，使系统的输出 $y(t)$ 尽可能地接近有用信号 $x_s(t)$，如图 2.5 所示。这就是熟知的滤除干扰(去噪声)问题。如果随机干扰比有用信号变化快得多，且随机起伏的幅度也远比信号幅度小。在这种情况下，一种最简单而直观的方法是让 $x(t)$ 通过具有如下输入输出关系的一个系统，即

$$y(t)=\frac{1}{T}\int_{t-T/2}^{t+T/2}x(\tau)\mathrm{d}\tau=\frac{1}{T}\int_{-T/2}^{+T/2}x(t-\tau)\mathrm{d}\tau \tag{2.3.2}$$

系统在每一时刻 $t$ 的输出等于该时刻前后、区间为 $(t-T/2,\ t+T/2)$ 的输入信号的平均值，随着 $t$ 的改变，区间也在时间轴上滑动，上式第二个等号右边是积分变量替换后获得的。具有上述输入输出特性的系统称为连续时间**平滑系统**，或称为滑动求平均系统，可使输出 $y(t)$ 近似等于 $x_s(t)$。在离散时间中也有其对偶系统，例如在股票分析和统计学分析中，若关注的是某个数据的变化趋势，在这个总的变化趋势中，往往包含由某些偶然因素造成的随机起伏。在这种情况下，为了仅仅保留数据的变化趋势，去掉随机起伏(或波动)所采用的方法，即在一个移动的区间上对数据取平均，即

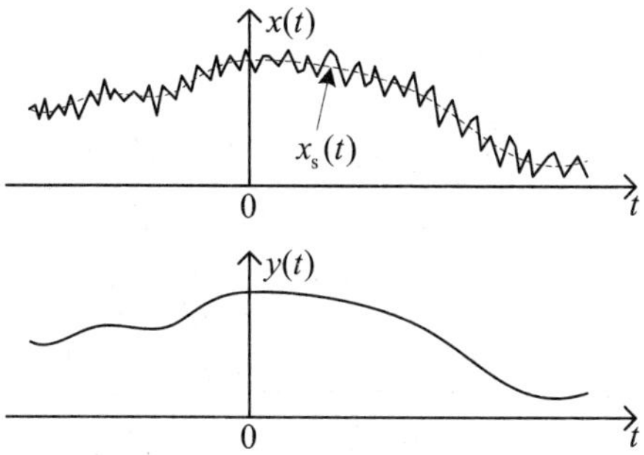

图 2.5　(2.3.2)式的图解说明

$$y[n]=\frac{1}{2N+1}\sum_{k=-N}^{N}x[n-k] \tag{2.3.3}$$

这就是离散时间平滑系统输入输出信号满足的关系。

在图 2.6 所示的电路中，若要研究在激励电压 $e(t)$ 作用下电容 $C_2$ 上的电压 $v(t)$，可把 $e(t)$ 看作系统的输入，$v(t)$ 看作系统的输出。根据基尔霍夫定律，$v(t)$ 和 $e(t)$ 满足微分方程：

$$\frac{\mathrm{d}^2v(t)}{\mathrm{d}t^2}+\left(\frac{1}{R_1C_1}+\frac{1}{R_2C_1}+\frac{1}{R_2C_2}\right)\frac{\mathrm{d}v(t)}{\mathrm{d}t}+\frac{v(t)}{R_1R_2C_1C_2}=\frac{e(t)}{R_1R_2C_1C_2} \tag{2.3.4}$$

当电路元件参数 $R_1$，$R_2$，$C_1$，$C_2$ 确定时，上式是一个二阶线性常系数微分方程。这表明，图 2.6 的电路系统可用一个线性常系数二阶微分方程来描述。

再看一个图 2.7 所示的力学系统，质量为 $M$ 的物体在外力 $f(t)$ 的作用下运动，假设物体自起始位置的位移为 $y(t)$。物体所受的摩擦力和物体运动的速度成正比，即摩擦力为 $By'(t)$，$B$ 为摩擦系数。根据虎克定律，物体所受的弹性力为 $Ky(t)$，$K$ 为弹性系数。按照牛顿第二定律，可以推导出该物体的运动方程为

$$\frac{\mathrm{d}^2y(t)}{\mathrm{d}t^2}+\frac{B}{M}\frac{\mathrm{d}y(t)}{\mathrm{d}t}+\frac{K}{M}y(t)=\frac{1}{M}f(t) \tag{2.3.5}$$

如果把上述力学系统中外力 $f(t)$ 看成系统的输入，物体的位移 $y(t)$ 看成系统的输出，上式就是该系统的输入输出方程。

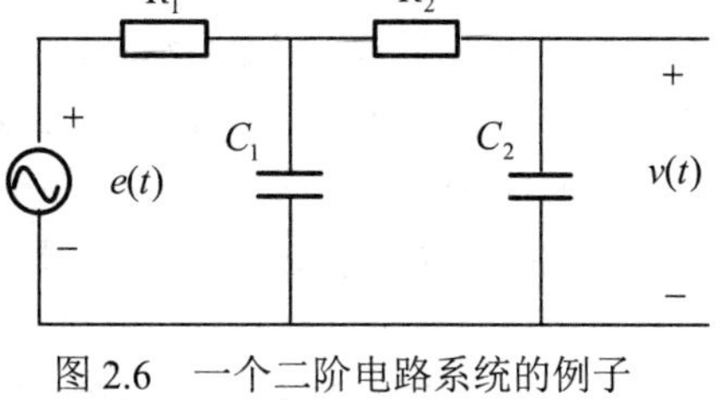

图 2.6　一个二阶电路系统的例子

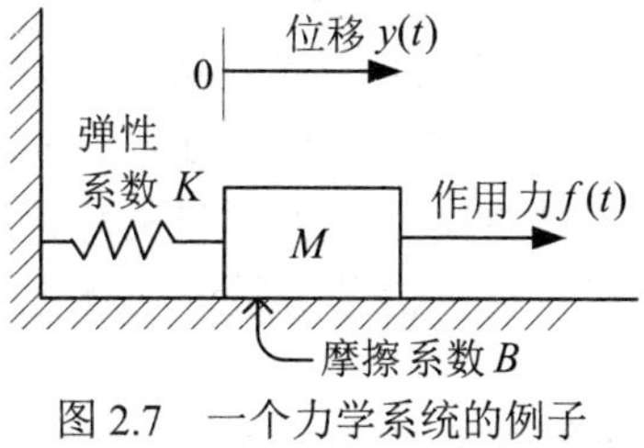

图 2.7　一个力学系统的例子

还可看一个机电系统的例子。图 2.8 是自动控制中使用的电枢控制直流电动机的示意图。假定直流电动机励磁绕组电流恒定不变，通过改变加到电枢上的电压 $v(t)$ 来控制电机的运行。

直流电机中，电枢电流$i(t)$与磁场相互作用产生电磁转矩$M(t)$，一般地，它与电枢电流成正比，即$M(t)=Gi(t)$，$G$为转矩系数。由电磁转矩驱动负载转动，如果忽略摩擦力矩，则电机的转矩平衡方程为$M(t)=J\theta'(t)$，其中，$J$为转动惯量，$\theta(t)$为角速度。根据KVL方程，电枢绕组中的电压方程为

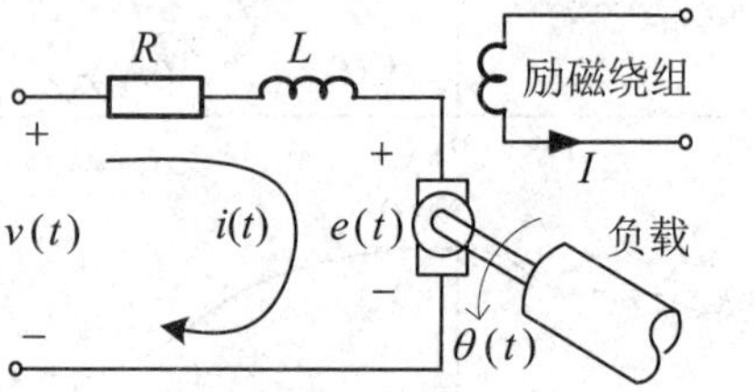

图 2.8 电枢控制直流电动机的系统例子

$$v(t)=Ri(t)+L\frac{\mathrm{d}i(t)}{\mathrm{d}t}+e(t)$$

式中，$e(t)$为电枢绕组中的感应电动势，它与电动机的转速成正比，即$e(t)=B\theta(t)$，$B$为一常数。将它代入上面的电压方程，并消去$i(t)$，经整理后得

$$\frac{\mathrm{d}^2\theta(t)}{\mathrm{d}t^2}+\frac{R}{L}\frac{\mathrm{d}\theta(t)}{\mathrm{d}t}+\frac{BG}{LJ}\theta(t)=\frac{G}{LJ}v(t) \tag{2.3.6}$$

此式就是在上述机电系统中，加入电枢绕组上的电压$v(t)$与电机转动角速度$\theta(t)$所满足的方程。比较(2.3.4)式、(2.3.5)式和(2.3.6)式，尽管上述三个系统是完全不同的物理系统，但是描述它们的都是相同形式的二阶线性常系数微分方程。

在离散时间中，一个例子是人口增长模型。假设某一地区在第$n$年的人口为$y[n]$，人口的增长率为$k$，第$n$年从外地迁入的人口数为$x[n]$。若以每年迁入的人口为系统输入，总人口为系统输出，则系统输入输出满足的方程为

$$y[n]-(1+k)y[n-1]=x[n] \tag{2.3.7}$$

另一个例子是用作飞机高度控制的一个离散时间系统，航迹雷达测得第$n$秒时飞机的实际高度为$y[n]$，每秒钟由计算机给出的飞机航线预期的飞行高度为$x[n]$，并作为控制系统的输入，以$x[n]$与前一秒飞机实际高度$y[n-1]$之差来调节飞机的垂直速度，飞机的垂直速度为$c(x[n]-y[n-1])$，$c$为比例常数。那么，在第$n$秒时飞机的实际高度$y[n]$应为

$$y[n]=y[n-1]+c\{x[n]-y[n-1]\}\times 1$$

或改写为

$$y[n]-(1-c)y[n-1]=cx[n] \tag{2.3.8}$$

这就是上述离散时间飞机高度控制系统的数学描述。(2.3.7)式和(2.3.8)式都称为一阶线性常系数差分方程，同样的方程还可以描述诸如物种繁殖和银行利率等许多离散时间系统问题。

在本书绪论中曾指出，针对各种具体系统的建模是不同专业课程的任务，本书从各种不同系统所共有的数学模型出发，讨论和研究对所有系统都有指导意义的系统分析与设计的概念、理论和方法。上面所举的例子已充分说明：许多看起来完全不同的系统，却有着相同的数学描述，在系统分析中，它们相互可以看作等价或等效系统，有着相同的系统功能或特性；反之，一种系统的数学描述关系可以对应着许多相互等价或等效的不同物理系统；它们不仅可用相同的数学工具来分析 (可先不考虑各自的物理内容，得出结果后再赋予结果的物理含义)，而且可以预期，就这些系统的输入(激励)和输出(响应)而言，它们的特性是相同的。这正是为什么本书论述的信号与系统的概念、理论和方法，在广泛的工程技术领域中具有普遍意义的根本原因。

在本书后面的内容中读者将会看到，对于系统的不同数学模型和描述方法，可用不同的数学工具来分析，它们也对应着不同的解析体系和分析方法。最常用的系统模型和数学描述方法有两种：一种是端口模型和输入输出描述，另一种是系统的状态空间模型和状态变量描

述。

**1．系统的端口模型和输入输出描述方法**

这种描述方法见图 2.9，系统通过若干端口与外部发生联系，输入信号(激励)通过输入端口施加于系统，系统产生的输出信号(响应)由输出端口给出。如果只对系统的特定功能或特性感兴趣，则可用输入到输出的信号变换关系来描述。本书中用 $x(t)$ 和 $x[n]$ 表示输入信号(激励)，用 $y(t)$ 和 $y[n]$ 表示输出信号(响应)，因此，这种输入输出描述可简单地表示为

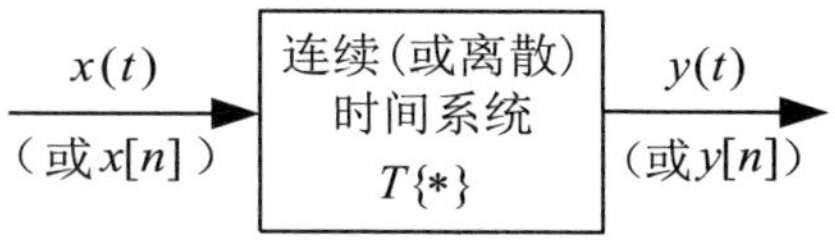


图 2.9　系统的输入输出描述

$$x(t) \longrightarrow y(t) \quad 和 \quad x[n] \longrightarrow y[n]$$

其中，“$\longrightarrow$” 表示输入到输出的信号变换。若用数学方法来描述，即为如下的变换关系：

$$y(t)=T\{x(t)\} \quad 和 \quad y[n]=T\{x[n]\} \tag{2.3.9}$$

其中，$T\{*\}$ 表示某种信号变换关系，即数学中的函数变换关系。必须指出，这种输入输出变换关系应对任何可能的输入信号都成立，而不是针对某个或某些输入才成立。

系统的输入输出变换关系通常有两种表示形式：一种是(2.3.9)式这样**显式的**函数变换表达式，简称为系统的**信号变换表达式**，(2.3.1)式至(2.3.3)式是这种描述的几个例子；另一种是用输入输出信号满足的方程来描述，即

$$f\{x(t),y(t)\}=0 \quad 和 \quad f\{x[n],y[n]\}=0 \tag{2.3.10}$$

其中，$f\{*\}$ 为某种数学函数关系。(2.3.4)式至(2.3.8)式则属于这种表示形式，必须通过求解方程，才能获得输入输出的显式变换表达式。因此，用输入和输出满足方程的系统描述形式称为**间接或隐含表示形式**。本书对用这两种表示形式描述的系统都将进行深入讨论。

在上述输入输出描述中，输入信号或输出信号均是时域表示的时间函数和序列，因此这种输入输出描述是一种系统端口模型的**时域描述**，在第 5 章以后还要介绍用变换域表示的系统输入输出变换关系，相应地称为系统端口模型的**变换域描述**。

**2．系统的状态空间模型和状态变量描述**

用一组状态变量所满足的数学方程来描述系统特性和全部行为的数学描述方法，就称为系统的**状态空间模型**和**状态变量描述**。这些状态变量都是时间函数或序列，不仅包括系统的输入和输出信号，还包括系统内部变量或中间信号。由于系统的数学模型和描述方法不同，所用的数学工具和分析体系也不一样。

在系统的端口模型和输入输出描述中，涉及的对象仅仅是系统的输入和输出信号，也仅由输入输出信号变换关系表征或体现系统的功能和特性。如果分析和研究系统的目的仅限于系统的输入输出特性，不涉及系统内部参量或中间信号对系统特性的影响，则这种输入输出描述已经够用。一般的信号与系统问题，例如通信、雷达和大部分信号处理问题，就属于这种情况。本书除最后的第 11 章以外，均以系统的输入输出描述建立的信号与系统分析体系展开讨论和研究。但是，随着研究的系统愈来愈复杂，系统功能不再那样单一，这就需要考察系统内部的信号变化过程，并研究系统内部变量或中间信号对系统特性的影响，以便设计或控制这些内部变量或中间信号，使系统性能达到最优。许多系统控制和系统工程中的问题则属于这种情况。此时，上述端口模型和输入输出描述方法，就不足以描述这类信号与系统问题，需要采用系统的状态空间模型和状态变量描述方法，它们将在本书第 11 章介绍和讨论。

## 2.3.2 系统的分类

和 2.2 节中讨论信号分类一样，本节介绍的系统分类都着眼于系统的一般数学模型，按照数学描述上的差异来划分不同的系统。

**1．连续时间系统、离散时间系统和混合系统**

无论是端口模型还是状态空间模型，系统功能或特性都是通过信号来描述的。前者通过输入和输出信号满足的变换关系或方程描述，后者则通过状态变量(即信号)满足的一组方程来描述。如果系统的输入和输出信号，或者系统的所有状态变量都是连续时间信号，则它就是连续时间系统，有时称为模拟系统；反之，用离散时间信号描述的系统则称为离散时间系统，它们分别如图 2.10(a)和(b)所示。

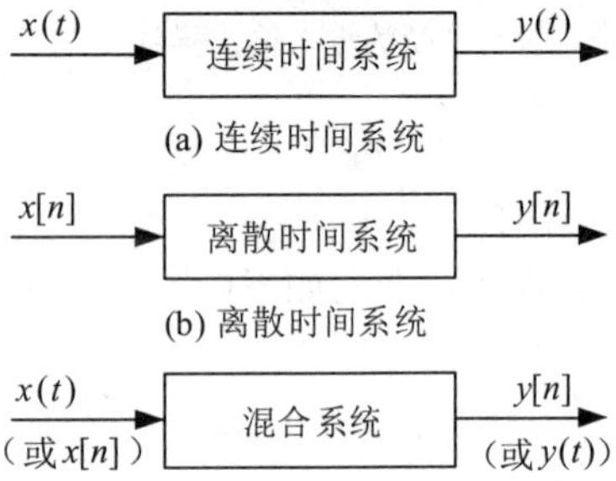


(a) 连续时间系统

(b) 离散时间系统

(c) 混合系统

图 2.10

实际的离散时间系统都是数字系统，类似于离散时间信号与数字信号之间的关系，两者的差别仅在于：数字系统的系统参数只能是整数，而离散时间系统的系统参数可以是任意实数甚至复数，因此，**数字系统可以看作离散时间系统的一个子类**。只要弄清两者之间的这种关系，本书讲述的离散时间系统的分析和综合方法完全适用于数字系统。

在输入输出描述的系统中，如图 2.10(c)那样，输入信号为连续时间信号，输出信号为离散时间信号，或者输入为离散时间信号，输出为连续时间信号，这样的系统既非连续时间系统，也非离散时间系统，通常称为**混合系统**。这种混合系统在模拟系统(连续时间系统)和数字系统的相互转换中是必不可少的，在第 9 章将涉及这种系统。

**2．单输入单输出系统和多输入多输出系统**

无论用端口模型还是状态空间模型描述的系统，若系统只有一个输入，也只有一个输出的系统叫做**单输入单输出**(SISO)**系统**，图 2.10 中的系统都是单输入单输出系统。反之，如果一个系统有多个输入和(或)多个输出，就称为**多输入多输出**(MIMO)**系统**， 图 2.11 画出了一个有 $L$ 个输入和 $K$ 个输出的连续时间 MIMO 系统。下一节提及的相加器和相乘器，分别有两个输入和一个输出，是最简单的多输入多输出系统。

单输入单输出系统的分析方法是研究多输入多输出系统的基础，在实际的信号与系统问题中有着广泛的应用。本书前 10 章将主要涉及单输入单输出系统，最后一章中利用矢量和矩阵的数学方法，把单输入单输出系统的理论和方法推广到多输入多输出系统。在介绍系统的状态变量分析方法时，将针对一般多输入多输出系统进行讨论。

图 2.11 多输入多输出系统

**3．一维系统和多维系统**

根据输入和输出是一维信号还是多维信号，系统可分为一维系统和多维系统。一维系统的输入输出信号都是一维信号，即单变量函数。而输入或(和)输出是多维信号(即多变量函数)的系统，则称为多维系统。本书基本上只涉及一维系统，尽管多维系统不属于本书讨论的范围，但只要掌握了单变量函数或序列到多变量函数或序列的数学变换方法，研究一维系统所得出的许多概念和分析方法，就可以推广到多维系统中去。关于多维信号和多维系统，可参考有关多维信号处理和图像处理方面的论著。

# 2.4　信号的基本运算和变换、基本系统

众所周知，信号经过任何一种运算和变换都将产生不同于原信号的新信号。本节将首先介绍信号的一些基本运算和由自变量变换导致的信号变换，并引入完成这些基本运算和变换的连续时间和离散时间基本系统。无论在信号与系统的理论和方法中，还是在信号分析和处理的实践中，这些基本信号运算和变换及其相应的基本系统都起着十分重要的作用。

## 2.4.1　信号的基本运算及其实现的基本系统

和数学中的函数运算一样，对信号也可以进行各种运算。最基本的信号运算有下列几种，由此也可引入相应的基本系统。

**1．信号的数乘运算和数乘器**

将连续或离散时间信号乘以一个常数称为数乘运算。显然，数乘运算的结果仍分别为连续或离散时间信号。信号数乘运算的数学表达式分别为

$$y(t)=cx(t) \quad 或 \quad y[n]=cx[n] \tag{2.4.1}$$

其中，$c$ 一般为复数。若 $c$ 为正实数，数乘运算结果使原信号幅度放大($c>1$)或缩小($0<c<1$)；若 $c$ 为负实数，则除幅度放大或缩小外，极性也相反。

完成上述数乘运算的连续或离散时间系统分别称为**连续或离散时间数乘器**。在本书中，数乘器的图形符号用带箭头线段来表示，并在箭头旁标注数乘因子 $c$，如图 2.12 所示。若图中的输入输出端标注的是连续时间信号，就代表连续时间数乘器；若标注的是离散时间信号，就代表离散时间数乘器。$c=1$ 的数乘器，即输出信号等于输入信号的系统，可称为**恒等系统**，其图形符号中箭头旁的的数乘因子 1 可以省去；若 $c=-1$，通常称为**反相器**，即输出信号是与输入信号极性相反的信号。电子线路中的放大器(包括衰减器)是典型的连续时间数乘器。

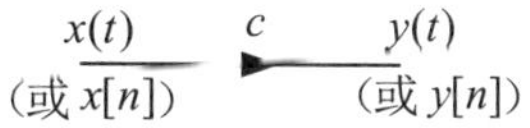

图 2.12　数乘器的图形符号

**2．信号的相加运算和相加器**

最基本的信号相加运算是两个连续时间信号 $x_1(t)$ 和 $x_2(t)$ 或两个离散时间信号 $x_1[n]$ 和 $x_2[n]$ 相加获得和信号的运算，称为信号相加运算。连续和离散时间相加运算可分别表示为

$$y(t)=x_1(t)+x_2(t) \quad 和 \quad y[n]=x_1[n]+x_2[n] \tag{2.4.2}$$

信号相加运算的过程和方法，与两个函数或序列的相加运算完全相同，这里不再举例说明。

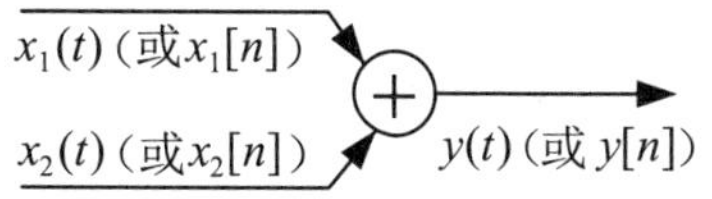

图 2.13　两输入相加器的图形符号

完成上述连续和离散时间信号相加运算的系统分别称为**连续和离散时间相加器**。两输入相加器的图形符号见图 2.13。同样地，用输入输出端标注的是连续还是离散时间信号，来区分连续和离散时间相加器。模拟电子线路中的同相加法运算电路是连续时间加法器的例子。在计算机程序中，由数组元素相加语句作为循环体的数组加法程序是离散时间加法器的例子。

**3．信号的相乘运算和相乘器**

两个连续时间信号 $x_1(t)$ 和 $x_2(t)$ 或两个离散时间信号 $x_1[n]$ 和 $x_2[n]$ 相乘，分别得到一个连续时间信号 $y(t)$ 或一个离散时间信号 $y[n]$，它们可分别表示为

$$y(t)=x_1(t)x_2(t) \quad 和 \quad y[n]=x_1[n]x_2[n] \tag{2.4.3}$$

两个信号的相乘运算与函数或序列的相乘运算完全相同。

完成上述连续或离散时间信号相乘运算的系统分别称为**连续时间或离散时间相乘器**，它们的图形符号见图 2.14，也同样用输入输出端标注的是连续时间信号还是离散时间信号，来区分连续时间相加器和离散时间相加器。模拟电子线路中的乘法运算电路是连续时间相乘器。在通信电路中，调制器和混频器可以抽象为一个连续时间相乘器。由两个数组元素的相乘语句作为循环体的计算机程序，则是离散时间相乘器的最普通的例子。

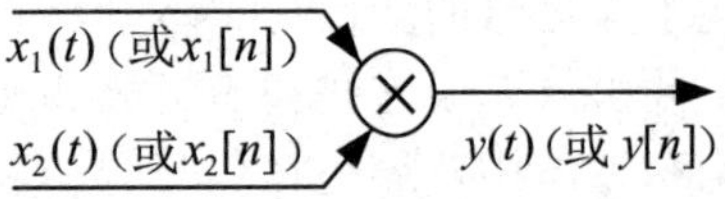


图 2.14 两输入相乘器的图形符号

**4．连续时间微分运算和离散时间差分运算、微分器和差分器**

连续时间信号是 $t$ 的连续函数，故可对它进行微分运算，$x(t)$ 的一阶微分表示为

$$y(t)=x'(t)=\frac{\mathrm{d}}{\mathrm{d}t}x(t) \tag{2.4.4}$$

由于离散时间变量 $n$ 是整数，显然，对离散时间信号没有微分运算，但存在着差分运算。离散时间序列 $x[n]$ 的**一阶差分**运算定义为

$$y[n]=\Delta x[n]=x[n]-x[n-1] \tag{2.4.5}$$

由微分概念可知，$x'(t)$ 在时刻 $t$ 的信号值等于该时刻 $x(t)$ 的变化率。上式定义的一阶差分运算也有类似概念，$\Delta x[n]$ 在 $n$ 时刻的值等于 $x[n]$ 在 $n$ 时刻的值减去其前一时刻即 $n-1$ 时刻的值，它意味着 $x[n]$ 在该时刻的变化率。故可把离散时间差分运算看成连续时间微分运算的对偶运算。

完成连续时间微分运算的系统称为**一阶微分器**，简称**微分器**，而完成(2.4.5)式的离散时间差分运算的系统称为**一阶差分器**，简称**差分器**。它们的图形符号分别用图 2.15(a)和(b)表示。

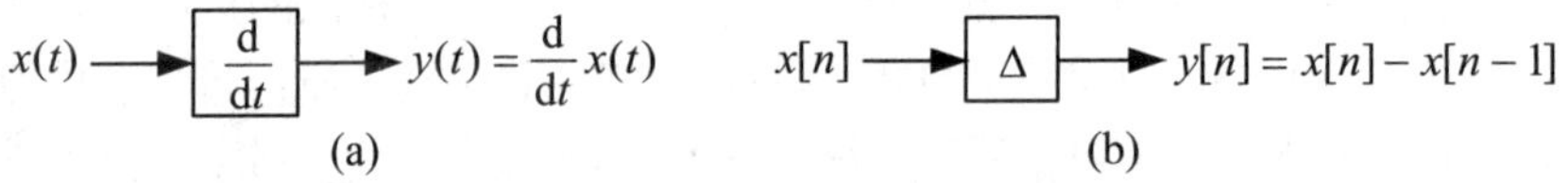


图 2.15 连续时间微分器和离散时间一阶差分器的图形符号

模拟电子线路中的微分运算电路是一个连续时间微分器，按(2.4.5)式编写的计算机差分程序就是一个一阶差分器。一阶差分器在数字信号处理和数字通信中有广泛的应用，在差分脉冲编码(DPCM)和差分相移键控(DPSK)系统中，均包含一个一阶差分器。

在此基础上，还可以定义 $x(t)$ 的高阶微分运算和 $x[n]$ 的高阶差分运算，$x(t)$ 的 $k$ 阶微分和 $x[n]$ 的 $k$ 阶差分分别为

$$y(t)=x^{(k)}(t)=\frac{\mathrm{d}^k x(t)}{\mathrm{d}t^k} \quad 和 \quad y[n]=\Delta^k x[n]=\Delta^{k-1}x[n]-\Delta^{k-1}x[n-1],\ k\geqslant 1 \tag{2.4.6}$$

高阶微分无需多加解释，$k$ 阶差分则是对 $k-1$ 阶差分后的序列再进行一次一阶差分，例如

$$\Delta^2 x[n]=\Delta x[n]-\Delta x[n-1]=x[n]-2x[n-1]+x[n-2] \tag{2.4.7}$$

上面定义的差分运算叫做**后向差分**，还可以定义所谓“一阶**前向差分**”运算，即

$$y[n]=\nabla x[n]=x[n]-x[n+1] \tag{2.4.8}$$

其中，“∇”表示一阶**前向差分**运算的符号，以便和上面一阶**后向差分**符号“Δ”相区别。由于在实际中经常遇到的是后向差分，在本书后面的内容中，如不加说明，凡提及一阶差分或差分，均无一例外地指(2.4.5)式定义的一阶后向差分。

**5．连续时间积分和离散时间累加运算、积分器和累加器**

对连续时间信号 $x(t)$ 也可以进行积分运算，$x(t)$ 的一次积分定义为

$$y(t)=x_{(1)}(t)=\int_{-\infty}^{t}x(\tau)\mathrm{d}\tau \tag{2.4.9}$$

它通常称为**滑动积分**(running integral)，本书中简称为**积分**。一个连续时间信号滑动积分后产生新的连续时间信号，它在 $t$ 时刻的信号值等于原信号在 $(-\infty,t]$ 区间内波形所围的面积。在离散时间中，与积分运算相对偶的运算是累加运算。$x[n]$ 的一次累加运算定义为

$$y[n]=\sum_{k=-\infty}^{n}x[k] \tag{2.4.10}$$

即一次累加产生的序列 $y[n]$ 在 $n$ 时刻的序列值，等于 $x[n]$ 在该时刻及以前所有序列值之和，也可认为它等于在区间 $(-\infty,n]$ 内 $x[n]$ 图形下的“面积”，这与上述积分运算有同样的含义。

完成(2.4.9)式的积分运算的连续时间系统称为**积分器**，而完成(2.4.10)式的累加运算的离散时间系统称为**累加器**。积分器和累加器的系统图形符号分别如图 2.16(a)和(b)所示。

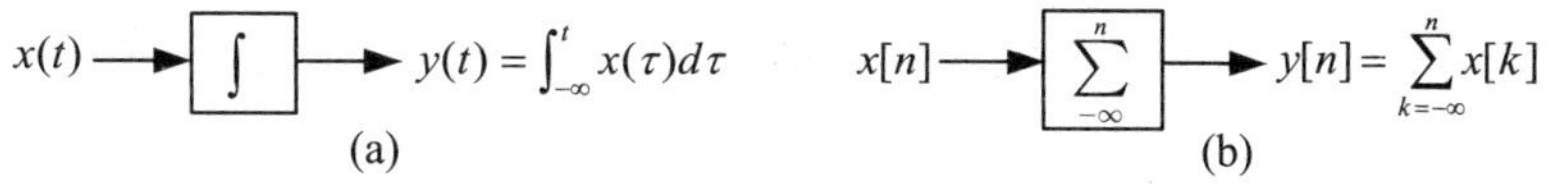


图 2.16　积分器和累加器的图形符号

模拟电子线路中的积分运算电路是一个积分器，累加器的最常见例子是统计学中的累计算法，按(2.4.10)式编写的计算机累加程序即是累加器的一种实现。

还可以定义多次积分和多次累加运算。$x(t)$ 的 $k$ 次积分和 $x[n]$ 的 $k$ 次累加运算分别为

$$y(t)=x_{(k)}(t)=\underbrace{\int_{-\infty}^{t}\int_{-\infty}^{\tau_k}\cdots\int_{-\infty}^{\tau_2}x(\tau_1)\mathrm{d}\tau_1\mathrm{d}\tau_2\cdots\mathrm{d}\tau_k}_{k\text{次}},\quad k\geqslant 1 \tag{2.4.11}$$

和

$$y[n]=\underbrace{\sum_{m_k=-\infty}^{n}\sum_{m_{k-1}=-\infty}^{m_k}\cdots\sum_{m_1=-\infty}^{m_2}}_{k\text{次}}x[m_1],\quad k\geqslant 1 \tag{2.4.12}$$

**【例 2.1】** 试计算单边衰减实指数序列 $x[n]=a^n$，$n\geqslant 0$，$x[n]=0$，$n<0$ 的一阶差分和一次累加。

**解**：按(2.4.5)式和(2.4.10)式，$x[n]$ 的一阶差分和一次累加分别计算如下：

$$y_1[n]=x[n]-x[n-1]=\begin{cases}0\ , & n<0\\ 1\ , & n=0\\ a^{n-1}(a-1), & n>0\end{cases}\quad 和\quad y_2[n]=\sum_{k=-\infty}^{n}x[k]=\begin{cases}\dfrac{1-a^{n+1}}{1-a}, & n\geqslant 0\\ 0, & n<0\end{cases}$$

对于 $0<a<1$ 和 $0>a>-1$ 两种情况，$x[n]$ 及其一阶差分 $y_1[n]$ 和一次累加 $y_2[n]$ 分别示于图 2.17。

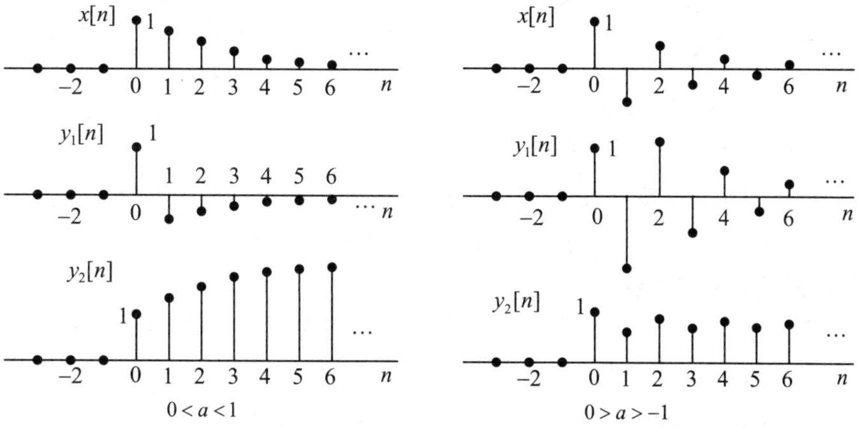


图 2.17　单边衰减实指数序列及其一阶差分和一次累加的序列图形

**6．取模(或取绝对值)运算**

将一个复信号或复序列所有信号值的模(幅度)，作为一个新信号相应时刻信号值的过程称为**取模运算**。对一个实信号进行上述取模运算，就称为**取绝对值运算**。显然，任何信号取模运算或取绝对值运算后产生的信号，必定是一个非负的实信号。对连续时间和离散时间信号的取模运算可分别表示为

$$y(t)=|x(t)|=\sqrt{x(t)x^*(t)} \quad 和 \quad y[n]=|x[n]|=\sqrt{x[n]x^*[n]} \tag{2.4.13}$$

其中，上标“＊”表示取共轭运算。

另外，还有一些常用的信号基本运算，例如，平方运算、取实部或取虚部运算等。本书后面还要介绍其他的信号运算。需要指出的是，本小节介绍的信号运算获得的结果是一个新的信号，不是一个数值，务必与下面几节中计算信号的一些特征量的运算区分开来。

## 2.4.2 自变量变换导致的信号变换及其实现的基本系统

在信号分析中，往往需要对自变量进行变换，另外，在信号处理中，有时会用到涉及自变量变换的一些信号变换或操作。常用的自变量变换为时间的反转、时移和尺度比例变换。

**1．信号反转和反转系统**

第一种自变量变换是时间反转，即连续和离散时间变量 $t$ 和 $n$ 分别变换成 $-t$ 和 $-n$，相应地，连续时间和离散时间信号 $x(t)$ 和 $x[n]$ 分别变成 $x(-t)$ 和 $x[-n]$，它们分别是原信号以坐标原点反转得到的新信号。由自变量反转导致的上述信号变换，$x(t)\longrightarrow x(-t)$，或 $x[n]\longrightarrow x[-n]$，称为信号的时域反转，或简称**信号反转**。图 2.18 中分别画出连续时间和离散时间信号反转的例子。例如，如果 $x(t)$ 代表一个录制在磁带上的声音信号，那么 $x(-t)$ 就可看成将同一磁带从后向前倒放出来的声音信号。在数字计算机或数字系统中，若一个数据序列 $x[n]$ 经过先进后出(FILO)存取操作，获得的数据序列就包含了 $x[-n]$ 的功能。

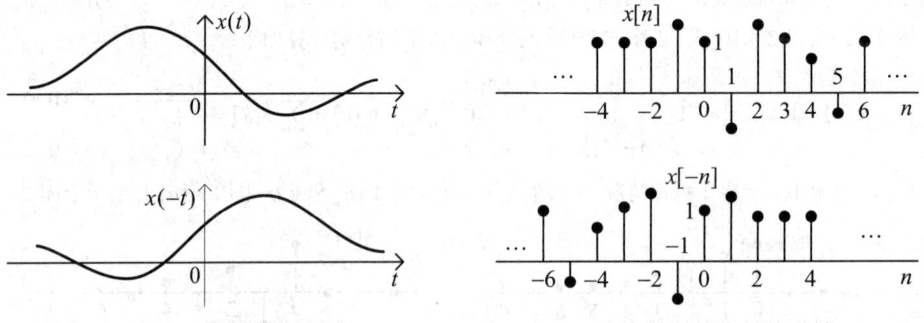

(a) 连续时间信号的反转　　(b) 离散时间信号的反转

图 2.18 信号反转的图例说明

完成信号反转的系统称**反转系统**，连续时间和离散时间反转系统的信号变换关系分别为

$$y(t)=x(-t) \quad 和 \quad y[n]=x[-n] \tag{2.4.14}$$

**2．信号的时移和时移系统**

第二种自变量变换是时间移位或时移，即时间 $t$ 或 $n$ 分别变换成 $t-t_0$ 和 $n-n_0$，原来的连续时间和离散时间信号 $x(t)$ 和 $x[n]$ 分别变成新的信号 $x(t-t_0)$ 和 $x[n-n_0]$，即

$$x(t)\longrightarrow x(t-t_0),\ t_0\in\mathbf{R} \quad 和 \quad x[n]\longrightarrow x[n-n_0],\ n_0\in\mathbf{Z}$$

其中，**R** 表示**实数域**，**Z** 表示**整数域**。

一个信号和它时移后的新信号在波形上完全相同，仅在时间轴上有一个水平移动，故这种信号变换称为**信号时移**或**移位**。图 2.19 分别给出了连续时间和离散时间信号时移的图例说明，从图中可看出，若 $t_0>0$ 或 $n_0>0$，将导致信号**右移**；相反，若 $t_0<0$ 或 $n_0<0$，则导致信号**左移**。如果自变量 $t$ 或 $n$ 代表的是真实的时间，那么信号右移意味着时间上滞后，故叫做**延迟**，而信号左移就是指时间上**超前**。在实际的信号与系统问题和信号处理中，信号时移是极为普遍的现象，例如，配置在不同地点的接收机，接收来自同一发射机发出的信号，由于各个接收点与发射机之间的距离不等，造成传播延时上的差别，就形成了信号的不同延时。

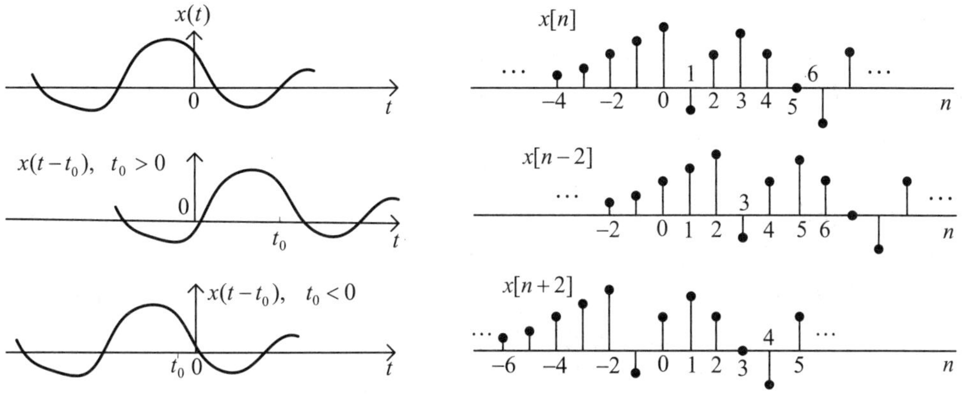


(a) 连续时间信号的延迟和超前　　(b) 离散时间序列的延迟和超前

图 2.19　信号时移的图例说明

实现信号时移的系统称**时移系统**，连续时间和离散时间时移系统的输入输出关系分别为

$$y(t)=x(t-t_0)\quad 和\quad y[n]=x[n-n_0] \tag{2.4.15}$$

且分别称为延时 $t_0$ 和 $n_0$ 的系统。

### 3．自变量尺度比例变换导致的信号变换及其相应的基本系统

第三种自变量变换是尺度比例变换，由于连续时间变量 $t$ 或离散时间变量 $n$ 分别是实变量或整变量，它们的尺度比例变换有不同的定义，下面分别讨论。

1）连续时间信号的时域压扩和时域压扩系统

连续时间变量 $t$ 变换成 $at$，$a\neq 0$，这样的自变量变换称为连续时间**尺度比例变换**，它导致的连续时间信号变换为

$$x(t)\longrightarrow x(at),\quad 实数\ a\neq 0$$

当 $a>0$ 时，正实数 $a$ 称为**尺度比例因子**，其中，$a>1$ 为尺度放大，$1>a>0$ 为尺度缩小。从图 2.20 看，这三个波形完全相似，差别仅在于它们占有的时域宽度不一样，$x(2t)$ 和 $x(t/2)$ 可分别看成 $x(t)$ 在时域上压缩一倍和展宽(或扩展)一倍的波形。倘若 $x(t)$ 代表一盘录音磁带上的信号，$x(2t)$ 就是磁带以两倍速度放音的信号，$x(t/2)$ 则是以原来的一半速度放音的信号。由此可见，若尺度放大($a>1$)，导致信号时域上压缩；相反，若尺度缩小($1>a>0$)，则导致信号在时域上展宽或扩展。故把

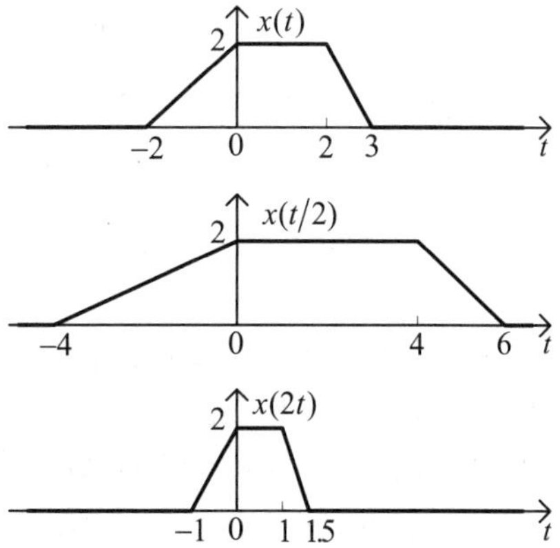


图 2.20　连续时间信号时域压扩的图例

由这种尺度变换造成的信号变换称为信号的**时域压扩**，或称作信号的**尺度比例变换**。

实现连续时间信号时域压扩的系统称为**时域压扩系统**，它的输入输出关系为

$$y(t)=x(at)\,,\quad 实数\ a\neq 0 \tag{2.4.16}$$

必须指出，在 $x(t)\longrightarrow x(at)$ 的信号变换中，$a$ 不限于正实数，若 $a<0$，$x(at)$ 可看成 $x(-|a|t)$，此时的信号变换不仅包含上述信号时域压扩，还包含了信号反转，这可看成以尺度比例因子 $|a|$ 的时域压扩和时域反转的组合变换。

2）离散时间信号的尺度变换：抽取器和内插零系统

由于离散时间信号在时间上的离散性，它仅在整数时间点上有定义，对离散时间变量的尺度变换就有较严格的限制。类似于连续时间信号的时域压缩和时域展宽这两种情况，可以分别定义如下两种离散时间变量的尺度比例变换，以及由它们造成的信号变换。

第一种是离散时间变量 $n$ 变成 $Mn$，且限定 $M$ 为正整数，即离散时域尺度放大 $M$ 倍。由此导致的离散时间信号表示为

$$x[n]\longrightarrow x[Mn],\quad 整数\ M>0$$

图 2.21(a)和(b)给出了 $x[n]\longrightarrow x[3n]$ 的图例说明，由图 2.21 可以看出，$x[3n]$ 只保留原序列在 3 的整数倍时刻点的序列值，其余的序列值均被丢弃了，因此，通常把 $x[n]\longrightarrow x[Mn]$ 的离散时间信号变换(或操作)取名为 $M$ :1 **抽取**(decimation)。若 $M$ 为负整数，$x[Mn]=x[-|M|n]$ 就意味着它是 $x[n]$ 的时域反转与 $M$ :1 抽取的组合变换。

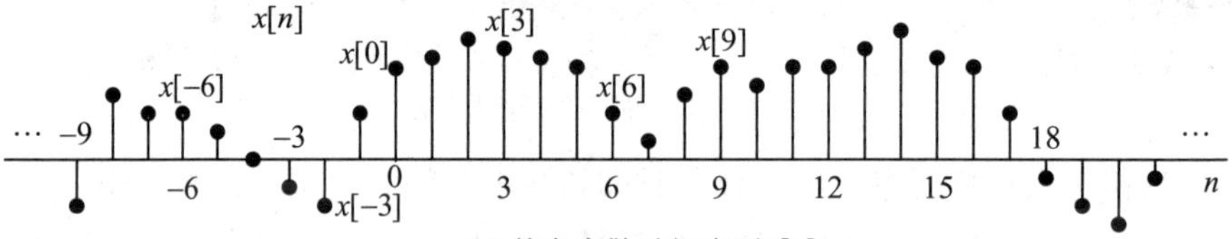

(a) 某个离散时间序列$x[n]$

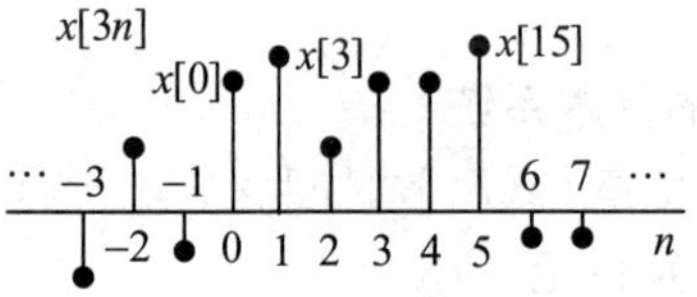

(b) $x[n]$的3:1抽取序列

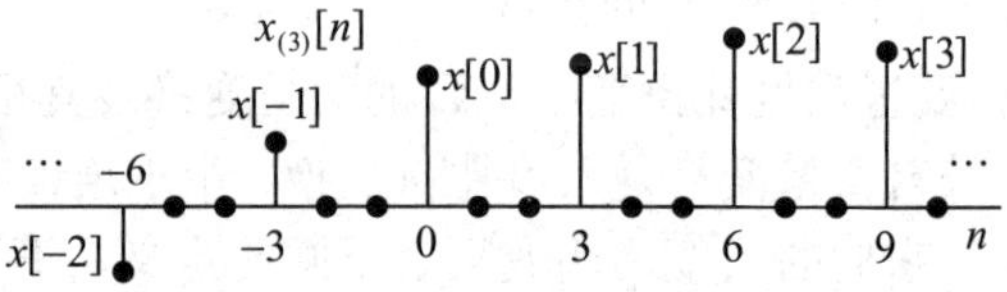

(c) $x[n]$的$M=3$内插零序列

图 2.21 离散时间信号的抽取和内插零

第二种由离散时间尺度变换造成的信号变换定义为

$$x[n]\ \longrightarrow\ x_{(M)}[n],\quad 整数\ M>0$$

其中

$$x_{(M)}[n]=\begin{cases}x[n/M] & n=lM\\ 0, & n\neq lM\end{cases},\quad l=0,\ \pm1,\ \pm2\ \cdots \tag{2.4.17}$$

图 2.20(c)给出了某离散时间序列 $x[n]$ 变换成 $x_{(3)}[n]$ 的图例说明，由图例可以看出，$x_{(3)}[n]$ 是由原序列中每个相邻的序列值之间插入 2 个零值得到的。因此，通常把由 $x[n]\longrightarrow x_{(M)}[n]$ 的离散时间信号变换称为**内插 $M-1$ 个 0** 的操作(或变换)，简称 $M$ **倍内插零**。

实现离散时间抽取和内插零操作的系统分别称为离散时间抽取器和内插零系统。$M$ 倍抽取器和 $M$ 倍内插零系统的信号变换表达式分别为

$$y[n]=x[Mn]\quad 和\quad y[n]=\begin{cases}x[n/M], & n=lM\\ 0, & n\neq lM\end{cases} \tag{2.4.18}$$

在本书中，它们的系统图形符号分别用图 2.22(a)和(b)表示。在数字信号处理中，离散时间抽取器和内插零系统有着广泛的应用，它们是多抽样率(multirate)系统中的基本单元。

$$x[n] \longrightarrow \boxed{M\downarrow} \longrightarrow y[n] = x[Mn]$$ $$x[n] \longrightarrow \boxed{M\uparrow} \longrightarrow y[n] = x_{(M)}[n]$$

(a) 离散时间抽取器　　　　　　　　(b) 离散时间 M 倍内插零系统

图 2.22　离散时间抽取器和内插零系统的图形符号

这两种离散时间尺度变换和上面介绍的连续时间对偶有较大的区别：在离散时间中，$x[n] \longrightarrow x[Mn]$ 或 $x[n] \longrightarrow x_{(M)}[n]$ 这两种信号变换一般不再能代表原信号 $x[n]$ **单纯**的时域压缩 $M$ 倍或扩展 $M$ 倍，它们都会导致离散时间序列波形的改变。特别是 $M:1$ 抽取，仅保留下原序列在 $M$ 倍时刻点的样本，可能使 $x[Mn]$ 和 $x[n]$ 完全不一样，只有在 $x[n]$ 的变化足够慢时，$x[Mn]$ 才代表了 $x[n]$ 时域压缩 $M$ 倍的信号。对于内插零来说，如果不包括内插的 $M-1$ 个零值，仅从 $x_{(M)}[n]$ 的序列包络上看，倒可以看成 $x[n]$ 减慢 $M$ 倍的序列。

在涉及自变量变换的许多信号变换中，还经常遇到上面几种自变量变换的组合变换。为了说明这些组合变换产生的信号变换，请看下面的例题。

**【例 2.2】**　已知 $x[n]$ 和 $x(t)$ 分别如图 2.23(a)和(c)所示，试分别画出 $x[3-n]$ 和 $x(1-t/2)$ 的波形。

**解：**　由 $x[n] \longrightarrow x[3-n]$ 的信号变换，组合了离散时间变量的反转和移位。$x[3-n]$ 应是 $x[n]$ 先反转，然后右移 3(或者先左移 3，再反转)得到的序列，见图 2.23(b)。

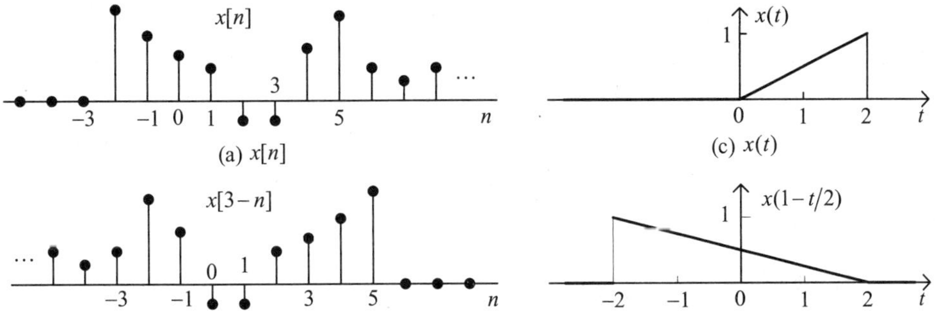

(a) $x[n]$

(c) $x(t)$

(b) $x[3-n]$

(d) $x(1-t/2)$

图 2.23　例 2.2 的图解说明

由 $x(t)$ 变换成 $x(1-t/2)$，组合了连续时间的三种自变量变换，即包含信号反转、时域扩展和移位三种信号变换。因此，$x(1-t/2)$ 应是 $x(t)$ 先反转，然后在时域上展宽(扩张)一倍，最后右移 2(注意，不是左移 1)得到的波形，它如图 2.23(d)所示。

表 2.2

| $n$ | … | $-1$ | $0$ | $1$ | $2$ | $3$ | $4$ | $5$ | … |
| --- | --- | --- | --- | --- | --- | --- | --- | --- | --- |
| $3-n$ | … | 4 | 3 | 2 | 1 | 0 | $-1$ | $-2$ | … |
| $x[3-n]$ | … | $x[4]$ | $x[3]$ | $x[2]$ | $x[1]$ | $x[0]$ | $x[-1]$ | $x[-2]$ | … |

表 2.3

| $t$ | … | $-3$ | $-2$ | $-1$ | $0$ | $1$ | $2$ | $3$ | $4$ | … |
| --- | --- | --- | --- | --- | --- | --- | --- | --- | --- | --- |
| $1-t/2$ | … | 2.5 | 2 | 1.5 | 1 | 0.5 | 0 | $-0.5$ | $-1$ | … |
| $x(1-t/2)$ | … | $x(2.5)$ | $x(2)$ | $x(1.5)$ | $x(1)$ | $x(0.5)$ | $x(0)$ | $x(-0.5)$ | $x(-1)$ | … |

值得注意的是：读者往往错误地把由自变量变换导致的信号变换等同于数学课程中的坐标变换，将一些

组合变换的信号波形画错。必须指出，坐标变换是涉及同一函数在变换前后坐标中的不同表示，这里的信号变换则是由自变量变换导致的两个不同信号在同一时间坐标上的表示。画出例 2.2 中 $x[3-n]$ 和 $x(1-t/2)$ 波形的正确方法可以用表 2.2 和表 2.3 说明。在组合的自变量变换中，自变量变换的次序可以不同，如 $x(1-t/2)$ 也可以 $x(t)$ 先左移 1，再以原点反转并在时域上扩展一倍得到。还须指出，组合的自变量变换的次序不可任意调换。

最后还需说明两点：第一，上面介绍的自变量的变换只牵涉到一个自变量的变换，对于多维信号，也可以定义一个或多个自变量的变换。在涉及多个自变量变换的多维信号变换中，除了信号的反转、平移以及尺度压扩外，还可以定义信号的旋转，在图像处理中经常遇到这类涉及多维自变量变换的信号变换问题。第二，上面介绍的自变量变换都属于自变量的**线性变换**，还可以定义自变量的非线性变换。例如：$x(t)\longrightarrow x(at^2+bt+c)$，其中，$a$，$b$ 和 $c$ 均为实数；$x[n]\longrightarrow x[mn^2+kn+l]$，其中，$m$，$k$ 和 $l$ 均为整数，此类自变量的多项式变换，都属于自变量的非线性变换。在图像处理中讨论图像几何校正技术时，为了校正因地球曲率半径等原因造成的卫星遥感图像的几何畸变，就会用到这类自变量的非线性变换。

# 2.5 基本的连续时间和离散时间信号

本节将分别介绍两类特别重要的基本信号：连续时间和离散时间单位冲激和单位阶跃信号，以及连续时间和离散时间复指数信号(包括正弦信号)。它们既是表示或构成相当广泛的连续时间和离散时间信号的两类基本信号，又分别是系统时域分析方法和变换域分析方法的基础。另外，在连续时间和离散时间之间，各自的单位冲激信号、单位阶跃信号和复指数信号虽然有很强的对偶关系，但是也存在一些差别。读者在本书后续内容中将会看到，它们之间的这种对偶和差别，正是导致连续时间和离散时间信号与系统的理论与方法之间一系列对偶和差别的主要根源之一。

## 2.5.1 单位阶跃信号与单位冲激信号

### 1. 连续时间单位阶跃信号和离散时间单位阶跃序列

在本书中，连续时间和离散时间单位阶跃信号分别用 $u(t)$ 和 $u[n]$ 表示，它们的定义为

$$u(t)=\begin{cases}1, & t>0\\0, & t<0\end{cases} \quad 和 \quad u[n]=\begin{cases}1, & n\geqslant 0\\0, & n<0\end{cases} \tag{2.5.1}$$

其中，当 $t=0$ 时，$u(t)$ 没有定义；而当 $n=0$ 时，$u[n]$ 有确定的值 1。$u(t)$ 和 $u[n]$ 的波形分别见图 2.24(a)和(b)。

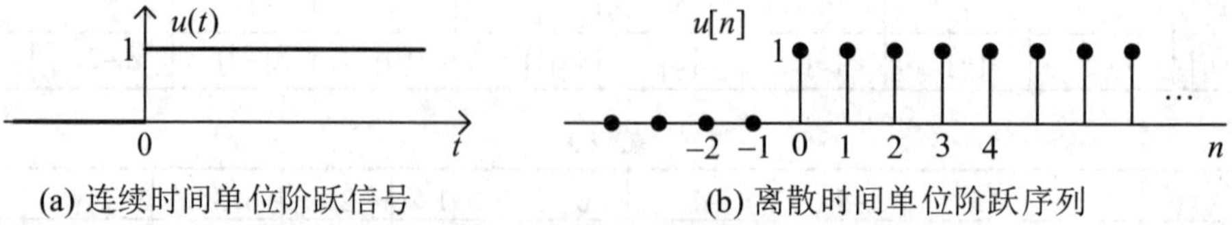


(a) 连续时间单位阶跃信号 (b) 离散时间单位阶跃序列

图 2.24 连续时间和离散时间单位阶跃信号的波形

单位阶跃信号 $u(t)$ 已为大家所熟悉，在电路分析中，单位直流电压源或电流源，通过一个在 $t=0$ 时刻闭合的开关，加到电路上的电压信号或电流信号，就可数学抽象为 $u(t)$。单位

阶跃序列 $u[n]$ 也有与 $u(t)$ 类似的物理含义。

由于 $u(t)$ 和 $u[n]$ 分别在 $t>0$ 和 $n\geqslant 0$ 均为单位值，利用它们可以表示许多有始信号，以及把一些用分段表达式表示的信号，归纳成一个闭合表达式。例如，在(2.2.2)式和例 2.1 中分别表示的单边实指数信号和序列，可分别表示成如下闭合表达式：

$$x(t)=\mathrm{e}^{-at}u(t) \quad 和 \quad x[n]=a^n u[n] \tag{2.5.2}$$

此外，用 $u(t)$ 和 $u[n]$ 来表示一些有限持续期的脉冲信号是特别方便的。

**【例 2.3】** 图 2.25 中画出了一些脉冲信号或序列的波形，试用 $u(t)$ 或 $u[n]$ 分别写出它们的闭合表达式。

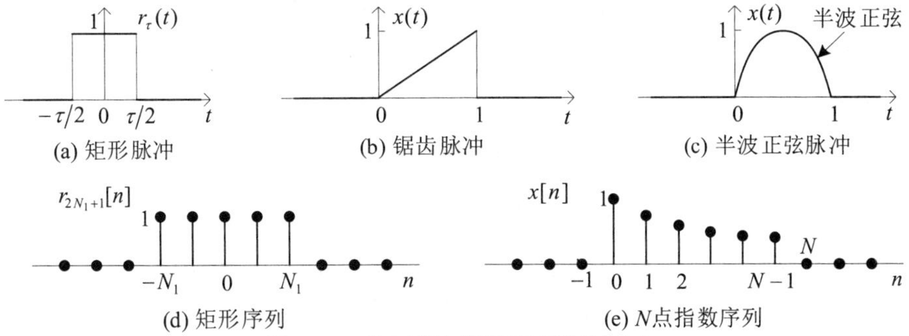


图 2.25　几个脉冲信号和序列的例子

**解：** 图 2.25(a)至(e)的信号的闭合表达式可分别表示如下：

a) 这是个具有单位幅度、宽度为 $\tau$ 的**矩形脉冲**，在信号处理中常称为矩形窗函数，本书后面会经常遇到，它表示为 $r_\tau(t)$，并用下标表示矩形脉冲的宽度。

$$r_\tau(t)=u(t+\tau/2)-u(t-\tau/2) \tag{2.5.3}$$

b) 锯齿脉冲可表示为

$$x(t)=t[u(t)-u(t-1)]=tu(t)-(t-1)u(t-1)-u(t-1)$$

c) 半波正弦脉冲可表示为

$$x(t)=(\sin\pi t)[u(t)-u(t-1)]=(\sin\pi t)u(t)+[\sin\pi(t-1)]u(t-1) \tag{2.5.4}$$

d) 这个长度(或点数)为 $2N_1+1$ 的矩形序列，可以看作矩形窗函数 $r_\tau(t)$ 的离散时间对偶，常称为**矩形窗序列**，本书中表示为 $r_{2N_1+1}[n]$，其中下标表示矩形窗序列的长度(或点数)。它可表示为

$$r_{2N_1+1}[n]=u[n+N_1]-u[n-N_1-1] \tag{2.5.5}$$

e) $N$ 点指数序列可表示为

$$x[n]=a^n(u[n]-u[n-N])=a^n u[n]-a^N a^{n-N}u[n-N]$$

**2．连续时间单位冲激信号和离散时间单位冲激序列**

比单位阶跃信号和序列更重要、更基本的信号是单位冲激信号和单位冲激序列，连续时间单位冲激信号和离散时间单位冲激序列分别用 $\delta(t)$ 和 $\delta[n]$ 表示。$\delta(t)$ 可以看成作用时间极短，但具有单位强度(或大小)的信号之数学抽象，“单位冲激”便由此得名。例如，力学中瞬间作用的冲击力，电学中的雷击放电，模拟信号到数字信号转换电路($A/D$ 转换器)中的单个抽样脉冲，等等，它们都可以用单位冲激函数来描述。

在数学中，单位冲激函数称为 $\delta$ 函数，它有几种定义：

1) $\delta$ 函数的极限形式定义

这个定义把 $\delta(t)$ 看成一些具有单位面积的规则函数 $\delta_\Delta(t)$ 的极限。其中，最普遍的是用图 2.26(a)所示的宽度为 $\Delta$、幅度为 $1/\Delta$ 的矩形脉冲 $\delta_\Delta(t)$，当 $\Delta\to 0$ 时的极限来定义，即

$$\delta(t)=\lim_{\Delta\to 0}\delta_\Delta(t) \tag{2.5.6}$$

$\delta(t)$ 的波形用箭头表示，见图 2.26(b)，它示意在 $t=0$ 有一个“单位冲激”，在 $t\neq 0$ 处，信号值都是 0。单位冲激的强度为 1，如果是强度为 $E$ 的冲激信号，即 $E\delta(t)$，在表示成波形时，可将此强度值 $E$ 注于箭头旁，图 2.26(c)画出了处于 $t=t_0$ 点的强度为 $E$ 的冲激信号。

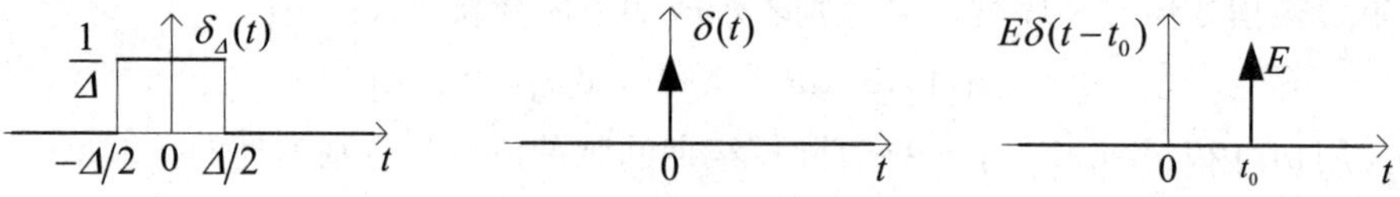

(a) $\delta_\Delta(t)$　　(b) $\delta(t)$　　(c) $E\delta(t-t_0)$

图 2.26　$\delta(t)$ 极限形式定义的图解说明和波形表示

2）狄拉克函数定义

狄拉克(Dirac)给出了 $\delta$ 函数的另一种定义，称为狄拉克函数定义，即

$$\begin{cases}\int_{-\infty}^{\infty}\delta(t)\mathrm{d}t=1\\ \delta(t)=0,\quad t\neq 0\end{cases}\tag{2.5.7}$$

狄拉克函数定义告知，除 $t=0$ 是它的一个不连续点外，其余的函数值均为零，且整个函数下的面积为 1。显而易见，狄拉克函数定义和上面的极限形式定义是一致的。

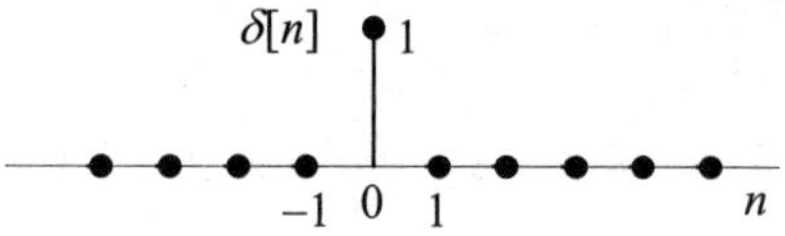

图 2.27　$\delta[n]$ 的序列图形

相比之下，离散时间单位冲激序列 $\delta[n]$ 的定义要简明得多，其定义为

$$\delta[n]=\begin{cases}1,\quad n=0\\ 0,\quad n\neq 0\end{cases}\tag{2.5.8}$$

其波形如图 2.27 所示。也就是说，$\delta[n]$ 是一个仅在 $n=0$ 时序列值为 1，其余时刻均为 0 的离散时间序列，因此，有时它又称为**单位样值序列**。

**3．单位冲激函数和单位冲激序列的性质**

1) 单位冲激信号和单位冲激序列具有单位面积

所谓具有单位面积，即

$$\int_{-\infty}^{\infty}\delta(t)\mathrm{d}t=1\quad 和\quad \sum_{n=-\infty}^{\infty}\delta[n]=1\tag{2.5.9}$$

2) 单位冲激信号 $\delta(t)$ 和 $\delta[n]$ 是偶信号

$$\delta(-t)=\delta(t)\quad 和\quad \delta[-n]=\delta[n]\tag{2.5.10}$$

单位冲激序列 $\delta[n]$ 是偶序列，这不难理解，$\delta(t)$ 是偶函数的证明将在 3.9 节中给出。

3) 单位冲激函数和单位冲激序列的筛分性质

先考察离散时间中 $\delta[n]$ 和一般的离散时间序列 $x[n]$ 相乘运算，不难证明：

$$x[n]\delta[n]=x[0]\delta[n]\quad 和\quad \sum_{n=-\infty}^{\infty}x[n]\delta[n]=x[0]\tag{2.5.11}$$

这表明，任何离散时间序列 $x[n]$ 和 $\delta[n]$ 相乘得到的仍是一个冲激序列，不过，此冲激序列在 $n=0$ 的序列值为 $x[0]$。(2.5.11)式称为单位冲激序列的**筛分性质**(或称**抽样性质**)，即任何离散时间信号与单位冲激序列相乘后，在 $(-\infty,\infty)$ 区间内求和，得到该序列在 $n=0$ 点(抽样点)的序列值，换言之，(2.5.11)式的运算具有筛分出(抽样出) $x[0]$ 的特性。更一般地有

$$x[n]\delta[n-n_0]=x[n_0]\delta[n-n_0]\quad 和\quad \sum_{n=-\infty}^{\infty}x[n]\delta[n-n_0]=x[n_0]\tag{2.5.12}$$

上式的运算具有筛分出 $x[n]$ 中任意时刻序列值的特性。

在连续时间中，单位冲激函数 $\delta(t)$ 亦有类似的筛分(抽样)性质。这个性质陈述如下：若连续时间信号 $x(t)$ 在 $t=0$ 处连续，则有

$$x(t)\delta(t)=x(0)\delta(t) \quad 和 \quad \int_{-\infty}^{\infty}x(t)\delta(t)\mathrm{d}t=x(0) \tag{2.5.13}$$

更一般地，若 $x(t)$ 在 $t=t_0$ 处连续，则有

$$x(t)\delta(t-t_0)=x(t_0)\delta(t-t_0) \quad 和 \quad \int_{-\infty}^{\infty}x(t)\delta(t-t_0)\mathrm{d}t=x(t_0) \tag{2.5.14}$$

上面两式含义的解释和离散时间中的解释相仿，也表明 $\delta(t)$ 具有筛分(抽样)性质。由于 $\delta(t)$ 不能看作常规函数，证明这个性质不像上面离散时间情况那样简便，需要泛函的知识，留到下一章 3.9 节讨论奇异函数时，再进一步给出严格的证明。

4) 单位冲激和单位阶跃之间的关系

首先看一下离散时间中 $u[n]$ 和 $\delta[n]$ 的关系。由它们的定义不难得出下面的关系：

$$u[n]=\sum_{k=-\infty}^{n}\delta[k]=\sum_{k=0}^{\infty}\delta[n-k] \quad 和 \quad \delta[n]=\Delta u[n]=u[n]-u[n-1] \tag{2.5.15}$$

(2.5.15)式左式中第二个等号用了变量 $n-k$ 代换 $k$ 。(2.5.15)式表明， $\delta[n]$ 是 $u[n]$ 的一阶差分，$u[n]$ 是 $\delta[n]$ 的一次累加。

上面右式是显而易见的，而左式可用图 2.28 来说明。图 2.28(a)显示出第一个求和， $\delta[k]$ 仅在 $k=0$ 时为 1，求和区间 $(-\infty,n)$ 随 $n$ 而移动，当 $n<0$ 时求和结果均为 0，只有当 $n\geqslant 0$ 时才为 1。右式中的第二个求和由图 2.28(b)说明，此时移动的不是求和区间，而是在 $k$ 轴上 $\delta[n-k]$ 随 $n$ 的增加不断右移，当 $n<0$ 时， $\delta[n-k]$ 处在求和区间外边，故求和结果为 0，当 $n\geqslant 0$ 时 $\delta[n-k]$ 落入求和区间，故求和结果为 1。

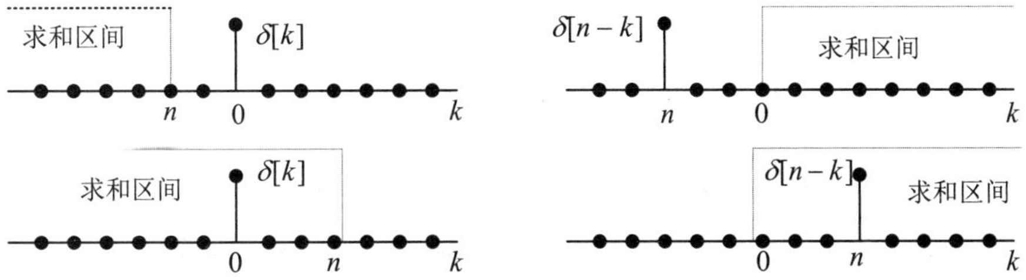


(a) (2.5.15)式左式第一个积分　　(b) (2.5.15)式左式第二个积分

图 2.28　(2.5.15)式左式的图解说明

连续时间中的 $\delta(t)$ 和 $u(t)$ 之间也有类似的关系，它们分别为

$$u(t)=\int_{-\infty}^{t}\delta(\tau)\mathrm{d}\tau=\int_{0}^{\infty}\delta(t-\tau)\mathrm{d}\tau \quad 和 \quad \delta(t)=\frac{\mathrm{d}}{\mathrm{d}t}u(t) \tag{2.5.16}$$

这表明，$u(t)$ 是 $\delta(t)$ 的一次积分，而 $\delta(t)$ 是 $u(t)$ 的一阶导函数。(2.5.16)式左式也可以用类似于图 2.28 说明(2.5.15)式左式的方法，用图 2.29 来说明。

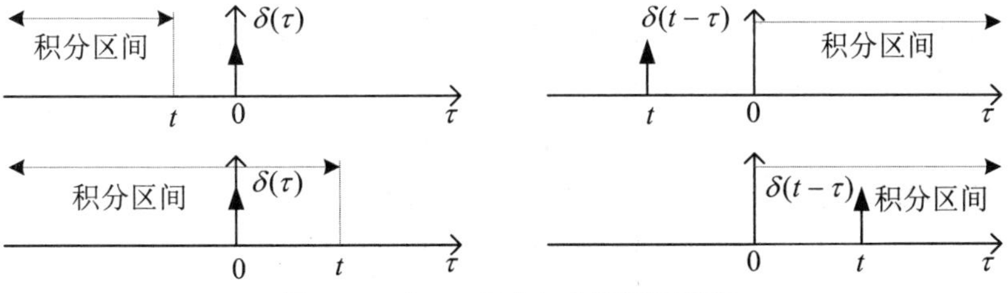


图 2.29　(2.5.16)式左式的图解说明

从普通函数的严格定义来讲，在 $t=0$ 处 $u(t)$ 是不可微的。为了证明 (2.5.16) 式右式，必须借助 $\delta(t)$ 和 $u(t)$ 的极限定义。如果把 $u(t)$ 看作图 2.30(a)所示的连续函数 $u_\Delta(t)$，在 $\Delta\to 0$ 时的极限来看待的话，那么 $u_\Delta(t)$ 的一阶导函数就是 $\delta_\Delta(t)$，即 $\delta_\Delta(t)=u'_\Delta(t)$，利用 $\delta_\Delta(t)$ 的极限定义就可证明(2.5.16)式右式。

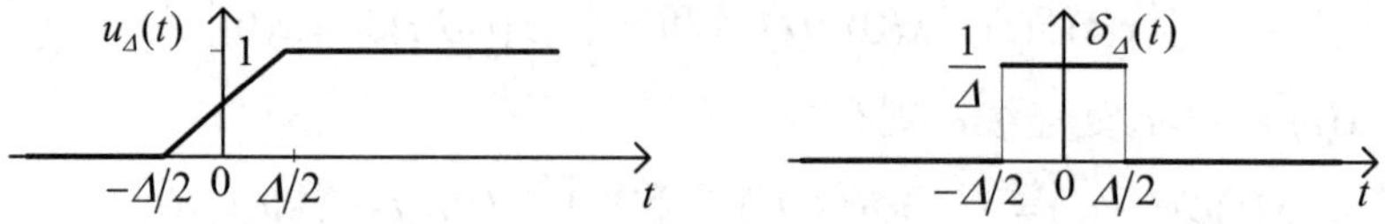


(a) $u_\Delta(t)$　　(b) $\delta_\Delta(t)$

图 2.30　用极限形式证明(2.5.16)式右式的图解说明

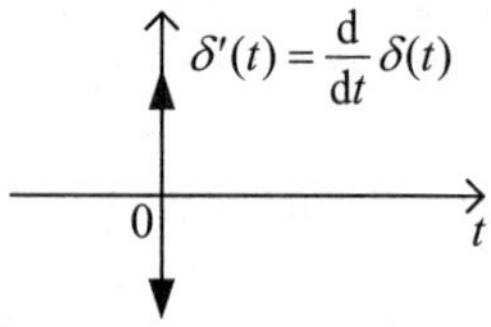


图 2.31　单位冲激偶信号

由于连续时间和离散时间单位冲激信号具有上述的特殊性质，在下一章将会看到，它们不仅可以表示绝大多数连续时间和离散时间信号，同时也是连续时间和离散时间系统最基本的时域分析工具。此外，连续时间单位冲激信号 $\delta(t)$ 还有有限阶导数，例如，$\delta(t)$ 的一阶导数 $\delta'(t)$，有的书上称它为**单位冲激偶**信号，并用图 2.31 的图形表示。对于 $\delta(t)$ 及其有限阶导数等，它们不同于普通的连续函数，在数学中把它们称为**广义函数**或**奇异函数**。在 3.9 节中将对它们作进一步的讨论，以便对它们的特性以及在信号与系统分析中的作用有更深入的理解。

最后，介绍一对由单位冲激函数或序列组成的信号，即**连续时间和离散时间周期冲激串**，它们在后面会经常出现并十分有用。连续时间和离散时间周期冲激串 $\tilde{\delta}_T(t)$ 和 $\tilde{\delta}_N[n]$ 定义为

$$\tilde{\delta}_T(t)=\sum_{l=-\infty}^{\infty}\delta(t-lT)\quad 和\quad \tilde{\delta}_N[n]=\sum_{l=-\infty}^{\infty}\delta[n-lN] \tag{2.5.17}$$

它们的波形见图 2.32(a)和(b)，$\tilde{\delta}_T(t)$ 在 $T$ 的整倍数点都出现单位冲激；而 $\tilde{\delta}_N[n]$ 则在 $N$ 的整数倍点上序列值为 1，其余均为 0。

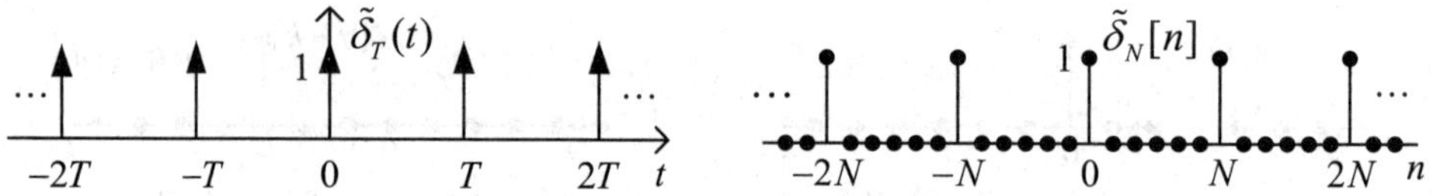


(a)　　(b)

图 2.32　连续时间和离散时间周期冲激串信号

## 2.5.2　复指数信号与正弦信号

在信号与系统的理论和方法中，起特别重要作用的另一类信号是复指数信号。本节将介绍和讨论连续时间和离散时间复指数信号，包括作为其子类的连续时间和离散时间正弦信号，并深入讨论它们的一些重要性质。在下面的介绍和讨论中，请注意它们之间的对偶关系，同时弄清两者的重要区别，这对本书后面讨论变换域方法是很有帮助的。

连续时间复指数信号具有如下形式：

$$x(t)=c\mathrm{e}^{st},\quad c,s\in\mathbf{C} \tag{2.5.18}$$

其中的 $\mathbf{C}$ **表示复数域**；离散时间复指数序列通常表示为

$$x[n]=cz^n,\quad c,z\in\mathbf{C} \tag{2.5.19}$$

为看出它与连续时间复指数信号的对偶关系，令 $z=\mathrm{e}^{\alpha}$，$\alpha\in\mathbf{C}$，这样，离散时间复指数

序列就有另一种表示形式：

$$x[n]=c\mathrm{e}^{\alpha n},\quad c,\alpha\in\mathbf{C} \tag{2.5.20}$$

从形式上看，似乎上式更类似于(2.5.18)式，但(2.5.19)式更为方便实用。下面将会看到，尽管(2.5.19)式和(2.5.18)式形式上不太类似，但是并不损害它们之间的对偶关系，因此本书在绝大多数情况下，用(2.5.19)式表示离散时间复指数序列。在上述表达式中，复常数$c$表示复指数信号或序列的复数幅度，对信号的形式没有影响，在下面的讨论中都令$c=1$。根据复数$s$和$z$和取值不同，连续时间和离散时间复指数信号又可分成如下几个子类。

**1．连续时间和离散时间实指数信号**

在连续时间或离散时间复指数信号的表达式中，如果$s$和$z$均为实数，例如，$s=-a$和$z=a$，$a\in\mathbf{R}$，它们就称为**实指数信号**和**序列**。连续时间实指数信号为

$$x(t)=\mathrm{e}^{-at},\quad a\in\mathbf{R} \tag{2.5.21}$$

在图 2.33 中画出了$a>0$，$a=0$和$a<0$三种情况的信号波形：若$a<0$，它是单调增长的实指数信号，它可描述诸如物理中的原子爆炸、雪崩效应，或化学中的连锁反应等现象；若$a=0$，则为实常数信号，电路中的直流信号就是典型的例子；若$a>0$，则是衰减的实指数信号，这类信号可描述诸如放射性衰变、RC电路暂态响应和有阻尼的机械系统响应等物理过程。

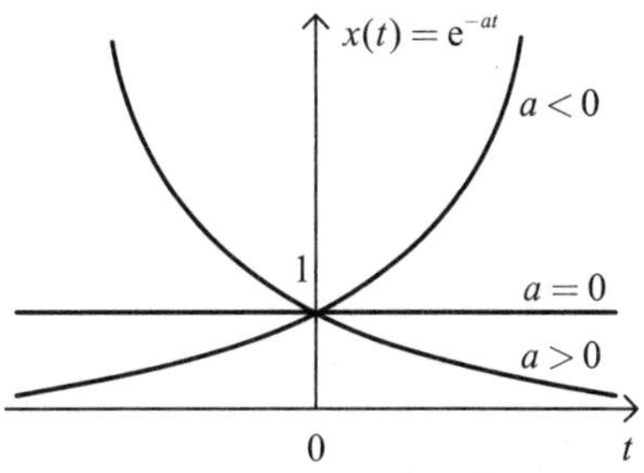

图2.33 连续时间实指数信号

离散时间实指数信号为

$$x[n]=a^n,\quad a\in\mathbf{R} \tag{2.5.22}$$

图 2.34 中画出了当实数$a$取不同值时，几种不同的实指数序列。如果限于$a>0$，它分别呈现出单调增长的实指数序列($a>1$)、常数序列($a=1$)和单调衰减的实指数序列($0<a<1$)，分别如图 2.34(a), (b)和(c)所示，并分别对应着连续时间实指数信号的三种形式；而当$a<0$时，$a=-|a|$，它在增长或衰减的同时，还交替地改变序列值的符号，分别如图 2.34(d), (e)和(f)所示，严格地讲，这是一种振荡的特性，在连续时间实指数信号中不存在这种情况。

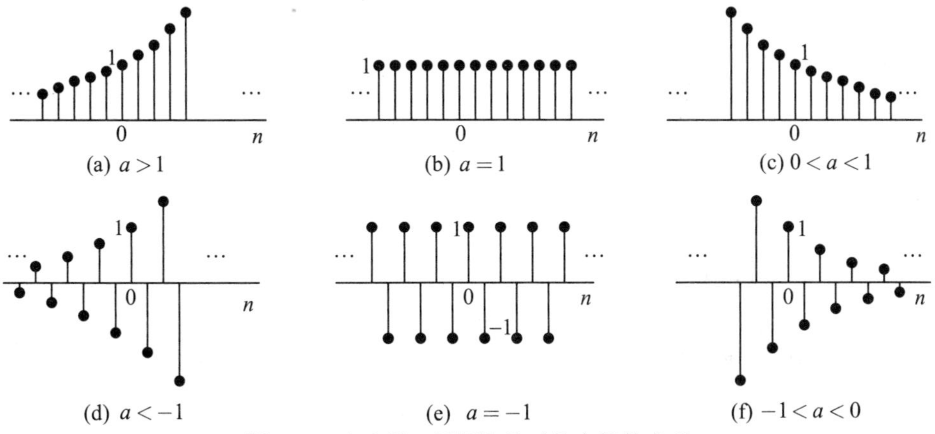

图 2.34　在实数$a$不同取值时的实指数序列

**2．连续时间和离散时间复正弦信号和正弦信号**

在(2.5.18)式和(2.5.19)式中，如果$s$和$z$分别为$s=\mathrm{j}\omega$和$z=\mathrm{e}^{\mathrm{j}\Omega}$，即

$$x(t)=\mathrm{e}^{\mathrm{j}\omega t}\ ,\ \omega\in\mathbf{R}\quad 和\quad x[n]=\mathrm{e}^{\mathrm{j}\Omega n}\ ,\ \Omega\in\mathbf{R} \tag{2.5.23}$$

它们分别称为复正弦信号和序列。利用欧拉关系式，连续时间和离散时间复正弦信号的实部与虚部都是与其有相同频率的正弦信号或序列，即

$$\mathrm{e}^{\mathrm{j}\omega t}=\cos\omega t+\mathrm{j}\sin\omega t\quad 和\quad \mathrm{e}^{\mathrm{j}\Omega n}=\cos\Omega n+\mathrm{j}\sin\Omega n \tag{2.5.24}$$

这正是通常把它们分别称为**复正弦信号**和**序列**的来由。此外，正弦信号也能用有相同周期的一对正负频率的复正弦信号来表示，即

$$\cos(\omega t+\phi)=[\mathrm{e}^{\mathrm{j}(\omega t+\phi)}+\mathrm{e}^{-\mathrm{j}(\omega t+\phi)}]/2\quad 和\quad \cos(\Omega n+\phi)=[\mathrm{e}^{\mathrm{j}(\Omega n+\phi)}+\mathrm{e}^{-\mathrm{j}(\Omega n+\phi)}]/2 \tag{2.5.25}$$

或者表示为

$$\cos(\omega t+\phi)=\mathrm{Re}\{\mathrm{e}^{\mathrm{j}(\omega t+\phi)}\}\quad 和\quad \cos(\Omega n+\phi)=\mathrm{Re}\{\mathrm{e}^{\mathrm{j}(\Omega n+\phi)}\} \tag{2.5.26}$$

其中，$\mathrm{Re}\{*\}$ 表示取实部运算；$\omega$ 称为角频率，单位是 rad/s(弧度/秒)，$\Omega$ 称为离散时间角频率，单位是 rad(弧度)；$\phi$ 称为初相角，单位是 rad(弧度)。从物理概念上讲，周期和频率均应为非负值，在复正弦信号中，$\omega$ 和 $\Omega$ 可为负值仅是数学运算的需要。上述关系表明，一对周期和振幅相同、初相角相反的正负频率的复正弦信号，构成了一个实的正弦信号。

从形式上看，连续时间与离散时间中的复正弦信号和正弦信号非常类似，也有许多相同的特性。但是，它们之间还有几个重要的不同点，正是这些不同点，导致了后面要介绍的连续时间和离散时间傅里叶方法之间有一系列区别。现将它们之间的不同特性讨论如下：

(1) 众所周知，对于任何实数 $\omega$，连续时间复正弦信号 $\mathrm{e}^{\mathrm{j}\omega t}$ 和正弦信号都是周期信号，它们的周期为 $T=2\pi/|\omega|$，故称为周期复指数信号。复正弦序列 $\mathrm{e}^{\mathrm{j}\Omega n}$ 和正弦序列则不然，对所有的实数 $\Omega$，它们并非都是周期序列，只有当 $\Omega/(2\pi)$ 为一有理数时，离散时间复正弦序列 $\mathrm{e}^{\mathrm{j}\Omega n}$ 才是周期序列，显然，这一结论对正弦序列也成立。这是复正弦序列和正弦序列与其连续时间对偶之间第一个重要区别。图 2.35 给出了几个正弦序列，其中，(a) $\cos(\pi n/6)$ 是一个周期序列，周期为 12，(b) $\cos(2\pi n/31)$ 也是周期的，周期为 31，(c) $\cos(n/6)$ 是非周期序列，尽管序列值包络是周期的，但不存在任何正整数 $N$，使得下式成立，即 $\cos[(n+N)/6]=\cos(n/6)$。正是这一差别，复正弦序列却不能笼统称为周期复指数序列。这可以说明如下：若 $\mathrm{e}^{\mathrm{j}\Omega n}$ 是周期序列，必须存在一个正整数 $N$，使得下式成立，即

$$\mathrm{e}^{\mathrm{j}\Omega(n+N)}=\mathrm{e}^{\mathrm{j}\Omega n}\mathrm{e}^{\mathrm{j}\Omega N}=\mathrm{e}^{\mathrm{j}\Omega n}$$

即必须有 $\mathrm{e}^{\mathrm{j}\Omega N}=1$，则 $\Omega N$ 必须是 $2\pi$ 的整数倍。换言之，必须有一个正整数 $m$，使下式成立，即

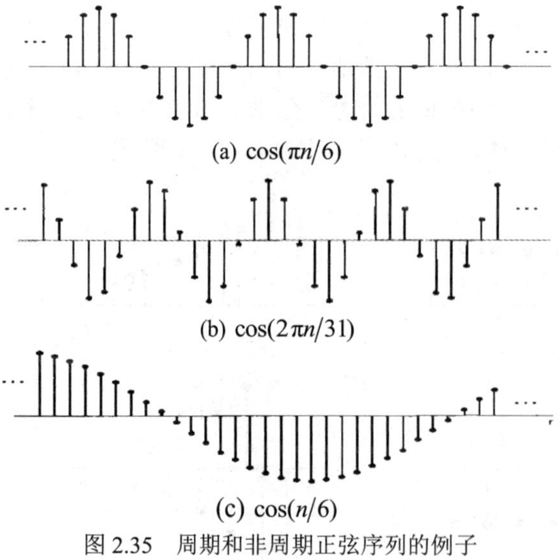

图 2.35 周期和非周期正弦序列的例子

$$\Omega N=2\pi m\quad 或\quad \Omega/2\pi=m/N \tag{2.5.27}$$

(2) 离散时间复正弦序列和正弦序列，与连续时间复正弦信号和正弦信号之间的第二个不同点在于：在连续时间中，对每一个不同 $\omega$，$\mathrm{e}^{\mathrm{j}\omega t}$ 都是不相同的周期信号，而且 $\omega$ 愈大，信号振荡的频率愈高；但是复正弦序列 $\mathrm{e}^{\mathrm{j}\Omega n}$ 就不是这样，因为有

$$e^{j(\Omega+2\pi k)n}=e^{j\Omega n},\quad k=0,\ \pm1,\ \pm2\cdots \tag{2.5.28}$$

这表明，角频率为 $\Omega$ 与角频率为$(\Omega+2\pi k)$的所有复正弦序列都是相同的复正弦序列。或者说，当角频率 $\Omega$ 每改变 $2\pi$ 的整数倍时，都呈现出同一个复正弦序列。因此，在任何 $2\pi$ 区间内的 $e^{j\Omega n}$ 就包括所有不同的复正弦序列，换言之，在研究这种复正弦序列时，只要在 $\Omega$ 的某个 $2\pi$ 区间内考察即可。一般选这个区间为 $-\pi<\Omega\leqslant\pi$，或者 $0\leqslant\Omega<2\pi$，并通常称为离散时间频率 $\Omega$ 的**主值区间**。当然，这个不同点也适用于正弦信号和序列。图 2.36 画出了 $\Omega$ 从 0 到 $2\pi$ 区间内几个不同离散时间频率时，正弦序列的演变情况：当 $\Omega=0$ 时，它是常数序列；随着 $\Omega$ 的增加，信号的振荡速率随之增加，直到 $\Omega=\pi$ 时，达到了离散时间序列的最高振荡速率，即随着 $n$ 的改变，正弦序列(包括复正弦序列)正负交替地改变序列值符号；当 $\Omega$ 继续增加，其振荡速率反而下降，直到 $\Omega=2\pi$ 时，它又回到常数序列。由此可见，离散时间频率变化的一个重要特点是：当 $\Omega$ 等于 $2\pi$ 的整数倍时，复正弦序列为常数序列，在这些频率附近是慢变化的低频信号，它们分别对应连续时间角频率 $\omega=0$ 和其附近的情况；反之，在 $\Omega$ 等于 $\pi$ 的奇数倍时，都是离散时间复正弦序列中的最高振荡频率，这对应着连续时间角频率 $\omega\to\infty$ 的情况。

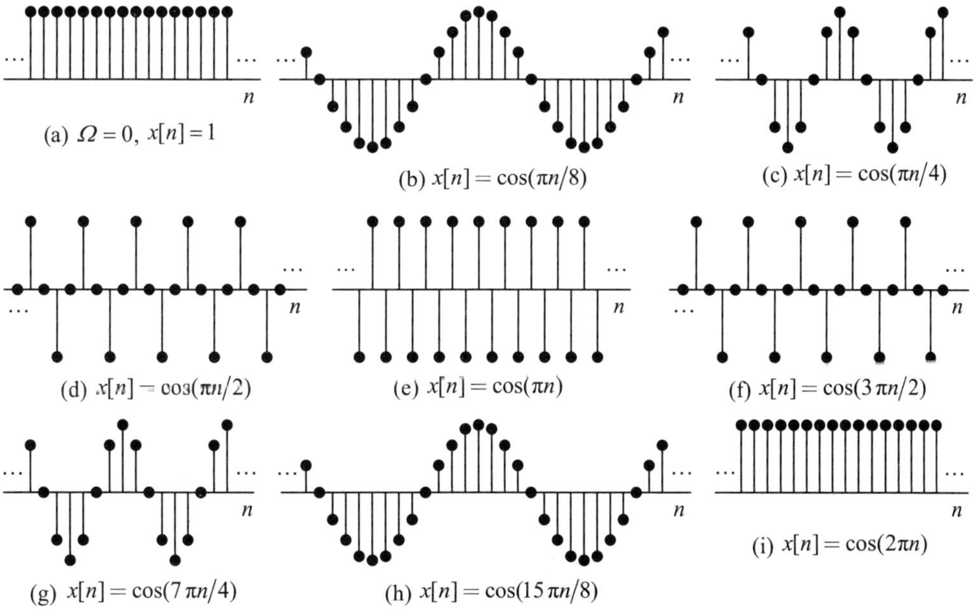


图 2.36　对应于几个不同离散时间频率时的正弦序列

连续时间周期复指数信号和正弦信号还有一个重要特性，并在信号与系统分析中特别有用，即对于任何一个 $\omega$，都存在一组构成谐波关系的周期复指数信号和正弦信号。该组周期复指数信号的基本频率都是某一个正频率值 $\omega_0$ 的整数倍，即

$$\phi_k(t)=e^{jk\omega_0 t},\quad k=0,\ \pm1,\ \pm2\ \cdots \tag{2.5.29}$$

在离散时间复正弦和正弦序列中，也有成谐波关系的周期复正弦序列和正弦序列，即

$$\phi_k[n]=e^{jk(2\pi/N)n},\quad k=0,\ \pm1,\ \pm2\ \cdots \tag{2.5.30}$$

由于 $\Omega=k(2\pi/N)$ 满足(2.5.27)式，它们都是周期序列。

对于上面两式表示的复正弦信号$\{e^{jk\omega_0 t}\}$和复正弦序列$\{e^{jk(2\pi/N)n}\}$，分别有一个公共的周期 $T_0=2\pi/\omega_0$ 和 $N$，习惯称为**基波周期**。在这两组成谐波关系的复正弦信号或序列集合中，$\phi_1(t)$

和 $\phi_{-1}(t)$，或 $\phi_1[n]$ 和 $\phi_{-1}[n]$ 称为基波，除 $k=0$ 为常数信号或序列外，$|k|>1$ 时称为 $|k|$ 次谐波。同理，在正弦信号和序列中，也有成谐波关系的信号集合。

在连续时间中，不同 $k$ 的 $\phi_k(t)$ 都是互不相同的复正弦信号，即在连续时间复正弦信号或正弦信号中，成谐波关系的信号集合包含无穷多个不同的谐波信号。然而在离散时间中，当 $\Omega$ 每改变 $2\pi$ 的整数倍，都呈现出同一个复正弦序列，故在成谐波关系的复正弦序列集中，只有落在 $\Omega$ 的一个 $2\pi$ 区间内的 $N$ 个是互不相同的序列，余下的均可在这 $N$ 个不同的复正弦序列中找到与其相同的序列。这可作为离散时间复正弦序列和它的连续时间对偶的又一个区别。

**3．一般的连续时间和离散时间复指数信号**

在介绍了连续时间和离散时间复指数信号的两种特例以后，再来讨论(2.5.18)式和(2.5.19)式表示的一般的复指数信号就简单多了。在连续时间中，如果复数 $c$ 用极坐标表示，复数 $s$ 用直角坐标表示，即分别令 $c=|c|e^{j\varphi}$ 和 $s=\sigma+j\omega$，则(2.5.18)式的复指数信号可表示成

$$x(t)=|c|e^{\sigma t}[\cos(\omega t+\phi)+j\sin(\omega t+\phi)] \tag{2.5.31}$$

从上式可看到，若 $\sigma=0$，复指数信号就成为复正弦或复正弦信号，其实部和虚部均为正弦信号；若 $\sigma>0$，其实部和虚部都可看作振幅指数增长的正弦信号，如图 2.37(a)所示；若 $\sigma<0$，其实部和虚部皆为振幅指数衰减的正弦信号，如图 2.37(b)所示。

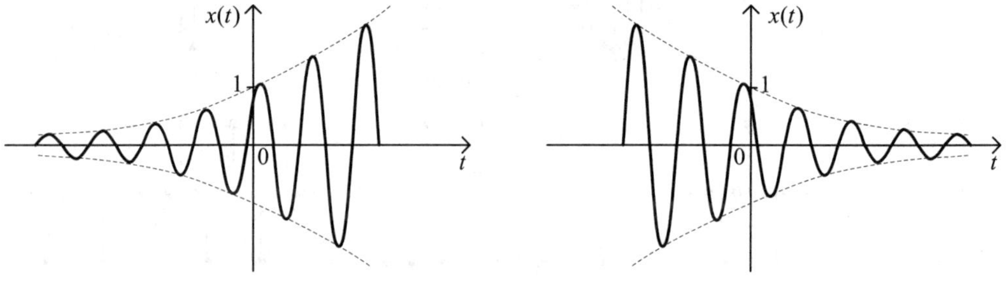


(a) $\sigma>0$　　(b) $\sigma<0$

图 2.37　连续时间一般复指数信号的实部或虚部信号

对于(2.5.19)式的一般复指数序列，若复数 $c$ 和 $z$ 均用极坐标表示，即分别令 $c=|c|e^{j\phi}$ 和 $z=re^{j\Omega}$，实数 $r>0$，这样，一般复指数序列可改写为

$$x[n]=|c|r^n[\cos(\Omega n+\phi)+j\sin(\Omega n+\phi)] \tag{2.5.32}$$

显然，当 $\Omega=2\pi l$，$l\in\mathbf{Z}$ 时，它归结为实指数序列；当 $\Omega\neq 2\pi l$，且 $r=1$ 时，则为复正弦序列，其实部和虚部均为正弦序列；若 $0<r<1$，其实部和虚部都可看作是振幅按指数衰减的正弦序列；若 $r>1$，其实部和虚部皆可看作是振幅按指数增长的正弦序列，它们如图 2.38 所示。

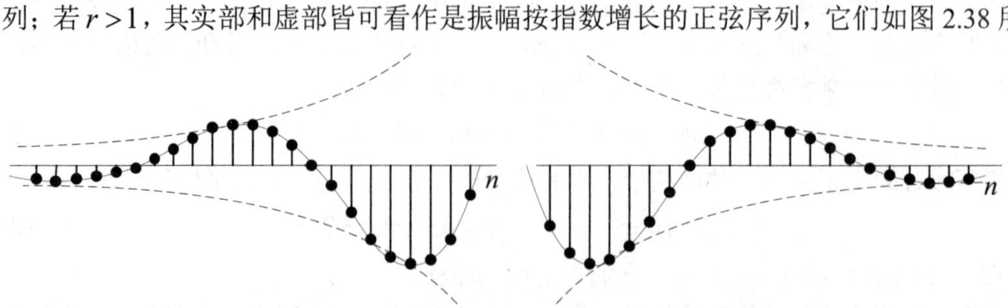


(a) $r>1$　　(b) $0<r<1$

图 2.38　一般复指数序列的实部或虚部信号

# 2.6　信号的时域特性和主要特征

信号的函数表达式和波形(或序列图形)包含了信号载有的全部信息，然而，信号的重要信息却是由其性质和特征表示的，因此，信号的各种性质和特征对于信号与系统的理论和方法具有重要意义。本节将介绍和讨论信号的一些重要特性及其有关的概念，例如，信号的周期性、对称特性，以及信号大小的规范量等，并介绍几个与这些特性有关的信号分类。在下一节还将讨论表示信号的性质和特征的其他方法，即信号的正交、相关系数和相关函数等。

## 2.6.1　信号的周期性、周期信号与非周期信号

如果一个连续时间和离散时间信号 $\tilde{x}(t)$ 和 $\tilde{x}[n]$，对于任何的 $t$ 和 $n$，分别满足

$$\tilde{x}(t)=\tilde{x}(t\pm T),\ T\in\mathbf{R}\quad 或\quad \tilde{x}[n]=\tilde{x}[n\pm N],\ N\in\mathbf{Z} \tag{2.6.1}$$

则它们就具有**周期性**，称为**周期信号**或**周期序列**，并把正实数 $T$ 和正整数 $N$ 分别叫做该周期信号和序列的**重复周期**，简称**周期**。否则，就分别称为**非周期信号**和**非周期序列**。特别指出，在本书中，一般在周期信号的符号上方加上“～”，以区别于非周期信号。

周期信号有如下一些重要的特性：

(1) 只要给出周期信号在其任一周期内的表达式或波形，整个周期信号就完全确定了。若 $\tilde{x}(t)$ 和 $\tilde{x}[n]$ 是周期为 $T$ 和 $N$ 的周期信号，其任一个周期区间表示为 $\langle T\rangle$ 或 $\langle N\rangle$，并令

$$x_0(t)=\begin{cases}\tilde{x}(t), & t\in\langle T\rangle\\ 0\ , & t\notin\langle T\rangle\end{cases}\quad 和\quad x_0[n]=\begin{cases}\tilde{x}[n], & n\in\langle N\rangle\\ 0\ , & n\notin\langle N\rangle\end{cases} \tag{2.6.2}$$

那么 $\tilde{x}(t)$ 和 $\tilde{x}[n]$ 就可分别表示为

$$\tilde{x}(t)=\sum_{l=-\infty}^{\infty}x_0(t-lT)\quad 和\quad \tilde{x}[n]=\sum_{l=-\infty}^{\infty}x_0[n-lN] \tag{2.6.3}$$

这表明，$x(t)$ 和 $\tilde{x}[n]$ 可以看作是由 $x_0(t)$ 或 $x_0[n]$ **周期延拓所**构成的。

(2) 周期信号 $\tilde{x}(t)$ 和 $\tilde{x}[n]$ 的周期为 $T$ 和 $N$ 不是唯一的，因为，若一个 $T$ 和 $N$ 分别满足(2.6.1)式左式和右式，则 $T$ 和 $N$ 的整数倍也一定分别满足(2.6.1)式左式和右式。为此，通常把满足(2.6.1)式的所有 $T$ 和 $N$ 中最小的正值，称为该周期信号的**基本周期**，其他所有的周期将是这个基本周期的整数倍。习惯上人们说到周期，一般都指基本周期。周期信号中还有频率、角频率等概念，对于连续时间或离散时间周期信号，若它们的周期(基本周期)为 $T$ 或 $N$，则**角频率** $\omega$ 或 $\Omega$ 与**频率** $f$ 或**列率** $F$ 之间的关系分别为

$$\omega=2\pi f=2\pi/T\quad 或\quad \Omega=2\pi F=2\pi/N \tag{2.6.4}$$

其中，$f$ 的单位为赫兹(Hz)，$\omega$ 的单位为弧度/秒(rad/s)；$\Omega$ 的单位为弧度(rad)。由于离散时间变量被归一化，列率 $F$ 是无量纲的量，它可看成和连续时间频率相对应的离散时间频率。

常数信号(即常说的直流信号)或序列也属于周期信号，显然，对于任何 $T$ 和 $N$，它们都分别满足(2.6.1)式左式和右式。但是，根据其信号值恒定不变的性质，习惯上把它们看成周期为无限大的周期信号和序列，即看成零频率的周期信号和序列。

## 2.6.2　信号的时域对称特性

信号的对称特性描述信号在时域上的分布性质，包括奇、偶对称性和共轭对称性。

**1．信号的奇、偶对称性，偶信号和奇信号**

一个信号 $x(t)$ 和 $x[n]$，若信号反转后的信号仍是原信号，即分别满足

$$x(-t)=x(t) \quad 和 \quad x[-n]=x[n] \tag{2.6.5}$$

则称为**偶信号或偶序列**。若分别满足

$$x(-t)=-x(t) \quad 和 \quad x[-n]=-x[n] \tag{2.6.6}$$

就称为**奇信号或奇序列**。

连续时间或离散时间偶信号和奇信号分别在时域上呈现出偶对称和奇对称分布特性。这种时域对称分布特性具体体现如下：若 $x(t)$ 和 $x[n]$ 是一个偶信号，则分别有

$$\int_{-\infty}^{\infty}x(t)\mathrm{d}t=2\int_{0}^{\infty}x(t)\mathrm{d}t \quad 或 \quad \sum_{n=-\infty}^{\infty}x[n]=2\sum_{n=0}^{\infty}x[n]-x[0] \tag{2.6.7}$$

对于奇信号 $x(t)$ 和 $x[n]$，则有

$$\int_{-\infty}^{\infty}x(t)\mathrm{d}t=0 \quad 或 \quad \sum_{n=-\infty}^{\infty}x[n]=0 \tag{2.6.8}$$

且连续时间奇信号 $x(t)$ 必定有 $x(0)=0$ 或没有定义(即 $t=0$ 为阶跃型不连续点)，而离散时间奇序列 $x[n]$ 只能有 $x[0]=0$。由于奇信号和偶信号的这种对称分布特性，只要分别知道它们在 $t\geqslant 0$ 和 $n\geqslant 0$ 的信号变化规律，它们就完全确定了。

按函数的**奇偶分解**方法，任何信号 $x(t)$ 和 $x[n]$ 都可表示为它的偶分量和奇分量之和，即

$$x(t)=x_{\mathrm{e}}(t)+x_{\mathrm{o}}(t) \quad 或 \quad x[n]=x_{\mathrm{e}}[n]+x_{\mathrm{o}}[n] \tag{2.6.9}$$

其中，下标“e”和“o”分别表示为偶分量和奇分量。并且有如下关系：

$$x_{\mathrm{e}}[n]=\mathrm{Ev}\{x[n]\}=\frac{x[n]+x[-n]}{2} \quad 和 \quad x_{\mathrm{o}}[n]=\mathrm{Od}\{x[n]\}=\frac{x[n]-x[-n]}{2} \tag{2.6.10}$$

其中，$\mathrm{Ev}\{*\}$ 和 $\mathrm{Od}\{*\}$ 分别表示取偶分量和取奇分量的信号运算。连续时间信号的奇偶分解有完全相同的表示，读者可自行列出。

**【例 2.4】** 试分别求出单位阶跃信号 $u(t)$ 和 $u[n]$ 的奇分量和偶分量。

**解**：$u(t)$ 和 $u[n]$ 以及它们分解出的偶、奇分量的波形，如图 2.39(a)或(b)所示，并可以写成

$$u(t)=\frac{1}{2}+\frac{1}{2}\mathrm{sgn}(t) \quad 或 \quad u[n]=\frac{1}{2}+\frac{1}{2}\delta[n]+\frac{1}{2}\mathrm{sgn}[n] \tag{2.6.11}$$

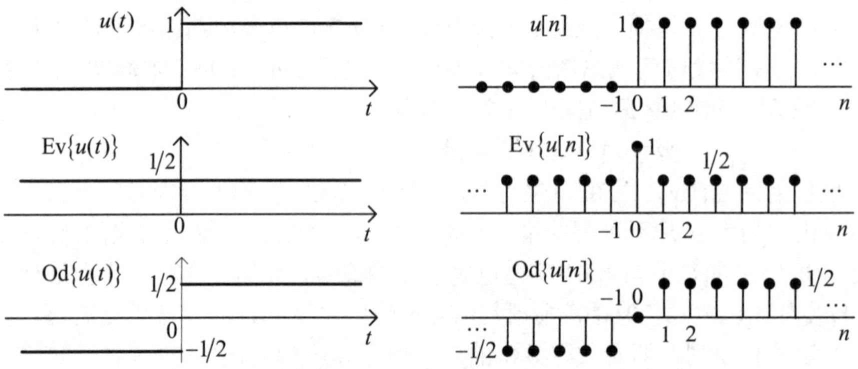


(a) $u(t)$ 与其偶、奇分量的波形　　(b) $u[n]$ 与其偶、奇分量的序列图形

图 2.39　例 2.4 的图解说明

其中，$\mathrm{sgn}(t)$ 或 $\mathrm{sgn}[n]$ 称为连续时间**符号函数**或离散时间**符号序列**，它们定义为

$$\mathrm{sgn}(t)=\begin{cases}1, & t>0\\ -1, & t<0\end{cases} \quad 或 \quad \mathrm{sgn}[n]=\begin{cases}1, & n>0\\ 0, & n=0\\ -1, & n<0\end{cases} \tag{2.6.12}$$

**2．信号的共轭对称性和实虚分解**

若一个信号 $x(t)$ 和 $x[n]$ 是实信号或实序列，则有

$$x^*(t)=x(t) \quad 和 \quad x^*[n]=x[n] \tag{2.6.13}$$

这说明实信号和实序列在时域上具有**共轭偶对称性**；另外，若 $x(t)$ 和 $x[n]$ 满足

$$x^*(t)=-x(t) \quad 和 \quad x^*[n]=-x[n] \tag{2.6.14}$$

它们就为纯虚信号，即纯虚信号在时域上具有**共轭反(奇)对称性**。信号的这种共轭对称性体现了信号在其值域上的另一种对称分布特性。

任何复信号 $x(t)$ 和 $x[n]$ 均可表示成一个实信号和一个纯虚信号之和，即

$$x(t)=x_{\mathrm{r}}(t)+\mathrm{j}x_{\mathrm{i}}(t) \quad 和 \quad x[n]=x_{\mathrm{r}}[n]+\mathrm{j}x_{\mathrm{i}}[n] \tag{2.6.15}$$

其中，下标 r 和 i 分别表示实部和虚部。例如，离散时间复序列的实部和虚部分别为

$$x_{\mathrm{r}}[n]=\mathrm{Re}\{x[n]\}=\frac{x[n]+x^*[n]}{2} \quad 和 \quad x_{\mathrm{i}}[n]=\mathrm{Im}\{x[n]\}=\frac{x[n]-x^*[n]}{2\mathrm{j}} \tag{2.6.16}$$

其中，$\mathrm{Re}\{*\}$ 和 $\mathrm{Im}\{*\}$ 分别表示取实部和取虚部运算。以上关系称为信号的**实虚分解**，连续时间复信号也有同样的关系，请读者自行列出。

## 2.6.3 信号的大小、能量和功率

在信号分析和处理中，经常需要衡量或比较信号的大小。例如，用一个信号来表示另一个信号时，需用误差信号的大小来衡量逼近的程度；在信号分析/合成或波形编码中，也要用合成信号或编码后信号与原信号之间的误差信号的大小，来评判这些方法或算法的优劣。电路中电流或电压信号的能量或平均功率就是对这类信号大小的一种度量。

有许多信号的特征量与信号大小有关，例如信号的最大幅值和信号的持续时间等，然而，用这些特征量来表征信号大小是不充分的，也没有普遍意义。通常用在相同定义域内信号的总量来表示信号的大小，即所谓信号的**范数**(norm)。广泛采用的有**一阶范数**和**二阶范数**。

**1．信号的一阶范数**

若信号 $x(t)$ 与 $x[n]$ 分别是模可积的与模可和的，即它们分别满足

$$\int_{-\infty}^{\infty}|x(t)|\mathrm{d}t<\infty \quad 和 \quad \sum_{n=-\infty}^{\infty}|x[n]|<\infty \tag{2.6.17}$$

则说成信号 $x(t)$ 与 $x[n]$ 是**模可积**的及**模可和**的。如果 $x(t)$ 与 $x[n]$ 均为实信号，相应地可称为**绝对可积**与**绝对可和**的。它们的一阶范数定义为

$$\|x(t)\|_1=\int_{-\infty}^{\infty}|x(t)|\mathrm{d}t \quad 和 \quad \|x[n]\|_1=\sum_{n=-\infty}^{\infty}|x[n]| \tag{2.6.18}$$

然而，若 $x(t)$ 和 $x[n]$ 是有界的非模可积和非模可和信号，一阶范数应定义为如下极限：

$$\|x(t)\|_1=\lim_{T\to\infty}\frac{1}{2T}\int_{-T}^{T}|x(t)|\mathrm{d}t \quad 和 \quad \|x[n]\|_1=\lim_{N\to\infty}\frac{1}{2N+1}\sum_{n=-N}^{N}|x[n]| \tag{2.6.19}$$

注意，上面式子中的 $\|*\|_1$ 表示一阶范数，而 $|*|$ 则表示信号的取模运算。

现在以连续时间信号为例，来解释一阶范数的物理含义：(2.6.18)式和(2.6.19)式表明，模

可积连续时间信号的一阶范数等于其模信号波形下的几何面积，若不满足模可积，则等于其模信号波形下几何面积在整个时域内的平均值(极限形式表示)。离散时间信号的一阶范数也有类似含义。在研究许多物理问题时，误差分析方法中常用的绝对误差，就是一阶范数的一种应用。在图像处理中，常用一阶范数作为处理后的图像与原图像之间不一致的一种度量。

**2．信号的二阶范数，能量和平均功率**

信号分析中更常用的是信号的二阶范数，它与信号的能量或平均功率有直接的关系。同样地，对是否属于**模平方可积**或**模平方可和**的信号，它们的二阶范数也有不同的计算公式。若信号 $x(t)$ 与 $x[n]$ 是模平方可积与模平方可和的，即它们分别满足

$$\int_{-\infty}^{\infty}|x(t)|^2\,\mathrm{d}t<\infty \quad 和 \quad \sum_{n=-\infty}^{\infty}|x[n]|^2<\infty \tag{2.6.20}$$

则它们的二阶范数定义为

$$\|x(t)\|_2=\sqrt{\int_{-\infty}^{\infty}|x(t)|^2\,\mathrm{d}t} \quad 和 \quad \|x[n]\|_2=\sqrt{\sum_{n=-\infty}^{\infty}|x[n]|^2} \tag{2.6.21}$$

然而，若它们不满足模平方可积或模平方可和，二阶范数也需用极限形式来定义，即

$$\|x(t)\|_2=\sqrt{\lim_{T\to\infty}\frac{1}{2T}\int_{-T}^{T}|x(t)|^2\,\mathrm{d}t} \quad 和 \quad \|x[n]\|_2=\sqrt{\lim_{N\to\infty}\frac{1}{2N+1}\sum_{n=-N}^{N}|x[n]|^2} \tag{2.6.22}$$

式中，$\|*\|_2$ 表示信号的二阶范数，并用下标“2”来区别于一阶范数。

在(2.6.21)式根号内的积分或求和正是信号 $x(t)$ 和 $x[n]$ 的能量，而在(2.6.22)式根号内表示的是信号的平均功率。因此，模平方可积与模平方可和的信号 $x(t)$ 和 $x[n]$ 的能量，或者非模平方可积与非模平方可和信号之平均功率，分别等于信号的二阶范数的平方，即

$$E_x=\int_{-\infty}^{\infty}|x(t)|^2\,\mathrm{d}t=\|x(t)\|_2^2 \quad 和 \quad E_x=\sum_{n=-\infty}^{\infty}|x[n]|^2=\|x[n]\|_2^2 \tag{2.6.23}$$

$$P_x=\lim_{T\to\infty}\frac{1}{2T}\int_{-T}^{T}|x(t)|^2\,\mathrm{d}t=\|x(t)\|_2^2 \quad 和 \quad P_x=\lim_{N\to\infty}\frac{1}{2N+1}\sum_{n=-N}^{N}|x[n]|^2=\|x[n]\|_2^2 \tag{2.6.24}$$

反之，信号的二阶范数等于它的能量或平均功率的平方根。必须指出，能量是对模平方可积与模平方可和信号而言的，而平均功率则是对非模平方可积与非模平方可和信号而言的。

顺便说一下，对于许多物理信号，例如电压和电流信号，上述式子表示的能量和平均功率的物理含义是清楚的，如单位电阻上电压或电流信号消耗的能量和平均功率。但是，对于一些其他的信号，例如统计数据信号等，上述式子表示的不再是物理概念上的能量或平均功率，而是这些信号大小的一种度量。这就是本书要介绍二阶范数这一术语和定义的理由。信号的二阶范数和信号的能量及平均功率是等价的，二阶范数定义为能量和平均功率的平方根，只是为了使它与信号的量纲一致。从这个意义上讲，采用能量或平均功率作为信号大小的一种度量，同样有普遍意义。在本书后面的内容中，这两种概念是混用的。

**3．能量受限信号和功率受限信号**

由上面介绍的二阶范数定义可知，对于在无限时域上定义的信号必须区分两种信号：一种是满足模平方可积或模平方可和的信号，另一种为不满足模平方可积或模平方可和的信号，这两种信号的二阶范数有不同的计算公式。对于前者其能量为有限值，而在无限时域上的平均功率则为零，若用平均功率来衡量其大小是没有意义的。反之，对于后者，在无限时域上的能量均为无限大，但其平均功率却可能是有限的，若用能量来衡量它们的大小，也是没有

意义的。为此，习惯上把模平方可积或模平方可和的信号称为**能量受限信号**，简称**能量信号**；而把上述极限存在的非模平方可积或非模平方可和信号，称为**功率受限信号**，简称**功率信号**。它们必须分别用能量和平均功率来衡量其大小。显然，所有有界的脉冲信号或具有有限持续期的有界信号都是能量受限信号，在其持续期定义的有限区间上，既可以用能量，也可以用平均功率表示它们的大小，而有界的周期信号是一类典型的功率受限信号。

# 2.7　信号的正交和相关函数

由于信号是连续时间函数或离散时间序列，所以，仅用上一节介绍的信号一阶和二阶范数来表征它们是远远不够的，还必须有表示信号相互关系的一些概念和描述方法，信号的相关系数、信号正交和相关函数是这些方法中几个最重要的方法。

## 2.7.1　信号的相关系数和正交信号

在信号分析时需要比较两个信号之间的关系，它们是否相同或相似，有什么差别等。例如，图 2.40 中的几个波形之间似乎有一定的关系，问题是如何定量地描述信号之间的关系，下面讨论这个问题。

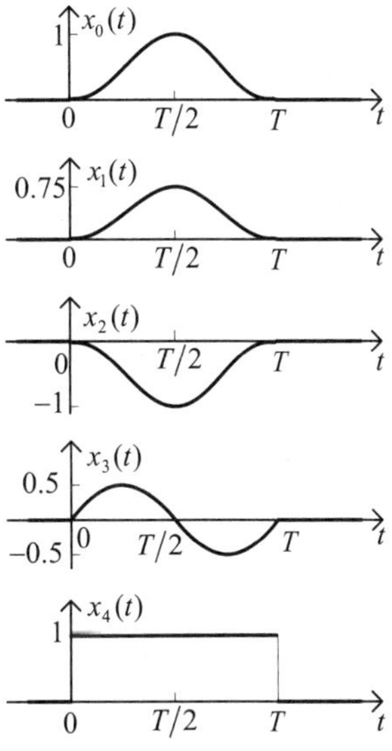


图 2.40　信号波形间关系图例

假设两个在任意区间 $(t_1,t_2)$ 或 $[n_1,n_2]$ 上定义的实能量信号 $x_1(t)$ 和 $x_2(t)$ 或 $x_1[n]$ 和 $x_2[n]$，若用 $x_2(t)$ 或 $x_2[n]$ 分别近似地表示 $x_1(t)$ 或 $x_1[n]$，即

$$x_1(t)\approx a_{12}x_2(t) \quad 或 \quad x_1[n]\approx a_{12}x_2[n] \tag{2.7.1}$$

其中，$a_{12}$ 为实系数。上述近似的误差信号 $e(t)$ 或 $e[n]$ 为

$$e(t)=x_1(t)-a_{12}x_2(t) \quad 或 \quad e[n]=x_1[n]-a_{12}x_2[n] \tag{2.7.2}$$

为了使这种近似是一种最佳近似，必须选择最佳的逼近系数，使近似的误差信号最小。常用方法是所谓**最小误差能量(或方均误差)准则**，或称为**最小二乘方准则**，即认为当误差信号的能量(或平均功率)最小，就获得了最佳近似。这里以连续时间实信号为例来进行分析：首先，上述误差信号 $e(t)$ 的能量 $\varepsilon$ 为

$$\varepsilon=\|e(t)\|_2^2=\int_{t_1}^{t_2}e^2(t)\mathrm{d}t=\int_{t_1}^{t_2}[x_1(t)-a_{12}x_2(t)]^2\mathrm{d}t \tag{2.7.3}$$

为求 $\varepsilon$ 最小时的 $a_{12}$ 值，必须使 $\dfrac{\partial}{\partial a_{12}}\left\{\int_{t_1}^{t_2}[x_1(t)-a_{12}x_2(t)]^2\mathrm{d}t\right\}=0$ 由此求得用 $x_2(t)$ 表示 $x_1(t)$ 的最佳逼近系数 $a_{12}$ (并用同样方法导出用 $x_2[n]$ 表示 $x_1[n]$ 最佳逼近系数 $a_{12}$ )如下：

$$a_{12}=\frac{\int_{t_1}^{t_2}x_1(t)x_2(t)\mathrm{d}t}{\int_{t_1}^{t_2}x_2^2(t)\mathrm{d}t} \quad 或 \quad a_{12}=\frac{\sum_{n=n_1}^{n_2}x_1[n]x_2[n]}{\sum_{n=n_1}^{n_2}x_2^2[n]} \tag{2.7.4}$$

将上述最佳逼近似系数代入(2.7.3)式，可以分别得到连续和离散时间情况的最佳近似下的误差能量，即

$$\varepsilon_{\min}=\int_{t_1}^{t_2}x_1^2(t)\mathrm{d}t-\frac{\left[\int_{t_1}^{t_2}x_1(t)x_2(t)\mathrm{d}t\right]^2}{\int_{t_1}^{t_2}x_2^2(t)\mathrm{d}t} \quad 或 \quad \varepsilon_{\min}=\sum_{n=-\infty}^{\infty}x_1^2[n]-\frac{\left[\sum_{n=n_1}^{n_2}x_1[n]x_2[n]\right]^2}{\sum_{n=n_1}^{n_2}x_2^2[n]} \tag{2.7.5}$$

上式右边第一项分别是原信号 $x_1(t)$ 和 $x_1[n]$ 的能量，若以原信号能量归一化成相对误差，则分别有

$$\frac{\varepsilon_{\min}}{\int_{t_1}^{t_2} x_1^2(t)\mathrm{d}t} = 1 - \frac{\left[\int_{t_1}^{t_2} x_1(t)x_2(t)\mathrm{d}t\right]^2}{\int_{t_1}^{t_2} x_1^2(t)\mathrm{d}t\int_{t_1}^{t_2} x_2^2(t)\mathrm{d}t} \quad 和 \quad \frac{\varepsilon_{\min}}{\sum_{n=n_1}^{n_2} x_1^2[n]} = 1 - \frac{\left[\sum_{n=n_1}^{n_2} x_1[n]x_2[n]\right]^2}{\sum_{n=n_1}^{n_2} x_1^2[n]\sum_{n=n_1}^{n_2} x_2^2[n]} \tag{2.7.6}$$

若分别令

$$\rho_{12} = \frac{\int_{t_1}^{t_2} x_1(t)x_2(t)\mathrm{d}t}{\sqrt{\int_{t_1}^{t_2} x_1^2(t)\mathrm{d}t\int_{t_1}^{t_2} x_2^2(t)\mathrm{d}t}} \quad 和 \quad \rho_{12} = \frac{\sum_{n=n_1}^{n_2} x_1[n]x_2[n]}{\sqrt{\sum_{n=n_1}^{n_2} x_1^2[n]\sum_{n=n_1}^{n_2} x_2^2[n]}} \tag{2.7.7}$$

则(2.7.6)式可分别改写成

$$\frac{\varepsilon_{\min}}{\|x_1(t)\|_2^2} = 1 - \rho_{xy}^2 \quad 和 \quad \frac{\varepsilon_{\min}}{\|x_1[n]\|_2^2} = 1 - \rho_{12}^2 \tag{2.7.8}$$

在上面推导的结果中，通常把 $\rho_{12}$ 称为 $x_2(t)$ 与 $x_1(t)$ （或 $x_2[n]$ 与 $x_1[n]$）的**相关系数**，这里对于连续时间和离散时间采用相同的符号，并不会产生混淆。

两个实信号 $x_1(t)$ 和 $x_2(t)$，以及实序列 $x_1[n]$ 和 $x_2[n]$ 的相关系数 $\rho_{12}$ 必为实数，且有

$$|\rho_{12}| \leqslant 1 \tag{2.7.9}$$

利用下式所示的积分或求和形式的施瓦兹不等式，不难证明相关系数 $\rho_{12}$ 的这一性质。

$$\left|\int_{t_1}^{t_2} x_1(t)x_2(t)\mathrm{d}t\right|^2 \leqslant \int_{t_1}^{t_2} x_1^2(t)\mathrm{d}t\int_{t_1}^{t_2} x_2^2(t)\mathrm{d}t \quad 或 \quad \left|\sum_{n=n_1}^{n_2} x_1[n]x_2[n]\right|^2 \leqslant \sum_{n=n_1}^{n_2} x_1^2[n]\sum_{n=n_1}^{n_2} x_2^2[n]$$

下面讨论相关系数如何表示信号之间的相互关系：

(1) 若 $x_1(t)$、$x_2(t)$ 和 $x_1[n]$、$x_2[n]$ 可分别表示为 $x_1(t)=a_{12}x_2(t)$ 和 $x_1[n]=a_{12}x_2[n]$，且 $a_{12}>0$，即它们波形和极性都相同，幅度不同，如图 2.38 中的 $x_1(t)$ 和 $x_0(t)$ 那样，则必有 $\rho_{12}=1$；若 $a_{12}<0$，如图 2.40 中的 $x_2(t)$ 和 $x_0(t)$ 那样，它们波形相同，但极性相反，幅度因子也可能不同，此时 $\rho_{12}=-1$。在 $\rho_{12}=\pm1$ 时，都表明一个信号可以用另一个信号乘以一个非零实数来表示，这种表示是精确的(严格地说，从能量或功率的意义上是精确的)，因为，此时(2.7.8)式表示的相对误差或误差能量等于 0。信号之间的这种关系被叫做它们完全**线性相关**。

(2) 若相关系数 $\rho_{12}=0$，即(2.7.7)式中的分子为 0，即

$$\int_{t_1}^{t_2} x_1(t)x_2(t)\mathrm{d}t = 0 \quad 或 \quad \sum_{n=n_1}^{n_2} x_1[n]x_2[n] = 0 \tag{2.7.10}$$

对于满足上面两式的两个实信号或实序列，用一个信号表示另一个信号的相对误差为 100%，这意味着，无法用一个信号来近似表示另一个信号。这样的关系叫做两个实信号完全**线性无关**，或者说，这两个连续时间或两个离散时间信号在其定义的区间$(t_1,t_2)$或$[n_1,n_2]$上**相互正交**。因此，(2.7.10)式是两个连续时间或两个离散时间实能量信号相互正交的条件。

(3) 除了上述几种特殊情况外，即当 $0<|\rho_{12}|<1$ 时，这两个信号之间既不能用一个信号精确地表示另一个信号，也不相互正交，此时，总可以用一个信号**近似地**表示另一个信号。$|\rho_{12}|$ 愈接近于 1，表示近似的误差愈小。在此情况下，$a_{12}x_2(t)$ 可看作 $x_1(t)$ 在 $x_2(t)$ 上的分量，或在离散时间中，$a_{12}x_2[n]$ 可看作 $x_1[n]$ 在 $x_2[n]$ 上的分量。

利用上述相关系数 $\rho_{12}$，就可以定量地描述图 2.40 中 $x_0(t)$ 和 $x_1(t)\cdots x_4(t)$ 之间的关系：$x_1(t)$ 与 $x_0(t)$ 的相关系数 $\rho_{10}=1$，$x_2(t)$ 与 $x_0(t)$ 的相关系数 $\rho_{20}=-1$，$x_3(t)$ 与 $x_0(t)$ 的相关系数 $\rho_{30}=0$，亦即 $x_3(t)$ 与 $x_0(t)$ 相互正交，$x_4(t)$ 与 $x_0(t)$ 的相关系数 $0<\rho_{40}<1$。

上面的两个实能量信号的相关系数和相互正交的条件，可推广到一般的复能量信号。对于两个在区间 $(t_1,t_2)$ 或 $[n_1,n_2]$ 上定义的复能量信号 $x_1(t)$、$x_2(t)$ 或 $x_1[n]$、$x_2[n]$，它们的相关系数 $\rho_{12}$ 和相互正交的条件分别为

$$\rho_{12}=\frac{\int_{t_1}^{t_2}x_1(t)x_2^*(t)\mathrm{d}t}{\sqrt{\int_{t_1}^{t_2}|x_1(t)|^2\,\mathrm{d}t\int_{t_1}^{t_2}|x_2(t)|^2\,\mathrm{d}t}} \quad 或 \quad \rho_{12}=\frac{\sum_{n=n_1}^{n_2}x_1[n]x_2^*[n]}{\sqrt{\sum_{n=n_1}^{n_2}|x_1[n]^2|\sum_{n=n_1}^{n_2}|x_2[n]^2|}} \tag{2.7.11}$$

和

$$\int_{t_1}^{t_2}x_1(t)x_2^*(t)\mathrm{d}t=0 \quad 或 \quad \sum_{n=n_1}^{n_2}x_1[n]x_2^*[n]=0 \tag{2.7.12}$$

不过，相关系数 $\rho_{12}$ 均为复数，且(2.7.9)式仍然成立，但意味着 $\rho_{12}$ 的模小于或等于 1。

## 2.7.2　信号的相关函数和相关序列

尽管 2.7.1 小节中介绍的相关系数可以定量地描述两个信号之间的关系，但是它有很大的局限性。一个典型例子见图 2.41，图中 $x_2(t)=x_1(t-T)$，它是脉冲信号 $x_1(t)$ 延时了 $T$ 的波形。然而，如果用相关系数来表示其关系的话，按照(2.7.7)式，$\rho_{12}=0$，这意味着它们完全线性无关。显然，仅靠相关系数并不能准确的表示两个信号之间在整个时域上的关系。

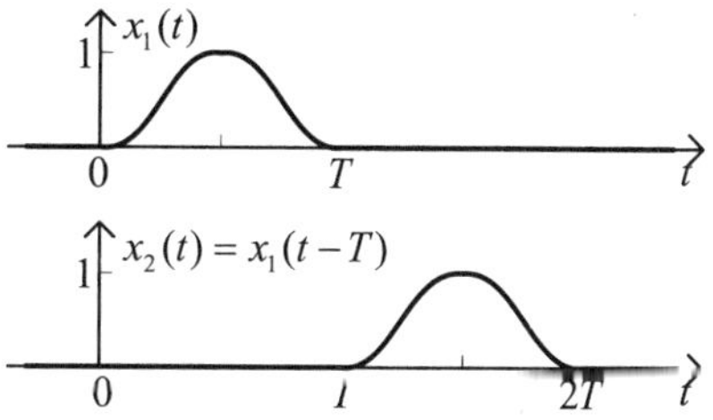

图 2.41

为了充分描述无限时域上定义的任意信号之间的关系特征，必须引入相关函数的概念。

**1．互相关函数或序列和自相关函数或序列**

如果 $x(t)$ 与 $v(t)$ 或 $x[n]$ 与 $v[n]$，分别是连续时间或离散时间复能量信号，则它们的**互相关函数** $R_{xv}(\tau)$ 或**互相关序列** $R_{xv}[m]$ 分别定义为

$$R_{xv}(\tau)=\int_{-\infty}^{\infty}x(t+\tau)v^*(t)\mathrm{d}t \quad 或 \quad R_{xv}[m]=\sum_{n=-\infty}^{\infty}x[n+m]v^*[n] \tag{2.7.13}$$

其中，$\tau$ 或 $m$ 是连续时间或离散时间时移变量。变换上式中的积分或求和变量，则又有

$$R_{xv}(\tau)=\int_{-\infty}^{\infty}x(t)v^*(t-\tau)\mathrm{d}t \quad 或 \quad R_{xv}[m]=\sum_{n=-\infty}^{\infty}x[n]v^*[n-m] \tag{2.7.14}$$

能量信号 $x(t)$ 或 $x[n]$ 与其自身的互相关函数或互相关序列分别称为 $x(t)$ 或 $x[n]$ 的**自相关函数**或**自相关序列**，并且常简写为 $R_x(\tau)$ 或 $R_x[m]$。按照上面的定义，它们分别为

$$R_x(\tau)=\int_{-\infty}^{\infty}x(t+\tau)x^*(t)\mathrm{d}t=\int_{-\infty}^{\infty}x(t)x^*(t-\tau)\mathrm{d}t \tag{2.7.15}$$

或

$$R_x[m]=\sum_{n=-\infty}^{\infty}x[n+m]x^*[n]=\sum_{n=-\infty}^{\infty}x[n]x^*[n-m] \tag{2.7.16}$$

通常把求相关函数或相关序列看作是信号的一种运算，称作**相关运算**，运算的结果分别是 $\tau$ 或 $m$ 的函数或序列。必须指出，信号 $x(t)$ 或 $x[n]$ 的自相关函数只有一种，即上面定义的

$R_x(\tau)$或$R_x[m]$，而两个信号$x(t)$与$v(t)$或$x[n]$与$v[n]$却有两种互相关函数，一种是上面定义的$R_{xv}(\tau)$或$R_{xv}[m]$；另一种互相关函数记为$R_{vx}(\tau)$或$R_{vx}[m]$，它们分别定义为

$$R_{vx}(\tau)=\int_{-\infty}^{\infty}v(t+\tau)x^*(t)\mathrm{d}t \quad 或 \quad R_{vx}[m]=\sum_{n=-\infty}^{\infty}v[n+m]x^*[n] \tag{2.7.17}$$

显然，这两种定义的互相关函数并不相等。上述有关互相关函数和自相关函数的定义是在一般的复能量信号情况下给出的，此时，它们均为复函数或复序列。

对于实能量信号，由于实信号取共轭仍是原来的实信号，只要把上面所有表达式中的取共轭符号“*”去掉。显然，实信号的相关函数或序列都是实函数或实序列。

由于功率受限信号不满足模平方可积或模平方可和，不能用上面能量信号的相关函数表达式，功率信号的相关函数或相关序列必须类似于它们的平均功率那样，用极限形式定义。如果$x(t)$与$v(t)$或$x[n]$与$v[n]$是复的功率受限信号，那么它们的互相关函数分别定义如下：

$$R_{xv}(\tau)=\lim_{T\to\infty}\frac{1}{2T}\int_{-T}^{T}x(t+\tau)v^*(t)\mathrm{d}t=\lim_{T\to\infty}\frac{1}{2T}\int_{-T}^{T}x(t)v^*(t-\tau)\mathrm{d}t \tag{2.7.18}$$

或
$$R_{xv}[m]=\lim_{N\to\infty}\frac{1}{2N+1}\sum_{n=-N}^{N}x[n+m]v^*[n]=\lim_{N\to\infty}\frac{1}{2N+1}\sum_{n=-N}^{N}x[n]v^*[n-m] \tag{2.7.19}$$

复功率受限信号$x(t)$或$x[n]$的自相关函数或自相关序列则分别定义为

$$R_x(\tau)=\lim_{T\to\infty}\frac{1}{2T}\int_{-T}^{T}x(t+\tau)x^*(t)\mathrm{d}t=\lim_{T\to\infty}\frac{1}{2T}\int_{-T}^{T}x(t)x^*(t-\tau)\mathrm{d}t \tag{2.7.20}$$

或
$$R_x[m]=\lim_{N\to\infty}\frac{1}{2N+1}\sum_{n=-N}^{N}x[n+m]x^*[n]=\lim_{N\to\infty}\frac{1}{2N+1}\sum_{n=-N}^{N}x[n]x^*[n-m] \tag{2.7.21}$$

和实能量信号的情况相同，对于实功率信号或序列，上述表达式中的共轭符号“*”去掉。

周期信号是一类典型的功率信号，它们的相关函数或相关序列必须用(2.7.18)至(2.7.21)式计算。但对于周期分别为$T$或$N$的周期信号$\tilde{x}(t)$或$\tilde{x}[n]$，不难证明，上述式子中的极限等于其一个周期的平均。例如，它们的自相关函数或自相关序列分别为

$$\tilde{R}_x(\tau)=\frac{1}{T}\int_{\langle T\rangle}\tilde{x}(t+\tau)\tilde{x}^*(t)\mathrm{d}t=\frac{1}{T}\int_{\langle T\rangle}\tilde{x}(t)\tilde{x}^*(t-\tau)\mathrm{d}t \tag{2.7.22}$$

或
$$\tilde{R}_x[m]=\frac{1}{N}\sum_{n\in\langle N\rangle}\tilde{x}[n+m]\tilde{x}^*[n]=\frac{1}{N}\sum_{n\in\langle N\rangle}\tilde{x}[n]\tilde{x}^*[n-m] \tag{2.7.23}$$

上两式中的$\langle T\rangle$或$\langle N\rangle$分别是任意的长度为$T$或$N$的周期区间，且可以证明，它们分别仍是周期$T$或$N$的周期函数或周期序列。读者可自行写出周期信号的互相关函数计算公式。

**2．相关运算的求法**

按照上述相关函数或序列的定义式，就可计算相关函数和序列。具体地说，对于给定的两个信号，在某个时移参量$\tau$和$m$值时，一个信号时移后与另一个信号的共轭相乘，分别得到被积函数和被求和序列，再计算出积分值和求和值(即为被积函数和被求和序列的面积)，分别作为该时移$\tau$和$m$时的相关函数值和序列值。然后，对所有时移参量$\tau$和$m$，重复上述步骤，依次计算出所有不同$\tau$和$m$时的积分值和求和值，得到整个相关函数和序列。

**【例 2.5】** 已知两个信号$x(t)=\begin{cases}1, & 0<t<T\\ 0, & t<0,t>T\end{cases}$和$v(t)=x(t-T)$，试求互相关函数$R_{xv}(\tau)$和$R_{vx}(\tau)$。

**解**：实信号$x(t)$和$v(t)$的波形见图 2.42 所示，它们的两个互相关函数和分别为

$$R_{xv}(\tau)=\int_{-\infty}^{\infty}x(t+\tau)v(t)\mathrm{d}t \quad 和 \quad R_{vx}(\tau)=\int_{-\infty}^{\infty}v(t+\tau)x(t)\mathrm{d}t$$

图 2.42(a)画出了计算 $R_{xv}(\tau)$ 的图解过程，图中分别画出了 $\tau=0$，$-T/2$，$-T$ 和 $-2T$ 时 $x(t+\tau)$ 的波形，且用阴影部分表示在该 $\tau$ 值时被积函数 $x(t+\tau)v(t)$ 曲线下的面积。对于 $\tau>0$ 和 $\tau<-2T$，$x(t+\tau)v(t)=0$，则 $R_{xv}(\tau)=0$，只有在 $0>\tau>-2T$ 区间内，$R_{xv}(\tau)$ 才是非零的，函数图形见图 2.42(a)中最下面的波形。

图 2.42(b)画出了求解 $R_{vx}(\tau)$ 的类似过程，由图可知，只有在 $0<\tau<2T$ 区间内，$x(t)$ 和 $v(t+\tau)$ 才有重合的非零被积函数，求得 $R_{vx}(\tau)$ 见图 2.42(b)中最下面的波形。

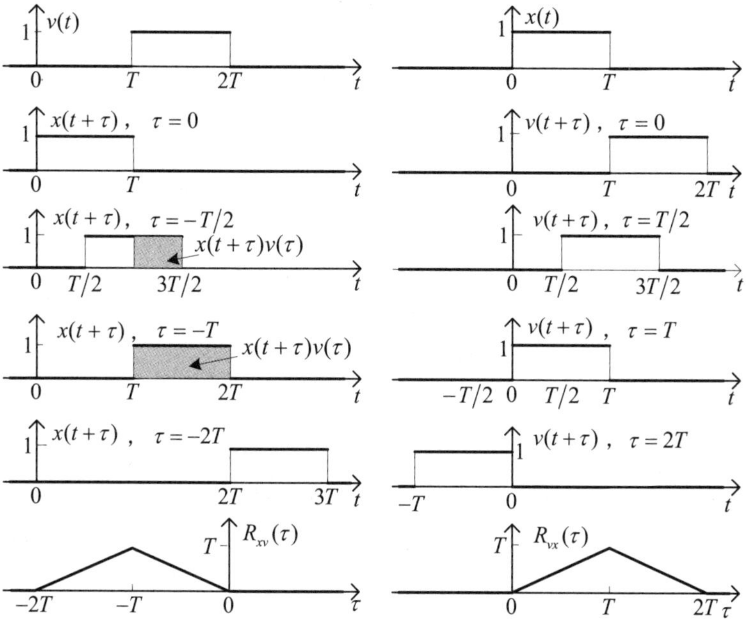


(a) 求 $R_{xv}(\tau)$ 的图解过程　　(b) 求 $R_{vx}(\tau)$ 的图解过程

图 2.42 例 2.5 中求互相关函数的图解说明

**【例 2.6】** 试求序列 $x[n]=\begin{cases}n, & 0\leqslant n\leqslant 4\\ 0, & n<0,n>4\end{cases}$ 的自相关序列 $R_x[m]$。

**解：** $x[n]$ 为实能量序列，其自相关函数为：$R_x[m]=\sum\limits_{n=-\infty}^{\infty}x[n+m]x[n]$

图 2.43 画出了计算的图解过程。当时移参量 $m\geqslant4$ 或 $m\leqslant-4$ 时，$x[n]$ 和 $x[n+m]$ 已没有非零重合部分，故 $R_x[m]=0$，$|m|\geqslant4$。在 $|m|\leqslant3$ 时，$x[n]$ 和 $x[n+m]$ 有非零重合部分，分别用求和式求出其结果示于表 2.4。

**表 2.4 例 2.6 所求的 $R_x[m]$ 序列值表**

| $m$ | $m\leqslant-4$ | $-3$ | $-2$ | $-1$ | 0 | 1 | 2 | 3 | $m\geqslant4$ |
|---|---|---|---|---|---|---|---|---|---|
| $R_x[m]$ | 0 | 4 | 11 | 20 | 30 | 20 | 11 | 4 | 0 |

$R_x[m]$ 的序列图形见图 2.43 最下面的一幅图。

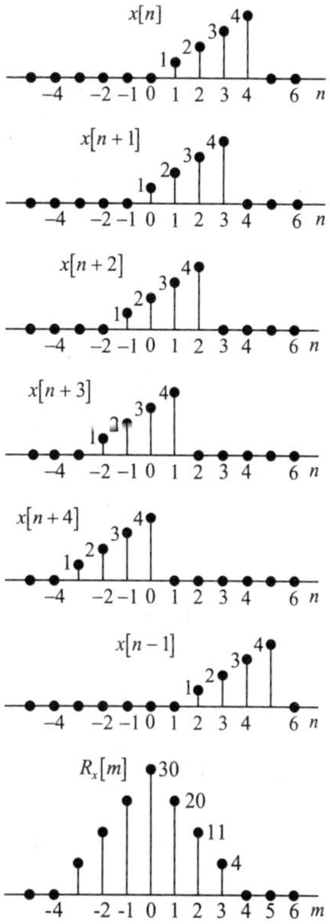


图 2.43 例 2.6 的图解说明

**【例 2.7】** 试求图 2.44 中周期矩形脉冲 $\tilde{x}(t)$ 的自相关函数。

**解：** 周期信号是功率有限信号，其自相关函数可用(2.7.22)式计算，即

$$\tilde{R}_x(\tau)=\frac{1}{T}\int_{\langle T\rangle}\tilde{x}(t)\tilde{x}(t-\tau)\mathrm{d}t$$

首先，由于 $\tilde{x}(t)$ 是周期为 $T$ 的周期信号，当时移量 $\tau>T/2$ 或 $\tau\leqslant-T/2$ 时，将周期地重复 $-T/2<\tau\leqslant T/2$ 的情况。因此，只要计算出区间 $-T/2<\tau\leqslant T/2$ 上的 $\tilde{R}_x(\tau)$，然后，将它以周期 $T$ 周期的复制，就得到

完整的 $\tilde{R}_x(\tau)$。故周期信号的自相关函数或序列必定也是相同周期的周期函数或序列。

图 2.44 中分别画出了在 $T_1 \leqslant T/2$ 的情况下，当 $\tau = \pm T_1/2$ 时 $\tilde{x}(t-\tau)$ 和被积函数 $\tilde{x}(t)\tilde{x}(t-\tau)$ 的波形，如果将积分区间 $\langle T \rangle$ 选为 $0 \leqslant t < T$，则被积函数 $\tilde{x}(t)\tilde{x}(t-\tau)$ 图形中阴影部分的面积，就是 $\tilde{x}(t)\tilde{x}(t-\tau)$ 在该区间上的积分值。由于 $T_1 \leqslant T/2$，当 $T_1 < \tau \leqslant T/2$ 和 $-T/2 < \tau \leqslant -T_1$ 时，被积函数 $\tilde{x}(t)\tilde{x}(t-\tau) = 0$，它在该区间上的积分值也等于零，即此时的 $\tilde{R}_x(\tau) = 0$。最后求出的 $\tilde{R}_x(\tau)$ 画在图 2.44 最下图。可以看出，$\tilde{R}_x(\tau)$ 也是一个周期为 $T$ 的周期函数。

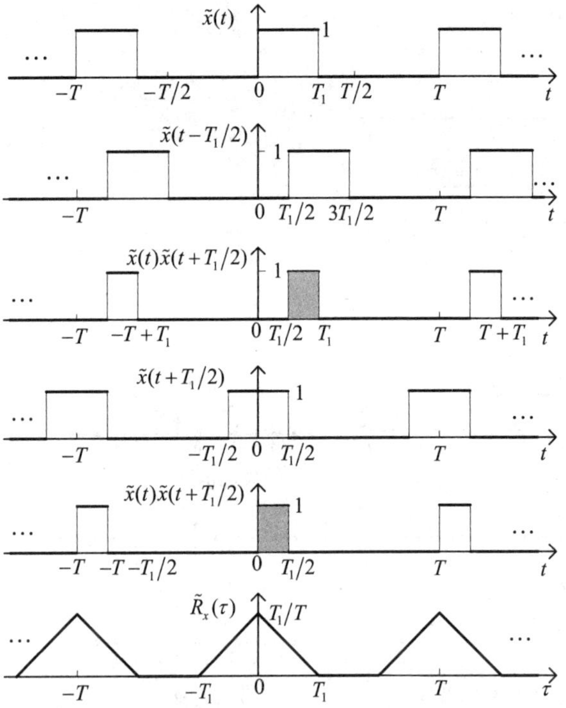

图 2.44　周期矩形脉冲波形的自相关函数之图解说明

### 3. 相关函数的性质

由互相关函数和序列的定义，可证明：

$$R_{xv}(\tau) = R_{vx}^*(-\tau)$$

和
$$R_{xv}[m] = R_{vx}^*[-m] \tag{2.7.24}$$

且对于能量信号和功率信号都存在着上述关系。该性质表明：对于两个信号 $x(t)$、$v(t)$ 和 $x[n]$、$v[n]$，它们两种定义的互相关函数互成共轭偶对称关系。如果限于实信号，则互相关函数和序列均为实函数和实序列，且有

$$R_{xv}(\tau) = R_{vx}(-\tau)$$

和
$$R_{xv}[m] = R_{vx}[-m] \tag{2.7.25}$$

即实信号的两种互相关函数或序列互为偶对称关系，这一性质可由前面例 2.5 的求解结果来说明。这也表明，两个信号的两种互相关函数和序列彼此不独立，由一个可以求得另一个，且每个都充分表示了两个信号之间的相关关系。

对于复信号的自相关函数或自相关序列，它们分别有

$$R_x(\tau) = R_x^*(-\tau) \quad 或 \quad R_x[m] = R_x^*[-m] \tag{2.7.26}$$

即复信号的自相关函数或自相关序列是一个共轭偶函数或共轭偶序列。对实信号，则有

$$R_x(\tau) = R_x(-\tau) \quad 或 \quad R_x[m] = R_x[-m] \tag{2.7.27}$$

即实信号的自相关函数是一个实偶函数或实偶序列。例 2.5 和例 2.6 都说明了这一点。

对于实信号和实序列，根据其自相关函数和自相关序列的定义，将分别有

$$\max_{-\infty<\tau<\infty}\{R_x(\tau)\} = R_x(0) = \int_{-\infty}^{\infty}|x(t)|^2\,\mathrm{d}t \quad 和 \quad \max_{-\infty<\tau<\infty}\{R_x[m]\} = R_x[0] = \sum_{n=-\infty}^{\infty}|x[n]|^2 \tag{2.7.28}$$

对于功率信号，同样有

$$\max_{-\infty<\tau<\infty}\{R_x(\tau)\} = R_x(0) = \lim_{T\to\infty}\frac{1}{2T}\int_{-T}^{T}|x(t)|^2\,\mathrm{d}t \tag{2.7.29}$$

和
$$\max_{-\infty<\tau<\infty}\{R_x[m]\} = R_x[0] = \lim_{N\to\infty}\frac{1}{2N+1}\sum_{n=-N}^{N}|x[n]|^2 \tag{2.7.30}$$

上述性质都表明，能量信号和功率信号的自相关函数或自相关序列在原点的值分别是它们的最大值，且分别等于信号本身的能量和平均功率，或者等于其二阶范数的平方。另外，周期信号的自相关函数或自相关序列是与原信号周期相同的周期函数或序列，且它们在周期

的整数倍时达到其最大值，即该周期信号的平均功率。例 2.7 的结果说明了这一性质。

顺便指出，相关和相关函数的概念原本是为描述随机过程(或随机信号)的统计特性而引入的，并称之为**统计相关函数**。按照随机过程的理论，要获得一个实际随机过程的统计相关函数是相当困难的，但对于一类称为**“广义平稳的随机过程”**，它们的统计相关函数等于其样本函数的**时间相关函数**，就可用求这类随机过程样本函数的时间相关函数，来代替其统计相关函数，这就便于分析和研究这类广义平稳的随机过程。

## 2.8　信号的函数空间表示法

信号(函数)空间的概念及其信号表示法是信号分析的基础，后面要介绍的用时移单位冲激表示信号，信号的频域和复频域表示法，以及 20 世纪末发展起来的多尺度分析和小波(wavelet)变换等，都以信号空间的概念为基础。本节将比较全面地介绍信号空间的概念和方法。

### 2.8.1　信号的内积

信号(函数)的内积是描述两个信号之间数量特征的一个重要方法，利用信号的内积，可方便地表示前面所讨论的一系列信号的特征量和信号之间的相互关系。这里先引入信号内积的定义，然后介绍如何用它来表示信号的特征量和信号之间的相互关系。

假设有限区间 $(t_1,t_2)$ 上定义的两个连续时间复能量信号 $x(t)$ 和 $y(t)$，或有限区间 $[n_1,n_2]$ 上定义的两个离散时间复能量序列 $x[n]$ 和 $y[n]$，它们在定义区间上的内积定义为

$$\left\langle y(t),x(t)\right\rangle=\int_{t_1}^{t_2}x(t)y^*(t)\mathrm{d}t \quad 或 \quad \left\langle y[n],x[n]\right\rangle=\sum_{n=n_1}^{n_2}x[n]y^*[n] \tag{2.8.1}$$

其中，符号 $\langle *,*\rangle$ 表示两个信号的**内积运算**。若是实能量信号，它们的内积表达式就归结为

$$\left\langle y(t),x(t)\right\rangle=\int_{t_1}^{t_2}x(t)y(t)\mathrm{d}t \quad 或 \quad \left\langle y[n],x[n]\right\rangle=\sum_{n=n_1}^{n_2}x[n]y[n] \tag{2.8.2}$$

显然，两个信号有两种内积运算，$\langle y(t),x(t)\rangle$ 和 $\langle x(t),y(t)\rangle$，或者 $\langle y[n],x[n]\rangle$ 和 $\langle x[n],y[n]\rangle$，对于复信号而言，这两种内积运算是不相等的，但它们互为共轭，即

$$\langle x(t),y(t)\rangle=\langle y(t),x(t)\rangle^* \quad 或 \quad \langle x[n],y[n]\rangle=\langle y[n],x[n]\rangle^* \tag{2.8.3}$$

然而，对于实信号，这两种内积运算是相等的。

根据两个信号的内积运算定义，某个信号 $x(t)$ 和 $x[n]$ 与其本身的内积运算为

$$\left\langle x(t),x(t)\right\rangle=\int_{t_1}^{t_2}\left|x(t)\right|^2\mathrm{d}t=\left\|x(t)\right\|_2^2 \quad 或 \quad \left\langle x[n],x[n]\right\rangle=\sum_{n=n_1}^{n_2}\left|x[n]\right|^2=\left\|x[n]\right\|_2^2 \tag{2.8.4}$$

这表明信号与其自身的内积，就是该信号的能量或二阶范数的平方。据此，可把两个信号的内积看成是信号二阶范数的一般化，或者看成两个信号的**互能量**或**联合能量**。

利用内积运算不仅可以表示信号的能量或二阶范数，还可以表示前面讨论的最佳近似系数 $a_{xy}$、相关系数 $\rho_{xy}$ 和信号的正交条件等。在连续时间或离散时间中，$a_{xy}$ 和 $\rho_{xy}$ 可表示为

$$a_{xy}=\frac{\langle y(t),x(t)\rangle}{\langle y(t),y(t)\rangle} \quad 或 \quad a_{xy}=\frac{\langle y[n],x[n]\rangle}{\langle y[n],y[n]\rangle} \tag{2.8.5}$$

和 $\rho_{xy}=\dfrac{\langle y(t),x(t)\rangle}{\sqrt{\langle x(t),x(t)\rangle\cdot\langle y(t),y(t)\rangle}}$ 或 $\rho_{xy}=\dfrac{\langle y[n],x[n]\rangle}{\sqrt{\langle x[n],x[n]\rangle\cdot\langle y[n],y[n]\rangle}}$ (2.8.6)

利用信号的内积运算，(2.7.12)式表示的两个复能量信号相互正交的条件可改写为：

$$\langle y(t),x(t)\rangle=0 \quad 或 \quad \langle y[n],x[n]\rangle=0 \tag{2.8.7}$$

这就是说，如果两个能量信号的内积等于 0，它们就相互正交。对于实的能量信号，(2.8.5)式至(2.8.7)式的形式完全相同，只是内积运算取(2.8.2)式。

上述讨论表明，两个信号的内积是一种描述信号间关系和运算的有效工具，用它可把连续时间或离散时间中许多对偶概念和关系，在内积运算的框架内统一起来。本书后面还将进一步看到这一点，例如信号的相关函数或序列、连续时间和离散时间傅里叶变换等，都可以表示成信号的内积形式，并用信号的内积来解释。同样地，两个无限区间上定义的功率信号的内积运算，也必须用类似于(2.6.24)式那样的极限形式来定义，请读者自行写出。

## 2.8.2 信号与矢量的类比

简单地说，信号空间就是数学中的函数空间或序列空间。对于不熟悉函数空间或序列空间的读者，则可以通过有关信号和矢量的类比，建立信号空间的概念和方法。

**1. 矢量和矢量空间**

首先，回顾一下大家已熟悉的矢量和矢量空间的概念和表示法。

矢量是既有大小(长度或模)又有方向的量，为了区别于标量(只有大小)，本书中用小写的黑体字母表示，例如 $\boldsymbol{v}$，$\boldsymbol{u}$ 等。它们的幅度或模用相应的大写字母 $V$，$U$ 表示，在图中矢量用一个带箭头的直线段来表示。长度为 0 的矢量称为**零矢量**，长度为 1 的矢量称为**单位矢量**。两个矢量 $\boldsymbol{v}_1$ 和 $\boldsymbol{v}_2$，只有它们的长度 $V_1$ 和 $V_2$ 相等，且方向相同，才认为相等，记作 $\boldsymbol{v}_1=\boldsymbol{v}_2$，否则就是不同的矢量。如果 $\boldsymbol{v}_1$ 和 $\boldsymbol{v}_2$ 的模相等，但方向相反，则它们相互为负矢量，记作 $\boldsymbol{v}_1=-\boldsymbol{v}_2$。矢量可以进行相加和数乘等线性运算，运算的结果仍为矢量。矢量的相加运算符合平行四边形法则，如图 2.45 所示。矢量 $c\boldsymbol{v}$ 是矢量 $\boldsymbol{v}$ 和常数 $c$ 的数乘运算，$c$ 一般为实数。在矢量运算中，还定义有两个矢量的**点积**(又称为数量积)运算。两个矢量 $\boldsymbol{v}_1$ 和 $\boldsymbol{v}_2$ 的点积运算定义为：

$$\boldsymbol{v}_1\bullet\boldsymbol{v}_2=V_1V_2\cos\theta \tag{2.8.8}$$

其中，$\theta$ 为 $\boldsymbol{v}_1$ 和 $\boldsymbol{v}_2$ 间的夹角，如图 2.45 所示。如果 $\theta=90^\circ$，上式的点积为 0，即

$$\boldsymbol{v}_1\bullet\boldsymbol{v}_2=0 \tag{2.8.9}$$

则称两个矢量 $\boldsymbol{v}_1$ 和 $\boldsymbol{v}_2$ 互相垂直或相互正交。矢量 $\boldsymbol{v}$ 与其本身的点积等于它模的平方，即

$$\boldsymbol{v}\bullet\boldsymbol{v}=V^2 \quad 或 \quad V=\sqrt{\boldsymbol{v}\bullet\boldsymbol{v}} \tag{2.8.10}$$

此外，还可以定义一个矢量在另一个矢量上的分量或投影，见图 2.45，且有

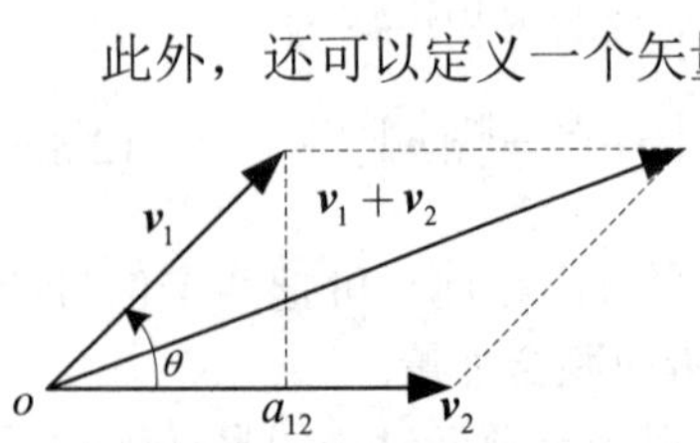

图 2.45

$$a_{12}=\frac{V_1}{V_2}\cos\theta=\frac{\boldsymbol{v}_2\bullet\boldsymbol{v}_1}{V_2^2} \quad 和 \quad \cos\theta=\frac{\boldsymbol{v}_2\bullet\boldsymbol{v}_1}{V_2V_1} \tag{2.8.11}$$

其中，$a_{12}$ 是 $\boldsymbol{v}_1$ 在 $\boldsymbol{v}_2$ 上的分量；$\theta$ 为 $\boldsymbol{v}_1$ 和 $\boldsymbol{v}_2$ 之间夹角；$\cos\theta$ 称为方向余弦。显然有

$$0\leqslant|\cos\theta|\leqslant1 \tag{2.8.12}$$

若 $\cos\theta=\pm1$，分别表示两个矢量方向相同或相反，若 $\cos\theta=0$，则两个矢量相互垂直。一般地，若 $0<|\cos\theta|<1$，表示两个矢量既非方向相同或相反，也非相互垂直。

如果属于一个 $N$ 维矢量空间 $\boldsymbol{V}_N$ 中的任意矢量 $\boldsymbol{v}$，$\boldsymbol{v}_1$ 和 $\boldsymbol{v}_2$，若它们满足

$$\begin{cases} a\boldsymbol{v} \in \boldsymbol{V}_N, & a \in \mathbf{R} \\ \boldsymbol{v}_1 + \boldsymbol{v}_2 \in \boldsymbol{V}_N \end{cases} \tag{2.8.13}$$

则 $\boldsymbol{V}_N$ 称为 $N$ 维线性矢量空间，即欧几里德空间。下面提及矢量空间均指线性矢量空间。$N$ 维矢量空间中有一组($N$ 个)基矢量$\{\boldsymbol{u}_i,\ i=1,2,\ \cdots,\ N\}$，它们彼此相互正交，即

$$\boldsymbol{u}_i \cdot \boldsymbol{u}_j = \begin{cases} U_i^2, & j=i \\ 0, & j \neq i \end{cases} \tag{2.8.14}$$

其中，$i$，$j=1,\ 2,\ \cdots,\ N$。如果这组正交基矢量均为单位矢量，称为**归一化的正交矢量组**，由归一化的正交矢量组构成的矢量空间称为**归一化矢量空间**。$N$ 维正交矢量空间中的任何矢量 $\boldsymbol{v}$，总可以表示成 $N$ 个基矢量的线性组合，即

$$\boldsymbol{v} = \sum_{i=1}^{N} a_i \boldsymbol{u}_i \quad 和 \quad V = \sqrt{\sum_{i=1}^{N} a_i^2 U_i^2} \tag{2.8.15}$$

其中，$a_i$ 为矢量 $\boldsymbol{v}$ 在基矢量 $\boldsymbol{u}_i$ 上的分量(或投影)。这表明，在 $N$ 维矢量空间中任何一个矢量的模，等于它在 $N$ 个正交基矢量上分量的平方和的二次方根。

**2．信号与矢量类比**

**表 2.5　信号(以连续时间实能量信号为例)与矢量的类比**

| 信号 $x(t)$，$y(t)$ 等 | 矢量 $\boldsymbol{v}_1$，$\boldsymbol{v}_2$ 等 |
|---|---|
| 所有相同区间上定义的实能量信号的集合(信号空间)：$\boldsymbol{S}$ | 所有矢量的集合(矢量空间)：$\boldsymbol{V}$ |
| 零信号及其唯一性：$x(t)=0$，$t \in \mathbf{R}$ | 零矢量及其唯一性：$\boldsymbol{v}=0$ |
| 两个信号相等：$x(t)=y(t)$，$t \in \mathbf{R}$ | 两个矢量相等：$\boldsymbol{v}_1=\boldsymbol{v}_2$ |
| 两个信号极性相反：$x(t)=-y(t)$，$t \in \mathbf{R}$ | 两个矢量方向相反：$\boldsymbol{v}_1=-\boldsymbol{v}_2$ |
| 信号的线性运算：若 $x(t)$、$y(t) \in \boldsymbol{S}$，则 $x(t)+y(t) \in \boldsymbol{S}$ 和 $ax(t) \in \boldsymbol{S}$，$a \in \mathbf{R}$ | 矢量的线性运算：若 $\boldsymbol{v}_1$、$\boldsymbol{v}_2 \in \boldsymbol{V}$，则 $\boldsymbol{v}_1+\boldsymbol{v}_2 \in \boldsymbol{V}$ 和 $a\boldsymbol{v} \in \boldsymbol{V}$，$a \in \mathbf{R}$ |
| 信号的内积运算：$\langle y(t),x(t)\rangle = \int_{-\infty}^{\infty} x(t)y(t)\mathrm{d}t$ | 矢量的点积运算：$\boldsymbol{v}_2 \cdot \boldsymbol{v}_1 = V_1V_2\cos\theta$ |
| 两个信号正交：$\langle y(t),x(t)\rangle = 0$ | 两个矢量垂直：$\boldsymbol{v}_2 \cdot \boldsymbol{v}_1 = 0$ |
| 信号的二阶规范量：$\lVert x(t)\rVert_2 = \sqrt{\langle x(t),x(t)\rangle}$ | 矢量的大小(模或长度)：$V=\sqrt{\boldsymbol{v}\cdot\boldsymbol{v}}$ |
| $x(t)$ 在 $y(t)$ 上的分量：$a_{xy} = \dfrac{\langle y(t),x(t)\rangle}{\lVert y(t)\rVert_2^2}$ | $\boldsymbol{v}_1$ 在 $\boldsymbol{v}_2$ 上的投影：$a_{12} = \dfrac{\boldsymbol{v}_2\cdot\boldsymbol{v}_1}{V_2^2}$ |
| $x(t)$ 和 $y(t)$ 的相关系数 $\rho_{xy}$：$\rho_{xy} = \dfrac{\langle y(t),x(t)\rangle}{\lVert x(t)\rVert_2 \lVert y(t)\rVert_2}$，$-1 \leqslant \rho_{xy} \leqslant 1$ | $\boldsymbol{v}_1$ 与 $\boldsymbol{v}_2$ 的方向余弦 $\cos\theta$：$\cos\theta = \dfrac{\boldsymbol{v}_2\cdot\boldsymbol{v}_1}{V_1V_2}$，$-1 \leqslant \cos\theta \leqslant 1$ |
| 完备的正交信号集 $\{\phi_i(t) \in \mathbf{S}\}$：[注] $\langle \phi_i(t),\phi_j(t)\rangle = \begin{cases} E_i = \lvert\phi_i(t)\rvert_2^2, & j=i \\ 0, & j\neq i \end{cases}$ | 完备的正交矢量集 $\{\boldsymbol{u}_i \in \boldsymbol{V}\}$：$\boldsymbol{u}_i\cdot\boldsymbol{u}_j = \begin{cases} U_i^2, & j=i \\ 0, & j\neq i \end{cases}$ |
| 信号空间表示法：[注] $x(t)=\sum_i a_i\phi_i(t)$，$a_i = \dfrac{\langle\phi_i(t),x(t)\rangle}{\langle\phi_i(t),\phi_i(t)\rangle}$，且 $\lVert x(t)\rVert_2^2 = \sum_i a_i^2 E_i$ | 矢量空间表示法：$\boldsymbol{v}=\sum_i a_i\boldsymbol{u}_i$，$a_i = \dfrac{\boldsymbol{u}_i\cdot\boldsymbol{v}}{\boldsymbol{u}_i\cdot\boldsymbol{u}_i}$，且 $V^2=\sum_i a_i^2U_i^2$ |

[注]　有关完备正交信号集和信号空间表示法见下一小节。

尽管信号与矢量的数学描述很不一样，但是它们之间却存在着完善的类比关系。只要把

前面信号的数学描述及其有关概念和方法，与矢量的概念和方法进行类比，即可看到这一点。在表 2.5 中，以连续时间实能量信号为例，把所有在相同区间上定义的连续时间实能量信号分别看成一个信号集合，且用 $\boldsymbol{S}$ 表示这样的集合，列出了信号与矢量的类比关系。这种类比关系也适用于离散时间实能量信号，且可推广到复能量信号，甚至复功率信号。如果作某些修正，还可推广到任意区间 $(t_1,t_2)$ 和 $[n_1,n_2]$ 上定义的连续时间和离散时间信号。

### 2.8.3 正交信号空间

下面利用信号和矢量间的类比关系，引入有关信号空间的概念和方法。

**1．线性信号空间**

如果把有限区间 $(t_1,t_2)$ 或 $[n_1,n_2]$，或者无限区间上定义的连续或离散时间能量信号当作一个元素，所有这样的元素(即在相同区间内定义的能量信号的全体)组成了一个集合，此集合记作 $\boldsymbol{S}$。若满足表 2.5 中的信号线性运算条件(常数 $a\in\mathbf{C}$)，$\boldsymbol{S}$ 就称为连续或离散时间**线性信号空间**。如果上述信号是实信号，且 $a$ 为实常数，则集合 $\boldsymbol{S}$ 称为**实线性信号空间**，显然，实信号空间是相应的复信号空间的一个子空间。本书只涉及线性信号(或序列)空间，故在后面的内容中，把线性信号空间简称为“**信号空间**”。如果信号空间中的元素是定义在无限区间内的能量信号或序列，即它们是模平方可积或模平方可和的信号或序列，并且以二阶规范量 $\|*\|_2$ 表示它们的大小，这样的信号空间就分别称为**模平方可积信号空间，或模平方可和信号空间**。如果限于实的能量信号或序列，则分别称为**平方可积信号空间**或**平方可和序列空间**。通常把连续时间的模平方可积信号空间记作 $\boldsymbol{L}^2(\mathbf{R})$，其中，$\boldsymbol{L}$ 表示线性空间，上标 2 表示以二阶规范量表示信号的大小，括号内的 $\mathbf{R}$ 表示实时间变量域，即实数集合。相应地，把离散时间中的模平方可和序列空间记作 $\boldsymbol{l}^2(\mathbf{Z})$，其中，$\boldsymbol{l}$ 表示线性序列空间，以区别于连续时间中的 $\boldsymbol{L}$，上标 2 的意义相同，括号内的 $\mathbf{Z}$ 表示整数集合。

**2．正交信号集和完备的正交信号集**

众所周知，一个矢量空间可以用其正交基矢量集有效地表示，信号空间也一样。为了讨论信号空间表示法，先介绍正交信号集(或序列)集的概念。

$N$ 个在 $(t_1,t_2)$ 区间上定义的连续时间能量信号 $\{\phi_i(t),\ i=1,\ 2,\ \cdots,\ N\}$，和 $N$ 个在 $[n_1,n_2]$ 区间内定义的离散时间能量信号 $\{\phi_i[n],\ i=1,\ 2,\ \cdots,\ N\}$，若它们分别两两相互正交，即

$$\left\langle \phi_j(t),\phi_i(t)\right\rangle=\int_{t_1}^{t_2}\phi_i(t)\phi_j^*(t)\mathrm{d}t=\begin{cases}\|\phi_i(t)\|_2^2=E_i, & j=i\\ 0\ , & j\neq i\end{cases} \tag{2.8.16}$$

$$\left\langle \phi_j[n],\phi_i[n]\right\rangle=\sum_{n=n_1}^{n_2}\phi_i[n]\phi_j^*[n]=\begin{cases}\|\phi_i[n]\|_2^2=E_i, & j=i\\ 0\ , & j\neq i\end{cases} \tag{2.8.17}$$

其中，$E_i$ 为 $\phi_i(t)$ 和 $\phi_i[n]$ 在其定义区间内的能量。如果 $E_i=1$，$i=1,2,\ \cdots,\ N$，即 $\phi_i(t)$ 和 $\phi_i[n]$ 均具有单位能量，此时称集合 $\{\phi_i(t),\ i=1,\ 2,\ \cdots,\ N\}$ 或 $\{\phi_i[n],\ i=1,\ 2,\ \cdots,\ N\}$ 为归一化正交信号集，或称为规格化正交信号集。本章末的习题 2.23 给出了由一个非规格化正交信号集归一化为规格化正交信号集的方法。

一个在相同区间 $(t_1,t_2)$ 和 $[n_1,n_2]$ 内定义的复能量信号 $x(t)$ 或 $x[n]$，若用上述 $N$ 个正交基信号或序列的线性组合来近似，即

$$x(t)\approx\sum_{i=1}^{N}a_i\phi_i(t)\quad 或\quad x[n]\approx\sum_{i=1}^{N}a_i\phi_i[n] \tag{2.8.18}$$

那么，这样近似的误差信号 $e_x(t)$ 或 $e_x[n]$ 为

$$e_x(t)=x(t)-\sum_{i=1}^{N}a_i\phi_i(t) \quad 或 \quad e_x[n]=x[n]-\sum_{i=1}^{N}a_i\phi_i(t) \tag{2.8.19}$$

这里仍用 2.7.1 节中的误差能量最小准则，并以实能量序列为例，来推导上述最佳逼近系数 $a_i$，此时 $a_i$ 为实数。

为使(2.8.19)式表示的实误差信号(例如 $e_x[n]$)的能量 $\varepsilon_x$ 最小，必须使

$$\frac{\partial}{\partial a_i}\varepsilon_x=\frac{\partial}{\partial a_i}\sum_{n=n_1}^{n_2}\left\{x[n]-\sum_{i=1}^{N}a_i\phi_i[n]\right\}^2=0,\quad i=1,\ 2,\ \cdots,\ N \tag{2.8.20}$$

由于 $\phi_i[n]$ 的正交性，上式中正交序列交叉相乘的各项求和均为 0，而且对于给定的 $i$，大括号内不包含 $a_i$ 的项，对 $a_i$ 求偏导数也为 0，因此有 $\frac{\partial}{\partial a_i}\left\{\sum_{n=n_1}^{n_2}\left(-2a_ix[n]\phi_i[n]+a_i^2\phi_i^2[n]\right)\right\}=0$。再交换微分和求和的次序，则有 $2\sum_{n=n_1}^{n_2}x[n]\phi_i[n]=2a_i\sum_{n=n_1}^{n_2}\phi_i^2[n]$，最后得到最佳近似系数 $a_i$，并用同样的方法导出的 $x(t)$ 的最佳近似系数 $a_i$ 为

$$a_i=\frac{\int_{t_1}^{t_2}x(t)\phi_i(t)\mathrm{d}t}{\int_{t_1}^{t_2}\phi_i^2(t)\mathrm{d}t}=\frac{\langle\phi_i(t),x(t)\rangle}{\langle\phi_i(t),\phi_i(t)\rangle} \quad 和 \quad a_i=\frac{\sum_{n=n_1}^{n_2}x[n]\phi_i[n]}{\sum_{n=n_1}^{n_2}\phi_i^2[n]}=\frac{\langle\phi_i[n],x[n]\rangle}{\langle\phi_i[n],\phi_i[n]\rangle},\quad i=1,\ 2,\ \cdots,\ N \tag{2.8.21}$$

若 $x(t)$ 和 $x[n]$ 是复序列，则可分别推得

$$a_i=\frac{\int_{t_1}^{t_2}x(t)\phi_i^*(t)\mathrm{d}t}{\int_{t_1}^{t_2}|\phi_i(t)|^2\mathrm{d}t}=\frac{\langle\phi_i(t),x(t)\rangle}{\langle\phi_i(t),\phi_i(t)\rangle} \quad 和 \quad a_i=\frac{\sum_{n=n_1}^{n_2}x[n]\phi_i^*[n]}{\sum_{n=n_1}^{n_2}|\phi[n]|^2}=\frac{\langle\phi_i[n],x[n]\rangle}{\langle\phi_i[n],\phi_i[n]\rangle},\quad i=1,\ 2,\ \cdots,\ N \tag{2.8.22}$$

上述最佳近似系数 $a_i$ 正是 $x(t)$ 和 $x[n]$ 分别在 $\phi_i(t)$ 和 $\phi_i[n]$ 上的分量，它们是误差能量最小意义下的最佳逼近，并可得出上述最佳近似下的误差能量。例如在离散时间中，最佳近似下的误差能量为

$$\varepsilon_{x\min}=\sum_{n=n_1}^{n_2}\left\{x^2[n]+\sum_{i=1}^{N}a_i^2\phi_i^2[n]-2\sum_{i=1}^{N}a_ix[n]\phi_i[n]\right\}=\sum_{n=n_1}^{n_2}x^2[n]+\sum_{i=1}^{N}a_i^2\sum_{n=n_1}^{n_2}\phi_i^2[n]-2\sum_{i=1}^{N}a_i\sum_{n=n_1}^{n_2}x[n]\phi_i[n]$$

利用(2.8.21)式，上式等号右边第二项中的后一个求和为 $\sum_{n=n_1}^{n_2}x[n]\phi_i[n]=a_i\sum_{n=n_1}^{n_2}\phi_i^2[n]=a_iE_i$，将它代入后得到

$$\varepsilon_{x\min}=\sum_{n=n_1}^{n_2}x^2[n]-\sum_{i=1}^{N}a_i^2E_i \tag{2.8.23}$$

其中，第一项求和为信号 $x[n]$ 的能量，第二项为 $x[n]$ 在 $N$ 个正交基信号 $\phi_i[n]$ 上分量的能量之和。上式表明，最佳近似下的误差能量等于原信号能量减去它在各个正交信号上分量的总能量。这一结果对一般复信号也成立，只是 $a_i$ 是复数，式中的平方应改成模的平方。在连续时间中也有完全同样的结果，请读者自行导出。

如果上述误差能量 $\varepsilon_{x\max}=0$，表明用这组 $N$ 个正交基信号能完全表示信号 $x(t)$ 和 $x[n]$。但在一般情况下，用任意的一组 $N$ 个正交信号的线性组合，并不能精确表示相同区间上的任意信号 $x(t)$ 和 $x[n]$。为此，还必须引入完备正交信号或序列集的概念。

如果在 $\{\phi_i(t),\ i=1,\ 2\ ,\cdots,\ N\}$ 或 $\{\phi_i[n],\ i=1,\ 2\ ,\cdots,\ N\}$ 之外，在相同区间 $(t_1,t_2)$ 或 $[n_1,n_2]$ 上不存在另外一个信号 $f(t)$ 或 $f[n]$，且满足

$$\int_{t_1}^{t_2}f(t)\phi_i(t)\mathrm{d}t=0 \quad 或 \quad \sum_{n=n_1}^{n_2}f[n]\phi_i[n]=0,\quad i=1,\ 2,\ \cdots,\ N \tag{2.8.24}$$

那么在区间 $(t_1,t_2)$ 或 $[n_1,n_2]$ 上，这组正交信号(或序列)集就称为**完备的正交信号(或序列)集**，就可以用它们的线性组合，精确表示相同区间上的任意信号或序列，这时表示的误差能量等于 0。反之，如果能找到一个 $f(t)$ 或 $f[n]$，使得(2.8.24)式成立，则说明上述正交信号集不完备，用它们的线性组合最佳逼近在相同区间上的任意信号时，其误差能量 $\varepsilon_{x\min}\neq 0$。

## 2.8.4 信号的广义傅里叶级数展开

在区间$(t_1,t_2)$或$[n_1,n_2]$上定义的连续时间或离散时间信号空间$\boldsymbol{S}$中，若$\{\phi_i(t),\ i=1,\ 2,\cdots,N\}$或$\{\phi_i[n],\ i=1,\ 2,\cdots,N\}$分别是$\boldsymbol{S}$中的一个完备正交信号集，如果用它们的线性组合表示相同区间上定义的任意信号$x(t)\in\boldsymbol{S}$或$x[n]\in\boldsymbol{S}$，即

$$x(t)=\sum_i a_i\phi_i(t) \quad 或 \quad x[n]=\sum_i a_i\phi_i[n] \tag{2.8.25}$$

其中，系数$a_i$分别表示为

$$a_i=\frac{\int_{t_1}^{t_2}x(t)\phi_i^*(t)\mathrm{d}t}{\int_{t_1}^{t_2}\left|\phi_i(t)\right|^2\mathrm{d}t} \quad 或 \quad a_i=\frac{\sum\limits_{n=n_1}^{n_2}x[n]\phi_i^*[n]}{\sum\limits_{n=n_1}^{n_2}\left|\phi[n]\right|^2},\quad i=1,\ 2,\ \cdots \tag{2.8.26}$$

这种用完备正交信号集表示信号的表示法，在数学上称为函数的**广义傅里叶级数**展开。其中，(2.8.26)式称为分析公式，(2.8.25)式称为综合公式。按照这种表示法，将有

$$\int_{t_1}^{t_2}\left|x(t)\right|^2\mathrm{d}t=\sum_i\left|a_i\right|^2E_i \quad 或 \quad \sum_{n=n_1}^{n_2}\left|x[n]\right|^2=\sum_i\left|a_i\right|^2E_i \tag{2.8.27}$$

其中，$E_i$是$\phi_i(t)$或$\phi_i[n]$在其定义区间上的能量。进一步，如果$\{\phi_i(t)\}$或$\{\phi_i[n]\}$是$\mathbf{S}$中的一个归一化的完备正交信号集，上式可简化成

$$\int_{t_1}^{t_2}\left|x(t)\right|^2\mathrm{d}t=\sum_i\left|a_i\right|^2 \quad 或 \quad \sum_{n=n_1}^{n_2}\left|x[n]\right|^2=\sum_i\left|a_i\right|^2 \tag{2.8.28}$$

(2.8.27)式或(2.8.28)式是上述广义傅里叶级数展开满足的帕什瓦尔(Parseval)关系，它揭示了信号的这种表示法在能量上的等价关系。

上述表示法表明，只要找到一个在某个有限或无限区间上的完备正交信号集，在同一区间定义的任何信号或序列均可用该完备正交信号集的一个线性组合来表示，这种表示至少在能量意义上是精确的。有关正交信号空间及其表示法，还需指出几点：

(1) 在信号空间中，完备正交信号集内正交基信号的个数称为该信号空间的**维数**。换言之，由$N$个正交信号的完备正交信号集所构成的信号空间，就称为$N$维信号空间。信号空间的维数可以是有限的，即有限维信号空间，也可是无限的，即无限维信号空间。

(2) 在某个信号空间中，完备的正交信号集不是唯一的，同一个信号空间可有多个完备正交信号集，它们都能有效地代表该信号空间。尽管一个信号空间可有多个不同的完备正交信号集，但这些完备正交信号集中正交基信号的个数是相同的，并等于信号空间的维数。

下面介绍几种在信号分析中常用的完备正交信号或序列集。

- **三角函数集和三角序列集**

在连续时间中， 三角信号集$\{1,\ \cos k\omega_0 t,\ \sin k\omega_0 t;\ k=1,\ 2\ \cdots\}$构成了区间$\langle T\rangle$上的一个完备实正交信号集，其中$T=2\pi/\omega_0$。它是一个无限集合，并有如下正交关系：

$$\int_{\langle T\rangle}\cos(k\omega_0t)\cos(l\omega_0t)\mathrm{d}t=\begin{cases}T/2, & l=k\\ 0, & l\neq k\end{cases},\quad \int_{\langle T\rangle}\sin(k\omega_0t)\sin(l\omega_0t)\mathrm{d}t=\begin{cases}T/2, & l=k\\ 0, & l\neq k\end{cases}$$

$$\int_{\langle T\rangle}\cos(k\omega_0t)\sin(l\omega_0t)\mathrm{d}t=0,\quad \int_{\langle T\rangle}\cos(k\omega_0t)\mathrm{d}t=0,\quad \int_{\langle T\rangle}\sin(l\omega_0t)\mathrm{d}t=0$$

其离散时间对偶是三角序列集$\{1,\ \cos k(2\pi/N)n,\ \sin k(2\pi/N)n;\ k=1,\ 2,\ \cdots,\ N\}$，它在区间$\langle N\rangle$上构成一个完备的实正交序列集，它与连续时间对偶的区别为它是一个有限集合。

- **复正弦信号集和周期复正弦序列集**

连续时间周期复正弦信号集 $\{e^{jk\omega_0 t},\ k=0,\ \pm 1,\ \pm 2\ \cdots\}$，以及离散时间周期复正弦序列集 $\{e^{jk(2\pi/N)n},\ k=0,\ 1\ ,2\ ,\cdots,\ N-1\}$，分别是区间 $\langle T\rangle$ 或 $\langle N\rangle$ 上的一个完备正交信号集，其中，$T=2\pi/\omega_0$。可以证明它们具有对偶的正交关系

$$\int_{\langle T\rangle} e^{jk\omega_0 t}e^{-jl\omega_0 t}dt=\begin{cases}T, & l=k\\0, & l\neq k\end{cases}\quad 或 \quad \sum_{n\in\langle N\rangle} e^{jk(2\pi/N)n}e^{-jl(2\pi/N)n}=\begin{cases}N, & l=k\\0, & l\neq k\end{cases} \tag{2.8.29}$$

不过前者是一个无限集合，而后者只是一个有限集合。

- **离散时间时移单位冲激序列集**

时移单位冲激序列 $\delta[n-k]$，$k\in\mathbf{Z}$，组成在区间$(-\infty,\infty)$上的归一化的完备正交序列集，因为它们满足

$$\sum_{n=-\infty}^{\infty}\delta[n-k]\delta[n-l]=\begin{cases}1, & l=k\\0, & l\neq k\end{cases} \tag{2.8.30}$$

在第三章中，用它们的线性组合可表示任何离散时间信号。一般地，对任何有限整数区间 $\langle N\rangle$，$\{\delta[n-k],\ k\in\langle N\rangle\}$ 都可看成相同区间上的一个完备正交序列集，这在有限维数据的表示法中很通用。

- **沃尔什函数集**

1923 年，沃尔什(Walsh)提出一组完备正交函数集，后来被称为**沃尔什函数集**。沃尔什函数集是定义在(0, 1)区间上的一个无限的正交二值(或矩形)函数集，函数值仅取 −1 和 +1 两个值。沃尔什函数有多种定义，不同定义方法的区别仅在于沃尔什函数集中函数编号的排列不一样。这里只介绍用三角函数定义的沃尔什函数集。

沃尔什函数集 $\{\mathrm{Wal}_i(t),\ i=0,\ 1,\ 2\ \cdots\}$ 定义为：

$$\mathrm{Wal}_i(t)=\prod_{l=0}^{r-1}\mathrm{sgn}\left(\cos k_l 2^l\pi t\right),\quad 0\leqslant t<1\ ,\ i=0,\ 1,\ 2\ \cdots \tag{2.8.31}$$

其中，sgn(*) 为符号函数；$i$ 为沃尔什函数的编号(为非负整数)；$r$ 为编号 $i$ 的二进制表示的位数，$r=0,\ 1\cdots$；$k_l$ 为编号 $i$ 的二进制表示中第 $l$ 位的数值(0 或 1)，即有 $i=\sum_{l=0}^{r-1}k_l 2^l$。例如，编号为 5 的沃尔什函数的表达式为：

$$\mathrm{Wal}_5(t)=\mathrm{sgn}(\cos 4\pi t)\cdot\mathrm{sgn}(\cos\pi t)\ ,\quad 0\leqslant t<1$$

其中，$i=5$ 的二进制表示 101，则 $r=3$，$k_2=1$，$k_1=0$，$k_0=1$，将这些数值代入(2.8.31)式，就可得出 $\mathrm{Wal}_5(t)$。

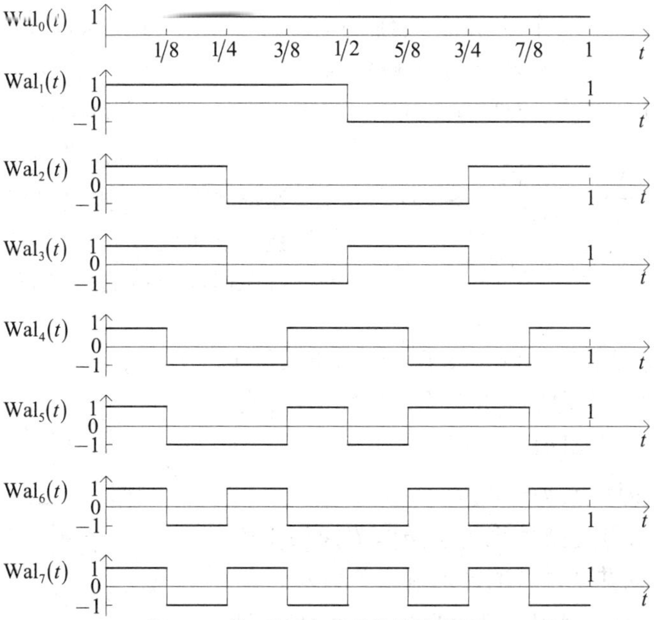


图 2.46　前 8 个沃尔什函数的波形图

图 2.46 画出了按照(2.8.31)式定义的前 8 个沃尔什函数波形。由图可看出，当编号 $i$ 为偶数时，它们以

$t=1/2$ 偶对称；当编号 $i$ 为奇数时，它们则以 $t=1/2$ 奇对称。而且，可直观地看出沃尔什函数的正交性，即

$$\int_0^1 \mathrm{Wal}_i(t)\cdot \mathrm{Wal}_l(t)\mathrm{d}t=\begin{cases}1, & l=i\\ 0, & l\neq i\end{cases} \tag{2.8.32}$$

沃尔什函数是应用广泛的一种二值正交信号，它是沃尔什–哈达曼变换(WHT)的基础，在通信、雷达和图像处理中有很多应用。进一步讨论这些内容已超出了本书的范围，有兴趣的读者可参阅其他有关论著。

# 2.9 系统的相互联接与系统的等价和等效

在需要研究的系统问题中，有些是很简单的系统，例如电路中的理想元件(电阻、电容和电感等)，它们的数学描述和分析都很方便。许多实际系统往往要复杂得多，例如通信系统，它包括终端设备(话筒、耳机、扬声器和计算机等)、发射机、传输线路或传输媒质和接收机等，而且其中每一部分又有很多称为电路或部件的小的系统组成。但是，不管系统多么复杂，都可看成由一些相对简单的系统按某种方式连接或组合而成的，这种系统连接或组合的方式，称为**系统的相互联接**，简称**系统互联**。讨论系统互联，并研究其对整个系统功能和特性造成的影响，对于系统的分析和实现(设计)都有着重要的意义。

所有的系统互联方式中，最基本的连接方式有三种：**级联**、**并联**和**反馈连接**。任何复杂的系统连接都是这三种连接的不同组合。下面首先介绍这三种基本连接，然后再讨论在系统分析中另一种很重要的概念和方法，即系统的等价和等效。

## 2.9.1 系统的基本连接方式

**1．系统的级联**

两个连续时间系统级联的方框图见图 2.47，系统 1 的输出是系统 2 的输入，系统 1 的输入和系统 2 的输出分别作为级联系统的输入和输出，即 $x(t)=x_1(t)$， $x_2(t)=y_1(t)$ 和 $y_2(t)=y(t)$。整个系统首先按系统 1，再按系统 2 的信号变换关系，依次变换各自的输入信号。若系统 1 的输入输出关系为 $y_1(t)=T_1\{x_1(t)\}$，系统 2 为 $y_2(t)=T_2\{x_2(t)\}$，则有

$$y(t)=T_2\{T_1\{x(t)\}\} \tag{2.9.1}$$

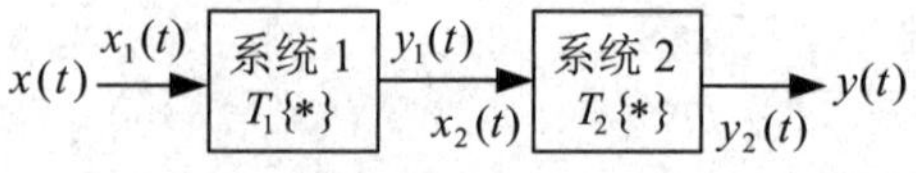


图 2.47 两个连续时间系统的级联

系统的级联连接也可以三个或更多系统的依次链接，但这仅是图 2.47 的两系统级联的扩展。离散时间系统的级联完全类似，不再赘述。

**2．系统的并联**

两个离散时间系统并联如图 2.48 所示。这里系统 1 和 2 的输入等于并联系统的输入，两个系统各自的输出相加后作为整个并联系统的输出，即有

$$x[n]=x_1[n]=x_2[n]$$

和

$$y[n]=y_1[n]+y_2[n]$$

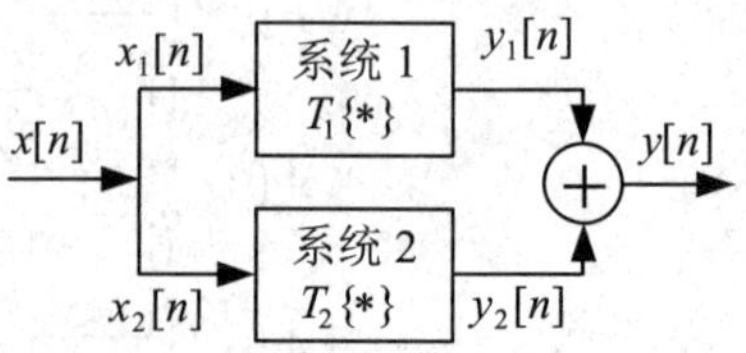


图 2.48 两个离散时间系统的并联

若两个系统的信号变换关系为 $y_1[n]=T_1\{x_1[n]\}$ 和 $y_2[n]=T_2\{x_2[n]\}$，则并联系统的输入输出关系为

$$y[n]=T_1\{x[n]\}+T_2\{x[n]\} \tag{2.9.2}$$

当然，也可以两个以上的系统并联连接，此时可以看成两个系统并联后，再逐个和别的

系统并联连接。同样地，连续时间系统的并联连接也是如此。

**3．系统的反馈连接**

图 2.49 画出两个连续时间系统反馈连接的基本框图，其中，系统 1 的输出既是整个系统的输出，又是系统 2 的输入；系统 2 的输出反馈回来与外加输入信号相减，成为系统 1 的输入。故连续时间系统反馈连接的基本关系可以描述为

$$\begin{cases} y(t)=y_1(t)=T_1\{x_1(t)\} \\ x_1(t)=x(t)-T_2\{y(t)\} \end{cases}$$

或

$$y(t)=T_1\left\{x(t)-T_2\{y(t)\}\right\} \tag{2.9.3}$$

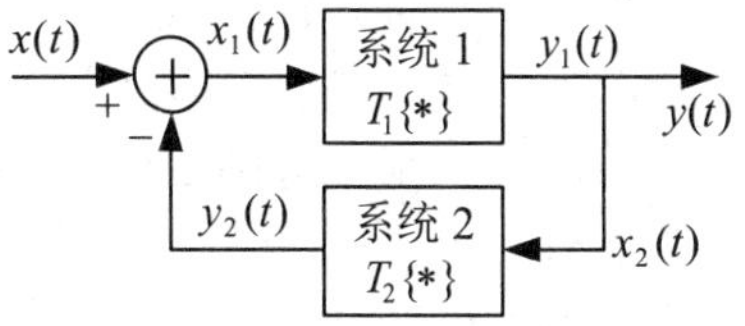


图 2.49　两个连续时间系统的反馈连接

在反馈连接中，通常把系统 1 的信号支路称为**前馈支路**，系统 2 的信号支路称为**反馈支路**。需特别指出，图示的反馈连接基本框图中，输入端的相加器规定为外加输入减去系统 2 反馈回来的信号，本书后面进一步讨论反馈连接时，均采用这样的规定。离散时间系统的反馈连接完全类似，读者可自行导出完全类似的关系。

利用上面介绍的三种基本互联方式，就能由较为简单的系统构成更为复杂的系统。例如，可借助一些基本系统(运算单元)，采用系统互联的方法，设计出一个具有较为复杂信号运算关系的系统。这种组合两种以上基本互联方式的系统互联称为**混合互联**。图 2.50 是一个组合上述三种基本互联方式的一个例子，图中系统 1 和系统 2 级联后，再与系统 3 和系统 4 反馈连接的系统并联，最后与系统 5 级联。

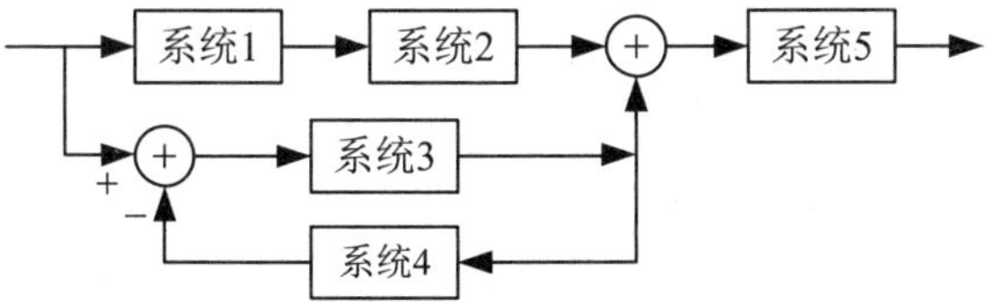


图 2.50　组合三种基本连接方式的混合互联系统

系统的互联除了提供一个构成新系统方法外，还能把一个实际存在的系统看作某些基本单元互联的结果，从而提供一种分析复杂系统的有效方法。例如，电路系统就是涉及几种基本电路元件(电阻器、电容器、电感线圈和电源等)系统的混合互联。对于图 2.51(a)的电路，如把电流源 $i(t)$ 看作输入，输出是电阻 $R$ 或电容 $C$ 上的电压 $v(t)$，按照电路方程，这个电路系统可以看作图 2.51(b)和(c)所示的两个系统的反馈互联。请注意，图 2.51(b)和(c)尽管都是电容器和电阻器系统的反馈互联，但是反馈连接的系统不同。此外，本例还说明，本节介绍的系统级联和并联与电路分析中的串联和并联不是一回事，切勿混淆！

在信号与系统的理论和方法中，系统互联的概念和方法十分重要，在本书后面各章中，还将针对不同的分析方法，进一步讨论这三种基本互联方式下的系统功能和特性。

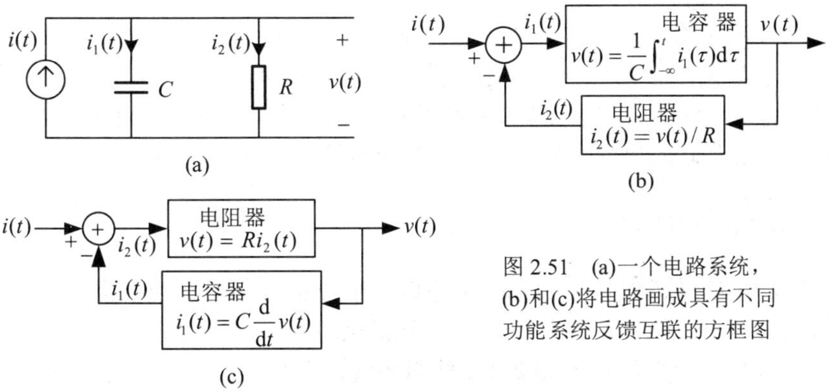


图 2.51　(a)一个电路系统，(b)和(c)将电路画成具有不同功能系统反馈互联的方框图

### 2.9.2 系统的等价和等效

在系统的分析和实现中，另一种十分有用的概念和方法是系统的等价和等效。在系统的输入输出描述下，系统的功能或特性将完全由输入输出信号的变换关系决定。如果两个系统的内部构成不一样，但只要它们具有相同的输入输出信号变换关系，即它们对任何相同的输入都会产生同样的输出，就认为这两个系统是等价的。例如，图 2.51(b)和(c)所示的两个系统是等价的，它们都具有图 2.51(a)电路的输入输出信号变换关系，也有相同的功能和特性。

图 2.52 中的例子充分体现了系统等价的概念和方法，图 2.52(a)的两输入单输出离散时间系统实现如下信号运算

$$y[n]=x_1^2[n]-2x_1[n]x_2[n]+x_2^2[n] \tag{2.9.4}$$

上式的信号运算恒等为

$$y[n]=\{x_1[n]-x_2[n]\}^2 \tag{2.9.5}$$

因此，图 2.52 中的两个系统等价，两个系统方框图的等价体现了(2.9.4)式和(2.9.5)式两者的恒等关系。显然，图 2.52(b)的系统比图 2.52(a)在结构上简单得多，更易于分析和实现。

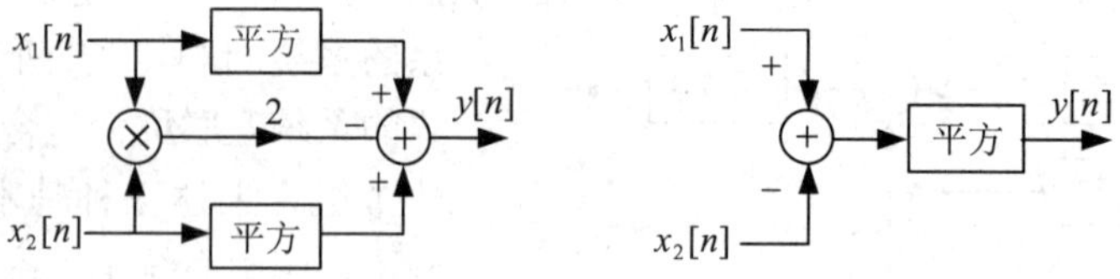


(a) (2.9.4)式表示的系统　　(b) (2.9.5)式表示的系统

图 2.52　系统等价的典型例子

在工程上经常采用等效的概念，一般说来，等效的概念比等价要宽松一些，它通常指一定条件下的等价或者近似条件下的等价。例如，电子线路中半导体三管的微变等效电路，三极管放大器的直流等效电路和交流等效电路等。其中的“等效”都意味着某种条件或近似情况下的等价。在本书中，我们并不刻意于等价和等效用词上的区别，而是把它们作为分析信号与系统的一个强有力的手段或技巧，在本书后面的内容中，这类方法和技巧到处可见。可以毫不夸张地说，熟练地掌握等价和等效的概念与方法，是学好本课程的几个关键之一。

## 2.10 系统的性质

本节介绍和讨论在输入输出描述方式下系统的几个主要属性，以及相应的系统分类。通过讨论，不仅要了解它们的数学表示，更要弄清其物理概念及其给系统特性带来的区别。为此，在本节的讲述中，特别以前面 2.4 节介绍的那些基本系统为例，讨论它们的不同属性。以此为基础，结合系统互联的概念和方法，读者将会容易判定许多较为复杂系统的属性。

### 2.10.1 无记忆性和记忆性

对于任意的输入信号，如果每一个时刻系统的输出**信号值**仅取决于同一时刻的输入**信号值**，则该系统就具有无记忆性，并且把它称为**无记忆系统**。否则，系统为有记忆的，或称为**有记忆系统**。有的书上也把无记忆系统称作**即时系统**，把有记忆系统称为**动态系统**。

按照上述有关无记忆与有记忆的定义，不难看出：连续时间和离散时间数乘器、相加器和相乘器都是无记忆系统，图 2.52 的系统也是无记忆系统，因为对于任何特定时刻 $n=n_1\in\mathbf{Z}$，该系统的输出信号值 $y[n_1]$ 仅由同一时刻的两个输入信号值 $x_1[n_1]$ 和 $x_2[n_1]$ 决定，和其他时刻的所有输入信号值无关；而时移系统属于有记忆系统，因为任何时刻的输出信号值取决于另一时刻的输入信号值；积分器和累加器也是有记忆的，因为任何时刻的输出信号值取决于该时刻及其以前的所有的输入信号值。此外，前面提到的平滑系统、一阶差分系统、反转系统、连续时间尺度变换系统，以及离散时间抽取器和内插零系统都是有记忆系统。

由于无记忆系统具有如此良好的性质，可用比信号变换表达式更简洁的数学描述来表征其输入输出特性，即

$$y=f(x) \tag{2.10.1}$$

其中，$y$ 表示无记忆系统任意时刻的输出信号值，$x$ 表示同一时刻的输入信号值。例如，电子线路中常用瞬时值特性(振幅特性)来表示无记忆电路的输入输出特性。模/数转换中的量化器也是无记忆系统，其输入输出特性常用量化特性(曲线)来表示等。图 2.53(a)和(b)分别画出了一个下限幅器和一个均匀量化器的限幅特性和量化特性。

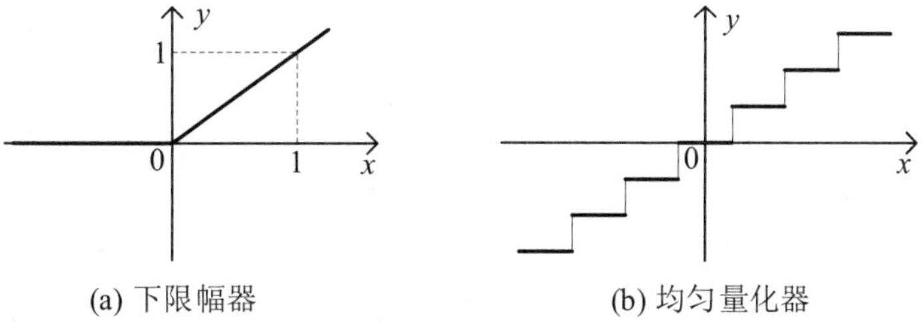


图 2.53　用输入输出瞬时值特性表示无记忆系统的例子

## 2.10.2　因果性、非因果和反因果

对于任意的输入信号，如果系统在任何时刻的输出**信号值**，只取决于该时刻和该时刻以前时刻的输入**信号值**，而与将来时刻的输入**信号值**无关，该系统就具有**因果性** (causality)，或称为**因果系统**；否则，只要某个时刻的输出信号值还与其将来时刻的输入信号值有关，该系统就是**非因果的**(noncausal)。在连续时间和离散时间中，关于现在、过去和将来时刻的说明见图 2.54，如果把某一个特定时刻 $t_0$ 和 $n_0$ 看作现在时刻，所有 $t<t_0$ 和 $n<n_0$ 的时刻都是该时刻的过去时刻，而所有 $t>t_0$ 和 $n>n_0$ 的时刻，则是该时刻的将来时刻。这样，关于系统因果和非因果的定义，可用如下数学表示来阐述：若对任何 $t$ 或 $n$ 值都有

$$y(t)=f\{x(t-\tau),\ \tau\geqslant 0\} \quad 或 \quad y[n]=f\{x[n-k],\ k\geqslant 0\} \tag{2.10.2}$$

则该系统是因果系统，否则，系统就是非因果的。

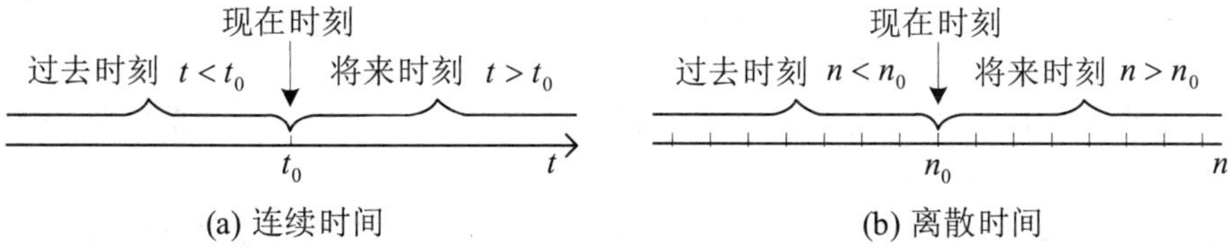


图 2.54　连续时间和离散时间中现在、过去和将来时刻示意图

按照上述因果性的定义和图 2.54 的说明，不难看出：积分器和累加器属于因果系统；对

于任何输入信号，由(2.4.5)式定义的一阶后向差分器在任何时刻的输出信号值，等于该时刻与前一时刻输入信号值之差，故它也是一个因果系统。然而，对于一阶前向差分器，即

$$y[n]=x[n]-x[n+1] \tag{2.10.3}$$

它任何时刻的输出信号值等于该时刻与后一时刻输入信号值之差，故它是非因果系统；对于连续时间或离散时间时移系统(见(2.4.15)式)，当$t_0$或$n_0$大于0时，延迟系统是因果的；但当$t_0$或$n_0$小于零时，超前系统就是非因果的了；再考察(2.3.2)式和(2.3.3)式表征的连续时间和离散时间平滑系统，它们在任何时刻$t_0$和$n_0$的输出信号值，分别是$(t_0-T/2,\ t_0+T/2)$和$[n_0-N,\ n_0+N]$区间内输入信号的平均值，不满足因果性的定义，它们都是非因果系统，而一个因果的离散时间平滑系统的信号变换表达式为

$$y[n]=\frac{1}{N}\sum_{k=0}^{N-1}x[n-k] \tag{2.10.4}$$

再例如反转系统$y(t)=x(-t)$和$y[n]=x[-n]$，对任意的输入信号，只有当时刻$t\geqslant 0$和$n\geqslant 0$时，输出信号值才等于过去某时刻的输入信号值，而当$t<t_0$和$n<n_0$时，输出信号值等于将来某时刻的输入信号值，不是所有时刻都符合因果的概念，故是非因果系统。

系统是否因果，在系统分析和实现中起着关键作用，对此还需做如下的进一步讨论：

(1) 因果性体现了现实世界的因果原则，即在任何现象中，总是原因(系统的激励)在前，结果(系统响应值)在后。从因果系统当前的输出中，只能看到过去直至现在输入作用的结果，不可能有将来输入造成的结果，只有该将来时刻到来时才能从系统输出中反映出来，故因果性意味着“不可预测性”。相反，对于非因果系统，当前的输出包含了将来时刻输入造成的某种结果，或者从现在的输出中可以看到将来时刻输入的影响，故非因果性反映了某种“可预测性”。从这个意义上讲，就自变量是真实时间变量的连续或离散时间系统而论，现实世界中只存在因果系统，不存在非因果系统。或者说，因果系统可以实现，非因果系统则不可能实现。因此，在**真实时间变量**的系统中，因果性是系统设计并可实现的一个关键特性。

(2) 即便如此，研究非因果系统并非没有意义。一方面，上面的“非因果系统不存在或不可实现”的结论，仅对**真实时间变量**的情况才成立，若自变量不是真正时间变量，上述限制就不起作用。如自变量是空间变量的情况，此时$t$或$n$轴代表一个空间坐标，图2.54中的“现在”、“过去”和“将来”已没有其原本含义，这样的非因果系统不仅存在，而且是可以实现的。另一方面，即使自变量是真正的时间变量，也可采用非因果处理。例如在抽样数据处理系统中，待处理的信号(数据)可用记录或存储方法保存起来，等到某个将来时刻才处理，并产生**看作**“现在时刻”的输出。在这种情况下，输出的信号有一定的附加延时，称为**处理延时**，这种延时在许多情况下是允许的。像语音、地球物理学和气象学中的信号处理都是如此，还有像股票市场分析中，也完全可以采用(2.3.3)式这样非因果的平滑处理。

在信号处理中还有**实时处理**和**非实时处理**之分，所谓“实时处理”，通常指处理延时没有超过物理时效。因果系统当然属于实时系统，在许多实时处理应用中，还可包括非因果处理。例如，一般认为语音对话的时效为300 ms，这就是说，如果语音通信或处理的延时不超过300 ms，听起来不会有对方反应迟钝的感觉。

(3) 所有无记忆系统必定是因果系统，但不能认为有记忆系统一定是非因果的，有些有记忆系统是因果的，例如积分器和累加器，而另一些有记忆系统是非因果的，例如一阶前向差分器、超前系统及(2.3.2)式和(2.3.3)式表示的平滑系统等。

### 2.10.3　稳定性

稳定性是系统的另一个感兴趣的重要性质。从直观概念上说，稳定性表征在小的激励或输入下，系统响应或输出是否发散的一个属性。图 2.55 给出了说明稳定性的一个典型例子，处在图中两个不同曲面上的一个小球，作用于小球上的水平力看作输入 $x(t)$，球的垂直位移 $y(t)$ 为输出。图 2.55 (a)中的小球位于“谷底”，水平方向小的作用力，只会造成球在谷中摆动，产生的垂直位移是有限的，故系统是稳定的；但图 2.55 (b)中的小球位于“峰顶”，水平方向上任意小的扰动，都会使球滚下去，造成无限的垂直位移，故系统不稳定。

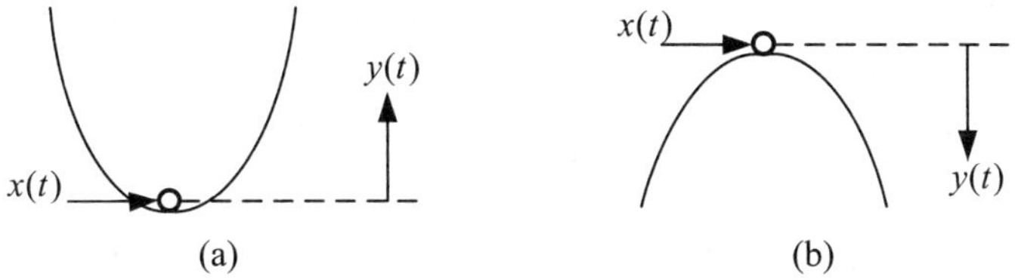


图 2.55　稳定性和不稳定性的图例说明

稳定性的定义如下：当系统的输入为有界信号时，输出也是有界的，则该系统是**稳定的**，称为**稳定系统**，否则为**不稳定系统**。简言之，对于一个稳定系统，任何有界的输入信号总产生有界的输出信号；反之，只要某个有界的输入能导致无界的输出，系统就不稳定。

按照上述定义不难证明，数乘器、时移系统、相加器、相乘器、一阶差分器、反转系统、连续时间尺度变换，以及离散时间抽取器和内插零系统都是稳定系统。同样地，平滑系统也是稳定系统；然而，积分器和累加器是不稳定的，为此，只要举出一个有界输入导致无界输出的例子，即可否定其稳定性。例如，当累加器的输入为 $u[n]$ 时，其输出为

$$y[n]=\sum_{k=-\infty}^{n}u[k]=(n+1)u[n] \tag{2.10.5}$$

随着 $n\to\infty$，将有 $y[n]\to\infty$，它是不稳定系统。同理，积分器也是不稳定系统。但是，如果只进行有限时间区间的积分和累加，这样的积分器和累加器就是稳定系统，这在许多电子系统和信号处理中经常被采用。

系统的稳定性之所以十分重要，是因为：一方面，从后面的内容将看到，有些系统分析方法一般只适合于稳定系统，例如第 3 章的卷积方法和第 5 章的傅里叶方法，只有拉普拉斯变换和 Z 变换才能用于分析某些不稳定系统；另一方面，从系统设计和实现来说，稳定系统才是有意义的，若是不稳定系统，即使它有最好的性能和特性，也难以在实际中得到应用。

### 2.10.4　可逆性与逆系统

如果一个系统对每一个不同的输入信号都产生不同的输出信号，换言之，根据系统的输出信号可以唯一地确定它的输入信号，这样的系统是**可逆的**，或称为**可逆系统**。否则，系统就**不可逆**。数学上讲，若系统的信号变换关系 $y(t)=T\{x(t)\}$ 和 $y[n]=T\{x[n]\}$ 是一一对应的函数变换关系，它就是可逆系统，可逆系统的信号变换是一个可逆的函数变换。

对于任何可逆系统，必定存在另一个系统，其信号变换关系为 $T^{-1}\{*\}$，把它与原系统级联后，所产生的输出又恢复出 $x(t)$ 和 $x[n]$，即两者级联构成一个恒等系统，如图 2.56 所示。通常把系统 $T^{-1}\{*\}$ 称为该可逆系统的**逆系统**。这是可逆系统特有的一个性质，也是判定系统是否

可逆的充分必要条件。例如连续时间数乘器 $y(t)=cx(t)$，只要 $c\neq 0$，它就是可逆的，其逆系统可以表示为 $z(t)=y(t)/c$。(2.4.9)式和 (2.4.10)式表示了积分器和累加器是可逆的，例如，累加器任意时刻的输入信号值减去前一时刻的输入信号值，就是该时刻的输出信号值，即

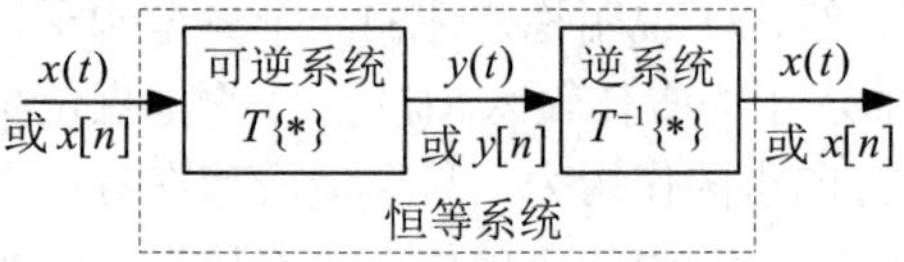


图 2.56　可逆系统及其逆系统的级联

$$y[n]-y[n-1]=\sum_{k=-\infty}^{n}x[k]-\sum_{k=-\infty}^{n-1}x[k]=x[n] \quad (2.10.6)$$

因此，一阶差分器就是累加器的逆系统。同理，微分器则是积分器的逆系统。此外，延时 $t_0$ 和 $n_0$ 的延时系统的逆系统，分别是超前 $t_0$ 和 $n_0$ 的超前系统，故时移系统也是可逆系统，等等。反过来，只要对两个不同的输入信号，系统产生相同的输出信号，那么该系统就不可逆。例如，对任何输入信号都输出零信号的系统是不可逆的；平方系统，即 $y(t)=x^2(t)$ 和 $y[n]=x^2[n]$，以及取模运算和全波整流系统是不可逆的，不难找出两个不同的输入信号，使之产生相同的输出信号。

在实际应用中，可逆性和逆系统有着十分重要的意义。实际中的许多信号处理都希望能从处理或变换后的信号中恢复出原信号。最典型的例子是通信系统中的一系列信号处理，例如发送设备中的幅度压扩器、编码器、调制器和频率预加重等，这些信号处理系统(电路)都应是可逆的，以便能在接收设备中，用相应的逆系统(幅度反压扩器、解码器、解调器和去加重电路等)，恢复出发送端的原信号。

## 2.10.5　时不变性

对于任意的输入信号，如果系统的输入信号在时间上有一个任意的时移，都导致其输出信号在时间上产生相同的时移，则该系统就具有**时不变性**，或称为**时不变系统**；否则就是**非时不变系统**或**时变系统**。时不变性可以描述如下：对于一个连续时间和离散时间系统 $x(t)\longrightarrow y(t)$ 和 $x[n]\longrightarrow y[n]$，若在任何输入信号下，对任意的 $t_0$ 和 $n_0$ 都分别有

$$x(t-t_0)\longrightarrow y(t-t_0) \quad 和 \quad x[n-n_0]\longrightarrow y[n-n_0] \quad (2.10.7)$$

该系统是时不变的；否则，只要有某个 $x(t)$ 和 $x[n]$ 使上述条件不成立，就是非时不变系统，或称为**时变系统**。

时不变系统有其特有的性质，即它与任意时移系统级联的次序是可调换的。例如图 2.57(a)所示的连续时间时不变系统，其输出再通过任意延时 $t_0$ 的时移系统得到 $y(t-t_0)$，见图 2.57(b)。若把图 2.57(b)中两个系统级联的次序对调，见图 2.57(c)，$x(t)$ 先通过时移系统，输出为 $x(t-t_0)$，再加入该时不变系统，由于时不变性，最后输出仍为 $y(t-t_0)$。换言之，图 2.57(b)和(c)的两种级联是等价的。利用此性质，可检查一个系统是否具有时不变性。显然，数乘器、时移系统、微分器和差分器都是时不变的。

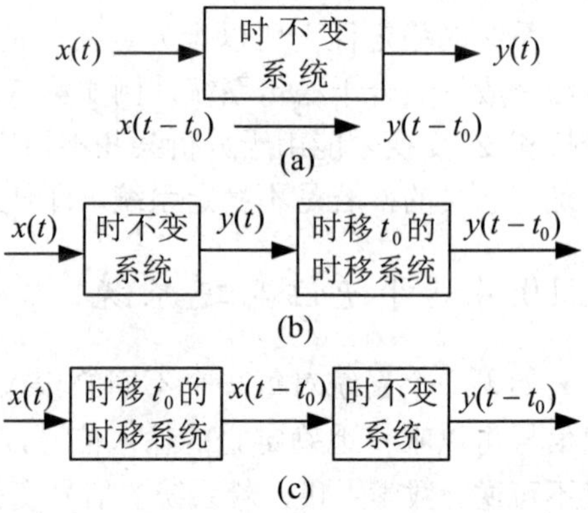


图 2.57　时不变系统时移性质的图解说明

再用同样方法来检查 $y(t)=\cos[x(t)]$ 的系统，输入 $x(t)$ 先通过它，然后通过时移系统后的输出为 $y_1(t)=y(t-t_0)=\cos[x(t-t_0)]$；若让 $x(t)$ 先通过时移系统，再通过该系统后的输出为 $y_2(t)=\cos[x(t-t_0)]$，故该系统是时不变的。但是，如下**调制系统**就是一个时变系统：

$$y(t)=x(t)\cos\omega t \tag{2.10.8}$$

再考察反转系统，图 2.58 中的连续时间反转系统 $y(t)=x(-t)$，$x(t)$ 通过反转系统的输出为 $x(-t)$，再通过时移 $t_0$ 的系统，输出为 $y_1(t)=x(-t+t_0)$。若 $x(t)$ 先通过时移 $t_0$ 的系统，输出变成 $x(t-t_0)$，再通过反转系统，输出则为 $y_2(t)=x(-t-t_0)$，显然，$y_2(t)\neq y_1(t)$，因此，反转系统是非时不变系统。同样可以证明，连续时间尺度变换系统、离散时间抽取器和内插零系统都是非时不变系统。

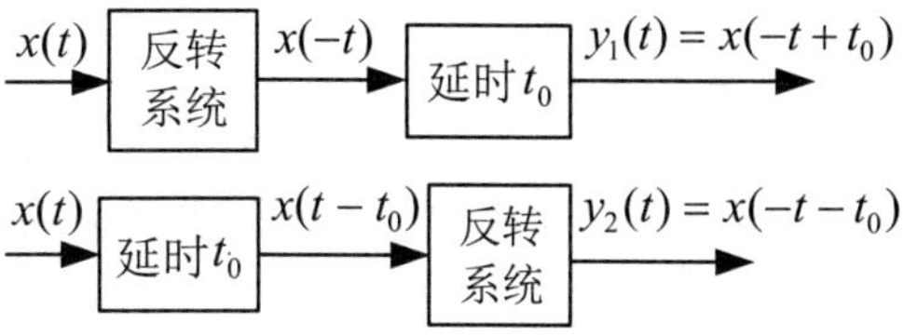


图 2.58　反转系统非时不变性的图解说明

时不变性质的物理含义是清楚的，某个时间加入一个信号，时不变系统有一个响应，在另外时间加入相同的信号，它都会有相同的响应，即系统的功能和特性都不随时间而变。

## 2.10.6　线性性质和增量线性系统

### 1．线性性质和线性系统

如果有一个连续时间和离散时间系统 $y(t)=T\{x(t)\}$ 和 $y[n]=T\{x[n]\}$，若对于两个任意输入 $x_1(t)$、$x_2(t)$ 和 $x_1[n]$、$x_2[n]$，分别有

$$x_1(t)\longrightarrow y_1(t),\quad x_2(t)\longrightarrow y_2(t)\qquad 和\qquad x_1[n]\longrightarrow y_1[n],\quad x_2[n]\longrightarrow y_2[n]$$

如果同时满足下列两个条件：

1) 可加性

$$x_1(t)+x_2(t)\longrightarrow y_1(t)+y_2(t)\quad 或\quad x_1[n]+x_2[n]\longrightarrow y_1[n]+y_2[n] \tag{2.10.9}$$

2) 比例性或齐次性

$$cx_1(t)\longrightarrow cy_1(t)\quad 或\quad cx_1[n]\longrightarrow cy_1[n],\quad c\in\mathbf{C} \tag{2.10.10}$$

则该系统是**线性的**，或称为**线性系统**，上述两个条件一起称作**线性条件**。否则，若一个系统只满足可加性，或只满足比例性，该系统就不是线性的，称为**非线性系统**。从数学上说，线性系统的信号变换关系 $T\{*\}$ 必定是一个线性函数变换关系，以下记作 $L\{*\}$。

按照线性条件可以证明：数乘器、积分器、累加器、微分器、差分器、时移系统和平滑系统都是线性系统；反转、连续时间尺度变换、离散时间抽取器和内插零，以及(2.10.8)式表示的调制器也都是线性系统。反之，平方系统、信号取模运算系统等则是非线性系统。

在电路分析中，线性电路满足线性叠加原理，即线性系统满足如下的**线性叠加性质**：

$$\alpha x_1(t)+\beta x_2(t)\longrightarrow \alpha y_1(t)+\beta y_2(t)\quad 或\quad \alpha x_1[n]+\beta x_2[n]\longrightarrow \alpha y_1[n]+\beta y_2[n] \tag{2.10.11}$$

其中，$\alpha$ 和 $\beta$ 为任意复常数。显然，线性叠加性质和上述的线性性质是完全等价的，且意味着这样的性质，即线性系统与线性叠加系统级联的次序是可交换的，这可用图 2.59 说明。

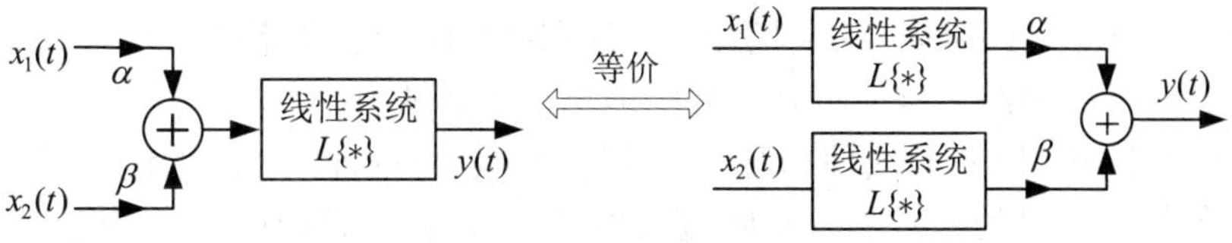


图 2.59　线性叠加性质的图解说明

线性系统还有另一个重要性质，即零输入信号必然产生零输出信号。例如一个离散时间线性系统 $x[n]\longrightarrow y[n]$，根据比例性，应有

$$0=0\cdot x[n]\ \longrightarrow\ 0\cdot y[n]=0$$

连续时间线性系统也一样。但反过来则不成立，即零输入产生零输出的系统，不一定是线性系统。故不能用零输入产生零输出来判断系统的线性，然而，却可以用零输入不产生零输出，来否定系统的线性。

**2．增量线性系统**

线性系统的信号变换关系 $L\{*\}$ 是数学上的线性变换，但并不能认为，输入输出信号变换关系是线性方程描述的系统就是线性系统。例如，线性方程

$$y[n]=3x[n]+2 \tag{2.10.12}$$

表示的系统就不是线性系统，因为零输入不产生零输出，即当 $x[n]=0$ 时，$y[n]=2$。在第 4 章将看到，用线性常系数微分方程和差分方程表征的因果系统，一般说来都不是线性系统。

尽管这种系统不是线性系统，但它们能线性地响应于任何输入信号的改变。换言之，对于这类系统，任意两个输出响应之差信号是相应两个输入信号之差信号的线性变换，即满足“差信号”(增量)的可加性和比例性，因此，通常把它们称为**增量线性系统**。对于(2.10.12)式的系统，若 $x_1[n]$ 和 $x_2[n]$ 是任意两个输入，$y_1[n]$ 和 $y_2[n]$ 是相应的输出，那么

$$y_1[n]-y_2[n]=(3x_1[n]+2)-(3x_2[n]+2)=3\left(x_1[n]-x_2[n]\right)$$

任何增量线性系统都有图 2.60 的系统结构，即它对某个输入的响应等于一个线性系统对该输入的响应 $y_L(t)$ 或 $y_L[n]$、与另一个不受输入影响的响应之和。由于线性系统满足零输入零输出特性，这个不受输入影响(输入为零信号时)的响应，称为**零输入响应** $y_{zi}(t)$ 或 $y_{zi}[n]$。在(2.10.12)式的增量线性系统中，$x[n]\longrightarrow 3x[n]$ 为线性系统，其零输入响应 $y_{zi}[n]=2$。图 2.60 的增量线性系统结构启示人们，它的特性可借助线性系统分析方法来研究。

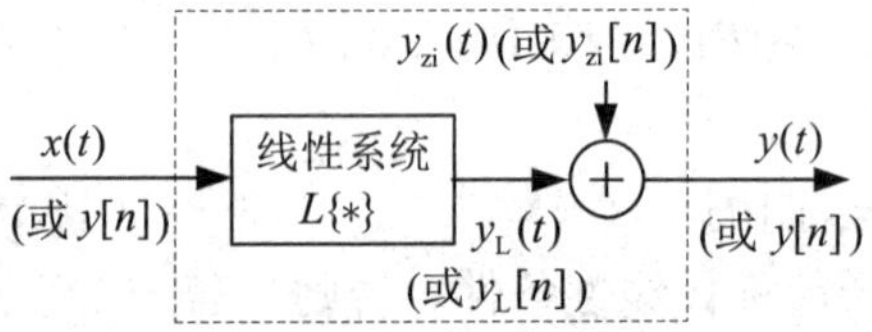


图 2.60　增量线性系统结构

本节讨论了系统的 6 个主要性质，随着各种系统分析方法的展开，将讨论上述性质的其他表征。

# 2.11　线性时不变系统和用微分方程或差分方程描述的系统

在本书后面的内容中，将着重讨论和研究两大类系统：线性时不变系统以及用线性常系数微分方程或差分方程描述的系统，这里先对它们作些引入性的介绍。

**1．线性时不变系统**

通常把既满足线性，又满足时不变性的系统称为**线性时不变**(Linear and Time shifting Invariable)**系统**，简称 **LTI 系统**，它包括连续时间和离散时间 LTI 系统。在信号与系统的理论和方法中，线性时不变系统占据着特别重要的地位，主要理由如下：

(1) 由于 LTI 系统同时具有线性和时不变性这两个良好的性质，线性使它具有叠加性，时不变性又使它的输出信号的函数形式不随输入信号加入的时刻而改变，目前已开发出一整套十分有效的分析方法，例如，本书后面要介绍的卷积方法、变换域方法等。

(2) 实际的连续或离散时间系统中，许多都可看作 LTI 系统，或在较宽松的条件下就可归结为 LTI 系统。第 4 章将会看到，用线性常系数微分或差分方程描述的系统，若满足“起始

松弛”条件，它们就是 LTI 系统。这为 LTI 系统的分析方法提供了广阔的应用背景。即使是非线性时不变系统，工程上也常把其非线性特性折线化，然后用 LTI 系统的分析方法分析之。

(3) 构成复杂系统的许多基本系统，例如数乘器、相加器、积分器、累加器、微分器、一阶差分器、时移系统以及后面介绍的许多滤波器等，都是 LTI 系统。

**2．用微分方程和差分方程描述的系统**

从 2.3 节中列举的几个实际系统例子或从其他专业教科书中可以看到，许多实际的连续时间或离散时间系统，根据其物理原理或机理建立起来的数学模型，基本上都是微分方程和差分方程。一般情况下，实际的离散时间和连续时间系统的数学描述形式分别为

$$f\{a_k[n]y[n-k],\quad b_k[n]x[n-k],\quad k=0,\ 1,\ 2\ \cdots\ N\}=0 \tag{2.11.1}$$

和

$$f\left\{a_k(t)\frac{\mathrm{d}^k y(t)}{\mathrm{d}t^k},\quad b_k(t)\frac{\mathrm{d}^k x(t)}{\mathrm{d}t^k},\quad k=0,\ 1,\ 2\ \cdots\ N\right\}=0 \tag{2.11.2}$$

其中，$f\{*\}$ 一般为一个非线性函数关系；$a_k[n]$，$b_k[n]$ 和 $a_k(t)$，$b_k(t)$ 分别是随时间变化的系统参量，故称为 $N$ 阶非线性变参量差分和微分方程，这类方程描述的系统称为**非线性时变系统**。对于它们，目前还缺乏有效的工程分析方法，往往要借助于数值分析方法来研究。

如果上述方程中的参量是常数，分别用 $a_k$，$b_k$ 表示，它们就分别是常系数差分方程和常系数微分方程。用这类方程描述的系统称为**恒参系统**。

本书着重介绍和讨论一类线性恒参方程描述的系统，即(2.11.2)式和(2.11.1)式的方程中，不仅系统参量是常数，且 $f\{*\}$ 是一个线性函数。换言之，是一类用线性常系数微分方程和线性常系数差分方程描述的系统。 这类连续时间和离散时间系统的一般数学描述可分别写成

$$\sum_{k=o}^{N}a_k\frac{\mathrm{d}^k y(t)}{\mathrm{d}t^k}=\sum_{k=0}^{M}b_k\frac{\mathrm{d}^k x(t)}{\mathrm{d}t^k}\quad 和\quad \sum_{k=0}^{N}a_k y[n-k]=\sum_{k=0}^{M}b_k x[n-k] \tag{2.11.3}$$

线性常系数微分方程和差分方程的数学解法，在信号与系统中称为**经典的时域分析方法**。本书讨论这类系统的重点，不是重复线性常系数微分方程和差分方程的理论和解法，而是着重于讨论这类系统与 LTI 系统之间的关系，由此得到分析这类系统行之有效的分析方法。

# 习　题

**2.1**　概略画出下列每个信号的波形或序列图形，并将坐标加以标注。

1) $x(t)=\mathrm{e}^{-2|t|}$　　2) $x[n]=a^{|n|}$，$a=0.5$ 和 $a=-0.5$

3) $x(t)=\begin{cases}1-\mathrm{e}^{-2t}, & t>0\\ 0, & t\leqslant 0\end{cases}$　　4) $x[n]=\begin{cases}(n+1)(1/2)^n, & n\geqslant 0\\ 0, & n<0\end{cases}$　　5) $x(t)=\begin{cases}t, & |t|\geqslant 1\\ 0, & |t|<1\end{cases}$

6) $x[n]=\begin{cases}(n+1)(-1/2)^n, & n\geqslant 0\\ 0, & n<0\end{cases}$　　7) $x[n]=\begin{cases}\dfrac{1}{\sqrt{2^N}}\sqrt{\dfrac{N!}{n!(N-n)!}}, & 0\leqslant n\leqslant N\\ 0, & n<0,n>N\end{cases}$　　8) $x(t)=\mathrm{e}^{-\frac{t^2}{\tau^2}}$

**2.2**　概略画出下列每个信号的波形，并加以标注。

1)　连续时间信号 $x(t)$ 和 $h(t)$ 如图 P2.2(a)所示。

a)　$x(t-2)$　　b)　$x(1-t)$　　c)　$x(2t+1)$　　d)　$x(t/2-1)$

e)　$x(t)+h(t)$　　f)　$x(t)h(-t)$　　g)　$x(t)h(t-1)$　　h)　$x(1-t)h(t)$

2) 离散时间信号 $x[n]$ 和 $h[n]$ 如图 P2.2(b)所示。

a) $x[n-2]$　b) $x[3-n]$　c) $x[2n]$　d) $x[2n-1]$　e) $x[2-2n]$　f) $x[n^2]$

g) $h_{(2)}[n]$　h) $y[n]=\begin{cases}x[(n-1)/2], & n\neq 2m\\ 0, & n=2m\end{cases}$　i) $y[n]=\begin{cases}x[(n/2)-1], & n=2m\\ 0, & n\neq 2m\end{cases}$　j) $\sum\limits_{k=-\infty}^{n} h[k]$

k) $x[n]h[-n]$　l) $(-1)^n x[n]$　m) $x[2-n]h[n]$　n) $x[2n]h[n-1]$　p) $\Delta^2 x[n]$

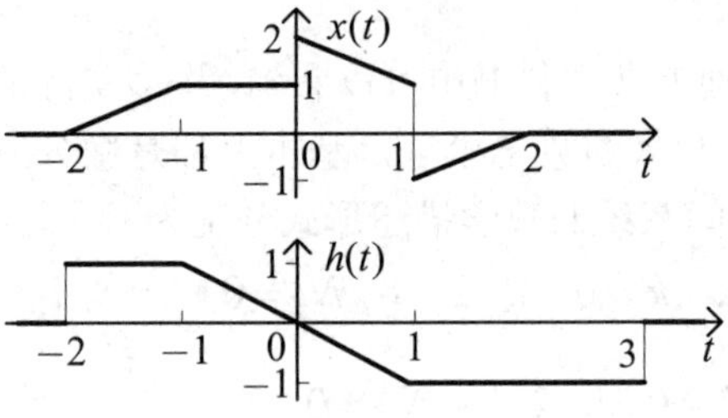


图 P2.2(a)

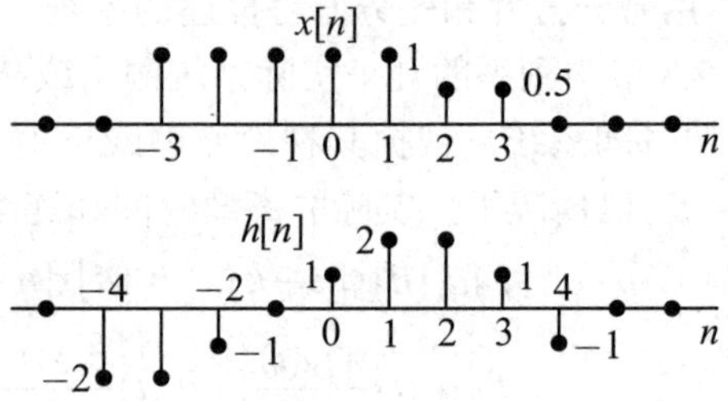


图 P2.2(b)

**2.3** 对于图 P2.3 中的每个信号波形或序列图形，写出闭合形式的信号表达式。

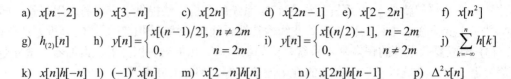

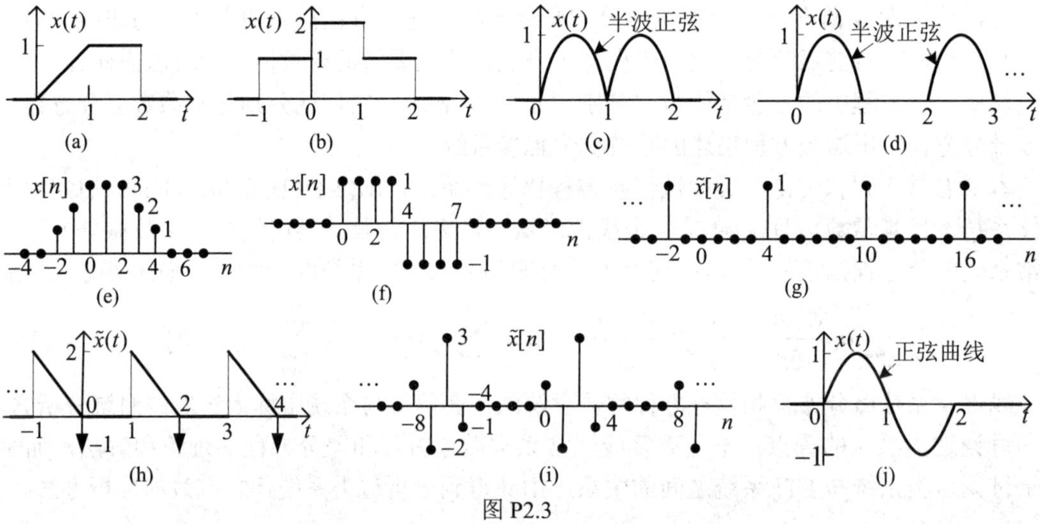


图 P2.3

**2.4** 概略画出下列每个信号的波形或序列图形，并加以标注。

1) $e^{-2t}u(t)-\delta(t)$　2) $3(e^{-t}-e^{-2t})u(t)$　3) $e^{-t}u(t)-e^{t}u(-t)$　4) $e^{-|t|}\operatorname{sgn}(t)$

5) $(1/2)^{|n|}\operatorname{sgn}[n]$　6) $(-1/2)^{|n|}\operatorname{sgn}[-n]$　7) $\operatorname{sgn}(\sin\pi t)$　8) $u(t^2-1)$

9) $\sin(5\pi t)[u(t)-u(t-2)]$　10) $nu[n]-(n-5)u[n-5]$　11) $(1/2)^n(u[n]-u[n-5])$

12) $(1/2)(1+\cos\pi t)[u(t+1)-u(t-1)]$　13) $u[n]+u[n-5]-u[n-10]-u[n-15]$

14) $\sum\limits_{k=-\infty}^{\infty}\left(\delta[n-3k]-\delta[n-1-3k]\right)$　15) $\sum\limits_{k=0}^{2}(n-8k)\{u[n+3-8k]-u[n-4-8k]\}$

**2.5** 对于图 P2.3 中的连续时间信号 $x(t)$ 或 $\tilde{x}(t)$：

1) 试概略画出 $y(t)=x'(t)$ 的波形，并加以标注，同时写出 $y(t)$ 的信号表达式。

2) 试概略画出 $y(t)=\int_{-\infty}^{t}x(\tau)\mathrm{d}\tau$ 的波形，并加以标注，同时写出 $y(t)$ 的信号表达式。

**2.6** 对于图 P2.3 中的序列 $x[n]$ 或 $\tilde{x}[n]$：

1) 试概略画出 $y[n]=\Delta x[n]=x[n]-x[n-1]$ 的序列图形，并加以标注，同时写出 $y[n]$ 的信号表达式。

2) 试概略画出 $y[n]=\sum\limits_{k=-\infty}^{n}x[k]$ 的序列图形，并加以标注，同时写出 $y[n]$ 的信号表达式。

**2.7** 对图 P2.7 中的每个电路图，写出输出电压 $v(t)$ 和激励电压 $e(t)$ 满足的微分方程。

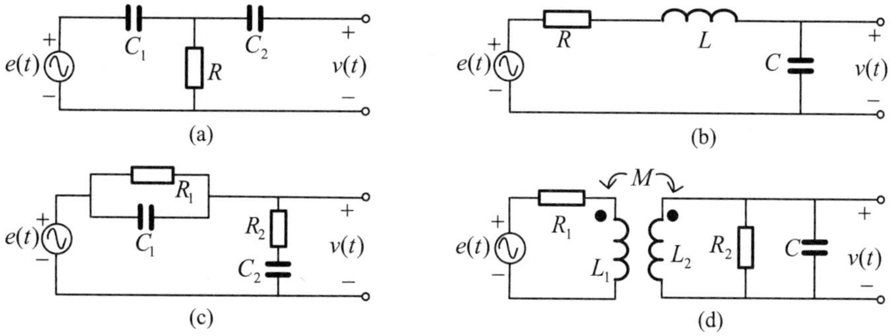


图 P2.7

**2.8** 本题考虑几个离散时间系统的建模问题。

1) 图P2.8的电阻梯形网络，电阻均为 $R$，每个节点电压 $v[n]$，$n=0,1,\ 2,\ \cdots,\ N$。已知两边节点的电压为 $v[0]=E, v[N]=0$。试写出第 $n$ 个节点电压的差分方程和初始条件。

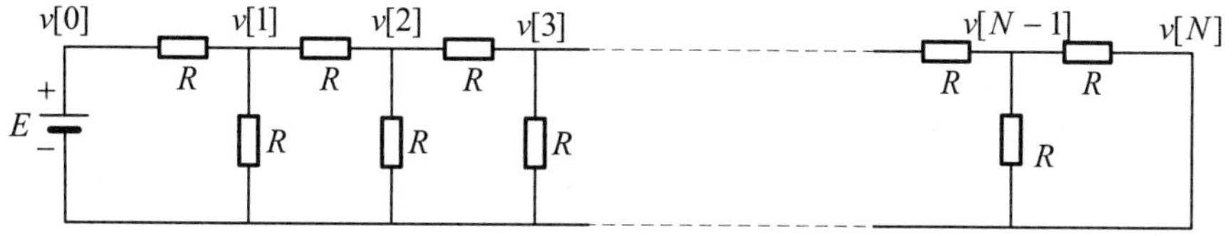


图 P2.8

2) 在银行开一活期储蓄账户，年利率为 $k$，开始存入的月份为 $n=0$，存户每月存入和提出的款项作为系统的输入 $x[n]$，银行按月计息后的账户款项为系统的输出 $y[n]$，试写出 $y[n]$ 的差分方程和初始条件。

3) 假定每对兔子可以生育一对小兔，新生的小兔要过二个月后才具有生育能力，若第一个月只有一对新生小兔，试写出第 $n$ 个月的兔子对 $y[n]$ 满足的数学关系。

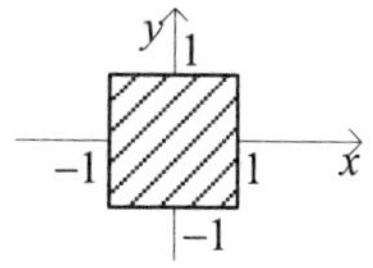

(a) $f_1(x,y)$

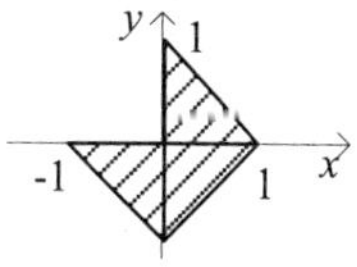

(b) $f_2(x,y)$

图 P 2.9

**2.9** 图 P2.9(a)和(b)所示的 $f_1(x,y)$ 和 $f_2(x,y)$ 为二维的图像亮度信号，在图中的阴影部分值为 1，而其余部分为 0。

1) 对于 $f_1(x,y)$，概略画出下列每个二维信号的图形：

a) $f_1(x-1,y+1)$　　b) $f_1(x/2,2y)$　　c) $f_1(y,3x)$

d) $f_1(-x,-2y)$　　e) $f_1(x-y,x+y)$　　f) $f_1(1/x,1/y)$

2) 对于 $f_2(x,y)$，概略画出下列每个二维信号的图形：

a) $f_2(-y/2,2x)$　　b) $f_2(x-3,y+2)$　　c) $f_2(x,-y)$

d) $f_2(2-x,-1-y)$　　e) $f_2(x,y)u(-x,-y)$　　f) $f_2(x,y)u((1/2)-y)$

g) $f_2(x\cos\theta-y\sin\theta, x\sin\theta+y\cos\theta)$，其中，$\theta=\pi/4$

**2.10** 1) 试求 $x[n]=\Delta^k\delta[n]$，$k=1,\ 2,\ 3,\ 4$，并画出 $x[n]$ 的序列图形。

2) 用归纳法证明：对于任意序列 $x[n]$，都有

$$\Delta^k x[n]=\sum_{l=0}^{k}(-1)^{l}\frac{k!}{l!(k-l)!}x[n-l] \tag{P2.10}$$

**2.11** 试判断下列每个信号是否是周期信号？如果是周期信号，求出其基本周期。

1) $x(t)=\cos(4t+\pi/4)$　　2) $x[n]=2\cos(8\pi n/7+\pi/2)$　　3) $x(t)=\mathrm{e}^{\mathrm{j}\pi(t-1)}$

4) $x[n]=\mathrm{e}^{\mathrm{j}(n/8-\pi)}$　　5) $x(t)=\sin^2(t-\pi/3)$　　6) $x[n]=\cos(\pi n^2/8)$

7) $x(t)=\sum_{l=-\infty}^{\infty}\mathrm{e}^{-(t-3l)^2}$　　8) $x[n]=\sum_{l=-\infty}^{\infty}\{\delta[n-3l]-\delta[n-1-3l]\}$

9) $x(t)=(\cos 2\pi t)u(t)$　　10) $x[n]=\cos(n/4)\cos(\pi n/4)$

11) $x(t)=\mathrm{Ev}\{(\cos 2\pi t)u(t)\}$　　12) $x(t)=\mathrm{Ev}\{[\cos(2\pi t+\pi/4)]u(t)\}$

**2.12** 试判断下列陈述是否成立？如果成立，确定每一陈述中提及的两个信号基本周期之间的关系；如果不成立，举出一个否定的例子。

1) 设 $x(t)$ 是一连续时间信号，且 $y_1(t)=x(2t)$，$y_2(t)=x(t/2)$。

a) 如果 $x(t)$ 是周期的，则 $y_1(t)$ 也是周期的。　b) 如果 $x(t)$ 是周期的，则 $y_2(t)$ 也是周期的。

c) 如果 $y_1(t)$ 是周期的，则 $x(t)$ 也是周期的。　d) 如果 $y_2(t)$ 是周期的，则 $x(t)$ 也是周期的。

2) 对于离散时间序列 $x[n]$，以及 $y_1[n]=x[2n]$ 和 $y_2[n]=\begin{cases}x[n/2], & n=2l\\ 0\ , & n\neq 2l\end{cases}$，用和 1)相同的方式，重复离散时间中的判断和讨论。

**2.13** 1) 设 $\tilde{x}_1(t)$ 和 $\tilde{x}_2(t)$ 都是周期信号，其基本周期分别为 $T_1$ 和 $T_2$。试问在什么条件下，它们的和信号 $y(t)=\tilde{x}_1(t)+\tilde{x}_2(t)$ 也是周期的，并求该条件下和信号 $y(t)$ 的基本周期。

2) 设 $\tilde{x}_1[n]$ 和 $\tilde{x}_2[n]$ 都是周期序列，其基本周期分别为 $N_1$ 和 $N_2$。试问什么条件下，它们的和序列 $y[n]=\tilde{x}_1[n]+\tilde{x}_2[n]$ 也是周期的，并求出该条件下和序列 $y[n]$ 的基本周期。

3) 对于 1)和 2)中的两个连续或离散时间周期信号，试类似地讨论它们的乘积信号 $y(t)=\tilde{x}_1(t)\tilde{x}_2(t)$ 和 $y[n]=\tilde{x}_1[n]\tilde{x}_2[n]$ 的周期性。

**2.14** 1) 对于离散时间周期复指数序列 $x[n]=\mathrm{e}^{\mathrm{j}k(2\pi/N)n}$，试证明其基本周期 $N_0$ 为

$$N_0=N/\mathrm{ged}(k,N) \tag{P2.14}$$

式中 $\mathrm{ged}(k,N)$ 是 $k$ 和 $N$ 的最大公约数。

2) 下列成谐波关系的周期复指数序列，对于所有的整数 $k$，求其中每个信号的基本周期。

a) $\phi_k[n]=\mathrm{e}^{\mathrm{j}k(2\pi/7)n}$　　b) $\phi_k[n]=\mathrm{e}^{\mathrm{j}k(2\pi/8)n}$

**2.15** 设离散时间序列 $x[n]$ 是由连续时间周期信号 $x(t)=\mathrm{e}^{\mathrm{j}\omega_0 t}$ 的等间隔样本构成的序列，即

$$x[n]=x(nT)=\mathrm{e}^{\mathrm{j}\omega_0 nT}\ ,\quad \omega_0=2\pi/T_0$$

1) 试证明：当且仅当 $T/T_0$ 是一个有理数时，也就是说，当且仅当抽样间隔 $T$ 的某个倍数恰好等于 $x(t)$ 的周期 $T_0$ 的倍数时，$x[n]$ 才是周期序列。

2) 假定 $T/T_0=p/q$，其中 $p$，$q$ 均为正整数，$x[n]$ 的基本周期和基本频率是什么？试精确地求出需要 $x(t)$ 的多少个周期才能得出组成 $x[n]$ 单个周期的所有样本值。

**2.16** 确定并概略画出图 P2.16 所列每个信号的偶分量和奇分量并对所画的波形加以标注。

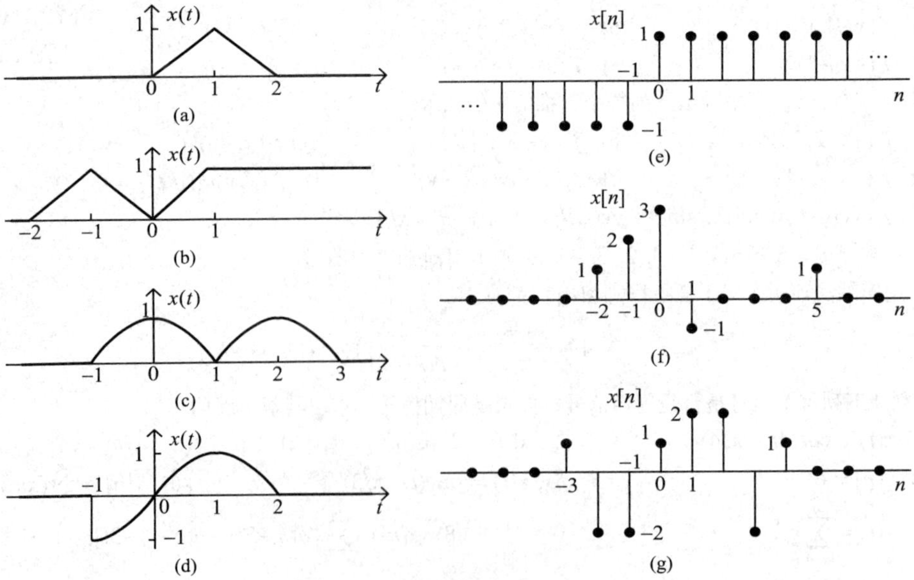


图 P2.16

**2.17** 本题说明信号奇偶分解和实虚分解的能量或平均功率保持不变的性质。

1) 设 $x[n]$ 是任意离散时间实能量信号，其偶、奇分量分别为 $x_e[n]$ 和 $x_o[n]$，见(2.6.10)式。试证明：

$$\sum_{n=-\infty}^{\infty} x^2[n] = \sum_{n=-\infty}^{\infty} x_e^2[n] + \sum_{n=-\infty}^{\infty} x_o^2[n] \tag{P2.17.1}$$

2) 对连续时间实能量信号 $x(t)$，其偶分量和奇分量分别为 $x_e(t)$ 和 $x_o(t)$。试证明：

$$\int_{-\infty}^{\infty} x^2(t)\mathrm{d}t = \int_{-\infty}^{\infty} x_e^2(t)\mathrm{d}t + \int_{-\infty}^{\infty} x_o^2(t)\mathrm{d}t \tag{P2.17.2}$$

3) 设 $x(t)$ 和 $x[n]$ 分别是连续时间和离散时间复能量信号，$x_r(t)$、$x_i(t)$ 和 $x_r[n]$、$x_i[n]$ 分别为它的实部和虚部信号，参见(2.6.16)式。试证明：

$$\int_{-\infty}^{\infty} |x(t)|^2 \mathrm{d}t = \int_{-\infty}^{\infty} x_r^2(t)\mathrm{d}t + \int_{-\infty}^{\infty} x_i^2(t)\mathrm{d}t \quad 和 \quad \sum_{n=-\infty}^{\infty} |x[n]|^2 = \sum_{n=-\infty}^{\infty} x_r^2[n] + \sum_{n=-\infty}^{\infty} x_i^2[n] \tag{P2.17.3}$$

4) 对复的能量信号 $x[n]$ 或 $x(t)$，它们的偶分量和奇分量也是复能量信号。试证明：复能量信号的奇偶分解也满足能量不变性质。

5) 对于连续时间和离散时间功率信号，试证明：奇偶分解和实虚分解满足平均功率不变性质。

**2.18** 试判断下列每一个信号，哪些是能量信号？哪些是功率信号？哪些既非能量信号，又非功率信号？

1) $\mathrm{e}^{-at}u(t)$，实数 $a>0$　　2) $(n+1)u[n]$　　3) $tu(t)-0.5tu(-t)$

4) $\mathrm{e}^{-at}u(-t)$，实数 $a>0$　　5) $a^{|n|}$，$|a|<1$　　6) $a^n u[-n-1]$，$|a|<1$

7) $\mathrm{Sa}(Wt)=\dfrac{\sin Wt}{Wt}$　　8) $\dfrac{\sin(\pi n/4)}{\pi n/4}$　　9) $\dfrac{N!}{n!(N-n)!}\big(u[n]-u[n-N-1]\big)$

10) $(1-\cos\pi t)[u(t)-u(t-2)]$　　11) $\cos(\pi n/8)u[n]$　　12) $\mathrm{e}^{-t^2}$　　13) $\delta'(t)$

14) $\sum_{k=-N}^{N} a_k \mathrm{e}^{\mathrm{j}k\omega_0 t}$，$|a_k|<\infty$　　15) $\sum_{k=0}^{N-1} a_k \mathrm{e}^{\mathrm{j}k(2\pi/N)n}$，$|a_k|<\infty$　　16) $\Delta^k\delta[n]$，$0<k<\infty$

**2.19** 在本章 2.4 节中的(2.4.9)式和(2.4.10)式分别定义了连续时间和离散时间信号的滑动积分和累加运算，它们分别涉及无限积分和无限求和，请思考和回答积分和累加运算分别能否适用于下列信号？

1) 任意有界的连续时间和离散时间信号。　　2)满足模可积或模可和的连续时间或离散时间信号。

3) 有始的连续时间和离散时间信号 $x(t)$ 和 $x[n]$，即 $x(t)=0$，$t<t_0$ 和 $x[n]=0$，$n<n_0$。

4) 周期分别为 $T$ 和 $N$ 的连续时间和离散时间周期信号 $\tilde{x}(t)$ 和 $\tilde{x}[n]$，且 $\int_{\langle T\rangle}\tilde{x}(t)\mathrm{d}t=0$ 和 $\sum_{n\in\langle N\rangle} x[n]=0$。

**2.20** 对连续时间或离散时间复能量信号 $x_1(t)$ 和 $x_2(t)$ 或 $x_1[n]$ 和 $x_2[n]$，试按最小误差能量准则，试推导用 $x_2(t)$ 逼近 $x_1(t)$ 或用 $x_2[n]$ 逼近 $x_1[n]$ 的最佳逼近系数 $a_{12}$。

**2.21** 1) 试求下列每个连续时间信号的自相关函数：

a) $x(t)=\cos\omega_0 t$　　b) 图 P2.21(a)所示的信号 $x(t)$　　c) 图 P2.21(b)所示的信号 $x(t)$

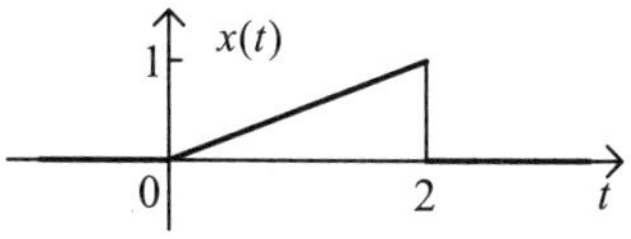


图 P2.21(a)

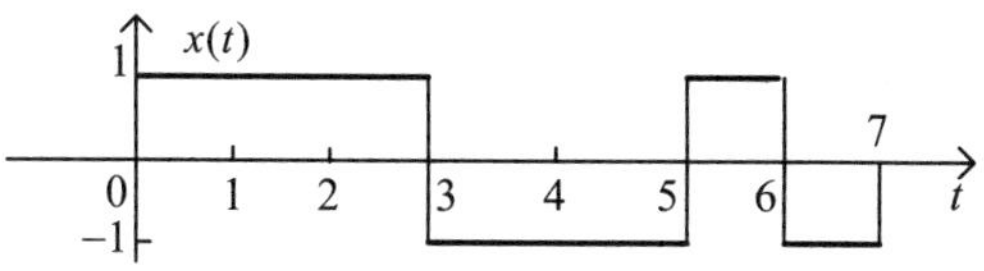


图 P2.21(b)

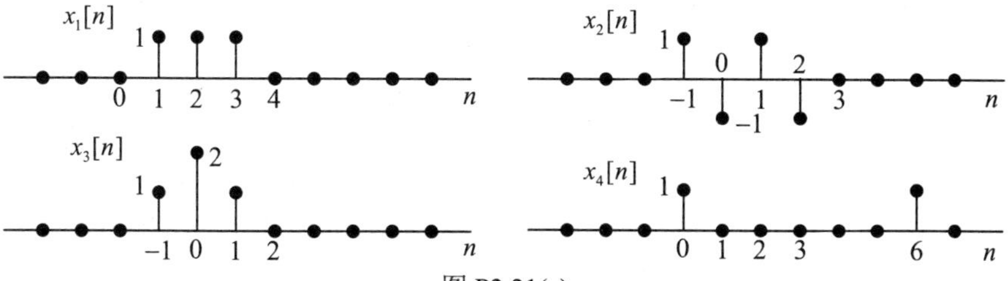


图 P2.21(c)

2) 对图 P2.21(c)所示的离散时间信号 $x_1[n]$，$x_2[n]$，$x_3[n]$ 和 $x_4[n]$，分别计算它们的自相关序列。

3) 对图 P2.21(c)所示的 $x_i[n]$，$i=1, 2, 3, 4$，试计算它们的互相关序列 $R_{x_i x_j}[n]$，$i \neq j$。

**2.22** 试判断图 P 2.22中所列的每一对信号 $x_1(t)$ 和 $x_2(t)$ 是否在区间(0, 4)上正交。

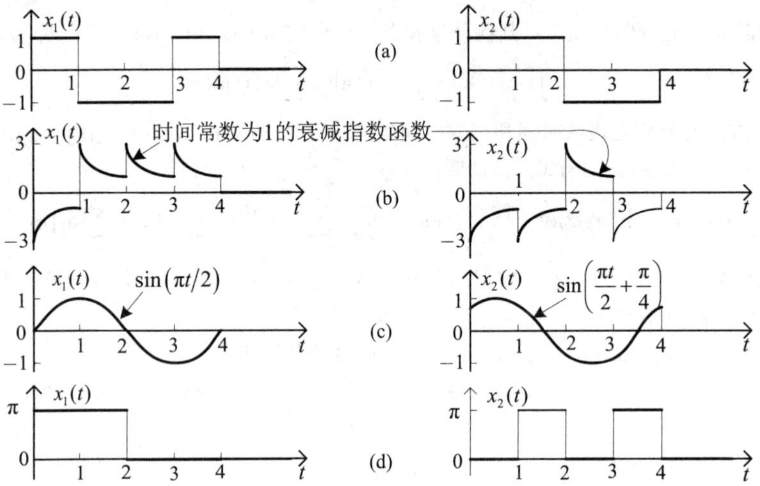


图 P2.22

**2.23** 1) 如果{ $\phi_i(t)$，$i=1, 2$，…，$N$ }是区间( $t_1, t_2$ )上的正交信号集，试证明信号集 $\{(1/\sqrt{E_i})\phi_i(t)\}$ 是归一化正交信号集，其中 $E_i$ 为信号 $\phi_i(t)$ 在区间上的能量，即 $E_x = \int_{-\infty}^{\infty} |\phi_i(t)|^2 \mathrm{d}t$。

2) { $\phi_i[n]$，$i=1, 2$，…，$N$ }是区间 $[n_1, n_2]$ 上的离散时间正交信号集，试证明信号集 $\{(1/\sqrt{E_i})\phi_i[n]\}$ 是相同区间上的归一化正交信号集，其中 $E_i$ 是 $\phi_i[n]$ 在区间上的能量，即 $E_i = \sum_{n=n_1}^{n_2} |\phi_i[n]|^2$。

**2.24** 图 P2.24 所示的信号 $x(t)$。现考虑将它用前四项正弦信号近似，即 $x(t) \approx \sum_{k=1}^{4} a_k \sin kt$，试分别求均方误差最小的四个系数 $a_k$。

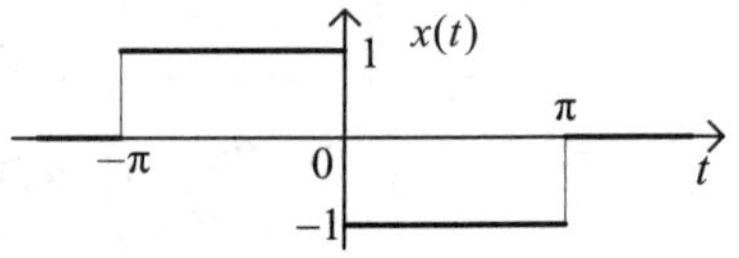

图 P2.24

**2.25** 设{ $\phi_i(t)$，$i=0, \pm1, \pm2, \cdots$ }是在区间 $(t_1, t_2)$ 上的一组归一化正交信号，现考虑给定信号 $x(t)$ 在区间 $(t_1, t_2)$ 上的 $(2N+1)$ 项近似 $\hat{x}_N(t) = \sum_{i=-N}^{N} a_i \phi_i(t)$。近似的误差信号定义为 $\varepsilon_N(t) = x(t) - \hat{x}_N(t)$。在 2.7.3 小节中已说明，若系数 $a_i$ 为

$$a_i = \int_{t_1}^{t_2} x(t)\phi_i(t)\mathrm{d}t \tag{P2.25.1}$$

则误差信号 $\varepsilon_N(t)$ 在区间 $(t_1, t_2)$ 上的能量达到最小值。

1) 试证明：若按(P2.25.1)式确定 $a_i$，则 $x(t)$ 的 $(2N+1)$ 项近似 $\hat{x}_N(t)$ 和误差信号 $\varepsilon_N(t)$ 是正交的。这一结果表明，在 $i \neq j$ 时，每个系数 $a_i$ 对其他所有系数来说是独立的。如果给 $\hat{x}_N(t)$ 增加更多的项，例如计算近似式 $\hat{x}_{N+1}(t)$，那么前面已经确定的系数将不会改变。

2) 对于另一种级数展开，例如用 $\mathrm{e}^t$ 的台劳级数，$\mathrm{e}^t = 1 + t + t^2/2! + t^3/3! + \cdots$ 的有限项来近似，就不一样了。为此，选择一个信号集{ $\phi_i(t) = t^i$，$i = 0, 1, 2 \cdots$ }。

a) 这样的 $\phi_i(t)$，$i=0$，1, 2 …，在区间 $0 \leqslant t \leqslant 1$ 上是正交信号集吗？

b) 设 $\hat{x}_0(t) = a_0\phi_0(t)$ 是 $x(t) = \mathrm{e}^t$ 在 $0 \leqslant t \leqslant 1$ 上的近似，求该区间上误差信号能量最小的 $a_0$ 值。

c) 用相同区间的前两项台劳级数近似 $x(t) = \mathrm{e}^t$，即 $\hat{x}_1(t) = a_0\phi_0(t) + a_1\phi_1(t)$，求出 $a_0$ 和 $a_1$ 的最佳值。注意，此时的值已不同于 b)小题中求的值，随着级数中项的增加，所有系数都将不断变化。从而可以看到用正交信号集展开的优点。

**2.26** 沃尔什函数是常用的一个归一化正交信号集，见(2.8.31)式，图 2.46 给出了前八个沃尔什函数的波形。现有信号 $x(t)=\sin\pi t$，$0\leqslant t\leqslant 1$，试用其前三个沃尔什函数 $\mathrm{Wal}_i(t)$，$i=0,1,2$，近似地表示信号 $x(t)$，即用 $\hat{x}(t)=\sum_{i=0}^{2}a_i\mathrm{Wal}_i(t)$ 作为 $x(t)$ 的近似。试计算使误差能量最小的系数 $a_i$。

**2.27** 对于图 P2.27 所示的反馈系统，假定 $n<0$ 时，$y[n]=0$。试写出其输入输出关系，并求：

1) 若 $x[n]=\delta[n]$，概略画出 $y[n]$ 的序列图形。

2) 若 $x[n]=u[n]$，概略画出 $y[n]$ 的序列图形。

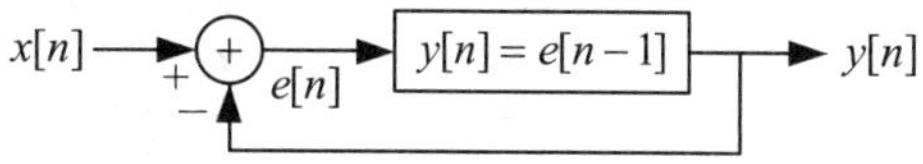


图 P2.27

**2.28** 试用 2.4 节介绍的基本系统，通过互联方式构成下列每一个系统，并画出系统的方框图，你能画出它们的一个或多个等价系统吗？

1) $y(t)=x(2-t/3)$　　2) $y[n]=\mathrm{Ev}\{x[n]\}$　　3) $y[n]=x[2n-1]$

4) $y(t)=\int_{-\infty}^{2t}x(\tau-2)\mathrm{d}\tau$　　5) $y(t)=\dfrac{\mathrm{d}^2}{\mathrm{d}t^2}x(t-2)$　　6) $y[n]=\sum_{k=0}^{\infty}x[n-k]-\sum_{k=-\infty}^{n}x[k-2]$

7) $y(t)=[A+x(t)]\cos\omega_0 t$

8) $y[n]=x[n]-2x[n-1]+x[n-2]$

**2.29** 在 2.10.1 小节中曾指出，无记忆系统可用其传输特性来描述。对图 P2.29 中每个连续时间无记忆系统的传输特性，写出其输入输出信号变换表达式。如果每个特性表征了一个电子线路，指出电路的名称。

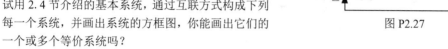

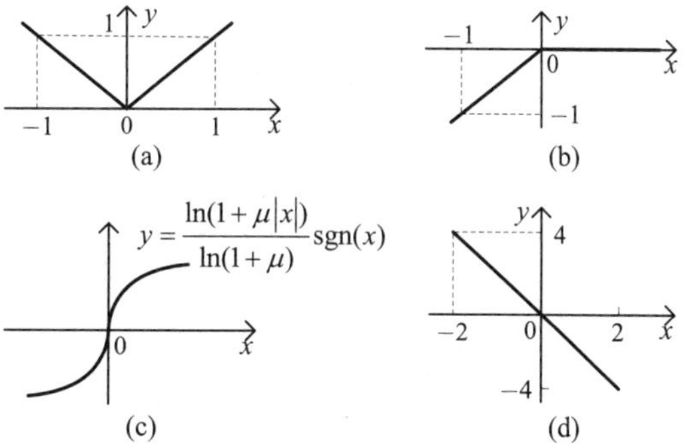


图 P2.29

**2.30** 对于下列输入输出关系描述的每个系统，其中 $x(t)$ 或 $x[n]$ 表示输入，$y(t)$ 或 $y[n]$ 表示输出，试分别判断如下的每一个性质：

a) 记忆性　　b) 因果性　　c) 稳定性　　d) 线性　　e) 时不变性

哪些是成立的？哪些不成立？并说明理由(不必证明，但应说明你作出判断的主要依据)。并通过此题，了解每一个系统的功能。

1) $y(t)=\mathrm{e}^{x(t)}$　　2) $y[n]=x[n]x[n-1]$　　3) $y[n]=x[-n]$

4) $y[n]=x[n-2]-x[n+2]$　　5) $y(t)=x(t-1)+x(1-t)$　　6) $y[n]=x[n]\mathrm{sgn}[n]$

7) $y(t)=[A+x(t)]\cos\omega_0 t$　　8) $y[n]=\mathrm{Ev}\{x[n]\}$　　9) $y(t)=\mathrm{Re}\{x(t)\}$

10) $y[n]=x[n]\{u[n]-u[n-2]\}$　　11) $y(t)=[x(t)+x(t-10)]u(t)$　　12) $y[n]=nx[n]$

13) $y(t)=\int_{-\infty}^{2t}x(\tau-2)\mathrm{d}\tau$　　14) $y(t)=\int_{-\infty}^{t}\mathrm{e}^{-(t-\tau)}x(\tau)\mathrm{d}\tau$　　15) $y[n]=\max_{k\geq 0}\{x[n-k]\}$

16) $y(t)=\dfrac{\mathrm{d}}{\mathrm{d}t}x(t-2)$　　17) $y[n]=\sum_{k=-\infty}^{n}(1/2)^{n-k}x[k]$　　18) $y[n]=\sum_{k=n-2}^{n+4}x[k]$

19) $y(t)=x(t/2-1)$　　20) $y[n]=x_{(2)}[n+1]$　　21) $y[n]=x[2n-1]$

**2.31** 判断用下列输入关系描述的每一个系统是否可逆。如果是可逆的，试写出其逆系统的输入输出关系；如果不可逆，试写出使该系统具有相同输出的两个输入信号。

1) $y(t)=x(t-2)$　　2) $y[n]=x[1-n]$　　3) $y(t)=x(t)u(t)$　　4) $y[n]=nx[n]$

5) $y(t)=x(2t)$　　6) $y(t)=x(t/2)$　　7) $y[n]=x_{(2)}[n]$　　8) $y[n]=x[2n]$

9) $y(t)=\cos[x(t)]$　　10) $y(t)=x(t)\cos\omega_0 t$　　11) $y[n]=x[n]x[n-1]$　　12) $y(t)=|x(t)|$

13) $y(t)=\int_{-\infty}^{3t}x(\tau)\mathrm{d}\tau$　　14) $y[n]=\max_{k\geq 0}\{x[n-k]\}$　　15) $y[n]=x[n]\{u[n]-u[n-1]\}$

16) $y[n]=\begin{cases}x[n-1], & n\geqslant 1\\ 0, & n=0\\ x[n], & n\leqslant 1\end{cases}$　　17) $y[n]=\begin{cases}x[n+1], & n\geqslant 0\\ x[n], & n<0\end{cases}$

**2.32** 对于图 P2.32(a)的系统，试求：

1) 该系统是线性的吗？是时不变的吗？并说明理由。

2) 当输入如图 P2.32(b)右图所示的 $x(t)$ 时，画出输出 $y(t)$ 的波形，并加以标注。

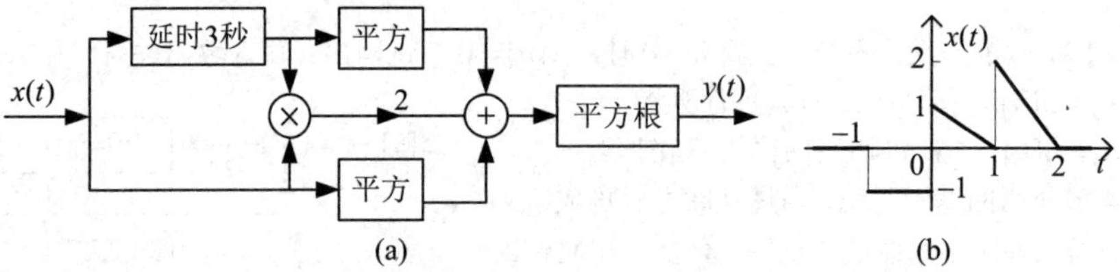


图 P2.32

**2.33** 1) 试求出图 P2.33 所示的每个系统的输出输入之间的显式信号变换表达式。

2) 在弄清图 P2.33 中每个系统功能的基础上，试画出其一个等效的系统。

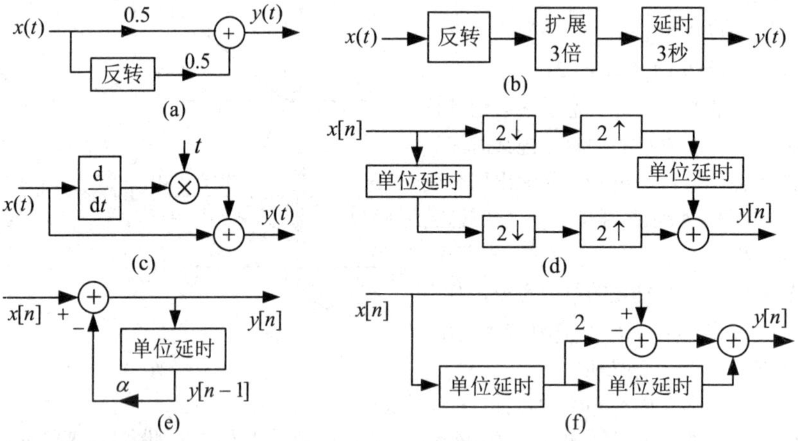


图 P2.33

**2.34** 试判断以下陈述是否正确，并说明理由。

1) 两个 LTI 系统的级联系统仍是 LTI 系统。　　2) 两个 LTI 系统的并联系统仍是 LTI 系统。

3) 两个 LTI 系统反馈互联的系统仍是 LTI 系统。　　4) 两个非线性系统的级联系统仍是非线性的。

5) 如果一个 LTI 系统是可逆的，则它的逆系统也是 LTI 系统。

**2.35** 1) 考虑具有下列输入输出关系的三个系统：

系统 1 为 $y[n]=x_{(2)}[n]$，系统 2 为 $y[n]=x[n]+(1/2)x[n-1]+(1/4)x[n-2]$，系统 3 为 $y[n]=x[2n]$。

a) 若它们按图 P2.35 那样连接，求整个系统的输入输出关系。

b) 整个系统线性的吗？时不变的吗？

图 P2.35

2) 如果图 P2.35 中三个系分别变更为：

系统 1 和系统 3，　$y[n]=x[-n]$

系统 2，　$y[n]=ax[n-1]+bx[n]+cx[n+1]$

其中，$a, b, c$ 均为实数。求级联系统的输入输出关系。且 $a, b, c$ 满足什么条件时：

a) 整个系统线性时不变。　b) 整个系统的输入输出关系与系统 2 相同。　c) 整个系统是因果的。

**2.36** 1) 判断下列输入输出关系表示的系统是否是可加的和(或)齐次的。如果这两个性质中有一个成立，对其作出证明；如果不成立，举出一个相反的例子。

a) $y[n]=\begin{cases}\dfrac{x[n]x[n-2]}{x[n-1]}, & x[n-1]\neq 0\\ 0\ , & x[n-1]=0\end{cases}$　　b) $y(t)=\begin{cases}\dfrac{\mathrm{d}x(\tau)}{\mathrm{d}\tau}\delta(t-\tau), & x(t)=0\\ 0\ , & x(t)\neq 0\end{cases}$

c) $y[n]=\mathrm{Re}\{x[n]\}$　　　　d) $y(t)=\dfrac{1}{x(t)}\left[\dfrac{\mathrm{d}x(t)}{\mathrm{d}t}\right]^2$

2) 如果一个系统是可加的，且对于实系数是齐次的，则称该系统是实线性的。在 1)小题考虑的系统中，哪一个是实线性系统？

3) 试证明：对于一个线性系统而言，若输入恒等于 0，则输出也恒等于 0。

4) 如果一个线性系统的输入 $x(t)=0$，$t_1<t<t_2$，或者 $x[n]=0$，$n_1\leqslant n\leqslant n_2$，则在相同时间区间内，$y(t)$ 或 $y[n]$ 也一定为 0，这个结论是否成立？请说明理由。

**2.37** 在 2.10.6 小节中指出，线性系统一定满足零输入必然导致零输出。但是，满足零输入导致零出的系统并不一定是线性系统。换言之，零输入必然导致零输出的条件和线性条件并不是等价的。请考虑：

1) 试举出一个非线性系统，但它却能零输入导致零输出。

2) 试举出一个线性系统，非零输入也能产生零输出。

**2.38** 1) 试证明：线性系统的可逆性条件等价于如下条件：只有零输入才能导致零输出。换言之，对于所有的 $t$ 或 $n$ 时刻，导致输出 $y(t)=0$ 或 $y[n]=0$ 的唯一输入是对于所有的 $t$ 或 $n$，$x(t)=0$ 或 $x[n]=0$。

2) 试举出一个非线性系统，它满足 1)的条件，却不是可逆的。

**2.39** 1) 试证明：对于线性系统而言，其因果性条件等价为如下的条件，即对于任何时刻 $t_0$ 或 $n_0$，和任何输入 $x(t)$ 或 $x[n]$，如果 $t<t_0$ 时 $x(t)=0$，或 $n<n_0$ 时 $x[n]=0$，则相应的输出 $y(t)$ 或 $y[n]$ 在 $t<t_0$ 或 $n<n_0$ 时也必然为 0。

2) 举出一个非线性系统，它满足条件 1)，却非因果。

**2.40** 1) 试证明：对于任何时不变系统，如果输入是周期的，其输出也必然是周期的。

2) 对于系统 $y[n]=x^2[n]$，找出一个周期输入，使输出和输入的基本周期相等。

3) 试举出一个连续时间或离散时间线性系统，并对该系统举出一个周期输入产生非周期输出的例子。

**2.41** 1) 设 $p(t)$ 是增量线性系统 S 的一个任意输入信号，相应的输出为 $q(t)$，试证明图 P2.41 的系统是线性系统，且其输入输出关系与 $p(t)$ 的选择无关。

2) 利用 1)的结果，证明 S 能用课文中图 2.60 所示的增量线性系统结构来表示。

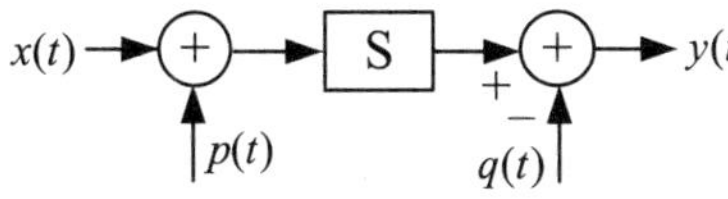


图 P2.41

**2.42** 下列系统哪些是增量线性的？说明理由。如果某个系统是增量线性的，针对图 2.60 的增量线性系统结构，指出相应的线性系统 $L\{*\}$ 和零输入响应 $y_{zi}(t)$ 或 $y_{zi}[n]$。

1) $y[n]=n+x[n]+2x[n+4]$　　2) 图 P2.42(a)所示的系统　　3) 图 P2.42(b)所示的系统

4) $y[n]=\begin{cases}x[n]-x[n-1]+3, & x[0]\geqslant 0\\ x[n]-x[n-1]-3, & x[0]<0\end{cases}$　　5) $y[n]=\begin{cases}n/2\ , & n=2l\\ \dfrac{n-1}{2}+\sum\limits_{k=-\infty}^{(n-1)/2}x[k], & n\neq 2l\end{cases}$，$l=0,\ \pm1,\ \pm2\ \cdots$

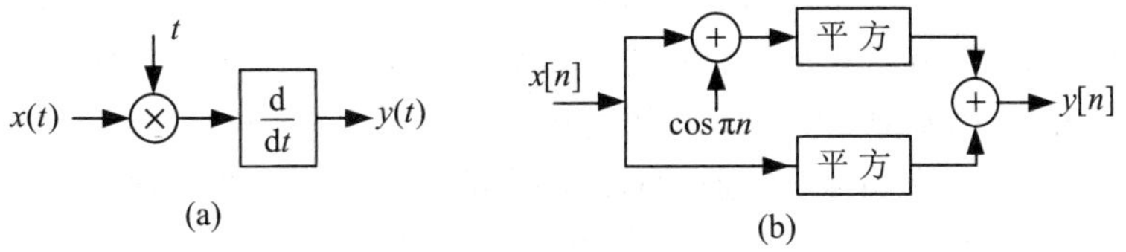


图 P2.42

# 第 3 章　LTI 系统的时域分析和信号卷积

## 3.1 引　　言

2.11 节已指出，线性时不变(LTI)系统是一类既满足线性，又具有时不变性的系统，并强调它在系统中的重要地位。因此，深入研究 LTI 系统有非常重要的理论和实际意义。LTI 系统的分析方法不仅是信号与系统理论和方法的重要内容之一，而且是研究非 LTI 系统的基础。

LTI 系统有两类分析方法：时域方法和变换域(频域和复频域)方法。时域方法中最基本的方法就是卷积方法。本章首先介绍诱导出卷积方法的基本思想，并由此推导出 LTI 系统的卷积关系。然后，深入讨论卷积运算的性质及其物理含义，以及在 LTI 系统分析和信号处理中的作用。在此基础上，深入讨论 LTI 系统的单位冲激响应和单位阶跃响应，及其表示的 LTI 系统的各种性质和特性，并简单介绍线性时变系统的时变卷积关系。最后讨论在卷积运算和 LTI 系统分析中非常重要的奇异函数，即单位冲激函数 $\delta(t)$ 及其派生出来的一类广义函数。

在分析和研究一个给定的连续时间和离散时间系统时，首先需对各种不同的输入信号 $x(t)$ 和 $x[n]$，求出系统的输出信号 $y(t)$ 和 $y[n]$，并归纳出该系统的显式输入输出信号变换关系 $y(t)=T\{x(t)\}$ 和 $y[n]=T\{x[n]\}$；然后，讨论和弄清该系统的全部特性、功能和行为。对于 LTI 系统，由于它的良好特性——时不变性和线性叠加性质，有一系列有效而简便的分析方法，包括一套时域的卷积方法和几种变换域方法。这些方法各有不同的渊源，也各自经历了不同的发展阶段，既各有特色，又互为补充、相得益彰。但从现在的角度来看，可以把它们归结为同一个基本思想和方法。在具体阐述这些分析方法之前，先讨论这一基本的思想和方法，以便读者从更高的角度，理解和掌握这些理论和方法。下面将会看到，如何充分利用 LTI 系统这两个良好性质，诱导出 LTI 系统有效分析方法的基本思路。

如果有一类连续时间和离散时间信号 $\phi_i(t)$ 和 $\phi_i[n]$，$i=1,2,3\cdots$，某个连续时间和离散时间 LTI 系统对它们的响应分别是 $\psi_i(t)$ 和 $\psi_i[n]$。基于时不变性，将分别有

$$\phi_i(t-t_k)\longrightarrow\psi_i(t-t_k),\quad t_k\in\mathbf{R}\quad 和\quad \phi_i[n-k]\longrightarrow\psi_i[n-k],\quad k\in\mathbf{Z}$$

再根据 LTI 系统满足线性叠加性质，连续时间和离散时间 LTI 系统分别对输入

$$x(t)=\sum_k a_k\phi_i(t-t_k)\quad 和\quad x[n]=\sum_k a_k\phi_i[n-k] \tag{3.1.1}$$

的响应分别为

$$y(t)=\sum_k a_k\psi_i(t-t_k)\quad 或\quad y[n]=\sum_k a_k\psi_i[n-k] \tag{3.1.2}$$

这就是说，按照 LTI 系统的上述特性，连续时间和离散时间 LTI 系统对 $x(t)$ 和 $x[n]$ 的响应 $y(t)$ 和 $y[n]$，可以分别用与 $x(t)$ 和 $x[n]$ 相同的线性组合结构构造出来。

由此得到启示，如果能找到一类基本信号 $\phi_i(t)$ 和 $\phi_i[n]$，只要它们具有以下两个性质：

(1) 用它们能构成相当广泛的信号，至少是对研究信号与系统有意义的绝大部分信号。

(2) LTI 系统对每一个基本信号的响应在结构上应十分简单，使得 LTI 系统对任意输入信号的响应有一个简便的表达式。

单位冲激信号 $\delta(t)$ 和 $\delta[n]$ 及其派生出的一类基本信号，就同时具有这两个性质。它们既能按照(3.1.1)式那样，分别构成任意的连续时间和离散时间信号，LTI 系统对它们的响应又能充分体现出线性和时不变性，即可按照(3.1.2)式，方便地构造出连续时间和离散时间 LTI 系统对任意输入的响应。在第 5 章还将看到，复正弦信号 $e^{j\omega t}$ 和 $e^{j\Omega n}$ 及复指数信号 $e^{st}$ 和 $z^n$ 是另一类这样的基本信号，按照同样的思路，利用它们获得 LTI 系统的变换域分析方法。下面首先说明如何用单位冲激信号的时移线性组合分别构成相当广泛的连续时间和离散时间信号，在本章最后，再把它推广到单位阶跃信号 $u(t)$ 和 $u[n]$ 等一类奇异函数及其离散时间对偶。

## 3.2　用时移单位冲激的线性组合表示信号的表示法

为了能看出用连续时间和离散时间单位冲激信号 $\delta(t)$ 和 $\delta[n]$，可以分别构成任意的连续时间和离散时间信号，并导出这种表示法的一般表达式，首先讨论离散时间情况。

图 3.1(a)给出一个任意有界的离散时间序列 $x[n]$，图中的其余部分分别给出位于 $-1$，0 和 $+1$ 时刻的冲激序列，其大小等于 $x[n]$ 在相同时刻的序列值 $x[-1]$，$x[0]$，$x[+1]$。直观上不难看出，$x[n]$ 就是由位于各个时刻的，大小与 $x[n]$ 在对应时刻的序列值相等的所有冲激序列相加构成的，即 $x[n]$ 可以表示为

$$\begin{aligned}x[n]= &\cdots +x[-3]\delta[n+3]\\&+x[-2]\delta[n+2]+x[-1]\delta[n+1]\\&+x[0]\delta[n]+x[1]\delta[n-1]\\&+x[2]\delta[n-2]+x[3]\delta[n-3]+\cdots\end{aligned}$$

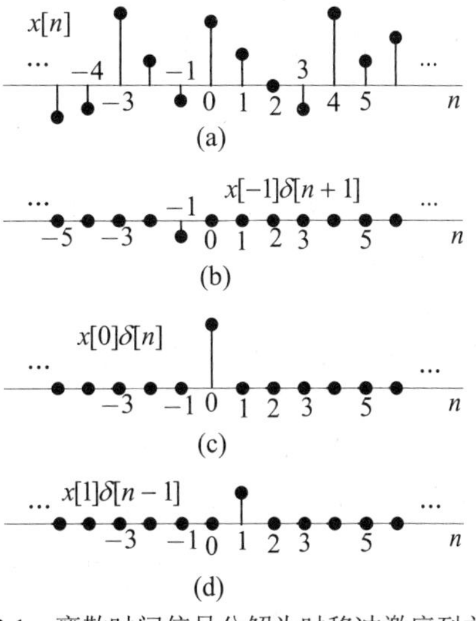


图 3.1　离散时间信号分解为时移冲激序列之和

利用归纳法，上式不难写成紧凑形式

$$x[n]=\sum_{k=-\infty}^{\infty}x[k]\delta[n-k] \tag{3.2.1}$$

这表明，任何有界序列都能表示成一串时移单位冲激 $\{\delta[n-k],\ k\in\mathbf{Z}\}$ 的线性组合，线性组合的加权系数就是 $x[k]$。故上式就是用单位冲激序列的时移线性组合表示任意离散时间序列的一般表达式。例如，单位阶跃序列 $u[n]$ 和例 2.1 中的单边实指数序列 $x[n]$ 可分别表示为

$$u[n]=\sum_{k=0}^{\infty}\delta[n-k] \quad 和 \quad x[n]=\sum_{k=0}^{\infty}a^k\delta[n-k] \tag{3.2.2}$$

对于连续时间信号，不能像离散时间情况那样，用直观的方法来推导出类似的结果，必须用极限的方法来推导。

首先用图 3.2(a)中的阶梯状信号 $\hat{x}(t)$ 来近似一个任意的连续时间有界信号 $x(t)$。为了表示 $\hat{x}(t)$，定义如下矩形脉冲

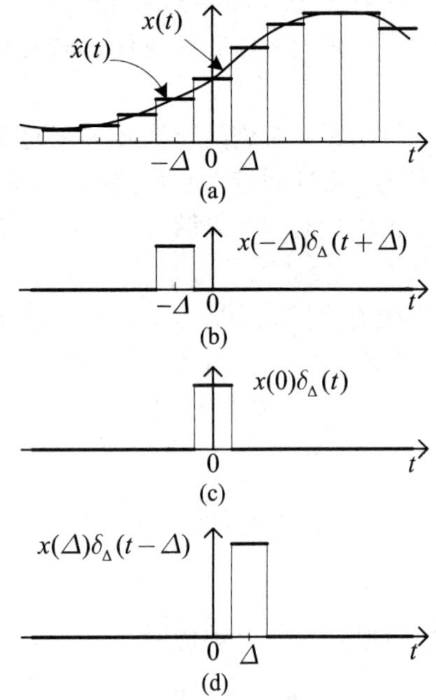

图 3.2 连续时间信号的阶梯状信号近似

$$\delta_{\Delta}(t)=\begin{cases}1/\Delta, & |t|<\Delta/2\\ 0, & |t|>\Delta/2\end{cases} \tag{3.2.3}$$

正如在图 3.2 中看到的，$\hat{x}(t)$ 可看作一系列处在 $t=k\Delta$、幅度是 $x(k\Delta)\Delta$ 的时移矩形脉冲的叠加，即 $\hat{x}(t)$ 可表示成

$$\hat{x}(t)=\sum_{k=-\infty}^{\infty} x(k\Delta)\delta_{\Delta}(t-k\Delta)\Delta \tag{3.2.4}$$

显然当 $\Delta\to 0$ 时，$\hat{x}(t)$ 的极限就是 $x(t)$，即

$$x(t)=\lim_{\Delta\to 0}\hat{x}(t)=\lim_{\Delta\to 0}\sum_{k=-\infty}^{\infty} x(k\Delta)\delta_{\Delta}(t-k\Delta)\Delta \tag{3.2.5}$$

随着 $\Delta\to 0$，则将有 $k\Delta\to\tau$，$\delta_{\Delta}(t-k\Delta)\to\delta(t-\tau)$，$x(k\Delta)\to x(\tau)$，$\Delta\to \mathrm{d}\tau$，上式右边就趋近于一个积分，即

$$x(t)=\int_{-\infty}^{\infty} x(\tau)\delta(t-\tau)\mathrm{d}\tau \tag{3.2.6}$$

这就是用时移单位冲激函数表示一般连续时间信号的表达式。它与离散时间中的(3.2.1)式相对偶，表明任何连续时间信号 $x(t)$ 也都能表示成时移单位冲激 $\{\delta(t-\tau),\ \tau\in\mathbf{R}\}$ 的一个线性组合，$x(\tau)$ 是线性组合的加权系数。两者的差别仅在于：在(3.2.1)式中，时移 $k\in\mathbf{Z}$，而在(3.2.6)式中，时移 $\tau\in\mathbf{R}$，故上式可以看成一个**连续的**时移线性组合表达式。

此外，可以直接用单位冲激函数和序列的筛分性质来证明它们。例如，(3.2.6)式的右边表示的是在连续变量 $\tau$ 上，位于时刻 $\tau=t$ 的单位冲激函数 $\delta(t-\tau)$ 对信号 $x(\tau)$ 进行抽样的结果。直接应用(2.5.14 )式右式，若在 $\tau=t$ 处 $x(\tau)$ 连续，则有 $\int_{-\infty}^{\infty} x(\tau)\delta(t-\tau)\mathrm{d}\tau=x(t)$，若在 $\tau=t$ 处 $x(\tau)$ 不连续，则 $\int_{-\infty}^{\infty} x(\tau)\delta(t-\tau)\mathrm{d}\tau$ 没有定义。这表明，对于任何处处连续和具有阶跃不连续点的连续时间信号 $x(t)$，(3.2.6)式等号左边的积分结果与原信号 $x(t)$ 完全相同，且对那些包含冲激及其导数的不连续点的 $x(t)$，结果也是如此，这将在后面 3.9 节讨论奇异函数时，作出进一步的说明。

因此，(3.2.6)式的适用范围极为广泛，对于在信号与系统分析和研究中遇到的连续时间信号它均适用。例如，单位阶跃信号 $u(t)$ 和(2.2.2)式定义的单边实指数信号 $x(t)$ 可分别表示为

$$u(t)=\int_{0}^{\infty}\delta(t-\tau)\mathrm{d}\tau \quad 和 \quad x(t)=\int_{0}^{\infty}\mathrm{e}^{-a\tau}\delta(t-\tau)\mathrm{d}\tau \tag{3.2.7}$$

上面阐述了单位冲激信号 $\delta(t)$ 和 $\delta[n]$，作为一个有效地分析 LTI 系统的基本信号所具有的第一个性质，即用它们可以分别构成极为广泛的一类连续时间或离散时间信号，同时，获得了用时移单位冲激的线性组合来表示任何信号的表示法。利用这一表示法，可获得分析 LTI 系统的时域卷积的方法。下面先介绍和讨论分析 LTI 系统的卷积方法，然后将能看到：$\delta(t)$ 和 $\delta[n]$ 确实具有 3.1 节所说的这类基本信号应有的第二个性质。

## 3.3 连续时间和离散时间 LTI 系统的卷积关系

连续时间和离散时间 LTI 系统具有的良好特性，将导致它们有特殊的输入输出变换关系，

即所谓**卷积**关系。这种卷积关系在连续时间中称为**卷积积分**，在离散时间中称为**卷积和**。

### 3.3.1　卷积和与卷积积分

由于单位冲激序列 $\delta[n]$ 比 $\delta(t)$ 易于数学处理，这里我们仍然采用上一节的次序，并按照 3.1 节所阐述的 LTI 系统基本分析方法，先讨论离散时间 LTI 系统的卷积和关系，然后再推导连续时间 LTI 系统的卷积积分关系。

**1．离散时间 LTI 系统的卷积和关系**

对于一个离散时间 LTI 系统，假设 $x[n]$ 是它的一个任意输入信号，$y[n]$ 是相应的输出信号。按照(3.2.1)式，任意的输入 $x[n]$ 可表示为时移冲激序列的一个线性组合，假设该离散时间 LTI 系统对 $\delta[n]$ 的响应为 $h[n]$，根据时不变性，将有

$$\delta[n-k] \xrightarrow{\text{LTI}} h[n-k], \quad k=0,\ \pm1,\ \pm2,\ \cdots$$

再根据线性叠加性质，又有

$$\sum_{k=-\infty}^{\infty} x[k]\delta[n-k] \xrightarrow{\text{LTI}} \sum_{k=-\infty}^{\infty} x[k]h[n-k]$$

上式左边是输入 $x[n]$ 的线性组合，$x[k]$ 是加权系数，上式右边是输入 $x[n]$ 每个分量响应的线性叠加，得到系统输出 $y[n]$。因此，离散时间 LTI 系统的输入输出信号变换关系表现为一个无限求和，因此称为**卷积和**，通常表示为

$$y[n]=x[n]*h[n]=\sum_{k=-\infty}^{\infty} x[k]h[n-k] \tag{3.3.1}$$

其中，“$*$”表示卷积和运算。(3.3.1)式与(3.2.1)式有相同的线性组合结构，加权系数都是 $x[k]$，只是 $\delta[n-k]$ 换成该 LTI 系统对它的响应 $h[n-k]$。上述结果表明，只要知道离散时间 LTI 系统对 $\delta[n]$ 的响应 $h[n]$，就可直接用上式，方便地构造出它对任意输入 $x[n]$ 的响应 $y[n]$。

**2．连续时间 LTI 系统的卷积积分关系**

在讨论和推导连续时间 LTI 系统的卷积关系时，可以把(3.2.6)式理解成时移单位冲激信号 $\delta(t-\tau)$ 的一个连续的线性组合，利用线性和时不变性，直接导出与(3.3.1)式对偶的卷积积分关系。但这样的推导在数学上是不严密的。考虑到数学上的严密性，这里仍须借用(3.2.3)式定义的矩形脉冲信号 $\delta_\Delta(t)$，并用极限的方法进行推导。图 3.3 说明了如下的推导过程：

假设给定的连续时间 LTI 系统对 $\delta_\Delta(t)$ 的响应记作 $h_\Delta(t)$，根据时不变性，该系统对时移了 $k\Delta$ 的脉冲 $\delta_\Delta(t-k\Delta)$ 的响应，必定是 $h_\Delta(t-k\Delta)$，即

$$\delta_\Delta(t-k\Delta) \xrightarrow{\text{LTI}} h_\Delta(t-k\Delta), \quad k=0,\ \pm1,\ \pm2,\ \cdots$$

再根据线性叠加性质，就有

$$\sum_{k=-\infty}^{\infty} \left[x(k\Delta)\Delta\right]\delta_\Delta(t-k\Delta) \xrightarrow{\text{LTI}} \sum_{k=-\infty}^{\infty} \left[x(k\Delta)\Delta\right]h_\Delta(t-k\Delta)$$

上式左边的线性组合就是 $x(t)$ 的阶梯状近似 $\hat{x}(t)$，右边的线性组合就是该 LTI 系统对 $\hat{x}(t)$ 的响应 $\hat{y}(t)$，它们的线性加权系数都是 $x(k\Delta)\Delta$。随着 $\Delta\to0$，$\hat{x}(t)$ 愈接近 $x(t)$，$\hat{y}(t)$ 也将愈接近该 LTI 系统对 $x(t)$ 的响应 $y(t)$。换言之，$x(t)$ 是 $\hat{x}(t)$ 在 $\Delta\to0$ 时的极限，上式右边的线性组合在 $\Delta\to0$ 时的极限就是 $y(t)$。即

$$y(t)=\lim_{\Delta\to0}\sum_{k=-\infty}^{\infty} x(k\Delta)h_\Delta(t-k\Delta)\Delta$$

当 $\Delta\to0$ 时，将分别有 $\delta_\Delta(t)\to\delta(t)$ 和 $h_\Delta(t)\to h(t)$，其中，$h(t)$ 是 $h_\Delta(t)$ 在 $\Delta\to0$ 时的极限，即 LTI 系统对 $\delta(t)$ 的响应。利用推导(3.2.4)式极限的相同的方法，可以推得上式的极限为

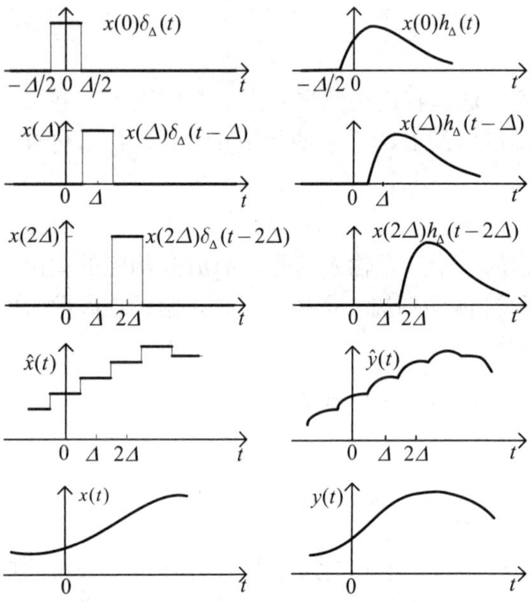


图 3.3 连续时间卷积积分推导的图解说明

$$y(t)=\int_{-\infty}^{\infty}x(\tau)h(t-\tau)\mathrm{d}\tau$$

这就是连续时间 LTI 系统的输入输出信号变换关系，它表现为一个无限积分，通常称为**卷积积分**，它与离散时间中(3.3.1)式表示的卷积和有相同的物理解释，通常表示为

$$y(t)=x(t)*h(t)=\int_{-\infty}^{\infty}x(\tau)h(t-\tau)\mathrm{d}\tau \quad (3.3.2)$$

其中，“$*$”表示卷积积分运算。由于(3.3.2)式的卷积积分涉及两个连续时间函数，而卷积和涉及两个离散时间序列，本书中采用相同的运算符号，并不会发生任何混淆。

上述结果表明：无论是连续时间和离散时间 LTI 系统，只要分别知道该系统对单位冲激信号的响应 $h(t)$ 和 $h[n]$，则它们分别对任意输入 $x(t)$ 和 $x[n]$ 的响应 $y(t)$ 和 $y[n]$，就可以分别用两个信号 $x(t)$ 与 $h(t)$ 和 $x[n]$ 与 $h[n]$ 的卷积积分与卷积和直接计算出来。

必须指出，$h(t)$ 和 $h[n]$ 分别代表连续时间和离散时间 LTI 系统对输入 $\delta(t)$ 和 $\delta[n]$ 的响应，通常称为 LTI 系统的**单位冲激响应**。关于 LTI 系统单位冲激响应，还将在 3.7 节中进一步讨论。

## 3.3.2 卷积运算的计算方法

上面(3.3.2)式与(3.3.1)式表示的卷积积分与卷积和，是连续时间和离散时间 LTI 系统的基本分析工具。为此，下面将说明卷积积分与卷积和的计算过程，并介绍几种常用的计算方法。

卷积公式表明，任意时刻 $t$ 或 $n$ 的输出**信号值**是输入信号或序列的加权积分或者加权和。具体地说，对于卷积积分，任意时刻 $t$ 的输出值 $y(t)$ 是区间 $(-\infty,\infty)$ 上，输入信号 $x(\tau)$ 加权 $h(t-\tau)$ 后的积分值，加权函数 $h(t-\tau)$ 由 $h(\tau)$ 反转后右移 $t$ 得到，卷积积分中 $\tau$ 是积分变量，$t$ 是参变量。为求出所有时刻 $t$ 的输出，必须对所有的 $t$ 进行上述加权积分计算。卷积和也有类似的过程，任一时刻 $n$ 的输出值 $y[n]$ 等于输入信号 $x[k]$ 乘以 $h[n-k]$ 后，在 $k$ 从 $-\infty$ 到 $\infty$ 上求和得到的值，$h[n-k]$ 也是由 $h[k]$ 反转后再右移 $n$， 其中 $k$ 是求和变量，$n$ 是参变量。不同时刻 $n$ 的输出信号值，也必须对不同的 $n$ 进行上述加权求和得到。

根据上述卷积积分或卷积和的基本运算过程，可以有以下几种方法来求解或计算卷积。

**1. 卷积运算的图解法**

用图解方法求卷积是上述基本运算过程的直观体现，下面通过例子来介绍这一方法。

**【例 3.1】** 已知一个连续时间 LTI 系统的输入 $x(t)$ 和单位冲激响应 $h(t)$ 分别为如下，试求其输出。

$$x(t)=\mathrm{e}^{-at}u(t),\quad 实数\ a>0 \quad 和 \quad h(t)=u(t)$$

**解**：图 3.4(a)～(d)分别画出了 $h(\tau)$，$x(\tau)$ 及当 $t<0$ 和 $t>0$ 时 $h(t-\tau)$ 的波形。显然，当 $t<0$，$x(\tau)$ 和 $h(t-\tau)$ 没有任何重叠，卷积积分中的被积函数 $x(\tau)h(t-\tau)=0$，只有当 $t>0$ 时，$x(\tau)h(t-\tau)$ 才有非零部分，因此这个卷积积分可以分段计算。

1) 当 $t<0$ 时，被积函数为 $x(\tau)h(t-\tau)=0$，$t<0$，故有 $y(t)=0$，$t<0$；

2) 当 $t=0$ 时，被积函数 $x(\tau)h(t-\tau)=\begin{cases}0, & \tau\neq 0\\ \text{无定义}, & \tau=0\end{cases}$，故也有 $y(t)=\int_{-\infty}^{\infty}x(\tau)h(t-\tau)\mathrm{d}\tau=0$。

3) 当 $t>0$ 时，被积函数见图 3.4(e)，即

$$x(\tau)h(t-\tau)=\begin{cases}\mathrm{e}^{-a\tau}, & 0<\tau<t\\ 0, & \tau<0,\tau>t\end{cases}$$

则有

$$y(t)=\int_0^t \mathrm{e}^{-a\tau}\mathrm{d}\tau=\frac{(1-\mathrm{e}^{-at})}{a}$$

将上述三种计算结果综合起来，得出输出 $y(t)$ (波形见图 3.4(f))为

$$y(t)=\begin{cases}(1-\mathrm{e}^{-at})/a, & t\geqslant 0\\ 0\ , & t<0\end{cases}\tag{3.3.3}$$

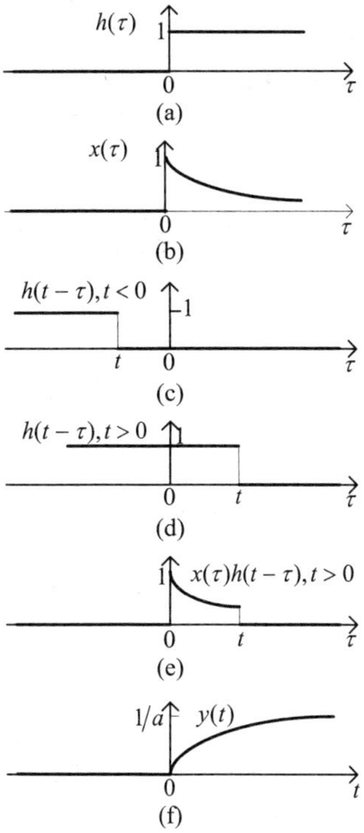

图 3.4　例 3.1 卷积积分的图解说明

【例 3.2】　已知某离散时间 LTI 系统的输入 $x[n]$ 和单位冲激响应 $h[n]$ 分别为

$$x[n]=a^n u[n],\ 0<a<1 \quad 和 \quad h[n]=u[n]$$

试求其输出 $y[n]$，并画出它的序列图形。

**解：** 在图 3.5(a)～(d)中，分别画出了 $h[k]$，$x[k]$，以及在 $n<0$ 和 $n\geqslant 0$ 时的 $h[n-k]$。显然，只有当 $n\geqslant 0$ 时，在卷积和中的被求和序列 $x[k]h[n-k]$ 才有非零值，因此，这个卷积和可以分段计算。

1) 当 $n<0$ 时，被求和序列 $x[k]h[n-k]=0$，求和结果得到的输出也为 0，即 $y[n]=0$，$n<0$；

2) 当 $n\geqslant 0$ 时，被求和序列(见图 3.5(e))可以表示为

$$x[k]h[n-k]=\begin{cases}a^k, & 0\leqslant k\leqslant n\\ 0, & k<0,k>n\end{cases}$$

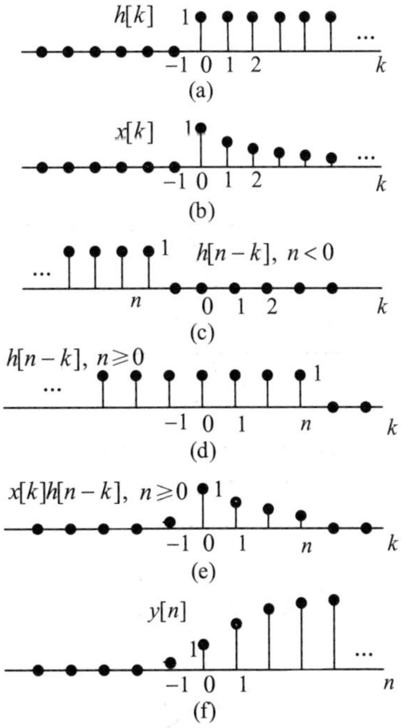

图 3.5　例 3.2 卷积和的图解说明

此时卷积和的计算结果为

$$y[n]=\sum_{k=0}^{n}a^k=\frac{(1-a^{n+1})}{(1-a)}$$

组合上面 $n<0$ 和 $n\geqslant 0$ 的两种计算结果，得到所有 $n$ 上的输出 $y[n]$ (见图 3.5(f))为

$$y[n]=\begin{cases}(1-a^{n+1})/(1-a)\ , & n\geqslant 0\\ 0\ , & n<0\end{cases}\tag{3.3.4}$$

对于一些有限宽度的简单信号的卷积积分和卷积和运算，用图解法可分段求解，或者直观地画出卷积后的波形。为此，请看下面的例子。

【例 3.3】　已知 $x[n]$ 和 $h[n]$ 分别为

$$x[n]=\begin{cases}1, & 0\leqslant n\leqslant 4\\ 0, & n<0,n>4\end{cases} \quad 和 \quad h[n]=\begin{cases}a^n, & 0\leqslant n\leqslant 6\\ 0, & n<0,n>6\end{cases}$$

其中，实数 $a>0$。试求 $x[n]$ 和 $h[n]$ 的卷积和 $y[n]$。

**解：** 图 3.6(a)～(f)中分别画出了 $x[k]$ 与当 $n$ 在 5 个不同区间内的 $h[n-k]$，在这 5 个不同区间内，被求和序列 $x[k]h[n-k]$ 有不同的表达式。为计算这两个序列的卷积和，分别考虑这 5 个不同区间较为方便。

1) 在区间($n<0$)和区间($n>10$)中，由于 $x[k]$ 和 $h[n-k]$ 无任何非零值的重叠，故 $y[n]=0$；

2) 在区间($0\leqslant n\leqslant 4$)中，被求和序列与卷积和分别为

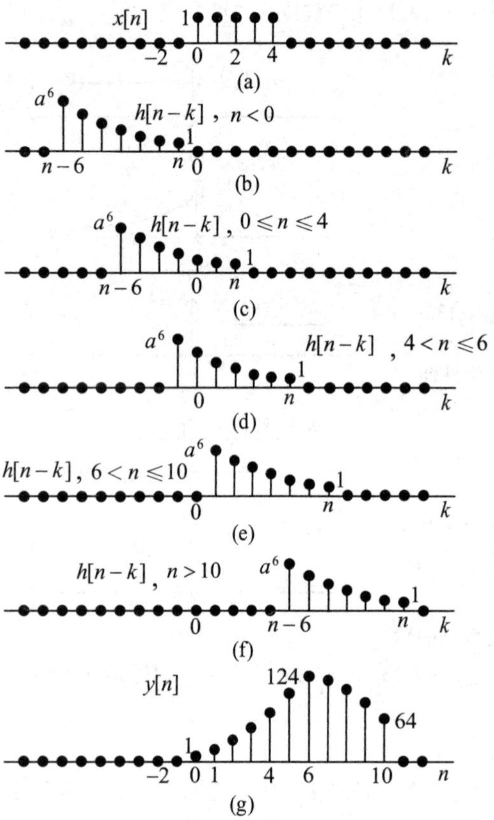


图 3.6 例 3.3 卷积和的图解说明

$$x[k]h[n-k]=\begin{cases}a^{n-k}, & 0\leqslant k\leqslant n\\ 0, & k<0,k>n\end{cases} \quad 和 \quad y[n]=\sum_{k=0}^{n}a^{n-k}$$

若将求和变量 $k$ 变换成 $m=n-k$，则有

$$y[n]=\sum_{m=0}^{n}a^{m}=\frac{1-a^{n+1}}{1-a}$$

3) 在区间( $4<n\leqslant 6$)中，被求和序列为

$$x[k]h[n-k]=\begin{cases}a^{n-k}, & 0\leqslant k\leqslant 4\\ 0\ , & k<0,k>4\end{cases}$$

在该区间内卷积和为

$$y[n]=\sum_{k=0}^{4}a^{n-k}=a^{n}\frac{1-a^{-5}}{1-a^{-1}}=\frac{a^{n-4}-a^{n+1}}{1-a}$$

4) 在区间( $6<n\leqslant 10$)中，被求和序列为

$$x[k]h[n-k]=\begin{cases}a^{n-k}, & n-6\leqslant k\leqslant 4\\ 0, & k<n-6,k>4\end{cases}$$

则有 $y[n]=\sum_{k=n-6}^{4}a^{n-k}$ 。若令 $m=k-n+6$，则上式变成 $y[n]=\sum_{m=0}^{10-n}a^{6-m}=\dfrac{a^{n-4}-a^{7}}{1-a}$，综合 5 个区间计算结果得到

$$y[n]=\begin{cases}0, & n<0,\quad n>10\\ (1-a^{n+1})/(1-a), & 0\leqslant n\leqslant 4\\ (a^{n-4}-a^{n+1})/(1-a), & 4<n\leqslant 6\\ (a^{n-4}-a^{7})/(1-a), & 6<n\leqslant 10\end{cases} \tag{3.3.5}$$

所求得的 $y[n]$ 的序列图形见图 3.6(g)。

**【例 3.4】** 假定 $x(t)$ 和 $h(t)$ 均为矩脉冲 $r_T(t)$ (如图 3.7(a)所示)，试求：$y(t)=x(t)*h(t)$ 。

**解**：按照(3.3.3)式，则有

$$y(t)=x(t)*h(t)=\int_{-\infty}^{\infty}r_T(\tau)r_T(t-\tau)\mathrm{d}\tau$$

图 3.7(a)～(d)分别画出了 $r_T(\tau)$，以及当 $t<-T$，$-T<t<T$ 和 $t>T$ 时的 $r_T(t-\tau)$ 。显然，只有当 $-T<t<T$ 时，被积函数 $r_T(\tau)r_T(t-\tau)$ 才是幅值为 1 的矩形函数，但其宽度却随 $t$ 从 $-T$ 增大到 0 时比例地增加；当 $t=0$ 时达到最大值 $T$；当 $t$ 从 0 继续增大到 $T$ 时矩形的宽度又比例地减小，见图 3.7(e)。这里，积分就是求被积函数下的面积的代数和，故无需计算就可直接画出卷积后的波形是一个三角波，见图 3.7(f)。最后，根据图解出的波形，不难写出其表达式，即

$$y(t)=\begin{cases}T[1-(|t|/T)], & |t|<T\\ 0\ , & |t|\geqslant T\end{cases} \tag{3.3.6}$$

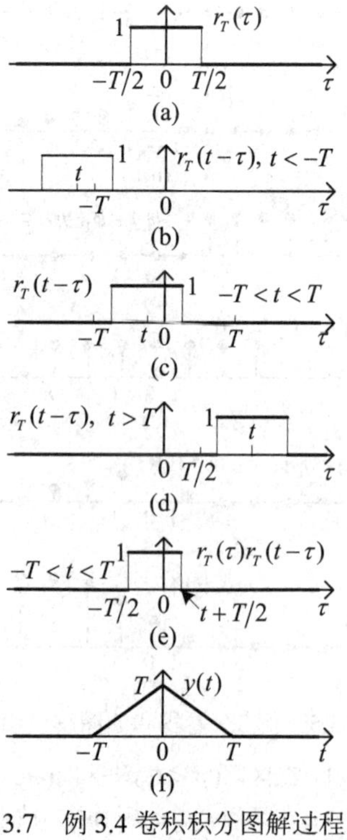


图 3.7 例 3.4 卷积积分图解过程

由上述例子看出，$x(t)$ 和 $h(t)$ 的卷积积分及 $x[n]$ 和 $h[n]$ 的卷积和运算的基本步骤分别为：

(1) 将函数 $x(t)$ 和 $h(t)$ 的自变量换成 $\tau$，或将 $x[n]$ 和 $h[n]$ 的自变量换成 $k$ 。

(2) 为了计算某个时刻 $t$ 或 $n$ 值的输出信号值 $y(t)$ 或 $y[n]$，分别将 $h(\tau)$ 或 $h[k]$ 变换成 $h(t-\tau)$ 或 $h[n-k]$，即分别将 $h(\tau)$ 或 $h[k]$ 时域反转后，再右移 $t$ 或 $n$。

(3)将 $x(\tau)$ 或 $x[k]$ 分别与上一步得到的 $h(t-\tau)$ 或 $h[n-k]$ 相乘，得到卷积积分或卷积和的被积函数 $x(\tau)h(t-\tau)$ 或被求和序列 $x[k]h[n-k]$。

(4) 在$(-\infty,\infty)$区间上，将上述被积函数或求和序列分别积分(在连续时间中，该积分值就是被积函数 $x(\tau)h(t-\tau)$ 曲线下的面积的代数和)或求和，得到 $y(t)$ 或 $y[n]$ 在 $t$ 或 $n$ 的信号值。

(5)为计算所有时刻的 $y(t)$ 或 $y[n]$，必须分别对所有的 $t$ 或 $n$，重复上述(2)到(4)的步骤。

上述例子还表明，对简单时间函数和序列的卷积，用图解法可分区间计算，既直观又方便。但对较复杂信号的卷积，用图解法求解就比较繁琐，且难以得到闭合形式的表达式。

**2．卷积运算的解析求法**

所谓卷积的解析求法，就是以一个闭合的解析表达式来进行卷积积分或卷积和运算，直接获得运算结果的方法。仍通过例子来说明这种解析法的求解过程和要领。

**【例 3.5】** 用解析法求解前面的例 3.1。

**解**：首先写出 $x(t)$ 和 $h(t)$ 的闭合表达式 $x(t)=\mathrm{e}^{-at}u(t)$ 和 $h(t)=u(t)$，然后，直接代入(3.3.2)式得到

$$y(t)=\int_{-\infty}^{\infty}x(\tau)h(t-\tau)\mathrm{d}\tau=\int_{-\infty}^{\infty}\mathrm{e}^{-a\tau}u(\tau)u(t-\tau)\mathrm{d}\tau \tag{3.3.7}$$

由于 $u(\tau)=\begin{cases}1, & \tau>0\\0, & \tau<0\end{cases}$ 和 $u(t-\tau)=\begin{cases}1, & \tau<t\\0, & \tau>t\end{cases}$(参见图 3.4(c)和(d))，因此，当 $t<0$ 时，必有 $u(\tau)u(t-\tau)=0$；而当 $t>0$ 时，必有有 $u(\tau)u(t-\tau)=\begin{cases}1, & 0<\tau<t\\0, & \tau<0,\tau>t\end{cases}$。基于上述规律，(3.3.7)式被积函数中的 $u(\tau)$ 和 $u(t-\tau)$ 在积分中的作用分别为：$u(\tau)$ 导致积分下限从 $-\infty$ 变成 0；$u(t-\tau)$ 导致积分上限从 $\infty$ 变成 $t$；且 $u(\tau)$ 和 $u(t-\tau)$ 共同导致积分的结果还要乘以因子 $u(t)$。则上式为

$$y(t)=\left(\int_{0}^{t}\mathrm{e}^{-a\tau}\mathrm{d}\tau\right)u(t)=[(1-\mathrm{e}^{-at})/a]u(t) \tag{3.3.8}$$

这一结果和例 3.1 的结果完全一样。

**【例 3.6】** 用解析法求解前面的例 3.2 题。

**解**：将 $x[n]=a^n u[n]$ 和 $h[n]=u[n]$ 直接代入卷积和运算公式(3.3.1)式，则有

$$y[n]=\sum_{k=-\infty}^{\infty}x[k]h[n-k]=\sum_{k=-\infty}^{\infty}a^k u[k]u[n-k] \tag{3.3.9}$$

由于 $u[k]=\begin{cases}1, & k\geqslant 0\\0, & k<0\end{cases}$ 和 $u[n-k]=\begin{cases}1, & k\leqslant n\\0, & k>n\end{cases}$，与上例中的连续时间情况类似，将导致在 $n<0$ 时，必有 $u[k]u[n-k]=0$，而当 $n\geqslant 0$ 时，必有 $u[k]u[n-k]=\begin{cases}1, & 0\leqslant k\leqslant n\\0, & k<0,k>n\end{cases}$。与连续时间中情况一样，上述推导过程说明：(3.3.9)式中的 $u[k]$ 导致求和下限从 $-\infty$ 变成 0；式中的 $u[n-k]$ 导致求和上限从 $\infty$ 变成 $n$；且 $u[k]$ 和 $u[n-k]$ 共同导致求和结果乘以因子 $u[n]$。因此，(3.3.9)式的计算最后得到

$$y[n]=\left(\sum_{k=0}^{n}a^k\right)u[n]=\frac{1-a^{n+1}}{1-a}u[n] \tag{3.3.10}$$

这一结果与例 3.2 中用图解法求得的结果完全一致。

**【例 3.7】** 用解析法求解例 3.4 题。

**解**：为了把卷积的两个信号直接代入卷积积分或卷积和公式，必须先把由波形或信号的分段表达式写成单一的闭合表达式。本题中 $x(t)$ 和 $h(t)$ 均是单位幅度，且宽度为 $T$ 的单个矩形脉冲，由图 3.7 不难写出

$$x(t)=h(t)=r_T(t)=u(t+T/2)-u(t-T/2)$$

则有 $$y(t)=\int_{-\infty}^{\infty}x(\tau)h(t-\tau)\mathrm{d}\tau=\int_{-\infty}^{\infty}[u(\tau+T/2)-u(\tau-T/2)][u(t+T/2-\tau)-u(t-T/2-\tau)]\mathrm{d}\tau$$
$$=\int_{-\infty}^{\infty}u(\tau+T/2)u(t+T/2-\tau)\mathrm{d}\tau-\int_{-\infty}^{\infty}u(\tau+T/2)u(t-T/2-\tau)\mathrm{d}\tau$$
$$-\int_{-\infty}^{\infty}u(\tau-T/2)u(t+T/2-\tau)\mathrm{d}\tau+\int_{-\infty}^{\infty}u(\tau-T/2)u(t-T/2-\tau)\mathrm{d}\tau$$

上式中的被积函数均是 $u(\tau)$ 的时移变种及 $u(\tau)$ 反转的时移变种相乘，按例 3.5 中相同方法，上式可归结为

$$y(t)=\left(\int_{-T/2}^{t+(T/2)}\mathrm{d}\tau\right)u(t+T)-\left(\int_{-T/2}^{t-(T/2)}\mathrm{d}\tau\right)u(t)$$
$$-\left(\int_{T/2}^{t+(T/2)}\mathrm{d}\tau\right)u(t)+\left(\int_{T/2}^{t-(T/2)}\mathrm{d}\tau\right)u(t-T)$$
$$=(t+T)u(t+T)-2tu(t)+(t-T)u(t-T)$$

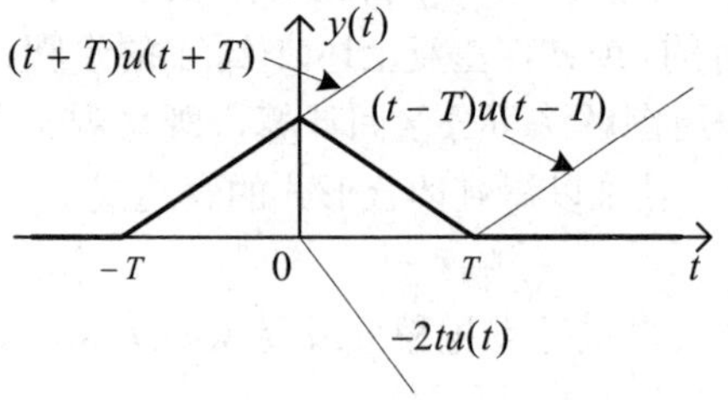

图 3.8 (3.3.12)式中的三项叠加

图 3.8 画出了上式中的三个斜坡函数的波形，三者叠加的结果是一个三角波，这一结果和例 3.4 的结果完全一致。最后，由此三角波形可以写出闭式表达式

$$y(t)=T[1-(|t|/T)][u(t+T)-u(t-T)] \tag{3.3.11}$$

由上述例子可以看出，用解析法正确计算卷积积分与卷积和，需掌握三条要领：

(1) 首先分别利用 $u(t)$ 和 $u[n]$ (或它们的时移形式)，写出 $x(t)$ 和 $h(t)$ 及 $x[n]$ 和 $h[n]$ 的闭式表达式，即单一表达式表示整个时域$(-\infty,\infty)$上所有信号值。

(2) 根据被积函数或被求和序列中 $u(t)$ 或 $u[n]$ (或其时移形式)，以及它们反转右移 $t$ 或 $n$ 的因子，分别正确确定积分或求和区间的上、下限，在此积分或求和区间上所有 $u(t)$ 或 $u[n]$ 的时移和反转时移因子的乘积函数或序列等于 1，由此分别简化被积函数或被求和序列。

(3) 形式简化后的每一项积分或求和结果应分别乘以 $u(t)$ 或 $u[n]$ (或其时移形式)，以便分别确保积分或求和区间的上限小于下限时，积分或求和的结果分别等于 0。

**3．卷积和运算的矢量表示法及其列表计算**

卷积和运算涉及两个序列相乘后的离散求和，它可表示为矢量的矩阵运算的形式。对于两个有始序列、特别是两个有限长序列的卷积和运算，这种矢量矩阵运算形式就有实际用处。

若将离散时间序列的整型变量改成下标，(3.3.1)式可以改写为

$$y_n=\sum_{k=-\infty}^{\infty}h_{n-k}x_k \tag{3.3.12}$$

这表明，在时刻 $n$ 的输出序列值 $y_n$ 等于参与卷积的两个序列中一系列对应序列值的乘积之和，这个对应关系是每一个相乘项的下标之和等于 $n$，即 $(n-k)+k=n$。如果把序列值 $h_{n-k}$ 表示为两个下标的值 $h_{n,\,-k}$，那么上式可改写成

$$y_n=\sum_{k=-\infty}^{\infty}h_{n,\,-k}x_k \tag{3.3.13}$$

式中求和项的三个下标之和仍等于 $n$，即 $n+(-k)+k=n$。由此就可以写出它的矢量形式。

现假设分别用列矢量 $\boldsymbol{x}$ 和 $\boldsymbol{y}$ 的矢量形式分别表示 $x_k$ (即 $x[k]$)和 $y_n$ (即 $y[n]$)，即

$$\boldsymbol{x}=[\cdots\ \ x_{-2}\ \ x_{-1}\ \ x_0\ \ x_1\ \ x_2\ \ \cdots\ \ x_k\ \ x_{k+1}\ \ \cdots]^{\mathrm{T}}$$
$$\boldsymbol{y}=[\cdots\ \ y_{-2}\ \ y_{-1}\ \ y_0\ \ y_1\ \ y_2\ \ \cdots\ \ y_n\ \ y_{n+1}\ \ \cdots]^{\mathrm{T}}$$

其中，$[*]^{\mathrm{T}}$ 表示矢量(或矩阵)的转置。并用 $\boldsymbol{h}_-$ 表示 $h[-k]$($h[k]$ 的反转序列)构成的行矢量，即

$$\boldsymbol{h}_-=[\cdots\ \ h_{k+1}\ \ h_k\ \ \cdots\ \ h_2\ \ h_1\ \ h_0\ \ h_{-1}\ \ h_{-2}\ \ \cdots]$$

那么，(3.3.13)式的卷积和运算就可以表示为

$$\boldsymbol{y} = \boldsymbol{H}\boldsymbol{x} \tag{3.3.14}$$

其中，$\boldsymbol{H}$ 是一矩阵，其每一行元素是行矢量 $\boldsymbol{h}_{-}$，且下一行相对于上一行都右移一个元素。

当然，如果 $x[n]$ 和 $h[n]$ 都是两边无限的序列，那么 $y[n]$ 也是两边无限的序列，上式就没有实际的计算意义。但如果 $x[n]$ 和 $h[n]$ 均是有始序列，典型的例子为：$x[n]=0$，$n<0$ 和 $h[n]=0$，$n<0$，那么 $y[n]=0$，$n<0$。此时，$\boldsymbol{H}$ 就是一个半无限的下三角矩阵，即为

$$\begin{bmatrix} y_0 \\ y_1 \\ y_2 \\ \vdots \\ y_n \\ y_{n+1} \\ \vdots \end{bmatrix} = \begin{bmatrix} h_0 & 0 & 0 & 0 & 0 & 0 & \cdots \\ h_1 & h_0 & 0 & 0 & 0 & 0 & \cdots \\ h_2 & h_1 & h_0 & 0 & 0 & 0 & \cdots \\ \vdots & \vdots & \vdots & \vdots & 0 & 0 & \cdots \\ h_k & \vdots & h_2 & h_1 & h_0 & 0 & \cdots \\ h_{k+1} & h_k & \vdots & h_2 & h_1 & h_0 & \cdots \\ \vdots & \vdots & \vdots & \vdots & \vdots & \vdots & \vdots \end{bmatrix} \cdot \begin{bmatrix} x_0 \\ x_1 \\ x_2 \\ \vdots \\ x_k \\ x_{k+1} \\ \vdots \end{bmatrix} \tag{3.3.15}$$

进一步，如果 $x[n]$ 和 $h[n]$ 分别是长度为 $N$ 和 $M$ 的序列，例如 $x[n]=0$，$n<0$ 和 $n \geqslant N$，以及 $h[n]=0$，$n<0$ 和 $n \geqslant M$，此时 $\boldsymbol{H}$ 就是一个 $N+M-1$ 行、$N$ 列的矩阵，且右上和左下三角均为零元素，只有中间 $M$ 条主对角线元素非零，读者可自行写出这个矩阵。

卷积和的矢量矩阵运算表示法把矩阵代数这一数学工具，引入离散时间信号与系统的时域分析，目前许多数字信号处理文献中，经常采用这种表示法。

由卷积和的矢量矩阵运算表示法可以得到卷积和的列表计算法。在(3.3.13)式中，由于求和中的每一项的下标(序号)之和都等于 $n$，如果 $x[n]$ 和 $h[n]$ 均是有始序列(包括有限长序列)，例如 $x[n]=0$，$n<n_x$ 和 $h[n]=0$，$n<n_h$，就可以把 $x[k]$ 的非零序列值自左至右顺序地排成一行，把 $h[k]$ 的非零序列值自上而下顺序地排成一列，构成一个像表 3.1 那样的表格。然后，在表格中每一行与每一列的交点处记入对应的 $x[n]$ 和 $h[n]$ 之序列值的乘积，那么，所有平行于反对角线上的各个值恰好都等于同一 $n$ 值下的序列值 $x_k$ 与 $h_{n-k}$ (或 $x[k]$ 与 $h[n-k]$)的乘积。因此，把每条反对角线上的各项加起来，正是相应的 $n$ 时刻输出信号值 $y[n]$，且它的左边第一个非零序列值时刻为 $n_y = n_x + n_h$。

**表 3.1　两个有始序列卷积和运算的序列阵表**

| | $x[n_x]$ | $x[n_x+1]$ | $x[n_x+2]$ | $x[n_x+3]$ | $\cdots$ |
|---|---|---|---|---|---|
| $h[n_h]$ | $x[n_x]h[n_h]$ | $x[n_x+1]h[n_h]$ | $x[n_x+2]h[n_h]$ | $x[n_x+3]h[n_h]$ | $\cdots$ |
| $h[n_h+1]$ | $x[n_x]h[n_h+1]$ | $x[n_x+1]h[n_h+1]$ | $x[n_x+2]h[n_h+1]$ | $x[n_x+3]h[n_h+1]$ | $\cdots$ |
| $h[n_h+2]$ | $x[n_x]h[n_h+2]$ | $x[n_x+1]h[n_h+2]$ | $x[n_x+2]h[n_h+2]$ | $x[n_x+3]h[n_h+2]$ | $\cdots$ |
| $h[n_h+3]$ | $x[n_x]h[n_h+3]$ | $x[n_x+1]h[n_h+3]$ | $x[n_x+2]h[n_h+3]$ | $x[n_x+3]h[n_h+3]$ | $\cdots$ |
| $\vdots$ | $\vdots$ | $\vdots$ | $\vdots$ | $\vdots$ | $\vdots$ |

**【例 3.8】**　当 $a=2$ 时，计算例 3.3 中的卷积和。

**解：**　$x[n]$ 和 $h[n]$ 的序列值表分别为

$x[n]$：　1 , 1 , 1 , 1 , 1 , 0 , 0 , 0　$\cdots$　　　　$h[n]$：　1 , 2 , 4 , 8 , 16 , 32 , 64 , 0　$\cdots$

$x[n]$ 和 $x[n]$ 的卷积和列表，并计算各行与列交叉点的乘积如表 3.2 所示。

根据表 3.2 中的列表计算法，将表 3.2 中右下方的乘积值框从左下到右上斜线格内的值相加，作为 $y[n]$ 的逐个序列值，计算出的 $y[n]$ 见表 3.3。

表 3.2

| | | $x[0]$ | $x[1]$ | $x[2]$ | $x[3]$ | $x[4]$ | $x[5]$ | $x[6]$ | … |
|---|---|---|---|---|---|---|---|---|---|
| | | 1 | 1 | 1 | 1 | 1 | 0 | 0 | … |
| $h[0]$ | 1 | 1 | 1 | 1 | 1 | 1 | 0 | 0 | … |
| $h[1]$ | 2 | 2 | 2 | 2 | 2 | 2 | 0 | 0 | … |
| $h[2]$ | 4 | 4 | 4 | 4 | 4 | 4 | 0 | 0 | … |
| $h[3]$ | 8 | 8 | 8 | 8 | 8 | 8 | 0 | 0 | … |
| $h[4]$ | 16 | 16 | 16 | 16 | 16 | 16 | 0 | 0 | … |
| $h[5]$ | 32 | 32 | 32 | 32 | 32 | 32 | 0 | 0 | … |
| $h[6]$ | 64 | 64 | 64 | 64 | 64 | 64 | 0 | 0 | … |
| $h[7]$ | 0 | 0 | 0 | 0 | 0 | 0 | 0 | 0 | … |

表 3.3

| $n$ | 0 | 1 | 2 | 3 | 4 | 5 | 6 | 7 | 8 | 9 | 10 | 11 | 12 | … |
|---|---|---|---|---|---|---|---|---|---|---|---|---|---|---|
| $y[n]$ | 1 | 3 | 7 | 15 | 31 | 62 | 124 | 120 | 112 | 96 | 64 | 0 | 0 | 0 |

### 3.3.3 卷积积分与卷积和运算的收敛问题

卷积积分与卷积和运算不仅是 LTI 系统的基本分析工具，也是最常用的信号处理方法之一。根据卷积积分与卷积和的定义式，卷积运算涉及无限积分或无限求和，在数学上存在着收敛问题。这里不准备严密论证卷积积分与卷积和在数学上的收敛条件，而是从 LTI 系统分析和信号处理的角度，讨论卷积运算的适用范围。

(1) 如果参与卷积运算的两个信号或序列分别是模可积或模可和的，则它们的卷积积分与卷积和必定收敛。下面以卷积和为例证明这一结论。

对卷积和的(3.3.1)式两边取模，并利用求和形式的施瓦兹不等式。将有

$$|y[n]| = \left|\sum_{k=-\infty}^{\infty} x[k]h[n-k]\right| \leqslant \sum_{k=-\infty}^{\infty}|x[k]|\cdot\sum_{k=-\infty}^{\infty}|h[n-k]| \tag{3.3.16}$$

如果有 $\sum_{k=-\infty}^{\infty}|x[k]|<\infty$ 和 $\sum_{k=-\infty}^{\infty}|h[k]|<\infty$，则有 $\sum_{k=-\infty}^{\infty}|h[n-k]|<\infty$，$n\in\mathbf{Z}$，因为 $h[n-k]$ 是 $h[k]$ 的时域反转和右移，并不改变其模可积性。由此证得 $|y[n]|<\infty$，$n\in\mathbf{Z}$。

卷积积分也有类似的证明，请读者自己练习。

由后面 3.7.2 节可知，这相当于一个能量信号输入到一个稳定的 LTI 系统。这个结论表明，稳定 LTI 系统对任何能量信号的响应都是有界的，可以放心地利用卷积来进行分析和求解。

(2) 如果参与卷积运算的两个时间函数或序列中一个是有界的，而另一个分别满足模可积或模可和，它们的卷积积分或卷积和运算也必定收敛。这里以卷积积分为例证明这个结论。

如果对于任何的 $t$，都有 $|x(t)|<B$，其中 $B$ 为一任意有限正值，若同时有 $\int_{-\infty}^{\infty}|h(t)|\mathrm{d}t<\infty$，则对(3.3.2)式等号两边取模，并利用积分形式的施瓦兹不等式，将有 $|y(t)|=\left|\int_{-\infty}^{\infty}h(\tau)x(t-\tau)\mathrm{d}\tau\right| \leqslant \int_{-\infty}^{\infty}|h(\tau)|\cdot|x(t-\tau)|\mathrm{d}\tau$。由于 $x(t-\tau)$ 仅仅是 $x(\tau)$ 在时域上的反转和平移，并不改变其有界特性，亦有 $|x(t-\tau)|<B$，$t,\ \tau\in\mathbf{R}$。进一步得到 $|y(t)|\leqslant B\left|\int_{-\infty}^{\infty}h(\tau)\mathrm{d}\tau\right|<\infty$，$n\in\mathbf{Z}$。

也可以用类似的方法证明这一结论对卷积和也同样成立。

由后面 3.7.2 节将会知道，这个收敛条件相当于一个稳定 LTI 系统在有界输入时的情况。对于一个稳定系统，有界输入必然导致有界输出，此情况下也可放心地使用卷积进行分析和求解。LTI 系统在周期输入时就属于此情况，可以证明，一个稳定的 LTI 系统对于周期输入的响应也是一个相同周期的周期输出。

若限于周期输入，上述收敛条件还可以进一步放宽。如果 $h(t)$ 或 $h[n]$ 是模可积或模可和的，只要周期输入 $\tilde{x}(t)$ 或 $\tilde{x}[n]$ 分别在其每一个周期( $T$ 或 $N$ )内的积分或求和是有限的，即

$$\int_{\langle T\rangle}\tilde{x}(t)\mathrm{d}t<\infty \quad 和 \quad \sum_{n\in\langle N\rangle}\tilde{x}[n]<\infty$$

即使它们不是有界信号，其卷积积分与卷积和也收敛。一个典型的例子是连续时间和离散时间周期冲激串信号 $\tilde{\delta}_T(t)$ 和 $\tilde{\delta}_N[n]$，即

$$\tilde{\delta}_T(t)=\sum_{l=-\infty}^{\infty}\delta(t-lT) \quad 和 \quad \tilde{\delta}_N[n]=\sum_{l=-\infty}^{\infty}\delta[n-lN]$$

一个稳定 LTI 系统对这种周期冲激串输入的响应仍是周期分别为 $T$ 和 $N$ 的周期信号，且它在一个周期内的能量也是有限的。

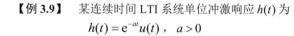

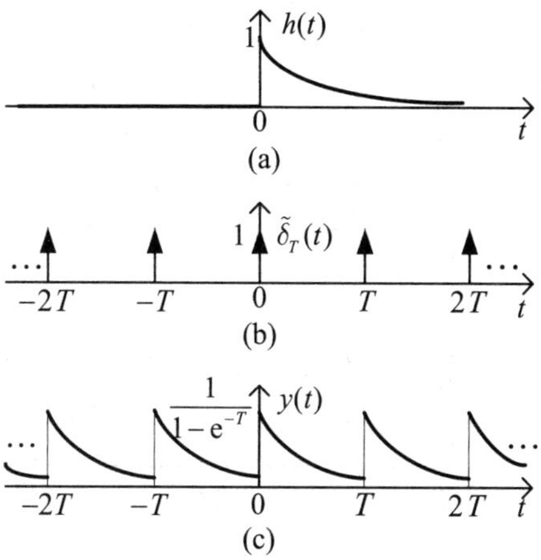


图 3.9　例 3.9 的图解说明

【例 3.9】　某连续时间 LTI 系统单位冲激响应 $h(t)$ 为

$$h(t)=\mathrm{e}^{-at}u(t)\,,\quad a>0$$

试求它对周期冲激串 $\tilde{\delta}_T(t)$ 的响应。

**解：**

$$y(t)=\tilde{\delta}_T(t)*h(t)=h(t)*\sum_{l=-\infty}^{\infty}\delta(t-lT)=\sum_{l=-\infty}^{\infty}h(t)*\delta(t-lT)=\sum_{l=-\infty}^{\infty}h(t-lT)$$

$h(t)$，$\tilde{\delta}_T(t)$ 和 $y(t)$ 的波形图见图 3.9。显然 $y(t)$ 也是一个周期为 $T$ 的周期信号。

## 3.4　卷积的性质及其在 LTI 系统分析中的作用

像两个函数或两个序列的相加和相乘运算那样，数学上把卷积积分或卷积和分别看成两个函数或两个序列的卷积运算，它们满足一些运算规则和性质，不言而喻，本节有关卷积运算规则与卷积性质的讨论，都必须建立在卷积运算收敛的基础上。

下面在介绍和讲述卷积的运算规则和性质时，将把重点放在两个方面：

(1) 卷积关系作为 LTI 系统特有的信号变换关系，卷积的运算规则和性质在连续时间和离散时间 LTI 系统分析中必然有其物理含义，由此可以深入地认识由这些性质所揭示的 LTI 系统的一系列良好特性。

(2) 充分利用卷积的这些运算规则和性质，可以使许多卷积运算大大简化。对于一类所谓分段初等函数或序列的卷积积分或卷积和运算，其最简便和灵活有效的方法就是基于一些基本信号的卷积运算结果，利用卷积的运算规则和性质来求解，本节中的例题将充分说明这一点。为此，这里首先列出一些基本的连续时间和离散时间信号的卷积积分与卷积和的运算结果(见表 3.4)。

**表 3.4 基本信号的卷积表**

| 连续时间卷积积分 | | | 离散时间卷积和 | | |
|---|---|---|---|---|---|
| $x(t)$ | $h(t)$ | $x(t)*h(t)$ | $x[n]$ | $h[n]$ | $x[n]*h[n]$ |
| $x(t)$ | $\delta(t)$ | $x(t)$ | $x[n]$ | $\delta[n]$ | $x[n]$ |
| $x(t)$ | $u(t)$ | $\int_{-\infty}^{t} x(\tau)\mathrm{d}\tau$ | $x[n]$ | $u[n]$ | $\sum_{k=-\infty}^{n} x[k]$ |
| $x(t)$ | $\delta'(t)$ | $x'(t)$ | $x[n]$ | $\Delta\delta[n]$ | $x[n]-x[n-1]$ |
| $u(t)$ | $u(t)$ | $tu(t)$ | $u[n]$ | $u[n]$ | $(n+1)u[n]$ |
| $\mathrm{e}^{-at}u(t)$ | $u(t)$ | $\dfrac{1-\mathrm{e}^{-at}}{a}u(t)$ | $a^n u[n]$ | $u[n]$ | $\dfrac{1-a^{n+1}}{1-a}u[n]$ |
| $\sin(\omega t)u(t)$ | $u(t)$ | $\dfrac{1-\cos(\omega t)}{\omega}u(t)$ | $\sin(\Omega n)u[n]$ | $u[n]$ | |
| $\cos(\omega t)u(t)$ | $u(t)$ | $\dfrac{\sin(\omega t)}{\omega}u(t)$ | $\cos(\Omega n)u[n]$ | $u[n]$ | |
| $\mathrm{e}^{-at}u(t)$ | $\mathrm{e}^{-at}u(t)$ | $t\mathrm{e}^{-at}u(t)$ | $a^n u[n]$ | $a^n u[n]$ | $(n+1)a^n u[n]$ |
| $\mathrm{e}^{-at}u(t)$ | $\mathrm{e}^{-bt}u(t)$ | $\dfrac{\mathrm{e}^{-at}-\mathrm{e}^{-bt}}{b-a}u(t)$ | $a^n u[n]$ | $b^n u[n]$ | $\dfrac{b^{n+1}-a^{n+1}}{b-a}u[n]$ |

说明：表 3.4 中空着的卷积和运算结果，感兴趣的读者可自行补上。

## 3.4.1 卷积的代数运算规则

卷积运算是一种代数运算，有关的代数运算定律也适用于卷积运算。

**1．卷积运算满足交换律**

对于卷积积分与卷积和运算，则分别有

$$x(t)*h(t)=h(t)*x(t) \quad 和 \quad x[n]*h[n]=h[n]*x[n] \tag{3.4.1}$$

即
$$\int_{-\infty}^{\infty} x(\tau)h(t-\tau)\mathrm{d}\tau=\int_{-\infty}^{\infty} h(\tau)x(t-\tau)\mathrm{d}\tau \quad 和 \quad \sum_{k=-\infty}^{\infty} x[k]h[n-k]=\sum_{k=-\infty}^{\infty} h[k]x[n-k]$$

分别对(3.3.1)式和(3.3.2)式作一个变量代换，即可证明之。

这一性质表明，参与卷积运算的两个函数或序列的作用可以互相替代。由此可见，若一个单位冲激响应为 $h(t)$ 或 $h[n]$ 的 LTI 系统，对输入 $x(t)$ 或 $x[n]$ 的响应为 $y(t)$ 或 $y[n]$；若又有另一单位冲激响应为 $x(t)$ 或 $x[n]$ 的 LTI 系统，它对输入 $h(t)$ 或 $h[n]$ 的响应也是 $y(t)$ 或 $y[n]$。这就是说，图 3.10 中的两种情况，对于输出而言是等价的。换言之，在 LTI 系统中对于输出信号而言，输入信号和 LTI 系统的单位冲激响应的作用是可交换的，或者可相互替代。

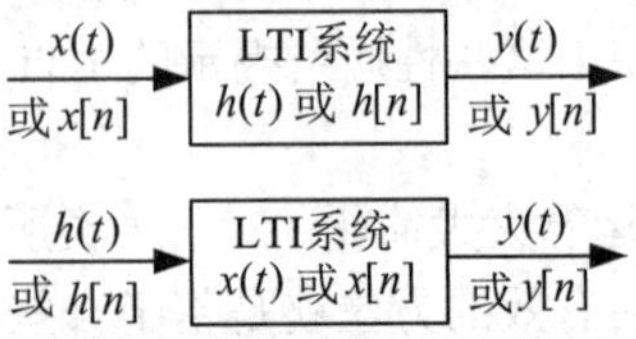


图 3.10 卷积交换律的物理含义

**2．卷积运算满足结合律**

卷积运算的结合律可表示如下：对于卷积积分及卷积和，分别有

$$[x(t)*h_1(t)]*h_2(t)=x(t)*[h_1(t)*h_2(t)] \tag{3.4.2}$$

$$\{x[n]*h_1[n]\}*h_2[n]=x[n]*\{h_1[n]*h_2[n]\} \tag{3.4.3}$$

这里利用离散时间 LTI 系统的输入输出特性来加以证明。在图 3.11(a)中，单位冲激响应分别为 $h_1[n]$ 和 $h_2[n]$ 的两个离散时间 LTI 系统级联。若第一个 LTI 系统的输入为 $x[n]$，它的输出是 $x[n]*h_1[n]$，那么，第二个 LTI 系统的输出即为(3.4.3)式左边表示的卷积和。可以证明，LTI 系统的级联仍是 LTI 系统(见第 2 章习题

2.34)。既然是 LTI 系统，那么，级联系统的单位冲激响应 $h[n]$ 应等于输入为 $\delta[n]$ 时的输出，即 $h[n]=h_1[n]*h_2[n]$，因此，图 3.11(a)等价于图 3.11(b)，当输入为 $x[n]$ 时，图 3.11(b)系统的输出为 $x[n]*h[n]=x[n]*(h_1[n]*h_2[n])$，这就是(3.4.3)式右边表示的卷积和。既然图 3.11(a)与(b)两个系统等价，在相同的输入下它们必有相同的输出，故(3.4.3)式成立，卷积和运算的结合律得以证明。

进一步，用卷积和的可交换性质，图 3.11(b)可等效于图 3.11(c)，即级联系统的单位冲激响应可写成 $h[n]=h_2[n]*h_1[n]$，相同的输入亦应得到相同的输出，即 $y[n]=x[n]*(h_2[n]*h_1[n])$。再对上式运用结合律性质，则有 $y[n]=(x[n]*h_2[n])*h_1[n]$，这表明图 3.11(c)又等价于图 3.11(d)。

综合上述讨论，图 3.11 中的(a)，(b)，(c)和(d)所示的四种 LTI 系统是完全等价的，在相同的输入下，它们都将有完全相同的输出。

可以用完全类似的方法证明卷积积分运算也满足结合律。卷积运算的结合律性质还可推广到任意多个时间函数(或序列)逐次卷积的情况。

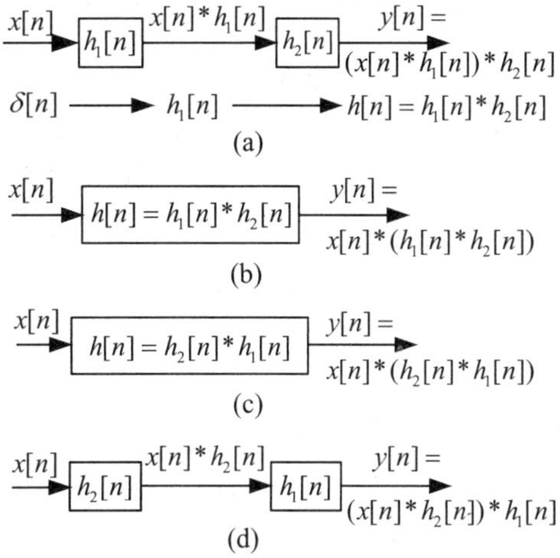

图 3.11　卷积结合律性质的证明

由上述讨论，可以得出分析 LTI 系统的一些很有用的结论：

(1) 若干个 LTI 系统级联的系统仍是一个 LTI 系统，总系统的单位冲激应等于级联的所有 LTI 系统单位冲激响应的逐次卷积。

(2) 任意改变 LTI 系统级联的先后次序是无关紧要的。换言之，多个时间函数或序列进行卷积运算，可按任意次序逐个进行卷积，结果完全一样。从信号处理角度看，一个信号逐个地经过多个线性时不变处理，那么无论该信号先进行其中的哪个处理，结果完全相同。

**3．卷积运算满足分配律**

卷积积分与卷积和运算分别满足如下的分配律：

$$x(t)*\left[h_1(t)+h_2(t)\right]=x(t)*h_1(t)+x(t)*h_2(t) \tag{3.4.4}$$

和

$$x[n]*\left(h_1[n]+h_2[n]\right)=x[n]*h_1[n]+x[n]*h_2[n] \tag{3.4.5}$$

这里用两个连续时间 LTI 系统并联来证明卷积积分运算的分配律性质，在图 3.12(a)中，单位冲激响应分别为 $h_1(t)$ 和 $h_2(t)$ 的两个连续时间 LTI 系统并联，当输入为 $x(t)$ 时，它们各自的输出分别为 $y_1(t)=x(t)*h_1(t)$ 和 $y_2(t)=x(t)*h_2(t)$ 并联系统的输出为

$$y(t)=y_1(t)+y_2(t)=x(t)*h_1(t)+x(t)*h_2(t)$$

此乃(3.4.4)式中的右边。可以证明，两个 LTI 系统并联的系统仍是一个 LTI 系统(见第 2 章习题 2.34)，它的单位冲激响应为 $x(t)=\delta(t)$ 时的输出，即 $h(t)=h_1(t)+h_2(t)$，故图 3.12(a)和(b)中的系统等价。对于图 3.12(b)的系统，输入 $x(t)$ 时的输出为

$$y(t)=x(t)*h(t)=x(t)*[h_1(t)+h_2(t)] \tag{3.4.6}$$

此乃(3.4.4)式左边。图 3.12(a)和(b)的系统等价，在相同的输入 $x(t)$ 时应有相同的输出，故(3.4.4)式得以证明。

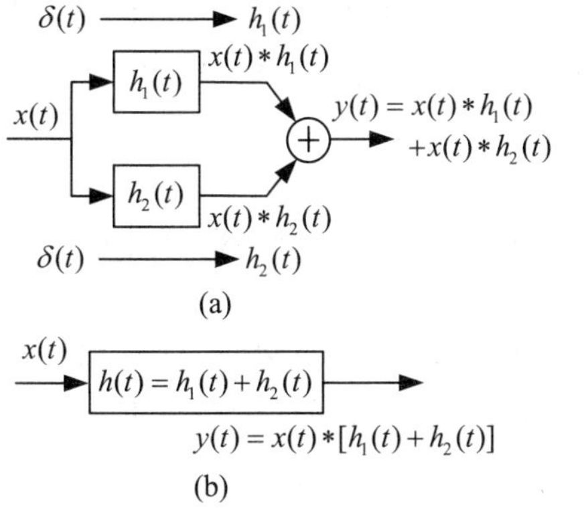

图 3.12　卷积分配律用 LTI 系统并联来证明

按类似的方法，借助两个离散时间 LTI 系统的并联，可推导出卷积和运算的分配律公式，读者可

自行证明。这一性质还可推广到任意多个 LTI 系统并联的情况，这里不再赘述。

卷积积分与卷积和运算的分配律性质表明：若干个 LTI 系统的并联系统仍是 LTI 系统，它的单位冲激响应是各个并联的 LTI 系统单位冲激响应的代数和。

## 3.4.2 涉及单位冲激的卷积及卷积的时移性质

**1．涉及单位冲激的卷积**

若用(3.3.1)式和(3.3.2)式的卷积关系来看待(3.2.1)式和(3.2.6)式，就分别得到

$$x(t)*\delta(t)=x(t) \quad 和 \quad x[n]*\delta[n]=x[n] \tag{3.4.7}$$

这表明任何信号或序列与单位冲激$\delta(t)$或$\delta[n]$卷积，将分别等于原信号或原序列本身，还意味着，在连续或离散时间 LTI 系统中，恒等系统的单位冲激响应分别为$\delta(t)$或$\delta[n]$。进一步，如果连续或离散时间恒等系统的输入为$\delta(t)$或$\delta[n]$，其输出分别也是$\delta(t)$或$\delta[n]$，即有

$$\delta(t)*\delta(t)=\delta(t) \quad 和 \quad \delta[n]*\delta[n]=\delta[n] \tag{3.4.8}$$

若恒等系统的输入分别变成$\delta(t-t_0)$和$\delta[n-n_0]$，则有

$$\delta(t-t_0)*\delta(t)=\delta(t-t_0) \quad 和 \quad \delta[n-n_0]*\delta[n]=\delta[n-n_0] \tag{3.4.9}$$

利用卷积的可交换性质，上式变成

$$\delta(t)*\delta(t-t_0)=\delta(t-t_0) \quad 和 \quad \delta[n]*\delta[n-n_0]=\delta[n-n_0] \tag{3.4.10}$$

当输入分别是$x(t)$和$x[n]$时，它们的输出分别为$x(t-t_0)$和$x[n-n_0]$，即

$$x(t)*\delta(t-t_0)=x(t-t_0) \quad 和 \quad x[n]*\delta[n-n_0]=x[n-n_0] \tag{3.4.11}$$

这就意味着，延时分别为$t_0$和$n_0$的连续时间和离散时间时移系统是一个 LTI 系统，它们的单位冲激响应分别为$\delta(t-t_0)$和$\delta[n-n_0]$。

进一步，有两个连续时间或离散时间时移系统各自级联，其中一个延时分别是$t_1$或$n_1$，另一个延时分别是$t_2$或$n_2$，总的延时分别则为$t_1+t_2$或$n_1+n_2$，即有

$$\delta(t-t_1)*\delta(t-t_2)=\delta(t-[t_1+t_2]) \quad 和 \quad \delta[n-n_1]*\delta[n-n_2]=\delta[n-(n_1+n_2)] \tag{3.4.12}$$

应该指出，(3.4.7)～(3.4.12)式可以看作 2.5.1 节介绍的单位冲激信号和序列的基本性质。除此以外，若把卷积的可交换性质用于(3.4.7)式，将有

$$\delta(t)*x(t)=x(t) \quad 或 \quad \delta[n]*x[n]=x[n] \tag{3.4.13}$$

这表明，任何信号或序列都可用单位冲激$\delta(t)$或$\delta[n]$激励一个 LTI 系统来生成，只要该 LTI 系统的单位冲激响应就是所要产生的信号本身。这一概念不仅对分析 LTI 系统很有用处，在实际的信号生成技术中也常常采用。例如，数据传输系统中经常采用的升余弦脉冲，通常就用很窄的脉冲激励一个称为升余弦形成电路产生的。

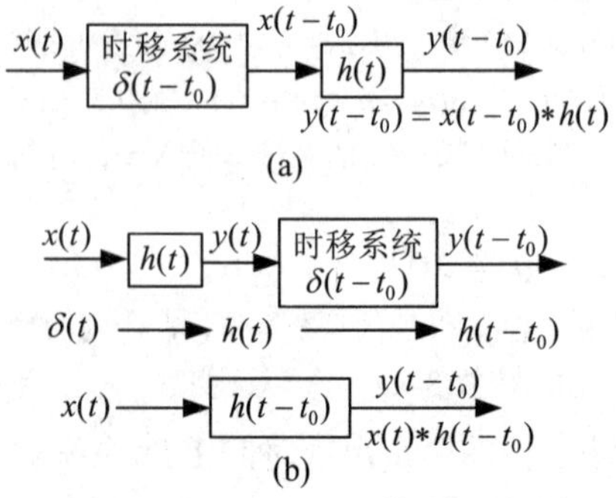


图 3.13 证明(3.4.14)式的图例说明

**2．卷积的时移性质**

若分别有

$$x(t)*h(t)=y(t) \quad 和 \quad x[n]*h[n]=y[n]$$

则分别有

$$x(t-t_0)*h(t)=x(t)*h(t-t_0)=y(t-t_0) \tag{3.4.14}$$

$$x[n-n_0]*h[n]=x[n]*x[n-n_0]=y[n-n_0] \tag{3.4.15}$$

这一性质可用图 3.13 来证明，信号$x(t)$先通过延时$t_0$的时移系统，再通过单位冲激响应$h(t)$的 LTI 系统，如图 3.13(a)所示。

现交换两个 LTI 系统的次序，如图 3.13(b)所示，这两者等价，它们在相同的 $x(t)$ 输入下有相同的输出，都等于 $y(t-t_0)$，由此得到(3.4.14)式。用完全类似的方法也可证明(3.4.15)式。

**【例 3.10】** 利用卷积的性质求解例 3.4 题。

**解：** 在例 3.7 中，用解析法解过此题，需要求四个积分，还要仔细确定每个积分的上下积分限，如果利用卷积的性质求解，只要知道 $u(t)*u(t)=tu(t)$ 即可，简便且不易出差错。

$$\begin{aligned} y(t) &= [u(t+T/2)-u(t-T/2)]*[u(t+T/2)-u(t-T/2)] \\ &= \{u(t)*[\delta(t+T/2)-\delta(t-T/2)]\}*\{u(t)*[\delta(t+T/2)-\delta(t-T/2)]\} \\ &= u(t)*u(t)*[\delta(t+T/2)-\delta(t-T/2)]*[\delta(t+T/2)-\delta(t-T/2)] \\ &= u(t)*u(t)*[\delta(t+T)-2\delta(t)+\delta(t-T)] \\ &= (t+T)u(t+T)-2tu(t)+(t-T)u(t-T) \end{aligned}$$

上式三项叠加的波形见图 3.8，其结果和例 3.7 中完全一致。

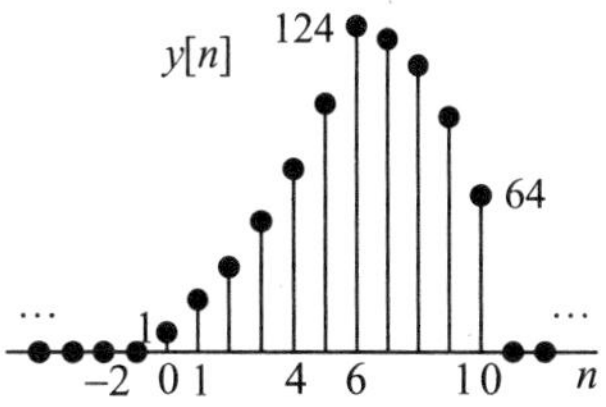

图 3.14

**【例 3.11】** 利用卷积的性质求解例 3.3 题。

**解：**
$$\begin{aligned} y[n] &= (u[n]-u[n-5])*a^n(u[n]-u[n-7]) \\ &= a^nu[n]*u[n]-a^nu[n]*u[n-5]-a^nu[n-7]*u[n]+a^nu[n-7]*u[n-5] \\ &= a^nu[n]*u[n]*(\delta[n]-\delta[n-5]-a^7\delta[n-7]+a^7\delta[n-12]) \end{aligned}$$

由此，利用卷积的时移性质，本题的卷积就归结为求 $a^nu[n]$ 与 $u[n]$ 的卷积。利用表 3.4，最后求得

$$y[n]=\frac{1-a^{n+1}}{1-a}u[n]-\frac{1-a^{n-4}}{1-a}u[n-5]-\frac{a^7-a^{n+1}}{1-a}u[n-7]+\frac{a^7-a^{n-4}}{1-a}u[n-12]$$

上式左边四个序列的叠加见图 3.14，其结果和例 3.3 的结果完全一致。

## 3.4.3 卷积的微分或差分与积分或叠加

两个连续时间函数卷积得到的仍是一个连续时间函数，也可对其进行微分与积分运算。两个离散时间序列卷积得到的是一个离散时间序列，只能对其进行差分和累加运算。下面我们将分别证明和解释卷积积分的微分和积分性质，以及卷积和的差分和累加性质。

**1．卷积积分的微分及卷积和的差分性质**

卷积积分的微分性质如下

$$\frac{\mathrm{d}}{\mathrm{d}t}[x(t)*h(t)]=x(t)*\left[\frac{\mathrm{d}}{\mathrm{d}t}h(t)\right]=\left[\frac{\mathrm{d}}{\mathrm{d}t}x(t)\right]*h(t) \tag{3.4.16}$$

而卷积和的差分性质为

$$\Delta\big(x[n]*h[n]\big)=x[n]*\big(\Delta h[n]\big)=\big(\Delta x[n]\big)*h[n] \tag{3.4.17}$$

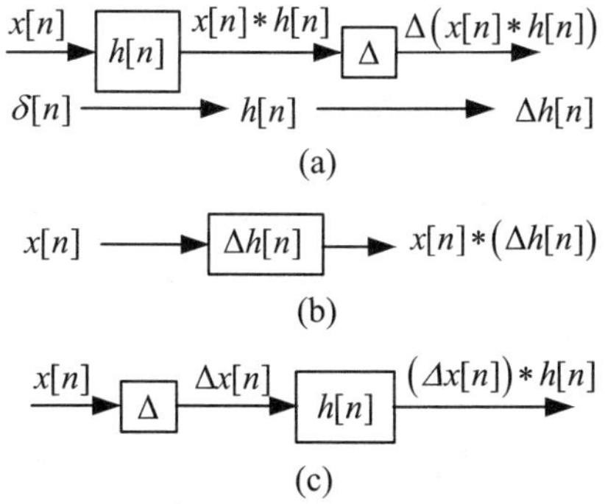

图 3.15　卷积和的差分性质的图解说明

卷积的微分(或差分)性质表明：两个时间函数(或序列)卷积后的信号之微分(或差分)，等于其中一个函数(或序列)的导数(或差分)与另一个函数(或序列)的卷积。

这里用 LTI 系统的特性来证明卷积和的差分性质，在图 3.15(a)中，当输入 $x[n]$ 时，单位冲激响应为 $h[n]$ 的 LTI 系统与一阶差分器级联后的输出，正是(3.4.17)式中第一个等号的左边。一阶差分器是一个 LTI 系统，级联系统的单位冲激响应即为 $\Delta h[n]$。这样，图 3.15(a)可等价为图 3.15(b)，它们在相同的 $x[n]$ 输入时将有相同的输出。图3.15(b)的输出为 $x[n]*(\Delta h[n])$，

即(3.4.17)式第一个等号的右边，则(3.4.17)式中第一个等号成立。进而，对调图 3.15(a)中系统级联的次序，又可等价为图 3.15(c)的级联，它们在相同输入下亦有相同输出，此时的输出为 $(\Delta x[n])*h[n]$。这又证明了(3.4.17)式中第二个等号成立。

卷积积分的微分性质也可用相同的方法证明，请读者自行练习。

卷积积分的微分性质与卷积和的差分性质还可以分别推广到卷积积分的高阶导数和卷积和的高阶差分，它们分别为

$$\frac{\mathrm{d}^k}{\mathrm{d}t^k}x(t)*h(t)=x(t)*\left[\frac{\mathrm{d}^k}{\mathrm{d}t^k}h(t)\right]=\left[\frac{\mathrm{d}^k}{\mathrm{d}t^k}x(t)\right]*h(t) \tag{3.4.18}$$

与

$$\Delta^k\ x[n]*h[n]=x[n]*\ \Delta^k h[n]\ =\ \Delta^k x[n]\ *h[n] \tag{3.4.19}$$

**2．卷积积分的积分与卷积和的累加性质**

对于卷积积分，则有

$$\int_{-\infty}^{t}[x(\tau)*h(\tau)]\mathrm{d}\tau=x(t)*\left[\int_{-\infty}^{t}h(\tau)\mathrm{d}\tau\right]=\left[\int_{-\infty}^{t}x(\tau)\mathrm{d}\tau\right]*h(t) \tag{3.4.20}$$

对于卷积和，则有

$$\sum_{k=-\infty}^{n}\left(x[k]*h[k]\right)=x[n]*\left(\sum_{k=-\infty}^{n}h[k]\right)=\left(\sum_{k=-\infty}^{n}x[k]\right)*h[n] \tag{3.4.21}$$

卷积的积分与累加性质表明：两个时间函数(或序列)卷积后的积分(或累加)，等于其中任意一个函数(或序列)先积分(或累加)后，再与另一个函数(或序列)卷积。

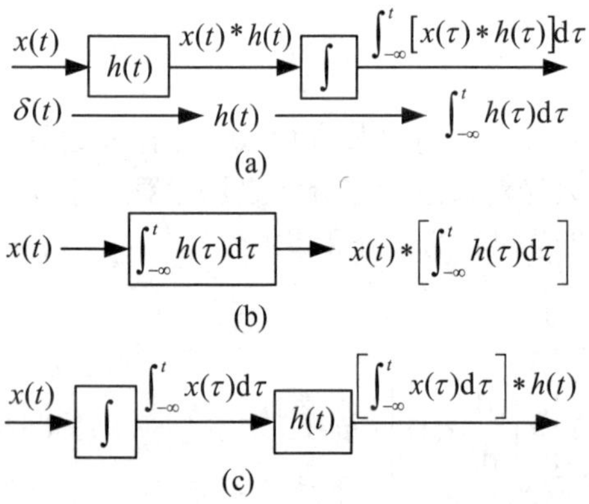


图 3.16　卷积积分的积分性质之图解说明

这里用连续时间 LTI 系统 $h(t)$ 和积分器级联来证明卷积积分的积分性质，见图 3.16(a)。当输入 $x(t)$ 时，级联系统输出为 $\int_{-\infty}^{t}[x(\tau)*h(\tau)]\mathrm{d}\tau$。积分器是 LTI 系统，故级联系统的单位冲激响应是 $\int_{-\infty}^{t}h(\tau)\mathrm{d}\tau$，它可等价成图 3.16(b)。在相同输入时，图 3.16(b)的系统输出为 $x(t)*\left[\int_{-\infty}^{t}h(\tau)\mathrm{d}\tau\right]$，故(3.4.20)式中的第一个等号成立。进而对调图 3.16(a)中两个 LTI 系统的位置，又可等价为图 3.16(c)，在相同输入时它们的输出也相同，即为 $\left[\int_{-\infty}^{t}x(\tau)\mathrm{d}\tau\right]*h(t)$，故(3.4.20)式中第二个等号也成立。

也可以用相同的方法证明卷积和的累加性质，请读者自行证明。此外，卷积的积分和累加性质也可以推广到它们的多次积分和多次累加性质，读者可自行写出。

### 3.4.4 卷积运算与相关函数之间的关系和匹配滤波器

2.7.2 小节已讲述了互相关函数和序列的定义，对于两个能量信号 $x(t)$ 与 $g(t)$ 和序列 $x[n]$ 与 $g[n]$，它们的互相关函数(参见(2.7.14)式)分别表示为

$$R_{xg}(t)=\int_{-\infty}^{\infty}x(\tau)g^*(\tau-t)\mathrm{d}\tau\quad 和\quad R_{xg}[n]=\sum_{k=-\infty}^{\infty}x[k]g^*[k-n] \tag{3.4.22}$$

若将上式分别与卷积积分及卷积和公式作对比，将会发现它们之间很类似：这两种运算过程都包含时移、相乘和无限积分(或无限求和)三个步骤；只有一个差别，即卷积运算要对第二个

信号进行反转并时移，而相关运算是对第二个信号取共轭并时移。在图 3.17(a)和(b)中分别画出了两个连续时间实能量信号 $x(t)$ 和 $g(t)$ 的互相关运算，和 $x(t)$ 与 $h(t)=g(-t)$ 计算卷积积分的图解过程，离散时间情况也类似。

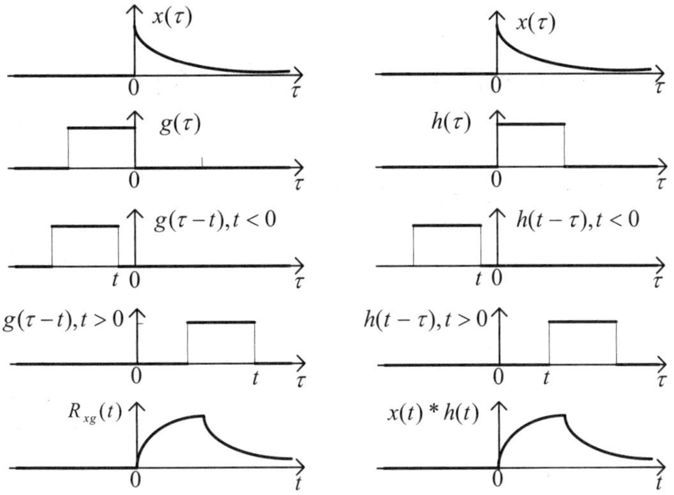


(a) $x(t)$ 和 $g(t)$ 的互相关运算　　(b) $x(t)$ 和 $h(t)=g(-t)$ 求卷积积分

图 3.17　卷积运算和互相关运算的对比

由图 3.17 中可以看出，并可严格证明，这两种运算分别有如下的关系：

$$R_{xg}(t)=x(t)*g^*(-t) \quad 和 \quad R_{xg}[n]=x[n]*g^*[-n] \tag{3.4.23}$$

如果限于实信号和实序列，上式分别简化为

$$R_{xg}(t)=x(t)*g(-t) \quad 和 \quad R_{xg}[n]=x[n]*g[-n] \tag{3.4.24}$$

对于实信号和实序列的自相关函数，则分别有

$$R_x(t)=x(t)*x(-t) \quad 和 \quad R_x[n]=x[n]*x[-n] \tag{3.4.25}$$

相关运算和卷积运算之间的这种关系表明，一个信号 $x(t)$ 或 $x[n]$ 与另一个信号 $g(t)$ 或 $g[n]$ 的互相关运算，可以采用让信号 $x(t)$ 或 $x[n]$ 分别通过单位冲激响应为 $h(t)=g^*(-t)$ 或 $h[n]=g^*[-n]$ 的 LTI 系统来实现。

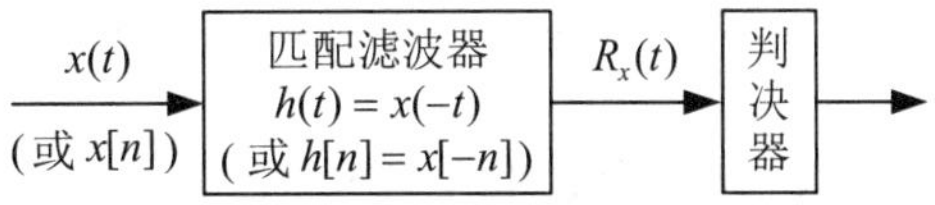


图 3.18　匹配滤波器和确知信号的最佳接收

这个概念和方法的重要应用是**匹配滤波器**。匹配滤波器的概念来自于对确知信号的最佳接收问题。所谓确知信号就是其信号波形在接收端是已知的，例如 $x(t)$ 和 $x[n]$ 是一个已知的实信号，对它的最佳接收只要获得如下信息：它是否出现(或存在)？如果出现，则在哪个时刻出现？根据自相关函数的性质，一个信号的自相关函数在原点处呈现最大值，且等于该信号的能量。为此，可以设计一个确知信号的最佳接收器——**匹配滤波器**，如图 3.18 所示，它是一个 LTI 系统，其单位冲激应为 $x(-t)$ 或 $x[-n]$，完成自相关运算，其后跟随一个判决器，根据其输出是否达到规定的阈值，判决是否接收到该确知信号及其到达的时刻。由于这一原理，匹配滤波器又称为**相关检测器**，这种最佳接收也称为**相关接收**。在通信、雷达和图像等信号检测技术中，匹配滤波器或相关检测器都有其重要的应用，对此，在后面 7.10.2 小节还将有进一步的讨论。

应该指出，卷积运算还有一些其他特性，可见章末习题 3.14。例如，两个有限持续期信号卷积后，也是有限持续期的信号：在连续时间中，若 $x(t)$ 和 $h(t)$ 的非零持续期分别为 $T_1$ 和 $T_2$，

则 $y(t)$ 的非零持续期为 $T_1+T_2$；在离散时间中，若 $x[n]$ 和 $h[n]$ 的非零持续期分别为 $N_1$ 和 $N_2$，则 $y[n]$ 的非零持续期为 $N_1+N_1-1$。这一特性表明信号的卷积具有时域扩散特性，除恒等系统、数乘器及纯时移系统等外，一般信号通过实际的 LTI 系统都会造成时域上的展宽或扩散。

# 3.5 周期函数和序列的周期卷积

## 3.5.1 周期卷积积分与周期卷积和运算

如果参与卷积的两个时间函数和序列分别都是周期信号，它们的卷积积分与卷积和将不收敛。这反映了如下事实：具有周期单位冲激响应的 LTI 系统是不稳定的，有界输入将产生无界输出。在 6.3 节讨论傅里叶变换和傅里叶级数的时域及频域卷积性质时，将遇到两个周期函数或周期序列的卷积，在数字信号处理中也会碰到周期信号卷积的问题。但这已不是由(3.3.1)式与(3.3.2)式所定义的卷积和与卷积积分，而是另外一种卷积，称为**周期卷积**。

两个分别具有相同周期 $T$ 或 $N$ 的连续时间或离散时间周期信号，$\tilde{x}_1(t)$ 与 $\tilde{x}_2(t)$ 或 $\tilde{x}_1[n]$ 与 $\tilde{x}_2[n]$，它们的周期卷积分别定义为

$$\tilde{y}(t)=\tilde{x}_1(t)\circledast\tilde{x}_2(t)=\int_{\langle T\rangle}\tilde{x}_1(\tau)\tilde{x}_2(t-\tau)\mathrm{d}\tau \tag{3.5.1}$$

或

$$\tilde{y}[n]=\tilde{x}_1[n]\circledast\tilde{x}_2[n]=\sum_{k\in\langle N\rangle}\tilde{x}_1[k]\tilde{x}_2[n-k] \tag{3.5.2}$$

其中，“$\circledast$”代表周期卷积积分或周期卷积和的运算符号，以区别于前面定义的卷积运算；$\langle T\rangle$ 或 $\langle N\rangle$ 分别代表任意一个周期区间。从上述周期卷积的定义看出，周期卷积只在任意的一个周期区间内，分别计算被积函数的积分与求和，这是和前两节讨论的卷积运算的唯一区别。因此，有时把前面(3.3.1)式与(3.3.2)式定义的卷积称为**非周期卷积**或**线性卷积**。

图 3.19 和图 3.20 分别画出了连续和离散时间周期卷积的图解过程。

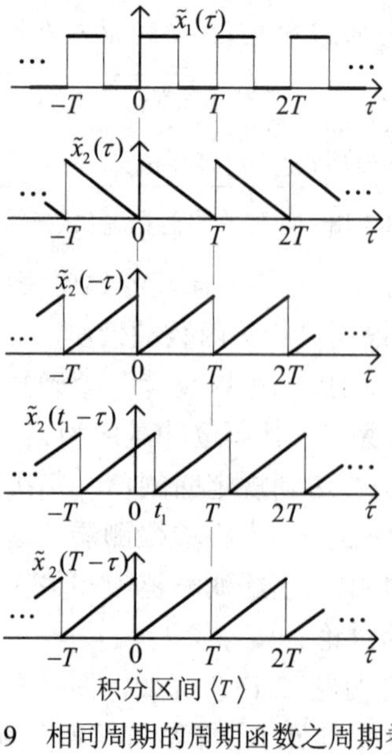


图 3.19 相同周期的周期函数之周期卷积

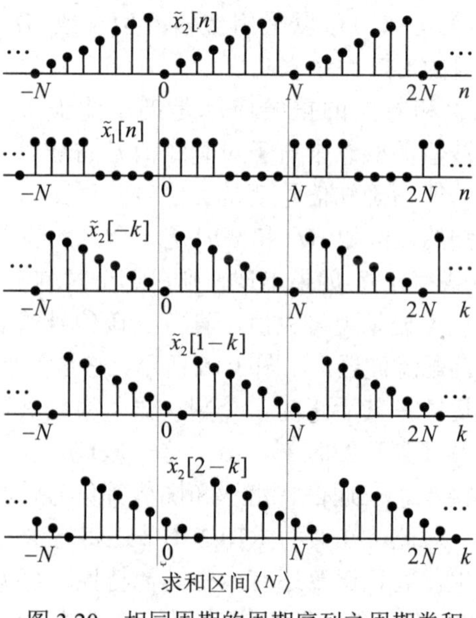


图 3.20 相同周期的周期序列之周期卷积

周期卷积运算与线性卷积很类似，也是先把 $\tilde{x}_2(\tau)$ 或 $\tilde{x}_2[k]$ 分别反转再右移 $t$ 或 $n$，然后再分别与 $\tilde{x}_1(\tau)$ 或 $\tilde{x}_1[k]$ 相乘得到被积函数或被求和序列，其积分或求和区间仅为任意一个周期区间，积分或求和的值分别赋予该时刻的 $\tilde{y}(t)$ 或 $\tilde{y}[n]$ 的值。但参变量 $t$ 或 $n$ 不限于一个周期区间内，而是任意的实数或整数，以便求得在任意时刻 $t$ 或 $n$ 的 $\tilde{y}(t)$ 或 $\tilde{y}[n]$。

从图中可以看出，随着 $t$ 或 $n$ 的分别增加，$\tilde{x}_2(-\tau)$ 或 $\tilde{x}_2[-k]$ 分别在 $\tau$ 轴或 $k$ 轴上不断右移，一个周期从积分或求和区间(图中 $[0,T)$ 或 $[0,N-1]$)内移出，同时下一个周期又分别移进该积分或求和区间，当 $t=T$ 或 $n=N$ 时，$\tilde{x}_2(t-\tau)$ 或 $\tilde{x}_2[n-k]$ 正好分别右移了一个周期，此时与没有右移时完全一样。这样不断地右移，将周而复始地重复此过程。由此不难证明，两个相同周期的周期信号周期卷积的结果仍是一个具有相同周期的周期信号，且结果与选定的 $\langle T\rangle$ 或 $\langle N\rangle$ 所处的位置无关。因此，周期卷积的积分或求和区间，可根据计算的方便任意选取，只要长度等于一个周期即可。

## 3.5.2　周期卷积运算的性质

基于周期卷积的定义及其与线性卷积运算公式之间的关系，前面几小节介绍的卷积性质中的大部分性质对于周期卷积也成立，只要把线性卷积运算符号改成周期卷积运算符号即可。例如，周期卷积也满足下列代数运算规则和时移性质：

$$\tilde{x}_1(t)\circledast\tilde{x}_2(t)=\tilde{x}_2(t)\circledast\tilde{x}_1(t) \tag{3.5.3}$$

$$\tilde{x}_1[n]\circledast\{\tilde{x}_2[n]\circledast\tilde{x}_3[n]\}=\{\tilde{x}_1[n]\circledast\tilde{x}_2[n]\}\circledast\tilde{x}_3[n] \tag{3.5.4}$$

$$\tilde{x}_1[n]\circledast\{\tilde{x}_2[n]+\tilde{x}_3[n]\}=\tilde{x}_1[n]\circledast\tilde{x}_2[n]+\tilde{x}_1[n]\circledast\tilde{x}_3[n] \tag{3.5.5}$$

$$\tilde{x}_1(t-t_0)\circledast\tilde{x}_2(t)=\tilde{x}_1(t)\circledast\tilde{x}_2(t-t_0) \tag{3.5.6}$$

等等。同时，周期卷积积分的微分及周期卷积和的差分性质也成立，即有

$$\frac{\mathrm{d}}{\mathrm{d}t}\left[\tilde{x}_1(t)\circledast\tilde{x}_2(t)\right]-\left[\frac{\mathrm{d}}{\mathrm{d}t}\tilde{x}_1(t)\right]\circledast\tilde{x}_2(t)=\tilde{x}_1(t)\circledast\left[\frac{\mathrm{d}}{\mathrm{d}t}\tilde{x}_2(t)\right] \tag{3.5.7}$$

$$\Delta\{\tilde{x}_1[n]\circledast\tilde{x}_2[n]\}=\{\Delta\tilde{x}_1[n]\}\circledast\tilde{x}_2[n]=\tilde{x}_1[n]\circledast\{\Delta\tilde{x}_2[n]\} \tag{3.5.8}$$

但一般说来，周期卷积的积分和累加性质并不成立，因为并非任意周期信号的积分和累加都是有意义的。可以证明，只有两个周期信号在其一个周期内的积分及求和都等于 0 时，即

$$\int_{\langle T\rangle}\tilde{x}_1(t)\mathrm{d}t=0 \quad 和 \quad \int_{\langle T\rangle}\tilde{x}_2(t)\mathrm{d}t=0 \quad 及 \quad \sum_{n\in\langle N\rangle}\tilde{x}_1[n]=0 \quad 和 \quad \sum_{n\in\langle N\rangle}\tilde{x}_2[n]=0$$

它们周期卷积的积分和累加性质才成立，即有

$$\int_{-\infty}^{t}\left[\tilde{x}_1(\tau)\circledast\tilde{x}_2(\tau)\right]\mathrm{d}\tau=\left[\int_{-\infty}^{t}\tilde{x}_1(\tau)\mathrm{d}\tau\right]\circledast\tilde{x}_2(t)=\tilde{x}_1(t)\circledast\left[\int_{-\infty}^{t}\tilde{x}_2(\tau)\mathrm{d}\tau\right] \tag{3.5.9}$$

或

$$\sum_{k=-\infty}^{n}\{\tilde{x}_1[k]\circledast\tilde{x}_2[k]\}=\left(\sum_{k=-\infty}^{n}\tilde{x}_1[k]\right)\circledast\tilde{x}_2[n]=\tilde{x}_1[n]\circledast\left(\sum_{k=-\infty}^{n}\tilde{x}_2[k]\right) \tag{3.5.10}$$

另外，由于周期信号属于功率信号，其平均功率等于一个周期内能量的平均，两个周期信号的周期卷积与它们的互相关函数之间，也存在着能量信号的卷积与互相关函数之间类似的关系。对于两个相同周期($T$ 或 $N$)的实周期信号 $\tilde{x}(t)$ 或 $\tilde{y}(t)$，及 $\tilde{x}[n]$ 或 $\tilde{y}[n]$，则分别有

$$R_{xy}(t)=\left[\tilde{x}(t)\circledast\tilde{y}(-t)\right]/T \quad 或 \quad R_{xy}[n]=\{\tilde{x}[n]\circledast\tilde{y}[-n]\}/N \tag{3.5.11}$$

在后面章节的讨论中将用到周期卷积的上述性质。

## 3.6 线性时变系统和时变卷积

**1．线性时变系统**

满足线性性质，但不满足时不变性的一类系统，称为**线性时变系统**。例如，函数乘法器、时域反转系统、连续时间时域压扩系统、离散时间抽取器和内插零系统等，都是一些基本的线性时变系统。显然，对于线性时变系统，输入输出卷积关系不再成立。在实际的信号与系统问题及信号分析和处理中，经常会遇到涉及线性时变系统的问题。例如，通信中的短波信道和多径传输信道都属于时变信道，变参数的线性微分方程或差分方程所描述的系统，以及一些自适应信号处理系统等也是时变系统。因此，对线性时变系统及其分析方法作初步的讨论，获得分析它的一些基本思想与方法是有益的。

**2．时变卷积积分与时变卷积和**

尽管线性时变系统不满足时不变性，但仍满足线性性质，此外，任意输入信号 $x(t)$ 和 $x[n]$ 仍可表示为时移单位冲激的线性组合，只是线性时变系统对 $\delta(t-\tau)$ 或 $\delta[n-k]$ 的响应不再是它们分别对 $\delta(t)$ 或 $\delta[n]$ 响应的简单时移。如图 3.21 所示的那样，若某连续时间或离散时间时变系统对 $\delta(t)$ 或 $\delta[n]$ 的响应分别表示为 $h(0,t)$ 或 $h[0,n]$，而对 $\delta(t-\tau)$ 或 $\delta[n-k]$ 的响应分别表示为 $h(\tau,t)$ 或 $h[k,n]$，它们分别不再是 $h(0,t)$ 或 $h[0,n]$ 简单右移 $\tau$ 或 $k$，即 $h(\tau,t)\neq h(0,t-\tau)$ 或 $h[k,n]\neq h[0,n-k)$，且对于不同的 $\tau$ 或 $k$，彼此的波形也不一样。因此，线性时变系统的单位冲激的响应 $h(0,t)$ 或 $h[0,n]$ 不再具有 LTI 系统的 $h(t)$ 或 $h[n]$ 那样的意义。类似于 3.3.1 节推导卷积关系那样，若连续时间或离散时间线性时变系统的输入 $x(t)$ 或 $x[n]$ 分别为

$$x(t)=\int_{-\infty}^{\infty}x(\tau)\delta(t-\tau)\mathrm{d}\tau \quad 或 \quad x[n]=\sum_{k=-\infty}^{\infty}x[k]\delta[n-k]$$

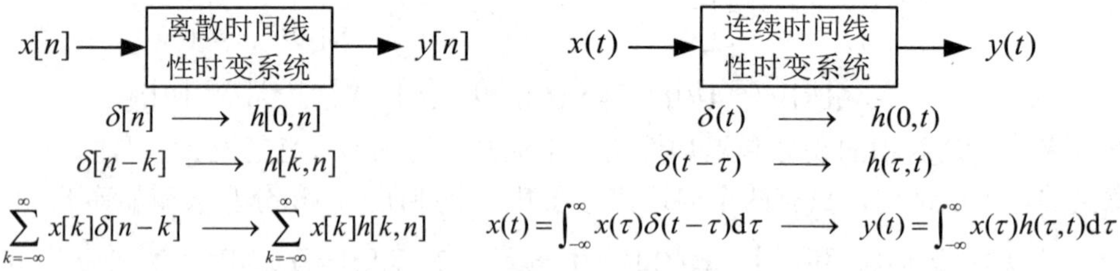


(a) 时变卷积和　　(b) 时变卷积积分

图 3.21　线性时变系统的时变卷积关系的图解说明

按照系统的线性性质，系统的响应 $y(t)$ 或 $y[n]$ 就分别为

$$y(t)=\int_{-\infty}^{\infty}x(\tau)h(\tau,t)\mathrm{d}\tau \quad 或 \quad y[n]=\sum_{k=-\infty}^{\infty}x[k]h[k,n] \tag{3.6.1}$$

这两式分别是连续时间或离散时间线性时变系统的信号变换关系，分别称为**时变卷积积分**或**时变卷积和**公式。若已知一个线性时变系统的 $\{h(\tau,t)$，$\tau\in\mathbf{R}\}$ 或 $\{h[k,n]$，$k\in\mathbf{Z}\}$，就可利用上式分别求出系统对任何输入 $x(t)$ 或 $x[n]$ 的响应 $y(t)$ 或 $y[n]$。为此，把 $\{h(\tau,t)$，$\tau\in\mathbf{R}\}$ 或 $\{h[k,n]$，$k\in\mathbf{Z}\}$ 称为线性时变系统的**时变单位冲激响应集**。从形式上看，时变卷积积分及卷积和公式分别与(3.3.1)式及(3.3.2)式的卷积公式差别不大，但求解时要复杂得多，因为对于不同的 $\tau$ 或 $k$，$h(\tau,t)$ 或 $h[k,n]$ 彼此不一样。要得到实际的线性时变系统的 $h(\tau,t)$ 和 $h[k,n]$ 往

往很困难，但对于一些基本的线性时变系统，其时变单位冲激响应并不难求，请看下面例子：

**【例 3.12】** 试求连续时间反转系统的时变单位冲激响应。

**解**：反转系统的输入输出关系为 $y(t)=x(-t)$，则分别有

$$\delta(t)\longrightarrow\delta(t) \quad 和 \quad \delta(t-\tau)\longrightarrow\delta(t+\tau)$$

如图 3.22 所示。故连续时间反转系统的时变单位冲激响应为

$$h(\tau,t)=\delta(t+\tau)\,,\quad -\infty<\tau<\infty \tag{3.6.2}$$

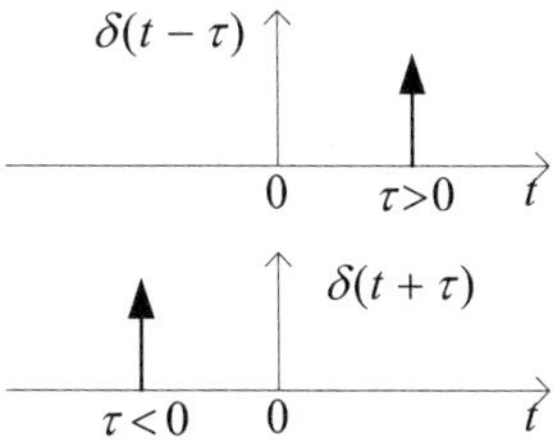

图 3.22

**【例 3.13】** 离散时间正弦幅度调制器的输入输出关系为

$$y[n]=x[n]\cos\Omega_0 n \tag{3.6.3}$$

它是一个线性时变系统，试求其时变单位冲激响应。

**解**：将 $x[n]=\delta[n-k]$ 代入(3.6.3)式，并根据 $\delta[n]$ 的筛分性质，则有

$$y[n]=\delta[n-k]\cos\Omega_0 n=\left(\cos\Omega_0 k\right)\delta[n-k]$$

故离散时间正弦幅度调制器的时变单位冲激响应为

$$h[k,n]=\left(\cos\Omega_0 k\right)\delta[n-k]\,,\quad -\infty<k<\infty \tag{3.6.4}$$

**【例 3.14】** 离散时间 2 : 1 抽取器是一个离散时间线性时变系统，试求其时变单位冲激响应。

**解**：离散时间 2 : 1 抽取器的信号变换关系是 $y[n]=x[2n]$，它对一系列时移单位冲激系列 $\delta[n-k]$ 的响应为：

$$\delta[n]\longrightarrow\delta[n]\,,\quad \delta[n-2]\longrightarrow\delta[n-1]\,,\quad \delta[n+2]\longrightarrow\delta[n+1]\quad \cdots$$

当 $k$ 为奇数时，都有 $\delta[n-k]\longrightarrow 0$，故可归纳为

$$\delta[n-k]\longrightarrow\begin{cases}\delta[n-k/2], & k=2l\\ 0\ , & k\neq 2l\end{cases},\qquad l=0,\ \pm1,\ \pm2\ \cdots$$

由于 $\delta[2n]=\delta[n]$，则上式可归结为 $\delta[n-k]\longrightarrow\delta[2n-k]$，$k\in\mathbf{Z}$，故离散时间 2 : 1 抽取器的时变单位冲激响应是 $h[k,n]=\delta[2n-k]$，$k\in\mathbf{Z}$。

# 3.7 LTI 系统的特性与单位冲激响应之间的关系

本节首先介绍和讨论连续时间和离散时间 LTI 系统的单位冲激响应，然后，进一步阐述单位冲激响应所表征的 LTI 系统性质，以及 LTI 系统互联的单位冲激响应。

## 3.7.1 LTI 系统的单位冲激响应

在 3.3 节介绍卷积积分及卷积和关系时，定义了 LTI 系统的单位冲激响应，即输入为 $\delta(t)$ 或 $\delta[n]$ 时 LTI 系统的响应。单位冲激响应在 LTI 系统分析中有着十分重要的作用，利用它，通过卷积可求出 LTI 系统对任意输入的响应。此外，还应指出两点：

(1) 单位冲激响应是连续时间和离散时间 LTI 系统的一个完全充分的表征。换言之，一个 LTI 系统的全部特性和功能，都能由其单位冲激响应体现出来。在 2.3 节中曾论述过，系统的输入输出信号变换关系是一个系统特性和功能完全充分的描述。对于 LTI 系统，(3.3.1)式和(3.3.2)式的卷积关系就是其输入输出信号变换表达式，故一个 LTI 系统的单位冲激响应 $h(t)$ 或 $h[n]$ 就能充分和唯一地代表该 LTI 系统的全部功能和特性。对于任何非 LTI 系统，即使是线性时变系统和非线性时不变系统，尽管它们也有对 $\delta(t)$ 或 $\delta[n]$ 的响应，但这个响应既不是该系统功能和特性的完全充分表征，也不存在它和系统之间一一对应的关系。请看下面的例子：

若有某个连续时间系统 $y(t)=T\{x(t)\}$，它对 $\delta(t)$ 的响应是 $c\delta(t)$。如果它是 LTI 系统，只

有连续时间数乘器才有此单位冲激响应，没有第二个 LTI 系统的 $h(t)=c\delta(t)$。但若它是线性时变系统，就有许多连续时间线性时变系统对 $\delta(t)$ 的响应都是 $c\delta(t)$。例如，$y(t)=cx(-t)$，$y(t)=ce^{j\omega_0 t}x(t)$，$y(t)=c(t+1)^k x(t)$ 和 $y(t)=\mathrm{Ev}\{x(t)\}$，等等。

再看另一个例子，若有某个离散时间系统，当输入为 $\delta[n]$ 时，其输出为 $\delta[n]+\delta[n+1]$。在 LTI 系统中只有输入输出关系为 $y[n]=x[n]+x[n+1]$ 的系统，其 $h[n]$ 才是 $\delta[n]+\delta[n+1]$，找不到另外一个 LTI 系统也具有这样的 $h[n]$。然而，却有很多非线性时不变系统，它们在输入为 $\delta[n]$ 时的输出是 $\delta[n]+\delta[n+1]$。例如，$y[n]=\left|x[n]+x[n+1]\right|$，$y[n]=\left|x[n]\right|+\left|x[n+1]\right|$，$y[n]=\max\limits_{n\in Z}\{x[n],x[n+1]\}$ 和 $y[n]=\left(x[n]+x[n+1]\right)^k$，$k=2$，3，4，…

鉴于该理由，单位冲激响应及其符号 $h(t)$ 和 $h[n]$ 成为 LTI 系统的专有术语和专用符号。表 3.5 列出了一些基本 LTI 系统的单位冲激响应。

**表 3.5　一些基本 LTI 系统的单位冲激响应**

| LTI 系统 | 连续时间单位冲激响应 $h(t)$ | 离散时间单位冲激响应 $h[n]$ |
|---|---|---|
| 恒等系统 | $\delta(t)$ | $\delta[n]$ |
| 数乘系统 | $c\delta(t)$，$c\in\mathbf{C}$，且 $c\neq 0$ | $c\delta[n]$，$c\in\mathbf{C}$，且 $c\neq 0$ |
| 时移系统 | $\delta(t-t_0)$，$t_0\in\mathbf{R}$ | $\delta[n-n_0]$，$n_0\in\mathbf{Z}$ |
| 微分器或一阶差分器 | $\delta'(t)$ | $\delta[n]-\delta[n-1]$ |
| 积分器或累加器 | $u(t)$ | $u[n]$ |

(2) 第 2 章已阐明，在一般系统问题中，信号的数学表征是函数或序列，而系统的数学描述则为输入输出信号变换关系，两者的数学表征不一样；但对于 LTI 系统，输入输出信号和 LTI 系统的单位冲激响应都是时间函数或序列。信号与 LTI 系统可以有相同的数学表示，一方面揭示它们在 LTI 分析中有相同的作用，这体现在卷积的交换律性质中；另一方面，这也正是 LTI 系统具有一系列良好性质的一种体现。

### 3.7.2　单位冲激响应表征的 LTI 系统性质

既然 LTI 系统的单位冲激响应表征了 LTI 系统的全部特性和功能，就应该能用它来判定 LTI 系统的所有性质。

LTI 系统的六个基本性质都能用其单位冲激响应来判断，当然，其线性和时不变性质就无需判别，两者必然成立。但是，鉴于输入输出卷积关系是 LTI 系统特有的，如果一个连续时间和离散时间系统的输入输出关系能分别表示成输入与某个时间函数或序列的卷积形式，即

$$y(t)=T\{x(t)\}=x(t)*f(t)\quad \text{或}\quad y[n]=T\{x[n]\}=x[n]*f[n]$$

这该系统必定是 LTI 系统，同时满足线性和时不变性，且这个卷积形式中的时间函数 $f(t)$ 或序列 $f[n]$ 就是该 LTI 系统的单位冲激响应 $h(t)$ 或 $h[n]$。

例如，2.3 节中介绍的连续时间和离散时间平滑系统之信号变换关系(见(2.3.2)和(2.3.3)式)可分别改写成

$$y(t)=\int_{-\infty}^{\infty}x(\tau)\{[u(t+0.5T-\tau)-u(t-0.5T-\tau)]/T\}\mathrm{d}\tau=x(t)*\{[u(t+0.5T)-u(t-0.5T)]/T\}$$

和
$$y[n]=\frac{1}{2N+1}\sum_{k=-\infty}^{\infty}\{u[k+N]-u[k-N-1]\}x[n-k]=x[n]*\left[1/(2N+1)\right]\{u[n+N]-u[n-N-1]\}$$

由此可以判定它们是 LTI 系统，且它们的单位冲激响应分别为

$$h(t)=\frac{1}{T}\left[u\left(t+0.5T\right)-u\left(t-0.5T\right)\right]\quad \text{和}\quad h[n]=\frac{1}{2N+1}\left(u[n+N]-u[n-N-1]\right)\tag{3.7.1}$$

下面讨论 LTI 系统的其他四个属性。

**1．记忆性和无记忆性**

无记忆性要求系统任何时刻的输出信号值仅由同一时刻的输入信号值决定，而与其他时刻输入信号值无关。由 LTI 系统的卷积关系式及其图解过程可以看出，无记忆的 LTI 系统的 $h(t)$ 和 $h[n]$ 必须满足：

$$h(t)=0,\quad t\neq 0 \quad 或 \quad h[n]=0,\quad n\neq 0 \tag{3.7.2}$$

数乘器的 $h(t)$ 和 $h[n]$ 分别为 $c\delta(t)$ 和 $c\delta[n]$，连续时间微分器的 $h(t)$ 是 $\delta'(t)$，故它们都是无记忆的，除此以外，其他所有连续时间和离散时间 LTI 系统都是有记忆系统。

**2．因果性、非因果和反因果性**

系统因果性的本原定义是，任何时刻系统的输出信号值只取决于同一时刻及其过去时刻的输入信号值，而与其将来时刻的输入信号值无关。参看图 3.23。并根据连续时间 LTI 系统的卷积关系 $y(t)=\int_{-\infty}^{t}x(\tau)h(t-\tau)\mathrm{d}\tau$，若 $h(\tau)=0$，$\tau<0$，则对于任何 $t$，$y(t)$ 只与 $x(\tau)$，$\tau\leqslant t$ 有关，而与 $\tau>t$ 的 $x(\tau)$ 无关，这符合因果性条件。用同样方法也可证明，离散时间 LTI 系统的 $h[n]$ 也有完全类似的因果条件。所以，连续时间和离散时间 LTI 系统的因果性判据分别是

$$h(t)=0,\quad t<0 \quad 和 \quad h[n]=0,\quad n<0 \tag{3.7.3}$$

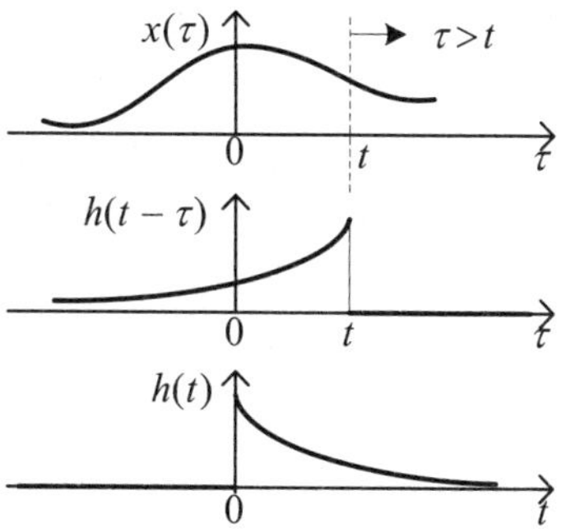

图 3.23　LTI 系统因果性的图示说明

因此，通常把满足上式的时间函数和序列分别称作**因果时间函数和序列**。反之，只要在 $t<0$ 和 $n<0$ 的区间上有一个时刻的 $h(t)$ 和 $h[n]$ 是非零值，它就不是因果的 LTI 系统。按照这样的判据，很容易判断 LTI 系统是否满足因果性。例如，积分器和累加器的单位冲激响应分别为 $u(t)$ 和 $u[n]$，故它们是因果系统；上面(3.7.1)式的 $h(t)$ 和 $h[n]$ 不满足(3.7.3)式，故这样的连续时间和离散时间平滑系统是非因果的。

**3．LTI 系统的稳定性**

任何有界的输入信号都导致有界输出信号的系统是稳定的。3.3.4 小节中讨论卷积收敛时已论述过，只要 LTI 系统的 $h(t)$ 和 $h[n]$ 分别是模可积与模可和的，该 LTI 系统对任何有界输入都导致有界输出。因此，连续时间和离散时间 LTI 系统稳定性的充要条件可分别表示为

$$\int_{-\infty}^{\infty}|h(t)|\mathrm{d}t<\infty \quad 和 \quad \sum_{n=-\infty}^{\infty}|h[n]|<\infty \tag{3.7.4}$$

按照上述 LTI 系统的稳定性判据，离散时间数乘器($h[n]=c\delta[n]$)和离散时间时移系统($h[n]=\delta[n-n_0]$)是稳定的，离散时间有限阶差分器($h[n]=\Delta^k\delta[n]$，$k<\infty$)也是稳定的；而积分器或累加器，因其 $h(t)=u(t)$ 或 $h[n]=u[n]$ 不是模可积或模可和的，故是不稳定系统；此外，连续时间微分器也是不稳定系统，因为不能说 $\delta(t)$ 的导数是模可积的。

**4．LTI 系统的逆系统和反卷积**

2.10.4 节已讨论过，如果是可逆系统，它必定存在一个逆系统，与它级联后的总系统是恒等系统，且可证明，若一个 LTI 系统是可逆的，则其逆系统也是 LTI 系统(见第 2 章习题 2.34)。现在的问题是：可逆的 LTI 系统的逆系统是什么？两者的单位冲激响应有什么关系？

如果单位冲激响应为 $h(t)$ 或 $h[n]$ 的连续时间或离散时间 LTI 系统可逆，则它们分别与单

位冲激响应 $h_{\text{inv}}(t)$ 或 $h_{\text{inv}}[n]$ 的各自的逆系统级联就成为恒等系统，如图 3.24 所示，则必定有

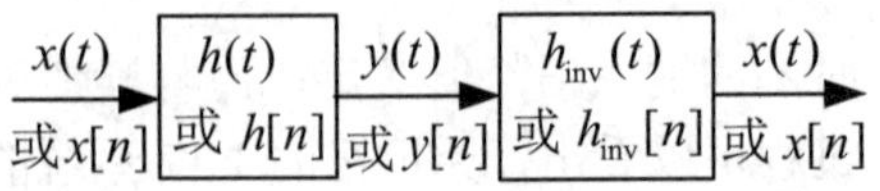


图 3.24　LTI 系统的逆系统和反卷积

$$h(t)*h_{\text{inv}}(t)=\delta(t) \quad 和 \quad h[n]*h_{\text{inv}}[n]=\delta[n] \tag{3.7.5}$$

将卷积的交换律用于(3.7.5)式，又分别有

$$h_{\text{inv}}(t)*h(t)=\delta(t)$$

和
$$h_{\text{inv}}[n]*h[n]=\delta[n] \tag{3.7.6}$$

这表明，可逆 LTI 系统的逆系统也是可逆的，并且两者互为逆系统。

这就是可逆 LTI 系统与其逆系统之单位冲激响应需满足的关系，以此可判断 LTI 系统的可逆性。进而，如果 LTI 系统可逆，以此关系可求得逆系统的单位冲激响应 $h_{\text{inv}}(t)$ 和 $h_{\text{inv}}[n]$。例如，延时 $t_0$ 或 $n_0$ 的时移系统，它们的 $h(t)$ 或 $h[n]$ 分别为 $\delta(t-t_0)$ 或 $\delta[n-n_0]$，因为分别有 $\delta(t-t_0)*\delta(t+t_0)=\delta(t)$ 和 $\delta[n-n_0]*\delta[n+n_0]=\delta[n]$，故它们是可逆系统，且其逆系统分别是超前 $t_0$ 或 $n_0$ 的时移系统。又例如，微分器和一阶差分器的单位冲激响应分别是 $\delta'(t)$ 和 $\Delta\delta[n]=\delta[n]-\delta[n-1]$，因为分别有 $\delta'(t)*u(t)=\delta(t)$ 和 $\{\Delta\delta[n]\}*u[n]=\delta[n]$，故微分器和一阶差分器都是可逆的，它们的逆系统分别为积分器和累加器。

从 $y(t)=x(t)*h(t)$ 和 $y[n]=x[n]*h[n]$ 中分别恢复出 $x(t)$ 和 $x[n]$ 的过程是卷积的逆运算，故称为**反卷积**或**解卷积**，显然，求 LTI 系统的逆系统涉及解卷积。在一般情况下，由于(3.7.5)式分别是一个无限积分和无限求和方程，已知 $h(t)$ 和 $h[n]$，要求解 $h_{\text{inv}}(t)$ 和 $h_{\text{inv}}[n]$ 并不容易。但对于一些简单的因果 LTI 系统，可判断它们是否可逆，或求出逆系统。请看下面的例子。

**【例 3.15】**　如下单位冲激响应 $h(t)$ 和 $h[n]$ 表示的连续和离散时间实的 LTI 系统，它们是否因果、稳定和可逆？若可逆，试求其各自逆系统的单位冲激响应 $h_{\text{Inv}}(t)$ 和 $h_{\text{Inv}}[n]$，逆系统因果和稳定吗？

$$h(t)=\mathrm{e}^{-at}u(t),\quad a>0 \quad 和 \quad h[n]=a^n u[n],\quad |a|<1$$

**解**：由于 $h(t)=0$，$t<0$ 和 $h[n]=0$，$n<0$；且分别有 $a>0$ 和 $|a|<1$，$h(t)$ 和 $h[n]$ 分别模可积与模可和，故它们既因果又稳定。要判定它们是否可逆，必须各自能找到 $h_{\text{Inv}}(t)$ 和 $h_{\text{Inv}}[n]$，分别满足(3.7.5)式。下面分别针对 $h(t)$ 和 $h[n]$，寻找 $h_{\text{Inv}}(t)$ 和 $h_{\text{Inv}}[n]$。

对于 $h(t)=\mathrm{e}^{-at}u(t)$，要能导出 $h(t)*h_{\text{Inv}}(t)=\delta(t)$，就看能否由 $h(t)=\mathrm{e}^{-at}u(t)$ 产生出包含 $\delta(t)$ 的项，因为有

$$\mathrm{e}^{-at}u(t)*\delta'(t)=-a\mathrm{e}^{-at}u(t)+\mathrm{e}^{-at}\delta(t)=\delta(t)-a\mathrm{e}^{-at}u(t)$$

进一步有
$$\mathrm{e}^{-at}u(t)*[a\delta(t)+\delta'(t)]=\delta(t)$$

由上式看出，这个系统是可逆的，且其逆系统的单位冲激响应为

$$h_{\text{Inv}}(t)=a\delta(t)+\delta'(t)$$

图 3.25 是它的系统结构。这个逆系统是因果的，但不稳定。

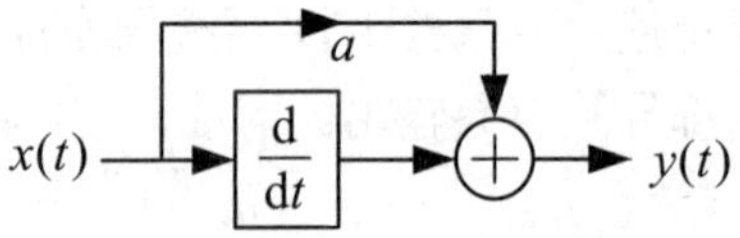


图 3.25　逆系统 $h_{\text{Inv}}(t)=a\delta(t)+\delta'(t)$

同样地，对于 $h[n]=a^n u[n]$，因有 $a^n u[n]=\delta[n]+a^n u[n-1]$，即 $a^n u[n]-aa^{n-1}u[n-1]=\delta[n]$，进一步则有

$$a^n u[n]*(\delta[n]-a\delta[n-1])=\delta[n]$$

因此，$h[n]=a^n u[n]$ 的离散数据 LTI 系统也是可逆的，其逆系统的单位冲激响应为

$$h_{\text{Inv}}[n]=\delta[n]-a\delta[n-1]$$

而这个逆系统却是既因果又稳定的离散时间 LTI 系统。

在离散时间中，对于因果的可逆 LTI 系统，$h[n]=0$，$n<0$，则可以用递推方法，计算其因果的逆系统的单位冲激响应，见本章习题 3.31。章末习题中还有其他有关逆系统和反卷积的例子。后面将会看到，在变换域中，逆系统和反卷积将变成一个比较简单的问题。

反卷积和设计逆系统在许多信号处理和系统应用中占有重要的地位，在后面 7.11 节、8.2.4 和 8.4.1 小节将进一步讨论。

### 3.7.3　LTI 系统互联的单位冲激响应

这里将讨论 LTI 系统以三种基本互联方式相互连接后，系统的单位冲激响应。

**1．LTI 系统的级联和并联**

在 3.4.1 节已讨论过 LTI 系统级联和并联系统的单位冲激响应，参见图 3.11 和 3.12。具体地说，两个 LTI 系统级联，若各自的单位冲激响应分别为 $h_1(t)$、$h_2(t)$ 和 $h_1[n]$、$h_2[n]$，级联后系统的单位冲激响应 $h(t)$ 和 $h[n]$ 分别为

$$h(t)=h_1(t)*h_2(t) \quad \text{和} \quad h[n]=h_1[n]*h_2[n] \tag{3.7.7}$$

若两个各自的单位冲激响应分别为 $h_1(t)$ 和 $h_2(t)$ 或 $h_1[n]$ 和 $h_2[n]$ 的 LTI 系统并联，则并联系统的单位冲激响应 $h(t)$ 和 $h[n]$ 分别为

$$h(t)=h_1(t)+h_2(t) \quad \text{和} \quad h[n]=h_1[n]+h_2[n] \tag{3.7.8}$$

上述关系还可推广到多个 LTI 系统的级联和并联。

**2．LTI 系统的反馈互联**

两个连续时间 LTI 系统 $h_1(t)$ 和 $h_2(t)$ 反馈连接，如图 3.26 所示。根据反馈系统中各个信号之间的关系，及 LTI 系统的输入输出卷积关系，将有

$$y(t)=[x(t)-y(t)*h_2(t)]*h_1(t)$$

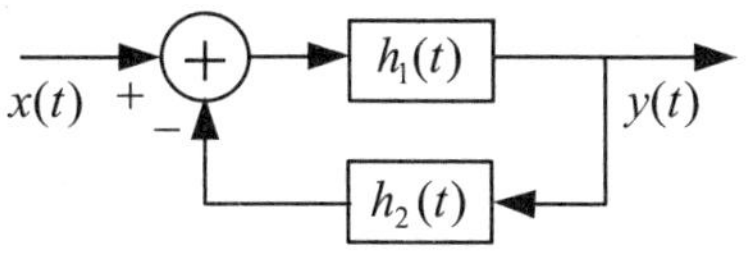


图 3.26　两个 LTI 系统的反馈互联

利用卷积的性质，进一步可表示成

$$y(t)*[\delta(t)+h_1(t)*h_2(t)]=x(t)*h_1(t) \tag{3.7.9}$$

同理，两个离散时间 LTI 系统 $h_1[n]$ 和 $h_2[n]$ 反馈互联，若反馈系统的单位冲激响应为 $h[n]$，则也有类似的关系

$$y[n]*\{\delta[n]+h_1[n]*h_2[n]\}=x[n]*h_1[n] \tag{3.7.10}$$

一般说来，上述方程是一个无限积分或无限求和方程，即使分别联合下式

$$y(t)=x(t)*h(t) \quad \text{和} \quad y[n]=x[n]*h[n]$$

也无法得到 $h(t)$ 和 $h[n]$ 的一个显式表达式。在第 8 章 8.4.2 小节中用变换域方法，可以得到 LTI 系统的反馈互联系统变换域表示的一个显式表达式。

## 3.8　LTI 系统的单位阶跃响应

LTI 系统时域分析方法的发展历史上，在以单位冲激为基础的卷积积分之前，被广泛采用的是杜哈米尔积分。它是以单位阶跃信号为基本信号，分析 LTI 系统的一种卷积积分形式。这里介绍和讨论杜哈米尔积分及其 LTI 系统分析方法，不仅因为它曾在 LTI 系统分析中起过重要作用，而且现在仍有实际意义，更为重要的还在于它有助于全面认识和理解以卷积为基础的 LTI 系统理论和方法。

### 3.8.1　用单位阶跃响应分析 LTI 系统

任意连续时间信号 $x(t)$ 可以用其阶梯状信号 $\hat{x}(t)$ 来近似，$\hat{x}(t)$ 不仅可像图 3.2 中那样，表

示为时移矩形脉冲的线性组合，还可像图 3.27 那样，表示成时移阶跃函数的线性组合，即

$$\hat{x}(t)=\cdots+[x(-2\varDelta)-x(-3\varDelta)]u(t+2\varDelta)+[x(-\varDelta)-x(-2\varDelta)]u(t+\varDelta)+[x(0)-x(-\varDelta)]u(t)$$
$$+[x(\varDelta)-x(0)]u(t-\varDelta)+[x(2\varDelta)-x(\varDelta)]u(t-2\varDelta)+[x(3\varDelta)-x(2\varDelta)]u(t-3\varDelta)+\cdots$$
$$=\sum_{k=-\infty}^{\infty}\frac{x(k\varDelta)-x([k-1]\varDelta)}{\varDelta}u(t-k\varDelta)\cdot\varDelta$$

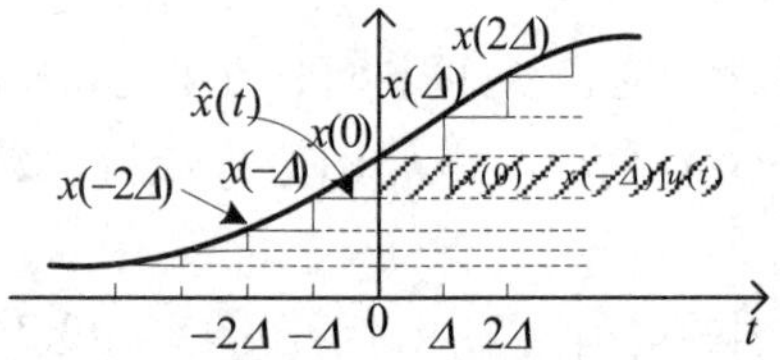

图 3.27 连续函数近似成时移单位阶跃的线性组合

当 $\varDelta\to 0$ 时，$\hat{x}(t)$ 的极限是 $x(t)$，即

$$x(t)=\lim_{\Delta\to 0}\hat{x}(t)=\lim_{\Delta\to 0}\sum_{k=-\infty}^{\infty}\frac{x(k\varDelta)-x([k-1]\varDelta)}{\varDelta}u(t-k\varDelta)\cdot\varDelta$$

且 $k\varDelta\to\tau$，$\varDelta\to\mathrm{d}\tau$，$[x(k\varDelta)-x((k-1)\varDelta)]/\varDelta\to x'(\tau)$，得到

$$x(t)=\int_{-\infty}^{\infty}x'(\tau)u(t-\tau)\mathrm{d}\tau \tag{3.8.1}$$

这就是用时移单位阶跃表示任意连续时间信号的表示法，历史上曾称为**杜哈米尔积分**。其实，它可利用 3.4.3 节中卷积积分的微分性质和 $\delta(t)$ 与 $u(t)$ 的关系，从(3.2.6)式直接导出，即

$$x(t)=x(t)*\delta(t)=x(t)*u'(t)=x'(t)*u(t)=\int_{-\infty}^{\infty}x'(\tau)u(t-\tau)\mathrm{d}\tau \tag{3.8.2}$$

利用卷积和的差分性质及 $\delta[n]$ 与 $u[n]$ 的关系，也可以直接导出上式的离散时间对偶，即

$$x[n]=x[n]*\delta[n]=x[n]*\left(\Delta u[n]\right)=\left(\Delta x[n]\right)*u[n]=\sum_{k=-\infty}^{\infty}\left(x[k]-x[k-1]\right)u[n-k] \tag{3.8.3}$$

假设连续时间和离散时间 LTI 系统对单位阶跃信号 $u(t)$ 和 $u[n]$ 的响应分别为 $s(t)$ 和 $s[n]$，它们通常称为 LTI 系统的**单位阶跃响应**。那么，按照 3.3.1 节中推导(3.3.1)式和(3.3.2)式的相同方法，可以推导出 LTI 系统对任意输入 $x(t)$ 和 $x[n]$ 的响应分别为

$$y(t)=x'(t)*s(t)=\int_{-\infty}^{\infty}x'(\tau)s(t-\tau)\mathrm{d}\tau \tag{3.8.4}$$

和

$$y[n]=\left(\Delta x[n]\right)*s[n]=\sum_{k=-\infty}^{\infty}\left(x[k]-x[k-1]\right)s[n-k] \tag{3.8.5}$$

(3.8.5)式是杜哈米尔积分的离散时间对偶。

(3.8.4)式和(3.8.5)式表明，只要知道连续时间和离散时间 LTI 系统的单位阶跃响应 $s(t)$ 和 $s[n]$，也可利用它们求得该 LTI 系统对任意输入 $x(t)$ 和 $x[n]$ 的响应。(3.8.4)式和(3.8.5)式是 LTI 系统的另一种输入输出卷积关系，在 LTI 系统的时域分析中，它们与(3.3.1)式和(3.3.2)式起着相同的作用。

## 3.8.2 LTI 系统的单位阶跃响应

LTI 系统的单位阶跃响应 $s(t)$ 和 $s[n]$ 就是当输入分别为 $u(t)$ 和 $u[n]$ 时 LTI 系统的输出，表 3.6 列出了一些基本的连续时间和离散时间 LTI 系统的单位阶跃响应。

**表 3.6 一些基本 LTI 系统的单位阶跃响应**

| LTI 系统 | 连续时间单位阶跃响应 $s(t)$ | 离散时间单位阶跃响应 $s[n]$ |
|---|---|---|
| 数乘系统 | $cu(t)$， $c\in\mathbf{C}$，且 $c\neq 0$ | $cu[n]$， $c\in\mathbf{C}$，且 $c\neq 0$ |
| 时移系统 | $u(t-t_0)$ ， $t_0\in\mathbf{R}$ | $u[n-n_0]$ ， $n_0\in\mathbf{Z}$ |
| 微分器或一阶差分器 | $\delta(t)$ | $\delta[n]$ |
| 积分器或累加器 | $tu(t)$ | $(n+1)u[n]$ |

在 LTI 系统分析方法中，单位阶跃响应 $s(t)$ 和 $s[n]$ 与单位冲激响应 $h(t)$ 和 $h[n]$ 起着相同的作用。例如，单位阶跃响应也是 LTI 系统全部功能和特性的充分表征，LTI 系统的各种属性也在其单位阶跃响应上体现出来，LTI 系统的三种基本互联系统也能用它们的单位阶跃响应表示等等。这里不再赘述，请读者自行讨论。

对于 LTI 系统，既然单位阶跃响应和单位冲激响应都能唯一地表征该系统的全部功能和特性，那么，LTI 系统的单位阶跃响应和单位冲激响应之间，必定存在确定的关系。一方面，若某个 LTI 系统的单位冲激响应分别为 $h(t)$ 和 $h[n]$，其单位阶跃响应 $s(t)$ 和 $s[n]$ 分别为

$$s(t)=u(t)*h(t)=\int_{-\infty}^{t}h(\tau)\mathrm{d}\tau \quad 和 \quad s[n]=u[n]*h[n]=\sum_{k=-\infty}^{n}h[k] \tag{3.8.6}$$

这表明，一个连续和离散时间 LTI 系统的单位阶跃响应分别是各自单位冲激响应的积分和累加。另一方面，分别根据卷积运算的微分和差分性质，(3.8.4)式和(3.8.5)式可以分别写成

$$y(t)=x(t)*s'(t) \quad 和 \quad y[n]=x[n]*\left(\Delta s[n]\right) \tag{3.8.7}$$

则分别有

$$h(t)=s'(t) \quad 和 \quad h[n]=\Delta s[n]=s[n]-s[n-1] \tag{3.8.8}$$

上式又表明：连续时间和离散时间 LTI 系统的单位冲激响应分别是各自单位阶跃响应的微分和差分。在连续时间中，产生较理想的单位阶跃信号，往往比单位冲激信号容易得多。因此在实际中，通常先用实验手段，测量出一个连续时间 LTI 系统的单位阶跃响应 $s(t)$，然后对其微分，获得它的单位冲激响应 $h(t)$。

## 3.9　奇异函数及其在信号与系统理论和方法中的作用

在本章前面的内容中，已充分体现出单位冲激和单位阶跃函数 $\delta(t)$ 和 $u(t)$，以及它们的离散时间对偶 $\delta[n]$ 和 $u[n]$ 等，在信号与系统的时域分析方法中所起的重要作用。这一节专门对单位冲激函数 $\delta(t)$ 等一类奇异函数，及其离散时间对偶做点深入的讨论，目的是帮助读者进一步理解和掌握以卷积方法为基础的 LTI 系统的时域分析方法。

### 3.9.1　奇异函数

在 2.5.1 小节中已给出单位冲激函数 $\delta(t)$ 的两种定义：一个是(2.5.6)式的 $\delta(t)$ 极限定义，即把 $\delta(t)$ 定义为具有单位面积的常规函数的极限，按照这个极限定义，事实上存在着许多看起来很不一样的常规函数，在极限意义下都可看成是一个单位冲激(参见本章习题 3.37)；第二个是(2.5.7)式的狄拉克函数定义，即把 $\delta(t)$ 定义成具有单位面积，并且除 $t=0$ 为非零值外、处处为 0 的一个函数。这两种定义都受有关常规函数之概念和定义的束缚，即企图在自变量的每一个取值上定义函数值是什么。如果按对常规函数的理解来认识 $\delta(t)$，则会产生一些困惑和造成混淆，例如，$\delta(0)$ 等于什么值？若认为 $\delta(0)\to\infty$，那么 $\delta(t)$ 和 $2\delta(t)$ 有什么区别？再例如，函数 $\delta(t)$ 与 $\delta(t)+\delta'(t)$ 都满足狄拉克函数定义，它们应是同一个函数，但两者显然不等。此外，在涉及 $\delta(t)$，$\delta'(t)$ 和 $u(t)$ 等的数学运算或作数学处理时，有时也感到困难。例如，$t\delta(t)$、$u(t)\delta(t)$、$\delta(t)\delta(t)$ 和 $\delta'(t)\delta(t)$ 分别等于什么？$\delta(t)$ 和 $\delta'(t)$ 等绝对可积吗？等等。要弄清这些疑问，靠 $\delta(t)$ 的这两种定义，并以常规函数来理解它们，就显得不够了，必须突

破原有的数学理论，寻找更严密的数学定义。1950 年，施瓦尔兹(L Schwarth)建立的分配理论，为定义它们找到了新的方法。按照他的理论，不是用普通常规函数的概念，而是以广义函数的概念来研究这类函数。在广义函数理论中，把这一类函数称为奇异函数，它指一类具有不连续点，或者其有限阶导数会出现不连续点的广义函数。它包括 $\delta(t)$ 及其各阶导数，以及 $\delta(t)$ 的有限次积分得到的函数，因此，本书把它们叫做由 $\delta(t)$ 派生出来的奇异函数。

按照分配函数的理论，用一个称为“检验函数” $\phi(t)$ 的特定赋值作用，来定义奇异函数，并把这种定义称为这类奇异函数的**分配函数定义**。具体地说，是用它们与 $\phi(t)$ 相乘，再在 $(-\infty,\infty)$ 区间上的积分来定义它们，其中的检验函数 $\phi(t)$ 属于常规函数，它应当在一有限区间上处处连续，并具有各阶连续导数。例如，$\delta(t)$ 的分配函数定义为

$$\int_{-\infty}^{\infty}\delta(t)\phi(t)\mathrm{d}t=\phi(0) \tag{3.9.1}$$

$u(t)$ 的分配函数定义为

$$\int_{-\infty}^{\infty}u(t)\phi(t)\mathrm{d}t=\int_{0}^{\infty}\phi(t)\mathrm{d}t \tag{3.9.2}$$

而单位冲激偶函数 $\delta'(t)$ 的分配函数定义则为

$$\int_{-\infty}^{\infty}\delta'(t)\phi(t)\mathrm{d}t=-\phi'(0) \tag{3.9.3}$$

这种分配函数定义突破了常规函数的概念和定义，它不再囿于在自变量取值下的函数值是什么，而是用在上述积分运算中的**作用**和**功能**来定义。基于此概念和方法，奥本海姆(A V Oppenheim)用这类奇异函数在卷积运算中的作用和功能来定义它们，并把这样的定义叫做**运算定义**。可证明奇异函数的运算定义等价于它们的分配函数定义。本节按照奥本海姆的方法，介绍这类奇异函数的运算定义，并深入地讨论它们在 LTI 系统分析中的作用和意义。

**1．单位冲激函数的运算定义**

$\delta(t)$ 的运算定义为

$$\delta(t)*x(t)=x(t) \quad 或 \quad \int_{-\infty}^{\infty}\delta(\tau)x(t-\tau)\mathrm{d}\tau=x(t) \tag{3.9.4}$$

即将 $\delta(t)$ 定义成与任意函数(包括 $\delta(t)$ 等一类奇异函数)卷积运算能产生该任意函数本身的一种函数。换言之，在卷积运算中，$\delta(t)$ 起到与任何函数 $x(t)$ 卷积仍得到 $x(t)$ 的作用。或者说，在信号与系统理论和方法中，它起到连续时间恒等系统单位冲激响应的作用。

作为 $\delta(t)$ 的一种定义，用它应能证明 $\delta(t)$ 已有的全部性质。

1) $\delta(t)$ 的筛分性质

若任意函数 $x(t)$ 在 $t=0$ 处连续，即 $x(0^+)=x(0_-)$，根据 $\delta(t)$ 的运算定义，则有

$$x(-t)=x(-t)*\delta(t)=\int_{-\infty}^{\infty}\delta(\tau)x(\tau-t)\mathrm{d}\tau$$

在 $t=0$ 处观察，即用 $t=0$ 代入上式，得到

$$x(0)=\int_{-\infty}^{\infty}x(\tau)\delta(\tau)\mathrm{d}\tau，\ x(t) 在 t=0 处连续 \tag{3.9.5}$$

这就是 $\delta(t)$ 的筛分性质，亦即 $\delta(t)$ 的分配函数定义。

反过来，也能从 $\delta(t)$ 的分配函数定义，证明它的运算定义。假设一个连续时间函数 $\phi(\tau)$ 在 $\tau=0$ 处连续，令 $x(t-\tau)=\phi(\tau)$，就有 $x(t-\tau)$ 在 $\tau=t$ 处连续，则有 $x(t)=x(t-\tau)\big|_{\tau=0}=\phi(\tau)\big|_{\tau=0}=\phi(0)$；另一方面，由 $\delta(t)$ 的分配函数定义，则有

$$\phi(0)=\int_{-\infty}^{\infty}\phi(\tau)\delta(\tau)\mathrm{d}\tau=\int_{-\infty}^{\infty}x(t-\tau)\delta(\tau)\mathrm{d}\tau=x(t)*\delta(t)$$

以上两式相等，由此证明了 $\delta(t)$ 的运算定义。

上面证明了 $\delta(t)$ 的运算定义和其分配函数定义等价，故可把其分配函数定义看作 $\delta(t)$ 的等价运算定义。

2) $\delta(t)$ 具有单位面积

若取任意常规函数 $x(t)=1$，根据 $\delta(t)$ 的运算定义，则有

$$x(t)*\delta(t)=1*\delta(t)=\int_{-\infty}^{\infty}\delta(\tau)x(t-\tau)\mathrm{d}\tau=\int_{-\infty}^{\infty}\delta(\tau)\mathrm{d}\tau=1 \tag{3.9.6}$$

3) $\delta(t)$ 是实偶函数

假设 $x(t)$ 在 $t=0$ 处连续，按 $\delta(t)$ 的等效运算定义，则有 $\int_{-\infty}^{\infty}x(t)\delta(t)\mathrm{d}t=x(0)$，也有

$$\int_{-\infty}^{\infty}x(t)\delta(-t)\mathrm{d}t\overset{\tau=-t}{=}\int_{-\infty}^{\infty}x(-\tau)\delta(\tau)\mathrm{d}\tau=x(0)$$

这表明 $\delta(t)$ 和 $\delta(-t)$ 在卷积运算中起到同样的作用，它们是同一个奇异函数，即

$$\delta(t)=\delta(-t) \tag{3.9.7}$$

4) $x(t)\delta(t)=x(0)\delta(t)$，$x(t)$ 在 $t=0$ 处连续　　(3.9.8)

证明：取一个在 $t=0$ 处连续的常规函数 $\phi(t)$，根据 $\delta(t)$ 的等效运算定义，分别有

$$\int_{-\infty}^{\infty}\phi(t)[x(t)\delta(t)]\mathrm{d}t=\int_{-\infty}^{\infty}[\phi(t)x(t)]\delta(t)\mathrm{d}t=x(0)\phi(0) \quad 和 \quad \int_{-\infty}^{\infty}\phi(t)[x(0)\delta(t)]\mathrm{d}t=x(0)\int_{-\infty}^{\infty}\phi(t)\delta(t)\mathrm{d}t=x(0)\phi(0)$$

这表明，$x(t)\delta(t)$ 和 $x(0)\delta(t)$ 在卷积运算中起到完全相同作用，它们就是同一个奇异函数。

**2. $\delta(t)$ 各阶导数的运算定义**

$\delta(t)$ 的 $k$ 阶导数 $\delta^{(k)}(t)$ 都是奇异函数。为了方便，下面采用如下符号来表示它们：

令

$$u_0(t)=\delta(t) \quad 和 \quad u_k(t)=\delta^{(k)}(t)，\ k\geqslant 0 \tag{3.9.9}$$

这样，$\delta(t)$ 的 $k$ 阶导数 $u_k(t)$ 的运算定义为

$$u_k(t)*x(t)=\frac{\mathrm{d}^k}{\mathrm{d}t^k}x(t) \quad 或 \quad \int_{-\infty}^{\infty}u_k(\tau)x(t-\tau)\mathrm{d}\tau=\frac{\mathrm{d}^k}{\mathrm{d}t^k}x(t)，\ k\geqslant 0 \tag{3.9.10}$$

这就是说，$\delta(t)$ 的 $k$ 阶导数在卷积运算中的作用是它与任意函数卷积后产生该函数的 $k$ 阶导数。或者说，它起到 $k$ 个微分器级联系统单位冲激响应的作用，即

$$u_k(t)=\underbrace{u_1(t)*u_1(t)*\ \cdots\ *u_1(t)}_{k次}，\ k\geqslant 1 \tag{3.9.11}$$

其中，$u_1(t)=\delta'(t)$，它是微分器的单位冲激响应。

$\delta(t)$ 的 $k$ 阶导数有如下性质：

(1) 若函数 $x(t)$ 的 $k$ 阶导数在 $t=0$ 处连续，则有

$$\int_{-\infty}^{\infty}u_k(t)x(t)\mathrm{d}t=(-1)^k x^{(k)}(0)，\ k\geqslant 0 \tag{3.9.12}$$

事实上，这就是 $u_k(t)$ 的分配函数定义，也是 $u_k(t)$ 的等效运算定义。

(2)
$$u_k(t)=(-1)^k u_k(-t) \tag{3.9.13}$$

这表明，$\delta(t)$ 的奇阶导数是实奇函数，而偶阶导数则是实偶函数。

(3)
$$\int_{-\infty}^{\infty}u_k(t)\mathrm{d}t=0，\ k>0 \tag{3.9.14}$$

这表明，$\delta(t)$ 的各阶导数具有零面积。

(4) 若函数 $x(t)$ 的 $k$ 阶导数在 $t=0$ 处连续，则有

$$x(t)u_k(t)=\sum_{m=0}^{k}(-1)^m\frac{k!}{m!(k-m)!}x^{(m)}(0)u_{k-m}(t)，\ k\geqslant 0 \tag{3.9.15}$$

例如
$$x(t)u_1(t)=x(0)u_1(t)-x'(0)u_0(t) \tag{3.9.16}$$
$$x(t)u_2(t)=x(0)u_2(t)-2x'(0)u_1(t)+x''(0)u_0(t) \tag{3.9.17}$$

**3. $\delta(t)$ 的各次积分的运算定义**

$\delta(t)$ 的有限次积分也看成 $\delta(t)$ 派生的奇异函数，因为它们的有限阶导数会出现不连续点。

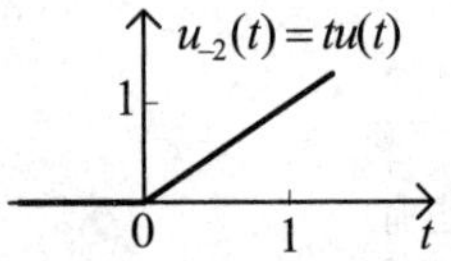

图 3.28 单位斜坡函数

例如，单位阶跃函数 $u(t)$ 是 $\delta(t)$ 的一次积分；$\delta(t)$ 的二次积分为
$$\int_{-\infty}^{t}\int_{-\infty}^{\tau}\delta(\sigma)\mathrm{d}\tau\mathrm{d}\sigma=tu(t) \tag{3.9.18}$$
称为**单位斜坡函数**，如图 3.28 所示。若令 $u_0(t)=\delta(t)$，并用 $u_{-k}(t)$，$k>0$，表示 $\delta(t)$ 的 $k$ 次积分。则 $\delta(t)$ 的 $k$ 次积分的运算定义为
$$u_{-k}(t)*x(t)=\int_{-\infty}^{t}\int_{-\infty}^{t_1}\cdots\int_{-\infty}^{t_{k-1}}x(t_k)\mathrm{d}t_k\mathrm{d}t_{k-1}\cdots\mathrm{d}t_1\text{，}\quad k\geqslant 1 \tag{3.9.19}$$
上式表明，在卷积运算中，$\delta(t)$ 的 $k$ 次积分起到了对任意函数进行 $k$ 次积分的作用。或者说，它起到 $k$ 个积分器级联系统单位冲激响应的作用，即
$$u_{-k}(t)=\underbrace{u_{-1}(t)*u_{-1}(t)*\ \cdots\ *u_{-1}(t)}_{k\text{次}}=\frac{t^{k-1}}{(k-1)!}u(t)\text{，}\quad k\geqslant 1 \tag{3.9.20}$$
其中，$u_{-1}(t)=u(t)$ 是积分器的单位冲激响应。$u_{-k}(t)$ 与 $\delta(t)$ 的 $k$ 阶导数不同，当 $k\geqslant 2$ 时，$u_{-k}(t)$ 就不再有不连续点了。可以证明，上述 $\delta(t)$ 的 $k$ 次积分的运算定义等价于它的分配函数定义：
$$\int_{-\infty}^{\infty}u_{-k}(t)\phi(t)\mathrm{d}t=\int_{0}^{\infty}\frac{t^{k-1}}{(k-1)!}\phi(t)\mathrm{d}t\text{，}\quad k\geqslant 1 \tag{3.9.21}$$

$\delta(t)$ 的运算定义或它的等效运算定义克服了极限定义和狄拉克函数定义的缺陷，消除了本节开头提到的一些困惑及混淆。例如，$t\delta(t)=0\cdot\delta(t)=0$，$\delta(t)*\delta(t)=\delta(t)$，且有
$$\delta(t)\delta(t-t_0)=0\text{，}\quad t_0\neq 0 \tag{3.9.22}$$
而 $u(t)\delta(t)$、$\delta(t)\delta(t)$ 和 $\delta'(t)\delta(t)$ 等则没有意义。同时表明，(3.2.6)式的连续函数表示法不仅可以用来表示处处连续的常规函数，还可以表示任何具有各种不连续点的连续函数。

## 3.9.2 奇异函数的离散时间对偶

2.2 节中介绍连续时间和离散时间信号时曾指出，对于离散时间信号，若抛开自变量离散这一不同，所有离散时间有界序列都“处处连续”，不存在连续函数那样的不连续点；它们处处可差分，且任意阶高阶差分都保持这种“处处连续”的性质，因此，也不存在类似奇异函数那样的“奇异”现象。但在卷积和运算及离散时间 LTI 系统中，单位冲激序列 $\delta[n]$ 及其 $k$ 阶差分和 $k$ 次累加，也起着 $\delta(t)$ 及其导数和积分类似的作用。因此，这里把它们看成 $\delta(t)$ 及其 $k$ 阶导数和 $k$ 次积分的离散时间对偶，并类似地赋予它们的运算定义。

与上面类似，现令 $u_0[n]=\delta[n]$，且把 $\delta[n]$ 的 $k$ 阶差分和 $k$ 次累加方便地表示为
$$u_k[n]=\Delta^k\{\delta[n]\}\text{，}\ k\geqslant 0\quad\text{和}\quad u_{-k}[n]=\sum_{m_1}^{n}\sum_{m_2}^{m_1}\cdots\sum_{m_k=-\infty}^{m_{k-1}}\delta[m_k]\text{，}\ k\geqslant 1 \tag{3.9.23}$$
那么，它们的运算定义分别为
$$u_0[n]*x[n]=\delta[n]*x[n]=x[n] \tag{3.9.24}$$
$$u_k[n]*x[n]=\Delta^k\{x[n]\}\text{，}\ k\geqslant 1\quad\text{和}\quad u_{-k}[n]*x[n]=\sum_{m_1}^{n}\sum_{m_2}^{m_1}\cdots\sum_{m_k=-\infty}^{m_{k-1}}x[m_k]\text{，}\ k\geqslant 1 \tag{3.9.25}$$
或
$$u_k[n]=\underbrace{u_1[n]*u_1[n]*\ \cdots\ *u_1[n]}_{k\text{次}}\text{，}\ k\geqslant 1\quad\text{和}\quad u_{-k}[n]=\underbrace{u_{-1}[n]*u_{-1}[n]*\ \cdots\ *u_{-1}[n]}_{k\text{次}}\text{，}\ k\geqslant 1 \tag{3.9.26}$$

其中，$u_1[n]=\Delta\delta[n]$ 是一阶差分器的单位冲激响应；$u_{-1}[n]=u[n]$ 是累加器的单位冲激响应。

上述 $\delta[n]$ 等的运算定义表明：在卷积和运算中，$\delta[n]$ 起到与任意序列卷积后仍为原序列的作用，即起着离散时间恒等系统单位冲激响应的作用；而 $u_k[n]$，$k\geqslant1$，它起到与任意序列卷积后产生其 $k$ 阶差分的作用，即起着 $k$ 阶差分器的单位冲激响应之作用等。

## 3.9.3 LTI 系统卷积关系的一般化

上面介绍的由 $\delta(t)$ 派生的一类奇异函数及其离散时间对偶，可以分别统一表示成

$$u_k(t)=\begin{cases}\delta(t)\text{的}k\text{阶导数}, & k\geqslant1\\ \text{单位冲激函数}\delta(t), & k=0\\ \delta(t)\text{的}|k|\text{次积分}, & k\leqslant-1\end{cases}\quad\text{和}\quad u_k[n]=\begin{cases}\delta[n]\text{的}k\text{阶差分}, & k\geqslant1\\ \text{单位冲激序列}\delta[n], & k=0\\ \delta[n]\text{的}|k|\text{次累加}, & k\leqslant-1\end{cases}\tag{3.9.27}$$

在上述统一表示法下，它们分别有如下性质，它们的图例可见图 3.29。

$$u_k(t)*u_l(t)=u_{k+l}(t)\quad\text{和}\quad u_k[n]*u_l[n]=u_{k+l}[n]\tag{3.9.28}$$

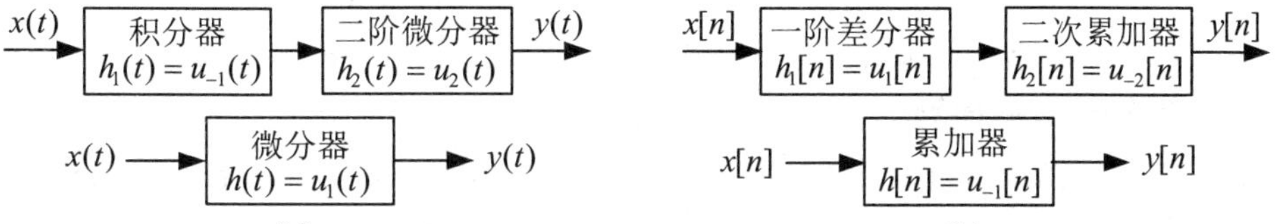


图 3.29　(3.9.28)式的一个图例说明

3.4.3 节曾分别讨论过卷积积分的微分与积分性质，以及卷积和的差分与累加性质。现利用(3.9.28)式，可分别将它们合并为**卷积积分的微积分性质**与**卷积和的差分累加性质**，即

$$x(t)*h(t)=\left[\frac{\mathrm{d}^k}{\mathrm{d}t^k}x(t)\right]*\underbrace{\int_{-\infty}^{t}\int_{-\infty}^{t_1}\cdots\int_{-\infty}^{t_{k-1}}h(t_k)\mathrm{d}t_k\mathrm{d}t_{k-1}\cdots\mathrm{d}t_1}_{k\text{次}}=\underbrace{\int_{-\infty}^{t}\int_{-\infty}^{t_1}\cdots\int_{-\infty}^{t_{k-1}}x(t_k)\mathrm{d}t_k\mathrm{d}t_{k-1}\cdots\mathrm{d}t_1}_{k\text{次}}*\left[\frac{\mathrm{d}^k}{\mathrm{d}t^k}h(t)\right]\tag{3.9.29}$$

和

$$x[n]*h[n]=\Delta^k\{x[n]\}*\underbrace{\sum_{m_1=-\infty}^{n}\sum_{m_2=-\infty}^{m_1}\cdots\sum_{m_k=-\infty}^{m_{k-1}}h[m_k]}_{k\text{次}}=\underbrace{\sum_{m_1=-\infty}^{n}\sum_{m_2=-\infty}^{m_1}\cdots\sum_{m_k=-\infty}^{m_{k-1}}x[m_k]}_{k\text{次}}*\left(\Delta^k\{h[n]\}\right)\tag{3.9.30}$$

利用卷积的微积分性质和差分累加性质，可方便地求解许多卷积问题，请看下面的例子。

**【例 3.16】**　利用卷积积分的微积分性质，重做例 3.4 题。

**解**：直接利用(3.9.29)式得到

$$y(t)=x(t)*h(t)=r_T(t)*r_T(t)=\left(\mathrm{d}r_T(t)/\mathrm{d}t\right)*\int_{-\infty}^{t}r_T(\tau)\mathrm{d}\tau$$

$r_T(t)$ 及其一阶导数和一次积分的波形分别如图 3.30(a)，(b)和(c)所示。故有

$$y(t)=\left(\mathrm{d}r_T(t)/\mathrm{d}t\right)*\int_{-\infty}^{t}r_T(\tau)\mathrm{d}\tau=\left[\delta(t+T/2)-\delta(t-T/2)\right]*h_{(1)}(t)=h_{(1)}(t+T/2)-h_{(1)}(t-T/2)$$

$y(t)$ 的波形如图 3.30(d)所示，与例 3.4 题和例 3.7 题的结果完全一致。

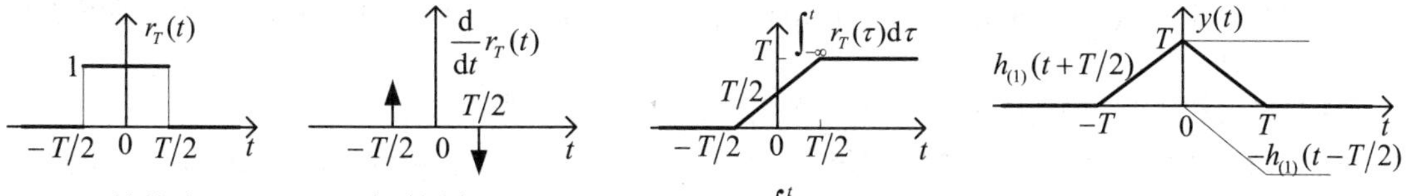


(a) $r_T(t)$的波形　(b) $\mathrm{d}r_T(t)/\mathrm{d}t$ 的波形　(c) $h_{(1)}(t)=\int_{-\infty}^{t}r_T(\tau)\mathrm{d}\tau$ 的波形　(d) $y(t)$的波形

图 3.30　例 3.16 的图解说明

若分别用如下的符号：

$$x_k(t)=\begin{cases}x(t)\text{的}k\text{阶导数}, & k\geqslant 1\\ x(t), & k=0\\ x(t)\text{的}|k|\text{次积分}, & k\leqslant -1\end{cases}\quad \text{和}\quad h_k(t)=\begin{cases}h(t)\text{的}k\text{阶导数}, & k\geqslant 1\\ h(t), & k=0\\ h(t)\text{的}|k|\text{次积分}, & k\leqslant -1\end{cases}$$

及

$$x_k[n]=\begin{cases}x[n]\text{的}k\text{次差分}, & k\geqslant 1\\ x[n], & k=0\\ x[n]\text{的}|k|\text{次累加}, & k\leqslant -1\end{cases}\quad \text{和}\quad h_k[n]=\begin{cases}h[n]\text{的}k\text{次差分}, & k\geqslant 1\\ h[n], & k=0\\ h[n]\text{的}|k|\text{次累加}, & k\leqslant -1\end{cases}$$

基于上面的(3.9.29)式和(3.9.30)式，单位冲激响应分别为 $h(t)$ 和 $h[n]$ 的连续时间和离散时间 LTI 系统对输入 $x(t)$ 和 $x[n]$ 的响应 $y(t)$ 和 $y[n]$ 可分别写成

$$y(t)=x_k(t)*h_{-k}(t)\quad \text{和}\quad y[n]=x_k[n]*h_{-k}[n],\ k=0,\ 1,\ 2\cdots \tag{3.9.31}$$

例如：

$$y(t)=x_1(t)*h_{-1}(t)\quad \text{和}\quad y[n]=x_1[n]*h_{-1}[n] \tag{3.9.32}$$

这就是 3.8 节讨论的杜哈米尔积分及其离散时间对偶，上式的 $h_{-1}(t)=s(t)$ 和 $h_{-1}[n]=s[n]$，分别是 LTI 系统的单位阶跃响应，又例如：

$$y(t)=x_{-1}(t)*h_1(t)\quad \text{和}\quad y[n]=x_{-1}[n]*h_1[n] \tag{3.9.33}$$

其中，$h_1(t)=h'(t)$ 和 $h_1[n]=\Delta h[n]=h[n]-h[n-1]$，分别是 LTI 系统单位冲激响应的一阶导数和一阶差分，可分别称为 LTI 系统的**单位冲激偶响应**。

上述论述表明，$\delta(t)$ 及其派生的一类奇异函数与其离散时间对偶，都分别可以作为分析连续时间和离散时间 LTI 系统的基本信号，并且 LTI 系统对它们的响应。例如，单位冲激响应 $h(t)$ 和 $h[n]$，单位阶跃响应 $h_{-1}(t)=s(t)$ 和 $h_{-1}[n]=s[n]$，单位冲激偶响应 $h_1(t)=h'(t)$ 和 $h_1[n]=\Delta h[n]$，等等，都是一个 LTI 系统的全部功能和特性的一种表征。这样，就把 3.3.1 小节中讨论的 LTI 系统的卷积关系，推广到 $\delta(t)$ 及其派生的一类奇异函数与其离散时间对偶，获得上述一般化的 LTI 系统的卷积关系。

## 习　　题

**3.1** 已知一个连续时间 LTI 系统对图 P3.1(a)所示信号 $x(t)$ 的响应是图 P3.1(b)所示的 $y(t)$。

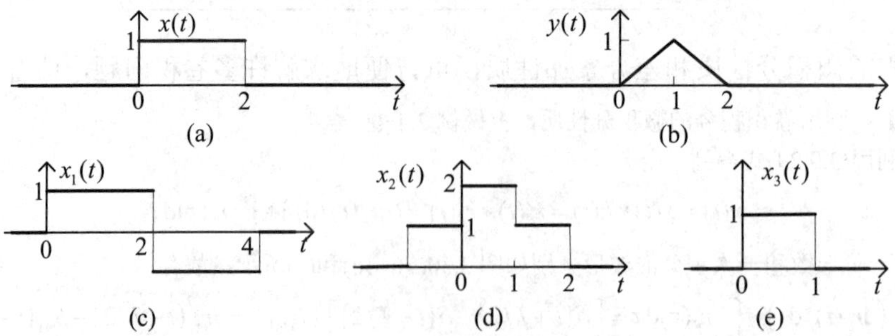


图 P3.1

1) 对图 P3.1(c)和(d)所示的输入 $x_1(t)$ 和 $x_2(t)$，分别确定该系统对它们的响应 $y_1(t)$ 和 $y_2(t)$，并概略画出它们的波形。
2) 试求该系统对图 P3.1(e)所示输入 $x_3(t)$ 的响应 $y_3(t)$，并概略画出其波形。
3) 如果有另外一个连续时间 LTI 系统，当它的输入为单位阶跃信号，即 $x(t)=u(t)$ 时，系统输出为 $y(t)=\mathrm{e}^{-t}u(t)$。当输入是图 P3.1(c), (d), (e)所示输的 $x_1(t)$，$x_2(t)$，$x_3(t)$ 时，试分别确定其输出 $y_1(t)$，$y_2(t)$，$y_3(t)$，并概略画出它们的波形。

**3.2**　已知一个离散时间 LTI 系统对图 P3.2(a)所示输入 $x[n]$ 的响应是图 P3.2(b)的 $y[n]$，试分别求出该系统在图 P3.2(c)，(d)，(e)所示的输入 $x_1[n]$， $x_2[n]$， $x_3[n]$ 时的响应 $y_1[n]$， $y_2[n]$， $y_3[n]$，并画出其序列图。

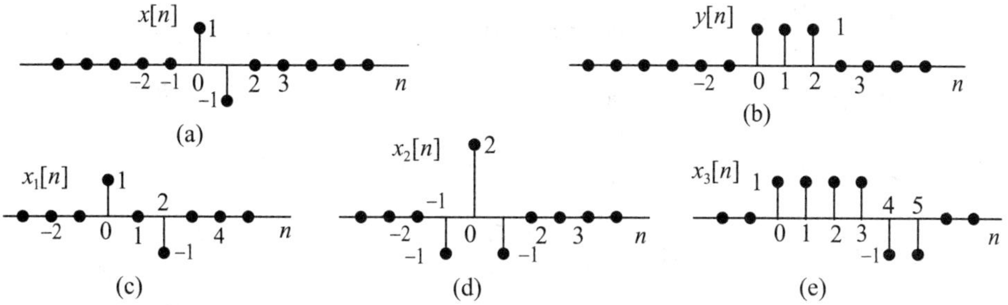


图 P3.2

**3.3**　用图解法和解析法分别计算下列信号的卷积和 $y[n]=x[n]*h[n]$，或卷积积分 $y(t)=x(t)*h(t)$，并概略画出 $y[n]$ 或 $y(t)$ 的波形。

1) $x(t)=h(t)=u(t)$　2) $x(t)=\cos\omega t u(t)$， $h(t)=u(t)$　3) $x(t)=e^{t}u(-t)$， $h(t)=u(-t)$

4) $x[n]=h[n]=u[n]$　5) $x(t)=\sin\omega t u(t)$， $h(t)=u(t)$　6) $x[n]=u[-n]$， $h[n]=2^{n}u[-n]$

并与本章中例 3.1 和例 3.2 的结果相比较，你将得到什么结论。

**3.4**　对于 $a=b$ 和 $a\neq b$ 的两种情况，用解析法计算如下卷积和或卷积积分，概略画出它们的波形或序列图。

1) $a^{n}u[n]*b^{n}u[n]$　2) $e^{-at}u(t)*e^{-bt}u(t)$

**3.5**　用列表计算法计算下列各对离散时间序列的卷积和 $y[n]=x[n]*h[n]$。

1) $x[n]$ 和 $h[n]$ 的序列值列表分别如下：

| $n$ | 0 | 1 | 2 | 3 | 其他 $n$ |
|---|---|---|---|---|---|
| $x[n]$ | 1 | 0 | −2 | 1 | 0 |

| $n$ | −1 | 0 | 1 | 其他 $n$ |
|---|---|---|---|---|
| $h[n]$ | 1 | −1 | 1 | 0 |

2) $x[n]$ 和 $h[n]$ 如图 P3.5 所示：

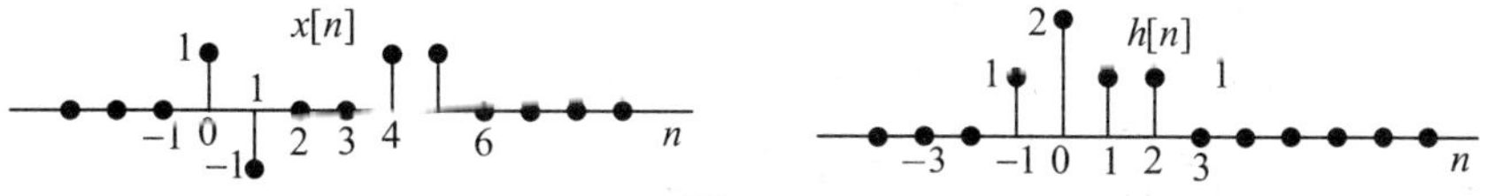


图 P3.5

**3.6**　利用卷积的性质，试求下列各对离散时间序列的卷积和 $y[n]=x[n]*h[n]$，并概略画出 $y[n]$ 的序列图。

1) $x[n]=\begin{cases}1, & 0\leqslant n\leqslant 7\\ 0, & n<0, n>7\end{cases}$， $h[n]=\begin{cases}1, & 0\leqslant n\leqslant 3\\ 0, & n<0, n>3\end{cases}$　2) $x[n]=\begin{cases}(1/2)^{n}, & n\geqslant 0\\ 4^{n}, & n<0\end{cases}$， $h[n]=u[n]$

3) $x[n]=(-1)^{n}u[n]$， $h[n]=u[n]-u[n-6]$　4) $x[n]=a^{n}\operatorname{sgn}[n]$， $h[n]=u[n]-u[n-4]$

5) $x[n]=a^{n}(u[n]-u[n-N])$， $h[n]=u[n]-u[n-N]$　6) $x[n]$ 和 $h[n]$ 如图 P3.6 所示：

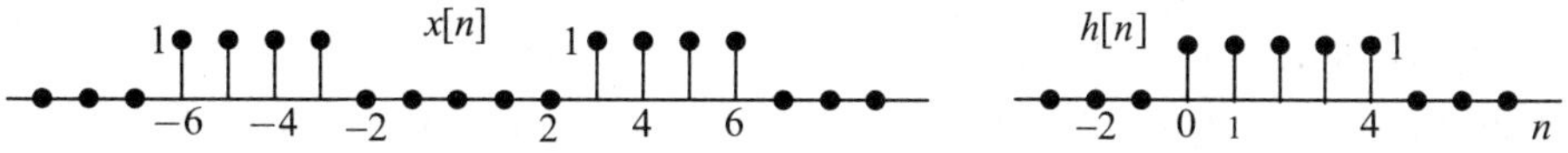


图 P3.6

**3.7**　试利用卷积的性质，简便地计算下列各对连续时间信号的卷积积分 $y(t)=x(t)*h(t)$，并概略画出 $y(t)$ 的波形。

1) $x(t)$ 和 $h(t)$ 如图P3.7(a)所示。

2) $x(t)=e^{2t}u(1-t)$

$h(t)=u(t)-2u(t-2)+u(t-5)$

3) $x(t)=2e^{-2t}u(t-1)$　　$h(t)=u(t+1)$

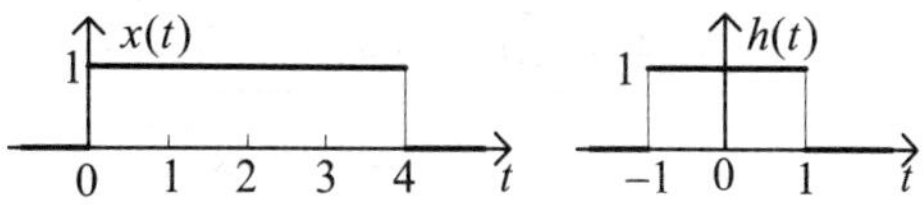


图 P3.7(a)

4) $x(t)=\mathrm{e}^{-2|t|}$　　$h(t)=u(t-2)$

5) $x(t)=\mathrm{e}^{-|t|}\,\mathrm{sgn}(t)$　　$h(t)=u(t)-u(t-2)$

6) $x(t)=\begin{cases}\sin\pi t, & 0\leqslant t\leqslant 2\\ 0, & t<0,t>2\end{cases}$　　$h(t)=u(t-1)-u(t-3)$

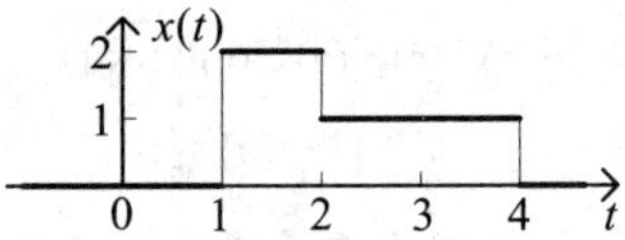


图 P3.7(b)

7) $x(t)$ 如图 P3.7(b)所示，　　$h(t)=u(-t-2)$

8) $x(t)=\sum\limits_{n=-\infty}^{\infty} r_2\ t-4n$ ，其中 $r_2(t)=\begin{cases}1, & |t|<1\\ 0, & |t|>1\end{cases}$；　$h(t)=u(t)-u(t-2)$

9) $x(t)=\sum\limits_{n=0}^{\infty} x_0\ t-4n$ ，其中 $x_0(t)=\begin{cases}\cos\pi t, & 0\leqslant t\leqslant 2\\ 0, & t<0,t>2\end{cases}$；　$h(t)=u(t)$

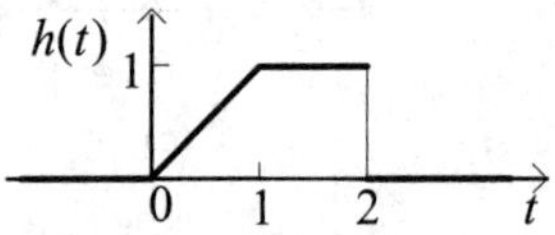


图 P3.7(c)

10) $x(t)=\mathrm{e}^{-t}[u(t-1)-u(t-3)]$，　　$h(t)$ 如图 P3.7(c)所示。

11) $x(t)=\begin{cases}|\sin\pi t|, & 0\leqslant t\leqslant 2\\ 0, & t<0,t>2\end{cases}$，　　$h(t)=u(t)-u(t-2)$

12) $x(t)$ 和 $h(t)$ 如图 P3.7(d)所示。

13) $x(t)$ 与 12)小题相同，

$h(t)=u(t)-u(t-2)$

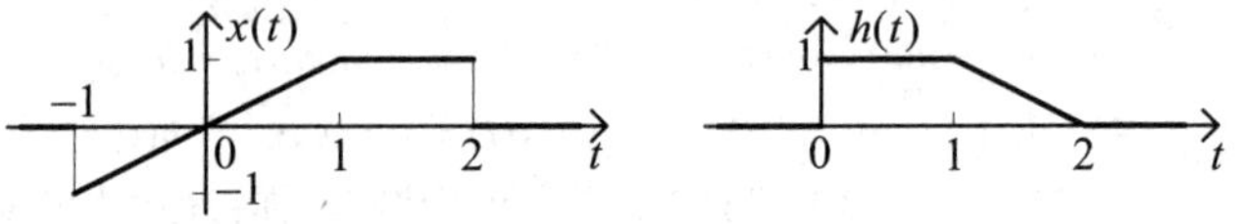


图 P3.7(d)

**3.8** 对题 3.7 中 1)和 11)小题，用卷积的不同性质，计算 $y(t)=x(t)*h(t)$，并概略画出有关波形。

**3.9** 图 P3.9 中两个离散时间 LTI 系统的级联，已知：$h_1[n]=\sin 8n$，$h_2[n]=a^n u[n]$，$|a|<1$。当输入 $x[n]=\delta[n]-a\delta[n-1]$ 时，用卷积的结合律和交换律性质求其输出 $y[n]$。

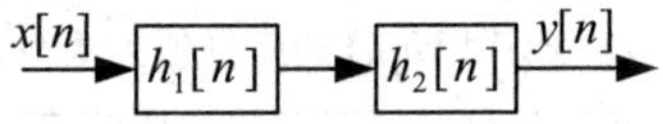


图 P3.9

**3.10** 对于图 P3.10(a)的离散时间 LTI 系统互联：

1) 试用 $h_1[n]$，$h_2[n]$ ⋯ $h_5[n]$ 表示总系统的单位冲激响应。

2) 若图中的 $h_1[n]=4(1/2)^n\{u[n]-u[n-3]\}$，$h_2[n]=h_3[n]=(n+1)u[n]$，$h_5[n]=\delta[n]-4\delta[n-3]$，$h_4[n]$ 为单位延时，试求 $h[n]$。能否用卷积的结合律、分配律和交换律等性质简化 $h[n]$ 的计算？

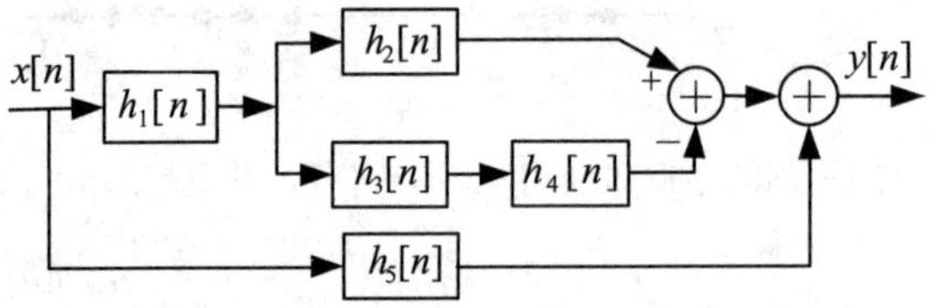


图 P3.10(a)

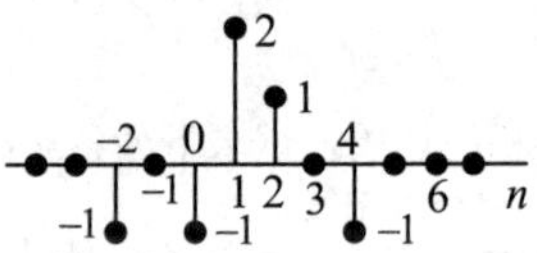


图 P3.10(b)

3) $x[n]$ 如图 P3.10(b)所示，试求 2)小题给定系统对它的响应 $y[n]$，并概略画出序列图。

**3.11** 对图 P3.11 所示的连续时间 LTI 系统的互联：

1) 试用 $h_1(t)$，$h_2(t)$，⋯，$h_6(t)$ 表示总系统单位冲激响应 $h(t)$。

2) 已知：$h_1(t)=u(t)$，$h_2(t)=\delta(t-1)$，$h_3(t)=\mathrm{e}^{-t}u(t)$，$h_4(t)=h_1(t-1)$，$h_5(t)=\delta(t+1)$ 和 $h_6(t)=\delta'(t)$，试求 $h(t)$。能否考虑用卷积的交换律、结合律和分配律等性质简化你的计算？

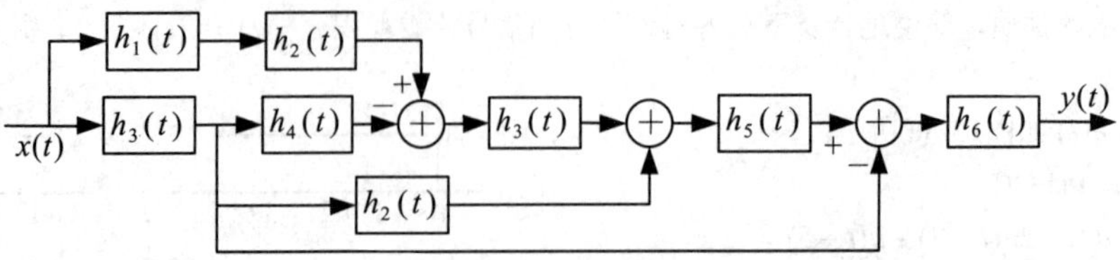


图 P3.11

3) 当 $x(t)=u(t)$ 时，试求 2)小题所给定系统的响应 $y(t)$ 。

**3.12** 一个由如下输入输出变换关系描述的系统：

$$y(t)=\mathrm{e}^{-t}\int_{-\infty}^{t}\mathrm{e}^{\tau}x(\tau-2)\mathrm{d}\tau$$

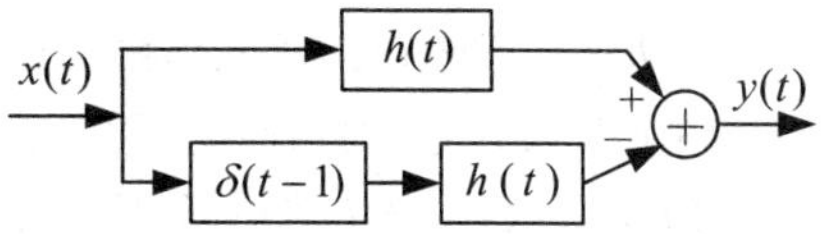

图 P3.12

1) 试证明它是 LTI 系统，并求其单位冲激响应 $h(t)$ 。

2) 当 $x(t)=u(t+1)-u(t-2)$ 时，试求它的输出 $y(t)$ 。

3) 考虑图 P3.12 所表示的 3 个 LTI 系统的互联，其中 $h(t)$ 与 1)小题中相同。当输入仍为 2)小题给出的 $x(t)$ 时，用下述两种方法求互联系统的输出。

a) 先计算互联系统的单位冲激响应，然后用卷积积分计算输出。

b) 利用 2)小题的结果和卷积的性质，试不通过计算卷积，直接写出输出。

**3.13** 判断下列陈述或等式在一般情况下是否正确。对你认为是正确的，请加以证明；对你认为不正确的，试举出相反的例子。

1) $a^n x[n]*a^n h[n]=a^n\{x[n]*h[n]\}$　　2) $x(t)*[h(t)g(t)]=[x(t)*h(t)]g(t)$

3) 若 $y(t)=x(t)*h(t)$ ，则 $\mathrm{Ev}\{y(t)\}=x(t)*\mathrm{Ev}\{h(t)\}+\mathrm{Ev}\{x(t)\}*h(t)$

4) 若 $x(t)$ 和 $h(t)$ 是奇信号，则 $y(t)=x(t)*h(t)$ 是偶信号

5) 若 $y(t)=x(t)*h(t)$ ，则 $y(2t)=2x(2t)*h(2t)$

6) 若 $y[n]=x[n]*h[n]$ ，则 $y[2n]=2x[2n]*h[2n]$

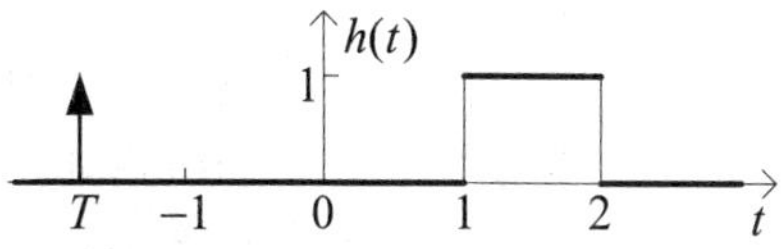

图 P3.14

**3.14** 本题进一步讨论 LTI 系统几个特性。

1) 某连续时间 LTI 系统的单位冲激响应 $h(t)$ 如图 P3.14 所示，试问：必须已知在什么区间上的输入 $x(t)$ 才能确定 $y(0)$ 的值？

2) 若连续时间 LTI 系统单位冲激响应 $h(t)$ 和输入 $x(t)$ 分别占据有限持续期 $T_h$ 和 $T_x$ ，例如， $h(t)=0$ ， $t<0$ 和 $t>T_h$ ； $x(t)=0$ ， $t<0$ 和 $t>T_x$ 。则系统输出 $y(t)$ 是有限持续期为 $T_y$ 的信号，即 $y(t)=0$ ， $t<0$ 和 $t>T_y$ 。试用 $T_h$ 和 $T_x$ 表示 $T_y$ 。

3) 若某离散时间 LTI 系统的单位冲激响应 $h[n]$ 和输入 $x[n]$ 分别满足 $h[n]=0$ ， $n<0$ 和 $n\geqslant N_h$ ； $x[n]=0$ ， $n<0$ 和 $n\geqslant N_x$ ，则系统输出 $y[n]=0$ ， $n<0$ 和 $n\geqslant N_y$ ，并试用 $N_h$ 和 $N_x$ 表示 $N_y$ 。

4) 上面 2)和 3)小题体现了卷积的扩散特性。由此，你能否得出如下结论：对于所有 LTI 系统，输出信号的持续期总大于或等于输入信号和单位冲激响应的持续期。如果这个结论不成立，试举出一个反例。

**3.15** 某连续时间 LTI 系统的单位冲激响应为 $h_0(t)$ ，并且当输入是 $x_0(t)$ 时，输出 $y_0(t)$ 如图 P3.15 所示。对下列每个 LTI 系统的单位冲激响应 $h(t)$ 和系统输入 $x(t)$ ，判断是否给出了确定输出 $y(t)$ 所需的足够信息。若确定 $y(t)$ 是可能的，概略画出它的波形。

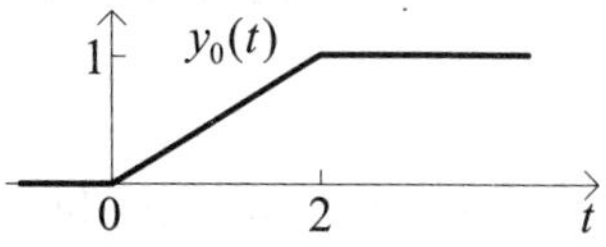

图 P3.15

1) $x(t)=2x_0(t)$　　$h(t)=h_0(t)$

2) $x(t)=x_0(t)-x_0(t-2)$　　$h(t)=h_0(t)$

3) $x(t)=x_0(t-2)$　　$h(t)=h_0(t+1)$　　4) $x(t)=x_0(-t)$　　$h(t)=h_0(-t)$

5) $x(t)=x_0'(t)$　　$h(t)=h_0(t)$　　6) $x(t)=x_0'(t)$　　$h(t)=h_0'(t)$

**3.16** 1) 设 $h(t)$ 是如图 P3.16(a)所示的三角形脉冲； $x(t)$ 为图 P3.16(b)所示的冲激串，即 $x(t)=\sum_{n=-\infty}^{\infty}\delta(t-nT)$ ，对下列 $T$ 值，求 $y(t)=x(t)*h(t)$ ，并概略画出其图形。

a) $T=4$　　b) $T=2$　　c) $T=3/2$　　d) $T=1$

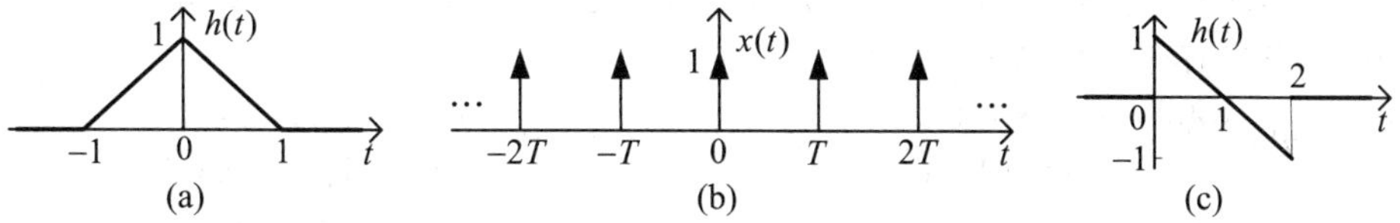

(a)　(b)　(c)

图 P3.16

2) 设 $x(t)$ 是这样的冲激串，即 $x(t)=\sum_{n=-\infty}^{\infty}(-1)^n\delta(t-n)$，某个 LTI 系统的冲激响应 $h(t)$ 如图 P3.16(c) 所示，当 $x(t)$ 是该系统的输入时，试求该系统的输出，并概略画出其图形。

**3.17** 对于周期为 $T$ 的连续时间周期信号 $\tilde{x}_1(t)$，$\tilde{x}_2(t)$ 和 $\tilde{x}_3(t)$，和周期为 $N$ 的离散时间周期序列 $\tilde{x}_1[n]$，和 $\tilde{x}_3[n]$，连续时间和离散时间周期卷积分别见(3.5.1)式和(3.5.2)式。试证明：

1) 周期卷积满足交换律，即

$$\tilde{x}_1(t)\circledast\tilde{x}_2(t)=\tilde{x}_2(t)\circledast\tilde{x}_1(t)\quad 和\quad \tilde{x}_1[n]\circledast\tilde{x}_2[n]=\tilde{x}_2[n]\circledast\tilde{x}_1[n]$$

2) 周期卷积满足结合律，即

$$\tilde{x}_1(t)\circledast\{\tilde{x}_2(t)\circledast\tilde{x}_3(t)\}=\{\tilde{x}_1(t)\circledast\tilde{x}_2(t)\}\circledast\tilde{x}_3(t)$$

和

$$\tilde{x}_1[n]\circledast\{\tilde{x}_2[n]\circledast\tilde{x}_3[n]\}=\{\tilde{x}_1[n]\circledast\tilde{x}_2[n]\}\circledast\tilde{x}_3[n]$$

3) 周期卷积满足分配律，即

$$\tilde{x}_1(t)\circledast\{\tilde{x}_2(t)+\tilde{x}_3(t)\}=\tilde{x}_1(t)\circledast\tilde{x}_2(t)+\tilde{x}_1(t)\circledast\tilde{x}_3(t)$$

和

$$\tilde{x}_1[n]\circledast\{\tilde{x}_2[n]+\tilde{x}_3[n]\}=\tilde{x}_1[n]\circledast\tilde{x}_2[n]+\tilde{x}_1[n]\circledast\tilde{x}_3[n]$$

4) 时移性质

$$\tilde{x}_1(t-t_0)\circledast\tilde{x}_2(t)=\tilde{x}_1(t)\circledast\tilde{x}_2(t-t_0)\quad 和\quad \tilde{x}_1[n-n_0]\circledast\tilde{x}_2[n]=\tilde{x}_1[n]\circledast\tilde{x}_1[n-n_0]$$

5) 若 $\tilde{x}(t)$ 和 $\tilde{y}(t)$，$\tilde{x}[n]$ 和 $\tilde{y}[n]$ 分别是相同周期 $T$ 或 $N$ 的连续或离散时间周期信号，则有

$$T\cdot R_{xy}(t)=\tilde{x}(t)\circledast\tilde{y}^*(-t)\quad 和\quad N\cdot R_{xy}[n]=\tilde{x}[n]\circledast\tilde{y}^*[-n]$$

6) 如果周期不相同，上述周期卷积的性质是否成立？若成立，成立的条件是什么？

**3.18** 计算下列各对周期信号的周期卷积，即

$$\tilde{y}(t)=\tilde{x}_1(t)\circledast\tilde{x}_2(t)\quad 和\quad \tilde{y}[n]=\tilde{x}_1[n]\circledast\tilde{x}_2[n]$$

1) $\tilde{x}_1[n]$ 和 $\tilde{x}_2[n]$ 如图 P3.18(a)所示。

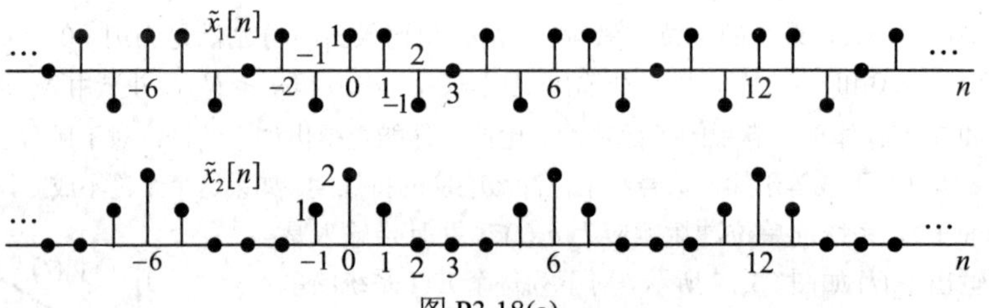


图 P3.18(a)

2) 对 1)小题的 $\tilde{x}_1[n]$ 和 $\tilde{x}_2[n]$，以周期 $N=12$ 计算它们的周期卷积。

3) 一般情况下，如果 $\tilde{x}_1[n]$ 和 $\tilde{x}_2[n]$ 的基本周期为 $N$，试讨论以 $N$ 和 $kN$（$k$ 为正整数)为周期计算的周期卷积之间有什么关系?

4) $\tilde{x}_1(t)$ 和 $\tilde{x}_2(t)$ 如图 P3.18(b)所示。

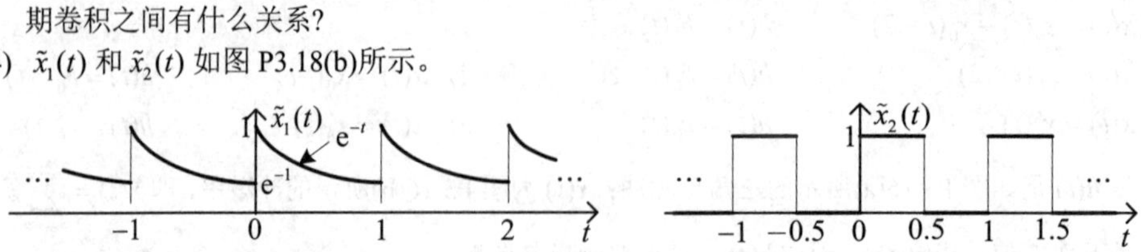


图 P3.18(b)

**3.19** 1) 对于下列时变单位冲激响应 $\{h[k,n],\ k=0,\ \pm1,\ \pm2\ \cdots\}$ 描述的离散时间线性时变系统，试写出输入 $x[n]$ 和输出 $y[n]$ 之间的显函数关系：

a) $h[k,n]=\begin{cases}\delta[n-k], & k=2l\\ 0, & k=2l+1\end{cases},\quad l\in\mathbf{Z}$　　b) $h[k,n]=\begin{cases}\delta[n-k+1], & k=2l+1\\ 2u[n-k], & k=2l\end{cases},\quad l\in\mathbf{Z}$

c) $h[k,n]=\delta[2n-k]$　　d) $h[k,n]=ku[n-k]$　　e) $h[k,n]=k\delta[n-2k]+3k\delta[n-k]$

2) 在 1)小题的各个系统中，哪些系统是因果的？哪些是非因果的？并说明理由。

3) 当输入为 $x[n]=u[n]$ 时，试确定 1)小题中各系统的输出 $y[n]$，并概略画出其波形。

**3.20** 一个连续时间线性系统对 $\delta(t-\tau)$ 的响应为 $h(\tau,t)=u(t-\tau)-u(t-2\tau)$，试求：

1) 该系统是时不变的吗？是因果的吗？

2) 该系统对下列每个输入 $x(t)$ 的响应 $y(t)$。

a) $x(t)=u(t-1)-u(t-3)$　　　b) $x(t)=e^{-t}u(t)$

**3.21** 对于离散时间 LTI 系统，当选择 $\{\phi_k[n]=\delta[n-k],\ k=0,\ \pm1,\ \pm2\ \cdots\}$ 作为一组基本信号时，得到离散时间卷积和的分析方法。本题考虑另外一组基本信号，即

$$\{\phi_k[n]=\phi[n-k],\ k=0,\ \pm1,\ \pm2\ \cdots\}，其中，\ \phi[n]=(1/2)^n u[n]$$

1) 试证明任意有界离散时间序列 $x[n]$ 可表示为 $x[n]=\sum_{k=-\infty}^{\infty}a_k\phi[n-k]$，并确定用 $x[n]$ 的值表示系数 $a_k$ 的表示式。**提示：** 这时 $\delta[n]$ 的表示式是什么？

2) 假设 $r[n]$ 是一个离散时间 LTI 系统对输入 $\phi[n]$ 的响应，试用 $r[n]$ 和 $\phi[n]$ 表示该系统对任意输入 $x[n]$ 的响应 $y[n]$ 的表达式。

3) 试证明 $y[n]$ 可写成 $y[n]=\psi[n]*x[n]*r[n]$，并求出 $\psi[n]$。

4) 利用 3)的结果，用 $r[n]$ 表示该系统的单位冲激响应 $h[n]$，并证明 $\psi[n]*\phi[n]=\delta[n]$。

**3.22** 已知连续时间 LTI 系统对输入 $x_0(t)$ 的响应是 $y_0(t)$，且分别如图 P3.22(a)，(b)所示。

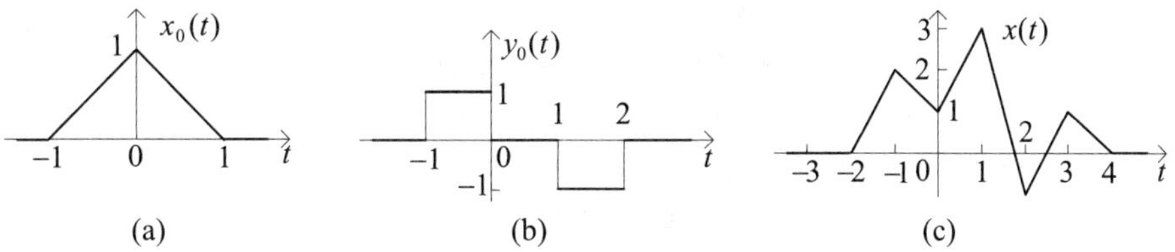


图 P3.22

1) 试证明图 P3.22(c)的信号 $x(t)$ 可表示为 $x(t)=\sum_{n=-\infty}^{\infty}a_n x_0(t-n)$，并求出 $a_n$ 的值。

2) 试用该系统对信号 $x_0(t-n)$ 的响应，来表示该系统对图 P3.22(c)所示输入 $x(t)$ 的响应 $y(t)$，并概略画出 $y(t)$ 的波形。

3) 试求该系统对单位斜坡输入 $u_{-2}(t)=tu(t)$ 的响应 $h_{-2}(t)$。

4) 试求该系统的单位冲激响应 $h(t)$ 和单位阶跃响应 $s(t)$。

5) 画出用积分器(或微分器)、连续时间单位延时(单位冲激响应为 $\delta(t-1)$)及相加器和数乘器构成的、具有该单位冲激响应之系统的方框图表示。

**3.23** 一个离散时间的 LTI 系统的单位冲激响应为 $h[n]=(n+1)a^n u[n]$，$|a|<1$。试证明该系统的单位阶跃响应为 $s[n]=\left[\dfrac{1-a^{n+1}}{(a-1)^2}+\dfrac{a}{a-1}(n+1)a^n\right]u[n]$。　　**提示：** $\sum_{k=0}^{n}(k+1)a^k=\dfrac{d}{da}\sum_{k=0}^{n+1}a^k$

**3.24** 根据卷积的结合律性质，在几个 LTI 系统级联时，可以任意交换它们级联的次序，级联系统总的输入输出关系不变。若其中有一个系统是非 LTI 系统，例如线性时变系统或非线性时不变系统，则不然。本题以几个例子来说明这一点。

1) 两个离散时间系统 A 和 B 的级联如图 P3.24(a)中所示，其中，系统 A 为 LTI 系统，其单位冲激响应为 $h[n]=a^n u[n]$，而系统 B 为线性时变系统，其输入输出关系为 $y[n]=nv[n]$。当级联输入为 $x[n]=\delta[n]$ 时，试证明两个系统交换次序后，总的输入输出关系不一样。

2) 如果图 P3.24(a)中的系统 B 是非线性时不变系统，例如其输入输出关系为 $y[n]=v[n]+2$，重复 1)小题的证明。

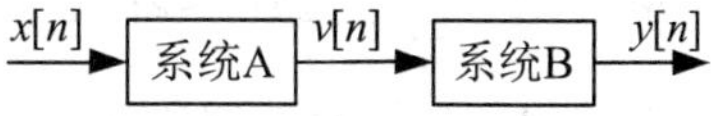


图 P3.24(a)

3) 某连续时间系统的输入输出信号变换关系为 $y(t)=x(1-0.5t)$。试证明：它可以等效成图 P3.24(b)所示的三个自变量变换系统的级联。

a) 能任意交换三个系统级联的次序吗？

b) 你能画出该系统的一个或两个等价系统吗？

其中每个等价系统仍是三个自变量变换的级联。

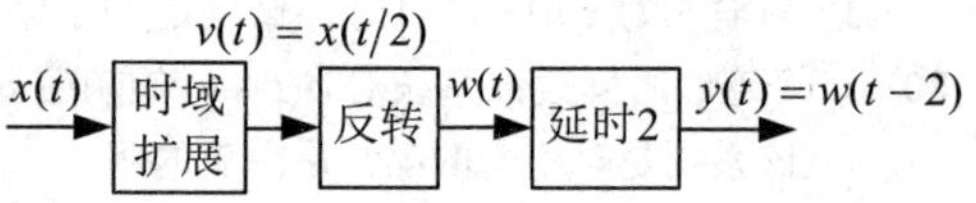


图 P3.24(b)

**3.25** 图 P 3.25 所示的两个系统级联，并已知系统 A 是 LTI 系统，系统 B 是 A 系统的逆系统。假设系统 A 有 $x_1(t)\to y_1(t)$ 和 $x_2(t)\to y_2(t)$，试求：

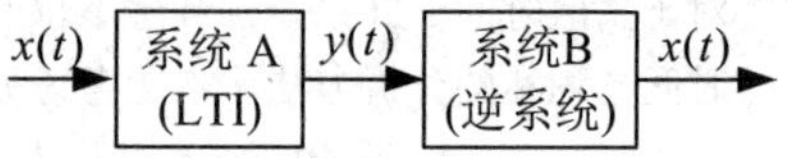


图 P3.25

1) 系统 B 对 $ay_1(t)+by_2(t)$ 的响应是什么？这里 $a$，$b$ 都是常数。

2) 系统 B 对输入 $y_1(t-\tau)$ 的响应是什么？

**3.26** 在 3.4 节和 3.7 节中，已充分看到了卷积及其性质在 LTI 系统分析中的作用。这里对其中的两个问题作点比较严密的讨论。正如下面将会看到的，由于卷积运算存在着收敛问题，有些卷积的性质不是无条件成立的，使用它们时需特别小心。

1) 卷积的结合律性质：

$$x(t)*[h_1(t)*h_2(t)]=[x(t)*h_1(t)]*h_2(t)=[x(t)*h_2(t)]*h_1(t) \tag{P3.26.1}$$

$$x[n]*\{h_1[n]*h_2[n]\}=\{x[n]*h_1[n]\}*h_2[n]=\{x[n]*h_2[n]\}*h_1[n] \tag{P3.26.2}$$

一般地，只要其中涉及的三个信号的各个两两卷积都收敛，该性质是正确的。实际问题一般都属于此情况，故在应用卷积的结合律性质时，通常无需特别注意。然而，某些特殊情况却并非如此。

a) 当 $h_1(t)=\delta'(t)$，$h_2(t)=u(t)$，$x(t)=1$ 时，用(P3.26.1)式的三种不同方法计算，比较其结果。由此看到，先对常数微分，然后再积分是有意义的。但先对常数从 $-\infty\to t$ 积分，然后再微分的运算却没有意义了。因此，在这种情况下，卷积的结合律性质被破坏了。

b) 当 $x(t)=\mathrm{e}^{-t}$、$h_1(t)=\delta(t)+\delta'(t)$、$h_2(t)=\mathrm{e}^{-t}u(t)$ 时，重做 a)。

c) 对于 $x[n]=(1/2)^n$，$h_1[n]=\delta[n]-(1/2)\delta[n-1]$，$h_2[n]=(1/2)^n u[n]$ 时，用(P3.26.2)式重做 a)。

2) 与上述讨论紧密相关的是 LTI 系统的逆系统问题。

a) 严格来说，积分器是不可逆的。然而可证明：如果只限于满足产生有界输出的输入信号 $x(t)$，即

$$\left|\int_{-\infty}^{t}x(\tau)\mathrm{d}\tau\right|<\infty \tag{P3.26.3}$$

它就是可逆的，则积分器就可看成可逆的 LTI 系统，微分器就是它的逆系统。

b) 设 $h(t)$ 是一个 LTI 系统的单位冲激响应，若另一个 LTI 系统的单位冲激响应 $h_{\text{inv}}(t)$ 满足

$$h(t)*h_{\text{inv}}(t)=\delta(t)$$

对于使 $x(t)*h(t)$ 和 $x(t)*h_{\text{inv}}(t)$ 都有定义，且限于卷积结果都是有界信号，则对所有产生有界卷积结果的输入信号 $x(t)$，$h(t)$ 和 $h_{\text{inv}}(t)$ 这两个 LTI 系统的级联，不论次序先后，其作用都相当于恒等系统，故这两个系统都可以相互认为是另一个系统的逆系统。例如，$h(t)=u(t)$，$h_{\text{inv}}(t)=\delta'(t)$，只要限定输入满足(P3.26.3)式，就认为这两个系统互为逆系统。在离散时间中也有相同的结论。

**3.27** 对下列输入输出关系描述的系统：试判断它们是否线性？是否时不变？是否因果？是否稳定？如果是 LTI 系统，试写出它的单位冲激响应 $h(t)$ 或 $h[n]$。

1) $y(t)=\dfrac{1}{2T}\int_{-T}^{T}x(t-\tau)\mathrm{d}\tau$　　2) $y[n]=\dfrac{1}{N+1}\sum\limits_{k=0}^{N}x[n-k]$　　3) $y(t)=\mathrm{e}^{-2t}\int_{-\infty}^{t}(\mathrm{e}^{\tau})^2x(\tau+2)\mathrm{d}\tau$

4) $y(t)=\int_{-\infty}^{t}x(2\tau+1)u(t-\tau)\mathrm{d}\tau$　　5) $y[n]=a^n\sum\limits_{k=n-3}^{n}x[k]a^{-k}$

6) $y[n]=\sum\limits_{k\in 2l}x[k/2]u[n-k]$，$l\in\mathbf{Z}$

7) 图 P3.27 虚线框内的系统，并已知 $f(t)=t[u(t)-u(t-1)]$。

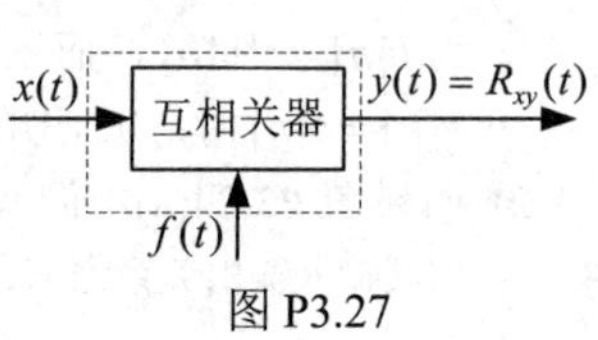


图 P3.27

**3.28** 对下列连续时间或离散时间 LTI 系统的单位冲激响应 $h(t)$ 或 $h[n]$，试判断每个系统的因果性和稳定性，并说明你作出判断的依据。

1) $h(t)=\mathrm{e}^{-2t}u(t-2)$　2) $h[n]=2(1/2)^n u[n-1]$　3) $h(t)=\mathrm{e}^{-2t}u(2-t)$

4) $h[n]=(0.9)^n u[n+2]$　5) $h(t)=\mathrm{e}^{-t}u(t+1)$　6) $h[n]=(0.9)^n u[-n]$

7) $h[n]=2^n u[2-n]$　8) $h[n]=(1/2)^{|n|}\operatorname{sgn}[n]$　9) $h(t)=\mathrm{e}^{-2|t|}$　10) $h(t)=t\mathrm{e}^{-t}u(t)$

**3.29** 1) 图 P3.29 的连续时间系统称为**抽头延时线**，其中 $h_n$ 为第 $n$ 节的抽头增益，试证明其单位冲激响应为 $h(t)=\sum\limits_{n=0}^{\infty}h_n\delta(t-nT)$，若已知 $h_0=1,\ h_1=-2,\ h_2=1,\ h_n=0,\ n>2$。概略画出其 $h(t)$。

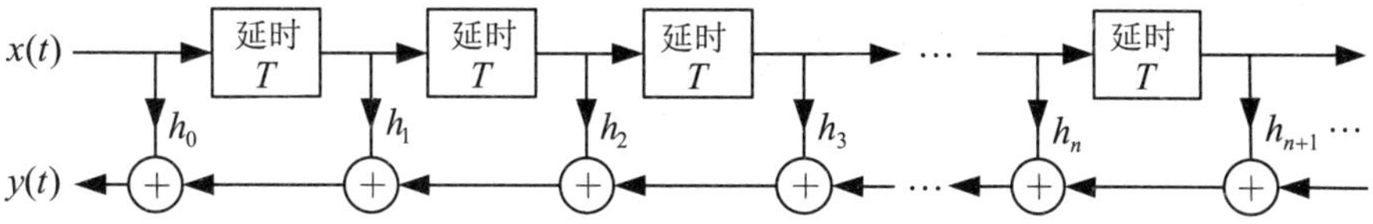


图 P3.29

2) 假定上述抽头延迟线的输入 $x(t)$ 是等间隔 $T$ 的周期冲激串，即 $x(t)=\sum\limits_{n=-\infty}^{\infty}x_n\delta(t-nT)$，试证明其输出 $y(t)$ 也是一个周期冲激串，即 $y(t)=\sum\limits_{n=-\infty}^{\infty}y_n\delta(t-nT)$，其中，系数序列 $\{y_n\}$ 可以由 $\{x_n\}$ 和 $\{h_n\}$ 的离散时间卷积和来确定，即 $y_n=\sum\limits_{k=-\infty}^{\infty}x_{n-k}h_k$。

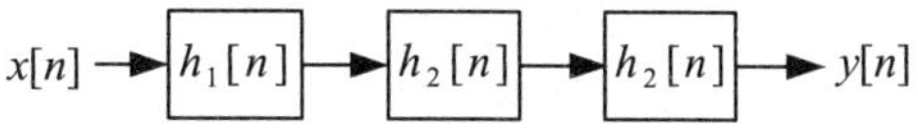


图 P3.30(a)

**3.30** 如图 P3.30(a)所示的三个离散时间因果 LTI 系统的级联，已知 $h_2[n]=u[n]-u[n-2]$，且已知整个系统的单位冲激响应 $h[n]$ 如图 P3.30(b)所示。

1) 试求第一个 LTI 系统的单位冲激响应 $h_1[n]$。

2) 若整个系统的输入为 $x[n]=\delta[n]-\delta[n-1]$，试求输出 $y[n]$，并概略画出其波形。

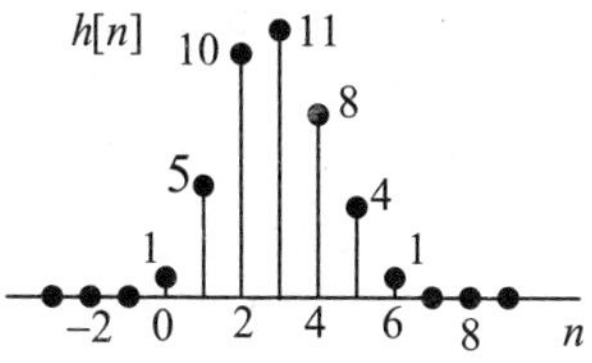


图 P3.30(b)

**3.31** 已知一个离散时间因果稳定的 LTI 系统的单位冲激响应 $h[n]$ 为 $h[n]=\sum\limits_{k=0}^{\infty}h_k\delta[n-k]$，$0\leqslant n<\infty$。可以证明它的逆系统也是因果稳定的 LTI 系统，其单位冲激响应可表示成 $h_{\text{inv}}[n]=\sum\limits_{k=0}^{\infty}g_k\delta[n-k]$，试确定 $g_k$ 满足的代数方程，并找出计算它的递推算法。

**3.32** 逆系统的一个重要应用是用来消除回音。例如，如果一个会场或音乐厅具有明显的回音，叠加了回音的系统可用具有单位冲激响应 $h(t)=\sum\limits_{k=0}^{\infty}h_k\delta(t-kT)$ 的连续时间 LTI 系统来模型，其中，$T$ 表示回音的滞后，$0<h_k<1$，表示第 $k$ 次回波的衰减因子。若 $x(t)$ 表示原始声音信号，$y(t)=x(t)*h(t)$ 是实际听到的未经回波消除的信号。可以证明这样的 $h(t)$ 表示的 LTI 系统是可逆的，它的逆系统也是因果 LTI 系统，且单位冲激响应也是一个等间隔的冲激串，即 $h_{\text{inv}}(t)=\sum\limits_{k=0}^{\infty}g_k\delta(t-kT)$。

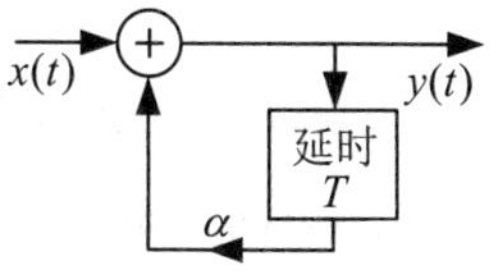


图 P3.32

1) 如果已知 $h_k$，$k\geqslant 0$，试确定 $g_k$，$k\geqslant 0$。

2) 已知 $h_0=1$，$h_1=1/2$ 和 $h_k=0$，$k\geqslant 2$，在此情况下，$h_1(t)$ 是什么？

3) 回波发生器的一个很好的模型如图 P3.32 所示，试问：

a) 这个回波发生器的单位冲激响应是什么？(假定当输入 $x(t)=0$，$t<0$ 时，回波发生器的输出也有 $y(t)=0$，$t<0$)。

b) 当 $0<|\alpha|<1$ 时，证明该回波发生器是稳定的，$\alpha\geqslant 1$ 时是不稳定的。

c) 试求其逆系统的单位冲激响应 $h_{\text{inv}}(t)$，并用相加器、数乘器和 $T$ 秒延迟单元构成这个逆系统。

**3.33** 1) 试证明： a) 若 $y(t)=x(t)*h(t)$，则有 $y(t)=\left[\int_{-\infty}^{t}x(\tau)\mathrm{d}\tau\right]*\frac{\mathrm{d}}{\mathrm{d}t}h(t)=\frac{\mathrm{d}}{\mathrm{d}t}x(t)*\left[\int_{-\infty}^{t}h(\tau)\mathrm{d}\tau\right]$

b) 若 $y[n]=x[n]*h[n]$，则有 $y[n]=\left(\Delta x[n]\right)*\left(\sum_{k=-\infty}^{n}h[k]\right)=\left(\sum_{k=-\infty}^{n}x[k]\right)*\left(\Delta h[n]\right)$

2) 已知某连续时间 LTI 系统对输入 $x(t)=\mathrm{e}^{-3t}u(t)$ 的响应是 $y(t)=\sin\pi t$，系统的 $h(t)$ 是什么？

3) 已知某连续时间 LTI 系统对 $x(t)=(\sin t)u(t)$ 的响应是 $y(t)=(\mathrm{e}^{-t}-1)u(t)$，系统的 $h(t)$ 是什么？

**3.34** 1) 已知某连续时间 LTI 系统的单位阶跃响应为 $s(t)=(\mathrm{e}^{-3t}-2\mathrm{e}^{-2t}+1)u(t)$，当输入 $x(t)=\mathrm{e}^{-t}u(t)$ 时，试求该系统的响应。

2) 已知某个离散时间 LTI 系统的单位阶跃响应为 $s[n]=(1/2)^n u[n+1]$，当输入 $x[n]=(-1/2)^n u[n]$ 时，试求该系统的响应。

**3.35** 试求分别满足如下方程的连续时间信号 $f(t)$：

1) $f(t)*tu(t)=(t+\mathrm{e}^{-t}+1)u(t)$　　2) $f(t)*\mathrm{e}^{-t}u(t)=(1-\mathrm{e}^{-t})u(t)$

3) $f(t)*\mathrm{e}^{-t}u(t)=(1-\mathrm{e}^{-t})u(t)-[1-\mathrm{e}^{-(t-1)}]u(t-1)$

**3.36** 由下列各对输入 $x(t)$ 及输出 $y(t)$ 描述的连续时间因果 LTI 系统，试求其单位阶跃响应 $s(t)$ 和单位冲激响应 $h(t)$，并概略画出它们的波形。

1) 图 P3.36(a)所示的 $x(t)$ 和 $y(t)$

2) $x(t)=\mathrm{e}^{-t}[u(t)-u(t-1)]$ 和 $y(t)=\mathrm{e}^{-t}u(t)$

3) 图 P3.36(b)所示的 $x(t)$ 和 $y(t)$

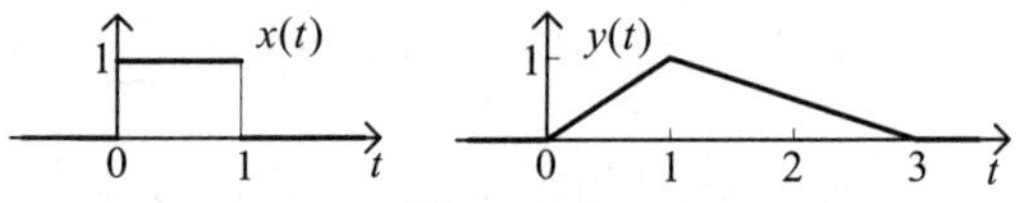

图 P3.36(a)

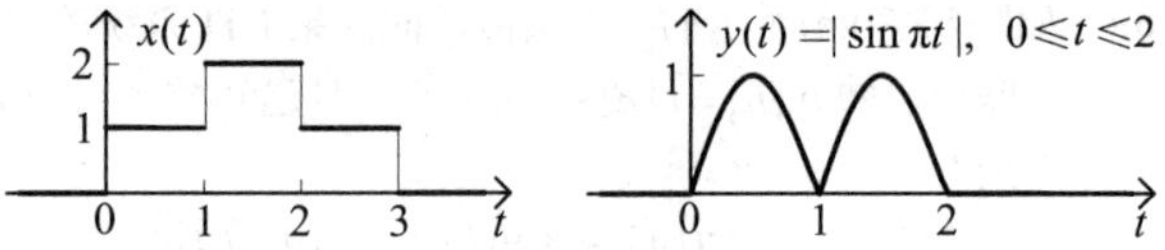


图 P3.36(b)

**3.37** 在 2.5.1 小节给出了 $\delta(t)$ 的极限定义，并讨论了 $\delta(t)$ 的几个性质。必须指出，重要的是通过它的性质来理解 $\delta(t)$，而不是像常规函数那样，根据每个 $t$ 时它取什么函数值来定义 $\delta(t)$。基于这样的认识，$\delta(t)$ 可以看成许多具有单位面积函数的极限。试证明图 P3.37 中给出的所有信号 $x_i(t)$，$i=1$，2，…，8，它们在 $\Delta\to 0$ 时(注意，$x_8(t)$ 是在 $k\to\infty$ 时)的极限都是 $\delta(t)$。

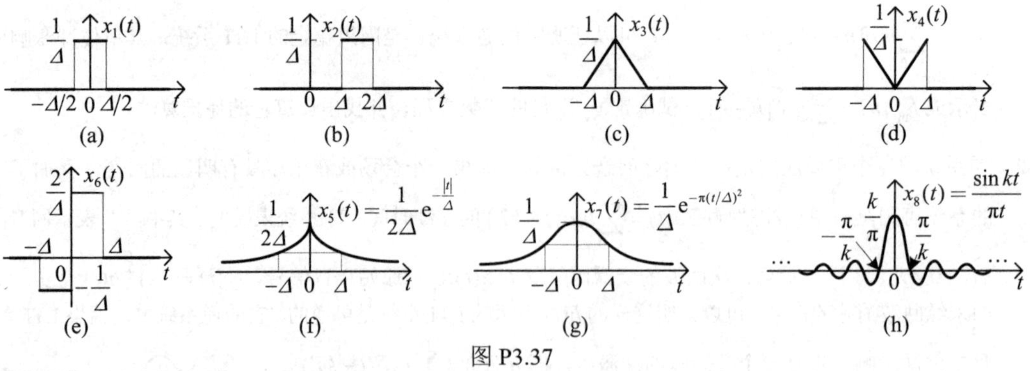

图 P3.37

**3.38** 本题将研究和证明由 $\delta(t)$ 派生出来的一类奇异函数及其离散时间对称的几个性质。

1) 试求： a) $\delta(2t)$　　b) $\delta(t/2)$　　c) $\delta[2n]$　　d) $\delta_{(2)}[n]=\begin{cases}\delta[n/2], & n=2l\\ 0, & n\neq 2l\end{cases}$

2) 在 3.9 节中，给出了 $\delta(t)$ 的各阶导数的运算定义及其性质。例如，$\delta(t)$ 的一阶导数(单位冲激偶信号) $u_1(t)$ 的运算定义为

$$x(t)*u_1(t)=\int_{-\infty}^{\infty}x(t-\tau)u_1(\tau)\mathrm{d}\tau=x'(t) \quad \text{(P3.38.1)}$$

其中 $x(t)$ 为任意信号。用与 3.9 节中证明 $\delta(t)$ 各个性质的类似方法，试证明 $u_1(t)$ 的下列性质：

a) $u_1(t)$ 的筛分性质，又称为 $u_1(t)$ 的等效运算定义：若导函数 $\phi'(t)$ 在 $t=0$ 处连续，则有

$$\int_{-\infty}^{\infty}\phi(\tau)u_1(\tau)\mathrm{d}\tau=-\phi'(0) \tag{P3.38.2}$$

b) $u_1(t)$ 是奇函数，即

$$u_1(t)=-u_1(-t) \tag{P3.38.3}$$

c) $u_1(t)$ 具有零面积

$$\int_{-\infty}^{\infty}u_1(\tau)\mathrm{d}\tau=0 \tag{P3.38.4}$$

d) 若 $x(t)$ 及其一阶导数在 $t=0$ 处连续，则有

$$x(t)u_1(t)=x(0)u_1(t)-x'(0)\delta(t) \tag{P3.38.5}$$

3) 试用归纳法证明：

$$u_{-k}(t)=\frac{t^{k-1}}{(k-1)!}u(t)\,,\quad k\geqslant 1 \tag{P3.38.6}$$

4) 利用 3.10 节给出的 $u_k[n]$ 的运算定义，计算或证明 $u_k[n]$ 的下列性质：

a) $\sum_{m=-\infty}^{\infty}x[m]u_1[m]$ 表示什么？

b) $$x[n]u_1[n]=x[0]u_1[n]-\{x[1]-x[0]\}\delta[n-1]=x[1]u_1[n]-\{x[1]-x[0]\}\delta[n] \tag{P3.38.7}$$

c) $$u_k[n]=\sum_{m=0}^{k}\frac{(-1)^m k!}{m!(k-m)!}\delta[n-m]\,,\quad k>0 \tag{P3.38.8}$$

d) $$u_{-k}[n]=\frac{(n+k-1)!}{n!(k-1)!}u[n]\,,\quad k>0 \tag{P3.38.9}$$

**提示**：

$$u_{-(k+1)}[n]-u_{-(k+1)}[n-1]=u_{-k}[n]$$

# 第4章　用微分方程或差分方程描述的系统

## 4.1　引　　言

2.11 节已指出：从实际信号与系统问题建立的系统数学描述，通常分别是一个用微分方程或差分方程表示的连续时间或离散时间系统，且在相当多的情况下，它们都可分别归结为(或可合理地近似为)线性常系数微分方程或线性常系数差分方程描述的系统。因此，深入研究并了解这类系统的分析和综合方法，对于信号与系统理论和方法及其实际应用都有重要意义。

分别用线性常系数微分方程或差分方程描述的系统也有两种分析方法：时域方法和变换域方法。本章介绍它们的时域方法，变换域方法将在后面第 8 章中讨论。信号与系统问题的经典时域分析方法——线性常系数微分方程和差分方程的解法，都起源于 17 世纪牛顿的时代，它们有各自的渊源，经历不同的发展过程，都逐渐发展成为一套严密、完整的解析方法，而且在相当长的时期内，它们在信号与系统问题的时域分析中占据着统治地位。直到 20 世纪，随着以卷积为基础的时域分析方法的应用和逐步完善，这种方程解法才逐渐失去其在时域分析中的主导地位。尽管如此，本书仍单设一章来介绍这种经典的方程解法，主要基于两个理由：一是出于信号与系统整个内容体系的完整性；更重要的是对不同方法进行比较，弄清它们之间的相互关系，并使读者从这些不同方法产生、应用和发展的脉络得到有益的启示。也须指出，由线性常系数差分方程描述的离散时间系统所特有的递推算法，至今在数字信号处理、信号的预测和估值以及时间序列分析中，仍有其重要意义和实际应用。

本章首先简要地回顾和介绍以方程解法为代表的经典时域分析方法，并借用类比的方法，由线性常系数微分方程解法引入线性常系数差分方程解法，并介绍差分方程特有的递推算法；然后，从很普遍的一类实际的因果系统问题出发，说明这类系统在所谓“起始松弛”或“起始静止”的假设下，可分别归结为用 $N$ 阶线性常系数微分方程或差分方程表示的因果 LTI 系统，讲述适用于这类因果系统的零状态响应和零输入响应分析方法，并介绍这类因果 LTI 系统单位冲激响应的求法，建立起与基于卷积方法的 LTI 系统分析之间的关系；最后，从系统模拟的观点，介绍由微分方程或差分方程表示的因果 LTI 系统的直接实现结构。

## 4.2　递归系统和非递归系统的级联

对于用 $N$ 阶线性常系数微分方程描述的连续时间系统和用 $N$ 阶线性常系数差分方程表示的离散时间系统，它们的完整的数学描述分别为

$$\begin{cases}\sum_{k=0}^{N}a_k y^{(k)}(t)=\sum_{k=0}^{M}b_k x^{(k)}(t)\\ \text{附加条件：}\ y^{(k)}(t_0)=c_k\end{cases}\quad 和\quad \begin{cases}\sum_{k=0}^{N}a_k y[n-k]=\sum_{k=0}^{M}b_k x[n-k]\\ \text{附加条件：}\ y[n_0+k]=c_k\end{cases}\tag{4.2.1}$$

其中，$x(t)$ 和 $x[n]$ 为系统的输入(或激励)，$y(t)$ 和 $y[n]$ 为系统输出(或响应)，附加条件 $c_k$，$k=0,\ 1,\cdots,\ N-1$，它是在给定 $x(t)$ 和 $x[n]$ 的情况下，为使方程有唯一确定的解所必须的条件。一般地，连续时间系统的附加条件是给定输出 $y(t)$ 在输入信号作用期内某个时刻 $t_0$ 的 0 阶到 $N-1$ 阶导数的值；离散时间系统的附加条件则是给出输出 $y[n]$ 在输入信号作用期内的 $N$ 个连贯的序列值，例如，某一时刻 $n_0$ 及其以后(或以前)共 $N$ 个输出序列值。

对于(4.2.1)式描述的连续时间和离散时间系统，如果令

$$v(t)=\sum_{k=0}^{M}b_k x^{(k)}(t)\quad 和\quad v[n]=\sum_{k=0}^{M}b_k x[n-k]\tag{4.2.2}$$

那么，它们分别可以分解成为如图 4.1(a)和(b)所示那样的两个系统的级联：第一个系统的输入分别是 $x(t)$ 和 $x[n]$，输出分别为 $v(t)$ 和 $v[n]$，它们的输入输出关系像(4.2.2)式那样；第二个系统的输入分别是 $v(t)$ 和 $v[n]$，输出分别为 $y(t)$ 和 $y[n]$，且应分别满足如下方程：

$$\begin{cases}\sum_{k=0}^{N}a_k y^{(k)}(t)=v(t)\\ \text{附加条件：}\ y^{(k)}(t_0)=c_k\end{cases}\quad 和\quad \begin{cases}\sum_{k=0}^{N}a_k y[n-k]=v[n]\\ \text{附加条件：}\ y[n_0+k]=c_k\end{cases}\tag{4.2.3}$$

其中，附加条件 $c_k$，$k=0,\ 1,\ \cdots,\ N-1$。

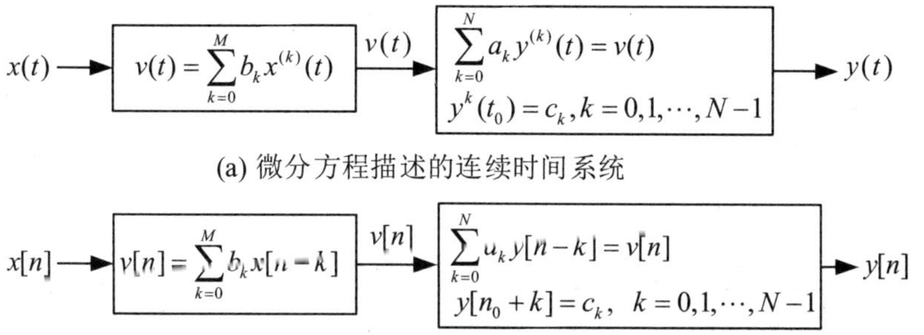


(a) 微分方程描述的连续时间系统

(b) 差分方程描述的离散时间系统

图 4.1　用(4.2.1)式描述的系统表示成两个系统的级联

在这种级联形式中，第二个系统仍分别是 $N$ 阶线性常系数微分方程和差分方程表示的系统，只是方程的右边简化了。但第一个系统的输入输出关系则是显式的信号变换关系，可以证明，它们均是因果的 LTI 系统，且可直接写出它们的单位冲激响应 $h_1(t)$ 和 $h_1[n]$，即

$$h_1(t)=\sum_{k=0}^{M}b_k\delta^{(k)}(t)\quad 和\quad h_1[n]=\sum_{k=0}^{M}b_k\delta[n-k]\tag{4.2.4}$$

在 4.6 节将会看到：由(4.2.2)式表示的连续时间和离散时间 LTI 系统，可分别由数乘器、加法器和连续时间微分器或离散时间延时器构成，并且只涉及级联和并联连接，不存在反馈连接，故分别称为连续时间和离散时间**非递归系统**；而(4.2.3)式的递归方程表示的连续时间和离散时间系统还需通过反馈连接组成，因此，分别叫做连续时间和离散时间**递归系统**。当然，由(4.2.1)式描述的系统也属于递归系统。后面的内容将表明，把一般的 $N$ 阶线性常系数微分方程和差分方程描述的系统，看成一个非递归系统和一个简化的基本递归系统级联的概念和方法，将给分析和研究这类系统带来很多方便。

# 4.3 微分方程和差分方程的解法

## 4.3.1 线性常系数微分方程所描述系统的方程求解

根据前一节的讨论，用(4.2.1)式描述的连续时间系统求解，可分两步进行：第一步按(4.2.2)式的显式信号变换关系，由给定的输入 $x(t)$ 得到中间信号 $v(t)$；再解(4.2.3)式的微分方程，由中间信号 $v(t)$ 解得系统输出 $y(t)$。因此，讨论方程(4.2.1)的解法，可归结为方程(4.2.3)的解法，这样并不失去一般性。鉴于此，下面将基于如下的微分方程来讨论方程解法。

$$\begin{cases}\sum_{k=0}^{N} a_k y^{(k)}(t) = x(t) \\ \text{附加条件：} y^{(k)}(t_0) = c_k, \quad k = 0,\ 1, \cdots, N-1\end{cases} \tag{4.3.1}$$

其中，给定附加条件的时刻 $t_0$，应处在给定输入 $x(t)$ 作用的时间区间之内。

**1. 微分方程的解：特解和齐次解**

按照线性常系数微分方程的理论，$N$ 阶微分方程的**完全解** $y(t)$ 由两部分组成：一个是**齐次解** $y_{\mathrm{H}}(t)$，它是原方程对应的齐次方程的解；另一个是满足原方程的一个**特解** $y_{\mathrm{P}}(t)$。即

$$y(t) = y_{\mathrm{H}}(t) + y_{\mathrm{P}}(t) \tag{4.3.2}$$

1) 特解

特解 $y_{\mathrm{P}}(t)$ 是满足(4.3.1)式中原方程的一个解，它取决于输入信号 $x(t)$ 的函数形式。表 4.1 列出了几种常见的输入信号时所对应特解的函数形式。表中的待定常数 $P$ 和 $P_m$ 可通过将此特解 $y_{\mathrm{P}}(t)$ 代入原方程，用使方程两边系数相等的方法求得，具体的求法将在稍后的例题中介绍。

**表 4.1 输入信号 $x(t)$ 和相应的特解 $y_{\mathrm{P}}(t)$ 对照表**

| 输入信号 $x(t)$ | 相应的特解 $y_{\mathrm{P}}(t)$ |
|---|---|
| 常数 $E$ | 常数 $P$ |
| $\sum_{k=0}^{L} E_k t^k$，　$E_k$ 为常数 | $\sum_{m=0}^{L} P_m t^m$ |
| $e^{\alpha t}$，　$\alpha \neq \lambda_i$ | $P e^{\alpha t}$ |
| $e^{\alpha t}$，$\alpha = \lambda_i$，$\lambda_i$ 为 $\sigma_i$ 重根 | $\sum_{m=0}^{\sigma_i} P_m t^m e^{\alpha t}$ |
| $\sum_{k=0}^{L} E_k t^k e^{\alpha t}$，　$\alpha \neq \lambda_i$ | $\sum_{m=0}^{L} P_m t^m e^{\alpha t}$ |
| $\sum_{k=0}^{L} E_k t^k e^{\alpha t}$，$\alpha = \lambda_i$，$\lambda_i$ 为 $\sigma_i$ 重根 | $\sum_{m=0}^{L+\sigma_i} P_m t^m e^{\alpha t}$ |

2) 齐次解

按照微分方程的理论，齐次解 $y_{\mathrm{H}}(t)$ 的函数形式，由如下特征方程的 $N$ 个根 $\lambda_i$ 决定。

$$\sum_{k=0}^{N} a_k \lambda_i^{\ k} = 0 \tag{4.3.3}$$

特征方程的 $N$ 个根有两种情况；一种是 $N$ 个互不相同的单根 $\lambda_i$， $i=1, 2$， …， $N$；另一种是有重根，例如，有 $r$ 个 $\sigma_i$ 重根 $\lambda_i$， $i=1, 2$， …， $r$，并且有 $\sigma_1+\sigma_2+\cdots+\sigma_r=N$。这两种情况下，齐次解 $y_H(t)$ 的一般形式为

$$y_H(t)=\begin{cases}\sum_{i=1}^{N}A_i e^{\lambda_i t}, & N\text{个互不相同的单根}\lambda_i\\ \sum_{i=1}^{r}\sum_{k=1}^{\sigma_i}A_{ik}t^{k-1}e^{\lambda_i t}, & r\text{个 }\sigma_i\text{重根}\lambda_i\end{cases} \tag{4.3.4}$$

其中： $A_i$， $i=1, 2$， …， $N$； $A_{ik}$， $i=1, 2$，…， $r$， $k=1, 2$，…， $\sigma_i$，为 $N$ 个待定常数。

如果只要求出系统在输入 $x(t)=0$ 时的输出 $y(t)$，即齐次方程的解，那么， $y_P(t)=0$，且 $y(t)=y_H(t)$，给定的 $N$ 个附加条件就是 $y_H(t)$ 的附加条件，可直接用这 $N$ 个附加条件代入(4.3.4)式的 $y_H(t)$ 及其一阶至 $N-1$ 阶导数表达式，然后解代数方程组求得 $N$ 个待定常数。但一般地，当非零 $x(t)$ 输入时，(4.3.1)式给定的附加条件是系统在此输入作用下整个输出 $y(t)$ 的附加条件。此时的待定常数 $A_i$ 和 $A_{ik}$ 需加上特解 $y_P(t)$ 后才能确定。

一旦求出齐次解 $y_H(t)$，连同上面已求得的特解 $y_P(t)$，就可写出在给定的 $x(t)$ 输入时，方程(4.3.1)的完全解。对于两种不同的特征根情况，微分方程(4.3.1)的完全解为

$$y(t)=\begin{cases}y_P(t)+\sum_{i=1}^{N}A_i e^{\lambda_i t}, & N\text{个互不相同的单根}\lambda_i\\ y_P(t)+\sum_{i=1}^{r}\sum_{k=1}^{\sigma_i}A_{ik}t^{k-1}e^{\lambda_i t}, & r\text{个 }\sigma_i\text{重根}\lambda_i\end{cases} \tag{4.3.5}$$

剩下的问题是根据给定的 $N$ 个附加条件，来确定上式中的 $N$ 个待定常数 $A_i$ 或 $A_{ik}$。

**2. 确定待定常数 $A_i$ 或 $A_{ik}$**

$N$ 个附加条件给出了在输入 $x(t)$ 作用的时间区间内输出 $y(t)$ 在某一时刻 $t_0$ 的 0 阶到 $N-1$ 阶的导数值。因此，可利用(4.3.5)式的完全解一般形式，以及这 $N$ 个附加条件来确定待定常数 $A_i$ 或 $A_{ik}$。下面以 $N$ 个不同单根的情况为例，介绍待定常数 $A_i$ 的具体求法。为了方便，假设附加条件中选择时刻 $t_0=0$，这样并不失其一般性。

对(4.3.5)式求其一阶到 $N-1$ 阶的导数的表达式，并让 $t=0$ 得到

$$y^{(k)}(0)=\sum_{i=1}^{N}A_i\lambda_i^k+y_P^{(k)}(0),\quad k=0,\ 1,\cdots,\ N-1 \tag{4.3.6}$$

利用给定的附加条件 $y^{(k)}(0)=c_k$， $k=0,\ 1,\cdots,\ N-1$，代入上式，得到一组以 $N$ 个待定常数 $A_i$ 为未知量的联立方程，即

$$\begin{cases}A_1+A_2+\cdots+A_N=y(0)-y_P(0)\\ A_1\lambda_1+A_2\lambda_2+\cdots+A_N\lambda_N=y^{(1)}(0)-y_P'(0)\\ A_1\lambda_1^2+A_2\lambda_2^2+\cdots+A_N\lambda_N^2=y^{(2)}(0)-y_P''(0)\\ \qquad\vdots\\ A_1\lambda_1^{N-1}+A_2\lambda_2^{N-1}+\cdots+A_N\lambda_N^{N-1}=y^{(N-1)}(0)-y_P^{(N-1)}(0)\end{cases} \tag{4.3.7}$$

也可写成如下矩阵形式

$$\boldsymbol{Va}=\boldsymbol{y}_0-\boldsymbol{y}_P \tag{4.3.8}$$

其中， $\boldsymbol{V}$ 是 $N$ 个特征值构成的范德蒙特(Vandermonde)矩阵， $\boldsymbol{a}$ 为待定常数组成的列矢量， $\boldsymbol{y}_0$

为附加条件组成的列矢量，$\boldsymbol{y}_{\mathrm{P}}$ 是特解的 0 阶至 $N-1$ 导数在 $t=0$ 的值组成的列矢量。即

$$\boldsymbol{V}=\begin{bmatrix}1 & 1 & \cdots & 1\\ \lambda_1 & \lambda_2 & \cdots & \lambda_N\\ \lambda_1^2 & \lambda_2^2 & \cdots & \lambda_N^2\\ \vdots & \vdots & \cdots & \vdots\\ \lambda_1^{N-1} & \lambda_2^{N-1} & \cdots & \lambda_N^{N-1}\end{bmatrix},\quad \boldsymbol{a}=\begin{bmatrix}A_1\\ A_2\\ A_3\\ \vdots\\ A_N\end{bmatrix},\quad \boldsymbol{y}_0=\begin{bmatrix}y(0)\\ y^{(1)}(0)\\ y^{(2)}(0)\\ \vdots\\ y^{(N-1)}(0)\end{bmatrix},\quad \boldsymbol{y}_{\mathrm{P}}=\begin{bmatrix}y_{\mathrm{P}}(0)\\ y_{\mathrm{P}}^{(1)}(0)\\ y_{\mathrm{P}}^{(2)}(0)\\ \vdots\\ y_{\mathrm{P}}^{(N-1)}(0)\end{bmatrix}$$

求解上述矢量方程，得到

$$\boldsymbol{a}=\boldsymbol{V}^{-1}[\boldsymbol{y}_0-\boldsymbol{y}_{\mathrm{P}}] \tag{4.3.9}$$

其中，$\boldsymbol{V}^{-1}$ 是范德蒙特矩阵的逆矩阵。特征根有重根时的待定系数 $A_{ik}$ 也可用类似方法求得。

一旦确定了所有的待定常数 $A_i$ 或 $A_{ik}$，那么方程(4.3.1)描述的系统在给定的输入和附加条件下的完全解(或称之为全响应)就完全确定了。下面用具体的例题来说明上述求解过程。

**【例 4.1】** 已知某连续时间系统的微分方程为

$$y''(t)+3y'(t)+2y(t)=x'(t)+2x(t)$$

并已知输入 $x(t)=\mathrm{e}^{-t}$，$-\infty<t<\infty$，附加条件为 $y(0)=0$，$y'(0)=3$，试求系统的输出 $y(t)$。

**解**：该微分方程的特征方程为 $\lambda^2+3\lambda+2=0$，两个特征根是为 $\lambda_1=-1$，$\lambda_2=-2$。故齐次解为

$$y_{\mathrm{H}}(t)=A_1\mathrm{e}^{-t}+A_2\mathrm{e}^{-2t}$$

再求特解。当 $x(t)=\mathrm{e}^{-t}$ 时，微分方程右边 $x'(t)+2x(t)=-\mathrm{e}^{-t}+2\mathrm{e}^{-t}=\mathrm{e}^{-t}$，按表 4.1，其特解为

$$y_{\mathrm{P}}(t)=P_1t\mathrm{e}^{-t}+P_0\mathrm{e}^{-t}$$

其一阶和二阶导数分别为

$$y_{\mathrm{P}}'(t)=-P_1t\mathrm{e}^{-t}+(P_1-P_0)\mathrm{e}^{-t} \quad 和 \quad y_{\mathrm{P}}''(t)=P_1t\mathrm{e}^{-t}-(2P_1-P_0)\mathrm{e}^{-t}$$

将它们和 $x'(t)+2x(t)=\mathrm{e}^{-t}$ 代入微分方程，整理后得到 $P_1\mathrm{e}^{-t}=\mathrm{e}^{-t}$。故 $P_1=1$，常数 $P_0$ 对应的特解项与齐次解中的 $A_1\mathrm{e}^{-t}$ 相同，在下面与待定常数 $A_1$ 一起求得。此时方程的特解为 $y_{\mathrm{P}}(t)=t\mathrm{e}^{-t}+P_0\mathrm{e}^{-t}$，将它和上面的齐次解组合成完全解，即有

$$y(t)=(A_1+P_0)\mathrm{e}^{-t}+A_2\mathrm{e}^{-2t}+t\mathrm{e}^{-t}$$

上式中要确定的仍是两个待定常数，一个为 $A_1+P_0$，另一个为 $A_2$，它们可用给定的两个附加条件确定。让 $y(t)$ 及其导数在 $t=0$ 的值，分别等于给定的附加条件 $y(0)=0$，$y'(0)=3$，可整理得联立方程

$$\begin{cases}(A_1+P_0)+A_2=0\\(A_1+P_0)+2A_2=-2\end{cases}，\quad 解此代数方程得\begin{cases}A_1+P_0=2\\A_2=-2\end{cases}$$

故该系统在 $x(t)=\mathrm{e}^{-t}$ $-\infty<t<\infty$，以及附加条件 $y(0)=0$，$y'(0)=3$ 时的输出为

$$y(t)=2\mathrm{e}^{-t}-2\mathrm{e}^{-2t}+t\mathrm{e}^{-t}，\quad -\infty<t<\infty$$

**【例 4.2】** 某个用如下一阶微分方程 $y'(t)+2y(t)=x(t)$ 表示的系统，附加条件为时刻 $t=0$ 的零附加条件，即 $y(0)=0$。试分别求出该系统对如下两种输入下的响应 $y_1(t)$ 和 $y_2(t)$。

1) $x_1(t)=u(t)$　　　　2) $x_2(t)=u(t+1)$

**解**：在两种输入 $x_1(t)$ 和 $x_2(t)$ 时，系统齐次解的函数形式均为 $y_{\mathrm{H}}(t)=A\mathrm{e}^{-2t}$。

1) 由于输入 $x_1(t)=\begin{cases}1, & t>0\\0, & t<0\end{cases}$，即在不同区间分别是 0 和 1 的常数输入，因此系统的特解在此两个区间上也为不同的常数，即 $y_{1\mathrm{P}}(t)=P_1$，$t>0$ 和 $y_{1\mathrm{P}}(t)=P_2$，$t<0$。把它们分别代入系统的微分方程，分别求得 $P_1=0.5$ 和 $P_2=0$。由此，系统的特解是 $y_{1\mathrm{P}}(t)=\begin{cases}0.5, & t>0\\0, & t<0\end{cases}$。组合齐次解的函数形式，系统的完全解为

$$y_1(t)=\begin{cases}Ae^{-2t}+0.5, & t>0\\ Ae^{-2t}\ \ \ , & t<0\end{cases}$$

由于输入 $x_1(t)=u(t)$ 不包含冲激和冲激的导数项，根据方程两边函数项的匹配原则，$y_1'(t)$ 对应着 $u(t)$，而 $y_1(t)$ 对应着 $u(t)$ 的积分，是在 $t=0$ 处，即 $y(0)=y(0^+)=y(0\_)=0$。

在 $t>0$ 时，利用 $y(0^+)=0$ 求得待定常数 $A=-0.5$；而在 $t<0$ 时，利用 $y(0\_)=0$ 求得待定系数 $A=0$。因此，在 $x_1(t)=u(t)$ 时，该系统的响应是

$$y_1(t)=\begin{cases}0.5(1-e^{-2t}), & t>0\\ 0\ \ , & t<0\end{cases}\tag{4.3.10}$$

$x_1(t)$ 和求得的 $y_1(t)$ 波形如图 4.2(a)所示。

2) 当 $x_2(t)=\begin{cases}1, & t>-1\\ 0, & t<-1\end{cases}$ 时，用 1)小题的同样方法求得特解是 $y_{2P}(t)=\begin{cases}0.5, & t>-1\\ 0, & t<-1\end{cases}$。组合齐次解的函数形式，系统的的完全解是

$$y_2(t)=\begin{cases}Ae^{-2t}+0.5, & t>-1\\ Ae^{-2t}\ \ \ , & t<-1\end{cases}$$

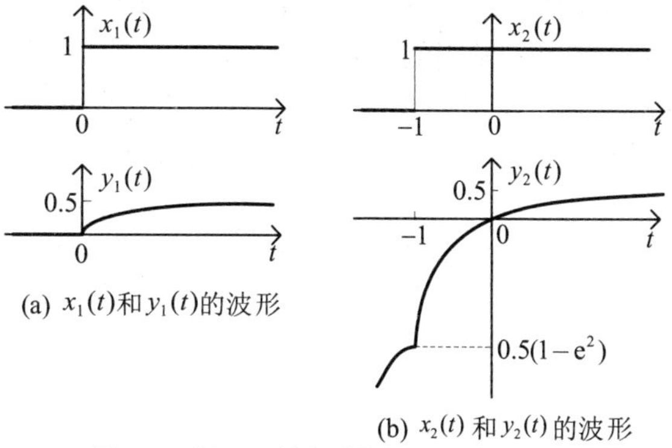


(a) $x_1(t)$和$y_1(t)$的波形　(b) $x_2(t)$ 和 $y_2(t)$ 的波形

图 4.2　例 4.2 所求系统的输入输出波形

同样地，在 $x_2(t)=u(t+1)$ 时，$y_2(t)$ 也是处处连续的函数，即在 $t=-1$ 处也连续。

在 $t>-1$ 时，首先利用附加条件 $y(0)=0$，求得待定常数 $A=-0.5$，这就得到 $y_2(t)=0.5(1-e^{-2t})$，$t>-1$；然而，对于 $t>-1$，必须用 $y_2(-1\_)=y_2(-1^+)$ 来求待定常数 $A$。为此，由 $y_2(t)=0.5(1-e^{-2t})$，$t>-1$，可得 $y_2(-1^+)=0.5(1-e^2)$，且 $y_2(-1\_)=0.5(1-e^2)$，代入 $t<-1$ 时的 $y_2(t)$，求得 $t<-1$ 时待定常数 $A=0.5(e^{-2}-1)$，则有，$y_2(t)=0.5(1-e^2)e^{-2(t+1)}$，$t<-1$。综合上述结果，在 $x_2(t)=u(t+1)$ 时，系统输出为

$$y_2(t)=\begin{cases}0.5(1-e^{-2t}), & t>-1\\ 0.5(1-e^2)e^{-2(t+1)}, & t<-1\end{cases}\tag{4.3.11}$$

$x_2(t)$ 和上面求得的 $y_2(t)$ 波形如图 4.2(b)所示。

从上面微分方程的解法和例子可以看出，对于用线性常系数微分方程描述的连续时间系统，在某个输入 $x(t)$ 时，其全响应(完全解) $y(t)$ 是由方程的齐次解和特解两部分组成：特解 $y_P(t)$ 完全由输入信号决定，称之为**强迫响应**；齐次解 $y_H(t)$ 的函数形式仅取决于系统本身的参数(齐次方程的特征值)，而与输入信号的函数形式无关，然而，它的待定常数 $A_i$ 或 $A_{ik}$ 却是与输入信号有关的。在系统分析中，齐次解常称为系统的**自由响应**或**固有响应**。

## 4.3.2　线性常系数差分方程所描述之系统的方程解法

鉴于 4.3.1 节开头陈述的同样理由，一般 $N$ 阶常系数差分方程的求解，也归结为(4.2.3)式中的 $N$ 阶线性常系数差分方程的求解，即如下方程的求解：

$$\begin{cases}\sum_{k=0}^{N}a_k y[n-k]=x[n]\\ \text{附加条件：}y[k]=c_k\ \ ,\ \ k=0,,1\ \cdot,\cdot\ N-1\end{cases}\tag{4.3.12}$$

上式中的附加条件选取 $n=0,\ 1,\ \cdots,\ N-1$ 这 $N$ 个时刻的输出值，完全是为了方便。其实，只要能体现给定输入作用的任意连贯的 $N$ 个输出值，都可作为附加条件。

一般读者可能没有专门学过有关“线性常系数差分方程”之类的数学课程，这并不要紧，

下面将会看到，上式表示的 $N$ 阶线性常系数差分方程的解法，与(4.3.1)式表示的 $N$ 阶线性常系数微分方程解法非常类同，且大部分求解公式形式上也很对偶。

**1. 差分方程的解：齐次解和特解**

上式描述的 $N$ 阶线性常系数差分方程的完全解，也有齐次解和特解两部分组成，即

$$y[n]=y_H[n]+y_P[n] \tag{4.3.13}$$

$N$ 阶差分方程的特解和微分方程中的特解一样，也取决于输入 $x[n]$ 的序列形式，表 4.2 中列出了几种常用的输入序列形式所对应的特解形式，可根据系统的输入 $x[n]$，从表 4.2 中选定特解 $y_P[n]$。特解中的待定常数 $P$ 和 $P_m$ 等的求法，与微分方程中的求法也相同，即将选定的特解 $y_P[n]$ 代入原差分方程，通过保持方程两边相等求得。具体求法见后面的例题。

表 4.2 差分方程(4.3.12)中输入 $x[n]$ 和对应的特解 $y_P[n]$ 对照表

| 输入序列 $x[n]$ | 对应的特解 $y_P[n]$ |
|---|---|
| 常数序列 $E$ | 常数序列 $P$ |
| $\sum_{k=0}^{L}E_k n^k$， $E_k$ 为常数 | $\sum_{m=0}^{L}P_m n^m$ |
| $\alpha^n$， $\alpha\neq\lambda_i$ | $P\alpha^n$ |
| $\alpha^n$， $\alpha=\lambda_i$ ，$\lambda_i$ 为 $\sigma_i$ 重根 | $\sum_{m=0}^{\sigma_i}P_m n^m\alpha^n$ |
| $\sum_{k=0}^{L}E_k n^k\alpha^n$， $\alpha\neq\lambda_i$ | $\sum_{m=0}^{L}P_m n^m\alpha^n$ |
| $\sum_{k=0}^{L}E_k n^k\alpha^n$， $\alpha=\lambda_i$ ，$\lambda_i$ 为 $\sigma_i$ 重根 | $\sum_{m=0}^{L+\sigma_i}P_m n^m\alpha^n$ |

$N$ 阶差分方程的齐次解 $y_H[n]$ 也是满足原差分方程所对应的如下齐次方程的解：

$$\sum_{k=0}^{N}a_k y[n-k]=0 \tag{4.3.14}$$

为理解下述齐次解的序列形式，先考察一阶齐次差分方程 $y[n]-ay[n-1]=0$，或写成 $y[n]/y[n-1]=a$ 。这表明，一阶齐次差分方程的解是公比为 $a$ 的等比数列，即 $y[n]=Ba^n$， $B$ 为待定常数，由附加条件决定。

对于(4.3.14)式的一般 $N$ 阶齐次差分方程，它的齐次解是由 $B\lambda^n$ 的序列项组合而成。为证明这一点，将 $y[n]=B\lambda^n$ 代入齐次方程(4.3.14)得到 $\sum_{k=0}^{N}a_k B\lambda^{n-k}=0$。消去常数 $B$，且因 $\lambda\neq 0$，以 $\lambda^{n-N}$ 除上式，得到

$$\sum_{k=0}^{N}a_k\lambda^{N-k}=0 \quad 或 \quad \sum_{k=0}^{N}a_{N-k}\lambda^k=0 \tag{4.3.15}$$

它也称为差分方程(4.3.12)的**特征方程**，它的根叫做差分方程的特征根。若 $\lambda_i$ 是特征根，则形式为 $B_i\lambda_i^n$ 的序列都满足齐次差分方程(4.3.14)，故方程(4.3.12)的齐次解是 $B_i\lambda_i^n$ 的线性组合。

差分方程的特征根也有两种情况：一为 $N$ 个不同的单根 $\lambda_i$， $i=1, 2, \cdots, N$；另一种为有重根的情况，如 $r$ 个 $\sigma_i$ 重根 $\lambda_i$， $i=1, 2, \cdots, r$。故差分方程的齐次解也有两种形式，即

$$y_H[n]=\begin{cases}\sum_{i=1}^{N}B_i\lambda_i^n, & N\text{ 个互不相同的单根 }\lambda_i\\ \sum_{i=1}^{r}\sum_{k=1}^{\sigma_i}B_{ik}n^{k-1}\lambda_i^n, & r\text{ 个 }\sigma_i\text{ 重根 }\lambda_i，i=1, 2, \cdots, r\end{cases} \tag{4.3.16}$$

其中，$B_i$ 或 $B_{ik}$ 为 $N$ 个待定常数。若只需求解 $x[n]=0$ 时系统的输出，即求齐次方程的解，那么，给定的 $N$ 个附加条件就是 $y_H[n]$ 的附加条件，齐次解的 $N$ 个待定常数可直接由此附加条件确定。如果输入 $x[n]\neq 0$，那么给定的附加条件将是完全解 $y[n]$ 的 $N$ 个序列值，待定常数 $B_i$ 或 $B_{ik}$ 就必须待特解 $y_P[n]$ 确定以后，用给定的 $N$ 个附加条件代入完全解才能确定。

特解 $y_P[n]$ 确定后，对于输入 $x[n]$，差分方程(4.3.12)描述之离散时间系统的输出 $y[n]$ 为

$$y[n]=\begin{cases} y_P[n]+\sum_{i=1}^{N}B_i\lambda_i^n, & N\text{ 个互不相同的单根 }\lambda_i \\ y_P[n]+\sum_{i=1}^{r}\sum_{k=1}^{\sigma_i}B_{ik}n^{k-1}\lambda_i^n & r\text{ 个 }\sigma_i\text{ 重根 }\lambda_i\text{，}i=1,2,\cdots,r \end{cases} \tag{4.3.17}$$

最后只剩下确定 $N$ 个待定常数 $B_i$ 或 $B_{ik}$。

**2. 确定待定常数 $B_i$ 或 $B_{ik}$**

和微分方程中一样，待定常数 $B_i$ 或 $B_{ik}$ 也由给定的附加条件确定。下面仍以 $N$ 个互不相同的特征根为例，介绍确定待定常数 $B_i$ 的方法。

当为 $N$ 个互不相同的特征根时，将给定 $y[n]$ 的 $N$ 个附加条件 $y[0]$，$y[1]$，…，$y[N-1]$，分别代入(4.3.17)式，可得到以待定常数 $B_i$ 为未知量的代数方程组

$$\begin{cases} B_1+B_2+\cdots+B_N=y[0]-y_P[0] \\ B_1\lambda_1+B_2\lambda_2+\cdots+B_N\lambda_N=y[1]-y_P[1] \\ B_1\lambda_1^2+B_2\lambda_2^2+\cdots+B_N\lambda_N^2=y[2]-y_P[2] \\ \cdots \\ B_1\lambda_1^{N-1}+B_2\lambda_2^{N-1}+\cdots+B_N\lambda_N^{N-1}=y[N-1]-y_P[N-1] \end{cases} \tag{4.3.18}$$

上式可改写成如下的矩阵形式

$$\boldsymbol{Vb}=\boldsymbol{y}_k-\boldsymbol{y}_P \tag{4.3.19}$$

其中，$\boldsymbol{V}$ 也是 $N$ 个特征值构成的范德蒙特矩阵，$\boldsymbol{b}$ 为 $N$ 个待定常数组成的列矢量，$\boldsymbol{y}_k$ 为 $N$ 个附加条件组成的列矢量，$\boldsymbol{y}_P$ 是特解 $y_P[n]$ 在 $n=0$ 到 $n=N-1$ 的值组成的列矢量。即

$$\boldsymbol{V}=\begin{bmatrix} 1 & 1 & \cdots & 1 \\ \lambda_1 & \lambda_2 & \cdots & \lambda_N \\ \lambda_1^2 & \lambda_2^2 & \cdots & \lambda_N^2 \\ \vdots & \vdots & \cdots & \vdots \\ \lambda_1^{N-1} & \lambda_2^{N-1} & \cdots & \lambda_N^{N-1} \end{bmatrix},\quad \boldsymbol{b}=\begin{bmatrix} B_1 \\ B_2 \\ B_3 \\ \vdots \\ B_N \end{bmatrix},\quad \boldsymbol{y}_k=\begin{bmatrix} y[0] \\ y[1] \\ y[2] \\ \vdots \\ y[N-1] \end{bmatrix},\quad \boldsymbol{y}_P=\begin{bmatrix} y_P[0] \\ y_P[1] \\ y_P[2] \\ \vdots \\ y_P[N-1] \end{bmatrix}$$

求解上述矢量方程，也得到

$$\boldsymbol{b}=\boldsymbol{V}^{-1}[\boldsymbol{y}_k-\boldsymbol{y}_P] \tag{4.3.20}$$

其中，$\boldsymbol{V}^{-1}$ 是上述范德蒙特矩阵的逆矩阵。由此就可确定(4.3.17)式中，当 $N$ 个不同单根时的 $N$ 个待定常数 $B_i$。特征根有重根时的待定系数 $B_{ik}$ 也可用类似方法求得，这里不再赘述。

一旦确定了所有的待定常数 $B_i$ 或 $B_{ik}$，那么方程(4.3.12)描述的系统在给定的输入和附加条件下的完全解(或称之为全响应)，就完全确定了。下面用具体的例题来说明上述求解过程。

**【例 4.3】**　某个离散时间系统的差分方程表示为

$$y[n]-(5/6)y[n-1]+(1/6)y[n-2]=x[n]$$

给定的附加条件为：$y[0]=6$，$y[1]=5$。试求如下两种输入时的输出。

1) $x[n]=1$　　　　2) $x[n]=u[n]$

**解：** 首先求齐次解，由于差分方程相同，在不同输入时的齐次解形式是一样的。其特征方程为

$$\lambda^2-(5/6)\lambda+1/6=0$$

解此方程，求得特征根为 $\lambda_1=1/2$ 和 $\lambda_2=1/3$。故方程的齐次解为

$$y_{\mathrm{H}}[n]=B_1(1/2)^n+B_2(1/3)^n$$

在两种不同输入时，差分方程的特解将不一样。

1) 当输入 $x[n]=1$，$-\infty<n<\infty$ 时，查表 4.2 知道特解是常数，即 $y_{\mathrm{P}}[n]=P$，把它代入原方程，将有 $P-(5/6)P+(1/6)P=1$，求得 $P=3$，故此时的特解 $y_{\mathrm{P}}[n]=3$。因此，方程完全解的序列形式为

$$y[n]=B_1(1/2)^n+B_2(1/3)^n+3$$

再用附加条件 $y[0]=6$ 和 $y[1]=5$ 代入上式，并整理得到如下代数方程

$$\begin{cases}B_1+B_2=3\\3B_1+2B_2=12\end{cases}，\quad 解此方程求得\begin{cases}B_1=6\\B_2=-3\end{cases}$$

因此，当输入 $x[n]=1$ 时，系统的输出为

$$y[n]=6(1/2)^n-3(1/3)^n+3 \tag{4.3.21}$$

2) 当系统输入为 $x[n]=u[n]$ 时，齐次解仍是 $y_{\mathrm{H}}[n]=B_1(1/2)^n+B_2(1/3)^n$，但特解不一样了，且 $x[n]$ 在 $n\geqslant 0$ 和 $n<0$ 两段时间内序列表达式不同，特解也不同。

当 $n\geqslant 0$ 时，$x[n]=1$，和上面 1)小题一样，特解仍是 $y_{\mathrm{P}}[n]=3$。

而当 $n<0$ 时，$x[n]=0$，用 $y_{\mathrm{P}}[n]=P$ 代入原方程，则有 $P-(5/6)P+(1/6)P=0$，$n<0$，由此求得 $P=0$，故此时的特解是 $y_{\mathrm{P}}[n]=0$。

综合两段时间内的齐次解和特解，在 $x[n]=u[n]$ 时，系统的完全解是

$$y[n]=\begin{cases}B_1(1/2)^n+B_2(1/3)^n+3\ , & n\geqslant 0\\B_1(1/2)^n+B_2(1/3)^n\ , & n<0\end{cases}$$

最后确定待定常数 $B_1$ 和 $B_2$，给定的附加条件为 $y[0]=6$ 和 $y[1]=5$，可以用来确定 $n\geqslant 0$ 这段时间的 $B_1$ 和 $B_2$。和上面 1)小题中完全相同，求得在 $n\geqslant 0$ 时完全解的待定常数分别为 $B_1=6$ 和 $B_2=-3$。但是，用附加条件 $y[0]=6$ 和 $y[1]=5$，不能确定 $n<0$ 这段时间的 $B_1$ 和 $B_2$。为求得它们，必须知道 $n<0$ 的两个序列值。利用下一小节介绍的差分方程递推算法，可由 $y[0]=6$、$y[1]=5$ 和 $x[n]=u[n]$，前推出 $y[-1]=6$ 和 $y[-2]=0$。用这两个序列值代入上面 $n<0$ 时的完全解，得到如下代数方程

$$\begin{cases}2B_1+3B_2=6\\4B_1+9B_2=0\end{cases}，\quad 解此方程求得\begin{cases}B_1=9\\B_2=-4\end{cases}$$

综合上述结果，在输入 $x[n]=u[n]$ 时，该离散时间相同的输出为

$$y[n]=\begin{cases}6(1/2)^n-3(1/3)^n+3, & n\geqslant 0\\9(1/2)^n-4(1/3)^n\ , & n<0\end{cases} \tag{4.3.22}$$

**【例 4.4】** 已知如下差分方程表示的系统，试求输入为 $x[n]=n^2$、附加条件 $y[-1]=-1$ 时的系统输出。

$$y[n]+2y[n-1]=x[n]-x[n-1]$$

**解：** 首先求齐次解。差分方程的特征方程为 $\lambda+2=0$，特征根是 $\lambda=-2$，齐次解为 $y_{\mathrm{H}}[n]=B(-2)^n$。然后求 $x[n]=n^2$ 时的特解：当 $x[n]=n^2$ 时，差分方程的右边为 $x[n]-x[n-1]=2n-1$，查表 4.2，选取特解形式为 $y_{\mathrm{P}}[n]=P_1n+P_0$，将它代入原方程就有

$$P_1n+P_0+2\left[P_1(n-1)+P_0\right]=2n-1，\quad 即\ 3P_1n+(3P_0-2P_1)=2n-1$$

由上式两边系数相等，得到代数方程：$\begin{cases}3P_1=2\\3P_0-2P_1=-1\end{cases}$，解此方程组求得 $\begin{cases}P_1=2/3\\P_0=1/9\end{cases}$，故在 $x[n]=n^2$ 时，差分方程的特解是

$$y_{\mathrm{P}}[n]=(2/3)n+1/9$$

组合齐次解和特解，差分方程的完全解是

$$y[n]=B(-2)^n+(2/3)n+1/9$$

再用附加条件 $y[-1]=-1$ 来确定完全解中的待定常数 $B$，令上式中 $n=-1$，并求得 $B=8/9$。最后得到该离散时间系统的输出为

$$y[n]=(8/9)(-2)^n+(2/3)n+1/9$$

### 4.3.3　线性常系数差分方程的递推算法

对于用一般的 $N$ 阶线性常系数差分方程表示的离散时间系统，重写它的数学描述：

$$\begin{cases}\sum_{k=0}^{N}a_k y[n-k]=\sum_{k=0}^{M}b_k x[n-k]\\ \text{附加条件：}\quad y[-k]\quad,\quad k=1,\ 2,\ \cdots,N\end{cases}\tag{4.3.23}$$

这里把 $N$ 个附加条件改成 $y[-k]$，$k=1, 2$，…，$N$，并不失去一般性。$N$ 阶差分方程描述了在任意时刻 $n$ 及其以前系统输出的 $N+1$ 个连贯的序列值与系统输入的 $M+1$ 个连贯的序列值之间满足的数值方程，而附加条件给出了系统输出 $y[n]$ 的一组 $N$ 个连贯序列值，如图 4.3 所示。因此，当输入序列 $x[n]$ 已知时，有一种直接地逐个计算出系统输出序列值的方法，这种计算法称为差分方程的**递推算法**。

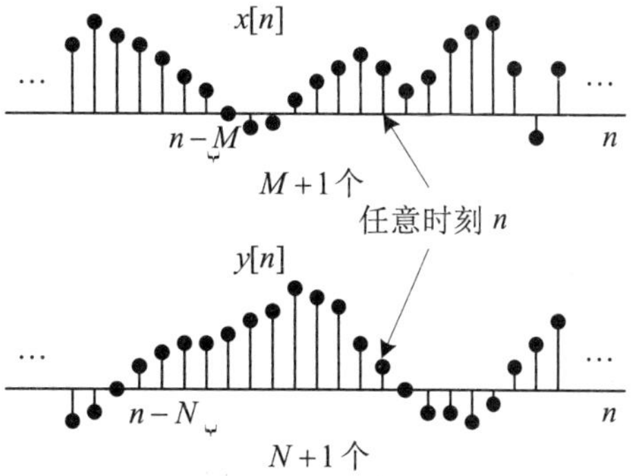


图 4.3　差分方程描述的输入输出关系示意图

为具体介绍这一递推算法，把(4.3.23)式中的差分方程改写为

$$y[n]=\frac{1}{a_0}\left\{\sum_{k=0}^{M}b_k x[n-k]-\sum_{k=1}^{N}a_k y[n-k]\right\}\tag{4.3.24}$$

这表明，在任一时刻 $n$ 系统的输出序列值 $y[n]$，可以直接用该时刻及其前共 $M+1$ 个输入序列值，以及该时刻前的 $N$ 个输出序列值表示。按照上式，在已知 $x[n]$ 和给定附加条件( $N$ 个连贯的输出序列值)时，就可以逐个地计算出附加条件以后的所有输出序列值，例如，就可以首先求出 $n=0$ 时刻的输出 $y[0]$，即

$$y[0]=\frac{1}{a_0}\left\{\sum_{k=0}^{M}b_k x[-k]-\sum_{k=1}^{N}a_k y[-k]\right\}$$

其中，上式的第二个求和所需的恰是 $N$ 个附加条件 $y[-k]$，$k=1, 2$，…，$N$。求得 $y[0]$ 后，又可连同 $y[-k]$，$k=1, 2$，…，$N-2$，及已知的 $x[n]$ 求出 $y[1]$，并依次逐个计算 $y[2]$，$y[3]$ …，即计算出 $n\geqslant 0$ 的所有输出序列值，故通常把(4.3.24)式叫做差分方程(4.3.23)的**后推方程**。

为求出 $n<0$ 的输出序列值，(4.3.24)式就无能为力了，必须重新改写原方程如下：

$$y[n-N]=\frac{1}{a_N}\left\{\sum_{k=0}^{M}b_k x[n-k]-\sum_{k=0}^{N-1}a_k y[n-k]\right\}\tag{4.3.25}$$

它表明，任意 $n$ 时刻的输出序列值，也可直接用该时刻及其后共 $M+1$ 个输入序列值和 $N$ 个将来时刻的输出序列值来表示。按照上式，已知 $x[n]$ 时就可逐个地计算出附加条件以前的所有输出序列值。例如，让(4.3.25)式中 $n=-1$，并用 $N$ 个附加条件 $y[-k]$，$k=1, 2$，…，$N$，就可以求出 $y[-N-1]$，再依次逐个地计算 $y[-N-2]$，$y[-N-3]$ … 即计算出 $n<-N$ 的所有输出序列值，故把(4.3.25)式称作**前推方程**。下面通过例子来说明差分方程的递推算法。

**【例 4.5】** 某离散时间系统的差分方程如下，已知输入 $x[n]=\delta[n]$，$y[-1]=0$，求系统的输出 $y[n]$。

$$y[n]-(1/2)y[n-1]=x[n]$$

**解：** 首先将差分方程改写成后推方程，即 $y[n]=x[n]+(1/2)y[n-1]$，就可由 $x[n]=\delta[n]$ 和 $y[-1]=0$ 递推出 $n\geqslant 0$ 的输出序列值：

当 $n=0$ 时，　$y[0]=\delta[0]+(1/2)y[-1]=1+(1/2)\times 0=1$

当 $n=1$ 时，　$y[1]=\delta[1]+(1/2)y[0]=0+(1/2)\times 1=1/2$

当 $n=2$ 时，　$y[2]=\delta[2]+(1/2)y[1]=0+(1/2)\times(1/2)=(1/2)^2$

⋮　　⋮

为递推出 $n<-1$ 的输出序列值，须将差分方程改写成前推方程，即 $y[n-1]=2\big(y[n]-x[n]\big)$。

当 $n=-1$ 时，　$y[-2]=2\big(y[-1]-\delta[-1]\big)=0$

当 $n=-2$ 时，　$y[-3]=2\big(y[-2]-\delta[-2]\big)=0$

⋮　　⋮

归纳上述递推的结果，可得到该系统在 $x[n]=\delta[n]$ 和 $y[-1]=0$ 时，系统的输出为

$$y[n]=(1/2)^n u[n]$$

**【例 4.6】** 用差分方程的递推算法求解例 4. 3 题。

**解：** 1) 当 $x_1[n]=1$，$y_1[0]=6$ 和 $y_1[1]=5$ 时，首先用后推方程递推计算 $n\geqslant 2$ 的输出序列值 $y_1[n]$，即

$$y_1[n]=x_1[n]+(5/6)y_1[n-1]-(1/6)y_1[n-2]$$

当 $n=2$ 时，　$y_1[2]=x_1[2]+(5/6)y_1[1]-(1/6)y_1[0]=1+(5/6)\times 5-(1/6)\times 6=25/6$

当 $n=3$ 时，　$y_1[3]=x_1[3]+(5/6)y_1[2]-(1/6)y_1[1]=131/36$

当 $n=4$ 时，　$y_1[4]=x_1[4]+(5/6)y_1[3]-(1/6)y_1[2]=221/216$

⋮　　⋮

然后，再用前推方程，即 $y[n-2]=6\{x[n]-y[n]\}+5y[n-1]$，递推计算 $n\leqslant -1$ 时的输出序列值 $y_1[n]$：

当 $n=1$ 时，　$y_1[-1]=6\{1-y_1[1]\}+5y_1[0]=6$

当 $n=0$ 时，　$y_1[-2]=6\{1-y_1[0]\}+5y_1[-1]=0$

当 $n=-1$ 时，　$y_1[-3]=6\{1-y_1[-1]\}+5y_1[-2]=-30$

当 $n=-2$ 时，　$y_1[-4]=6\{1-y_1[-2]\}+5y_1[-3]=-144$

⋮　　⋮

当 $x_1[n]=1$，$y_1[0]=6$ 和 $y_1[1]=5$ 时，上面求得输出 $y_1[n]$ 的序列值表见表 4.3。

**表 4.3**

| $n$ | … | −5 | −4 | −3 | −2 | −1 | 0 | 1 | 2 | 3 | 4 | … |
|---|---|---|---|---|---|---|---|---|---|---|---|---|
| $y_1[n]$ | … | −576 | −144 | −30 | 0 | 6 | 6 | 5 | 25/6 | 131/36 | 221/216 | … |

2) 当 $x_2[n]=u[n]$，$y_2[0]=6$ 和 $y_2[1]=5$ 时，由于在 $n\geqslant 0$ 时的输入与 1)小题相同，利用后推方程递推出在 $n\geqslant 0$ 时的 $y_2[n]$ 与 1)小题的结果完全一样。但在 $n<0$ 时，$x_2[n]=0$，利用前推方程递推的结果将与 1)小题的结果不一样。现计算如下：

当 $n=1$ 时，　$y_2[-1]=6\{u[1]-y_2[1]\}+5y_2[0]=6$

当 $n=0$ 时，　$y_2[-2]=6\{u[0]-y_2[0]\}+5y_2[-1]=0$

当 $n=-1$ 时，　$y_2[-3]=6\{u[-1]-y_2[-1]\}+5y_2[-2]=-36$

当 $n=-2$ 时，　$y_2[-4]=6\{u[-2]-y_2[-2]\}+5y_2[-3]=-180$

⋮　　⋮

因此，当 $x_2[n]=1$，$y_2[0]=6$ 和 $y_2[1]=5$ 时，上面求得的输出 $y_2[n]$ 的序列值表见表 4.4，可以验证它与由例 4.3 所求解结果是一样的。

表 4.4

| $n$ | … | −5 | −4 | −3 | −2 | −1 | 0 | 1 | 2 | 3 | 4 | … |
|---|---|---|---|---|---|---|---|---|---|---|---|---|
| $y_2[n]$ | … | −684 | −180 | −36 | 0 | 6 | 6 | 5 | 25/6 | 131/36 | 221/216 | … |

由上述的递推算法和例题可以看出，只要给定输入 $x[n]$，并已知其输出 $y[n]$ 中任意 $N$ 个连贯的序列值，总可以用它的后推方程和前推方程，分别递推出这些时刻以后和以前的所有输出序列值。当然，递推算法也有不足，在一般情况下，它只能计算输出的所有序列值，在一阶差分方程时，还较容易归纳出 $y[n]$ 的闭式表达式，但对高阶差分方程，要做到这一点就比较困难。由于递推算法的这些特点特别适合于计算机或数字硬件，用编写递推算法的程序进行计算。实际上，用差分方程表示的因果系统都是基于(4.3.24)式的后推方程来实现的。

## 4.4　用微分方程或差分方程描述的因果系统：零状态响应和零输入响应

在实际的、以真实时间为“时间变量”的信号与系统问题中，用线性常系数微分方程和差分方程描述的系统，例如，电路和电力系统、电子线路、通信系统、雷达系统、自动控制系统、机械或动力学系统，以及这些连续时间系统相应的抽样数据(数字化)系统等，它们都属于**因果系统**。本节首先讨论这类实际的因果系统的数学描述，然后，基于上一节介绍的微分方程或差分方程的解法，讨论它们的新的分析方法，即零状态响应和零输入响应方法。

### 4.4.1　实际因果系统的增量 LTI 系统结构

第 2 章习题 2.39 指出，连续时间和离散时间线性系统的因果性等价于这样的条件，即对于任何时刻 $t_0$ 和 $n_0$，若对任何输入 $x(t)$ 和 $x[n]$，系统的输出 $y(t)$ 和 $y[n]$ 分别满足如下条件：

$$x(t)=0,\ t<t_0 \longrightarrow y(t)=0,\ t<t_0 \quad 和 \quad x[n]=0,\ n<n_0 \longrightarrow y[n]=0,\ n<n_0 \tag{4.4.1}$$

这个条件体现了实际因果系统的物理规律，通常叫做“**起始松弛**”或“**起始静止**”假设。它意味着在输入变成非零之前系统是“松弛的”，不存在任何非零输出。例如，若电路系统在没有激励时内部没有储能，即电路中所有电容上的电压和电感里的电流都等于 0，那么，这个电路中就不会有任何的电流和电压，只有当外加激励变成非零后，电路中才会出现非零的电压和电流。力学系统也是一样，若在没有外力加入时系统内部没有储能，即系统中所有物体的动能和势能都等于 0，系统处于“静止”状态，系统中所有物体既没有位移，也没有速度和加速度等，只有随着外力的加入，才能打破“静止”状态。

上述因果系统的“起始松弛”假设，除表明在非零输入加入前，系统内部处于静止状态外，还意味着这类因果系统具有**零起始条件**，即用 $N$ 阶线性常系数微分方程或差分方程描述的因果系统的的 $N$ 个附加条件不仅是全为零的零附加条件，而且这种零附加条件随着非零输入加入的时刻而定，不再是(4.2.1)式中任意规定时刻的 $N$ 个附加条件。可以证明(见本章末习题 4.8，或参见书末列出的参考文献[1]的 4.4 节)：这种体现“起始松弛”假设的零起始条件描述的连续时间和离散时间系统，既是线性系统，又是时不变系统，即它们是因果 LTI 系统。

这类以真实时间为自变量的实际因果系统，例如用 $N$ 阶线性常系数微分方程描述的连续时间因果系统，如果在当前($t=0$时刻)激励加入(即输入$x(t)$由零变为非零)时，系统不处于静止状态(内部储能不等于0)，这表明：在当前的非零输入加入之前($t<0$)，系统就有非零输出，当然它不是由这次输入$x(t)$造成的，但也不是系统固有的，而是在这次非零输入之前系统曾有过激励，尽管那次激励早就结束(即在$t<0$时已变成零)，但直到这次非零输入$x(t)$开始前($t=0_-$时)，仍遗留给系统的一个非零能量状态，它才造成有非零输出；即使没有当前这次输入$x(t)=0$，$t<0$，这个非零能量状态造成的输出还将继续下去。若要获得以前那次输入产生的全部输出，只有知道那次输入信号才能求出，但是，若只要求出$t\geqslant0$的那次输入产生的输出(即所谓“**零输入响应**”)，根据$N$阶线性常系数微分方程的解法，不必知道那次输入信号的全部信息，只要知道$t=0^+$时的$N$个不全为零的附加条件$y^{(k)}(0^+)$(即所谓“**初始条件**”)，就足够了。而造成系统的这个零输入响应的非零能量状态，可以用$t=0_-$时刻的**非零起始条件**来表示，即$y^{(k)}(0_-)$。用$N$阶线性常系数差分方程描述的离散时间因果系统也有完全类似的事实。鉴于以上的讨论和分析，这类实际连续时间和离散时间因果系统的数学描述可归结为

$$\begin{cases}\sum_{k=0}^{N}a_k y^{(k)}(t)=\sum_{k=0}^{M}b_k x^{(k)}(t)\\ \text{起始条件：}\ y^{(k)}(0_-)=c_k\\ \text{其中，}\ k=0,\ 1,\ \cdots,\ N-1\end{cases}\quad\text{和}\quad\begin{cases}\sum_{k=0}^{N}a_k y[n-k]=\sum_{k=0}^{M}b_k x[n-k]\\ \text{起始条件：}\ y[-k]=c_k\\ \text{其中，}\ k=1,\ 2,\ \cdots,\ N\end{cases}\tag{4.4.2}$$

其中，$x(t)=0$，$t<0$和$x[n]=0$，$n<0$；且要求解$y(t)$，$t\geqslant0$和$y[n]$，$n\geqslant0$。系统输入加入时刻选成$t_0=0$和$n_0=0$，纯粹出于求解方便。起始条件则代表这次输入加入前系统内部遗留下来的历史状态，连同这次输入一起，作为求这次输入造成的系统响应所需的“信息”。

用(4.4.2)式描述的连续时间和离散时间因果系统，可以归结为图4.4这样的**增量线性时不变系统结构**，当输入是$x(t)=0$，$t<0$或$x[n]=0$，$n<0$，系统的输出($y(t)$，$t\geqslant0$或$y[n]$，$n\geqslant0$)都由两部分组成：一部分是由用原微分方程和差分方程，以及零起始条件描述的因果LTI系统分别对$x(t)$和$x[n]$的响应，通常称为**零状态响应**，记作$y_{zs}(t)$和$y_{zs}[n]$，它与系统的非零起始条件无关，仅取决于系统当前的输入；另一部分是仅由系统的非零起始条件造成的响应，即**零输入响应**$y_{zi}(t)$和$y_{zi}[n]$。即有

$$y(t)=y_{zs}(t)+y_{zi}(t),\ t\geqslant0\quad\text{和}\quad y[n]=y_{zs}[n]+y_{zi}[n],\ n\geqslant0\tag{4.4.3}$$

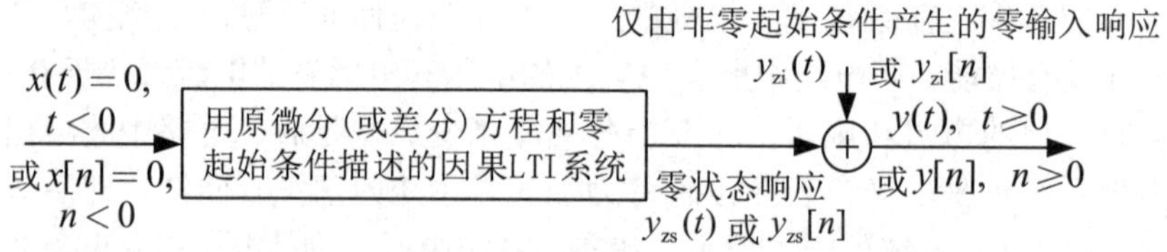


图4.4　用(4.4.2)式描述的因果系统的增量线性时不变系统结构

## 4.4.2　从起始条件转换到初始条件

在直接应用4.3节的方法和公式来求解用(4.4.2)式描述的连续时间和离散时间因果系统时，往往会遇到麻烦，甚至会导致错误。尽管由起始条件以及$t=0$和$n=0$加入的输入信号一起，已提供了确定$y(t)$，$t\geqslant0$和$y[n]$，$n\geqslant0$的充分知识，但是起始条件只代表在这次输入加入之前系统的历史状态，并不等同于它和输入信号共同作用造成的有关输出的“信息”。在连续时间系统中，由于输入信号(它在$t=0$可能有跳变或包含冲激)的作用，$y(t)$及其各阶

导数在 $t=0$ 时刻也可能发生跳变或包含冲激及其导数，即可能 $y^{(k)}(0^+)\neq y^{(k)}(0_-)$；在离散时间系统中，由于输入信号在 $n=0$ 时刻加入，使输出 $y[n]$，$n\geqslant 0$ 中的特解部分与在 $n<0$ 时不一样。按照 4.3.2 小节中的差分方程解法，起始条件 $y[-k]$，$k=1, 2, \cdots, N$，不能被直接利用来求出 $x[n]$ 加入后的 $y[n]$。只有 $y[k]$，$k=0, 1, \cdots, N-1$，才是求出 $y[n]$，$n\geqslant 0$ 所需的 $N$ 个条件(见例 4.3 中 2)小题的求解)。故在给定当前输入 $x(t)=0$，$t<0$ 和 $x[n]=0$，$n<0$ 时，求解这类连续时间和离散时间因果系统输出($y(t)$，$t\geqslant 0$ 和 $y[n]$，$n\geqslant 0$)的数学描述应分别为：

$$\begin{cases}\sum_{k=0}^{N}a_k y^{(k)}(t)=\sum_{k=0}^{M}b_k x^{(k)}(t)\\ \text{初始条件：}\ y^{(k)}(0^+)=c_k\end{cases}\quad \text{或}\quad \begin{cases}\sum_{k=0}^{N}a_k y[n-k]=\sum_{k=0}^{M}b_k x[n-k]\\ \text{初始条件：}\ y[k]=c_k\end{cases}\tag{4.4.4}$$

其中，$N$ 个**初始条件**分别为 $y^{(k)}(0^+)$ 和 $y[k]$，$k=0, 1, \cdots, N-1$。

剩下的问题是如何把系统的起始条件转换成初始条件。对于离散时间系统，为了由(4.4.2)式右式中的起始条件 $y[-k]$，$k=1, 2, \cdots, N$，转换成系统的初始条件 $y[k]$，$k=0, 1, \cdots, N-1$，可用 4.3.3 节介绍的递推算法求得。但是连续时间系统就不那么简单，不同的物理系统需根据不同的物理原理来解决。例如，在电路分析中，通常利用电路内部储能的连续性来确定初始条件。具体表现为，在没有冲激电流(或阶跃电压)强迫作用于电容的条件下，电容两端的电压不发生跳变；在没有冲激电压(或阶跃电流)强迫作用于电感的条件下，流过电感的电流不发生跳变。但对于流经电容的电流或电感两端的电压，以及其他支路电流和节点电压，它们的初始值就不受上述连续性的约束，在激励加入的瞬间有可能发生跳变。一般情况下，首先根据给定的电路问题，判断出电路中所有电感和电容的起始条件 $i_L(0_-)$ 和 $u_C(0_-)$，并由储能连续性，确定 $i_L(0^+)=i_L(0_-)$ 和 $u_C(0^+)=u_C(0_-)$，再根据电路方程，求出输出 $y(t)$ 在 $t=0^+$ 时刻的初始条件。对于简单的电路(如一阶或二阶电路)，按上述方法可比较容易地求出所需的初始条件。对于一些复杂的电路，系统的初始条件往往不易求得，必须寻求更简便可行的方法。下面介绍的把系统的全响应分解为零输入响应和零状态响应的方法，可以在一定程度上避开起始条件到初始条件的转换，得到比上述方程解法更简便的方法。

## 4.4.3　零输入响应和零状态响应

上面已论述了用(4.4.2)式描述的连续时间和离散时间因果系统都是增量 LTI 系统，具有图 4.4 所示的结构。在因果输入下，系统的输出由两部分组成，即零输入响应和零状态响应。因此，可以获得这类系统新的求解方法，即系统的零输入响应和零状态响应解法。

为了获得新的求解方法，先分别考察一下这类系统的零输入响应和零状态响应。对于零输入响应 $y_{zi}(t)$ 和 $y_{zi}[n]$，它们与给定的因果输入 $x(t)$ 和 $x[n]$ 无关，它是在 $t=0$ 和 $n=0$ 以前，系统曾有过的输入造成的，并延续到 $t\geqslant 0$ 和 $n\geqslant 0$ 的那部分输出，它仅由非零起始条件决定，且 $y(t)$ 和 $y[n]$ 的起始条件分别就是 $y_{zi}(t)$ 和 $y_{zi}[n]$ 的起始条件。因此，它们分别是如下齐次方程和非零起始条件的解：

$$\begin{cases}\sum_{k=0}^{N}a_k y_{zi}^{(k)}(t)=0\\ \text{起始条件：}\ y_{zi}^{(k)}(0_-)=c_k\\ \text{其中,}\ k=0, 1, \cdots, N-1\end{cases}\quad \text{和}\quad \begin{cases}\sum_{k=0}^{N}a_k y_{zi}[n-k]=0\\ \text{起始条件：}\ y_{zi}[-k]=c_k\\ \text{其中,}\ k=1, 2, \cdots, N\end{cases}\tag{4.4.5}$$

请注意，为求出零输入响应，不需要将起始条件转换成初始条件。用 4.3 节介绍的方法求零输入响应，不存在任何困难。例如，在齐次方程有 $N$ 个不同特征根 $\lambda_i$ 时，连续时间和离散时间因果系统的零输入响应分别为

$$y_{zi}(t)=\sum_{i=1}^{N}A_{zii}e^{\lambda_i t} \quad 和 \quad y_{zi}[n]=\sum_{i=1}^{N}B_{zii}\lambda_i^n \tag{4.4.6}$$

其中，$y_{zi}(t)$ 处处连续，即 $y_{zi}(0^+)=y_{zi}(0_-)$。它们的待定常数 $A_{zii}$ 和 $B_{zii}$ 分别为

$$\begin{bmatrix}A_{zi1}\\A_{zi2}\\\vdots\\A_{ziN}\end{bmatrix}=\begin{bmatrix}1&1&\cdots&1\\\lambda_1&\lambda_2&\cdots&\lambda_N\\\vdots&\vdots&\cdots&\vdots\\\lambda_1^{N-1}&\lambda_2^{N-1}&\cdots&\lambda_N^{N-1}\end{bmatrix}^{-1}\begin{bmatrix}y(0_-)\\y^{(1)}(0_-)\\\vdots\\y^{(N-1)}(0_-)\end{bmatrix} \quad 和 \quad \begin{bmatrix}B_{zi1}\\B_{zi2}\\\vdots\\B_{ziN}\end{bmatrix}=\begin{bmatrix}\lambda_1^{-1}&\lambda_2^{-1}&\cdots&\lambda_N^{-1}\\\lambda_1^{-2}&\lambda_2^{-1}&\cdots&\lambda_N^{-2}\\\vdots&\vdots&\cdots&\vdots\\\lambda_1^{-N}&\lambda_2^{-N}&\cdots&\lambda_N^{-N}\end{bmatrix}^{-1}\begin{bmatrix}y[-1]\\y[-2]\\\vdots\\y[-N]\end{bmatrix} \tag{4.4.7}$$

再讨论零状态响应 $y_{zs}(t)$ 和 $y_{zs}[n]$。它是在原微分方程和差分方程和零起始条件(起始松弛)下，仅由当前输入信号 $x(t)=0$，$t<0$ 和 $x[n]=0$，$n<0$ 造成的系统输出，即用原微分方程和差分方程表示的因果 LTI 系统对当前输入的响应。既是 LTI 系统的响应，那么，若能求得它们的单位冲激响应 $h(t)$ 和 $h[n]$，便可用卷积的方法分别求出，即

$$y_{zs}(t)=x(t)*h(t) \quad 和 \quad y_{zs}[n]=x[n]*h[n] \tag{4.4.8}$$

下一节将讨论如何求这类因果 LTI 系统的单位冲激响应 $h(t)$ 和 $h[n]$，一旦求出它们的 $h(t)$ 和 $h[n]$（见下面 4.5 节），系统的全响应就完全确定了。对于微分方程或差分方程的特征根是 $N$ 个不同单根的情况，这类因果系统对当前输入加入后的全响应分别为

$$y(t)=x(t)*h(t)+\sum_{i=1}^{N}A_{zii}e^{\lambda_i t},\ t\geqslant 0 \quad 和 \quad y[n]=x[n]*h[n]+\sum_{i=1}^{N}B_{zii}\lambda_i^n,\ n\geqslant 0 \tag{4.4.9}$$

其中，待定常数 $A_{zii}$ 和 $B_{zii}$ 可以由(4.4.7)式求出。

按照(4.4.9)式，用线性常系数微分方程和差分方程满足的因果系统的分析方法，称为**零输入响应和零状态响应的时域解法**。除本节讨论的时域方法外，在第 8 章 8.3.3 小节将介绍用单边拉普拉斯变换和单边 Z 变换的解法，即**零输入响应和零状态响应的变换域解法**。

到目前为止，介绍了线性常系数微分方程和差分方程表示的因果系统的两种时域解法，按照 4.3 节的方程解法，系统的全响应分解为齐次解和特解两个部分(见(4.3.2)式或(4.3.13)式)，物理中把齐次解称为**自由响应**，把特解称为**强迫响应**；按照这类系统的增量 LTI 系统结构(图 4.4)，系统的全响应又可分为零输入响应和零状态响应两个部分(见(4.4.9)式)。尽管这两种分解方式代表着同样的结果，但在概念上，两者却有明显的区别：虽然自由响应和零输入响应都满足齐次方程的解，但是它们的系数却不相同，并且代表不同的物理含义，$A_{zii}$ 和 $B_{zii}$ 仅分别由起始条件决定，而 $A_i$ 和 $B_i$ 由起始条件和输入信号共同决定的；在起始条件为零的情况下，零输入响应等于 0，然而自由响应却不等于 0，只有输入信号也等于 0 时，自由响应才等于 0。或者说，自由响应也可以分成两部分，一部分由起始条件造成，另一部分由输入信号产生，在零起始条件下，前者等于 0，后者依然存在。

## 4.5 微分或差分方程表征的因果 LTI 系统的单位冲激响应

一般的 $N$ 阶线性常系数微分方程和差分方程表征的连续时间和离散时间因果 LTI 系统分别表示为

$$\sum_{k=0}^{N}a_k y^{(k)}(t)=\sum_{k=0}^{M}b_k x^{(k)}(t) \quad 和 \quad \sum_{k=0}^{N}a_k y[n-k]=\sum_{k=0}^{M}b_k x[n-k] \tag{4.5.1}$$

这意味着它们必须满足起始松弛假设，即零起始条件。后面仅用它们满足的微分方程或差分方程来表示这类因果 LTI 系统，且隐含零起始条件。既是因果 LTI 系统，其全部特性就可用各自的单位冲激响应 $h(t)$ 和 $h[n]$ 充分表征，且有 $h(t)=0$， $t<0$ 和 $h[n]=0$， $n<0$ 。本节的任务就是从它们满足的微分方程或差分方程式出发，讨论获得各自单位冲激响应的一般方法。

## 4.5.1　单位冲激响应的求法

根据 LTI 系统单位冲激响应定义，当系统输入分别为 $x(t)=\delta(t)$ 和 $x[n]=\delta[n]$ 时，系统输出即为其单位冲激响应。因此， $h(t)$ 和 $h[n]$ 应分别满足如下方程和零起始条件：

$$\begin{cases}\sum_{k=0}^{N}a_k h^{(k)}(t)=\sum_{k=0}^{M}b_k\delta^{(k)}(t)\\ \text{起始条件: } h^{(k)}(0_-)=0\\ \text{其中,} k=0,\ 1,\ \cdots,N-1\end{cases} \quad 和 \quad \begin{cases}\sum_{k=0}^{N}a_k h[n-k]=\sum_{k=0}^{M}b_k\delta[n-k]\\ \text{起始条件: } h[-k]=0\\ \text{其中,} k=1,\ 2,\ \cdots,N\end{cases} \tag{4.5.2}$$

本节将介绍两种常用的方法：一种是两个 LTI 系统级联的方法；另一种是基于 $h(t)$ 和 $h[n]$ 的函数(或序列)形式，用方程两边函数项匹配的方法。

**1．两个因果 LTI 系统级联的方法**

利用 4.2 节介绍的概念和方法，可把这类连续时间和离散时间因果 LTI 系统看成两个因果 LTI 系统的级联，如图 4.5(a)和(b)所示。其中，第一个因果 LTI 系统是非递归系统，它的单位冲激响应 $h_1(t)$ 和 $h_1[n]$ 可直接写出，即

$$h_1(t)=\sum_{k=0}^{M}b_k\delta^{(k)}(t) \quad 和 \quad h_1[n]=\sum_{k=0}^{M}b_k\delta[n-k] \tag{4.5.3}$$

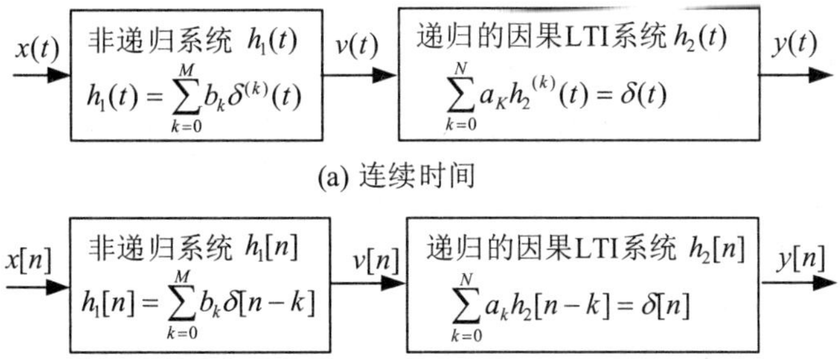


(a) 连续时间

(b) 离散时间

图 4.5　两个因果 LTI 系统级联的单位冲激响应方法

第二个因果 LTI 系统是一个递归系统，其单位冲激响应 $h_2(t)$ 和 $h_2[n]$， 则分别通过求解以下的方程，才能得到：

$$\begin{cases}\sum_{k=0}^{N}a_k h_2^{(k)}(t)=\delta(t)\\ \text{起始条件: } h_2^{(k)}(0_-)=0\\ \text{其中,} k=0,\ 1,\ \cdots,N-1\end{cases} \quad 和 \quad \begin{cases}\sum_{k=0}^{N}a_k h_2[n-k]=\delta[n]\\ \text{起始条件: } h_2[-k]=0\\ \text{其中,} k=1,\ 2,\ \cdots,N\end{cases} \tag{4.5.4}$$

由于 $\delta(t)$ 和 $\delta[n]$ 是在 $t=0$ 和 $n=0$ 时刻加入的，且 $\delta(t)=0$， $t>0$ 和 $\delta[n]=0$， $n>0$ ，因此， $h_2(t)$ 和 $h_2[n]$ 的求解可以归结为如下非零初始条件下齐次方程的求解：

$$\begin{cases}\sum_{k=0}^{N}a_k h_2^{(k)}(t)=0, & t>0\\ h_2^{(k)}(0^+), & k=0,\ 1,\cdots,N-1\end{cases} \quad 和 \quad \begin{cases}\sum_{k=0}^{N}a_k h_2[n-k]=0, & n>0\\ h_2[-k], & k=0,\ 1,\cdots,N-1\end{cases} \tag{4.5.5}$$

其中，右式中的初始条件为 $h_2[-k]$，$k=0,\ 1,\ \cdots,\ N-1$，不是 $h_2[k]$，$k=0,\ 1,\ \cdots,\ N-1$，这是因为 $\delta[n]$ 仅在 $n=0$ 是非零的，$h_2[0]$ 这个非零初始值足以代表 $N$ 个初始条件。尽管这里仍要碰到由起始条件转换成初始条件的问题，但下面将看到，确定这些初始条件十分方便。

确定(4.5.5)式右式中的初始条件很简单，只要求出 $h_2[0]$ 即可，它可针对(4.5.4)式右式的差分方程，用 4.3.3 小节的后推方程(4.3.24)求得。由此求得 $h_2[n]$ 的初始条件为

$$h_2[0]=1/a_0,\quad h_2[-k]=0,\quad k=1,\ 2,\ \cdots,\ N-1 \tag{4.5.6}$$

由于 $h_2(t)$ 在 $t=0$ 处要满足(4.5.4)式左式的微分方程，该方程两边奇异函数项应匹配。显然，只有方程左边的最高阶导数项 $h_2^{(N)}(t)$ 对应着 $\delta(t)$；而 $h_2^{(N-1)}(t)$ 是 $h_2^{(N)}(t)$ 的一次积分，它在 $t=0$ 处会出现阶跃，即

$$h_2^{(N-1)}(0^+)\neq h_2^{(N-1)}(0_-)=0 \tag{4.5.7}$$

且 $h_2(t)$ 的其余低阶导数在 $t=0$ 处均应连续，即有

$$h_2^{(k)}(0^+)=h_2^{(k)}(0_-)=0,\quad k=0,\ 1,\ \cdots,\ N-2 \tag{4.5.8}$$

若把(4.5.4)式左式的方程两边从 $0_-$ 到 $0^+$ 积分，即有

$$\int_{0_-}^{0^+}\left[\sum_{k=0}^{N}a_k h_2^{(k)}(t)\right]\mathrm{d}t=\int_{0_-}^{0^+}\delta(t)\mathrm{d}t=1$$

上式左边积分与求和交换次序，并计算各项定积分后得

$$\sum_{k=0}^{N}a_k\left[h_2^{(k-1)}(0^+)-h_2^{(k-1)}(0_-)\right]=1$$

利用(4.5.7)式和(4.5.8)式的结果得到

$$h_2^{(N-1)}(0^+)=1/a_N \quad 和 \quad h_2^{(k)}(0^+)=0,\quad k=0,\ 1,\ \cdots,\ N-2 \tag{4.5.9}$$

上述(4.5.9)式和(4.5.6)式即为分别求出 $h_2(t)$ 和 $h_2[n]$ 所要求的初始条件，不但求法简单，且有一般公式可循。

一旦确定了初始条件，只需求解(4.5.5)这样的齐次微分方程和齐次差分方程，解出 $h_2(t)$ 和 $h_2[n]$。最后，只要把按上述方法求出的 $h_1(t)$ 与 $h_2(t)$ 和 $h_1[n]$ 与 $h_2[n]$ 卷积，就可得到这类因果 LTI 系统单位冲激响应，即

$$h(t)=h_1(t)*h_2(t) \quad 和 \quad h[n]=h_1[n]*h_2[n] \tag{4.5.10}$$

下面通过例题进一步说明这种方法。

**【例 4.7】** 试求由如下微分方程表征的因果 LTI 系统的单位冲激响应。

$$y''(t)+4y'(t)+3y(t)=x'(t)+2x(t)$$

**解：** 首先把该系统分解成两个因果 LTI 系统的级联，其中非递归系统的单位冲激响应为

$$h_1(t)=\delta'(t)+2\delta(t)$$

利用(4.5.5)式左边和(4.5.9)式，递归系统的 $h_2(t)$ 应满足的齐次方程和非零初始条件为

$$\begin{cases}h_2''(t)+4h_2'(t)+3h_2(t)=0\\ h_2(0^+)=0\ ,\ \ h_2'(0^+)=1\end{cases}$$

它相应的特征方程为 $\lambda^2+4\lambda+3=0$，两个特征根分别为：$\lambda_1=-1$ 和 $\lambda_2=-3$。则 $h_2(t)$ 应有下面形式

$$h_2(t)=\begin{cases}A_1\mathrm{e}^{-t}+A_2\mathrm{e}^{-3t}, & t>0\\ 0\ , & t<0\end{cases}$$

现在来求待定常数 $A_1$ 和 $A_2$，利用上述初始条件可得

$$\begin{cases}A_1+A_2=0\\-A_1-3A_2=1\end{cases},\quad 解此代数方程得到\begin{cases}A_1=1/2\\A_2=-1/2\end{cases}$$

则第二个递归系统的单位冲激响应为 $h_2(t)=[(\mathrm{e}^{-t}-\mathrm{e}^{-3t})/2]u(t)$。最后求得该系统的单位冲激响应为

$$h(t)=h_1(t)*h_2(t)=[\delta'(t)+2\delta(t)]*\{[(\mathrm{e}^{-t}-\mathrm{e}^{-3t})/2]u(t)\}=[(\mathrm{e}^{-t}+\mathrm{e}^{-3t})/2]u(t) \tag{4.5.11}$$

**【例 4.8】** 已知某因果的离散时间 LTI 系统满足如下的差分方程，试求该系统的单位冲激响应 $h[n]$。

$$y[n]-5y[n-1]+6y[n-2]=x[n]-3x[n-2]$$

**解**：该系统也看成两个因果 LTI 系统的级联，第一个非递归系统的 $h_1[n]$ 可直接写出

$$h_1[n]=\delta[n]-3\delta[n-2]$$

直接利用(4.5.5)式右式和(4.5.6)式，第二个递归系统的 $h_2[n]$ 应满足如下的齐次方程和初始条件：

$$h_2[n]-5h_2[n-1]+6h_2[n-2]=0;\quad h_2[0]=1,\ h_2[-1]=0$$

其特征方程为 $\lambda^2-5\lambda+6=0$，两个特征根分别为 $\lambda_1=3$，$\lambda_2=2$。故 $h_2[n]$ 齐次解 $h_{2\mathrm{H}}[n]$ 有如下形式：

$$h_{2\mathrm{H}}[n]=B_1 3^n+B_2 2^n$$

将它代入两个初始条件，得到代数方程组 $\begin{cases}B_1+B_2=1\\(B_1/3)+(B_2/2)=0\end{cases}$，求此代数方程得到 $\begin{cases}B_1=3\\B_2=-2\end{cases}$。考虑到是因果 LTI 系统，$h_2[n]=0$，$n<0$，故有

$$h_2[n]=h_{2\mathrm{H}}[n]u[n]=(3^{n+1}-2^{n+1})u[n]$$

按照(4.5.10)式，由上面求得的 $h_1[n]$ 和 $h_2[n]$ 卷积得到系统的单位冲激响应为

$$\begin{aligned}h[n]&=h_1[n]*h_2[n]=\{\delta[n]-3\delta[n-2]\}*(3^{n+1}-2^{n+1})u[n]\\&=3^{n+1}u[n]-2^{n+1}u[n]-3^n u[n-2]+3\cdot 2^{n-1}u[n-2]\end{aligned}$$

或经整理后得到

$$h[n]=-(1/2)\delta[n]+2\cdot 3^n u[n]-(1/2)2^n u[n] \tag{4.5.12}$$

### 2. 微分和差分方程两边函数项匹配的方法

对(4.5.1)式表示的一般 $N$ 阶微分方程和差分方程表征的因果 LTI 系统，它们的单位冲激响应 $h(t)$ 和 $h[n]$ 分别满足

$$\sum_{k=0}^{N}a_k h^{(k)}(t)=\sum_{k=0}^{M}b_k\delta^{(k)}(t)\quad 和\quad \sum_{k=0}^{N}a_k h[n-k]=\sum_{k=0}^{M}b_k\delta[n-k] \tag{4.5.13}$$

它们是一个特殊的微分方程和差分方程：微分方程等号的右边是由 $\delta(t)$ 直至 $\delta(t)$ 的 $M$ 阶导数项组成，且在 $t>0^+$ 时等于 0；而差分方程等号右边是 $\delta[n]$ 直至 $\delta[n-M]$ 项的线性组合，且在 $n>M$ 时也等于 0。因此，$h(t)$ 和 $h[n]$ 又应分别满足如下的齐次方程

$$\sum_{k=0}^{N}a_k h^{(k)}(t)=0,\quad t>0\quad 和\quad \sum_{k=0}^{N}a_k h[n-k]=0,\quad n>M \tag{4.5.14}$$

此外，$h(t)$ 和 $h[n]$ 还要满足因果性，即

$$h(t)=0,\ t<0\quad 和\quad h[n]=0,\ n<0 \tag{4.5.15}$$

由于受上述约束，$h(t)$ 和 $h[n]$ 的函数(序列)形式将会有特定的形式。

1) $h(t)$ 和 $h[n]$ 的函数形式

一方面，$h(t)$ 和 $h[n]$ 应分别满足因果性，同时具有齐次方程的齐次解形式。例如，在(4.5.14)式的齐次方程有 $N$ 个不同的单根 $\lambda_i$ 时，$h(t)$ 和 $h[n]$ 应分别取如下函数和序列形式：

$$h(t)=\sum_{i=1}^{N}A_i\mathrm{e}^{\lambda_i t}u(t)\quad 和\quad h[n]=\sum_{i=1}^{N}B_i\lambda_i^n u[n] \tag{4.5.16}$$

另一方面，$h(t)$和$h[n]$又应分别在$t=0$和在$n=0$，1，…，$M$时满足方程(4.5.13)式。

在连续时间中，按照(4.5.13)式左边微分方程两边函数项匹配的原则，方程右边$\delta(t)$导数的最高阶数是$M$，它应对应着方程左边的$h^{(N)}(t)$这一项。由于$h(t)$是$h^{(N)}(t)$的$N$次积分，它应对应着$\delta(t)$的$M-N$次积分。如果$N>M$，则$h(t)$对应着$\delta(t)$的一次以上次积分，它就不可能包含$\delta(t)$及其导数，最多当$N=M+1$时会在$t=0$处出现不连续，而当$N>M+1$时，$h(t)$在$t=0$处必定是连续的。因此在$N>M$时，(4.5.16)式这样的$h(t)$，将符合(4.5.13)式左边微分方程两边函数项匹配的原则。但当$N\leqslant M$时，为满足(4.5.13)式左边的方程，$h(t)$必须包括$\delta(t)$直至其$M-N$阶导数项，(4.5.16)式这样的$h(t)$形式就不足够了，应修改成如下形式：

$$h(t)=\sum_{l=0}^{M-N}c_l\delta^{(l)}(t)+\sum_{i=1}^{N}A_i\mathrm{e}^{\lambda_i t}u(t),\quad N\leqslant M \tag{4.5.17}$$

这样，既不违反其因果性，同时又不会不满足(4.5.14)式左边的齐次微分方程。

在离散时间也有类似的情况。当$N>M$时，(4.5.16)式右边的$h[n]$形式完全可在$0\leqslant n\leqslant M$区间上满足(4.5.13)式右边的方程；但当$N\leqslant M$时，这样的$h[n]$就不可能在满足(4.5.14)式右边的齐次差分方程的同时，又在$0\leqslant n\leqslant M$区间上满足(4.5.13)式右边的差分方程。为保证两者同时满足，$h[n]$必须改写成

$$h[n]=\sum_{l=0}^{M-N}c_l\delta[n-l]+\sum_{i=1}^{N}B_i\lambda_i^n u[n],\quad N\leqslant M \tag{4.5.18}$$

因此$h(t)$和$h[n]$的函数和序列形式可分别归纳为

$$h(t)=\begin{cases}\displaystyle\sum_{i=1}^{N}A_i\mathrm{e}^{\lambda_i t}u(t), & N>M\\ \displaystyle\sum_{m=0}^{M-N}c_m\delta^{(m)}(t)+\sum_{i=1}^{N}A_i\mathrm{e}^{\lambda_i t}u(t), & N\leqslant M\end{cases} \tag{4.5.19}$$

和

$$h[n]=\begin{cases}\displaystyle\sum_{i=1}^{N}B_i\lambda_i^n u[n] & N>M\\ \displaystyle\sum_{m=0}^{M-N}c_m\delta[n-m]+\sum_{i=1}^{N}B_i\lambda_i^n u[n], & N\leqslant M\end{cases} \tag{4.5.20}$$

其中，$A_i$和$B_i$，$i=1, 2$，…，$N$，及$c_m$，$m=0, 1$，…，$M-N$，分别为待定常数。

2) 待定常数的确定

在讨论了这类因果 LTI 系统的$h(t)$和$h[n]$的函数形式后，剩下的便是确定其中的待定常数$A_i$、$B_i$及$c_m$。下面分别介绍连续时间和离散时间中这些待定常数的求法，并以例子来说明。

**·确定$h(t)$的待定常数**

由于$h(t)$必须满足(4.5.13)式左边的微分方程，则可把(4.5.19)式的$h(t)$代入该方程，按照方程两边各个奇异项系数必须相等，写出这些待定常数满足的一组代数方程，求解这组代数方程，就可求得这些待定常数。

**【例 4.9】** 试用本节所述方法，求出例 4.7 给定系统的单位冲激响应。

**解**：在例 4.7 的微分方程中，$N=2$，$M=1$，按(4.5.19)式，并按例 4.7 中已求出的特征根，该系统的单位冲激响应有如下形式：

$$h(t)=(A_1\mathrm{e}^{-t}+A_2\mathrm{e}^{-3t})u(t)$$

$h(t)$满足的方程可直接由原方程写出，即

$$h''(t)+4h'(t)+3h(t)=\delta'(t)+2\delta(t) \tag{4.5.21}$$

为代入此方程，并求出 $h'(t)$ 和 $h''(t)$ 如下：

$$h'(t)=(A_1+A_2)\delta(t)-A_1\mathrm{e}^{-t}u(t)-3A_2\mathrm{e}^{-3t}u(t)$$

$$h''(t)=(A_1+A_2)\delta'(t)-(A_1+3A_2)\delta(t)+A_1\mathrm{e}^{-t}u(t)+9A_2\mathrm{e}^{-3t}u(t)$$

把上述 $h(t)$，$h'(t)$ 和 $h''(t)$ 代入方程(4.5.21)，并整理后得

$$(A_1+A_2)\delta'(t)+(3A_1+A_2)\delta(t)=\delta'(t)+2\delta(t)$$

方程两边奇异项系数应相等，则有 $\begin{cases}A_1+A_2=1\\3A_1+A_2=2\end{cases}$，解此联立方程，得到 $\begin{cases}A_1=1/2\\A_2=1/2\end{cases}$。故系统的 $h(t)$ 为

$$h(t)=(1/2)(\mathrm{e}^{-t}+\mathrm{e}^{-3t})u(t)$$

### · 确定 $h[n]$ 的待定常数

和上面求 $h(t)$ 的待定常数方法类似，也可以把(4.5.20)式的 $h[n]$ 代入(4.5.13)式右边的差分方程，按照方程两边 $\delta[n-k]$，$k=0$，1，…，$M$，各项的系数相等，列出待定常数满足的联立方程，然后求解此联立方程，确定待定常数。

这里需说明两点：

第一，由于(4.5.20)式中 $h[n]$ 的序列形式，不都是 $\delta[n-k]$ 的线性组合形式，但各个 $B_i\lambda_i^n u[n]$ 项中都包括 $\delta[n-k]$，$k=0$，1，…，$M$ 等项。因此，应把它们改写成

$$B_i\lambda_i^n u[n]=B_i\delta[n]+B_i\lambda_i\delta[n-1]+\ \cdots\ +B_i\lambda_i^M\delta[n-M]+B_i\lambda_i^M u[n-M-1]+\ \cdots$$

再代入(4.5.13)式右边的差分方程，并按方程两边 $\delta[n-k]$，$k=0$，1，…，$M$，各项系数相等，列出待定常数的代数方程。

第二，对于 $M\geqslant N-1$ 的情况，此方法可列出 $M+1$ 个独立方程，可唯一地确定 $M+1$ 个待定常数( $N$ 个 $A_i$ 和 $M-N+1$ 个 $c_m$ )。对于 $M<N-1$ 的情况，共有 $N$ 个待定常数( $N$ 个 $B_i$ )，然而，用此方法只能列出 $M+1$ 个独立的代数方程，必须再用(4.5.13)式右式方程等号右边、当 $M<n\leqslant N-1$ 时的 $N-M-1$ 个零值，共列出 $N$ 个代数方程，才能唯一地求解出 $N$ 个待定常数。具体方法请见下面的例题。

**【例 4.10】**　试用本节的方法求例 4.8 给定的因果 LTI 系统的单位冲激响应。

**解**：该例 4.8 中的因果 LTI 系统的 $h[n]$ 必须满足如下方程：

$$h[n]-5h[n-1]+6h[n-2]=\delta[n]-3\delta[n-2] \tag{4.5.22}$$

由于 $N=M=2$，按照(4.5.20)式，并利用例 4.8 中已求出的两个特征根 $\lambda_1=3$，$\lambda_2=2$，该系统的 $h[n]$ 应为

$$h[n]=c_0\delta[n]+B_1 3^n u[n]+B_2 2^n u[n]$$

为了让 $h[n]$ 代入(4.5.22)式，有利于方程两边函数项匹配，把上述 $h[n]$ 改写为

$$h[n]=(c_0+B_1+B_2)\delta[n]+(3B_1+2B_2)\delta[n-1]+(9B_1+4B_2)\delta[n-2]+\ \cdots$$

且有

$$h[n-1]=(c_0+B_1+B_2)\delta[n-1]+(3B_1+2B_2)\delta[n-2]+\ \cdots$$

$$h[n-2]=(c_0+B_1+B_2)\delta[n-2]+\ \cdots$$

把上述 $h[n]$，$h[n-1]$ 和 $h[n-2]$ 代入(4.5.22)式的方程，整理后得

$$(c_0+B_1+B_2)\delta[n]-(5c_0+2B_1+3B_2)\delta[n-1]+6c_0\delta[n-2]=\delta[n]-3\delta[n-2]$$

等号两边对等项系数要相等，则有 $\begin{cases}c_0+B_1+B_2=1\\5c_0+2B_1+3B_2=0\\6c_0=-3\end{cases}$，解此联立方程组求得 $\begin{cases}c_0=-1/2\\B_1=2\\B_2=-1/2\end{cases}$。故该系统的单位冲激响应为

$$h[n]=-0.5\delta[n]+2\cdot 3^n u[n]-2^{n-1}u[n]$$

它和(4.5.12)式的结果一样。

【**例 4.11**】 试求如下差分方程表示的因果 LTI 系统之单位冲激响应 $h[n]$。

$$y[n]-(11/6)y[n-1]+y[n-2]-(1/6)y[n-3]=x[n]+(1/6)x[n-1]$$

**解**：该因果 LTI 系统的 $h[n]$ 必须满足如下方程：

$$h[n]-(11/6)h[n-1]+h[n-2]-(1/6)h[n-3]=\delta[n]+(1/6)\delta[n-1] \tag{4.5.23}$$

该差分方程的特征方程为 $\lambda^3-(11/6)\lambda^2+\lambda-(1/6)=0$，可求出三个特征根为 $\lambda_1=1/2$，$\lambda_2=1/3$ 和 $\lambda_3=1$，且此差分方程的 $N>M$，故该系统的 $h[n]$ 为

$$h[n]=B_1(1/2)^n u[n]+B_2(1/3)^n u[n]+B_3 u[n]$$

为了让 $h[n]$ 代入(4.5.23)式后有利于方程两边函数项匹配，把上述 $h[n]$ 改写为

$$h[n]=(B_1+B_2+B_3)\delta[n]+[(B_1/2)+(B_2/3)+B_3]\delta[n-1]+[(B_1/4)+(B_2/9)+B_3]\delta[n-2]+\cdots$$

$$h[n-1]=(B_1+B_2+B_3)\delta[n-1]+[(B_1/2)+(B_2/3)+B_3]\delta[n-2]+[(B_1/4)+(B_2/9)+B_3]\delta[n-3]+\cdots$$

$$h[n-2]=(B_1+B_2+B_3)\delta[n-2]+[(B_1/2)+(B_2/3)+B_3]\delta[n-3]+[(B_1/4)+(B_2/9)+B_3]\delta[n-4]+\cdots$$

$$h[n-3]=(B_1+B_2+B_3)\delta[n-3]+[(B_1/2)+(B_2/3)+B_3]\delta[n-4]+[(B_1/4)+(B_2/9)+B_3]\delta[n-5]+\cdots$$

把上述 $h[n]$，$h[n-1]$ 和 $h[n-2]$ 和 $h[n-3]$ 代入(4.5.23)式的方程，整理后得

$$(B_1+B_2+B_3)\delta[n]-[(4B_1/3)+(3B_2/2)+(5B_3/6)]\delta[n-1]+[(B_1/3)+(B_2/2)+(B_3/6)]\delta[n-2]=\delta[n]+(1/6)\delta[n-1]$$

上式等号两边相同函数项的系数必须相等，则可写出如下代数方程组：

$$\begin{cases} B_1+B_2+B_3=1 \\ -4B_1/3-3B_2/2-5B_1/6=1/6 \\ B_1/3+B_2/2+B_1/6=0 \end{cases}，\quad \text{解此联立方程，求得三个待定系数为} \begin{cases} B_1=-4 \\ B_2=3/2 \\ B_3=7/2 \end{cases}$$

因此，该因果 LTI 系统的 $h[n]$ 为

$$h[n]=-4\left(\frac{1}{2}\right)^n u[n]+\frac{3}{2}\left(\frac{1}{3}\right)^n u[n]+\frac{7}{2}u[n]$$

对于差分方程表征的这类因果 LTI 系统，还可以根据(4.5.20)式的 $h[n]$ 序列形式，并利用后推方程获得求解(4.5.14)式右边齐次方程的初始条件，$h[0]$，$h[1]$，…，$h[M]$，…来确定所有的待定常数。初始条件值的数目应和待定常数的数目相等，当 $M<N-1$ 时，也需用 $N-M-1$ 个零起始条件补足。

除了上面介绍的方法外，还可以用其他的方法求这类因果 LTI 系统的 $h(t)$ 和 $h[n]$。例如，交换 4.6.2 小节图 4.11 和 4.6.3 小节图 4.15 中两个因果 LTI 系统级联的次序，先求出递归系统的 $h_2(t)$ 和 $h_2[n]$，然后以 $h_2(t)$ 和 $h_2[n]$ 作为非递归系统的输入，可直接得到 $h(t)$ 和 $h[n]$，即

$$h(t)=\sum_{k=0}^{M} b_k h_2^{(k)}(t) \quad \text{和} \quad h[n]=\sum_{k=0}^{M} b_k h_2[n-k] \tag{4.5.24}$$

在后面第 8 章 8.2 节，还将介绍这类因果 LTI 系统之单位冲激响应 $h(t)$ 和 $h[n]$ 的变换域求法。

## 4.5.2 离散时间 FIR 系统和 IIR 系统

从上述讨论和例题中可以看出，对于用线性常系数差分方程表征的离散时间因果 LTI 系统，其单位冲激响应有两种情况：一种是具有有限非零持续期的 $h[n]$，例如由(4.2.4)式右边和例 4.8 中的 $h_1[n]$ 那样，其一般形式为

$$h[n]=\sum_{k=0}^{M} b_k \delta[n-k] \tag{4.5.25}$$

这样的单位冲激响应对应着零阶差分方程表征的 LTI 系统，即非递归系统。通常又把这种因果 LTI 系统称为**有限冲激响应系统**，简称 **FIR** 系统。换言之，FIR 系统一定是一个离散时间

非递归系统；第二种是具有无限非零持续期的 $h[n]$，如例 4.8 中的 $h_2[n]$ 和其他例子中的 $h[n]$ 那样。归纳起来，所有 $N>0$ 的 $N$ 阶线性常系数差分方程描述的因果 LTI 系统，或者说，由递归差分方程描述的离散时间因果 LTI 系统都有无限持续期的单位冲激响应。由于这种特性，往往把一个由递归差分方程描述的离散时间因果 LTI 系统称为**无限冲激响应系统**，简称 **IIR** 系统。换言之，只要是离散时间递归系统，它就是一个 IIR 系统。

### 4.5.3　微分方程和差分方程表征的因果 LTI 系统的稳定性和可逆性

4.4 节已详细讨论了这类系统的记忆性、线性、时不变性和因果性，现局限于用微分方程或差分方程表征的这类因果 LTI 系统，讨论其余两个性质，即稳定性和可逆性。

**1. 稳定性**

由第 3 章可知，LTI 系统稳定性完全由其 $h(t)$ 和 $h[n]$ 决定。只要 $h(t)$ 和 $h[n]$ 是模可积或模可和的，系统就是稳定的，否则就不稳定。前一节已详细介绍了这类系统的单位冲激响应，用此判据，可对这类因果 LTI 系统的稳定性得出如下结论：

(1) 对于零阶($N=0$)微分或差分方程描述的一类非递归系统，$h(t)$ 和 $h[n]$ 分别为

$$h(t)=\sum_{k=0}^{M}b_k\delta^{(k)}(t) \quad 和 \quad h[n]=\sum_{k=0}^{M}b_k\delta[n-k] \tag{4.5.27}$$

由上面右式看出，只要 $b_k$，$k=0,\ 1$，…，$M$，均为有限值，所有离散时间非递归系统(即 FIR 系统)均是稳定系统；连续时间非递归系统则不然，由于 $\delta(t)$ 及其有限阶导数都不绝对可积，因此，所有 $M>0$ 的连续时间非递归系统均不稳定。

(2) 对于一般微分方程和差分方程描述的递归系统，它们的 $h(t)$ 和 $h[n]$ 分别见(4.5.19)式或(4.5.20)式，系统稳定性的讨论要复杂些。

对于 $N<M$ 的连续时间递归系统，由于 $h(t)$ 中包含了 $\delta(t)$ 的导数项，系统是不稳定的。但离散时间递归系统则不受此约束。在 $N\geqslant M$ 时递归系统的稳定性，就看其 $h(t)$ 和 $h[n]$ 是否包含单边非衰减的指数项：如果包含，$h(t)$ 和 $h[n]$ 肯定不满足模可积或模可和，故肯定不稳定；如果只包含单边衰减的指数项，就是稳定系统。至于单边指数函数 $A_i e^{\lambda_i t}u(t)$ 和单边指数序列 $B_i\lambda_i^n u[n]$ 是衰减的还是非衰减的，完全由特征根 $\lambda_i$ 决定，因此这类非递归系统的稳定性也完全由 $N$ 个特征根决定。由于 $\lambda_i$ 一般为复数，因此在连续时间情况下，如果满足

$$\operatorname{Re}\{\lambda_i\}<0,\quad i=1,\ 2,\ \cdots,\ N \tag{4.5.28}$$

则连续时间递归系统为稳定系统，否则，只要有一个特征根的实部大于或等于零，系统就不稳定；在离散时间情况下，如果满足

$$|\lambda_i|<1,\quad i=1,\ 2,\ \cdots,\ N \tag{4.5.29}$$

则系统是稳定的，否则，只要有一个特征根的模值大于或等于 1，系统就不稳定。

进一步，线性常系数微分或差分方程的特征根 $\lambda_i$ 完全由特征方程决定。按照代数方程的理论，即由特征方程的系数 $a_k$，$k=0$，1，…，$N$，完全决定。换言之，可在不求出它们的单位冲激响应的情况下，直接根据微分方程和差分方程的常系数 $a_k$，$k=0$，1，…，$N$，来判断这类递归系统的稳定性。

**2. 可逆性与逆系统**

在第 3 章讨论 LTI 系统的可逆性时，曾指出，一个 LTI 系统是否可逆，可归结为能否找到另一个 LTI 系统，使两者单位冲激的卷积等于 $\delta(t)$ 和 $\delta[n]$。可以此来判定 LTI 系统是否可

逆，或求出其逆系统，当然，这种方法也适用于微分方程和差分方程表征的因果 LTI 系统。

在后面要讨论的变换域方法中，可以用十分简便的方法，判别这类因果 LTI 系统的可逆性，并求出其逆系统。这里先给出此问题的结论：用线性常系数微分方程和差分方程表示的这类因果 LTI 系统都是可逆的，即它们一定存在一个逆系统；且它们的逆系统也属于用微分方程或差分方程表征的一类因果 LTI 系统(包括非递归系统)；但因果稳定的这类 LTI 系统的逆系统，却不一定也是因果稳定的。

由于用微分方程和差分方程描述的因果系统具有增量 LTI 系统结构，有关它们稳定性和可逆性的概念和结论，对于一般的因果系统也是有用的。在后面介绍了信号与系统的变换域描述和方法后，还将讨论这些性质，到时读者将会有更清楚的认识。

## 4.6 微分和差分方程表征的因果 LTI 系统的直接实现结构

### 4.6.1 系统的模拟和仿真

本章前面讨论的内容充分说明这样一个事实，即系统分析(或系统求解)的数学过程，并不依赖于它所描述的具体对象。对于用相同微分方程或差分方程描述的各种系统来说，在相同数学形式的激励下，其响应的数学形式也完全相同，只是方程中各参数($a_k$ 和 $b_k$)和输入输出信号中的系数所具有的物理量纲，是随具体的物理系统而异。

把具体的物理系统抽象为数学模型，以便研究和分析它的各种性能，这不仅在理论上有重要的意义，在工程中也十分有用。有时需要对实际系统进行实验研究(较为复杂的系统更有必要)，例如通过实际观察和研究，要弄清当系统参数或输入信号改变时，系统响应或特性有什么变化。通常不需要(有时也不可能)在实际系统上进行，只要根据该系统的数学描述，用模拟装置组成的实验系统来模拟真实系统，使得它与真实系统具有相同的微分方程或差分方程；另一个情况是在系统的设计和实现中，按某种要求选择或设计的系统能否具有预期的特性，什么情况下其性能达到最佳，或者某些条件或系统参数发生了变化，系统能否正常工作等问题，也不能等到系统制造出来后再去回答和解决。通常采用这样的方法：在开始制造之前进行实验研究，找出这些问题的解答或修正方案，待充分验证了设计的系统能满足实际使用要求后才正式步入制造。在系统问题中，通常把这类按实际系统的数学描述，用模拟装置或手段对实际系统的特性和功能进行各种研究的过程或方法，称为**系统模拟**或**系统仿真**。

实际的物理系统以及很多物理元件(或基本系统)都是用微分方程或差分方程描述的。例如电路和包含运算放大器的电子线路，都是用线性常系数微分方程表示的；线性常系数差分方程描述的系统，都可以用计算机算法来实现。在本节中将会看到：用线性常系数微分方程描述的各种物理系统，都可以用连续时间数乘器、加法器和积分器构成的电子系统来进行模拟；用线性常系数差分方程描述的系统都可以用数字系统或计算机程序进行模拟。通用模拟计算机和通用数字计算机分别给这类连续时间和离散时间系统提供了强有力的系统模拟手段，人们可按照实际系统的微分方程或差分方程，用编写的算法程序来进行系统模拟或仿真。

为了进行系统模拟，必须弄清这类系统的实现结构，即用基本单元构造系统的方框图表示，有的书上称为系统的**模拟图**。本节按先离散时间后连续时间的次序，讨论用微分方程和差分方程表征的这类因果 LTI 系统的实现结构。在第 8 章中，还将基于它们的变换域表示，介绍级联和并联实现结构。在本书的最后一章中，再利用系统的状态变量方法，介绍用微分方程和的差分方程表征的因果增量线性系统的模拟实现。

### 4.6.2　差分方程表征的因果 LTI 系统的直接实现结构

用一般的 $N$ 阶差分方程表征的离散时间因果 LTI 系统，可改写为后推方程的形式

$$y[n]=\frac{1}{a_0}\left\{\sum_{k=0}^{M}b_k x[n-k]+\sum_{k=1}^{N}(-a_k)y[n-k]\right\} \tag{4.6.1}$$

它提供了实现这类离散时间因果 LTI 系统的一种算法，且只包含三种基本的信号运算：离散时间相加运算、数乘运算和延时运算。任意的离散时间延时系统均可用图 4.6(c)这样的单位延时单元级联而成，利用图 4.6 中所示的三种离散时间基本单元，可实现这类因果 LTI 系统。

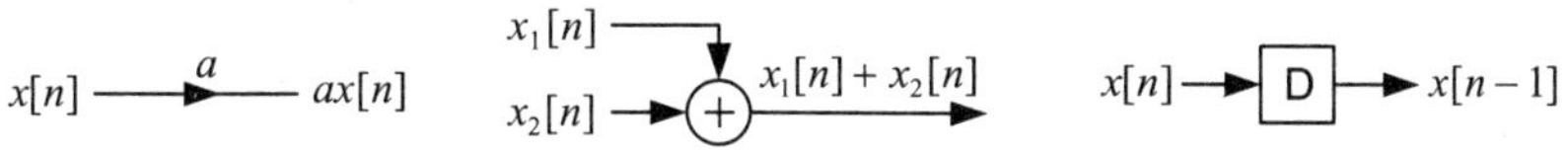


(a) 离散时间数乘器　(b) 离散时间相加器　(c) 离散时间单位延时

图 4.6　三种离散时间基本单元

为了说明如何实现，先看几个简单例子。例如，由如下方程表示的非递归系统

$$y[n]=b_0x[n]+b_1x[n-1] \tag{4.6.2}$$

它具有图 4.7 的串并联实现结构。又例如，如下一阶差分方程表示的因果 LTI 递归系统

$$a_0y[n]+a_1y[n-1]=x[n]$$

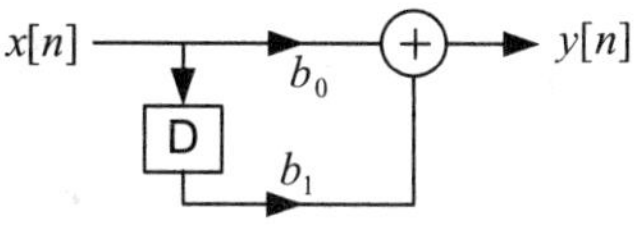


图 4.7　(4.6.2)式表示的系统之模拟图

它可改写为如下后推方程：

$$y[n]=(1/a_0)\{x[n]-a_1y[n-1]\} \tag{4.6.3}$$

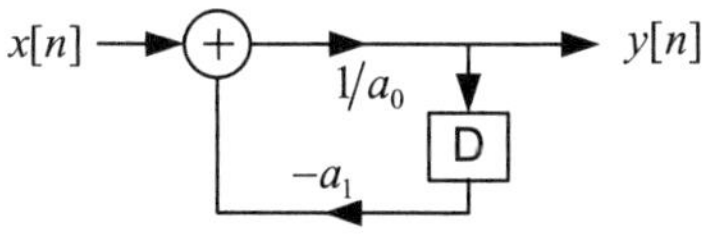


图 4.8　(4.6.3)式表示的系统之模拟图

即输出 $y[n]$ 通过单位延时和 $-a_1$ 的数乘器后，反馈回来与 $x[n]$ 相加后再数乘 $1/a_0$，系统实现如图 4.8 所示。

再例如，由如下一阶差分方程表示的因果 LTI 系统

$$a_0y[n]+a_1y[n-1]=b_0x[n]+b_1x[n-1] \tag{4.6.4}$$

方程可改写成

$$y[n]=(1/a_0)\{b_0x[n]+b_1x[n-1]+(-a_1)y[n-1]\} \tag{4.6.5}$$

若令

$$v[n]=b_0x[n]+b_1x[n-1] \tag{4.6.6}$$

则(4.6.5)可改写成

$$y[n]=(1/a_0)\{v[n]-a_1y[n-1]\} \tag{4.6.7}$$

这表明，该系统可用(4.6.6)式和(4.6.7)式表示的两个系统的级联实现，其中，前者是图 4.7 的非递归系统，而后者是图 4.8 的递归系统，如图 4.9 所示。

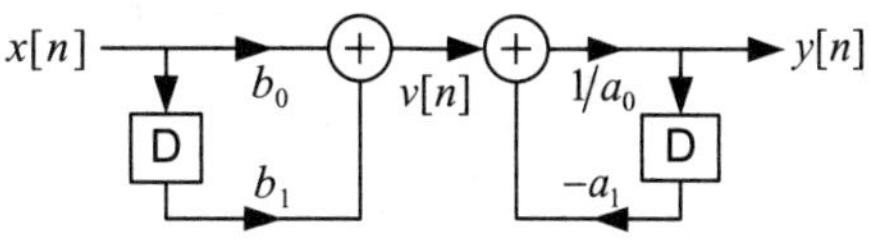


图 4.9　由(4.6.5)式给出系统的模拟图

由于 LTI 系统级联的次序是可交换的，图 4.9 又可等效成图 4.10(a)的方框图表示。按图 4.10(a)，系统的输入输出关系为

$$y[n]=b_0w[n]+b_1w[n-1] \tag{4.6.8}$$

中间信号 $w[n]$ 满足的递推方程为

$$w[n]=(1/a_0)(x[n]-a_1w[n-1]) \tag{4.6.9}$$

图 4.10(a)中两个单位延时的输入都是 $w[n]$，输出都是 $w[n-1]$，故可合并成一个单位延时，即等效成图 4.10(b)。两者相比减少了一个单位延时，从算法上讲，单位延时意味着存储一个数以供下一时刻计算使用，

图 4.10(b)只要求在每一时刻存储一个数，而图 4.10(a)却要求在每一时间点上存储两个数。因此，无论从硬件实现的经济性和算法有效性(即计算速度和占用存储资源)上看，无疑应该更偏爱图 4.10(b)这样的实现结构。

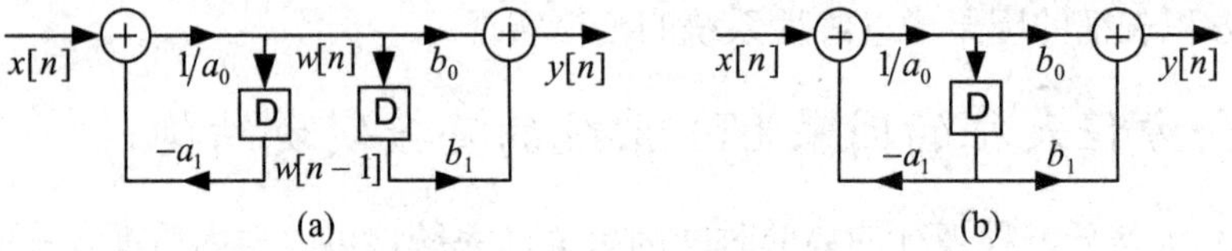


图 4.10 (4.6.5)式系统的另一种模拟图

基于上面的方法，用三种基本单元实现一般 $N$ 阶差分方程表征的离散时间因果 LTI 系统就不困难了。首先将后推方程(4.6.1)分解为两步运算：第一步由输入 $x[n]$ 经过一个非递归系统得到 $v[n]$，即

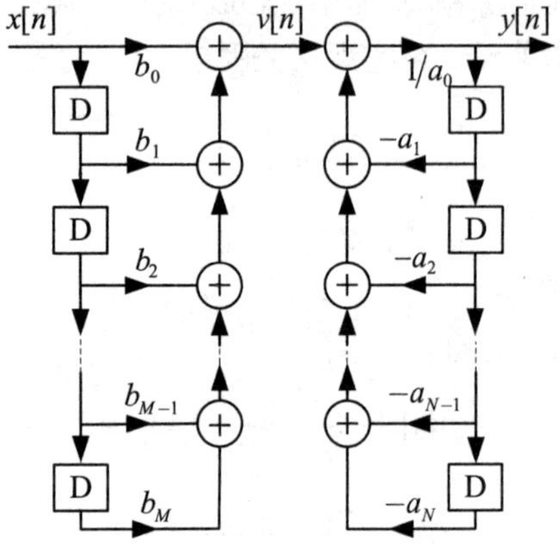


图 4.11 递推方程(4.6.1)式的直接 I 型结构

$$v[n]=\sum_{k=0}^{M}b_k x[n-k] \tag{4.6.10}$$

第二步经过一个纯递归系统，得到输出 $y[n]$，即

$$y[n]=\frac{1}{a_0}\left\{v[n]+\sum_{k=1}^{N}(-a_k)y[n-k]\right\} \tag{4.6.11}$$

图 4.11 中画了用三种离散时间基本单元实现上述两个系统级联的方框图表示，它通常称为**直接 I 型实现结构**。然后，对调这两 LTI 系统的级联次序，得到递推方程(4.6.1)所表示系统的另一种等效实现结构，如图 4.12 所示。此时，输入 $x[n]$ 先通过一个纯递归系统，得到另一个中间信号 $w[n]$，再通过一个非递归系统，得到输出 $y[n]$，即

$$w[n]=\frac{1}{a_0}\left\{x[n]+\sum_{k=1}^{N}(-a_k)w[n-k]\right\} \quad 和 \quad y[n]=\sum_{k=0}^{M}b_k w[n-k] \tag{4.6.12}$$

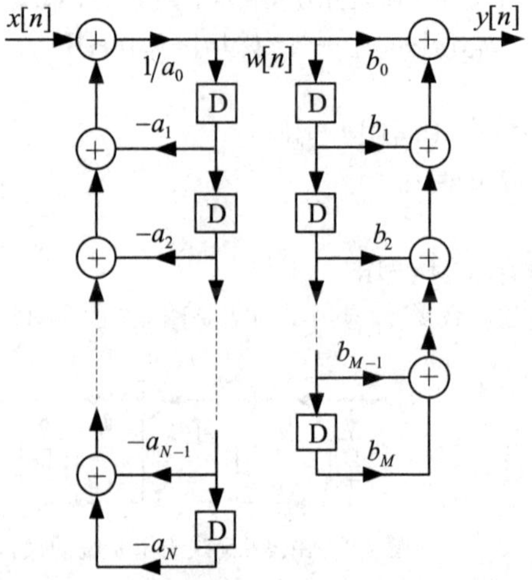


图 4.12 递推方程(4.6.1)的另一种结构

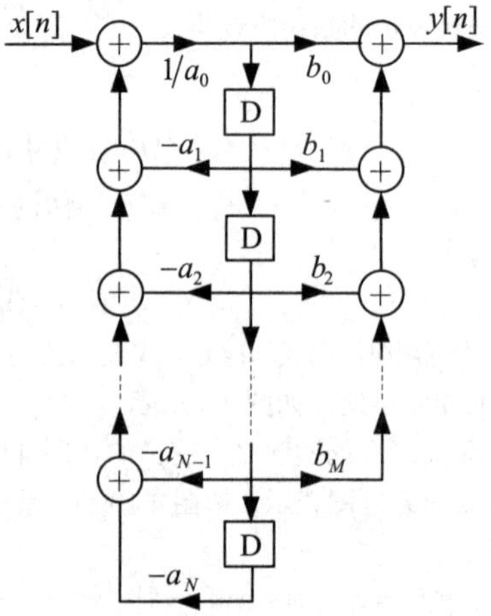


图 4.13 递推方程(4.6.1)的直接Ⅱ型结构

尽管图 4.12 中两个单位延时链的长度不一样，分别为 $N$ 节和 $M$ 节，但它们的输入信号均为 $w[n]$，逐节依次的输出均为 $w[n-1]$，$w[n-2]\cdots$，因此可用一条延时链代替，延时链长度

取 $N$ 和 $M$ 中大的值。这样，可以画成图 4.13 那样更经济有效的**直接 II 型实现结构**。因为直接 I 型实现需要 $N+M$ 个单位延时，而直接 II 型实现只需要 $N$ (若 $N>M$ )或 $M$ (若 $M>N$ )个单位延时，它具有最少的延时单元数。因此，直接 II 型实现结构又称为**规范型实现结构**。

## 4.6.3　微分方程表征的因果 LTI 系统的直接实现结构

尽管微分方程没有差分方程那样的递推算法，但正如前面一再提及的，用微分方程描述的因果 LTI 系统，也可以看成一个非递归系统和一个纯递归系统的级联。因此，(4.5.1)式左边的微分方程也可以写成类似于(4.6.1)式那样的形式。

$$y(t)=\frac{1}{a_0}\left\{\sum_{k=0}^{M}b_k x^{(k)}(t)+\sum_{k=1}^{N}(-a_k)y^{(k)}(t)\right\} \tag{4.6.13}$$

上式右边也涉及三种基本运算：连续时间相加运算、数乘运算和微分运算。现定义三种连续时间基本单元，见图 4.14，由于微分(differential)和延时(delay)的英文第一个字母均为 D，这里用相同的符号表示，仅以输入输出信号来区分，并不会产生混淆。故也能用这三种连续时间基本单元实现用微分方程表征的因果 LTI 系统。

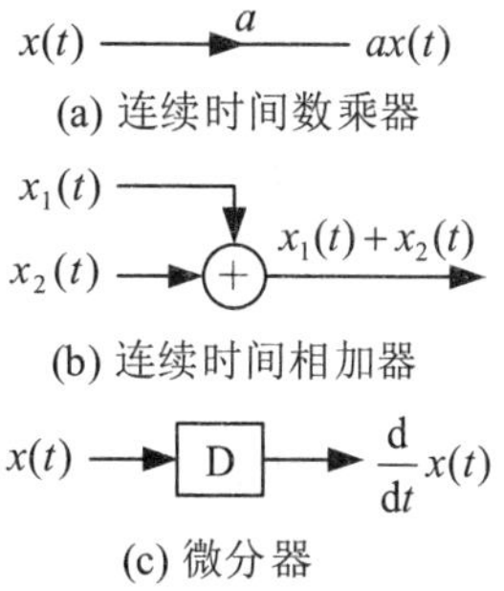

图 4.14　三种连续时间基本单元

比较上式与后推方程(4.6.1)可以看出，如果用连续时间相加器、数乘器和微分器，分别替代离散时间相加器、数乘器和单位延时的模拟图，将与前一小节的实现结构完全类似。实际上，图 4.11 就是(4.5.1)式微分方程表征的因果 LTI 系统的直接 I 型实现，而图 4.13 就是其直接 II 型实现，只要注意图中的方框“D”代表微分器，并分别用 $x(t)$ ， $y(t)$ 代替 $x[n]$ ， $y[n]$ 。

如果用图 4.14 中三种连续时间基本单元实现的话，实际困难在于微分器性能不好。模拟电子线路中的微分运算电路理论上可实现微分，但抗干扰性能很差，若用微分运算电路来模拟用微分方程表示的这类连续时间因果 LTI 系统时，往往使得系统不能正常工作。积分运算电路没有微分运算电路这样的缺点，这促使人们去寻求一种用积分器替代微分器的实现结构。为此，只要把 $N$ 阶微分方程变换成 $N$ 阶积分方程即可。

现在再回到一般的 $N$ 阶微分方程表征的因果 LTI 系统，假设 $M=N$ ，也不失一般性。若用 $x_{(k)}(t)$ 和 $y_{(k)}(t)$ 分别表示 $x(t)$ 和 $y(t)$ 的 $k$ 次积分，即分别表示 $x(t)$ 和 $y(t)$ 通过 $k$ 个积分器的输出，或分别是与 $u(t)$ 卷积 $k$ 次的结果。将(4.5.1)式左式的微分方程两边都与 $u(t)$ 卷积 $N$ 次，即方程两边同时取 $N$ 次积分，并考虑到因果 LTI 系统满足起始松弛条件，则有

$$\sum_{k=0}^{N}a_k y_{(N-k)}(t)=\sum_{k=0}^{N}b_k x_{(N-k)}(t) \tag{4.6.14}$$

进一步，可把这个积分方程改写为

$$y(t)=\frac{1}{a_N}\left\{\sum_{k=0}^{N}b_k x_{(N-k)}(t)+\sum_{k=0}^{N-1}(-a_k)y_{(N-k)}(t)\right\} \tag{4.6.15}$$

对照(4.6.13)式，这里分别用 $x(t)$ 和 $y(t)$ 的 $N-k$ 次积分替代了 $x(t)$ 和 $y(t)$ 的 $k$ 次微分， $N-k$ 次积分可用 $N-k$ 个积分器级联实现。因此，可以用相加器、数乘器和积分器来实现用一般线性常系数微分方程表征的连续时间因果 LTI 系统。

遵循 4.6.2 节讨论的类似方法，可以获得用微分方程表征的因果 LTI 系统的直接 I 型实现和直接 II 型实现结构，它们分别画在图 4.15 和图 4.16 中。请注意：由于(4.6.15)式右边求和项

中的系数$a_k$和$b_k$，分别与$x(t)$和$y(t)$的$N-k$次积分相乘，因此，在图4.15和图4.16中，数乘$a_k$和$b_k$的数乘器是从上往下降序排列。同样地，直接II型实现结构仅要求$N$个(若$M \neq N$，则为$N$和$M$中大的数目)积分器，而直接I型实现结构却要求$2N$个(或$N+M$个)积分器。直接II型实现结构也称为规范型实现结构，它是一种最经济有效的实现结构。

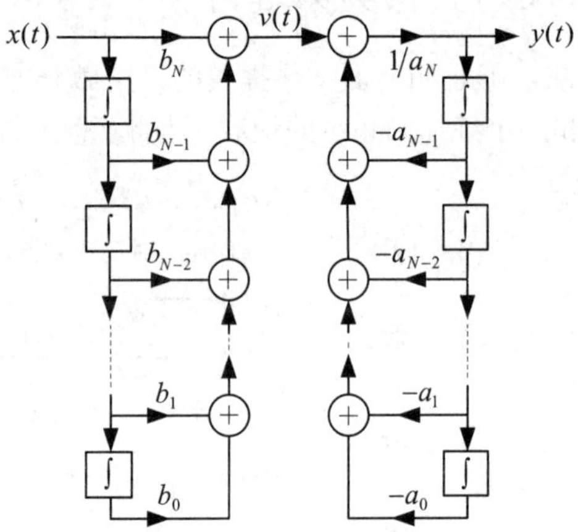


图4.15 (4.6.14)式的直接I型实现结构

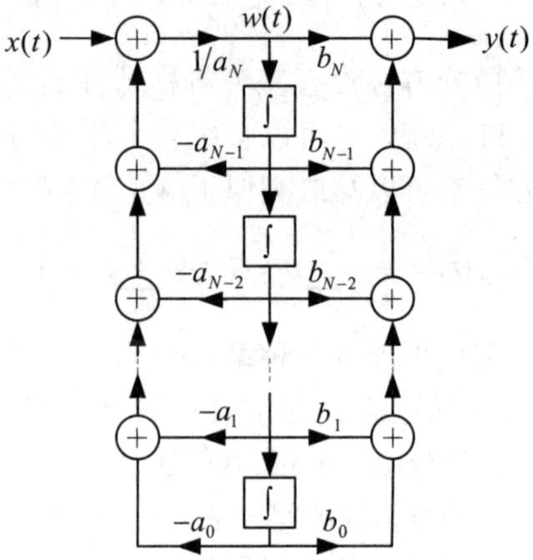


图4.16 (4.6.14)式的直接II型实现结构

再回到本节开头讨论的系统模拟和仿真问题。上面讨论的实现结构或模拟图，提供了用硬件或软件(通用计算机算法)，模拟微分方程或差分方程表示的因果LTI系统的一种信号流程的图形表示。这种实现结构直接从微分方程或差分方程导出的，因此称为**直接型实现结构**。在第8章还将介绍它们另外的实现结构，即级联和并联结构。应该说明的是系统的实现结构并不唯一，例如，图4.11，图4.12和图4.13的不同结构，都可以实现同一个离散时间因果LTI系统。换言之，它们是等效实现。连续时间也是一样。另外，若把(4.6.15)式改写成

$$y(t)=\left\{\sum_{k=0}^{N}\frac{b_k}{a_N}x_{(N-k)}(t)+\sum_{k=1}^{N}-\frac{a_k}{a_N}y_{(N-k)}(t)\right\} \tag{4.6.16}$$

若令
$$\alpha_k=a_k/a_N \quad 和 \quad \beta_k=b_k/a_N \tag{4.6.17}$$

则(4.6.16)式可写成

$$y(t)=\sum_{k=0}^{N}\beta_k x_{(N-k)}(t)+\sum_{k=0}^{N-1}(-\alpha_k)y_{(N-k)}(t) \tag{4.6.18}$$

那么，又可得到稍不同于图4.15和图4.16的实现，读者可自行画出上式的实现结构。尽管这两种新的实现结构与图4.15和图4.16没有本质的区别，但是至少又少一个数乘$1/a_N$的数乘器。第8章中将介绍的级联和并联结构，又是另两种不同的实现。正是由于同一系统的实现结构是多种多样的，因而在具体实现时，可以有多种选择，以便适应不同的要求和场合。

# 习　题

**4.1** 对于齐次微分方程：
$$\sum_{k=0}^{N}a_k y^{(k)}(t)=0 \tag{P4.1.1}$$

1) 试证明：如果复数$\lambda_0$是代数方程$Q(\lambda)=\sum_{k=0}^{N}a_k\lambda^k=0$的一个解，那么$Ae^{\lambda_0 t}$是微分方程(P4.1.1)的一个解，

其中，$A$ 为任意复常数。

2) 上述多项式 $Q(\lambda)$ 可用它的根 $\lambda_1$，$\lambda_2$，…，$\lambda_r$ 分解成因式

$$Q(\lambda)=a_n(\lambda-\lambda_1)^{\sigma_1}(\lambda-\lambda_2)^{\sigma_2}\cdots(\lambda-\lambda_r)^{\sigma_r} \quad \text{(P4.1.2)}$$

其中，$\sigma_i$ 是根 $\lambda_i$ 的重次数。一般说来，如果 $\sigma_i>1$，则不仅 $A_i e^{\lambda_i t}$ 是微分方程(P4.1.1)的解，而且 $A_{ik}t^{k-1}e^{\lambda_i t}$ 也是该微分方程的解，其中 $0<k\leqslant\sigma_i$。为了说明这一点，试证明：如果 $\sigma_i=2$，那么 $A_{i2}te^{\lambda_i t}$ 是微分方程(P4.1.1)的一个解。

**提示**：如果λ是一个任意复数，则有 $\sum_{k=0}^{N}a_k\dfrac{d^k}{dt^k}\left(Ate^{\lambda t}\right)=AQ(\lambda)te^{\lambda t}+A\dfrac{dQ(\lambda)}{d\lambda}e^{\lambda t}$，由此得到(P4.1.1)这样的 $N$ 阶齐次微分方程解的一般形式，即本章的(4.3.4)式。

3) 试求解下列具有给定附加条件的齐次微分方程：

a) $y''(t)+3y'(t)+2y(t)=0$；　$y(0)=0$，$y'(0)=0$

b) $y''(t)+3y'(t)+2y(t)=0$；　$y(0)=0$，$y'(0)=2$

c) $y''(t)+2y'(t)+y(t)=0$；　$y(0)=1$，$y'(0)=1$

d) $y'''(t)+y''(t)-y'(t)-y(t)=0$；　$y(0)=1$，$y'(0)=1$，$y''(0)=-2$

**4.2** 对于齐次差分方程：

$$\sum_{k=0}^{N}a_k y[n-k]=0 \quad \text{(P4.2.1)}$$

1) 试证明：如果 $\lambda_0$ 是代数方程 $Q(\lambda)=\sum_{k=0}^{N}a_k\lambda^{N-k}=0$ 的一个解，那么 $A\lambda_0^n$ 就是差分方程(P4.2.1)的一个解，其中，$A$ 为任意复常数。

2) 若多项式 $Q(\lambda)$ 也有(P4.1.2)式这样的因式分解，且 $\lambda_i$ 是 $Q(\lambda)$ 的二重根，即 $\sigma_i=2$，试证明：$A_{i1}\lambda_i^n$ 和 $A_{i2}n\lambda_i^n$ 都是齐次方程(P4.2.1)的解，其中，$A_{i1}$ 和 $A_{i2}$ 是任意复常数。

**提示**：如果 $y[n]=n\lambda^{n-1}$，则有 $\sum_{k=0}^{N}a_k y[n-k]=Q'(\lambda)\lambda^{n-N}+(n-N)Q(\lambda)\lambda^{n-N-1}$。

3) 一般地，可用与 2)相同的步骤证明：如果根 $\lambda_i$ 的重数 $\sigma_i>1$，则 $B_{ik}\dfrac{(n+k-1)!}{n!\,(k-1)!}\lambda_i^n$，　$k=1,2,\cdots,\sigma_i$ 是该齐次差分方程的解，其中 $B_{ik}$ 为任意复常数。由此结果可以证明，(P4.2.1)式的 $N$ 阶齐次差分方程一般解的形式与本章的(4.3.16)式给出的形式是等价的。

4) 试求解下列具有给定附加条件的齐次差分方程：

a) $y[n]+(3/4)y[n-1]+(1/8)y[n-2]=0$；　$y[0]=1$，$y[-1]=-6$

b) $y[n]-2y[n-1]+y[n-2]=0$；　$y[0]=1$，$y[1]=0$

c) $y[n]-2y[n-1]+y[n-2]=0$；　$y[0]=1$，$y[10]=21$

d) $y[n]-7y[n-1]+16y[n-2]-12y[n-3]=0$；　$y[1]=-1$，$y[2]=-3$，$y[3]=-5$

**4.3** 1) 对于用如下微分方程和附加条件描述的连续时间系统：

$$y''(t)+5y'(t)+6y(t)=x(t)\ ;\qquad y(0)=7/2,\qquad y'(0)=-17/2$$

当输入为 $x_1(t)=e^{-t}$ 和 $x_2(t)=e^{-t}u(t)$ 时，试分别求该系统的输出 $y_1(t)$ 和 $y_2(t)$，$-\infty<t<\infty$。

2) 若 1)小题的附加条件变成 $y(0)=0$，$y'(0)=0$，重做 1)小题，并比较两组附加条件时的结果。

**4.4** 已知用差分方程 $y[n]-(3/4)y[n-1]+(1/8)y[n-2]=x[n]$ 描述的离散时间系统，试用递推解法求如下两组附加条件下，输入分别为 $x_1[n]=(1/3)^n$ 和 $x_2[n]=(1/3)^n u[n]$ 时的输出 $y_1[n]$ 和 $y_2[n]$，并比较所求的结果。

1) $y[-1]=0$，　$y[-2]=0$　　2) $y[-1]=4$，　$y[-2]=8$

**4.5** 试用差分方程解法重做 4.4 题，比较两种解法的结果。由此获得差分方程正确求解应注意的问题。

**4.6** 一个由如下差分方程描述的起始松弛 LTI 系统：

$$y[n]+2y[n-1]=x[n]+2x[n-2]$$

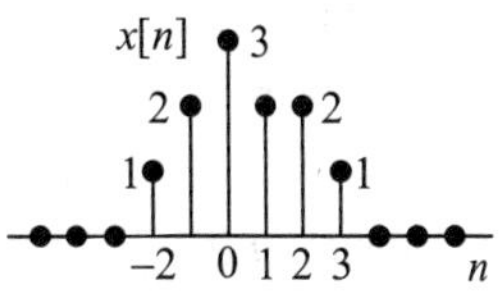


图 P4.6

试用差分方程递推解法求该系统对图P4.6所示的输入 $x[n]$ 的响应。

**4.7** 1) 对如下微分方程和附加条件描述的连续时间系统，试求其在输入 $x(t)=u(t)$ 时的响应 $y(t)$。

$$y''(t)+2y'(t)+y(t)=x(t)\ ;\quad y(0)=2\ ,\quad y'(0)=-1$$

2) 对于如下差分方程和附加条件描述的离散时间系统，试求其在输入 $x[n]=u[n]$ 时的响应 $y[n]$。

$$y[n]-y[n-1]+(1/4)y[n-2]=x[n]\ ;\quad y[-1]=4\ ,\quad y[-2]=8$$

3) 若1)和2)小题中附加条件改为零附加条件，重做1)和2)小题，所求结果有什么变化？

4) 若1)和2)小题中附加条件改成零附加条件，并且输出分别改成 $x(t)=u(t-1)$ 和 $x(t)=u(t+1)$，$x[n]=u[n-1]$ 和 $x[n]=u[n+1]$，试分别求出系统的响应 $y(t)$ 和 $y[n]$。

5) 如果1)和2)小题的微分或差分方程表示的系统满足“最初松弛的”条件，重做4)小题。

6) 通过以上各小题的结果，弄清这类用微分方程和差分方程描述的系统线性时不变性和因果性的条件。

**4.8** 试证明：用一般 $N$ 阶线性常系数微分方程和零附加条件描述的连续时间系统是线性系统，即证明如下数学描述的系统 $x(t)\longrightarrow y(t)$ 满足线性叠加性质。

$$\begin{cases}\sum\limits_{k=0}^{N}a_k y^{(k)}(t)=x(t)\\ \text{附加条件：}y^{(k)}(t_0)=0\ ,\quad k=0,\ 1,\cdots,\ N-1\end{cases}\tag{P4.8}$$

用类似方法也可证明，用 $N$ 阶线性常系数差分方程和零附加条件描述的离散时间系统是线性系统。

**4.9** 试求下列微分方程描述的因果LTI系统的单位冲激响应 $h(t)$：

1) $y''(t)+3y'(t)+2y(t)=x(t)$　　2) $y''(t)+2y'(t)+y(t)=x(t)$

3) $y''(t)+y'(t)-2y(t)=x(t)$　　4) $y''(t)+2y'(t)+2y(t)=x(t)$

**4.10** 试求下列差分方程描述的因果LTI系统的单位冲激响应 $h[n]$：

1) $y[n]-(3/4)y[n-1]+(1/8)y[n-2]=x[n]$　　2) $y[n]+(2/3)y[n-1]-(1/3)y[n-2]=x[n]$

3) $y[n]-y[n-1]+(1/4)y[n-2]=x[n]$　　4) $y[n]-(1/4)y[n-2]=x[n]$

**4.11** 试用1) 两个因果LTI系统级联的方法；2) 方程两边奇异项系数匹配的方法，求下列微分方程描述的连续时间因果LTI系统的 $h(t)$：

a) $y'(t)+2y(t)=3x'(t)+x(t)$　　b) $y''(t)+5y'(t)+6y(t)=2x'(t)+3x(t)$

c) $y''(t)+5y'(t)+6y(t)=x'''(t)+2x''(t)+4x'(t)+3x(t)$

d) $y'''(t)+y''(t)-y'(t)-y(t)=2x''(t)+3x'(t)-x(t)$

e) $y''(t)+3y'(t)+2y(t)=x'''(t)-6x'(t)-3x(t)$

f) $y''(t)+4y'(t)+3y(t)=\int_{-\infty}^{t}2e^{-2(t-\tau)}x(\tau)d\tau$

**4.12** 试用：1) 递推算法；2) 两个因果LTI系统级联的方法；3) 方程两边序列项系数匹配的方法，求用下列差分方程描述的离散时间因果LTI系统的 $h[n]$：

a) $y[n]-y[n-2]=x[n]+2x[n-1]$　　b) $y[n]-y[n-2]=2x[n]-2x[n-4]$

c) $y[n]-y[n-1]+(1/4)y[n-2]=3x[n]-x[n-1]$

d) $y[n]-5y[n-1]+6y[n-2]=2x[n]-6x[n-1]+6x[n-2]$

e) $y[n]-(3/2)y[n-1]+(1/2)y[n-2]=x[n]+\sum\limits_{k=-\infty}^{n}x[k]$

**4.13** 试判断用下列微分方程或差分方程描述的因果LTI系统的稳定性：

1) 4.11 a)　　2) 4.11 e)　　3) 4.12 c)　　4) 4.12 d)　　5) 4.12 e)

**4.14** 由如下微分方程和起始条件表征的连续时间因果系统，试分别求：

$$y''(t)+3y'(t)+2y(t)=x'(t)+3x(t)\ ;\quad y(0_-)=1\ ,\quad y'(0_-)=2$$

1) $x(t)=u(t)$；2) $x(t)=e^{-3t}u(t)$ 时的系统输出 $y(t)$，$t\geqslant 0$。并指出其零输入响应和零状态响应。

**4.15** 由如下微分方程和起始条件表征的连续时间因果系统，试分别求：

$$y''(t)+2y'(t)+y(t)=x'(t)\;;\quad y(0_-)=1\,,\quad y'(0_-)=2$$

1) $x(t)=u(t)$；2) $x(t)=e^{-3t}u(t)$ 时的系统输出 $y(t)$，$t\geqslant 0$。并指出其零输入响应和零状态响应。

**4.16** 由如下差分方程和起始条件表征的离散时间因果系统：

1) $y[n]-(1/2)y[n-1]-(1/2)y[n-2]=x[n]$；　$y[-1]=1$，$y[-2]=3$

2) $y[n]+(3/2)y[n-1]+(1/2)y[n-2]=x[n]-(1/2)x[n-1]$；　$y[-1]=2$，$y[-2]=2$

3) $y[n]-y[n-1]-2y[n-2]=x[n]+2x[n-2]$；　$y[-1]=0$，$y[-2]=-1/2$

4) $y[n]-(3/4)y[n-1]+(1/8)y[n-2]=x[n]-x[n-1]$；　$y[0]=0$，$y[1]=4$

试分别求在输入 1) $x[n]=u[n]$； 2) $x[n]=(1/2)^n u[n]$ 时，系统的输出 $y[n]$，$n\geqslant 0$。并写出其中的零输入响应和零状态响应。

**4.17** 对于一般的 $N$ 阶线性常系数差分方程描述的离散时间因果 LTI 系统，试按照(4.6.1)式的后推方程，用 **C 语言**编写出在给定的因果输入 $x[n]$，$n<0$ 时，分别递推出输出 $y[n]$ 及其零输入响应 $y_{zi}[n]$ 和零状态响应 $y_{zs}[n]$ 的计算机程序。

**4.18** 对于下列用微分方程或差分方程描述的因果 LTI 系统，试画出用三种基本单元(相加器、数乘器、积分器或离散时间单位延时)的直接 II 型实现的方框图。

1) $4y''(t)+2y'(t)=x(t)-3x''(t)$　　2) $y'''(t)=x(t)-2x'(t)$

3) $y''(t)+2y'(t)-2y(t)=x(t)+2x''(t)$　　4) $2y[n]-y[n-1]+y[n-3]=x[n]-5x[n-2]$

5) $y[n]=x[n]-x[n-1]+2x[n-3]+3x[n-4]$

6) $y[n]-(2/3)y[n-1]-(1/3)y[n-2]=x[n]-(1/3)x[n-1]$

**4.19** 对于下列方程描述的连续时间或离散时间因果 LTI 系统，试用最小数目的三种基本单元(相加器、数乘器、积分器或离散时间单位延时)构成的系统方框图。

1) $y''(t)+2y'(t)+y(t)=\int_{-\infty}^{t}x(\tau)d\tau$　　2) $2y'(t)+3y(t)=2x(t)+e^{-t}\int_{-\infty}^{t}x(\tau)e^{\tau}d\tau$

3) $y[n]=\sum_{k=0}^{\infty}x[n-k]$　　4) $y[n]-(1/4)y[n-2]=\sum_{k=-\infty}^{n}x[k]+x[n-1]$

5) $y[n]+(1/6)y[n-1]-(1/6)y[n-2]=\sum_{k=-\infty}^{n+2}(1/2)^{n-k+2}x[k-2]$

**4.20** 对于图 4.20 中用方框图表示的因果 LTI 系统，试求它们的单位冲激响应 $h(t)$ 或 $h[n]$：

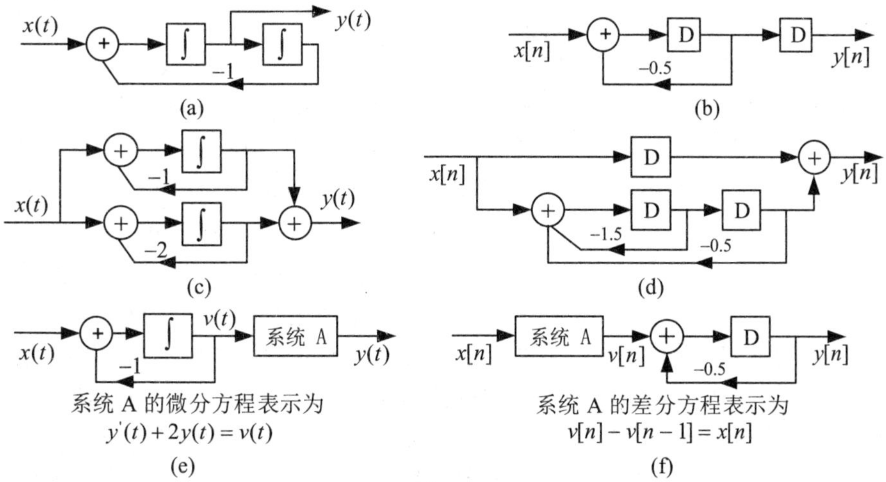


图 P4.20

# 第 5 章　信号和系统的变换域表示法

## 5.1 引　言

前三章介绍了信号与系统在时域中的描述和分析方法，它们统称为信号与系统的**时域方法**。从本章开始将转入讲述信号与系统的变换域方法。正如前面所展示的，信号与系统的时域方法就是将信号直接表示为时间变量的函数或序列，系统则描述为时间函数或序列的一个函数变换关系，或者表示为输入输出信号满足的微分方程或差分方程，并以此为基础，分析和研究信号与系统问题获得的一套概念、理论和方法。**变换域方法**则是通过某种数学变换(一般是线性变换)，将信号和系统的时域表示转换成它们的变换域表示，并在这样的变换域解析体系下，分析和研究信号与系统问题获得的另一套概念、理论和方法。迄今为止，已开发出许多种信号变换，例如傅里叶变换、拉普拉斯变换和 Z 变换、正弦和余弦变换、哈特莱变换、沃尔什—哈达曼变换、哈尔变换，以及新近发展起来的小波(Wavelet)变换，等等。它们在信号分析和处理以及系统研究中均有重要的应用。但是，在信号与系统的理论和方法中，最基本和应用最广泛的变换仍是**傅里叶变换**(连续傅里叶变换、离散时间傅里叶变换和离散傅里叶变换)、连续时间的单边和双边**拉普拉斯变换**，以及离散时间的单边和双边 **Z 变换**。以傅里叶变换为基础开发出来的信号与系统分析方法，称为**傅里叶方法**或**频域方法**；而用拉普拉斯变换和 Z 变换开发的信号与系统分析方法，称为**复频域方法**。本书主要讲述这两种变换域方法，熟悉这两种方法对其他信号变换方法将大有帮助。

历史上这两类变换域方法经历了不同的发展过程。傅里叶方法可以追索到 18 世纪中叶，欧拉、伯努利等人利用三角级数对一些数学物理问题的研究。19 世纪初法国数学家傅里叶(J Fuorier)对此作出了杰出的贡献，以他的名字命名的傅里叶级数和傅里叶积分，奠定了傅里叶方法的理论基础。此后的 100 多年中，在许多工程和科学领域中获得了广泛的应用。特别是在 19 世纪末和 20 世纪初，电力技术、电子和通信技术的发展，给傅里叶方法提供了大显身手的舞台。可以毫不夸张地说，在电力工程、电子工程以及通信和电子学中，相当多的概念和技术都得益于傅里叶方法，例如，谐波失真、正弦电路的相量分析方法、滤波、调制和解调、抽样定理、变频、超外差接收、多路复用、均衡、谱分析和各种频谱有效利用技术等等，无一不是傅里叶方法结出的果实。由于在这些领域中的成功应用，傅里叶方法也在许多非电信号与系统问题中获得越来越多的应用。拉普拉斯方法起源于 19 世纪末、英国工程师亥维赛致力于用算子方法求解微分方程的研究，在分析用微分方程表示的实际的数学物理问题中获得了很大的成功，但当时缺乏严密的数学论证，并未获得广泛承认。后来在法国数学家拉普拉斯(P. S. Laplac)先前的著作中找到了可靠的数学依据，重新给予严密的数学定义，即现在所谓的单边拉普拉斯变换。自此以后，单边拉普拉斯变换在众多的工程和科学领域中得到广泛的应用，在系统分析中逐渐取代了经典的微分方程解法所占的统治地位。

离散时间信号与系统的分析方法却有自己不同的渊源。一方面，离散时间的概念和方法是数值分析这门学科的基础，早在 17 世纪，在内插、积分和微分等方面，就研究利用离散数据处理来产生数值近似公式；另一方面，在 18 世纪和 19 世纪，利用一串已知观察值来预测未来变化的研究，逐渐形成了时间序列分析方法。由于连续时间和离散时间信号与系统的研究出自不同的渊源，在相当长的时间内，它们各自沿着不同方向平行而独立地发展着，彼此之间并未有相互影响。19 世纪末和 20 世纪初，在连续时间信号与系统问题中，傅里叶方法和拉普拉斯变换方法已逐步取代经典的时域分析方法时，离散时间领域却仍集中在数值分析和时间序列方法更广泛的应用上。直到 20 世纪中叶，一方面，随着抽样数据系统的出现，在离散时间和连续时间之间建立起联系，促使人们把连续时间信号与系统中一系列成功有效的方法应用到离散时间中去；另一方面，数字计算机的发明和日益广泛的应用，特别是 20 世纪 60 年代产生了称为**快速傅里叶变换**(FFT)的快速算法，使得离散傅里叶变换的计算量减少了几个数量级，在连续时间中过去认为不实际的一些思想和方法变得可行了。这一切都使离散时间信号与系统的理论、方法和应用出现了飞速的发展，并逐渐完善成连续时间和离散时间信号与系统的一整套互为对偶的概念、理论和方法。

拉普拉斯变换和 Z 变换都还有单边变换和双边变换之分。正如上面所说的那样，在历史上，拉普拉斯变换是为了求解用微分方程表示的一类实际的因果系统而产生的，即所谓单边拉普拉斯变换。随着变换域方法研究的深入，发现单边拉普拉斯变换在信号的变换域表示和 LTI 系统的复频域分析中的局限，才出现了双边拉普拉斯变换，并把单边拉普拉斯变换作为双边拉普拉斯变换的特殊情况。事实上，双边拉普拉斯变换和傅里叶变换之间有其内在联系，即可以把连续傅里叶变换看作双边拉普拉斯变换的特例，反过来，也可以把双边拉普拉斯变换看成连续傅里叶变换的一般化。在离散时间中，尽管没有单边和双边拉普拉斯变换那样的发展过程，但是双边和单边 Z 变换以及离散时间傅里叶变换之间，也存在连续时间中那样的关系，除此之外，在离散时间傅里叶变换和离散傅里叶变换(DFT)之间也有内在的关系，即离散傅里叶变换是有限长序列的离散时间傅里叶变换的一个更有效的形式。实际上，在大部分信号与 LTI 系统问题的分析中，连续和离散时间傅里叶变换与双边拉普拉斯变换和双边 Z 变换是可以分别相互替代的。当然，它们无论在数学表示上，还是在物理含义上都有一些重要的区别，正是这些区别导致它们有各自侧重的应用。

鉴于上述理由，本书不再像迄今已有的信号与系统教材那样，分章介绍连续时间和离散时间中的这几种变换，而是在本章中以“信号和系统的变换域表示法”为名，用统一的数学框架先后介绍和讨论连续和离散时间傅里叶变换、离散傅里叶变换(DFT)及其快速算法——快速傅里叶变换(FFT)，以及双边拉普拉斯变换和双边 Z 变换，在第 8 章 8.3 节讲述用微分方程和差分方程表示的一类因果系统的变换域分析时，再介绍单边拉普拉斯变换和单边 Z 变换。

## 5.2　LTI 系统对复指数信号的响应

首先，回顾一下 3.1 节中导出 LTI 系统卷积分析方法的基本思想。在研究 LTI 系统时，如能将信号表示成一类基本信号的线性组合，且这类基本信号具有以下两个性质：

(1) 由这类基本信号能构成相当广泛的信号。

(2) LTI 系统对每一个基本信号的响应，在结构上应十分简单，以便使系统对任意输入的响应有一个很简便的表达式。

由此，就可以利用 LTI 系统的良好特性，推导出简便有效的 LTI 系统分析方法。第 3 章中已找到单位冲激信号 $\delta(t)$ 和 $\delta[n]$，以及由它们派生出来的 $u_k(t)$ 和 $u_k[n]$，它们均满足上述基本信号的两个性质。以它们作为基本信号，获得了 LTI 系统的卷积分析方法。

基于数学中的函数空间概念和方法，有许多信号能满足上述第一个性质，即存在许多正交或非正交信号集，用这些信号集中信号的线性组合，可以构成广泛的一类信号。但同时满足第二个性质的信号集就不多了，因为第二个性质要求 LTI 系统对每一个基本信号的响应“结构上应十分简单”，不仅可利用 LTI 系统的线性叠加性，还意味这些响应能简单体现时不变性。可幸的是，连续时间和离散时间复指数信号同时具有作为上述基本信号的两个性质。本节首先讨论它们满足第二个性质，后面几节再分别讨论和说明它们具有第一个性质。鉴于大部分读者在学习本课程前，对连续傅里叶级数、连续傅里叶变换和单边拉普拉斯变换已有所了解，在以下几节中，将略去一些数学上的严密证明，直接引入数学中的结果。至于离散时间中的傅里叶级数、傅里叶变换和 Z 变换，则运用类比和对偶的方法进行介绍和讨论。

### 5.2.1 LTI 系统对复指数输入的响应

在研究 LTI 系统时，人们很早就发现这样的事实：**LTI 系统对复指数输入的响应仍是一个相同的复指数信号，只是其复数幅度有所改变**。在连续时间和离散时间信号与系统的研究中，这正是复指数信号集 $\{e^{st},\ s\in\mathbf{C}\}$ 和复指数序列集 $\{z^n,\ z\in\mathbf{C}\}$ 分别起着非常重要作用的主要原因。下面先证明上述事实，然后说明它们在变换域方法中的重要作用。

先讨论连续时间情况，对于单位冲激响应为 $h(t)$ 的 LTI 系统，若输入是 $x(t)=e^{st}$，$s\in\mathbf{C}$ 时，系统的响应 $y(t)$ 为

$$y(t)=\int_{-\infty}^{\infty}h(\tau)x(t-\tau)\mathrm{d}\tau=\int_{-\infty}^{\infty}h(\tau)e^{s(t-\tau)}\mathrm{d}\tau=e^{st}\int_{-\infty}^{\infty}h(\tau)e^{-s\tau}\mathrm{d}\tau$$

若令

$$H(s)=\int_{-\infty}^{\infty}h(\tau)e^{-s\tau}\mathrm{d}\tau,\quad s\in\mathbf{C} \tag{5.2.1}$$

则有

$$y(t)=H(s)e^{st},\quad s\in\mathbf{C} \tag{5.2.2}$$

这表明，连续时间 LTI 系统对任意复指数信号 $e^{st}$ 的响应仍是相同的复指数信号，只是其幅度倍乘了 $H(s)$。$H(s)$ 一般为复数，对于确定的 LTI 系统，即 $h(t)$ 给定的情况下，$H(s)$ 仅与 $s$ 的值有关。$H(s)$ 称为该 LTI 系统的**系统函数**，它在后面 5.9 节中将对它做进一步讨论。

进一步，如果 $s=\mathrm{j}\omega$，就得到 $\{e^{st},\ s\in\mathbf{C}\}$ 的一个子集，即复正弦信号集 $\{e^{\mathrm{j}\omega t},\ \omega\in\mathbf{R}\}$。显然，LTI 系统对 $e^{\mathrm{j}\omega t}$ 的响应，仍是具有相同频率的复正弦信号，即

$$e^{\mathrm{j}\omega t}\longrightarrow H(\mathrm{j}\omega)e^{\mathrm{j}\omega t},\quad \omega\in\mathbf{R} \tag{5.2.3}$$

其中

$$H(\mathrm{j}\omega)=\int_{-\infty}^{\infty}h(\tau)e^{-\mathrm{j}\omega\tau}\mathrm{d}\tau,\quad \omega\in\mathbf{R} \tag{5.2.4}$$

它是实变量 $\omega$ 的一个复值函数，故通常记作 $H(\omega)$。在 $h(t)$ 确定的情况下，它仅与复正弦信号的频率 $\omega$ 有关。在 5.4.4 节中将会知道，$H(\mathrm{j}\omega)$ 或 $H(\omega)$ 称为 LTI 系统的**频率响应**。

在离散时间中情况完全类同。对于单位冲激响应为 $h[n]$ 的离散时间 LTI 系统，当输入 $x[n]$

为任意的复指数序列 $z^n$ 时，亦即，$x[n]=z^n$，$z\in\mathbf{C}$，则系统的输出 $y[n]$ 为

$$y[n]=\sum_{k=-\infty}^{\infty}h[k]x[n-k]=\sum_{k=-\infty}^{\infty}h[k]z^{n-k}=z^n\sum_{k=-\infty}^{\infty}h[k]z^{-k}$$

若令

$$H(z)=\sum_{k=-\infty}^{\infty}h[k]z^{-k}\text{ , } z\in\mathbf{C} \tag{5.2.5}$$

则有

$$y[n]=H(z)z^n\text{，} z\in\mathbf{C} \tag{5.2.6}$$

这给出了与连续时间情况中完全相同的结果，即离散时间 LTI 系统对任意复指数输入 $z^n$ 的响应，仍是一个相同的复指数序列，不同的只是其幅度要倍乘 $H(z)$。由(5.2.5)式看出，在给定了 $h[n]$ 的情况下，$H(z)$ 只取决于复数 $z$ 的值，它称为该离散时间 LTI 系统的**系统函数**。

同样，对于 $z=\mathrm{e}^{\mathrm{j}\Omega}$，$\Omega\in\mathbf{R}$ 的一类复正弦序列 $\mathrm{e}^{\mathrm{j}\Omega n}$，离散时间 LTI 系统对它们的响应，仍是具有相同离散时间频率 $\Omega$ 的复正弦序列。即

$$\mathrm{e}^{\mathrm{j}\Omega n}\longrightarrow H(\mathrm{e}^{\mathrm{j}\Omega})\mathrm{e}^{\mathrm{j}\Omega n}\text{，}\quad \Omega\in\mathbf{R} \tag{5.2.7}$$

其中

$$H(\mathrm{e}^{\mathrm{j}\Omega})=\sum_{k=-\infty}^{\infty}h[k]\mathrm{e}^{-\mathrm{j}\Omega n}\text{，}\quad \Omega\in\mathbf{R} \tag{5.2.8}$$

它一般也是复数，在给定了 $h[n]$ 时，$H(\mathrm{e}^{\mathrm{j}\Omega})$ 只取决于复正弦输入 $\mathrm{e}^{\mathrm{j}\Omega n}$ 的频率 $\Omega$ 的值，它称为离散时间 LTI 系统的**频率响应**。

从后面的内容可知：由(5.2.1)式及(5.2.4)式表示的 $H(s)$ 及 $H(\mathrm{j}\omega)$ 和(5.2.5)式及(5.2.8)式表示的 $H(z)$ 及 $H(\mathrm{e}^{\mathrm{j}\Omega})$，分别是连续时间和离散时间 LTI 系统单位冲激响应 $h(t)$ 和 $h[n]$ 的双边拉普拉斯变换和双边 Z 变换及连续和离散时间傅里叶变换。LTI 系统这一特性正是正弦电路稳态分析方法—相量分析法的基本依据，即在由电阻、电容和电感构成的电路中，只要激励是单一频率的正弦电压或电流，该电路中所有支路的电流或元件两端的电压都是与激励有相同频率的正弦电流或电压，只是各自的幅值和相位有所不同。

按照数学中有关线性变换的理论，在某个线性函数变换中，若有一种函数经历线性变换后保持原函数不变，仅是原函数乘以一个常数(一般为复数)，那么这种函数称为该线性函数变换的**特征函数**；而它经历线性变换后所乘的复常数，则称为在该线性函数变换下特征函数的**特征值**。由第 3 章知道，LTI 系统的输入输出关系是卷积积分或卷积和表示的一种线性函数变换。因此从数学观点看，上面推导的结果表明：对于连续时间和离散时间 LTI 系统而言，复指数信号 $\mathrm{e}^{st}$ 和 $z^n$ 分别是这种线性时不变信号变换的**特征信号**(**或序列**)，幅度因子 $H(s)$ 和 $H(z)$ 分别是相应的**特征值**；同样地，复正弦信号 $\mathrm{e}^{\mathrm{j}\omega t}$ 和 $\mathrm{e}^{\mathrm{j}\Omega n}$ 也分别是连续时间和离散时间 LTI 系统信号变换的**特征信号**(**或序列**)，幅度因子 $H(\mathrm{j}\omega)$ 和 $H(\mathrm{e}^{\mathrm{j}\Omega})$ 分别是相应的**特征值**。

LTI 系统这一重要结论，使得有可能把复指数信号集 $\{\mathrm{e}^{st}\}$ 和 $\{z^n\}$，或者复正弦信号集 $\{\mathrm{e}^{\mathrm{j}\omega t}\}$ 和 $\{\mathrm{e}^{\mathrm{j}\Omega n}\}$，分别作为分析连续时间和离散时间 LTI 系统的另一类基本信号，因为它们满足了本节开头指出的第二个性质，即 LTI 系统对每个基本信号的响应结构上十分简单。这里，LTI 系统的时不变性分别体现在 $H(s)$、$H(\mathrm{j}\omega)$、$H(z)$ 和 $H(\mathrm{e}^{\mathrm{j}\Omega})$ 中，使得系统对任意输入的响应，可用很方便的方法构造出来。为了说明 $\{\mathrm{e}^{st}\}$ 和 $\{z^n\}$ 具备这一性质，假设连续时间和离散时间 LTI 系统的某个任意输入分别是由不同的复指数信号 $\mathrm{e}^{s_k t}$ 和 $z_k^n$ 的一个线性组合，即

$$x(t)=\sum_k a_k\mathrm{e}^{s_k t}\quad \text{和}\quad x[n]=\sum_k a_k z_k^n \tag{5.2.9}$$

若连续时间和离散时间 LTI 系统对其中每一个复指数 $a_k\mathrm{e}^{s_k t}$ 和 $a_k z_k^n$ 的响应分别为 $y_k(t)$ 和

$y_k[n]$，按照(5.2.2)式，则分别有

$$y_k(t)=a_kH(s_k)\mathrm{e}^{s_kt} \quad 和 \quad y_k[n]=a_kH(z_k)z_k^n$$

根据LTI系统的线性叠加性质，连续时间和离散时间LTI系统分别对$x(t)$和$x[n]$的响应$y(t)$和$y[n]$应分别为

$$y(t)=\sum_k y_k(t)=\sum_k a_kH(s_k)\mathrm{e}^{s_kt} \quad 和 \quad y[n]=\sum_k y_k[n]=\sum_k a_kH(z_k)z_k^n \tag{5.2.10}$$

比较(5.2.10)式和(5.2.9)式可以看出，分别除了加权因子$H(s_k)$和$H(z_k)$外，系统的输出$y(t)$和$y[n]$与输入$x(t)$和$x[n]$分别有相同的线性组合结构，而$H(s_k)$和$H(z_k)$分别是$H(s)$和$H(z)$在$s=s_k$和$z=z_k$的函数值，它们可根据(5.2.1)式和(5.2.5)式分别求出。这清楚地表明，复指数信号$\mathrm{e}^{st}$和$z^n$分别具备这类基本信号的第二个性质。总之，只要任意的输入信号$x(t)$和$x[n]$能分别表示成复指数信号$\mathrm{e}^{st}$和$z^n$的线性组合，就可很方便地像(5.2.10)式那样，分别直接写出连续时间和离散时间LTI系统对它们的响应。

作为一般复指数信号集$\{\mathrm{e}^{st}\}$和$\{z^n\}$的一个子集，复正弦信号$\{\mathrm{e}^{\mathrm{j}\omega t}\}$和复正弦序列$\{\mathrm{e}^{\mathrm{j}\Omega n}\}$也同样满足这类基本信号所要求的第二个性质，即只要任意的输入$x(t)$和$x[n]$能分别表示成$\mathrm{e}^{\mathrm{j}\omega_kt}$和$\mathrm{e}^{\mathrm{j}\Omega_kn}$线性组合，LTI系统对它们的响应也可以用相同的线性组合，并分别以加权因子$H(\mathrm{j}\omega_k)$和$H(\mathrm{e}^{\mathrm{j}\Omega_k})$直接构造出来，即

$$x(t)=\sum_k a_k\mathrm{e}^{\mathrm{j}\omega_kt}\longrightarrow y(t)=\sum_k a_kH(\mathrm{j}\omega_k)\mathrm{e}^{\mathrm{j}\omega_kt} \tag{5.2.11}$$

和

$$x[n]=\sum_k a_k\mathrm{e}^{j\Omega_kn}\longrightarrow y[n]=\sum_k a_kH(e^{j\Omega_k})e^{j\Omega_kn} \tag{5.2.12}$$

其中，$H(\mathrm{j}\omega_k)$和$H(\mathrm{e}^{\mathrm{j}\Omega_k})$分别为$H(\mathrm{j}\omega)$和$H(\mathrm{e}^{\mathrm{j}\Omega})$当$\omega=\omega_k$和$\Omega=\Omega_k$时的值。

剩下的问题是复指数信号集$\{\mathrm{e}^{st},\ s\in\mathbf{C}\}$或其子集$\{\mathrm{e}^{\mathrm{j}\omega t},\ \omega\in\mathbf{R}\}$，以及复指数序列集$\{z^n,\ z\in\mathbf{C}\}$或其子集$\{\mathrm{e}^{\mathrm{j}\Omega n},\ \Omega\in\mathbf{R}\}$，能否满足本节开头指出的这类基本信号的第一个性质，即用这些基本信号集中的信号能构成相当广泛的一类信号。以傅里叶和拉普拉斯等为代表的前辈数学家已解决了这个问题，这就是著名的傅里叶级数(包括连续傅里叶级数和离散傅里叶级数)、傅里叶变换(包括连续傅里叶变换和离散时间傅里叶变换)，以及连续时间的拉普拉斯变换和离散时间的Z变换，它们为信号和系统的变换域(频域和复频域)表示法奠定了基础。从下一节开始将分别介绍这些变换，并利用这些变换，讨论信号及LTI系统的频域和复频域表示法，并在此基础上建立信号与系统变换域方法的解析体系。

## 5.2.2 频域和复频域

在讨论连续时间和离散时间信号与LTI系统的频域及复频域表示法之前，弄清楚连续时间和离散时间相应的频域与复频域的含义，以及它们与时域之间有什么联系和区别等，对理解和掌握频域和复频域表示法很有帮助。

连续时间对应的复频域是用直角坐标$s=\sigma+\mathrm{j}\omega$表示的复数平面，简称**S平面**或连续时间复频域($s$域)，其中$\omega$和$\sigma$均为实数。S平面上的每一点$s$都代表一个复指数信号$\mathrm{e}^{st}$，整个S平面上所有的点代表了整个复指数信号集$\{\mathrm{e}^{st},\ s=\sigma+\mathrm{j}\omega\in\mathbf{C}\}$。S平面上的虚轴($\mathrm{Re}\{s\}=0$，或者$s=\mathrm{j}\omega$)是S平面的一个子集，虚轴上每个点$s=\mathrm{j}\omega$代表一个频率为$\omega$的复正弦信号$\mathrm{e}^{\mathrm{j}\omega t}$，虚轴上所有点代表了整个复正弦信号集$\{\mathrm{e}^{\mathrm{j}\omega t}\}$，它是整个复指数信号集$\{\mathrm{e}^{st}\}$的一个子集。实数域$\omega$就称为连续时间频域，它对应着S平面上的虚轴，如图5.1(a)所示。在离散时间中，复频

域是用极坐标(模和辐角) $z=r\mathrm{e}^{\mathrm{j}\Omega}$ 表示的复数平面，简称为**Z 平面**或离散时间复频域($z$ 域)，其中，$0\leqslant r<\infty$，$-\infty<\Omega<\infty$。Z 平面上每一个点 $z$ 都代表一个离散时间复指数序列，整个 Z 平面上所有的点代表复指数序列集 $\{z^n,\ (z=r\mathrm{e}^{\mathrm{j}\Omega})\in\mathbf{C}\}$。Z 平面中单位圆 ($|z|=1$，或 $z=\mathrm{e}^{\mathrm{j}\Omega}$) 是 Z 平面的一个子集，单位圆上的每一个点 $\{z=\mathrm{e}^{\mathrm{j}\Omega},\ \Omega\in\mathbf{R}\}$，都代表离散时间频率为 $\Omega$ 的一个复正弦序列 $\mathrm{e}^{\mathrm{j}\Omega n}$，单位圆上所有点代表的复正弦序列构成了序列集 $\{\mathrm{e}^{\mathrm{j}\Omega n}\}$，它是整个复指数序列集 $\{z^n\}$ 的一个子集。如果以 $\Omega=0$ (它对应着 Z 平面上 $z=1$ 的点)为原点，把单位圆展开成实数轴 $\Omega$，就形成了离散时间频域 $\Omega$。Z 平面和离散时间频域 $\Omega$ 如图 5.1(b)所示。

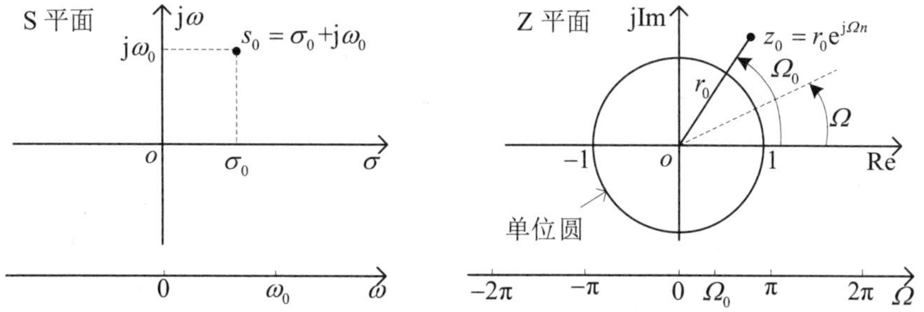


(a) 连续时间复频域(S 平面)和频域 $\omega$　　(b) 离散时间复频域(Z 平面)和频域 $\Omega$

图 5.1　连续时间和离散时间频域与复频域

正如 2.5.2 小节中讨论 $\mathrm{e}^{\mathrm{j}\Omega n}$ 和 $\mathrm{e}^{\mathrm{j}\omega t}$ 之间区别时指出的那样，当 $\Omega$ 每改变 $2\pi$ 的整数倍时，$\mathrm{e}^{\mathrm{j}\Omega n}$ 都呈现出相同的复正弦序列，即

$$\mathrm{e}^{\mathrm{j}\Omega n}=\mathrm{e}^{\mathrm{j}(\Omega+2\pi l\}n},\quad l=0,\ \pm1,\ \pm2\ \cdots \tag{5.2.13}$$

这一事实可用图 5.1(b)中的单位圆来解释，当 $\Omega$ 每改变 $2\pi$ 的整数倍时，都属于单位圆上同一个点。因此，在离散时间频域 $\Omega$ 中只有在任意长度为 $2\pi$ 的区间上的每一点，才代表着不同的复正弦序列 $\mathrm{e}^{\mathrm{j}\Omega n}$。2.5.2 小节还指出，$\Omega=\pm\pi$ 是复正弦序列 $\mathrm{e}^{\mathrm{j}\Omega n}$ 可能的最高振荡频率，离散时间频域中的主值区间$(-\pi,\ \pi)$可以看成与整个连续时间频域$(-\infty,\ \infty)$互成对偶。

由于连续时间和离散时间频域 $\omega$ 和 $\Omega$ 分别是复频域 $s$ 和 $z$ 的一个子集，信号或系统的频域和复频域表示之间存在着紧密的联系。后面将看出，连续傅里叶变换和离散时间傅里叶变换，可以分别看成双边拉普拉斯变换和双边 Z 变换的特例。当然，连续傅里叶变换和离散时间傅里叶变换与拉普拉斯变换和 Z 变换之间，频域和复频域表示之间不但存在区别，而且有不同的物理含义和应用，它们互为补充，相得益彰，形成信号与系统的变换域理论和方法。

## 5.3　周期信号的频域表示法：连续和离散傅里叶级数

### 5.3.1　连续傅里叶级数和离散傅里叶级数

很早以前人们就发现，一个连续周期函数可分解为一组成谐波关系的三角函数之和。这一事实在许多数学物理问题的研究中起了很重要的作用，后来被总结为傅里叶级数的理论和方法。为了建立一些直观的概念，先看一个例子。

**【例 5.1】**　有一连续时间周期信号写成如下形式：

$$\tilde{x}(t)=1+0.5\cos 2\pi t+\cos 4\pi t+(2/3)\cos 6\pi t$$

它是周期$T=1$，角频率为$\omega_0=2\pi$的周期信号。图 5.2 中用图解的方法说明，$\tilde{x}(t)$是如何由这些谐波分量构成的。利用欧拉关系，上述$\tilde{x}(t)$可写成

$$\tilde{x}(t)=1+(e^{j\omega t}+e^{-j\omega_0 t})/4+(e^{j2\omega_0 t}+e^{-j2\omega_0 t})/2+(e^{j3\omega_0 t}+e^{-j3\omega_0 t})/3$$

进一步可以写成：　$\tilde{x}(t)=\sum_{k=-3}^{3}F_k e^{jk\omega_0 t}$，其中：$F_0=1$，$F_1=F_{-1}=1/4$，$F_2=F_{-2}=1/2$，$F_3=F_{-3}=1/3$

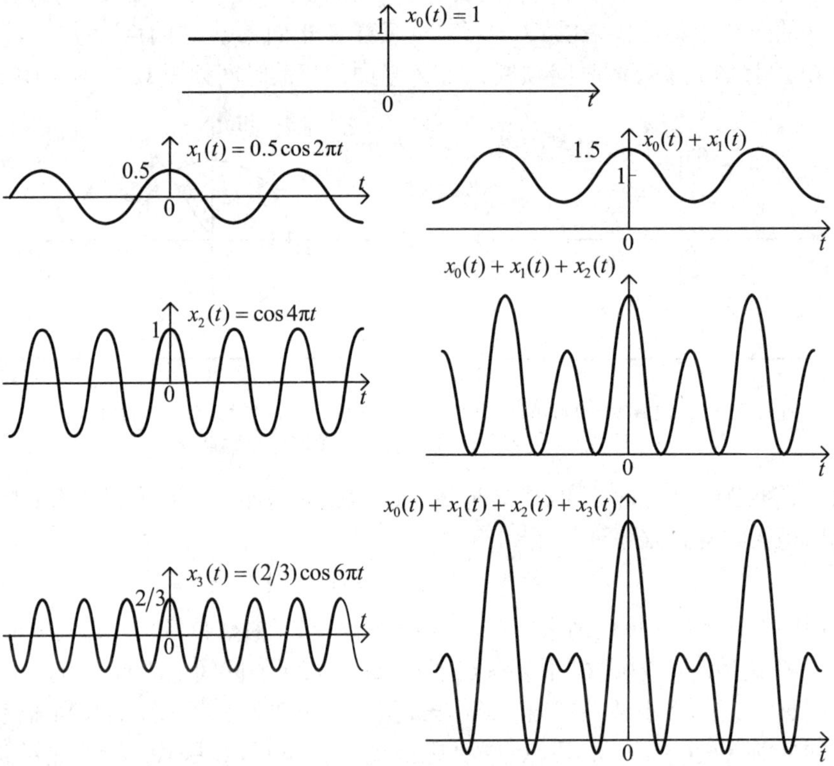


图 5.2　例 5.1 中的$\tilde{x}(t)$作为成谐波关系的正弦信号之线性组合的图解说明

这就是$\tilde{x}(t)$表示为成谐波关系复正弦的线性组合的表达式，即连续傅里叶级数表示。对于一般的连续时间周期信号，则需要用无穷多项成谐波关系的复正弦的线性组合来表示。

下面将看到，连续时间和离散时间周期信号都能表示成一组复正弦的线性组合。

**1．连续傅里叶级数(CFS)**

数学中的傅里叶级数理论指出，任何连续周期复值函数$\tilde{x}(t)$，只要满足狄里赫利(P L Dirichlet)条件(见 5.3.2 节)，都可以展开为如下的复正弦(或称复指数)形式的傅里叶级数：

$$\tilde{x}(t)=\sum_{k=-\infty}^{\infty}F_k e^{jk\frac{2\pi}{T}t},\quad -\infty<t<\infty \tag{5.3.1}$$

$$F_k=\frac{1}{T}\int_{\langle T\rangle}\tilde{x}(t)e^{-jk\frac{2\pi}{T}t}dt,\quad k=0,\ \pm1,\ \pm2\ \cdots \tag{5.3.2}$$

其中，$T$为$\tilde{x}(t)$的周期，$\langle T\rangle$表示长度为$T$的任意区间，即$[t_0,t_0+T)$，$t_0$为任意实数。

(5.3.1)式和(5.3.2)式称为连续时间周期信号的**复正弦形式**的**傅里叶级数表示法**，缩写为**CFS**，且(5.3.2)式称为**分析公式**，(5.3.1)式称为**合成公式**。它们表明：一个周期信号$\tilde{x}(t)$可以表示为与其重复频率$(\omega_0=2\pi/T)$成谐波关系的一系列复正弦信号$e^{jk\omega_0 t}$的线性组合，每个$e^{jk\omega_0 t}$的复数幅度就是傅里叶级数系数$F_k$。并且，$F_k$可以看成整数域$k$上的一个非周期系数序列。

若 $\tilde{x}(t)$ 是实周期信号，则有 $\tilde{x}(t)=\tilde{x}^*(t)$，可证明其 CFS 的系数 $F_k$ 是共轭偶对称的，即

$$F_{-k}=F_k^* \tag{5.3.3}$$

利用欧拉关系，(5.3.1)式可改写为

$$\tilde{x}(t)=a_0+\sum_{k=1}^{\infty}\left(a_k\cos k\frac{2\pi}{T}t+b_k\sin k\frac{2\pi}{T}t\right) \tag{5.3.4}$$

或

$$\tilde{x}(t)=c_0+\sum_{k=1}^{\infty}c_k\cos\left(k\frac{2\pi}{T}t+\theta_k\right) \tag{5.3.5}$$

其中，$a_0=c_0=\frac{1}{T}\int_{\langle T\rangle}\tilde{x}(t)\mathrm{d}t$，$a_k=\frac{2}{T}\int_{\langle T\rangle}\tilde{x}(t)\cos k\frac{2\pi}{T}t\mathrm{d}t$　和　$b_k=\frac{2}{T}\int_{\langle T\rangle}\tilde{x}(t)\sin k\frac{2\pi}{T}t\mathrm{d}t$　(5.3.6)

$$c_k=\sqrt{a_k^2+b_k^2}\quad \text{和}\quad \theta_k=-\tan^{-1}(b_k/a_k) \tag{5.3.7}$$

(5.3.4)式或(5.3.5)式称为实周期信号的**三角形式傅里叶级数**。一个实周期信号 $\tilde{x}(t)$ 既可展开成(5.3.1)式这样的复正弦形式傅里叶级数，又可分解为(5.3.4)式或(5.3.5)式那样的三角形式傅里叶级数，因此，这两种傅里叶级数的系数之间存在着确定的关系。可以证明，这些关系为

$$\begin{cases}F_0=a_0=c_0\\ F_k=(a_k-\mathrm{j}b_k)/2=c_k\mathrm{e}^{\mathrm{j}\theta_k}/2,\quad k=1,\ 2\ \cdots\\ F_{-k}=F_k^*=(a_k+\mathrm{j}b_k)/2=c_k\mathrm{e}^{-\mathrm{j}\theta_k}/2,\quad k=1,\ 2\ \cdots\end{cases} \tag{5.3.8}$$

和

$$\begin{cases}c_0=a_0=F_0\\ a_k=2\mathrm{Re}\{F_k\}=F_k+F_{-k},\quad k=1,\ 2\ \cdots\\ b_k=-2\mathrm{Im}\{F_k\}=\mathrm{j}(F_k-F_{-k}),\quad k=1,\ 2\ \cdots\end{cases} \tag{5.3.9}$$

**2．离散傅里叶级数(DFS)**

读者在一般的高等数学课程中没有学习过离散傅里叶级数，这里用导出连续傅里叶级数类似的方法，引入周期序列的离散傅里叶级数。在离散时间复正弦序列集 $\{\mathrm{e}^{\mathrm{j}\Omega n},\ \Omega\in\mathbf{R}\}$ 中，存在着一组具有谐波关系的复正弦序列 $\{\phi_k[n]=\mathrm{e}^{\mathrm{j}k(2\pi/N)n},\ k\in\langle N\rangle\}$，其中 $\langle N\rangle$ 表示整数域中任何 $N$ 个相继整数的区间，即 $k$ 既可取 $k=0,\ 1,\ \cdots,\ N-1$，也可以取 $k=3,\ 4,\ \cdots,\ N+2$ 等。这组复正弦序列具有如下两个性质：

(1) 它们都是周期序列，且基本周期的最小公倍数为 $N$。

(2) 它们在区间 $n\in\langle N\rangle$ 两两相互正交，即

$$\sum_{k\in\langle N\rangle}\phi_k[n]\phi_l^*[n]=\sum_{k\in\langle N\rangle}\mathrm{e}^{\mathrm{j}(k-l)(2\pi/N)n}=\begin{cases}N,& l=k\\ 0,& l\neq k\end{cases} \tag{5.3.10}$$

并在区间 $n\in\langle N\rangle$ 构成一个完备的正交序列集。

图 5.3 画出了 $N=6$ 的情况下上述性质的图解说明，这里把复数表示成复平面上的一个矢量，因为 $\left|\mathrm{e}^{\mathrm{j}(k-l)(2\pi/N)n}\right|=1$，它在复平面上的矢量长度均为 1。由图 5.3 可以看出，在 $n$ 的区间 $\langle N\rangle$ 上，当 $k\neq l$ 时，矢量 $\mathrm{e}^{\mathrm{j}(k-l)(2\pi/N)n}$ 的和均为0；只有当 $k=l$ 时，每一个矢量 $\mathrm{e}^{\mathrm{j}(k-l)(2\pi/N)n}=1$，矢量和才等于 $N$。

现在来证明，对于离散时间周期序列也存在傅里叶级数表示。假设 $\tilde{x}[n]$ 是周期为 $N$ 的一个任意离散时间周期序列，它也可以表示为周期延拓形式

$$\tilde{x}[n]=\sum_{l=-\infty}^{\infty}x[n-lN],\quad \text{其中}\quad x[n]=\begin{cases}\tilde{x}[n],& n\in\langle N\rangle\\ 0\ ,& n\notin\langle N\rangle\end{cases} \tag{5.3.11}$$

$x[n]$ 可用区间 $\langle N\rangle$ 上完备的复正弦序列集 $\{\phi_k[n],\ k\in\langle N\rangle\}$ 表示，其中，$\phi_k[n]=\begin{cases}e^{jk\,2\pi/N\,n}, & n\in\langle N\rangle\\ 0, & n\notin\langle N\rangle\end{cases}$。由于它的正交性(见(5.3.10)式)，可以直接利用(2.8.25)和(2.8.26)式，得到它的广义傅里叶级数展开，即

$$x[n]=\sum_{k\in\langle N\rangle}a_k\phi_k[n]=\sum_{k\in\langle N\rangle}a_k e^{jk(2\pi/N)n} \tag{5.3.12}$$

$$a_k=\frac{\sum\limits_{n\in\langle N\rangle}x[n]\phi_k^*[n]}{\sum\limits_{n\in\langle N\rangle}\left|\phi_k[n]\right|^2}=\frac{\sum\limits_{n\in\langle N\rangle}x[n]e^{jk(2\pi/N)n}}{\sum\limits_{n\in\langle N\rangle}\left|\phi_k[n]\right|^2}=\frac{1}{N}\sum_{n\in\langle N\rangle}x[n]e^{jk(2\pi/N)n} \tag{5.3.13}$$

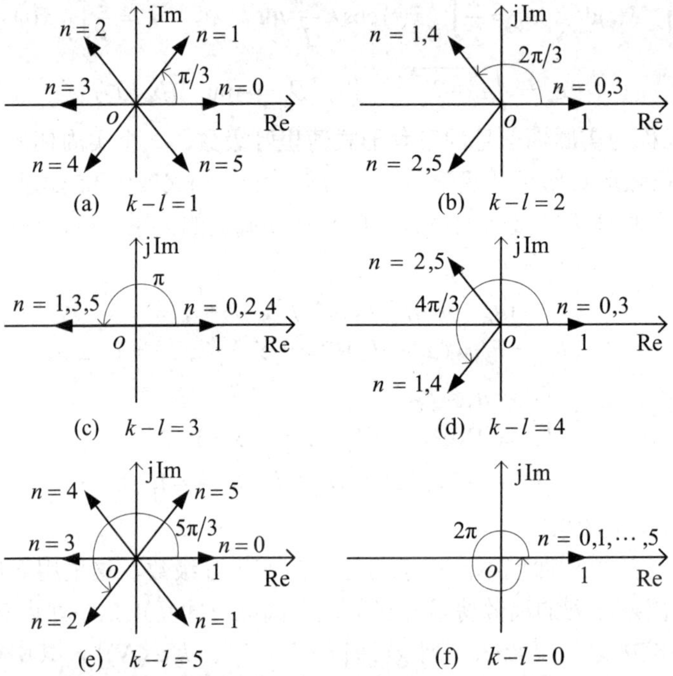


图 5.3　复正弦序列 $e^{jk(2\pi/N)n}$，$N=6$ 满足正交性的图解说明

将(5.3.12)式代入(5.3.11)式右式，则有

$$\tilde{x}[n]=\sum_{l=-\infty}^{\infty}\sum_{k\in<N>}a_k e^{jk(2\pi/N)(n-lN)}=\sum_{k\in<N>}a_k\sum_{l=-\infty}^{\infty}\phi_k[n-lN] \tag{5.3.14}$$

上式右边第二个求和式是 $\phi_k[n]$ 的周期延拓，即

$$\sum_{l=-\infty}^{\infty}\phi_k[n-lN]=e^{jk(2\pi/N)n},\quad -\infty<n<\infty$$

由此，(5.3.14)式可以表示为

$$\tilde{x}[n]=\sum_{k\in<N>}a_k e^{jk(2\pi/N)n},\quad -\infty<n<\infty \tag{5.3.15}$$

其中，$a_k$ 见(5.3.13)式，利用(5.3.11)式右式，它可以写成

$$a_k=\frac{1}{N}\sum_{n\in<N>}\tilde{x}[n]e^{jk(2\pi/N)n},\quad k=0,\ \pm1,\ \pm2\ \cdots \tag{5.3.16}$$

上面两式实际上就是离散傅里叶级数表示式。为了和连续傅里叶级数系数相区别，也因为离散傅里叶级数系数有周期性质(下面将讨论)，离散傅里叶级数的系数用 $\tilde{F}_k$ 表示。这样，用 $\tilde{F}_k$ 代替上面两式中的 $a_k$，就得到周期序列如下的离散傅里叶级数表示式：

$$\tilde{x}[n]=\sum_{k\in\langle N\rangle}\tilde{F}_k e^{jk\frac{2\pi}{N}n},\quad n=0,\ \pm1,\ \pm2\ \cdots \tag{5.3.17}$$

$$\tilde{F}_k=\frac{1}{N}\sum_{n\in\langle N\rangle}\tilde{x}[n]e^{-jk\frac{2\pi}{N}n},\quad k=0,\ \pm1,\ \pm2\ \cdots \tag{5.3.18}$$

由上述离散傅里叶级数表示式看出：任意周期序列 $\tilde{x}[n]$ 都可以表示为与其重复频率 $(\Omega_0=2\pi/N)$ 成谐波关系的一组复正弦 $e^{jk\Omega_0 n}$ 的线性组合，谐波复正弦分量 $e^{jk\Omega_0 n}$ 的复数幅度即为(5.3.18)式计算的 DFS 的系数 $\tilde{F}_k$ 。同样，称(5.3.18)式为离散傅里叶级数表示法的**分析公式**，而称(5.3.17)式为**合成公式**。

尽管离散傅里叶级数和连续傅里叶级数十分类似，但是也有下列一些重要的区别。CFS 是一个无穷级数，而周期为 $N$ 的周期序列的 DFS 却是一个有限项级数，它只有 $N$ 项，故 DFS 的系数 $\tilde{F}_k$ 也只有 $N$ 个。因为有

$$e^{jk(2\pi/N)n}=e^{j(k+N)(2\pi/N)n},\quad -\infty<n<\infty \tag{5.3.19}$$

因此，对于离散傅里叶级数也有

$$\tilde{F}_k=\tilde{F}_{k+lN},\quad l=0,\ \pm1,\ \pm2\ \cdots \tag{5.3.20}$$

这表明，$\tilde{F}_k$ 在整数域 $k$ 上以 $N$ 为周期地重复。在DFS 的分析和合成公式中，任意 $N$ 个顺序的 $k$ 值上的DFS 系数都可以正确表示周期序列。但习惯上仍把 $\tilde{F}_k$ 看成整数域 $k$ 上的一个系数序列，它也是周期为 $N$ 的周期序列。在合成公式中，只用到其中任意 $N$ 个顺序的 $\tilde{F}_k$ 值。

由 DFS 的合成公式，也可获得另一种确定 $N$ 个系数 $\tilde{F}_k$ 的方法。由周期序列 $\tilde{x}[n]$ 顺序的 $N$ 个序列值(例如取 $\tilde{x}[0]$, $\tilde{x}[1]$, $\cdots$, $\tilde{x}[N-1]$)，可列出求解 $N$ 个系数 $\tilde{F}_0$, $\tilde{F}_1$，$\cdots$，$\tilde{F}_{N-1}$ 的代数方程组，若写成矩阵形式即为

$$\begin{bmatrix}\tilde{x}[0]\\ \tilde{x}[1]\\ \tilde{x}[2]\\ \vdots\\ \tilde{x}[N-1]\end{bmatrix}=\begin{bmatrix}1 & 1 & 1 & \cdots & 1\\ 1 & W^{-1} & W^{-2} & \cdots & W^{-(N-1)}\\ 1 & W^{-2} & W^{-4} & \cdots & W^{-2(N-1)}\\ \vdots & \vdots & \vdots & \cdots & \vdots\\ 1 & W^{-(N-1)} & W^{-2(N-1)} & \cdots & W^{-(N-1)^2}\end{bmatrix}\cdot\begin{bmatrix}\tilde{F}_0\\ \tilde{F}_1\\ \tilde{F}_2\\ \vdots\\ \tilde{F}_{N-1}\end{bmatrix} \tag{5.3.21}$$

其中，$W=e^{-j(2\pi/N)}$。解此方程组可求出 $N$ 个 DFS 系数 $\tilde{F}_k$，$k=0,\ 1,\ \cdots,\ N-1$。

同样地，对于实周期序列，离散傅里叶级数也可表示为三角形式。如果 $\tilde{x}[n]$ 是实周期序列，即 $\tilde{x}[n]=\tilde{x}^*[n]$，可以证明 DFS 系数 $\tilde{F}_k$ 也有(5.3.3)式表示的 CFS 系数 $F_k$ 所具有的关系。结合(5.3.20)式，实周期序列的 DFS 系数应满足如下关系：

$$\tilde{F}_{-k}=\tilde{F}_k^*=\tilde{F}_{N-k},\quad k=0,\ 1,\ \cdots,\ N-1 \tag{5.3.22}$$

这表明：实周期序列的 DFS 系数 $\tilde{F}_k$ 不仅以 $k=0$ 呈现共轭偶对称性，而且在 $k$ 的任一个周期区间 $\langle N\rangle$ 上，以 $\langle N\rangle$ 区间的中点也共轭偶对称。例如，$\tilde{F}_0=\tilde{F}_N^*$，$\tilde{F}_1=\tilde{F}_{N-1}^*$，$\tilde{F}_2=\tilde{F}_{N-2}^*$，$\cdots$。

由上述性质可以证明实周期序列 $\tilde{x}[n]$ 的三角形式的离散傅里叶级数如下：

当 $N$ 为奇数时

$$\tilde{x}[n]=\tilde{a}_0+\sum_{k=1}^{(N-1)/2}\left[\tilde{a}_k\cos k\frac{2\pi}{N}n+\tilde{b}_k\sin k\frac{2\pi}{N}n\right] \tag{5.3.23}$$

或

$$\tilde{x}[n]=\tilde{c}_0+\sum_{k=1}^{(N-1)/2}\tilde{c}_k\cos\left(k\frac{2\pi}{N}n+\tilde{\theta}_k\right) \tag{5.3.24}$$

其中 $$\tilde{a}_0=\tilde{c}_0=\frac{1}{N}\sum_{n=0}^{N-1}\tilde{x}[n]，\ \tilde{a}_k=\frac{2}{N}\sum_{n=0}^{N-1}\tilde{x}[n]\cos k\frac{2\pi}{N}n \ \text{和}\ \tilde{b}_k=\frac{2}{N}\sum_{n=0}^{N-1}\tilde{x}[n]\sin k\frac{2\pi}{N}n \tag{5.3.25}$$

和 $$\tilde{c}_k=2\left|\tilde{F}_k\right|=\sqrt{\tilde{a}_k^2+\tilde{b}_k^2}，\ \theta_k=-\tan^{-1}\left(\frac{\tilde{b}_k}{\tilde{a}_k}\right)，\ k=1,\ 2,\ \cdots,\ \frac{N-1}{2} \tag{5.3.26}$$

当 $N$ 为偶数时

$$\tilde{x}[n]=\tilde{a}_0+\tilde{a}_{N/2}(-1)^n+\sum_{k=1}^{(N/2)-1}\left[\tilde{a}_k\cos k\frac{2\pi}{N}n+\tilde{b}_k\sin k\frac{2\pi}{N}n\right] \tag{5.3.27}$$

或 $$\tilde{x}[n]=\tilde{c}_0+\tilde{c}_{N/2}(-1)^n+\sum_{k=1}^{(N/2)-1}\tilde{c}_k\cos\left(k\frac{2\pi}{N}n+\tilde{\theta}_k\right)，\ \tilde{c}_{N/2}=\frac{1}{N}\sum_{n=0}^{N-1}\tilde{x}[n](-1)^n \tag{5.3.28}$$

其中 $$\tilde{c}_{N/2}=\tilde{a}_{N/2}=\frac{1}{N}\sum_{n=0}^{N-1}(-1)^n\tilde{x}[n] \tag{5.3.29}$$

其余的 $\tilde{a}_0$、$\tilde{a}_k$、$\tilde{b}_k$ 和 $\tilde{c}_0$、$\tilde{c}_k$、$\theta_k$ 等系数的计算公式分别与(5.3.25)式和(5.3.26)式相同。

## 5.3.2 连续和离散傅里叶级数的收敛

本节讨论连续和离散傅里叶级数表示法的广泛性和有效性。所谓广泛性，就是指所有周期信号是否都能用傅里叶级数来表示，即傅里叶级数的收敛问题。而有效性则指，如果用截短了的傅里叶级数近似地表示周期信号，这种近似是否是最佳近似。

**1．连续和离散傅里叶级数的收敛**

首先考察离散傅里叶级数的收敛问题。由(5.3.17)式和(5.3.18)式看到，无论分析公式还是综合公式，所涉及的都是有限项的求和。因此，只要 $\tilde{x}[n]$ 是有界的，即对所有的 $n$，$\left|\tilde{x}[n]\right|<\infty$，其 DFS 不存在任何收敛问题。或者说，只要在一个周期内 $\tilde{x}[n]$ 的能量是有限的，即

$$\sum_{n\in<N>}\left|\tilde{x}[n]\right|^2<\infty \tag{5.3.30}$$

其 DFS 就一定收敛。此时用分析公式可以计算组成 $\tilde{x}[n]$ 的每一个谐波分量的幅度 $\tilde{F}_k$，而且 $\left|\tilde{F}_k\right|<\infty$；用求得的 $N$ 个 $\tilde{F}_k$，按照综合公式右边 $N$ 项求和的结果处处收敛于 $\tilde{x}[n]$。

然而，连续傅里叶级数却不那么简单，因为 CFS 合成公式涉及无限项求和。正是这个问题，使得傅里叶的成果在相当长的一段时间未被公认，直到 1829 年，狄里赫利给出了若干精确的条件，满足这些条件的周期函数才可以用一个连续傅里叶级数来表示。这些条件后来被称为**狄里赫利条件**，即连续傅里叶级数的收敛条件。

**条件 1**：在任何一个周期内周期信号必须模可积，即

$$\int_{\langle T\rangle}\left|\tilde{x}(t)\right|\mathrm{d}t<\infty \tag{5.3.31}$$

这意味着 $\tilde{x}(t)$ 在一个周期内的能量是有限的，这一条件保证了按分析公式计算的每一个 CFS 系数都是有限值。由 CFS 的分析公式，得

$$\left|F_k\right|\leqslant\frac{1}{T}\int_{\langle T\rangle}\left|\tilde{x}(t)e^{-jk\omega_0 n}\right|\mathrm{d}t=\frac{1}{T}\int_{\langle T\rangle}\left|\tilde{x}(t)\right|\mathrm{d}t$$

若条件 1 满足，那么就保证 $\left|F_k\right|<\infty$。通常它看作 CFS 收敛的必要条件。

图 5.4(a)给出一个不满足条件 1 的周期信号的例子，其周期为 1，且 $\tilde{x}(t)=1/t$，$0<t<1$。

**条件 2**：在 $\tilde{x}(t)$ 的任何一个周期内只有有限个数的极大值和极小值。这一条件意味着，在

一个周期内只允许有限次起伏。

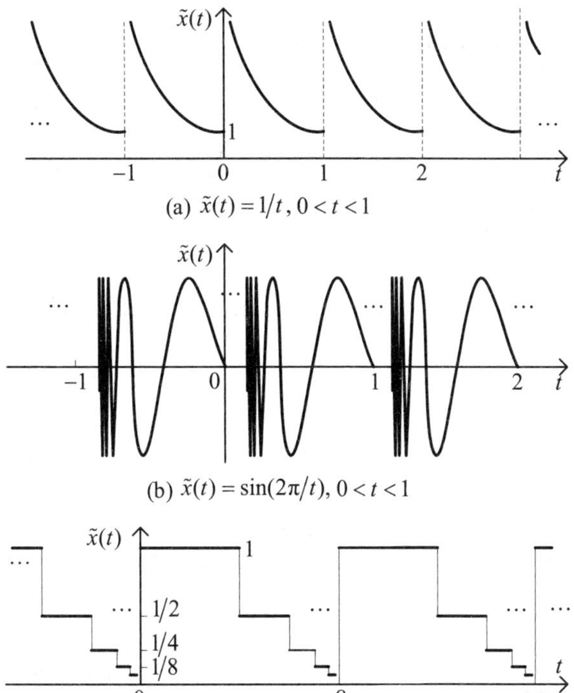


(a) $\tilde{x}(t)=1/t,\ 0<t<1$

(b) $\tilde{x}(t)=\sin(2\pi/t),\ 0<t<1$

(c) 不满足狄里赫利第三条件的周期为8的周期信号

图 5.4　不满足狄里赫利条件的周期信号例子

满足条件 1 但不满足条件 2 的一个例子如图 5.4(b)所示，其周期也是 1，且

$$\tilde{x}(t)=\sin(2\pi/t),\quad 0<t<1$$

它满足 $\int_0^1|\tilde{x}(t)|\mathrm{d}t<1$，但它在一个周期内有无限多个极大和极小值。

**条件 3**：在 $\tilde{x}(t)$ 的任何一个周期内，只允许有限个阶跃型间断点，且在这些间断点上，只出现有限跃变值。

满足条件 1 和 2，但不满足条件 3 的例子见图 5.4(c)，周期 $T=8$，在一个周期内它由无限个阶梯组成，后一个阶梯的高度和宽度都是前一个阶梯之半。

由图 5.4 给出的例子可知，不满足狄里赫利条件的周期信号，在自然界中都属于一类比较反常的周期信号，即所谓病态的函数，它们在信号与系统的研究中没有什么特别的重要性。对于极为广泛的周期信号，包括具有不连续点的周期信号，一般说来，可以放心地用它的傅里叶级数表示。对于处处连续的周期信号，用分析公式求出的 CFS 的系数，并用合成公式合成出来的信号，在所有的 $t$ 都收敛于原信号 $\tilde{x}(t)$。对于一个具有阶跃型间断点的周期信号，除那些孤立的阶跃点外，在其余所有点上， 连续傅里叶级数都收敛于原周期信号的值；而在那些孤立的阶跃点上，则收敛于阶跃点左、右极限的平均值。在 2.1 节中曾指出，本书中规定连续时间信号在其阶跃点无定义。在这种规定下，只要周期信号 $\tilde{x}(t)$ 中不包含冲激及其导数(即所有不连续点仅为阶跃型不连续点)， $\tilde{x}(t)$ 与其连续傅里级数表示之间不会有任何能量上的差别，从信号与系统的意义上看，可以认为是同一个周期信号。

**2．周期信号用截短了的傅里叶级数近似**

如果把周期信号 $\tilde{x}(t)$ 和 $\tilde{x}[n]$ 分别按(5.3.1)式和(5.3.17)式展开成它们的 CFS 和 DFS，并把无限项的 CFS 和 $N$ 项的 DFS 在某一处截断，分别得到

$$\tilde{x}_M(t)=\sum_{k=-M}^{M}F_k\mathrm{e}^{\mathrm{j}k\omega_0 t}\quad 和\quad \tilde{x}_M[n]=\sum_{k=-M}^{M}\tilde{F}_k\mathrm{e}^{\mathrm{j}k\Omega_0 n},\quad 2M+1<N \tag{5.3.32}$$

其中，$\omega_0=2\pi/T$ 和 $\Omega_0=2\pi/N$，$T$ 和 $N$ 分别是 $\tilde{x}(t)$ 和 $\tilde{x}[n]$ 的周期。可以证明，若把上述的 $\tilde{x}_M(t)$ 和 $\tilde{x}_M[n]$ 分别来逼近周期信号 $\tilde{x}(t)$ 和 $\tilde{x}[n]$，这种逼近是能量意义上的最佳逼近。随着项数 $M$ 的增加，在一个周期内近似产生的误差能量不断减小，当上式左式中的 $M\to\infty$，或者当上式右式中的 $(2M+1)\to N$ 时，一个周期内的误差能量的极限就是零。

这种最佳逼近显示出周期信号傅里叶级数表示的有效性，它有重要的实际意义，即可以用有限项低次谐波分量近似地表示一个周期信号，且近似的均方误差可以做到任意地小。

### 5.3.3 周期信号和序列的频谱

在讨论周期信号的频谱之前，先讨论两个典型的周期信号和序列的傅里叶级数例子。

【例 5.2】 周期矩形脉冲 $\tilde{x}(t)$ 如图 5.5 所示，其周期为 $T$，脉冲宽度为 $\tau$，它可表示为：

$$\tilde{x}(t)=\sum_{l=-\infty}^{\infty} r_\tau(t-lT),\quad 其中\quad r_\tau(t)=\begin{cases}1, & |t|<\tau/2\\ 0, & |t|>\tau/2\end{cases} \tag{5.3.33}$$

试求其傅里叶级数表示。

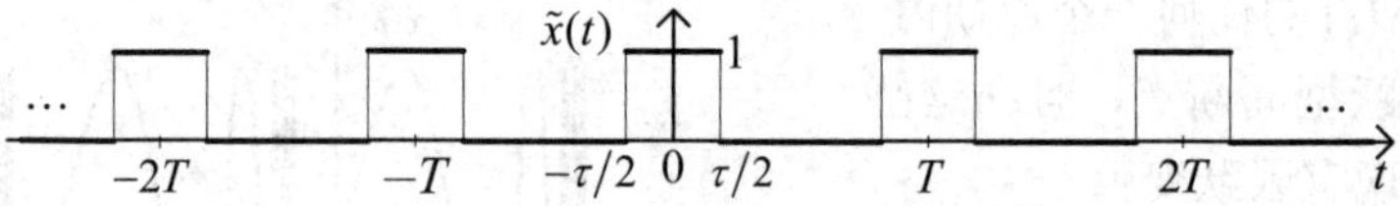

图 5.5 周期矩形脉冲

**解**：该周期信号的基波周期是 $T$，基波频率 $\omega_0=2\pi/T$。首先用(5.3.2)式来确定 $\tilde{x}(t)$ 的傅里叶级数系数 $F_k$。由于 $\tilde{x}(t)$ 对 $t=0$ 是偶对称的，积分区间选 $\langle T\rangle=(-T/2,T/2)$ 最为方便。对于 $k=0$，就有

$$F_0=\frac{1}{T}\int_{-T/2}^{T/2}\tilde{x}(t)\mathrm{d}t=\frac{1}{T}\int_{-\tau/2}^{\tau/2}\mathrm{d}t=\frac{\tau}{T} \tag{5.3.34}$$

它代表周期信号 $\tilde{x}(t)$ 的直流分量，等于一个周期内 $\tilde{x}(t)$ 的平均值；对于 $k\neq 0$，则有

$$F_k=\frac{1}{T}\int_{-T/2}^{T/2}\tilde{x}(t)\mathrm{e}^{-\mathrm{j}k\omega_0 t}\mathrm{d}t=\frac{1}{T}\int_{-\tau/2}^{\tau/2}\mathrm{e}^{-\mathrm{j}k\omega_0 t}\mathrm{d}t=\frac{\tau}{T}\frac{\sin(k\omega_0\tau/2)}{k\omega_0\tau/2},\quad k\neq 0 \tag{5.3.35}$$

令

$$\mathrm{Sa}(x)=\sin(x)/x \tag{5.3.36}$$

这是信号分析中常遇到的一个函数，称为**抽样函数**，见图 5.6 所示。它是一个偶函数，且有

$$\lim_{x\to 0}\mathrm{Sa}(x)=1,\quad \lim_{x\to\infty}\mathrm{Sa}(x)=0;\quad \mathrm{Sa}(x)=0,\quad x=k\pi,\quad k=\pm 1,\ \pm 2\ \cdots$$

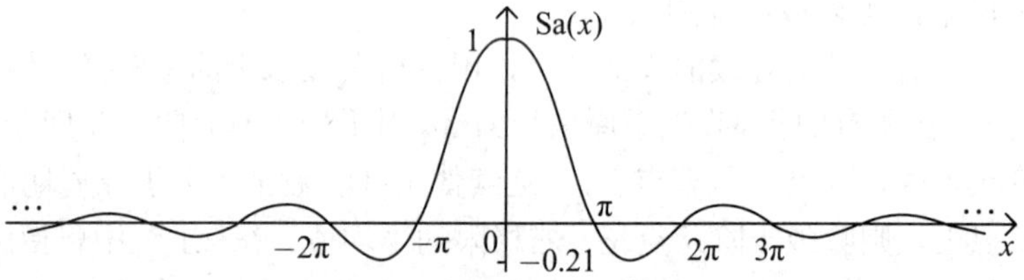


图 5.6 抽样函数的函数图形

利用抽样函数，$F_k$ 可统一写为

$$F_k=\frac{\tau}{T}\mathrm{Sa}\left(\frac{k\omega_0\tau}{2}\right),\quad k=0,\ \pm 1,\ \pm 2\ \cdots \tag{5.3.37}$$

该周期矩形脉冲信号的傅里叶级数表示为

$$\tilde{x}(t)=\sum_{k=-\infty}^{\infty}F_k\mathrm{e}^{\mathrm{j}k\omega_0 t}=\frac{\tau}{T}\sum_{k=-\infty}^{\infty}\mathrm{Sa}\left(\frac{k\omega_0\tau}{2}\right)\mathrm{e}^{\mathrm{j}k\omega_0 t} \tag{5.3.38}$$

作为上述周期矩形脉冲的离散时间对偶，下面是周期矩形序列的例子。

【例 5.3】 周期矩形序列如图 5.7 所示,它可表示为

$$\tilde{x}[n]=\sum_{l=-\infty}^{\infty}r_{2N_1+1}[n-lN],\quad 其中\quad r_{2N_1+1}[n]=\begin{cases}1, & |n|\leqslant N_1\\ 0, & |n|>N_1\end{cases} \tag{5.3.39}$$

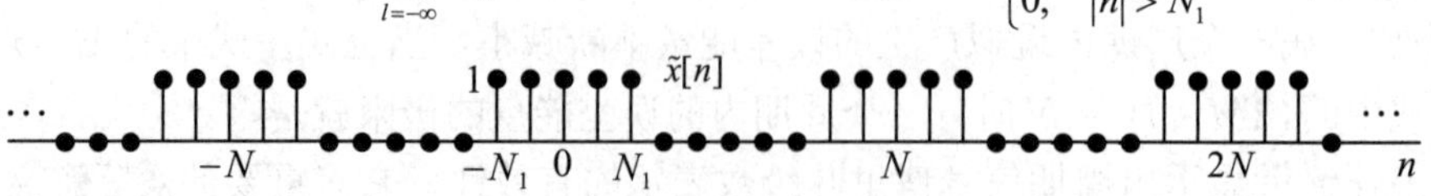

图 5.7 周期矩形序列

**解：** 首先按(5.3.18)式计算离散傅里叶级数系数 $\tilde{F}_k$。由于 $\tilde{x}[n]$ 的偶对称性，求和区间 $\langle N\rangle$ 选关于 $n=0$ 的对称区间比较方便，例如，选 $\langle N\rangle=[-N_1,N-N_1-1]$，并令 $\Omega_0=2\pi/N$

$$\tilde{F}_k=\frac{1}{N}\sum_{n\in\langle N\rangle}\tilde{x}[n]\mathrm{e}^{-\mathrm{j}k\Omega_0 n}=\frac{1}{N}\sum_{n=-N_1}^{N_1}\tilde{x}[n]\mathrm{e}^{-\mathrm{j}k\Omega_0 n}$$

令 $m=n+N_1$，上式就变成

$$\tilde{F}_k=\frac{1}{N}\sum_{m=0}^{2N_1}\mathrm{e}^{-\mathrm{j}k\Omega_0(m-N_1)}=\frac{1}{N}\mathrm{e}^{\mathrm{j}k\Omega_0 N_1}\sum_{m=0}^{2N_1}\mathrm{e}^{-\mathrm{j}k\Omega_0 m}$$

利用 $M$ 项幂级数的求和公式，即

$$\sum_{m=0}^{M-1}\alpha^m=\begin{cases}M, & \alpha=1\\(1-\alpha^M)/(1-\alpha), & \alpha\neq 1\end{cases}\tag{5.3.40}$$

可进一步写成：当 $\mathrm{e}^{\mathrm{j}k\Omega_0 m}\neq 1$，即 $k\neq 0,\ \pm N,\ \pm 2N\ \cdots$时，则有

$$\tilde{F}_k=\frac{1}{N}\mathrm{e}^{-\mathrm{j}k\Omega_0 N_1}\frac{1-\mathrm{e}^{-\mathrm{j}k\Omega_0(2N_1+1)}}{1-\mathrm{e}^{-\mathrm{j}k\Omega_0}}=\frac{1}{N}\mathrm{e}^{\mathrm{j}k\Omega_0 N_1}\frac{\mathrm{e}^{-\mathrm{j}k\Omega_0(2N_1+1)/2}\left[\mathrm{e}^{\mathrm{j}k\Omega_0(2N_1+1)/2}-\mathrm{e}^{-\mathrm{j}k\Omega_0(2N_1+1)/2}\right]}{\mathrm{e}^{-\mathrm{j}k\Omega_0/2}\left[\mathrm{e}^{\mathrm{j}k\Omega_0/2}-\mathrm{e}^{-\mathrm{j}k\Omega_0/2}\right]}$$

$$=\frac{1}{N}\frac{\mathrm{e}^{\mathrm{j}k\Omega_0(2N_1+1)/2}-\mathrm{e}^{-\mathrm{j}k\Omega_0(2N_1+1)/2}}{\mathrm{e}^{\mathrm{j}k\Omega_0/2}-\mathrm{e}^{-\mathrm{j}k\Omega_0/2}}=\frac{1}{N}\frac{\sin\left[k\Omega_0(2N_1+1)/2\right]}{\sin\left[k\Omega_0/2\right]}$$

当 $\mathrm{e}^{\mathrm{j}k\Omega_0 m}=1$，即 $k=0,\ \pm N,\ \pm 2N\ \cdots$时，$\tilde{F}_k=(2N_1+1)/N$。这里定义如下函数：

$$\mathrm{Sad}(x,m)=\frac{\sin mx}{\sin x},\quad \text{整数}\ m>1\tag{5.3.41}$$

图 5.8(a)和(b)中画出了 $m$ 为奇数和偶数时的函数图形。该函数有如下的性质：首先，它是一个周期函数，周期为 $2\pi$，且有

$$\lim_{x\to l\pi}\mathrm{Sad}(x,m)=\lim_{x\to l\pi}\frac{\sin mx}{\sin x}=\begin{cases}m, & m=2k+1\\(-1)^l m, & m=2k\end{cases},\quad m>1\tag{5.3.42}$$

和

$$\mathrm{Sad}\left(\frac{\pi}{m}l,m\right)=\frac{\sin(l\pi)}{\sin(\pi l/m)}=0,\quad l\neq 0,\ \pm m,\ \pm 2m\ \cdots,\quad m>1\tag{5.3.43}$$

这个函数可看作连续时间中的抽样函数 $\mathrm{Sa}(x)$ 在离散时间中的一个对偶。

利用函数 $\mathrm{Sad}(x,m)$，可把上面求得的周期矩形序列的 DFS 系数统一写成：

$$\tilde{F}_k=\frac{1}{N}\mathrm{Sad}\left(\frac{k\Omega_0}{2},2N_1+1\right)=\frac{1}{N}\frac{\sin[k\Omega_0(2N_1+1)/2]}{\sin(k\Omega_0/2)},\quad k=0,\ \pm 1,\ \pm 2\ \cdots\tag{5.3.44}$$

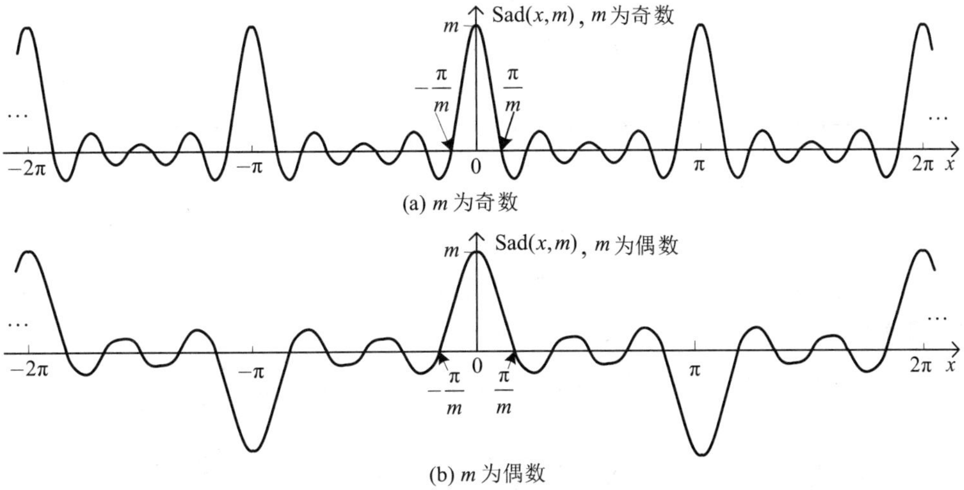


图 5.8　(5.3.41)式定义的函数 Sad(x,m) 之图形

现在来介绍周期信号频谱的概念，并讨论其特点。正如前面所述，CFS 和 DFS 系数 $F_k$ 和 $\tilde{F}_k$，分别表示组成周期信号 $\tilde{x}(t)$ 和 $\tilde{x}[n]$ 的各个复正弦分量($e^{jk\omega_0 t}$ 或 $e^{jk\Omega_0 n}$)之复数幅度。由于谐波频率分别为 $k\omega_0$ 和 $k\Omega_0$，如果分别在连续时间和离散时间频率 $\omega$ 和 $\Omega$ 轴上绘制 $F_k$ 和 $\tilde{F}_k$ 的图形，即图 5.9 和图 5.10 那样的线状图，直观地表示出组成周期信号的各个谐波分量的幅度分布，因此，通常把它们称为周期信号的**频谱图形**。由于例 5.2 和例 5.3 是实偶对称周期信号，CFS 和 DFS 系数($F_k$ 和 $\tilde{F}_k$)都是实数，所以才能画出如图 5.9(a)和 5.10(a)这样的实数频谱。

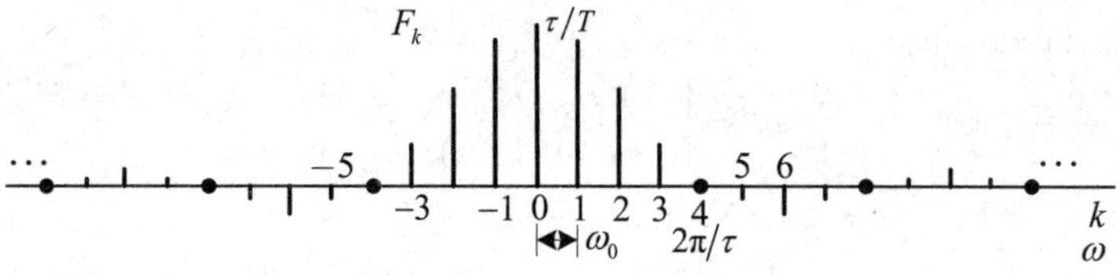

(a) 由(5.3.37)式画出的周期矩形脉冲的频谱 $F_k$, $T=4\tau$

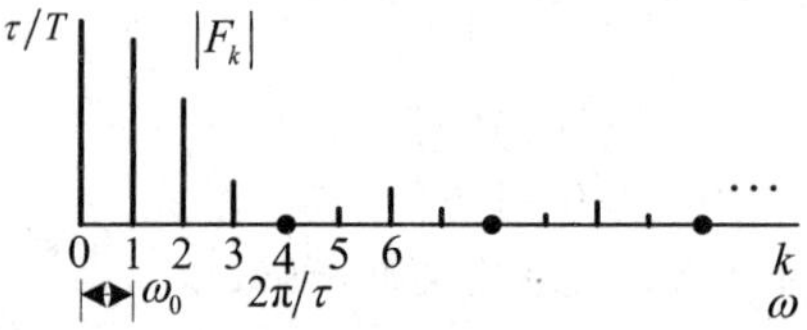

(b) 周期矩形脉冲的幅度频谱

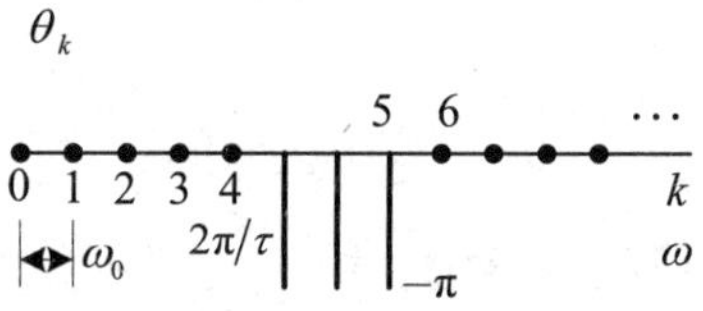

(c) 周期矩形脉冲的相位频谱

图 5.9 例 5.2 的周期矩形脉冲的频谱，$T=4\tau$

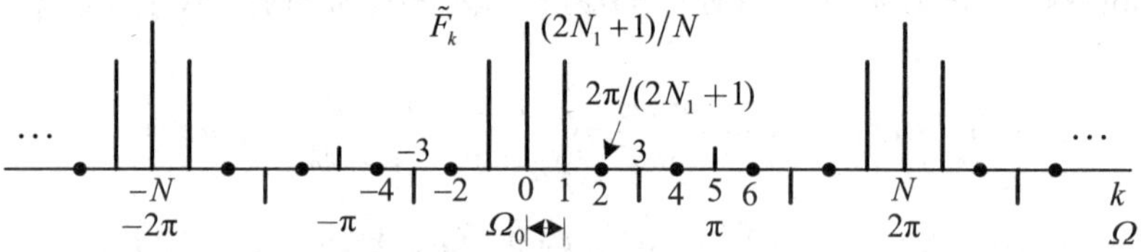

(a) 由(5.3.44)式画出的周期矩形序列的 $\tilde{F}_k$

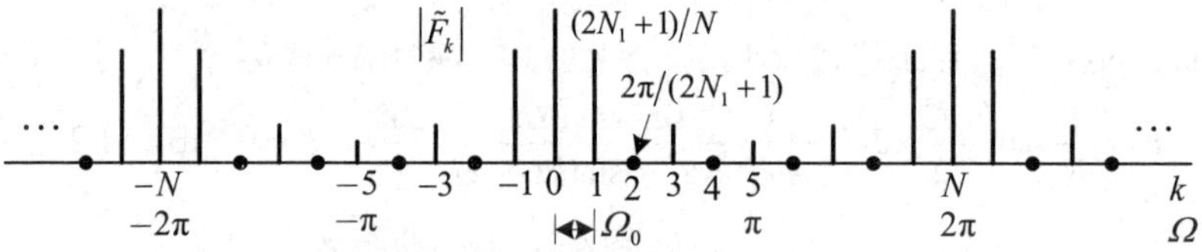

(b) 周期矩形序列的幅度频谱 $|\tilde{F}_k|$

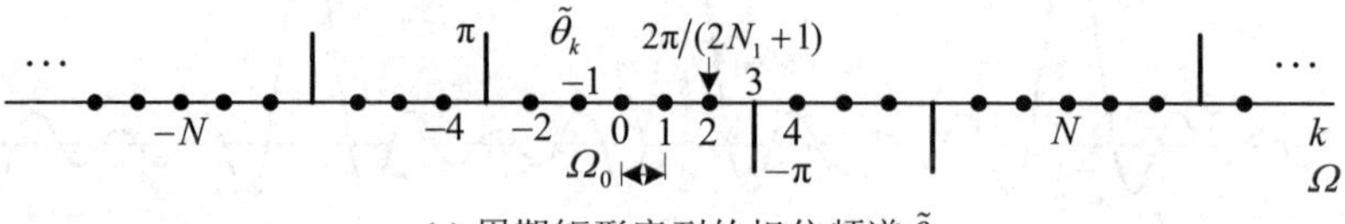

(c) 周期矩形序列的相位频谱 $\tilde{\theta}_k$

图 5.10 例 5.3 的周期矩形序列的频谱，$N=10$，$2N_1+1=5$

一般的周期信号的 $F_k$ 和 $\tilde{F}_k$ 是一个复数，难以用一个实数频谱图形表示出来。此时，必须用实部与虚部或模和辐角来表示，通常表示成它们的模和辐角。例如

$$F_k=|F_k|e^{j\theta_k},\ |F_k|=\sqrt{(\mathrm{Re}\{F_k\})^2+(\mathrm{Im}\{F_k\})^2},\ \theta_k=\tan^{-1}\left(\frac{\mathrm{Im}\{F_k\}}{\mathrm{Re}\{F_k\}}\right) \tag{5.3.45}$$

$$\tilde{F}_k=|\tilde{F}_k|e^{j\tilde{\theta}_k},\ |\tilde{F}_k|=\sqrt{(\mathrm{Re}\{\tilde{F}_k\})^2+(\mathrm{Im}\{\tilde{F}_k\})^2},\ \tilde{\theta}_k=\tan^{-1}\left(\frac{\mathrm{Im}\{\tilde{F}_k\}}{\mathrm{Re}\{\tilde{F}_k\}}\right) \tag{5.3.46}$$

并分别在频率轴上画出$|F_k|$和$|\tilde{F}_k|$及$\theta_k$和$\tilde{\theta}_k$的线状图，例如，图 5.9(b)和(c)及图 5.10(b)和(c)。$|F_k|$和$|\tilde{F}_k|$表示各个谐波复正弦的幅度大小，故把$|F_k|$和$|\tilde{F}_k|$在频率轴上的线状图称为周期信号的**幅度频谱**，或简称**幅度谱**(见图 5.9(b)和图 5.10(b))；$\theta_k$和$\tilde{\theta}_k$代表谐波复正弦的相位，故把$\theta_k$和$\tilde{\theta}_k$在频率轴上的线状图称为周期信号的**相位频谱**，简称**相位谱**(见图 5.9(c)和图 5.10(c))。由于$\tilde{x}(t)$是实周期矩形脉冲，其幅度谱$|F_k|$和相位谱$\theta_k$分别呈现偶、奇对称，即$|F_k|=|F_{-k}|$和$\theta_k=-\theta_{-k}$，故在图 5.9(b)和(c)中只画出它们的正频域部分。离散傅里叶级数系数是周期变化的，它的幅度谱和相位谱在$\Omega$上显示出$2\pi$周期的周期性。尽管上面只用两个典型的例子来介绍周期信号的频谱概念，但仍能讨论出周期信号频谱的主要特点：

(1) 连续时间或离散时间周期信号的频谱都是**离散频谱**，即只在重复频率($\omega_0=2\pi/T$或$\Omega_0=2\pi/N$)的整数倍频率上才出现谱线。但不排除在某些谐波频率上，$F_k=0$或$\tilde{F}_k=0$。

(2) 连续时间周期信号一般包含有无穷多条谱线，换言之，它们有无穷多个成谐波关系的复正弦分量组成；而周期序列的频谱尽管也可以画成无穷多条谱线，且呈现出的周期性(在$\Omega$域上周期为$2\pi$，在$k$域上周期为$N$)，而连续时间周期信号的频谱没有这样的周期性。由于 DFS 系数的周期规律，只有顺序的$N$条谱线($N$为周期序列的周期)才是有效的谱线，周期$N$的周期序列最多只有$N$个成谐波关系的不同复正弦分量组成。因此，周期序列的频谱往往只要画出一个周期的图形，例如$-\pi<\Omega\leqslant\pi$或$0\leqslant\Omega<2\pi$。

(3) 在周期信号的离散频谱中，每条谱线之间的间隔等于重复频率$\omega_0$和$\Omega_0$，它分别与周期$T$或$N$成反比。换言之，如果周期愈短，谱线之间的间隔愈大，频谱愈稀疏；相反，若周期愈长，谱线之间的间隔愈小，频谱愈紧密。

(4) 实际的周期信号一般都为实信号，实周期信号的傅里叶级数系数具有共轭偶对称关系，在 CFS 系数$F_k$ $(k=0,\ \pm1,\ \pm2\ \cdots)$和 DFS 系数$\tilde{F}_k$ $(k=0,\ 1,\ \cdots,\ N-1)$中，都只有半数是独立的，其余的均可分别用它们的共轭偶对称性质求得。因此，对于实周期信号，只要分别画出$\omega\geqslant0$和$0\leqslant\Omega\leqslant\pi$那部分的$F_k$和$\tilde{F}_k$就足够了。另外，正如前面所述，实周期信号可以展开成三角形式傅里叶级数(见(5.3.5)式、(5.3.24)式和(5.3.28)式)，故更通常地画成$c_k$对$\omega$(或$\tilde{c}_k$对$\Omega$)的频谱。例 5.2 的周期矩形脉冲和例 5.3 周期矩形序列都是实周期信号，若画成$c_k$对$\omega$和$\tilde{c}_k$对$\Omega$的频谱如图 5.11 所示。在这种频谱图上，通常只画出$\omega\geqslant0$和$0\leqslant\Omega\leqslant\pi$的频谱，每条谱线分别代表一个频率为$k\omega_0$和$k\Omega_0$、幅度为$|c_k|$和$|\tilde{c}_k|$和相角为$\theta_k$和$\tilde{\theta}_k$的余弦分量。

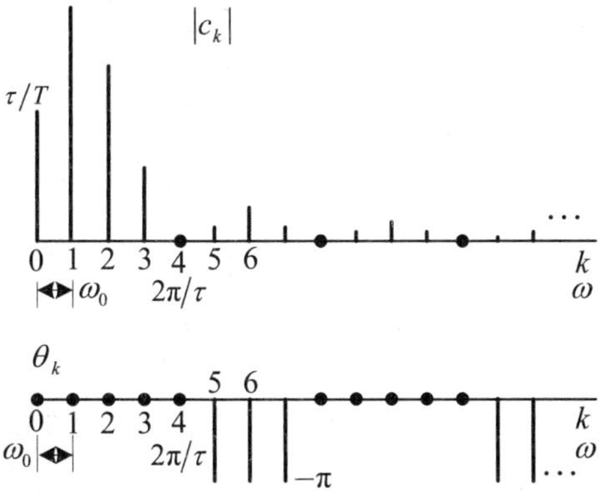


(a) 周期矩形脉冲($T=4\tau$)的幅度谱和相位谱

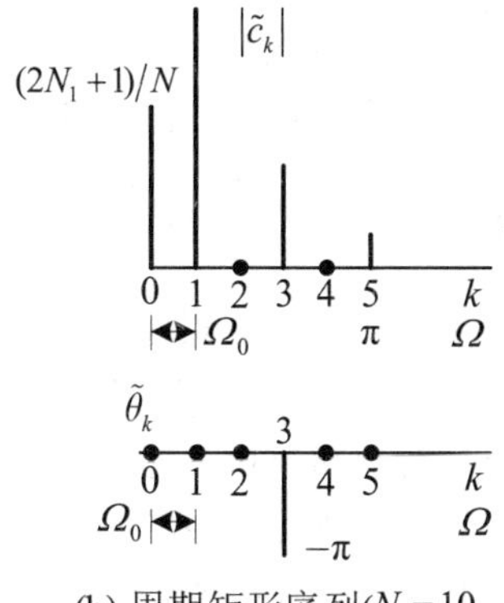


(b) 周期矩形序列($N=10$，$2N_1+1=5$)的幅度谱和相位谱

图 5.11　实周期信号的频谱图

这里说明一下频域中的负频率的问题。频率作为周期变化的物理量变化快慢的一个度量，它只能是正值，即实际中只存在正频率，不存在负频率。实周期信号展开成一组谐波正弦分量的线性组合，其中每个正弦分量的频率 $k\omega_0$ 和 $k\Omega_0$ 都为正频率。但在复正弦形式傅里叶级数表示法中出现负频率，只是数学上的需要，正如欧拉关系表示的那样，幅度相同、相位相反的一对正负频率的复正弦信号组成一个正频率的实正弦信号。

(5) 如果把周期信号幅度谱的谱线顶点用曲线连起来，这样连成的曲线称作周期信号的**频谱包络**。连续时间周期信号频谱的包络是非周期的；而周期序列频谱的包络则是以 $2\pi$ 为周期的周期曲线。除此以外，周期矩形信号频谱包络线等间隔地经过零点，这种规律分别是由抽样函数 $\mathrm{Sa}(x)$ 和其对偶 $\mathrm{Sad}(x,m)$ 造成的。并非只有周期矩形信号才有此规律，所有在一个周期内具有有限宽度脉冲的周期信号，它们的频谱包络线都等间隔地通过零点。一般地，对于这样的实周期脉冲信号，从 0 到第一个包络线零点的频率范围内，谐波分量的功率占去了该周期信号功率的绝大部分，通常用这个频率范围来衡量这种周期脉冲信号频谱宽度的一种度量，称为周期脉冲信号的**频谱宽度**，这里记作 $B_\omega$（或 $B_\mathrm{f}$）和 $B_\Omega$。对于例 5.2 和例 5.3 这样的周期矩形信号，它们的频谱宽度分别为

$$B_\omega = 2\pi/\tau \quad 或 \quad B_\mathrm{f} = 1/\tau\,(\mathrm{Hz}) \tag{5.3.47}$$

其中，$B_\mathrm{f}$ 为以 Hz 为单位的频谱宽度。

$$B_\Omega = 2\pi/(2N_1+1) \tag{5.3.48}$$

这表明，这样的周期脉冲信号的频谱宽度（$B_\omega$ 或 $B_\Omega$）与脉冲宽度（$\tau$ 或 $2N_1+1$）成反比。换言之，脉冲愈宽，周期脉冲信号的频谱宽度愈窄；反之，脉冲愈窄，频谱宽度就愈宽。

关于傅里叶级数表示法还需说明以下几点：

(1) 在后面 5.5 节中将会看到，周期信号的傅里叶级数表示法，可以统一在信号的傅里叶变换表示法中，统称为信号的频域表示法。因此，出于篇幅的考虑，对于傅里叶级数表示法不再作更多的讨论，至于不同周期信号频谱的例子可通过完成本章习题，或者参见本书末参考文献中其他“信号与系统”著作的有关章节。

(2) 周期时间函数和序列一般不可能成为实际 LTI 系统的单位冲激响应 $h(t)$ 和 $h[n]$，在实际应用中，只有周期信号的傅里叶级数表示法，一般没有 LTI 系统的傅里叶级数表示法。

(3) 周期信号在信号和系统的研究中有很大的重要性，但是毕竟它不能代表所有信号。因此，光有傅里叶级数表示法，并不能说明复正弦信号 $\mathrm{e}^{\mathrm{j}\omega t}$ 和 $\mathrm{e}^{\mathrm{j}\Omega n}$ 是能构成相当广泛的一类有用信号的基本信号。只有像下面两节讨论的那样，把傅里叶级数表示法推广到傅里叶变换表示法，才使傅里叶方法具有强大的生命力。这正是傅里叶作出的杰出贡献。

### 5.3.4 LTI 系统对周期输入的响应

现在讨论周期信号和序列通过 LTI 系统的问题。单位冲激响应分别为 $h(t)$ 和 $h[n]$ 的连续时间和离散时间 LTI 系统，它们分别对周期输入 $\tilde{x}(t)$ 和 $\tilde{x}[n]$ 的响应 $\tilde{y}(t)$ 和 $\tilde{y}[n]$，可以分别用时域卷积积分与卷积和求得，它们是周期信号和单位冲激响应的卷积。在 3.5 节讨论卷积运算收敛时曾指出，只要 LTI 系统是稳定的，即 $h(t)$ 和 $h[n]$ 分别是模可积与模可和的，卷积将是收敛的，由上述卷积求得的输出信号也是与输入周期信号具有相同周期的周期输出。即

$$\tilde{y}(t) = \tilde{x}(t) * h(t) \quad 和 \quad \tilde{y}[n] = \tilde{x}[n] * h[n] \tag{5.3.49}$$

根据连续和离散傅里叶级数表示法，周期输入信号 $\tilde{x}(t)$ 和 $\tilde{x}[n]$ 可表示成一组成谐波关系的复

正弦信号的线性组合，即

$$\tilde{x}(t)=\sum_{k=-\infty}^{\infty}F_k e^{j\omega_0 t} \quad 和 \quad \tilde{x}[n]=\sum_{k\in<N>}\tilde{F}_k e^{j\Omega_0 n} \tag{5.3.50}$$

其中，傅里叶级数系数 $F_k$ 和 $\tilde{F}_k$ 可以分别由(5.3.2)式或(5.3.18)式求得，基波频率分别为 $\omega_0=2\pi/T$ 和 $\Omega_0=2\pi/N$，$T$ 和 $N$ 分别是周期输入 $\tilde{x}(t)$ 和 $\tilde{x}[n]$ 的周期。按照 5.2 节讨论的结果，LTI 系统对复正弦信号的响应仍是一个相同频率的复正弦，那么，连续时间和离散时间 LTI 系统对(5.3.50)式中每一个谐波复正弦的响应分别为 $F_k H(k\omega_0)e^{jk\omega_0 t}$ 和 $\tilde{F}_k\tilde{H}(k\Omega_0)e^{jk\Omega_0 n}$。然后，利用 LTI 系统的线性叠加性质，输出 $\tilde{y}(t)$ 和 $\tilde{y}[n]$ 分别是上述所有谐波复正弦响应的叠加，即

$$\tilde{y}(t)=\sum_{k=-\infty}^{\infty}F_k H(k\omega_0)e^{jk\omega_0 t} \quad 和 \quad \tilde{y}[n]=\sum_{k\in<N>}\tilde{F}_k\tilde{H}(k\Omega_0)e^{jk\Omega_0 n} \tag{5.3.51}$$

其中，$H(k\omega_0)$ 和 $\tilde{H}(k\Omega_0)$ 分别是(5.2.4)式表示的 $H(\omega)$ 和(5.2.8)式表示的 $\tilde{H}(\Omega)$ 在谐波频率点 $\omega=k\omega_0$ 和 $\Omega=k\Omega_0$ 的函数值，即是连续时间和离散时间 LTI 系统分别在频率 $k\omega_0$ 和 $k\Omega_0$ 上的频率响应值。考察(5.3.51)式，它们也分别是连续和离散傅里叶级数表达式，这说明系统输出 $\tilde{y}(t)$ 和 $\tilde{y}[n]$ 也分别是 CFS 和 DFS 表示，且其傅里叶级数系数分别为 $F_k H(k\omega_0)$ 和 $\tilde{F}_k\tilde{H}(k\Omega_0)$；输出 $\tilde{y}(t)$ 和 $\tilde{y}[n]$ 分别与周期输入 $\tilde{x}(t)$ 和 $\tilde{x}[n]$ 具有相同的基波频率 $\omega_0$ 和 $\Omega_0$，因此它们分别是与 $\tilde{x}(t)$ 和 $\tilde{x}[n]$ 具有相同周期的周期信号。上面讨论表明：稳定的连续时间和离散时间 LTI 系统对某个周期输入 $\tilde{x}(t)$ 和 $\tilde{x}[n]$ 的响应，可以按照(5.3.51)式，分别用输入的 CFS 和 DFS 系数($F_k$ 和 $\tilde{F}_k$)乘以系统在 $k\omega_0$ 和 $k\Omega_0$ 频率点上的频率响应值 $H(k\omega_0)$ 和 $\tilde{H}(k\Omega_0)$，然后作为新的一组 CFS 和 DFS 系数，直接用各自的合成公式构造出来。

## 5.4　非周期函数和序列的频域表示法：连续和离散时间傅里叶变换

在 3.7 节中讨论 LTI 系统单位冲激响应时曾指出，抛开单位冲激响应和信号各自的物理含义不谈，它们的数学表征都是时间函数或序列。基于这一点，下面讨论的非周期时间函数 $f(t)$ 和序列 $f[n]$，既可以分别是连续时间和离散时间信号 $x(t)$，$y(t)$ 和 $x[n]$，$y[n]$ 等，也可以分别是 LTI 系统的单位冲激响应 $h(t)$ 和 $h[n]$ 等。

### 5.4.1　连续傅里叶变换和离散时间傅里叶变换

傅里叶在把傅里叶级数推广到傅里叶积分的研究中基于如下的方法：把非周期函数看作一个周期函数在周期趋于无限大时的极限。即首先把非周期函数 $f(t)$ 构造出一个周期函数 $\tilde{f}(t)$，使得 $\tilde{f}(t)$ 在其一个周期内就等于 $f(t)$，随着周期趋于无穷大，$\tilde{f}(t)$ 就会在一个愈来愈大的区间上等于 $f(t)$，这样，$\tilde{f}(t)$ 的傅里叶级数表示就趋近于 $f(t)$ 的傅里叶积分表示。本节也将遵循这样的步骤，引入连续傅里叶变换(CFT)和离散时间傅里叶变换(DTFT)。

**1．连续傅里叶变换(CFT)**

假设一个具有有限持续期的非周期函数 $f(t)$，即对于某个有限区间 $\langle T\rangle$，有 $f(t)=0$，$t\notin\langle T\rangle$，如图 5.12(a)所示。然后用周期延拓的方法构造出一个周期函数 $\tilde{f}(t)$，即

$$\tilde{f}(t)=\sum_{l=-\infty}^{\infty}f(t-lT) \tag{5.4.1}$$

其中，这样选择周期$T$：让周期区间$\langle T\rangle$大于$f(t)$的非零区间，如图 5.12(b)所示。利用 CFS 表示式(5.3.1)式和(5.3.2)式，则有

$$\tilde{f}(t)=\sum_{k=-\infty}^{\infty}F_k\mathrm{e}^{\mathrm{j}k\omega_0 t}, \qquad F_k=\frac{1}{T}\int_{\langle T\rangle}\tilde{f}(t)\mathrm{e}^{-\mathrm{j}k\omega_0 t}\mathrm{d}t \tag{5.4.2}$$

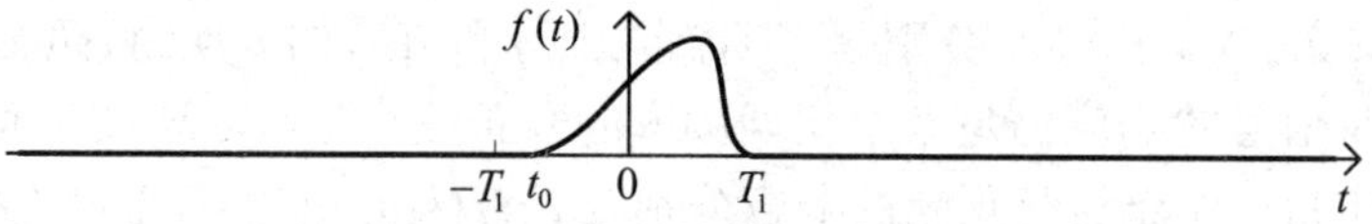


(a) 非周期时间函数$f(t)$

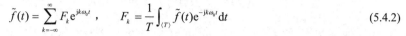

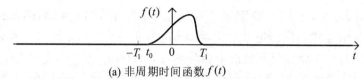

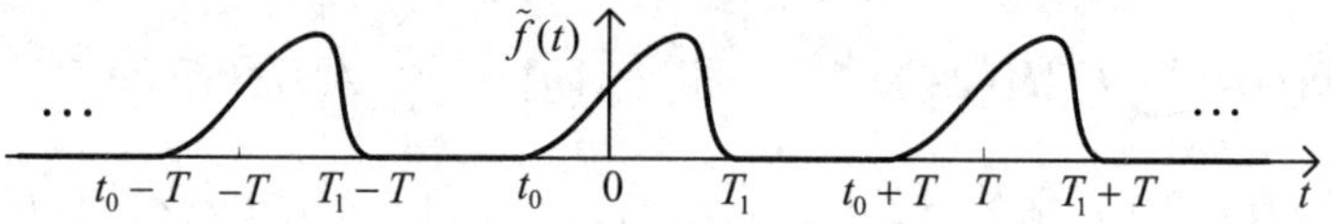


(b) 通过对周期延拓，构造出的周期函数$\tilde{f}(t)$

图 5.12 非周期函数的周期延拓

由于$\tilde{f}(t)=f(t)$，$t\in\langle T\rangle$，而在其余的$t$，$f(t)=0$，所以上式中的$F_k$可改写成

$$F_k=\frac{1}{T}\int_{\langle T\rangle}\tilde{f}(t)\mathrm{e}^{-\mathrm{j}k\omega_0 t}\mathrm{d}t=\frac{1}{T}\int_{-\infty}^{\infty}f(t)\mathrm{e}^{-\mathrm{j}k\omega_0 t}\mathrm{d}t$$

若定义一个$\omega$的复值函数$F(\omega)$为

$$F(\omega)=\int_{-\infty}^{\infty}f(t)\mathrm{e}^{-\mathrm{j}\omega t}\mathrm{d}t \tag{5.4.3}$$

则系数$F_k$可以由$F(\omega)$的样本值给出

$$F_k=F(k\omega_0)/T \quad 或 \quad TF_k=F(k\omega_0) \tag{5.4.4}$$

把它代入(5.4.2)式，则有

$$\tilde{f}(t)=\sum_{k=-\infty}^{\infty}\frac{1}{T}F(k\omega_0)\mathrm{e}^{\mathrm{j}k\omega_0 t}$$

利用$\omega_0=2\pi/T$的关系，又可表示为

$$\tilde{f}(t)=\frac{1}{2\pi}\sum_{k=-\infty}^{\infty}F(k\omega_0)\mathrm{e}^{\mathrm{j}k\omega_0 t}\omega_0$$

当$T$选得更大时，$\tilde{f}(t)$就在更长的区间上与$f(t)$一致。随着$T\to\infty$，$\tilde{f}(t)\to f(t)$，上式右边在$T\to\infty$时的极限就变成$f(t)$的表达式。当$T\to\infty$时，重复频率$\omega_0\to 0$，离散频率$k\omega_0$变成连续频率$\omega$，谱线间隔$\omega_0\to\mathrm{d}\omega$，上式右边的求和就演变成一个积分，即

$$f(t)=\lim_{T\to\infty}\tilde{f}(t)=\lim_{T\to\infty}\frac{1}{2\pi}\sum_{k=-\infty}^{\infty}F(k\omega_0)\mathrm{e}^{\mathrm{j}k\omega_0 t}\omega_0=\frac{1}{2\pi}\int_{-\infty}^{\infty}F(\omega)\mathrm{e}^{\mathrm{j}\omega t}\mathrm{d}\omega \tag{5.4.5}$$

(5.4.3)式和(5.4.5)式就是非周期函数$f(t)$的**傅里叶变换**关系，习惯上采用如下符号：

$$f(t)\xleftrightarrow{\text{CFT}}F(\omega) \tag{5.4.6}$$

其中

$$F(\omega)=\mathscr{F}\{f(t)\}=\int_{-\infty}^{\infty}f(t)\mathrm{e}^{-\mathrm{j}\omega t}\mathrm{d}t \tag{5.4.7}$$

$$f(t)=\mathscr{F}^{-1}\{F(\omega)\}=\frac{1}{2\pi}\int_{-\infty}^{\infty}F(\omega)\mathrm{e}^{\mathrm{j}\omega t}\mathrm{d}\omega \tag{5.4.8}$$

上面的(5.4.7)式称为$f(t)$的**连续傅里叶正变换**或**分析公式**，$\mathscr{F}\{*\}$表示傅里叶正变换运算；(5.4.8)式称为**连续傅里叶反变换**，或**合成公式**，$\mathscr{F}^{-1}\{*\}$表示傅里叶反变换运算。$f(t)$和$F(\omega)$分别为非周期函数的时域表示和频域表示，两者构成一个**傅里叶变换对**。

由前面有关连续傅里叶级数的讨论可知，随着 $T \to \infty$，$F_k$ 将愈来愈小。当 $T \to \infty$ 时，$F_k \to 0$。这是否意味着各个谐波复正弦分量消失了呢？事实上不会如此，从物理概念上讲，若 $f(t)$ 是一个非周期信号，它必然有一定的能量，无论信号怎样分解，其所含的能量不变。所以无论周期增大到什么程度，谐波复正弦分量依然存在，不过其复数幅度 $F_k$ 是一个无穷小量而已，从数学角度看，在极限情况下，无限多个无穷小量之和仍是一个有限值。另一方面，从上面推导的过程看，当 $T \to \infty$，$F_k \to 0$，但是(5.4.4)式中的 $F(k\omega_0) = TF_k$ 将保持不变，即谱线的包络保持不变，这个包络正是 $F(\omega)$。

**2．离散时间傅里叶变换(DTFT)**

非周期序列的傅里叶变换表示法，可用类似方法从离散傅里叶级数表示法导出。

假设任意一个有限长的非周期序列 $f[n]$，例如存在某个有限整数区间 $\langle N \rangle$，且 $f[n]=0$，$n \notin \langle N \rangle$，如图 5.13(a)所示。可以用它构造出一个周期序列 $\tilde{f}[n]$

$$\tilde{f}[n] = \sum_{m=-\infty}^{\infty} f[n-mN] \tag{5.4.9}$$

其中，$N$ 为周期，如图 5.13(b)所示。利用 DFS 分析合成公式，并将求和区间取为 $\langle N \rangle$，则有

$$\tilde{f}[n] = \sum_{k \in \langle N \rangle} \tilde{F}_k \mathrm{e}^{\mathrm{j}k(2\pi/N)n} \ , \ \tilde{F}_k = \frac{1}{N} \sum_{n \in \langle N \rangle} \tilde{f}[n] \mathrm{e}^{-\mathrm{j}k(2\pi/N)n} \tag{5.4.10}$$

因为 $f[n] = \begin{cases} \tilde{f}[n], & n \in \langle N \rangle \\ 0, & n \notin \langle N \rangle \end{cases}$，上式中 $\tilde{F}_k$ 可写成 $\tilde{F}_k = \frac{1}{N} \sum_{n \in \langle N \rangle} \tilde{f}[n] \mathrm{e}^{-\mathrm{j}k(2\pi/N)n} = \frac{1}{N} \sum_{n=-\infty}^{\infty} f[n] \mathrm{e}^{-\mathrm{j}k(2\pi/N)n}$，

若定义一个 $\Omega$ 的函数 $\tilde{F}(\Omega)$ 为

$$\tilde{F}(\Omega) = \sum_{n=-\infty}^{\infty} f[n] \mathrm{e}^{-\mathrm{j}\Omega n} \tag{5.4.11}$$

则上述 $\tilde{F}_k$ 可以由 $\tilde{F}(\Omega)$ 的样本值给出

$$\tilde{F}_k = \tilde{F}(k\Omega_0)/N \quad \text{或} \quad N\tilde{F}_k = \tilde{F}(k\Omega_0) \tag{5.4.12}$$

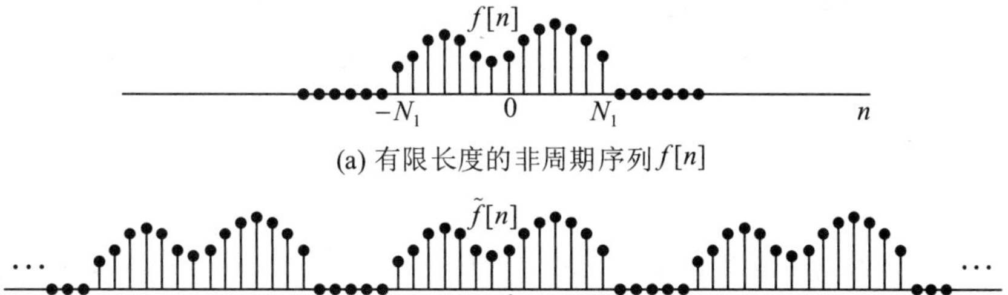


(a) 有限长度的非周期序列 $f[n]$

(b) 由 $f[n]$ 周期延拓构成的周期序列 $\tilde{f}[n]$

图 5.13　非周期序列的周期延拓

把(5.4.12)式代入(5.4.10)式左式，并利用 $\Omega_0 = 2\pi/N$ 的关系，将得到

$$\tilde{f}[n] = \sum_{k \in \langle N \rangle} \frac{1}{N} \tilde{F}(k\Omega_0) \mathrm{e}^{\mathrm{j}k\Omega_0 n} = \frac{1}{2\pi} \sum_{k \in \langle N \rangle} \tilde{F}(k\Omega_0) \mathrm{e}^{\mathrm{j}k\Omega_0 n} \Omega_0$$

随着 $N \to \infty$，对于任何有限的 $n$ 值都有 $\tilde{f}[n] = f[n]$，且 $\Omega_0 \to \mathrm{d}\Omega$，$k\Omega_0 \to \Omega$，上式右边在一个周期区间 $\langle N \rangle$ 上的求和，就演变成一个 $\langle 2\pi \rangle$ 区间上的积分，即

$$f[n] = \lim_{N\to\infty} \tilde{f}[n] = \lim_{N\to\infty} \frac{1}{2\pi} \sum_{k \in \langle N \rangle} \tilde{F}(k\Omega_0) \mathrm{e}^{\mathrm{j}k\Omega_0 n} \Omega_0 = \frac{1}{2\pi} \int_{\langle 2\pi \rangle} \tilde{F}(\Omega) \mathrm{e}^{\mathrm{j}\Omega n} \mathrm{d}\Omega \tag{5.4.13}$$

上面的(5.4.11)式和(5.4.13)式就是非周期序列 $f[n]$ 的傅里叶变换表示，它是连续傅里叶变换的离散时间对偶。为了与连续傅里叶变换及下面提及的离散傅里叶变换(DFT)相区分，称它为**离散时间傅里叶变换(DTFT)**。本书采用如下符号表示**离散时间傅里叶变换对**：

$$f[n] \xleftrightarrow{\text{DTFT}} \tilde{F}(\Omega) \tag{5.4.14}$$

其中

$$\tilde{F}(\Omega)=\mathscr{F}\{f[n]\}=\sum_{n=-\infty}^{\infty} f[n]\mathrm{e}^{-\mathrm{j}\Omega n} \tag{5.4.15}$$

$$f[n]=\mathscr{F}^{-1}\{\tilde{F}(\Omega)\}=\frac{1}{2\pi}\int_{\langle 2\pi\rangle}\tilde{F}(\Omega)\mathrm{e}^{\mathrm{j}\Omega n}\mathrm{d}\Omega \tag{5.4.16}$$

上面两式分别称为**离散时间傅里叶正变换(分析公式)和反变换(合成公式)**。

把 DTFT 与 CFT 比较一下，可以看到两者有许多相同点。这些相同点均来自 $\mathrm{e}^{\mathrm{j}\Omega n}$ 和 $\mathrm{e}^{\mathrm{j}\omega t}$ 的一些相同性质。另一方面 DTFT 和 CFT 还有一些重要的区别，主要在于：

(1) CFT 的分析公式为一无限积分，而 DTFT 的分析公式为一无限求和。

(2) 离散时间傅里叶变换 $\tilde{F}(\Omega)$ 的周期性，以及其合成公式中的积分区间为 $2\pi$。

它们的区别除离散时间序列和连续时间函数之间的差别外，均源于 $\mathrm{e}^{\mathrm{j}\Omega n}$ 和 $\mathrm{e}^{\mathrm{j}\omega t}$ 的不同特性：第一，每个不同频率 $\omega$ 的 $\mathrm{e}^{\mathrm{j}\omega t}$ 都不相同，而频率上相差 $2\pi$ 的 $\mathrm{e}^{\mathrm{j}\Omega n}$ 却是完全相同的序列。故非周期连续时间函数的 CFT 是在 $\omega$ 上是非周期函数，非周期序列的 DTFT 则是 $\Omega$ 上周期为 $2\pi$ 的周期函数，它可以用任何一个 $2\pi$ 区间上的 $\tilde{F}(\Omega)$ 来充分表示。为了强调其周期性，本书中常用符号 $\tilde{F}(\Omega)$、$\tilde{X}(\Omega)$、$\tilde{Y}(\Omega)$ 和 $\tilde{H}(\Omega)$ 等来代表非周期序列的 DTFT；第二，在整个连续时间频域上，$\mathrm{e}^{\mathrm{j}\omega t}$ 的振荡频率随着 $|\omega|$ 的增加而愈来愈高，故在 $\omega=0$ 附近是低频区域，$|\omega|\to\infty$ 时，则为连续时间的最高频率。然而在离散时间频域中，当 $\Omega$ 等于 0 或 $2\pi$ 的整数倍上，$\mathrm{e}^{\mathrm{j}\Omega n}$ 为常数，其附近是低频区域，而在 $\Omega$ 等于 $\pi$ 的奇数倍上，$\mathrm{e}^{\mathrm{j}\Omega n}$ 是最高频率的复正弦序列。为了和连续时间频域 $-\infty<\omega<\infty$ 相对应，$\Omega$ 上有效的 $2\pi$ 区间常取为 $-\pi\leqslant\Omega\leqslant\pi$。

在数学上，CFT 和 DTFT 都是一一对应的线性变换，对于非周期时间函数 $f(t)$ 和非周期序列 $f[n]$，如果它们的 CFT 和 DTFT 存在，并分别表示为 $F(\omega)$ 和 $\tilde{F}(\Omega)$ 的话，那么 $F(\omega)$ 和 $\tilde{F}(\Omega)$ 是唯一的。因此，把 $F(\omega)$ 和 $\tilde{F}(\Omega)$ 分别看时间函数 $f(t)$ 和序列 $f[n]$ 在频域 $\omega$ 和 $\Omega$ 上的充分表示，这将是毫无疑问的。

## 5.4.2 傅里叶变换的收敛

尽管上面在导出连续傅里叶变换和离散时间傅里叶变换时，都分别假设 $f(t)$ 和 $f[n]$ 是任意的，但是具有有限持续期。事实上，对于相当广泛的一类无限持续期的连续函数或离散序列，这两对变换关系仍然成立。当然，当 $f(t)$ 和 $f[n]$ 有无限持续期时，在 CFT 和 DTFT 分析公式中，分别涉及无限积分和无限项求和，就必须考虑它们的收敛问题。有关傅里叶变换的收敛条件，这里也不打算作出完整的数学证明，仅给出收敛条件。

首先讨论离散时间傅里叶变换的收敛条件。若把 DTFT 和 CFS 做一下比较：

| DTFT | CFS |
|---|---|
| $f[n]=\frac{1}{2\pi}\int_{<2\pi>}\tilde{F}(\Omega)\mathrm{e}^{\mathrm{j}\Omega n}\mathrm{d}\Omega$ | $\tilde{x}(t)=\sum_{k=-\infty}^{\infty}F_k\mathrm{e}^{\mathrm{j}k\omega_0 t}$ |
| $\tilde{F}(\Omega)=\sum_{n=-\infty}^{\infty}f[n]\mathrm{e}^{-\mathrm{j}\Omega n}$ | $F_k=\frac{1}{T}\int_{\langle T\rangle}\tilde{x}(t)\mathrm{e}^{-\mathrm{j}k\omega_0 t}\mathrm{d}t$ |

可以看出：$\tilde{F}(\Omega)$ 是频域 $\Omega$ 上以 $2\pi$ 为周期的周期函数，$\tilde{x}(t)$ 是时域 $t$ 上周期为 $\langle T\rangle$ 的周期函数，它们分别表示为一个无限项的求和；此外，$f[n]$ 是时域 $n$ 上的非周期序列，$F_k$ 也可看成整数域 $k$ 上的一个非周期序列，它们分别表示为周期区间( $2\pi$ 和 $T$ )上积分的一个平均值。两者在数学上如此完美的对偶关系表明，关于连续傅里叶级数的收敛条件，完全适合于离散时间傅里叶变换(DTFT)。实际上，在后面 6.11.4 节将会看到，$f[n]$ 的各个序列值可看作连续周期函数 $\tilde{F}(\Omega)$ 的 CFS 系数。也就是说，周期函数 $\tilde{F}(\Omega)$ 应满足 5.3.2 节中介绍的狄里赫利的条件。具体地说，条件 1，或必要条件为

$$\int_{\langle 2\pi\rangle}\left|\tilde{F}(\Omega)\right|\mathrm{d}\Omega<\infty \tag{5.4.17}$$

条件 2 和条件 3 也只限制一些反常的周期函数，没有多少重要性。至于(5.4.17)式，由于积分区间为 $2\pi$，因此只要 $\left|\tilde{F}(\Omega)\right|$ 是有界的，即 $\left|\tilde{F}(\Omega)\right|<\infty$，上式必然满足。进一步，由于

$$\left|\tilde{F}(\Omega)\right|=\left|\sum_{n=-\infty}^{\infty}f[n]\mathrm{e}^{-\mathrm{j}\Omega n}\right|\leqslant\sum_{n=-\infty}^{\infty}\left|f[n]\right|\cdot\left|\mathrm{e}^{-\mathrm{j}\Omega n}\right|=\sum_{n=-\infty}^{\infty}\left|f[n]\right|$$

故只要

$$\sum_{n=-\infty}^{\infty}\left|f[n]\right|<\infty \tag{5.4.18}$$

就必定保证 $\left|\tilde{F}(\Omega)\right|<\infty$，也就确保满足(5.4.17)式。由此看出，离散时间傅里叶变换收敛的必要条件是非周期序列 $f[n]$ 是模可和的。

从连续傅里叶级数到连续傅里叶变换的推导过程，本身就暗示了非周期函数 $f(t)$ 的 CFT 是否存在的条件应该和 CFS 收敛所要求的条件相一致，数学上也称为**狄里赫利条件**。具体地说，连续傅里叶变换的狄里赫利条件为：

**条件 1**：$f(t)$ 模可积，即

$$\int_{-\infty}^{\infty}\left|f(t)\right|\mathrm{d}t<\infty \tag{5.4.19}$$

这个条件是连续傅里叶变换的必要条件。

**条件 2**：在任何有限区间内，$f(t)$ 只包含有限数目的极大值点和极小值点。

**条件 3**：在任何有限区间内，$f(t)$ 只有有限个数的跃阶型不连续点，且每一个间断点上的跳变值必须是有限值。

数学中可严格证明，如果满足了这组狄里赫利条件，就充分保证了除开那些跃阶型不连续点外，在任何其他的 $t$ 值上，$F(\omega)$ 傅里叶反变换都等于原非周期函数 $f(t)$，而在跃阶型不连续点处，则等于其左右两边极限的平均值，但正如前面一再指出的，两者在能量上没有任何差别。和周期函数的 CFS 一样，后两个条件也只是排除了比较反常的、称为病态函数的一类函数，它们在信号与系统的研究中没有特别重要的意义。由此看出，虽然受到狄里赫利条件的限制，但是 CFT 和 DTFT 分别适用于相当广泛的一类连续时间函数和离散时间序列。同时也需指出，CFT 和 DTFT 存在的必要条件，即 $f(t)$ 和 $f[n]$ 分别必须模可积与模可和，仍然排除了一些在信号与系统研究中有重要意义的时间函数和序列，例如，所有功率受限信号都不存在傅里叶变换。但在 5.5 节中将会看到，若在频域 $\omega$ 和 $\Omega$ 中也引入冲激函数的话，所有功率受限信号，也可以具有傅里叶变换。在本书中，把满足狄里赫利条件的 CFT 和 DTFT 称为**严格意义上的傅里叶变换**，把在频域中引入冲激函数，使得一些不满足模可积与模可和的功率受限信号也具有的 CFT 和 DTFT，称为**扩展的傅里叶变换**。

## 5.4.3 连续傅里叶变换和离散时间傅里叶变换的典型例子

为了建立非周期时间函数和序列频域表示的直观概念，本节介绍几个连续傅里叶变换和离散时间傅里叶变换的例子。

**【例 5.4】** 单位冲激函数 $\delta(t)$ 和单位冲激序列 $\delta[n]$ 的傅里叶变换。

**解**：在信号与系统中，$\delta(t)$ 和 $\delta[n]$ 表示单位冲激信号，也可以代表恒等系统的单位冲激响应，它们的波形分别如图 5.14(a)和(c)左图所示。由(5.4.7)式和(5.4.15)式，并利用了 $\delta(t)$ 和 $\delta[n]$ 的筛分性质，可以得到：

$$\int_{-\infty}^{\infty}\delta(t)\mathrm{e}^{-\mathrm{j}\omega t}\mathrm{d}t=\mathrm{e}^{-\mathrm{j}\omega t}\Big|_{t=0}=1 \quad 和 \quad \sum_{n=-\infty}^{\infty}\delta[n]\mathrm{e}^{-\mathrm{j}\Omega n}=\mathrm{e}^{-\mathrm{j}\Omega n}\Big|_{n=0}=1 \tag{5.4.20}$$

由此得出在后面十分有用的 CFT 和 DTFT 的变换对，即

$$\delta(t)\ \xleftrightarrow{\text{CFT}}\ 1 \quad 和 \quad \delta[n]\ \xleftrightarrow{\text{DTFT}}\ 1 \tag{5.4.21}$$

这表明，$\delta(t)$ 和 $\delta[n]$ 在频域 $\omega$ 和 $\Omega$ 上的表示均为常数 1。它们的频域表示分别见图 5.14(b)或(d)。

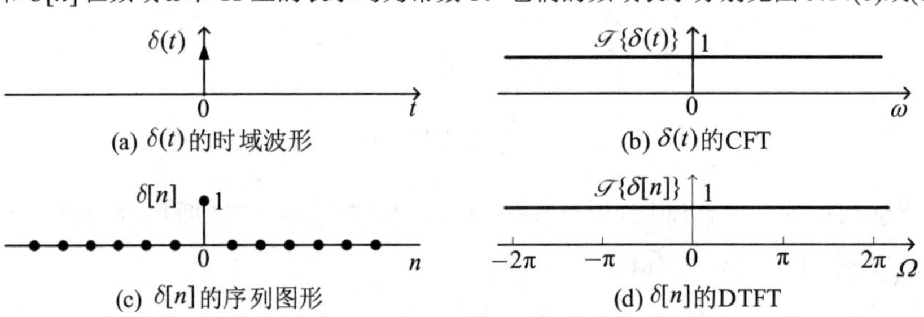


(a) $\delta(t)$的时域波形 (b) $\delta(t)$的CFT

(c) $\delta[n]$的序列图形 (d) $\delta[n]$的DTFT

图 5.14 $\delta(t)$ 和 $\delta[n]$ 及其傅里叶变换图形

**【例 5.5】** 单边实指数函数和序列的傅里叶变换。

**解**：连续时间和离散时间单边实指数函数和序列的时域表达式分别为

$$f(t)=\mathrm{e}^{-at}u(t) \quad 和 \quad f[n]=a^n u[n] \tag{5.4.22}$$

对于单边实指数函数，若 $a<0$，它是单边增长的实指数，不满足绝对可积，故 $F(\omega)$ 不存在；若 $a=0$，$f(t)=u(t)$，也不绝对可积，严格地说，也不存在傅里叶变换。但是，在 $\omega$ 域上也引入冲激函数后，认为 $u(t)$ 也存在傅里叶变换，这将在 5.5.2 小节讨论；只有 $a>0$，$f(t)$ 是一个单边衰减的实指数时，它才满足绝对可积，故存在 $F(\omega)$。对于离散时间单边实指数序列，若 $|a|>1$，$f[n]$ 分别是单调增长( $a>1$)和正负交替增长的( $a<-1$)单边指数序列，它们不绝对可和，故不存在 $\tilde{F}(\Omega)$；当 $a=\pm1$ 时，$f[n]$ 为 $u[n]$ 或 $(-1)^n u[n]$，它们的傅里叶变换也将在 5.5.2 小节中讨论；只有当 $0<|a|<1$ 时，$f[n]$ 分别为单调衰减( $0<a<1$)和正负交替衰减的( $-1<a<0$ )单边指数序列(序列图见图 2.17)，它们才绝对可和，存在离散时间傅里叶变换。

在信号与系统研究中，由(5.4.22)式表示的函数和序列可以代表单边指数信号，也可以用来表征由一阶微分方程和一阶差分方程描述的因果 LTI 系统的单位冲激响应。下面就分别针对 $a>0$ 的单边衰减实指数函数和 $0<|a|<1$ 的单边衰减实指数序列，计算它们的傅里叶变换。按照(5.4.7)式和(5.4.15)式，则分别有

$$F(\omega)=\int_{0}^{\infty}\mathrm{e}^{-at}e^{-\mathrm{j}\omega t}\mathrm{d}t=\frac{-1}{a+\mathrm{j}\omega}\mathrm{e}^{-(a+\mathrm{j}\omega)t}\Big|_{0}^{\infty}=\frac{1}{a+\mathrm{j}\omega}, \quad a>0 \tag{5.4.23}$$

和

$$\tilde{F}(\Omega)=\sum_{n=0}^{\infty}a^n\mathrm{e}^{-\mathrm{j}\Omega n}=\sum_{n=0}^{\infty}(a\mathrm{e}^{-\mathrm{j}\Omega})^n=\frac{1}{1-a\mathrm{e}^{-\mathrm{j}\Omega}}, \quad 0<|a|<1 \tag{5.4.24}$$

因为这两个傅里叶变换分别是 $\omega$ 和 $\Omega$ 的复值函数，它们必须用实部函数和虚部函数表示，或用模函数和辐角函数表示。通常在频域上用它们的模和辐角来表示，即 $F(\omega)=|F(\omega)|\mathrm{e}^{\mathrm{j}\theta(\omega)}$ 和 $\tilde{F}(\Omega)=|\tilde{F}(\Omega)|\mathrm{e}^{\mathrm{j}\tilde{\theta}(\Omega)}$，其中

$$|F(\omega)|=\frac{1}{\sqrt{a^2+\omega^2}} \quad 和 \quad \theta(\omega)=-\tan^{-1}\left(\frac{\omega}{a}\right) \tag{5.4.25}$$

和

$$|\tilde{F}(\Omega)|=\frac{1}{\sqrt{1+a^2-2a\cos\Omega}} \quad 和 \quad \tilde{\theta}(\Omega)=-\tan^{-1}\frac{a\sin\Omega}{1-a\cos\Omega} \tag{5.4.26}$$

图5.15和图5.16分别画出了 $F(\omega)$ 和 $\tilde{F}(\Omega)$ 的模和辐角。显然，$\tilde{F}(\Omega)$ 的模和辐角都是 $2\pi$ 的周期函数。

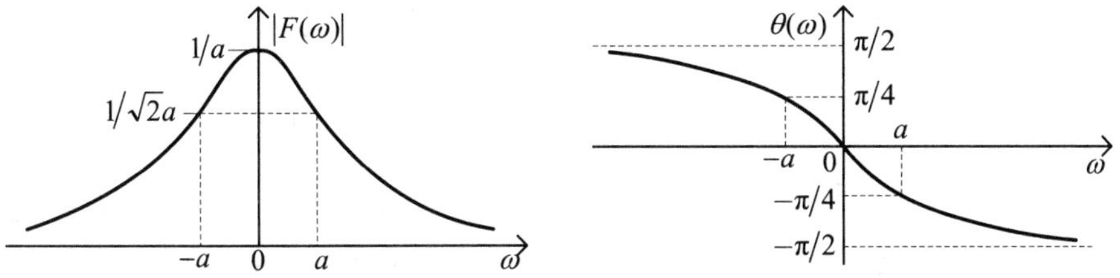


(a) 傅里叶变换的模函数　　(b) 傅里叶变换的辐角函数

图 5.15　单边衰减实指数函数傅里叶变换的模和辐角

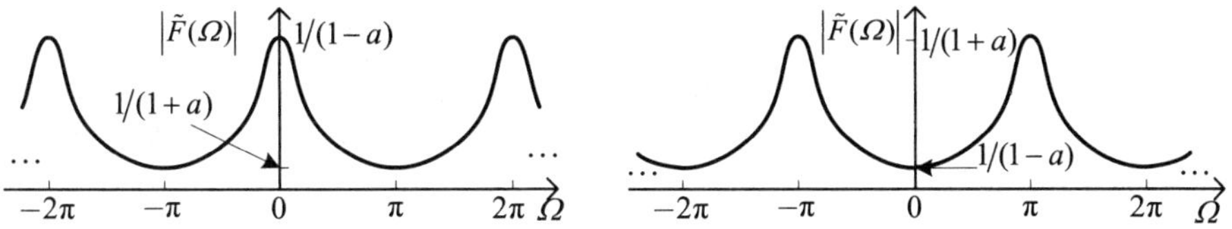


(a) $0<a<1$时的模函数　　(b) $-1<a<0$时的模函数

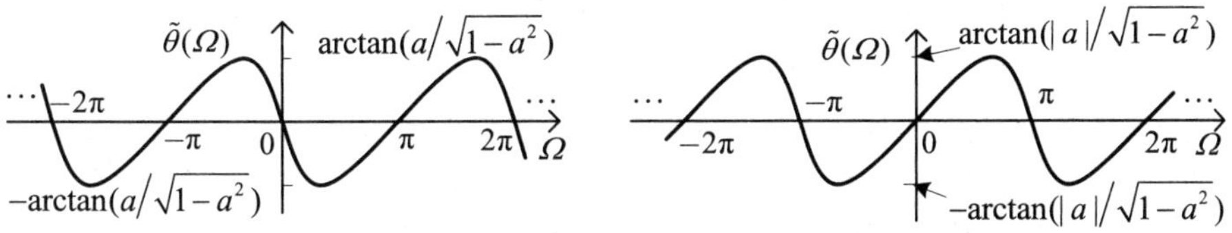


(c) $0<a<1$时的辐角　　(d) $-1<a<0$时的辐角

图 5.16　单边衰减实指数序列傅里叶变换的幅度频谱的模和辐角

尽管上面仅讨论了单边衰减实指数函数和序列的傅里叶变换，但对一般的单边衰减复指数函数和序列，它们的傅里叶变换也分别为(5.4.23)式和(5.4.24)式，只是式中的 $a$ 是复数。这样，就得到了另一个十分重要的 CFT 或 DTFT 变换对，即

$$\mathrm{e}^{-at}u(t)\xleftrightarrow{\text{CFT}}\frac{1}{a+\mathrm{j}\omega}\text{，}\quad \mathrm{Re}\{a\}>0 \quad \text{和} \quad a^n u[n]\xleftrightarrow{\text{DTFT}}\frac{1}{1-a\mathrm{e}^{-\mathrm{j}\Omega}}\text{，}\quad 0<|a|<1 \tag{5.4.27}$$

上两式中的 $a$ 均可以是复数。但若 $a$ 为复数，它们的幅度函数和相位函数不再像(5.4.25)式和(5.4.26)式表示的那样，请读者自行导出。

**【例 5.6】**　矩形窗函数和序列的傅里叶变换。

**解**：这里讨论的矩形窗函数 $r_\tau(t)$ 和矩形窗序列 $r_{2N_1+1}[n]$ 定义如下：

$$r_\tau(t)=\begin{cases}1, & |t|<\tau/2\\ 0, & |t|>\tau/2\end{cases} \quad \text{和} \quad r_{2N_1+1}[n]=\begin{cases}1, & |n|\leqslant N_1\\ 0, & |n|>N_1\end{cases}$$

它们分别是具有单位幅度、时域宽度分别为 $\tau$ 和 $2N_1+1$ 的偶对称函数和序列。在信号与系统中，它们常作为矩形脉冲信号和序列，也可作为零阶保持系统(见 9.3 节)的单位冲激响应。两者均满足傅里叶变换的收敛条件，故它们分别存在 CFT 和 DTFT。

它们的傅里叶变换分别为：

$$R_\tau(\omega)=\mathscr{F}\{r_\tau(t)\}=\int_{-\tau/2}^{\tau/2}\mathrm{e}^{-\mathrm{j}\omega t}\mathrm{d}t=\frac{2\sin(\omega\tau/2)}{\omega}=\tau\frac{\sin(\omega\tau/2)}{\omega\tau/2}=\tau\mathrm{Sa}\left(\frac{\omega\tau}{2}\right) \tag{5.4.28}$$

利用在例 5.3 中求得(5.3.44)式相同的方法，求出 $r_{2N_1+1}[n]$ 的 DTFT：

$$\tilde{R}_{2N_1+1}(\Omega)=\mathscr{F}\{r_{2N_1+1}[n]\}=\sum_{n=-N_1}^{N_1}\mathrm{e}^{-\mathrm{j}\Omega n}=\begin{cases}\dfrac{\sin[\Omega(2N_1+1)/2]}{\sin(\Omega/2)}, & \Omega\neq 2\pi l\\ 2N_1+1\ , & \Omega=2\pi l\end{cases} \tag{5.4.29}$$

图 5.17(a)和(b)分别画出了上述矩形窗函数和矩形窗序列的傅里叶变换函数图形。

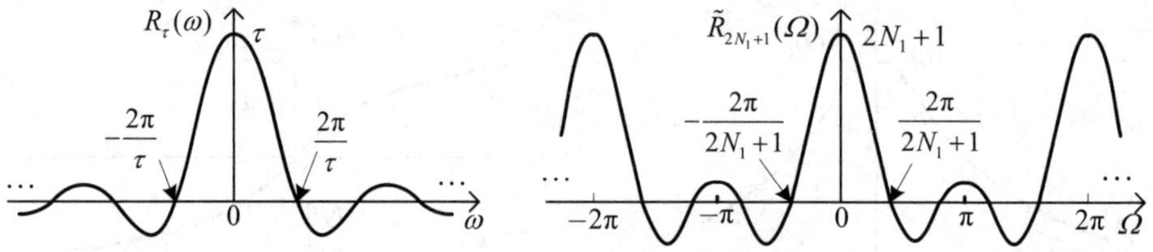


(a) 矩形窗函数 $r_\tau(t)$ 的CFT　　(b) 矩形窗序列 $r_{2N_1+1}[n]$，$N_1=2$ 时的DTFT

图 5.17　矩形窗函数和矩形窗序列的傅里叶变换

**【例 5.7】**　傅里叶变换为频域矩形函数的傅里叶反变换。

**解**：上面考察了连续时间矩形窗函数的 CFT 和离散时间矩形窗序列的 DTFT，那么傅里叶变换是频域中的矩形函数，它们的傅里叶反变换分别是什么时间函数或序列呢？由于连续时间函数的 CFT 是频域 $\omega$ 中的非周期函数，而任何离散时间非周期序列的 DTFT 在频域 $\Omega$ 中必须是周期为 $2\pi$ 的连续函数，因此在这个例子中，作为 CFT 和 DTFT 的频域矩形函数分别为

$$F(\omega)=\begin{cases}1, & |\omega|<W\\ 0, & |\omega|>W\end{cases} \quad 和 \quad \tilde{F}(\Omega)=\begin{cases}1, & 2\pi l-W<\Omega<2\pi l+W\\ 0, & 2\pi l+W<\Omega<2(l+1)\pi-W\end{cases} \tag{5.4.30}$$

即 $\tilde{F}(\Omega)$ 必须是离散时间频域上以 $2\pi$ 为周期的周期矩形函数。

它们的频域函数图形分别示于图 5.18(a)和(b)中。在信号与系统中，这种频域矩形函数通常分别作为连续时间和离散时间理想低通滤波器的频率响应(见 9.5.2 小节中图 9.26(a)和(b))。可用反变换公式，分别求出它们对应的时域函数 $f(t)$ 和序列 $f[n]$。分别按照(5.4.8)式和(5.4.16)式，则分别有

$$f(t)=\frac{1}{2\pi}\int_{-W}^{W}e^{j\omega t}d\omega=\frac{\sin(Wt)}{\pi t}=\frac{W}{\pi}Sa(Wt) \quad 和 \quad f[n]=\frac{1}{2\pi}\int_{-W}^{W}e^{j\omega t}d\Omega=\frac{\sin(Wn)}{\pi n}=\frac{W}{\pi}Sa(Wn) \tag{5.4.31}$$

上面求得的 $f(t)$ 和 $f[n]$ 的波形如图 5.18(c)和(d)所示。

由(5.4.31)式可以看出，图 5.18(a)中的频域上的矩形函数 $F(\omega)$，对应的时域函数 $f(t)$ 为一抽样函数；而图 5.18(b)中的频域 $\Omega$ 上周期矩形函数 $\tilde{F}(\Omega)$，对应的离散时间序列 $f[n]$ 是以抽样函数为包络的非周期序列。

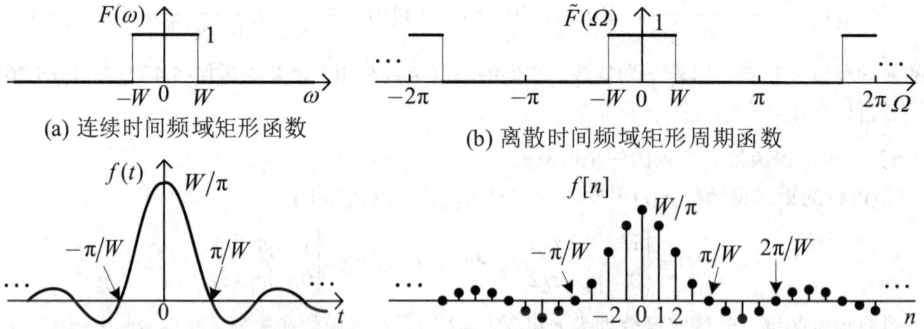


(c) 图(a)的傅里叶反变换之波形　　(d) 图(b)的傅里叶反变换之序列图形

图 5.18　连续时间频域矩形函数和离散时间频域矩形周期函数的傅里叶反变换

**【例 5.8】**　高斯函数的傅里叶变换。

**解**：高斯函数是一个钟形的连续时间函数，在信号分析和处理中有很多应用，它可表示为 $f(t)=e^{-(t/\tau)^2}$，其函数图形如图 5.19(a)所示。由于有

$$\int_{-\infty}^{\infty}\left|e^{-(t/\tau)^2}\right|dt=2\int_{0}^{\infty}e^{-(t/\tau)^2}dt=\sqrt{\pi}\tau$$

它满足绝对可积，故其傅里叶变换存在。利用傅里叶变换分析公式，则有

$$F(\omega)=\int_{-\infty}^{\infty}e^{-(t/\tau)^2}e^{-j\omega t}dt=\int_{-\infty}^{\infty}e^{-(t/\tau)^2}(\cos\omega t-j\sin\omega t)dt$$

由于高斯函数是偶函数，故上式可简化并积分后得到

$$F(\omega)=\int_{-\infty}^{\infty}\mathrm{e}^{-(t/\tau)^2}\cos\omega t\mathrm{d}t=\sqrt{\pi}\tau\mathrm{e}^{-(\omega\tau/2)^2} \tag{5.4.32}$$

图 5.19(b)中画出了这个傅里叶变换的函数图形。由上述结果看出，时域上的高斯函数的傅里叶变换在频域上也是一个高斯函数。因此，它们构成了一个特殊的傅里叶变换对，即

$$\mathrm{e}^{-(t/\tau)^2}\xleftrightarrow{\text{CFT}}\sqrt{\pi}\tau\mathrm{e}^{-(\omega\tau/2)^2} \tag{5.4.33}$$

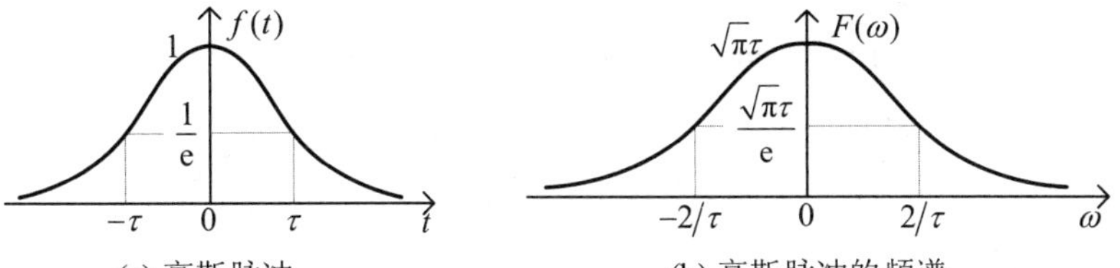


(a) 高斯脉冲　　(b) 高斯脉冲的频谱

图 5.19　高斯脉冲信号的波形和它的频谱

上面所介绍的几个十分重要的 CFT 和 DTFT 傅里叶变换对，本书后面将经常用到它们。

## 5.4.4　非周期信号的频谱和 LTI 系统的频率响应

本节开头就指出，这里讨论的非周期时间函数 $f(t)$ 或序列 $f[n]$，既可以是连续时间或离散时间非周期信号，也可以代表连续时间或离散时间稳定 LTI 系统的单位冲激响应，本小节将分别针对非周期信号和稳定 LTI 系统的单位冲激响应，来讨论傅里叶变换的物理含义。

**1．非周期信号的频谱**

对于非周期的连续时间信号 $x(t)$ 和离散时间序列 $x[n]$，若它们分别存在 CFT 和 DTFT，且用 $X(\omega)$ 和 $\tilde{X}(\Omega)$ 来表示，即

$$x(t)\xleftrightarrow{\text{CFT}}X(\omega)\quad 和\quad x[n]\xleftrightarrow{\text{DTFT}}\tilde{X}(\Omega) \tag{5.4.34}$$

且有

$$X(\omega)=\int_{-\infty}^{\infty}x(t)\mathrm{e}^{-\mathrm{j}\omega t}\mathrm{d}t\quad 和\quad \tilde{X}(\Omega)=\sum_{n=-\infty}^{\infty}x[n]\mathrm{e}^{-\mathrm{j}\Omega n} \tag{5.4.35}$$

$$x(t)=\frac{1}{2\pi}\int_{-\infty}^{\infty}X(\omega)\mathrm{e}^{\mathrm{j}\omega t}\mathrm{d}\omega\quad 和\quad x[n]=\frac{1}{2\pi}\int_{\langle 2\pi\rangle}\tilde{X}(\Omega)\mathrm{e}^{\mathrm{j}\Omega n}\mathrm{d}\Omega \tag{5.4.36}$$

其中，$X(\omega)$ 和 $\tilde{X}(\Omega)$ 分别是非周期信号 $x(t)$ 和 $x[n]$ 频域表示。为了更好地讨论它们的物理含义，将上式改写为

$$x(t)=\int_{-\infty}^{\infty}\frac{X(\omega)\mathrm{d}\omega}{2\pi}\mathrm{e}^{\mathrm{j}\omega t}\quad 和\quad x[n]=\int_{\langle 2\pi\rangle}\frac{\tilde{X}(\Omega)\mathrm{d}\Omega}{2\pi}\mathrm{e}^{\mathrm{j}\Omega n} \tag{5.4.37}$$

若把上式与周期信号和序列的傅里叶级数合成公式(见(5.3.1)式和(5.3.17)式)比较，将看到傅里叶反变换所起的作用与傅里叶级数表示法中合成公式一样，都把一个信号和序列分别看成一组复正弦信号和序列的线性组合，两者区别仅在于傅里叶反变换表示为连续的线性组合。对于周期信号和序列，线性组合中各个复正弦分量的幅度分别就是傅里叶级数系数 $\{F_k\}$ 和 $\{\tilde{F}_k\}$，这些复正弦分量仅在重复频率成整倍数的一组离散频率点($k\omega_0$ 和 $k\Omega_0$)上出现；对于非周期信号，线性组合中的复正弦分量则分布在 $\omega\in\mathrm{R}$ 和 $\Omega\in\langle 2\pi\rangle$ 的所有频率上，它们的幅度分别是 $X(\omega)\mathrm{d}\omega/2\pi$ 和 $\tilde{X}(\Omega)\mathrm{d}\Omega/2\pi$。可用图 5.20 (a)或(b)来说明：组成连续时间非周期信号 $x(t)$ 的每个频率为 $\omega$ 的复正弦分量的幅度，等于该频率处一个很小间隔 $\mathrm{d}\omega$ 内、$X(\omega)/2\pi$ 曲线下的面积；而组成非周期序列 $x[n]$ 的每个频率为 $\Omega$ 的复正弦分量的幅度，等于频率 $\Omega$ 处的

一个很小间隔 $d\Omega$ 内 $\tilde{X}(\Omega)/2\pi$ 曲线下的面积。因此，把 $X(\omega)$ 和 $\tilde{X}(\Omega)$ 分别看作非周期信号 $x(t)$ 和 $x[n]$ 的**频谱密度函数**，简称为**频谱**，它们分别反映在连续时间和离散时间频率上、单位频带内复正弦分量的复数幅度值的分布。由于非周期信号的频谱 $X(\omega)$ 是 $\omega$ 上的一个连续频谱，$x(t)$ 就表示成在整个频域上的一个连续的线性组合；而非周期序列的频谱密度函数 $\tilde{X}(\Omega)$ 是 $\Omega$ 上的周期为 $2\pi$ 的连续周期函数，在所有的 $\Omega$ 上，只需在一个 $2\pi$ 间隔内的复正弦序列 $e^{j\Omega n}$ 就代表了全部这样的复正弦序列，故 $x[n]$ 表示成任何一个 $2\pi$ 区间上复正弦分量 $e^{j\Omega n}$ 的一个连续的线性组合。为了与连续时间频域 $(-\infty<\omega<\infty)$ 对应，一般取 $-\pi<\Omega\leqslant\pi$。

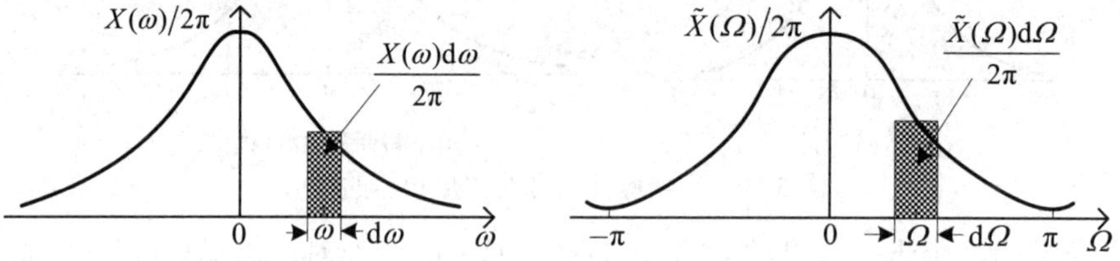


图 5.20 非周期信号和序列频谱的图解说明

现在将上面关于非周期信号和序列之频谱的讨论归纳如下：

(1) 非周期信号 $x(t)$ 和 $x[n]$ 的傅里叶变换 $X(\omega)$ 和 $\tilde{X}(\Omega)$，它们和周期信号的离散频谱不一样，非周期信号的频谱是**连续频谱**。它们分别反映了组成非周期信号($x(t)$ 和 $x[n]$)的复正弦分量($e^{j\omega t}$ 和 $e^{j\Omega n}$)在频率($\omega$ 和 $\Omega$)上的分布，谱密度函数 $X(\omega)$ 和 $\tilde{X}(\Omega)$ 在频率 $\omega$ 和 $\Omega$ 的函数值，则分别表示该频率处单位频带内、$e^{j\omega t}$ 和 $e^{j\Omega n}$ 的复数幅度乘以 $2\pi$ 的值。

(2) 连续时间非周期信号的谱密度函数是整个频域$(-\infty<\omega<\infty)$上的非周期连续函数；而非周期序列的谱密度函数则是离散时间频率 $\Omega$ 上以 $2\pi$ 为周期的连续周期函数，在任意 $2\pi$ 区间上的离散时间谱密度函数，就完全代表了组成非周期序列谱分量的分布情况。

(3) 非周期信号的频谱 $X(\omega)$ 和 $\tilde{X}(\Omega)$ 一般为复值函数，通常分别用模函数 $|X(\omega)|$ 和 $|\tilde{X}(\Omega)|$ 及辐角函数 $\theta_X(\omega)$ 和 $\tilde{\theta}_X(\Omega)$ 来表示，即

$$X(\omega)=|X(\omega)|e^{j\theta_X(\omega)} \quad 和 \quad \tilde{X}(\Omega)=|\tilde{X}(\Omega)|e^{j\tilde{\theta}_X(\Omega)} \tag{5.4.38}$$

其中的模函数 $|X(\omega)|$ 和 $|\tilde{X}(\Omega)|$，分别表示组成非周期信号 $x(t)$ 和 $x[n]$ 的复正弦分量的振幅在频域 $\omega$ 和 $\Omega$ 上的分布，通常称为非周期信号的**幅度频谱**；而辐角函数 $\theta_X(\omega)$ 和 $\tilde{\theta}_X(\Omega)$，则分别表示组成信号 $x(t)$ 和 $x[n]$ 的复正弦分量的相位在频域上的分布，通常称为非周期信号的**相位频谱**。当然，离散时间信号的幅度频谱和相位频谱都是以 $2\pi$ 为周期的实周期函数。

有关信号频谱的其他特征和性质，将在下一章讨论傅里叶变换的性质时做进一步介绍。

**2．LTI 系统的频率响应**

如果非周期时间函数和序列不是代表信号，而是分别表征某个连续时间和离散时间 LTI 系统的单位冲激响应 $h(t)$ 和 $h[n]$，且它们都分别存在傅里叶变换 $H(\omega)$ 和 $\tilde{H}(\Omega)$，即

$$h(t)\xleftrightarrow{\text{CFT}}H(\omega) \quad 和 \quad h[n]\xleftrightarrow{\text{DTFT}}\tilde{H}(\Omega)$$

$$H(\omega)=\int_{-\infty}^{\infty}h(t)e^{-j\omega t}dt \quad 和 \quad \tilde{H}(\Omega)=\sum_{n=-\infty}^{\infty}h[n]e^{-j\Omega n} \tag{5.4.39}$$

$$h(t)=\frac{1}{2\pi}\int_{-\infty}^{\infty}H(\omega)e^{j\omega t}d\omega \quad 和 \quad h[n]=\frac{1}{2\pi}\int_{\langle 2\pi\rangle}\tilde{H}(\Omega)e^{j\Omega n}d\Omega \tag{5.4.40}$$

其中，$H(\omega)$ 和 $\tilde{H}(\Omega)$ 是 LTI 系统单位冲激响应 $h(t)$ 和 $h[n]$ 的频域表示。实际上，(5.4.39)式就是 5.2.1 节中的(5.2.4)式和(5.2.8)式，可用 LTI 系统对复正弦信号 $e^{j\omega t}$ 和 $e^{j\Omega n}$ 的响应，来解释它们的物理含义，即分别有

$$e^{j\omega t} \xrightarrow{h(t)} H(\omega)e^{j\omega t} \quad 和 \quad e^{j\Omega n} \xrightarrow{h[n]} \tilde{H}(\Omega)e^{j\Omega n} \tag{5.4.41}$$

这表明，$H(\omega)$ 和 $\tilde{H}(\Omega)$ 分别是连续时间和离散时间 LTI 系统在输入信号为 $e^{j\omega t}$ 和 $e^{j\Omega n}$ 时的复数增益。基于这一事实，通常分别把 $H(\omega)$ 和 $\tilde{H}(\Omega)$ 称为连续时间和离散时间 LTI 系统的**频率响应**，它们分别表征一个 LTI 系统对复正弦信号 $e^{j\omega t}$ 和 $e^{j\Omega n}$ 的复数增益随频率 $\omega$ 和 $\Omega$ 而变化的特性。在电路和电子线路的课程中，读者已获得了频率响应的概念，这里只是把这一概念推广到一般的连续时间和离散时间 LTI 系统。

$H(\omega)$ 和 $\tilde{H}(\Omega)$ 一般是复值函数，通常用其模和辐角表示，即

$$H(\omega) = |H(\omega)|e^{j\varphi(\omega)} \quad 和 \quad \tilde{H}(\Omega) = |\tilde{H}(\Omega)|e^{j\tilde{\varphi}(\Omega)} \tag{5.4.42}$$

有关它们的模和辐角函数的物理含义将在下一小节讨论。

**3．非周期信号通过 LTI 系统的频域表示**

非周期信号 $x(t)$ 和 $x[n]$ 分别输入到单位冲激响应为 $h(t)$ 和 $h[n]$ 的连续时间和离散时间 LTI 系统，由(5.4.37)式，$x(t)$ 和 $x[n]$ 可分别改写成 $e^{j\omega t}$ 和 $e^{j\Omega n}$ 的一个连续线性组合，即

$$x(t) = \int_{-\infty}^{\infty} \frac{X(\omega)d\omega}{2\pi} e^{j\omega t} \quad 和 \quad x[n] = \int_{\langle 2\pi \rangle} \frac{\tilde{X}(\Omega)d\Omega}{2\pi} e^{j\Omega n} \tag{5.4.43}$$

按照(5.4.41)式，连续时间和离散时间 LTI 系统分别对 $e^{j\omega t}$ 和 $e^{j\Omega n}$ 的响应为 $H(\omega)e^{j\omega t}$ 和 $\tilde{H}(\Omega)e^{j\Omega n}$，根据 LTI 系统的线性叠加性质，输出信号 $y(t)$ 和 $y[n]$ 应为

$$y(t) = \int_{-\infty}^{\infty} \frac{X(\omega)d\omega}{2\pi} H(\omega)e^{j\omega t} \quad 和 \quad y[n] = \int_{\langle 2\pi \rangle} \frac{\tilde{X}(\Omega)d\Omega}{2\pi} \tilde{H}(\Omega)e^{j\Omega n} \tag{5.4.44}$$

并可分别改写成

$$y(t) = \frac{1}{2\pi}\int_{-\infty}^{\infty} X(\omega)H(\omega)e^{j\omega t}d\omega \quad 和 \quad y[n] = \frac{1}{2\pi}\int_{\langle 2\pi \rangle} \tilde{X}(\Omega)\tilde{H}(\Omega)e^{j\Omega n}d\Omega \tag{5.4.45}$$

上两式的右边分别是一个 CFT 和 DTFT 的反变换公式，其中的 $X(\omega)H(\omega)$ 和 $\tilde{X}(\Omega)\tilde{H}(\Omega)$ 就是 $y(t)$ 和 $y[n]$ 的 CFT 和 DTFT，即 $Y(\omega)$ 和 $\tilde{Y}(\Omega)$。由此将有

$$Y(\omega) = X(\omega)H(\omega) \quad 和 \quad \tilde{Y}(\Omega) = \tilde{X}(\Omega)\tilde{H}(\Omega) \tag{5.4.46}$$

这就是连续时间和离散时间 LTI 系统的频域输入输出关系表达式。在 6.3.1 节讨论傅里叶变换的时域卷积性质时，将印证这两个表达式。

## 5.4.5　傅里叶变换的极坐标表示与波特图

**1．傅里叶变换的模和相位**

由于 CFT 和 DTFT 具有唯一性，它们分别是时间函数和序列在频域上的唯一表示。换言之，在连续时间和离散时间信号 $x(t)$ 和 $x[n]$ 的频谱 $X(\omega)$ 和 $\tilde{X}(\Omega)$ 中，分别包含了信号 $x(t)$ 和 $x[n]$ 的全部信息。而连续时间和离散时间 LTI 系统的频率响应 $H(\omega)$ 和 $\tilde{H}(\Omega)$，作为其单位冲激响应 $h(t)$ 和 $h[n]$ 的 CFT 和 DTFT，也应反映出连续时间和离散时间 LTI 系统的全部特性。无论是连续时间和离散时间信号，还是 LTI 系统的单位冲激响应，它们的傅里叶变换一般分别为 $\omega$ 和 $\Omega$ 的复值函数。复值函数可以用直角坐标形式表示，分解成实部和虚部函数，例如

$$X(\omega)=X_{\mathrm{R}}(\omega)+\mathrm{j}X_{\mathrm{I}}(\omega) \quad 或 \quad \tilde{X}(\Omega)=\tilde{X}_{\mathrm{R}}(\Omega)+\mathrm{j}\tilde{X}_{\mathrm{I}}(\Omega) \tag{5.4.47}$$

也可以用极坐标形式表示，即用模和辐角来表示(见(5.4.38)式)。尽管前一种表示也有应用(在后面将会遇到)，但是在实际中通常采用模和辐角表示，因为正如前一小节表述的那样，无论是信号的频谱还是LTI系统的频率响应，它们的模和辐角都有着清楚的物理意义。

进一步考察信号频谱的极坐标形式，若把它们分别代入(5.4.37)式，则有

$$x(t)=\int_{-\infty}^{\infty}\frac{|X(\omega)|\mathrm{d}\omega}{2\pi}\mathrm{e}^{\mathrm{j}[\omega t+\theta_x(\omega)]} \quad 和 \quad x[n]=\int_{\langle 2\pi\rangle}\frac{|\tilde{X}(\Omega)|\mathrm{d}\Omega}{2\pi}\mathrm{e}^{\mathrm{j}[\Omega n+\tilde{\theta}_x(\Omega)]} \tag{5.4.48}$$

它们清楚地表明：幅度频谱$|X(\omega)|$和$|\tilde{X}(\Omega)|$分别提供了组成$x(t)$和$x[n]$的各个频率复正弦分量($\mathrm{e}^{\mathrm{j}\omega t}$和$\mathrm{e}^{\mathrm{j}\Omega n}$)振幅的信息；而相位频谱$\theta_X(\omega)$和$\tilde{\theta}_X(\Omega)$则提供了这些复正弦分量相位的信息。用这样的复正弦分量合成信号$x(t)$和$x[n]$时，幅度频谱和相位频谱都起着不可取代的作用。显然，如果$x(t)$和$x[n]$的幅度频谱$|X(\omega)|$和$|\tilde{X}(\Omega)|$发生了改变，合成出来的信号将不同于原信号，即产生了信号的**失真**或**畸变**。这种由幅度频谱改变造成的信号失真一般称为**幅度频率失真**，常简称**频率失真**。但是，即使幅度频谱$|X(\omega)|$和$|\tilde{X}(\Omega)|$不变，用不同于原信号的相位频谱$\theta_X(\omega)$和$\tilde{\theta}_X(\Omega)$来合成信号，也会合成出与原信号很不相同的信号。这种由相位频谱改变导致的信号失真或畸变通常称为**相位失真**或**相位畸变**。为了说明相位频谱的影响，这里重新看一下例5.1的信号。在例5.1中，组成周期信号$\tilde{x}(t)$的每一个正弦分量的相位均是0，现在假设它们具有非零相位，例如

$$\tilde{x}(t)=1+\cos(2\pi t+\theta_1)/2+\cos(4\pi t+\theta_2)+2\cos(6\pi t+\theta_3)/3 \tag{5.4.49}$$

在图5.21中，分别选择了几组不同相位的$\theta_1$，$\theta_2$和$\theta_3$，并再次画出各组相位下合成出来的$\tilde{x}(t)$。由于相位频谱不同，合成出来的信号是不一样的，甚至会产生严重的波形畸变。

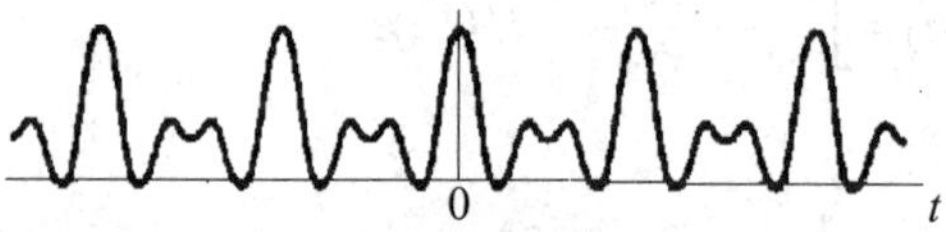

(a) $\theta_1=\theta_2=\theta_3=0$

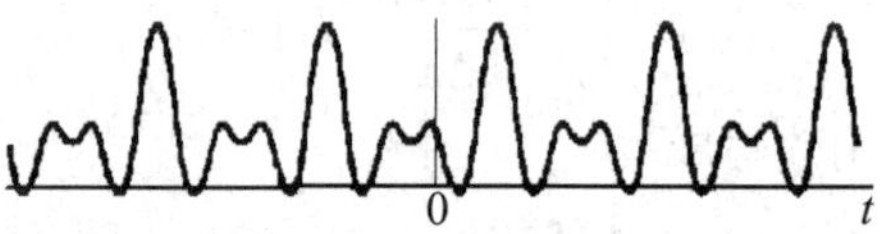

(b) $\theta_1=4$ rad，$\theta_2=8$ rad，$\theta_3=12$ rad

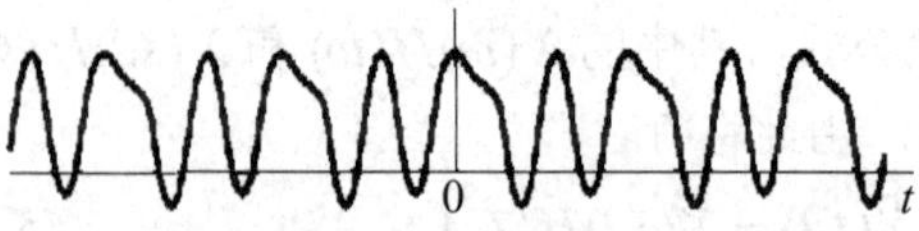

(c) $\theta_1=6$ rad，$\theta_2=-2.7$ rad，$\theta_3=0.93$ rad

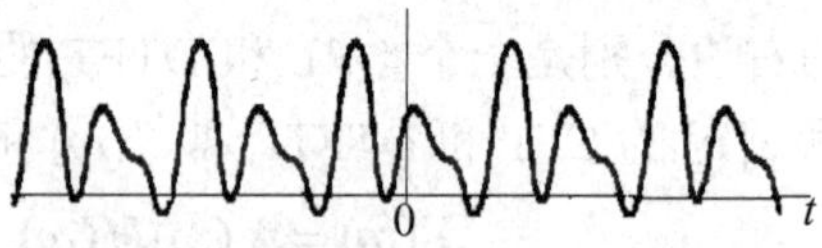

(d) $\theta_1=1.2$ rad，$\theta_2=4.1$ rad，$\theta_3=-7.02$ rad

图5.21 选择不同的相位$\theta_1$、$\theta_2$和$\theta_3$时，由(5.4.49)式合成出来的周期信号$\tilde{x}(t)$

幅度失真和相位失真最终都导致信号的波形失真，但在不同情况下，它们对信号造成的影响却不一样。例如人的听觉系统，它对幅度失真是很敏感的，而对相位失真就不那么敏感，如果$X(\omega)$是某个元音信号的傅里叶变换，若幅度频谱$|X(\omega)|$有些变化，人耳就能觉察出来，或者就会影响该声音信号的自然度和可懂性，但是，若相位失真不大，将几乎不影响自然度和可懂性，当然，严重的相位失真就不一样了；对于图像信号，情况就大不相同，人的视觉系统对图像信号中的相位失真特别敏感，而对幅频失真却相对迟钝些。对人眼来说，图像最重要的信息是图像中的边缘、轮廓和那些高对比度的区域。直观上看，在一幅图像中，最大和最小灰度的地方就是这些不同频率复正弦信号发生同相叠加的地方。可以想象出，图像两维傅里叶变换的相位频谱包含了它的很重要的信息，尤其是关于边缘和轮廓方面的大部分信息。在本书参考文献[1]的4.10节中，列举了相位频谱和幅度频谱对合成出的图像造成影响程

度的一些直观的例子，它们清楚地证实了上述结论。

下面讨论由极坐标形式(见(5.4.42)式)表示的频率响应 $H(\omega)$ 和 $\tilde{H}(\Omega)$ 的物理概念，在前一小节研究信号通过 LTI 系统产生的响应时，分别得出了它们的频域表示。若把极坐标形式的信号频谱和 LTI 系统的频率响应一起分别代入(5.4.45)式，就分别得到

$$y(t)=\int_{-\infty}^{\infty}\frac{|X(\omega)|\mathrm{d}\omega}{2\pi}|H(\omega)|\mathrm{e}^{\mathrm{j}[\omega t+\theta_X(\omega)+\varphi(\omega)]} \tag{5.4.50}$$

和

$$y[n]=\int_{\langle 2\pi\rangle}\frac{|\tilde{X}(\Omega)|\mathrm{d}\Omega}{2\pi}|\tilde{H}(\Omega)|\mathrm{e}^{\mathrm{j}[\Omega n+\tilde{\theta}_X(\Omega)+\tilde{\varphi}(\Omega)]} \tag{5.4.51}$$

将上两式分别与(5.4.48)式表示的 $x(t)$ 和 $x[n]$ 比较一下，例如在连续时间情况中，组成输入信号 $x(t)$ 的复正弦分量 $\mathrm{e}^{\mathrm{j}\omega t}$ 的振幅为 $|X(\omega)|\mathrm{d}\omega/2\pi$，通过单位冲激响应 $h(t)$ 的 LTI 系统后，其输出信号 $y(t)$ 中的相同复正弦分量的振幅变成了 $|X(\omega)||H(\omega)|\mathrm{d}\omega/2\pi$，即振幅倍增了 $|H(\omega)|$ 倍。另一方面，组成 $x(t)$ 的复正弦分量 $\mathrm{e}^{\mathrm{j}\omega t}$ 的相位为 $\theta_X(\omega)$，通过此 LTI 系统后，变成了 $\theta_X(\omega)+\varphi(\omega)$，即获得了附加的相移 $\varphi(\omega)$。离散时间中也完全一样。

上述讨论表明，连续时间和离散时间 LTI 系统频率响应的模 $|H(\omega)|$ 和 $|\tilde{H}(\Omega)|$，分别表示 LTI 系统对复正弦信号 $\mathrm{e}^{\mathrm{j}\omega t}$ 和 $\mathrm{e}^{\mathrm{j}\Omega n}$ 的幅度增益，它们完整地反映出 LTI 系统对复正弦信号的幅度增益分别随频率 $\omega$ 和 $\Omega$ 变化的特性，故称为 LTI 系统的**幅度频率响应**，简称**幅频响应**或**幅频特性**；而频率响应的辐角 $\varphi(\omega)$ 和 $\tilde{\varphi}(\Omega)$，则分别表示 LTI 系统给复正弦信号 $\mathrm{e}^{\mathrm{j}\omega t}$ 和 $\mathrm{e}^{\mathrm{j}\Omega n}$ 造成的**附加相移**，它们反映了附加相移分别随频率 $\omega$ 和 $\Omega$ 变化的全部特性，故称为 LTI 系统的**相位频率响应**，简称**相频响应**或**相频特性**。

由于 LTI 系统的幅频特性和相频特性，信号通过 LTI 系统将会分别导致信号幅度频谱的加权(权函数即为幅频增益)，以及信号相位频谱的附加相移，且增益和附加相移随频率而改变。因此在一般情况下，信号通过 LTI 系统不仅会造成幅度频率失真，而且同时也会造成相位失真。这些新的概念在信号与系统的分析和设计中十分重要，后面还将继续讨论这些问题。

**2．波特图**

信号通过 LTI 系统的频域表示(见(5.4.46)式)表明，输出信号的频谱表示为输入信号频谱和 LTI 系统频率响应的相乘。如果将输出信号 $y(t)$ 和 $y[n]$ 的频谱 $Y(\omega)$ 和 $\tilde{Y}(\Omega)$，也分别表示成它们的极坐标形式，即

$$Y(\omega)=|Y(\omega)|\mathrm{e}^{\mathrm{j}\theta_Y(\omega)} \quad 和 \quad \tilde{Y}(\Omega)=|\tilde{Y}(\Omega)|\mathrm{e}^{\mathrm{j}\tilde{\theta}_Y(\Omega)} \tag{5.4.52}$$

并将上式和(5.4.38)式、(5.4.42)式分别代入(5.4.46)式，则分别有

$$Y(\omega)=|Y(\omega)|\mathrm{e}^{\mathrm{j}\theta_Y(\omega)}=|X(\omega)||H(\omega)|\mathrm{e}^{\mathrm{j}[\theta_X(\omega)+\varphi(\omega)]} \tag{5.4.53}$$

和

$$\tilde{Y}(\Omega)=|\tilde{Y}(\Omega)|\mathrm{e}^{\mathrm{j}\tilde{\theta}_Y(\Omega)}=|\tilde{X}(\Omega)||\tilde{H}(\Omega)|\mathrm{e}^{\mathrm{j}[\tilde{\theta}_X(\Omega)+\tilde{\varphi}(\Omega)]} \tag{5.4.54}$$

或者分别写成

$$|Y(\omega)|=|X(\omega)||H(\omega)| \quad 和 \quad |\tilde{Y}(\Omega)|=|\tilde{X}(\Omega)||\tilde{H}(\Omega)| \tag{5.4.55}$$

以及

$$\theta_Y(\omega)=\theta_X(\omega)+\varphi(\omega) \quad 和 \quad \tilde{\theta}_Y(\Omega)=\tilde{\theta}_X(\Omega)+\tilde{\varphi}(\Omega) \tag{5.4.56}$$

时间函数和序列的傅里叶变换的模和相位特性有两种图示法：一种是线性作图法，即在以比例尺度的模、相位及频率($\omega$ 和 $\Omega$)坐标上，画出模和相位特性的函数图形。在 5.4.3 节中给出的几个典型时间函数和序列的傅里叶变换的模和相位作为 $\omega$ 和 $\Omega$ 的函数图形，分别表示

LTI 系统的幅频特性和相频特性或信号的幅度频谱和相位频谱，就是线性作图法的例子。采用线性作图法，按照(5.4.55)式和(5.4.56)式函数图形运算，可以分别显示 LTI 系统的幅频和相频特性及输入信号的幅度和相位频谱，对输出信号的幅度和相位频谱的影响；另一种作图法是工程上常用的所谓“**波特图**”方法，它是基于通过对(5.4.55)式取对数，例如，取 $20\lg|Y(\omega)|$ 和 $20\lg|\tilde{Y}(\Omega)|$，连同(5.4.56)式，即

$$20\lg|Y(\omega)| = 20\lg|X(\omega)| + 20\lg|H(\omega)| \quad 和 \quad \theta_Y(\omega) = \theta_X(\omega) + \varphi(\omega) \tag{5.4.57}$$

及

$$20\lg|\tilde{Y}(\Omega)| = 20\lg|\tilde{X}(\Omega)| + 20\lg|\tilde{H}(\Omega)| \quad 和 \quad \tilde{\theta}_Y(\Omega) = \tilde{\theta}_X(\Omega) + \tilde{\varphi}(\Omega) \tag{5.4.58}$$

并分别在 $\lg\omega$ 对数尺度连续时间频率坐标和比例尺度的离散时间频率 $\Omega$ 坐标上，分别画出以**分贝(dB)**表示的对数模特性(幅频特性或幅度频谱)，以及比例尺度的相位特性的一种图示法。这样，连续时间 LTI 系统的频率响应 $H(\omega)$ 的波特图，就是 $20\lg|H(\omega)|$ 和 $\varphi(\omega)$ 对于 $\lg\omega$ 的函数图形，而离散时间 LTI 系统的频率响应 $\tilde{H}(\Omega)$ 的波特图即为 $20\lg|\tilde{H}(\Omega)|$ 和 $\tilde{\varphi}(\Omega)$ 画成 $\Omega$ 的函数图形。例如，$h(t) = \mathrm{e}^{-at}u(t)$ 的连续时间 LTI 系统的频率响应 $H(\omega)$ (见(5.4.25)式)，在图 5.15(a)和(b)中已给出了它的线性作图法，如果把它画成波特图，则如图 5.22(a)和(b)所示。

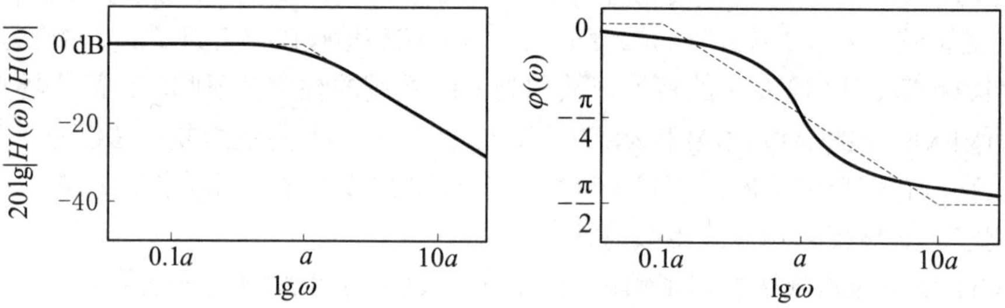


(a) 幅度波特图　　(b) 相位波特图

图 5.22　$h(t) = \mathrm{e}^{-at}u(t)$ 的 LTI 系统的波特图

由于对数坐标对大的模值具有压缩作用，对小的模值有扩张作用，波特图往往用来展示幅频特性或幅度频谱接近于 0 值附近的细节和覆盖更大的幅度动态范围。此外，横坐标用 $\lg\omega$ 表示 $\omega$，不仅可在一个图上表示出更宽的频率范围，还可使许多实际有用的对数幅频特性曲线接近于直线(详见 10.5 节)。由于实际有效的离散时间频率 $\Omega$ 的范围是 $-\pi < \Omega \leqslant \pi$，在离散时间信号频谱和 LTI 系统的频率响应的波特图中，$\Omega$ 的坐标仍用比例尺度，不采用对数尺度。

实际的信号和 LTI 系统的单位冲激响应通常为实函数和实序列，由后面 6.7.2 小节可知，它们傅里叶变换的模一定分别是 $\omega$ 和 $\Omega$ 的偶函数，其相位必定分别是 $\omega$ 和 $\Omega$ 的奇函数，因此，波特图中只需画出 $\omega \geqslant 0$ 或 $0 \leqslant \Omega \leqslant \pi$ 的图形，负频率特性也能从正频率特性中得到。

波特图在工程上很有用，除信号通过 LTI 系统问题外，两个或多个 LTI 系统的级联亦如此。后面将知道，LTI 系统级联的频率响应是各个频率响应的乘积，也可把每个 LTI 系统的对数幅频特性和相位特性分别相加，得到级联系统的对数幅频特性和相位特性，电子线路中广泛采用此方法可以很方便地分析多级放大器的频率特性。

必须指出，傅里叶变换的模和相位的上述两种作图法各有其用处，后面将会看到，在某些情况下，信号的幅度频谱或 LTI 系统的幅频响应，在某些频率范围内是 0，而在另一些范围内为 1(理想滤波器就是这样的例子)，此时，常用线性作图法直接画出模特性更为方便些；在另一些场合，例如用微分方程或差分方程表征的一类 LTI 系统的幅频响应，采用波特图特别有价值，在 10.5 节还将作进一步讨论。

# 5.5 周期信号和奇异函数及其离散时间对偶的傅里叶变换

5.4.2 小节给出了 CFT 和 DTFT 收敛的必要条件，它要求时间函数和序列分别满足模可积和模可和，这使得一些在信号与系统中有重要作用的时间函数和序列，没有傅里叶变换表示法，例如，所有周期信号和序列(包括常数信号和序列)、$\delta(t)$ 的有限阶导数、$u(t)$ 和 $u[n]$ 等。尽管周期信号和序列有其傅里叶级数表示法，但是按狄里赫利条件就不存在傅里叶变换。这是上面介绍的严格意义 CFT 和 DTFT 的一个不足。本节将看到，如果像连续时域中那样，在频域 $\omega$ 和 $\Omega$ 中也引入冲激函数 $\delta(\omega)$ 和 $\delta(\Omega)$，这些信号就不仅有傅里叶变换表示，还能把周期函数和序列的连续和离散傅里叶级数，也分别纳入 CFT 和 DTFT 的统一表示法中。

## 5.5.1 周期信号和序列的傅里叶变换

为介绍周期信号和序列的傅里叶变换，必须引入频域中的冲激函数 $\delta(\omega)$ 和 $\delta(\Omega)$，为此，先看一下它们在时域上代表的是什么东西。

**【例 5.9】** 频域中冲激函数的傅里叶反变换。

**解：** 首先求连续时间频域上的单位冲激函数 $\delta(\omega)$ 的傅里叶反变换，按照(5.4.8)式，则有

$$\mathscr{F}^{-1}\{\delta(\omega)\}=\frac{1}{2\pi}\int_{-\infty}^{\infty}\delta(\omega)\mathrm{e}^{\mathrm{j}\omega t}\mathrm{d}\omega=\frac{1}{2\pi}\mathrm{e}^{\mathrm{j}\omega t}\Big|_{\omega=0}=\frac{1}{2\pi} \tag{5.5.1}$$

任何离散时间序列的 DTFT 必须是 $\Omega$ 上周期为 $2\pi$ 的周期函数，作为 $\delta(\omega)$ 在离散时间中的对偶，应是在 $2\pi$ 的整数倍频率均出现冲激的周期冲激串，即 $\tilde{\delta}_{2\pi}(\Omega)=\sum\limits_{m=-\infty}^{\infty}\delta(\Omega-2m\pi)$。按照(5.4.16)式，则有

$$\mathscr{F}^{-1}\{\tilde{\delta}_{2\pi}(\Omega)\}=\frac{1}{2\pi}\int_{<2\pi>}\left[\sum_{m=-\infty}^{\infty}\delta(\Omega-2m\pi)\right]\mathrm{e}^{\mathrm{j}\Omega n}\mathrm{d}\Omega$$

考虑到任何 $2\pi$ 的积分区间中只存在一个冲激，例如取 $(-\pi,\pi]$ 区间中只有 $\delta(\Omega)$，故上式可写成

$$\mathscr{F}^{-1}\{\tilde{\delta}_{2\pi}(\Omega)\}=\frac{1}{2\pi}\int_{-\pi}^{\pi}\delta(\Omega)\mathrm{e}^{\mathrm{j}\Omega n}\mathrm{d}\Omega$$

考虑到在 $\Omega\neq 0$ 的地方 $\delta(\Omega)=0$，又可进一步写成

$$\mathscr{F}^{-1}\{\tilde{\delta}_{2\pi}(\Omega)\}=\frac{1}{2\pi}\int_{-\infty}^{\infty}\delta(\Omega)\mathrm{e}^{\mathrm{j}\Omega n}\mathrm{d}\Omega=\frac{1}{2\pi}\mathrm{e}^{\mathrm{j}\Omega n}\Big|_{\Omega=0}=\frac{1}{2\pi} \tag{5.5.2}$$

这两个傅里叶变换对的时域波形和其频谱图形分别如图 5.23(a)、(c)或(b)、(d)所示。

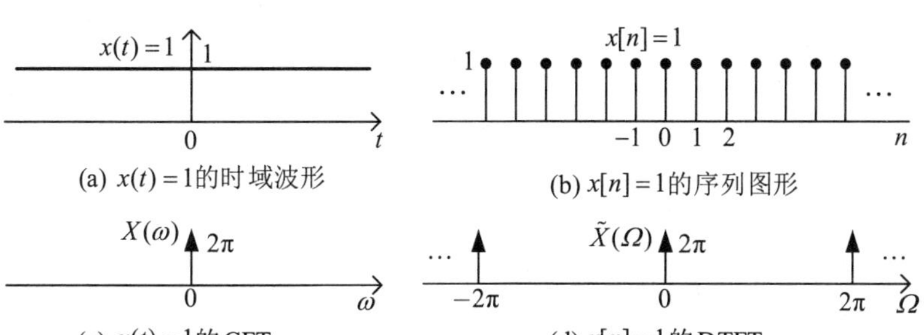


(a) $x(t)=1$的时域波形　(b) $x[n]=1$的序列图形

(c) $x(t)=1$的CFT　(d) $x[n]=1$的DTFT

图 5.23　连续时间和离散时间单位常数信号及其傅里叶变换

上述结果表明，连续时间频域上单位冲激函数 $\delta(\omega)$ 的傅里叶反变换是时域中的常数信号 $1/2\pi$。即时域中的常数函数 1 和频域中的强度为 $2\pi$ 的冲激函数构成的一个连续傅里叶变换

对。离散频域 $\Omega$ 上的周期冲激串 $\tilde{\delta}_{2\pi}(\Omega)$ 的DTFT 反变换是幅度为 $1/2\pi$ 的常数序列。即时域上单位幅度的常数序列和频域中强度为 $2\pi$ 的周期冲激串构成一个 DTFT 变换对，即分别有

$$x(t)=1 \xleftrightarrow{\text{CFT}} 2\pi\delta(\omega) \quad 或 \quad x[n]=1 \xleftrightarrow{\text{DTFT}} 2\pi\sum_{m=-\infty}^{\infty}\delta(\Omega-2m\pi) \tag{5.5.3}$$

类似于上面的推导，不难导出复正弦信号或序列($\mathrm{e}^{\mathrm{j}\omega_0 t}$ 和 $\mathrm{e}^{\mathrm{j}\Omega_0 n}$)的傅里叶变换。

对于频域 $\omega$ 上 $\omega=\omega_0$ 处的强度为 $2\pi$ 的冲激函数和频域 $\Omega$ 上 $\Omega=\Omega_0+2m\pi$，$m\in\mathbf{Z}$ 处都有强度为 $2\pi$ 的周期冲激串，即 $2\pi\delta(\omega-\omega_0)$ 和 $\sum\limits_{m=-\infty}^{\infty}2\pi\delta(\Omega-\Omega_0-2m\pi)$，图 5.24(a)和(b)中分别画出了它们的频域图形，它们的傅里叶反变换将分别为

$$\mathscr{F}^{-1}\{2\pi\delta(\omega-\omega_0)\}=\frac{1}{2\pi}\int_{-\infty}^{\infty}2\pi\delta(\omega-\omega_0)\mathrm{e}^{\mathrm{j}\omega t}\mathrm{d}\omega=\mathrm{e}^{\mathrm{j}\omega t}\Big|_{\omega=\omega_0}=\mathrm{e}^{\mathrm{j}\omega_0 t} \tag{5.5.4}$$

$$\mathscr{F}^{-1}\left\{\sum_{m=-\infty}^{\infty}2\pi\delta(\Omega-\Omega_0-2m\pi)\right\}=\frac{1}{2\pi}\int_{\langle 2\pi\rangle}\left[\sum_{m=-\infty}^{\infty}2\pi\delta(\Omega-\Omega_0-2m\pi)\right]\mathrm{e}^{\mathrm{j}\Omega n}\mathrm{d}\Omega$$

与推导(5.5.2)式一样，在任意一个长度为 $2\pi$ 的积分区间内只包含一个冲激，因此，如果上式右边 $2\pi$ 的积分区间选择包含在 $\Omega_0+2\pi l$ ($l$ 为整数)处的冲激，那么上式就可写为

$$\mathscr{F}^{-1}\left\{\sum_{m=-\infty}^{\infty}2\pi\delta(\Omega-\Omega_0-2m\pi)\right\}=\int_{-\infty}^{\infty}\delta(\Omega-\Omega_0-2\pi l)\mathrm{e}^{\mathrm{j}\Omega n}\mathrm{d}\Omega=\mathrm{e}^{\mathrm{j}\Omega n}\Big|_{\Omega=\Omega_0+2\pi l}=\mathrm{e}^{\mathrm{j}(\Omega_0+2\pi l)n}=\mathrm{e}^{\mathrm{j}\Omega_0 n} \tag{5.5.5}$$

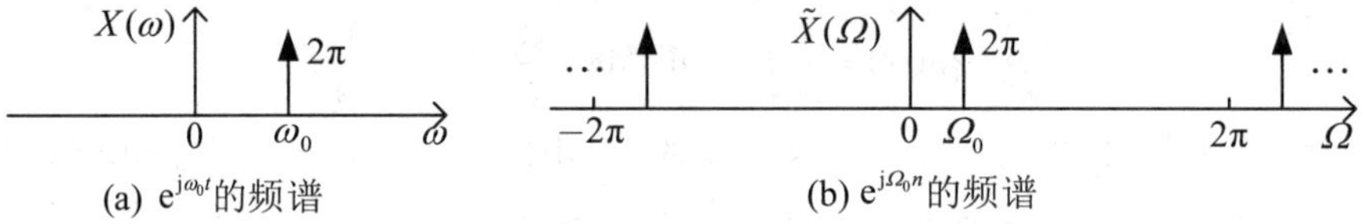


图 5.24　复正弦信号和序列的频谱

上述结果表明，频率为 $\omega_0$ 的复正弦信号 $\mathrm{e}^{\mathrm{j}\omega_0 t}$ 的 CFT 是频域上 $\omega_0$ 处、强度为 $2\pi$ 的一个冲激；频率为 $\Omega_0$ 的复正弦序列 $\mathrm{e}^{\mathrm{j}\Omega_0 n}$ 的 DTFT，则是频域上 $\Omega_0+2m\pi$ ($m=0,\ \pm1,\ \pm2\ \cdots$)处强度为 $2\pi$ 的周期冲激串。这样又获得两个十分重要的傅里叶变换对，即

$$\mathrm{e}^{\mathrm{j}\omega_0 t} \xleftrightarrow{\text{CFT}} 2\pi\delta(\omega-\omega_0) \quad 或 \quad \mathrm{e}^{\mathrm{j}\Omega_0 n} \xleftrightarrow{\text{DTFT}} 2\pi\sum_{m=-\infty}^{\infty}\delta(\Omega-\Omega_0-2m\pi) \tag{5.5.6}$$

在 5.4.3 节中已经知道，以傅里叶变换表示的信号频谱是频域上的谱密度函数，频域 $\omega$ 上的冲激函数和频域 $\Omega$ 上的周期冲激串也属于频域连续函数，尽管它们不再是有界函数，但是冲激函数下的面积是有限值，按照谱密度函数表示频谱的概念，组成信号的复正弦分量的幅度也是有限值。另一方面，从 LTI 系统对复正弦信号的响应看，例如，离散时间 LTI 系统 $h[n]$ 对复正弦 $x[n]=\mathrm{e}^{\mathrm{j}\Omega_0 n}$ 的响应为 $\tilde{H}(\Omega_0)\mathrm{e}^{\mathrm{j}\Omega_0 n}$，即

$$\mathrm{e}^{\mathrm{j}\Omega_0 n} \xrightarrow{h[n]} \tilde{H}(\Omega_0)\mathrm{e}^{\mathrm{j}\Omega_0 n}$$

离散时间 LTI 系统的频域输入输出关系为

$$2\pi\sum_{m=-\infty}^{\infty}\delta(\Omega-\Omega_0-2m\pi) \xrightarrow{\tilde{H}(\Omega)} 2\pi\tilde{H}(\Omega)\sum_{m=-\infty}^{\infty}\delta(\Omega-\Omega_0-2m\pi)$$

利用冲激函数的筛分性质和 $\tilde{H}(\Omega)$ 是周期为 $2\pi$ 周期函数性质，它的傅里叶反变换为

$$y[n]=\frac{1}{2\pi}\int_{\langle 2\pi\rangle}\left[2\pi\tilde{H}(\Omega)\sum_{l=-\infty}^{\infty}\delta(\Omega-\Omega_0-2\pi l)\right]\mathrm{e}^{\mathrm{j}\Omega n}\mathrm{d}\Omega=\tilde{H}(\Omega_0+2\pi l)\mathrm{e}^{\mathrm{j}(\Omega_0+2\pi l)n}=\tilde{H}(\Omega_0)\mathrm{e}^{\mathrm{j}\Omega_0 n}$$

这一结果和(5.2.7)式的结果完全一样。用同样的方法，也可分析连续时间LTI系统对复指数 $e^{j\omega_0 t}$ 的响应。因此，在频域中引入冲激函数，扩展了傅里叶变换的适用范围，既不违反信号频谱的有关概念，又能在频域中正确分析信号与系统问题。

**1．周期信号和序列的傅里叶变换**

以上面常数信号和复正弦信号的 CFT 和 DTFT 变换对为基础，就可以分别导出周期信号和周期序列的傅里叶变换表示。

首先，根据连续时间周期信号 $\tilde{x}(t)$ 的如下傅里叶级数表示法：

$$\tilde{x}(t)=\sum_{k=-\infty}^{\infty}F_k e^{jk\omega_0 t}\ ,\quad \text{其中}\quad F_k=\frac{1}{T}\int_{\langle T\rangle}\tilde{x}(t)e^{-jk\omega_0 t}dt \tag{5.5.7}$$

分别对上式两边取 CFT，则 $\tilde{x}(t)$ 的 CFT 为 $X(\omega)=\mathscr{F}\left\{\sum_{k=-\infty}^{\infty}F_k e^{jk\omega_0 t}\right\}=\sum_{k=-\infty}^{\infty}F_k\,\mathscr{F}\left\{e^{jk\omega_0 t}\right\}$，利用(5.5.4)式，则有

$$X(\omega)=2\pi\sum_{k=-\infty}^{\infty}F_k\delta(\omega-k\omega_0) \tag{5.5.8}$$

其中，$F_k$ 为 $\tilde{x}(t)$ 的 CFS 系数，$\omega=2\pi/T$。这就是连续时间周期信号的傅里叶变换表示式。

对于离散时间周期信号 $\tilde{x}[n]$，它的 DFS 表示法如下：

$$\tilde{x}[n]=\sum_{k\in\langle N\rangle}\tilde{F}_k e^{jk\frac{2\pi}{N}n}\qquad \text{其中，}\ \tilde{F}_k=\frac{1}{N}\sum_{n\in\langle N\rangle}\tilde{x}[n]e^{-jk\frac{2\pi}{N}n} \tag{5.5.9}$$

用导出连续时间周期信号的傅里叶变换相同的方法，将得到

$$\tilde{X}(\Omega)=\sum_{k\in\langle N\rangle}\tilde{F}_k\left[2\pi\sum_{l\backslash m=-\infty}^{\infty}\delta(\Omega-k\Omega_0-2m\pi)\right]=2\pi\sum_{m=-\infty}^{\infty}\left[\sum_{k\in\langle N\rangle}\tilde{F}_k\delta(\Omega-k\Omega_0-2m\pi)\right]$$

其中，$\Omega_0=2\pi/N$。由于 $\tilde{F}_k$ 的周期性质，即 $\tilde{F}_k=\tilde{F}_{k+mN}$；并且 $k$ 域上长度为 $N$ 的区间 $\langle N\rangle$ 相当于 $\Omega$ 上长度为 $2\pi$ 的区间。利用图 5.25 的图解说明，上式可简化成

$$\tilde{X}(\Omega)=2\pi\sum_{k=-\infty}^{\infty}\tilde{F}_k\delta(\Omega-k\Omega_0) \tag{5.5.10}$$

其中，$\tilde{F}_k$ 为周期序列 $\tilde{x}[n]$ 的DFS 系数。这就是周期序列 $\tilde{x}[n]$ 的离散时间傅里叶变换表示，比较它与(5.5.8)式看到，两者完全对偶，且周期信号和序列的傅里叶变换分别是频域 $\omega$ 和 $\Omega$ 上等间隔地位于 $k2\pi/T$ 和 $k2\pi/N$ 处，强度为 $2\pi F_k$ 和 $2\pi\tilde{F}_k$ 的一个冲激串；但是，离散时间周期序列的频谱密度函数是一个间隔为 $2\pi/N$，且以 $2\pi$ 为周期的周期冲激串，而连续时间周期信号的频谱密度函数是一个间隔为 $2\pi/T$ 的非周期冲激串。

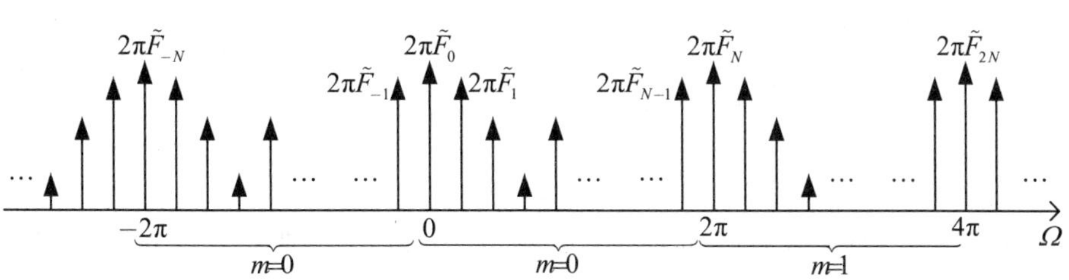


图 5.25　导出(5.5.10)式的图解说明

为强化上述概念，重新看一下例 5.2 和例 5.3 的周期矩形信号和序列的傅里叶变换表示。

**【例 5.10】**　求例 5.2 和例 5.3 中的周期矩形脉冲和周期矩形序列的傅里叶变换。

**解：** 例 5.2 和例 5.3 分别求出它们的 CFS 和 DFS 系数，见(5.3.35)式和(5.3.44)式。将它们分别代入(5.5.8)式和(5.5.10)式，分别得到周期矩形脉冲信号和序列的傅里叶变换，即

$$X(\omega)=2\pi\frac{\tau}{T}\sum_{k=-\infty}^{\infty}S_a\left(\frac{k\omega_0\tau}{2}\right)\delta(\omega-k\omega_0)\quad \text{和}\quad \tilde{X}(\Omega)=\frac{2\pi}{N}\sum_{k=-\infty}^{\infty}\frac{\sin[k(2\pi/N)(2N_1+1)/2]}{\sin[k(2\pi/N)/2]}\delta\left(\Omega-k\frac{2\pi}{N}\right) \tag{5.5.11}$$

把上述的傅里叶变换分别画成 $\omega$ 和 $\Omega$ 的函数图形见图 5.26 和图 5.27。

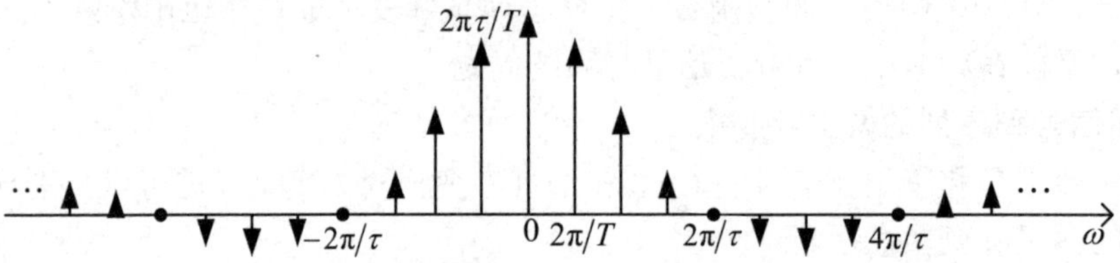


图 5.26 周期矩形脉冲 $r_\tau(t)$，$T=4\tau$ 的傅里叶变换图形

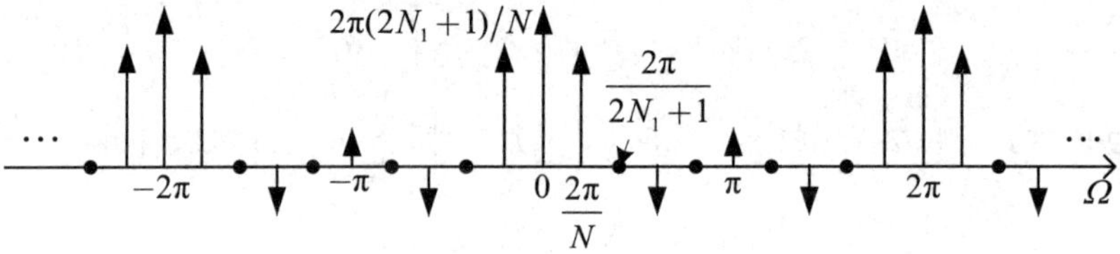


图 5.27 周期矩形序列 $r_{2N_1+1}[n]$，$N=10$，$N_1=2$的傅里叶变换图形

由图 5.26 和图 5.27 可以看出，用傅里叶变换表示的周期信号频谱密度函数仍保留了傅里叶级数所表示频谱的全部特性，不同之处在于这里分别是以连续时间频域 $\omega$ 和 $\Omega$ 上的等间隔冲激串和周期等间隔冲激串表示。这样，就把连续和离散傅里叶级数表示分别纳入连续傅里叶变换和离散时间傅里叶变换表示法的统一框架中，这将给分析带来许多方便。

在讨论了周期矩形脉冲和序列的傅里叶变换之后，再看一下后面讨论抽样定理时十分重要的一对信号，即连续时间和离散时间周期冲激串的傅里叶变换。

**【例 5.11】** 连续时间和离散时间周期冲激串的傅里叶变换。

**解**：在 2.5.1 节中(2.5.17)式已介绍过连续时间和离散时间周期冲激串，为了方便，这儿重写如下：

$$\tilde{\delta}_T(t)=\sum_{n=-\infty}^{\infty}\delta(t-nT) \quad 和 \quad \tilde{\delta}_N[n]=\sum_{l=-\infty}^{\infty}\delta[n-lN]$$

它们分别是周期为 $T$ 和 $N$ 的周期信号和序列。可分别计算它们的傅里叶级数系数 $F_k$ 和 $\tilde{F}_k$。对于 $F_k$，将有

$$F_k=\frac{1}{T}\int_{\langle T\rangle}\tilde{\delta}_T(t)\mathrm{e}^{-\mathrm{j}k\omega_0 t}\mathrm{d}t=\frac{1}{T}\int_{\langle T\rangle}\left[\sum_{n=-\infty}^{\infty}\delta(t-nT)\right]\mathrm{e}^{-\mathrm{j}k\omega_0 t}\mathrm{d}t$$

上式中积分区间 $\langle T\rangle$ 选择包含 $\delta(t)$ 的一个周期区间，则有 $F_k=\frac{1}{T}\int_{-\infty}^{\infty}\delta(t)\mathrm{e}^{-\mathrm{j}k\omega_0 t}\mathrm{d}t=\frac{1}{T}$。对于 $\tilde{F}_k$，将有

$$\tilde{F}_k=\frac{1}{N}\sum_{n\in\langle N\rangle}\tilde{\delta}_N[n]\mathrm{e}^{-\mathrm{j}k\frac{2\pi}{N}n}=\frac{1}{N}\sum_{n\in\langle N\rangle}\left(\sum_{l=-\infty}^{\infty}\delta[n-lN]\right)\mathrm{e}^{-\mathrm{j}k\frac{2\pi}{N}n}$$

与导出(5.5.10)式相类似，可得出 $\tilde{F}_k=1/N$。

将求得的 $F_k$ 或 $\tilde{F}_k$ 代入(5.5.8)式或(5.5.10)式，得到连续时间或离散时间周期冲激串的傅里叶变换，它们为

$$X(\omega)=\omega_0\sum_{k=-\infty}^{\infty}\delta(\omega-k\omega_0) \quad 或 \quad \tilde{X}(\Omega)=\Omega_0\sum_{k=-\infty}^{\infty}\delta(\Omega-k\Omega_0) \tag{5.5.12}$$

其中，$\omega_0=2\pi/T$ 和 $\Omega_0=2\pi/N$。它们的频谱密度函数分别如图 5.28(a)和(b)所示，即分别是频域 $\omega$ 和 $\Omega$ 上以基波频率 $\omega_0$ 和 $\Omega_0$ 为间隔、强度为 $\omega_0$ 和 $\Omega_0$ 的周期冲激串。这是很有意思的结果，即时域 $t$ 和 $n$ 上间隔分别为 $T$ 和 $N$ 的单位周期冲激串，它们的傅里叶变换在频域 $\omega$ 和 $\Omega$ 上也是一个周期冲激串，不过，间隔和冲激的强度分别变成各自的基波频率 $\omega_0$ 和 $\Omega_0$。这两个傅里叶变换在后面讨论抽样定理时十分有用，它们可以表示为

$$\tilde{\delta}_T(t)\xleftrightarrow{\text{CFT}}\omega_0\tilde{\delta}_{\omega_0}(\omega) \quad 和 \quad \tilde{\delta}_N[n]\xleftrightarrow{\text{DTFT}}\Omega_0\tilde{\delta}_{\Omega_0}(\Omega) \tag{5.5.13}$$

其中，$\tilde{\delta}_{\omega_0}(\omega)$ 或 $\tilde{\delta}_{\Omega_0}(\Omega)$ 分别是 $\omega$ 和 $\Omega$ 域上，周期为 $\omega_0$ 和 $\Omega_0$ 的单位周期冲激串。

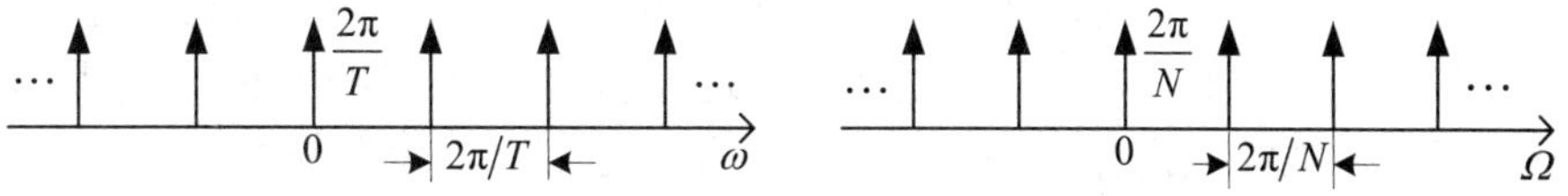


(a) 连续时间周期冲激串的 CFT　　(b) 离散时间周期冲激串的 DTFT

图 5.28　连续时间和离散时间周期冲激串的傅里叶变换图形

**2．傅里叶级数与傅里叶变换之间的关系**

周期信号和序列既分别有 CFS 和 DFS 表示法，即分别用傅里叶级数系数 $F_k$ 和 $\tilde{F}_k$ 表示，又有傅里叶变换表示法，即分别用(5.5.8)式和(5.5.10)式的频域 $\omega$ 和 $\Omega$ 上等间隔冲激串表示。那么，这两种表示法之间必然有某种关系，两者之间的关系如下：

(1) 它们之间的第一种关系已分别由(5.5.8)式和(5.5.10)式表示，即周期信号 $\tilde{x}(t)$ 的傅里叶变换 $X(\omega)$ 是位于 $k\omega_0$ 处强度为 $2\pi F_k$ 的非周期冲激串；而周期序列 $\tilde{x}[n]$ 的傅里叶变换 $\tilde{X}(\Omega)$ 是位于 $k\Omega_0$ 处、强度为 $2\pi\tilde{F}_k$ 的周期冲激串。

(2) 它们之间的第二个关系已在 5.4.1 节中由 CFS 和 DFS 分别推导出 CFT 和 DTFT 时出现过，见(5.4.4)式和(5.4.12)式，即有

$$F_k = X_0(k\omega_0)/T \qquad 和 \qquad \tilde{F}_k = \tilde{X}_0(k\Omega_0)/N \tag{5.5.14}$$

其中，$X_0(\omega)$ 和 $\tilde{X}_0(\Omega)$ 分别是 $\tilde{x}(t)$ 和 $\tilde{x}[n]$ 之任意一个周期的信号 $x_0(t)$ 和 $x_0[n]$ (见(2.6.2)式和(2.6.3)式)的 CFT 和 DTFT，即

$$X_0(\omega) = \int_{-\infty}^{\infty} x_0(t)\mathrm{e}^{-\mathrm{j}k\omega t}\mathrm{d}t \qquad 和 \qquad \tilde{X}_0(\Omega) = \sum_{n=-\infty}^{\infty} x_0[n]\mathrm{e}^{-\mathrm{j}\Omega n} \tag{5.5.15}$$

上述关系表明，周期信号 $\tilde{x}(t)$ 和序列 $\tilde{x}[n]$ 的 CFS 和 DFS 系数，分别是其任意一个周期区间所截取信号和序列之傅里叶变换的一组等间隔样本，并且这组样本与截取的周期区间的起点无关。这是很有意思的，因为截取的起点选择不同，从 $\tilde{x}(t)$ 和 $\tilde{x}[n]$ 中截取出来的 $x_0(t)$ 和 $x_0[n]$ 就不一样，这就导致它们的傅里叶变换 $X_0(\omega)$ 和 $\tilde{X}_0(\Omega)$ 不相同，但按(5.5.15)式获得的一组样本却是相同的，它们分别等于 $\tilde{x}(t)$ 和 $\tilde{x}[n]$ 之傅里叶级数系数 $F_k$ 和 $\tilde{F}_k$ 与周期 $T$ 和 $N$ 的乘积。

## 5.5.2　奇异函数及其离散时间对偶的傅里叶变换

根据 3.9 节对奇异函数 $u_k(t)$ 及其离散时间对偶 $u_k[n]$ 的讨论，除了 $\delta[n]$ 及其有限阶差分 $u_k[n]$ 以外，其他均不满足模可积或模可和，均没有严格意义上的傅里叶变换。为了使它们也有频域表示或傅里叶变换表示，必须首先回答，能不能突破傅里变换存在的必要条件，即时间函数和序列必须分别是模可积和模可和的条件。由 5.4.2 节可知，模可积与模可和的条件分别确保了时间函数和序列的 CFT 和 DTFT 是有界函数，即

$$\left|F(\omega)\right| < \infty \qquad 和 \qquad \left|\tilde{F}(\Omega)\right| < \infty \tag{5.5.16}$$

从而保证原信号与由傅里叶变换合成出来的信号在能量上完全相同。如果把奇异函数 $u_k(t)$ 和 $u_k[n]$，$k<0$，分别看作非周期信号和序列，是无法衡量它们的能量的，甚至 $\delta(t)$ 也是如此。上一节讨论的周期信号和序列也无法衡量它们的能量，但是当在频域中引入冲激函数后，就有傅里叶变换表示。实际上，由于冲激函数不能看成有界函数，引入频域上的冲激函数已经突破了(5.5.16)式的限制。由此得到启示：对于那些不满足模可积或模可和的时间函数或序列，只要“平均功率”意义上有限(即属于功率受限信号)，就可以借助频域中引入冲激函数，使它

们也有傅里叶变换表示。下面要讨论的$\delta(t)$及其有限阶导数、单位阶跃函数和序列的傅里叶变换就属于这种情况。另一方面，在 3.10 节中曾指出，$\delta(t)$及其$k$阶导数不能作为一般的常规函数来理解和定义，在本书中是以它们在卷积运算和在 LTI 系统中起的作用来定义的。因此，用严格意义上傅里叶变换存在的充分条件来限制它们，已没有什么意义。事实上，在例 5.4 中讨论$\delta(t)$的傅里叶变换时，也没有严格去追究$\delta(t)$是否模可积，而是用$\delta(t)$的筛分性质(即它在积分运算中起的作用)求出其傅里叶变换的。

**1．$\delta(t)$的$k$阶导数和$\delta[n]$的$k$阶差分的傅里叶变换**

$\delta[n]$的$k$阶差分$u_k[n]$，$0<k<\infty$，本身是长度为$k+1$点的有界序列，满足绝对可求和，因此存在严格意义的 DTFT。而$\delta(t)$的$k$阶导数$u_k(t)$，$k>0$，尽管它们都不满足模可积，但利用其等效运算定义，也可以有傅里叶变换。下面分别讨论它们的频域表示及其特点。

对于$\delta(t)$的$k$阶导数$u_k(t)$，按照傅里叶变换公式，并利用其筛分性质，则有

$$\mathscr{F}\{u_k(t)\}=\int_{-\infty}^{\infty}u_k(t)\mathrm{e}^{-\mathrm{j}\omega t}\mathrm{d}t=(-1)^k\left.\frac{\mathrm{d}^k(\mathrm{e}^{-\mathrm{j}\omega t})}{\mathrm{d}t^k}\right|_{t=0}=(-1)^k(-\mathrm{j}\omega)^k=(\mathrm{j}\omega)^k,\quad k>0 \tag{5.5.17}$$

对于$\delta[n]$的$k$阶差分$u_k[n]$，它有确定的序列表达式，见习题 3.38 中(p3.38.8)式，即

$$u_k[n]=\sum_{m=0}^{k}(-1)^m\frac{k!}{(k-m)!m!}\delta[n-m]\ ,\quad 0<k<\infty \tag{5.5.18}$$

利用后面第 6 章 6.3 节中 DTFT 的时移性质，可以证明

$$\mathscr{F}\{u_k[n]\}=\mathscr{F}\left\{\sum_{m=0}^{k}\frac{(-1)^m k!}{m!(k-m)!}\delta[n-m]\right\}=\sum_{m=0}^{k}\frac{(-1)^m k!}{m!(k-m)!}\mathrm{e}^{-\mathrm{j}m\Omega}$$

利用二项式的展开公式，上式可归纳为

$$\mathscr{F}\{u_k[n]\}=(1-\mathrm{e}^{-\mathrm{j}\Omega})^k\ ,\quad k>0 \tag{5.5.19}$$

这样又获得一组重要并对偶的 CFT 和 DTFT 变换对，即

$$u_k(t)=\delta^{(k)}(t)\ \xleftrightarrow{\text{CFT}}\ (\mathrm{j}\omega)^k\quad \text{和}\quad u_k[n]=\Delta^k\delta[n]\ \xleftrightarrow{\text{DTFT}}\ (1-\mathrm{e}^{-\mathrm{j}\Omega})^k \tag{5.5.20}$$

例如，对于$\delta(t)$的一阶导数和$\delta[n]$的一阶差分，它们的傅里叶变换对分别为

$$\delta'(t)\ \xleftrightarrow{\text{CFT}}\ \mathrm{j}\omega\quad \text{和}\quad \Delta\delta[n]\ \xleftrightarrow{\text{DTFT}}\ 1-\mathrm{e}^{-\mathrm{j}\Omega} \tag{5.5.21}$$

它们傅里叶变换的模和相位分别为

$$|X(\omega)|=|\omega|\quad \text{和}\quad \theta(\omega)=(\pi/2)\mathrm{sgn}(\omega) \tag{5.5.22}$$

及

$$|\tilde{X}(\Omega)|=2\left|\sin\left(\frac{\Omega}{2}\right)\right|\quad \text{和}\quad \tilde{\theta}(\Omega)=\begin{cases}-(\Omega/2)+(\pi/2), & 0<\Omega<\pi\\ -(\Omega/2)-(\pi/2), & -\pi<\Omega<0\end{cases},\quad \Omega\in(-\pi,\ \pi] \tag{5.5.23}$$

图 5.29 中画出了$\delta'(t)$和$\Delta\delta[n]$的傅里叶变换之模和相位图形。由于$\delta'(t)$已非绝对可积，故其傅里叶变换的模是一个无界函数。

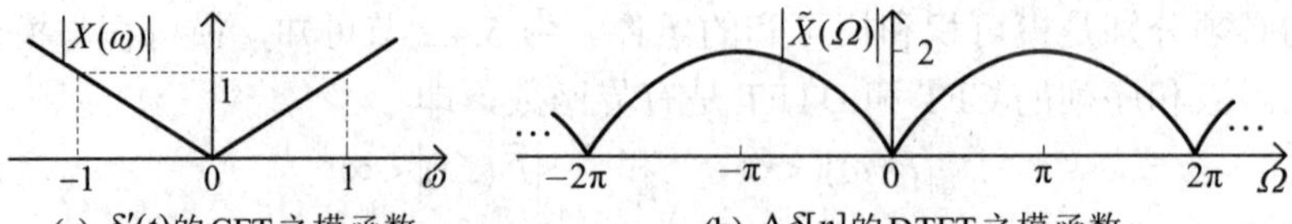


(a) $\delta'(t)$的CFT之模函数　　(b) $\Delta\delta[n]$的DTFT之模函数

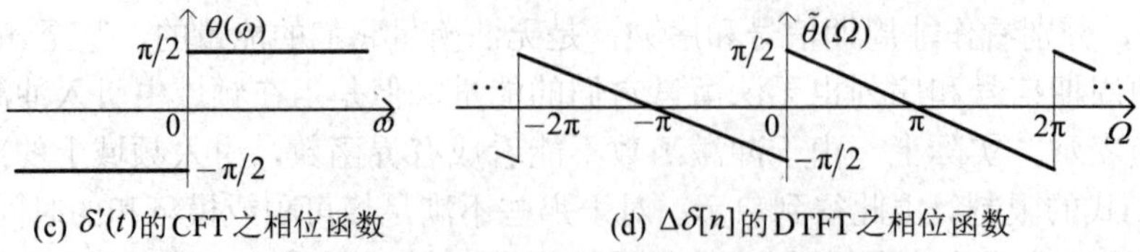


(c) $\delta'(t)$的CFT之相位函数　　(d) $\Delta\delta[n]$的DTFT之相位函数

图 5.29　$\delta'(t)$和$\Delta\delta[n]$的傅里叶变换图形

**2．单位阶跃函数和序列的傅里叶变换**

单位阶跃函数 $u(t)$ 或单位阶跃序列 $u[n]$ 分别不满足绝对可积和绝对可和，但正如 2.6.2 节例 2.4 所介绍的那样，它们可分别奇偶分解(见(2.6.11)式)为

$$u(t)=0.5[1+\mathrm{sgn}(t)] \quad 或 \quad u[n]=0.5\{1+\delta[n]+\mathrm{sgn}[n]\} \tag{5.5.24}$$

只要符号函数和序列有傅里叶变换表示，就可以分别得到 $u(t)$ 和 $u[n]$ 的傅里叶变换。

**【例 5.12】** 通过求符号函数和序列的傅里叶变换，获得 $u(t)$ 和 $u[n]$ 的傅里叶变换。

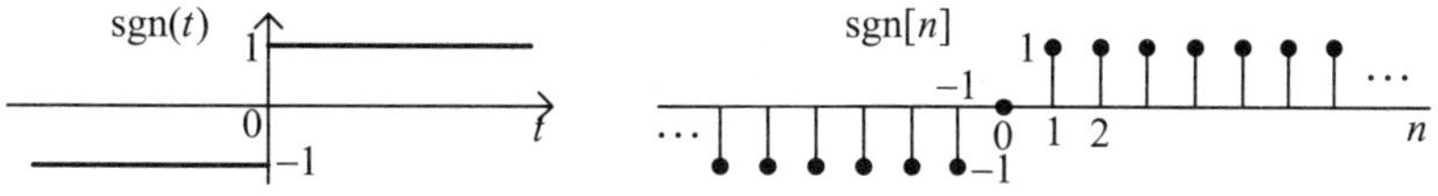


(a) 连续时间符号函数　　(b) 离散时间符号序列

图 5.30　连续时间符号函数和离散时间符号序列的图形

**解**：图 5.30(a)和(b)分别画出(2.6.12)式介绍的符号函数和序列的图形，为了获得它们可以有傅里叶变换表示，首先考察下面一对连续时间和离散时间信号，即

$$x(t)=\mathrm{e}^{-a|t|}\mathrm{sgn}(t)\,,\quad a>0 \quad 和 \quad x[n]=a^{|n|}\mathrm{sgn}[n]\,,\quad 0<a<1 \tag{5.5.25}$$

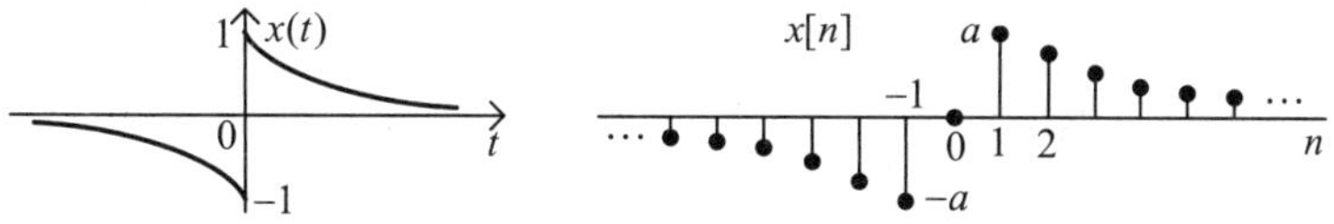


(a) $x(t)=\mathrm{e}^{-a|t|}\mathrm{sgn}(t)$　　(b) $x[n]=a^{|n|}\mathrm{sgn}[n]$

图 5.31　$x(t)=\mathrm{e}^{-a|t|}\mathrm{sgn}(t)$ 和 $x[n]=a^{|n|}\mathrm{sgn}[n]$ 的波形

它们的波形如图 5.31(a)和(b)所示，且是模可积与模可和的，分别存在 CFT 和 DTFT。对于 $x(t)$，则有

$$X(\omega)=\mathscr{F}\left\{\mathrm{e}^{-a|t|}\mathrm{sgn}(t)\right\}=\int_0^{\infty}\mathrm{e}^{-at}\mathrm{e}^{-\mathrm{j}\omega t}\mathrm{d}t-\int_{-\infty}^{0}\mathrm{e}^{at}\mathrm{e}^{-\mathrm{j}\omega t}\mathrm{d}t=\frac{1}{a+\mathrm{j}\omega}-\frac{1}{a-\mathrm{j}\omega}=\frac{-2\mathrm{j}\omega}{a^2+\omega^2} \tag{5.5.26}$$

其模和相位函数分别为

$$|X(\omega)|=\frac{2|\omega|}{(a^2+\omega^2)} \quad 和 \quad \theta(\omega)=-\frac{\pi}{2}\mathrm{sgn}(\omega)=\begin{cases}-\pi/2, & \omega>0\\ \pi/2, & \omega<0\end{cases} \tag{5.5.27}$$

同样地，对于 $x[n]$ 也有

$$\tilde{X}(\Omega)=\sum_{n=0}^{+\infty}a^n\mathrm{e}^{-\mathrm{j}\Omega n}-\sum_{n=-\infty}^{0}a^{-n}\mathrm{e}^{-\mathrm{j}\Omega n}=\frac{1}{1-a\mathrm{e}^{-\mathrm{j}\Omega}}-\frac{1}{1-a\mathrm{e}^{\mathrm{j}\Omega}}=\frac{-2\mathrm{j}a\sin\Omega}{1+a^2-2a\cos\Omega} \tag{5.5.28}$$

其模和相位函数分别为

$$|\tilde{X}(\Omega)|=\frac{2a|\sin\Omega|}{1+a^2-2a\cos\Omega} \quad 和 \quad \tilde{\theta}(\Omega)=\begin{cases}-\pi/2, & 0<\Omega<\pi\\ \pi/2, & -\pi<\Omega<0\end{cases},\quad \Omega\in(-\pi,\ \pi] \tag{5.5.29}$$

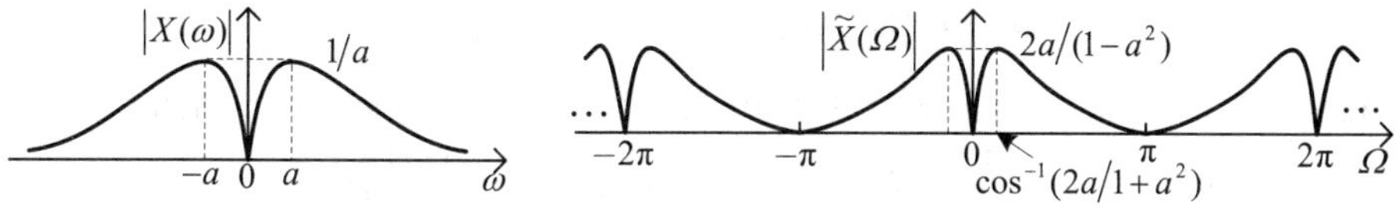


(a) $\mathrm{e}^{-a|t|}\mathrm{sgn}(t)$ 的幅度频谱　　(b) $a^{|n|}\mathrm{sgn}[n]$ 的幅度频谱

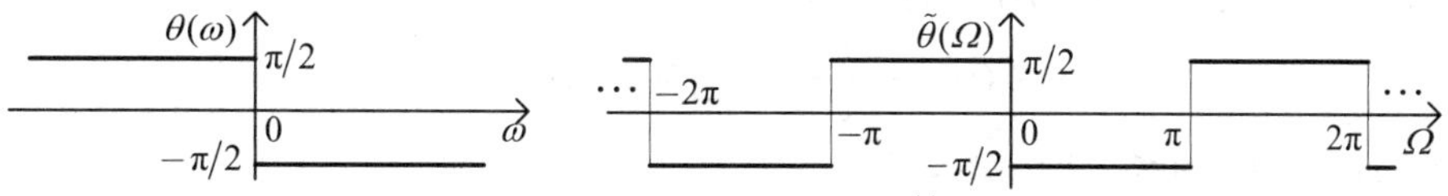


(c) $\mathrm{e}^{-a|t|}\mathrm{sgn}(t)$ 的相位频谱　　(d) $a^{|n|}\mathrm{sgn}[n]$ 的相位频谱

图 5.32　$x(t)=\mathrm{e}^{-a|t|}\mathrm{sgn}(t)$ 和 $x[n]=a^{|n|}\mathrm{sgn}[n]$ 的幅度频谱和相位频谱

图 5.32 中分别画出了图 5.31 所示的 $x(t)$ 和 $x[n]$ 的幅度频谱和相位频谱，上述 $x(t)$ 和 $x[n]$ 分别满足绝对可积和绝对可和，故它们的傅里叶变换的模都是有限值。由于相位函数 $\tilde{\theta}(\Omega)$ 是周期为 $2\pi$ 的周期函数，往往只表示一个 $2\pi$ 周期(通常取 $-\pi \leqslant \Omega \leqslant \pi$ )。后面遇到这样的情况一般都这么表示，不再加以说明。

连续时间符号函数和离散时间符号序列可分别看成(5.5.25)式表示的 $x(t)$ 和 $x[n]$ 的一个极限，即

$$\operatorname{sgn}(t)=\lim_{a\to 0}x(t)=\lim_{a\to 0}\mathrm{e}^{-a|t|}\operatorname{sgn}(t) \quad 和 \quad \operatorname{sgn}[n]=\lim_{a\to 1}x[n]=\lim_{a\to 1}a^{|n|}\operatorname{sgn}[n] \tag{5.5.30}$$

因此，符号函数和序列的傅里叶变换，应分别等于(5.5.26)式和(5.5.28)式的 $X(\omega)$ 和 $\tilde{X}(\Omega)$ 在相同条件下的极限，则符号函数的傅里叶变换 $S(\omega)$ 为

$$S(\omega)=\lim_{a\to 0}\frac{-2\mathrm{j}\omega}{a^2+\omega^2}=\begin{cases}2/\mathrm{j}\omega, & \omega\neq 0\\ 0, & \omega=0\end{cases} \tag{5.5.31}$$

其中，在 $\omega=0$ 处的值直接由正变换公式求得，即 $S(0)=\int_{-\infty}^{\infty}\operatorname{sgn}(t)\mathrm{e}^{-\mathrm{j}\omega t}\mathrm{d}t\big|_{\omega=0}=\int_{-\infty}^{\infty}\operatorname{sgn}(t)\mathrm{d}t=0$ 。而符号序列的傅里叶变换 $\tilde{S}(\Omega)$ 为

$$\tilde{S}(\Omega)=\lim_{a\to 1}\frac{-\mathrm{j}2a\sin\Omega}{1+a^2-2a\cos\Omega}=\frac{-\mathrm{j}\sin\Omega}{1-\cos\Omega}=\begin{cases}-\mathrm{j}\cot(\Omega/2), & \Omega\neq 2\pi l\\ 0, & \Omega=2\pi l\end{cases} \tag{5.5.32}$$

其中，在 $\Omega=2\pi l$ 处的值直接由 DTFT 的反变换公式求得，即 $\tilde{S}(2\pi l)=\sum_{n=-\infty}^{\infty}\operatorname{sgn}[n]\mathrm{e}^{-\mathrm{j}\Omega n}\big|_{\Omega=2\pi l}=\sum_{n=-\infty}^{\infty}\operatorname{sgn}[n]=0$ 。若把 $S(\omega)$ 和 $\tilde{S}(\Omega)$ 分别表示成模及相位，则有

$$|S(\omega)|=\begin{cases}2/|\omega|, & \omega\neq 0\\ 0, & \omega=0\end{cases} \quad 及 \quad \theta_s(\omega)=-\frac{\pi}{2}\operatorname{sgn}(\omega) \tag{5.5.33}$$

和

$$|\tilde{S}(\Omega)|=\begin{cases}|\cot(\Omega/2)| & \Omega\neq 2\pi l\\ 0, & \Omega=2\pi l\end{cases} \quad 及 \quad \tilde{\theta}_s(\Omega)=\begin{cases}-\pi/2, & 0<\Omega<\pi\\ \pi/2, & -\pi<\Omega<0\end{cases},\quad \Omega\in(-\pi,\ \pi] \tag{5.5.34}$$

图 5.33 中分别画出了 $S(\omega)$ 和 $\tilde{S}(\Omega)$ 的模和相位的函数图形。由图中可以看出，傅里叶变换的模不再是有界函数，这是不满足绝对可积或绝对可和所致。另外， $S(0)=0$ 和 $\tilde{S}(2\pi l)=0$ 表明，在零频率的谱密度为 0，这是因为 $\operatorname{sgn}(t)$ 和 $\operatorname{sgn}[n]$ 没有常数(直流)分量的缘故。

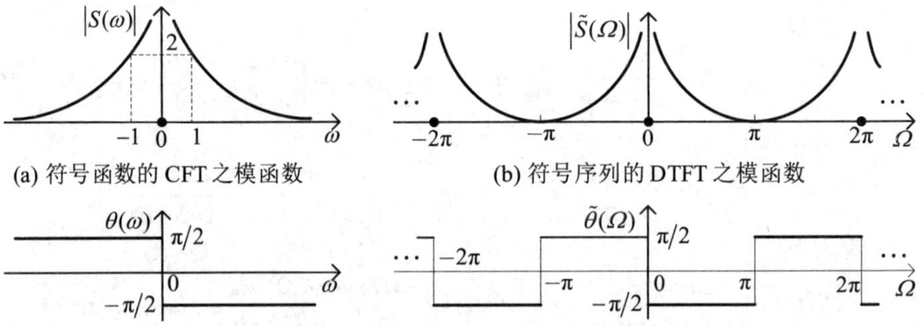


(a) 符号函数的 CFT 之模函数　(b) 符号序列的 DTFT 之模函数

(c) 符号函数的 CFT 之相位函数　(d) 符号序列的 DTFT 之相位函数

图 5.33 符号函数和序列的傅里叶变换图形

最后，利用(5.5.24)式和前面求得的符号函数和序列傅里叶变换，求得 $u(t)$ 和 $u[n]$ 的傅里叶变换分别为

$$U(\omega)=\pi\delta(\omega)+\frac{1}{\mathrm{j}\omega} \quad 和 \quad \tilde{U}(\Omega)=\pi\sum_{k=-\infty}^{\infty}\delta(\Omega-2\pi k)+\frac{1}{2}-\frac{1}{2}\mathrm{j}\cot\frac{\Omega}{2} \tag{5.5.35}$$

利用三角公式和欧拉关系， $u[n]$ 的 DTFT 也可以表示为

$$\tilde{U}(\Omega)=\frac{1}{1-\mathrm{e}^{-\mathrm{j}\Omega}}+\pi\sum_{k=-\infty}^{\infty}\delta(\Omega-2\pi k) \tag{5.5.36}$$

这样就获得了 $u(t)$ 和 $u[n]$ 的傅里叶变换对，即

$$u(t)\xleftrightarrow{\text{CFT}}\pi\delta(\omega)+\frac{1}{\mathrm{j}\omega} \quad 和 \quad u[n]\xleftrightarrow{\text{DTFT}}\frac{1}{1-\mathrm{e}^{-\mathrm{j}\Omega}}+\pi\sum_{k=-\infty}^{\infty}\delta(\Omega-2\pi k) \tag{5.5.37}$$

若将它们的 CFT 或 DTFT 分别用模和相位表示，则分别为

$$|U(\omega)|=\pi\delta(\omega)+\frac{1}{|\omega|} \quad 和 \quad \theta_u(\omega)=-\frac{\pi}{2}\text{sgn}(\omega) \tag{5.5.38}$$

或

$$|\tilde{U}(\Omega)|=\frac{1}{2|\sin(\Omega/2)|}+\pi\sum_{k=-\infty}^{\infty}\delta(\Omega-2\pi k) \quad 和 \quad \tilde{\theta}_u(\Omega)=\begin{cases}(\Omega/2)-(\pi/2), & 0<\Omega<\pi\\(\Omega/2)+(\pi/2), & -\pi<\Omega<0\end{cases} \tag{5.5.39}$$

图 5.34 中分别画出 $u(t)$ 和 $u[n]$ 的傅里叶变换之模和相位图形。在它们的频域表示中，分别在零频率( $\omega=0$ )和 $\Omega$ 的 $2\pi$ 整倍数频率点上出现强度为 $\pi$ 的冲激，这意味着在时域中，$u(t)$ 和 $u[n]$ 分别包含了幅度为 0.5 的常数信号或序列。此外，两者的区别在于，$u[n]$ 中还包含了 $0.5\delta[n]$ 的分量，故在频率 $\Omega$ 中就包含了幅度为 0.5 的平坦幅度频谱项。

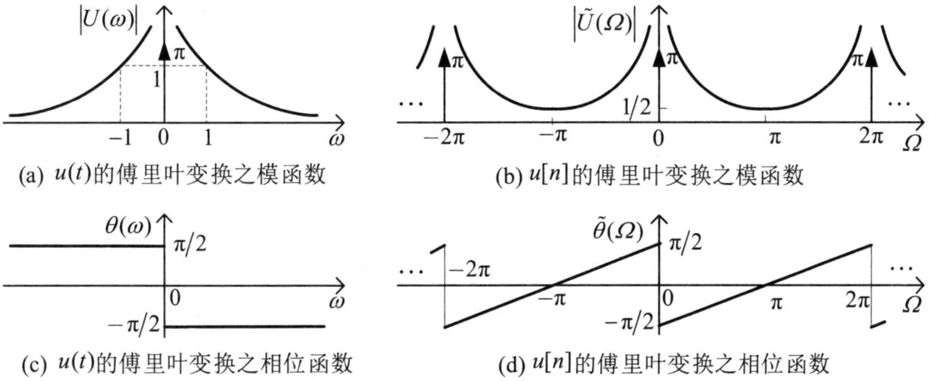


图 5.34　$u(t)$ 和 $u[n]$ 的傅里叶变换图形

比较图 5.34 和图 5.29 是很有意思的，它们分别表示了 $u(t)$、$u[n]$ 和 $\delta'(t)$、$\Delta\delta[n]$ 的频域表示。第三章已指出，$u(t)$ 和 $u[n]$ 分别是积分器和累加器的单位冲激响应，而 $\delta'(t)$ 和 $\Delta\delta[n]$ 分别是微分器和差分器的单位冲激响应。单位冲激响应的傅里叶变换就是该 LTI 系统的频率响应，因此，图 3.34 和图 3.29 分别表示了积分器、累加器和微分器、差分器的幅频特性和相频特性，图中展示出积分器和微分器(或累加器和差分器)的频域特性有较大的不同。

到此为止，不仅介绍了连续和离散傅里叶级数、连续傅里叶变换和离散时间傅里叶变换等信号与系统频域分析的基本数学方法，且通过许多例子，讨论了信号和 LTI 系统的频域表示—信号的频谱和 LTI 系统的频率响应，以及与此有关的许多概念。还通过在频域中引入冲激函数，把严格数学意义上的傅里叶变换加以推广，使得许多不满足模可积和模可和的时间函数和序列、$\delta(t)$ 及其有限阶导数、$u(t)$ 和 $u[n]$ 等也有傅里叶变换表示。由此肯定地回答了在 5.2 节一开头所指出的一个事实，即连续时间和离散时间复正弦信号 $e^{j\omega t}$ 和 $e^{j\Omega n}$ 可以分别作为基本信号，由它们可构成相当广泛的信号，至少可构成信号与系统研究中有意义的绝大部分时间函数和序列。还有极少数时间函数和序列，例如，指数增长的时间函数和序列、$\delta(t)$ 和 $\delta[n]$ 两次以上积分和累加等，它们既不存在严格意义的傅里叶变换，也没有扩展的傅里叶变换表示，这一点限制将毫不影响傅里叶变换在信号与系统理论和方法中的巨大作用，何况下面介绍的双边拉普拉斯变换和双边 Z 变换，在很大程度上弥补了傅里叶变换的这一不足。

傅里叶变换在信号与系统理论和方法中的作用，不仅提供了信号与 LTI 系统的一种有效的表示法，而且用它们可以分析信号通过 LTI 系统的问题。更重要的是，傅里叶变换的许多重要性质揭示了时域和频域之间的关系，并由此开发出有关信号分析和处理、系统分析和设计中一系列十分有用的方法和技术。

## 5.6 有限长序列的频域表示法：离散傅里叶变换(DFT)

无论是连续和离散时间傅里叶变换，利用其正变换和反(逆)变换公式，不难求出许多确定性的时间函数和序列的频域表示，或者反之，由频域函数求出它们的时域信号。但是，由于CFT 的正、反变换都涉及积分，而且在工程中(例如频谱分析)所涉及的信号，往往很难用一个简单的函数表达式来表示，积分也只能采用近似的数值方法计算；另外，$F(\omega)$ 和 $\tilde{F}(\Omega)$ 分别是 $\omega$ 的复值非周期连续函数和 $\Omega$ 的复值周期连续函数，均需无限个数值才能精确表示。由于这些原因，尽管傅里叶方法在理论分析上发挥了巨大的作用，但其直接的实际应用长期以来受到相当的限制。离散傅里叶变换(DFT)作为有限长序列的有效傅里叶表示法，突破了这些困难和限制，为傅里叶方法广泛和方便地直接实际应用打开了大门，因此，离散傅里叶变换及其高效的快速傅里叶变换(FFT)算法，就成为数字信号处理领域中最重要的技术和研究课题。

### 5.6.1 有限长序列的离散傅里叶变换

对于长度为 $M$ 的任意有限长的序列 $x[n]$，$n=0, 1, 2, \cdots, M-1$，后面**简称为 $M$ 点序列** $x[n]$，它的离散时间傅里叶变换(DTFT)是如下的 $M$ 项求和

$$\tilde{X}(\Omega)=\sum_{n=-\infty}^{\infty}x[n]\mathrm{e}^{-\mathrm{j}\Omega n}=\sum_{n=0}^{M-1}x[n]\mathrm{e}^{-\mathrm{j}\Omega n} \tag{5.6.1}$$

它与模可和的无限长序列的 DTFT 一样，都是 $\Omega$ 上的周期为 $2\pi$ 的连续周期复值函数，在一个周期内，都需要无限多个复数值才能完全表示。但在时域中，$x[n]$ 只需 $M$ 个序列值即可完全表示，而任意模可和的无限长序列却需要无限多个序列值才能完全表示。这一事实表明，用 $\tilde{X}(\Omega)$ 作为 $M$ 点序列 $x[n]$ 的频域表示是有很大冗余的，需要寻求更为有效的频域表示法。实际上，可以通过离散傅里叶级数(DFS)表示法，引出有限长序列的更为有效的频域表示法，即离散傅里叶变换(DFT)。后面 6.6.2 小节的离散时间频域抽样定理将证明，$M$ 点序列 $x[n]$ 的 $\tilde{X}(\Omega)$ 只需要用它的 $N$ 个($N\geqslant M$)等间隔样本 $\tilde{X}(k2\pi/N)$，$k=0, 1, 2, \cdots, N-1$，就可充分表示，从另一方面证明了这种离散傅里叶变换(DFT)表示法的正确性和有效性。

如果把 $M$ 点序列 $x[n]$ 以周期 $N$（**选取** $N\geqslant M$）进行周期延拓，生成周期序列 $\tilde{x}[n]$，即

$$\tilde{x}[n]=\sum_{l=-\infty}^{\infty}x_N[n-lN] \quad 和 \quad x_N[n]=\begin{cases}\tilde{x}[n], & 0\leqslant n\leqslant N-1\\ 0, & n<0,\ n\geqslant N\end{cases}=\begin{cases}x[n], & 0\leqslant n\leqslant M-1\\ 0, & n<0,\ n\geqslant M\end{cases} \tag{5.6.2}$$

其中，$x_N[n]$ 就是 $M$ 点序列 $x[n]$ 之后填充 $N-M$ 个 0 值生成的 $N$ 点序列，它与 $x[n]$ 无实际差别。通常把周期区间 $0\leqslant n\leqslant N-1$ 看作周期为 $N$ 的周期序列 $\tilde{x}[n]$ 的**主值区间**，对应地，可以把 $x_N[n]$ 称作 $\tilde{x}[n]$ 的**主值序列**。为了后面讨论方便，上述 $x[n]$ 与 $\tilde{x}[n]$ 采用下述符号表示：

$$\tilde{x}[n]=x_N\left(([n])\right)_N \quad 和 \quad x_N[n]=\tilde{x}[n]r_N[n] \tag{5.6.3}$$

其中，$r_N[n]$ 为 $N$ 点单位值序列，即

$$r_N[n]=u[n]-u[n-N]=\begin{cases}1, & 0\leqslant n\leqslant N-1\\ 0, & n<0,\ n>N\end{cases} \tag{5.6.4}$$

而(5.6.3)式左式的符号 $\left([n]\right)_N$ 表示“对整数 $n$ 的模 $N$ 运算”，或称为余数运算符号，即取整数 $n$ 除以 $N$ 所得的余数。具体地说，任意整数 $n$ 总可以表示为 $n=n_1+lN$，其中，$n_1$ 称为 $n$ 除

以 $N$ 所得的余数，且 $0 \leqslant n_1 \leqslant N-1$，则有

$$([n])_N = [n_1] \quad 和 \quad x_N([n])_N = x_N[n_1] \tag{5.6.5}$$

由此，就可以借助 $\tilde{x}[n]$ 的离散傅里叶级数导出 $x[n]$ 的 $N$ 点离散傅里叶变换(DFT)。

周期序列 $\tilde{x}[n]$ 的离散傅里叶级数表示(见(5.3.17)式和(5.3.18)式)为

$$\tilde{F}_k = \frac{1}{N}\sum_{n\in<N>}\tilde{x}[n]\mathrm{e}^{-\mathrm{j}k\frac{2\pi}{N}n}, \quad k=0, \ \pm 1, \ \pm 2 \ \cdots \tag{5.6.6}$$

$$\tilde{x}[n] = \sum_{k\in<N>}\tilde{X}_k\mathrm{e}^{\mathrm{j}k\frac{2\pi}{N}n}, \quad n=0, \ \pm 1, \ \pm 2 \ \cdots \tag{5.6.7}$$

由于 $\tilde{x}[n]$ 及其 DFS 系数 $\tilde{F}_k$ 和都是周期为 $N$ 的周期数值序列，它们可以分别用主值区间 $(0 \leqslant n, \ k \leqslant N-1)$上的 $N$ 个数值唯一地确定，即可以分别用如下的 $N$ 个数值唯一地确定：

$$X_k = \tilde{F}_k r_N[k] = \frac{1}{N}\sum_{n=0}^{N-1}x_N[n]\mathrm{e}^{-\mathrm{j}k\frac{2\pi}{N}n}, \quad k=0, \ 1, \ \cdots, \ N-1 \tag{5.6.8}$$

$$x_N[n] = \tilde{x}[n]r_N[n] = \sum_{k=0}^{N-1}X_k\mathrm{e}^{\mathrm{j}k\frac{2\pi}{N}n}, \quad n=0, \ 1, \ \cdots, \ N-1 \tag{5.6.9}$$

其中，$r_N[k]$ 和 $r_N[n]$ 由(5.6.4)式确定。$N$ 个数值 $X_k$ 和 $x_N[n]$(即 $x[n]$ 填充 $N-M$ 个 0 值)之间的变换，就构成了一个具有唯一性的变换，这就是导出离散傅里叶变换(DFT)的基本原理。

在目前许多文献中，习惯上采用的离散傅里叶变换公式与(5.6.8)式和(5.6.9)式有一点小的区别，即采用了如下的符号和形式

$$X[k] = \mathrm{DFT}\{x[n]\} = \sum_{n=0}^{N-1}x[n]\mathrm{e}^{-\mathrm{j}k(2\pi/N)n}, \quad k=0, \ 1, \ \cdots, \ N-1 \tag{5.6.10}$$

$$x[n] = \mathrm{IDFT}\{X[k]\} = \frac{1}{N}\sum_{k=0}^{N-1}X[k]\mathrm{e}^{\mathrm{j}k(2\pi/N)n}, \quad n=0, \ 1, \ \cdots, \ N-1 \tag{5.6.11}$$

其中，$x[n]$ 及其 DFT 系数 $X[k]$ 均采用方括号[*]表示，不同于大多数教材或文献中都采用圆括号(*)表示，仅为了沿用本书一开始的规定，即用方括号表示序列(自变量为整数的函数)，以区别于圆括号表示自变量为实数或复数的函数符号。对这里采用不同的函数符号作此说明后，将不会给理解和参阅其他文献带来什么困难。通常把 $X[k]$ 称作 $x[n]$ 的 $N$ 点**离散傅里叶变换**，简称 $x[n]$ 的 $N$ 点 **DFT**，$x[n]$ 称为 $X[k]$ 的 $N$ 点**逆(反)离散傅里叶变换**，简称 $X[k]$ 的 $N$ 点 **IDFT**，(5.6.10)式称为 DFT 的**正变换公式**，(5.6.11)式称为**逆(反)变换公式**。

为了后面表示上的方便，引入如下符号：

$$W_N = \mathrm{e}^{-\mathrm{j}(2\pi/N)} \tag{5.6.12}$$

那么，上述离散傅里叶变换和反变换公式可改写成如下形式：

$$X[k] = \mathrm{DFT}\{x[n]\} = \sum_{n=0}^{N-1}x[n]W_N^{nk}, \quad k=0, \ 1, \ \cdots, \ N-1 \tag{5.6.13}$$

$$x[n] = \mathrm{IDFT}\{X[k]\} = \frac{1}{N}\sum_{k=0}^{N-1}X[k]W_N^{-kn}, \quad n=0, \ 1, \ \cdots, \ N-1 \tag{5.6.14}$$

如果把 $x[n]$ 的 $N$ 个序列值与其 $N$ 个 DFT 系数值分别顺序排列成 $N$ 维数据列矢量，即

$$\boldsymbol{x} = (x[0] \quad x[1] \quad x[2] \quad \cdots \quad x[N-2] \quad x[N-1])^{\mathrm{T}} \tag{5.6.15}$$

$$\boldsymbol{X} = (X[0] \quad X[1] \quad X[2] \quad \cdots \quad X[N-2] \quad X[N-1])^{\mathrm{T}} \tag{5.6.16}$$

那么，(5.6.13)式和(5.6.14)式就可以分别写成如下的矢量矩阵运算：

$$\begin{bmatrix} X[0] \\ X[1] \\ X[2] \\ \vdots \\ X[N-1] \end{bmatrix} = \begin{bmatrix} 1 & 1 & 1 & \cdots & 1 \\ 1 & W_N^{1\times1} & W_N^{2\times1} & \cdots & W_N^{(N-1)\times1} \\ 1 & W_N^{1\times2} & W_N^{2\times2} & \cdots & W_N^{(N-1)\times2} \\ \vdots & \vdots & \vdots & & \vdots \\ 1 & W_N^{1\times(N-1)} & W_N^{2\times(N-1)} & \cdots & W_N^{(N-1)^2} \end{bmatrix} \begin{bmatrix} x[0] \\ x[1] \\ x[1] \\ \vdots \\ x[N-1] \end{bmatrix} \tag{5.6.17}$$

和

$$\begin{bmatrix} x[0] \\ x[1] \\ x[1] \\ \vdots \\ x[N-1] \end{bmatrix} = \frac{1}{N} \begin{bmatrix} 1 & 1 & 1 & \cdots & 1 \\ 1 & W_N^{-1\times1} & W_N^{-2\times1} & \cdots & W_N^{-(N-1)\times1} \\ 1 & W_N^{-1\times2} & W_N^{-2\times2} & \cdots & W_N^{-(N-1)\times2} \\ \vdots & \vdots & \vdots & & \vdots \\ 1 & W_N^{-1\times(N-1)} & W_N^{-2\times(N-1)} & \cdots & W_N^{-(N-1)^2} \end{bmatrix} \begin{bmatrix} X[0] \\ X[1] \\ X[2] \\ \vdots \\ X[N-1] \end{bmatrix} \tag{5.6.18}$$

或者分别简写成如下的 DFT 和 IDFT 矢量矩阵形式：

$$\boldsymbol{X} = \boldsymbol{W}_N^{nk}\boldsymbol{x} \tag{5.6.19}$$

$$\boldsymbol{x} = \frac{1}{N}\boldsymbol{W}_N^{-nk}\boldsymbol{X} \tag{5.6.20}$$

其中，$\boldsymbol{X}$ 和 $\boldsymbol{x}$ 分别为由(5.6.16)式和(5.6.15)式表示的 $N$ 维列矢量，$\boldsymbol{W}_N^{nk}$ 和 $\boldsymbol{W}_N^{-nk}$ 分别是(5.6.17)式和(5.6.18)式中的 $N\times N$ 阶矩阵，显然，它们都是对称矩阵，即

$$\boldsymbol{W}_N^{nk} = [\boldsymbol{W}_N^{nk}]^{\mathrm{T}} \quad 和 \quad \boldsymbol{W}_N^{-nk} = [\boldsymbol{W}_N^{-nk}]^{\mathrm{T}} \tag{5.6.21}$$

## 5.6.2 离散傅里叶变换(DFT)与 DTFT、DFS 和 Z 变换的关系

有限长序列 $x[n]$ 不仅有 Z 变换表示(见后面 5.8 节)，还有两种不同的频域表示，即它的 $N$ 点离散傅里叶变换 $X[k]$ 和离散时间傅里叶变换 $\tilde{X}(\Omega)$，显然，$X[k]$ 不同于 $\tilde{X}(\Omega)$，前者是 $N$ 个复数值，后者是周期为 $2\pi$ 的连续周期复值函数。有限长序列 $x[n]$ 的这些不同的表示之间必定有确定的关系，下面分别讨论这些关系。

**1. $N$ 点序列的 DFT 与其 Z 变换及 DTFT 间的关系**

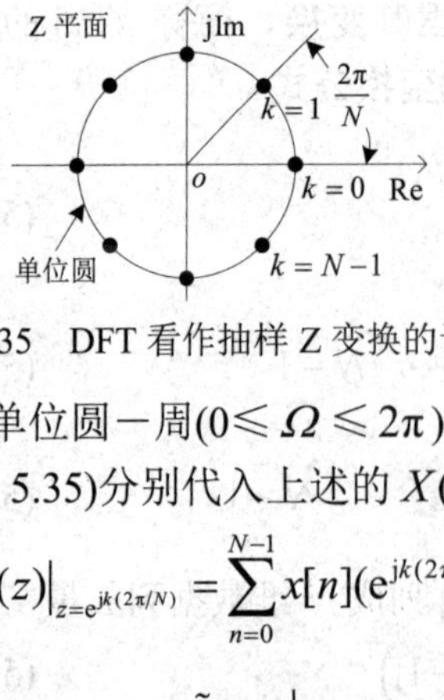


图 5.35 DFT 看作抽样 Z 变换的说明

$N$ 点序列 $x[n]$ 的 Z 变换(见(后面(5.8.2)式))为

$$X(z) = \sum_{n=0}^{N-1} x[n]z^{-n}，\ \left(|z|>0\right) \supset 单位圆$$

单位圆上的 $X(z)$ 就是 $x[n]$ 的 DTFT $\tilde{X}(\Omega)$，即

$$\tilde{X}(\Omega) = \sum_{n=0}^{N-1} x[n]\mathrm{e}^{-\mathrm{j}\Omega n}$$

若用单位圆一周($0 \leqslant \Omega \leqslant 2\pi$)上的 $N$ 等分点 $z=\mathrm{e}^{-\mathrm{j}k(2\pi/N)}$ 和 $\Omega = k(2\pi/N)$，$k=0, 1, \cdots, N-1$ (见图 5.35)分别代入上述的 $X(z)$ 和 $\tilde{X}(\Omega)$，则分别得到

$$X(z)\big|_{z=\mathrm{e}^{\mathrm{j}k(2\pi/N)}} = \sum_{n=0}^{N-1} x[n](\mathrm{e}^{\mathrm{j}k(2\pi/N)})^{-n} = \sum_{n=0}^{N-1} x[n]\mathrm{e}^{-\mathrm{j}k(2\pi/N)n} = X[k]，\ k=0,\ 1,\ \cdots,\ N-1 \tag{5.6.22}$$

$$\tilde{X}(\Omega)\big|_{\Omega=k(2\pi/N)} = \sum_{n=0}^{N-1} x[n]\mathrm{e}^{-\mathrm{j}k(2\pi/N)n} = X[k]，\quad k=0,\ 1,\ \cdots,\ N-1 \tag{5.6.23}$$

这表明，$N$ 点序列的 $N$ 点 DFT 等于它单位圆一周($0 \leqslant \Omega < 2\pi$)上 $N$ 等分点的 Z 变换样本值，

亦即它的 DTFT 在 $\Omega=k(2\pi/N)$，$k=0, 1, \cdots, N-1$，上的 $N$ 个等间隔样本值。在后面 6.6.2 小节讨论频域抽样定理时，还将证明两者之间的另一方面的关系，即 $N$ 点序列的 DTFT 可以由它的 $N$ 点 DFT 重建出来(见(6.6.38)式)。

**2. $N$ 点序列的 DFT 与 DFS 之间的关系**

尽管离散傅里叶变换是针对有限长序列定义的，而离散傅里叶级数是针对周期序列定义的，但比较(5.6.6)式与(5.6.10)式和(5.6.7)式与(5.6.11)式可以看出，两者不仅形式上十分相似，而且存在着直接和确定的关系。$X[k]$(有限长序列 $x[n]$ 的 $N$ 点 DFT)与 $\tilde{F}_k$(由 $x[n]$ 以 $N$ 为周期延拓成的周期序列 $\tilde{x}[n]$ 之 DFS)之间的关系可以表示为：

$$X[k]=N\tilde{F}_k r_N[k] \quad \text{和} \quad \tilde{F}_k=X\big(([k])_N\big)/N \tag{5.6.24}$$

即分别除了一个 $N$ 和 $1/N$ 的因子外，$X[k]$ 就是 $\tilde{x}[n]$ 的 DFS 系数的主值序列，而 $\tilde{F}_k$ 就是 $x[n]$ 之 $N$ 点 DFT 的周期延拓。因此，如果对 DFS 作些注释，即可以用作 DFT，反之亦然。

利用离散傅里叶变换，无论有限长的离散时间(或数字)信号，还是因果的离散时间 FIR 系统(如 FIR 数字滤波器)的单位冲激响应，它们既能看作时域上一组有限非零值序列，又能用频域上的一组相同数目的 DFT 系数来表示。因此，DFT 作为比 DTFT 和 Z 变换更有效的有限长序列的变换域表示法，在离散时间信号与系统的概念、理论和方法中具有特别重要的地位，并在离散时间(数字)信号分析和处理中有非常广泛的实际应用，在后面的 9.4 节将简要地介绍其中的一些主要应用。

读者会注意到，在前面推导离散傅里叶变换时，为何刻意指出它的一个重要特点，即计算 $M$ 点序列的 $N$ 点 DFT 时，$N$ 的选取很灵活，只要 $N\geqslant M$ 即可，这里做如下说明：首先，若选取 $N=M$，就得 $M$ 点 DFT，这是 $M$ 点序列最有效的傅里叶表示；若选取 $N>M$，得到的 $N$ 点 DFT 来作为 $M$ 点序列的傅里叶表示，已存在一定程度的冗余。但是，给 $N$ 的选取有这样的灵活性，不仅由此开发出称为**快速傅里叶变换(FFT)**的高效 DFT 快速算法，另外，从第 6 章及 9.4 节中有关 DFT 性质及 DFT 应用的讨论可以看到，正是选取 $N$ 的这种灵活性，使得 DFT 可以方便地应付许多涉及不同长度序列的场合，大大扩展了 DFT 的实际应用。

## 5.7　快速傅里叶变换(FFT)

考察离散傅里叶变换(DFT)及其反变换(IDFT)的矢量矩阵形式(见(5.6.17)式和(5.6.18)式)，为了计算 $N$ 点 DFT 或 IDFT，需要 $N^2$ 次复数乘法和 $N(N-1)\approx N^2$ 次复数加法，而每一次复数乘法又需 4 次实数乘法和 2 次实数加法，且要 2 次实数加法才能完成一次复数加法，因此，实现 $N$ 点 DFT 或 IDFT 总共需要 $4N^2$ 次实数乘法和 $2N(N-1)+2N^2\approx 4N^2$ 次实数加法。当 $N$ 较大时，DFT 或 IDFT 所需的运算量相当大，例如，$N=2^{10}=1024$ 时，总共需要约 400 万次实数乘法和 400 万次实数加法运算。许多数字信号的实时处理对计算速度有相当苛刻的要求，这样大的运算量就成为 DFT 实时应用的瓶颈。在 1965 年，库利(J W Cooley)和图基(J W Tukey)首先提出后来称为“快速傅里叶变换(FFT)”的 DFT 的快速算法，此后又催生出多种不同的 FFT 算法。这些 FFT 算法的出现，使得频域上进行信号分析和处理成为现实，而且使得许多“变换的快速算法”成为研究热点，对数字信号处理学科的发展起了重大的促进作用。

### 5.7.1 FFT 算法的原理和依据

在介绍和讨论常用的 FFT 算法之前，首先探讨一下导出 FFT 算法的基本原理和依据，主要依据有以下两点：

**1. 充分利用复序列 $W_N^{nk}$ 的性质**

进一步考察(5.6.17)式中的 $N$ 点 DFT 变换矩阵 $\boldsymbol{W}_N^{nk}$，矩阵中的元素为 $W_N^{nk}=\mathrm{e}^{-\mathrm{j}k(2\pi/N)n}$，不难证明它有下列性质：

1) $W_N^{nk}$ 的周期性

$$W_N^{([nk])_N}=W_N^{nk} \quad 或 \quad W_N^{n(k+N)}=W_N^{nk} \tag{5.7.1}$$

其中，$([nk])_N$ 表示取 $nk$ 除以 $N$ 的余数，即 $nk$ 的模 $N$ 运算。例如，$W_4^6=W_4^2$，$W_4^9=W_4^1$ 等。

2) $W_N^{nk}$ 的共轭对称性

$$W_N^{-nk}=(W_N^{nk})^*=W_N^{n(N-k)} \tag{5.7.2}$$

例如，$W_4^{-1}=W_4^3$，$W_4^{-2}=W_4^2$，$W_4^{-3}=W_4^1$ 等，且如果 $N$ 为偶数，$W_N^{N/2}=\mathrm{e}^{-\mathrm{j}(2\pi/N)(N/2)}=\mathrm{e}^{-\mathrm{j}\pi}=-1$，则有

$$W_N^{[nk\pm(N/2)]}=-W_N^{nk}，\ N 为偶数 \tag{5.7.3}$$

例如，$W_4^2=-W_4^0=-1$，$W_4^3=-W_4^1$，$W_4^1=-W_4^3$ 等。

3) $W_N^{nk}$ 的可压缩性(可约性)和可扩展性

$$W_N^{nk}=W_{N/k}^{n} \quad 和 \quad W_N^{nk}=W_{mN}^{(nk)m} \tag{5.7.4}$$

例如，$W_4^2=W_2^1$，$W_8^4=W_4^2$，$W_{16}^8=W_8^4$ 等。

这里以 $N=4$ 为例，直观地说明怎样利用 $W_N^{nk}$ 的上述性质，找到快速计算 DFT 的秘诀。利用上述性质，4 点 DFT 矩阵可逐步简化如下：

$$\begin{bmatrix} W_4^0 & W_4^0 & W_4^0 & W_4^0 \\ W_4^0 & W_4^1 & W_4^2 & W_4^3 \\ W_4^0 & W_4^2 & W_4^4 & W_4^6 \\ W_4^0 & W_4^3 & W_4^6 & W_4^9 \end{bmatrix}=\begin{bmatrix} W_4^0 & W_4^0 & W_4^0 & W_4^0 \\ W_4^0 & W_4^1 & W_4^2 & W_4^3 \\ W_4^0 & W_4^2 & W_4^0 & W_4^2 \\ W_4^0 & W_4^3 & W_4^2 & W_4^1 \end{bmatrix}=\begin{bmatrix} W_4^0 & W_4^0 & W_4^0 & W_4^0 \\ W_4^0 & W_4^1 & -W_4^0 & -W_4^1 \\ W_4^0 & -W_4^0 & W_4^0 & -W_4^0 \\ W_4^0 & -W_4^1 & -W_4^0 & W_4^1 \end{bmatrix}=\begin{bmatrix} 1 & 1 & 1 & 1 \\ 1 & W_4^1 & -1 & -W_4^1 \\ 1 & -1 & 1 & -1 \\ 1 & -W_4^1 & -1 & W_4^1 \end{bmatrix} \tag{5.7.5}$$

由此看出，利用 $W_N^{nk}$ 的性质 1)和 2)，可使得 DFT 矩阵简化成为大部分元素是 1 或 $-1$ 的矩阵，且非 1 或非 $-1$ 的元素有重复。如果把 8 点 DFT 矩阵做这样的简化，则会有更多的矩阵元素变成 1 或 $-1$，且非 1 或非 $-1$ 的元素则有成倍的重复。随着 $N$ 的进一步变大，矩阵中 1 或 $-1$ 元素的比例近于指数的增长，而非 1 或非 $-1$ 的元素则近于指数的减少。众所周知，任何数乘 1，则无需计算，而任何数乘 $-1$，只需改变正负号。因此，则将大大减少 DFT 的运算量。

**2. $N$ 点 DFT 运算可分解为两组 $N/2$ 点 DFT 运算**

若 $N$ 是偶数，可把 $N$ 点序列 $x[n]$ 按 $n$ 为偶数和奇数拆分成两个 $N/2$ 点序列 $e[n]$ 和 $g[n]$，即

$$e[n]=x[2n] \quad 和 \quad g[n]=x[2n+1]，\ 0\leqslant n\leqslant (N/2)-1 \tag{5.7.6}$$

且令

$$e[n] \xleftrightarrow{\mathrm{DFT}(N/2)} E[k] \quad 和 \quad g[n] \xleftrightarrow{\mathrm{DFT}(N/2)} G[k]$$

则 $x[n]$ 的 $N$ 点 DFT 可写成

$$\begin{aligned} X[k] &= \sum_{m=0}^{(N/2)-1} x[2m]\,W_N^{2mk}+\sum_{m=0}^{(N/2)-1} x[2m+1]\,W_N^{(2m+1)k} \\ &= \sum_{n=0}^{(N/2)-1} e[n]\,W_N^{2nk}+\sum_{n=0}^{(N/2)-1} g[n]\,W_N^{(2n+1)k}，\quad 0\leqslant k\leqslant (N/2)-1 \end{aligned}$$

利用(5.7.4)式左式 $W_N^{nk}$ 的可约性，有 $W_N^{2nk}=W_{N/2}^{nk}$，由上式可得到

$$X[k]=\sum_{n=0}^{(N/2)-1} e[n]\,W_{N/2}^{nk}+W_N^k\sum_{n=0}^{(N/2)-1} g[n]\,W_{N/2}^{nk}=E[k]+W_N^k\,G[k] \tag{5.7.7}$$

由于 $E[k]$ 和 $G[k]$ 都是 $N/2$ 点 DFT，它们只有 $N/2$ 点，而 $X[k]$ 却有 $N$ 点，因此，要用 $E[k]$ 和 $G[k]$ 表示全部的 $X[k]$，需利用 DFT 的频域循环移位性质(参见 6.4.2 小节中(6.4.15)式)，即

$$E[k+(N/2)]=E[k] \quad 和 \quad G[k+(N/2)]=G[k]$$

由此，$x[n]$ 的 $N$ 点 DFT 可全部表示为

$$\begin{cases} X[k]=E[k]+W_N^kG[k] \\ X[k+(N/2)]=E[k+(N/2)]+W_N^{k+(N/2)}G[k+(N/2)] \end{cases},\quad 0\leqslant k\leqslant (N/2)-1$$

进一步有

$$\begin{cases} X[k]=E[k]+W_N^kG[k] \\ X[k+(N/2)]=E[k]-W_N^kG[k] \end{cases},\quad 0\leqslant k\leqslant (N/2)-1 \tag{5.7.8}$$

其中，利用了 $W_N^{k+(N/2)}=W_N^{N/2}W_N^k=-W_N^k$。由于 $\left|W_N^k\right|=1$，因此数乘因子 $W_N^k$ 与 $G[k]$ 相乘，只改变 $G[k]$ 的相位，故 $W_N^k$ 称为**旋转因子**。

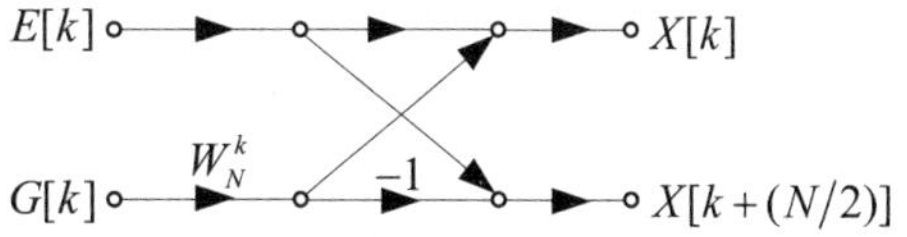

图 5.36　蝶形运算流图

上式表示的由两个 $N/2$ 点 DFT 系数 $E[k]$ 和 $G[k]$ 计算出全部 $N$ 点 DFT 系数 $X[k]$ 的运算流图如图 5.36 所示，由于它形如蝴蝶，故称为蝶形计算结构，简称**蝶形运算**，则(5.7.8)式称为蝶形运算公式。从 $N$ 点序列 $x[n]$ 按 $n$ 为偶、奇数拆分成两个 $N/2$ 点序列 $e[n]$ 和 $g[n]$，经过两个 $N/2$ 点 DFT 运算，再通过图 5.36 的蝶形运算，得到 $N$ 点 DFT 系数 $X[k]$ 的整个运算如图 5.37 所示。

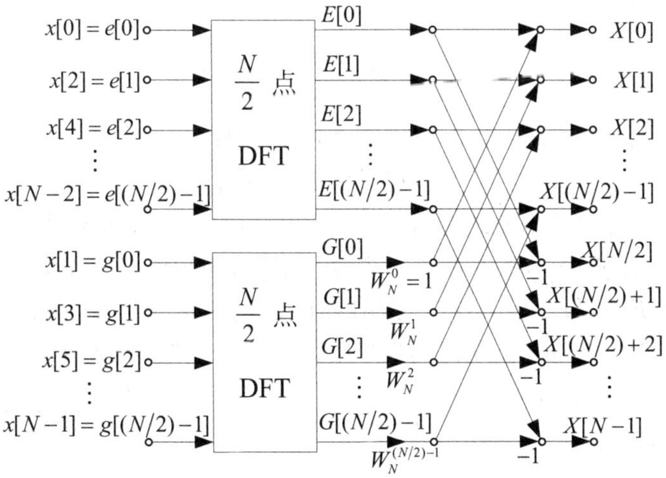

图 5.37　$N$ 点 DFT 时域抽取算法一次分解运算结构

考察图 5.37，这样一次分解的 $N$ 点 DFT 运算是由两个 $N/2$ 点 DFT 和 $N/2$ 次蝶形运算构成。每个 $N/2$ 点 DFT 需要 $N^2$ 次实乘和 $N(N-1)$ 次实加，而一次蝶形运算需要 1 次复乘和 2 次复加，即 4 次实乘和 4 次实加，因此。共需要 $2N\left(N+1\right)\approx 2N^2$ 次实数乘法和 $2N^2$ 次实数加法。这比原本 $N$ 点 DFT 的计算量减少了近一半。如果 $N/2$ 仍是偶数，还可以继续这样分解下去，在成倍地减少计算量。

## 5.7.2　时域抽取 FFT 算法

按照上述原理和思想，已开发出多种不同的 FFT 算法，其中最典型的就是库利和图基最早提出的称为“基 2”的时域抽取(Decimation In Time，缩写为 DIT)FFT 算法，这里仅介绍这一算法，其他 FFT 算法，诸如“基 2”频域抽取 FFT、旋转因子算法、“基 4”FFT 和分裂基

FFT，以及素因子 FFT 算法等可参阅书末的参考文献[6]～[9]。

如果有限长序列 $x[n]$ 的长度 $N=2^m$，$m$ 为正整数(若 $x[n]$ 的长度不满足此条件，可通过在序列后增添零值来达到)，则通过像图 5.37 那样，按照 $n$ 为偶数和奇数对序列逐次(逐级)分解，可进行 $m-1$ 次分解，达到最小的 2 点 DFT 运算单元，此最小的 2 点 DFT 运算单元称为基(radix)，由此获得的 FFT 算法称为“基 2”时域抽取 FFT 算法，缩写为 DIT-FFT 算法。

在图 5.37 和(5.7.8)式表示的 $N$ 点 DFT 之第一次分解的基础上，进行第二次分解，即把 2 个 $N/2$ 点序列 $e[n]$ 和 $g[n]$ 各自按照 $n$ 为偶数和奇数进行拆分，分别拆分成 $a[n]$、$b[n]$ 和 $c[n]$、$d[n]$，它们都是 $N/4$ 点序列，即

$$\begin{cases}a[n]=e[2n]=x[4n]\\ b[n]=e[2n+1]=x[4n+2]\end{cases} \text{和} \quad \begin{cases}c[n]=g[2n]=x[4n+1]\\ d[n]=g[2n+1]=x[4n+3]\end{cases},\quad 0\leqslant n\leqslant \frac{N}{4}-1 \quad (5.7.9)$$

且分别令 $a[n]\xleftrightarrow{\text{DFT}(N/4)}A[k]$ 及 $b[n]\xleftrightarrow{\text{DFT}(N/4)}B[k]$

和 $c[n]\xleftrightarrow{\text{DFT}(N/4)}C[k]$ 及 $d[n]\xleftrightarrow{\text{DFT}(N/4)}D[k]$

按照上面推导(5.7.8)式相同的方法，可以得到 $E[k]$、$G[k]$ 分别与 $A[k]$ 和 $B[k]$、$C[k]$ 和 $D[k]$ 之间的关系，即第二次拆分的蝶形运算为

$$\begin{cases}E[k]=A[k]+W_{N/2}^{k}B[k]\\ E[k+(N/4)]=A[k]-W_{N/2}^{k}B[k]\\ G[k]=C[k]+W_{N/2}^{k}D[k]\\ G[k+(N/4)]=C[k]-W_{N/2}^{k}D[k]\end{cases},\quad 0\leqslant k\leqslant \frac{N}{4}-1 \quad (5.7.10)$$

如果 $N/4$ 仍大于 2，则继续这样分解下去，直到分成 $2^{m-1}$ 个最小的 2 点 DFT 运算单元为止。对于一个 2 点序列 $q[n]$，它的 2 点 DFT $Q[k]$ 为

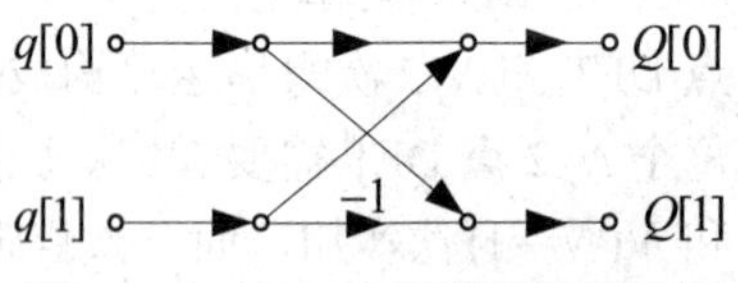


图 5.38　2 点 DFT 的蝶形运算流图

$$Q[k]=\sum_{n=0}^{1}q[n]\mathrm{e}^{-\mathrm{j}k\pi n},\quad k=0,\ 1 \quad (5.7.11)$$

即

$$\begin{cases}Q[0]=q[0]+q[1]\\ Q[1]=q[0]-q[1]\end{cases} \quad (5.7.12)$$

它是最基本的蝶形运算，其蝶形运算流图如图 5.38 所示。

下面以 $N=2^3=8$ 为例，具体介绍 $N$ 点 DIT-FFT 算法的结构、运算流图和特点。当 $N=8$ 时，上面第二次拆分得到的 4 个序列 $a[n]$、$b[n]$ 和 $c[n]$、$d[n]$ 都是 2 点序列，已经达到最小的 2 点 DFT 运算单元。因此，上面(5.7.8)式和(5.7.10)式的蝶形运算公式就分别归结为

$$\begin{cases}X[k]=E[k]+W_8^{k}G[k]\\ X[k+4]=E[k]-W_8^{k}G[k]\end{cases},\quad 0\leqslant k\leqslant 3 \quad (5.7.13)$$

和

$$\begin{cases}E[k]=A[k]+W_4^{k}B[k]\\ E[k+2]=A[k]-W_4^{k}B[k]\\ G[k]=C[k]+W_4^{k}D[k]\\ G[k+2]=C[k]-W_4^{k}D[k]\end{cases},\quad k=0,\ 1 \quad (5.7.14)$$

其中，$A[k]$、$B[k]$、$C[k]$ 和 $D[k]$ 分别是 2 点序列 $a[n]$、$b[n]$、$c[n]$ 和 $d[n]$ 的 2 点 DFT。根据(5.7.9)式，这 4 个 2 点 DFT $a[n]$、$b[n]$、$c[n]$ 和 $d[n]$ 与 8 点序列 $x[n]$ 的抽取关系为

$$\begin{cases} a[n]=e[2n]=x[4n] \\ b[n]=e[2n+1]=x[4n+2] \end{cases} \quad 和 \quad \begin{cases} c[n]=g[2n]=x[4n+1] \\ d[n]=g[2n+1]=x[4n+3] \end{cases}，\ 0\leqslant n\leqslant 1 \qquad (5.7.15)$$

进一步，按照(5.7.12)式的 2 点 DFT 蝶形运算公式，则分别有

$$\begin{cases} A[0]=a[0]+a[1]=x[0]+x[4] \\ A[1]=a[0]-a[1]=x[0]-x[4] \end{cases}, \quad \begin{cases} B[0]=b[0]+b[1]=x[2]+x[6] \\ B[1]=b[0]-b[1]=x[2]-x[6] \end{cases}$$

和
$$\begin{cases} C[0]=c[0]+c[1]=x[1]+x[5] \\ C[1]=c[0]-c[1]=x[1]-x[5] \end{cases}, \quad \begin{cases} D[0]=d[0]+d[1]=x[3]+x[7] \\ D[1]=d[0]-d[1]=x[3]-x[7] \end{cases} \qquad (5.7.16)$$

按照(5.7.16)式、(5.7.14)式和(5.7.13)式，参照图 5.37 中的一次分解结构，可以得到 $N=8$ 点 DIT-FFT 运算流图，如图 5.39 所示。图中自左至右可以看出，从 8 点序列 $x[n]$ 到它的 8 点 DFT 系数 $X[k]$，先要经过一次从 $x[n]$ 的正序排列到它的抽取排列 $x_0$，然后，再经历 $m=3$ 级蝶形运算：第一级把 $x_0$ 运算成 $x_1$，即 4 个 2 点 DFT 系数 $A[k]$、$B[k]$、$C[k]$ 和 $D[k]$；第二级再把 $x_1$ 运算成 $x_2$，即 2 个 4 点 DFT 系数 $E[k]$ 和 $G[k]$；最后，第三级把 $x_2$ 运算成 $x_3$，即 8 点 DFT 系数 $X[k]$；每一级蝶形运算都包含 4 个蝶形，且三级中所有 DFT 系数都是正序排列。

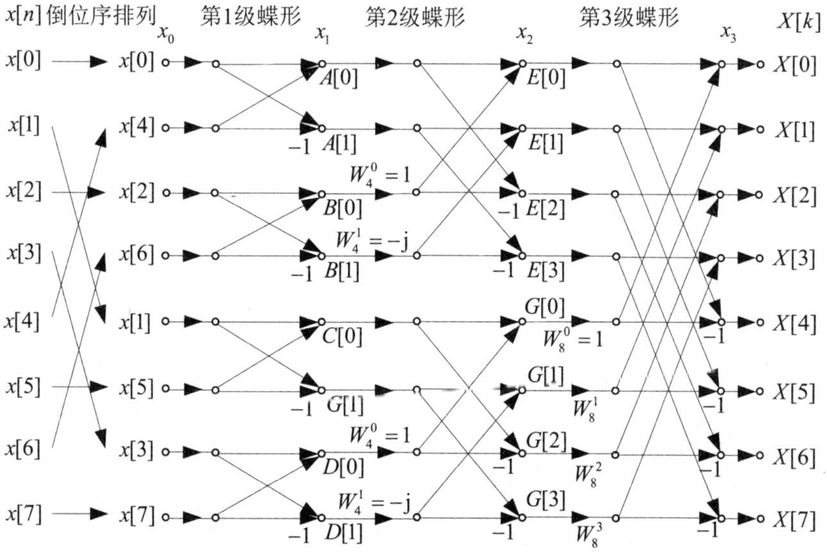


图 5.39　$N=8$ 的 DIT-FFT 运算流图

综合上述对“基 2”时域抽取 FFT 算法之原理和具体运算流程的介绍和讨论，可以得到有关 DIT-FFT 算法的如下特点：

**1．蝶形运算的级数**

对于 $N=2^m$ 的情况，需要 $m$ 级蝶形运算，每级包含 $N/2$ 个蝶形，总共右 $mN/2$ 个蝶形。

**2．运算量随 $m$ 增加指数地减少**

由图 5.36 的蝶形运算流图可知，每个蝶形需要 1 次复数乘法和 2 次复数加法，在上述时域抽取 FFT 算法中，计算 $N$ 点 DFT 就共需 $mN/2$ 次复数乘法和 $mN$ 复数加法的次数分别为，

$$复乘次数：mN/2=(N/2)\log_2 N \qquad 复加次数：mN=N\log_2 N$$

这里需指出：实际上，从图 5.39 中读者会发现，有些蝶形无需做复数乘法，因为这些蝶形的旋转因子 $W_N^k$ 是特殊值，例如，$W_N^0=1$，$W_N^{N/2}=-1$，$W_N^{N/4}=-\mathrm{j}$，$W_N^{3N/4}=\mathrm{j}$。但是，当 $N=2^m$ 很大时，这些特殊的蝶形的比例只占不到 $2/m$，例如，$N=2^{10}=1024$ 时，比例不到 20%。故在

快速算法的运算量评估时，一般不考虑这些特例的影响。

然而，直接计算 $N$ 点 DFT，正如本节开头所指出的，需要 $N^2$ 次复数乘法和 $N(N-1)\approx N^2$ 次复数加法。在用计算机计算时，由于乘法运算对计算时间和占用计算资源远大于加法运算，因此，通常用直接计算 DFT 所需之乘法次数与 FFT 算法所需的乘法次数的比值 $K$，来评估快速算法的计算速度改善性能。“基 2”时域抽取 FFT 算法的改善倍数 $K$ 为

$$K=\frac{N^2}{(N/2)\log_2 N}=\frac{2N}{\log_2 N} \tag{5.7.17}$$

图 5.40 给出了 FFT 和直接 DFT 的乘法次数随点数 $N$ 的增长曲线，可以看出，点数 $N$ 越大，FFT 的速度优势越加显著。例如，当 $N=256$ 时，直接 DFT 需要 65 536 次复乘，而 FFT 只要 1 024 次复乘，改善比 $K=64$；当 $N=1\,024$ 时，直接 DFT 需要 1 048 576 次复乘，而 FFT 只要 5 120 次复乘，改善比 $K=240.8$；当 $N=2\,048$ 时，直接 DFT 需要 4 194 304 次复乘，而 FFT 只需要 11 264 次复乘，改善比 $K=372.4$。

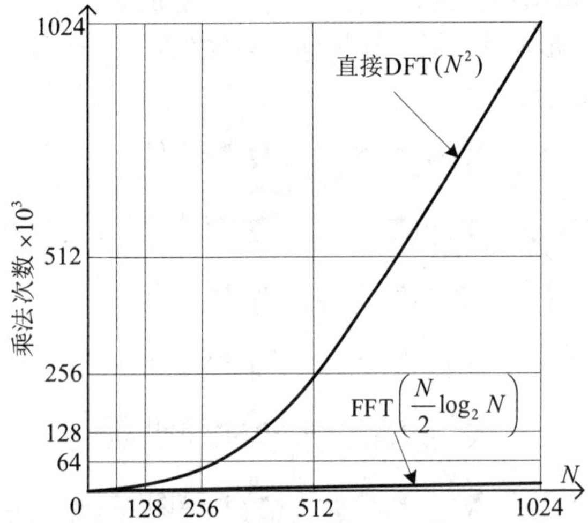

图 5.40　FFT算法与直接DFT 所需乘法次数的比较

**3．FFF 实现原位运算，可节省内存**

FFT 算法可以像图 5.39 表示的那样，给各级输入输出变量依次赋以变量名 $x_0(i)$，$x_1(i)$，$x_2(i)$，$\cdots$，$x_m(i)$，$0\leqslant i\leqslant N-1$，最后一列 $x_m(i)$ 即为 $X[k]$。实际上，从 $x_0(i)$ 到 $x_m(i)$ 可以逐级迭代计算，即每一级的每个蝶形从前一列 $x_{l-1}(i)$ 中取出两个数据 $x_{l-1}(i)$ 和 $x_{l-1}(j)$，做完蝶形运算得到 $x_l(i)$ 和 $x_l(j)$ 后，原来的 $x_{l-1}(i)$ 和 $x_{l-1}(j)$ 在本级其他蝶形运算中不再用到，可以抹去。因此，可以把每个蝶形运算得到 $x_l(i)$ 和 $x_l(j)$ 存入原来分配给 $x_{l-1}(i)$ 和 $x_{l-1}(j)$ 的存储单元。当第 $l$ 级的所有蝶形都算完后，第 $(l-1)$ 列的 $N$ 个数据 $x_{l-1}(i)$ 完全被 $N$ 个新数据 $x_l(i)$ 替代。并且每级都是如此，因此，$m$ 级的蝶形运算只需要一条寄存器共 $N$ 个数据存储单元。这种利用同一条寄存器存储各级输入输出数据的方法称为**原位运算**，原位运算可节省大量内存，可以降低硬件实现的成本。

**4．$N$ 点序列的倒位序排列**

在图 5.39 中 DIT-FFT 运算流图的最左边，首先要把 $N$ 点序列 $x[n]$ 重新排列成 $x_0[\hat{n}]$，$x[n]$ 是自然顺序排列，而 $x_0[\hat{n}]$ 是通过 $m-1$ 次奇、偶抽取形成的 $N$ 点序列，称为 $x[n]$ 的**倒位序排列**。这两个数据序列的数值没有变更，只是数据顺序重新排列，图 5.39 最左边指示了 $N$ 点序列的这种重新排列。其实这种重新排列有规则可循，若将 $N$ 点序列的序号 $n$ 用二进制码表示，例如 $N=8$，可用三位二进制码 $n_2n_1n_0$ 表示，其中 $n_2$ 是最高位，$n_0$ 是最低位，即二进制码的正序排列，而把它倒过来排列(即 $n_0n_1n_2$)则称为二进制码的**倒位序排列**。表 5.1 给出了 $N=8$ 时正序和倒位序的二进制数与序号之间的关系。实际上，由表 5.1 第 2 列的二进制数可以看到，当 $x[n]$ 的第一次奇、偶拆分是按 $n_0$ 分解，$n_0=0$ 为偶数，$n_0=1$ 为奇数；第二次拆分则按 $n_1$ 分解，$n_1=0$ 为偶数，$n_1=1$ 为奇数；以此类推，这个过程可以用图 5.41 的树状图表示。

**表 5.1　正序和倒位序的二进制数与序号对照表**

| 正序 | | 倒位序 | |
|---|---|---|---|
| 序号 $I=n$ | 二进制数$(n_2n_1n_0)$ | 二进制数$(n_0n_1n_2)$ | 序号 $J=\hat{n}$ |
| 0 | 0 0 0 | 0 0 0 | 0 |
| 1 | 0 0 1 | 1 0 0 | 4 |
| 2 | 0 1 0 | 0 1 0 | 2 |
| 3 | 0 1 1 | 1 1 0 | 6 |
| 4 | 1 0 0 | 0 0 1 | 1 |
| 5 | 1 0 1 | 1 0 1 | 5 |
| 6 | 1 1 0 | 0 1 1 | 3 |
| 7 | 1 1 1 | 1 1 1 | 7 |

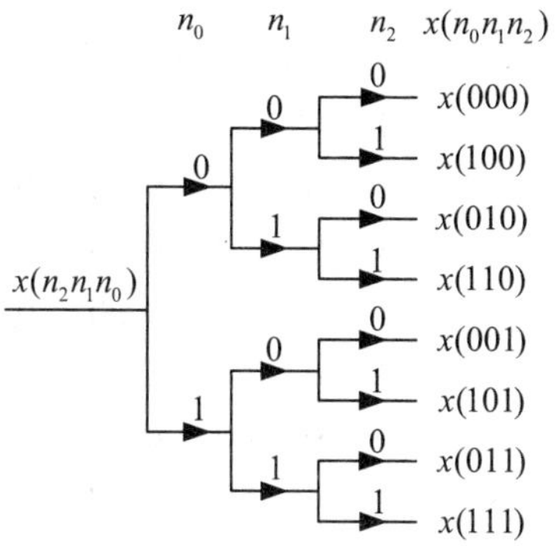


图 5.41　倒位序的树状图

## 3.7.3　时域抽取 FFT 算法的矩阵表示

时域抽取 FFT 算法不仅有(5.7.13)式至(5.7.16)式这样的计算公式，以及图 5.39 这样的运算流图表示，而且还可以用矩阵运算表示。这里仍以 $N=8$ 为例，讨论 FFT 算法的矩阵表示。

从图 5.39 上方可以看到，$N=8$ 的时域抽取 FFT 算法输入端采用倒位序排列，即先要把 8 点序列 $x[n]$ 变成成 $x_0[n]$，然后通过三级蝶形运算，依次变成 $x_1[k]$、$x_2[k]$ 和 $x_3[k]$，而 $x_3[k]$ 就是 8 点 DFT 系数 $X[k]$。如果把这些依次的 8 个数据分别表示成它们的矢量形式，即

$$\boldsymbol{x}=\begin{bmatrix}x[0] & x[1] & x[2] & x[3] & x[4] & x[5] & x[6] & x[7]\end{bmatrix}^{\mathrm{T}}$$

$$\boldsymbol{x}_i=\begin{bmatrix}x_i[0] & x_i[1] & x_i[2] & x_i[3] & x_i[4] & x_i[5] & x_i[6] & x_i[7]\end{bmatrix}^{\mathrm{T}},\quad i=0,\ 1,\ 2,\ 3$$

和

$$\boldsymbol{X}=\begin{bmatrix}X[0] & X[1] & X[2] & X[3] & X[4] & X[5] & X[6] & X[7]\end{bmatrix}^{\mathrm{T}}$$

且有

$$\boldsymbol{X}=\boldsymbol{x}_3 \tag{5.7.18}$$

则上面 DIT-FFT 算法的倒位序排列和各级蝶形运算都可以表示成矩阵运算。它们分别为：

(1) 倒位序运算可表示为

$$\boldsymbol{x}_0=\begin{bmatrix}1&0&0&0&0&0&0&0\\0&0&0&0&1&0&0&0\\0&0&1&0&0&0&0&0\\0&0&0&0&0&0&1&0\\0&1&0&0&0&0&0&0\\0&0&0&0&0&1&0&0\\0&0&0&1&0&0&0&0\\0&0&0&0&0&0&0&1\end{bmatrix}\boldsymbol{x}=\boldsymbol{E}\boldsymbol{x} \tag{5.7.19}$$

其中，$\boldsymbol{E}$ 矩阵称为倒位序矩阵，它是一个正交矩阵，即它有如下特性：

$$\boldsymbol{E}=\boldsymbol{E}^{\mathrm{T}}\quad 和\quad \boldsymbol{E}\boldsymbol{E}^{\mathrm{T}}=\boldsymbol{I} \tag{5.7.20}$$

(2) 第一级蝶形运算可表示为

$$\boldsymbol{x}_1=\begin{bmatrix}1&W_2^0&0&0&0&0&0&0\\1&W_2^1&0&0&0&0&0&0\\0&0&1&W_2^0&0&0&0&0\\0&0&1&W_2^1&0&0&0&0\\0&0&0&0&1&W_2^0&0&0\\0&0&0&0&1&W_2^1&0&0\\0&0&0&0&0&0&1&W_2^0\\0&0&0&0&0&0&1&W_2^1\end{bmatrix}\boldsymbol{x}_0=\begin{bmatrix}1&1&0&0&0&0&0&0\\1&-1&0&0&0&0&0&0\\0&0&1&1&0&0&0&0\\0&0&1&-1&0&0&0&0\\0&0&0&0&1&1&0&0\\0&0&0&0&1&-1&0&0\\0&0&0&0&0&0&1&1\\0&0&0&0&0&0&1&-1\end{bmatrix}\boldsymbol{x}_0=\boldsymbol{W}_{2\mathrm{T}}\boldsymbol{x}_0 \tag{5.7.21}$$

其中，$\boldsymbol{W}_{2\mathrm{T}}$ 是(5.7.16)式的矩阵表示，其下标中的 2 表示 $\boldsymbol{W}_{2\mathrm{T}}$ 矩阵对角线是四个非零的 2 阶阵。

(3) 第二级蝶形运算可表示为

$$\boldsymbol{x}_2=\begin{bmatrix}1&0&W_4^0&0&0&0&0&0\\0&1&0&W_4^1&0&0&0&0\\1&0&W_4^2&0&0&0&0&0\\0&1&0&W_4^3&0&0&0&0\\0&0&0&0&1&0&W_4^0&0\\0&0&0&0&0&1&0&W_4^1\\0&0&0&0&1&0&W_4^2&0\\0&0&0&0&0&1&0&W_4^3\end{bmatrix}\boldsymbol{x}_1=\begin{bmatrix}1&0&1&0&0&0&0&0\\0&1&0&-j&0&0&0&0\\1&0&-1&0&0&0&0&0\\0&1&0&j&0&0&0&0\\0&0&0&0&1&0&1&0\\0&0&0&0&0&1&0&-j\\0&0&0&0&1&0&-1&0\\0&0&0&0&0&1&0&j\end{bmatrix}\boldsymbol{x}_1=\boldsymbol{W}_{4\mathrm{T}}\boldsymbol{x}_1 \quad (5.7.22)$$

其中，$\boldsymbol{W}_{4\mathrm{T}}$ 是(5.7.14)式的矩阵表示，下标中的 4 表示 $\boldsymbol{W}_{4\mathrm{T}}$ 矩阵对角线是两个非零的 4 阶阵。

(4) 第三级蝶形运算可表示为

$$\boldsymbol{X}=\boldsymbol{x}_3=\begin{bmatrix}1&0&0&0&W_8^0&0&0&0\\0&1&0&0&0&W_8^1&0&0\\0&0&1&0&0&0&W_8^2&0\\0&0&0&1&0&0&0&W_8^3\\1&0&0&0&-W_8^0&0&0&0\\0&1&0&0&0&-W_8^1&0&0\\0&0&1&0&0&0&-W_8^2&0\\0&0&0&1&0&0&0&-W_8^3\end{bmatrix}\boldsymbol{x}_2=\begin{bmatrix}1&0&0&0&1&0&0&0\\0&1&0&0&0&W_8^1&0&0\\0&0&1&0&0&0&-j&0\\0&0&0&1&0&0&0&W_8^3\\1&0&0&0&-1&0&0&0\\0&1&0&0&0&-W_8^1&0&0\\0&0&1&0&0&0&j&0\\0&0&0&1&0&0&0&-W_8^3\end{bmatrix}\boldsymbol{x}_2$$

$$=\boldsymbol{W}_{8\mathrm{T}}\boldsymbol{x}_2 \quad (5.7.23)$$

其中，$\boldsymbol{W}_{8\mathrm{T}}$ 是(5.7.13)式的矩阵表示。

把(5.7.19)式和(5.7.21)式至(5.7.23)式合并，则有

$$\boldsymbol{X}=\boldsymbol{W}_{8\mathrm{T}}\boldsymbol{W}_{4\mathrm{T}}\boldsymbol{W}_{2\mathrm{T}}\boldsymbol{E}\boldsymbol{x}=\boldsymbol{W}_8^{nk}\boldsymbol{x} \quad (5.7.24)$$

其中，$\boldsymbol{W}_8^{nk}$ 是 8 点 DFT 矩阵。

这就是 8 点 DIT-FFT 的矩阵表示。由上述的 $\boldsymbol{W}_{8\mathrm{T}}$、$\boldsymbol{W}_{4\mathrm{T}}$、$\boldsymbol{W}_{2\mathrm{T}}$ 和 $\boldsymbol{E}$ 矩阵可以看出，它们都是大部分元素是零的所谓**“稀疏矩阵”**，而且其中还有一些是1、−1、j 和 −j 等无需乘法的非零元素，这可作为 DIT-FFT 算法大大降低乘法次数的另一种解释。

## 5.7.4 输出倒位序的时域抽取 FFT 算法

上述 DIT-FFT 算法的矩阵表示还有特殊的优点，即基于这种矩阵表示，可以充分利用矩阵线性变换的数学方法，导出其他的 FFT 算法。例如，假设有一个正交变换矩阵 $\boldsymbol{P}$ 满足 $\boldsymbol{P}\boldsymbol{P}^{\mathrm{T}}=\boldsymbol{I}$，则把它插入(5.7.24)式中，结果不变，就可以得到

$$\boldsymbol{X}=\boldsymbol{P}\boldsymbol{P}^{\mathrm{T}}\boldsymbol{W}_{8\mathrm{T}}\boldsymbol{P}\boldsymbol{P}^{\mathrm{T}}\boldsymbol{W}_{4\mathrm{T}}\boldsymbol{P}\boldsymbol{P}^{\mathrm{T}}\boldsymbol{W}_{2\mathrm{T}}\boldsymbol{E}\boldsymbol{x} \quad (5.7.25)$$

实际上，倒位序矩阵 $\boldsymbol{E}$ 就是一个正交变换矩阵(见(5.7.20)式)，则有

$$\boldsymbol{X}=\boldsymbol{E}\boldsymbol{E}^{\mathrm{T}}\boldsymbol{W}_{8\mathrm{T}}\boldsymbol{E}\boldsymbol{E}^{\mathrm{T}}\boldsymbol{W}_{4\mathrm{T}}\boldsymbol{E}\boldsymbol{E}^{\mathrm{T}}\boldsymbol{W}_{2\mathrm{T}}\boldsymbol{E}\boldsymbol{x}=\boldsymbol{E}\hat{\boldsymbol{W}}_{2\mathrm{T}}\hat{\boldsymbol{W}}_{4\mathrm{T}}\hat{\boldsymbol{W}}_{8\mathrm{T}}\boldsymbol{x} \quad (5.7.26)$$

请注意，上式中 $\boldsymbol{E}$、$\hat{\boldsymbol{W}}_{2\mathrm{T}}$、$\hat{\boldsymbol{W}}_{4\mathrm{T}}$ 和 $\hat{\boldsymbol{W}}_{8\mathrm{T}}$ 次序与(5.7.24)式相比是倒过来了，$\boldsymbol{E}$ 仍是(5.7.19)式中的倒位序矩阵，而 $\hat{\boldsymbol{W}}_{2\mathrm{T}}$、$\hat{\boldsymbol{W}}_{4\mathrm{T}}$ 和 $\hat{\boldsymbol{W}}_{8\mathrm{T}}$ 则不同于(5.7.24)式中的 $\boldsymbol{W}_{2\mathrm{T}}$、$\boldsymbol{W}_{4\mathrm{T}}$ 和 $\boldsymbol{W}_{8\mathrm{T}}$，它们分别为：

$$\hat{\boldsymbol{W}}_{8\mathrm{T}}=\boldsymbol{E}^{\mathrm{T}}\boldsymbol{W}_{2\mathrm{T}}\boldsymbol{E}=\begin{bmatrix}1&0&0&0&W_2^0&0&0&0\\0&1&0&0&0&W_2^0&0&0\\0&0&1&0&0&0&W_2^0&0\\0&0&0&1&0&0&0&W_2^0\\1&0&0&0&W_2^1&0&0&0\\0&1&0&0&0&W_2^1&0&0\\0&0&1&0&0&0&W_2^1&0\\0&0&0&1&0&0&0&W_2^1\end{bmatrix}=\begin{bmatrix}1&0&0&0&1&0&0&0\\0&1&0&0&0&1&0&0\\0&0&1&0&0&0&1&0\\0&0&0&1&0&0&0&1\\1&0&0&0&-1&0&0&0\\0&1&0&0&0&-1&0&0\\0&0&1&0&0&0&-1&0\\0&0&0&1&0&0&0&-1\end{bmatrix}\tag{5.7.27}$$

$$\hat{\boldsymbol{W}}_{4\mathrm{T}}=\boldsymbol{E}^{\mathrm{T}}\boldsymbol{W}_{4\mathrm{T}}\boldsymbol{E}=\begin{bmatrix}1&0&W_4^0&0&0&0&0&0\\0&1&0&W_4^0&0&0&0&0\\1&0&W_4^2&0&0&0&0&0\\0&1&0&W_4^2&0&0&0&0\\0&0&0&0&1&0&W_4^1&0\\0&0&0&0&0&1&0&W_4^1\\0&0&0&0&1&0&W_4^3&0\\0&0&0&0&0&1&0&W_4^3\end{bmatrix}=\begin{bmatrix}1&0&1&0&0&0&0&0\\0&1&0&1&0&0&0&0\\1&0&-1&0&0&0&0&0\\0&1&0&-1&0&0&0&0\\0&0&0&0&1&0&-j&0\\0&0&0&0&0&1&0&-j\\0&0&0&0&1&0&j&0\\0&0&0&0&0&1&0&j\end{bmatrix}\tag{5.7.28}$$

和

$$\hat{\boldsymbol{W}}_{2\mathrm{T}}=\boldsymbol{E}^{\mathrm{T}}\boldsymbol{W}_{8\mathrm{T}}\boldsymbol{E}=\begin{bmatrix}1&W_8^0&0&0&0&0&0&0\\1&-W_8^0&0&0&0&0&0&0\\0&0&1&W_8^2&0&0&0&0\\0&0&1&-W_8^2&0&0&0&0\\0&0&0&0&1&W_8^1&0&0\\0&0&0&0&1&-W_8^1&0&0\\0&0&0&0&0&0&1&W_8^3\\0&0&0&0&0&0&1&-W_8^3\end{bmatrix}=\begin{bmatrix}1&1&0&0&0&0&0&0\\1&-1&0&0&0&0&0&0\\0&0&1&-j&0&0&0&0\\0&0&1&j&0&0&0&0\\0&0&0&0&1&W_8^1&0&0\\0&0&0&0&1&-W_8^1&0&0\\0&0&0&0&0&0&1&W_8^3\\0&0&0&0&0&0&1&-W_8^3\end{bmatrix}\tag{5.7.29}$$

上面的(5.7.26)式表示了另一种 FFT 算法，按照(5.7.26)式可以画出这种 8 点 FFT 算法的运算流图，如图 5.42 所示。

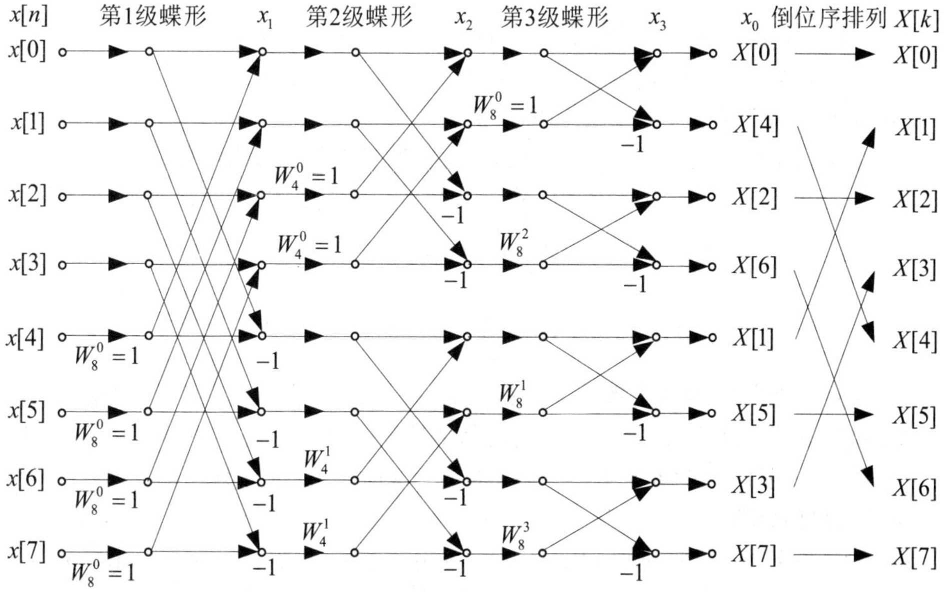


图 5.42　$N=8$ 的输出倒位序 DIT-FFT 运算流图

首先，将 8 点序列 $x[n]$ 进行三级蝶形运算，运算矩阵依次是 $\hat{\boldsymbol{W}}_{8\mathrm{T}}$、$\hat{\boldsymbol{W}}_{4\mathrm{T}}$ 和 $\hat{\boldsymbol{W}}_{2\mathrm{T}}$，这三个矩阵的非零元素结构依次分别与 8 点 DIT-FFT 的 $\boldsymbol{W}_{2\mathrm{T}}$、$\boldsymbol{W}_{4\mathrm{T}}$ 和 $\boldsymbol{W}_{8\mathrm{T}}$ 相类似，因此，这种 FFT 算法流图中自左至右的三级蝶形运算，分别类似于图 5.39 中自右至左的三级蝶形运算，只是蝶形输入端的数乘因子有所不同；最后进行倒位序排列，得到 $x[n]$ 的 8 点 DFT 系数 $X[k]$。这个 DIT-FFT 算法输入序列 $x[n]$ 是正常排列，而输出的 DFT 系数 $X[k]$ 是倒位序排列，因此称为输出倒位序的 DIT-FFT 算法。

(5.7.25)式中的 $\boldsymbol{P}$ 矩阵不是唯一的，可以有多个选择，因此可产生多种 DIT-FFT 算法，可见本章末习题 5.30。

## 5.8 时间函数和序列的复频域表示法：拉普拉斯变换和 Z 变换

复正弦信号 $\{\mathrm{e}^{\mathrm{j}\omega t}\}$ 和 $\{\mathrm{e}^{\mathrm{j}\Omega n}\}$ 能有效地表示信号和分析 LTI 系统，这是信号与系统频域方法的基础。5.2 节中已经阐明，一般的复指数信号 $\{\mathrm{e}^{st}\}$ 和 $\{z^n\}$ 作为 LTI 系统特征函数的性质仍然成立，如果用 $\{\mathrm{e}^{st}\}$ 和 $\{z^n\}$ 重新讨论和形成本章前几节所建立的概念和方法时，会有许多新的认识。下面两节将用一般的复指数函数和序列讨论傅里叶变换的一般化问题，并建立信号与系统的复频域表示法。连续傅里叶变换的一般化是**双边拉普拉斯变换**，简称**拉普拉斯变换**；而离散时间傅里叶变换的一般化即为**双边 Z 变换**，简称 **Z 变换**。第 8 章 8.3 节还要介绍拉普拉斯变换和 Z 变换的一种特殊形式——单边拉普拉斯变换和单边 Z 变换，它们分别在分析用微分方程和差分方程表示的一类因果线性系统时有着特殊的重要性。由于要分别涉及拉普拉斯变换和 Z 变换的两种形式，**本书中凡提及拉普拉斯变换和 Z 变换，均指双边拉普拉斯变换和双边 Z 变换，而单边拉普拉斯变换和单边 Z 变换则总冠以“单边”两字**，以示区别。

### 5.8.1 双边拉普拉斯变换和双边 Z 变换

拉普拉斯变换和 Z 变换既可表示信号，也可表示 LTI 系统的单位冲激响应，故仍用连续时间函数 $f(t)$ 和离散时间序列 $f[n]$ 来引入双边拉普拉斯变换和双边 Z 变换。

**1. 双边拉普拉斯变换和双边 Z 变换的定义**

在 5.2.1 节中已出现过时间函数或序列的拉普拉斯变换和 Z 变换，见(5.2.1)式或(5.2.5)式，这里就直接引入拉普拉斯变换和 Z 变换的定义。拉普拉斯变换和 Z 变换的定义分别为

$$F(s)=\mathscr{L}\{f(t)\}=\int_{-\infty}^{\infty}f(t)\mathrm{e}^{-st}\mathrm{d}t,\quad s\in R_F \tag{5.8.1}$$

和

$$F(z)=\mathscr{Z}\{f[n]\}=\sum_{n=-\infty}^{\infty}f[n]z^{-n},\quad z\in R_F \tag{5.8.2}$$

其中，$f(t)$ 和 $f[n]$ 通常称为**原函数**或**原序列**，$F(s)$ 和 $F(z)$ 分别称为它们的拉普拉斯变换和 Z 变换的**像函数**，由于拉普拉斯变换和 Z 变换分别是复值函数的无限积分和无限求和，都存在着收敛问题(见 5.8.3 节)，上两式中 $R_F$ 表示像函数 $F(s)$ 和 $F(z)$ 分别在 S 平面和 Z 平面上收敛区域，简称**收敛域**(ROC)。

通常将 $f(t)$ 的拉普拉斯变换和 $f[n]$ 的 Z 变换分别表示成算子运算 $\mathscr{L}\{f(t)\}$ 和 $\mathscr{Z}\{f[n]\}$，并且把它们之间的变换关系记为

$$f(t) \xleftrightarrow{\text{L}} \{F(s),\ R_F\} \quad 和 \quad f[n] \xleftrightarrow{\text{Z}} \{F(z),\ R_F\} \tag{5.8.3}$$

和傅里叶变换一样，拉普拉斯变换和 Z 变换也都具有唯一性，即 $f(t)$ 和 $f[n]$ 与它们的拉普拉斯变换表示 $\{F(s),\ R_F\}$ 和 Z 变换表示 $\{F(z),\ R_F\}$ 是一一对应的。

**2．双边拉普拉斯变换和双边 Z 变换与傅里叶变换之间的关系**

双边拉普拉斯变换和双边 Z 变换分别与连续和离散时间傅里叶变换之间有如下关系：

(1) 复正弦 $e^{j\omega t}$ 和 $e^{j\Omega n}$ 分别是一般复指数 $e^{st}$ 和 $z^n$ 的一个子集，即当 $s=j\omega$ 和 $z=e^{j\Omega}$ 时，$e^{st}$ 和 $z^n$ 就分别是 $e^{j\omega t}$ 和 $e^{j\Omega n}$。因此，当 $s=j\omega$ 和 $z=e^{j\Omega}$ 时，(5.8.1)式和(5.8.2)式就分别变成

$$F(j\omega)=\int_{-\infty}^{\infty} f(t)e^{-j\omega t}dt \quad 和 \quad F(e^{j\Omega})=\sum_{n=-\infty}^{\infty} f[n]e^{-j\Omega n} \tag{5.8.4}$$

这分别就是 $f(t)$ 和 $f[n]$ 的连续傅里叶变换和离散时间傅里叶变换。当然，要使傅里叶变换也收敛，必须有 $(s=j\omega)\in R_F$ 和 $(z=e^{j\Omega})\in R_F$。上面关系归纳起来可表示为

$$F(s)\big|_{s=j\omega}=\mathscr{F}\{f(t)\},\ (s=j\omega)\in R_F \quad 和 \quad F(z)\big|_{z=e^{j\Omega}}=\mathscr{F}\{f[n]\},\ z=e^{j\Omega}\in R_F \tag{5.8.5}$$

由于($s=j\omega$)和($z=e^{j\Omega}$)的所有点分别构成 S 平面的虚轴和 Z 平面中的单位圆，也可表示为点集($\text{Re}\{s\}=0$)或($|z|=1$)。(5.8.5)式表明：当 $f(t)$ 和 $f[n]$ 的双边拉普拉斯变换和双边 Z 变换收敛域分别包括虚轴或单位圆时，$f(t)$ 和 $f[n]$ 的傅里叶变换也存在，且分别等于 S 平面虚轴上的双边拉普拉斯变换和双边 Z 平面单位圆上的 Z 变换。

(2) 对于收敛域 $R_F$ 内的任一点 $s=\sigma+j\omega$ 和 $z=re^{j\Omega}$，(5.8.1)式和(5.8.2)式可改写为

$$F(s)\big|_{s=\sigma+j\omega}=F(\sigma+j\omega)=\int_{-\infty}^{\infty} f(t)e^{-\sigma t}e^{-j\omega t}dt,\quad (\text{Re}\{s\}=\sigma)\subset R_F \tag{5.8.6}$$

或

$$F(z)\big|_{z=re^{j\Omega}}=F(re^{j\Omega})=\sum_{n=-\infty}^{\infty} f[n]r^{-n}e^{-j\Omega n},\quad (|z|=r)\subset R_F \tag{5.8.7}$$

这两式的右边分别为 $f(t)e^{-\sigma t}$ 和 $f[n]r^{-n}$ 的 CFT 和 DTFT。这就是说，$f(t)$ 和 $f[n]$ 的拉普拉斯变换和 Z 变换，可分别看成 $f(t)$ 和 $f[n]$ 各自用实指数 $e^{-\sigma t}$ 和 $r^{-n}$ 加权后的傅里叶变换。加权实指数 $e^{-\sigma t}$ 和 $r^{-n}$ 可以是衰减或增长的，这分别取决于 $\sigma>0$ 还是 $\sigma<0$，和 $|r|>1$ 还是 $|r|<1$。因此，双边拉普拉斯变换和双边 Z 变换与傅里叶变换之间的第二个关系可分别表示为

$$\mathscr{L}\{f(t)\}=\mathscr{F}\{f(t)e^{-\sigma t}\},\quad (\text{Re}\{s\}=\sigma)\subset R_F \tag{5.8.8}$$

和

$$\mathscr{Z}\{f[n]\}=\mathscr{F}\{f[n]r^{-n}\},\quad (|z|=r)\subset R_F \tag{5.8.9}$$

上述拉普拉斯变换和 Z 变换与傅里叶变换两方面的关系，不仅说明双边拉普拉斯变换和双边 Z 变换分别是连续和离散时间傅里叶变换的一般化，且一些不满足模可积与模可和的时间函数与序列尽管不存在傅里叶变换，但实指数加权以后就满足了模可积或模可和，就有傅里叶变换，即它们分别存在拉普拉斯变换和 Z 变换。为了说明上述结论，考虑下面的例子。

**【例 5.13】**　单边指数函数的拉普拉斯变换和单边指数序列 Z 变换。

**解：** 例5.5讨论过单边复指数函数 $f(t)=e^{-at}u(t)$ 和序列 $f[n]=a^n u[n]$ 的傅里叶变换，并证明，它们分别在 $\text{Re}\{a\}>0$ 或 $|a|<1$ 时存在傅里叶变换。它们的拉普拉斯变换和 Z 变换分别为

$$F(s)=\int_{-\infty}^{\infty} e^{-at}u(t)e^{-st}dt=\int_{0}^{\infty} e^{-(a+s)t}dt=\frac{1}{s+a},\quad \text{Re}\{s\}>\text{Re}\{-a\} \tag{5.8.10}$$

和

$$F(z)=\sum_{n=-\infty}^{\infty} a^n u[n]z^{-n}=\sum_{n=0}^{\infty}(az^{-1})^n=\frac{1}{1-az^{-1}},\quad |z|>|a| \tag{5.8.11}$$

或写成

$$F(z)=\frac{z}{z-a},\quad |z|>|a| \tag{5.8.12}$$

即得到如下拉普拉斯变换和 Z 变换对

$$e^{-at}u(t) \xleftrightarrow{\text{L}} \frac{1}{s+a}，\quad \mathrm{Re}\{s\} > \mathrm{Re}\{-a\} \quad 和 \quad a^n u[n] \xleftrightarrow{\text{Z}} \frac{1}{1-az^{-1}}，\quad |z| > |a| \tag{5.8.13}$$

将 $f(t)$ 的拉普拉斯变换和 $f[n]$ 的 Z 变换分别与它们的傅里叶变换(见(5.4.27)式)比较：当 $\mathrm{Re}\{a\} > 0$ 和 $|a| < 1$ 时，$f(t)$ 和 $f[n]$ 为衰减复指数，$F(s)$ 和 $F(z)$ 的收敛域分别包括 S 平面虚轴和 Z 平面单位圆，故存在傅里叶变换；当 $\mathrm{Re}\{a\} = 0$ 和 $|a| = 1$ 时，$f(t) = e^{j\omega t}u(t)$ 和 $f[n] = e^{j\Omega n}u[n]$(包括 $u(t)$ 或 $u[n]$)分别不满足模可积和模可和，但也有扩展意义的傅里叶变换表示；当 $\mathrm{Re}\{a\} < 0$ 和 $|a| > 1$ 时，$f(t)$ 和 $f[n]$ 分别为增长的单边复指数函数和序列，不存在傅里叶变换表示。然而在这三种情况下，$f(t)$ 或 $f[n]$ 的拉普拉斯变换和 Z 变换都存在，即在 S 平面上和 Z 平面中，它们的拉普拉斯变换和 Z 变换都有非空集的收敛域，如图 5.43 所示。

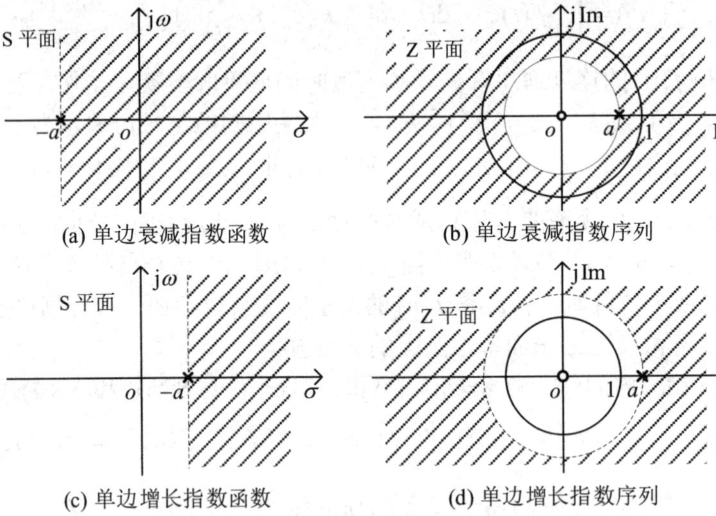


(a) 单边衰减指数函数　(b) 单边衰减指数序列

(c) 单边增长指数函数　(d) 单边增长指数序列

图 5.43　例 5.13 拉普拉斯变换和 Z 变换的收敛域和零、极点图

**【例 5.14】**　试分别求单位冲激及单位阶跃函数和序列的拉普拉斯变换和 Z 变换。

**解**：根据拉普拉斯变换和 Z 变换的定义，并利用 $\delta(t)$ 和 $\delta[n]$ 的筛分性质，可以求得单位冲激函数和序列的拉普拉斯变换和 Z 变换对分别为

$$\delta(t) \xleftrightarrow{\text{L}} 1，整个\text{ S }平面 \quad 和 \quad \delta[n] \xleftrightarrow{\text{Z}} 1，整个\text{ Z }平面 \tag{5.8.14}$$

收敛域分别包括 S 平面的虚轴和 Z 平面上的单位圆，这和它们具有的傅里叶变换相一致。

单位阶跃 $u(t)$ 和 $u[n]$ 可分别看成单边指数 $e^{-at}u(t)$ 在 $a = 0$ 和 $a^n u[n]$ 在 $a = 1$ 时的情况，可直接分别用单边指数函数和序列的拉普拉斯变换和 Z 变换对(见(5.8.13)式)，并分别令 $a = 0$ 和 $a = 1$ 求得，即

$$u(t) \xleftrightarrow{\text{L}} \frac{1}{s}，\quad \mathrm{Re}\{s\} > 0 \quad 和 \quad u[n] \xleftrightarrow{\text{Z}} \frac{1}{1-z^{-1}}，\quad |z| > 1 \tag{5.8.15}$$

像函数收敛域分别为 S 平面虚轴以右的右半平面和 Z 平面中单位圆的外部，且不包括 S 平面虚轴和 Z 平面单位圆，严格意义上的傅里叶变换不存在，故不能用(5.8.5)式求它们的傅里叶变换。它们的像函数分别在 $s = 0$ 和 $z = 1$ 有一个一阶极点，这可解释为 $u(t)$ 和 $u[n]$ 的傅里叶变换分别在 $\omega = 0$ 和 $\Omega = 2\pi l$ 处存在着频域冲激项。

**【例 5.15】**　试分别求反因果的单边指数函数和序列的拉普拉斯变换和 Z 变换。

**解**：正如 3.7.2 节在讨论 LTI 系统的因果性时指出的，例 5.13 中的单边指数函数和序列分别称为因果时间函数和序列，还有另一种反因果的单边指数函数和序列，它们分别为

$$f(t) = -e^{-at}u(-t) \quad 和 \quad f[n] = -a^n u[-n-1] \tag{5.8.16}$$

它们的函数图形和序列图分别见图 5.44(a)和(b)。按照(5.8.1)式，反因果单边指数函数 $f(t)$ 的拉普拉斯变换为

$$F(s) = \int_{-\infty}^{\infty}[-e^{-at}u(-t)]e^{-st}dt = -\int_{-\infty}^{0} e^{-(a+s)t}dt = -\int_{0}^{\infty} e^{(a+s)\tau}d\tau = \frac{1}{s+a}，\quad \mathrm{Re}\{s\} < \mathrm{Re}\{-a\} \tag{5.8.17}$$

上式中上式第三个等号用了变量替换 $\tau = -t$。

反因果的单边指数序列 $f[n]$ 的 Z 变换为 $F(z)=\sum_{n=-\infty}^{\infty}\{-a^n u[-n-1]\}z^{-n}=-\sum_{n=-\infty}^{-1}(az^{-1})^n$ 。利用变量代换 $m=-n$，上式可写成

$$F(z)=-\sum_{m=1}^{\infty}(a^{-1}z)^m=1-\sum_{m=0}^{\infty}(a^{-1}z)^m=1-\frac{1}{1-a^{-1}z}=\frac{1}{1-az^{-1}},\quad |z|<|a| \tag{5.8.18}$$

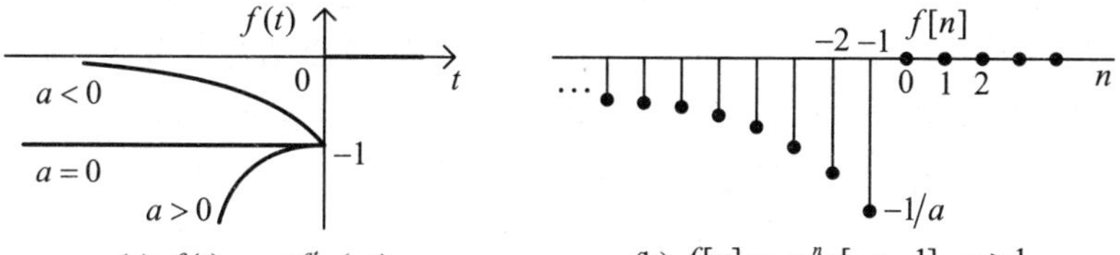

(a) $f(t)=-e^{-at}u(-t)$　(b) $f[n]=-a^n u[-n-1]$, $a>1$

图 5.44　反因果单边实指数函数和序列图形

图5.45 中分别在 S 和 Z 平面上画出了反因果单边指数函数和序列的拉普拉斯变换和Z 变换的收敛域图形。

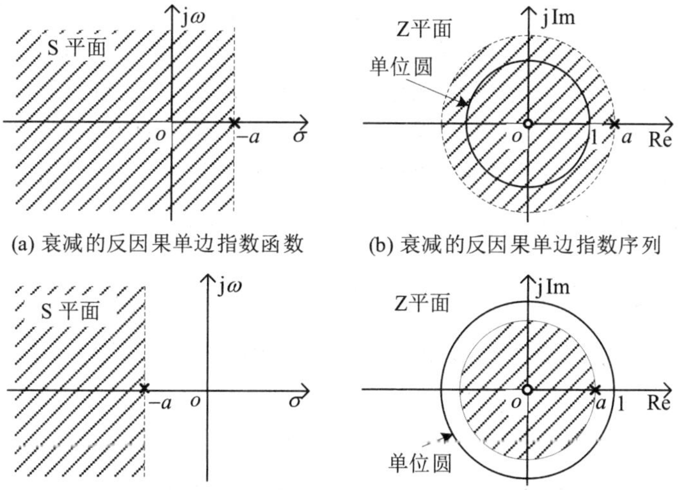

(a) 衰减的反因果单边指数函数　(b) 衰减的反因果单边指数序列

(c) 增长的反因果单边指数函数　(d) 增长的反因果单边指数序列

图 5.45　例 5.15 的收敛域和零、极点图

由反因果单边指数函数和序列的拉普拉斯变换和 Z 变换以及图 5.45，都说明了例 5.13 中得出的结论，即增长的反因果时间函数或序列，由于不满足模可积或模可和，故不存在傅里叶变换，但它们的拉普拉斯变换和 Z 变换却存在，不过，其像函数的收敛域分别不包含 S 平面中的虚轴和 Z 平面上的单位圆。但是，衰减的反因果单边指数函数和序列的拉普拉斯变换和 Z 变换的收敛域，分别包含 S 平面虚轴和 Z 平面单位圆，它们的傅里叶变换存在，且 $F(\omega)=F(s)\big|_{s=j\omega}$ 和 $\tilde{F}(\Omega)=F(z)\big|_{z=e^{j\Omega}}$ 。

如果把本例的结果和例 5.13 中的结果比较一下，可以得出双边拉普拉斯变换和双边 Z 变换的一个很重要的概念：尽管因果单边指数函数和序列与反因果单边指数函数和序列，分别是不相同的时间函数和序列，但是它们分别有完全相同的像函数 $F(s)$ 和 $F(z)$；其区别仅在于像函数的收敛域完全不同。由图 5.43 和图 5.45 可看出：因果单边指数函数的像函数收敛域是 S 平面中某条平行于虚轴的直线**右侧**的半个 S 平面，而反因果单边指数函数的像函数收敛域则为某条平行于虚轴的直线**左侧**的半个 S 平面；因果单边指数序列 Z 变换的收敛域是 Z 平面中、以原点为圆心的某个圆周的**外部**，而反因果单边指数序列的 Z 变换收敛域则是以原点为圆心的某个圆周的**内部**。这充分说明，在给出一个时间函数的拉普拉斯变换或序列的 Z 变换表示时，为什么必须像(5.8.1)式至(5.8.3)式那样，既要给出像函数的表达式，又要注明像函数的收

敛域。关于拉普拉斯变换和 Z 变换收敛域的性质，将在 5.8.3 节中详细地讨论。

上述例子清楚地表明：拉普拉斯变换和 Z 变换分别是连续和离散时间傅里叶变换、从频域( $\omega$ 和 $\Omega$ )到复频域( $s=\sigma+\mathrm{j}\omega$ 和 $z=r\mathrm{e}^{\mathrm{j}\Omega}$ )的一般化；反过来，CFT 是在 S 平面虚轴上的拉普拉斯变换，而 DTFT 是 Z 平面单位圆上的 Z 变换。但拉普拉斯变换和 Z 变换与傅里叶变换之间还是有所区别：傅里叶变换是频域 $\omega$ 和 $\Omega$ 上的**复值函数** $F(\mathrm{j}\omega)$ 和 $F(\mathrm{e}^{\mathrm{j}\Omega})$ ，即 $F(\omega)$ 或 $\tilde{F}(\Omega)$ ，而拉普拉斯和 Z 变换则分别是复变量 $s$ 和 $z$ 的**复变函数**及其收敛域 $\{F(s),\ R_F\}$ 和 $\{F(z),\ R_F\}$ ，故通常把复变量 $s$ 或 $z$ 称为"**复频率**"。概括地讲，傅里叶变换建立了时域和频域之间的联系，而拉普拉斯变换或 Z 变换则建立了时域与复频域之间的联系。由于这个基本区别，导致了它们各自有一些不同的性质，这将在下一章加以讨论。

### 5.8.2 双边拉普拉斯变换和双边 Z 变换的零、极点分布

正如上面所述，时间函数和序列的拉普拉斯变换和 Z 变换，应由它们的像函数表达式 $F(s)$ 和 $F(z)$ 以及各自的收敛域 $R_F$ 一起完整地表示，简言之，它是由收敛域 $R_F$ 中的解析函数 $F(s)$ 或 $F(z)$ 来充分地表示。另外，根据复变函数的理论，复变函数的零点和极点对复变函数的性质起着十分重要的作用，因此，详细地研究像函数的收敛域特性和它们的零、极点分布性质，对深入理解时间函数或序列(即信号和 LTI 系统)的复频域表示，将会有很大的帮助。

**1．像函数的零、极点分布**

1) 零点和极点的定义

假设任意时间函数 $f(t)$ 和 $f[n]$ 的拉普拉斯变换和 Z 变换分别表示为

$$f(t)\xleftrightarrow{\mathrm{L}}\{F(s),\ R_F\}\quad 和\quad f[n]\xleftrightarrow{\mathrm{Z}}\{F(z),\ R_F\}$$

如果在 S 平面和 Z 平面中分别有某点 $z_i$ ，使得

$$\lim_{s\to z_i}F(s)=0\quad 和\quad \lim_{z\to z_i}F(z)=0 \tag{5.8.19}$$

则把 $z_i$ 称为像函数 $F(s)$ 和 $F(z)$ 在 S 平面和 Z 平面上的一个零点。

另外，若在在 S 平面和 Z 平面中，分别有某点 $p_i$ ，使得

$$\lim_{s\to p_i}F(s)=\infty\quad 和\quad \lim_{z\to p_i}F(z)=\infty \tag{5.8.20}$$

则把 $p_i$ 称为像函数 $F(s)$ 或 $F(z)$ 在 S 平面或 Z 平面上的一个极点。

按照上述拉普拉斯变换和 Z 变换的零、极点定义，在例 5.13 和例 5.15 中，$s=-a$ 和 $z=a$ 分别是 $F(s)=1/(s+a)$ 和 $F(z)=z/(z-a)$ 的一个极点；而 S 平面的无穷远点和 $z=0$ 又分别是 $F(s)=1/(s+a)$ 和 $F(z)=z/(z-a)$ 的一个零点。

**【例 5.16】** 试分别求如下的指数函数和序列的线性组合的拉普拉斯变换和 Z 变换：

$$f_1(t)=\mathrm{e}^{-t}u(t)+\mathrm{e}^{-2t}u(t)\quad 和\quad f_1[n]=0.6(1/2)^n u[n]+0.4(-1/3)^n u[n]$$

**解：** 它们的拉普拉斯变换和 Z 变换分别可利用例 5.13 的结果求出。对于 $f_1(t)$ ，则有

$$F_1(s)=\mathscr{L}\left\{\mathrm{e}^{-t}u(t)\right\}+\mathscr{L}\left\{\mathrm{e}^{-2t}u(t)\right\}=\frac{1}{s+1}+\frac{1}{s+2}\quad,\ (\mathrm{Re}\{s\}>-1)\cap(\mathrm{Re}\{s\}>-2)$$

其中 $(*)\cap(*)$ 表示两个集合的交集，上式进一步可写成

$$F_1(s)=\frac{2s+3}{(s+1)(s+2)},\quad R_{F_1}=(\mathrm{Re}\{s\}>-1) \tag{5.8.21}$$

对于 $f_1[n]$，则有

$$F_1(z)=\mathscr{Z}\{0.6(1/2)^n u[n]\}+\mathscr{Z}\{0.4(2/5)(-1/3)^n u[n]\}=\frac{0.6}{1-(1/2)z^{-1}}+\frac{0.4}{1+(1/3)z^{-1}},\quad (|z|>\frac{1}{2})\cap(|z|>\frac{1}{3})$$

进一步可写成

$$F_1(z)=\frac{1}{[1-(1/2)z^{-1}][1+(1/3)z^{-1}]}=\frac{z^2}{[z-(1/2)][z+(1/3)]},\quad R_{F_1}=(|z|>\frac{1}{2}) \tag{5.8.22}$$

上述拉普拉斯变换和 Z 变换像函数表达式表明：像函数 $F_1(s)$ 有两个极点，分别为 $p_1=-1$ 和 $p_2=-2$，也有两个零点，$z_1=-2/3$ 和无穷远点；对于像函数 $F_1(z)$，它的两个极点分别为 $p_1=1/2$ 和 $p_2=-1/3$，只有一个两阶零点 $z_1=0$。本例的拉普拉斯变换和 Z 变换的零极点图和收敛域，分别画在图 5.46(a)和(b)。

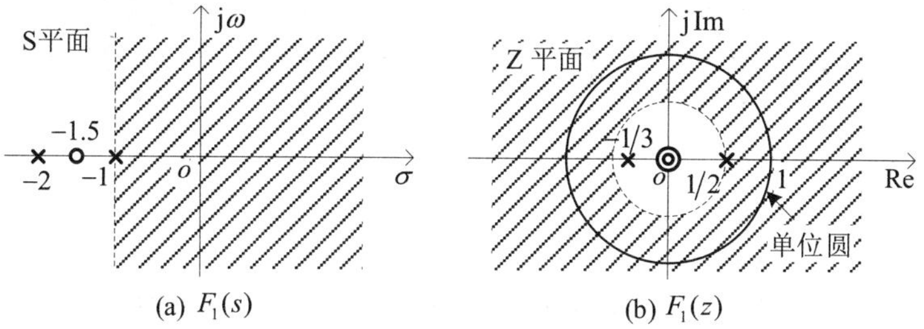


图 5.46　例 5.16 中的 $F_1(s)$ 和 $F_1(z)$ 的零、极点图和收敛域

2) 零点和极点的阶数

假设 $z_i$ 和 $p_i$ 分别是拉普拉斯变换和 Z 变换像函数 $F(s)$ 和 $F(z)$ 的零点和极点，如果有

$$\lim_{s\to z_i}\frac{\mathrm{d}^m}{\mathrm{d}s^m}F(s)=\begin{cases}0, & m<M\\ B, & m=M\end{cases}\quad 和\quad \lim_{z\to z_i}\frac{\mathrm{d}^m}{\mathrm{d}z^m}F(z)=\begin{cases}0, & m<M\\ B, & m=M\end{cases} \tag{5.8.23}$$

其中，$B$ 为非零有限值，则称 $s=z_i$ 和 $z=z_i$ 分别是 $F(s)$ 和 $F(z)$ 的 $M$ 阶零点。若又有

$$\lim_{s\to p_i}F(s)(s-p_i)^m=\begin{cases}\infty, & m<N\\ B, & m=N\end{cases}\quad 和\quad \lim_{s\to p_i}F(z)(z-p_i)^m=\begin{cases}\infty, & m<N\\ B, & m=N\end{cases} \tag{5.8.24}$$

其中，$B$ 也为非零有限值，则 $s=p_i$ 和 $z=p_i$ 分别称为 $F(s)$ 和 $F(z)$ 的 $N$ 阶极点。在零、极点分布图中，通常用“×”表示一阶极点，用“∗”表示二阶极点，用“∘”表示一阶零点，用“◎”表示二阶零点，对于更高阶的零、极点，将用图中的文字说明。

**【例 5.17】**　试分别求例 5.6 中的矩形函数和矩形序列的拉普拉斯变换和 Z 变换。

**解**：为了和它们的傅里叶变换进行比较，这里分别讨论矩形窗函数 $r_\tau(t)$ 和矩形窗序列 $r_{2N_1+1}[n]$ 的拉普拉斯变换和 Z 变换。$r_\tau(t)$ 的拉普拉斯变换像函数为

$$R_\tau(s)=\int_{-\infty}^{\infty}r_\tau(t)\mathrm{e}^{-st}\mathrm{d}t=\int_{-\tau/2}^{\tau/2}\mathrm{e}^{-st}\mathrm{d}t=\frac{\mathrm{e}^{s\tau/2}-\mathrm{e}^{-s\tau/2}}{s}=2\frac{\mathrm{sh}(s\tau/2)}{s} \tag{5.8.25}$$

为了看出它的零、极点分布和收敛域，可改写成 $R_\tau(s)=\mathrm{e}^{s\tau/2}(1-\mathrm{e}^{-s\tau})/s$，其零点为因子 $(1-\mathrm{e}^{-s\tau})$ 的根，即 $\mathrm{e}^{-s\tau}=\mathrm{e}^{-\mathrm{j}2\pi k}$，$k=0,\ \pm1,\ \pm2\ \cdots$，因此一阶零点为 $s=\mathrm{j}(2\pi/\tau)k$，$k=0,\ \pm1,\ \pm2\ \cdots$。当 $k=0$ 时，$s=0$ 是一阶零点，但它也是 $R_\tau(s)$ 的一阶极点，用求极限的法则，求得 $R_\tau(0)=\tau$。故 $s=0$ 既非极点，也非零点。S 平面的无穷远点是 $R_\tau(s)$ 的一个无限阶极点，这说明像函数 $R_\tau(s)$ 在除了无穷远点外的有限 S 平面中解析，故它的收敛域为整个有限 S 平面。图 5.47(a)中画出了 $R_\tau(s)$ 的零、极点分布图，它在虚轴上除原点外等间隔(间隔为 $2\pi/\tau$)出现一阶零点，而在 $s=0$ ($\omega=0$)处，$R_\tau(0)=\tau$。

矩形窗序列 $r_{2N_1+1}[n]$ 的 Z 变换为 $R_{2N_1+1}(z)=\sum\limits_{n=-\infty}^{\infty}r_{2N_1+1}[n]z^{-n}=\sum\limits_{n=-N_1}^{N_1}z^{-n}$，利用变量代换 $m=n+N_1$，则有

$$R_{2N_1+1}(z)=z^{N_1}\sum_{m=0}^{2N_1}z^{-m}=z^{N_1}\frac{1-z^{-(2N_1+1)}}{1-z^{-1}}=\frac{z^{2N_1+1}-1}{z^{N_1}(z-1)},\quad 0<|z|<\infty \tag{5.8.26}$$

式中分子多项式( $z^{2N_1+1}-1$)的根 $z^{2N_1+1}=\mathrm{e}^{\mathrm{j}2\pi k}$ 是 $R_{2N_1+1}(z)$ 的一阶零点，即 $z=\mathrm{e}^{\mathrm{j}[2\pi/(2N_1+1)]k}$，$k=0, 1, \cdots, 2N_1$。从分母多项式看，$z=0$ 为 $N_1$ 阶极点，$z=1$ 为一阶极点，同时 $z=1$ 又是一阶零点，因此，$z=1$ 既非零点，也非极点。最后，当 $z\to\infty$ 时，$R_{2N_1+1}(z)\to\infty$，故无穷远点也是 $N_1$ 阶极点。除 $z=0$ 和无穷远点以外，$R_{2N_1+1}(z)$ 均解析，其收敛域是除原点和无限远点外的 Z 平面。图 5.47(b)中画出了 $R_{2N_1+1}(z)$ 的零、极点图，在单位圆周上，除 $z=1$ 外，等间隔地分布着 $2N_1$ 个一阶零点。

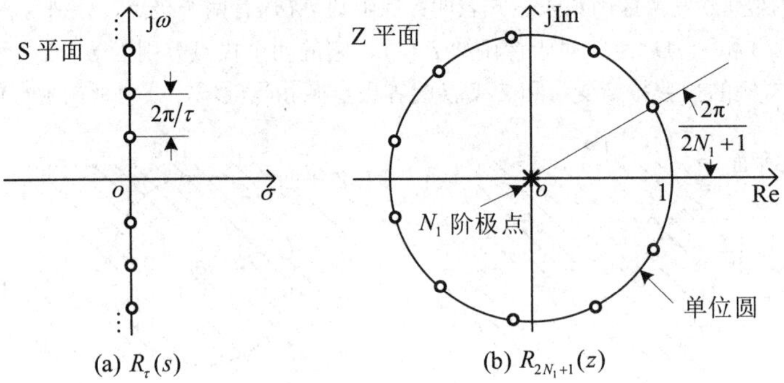


图 5.47 例 5.17 中 $R_\tau(s)$ 和 $R_{2N_1+1}(z)$ 的零、极点分布图

S 平面虚轴上的拉普拉斯变换和 Z 平面单位圆上的 Z 变换，分别是时间函数或序列的 CFT 和 DTFT，因此，把图 5.47(a)和(b)中的零点位置，分别与图 5.17(a)和(b)的函数图形对比，将会看到 S 平面虚轴或 Z 平面单位圆上的零点与傅里叶变换函数图形中过零点的对应关系。

顺便指出，本书中把除无限远点外的 S 平面或 Z 平面称为**有限 S 平面**或**有限 Z 平面**，记作( $s\neq\infty$ )或( $|z|\neq\infty$ )。

**2．有理函数形式的像函数及其零、极点分布**

1) 有理函数形式的像函数

前面例 5.13 至例 5.16 所求的拉普拉斯变换的像函数，以及所有 Z 变换例子的像函数，都分别是复变量 $s$ 和 $z$ 的一个有理分式，这种函数形式称为**有理函数**。绝大部分实际有用的拉普拉斯变换和 Z 变换像函数都是有理函数，有理函数形式的像函数一般形式为

$$F(s)=\frac{P(s)}{Q(s)} \quad \text{和} \quad F(z)=\frac{P(z)}{Q(z)} \tag{5.8.27}$$

有理函数形式的 Z 变换像函数还有另一种形式，即以 $z^{-1}$ 为复变量的有理函数

$$F(z)=\frac{P(z^{-1})}{Q(z^{-1})} \tag{5.8.28}$$

例如(5.8.11)式、(5.8.18)式和(5.8.22)式第一个等号后的像函数，就是 $z^{-1}$ 为变量的有理函数形式。在上述有理函数的一般形式中，$P(*)$ 和 $Q(*)$ 均是复变量的一个多项式。

必须指出：拉普拉斯变换像函数并不都是有理函数，例如，连续时间矩形窗函数的像函数就是非有理函数(见(5.8.25)式)。但复指数函数的线性组合构成的连续时间函数的拉普拉斯变换像函数必定是有理函数；此外，Z 变换像函数的两种有理函数形式也各有用处，但是，本书中偏爱 $z^{-1}$ 的有理函数形式有两个理由：① 以 $z^{-1}$ 表示的有理像函数的部分分式展开比较简便(见 5.8.4 小节和 8.2.5 小节)；② 后面 8.9 节将会看到，$z^{-1}$ 代表着离散时间中的单位延时的系统函数，采用(5.8.28)式的形式，会给离散时间 LTI 系统的分析和实现带来很多方便。

2) 有理函数零、极点的位置和阶数

对于(5.8.27)式和(5.8.28)式表示的有理像函数，假设分子 $P(*)$ 为 $M$ 次多项式，分母 $Q(*)$ 为

$N$ 次多项式，即分子和分母多项式的最高幂次数分别为 $M$ 和 $N$；并假设 $P(*)$ 有 $m$ 个 $\rho_i$ 重根 $z_i$，而 $Q(*)$ 有 $r$ 个 $\sigma_i$ 重根 $p_i$，则绝大多数的有理像函数 $F(s)$ 和 $F(z)$ 可分别写成

$$F(s)=F_0\frac{\prod_{i=1}^{m}(s-z_i)^{\rho_i}}{\prod_{i=1}^{r}(s-p_i)^{\sigma_i}} \quad 和 \quad F(z)=F_0\frac{\prod_{i=1}^{m}(1-z_iz^{-1})^{\rho_i}}{\prod_{i=1}^{r}(1-p_iz^{-1})^{\sigma_i}} \tag{5.8.29}$$

其中，$F_0$ 为一个复常数，$z_i$ 和 $p_i$ 均为模有限的复数，且右式的 $F(z)$ 中，$z_i\neq 0$ 和 $p_i\neq 0$。

由(5.8.29)式左式很容易看出像函数 $F(s)$ 的零、极点位置和阶数，在有限 S 平面上，共有 $m$ 个 $\rho_i$ 阶零点 $z_i$，以及 $r$ 个 $\sigma_i$ 阶极点 $p_i$。

由(5.8.29)式右式表示的 Z 变换有理函数 $F(z)$ 中也可以方便地考察其零、极点，因为其中的分子和分母的因子分别可写成

$$(1-z_iz^{-1})^{\rho_i}=\frac{(z-z_i)^{\rho_i}}{z^{\rho_i}} \quad 和 \quad (1-p_iz^{-1})^{\sigma_i}=\frac{(z-p_i)^{\sigma_i}}{z^{\sigma_i}} \tag{5.8.30}$$

它们都明示出成对的零、极点：$z_i$ 是 $F(z)$ 的 $\rho_i$ 阶零点，$z=0$ 是 $\rho_i$ 阶极点；$p_i$ 是 $F(z)$ 的 $\sigma_i$ 阶极点，$z=0$ 是 $\sigma_i$ 阶零点。因此，从(5.8.29)式右式表示的 $F(z)$ 中，就可以确定除原点外的有限 Z 平面上的零、极点及其各自的阶数：即 $z=z_i$，是 $F(z)$ 的 $\rho_i$ 阶零点；$z=p_i$ 是 $F(z)$ 的 $\sigma_i$ 阶极点。至于 $z=0$ 和无穷远点最终是 $F(z)$ 的零点还是极点，或者既非零点，也非极点，则可根据 $F(z)$ 的分子和分母多项式的最高幂次数 $M$ 和 $N$，并借助于下面介绍的有理像函数零、极点的性质(2)来确定。

上述讨论不仅给出了确定有理形式像函数的零、极点位置和阶数的简单方法，而且表明，对于有理像函数 $F(s)$ 和 $F(z)$，只要知道有限 S 平面和有限 Z 平面上的零、极点位置和阶数，就可确定其像函数的函数形式，只缺一个复常数 $F_0$，一旦 $F_0$ 确定，有理函数的像函数就完全确定了。这个复常数可用其他附加条件确定或规定，例如，已知像函数在某个 $s$ 或 $z$ 的值等。换言之，对于有理形式的拉普拉斯变换或 Z 变换，既可以像(5.8.3)式那样，用像函数和收敛域表示，也可以用有理像函数在有限 S 平面和有限 Z 平面上的零、极点位置和阶数，复常数 $F_0$ 和收敛域来充分表示。即，对于有理形式的拉普拉斯变换或 Z 变换对，也可以表示为

$$f(t)\xleftrightarrow{\text{L}}\{p_i,\sigma_i;z_i,\rho_i;F_0;R_F\} \quad 或 \quad f[n]\xleftrightarrow{\text{Z}}\{p_i,\sigma_i;z_i,\rho_i;F_0;R_F\} \tag{5.8.31}$$

其中，复常数 $F_0$ 只表示像函数的一个复数幅度因子，而有限平面上的零、极点位置和阶数，却决定着有理像函数的函数的形式。因此，对于有理形式的拉普拉斯变换和 Z 变换，除了一个复常数 $F_0$ 外，收敛域和在复平面 S 和 Z 上有限值的零、极点分布，分别代表了时间函数和序列的复频域表示的最主要特性或信息，充分反映时间函数和序列的时域特性和频域特性。在下一小节和第 8 章 8.4 节、8.5 节和 8.7 节中将详细讨论这些问题。

3) 有理像函数零、极点的性质

根据复变函数的零点和奇点(包括极点)的理论，以及关于有理像函数零、极点的讨论和例子可以归纳出，有理形式拉普拉斯变换和 Z 变换的零、极点具有以下几个性质：

(1) 零点和极点的**孤立性**。它表明像函数的零点和极点都是孤立的零点和极点。像函数在极点上不收敛，故其收敛域不应包括任何极点；但零点既可以在收敛域内，也可以在收敛域外，其位置不受限制。

(2) 零点和极点的**平衡性**。即在计算零、极点的数目时，若每个高阶零点和高阶极点均以

数目等于其阶数的一阶零点和极点计算的话，在包含无穷远点的整个 S 平面和 Z 平面中，零点的数目等于极点的数目。

(3) 有限复平面上零点和极点的**充分性**。对于有理形式的拉普拉斯变换和 Z 变换，分别在有限 S 平面( $s\neq\infty$ )和有限 Z 平面( $|z|<\infty$ )上，它们零点和极点的数目是有限的。且有限 S 平面和有限 Z 平面上的零点和极点的位置和阶数，完全决定了像函数的函数形式。

## 5.8.3 双边拉普拉斯变换和双边 Z 变换收敛域的性质

前面已强调过双边拉普拉斯变换和双边 Z 变换收敛域的重要性。在例 5.13 和 5.15 中，两个不同的时间函数或序列具有相同的像函数表达式，只能靠各自的收敛域来区分。这些还是简单的例子，复杂的拉普拉斯变换和 Z 变换中，同一个像函数表达式可以分别对应多个时间函数或序列，但每一个都有各自不同的收敛域，请看下面的例子。

**【例 5.18】** 与例 5.16 相比较，试求以下时间函数或序列的拉普拉斯变换和 Z 变换。

$$f_2(t)=-\mathrm{e}^{-t}u(-t)-\mathrm{e}^{-2t}u(-t) \quad 和 \quad f_3(t)=\mathrm{e}^{-2t}u(t)-\mathrm{e}^{-t}u(-t)$$

及 $$f_2[n]=-0.6(1/2)^n u[-n-1]-0.4(-1/3)^n u[-n-1] \quad 和 \quad f_3[n]=0.4(-1/3)^n u[n]-0.6(1/2)^n u[-n-1]$$

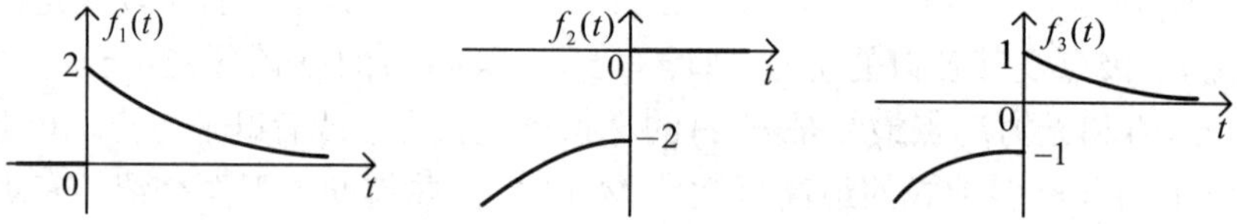


(a) (b) (c)

图 5.48 例 5.16 和例 5.18 中的三个连续时间函数的图形

**解：** 在图 5.48 中以连续时间函数为例，画出 $f_1(t)$ ， $f_2(t)$ 和 $f_3(t)$ 的不同函数图形。类似地 $f_1[n]$ ， $f_2[n]$ 和 $f_3[n]$ 也很不一样，读者可自行画出它们的序列图形。

利用例 5.13 和例 5.15 的结果，或根据 6.2 节变换的线性性质，不难求出上述时间函数或序列的拉普拉斯变换或 Z 变换。它们分别为

$$F_2(s)=\frac{2s+3}{(s+1)(s+2)}，\ R_{F_2}=(\mathrm{Re}\{s\}<-2)；\qquad F_3(s)=\frac{2s+3}{(s+1)(s+2)}，\ R_{F_3}=(-2<\mathrm{Re}\{s\}<-1) \tag{5.8.32}$$

$$F_2(z)=\frac{1}{[1-(1/2)z^{-1}][1+(1/3)z^{-1}]}，\ R_{F_2}=\left(|z|<\frac{1}{3}\right)；\ F_2(z)=\frac{1}{[1-(1/2)z^{-1}][1+(1/3)z^{-1}]}，\ R_{F_3}=\left(\frac{1}{3}<|z|<\frac{1}{2}\right) \tag{5.8.33}$$

上述结果表明， $f_2(t)$ ， $f_3(t)$ 或 $f_2[n]$ ， $f_3[n]$ 分别与例 5.16 的 $f_1(t)$ 或 $f_1[n]$ 有相同的像函数表达式，也分别具有相同的零、极点分布，不同的只是收敛域。图 5.49(a)和(b)分别画出它们的拉普拉斯变换或 Z 变换零、极点图和各自的收敛域。

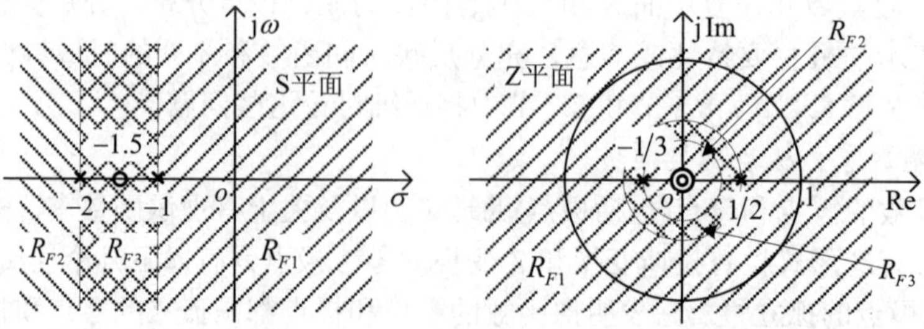


(a) $f_1(t)$， $f_2(t)$ 和 $f_3(t)$ (b) $f_1[n]$， $f_2[n]$ 和 $f_3[n]$

图 5.49 例 5.16 与例 5.18 中三个时间函数与序列的零、极点分布和收敛域

下面讨论双边拉普拉斯变换和双边 Z 变换收敛域的某些约束或性质。在建立这些约束或

性质的过程中，只作一般的陈述，并适当给出例证，不追求严格的数学证明。

**性质 1**　拉普拉斯变换和 Z 变换收敛域的形状。

拉普拉斯变换像函数的收敛域是 S 平面上**平行于虚轴的带状区域**。一般可表示为

$$\text{ROC}=(\sigma_1<\text{Re}\{s\}<\sigma_2),\quad -\infty\leqslant\sigma_1<\sigma_2\leqslant\infty$$

其中，$\sigma_1$ 和 $\sigma_2$ 为实数。在某些情况下，拉普拉斯变换收敛域的左边界或右边界，可以分别向左或向右移，甚至无穷远点，使收敛域变成半个 S 平面，甚至整个 S 平面(包含无穷远点)。

Z 变换像函数的收敛域是 Z 平面上**以原点为中心的同心圆环区域**。一般可表示为

$$\text{ROC}=(r_1<|z|<r_2),\quad 0\leqslant r_1<r_2\leqslant\infty$$

其中，$r_1$ 和 $r_2$ 为实数。在某些情况下，Z 变换收敛域的内边界可以向内一直延伸到原点，甚至包含原点，变成一个圆盘；或者外边界可能延伸到无穷远点，甚至收敛域包括无穷远点。

前面所有例子都佐证了这一性质。根据双边拉普拉斯变换和双边 Z 变换与傅里叶变换的关系，拉普拉斯变换和 Z 变换的收敛域仅仅分别与 $f(t)\text{e}^{-\sigma t}$ 和 $f[n]r^{-n}$ 是否模可积和模可和有关，即仅分别与 $\text{Re}\{s\}$ 和 $|z|$ 有关，而与 $\text{j}\omega$ 和 $\Omega$ 无关。换言之，在 S 平面上的一点 $s_0=\sigma_0+\text{j}\omega_0$ 属于某个拉普拉斯变换像函数 $F(s)$ 的收敛域，则这个收敛域包含平行于虚轴的直线 $\text{Re}\{s\}=\sigma_0$；同样地，如果在 Z 平面上的一点 $z_0=r_0\text{e}^{\text{j}\Omega_0}$ 属于某个 Z 变换像函数 $F(z)$ 的收敛域，则这个收敛域包含以原点为中心的圆周 $|z|=r_0$。

**性质 2**　拉普拉斯变换和 Z 变换的收敛域内不应包含像函数的任何极点。

这个性质不仅指出，拉普拉斯变换和 Z 变换的收敛域分别是 S 平面和 Z 平面上不包含像函数任何极点的单连通域，而且收敛域的边界(拉普拉斯变换带状收敛域的左、右边界或 Z 变换圆环形收敛域的内、外界)通过像函数的某个极点，且此边界不在收敛域内。极点处的像函数为无限值，显然不收敛。同时，尽管极点是孤立的，但是根据性质 1 中的说明，若 $s=p_i$ 或 $z=p_i$ 分别是拉普拉斯变换或 Z 变换的极点，则在 S 平面上平行于虚轴的直线 $\text{Re}\{\text{s}\}=\text{Re}\{p_i\}$，或 Z 平面上的圆周 $|z|=|p_i|$，都不在收敛域内。前面的所有例子也证明了这一点。

**性质 3**　所有有限持续期的有界函数和序列的拉普拉斯变换和 Z 变换的收敛域，至少分别是有限 S 平面($s\neq\infty$)和除原点外的有限 Z 平面($0<|z|<\infty$)。

例 5.17 就是这样一个例子。关于这一性质有几点说明：

(1) 尽管冲激函数及其导数 $\delta^{(k)}(t)$，$k\geqslant0$，不属于有界函数，它们的收敛域也满足性质 3。

(2) 此性质中的“分别**至少**是有限 S 平面和有限 Z 平面”，意味着某些有限持续期的时间函数和序列，其像函数收敛域还可以扩展到包含无穷远点和包含 Z 平面的原点。在例 5.14 中，$\delta(t)$ 和 $\delta[n]$ 的拉普拉斯变换和 Z 变换像函数均收敛域就分别是整个 S 平面和整个 Z 平面。

(3) 由于 Z 变换是复变量的一个幂级数，因此，可根据有限长序列的起点和终点时刻，确定其收敛域是否包含 Z 平面上 $z=0$ 和无穷远点的两个特殊点。具体地说，如果 $f[n]$ 是有限长的序列，例如，当 $n<N_1$ 和 $n>N_2$ 时，$f[n]=0$，这里 $N_1$、$N_2$ 均是有限整数，且 $N_2>N_1$，那么 $f[n]$ 的 Z 变换就是一个有限项之和，即

$$F(z)=\sum_{n=N_1}^{N_2}f[n]z^{-n}\tag{5.8.34}$$

对于 $z\neq0$ 和 $z\neq\infty$，由于上式是有限项求和，$F(z)$ 一定收敛。至于收敛域是否包括原点和无穷远点，有三种情况：当 $N_1<0$，而 $N_2>0$，即在 $n<0$ 和 $n>0$ 时 $f[n]$ 都有非零值，上式的求和中既包括 $z$ 的正幂次项，又包括 $z$ 的负幂次项。随着 $z\to0$，涉及 $z$ 的负幂次项就变成无

界，即 $z=0$ 是极点；而随着 $z\to\infty$，涉及 $z$ 的正幂次项就成为无限，即无穷远点也是极点，$F(z)$ 的收敛域就不包括原点和无穷远点，即 $\mathrm{ROC}=(0<|z|<\infty)$；若 $N_2>N_1\geqslant 0$，那么上式右边不包括 $z$ 的正幂次项，当 $z\to\infty$ 时，每一项均是有限的，但 $z=0$ 则为极点，这时 $F(z)$ 的收敛域为$(0<|z|\leqslant\infty)$；相反，如果 $N_1<N_2\leqslant 0$，上式右边不包括 $z$ 的负幂次项，无穷远点为极点，而在 $z=0$，求和的每一项都是有限的，故 $F(z)$ 的收敛域为$(0\leqslant|z|<\infty)$。

**性质 4** 右边时间函数和序列的拉普拉斯变换和 Z 变换收敛域。

如果 $f(t)$ 和 $f[n]$ 分别是右边无限的时间函数和序列，简称**右边函数和序列**，并已知直线 $\mathrm{Re}\{s\}=\sigma_0$ 和圆周 $|z|=r_0$ 分别属于其像函数 $F(s)$ 和 $F(z)$ 的收敛域，则它们的收敛域必定分别包含 S 平面的 $\mathrm{Re}\{s\}\geqslant\sigma_0$ 和 Z 平面上 $\infty>|z|\geqslant r_0$ 的所有点。至于无穷远点是否在收敛域内，则由 $f[n]$ 左边的起点时刻是正或负决定，这可参照性质 3 中第 3 点说明。进一步，根据性质 2，右边函数或序列的拉普拉斯变换或 Z 变换收敛域，还分别可向左或向内扩展，直到分别遇到 S 平面内最右边的极点和 Z 平面内最外侧的极点。

这里用右边函数的拉普拉斯变换为例说明这个性质。假设右边函数 $f(t)=0$，$t<T_1$，如图 5.50(a)所示，由于 $F(s)$ 在 $\mathrm{Re}\{s\}=\sigma_0$ 收敛，那么 $f(t)\mathrm{e}^{-\sigma_0 t}$ 的傅里叶变换存在，即 $\int_{T_1}^{\infty}|f(t)|\mathrm{e}^{-\sigma_0 t}\mathrm{d}t<\infty$。对于满足 $\mathrm{Re}\{s\}>\sigma_0$ 的任何点 $s_1=\sigma_1+\mathrm{j}\omega$，因为 $\sigma_1>\sigma_0$，随着 $t\to\infty$，$\mathrm{e}^{-\sigma_1 t}$ 比 $\mathrm{e}^{-\sigma_0 t}$ 衰减得快，见图 5.50(a)，故必定有

$$\int_{-\infty}^{\infty}\left|f(t)\mathrm{e}^{-\sigma_1 t}\right|\mathrm{d}t=\int_{T_1}^{\infty}|f(t)|\mathrm{e}^{-\sigma_0 t}\mathrm{e}^{-(\sigma_1-\sigma_0)t}\mathrm{d}t\leqslant\mathrm{e}^{-(\sigma_1-\sigma_0)T_1}\int_{T_1}^{\infty}|f(t)|\mathrm{e}^{-\sigma_0 t}\mathrm{d}t$$

因 $T_1$ 为有限值，$\mathrm{e}^{-(\sigma_1-\sigma_0)T_1}$ 亦有界，上式最右边为有限值，$f(t)\mathrm{e}^{-\sigma_1 t}$ 模可积，即其傅里叶变换存在，$f(t)$ 的拉普拉斯变换在 $s_1$ 点一定收敛。这就说明所有 $\mathrm{Re}\{s\}\geqslant\sigma_0$ 的 $s$ 点都收敛。对右边序列也可以作出类似的证明。

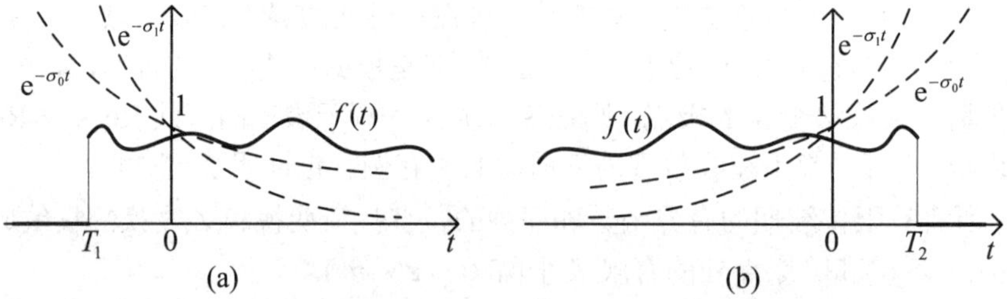


图 5.50 拉普拉斯变换收敛域的性质 4 和性质 5 的图解说明

**性质 5** 左边时间函数和序列的拉普拉斯变换和 Z 变换收敛域。

如果 $f(t)$ 和 $f[n]$ 分别是左边无限的时间函数和序列，简称为**左边函数和序列**，并已知直线 $\mathrm{Re}\{s\}=\sigma_0$ 和圆周 $|z|=r_0$ 分别属于其像函数 $F(s)$ 和 $F(z)$ 的收敛域，则它们的收敛域必定分别包含 S 平面的 $\mathrm{Re}\{s\}\leqslant\sigma_0$ 和 Z 平面上 $0<|z|\leqslant r_0$ 的所有点。至于 $z=0$ 是否在收敛域内，则由 $f[n]$ 右边的端点时刻是正或负决定，具体也参照性质 3 中第 3 点说明。进一步，根据性质 2，左边函数或序列的像函数收敛域还可分别向右或向外扩展，直至分别碰上各自像函数在 $S$ 平面上最左边和 Z 平面上最内侧的一个极点。

可用证明性质 4 的类似方法来证明这个性质，其中对于拉普拉斯变换情况的图解说明如图 5.50(b)所示，请读者自行证明之。

前面的例 5.13 至例 5.16 和例 5.18 均佐证了性质 4 和性质 5。

**性质 6** 两边时间函数和序列的拉普拉斯变换和 Z 变换的收敛域。

如果 $f(t)$ 是两边无限的连续时间函数，简称**两边函数**，若 S 平面上的直线 $\mathrm{Re}\{s\}=\sigma_0$ 属于像函数 $F(s)$ 的收敛域，则该收敛域一定是 S 平面上的包含该条直线的、左右边界均有限的

一个带状区域，且左右边界分别是穿过 $F(s)$ 在该直线左右两边第一个极点的、平行于虚轴的直线。同样地，如果 $f[n]$ 是两边无限的离散时间序列，简称**两边序列**，若 Z 平面内的一个圆周 $|z|=r_0$ 属于 $F(z)$ 的收敛域，则该收敛域一定是 Z 平面上包含此圆周的、内外半径均有限的一个圆环域，且内外边界分别是通过 $F(z)$ 在该圆周内外两边的第一个极点的圆周。

前面例 5.18 中的 $f_3(t)$ 和 $f_3[n]$ 就是两边时间函数和序列的例子，它们的拉普拉斯变换和 Z 变换的收敛域(图 5.49 中 $R_{F3}$)分别是这一性质的一个例证。实际上，可用图 5.51 来说明性质 6。

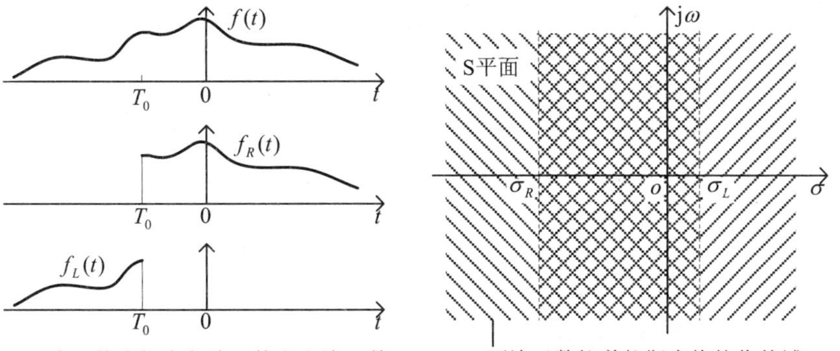


(a) 两边函数分解为左边函数和右边函数　　(b) 两边函数拉普拉斯变换的收敛域

图 5.51　两边时间函数的拉普拉斯变换收敛域性质 6 的图解说明

对于一个任意的两边函数 $f(t)$，可选取任一有限时刻 $T_0$，将 $f(t)$ 分成右边函数 $f_{\mathrm{R}}(t)$ 和左边函数 $f_{\mathrm{L}}(t)$，见图 5.51(a)，且 $f(t)=f_{\mathrm{R}}(t)+f_{\mathrm{L}}(t)$。根据性质 4 和性质 5，分别有

$$f_{\mathrm{R}}(t)\xleftrightarrow{\mathrm{L}}F_{\mathrm{R}}(s),\ R_{\mathrm{R}}=(\mathrm{Re}\{s\}>\sigma_R)\quad 和\quad f_{\mathrm{L}}(t)\xleftrightarrow{\mathrm{L}}F_{\mathrm{L}}(s),\ R_{\mathrm{L}}=(\mathrm{Re}\{s\}<\sigma_{\mathrm{L}})$$

根据 6.2 节变换的线性性质，$f(t)$ 的拉普拉斯变换为

$$F(s)=F_{\mathrm{R}}(s)+F_{\mathrm{L}}(s),\quad \mathrm{ROC}=(\mathrm{Re}\{s\}>\sigma_{\mathrm{R}})\bigcap(\mathrm{Re}\{s\}<\sigma_{\mathrm{L}})$$

若 $\sigma_{\mathrm{R}}<\sigma_{\mathrm{L}}$，则 $R_{\mathrm{R}}$ 和 $R_{\mathrm{L}}$ 有交集 $\sigma_{\mathrm{R}}<\mathrm{Re}\{s\}<\sigma_{\mathrm{L}}$，如图 5.51(b)所示。此时两边函数 $f(t)$ 存在拉普拉斯变换，其像函数为 $F_{\mathrm{R}}(s)+F_{\mathrm{L}}(s)$，收敛域为 $\sigma_{\mathrm{R}}<\mathrm{Re}\{s\}<\sigma_{\mathrm{L}}$；如果 $\sigma_{\mathrm{R}}\geqslant\sigma_{\mathrm{L}}$，则上式中的交集为空集，两边函数 $f(t)$ 不存在拉普拉斯变换，即 S 平面上找不到任何一点 $s$，可使其像函数收敛。两边序列也可类似地说明。请看下面的例子：

**【例 5.19】**　试分别求如下双边指数函数和序列的拉普拉斯变换和 Z 变换：

$$f(t)=\mathrm{e}^{-a|t|}\quad 和\quad f[n]=a^{|n|},\quad a\ 一般为复数 \tag{5.8.35}$$

**解：** 图 5.52(a)和(b)中分别画出了 $a$ 为实数时的双边衰减实指数函数和序列。上述双边指数函数或序均可分别写成一个因果和非因果的单指数函数或序列之和，即

$$f(t)=\mathrm{e}^{-at}u(t)+\mathrm{e}^{at}u(-t)\quad 和\quad f[n]=a^nu[n]+a^{-n}u[-n-1]$$

利用例 5.13 和例 5.15 的结果，即

$$\mathrm{e}^{-at}u(t)\xleftrightarrow{\mathrm{L}}\frac{1}{s+a},\ \mathrm{Re}\{s\}>\mathrm{Re}\{-a\}\quad 和\quad \mathrm{e}^{at}u(-t)\xleftrightarrow{\mathrm{L}}\frac{-1}{s-a},\ \mathrm{Re}\{s\}<\mathrm{Re}\{a\} \tag{5.8.36}$$

虽然 $f(t)$ 中每一项单独有拉普拉斯变换及其收敛域，但是当 $a\leqslant 0$，即 $f(t)$ 为双边非衰减指数函数时，两个收敛域相交的交集是一个空集，即不存在公共的收敛域。因此，当 $a\leqslant 0$ 时 $f(t)$ 就没有拉普拉斯变换。但当 $a>0$，即双边衰减的指数函数时，则 $a>-a$，上述两个收敛域就有公共的收敛区域。故拉普拉斯变换为

$$F(s)=\frac{1}{s+a}-\frac{1}{s-a}=\frac{-2a}{s^2-a^2},\quad \mathrm{Re}\{-a\}<\mathrm{Re}\{s\}<\mathrm{Re},\quad \mathrm{Re}\{a\}>0 \tag{5.8.37}$$

该拉普拉斯变换的零、极点和收敛域见图 5.52(c)。

对于双边指数序列 $f[n]$，利用例 5.13 和例 5.15 的结果，也分别有

$$a^n u[n] \xleftrightarrow{Z} \frac{1}{1-az^{-1}}，\ |z|>|a| \quad 和 \quad a^n u[-n-1] \xleftrightarrow{Z} \frac{-1}{1-a^{-1}z^{-1}}，\ |z|<|a|^{-1} \tag{5.8.38}$$

同样，如果$|a| \geqslant 1$，上述两个收敛域没有任何公共区域，也就是说，常数序列$f[n]=1$和双边增长的指数序列不存在 Z 变换；对于$|a|<1$，两个 ROC 有重叠部分，故存在 Z 变换，双边衰减指数序列的 Z 变换为

$$F(z)=\frac{1}{1-az^{-1}}-\frac{1}{1-a^{-1}z^{-1}}=\frac{[(a^2-1)/a]z^{-1}}{(1-az^{-1})(1-a^{-1}z^{-1})}=\frac{a^2-1}{a}\frac{z}{(z-a)(z-a^{-1})}，\ |a|<|z|<|a|^{-1}，\ |a|<1 \tag{5.8.39}$$

它的零、极点和收敛域见图 5.52(d)。

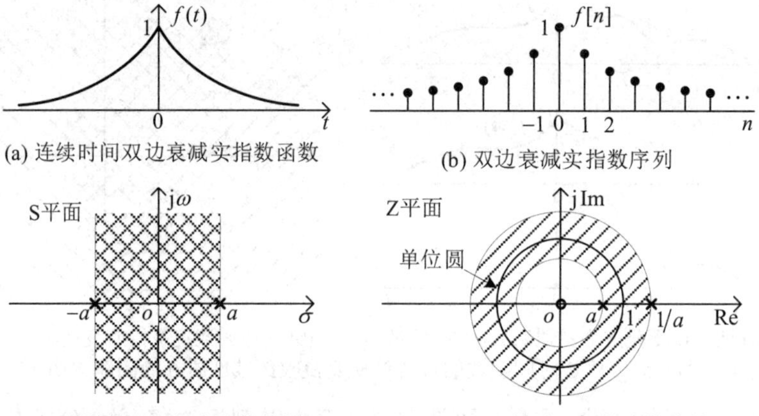

(a) 连续时间双边衰减实指数函数　(b) 双边衰减实指数序列

(c) $F(s)$的零、极点和收敛域　(d) $F(z)$的零、极点和收敛域

图 5.52　双边衰减实指数函数或双边衰减实指数序列及其像函数的零、极点和收敛域

现把拉普拉斯变换和 Z 变换收敛域的性质的作一小结。任何一个连续时间函数和离散时间序列，只要它们存在拉普拉斯变换或 Z 变换，其像函数收敛域都属于以下四种情况之一：

(1) 拉普拉斯变换和 Z 变换的收敛域分别包含有限 S 平面和除原点外的有限 Z 平面，这分别对应着时域中是有限长的函数和序列。

(2) 拉普拉斯变换的收敛域为某条并行于虚轴的直线**右侧**的半个有限 S 平面，Z 变换收敛域为 Z 平面中以原点为中心的某个圆周的**外部**，这分别对应着时域的右边时间函数和序列。

(3) 拉普拉斯变换的收敛域为某条并行于虚轴的直线**左侧**的半个有限 S 平面，Z 变换收敛域为 Z 平面上以原点为中心的某个圆周的**内部**，这分别对应着时域中的左边时间函数和序列。

(4) 拉普拉斯变换的收敛域为 S 平面中**左、右边界有限的带状区域**，Z 变换收敛域为 Z 平面上以原点为中心的**内外半径有限的圆环**，这分别对应着一个两边都衰减的时间函数和序列。

对于前三种情况，S 平面上无穷远点或 Z 平面中原点($z=0$)和无穷远点是否在收敛域内，可以根据时间函数或序列在时域中的分布位置决定。

上述讨论表明，相当广泛一类时间函数和序列都有其双边拉普拉斯变换和双边 Z 变换表示，一些不存在傅里叶变换的时间函数和序列，却分别存在双边拉普拉斯变换或双边 Z 变换。有一些时间函数和序列，如常数函数和序列、周期函数和序列等，不存在双边拉普拉斯变换和双边 Z 变换，但在频域中引入冲激函数以后，它们都有傅里叶变换表示。从这个角度上说，双边拉普拉斯变换和双边 Z 变换表示法与傅里叶变换表示法之间又有相互补充的关系。

应该说明，仍有一些有用的时间函数和序列既无傅里叶变换表示，又没有双边拉普拉斯变换或双边 Z 变换，例如，一般的复指数函数 $e^{st}$，或序列 $z^n$，以及例 5.19 中的双边增长复指数函数或序列。对此，用后面 8.3.1 节介绍的单边拉普拉斯变换和单边 Z 变换可以表示，这对于用变换域方法来分析以微分方程和差分方程描述的一类因果增量线性系统有着重要意义。

## 5.8.4　反拉普拉斯变换和反 Z 变换

由拉普拉斯变换和 Z 变换的像函数及其收敛域$\{F(s),\ R_F\}$和$\{F(z),\ R_F\}$，求取其原函数$f(t)$和$f[n]$的过程，分别称为**反拉普拉斯变换**和**反 Z 变换**。本小节首先利用 5.8.1 节中双边拉普拉斯变换和双边 Z 变换与傅里叶变换之间的关系，分别从 CFT 和 DTFT 的反变换公式，推导出反拉普拉斯变换和反 Z 变换公式，然后介绍反拉普拉斯变换和反 Z 变换的几种求法。

**1．拉普拉斯变换和 Z 变换的反变换公式**

假设$f(t)$和$f[n]$的拉普拉斯变换和 Z 变换分别为$\{F(s),\ R_F\}$和$\{F(z),\ R_F\}$，根据(5.8.6)式和(5.8.7)式，分别在 S 和 Z 平面上各自收敛域内取一点$s=\sigma+\mathrm{j}\omega$和$z=r\mathrm{e}^{\mathrm{j}\Omega}$，将有

$$F(s)=F(\sigma+\mathrm{j}\omega)=\mathscr{F}\{f(t)\mathrm{e}^{-\sigma t}\},\quad (s=\sigma+\mathrm{j}\omega)\in R_F$$

和
$$F(z)=F(r\mathrm{e}^{j\Omega})=\mathscr{F}\{f[n]r^{-n}\},\quad (z=r\mathrm{e}^{\mathrm{j}\Omega})\in R_F$$

按照 CFT 和 DTFT 的反变换公式，就分别有

$$f(t)\mathrm{e}^{-\sigma t}=\mathscr{F}^{-1}\{F(\sigma+\mathrm{j}\omega)\}=\frac{1}{2\pi}\int_{-\infty}^{\infty}F(\sigma+\mathrm{j}\omega)\mathrm{e}^{\mathrm{j}\omega t}\mathrm{d}\omega,\quad (\mathrm{Re}\{s\}=\sigma)\in R_F \tag{5.8.40}$$

和
$$f[n]r^{-n}=\mathscr{F}^{-1}\{F(r\mathrm{e}^{\mathrm{j}\Omega})\}=\frac{1}{2\pi}\int_{\langle 2\pi\rangle}F(r\mathrm{e}^{\mathrm{j}\Omega})\mathrm{e}^{\mathrm{j}\Omega n}\mathrm{d}\Omega,\quad (|z|=r)\in R_F \tag{5.8.41}$$

将(5.8.40)式的两边乘以$\mathrm{e}^{\sigma t}$，并作变量代换$\omega\to s=\sigma+\mathrm{j}\omega$，且$\sigma$为常数，则$\mathrm{d}\omega\to\mathrm{d}s/\mathrm{j}$，得到反拉普拉斯变换公式为

$$f(t)=\frac{1}{2\pi}\int_{-\infty}^{\infty}F(\sigma+\mathrm{j}\omega)\mathrm{e}^{(\sigma+\mathrm{j}\omega)t}\mathrm{d}\omega=\frac{1}{2\pi\mathrm{j}}\int_{\sigma-\mathrm{j}\infty}^{\sigma+\mathrm{j}\infty}F(s)\mathrm{e}^{st}\mathrm{d}s,\quad (\mathrm{Re}\{s\}=\sigma)\in R_F \tag{5.8.42}$$

同样，若将(5.8.41)式的两边乘以$r^n$，则有

$$f[n]=\frac{1}{2\pi}\int_{\langle 2\pi\rangle}F(r\mathrm{e}^{\mathrm{j}\Omega})r^n\mathrm{e}^{\mathrm{j}\Omega n}\mathrm{d}\Omega=\frac{1}{2\pi}\int_{\langle 2\pi\rangle}F(r\mathrm{e}^{\mathrm{j}\Omega})(r\mathrm{e}^{\mathrm{j}\Omega})^n\mathrm{d}\Omega,\quad (|z|=r)\in R_F$$

把积分变量从$\Omega$变成$z=r\mathrm{e}^{\mathrm{j}\Omega}$，并考虑到$r$固定不变，故有$\mathrm{d}z=\mathrm{j}r\mathrm{e}^{\mathrm{j}\Omega}\mathrm{d}\Omega=\mathrm{j}z\mathrm{d}\Omega$，或者$\mathrm{d}\Omega=(1/\mathrm{j})z^{-1}\mathrm{d}z$。由于上式的积分是对$\Omega$上任一个$2\pi$区间内进行的，变成$z$的积分后，则为逆时针沿$|z|=r$的圆周(记作$c$)的路径积分，这样就得到如下的反 Z 变换公式

$$f[n]=\frac{1}{2\pi\mathrm{j}}\oint_c F(z)z^{n-1}\mathrm{d}z,\quad c\in R_F \tag{5.8.43}$$

上述反拉普拉斯变换和反 Z 变换公式表明：原函数$f(t)$和$f[n]$可以由它们的像函数$F(s)$和$F(z)$、分别以复指数函数$\mathrm{e}^{st}$和复指数序列$z^{n-1}$加权后的路径积分求得。反拉普拉斯变换的积分路径是收敛域内平行于虚轴的一条自下而上的直线，见图 5.53(a)；而反 Z 变换的积分路径是收敛域内一个以原点为中心的逆时针方向的圆周，见图 5.53(b)。

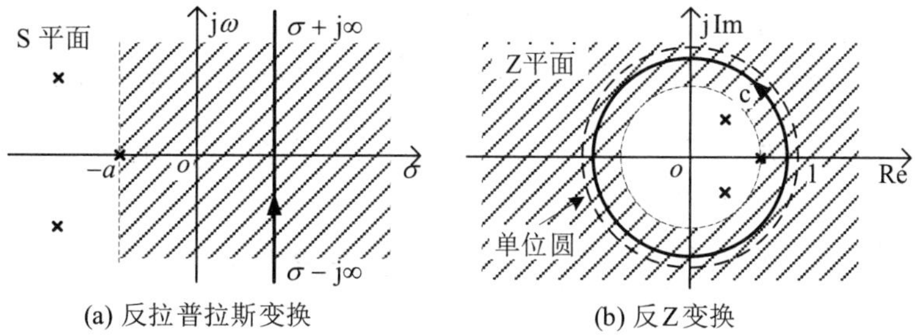


(a) 反拉普拉斯变换　　(b) 反Z变换

图 5.53　反拉普拉斯变换和反 Z 变换的积分路径

根据复变函数理论，可用留数定理求解析函数的路径积分。对于双边拉普拉斯变换和双边 Z 变换，它们的收敛域分别为 S 平面上的有限带域和 Z 平面上的圆环，像函数在有限平面内的极点(被积函数 $F(s)e^{st}$ 和 $F(z)z^{n-1}$ 的极点)分别在收敛带域的左、右两边和收敛圆环的里、外两边，用留数定理求双边拉普拉斯变换和双边 Z 变换的反变换很复杂。实际上，对于有理形式的拉普拉斯变换和 Z 变换，可用更简便的方法来求它们的反变换，无需用留数定理方法。

在实际的工程分析中，常用以下几种方法来求反拉普拉斯变换和反 Z 变换：

(1) 由一些熟知的拉普拉斯变换和 Z 变换对，利用拉普拉斯变换和 Z 变换的性质，求得未知的拉普拉斯变换和 Z 变换，或者它们的反变换。前面的例 5.16、例 5.18 和例 5.19 已运用了这种方法，在下一章讨论拉普拉斯变换和 Z 变换性质时，将有更多的实际例子。

(2) 对于有理形式拉普拉斯变换和 Z 变换，最常用的反变换方法是部分分式展开法。本小节将简单介绍这一方法。由于部分分式展开法不仅可用来求反拉普拉斯变换和反 Z 变换，还可用来求某些傅里叶反变换，并在分析用微分方程和差分方程表征的 LTI 系统时特别有用，因此，将在第 8 章 8.2.5 小节中更详细地讨论部分分式展开的一般方法。

(3) 由于 Z 变换实际上是复变量 $z^{-1}$ 的罗朗级数，故反 Z 变换还有其特别的求法，例如泰勒级数展开法和长除法，也将在本小节分别介绍。

**2．部分分式展开法求反拉普拉斯变换和反 Z 变换**

前面已指出，由单边指数线性组合而成的时间函数和序列之拉普拉斯变换和 Z 变换像函数，分别是(5.8.27)式或(5.8.28)式这样的有理函数。由例 5.13 和例 5.15 看到，单个单边指数函数或序列项的像函数都是一些简单的有理函数，其收敛域也是单纯的。例 5.16 和例 5.18 又说明，若干个单边指数函数或序列线性组合的像函数收敛域，分别是各指数分量的像函数收敛域之交集。这就是为什么可以用部分分式展开法，求解有理像函数的反变换方法的基本来由。

部分分式展开法是把一个有理形式的多项式分式、展开成低阶次有理分式之线性组合的数学方法。假设由(5.8.29)式这样的有理像函数，且其右式中没有 $z^{-1}$ 的因子，如果无多阶极点，即分母多项式的根均为单根，且分母多项式中 $s$ 和 $z^{-1}$ 的最高阶次大于分子多项式，即所谓“**有理真分式**”，那么它们就可分别展开成如下的形式

$$F(s)=\frac{P(s)}{Q(s)}=\sum_{i=1}^{N}\left\{\frac{A_i}{s-p_i},\ s\in R_i\right\} \quad 和 \quad F(z)=\frac{P(z^{-1})}{Q(z^{-1})}=\sum_{i=1}^{N}\left\{\frac{B_i}{1-p_i z^{-1}},\ z\in R_i\right\} \tag{5.8.44}$$

其中，$p_i$ 为分母多项式 $Q(s)$ 和 $Q(z^{-1})$ 的复变量 $s$ 和 $z$ 的 $N$ 个单根，$N$ 为分母多项式的最高阶次，$A_i$ 和 $B_i$ 分别是复常数。由例 5.13 和例 5.15 可知，上式右边的每一项，分别是因果或非因果的单边复指数函数和序列的像函数，每一项的收敛域 $R_i$ 与极点 $p_i$ 有关，且 $R_i$ 只能是 S 平面中直线($\mathrm{Re}\{s\}=\mathrm{Re}\{p_i\}$)右侧或左侧的半个 S 平面，以及只能是 Z 平面上圆周($|z|=|p_i|$)外部或内部。故可分别依据收敛域的性质及其与极点的关系，并根据有理函数 $F(s)$ 或 $F(z)$ 的收敛域 $R_F$ 是这些 $R_i$ 的交集这一关系，确定每一项的收敛域 $R_i$ 选择其中的哪一种。为体现有理形式像函数连同其收敛域一起的部分分式展开(或分解)，可将(5.8.44)式分别表示成如下形式：

$$\{F(s),\ R_F\}=\sum_{i=0}^{N}\left\{\frac{A_i}{s-p_i},\ R_i\right\},\quad R_F=R_1\cap R_2\cap\cdots\cap R_N \tag{5.8.45}$$

$$\{F(z),\ R_F\}=\sum_{i=0}^{N}\left\{\frac{B_i}{1-p_i z^{-1}},\ R_i\right\},\quad R_F=R_1\cap R_2\cap\cdots\cap R_N \tag{5.8.46}$$

在部分分式展开过程中，除了确定每个一次项分式的收敛域 $R_i$ 外，另一个关键是确定它

们的待定常数。在后面 8.2.5 小节将给出确定这些待定常数 $A_i$ 和 $B_i$ 的一般公式，根据这些公式可以直接计算出 $A_i$ 和 $B_i$。对于简单的有理函数 $F(s)$ 和 $F(z)$，特别是低阶次的分母多项式，可用初等代数方法求得。下面用例子说明上述部分分式展开法的具体过程和基本方法。

**【例 5.20】** 设某个拉普拉斯变换和 Z 变换分别有如下像函数和收敛域，试求它们的反变换 $f(t)$ 和 $f[n]$。

$$F(s)=\frac{2s+3}{s^2+3s+2},\quad R_F=(\mathrm{Re}\{s\}>-1)\quad \text{和}\quad F(z)=\frac{1}{1-(1/6)z^{-1}-(1/6)z^{-2}},\quad R_F=(|z|>\frac{1}{2})$$

**解：** 本题中 $F(s)$ 和 $F(z)$ 分别是 $s$ 和 $z^{-1}$ 的有理真分式，可直接进行部分分式展开。首先把分母多项式因式分解，注意其一次因式的形式应分别与(5.8.45)式和(5.8.46)式相同，则分别有

$$F(s)=\frac{2s+3}{(s+1)(s+2)}\quad \text{和}\quad F(z)=\frac{1}{[1-0.5z^{-1}][1+(1/3)z^{-1}]}$$

它们的极点和收敛域分别见图 5.46(a)和(b)。由于极点均为单极点，它们可部分分式展开分别为

$$F(s)=\frac{A_1}{s+1}+\frac{A_2}{s+2}\quad \text{和}\quad F(z)=\frac{B_1}{1-0.5z^{-1}}+\frac{B_2}{1+(1/3)z^{-1}}$$

其中 $A_1$、$A_2$ 和 $B_1$、$B_2$ 为待定常数。可分别用右边两个分式之和进行通分的方法，求这些待定常数。即有

$$F(s)=\frac{(A_1+A_2)s+2A_1+A_2}{(s+1)(s+2)}\quad \text{和}\quad F(z)=\frac{B_1+B_2+(B_1/3-B_2/2)z^{-1}}{[1-0.5z^{-1}][1+(1/3)z^{-1}]}$$

按分子多项式中相应项系数相等的原则，可以分别列出待定常数 $A_1$、$A_2$ 和 $B_1$、$B_2$ 满足的代数方程组，即

$$\begin{cases}A_1+A_2=2\\2A_1+A_2=3\end{cases}\quad \text{和}\quad \begin{cases}B_1+B_2=1\\B_1/3-B_2/2=0\end{cases},\quad \text{分别求解上述方程组，得到}\quad \begin{cases}A_1=1\\A_2=1\end{cases}\quad \text{和}\quad \begin{cases}B_1=0.6\\B_2=0.4\end{cases}。$$

分别按照(5.8.45)式和(5.8.46)式，像函数及其收敛域的部分分式展开可分别写成

$$\left\{\frac{2s+3}{s^2+3s+2},\ \mathrm{Re}\{s\}>-1\right\}=\left\{\frac{1}{s+1},\ R_1\right\}+\left\{\frac{1}{s+2},\ R_2\right\}\tag{5.8.47}$$

或

$$\left\{\frac{1}{1-(1/6)z^{-1}-(1/6)z^{-2}},\ |z|>\frac{1}{2}\right\}=\left\{\frac{0.6}{1-0.5z^{-1}},\ R_1\right\}+\left\{\frac{0.4}{1+(1/3)z^{-1}},\ R_2\right\}\tag{5.8.48}$$

下面确定每个一次分式的收敛域 $R_1$ 和 $R_2$：对于(5.8.47)式，两个一阶极点 $p_1=1$ 和 $p_2=2$ 均在收敛域 $R_F$ 的左边，$f(t)$ 是一个右边函数，等式右边两项的反变换也应是右边函数，收敛域只能选 $R_1=(\mathrm{Re}\{s\}>-1)$ 和 $R_2=(\mathrm{Re}\{s\}>-2)$。对于(5.8.48)式，两个一阶极点 $p_1=1/2$ 和 $p_2=-1/3$ 均在 Z 平面收敛域 $R_F$ 的内侧，$f[n]$ 是一个右边序列，右边两项的反变换也应是右边序列，只能选 $R_1=(|z|>1/2)$ 和 $R_2=(|z|>1/3)$。

按照例 5.13 和例 5.15 求得的因果和非因果单边复指数函数和序列的拉普拉斯变换和 Z 变换对，不难写出(5.8.47)式和(5.8.48)式右边每一项的反变换，即

$$\mathscr{L}^{-1}\left\{\frac{1}{s+1},\ \mathrm{Re}\{s\}>-1\right\}=\mathrm{e}^{-t}u(t)\quad \text{和}\quad \mathscr{L}^{-1}\left\{\frac{1}{s+2},\ \mathrm{Re}\{s\}>-2\right\}=\mathrm{e}^{-2t}u(t)$$

及

$$\mathscr{Z}^{-1}\left\{\frac{0.6}{1-0.5z^{-1}},\ |z|>\frac{1}{2}\right\}=0.6\left(\frac{1}{2}\right)^n u[n]\quad \text{和}\quad \mathscr{Z}^{-1}\left\{\frac{0.4}{1+(1/3)z^{-1}},\ |z|>\frac{1}{3}\right\}=0.4\left(-\frac{1}{3}\right)^n u[n]$$

最后求得的反变换分别为

$$\mathscr{L}^{-1}\left\{\frac{2s+3}{s^2+3s+2},\ \mathrm{Re}\{s\}>-1\right\}=\mathrm{e}^{-t}u(t)+\mathrm{e}^{-2t}u(t)$$

和

$$\mathscr{Z}^{-1}\left\{\frac{1}{1-(1/6)z^{-1}-(1/6)z^{-2}},\ |z|>\frac{1}{2}\right\}=0.6\left(\frac{1}{2}\right)^n u[n]+0.4\left(-\frac{1}{3}\right)^n u[n]$$

由于 $F(s)$ 和 $F(z)$ 均有两个一阶极点，可能的收敛域有三种，上述收敛域仅对应着右边函数和序列。若像函数不变，收敛域分别改为 $R_F=(R\{s\}<-2)$ 和 $R_F=(|z|<1/3)$，这时像函数的部分分式展开不会有变化，但每一项的收敛域必须重新考虑。现在，像函数 $F(s)$ 和 $F(z)$ 的两个极点分别均在收敛域 $R_F$ 的右边和收敛域 $R_F$ 的外侧，$f(t)$ 和 $f[n]$ 应分别是左边函数和左边序列，$F(s)$ 和 $F(z)$ 展开后的每一项的反变换，也应是左

边函数和左边序列，故部分分式展开应写成

$$\left\{\frac{2s+3}{s^2+3s+2},\ \operatorname{Re}\{s\}<-2\right\}=\left\{\frac{1}{s+1},\ \operatorname{Re}\{s\}<-1\right\}+\left\{\frac{1}{s+2},\ \operatorname{Re}\{s\}<-2\right\}$$

和 $$\left\{\frac{1}{1-(1/6)z^{-1}-(1/6)z^{-2}},\ |z|<\frac{1}{3}\right\}=\left\{\frac{0.6}{1-0.5z^{-1}},\ |z|<\frac{1}{2}\right\}+\left\{\frac{0.4}{1+(1/3)z^{-1}},\ |z|<\frac{1}{3}\right\}$$

利用例 5.13 和例 5.15 的结果，可以得出此种收敛域时的反变换如下：

$$\mathscr{L}^{-1}\left\{\frac{2s+3}{s^2+3s+2},\ \operatorname{Re}\{s\}<-2\right\}=-\mathrm{e}^{-t}u(-t)-\mathrm{e}^{-2t}u(-t)$$

和 $$\mathscr{Z}^{-1}\left\{\frac{1}{1-(1/6)z^{-1}-(1/6)z^{-2}},\ |z|<\frac{1}{3}\right\}=-0.6\left(\frac{1}{2}\right)^n u[-n-1]-0.4\left(-\frac{1}{3}\right)^n u[-n-1]$$

如果本例的像函数 $F(s)$ 和 $F(z)$ 仍不变，而它们的收敛域分别改为有限带域 $R_F=(-2<\operatorname{Re}\{s\}<-1)$ 和有限圆环 $R_F=(1/3<|z|<1/2)$。此时，像函数 $F(s)$ 和 $F(z)$ 的两个极点分别在收敛带域的左、右两边和收敛圆环的内、外两侧，$f(t)$ 和 $f[n]$ 应是两边函数和两边序列。要使 $F(s)$ 和 $F(z)$ 展开式中两项的收敛域之交集不是空集，且正好分别是 $F(s)$ 或 $F(z)$ 的收敛带域($-2<\operatorname{Re}\{s\}<-1$)和收敛圆环($1/3<|z|<1/2$)，只有如下分解：

$$\left\{\frac{2s+3}{s^2+3s+2},\ -2<\operatorname{Re}\{s\}<-1\right\}=\left\{\frac{1}{s+1},\ \operatorname{Re}\{s\}<-1\right\}+\left\{\frac{1}{s+2},\ \operatorname{Re}\{s\}>-2\right\}$$

和 $$\left\{\frac{1}{1-(1/6)z^{-1}-(1/6)z^{-2}},\ \frac{1}{3}<|z|<\frac{1}{2}\right\}=\left\{\frac{0.6}{1-0.5z^{-1}},\ |z|<\frac{1}{2}\right\}+\left\{\frac{0.4}{1+(1/3)z^{-1}},\ |z|>\frac{1}{3}\right\}$$

故这种收敛域下的反拉普拉斯变换和反 Z 变换为:

$$\mathscr{L}^{-1}\left\{\frac{2s+3}{s^2+3s+2},\ -2<\operatorname{Re}\{s\}<-1\right\}=\mathrm{e}^{-2t}u(t)-\mathrm{e}^{-t}u(-t)$$

和 $$\mathscr{Z}^{-1}\left\{\frac{1}{1-(1/6)z^{-1}-(1/6)z^{-2}},\ \frac{1}{3}<|z|<\frac{1}{2}\right\}=0.4\left(-\frac{1}{3}\right)^n u[n]-0.6\left(\frac{1}{2}\right)^n u[-n-1]$$

若把上面所求三种情况的反变换结果和例 5.16 和例 5.18 对照一下，结果完全一致。

若在像函数 $F(s)$ 和 $F(z)$ 的分母多项式 $Q(s)$ 和 $Q(z^{-1})$ 中包含高阶极点，(5.8.45)式和(5.8.46)式的部分分式展开要适当修改，这将在 8.2.5 小节讨论。在 8.2.3 小节讨论复频域方法求解以微分方程和差分方程描述的 LTI 系统的单位冲激响应时，还有更多的部分分式展开的例子。

**3．反 Z 变换的幂级数展开方法**

由 Z 变换定义可看出，它实际上是一个包含 $z$ 的正幂和负幂项的幂级数，幂级数的系数就是离散时间序列的序列值 $f[n]$。如果能把像函数 $F(z)$ 在其收敛域内展开成一个 $z$ 的幂级数，就可直接确定所求反 Z 变换 $f[n]$ 的各个序列值。将 $F(z)$ 展开成收敛域内的幂级数，通常有两种方法，一是泰勒级数展开法，二是长除法。下面分别用例子介绍这两种反 Z 变换方法。

1) 泰勒级数展开法

如果解析函数 $F(z)$ 在其收敛域内可展开成泰勒级数

$$F(z)=\sum_{n=0}^{\infty}f_n z^{-n}\ ,\ |z|>r_0 \quad 或 \quad F(z)=\sum_{n=-\infty}^{-1}f_n z^{-n}\ ,\ |z|<r_0 \tag{5.8.49}$$

那么就可由上述泰勒级数的系数 $f_n$ 归纳出对应的离散时间序列 $f[n]$。请看下面的例子。

**【例 5.21】** 已知两个 Z 变换像函数和收敛域分别如下，试求它们的反 Z 变换 $f_1[n]$ 和 $f_2[n]$。

$$F_1(z)=1/(1-az^{-1})\ ,\quad |z|>|a| \quad 和 \quad F_2(z)=1/(1-az^{-1})\ ,\quad |z|<|a|$$

**解：** 复变函数中有如下泰勒级数展开公式

$$\frac{1}{1-w}=\sum_{n=0}^{\infty}w^n\ ,\quad |w|<1 \tag{5.8.50}$$

对于 $F_1(z)$，令 $w=az^{-1}$，则它在其收敛域内可展开为 $F_1(z)=\sum_{n=0}^{\infty}a^n z^{-n}$，$|z|>|a|$。将它与 Z 变换的定义对比，可直接写出其反 Z 变换 $f_1[n]$ 为

$$f_1[n]=\begin{cases}a^n, & n\geqslant 0\\ 0, & n<0\end{cases}\quad 或\quad f_1[n]=a^n u[n]$$

对于 $F_2(z)$，其收敛域为 $|z|<|a|$，相当于 $|a^{-1}z|<1$，故可改写为 $F_2(z)=\dfrac{-za^{-1}}{1-za^{-1}}$，$|a^{-1}z|<1$。若令 $w=a^{-1}z$，并利用(5.8.50)式，则 $F_2(z)=-w\sum_{n=0}^{\infty}w^n=-\sum_{n=0}^{\infty}a^{-(n+1)}z^{n+1}$，$|a^{-1}z|<1$，采用变量代换 $m=-(n+1)$，则 $F_2(z)$ 可改写为 $F_2(z)=-\sum_{m=-1}^{-\infty}a^m z^{-m}=-\sum_{n=-\infty}^{-1}a^n z^{-n}$，$|z|<|a|$。对比 Z 变换的定义，可得出其反 Z 变换为

$$f_2[n]=\begin{cases}0, & n\geqslant 0\\ -a^n & n<0\end{cases}\quad 或\quad f_2[n]=-a^n u[-n-1]$$

**【例 5.22】** 已知 Z 变换 $F(z)=\ln(1+az^{-1})$，$|z|>|a|$，试求其反 Z 变换。

**解：** 由于 $|z|>|a|$，即 $|az^{-1}|<1$，则可利用如下泰勒级数展开式：

$$\ln(1+w)=\sum_{n=1}^{\infty}\frac{(-1)^{n+1}w^n}{n},\quad |w|<1 \tag{5.8.51}$$

$F(z)$ 可展开成幂级数，即 $F(z)=\sum_{n=1}^{\infty}\dfrac{(-1)^{n+1}(az^{-1})^n}{n}=\sum_{n=1}^{\infty}\dfrac{(-1)^{n+1}a^n z^{-n}}{n}$，$|z|>|a|$，将它与 Z 变换定义式对比，得到

$$f[n]=\begin{cases}(-1)^{n+1}a^n/n, & n\geqslant 1\\ 0\ , & n<1\end{cases}\quad 或\quad f[n]=\frac{-(-a)^n}{n}u[n-1] \tag{5.8.52}$$

2) 长除法展开成 $z^{-1}$ 的幂级数

如果 Z 变换像函数是(5.8.28)式或(5.8.27)式的有理函数，即其分子分母皆为 $z^{-1}$ 或 $z$ 的多项式，则可先根据其收敛域判断出离散时间序列是右边序列还是左边序列，然后采用多项式长除法，分别展开成 $z$ 的负幂无限或正幂无限的幂级数，再按的定义确定各个序列值，或者进一步归纳出离散时间序列的表达式。具体方法和步骤请看下面的例题。

**【例 5.23】** 试求 $F(z)=1/(z^{-1}-az^{-2})$，$|z|>|a|$ 的反 Z 变换 $f[n]$：

**解：** Z 变换收敛域为某个圆周的外部，根据 Z 变换收敛域性质 4，可判断 $f[n]$ 是右边序列，其 Z 变换应为 $z$ 的负幂无限的幂级数，可采用图 5.54 所列的多项式长除法，得到一个 $z$ 的负幂无限的如下幂级数：

$$\begin{array}{r|l}
 & z+a+a^2z^{-1}+a^3z^{-2}+\cdots\\
z^{-1}-az^{-2} & 1\\
 & \underline{1-az^{-1}}\\
 & az^{-1}\\
 & \underline{az^{-1}-a^2z^{-2}}\\
 & a^2z^{-2}\\
 & \underline{a^2z^{-2}-a^3z^{-3}}\\
 & a^3z^{-3}\\
 & \underline{a^3z^{-3}-a^4z^{-4}}\\
 & a^4z^{-4}\\
 & \vdots
\end{array}$$

图 5.54　例 5.23 长除法的图解表示

$$\begin{array}{r|l}
 & -a^{-1}z^{-1}-a^{-2}-a^{-3}z-a^{-4}z^2-a^{-5}z^3\cdots\\
-az^{-1}+1 & z^{-2}\\
 & \underline{z^{-2}-a^{-1}z^{-1}}\\
 & a^{-1}z^{-1}\\
 & \underline{a^{-1}z^{-1}-a^{-2}}\\
 & a^{-2}\\
 & \underline{a^{-2}-a^{-3}z}\\
 & a^{-3}z\\
 & \underline{a^{-3}z-a^{-4}z^2}\\
 & a^{-4}z^2\\
 & \vdots
\end{array}$$

图 5.55　例 5.24 长除法的图解表示

则有 $$F(z)=1/(z^{-1}-az^{-2})=z+a+a^2z^{-1}+a^3z^{-2}+\ \cdots\ ,\quad |z|>|a|$$

将上式与Z变换定义(5.8.2)式比较，得到

$$f[n]=0\,,\ n<-1\,;\quad 和\quad f[-1]=1\,,\ f[0]=a\,,\ f[1]=a^2\,,\ f[2]=a^3\cdots$$

由此可归纳出 $f[n]$ 的表达式如下：

$$f[n]=a^{n+1}u[n+1]$$

**【例 5.24】** 已知 $F(z)=z^{-2}/(1-az^{-1})$，$|z|<|a|$，试求其反Z变换 $f[n]$。

**解**：该Z变换的收敛域为圆周的内部，根据Z变换的收敛域性质5，可判断 $f[n]$ 是左边序列，其Z变换应为 $z$ 的正幂无限的幂级数。采用图5.55这样的长除法，将会得到一个 $z$ 的正幂无限的如下幂级数：

$$F(z)=z^{-2}/(1-az^{-1})=-a^{-1}z^{-1}-a^{-2}-a^{-3}z-a^{-4}z^2-a^{-5}z^3-\ \cdots,\quad |z|<|a|$$

根据Z变换的定义(5.8.2)式，其反Z变换 $f[n]$ 的序列值为

$$f[n]=0\,,\ n>1\,;\quad 和\quad f[1]=-a^{-1}\,,\ f[0]=-a^{-2}\,,\ f[-1]=-a^{-3}\,,\ f[-2]=-a^{-4}\,,\ f[-3]=-a^{-5}\cdots$$

也可以归纳出 $f[n]$ 的通式为

$$f[n]=-a^{n-2}u[-n+1]$$

由上述例子看出，用泰勒级数展开法和长除法是两个有用的反Z变换方法，它们各有特点，也有各自的局限。例如，泰勒级数法既适用于有理形式的Z变换，也适合于一些非有理形式的Z变换，但不是所有非有理形式的Z变换像函数都能很容易找到泰勒级数展开；长除法只适用于有理形式的Z变换像函数，且收敛域限于某个圆周的内部或外部，对于收敛域为有限圆环域的有理像函数，其反Z变换为两边无限序列，就无法直接用长除法。此外，与部分分式展开法相比，长除法避开了复杂的因式分解，但一般只能给出离散时间序列的各个序列值，若都要归纳出序列表达式，也并非易事。当然，上述方法可以配合其他反Z变换方法，例如部分分式展开法和利用Z变换的性质等，一起使用。

# 5.9 信号的复频谱和LTI系统的系统函数

本节分别针对信号和LTI系统的单位冲激响应的拉普拉斯变换和Z变换，介绍信号和LTI系统的复频域表示，并初步讨论它们的物理含义。第8章还将详细讨论信号的复频谱和LTI系统的系统函数在系统分析和综合中的作用，以及有关的概念、特性和方法。

**1. 信号的复频谱**

如果连续时间和离散时间信号 $x(t)$ 和 $x[n]$ 分别存在拉普拉斯变换和Z变换，即分别有

$$x(t)\xleftrightarrow{\ \mathrm{L}\ }\{X(s),\ R_X\}\quad 和\quad x[n]\xleftrightarrow{\ \mathrm{Z}\ }\{X(z),\ R_X\}\tag{5.9.1}$$

按照拉普拉斯变换和Z变换的正、反变换公式，将分别有

$$X(s)=\int_{-\infty}^{\infty}x(t)\mathrm{e}^{-st}\mathrm{d}t\,,\ s\in R_X\quad 和\quad x(t)=\frac{1}{2\pi\mathrm{j}}\int_{\sigma-\mathrm{j}\infty}^{\sigma+\mathrm{j}\infty}X(s)\mathrm{e}^{st}\mathrm{d}s\,,\ (\mathrm{Re}\{s\}=\sigma)\in R_X\tag{5.9.2}$$

及 $$X(z)=\sum_{n=-\infty}^{\infty}x[n]z^{-n}\,,\ z\in R_X\quad 和\quad x[n]=\frac{1}{2\pi\mathrm{j}}\oint_c X(z)z^{n-1}\mathrm{d}z\,,\ 圆周\ c\in R_X\tag{5.9.3}$$

与信号的傅里叶变换一样，连续时间和离散时间信号的拉普拉斯变换和Z变换分别称为信号各自的复频域表示。它们也可通过将上面的反变换公式，写成如下的形式来解释：

$$x(t)=\int_{\sigma-\mathrm{j}\infty}^{\sigma+\mathrm{j}\infty}\frac{X(s)\mathrm{d}s}{2\pi\mathrm{j}}\mathrm{e}^{st}\,,\ (\mathrm{Re}\{s\}=\sigma)\in R_X\quad 和\quad x[n]=\oint_c\frac{X(z)z^{n-1}\mathrm{d}z}{2\pi\mathrm{j}}z^n\,,\ 圆周\ c\in R_X\tag{5.9.4}$$

上式表明，$x(t)$ 和 $x[n]$ 可分别看成一般复指数信号 $e^{st}$ 和 $z^n$ 的连续线性组合，$e^{st}$ 和 $z^n$ 分别由 S 平面和 Z 平面上各自的收敛域限定。与信号频谱的解释一样，把上式中的 $X(s)\mathrm{d}s/2\pi\mathrm{j}$ 和 $X(z)z^{n-1}\mathrm{d}z/2\pi\mathrm{j}$ 分别看作组成 $x(t)$ 和 $x[n]$ 的 $e^{st}$ 和 $z^n$ 分量的复数幅度，像函数 $X(s)$ 和 $X(z)$ 分别代表 $e^{st}$ 和 $z^n$ 分量的复数幅度在各自收敛域内的分布。鉴于这一解释，通常把像函数 $X(s)$ 和 $X(z)$（包括其收敛域）称为 $x(t)$ 和 $x[n]$ 的**复频谱**。当然，关于信号复频谱的物理解释，不像傅里叶变换表示法中信号频谱那样具有清楚的物理含义。

上述有关信号复频谱的物理解释，以及拉普拉斯变换和 Z 变换的有效性，充分论证了 5.2 节中提出的问题，即用一般的复指数信号 $e^{st}$ 和 $z^n$，可分别构成相当广泛的一类连续时间和离散时间信号，加上它们作为 LTI 系统特征函数的性质，它们可作为分析信号与系统的又一类基本信号。前面已指出，双边拉普拉斯变换和双边 Z 变换分别是 CFT 和 DTFT 的一般化，使得一些不能用傅里叶变换表示的信号，也有复频域表示，弥补了傅里叶变换表示法的不足。特别地，从上述信号的复频域表示法，还获得从其频域表示法中得不到的一些概念和性质。

如果信号 $x(t)$ 和 $x[n]$ 是复指数信号的线性组合，它们的复频域表示可分别用有限 S 平面和 Z 平面上的零极点分布、收敛域和一个复常数来表示，即

$$x(t) \stackrel{\mathrm{L}}{\longleftrightarrow} \{p_i,\sigma_i;z_i,\rho_i;X_0;R_X\} \quad \text{和} \quad x[n] \stackrel{\mathrm{Z}}{\longleftrightarrow} \{p_i,\sigma_i;z_i,\rho_i;X_0;R_X\} \tag{5.9.5}$$

其中，$p_i$ 和 $\sigma_i$ 是分别有理像函数 $X(s)$ 和 $X(z)$ 在有限 S 平面和 Z 平面上的极点位置和阶数，$z_i$ 和 $\rho_i$ 分别是 $X(s)$ 和 $X(z)$ 在有限 S 平面和 Z 平面上的零点位置和阶数；$X_0$ 是 $X(s)$ 和 $X(z)$ 的一个复常数。此时，信号复频谱的主要信息由极、零点位置及阶数、收敛域表示。其中，有限 S 平面和 Z 平面的极点、零点位置和阶数决定了有理复频谱 $X(s)$ 和 $X(z)$ 的函数形式。换言之，根据(5.9.5)，就分别有

$$X(s)=X_0\frac{\prod_{i=1}^{m}(s-z_i)^{\rho_i}}{\prod_{i=1}^{r}(s-p_i)^{\sigma_i}},\ s\in R_X \quad \text{和} \quad X(z)=X_0\frac{\prod_{i=1}^{m}(1-z_iz^{-1})^{\rho_i}}{\prod_{i=1}^{r}(1-p_iz^{-1})^{\sigma_i}},\ z\in R_X \tag{5.9.6}$$

因此，对于有理形式的信号复频谱，除了一个复数幅度因子 $X_0$ 外，它们在 S 平面和 Z 平面内的零、极点分布和收敛域图形，就充分表示了信号的最主要特性。在第 8 章中，将进一步讨论复平面上的零、极点分布和收敛域反映出来的信号特性。

**2．LTI 系统的系统函数**

若连续时间和离散时间 LTI 系统单位冲激响应 $h(t)$ 和 $h[n]$ 分别有拉普拉斯变换和 Z 变换，即

$$h(t) \stackrel{\mathrm{L}}{\longleftrightarrow} \{H(s),\ R_H\} \quad \text{和} \quad h[n] \stackrel{\mathrm{Z}}{\longleftrightarrow} \{H(z),\ R_H\} \tag{5.9.7}$$

其中

$$H(s)=\int_{-\infty}^{\infty}h(t)e^{-st}\mathrm{d}t,\ s\in R_H \quad \text{和} \quad H(z)=\sum_{n=-\infty}^{\infty}h[n]z^{-n},\ z\in R_H \tag{5.9.8}$$

$$h(t)=\frac{1}{2\pi\mathrm{j}}\int_{\sigma-\mathrm{j}\infty}^{\sigma+\mathrm{j}\infty}H(s)e^{st}\mathrm{d}s,\ (\mathrm{Re}\{s\}=\sigma)\in R_H \quad \text{和} \quad h[n]=\frac{1}{2\pi\mathrm{j}}\oint_c H(z)z^{n-1}\mathrm{d}z,\ c\in R_H \tag{5.9.9}$$

将上面(5.9.8)式与 5.2 节中的(5.2.1)式和(5.2.5)式做比较可知，$h(t)$ 和 $h[n]$ 的像函数 $H(s)$ 和 $H(z)$ 分别是该连续时间和离散时间 LTI 系统对复指数信号 $e^{st}$ 和 $z^n$ 的复数增益，对于不同 $s$ 和 $z$ 值下的输入 $e^{st}$ 和 $z^n$，LTI 系统的复数增益 $H(s)$ 和 $H(z)$ 分别是 $s$ 和 $z$ 的函数。通常把 $H(s)$ 和 $H(z)$ 连同其收敛域一起，称为连续时间和离散时间 LTI 系统的**系统函数**，在电路分析和网络理论中，有时也称为电路或网络的**传递函数**。

实际上，在 5.2.1 节论述 LTI 系统对复指数输入的响应时，已给出了系统函数 $H(s)$ 和 $H(z)$ 的物理解释。更严密地，可以用下面的表示来说明。

$$\mathrm{e}^{st} \xrightarrow{h(t)} H(s)\mathrm{e}^{st},\ s\in R_H \quad 或 \quad z^n \xrightarrow{h[n]} H(z)z^n,\ z\in R_H \tag{5.9.10}$$

和 LTI 系统的频率响应一样，系统函数是 LTI 系统特性的又一种充分的表征，即 LTI 系统的复频域( $S$ 域或 $z$ 域)表示。

若 LTI 系统的系统函数 $H(s)$ 和 $H(z)$ 分别是 $s$ 和 $z$ 的有理函数，它的系统函数和收敛域也可等价地分别用有限 S 平面和 Z 平面内的极零点分布、收敛域及一个复常数因子表示，即

$$h(t) \xleftrightarrow{\mathrm{L}} \{p_i,\sigma_i;z_i,\rho_i;X_0;R_H\} \quad 和 \quad h[n] \xleftrightarrow{\mathrm{Z}} \{p_i,\sigma_i;z_i,\rho_i;X_0;R_H\} \tag{5.9.11}$$

其中，$p_i$ 和 $\sigma_i$ 分别是系统函数 $H(s)$ 和 $H(z)$ 在有限 S 平面和 Z 平面上极点位置和阶数；$z_i$ 和 $\rho_i$ 分别为 $H(s)$ 和 $H(z)$ 在有限 S 平面和 Z 平面上零点位置和阶数，$H_0$ 是 $H(s)$ 和 $H(z)$ 的一个复常数。和(5.9.5)式类似，由上两式右边的复频域表示，可写出该 LTI 系统的系统函数，即

$$H(s)=H_0\frac{\prod_{i=1}^{m}(s-z_i)^{\rho_i}}{\prod_{i=1}^{r}(s-p_i)^{\sigma_i}},\ s\in R_H \quad 和 \quad H(z)=H_0\frac{\prod_{i=1}^{m}(1-z_iz^{-1})^{\rho_i}}{\prod_{i=1}^{r}(1-p_iz^{-1})^{\sigma_i}},\ z\in R_H \tag{5.9.12}$$

因此，对于有理系统函数，除了一个复数幅度因子 $H_0$ 外，它们在有限 S 平面或 Z 平面上的极、零点分布和收敛域图形，就充分表示了该 LTI 系统的最重要特性。在第 8 章中将会看到，对于用微分方程或差分方程描述的 LTI 系统，它们的系统函数均是有理系统函数。那时将进一步讨论它们的极、零点分布和收敛域所反映的这类系统的基本特性和有关概念。

**3. LTI 系统输入输出关系的复频域表示**

在时域中，连续和离散时间 LTI 系统的输入输出关系分别表示为卷积积分与卷积和，即

$$y(t)=x(t)*h(t) \quad 和 \quad y[n]=x[n]*h[n]$$

如果 $x(t)$，$h(t)$ 和 $x[n]$，$h[n]$ 分别有其拉普拉斯变换和 Z 变换，且 $x(t)$ 和 $x[n]$ 表示为(5.9.4)式那样，分别看成其收敛域内 $\mathrm{e}^{st}$ 和 $z^n$ 的线性组合，根据(5.9.10)式，并基于(5.2.10)式，按照在 5.4.4 节中导出(5.4.46)式类似的方法，连续时间和离散时间 LTI 系统对输入 $x(t)$ 和 $x[n]$ 的响应 $y(t)$ 和 $y[n]$，可分别写成

$$y(t)=\int_{\sigma-\mathrm{j}\infty}^{\sigma+\mathrm{j}\infty}\frac{X(s)\mathrm{d}s}{2\pi\mathrm{j}}H(s)\mathrm{e}^{st},\quad (\mathrm{Re}\{s\}=\sigma)\in R_Y \tag{5.9.13}$$

和

$$y[n]=\oint_c\frac{X(z)z^{-1}\mathrm{d}z}{2\pi\mathrm{j}}H(z)z^n,\quad 圆周\ c\in R_Y \tag{5.9.14}$$

进一步改写成

$$y(t)=\frac{1}{2\pi\mathrm{j}}\int_{\sigma-\mathrm{j}\infty}^{\sigma+\mathrm{j}\infty}X(s)H(s)\mathrm{e}^{st}\mathrm{d}s,\quad (\mathrm{Re}\{s\}=\sigma)\in R_Y \tag{5.9.15}$$

和

$$y[n]=\frac{1}{2\pi\mathrm{j}}\oint_c X(z)H(z)z^{n-1}\mathrm{d}z,\quad 圆周\ c\in R_Y \tag{5.9.16}$$

由于 $y(t)$ 和 $y[n]$ 也分别是 $\mathrm{e}^{st}$ 和 $z^n$ 的线性组合，它们也存在拉普拉斯变换和 Z 变换。若它们的拉普拉斯变换和 Z 变换分别为

$$y(t) \xleftrightarrow{\mathrm{L}} \{Y(s),\ R_Y\} \quad 和 \quad y[n] \xleftrightarrow{\mathrm{Z}} \{Y(z),\ R_Y\} \tag{5.9.17}$$

则
$$y(t)=\frac{1}{2\pi \mathrm{j}}\int_{\sigma-\mathrm{j}\infty}^{\sigma+\mathrm{j}\infty}Y(s)\mathrm{e}^{st}\mathrm{d}s\,,\quad (\mathrm{Re}\{s\}=\sigma)\in R_Y \tag{5.9.18}$$

和
$$y[n]=\frac{1}{2\pi \mathrm{j}}\oint_c Y(z)z^{n-1}\mathrm{d}z\,,\quad 圆周\ c\in R_Y \tag{5.9.19}$$

将上两式与(5.9.15)式和(5.9.16)式比较，可得到

$$Y(s)=H(s)X(s)\,,\quad R_Y\supset(R_H\cap R_X)\quad 和\quad Y(z)=H(z)X(z)\,,\quad R_Y\supset(R_H\cap R_X) \tag{5.9.20}$$

在 6.3.1 节讨论拉普拉斯变换或 Z 变换的时域卷积性质时，将进一步讨论上述关系。

和 LTI 系统的频域输入输出表达式一样，(5.9.20)式分别是连续时间和离散时间 LTI 系统复频域输入输出信号变换关系。如果已知输入信号的复频谱和 LTI 系统的系统函数，由上述关系就可求得输出信号的复频谱，即其拉普拉斯变换或 Z 变换。进一步，可用上一节的反拉普拉斯变换或反 Z 变换方法，求出该 LTI 系统对已知输入信号的响应。这就是用拉普拉斯变换和 Z 变换分析信号与系统的基本思想和方法。正如在讨论 LTI 系统的频域输入输出表达式时指出的那样，复频域的输入输出表达式的最大好处也是用相乘运算代替了时域中的卷积运算。另外，从第 8 章的讨论将会看到，一些不稳定的 LTI 系统，由于其单位冲激响应不满足模可积或模可和，故不存在频率响应，傅里叶分析方法对它们无能为力，但其中有些不稳定的 LTI 系统仍有其系统函数，可以用拉普拉斯变换和 Z 变换方法来分析它们，这是复频域方法相比于频域方法的一个主要优点。

## 习　题

**5.1**　用稳态正弦电路的相量分析方法说明：LTI 系统对复指数输入的响应仍是一个相同的复指数。

1) 图 P5.1 所示的 RC 积分电路，其输入输出信号 $v_i(t)$ 和 $v_o(t)$ 均为电压，试列出它们的微分方程。
2) 当 $v_i(t)=\mathrm{e}^{\mathrm{j}\omega_0 t}$ 时，解微分方程，求出电路的稳态响应 $v_o(t)$。
3) 当 $v_i(t)=V_i\cos\omega_0 t$ 时，解微分方程，求出电路的稳态响应 $v_o(t)$。
4) 请用正弦稳态电路的相量分析法，求出当用 2)、3)小题所给输入电压 $v_i(t)$ 时，该电路的稳态输出电压 $v_o(t)$。

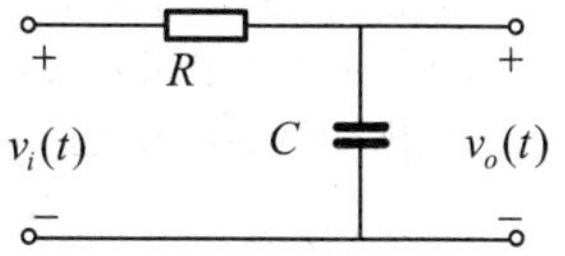

图 P5.1　RC 积分电路

**5.2**　本题将说明如下结论：尽管某些 LTI 系统的输入输出信号变换有另外的特征函数，但复指数信号 $\mathrm{e}^{st}$ 是唯一能成为**一切**连续时间 LTI 系统的特征函数的一类信号。

1) $h(t)=\delta(t)$ 的连续时间 LTI 系统的特征函数是什么？并确定其相应的特征值。
2) 对于 $h(t)=\delta(t-T)$ 的连续时间 LTI 系统，试找出一个信号，它不具有 $\mathrm{e}^{st}$ 的形式，却是该系统的特征函数，且特征值为 1。与此类似，试找出它的两个特征函数，相应的特征值分别是 1/2 和 2，但它们也不是复指数函数。

   **提示**：可考虑满足这些要求的冲激串信号。
3) 对于一个 $h(t)$ 是实偶函数的连续时间稳定 LTI 系统，试证明：$\{\cos\omega t$ 和 $\sin\omega t,\ -\infty<\omega<\infty\}$ 是这类 LTI 系统的特征函数。

**5.3**　正如在 5.2 节中已经看到的，特征函数的概念是研究 LTI 系统极为有用的工具。对于线性时变系统来说，这一点也同样成立。具体地说，例如研究输入和输出分别为 $x(t)$ 和 $y(t)$ 的连续时间线性系统，若 $x(t)=\phi(t)$ 时，有 $y(t)=\lambda\phi(t)$，则 $\phi(t)$ 就是该系统的一个特征函数，其中复常数 $\lambda$ 称为该特征函数相应的特征值。

1) 假设能把输入 $x(t)$ 表示成为该线性系统特征函数 $\phi_k(t)$ 的线性组合，即 $x(t)=\sum_{k=-\infty}^{\infty}c_k\phi_k(t)$，且每个特征函数 $\phi_k(t)$ 有相应的特征值 $\lambda_k$。试用{ $c_k$ }，{ $\phi_k(t)$ }和{ $\lambda_k$ }表示该系统的输出 $y(t)$。

2) 用微分方程 $y(t)=t^2\dfrac{\mathrm{d}^2x(t)}{\mathrm{d}t^2}+t\dfrac{\mathrm{d}x(t)}{\mathrm{d}t}$ 表征的连续时间系统是线性的吗？是时不变的吗？

3) 试证明如下函数集：{ $\phi_k(t)=t^k$， $-\infty<t<\infty$， $k\in\mathbf{Z}$ }是 2)小题所给系统的特征函数，并对每一个 $\phi_k(t)$，确定其相应的特征值 $\lambda_k$。

4) 如 2)小题所给系统的输入为 $x(t)=10t^{-10}+3t+(1/2)t^4+\pi$，试求该系统的输出 $y(t)$。

**5.4** 试求下列连续时间周期信号 $\tilde{x}(t)$ 的傅里叶级数表示，并计算它们的傅里叶级数系数 $F_k$。概略画出每一组系数的模 $|F_k|$ 和相位 $\theta_k$，并加以必要的标注。

1) $\tilde{x}(t)=\cos[\pi(t-1)/4]$

2) $\tilde{x}(t)=[1+\cos 2\pi t]\cos(6\pi t+\pi/4)$

3) $\tilde{x}(t)=\sin^2(2\pi t)$

4) $\tilde{x}(t)=\sum_{n=-\infty}^{\infty}[\delta(t-2n)-\delta(t-1-2n)]$

5) $\tilde{x}(t)$ 如图 P5.4.5 所示

6) $\tilde{x}(t)$ 如图 P5.4.6 所示

7) $\tilde{x}(t)$ 是图 P5.4.7 所示的周期信号

8) $\tilde{x}(t)$ 是图 P5.4.8 所示的周期信号

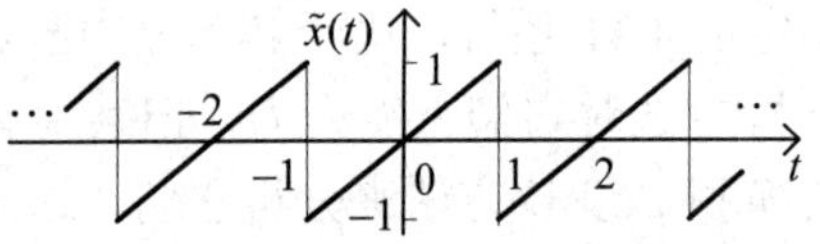

图 P5.4.5

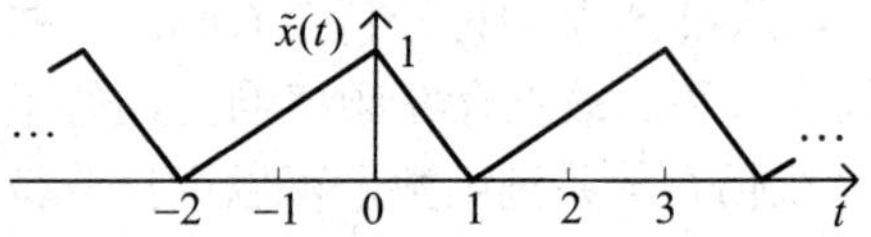

图 P5.4.6

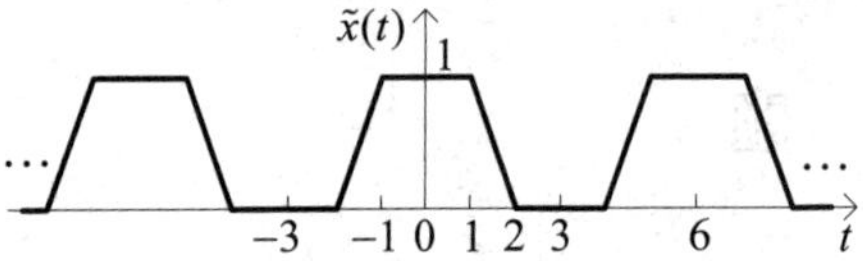

图 P5.4.7

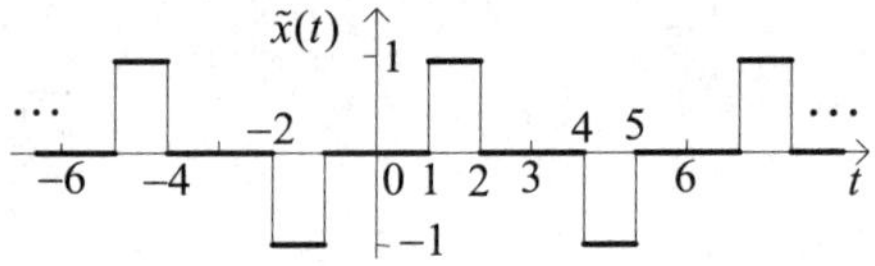

图 P5.4.8

**5.5** 直流稳压电源中整流电路的系统模型如图 P5.5 所示，图中的整流器可以是半波整流器或全波整流器，低通滤波器的输出为 $\tilde{v}(t)$。半波整流器和全波整流器的输入 $\tilde{x}(t)$ 和输出 $\tilde{y}(t)$ 的信号变换关系分别为

$$\tilde{y}(t)=\begin{cases}\tilde{x}(t), & \tilde{x}(t)\geqslant 0\\ 0, & \tilde{x}(t)<0\end{cases}\quad 和 \quad \tilde{y}(t)=|\tilde{x}(t)|$$

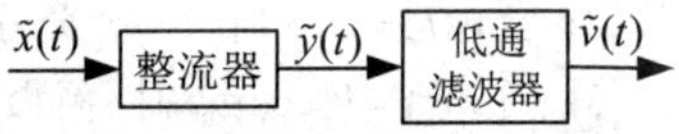

图 P5.5

1) 若 $\tilde{x}(t)=A\cos(100\pi t+\theta_0)$，试分别求两种整流器的输出 $\tilde{y}(t)$ 中的直流分量和基波分量的大小和频率。

2) 假设图中的低通滤波器的频率响应为 $H(\omega)=1/(\mathrm{j}\omega+2\pi)$，试计算两种整流情况下的输出 $\tilde{v}(t)$ 中直流分量 $V_0$ 和基波分量 $V_1$ 之比。按此计算结果，能对这两种整流器的整流性能得出什么结论？

**5.6** 在功率放大器和倍频器等非线性电子线路的分析中，会遇到 P5.6 所示的余弦切顶周期脉冲信号 $\tilde{i}(t)$。为了下面分析方便，图中的重复频率用的是归一化频率，即 $\omega_0=1$。

1) 试求 $\tilde{i}(t)$ 的傅里叶级数系数，并计算其直流分量、基波 $\cos t$ 和 $k$ 次谐波 $\cos kt$ 的幅度 $I_0$，$I_1$ 和 $I_k$。

2) 当流通角 $\theta$ 分别为 $180^\circ$，$90^\circ$ 和 $60^\circ$ 时，$\tilde{i}(t)$ 分别对应着甲类、乙类和丙类功率放大器的电流波形，试计算和比较这些 $\theta$ 值时，$I_0$ 和 $I_1$ 的大小，由此，对功率放大器的效率能得出什么结论。

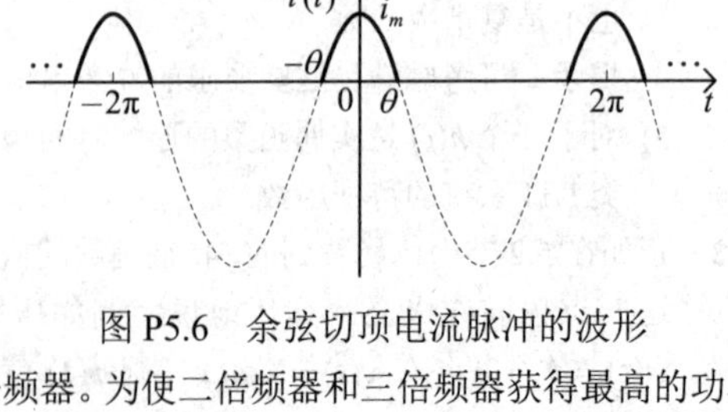

图 P5.6 余弦切顶电流脉冲的波形

3) 在高频电子线路的倍频器中，当作为其负载的谐振回路调谐到 $\tilde{i}(t)$ 的 $k$ 次谐波频率上时，就成为 $k$ 倍频器。为使二倍频器和三倍频器获得最高的功率效率，试问 $\theta$ 值应分别取什么值？

提示：
$$\tilde{i}(t)=i_m\frac{\cos t-\cos\theta}{1-\cos\theta}$$

**5.7** 试求下列周期序列 $\tilde{x}[n]$ 的离散傅里叶级数系数 $\tilde{F}_k$，并概略画出每一组系数的模 $|\tilde{F}_k|$ 和相位 $\tilde{\theta}_k$ 的图形。

1) $\tilde{x}[n]=\cos[\pi(n-1)/4]$　2) $\tilde{x}[n]=\cos(2\pi n/3)+\sin(2\pi n/7)$　3) $\tilde{x}[n]=\cos^2(\pi n)$

4) $\tilde{x}[n]$ 分别以 7 为周期，其一个周期为：
$$\tilde{x}[n]=\begin{cases}1, & 0\leqslant n\leqslant 4\\ 0, & 5\leqslant n\leqslant 6\end{cases}$$

5) $\tilde{x}[n]$ 以 7 为周期，且其一个周期为：
$$\tilde{x}[n]=\begin{cases}1, & 0\leqslant n\leqslant 3\\ 0, & 4\leqslant n\leqslant 6\end{cases}$$

**5.8** 已知周期序列 $\tilde{x}[n]$ 的周期为 4，其一个周期内的序列值为 $\tilde{x}[0]=1$，$\tilde{x}[1]=0$，$\tilde{x}[2]=2$ 和 $\tilde{x}[3]=-1$。

1) 利用离散傅里叶级数的综合公式，当 $n=0,1,2,3$ 时，写出 4 个 DFS 系数 $\tilde{F}_k$，$0\leqslant k\leqslant 3$ 作为四个未知数的代数方程组，求解该代数方程组，并求得 $\tilde{x}[n]$ 的 DFS 系数 $\tilde{F}_k$，$k\in\mathbf{Z}$。

2) 利用 DFS 的分析公式，计算 $\tilde{x}[n]$ 的 DFS 系数 $\tilde{F}_k$，$k\in\mathbf{Z}$，验证这两种求 DFS 系数的方法。

3) 用 1)小题中求 DFS 系数的类似方法，计算由一个周期是 4 的 DFS 系数 $\tilde{F}_0=1$，$\tilde{F}_1=0$，$\tilde{F}_2=2$ 和 $\tilde{F}_3=-1$ 合成出的周期序列 $\tilde{x}[n]$。

**5.9** 对于周期等于 8 的离散时间序列 $\tilde{x}[n]$，已知如下各组离散傅里叶级数系数 $\tilde{F}_k$，试确定 $\tilde{x}[n]$。

1) $\tilde{F}_k=\cos(k\pi/4)+\sin(3k\pi/4)$

2) $\tilde{F}_k=\begin{cases}\sin(k\pi/3), & 0\leqslant k\leqslant 6\\ 0\ , & k=7\end{cases}$

3) $\tilde{F}_k=\begin{cases}1, & k=0,1,3,4,5,7\\ 0, & k=2,6\end{cases}$

4) $\tilde{F}_0=2$，$\tilde{F}_{\pm1}=1$，$\tilde{F}_{\pm2}=1/2$，$\tilde{F}_{\pm3}=1/4$，$\tilde{F}_4=0$，周期为 8。

**5.10** 对于周期为 $T$ 的连续时间周期信号 $\tilde{x}(t)$，如果它分别满足 $\tilde{x}(t)=-\tilde{x}(t+[T/2])$ 和 $\tilde{x}(t)=\tilde{x}(t+[T/2])$，则把 $\tilde{x}(t)$ 分别称为奇谐的和偶谐的。

1) 试证明：在奇谐的 $\tilde{x}(t)$ 的傅里叶级数系数中，只有奇次系数是非零的，即当 $k$ 为偶数时，$F_k=0$。

2) 试证明：在偶谐的周期信号 $\tilde{x}(t)$ 的傅里叶级数系数中，只有偶次系数是非零的，即当 $k$ 为奇数时，$F_k=0$。实际上，对于偶谐的周期信号 $\tilde{x}(t)$，其基本周期是 $T/2$。

**5.11** 对于下列 $h(t)$ 表示的每一个连续时间 LTI 系统，假定输入信号 $\tilde{x}(t)$ 为图 P5.11 所示的周期方波，试求系统的输出 $\tilde{y}(t)$ 的傅里叶级数系数。

1) $h(t)=\mathrm{e}^{-at}u(t)$ ，$a>0$　　2) $h(t)=(9/2)\mathrm{Sa}(9\pi t/2)$

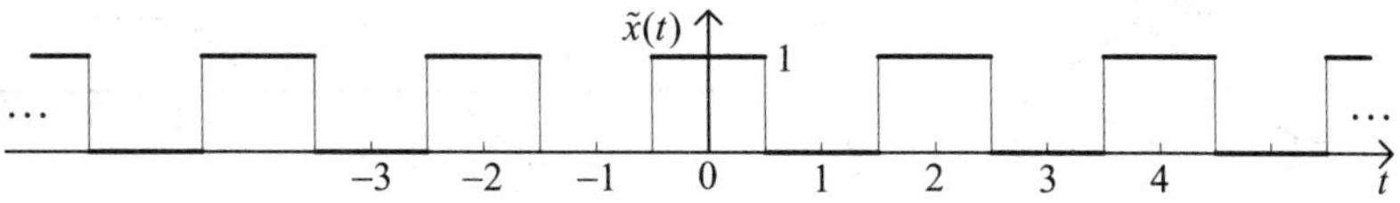


图 P5.11

**5.12** 假设某连续时间周期信号 $\tilde{x}(t)$ 的傅里叶级数表示和一个 LTI 系统的频率响应 $H(\omega)$ 分别为
$$\tilde{x}(t)=\sum_{k=-\infty}^{\infty}\alpha^{|k|}\mathrm{e}^{\mathrm{j}k(2\pi/T)t}\ ,\quad 0<\alpha<1 \quad 和 \quad H(\omega)=\begin{cases}1, & |\omega|<W\\ 0, & |\omega|>W\end{cases}$$

如果让 $\tilde{x}(t)$ 通过该连续时间 LTI 系统，试确定 $W$ 值应取多大时，才能确保系统输出 $\tilde{y}(t)$ 的平均功率至少是 $\tilde{x}(t)$ 平均功率的 90%。

**5.13** 某连续时间 LTI 系统的单位冲激响应 $h(t)$ 和输入的周期方波信号 $\tilde{x}(t)$ 如图 P5.13(a)和(b)所示，试求：

1) 利用卷积积分，获得该 LTI 系统的输出 $\tilde{y}(t)$。

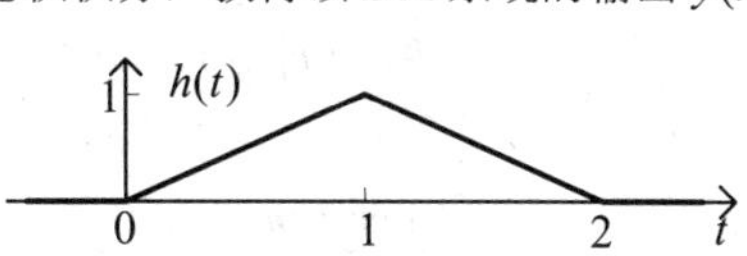


(a)

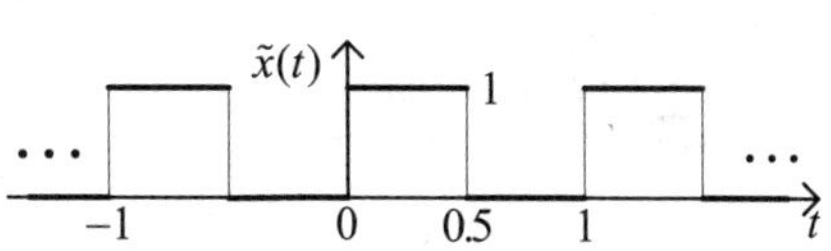


(b)

图 P5.13

2) 利用周期信号通过 LTI 系统的傅里叶方法，获得该系统的输出 $\tilde{y}(t)$，试与 1)小题的方法作比较，并对求得的结果作出物理解释，获得你对时域和频域方法的认识。

**5.14** 本题考察周期序列通过离散时间 LTI 系统的问题。

1) 离散时间 LTI 系统的单位冲激响应为 $h[n]=(1/2)^{|n|}$，对于下列每个周期输入 $\tilde{x}[n]$，试求其输出 $\tilde{y}[n]$：

a) $\tilde{x}[n]=\sin(3\pi n/4)$　　b) $\tilde{x}[n]=\mathrm{j}^n+(-1)^n$　　c) $\tilde{x}[n]=\sum\limits_{m=-\infty}^{\infty}\delta[n-5m]$

2) 对 $h[n]=\begin{cases}1, & |n|\leqslant 2\\ 0, & |n|>2\end{cases}$，重做 1)小题。

**5.15** 试求下列每个连续时间信号 $x(t)$ 的频谱 $X(\omega)$，并概略画出其幅度频谱 $|X(\omega)|$ 和相位频谱 $\varphi(\omega)$。

1) $x(t)=\mathrm{e}^{at}u(-t)$，$a>0$　　2) $x(t)=\mathrm{e}^{-|t|}\sin 2t$　　3) $x(t)=\sin\pi t+\cos[2\pi t+(\pi/4)]$

4) $x(t)$ 如图 P5.15.1 所示　　5) $x(t)$ 如图 P5.15.2 图所示

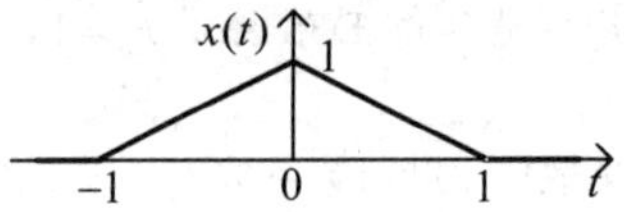

图 P5.15.1

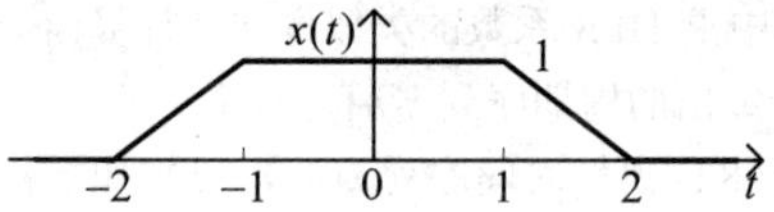

图 P5.15.2

6) $x(t)=\begin{cases}1+\cos\pi t, & |t|\leqslant 1\\ 0, & |t|>1\end{cases}$　　7) $x(t)=\begin{cases}\cos\pi t, & |t|\leqslant 0.5\\ 0, & |t|>0.5\end{cases}$

8) $x(t)$ 如图 P5.15.3 所示　　9) $x(t)$ 如图 P5.15.4 所示

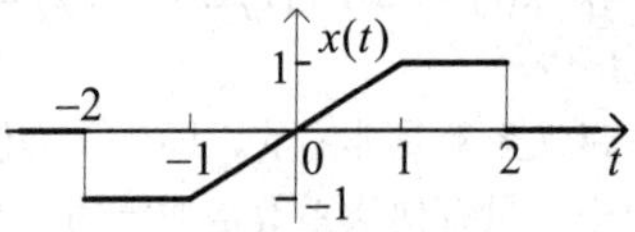

图 P5.15.3

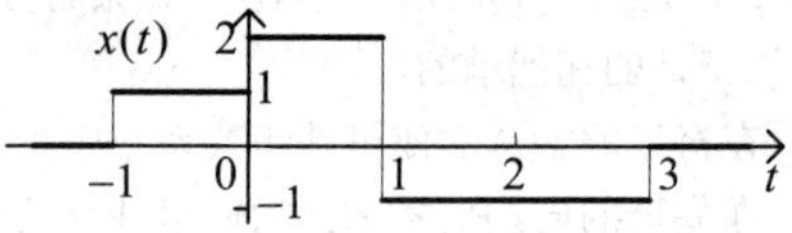

图 P5.15.4

**5.16** 对下列每个连续时间信号的频谱 $X(\omega)$，试确定该信号 $x(t)$，并概略画出其波形。

1) $X(\omega)=\cos[4\omega+(\pi/3)]$　　2) $X(\omega)=2[\delta(\omega-1)-\delta(\omega+1)]+3[\delta(\omega-2\pi)-\delta(\omega+2\pi)]$

3) $X(\omega)$ 如图 P5.16.1 所示　　4) $X(\omega)$ 如图 P5.16.2 所示

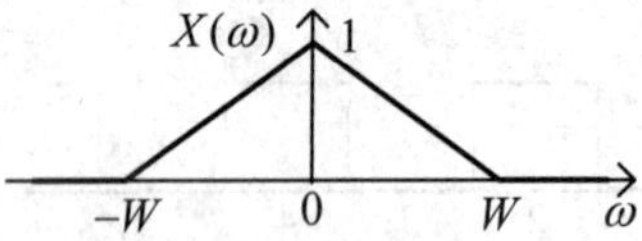

图 P5.16.1

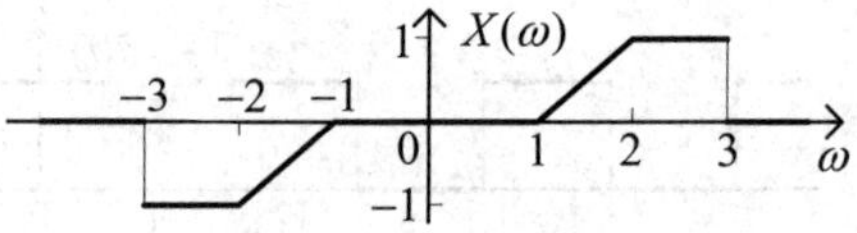

图 P5.16.2

5) $X(\omega)$ 具有图 P5.16.3 所示的模和相位

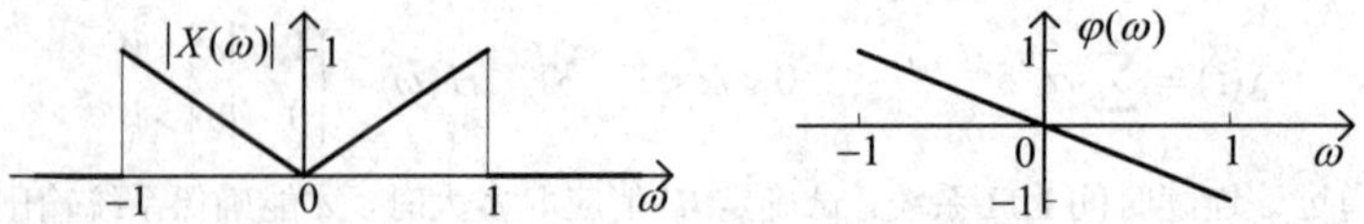

图 P5.16.3

**5.17** 对于下列每一个离散时间序列 $x[n]$，试求其 DTFT $\tilde{X}(\Omega)$，并概略画出它们的幅度频谱和相位频谱。

1) $x[n]=a^n u[-n]$，$|a|>1$　　2) $x[n]=u[n]-u[n-5]$　　3) $x[n]=\cos[18\pi n/7]+\sin[2n]$

4) $x[n]=\sum\limits_{m=0}^{\infty}(1/2)^n\delta[n-3m]$　　5) $x[n]=\begin{cases}N[1-(|n|/N)], & |n|\leqslant N\\ 0\ , & |n|>N\end{cases}$

6) $x[n]=\sum\limits_{m=0}^{N}(-1)^m\dfrac{N!}{m!(N-m)!}\delta[n-m]$　　7) $x[n]=\begin{cases}\dfrac{1+\cos(\pi n/N)}{2N}, & |n|\leqslant N\\ 0\ , & |n|>N\end{cases}$

**5.18** 对下列每个离散时间傅里叶变换 $\tilde{X}(\Omega)$，试确定对应的离散时间序列 $x[n]$，并概略画出序列图形。

1) $\tilde{X}(\Omega)=1-\mathrm{e}^{-\mathrm{j}3\Omega}+4\mathrm{e}^{\mathrm{j}2\Omega}+3\mathrm{e}^{-\mathrm{j}6\Omega}$　　2) $\tilde{X}(\Omega)=\cos^2\Omega$　　3) $\tilde{X}(\Omega)=\cos(\Omega/2)+\mathrm{j}\sin\Omega$

4) $\tilde{X}(\Omega)=\begin{cases}0, & 0\leqslant|\Omega|\leqslant W\\ 1, & W<|\Omega|\leqslant\pi\end{cases}$　　5) $\tilde{X}(\Omega)=\mathrm{j}\Omega\mathrm{e}^{-\mathrm{j}\frac{N-1}{2}\Omega}$　　6) $\tilde{X}(\Omega)=\sum_{k=-\infty}^{\infty}(-1)^k\delta(\Omega-\frac{k\pi}{2})$

**5.19** 在实际中有时需要确定一个由实验给出信号的频谱，例如一组测量数据，或由示波器显示波形的频谱。这些信号往往难以表示成闭合表达式，或者，它们的闭合表达式太复杂，以至于实际上不可能用傅里叶变换计算其频谱。在这些情况下，可以用数值方法得到傅里叶变换的近似表达式，其近似程度可达到任意的精度。一种用一阶多项式近似的傅里叶变换计算方法如下：如果要变换的信号 $x(t)$ 足够光滑，可以用分段直线的函数 $\phi(t)$ 来近似它，如图 5.19(a)所示，图中 $t_i$ 代表各直线段的起点和终点，$x_i$ 是相应时刻 $x(t)$ 的信号值。由于 $\phi(t)\approx x(t)$，则 $\phi(t)$ 的傅里叶变换 $\Phi(\omega)$ 就近似于 $x(t)$ 的频谱 $X(\omega)$。

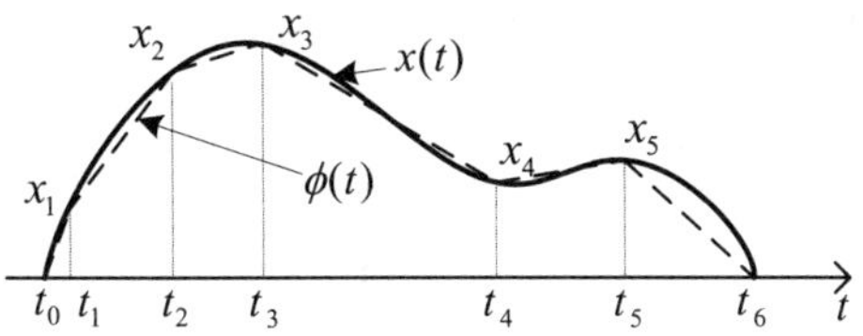


图 P5.19(a)　$x(t)$ 的一阶多项式近似

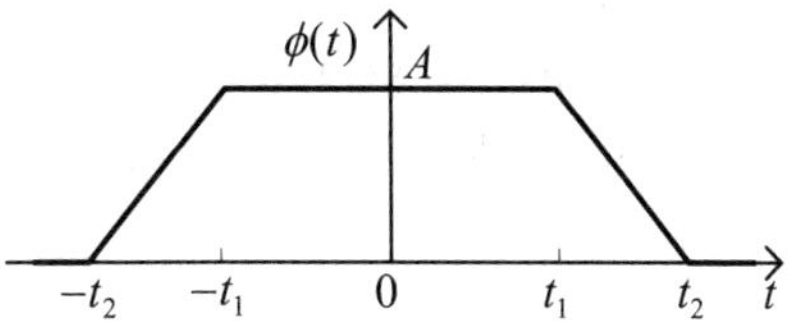


图 P5.19(b)

1) 试证明
$$\Phi(\omega)=\frac{1}{\omega^2}\sum_i X_i\mathrm{e}^{-\mathrm{j}\omega t_i}\tag{P5.19.1}$$
并用 $x_i$ 确定上式中的 $X_i$ 的值。

2) 假定 $\phi(t)$ 是图 5.19(b)所示梯形，试求其傅里叶变换 $\Phi(\omega)$。

3) 假设 $x(t)$ 是一个时限信号，即 $x(t)=0$，$|t|\notin\langle T\rangle$，其中 $\langle T\rangle$ 为一个有限区间。如果把 $t_i$ 选得足够靠近，以至于用分段的一阶多项式函数 $\phi(t)$ 近似 $x(t)$ 已足够精确，即当 $|x(t)-\phi(t)|\leqslant\varepsilon$，$|t|\notin\langle T\rangle$，其中，$\varepsilon$ 为一个任意小的正值。试证明：用上式的 $\Phi(\omega)$ 近似 $X(\omega)$ 时，误差能量小于 $4\pi T\varepsilon^2$，即
$$\int_{-\infty}^{\infty}|X(\omega)-\Phi(\omega)|^2\mathrm{d}\omega\leqslant 4\pi T\varepsilon^2\tag{P5.19.2}$$

**提示**：用傅里叶变换的帕什瓦尔定理。

**5.20** 5.4 节介绍的一维信号和系统的傅里叶变换表示法，也可以推广到两个独立变量的信号和系统，形成所谓两维傅里叶变换方法，这种方法在图像处理等应用中起着重要作用。在本题中，将介绍两维傅里叶变换的某些基本概念。

1) 假设 $f(t_1,t_2)$ 是两个独立变量 $t_1$ 和 $t_2$ 的两维连续函数，则 $f(t_1,t_2)$ 的两维连续傅里叶变换定义为
$$F(\omega_1,\omega_2)=\int_{-\infty}^{\infty}\int_{-\infty}^{\infty}f(t_1,t_2)\mathrm{e}^{-\mathrm{j}(\omega_1t_1+\omega_2t_2)}\mathrm{d}t_1\mathrm{d}t_2\tag{P5.20.1}$$
并可写成
$$F(\omega_1,\omega_2)=\int_{-\infty}^{\infty}\left[\int_{-\infty}^{\infty}f(t_1,t_2)\mathrm{e}^{-\mathrm{j}\omega_1t_1}\mathrm{d}t_1\right]\mathrm{e}^{-\mathrm{j}\omega_2t_2}\mathrm{d}t_2\tag{P5.20.2}$$
上述两维连续傅里叶变换可通过两个逐次的一维连续傅里叶变换来实现，即先对 $t_1$ 进行一维连续傅里叶变换得到 $F_1(\omega_1,t_2)$，再将 $F_1(\omega_1,t_2)$ 对 $t_2$ 进行一维连续傅里叶变换得到 $F(\omega_1,\omega_2)$。

a) 利用上式的结果，确定两维连续傅里叶反变换的公式，即用 $F(\omega_1,\omega_2)$ 表示 $f(t_1,t_2)$ 的表达式。

b) 试求下列 $f(t_1,t_2)$ 的两维连续傅里叶变换：

(1) $\mathrm{e}^{-|t_1|-|t_2|}$　　(2) $\mathrm{e}^{-t_1+2t_2}u(t_1)u(-t_2)$

(3) $f(t_1,t_2)$ 如图 P5.20 所示

c) 已知某两维信号的两维连续傅里叶变换 $F(\omega_1,\omega_2)$ 如下：
$$F(\omega_1,\omega_2)=\begin{cases}1, & |\omega_1|<1,\ |\omega_2|<1\\ 0, & |\omega_1|>1,\ |\omega_2|>1\end{cases}$$
试求它的两维连续傅里叶反变换 $f(t_1,t_2)$。

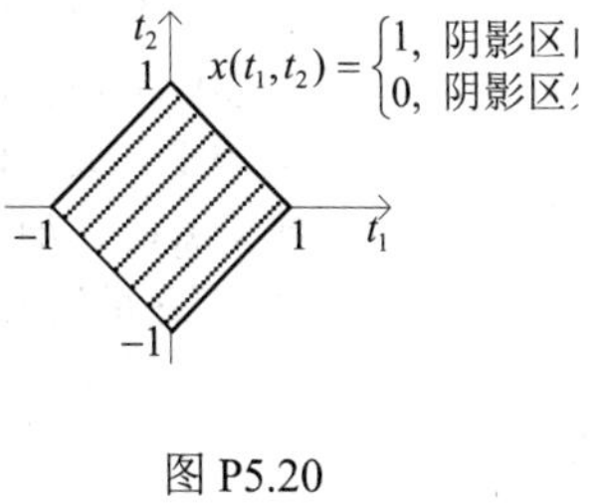


图 P5.20

2) 若 $f[m,n]$ 是两个独立离散变量 $m$ 和 $n$ 的两维序列，与 1)小题类似，可以定义 $f[m,n]$ 的两维离散时间傅里叶变换为

$$\tilde{F}(\Omega_1,\Omega_2)=\sum_{n=-\infty}^{\infty}\sum_{m=-\infty}^{\infty}f[m,n]\mathrm{e}^{-\mathrm{j}(\Omega_1 m+\Omega_2 n)} \tag{P5.20.3}$$

a) 与 1)小题中两维连续傅里叶变换相对偶，$\tilde{F}(\Omega_1,\Omega_2)$ 也可以看成两个逐次的一维离散时间傅里叶变换的级联，即先对 $m$ 进行一维 DTFT，再对 $n$ 进行一维 DTFT。试写出与(P5.20.2)式对偶的表达式，并由此导出两维离散时间傅里叶反变换公式，同时证明，$\tilde{F}(\Omega_1,\Omega_2)$ 是两维实变量 $\Omega_1$ 和 $\Omega_2$ 上周期均为 $2\pi$ 的两维周期函数。

b) 满足如下关系的 $f[m,n]$ 称为两维可分离的两维离散时间序列

$$f[m,n]=a[m]\cdot b[n] \tag{P5.20.4}$$

其中，$a[m]$ 和 $b[n]$ 都是一维离散时间序列。现假设 $a[m]$ 和 $b[n]$ 的 DTFT 分别为 $\tilde{A}(\Omega)$ 和 $\tilde{B}(\Omega)$，试用 $\tilde{A}(\Omega)$ 和 $\tilde{B}(\Omega)$ 表示 $f[m,n]$ 的两维 DTFT $\tilde{F}(\Omega_1,\Omega_2)$。

c) 试求下列两维序列 $f[m,n]$ 的两维 DTFT。

(1) $\delta[m-1]\delta[n+4]$ (2) $(0.5)^{n-m}u[-m]u[n-2]$ (3) $f[m,n]=\begin{cases}1, & |m|<2,\ |n|<4\\ 0, & |m|>2,\ |n|>4\end{cases}$

(4) $(0.5)^n\cos(\pi m/3)u[n]$ (5) $\sin[(\pi n/4)+(2\pi m/5)]$

d) 已知两维序列 $f[m,n]$ 的两维 DTFT 如下，试确定 $f[m,n]$。

$$\tilde{F}(\Omega_1,\Omega_2)=\begin{cases}1, & |\Omega_1|<\pi/4,\ |\Omega_1|<\pi/3\\ 0, & \pi/4<|\Omega_1|<\pi,\ \pi/3<|\Omega_1|<\pi\end{cases}$$

**5.21** 例 5.7 中所给出的矩形形状的傅里叶变换在信号与系统分析中起着十分重要的作用。若一个 LTI 系统频率相应具有(5.4.30)式的形式，则称为**理想低通滤波器**，它对输入信号中频率低于 $W$ 的所有频率分量具有单位增益，而对于输入信号中频率高于 $W$ 的所有频率分量，其输出都等于零。

1) 现已知一个连续时间 LTI 系统的单位冲激响应为

$$h(t)=\frac{\sin(2\pi\times10^3 t)}{\pi t}=2\times10^3\mathrm{Sa}(2\pi\times10^3 t)$$

a) 对于下列每一个输入的周期信号 $\tilde{x}(t)$，试求其输出信号 $y(t)$。

(1) $\tilde{x}(t)=\cos(\pi\times10^3 t)+\sin(3\pi\times10^3 t)$ (2) $\tilde{x}(t)=\sum_{k=0}^{10}2^{-k}\cos[0.75k\pi\times10^3 t+(k\pi/4)]$

(3) 周期为 4/3 ms 的图 P5.21(a)所示周期方波 (4) 周期为 0.5 ms 的图 P5.21(b)所示周期方波

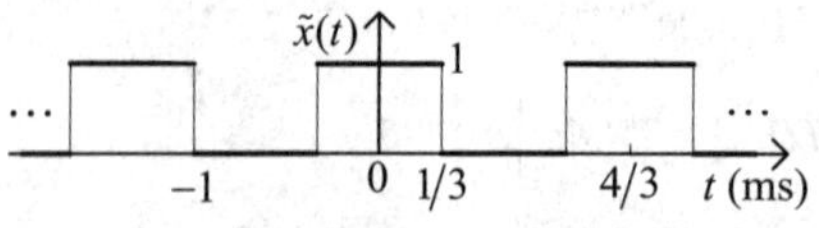

图 P5.21(a)

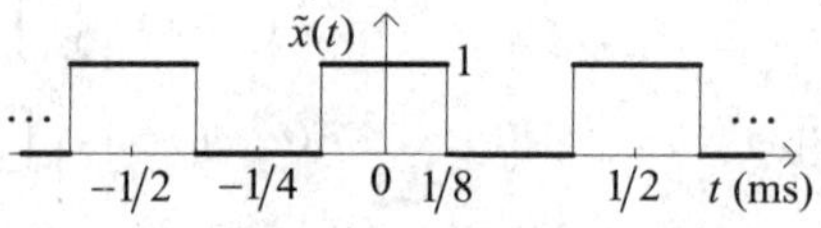

图 P5.21(b)

b) 已知下列输入信号 $x(t)$ 或其频谱 $X(\omega)$，试求其输出信号的 $y(t)$。

(1) $x(t)=\mathrm{Sa}(9\pi\times10^3 t)$

(2) $X(\omega)=\sin(0.5\times10^{-3}\omega)$

(3) $X(\omega)$ 如图 P5.21(c)所示

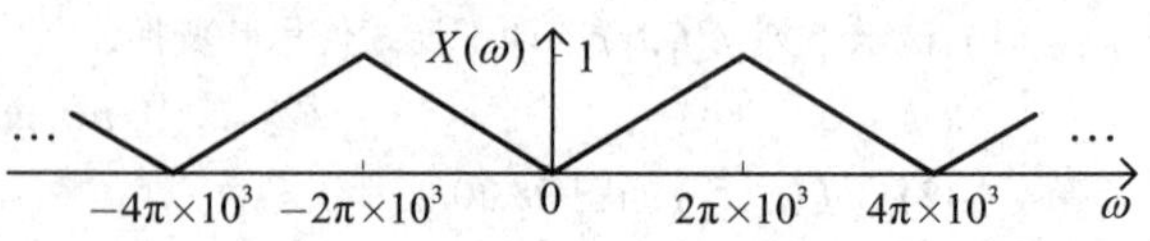

图 P5.21(c)

2) 试求下列离散时间输入信号 $\tilde{x}[n]$ 或 $x[n]$ 时，如下 $h[n]$ 的离散时间 LTI 系统的输出信号 $y[n]$。

$$h[n]=\frac{\sin(\pi n/3)}{\pi n}=\frac{1}{3}\mathrm{Sa}\left(\frac{\pi n}{3}\right)$$

a) 周期为 8 的周期序列值 $\tilde{x}[n]=\begin{cases}1, & |n|\leqslant 2\\ 0, & 3\leqslant n\leqslant 5\end{cases}$　　b) $\tilde{x}[n]=\sum_{l=-\infty}^{\infty}\delta[n-8l]$

c) 输入周期序列为 $(-1)^n\tilde{x}[n]$，其中 $\tilde{x}[n]$ 为 a)小题中的周期序列

d) $\tilde{x}[n]=1-2\cos(\pi n/2)+\sin(9\pi n/4)$　　e) $x[n]=\delta[n+1]+\delta[n-1]$

**5.22** 第 3 章中强调了如下事实：一个 LTI 系统可以由它的单位冲激响应或单位阶跃响应等完全确定。正如习题 3.21 和 3.22 中说明的，连续或离散时间 LTI 系统也可以由它们对某些**特定**输入的响应完全确定。但仅凭它对任意输入的响应，并不能完全确定一个 LTI 系统，换言之，许多不同的 LTI 系统可能对同一个输入具有完全相同的输出。

1) 试证明下列三个连续时间 LTI 系统，对输入 $x(t)=\cos t$ 都有相同的响应。

(a) $h_1(t)=u(t)$　　(b) $h_2(t)=-2\delta(t)+5\mathrm{e}^{-2t}u(t)$　　(c) $h_3(t)=2t\mathrm{e}^{-t}u(t)$

2) 求出对 $x(t)=\cos t$ 有同样响应的另一个 LTI 系统的单位冲激响应。并通过求解，解释这一事实。

**5.23** 试概略画出下列连续时间 LTI 系统频率响应 $H(\omega)$ 的波特图。

1) $H(\omega)=1+\mathrm{j}\omega/10$　　2) $H(\omega)=1-\mathrm{j}\omega/10$　　3) $H(\omega)=1/(1+\mathrm{j}10\omega)$　　4) 积分器

5) $H(\omega)=\dfrac{1-(\mathrm{j}\omega/10)}{1+\mathrm{j}\omega}$　　6) $H(\omega)=\dfrac{1+(\mathrm{j}\omega/10)}{1+\mathrm{j}\omega}$　　7) $H(\omega)=\dfrac{1}{1+\mathrm{j}\omega+(\mathrm{j}\omega)^2}$　　8) 微分器

**5.24** 试概略画出下列离散时间 LTI 系统频率响应的波特图(频率轴 $\Omega$ 用线性坐标)。

1) $\tilde{H}(\Omega)=\dfrac{1}{1+0.5\mathrm{e}^{-\mathrm{j}\Omega}}$　　2) $\tilde{H}(\Omega)=\dfrac{1}{1-0.5\mathrm{e}^{-\mathrm{j}\Omega}}$　　3) $\tilde{H}(\Omega)=\dfrac{1-2\mathrm{e}^{-\mathrm{j}\Omega}}{1-0.5\mathrm{e}^{-\mathrm{j}\Omega}}$

4) $\tilde{H}(\Omega)=\dfrac{1+2\mathrm{e}^{-\mathrm{j}\Omega}}{1-0.5\mathrm{e}^{-\mathrm{j}\Omega}}$　　5) $\tilde{H}(\Omega)=\dfrac{1}{[1-0.5\mathrm{e}^{-\mathrm{j}\Omega}]^2}$

**5.25** 通常把实的连续时间和离散时间 LTI 系统的频率响应表示成模和辐角形式，即

$$H(\omega)=|H(\omega)|\mathrm{e}^{\mathrm{j}\varphi(\omega)}\quad 和\quad \tilde{H}(\Omega)=|\tilde{H}(\Omega)|\mathrm{e}^{j\tilde{\varphi}(\Omega)}$$

其中，$|H(\omega)|$ 和 $|\tilde{H}(\Omega)|$ 称为幅频响应，$\varphi(\omega)$ 和 $\tilde{\varphi}(\Omega)$ 相频响应。

1) 对于连续时间 LTI 系统，若在某个特定频率 $\omega_0$ 处 $|H(\omega_0)|>1$，则系统对频率为 $\omega_0$ 的复指数 $\mathrm{e}^{\mathrm{j}\omega_0 t}$ 输入具有放大作用；反之，若 $|H(\omega_0)|<1$，则对 $\mathrm{e}^{\mathrm{j}\omega_0 t}$ 有衰减作用；而当 $|H(\omega_0)|=1$ 时，则说系统在 $\omega_0$ 处有单位增益。此外，若把复频响应归一化，即 $|H_0(\omega)|=|H(\omega)|/\max_{\omega}|H(\omega)|$，则 $|H_0(\omega)|$ 称为归一化频率响应。同时，把满足 $|H_0(\omega)|\geqslant 1/\sqrt{2}$ 或 $20\log|H_0(\omega)|\geqslant -3\,\mathrm{dB}$ 的频率范围称为该系统的通频带，通频带的两个边界频率，即 $|H_0(\omega)|=1/\sqrt{2}$ 或 $20\log|H_0(\omega)|=-3\,\mathrm{dB}$ 的频率，则称为 3dB 截止频率。离散时间 LTI 系统也有上述完全类似的概念。

a) 对下列频率响应表示的连续时间 LTI 系统，试确定它的通频带和 3 dB 截止频率。

(1)　5.23 题中的 3)小题　　(2)　5.23 题中的 6)小题

b) 对下列频率响应表示的离散时间 LTI 系统，试确定它的通频带和 3 dB 截止频率。

(1)　5.24 题中的 1)小题　　(2)　5.24 题中的 2)小题　　(3)　5.24 题中的 5)小题

2) 对于实的连续时间 LTI 系统的相频响应而言，若在某个特定频率 $\omega_0$，$\varphi(\omega_0)<0$，那么在正弦输入 $\cos\omega_0 t$ 时，该系统的输出在相位上将滞后于输入信号，则称系统在 $\omega_0$ 处具有相位滞后，反之，若 $\varphi(\omega_0)>0$，则称为相位超前。实的离散时间 LTI 系统也有完全类似的概念。

a) 试证明：对于频率响应 $H(\omega)=1/(1+\mathrm{j}\omega\tau)$ 的连续时间 LTI 系统，对所有 $\omega>0$ 的频率都具有相位滞后，而对于 $H(\omega)=1+\mathrm{j}\omega\tau$ 的连续时间 LTI 系统，在所有 $\omega>0$ 的频率上都有相位超前。

b) 试证明：对 $\tilde{H}(\Omega)=1/(1-a\mathrm{e}^{-\mathrm{j}\Omega})$，$0<a<1$ 的离散时间 LTI 系统，它在 $0<\Omega<\pi$ 内都相位滞后，对 $\tilde{H}(\Omega)=1/(1+a\mathrm{e}^{-\mathrm{j}\Omega})$，$0<a<1$ 的离散时间 LTI 系统，在 $0<\Omega<\pi$ 内都相位超前。

c) 对于下列频率响应表示的连续或离散时间 LTI 系统，试确定在哪些频率范围内，系统具有相位滞后，而在哪些频率范围内，系统具有相位超前。

(1) 连续时间微分器　　(2) 离散时间一阶差分器　　(3) 连续时间积分器

(4) 离散时间累加器　　(5) 5.23 题中的 7)小题　　(6) 5.24 题中的 5)小题

**5.26** 已知一个 4 点序列 $x[n]$ 的序列值依次为 1，0，2，$-1$，试求：

1) 试计算它的 4 点 DFT 系数 $X[k]$，并与前面 5.7 题中所求的周期序列 $\tilde{x}[n]$ 的 DFS 系数作比较。

2) 利用 IDFT 的矩阵形式(见(5.6.18)式)，由 1)小题求得的 $X[k]$ 计算它的 IDFT，由此验证 4 点序列 $x[n]$。

**5.27** 按照 DFT 和 IDFT 的矢量矩阵形式(见(5.6.19)式)，试证明：

1) $\boldsymbol{W}^*\boldsymbol{W}=N\boldsymbol{I}$　　2) $\boldsymbol{x}=\boldsymbol{W}^{-1}\boldsymbol{X}=(1/N)\,\boldsymbol{W}^*\boldsymbol{X}$

**5.28** 已知有限长序列 $x[n]=\mathrm{e}^{\mathrm{j}(2\pi/N)n}r_N[n]$，其中 $r_N[n]=u[n]-u[n-N]$，试分别求当 $N=6$ 和 $N=8$ 时 $x[n]$ 的 DFT 系数 $X[k]$，并分别概略画出这两个 $X[k]$ 的 $|X[k]|$，说明这两种情况的幅度谱之区别及其成因。

**5.29** 已知 $N$ 点序列 $x[n]$ 的 $N$ 点 DFT 为 $X[k]$，下列三种方法获得三种不同的 $MN$ 点序列 $y_1[n]$、$y_2[n]$ 和 $y_3[n]$，其中 $M$ 为正整数，试求这三种 $MN$ 点序列的 DFT 系数 $Y_i[k]$，$i=1$，2，3，分别与 $X[k]$ 之间的关系。

1) 在 $x[n]$ 后面增补零值，即 $y_1[n]=\begin{cases}x[n], & 0\leqslant n\leqslant N-1\\ 0, & N\leqslant n\leqslant MN-1\end{cases}$；

2) 在 $x[n]$ 每相邻序列值间插入 $M-1$ 个零值，即 $y_2[n]=x_{(M)}[n]=\begin{cases}x[n/M], & n=mn\\ 0, & n\neq mn\end{cases}$，$0\leqslant m\leqslant N-1$；

3) 将 $x[n]$ 重复 $M$ 次，即 $y_3[n]=x\big(([n])\big)_N\,r_{MN}[n]$，其中，$r_{MN}[n]=u[n]-u[n-MN]$。

**5.30** 在 5.7 节中介绍时域抽取 FFT 算法的矩阵表示(见(5.7.24)式)时曾指出，这种 FFT 算法的矩阵表示提供了通过矩阵的线性变换，寻找新的 FFT 算法的途径，还以倒位序矩阵 $\boldsymbol{E}$ 作为正交变换矩阵 $\boldsymbol{P}$ 的一个例子，导出了输出倒位序的“基 2”DIT-FFT 算法。本题将通过另外的正交变换矩阵导出另一种 FFT 算法。

1) 试证明如下的 $\boldsymbol{P}$ 矩阵是一个 8 阶正交矩阵，即它满足 $\boldsymbol{P}\boldsymbol{P}^{\mathrm{T}}=\boldsymbol{I}$。

$$\boldsymbol{P}=\begin{bmatrix}1&0&0&0&0&0&0&0\\0&0&0&0&1&0&0&0\\0&1&0&0&0&0&0&0\\0&0&0&0&0&1&0&0\\0&0&1&0&0&0&0&0\\0&0&0&0&0&0&1&0\\0&0&0&1&0&0&0&0\\0&0&0&0&0&0&0&1\end{bmatrix}\tag{P5.30}$$

2) 基于(5.7.24)式的 8 点 DIT-FFT 算法之矩阵表示式，借助上式的正交矩阵 $\boldsymbol{P}$，导出另一种“基 2”DIT-FFT 算法，并写出按这种新算法的 8 点 FFT 的三级运算矩阵。

3) 试画出这种新的 8 点 FFT 算法的运算流图，并与图 5.36 之输入倒位序的 8 点 DIT-FFT 运算流图作比较，讨论这种新算法的特点和优缺点。

**5.31** 利用“基 2”DIT-FFT 算法的矩阵表示，还可以获得所谓频域抽取 FFT 算法(“基 2”DIF-FFT 算法)。

1) 基于(5.7.24)式的 8 点 DIT-FFT 算法之矩阵表示，利用 DFT 变换矩阵 $\boldsymbol{W}_N$ 是对称矩阵的性质，试证明：

$$\boldsymbol{X}=\boldsymbol{E}\boldsymbol{W}_{2\mathrm{T}}^{\mathrm{T}}\boldsymbol{W}_{4\mathrm{T}}^{\mathrm{T}}\boldsymbol{W}_{8\mathrm{T}}^{\mathrm{T}}\boldsymbol{x}\tag{P5.31}$$

并写上式中的三级运算矩阵 $\boldsymbol{W}_{2\mathrm{T}}^{\mathrm{T}}$、$\boldsymbol{W}_{4\mathrm{T}}^{\mathrm{T}}$ 和 $\boldsymbol{W}_{8\mathrm{T}}^{\mathrm{T}}$。

2) 按照(P5.31)式和三级运算矩阵 $\boldsymbol{W}_{2\mathrm{T}}^{\mathrm{T}}$、$\boldsymbol{W}_{4\mathrm{T}}^{\mathrm{T}}$ 和 $\boldsymbol{W}_{8\mathrm{T}}^{\mathrm{T}}$，试画出这种 8 点“基 2”DIF-FFT 算法的运算流图，并与图 5.39 之输入倒位序的 8 点 DIT-FFT 运算流图作比较，你能得出什么结论。

**5.32** 试证明有如下两种方法可以直接利用 $N$ 点 FFT 程序计算 $X[k]$ 的离散傅里叶反变换(IDFT) $x[n]$：

1) 首先用 $N$ 点 FFT 程序计算 $g[n]=\mathrm{FFT}\{X[k]\}$，然后计算 $x[n]=(1/N)g[N-n]$。

2) 首先用 $N$ 点 FFT 程序计算 $g[n]=\mathrm{FFT}\{X^*[k]\}$，然后计算 $x[n]=(1/N)g^*[n]$。

**5.33** 一般的 FFT 程序都是为计算复数序列的 DFT 设计的，因此，可以用 $N$ 点的 FFT 程序计算一个 $2N$ 点实序列 $x[n]$ 的 DFT，方法首先是把 $x[n]$ 按下式构造成 $N$ 点复序列：

$$y[n]=a[n]+\mathrm{j}b[n]，\quad n=0,1,2,\cdots,\quad N-1$$

其中，$a[n]$ 是 $x[n]$ 的偶数点序列，$b[n]$ 是 $x[n]$ 的奇数点序列，试写出用 $y[n]$ 的 $N$ 点 DFT 系数 $Y[k]$ 计算实序列 $x[n]$ 的 $2N$ 点 DFT 系数 $X[k]$ 的表达式，并画出用 $N$ 点的 FFT 程序计算 $2N$ 点实序列的 DFT 之计算流图。

**5.34** 对于下列每个实的时间函数，确定其拉普拉斯变换像函数和收敛域，并概略画出零、极点图。并说明哪些时间函数，或在什么条件下，其傅里叶变换存在，并写出它的傅里叶变换 $F(\omega)$。

1) $\cos(\omega_0 t+\phi_0)u(t)$　　2) $\mathrm{e}^{-at}u(t)+\mathrm{e}^{-bt}u(t)$，$a$，$b>0$

3) $\mathrm{e}^{-at}u(t)+\mathrm{e}^{-bt}u(-t)$，$a>b>0$　　4) $\mathrm{e}^{-bt}u(-t)+\mathrm{e}^{-at}u(-t)$，$a<b<0$

5) $f(t)=\begin{cases}\mathrm{e}^{-at}, & 0<t<T\\ 0, & t<0,t>T\end{cases}$　　6) $\sum\limits_{n=0}^{\infty}a^n\delta(t-nT)$

**5.35** 对于下列每个离散时间实序列，确定其 Z 变换像函数和收敛域，并概略画出零、极点图。同时说明其离散时间傅里叶变换是否存在，或在什么条件下存在。若傅里叶变换存在，写出它的傅里叶变换 $\tilde{F}(\Omega)$。

1) $\sum\limits_{k=0}^{\infty}a^k\delta[n-lN]$　　2) $f[n]=\begin{cases}a^n, & 0\leqslant n\leqslant N-1\\ 0, & n<0,n\geqslant N\end{cases}$　　3) $a^nu[n]+b^nu[n]$，$|b|<|a|<1$

4) $a^nu[n]-b^{-n}u[-n-1]$，$|b|>1>|a|$　　5) $a^{-n}u[-n]-b^{-n}u[-n]$，$|b|>1>|a|$

**5.36** 考察图 P5.36 中所示的四个不同 $f(t)$ 的拉普拉斯变换像函数的零、极点图。

1) 针对下列有关 $f(t)$ 的每一个条件，试确定其像函数收敛域相应的约束。

a) $f(t)\mathrm{e}^{-t}$ 的傅里叶变换存在　　b) $f(t)=0$，$t<0$　　c) $f(t)=0$，$t>10$

2) 写出图 P5.36 中每一个零、极点图的像函数表达式，并针对每一种可能的收敛域，确定时间函数 $f(t)$，同时说明它属于(有限持续期、右边、左边和两边)哪一种时间函数。所写的像函数或时间函数表达式中，允许有一个待定实常数。

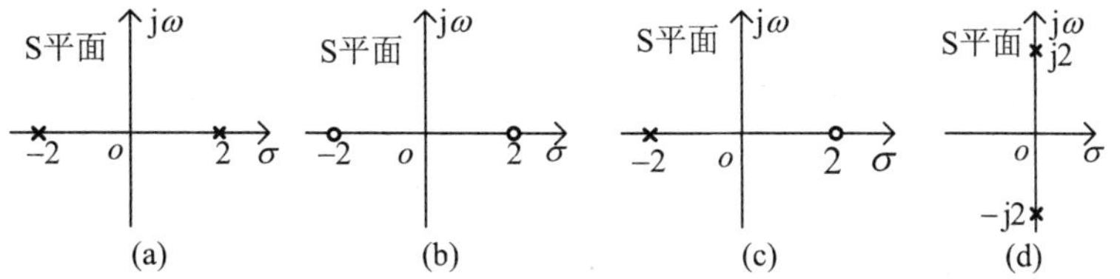


图 P5.36

**5.37** 考察图 P5.37 中所示的四个不同 $f[n]$ 的 Z 变换像函数的零、极点图。

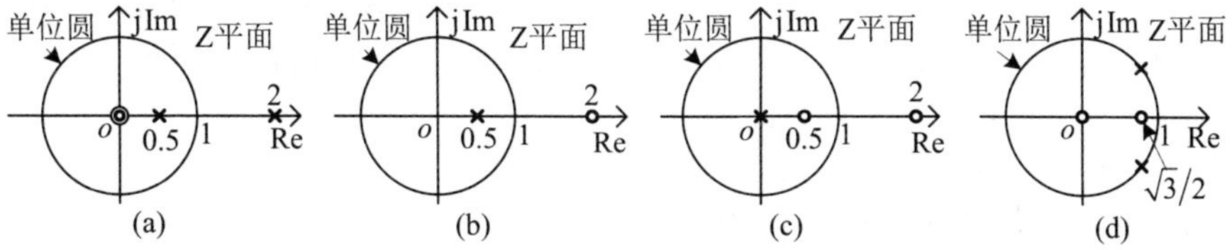


图 P5.37

1) 针对下列有关 $f[n]$ 的每一个条件，试确定其 Z 变换像函数收敛域相应的约束。

a) $(3/2)^n f[n]$ 的 DTFT 存在　　b) $f[n]=0$，$n<0$　　c) $f[n]=0$，$n>0$

2) 写出图 P5.37 中每一个零、极点图的 Z 变换像函数表达式，并对每一种可能的收敛域，确定序列 $f[n]$，同时说明它属于哪一种(有限持续期、右边、左边和两边)序列。所写的 Z 变换像函数或序列表达式中，允许有一个待定复常数。

**5.38** 连续时间函数 $f(t)$ 的拉普拉斯变换像函数 $F(s)$ 在有限 S 平面上只有四个一阶极点，针对下列附加的已知条件，试确定对于 $F(s)$ 的零点数目、阶数和位置提供了什么信息(如果有这种信息的话)。

1) $f(t)$ 仅在 $t=0$ 处包含一个冲激，且不包含冲激的高阶导数。

2) $f(t)$ 的傅里叶变换 $F(\omega)$ 存在，且 $\lim_{\omega\to\infty}F(\omega)$ 为有限值。

3) $f(t)$ 的傅里叶变换 $F(\omega)$ 存在，且 $\lim_{\omega\to\infty}F(\omega)=\infty$，但 $\lim_{\omega\to\infty}\left\{F(\omega)/\omega^2\right\}=0$。

**5.39** 离散时间序列 $f[n]$ 的Z变换像函数 $F(z)$ 在整个Z平面上只有四个一阶零点，针对下列附加的已知条件，试确定对 $F(z)$ 的极点(数目、阶数和位置)，以及 $z=0$ 和无穷远点是否是零、极点，并确定其阶数等，提供了什么信息(如果有这种信息的话)。

1) $f[n]$ 是有限长序列，且收敛域为 $|z|>0$。 2) $f[n]$ 是有限长序列，且收敛域为 $|z|<\infty$。

3) $f[n]$ 是一个因果的有限长序列。 4) $f[n]$ 是因果的右边无限序列，且有 DTFT。

5) $f[n]$ 是反因果的左边无限序列，且有 DTFT。

**5.40** 对于下列每一个拉普拉斯变换像函数及其收敛域，试确定它对应的时间函数 $f(t)$。

1) $F(s)=\dfrac{s+1}{s^2+5s+6}$，$\mathrm{Re}\{s\}>-2$ 2) $F(s)=\dfrac{s+1}{s^2+5s+6}$，$\mathrm{Re}\{s\}<-3$

3) $F(s)=\dfrac{s^2-s+1}{s^2(s-1)}$，$1>\mathrm{Re}\{s\}>0$ 4) $F(s)=\dfrac{2s}{s^2-1}$，$1>\mathrm{Re}\{s\}>-1$

**5.41** 由下列给定的Z变换像函数及有关信息，并用指定的方法，确定其反Z变换变换 $f[n]$。

1) 部分分式展开法，$F(z)=\dfrac{1+2z^{-1}}{1-2.5z^{-1}+z^{-2}}$，且 $f[n]$ 绝对可和。

2) 长除法，$F(z)=\dfrac{1-0.5z^{-1}}{1+0.5z^{-1}}$，且当 $f[n]$ 为右边序列，或当 $f[n]$ 为左边序列。

3) 部分分式展开法，$F(z)=\dfrac{z}{z-0.25-0.125z^{-1}}$，且收敛域包含单位圆。

**5.42** 对于下列的 Z 变换像函数及其收敛域，分别用部分分式展开法和幂级数展开法(长除法或泰勒级数展开)，求其反 Z 变换 $f[n]$：

1) $F(z)=\dfrac{z^{-1}}{1-0.5z^{-1}}$，$|z|>0.5$ 2) $F(z)=\dfrac{z}{1-0.5z^{-1}}$，$|z|<0.5$

3) $F(z)=\dfrac{1-0.5z^{-1}}{1-0.25z^{-2}}$，$|z|>0.5$ 4) $F(z)=\dfrac{1-az^{-1}}{z^{-1}-a}$，$|z|>\dfrac{1}{a}$

5) $F(z)=\dfrac{1-0.5z^{-1}}{1+0.75z^{-1}+0.125z^{-2}}$，$|z|>0.5$

**5.43** 有理形式的Z变换像函数有两种形式，一种表示成 $z^{-1}$ 的多项式之比，另一种表示成 $z$ 的多项式之比，因此，反Z变换的部分分式展开法也有两种。对下列Z变换像函数及其附加信息，试分别用 $z^{-1}$ 的多项式之比和 $z$ 的多项式之比，进行部分分式展开，所求的反Z变换 $f[n]$ 应相同。

1) $F(z)=\dfrac{1}{(1-0.5z^{-1})(1-z^{-1})}$，且 $f[n]$ 是右边序列；

2) $F(z)$ 和 1)相同，但 $f[n]$ 是左边序列。

**5.44** 反Z变换的泰勒级数展开法不仅适用于有理形式的Z变换，还适用于一些非有理形式的Z变换。

1) 左边序列 $f[n]$ 的Z变换像函数为 $F(z)=\mathrm{e}^z$。试把 $F(z)$ 在 $z=0$ 展开为泰勒级数，并确定 $f[n]$。

2) 右边序列 $f[n]$ 的Z变换像函数为 $F(z)=\mathrm{e}^{1/z}$，试确定 $f[n]$。

3) 利用如下泰勒级数展开式：

$$\ln(1-w)=-\sum_{i=1}^{\infty}\frac{w^i}{i},\quad |w|<1$$

试确定下列每个Z变换的反变换：

a) $F(z)=\ln(1-2z)$，$|z|<0.5$ b) $F(z)=\ln\left(1-\dfrac{1}{2}z^{-1}\right)$，$|z|>0.5$

# 第 6 章　变换的性质及其揭示的时域与频域和复频域之间的关系

## 6.1 引　　言

上一章以统一的数学框架介绍和讨论了连续和离散时间傅里叶变换(CFT 和 DTFT)、连续和离散傅里叶级数(CFS 和 DFS)、离散傅里叶变换(DFT)、双边拉普拉斯变换和双边 Z 变换，它们分别把时间函数和序列变换到连续时间和离散时间频域($\omega$和$\Omega$)及复频域(S 平面和 Z 平面)，获得了信号和 LTI 系统的几种频域和复频域表示法。本章将以如下的方式介绍和讨论这些变换和级数的性质及其物理概念和意义：

(1) CFT 和拉普拉斯变换分别与 DTFT 和 Z 变换之间有很强的对偶或类比关系，因此，CFT 和 DTFT、拉普拉斯变换和 Z 变换也分别有对偶或可类比的性质。

(2) CFT 和 DTFT 分别是 S 平面虚轴上的拉普拉斯变换和 Z 平面单位圆上的 Z 变换，反过来，拉普拉斯变换和 Z 变换又分别是 CFT 和 DTFT 从频域$\omega$和$\Omega$到复频域(S 平面和 Z 平面)的一般化，因此，CFT 和 DTFT 的性质是拉普拉斯变换和 Z 变换的性质分别在 S 平面虚轴和 Z 平面单位圆上的体现，反过来，拉普拉斯变换和 Z 变换的性质又可以看成傅里叶变换的性质从频域$\omega$和$\Omega$分别扩展到 S 平面和 Z 平面。

(3) 在频域中也引入冲激函数后，周期信号和序列的 CFS 和 DFS 可以分别转化成它们的傅里叶变换表示，即 CFS 和 DFS 系数序列$F_k$和$\tilde{F}_k$分别表示成频域$\omega$和$\Omega$上的强度为$2\pi F_k$和$2\pi\tilde{F}_k$的等间隔冲激串；而 DFT 既是有限长序列的 DTFT 的一种有效表示，也与周期序列的 DFS 有直接的对应关系。

基于这些事实和认识，本章将以统一的框架，把这些变换(包含级数)的性质一起讨论和类比，以便于读者相互联系和比较。

在介绍和讨论各种变换的性质时，将不局限于它们的数学表示，而着重它们体现的物理含义及其在信号和系统问题中的应用，即把重点放在以下两个方面：

(1) 每个变换性质揭示的频域、复频域与时域之间的关系。在频域中，主要是信号的频谱和 LTI 系统的频率响应；在复频域中，则主要讨论零、极点和收敛域发生什么改变。后面三章还将进一步讨论这些性质在系统分析和综合及信号分析和处理中的应用。

(2) 利用变换性质求取新的变换和反变换的有效方法与技巧。可以说，在信号与系统分析中经常用到的变换对，都可由很少几个熟知的变换对，通过变换的性质方便地求得。

在第 5 章讨论信号和系统的频域和复频域表示法时，已涉及这几种变换的某些特性，例如，周期信号的频域表示是离散谱或频域上等间隔冲激串；CFT 是频域$\omega$上的非周期连续函数；而 DTFT 是频域$\Omega$上周期为$2\pi$的连续周期函数；拉普拉斯变换或 Z 变换像函数的收敛域和零、极点性质等。此外，从这几种变换公式本身可以直接获得一些变换的特性。例如：

$$F(0)=\int_{-\infty}^{\infty} f(t)\mathrm{d}t\ ;\quad \tilde{F}(0)=\sum_{n=-\infty}^{\infty} f[n]\ ,\quad \tilde{F}(\pi)=\sum_{n=-\infty}^{\infty}(-1)^n f[n]\ ;\quad X[0]=\sum_{n=0}^{N-1} x[n] \tag{6.1.1}$$

这些关系有明显的物理含义：例如，在连续时间和离散时间信号的频谱中，零频率(即常数分量)的谱密度，都等于该信号波形下的面积或所有序列值之和。这个概念在傅里叶级数表示法中反映得最清楚，按 CFS 和 DFS 的分析和合成公式，必有

$$\tilde{F}_0=\frac{1}{T}\int_{\langle T\rangle}\tilde{f}(t)\mathrm{d}t \quad 和 \quad \tilde{F}_0=\frac{1}{N}\sum_{n\in\langle N\rangle}\tilde{f}[n] \tag{6.1.2}$$

这表明，周期信号和序列的常数(直流)分量等于该周期信号和序列在一个周期内的平均值。

同理，根据 CFT、DTFT 和 DFT 的反变换公式，也有

$$f(0)=\frac{1}{2\pi}\int_{-\infty}^{\infty} F(\omega)\mathrm{d}\omega\ ;\quad f[0]=\frac{1}{2\pi}\int_{\langle 2\pi\rangle}\tilde{F}(\varOmega)\mathrm{d}\varOmega\ ;\quad x[0]=\frac{1}{N}\sum_{n=0}^{N-1} X[k] \tag{6.1.3}$$

CFT 和 DTFT 的上述特性可以推广到拉普拉斯氏变换和 Z 变换中去。若有

$$f(t)\xleftrightarrow{\ \mathrm{L}\ }\{F(s),\ \ R_F\} \quad 和 \quad f[n]\xleftrightarrow{\ \mathrm{Z}\ }\{F(z),\ \ R_F\}$$

且它们的收敛域分别包含 S 平面上的虚轴和 Z 平面中的单位圆，由于 S 平面上的 $s=0$，就是 $\omega=0$；Z 平面上的 $z=1$ 和 $z=-1$，分别是单位圆上的 $\varOmega=2\pi k$ 和 $\varOmega=(2k+1)\pi$，则有

$$F(0)=\int_{-\infty}^{\infty} f(t)\mathrm{d}t \quad 和 \quad F(1)=\sum_{n=-\infty}^{\infty} f[n]\ ,\quad F(-1)=\sum_{n=-\infty}^{\infty}(-1)^n f[n] \tag{6.1.4}$$

# 6.2 线性性质

这些变换和级数在数学中都属于线性函数变换，它们都满足线性性质。

**1．拉普拉斯变换和 Z 变换的线性性质**

拉普拉斯变换和 Z 变换的线性性质分别表示如下：对于任意复常数 $\alpha$ 和 $\beta$，若有

$$f_1(t)\xleftrightarrow{\ \mathrm{L}\ }\{F_1(s),\ \ R_{F1}\} \quad 和 \quad f_2(t)\xleftrightarrow{\ \mathrm{L}\ }\{F_2(s),\ \ R_{F2}\}$$

和

$$f_1[n]\xleftrightarrow{\ \mathrm{Z}\ }\{F_1(z),\ \ R_{F1}\} \quad 和 \quad f_2[n]\xleftrightarrow{\ \mathrm{Z}\ }\{F_2(z),\ \ R_{F2}\}$$

则有

$$\alpha f_1(t)+\beta f_2(t)\xleftrightarrow{\ \mathrm{L}\ }\{\alpha F_1(s)+\beta F_2(s),\ \mathrm{ROC}\supset\left(R_{F1}\cap R_{F2}\right)\neq\varnothing\} \tag{6.2.1}$$

和

$$\alpha f_1[n]+\beta f_2[n]\xleftrightarrow{\ \mathrm{Z}\ }\{\alpha F_1(z)+\beta F_2(z),\ \mathrm{ROC}\supset\left(R_{F1}\cap R_{F2}\right)\neq\varnothing\} \tag{6.2.2}$$

对上述拉普拉斯变换和 Z 变换的线性性质需要做些说明：首先，由于像函数的线性组合 $\alpha F_1(s)+\beta F_2(s)$ 和 $\alpha F_1(z)+\beta F_2(z)$ 必将产生新的零点，故有时候会出现零、极点相消的情况，这将影响像函数线性组合的收敛域，即 $\mathrm{ROC}\supset R_{F1}\cap R_{F2}\neq\varnothing$。这样的收敛域表示包含三层意思：第一，如果 $R_{F1}\cap R_{F2}=\varnothing$，即两个收敛域的交集是一空集，则表示 $\alpha f_1(t)+\beta f_2(t)$ 和 $\alpha f_1[n]+\beta f_2[n]$ 分别不存在拉普拉斯变换和 Z 变换，例如前一章例 5.19 中，$f(t)=\mathrm{e}^{-a|t|}$，$a<0$，以及 $f[n]=a^{|n|}$，$|a|>1$ 时，就属于这种情况；第二，若 $R_{F1}\cap R_{F2}\neq\varnothing$，像函数的线性组合不出现零、极点相消，或者出现零、极点相消，但没有消去决定 $R_{F1}$ 或 $R_{F2}$ 边界的极点，像函数线性组合的收敛域就等于 $R_{F1}\cap R_{F2}$；第三，像函数的线性组合出现零、极点相消，且消去的极点正好是决定收敛域 $R_{F1}$ 或 $R_{F2}$ 边界的极点，线性组合的像函数收敛域就比 $R_{F1}\cap R_{F2}$ 大，

甚至有时能扩展到整个有限 S 平面和 Z 平面，见下面的例 6.1 和例 6.2。

**2．连续傅里叶变换和离散时间傅里叶变换的线性性质**

如果 $f_1(t)$ 和 $f_2(t)$ 的拉普拉斯变换的收敛域都包含 S 平面的虚轴，即 $R_{F1}\supset(\text{Re}\{s\}=0)$ 和 $R_{F2}\supset(\text{Re}\{s\}=0)$，以及若 $f_1[n]$ 和 $f_2[n]$ 的 Z 变换的收敛域都包含 Z 平面的单位圆，即 $R_{F1}\supset(|z|=1)$ 和 $R_{F2}\supset(|z|=1)$，则上面的拉普拉斯变换和 Z 变换的线性性质分别在 S 平面虚轴和 Z 平面单位圆上成立，这就得到 CFT 和 DTFT 的线性性质，它们分别如下：

若有　$$f_1(t)\xleftrightarrow{\text{CFT}}F_1(\omega)\quad 和\quad f_2(t)\xleftrightarrow{\text{CFT}}F_2(\omega)$$

和　$$f_1[n]\xleftrightarrow{\text{DTFT}}\tilde{F}_1(\varOmega)\quad 和\quad f_2[n]\xleftrightarrow{\text{DTFT}}\tilde{F}_2(\varOmega)$$

则有　$$\alpha f_1(t)+\beta f_2(t)\xleftrightarrow{\text{CFT}}\{\alpha F_1(\omega)+\beta F_2(\omega)\}\tag{6.2.3}$$

和　$$\alpha f_1[n]+\beta f_2[n]\xleftrightarrow{\text{DTFT}}\{\alpha\tilde{F}_1(\varOmega)+\beta\tilde{F}_2(\varOmega)\}\tag{6.2.4}$$

其中，$\alpha$ 和 $\beta$ 为任意复常数。

**3．离散傅里叶变换的线性性质**

离散傅里叶变换(DFT)的线性性质则为：若长度为 $M_1$ 和 $M_2$ 的序列 $x_1[n]$ 和 $x_2[n]$ 的 $N$ (注意：$N\geqslant M_1$ 和 $N\geqslant M_2$)点 DFT 分别为 $X_1[k]$ 和 $X_2[k]$，对于任意复常数 $\alpha$ 和 $\beta$，则有

$$\alpha x_1[n]+\beta x_2[n]\xleftrightarrow{\text{DFT}}\{\alpha X_1[k]+\beta X_2[k]\}\tag{6.2.5}$$

连续和离散傅里叶级数(CFS 和 DFS)也有完全类似的线性性质，请读者自行写出，或分别参看本章后面的表 6.10 和表 6.6。

利用上述的线性性质，可从一些熟知的变换对，推导出许多新的变换对。

**【例 6.1】**　已知两个信号 $x_1(t)$ 和 $x_2(t)$ 的拉普拉斯变换如下，试求 $x(t)=x_1(t)-x_2(t)$ 的拉普拉斯变换。

$$X_1(s)=\frac{1}{s+1},\ R_{X1}=(\text{Re}\{s\}>-1)\quad 和\quad X_2(s)=\frac{1}{(s+1)(s+2)},\ R_{X2}=(\text{Re}\{s\}>-1)$$

**解：** 利用线性性质，$x(t)$ 的像函数 $X(s)$ 为

$$X(s)=X_1(s)-X_2(s)=\frac{1}{s+1}-\frac{1}{(s+1)(s+2)}=\frac{s+1}{(s+1)(s+2)}=\frac{1}{s+2},\quad R_X=(\text{Re}\{s\}>-2)$$

可见像函数的线性组合消去了在 $s=-1$ 的极点，且此极点又是收敛域边界上的极点，故 $X(s)$ 的 ROC 应比 $(\text{Re}\{s\}>-1)$ 要大，它可以向左扩展到 $s=-2$ 的极点，即 $X(s)$ 的收敛域扩大为 $(\text{Re}\{s\}>-2)$。

**【例 6.2】**　试求如下离散时间序列 $x[n]=\begin{cases}a^n, & 0\leqslant n\leqslant N-1\\ 0, & n<0,n\geqslant N\end{cases}$ 的 Z 变换。

**解：** $x[n]$ 可写成两个序列之差，即 $x[n]=a^n(u[n]-u[n-N])=a^nu[n]-a^Na^{n-N}u[n-N]$，由例 5.15 可知 $\mathscr{Z}\{a^nu[n]\}=1/(1-az^{-1})$，$|z|>|a|$，再利用后面 6.3 节介绍的 Z 变换时移性质，不难求得

$$a^Na^{n-N}u[n-N]\xleftrightarrow{\text{Z}}\frac{a^Nz^{-N}}{1-az^{-1}},\quad |z|>|a|$$

因此，$x[n]$ 的 Z 变换为　$$X(z)=\frac{1}{1-az^{-1}}-\frac{a^Nz^{-N}}{1-az^{-1}}=\frac{1}{z^{N-1}}\frac{z^N-a^N}{z-a},\quad |z|>0$$

由于线性组合消去了收敛域($|z|>|a|$)边界上的极点 $z=a$，只有 $z=0$ 为 $X(z)$ 的 $N-1$ 阶极点，故 $X(z)$ 的收敛域就从两个收敛域的交集($|z|>|a|$)，扩展到除 $z=0$ 外的整个 Z 平面，即 $R_X=(|z|>0)$。

**【例 6.3】**　试分别求正弦信号或序列 $\cos\omega_0t$，$\sin\omega_0t$ 和 $\cos\varOmega_0n$，$\sin\varOmega_0n$ 的傅里叶变换。

**解：** 利用欧拉公式，分别有

$$\cos\omega_0t=(\text{e}^{\text{j}\omega_0t}+\text{e}^{-\text{j}\omega_0t})/2\quad 和\quad \sin\omega_0t=(\text{e}^{\text{j}\omega_0t}-\text{e}^{-\text{j}\omega_0t})/2\text{j}$$

再利用(5.5.6)式左式和傅里叶变换的线性性质，则有

$$\cos\omega_0 t \xleftrightarrow{\text{CFT}} \pi[\delta(\omega+\omega_0)+\delta(\omega-\omega_0)] \quad 和 \quad \sin\omega_0 t \xleftrightarrow{\text{CFT}} \mathrm{j}\pi[\delta(\omega+\omega_0)-\delta(\omega-\omega_0)] \tag{6.2.6}$$

它们的傅里叶变换图形画在图 6.1(a)和(c)中。

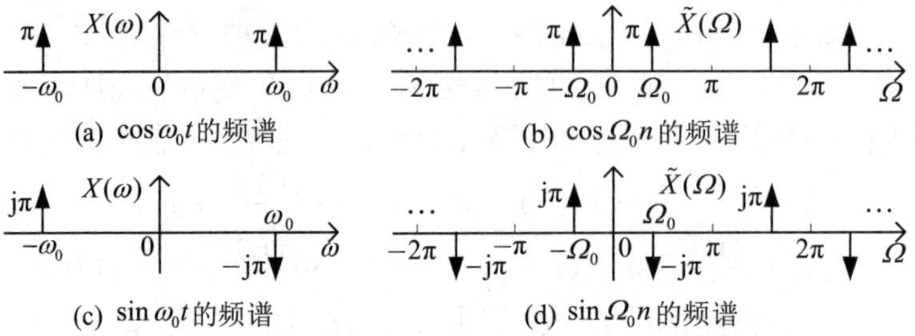

(a) $\cos\omega_0 t$ 的频谱　(b) $\cos\Omega_0 n$ 的频谱

(c) $\sin\omega_0 t$ 的频谱　(d) $\sin\Omega_0 n$ 的频谱

图 6.1　连续时间和离散时间正弦信号的频谱图形

同理，利用(5.5.6)式右式，可以求得如下的正弦序列的离散时间傅里叶变换对

$$\cos\Omega_0 n \xleftrightarrow{\text{DTFT}} \pi\sum_{l=-\infty}^{\infty}\left[\delta\left(\Omega+\Omega_0-2\pi l\right)+\delta\left(\Omega-\Omega_0-2\pi l\right)\right] \tag{6.2.7}$$

和

$$\sin\Omega_0 n \xleftrightarrow{\text{DTFT}} \mathrm{j}\pi\sum_{l=-\infty}^{\infty}\left[\delta\left(\Omega+\Omega_0-2\pi l\right)-\delta\left(\Omega-\Omega_0-2\pi l\right)\right] \tag{6.2.8}$$

它们的 DTFT 图形画在图 6.1(b)和(d)。

**【例 6.4】**　试分别求 $\cos\omega_0 tu(t)$，$\sin\omega_0 tu(t)$ 和 $\cos\Omega_0 nu[n]$，$\sin\Omega_0 nu[n]$ 的拉普拉斯变换和 Z 变换。

**解**：根据如下欧拉公式

$$\cos\Omega_0 nu[n]=(\mathrm{e}^{\mathrm{j}\Omega_0 n}u[n]+\mathrm{e}^{-\mathrm{j}\Omega_0 n}u[n])/2 \quad 和 \quad \sin\Omega_0 nu[n]=(\mathrm{e}^{\mathrm{j}\Omega_0 n}u[n]-\mathrm{e}^{-\mathrm{j}\Omega_0 n}u[n])/2\mathrm{j}$$

利用例 5.13 单边指数序列的 Z 变换(见式(5.8.13)右式)，并分别令 $a=\mathrm{e}^{\mathrm{j}\Omega_0}$ 和 $a=\mathrm{e}^{-\mathrm{j}\Omega_0}$，则分别得到

$$\mathrm{e}^{\mathrm{j}\Omega_0 n}u[n] \xleftrightarrow{\text{Z}} \frac{1}{1-\mathrm{e}^{\mathrm{j}\Omega_0}z^{-1}},\ |z|>1 \quad 和 \quad \mathrm{e}^{-\mathrm{j}\Omega_0 n}u[n] \xleftrightarrow{\text{Z}} \frac{1}{1-\mathrm{e}^{-\mathrm{j}\Omega_0}z^{-1}},\ |z|>1$$

利用上述欧拉公式和 Z 变换的线性性质，可得到如下单边正弦序列的 Z 变换对

$$\cos\Omega_0 nu[n] \xleftrightarrow{\text{Z}} \frac{1-(\cos\Omega_0)z^{-1}}{1-2(\cos\Omega_0)z^{-1}+z^{-2}},\ |z|>1 \quad 和 \quad \sin\Omega_0 nu[n] \xleftrightarrow{\text{Z}} \frac{(\sin\Omega_0)z^{-1}}{1-2(\cos\Omega_0)z^{-1}+z^{-2}},\ |z|>1 \tag{6.2.9}$$

它们的收敛域和零、极点图如图 6.2(a)和(b)所示。

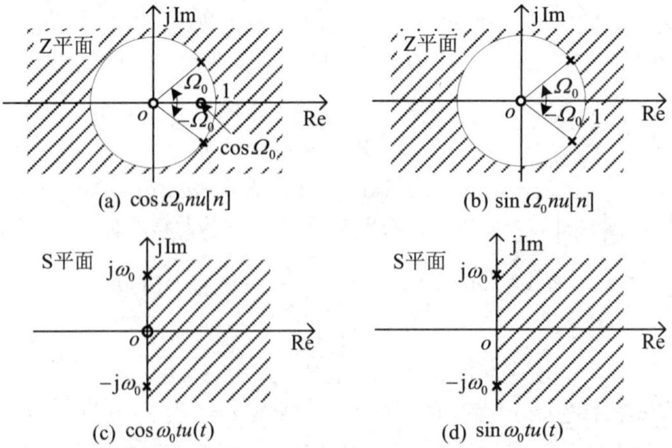

(a) $\cos\Omega_0 nu[n]$　(b) $\sin\Omega_0 nu[n]$

(c) $\cos\omega_0 tu(t)$　(d) $\sin\omega_0 tu(t)$

图 6.2　单边正弦函数和序列的拉普拉斯变换和 Z 变换零、极点图及收敛域

同理，由单边指数函数的拉普拉斯变换(见式(5.8.13)左式)，并利用线性性质可以求得

$$\cos\omega_0 tu(t) \xleftrightarrow{\text{L}} \frac{s}{s^2+\omega_0^2} \quad 和 \quad \sin\omega_0 tu(t) \xleftrightarrow{\text{L}} \frac{\omega_0}{s^2+\omega_0^2},\quad \mathrm{Re}\{s\}>0 \tag{6.2.10}$$

它们的零、极点图和收敛域如图 6.2(c)和(d)所示。

由例 6.4 看到，线性组合的像函数会产生新的零点，如果新产生的零点和原来两个像函数的极点不发生相消的情况，则线性组合的像函数极点将继承原来两个像函数的极点。

# 6.3 卷积性质

在变换的所有性质中，最重要的性质莫过于变换的卷积性质，包括时域卷积性质和变换域卷积性质，其理由有两个：第一，卷积性质统帅了后面要介绍的大部分其他的变换性质，例如，时移和频移性质、连续时域微分和积分及离散时域差分和累加性质、频域微分和积分性质等，它们可以看作卷积性质的特例，而抽样定理、相关定理和帕什瓦尔定理、希尔伯特变换等，实际上是利用卷积性质导出的副产品；第二，变换的卷积性质，包括时域卷积性质和频域卷积性质，在信号与系统的理论和方法中起着特别重要的作用，由它们直接导致了信号与系统的许多重要的概念和方法，并在通信、信号处理和反馈与控制中获得广泛的应用。

本节将介绍和讨论时域中两个时间函数或序列的卷积，在频域和复频域中对应着什么运算；以及频域中两个傅里叶变换的卷积，对应着时域上又是什么运算。前者分别称为傅里叶变换、拉普拉斯变换和 Z 变换的**时域卷积性质**，而后者则称为傅里叶变换的**频域卷积性质**。

## 6.3.1 时域卷积性质

**1. 拉普拉斯变换和 Z 变换的时域卷积性质**

拉普拉斯变换和 Z 变换的时域卷积性质分别表示如下：

若有　$x(t)\xleftrightarrow{\text{L}}\{X(s),\ \ R_X\}$　和　$h(t)\xleftrightarrow{\text{L}}\{H(s),\ \ R_H\}$

以及　$x[n]\xleftrightarrow{\text{Z}}\{X(z),\ \ R_X\}$　和　$h[n]\xleftrightarrow{\text{Z}}\{H(z),\ \ R_H\}$

则有
$$x(t)*h(t)\xleftrightarrow{\text{L}}\{X(\text{s})H(\text{s}),\quad \text{ROC}\supset(R_X\cap R_H)\}\tag{6.3.1}$$
和
$$x[n]*h[n]\xleftrightarrow{\text{Z}}\{X(z)H(z),\quad \text{ROC}\supset(R_X\cap R_H)\}\tag{6.3.2}$$
其中，$\text{ROC}\supset(R_X\cap R_H)$表示：两个像函数相乘可能会零、极点因子相消，如果消去的极点恰是决定 $R_X$ 或 $R_H$ 边界的极点，则收敛域可能比交集($R_X\cap R_H$)大。

**2. CFT 和 DTFT 的时域卷积性质**

连续和离散时间傅里叶变换(CFT 和 DTFT)的时域卷积性质为：

若有　$x(t)\xleftrightarrow{\text{CFT}}X(\omega)$　和　$h(t)\xleftrightarrow{\text{CFT}}H(\omega)$

及　$x[n]\xleftrightarrow{\text{DTFT}}\tilde{X}(\varOmega)$　和　$h[n]\xleftrightarrow{\text{DTFT}}\tilde{H}(\varOmega)$

则有
$$x(t)*h(t)\xleftrightarrow{\text{CFT}}X(\omega)H(\omega)\quad 和\quad x[n]*h[n]\xleftrightarrow{\text{DTFT}}\tilde{X}(\varOmega)\tilde{H}(\varOmega)\tag{6.3.3}$$

上述时域卷积性质表明，时域中两个时间函数或序列卷积，对应着在频域和复频域中，分别是它们的傅里叶变换、拉普拉斯变换或 Z 变换相乘。这一时域卷积性质已分别在 5.4.4 小节和 5.9 节中证明，并讨论过它们的物理解释，它们是形成 LTI 系统的变换域分析方法的基础，第 8 章还将继续讨论。此外，利用变换的时域卷积性质，可以由熟知的变换对方便地求得新的变换对，请看下面的例子。

【例 6.5】 试求如图 6.3(a)和(b)所示的三角脉冲 $x(t)$ 和三角序列 $x[n]$ 的频谱。

解：由第 3 章例 3.4 可知，三角脉冲和序列分别是矩形脉冲和序列与本身卷积的结果，在这里即有

$$x(t)=\frac{1}{\tau}r_\tau(t)*r_\tau(t)\quad 或 \quad x[n]=\frac{1}{2N_1+1}r_{2N_1+1}[n]*r_{2N_1+1}[n]$$

根据例 5.6 的结果，$r_\tau(t)$ 和 $r_{2N_1+1}[n]$ 的傅里叶变换分别为

$$R_\tau(\omega)=\tau\mathrm{Sa}\left(\frac{\omega\tau}{2}\right)\quad 和 \quad \tilde{R}_{2N_1+1}(\Omega)=\frac{\sin\left((2N_1+1)\Omega/2\right)}{\sin(\Omega/2)}$$

直接利用时域卷积性质可求得 $x(t)$ 和 $x[n]$ 的频谱如下：

$$X(\omega)=\frac{1}{\tau}R_\tau^2(\omega)=\tau\mathrm{Sa}^2\left(\frac{\omega\tau}{2}\right)\quad 和 \quad \tilde{X}(\Omega)=\frac{1}{2N_1+1}\frac{\sin^2\left((2N_1+1)\Omega/2\right)}{\sin^2(\Omega/2)} \tag{6.3.4}$$

它们的频谱图形分别概画在图 6.3(c)和(d)中。

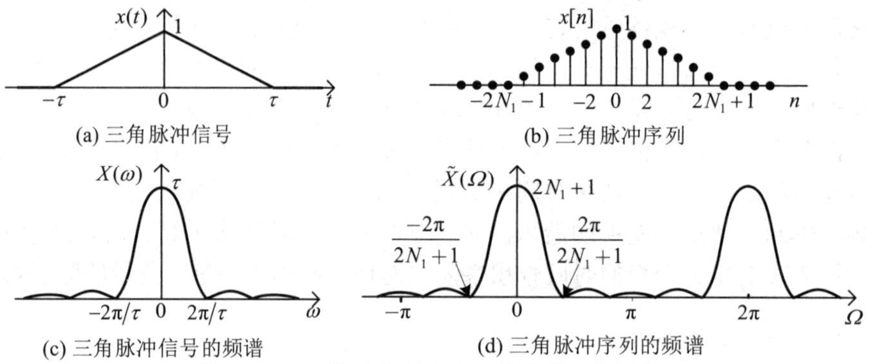


(a) 三角脉冲信号 (b) 三角脉冲序列

(c) 三角脉冲信号的频谱 (d) 三角脉冲序列的频谱

图 6.3 三角脉冲信号和序列的波形及其频谱

**3．CFS 和 DFS 的时域周期卷积性质**

在 3.5 节曾指出，两个周期信号只有周期卷积，不存在非周期卷积，且两个相同周期的周期信号和序列周期卷积的结果，仍分别是相同周期的周期信号和序列。周期信号和序列不存在双边拉普拉斯变换和双边 Z 变换，故没有拉普拉斯变换和 Z 变换的时域周期卷积性质。但是，周期信号和序列有傅里叶变换表示，它们是频域 $\omega$ 和 $\Omega$ 上的等间隔冲激串。由于冲激函数不存在相乘运算，故周期信号和序列的时域周期卷积性质，不能分别表示为它们傅里叶变换相乘，必须用连续和离散傅里叶级数形式来表示，称为傅里叶级数的时域(周期)卷积性质。

傅里叶级数的时域周期卷积性质为：若有两个周期为 $T$ 的周期信号 $\tilde{f}(t)$ 和 $\tilde{g}(t)$，和周期为 $N$ 的周期序列 $\tilde{f}[n]$ 和 $\tilde{g}[n]$，且 $F_k$ 和 $G_k$ 或 $\tilde{F}_k$ 和 $\tilde{G}_k$ 分别是它们的 CFS 或 DFS 系数。则有

$$\int_{\langle T\rangle}\tilde{f}(\tau)\tilde{g}(t-\tau)\mathrm{d}\tau \xleftrightarrow{\text{CFS}} TF_kG_k \quad 或 \quad \sum_{m\in\langle N\rangle}\tilde{f}[m]\tilde{g}[n-m] \xleftrightarrow{\text{DFS}} N\tilde{F}_k\tilde{G}_k \tag{6.3.5}$$

这表明，时域上两个相同周期的周期信号(或序列)进行周期卷积，在频域中对应着它的 CFS 和 DFS 系数相乘后，再分别乘以周期 $T$ 和 $N$。

**4．离散傅里叶变换(DFT)的时域卷积性质**

正如前面 5.6 节指出的，有限长序列的 DFT 表示法与周期序列的 DFS 表示法在形式上十分相似，两者之间存在直接和确定的关系(见(5.6.24)式)，因此，可以从 DFS 的时域周期卷积性质直接得到 DFT 的时域循环卷积性质。

1) DFT 的时域循环卷积性质

离散傅里叶变换的时域循环卷积性质陈述如下：

假设两个长度分别为 $N_1$ 和 $N_2$ 的有限长序列 $x_1[n]$ 和 $x_2[n]$，若选取 $N=\max\{N_1,N_2\}$，且如果 $X_1[k]$ 和 $X_2[k]$ 分别是 $x_1[n]$ 和 $x_2[n]$ 的 $N$ 点 DFT 系数序列，则有

$$\sum_{m=0}^{N-1} x_1[m]x_2\left([n-m]\right)_N \xleftrightarrow{\text{DFT}} X_1[k]X_2[k] \tag{6.3.6}$$

上式右边运算称为 $x_1[n]$ 和 $x_2[n]$ 的 $N$ **点循环卷积运算**，它用运算符号“Ⓝ”表示，并记作

$$y^{\circ}[n]=x_1[n] \text{ Ⓝ } x_2[n]=\sum_{m=0}^{N-1} x_1[m]x_2\left([n-m]\right)_N=\left(\sum_{m=0}^{N-1}\tilde{x}_1[m]\tilde{x}_2[n-m]\right)r_N[n] \tag{6.3.7}$$

实际上，$y^{\circ}[n]$ 就是 $x_1[n]$ 和 $x_2[n]$ 生成的周期序列 $\tilde{x}_1[n]$ 和 $\tilde{x}_2[n]$ 在求和区间 $[0,\ N-1]$ 上进行周期卷积(见(3.5.2)式)，并对运算结果取主值区间内的 $N$ 点序列。在周期卷积中，$\tilde{x}_2[n-m]$ 表示 $\tilde{x}_2[m]$ 的反转并右移 $n$，$\tilde{x}_1[m]$ 和 $\tilde{x}_2[n-m]$ 落在区间 $0\leqslant m\leqslant N-1$ 内的 $N$ 点序列，正好分别是 $x_1[m]$ 和 $x_2\left([n-m]\right)_N$。为了弄清循环卷积和运算的过程，先看一个例子。

**【例 6.6】** 已知 4 点序列 $x_1[n]=\{1,2,2,1\}$ 和 8 点序列 $x_2[n]=\{1,0,1,3,4,3,2,1\}$，求 $y^{\circ}[n]=x_1[n]$ ⑧ $x_2[n]$。

**解**：首先把 $x_1[n]$ 填充 4 个零值成为 8 点序列，根据(6.3.7)式，则有

$$y^{\circ}[n]=x_1[n] \text{ ⑧ } x_2[n]=\left(\sum_{m=0}^{7}\tilde{x}_1[m]\tilde{x}_2[n-m]\right)r_8[n]=\sum_{m=0}^{7}x_1[m]x_2\left([n-m]\right)_8,\quad 0\leqslant n\leqslant 7 \tag{6.3.8}$$

图 6.4 中上面 5 个图分别是 8 点序列 $x_2[n]$ 及其以周期 8 进行周期延拓生成的 $\tilde{x}_2[n]$、$\tilde{x}_2[m]$ 的反转序列 $\tilde{x}_2[-m]$，以及 $\tilde{x}_2[m]$ 的反转右移 1 和 2 的序列 $\tilde{x}_2[1-m]$ 和 $\tilde{x}_2[2-m]$，并用实线表示落在主值区间内的序列值，而虚线表示主值区间外的序列值；图中最下面一排分别画出了 $\tilde{x}_2[-m]$，$\tilde{x}_2[1-m]$，$\tilde{x}_2[2-m]$，$\tilde{x}_2[3-m]\cdots$ 落在主值区间内的 8 点序列，即 $x_2\left([-m]\right)_8$，$x_2\left([1-m]\right)_8$，$x_2\left([2-m]\right)_8$ 和 $x_2\left([3-m]\right)_8\cdots$。

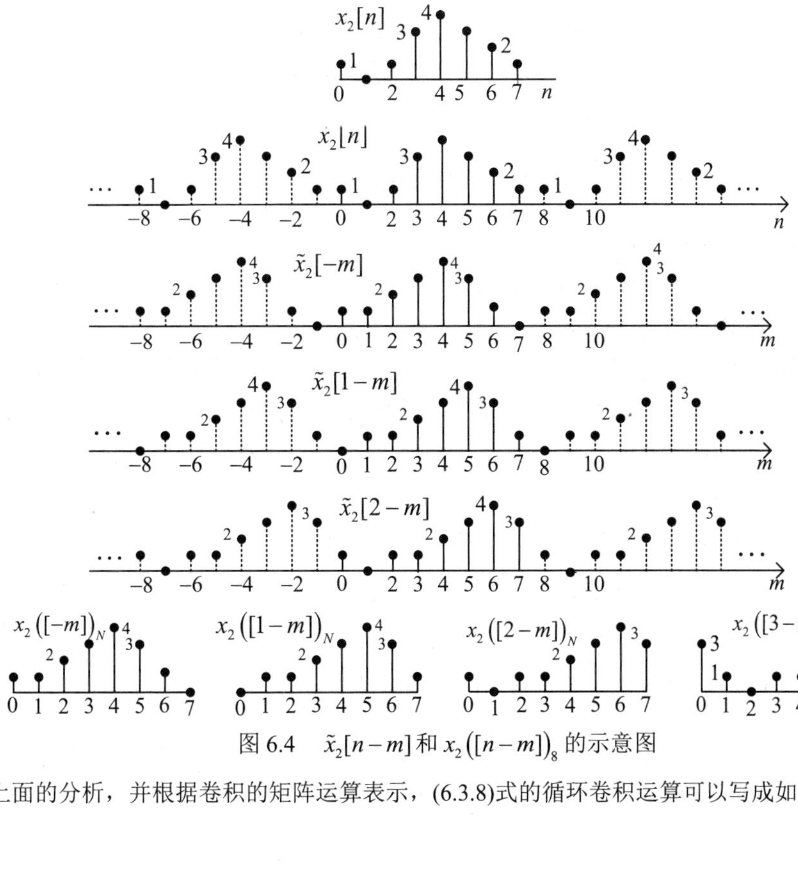


图 6.4　$\tilde{x}_2[n-m]$ 和 $x_2\left([n-m]\right)_8$ 的示意图

按照上面的分析，并根据卷积的矩阵运算表示，(6.3.8)式的循环卷积运算可以写成如下的矩阵运算：

$$\begin{bmatrix} y_{\circledcirc}[0] \\ y_{\circledcirc}[1] \\ y_{\circledcirc}[2] \\ y_{\circledcirc}[3] \\ y_{\circledcirc}[4] \\ y_{\circledcirc}[5] \\ y_{\circledcirc}[6] \\ y_{\circledcirc}[7] \end{bmatrix} = \begin{bmatrix} 1 & 1 & 2 & 3 & 4 & 3 & 1 & 0 \\ 0 & 1 & 1 & 2 & 3 & 4 & 3 & 1 \\ 1 & 0 & 1 & 1 & 2 & 3 & 4 & 3 \\ 3 & 1 & 0 & 1 & 1 & 2 & 3 & 4 \\ 4 & 3 & 1 & 0 & 1 & 1 & 2 & 3 \\ 3 & 4 & 3 & 1 & 0 & 1 & 1 & 2 \\ 2 & 3 & 4 & 3 & 1 & 0 & 1 & 1 \\ 1 & 2 & 3 & 4 & 3 & 1 & 0 & 1 \end{bmatrix} \begin{bmatrix} 1 \\ 2 \\ 2 \\ 1 \\ 0 \\ 0 \\ 0 \\ 0 \end{bmatrix} = \begin{bmatrix} 10 \\ 6 \\ 4 \\ 6 \\ 12 \\ 18 \\ 19 \\ 15 \end{bmatrix} \tag{6.3.9}$$

因此，求得的 $y_{\circledcirc}[n]$ 也是 8 点序列，即 $y_{\circledcirc}[n]=\{10,6,4,6,12,18,19,15\}$ 。

通过该例的求解过程和方法，可以写出(6.3.7)式循环卷积和运算的一般矩阵运算形式，即

$$\begin{bmatrix} y_{\circledcirc}[0] \\ y_{\circledcirc}[1] \\ y_{\circledcirc}[2] \\ \\ y_{\circledcirc}[N-2] \\ y_{\circledcirc}[N-1] \end{bmatrix} = \begin{bmatrix} x_2[0] & x_2[N-1] & x_2[N-2] & \cdots & x_2[2] & x_2[1] \\ x_2[1] & x_2[0] & x_2[N-1] & \cdots & x_2[3] & x_2[2] \\ x_2[2] & x_2[1] & x_2[0] & \cdots & x_2[4] & x_2[3] \\ \vdots & \vdots & \vdots & \cdots & \vdots & \vdots \\ x_2[N-2] & x_2[N-3] & x_2[N-4] & \cdots & x_2[0] & x_2[N-1] \\ x_2[N-1] & x_2[N-2] & x_2[N-3] & \cdots & x_2[1] & x_2[0] \end{bmatrix} \begin{bmatrix} x_1[0] \\ x_1[1] \\ x_1[2] \\ \vdots \\ x_1[N-2] \\ x_1[N-1] \end{bmatrix} \tag{6.3.10}$$

其中，$N\times N$ 方阵的第一行元素就是 $\tilde{x}_2\left([-n]\right)r_N[n]=x_2\left([-n]\right)_N=\begin{cases} x_2[0], & n=0 \\ x_2[N-n], & 1\leqslant n\leqslant N-1 \end{cases}$ 的 $N$ 个序列值，其他行的元素均为上一行右移 1 位的同时、右边移出主值区间的一个序列值又从左边补入所形成的 $N$ 个序列值。这种反转右移类似于在周期卷积和运算中的周期序列的反转右移，当然，这里是针对 $N$ 点序列而言的，故称为反转**循环右移**更为贴切。正因为如此，通常把(6.3.7)式定义的两个 $N$ 点序列的卷积称为 **$N$ 点循环卷积**，有的书上也称为**圆周卷积**。

借用(3.5.3)式表示的周期卷积的交换率性质，(6.3.6)式的时域循环卷积性质还可以表示为

$$x_2[n] \circledN x_1[n]=\sum_{m=0}^{N-1}x_2[m]x_1\left([n-m]\right)_N \xleftrightarrow{\text{DFT}} X_1[k]X_2[k] \tag{6.3.11}$$

2) DFT 的时域线性卷积性质

在 3.3 节介绍和讨论卷积和的矢量矩阵运算形式时曾指出，两个有限长序列 $x_1[n]$（长度 $N_1$）和 $x_2[n]$（长度 $N_2$），它们线性卷积的结果 $y[n]$ 仍是有限长序列，其长度为 $N_1+N_2-1$。如果上面定义的 $N$ **点**时域循环卷积的条件不是选取 $N=\max\{N_1,N_2\}$，而是选取 $N\geqslant N_1+N_2-1$，那么，(6.3.6)式或(6.3.11)式表示的 $N$ **点**时域循环卷积性质仍然成立。但是此时 $N$ **点**时域循环卷积的结果不再是按照(6.3.10)式运算的结果，而是 $x_1[n]$ 和 $x_2[n]$ 线性卷积的结果，亦即

$$x_1[n] \circledN x_2[n]=x_1[n]*x_2[n], \qquad N\geqslant N_1+N_2-1 \tag{6.3.12}$$

因此，离散傅里叶变换还有时域线性卷积性质，它的陈述如下：

假设两个长度分别为 $N_1$ 和 $N_2$ 的有限长序列 $x_1[n]$ 和 $x_2[n]$，如果选取 $N\geqslant N_1+N_2-1$，且它们的 $N$ **点** DFT **分别为** $X_1[k]$ 和 $X_2[k]$，则有

$$x_1[n]*x_2[n]=\sum_{k=0}^{N-1}x_1[k]x_2[n-k] \xleftrightarrow{\text{DFT}} X_1[k]X_2[k] \tag{6.3.13}$$

实际上，DFT 的这个时域线性卷积性质就是 $N$ **点**（$N\geqslant N_1+N_2-1$）循环卷积性质。可用下面的例子来具体说明两个有限长序列的循环卷积和线性卷积之间的上述关系。

**【例 6.7】**　4 点序列 $x_1[n]$ 和 8 点序列 $x_2[n]$ 与例 6.6 相同，取 $N=N_1+N_2-1=11$，计算它们的 11 点循环卷积 $y_{\bigcirc}[n]=x_1[n]$ ⑪ $x_2[n]$，再求它们的线性卷积 $y[n]=x_1[n]*x_2[n]$，并与例 6.6 的 8 点循环卷积作比较。

**解**：首先计算它们的 11 点循环卷积，按照(6.5.6)式，$y_{\bigcirc}[n]=x_1[n]$ ⑪ $x_2[n]=\sum_{m=0}^{10}x_1[m]x_2\big(([n-m])\big)_{11}$，其中，$x_1[n]$ 和 $x_2[n]$ 是各自的原序列后填充 0 值的 11 点序列。按照(6.3.10)式循环卷积的矩阵运算形式，则有

$$\begin{bmatrix} y_{\bigcirc}[0] \\ y_{\bigcirc}[1] \\ y_{\bigcirc}[2] \\ y_{\bigcirc}[3] \\ y_{\bigcirc}[4] \\ y_{\bigcirc}[5] \\ y_{\bigcirc}[6] \\ y_{\bigcirc}[7] \\ y_{\bigcirc}[8] \\ y_{\bigcirc}[9] \\ y_{\bigcirc}[10] \end{bmatrix} = \begin{bmatrix} 1 & 0 & 0 & 0 & 1 & 2 & 3 & 4 & 3 & 1 & 0 \\ 0 & 1 & 0 & 0 & 0 & 1 & 2 & 3 & 4 & 3 & 1 \\ 1 & 0 & 1 & 0 & 0 & 0 & 1 & 2 & 3 & 4 & 3 \\ 3 & 1 & 0 & 1 & 0 & 0 & 0 & 1 & 2 & 3 & 4 \\ 4 & 3 & 1 & 0 & 1 & 0 & 0 & 0 & 1 & 2 & 3 \\ 3 & 4 & 3 & 1 & 0 & 1 & 0 & 0 & 0 & 1 & 2 \\ 2 & 3 & 4 & 3 & 1 & 0 & 1 & 0 & 0 & 0 & 1 \\ 1 & 2 & 3 & 4 & 3 & 1 & 0 & 1 & 0 & 0 & 0 \\ 0 & 1 & 2 & 3 & 4 & 3 & 1 & 0 & 1 & 0 & 0 \\ 0 & 0 & 1 & 2 & 3 & 4 & 3 & 1 & 0 & 1 & 0 \\ 0 & 0 & 0 & 1 & 2 & 3 & 4 & 3 & 1 & 0 & 1 \end{bmatrix} \begin{bmatrix} 1 \\ 2 \\ 2 \\ 1 \\ 0 \\ 0 \\ 0 \\ 0 \\ 0 \\ 0 \\ 0 \end{bmatrix} = \begin{bmatrix} 1 \\ 2 \\ 3 \\ 6 \\ 12 \\ 18 \\ 19 \\ 15 \\ 9 \\ 4 \\ 1 \end{bmatrix}$$

另外，按照 3.3 节中例 3.8 所介绍的卷积和的列表计算法，也可求得

$$y[n]=x_1[n]*x_2[n]=\{1, 2, 3, 6, 12, 18, 19, 15, 9, 4, 1\}$$

它与上面 11 点循环卷积结果完全一致，但与例 6.6 中 8 点循环卷积结果不同，由后面 6.6.2 小节的离散时间频域抽样定理可对此作出解释：$y[n]=x_1[n]*x_2[n]$ 是一个 11 点的序列，要对其频谱 $\tilde{Y}(\Omega)=\tilde{X}_1(\Omega)\tilde{X}_2(\Omega)$ 进行频域抽样，且不导致时域混叠要求 $N\geqslant 11$，DFT 的线性卷积性质就属于这种情况；而对于 8 点循环卷积性质，即用 $N=8$ 对 $\tilde{Y}(\Omega)$ 进行频域抽样，必然导致时域出现混叠。例 6.6 中的 8 点循环卷积的结果 $y_{\bigcirc}[n]$，正是本例题中线性卷积所得的 11 点序列 $y[n]$ 时域混叠的结果，即

$$\tilde{y}[n]=y\big(([n])\big)_8 \quad 和 \quad y_{\bigcirc}[n]=\tilde{y}[n]r_8[n]$$

读者可以验证上式的结果。

离散时间(数字)信号通过 FIR 系统的线性滤波问题，涉及输入序列 $x[n]$ 和有限长单位冲激响应 $h[n]$ 的线性卷积，因此，在这类利用 DFT 时域卷积性质来实现线性滤波的应用(见后面 9.4.3 小节)中，必须确保实现时域线性卷积性质的条件，即选取 $N\geqslant N_1+N_2-1$。

## 6.3.2　频域卷积性质

### 1. CFT 和 DTFT 的频域卷积性质

连续和离散时间傅里叶变换的频域卷积性质如下：

若 $X(\omega)=\mathscr{F}\{x(t)\}$ 和 $P(\omega)=\mathscr{F}\{p(t)\}$，以及 $\tilde{X}(\Omega)=\mathscr{F}\{x[n]\}$ 和 $\tilde{P}(\Omega)=\mathscr{F}\{p[n]\}$，则有

$$x(t)p(t) \xleftrightarrow{\text{CFT}} \frac{1}{2\pi}X(\omega)*P(\omega) \tag{6.3.14}$$

和

$$x[n]p[n] \xleftrightarrow{\text{DTFT}} \frac{1}{2\pi}\tilde{X}(\Omega)\circledast\tilde{P}(\Omega) \tag{6.3.15}$$

上述傅里叶变换的频域卷积性质表明：　在时域上两个连续时间和离散时间信号分别相乘，则在频域中对应着它们的傅里叶变换卷积后再乘以 $1/2\pi$。当然，由于 DTFT 是频域上 $2\pi$ 的周期函数，故在离散频域 $\Omega$ 中的卷积应是周期卷积。如果上面两式右边的频域卷积和周期卷积不收敛，则表明左边两个信号的相乘不存在傅里叶变换。

下面以 DTFT 的频域卷积性质为例，来证明这个性质。(6.3.15)式右边的反变换为

$$\mathscr{F}^{-1}\left\{(1/2\pi)\tilde{X}(\Omega)\circledast\tilde{P}(\Omega)\right\}=\frac{1}{(2\pi)^2}\int_{\langle 2\pi\rangle}\int_{\langle 2\pi\rangle}\tilde{X}(\sigma)\tilde{P}(\Omega-\sigma)\mathrm{e}^{\mathrm{j}\Omega n}\mathrm{d}\sigma\mathrm{d}\Omega$$

$$=\frac{1}{(2\pi)^2}\int_{\langle 2\pi\rangle}\tilde{X}(\sigma)\int_{\langle 2\pi\rangle}\tilde{P}(\Omega-\sigma)\mathrm{e}^{\mathrm{j}\Omega n}\mathrm{d}\Omega\mathrm{d}\sigma=\frac{1}{(2\pi)^2}\int_{\langle 2\pi\rangle}\tilde{X}(\sigma)\int_{\langle 2\pi\rangle}\tilde{P}(\eta)\mathrm{e}^{\mathrm{j}\eta n}\mathrm{e}^{\mathrm{j}\sigma n}\mathrm{d}\eta\mathrm{d}\sigma$$

$$=\left[\frac{1}{2\pi}\int_{\langle 2\pi\rangle}\tilde{X}(\sigma)\mathrm{e}^{\mathrm{j}\sigma n}\mathrm{d}\sigma\right]\left[\frac{1}{2\pi}\int_{\langle 2\pi\rangle}\tilde{P}(\eta)\mathrm{e}^{\mathrm{j}\eta n}\mathrm{d}\eta\right]=x[n]p[n]$$

故离散时间频域卷积性质得以证明。

在时域中，一个信号和另一个信号相乘，可理解为用一个信号去**调制**另一个信号(一般为周期信号，称为载波)的幅度，且称为**载波幅度调制**，故上面的频域卷积性质也称为傅里叶变换的**调制性质**。频域卷积性质在信号与系统的概念和方法以及通信和信号处理中有很多十分重要的应用，后面几节和第 7 章中将进一步讨论这些主要应用和结果。

傅里叶变换的频域卷积性质不仅有许多非常重要的实际应用，还可用于简便地求取新的变换和反变换对，请看下面的例子。

**【例 6.8】** 用傅里叶变换的频域卷积性质求如下升余弦脉冲信号的频谱。

$$x(t)=\begin{cases}\dfrac{1}{2\tau}[1+\cos\dfrac{\pi}{\tau}t], & |t|\leqslant\tau\\ 0\ , & |t|>\tau\end{cases}$$

**解**：上式表示的升余弦脉冲可以改写成

$$x(t)=\frac{1}{\tau}\left[\frac{1}{2}\left(1+\cos\frac{\pi}{\tau}t\right)\right]r_{2\tau}(t)$$

其中，$r_{2\tau}(t)$ 是宽度为 $2\tau$ 的矩形脉冲，它的傅里叶变换对为

$$r_{2\tau}(t)=\begin{cases}1, & |t|<\tau\\ 0, & |t|>\tau\end{cases}\xleftrightarrow{\text{CFT}}2\tau\mathrm{Sa}(\omega\tau)$$

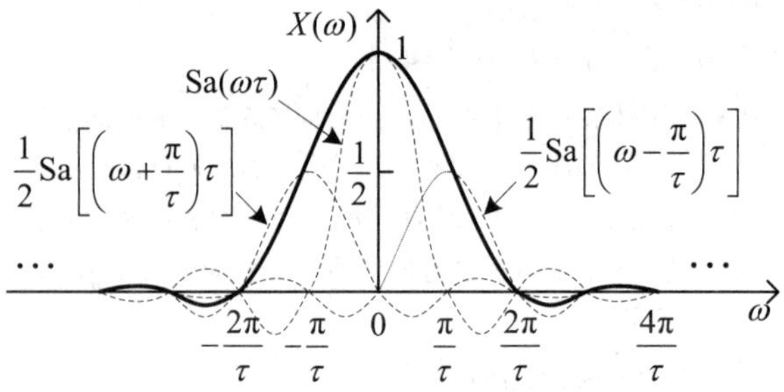


图 6.5　(6.3.16)式表示的升余弦脉冲的频谱

根据(5.5.3)式和(6.2.6)式，则有

$$1+\cos\frac{\pi}{\tau}t\xleftrightarrow{\text{CFT}}2\pi\delta(\omega)+\pi\delta\left(\omega+\frac{\pi}{\tau}\right)+\pi\delta\left(\omega-\frac{\pi}{\tau}\right)$$

根据傅里叶变换的频域卷积性质，则有

$$X(\omega)=\frac{1}{\pi}\mathrm{Sa}(\omega\tau)*\pi\left[\delta(\omega)+\frac{1}{2}\left[\delta\left(\omega+\frac{\pi}{\tau}\right)+\delta\left(\omega-\frac{\pi}{\tau}\right)\right]\right]=\mathrm{Sa}(\omega\tau)+\frac{1}{2}\left\{\mathrm{Sa}\left[\left(\omega+\frac{\pi}{\tau}\right)\tau\right]+\mathrm{Sa}\left[\left(\omega-\frac{\pi}{\tau}\right)\tau\right]\right\}\quad(6.3.16)$$

上述三项叠加后的升余弦脉冲的频谱 $X(\omega)$ 如图 6.5 所示。此外，将这三项合并简化后为 $X(\omega)=\dfrac{\mathrm{Sa}(\omega\tau)}{1-(\omega\tau/\pi)^2}$。

### 2. CFS 和 DFS 的频域卷积性质

连续和离散傅里叶级数也有频域卷积性质，CFS 是频域非周期卷积性质，而 DFS 则是频域周期卷积性质，它们分别陈述如下：若分别有两个周期为 $T$ 的周期信号 $\tilde{f}(t)$ 与 $\tilde{g}(t)$ 和周期为 $N$ 的周期序列 $\tilde{f}[n]$ 与 $\tilde{g}[n]$，且 $F_k$ 与 $G_k$ 和 $\tilde{F}_k$ 与 $\tilde{G}_k$ 分别是它们的 CFS 和 DFS 系数。则有：

$$\tilde{x}(t)\tilde{g}(t)\xleftrightarrow{\text{CFS}}\sum_{l=-\infty}^{\infty}F_lG_{k-l}\quad 和\quad \tilde{x}[n]\tilde{g}[n]\xleftrightarrow{\text{DFS}}\tilde{F}_k\circledast\tilde{G}_k=\sum_{l\in\langle N\rangle}\tilde{F}_l\tilde{G}_{k-l}\qquad(6.3.17)$$

### 3. 离散傅里叶变换(DFT)的频域循环卷积性质

DFT 的频域循环卷积性质陈述如下：若两个 $N$ 点序列 $x_1[n]$ 和 $x_2[n]$ 的 $N$ 点 DFT 分别为

$X_1[k]$和$X_2[k]$，则有

$$x_1[n]x_2[n] \xleftrightarrow{\text{DFT}} \frac{1}{N}X_1[k] \circledN X_2[k]=\frac{1}{N}\sum_{m=0}^{N-1}X_1[m]X_2\left([k-m]\right)_N \tag{6.3.18}$$

证明方法与 DFT 的时域循环卷积性质类似，读者可自行证明。这个性质表明，两个$N$点序列时域相乘得到一个新的$N$点序列，它的$N$点 DFT 等于原来两个$N$点序列之$N$点 DFT 系数序列的$N$点循环卷积。

### 6.3.3　复频域卷积性质($s$域和$z$域卷积定理)

拉普拉斯变换和 Z 变换的复频域卷积性质陈述如下：若分别有

$\mathscr{L}\{x(t)\}=\{X(s),\ R_X=(\sigma_{X1}<\mathrm{Re}\{s\}<\sigma_{X2})\}$ 及 $\mathscr{L}\{p(t)\}=\{P(s),\ R_P=(\sigma_{P1}<\mathrm{Re}\{s\}<\sigma_{P2})\}$

和 $\mathscr{Z}\{x[n]\}=\{X(z),\ R_X=(r_{X1}<|z|<r_{X2})\}$ 及 $\mathscr{Z}\{p[n]\}=\{P(z),\ R_P=(r_{P1}<|z|<r_{P2})\}$

则分别有

$$x(t)p(t) \xleftrightarrow{\text{L}} \frac{1}{2\pi\mathrm{j}}\int_{\sigma-\mathrm{j}\infty}^{\sigma+\mathrm{j}\infty}X(v)P(s-v)\mathrm{d}v,\quad \max\{\sigma_{X1},\sigma_{P1}\}<\mathrm{Re}\{s\}<\min\{\sigma_{X2},\sigma_{P2}\} \tag{6.3.19}$$

和

$$x[n]p[n] \xleftrightarrow{\text{Z}} \frac{1}{2\pi\mathrm{j}}\oint_{\mathrm{c}}X(v)P\ z/v\ v^{-1}\mathrm{d}v,\quad r_{x1}r_{p1}<|z|<r_{x2}r_{p2} \tag{6.3.20}$$

其中，(6.3.19)式中的积分路径是在收敛域$R_X$和$(\mathrm{Re}\{s\}-R_P)$的公共部分内的一条平行于虚轴的直线，(6.3.20)式中的积分围线 c 是在$X(v)$和$P(z/v)$的收敛域公共部分中的一个圆周，即在 Z 平面上的圆环$\max\{r_{X1},|z|/r_{P2}\}<|v|<\min\{r_{X2},|z|/r_{P1}\}$中的一个圆周。

上述复频域卷积性质又分别称为拉普拉斯变换和 Z 变换(或$s$域和$z$域)的**复卷积定理**，它们的证明类似于傅里叶变换频域卷积性质的证明过程。由于应用不多，这里不再进一步讨论。

## 6.4　时移和频移性质

本节讨论各种变换的时移性质和频移性质，即时间函数和序列在时域上时移(移位)将导致它们频域和复频域表示有什么变化，以及频域($\omega$或$\Omega$)上的频移和复频域(S 平面或 Z 平面)上的复频移，将造成时域上它们的反变换会有什么改变。

### 6.4.1　时移性质

**1．拉普拉斯变换、Z 变换和傅里叶变换的时移性质**

双边拉普拉斯变换和双边 Z 变换的时移性质可以陈述如下：若有$\mathscr{L}\{f(t)\}=\{F(s),\ R_F\}$和$\mathscr{Z}\{f[n]\}=\{F(z),\ R_F\}$，则分别有

$$f(t-t_0) \xleftrightarrow{\text{L}} \{F(s)\mathrm{e}^{-st_0},\ R_F\}\quad 和\quad f[n-n_0] \xleftrightarrow{\text{Z}} \{F(z)z^{-n_0},\ R_F\} \tag{6.4.1}$$

其中，$F(s)\mathrm{e}^{-st_0}$和$F(z)z^{-n_0}$的收敛域仍为$R_F$，只表明在有限 S 平面和除原点外的有限 Z 平面内收敛域不变，至于无限远点和 Z 平面中原点是否在新的收敛域内，则应视时移结果而定。

连续和离散时间傅里叶变换的时移性质为：若$\mathscr{F}\{f(t)\}=F(\omega)$和$\mathscr{F}\{f[n]\}=\tilde{F}(\Omega)$，则

$$f(t-t_0) \xleftrightarrow{\text{CFT}} F(\omega)\mathrm{e}^{-\mathrm{j}\omega t_0}\quad 和\quad f[n-n_0] \xleftrightarrow{\text{DTFT}} \tilde{F}(\Omega)\mathrm{e}^{-\mathrm{j}\Omega n_0} \tag{6.4.2}$$

上述时移性质表明：

(1) 时间函数和序列在时域中平移(如分别延时$t_0$和$n_0$)，其像函数将分别乘以一个时移因子$e^{-st_0}$和$z^{-n_0}$，且分别在有限S平面和除原点外的有限Z平面上收敛域与零、极点分布将不变。

(2) 时间函数和序列在时域中分别延时$t_0$和$n_0$，仅导致各自傅里叶变换分别乘以一个时移因子$e^{-j\omega t_0}$和$e^{-j\Omega n_0}$。从频域上傅里叶变换(信号频谱和LTI系统频率响应)的极坐标表示$F(\omega)=|F(\omega)|e^{j\varphi(\omega)}$和$\tilde{F}(\Omega)=|\tilde{F}(\Omega)|e^{j\tilde{\varphi}(\Omega)}$来看，乘以上述时移因子后，分别变成

$$F(\omega)e^{-j\omega t_0}=|F(\omega)|e^{j[\varphi(\omega)-\omega t_0]} \quad 和 \quad \tilde{F}(\Omega)e^{-j\Omega n_0}=|\tilde{F}(\Omega)|e^{j[\tilde{\varphi}(\Omega)-\Omega n_0]} \tag{6.4.3}$$

这说明：如果时间函数和序列在时域中平移，将不导致傅里叶变换的模(信号的幅度频谱或LTI系统的幅度频率响应)改变，只造成其相位(信号的相位频谱或LTI系统的相位频率响应)分别附加一个**线性相移**$-\omega t_0$和$-\Omega n_0$。这一特性有很重要的意义，在后面7.2节讲述信号的无失真传输时，还将进一步讨论。另外，在8.2.3小节讨论用线性常系数差分方程表征的离散时间LTI系统的变换域分析时，将直接用到Z变换和DTFT的时移性质。

**2．连续和离散傅里叶级数的时移性质**

CFS和DFS的时移性质为：对于周期为$T$的周期信号$\tilde{x}(t)$和周期为$N$的周期序列$\tilde{x}[n]$，如果$F_k$和$\tilde{F}_k$分别是它们的CFS和DFS系数。则分别有

$$\tilde{x}(t-t_0)\xleftrightarrow{\text{CFS}}F_k e^{-jk(2\pi/T)t_0} \quad 和 \quad \tilde{x}[n-n_0]\xleftrightarrow{\text{DFS}}\tilde{F}_k e^{-jk(2\pi/N)n_0} \tag{6.4.4}$$

**3．离散傅里叶变换的时域循环移位性质**

DFT的循环移位性质为：假设$N$点序列$x[n]$的$N$点DFT是$X[k]$，则有

$$x([n-n_0])_N=\tilde{x}[n-n_0]r_N[n]\xleftrightarrow{\text{DFT}}X[k]W_N^{kn_0}=X[k]e^{-jk(2\pi/N)n_0} \tag{6.4.5}$$

其中，$r_N[n]$是$N$点单位值序列(见(5.6.4)式)。

上式中的$x([n-n_0])_N$称为$N$点序列$x[n]$的**循环(右)移位**$n_0$，即$x[n]$以周期$N$周期延拓生成的周期序列$\tilde{x}[n]$右移$n_0$后，即$\tilde{x}[n-n_0]$，再取其主值区间得到的$N$点序列。这里循环移位的意思与前面DFT的时域循环卷积中的“循环移位”含义(见图6.4最下面一排图)相同，即$N$点序列$x[n]$最右边$n_0$个序列值右移出的同时，依次又从左边补入。

利用上述的变换的时移性质，可以由熟知的变换对方便地求得许多新的变换对。

**【例6.9】** 试求图6.6中$x(t)$的拉普拉斯变换和傅里叶变换。

**解**：图6.6所示的半波正弦脉冲可写成

$$x(t)=\sin\pi tu(t)+\sin\pi(t-1)u(t-1)$$

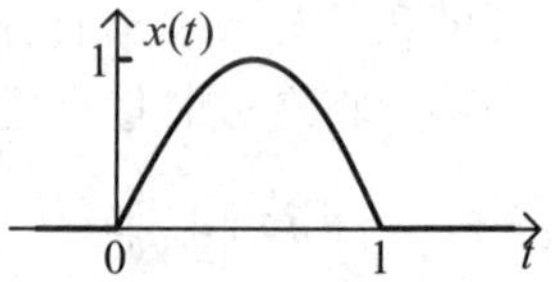

图6.6 单个半波正弦脉冲

在例6.4中已求出$\sin\omega_0 tu(t)$的拉普拉斯变换，利用(6.2.10)式，并根据拉普拉斯变换的时移性质，将有

$$\sin\pi tu(t)\xleftrightarrow{\text{L}}\frac{\pi}{s^2+\pi^2},\quad \text{Re}\{s\}>0 \quad 和 \quad \sin\pi(t-1)u(t-1)\xleftrightarrow{\text{L}}\frac{\pi e^{-s}}{s^2+\pi^2},\quad \text{Re}\{s\}>0$$

则有
$$X(s)=\mathscr{L}\{\sin\pi tu(t)+\sin\pi(t-1)u(t-1)\}=\pi\frac{(1+e^{-s})}{s^2+\pi^2},\quad \text{ROC：整个S平面}$$

由于$x(t)$的拉普拉斯变换收敛域包括S平面中的虚轴，只要将$s=j\omega$代入上式得到

$$X(\omega)=\frac{\pi(1+e^{-j\omega})}{\pi^2-\omega^2}=\frac{2}{\pi}\frac{\cos(\omega/2)}{1-(\omega/\pi)^2}e^{-j\omega/2} \tag{6.4.6}$$

**【例6.10】** 试分别求$\delta(t-t_0)$和$\delta[n-n_0]$的拉普拉斯变换、Z变换和傅里叶变换。

**解**：按照这些变换的正变换公式，利用$\delta(t)$或$\delta[n]$可以求得它们的这几种变换的变换域表示。但是，这

里直接利用变换的时移性质，求得 $\delta(t)$ 或 $\delta[n]$ 的 CFT，拉普拉斯变换或 DTFT，Z 变换的变换对如下：

$$\delta(t-t_0) \xleftrightarrow{\text{L}} \mathrm{e}^{-st_0}\text{，}\ t_0 \geqslant 0\text{，ROC}\supset\text{无穷远点；}\ t_0<0\text{，无穷远点}\notin\text{ROC} \tag{6.4.7}$$

和
$$\delta[n-n_0] \xleftrightarrow{\text{Z}} z^{-n_0}\text{，}\quad |z|>0\text{，}\ n_0 \geqslant 0\text{；}\ |z|<\infty\text{，}\ n_0<0 \tag{6.4.8}$$

以及
$$\delta(t-t_0) \xleftrightarrow{\text{CFT}} \mathrm{e}^{-\mathrm{j}\omega t_0}\quad\text{和}\quad \delta[n-n_0] \xleftrightarrow{\text{DTFT}} \mathrm{e}^{-\mathrm{j}\Omega n_0} \tag{6.4.9}$$

图 6.7 中分别画出了 $\delta(t-t_0)$ 和 $\delta[n-n_0]$ 之傅里叶变换的模和相位，其中，将 $\delta[n-n_0]$ 的 DTFT 之相位函数 $\tilde{\varphi}(\Omega)$ 画成周期为 $2\pi$ 的周期函数。这表明，它们的傅里叶变换的模均为 1，与 $\delta(t)$ 和 $\delta[n]$ 相同，但相位函数不再是零相位，而是线性相位。

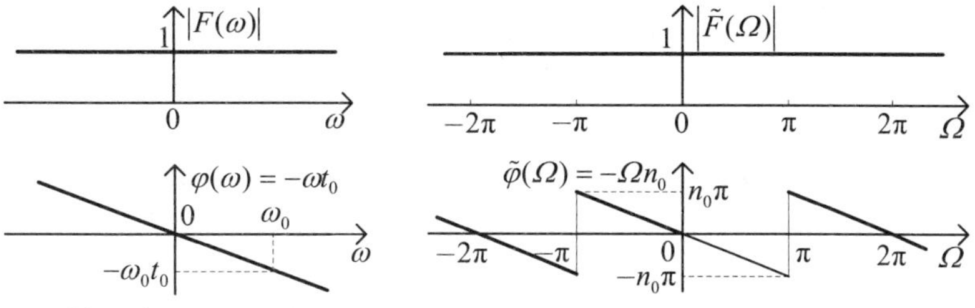


(a) $\delta(t-t_0)$ 之CFT的模和相位　　(b) $\delta[n-n_0]$ 之DTFT的模和相位

图 6.7　时移单位冲激的傅里叶变换图形

由第 3 章知道，$f(t-t_0)=f(t)*\delta(t-t_0)$ 和 $f[n-n_0]=f[n]*\delta[n-n_0]$，根据傅里叶变换、拉普拉斯变换和 Z 变换的时域卷积性质，并分别利用上面(6.4.9)式、(6.4.7)式和(6.4.8)式，就可以导出(6.4.1)式和(6.4.2)式表示的 CFT、DTFT、拉普拉斯变换和 Z 变换的时移性质。因此，CFT、DTFT、拉普拉斯变换和 Z 变换的时移性质，可以分别看成这些变换各自的时域卷积性质之特例。类似地，CFS、DFS 的时移性质可以分别看成各自时域卷积性质的特例。甚至，如果定义如下的 $N$ 点单位样值序列 $\delta_N[n]$，它的 $N$ 点 DFT 为 $N$ 点单位值系数序列 $r_N[k]$，即

$$\delta_N[n]=\tilde{\delta}_N[n]r_N[n]=\begin{cases}1, & n=0\\ 0, & 0<n\leqslant N-1\end{cases} \xleftrightarrow{\text{DFT}} r_N[k] \tag{6.4.10}$$

并有 $\text{DFT}\{\delta_N[n-n_0]\}=\text{DFT}\{\delta_N[n-n_0]r_N[n]\}=\mathrm{e}^{-\mathrm{j}k(2\pi/N)n_0}$，按照(6.3.7)式则有

$$x\big([n-n_0]\big)_N r_N[n]=\{x[n] \circledast_N \delta_N[n-n_0]\}\ r_N[n] \xleftrightarrow{\text{DFT}} X[k]\mathrm{e}^{-\mathrm{j}k(2\pi/N)n_0}$$

那么，DFT 的循环移位性质也可以看成 DFT 的时域循环卷积性质的特例。

## 6.4.2　频移性质和复频移性质(时域复指数加权性质)

下面讨论各种变换的频移性质。先讨论傅里叶变换的频移性质，然后再推广到其他变换(或级数)。

**1．傅里叶变换的频移性质**

连续和离散时间傅里叶变换的频移性质陈述如下：

若有
$$f(t) \xleftrightarrow{\text{CFT}} F(\omega)\quad\text{和}\quad f[n] \xleftrightarrow{\text{DTFT}} \tilde{F}(\Omega)$$

则有
$$\mathrm{e}^{\mathrm{j}\omega_0 t}f(t) \xleftrightarrow{\text{CFT}} F(\omega-\omega_0)\quad\text{和}\quad \mathrm{e}^{\mathrm{j}\Omega_0 n}f[n] \xleftrightarrow{\text{DTFT}} \tilde{F}(\Omega-\Omega_0) \tag{6.4.11}$$

上述傅里叶变换的频移性质表明，在时域中时间函数 $f(t)$ 和序列 $f[n]$ 分别被频率为 $\omega_0$ 和 $\Omega_0$ 的复正弦函数和序列加权，则在频域中对应于将其傅里叶变换 $F(\omega)$ 和 $\tilde{F}(\Omega)$ 在频域上分别右移 $\omega_0$ 和 $\Omega_0$，反之亦然。

傅里叶变换的频移性质可看成其频域卷积性质的一个特例，因为频域卷积性质(见(6.3.14)

式和(6.3.15)式)中，如果 $p(t)=\mathrm{e}^{\mathrm{j}\omega_0 t}$ 和 $p[n]=\mathrm{e}^{\mathrm{j}\Omega_0 n}$，则它们的 CFT 和 DTFT 分别为

$$P(\omega)=2\pi\delta(\omega-\omega_0) \quad 和 \quad \tilde{P}(\Omega)=2\pi\sum_{m=-\infty}^{\infty}\delta(\Omega-\Omega_0-2m\pi)$$

此时，(6.3.14)式和(6.3.15)式分别变成

$$\mathrm{e}^{\mathrm{j}\omega_0 t}x(t)\xleftrightarrow{\text{CFT}}X(\omega-\omega_0) \quad 和 \quad \mathrm{e}^{\mathrm{j}\Omega_0 n}x[n]\xleftrightarrow{\text{DTFT}}\tilde{X}(\Omega-\Omega_0) \tag{6.4.12}$$

这正是傅里叶变换的频移性质。进一步，如果(6.4.11)式右式中的 $\Omega_0=\pi$，则有

$$(-1)^n f[n]\xleftrightarrow{\text{DTFT}}\tilde{F}(\Omega-\pi) \tag{6.4.13}$$

这表明，如果 $f[n]$ 在时域中被 $(-1)^n$ 加权，即原序列值交替改变符号，等效于 $\tilde{F}(\Omega)$ 在频域中频移 $\pi$。换言之，在零频率(低频)部分的频域特性将被移到了最高频率( $\Omega=\pi$ )附近。这一性质是离散时间傅里叶变换特有的，并有着重要的实际应用。

基于频移性质的**频谱搬移技术**在通信和信号处理中得到了广泛的应用，例如，第 7 章要介绍的载波幅度调制、同步解调和变频或混频等技术，都是这一性质的实际应用。

**2．连续和离散傅里叶级数的频移性质**

CFS 和 DFS 的频移性质为：对于周期为 $T$ 的周期信号 $\tilde{x}(t)$ 和周期为 $N$ 的周期序列 $\tilde{x}[n]$，如果 $F_k$ 和 $\tilde{F}_k$ 分别是它们的 CFS 和 DFS 系数。则分别有

$$\mathrm{e}^{\mathrm{j}k_0(2\pi/T)t}\tilde{x}(t)\xleftrightarrow{\text{CFS}}F_{k-k_0} \quad 和 \quad \mathrm{e}^{\mathrm{j}k_0(2\pi/N)n}\tilde{x}[n]\xleftrightarrow{\text{DFS}}\tilde{F}_{k-k_0} \tag{6.4.14}$$

**3．离散傅里叶变换的频域循环移位性质**

DFT 的频域循环移位性质为：假设 $N$ 点序列 $x[n]$ 的 $N$ 点 DFT 是 $X[k]$，$\tilde{X}[k]$ 是 $X[k]$ 以 $N$ 为周期的周期延拓，则有

$$x[n]W_N^{-k_0 n}=x[n]\mathrm{e}^{\mathrm{j}k_0(2\pi/N)n}\xleftrightarrow{\text{DFT}}X\left(\left[k-k_0\right]\right)_N=\tilde{X}[k-k_0]r_N[k] \tag{6.4.15}$$

其中，$r_N[k]$ 是频域 $k$ 上的 $N$ 点单位值序列。

DFT 的频域循环移位性质与前面时域循环移位性质完全对偶，其中 $X([k-k_0])_N$ 是 $X[k]$ 的 $N$ 点循环（右）移位 $k_0$ 后的 $N$ 点 DFT 系数序列。

**4．拉普拉斯变换和 Z 变换的复频移性质(时域复指数加权性质)**

拉普拉斯变换和 Z 变换的复频移性质如下：若有 $\mathscr{L}\{f(t)\}=\{F(s),\ R_F=(\sigma_1<\mathrm{Re}\{s\}<\sigma_2)\}$ 和 $\mathscr{Z}\{f[n]\}=\{F(z),\ R_F=(r_1<|z|<r_2)\}$，则分别有

$$\mathrm{e}^{s_0 t}f(t)\xleftrightarrow{\text{L}}\left\{F(s-s_0),\ \ \mathrm{ROC}=R_F+\mathrm{Re}\{s_0\}\right\} \tag{6.4.16}$$

和

$$z_0^n f[n]\xleftrightarrow{\text{Z}}\left\{F(z/z_0),\ \ \mathrm{ROC}=|z_0|R_F=(|z_0|r_1<|z|<|z_0|r_2)\right\} \tag{6.4.17}$$

拉普拉斯变换的复频移性质比较直观和简单，由于 S 平面是直角坐标 $s=\sigma+\mathrm{j}\omega$ 表示的复平面，像函数(包括零、极点分布)和收敛域在 S 平面上平移 $s_0$ (复频移)，将导致时域中 $f(t)$ 被复指数 $\mathrm{e}^{s_0 t}$ 加权。图 6.8(a)和(b)中分别画出了像函数 $F(s)$ 和 $F(s-s_0)$ 的收敛域和零、极点图。

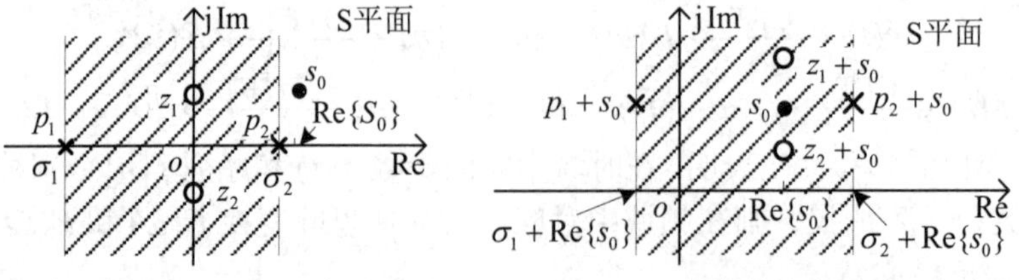


(a) $F(s)$的收敛域和零、极点分布　　(b) $F(s-s_0)$的收敛域和零、极点分布

图 6.8　拉普拉斯变换的复频移性质的图解说明

图 6.8 表明，S 平面上 $F(s)$ 的零点 $z_i$ 和极点 $p_i$ 分别平移到 $z_i+s_0$ 和 $p_i+s_0$ 的位置。拉普拉斯变换的收敛域只与实部有关，$F(s-s_0)$ 的收敛域只是 $F(s)$ 收敛域 $R_F$ 沿实轴右移 $\mathrm{Re}\{s_0\}$，(6.4.16)式中的 $\mathrm{ROC}=R_F+\mathrm{Re}\{s_0\}$ 即表示这个意思。

由于 Z 平面是极坐标 $z=r\mathrm{e}^{\mathrm{j}\Omega}$ 表示的复频域，Z 变换的复频移性质和拉普拉斯变换的复频移性质有所不同。为了弄清 Z 变换复频移性质的含义，先看两种特殊情况：

1) $z$ 域的旋转

若 $z_0=\mathrm{e}^{\mathrm{j}\Omega_0}$，则(6.4.17)式就变成

$$\mathrm{e}^{\mathrm{j}\Omega_0 n}f[n] \xleftrightarrow{Z} \{F(z\mathrm{e}^{-\mathrm{j}\Omega_0}),\quad \mathrm{ROC}=R_F\} \tag{6.4.18}$$

上式左边可看作 $f[n]$ 被一个频率为 $\Omega_0$ 的复正弦序列加权，而右边可看作像函数 $F(z)$(包括它的零、极点)和收敛域在 Z 平面上逆时针旋转 $\Omega_0$，参看图 6.9。由于 Z 变换的收敛域为一个圆环，收敛域旋转并不会改变 $F(z\mathrm{e}^{-\mathrm{j}\Omega_0})$ 的收敛域。如果 $F(z)$ 的收敛域包括了单位圆，那么 Z 变换在单位圆上的特性，即 $f[n]$ 的离散时间傅里叶变换 $\tilde{F}(\Omega)$，也将逆时针旋转 $\Omega_0$，这一点恰与(6.4.11)式右式表示的 DTFT 的频移性质一致。

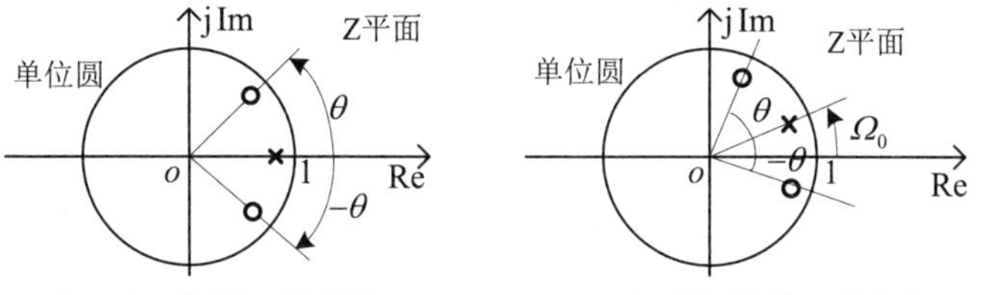

(a) $F(z)$的零、极点图　(b) $F(z\mathrm{e}^{-\mathrm{j}\Omega_0})$的零、极点图

图 6.9　(6.4.18)式的图例说明

如果旋转 π 的奇数倍，即 $\Omega_0=(2k+1)\pi$，此时 $z_0=-1$，则有

$$(-1)^n f[n] \xleftrightarrow{Z} \{F(-z),\quad \mathrm{ROC}=R_F\} \tag{6.4.19}$$

如果 $R_F$ 包括单位圆，则上式就变成 DTFT 的频移奇数倍 π 之性质(见(6.4.13)式)。

2) $z$ 域的径向比例变换

若 $z_0$ 为正实数，即 $z_0=r_0>0$，则(6.4.17)式就归结为

$$r_0^n f[n] \xleftrightarrow{Z} \{F(z/r_0),\quad \mathrm{ROC}=r_0R_F=(r_0r_1<|z|<r_0r_2)\} \tag{6.4.20}$$

式中，$r_0^n f[n]$ 可看作 $f[n]$ 被实指数 $r_0^n$ 加权(或调制)，上式右边表示 Z 域上径向尺度比例变换：如果 $r_0>1$，即 $0<1/r_0<1$，即 $f[n]$ 被一个增长实指数加权(或调制)，导致像函数(包括其零、极点)和收敛域在 Z 平面上沿径向扩展，如图 6.10(b)所示；如果 $0<r_0<1$，即 $1/r_0>1$，即 $f[n]$ 被一个衰减实指数加权，则导致像函数(包括其零、极点)和收敛域在 Z 平面上沿径向压缩，如图 6.10(c)所示。因此，(6.4.20)式又称为 Z 变换的**时域实指数加权性质**。

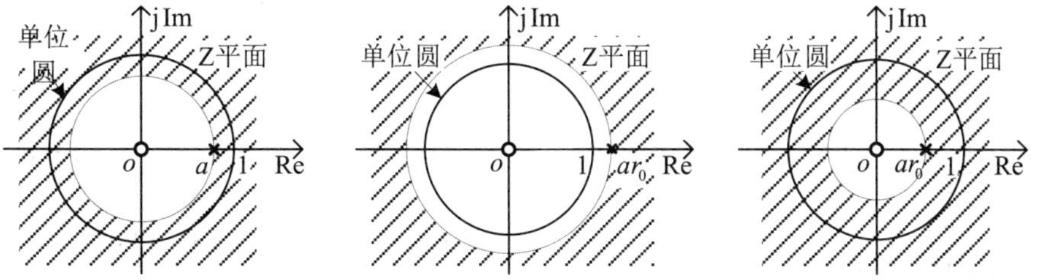

(a) $F(z)$　(b) $F(z/r_0)$，$r_0>1$　(c) $F(z/r_0)$，$0<r_0<1$

图 6.10　由实指数序列加权导致的 z 域径向比例变换的图例说明

若 $z_0=r_0\mathrm{e}^{\mathrm{j}\Omega_0}$，(6.4.17)式左边表示 $f[n]$ 被一般的复指数序列 $z_0^n$ 加权，右边表示 Z 平面上像函数(包括零、极点)和收敛域，兼有逆时针旋转角度 $\Omega_0$ 和沿径向 $r_0$ 的比例压扩两种变换。

从上述讨论可以看出，由时域复指数序列加权导致的 Z 变换改变，已不再是 Z 平面上的简单复频移，这是和拉普拉斯变换复频域频移性质不同的地方。

下面用例子说明变换的频移性质如何用于求取新的变换对。

**【例 6.11】** 试分别求如下单边实指数衰减正弦信号和序列的拉普拉斯变换和 Z 变换：

$$x_1(t)=\mathrm{e}^{-at}\cos\omega_0 tu(t) \quad 和 \quad x_2(t)=\mathrm{e}^{-at}\sin\omega_0 tu(t)\text{，}\quad a>0$$

$$x_1[n]=r^n\cos\Omega_0 nu[n] \quad 和 \quad x_2[n]=r^n\sin\Omega_0 nu[n]\text{，}\quad 0<r<1$$

**解**：在例 6.4 中，已分别求出单边正、余弦函数和序列的拉普拉斯变换(见(6.2.10)式)和 Z 变换(见(6.2.9)式)。根据拉普拉斯变换的复频移公式，且令 $s_0=-a$，可直接由(6.2.10)式写出如下拉普拉斯变换对：

$$\mathrm{e}^{-at}\cos\omega_0 tu(t)\xleftrightarrow{\mathrm{L}}\frac{s+a}{(s+a)^2+\omega_0^2} \quad 和 \quad \mathrm{e}^{-at}\sin\omega_0 tu(t)\xleftrightarrow{\mathrm{L}}\frac{\omega_0}{(s+a)^2+\omega_0^2}\text{，}\quad \mathrm{Re}\{s\}>-a \tag{6.4.21}$$

上述拉普拉斯变换的收敛域和零、极点图如图 6.11(a)和(b)所示，把它们和图 6.2(c)和(d)的单边正、余弦信号的收敛域和零、极点图相对比，清楚地反映了 S 域的复频移特性。

同理，利用 Z 变换实指数加权性质，由(6.2.9)式，可直接得出 $x_1[n]$ 和 $x_2[n]$ 的 Z 变换对：

$$r^n\cos\Omega_0 nu[n]\xleftrightarrow{\mathrm{Z}}\frac{1-(r\cos\Omega_0)z^{-1}}{1-(2r\cos\Omega_0)z^{-1}+r^2z^{-2}}\text{，}\quad |z|>r \tag{6.4.22}$$

$$r^n\sin\Omega_0 nu[n]\xleftrightarrow{\mathrm{Z}}\frac{(r\sin\Omega_0)z^{-1}}{1-(2r\cos\Omega_0)z^{-1}+r^2z^{-2}}\text{，}\quad |z|>r \tag{6.4.23}$$

其收敛域和零、极点如图 6.11(c)和(d)所示，它们分别是图 6.2(a)和(b)的收敛域和零、极点位置沿径向压缩的结果。

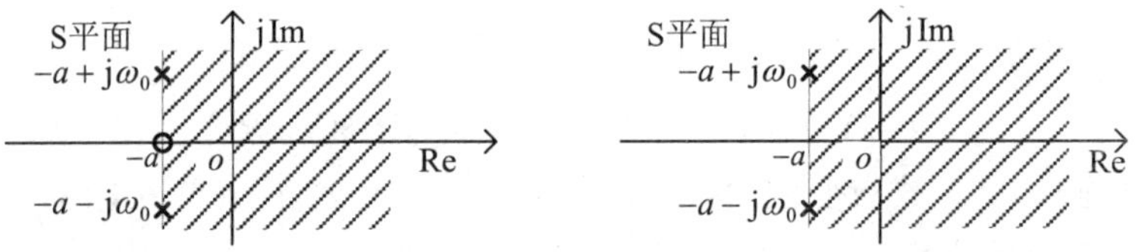


(a) $\mathrm{e}^{-at}\cos\omega_0 tu(t)$，$a>0$ (b) $\mathrm{e}^{-at}\sin\omega_0 tu(t)$，$a>0$

(c) $r^n\cos\Omega_0 nu[n]$，$0<r<1$ (d) $r^n\sin\Omega_0 nu[n]$，$0<r<1$

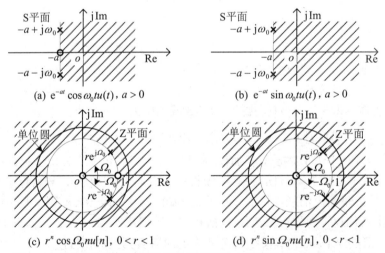

图 6.11 单边实指数衰减正弦函数和序列的 Z 变换收敛域和零、极点图

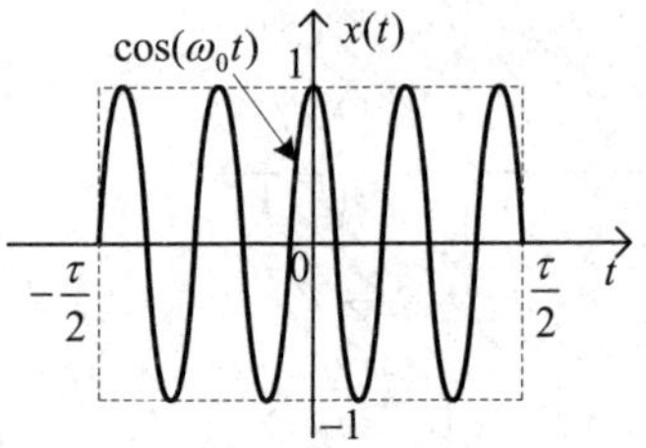


图 6.12 矩形调幅脉冲的波形

**【例 6.12】** 试求图 6.12 所示的矩形调幅脉冲信号的频谱。

**解**：图 6.12 中的 $x(t)$ 可以看成余弦信号被一个宽度为 $\tau$、幅度为 1 的矩形脉冲 $r_\tau(t)$ 进行幅度调制的结果，即 $x(t)=r_\tau(t)\cos\omega_0 t$。利用欧拉关系式，可进一步写成

$$x(t)=0.5\mathrm{e}^{\mathrm{j}\omega_0 t}r_\tau(t)+0.5\mathrm{e}^{-\mathrm{j}\omega_0 t}r_\tau(t)$$

例 5.6 已求出 $r_\tau(t)$ 的傅里叶变换和频谱图形。故可直接利用傅里叶变换的频移公式(6.4.11)左式，得到 $x(t)$ 的频谱 $X(\omega)$ 为

$$X(\omega)=\frac{\tau}{2}\left[\mathrm{Sa}\left(\frac{(\omega-\omega_0)\tau}{2}\right)+\mathrm{Sa}\left(\frac{(\omega+\omega_0)\tau}{2}\right)\right] \tag{6.4.24}$$

上式右边的第一项是矩形脉冲 $r_\tau(t)$ 的频谱之半，右移到 $\omega=\omega_0$ 处，而第二项则是 $r_\tau(t)$ 的频谱之半，左移到 $\omega=-\omega_0$ 处，借助图 5.17(a)，可直接画出 $x(t)$ 的频谱，如图 6.13 所示。

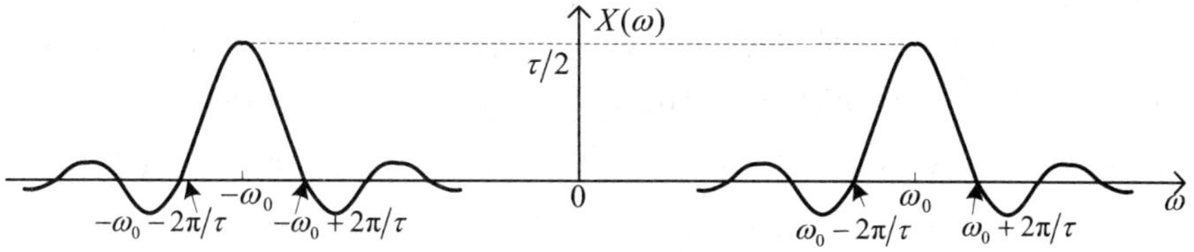


图 6.13　矩形调幅射频脉冲的频谱图形

# 6.5　连续时域的微分与积分和离散时域的差分与累加、变换域微分和积分性质

## 6.5.1　连续时域微分和积分与离散时域差分和累加性质

连续时间函数的微分和积分在离散时间中的对偶，分别是离散时间序列的差分和累加，下面将会看到，连续时间信号的拉普拉斯变换和傅里叶变换的时域微分和积分性质，与离散时间序列的 Z 变换和离散时间傅里叶变换的时域差分和累加性质，无论是在表示形式上，还是在物理概念上均非常类似。所以把它们放在一起介绍和讨论，以便比较和加深理解。

**1．时域微分和差分性质**

1) 拉普拉斯变换的时域微分性质和 Z 变换的时域差分性质

拉普拉斯变换的时域微分性质和 Z 变换的时域差分性质如下：

若分别有 $\mathscr{L}\{f(t)\}=\{F(s),\ \ R_F\}$ 和 $\mathscr{Z}\{f[n]\}=\{F(z),\ \ R_F\}$，则分别有

$$f'(t)\xleftrightarrow{\ \mathrm{L}\ }\{sF(s),\ \mathrm{ROC}\supset R_F\} \tag{6.5.1}$$

和

$$\Delta f[n]=f[n]-f[n-1]\xleftrightarrow{\ \mathrm{Z}\ }\{(1-z^{-1})F(z),\ \mathrm{ROC}\supset R_F\} \tag{6.5.2}$$

其中，$\mathrm{ROC}\supset R_F$ 意味着：如果 $F(s)$ 和 $F(z)$ 分别在 $s=0$ 和 $z=1$ 是一阶极点，且此一阶极点正好决定着 $R_F$ 的一条边界，那么 $F(s)$ 和 $F(z)$ 分别乘以 $s$ 和 $(1-z^{-1})$ 后，将消去此一阶极点，收敛域就可扩大，例如，$u(t)$ 和 $u[n]$ 的拉普拉斯变换和 Z 变换(见(5.8.15)式)，它们的拉普拉斯变换和 Z 变换像函数分别为 $1/s$ 和 $1/(1-z^{-1})$，收敛域分别为 $\mathrm{Re}\{s\}>0$ 和 $|z|>1$，而 $u(t)$ 和 $u[n]$ 分别微分和差分后变成 $\delta(t)$ 和 $\delta[n]$，它们的拉普拉斯变换和 Z 变换均为 1，收敛域分别为整个 S 平面和整个 Z 平面，正是因为 $u(t)$ 和 $u[n]$ 的像函数在 $s=0$ 和 $z=1$ 的一阶极点分别被消去了，造成收敛域扩大的缘故；如果 $F(s)$ 和 $F(z)$ 分别在 $s=0$ 和 $z=1$ 是高阶极点，或者即使是一阶极点，但不决定 $R_F$ 的边界，那么时域一阶微分和差分后，其拉普拉斯变换和 Z 变换的收敛域，除无穷远点或原点外，将不发生改变。

2) 连续傅里叶变换的时域微分性质和离散时间傅里叶变换的时域差分性质

CFT 的时域微分性质和 DTFT 的时域差分性质分别为：

若有 $\mathscr{F}\{f(t)\}=F(\omega)$ 或 $\mathscr{F}\{f[n]\}=\tilde{F}(\Omega)$，则分别有

$$f'(t) \xleftrightarrow{\text{CFT}} \mathrm{j}\omega F(\omega) \quad 或 \quad \Delta f[n] \xleftrightarrow{\text{DTFT}} (1-\mathrm{e}^{-\mathrm{j}\Omega})\tilde{F}(\Omega) \tag{6.5.3}$$

实际上，如果 $f(t)$ 和 $f[n]$ 的拉普拉斯变换和 Z 变换收敛域分别包含 S 平面的虚轴和 Z 平面的单位圆，则根据傅里叶变换与拉普拉斯变换和 Z 变换的关系，可以直接从(6.5.1)式和(6.5.2)式获得(6.5.3)式。为了证明上述时域微分和差分性质，只要分别对拉普拉斯变换和 Z 变换、连续和离散时间傅里叶变换的反变换公式的两边，分别进行时域的微分和差分即可证明。

此外，因为有 $f'(t)=f(t)*\delta'(t)$ 和 $\Delta f[n]=f[n]*(\Delta\delta[n])$，且分别有

$$\mathscr{L}\{\delta'(t)\}=s \quad 和 \quad \mathscr{Z}\{\Delta\delta[n]\}=(1-z^{-1}) \quad 及 \quad \mathscr{F}\{\delta'(t)\}=\mathrm{j}\omega \quad 和 \quad \mathscr{F}\{\Delta\delta[n]\}=(1-\mathrm{e}^{-\mathrm{j}\Omega})$$

因此，直接可由这些变换的时域卷积性质，导出上述各种变换的时域微分或差分性质，故它们又可以分别看成各自变换之时域卷积性质的一个特例。

3) 连续傅里叶级数的时域微分性质和离散傅里叶级数的时域差分性质

周期信号或序列在时域上也分别可以做微分或差分，且得到的仍分别是相同周期的周期信号或序列。连续或离散傅里叶级数也分别有时域微分或差分性质，请读者自行写出，或分别参看本章后面的表 6.10 和表 6.6。

上述时域微分和差分性质可分别推广到时域高阶微分和高阶差分性质，即分别有

$$f^{(k)}(t) \xleftrightarrow{\text{L}} \{s^k F(s), \quad \text{ROC}\supset R_F\} \tag{6.5.4}$$

和

$$\Delta^k f[n] \xleftrightarrow{\text{Z}} \{(1-z^{-1})^k F(z), \quad \text{ROC}\supset R_F\} \tag{6.5.5}$$

及

$$f^{(k)}(t) \xleftrightarrow{\text{CFT}} (\mathrm{j}\omega)^k F(\omega) \quad 和 \quad \Delta^k f[n] \xleftrightarrow{\text{DTFT}} (1-\mathrm{e}^{-\mathrm{j}\Omega})^k \tilde{F}(\Omega) \tag{6.5.6}$$

基于上述时域微分和差分性质，由 $\delta(t)$ 和 $\delta[n]$ 的变换对可分别写出 $\delta(t)$ 及其各阶导数和 $\delta[n]$ 及其各阶差分之拉普拉斯变换和 Z 变换对，即

$$u_k(t)=\delta^{(k)}(t), \quad k\geqslant 0 \xleftrightarrow{\text{L}} \{s^k, \quad s\neq\infty\} \tag{6.5.7}$$

或

$$u_k[n]=\Delta^k\delta[n], \quad k\geqslant 0 \xleftrightarrow{\text{Z}} \{(1-z^{-1})^k, \quad |z|>0\} \tag{6.5.8}$$

例如单位冲激偶 $u_1(t)=\delta'(t)$ 和其离散时间对偶 $\Delta\delta[n]=\delta[n]-\delta[n-1]$，它们分别是连续时间微分器或离散时间一阶差分器的单位冲激响应，它们的傅里叶变换的模和相位见图 5.29。由此看出，连续时间信号通过一个微分器，输出信号的频谱等于输入信号的频谱乘以 $\mathrm{j}\omega$，这导致幅度频谱线性地增强高频谱分量，同时正负频谱分量分别附加 $-\pi/2$ 和 $\pi/2$ 的相移；离散时间信号通过一阶差分器，输出信号频谱等于输入信号频谱乘以 $(1-\mathrm{e}^{-\mathrm{j}\Omega})$，幅度频谱的高频分量得到增强，在 $(-\pi,\pi]$ 范围内，离散时间频率 $\Omega$ 愈高，加权愈大，相位频谱则分别附加了线性相移。总之，时域上对信号微分和差分均导致它们的频谱中的高频分量得到增强，同时消除了原信号中的常数分量(直流分量)。

在 8.2.3 小节将会看到，正是利用上述拉普拉斯变换和连续傅里叶变换的时域微分性质，获得用线性常系数微分方程表征的连续时间 LTI 系统的变换域分析方法。

**2．时域积分和累加性质**

1) 拉普拉斯变换的时域积分性质和 Z 变换的时域累加性质

拉普拉斯变换的时域积分性质和 Z 变换的时域累加性质陈述如下：

若有
$$\mathscr{L}\{f(t)\}=\{F(s), \quad R_F\} \quad 和 \quad \mathscr{Z}\{f[n]\}=\{F(z), \quad R_F\}$$

则
$$\int_{-\infty}^{t} f(\tau)\mathrm{d}\tau \xleftrightarrow{\text{L}} \left\{\frac{F(s)}{s}, \quad \text{ROC}\supset[R_F\cap(\text{Re}\{s\}>0)]\right\} \tag{6.5.9}$$

和
$$\sum_{m=-\infty}^{n} f[m] \xleftrightarrow{\ \mathrm{Z}\ } \left\{\frac{F(z)}{1-z^{-1}},\quad \mathrm{ROC} \supset [R_F \cap (|z|>1)]\right\} \tag{6.5.10}$$

其中，有关 ROC 的说明如下：如果像函数不发生零、极点相消，则 ROC 等于式中的交集；如果分母 $s$ 和$(1-z^{-1})$在 $s=0$ 和 $z=1$ 的极点被 $F(s)$ 和 $F(z)$ 零点消去，则 $\mathrm{ROC}=R_F$。

2) 连续傅里叶变换的时域积分性质和离散时间傅里叶变换的时域累加性质

CFT 的时域积分和 DTFT 的时域累加性质分别为：

若有
$$\mathscr{F}\{f(t)\}=F(\omega) \quad 和 \quad \mathscr{F}\{f[n]\}=\tilde{F}(\Omega)$$

则有
$$\int_{-\infty}^{t} f(\tau)\mathrm{d}\tau \xleftrightarrow{\ \mathrm{CFT}\ } \frac{F(\omega)}{\mathrm{j}\omega}+\pi F(0)\delta(\omega) \tag{6.5.11}$$

和
$$\sum_{m=-\infty}^{n} f[m] \xleftrightarrow{\ \mathrm{DTFT}\ } \frac{\tilde{F}(\Omega)}{1-\mathrm{e}^{-\mathrm{j}\Omega}}+\pi\tilde{F}(0)\sum_{l=-\infty}^{\infty}\delta(\Omega-2\pi l) \tag{6.5.12}$$

时域积分和累加可分别看作与 $u(t)$ 和 $u[n]$ 的时域卷积，借助 $u(t)$ 和 $u[n]$ 拉普拉斯变换、Z 变换和傅里叶变换((5.8.15)式和(5.5.37)式)及这些变换的时域卷积性质，可证明上述时域积分或累加性质，且说明上述变换的时域积分和累加性质分别是各自变换时域卷积性质的特例。

CFT 或 DTFT 分别与拉普拉斯变换或 Z 变换的时域积分或累加性质相比，多一个冲激项。按(5.5.3)式，在频域 $\omega$ 和 $\Omega$ 上多出的冲激项分别是常数函数 $F(0)/2$ 和常数序列 $\tilde{F}(0)/2$ 的傅里叶变换。对此可以这样解释：$f(t)$ 积分和 $f[n]$ 累加的结果能引入一个常数分量，在傅里叶变换中，常数分量在频域上分别表示为 $\delta(\omega)$ 或 $\tilde{\delta}_{2\pi}(\Omega)$，故傅里叶变换的时域积分和累加性质就应包括频域上这个冲激项。只有当 $F(0)=0$ 和 $\tilde{F}(0)=0$ 时，$f(t)$ 积分和 $f[n]$ 或累加才不会引入常数分量，才没有频域上的冲激项。此时傅里叶变换的时域积分和累加性质简化为：

$$\int_{-\infty}^{t} f(\tau)\mathrm{d}\tau \xleftrightarrow{\ \mathrm{CFT}\ } \frac{F(\omega)}{\mathrm{j}\omega},\quad \int_{-\infty}^{\infty} f(t)\mathrm{d}t=0 \tag{6.5.13}$$

和
$$\sum_{m=-\infty}^{n} f[m] \xleftrightarrow{\ \mathrm{DTFT}\ } \frac{\tilde{F}(\Omega)}{1-\mathrm{e}^{-\mathrm{j}\Omega}},\quad \sum_{m=-\infty}^{\infty} f[n]=0 \tag{6.5.14}$$

然而，在拉普拉斯变换或 Z 变换中，常数分量没有双边拉普拉斯变换和 Z 变换，积分后的拉普拉斯变换和累加后的 Z 变换之收敛域中已体现出这一点。

傅里叶变换的时域积分和累加性质的物理解释，除上面对其中冲激项的解释外，还导致原信号频谱的低频分量得到增强，高频分量被减弱。换言之，连续时间信号通过积分器和离散时间信号通过累加器后，其输出信号的低频分量得到了增强，高频分量被削弱，这都是由 $u(t)$ 和 $u[n]$ 的傅里叶变换模特性(见图 5.34)造成的结果。和时域微分或差分性质一样，上述时域积分或累加性质，还可推广到时域多次积分或累加，请读者自行导出。

利用时域积分和累加性质，可方便地求得许多时间函数和序列的各种变换对。例如，由 $\delta(t)$ 和 $\delta[n]$ 的变换对，可以分别得到它们的逐次积分和累加的拉普拉斯变换和 Z 变换对如下：

$$tu(t) \xleftrightarrow{\ \mathrm{L}\ } \frac{1}{s^2},\quad \mathrm{Re}\{s\}>0 \quad 和 \quad (n+1)u[n] \xleftrightarrow{\ \mathrm{Z}\ } \frac{1}{(1-z^{-1})^2},\quad |z|>1 \tag{6.5.15}$$

$$\frac{t^{k-1}}{(k-1)!}u(t) \xleftrightarrow{\ \mathrm{L}\ } \frac{1}{s^k},\quad \mathrm{Re}\{s\}>0 \quad 和 \quad \frac{(n+k-1)!}{n!(k-1)!}u[n] \xleftrightarrow{\ \mathrm{Z}\ } \frac{1}{(1-z^{-1})^k},\quad |z|>1 \tag{6.5.16}$$

3) 连续傅里叶级数的时域积分性质和离散傅里叶级数的时域累加性质

一般周期信号 $\tilde{x}(t)$ 和序列 $\tilde{x}[n]$ 的积分和累加不收敛，但是若它们的常数分量等于 0，即

CFS 和 DFS 系数 $F_0=0$ 和 $\tilde{F}_0=0$，它们的积分和累加分别是具有相同周期的有界信号和序列，因此，这种情况下，也有如下的 CFS 的时域积分性质和 DFS 的时域累加性质：

若有 $\tilde{x}(t) \xleftrightarrow{\text{CFS}} F_k$，$F_0=0$ 和 $\tilde{x}[n] \xleftrightarrow{\text{DFS}} \tilde{F}_k$，$\tilde{F}_0=0$

则 $$\int_{-\infty}^{t}\tilde{x}(\tau)\mathrm{d}\tau \xleftrightarrow{\text{CFS}} \frac{F_k}{\mathrm{j}k(2\pi/T)} \quad 和 \quad \sum_{m=-\infty}^{n}\tilde{x}[m] \xleftrightarrow{\text{DFS}} \frac{\tilde{F}_k}{1-\mathrm{e}^{-\mathrm{j}k(2\pi/N)}} \tag{6.5.17}$$

利用这些变换的时域微分与积分性质及时域差分与累加性质，可方便地求得许多时间函数和序列的傅里叶变换、拉普拉斯变换或 Z 变换。请看下面的几个例子：

**【例 6.13】** 用时域微分和积分或差分和累加性质，重新求例 6.5 中三角脉冲信号 $x(t)$ 和 $x[n]$ 的频谱。

**解：**令 $x_1(t)=x'(t)$，$x_2(t)=x_1'(t)=x''(t)$ 和 $x_1[n]=\Delta x[n]$，$x_2[n]=\Delta x_1[n]=\Delta^2 x[n]$

图 6.14(a)和(b)中分别画出了 $x(t)$、$x'(t)$ 和 $x''(t)$，以及 $x[n]$、$\Delta x[n]$ 和 $\Delta^2 x[n]$ 的波形。由 $x''(t)$ 和 $\Delta^2 x[n]$ 的波形和序列图形看出，它们分别是一些时移单位冲激的线性组合，即

$$x_2(t)=(1/\tau)[\delta(t+\tau)-2\delta(t)+\delta(t-\tau)] \quad 和 \quad x_2[n]=\frac{1}{2N_1+1}\{\delta[n+2N_1]-2\delta[n-1]+\delta[n-(2N_1+2)]\}$$

它们的傅里叶变换分别为

$$X_2(\omega)=\frac{\mathrm{e}^{\mathrm{j}\omega\tau}-2+\mathrm{e}^{-\mathrm{j}\omega\tau}}{\tau}=\frac{(\mathrm{e}^{\mathrm{j}\omega\tau/2}-\mathrm{e}^{-\mathrm{j}\omega\tau/2})^2}{\tau} \quad 和 \quad \tilde{X}_2(\Omega)=\frac{\mathrm{e}^{\mathrm{j}2N_1\Omega}-2\mathrm{e}^{-\mathrm{j}\Omega}+\mathrm{e}^{-\mathrm{j}(2N_1+2)\Omega}}{2N_1+1}=\frac{(\mathrm{e}^{\mathrm{j}\frac{2N_1+1}{2}\Omega}-\mathrm{e}^{-\mathrm{j}\frac{2N_1+1}{2}\Omega})^2}{2N_1+1}$$

显然，$x(t)$ 是 $x''(t)$ 的二次积分，$x[n]$ 是 $\Delta^2 x[n]$ 的二次累加，可以用傅里叶变换的积分和累加性质，分别由 $x_2(t)$ 或 $x_2[n]$ 的傅里叶变换求得 $x(t)$ 和 $x[n]$ 的傅里叶变换。并且由图 6.14(a)和(b)上看出，$x_2(t)$，$x_1(t)$ 和 $x_2[n]$，$x_1[n]$ 均没有常数分量，即

$$\int_{-\infty}^{\infty}x_2(t)\mathrm{d}t=0，\quad \int_{-\infty}^{\infty}x_1(t)\mathrm{d}t=0 \quad 和 \quad \sum_{m=-\infty}^{\infty}x_2[n]=0，\quad \sum_{m=-\infty}^{\infty}x_1[n]=0$$

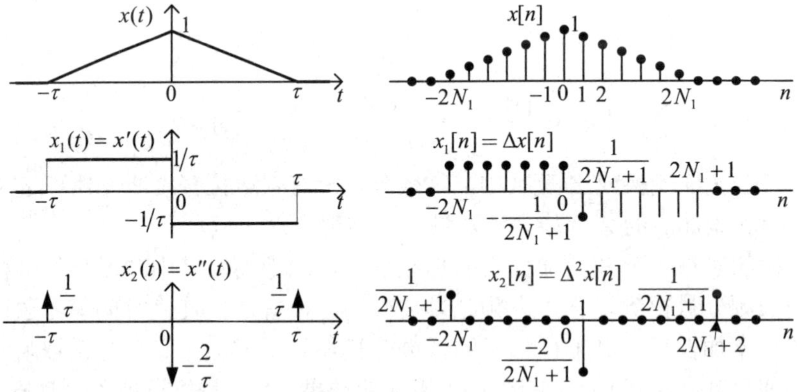


(a) 三角脉冲及其一阶、二阶导数的波形　　(b) 三角序列及其一阶、二阶差分的图形

图 6.14

因此，在用积分和累加性质时，可直接利用(6.5.13)式和(6.5.14)式，即有

$$X(\omega)=\frac{X_1(\omega)}{\mathrm{j}\omega}=\frac{X_2(\omega)}{(\mathrm{j}\omega)^2}=\frac{(\mathrm{e}^{\mathrm{j}\omega\tau/2}-\mathrm{e}^{-\mathrm{j}\omega\tau/2})^2/\tau}{(\mathrm{j}\omega)^2}=\tau\mathrm{Sa}^2\left(\frac{\omega\tau}{2}\right) \tag{6.5.18}$$

和 $$\tilde{X}(\Omega)=\frac{\tilde{X}_1(\Omega)}{(1-\mathrm{e}^{-\mathrm{j}\Omega})}=\frac{\tilde{X}_2(\Omega)}{(1-\mathrm{e}^{-\mathrm{j}\Omega})^2}=\frac{\mathrm{e}^{-\mathrm{j}\Omega}(\mathrm{e}^{\mathrm{j}(2N_1+1/2)\Omega}-\mathrm{e}^{-\mathrm{j}(2N_1+1/2)\Omega})^2}{(2N_1+1)(1-\mathrm{e}^{-\mathrm{j}\Omega})^2}=\frac{1}{2N_1+1}\frac{\sin^2[(2N_1+1)\Omega/2]}{\sin^2(\Omega/2)} \tag{6.5.19}$$

这里得到的三角脉冲和序列的傅里叶变换和例 6.5 的结果完全一致。

**【例 6.14】** 试求例 6.9 中半波正弦脉冲的傅里叶变换。

**解：**$x(t)$ 可写成 $x(t)=\sin\pi t[u(t)-u(t-1)]$，它的一阶和二阶导数分别为

$$x''(t) = \pi\cos\pi t[u(t) - u(t-1)]$$

$$x''(t) = -\pi^2\sin\pi t[u(t) - u(t-1)] + \pi\cos\pi t[\delta(t) - \delta(t-1)]$$
$$= -\pi^2 x(t) + \pi[\delta(t) + \delta(t-1)]$$

图 6.15 画出了半波正弦脉冲 $x(t)$ 及其 $x'(t)$ 和 $x''(t)$ 的波形。利用傅里叶变换的时域微分性质，对上式两边取傅里叶变换，则有

$$(\mathrm{j}\omega)^2 X(\omega) = -\pi^2 X(\omega) + \pi(1 + \mathrm{e}^{-\mathrm{j}\omega})$$

上式整理后得到
$$X(\omega) = \frac{\pi(1+\mathrm{e}^{-\mathrm{j}\omega})}{\pi^2 - \omega^2} = \frac{2}{\pi}\frac{\cos(\omega/2)}{1-(\omega/\pi)^2}\mathrm{e}^{-\mathrm{j}\omega/2}$$

此结果与例 6.9 中的结果完全一样。

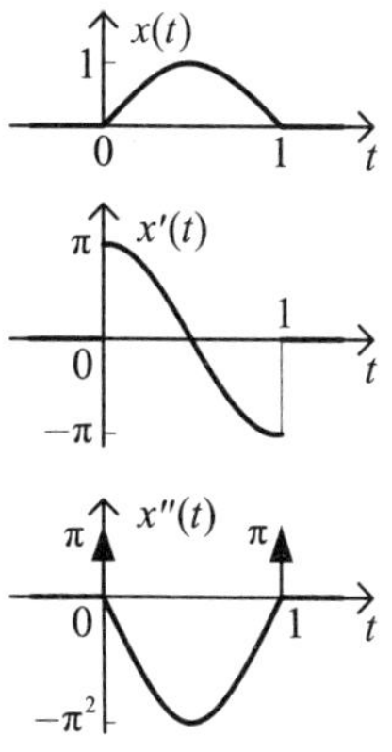

图 6.15　$x(t)$ 及其 $x'(t)$ 和 $x''(t)$ 的波形

上述例子表明，时域微分和积分及差分和累加性质是求取变换和反变换的有力工具。不仅如此，即使是第 5 章介绍的一些典型的变换例子，例如矩形脉冲和序列、符号函数和序列、单边指数函数和序列等基本时间函数和序列的变换对，也可用这个性质方便地求出。

**【例 6.15】**　在前一章例 5.5 和例 5.13 分别求过如下单边衰减指数函数 $f(t)$ 和序列 $f[n]$ 的连续和离散时间傅里叶变换、拉普拉斯变换和 Z 变换，这里试用这些变换的时域微分、积分和差分、累加性质来求解。

$$f(t) = \mathrm{e}^{-at}u(t),\quad a > 0$$

和
$$f[n] = a^n u[n],\quad |a| < 1$$

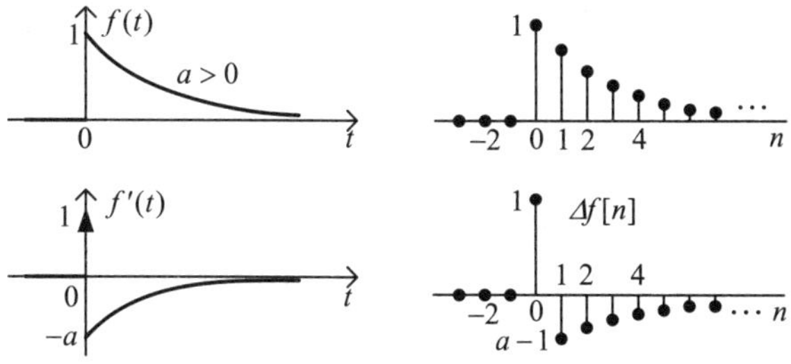

(a) 单边指数及其一阶导数　(b) 单边指数序列及其差分

图 6.16

**解**：$f(t)$ 的一阶微分和 $f[n]$ 的一阶差分可以分别写成

$$f'(t) = \delta(t) - a\mathrm{e}^{-at}u(t) = \delta(t) - af(t)$$

和
$$\Delta f[n] = a^n u[n] - a^{n-1}u[n-1]$$
$$= \delta[n] + (a-1)f[n-1]$$

图 6.16(a)和(b)分别画出了 $f(t)$ 和 $f[n]$ 及其一阶导数和一阶差分的波形。只要分别对上式两边取傅里叶变换、拉普拉斯变换和离散时间傅里叶变换、Z 变换，就可分别得出 $f(t)$ 和 $f[n]$ 的各个变换对。例如

$$F(\omega) = \frac{1}{a+\mathrm{j}\omega} \quad 和 \quad \tilde{F}(\Omega) = \frac{1}{1-a\mathrm{e}^{-\mathrm{j}\Omega}},\quad 及 \quad F(s) = \frac{1}{s+a},\ \mathrm{Re}\{a\} > 0 \quad 和 \quad F(z) = \frac{1}{1-az^{-1}},\ |z| > |a|$$

这些结果与例 5.5 和例 5.13 中的结果是完全一样的。

## 6.5.2　频域与复频域的微分性质和频域的积分性质

连续函数的拉普拉斯变换和序列的 Z 变换像函数分别是收敛域内 $s$ 和 $z$ 的解析函数，连续和离散时间傅里叶变换分别是实变量 $\omega$ 和 $\Omega$ 的复值连续函数，它们在频域和复频域上均可进行微分和积分。本小节将讨论频域和复频域微分及频域积分时，在时域上将对应着什么运算。

### 1．频域和复频域的微分性质

1) 拉普拉斯变换和 Z 变换的复频域微分性质

拉普拉斯变换和 Z 变换的复频域微分性质，或称为 $s$ 域和 $z$ 域微分性质如下：

若有
$$\mathscr{L}\{f(t)\} = \{F(s),\ R_F\} \quad 和 \quad \mathscr{Z}\{f[n]\} = \{F(z),\ R_F\}$$

则
$$-tf(t) \xleftrightarrow{\mathrm{L}} \frac{\mathrm{d}F(s)}{\mathrm{d}s},\quad \mathrm{ROC} = R_F \tag{6.5.20}$$

和 $$-nf[n] \xleftrightarrow{Z} z\frac{\mathrm{d}F(z)}{\mathrm{d}z} \quad 或 \quad -z^{-1}\frac{\mathrm{d}F(z)}{\mathrm{d}(z^{-1})}，\ \mathrm{ROC}=R_F \tag{6.5.21}$$

由于解析函数 $F(s)$ 或 $F(z)$ 的微分，并不改变其收敛域，故收敛域仍是 $R_F$。

2) 连续和离散时间傅里叶变换的频域微分性质

CFT 和 DTFT 的频域微分性质分别如下：

若有 $$\mathscr{F}\{f(t)\}=F(\omega) \quad 和 \quad \mathscr{F}\{f[n]\}=\tilde{F}(\Omega)$$

则有 $$-\mathrm{j}tf(t) \xleftrightarrow{\mathrm{CFT}} \frac{\mathrm{d}F(\omega)}{\mathrm{d}\omega} \quad 和 \quad -\mathrm{j}nf[n] \xleftrightarrow{\mathrm{DTFT}} \frac{\mathrm{d}\tilde{F}(\Omega)}{\mathrm{d}\Omega} \tag{6.5.22}$$

上面的频域微分性质表明，在频域 $\omega$ 和 $\Omega$ 上微分，对应着时域上分别乘以 $(-\mathrm{j}t)$ 和 $(-\mathrm{j}n)$，这属于时域上的一种线性加权。复频域的微分性质也有类似的解释。

上述频域和复频域微分性质还可推广到高阶微分，例如：

$$(-\mathrm{j}t)^k f(t) \xleftrightarrow{\mathrm{CFT}} \frac{\mathrm{d}^k F(\omega)}{\mathrm{d}\omega^k} \quad 和 \quad (-\mathrm{j}n)^k f[n] \xleftrightarrow{\mathrm{DTFT}} \frac{\mathrm{d}^k \tilde{F}(\Omega)}{\mathrm{d}\Omega^k} \tag{6.5.23}$$

以及 $$(-\mathrm{j}t)^k f(t) \xleftrightarrow{L} \frac{\mathrm{d}^k F(s)}{\mathrm{d}^k s}，\ \mathrm{ROC}=R_F \tag{6.5.24}$$

和 $$(-n)^k f[n] \xleftrightarrow{Z} \left(z\frac{\mathrm{d}}{\mathrm{d}z}\right)^k F(z)，\ \mathrm{ROC}=R_F \tag{6.5.25}$$

其中，$\left(z\frac{\mathrm{d}}{\mathrm{d}z}\right)^k F(z)=z\frac{\mathrm{d}}{\mathrm{d}z}\left\{z\frac{\mathrm{d}}{\mathrm{d}z}\left[z\frac{\mathrm{d}}{\mathrm{d}z}\ \cdots\ \left(z\frac{\mathrm{d}}{\mathrm{d}z}F(z)\right)\right]\right\}$ 表示求导数后乘以 $z$ 的运算进行 $k$ 次。

根据上述频域和复频域微分性质，可以由一些熟知的变换对，方便地求出许多很有用的变换对。例如，可以由 $u(t)$ 和 $u[n]$ 的拉普拉斯变换或 Z 变换对，直接用 $s$ 域和 $z$ 域微分性质求得，并归纳出(6.5.15)式和(6.5.16)式的结果。

**【例 6.16】** 试分别求如下拉普拉斯变换和 Z 变换的反变换。

$$F(s)=\frac{1}{(s+a)^2}，\quad \mathrm{Re}\{s\}>\mathrm{Re}\{-a\} \quad 或 \quad F(z)=\frac{1}{(1-az^{-1})^2}，\quad |z|>|a|$$

**解**：由微分公式 $(1/x)'=(-1/x^2)$，可想到本题的像函数 $F(s)$ 或 $F(z)$ 可由 $1/(s+a)$ 和 $1/(1+az^{-1})$ 分别经过一次微分后获得，且微分并不导致收敛域改变，即分别有

$$\frac{\mathrm{d}}{\mathrm{d}s}\left(\frac{1}{s+a}\right)=\frac{-1}{(s+a)^2} \quad 和 \quad z\frac{\mathrm{d}}{\mathrm{d}z}\left(\frac{1}{1-az^{-1}}\right)=\frac{-az^{-1}}{(1-az^{-1})^2}$$

利用 $\mathrm{e}^{-at}u(t)$ 和 $a^n u[n]$ 的拉普拉斯变换和 Z 变换对，并直接用 $s$ 域和 $z$ 域微分性质，可分别得到

$$t\mathrm{e}^{-at}u(t) \xleftrightarrow{L} \frac{1}{(s+a)^2}，\quad \mathrm{Re}\{s\}>\mathrm{Re}\{-a\} \tag{6.5.26}$$

及 $$na^n u[n] \xleftrightarrow{Z} \frac{az^{-1}}{(1-az^{-1})^2}，\ |z|>|a| \quad 和 \quad na^{n-1}u[n] \xleftrightarrow{Z} \frac{z^{-1}}{(1-az^{-1})^2}，\ |z|>|a| \tag{6.5.27}$$

对上式再用 Z 变换的时移的性质，则有

$$(n+1)a^n u[n] \xleftrightarrow{Z} \frac{1}{(1-az^{-1})^2}，\ |z|>|a| \tag{6.5.28}$$

在得到上式时，考虑到了当 $n=-1$ 时，$(n+1)=0$。

若将上例中的求解过程重复 $k$ 次，可归纳出如下两个很有用的拉普拉斯变换和 Z 变换对：

$$\frac{t^{k-1}}{(k-1)!}\mathrm{e}^{-at}u(t) \xleftrightarrow{L} \frac{1}{(s+a)^k}，\quad \mathrm{Re}\{s\}>\mathrm{Re}\{-a\} \tag{6.5.29}$$

和
$$\frac{(n+k-1)!}{n!(k-1)!}a^n u[n] \xleftrightarrow{\ Z\ } \frac{1}{(1-az^{-1})^k}，\ |z|>|a| \tag{6.5.30}$$

同理，若将上一章例 5.15 中的反因果指数函数和序列的拉普拉斯变换和 Z 变换对，见(5.8.17)式和(5.8.18)式，分别 $k$ 次重复运用 $s$ 域和 $z$ 域微分性质，则可归纳出
$$-\frac{t^{k-1}}{(k-1)!}e^{-at}u(-t) \xleftrightarrow{\ L\ } \frac{1}{(s+a)^k}，\ \mathrm{Re}\{s\}<\mathrm{Re}\{-a\} \tag{6.5.31}$$
和
$$-\frac{(n+k-1)!}{n!(k-1)!}a^n u[-n-1] \xleftrightarrow{\ Z\ } \frac{1}{(1-az^{-1})^k}，\ |z|<|a| \tag{6.5.32}$$

第 8 章讨论用微分和差分方程表示的系统复频域分析时将用到上述拉普拉斯和 Z 变换对。

从上述讨论和例子还可以得出如下结论：对有理函数形式的拉普拉斯变换和 Z 变换，$s$ 域和 $z$ 域的微分不但收敛域不变，而且也不改变极点的位置，既不出现新的极点，也不失去原有极点，只是每进行一次 $s$ 域和 $z$ 域微分，将使原极点阶数增加一阶。

对于一些非有理形式的拉普拉斯变换和 Z 变换，也可用复频域微分性质求它们的反变换。

**【例 6.17】** 试分别求如下拉普拉斯变换和 Z 变换的反变换 $f(t)$ 和 $f[n]$。
$$F(s)=\ln\frac{s+a}{s}，\ a>0，\ \mathrm{Re}\{s\}>0 \quad 和 \quad F(z)=\ln(1+az^{-1})，\ |z|>|a|$$

**解**：由微分公式 $(\ln x)'=1/x$ 想到，本题可用 $s$ 域或 $z$ 域微分性质求之。
$$\frac{\mathrm{d}F(s)}{\mathrm{d}s}=\frac{\mathrm{d}}{\mathrm{d}s}\left[\ln(s+a)-\ln s\right]=\frac{1}{s+a}-\frac{1}{s}，\quad \mathrm{Re}\{s\}>0$$
利用 $e^{-at}u(t)$ 和 $u(t)$ 的变换对和 $s$ 域微分性质，则有 $-tf(t)=e^{-at}u(t)-u(t)$，即 $F(s)$ 的反拉普拉斯变换为
$$f(t)=\frac{1-e^{-at}}{t}u(t)，\quad a>0$$
同理，根据 $z$ 域微分性质得到
$$-nf[n] \xleftrightarrow{\ Z\ } \left\{z\frac{\mathrm{d}}{\mathrm{d}z}\left[\ln(1+az^{-1})\right],\ |z|>|a|\right\}=\left\{\frac{-az^{-1}}{1+az^{-1}},\ |z|>|a|\right\}$$
利用 $(-a)^n u[n]$ 的 Z 变换对，则有 $f[n]=-\frac{(-a)^n}{n}u[n-1]$。这与例 5.22 用台劳级数展开求得的反变换完全相同。

**2．频域的积分性质**

连续和离散时间傅里叶变换的频域积分性质叙述如下：

若有
$$\mathscr{F}\{f(t)\}=F(\omega) \quad 和 \quad \mathscr{F}\{f[n]\}=\tilde{F}(\Omega)$$
则有
$$\frac{f(t)}{-\mathrm{j}t}+\pi f(0)\delta(t) \xleftrightarrow{\ \mathrm{CFT}\ } \int_{-\infty}^{\omega}F(\sigma)\mathrm{d}\sigma \tag{6.5.33}$$
和
$$\frac{f(t)}{-\mathrm{j}t} \xleftrightarrow{\ \mathrm{CFT}\ } \int_{-\infty}^{\omega}F(\sigma)\mathrm{d}\sigma，\ \int_{-\infty}^{\infty}F(\sigma)\mathrm{d}\sigma=0 \tag{6.5.34}$$
或
$$\frac{f[n]}{-\mathrm{j}n} \xleftrightarrow{\ \mathrm{DTFT}\ } \int_{-\infty}^{\Omega}\tilde{F}(\sigma)\mathrm{d}\sigma，\ \int_{\langle 2\pi\rangle}\tilde{F}(\sigma)\mathrm{d}\sigma=0 \tag{6.5.35}$$

由于离散时间傅里叶变换是 $2\pi$ 的周期函数，只有 $\tilde{F}(\Omega)$ 在一个周期内的积分为零，即 $f[0]=0$ 时，$\tilde{F}(\Omega)$ 的频域积分才收敛。因此，(6.5.35)式的离散时间傅里叶变换的频域积分性质成立的条件也可改为 $f[0]=0$。至于(6.5.33)式中左边的时域冲激项 $\pi f(0)\delta(t)$ 的解释，与傅里叶变换的时域积分性质中的解释完全相同，这里不再重复。

【**例 6.18**】 试求图 6.17(a)所示三角形频谱 $X(\omega)$ 的连续时间信号 $x(t)$。

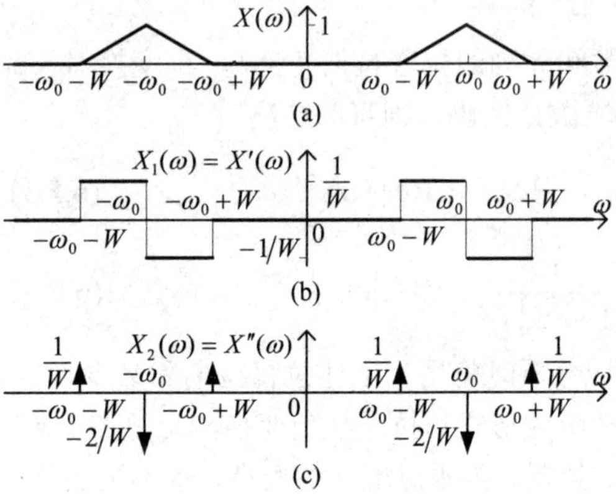

图 6.17 例 6.18 的图解说明

**解**：若将 $X(\omega)$ 对 $\omega$ 微分两次,先后得到

$$X_1(\omega)=X'(\omega) \quad 和 \quad X_2(\omega)=X''(\omega)$$

它们的频谱图形如图 6.17(b)和(c)所示。$X_2(\omega)$ 只剩下频域 $\omega$ 上的冲激，由图 6.17(c)可知

$$\begin{aligned}X_2(\omega)=&\frac{1}{W}\delta(\omega+\omega_0+W)+\frac{1}{W}\delta(\omega-\omega_0-W)\\&+\frac{1}{W}\delta(\omega+\omega_0-W)+\frac{1}{W}\delta(\omega-\omega_0+W)\\&-2\frac{1}{W}\left[\delta(\omega+\omega_0)+\delta(\omega-\omega_0)\right]\}\end{aligned}$$

显然，$X(\omega)$ 为 $X_2(\omega)$ 的两次积分，$X_2(\omega)$ 是 $x_2(t)$ 的傅里叶变换，根据(6.2.5) 式，则有

$$x_2(t)=\frac{1}{\pi W}\left[\cos(\omega_0+W)t+\cos(\omega_0-W)t-2\cos\omega_0 t\right]=\frac{-4}{\pi W}\sin^2\left(\frac{Wt}{2}\right)\cos\omega_0 t$$

且有 $\int_{-\infty}^{\infty}X_2(\omega)\mathrm{d}\omega=0$ 和 $\int_{-\infty}^{\infty}X_1(\omega)\mathrm{d}\omega=0$，可以两次运用(6.5.34)式的频域积分性质，最后得到

$$x(t)=\frac{x_2(t)}{(-\mathrm{j}t)^2}=\frac{W}{\pi}\mathrm{Sa}^2\left(\frac{Wt}{2}\right)\cos\omega_0 t$$

# 6.6 抽 样 定 理

所谓“抽样”，就是用离散化的一组样本值表示连续函数的过程或方法。抽样定理将告诉我们：在一定条件下，一个连续时间信号和离散序列均可唯一地分别用其等间隔的样本值来表示，这种表示是完全和充分的。换言之，这组等间隔的样本值分别包含了原信号和序列的全部信息，即原信号可以由这组样本值完全恢复出来。抽样定理与连续和离散时间傅里叶变换有着紧密的关系，下面将会看到，正是傅里叶变换时域和频域卷积性质为该定理提供了证明，因此，抽样定理可以看作傅里叶变换的卷积性质的直接结果。

抽样定理包括连续时间的时域与频域抽样定理和离散时间的时域与频域抽样定理。本节将限于讲述这些抽样定理及其有关概念，第 9 章还将进一步讨论抽样定理的一些主要应用。

## 6.6.1 连续时间的时域和频域抽样定理

**1. 连续时间的时域抽样定理**

1) 连续时间信号的抽样和抽样定理

一般地说，在没有任何附加条件下，不能指望一个连续函数都能由其一组等间隔的样本值唯一地表征，因为在给定的等间隔时间点上，有无限多个信号都可产生一组相同的样本。然而下面将会看到，如果是**带限**的连续时间信号，且样本取得足够密，那么该信号就能唯一地由其样本值来表征，即能从这组样本值完全恢复或重建原信号。

连续时间抽样定理叙述如下：设 $x(t)$ 是一带限于 $\omega_{\mathrm{M}}$ 的连续时间信号，即

$$\mathscr{F}\{x(t)\}=X(\omega), \quad 且 \quad X(\omega)=0, \quad |\omega|>\omega_{\mathrm{M}}$$

如果抽样间隔 $T_s$ 满足：

$$T_s \leqslant \pi/\omega_M \quad 或 \quad \omega_s = (2\pi/T_s) \geqslant 2\omega_M \tag{6.6.1}$$

则 $x(t)$ 就由其样本值序列 $\{x(nT_s),\ n=0,\ \pm 1,\ \pm 2\cdots\}$ 唯一地确定。

从 $x(t)$ 得到其样本值序列 $\{x(nT_s)\}$ 是用图 6.18 中的所谓**理想冲激串抽样**来实现的，带限信号 $x(t)$ 与周期为 $T_s$ 的周期冲激串 $p(t)$ 相乘，得到已抽样信号 $x_p(t)$，即

$$x_p(t) = x(t)p(t)$$

其中

$$p(t) = \tilde{\delta}_{T_s}(t) = \sum_{n=-\infty}^{\infty} \delta(t - nT_s) \tag{6.6.2}$$

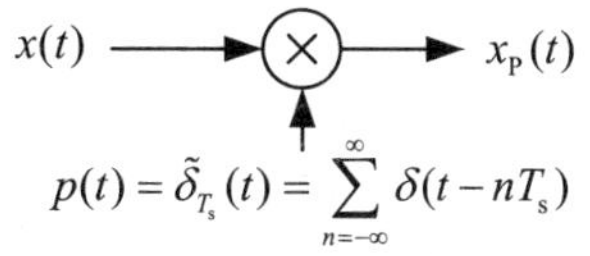


图 6.18　连续时间冲激串抽样

$x_p(t)$ 也是一个冲激串，其每个冲激的强度等于 $x(t)$ 以 $T_s$ 为间隔的样本值。即

$$x_p(t) = \sum_{n=-\infty}^{\infty} x(nT_s)\delta(t - nT_s) \tag{6.6.3}$$

图 6.19(a)中画出了对某个 $x(t)$ 进行冲激串抽样的时域波形。在时域中很难想象，由这样的样本值序列就能充分表示整个信号 $x(t)$，且还能由 $x_p(t)$ 恢复或重建出 $x(t)$。

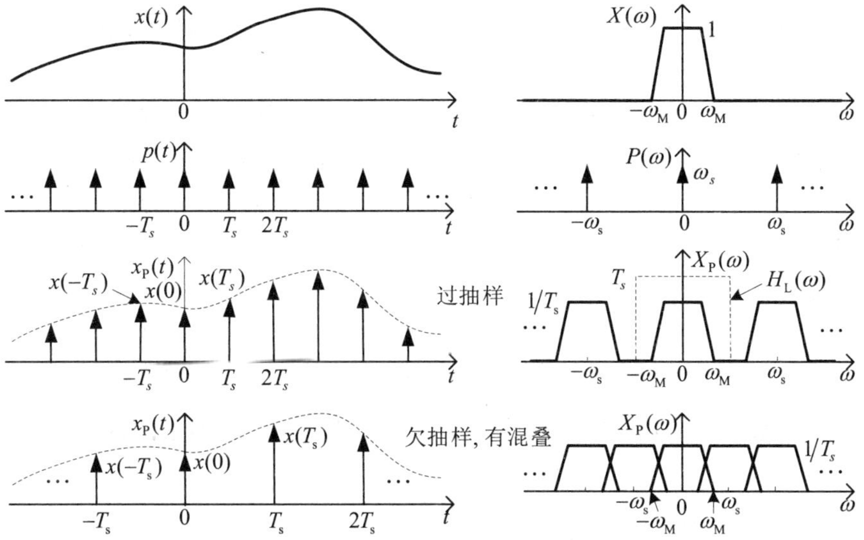


(a) 冲激串抽样时的信号波形　　(b) 相应信号的频谱

图 6.19　连续时间冲激串抽样的时域波形和相应的频谱

CFT 的频域卷积性质提供了从频域上来考察上述冲激串抽样过程的新的思路，即在时域上 $x(t)$ 与 $p(t)$ 相乘，则在频域上是 $x(t)$ 的带限频谱 $X(\omega)$ 与 $p(t)$ 的频谱 $P(\omega)$ 卷积，得到已抽样信号 $x_p(t)$ 的频谱 $X_p(\omega)$，图 6.19(b)画出了这个频域卷积过程相应的频谱。有关的数学推导如下：根据(5.5.12)式左式，时域周期冲激串 $p(t)$ 的频谱 $P(\omega)$ 是频域上的周期冲激串，即

$$P(\omega) = \omega_s \sum_{k=-\infty}^{\infty} \delta(\omega - k\omega_s) \tag{6.6.4}$$

利用 CFT 的频域卷积性质(见(6.3.14)式)，可得到 $x_p(t)$ 的频谱 $X_p(\omega)$ 为

$$X_p(\omega) = \frac{1}{2\pi} X(\omega) * \left[\omega_s \sum_{k=-\infty}^{\infty} \delta(\omega - k\omega_s)\right] = \frac{1}{T_s} \sum_{k=-\infty}^{\infty} X(\omega - k\omega_s) \tag{6.6.5}$$

这表明 $X_p(\omega)$ 是 $X(\omega)/T_s$ 的周期延拓，通常把 $X_p(\omega)$ 中 $k \neq 0$ 的 $X(\omega - k\omega_s)$ 称为 $X(\omega)$ 的

像。从图 6.19(b)中看出，只要满足(6.6.1)式的条件，即抽样频率 $\omega_s \geqslant 2\omega_M$，$X_P(\omega)$ 只是 $X(\omega)/T_s$ 无重叠地周期复制。为了实现从 $x_P(t)$ 中恢复出 $x(t)$，只要用一个理想低通滤波器 $H_L(\omega)$ 滤除 $X_P(\omega)$ 中的像，就可以过滤出 $X(\omega)$(见图 6.19(b)从上往下数第三幅图)，这个 $H_L(\omega)$ 为

$$H_L(\omega)=\begin{cases}T_s, & |\omega|<\omega_c\\ 0, & |\omega|>\omega_c\end{cases},\quad \omega_M<\omega_c<(\omega_s-\omega_M) \tag{6.6.6}$$

反之，若不满足(6.6.1)式的条件，在已抽样信号的频谱 $X_P(\omega)$ 中，$X(\omega)$ 和它的像会产生重叠，如图 6.19 最下一排图所示，将无法再从 $X_P(\omega)$ 中过滤出原信号的频谱 $X(\omega)$。

上述证明表明，正是 $x(t)$ 的带限条件 $X(\omega)=0,\ |\omega|>\omega_M$ 和抽样间隔条件 $T_s \leqslant \pi/\omega_M$，确保了已抽样信号的频谱 $X_P(\omega)$ 是 $X(\omega)$ 的无重叠周期复制，并可以从 $X_P(\omega)$ 中忠实地恢复出原信号频谱 $X(\omega)$。因此，人们把对带限于 $\omega_M$ 的连续时间信号抽样所允许的最低抽样频率 $\omega_{s\min}=2\omega_M$，或最大抽样间隔 $T_{s\max}=\pi/\omega_M$，分别称为**奈奎斯特**(Nyquist)**频率**和**奈奎斯特间隔**，且以 $\omega_{s\min}=2\omega_M$ 或 $T_{s\max}=\pi/\omega_M$ 进行抽样称为**临界抽样**；而以 $\omega_s>\omega_{s\min}$ 或 $T_s<T_{s\max}$ 的抽样则称为**过抽样**；反之，以 $\omega_s<\omega_{s\min}$ 或 $T_s>T_{s\max}$ 的抽样称为**欠抽样**。

2) 由已抽样信号重建原连续时间信号

从图 6.19(b)可看出，已抽样信号通过(6.6.6)式表示的理想低通滤波器的输出信号频谱为

$$X_r(\omega)=X_P(\omega)H_L(\omega) \tag{6.6.7}$$

根据 CFT 的时域卷积性质，$H_L(\omega)$ 与 $X_P(\omega)$ 频域上相乘，意味着时域中 $x_P(t)$ 与低通滤波器单位冲激响应 $h_L(t)$ 卷积，如图 6.20 所示，得到重建滤波器输出 $x_r(t)$ 为

$$x_r(t)=x_P(t)*h_L(t) \tag{6.6.8}$$

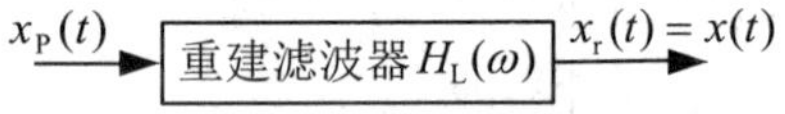


图 6.20 连续时间抽样的重建

按照(5.4.31)式左式，$h_L(t)$ 为

$$h_L(t)=\mathscr{F}\left\{H_L(\omega)\right\}=T_s\frac{\omega_c}{\pi}\mathrm{Sa}\left(\omega_c t\right) \tag{6.6.9}$$

若 $\omega_s \geqslant 2\omega_M$，就有 $X_r(\omega)=X(\omega)$，则有 $x_r(t)=x(t)$。将上式和(6.6.3)式代人(6.6.8)式，得到

$$x(t)=\left[\sum_{n=-\infty}^{\infty}x(nT_s)\delta(t-nT_s)\right]*T_s\frac{\omega_c}{\pi}\mathrm{Sa}\left(\omega_c t\right)=\frac{\omega_c T_s}{\pi}\sum_{n=-\infty}^{\infty}x(nT_s)\mathrm{Sa}\left[\omega_c(t-nT_s)\right] \tag{6.6.10}$$

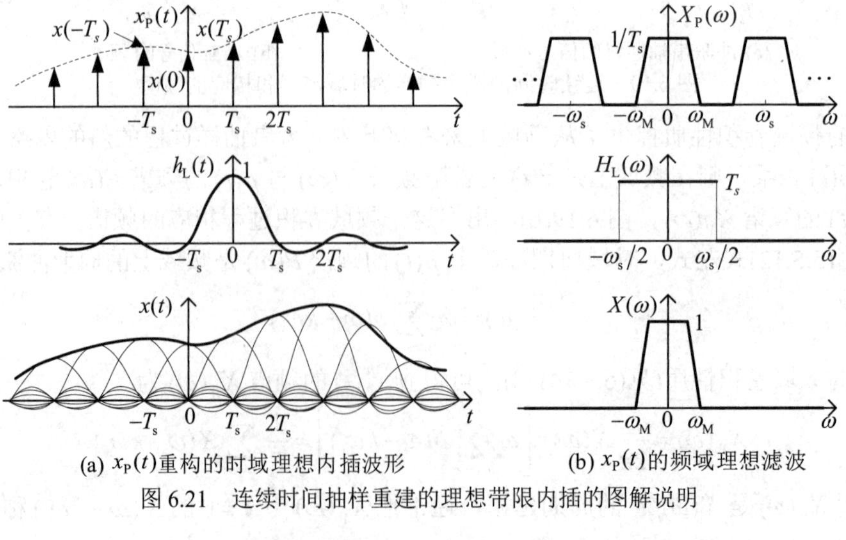


(a) $x_P(t)$重构的时域理想内插波形　　(b) $x_P(t)$的频域理想滤波

图 6.21 连续时间抽样重建的理想带限内插的图解说明

在 $\omega_s \geqslant 2\omega_M$ 的条件下，如果像图 6.21 中那样，选 $\omega_c = \omega_s/2$，并不影响上式的结果，则有

$$x(t)=\sum_{n=-\infty}^{\infty} x(nT_s)\mathrm{Sa}\left[\frac{\pi}{T_s}(t-nT_s)\right] \tag{6.6.11}$$

(6.6.11)式表示了如何在样本值之间拟合出一条连续曲线，在数学上称它们为内插，如图 6.21 左下图所示。这种内插称为**理想带限内插**，(6.6.6)式表示的滤波器则称为**理想内插滤波器**。上式还表明，任何一个带限信号 $x(t)$ 都可展开成抽样函数的一个无穷级数，其系数就是该带限信号的样本值。换言之，若在 $x_P(t)$ 的每一个抽样点上，画一个峰值为 $x(nT_s)$ 的抽样函数波形，它们叠加的结果就是 $x(t)$。

3) 欠抽样时的混叠(aliasing)现象

上述讨论表明：只要 $x(t)$ 是带限的，且抽样间隔又满足(6.6.1)式，即在临界抽样和过抽样时，能实现信号的真正重建；若不满足(6.6.1)式的条件(欠抽样)，(6.6.5)式中的 $X(\omega)$ 和它的像就会发生重叠，这称为混叠现象或混叠效应，此时，将绝无可能无失真地重建原信号。但可以证明，在抽样时刻，原信号 $x(t)$ 和带限内插得到的 $x_r(t)$ 总是相等的，即对任意的 $\omega_s$ 有

$$x_r(nT_s)=x(nT_s)\ ,\quad n=0,\ \pm1,\ \pm2\ \cdots \tag{6.6.13}$$

为对混叠现象有透彻了解，看一个正弦信号的例子，图 6.22 中画出 $x(t)=\cos\omega_0 t$ 及其两种不同 $\omega_s$ 下 $x_P(t)$ 的频谱 $X_P(\omega)$，并用虚线框表示 $\omega_c=\omega_s/2$ 的低通滤波器通带。当 $\omega_0<\omega_s/2$ 时，无混叠发生。当 $\omega_0>\omega_s/2$ 时，混叠就出现了，此时，原始频率 $\omega_0$ 就被混叠成一个较低的频率 $(\omega_s-\omega_0)$。随着 $\omega_s$ 越接近 $\omega_0$，$(\omega_s-\omega_0)$ 就越低。当 $\omega_s=\omega_0$ 时，重建信号就是一个直流信号，这相当于一个周期抽样一次，抽样的样本等同于对一个直流信号抽样的结果。

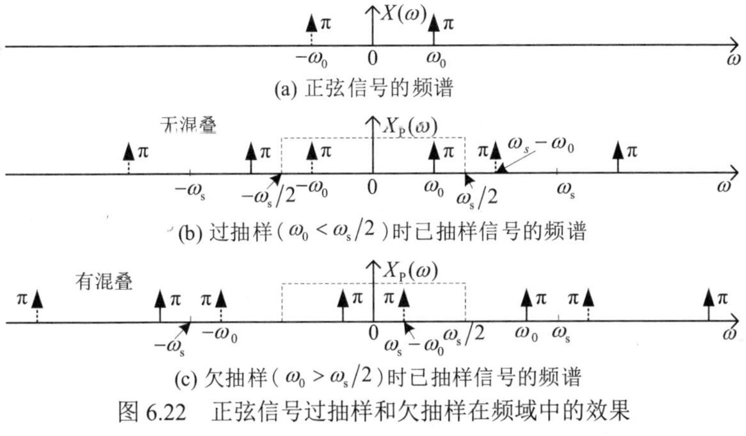

图 6.22　正弦信号过抽样和欠抽样在频域中的效果

混叠效应使原信号中的一些高频分量混叠到较低的频率上，在许多情况下这是有害的，它会造成信号的失真。由混叠造成的信号失真称为**混叠失真**。在实际中，欲对一个信号进行抽样，为避免混叠失真，通常需要让被抽样的信号通过一个**抗混叠滤波器**，以限制信号最高频率小于抽样频率之半。另一方面，欠抽样的混叠效应有时也有用，例如，取样示波器就是利用混叠效应，把欲观察又不便于显示出的很高频率信号，混叠到低频区域显示出来。

应该指出，上述抽样定理中的带限条件是很宽松的，几乎对任何有实际意义的连续时间信号都成立，只是各自的 $\omega_M$ 有高有低。同时，上述时域抽样定理不仅适用于低频带限情况，而且对任何有限频率范围的带限信号仍然成立，这就是**带通抽样定理**(见本章末习题 6.21)。

一个连续时间带限信号可用其等间隔的样本值序列充分有效地表示，且可以由等间隔样

本值序列无失真地重建，已为人们的亲身经历所证实。电影胶片就是由从运动场景中按抽样定理拍摄出来的一串底片，其中的每一幅底片都是随时间连续变化景象的一个瞬时画面(即等间隔样本)，当它以足够快的速度放映时，看到的是原来连续活动景象的重现，而不是跳跃式的场景。这是因为人类视觉系统等效于一个时间频率上的低通滤波器，它完成了连续活动场景的重建。又例如计算机的打印图像，它是由一系列很小的灰度点组成，每个灰度点就是空间连续图像的一个样本值，如果这些样点在空间上距离很近的话，看上去却是连续的。这是因为人类视觉系统又是一个空间频率域上的低通滤波器，它实现了空间连续图像的重建。

连续时间时域抽样定理在连续时间和离散时间信号之间架起了一座桥梁，基于这一定理，连续时间和离散时间信号之间可以相互转换，并开拓出连续时间信号的离散时间(数字)处理这一新的领域，这将在第 9 章 9.3 节中进一步讨论。

**2．连续时间的频域抽样定理**

与连续时间的时域抽样定理相对偶，也存在着连续时间的频域抽样定理，因此，这里对频域抽样定理的介绍和讨论，可以完全遵循类似的方法。

连续时间的频域抽样定理陈述如下：若 $x(t)$ 是一个时域宽度有限的(时限)信号，即

$$x(t) \xleftrightarrow{\text{CFT}} X(\omega), \quad 且\, x(t)=0,\quad t \notin \langle T_{\text{M}} \rangle$$

其中，$\langle T_{\text{M}} \rangle$ 为任意长度是 $T_{\text{M}}$ 的时间区间，则 $X(\omega)$ 可用它在频域 $\omega$ 上等间隔的样本值序列 $\{X(k\omega_0),\ k=0,\ \pm1,\ \pm2\ \cdots\}$ 唯一地确定，前提是只要样本间隔 $\omega_0$ 满足

$$\omega_0 \leqslant \frac{2\pi}{T_{\text{M}}} \quad 或 \quad \frac{2\pi}{\omega_0} \geqslant T_{\text{M}} \tag{6.6.14}$$

上述频域抽样定理可用图 6.23 来说明，其中，图 6.23(a)给出了频域抽样和恢复原信号频谱的原理方框图。频域抽样过程是时限信号的频谱 $X(\omega)$ 与周期为 $\omega_0 = 2\pi/T_0$ 的频域周期冲激串 $P(\omega)$ 在频域上相乘，得到以频域样本值为强度的频域已抽样冲激串 $X_{\text{s}}(\omega)$，根据 CFT 的时域卷积性质，其傅里叶反变换 $x_{\text{s}}(t)$ 是时限信号 $x(t)$ 与时域周期冲激串 $p(t)$ 卷积的结果，即 $x_{\text{s}}(t)$ 是时限信号 $x(t)$ 的周期延拓；原信号频谱恢复或重建的过程是让 $x_{\text{s}}(t)$ 通过一个时域选通系统，即在时域上与矩形窗函数 $r_T(t)$ 相乘，根据 CFT 的时域卷积性质，在频域上把频域已抽样冲激串 $X_{\text{s}}(\omega)$ 与矩形窗 $r_T(t)$ 的傅里叶变换 $R_T(\omega)$ 卷积，内插出(恢复或重建)原信号的频谱 $X(\omega)$。因此，连续时间的频域抽样定理又是 CFT 的卷积性质的一个直接应用结果。

图 6.23(b)和(c)分别给出了上述频域抽样和原信号频谱恢复或重建过程的频谱图及相应的时域波形。与连续时间信号时域抽样和重建过程中的数学推导相类似，时限信号频谱 $X(\omega)$ 实现频域抽样，获得频域已抽样冲激串 $X_{\text{s}}(\omega)$ 为

$$X_s(\omega) = X(\omega)P(\omega) = \sum_{k=-\infty}^{\infty} X(k\omega_0)\delta(\omega - k\omega_0) \tag{6.6.15}$$

其中，$P(\omega)$ 是一个间隔为 $\omega_0 = 2\pi/T_0$ 的频域周期冲激串。根据(5.5.13)式，它的傅里叶反变换 $p(t)$ 是周期为 $T_0 = 2\pi/\omega_0$ 的连续时间周期冲激串，即

$$p(t) = \frac{1}{\omega_0}\sum_{m=-\infty}^{\infty} \delta\left(t - mT_0\right) \tag{6.6.16}$$

利用 CFT 的时域卷积性质，(6.6.15)式中 $X_{\text{s}}(\omega)$ 的傅里叶反变换 $x_{\text{s}}(t)$ 为

$$x_{\text{s}}(t) = x(t) * p(t) = \frac{1}{\omega_0}\sum_{m=-\infty}^{\infty} x\left(t - mT_0\right) \tag{6.6.17}$$

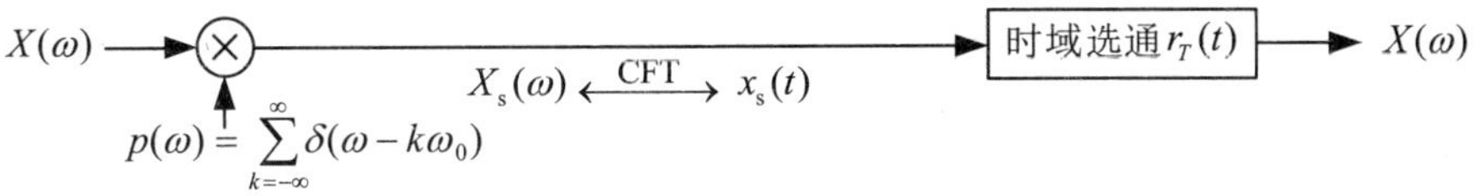


(a) 连续时间频域抽样和恢复原信号频谱的方框图

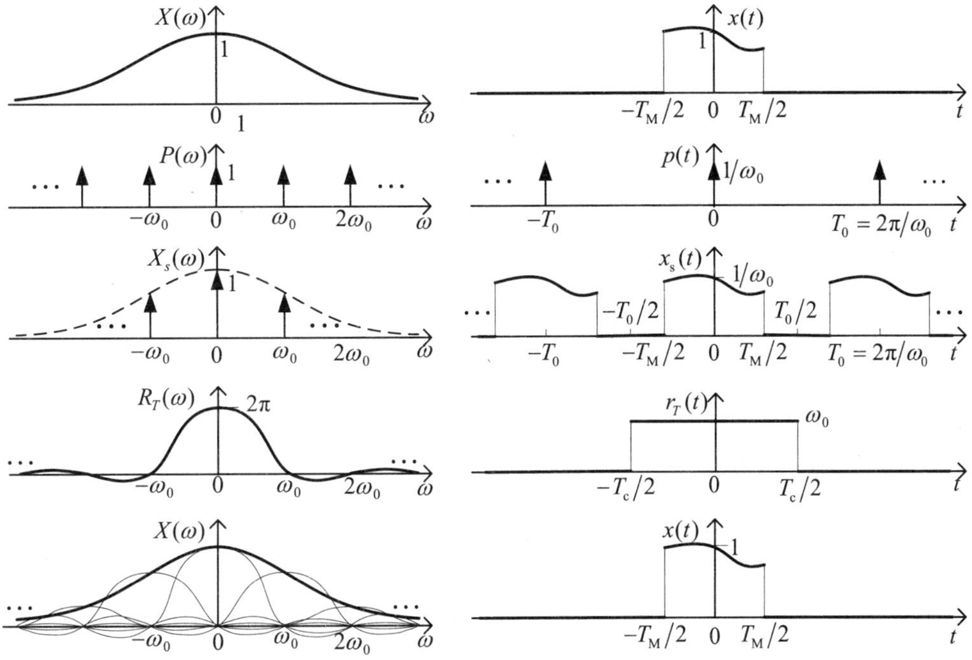


(b) 频域抽样和重建过程　　(c) 相应的时域波形

图 6.23　连续时间频域抽样和重建示意图

它是一个以时限信号 $x(t)/\omega_0$、按 $T_0=2\pi/\omega_0$ 周期延拓成的周期信号。由图中 $x_s(t)$ 的波形可看出，如果满足(6.6.14)式的条件，$x_s(t)$ 仅是 $x(t)/\omega_0$ 无重叠的周期复制。不难想象，用一个宽度 $T_c$ 的矩形窗函数 $r_T(t)$ 与 $x(t)$ 相乘，只要 $T_M \leqslant T_c \leqslant (2T_0-T_M)$，就可以选取出原时限信号 $x(t)$，即

$$x(t)=x_s(t)r_T(t) \tag{6.6.18}$$

其中

$$r_T(t)=\begin{cases}\omega_0, & t\in\langle T_M\rangle\\ 0, & t\notin\langle T_M\rangle\end{cases} \tag{6.6.19}$$

实际中，用脉冲选通电路(或模拟开关)就可以简单地实现(6.6.18)式的时域相乘。当选取 $T_c=T_0$ 时，$r_T(t)$ 的傅里叶变换为

$$R_T(\omega)=\omega_0 T\mathrm{Sa}\left(\frac{\pi}{\omega_0}\omega\right)=2\pi\mathrm{Sa}\left(\frac{\pi}{\omega_0}\omega\right) \tag{6.6.20}$$

根据 CFT 的频域卷积性质，$x_s(t)$ 与 $r_T(t)$ 时域相乘相当于 $X_s(\omega)$ 与 $R_T(\omega)$ 频域卷积，故有

$$X(\omega)=\frac{1}{2\pi}X_s(\omega)*R_T(\omega)=\sum_{k=-\infty}^{\infty}X(k\omega_0)\mathrm{Sa}\left[\frac{\pi}{\omega_0}(\omega-k\omega_0)\right] \tag{6.6.21}$$

上述推导表明，时域上用矩形窗恢复原来时限信号的过程，就是频域上用内插函数 $\mathrm{Sa}(\pi\omega/\omega_0)$ 从频域样本值序列内插重建其频谱 $X(\omega)$ 的过程。从图 6.23(c)中可以看出，若不满足(6.6.14)式的条件，$x(t)$ 的周期延拓产生 $x_s(t)$ 就会发生重叠，就再也不能从 $x_s(t)$ 中无失真地选通出 $x(t)$，即无法重建原频谱 $X(\omega)$，这种时域重叠称为频域抽样造成的**时域混叠**。

其实，还可以用周期信号的傅里叶变换的角度来看待频域抽样定理。(6.6.17)式表示的周期信号 $x_s(t)$ 是时限信号 $x(t)/\omega_0$ 以周期为 $T_0=2\pi/\omega_0$ 的周期延拓，而(6.6.15)式的 $X_s(\omega)$ 是频域上间隔为 $\omega_0$ 的冲激串，它正是周期信号 $x_s(t)$ 的傅里叶变换表示(见(5.5.8)式)，由此也可以导出在 5.5.1 小节中(5.5.14)式表示的周期信号的 CFS 系数 $F_k$ 与其一个周期区间的信号 $x_0(t)$ 的傅里叶变换 $X_0(\omega)$ 之间的关系，即 $F_k=X_0(k\omega_0)/T$。

## 6.6.2 离散时间的时域和频域抽样定理

与带限连续时间信号的时域和频域抽样定理相类似，也存在着带限离散时间序列的时域和频域抽样定理，或称为 DTFT 的时域和频域抽样定理。

**1. 离散时间的时域抽样定理**

离散时间的时域抽样定理可陈述为：若 $x[n]$ 是一个带限于 $\Omega_M\leqslant\pi/2$ 的带限序列，即

$$\tilde{X}(\Omega)=0,\quad 2m\pi+\Omega_M<|\Omega|<2\pi(m+1)-\Omega_M$$

且离散时间抽样间隔 $N_s$ 和抽样频率 $\Omega_s$ 满足

$$N_s\leqslant\frac{\pi}{\Omega_M}\quad\text{或}\quad\Omega_s=\frac{2\pi}{N_s}\geqslant 2\Omega_M,\ \text{其中},\ \Omega_M\leqslant\pi/2 \tag{6.6.22}$$

则 $x[n]$ 可唯一地由其等间隔 $N_s$ 的样本值序列 $\{x[mN_s],\ m=0,\ \pm1,\ \pm2\ \cdots\}$ 所确定。

尽管 DTFT 的时域抽样定理与 CFT 的时域抽样定理十分类似，但请注意它们的区别：离散时间抽样间隔 $N_s$ 必须是正整数，且 $N_s\geqslant2$ 才有实际意义；$\tilde{X}(\Omega)$ 是 $2\pi$ 的周期函数，离散时间最高频率为 $\pi$，为确保至少 2 倍的抽样，$\tilde{X}(\Omega)$ 的带限条件必须 $\Omega_M\leqslant\pi/2$。

离散时间时域抽样和重建过程见图 6.24(a)，与连续时间抽样及抽样定理一样，离散时间抽样也是通过与周期为 $N_s$ 的周期冲激串序列相乘，得到已抽样序列 $x_P[n]$，如图 6.24(b)所示。从已抽样序列 $x_P[n]$ 恢复或重建 $x[n]$，也只要通过一个内插低通滤波器 $\tilde{H}_L(\Omega)$，类似地，它为

$$\tilde{H}_L(\Omega)=\begin{cases}N_s & 2\pi l-\Omega_c<|\Omega|<2\pi l+\Omega_c\\ 0, & 2\pi l+\Omega_c<|\Omega|<2\pi(l+1)-\Omega_c\end{cases} \tag{6.6.23}$$

其中，$\Omega_M<\Omega_c<(\Omega_s-\Omega_M)$，如图 6.24(c)所示。

离散时域抽样定理的证明过程与连续时间完全类似。首先，离散时间时域抽样可表示为

$$x_P[n]=x[n]p[n]=\sum_{m=-\infty}^{\infty}x[mN_s]\delta[n-mN_s] \tag{6.6.24}$$

其中，$p[n]$ 是周期为 $N_s$ 的周期冲激串序列，根据(5.5.12)式右式，它及其 DTFT $\tilde{P}(\Omega)$ 分别为

$$p[n]=\tilde{\delta}_{N_s}[n]=\sum_{m=-\infty}^{\infty}\delta[n-mN_s]\quad\text{和}\quad\tilde{P}(\Omega)=\Omega_s\sum_{k=-\infty}^{\infty}\delta(\Omega-k\Omega_s) \tag{6.6.25}$$

根据 DTFT 的频域卷积性质，$x_P[n]$ 的频谱为

$$\tilde{X}_P(\Omega)=\frac{1}{2\pi}\tilde{X}(\Omega)\circledast\tilde{P}(\Omega)=\frac{1}{N_s}\sum_{k=0}^{N_s-1}\tilde{X}(\Omega-k\Omega_s) \tag{6.6.26}$$

这表明，已抽样信号 $x_P[n]$ 的频谱是由 $1/N_s$ 的原信号频谱和其 $N_s-1$ 个像组成。图 6.24 中分别画出了对某个带限序列 $x[n]$ 抽样的时域波形和相应的频谱图形，图中最下面两排图分别为 $\Omega_s>2\Omega_M$ 和 $\Omega_s<2\Omega_M$ 时的已抽样信号及其频谱。对于(6.6.26)式及图 6.24 的解释和连续时间抽样完全类似，区别仅在于 DTFT 是频域上周期为 $2\pi$ 的周期函数。当 $\Omega_s\geqslant2\Omega_M$ 时，在 $\tilde{X}_P(\Omega)$ 中处于 $\Omega=2\pi l\pm\Omega_s/2$ 范围内的频谱，除了一个幅度因子 $1/N_s$ 外，和 $\tilde{X}(\Omega)$ 完全一样，因此，将它通过低通滤波器 $\tilde{H}_L(\Omega)$，就可原封不动地恢复出原序列的频谱。即

$$\tilde{X}(\Omega)=\tilde{X}_P(\Omega)\tilde{H}_L(\Omega) \tag{6.6.27}$$

已抽样序列通过该低通滤波器的输出就是 $x[n]$。按照(5.4.31)式右式，该低通滤波器 $\tilde{H}_{\mathrm{L}}(\Omega)$ 的单位冲激响应为 $h_{\mathrm{L}}[n]=N_s\dfrac{\Omega_{\mathrm{c}}}{\pi}\mathrm{Sa}(\Omega_{\mathrm{c}}n)$，如果取 $\Omega_{\mathrm{c}}=\Omega_{\mathrm{s}}/2=\pi/N_{\mathrm{s}}$，则上式就变成

$$h_{\mathrm{L}}[n]=\mathrm{Sa}\left(n\pi/N_{\mathrm{s}}\right) \tag{6.6.28}$$

根据 DTFT 的时域卷积性质，(6.6.27)式的频域相乘相当于时域卷积，即

$$x[n]=\left\{\sum_{m=-\infty}^{\infty}x\left[mN_{\mathrm{s}}\right]\delta\left[n-mN_{\mathrm{s}}\right]\right\}*\mathrm{Sa}\left(\frac{\pi}{N_{\mathrm{s}}}n\right)=\sum_{m=-\infty}^{\infty}x\left[mN_{\mathrm{s}}\right]\mathrm{Sa}\left[\frac{\pi}{N_{\mathrm{s}}}\left(n-mN_{\mathrm{s}}\right)\right] \tag{6.6.29}$$

它是(6.6.11)式的离散时间对偶。这表明，由处于每个样本点上幅度为 $x[mN_s]$ 的内插序列 $\mathrm{Sa}\,\pi(n-mN_s)/N_s$ 叠加，就重建出原序列 $x[n]$，这代表离散时间中的一种理想带限内插。图 6.24(c)中画出了用理想低通滤波器、从已抽样序列 $x_{\mathrm{P}}[n]$ 中完全恢复 $x[n]$ 的频域过程。但当 $\Omega_{\mathrm{s}}<2\Omega_{\mathrm{M}}$ (即欠抽样)时，频域中的混叠就产生了，再也无法从已抽样信号中恢复出原序列。

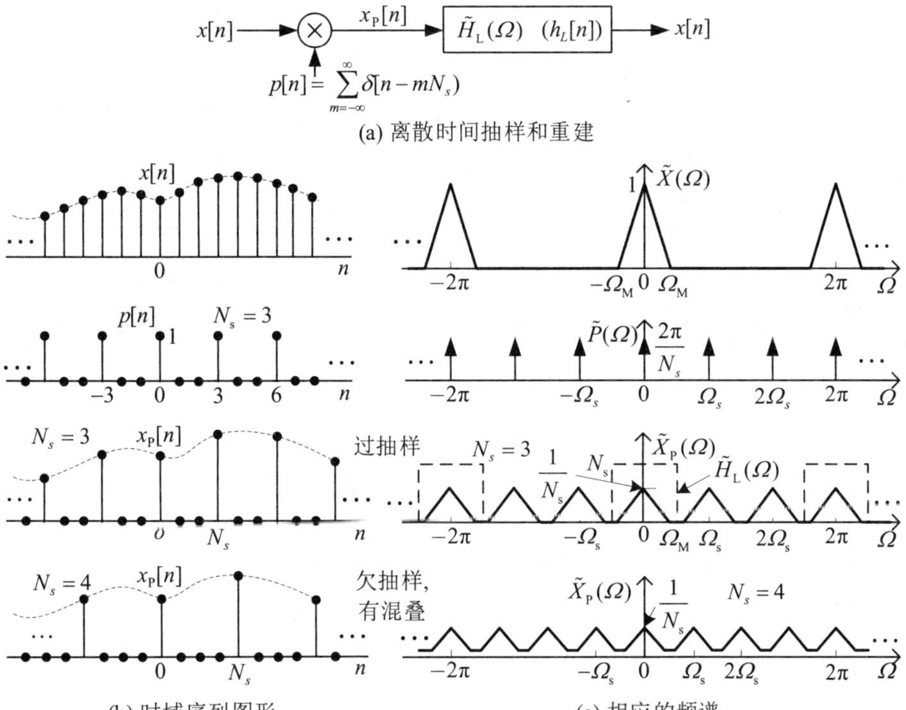


图 6.24　离散时间时域抽样过程

**2．离散时间频域抽样定理**

连续时间频域抽样定理的一个直接对偶是离散时间频域抽样定理，它陈述如下：

对于一个 $M$ 点的离散时间序列 $x[n]$，即

$$x[n]\xleftrightarrow{\mathrm{DTFT}}\tilde{X}(\Omega),\quad 且\ x[n]=0,\ n<0\ 和\ n\geqslant M$$

则该 $M$ 点序列 $x[n]$ 的离散时间傅里叶变换 $\tilde{X}(\Omega)$，可以用它在频域 $\Omega$ 上 $N$ 个的样本值 $\{\tilde{X}(2\pi k/N),\ k\in\langle N\rangle\}$ 唯一地确定，只要满足如下条件：

$$N\geqslant M\quad 或\quad \Omega_0=2\pi/N\leqslant 2\pi/M \tag{6.6.30}$$

离散时间频域抽样和由频域样本重建原序列频谱的过程，与连续时间频域抽样类似。图 6.25 中画出离散时间频域抽样和重建的方框图，以及方框图中各个频谱及其对应的序列图形。由于 $\tilde{X}(\Omega)$ 是周期 $2\pi$ 的连续周期函数，只需要 $2\pi$ 区间上的 $N$ 个等间隔样本 $\{\tilde{X}(2\pi k/N),\ k\in\langle N\rangle\}$。因此，只要用这 $N$ 个频域样本在频域

$\Omega$ 上产生间隔为 $2\pi/N$、周期为 $2\pi$ 的周期冲激串，它的每个冲激的强度周期地等于这 $N$ 个频域样本值，即

$$\tilde{X}_s(\Omega)=\sum_{l=-\infty}^{\infty}\sum_{k=0}^{N-1}\tilde{X}(k\Omega_0)\delta(\Omega-k\Omega_0-2\pi l)=\sum_{k=-\infty}^{\infty}\tilde{X}(k\Omega_0)\delta(\Omega-k\Omega_0) \tag{6.6.31}$$

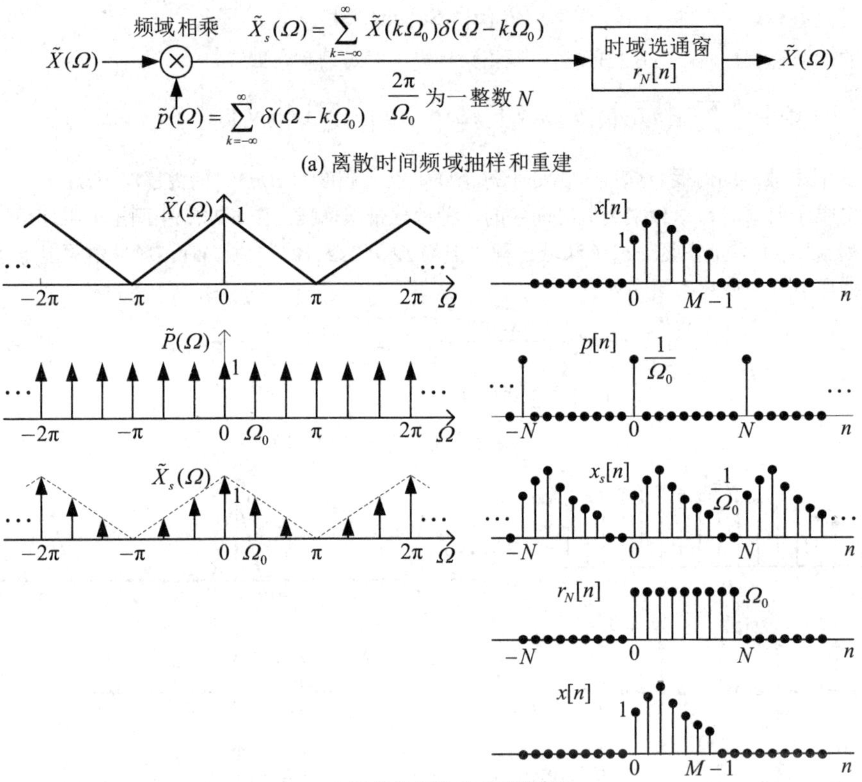


(a) 离散时间频域抽样和重建

(b) 相应的频谱和序列图形

图 6.25　离散时间频域抽样和重建过程的图例说明

在 5.5.1 节中，讨论离散时间周期序列的 DTFT 表示法时遇到过这一结果，它可用 $\tilde{X}(\Omega)$ 与一个频域周期冲激串 $\tilde{P}(\Omega)$ 相乘来实现，即

$$\tilde{X}_s(\Omega)=\tilde{X}(\Omega)\tilde{P}(\Omega)，\quad 其中，\tilde{P}(\Omega)=\sum_{k=-\infty}^{\infty}\delta(\Omega-k\Omega_0)，\ \Omega_0=2\pi/N \tag{6.6.32}$$

上述的频域抽样相当于在离散时域中的卷积，即

$$x_s[n]=x[n]*p[n] \tag{6.6.33}$$

其中，$p[n]$ 是 $\tilde{P}(\Omega)$ 的傅里叶反变换，根据(5.5.12)式，它是时域上周期为 $N$ 的周期冲激序列，则分别得到

$$p[n]=\frac{1}{\Omega_0}\sum_{l=-\infty}^{\infty}\delta\left[n-l\frac{2\pi}{\Omega_0}\right] \quad 和 \quad x_s[n]=\frac{1}{\Omega_0}\sum_{l=-\infty}^{\infty}x[n-lN] \tag{6.6.34}$$

$x_s[n]$ 是 $M$ 点序列 $x[n]/\Omega_0$ 以 $N$ 为周期的周期延拓得到的序列，如果 $N\geqslant M$，即满足(6.6.30)式的条件，$x_s[n]$ 就是 $x[n]$ 的互不重叠的周期复制，就能采用让 $x_s[n]$ 与时域矩形窗函数 $r_N[n]$ 相乘的方法选取出来，即

$$x[n]=x_s[n]r_N[n] \tag{6.6.35}$$

其中

$$r_N[n]=\begin{cases}\Omega_0=2\pi/N, & 0\leqslant n\leqslant N-1\\ 0\ , & n<0,\ n\geqslant N\end{cases}\xleftrightarrow{\text{DTFT}}\tilde{R}_N(\Omega)=2\pi\frac{\sin[N\Omega/2]}{\sin(\Omega/2)}e^{-j\frac{N}{2}\Omega} \tag{6.6.36}$$

根据 DTFT 的频域卷积性质，(6.6.35)式表示的时域相乘意味着如下的频域卷积：

$$\tilde{X}(\Omega)=\frac{1}{2\pi}\tilde{X}_s(\Omega)\circledast\tilde{R}_N(\Omega)=\sum_{k=0}^{N-1}\tilde{X}(k\Omega_0)\frac{\sin[N(\Omega-k\Omega_0)/2]}{\sin[(\Omega-k\Omega_0)/2]}e^{-j\frac{N}{2}(\Omega-k\Omega_0)} \tag{6.6.37}$$

这表明，时域上 $x_s[n]$ 与 $r_N[n]$ 相乘相当于频域中用 $N$ 个频域样本 $\{\tilde{X}(2\pi k/N)$，$k=0, 1, \cdots, N-1\}$ 内插重建 $\tilde{X}(\Omega)$，所用的内插函数是 $r_N[n]/2\pi$ 的 DTFT。图 6.25(b)中画出上述频域抽样和时域相乘，并恢复原序列频谱 $\tilde{X}(\Omega)$ (或选取原序列 $x[n]$)的示意图。

如果不满足(6.6.30)式的条件，即在 $N<M$ 的情况下，(6.6.34)式右式表示的周期序列 $x_s[n]$ 会出现相邻周期之间相互重叠，从而产生时域混叠，也就无法再重建出原序列频谱 $\tilde{X}(\Omega)$。

离散时间频域抽样定理为离散傅里叶变换(DFT)提供了严密的理论基础。根据 5.6 节中离散傅里叶变换(DFT)的定义，$M$ 点序列 $x[n]$ 的 $N$ 点 DFT 系数 $X[k]$，$k=0$，1，…，$N-1$，正是 $\tilde{X}(\Omega)$ 的 $N$ 个等间隔样本值 $\tilde{X}(2\pi k/N)$。根据离散时间频域抽样定理，只要 $N \geqslant M$，由该序列的 $N$ 点 DFT 系数 $X[k]$ 就可唯一地确定它的离散时间傅里叶变换 $\tilde{X}(\Omega)$，即首先把 $N$ 点 DFT 系数 $X[k]$ 以 $N$ 为周期生成周期序列 $\tilde{X}[k]$，然后用下式内插出 $2\pi$ 的周期函数 $\tilde{X}(\Omega)$。

$$\tilde{X}(\Omega)=\sum_{k=0}^{N-1} X[k]\frac{\sin[N(\Omega-k\Omega_0)/2]}{\sin[(\Omega-k\Omega_0)/2]}\mathrm{e}^{-\mathrm{j}\frac{N}{2}(\Omega-k\Omega_0)} \tag{6.6.38}$$

# 6.7　变换的对称性质

本节将介绍和讨论第 5 章讲述的各种变换(包含级数)的对称性质及其所揭示信号和系统之时域与频域、复频域表示的对称分布特性之间的关系。

## 6.7.1　变换的对称性质

**1．傅里叶变换(CFT 和 DTFT)和傅里叶级数(CFS 和 DFS)的对称性质**

连续和离散时间傅里叶变换的对称性质分别如下：

若有　$\mathscr{F}\{f(t)\}=F(\omega)$　和　$\mathscr{F}\{f[n]\}=\tilde{F}(\Omega)$

则分别有

$$f(-t)\xleftrightarrow{\text{CFT}}F(-\omega)\quad 和\quad f[-n]\xleftrightarrow{\text{DTFT}}\tilde{F}(-\Omega) \tag{6.7.1}$$

$$f^*(t)\xleftrightarrow{\text{CFT}}F^*(-\omega)\quad 和\quad f^*[n]\xleftrightarrow{\text{DTFT}}\tilde{F}^*(-\Omega) \tag{6.7.2}$$

$$f^*(-t)\xleftrightarrow{\text{CFT}}F^*(\omega)\quad 和\quad f^*[-n]\xleftrightarrow{\text{DTFT}}\tilde{F}^*(\Omega) \tag{6.7.3}$$

$f(t)$ 和 $f[n]$ 分别变成 $f(-t)$ 和 $f[-n]$、$f^*(t)$ 和 $f^*[n]$ 及 $f^*(-t)$ 和 $f^*[-n]$，分别表示信号的时域反转、时域共轭及时域既共轭又反转，那么，上述 CFT 或 DTFT 的对称性质表明：时间函数和序列的时域反转，将导致其傅里叶变换在频域中也反转；时间函数和序列在时域中共轭，将导致其傅里叶变换在频域中既共轭又反转；时间函数和序列在时域中既共轭又反转，将只导致它们的傅里叶变换在频域中共轭。

鉴于周期信号和序列的连续和离散傅里叶级数分别与它们的傅里叶变换有确定的关系(见(5.5.8)式和(5.5.10)式)，连续和离散傅里叶级数也有完全类似的对称性质。例如，DFS 的对称性质为：若周期为 $N$ 的周期序列 $\tilde{x}[n]$ 的 DFS 系数是 $\tilde{F}_k$，则有

$$\tilde{x}[-n]\xleftrightarrow{\text{DFS}}\tilde{F}_{-k},\quad \tilde{x}^*[n]\xleftrightarrow{\text{DFS}}\tilde{F}^*_{-k},\quad \tilde{x}^*[-n]\xleftrightarrow{\text{DFS}}\tilde{F}^*_k \tag{6.7.4}$$

CFS 也有完全相同的对称性质，请读者自行写出。

**2．离散傅里叶变换(DFT)对称性质**

离散傅里叶变换的对称性质陈述如下：若 $N$ 点序列 $x[n]$ 的 $N$ 点 DFT 是 $X[k]$，则有

$$x[N-n] \xleftrightarrow{\text{DFT}} X[N-k] \quad 或 \quad x([-n])_N \xleftrightarrow{\text{DFT}} X([-k])_N \tag{6.7.5}$$

$$x^*[n] \xleftrightarrow{\text{DFT}} X^*[N-k] \quad 或 \quad X^*([-k])_N \tag{6.7.6}$$

$$x^*[N-n] 或 x^*([-n])_N \xleftrightarrow{\text{DFT}} X^*[k] \tag{6.7.7}$$

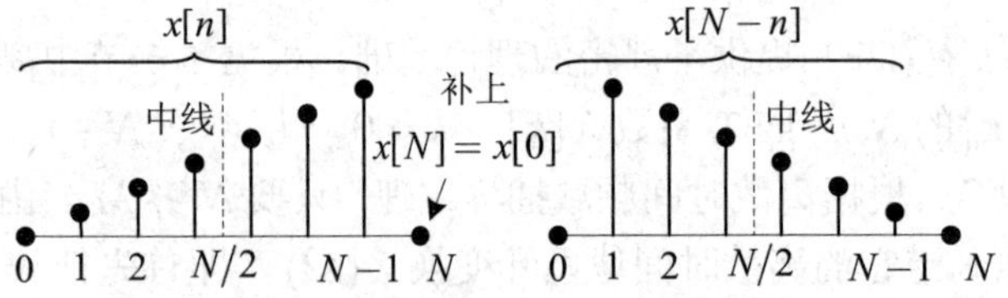


图 6.26 $x[n]$ 和 $x[N-n]$ 的图例说明

其中，$x[N-n]$ 和 $X[N-k]$ 分别是 $x[n]$ 和 $X[k]$ 反转再右移 $N$ 得到的序列，而 $x^*[N-n]$ 和 $X^*[N-k]$ 则分别是 $x[n]$ 和 $X[k]$ 共轭反转再右移 $N$ 得到的序列。图 6.26 给出了 $N$ 点序列 $x[n]$ 及其反转右移 $N$ 的 $x[N-n]$ 的图例，从图中看出，$x[N-n]$ 和 $X[N-k]$ 分别是 $x[n]$ 和 $X[k]$ 分别补上 $x[N]=x[0]$ 和 $X[N]=X[0]$ 后，以区间[0，$N$]的中心($n=N/2$ 和 $k=N/2$)反转。因此，DFT 也有同样的对称性质：时域反转将导致频域也反转，时域共轭将导致在频域既共轭又反转，时域共轭又反转只导致频域共轭。差别在于 CFT 和 DTFT 的对称性质中的“反转”指的是以坐标原点左右反转，而 DFT 的对称性质中的“反转”指的是以区间[0，$N$]的中心左右反转。

基于上述说明，仿照 2.6.2 节中偶、奇序列的定义，也可定义如下的 $N$ 点偶、奇序列(或称为**圆周偶、奇对称序列**)：对于 $N$ 点序列 $x[n]$，$n=0, 1, \cdots, N-1$，如果分别有

$$x[n]=x([-n])_N=x[N-n] \quad 和 \quad x[n]=-x([-n])_N=-x[N-n] \tag{6.7.8}$$

即 $x[n]$ 以其区间[0，$N$]的中心($n=N/2$)分别呈现偶、奇对称分布，并分别称为**圆周偶对称序列**和**圆周奇对称序列**。进一步，如果 $x[n]$ 是实序列，又分别满足(6.7.8)式，则分别称为**圆周实偶对称序列**和**圆周实奇对称序列**，且分别记作 $x_e[n]$ 和 $x_o[n]$。

鉴于 5.6 节中定义的 $N$ 点序列 $x[n]$ 及其 DFT $X[k]$ 分别与 $\tilde{x}[n]$($x[n]$ 以周期为 $N$ 的周期延拓变种)及其 DFS 系数 $\tilde{F}_k$ 之间的关系(见(5.6.24)式)，不难由(6.7.4)式的 DFS 对称性质来理解和证明上述 DFT 的对称性质。

**3．拉普拉斯变换和 Z 变换的对称性质**

如果 $f(t)$ 和 $f[n]$ 分别存在拉普拉斯变换和 Z 变换，且收敛域分别包含 S 平面上的虚轴和 Z 平面上的单位圆，那么，上述傅里叶变换的对称性质就分别扩展成双边拉普拉斯变换和双边 Z 变换的对称性质，它们可以分别陈述如下：若分别有

$$f(t) \xleftrightarrow{\text{L}} \{F(s),\ R_F=(\sigma_1<\text{Re}\{s\}<\sigma_2)\} \quad 和 \quad f[n] \xleftrightarrow{\text{Z}} \{F(z),\ R_F=(r_1<|z|<r_2)\}$$

则有

$$f(-t) \xleftrightarrow{\text{L}} \{F(-s),\ -R_F=(-\sigma_2<\text{Re}\{s\}<-\sigma_1)\} \tag{6.7.9}$$

$$f^*(t) \xleftrightarrow{\text{L}} \{F^*(s^*),\ R_F=(\sigma_1<\text{Re}\{s\}<\sigma_2)\} \tag{6.7.10}$$

$$f^*(-t) \xleftrightarrow{\text{L}} \{F^*(-s^*),\ -R_F=(-\sigma_2<\text{Re}\{s\}<-\sigma_1)\} \tag{6.7.11}$$

和

$$f[-n] \xleftrightarrow{\text{Z}} \{F(1/z),\ 1/R_F=(r_2^{-1}<|z|<r_1^{-1})\} \tag{6.7.12}$$

$$f^*[n] \xleftrightarrow{\text{Z}} \{F^*(z^*),\ R_F=(r_1<|z|<r_2)\} \tag{6.7.13}$$

$$f^*[-n] \xleftrightarrow{\text{Z}} \{F^*(1/z^*),\ 1/R_F=(r_2^{-1}<|z|<r_1^{-1})\} \tag{6.7.14}$$

为解释上述对称性质反映的时域变换与复频域中零、极点分布和收敛域改变之间的关系，考察如下的例子：假设某个 $f(t)$ 的拉普拉斯变换和 $f[n]$ 的 Z 变换像函数 $F(s)$ 和 $F(z)$ 分别为

$$F(s)=F_0\frac{(s-z_1)(s-z_2)}{(s-p_1)(s-p_2)}\quad 和\quad F(z)=F_0\frac{(1-z_1z^{-1})(1-z_2z^{-1})}{(1-p_1z^{-1})(1-p_2z^{-1})}$$

则有
$$F(-s)=F_0\frac{(s+z_1)(s+z_2)}{(s+p_1)(s+p_2)},\quad F^*(s^*)=F_0^*\frac{(s-z_1^*)(s-z_2^*)}{(s-p_1^*)(s-p_2^*)},\quad F^*(-s^*)=F_0^*\frac{(s+z_1^*)(s+z_2^*)}{(s+p_1^*)(s+p_2^*)}$$

和
$$F(1/z)=F_0\frac{(1-z_1z)(1-z_2z)}{(1-p_1z)(1-p_2z)},\quad F^*(z^*)=F_0^*\frac{(1-z_1^*z^{-1})(1-z_2^*z^{-1})}{(1-p_1^*z^{-1})(1-p_2^*z^{-1})},\quad F^*(1/z^*)=F_0^*\frac{(1-z_1^*z)(1-z_2^*z)}{(1-p_1^*z)(1-p_2^*z)}$$

在图 6.27 中分别画出它们的零、极点及收敛域图形。

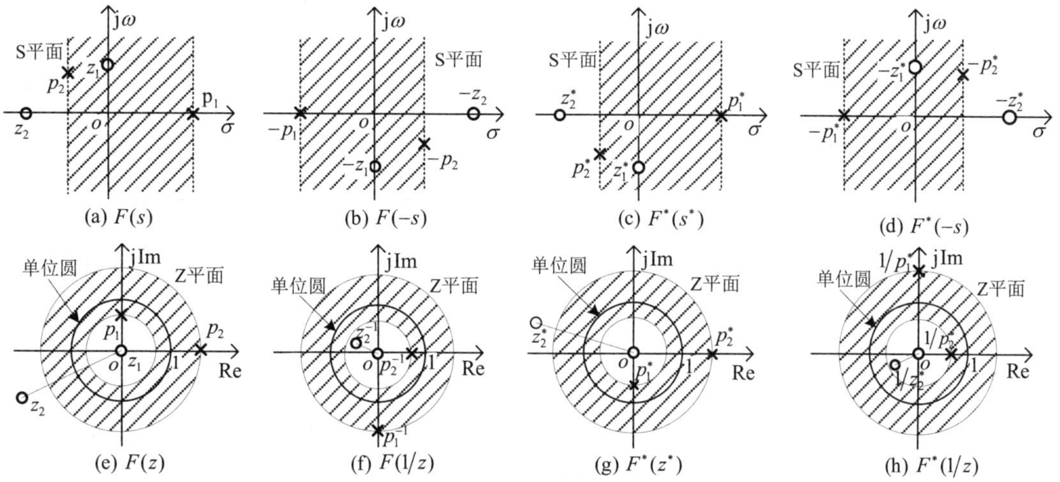


图 6.27　拉普拉斯变换和 Z 变换对称性质的图例说明

上述拉普拉斯变换和 Z 变换的对称性质表明：

(1) $f(t)$ 和 $f[n]$ 在时域反转，将分别导致 $F(s)$ 的收敛域和零、极点在 S 平面上以原点为中心旋转$180^\circ$，原来 $F(s)$ 的零、极点 $z_i$ 和 $p_i$，分别变成 $F(-s)$ 的零、极点 $-z_i$ 和 $p_i$；和导致 Z 平面上 $F(z)$ 的收敛域以单位圆为基准内外翻转，原来 $F(z)$ 的零、极点 $z_i$ 和 $p_i$，分别变成 $F(1/z)$ 的零、极点 $z_i^{-1}$ 和 $p_i^{-1}$，如图 6.26(b)或(f)所示。

(2) $f(t)$ 和 $f[n]$ 在时域共轭，将分别导致 $F(s)$ 和 $F(z)$ 收敛域和零、极点以实轴上、下反转，收敛域不变；原来 $F(s)$ 和 $F(z)$ 的零极点 $z_i$ 和 $p_i$，分别变成 $z_i^*$ 和 $p_i^*$，即 S 平面、Z 平面上的零、极点也以实轴上、下反转，如图 6.26(c)或(g)所示。

(3) $f(t)$ 和 $f[n]$ 在时域既共轭又反转，则 $F(s)$ 和 $F(z)$ 收敛域和零、极点的改变兼有上述两种变换，其结果分别为 $F(s)$ 收敛域和零、极点均以虚轴左右翻转；$F(z)$ 的收敛域和零、极点均以单位圆为基准内外翻转，如图 6.26(d)或(h)所示。

利用上述对称性质，可以由一些已知变换对直接导出另一些变换对，请看下面的例子：

例如，可以由例 5.13 中因果的单边指数信号和序列的拉普拉斯变换和 Z 变换对，即

$$e^{-at}u(t)\xleftrightarrow{\ \mathrm{L}\ }\frac{1}{s+a},\ \mathrm{Re}\{s\}>\mathrm{Re}\{-a\}\quad 和\quad a^nu[n]\xleftrightarrow{\ \mathrm{Z}\ }\frac{1}{1-az^{-1}},\ |z|>|a| \tag{6.7.15}$$

利用(6.7.9)式和(6.7.12)式，可分别得到例 5.15 中反因果的单边指数信号和序列的拉普拉斯变换和 Z 变换对，即

$$-e^{-at}u(-t)\xleftrightarrow{\ \mathrm{L}\ }\frac{1}{s+a},\ \mathrm{Re}\{s\}<\mathrm{Re}\{-a\}\quad 和\quad -a^nu[-n-1]\xleftrightarrow{\ \mathrm{Z}\ }\frac{1}{1-az^{-1}},\ |z|<|a| \tag{6.7.16}$$

**【例 6.19】**　试分别求如下双边实指数衰减信号和序列的 CFT 和 DTFT

$$x(t)=e^{-a|t|},\quad a>0\quad 和\quad x[n]=a^{|n|},\quad 0<|a|<1$$

**解**：实的 $x(t)$ 和 $x[n]$ 的波形分别见图 5.52(a)和(b)。这里利用傅里叶变换的对称性质来求：

若令 $\quad x_1(t)=\mathrm{e}^{-at}u(t)\xleftrightarrow{\text{CFT}}X_1(\omega)\quad$ 和 $\quad x_1[n]=a^n u[n]\xleftrightarrow{\text{DTFT}}\tilde{X}_1(\Omega)$

则 $x(t)$ 和 $x[n]$ 可分别写成 $x(t)=x_1(t)+x_1(-t)$ 和 $x[n]=x_1[n]+x_1[-n]-\delta[n]$。利用例 5.5 的结果(见(5.4.23)式和(5.4.24)式)，可分别求得 $x(t)$ 的 CFT 和 $x[n]$ 的 DTFT 如下：

$$X(\omega)=X_1(\omega)+X_1(-\omega)=\frac{1}{a+\mathrm{j}\omega}+\frac{1}{a-\mathrm{j}\omega}\quad \text{和}\quad \tilde{X}(\Omega)=\tilde{X}_1(\Omega)+\tilde{X}_1(-\Omega)-1=\frac{1}{1-a\mathrm{e}^{-\mathrm{j}\Omega}}+\frac{1}{1-a\mathrm{e}^{\mathrm{j}\Omega}}-1$$

整理简化后分别得到

$$x(t)=\mathrm{e}^{-a|t|}\xleftrightarrow{\text{CFT}}X(\omega)=\frac{2a}{\omega^2+a^2}\quad \text{和}\quad x[n]=a^{|n|}\xleftrightarrow{\text{DTFT}}\tilde{X}(\Omega)=\frac{1-a^2}{1-2a\cos\Omega+a^2}\tag{6.7.17}$$

双边实指数衰减信号和序列的频谱图形如图 6.28 所示。

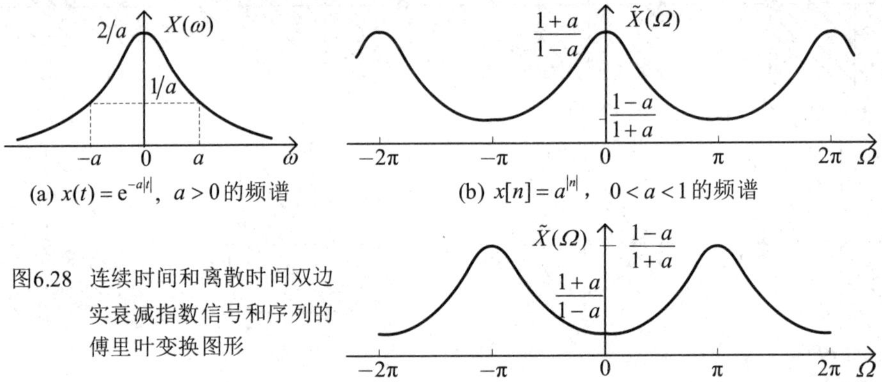


(a) $x(t)=\mathrm{e}^{-a|t|}$，$a>0$ 的频谱

(b) $x[n]=a^{|n|}$，$0<a<1$ 的频谱

(c) $x[n]=a^{|n|}$，$-1<a<0$ 的频谱

图6.28 连续时间和离散时间双边实衰减指数信号和序列的傅里叶变换图形

另一种解法是先分别求出双边实指数衰减信号和序列的拉普拉斯变换和 Z 变换(见第 5 章例 5.19)，再将 $s=\mathrm{j}\omega$ 或 $z=\mathrm{e}^{\mathrm{j}\Omega}$ 分别代入(5.8.37)式的 $F(s)$ 和(5.8.39)式的 $F(z)$，分别得到它们的 CFT 和 DTFT。

**【例 6.20】** 试分别求下列 $x(t)$ 和 $x[n]$ 的拉普拉斯变换和 Z 变换

$$x(t)=\mathrm{e}^{-a|t|}\operatorname{sgn}(t),\ a>0\quad \text{和}\quad x[n]=a^{|n|}\operatorname{sgn}[n],\ 0<|a|<1$$

**解**：如果 $a$ 为实数，且 $x[n]$ 中 $0<a<1$ 时，$x(t)$ 和 $x[n]$ 的波形图见图 5.31(a)和(b)，且可分别写成

$$x(t)=\mathrm{e}^{-at}u(t)-\mathrm{e}^{at}u(-t)\quad \text{和}\quad x[n]=a^n u[n]-a^{-n}u[-n]$$

利用上面(6.7.15)式和(6.7.16)式的结果，$x(t)$ 和 $x[n]$ 的拉普拉斯变换和 Z 变换分别为

$$X(s)=\frac{2s}{s^2-a^2},\ \operatorname{Re}\{-a\}<\operatorname{Re}\{s\}<\operatorname{Re}\{a\}\quad \text{和}\quad X(z)=\frac{1-z^{-2}}{(1-az^{-1})(1-a^{-1}z^{-1})},\ |a|<|z|<1/|a|\tag{6.7.18}$$

## 6.7.2 时域与频域、复频域的对称分布特性之间的关系

2.6.2 节曾讨论过时间函数和序列的时域对称特性，例如奇偶对称和共轭对称等，本小节将讨论时域中的这些对称特性在频域和复频域表示中是怎样体现的。我们将会看到，各种种变换(含级数)的对称性质揭示了时域对称特性与频域和复频域中某种对称特性之间的关系。

**1．复的奇、偶函数和序列的变换域奇、偶对称性质**

如果 $f(t)$ 和 $f[n]$ 分别是时域上的复偶函数和序列，或者复奇函数和序列，以及 $N$ 点序列 $x[n]$ 在其区间[0，$N$]上是复偶对称序列或复奇对称序列(见(6.7.8)式和图 6.26)，即

$$f(t)=\pm f(-t)\quad \text{和}\quad f[n]=\pm f[-n]，以及\quad x[n]=\pm x[N-n]$$

其中，“+”表示偶对称，“−”表示奇对称，根据变换的对称性质(见(6.7.9)式、(6.7.12)式和

(6.7.1)式，以及(6.7.5)式，则它们的拉普拉斯变换 $\{F(s),\ R_F\}$、Z 变换 $\{F(z),\ R_F\}$、傅里叶变换 $F(\omega)$ 和 $\tilde{F}(\Omega)$，以及离散傅里叶变换 $X[k]$ 分别满足：

$$F(s)=\pm F(-s),\quad R_F=-R_F=(-\sigma_0<\mathrm{Re}\{s\}<\sigma_0),\ \sigma_0>0 \tag{6.7.19}$$

$$F(z)=\pm F(1/z),\ R_F=1/R_F=(r_0<|z|<1/r_0),\ 0<r_0<1 \tag{6.7.20}$$

和

$$F(\omega)=\pm F(-\omega)\quad 与\quad \tilde{F}(\Omega)=\pm\tilde{F}(-\Omega) \tag{6.7.21}$$

以及

$$X[n]=\pm X[N-n] \tag{6.7.22}$$

其中，取“+”和“−”号分别对应着时域上的偶对称和奇对称的情况。

下面讨论时域上的奇、偶对称特性分别在复频域(S 平面、Z 平面)和频域($\omega$、$\Omega$)，以及离散傅里叶变换的频域($k$)中又具有什么对称特性。

(1) (6.7.19)式和(6.7.20)式表明：复偶或复奇信号和序列的拉普拉斯变换和 Z 变换的收敛域 $R_F$，分别是 S 平面上以虚轴的对称带域和 Z 平面上以单位圆为准的反比对称圆环；它们像函数的零、极点分别在 S 平面上以原点为中心对称分布，和 Z 平面上以单位圆为准的反比对称分布。换言之，若 $F(s)$ 和 $F(z)$ 分别在 S 平面和 Z 平面的 $p_i$ 和 $z_i$ 有一极点和零点，则 $F(s)$ 和 $F(z)$ 分别在 S 平面的 $-p_i$ 和 $-z_i$ 处和 Z 平面的 $1/p_i$ 和 $1/z_i$ 处必定也是同阶极点和同阶零点。

(2) (6.7.21)式表明：时域上复偶信号和序列的傅里叶变换，分别在频域 $\omega$ 和 $\Omega$ 上也一定是复偶函数和周期为 $2\pi$ 的周期复偶函数；而时域上是复奇信号和序列，则分别在频域 $\omega$ 和 $\Omega$ 上也是复奇函数和周期为 $2\pi$ 的周期复奇函数。例 6.19、例 6.20 和例 5.19 中的双边指数衰减偶、奇信号或序列，就是这种时域和频域对称特性之间的关系的典型例子。

(3) 在区间[0，$N$]上以其中心呈奇、偶对称的 $N$ 点复序列，它们的 $N$ 点 DFT 也分别是在区间[0，$N$]上以其中心呈奇、偶对称的 $N$ 点复序列。

**2．实函数(和实序列)与纯虚函数(和纯虚序列)的变换域共轭对称性质**

时域中的共轭偶、奇对称分别意味着时间函数(或序列)是实函数(或实序列)和纯虚函数(或纯虚序列)。时域中这两种共轭对称特性也必将在频域和复频域中得到体现。

如果 $f(t)$ 或 $f[n]$ 分别是时域上的实函数或实序列，与纯虚函数或纯虚序列，以及 $x[n]$ 是 $N$ 点实序列和纯虚序列，即

$$f(t)=\pm f^*(t)\quad 或\quad f[n]=\pm f^*[n]\quad 以及\quad x[n]=\pm x^*[n]$$

根据变换的对称性质(见(6.7.10)式、(6.7.13)式和(6.7.2)式，以及(6.7.6)式)，则分别有

$$F(s)=\pm F^*(s^*)\quad 或\quad F(z)=\pm F^*(z^*) \tag{6.7.23}$$

$$F(\omega)=\pm F^*(-\omega)\quad 或\quad \tilde{F}(\Omega)=\pm\tilde{F}^*(-\Omega) \tag{6.7.24}$$

$$X[n]=\pm X^*[N-n] \tag{6.7.25}$$

其中，取“+”和“−”号分别对应着时域上的实函数(或序列)和纯虚函数(或序列)的情况。

上述对称特性表明，实函数(或序列)和纯虚函数(或序列)的拉普拉斯变换、Z 变换、傅里叶变换(CFT 和 DTFT)以及 DFT 分别呈现如下的对称特性：

(1) 实函数(或序列)和纯虚函数(或序列)的像函数零、极点均呈现共轭对称分布，亦即，若它们的像函数分别在 $z_i$ 和 $p_i$ 是零点和极点，则 $z_i^*$ 和必定 $p_i^*$ 也分别是同阶零点和极点。换言之，它们在 S 平面和 Z 平面上的零、极点要么是实的零点和极点，要么就是共轭成对的复零、极点。由于时域共轭不导致像函数收敛域改变，故它们的像函数收敛域无另外的对称关系；此外，实函数(或序列)的有理像函数中 $F_0$ 为实常数，而纯虚函数(或序列)的 $F_0$ 为纯虚常数。

(2) 实函数(或序列)和纯虚函数(或序列)的傅里叶变换(CFT 或 DTFT)分别是频域$\omega$或$\Omega$上的共轭偶函数和共轭奇函数。如果把$F(\omega)$或$\tilde{F}(\Omega)$表示成实部与虚部或模与相位形式，即

$$F(\omega)=F_{\mathrm{R}}(\omega)+\mathrm{j}F_{\mathrm{I}}(\omega)=|F(\omega)|e^{\mathrm{j}\varphi(\omega)} \quad \text{或} \quad \tilde{F}(\Omega)=\tilde{F}_{\mathrm{R}}(\Omega)+\mathrm{j}\tilde{F}_{\mathrm{I}}(\Omega)=|\tilde{F}(\Omega)|e^{\mathrm{j}\tilde{\varphi}(\Omega)}$$

则有：**实时间函数**和**实序列**的傅里叶变换一般仍是$\omega$和$\Omega$复值函数，但其实部函数和模函数是实偶函数，而其虚部函数和相位函数则是实奇函数，即分别有

$$F_{\mathrm{R}}(\omega)=F_{\mathrm{R}}(-\omega) \ \text{和}\ \tilde{F}_{\mathrm{R}}(\Omega)=\tilde{F}_{\mathrm{R}}(-\Omega) \quad \text{与} \quad F_{\mathrm{I}}(\omega)=-F_{\mathrm{I}}(-\omega) \ \text{和}\ \tilde{F}_{\mathrm{I}}(\Omega)=-\tilde{F}_{\mathrm{I}}(-\Omega) \tag{6.7.26}$$

$$|F(\omega)|=|F(-\omega)| \ \text{和}\ |\tilde{F}(\Omega)|=|\tilde{F}(-\Omega)| \quad \text{与} \quad \varphi(\omega)=-\varphi(-\omega) \ \text{和}\ \tilde{\varphi}(\Omega)=-\tilde{\varphi}(-\Omega) \tag{6.7.27}$$

**纯虚时间**函数和序列的实部函数和虚部函数却分别为实奇函数和实偶函数，

$$F_{\mathrm{R}}(\omega)=-F_{\mathrm{R}}(-\omega) \ \text{和}\ \tilde{F}_{\mathrm{R}}(\Omega)=-\tilde{F}_{\mathrm{R}}(-\Omega) \quad \text{与} \quad F_{\mathrm{I}}(\omega)=F_{\mathrm{I}}(-\omega) \ \text{和}\ \tilde{F}_{\mathrm{I}}(\Omega)=\tilde{F}_{\mathrm{I}}(-\Omega) \tag{6.7.28}$$

它们的傅里叶变换的**模函数仍是实偶函数**，但相位则是如下的实奇函数

$$\varphi(\omega)=-\varphi(-\omega)=\pm\pi \quad \text{或} \quad \tilde{\varphi}(\Omega)=-\tilde{\varphi}(-\Omega)=\pm\pi \tag{6.7.29}$$

本书中所有实时间函数和序列傅里叶变换的图例，都例证了上述性质。

鉴于连续和离散傅里叶级数具有与 CFT 和 DTFT 那样完全类似的对称性质(见(6.7.4)式)，因此实周期信号和实周期序列的 CFS 系数$F_k$和 DFS 系数$\tilde{F}_k$也有实函数和实序列的傅里叶变换在频域$\omega$和$\Omega$上那样的对称特性，读者可自行写出，或分别参见后面的表 6.10 和表 6.6。

(3) $N$点实序列$x[n]$的 DFT $X[k]$一般是频域$N$点复值序列，但它是区间[0，$N$]上的共轭偶对称序列。具体地说，若$X[k]=X_{\mathrm{R}}[k]+\mathrm{j}X_{\mathrm{I}}[k]$，或者$X[k]=|X[k]|\mathrm{e}^{\mathrm{j}\theta_X[k]}$，则有

$$X_{\mathrm{R}}[k]=X_{\mathrm{R}}[N-k] \quad \text{和} \quad X_{\mathrm{I}}[k]=-X_{\mathrm{I}}[N-k] \tag{6.7.30}$$

或

$$|X[k]|=|X[N-k]| \quad \text{和} \quad \theta_X[k]=-\theta_X[N-k] \tag{6.7.31}$$

这表示$X[k]$实部和模均是区间[0，$N$]上的实偶序列，而$X[k]$虚部和相位则均是区间[0，$N$]上的实奇序列。利用上述实序列离散傅里叶变换的共轭对称性质，可以减少实序列 DFT 的计算量，并在实际中得到充分的应用。

**【例 6.21】** 通用的 FFT 程序都是针对复序列设计的，试用一次这样的$N$点 FFT 程序同时计算两个$N$点实序列$x_1[n]$和$x_2[n]$的$N$点 DFT $X_1[k]$和$X_2[k]$。

**解**：把$x_1[n]$和$x_2[n]$分别作为$N$点复序列$v[n]$的实部和虚部，并令

$$v[n]=x_1[n]+\mathrm{j}x_2[n] \xleftrightarrow{\text{DFT}} V[k]$$

则分别有 $$x_1[n]=0.5\{v[n]+v^*[n]\} \quad \text{和} \quad x_1[n]=-0.5\mathrm{j}\{v[n]-v^*[n]\}$$

利用$N$点 DFT 的线性性质和对称性质，则分别得到

$$X_1[k]=\frac{1}{2}\{V[k]+V^*[N-k]\} \quad \text{和} \quad X_1[k]=-\frac{\mathrm{j}}{2}\{V[k]-V^*[N-k]\}，\ k=0，1，\cdots，N-1$$

因此，只要用一次$N$点 FFT 程序计算出复序列$v[n]$的$N$点 DFT $V[k]$，再按上两式分别计算出两个$N$点实序列$x_1[n]$和$x_2[n]$的$N$点 DFT $X_1[k]$和$X_2[k]$。这比用两次$N$点 FFT 程序计算它们，总计算量减少很多。

无论在连续或离散时间中所遇到实际的信号和 LTI 系统的单位冲激响应等，几乎都是实时间函数或实序列，它们在频域和复频域中均有上述对称分布特性。因此，熟悉实函数和实序列的上述变换域对称分布特性很有实际意义。例如，连续时间实信号的频谱和 LTI 系统(一般为**实系统**)的频率响应，往往只画出它们的正频域部分，负频域上的频谱和频率响应可分别由偶、奇对称性获得；同样，离散时间实信号的频谱和 LTI 系统的频度响应，也往往只需知道[0，$\pi$]部分的频谱和频率响应，其余部分均可以利用它们的偶、奇对称性和周期性得到。

### 3．实偶和实奇函数(或实偶和实奇序列)等的变换域双重对称性质

时域中的双重对称分布特性是指时间函数或序列既是奇、偶函数或序列，又是实(或纯虚)函数或序列，最典型的是时域的实偶函数或实偶序列及实奇函数或实奇序列。它们的变换域表示必然也兼有某种双重对称分布特性。它们的变换域双重对称特性具体体现如下：

(1) 实偶函数和序列与实奇函数和序列的像函数收敛域，分别是 S 平面上以虚轴对称的带域和在 Z 平面上以单位圆的反比对称圆环；它们的零、极点分布分别在 S 平面上以实轴及虚轴和在 Z 平面上以实轴和单位圆都呈现镜像对称分布。换言之，对于实偶或实奇函数，若其像函数在 $z_i$ 和 $p_i$ 分别有一个零点和极点，则 $-z_i$、$z_i^*$ 和 $-z_i^*$ 必定是同阶零点，在 $-p_i$、$p_i^*$ 和 $-p_i^*$ 也必定是同阶极点；对于实偶和实奇序列，若其像函数在 $z_i$ 和 $p_i$ 分别是一个零点和极点，则在 $1/z_i$、$z_i^*$ 和 $1/z_i^*$ 必定是同阶零点，在 $1/p_i$、$p_i^*$ 和 $1/p_i^*$ 也必定是同阶极点。例 5.19 中图 5.52 说明了收敛域和零、极点的这种双重对称分布特性的一个例子，还可以看下面的例子：

**【例 6.22】** 对于如下实的双边衰减的正、余弦信号，试分别求它们的拉普拉斯变换。

$$x_e(t) = e^{-a|t|}\cos\omega_0 t \quad 和 \quad x_o(t) = e^{-a|t|}\sin\omega_0 t \ , \quad a>0$$

**解：** $x_e(t)$ 和 $x_o(t)$ 分别是实偶函数和实奇函数，它们可分别写成

$$x_e(t) = e^{-at}\cos\omega_0 tu(t) + e^{at}\cos\omega_0 tu(-t) \xleftrightarrow{\ \ L\ \ } X_e(s)$$

和

$$x_o(t) = e^{-at}\sin\omega_0 tu(t) + e^{at}\sin\omega_0 tu(-t) \xleftrightarrow{\ \ L\ \ } X_o(s)$$

利用例 6.7 单边指数衰减正、余弦信号的拉普拉斯变换，并根据对称性质，将有

$$X_e(s) = \frac{s+a}{(s+a)^2+\omega_0^2} + \frac{-s+a}{(-s+a)^2+\omega_0^2} = \frac{-2a[s^2-(a^2+\omega_0^2)]}{[(s+a)^2+\omega_0^2][(s-a)^2+\omega_0^2]}, \quad -a<\mathrm{Re}\{s\}<a \tag{6.7.32}$$

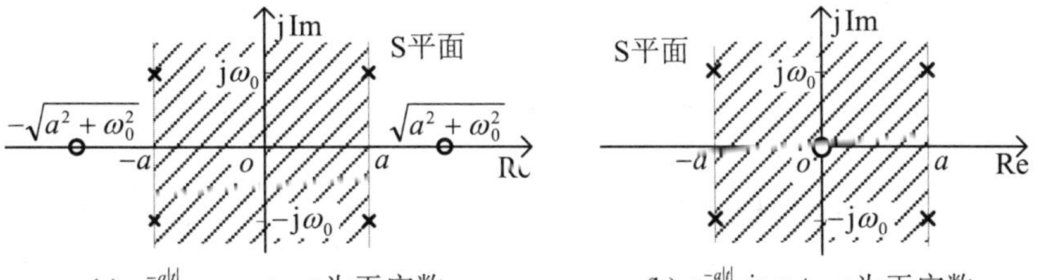


(a) $e^{-a|t|}\cos\omega_0 t$，$a$ 为正实数　　(b) $e^{-a|t|}\sin\omega_0 t$，$a$ 为正实数

图 6.29　连续时间实的双边衰减正、余弦信号之拉普拉斯变换的收敛域和零、极点图

用类似的方法可求得

$$X_o(s) = \frac{-4a\omega_0 s}{[(s+a)^2+\omega_0^2][(s-a)^2+\omega_0^2]}, \quad -a<\mathrm{Re}\{s\}<a \tag{6.7.33}$$

它们的收敛域和零极点分别画在图 6.29(a)和(b)中，四个一阶极点均以实轴和虚轴成镜像关系；实轴上零点的共轭位置不变，故 $X_e(s)$ 在 $\pm\sqrt{\omega_0^2+a^2}$ 为一阶零点，原点以虚轴和实轴的镜像位置仍是原点，故 $X_o(s)$ 在原点是一阶零点。这都充分说明了实偶和实奇信号的像函数收敛域和零、极点的双重对称分布特性。

(2) 实偶函数(或序列)和实奇函数(或序列)的傅里叶变换在频域上分别是**实偶**函数和**虚奇**函数。若傅里叶变换表示成实部与虚部或模与相位，即

$$F(\omega) = F_R(\omega) + jF_I(\omega) = |F(\omega)|e^{j\varphi(\omega)} \quad 或 \quad \tilde{F}(\Omega) = \tilde{F}_R(\Omega) + j\tilde{F}_I(\Omega) = |\tilde{F}(\Omega)|e^{j\tilde{\varphi}(\Omega)}$$

频域的双重对称分布特性分别体现为：

a) 实偶函数与序列的傅里叶变换只有实部，且为实偶函数，其虚部函数等于零；它们傅里叶变换的模为偶函数，相位函数为奇函数，但只取 0 或 $\pm\pi$ 的值。即

$$F(\omega)=F_{\mathrm{R}}(\omega)=F_{\mathrm{R}}(-\omega)\text{和}\tilde{F}(\Omega)=\tilde{F}_{\mathrm{R}}(\Omega)=\tilde{F}_{\mathrm{R}}(-\Omega)\quad\text{与}\quad F_{\mathrm{I}}(\omega)=0\text{和}\tilde{F}_{\mathrm{I}}(\Omega)=0 \tag{6.7.34}$$

及
$$|F(\omega)|=|F(-\omega)|\quad\text{和}\quad\varphi(\omega)=-\varphi(-\omega)=\begin{cases}0, & F(\omega)\geqslant 0\\ \pm\pi, & F(\omega)<0\end{cases} \tag{6.7.35}$$

与
$$|\tilde{F}(\Omega)|=|\tilde{F}(-\Omega)|\quad\text{和}\quad\tilde{\varphi}(\Omega)=-\tilde{\varphi}(-\Omega)=\begin{cases}0, & \tilde{F}(\Omega)\geqslant 0\\ \pm\pi, & \tilde{F}(\Omega)<0\end{cases} \tag{6.7.36}$$

例 5.6、例 5.7 及例 6.5、例 6.8、例 6.12 和例 6.13 等都佐证了上述特性。

b) 实奇函数与序列的傅里叶变换是虚奇函数，其实部函数等于零；而它们傅里叶变换的模仍是偶函数，相位仍为奇函数，但只取$\pm\pi/2$的值，即

$$F(\omega)=\mathrm{j}F_{\mathrm{I}}(\omega)=-\mathrm{j}F_{\mathrm{I}}(-\omega)\text{和}\tilde{F}(\Omega)=\mathrm{j}\tilde{F}_{\mathrm{I}}(\Omega)=-\mathrm{j}\tilde{F}_{\mathrm{I}}(-\Omega)\quad\text{与}\quad F_{\mathrm{R}}(\omega)=0\text{和}\tilde{F}_{\mathrm{R}}(\Omega)=0 \tag{6.7.37}$$

$$|F(\omega)|=|F(-\omega)|\quad\text{和}\quad\varphi(\omega)=-\varphi(-\omega)=\pm\pi/2 \tag{6.7.38}$$

和
$$|\tilde{F}(\Omega)|=|\tilde{F}(-\Omega)|\quad\text{和}\quad\tilde{\varphi}(\Omega)=-\tilde{\varphi}(-\Omega)=\pm\pi/2 \tag{6.7.39}$$

例 5.12 的符号函数或序列，以及奇对称的双边实指数衰减函数或序列的傅里叶变换(见图 5.33 和图 5.32)，都佐证了实奇函数或序列的这种频域双重对称分布特性。

c) 由于离散时间傅里叶变换总是 $2\pi$ 周期的周期函数，即 $\tilde{F}(\Omega)=\tilde{F}(\Omega-2\pi)$。因此，实偶序列的 DTFT 不仅是以 $\Omega=0$ 左右偶对称的周期实偶函数，而且还以 $\Omega=\pi$ 为中心左右偶对称；而实奇序列的 DTFT 则分别是以 $\Omega=0$ 和 $\Omega=\pi$ 为中心左右奇对称的周期虚奇函数。

(3) 对于区间[0，$N$]上的 $N$ 点实偶序列 $x[n]$(即 $x[n]=x_{\mathrm{r}}[n]=x_{\mathrm{r}}[N-n]$)和 $N$ 点实奇序列 $x[n]$(即 $x[n]=x_{\mathrm{r}}[n]=-x_{\mathrm{r}}[N-n]$)，它们的 $N$ 点 DFT $X[k]$ 则分别是区间[0，$N$]上的实偶序列和虚奇序列，可参见图 6.26。具体地说，如果 $X[k]$ 表示成实部和虚部或模和辐角的形式，即 $X[k]=X_{\mathrm{R}}[k]+\mathrm{j}X_{\mathrm{I}}[k]$，或者 $X[k]=|X[k]|\mathrm{e}^{\mathrm{j}\theta_X[k]}$，那么，$N$ 点实偶序列的 $X[k]$ 有

$$X[k]=X_{\mathrm{R}}[k]=X_{\mathrm{R}}[N-k]\quad\text{和}\quad X_{\mathrm{I}}[k]=0 \tag{6.7.40}$$

或
$$|X[k]|=|X[N-k]|\quad\text{和}\quad\theta_X[k]=-\theta_X[N-k]=\begin{cases}0, & X[k]\geqslant 0\\ \pm\pi, & X[k]<0\end{cases} \tag{6.7.41}$$

而 $N$ 点实奇序列的 $X[k]$ 则有

$$X[k]=\mathrm{j}X_{\mathrm{I}}[k]=-\mathrm{j}X_{\mathrm{I}}[N-k]\quad\text{和}\quad X_{\mathrm{R}}[k]=0 \tag{6.7.42}$$

或
$$|X[k]|=|X[N-k]|\quad\text{和}\quad\theta_X[k]=-\theta_X[N-k]=\pm\pi/2 \tag{6.7.43}$$

**4．傅里叶变换(CFT、DTFT 和 DFT)的奇偶虚实性**

所谓傅里叶变换的**奇偶虚实性**，就是时域上实函数或实序列的奇、偶分解，分别对应着频域上它们傅里叶变换的虚、实分解。这就是说，如果 $f(t)$、$f[n]$ 分别为实函数、实序列和 $N$ 点实序列，它们可分别分解为奇分量和偶分量之和，即

$$f(t)=f_{\mathrm{o}}(t)+f_{\mathrm{e}}(t)\quad\text{和}\quad f[n]=f_{\mathrm{o}}[n]+f_{\mathrm{e}}[n] \tag{6.7.44}$$

其中，下标“e”表示偶分量，下标“o”表示奇分量。显然，偶分量是实偶函数和序列，而奇分量为实奇函数和序列。若它们的傅里叶变换(CFT 与 DTFT)分别表示成实部与虚部形式，

即
$$F(\omega)=F_{\mathrm{R}}(\omega)+\mathrm{j}F_{\mathrm{I}}(\omega)\quad\text{与}\quad\tilde{F}(\Omega)=\tilde{F}_{\mathrm{R}}(\Omega)+\mathrm{j}\tilde{F}_{\mathrm{I}}(\Omega) \tag{6.7.45}$$

则有
$$f_{\mathrm{o}}(t)\xleftrightarrow{\text{CFT}}\mathrm{j}F_{\mathrm{I}}(\omega)\quad\text{和}\quad f_{\mathrm{e}}(t)\xleftrightarrow{\text{CFT}}F_{\mathrm{R}}(\omega) \tag{6.7.46}$$

与 $$f_{\mathrm{o}}[n] \xleftrightarrow{\text{DTFT}} \mathrm{j}\tilde{F}_{\mathrm{I}}(\varOmega) \quad 和 \quad f_{\mathrm{e}}[n] \xleftrightarrow{\text{DTFT}} \tilde{F}_{\mathrm{R}}(\varOmega) \tag{6.7.47}$$

又有 $$F_{\mathrm{R}}(\omega)=2\int_0^{\infty} f_{\mathrm{e}}(t)\cos\omega t\mathrm{d}t \quad 和 \quad F_{\mathrm{I}}(\omega)=-2\int_0^{\infty} f_{\mathrm{o}}(t)\sin\omega t\mathrm{d}t \tag{6.7.48}$$

与 $$\tilde{F}_{\mathrm{R}}(\varOmega)=2\sum_{n=0}^{\infty} f_{\mathrm{e}}[n]\cos\varOmega n - f[0] \quad 和 \quad \tilde{F}_{\mathrm{I}}(\varOmega)=-2\sum_{n=0}^{\infty} f_{\mathrm{o}}[n]\sin\varOmega n \tag{6.7.49}$$

这表明，时域实函数和实序列之偶分量的傅里叶变换分别是该实函数和实序列傅里叶变换的实部函数，奇分量的傅里叶变换分别是该实函数和实序列傅里叶变换的虚部函数乘以 j。

$N$ 点实序列 $x[n]$ 的 $N$ 点 DFT 也有类似的时域与频域之间的奇偶虚实性，它可陈述如下：若 $N$ 点实序列 $x[n]$ 在区间[0，$N$]上分解为奇分量和偶分量之和，且

$$x[n]=x_{\mathrm{o}}[n]+x_{\mathrm{e}}[n] \xleftrightarrow{\text{DFT}} X[k]=X_{\mathrm{R}}[k]+\mathrm{j}X_{\mathrm{I}}[k] \tag{6.7.50}$$

其中，$$x_{\mathrm{o}}[n]=\frac{x[n]-x[N-n]}{2}=-x_{\mathrm{o}}[N-n] \quad 和 \quad x_{\mathrm{e}}[n]=\frac{x[n]+x[N-n]}{2}=x_{\mathrm{e}}[N-n] \tag{6.7.51}$$

它们分别称为为 $x[n]$ 的 $N$ 点奇、偶序列分量，并以区间[0, $N$]的中心分别呈奇、偶对称，则

$$x_{\mathrm{o}}[n] \xleftrightarrow{\text{DFT}} \mathrm{j}X_{\mathrm{I}}[k] \quad 和 \quad x_{\mathrm{e}}[n] \xleftrightarrow{\text{DFT}} X_{\mathrm{R}}[k] \tag{6.7.52}$$

这同样表明，$N$ 点实序列 $x[n]$ 在其区间上的 $N$ 点偶、奇分量的 DFT，分别是 $x[n]$ 的 DFT 的实部和虚部乘以 j。

**5. 连续和离散傅里叶级数(CFS 和 DFS)的对称性质**

由于周期函数或序列的 CFS 或 DFS 表示与它们的傅里叶变换(CFT 或 DTFT)表示之间有(5.5.10)式的关系，因此，傅里叶级数(CFS 或 DFS)也有 DFT 或 DTFT 的上述几种对称性质相同的对称性质，请读者自行列出或参见后面表 6.10 表表 6.6。此外，周期为 $N$ 的周期序列的 DFS 系数与 $N$ 点序列的 DFT 系数之间也有(5.6.24)式的关系，故离散傅里叶级数(DFS)也有上述离散傅里叶变换(DFT)的对称性质相同的对称性质，也请读者自行列出或参见后面的表 6.8。

本小节讨论的时域和频域上的对称特性之间的关系，还揭示了时间函数和序列(亦即信号和系统)时域表示的数据量和频域表示的数据量之间所谓“**对等特性**”。可以用离散傅里叶变换(DFT)为例来具体说明这种对等特性：任何不同的 $N$ (假设 $N$ 为偶数)点**复**序列 $x[n]$ 和其离散傅里叶变换 $X[k]$，在时域 $n$ 和频域 $k$ 上都分别需要 $N$ 个复数、即 $2N$ 个实数值来表示或描述。对于任何不同的 $N$ 点**实**序列 $x[n]$，在时域上只需要 $N$ 个实数来表示或描述，尽管其离散傅里叶变换 $X[k]$ 一般仍是 $N$ 个复数，但它在频域 $k$ 上的共轭偶对称特性(见(6.7.30)式和(6.7.31)式)，使它也只需要 $N$ 个实数来表示或描述，这比任何 $N$ 点复序列的描述数据量减少一半；进一步，若 $x[n]$ 是 $N$ 点**实偶**或**实奇**序列，由于其双重对称特性，使它和其 DFT 在时域 $n$ 和频域 $k$ 上都只需要 $N/2$ 个实数来表示或描述，又比 $N$ 点实序列的时域和频域描述数据量减少了一半。显然，上述 CFT、DTFT 和 CFS、DFS 各自的对称性质，也同样揭示了各自在时域与频域表示或描述的数据量具有这种“对等特性”。

## 6.8　尺度变换性质

在 2.4.2 小节中曾讨论过连续时间和离散时间的时域尺度比例变换：例如在连续时间中的

$x(t) \to x(at)$，实数 $a>0$，它导致 $x(t)$ 在时域上比例压缩 $(a>1)$ 和扩展 $(0<a<1)$；而在离散时间中的 $M$ 倍抽取 $x[n] \to x[Mn]$ 和 $M$ 倍内插零 $x[n] \to x_{(M)}[n]$，分别表示离散时域尺度比例地放大和缩小，但并非单纯地导致 $x[n]$ 的时域比例压缩和扩展，一般情况下，还将造成序列形状的改变。本节将介绍上述尺度变换性质，着重讨论经历上述连续时间和离散时间域尺度比例变换后，信号的频域和复频域表示将会发生什么变化，并呈现出什么特性。

## 6.8.1 连续时间尺度比例变换性质和时宽-带宽乘积

**1. 连续时域与频域和复频域(S 域)的尺度反比特性**

连续傅里叶变换和双边拉普拉斯变换的尺度比例变换性质分述如下：若分别有

$$\mathscr{F}\{x(t)\}=X(\omega) \quad 和 \quad \mathscr{L}\{x(t)\}=\{X(s),\ R_X=(\sigma_1<\mathrm{Re}\{s\}<\sigma_2)\}$$

则有

$$x(at) \xleftrightarrow{\text{CFT}} \frac{1}{|a|}X\left(\frac{\omega}{a}\right),\quad 实数\ a\neq 0 \tag{6.8.1}$$

和

$$x(at) \xleftrightarrow{\text{L}} \left\{\frac{1}{|a|}X\left(\frac{s}{a}\right),\quad aR_X=\begin{cases}a\sigma_1<\mathrm{Re}\{s\}<a\sigma_2, & a>0\\ a\sigma_2<\mathrm{Re}\{s\}<a\sigma_1, & a<0\end{cases}\right\} \tag{6.8.2}$$

连续傅里叶变换和双边拉普拉斯变换的尺度比例变换性质表明，除一个幅度因子 $1/|a|$ 外，时域与频域和复频域之间存在着**尺度反比**关系。换言之，当 $a>0$ 时，信号时域上压缩 $a$ 倍 $(a>1)$，即时域尺度增大 $a$ 倍，则在频域和复频域上，其频谱和像函数及其收敛域都将扩展 $a$ 倍(即频域和复频域尺度减小到 $1/a$)；反之，若信号时域上扩展 $(0<a<1)$，相当于时域尺度减小到 $1/a$，则其频谱和像函数及其收敛域都将分别在频域和复频域上压缩相同的倍数。当然，像函数在 S 平面上的扩展和压缩是二维的压扩，又因拉普拉斯变换收敛域仅与 $s$ 的实部有关，收敛域的压扩只体现在实轴上。对 $a<0$ 的情况，$x(at)=x(-|a|t)$，(6.8.1)式和(6.8.2)式既表示上述尺度反比关系，又体现了连续傅里叶变换和拉普拉斯变换的时域反转性质。

为了说明 CFT 的上述尺度比例变换性质，图 6.30 分别画出了在几种不同时域尺度时的偶对称矩形脉冲 $r_\tau(t)$ 及其频谱 $R_\tau(\omega)$，即

$$r_\tau(t)=\begin{cases}1, & |t|<\tau/2\\ 0, & |t|>\tau/2\end{cases} \xleftrightarrow{\text{CFT}} R_\tau(\omega)=\tau\mathrm{Sa}\left(\frac{\omega\tau}{2}\right) \tag{6.8.3}$$

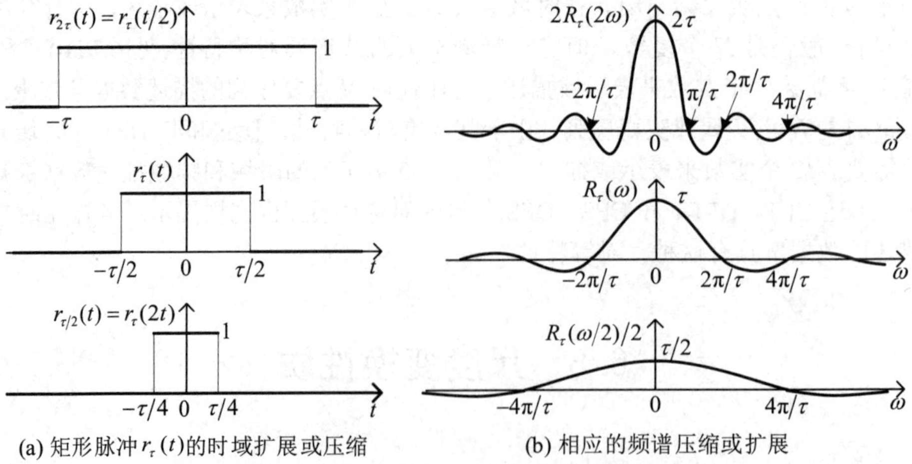


(a) 矩形脉冲 $r_\tau(t)$的时域扩展或压缩　　(b) 相应的频谱压缩或扩展

图 6.30　连续时域与其频域尺度反比关系的图例说明

图 6.30 形象地说明了时域和频域之间的尺度反比关系。图中还解释了幅度因子$1/|a|$的来由：当$a>1$和当$0<a<1$时，在时域上$r_\tau(at)$的面积分别被压缩和扩大到$r_\tau(t)$的$1/|a|$，其频谱的幅度必定分别被减少和增大为$R_\tau(\omega)$的$1/|a|$。不难从概念上理解这种时域和频域的尺度反比关系，因为连续时间信号在时域上压缩或扩展$|a|$倍，说明该信号随时间变化加快或减慢$|a|$倍，构成信号各个分量的频率也将增加或减小$|a|$倍，其频谱必然相应地扩展或压缩$|a|$倍。本书前面还有很多例子说明连续时域与其频域之间的尺度反比变换关系。比如，与(6.8.3)式时域中的矩形脉冲这一傅里叶变换对相对偶，频域中的矩形函数及其傅里叶反变换，即

$$\frac{W}{\pi}\mathrm{Sa}(Wt) \xleftrightarrow{\text{CFT}} r_{2W}(\omega)=\begin{cases}1, & |\omega|<W \\ 0, & |\omega|>W\end{cases} \tag{6.8.4}$$

当(6.8.3)式和(6.8.4)式中的$\tau$和$W$分别趋于无限时，上述两个傅里叶变换对就分别变成

$$1 \xleftrightarrow{\text{CFT}} 2\pi\delta(\omega) \quad 和 \quad \delta(t) \xleftrightarrow{\text{CFT}} 1$$

**2．时宽一带宽乘积**

连续时间中时域和频域的这种尺度反比关系，还可以用信号的所谓“**时宽－带宽乘积**”来描述。信号的**带宽**是指信号频谱占有的频率范围的一种度量，事实上很难定义信号的带宽，特别是对于具有无限频宽的信号。尽管如此，仍有几种广泛采用的低通信号的“带宽”定义：一种是针对具有有限持续期的脉冲信号定义的，这类脉冲信号的幅度频谱呈花瓣状(如图 6.30 和图 6.5 所示的矩形脉冲和升余弦脉冲的幅度谱)，它们的带宽定义为主瓣之半；另一种定义是所谓“3dB 带宽”，即信号频谱幅度下降到峰值(一般在$\omega=0$处)的$1/\sqrt{2}$倍处的频率。

对于图 6.31 那样的任意脉冲状信号$x(t)$及其频谱$X(\omega)$，并假设有$\max\{X(\omega)\}=X(0)$，可以证明$\max\{|x(t)|\}=x(0)$，例 5.8 中的高斯脉冲是典型的例子。如果用如下定义的**等效时宽**$\tau_e$和**等效带宽**$B_e$，分别衡量脉冲信号的时域占有宽度和其频谱的频带宽度，即

$$x(0)\tau_e=\int_{-\infty}^{\infty}x(t)\mathrm{d}t \quad 和 \quad X(0)B_e=\int_{\infty}^{\infty}X(\omega)\mathrm{d}\omega$$

再利用(6.1.1)式和(6.1.3)式的最左式，分别得到

$$x(0)\tau_e=X(0) \quad 和 \quad X(0)B_e=2\pi x(0)$$

把这两式等号两边相乘，最后有

$$\tau_e B_e=2\pi \quad 或 \quad B_e=2\pi/\tau_e \tag{6.8.5}$$

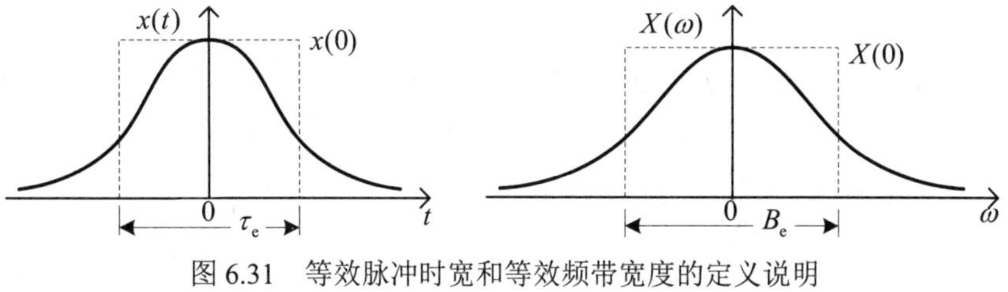


图 6.31　等效脉冲时宽和等效频带宽度的定义说明

上述定义的时宽和带宽都揭示了信号的一个重要特性，即信号的时宽与其频带宽度成反比，换言之，对任何信号而言，其时域占有宽度和频域占有的带宽之乘积是一个常数。

连续傅里叶级数也有时域和频域的尺度反比性质，读者可自行写出，或见后面表 6.10。

正如前一章论述拉普拉斯变换时所指出的，拉普拉斯变换的零、极点分布和收敛域表征了连续时间函数复频域表示的主要“信息”。以这一观点来看待(6.8.2)式表示的拉普拉斯变换

尺度比例变换性质，就可以得出：对 $a>0$，$x(t)$ 在时域上分别压缩($a>1$)和扩展($0<a<1$)，相应地，$X(s)$ 在 S 平面上则分别反比地扩展和压缩，这意味着原来 $X(s)$ 分别在 $z_i$ 和 $p_i$ 的零点和极点，将以原点为中心分别反比地向外扩展和向内压缩，分别变成 $az_i$ 和 $ap_i$ 的零点和极点，但零、极点数目不变，也不改变原有零、极点的阶数；同时，收敛域也分别以虚轴为轴线左右反比地扩展和压缩。图 6.32 中画出了 S 平面上的这种尺度反比变换关系。

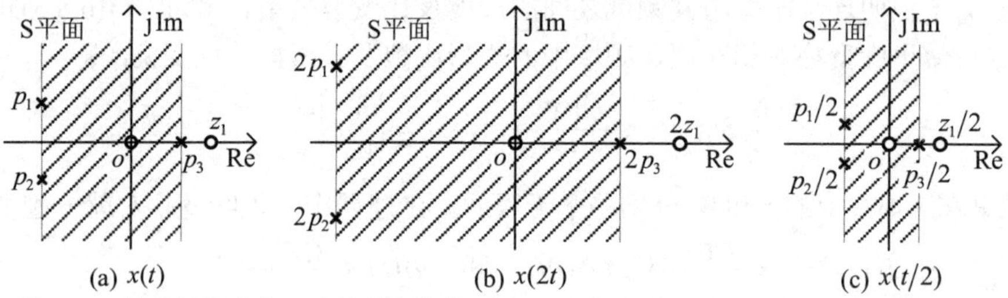


图 6.32 拉普拉斯变换尺度比例变换性质表示的收敛域与零、极点改变的图例说明

如果把上述尺度变换性质和时移性质结合在一起，可以得到如下性质：

则有
$$x(at+t_0) \xleftrightarrow{\text{CFT}} \frac{1}{|a|}X\left(\frac{\omega}{a}\right)e^{j\frac{\omega t_0}{a}}，\quad 实数\ a\neq 0 \tag{6.8.6}$$

和
$$x(at+t_0) \xleftrightarrow{\text{L}} \left\{\frac{1}{|a|}X\left(\frac{s}{a}\right)e^{s\frac{t_0}{a}},\quad aR_X=\begin{cases}a\sigma_1<\mathrm{Re}\{s\}<a\sigma_2, & a>0\\ a\sigma_2<\mathrm{Re}\{s\}<a\sigma_1, & a<0\end{cases}\right\} \tag{6.8.7}$$

这些性质也将有助于求出一些新的连续傅里叶变换和拉普拉斯变换对。

### 6.8.2 离散时间抽取和内插的时域、频域和复频域特性

离散时间尺度比例变换与连续时间尺度比例变换既有类似，也有很大的不同。这里要阐明离散时间抽取和内插零将导致频域和复频域上怎样的尺度变换？讨论它们与连续时间尺度比例变换性质的类比和差别，并从另一个角度认识抽取和内插零系统的特性。

**1．离散时间内插零所体现的尺度变换性质**

离散时间序列 $x[n]$ 通过 $M$ 倍内插零获得的序列 $x_{(M)}[n]$ 为

$$x_{(M)}[n]=\begin{cases}x[n/M], & n=lM\\ 0, & n\neq lM\end{cases},\quad l=0,\ \pm1,\ \pm2\ \cdots \tag{6.8.8}$$

它表明，$x_{(M)}[n]$ 是由 $x[n]$ 在其每个相邻序列值之间插入 $M-1$ 个零值构成。对于上式定义的 $M$ 倍内插零的新序列，Z 变换和离散时间傅里叶变换所揭示的尺度变换特性为：若分别有

$$\mathscr{Z}\{x[n]\}=\{X(z),\quad R_X=(r_1<|z|<r_2)\}\quad 和\quad \mathscr{F}\{x[n]\}=\tilde{X}(\Omega)$$

则有
$$x_{(M)}[n] \xleftrightarrow{\text{Z}} \{X(z^M),\quad R_X^{1/M}=(r_1^{1/M}<|z|<r_2^{1/M})\} \tag{6.8.9}$$

和
$$x_{(M)}[n] \xleftrightarrow{\text{DTFT}} \tilde{X}(M\Omega)=X(e^{jM\Omega}) \tag{6.8.10}$$

上述内插零的尺度变换性质证明如下：若令 $n=lM$，则(6.8.8)式可改写成

$$x_{(M)}[n]=\begin{cases}x[l], & n=lM\\ 0, & n\neq lM\end{cases},\quad l=0,\ \pm1,\ \pm2,\ \cdots$$

对 $x_{(M)}[n]$ 取 Z 变换，则有

$$\mathscr{Z}\left\{x_{(M)}[n]\right\}=\sum_{l=-\infty}^{\infty}x_{(M)}[n]z^{-n}\overset{n=lM}{=}\sum_{l=-\infty}^{\infty}x[l]z^{-lM}=\sum_{l=-\infty}^{\infty}x[l](z^{M})^{-l}=X(z^{M})\,,\quad R_X^{1/M}=(r_1^{1/M}<|z|<r_2^{1/M})\tag{6.8.11}$$

(6.8.9)式得以证明。也可以用类似的方法证明(6.8.10)式，或者将 $z=\mathrm{e}^{\mathrm{j}\Omega}$ 代入(6.8.9)式获得。

这里分别用实例及图 6.33 和图 6.34 来说明离散时间序列 $M$ 倍内插零在频域和复频域中所造成的结果。在例 5.6 中求过偶对称矩形序列 $x[n]=r_{2N_1+1}[n]$ 的 DTFT，它及其 $M$ 倍内插序列的 DTFT 分别为

$$\tilde{X}(\Omega)=\frac{\sin[(2N_1+1)\Omega/2]}{\sin(\Omega/2)}\quad 和 \quad \tilde{X}(M\Omega)=\frac{\sin[(2N_1+1)M\Omega/2]}{\sin(M\Omega/2)}\tag{6.8.12}$$

图 6.33 分别画出了 $N_1=2$ 时的 $x[n]$、$M=2$ 和 3 时的 $x_{(M)}[n]$ 之序列图及它们的 DTFT 频谱。

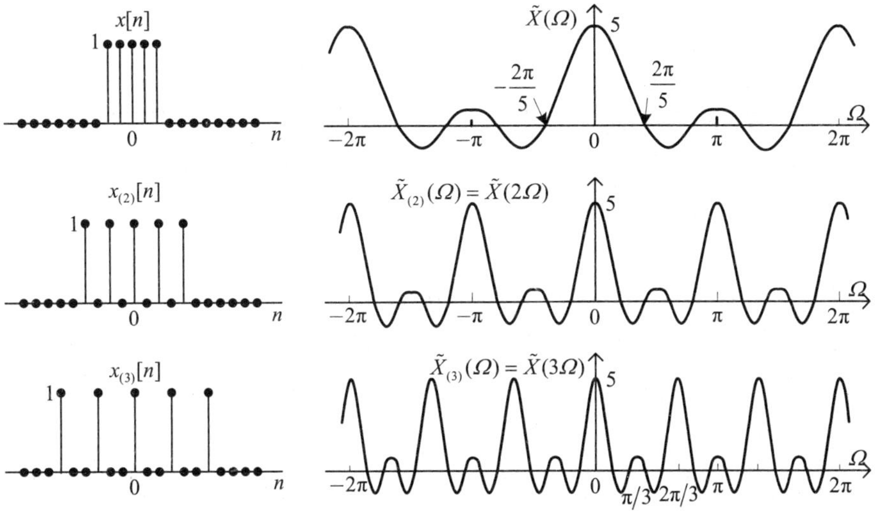


图 6.33　离散时域和其频域之间的反比尺度变换关系的图例说明

图中再次反映了离散时域 $n$ 与频域 $\Omega$ 之间的反比尺度变换关系：时域尺度缩小 $M$ 倍使得 $x[n]$ 在时域上扩展 $M$ 倍(或减慢 $M$ 倍)，这导致其频谱压缩 $M$ 倍；同时也看到，$\tilde{X}(M\Omega)$ 变成周期为 $2\pi/M$ 的周期函数，尽管这并不破坏其 $2\pi$ 的周期特性，但从 $\Omega$ 上看，$\tilde{X}(M\Omega)$ 的谱分布特性已不同于 $\tilde{X}(\Omega)$。例如 $M=2$ 时，$\tilde{X}(\Omega)$ 在 $\Omega=\pm\pi$ 处只有很小的谱密度，而 $\tilde{X}(2\Omega)$ 在该处却有与零频率处相同的谱密度，这说明 $\tilde{X}(2\Omega)$ 包含了较大的 $\mathrm{e}^{\pm\mathrm{j}\pi n}=(-1)^n$ 分量。这是因为在 $x[n]$ 每个相邻序列值之间插入一个零值，实际上大大增加了离散时间信号的变化，必然增强了最高频分量的谱密度。因此从频谱上讲，$M$ 倍内插零已在某种程度上改变了信号的谱结构。这也可从时域得到解释，在时域上仅从序列值包络(不顾及内插的零点)看，$x_{(M)}[n]$ 可看成 $x[n]$ 减慢 $M$ 倍，若顾及内插的零点，就不能看成时域上单纯减慢 $M$ 倍。另外，连续时间尺度变换性质中有幅度因子 $1/|a|$；离散时间内插零不改变序列值的总量，没有这幅度因子。

为了理解和弄清 $M$ 倍内插零在复频域导致的尺度变换特性，考察下面的例子：

离散时间序列 $x[n]$ 及其 Z 变换为

$$x[n]=(1/2)^n u[n]+2^{n+1}u[-n-1]\xleftrightarrow{\ Z\ }X(z)=\frac{-1-z^{-1}}{(1-z^{-1}/2)(1-2z^{-1})}\,,\quad \frac{1}{2}<|z|<2\tag{6.8.13}$$

若令 $y[n]=x_{(2)}[n]$，按照(6.8.9)式，它的 Z 变换像函数为

$$Y(z)=X(z^2)=\frac{-(1-\mathrm{j}z^{-1})(1+\mathrm{j}z^{-1})}{(1-z^{-1}/\sqrt{2})(1+z^{-1}/\sqrt{2})(1-\sqrt{2}z^{-1})(1+\sqrt{2}z^{-1})}\,,\quad \frac{1}{\sqrt{2}}<|z|<\sqrt{2}\tag{6.8.14}$$

图 6.34 中分别画出了 $x[n]$，$y[n]=x_{(2)}[n]$ 及它们 Z 变换的收敛域和零、极点图。收敛域 $R_Y$ 的内外半径分别为 $1/\sqrt{2}$ 和 $\sqrt{2}$，它是 $R_X$ 的内外半径以单位圆为基准的收缩；从零、极点分布来看，$X(z)$ 在 $z=1/2$ 和 $z=2$

各是一阶极点，在 $z=0$ 和 $z=-1$ 各是一阶零点，经过 2 倍内插零后，$Y(z)$ 在 $z=\pm\sqrt{2}$ 和 $z=\pm 1/\sqrt{2}$ 各是一阶极点，在 $z=\pm \mathrm{j}$ 各是一阶零点，$z=0$ 为二阶零点。由此可以看出，不仅零、极点的数目(含阶数)增加了一倍，而且除了原点和无限远点外，所有零、极点的位置也改变了。

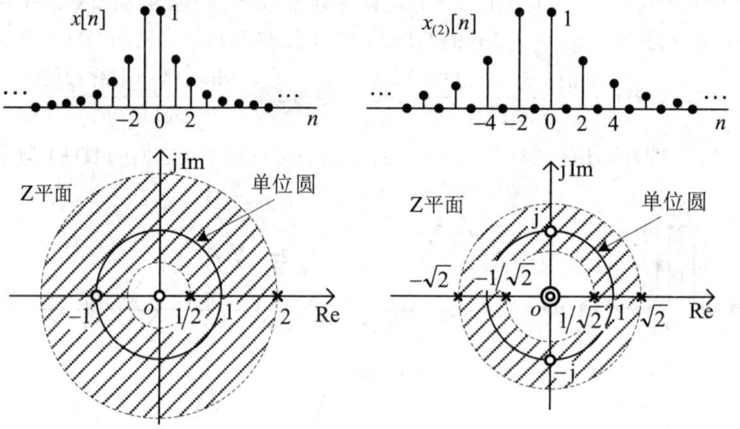


(a) $x[n]$和$X(z)$　　(b) $y[n]=x_{(2)}[n]$ 和 $Y(z)=X(z^2)$

图 6.34　$M$ 倍内插及其 Z 变换收敛域与零、极点改变的图例说明

由此可得出结论：$M$ 倍内插零导致像函数收敛域以单位圆为基准压缩，并将改变其零、极点的数目和位置，即 $X(z)$ 在 $z_i=|z_i|\mathrm{e}^{\mathrm{j}\theta_i}$ 和 $p_i=|p_i|\mathrm{e}^{\mathrm{j}\phi_i}$ 的零点和极点分别变成 $X(z^M)$ 在

$$|z_i|^{1/M}\mathrm{e}^{\mathrm{j}(\theta_i+2\pi k/M)} \quad 和 \quad |p_i|^{1/M}\mathrm{e}^{\mathrm{j}(\phi_i+2\pi k/M)},\quad k=0,\ 1,\ 2,\ \cdots,\ M-1 \tag{6.8.15}$$

的 $M$ 个零点和极点。简言之，$X(z)$ 的一个零点(或一个极点)变成(或产生出)以单位圆为基准径向压缩的圆周上等间隔的 $M$ 个同阶零点(或极点)。

上述分析表明：离散时间 $M$ 倍内插零使序列包络减慢 $M$ 倍，将导致 Z 平面上复变量 $z$ 的模以单位圆为基准的径向压缩，而辐角以 $\Omega=0$ 为基准收缩 $M$ 倍，这和(6.8.10)式所表示的频域压缩 $M$ 倍相一致；且 $M$ 倍内插零产生了新的零、极点，复频谱的结构也改变了。

**2．离散时间抽取体现的尺度变换特性**

对于 $M$ 倍抽取，Z 变换和离散时间傅里叶变换揭示的尺度变换特性分别如下：若分别有

$$\mathscr{Z}\{x[n]\}=\{X(z),\ \ R_X=(r_1<|z|<r_2)\} \quad 和 \quad \mathscr{F}\{x[n]\}=\tilde{X}(\Omega)$$

则分别有

$$x_{\mathrm{d}}[n]=x[Mn]\xleftrightarrow{\ \mathrm{Z}\ }\left\{X_{\mathrm{d}}(z)=\frac{1}{M}\sum_{k=0}^{M-1}X\left(\mathrm{e}^{-\mathrm{j}(2\pi k/M)}z^{1/M}\right),\ \ R_x^M=\left(r_1^M<|z|<r_2^M\right)\right\} \tag{6.8.16}$$

和

$$x_{\mathrm{d}}[n]=x[Mn]\xleftrightarrow{\ \mathrm{DTFT}\ }\tilde{X}_{\mathrm{d}}(\Omega)=\frac{1}{M}\sum_{k=0}^{M-1}X\left(\mathrm{e}^{\mathrm{j}\frac{\Omega-2\pi k}{M}}\right)=\frac{1}{M}\sum_{k=0}^{M-1}\tilde{X}\left(\frac{\Omega-2\pi k}{M}\right) \tag{6.8.17}$$

为了证明这个性质，借用 6.6.2 小节的(6.6.24)式，$x[n]$ 以抽样间隔 $M$ 抽样的已抽样序列 $x_{\mathrm{P}}[n]$ 为

$$x_{\mathrm{P}}[n]=\sum_{l=-\infty}^{\infty}x[lM]\delta[n-lM]=\begin{cases}x[n], & n=lM\\ 0\ \ , & n\neq lM\end{cases},\quad l=0,\ \ \pm1,\ \ \pm2\ \ \cdots \tag{6.8.18}$$

图 6.35 中分别画出了某个 $x[n]$ 及其 $M=3$ 倍已抽样序列 $x_{\mathrm{P}}[n]$ 和 $M=3$ 倍抽取序列 $x_{\mathrm{d}}[n]$ 的序列图，显然有

$$x_{\mathrm{d}}[n]=x[Mn]=x_{\mathrm{P}}[Mn] \tag{6.8.19}$$

若令 $\mathscr{Z}\{x_{\mathrm{P}}[n]\}=\{X_{\mathrm{P}}(z),\ \ R_{\mathrm{P}}\}$ 和 $\mathscr{F}\{x_{\mathrm{P}}[n]\}=\tilde{X}_{\mathrm{P}}(\Omega)$，则(6.8.19)式的 Z 变换为

$$X_{\mathrm{d}}(z)=\sum_{n=-\infty}^{\infty}x[Mn]z^{-n}=\sum_{n=-\infty}^{\infty}x_{\mathrm{P}}[Mn]z^{-n} \tag{6.8.20}$$

根据(6.8.18)式，除当 $n$ 等于 $M$ 整倍数点以外，$x_{\mathrm{P}}[n]$ 均等于 0，则可对上式采用变量代换 $k=Mn$，则有

$$X_{\mathrm{d}}(z)=\sum_{k=-\infty}^{\infty}x_{\mathrm{P}}[k]z^{-k/M}=X_{\mathrm{P}}\left(z^{1/M}\right),\quad R_{\mathrm{P}}^{M}=\left(r_1^M<|z|<r_2^M\right) \tag{6.8.21}$$

利用恒等式(参见图 5.3)

$$\sum_{k=0}^{M-1}\mathrm{e}^{\mathrm{j}k(2\pi/M)n}=\begin{cases}M, & n=lM\\ 0, & n\neq lM\end{cases},\quad l=0,\ \pm1,\ \pm2\ \cdots \tag{6.8.22}$$

由此，(6.8.18)式可改写为

$$x_{\mathrm{P}}[n]=\frac{1}{M}\sum_{k=0}^{M-1}x[n]\mathrm{e}^{\mathrm{j}k(2\pi/M)n},\quad -\infty<n<\infty \tag{6.8.23}$$

对上式取 Z 变换，并利用 Z 变换的 z 域旋转性质(见(6.4.18)式)，可求得 $x_{\mathrm{P}}[n]$ 与 $x[n]$ 的 Z 变换之间关系为

$$X_{\mathrm{P}}(z)=\frac{1}{M}\sum_{k=0}^{M-1}X\left(\mathrm{e}^{-\mathrm{j}k(2\pi/M)}z\right),\quad R_{\mathrm{P}}=R_X \tag{6.8.24}$$

将(6.8.24)式代入(6.8.21)式，就可以证明(6.8.16)式。同理可以证明(6.8.17)式。

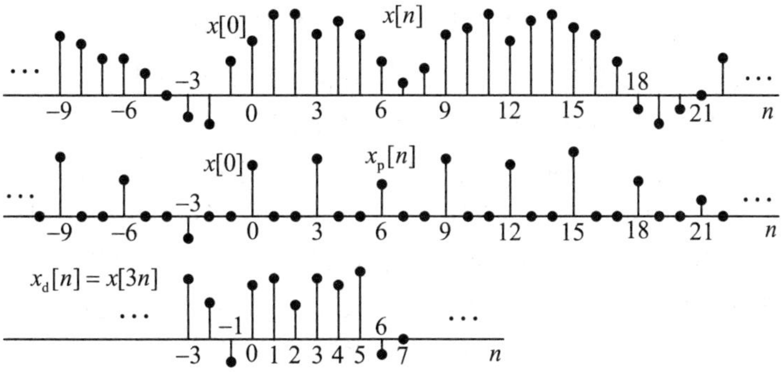


图 6.35　$x[n]$ 间隔 3 的抽样序列 $x_{\mathrm{P}}[n]$ 及 3 倍抽取后的序列 $x_{\mathrm{d}}[n]$

上述证明表明，离散时间抽取实际上由两步组成：第一步为离散时间抽样，$x[n]\to x_{\mathrm{P}}[n]$，将 $x[n]$ 中非 $M$ 整数倍点的序列值置为零；第二步 $x_{\mathrm{P}}[n]\to x_{\mathrm{d}}[n]$，将无意义的零值扔掉，在时域上单纯压缩 $M$ 倍。由此可对离散时间抽取在频域和复频域中的特性作出合理的解释。

在离散时间频域中，$M$ 倍抽取的特性可以用图 6.36 来说明：图中画出了 $M=3$ 的情况，一方面，$M$ 倍抽取体现了离散时域和频域之间的尺度反比变换关系，序列在时域上压缩 $M$ 倍，则等效于其频谱在频域中扩展 $M$ 倍，这体现了上述第二步单纯的尺度变换特性；另一方面，$M$ 倍抽取后的信号频谱，是由 $M$ 个 $\tilde{X}(\Omega)$ 的变种 $\tilde{X}_k(\Omega)$ 叠加而成的，它们为

$$\tilde{X}_k(\Omega)=\frac{1}{M}\tilde{X}\left(\frac{\Omega-2\pi k}{M}\right),\quad k=0,\ 1,\ \cdots,\ M-1 \tag{6.8.25}$$

这 $M$ 个频移变种正是离散时域抽样造成的像。由此看出，一般情况下，除了频域上扩展外还产生了混叠，使抽取序列的频谱构成改变了，甚至与原来的频谱面目全非。这一结果与在 2.3.2 小节中讨论抽取的时域特性时得出的结论相一致。关于 $M$ 倍抽取揭示复频域特性(见(6.8.16)式)，$x[Mn]$ 的像函数是由 $M$ 个具有相同收敛域的像函数 $X_k(z)$ 组成，它们是

$$X_k(z)=(1/M)X(\mathrm{e}^{-\mathrm{j}k(2\pi/M)}z^{1/M}),\quad k=0,\ 1,\ \cdots,\ M-1 \tag{6.8.26}$$

这是离散时域抽样造成的结果，每一个 $X_k(z)$ 均是 $X(z)$ 经历两个变换：首先由 $z^{1/M}$ 造成它在 Z 平面上以单位圆为基准径向扩展，这恰与 $M$ 倍内插零的 $z$ 域的模压缩相反，导致收敛域和零、极点图的模扩展。然后，由因子 $\mathrm{e}^{-\mathrm{j}2\pi k/M}$ 造成的复频移，即零、极点和收敛域以原点为中

心顺时针旋转 $2\pi k/M$ 弧度。这两种变换都导致零、极点数目和位置的变化。

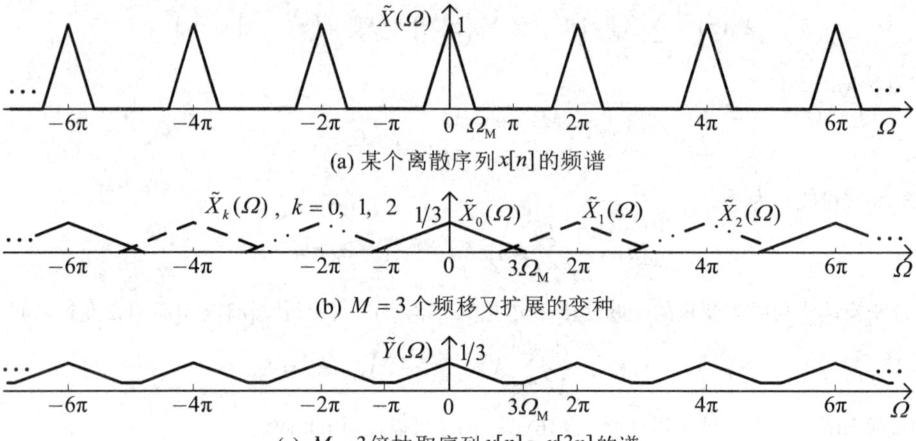

(c) $M=3$ 倍抽取序列 $y[n]=x[3n]$ 的谱

图 6.36 离散时间 $M$ 倍抽取的频域特性的图例说明( $M=3$ )

在离散傅里叶级数中，离散时间内插零和抽取也体现类似的性质，可参见后面表 6.6。由于 $N$ 点序列的内插零和抽取都将改变序列长度，离散傅里叶变换中通常不讨论这样的性质。

这里简单小结一下内插零和抽取所揭示的时域、频域和复频域上的尺度变换特性：一方面，与连续时间中一样，离散时间中也存在着时域与频域、复频域之间反比的尺度变换关系。特别地，在时域 $n$ 和频域 $\Omega$ 之间，时域尺度放大或缩小 $M$ 倍，则频域尺度相反地缩小或放大 $M$ 倍。换言之，离散时间信号在时域上压缩或扩展 $M$ 倍，则其频谱在频域上要扩展或压缩 $M$ 倍；另一方面，两者又有很大的不同，在连续时间中，尺度变换并不改变信号的时域、频域和复频域表示(波形、频谱和零、极点数目)的分布结构，仅尺度上单纯的比例压缩和扩展，正因为如此，可以通过相反的尺度变换恢复出原信号。离散时间中则不同，内插零和抽取不再只导致在时域、频域和复频域中单纯的压缩和扩展，还使它们的分布结构和特性(波形、频谱及零、极点位置和数目等)发生了改变。$M$ 倍内插还可以通过 $M$ 倍抽取恢复出原信号，但是一般说来，离散时间信号经过 $M$ 倍抽取后，再通过 $M$ 倍内插，得不到原信号。

## 6.9 相关定理和帕什瓦尔定理、能量谱与功率谱

本节通过相关定理和帕什瓦尔(Parseval)定理，讨论由各种傅里叶变换(含级数)建立的时域和频域之间的能量与功率关系，所以下面分别针对能量信号和功率信号加以讨论。

**1. 能量信号的相关定理，帕什瓦尔定理和能量谱**

1) CFT、DTFT 和 DFT 的相关定理

对于连续时间和离散时间能量信号 $x(t)$、$v(t)$ 和 $x[n]$、$v[n]$，若分别有

$$\mathscr{F}\{x(t)\}=X(\omega) \quad 和 \quad \mathscr{F}\{x[n]\}=\tilde{X}(\Omega) \quad 与 \quad \mathscr{F}\{v(t)\}=V(\omega) \quad 和 \quad \mathscr{F}\{v[n]\}=\tilde{V}(\Omega)$$

以及 $N$ 点序列 $x[n]$ 和 $v[n]$ 的 $N$ 点 DFT 分别为 $X[k]$ 和 $V[k]$，则分别有

$$R_{xv}(t) \xleftrightarrow{\text{CFT}} X(\omega)V^*(\omega) \quad 和 \quad R_{xv}[n] \xleftrightarrow{\text{DTFT}} \tilde{X}(\Omega)\tilde{V}^*(\Omega) \tag{6.9.1}$$

$$R_{vx}(t) \xleftrightarrow{\text{CFT}} X^*(\omega)V(\omega) \quad 和 \quad R_{vx}[n] \xleftrightarrow{\text{DTFT}} \tilde{X}^*(\Omega)\tilde{V}(\Omega) \tag{6.9.2}$$

及

$$R_{xv}^{\odot}[n] \xleftrightarrow{\text{DFT}} X[k]V^*[k] \quad 和 \quad R_{vx}^{\odot}[n] \xleftrightarrow{\text{DFT}} X^*[k]V[k] \tag{6.9.3}$$

其中，$R_{xv}(t)$、$R_{vx}(t)$ 和 $R_{xv}[n]$、$R_{vx}[n]$ 分别是 $x(t)$ 与 $v(t)$ 的互相关函数和 $x[n]$ 与 $v[n]$ 的互相关序列，而 $R_{xv}^{\odot}[n]$、$R_{vx}^{\odot}[n]$ 分别为两个 $N$ 点序列 $x[n]$ 和 $v[n]$ 的**循环互相关序列**，它们仍是一个 $N$ 点序列，参照(2.7.13)式右式和 6.4.1 小节 $N$ 点序列的循环移位，$R_{xv}^{\odot}[n]$ 的定义如下：

$$R_{xv}^{\odot}[n] = \sum_{m=0}^{N-1} x\big(([n+m])_N\big) v^*[m] = \left(\sum_{m=0}^{N-1} \tilde{x}[n+m]\tilde{v}^*[m]\right) r_N[n] \tag{6.9.4}$$

上述**相关定理**表明：两个连续时间和离散时间能量信号互相关函数的傅里叶变换等于其中一个信号的频谱乘以另一个信号频谱的共轭；两个 $N$ 点序列的循环互相关序列之 $N$ 点 DFT 等于一个序列的 DFT 乘以另一个序列 DFT 的共轭。

对于能量信号 $x(t)$ 和 $x[n]$ 的自相关函数 $R_x(t)$ 和 $R_x[n]$，以及 $N$ 点序列 $x[n]$ 的循环自相关序列 $R_x^{\odot}[n]$，则分别有

$$R_x(t) \xleftrightarrow{\text{CFT}} \left|X(\omega)\right|^2 \quad 和 \quad R_x[n] \xleftrightarrow{\text{DTFT}} \left|\tilde{X}(\Omega)\right|^2 \quad 及 \quad R_x^{\odot}[n] \xleftrightarrow{\text{DFT}} \left|X[k]\right|^2 \tag{6.9.5}$$

这表明：一个能量信号(或序列)的自相关函数之傅里叶变换等于该信号(或序列)傅里叶变换模的平方；$N$ 点序列之循环自相关序列的 DFT 等于该 $N$ 点序列 DFT 的模平方。换言之，一个能量信号自相关函数与该信号的幅度谱的平方成为傅里叶变换对，$N$ 点序列循环自相关序列与 $N$ 点序列之 DFT 的模平方成为离散傅里叶变换对。

按照 3.4.4 小节时域卷积与相关运算的关系，并利用傅里叶变换的对称性质和时域卷积性质(DFT 为时域循环卷积性质)，不难证明上述相关定理。因此，上述傅里叶变换的相关定理和下面的帕什瓦尔定理又可以看成 6.3.1 小节中变换的时域卷积性质的应用结果。

2) CFT、DTFT 和 DFT 的帕什瓦尔定理

分别按照自相关函数及 $N$ 点序列的循环自相关序列的性质(见(2.7.28)式和(6.9.4)式)，将有

$$R_x(0) = \int_{-\infty}^{\infty} \left|x(t)\right|^2 \mathrm{d}t \quad 和 \quad R_x[0] = \sum_{n=-\infty}^{\infty} \left|x[n]\right|^2 \quad 及 \quad R_x^{\odot}[0] = \sum_{n=0}^{N-1} \left|x[n]\right|^2 \tag{6.9.6}$$

再根据(6.1.3)式，又分别有

$$R_x(0) = \frac{1}{2\pi}\int_{-\infty}^{\infty} \left|X(\omega)\right|^2 \mathrm{d}\omega \quad 和 \quad R_x[0] = \frac{1}{2\pi}\int_{\langle 2\pi\rangle} \left|\tilde{X}(\Omega)\right|^2 \mathrm{d}\Omega \quad 及 \quad R_x^{\odot}[0] = \frac{1}{N}\sum_{n=0}^{N-1} \left|X[k]\right|^2 \tag{6.9.7}$$

联合上两式中对应的等式，则分别得到

$$\int_{-\infty}^{\infty} \left|x(t)\right|^2 dt = \frac{1}{2\pi}\int_{-\infty}^{\infty} \left|X(\omega)\right|^2 \mathrm{d}\omega \quad 和 \quad \sum_{n=-\infty}^{\infty} \left|x[n]\right|^2 = \frac{1}{2\pi}\int_{\langle 2\pi\rangle} \left|\tilde{X}(\Omega)\right|^2 \mathrm{d}\Omega \tag{6.9.8}$$

及

$$\sum_{n=0}^{N-1} \left|x[n]\right|^2 = \frac{1}{N}\sum_{n=0}^{N-1} \left|X[k]\right|^2 \tag{6.9.9}$$

上面两式分别称为 CFT 和 DTFT 及 DFT 的**帕什瓦尔定理**。它表明一个能量信号在时域上计算的能量，等于该信号的频谱在频域上计算出的能量。由于 $\omega = 2\pi f$，$f$ 为以 Hz 表示的连续时间频率，通常还把(6.9.8)式右式改写为

$$\int_{-\infty}^{\infty} \left|x(t)\right|^2 \mathrm{d}t = \int_{-\infty}^{\infty} \left|X(f)\right|^2 \mathrm{d}f \tag{6.9.10}$$

3) 连续时间和离散时间信号的能量谱

上述帕什瓦尔公式表明，$\left|X(\omega)\right|^2$ (或 $\left|X(f)\right|^2$ )和 $\left|\tilde{X}(\Omega)\right|^2$ 分别反映连续时间和离散时间能量

信号 $x(t)$ 和 $x[n]$ 的能量在频域上的分布，故把 $|X(\omega)|^2$（或 $|X(f)|^2$）和 $|\tilde{X}(\Omega)|^2$ 分别称为 $x(t)$ 和 $x[n]$ 的**能量密度谱**，简称为**能谱密度**，它们均表示单位带宽内的能量，通常分别记作 $\Psi_x(\omega)$（或 $\Psi_x(f)$）和 $\tilde{\Psi}_x(\Omega)$，即

$$\Psi_x(\omega)=|X(\omega)|^2 \quad 或 \quad \Psi_x(f)=|X(f)|^2 \quad 和 \quad \tilde{\Psi}_x(\Omega)=|\tilde{X}(\Omega)|^2 \tag{6.9.11}$$

这样，信号 $x(t)$ 和 $x[n]$ 的能量可分别写为

$$E_x=\frac{1}{2\pi}\int_{-\infty}^{\infty}\Psi_x(\omega)\mathrm{d}\omega=\int_{-\infty}^{\infty}\Psi_x(f)\mathrm{d}f \quad 或 \quad E_x=\frac{1}{2\pi}\int_{\langle 2\pi\rangle}\tilde{\Psi}_x(\Omega)\mathrm{d}\Omega \tag{6.9.12}$$

在连续时间中，能谱 $\Psi_x(f)$ 的单位为 J/Hz (焦耳/赫兹)。

上述结果还说明，信号的能谱密度仅仅由信号傅里叶变换的模(幅度谱)确定，与信号的相位谱无关。换言之，凡是具有同样幅度谱而相位谱不同的信号，都有相同的能量谱密度。根据(6.9.5)式，能量信号的自相关函数和序列与它的能谱密度函数构成傅里叶变换对，即

$$R_x(t)\xleftrightarrow{\text{CFT}}\Psi_x(\omega) \quad 或 \quad R_x[n]\xleftrightarrow{\text{DTFT}}\tilde{\Psi}_x(\Omega) \tag{6.9.13}$$

通常把能量信号互相关函数和序列的傅里叶变换称为**互谱密度**，分别记作 $\Psi_{xv}(\omega)$、$\Psi_{vx}(\omega)$ 和 $\tilde{\Psi}_{xv}(\Omega)$、$\tilde{\Psi}_{vx}(\Omega)$，根据(6.9.1)式和(6.9.2)式，则分别有

$$\Psi_{xv}(\omega)=X(\omega)V^*(\omega) \quad 和 \quad \Psi_{vx}(\omega)=X^*(\omega)V(\omega) \tag{6.9.14}$$

或

$$\tilde{\Psi}_{xv}(\Omega)=\tilde{X}(\Omega)\tilde{V}^*(\Omega) \quad 和 \quad \tilde{\Psi}_{vx}(\Omega)=\tilde{X}^*(\Omega)\tilde{V}(\Omega) \tag{6.9.15}$$

**2．功率信号的相关定理、帕什瓦尔定理和功率谱**

功率信号在整个时域内的能量是无限的，但其平均功率为有限值。一般说来，除常数信号和周期信号外，功率信号不存在傅里变换表示，因此，不能简单地套用上面能量信号的有关公式。但对于功率信号，也存在着类似的定理来描述时域和频域上平均功率之间的关系。

与能量信号的相关定理相对应，功率信号 $x(t)$、$v(t)$ 和 $x[n]$、$v[n]$，也分别有

$$R_{xv}(t)\xleftrightarrow{\text{CFT}}\lim_{T\to\infty}\frac{1}{2T}X_{2T}(\omega)V_{2T}{}^*(\omega) \tag{6.9.16}$$

和

$$R_{xv}[n]\xleftrightarrow{\text{DTFT}}\lim_{N\to\infty}\frac{1}{2N+1}\tilde{X}_{2N+1}(\Omega)\tilde{V}_{2N+1}^*(\Omega) \tag{6.9.17}$$

其中，$R_{xv}(t)$ 和 $R_{xv}[n]$ 分别为连续和离散时间功率信号的互相关函数；而 $X_{2T}(\omega)$ 和 $V_{2T}(\omega)$ 分别是 $x(t)$ 和 $v(t)$ 截短后的傅里叶变换，$\tilde{X}_{2N+1}(\Omega)$ 和 $\tilde{V}_{2N+1}(\Omega)$ 是 $x[n]$ 和 $v[n]$ 截短后的 DTFT，例如

$$x_{2T}(t)=\begin{cases}x(t), & |t|<T\\ 0\ , & |t|>T\end{cases}\xleftrightarrow{\text{CFT}}X_{2T}(\omega) \tag{6.9.18}$$

和

$$x_{2N+1}[n]=\begin{cases}x[n], & |n|\leqslant N\\ 0, & |n|>N\end{cases}\xleftrightarrow{\text{DTFT}}\tilde{X}_{2N+1}(\Omega) \tag{6.9.19}$$

功率信号的相关函数(见(2.7.18)式和(2.7.19)式)与其傅里叶变换都表示为一个极限形式，除这点外，(6.9.16)式和(6.9.17)式与(6.9.1)式完全类似，故它们称为**功率信号的相关定理**。

对于功率信号 $x(t)$ 和 $x[n]$ 的自相关函数 $R_x(t)$ 和 $R_x[n]$，也分别有

$$R_x(t)\xleftrightarrow{\text{CFT}}\lim_{T\to\infty}\frac{1}{2T}|X_{2T}(\omega)|^2 \quad 或 \quad R_x[n]\xleftrightarrow{\text{DTFT}}\lim_{N\to\infty}\frac{1}{2N+1}|\tilde{X}_{2N+1}(\Omega)|^2 \tag{6.9.20}$$

用证明能量信号帕什瓦尔定理相类似的方法，可以证明如下的功率信号之帕什瓦尔定理：

$$\lim_{T\to\infty}\frac{1}{2T}\int_{-T}^{T}|x(t)|^2\,\mathrm{d}t=\frac{1}{2\pi}\int_{-\infty}^{\infty}\lim_{T\to\infty}\frac{|X_{2T}(\omega)|^2}{2T}\mathrm{d}\omega \tag{6.9.21}$$

和
$$\lim_{N\to\infty}\frac{1}{2N+1}\sum_{n=-N}^{N}\left|x[n]\right|^2=\frac{1}{2\pi}\int_{\langle 2\pi\rangle}\lim_{N\to\infty}\frac{\left|X_{2N+1}(\Omega)\right|^2}{2N+1}\mathrm{d}\Omega \tag{6.9.22}$$

以上两式左边分别是功率信号 $x(t)$ 和 $x[n]$ 在时域中计算的平均功率，右边分别是在频域中计算的平均功率。由此看出，右边积分号内的极限表示功率信号的平均功率在频域的分布，分别称为功率信号 $x(t)$ 和 $x[n]$ 的**功率密度谱**，代表单位频带内功率信号的平均功率，分别记作 $\varPhi_x(\omega)$ 和 $\tilde{\varPhi}_x(\Omega)$。因此，功率信号的自相关函数与其功率谱密度也成傅里叶变换对，即

$$R_x(t)\xleftrightarrow{\text{CFT}}\varPhi_x(\omega)\quad 和 \quad R_x[n]\xleftrightarrow{\text{DTFT}}\tilde{\varPhi}_x(\Omega) \tag{6.9.23}$$

在平稳随机过程的理论中，这一关系称为**维纳－欣钦**(Wienner-Khintchine)**公式**，这是随机信号谱分析的一个重要概念。

周期信号和序列(包括常数信号或序列)是典型的功率信号，尽管它们可以有傅里叶变换，并分别表示为频域 $\omega$ 和 $\Omega$ 上的串冲激和周期为 $2\pi$ 的周期冲激串，它们的自相关函数也分别是与时域具有相同周期的周期信号和序列。由于冲激函数的相乘运算是没有意义的，故不能套用上面能量信号和序列的有关公式。可以用连续和离散傅里叶级数来建立周期信号和序列的频谱与其自相关函数间的关系。假设周期信号 $\tilde{x}(t)$ 和 $\tilde{x}[n]$ 的周期分别为 $T$ 和 $N$，且分别有

$$\tilde{x}(t)\xleftrightarrow{\text{CFS}}X_k \quad 和 \quad \tilde{x}[n]\xleftrightarrow{\text{DFS}}\tilde{X}_k$$

根据 3.4.4 小节中有关周期信号的相关运算和周期卷积的关系，它们的自相关函数分别为

$$\tilde{R}_x(t)=\frac{1}{T}\tilde{x}(t)\circledast\tilde{x}^*(-t) \quad 和 \quad \tilde{R}_x[n]=\frac{1}{N}\tilde{x}[n]\circledast\tilde{x}^*[-n] \tag{6.9.24}$$

用时域周期卷积性质(见(6.3.5)式)，可以证明 CFS 和 DFS 的帕什瓦尔公式分别为：

$$\frac{1}{T}\int_{\langle T\rangle}\left|\tilde{x}(t)\right|^2\mathrm{d}t=\sum_{k=-\infty}^{\infty}\left|X_k\right|^2 \quad 和 \quad \frac{1}{N}\sum_{n\in<N>}\left|\tilde{x}[n]\right|^2=\sum_{k\in<N>}\left|\tilde{X}_k\right|^2 \tag{6.9.25}$$

由于 $\tilde{R}_x(t)$ 和 $\tilde{R}_x[n]$ 分别也是周期为 $T$ 和 $N$ 的周期函数和序列，也可以用其傅里叶变换来分别表示 $\tilde{x}(t)$ 和 $\tilde{x}[n]$ 的功率谱密度谱 $\varPhi_x(\omega)$ 和 $\tilde{\varPhi}_x(\Omega)$，即

$$\varPhi_x(\omega)=2\pi\sum_{k=-\infty}^{\infty}\left|X_k\right|^2\delta\left(\omega-k\frac{2\pi}{T}\right) \quad 和 \quad \tilde{\varPhi}_x(\Omega)=2\pi\sum_{k=-\infty}^{\infty}\left|\tilde{X}_k\right|^2\delta\left(\Omega-k\frac{2\pi}{N}\right) \tag{6.9.26}$$

其中，$\left|X_k\right|^2$ 和 $\left|\tilde{X}_k\right|^2$ 分别为周期自相关函数 $\tilde{R}_x(t)$ 和 $\tilde{R}_x[n]$ 的 CFS 和 DFS 系数。

上述结果表明：周期信号的功率谱是由分布在离散频率 $k(2\pi/T)$ 和 $k(2\pi/N)$ 上的冲激串构成，每个冲激的强度等于其傅里叶级数系数的模平方乘以 $2\pi$；同样地，在时域上计算周期信号的平均功率等于它在频域上计算出的平均功率(见(6.9.25)式)。

## 6.10　希尔伯特变换

连续和离散时间傅里叶变换还揭示了称为“希尔伯特(Hilbert)变换”的性质，这包括几种不同形式的希尔伯特变换。由希尔伯特变换所获得的概念和方法，在信号与系统以及信号处理的理论和实践中有重要的意义和实际应用，本节分别介绍和讨论这些希尔伯特变换。

## 6.10.1 因果时间函数和序列的傅里叶变换之实部或虚部自满性

为了引出希尔伯特变换，首先考察因果时间函数和序列的傅里叶变换有什么特性。

**1．因果时间函数傅里叶变换的实部或虚部自满性**

若 $f(t)$ 为一复的因果时间函数，即 $f(t)=0$，$t<0$，且在 $t=0$ 处不包含 $\delta(t)$ 及其导数，以及 $f(t)$ 的傅里叶变换表示为实部和虚部形式，即

$$f(t) \xleftrightarrow{\text{CFT}} F(\omega)=F_{\mathrm{R}}(\omega)+\mathrm{j}F_{\mathrm{I}}(\omega) \tag{6.10.1}$$

则有

$$F_{\mathrm{R}}(\omega)=\frac{1}{\pi}\int_{-\infty}^{\infty}\frac{F_{\mathrm{I}}(\omega)}{\omega-\sigma}\mathrm{d}\sigma \quad 和 \quad F_{\mathrm{I}}(\omega)=-\frac{1}{\pi}\int_{-\infty}^{\infty}\frac{F_{\mathrm{R}}(\omega)}{\omega-\sigma}\mathrm{d}\sigma \tag{6.10.2}$$

上式证明如下：上述的因果时间函数 $f(t)$ 可等价表示为

$$f(t)=f(t)u(t) \tag{6.10.3}$$

对等式两边取傅里叶变换，利用 $u(t)$ 的傅里叶变换(见(5.5.35)式左式)，并根据 CFT 的频域卷积性质，则有

$$F_{\mathrm{R}}(\omega)+\mathrm{j}F_{\mathrm{I}}(\omega)=\frac{1}{2\pi}\left[F_{\mathrm{R}}(\omega)+\mathrm{j}F_{\mathrm{I}}(\omega)\right]*\left[\pi\delta(\omega)+\frac{1}{\mathrm{j}\omega}\right]=\left[\frac{F_{\mathrm{R}}(\omega)}{2}+\frac{1}{2\pi}F_{\mathrm{I}}(\omega)*\frac{1}{\omega}\right]+\mathrm{j}\left[\frac{F_{\mathrm{I}}(\omega)}{2}-\frac{1}{2\pi}F_{\mathrm{R}}(\omega)*\frac{1}{\omega}\right]$$

上式等号两边实部和虚部应分别相等，并整理后分别得到

$$F_{\mathrm{R}}(\omega)=\frac{1}{\pi}F_{\mathrm{I}}(\omega)*\frac{1}{\omega}=\frac{1}{\pi}\int_{-\infty}^{\infty}\frac{F_{\mathrm{I}}(\sigma)}{\omega-\sigma}\mathrm{d}\sigma \quad 和 \quad F_{\mathrm{I}}(\omega)=-\frac{1}{\pi}F_{\mathrm{R}}(\omega)*\frac{1}{\omega}=-\frac{1}{\pi}\int_{-\infty}^{\infty}\frac{F_{\mathrm{R}}(\sigma)}{\omega-\sigma}\mathrm{d}\sigma \tag{6.10.4}$$

由此，(6.10.2)式得到证明。

(6.10.2)式可以称为**连续希尔伯特变换**，它表明，对于满足(6.10.3)式的任意复因果时间函数，其傅里叶变换的实部和虚部构成连续希尔伯特变换对。换言之，它们的实部和虚部相互是不独立的，即实部可由虚部唯一地确定，反之亦然。即

$$F(\omega)=F_{\mathrm{R}}(\omega)-\mathrm{j}\frac{1}{\pi}\int_{-\infty}^{\infty}\frac{F_{\mathrm{R}}(\sigma)}{\omega-\sigma}\mathrm{d}\sigma \quad 和 \quad F(\omega)=\frac{1}{\pi}\int_{-\infty}^{\infty}\frac{F_{\mathrm{I}}(\sigma)}{\omega-\sigma}\mathrm{d}\sigma+\mathrm{j}F_{\mathrm{I}}(\omega) \tag{6.10.5}$$

因此，上述特性又称为因果时间函数傅里叶变换的**实部自满性或虚部自满性**。

**2．因果序列 DTFT 的实部或虚部自满性**

离散时间复的因果序列的 DTFT 也有同样的特性。若 $f[n]$ 为一般复因果序列，即

$$f[n]=f[n]u[n] \tag{6.10.6}$$

则分别有

$$\tilde{F}_{\mathrm{R}}(\Omega)=\frac{1}{2\pi}\int_{\langle 2\pi\rangle}\tilde{F}_{\mathrm{I}}(\Omega)\mathrm{ctg}\frac{\Omega-\sigma}{2}\mathrm{d}\sigma+f_r[0] \tag{6.10.7}$$

和

$$\tilde{F}_{\mathrm{I}}(\Omega)=-\frac{1}{2\pi}\int_{\langle 2\pi\rangle}\tilde{F}_{\mathrm{R}}(\Omega)\mathrm{ctg}\frac{\Omega-\sigma}{2}\mathrm{d}\sigma+f_{\mathrm{i}}[0] \tag{6.10.8}$$

其中，$f_{\mathrm{r}}[0]=\mathrm{Re}\{f[0]\}$，$f_{\mathrm{i}}[0]=\mathrm{Im}\{f[0]\}$。下面针对一般的复因果序列来证明上述性质。

令

$$f[n]=f_{\mathrm{r}}[n]+\mathrm{j}f_{\mathrm{i}}[n] \xleftrightarrow{\text{DTFT}} \tilde{F}(\Omega)=\tilde{F}_{\mathrm{R}}(\Omega)+\mathrm{j}\tilde{F}_{\mathrm{I}}(\Omega) \tag{6.10.9}$$

且有

$$f_{\mathrm{r}}[n] \xleftrightarrow{\text{DTFT}} \tilde{F}_{\mathrm{R}}(\Omega)=\tilde{R}_{\mathrm{r}}(\Omega)+\mathrm{j}\tilde{I}_{\mathrm{r}}(\Omega) \quad 和 \quad f_{\mathrm{i}}[n] \xleftrightarrow{\text{DTFT}} \tilde{F}_{\mathrm{I}}(\Omega)=\tilde{R}_{\mathrm{i}}(\Omega)+\mathrm{j}\tilde{I}_{\mathrm{i}}(\Omega) \tag{6.10.10}$$

联立(6.10.9)式和(6.10.10)式，可以得到

$$\tilde{F}(\Omega)=[\tilde{R}_{\mathrm{r}}(\Omega)-\tilde{I}_{\mathrm{i}}(\Omega)]+\mathrm{j}[\tilde{R}_{\mathrm{i}}(\Omega)+\tilde{I}_{\mathrm{r}}(\Omega)] \tag{6.10.11}$$

对(6.10.6)式两边取 DTFT，并借助 $u[n]$ 的傅里叶变换(见(5.5.35)式右式)及 DTFT 频域卷积性质，则有

$$\tilde{F}(\Omega)=\frac{1}{2\pi}\left\{[\tilde{R}_{\mathrm{r}}(\Omega)-\tilde{I}_{\mathrm{i}}(\Omega)]+\mathrm{j}[\tilde{R}_{\mathrm{i}}(\Omega)+\tilde{I}_{\mathrm{r}}(\Omega)]\right\}\circledast\left[\pi\sum_{k=-\infty}^{\infty}\delta(\Omega-2\pi k)+\frac{1}{2}-\mathrm{j}\frac{1}{2}\cot\frac{\Omega}{2}\right]$$

$$=\frac{1}{2}\left[\tilde{F}_{R}(\Omega)+\frac{1}{2\pi}\int_{\langle 2\pi\rangle}\tilde{R}_{r}(\Omega)d\Omega+\frac{1}{2\pi}\tilde{F}_{I}(\Omega)\circledast\cot\frac{\Omega}{2}\right]$$

$$+\frac{j}{2}\left[\tilde{F}_{I}(\Omega)+\frac{1}{2\pi}\int_{\langle 2\pi\rangle}\tilde{I}_{i}(\Omega)d\Omega-\frac{1}{2\pi}\tilde{F}_{R}(\Omega)\circledast\cot\frac{\Omega}{2}\right]$$

上式与(6.10.11)式相等，并让等式两边的实部和虚部分别相等，则分别得到

$$\tilde{F}_{R}(\Omega)=\frac{1}{2\pi}\tilde{F}_{I}(\Omega)\circledast\cot\frac{\Omega}{2}+\frac{1}{2\pi}\left[\int_{\langle 2\pi\rangle}\tilde{R}_{r}(\Omega)d\Omega-\int_{\langle 2\pi\rangle}\tilde{I}_{i}(\Omega)d\Omega\right] \tag{6.10.12}$$

$$\tilde{F}_{I}(\Omega)=-\frac{1}{2\pi}\tilde{F}_{R}(\Omega)\circledast\cot\frac{\Omega}{2}+\frac{1}{2\pi}\left[\int_{\langle 2\pi\rangle}\tilde{I}_{r}(\Omega)d\Omega+\int_{\langle 2\pi\rangle}\tilde{R}_{i}(\Omega)d\Omega\right] \tag{6.10.13}$$

其中，$\tilde{I}_{r}(\Omega)$、$\tilde{I}_{i}(\Omega)$ 和 $\tilde{R}_{r}(\Omega)$、$\tilde{R}_{i}(\Omega)$ 分别为实序列 $f_{r}[n]$ 和 $f_{i}[n]$ 的 DTFT 之虚部和实部，根据实序列 DTFT 的频域对称特性(见(6.7.26)式)，它们分别是周期 2π 的实奇函数和实偶函数，故分别有

$$\int_{\langle 2\pi\rangle}\tilde{I}_{r}(\Omega)d\Omega=0 \quad 及 \quad \frac{1}{2\pi}\int_{\langle 2\pi\rangle}\tilde{R}_{r}(\Omega)d\Omega=\frac{1}{2\pi}\int_{\langle 2\pi\rangle}\tilde{F}_{R}(\Omega)d\Omega=f_{r}[0] \tag{6.10.14}$$

和

$$\int_{\langle 2\pi\rangle}\tilde{I}_{i}(\Omega)d\Omega=0 \quad 及 \quad \frac{1}{2\pi}\int_{\langle 2\pi\rangle}\tilde{R}_{i}(\Omega)d\Omega=\frac{1}{2\pi}\int_{\langle 2\pi\rangle}\tilde{F}_{I}(\Omega)d\Omega=f_{i}[0] \tag{6.10.15}$$

将(6.10.14)式和(6.10.15)式代入(6.10.12)式和(6.10.13)式，就分别证明了(6.10.7)式和(6.10.8)式。

因果序列的 DTFT 之实部和虚部满足的上述关系是另一种希尔伯特变换，可称为**周期连续希尔伯特变换**，为此，也可把(6.10.2)式称为**非周期连续希尔伯特变换**。它同样表明，在离散时间情况中，任何因果序列 $f[n]$ 的 DTFT 之实部和虚部彼此也不独立，除 $f[0]$ 这个值外，其虚部由实部唯一地确定，反之亦然，另一半(虚部或实部)是多余的。

如果 $f[n]$ 为实因果序列，(6.10.7)式和(6.10.8)式可归结为

$$\tilde{F}_{R}(\Omega)=\frac{1}{2\pi}\int_{\langle 2\pi\rangle}\tilde{F}_{I}(\Omega)\cot\frac{\Omega-\sigma}{2}d\sigma+f[0] \quad 和 \quad \tilde{F}_{I}(\Omega)=-\frac{1}{2\pi}\int_{\langle 2\pi\rangle}\tilde{F}_{R}(\Omega)\cot\frac{\Omega-\sigma}{2}d\sigma \tag{6.10.16}$$

则实因果序列 $f[n]$ 的 DTFT 可以表示成

$$\tilde{F}(\Omega)=\tilde{F}_{R}(\Omega)-j\tilde{F}_{R}(\Omega)\circledast\frac{1}{2\pi}\cot\frac{\Omega}{2} \quad 或 \quad \tilde{F}(\Omega)=\tilde{F}_{I}(\Omega)\circledast\frac{1}{2\pi}\cot\frac{\Omega}{2}+j\tilde{F}_{I}(\Omega)+f[0] \tag{6.10.17}$$

对于复因果序列，它的 DTFT 也可以表示成类似的形式，读者可自行写出。因此，上述特性也称为因果序列 DTFT 的**实部(或虚部)自满性**。

这里需指出，实际中的因果时间函数和序列一般都是实函数和实序列，例如，因果实信号和实因果 LTI 系统的单位冲激响应等。正因为如此，大部分《信号与系统》或其他有关著作中，只讨论实因果时间函数和序列的傅里叶变换之实部和虚部互成希尔伯特变换对。事实上，该性质对一般的复因果函数和序列也成立。本书强调这一点，正是因为因果性和奇偶对称性、共轭对称性一样，都体现时间函数和序列在时域上的一种分布特性。正如实偶或实奇函数和序列在时域上具有双重对称分布特性一样，实因果函数或序列也体现时域上的一种双重对称分布特性，即实因果函数和序列的傅里叶变换或 DTFT 之实部和虚部不仅分别是实偶和实奇函数，而且它们各自不独立，相互之间还满足希尔伯特变换。此外，下一小节将看到它们的对偶，即如果一个复时间信号的实部和虚部满足时域中的希尔伯特变换，则它的频谱在负频域(或正频域)中等于 0。那时涉及的傅里叶变换是频域的复函数，并不限于频域的实函数。

因果时间函数和序列的这一特性有重要的实际意义，它揭示了因果 LTI 系统的一个重要特性，即因果 LTI 系统的频率响应 $H(\omega)$ 和 $\tilde{H}(\Omega)$ 之实部和虚部存在一种约束关系，即它们分别满足非周期和周期连续希尔伯特变换。同样地，因果 LTI 系统的幅频响应和相位响应之间

也有如下的约束关系：若因果 LTI 系统频率响应 $H(\omega)$ 和 $\tilde{H}(\Omega)$ 表示为模和相位的形式(见(5.4.42)式)，并分别取对数则为

$$\ln H(\omega)=\ln|H(\omega)|+\mathrm{j}\varphi(\omega) \quad 和 \quad \ln\tilde{H}(\Omega)=\ln|\tilde{H}(\Omega)|+\mathrm{j}\tilde{\varphi}(\Omega) \tag{6.10.18}$$

可以证明(见 8.7.2 小节)，对于因果的最小相移系统，其对数幅频响应 $\ln|H(\omega)|$ 和 $\ln|\tilde{H}(\Omega)|$ 与相频响应 $\varphi(\omega)$ 和 $\tilde{\varphi}(\Omega)$ 分别满足非周期和周期连续希尔伯特变换，即

$$\ln|H(\omega)|=\frac{1}{\pi}\int_{-\infty}^{\infty}\frac{\varphi(\omega)}{\omega-\sigma}\mathrm{d}\sigma \quad 和 \quad \varphi(\omega)=-\frac{1}{\pi}\int_{-\infty}^{\infty}\frac{\ln|H(\omega)|}{\omega-\sigma}\mathrm{d}\sigma \tag{6.10.19}$$

$$\ln|\tilde{H}(\Omega)|=\tilde{\varphi}(\Omega)\circledast\frac{1}{2\pi}\cot\frac{\Omega}{2}+\hat{h}[0] \quad 和 \quad \tilde{\varphi}(\Omega)=-\ln|\tilde{H}(\Omega)|\circledast\frac{1}{2\pi}\cot\frac{\Omega}{2} \tag{6.10.20}$$

其中，$\hat{h}[0]$ 是 $\hat{h}[n]=\mathscr{F}\{\ln\tilde{H}(\Omega)\}$ 在 $n=0$ 的值。

因果 LTI 系统频率响应的实部和虚部，或它们的幅频响应和相频响应，二者彼此是相互依赖的。这个特性提醒人们：在系统的设计和实现中，当设计好一个幅频响应后，不能再任意地选择所希望的相频响应，或者相反，否则，不能确保设计出来的系统是一个因果 LTI 系统，因此就无法实现。这里做个通俗的比方，因果 LTI 系统频率响应的实部和虚部，或者其幅频响应和相频响应之间是有“姻缘”的，例如，实部和虚部之间的“姻缘”就是上面讨论的希尔伯特变换，因此，切不能“乱点鸳鸯谱”，也不可任意“拉郎配”。

## 6.10.2 解析信号的希尔伯特变换表示法

6.7.2 小节讨论过 CFT 和 DTFT 这样对称特性，即尽管实信号和实序列的傅里叶变换是频域的复值函数，但是其实部和虚部，或者模和相位，分别是频域的实偶和实奇函数。正如 6.7 节最后指出的那样，它体现了时域和频域上实信号和实序列描述维数的一种对等特性，即无论在时域还是频域，实信号和实序列的描述维数只需要复信号和复序列描述维数的一半。换另一个角度看，既然实信号之傅里叶变换的实部和虚部(或模和相位)分别是频域的实偶和实奇函数，它们的奇、偶对称性使得各自也只需正频域(或负频域)中的实函数就可表示。这种用半个频域(正频域或负频域)的复函数来表示实信号和实序列傅里叶变换的想法，导致了解析信号的希尔伯特变换表示法，它又体现了时域和频域间对等特性的一种互换。

**1. 连续时间解析信号的希尔伯特变换表示法**

假设一个复信号 $v(t)$ 表示为实部和虚部形式，且其傅里叶变换为 $V(\omega)$，即

$$v(t)=x(t)+\mathrm{j}\hat{x}(t)\xleftrightarrow{\text{CFT}}V(\omega)=X(\omega)+\mathrm{j}\hat{X}(\omega) \tag{6.10.21}$$

若其实部信号 $x(t)$ 与虚部信号 $\hat{x}(t)$ 之间满足如下非周期连续希尔伯特变换

$$\hat{x}(t)=\frac{1}{\pi}\int_{-\infty}^{\infty}\frac{x(\tau)}{t-\tau}\mathrm{d}\tau \quad 和 \quad x(t)=-\frac{1}{\pi}\int_{-\infty}^{\infty}\frac{\hat{x}(\tau)}{t-\tau}\mathrm{d}\tau \tag{6.10.22}$$

则该复数信号 $v(t)$ 的傅里叶变换 $V(\omega)$ 之非零部分仅限于正频域，即

$$V(\omega)=0,\ \omega<0 \quad 或 \quad V(\omega)=V(\omega)u(\omega) \tag{6.10.23}$$

其中，$u(\omega)$ 是频域 $\omega$ 上的单位阶跃函数。这表明：若一个复信号的实部和虚部彼此构成非周期连续函数的一个希尔伯特变换对，则其傅里叶变换必定是频域上的一个因果连续函数。人们把实部和虚部满足上述希尔伯特变换关系的复信号 $v(t)$ 称为**解析信号**，其虚部信号 $\hat{x}(t)$ 不独立，可以由其实部信号 $x(t)$ 导出，故称为实信号 $x(t)$ 的**陪伴虚部信号**。用解析信号 $v(t)$ 代表实

信号 $x(t)$，使傅里叶变换(解析信号的频谱)只限于正频域(或负频域)部分，这种实信号的复数化表示法称为**解析信号表示法**，它是由盖勃(D Gabor，匈牙利)在 1964 年提出的，故又称为**盖勃表示法**。下面用不同于前一小节的另一种方法，来证明上述解析信号表示法。

(6.10.22)式实际上是卷积积分运算，它们可分别改写为

$$\hat{x}(t)=x(t)*(1/\pi t)=x(t)*h(t) \quad 和 \quad x(t)=\hat{x}(t)*[-h(t)] \tag{6.10.24}$$

其中

$$h(t)=\begin{cases}1/\pi t, & t\neq 0\\ 0, & t=0\end{cases} \tag{6.10.25}$$

按照后面 6.11.1 小节介绍的 CFT 的对偶性质，并利用前面例 5.12 求得的符号函数之傅里叶变换(见(5.5.31)式)，可以求得它的频率响应(见下一节中例 6.24)为

$$H(\omega)=\mathscr{F}\{h(t)\}=\mathscr{F}\{1/\pi t\}=-\mathrm{j}\,\mathrm{sgn}(\omega) \tag{6.10.26}$$

它的幅频响应 $|H(\omega)|$ 和相频响应 $\varphi(\omega)$ 分别为

$$|H(\omega)|=1 \quad 和 \quad \varphi(\omega)=\begin{cases}-\pi/2, & \omega>0\\ \pi/2, & \omega<0\end{cases} \tag{6.10.27}$$

这个 LTI 系统的单位冲激响应 $h(t)$ 和幅频响应 $|H(\omega)|$ 及相频响应 $\varphi(\omega)$ 分别见图 6.37。这表明，$\hat{X}(\omega)$ 可由 $X(\omega)$ 通过频率响应为 $H(\omega)$ 的 LTI 系统获得，反过来，$X(\omega)$ 也可由 $\hat{X}(\omega)$ 通过频率响应为 $-H(\omega)$ 的 LTI 系统得到。任何实信号通过该 LTI 系统后，每个正弦频率分量的相位均滞后 $\pi/2$，因此，它称为**连续时间 90° 移相器**，又称为**连续时间希尔伯特变换器**。

利用(6.10.26)式，复解析信号 $v(t)$ 的频谱为

$$V(\omega)=\mathscr{F}\{v(t)\}=\mathscr{F}\{x(t)+\mathrm{j}\hat{x}(t)\}=X(\omega)+\mathrm{j}\hat{X}(\omega)=X(\omega)+X(\omega)\mathrm{sgn}(\omega)=\begin{cases}2X(\omega), & \omega>0\\ 0, & \omega<0\end{cases} \tag{6.10.28}$$

则(6.10.23)式得到证明。这表明，解析信号 $v(t)$ 不仅使负频域频谱为 0，而且保留了实信号 $x(t)$ 的全部信息。

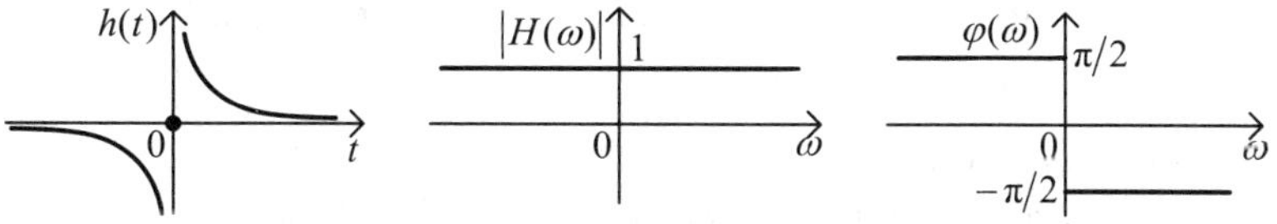


(a) 单位冲激响应 $h(t)$　(b) 幅频响应 $|H(\omega)|$　(c) 相频响应 $\varphi(\omega)$

图 6.37　连续时间 90° 移相器

### 2．离散时间解析信号的希尔伯特变换表示法

在离散时间中也有类似的解析信号表示法。假设一个实序列 $x[n]$，与其陪伴虚部信号 $\hat{x}[n]$ 构成一个复序列 $v[n]$，即

$$v[n]=x[n]+\mathrm{j}\hat{x}[n] \tag{6.10.29}$$

如果 $x[n]$ 和 $\hat{x}[n]$ 有如下关系：

$$\hat{x}[n]=\frac{2}{\pi}\sum_{k=-\infty}^{\infty}x[n-k]\frac{\sin^2(k\pi/2)}{k} \quad 和 \quad x[n]=-\frac{2}{\pi}\sum_{k=-\infty}^{\infty}\hat{x}[n-k]\frac{\sin^2(k\pi/2)}{k} \tag{6.10.30}$$

则该复序列 $v[n]$ 的傅里叶变换 $\tilde{V}(\Omega)$ 必定有如下特性：

$$\tilde{V}(\Omega)=0, \quad (2l-1)\pi<\Omega<2l\pi, \quad l\in\mathbf{Z} \tag{6.10.31}$$

换言之，离散时间复解析信号 $v[n]$ 的频谱，在 $\Omega$ 的一个周期区间 $(-\pi,\ \pi]$ 内，其负频率部分也恒为 0。由于 DTFT 的周期性，这和连续时间中的解析信号表示法是同一个意思。

可用与连续时间中类似的方法，证明离散时间解析信号的希尔伯特变换表示法，只要令 $\mathscr{F}\{x[n]\}=\tilde{X}(\Omega)$ 和 $\mathscr{F}\{\hat{x}[n]\}=\hat{\tilde{X}}(\Omega)$，以及 $\tilde{V}(\Omega)=\mathscr{F}\{v[n]\}=\mathscr{F}\{x[n]+\mathrm{j}\hat{x}[n]\}=\tilde{X}(\Omega)+\mathrm{j}\hat{\tilde{X}}(\Omega)$。如果定义如下的一个周期为

$2\pi$ 的周期符号函数

$$\tilde{\mathrm{s}}\mathrm{gn}(\Omega)=\begin{cases}1, & 2l\pi<\Omega<(2l+1)\pi\\ -1, & (2l-1)\pi<\Omega<2l\pi\end{cases} \tag{6.10.32}$$

根据 $\tilde{X}(\Omega)$ 和 $\hat{\tilde{X}}(\Omega)$ 的周期共轭对称性质，只有它们满足

$$\hat{\tilde{X}}(\Omega)=-\mathrm{j}\tilde{\mathrm{s}}\mathrm{gn}(\Omega)\tilde{X}(\Omega) \quad 和 \quad \tilde{X}(\Omega)=\mathrm{j}\tilde{\mathrm{s}}\mathrm{gn}(\Omega)\hat{\tilde{X}}(\Omega) \tag{6.10.33}$$

才能得到 $\tilde{V}(\Omega)=0$，$(2l-1)\pi<\Omega<2l\pi$。这就表明，$\hat{x}[n]$ 可由 $x[n]$ 通过一个离散时间 LTI 系统得到，该 LTI 系统的频率响应为

$$\tilde{H}(\Omega)=-\mathrm{j}\tilde{\mathrm{s}}\mathrm{gn}(\Omega) \tag{6.10.34}$$

这个 $\tilde{H}(\Omega)$ 如图 6.38(a)所示。同样地，$x[n]$ 也可由 $\hat{x}[n]$ 通过频率响应为 $-\tilde{H}(\Omega)$ 的离散时间 LTI 系统得到。可利用 DTFT 的频域微分性质，求出这个离散时间 LTI 系统的单位冲激响应 $h[n]$ 为

$$h[n]=\frac{2\sin^2(\pi n/2)}{\pi n} \tag{6.10.35}$$

其序列图见图 6.38(b)。根据傅里叶变换的时域卷积性质，将得到

$$\hat{x}[n]=x[n]*h[n] \quad 和 \quad x[n]=\hat{x}[n]*(-h[n]) \tag{6.10.36}$$

将(6.10.35)式 $h[n]$ 代入(6.10.36)式，并写成离散卷积和形式，就分别证明了离散时间解析信号的希尔伯特变换表示法。同时证明了在满足上述条件下，解析信号 $v[n]$ 的频谱为

$$\tilde{V}(\Omega)=\begin{cases}2\hat{X}(\Omega), & 2l\pi<\Omega<(2l+1)\pi\\ 0, & (2l-1)\pi<\Omega<2l\pi\end{cases} \tag{6.10.37}$$

这也表明，解析信号 $v[n]$ 在离散时间频域的一半频域中谱分量为 0，同时保留了实序列 $x[n]$ 的全部信息。

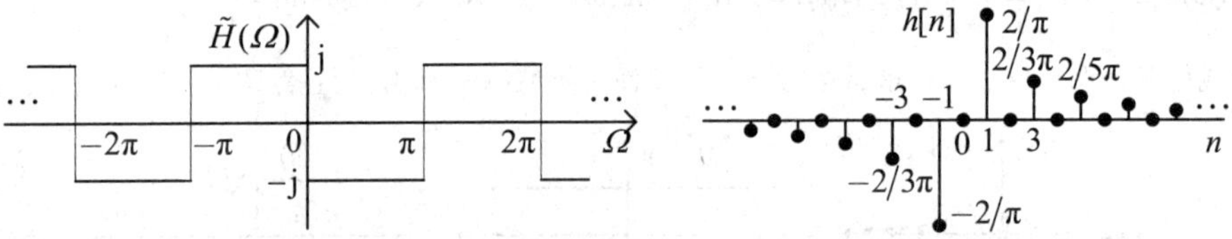


(a) 频率响应 $\tilde{H}(\Omega)$　　(b) 单位冲激响应 $h[n]$

图 6.38　离散时间 90° 移相器的频率响应和单位冲激响应

与连续时间的连续**希尔伯特**变换(见(6.10.22)式)相对偶，(6.10.30)式称为**离散希尔伯特变换**，(6.10.34)式和(6.10.35)式表示的 LTI 系统称为**离散时间 90° 移相器或离散时间希尔伯特变换器**。

按照实信号的复数解析信号表示法，可以像图 6.39 中那样，将一个实信号 $x(t)$ 和 $x[n]$ 分别用其解析信号 $v(t)$ 和 $v[n]$ 表示，然后取实部运算，又从解析信号中恢复原实信号。

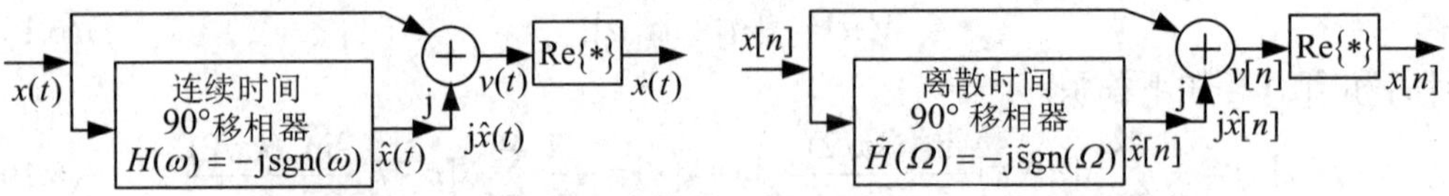


(a) 连续时间　　(b) 离散时间

图 6.39　实信号表示为复的解析信号，以及恢复出原实信号的示意图

解析信号表示法可以应用到抽样问题中。正如时域抽样定理所表明的，一个实的带限连续时间信号 $x(t)$，最高频率为 $\omega_{\mathrm{M}}$，但是其频谱 $X(\omega)$ 的非零宽度为 $2\omega_{\mathrm{M}}$。按照连续时间的时域抽样定理，为确保能从样本序列中无失真地恢复出原信号，必须像图 6.40(a)那样，以最低抽样频率 $\omega_{s\min}=2\omega_{\mathrm{M}}$ 进行抽样。另一方面，按照连续傅里叶变换的对称特性，在实的带限信号 $x(t)$ 的频谱 $X(\omega)$ 中，在 $-\omega_{\mathrm{M}}<\omega<0$（或 $0<\omega<\omega_{\mathrm{M}}$）这半部分是多余的，它们均可由正频

域(或负频域)部分复制出来。当然，尽管实的带限信号在负频域(或正频域)的一半频谱分量是多余的，但是并不等于 0，若分别用低于 $2\omega_M$ 来抽样，必将产生混叠。然而，如果将实的带限信号 $x(t)$ 按照图 6.39(a)那样表示成复解析信号 $v(t)$，根据(6.10.28)式，$v(t)$ 的频谱分量就只限于 $0<\omega<\omega_M$。对这样的复解析信号，只要以不低于 $\omega_M$ 的抽样频率进行抽样，就不会产生混叠，让它通过一个复的理想低通滤波器 $H_{CLP}(\omega)$，就可以无失真地恢复出解析信号 $v(t)$，再通过图 6.39(a)中的取实部运算，最终恢复出实信号 $x(t)$。在图 6.40(b)中给出了实信号 $x(t)$ 变成解析信号 $v(t)$ 后，被临界抽样的频域图形。由此看出，实信号表示成它的复解析信号，其频带占有宽度上可以节省一半，因此，实的带限于 $\omega_M$ 的带限信号真正必不可少的有效带宽是 $\omega_M$。对于离散时间带限实序列，也有完全类同的分析和结论。

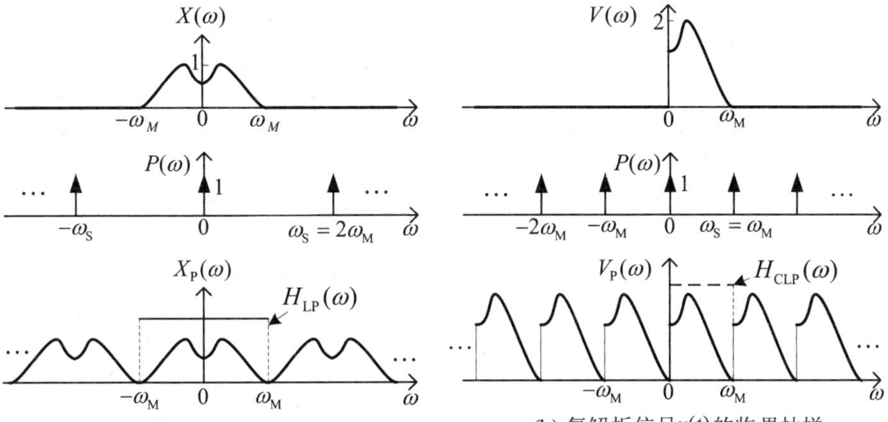

(a) 实信号 $x(t)$ 的临界抽样　　(b) 复解析信号 $v(t)$ 的临界抽样

图 6.40　实信号 $x(t)$ 和复解析信号 $v(t)$ 临界抽样时的频域图形

同样的原理也可以应用于带通解析信号，下一章 7.6 节介绍的单边带调制就是基于这个概念和方法。

本小节和前一小节所讲述的希尔伯特变换表明，它们也揭示了各种傅里叶变换联系的时域和频域描述维数的另一种“对等特性”，它也可以看作傅里叶变换对称性质的补充。

## 6.10.3　希尔伯特变换及其性质

前两小节先后引入了三种形式的希尔伯特变换。这里将它们归纳一下，并介绍希尔伯特变换几个基本性质。

**1．三种形式的希尔伯特变换**

1) 连续希尔伯特变换

如果连续变量 $t$ 的两个实函数 $x(t)$ 和 $\hat{x}(t)$ 满足如下变换关系

$$\hat{x}(t)=x(t)*\frac{1}{\pi t}=\frac{1}{\pi}\int_{-\infty}^{\infty}\frac{x(\tau)}{t-\tau}\mathrm{d}\tau \tag{6.10.40}$$

则称为连续希尔伯特变换，或说成 $x(t)$ 和 $\hat{x}(t)$ 互成连续希尔伯特变换对，记作

$$\hat{x}(t)=\mathscr{H}\{x(t)\}\quad 和\quad x(t)=-\mathscr{H}\{\hat{x}(t)\} \tag{6.10.41}$$

其中，$\mathscr{H}\{*\}$ 代表(6.10.40)式表示的运算。在 6.10.2 节中，连续时间解析信号 $v(t)$ 的实部 $x(t)$ 和陪伴虚部 $\hat{x}(t)$ 就互成连续希尔伯特变换对。在 6.10.1 节中，连续时间因果函数 $f(t)$ 傅里叶变

换的实部 $F_{\mathrm{R}}(\omega)$ 和虚部 $F_{\mathrm{I}}(\omega)$，也满足连续希尔伯特变换关系，并可写成

$$F_{\mathrm{R}}(\omega)=\mathscr{H}\{F_{\mathrm{I}}(\omega)\} \quad 和 \quad F_{\mathrm{I}}(\omega)=-\mathscr{H}\{F_{\mathrm{R}}(\omega)\} \tag{6.10.42}$$

在图 6.41(a)和(b)中，分别给出了两对满足连续希尔伯特变换的例子，它们分别是表 6.1 中 1 和 2 栏的 $x(t)$ 和 $\hat{x}(t)$。表 6.1 中还给出了其他几个连续希尔伯特变换对。

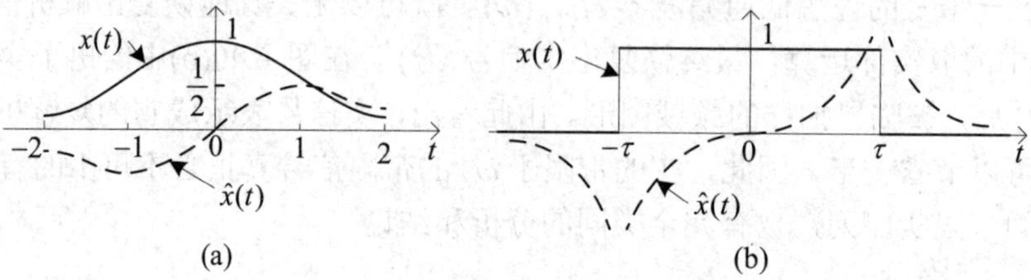


图 6.41　两个连续希尔尔特变换对的图例

**表 6.1　连续希尔伯特变换对的典型例子**

| 序号 | $x(t)$ | $\hat{x}(t)$ |
|---|---|---|
| 1 | $\dfrac{a}{t^2+a^2}$，$a>0$ | $\dfrac{t}{t^2+a^2}$，$a>0$ |
| 2 | $x(t)=\begin{cases}1, & \lvert t\rvert<\tau \\ 0, & \lvert t\rvert>\tau\end{cases}$ | $\dfrac{1}{\pi}\ln\left\lvert\dfrac{t+\tau}{t-\tau}\right\rvert$ |
| 3 | $\cos\omega_0 t$ | $\sin\omega_0 t$ |
| 4 | $\sin\omega_0 t$ | $-\cos\omega_0 t$ |
| 5 | $W\mathrm{Sa}(Wt)=\dfrac{\sin Wt}{t}$ | $\dfrac{W^2 t}{2}\mathrm{Sa}^2(Wt)=\dfrac{\cos Wt-1}{t}$ |
| 6 | $\mathrm{Sa}(Wt)\cos\omega_0 t$，$\omega_0>W$ | $\mathrm{Sa}(Wt)\sin\omega_0 t$，$\omega_0>W$ |
| 7 | $\mathrm{e}^{-(at)^2}$ | $\dfrac{2}{\sqrt{\pi}}\,\mathrm{e}^{-(at)^2}\int_0^{at}\mathrm{e}^{\tau^2}\mathrm{d}\tau$ |

2) 离散希尔伯特变换

如果两个离散实序列 $x[n]$ 和 $\hat{x}[n]$ 满足如下的变换关系

$$\hat{x}[n]=\frac{2}{\pi}\sum_{k=-\infty}^{\infty}x[n-k]\frac{\sin^2(k\pi/2)}{k} \tag{6.10.43}$$

则说它们满足离散希尔伯特变换，或称 $x[n]$ 和 $\hat{x}[n]$ 互成离散希尔伯特变换对，并记作

$$\hat{x}[n]=\mathscr{H}\{x[n]\} \quad 和 \quad x[n]=-\mathscr{H}\{\hat{x}[n]\} \tag{6.10.44}$$

其中，$\mathscr{H}\{*\}$ 代表(6.10.43)式表示的运算，这里用同样的变换符号，并不会造成连续和离希尔伯特变换之间的混淆。由 6.10.2 节可知，离散时间复解析信号 $v[n]$ 的实部 $x[n]$ 和陪伴虚部 $\hat{x}[n]$ 满足离散希尔伯特变换关系。

3) 周期连续希尔伯特变换

如果两个周期为 $2\pi$ 的实周期函数 $\tilde{x}(t)$ 和 $\hat{\tilde{x}}(t)$ 满足如下关系

$$\hat{\tilde{x}}(t)=\tilde{x}(t)\circledast\frac{1}{2\pi}\cot\frac{t}{2}=\frac{1}{2\pi}\int_{\langle 2\pi\rangle}\tilde{x}(t-\tau)\cot\frac{\tau}{2}\mathrm{d}\tau \tag{6.10.45}$$

则称为周期连续希尔伯特变换，或称 $\tilde{x}(t)$ 和 $\hat{\tilde{x}}(t)$ 互成周期连续希尔伯特变换对，记作

$$\hat{\tilde{x}}(t)=\mathscr{H}^{\Theta}\{\tilde{x}(t)\} \quad 和 \quad \tilde{x}(t)=-\mathscr{H}^{\Theta}\{\hat{\tilde{x}}(t)\} \tag{6.10.46}$$

这里用变换符号 $\mathscr{H}^{\Theta}\{*\}$ 表示(6.10.45)式的变换关系，以便和前两种希尔伯特变换相区别。

由 6.10.1 小节可知，因果序列 $f[n]$ 的 DTFT 之实部 $\tilde{F}_{\mathrm{R}}(\Omega)$ 和虚部 $\tilde{F}_{\mathrm{I}}(\Omega)$，除了 $f[0]$ 的值外，互成周期连续希尔伯特变换对，即

$$\tilde{F}_{\mathrm{R}}(\Omega)=\mathscr{H}^{\Theta}\{\tilde{F}_{\mathrm{I}}(\Omega)\}+f[0] \quad 和 \quad \tilde{F}_{\mathrm{I}}(\Omega)=-\mathscr{H}^{\Theta}\{\tilde{F}_{\mathrm{R}}(\Omega)\} \tag{6.10.47}$$

**2．希尔伯特变换的基本性质**

这里以连续希尔伯特变换为例介绍希尔伯特变换的一些基本性质，离散希尔伯特变换和连续周期希尔伯特变换有类同的性质，读者可自行讨论之。

假设两个连续变量实函数 $x(t)$ 和 $\hat{x}(t)$ 满足连续希尔伯特变换关系，即

$$\hat{x}(t)=\mathscr{H}\{x(t)\} \quad 和 \quad x(t)=-\mathscr{H}\{\hat{x}(t)\}$$

由它们构成的复解析信号 $v(t)$ 的傅里叶变换在负频域为 0，即

$$v(t)=x(t)+\mathrm{j}\hat{x}(t) \xleftrightarrow{\text{CFT}} V(\omega)=2X(\omega)u(\omega) \tag{6.10.48}$$

其中，$X(\omega)$ 是 $x(t)$ 的频谱，$u(\omega)$ 是频域单位阶跃函数。连续希尔伯特变换具有以下性质：

(1) 若　$x(t)=x(-t)$　则　$\hat{x}(t)=-\hat{x}(-t)$　(6.10.49)

或者反之，若　$x(t)=-x(-t)$　则　$\hat{x}(t)=\hat{x}(-t)$　(6.10.50)

这表明：互成希尔伯特变换对的两个实函数，若一个为偶函数，则另一个必为奇函数。

(2) 若 $x(t)$ 和 $\hat{x}(t)$ 分别表示成奇偶分量之和，即

$$x(t)=x_{\mathrm{o}}(t)+x_{\mathrm{e}}(t) \quad 和 \quad \hat{x}(t)=\hat{x}_{\mathrm{o}}(t)+\hat{x}_{\mathrm{e}}(t) \tag{6.10.51}$$

其中，下标“e”表示偶分量，“o”表示奇分量，则有

$$\hat{x}_{\mathrm{e}}(t)=\mathscr{H}\{x_{\mathrm{o}}(t)\} \quad 和 \quad x_{\mathrm{o}}(t)=\mathscr{H}\{\hat{x}_{\mathrm{e}}(t)\} \tag{6.10.52}$$

即：若两个实函数互成希尔伯特变换，它们的偶分量和奇分量也交叉地互成希尔伯特变换对。

(3) 若　$\hat{x}(t)=\mathscr{H}\{x(t)\}$，则　$\mathscr{H}\{\hat{x}(t)\}=-x(t)$　(6.10.53)

这就是说，一个实函数经两次希尔伯特变换后，又恢复原来的函数，只差一个符号。

(4)
$$\int_{-\infty}^{\infty}x^2(t)\mathrm{d}t=\int_{-\infty}^{\infty}\hat{x}^2(t)\mathrm{d}t \tag{6.10.54}$$

这表明，互成希尔伯特变换对的两个实能量信号具有相同的能量。

(5)
$$\langle x(t),\hat{x}(t)\rangle=\int_{-\infty}^{\infty}x(t)\hat{x}(t)\mathrm{d}t=0 \tag{6.10.55}$$

这说明，互成希尔伯特变换的两个实函数相互正交，或者说，它们的内积等于 0。

(6) 相关函数和能谱密度：

$$R_{\hat{x}x}(\tau)=\langle x(t),\hat{x}(t+\tau)\rangle=\mathscr{H}\{R_x(\tau)\} \quad 和 \quad R_{x\hat{x}}(\tau)=\langle \hat{x}(t),x(t+\tau)\rangle=-\mathscr{H}\{R_{\hat{x}}(\tau)\} \tag{6.10.56}$$

$$R_x(\tau)=R_{\hat{x}}(\tau) \quad 和 \quad \varPsi_x(\omega)=\varPsi_{\hat{x}}(\omega) \tag{6.10.57}$$

其中
$$R_x(\tau)\xleftrightarrow{\text{CFT}}\varPsi_x(\omega) \quad 和 \quad R_{\hat{x}}(\tau)\xleftrightarrow{\text{CFT}}\varPsi_{\hat{x}}(\omega)$$

这一性质表明：互成希尔伯特变换的两个实函数的互相关函数，分别等于各自的自相关函数的希尔伯特变换；这两个实函数的自相关函数和能谱密度函数分别相等。

(7) 带通解析信号：

若实信号 $x(t)$ 和 $\hat{x}(t)$ 为带限于 $\omega_{\mathrm{M}}$ 的带限信号，即 $X(\omega)=0$ 和 $\hat{X}(\omega)=0$，$|\omega|>\omega_{\mathrm{M}}$，此时，解析信号 $v(t)=x(t)+\mathrm{j}\hat{x}(t)$ 称为**带限解析信号**，即 $V(\omega)=\mathscr{F}\{v(t)\}$，$\omega<0$ 和 $\omega>\omega_{\mathrm{M}}$，则它的复指数调制信号，即

$$z(t)=v(t)\mathrm{e}^{\mathrm{j}\omega_0 t},\quad \omega_0>\omega_{\mathrm{M}} \tag{6.10.58}$$

称为**带通解析信号**，则它的实部 $y(t)$ 和虚部 $\hat{y}(t)$ 互成希尔伯特变换对，亦即

$$y(t)=\mathrm{Re}\{v(t)\mathrm{e}^{\mathrm{j}\omega_0 t}\}=x(t)\cos\omega_0 t-\hat{x}(t)\sin\omega_0 t \tag{6.10.59}$$

$$\hat{y}(t)=\mathrm{Im}\{v(t)\mathrm{e}^{\mathrm{j}\omega_0 t}\}=x(t)\sin\omega_0 t+\hat{x}(t)\cos\omega_0 t \tag{6.10.60}$$

两者满足连续希尔伯特变换，即

$$\hat{y}(t)=\mathscr{H}\{y(t)\} \quad 和 \quad y(t)=-\mathscr{H}\{\hat{y}(t)\} \tag{6.10.61}$$

这一性质是单边带(SSB)调制的基本原理(见 7.6 节)。

# 6.11 傅里叶变换和傅里叶级数的对偶性质

在本书前面的讨论中，已遇到信号与系统理论和方法中的许多对偶关系，例如，连续与离散时间信号与系统之间的一系列对偶关系。本节中将讨论由连续和离散时间傅里叶变换、连续傅里叶级数、离散傅里叶级数，以及离散傅里叶变换建立起来的一套对偶特性。这些对偶特性从另一个角度揭示了各种傅里叶变换和傅里叶级数之间、时域和频域之间的内在关系，并且，通过这些对偶性的讨论，可以把各种傅里叶变换和级数及其性质融会贯通。

考察表 6.2 中所列的 CFT、DTFT、CFS、DFS 以及 DFT 的表示法，可发现它们本身或它们之间有如下四种对偶特性：

**表 6.2 连续与离散时间傅里叶变换和傅里叶级数表示法的对偶关系**

| 连续傅里叶变换(CFT) | | 离散时间傅里叶变换(DTFT) | |
|---|---|---|---|
| 连续时域 $t$ | 连续频域 $\omega$ | 离散时域 $n$ | 连续频域 $\Omega$ |
| $f(t)=\frac{1}{2\pi}\int_{-\infty}^{\infty}F(\omega)\mathrm{e}^{\mathrm{j}\omega t}\mathrm{d}\omega$<br>连续时域 $t$ 中的非周期复值函数 ⇐对 | 偶⇒ $F(\omega)=\int_{-\infty}^{\infty}f(t)\mathrm{e}^{-\mathrm{j}\omega t}\mathrm{d}t$<br>连续频域 $\omega$ 上的非周期复值函数 | $f[n]=\frac{1}{2\pi}\int_{\langle 2\pi\rangle}\tilde{F}(\Omega)\mathrm{e}^{\mathrm{j}\Omega n}\mathrm{d}\Omega$<br>离散时域 $n$ 中的非周期复值序列 ⇖ 对 | $\tilde{F}(\Omega)=\sum_{n=-\infty}^{\infty}f[n]\mathrm{e}^{-\mathrm{j}\Omega n}$<br>⬀ 偶 连续频域 $\Omega$ 上周期 $2\pi$ 的复值函数 |
| $\tilde{f}[n]=\sum_{k\in\langle N\rangle}\tilde{F}_k\mathrm{e}^{\mathrm{j}k\frac{2\pi}{N}n}$ ⇐对<br>离散时域 $n$ 中周期为 $N$ 的周期复值序列 | 偶⇒ $\tilde{F}_k=\frac{1}{N}\sum_{n\in\langle N\rangle}\tilde{f}[n]\mathrm{e}^{-\mathrm{j}k\frac{2\pi}{N}n}$<br>离散频域 $k$ 上周期为 $N$ 的周期复值序列 | 连续时域 $t$ 中周期为 $T$ 的周期复值函数 对 ⬃<br>$\tilde{f}(t)=\sum_{k=-\infty}^{\infty}F_k\mathrm{e}^{\mathrm{j}k\frac{2\pi}{T}t}$ | 偶 离散频域 $k$ 上的非周期复值序列 ⬂<br>$F_k=\frac{1}{T}\int_{\langle T\rangle}\tilde{f}(t)\mathrm{e}^{-\mathrm{j}\frac{2\pi}{T}t}\mathrm{d}t$ |
| 离散时域 $n$ | 离散频域 $k$ | 连续时域 $t$ | 离散频域 $k$ |
| 离散傅里叶级数(DFS) | | 连续傅里叶级数(CFS) | |
| 离散傅里叶变换(DFT) | | | |
| 离散时域 $n$ | 离散频域 $k$ | | |
| $x[n]=\frac{1}{N}\sum_{k=0}^{N-1}X[k]\mathrm{e}^{\mathrm{j}k\frac{2\pi}{N}n}$ ⇐对<br>离散时域 $n$ 上的 $N$ 点复序列 | 偶⇒ $X[k]=\sum_{n=0}^{N-1}x[n]\mathrm{e}^{-\mathrm{j}k\frac{2\pi}{N}n}$<br>离散频域 $k$ 上的 $N$ 点复序列 | | |

1) 连续傅里叶变换的对偶关系

$$f(t)\xleftrightarrow{\text{CFT}}F(\omega)$$

其中，$f(t)$ 是连续时域上的非周期复值函数，$F(\omega)$ 是连续频域上的非周期复值函数；傅里叶正、反变换除了一个常数因子$1/2\pi$，及$e^{j\omega t}$和$e^{-j\omega t}$的差别外，均是完全一样的运算。

2) 离散傅里叶级数的对偶关系

$$\tilde{f}[n] \xleftrightarrow{\text{DFS}} \tilde{F}_k$$

其中，$\tilde{f}[n]$是离散时域$n$上周期为$N$的复周期序列，而$\tilde{F}_k$在离散频域$k$或$k(2\pi/N)$上也是周期为$N$的复周期序列；同样，除了一个常数因子$1/N$及$e^{jk(2\pi/N)n}$和$e^{-jk(2\pi/N)n}$外，DFS 的分析公式和综合公式也是完全相同的运算。

3) 离散傅里叶变换的对偶关系

$$x[n] \xleftrightarrow{\text{DFT}} X[k]$$

其中，$x[n]$是离散时域$n$中区间$[0,N-1]$上的$N$点复序列，而$X[k]$在离散频域$k$或$k(2\pi/N)$中区间$[0,N-1]$上的$N$点复序列；同样，除了一个常数因子$1/N$及$e^{jk(2\pi/N)n}$和$e^{-jk(2\pi/N)n}$外，DFT 的正、逆变换也是完全相同的运算。

4) 连续傅里叶级数与离散时间傅里叶变换的对偶关系

$$\tilde{f}(t) \xleftrightarrow{\text{CFS}} F_k \quad 和 \quad f[n] \xleftrightarrow{\text{DTFT}} \tilde{F}(\Omega)$$

其中，$\tilde{f}(t)$是连续时域上周期$T$的复周期函数，$\tilde{F}(\Omega)$是连续频域$\Omega$上周期为$2\pi$的复周期函数；CFS 系数$F_k$是离散频域$k$或$k(2\pi/T)$上复的非周期系数序列，$f[n]$是离散时域$n$上复的非周期序列。尽管 CFS 和 DTFT 各自本身没有 CFT、DFS 和 DFT 那样的对偶关系，但是 CFS 和 DTFT 之间却互有对偶关系，因为由表 6.2 右边可以看出：CFS 分析公式和 DTFT 反变换公式是对偶的运算，都表现为连续周期函数在一个周期内积分的平均，而 CFS 综合公式和 DTFT 变换公式也是对偶的无限求和。

## 6.11.1　连续傅里叶变换的对偶性

连续傅里叶变换的对偶性陈述如下：

若　$$f(t) \xleftrightarrow{\text{CFT}} g(\omega) \quad 则有 \quad g(t) \xleftrightarrow{\text{CFT}} 2\pi f(-\omega) \tag{6.11.1}$$

由上式，按照 CFT 的反变换公式，就有

$$f(t)=\frac{1}{2\pi}\int_{-\infty}^{\infty} g(\omega)e^{j\omega t}d\omega \quad 和 \quad f(-t)=\frac{1}{2\pi}\int_{-\infty}^{\infty} g(\omega)e^{-j\omega t}d\omega$$

将上面右式中的变量$t$和$\omega$互换，就可以得到$2\pi f(-\omega)=\int_{-\infty}^{\infty} g(t)e^{-j\omega t}dt$，对照 CFT 的正变换公式，$g(t)$的傅里叶变换就是$2\pi f(-\omega)$，(6.11.1)式得以证明。

上述傅里叶变换的对偶性揭示了三方面的对偶特性：一方面，这意味着连续傅里叶变换对是成双成对的，若有一个傅里叶变换对$f(t)$和$g(\omega)$，必然有另外一个傅里叶变换对$g(t)$和$2\pi f(-\omega)$；另一方面，它还揭示了连续傅里叶变换的性质也是成双成对的；此外，连续时域和连续频域之间还存在着一些对偶量或对偶概念。

**1．连续傅里叶变换对的成双成对特性**

在前面给出的连续傅里叶变换对中，已有很多这种成双成对的例子。例如

$$\delta(t) \xleftrightarrow{\text{CFT}} 1 \quad 和 \quad 1 \xleftrightarrow{\text{CFT}} 2\pi\delta(\omega) \tag{6.11.2}$$

又如，例 5.6 中的时域矩形脉冲的傅里叶变换对(参见(5.4.28)式)

$$r_{2\tau}(t)=\begin{cases}1, & |t|<\tau \\ 0, & |t|>\tau\end{cases} \xleftrightarrow{\text{CFT}} R_{2\tau}(\omega)=2\tau\text{Sa}(\omega\tau) \tag{6.11.3}$$

以及例 5.7 频域的矩形函数的傅里叶变换对(见(5.4.30)式左式和(5.4.31)式左式中的 $f(t)$ 和 $F(\omega)$)

$$x(t)=\frac{W}{\pi}\mathrm{Sa}(Wt)\xleftrightarrow{\text{CFT}}X(\omega)=\begin{cases}1, & |\omega|<W\\ 0, & |\omega|>W\end{cases} \tag{6.11.4}$$

这两个变换对及其对偶关系绘于图 6.42。

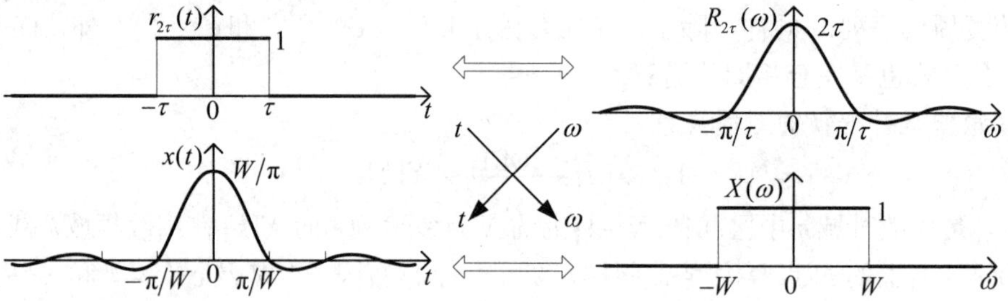


图 6.42 (6.11.3)式和(6.11.4)式的傅里叶变换对之间对偶关系的图例说明

利用 CFT 的对偶性质，很容易由一个傅里叶变换对得到与其对偶的另一个傅里叶变换对。

**【例 6.23】** 试求连续时间信号 $x(t)=1/(t^2+1)$ 的傅里叶变换。

**解：** 由例 6.20 得到如下的傅里叶变换对(见(6.7.17)式左式)

$$\mathrm{e}^{-a|t|}\xleftrightarrow{\text{CFT}}\frac{2a}{\omega^2+a^2},\quad a>0 \tag{6.11.5}$$

当 $a=1$ 时，则有

$$\mathrm{e}^{-|t|}\xleftrightarrow{\text{CFT}}\frac{2}{\omega^2+1} \tag{6.11.6}$$

利用 CFT 的对偶性，可直接得到下面的傅里叶变换对

$$\frac{1}{t^2+1}\xleftrightarrow{\text{CFT}}\pi\mathrm{e}^{-|\omega|} \tag{6.11.7}$$

**【例 6.24】** 试求连续时间 90° 移相器(其单位冲激响应 $h(t)$ 见(6.10.25)式)的频率响应 $H(\omega)$。

**解：** 由例 5.12 中求过的连续时间符号函数 $\mathrm{sgn}(t)$ 的傅里叶变换(见(5.5.31)式)

$$\mathrm{sgn}(t)\xleftrightarrow{\text{CFT}}S(\omega)=\begin{cases}2/\mathrm{j}\omega, & \omega\neq 0\\ 0, & \omega=0\end{cases} \tag{6.11.8}$$

直接利用 CFT 的对偶性，可方便地求得连续时间 90° 移相器的 $h(t)$ 与 $H(\omega)$ 的 CFT 变换对，即

$$h(t)=\begin{cases}1/\pi t, & t\neq 0\\ 0, & t=0\end{cases}\xleftrightarrow{\text{CFT}}H(\omega)=-\mathrm{j}\,\mathrm{sgn}(\omega) \tag{6.11.9}$$

表 6.3 列出一些常用的连续傅里叶变换对，可看到傅里叶变换对成双成对的其他例子。

**表 6.3 常用的连续傅里叶变换对及其对偶关系**

| 连续傅里叶变换对 | | 对偶的连续傅里叶变换对 | |
|---|---|---|---|
| 连续时间函数 $f(t)$ | 傅里叶变换 $F(\omega)$ | 连续时间函数 $f(t)$ | 傅里叶变换 $F(\omega)$ |
| $\delta(t)$ | $1$ | $1$ | $2\pi\delta(\omega)$ |
| $\delta(t-t_0)$ | $\mathrm{e}^{-\mathrm{j}\omega t_0}$ | $\mathrm{e}^{\mathrm{j}\omega_0 t}$ | $2\pi\delta(\omega-\omega_0)$ |
| $\frac{\mathrm{d}}{\mathrm{d}t}\delta(t)$ | $\mathrm{j}\omega$ | $-\mathrm{j}t$ | $2\pi\frac{\mathrm{d}}{\mathrm{d}\omega}\delta(\omega)$ |
| $\frac{\mathrm{d}^k}{\mathrm{d}t^k}\delta(t)$ | $(\mathrm{j}\omega)^k$ | $(-\mathrm{j}t)^k$ | $2\pi\frac{\mathrm{d}^k}{\mathrm{d}\omega^k}\delta(\omega)$ |

**表 6.3(续)**

| 连续傅里叶变换对 | | 对偶的连续傅里叶变换对 | |
|---|---|---|---|
| 连续时间函数 $f(t)$ | 傅里叶变换 $F(\omega)$ | 连续时间函数 $f(t)$ | 傅里叶变换 $F(\omega)$ |
| $u(t)$ | $\frac{1}{\mathrm{j}\omega}+\pi\delta(\omega)$ | $\frac{1}{2}\delta(t)-\frac{1}{\mathrm{j}2\pi t}$ | $u(\omega)$ |
| $\mathrm{sgn}(t)=\begin{cases}1, & t>0\\ -1, & t<0\end{cases}$ | $\frac{2}{\mathrm{j}\omega}$，$\omega\neq 0$ | $\frac{1}{\pi t}$，$t\neq 0$ | $F(\omega)=\begin{cases}-\mathrm{j}, & \omega>0\\ \mathrm{j}, & \omega<0\end{cases}$ |
| $\cos\omega_0 t$ | $\pi[\delta(\omega+\omega_0)+\delta(\omega-\omega_0)]$ | $\delta(t+t_0)+\delta(t-t_0)$ | $2\cos\omega t_0$ |
| $\sin\omega_0 t$ | $\mathrm{j}\pi[\delta(\omega+\omega_0)-\delta(\omega-\omega_0)]$ | $\delta(t+t_0)-\delta(t-t_0)$ | $\mathrm{j}2\sin\omega t_0$ |
| $f(t)=\begin{cases}1, & \lvert t\rvert<\tau/2\\ 0, & \lvert t\rvert>\tau/2\end{cases}$ | $\tau\mathrm{Sa}\left(\frac{\omega\tau}{2}\right)$ | $\frac{W}{\pi}\mathrm{Sa}(Wt)$ | $F(\omega)=\begin{cases}1, & \lvert\omega\rvert<W\\ 0, & \lvert\omega\rvert>W\end{cases}$ |
| $f(t)=\begin{cases}1-\lvert t\rvert/\tau, & \lvert t\rvert<\tau\\ 0, & \lvert t\rvert>\tau\end{cases}$ | $\tau\mathrm{Sa}^2\left(\frac{\omega\tau}{2}\right)$ | $\frac{W}{2\pi}\mathrm{Sa}^2\left(\frac{Wt}{2}\right)$ | $F(\omega)=\begin{cases}1-\lvert\omega\rvert/W, & \lvert\omega\rvert<W\\ 0, & \lvert\omega\rvert>W\end{cases}$ |
| $f(t)=\begin{cases}1+\cos(\pi t/\tau), & \lvert t\rvert<\tau\\ 0, & \lvert t\rvert>\tau\end{cases}$ | $2\tau\frac{\mathrm{Sa}(\omega\tau)}{1-(\omega\tau/\pi)^2}$ | $\frac{W}{\pi}\frac{\mathrm{Sa}(Wt)}{1-(Wt/\pi)^2}$ | $F(\omega)=\begin{cases}1+\cos(\pi\omega/W), & \lvert\omega\rvert<W\\ 0, & \lvert\omega\rvert>W\end{cases}$ |
| $\mathrm{e}^{-at}u(t)$ ，$\mathrm{Re}\{a\}>0$ | $\frac{1}{a+\mathrm{j}\omega}$ | $\frac{1}{\tau-\mathrm{j}t}$ | $2\pi\mathrm{e}^{-\tau\omega}u(\omega)$，$\tau>0$ |
| $\mathrm{e}^{-a\lvert t\rvert}$ ，$\mathrm{Re}\{a\}>0$ | $\frac{2a}{\omega^2+a^2}$ | $\frac{\tau}{t^2+\tau^2}$ | $\pi\mathrm{e}^{-\tau\lvert\omega\rvert}$，$\tau>0$ |
| $\mathrm{e}^{-a\lvert t\rvert}\mathrm{sgn}(t)$，$\mathrm{Re}\{a\}>0$ | $\frac{-2\mathrm{j}\omega}{\omega^2+a^2}$ | $\frac{t}{t^2+\tau^2}$ | $-\mathrm{j}\pi\mathrm{e}^{-\tau\lvert\omega\rvert}\mathrm{sgn}(\omega)$，$\tau>0$ |
| $\mathrm{e}^{-at}\cos\omega_0 tu(t)$，$\mathrm{Re}\{a\}>0$ | $\frac{a+\mathrm{j}\omega}{(a+\mathrm{j}\omega)^2+\omega_0^2}$ | | |
| $\mathrm{e}^{-at}\sin\omega_0 tu(t)$，$\mathrm{Re}\{a\}>0$ | $\frac{\omega_0}{(a+\mathrm{j}\omega)^2+\omega_0^2}$ | | |
| $\mathrm{e}^{-a\lvert t\rvert}\cos\omega_0 t$，$\mathrm{Re}\{a\}>0$ | $\frac{2a(\omega^2+\omega_0^2+a^2)}{[\omega^2-(a^2+\omega_0^2)]^2+4a^2\omega^2}$ | | |
| $\mathrm{e}^{-a\lvert t\rvert}\sin\omega_0 t$，$\mathrm{Re}\{a\}>0$ | $\frac{-\mathrm{j}4a\omega_0\omega}{[\omega^2-(a^2+\omega_0^2)]^2+4a^2\omega^2}$ | | |
| $t\mathrm{e}^{-at}u(t)$，$\mathrm{Re}\{a\}>0$ | $\frac{1}{(a+\mathrm{j}\omega)^2}$，$a>0$ | $\frac{1}{(\tau-\mathrm{j}t)^2}$，$\tau>0$ | $2\pi\omega\mathrm{e}^{-\tau\omega}u(\omega)$ |
| $\frac{t^{k-1}\mathrm{e}^{-at}}{(k-1)!}u(t)$，$\mathrm{Re}\{a\}>0$ | $\frac{1}{(a+\mathrm{j}\omega)^k}$ | $\frac{1}{(\tau-\mathrm{j}t)^k}$，$\tau>0$ | $\frac{2\pi\omega^{k-1}}{(k-1)!}\mathrm{e}^{-\tau\omega}u(\omega)$ |
| $\mathrm{e}^{-(\frac{t}{\tau})^2}$ | $\sqrt{\pi}\tau\mathrm{e}^{-\left(\frac{\omega\tau}{2}\right)^2}$ | 这个傅里叶变换对本身是对偶的 | |
| $\delta_T(t)=\sum\limits_{l=-\infty}^{\infty}\delta(t-lT)$ | $\frac{2\pi}{T}\sum\limits_{k=-\infty}^{\infty}\delta\left(\omega-k\frac{2\pi}{T}\right)$ | 这个傅里叶变换对本身是对偶的 | |
| $\left[u\left(t+\frac{\tau}{2}\right)-u\left(t-\frac{\tau}{2}\right)\right]\cos\omega_0 t$ | $\frac{\tau}{2}\left[\mathrm{sa}\frac{(\omega+\omega_0)\tau}{2}+\mathrm{sa}\frac{(\omega-\omega_0)\tau}{2}\right]$ | | |

说明：表 6.3 中右边空着的对偶变换对不经常遇到，故未列出，感兴趣的读者可自行补上。

**2. 连续傅里叶变换性质的成对特性**

由于连续傅里叶变换的正、反变换之间的对偶特性，导致了连续傅里叶变换的性质也呈现出成对特性，表 6.4 比较全面地列出了连续傅里叶变换性质的这种成对特性。例如：

1) 时移性质和频移性质

$$f(t-t_0) \xleftrightarrow{\text{CFT}} F(\omega)e^{-j\omega t_0} \quad 和 \quad f(t)e^{j\omega_0 t} \xleftrightarrow{\text{CFT}} F(\omega-\omega_0) \tag{6.11.10}$$

2) 时域微分性质和频域微分性质

$$\frac{d}{dt}f(t) \xleftrightarrow{\text{CFT}} j\omega F(\omega) \quad 和 \quad -jtf(t) \xleftrightarrow{\text{CFT}} \frac{d}{d\omega}F(\omega) \tag{6.11.11}$$

3) 时域积分性质和频域积分性质

$$\int_{-\infty}^{t} f(\tau)d\tau \xleftrightarrow{\text{CFT}} \frac{F(\omega)}{j\omega}+\pi F(0)\delta(\omega) \quad 和 \quad \frac{f(t)}{-jt}+\pi f(0)\delta(t) \xleftrightarrow{\text{CFT}} \int_{-\infty}^{\omega} F(\sigma)d\sigma \tag{6.11.12}$$

4) 时域卷积性质和频域卷积性质

$$x(t)*h(t) \xleftrightarrow{\text{CFT}} X(\omega)H(\omega) \quad 和 \quad x(t)p(t) \xleftrightarrow{\text{CFT}} \frac{1}{2\pi}X(\omega)*P(\omega) \tag{6.11.13}$$

5) 对称性质

连续傅里叶变换的对称性质本身就表现出时域和频域之间的对偶特性。例如，如果 $f(t)$ 是时域实函数，则其傅里叶变换 $F(\omega)$ 是共轭复偶函数，即 $F(\omega)$ 的实部或模为频域实偶函数，而 $F(\omega)$ 的虚部和相位为频域的实奇函数。这样，必然也有另一种对称关系，即如果 $F(\omega)$ 是频域的实函数，其傅里叶反变换则是时域上的复函数，但其实部或模也为时域上的实偶函数，而虚部或相位则为时域的实奇函数。又如，时域上实函数的奇、偶分解对应着傅里叶变换的虚、实分解；同时也存在着这样的对偶关系，即频域上实的傅里叶变换的奇、偶分解，对应着其反变换在时域上的虚实分解等等。

6) 希尔伯特变换

在 6.10.1 节，介绍了复的因果时间函数之傅里叶变换的实部和虚部互成连续希尔伯特变换对。与之相对偶，6.10.2 节讨论的解析信号表示法，则表示复解析信号(时域上复信号的实部和虚部互成希尔伯特变换对)的傅里叶变换，在负频域或正频域上等于 0。

7) 时域抽样定理和频域抽样定理也互为对偶定理

在前面 6.7.1 节中已明显看到，连续时间时域抽样定理和频域抽样定理是 CFT 的一对互为对偶的定理。

表 6.4 中列出了连续傅里叶变换性质之间的对偶关系。

**表 6.4 连续傅里叶变换的性质及其对偶关系**

| 连续傅里叶变换的性质 | | | 对偶的连续傅里叶变换性质 | | |
|---|---|---|---|---|---|
| 名称 | 时间函数 $f(t)$ | 傅里叶变换 $F(\omega)$ | 名称 | 时间函数 $f(t)$ | 傅里叶变换 $F(\omega)$ |
| 线性 | $\alpha f_1(t)+\beta f_2(t)$ | $\alpha F_1(\omega)+\beta F_2(\omega)$ | 线性性质本身就具有对偶性 | | |
| | $F(0)=\int_{-\infty}^{\infty} f(t)dt$ | | | | $f(0)=\frac{1}{2\pi}\int_{-\infty}^{\infty} F(\omega)d\omega$ |
| 对偶 | $f(t)$ | $g(\omega)$ | 对偶 | $g(t)$ | $2\pi f(-\omega)$ |
| 时域卷积 | $f(t)*h(t)$ | $F(\omega)H(\omega)$ | 频域卷积 | $f(t)p(t)$ | $\frac{1}{2\pi}X(\omega)*P(\omega)$ |
| 时移 | $f(t-t_0)$ | $F(\omega)e^{-j\omega t_0}$ | 频移 | $f(t)e^{j\omega_0 t}$ | $F(\omega-\omega_0)$ |
| 时域微分 | $\frac{d}{dt}f(t)$ | $j\omega F(\omega)$ | 频域微分 | $-jtf(t)$ | $\frac{d}{d\omega}F(\omega)$ |
| 时域积分 | $\int_{-\infty}^{t} f(\tau)d\tau$ | $\frac{F(\omega)}{j\omega}+\pi F(0)\delta(\omega)$ | 频域积分 | $\frac{f(t)}{-jt}+\pi f(0)\delta(t)$ | $\int_{-\infty}^{\omega} F(\sigma)d\sigma$ |

**表 6.4(续)**

| 连续傅里叶变换的性质 | | | 对偶的连续傅里叶变换性质 | | |
|---|---|---|---|---|---|
| 名称 | 时间函数 $f(t)$ | 傅里叶变换 $F(\omega)$ | 名称 | 时间函数 $f(t)$ | 傅里叶变换 $F(\omega)$ |
| 时域抽样 | $f(t)\sum_{n=-\infty}^{\infty}\delta(t-nT)$ | $\frac{1}{T}\sum_{k=-\infty}^{\infty}F\left(\omega-k\frac{2\pi}{T}\right)$ | 频域抽样 | $\frac{1}{\omega_0}\sum_{n=-\infty}^{\infty}f\left(t-n\frac{2\pi}{\omega_0}\right)$ | $F(\omega)\sum_{k=-\infty}^{\infty}\delta(\omega-k\omega_0)$ |
| 相关定理 | $R_{xv}(\tau)=\int_{-\infty}^{\infty}x(t+\tau)v^*(t)\mathrm{d}t$ | $X(\omega)V^*(\omega)$ | | 读者自行写出 | |
| 帕什瓦尔公式 | $\int_{-\infty}^{\infty}\lvert f(t)\rvert^2\mathrm{d}t=\frac{1}{2\pi}\int_{-\infty}^{\infty}\lvert F(\omega)\rvert^2\mathrm{d}\omega$ | | | 帕什瓦尔公式本身就具有对偶性 | |
| 希尔伯特变换 | $f(t)=f(t)u(t)$ | $F(\omega)=F_{\mathrm{R}}(\omega)+\mathrm{j}F_{\mathrm{I}}(\omega)$<br>$F_{\mathrm{R}}(\omega)=F_{\mathrm{I}}(\omega)*(1/\pi\omega)$ | 解析信号表示 | $v(t)=x(t)+\mathrm{j}\hat{x}(t)$<br>$\hat{x}(t)=x(t)*(1/\pi t)$ | $V(\omega)=\begin{cases}2X(\omega), & \omega>0\\ 0, & \omega<0\end{cases}$ |
| 对称性质 | $f(-t)$<br>$f^*(t)$<br>$f^*(-t)$ | $F(-\omega)$<br>$F^*(-\omega)$<br>$F^*(\omega)$ | 奇偶虚实性质 | $f(t)$ 是实函数<br>$f_{\mathrm{o}}(t)=\mathrm{Od}\{f(t)\}$<br>$f_{\mathrm{e}}(t)=\mathrm{Ev}\{f(t)\}$ | <br>$\mathrm{jIm}\{F(\omega)\}$<br>$\mathrm{Re}\{F(\omega)\}$ |
| 对称特性 | $f(t)$ 是实函数 | $F(\omega)=F^*(-\omega)$<br>$\mathrm{Re}\{F(\omega)\}=\mathrm{Re}\{F(-\omega)\}$<br>$\mathrm{Im}\{F(\omega)\}=-\mathrm{Im}\{F(-\omega)\}$<br>$\lvert F(\omega)\rvert=\lvert F(-\omega)\rvert$<br>$\angle F(\omega)=-\angle F(-\omega)$ | 对称特性 | $f(t)=f^*(-t)$<br>$\mathrm{Re}\{f(t)\}=\mathrm{Re}\{f(-t)\}$<br>$\mathrm{Im}\{f(t)\}=-\mathrm{Im}\{f(-t)\}$<br>$\lvert f(t)\rvert=\lvert f(-t)\rvert$<br>$\angle f(t)=-\angle f(-t)$ | $F(\omega)$ 是实函数 |
| 尺度比例变换 | $f(at)$，$a\neq 0$ | $\frac{1}{\lvert a\rvert}F\left(\frac{\omega}{a}\right)$ | [注] | 尺度比例变换性质本身就具有对偶性 | |

**3．连续时域和连续频域之间的对偶量和对偶概念**

连续傅里叶变换的对偶性揭示连续时域和连续频域上的一些对偶量和对偶概念。例如：

(1) 6.8.1 节介绍的信号时域中的**等效时宽** $\tau_{\mathrm{e}}$ 与其频域中的**等效带宽** $B_{\mathrm{e}}$ 是一对对偶量。

(2) 时域中的**瞬时频率**和频域中的**群延时**：若把复值信号 $x(t)$ 表示成模和辐角形式，即 $x(t)=\lvert x(t)\rvert\mathrm{e}^{\mathrm{j}\phi(t)}$，其中，$\lvert x(t)\rvert$ 称为该复信号的幅度，$\phi(t)$ 称为 $x(t)$ 的瞬时相位。则该信号的瞬时频率 $f(t)$ (单位为 Hz)定义为

$$f(t)=\frac{1}{2\pi}\frac{\mathrm{d}}{\mathrm{d}t}\phi(t) \tag{6.11.14}$$

假定该复信号的傅里叶变换 $X(\omega)$ 也表示成极坐标形式，即 $X(\omega)=\lvert X(\omega)\rvert\mathrm{e}^{\mathrm{j}\varphi(\omega)}$，则该信号的群延时 $\tau(\omega)$ 或 $\tau(f)$ 定义为

$$\tau(\omega)=-\frac{\mathrm{d}}{\mathrm{d}\omega}\varphi(\omega)\quad 或\quad \tau(f)=-\frac{\mathrm{d}}{\mathrm{d}f}\varphi(f) \tag{6.11.15}$$

其中，$f$ 为以 Hz 为单位的频率，即 $\omega=2\pi f$。这表明上述定义的时域中瞬时频率和频域中的群延时互成对偶量或对偶概念。关于群延时的概念可见本书 7.2 节。

(3) 信号的时域加窗与频域滤波、时分复用与频分复用等是对偶的概念和方法。

## 6.11.2　离散傅里叶级数的对偶性

离散傅里叶级数(DFS)的对偶性质为：在离散时域 $n$ 和离散频域 $k$ 上，若有两个具有相同周期 $N$ 的周期数值序列 $\tilde{x}[n]$ 和 $\tilde{F}_k$ (或 $\tilde{F}[k]$)构成一个 DFS 对，即

$$\tilde{x}[n]\xleftrightarrow{\text{DFS}}\tilde{F}_k\ 或\ \tilde{F}[k]$$

则有 $$\tilde{F}[n] \xleftrightarrow{\text{DFS}} \frac{1}{N}\tilde{x}[-k] \quad 或 \quad N\tilde{F}_{-n} \xleftrightarrow{\text{DFS}} \tilde{x}[k] \tag{6.11.16}$$

DFS 的对偶性质证明如下：对 $\tilde{x}[n]$ 的 DFS 系数公式(见(5.3.18)式)采用变量代换 $n \to -n$，即

$$\tilde{F}_k = \frac{1}{N}\sum_{n\in\langle N\rangle}\tilde{x}[n]\mathrm{e}^{-\mathrm{j}k(2\pi/N)n} \xrightarrow{n\to -n} \tilde{F}_k = \frac{1}{N}\sum_{n\in\langle N\rangle}\tilde{x}[-n]\mathrm{e}^{\mathrm{j}k(2\pi/N)n}$$

在上面右式中将 $k$ 与 $n$ 互换一下，得到

$$\tilde{F}_n = \tilde{F}[n] = \frac{1}{N}\sum_{k\in\langle N\rangle}\tilde{x}[-k]\mathrm{e}^{\mathrm{j}k(2\pi/N)n}$$

这是一个 DFS 的综合公式(参见(5.3.17)式)，它表示 $\tilde{x}[-k]/N$ 是周期序列 $\tilde{F}[n]$ 的 DFS 系数。

同样地，DFS 的上述对偶性质也揭示了如下两方面的对偶特性：

**1．离散傅里叶级数对的成双成对特性**

周期序列和其 DFS 系数序列构成的 DFS 对也是成双成对的，例如，例 5.3 求得矩形周期序列与其 DFS 系数的一对 DFS 对(见(5.3.44)式)

$$\sum_{l=-\infty}^{\infty} r_{2N+1}[n-lN] \xleftrightarrow{\text{DFS}} \frac{1}{N}\frac{\sin k(2N_1+1)(2\pi/N)/2}{\sin[k(2\pi/N)/2]} \tag{6.11.17}$$

与其相对应，则必定有另一个 DFS 对，即

$$\frac{\sin(2N_1+1)(2\pi/N)n/2}{\sin[(2\pi/N)n/2]} \xleftrightarrow{\text{DFS}} \sum_{l=-\infty}^{\infty} r_{2N_1+1}[k-lN] \tag{6.11.18}$$

它们的对偶关系如图 6.43 所示。

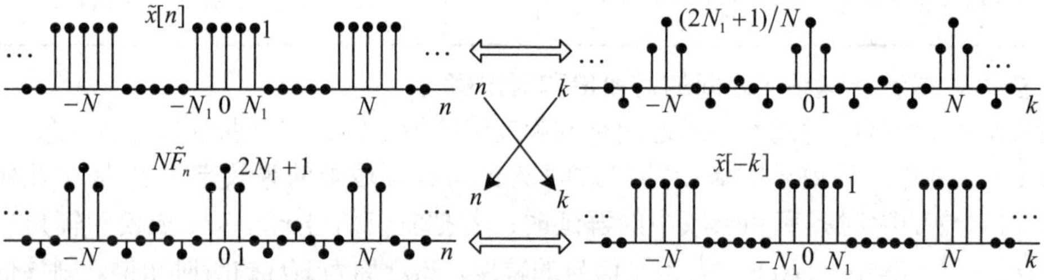


图 6.43 (6.11.18)式和(6.11.19)式的 DFS 序列对之间对偶性的图例说明

表 6.5 中列出了一些典型的对偶 DFS 对。

**表 6.5 基本的离散傅里叶级数对**

| 离散傅里叶级数对 | | 相对偶的离散傅里叶级数对 | |
|---|---|---|---|
| 周期 $N$ 的周期序列 $\tilde{x}[n]$ | DFS $\tilde{F}_k$ | 周期 $N$ 的周期序列 $\tilde{x}[n]$ | DFS $\tilde{F}_k$ |
| $\sum_{l=-\infty}^{\infty} r_{2N_1+1}[n-lN]$ | $\frac{\sin[k(2N_1+1)(\pi/N)]}{N\sin(k\pi/N)}$ | $\frac{\sin[n(2N_1+1)(\pi/N)]}{\sin(n\pi/N)}$ | $\sum_{l=-\infty}^{\infty} r_{2N_1+1}[k-lN]$ |
| $\tilde{x}[n]=1$，所有的 $n$ | $\tilde{F}_k=\sum_{l=-\infty}^{\infty}\delta[k-lN]$ | $\tilde{x}[n]=\sum_{l=-\infty}^{\infty}\delta[n-lN]$ | $\tilde{F}_k=1/N$，所有的 $k$ |
| $\mathrm{e}^{\mathrm{j}\Omega_0 n}$，$\Omega_0=2\pi m/N$ <br> $m$ 为整数 | $\tilde{F}_k=\sum_{l=-\infty}^{\infty}\delta[k-m-lN]$ | $\tilde{x}[n]=N\sum_{l=-\infty}^{\infty}\delta[n+m-lN]$ | $\mathrm{e}^{\mathrm{j}\Omega_0 k}$，$\Omega_0=2\pi m/N$ <br> $m$ 为整数 |
| $\cos\Omega_0 n$，$\Omega_0=2\pi m/N$ <br> $m$ 为整数 | $\tilde{F}_k=\frac{1}{2}\sum_{l=-\infty}^{\infty}\{\delta[k+m-lN]+\delta[k-m-lN]\}$ | $\tilde{x}[n]=\frac{N}{2}\sum_{l=-\infty}^{\infty}\{\delta[n-m-lN]+\delta[n+m-lN]\}$ | $\cos\Omega_0 k$，$\Omega_0=2\pi m/N$ <br> $m$ 为整数 |
| $\sin\Omega_0 n$，$\Omega_0=2\pi m/N$ <br> $m$ 为整数 | $\tilde{F}_k=\frac{\mathrm{j}}{2}\sum_{l=-\infty}^{\infty}\{\delta[k+m-lN]-\delta[k-m-lN]\}$ | $\tilde{x}[n]=\frac{\mathrm{j}N}{2}\sum_{l=-\infty}^{\infty}\{\delta[n-m-lN]-\delta[n+m-lN]\}$ | $\sin\Omega_0 k$，$\Omega_0=2\pi m/N$ <br> $m$ 为整数 |

**2. 离散傅里叶级数性质的成对特性**

表 6.6 中成对地列出了离散傅里叶级数的主要性质，从中看出 DFS 性质之间的对偶特性。

**表 6.6　离散傅里叶级数的性质及其对偶特性**

| 离散傅里叶级数的性质 | | | 相对偶的离散傅里叶级数的性质 | | |
|---|---|---|---|---|---|
| 名称 | 周期 $N$ 的周期序列 $\tilde{x}[n]$ | DFS 系数 $\tilde{F}_k$ | 名称 | 周期 $N$ 的周期序列 $\tilde{x}[n]$ | DFS 系数 $\tilde{F}_k$ |
| 线性性质 | $\alpha\tilde{x}[n]+\beta\tilde{g}[n]$ | $\alpha\tilde{F}_k+\beta\tilde{G}_k$ | | 线性性质本身就具有对偶性 | |
| 对偶性质 | $\tilde{x}[n]$ | $\tilde{F}_k$ | 对偶性质 | $\tilde{F}[n]$ | $(1/N)\tilde{x}_{-k}$ |
| 时域卷积 | $\tilde{x}[n]\circledast\tilde{g}[n]$ | $N\tilde{F}_k\tilde{G}_k$ | 频域卷积 | $\tilde{x}[n]\tilde{g}[n]$ | $\tilde{F}_k\circledast\tilde{G}_k$ |
| 时移性质 | $\tilde{x}[n-n_0]$ | $\tilde{F}_k e^{-jk(2\pi/N)n_0}$ | 频移性质 | $e^{jk_0(2\pi/N)n}\tilde{x}[n]$ | $\tilde{F}_{k-k_0}$ |
| 时域差分 | $\Delta\tilde{x}[n]=\tilde{x}[n]-\tilde{x}[n-1]$ | $(1-e^{-jk(2\pi/N)})\tilde{F}_k$ | 频域差分 | $(1-e^{j(2\pi/N)n})\tilde{x}[n]$ | $\Delta\tilde{F}_k=\tilde{F}_k-\tilde{F}_{k-1}$ |
| 时域累加 | $\sum_{m=-\infty}^{n}\tilde{x}[m]$，$\sum_{n\in\langle N\rangle}\tilde{x}[n]=0$ | $\dfrac{\tilde{F}_k}{1-e^{-jk(2\pi/N)}}$ | 频域累加 | $\dfrac{\tilde{x}[n]}{1-e^{j(2\pi/N)n}}$ | $\sum_{m=-\infty}^{k}\tilde{F}_m$，$\sum_{k\in\langle N\rangle}\tilde{F}_k=0$ |
| 对称性质 | $\tilde{x}[n]$ 是实周期序列 | $\tilde{F}_k=\lvert\tilde{F}_k\rvert e^{j\tilde{\theta}_k}=\tilde{F}^*_{-k}$<br>$\lvert\tilde{F}_k\rvert=\lvert\tilde{F}_{-k}\rvert$，$\tilde{\theta}_k=-\tilde{\theta}_{-k}$ | 对称性质 | $\tilde{x}[n]=\lvert\tilde{x}[n]\rvert e^{j\tilde{\phi}[n]}=\tilde{x}^*[-n]$<br>$\lvert\tilde{x}[n]\rvert=\lvert\tilde{x}[-n]\rvert$，$\tilde{\phi}[n]=-\tilde{\phi}[-n]$ | $\tilde{F}_k$ 是实周期序列 |
| 时域内插 | $\tilde{x}_{(M)}[n]=\begin{cases}\tilde{x}(n/M), & n=lM\\ 0 & n\neq lM\end{cases}$ | $\dfrac{\tilde{F}_k}{M}$，周期为 $MN$ | 频域内插 | 读者自行写出 | |
| 帕什瓦尔公式 | $\dfrac{1}{N}\sum_{n\in\langle N\rangle}\lvert\tilde{x}[n]\rvert^2=\sum_{n\in\langle N\rangle}\lvert\tilde{F}_k\rvert^2$ | | | 帕什瓦尔公式本身就具有对偶性 | |

## 6.11.3　离散傅里叶变换的对偶性

离散傅里叶变换(DFT)的对偶性质为：在离散时域上的 $N$ 点序列 $x[n]$ 和离散频域上的 $N$ 点序列 $X[k]$ 成为一个 DFT 对，则必有时域上的 $N$ 点序列 $X[n]$ 和频域上的 $N$ 点序列 $Nx[N-k]$ 成为另一个 DFT 对，即

若
$$x[n]\xleftrightarrow{\text{DFT}}X[k]\quad 则有\quad X[n]\xleftrightarrow{\text{DFT}}Nx[N-k]\tag{6.11.19}$$

同样地，DFT 的上述对偶性质也揭示了如下两方面的对偶特性：

**1. 离散傅里叶变换(DFT)对的成双成对特性**

表 6.7 中列出了一些典型的对偶 DFT 对。

**表 6.7　基本的离散傅里叶变换(DFT)对**

| 离散傅里叶变换对 | | 相对偶的离散傅里叶变换对 | |
|---|---|---|---|
| $N$ 点序列 $x[n]$ | DFT 系数 $X[k]$ | $N$ 点序列 $x[n]$ | DFT 系数 $X[k]$ |
| $x[n]=1$，$0\leqslant n\leqslant N_1$ 和 $N-N_1\leqslant n\leqslant N-1$；$x[n]=0$，其他 $n$ | $\dfrac{\sin[k(2N_1+1)(2\pi/N)/2]}{\sin[k(2\pi/N)/2]}$ | $\dfrac{\sin[n(2N_1+1)(2\pi/N)/2]}{N\sin[n(2\pi/N)/2]}$ | $X[k]=1$，$0\leqslant k\leqslant N_1$ 和 $N-N_1\leqslant k\leqslant N-1$；$X[k]=0$，其他 $k$ |
| $r_N[n]$， | $N\delta[k]=\begin{cases}N, & k=0\\ 0, & 1\leqslant k\leqslant N-1\end{cases}$ | $\delta[n]=\begin{cases}N, & n=0\\ 0, & 1\leqslant n\leqslant N-1\end{cases}$ | $r_N[k]$， |
| $e^{j(2\pi m/N)n}$，$0\leqslant m<N$ | $X[m]=N$；$X[k]=0$，$k\neq m$ | $x[m]=1/N$；$x[n]=0$，$n\neq m$ | $e^{j(2\pi m/N)k}$，$0\leqslant m<N$ |
| $\cos(2\pi m/N)n$，$0\leqslant m<N$ | $X[m]=N/2$ 和 $X[N-m]=N/2$；$X[k]=0$，其他 $k$ | $x[m]=1/2N$ 和 $x[N-m]=1/2N$；$x[n]=0$，其他 $n$ | $\cos(2\pi m/N)k$，$0\leqslant m<N$ |
| $\sin(2\pi m/N)n$，$0\leqslant m<N$ | $X[m]=N/2j$ 和 $X[N-m]=jN/2$；$X[k]=0$，其他 $k$ | $x[m]=1/j2N$ 和 $x[N-m]=j/2N$；$x[n]=0$，其他 $n$ | $\sin(2\pi m/N)k$，$0\leqslant m<N$ |

**2．离散傅里叶变换(DFT)性质的成对特性**

表 6.8 中成对地列出了离散傅里叶变换的主要性质，从中看出 DFT 性质之间的对偶特性。

**表 6.8 离散傅里叶变换(DFT)的性质及其对偶特性**

| 离散傅里叶变换的性质 | | | 相对偶的离散傅里叶变换的性质 | | |
|---|---|---|---|---|---|
| 名称 | $N$ 点序列 $x[n]$ | DFS 系数 $X[k]$ | 名称 | $N$ 点序列 $x[n]$ | DFS 系数 $X[k]$ |
| 线性 | $\alpha x_1[n]+\beta x_2[n]$ | $\alpha X_1[k]+\beta X_2[k]$ | | 线性性质本身就具有对偶性 | |
| 对偶性 | $x[n]$ | $X[k]$ | 对偶性 | $X[n]$ | $Nx[N-k]$ |
| 时域循环卷积 | $\sum_{m=0}^{N-1}x_1[m]x_2([n-m])_N$ | $X_1[k]X_2[k]$ | 频域循环卷积 | $x_1[n]x_2[n]$ | $\frac{1}{N}\sum_{m=0}^{N-1}X_1[m]X_2([k-m])_N$ |
| 时域循环移位 | $x([n-n_0])_N r_N[n]$ | $X[k]\mathrm{e}^{-\mathrm{j}k(2\pi/N)n_0}$ | 频域循环移位 | $\mathrm{e}^{\mathrm{j}k_0(2\pi/N)n}x[n]$ | $X([k-k_0])_N r_N[k]$ |
| 时域循环相关 | $\sum_{m=0}^{N-1}x([n+m])_N v^*[m]$ | $X[k]V^*[k]$ | 频域循环相关 | 读者自行写出 | |
| 帕什瓦尔公式 | $\frac{1}{N}\sum_{n\in\langle N\rangle}\lvert\tilde{x}[n]\rvert^2=\sum_{n\in\langle N\rangle}\lvert\tilde{F}_k\rvert^2$ | | | 帕什瓦尔公式本身就具有对偶性 | |
| 对称特性 | $x[N-n]$<br>$x^*[n]$<br>$x^*[N-n]$ | $X[N-k]$<br>$X^*[N-k]$<br>$X^*[k]$ | | 本身就具有对偶性 | |
| | $x[n]$ 是 $N$ 点实序列 | $X[k]=X_R[k]+\mathrm{j}X_I[k]=\lvert X[k]\rvert\mathrm{e}^{\mathrm{j}\theta[k]}$<br>$X_R[k]=X_R[N-k]$<br>$X_I[k]=-X_I[N-k]$<br>$\lvert X[k]\rvert=\lvert X[N-k]\rvert$<br>$\theta[k]=-\theta[N-k]$ | 对称特性 | 读者自行写出 | $X[k]$ 是 $N$ 点实序列 |
| 奇偶虚实性质 | 读者自行写出 | 读者自行写出 | 奇偶虚实性质 | $x[n]$ 是 $N$ 点实序列<br>$x_o[n]=(x[n]-x[N-n])/2$<br>$x_e[n]=(x[n]+x[N-n])/2$ | $X[k]=X_R[k]+\mathrm{j}X_I[k]$<br>$\mathrm{j}X_I[k]$<br>$X_R[k]$ |

## 6.11.4 离散时间傅里叶变换与连续傅里叶级数之间的对偶性

在连续周期函数的傅里叶级数表示法中，时域上连续周期函数与频域上离散傅里叶级数系数之间，不可能有 CFT 或 DFS 这样的对偶关系。同样地，在离散时间傅里叶变换中，离散时间序列与其 DTFT(频域上周期为 $2\pi$ 的周期函数)之间，也不可能有这样的对偶关系。但是，连续傅里叶级数与离散时间傅里叶变换之间却有一种对偶关系，这种对偶关系可描述如下：

若一个离散变量的非周期序列 $f[n]$，与一个以 $2\pi$ 为周期的连续变量周期函数 $\tilde{g}(\Omega)$ 构成一个离散时间傅里叶变换对，即 $\mathscr{F}\{f[n]\}=\tilde{g}(\Omega)$，则必有

$$\tilde{g}(t)\xleftrightarrow{\text{CFS}}f_{-k} \quad 或 \quad \tilde{g}(2\pi t/T)\xleftrightarrow{\text{CFS}}f_{-k} \tag{6.11.20}$$

换言之，有一个周期为 $2\pi$ 的连续周期函数 $\tilde{g}(t)$，其连续傅里叶级数系数为 $f_{-k}$ (或 $f[-k]$)。由于周期 $T$ 的长短只决定其 CFS 系数在频域上的间隔 $\omega_0=2\pi/T$，同时上式还表明，周期为 $T$ 的连续周期函数 $\tilde{g}(2\pi t/T)$ 的 CFS 系数为 $f_{-k}$，只是 CFS 系数的频率间隔为 $2\pi/T$。

上述对偶性质的证明如下：根据 DTFT，有 $\tilde{g}(\Omega)=\sum_{n=-\infty}^{\infty}f[n]\mathrm{e}^{-\mathrm{j}\Omega n}$，作 $\Omega=t$ 和 $n=-k$ 的变量代换，则可改写成 $\tilde{g}(t)=\sum_{k=-\infty}^{\infty}f[-k]\mathrm{e}^{\mathrm{j}tk}$。这是周期函数的 CFS 综合公式，其周期为 $2\pi$，故(6.11.20)式得到证明。

与前面的对偶性质一样，CFS 与 DTFT 之间的对偶性也揭示了如下两方面的对偶特性：

**1．DTFT 变换对与 CFS 级数对成双成对**

利用 DTFT 与 CFS 之间的这种对偶性，可由一个已知的 DTFT 变换对求得 CFS 级数对，或者反过来，由一个已知的 CFS 级数对求得所需的 DTFT 变换对。

例如，例 5.2 求得周期矩形脉冲的连续傅里叶级数对(见(5.3.33)式和(5.3.35)式)

$$\sum_{l=-\infty}^{\infty} r_\tau(t-lT)\text{，其中，}r_\tau(t)=\begin{cases}1, & |t|<\tau/2\\ 0, & |t|>\tau/2\end{cases} \xleftrightarrow{\text{CFS}} \frac{\tau}{T}\text{Sa}\left[\frac{k(2\pi/T)\tau}{2}\right] \tag{6.11.21}$$

直接利用上述 DTFT 和 CFS 的对偶特性，可求得下面的 DTFT 变换对

$$\frac{W}{\pi}\text{Sa}(Wn) \xleftrightarrow{\text{DTFT}} \sum_{l=-\infty}^{\infty} r_{2W}(\Omega-2\pi l)\text{，其中，}r_{2W}(\Omega)=\begin{cases}1, & |\Omega|<W\\ 0, & |\Omega|>W\end{cases} \tag{6.11.22}$$

这与例 5.7 中的结果(见(5.4.30)式和(5.4.31)式)相同。图 6.44 画出了上述 DTFT 对和 CFS 对之间的对偶关系。

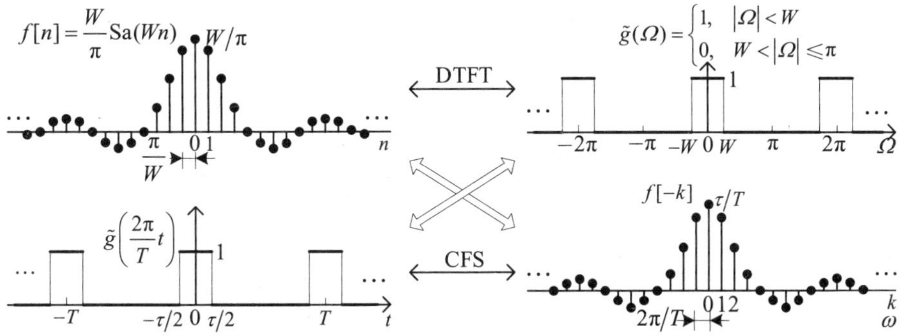


图 6.44　(6.11.22)式的 DTFT 对和(6.11.21)式的 CFS 对互成对偶的图解说明

又例如，在例 5.6 中求得矩形窗序列 $r_{2N_1+1}[n]$ 的 DTFT 变换对(见(5.4.29)式)

$$r_{2N_1+1}[n]=\begin{cases}1, & |n|\leqslant N_1\\ 0, & |n|>N_1\end{cases} \xleftrightarrow{\text{DTFT}} \frac{\sin[(2N_1+1)\Omega/2]}{\sin(\Omega/2)} \tag{6.11.23}$$

那么必有一个周期 $T$ 的连续周期函数 $\tilde{x}(t)$，它的 CFS 系数 $X_k=r_{2N_1+1}[k]$，根据(6.11.20)式，则该连续周期函数为 $\tilde{x}(t)=\dfrac{\sin[(2N_1+1)\pi t/T]}{\sin(\pi t/T)}$，换言之，可以得到如下的一个 CFS 对：

$$\tilde{x}(t)=\frac{\sin[(2N_1+1)\pi t/T]}{\sin(\pi t/T)} \xleftrightarrow{\text{CFS}} X_k=\begin{cases}1, & |k|\leqslant N_1\\ 0, & |k|>N_1\end{cases} \tag{6.11.24}$$

图 6.45 中画出了这一对对偶的图形。

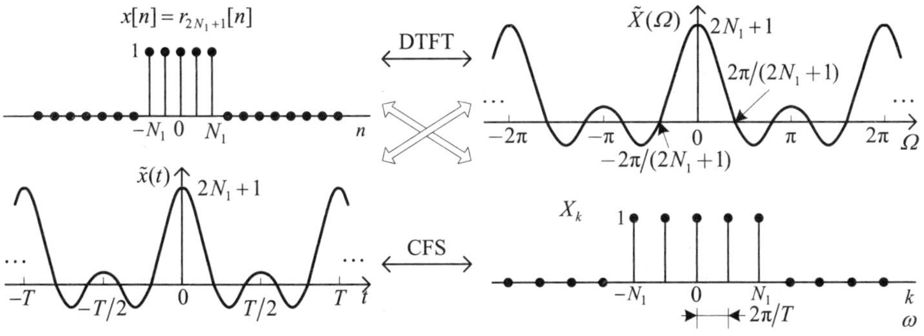


图 6.45　矩形窗序列的 DTFT 变换对与矩形 CFS 系数序列的 CFS 对之间对偶的图例说明

上面是 DTFT 变换对和 CFS 级数对成对的两个对偶例子，表 6.9 中还有其他对偶例子。

**表 6.9 离散时间傅里叶变换对和连续傅里叶级数对的对偶表**

| 离散时间傅里叶变换对 | | 相对偶的连续傅里叶级数对 | |
|---|---|---|---|
| 非周期序列 $f[n]$ | DTFT $\tilde{F}(\Omega)$ | 连续周期函数 $\tilde{x}(t)$ | CFS 系数 $F_k$ |
| $\delta[n]$ | $1$ | $1$ | $F_0=1$，其余 $F_k=0$ |
| $\delta[n]-\delta[n-1]$ | $1-\mathrm{e}^{-\mathrm{j}\Omega}$ | $1-\mathrm{e}^{\mathrm{j}(2\pi/T)t}$ | $F_0=1$，$F_1=-1$；$F_k=0$，其他 $k$ |
| $u[n]$ | $\dfrac{1}{1-\mathrm{e}^{-\mathrm{j}\Omega}}+\pi\sum\limits_{l=-\infty}^{\infty}\delta(\Omega-2\pi k)$ | $\dfrac{1}{1-\mathrm{e}^{\mathrm{j}(2\pi/T)t}}+\pi\sum\limits_{m=-\infty}^{\infty}\delta(t-mT)$ | $F_k=\begin{cases}1, & k\geqslant 0\\ 0, & k<0\end{cases}$ |
| $\mathrm{e}^{\mathrm{j}\Omega_0 n}$ | $2\pi\sum\limits_{l=-\infty}^{\infty}\delta(\Omega-\Omega_0-2\pi k)$ | | |
| | | $\mathrm{e}^{\mathrm{j}(2\pi/T)t}$ | $F_1=1$，其他 $F_k=0$ |
| $\cos\Omega_0 n$ | $\pi\sum\limits_{l=-\infty}^{\infty}[\delta(\Omega+\Omega_0-2\pi k)+\delta(\Omega-\Omega_0-2\pi k)]$ | | |
| | | $\cos(2\pi/T)t$ | $F_1=F_{-1}=1/2$，其他 $F_k=0$ |
| $\sin\Omega_0 n$ | $\mathrm{j}\pi\sum\limits_{l=-\infty}^{\infty}[\delta(\Omega+\Omega_0-2\pi k)-\delta(\Omega-\Omega_0-2\pi k)]$ | | |
| | | $\sin(2\pi/T)t$ | $F_1=-F_{-1}=1/\mathrm{j}2$，其他 $F_k=0$ |
| $\sum\limits_{l=-\infty}^{\infty}\delta[n-lN]$ | $\dfrac{2\pi}{N}\sum\limits_{k=-\infty}^{\infty}\delta(\Omega-k\dfrac{2\pi}{N})$ | $\dfrac{T}{N}\sum\limits_{l=-\infty}^{\infty}\delta(t-l\dfrac{T}{N})$ | $\sum\limits_{l=-\infty}^{\infty}\delta[k-lN]$ |
| $r[n]=\begin{cases}1, & \lvert n\rvert\leqslant N_1\\ 0, & \lvert n\rvert>N_1\end{cases}$ | $\dfrac{\sin[(2N_1+1)\Omega/2]}{\sin(\Omega/2)}$ | $\dfrac{\sin(2N_1+1)\pi t/T}{\sin(\pi t/T)}$ | $F_k=\begin{cases}1, & \lvert k\rvert\leqslant N_1\\ 0, & \lvert k\rvert>N_1\end{cases}$ |
| $\dfrac{W}{\pi}\mathrm{Sa}(Wn)$ | $\tilde{X}(\Omega)=\begin{cases}1, & 0\leqslant\lvert\Omega\rvert<W\\ 0, & W<\lvert\Omega\rvert\leqslant\pi\end{cases}$，在主值区间 $(-\pi,\ \pi]$ 内 | $\tilde{x}(t)=\begin{cases}1, & 0\leqslant\lvert t\rvert<\tau\\ 0, & \tau<\lvert t\rvert\leqslant T/2\end{cases}$，在 $(-T/2,\ T/2]$ 周期区间内 | $F_k=\dfrac{2\tau}{T}\mathrm{Sa}\left(k\dfrac{2\pi}{T}\tau\right)$ |
| $\sum\limits_{m=-\infty}^{\infty}r[n-mN]$,其中 $r[n]=\begin{cases}1, & \lvert n\rvert\leqslant N_1\\ 0, & \lvert n\rvert>N_1\end{cases}$ | $\dfrac{2\pi}{N}\sum\limits_{k=-\infty}^{\infty}\dfrac{\sin[k(2\pi/N)(N_1+1/2)]}{\sin[k(2\pi/N)/2]}\cdot\delta(\Omega-k(2\pi/N))$ | | |
| $a^n u[n]$，$\lvert a\rvert<1$ | $\dfrac{1}{1-a\mathrm{e}^{-\mathrm{j}\Omega}}$ | | |
| $(n+1)a^n u[n]$，$\lvert a\rvert<1$ | $\dfrac{1}{(1-a\mathrm{e}^{-\mathrm{j}\Omega})^2}$ | | |
| $\dfrac{(n+k-1)!}{n!(k-1)!}a^n u[n]$ $\lvert a\rvert<1$ | $\dfrac{1}{(1-a\mathrm{e}^{-\mathrm{j}\Omega})^k}$ | | |
| $a^{\lvert n\rvert}$，$\lvert a\rvert<1$ | $\dfrac{1-a^2}{1-2a\cos\Omega+a^2}$ | | |
| $a^{\lvert n\rvert}\,\mathrm{sgn}[n]$，$\lvert a\rvert<1$ | $\dfrac{-\mathrm{j}2a\sin\Omega}{1-2a\cos\Omega+a^2}$ | | |

说明：表 6.9 中空出的对偶对不经常碰到，故未列出，感兴趣的读者可自行补上。

**2．DTFT 的性质与 CFS 性质之间的对偶性**

由于 DTFT 和 CFS 之间的对偶性，使得 DTFT 性质和 CFS 性质也成双成对地存在。在本章中比较全面地讨论了 DTFT 的性质，由这种对偶性质，也可以列出连续傅里叶级数的许多性质，表 6.10 列出了 DTFT 和 CFS 互成对偶的性质。

**表 6.10　离散时间傅里叶变换和连续傅里叶级数的性质对偶表**

| 离散时间傅里叶变换的性质 | | | 连续傅里叶级数的性质 | | |
|---|---|---|---|---|---|
| 名称 | 非周期序列 $f[n]$ | DTFT $\tilde{F}(\Omega)$ | 名称 | 连续周期函数 $\tilde{x}(t)$ | CFS 系数 $F_k$ |
| 对偶性 | $f[n]$ | $\tilde{g}(\Omega)$ | 对偶性 | $\tilde{g}(2\pi t/T)$，周期为 $T$ | $F_k = f[-k]$ |
| 线性 | $\alpha f_1[n]+\beta f_2[n]$ | $\alpha\tilde{F}_1(\Omega)+\beta\tilde{F}_2(\Omega)$ | 线性 | $\alpha\tilde{x}_1(t)+\beta\tilde{x}_2(t)$ | $\alpha F_{1k}+\beta F_{2k}$ |
| 时移 | $f[n-n_0]$ | $e^{-j\Omega n_0}\tilde{F}(\Omega)$ | 频移 | $e^{jk_0(2\pi/T)t}\tilde{x}(t)$ | $F_{k-k_0}$ |
| 频移 | $e^{j\Omega_0 n}f[n]$<br>$(-1)^n f[n]$ | $\tilde{F}(\Omega-\Omega_0)$；<br>$\tilde{F}(\Omega-\pi)$ | 时移 | $\tilde{x}(t-t_0)$；<br>$\tilde{x}(t-T/2)$ | $e^{-jk(2\pi/T)t_0}F_k$<br>$(-1)^k F_k$ |
| 时域卷积 | $f[n]*h[n]$ | $\tilde{F}(\Omega)\tilde{H}(\Omega)$ | 频域卷积 | $\tilde{x}(t)\tilde{g}(t)$ | $\sum_{l=-\infty}^{\infty}F_l G_{k-l}$ |
| 频域周期卷积 | $f[n]p[n]$ | $\frac{1}{2\pi}\int_{\langle 2\pi\rangle}\tilde{F}(\sigma)\tilde{P}(\Omega-\sigma)d\sigma$ | 时域周期卷积 | $\int_{\langle T\rangle}\tilde{x}(\tau)\tilde{g}(t-\tau)d\tau$ | $TF_kG_k$ |
| 时域差分 | $\Delta f[n]=f[n]-f[n-1]$ | $(1-e^{-j\Omega})\tilde{F}(\Omega)$ | 频域差分 | $(1-e^{j(2\pi/T)t})\tilde{x}(t)$ | $\Delta F_k = F_k - F_{k-1}$ |
| 时域累加 | $\sum_{m=-\infty}^{n}f[m]$ | $\tilde{F}(\Omega)/(1-e^{-j\Omega})$<br>$+\pi\tilde{F}(0)\sum_{m=-\infty}^{\infty}\delta(\Omega-2\pi m)$ | 频域累加 | $\tilde{x}(t)/(1-e^{j(2\pi/T)t})$<br>$+\frac{F_0T}{2}\sum_{l=-\infty}^{\infty}\delta(t-lT)$ | $\sum_{l=-\infty}^{k}F_l$ |
| 频域微分 | $-jnf[n]$ | $\frac{d}{d\Omega}\tilde{F}(\Omega)$ | 时域微分 | $\frac{d}{dt}\tilde{x}(t)$ | $jk\frac{2\pi}{T}F_k$ |
| 频域积分 | $\frac{f[n]}{-jn}$ | $\int_{-\infty}^{\Omega}\tilde{F}(\sigma)d\sigma$，当<br>$\int_{\langle 2\pi\rangle}\tilde{F}(\Omega)d\Omega=0$ | 时域积分 | $\int_{-\infty}^{t}\tilde{x}(\tau)d\tau$，当<br>$\int_{\langle T\rangle}\tilde{x}(t)dt=0$ | $\frac{F_k}{jk(2\pi/T)}$ |
| 对称性质 | $f[n]$ 为实序列 | $\tilde{F}(\Omega)=\tilde{F}^*(-\Omega)$<br>$\mathrm{Re}\{\tilde{F}(\Omega)\}=\mathrm{Re}\{\tilde{F}(-\Omega)\}$<br>$\mathrm{Im}\{\tilde{F}(\Omega)\}=-\mathrm{Im}\{\tilde{F}(-\Omega)\}$<br>$\lvert\tilde{F}(\Omega)\rvert=\lvert\tilde{F}(-\Omega)\rvert$<br>$\angle\tilde{F}(\Omega)=-\angle\tilde{F}(-\Omega)$ | 对称性质 | $\tilde{x}(t)$ 为实周期函数 | $F_k=F_{-k}^*$<br>$\mathrm{Re}\{F_k\}=\mathrm{Re}\{F_{-k}\}$<br>$\mathrm{Im}\{F_k\}=-\mathrm{Im}\{F_{-k}\}$<br>$\lvert F_{-k}\rvert=\lvert F_k\rvert$<br>$\angle F_k=-\angle F_k$ |
| 希尔伯特变换 | $f[n]=x[n]+j\hat{x}[n]$<br>$\hat{x}[n]=\mathscr{H}\{x[n]\}$ [注] | $\tilde{F}(\Omega)=\begin{cases}2\tilde{X}(\Omega), & -\pi<\Omega<0\\ 0, & 0<\Omega<\pi\end{cases}$ | 希尔伯特变换 | $\tilde{x}(t)=\begin{cases}2\tilde{x}(t), & 0<t<T/2\\ 0, & -T/2<t<0\end{cases}$ | $F_k=X_k+j\hat{X}_k$，<br>$\hat{X}_k=\mathscr{H}\{X_k\}$ [注] |
| 周期希尔伯特变换 | $f[n]$ 为实因果序列，<br>$f[n]=f[n]u[n]$ | $\tilde{F}(\Omega)=\tilde{F}_R(\Omega)+j\tilde{F}_I(\Omega)$，<br>$\tilde{F}_R(\Omega)=\mathscr{H}^{\Theta}\{\tilde{F}_I(\Omega)\}+f[0]$<br>和 $\tilde{F}_I(\Omega)=-\mathscr{H}^{\Theta}\{\tilde{F}_R(\Omega)\}$ | 周期希尔伯特变换 | $\tilde{x}(t)=\tilde{x}_r(t)+j\tilde{x}_i(t)$，<br>$\tilde{x}_r(t)=\mathscr{H}^{\Theta}\{\tilde{x}_i(t)\}+F_0$<br>和 $\tilde{x}_i(t)=-\mathscr{H}^{\Theta}\{\tilde{x}_r(t)\}$ | $F_k$ 为实因果序列，<br>即 $F_k=0$，$k<0$ |
| $M$ 倍内插 | $f_{(M)}[n]$ | $\tilde{F}(M\Omega)$ | 尺度反比性质 | $\tilde{f}(at)$，$a>0$ | $F_k$，频域间隔为 $(2\pi/aT)$ |
| 帕斯瓦尔关系 | $\sum_{n=-\infty}^{\infty}\lvert f[n]\rvert^2=\frac{1}{2\pi}\int_{\langle 2\pi\rangle}\lvert\tilde{F}(\Omega)\rvert^2 d\Omega$ | | 帕斯瓦尔关系 | $\frac{1}{T}\int_T\lvert\tilde{x}(t)\rvert^2 dt=\sum_{k=-\infty}^{\infty}\lvert F_k\rvert^2$ | |

［注］ $x[n]$，$\hat{x}[n]$ 和 $X_k$，$\hat{X}_k$ 均为实序列。

# 6.12 拉普拉斯变换与 Z 变换的初值和终值定理

一个因果时间函数或序列在 $t=0$ 或 $n=0$ 和 $t\to\infty$ 或 $n\to\infty$ 的值，可由它们的拉普拉斯变换或 Z 变换像函数确定。拉普拉斯变换与 Z 变换的初值和终值定理即描述了这一性质。

## 6.12.1 初值定理

**1. 拉普拉斯变换的初值定理**

拉普拉斯变换的初值定理叙述为：若 $f(t)=0$，$t<0$，且在 $t=0$ 处不包含冲激及其导数，假设 $\mathscr{L}\{f(t)\}=\{F(s),\ R_F\}$，则有

$$\lim_{t\to0^+}f(t)=\lim_{s\to\infty}sF(s) \tag{6.12.1}$$

更一般地，若有 $\lim\limits_{t\to0^+}\frac{\mathrm{d}^k}{\mathrm{d}t^k}f(t)=0$，$k<m$，则有

$$\lim_{t\to0^+}\frac{\mathrm{d}^m}{\mathrm{d}t^m}f(t)=\lim_{s\to\infty}s^{m+1}F(s) \tag{6.12.2}$$

**2. Z 变换的初值定理**

对于因果序列 $f[n]$，$n<0$，若有 $\mathscr{Z}\{f[n]\}=\{F(z),\ R_F\}$，则有

$$f[0]=\lim_{z\to\infty}F(z) \tag{6.12.3}$$

这表明，因果序列的初值等于其像函数在 $z\to\infty$ 的极限。此外，如果一个因果序列的初值是有限值，则在其有理形式的 Z 变换像函数中，分子多项式的阶次不能高于分母多项式的阶次。换言之，其像函数在有限 Z 平面($|z|<\infty$)内零点的个数不能多于极点的个数。

## 6.12.2 终值定理

**1. 拉普拉斯变换的终值定理**

对于因果时间函数 $f(t)=0$，$t<0$，假设 $\mathscr{L}\{f(t)\}=\{F(s),\ R_F\}$，且极限 $\lim\limits_{t\to\infty}f(t)$ 存在，则有

$$\lim_{t\to\infty}f(t)=\lim_{s\to0}sF(s) \tag{6.12.4}$$

可以由拉普拉斯变换收敛域和零、极点分布来判断 $f(t)$ 在 $t\to\infty$ 的极限是否存在，若收敛域是包含虚轴的右半 S 平面，或者，收敛域以虚轴为边界的右半 S 平面，但虚轴上仅有一阶极点，则 $f(t)$ 在 $t\to\infty$ 一定存在有限的极限值；若虚轴上有一个以上一阶极点，或高阶极点，则 $f(t)$ 在 $t\to\infty$ 的极限一定不存在，终值定理就不成立。

**2. Z 变换的终值定理**

对于因果序列 $f[n]=f[n]u[n]$，若 $\mathscr{Z}\{f[n]\}=\{F(z),\ R_F\}$，且极限 $\lim\limits_{n\to\infty}f[n]$ 存在，则有

$$\lim_{n\to\infty}f[n]=\lim_{z\to1}(z-1)F(z) \tag{6.12.5}$$

该定理证明如下：根据 Z 变换的时移性质，$(z-1)F(z)$ 是 $f[n+1]-f[n]$ 的 Z 变换，即

$$(z-1)F(z)=\sum_{n=-1}^{\infty}\left(f[n+1]-f[n]\right)z^{-n}=f[0]z+\sum_{n=0}^{\infty}\left(f[n+1]-f[n]\right)z^{-n}$$

则有　$\lim\limits_{Z\to 1}(z-1)F(z)=\lim\limits_{Z\to 1}\left\{f[0]z+\sum\limits_{n=-1}^{\infty}\left(f[n+1]-f[n]\right)z^{-n}\right\}=f[0]+\sum\limits_{n=0}^{\infty}\left(f[n+1]-f[n]\right)=\lim\limits_{n\to\infty}f[n]$

# 6.13　拉普拉斯变换与 Z 变换之间的类比关系

为了说明拉普拉斯变换与 Z 变换之间关系，这里再次列出这两种变换的分析和合成公式：

$$F(s)=\int_{-\infty}^{\infty}f(t)\mathrm{e}^{-st}\mathrm{d}t,\ R_F \quad \Leftarrow\ 对应\ \Rightarrow \quad F(z)=\sum_{n=-\infty}^{\infty}f[n]z^{-n},\ R_F$$

$$f(t)=\frac{1}{2\pi\mathrm{j}}\int_{\sigma-\mathrm{j}\infty}^{\sigma+\mathrm{j}\infty}F(s)\mathrm{e}^{st}\mathrm{d}s \quad \Leftarrow\ 对应\ \Rightarrow \quad f[n]=\frac{1}{2\pi\mathrm{j}}\oint_{\mathrm{c}}F(z)z^{n-1}\mathrm{d}z$$

其中，$(\mathrm{Re}\{s\}=\sigma)\subset R_F$　　　　其中，圆周 $\mathrm{c}\subset R_F$

拉普拉斯变换是实数时域到复平面的变换，而 Z 变换是离散时域到复平面的变换。显然，它们没有像 CFT 或 DTFT 那样的对偶性。但是，正如本章所讨论的那样，尽管拉普拉斯变换与 Z 变换之间不存在对偶性，但却有着类比关系。在表 6.11 和表 6.12 中，分别列出可类比的拉普拉斯变换和 Z 变换对，以及可类比的拉普拉斯变换和 Z 变换性质。

**表 6.11　双边拉普拉斯变换对与双边 Z 变换对的类比关系**

| 双边拉普拉斯变换对 | | 双边 Z 变换对 | |
|---|---|---|---|
| 连续时间函数 $f(t)$ | 像函数 $F(s)$ 和收敛域 | 离散时间序列 $f[n]$ | 像函数 $F(s)$ 和收敛域 |
| $\delta(t)$ | 1，整个 S 平面 | $\delta[n]$ | 1，整个 Z 平面 |
| $\delta^{(k)}(t)$ | $s^k$，有限 S 平面 | $\Delta^k\delta[n]$ | $(1-z^{-1})^k$，$\lvert z\rvert>0$ |
| $u(t)$ | $1/s$，$\mathrm{Re}\{s\}>0$ | $u[n]$ | $1/(1-z^{-1})$，$\lvert z\rvert>0$ |
| $tu(t)$ | $1/s^2$，$\mathrm{Re}\{s\}>0$ | $(n+1)u[n]$ | $1/(1-z^{-1})^2$，$\lvert z\rvert>1$ |
| $\frac{t^{k-1}}{(k-1)!}u(t)$ | $\frac{1}{s^k}$，$\mathrm{Re}\{s\}>0$ | $\frac{(n+k-1)!}{n!(k-1)!}u[n]$ | $\frac{1}{(1-z^{-1})^k}$，$\lvert z\rvert>1$ |
| $-u(-t)$ | $1/s$，$\mathrm{Re}\{s\}<0$ | $-u[-n-1]$ | $1/(1-z^{-1})$，$\lvert z\rvert<1$ |
| $-tu(-t)$ | $1/s^2$，$\mathrm{Re}\{s\}<0$ | $-(n+1)u[-n-1]$ | $1/(1-z^{-1})^2$，$\lvert z\rvert<1$ |
| $-\frac{t^{k-1}}{(k-1)!}u(-t)$ | $\frac{1}{s^k}$，$\mathrm{Re}\{s\}<0$ | $-\frac{(n+k-1)!}{n!(k-1)!}u[-n-1]$ | $\frac{1}{(1-z^{-1})^k}$，$\lvert z\rvert<1$ |
| $\mathrm{e}^{-at}u(t)$ | $\frac{1}{s+a}$，$\mathrm{Re}\{s\}>\mathrm{Re}\{-a\}$ | $a^nu[n]$ | $\frac{1}{1-az^{-1}}$，$\lvert z\rvert>\lvert a\rvert$ |
| $t\mathrm{e}^{-at}u(t)$ | $\frac{1}{(s+a)^2}$，$\mathrm{Re}\{s\}>\mathrm{Re}\{-a\}$ | $(n+1)a^nu[n]$ | $\frac{1}{(1-az^{-1})^2}$，$\lvert z\rvert>\lvert a\rvert$ |
| $\frac{t^{k-1}}{(k-1)!}\mathrm{e}^{-at}u(t)$ | $\frac{1}{(s+a)^k}$，$\mathrm{Re}\{s\}>\mathrm{Re}\{-a\}$ | $\frac{(n+k-1)!}{n!(k-1)!}a^nu[n]$ | $\frac{1}{(1-az^{-1})^k}$，$\lvert z\rvert>\lvert a\rvert$ |
| $-\mathrm{e}^{-at}u(-t)$ | $\frac{1}{s+a}$，$\mathrm{Re}\{s\}<\mathrm{Re}\{-a\}$ | $-a^nu[-n-1]$ | $\frac{1}{1-az^{-1}}$，$\lvert z\rvert<\lvert a\rvert$ |
| $\frac{-t^{k-1}}{(k-1)!}\mathrm{e}^{-at}u(-t)$ | $\frac{1}{(s+a)^k}$，$\mathrm{Re}\{s\}<\mathrm{Re}\{-a\}$ | $-\frac{(n+k-1)!}{n!(k-1)!}a^nu[-n-1]$ | $\frac{1}{(1-az^{-1})^k}$，$\lvert z\rvert<\lvert a\rvert$ |

表 6.11（续）

| 双边拉普拉斯变换对 | | 双边 Z 变换对 | |
|---|---|---|---|
| 连续时间函数 $f(t)$ | 像函数 $F(s)$ 和收敛域 | 离散时间序列 $f[n]$ | 像函数 $F(s)$ 和收敛域 |
| $\cos\omega_0 t u(t)$ | $\frac{s}{s^2+\omega_0^2}$，$\mathrm{Re}\{s\}>0$ | $\cos\Omega_0 n u[n]$ | $\frac{1-(\cos\Omega_0)z^{-1}}{1-(2\cos\Omega_0)z^{-1}+z^{-2}}$ |
| $\sin\omega_0 t u(t)$ | $\frac{\omega_0}{s^2+\omega_0^2}$，$\mathrm{Re}\{s\}>0$ | $\sin\Omega_0 n u[n]$ | $\frac{(\sin\Omega_0)z^{-1}}{1-(2\cos\Omega_0)z^{-1}+z^{-2}}$ |
| $\mathrm{e}^{-at}\cos\omega_0 t u(t)$ | $\frac{s+a}{(s+a)^2+\omega_0^2}$，$\mathrm{Re}\{s\}>\mathrm{Re}\{-a\}$ | $a^n\cos\Omega_0 n u[n]$ | $\frac{1-(a\cos\Omega_0)z^{-1}}{1-(2a\cos\Omega_0)z^{-1}+a^2z^{-2}}$，$\lvert z\rvert>\lvert a\rvert$ |
| $\mathrm{e}^{-at}\sin\omega_0 t u(t)$ | $\frac{\omega_0}{(s+a)^2+\omega_0^2}$，$\mathrm{Re}\{s\}>\mathrm{Re}\{-a\}$ | $a^n\sin\Omega_0 n u[n]$ | $\frac{(a\sin\Omega_0)z^{-1}}{1-(2a\cos\Omega_0)z^{-1}+a^2z^{-2}}$，$\lvert z\rvert>\lvert a\rvert$ |
| $\mathrm{e}^{-a\lvert t\rvert}$，$\mathrm{Re}\{a\}>0$ | $\frac{-2a}{s^2-a^2}$，$\mathrm{Re}\{a\}>\mathrm{Re}\{s\}>\mathrm{Re}\{-a\}$ | $a^{\lvert n\rvert}$，$\lvert a\rvert<1$ | $\frac{(a-a^{-1})z^{-1}}{(1-az^{-1})(1-a^{-1}z^{-1})}$，$\left\lvert\frac{1}{a}\right\rvert>\lvert z\rvert>\lvert a\rvert$ |
| $\mathrm{e}^{-a\lvert t\rvert}\mathrm{sgn}(t)$，$\mathrm{Re}\{a\}>0$ | $\frac{2s}{s^2-a^2}$，$\mathrm{Re}\{a\}>\mathrm{Re}\{s\}>\mathrm{Re}\{-a\}$ | $a^{\lvert n\rvert}\mathrm{sgn}[n]$，$\lvert a\rvert<1$ | $\frac{1-z^{-2}}{(1-az^{-1})(1-a^{-1}z^{-1})}$，$\left\lvert\frac{1}{a}\right\rvert>\lvert z\rvert>\lvert a\rvert$ |

**表 6.12 双边拉普拉斯变换与双边 Z 变换性质的类比关系**

| 双边拉普拉斯变换性质 | | | 双边 Z 变换性质 | | |
|---|---|---|---|---|---|
| 名称 | 连续时间函数 $f(t)$ | 像函数 $F(s)$ 和收敛域 $R_F=(\sigma_1<\mathrm{Re}\{s\}<\sigma_2)$ | 名称 | 离散时间序列 $f[n]$ | 像函数 $F(z)$ 和收敛域 $R_F=(r_1<\lvert z\rvert<r_2)$ |
| 线性性质 | $\alpha f_1(t)+\beta f_2(t)$ | $\alpha F_1(s)+\beta F_2(s)$，$\mathrm{ROC}\supset(R_{F1}\cap R_{F2})$ | 线性性质 | $\alpha f_1[n]+\beta f_2[n]$ | $\alpha F_1(z)+\beta F_2(z)$，$\mathrm{ROC}\supset(R_{F1}\cap R_{F2})$ |
| 时域卷积 | $x(t)*h(t)$ | $X(s)H(s)$，$\mathrm{ROC}\supset R_X\cap R_H$ | 时域卷积 | $x[n]*h[n]$ | $X(z)H(z)$ $\mathrm{ROC}\supset R_X\cap R_H$ |
| 时移 | $f(t-t_0)$ | $F(s)\mathrm{e}^{-st_0}$，$\mathrm{ROC}=R_F$ | 时移 | $f[n-n_0]$ | $F(z)z^{-n_0}$，$\mathrm{ROC}=R_F$ |
| 复指数加权 | $\mathrm{e}^{s_0t}f(t)$ | $F(s-s_0)$，$\mathrm{ROC}=R_F+\mathrm{Re}\{s_0\}$ | 复指数加权 | $z_0^n f[n]$<br>$(-1)^n f[n]$ | $F(z/z_0)$，$\mathrm{ROC}=\lvert z_0\rvert R_F$<br>$F(-z)$，$\mathrm{ROC}=R_F$ |
| 时域微分 | $\frac{\mathrm{d}}{\mathrm{d}t}f(t)$<br>$\frac{\mathrm{d}^k}{\mathrm{d}t^k}f(t)$ | $sF(s)$，$\mathrm{ROC}\supset R_F$<br>$s^kF(s)$，$\mathrm{ROC}\supset R_F$ | 时域差分 | $\Delta f[n]=f[n]-f[n-1]$<br>$\Delta^k f[n]$ | $(1-z^{-1})F(z)$，$\mathrm{ROC}\supset R_F$<br>$(1-z^{-1})^kF(z)$，$\mathrm{ROC}\supset R_F$ |
| 时域积分 | $\int_{-\infty}^{t}f(\tau)\mathrm{d}\tau$ | $F(s)/s$，$\mathrm{ROC}\supset R_F\cap(\mathrm{Re}\{s\}>0)$ | 时域累加 | $\sum_{k=-\infty}^{\infty}f[k]$ | $F(z)/(1-z^{-1})$，$\mathrm{ROC}\supset R_F\cap(\lvert z\rvert>1)$ |
| $s$ 域微分 | $-tf(t)$<br>$(-t)^kf(t)$ | $\frac{\mathrm{d}}{\mathrm{d}s}F(s)$，$\mathrm{ROC}\supset R_F$<br>$\frac{\mathrm{d}^k}{\mathrm{d}s^k}F(s)$，$\mathrm{ROC}\supset R_F$ | $z$ 域微分 | $-nf[n]$<br>$(-n)^kf[n]$ | $z\frac{\mathrm{d}}{\mathrm{d}z}F(z)$，$\mathrm{ROC}\supset R_F$ [注]<br>$(z\frac{\mathrm{d}}{\mathrm{d}z})^kF\ z$，$\mathrm{ROC}\supset R_F$ |
| 帕什瓦尔关系 | $\int_{-\infty}^{\infty}x(t)f^*(t)\mathrm{d}t=\frac{1}{2\pi\mathrm{j}}\int_{\sigma-j\infty}^{s}X(v)F^*(-v)\mathrm{d}v$，<br>$\max\{\sigma_{X1},\sigma_{F1}\}<\sigma<\min\{\sigma_{X2},\sigma_{F2}\}$ | | 帕什瓦尔关系 | $\sum_{n=-\infty}^{\infty}x[n]f^*[n]=\frac{1}{2\pi\mathrm{j}}\oint_c X(v)F^*\left(\frac{1}{v^*}\right)\frac{\mathrm{d}v}{v}$，<br>$c$ 为圆环 $r_{x1}r_{f1}<\lvert z\rvert<r_{x2}r_{f2}$ 中的一个圆周 | |

**表 6.12(续)**

| 双边拉普拉斯变换性质 | | | 双边 Z 变换性质 | | |
|---|---|---|---|---|---|
| 名称 | 连续时间函数 $f(t)$ | 像函数 $F(s)$ 和收敛域 $R_F=(\sigma_1<\mathrm{Re}\{s\}<\sigma_2)$ | 名称 | 离散时间序列 $f[n]$ | 像函数 $F(z)$ 和收敛域 $R_F=(r_1<\lvert z\rvert<r_2)$ |
| 对称性质 | $f(-t)$<br>$f^*(t)$<br>$f^*(-t)$ | $F(-s)$，$\mathrm{ROC}=-R_F$<br>$F^*(s^*)$，$\mathrm{ROC}=R_F$<br>$F^*(-s^*)$，$\mathrm{ROC}=-R_F$ | 对称性质 | $f[-n]$<br>$f^*[n]$<br>$f^*[-n]$ | $F(z^{-1})$，$\mathrm{ROC}=R_F^{-1}$<br>$F^*(z^*)$，$\mathrm{ROC}=R_F$<br>$F(1/z^*)$，$\mathrm{ROC}=R_F^{-1}$ |
| | $f(t)$ 是实函数，即 $f(t)=f^*(t)$ | $F(s)$ 的零、极点均为实的或互为共轭复零、极点，即零、极点以实轴镜像对称 | | $f[n]$ 是实序列，即 $f[n]=f^*[n]$ | $F(s)$ 的零、极点均为实的或互为共轭复零、极点，零、极点以实轴镜像对称 |
| 尺度变换性质 | $f(at)$，$a\neq 0$ | $\dfrac{1}{\lvert a\rvert}F(\dfrac{s}{a})$ | 时域 $M$ 倍内插 | $f_{(M)}[n]=\begin{cases}f[n/M], & n=lM\\ 0, & n\neq lM\end{cases}$ | $F(z^M)$，$\mathrm{ROC}=R_F^{1/M}$，即 $r_1^{1/M}<\lvert z\rvert<r_2^{1/M}$ |
| | $f(at+t_0)$，$a\neq 0$ | $\dfrac{1}{\lvert a\rvert}F(\dfrac{s}{a})\mathrm{e}^{\frac{st_0}{a}}$ | 时域 $M$ 倍抽取 | $f[Mn]$ | $\dfrac{1}{M}\sum\limits_{k=0}^{M-1}F\left[\mathrm{e}^{-\mathrm{j}k\frac{2\pi}{M}}z^{\frac{1}{M}}\right]$，$\mathrm{ROC}=R_F^M$ |
| 初值定理 | $f(0^+)=\lim\limits_{s\to\infty}sF(s)$，$f(t)=0$，$t<0$<br>且 $f(t)$ 在 $t=0$ 处不包含冲激及其导数 | | 初值定理 | $f[0]=\lim\limits_{z\to\infty}F(z)$，$f[n]=0$，$n<0$ | |
| 终值定理 | $\lim\limits_{t\to\infty}f(t)=\lim\limits_{s\to 0}sF(s)$，$f(t)=0$，$t<0$ | | 终值定理 | $\lim\limits_{n\to\infty}f[n]=\lim\limits_{z\to 1}(z-1)F(z)$，$f[n]=0$，$n<0$ | |

[注]　$\left(z\dfrac{\mathrm{d}}{\mathrm{d}z}\right)^k$ 表示对后面的函数进行 $k$ 次 $z\dfrac{\mathrm{d}}{\mathrm{d}z}$ 的运算。

# 习　　题

**6.1**　试利用连续和离散时间傅里叶变换的性质，以及熟知的傅里叶变换对、拉普拉斯变换或 Z 变换对，确定下列 $f(t)$ 或 $f[n]$ 的 CFT 或 DTFT，即 $F(\omega)$ 或 $\tilde{F}(\Omega)$，并对于带有*号的小题，概略画出 $F(\omega)$ 或 $\tilde{F}(\Omega)$，或者它们的模函数和辐角函数的图形。其中许多小题可以利用傅里叶变换的不同性质，用多种方法求解。

*1) $\cos\pi(t+1/4)+\mathrm{j}\sin 2\pi t$　　2) $\mathrm{e}^{-2t}[u(t+2)-u(t-2)]$　　3) $[t\mathrm{e}^{-2t}\cos 4t]u(t)$

*4) $\cos^2(\pi t/T)$　　*5) $\mathrm{e}^{1-t}u(t-1)$　　*6) $\sin^2(\pi n/N)$　　7) $(1/2)^{-n}u[2-n]$

8) $\mathrm{e}^{-a|t-2|}$，$a>0$　　9) $(2t+1)\mathrm{e}^{-t}u(t-1)$　　10) $a^{|n+1|}$，$|a|<1$　　11) $(1-2n)(0.5)^n u[n+1]$

12) $(1+\cos\omega_0 t)\mathrm{e}^{-at}u(t)$，$a>0$　　13) $[1+\cos(\pi n/4)]2^n u[-n]$

14) $f(t)$ 如图 P6.1.1 所示　　15) $f[n]$ 如图 P6.1.2 所示

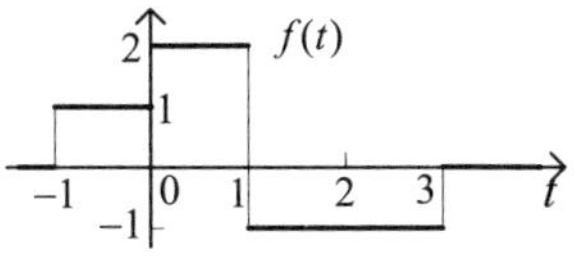


图 P6.1.1

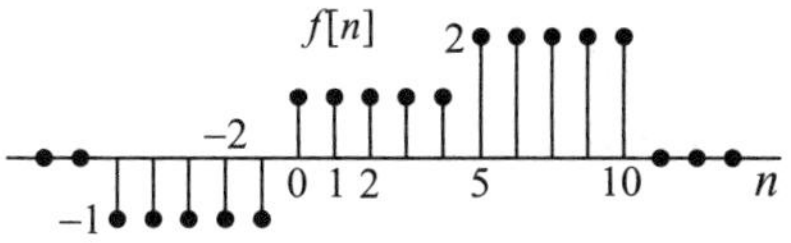


图 P6.1.2

16) $f(t)$ 如图 P6.1.3 所示　　17) $f[n]$ 如图 P6.1.4 所示

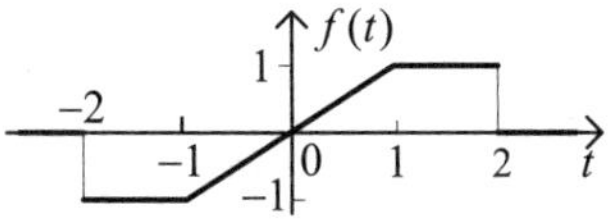


图 P6.1.3

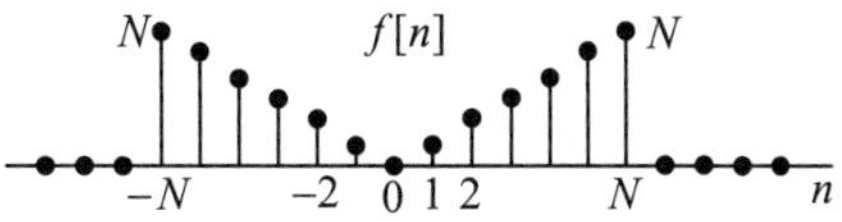


图 P6.1.4

18) $f[n]=\begin{cases}1-|n|/N, & |n|\leqslant N\\ 0, & |n|>N\end{cases}$　　19) $f[n]=\begin{cases}n, & |n|\leqslant N\\ 0, & |n|>N\end{cases}$　　*20) $x(t)=\begin{cases}|\sin\pi t|, & |t|\leqslant 1\\ 0, & |t|>1\end{cases}$

*21) $x(t)=\sum\limits_{n=0}^{\infty}\alpha^n\delta(t-nT)$，$|\alpha|<1$　　22) $\dfrac{\sin^2\pi t}{\pi^2t^2}$　　*23) $\left[\dfrac{\sin\pi t}{\pi t}\right]\left[\dfrac{\sin\pi(t-1)}{\pi(t-1)}\right]$

**6.2** 除了计算傅里叶级数系数的方法外，还有几种确定周期信号频谱的方法：

(a) 把周期信号看成其一个周期的周期延拓，利用(5.5.14)式，确定傅里叶级数的系数。

(b) 利用 CFS 和 DFS 的性质，确定周期信号的傅里叶级数的系数(见 6.11.4 和 6.11.2 小节)。

(c) 利用 CFT 和 DTFT 的性质，确定傅里叶级数的系数。

对于下列周期信号 $\tilde{x}(t)$ 或 $\tilde{x}[n]$，试用这些方法确定各自的傅里叶级数的系数。

1) 5.4 题中的 6)小题　　2) 5.7 题中的 4)小题　　3) $\tilde{x}(t)$ 如图 P6.2.1 所示　　4) $\tilde{x}[n]$ 如图 P6.2.2 所示

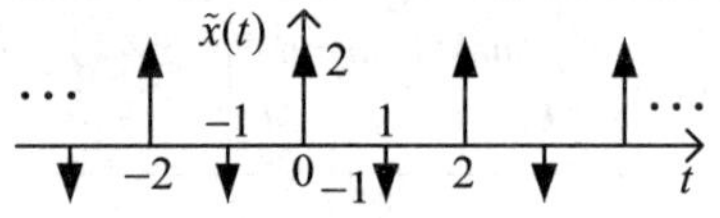


图 P6.2.1

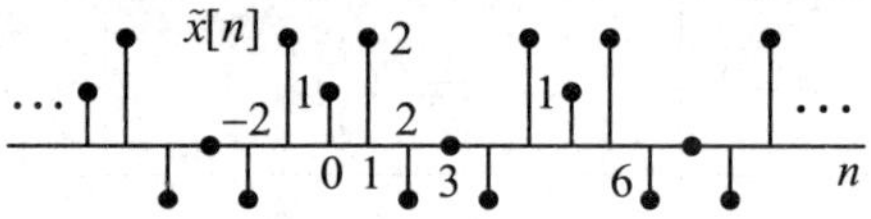


图 P6.2.2

**6.3** 利用拉普拉斯变换或Z变换的性质和熟知的一些基本拉普拉斯变换或Z变换对，试求下列时间函数 $f(t)$ 或序列 $f[n]$ 的拉普拉斯变换或 Z 变换，并概略画出收敛域和零、极点图。

1) $e^{a|t|}\operatorname{sgn}(t)$，$\operatorname{Re}\{a\}<0$　　2) $a^{|n|}\operatorname{sgn}[n+2]$，$|a|<1$　　3) $te^{-a(t-1)}u(t+1)$，$\operatorname{Re}\{a\}>0$

5) $f(t)=\begin{cases}|\sin\pi t|, & |t|<1\\ 0, & |t|\geqslant 1\end{cases}$　　6) $f[n]=\begin{cases}\cos(\pi n/8), & |n|\leqslant 4\\ 0, & |n|>4\end{cases}$　　7) $\dfrac{1-e^{at}}{t}u(-t)$，$a>0$

8) $\dfrac{a^n-b^n}{n}u[n]$，$|a|<1$、$|b|<1$　　9) $\dfrac{1-\cos t}{t}u(t)$　　10) $\dfrac{1-\sin(\pi n/2)}{n}u[-n-1]$

11) $x(t)$ 如图 P6.3.1 所示　　12) $x[n]$ 为图 P6.3.2 所示的阶梯序列

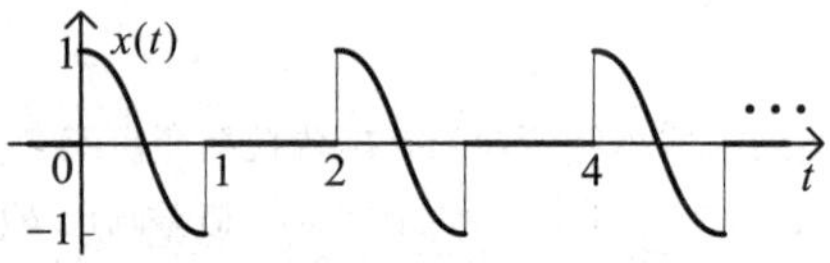


图 P6.3.1

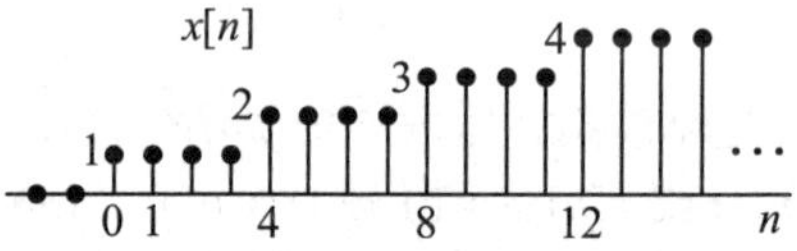


图 P6.3.2

13) $f(t)=\sum\limits_{n=0}^{\infty}u(t-nT)$　　14) $2te^{-2t}u(2t-1)$　　15) $f[n]=\sum\limits_{k=0}^{\infty}u[n-kN]$　　16) $|n-3|u[n]$

**6.4** 已知下列连续或离散时间傅里叶变换 $F(\omega)$ 或 $\tilde{F}(\Omega)$ (一个周期区间($-\pi$，$\pi$)内)，试分别利用连续或离散时间傅里叶变换的性质，以及熟知的傅里叶变换对，分别确定它们各自逆变换的时间函数 $f(t)$ 或序列 $f[n]$。其中有的可以利用傅里叶变换的不同性质，用多种方法求解。

1) $\cos^2(\omega\tau+\pi/3)$　　2) $\sin^2[(\Omega-\pi)/2]$

3) $F(\omega)=\begin{cases}1, & |\omega|>W\\ 0, & |\omega|<W\end{cases}$　　4) $\tilde{F}(\Omega)=\begin{cases}\pi-\Omega, & 0<\Omega\leqslant\pi\\ -\pi-\Omega, & -\pi\leqslant\Omega<0\end{cases}$　　5) $\tilde{F}(\Omega)=\begin{cases}\pi-\Omega, & 0<\Omega\leqslant\pi\\ \pi+\Omega, & -\pi\leqslant\Omega<0\end{cases}$

6) $F(\omega)$ 如图 P6.4.1 所示

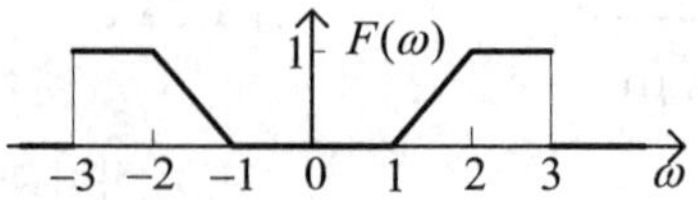

图 P6.4.1

7) $F(\omega)=\begin{cases}\cos^2(\pi\omega/2W), & |\omega|<W\\ 0, & |\omega|\geqslant W\end{cases}$　　8) $|\tilde{F}(\Omega)|=\begin{cases}2, & 0<|\Omega|<\pi/4\\ 1, & \pi/4<|\Omega|<\pi/2\\ 0, & \pi/2<|\Omega|<\pi\end{cases}$，$\tilde{\varphi}(\Omega)=-2\Omega$

9) $\dfrac{e^{-j2\omega}}{j\omega(j\omega+1)}$　　10) $\dfrac{1}{(j\omega+2)^2+1}$　　11) $\tilde{F}(\Omega)=\begin{cases}-1, & 0<\Omega<\pi \\ 1, & -\pi<\Omega<0\end{cases}$

12) $\dfrac{\sin^2(\omega\tau)}{\omega^2\tau^2}e^{-j\omega\tau}$　　13) $\dfrac{-3e^{-j2\Omega}}{1-(5/2)e^{-j\Omega}+e^{-j2\Omega}}$　　14) $\dfrac{1}{j+0.8e^{-j\Omega}}-\dfrac{1}{j-0.8e^{-j\Omega}}$

15) $F(\omega)$ 的模和辐角如图 P6.4.2 所示

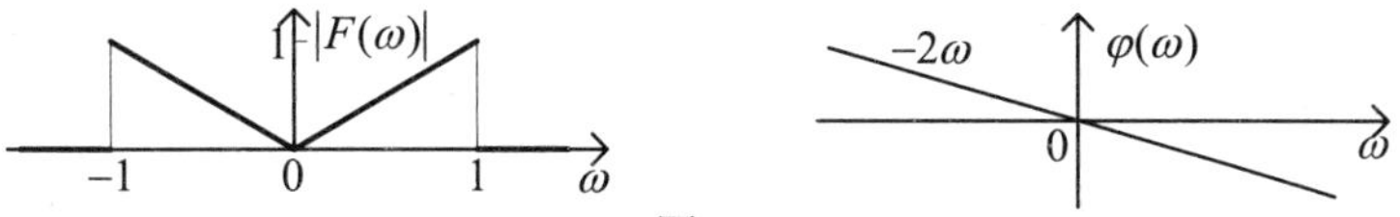


图 P6.4.2

16) $\tilde{X}(\Omega)$ 如下图所示

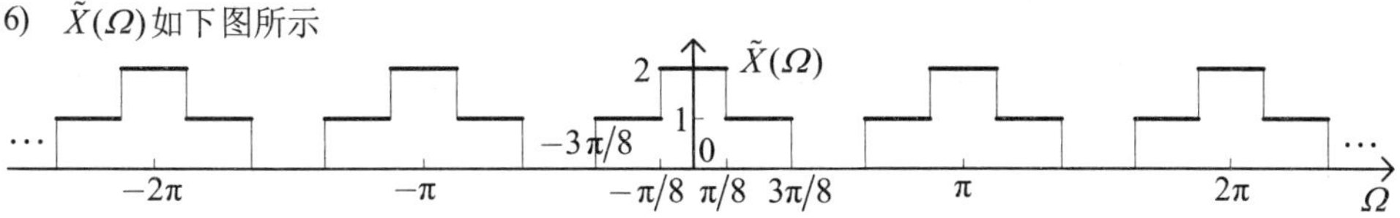


图 P6.4.3

**6.5** 已知离散时间序列 $x_0[n]$ 的离散时间傅里叶变换为 $\tilde{X}_0(\Omega)$，试用 $\tilde{X}_0(\Omega)$ 表示下列每一个离散时间序列 $x[n]$ 的离散时间傅里叶变换。

1) $x[n]=x_0[n]+x_0[n-N]$　　2) $x[n]=x_0[n]+x_0[-n]$　　3) $x[n]=x_0[N-n]$

4) $x[n]=x_0[n]+ax_0[-n-1]$　　5) $x[n]=n\{x_0[n]+x_0[-n]\}$　　6) $x[n]=nx_0[n]$

**6.6** 当一个新信号能用某个信号表示时，则利用傅里叶变换的性质，求新信号的傅里叶变换是很方便的。

1) 试求连续时间信号 $x_0(t)=e^{-t}u(t)$ 的傅里叶变换 $X_0(\omega)$。

2) 试直接利用 1)小题已求得的 $X_0(\omega)$，并利用傅里叶变换的性质求出求图 P6.6 中的每一个信号 $x_i(t)$ 的傅里叶变换 $X_i(\omega)$。

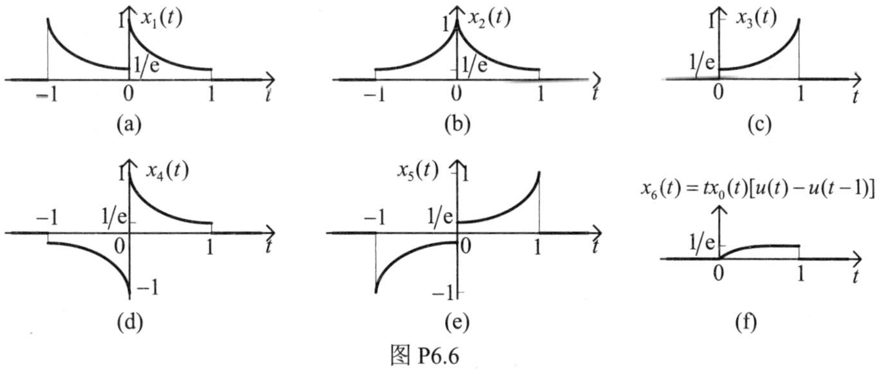


图 P6.6

**6.7** 对于下列每一个拉普拉斯变换或 Z 变换像函数及其收敛域，试利用拉普拉斯变换或 Z 变换的性质，以及熟知的拉普拉斯变换或 Z 变换对，确定它们的反变换。

1) $\dfrac{s^2e^{-2s-2}}{s^2+2s+5}$，$\mathrm{Re}\{s\}>-1$　　2) $\dfrac{2z}{(1-az^{-1})^3}$，$|z|>|a|$　　3) $\dfrac{2z}{(1-az^{-1})^3}$，$|z|<|a|$

4) $\dfrac{s^2e^{-2s-2}}{s^2+2s+5}$，$\mathrm{Re}\{s\}<-1$　　5) $\dfrac{1-e^{-sT}}{s+1}$，$\mathrm{Re}\{s\}>-1$　　6) $\dfrac{1-z^{-N}}{1-az^{-1}}$，$|z|>|a|$

7) $\dfrac{e^s}{s(1-e^{-s})}$，$\mathrm{Re}\{s\}>0$　　8) $\dfrac{e^s}{s(1-e^{-s})}$，$\mathrm{Re}\{s\}>0$　　9) $\dfrac{1}{z(1-z^{-N})}$，$|z|>0$

10) $\dfrac{s(1+e^{-s})}{s^2+\pi^2}$，整个 S 平面　　11) $\left(\dfrac{1-e^{-s}}{s}\right)^2$，$\mathrm{Re}\{s\}>0$　　12) $\dfrac{1}{z(1+z^{-N})}$，$|z|>0$

14) $\ln\left(\dfrac{s+1}{s+2}\right)$，$\mathrm{Re}\{s\}>-1$　　15) $\dfrac{(a\sin\Omega_0)z^{-2}}{1-(2a\cos\Omega_0)z^{-2}+a^2z^{-4}}$，$|z|>|a|$

**6.8** 已知 $f(t)\xleftrightarrow{\text{CFT}}F(\omega)$ 和 $f[n]\xleftrightarrow{\text{DTFT}}\tilde{F}(\Omega)$，对于下列每一个分别用 $f(t)$ 或 $f[n]$ 表示的时间函数或序列，且 $a,\ b\in\mathrm{R}$，试用 $F(\omega)$ 或 $\tilde{F}(\Omega)$ 表示它们的傅里叶变换。

1) $f(at+b)$　　2) $\dfrac{\mathrm{d}}{\mathrm{d}t}f(at+b)$　　3) $f[2n-1]$　　4) $\sum\limits_{k=-\infty}^{n}f[2k-1]$

5) $(at+b)f(at+b)$　　6) $f^2(t)$　　7) $|f[n]|^2$　　8) $(2n-1)f[2n-1]$

9) $\int_{-\infty}^{t}f(a\tau+b)\mathrm{d}\tau$　　10) $f(6-3t)$　　11) $\Delta\{f[2n-1]\}$　　12) $(-1)^n\Delta\{f[n]\}$

13) $(at^2+bt+c)f(t)$　　14) $[1+mf(t)]\cos\omega_0 t$　　15) $f[1-2n]$　　16) $f[n]\sin\Omega_0 n$

17) $\int_{-\infty}^{t}\tau f(\tau)\mathrm{d}\tau$　　18) $t\left[\dfrac{\mathrm{d}}{\mathrm{d}t}f(t)\right]$　　19) $\Delta\{nf[n]\}$　　20) $\sum\limits_{k=-\infty}^{n}kf[k]$

**6.9** 已知：$f(t)\xleftrightarrow{\text{CFT}}F(\omega)$ 和 $f[n]\xleftrightarrow{\text{DTFT}}\tilde{F}(\Omega)$，试分别用 $f(t)$ 或 $f[n]$ 表示下列每一个CFT或DTFT的傅里叶反变换。

1) $F(\omega+\omega_0)+F(\omega-\omega_0)$　　3) $|F(2\omega)|^2$　　3) $F(\omega)\sin(\omega T)$　　4) $|\tilde{F}(2\Omega)|^2$

5) $\mathrm{j}\{\tilde{F}(\Omega+\Omega_0)-\tilde{F}(\Omega-\Omega_0)\}$　　6) $F(\omega)u(\omega)$　　7) $\tilde{F}(\Omega)\cos(2\Omega)$　　8) $F(\omega)\mathrm{sgn}(\omega)$

9) $\int_{-W}^{+W}F(\omega-\sigma)\mathrm{d}\sigma$　　10) $\dfrac{\mathrm{d}}{\mathrm{d}\omega}[\omega^2F(\omega)]$　　11) $\int_{\Omega-\pi/4}^{\Omega+\pi/4}F(\sigma)\mathrm{d}\sigma$

**6.10** 本题讨论涉及拉普拉斯变换和Z变换对称性质的几个结论。

1) 在图P6.10.1中，针对有限S平面上每一个拉普拉斯变换像函数的零、极点图，试确定：

a) 哪些零、极点图能与一个偶时间函数相对应，并对这些图指出它所需要的收敛域。

b) 哪些零、极点图能与一个奇时间函数相对应，并对这些图指出它所需要的收敛域。

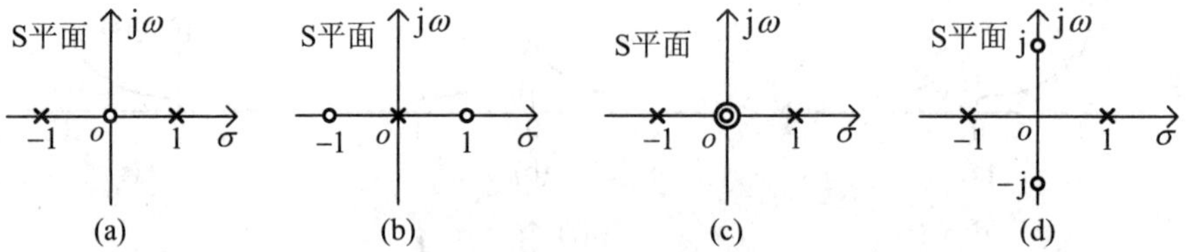


图 P6.10.1

2) 在图P6.10.2中，针对有限Z平面上每一个Z变换像函数的零、极点图，试确定：

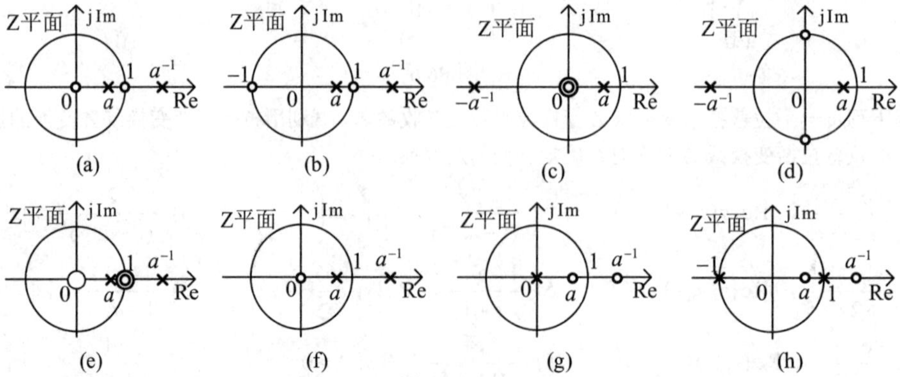


图 P6.10.2

a) 哪些零、极点图能与一个偶序列相对应，并对这些图指出它所需要的收敛域。

b) 哪些零、极点图能与一个奇序列相对应，并对这些图指出它所需要的收敛域。

**6.11** 已知离散时间序列 $x[n]$ 如图 P6.11 所示，它的离散时间傅里叶变换 $\tilde{X}(\Omega)$ 写成直角坐标形式为：

$$\tilde{X}(\Omega)=\tilde{X}_R(\Omega)+j\tilde{X}_I(\Omega)$$

试概略画出下列离散时间傅里叶变换 $\tilde{Y}(\Omega)$ 相对应的序列 $y[n]$。若 $y[n]$ 是复序列，则需分别概略画出它的实部和虚部分量。

1) $\tilde{Y}(\Omega)=\tilde{X}_I(\Omega)-j\tilde{X}_R(\Omega)$　　2) $\tilde{Y}(\Omega)=\tilde{X}_I(\Omega)+j\tilde{X}_R(\Omega)e^{j\Omega}$

3) $\tilde{Y}(\Omega)=\tilde{X}_R(\Omega)-[\tilde{X}_R(\Omega)+\tilde{X}_I(\Omega)]e^{-j\Omega}$

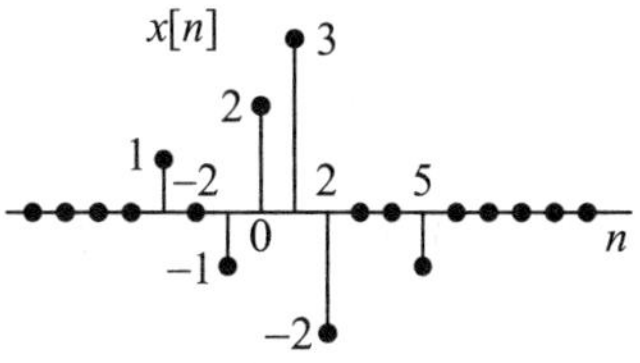

图 P6.11

**6.12** 试证明下列结果：

1) 用拉普拉斯变换复频域微分性质和归纳法证明本章的(6.5.24)式。

2) 用 Z 变换复频域微分性质和归纳法分别证明本章中的(6.5.25)式。

3) 若有 $x(t)\xleftrightarrow{\text{CFT}}X(\omega)$ 和 $f(t)=x'(t)\xleftrightarrow{\text{CFT}}F(\omega)$，且极限 $\lim\limits_{t\to\pm\infty}x(t)$ 存在，并为有限值，则有

$$X(\omega)=\frac{F(\omega)}{j\omega}+\left[\lim_{t\to+\infty}x(t)+\lim_{t\to-\infty}x(t)\right]\pi\delta(\omega) \tag{P6.12.1}$$

4) 若有 $x[n]\xleftrightarrow{\text{DTFT}}\tilde{X}(\Omega)$ 和 $f[n]=\Delta x[n]\xleftrightarrow{\text{DTFT}}\tilde{F}(\Omega)$，极限 $\lim\limits_{n\to\pm\infty}x[n]$ 存在，并为有限值，则有

$$\tilde{X}(\Omega)=\frac{\tilde{F}(\Omega)}{1-e^{-j\Omega}}+\left[\lim_{n\to+\infty}x[n]+\lim_{n\to-\infty}x[n]\right]\pi\sum_{k=-\infty}^{\infty}\delta(\Omega-2\pi k) \tag{P6.12.2}$$

**6.13** 图 P6.13 的每个实信号 $x(t)$ 或 $\tilde{x}(t)$ 都有 CFT，试判断哪些 $x(t)$ 的 CFT 满足下列性质之一：

1) $\mathrm{Re}\{X(\omega)\}=0$　2) $\mathrm{Im}\{X(\omega)\}=0$　3) $\int_{-\infty}^{\infty}X(\omega)d\omega=0$　4) $\int_{-\infty}^{\infty}\omega X(\omega)d\omega=0$　5) $\int_{-\infty}^{\infty}\frac{dX(\omega)}{d\omega}d\omega=0$

6) $\mathrm{Re}\left\{\frac{dX(\omega)}{d\omega}\right\}=0$　7) $\angle X(\omega)=\begin{cases}\pm\pi, & X(\omega)<0\\ 0, & X(\omega)>0\end{cases}$　8) $\angle X(\omega)=\begin{cases}\pi/2, & jX(\omega)<0\\ -\pi/2, & jX(\omega)>0\end{cases}$

9) $X(\omega)$ 是周期函数　10) $\lim\limits_{\omega\to 0}\omega X(\omega)=0$　11) $X(\omega)e^{j\omega t_0}$ 是实函数，其中 $t_0$ 为实数

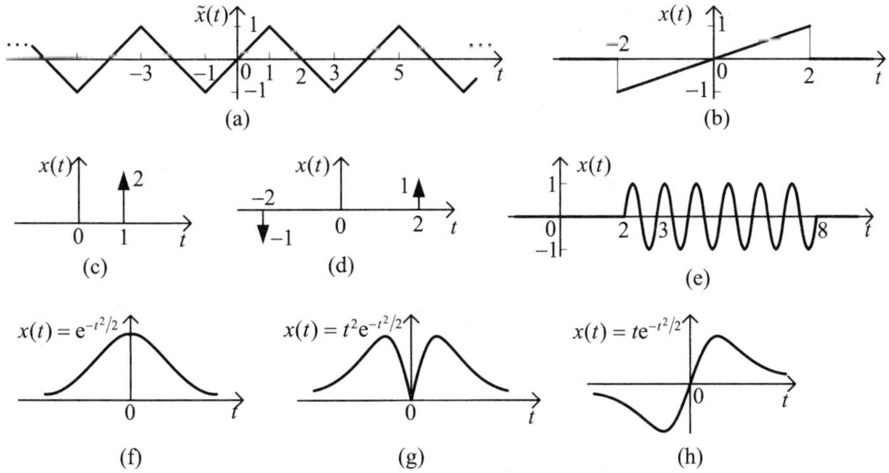

图 P6.13

**6.14** 对于下列(a)～(f)以及图 P6.14(g)～(j)中的每一个实序列 $x[n]$ 或 $\tilde{x}[n]$，假设它们的离散时间傅里叶变换为 $\tilde{X}(\Omega)$，试判断哪些 $\tilde{X}(\Omega)$ 满足下列性质之一：

1) $\mathrm{Re}\{\tilde{X}(\Omega)\}=0$　　2) $\mathrm{Im}\{\tilde{X}(\Omega)\}=0$　　3) $\tilde{X}(\Omega)e^{j2\Omega}$ 是实函数。

4) $\tilde{X}(\Omega)$ 的周期是 $\pi$。　　5) $\tilde{X}(0)=0$　　6) $\tilde{X}(\pi)=0$

7) $\angle \tilde{X}(\Omega)=\begin{cases}\pm\pi, & \tilde{X}(\Omega)<0\\ 0, & \tilde{X}(\Omega)>0\end{cases}$　　8) $\angle \tilde{X}(\Omega)=\begin{cases}\pi/2, & \mathrm{j}\tilde{X}(\Omega)<0\\ -\pi/2, & \mathrm{j}\tilde{X}(\Omega)>0\end{cases}$　　9) $\mathrm{Im}\left\{\dfrac{\mathrm{d}\tilde{X}(\Omega)}{\mathrm{d}\Omega}\right\}=0$

10) $\int_{-\pi}^{\pi}\tilde{X}(\Omega)\mathrm{d}\Omega=0$　　11) $\int_{-\pi}^{\pi}[\tilde{X}(\Omega)-\tilde{X}(\Omega)\mathrm{e}^{-\mathrm{j}\Omega}]\mathrm{d}\Omega=0$　　12) $\int_{-\pi}^{\pi}\dfrac{\mathrm{d}\tilde{X}(\Omega)}{\mathrm{d}\Omega}\mathrm{d}\Omega=0$

(a) $x[n]=(1/2)^n u[n]$　　(b) $x[n]=(1/2)^{|n|}$

(c) $x[n]=\delta[n-1]+\delta[n+2]$　　(d) $x[n]=\delta[n-5]+\delta[n+1]$

(e) $x[n]=\delta[n-1]-\delta[n+1]$　　(f) $x[n]=(1/2)^{|n|}+(-1/2)^{|n|}$

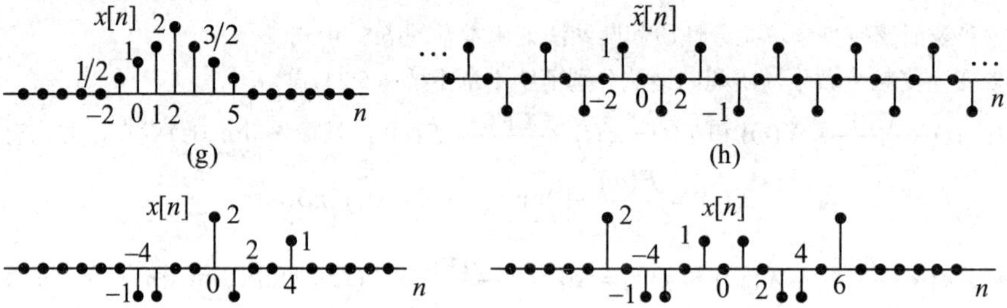


(g)　(h)　(i)　(j)

图 P6.14

**6.15** 设 $X(\omega)$ 是图 P6.15 所示的连续时间信号 $x(t)$ 的傅里叶变换，试在不求出 $X(\omega)$ 的情况下，完成下列每一个计算或作图：

1) 求 $X(\omega)$ 的辐角　　2) $X(0)$ 的值　　3) $\int_{-\infty}^{\infty}X(\omega)\mathrm{d}\omega$ 的值　　4) $\int_{-\infty}^{\infty}\omega X(\omega)\mathrm{d}\omega$ 的值

5) $\int_{-\infty}^{\infty}|X(\omega)|^2\mathrm{d}\omega$ 的值　　6) $\int_{-\infty}^{\infty}X(\omega)\mathrm{e}^{\mathrm{j}2\omega}\mathrm{d}\omega$ 的值

7) $\int_{-\infty}^{\infty}2X(\omega)\dfrac{\sin\omega}{\omega}\mathrm{e}^{\mathrm{j}2\omega}\mathrm{d}\omega$ 的值　　8) $\int_{-\infty}^{\infty}\dfrac{\mathrm{d}X(\omega)\mathrm{e}^{\mathrm{j}2\omega}}{\mathrm{d}\omega}\mathrm{d}\omega$ 的值

9) 概略画出 $\mathrm{Re}\{X(\omega)\}$ 的傅里叶反变换的时间函数图形。

10) 概略画出 $X(\omega/2)\mathrm{e}^{-\mathrm{j}\omega}$ 的傅里叶反变换的时间函数图形。

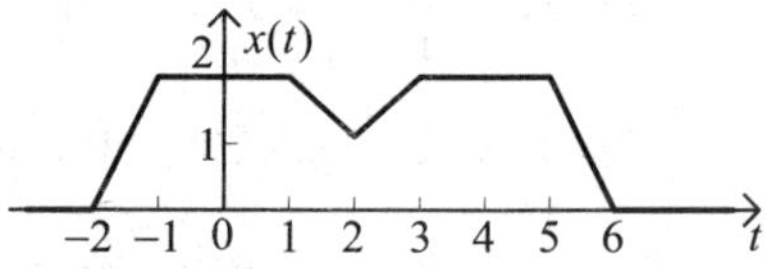

图 P6.15

**6.16** 设 $\tilde{X}(\Omega)$ 是图 P6.15 所示的离散时间信号 $x[n]$ 的离散时间傅里叶变换，在不求出 $\tilde{X}(\Omega)$ 的情况下，试完成下列每一个计算或作图。

1) $\tilde{X}(2\pi)$ 的值　　2) $\tilde{X}(\pi)$ 的值　　3) $\int_{-\pi}^{\pi}\tilde{X}(\Omega)\mathrm{d}\Omega$ 的值　　4) $\int_{-\pi}^{\pi}|\tilde{X}(\Omega)|^2\mathrm{d}\Omega$ 的值

5) $\tilde{X}(\Omega)$ 的辐角　　6) $\int_{-\pi}^{\pi}\tilde{X}(\Omega)\mathrm{e}^{-\mathrm{j}\Omega}\mathrm{d}\Omega$ 的值

7) $\int_{-\pi}^{\pi}\left|\dfrac{\mathrm{d}\tilde{X}(\Omega)}{\mathrm{d}\Omega}\right|^2\mathrm{d}\Omega$　　8) $\int_{-\pi}^{\pi}\tilde{X}(\Omega)\dfrac{\sin(5\Omega/2)}{\sin(\Omega/2)}\mathrm{d}\Omega$

9) $\int_{-\pi}^{\pi}\tilde{X}(\Omega)(1-\mathrm{e}^{-\mathrm{j}\Omega})\mathrm{d}\Omega$ 的值

10) $\mathrm{Re}\{\tilde{X}(\Omega)\}$ 的傅里叶反变换的序列

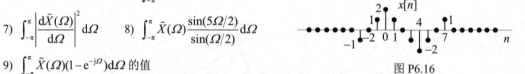

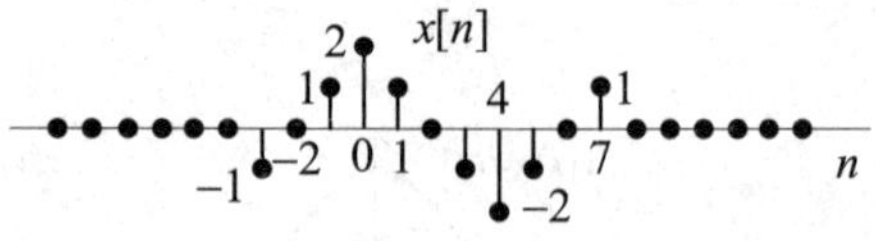


图 P6.16

**6.17** 本题研究能量信号通过 LTI 系统的延迟问题。一个连续时间能量信号 $x(t)$，通过单位冲激响应为 $h(t)$ 的连续时间稳定 LTI 系统，输出是 $y(t)$，假设它们的傅里叶变换分别为 $X(\omega)$，$H(\omega)$ 和 $Y(\omega)$。

1) 若 $x(t)$ 的时域分布重心定义为 $t_x=\int_{-\infty}^{\infty}tx(t)\mathrm{d}t\Big/\int_{-\infty}^{\infty}x(t)\mathrm{d}t$，试证明：$t_x=\mathrm{j}\left.\dfrac{\mathrm{d}X(\omega)}{\mathrm{d}\omega}\right|_{\omega=0}\Big/X(0)$。

2) 假设连续时间稳定 LTI 系统的延迟时间 $t_h$ 定义为

$$t_h=t_y-t_x \tag{P6.17.1}$$

其中，$t_y$ 和 $t_x$ 分别为该系统的输入和输出信号( $y(t)$ 和 $x(t)$ )的时域分布重心。试证明：

$$t_h = \int_{-\infty}^{\infty} t h(t)\mathrm{d}t \Big/ \int_{-\infty}^{\infty} h(t)\mathrm{d}t \tag{P6.17.2}$$

3) 在离散时间中，也有与上述连续时间完全对偶的概念和关系。试证明：一个单位冲激响应是 $h[n]$ 的稳定离散时间 LTI 系统的延迟时间为

$$n_h = \sum_{n=-\infty}^{\infty} n h[n] \Big/ \sum_{n=-\infty}^{\infty} h[n] \tag{P6.17.3}$$

**6.18** 考虑图 P6.18(a)和(b)所示的两个离散时间 LTI 系统。

1) 对于图 P6.18(a)的系统，其中的 $\tilde{H}_2(\Omega)$ 和 $\tilde{H}_3(\Omega)$ 如图 P6.18(c)和(d)，已知 $h_1[n]=\delta[n]-0.5\mathrm{Sa}(\pi n/2)$，若输入 $x[n]$ 的频谱如图 P6.18(e)所示，试求输出 $y[n]$，并概略画出其频谱 $\tilde{Y}(\Omega)$。

2) 对于图 P6.18(b)的系统，若已知 $h_4[n]=0.5\mathrm{Sa}(\pi n/2)$，当输入仍与 1)小题的输入相同时，试求系统的输出 $y[n]$，并概略画出其频谱 $\tilde{Y}(\Omega)$。

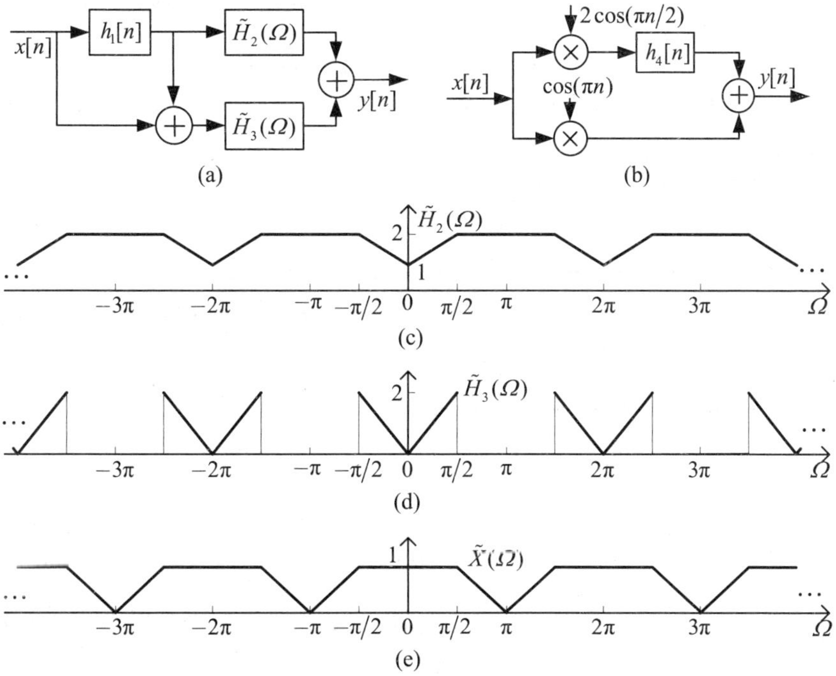


图 P6.18

**6.19** 假设 $v(t)$ 是由 $x_1(t)$ 和 $x_2(t)$ 相乘得到的连续时间信号，$v[n]$ 是 $x_1[n]$ 和 $x_2[n]$ 卷积得到的离散时间序列，即

$$v(t)=x_1(t)x_2(t) \quad 和 \quad v[n]=x_1[n]*x_2[n]$$

1) 若 $x_1(t)$ 和 $x_2(t)$ 分别是带限于 $f_{M1}$ 和 $f_{M2}$ Hz 的连续时间信号，如果对 $v(t)$ 周期冲激串抽样，试求满足抽样定理(即 $v(t)$ 能从其等间隔样本中恢复)的最大抽样间隔 $T_{max}$。若 $f_{M1}=f_{M2}=2$ kHz，则 $T_{max}$ 等于多少 ms(毫秒)?

2) 若 $x_1[n]$ 和 $x_2[n]$ 分别是带限于 $\Omega_{M1}$ 和 $\Omega_{M2}$ 的离散时间信号，如果对 $v[n]$ 离散时间抽样，试求满足离散时间时域抽样定理(即 $v[n]$ 能从其等间隔样本中恢复)的最大抽样间隔 $N_{max}$。若 $\Omega_{M1}=\pi/8$，$\Omega_{M2}=\pi/6$，试计算此时的 $N_{max}$。

**6.20** 根据连续时间和离散时间时域抽样定理，如果抽样间隔 $T_s$ 和 $N_s$ 分别不满足奈奎斯特间隔，即

$$T_s > \pi/\omega_M \quad 或 \quad N_s > \pi/\Omega_M$$

其中，$\omega_M$ 和 $\Omega_M$ 分别是信号 $x(t)$ 和序列 $x[n]$ 的最高频率，则将产生混叠，通过理想带限内插滤波器重建的信号 $x_r(t)$ 和序列 $x_r[n]$ 将不等于 $x(t)$ 和 $x[n]$。但正如本题要证明的那样，只要理想带限内插滤波器的截止频率 $\omega_c$ 和 $\Omega_c$ 分别等于抽样频率之半，即

$$\omega_c = \pi/T_s \quad 或 \quad \Omega_c = \pi/N_s$$

对任何的 $T_s$ 和 $N_s$，$x_r(t)$ 和 $x(t)$ 或 $x_r[n]$ 和 $x[n]$ 在所有抽样时刻上总是相等的，即

$$x_r(kT_s) = x(kT_s) \quad 或 \quad x_r[kN_s] = x[kN_s]\ ,\quad k = 0,\ \pm1,\ \pm2\ \cdots$$

**提示：**借助(6.6.11)式或(6.6.29)式，并利用抽样函数 Sa($x$) 或其离散时间对偶的性质。

**6.21** 本题研究带通信号的抽样问题。若 $x(t)$ 是一个连续时间带通信号，其频谱 $X(\omega)$ 如图 P6.21(a)所示，即 $X(\omega)=0$，$|\omega|<\omega_1$ 和 $|\omega|>\omega_2$。考虑图 P6.21(c)的抽样和重构系统，为了讨论方便，假设重构滤波器 $H_r(\omega)$ 是一个理想内插滤波器。

1) 按照抽样定理，抽样间隔选为 $T_s \leqslant \pi/\omega_2$，试概略画出 $x_P(t)$ 的频谱 $X_P(\omega)$。

2) 在上小题中会发现，$x_P(t)$ 的频谱离发生混叠还有较大裕度。若 $\omega_2 = m(\omega_2-\omega_1)$，$m \in \mathrm{Z}$，$H_r(\omega)$ 为图 P6.21(b)所示的理想带通滤波器，试概略画出此时的 $x_r(t)$ 的频谱 $X_P(\omega)$。

3) 对于任意的 $\omega_1$ 和 $\omega_2$，$\omega_2>\omega_1$，重构滤波器的 $H_r(\omega)$ 仍为图 P6.21(b)所示，试证明：只要抽样频率 $\omega_s$ 或抽样间隔 $T$ 分别满足

$$\omega_s \geqslant 2\omega_2/m \quad 或 \quad T_s \leqslant m\pi/\omega_2 \tag{P6.21.1}$$

其中，$m$ 是不大于 $\omega_2/(\omega_2-\omega_1)$ 的最大整数。为使 $x_r(t)=x(t)$，计算重构带通滤波器 $H_r(\omega)$ 的通带增益 $A$。这就是带通信号的连续时间抽样定理。

4) 离散时间中也有类似的结果，试陈述和证明带通信号的离散时间抽样定理。

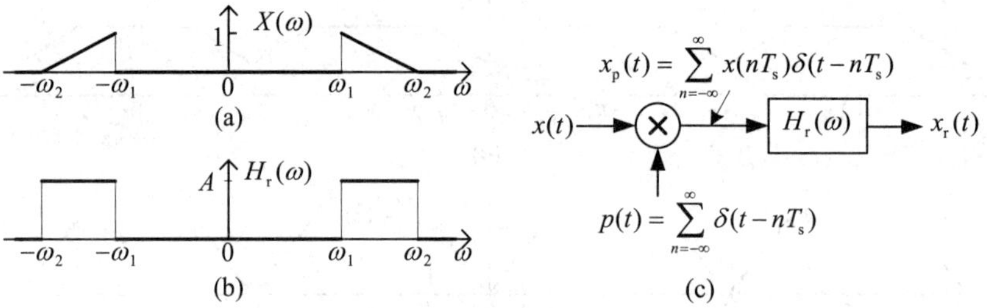


图 P6.21

**6.22** 若 $x(t)$ 是一个连续时间带通是信号，且它的频谱 $X(\omega)$ 如图 P6.21(a)中所示。图 P6.22 给出了另一种对 $x(t)$ 的带通抽样方法，在图中选择 $\omega_0 = 0.5(\omega_1+\omega_2)$，且已知图中的 $H(\omega)$ 是截止频率为 $\omega_c = 0.5(\omega_2-\omega_1)$ 的理想低通滤波器。试求：

1) 画出 $x_1(t)$、$x_2(t)$ 和 $x_P(t)$ 的频谱，并确定能从 $x_P(t)$ 中恢复出 $x(t)$ 的最大抽样间隔 $T_{s\max}$。

2) 确定一个从 $x_P(t)$ 中恢复出 $x(t)$ 的系统。

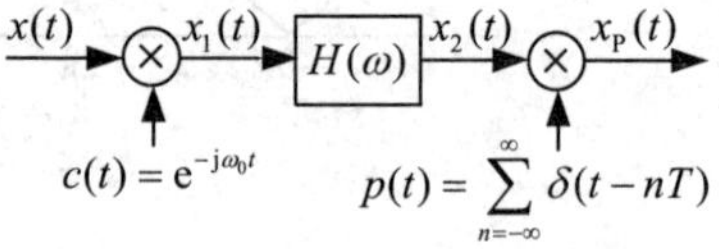


图 P6.22

**6.23** 已知 $x(t)$ 是一个带限于 $\omega_M$ 的连续时间带限信号，试确定对下列连续时间信号 $y(t)$ 进行连续时间抽样、且不产生混叠的最大抽样间隔 $T_{s\max}$：

(a) $y(t)=x(t)+x(t-1)$　(b) $y(t)=\dfrac{\mathrm{d}}{\mathrm{d}t}x(t)$　(c) $y(t)=R_x(t)$　(d) $y(t)=x(t)\cos(4\omega_M t)$

**6.24** 图 P6.24(a)给出了一个采用正负交替的单位冲激串信号 $p(t)$ 来对带限于 $\omega_M$ 的连续时间信号 $x(t)$ 进行抽样的系统，其中的 $x(t)$ 之频谱 $X(\omega)$ 和 $H(\omega)$ 如图 P6.24(b)所示。试求：

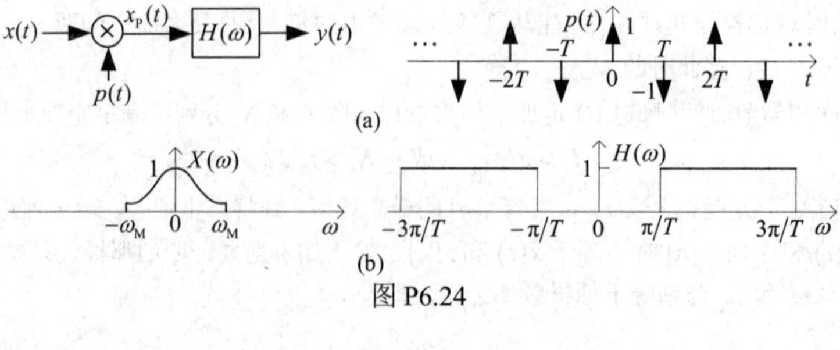


图 P6.24

1) 对于 $T<\pi/2\omega_M$，画出 $x_p(t)$ 和 $y(t)$ 的频谱，并确定一个能从 $x_p(t)$ 中恢复出 $x(t)$ 的系统。

2) 对于 $T<\pi/2\omega_M$，确定一个能从 $y(t)$ 中恢复出 $x(t)$ 的系统。

3) 确定一个既能从 $x_p(t)$、又能从 $y(t)$ 中恢复出 $x(t)$ 的最大 $T$ 值(用 $\omega_M$ 表示)。

**6.25** 如果 $x[n]$ 是带限于 $\Omega_M=\pi/4$ 的带限离散时间信号，现已知另一个离散时间信号 $g[n]$ 为

$$g[n]=x[n]\sum_{k=-\infty}^{\infty}\delta[n-1-4k]$$

试确定能从 $g[n]$ 无失真地恢复 $x[n]$ 的离散时间滤波器的频率响应 $\tilde{H}_L(\Omega)$。

**6.26** 现研究频域上信号正交的条件。若 $x(t)$、$y(t)$ 或 $x[n]$、$y[n]$ 分别是连续或离散时间复能量信号，

假设 $$x(t)\xleftrightarrow{\text{CFT}}X(\omega)\quad 和\quad y(t)\xleftrightarrow{\text{CFT}}Y(\omega)$$

或 $$x[n]\xleftrightarrow{\text{DTFT}}\tilde{X}(\Omega)\quad 和\quad y[n]\xleftrightarrow{\text{DTFT}}\tilde{Y}(\Omega)$$

试证明 $x(t)$ 与 $y(t)$ 和 $x[n]$ 与 $y[n]$ 分别相互正交的频域条件分别为

$$\int_{-\infty}^{\infty}X(\omega)Y^*(\omega)\mathrm{d}\omega=0\quad 和\quad \int_{\langle 2\pi\rangle}\tilde{X}(\Omega)\tilde{Y}^*(\Omega)\mathrm{d}\Omega=0 \tag{P6.26}$$

**6.27** 6.6.1 节中指出，由样本序列 $\{x(nT_s)\}$ 重建原信号的理想带限内插(见(6.6.11)式)可以看成带限信号的广义傅里叶级数展开，即如下抽样函数集是带限于 $\omega_M\leqslant\pi/T_s$ 的连续时间信号空间的一个完备正交信号集。

$$\left\{\phi_n(t)=\mathrm{Sa}\left[\frac{\pi}{T_s}(t-nT_s)\right],\quad n=0,\ \pm1,\ \pm2\ \cdots\right\}$$

试证明该信号集中的信号两两相互正交，并计算每个信号的能量。

**提示**：利用 6.26 题的结果。

**6.28** 由 6.8.2 小节中阐述的 $M$ 倍抽取序列的离散时间傅里叶变换(见(6.8.17)式)。对于任何模可和的离散时间序列 $x[n]$，且 $\tilde{X}(\Omega)=\mathscr{F}\{x[n]\}$，那么，$x[n]$ 的 $M$ 倍抽取序列 $x_d[n]=x[Mn]$ 之频谱 $\tilde{X}_d(\Omega)$，在体现出是 $\tilde{X}(\Omega)$ 扩展 $M$ 倍的同时，一般说来，还会产生混叠(见图 6.36)。但是，如果 $x[n]$ 是一个带限于 $\pi/M$ 的带限序列，即在 $\Omega$ 的主值区间$(-\pi,\ \pi]$内，$\tilde{X}(\Omega)=0$，$\pi/M\leqslant|\Omega|\leqslant\pi$，则 $M$ 倍抽取序列 $x_d[n]=x[Mn]$ 之频谱 $\tilde{X}_d(\Omega)$，在 $\Omega$ 的主值区间$(-\pi,\ \pi]$内将仅仅是 $\tilde{X}(\Omega)$ 单纯的 $M$ 倍扩展，且不会产生混叠。因此，就可以由 $M$ 抽取序列 $x_d[n]=x[Mn]$ 恢复出原序列 $x[n]$。

1) 如果 $x[n]$ 带限于 $0.3\pi$，即在 $\Omega$ 的主值区间$(-\pi,\ \pi]$内，$\tilde{X}(\Omega)=0$，$0.3\pi\leqslant|\Omega|\leqslant\pi$，试像图 6.36(a)和(c)那样，概画出 $\tilde{X}(\Omega)$ 和 $x[3n]$ 的频谱 $\tilde{X}_d(\Omega)$，从而验证：在 $\Omega$ 的主值区间$(-\pi,\ \pi]$内，$\tilde{X}_d(\Omega)$ 仅仅是 $\tilde{X}(\Omega)$ 单纯的 3 倍扩展。

2) 进一步，你能由 $x[3n]$ 恢复 $x[n]$ 吗？试给出由 $x[3n]$ 恢复出 $x[n]$ 的处理方框图，并从频域上说明这一恢复过程。在做第二章的习题 2.31 的 8)小题时，你的结论是离散时间 $M$ 倍抽取为不可逆系统，现在的结论应该修正为：离散时间 $M$ 倍抽取是有条件的可逆系统，其条件为被 $M$ 倍抽取的序列 $x[n]$ 是带限于 $\pi/M$ 的带限序列。

**6.29** 对于下列用时域或频域表示的连续和离散时间信号，它们是能量受限信号还是功率受限信号？并分别计算它们在单位电阻上消耗的能量或平均功率。

1) 电流信号 $i(t)=\dfrac{\sin(10^3\pi t)}{\pi(t-10^{-3})}$ mA　　2) 电压信号 $v[n]=\dfrac{\cos(\pi n/8)}{\pi n+4\pi}$ mV

3) $X(\omega)=\dfrac{\pi}{2}\displaystyle\sum_{k=-\infty}^{\infty}(-1)^k\mathrm{Sa}\left(\frac{k\pi}{2}\right)\delta(\omega-2000\pi k)$　　4) $\tilde{X}(\Omega)=\pi\displaystyle\sum_{k=0}^{19}\frac{\sin(7\pi k/20)}{\sin(\pi/20)}\mathrm{e}^{-\mathrm{j}3\pi k/10}\delta(\Omega-\pi k/10)$

**6.30** 本题进一步研究涉及希尔伯特变换的某些结论。

1) 若 $f(t)$ 是一个实的因果时间函数，即 $f(t)=0$，$t<0$，且在 $t=0$ 处不包含 $\delta(t)$ 及其导数。并假设 $F(\omega)$ 是 $f(t)$ 的傅里叶变换。

a) 分别用 $f(t)$ 的偶分量 $f_e(t)$ 和奇分量 $f_o(t)$ 来表示 $f(t)$。其中，除 $t=0$ 一点外，都可以由奇分量 $f_o(t)$ 得到 $f(t)$。

b) 由 a)小题的结果，进一步证明 $F(\omega)$ 的实部自满性和虚部自满性，即 $F(\omega)$ 可以由 $\mathrm{Re}\{F(\omega)\}$ 或 $\mathrm{Im}\{F(\omega)\}$ 完全确定。

c) 如果已知 $\mathrm{Re}\{F(\omega)\}=\cos\omega$，试求 $f(t)$ 和 $F(\omega)$。

d) 如果已知 $\mathrm{Im}\{F(\omega)\}=\omega/(\omega^2+\pi^2)$，试求 $f(t)$ 和 $F(\omega)$。

2) $f[n]$ 是一个实的因果序列，即 $f[n]=0$，$n<0$。假设 $\tilde{F}(\Omega)$ 是 $f[n]$ 的离散时间傅里叶变换，且 $f_e[n]$ 和 $f_o[n]$ 分别是 $f[n]$ 的偶分量和奇分量。

a) 试分别用 $f_e[n]$ 和 $f_o[n]$ 表示 $f[n]$。其中，除 $n=0$ 外，都可以由奇分量 $f_o[n]$ 得到 $f[n]$。

b) 由 a)小题的结果，进一步证明 $\tilde{F}(\Omega)$ 的实部自满性和虚部自满性，即 $\tilde{F}(\Omega)$ 可以由 $\mathrm{Re}\{\tilde{F}(\Omega)\}$，或者由 $\mathrm{Im}\{\tilde{F}(\Omega)\}$ 和 $f[0]$ 完全确定。

c) 如果已知 $\mathrm{Re}\{\tilde{F}(\Omega)\}=1+2\cos(2\Omega)$，试确定 $\tilde{F}(\Omega)$ 和 $f[n]$。

3) 6.10.2 小节已证明，分别由(6.10.22)式和(6.10.30)式表示的连续和离散希尔伯特变换，可以分别看成连续和离散时间信号分别通过一个 LTI 系统，该连续或离散时间 LTI 系统称为希尔伯特变换器，或叫做 90° 移相器。这里从另一个角度说明这一点。

a) 连续时间 90° 移相器的频率响应为

$$H(\omega)=\begin{cases}\mathrm{e}^{-\mathrm{j}\pi/2}, & \omega>0\\ \mathrm{e}^{\mathrm{j}\pi/2}, & \omega<0\end{cases} \tag{P6.30.1}$$

试求出其单位冲激响应 $h(t)$，并证明其时域输入输出关系就是连续希尔伯特变换。

b) 离散时间希尔伯特变换器的单位冲激响应为

$$h[n]=\frac{2\mathrm{Sin}^2(\pi n/2)}{\pi n} \tag{P6.30.2}$$

试求其频率响应，并说明它是离散时间 90° 移相器。

4) 6.10.3 小节列出了连续希尔伯特变换的一些性质，试证明它的每一个性质。

5) 如果一个连续时间因果信号 $x(t)$ 的傅里叶变换为 $X(\omega)=X_{\mathrm{R}}(\omega)+\mathrm{j}X_{\mathrm{I}}(\omega)$，若已知 $X_{\mathrm{R}}(\omega)=\delta(\omega)$，试求 $X(\omega)$ 和 $x(t)$。

**6.31** 假设一个连续时间实信号 $x(t)$ 的傅里叶变换的模为 $|X(\omega)|$，并已知它满足 $\ln|X(\omega)|=-|\omega|$，当 $x(t)$ 是下列情况时，试求 $x(t)$。

1) $x(t)$ 为偶函数，且 $|x(t)|=x(t)$　　2) $x(t)$ 为偶函数，且 $|x(t)|=-x(t)$　　3) $x(t)$ 为奇函数

**6.32** 某离散时间序列 $x[n]$ 的离散时间傅里叶变换 $\tilde{X}(\Omega)$ 表示为实部和虚部，即 $\tilde{X}(\Omega)=\tilde{X}_{\mathrm{R}}(\Omega)+\mathrm{j}\tilde{X}_{\mathrm{I}}(\Omega)$，其中，实部和虚部分别如图 P6.32(a)和(b)所示。试概略画出下列每一个连续时间信号 $x(t)$ 的波形，并加以必要的标注。如果 $x(t)$ 是复信号，则应分别画出其实部和虚部分量。

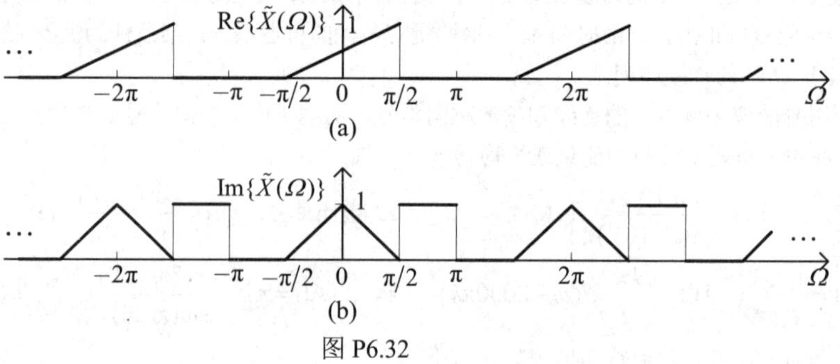


图 P6.32

1) $x(t)=\sum\limits_{n=-\infty}^{\infty}x[n]\mathrm{e}^{\mathrm{j}n\frac{\pi}{5}t}$　　2) $x(t)=\sum\limits_{n=-\infty}^{\infty}x[-n]\mathrm{e}^{\mathrm{j}n\frac{\pi}{8}t}$

3) $x(t)=\sum\limits_{n=-\infty}^{\infty}\mathrm{Od}\{x[n]\}\mathrm{e}^{\mathrm{j}n\frac{\pi}{4}t}$　　4) $x(t)=\sum\limits_{n=-\infty}^{\infty}\mathrm{Ev}\{x[n]\}\mathrm{e}^{\mathrm{j}n\frac{\pi}{6}t}$

**6.33** 假设　$x(t) \xleftrightarrow{\text{CFT}} X(\omega)$ 和 $x[n] \xleftrightarrow{\text{DTFT}} \tilde{X}(\Omega)$

且有　$f(t) \xleftrightarrow{\text{CFT}} F(\omega)$ 和 $f[n] \xleftrightarrow{\text{DTFT}} \tilde{F}(\Omega)$

1) 若时间函数 $f(t)=\dfrac{\mathrm{d}^2 x(t)}{\mathrm{d}t^2}$，并已知 $X(\omega)=\begin{cases}1, & |\omega|<1 \\ 0, & |\omega|>1\end{cases}$，试求：

a) $\int_{-\infty}^{\infty}|f(t)|^2\,\mathrm{d}t$ 的值　　b) $f(\omega/4)$ 的傅里叶反变换

2) 若序列 $f[n]=\Delta^2 x[n]$，并已知 $\tilde{X}(\Omega)=\begin{cases}1/(1-\cos\Omega), & 0<|\Omega|<\pi/2 \\ 0\ \ , & \pi/2<|\Omega|<\pi\end{cases}$，试求：

a) $\sum_{n=-\infty}^{\infty} f[n]$ 的值　　b) $\sum_{n=-\infty}^{\infty}|f[2n]|^2$ 的值

**6.34** $\tilde{x}(t)$ 是周期为 $T$ 周期时间函数，并且有 $\tilde{x}(t) \xleftrightarrow{\text{CFS}} F_k$。试证明连续傅里叶级数的下列性质(参见表 6.10)。

1) 时移性质　2) 频移性质　3) 时域卷积性质
4) 频域卷积性质　5) 时域微分性质　6) 频域差分性质
7) 时域积分性质　8) 频域累加性质　9) 帕什瓦尔公式

**6.35** $\tilde{x}[n]$ 是一个周期为 $N$ 周期序列，并且假设 $\tilde{x}[n] \xleftrightarrow{\text{DFS}} \tilde{F}_k$ 和 $\tilde{f}[n] \xleftrightarrow{\text{DFS}} \tilde{a}_k$。

1) 对下列每一个周期序列 $\tilde{f}[n]$，试将其 DFS 系数 $\tilde{a}_k$ 用 $\tilde{F}_k$ 来表示，并导出这些表达式。

a) $\tilde{f}[n]=\tilde{x}[-n]$　　b) $\tilde{f}[n]=x[n]-x[n-N/2]$，其中 $N$ 是偶数。

c) $\tilde{f}[n]=x[n]+x[n-N/2]$，其中，$N$ 是偶数。注意，这个序列是以 $N/2$ 为周期的周期序列

d) $\tilde{f}[n]=\begin{cases}\tilde{x}[n/M], & n=lM \\ 0, & n\neq lM\end{cases}$，$l\in\mathbf{Z}$(它的周期为 $MN$)　　e) $\tilde{f}[n]=\sum_{k=-\infty}^{n}\tilde{x}[k]$，假定 $\tilde{F}_0=0$

f) $\tilde{f}[n]=(-1)^n\tilde{x}[n]$，假定 $N$ 是奇数(注意，它是以 $2N$ 为周期的周期序列)

g) $\tilde{f}[n]=(-1)^n\tilde{x}[n]$，假定 $N$ 是偶数　　h) $\tilde{f}[n]=\tilde{x}[n]\circledast\tilde{x}[-n]$

i) $\tilde{f}[n]=\begin{cases}\tilde{x}[n], & n\ \text{为偶数} \\ 0, & n\ \text{为奇数}\end{cases}$，假定 $N$ 是偶数。

j) $\tilde{f}[n]=\begin{cases}\tilde{x}[n], & n\ \text{为偶数} \\ 0, & n\ \text{为奇数}\end{cases}$，假定 $N$ 是奇数，且 $\tilde{f}[n]$ 的周期为 $2N$。

2) 对于下列每一个由 $\tilde{F}_k$ 表示的 DFS 系数 $\tilde{a}_k$，试导出由 $\tilde{a}_k$ 合成的周期序列 $\tilde{f}[n]$ 和 $\tilde{x}[n]$ 的关系式

a) $\tilde{a}_k=\tilde{F}_{k-3}$　　b) $\tilde{a}_k=\tilde{F}_k\cos(2\pi k/N)$　　c) $\tilde{a}_k=\tilde{F}_k\mathrm{e}^{\mathrm{j}\pi k}$，假定 $N$ 是偶数

d) $\tilde{a}_k=|\tilde{F}_k|^2$　　e) $\tilde{a}_k=\tilde{F}_k-2\tilde{F}_{k-1}+\tilde{F}_{k-2}$　　f) $\tilde{a}_k=\tilde{F}_k\mathrm{e}^{-\mathrm{j}\pi k}$，假定 $N$ 是奇数

g) $\tilde{a}_k=\sum_{m\in\langle N\rangle}\tilde{F}_m\tilde{F}_{k-1-m}$　　h) $\tilde{a}_k=\sum_{m=-\infty}^{k+1}\tilde{F}_m$，假定 $\sum_{m\in\langle N\rangle}\tilde{F}_m=0$

**6.36** 假设 $\tilde{x}[n]$ 是周期为 $N$ 的离散时间信号，$\tilde{F}_1[k]$ 是它看作周期为 $N$ 时的 DFS 系数，它也是周期为 $2N$ 的离散时间周期信号，$\tilde{F}_2[k]$ 是它看作周期为 $2N$ 的周期信号的 DFS 系数，试用 $\tilde{F}_1[k]$ 表示 $\tilde{F}_2[k]$。

**6.37** 研究图 P6.37 所示的系统，其中，$\tilde{x}(t)$ 是周期为 $T=2\pi/\omega_0$ 的实周期信号，其傅里叶级数表示为

$\tilde{x}(t)=\sum_{m=-\infty}^{\infty}F_k\mathrm{e}^{\mathrm{j}k\omega_0 t}$，并已知 $h(t)=\dfrac{\omega_0}{2\pi}\mathrm{Sa}\left(\dfrac{\omega_0 t}{2}\right)$ 和 $p(t)=\cos\omega_0 t$。

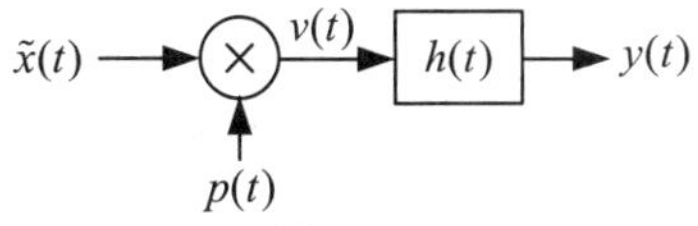

图 P6.37

1) 试求 $y(t)$。

2) 如果上述 $p(t)$ 修改成 $p(t)=\sin\omega_0 t$，那么 $y(t)$ 将变成什么？

3) 对于图 P6.37 所示的系统，以及上面已给定的 $\tilde{x}(t)$ 和 $h(t)$，基于上两小题的求解和结果，如果要确定周期信号 $\tilde{x}(t)$ 的任何一个傅里叶级数系数 $F_k$ 的实部，$p(t)$ 应如何选择？如果要确定 $F_k$ 的虚部，$p(t)$ 又应如何选择？

4) 在离散时间中，也有与上述连续时间中完全对偶的概念和结果，试陈述和证明之。

**6.38** 有关拉普拉斯变换的初值和终值定理，以及 Z 变换的初值定理，试证明之。

1) 试证明拉普拉斯变换初值定理的一般形式，即(6.12.2)式。

**提示：** 将 $f(t)$ 在 $t=0^+$ 展开为台劳级数。

2) 试证明拉普拉斯变换终值定理，即(6.12.4)式。

3) 试证明 Z 变换初值定理，即(6.12.3)式。

4) 如果 $f[n]$ 是一个反因果序列，即 $f[n]=0$，$n>0$，试证明反因果序列的 Z 变换的初值定理如下：

$$f[0]=\lim_{z\to 0}F(z) \tag{P6.38.1}$$

**6.39** 已知因果时间函数 $x(t)$ 或序列 $x[n]$ 的拉普拉斯变换或 Z 变换像函数如下，试求每一个时间函数或序列的初值和终值，即 $\lim\limits_{t\to 0^+}x(t)$ 和 $\lim\limits_{t\to\infty}x(t)$ 或 $x[0]$ 和 $\lim\limits_{n\to\infty}x[n]$ 。

1) $X(s)=\dfrac{s+6}{s^2+7s+10}$　2) $X(z)=\dfrac{1+z^{-1}+z^{-2}}{1-3z^{-1}+z^{-2}}$　3) $X(s)=\dfrac{10(s+2)}{s^2+5s}$

4) $X(s)=\dfrac{2s^2+7s+8}{s(s^2+5s+4)}$　5) $X(s)=\dfrac{e^{-s}}{5s^2(s-2)^3}$　6) $X(z)=\dfrac{z^4-1}{z^4-z^3}$

7) $X(z)=\dfrac{1}{(1-0.5z^{-1})(1+0.5z^{-1})}$　8) $X(z)=\dfrac{z^{-3}}{1-1.5z^{-1}+0.5z^{-2}}$

# 第 7 章　在通信系统和技术中的应用

## 7.1 引　　言

前面曾多次指出，信号与系统的概念、理论和方法与相当广泛的工程技术问题有着紧密的联系，特别与通信与电子系统、信号处理、电路设计、自动化和计算机技术等密不可分。一方面，这些工程技术问题不断地提出新的挑战，给以巨大的动力，推动着信号与系统理论和方法不断地演变和发展；另一方面，信号与系统理论和方法新的发展和完善，反过来又给工程技术领域造成巨大的影响，产生更为广泛的应用，导致一系列新技术的出现。

当今社会已进入信息化时代，通信系统或通信网作为信息社会至关重要的基础设施，正在朝着可以在任何时间、任何地点实现人、系统和计算机之间，进行任何形式(语声、图像、文字和数据、乃至多媒体)的信息获取(包括远距离探测)、传递和交换这一通信的最高目标不断迈进。在近代直至现代通信系统和技术的发展长河中，本书前面几章所建立的信号与系统的概念、理论和方法，特别是傅里叶方法，在实现信息的远距离探测、传输以及解决各种各样的实际需求所产生和形成的一系列通信、雷达、遥测和声呐等技术中，都起着核心的作用。本章将针对诸如无失真传输、调制和解调、多路复用、信号设计和均衡等信息传输和通信系统中的一些基本问题，作入门性的介绍和讨论。在讨论这些典型应用时，将交待这些问题的实际应用背景，以及如何归纳或抽象成信号与系统问题，然后，原理性地分析和讨论如何应用有关的信号与系统概念、理论和方法，来寻求这些问题的解决方案，产生和形成相应分析、设计方法和有关技术。深入讨论和研究这些方法和技术的具体实现和更为广泛的实际应用，则是相关专业课程的任务。

## 7.2 信号的无失真传输

任何通信和信息传输系统总希望在接收端获得的信号与发送端发送的信号(语声、图像和数据信号等)完全相同，即要求通信或信息传输系统实现所谓信号波形的“**无失真传输**”。

**1．无失真传输的时域条件**

在连续时间和离散时间中，无论通信和传输系统多么复杂，中间经历过哪些信号处理，都可以归纳为图 7.1 所示的无失真传输系统模型。所谓无失真传输，是指系统的输出信号与输入信号相比，只是幅度大小不同，出现时间有先后，但没有波形的畸变。换言之，对于连续时间和离散时间而言，要求输出信号 $\hat{x}(t)$ 和 $\hat{x}[n]$ 与输入信号 $x(t)$ 和 $x[n]$ 的时域关系分别为

$$\hat{x}(t)=ax(t-t_0)\quad 和\quad \hat{x}[n]=ax[n-n_0]，\quad 实数\ a\neq 0$$

其中，$a$ 一般为非零实数，通常称为放大($|a|>1$)或衰减($|a|<1$)倍数，当 $a$ 为负实数时，$a=-|a|$，表示输入输出波形相同，但极性相反；$t_0$ 和 $n_0$ 一般分别为非负实数和整数，称为系统**延时**。显然，这种系统可以等效成一个实数数乘器和纯时移系统的级联，它们分别是连续时间和离散时间 LTI 系统，其单位冲激响应 $h(t)$ 和 $h[n]$ 分别为

$$h(t)=a\delta(t-t_0) \quad 和 \quad h[n]=a\delta[n-n_0]，\quad 实数\ a\neq 0 \tag{7.2.1}$$

这表明，连续时间和离散时间无失真传输系统应是一个 LTI 系统，其单位冲激响应必须分别是一个时移单位冲激函数和序列；否则，就不能保证系统具有无失真特性。(7.2.1)式称为连续时间和离散时间**无失真传输的时域条件**。

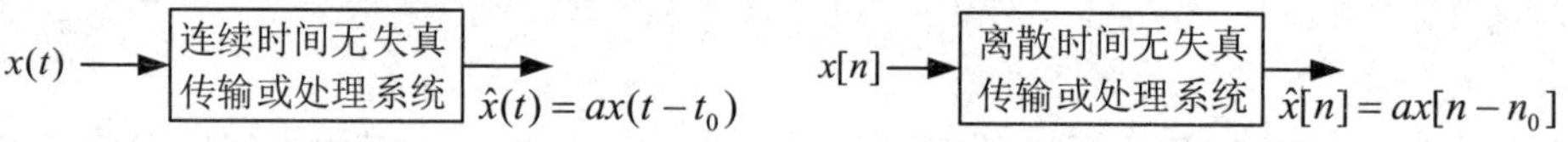


(a) 连续时间　　(b) 离散时间

图 7.1　系统的无失真传输模型

**2．无失真传输的频域条件**

再考察无失真传输系统的频域特性，按照连续和离散时间傅里叶变换的时移性质和线性性质，上述连续时间和离散时间无失真传输系统的频率响应分别为

$$H(\omega)=a\mathrm{e}^{-\mathrm{j}\omega t_0} \quad 和 \quad \tilde{H}(\Omega)=a\mathrm{e}^{-\mathrm{j}\Omega n_0} \tag{7.2.2}$$

或分别表示成幅频特性和相频特性，即

$$\begin{cases}|H(\omega)|=|a|\\ \varphi(\omega)=\begin{cases}-\omega t_0, & a>0\\ \pi-\omega t_0, & a<0\end{cases}\end{cases} \quad 和 \quad \begin{cases}|\tilde{H}(\Omega)|=|a|\\ \tilde{\varphi}(\Omega)=\begin{cases}-\Omega n_0, & a>0\\ \pi-\Omega n_0, & a<0\end{cases}\end{cases} \tag{7.2.3}$$

上述连续时间和离散时间无失真传输的幅频特性和 $a>0$ 时的相频特性分别如图 7.2(a)和(b)所示。由此可以看出，为保证无失真传输，在整个频率范围内系统必须具有恒定的幅频响应和线性相位特性。换言之，只有系统对输入信号的所有频率分量具有相同的幅度增益，以及与频率成正比的相移时，才能确保对任何连续时间和离散时间信号实现无失真传输。(7.2.2)式或(7.2.3)式称为连续时间和离散时间**无失真传输和处理的频域条件**。

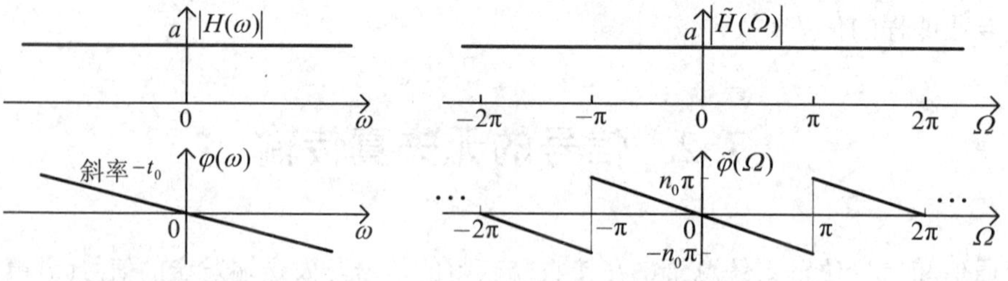


(a) 连续时间　　(b) 离散时间

图 7.2　无失真传输系统的频域特性

显然，无失真传输的频域条件和时域条件完全等价。比如连续时间 LTI 系统，如果在所有频率范围内幅频响应为常数，它对组成输入信号的所有频率分量均放大或衰减相同的倍数；若系统又具有线性相位特性，输入信号的所有频率分量滞后的相位都正比于其频率，即都滞后一个相同的时间 $t_0$，则系统的输出信号，除了幅度有变化外，仅造成波形的延时，必然满足(7.2.1)式的时域条件。6.11.1 小节曾引入过信号群延时的概念，无失真传输的线性相位条件也可用系统的群延时特性表示。连续时间和离散时间 LTI 系统的群延时分别定义为

$$\tau(\omega)=-\frac{\mathrm{d}}{\mathrm{d}\omega}\varphi(\omega)\quad 和\quad n(\Omega)=-\frac{\mathrm{d}}{\mathrm{d}\Omega}\tilde{\varphi}(\Omega) \tag{7.2.4}$$

一般地，它们也是频率 $\omega$ 和 $\Omega$ 的函数。对满足(7.2.3)式线性相位的 LTI 系统，其群延时特性是常数(分别等于延时 $t_0$ 和 $n_0$)。因此，具有恒定的群延时特性和线性相位条件是等价的。由于相频特性和群延时特性的等价关系，系统相位非线性造成的相位失真也称为**群延时失真**。

**3．带限无失真条件**

上述无失真传输的时域和频域条件并无任何实际限制，现在的问题是，在实际中这样的无失真传输条件能否实现？一般说来，除了某些极其平凡的数据操作(例如计算机内部的数据传送)外，通信中的信号传输以及为了某些实际目的而设计的信号分析/合成系统，或者某个特定功能的信号处理，都无法做到这一点。为此，进一步考虑几个实际的因素和需求：

(1) 众所周知，任何电子系统中不可避免地存在着各种干扰，这些干扰会造成信号传输中的误差或差错。在许多实际情况中，这些干扰是以叠加形式混入的，即所谓**加性干扰**，对此，通常将干扰造成的影响与系统的功能分开来对待，即认为实际系统的输出等于无干扰下系统的输出加上干扰在输出端造成的影响，如图 7.3 所示。

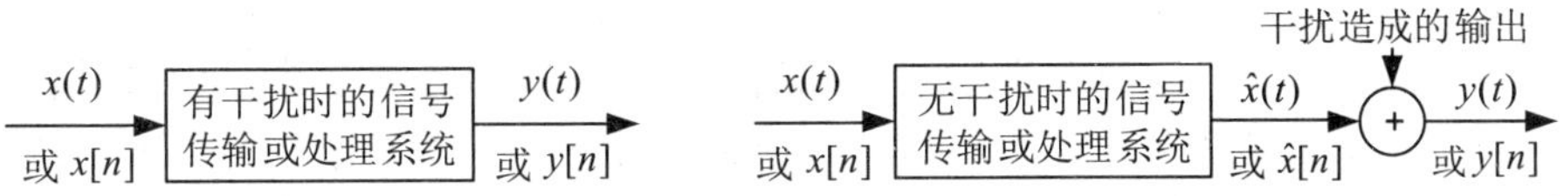


(a) 加性干扰下的信号传输或处理系统　　(b) 等效模型

图 7.3　实际的信号传输系统

(2) 即使是无干扰和噪声的理想传输系统，也不可能对**任何**输入信号都实现无失真传输。根据电路理论和电子线路知识，任何实际电路和电子系统(可推广到任何物理系统)，其单位冲激响应不会是理论上的冲激函数。从频域上看，也不可能在所有频率范围(从直流到无限高频率)内，具有平坦幅频特性和线性相位特性。尽管理论意义上的无失真传输无法实现，上述无失真条件仍可作为设计信号传输系统和分析/合成系统等追求的目标。

(3) 在实际信息传输和通信问题中，要传输的信号并非数学意义上的任意信号，任何带有信息的物理信号，其频谱(能量谱或功率谱)通常只占据一定的频率范围，这个频率范围称为**信号频带**。例如，语音信号的频率分量分布在几十赫兹到几千赫兹范围内，声音(包括音乐)信号的最高频率也仅十几千赫兹；电视信号的频带一般为零到几兆赫兹，高清晰度电视(HDTV)信号的最高信号频率也不到 30 MHz；数据信号或数字信号的带宽与其速率(比特率)有关，但也只限于 0 到某个最高频率的范围。换言之，不同物理信号的带宽可以不同，但都低于某个频率，这个频率称为信号的最高频率 $\omega_{\mathrm{M}}$ 和 $\Omega_{\mathrm{M}}$，$|\Omega_M|<\pi$。通常把这样的信号称为**带限信号**，连续时间和离散时间带限信号可以分别表示为 $\mathscr{F}\{x(t)\}=X(\omega)=0$，$|\omega|>\omega_{\mathrm{M}}$ 和 $\mathscr{F}\{x[n]\}=\tilde{X}(\Omega)=0$，$|\Omega|>\Omega_{\mathrm{M}}$。显然，为实现带限信号的无失真传输，只要在信号占据的频带内满足无失真传输条件，而在此频率带以外，系统的频率响应可以不受此条件的约束。由此可见，对于带限信号，无失真传输的频域条件分别可以修改为

$$H(\omega)=a\mathrm{e}^{-\mathrm{j}\omega t_0},\ |\omega|<\omega_{\mathrm{M}}\quad 和\quad \tilde{H}(\Omega)=a\mathrm{e}^{-\mathrm{j}\Omega n_0},\ |\Omega|<\Omega_{\mathrm{M}}，在主值区间(-\pi,\ \pi]内 \tag{7.2.5}$$

或者，分别写成幅频响应和相频响应的形式

$$\begin{cases}|H(\omega)|=|a|\\ \varphi(\omega)=\begin{cases}-\omega t_0, & a>0\\ \pi-\omega t_0, & a<0\end{cases},\ |\omega|<\omega_{\mathrm{M}}\end{cases}\quad 和\quad \begin{cases}|\tilde{H}(\Omega)|=|a|\\ \tilde{\varphi}(\Omega)=\begin{cases}-\Omega n_0, & a>0\\ \pi-\Omega n_0, & a<0\end{cases},\ |\Omega|<\Omega_{\mathrm{M}}\end{cases} \tag{7.2.6}$$

在离散时间中，上式只标明了主值区间($-\pi<\Omega\leqslant\pi$)内的频域条件，在其余区间上则按周期$2\pi$周期重复。通常把(7.2.5)式或(7.2.6)式称为**带限无失真传输和处理条件**，在图 7.4 中分别给出了可实现带限无失真传输的一个频率响应的例子。这样的频率响应是可以实现的。

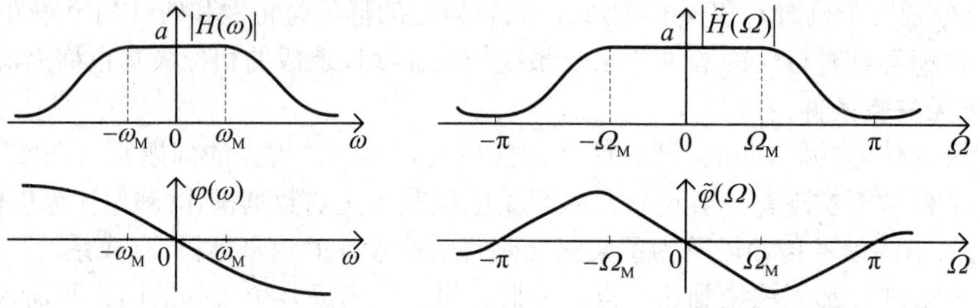


(a) 连续时间　　(b) 离散时间

图 7.4　带限信号无失真传输频域条件的一个图例

这里必须指出，尽管上面有关无失真传输的概念和条件所针对的是信息传输和通信系统，实际上，对任何有无失真要求的系统，上述概念和条件也适用。例如众多的信息获取系统，都要求传感器的输出信号忠实地代表所获取的物理信号；又例如一类信号分析/合成系统，其功能是为了某种目的，把一个信号分解成它的若干个子信号，并对各个子信号进行相互独立的处理后，再把它们合成为一个信号，因此，不经过处理而把所有子信号直接合成出的信号就是原来的信号，就成为信号分析/合成系统的基本要求，即所谓“**精确的分析/合成系统**”，在后面 9.8.4 小节将介绍一种这样的精确的分析/合成系统。

# 7.3　调制与解调

在许多工程问题中，调制与解调的概念和方法起着十分重要的作用，并有广泛的应用。所谓**调制**就是用一个信号去控制另一个信号的某个参量，产生已调制信号，**解调**则是相反的过程，即从已调制信号中恢复出原信号。调制和解调是最重要的通信技术之一，在几乎所有实际通信系统中，为实现有效、可靠和远距离的信号传输，都需要调制和解调。

前面已指出，任何要传送的信息信号都只占据有限的频带，且都位于低频或较低的频率上。同样地，许多用作传输的信道(例如双绞线、同轴电缆、波导、光纤和大气空间等传输媒质)，也都有其最适合于传输信号的频率范围，但它们绝大多数都位于远高于信号频带的频率范围上，这是信道和信号之间的一种不匹配。如果将占据低频范围的信号直接在这样的信道上传输，往往不可能实现可靠有效的传输。若将信号的频谱搬移到适合于信道传输的频带内，就可克服这些困难。根据傅里叶变换的频移性质，实现频谱搬移的最简单方法，就是所谓**正弦幅度调制**，即用信息信号去控制一个称为**载波**的正弦信号之幅度。只要载波的频率落在适合于信道传输的频率范围内，就可在信道中很好地传输。另一方面，实际信道的频率范围通常远宽于信号频带，这是信道和信号之间的另一种不匹配。如果在某个信道中传输一路信号，只利用了信道频带范围的很小一部分，这是很不经济的，利用调制也能解决这个问题，可以在一个信道上互不干扰地传送多个信号，这就是**多路复用**的概念和方法，由此而产生的多路复用技术，无论在通信和其他信息传输系统中都被广泛地应用。

用正弦信号作为载波的一类调制称为**正弦载波调制**，除了正弦幅度调制和**调幅**(AM)外，还有**正弦频率调制**或称**调频**(FM)，以及**正弦相位调制**或称**调相**(PM)，它们是用信号分别去控制正弦载波的另外两个参量——瞬时频率和瞬时相位的调制方式。在这些调制中，正弦载波信号的作用仅作为信息信号的载体，它本身并不包含任何要传送的信息。用周期脉冲信号作为载波的另一类调制称为**脉冲调制**，例如，用信号去控制周期脉冲串的幅度，即所谓**脉冲幅度调制**(PAM)，在这里，周期脉冲串相当于正弦幅度调制中的正弦载波，脉冲宽度和位置起到了正弦载波的频率和相位类似的作用，故还有**脉冲宽度调制**(PWM)、**脉冲位置调制**(PPM)和**脉冲编码调制**(PCM)等，这些不同的调制和解调方式在通信系统中都有重要的应用。

调制和解调在通信中的作用，不仅在于解决信号和信道之间频带的匹配问题，以便更好地利用信道，提高信道的利用率，一些特定的调制方式，例如调频、调相和脉冲编码调制等，它们靠增大传输带宽为代价而获得具有对抗信道中干扰的能力，可以改善信号传输的质量。当然，那些控制连续脉冲载波的幅度调制方式，对噪声和干扰则几乎没有抵抗能力。下面几节的任务是基于信号与系统的有关概念、理论和方法，简要地介绍目前在通信系统中，不同情况下采用的一些典型的调制和解调方式，分析和讨论它们的基本原理和性能特点，并获得它们在离散时间中对偶的概念和方法，详细讨论它们则是通信原理课程的任务。

## 7.4　正弦幅度调制与相干解调

幅度调制是傅里叶变换频域卷积性质的直接应用。连续时间和离散时间幅度调制的基本模型如图 7.5 所示，在图中：$x(t)$ 和 $x[n]$ 称为**调制信号**，$c(t)$ 和 $c[n]$ 称为**载波信号**，两者相乘的输出 $y(t)$ 和 $y[n]$ 则称为**已调制信号**。

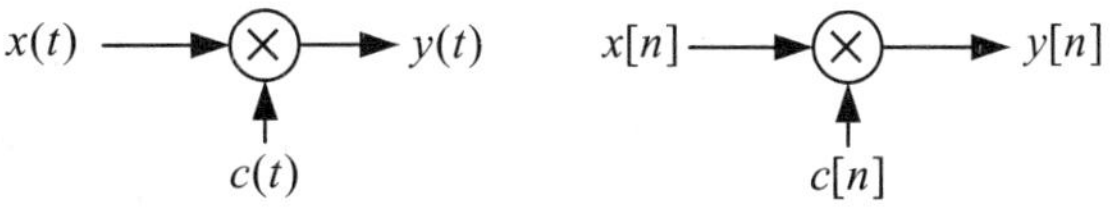

(a) 连续时间　(b) 离散时间

图 7.5　幅度调制的基本模型

在图 7.5 的幅度调制系统中，若载波信号 $c(t)$ 和 $c[n]$ 分别为连续时间和离散时间复正弦信号 $e^{j\omega_0 t}$ 和 $e^{j\Omega_0 n}$，其中，$\omega_0$ 和 $\Omega_0$ 称为载波频率，一般 $\Omega_0$ 取值于主值区间 $(-\pi,\ \pi]$。在这样的调制就叫做**复正弦载波调制**中，调制器输出的已调制信号分别为

$$y(t)=x(t)e^{j\omega_0 t}\quad 和\quad y[n]=x[n]e^{j\Omega_0 n} \tag{7.4.1}$$

假设 $\mathscr{F}\{x(t)\}=X(\omega)$ 和 $\mathscr{F}\{y(t)\}=Y(\omega)$ 及 $\mathscr{F}\{x[n]\}=X(\Omega)$ 和 $\mathscr{F}\{y[n]\}=Y(\Omega)$，直接分别利用 6.4.2 小节中(6.4.11)式的 CFT 和 DTFT 的频移性质，上式的频域表示分别为

$$Y(\omega)=X(\omega-\omega_0)\quad 和\quad \tilde{Y}(\Omega)=\tilde{X}(\Omega-\Omega_0) \tag{7.4.2}$$

这表明，复正弦调制分别将信号频谱 $X(\omega)$ 和 $\tilde{X}(\Omega)$ 搬移到载波频率 $\omega_0$ 和 $\Omega_0$ 处，如图 7.6 所示。

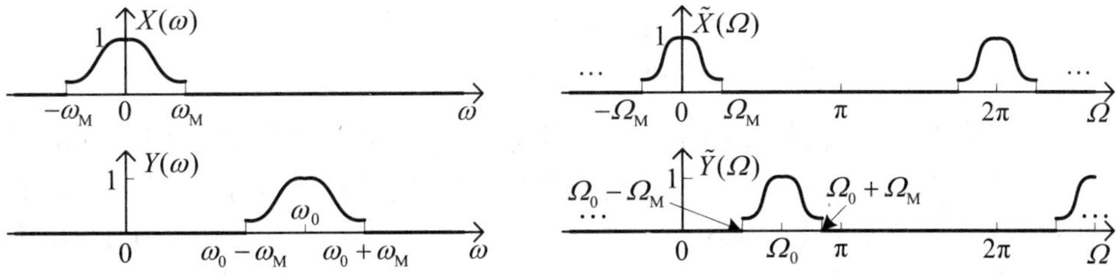

(a) 连续时间　(b) 离散时间

图 7.6　复正弦载波幅度调制所进行的频谱搬移

根据(7.4.1)式，只要将 $y(t)$ 和 $y[n]$ 乘以 $e^{-j\omega_0 t}$ 或 $e^{-j\Omega_0 n}$，就可把原信号 $x(t)$ 和 $x[n]$ 从已调制信号中恢复出来，即

$$x(t)=y(t)e^{-j\omega_0 t} \quad 或 \quad x[n]=y[n]e^{-j\Omega_0 n} \tag{7.4.3}$$

这就是复正弦幅度调制的解调过程。再一次用傅里叶变换的频移性质，这个解调过程可解释为把已搬移到载频处的信号频谱再搬移回来。

连续时间复正弦载波不容易产生，因此，除了在通信系统的分析中，以及在一些信号处理的中间过程出现外，这种连续时间复正弦载波调制在实际中很少应用。顺便指出，由于数字处理的优点，离散时间复正弦调制不仅可以实现，且有实际的应用。

若图 7.5 的幅度调制系统中的载波信号 $c(t)$ 和 $c[n]$ 分别是连续时间和离散时间正弦信号，则称为**正弦幅度调制**。连续时间正弦幅度调制和解调的方框图见图 7.7(a)，调制器的输出为

$$y(t)=x(t)\cos\omega_0 t \tag{7.4.4}$$

它的频谱 $Y(\omega)$ 可根据 CFT 的频域卷积性质(见(6.3.14)式)和利用(6.2.6)式左式求出，即

$$Y(\omega)=\frac{1}{2\pi}X(\omega)*\pi\left[\delta(\omega+\omega_0)+\delta(\omega-\omega_0)\right]=\frac{1}{2}\left[X(\omega+\omega_0)+X(\omega-\omega_0)\right] \tag{7.4.5}$$

假设 $x(t)$ 是实的带限信号，即 $X(\omega)=0$，$|\omega|<\omega_M$，此时 $y(t)$ 将是一个实带通信号。图 7.7(b)画出了连续时间正弦幅度调制的信号频谱图，其中，$C(\omega)$ 是 $\cos\omega_0 t$ 的频谱(见图 6.1(a))。

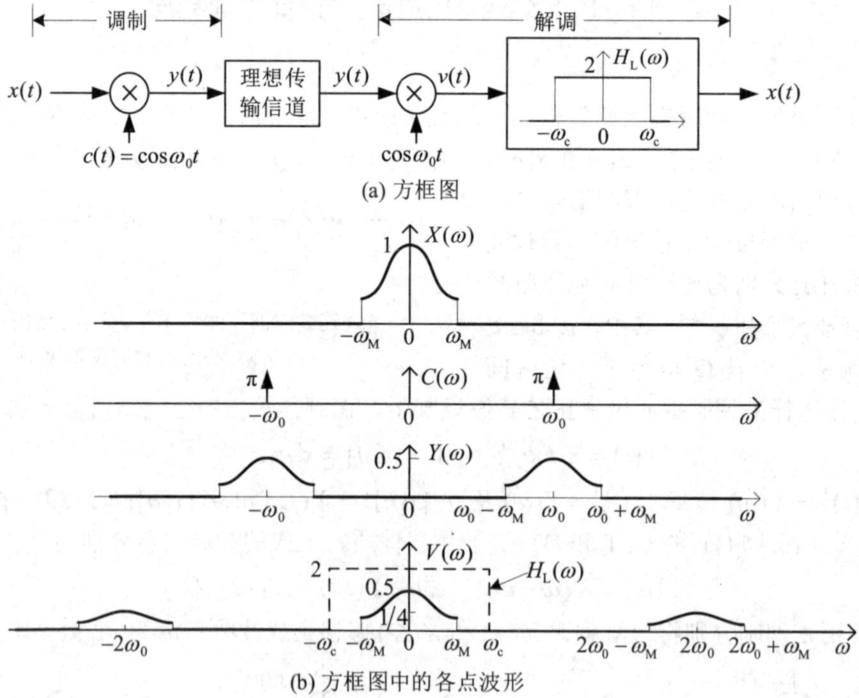


图 7.7 连续时间正弦幅度调制和相干解调

由图 7.7(b)看出，用正弦载波 $\cos\omega_0 t$ 进行幅度调制，就是把调制信号频谱 $X(\omega)$ 对半地分别搬移到 $\pm\omega_0$ 处。只要 $\omega_0>\omega_M$，$Y(\omega)$ 就是一个带通频谱。假设传输信道是一个频率范围为 $(\omega_0-\omega_M，\omega_0+\omega_M)$ 的实的理想带通信道，就可以无失真地传送已调制信号 $y(t)$。在接收端，解调的任务是从 $y(t)$ 中恢复出 $x(t)$。不难证明 $v(t)$ 及其频谱 $V(\omega)$ 分别为

$$v(t)=y(t)\cos\omega_0 t=x(t)\cos^2\omega_0 t=0.5x(t)+0.5x(t)\cos 2\omega_0 t \tag{7.4.6}$$

$$V(\omega)=\frac{1}{2}X(\omega)+\frac{1}{4}\left[X(\omega+2\omega_0)+X(\omega-2\omega_0)\right] \tag{7.4.7}$$

实际上，对(7.4.4)式取傅里叶变换，并用频域卷积性质也能得到同样的结果。不难想到，当$\omega_0>\omega_M$时，若用一个低通滤波器$H_L(\omega)$就可完全恢复出$x(t)$，只要$H_L(\omega)$满足

$$H_L(\omega)=\begin{cases}2 \ , & |\omega|<\omega_c \\ 0 \ , & |\omega|>\omega_c\end{cases},\quad \omega_M<\omega_c<2\omega_0-\omega_M \tag{7.4.8}$$

如图 7.7(b)中最下图所示。

应该指出，在许多实际的正弦幅度调制系统中，通常有$\omega_0\gg\omega_M$，此时，一般传输信道的频率范围远宽于$(\omega_0-\omega_M,\ \omega_0+\omega_M)$，也并不要求接收端采用(7.4.8)式这样的理想低通滤波器，简单的一阶或二阶低通滤波器(见后面 8.6 节)即可满足要求。

离散时间正弦幅度调制与上述的连续时间情况完全类似，留给读者自行分析。

连续时间正弦载波信号可用一个正弦振荡器方便地产生，上面为了分析方便，正弦载波信号假定初相位为 0，若有一个非零初相位，并不影响正弦幅度调制的分析和结果。但必须强调，在图 7.7(a)的正弦幅度调制和解调中，要求收发两地的载波信号既同频又同相，这并非易事。目前，在接收机中采用锁相振荡器，可以实现与发送端载波同频，但仍有一个很小的剩余相差。现在来考察调制和解调的两个载波信号同频、但有一个相差$\theta$时会出现什么情况。假定调制端的载波信号为$\cos\omega_0 t$，解调端的载波信号为$\cos(\omega_0 t+\theta)$，(7.4.6)式就变成

$$v(t)=x(t)\cos\omega_0 t\cos(\omega_0 t+\theta)$$

利用三角恒等公式，则有

$$v(t)=[0.5\cos\theta]x(t)+0.5x(t)\cos(2\omega_0 t+\theta) \tag{7.4.9}$$

上式的第二项仍可用低通滤波器$H_L(\omega)$滤除掉，此时，低通滤波器的输出变成

$$\hat{x}(t)=[0.5\cos\theta]x(t) \tag{7.4.10}$$

一方面，如果$\theta=\pi/2$，则$\cos\theta=0$，解调后将没有输出；另一方面，由于电子线路中不可避免的噪声和干扰，锁相系统的剩余相差不可能是一个常数，解调器输出信号$x(t)$的幅度将随时间而改变，这是不希望的。

通常把图 7.7(a)中正弦幅度调制下的解调方式称为“**相干解调或同步解调**”。同步解调要求收、发两端的载波信号完全同频同相，这增加了接收机的复杂性和实现代价。但以目前的技术水平，实现同步解调并不困难，加上它明显的优点，已在实际通信中广泛地应用。

## 7.5　调幅与检波

既然载波信号不包含要传送的任何信息，就不必在已调制信号$y(t)$中包含载波信号成分，只要在接收端中提供一个同频同相的本地载波信号即可，但如前所述，同步解调增加了实现的复杂度。可以设想，若在发送已调制信号的同时，把载波信号也传送到接收端，就可以替代在接收端产生本地载波的方案。人们熟悉的调幅(AM)广播采用的正是这一方法，连续时间调幅传输系统的基本系统模型如图 7.8 所示。

在图 7.8 中的调制端，$x(t)$是带限于$\omega_M$的带限信号，数乘器的增益$A$应满足

$$A\geqslant\max_{-\infty<t<\infty}\{|x(t)|\} \tag{7.5.1}$$

调幅器的输出 $y(t)$ 称为调幅波，其波形如图 7.9(c)所示，它表示为

$$y(t)=[A+x(t)]\cos\omega_0 t=A\cos\omega_0 t+x(t)\cos\omega_0 t \tag{7.5.2}$$

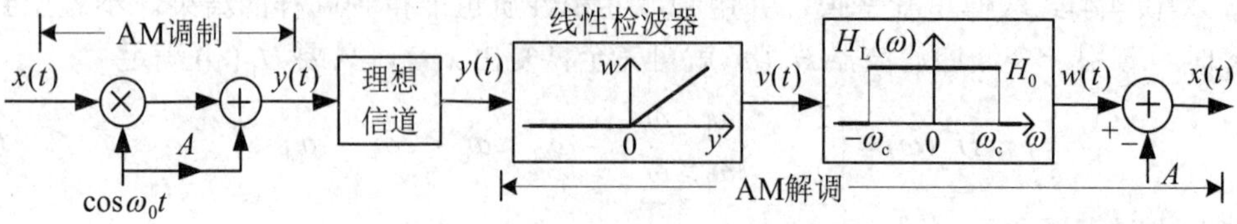


图 7.8　调幅(AM)传输系统的基本模型

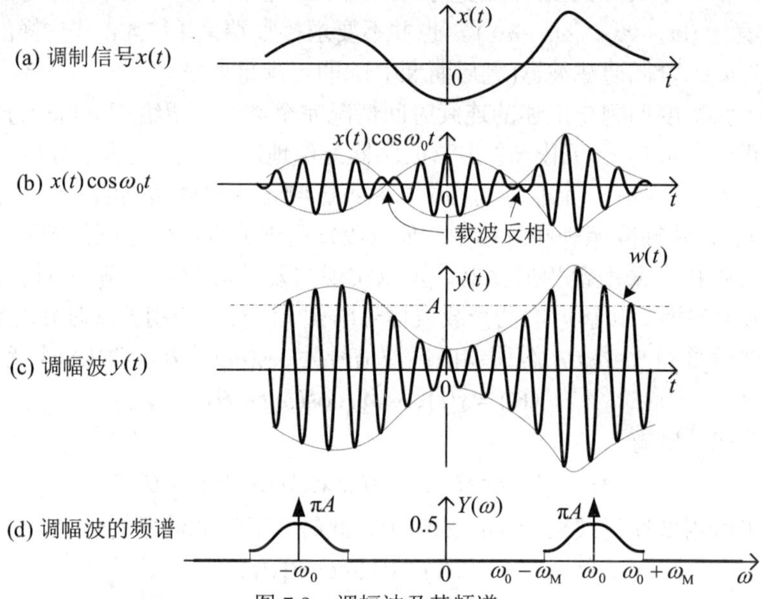


图 7.9　调幅波及其频谱

上式中第二项为代表前一小节所述的正弦幅度调制的已调制信号，第一项为伴随其发送的载波信号。调幅波(见图 7.9(b))的频谱为

$$Y(\omega)=A\pi[\delta(\omega+\omega_0)+\delta(\omega-\omega_0)]+0.5[X(\omega+\omega_0)+X(\omega-\omega_0)] \tag{7.5.3}$$

由图 7.9(c)看出，调幅波 $y(t)$ 的包络 $w(t)$ 中包含了调制信号 $x(t)$ 的波形，即

$$w(t)=A+x(t) \tag{7.5.4}$$

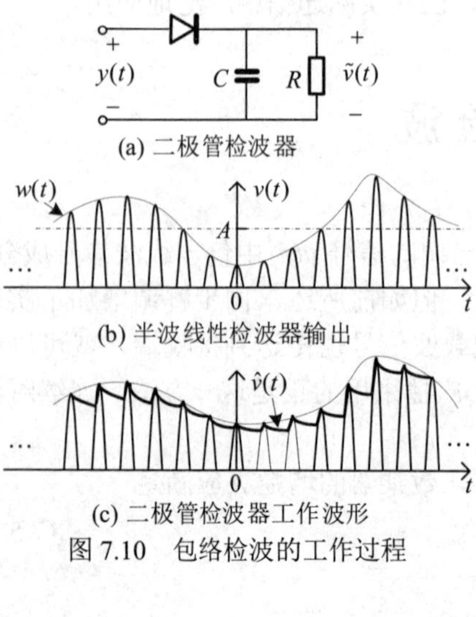


图 7.10　包络检波的工作过程

这就提供了从 $y(t)$ 恢复出 $x(t)$ 的方法。只要像图 7.8 所示那样，解调时首先让 $y(t)$ 通过线性检波器，线性检波器为下限幅器，它是一个无记忆系统，其输出 $v(t)$ 为

$$v(t)=\begin{cases} y(t), & y(t)\geqslant 0 \\ 0, & y(t)<0 \end{cases} \tag{7.5.5}$$

其波形见图 7.10(b)。由下面 7.8.1 小节可知，$v(t)$ 可看成包络信号 $w(t)$ 对重复频率为 $\omega_0$ 的半波余弦周期脉冲的脉冲幅度调制，用一个低通滤波器 $H_L(\omega)$ 就可以恢复出包络信号 $w(t)$，再减去其中的直流分量 $A$，就恢复了原信号 $x(t)$。由此看出，这个解调

过程无需本地提供一个与发送端同步的正弦载波，故把这种解调称为**非同步(或非相干)解调**。

在实际调幅系统中，载波频率比调制信号最高频率高得多，即 $\omega_0 \gg \omega_M$。这使得调幅波 $y(t)$ 的包络变化比载波振荡的变化要慢得多，用一个称为**包络检波器**的简单电路，可以足够好地把包络信号 $w(t)$ 提取出来。图 7.10(a)给出了简单的二极管检波器，(b)和(c)画出了它的工作波形。由于 $\omega_0 \gg \omega_M$，二极管检波器的输出 $\hat{v}(t)$ 和包络信号 $w(t)$ 的差别，只是一些频率为 $\omega_0$ 或 $2\omega_0$(绝对值检波器)的起伏，可以通过后接的一个普通低通滤波器滤除它们。最后只剩下直流分量 $A$，用一个隔直流电容就可将其去掉。

显然，图 7.9(b)所示的已调制信号 $x(t)\cos\omega_0 t$ 却无法用这种简单方法恢复出 $x(t)$。同样地，上述调幅方案中，如果不满足(7.5.1)式，就会产生所谓**过调幅**，此时包络检波器输出 $x(t)$ 产生所谓“过调制失真”。因为，这两种情况中的已调幅信号的包络已与 $x(t)$ 不相同。

基于上面的讨论，实现非同步解调非常简单，这是其突出优点。另一方面，从(7.5.2)式看到，相比于图 7.7 中的正弦幅度调制的已调制信号，调幅波多出一个载波信号 $A\cos\omega_0 t$，它和 $x(t)\cos\omega_0 t$ 一起传送到接收端，才使非同步解调成为可能。鉴于这一点，通常又把图 7.7(a)的正弦幅度调制称为**抑制载波幅度调制**。尽管发送载波信号不需要额外的传输频带，但使发射机的发射功率增加一倍以上。换言之，非同步解调是靠牺牲传输系统的功率效率，才换来解调器的简单实现。非同步解调制式对于无线电广播很适合，因为单个广播发射台多发射些功率，使得为数众多的接收机可以采用简单的包络检波器，即以一个发射机发射功率上付出的额外代价，可以从大量的廉价接收机得到补偿。可是在另外一些应用场合，发射机的功率非常宝贵，例如，在卫星通信系统中，星上发射功率的成倍增加需要更大的太阳能电池板面积，这个代价是十分昂贵的，此时，采用一个复杂的同步调制和解调方案就显得更合理了。

# 7.6　单边带调制

上面已指出，抑制载波幅度调制方式相比于一般的 AM 方式有较高的功率有效性。若对抑制载波幅度调制方式进一步考察将会看到，调制信号 $x(t)$ 一般是一个带限于 $\omega_M$ 的**实**信号，其频谱 $X(\omega)$ 包括正频域和负频域两部分，总频谱宽度是 $2\omega_M$。根据实信号傅里叶变换的对称性质，$X(\omega)$ 的正、负频域两部分之间有对称关系。一方面，若利用复正弦载波进行幅度调制，$X(\omega)$ 被搬移到处 $+\omega_0$，其频谱宽度仍是 $2\omega_M$，但已调信号却变成了复信号。另一方面，若利用正弦载波进行抑制载波幅度调制，$X(\omega)$ 尽管被对半地分别搬移到 $\pm\omega_0$ 处，且分别在 $\pm\omega_0$ 的左右形成已调信号的上下边带，如图 7.11(b)所示，但 $X(\omega)$ 的正、负频域部分仍保持着以 $\omega=0$ 为中心的共轭偶对称关系，即已调制信号仍是一个实信号，但在频域上要占据两

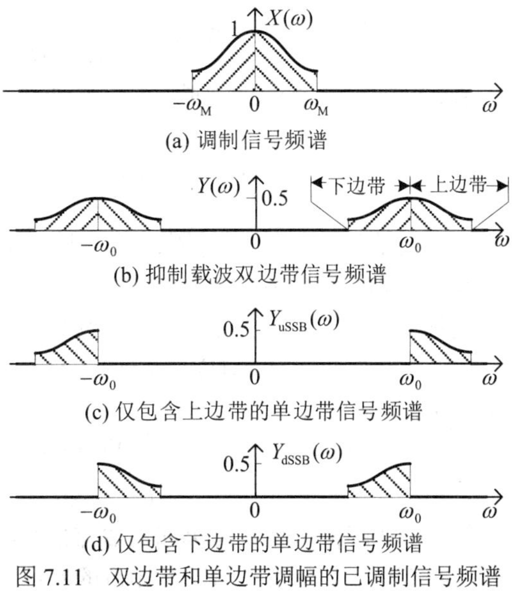

图 7.11　双边带和单边带调幅的已调制信号频谱

倍于 $X(\omega)$ 的频谱宽度。这意味着从频谱上看，抑制载波幅度调制的已调制信号有多余。可以证明，如果仅保留它的正、负频域的上边带部分(图 7.11(c))，或仅保留它们的下边带部分(图 7.11(d))，仍可利用接收端的同步解调，把 $X(\omega)$ 恢复出来。必须指出，图 7.11(c)或(d)这样只有上边带(或下边带)的频谱，仍维持着以 $\omega=0$ 为中心的共轭偶对称关系，故它们仍是实信号。

在正弦幅度调制中，把将 $X(\omega)$ 转换成图 7.11(c)或(d)这样的单个边带频谱的调制方式，称为**单边带调制**(SSB)，而把图 7.11(b)这样上、下边带都保留的调制方式称为**双边带调制(DSB)**。由于它们均不包含载波信号，更准确地，它们分别称为**抑制载波单边带调制(SSB/SC)和抑制载波双边带调制(DSB/SC)**，以便区别于一般的调幅(AM)方式。相比于双边带调制，单边带调制可节省一半传输频带，从而提高了频带利用率。频率作为一个有限的资源，具有高的频带利用率，也是通信界一直追求的又一个主要目标。单边带调制在通信技术中有着重要地位，也获得了广泛的应用。例如，现有的公用电话网中的传输设备，都采用单边带调制制式。

获得单边带信号的简单方法是采用锐截止带通滤波器，保留图 7.11(b)中抑制载波双边带信号的上(或下)边带，滤除下(或上)边带。但考虑到带通滤波器的可实现性(必须有一定宽度的过渡带)，采用这一方法有所限制，即要求被调制信号 $x(t)$ 的频谱 $X(\omega)=0$，$|\omega|<\omega_m$，使得 $x(t)$ 的抑制载波双边带信号频谱 $Y(\omega)$，在载波频率 $\omega_0$ 左右有一个零谱密度的间隙 $2\omega_m$ 作为带通滤波器的过渡带。很庆幸，话音信号在 300Hz 以下基本上没有谱分量，这使得单边带调制很适合话音信号的传输，也正是 20 世纪初的模拟电话体制采用单边带调制的主要依据。图 7.12(只画了正频域部分)说明了如何采用实际带通滤波器 $H_B(f)$，对载频 $f_0$ 的抑制载波双边带调制话音信号频谱 $Y(f)$ 滤波，产生只包含上边带的单边带调制话音信号频谱 $Y_{uSSB}(f)$。但是，电视和数据信号的最低频率成分直达零频率，故广播电视无法采用单边带调制，而是采用“**残留边带调制(VSB)**”(参可见章末习题 7.11)。

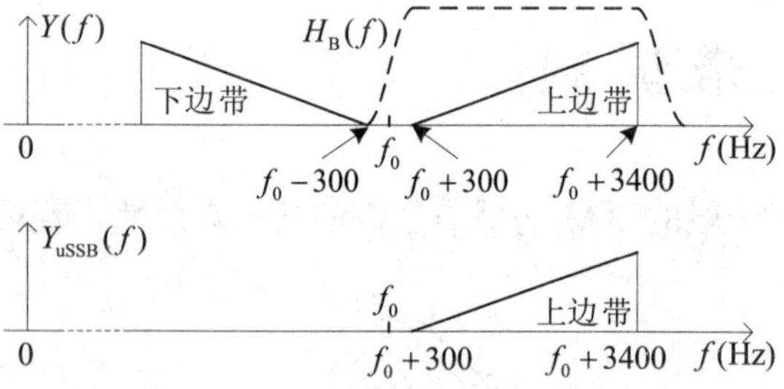

图 7.12 利用带通滤波器获得单边带话音信号

基于 6.10.2 小节的解析信号表示法，可获得产生单边带信号的现代方法。假设 $\hat{x}(t)$ 是 $x(t)$ 的希尔伯特变换，即

$$\hat{x}(t)=\frac{1}{\pi}\int_{-\infty}^{\infty}\frac{x(\tau)}{t-\tau}\mathrm{d}\tau$$

和
$$x(t)=-\frac{1}{\pi}\int_{-\infty}^{\infty}\frac{\hat{x}(\tau)}{t-\tau}\mathrm{d}\tau \qquad (7.6.1)$$

解析信号 $v(t)$ 及其频谱 $V(\omega)$ 可分别表示为

$$v(t)=x(t)+\mathrm{j}\hat{x}(t) \quad \text{和} \quad V(\omega)=\begin{cases}2X(\omega), & \omega>0\\ 0, & \omega<0\end{cases} \qquad (7.6.2)$$

由于 $x(t)$ 是带限于 $\omega_M$ 的实带限信号，即 $\mathscr{F}\{x(t)\}=X(\omega)=0$，$|\omega|>\omega_M$，故 $v(t)$ 的频谱就限于 $[0,\ \omega_M]$ 范围内，只占据 $\omega_M$ 的带宽。若用该解析信号对复正弦载波 $e^{j\omega_0 t}$ 进行幅度调制，得到的已调制信号 $z(t)$ 是一个复信号，它及其频谱 $Z(\omega)$ 分别为

$$z(t)=v(t)\cos\omega_0 t+\mathrm{j}v(t)\sin\omega_0 t \quad \text{和} \quad Z(\omega)=V(\omega-\omega_0) \qquad (7.6.3)$$

根据(7.6.2)式，将有

$$Z(\omega)=\begin{cases}2X(\omega-\omega_0), & \omega_0<\omega<\omega_0+\omega_M\\ 0\ , & \omega<\omega_0,\ \omega>\omega_0+\omega_M\end{cases} \qquad (7.6.4)$$

$z(t)$ 称为带通解析信号，其实部和虚部也互成希尔伯特变换。根据 6.10.2 小节图 6.39 对解析信号取实部可恢复原实信号，故 $z(t)$ 的实部是只包含上边带的单边带已调信号 $y_{uSSB}(t)$，即

$$y_{\text{uSSB}}(t)=\text{Re}\{z(t)\}=x(t)\cos\omega_0 t-\hat{x}(t)\sin\omega_0 t \tag{7.6.5}$$

上式可进一步表示为

$$y_{\text{uSSB}}(t)=x(t)\cos\omega_0 t+[x(t)*(-1/\pi t)]\sin\omega_0 t \tag{7.6.6}$$

因此，仅保留上边带或下边带的单边带调制器可以用图 7.13 所示的方框图实现，若要保留上边带，图 7.13 中的 $90^\circ$ 移相器的频率响应 $H(\omega)$ 为

$$H(\omega)=-\text{j}\,\text{sgn}(\omega) \tag{7.6.7}$$

若要保留下边带，则 $H(\omega)$ 只要改变为

$$H(\omega)=\text{j}\,\text{sgn}(\omega) \tag{7.6.8}$$

可以画出图 7.13 的单边带调制器各点信号的频谱图，并证明 $y_{\text{uSSB}}(t)$ 是一个仅保留上边带的单边带信号，详见章末习题 7.10。

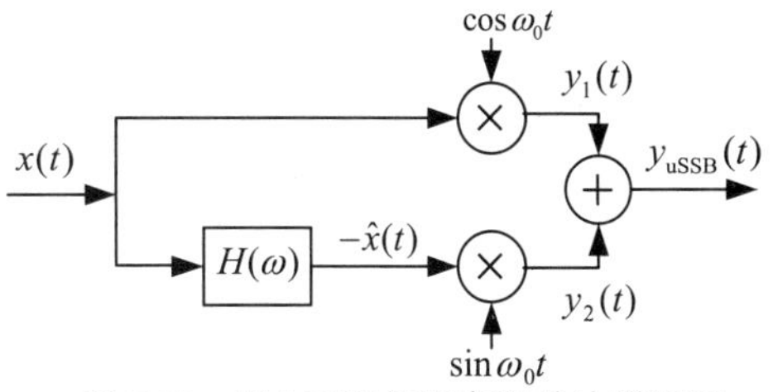


图 7.13　用 90° 移相器实现单边带调制

图 7.13 的单边带调制方案需用两个相位相差 $\pi/2$ 的正弦载波 $\cos\omega_0 t$ 和 $\sin\omega_0 t$，其中一个可以用正弦振荡器产生，再让它通过一个 $90^\circ$ 移相器获得另一个。顺便指出，这个 $90^\circ$ 移相器与(7.6.7)式表示的 $90^\circ$ 移相器不同，前者只要求在 $\pm\omega_0$ 上具有 $90^\circ$ 移相特性，而后者至少应在 $|\omega|<\omega_{\text{M}}$ 的频带内具有 $90^\circ$ 移相特性。

与图 7.7(a)所示的抑制载波双边带系统的同步解调一样，单边带系统也必须采用同步解调才能恢复出调制信号，为了具有比双边带系统高一倍的频带利用率，付出的代价是增加了调制和解调的复杂性。正如前面已指出的，抑制载波双边带调制不需要传送载波，与调幅系统相比，提高了发射机的功率利用率，但以接收端需要同步载波供给系统为代价。单边带调制系统又比抑制载波双边带调制提高了频率利用率，在发射功率和频带利用上都更为经济。

由于离散时间和连续时间信号与系统的概念、理论和方法之间的对偶关系，离散时间中也存在正弦幅度调制、同步解调和非同步解调、双边带和单边带调制等概念和方法。有关离散时间正弦幅度调制和同步解调等问题，可见本章后面的习题 7.7。

## 7.7　正弦幅度调制的其他应用

正如本节开头所指出的，正弦幅度调制的概念和方法的主要应用是通信中的调制技术和频分多路复用技术，除此以外，它还在电子系统和信号处理，以及其他工程技术中有许多重要的应用。本节的目的就是简单地介绍其他几种应用的概念和方法，以拓宽思路。

### 7.7.1　混频、交调和互调

保持带通已调制信号频谱形状不变，仅改变其中心频率的方法，称为**混频**或**变频**。实际上，变频或混频与正弦幅度调制本质上没有什么不同。如果说有差别的话，正弦幅度调制一般指将处于零频率附近的低频信号频谱搬移到某个高频频率附近，而变频或混频是指将处于非零中心频率上的带通信号频谱，搬移到另一个中心频率附近，成为一个新的带通信号。正因为如此，实现混频或变频的系统和实现正弦载波幅度调制的系统是类似的，它如图 7.14(a)所示，差别仅是在相乘器后必须级联一个适当的带通滤波器。

假设 $x(t)$ 是中心频率为 $\omega_0$ 的实的已调制信号，即 $x(t)=x_0(t)\cos\omega_0 t$，其正、负频域中的非

零频带宽度为$2\omega_M$，相乘器的另一个输入$c(t)$是频率为$\omega_v$的正弦信号$\cos\omega_v t$，它通常称为本振信号，此时，相乘器的输出信号$y(t)$及其频谱$Y(\omega)$分别为

$$y(t)=x_0(t)\cos\omega_0 t\cos\omega_v t=0.5[x_0(t)\cos(\omega_v+\omega_0)t+x_0(t)\cos(\omega_v-\omega_0)t] \tag{7.7.1}$$

$$Y(\omega)=0.25[X_0(\omega+\omega_v+\omega_0)+X_0(\omega-\omega_v-\omega_0)]+0.25[X_0(\omega+\omega_v-\omega_0)+X_0(\omega-\omega_v+\omega_0)] \tag{7.7.2}$$

其中，$X_0(\omega)$是原调制信号$x_0(t)$的频谱，且$X_0(\omega)=0$，$|\omega|<\omega_M$。图 7.14(b)中画出了各点信号的频谱，由图中可看到，相乘器的输出$y(t)$分别在$\pm(\omega_v+\omega_0)$和$\pm|\omega_v-\omega_0|$处，形成两个谱形状与$X(\omega)$相同的实带通信号频谱。并且只要满足$|\omega_v-\omega_0|>\omega_M$，这两个实带通信号频谱互不重叠。后接带通滤波器的作用是选择出其中一个，抑制另一个。通常把$(\omega_v+\omega_0)$称为**和频**，$|\omega_v-\omega_0|$则称为**差频**。在图 7.14(a)中，带通滤波器$H_{BP}(\omega)$选出的是差频处的实带通信号，也可让带通滤波器选择和频处的实带通信号。若是前者，常称为**下变频**，后者则称为**上变频**。

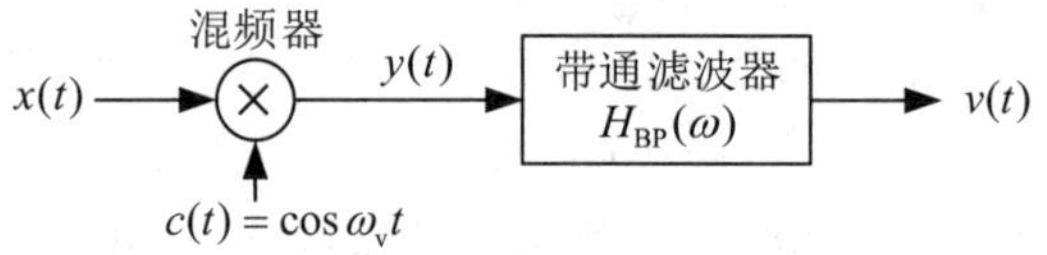


(a) 实现混频或变频的系统

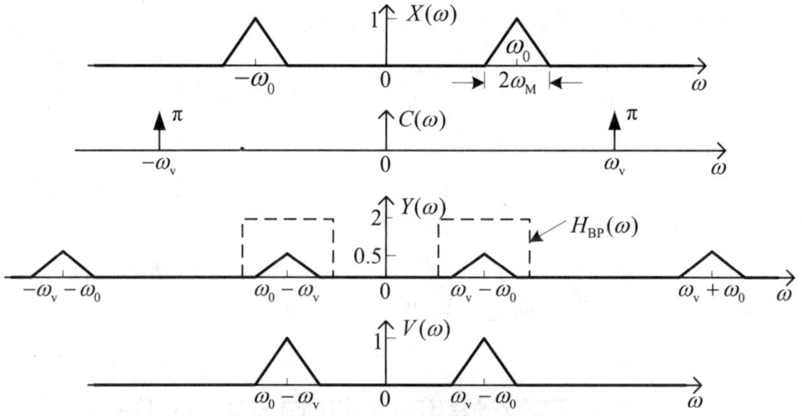


(b) 图(a)系统中各点信号的频谱

图 7.14　混频或变频

必须指出，图 7.14 所示的是混频的原理模型，实际情况要复杂得多。实际系统中的混频器(图 7.14(a)中的相乘器)通常是利用二极管或三极管的非线性电流/电压特性实现的，如图 7.15 所示。图中$y=f(z)$是一个无记忆非线性系统的瞬时值特性，它可展成幂级数，即

$$y=f(z)=a_0+a_1z+a_2z^2+a_3z^3+\cdots \tag{7.7.3}$$

此时$y(t)$将变成

$$y(t)=a_0+a_1[x(t)+\cos\omega_v t]+a_2[x(t)+\cos\omega_v t]^2+a_3[x(t)+\cos\omega_v t]^3+\cdots \tag{7.7.4}$$

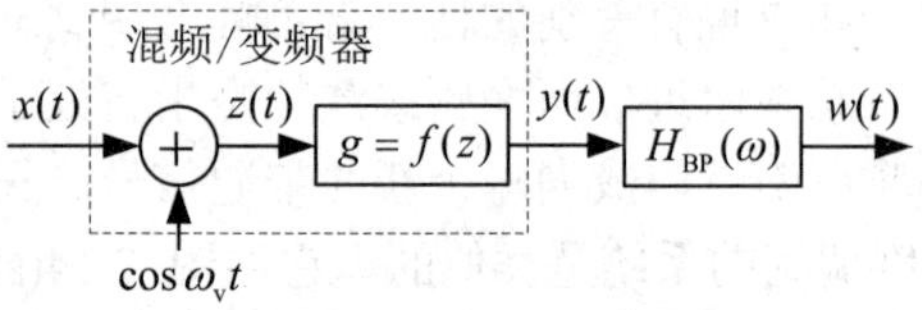


图 7.15　利用非线性特性的混频或变频系统

进一步展开将出现常数项、$[x_0(t)\cos\omega_0 t]^m$、$\cos n\omega_v t$或$\sin n\omega_v t$，以及$[x_0(t)\cos\omega_0 t]^m\cos n\omega_v t$或$[x_0(t)\cos\omega_0 t]^m\sin n\omega_v t$等项，其中，$n$和$m$为正整数。在这些项中，只有$x_0(t)\cos\omega_0 t\cos\omega_v t$是所希望的混频项，它正好起到了图 7.14(a)中相乘器的作用，其他各项产生的频谱都落在后接的

$H_{BP}(\omega)$ 通带之外，将被 $H_{BP}(\omega)$ 抑制掉。因此，图 7.15 的系统等效于图 7.14(a)，这样的混频器被广泛地应用于各种接收机和其他电子系统。

接收机实际接收到的信号并非单一的已调制信号 $x(t)$，通常还包含处在别的中心频率的其他已调制信号，例如，若采用图 7.14 中的下变频方案，如果在接收信号中还有另一对位于 $\pm[\omega_v+(\omega_v-\omega_0)]$ 处的实带通频谱，混频的结果将使这两个处在不同中心频率的不同信号的频谱，都被搬移到后接带通滤波器的通带内，并完全重叠在一起，这就形成了一个信号对另一个信号的干扰。一旦出现这种情况，将无法再用滤波的方法滤除它们(参看章后习题 7.12)。由于频率 $[\omega_v+(\omega_v-\omega_0)]$ 处在 $\omega_0$ 相对于 $\omega_v$ 的镜像位置上，故常把这种干扰称为**镜像干扰**。

现进一步考察图 7.15 的接收机混频系统，相对于**本振信号** $c(t)=\cos\omega_v t$ 而言，接收信号的幅度通常要小得多，如果接收信号中不仅包含中心频率 $\omega_0$ 的要接收的已调制信号 $x(t)$，还包含中心频率 $\omega_r$ 的属于干扰的已调制信号 $r(t)=r_0(t)\cos\omega_r t$ 的话，$y(t)$ 将变成

$$y(t)=a_0+a_1\left[x(t)+r(t)+\cos\omega_v t\right]+a_2\left[x(t)+r(t)+\cos\omega_v t\right]^2+\cdots \tag{7.7.5}$$

将 $x(t)$ 和 $r(t)$ 代入上式，并利用三角恒等式展开，$y(t)$ 中将出现更多的相乘项。特别地，将出现 $[r_0(t)\cos\omega_r t]^m\cos n\omega_v t$ 或 $[r_0(t)\cos\omega_r t]^m\sin n\omega_v t$ 等项，其中，$n$ 和 $m$ 为正整数。这些项和 $[x_0(t)\cos\omega_0 t]^m\cos n\omega_v t$ 或 $[x_0(t)\cos\omega_0 t]^m\sin n\omega_v t$ 项大小相当，这就意味着 $y(t)$ 中出现了位于中心频率为 $(\pm m\omega_r\pm n\omega_v)$ 的已调制频谱。当后面带通滤波器的中心频率选在 $|\omega_v-\omega_0|$ 时，且有

$$\pm m\omega_r\pm n\omega_v=|\omega_v-\omega_0| \tag{7.7.6}$$

那么，除希望的 $x_0(t)\cos\omega_0 t\cos\omega_v t$ 中的差频已调制信号外，还有多个干扰的频谱也将进入带通滤波器 $H_{BP}(\omega)$ 通带而无法滤除。这种干扰是基于混频器非线性特性，由输入中的要接收信号 $x(t)$、干扰信号 $r(t)$ 与本振信号 $c(t)$ 的各自谐波成分之间相互交叉调制造成的，通常称为**交调**或**互调**(干扰)。有效消除这种干扰是通信系统，特别是无线通信系统的一个重要课题。

## 7.7.2　可变中心频率的带通滤波器

在一些通信和信号处理应用中，有时需要一种实现中心频率可变的带通滤波器，在某个宽频范围内可调谐的外差接收机就是一个典型的例子。大家知道，连续时间带通滤波器的中心频率由其电感和电容值决定，若要在一个宽频范围内中心频率可调的同时，又要求优良的带通滤波特性(意味着高阶带通滤波器)，牵涉多个元件值必须同步地以确定方式变化，实现起来将十分困难。但是，如果在图 7.14(a)的混频系统中，让正弦载波 $c(t)$ 的频率跟随接收信号载波频率、在一个频率范围内连续可变，系统将等效成一个中心频率连续可变的带通滤波器。这种方法与要求同步改变滤波器中许多元件值相比，实现起来要简单得多。在图 7.16 所示的外差接收机中，用一个固定中心频率的滤波器(称为中频滤波器)和一个频率可调的本地振荡器，通过变频的方法，就可以在一个或多个波段上、实现可调谐的优良带通滤波功能。

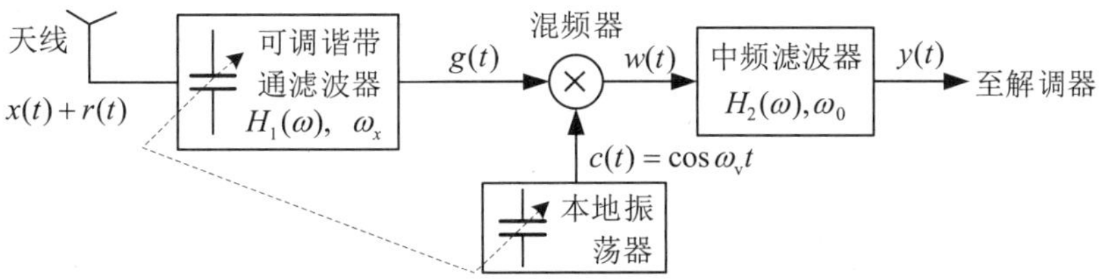


图 7.16　超外差接收机中的可调谐带通滤波器方框图

为了抑制由于混频可能产生的交调或互调干扰，特别是镜像干扰，在混频器前通常都有一个可调谐的粗调带通滤波器。它是一个简单的低阶带通滤波器，其中心频率应和本振同步调谐，众所周知，在实际的外差接收机中，这是通过双连或多连可变电容器实现的。

## 7.7.3 实现低通和带通滤波器之间的转换

正弦幅度调制可以使信号频谱原封不动地搬移，即把一个零频率处的低频频谱搬移到某个固定频率 $\omega_0$ (或 $\pm\omega_0$)处，也能把某个固定频率处的频谱搬移到零频率处。故可借助调制，用低通滤波器实现带通滤波，或用带通滤波器实现低通滤波。在图 7.17(a)的系统中，用一个截止频率 $\omega_{cL}$ 的实的低通 $H_L(\omega)$，采用复正弦调制的方法，使整个系统等效于中心频率为 $\omega_0$、带宽为 $2\omega_{cL}$ 的复带通滤波器(如图 7.17(b)所示)。图 7.17(c)画出了有关信号 $x(t)$、$y(t)$、$w(t)$ 和 $f(t)$ 的频谱，其中的 $F(\omega)$ 可以看成是由 $X(\omega)$ 直接通过中心频率为 $\omega_0$、带宽为 $2\omega_{cL}$ 的复带通滤波器输出的频谱。在这个系统中，若 $x(t)$ 是实信号，而 $y(t)$、$w(t)$ 和 $f(t)$ 则都是复信号。

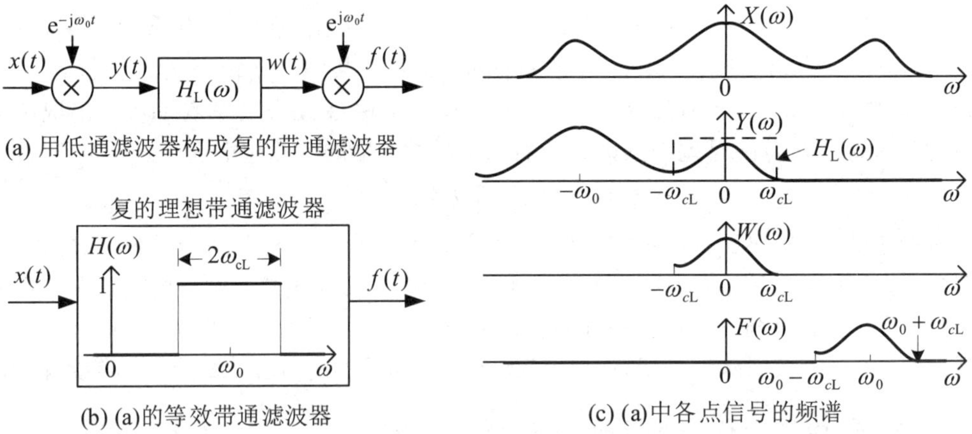
(a) 用低通滤波器构成复的带通滤波器
复的理想带通滤波器
(b) (a)的等效带通滤波器
(c) (a)中各点信号的频谱

图 7.17 利用低通滤波器和复正弦幅度调制实现复的带通滤波器

由于需要复载波信号，图 7.17(a)这样的复带通滤波器难以在实际中使用。基于 6.10.2 小节中解析信号的希尔伯特变换表示法，仅有正频域频谱的复信号 $f(t)$ 是解析信号，其实部 $f_r(t)$ 和虚部 $f_i(t)$ 互成希尔伯特变换，其实部信号 $f_r(t)$ 的频谱(见图7.18(c))为

$$F_r(\omega)=\begin{cases}0.5F(\omega), & \omega>0\\ 0.5F(-\omega), & \omega<0\end{cases} \tag{7.7.7}$$

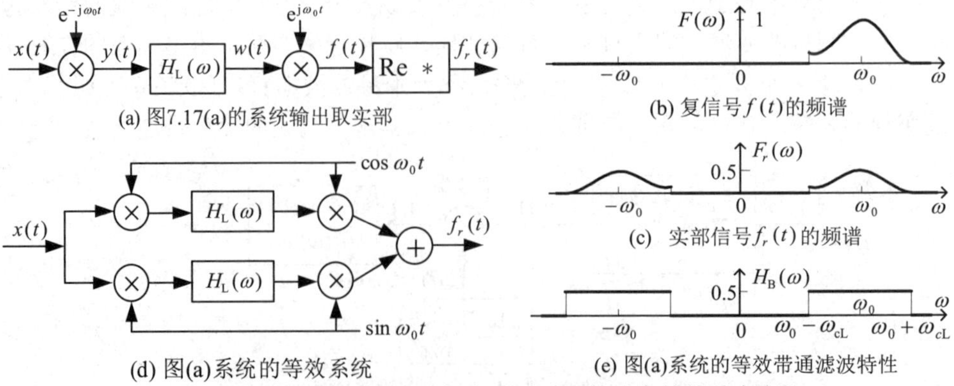
(a) 图7.17(a)的系统输出取实部
(b) 复信号 f(t) 的频谱
(c) 实部信号 f_r(t) 的频谱
(d) 图(a)系统的等效系统
(e) 图(a)系统的等效带通滤波特性

图 7.18 利用正弦载波调制和低通滤波器构成实的带通滤波器

它可看成一个实带通滤波器 $H_B(\omega)$ 对 $X(\omega)$ 滤波的结果，这个 $H_B(\omega)$ 如图 7.18(e)所示。且有

$$H_B(\omega)=0.5[H_L(\omega+\omega_0)+H_L(\omega-\omega_0)] \tag{7.7.8}$$

这表明，图7.18(a)的系统具有 $H_B(\omega)$ 这样的实带通滤波特性，并可证明，它又等效于图 7.18(d)的系统，即可以用正弦载波调制和低通滤波器实现一个实的带通滤波器。

基于正弦载波调制可实现低频基带特性与载频为中心的带通特性之间的相互转换，在通信系统分析中建立了基带信道特性与带通信道特性相互等效的概念和方法。

在离散时间中也有采用正弦载波调制和低通滤波器来实现带通滤波器的类似方法。此外，还可用 $(-1)^n$ 的载波调制和一个低通滤波器实现一个高通滤波，如图 7.19 所示。正如后面 10.5.2 小节中(10.5.11)式所表示的那样，图 7.19(a)系统中低通滤波器的截止频率为 $\Omega_c$，但用这个方法实现的高通滤波器截止频率为 $(\pi-\Omega_c)$。

顺便指出，尽管图 7.17(a)这样的连续时间复带通滤波器难以实现，然而，正像离散时间复正弦调制可用数字信号处理方法实现一样，离散时间复带通滤波器也可用数字方法实现。

最后应该指出，尽管本节的讨论大部分涉及连续时间的情况，但是这些连续时间中的概念和方法，完全可以对偶地推广到离散时间中去，并在离散时间中找到应用。

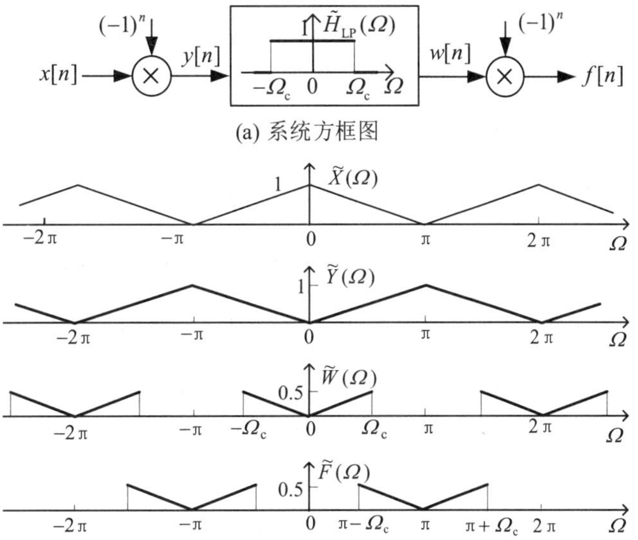


(a) 系统方框图

(b) (a)图中系统各点的频谱

图 7.19　利用载波调制和离散时间低通滤波器实现高通滤波

# 7.8　脉冲载波调制和脉冲编码调制

前面已指出，图 7.5 所示的载波幅度调制模型中，载波 $c(t)$ 和 $c[n]$ 是正弦载波，如果用周期脉冲串作为调制载波，就成为另一类载波幅度调制。本节主要介绍脉冲幅度调制(PAM)和脉冲编码调制(PCM)，它们与抽样定理直接有关，不仅作为信息传输的调制方式，还是脉冲编码调制和连续时间信号数字化(模/数转换)的基础，后面 10.3 节将对此作进一步的论述。

## 7.8.1　脉冲幅度调制和解调

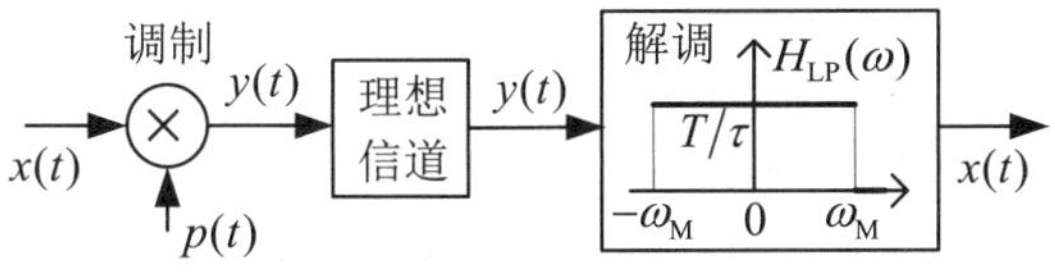


图 7.20　“自然抽样”式脉冲幅度调制和解调

**1. 直接形式的脉冲幅度调制**

如果前面图 7.5(a)中连续时间载波幅度调制的载波不用正弦载波，而是像图 7.20 那样，改用脉冲载波 $p(t)$，就实现了用信息信号 $x(t)$ 去控制周期脉冲载波的幅度，成为一种直接的脉冲幅度调制，它的各点波形如图 7.21 所示。下面将会看到，仍可用一个低通滤波

器将 $x(t)$ 从 PAM 信号 $y(t)$ 中完全恢复出来。

若图 7.20 中的 $x(t)$ 是带限于 $\omega_M$ 的低通信号，即 $\mathscr{F}\{x(t)\}=X(\omega)=0$，$|\omega|<\omega_M$。周期脉冲串 $p(t)$ 是周期为 $T$、宽度为 $\tau$ 的矩形周期脉冲信号，即

$$p(t)=\sum_{l=-\infty}^{\infty} r_\tau(t-lT) \tag{7.8.1}$$

其频谱在 5.5.1 小节例 5.10 中已求过，它是频域 $\omega$ 上间隔为 $\omega_P=2\pi/T$ 的等间隔冲激串，即

$$P(\omega)=2\pi\sum_{k=-\infty}^{\infty} F_k\delta(\omega-k\omega_p) \tag{7.8.2}$$

其中，系数 $F_k$ 是 $p(t)$ 的傅里叶级数系数，即

$$F_k=\frac{\tau}{T}\mathrm{Sa}\left(\frac{k\omega_p\tau}{2}\right) \tag{7.8.3}$$

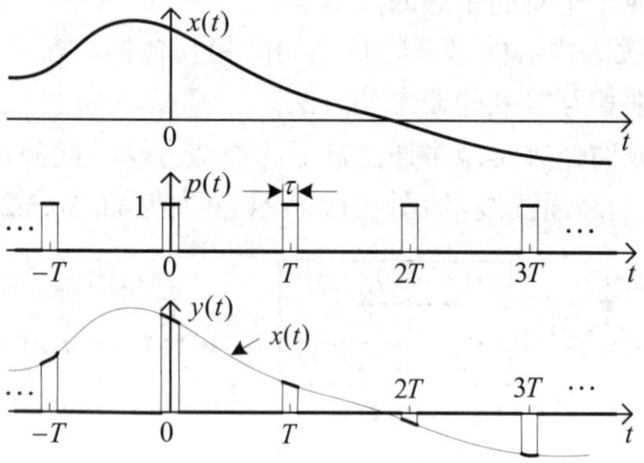


图 7.21 图 7.20中脉冲幅度调制的波形

输出 $y(t)=x(t)p(t)$。利用傅里叶变换的频域卷积性质，$y(t)$ 的频谱 $Y(\omega)$ 为

$$Y(\omega)=\frac{1}{2\pi}X(\omega)*P(\omega)=\sum_{k=-\infty}^{\infty} F_k X(\omega-k\omega_p) \tag{7.8.4}$$

在图 7.22 中画出了图 7.20 这种直接式连续时间脉冲幅度调制的各点信号频谱示意图。

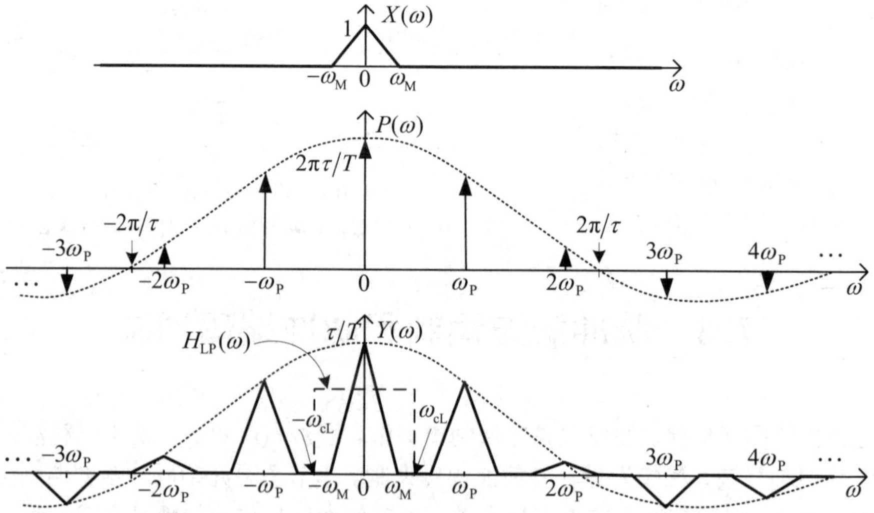


图 7.22 “自然抽样”式脉冲幅度调制的频谱示意图

由图 7.22 和(7.8.4)式不难看出，要使 $X(\omega)$ 能够从 $Y(\omega)$ 中提取出来，即 $x(t)$ 能从已调制信号 $y(t)$ 中解调或恢复出来，在 $X(\omega)=0$，$|\omega|>\omega_M$ 情况下，仅要求

$$(\omega_P-\omega_M)\geqslant\omega_M \quad 或 \quad \omega_P\geqslant 2\omega_M \tag{7.8.5}$$

若满足此条件，就可像图 7.22 最下图所示那样，用一个截止频率为 $\omega_{cL}$，$\omega_M\leqslant\omega_{cL}\leqslant(\omega_P-\omega_M)$，增益为 $T/\tau$ 的理想低通滤波器 $H_{LP}(\omega)$，把 $x(t)$ 从 $y(t)$ 中解调或恢复出来。可以发现，上式的条件与前面 6.6.1 小节中连续时间抽样定理的条件完全一致。图 7.20 这种脉冲幅度调制，在每个脉冲周期间隔内都采样了持续期为 $\tau$ 的一段 $x(t)$ 样本值中，包含了抽样定理要求的等间隔样本值 $\{x(nT),\ -\infty<n<\infty\}$。由于这个原因，这种脉冲幅度调制有时也称为**“自然抽样”**。

必须指出，上式的条件只和脉冲载波的重复周期$T$有关，与脉冲宽度$\tau$无关，$\tau$只影响$Y(\omega)$中每个等间隔的$X(\omega)$复制频谱之幅度。只要上式的条件满足，总可以完全解调或恢复出$x(t)$。这表明，周期脉冲宽度$\tau$的宽窄都不会影响上述的结果。

顺便指出，在这种直接形式的 PAM 中，任意形状脉冲的周期脉冲信号都可作为$p(t)$，例如，在图 7.10 中，AM 调幅信号经过半波检波后的信号$v(t)$，就可看成包络信号$w(t)$对周期为$\omega_0$的周期半波余弦脉冲的 PAM 信号。由于任意周期脉冲信号的频谱皆为频域上等间隔$\omega_p$的一串冲激，任何 PAM 信号的频谱均由一串处在$k\omega_p$处的以不同幅度复制的$F_kX(\omega-k\omega_p)$组成，只要满足(7.8.5)式，它们相互之间就互不重叠，因此都可以采用一个适当增益($1/F_0$)的理想低通滤波器，把$X(\omega)$从 PAM 信号谱中提取出来。不同的脉冲形状，只导致频域上复制谱加权幅度的分布不同，这个加权幅度分布就是周期脉冲载波$p(t)$的 CFS 系数$F_k$。

**2．基于“零阶保持抽样”的脉冲幅度调制(PAM)**

实际中更常遇到的是图 7.23 所示的脉冲幅度调制。由 6.6.1 小节所述的连续时间抽样定理可知，带限于$\omega_M$的连续时间信号$x(t)$可以用它的等间隔样本值$\{x(nT),\ -\infty<n<\infty\}$来表示，只要样本间隔$T\leqslant\pi/\omega_M$。因此，用样本值$\{x(nT),\ -\infty<n<\infty\}$作为等间隔矩形脉冲串的逐个脉冲的幅度，即产生如下的脉冲幅度调制已调制信号(PAM 信号)$x_{PAM}(t)$

$$x_{PAM}(t)=\sum_{n=-\infty}^{\infty}x(nT)h_\tau(t-nT),\quad T\leqslant\frac{\pi}{\omega_M}\tag{7.8.6}$$

其中

$$h_\tau(t)=\begin{cases}1, & 0\leqslant t<\tau\\ 0, & t<0,\ t>\tau\end{cases}\tag{7.8.7}$$

并通过信道传送到接收端，就可以实现带限信号$x(t)$的传输。

图 7.23(a)所示的“抽样/保持电路”可以实现这种脉冲幅度调制，在图 7.23(b)和(c)中还分别画出了抽样/保持电路的等效系统和相应的信号波形，其中，$h_\tau(t)$是零阶保持系统的单位冲激响应，它由(7.8.7)式表示。由于这个原因，通常把抽样/保持电路实现这种脉冲幅度调制说成是“平顶抽样”或“零阶保持抽样”。

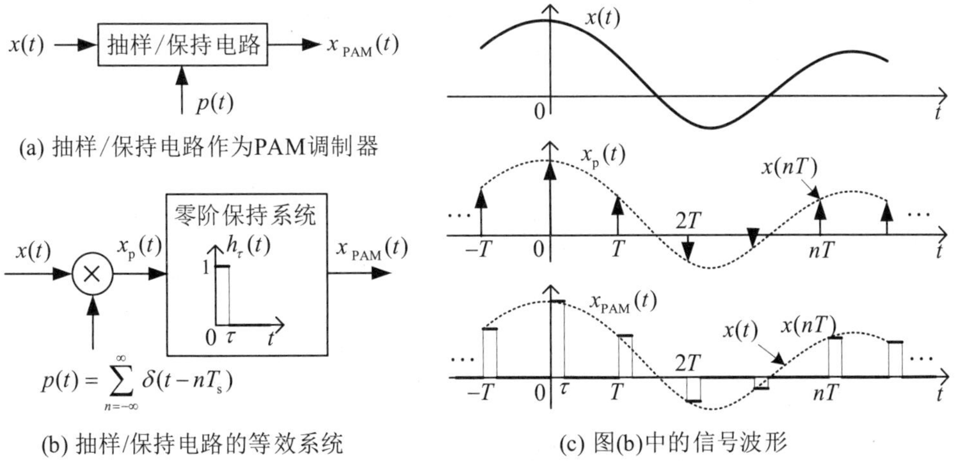


图 7.23　用抽样/保持电路实现 PAM 的示意图

显然，由图 7.23 可得到

$$x_p(t)=x(t)\sum_{n=-\infty}^{\infty}\delta(t-nT)=\sum_{n=-\infty}^{\infty}x(nT)\delta(t-nT),\quad T\leqslant\frac{\pi}{\omega_M}\tag{7.8.8}$$

它就是 6.6.1 小节中的连续时间理想冲激串已抽样信号 $x_{\rm P}(t)$，进一步，$x_{\rm PAM}(t)$ 为

$$x_{\rm PAM}(t)=x_{\rm P}(t)*h_\tau(t)=\left[\sum_{n=-\infty}^{\infty}x(nT)\delta(t-nT)\right]*h_\tau(t)=\sum_{n=-\infty}^{\infty}x(nT_{\rm c})h_\tau(t-nT) \tag{7.8.9}$$

这正是(7.8.6)式表示的 PAM 信号，它是一串幅度等于 $x(t)$ 的等间隔样本值$\{x(nT)\}$、宽度为 $\tau$ 的矩形脉冲串，如图 7.23(c)所示。$\tau$ 是抽样间隔内传送样本值的时间宽度，通常称为传送 PAM 信号的“**时隙**”。在理论上，时隙 $\tau$ 可以任意小，这不仅可以适应各种不同传输速率的要求，而且也为 PAM 信号的时分多路复用提供了可能(见下面 7.9.1 小节)。

鉴于同样理由，理想冲激串抽样本质上也是一种脉冲幅度调制，即用信号 $x(t)$ 控制周期冲激串 $p(t)$ 强度，以载有信息而言，$x_{\rm P}(t)$ 和 $x_{\rm PAM}(t)$ 是等价的，故通常(7.8.8)式的已抽样信号 $x_{\rm P}(t)$ 作为 PAM 信号的一种基本表示法，这会给分析带来很大方便。

**3．PAM 的解调**

下面通过考察(7.8.9)式 PAM 信号 $x_{\rm PAM}(t)$ 的频域表示来探讨它的解调方法。把理想冲激串抽样也看成一种脉冲幅度调制，利用傅里叶变换的时域卷积性质，$x_{\rm PAM}(t)$ 的频谱 $X_{\rm PAM}(\omega)$ 为

$$X_{\rm PAM}(\omega)=X_{\rm P}(\omega)H_\tau(\omega) \tag{7.8.10}$$

其中，$X_{\rm P}(\omega)$ 是已抽样冲激串 $x_{\rm P}(t)$ 的频谱，根据(6.6.5)式，$X_{\rm P}(\omega)$ 为

$$X_{\rm P}(\omega)=\frac{1}{T}\sum_{k=-\infty}^{\infty}X\left(\omega-k\frac{2\pi}{T}\right) \tag{7.8.11}$$

$H_\tau(\omega)$ 为零阶保持系统的频率响应，即(7.8.7)式表示的 $h_\tau(t)$ 的傅里叶变换，根据第 5 章 5.4.3 小节例 5.6 所求结果和 CFT 的时移性质，$H_\tau(\omega)$ 为

$$H_\tau(\omega)=\tau{\rm Sa}(\omega\tau/2){\rm e}^{-{\rm j}\omega\tau/2} \tag{7.8.12}$$

把上两式的 $X_{\rm P}(\omega)$ 和 $H_\tau(\omega)$ 代入(7.8.10)式得到

$$X_{\rm PAM}(\omega)=\frac{\tau}{T}\sum_{k=-\infty}^{\infty}X\left(\omega-k\frac{2\pi}{T}\right){\rm Sa}\left(\frac{\omega\tau}{2}\right){\rm e}^{-{\rm j}\frac{\omega\tau}{2}} \tag{7.8.13}$$

由上式可以得出如下结论：若取 $\tau=T$，可使 $X_{\rm PAM}(\omega)$ 最大，即可以获得最大的解调增益。在实际 PAM 调制和解调中，不管 PAM 信号在调制或传输时 $\tau$ 取何值，在解调端均采用图 7.24(a)中的抽样/保持电路来实现，图中的零阶保持系统的单位冲激响应改为

$$h_T(t)=\begin{cases}1, & 0\leqslant t<T\\ 0, & t<0,\ t>T\end{cases} \tag{7.8.14}$$

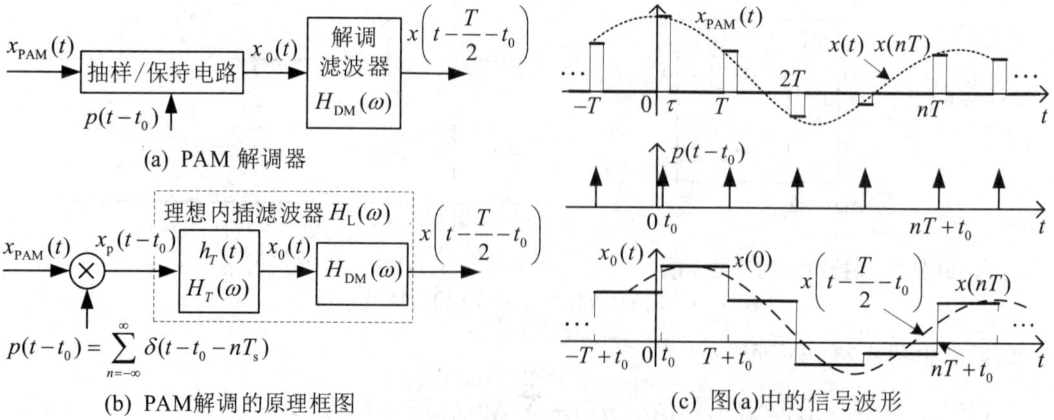

(a) PAM 解调器

(b) PAM解调的原理框图

(c) 图(a)中的信号波形

图 7.24 PAM 解调的原理框图例和相应的信号波形示意图

PAM 解调的原理框图和相应的波形分别如图 7.24(b)和(c)所示，为了对 $x_{\mathrm{PAM}}(t)$ 有效抽样，有意采用延时 $t_0$ ($0<t_0<\tau$)的周期冲激串 $p(t-t_0)$，根据 6.6.1 小节中有关抽样重建的论述，只要图 7.24(b)中虚线框内的系统等效为具有线性相位因子 $\mathrm{e}^{-\mathrm{j}\omega T/2}$ 的理想内插滤波器 $H_{\mathrm{L}}(\omega)$，它就会把 $x_{\mathrm{P}}(t-t_0)$ 理想内插重构出原带限信息信号 $x(t)$ 的无失真延时变种 $x(t-T/2-t_0)$。

按照导出(7.8.13)式相同的方法，图 7.24(b)中 $h_T(t)$ 和其输出 $x_0(t)$ 的傅里叶变换分别为

$$H_T(\omega)=T\mathrm{Sa}(\omega T/2)\mathrm{e}^{-\mathrm{j}\omega T/2} \quad 和 \quad X_0(\omega)=\sum_{k=-\infty}^{\infty}X\left(\omega-k\frac{2\pi}{T}\right)\mathrm{Sa}\left(\frac{\omega T}{2}\right)\mathrm{e}^{-\mathrm{j}\omega\left(\frac{T}{2}+t_0\right)} \tag{7.8.15}$$

图 7.25 中分别画出了在脉冲重复周期(即抽样间隔) $T<\pi/\omega_{\mathrm{M}}$ 时，带限信息信号 $x(t)$ 的频谱 $X(\omega)$，以及图 7.24(b)中 $x_{\mathrm{P}}(t-t_0)$ 的幅度频谱 $|X_{\mathrm{P}}(\omega)|$、零阶保持系统的幅频响应 $|H_T(\omega)|$ 和其输出 $x_0(t)$ 之幅度频谱 $|X_0(\omega)|$ 的示意图。

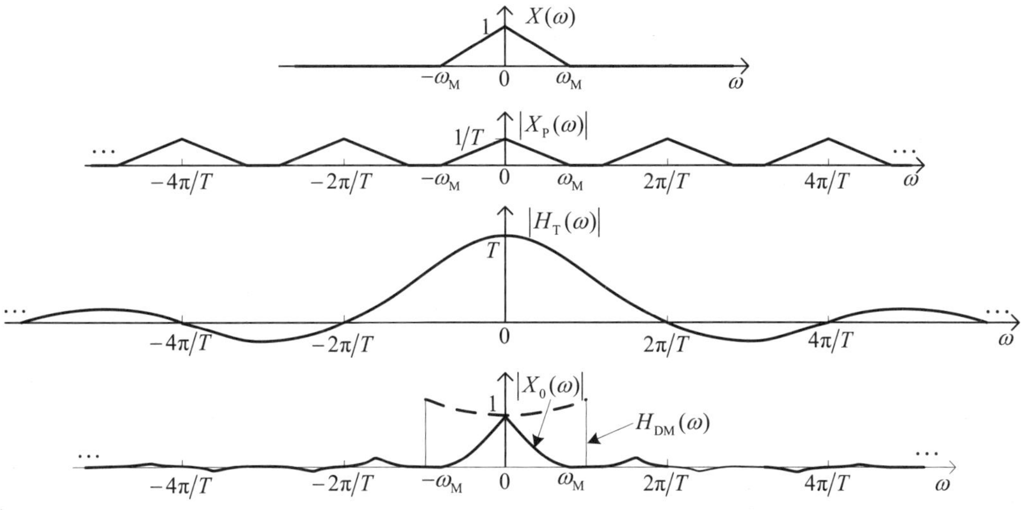


图 7.25　PAM解调(图 7.24)中主要频域图形示意图

由图 7.25 中最下图看出，由于在频域上 $X_{\mathrm{P}}(\omega)$ 与 $H_T(\omega)$ 相乘，一方面，$|X_{\mathrm{P}}(\omega)|$ 中 $X(\omega)$ 的所有周期复制频谱均遭很大削弱，这无关紧要，因为它们不起作用；另一方面，$X_{\mathrm{P}}(\omega)$ 中位于 $|\omega|<\omega_{\mathrm{M}}$ 内的高频部分也有所削弱，即产生了幅度频率失真；至于(7.8.15)式中的 $\mathrm{e}^{-\mathrm{j}\omega T/2}$ 和 $\mathrm{e}^{-\mathrm{j}\omega[(T/2)+t_0]}$ 都是线性相位因子，它们只导致信号延时，不会产生任何失真。为了从抽样/保持电路的输出 $x_0(t)$ 中解调或无失真恢复 $x(t)$，就要求后接的解调滤波器 $H_{\mathrm{DM}}(\omega)$ 满足下式：

$$H_T(\omega)H_{\mathrm{DM}}(\omega)=\begin{cases}T\mathrm{e}^{-\mathrm{j}(\omega T/2)}, & |\omega|<\pi/T\\ 0, & |\omega|>\pi/T\end{cases} \tag{7.8.16}$$

即解调滤波器的频率响应 $H_{\mathrm{DM}}(\omega)$ 应为

$$H_{\mathrm{DM}}(\omega)=\begin{cases}[1/\mathrm{Sa}(\omega T/2)]\mathrm{e}^{\mathrm{j}\omega T/2}, & |\omega|\leqslant\pi/T\\ 0, & |\omega|>\pi/T\end{cases} \tag{7.8.17}$$

它的幅频响应 $|H_{\mathrm{DM}}(\omega)|$ 被同时画在图 7.25 中的最下面的图中。

上述分析表明，图 7.24(b)的系统可以实现 PAM 信号的解调，图中零阶保持系统 $h_T(t)$ 的作用是获得最大解调增益，而解调滤波器 $H_{\mathrm{DM}}(\omega)$ 的作用是在重建原信息信号的同时，补偿由于 $h_T(t)$ 造成的幅度频率失真。图 7.24(a)则是图 7.24(b) PAM 解调原理框图的具体实现。

综上所述，连续时间带限信号的 $x(t)$ 的脉冲幅度调制、传输和解调的全过程如图 7.26 所

示，图中的理想传输信道是单位增益无失真传输系统，后面 7.10.1 小节和 7.11 节将继续讨论 PAM 信号通过实际信道传输时需要解决的一些基本问题，例如，样本值波形设计和符号间干扰等。实际上，图 7.26 中的 PAM 调制和 PAM 解调、与后面 9.3.1 小节阐述的零阶保持抽样和重建本质上是一致的，那里将对有关的具体问题作进一步的讨论。

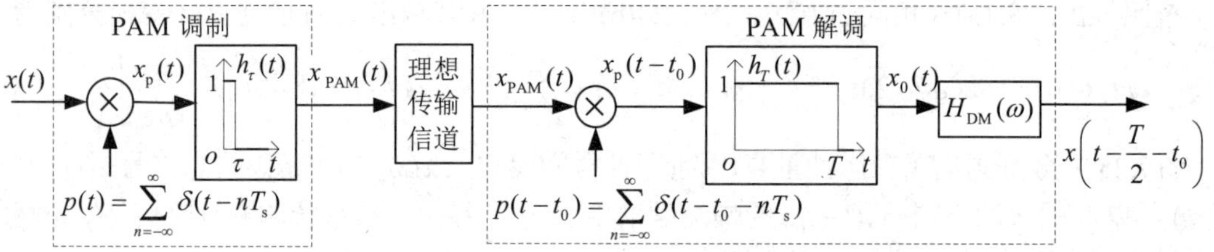


图 7.26 PAM 调制、传输和解调过程

最后应该指出，上面讨论的连续时间脉冲幅度调制也可以对偶地推广到离散时间中，即离散时间脉冲幅度调制。读者可用类似的方法对它进行分析。同时也会看到，离散时间脉冲幅度调制与离散时间时域抽样定理之间本质上的关系，详细可参见本章后习题 7.20。

## 7.8.2 脉冲编码调制

有关的通信理论表明，上述的脉冲幅度调制方式与所有正弦幅度调制方式一样，都不具有抵抗信道干扰和噪声的能力，因此，除了一些特殊的场合外，在主流或通行的通信系统中很少应用。目前，数字通信广泛采用的是脉冲编码调制(PCM)方式，它是把满足抽样定理的带限信号 $x(t)$ 的等间隔样本值$\{x(nT),\ -\infty<n<\infty\}$，编码成二进制码流的一种脉冲调制方式。

在实际中，脉冲编码调制(PCM)是在抽样/保持电路后再级联一个编码器实现的，编码器的功能是把 PAM 信号中的样本值$\{x(nT)\}$逐个量化和编码，形成 $M$ 比特(bits)的**“二进制码字或码组”**串，即所谓 PCM 比特流，或二进制数字信号。PCM 解调的原理过程是首先通过一个“译码器”，把每个二进制码字译成原样本值的量化值，产生输出的 PAM 信号，再通过 PAM 解调，得到接收的信息信号。有关量化和译码的基本原理请参看后面 9.3.1 小节。

这里把脉冲编码调制与脉冲幅度调制的主要特点和性能作一简要比较：

(1) 与脉冲幅度调制方式相比，脉冲编码调制方式要求的传输带宽大得多，因为在 PAM 信号传输时，每个时隙 $\tau$ 只传送一个代表样本值的脉冲波形，若要传输 PCM 信号，每个时隙 $\tau$ 则需要传送 $M$ 个二进制脉冲波形。因此，对于同一个带限信息信号的传输，采用 PCM 传送所需的带宽一般是 PAM 传送所需带宽的 $M$ 倍。

(2) 采用 PCM 方式信号传输的质量比 PAM 方式要高，换言之，PCM 方式的抗噪声和干扰能力比 PAM 方式强得多，而且在 PCM 方式中还可以采用“纠错编码”，例如最简单的“奇偶校验码”，进一步提高传输的抗干扰能力。当然，这种强得多的抗噪声和干扰能力是以要求宽得多的传输带宽为代价的。

各种调制和解调方式的通信性能分析是“通信原理”和有关通信系统和技术等课程的任务，已超出本书的范围，这里不再深入讨论。

最后需要指出，脉冲编码调制和解调不仅是数字通信最主要的传输方式，实际上，也是实现连续时间信号和数字信号之间转换，以及信息数字化的基本手段，为连续时间信号的数字传输、交换、存储和处理奠定了基础，后面 9.3 节将对此作进一步的分析和讨论。

# 7.9　多 路 复 用

在同一个信道内同时传输多路不同信号的方法称为**多路复用**，它是提高通信设备有效性和传输信道利用率的主要手段之一。目前广泛采用的多路复用方式有**频分复用**(FDM)(光通信中称为**波分复用**(WDM))、**时分复用**(TDM)、**正交多路复用**(QDM)和**码分复用**(CDM)等。本节将对这些多路复用方式做原理性介绍，并且将会看到，这些多路复用方法有所不同，但都与前一节讨论的调制和解调有紧密的关系，也都是傅里叶变换频域卷积性质的直接应用结果。

## 7.9.1　频分复用和时分复用

**1．频分多路复用**

许多实际传输系统的传输带宽远宽于一个信号所要求的频带。例如，一个典型微波中继系统的带宽可达几兆赫兹，甚至几十兆赫兹，而单边带调制的电话信号，一般只要求 4 kHz 的带宽。频分多路复用是基于如下的概念和方法：尽管不同语音信号的频谱是完全重叠的，但采用正弦幅度调制(双边带调制或单边带调制)，可把不同语音信号的频谱搬移到传输频带内不同的载波频率处，使它们的频谱不再重叠，就能同时在一个宽带信道上传输多路语音信号。图 7.27 画出了频分多路复用和解复用的原理框图。

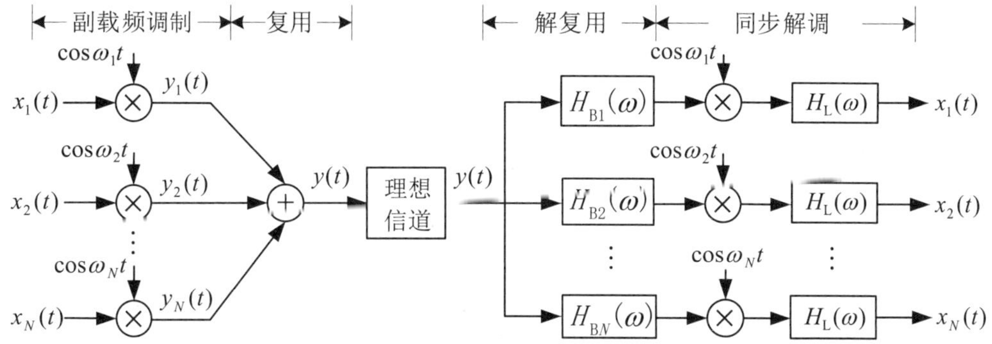


图 7.27　利用正弦幅度调制的频分多路复用和解复用的原理框图

假设要多路复用的 $N$ 路信号 $x_i(t)$，$i=1, 2, \cdots, N$，它们都是带限于 $\omega_M$ 的带限信号，即 $\mathscr{F}\{x_i(t)\}=X_i(\omega)=0,\ |\omega|>\omega_M$，$i=1, 2, \cdots, N$。在发送端的频分多路复用过程如下：首先将 $N$ 路信号 $x_i(t)$ 分别用各自的正弦载波 $\cos\omega_i t$ 进行正弦幅度调制，这里 $\cos\omega_i t$ 通常称为**副载波**，获得各自的已调制信号 $y_i(t)$，然后相加，形成**频分多路信号**(**FDM 信号**) $y(t)$，即

$$y(t)=\sum_{i=1}^{N}y_i(t)=\sum_{i=1}^{N}x_i(t)\cos\omega_i t \tag{7.9.1}$$

如果相邻副载波的间隔 $\omega_0$ 满足

$$\omega_0=\omega_{i+1}-\omega_i\geqslant 2\omega_M \tag{7.9.2}$$

FDM 信号中各路已调制信号的频谱将互不重叠。经过传输后，在接收端首先用 $N$ 个不同中心频率的带通滤波器 $H_{Bi}(\omega)$，$i=1, 2, \cdots, N$，把每一路已调制信号分离出来，这一过程称为 **FDM 解复用**或**分路**。最后经过各自的同步解调，恢复出每一路信号。图 7.28 中给出了上述频

分多路复用和解复用的有关频谱示意图。

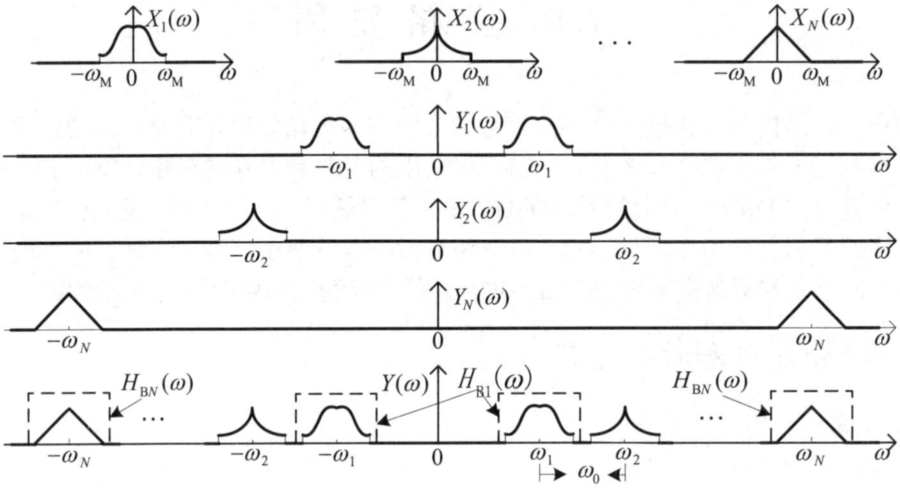

图 7.28 利用正弦幅度调制的频分多路复用和解复用的频谱图示意图

大气层作为传输媒质的无线信道是一个公用信道，可以用于信号传输的频率范围从几百千赫兹到上百千兆赫兹，它受到国际电信联盟(ITU)和各国有关部门的分配和管理，一般分成许多频段，分配给不同的无线业务使用。例如，中波频段(540 kHz～1.6 MHz)安排给调幅(AM)广播，在同一地区，每个调幅广播电台都安排在该频段的某一特定频带内，众多的电台就按照频分多路复用的方式同时进行广播，彼此互不干扰。频分复用的另一个重要应用场合是模拟公用电话网，其中，副载频调制采用单边带调制(SSB)，每一路占用带宽为 4 kHz，通过分级频分复用体制，获得多种不同路数(不同带宽)的 SSB-FDM 信号，以便在不同带宽的信道上传输。在光纤通信中，由于光纤的传输窗口带宽达几十千兆赫兹，乃至几百千兆赫兹，用不同波长的载波进行光信号的调制，可以在一根光纤中同时传输多路信号，也属于频分多路复用，不过通常被称为**波分复用**。

**2．时分多路复用**

带限信号的抽样定理和脉冲幅度调制是时分多路复用方案的基础。由图 7.23(c)中的 PAM 信号波形可以看到，在每个脉冲重复周期(即抽样间隔) $T$ 期间，只在样本值 $\{x(nT)\}$ 的传输“时隙” $\tau$ 内才有信号，其余时间是空闲的。因此，在每个脉冲重复周期内，让不同的 PAM 信号占据互不重叠的不同**时隙**，实现多路 PAM 信号同时在一个信道内传输，这就是所谓**时分多路复用**。由前一节讲述的内容可知，从理论上讲，PAM 信号占据的时隙 $\tau$ 可以任意地窄都不影响它的传输，在每个脉冲重复周期内，可安排不同 PAM 信号的路数在理论上也不受限制。

图 7.29 给出了一个时分多路复用的原理方框图，图 7.30 画出了其有关信号的波形。现假设 $p_i(t)$，$i=1, 2, \cdots, N$，为第 $i$ 路的脉冲载波，它们的重复周期都是 $T$，宽度也相同，只是出现的时间不同。各路带限于 $\omega_M$ 的带限信号 $x_i(t)$ 分别乘以各自的脉冲载波信号 $p_i(t)$，形成各自的 PAM 信号 $y_i(t)$。它们时间上相互错开，互不重叠，由此组合而成的 **TDM 信号** $y(t)$ 为

$$y(t)=\sum_{i=1}^{N}y_i(t)=\sum_{i=1}^{N}x_i(t)p_i(t) \tag{7.9.3}$$

接收端可通过脉冲选通电路，采用与发送端同相位的周期矩形脉冲 $p_i(t)$，选通出各路的 PAM 信号 $y_i(t)$，这一过程称为 **TDM 解复用**。最后，每一路均用一个相同截止频率为 $\pi/T$ 的低通

滤波器，从 $y_i(t)$ 中恢复出各自的信号 $x_i(t)$，这与 PAM 的解调是一样的。

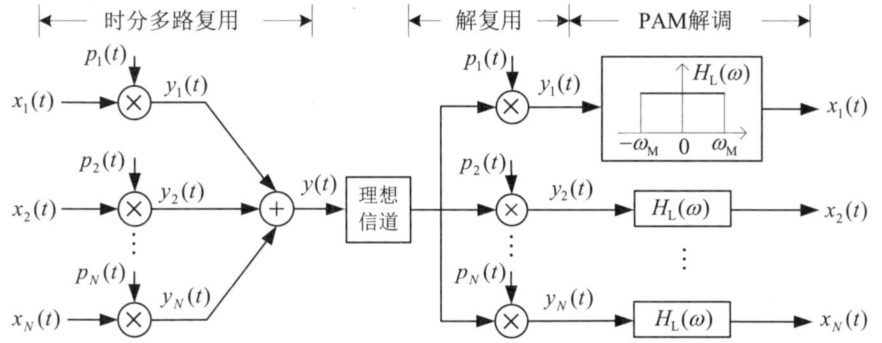


图 7.29　利用脉冲幅度调制的时分多路复用和解复用的原理框图

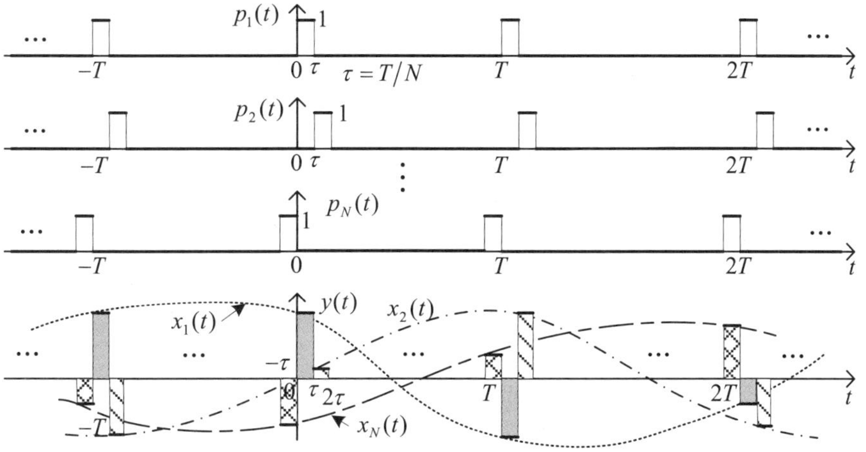


图 7.30　图 7.29中时分多路复用和解复用主要点的波形图

时分多路复用已被广泛地应用于数字通信系统中，国际电报和电话咨询委员会制定的、以 64 Kbit/s 速率传输的 PCM 数字电话信号为基础的分级时分多路复用体制就是典型的例子。

这里对上述的频分复用和时分复用两种多路复用方式，作几点比较和讨论：

(1) 无论频分复用还是时分复用，要传输的每一路带限信号在时域上占据了所有的传输时间。频分多路复用直接利用信号的带限性质，通过不同副载波的正弦幅度调制，把各路信号搬移到不同的有限频带内，腾出了传输频带资源，使得信道的传输频带和传输时间都被充分地利用；而脉冲幅度调制把已带限于 $\omega_M$ 的信号频谱扩展到占据整个频域(见图 7.25 的 PAM 信号频谱)，但每路 PAM 信号占据的传输时间却大为减少，从而腾出传输时间资源，时分多路复用正是把各路 PAM 信号、不重叠地安排在不同的时隙上，也使得传输时间和传输带宽都被充分利用。图 7.31 在时间—频率平面上，形象地说明了这两种多路复用方式在有效利用频率和时间资源上的不同，这是频率和时间之间等价互换特性的又一个体现。

(2) FDM 解复用是用一组不同中心频率的带通滤波器实现的，由于无法实现理想带通滤波，副载频间隔 $\omega_0$ 必须留出一个**保护间隔** $\Delta\omega$ (见图 7.31(a))，即(7.9.2)式应修改为

$$\omega_0 = \omega_{i+1} - \omega_i = 2\omega_M + \Delta\omega \tag{7.9.4}$$

才能使分路带通滤波器对相邻路的信号频谱有足够抑制。例如，在模拟电话网的 SSB–FDM 复用体制中，每个信道的副载频间隔为 4 kHz，电话语音频谱只占用 300 Hz～3400 Hz，信道之

间保护间隔为 900 Hz。然而，TDM 解复用是由分路脉冲选通的，随着高速电子器件的不断进步，选通电路的响应时间愈来愈快，几乎不需要留出时间上的保护间隔。另外，尽管理论上 PAM 信号占据整个频域，但下面 7.10.1 小节告诉我们：用选择和设计的波形来传输 PAM 信号，实际要求的传输带宽只要 $2\pi/\tau$ 即可；用同样的波形传输 PCM 信号，所需的带宽也只要 $2\pi/T_b$ 就足够了，其中 $T_b$ 是比特间隔。

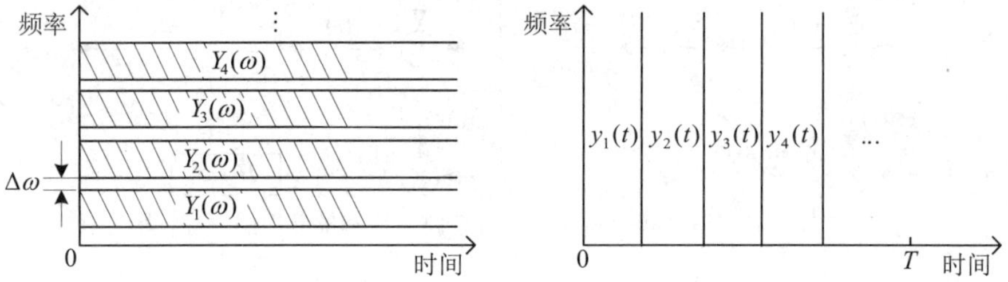


图 7.31　频分复用和时分复用方式的时频空间示意图

(3) 在图 7.27 的 FDM 系统中，接收端需要提供与发射端同频同相的一组副载波 $\cos\omega_i t$，$i=1,\ 2,\ \cdots,\ N$，才能实现各路的同步解调，因此需要一个**载波供给系统**。相应地，在图 7.29 的 TDM 系统中，接收端需要提供与发送端同频同相(位)的一组分路脉冲 $p_i(t)$，$i=1,\ 2,\ \cdots,\ N$。此外，由于 PAM-TDM 多路信号是一串无标记的有序脉冲流，为使接收端能正确分路，TDM 系统还需要一个特有的**路(时隙)同步系统**，也称为**帧同步系统**。

需要指出，本小节有关频分复用和时分复用的概念和方法，尽管是在连续时间情况中讨论的，但这些概念和方法在离散时间中也同样成立。

## 7.9.2　正交复用和码分复用

在频分多复路用中，不同路信号同时在传输频带的不同频域间隔内传输，而在时分多路复用中，不同路信号则在同样的传输带宽内以不同的时隙传输。本小节要探讨的正交多路和码分多路复用，则是不同路信号既同时又占据同样频带的多路复用方式。

**1．正交复用**(Quadrature　Multiplexing)

图 7.32 是最常用的正交多路复用系统的原理图，假定 $x_1(t)$ 和 $x_2(t)$ 是最高频率 $\omega_M$ 相同的两路实信号，它们分别用频率为 $\omega_0$，相位相差 90° 的正弦载波进行正弦幅度调制，这两路已调制信号可以同时在同一频带(中心频率为 $\pm\omega_0$，带宽为 $2\omega_M$)的实际带通信道中传输。从理论上说，利用这种正交复用方式同时传送两路信号，只需要传送一路信号要求的带宽。

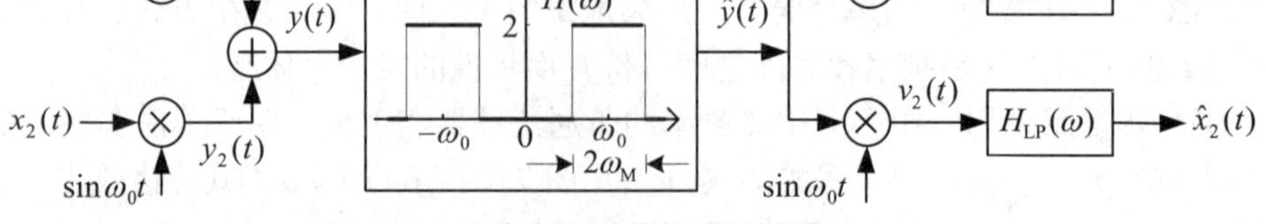

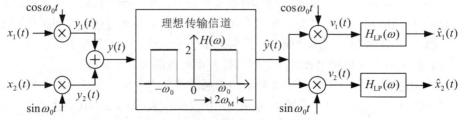

图 7.32　正交复用系统的原理框图

假设 $\mathscr{F}\{x_i(t)\}=X_i(\omega)=0,\ \ |\omega|>\omega_M$，$i=1,\ 2$，则正交复用信号 $y(t)$ 及其频谱分别为

$$y(t)=y_1(t)+y_2(t)=x_1(t)\cos\omega_0 t+x_2(t)\sin\omega_0 t \tag{7.9.5}$$

$$Y(\omega)=0.5\{[X_1(\omega+\omega_0)+X_1(\omega-\omega_0)]+\mathrm{j}[X_2(\omega+\omega_0)-X_2(\omega-\omega_0)]\} \tag{7.9.6}$$

其中，$X_1(\omega)$ 和 $X_2(\omega)$ 分别为 $x_1(t)$ 和 $x_2(t)$ 的频谱，且均带限于 $\omega_{\mathrm{M}}$。显然有

$$Y(\omega)=0\,,\quad |\omega|>(\omega_0+\omega_{\mathrm{M}})\,,\quad |\omega|<(\omega_0-\omega_{\mathrm{M}}) \tag{7.9.7}$$

因此，传输这样的正交复用信号的信道带宽与传输一路 DSB 信号的带宽是一样的。如果传输信道是实的理想带通信道，即其频率响应 $H(\omega)$ 为

$$H(\omega)=\begin{cases}2, & (\omega_0+\omega_{\mathrm{M}})>|\omega|>(\omega_0-\omega_{\mathrm{M}})\\ 0, & |\omega|>(\omega_0+\omega_{\mathrm{M}}),\ |\omega|<(\omega_0-\omega_{\mathrm{M}})\end{cases} \tag{7.9.8}$$

则在接收端的输入信号 $\hat{y}(t)=2y(t)$。它分别用 $\cos\omega_0 t$ 和 $\sin\omega_0 t$ 同步解调后，将分别有

$$v_1(t)=\hat{y}(t)\cos\omega_0 t=2x_1(t)\cos^2\omega_0 t+2x_2(t)\sin\omega_0 t\cos\omega_0 t \tag{7.9.9}$$

和

$$v_2(t)=\hat{y}(t)\sin\omega_0 t=2x_1(t)\sin\omega_0 t\cos\omega_0 t+2x_2(t)\sin^2\omega_0 t \tag{7.9.10}$$

利用三角恒等式，将分别有

$$v_1(t)=x_1(t)+x_1(t)\cos 2\omega_0 t+x_2(t)\sin 2\omega_0 t \tag{7.9.11}$$

和

$$v_2(t)=x_2(t)+x_1(t)\sin 2\omega_0 t-x_2(t)\cos 2\omega_0 t \tag{7.9.12}$$

如果图 7.32 中的低通滤波器 $H_{\mathrm{LP}}(\omega)$ 为

$$H_{\mathrm{LP}}(\omega)=\begin{cases}1, & |\omega|<\omega_{\mathrm{M}}\\ 0, & |\omega|>\omega_{\mathrm{M}}\end{cases} \tag{7.9.13}$$

则它们的输出分别为 $\hat{x}_1(t)=x_1(t)$ 和 $\hat{x}_2(t)=x_2(t)$。由此可见，图 7.32 的系统可实现既同时又同频(载波频率相同，频带也相同)的两路复用。这种正交复用方式在通信中广泛应用，许多数字调制技术都采用这种正交复用方式，以便节省一半传输带宽。

不难证明，图 7.32 的系统可以等效成图 7.33 的系统，两个图中的 $H(\omega)$ 和 $H_{\mathrm{LP}}(\omega)$ 分别相同，$-\mathrm{j}\,\mathrm{sgn}(\omega)$ 是 $90^\circ$ 移相器的频率响应。这个等效表明，在图 7.32 的正交复用系统中，单个传输信道 $H(\omega)$ 可等效成图 7.33 中的两个独立信道，一个是 $H(\omega)$，称为**同相信道**，另一个是 $H(\omega)[-\mathrm{j}\,\mathrm{sgn}(\omega)]$，它是 $H(\omega)$ 和 $90^\circ$ 移相器的级联，故称为**正交信道**。

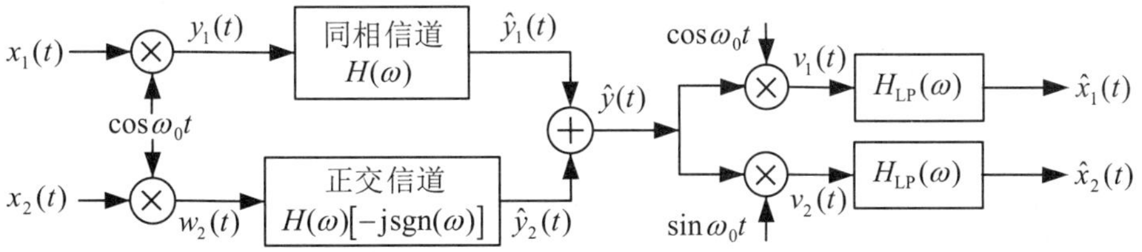


图 7.33　正交复用系统的等效系统

**2．码分多路复用(CDM)**

数字通信中还有一种多路复用方式，也可以在同一信道中**同时同频**地传送多路数字或数据信号，这就是所谓码分多路复用(Code Division Multiplexing，简称 CDM)方式。图 7.34 给出了这种码分多路复用的原理框图，图中的 $x_i(t)$，$i=1$，2，…，$N$，是 $N$ 路相同比特率为 $(1/T_{\mathrm{b}})$ 的二进制数据信号，$T_{\mathrm{b}}$ 是位定时间隔。利用一组($N$ 个)周期为 $T_{\mathrm{b}}$ 的周期正交码信号 $p_i(t)$，$i=1$，2，…，$N$，作为各路数据信号的载波信号进行脉冲幅度调制和解调，实现多路复用。

假设 $N$ 路二进制数据信号 $x_i(t)$ 表示为

$$x_i(t)=\sum_{n=-\infty}^{\infty}b_i[n]r(t-nT_{\mathrm{b}}),\quad i=1,\ 2,\ \cdots,\ N \tag{7.9.14}$$

其中，$b_i[n]$ 为第 $i$ 路二进制数字(+1，−1)的序列，$r(t)$ 是宽度为 $T_b$ 的矩形脉冲，即

$$r(t)=\begin{cases}1, & 0<t<T_b\\ 0, & t<0,t>T_b\end{cases} \tag{7.9.15}$$

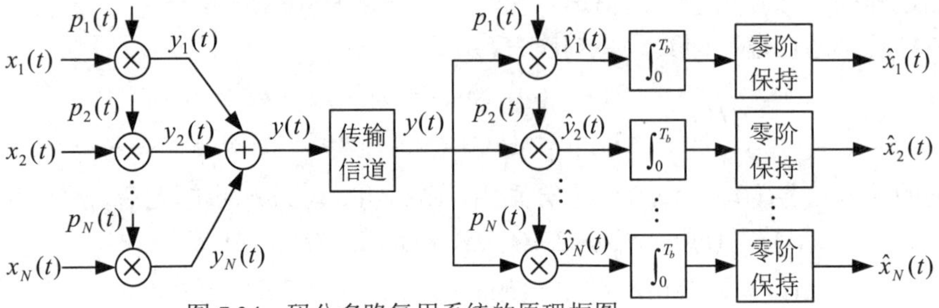


图 7.34　码分多路复用系统的原理框图

$p_i(t)$ 是周期为 $T_b$ 的周期正交信号，它可表示为

$$p_i(t)=\sum_{n=-\infty}^{\infty}c_i(t-nT_b)，\quad i=1,\ 2,\ \cdots,\ N \tag{7.9.16}$$

其中，$c_i(t)$，$i=1,\ 2,\ \cdots,\ N$，它是(0，$T_b$)区间上的 $M$ 位二值(+1和−1)正交信号空间中的 $N$ 个正交信号，每一位的宽度为 $T_b/M$，即

$$\int_0^{T_b}c_i(t)c_j(t)\mathrm{d}t=\begin{cases}T_b, & i=j\\ 0, & i\neq j\end{cases} \tag{7.9.17}$$

且 $$c_i(t)=0,\quad t<0\quad 和\quad t>T_b，\quad i=1,\ 2,\ \cdots,\ N \tag{7.9.18}$$

例如，它们是具有尖锐自相关特性的正交码，在图 7.35 中例示出某二路的 $x_i(t)$、$x_{i+1}(t)$，$p_i(t)$、$p_{i+1}(t)$ 和 $y_i(t)$、$y_{i+1}(t)$ 的波形。

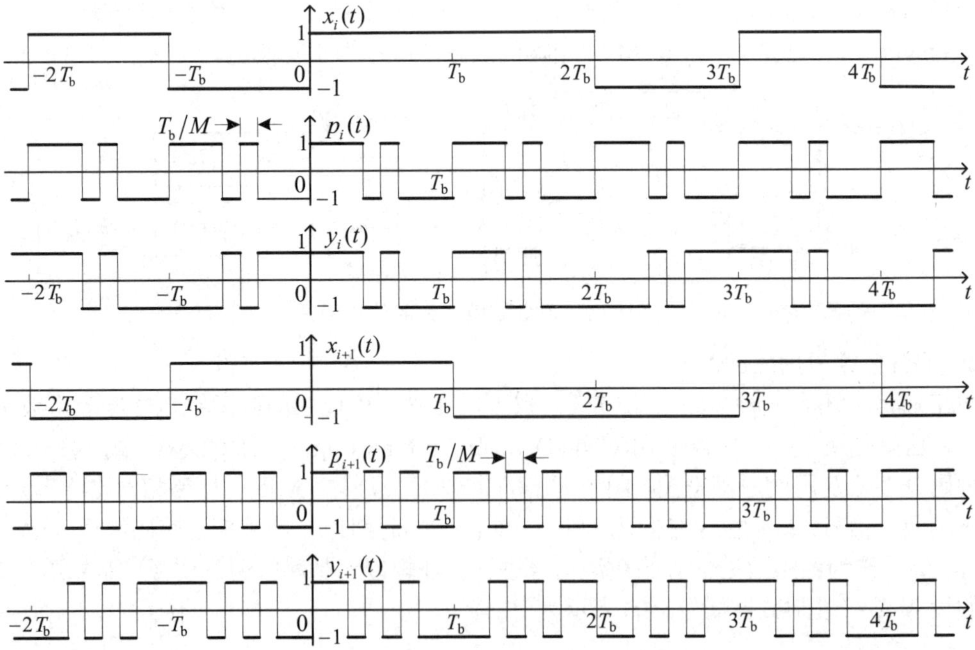


图7.35　第 $i$ 路的$x_i(t)$、$p_i(t)$和 $y_i(t)$及第 $i+1$路的 $x_{i+1}(t)$、$p_{i+1}(t)$和 $y_{i+1}(t)$波形

接收端用与发送端同相的 $N$ 个周期正交脉冲载波 $p_i(t)$，分别与 CDM 信号 $y(t)$ 相乘后获得的 $\hat{y}_i(t)$，通过一个积分区间为 $T_b$ 的积分器，该积分器周期地在 $t=nT_b$ 时刻置零，并开始下一个 $T_b$ 区间内积分，鉴于在(0，$T_b$)区间上 $c_i(t)$ 的正交特性，只有第 $i$ 路的数据 $b_i[n]$ 对积分值有贡献。故在每次清零前($t=(nT_b)_-$)，后接的抽样/保持电路输出仅反映本路数据 $b_i[n]$ 的积分值。可以证明，如果传输信道为单位增益的理想信道，每一路零阶/保持电路的输出为 $\hat{x}_i(t)=T_b x_i(t)$，它是与发送端 $x_i(t)$ 一样的二进制信号波形。

在图 7.34 中，若周期正交脉冲载波 $p_i(t)$ 采用的正交码码长为 $M$，那么最窄的脉冲宽度为 $T_b/M$，一般 $M\gg1$，$p_i(t)$ 的频谱 $P_i(\omega)$ 占据的频宽就是数据信号 $x_i(t)$ 谱宽的 $M$ 倍。此时，已调制信号 $y_i(t)$ 及其频谱 $Y_i(\omega)$ 分别为

$$y_i(t)=x_i(t)p_i(t),\quad i=1,\ 2,\ \cdots,\ N \tag{7.9.19}$$

和

$$Y_i(\omega)=\frac{1}{2\pi}X_i(\omega)*P_i(\omega),\quad i=1,\ 2,\ \cdots,\ N \tag{7.9.20}$$

其频谱宽度将是 $X_i(\omega)$ 的($M+1$)倍。换言之，调制后的信号频谱被大大地扩展了，由于这一缘故，通常把这种调制称为**扩展频谱调制**，简称**扩谱调制**。实际上，在图 7.34 系统的接收端，每一路的解调(解复用)均采用匹配滤波器(相关接收机)实现的。根据下面 7.10.2 小节介绍的相关接收下的信号设计原则，正交码信号 $c_i(t)$ 不仅应相互正交，还应具有尖锐的自相关特性。

码分多路复用或扩谱调制，除了它具有多路复用的特点外，还有优越的抗干扰性能和保密性等突出的优点，因此，已在军用通信和移动通信中获得广泛的应用。

最后顺便指出，除了利用幅度调制实现的上述几种多路复用方式以外，在通信领域中，还有一些也可实现多路复用的方法。例如，在卫星通信和微波通信中，利用天线的窄波束特性，可在大气媒质中，实现不同方向的多路通信；在地面语声广播和电视广播中，由于广播电台发射功率或天线高度的限制，它的可接收地域是一个有限区域，因此，可以在不同地域用同一载波同时广播。这样一些多路复用的概念和方法可以称为**空(间)分(割)复用**。

# 7.10 信号设计

在通信和信息传输系统中，要传送的信息是一些数据、符号或状态。例如，上面 7.8 节介绍的 PCM 和 PAM 信号，要传输的是二进制数据序列和带限信号的样本值序列；电报报文则是十进制数组序列，十进制数也可用多位二进制代码表示，计算机中的 ASCII 代码就是 8 位二进制数组构成的代码；传输这些数据和符号时，还必须采用一组特殊的二进制数组作为帧同步信号。又例如，雷达接收机接收到的目标回波信号，只需要“有”、“无”两种状态，等等。尽管这些数据、信息符号或状态是离散形式，由于实际传输信道都是连续时间系统，它们必须以连续时间信号波形的形式在信道中传输。对此，就必须回答这样的问题：选择什么样的信号波形来表示并传送这些数据、符号或状态？这就是所谓**信号设计**问题。

信号设计的根本目的在于传输的可靠性和有效性，为此必须考虑传输信道的特性。本章前面已经指出，由通信设备和传输媒质组成的信道是多种多样的，但普遍有两个主要特性：一个是任何信道都具有其适合传输的有限频率范围(信道频带)；另一个是所有信道中都存在着干扰。信道的不同仅在于信道频带的位置和宽度不一样，以及干扰的形式、强度和特性不一

样。基于这一点，通常有两类信号设计问题：一类是提高频带利用率的信号(波形)设计；另一类是鉴于信道有干扰，从传输或接收的可靠性考虑的信号设计。由于它们和信号与系统的有关概念及方法有着紧密联系，这里做些概念性的介绍和讨论。

## 7.10.1 频带限制条件下的信号波形设计

实际通信信道都是连续时间系统，而且它的传输“**基带**”(未经调制的频带)总是有限的，一般可以等效成不超过某个最高频率的低通频带，往往还不包括零频率附近的一个小的频率范围，即直流分量不能通过。一方面，为了在传输信道中传送二进制数字信号和 PAM 的样本值，必须设计表示符号“1”、“0”和样本值 $x(nT)$ 等的波形，并使它的频谱限制在信道的传输基带内。否则，即使没有干扰，也将影响传输的质量，或者形成对其他传输信道的干扰。另一方面，根据傅里叶变换的理论，任何有限持续期信号的频谱理论上都是无限宽的；反过来，如果信号频谱是严格带限的，则它在时域上的分布必然是无限的。这就是典型的频带限制下、波形设计所面临的问题。下面以二进制数据为例来考察这个问题。

图 7.36 给出了几个连续时间波形 $x_i(t)$ 及其频谱 $X_i(f)$ 的例子，在时域中它们均归一化成具有单位面积，理论上它们都可作为二进制符号的传输波形。

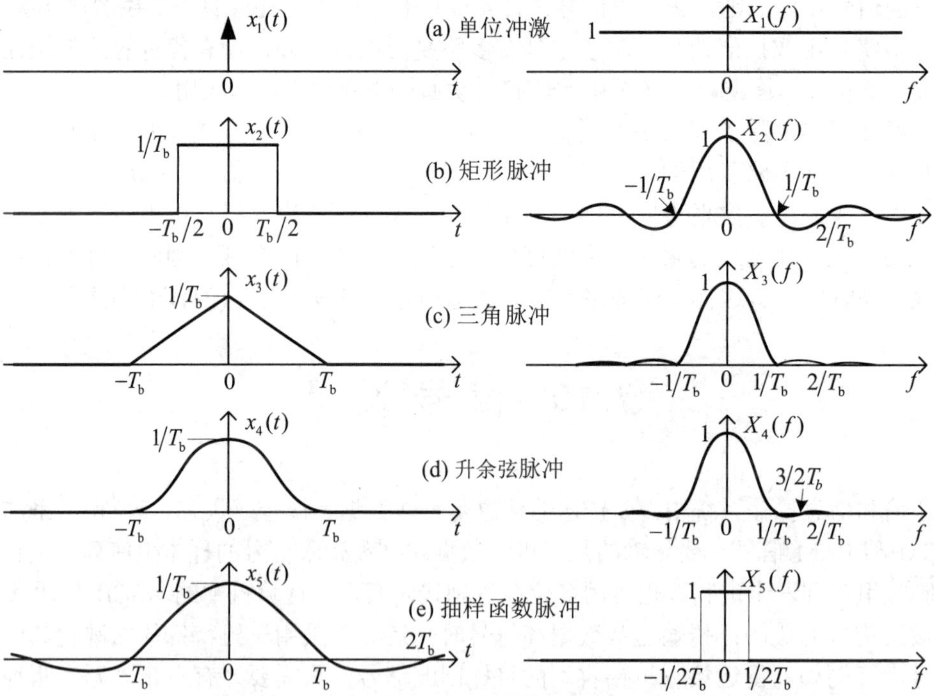


图 7.36 具有单位时域面积的几个典型的脉冲波形和它们的频谱

二进制数据序列可以表示为 $\{b_n,\ n=\ \cdots,\ -1,\ 0,\ 1,\ 2\ \cdots\}$，其中，$b_n$ 为一个随机的二进制数，取值为 1 或 0，比如符号“1”用脉冲波形表示，符号“0”用零信号表示。若二进制数据波形的位间隔为 $T_b$，则二进制数据信号可表示为

$$d(t)=\sum_n b_n\delta(t-nT_b) \tag{7.10.1}$$

这通常称为二进制数据冲激串。由于单位冲激 $\delta(t)$ 的频谱占据无限的带宽，且要求有无限大

的幅度变化范围，显然，不可能用它作为二进制数据的符号波形。

如果选用图 7.36 中的矩形脉冲、三角脉冲、升余弦脉冲和抽样函数脉冲作为符号波形，那么二进制数据波形分别为

$$d_i(t)=\sum_n b_n x_i(t-nT_{\mathrm{b}})=d(t)*x_i(t) \tag{7.10.2}$$

它们的波形分别如图 7.37 所示。上式表明，这些数据波形可以用(7.10.1)式表示的二进制数据冲激串，通过一个单位冲激响应为 $x_i(t)$ 的 LTI 系统(或滤波器)生成，它们有着相同的二进制传输速率(即**比特率**) $1/T_{\mathrm{b}}$，通过基带传输后成为 $\hat{d}_i(t)$，在接收端都可以用位同步脉冲进行采样判决，恢复成二进制数据序列。上述过程可用图 7.38 的方框图表示。

首先考察用抽样函数脉冲 $x_4(t)$ 作为符号波形，由于它是矩形频谱，需要的传输带宽为 $1/(2T_{\mathrm{b}})$ Hz。这表明：带宽为 $f_{\mathrm{b}}$ Hz 的理想基带信道最多可传输 $2f_b$ bit/s 的二进制数据，即在单位频带内，每秒可传送两位二进制数据，这是理论上能达到的极限速率，亦即最高频带利用率。若把它与抽样定理相联系，这个极限传输速率恰是带限信号的临界抽样速率，故它也称为**奈奎斯特速率**，$T_{\mathrm{b}}=1/(2f_{\mathrm{b}})$ 称为**奈奎斯特间隔**，$f_{\mathrm{b}}=1/(2T_{\mathrm{b}})$ 称为**奈奎斯特带宽**。

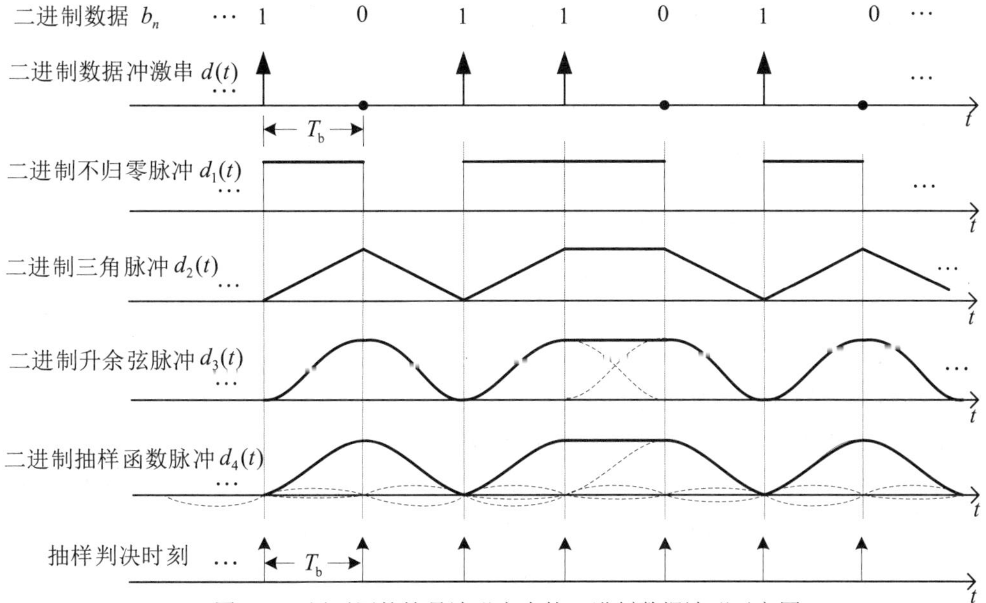


图 7.37　用不同的符号波形产生的二进制数据波形示意图

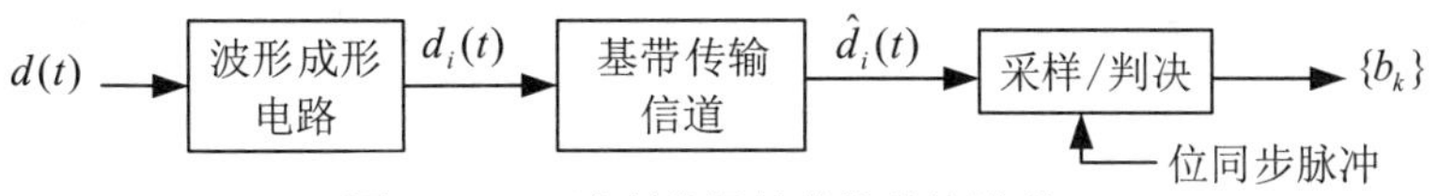


图 7.38　二进制数据的基带传输模型

在二进制数据的实际传输中，无法实现抽样函数脉冲波形，基带信道也不可能具有理想低通特性。那么，实际的二进制符号波形选哪一种好呢？从图 7.36 不难看出，尽管 $x_1(t)$，$x_2(t)$ 和 $x_3(t)$ 的频谱都无限宽，但相比而言，升余弦脉冲的频谱 $X_3(f)$ 旁瓣(或拖尾)最小，基本上可以看成带限信号，这正是在目前实际的数字和 PAM 传输系统中，一般都选用升余弦脉冲作为二进制数据和 PAM 样本值波形的理由。因此，采用升余弦脉冲波形的数字和 PAM 信号可以看成带限信号，就可对它们再进行载波调制和频分复用等，以便在实际的带通信道上传输。

考察图 7.36 所列的波形及其频谱，还可以得到如下认识：在时域参量相当的情况下，处处连续的信号波形的谱能量集中性比具有不连续点的波形要好，导数也处处连续的波形的谱能量集中性更好，若更高阶的导数也处处连续，就具有更优越的谱能量集中特性，这可用傅里叶变换的微分和积分性质来解释。在许多实际问题中，例如，在研究新的具有更小带外辐射的数字调制方法时，这一认识将有助于寻找谱能量更为集中，或谱旁瓣更小的信号波形。

由于傅里叶变换的时域和频域之间的对偶关系，上述频带有限下信号设计的概念和方法，也用于滤波器的设计。最典型的例子就是余弦滚降特性的原型低通滤波器，其频率响应为

$$H(\omega)=\begin{cases}1\ , & 0\leqslant|\omega|<(1-\alpha)\omega_c\\ \dfrac{1}{2}+\dfrac{1}{2}\cos\left\{\dfrac{\pi\left[\omega-(1-\alpha)\omega_c\,\mathrm{sgn}(\omega)\right]}{2\alpha\omega_c}\right\}, & (1-\alpha)\omega_c\leqslant|\omega|\leqslant(1+\alpha)\omega_c\\ 0\ , & |\omega|>(1+\alpha)\omega_c\end{cases}\tag{7.10.3}$$

其中，sgn(*)为(2.6.12)式定义的符号函数，$\alpha$ 称为滚降因子，$0\leqslant\alpha\leqslant1$；$\omega_c$ 为滤波器的–6 dB 频率，即 $H(\omega)=1/2$ 的频率。

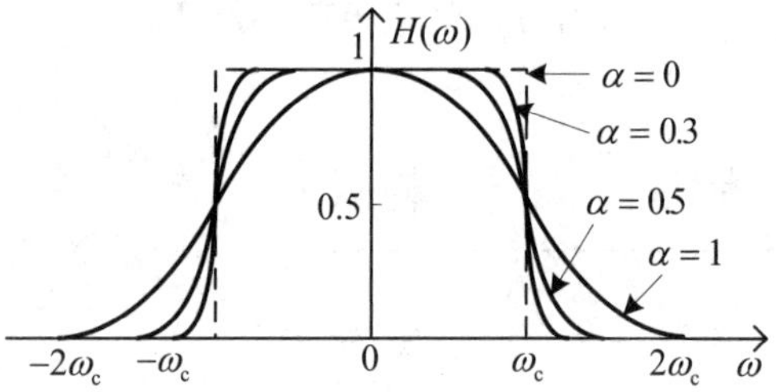


图 7.39　余弦滚降低通滤波特性

不同滚降因子 $\alpha$ 时的 $H(\omega)$ 如图 7.39 所示，由图中可看出，$\alpha=0$ 时即为理想低通滤波特性，$\alpha=1$ 时则为升余弦滤波特性，即

$$H(\omega)=\begin{cases}\dfrac{1}{2}\left[1+\cos\left(\dfrac{\pi}{2}\dfrac{\omega}{\omega_c}\right)\right], & |\omega|\leqslant2\omega_c\\ 0\ , & |\omega|>2\omega_c\end{cases}\tag{7.10.4}$$

## 7.10.2　匹配滤波器—相关接收条件下的信号设计

前面 3.4.4 小节已简单介绍了匹配滤波器的概念。根据通信和信号检测理论，在干扰背景下检测确知波形的最佳接收方法是**匹配滤波器**。它是针对确知波形 $x(t)$ 而建立的一个线性过滤器，使得受到白色或非白色噪声干扰的信号 $x(t)$，在其输出端以最大信噪比被检测出来。它可以用图 7.40(a)的系统模型表示，假设 $n(t)$ 为噪声或干扰，$x(t)$ 是一个区间 $(0,\ T)$ 内的已知波形，它的因果匹配滤波器是一个 LTI 系统，其单位冲激响应 $h_{\mathrm{M}}(t)$ 为

$$h_{\mathrm{M}}(t)=x(T-t)\tag{7.10.5}$$

其波形如图 7.40(b)所示，则它的输出 $y(t)$ 在 $t=T$ 时达到最大信号噪声比。

匹配滤波器这个最佳特性可简单地说明如下：在加性噪声模型下，由图 7.40(a)将有

$$y(t)=x(t)*h_{\mathrm{M}}(t)+n(t)*h_{\mathrm{M}}(t)\tag{7.10.6}$$

上式中第二项为噪声输出，而第一项为信号 $x(t)$ 通过匹配滤波器后的输出 $y_x(t)$，将(7.10.5)式代入上式，并利用卷积与相关运算的关系(见(3.4.25)式)，则有

$$y_x(t)=x(t)*x(T-t)=R_x(t-T)\tag{7.10.7}$$

其中，$R_x(t)$ 是信号 $x(t)$ 的自相关函数，如图 7.40(b)所示，在 $t=T$ 时刻有

$$y_x(t)\big|_{t=T}=R_x(0)=\int_0^T x^2(t)\mathrm{d}t\tag{7.10.8}$$

由于 $R_x(0)$ 是自相关函数的最大值，可直观地说明，在 $t=T$ 时，$y(T)$ 有最大信号噪比。上述讨论表明，匹配滤波器的作用相当于输入 $[x(t)+n(t)]$ 与 $x(t+T)$ 的互相关运算，如图 7.40(c)

所示，因此，把基于匹配滤波器的最佳接收又称为**相关接收**。

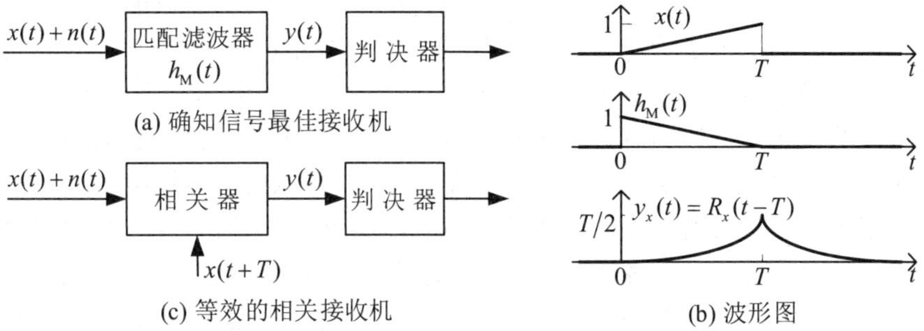


图 7.40　匹配滤波器—相关接收的图解说明

还可以从频域来说明匹配滤波器的这种最佳特性。假设信号 $x(t)$ 的频谱为

$$X(\omega)=\left|X(\omega)\right|\mathrm{e}^{\mathrm{j}\phi_x(\omega)} \tag{7.10.9}$$

对(7.10.5)式取傅里叶变换，其匹配滤波器的频率响应为

$$H_\mathrm{M}(\omega)=X^*(\omega)\mathrm{e}^{-\mathrm{j}\omega T}=\left|X(\omega)\right|\mathrm{e}^{\mathrm{j}[-\phi_x(\omega)-\omega T]} \tag{7.10.10}$$

比较上述 $X(\omega)$ 和 $H_\mathrm{M}(\omega)$ 的表达式，可以得出两点结论：

(1) 匹配滤波器的幅频特性等于确知信号 $x(t)$ 的幅度频谱。即

$$\left|H_\mathrm{M}(\omega)\right|=\left|X(\omega)\right| \tag{7.10.11}$$

这表明，匹配滤波器的幅频特性在任何频率上都正比于信号的谱密度，对于谱密度愈大的信号频率分量，匹配滤波器的幅度增益也愈大，这就最佳地利用了信号能量在频域上的分布，故(7.10.11)式称为匹配滤波器的**模(幅度)匹配特性**。

(2) 匹配滤波器对输出信号相位有补偿作用。即

$$\phi_y(\omega)=\phi_x(\omega)+\varphi_\mathrm{M}(\omega)=-\omega T \tag{7.10.12}$$

这表明，用匹配滤波器相频特性 $\varphi_\mathrm{M}(\omega)$ 补偿输入信号相位 $\phi_x(\omega)$ 的结果，使得输出信号各个频率成分有相同的延时 $T$，导致在 $t=T$ 时刻，输出信号的所有频率分量都同相叠加，最大程度地“突出”于干扰背景之上，故这一特性称为匹配滤波器的**相位匹配特性**。

现在进一步讨论在匹配滤波器—相关接收条件下的信号波形设计问题。如果信号表示某种状态“有”和“无”，或者“1”和“0”，例如，出现波形表示“有”或“1”，不出现表示“无”或“0”。最佳接收的任务就是确认接收到 $x(t)$，并确定 $x(t)$ 出现的时刻。雷达是这种情况的一个典型例子，雷达接收机接收目标的回波脉冲，并以它相对于发射脉冲的时间迟后来测定目标的距离；另一个例子是二进制数字或数据传输中的帧同步信号，接收端靠正确识别发送端插入二进制数据流中的帧同步信号，来标定数据帧结构的起点，以便在接收端对接收到的数据流正确地进行信息分路和码字分割。

当用匹配滤波器接收具有确知波形的信号时，按照(7.10.8)式，输出的最大信噪比与信号波形的能量成正比，若信号 $x(t)$ 的幅度和持续时间愈大，则信号的能量就愈大，加大这两个量都将提高判决和识别的性能。但在实际情况中，这两个量都受到限制：一方面，幅度不可能任意大，雷达中大的幅度意味着需要更大的发射功率，在帧同步问题中，帧同步信号的幅度通常与数据信号幅度一样大；另一方面，信号波形的持续时间越长，其位置(延时)分辨的准确性越差。因此，在信号幅度有限的情况下，信号的能量与时间分辨率成为一对矛盾。

由上述讨论可以得到启发：如果有某些信号自相关函数的峰值宽度远窄于信号的持续时

间，能量和时间分辨率的矛盾就可以解决。信号 $x(t)$ 的长持续时间可获得大的能量，而它的自相关函数具有很窄的时域峰值，又可达到高的时间分辨率。自相关函数具有尖锐的峰值，且远窄于信号持续时间的一类信号，这类信号的匹配滤波器被认为具有压缩信号持续时间的能力，这样的匹配滤波器又称为**时间压缩滤波器**。因此，这一类信号设计问题，就归结为寻找具有尖锐峰值的自相关函数问题。前人已经找到一些具有如此良好自相关特性的信号，例如，鸟声(chirp)信号和巴克(Barker)码序列等。在第 2 章习题 2.21 中的图 P2.21(b)，可看到巴克码序列的自相关和互相关特性，正是由于这种良好特性，它经常被用作数据传输中的帧同步信号；鸟声信号则成功地用于线性调频脉冲雷达中。详细地讨论它们可参看有关专著。

在匹配滤波器—相关接收的另外一些应用中，需采用一组信号波形表示多个不同的事件或状态，例如，在采用码分多址(CDMA)制式的移动数字通信网中，为了要辨别和区分属于多个不同用户的通信数据，需要让多个用户采用不同的扩谱码波形。此时，信号设计的目标是寻找一组相互之间具有最大可辨性的信号波形。假设要传送的符号为 $L$ 个，且分别用 $x_i(t)$，$i=1$，2，…，$L$，表示这 $L$ 个符号。在许多实际应用中，$x_i(t)$ 有相同的持续期 $T$，称为符号间隔，且常常伴随有标识信号波形起止的时间标志，称为符号定时。此种情况下，接收端要用 $L$ 个相应的匹配滤波器，如图 7.41 所示。

上面已指出，在每个符号间隔时间内，各个匹配滤波器都对输入信号和各自的 $x_i(t)$ 进行相关运算，并在等间隔 $T$ 的整倍数时刻进行判决。如果在某个符号间隔内发送的信号是 $x_i(t)$，接收机中与 $x_i(t)$ 相应的匹配滤波器在判决时刻达到最大输出值，并等于该信号的能量，其余的配滤波器输出为 0，这样可以最优地判决该符号间隔的信号代表哪一种符号。这就要求 $x_i(t)$，$i=1$，2，…，$L$，两两相互正交，即

$$\int_0^T x_i(t)x_j(t)\mathrm{d}t=\begin{cases}\int_0^T x_i^2(t)\mathrm{d}t & j=i\\ 0, & j\neq i\end{cases} \tag{7.10.13}$$

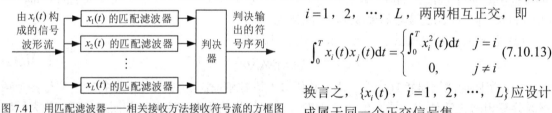

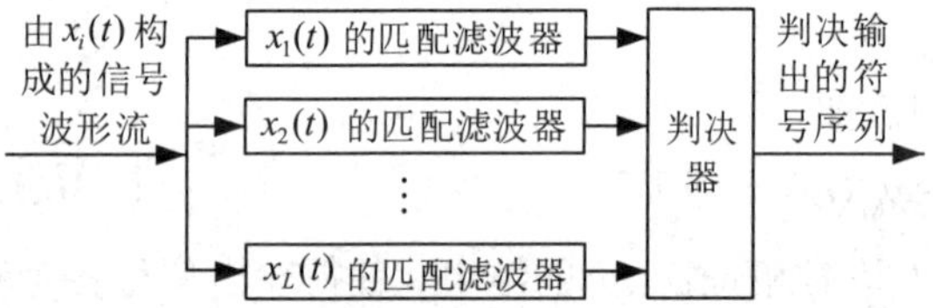


图 7.41 用匹配滤波器——相关接收方法接收符号流的方框图

换言之，$\{x_i(t)$，$i=1$，2，…，$L\}$ 应设计成属于同一个正交信号集。

由此看出，在匹配滤波器——相关接收条件下，多符号波形的设计或选择应遵循如下原则：

(1) 信号波形 $x_i(t)$ 应具有尽可能尖锐的自相关函数，使信号波形有良好的时间分辨率。

(2) $x_i(t)$ 的各个波形应属于同一个正交信号集，即相互间的互相关函数等于 0 或非常小。

# 7.11 信号均衡

## 7.11.1 线性失真、符号间干扰和信号均衡

在实际的通信系统、信息获取和探测系统中，经常会遇到这样的情况：某个实际可用的信道或传输系统对它要传送的信号来说，或者某种传感器对它要测量的物理信号而言，并不是理想的传输系统或传输信道，即不满足 7.2 节讲述的带限无失真传输或处理条件。正像 5.4.5 节指出的，在信号频带内系统幅频特性不是常数，将会产生**幅度频率失真**，而系统相位非线性特性，将会导致信号的**相位失真**或**群延时失真**，这两种由于 LTI 系统的非理想特性产生的

失真称为**“线性失真”**，它们都会造成信号波形的畸变。当然，实际中并非绝对不允许失真，通常只要求把失真度限定在某个可接受的程度内，这种可接受的失真度因不同的应用或信号最终接受者不同而异。例如，对于声音(语音或音乐)，由于人类听觉系统对幅度频率失真比较敏感，对相位失真不甚敏感，故在语音传输系统中，通常对传输系统的信号频带内幅频特性平坦度要求高些，对其线性相位的要求较低；至于图像信号，由于人的视觉系统对幅度失真不很敏感，但对相位失真却很讨厌，需要严格限制相位的非线性。

正如上一节中图7.38所示的那样，在PCM或PAM传输系统中，二进制数据$b_n$或样本值都以符号或数据波形的形式在信道中传送，在接收端通过**位定时**(**或符号定时**)采样判决来实现的。传输系统(信道)的非理想特性(不满足无失真传输的频域或时域条件)将导致：即使没有噪声和外界干扰，也会造成这些传输波形的畸变，使得接收端收到的数据或样本值出现差错或误差。例如，在实际基带信道上，采用升余弦波形传输某个带限信号$x(t)$的样本值$\{x(nT)=x_n,\ -\infty<n<\infty\}$，按照图7.38的方法，如图7.42(a)所示的那样，首先用已抽样冲激串信号$x_{\mathrm{P}}(t)$激励升余弦形成电路，产生升余弦波形的PAM信号$x_{\mathrm{PAM}}(t)$，送入实际基带信道传输。实际基带信道的单位冲激响应和频率响应分别是$h_{\mathrm{c}}(t)$和$H_{\mathrm{c}}(\omega)$，则$x_{\mathrm{P}}(t)$和$x_{\mathrm{PAM}}(t)$分别为

$$x_{\mathrm{P}}(t)=\sum_{n=-\infty}^{\infty}x_n\delta(t-nT) \tag{7.11.1}$$

和

$$x_{\mathrm{PAM}}(t)=\sum_{n=-\infty}^{\infty}x_{n-1}C(t-nT) \tag{7.11.2}$$

其中

$$C(t)=0.5[1-\cos(\pi/T)][u(t)-u(t-2T)] \tag{7.11.3}$$

它是升余弦形成电路的单位冲激响应，即宽度为$2T$的因果升余弦脉冲，会造成$x_{\mathrm{PAM}}(t)$载有的样本值迟后了$T$(见图7.42(b)中上面两个波形)。信道输出$y_{\mathrm{PAM}}(t)$为

$$y_{\mathrm{PAM}}(t)=\left[\sum_{n=-\infty}^{\infty}x_{n-1}C(t-nT)\right]*h_{\mathrm{c}}(t)=\sum_{n=-\infty}^{\infty}x_{n-1}\hat{C}(t-nT) \tag{7.11.4}$$

其中，$\hat{C}(t)=C(t)*h_{\mathrm{c}}(t)$，它是实际基带信道对输入$C(t)$的响应。

接收端对$y_{\mathrm{PAM}}(t)$进行图7.26那样的PAM解调，最终输出的信息信号为$\hat{x}(t)$。在图7.42(a)和(b)中，分别画出了上述PAM信号通过实际信道传输、到接收端解调输出的构成框图及其主要点的信号波形。为简化，图7.42(a)中的PAM解调省略了图7.26右边PAM解调中的零阶保持系统$h_T(t)$和解调滤波器$H_{\mathrm{DM}}(\omega)$，且没有考虑传输延时，但这不影响下面分析获得的结论。

由于实际基带传输信道的$h_{\mathrm{c}}(t)$和$H_{\mathrm{c}}(\omega)$不满足带限无失真传输条件，(7.11.3)式表示的升余弦脉冲$C(t)$通过信道的输出$\hat{C}(t)$产生了线性失真，使得$\hat{C}(t)$的波形出现扩散和拖尾，如图7.42(b)的中间两个图的虚线波形所示，这就导致信道输出的PAM信号$y_{\mathrm{PAM}}(t)$相对于输入的PAM信号$x_{\mathrm{PAM}}(t)$产生了畸变。

在经解调端抽样得到的冲激串信号$y_{\mathrm{P}}(t)$为

$$y_{\mathrm{P}}(t)=\left[\sum_{m=-\infty}^{\infty}x_{m-1}\hat{C}(t-mT)\right]\sum_{n=-\infty}^{\infty}\delta(t-nT)=\sum_{n=-\infty}^{\infty}\left\{\sum_{m=-\infty}^{\infty}x_{m-1}\hat{C}[(n-m)T]\right\}\delta(t-nT)$$

考虑到因果响应$\hat{C}(t)=0$，$t<0$，对上式大括号内令$k=(n-m)$，将有

$$y_{\mathrm{P}}(t)=\sum_{n=-\infty}^{\infty}\left[\sum_{k=0}^{\infty}x_{n-1-k}\hat{C}(kT)\right]\delta(t-nT)=\sum_{n=-\infty}^{\infty}y_n\delta(t-nT) \tag{7.11.5}$$

则$y_{\mathrm{P}}(t)$中载有的样本值$\{y(nT),\ -\infty<n<\infty\}$为

$$y(nT)=y_n=\sum_{k=0}^{\infty}x_{n-1-k}\hat{C}(kT) \tag{7.11.6}$$

上式表明，在解调端，PAM 信号 $y_{\mathrm{PAM}}(t)$ 在 $nT$ 的样本值 $y_n$ 中，不仅包含原信息信号的样本值 $x_{n-1}$，还叠加了以前样本值升余弦波形响应之拖尾的影响。在二进制数字及其他形式的符号通过实际信道传输时，也会产生这种现象，通常把此现象称为“**符号间干扰(ISI)**”或“**码间干扰**”。显然，符号间干扰会导致信息信号传输的失真，造成数字或符号传输的差错。

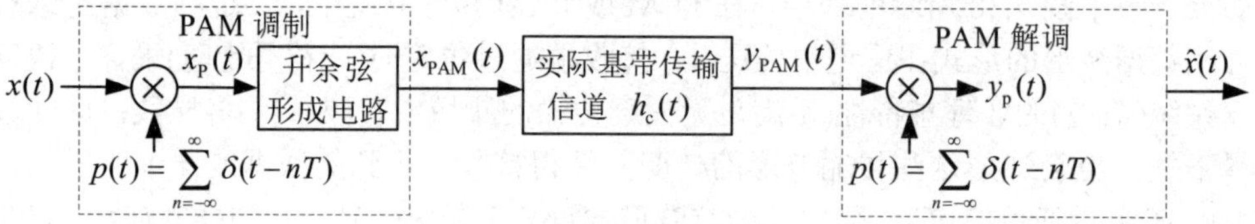


(a) PAM 信号的实际传输

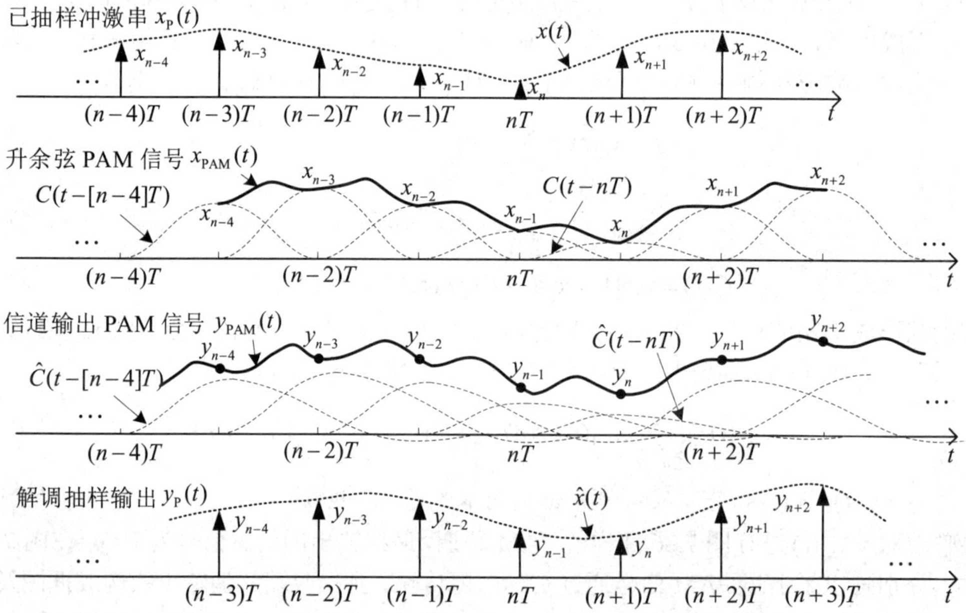


(b) 图 (a) 中主要点的信号波形示意图

图7.42 PAM信号实际信道传输造成符号间干扰的图示说明

上述分析清楚表明，由于实际基带传输系统或信道不满足带限无失真条件，造成传输符号或数字波形畸变，这才是产生符号间干扰的根本原因。为解决此问题，目前最普遍和有效的方法是采用均衡技术。所谓“**均衡**”就是信号通过实际传输系统后，用另一个系统来补偿或校正传输系统的非理想特性，使级联后的系统满足或近似满足带限无失真条件，这个用于补偿或校正的系统称为**均衡器**。在许多实际应用中，连续和离散时间传输系统都可以等效成一个 LTI 系统，它们分别用单位冲激 $h(t)$ 和 $h[n]$、频率响应 $H(\omega)$ 和 $\tilde{H}(\Omega)$ 表示，均衡器也是 LTI 系统，其单位冲激响应及频率响应分别用 $e(t)$ 和 $e[n]$ 及 $E(\omega)$ 和 $\tilde{E}(\Omega)$ 表示，如图 7.43 所示。

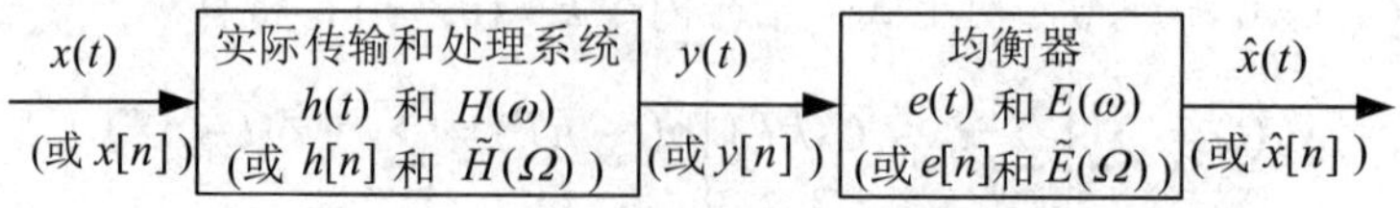


图 7.43 信号均衡的系统模型

通常已知实际传输系统的特性 $h(t)$ 和 $h[n]$ 或 $H(\omega)$ 和 $\tilde{H}(\Omega)$，或者可以通过测量获得这些特性。此时面临的问题是根据这些特性设计出相应的均衡器，即分别求出均衡器的特性 $e(t)$ 和 $e[n]$ 或 $E(\omega)$ 和 $\tilde{E}(\Omega)$，并用适当的系统实现之。按照图 7.43 的均衡模型，为使 $\hat{x}(t)$ 和 $\hat{x}[n]$ 分别与输入信号 $x(t)$ 和 $x[n]$ 满足无失真条件，根据(7.2.1)式或(7.2.2)式，在时域中应分别有

$$h(t)*e(t)=a\delta(t-t_0)\,,\quad t_0\geqslant 0 \quad 和 \quad h[n]*e[n]=a\delta[n-n_0]\,,\quad n_0\geqslant 0 \tag{7.11.7}$$

或者，频域中在信号的带限频带内分别满足

$$H(\omega)E(\omega)=a\mathrm{e}^{-\mathrm{j}\omega t_0}\,,\quad t_0\geqslant 0 \quad 和 \quad \tilde{H}(\Omega)\tilde{E}(\Omega)=a\mathrm{e}^{-\mathrm{j}\Omega n_0}\,,\quad n_0\geqslant 0 \tag{7.11.8}$$

这变成已知 $h(t)$ 和 $h[n]$ 或 $H(\omega)$ 和 $\tilde{H}(\Omega)$ 条件下，分别求解 $e(t)$ 和 $e[n]$ 或 $E(\omega)$ 和 $\tilde{E}(\Omega)$ 的问题。显然，这与 LTI 系统的逆系统的概念和方法直接有关，只是这里均衡器和原系统单位冲激响应的卷积可以是一个延时的冲激，故可看成一个求**延时逆系统**的问题。按照上述频域和时域关系，可用频域和时域两种方法实现均衡，分别称为**频域均衡**和**时域均衡**。

## 7.11.2　频域均衡

基于(7.11.8)式，用均衡器的频率特性来校正实际传输系统的频率响应，达到均衡的方法称为**频域均衡**。假设某个带限于 $\omega_{\mathrm{M}}$ 和 $\Omega_{\mathrm{M}}$ 的带限传输系统 $H(\omega)$ 和 $\tilde{H}(\Omega)$，则分别有

$$E(\omega)=\begin{cases}a\mathrm{e}^{-\mathrm{j}\omega t_0}/H(\omega), & |\omega|<\omega_{\mathrm{M}}\\ 任意, & |\omega|>\omega_{\mathrm{M}}\end{cases} \quad 和 \quad \tilde{E}(\Omega)=\begin{cases}a\mathrm{e}^{-\mathrm{j}\Omega n_0}/\tilde{H}(\Omega), & |\Omega|<\Omega_{\mathrm{M}}\\ 任意, & \Omega_{\mathrm{M}}<|\Omega|<\pi\end{cases} \tag{7.11.9}$$

其中，$t_0\geqslant 0$ 和 $n_0\geqslant 0$，“任意”意味着可实现。若将 $E(\omega)$ 和 $\tilde{E}(\Omega)$ 表示成模和相位的形式，即 $E(\omega)=|E(\omega)|\mathrm{e}^{\mathrm{j}\phi(\omega)}$ 和 $\tilde{E}(\Omega)=|\tilde{E}(\Omega)|\mathrm{e}^{\mathrm{j}\tilde{\phi}(\Omega)}$，则分别有

$$\begin{cases}|E(\omega)|=a/|H(\omega)|\\ \phi(\omega)=-\varphi(\omega)-\omega t_0\end{cases},\quad |\omega|<\omega_{\mathrm{M}} \quad 和 \quad \begin{cases}|\tilde{E}(\Omega)|=a/|\tilde{H}(\Omega)|\\ \tilde{\phi}(\Omega)=-\tilde{\varphi}(\Omega)-\Omega n_0\end{cases},\quad |\Omega|<\Omega_{\mathrm{M}} \tag{7.11.10}$$

其中，$t_0\geqslant 0$ 和 $n_0\geqslant 0$。这就是说，在要求的频率范围内，频域均衡器的幅频特性应与原系统幅频特性成反比关系，其相频特性和原系统相频特性之和应为线性相位。为了直观地说明频域均衡的原理，图 7.44 中给出了一个连续时间频域均衡特性的图例。

满足(7.11.10)式上式，如像图 7.44(a)这样的均衡特性称为**幅度均衡**，即仅补偿信号频带内的幅度失真；而满足(7.11.10)式下式，如像图 7.44(b)那样的均衡特性称为**相位均衡**，它只校正信号频带内的相位失真或群延时失真。基于这一点，实用的频域均衡器也分为两类：一类是用于补偿实际系统的幅频特性，对相位非线性没有特别要求，例如一些音频应用的场合，这样的均衡器称为**幅度均衡器**；另一类是在不改变实际系统幅频特性下，校正系统的非线性相位特性，就称为**相位均衡器**，在早期的数据传输系统中，通常是这类应用。后面 8.7.1 小节中介绍的全通系统，原理上是典型的相位均衡器，因为它的幅频特性是常数，不会改变传输系统的幅度特性，而其相频特性则设计成可补偿系统的相位失真或群延时失真。

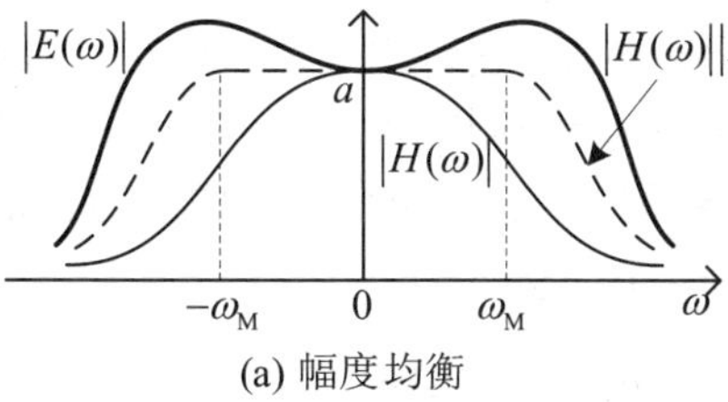


(a) 幅度均衡

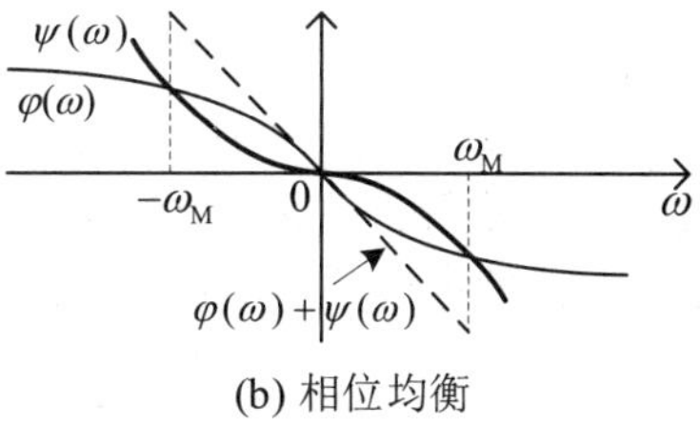


(b) 相位均衡

图 7.44　连续时间频域均衡特性的一个图例说明

实际上，前面 7.8.1 小节讲述的 PAM 解调中的解调滤波器 $H_{DM}(\omega)$ (见(7.8.17)式)就是一个幅度均衡器，不过它的作用不是均衡实际传输信道产生的幅度频率失真，而是均衡 PAM 解调所需的零阶保持系统 $h_T(t)$ 造成的幅度失真。

综上所述，若采用频域均衡方法来补偿或校正实际传输信道或系统的非理想频率特性，则必须预先知道实际信道或系统所具有的频率响应 $H(\omega)$ 和 $\tilde{H}(\Omega)$，然后，按照(7.11.10)式确定所有频域均衡器的频率特性 $E(\omega)$ 和 $\tilde{E}(\Omega)$，并设计出满足均衡要求的均衡器。利用后面 9.6 节介绍和讨论的模拟和数字滤波器设计方法，就可以按照频域均衡器(滤波器)的频率特性指标，设计出满足均衡要求的频域均衡器。

类似地，频域均衡(幅度均衡和相位均衡)的概念和方法也适用于离散时间情况。

## 7.11.3 时域均衡和横向滤波器

按照(7.11.7)式，用时域手段设计和实现均衡的原理和方法称为**时域均衡**。频域均衡是基于补偿或校正实际传输系统的频率响应，时域均衡则直接校正传输系统的单位冲激响应。通常情况下，实际信号传输系统可看成用线性实系数微分方程或差分方程描述的一类因果稳定 LTI 系统，下面在这一前提下，讨论时域均衡的原理、方法和可实现性。

根据后面 8.4.1 小节对因果稳定 LTI 系统可逆性和逆系统的讨论，从理论上说，它们的逆系统一定存在，且也是一个用微分方程或差分方程表示的 LTI 系统，但不一定既因果又稳定。就真正时间变量而言，只有既因果又稳定的 LTI 系统才可实现。这样看来，这类因果稳定 LTI 系统的逆系统并不一定是可实现的稳定系统。但正如前面指出的，均衡器可看成一个延时了的逆系统。下面将说明，它不仅能实现，而且这种时域均衡方法有普遍的意义。

首先讨论离散时间情况，假设实际离散时间传输系统的单位冲激响应为 $h[n]$，其逆系统的单位冲激响应为 $h_{inv}[n]$，即 $h[n]*h_{inv}[n]=\delta[n]$。对于任何用线性实系数差分方程描述的因果稳定 LTI 系统，必定有一个用差分方程表示的稳定逆系统，具体地说，若 $h[n]$ 是最小相移系统，则 $h_{inv}[n]$ 一定既因果又稳定，即使 $h[n]$ 不是最小相移系统，也总存在一个非因果的稳定逆系统。换言之，对于这类用线性实系数差分方程描述的因果稳定 LTI 系统，必定存在着一个稳定的逆系统。只要 $h_{inv}[n]$ 是稳定的，即它是绝对可和的，则必然有 $\lim\limits_{n\to\pm\infty}h_{inv}[n]=0$，则就可以用一个有足够长度的截短序列 $\hat{h}_{inv}[n]$ 任意精确地逼近它，即

$$\hat{h}_{inv}[n]=\begin{cases}h_{inv}[n], & |n|\leqslant N\\ 0, & |n|>N\end{cases}\tag{7.11.11}$$

若令时域均衡器的单位冲激响应 $e[n]$ 是 $\hat{h}_{inv}[n]$ 延时 $N$ 后的序列，即

$$e[n]=\hat{h}_{inv}[n-N]\tag{7.11.12}$$

它就变成长度为 $2N+1$ 点的因果序列，且有

$$h_E[n]=h[n]*e[n]\approx\delta[n-N]\tag{7.11.13}$$

上述讨论还表明，$e[n]$ 是长度为 $2N+1$ 点的因果序列，它可用一个 $2N$ 阶的 FIR 系统来实现，只要 $N$ 足够大，上式可以做到任意程度地逼近理想时域均衡，具体实现如图 7.45 所示。

假设被均衡的实际的离散时间系统是一个因果系统，它的单位冲激响应为 $h[n]$，采用的 $2N$ 阶 FIR 均衡器的单位冲激响应为 $e[n]$，它们分别表示为

$$h[n]=\sum_{k=0}^{\infty}h_k\delta[n-k]\quad 和\quad e[n]=\sum_{k=0}^{2N}e_k\delta[n-k]\tag{7.11.14}$$

其中，要确定的 $2N+1$ 个系数 $e_k$ 应满足如下方程

$$\sum_{k=0}^{2N} e_k h_{n-k} = \delta[n-N],\quad 0 \leqslant n \leqslant 2N \tag{7.11.15}$$

利用第三章 3.3.2 小节介绍的卷积和的矩阵计算方法，可以求解出 $e[n]$ 的 $2N+1$ 个序列值。

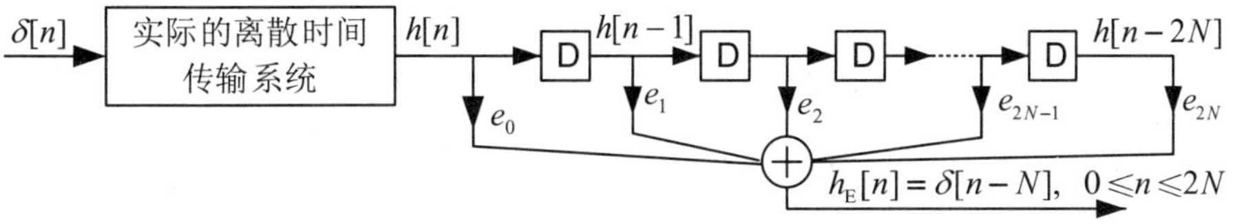


图 7.45　用FIR系统实现离散时间的时域均衡

这样求出的 FIR 均衡器，可确保实际离散时间传输系统与均衡器级联后的单位冲激响应 $h_E[n]=h[n]*e[n]=\delta[n-N]$，$0 \leqslant n \leqslant 2N$；在此范围外仍残留一些非零序列值，但所谓“**峰值畸变**” $D$（除 $h_E[n]$ 以外所有残留非零序列值的绝对值之和与 $h_E[N]$ 之比）最小，即

$$D = \frac{1}{h_E[N]} \sum_{\substack{k=-\infty \\ k \neq N}}^{\infty} \left| h_E[k] \right| \tag{7.11.16}$$

最小，它代表采用上述时域均衡方法后，仍可能遭受前后序列值干扰的最大比率。

在连续时间中，均衡技术主要在 PAM 等脉冲调制方式和数字传输情况下、用于均衡实际信道的非理想传输特性，以便消除或大大减轻**符号间干扰**。在这些应用中，从上面对造成符号间干扰的分析可知，由于接收解调端都采用定时采样判决方案，此时均衡的目标并非要完全消除传输波形的失真，只需要把信道输出信号在定时间隔（样本间隔 $T$ 或比特间隔 $T_b$）的整倍数时间点上的信号值（例如图 7.42(b)中的 $y_n$），逐个校正为传输前的 PAM 样本值或二进制数据（例如图 7.42(b)中的 $x_n$）即可。等效地，只要像图 7.46(a)所示的那样，把实际传输信道的单位冲激响应 $h_c(t)$ 经均衡后的单位冲激响应 $h_E(t)$，在某个定时时刻校正成 1(或非零值)，其他定时时刻都校正为零，而其余非定时时刻值可以不等于 0，就可避免符号间干扰，从而消除由传输信道的非理想特性产生的传输误差或差错。因此，通常把基于这样想法的均衡方法称为迫零均衡方法，相应的均衡器就称作“**迫零均衡器**”。显然，这种均衡方法属于时域均衡。

鉴于上面离散时间 FIR 均衡器的启示，这种迫零均衡器的具体实现如图 7.46(b)所示，它是采用称为**抽头延时线**或**横向滤波器**作为均衡器，它类似于图 7.45 中的 FIR 均衡器，只是用延时等于定时间隔 $T$ 的连续时间延时系统代替离散时间单位延时单元。

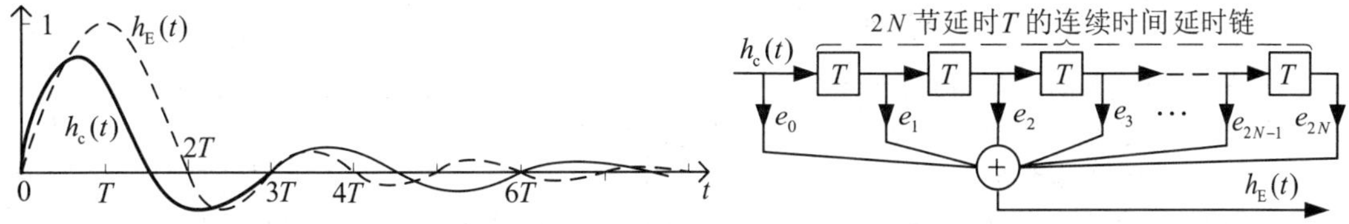


(a) 信道单位冲激响应 $h_c(t)$ 和均衡后单位冲激响应 $h_E(t)$　　(b) 横向滤波器

图 7.46　PAM 和数据传输的时域迫零均衡和横向滤波器

假设实际传输信道或系统的单位冲激响应为 $h_c(t)$，它在 $T$ 的整数倍时刻的抽样值为 $h_n = h_c(nT)$，因为图 7.46(b)所示的横向滤波器的单位冲激响应 $e(t)$ 为

$$e(t) = \sum_{k=0}^{2N} e_k \delta(t-kT) \tag{7.11.17}$$

则有 $$h_{\mathrm{E}}(t)=h_{\mathrm{c}}(t)*e(t)=\int_{0}^{\infty}e(\tau)h_{\mathrm{c}}(t-\tau)\mathrm{d}\tau \tag{7.11.18}$$

它在 $nT$ 时刻的抽样值 $h_{\mathrm{E}}(nT)$ 为

$$\begin{aligned}h_{\mathrm{E}}(nT)&=\int_{0}^{\infty}\left[\sum_{k=0}^{2N}e_k\delta(\tau-kT)\right]h_{\mathrm{c}}\left(nT-\tau\right)\mathrm{d}\tau=\sum_{k=0}^{2N}\left[e_k\int_{0}^{\infty}h_{\mathrm{c}}\left(nT-\tau\right)\delta(\tau-kT)\mathrm{d}\tau\right]\\&=\sum_{k=0}^{2N}e_k h_{\mathrm{c}}\left(nT-kT\right)=\sum_{k=0}^{2N}e_k h_{n-k}\end{aligned} \tag{7.11.19}$$

倘若横向滤波器的抽头系数 $e_k$，$0\leqslant k\leqslant 2N$，能使上式满足

$$h_{\mathrm{E}}(nT)=\begin{cases}1 & n=n_0\\0, & n\neq n_0\end{cases},\quad 0\leqslant n\leqslant 2N \tag{7.11.20}$$

其中，$n_0$ 是 $h_{\mathrm{E}}(nT_{\mathrm{b}})$ 中最大抽样值点的时刻，例如在图 7.46(a)中，$n_0=1$。那么，就认为达到了时域均衡的目的。这个分析结果表明，迫零均衡器需要满足的方程完全等同于上面离散时间 FIR 均衡器的设计方程(见(7.11.15)式)，故这种迫零均衡器的设计方法，也是由实际传输信道或系统的单位冲激响应在逐个定时间隔的样本值 $h_n=h_{\mathrm{c}}(nT)$，通过离散时间解卷积的方法，确定一组迫零均衡器的抽头系数 $e_k$，$0\leqslant k\leqslant 2N$，即

$$\sum_{k=0}^{2N}e_k h_{n-k}=\begin{cases}1, & n=n_0\\0, & n\neq n_0\end{cases},\quad 0\leqslant n\leqslant 2N \tag{7.11.21}$$

采用 FIR 均衡器和横向滤波器实现时域均衡的方法有很多优点：首先，它调整灵活，改变系数 $e_k$，$0\leqslant k\leqslant 2N$，就可方便地改变时域均衡器的单位冲激响应来适应传输特性的变化，频域均衡难以做到这一点。鉴于它的优越性能，目前已广泛应用于时变信道的自适应均衡中；其次，它实现方便，随着实现它的元件日益廉价，在其他许多应用场合也有很大的吸引力。

根据上述的时域均衡原理，已开发出适合于各种实际应用的自动或自适应均衡算法，例如基于峰值畸变最小的**迫零算法**和基于最小均方畸变的**自适应均衡算法**等，有兴趣的读者可参阅有关文献。

## 习 题

**7.1** 已知下列连续时间因果 LTI 系统的系统函数 $H(s)$ 或单位冲激响应 $h(t)$ 为：

a) $H(s)=\dfrac{1-10^{-3}s}{1+10^{-3}s}$ b) $h(t)$ 如图 P7.1 所示

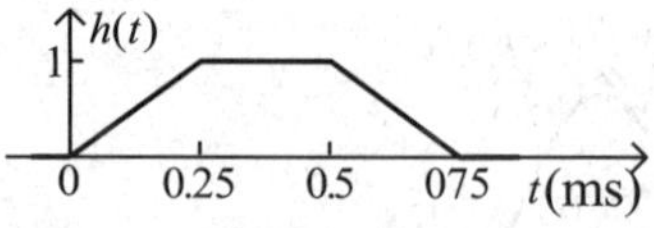

图 P7.1

1) 分别求出它们的频率响应，并概略画出幅频响应和相频响应。系统是否满足带限无失真条件？若不满足，说明每个系统会产生那些失真。

2) 若输入是带限于 $\omega_{\mathrm{M}}$ 的带限信号，并允许系统幅频特性有 ±3 dB 的起伏，或相位特性偏离线性不超过 $\pi/12$，试分别确定这两个系统允许输入的最高频率 $\omega_{\mathrm{M}}$。

3) 为使这两个系统在 2)小题求得的 0～$\omega_{\mathrm{M}}$ 频带内不产生幅度失真，可以让系统后接一个幅度均衡器，试求各自满足此条件的幅度均衡器的幅频特性。

**7.2** 在 7.2.1 小节中给出了无失真传输的频域条件(见(7.2.3)式左式)，如果某传输系统的幅频响应 $|H(\omega)|$ 满足(7.2.3)式左式，但相频响应为 $\varphi(\omega)=-\omega t_0+k\pi$，$k$ 为整数，试讨论这一改变对无失真传输有何影响？

**7.3** 本题研究 7.4 节中图 7.7(a)所示的连续时间正弦幅度调制中调制器和解调器的两个载波频率不等造成的

影响，假设调制器和解调器的两个载波相位相同，且都是零相位，但频率相差 $\Delta\omega$，即 $y(t)=x(t)\cos\omega_0 t$ 和 $v(t)=y(t)\cos(\omega_0+\Delta\omega)t$，并假定解调器的低通滤波器 $H_L(\omega)$ 的截止频率 $\omega_c$ 满足：

$$(\omega_M+\Delta\omega)<\omega_c<(2\omega_0+\Delta\omega-\omega_M)$$

其中，$\omega_M$ 是带限信号 $x(t)$ 的带限频率。

1) 试证明解调器的低通滤波器输出正比于 $x(t)\cos(\Delta\omega t)$。
2) 若 $x(t)$ 的频谱如图 P7.3 所示，试概略画出图 7.7(a)中解调器低通滤波器输出的频谱。

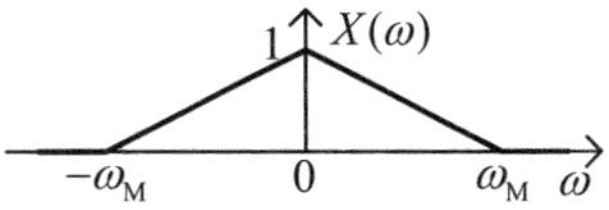

图 P7.3

**7.4** 在图 P7.4.2 的连续时间系统中，$H_1(\omega)$ 和 $H_2(\omega)$ 分别为零相位理想带通和理想低通滤波器。若输入信号 $x(t)$ 的频谱 $X(\omega)$ 如图 P7.4.1 所示，试画出系统中各点的频谱，并确定和概略画出输出 $y(t)$ 的频谱 $Y(\omega)$。

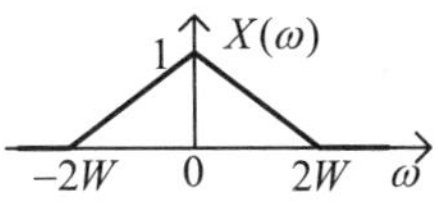

图 P7.4.1

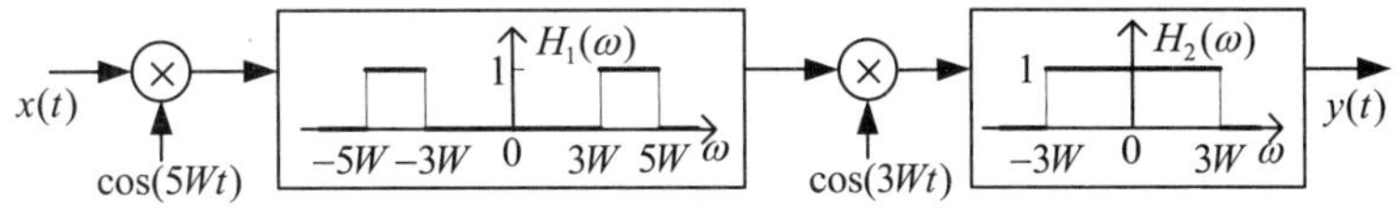

图 P7.4.2

**7.5** 在图 P7.5.1 的连续时间正弦幅度调制和解调系统中，如果解调器的载波信号改用与 $\cos\omega_0 t$ 具有相同过零点的周期方波 $p(t)$，如图 P7.5.2(a)所示。假设调制器输入 $x(t)$ 仍是带限于 $\omega_M$ 的限信号，且 $\omega_M<0.5\omega_0$，其傅里叶变换的实部和虚部如图 P7.5.2(b)所示。

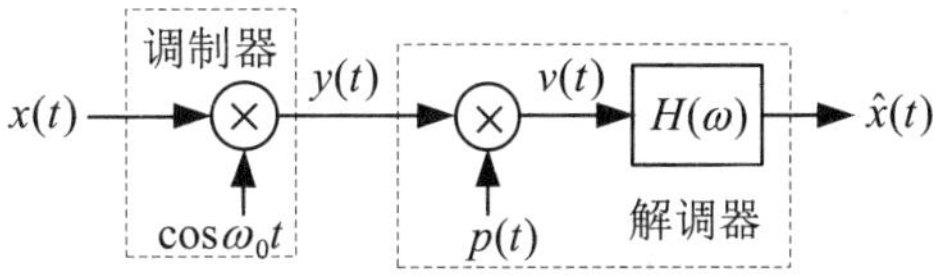

图 P7.5.1

1) 试分别概略画出 $y(t)$，$v(t)$ 和 $\hat{x}(t)$ 之傅里叶变换 $Y(\omega)$，$V(\omega)$ 和 $\hat{X}(\omega)$ 的实部和虚部，并加以标注。
2) 为使 $\hat{x}(t)=x(t)$，试求并概略画出图 P7.5.1 中的滤波器的频率响应 $H(\omega)$。
3) 如果图 P7.5.1 中调制和解调器的载波信号都用周期方波 $p(t)$，能否实现正弦幅度调制和解调？如果能够实现，试画出系统方框图，并确定必须采用的滤波器的频率响应。

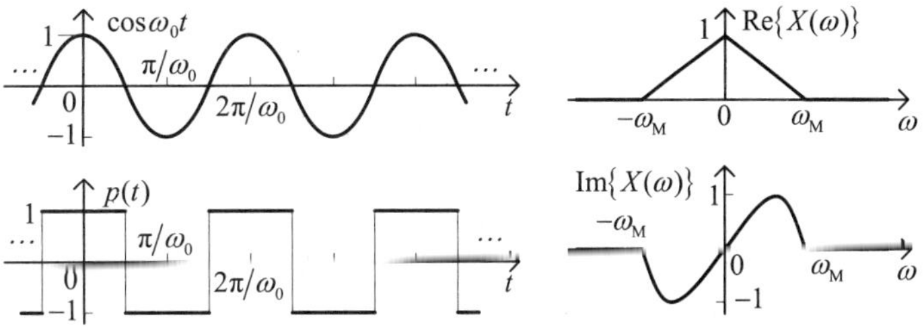

(a)　　(b)

图 P7.5.2

**7.6** 本书中的调制器都用相乘器来完成，在实际中实现相乘器比较困难，通常借助非线性电路来实现，例如，图 P7.6 所示的连续时间正弦幅度调制，就是借助平方率的非线性特性实现。假设 $x(t)$ 是带限于 $\omega_M$ 的连续时间带限信号，即其频谱 $X(\omega)=0$，$|\omega|>\omega_M$，图中的 $H_B(\omega)$ 是理想带通滤波器，为使图示系统能实现正弦幅度调制，即其输出 $y(t)=x(t)\cos\omega_0 t$，试确定带通滤波器 $H(\omega)$ 的增益 $A$ 和高、低边界频率 $\omega_H$、$\omega_L$，并给出对 $\omega_0$ 和 $\omega_M$ 的必要限制。

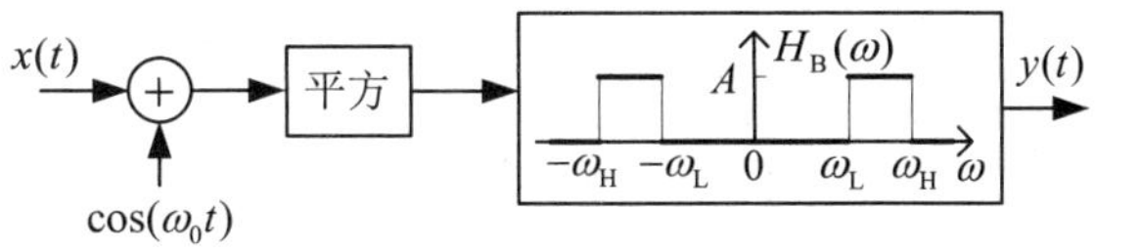

图 P7.6

**7.7** 载波同步的离散时间正弦幅度调制和解调的方框图如图 P7.7(a)所示，假定调制信号 $x[n]$ 是一个带限于 $\Omega_M \ll \pi$ 的离散时间带限信号，其主值区间的频谱如图 P7.7(b)所示。

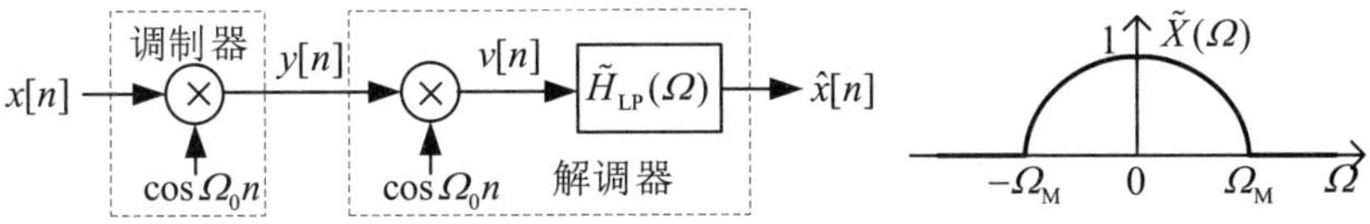

(a) 离散时间正弦幅度调制和相干解调　　(b)

图 P7.7

1) 试概略画出 $y[n]$，$v[n]$ 和 $\hat{x}[n]$ 的频谱。

2) 为使 $\hat{x}[n]=x[n]$，对 $\Omega_{\mathrm{M}}$ 和理想低通滤波器 $\tilde{H}_{\mathrm{LP}}(\Omega)$ 截止频率 $\Omega_{\mathrm{c}}$ 有何约束？并求出它的通带增益 $G$。

3) 当两个载波存在相位差 $\Delta\theta$ 和频率差 $\Delta\Omega$ 时，对解调器输出的影响是否和连续时间中类似？

**7.8** 在语音通信中，一种简单的语音保密方案如图 P7.8(a)所示。在传输前将语音信号 $x(t)$ 通过一个加密器，得到和 $x(t)$ 占据频带相同的加密信号 $y(t)$，然后把 $y(t)$ 在带限于 $\omega_{\mathrm{M}}$ 的理想低通信道上传输。接收端把接收到的信号 $y(t)$ 经解密器恢复出原来的语音信号 $x(t)$。现假设 $x(t)$ 是带限于 $\omega_{\mathrm{M}}$ 的实信号，其频谱为 $X(\omega)$，加密信号 $y(t)$ 的频谱为 $Y(\omega)$，加密器的频域输入输出关系为

$$Y(\omega)=\begin{cases}X(\omega-\omega_{\mathrm{M}}), & \omega>0\\ X(\omega+\omega_{\mathrm{M}}), & \omega<0\end{cases}$$

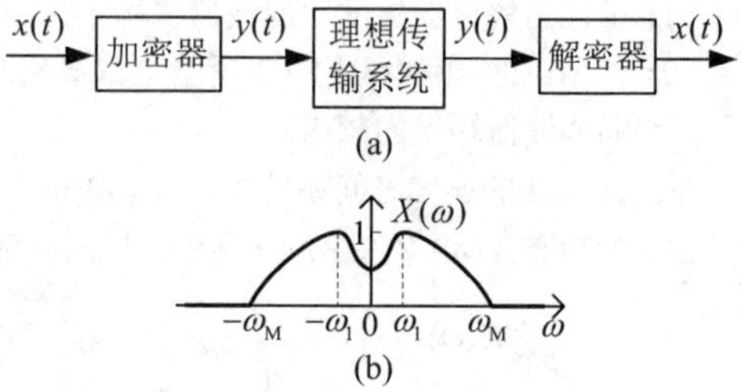


图 P7.8

1) 假定语音信号的频谱 $X(\omega)$ 如图 P7.8(b)所示，试概略画出加密信号 $y(t)$ 的频谱。

2) 试用数乘器、相加器、正弦振荡器和必要的任何类型的理想滤波器，画出理想加密器的方框图。

3) 试用数乘器、相加器、正弦振荡器和各种理想滤波器，画出相应的解密器方框图。

**7.9** 7.5 节介绍调幅(AM)波的一种非同步解调方法，即线性包络检波。而图 P7.9 是另一种 AM 解调器的方框图，它不要求载波相位同步，但要求载波频率同步。图中解调器输入的调幅波为 $y(t)=[x(t)+A]\cos(\omega_0 t+\theta_0)$，其中，$x(t)$ 为带限信号，即 $X(\omega)=0$，$|\omega|>\omega_{\mathrm{M}}$，$\omega_{\mathrm{M}}<\omega_0$；$\theta_0$ 为未知常数；且对所有的 $t$ 都有 $[x(t)+A]>0$；图中的 $H_{\mathrm{L}}(\omega)$ 与(7.4.8)式相同。试证明：可以用图 P7.9 的系统由 $y(t)$ 恢复 $x(t)$，且和调制器载波相位 $\theta_0$ 无关。

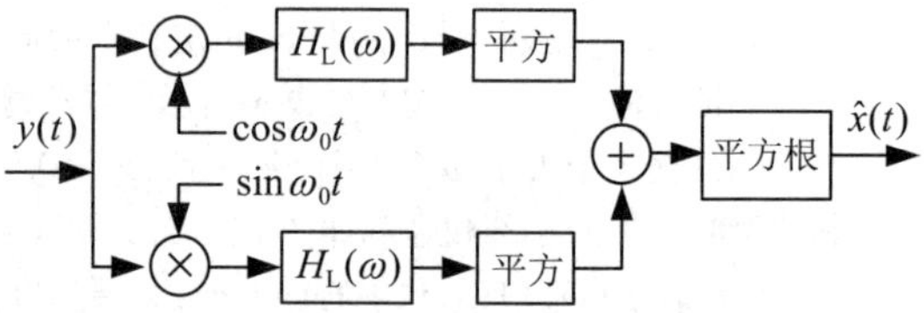


图 P7.9

**7.10** 7.6 节图 7.13 的单边带调制系统中，若 90°移相器的频率响应为 $H(\omega)=-\mathrm{j}\,\mathrm{sgn}(\omega)$。

1) 试通过画出 $y_1(t)$，$y_2(t)$ 和 $y(t)$ 的频谱证明，只要 $x(t)$ 是实的带限信号，$y(t)$ 必定是只包含下边带的单边带信号。**提示**：分别对实带限信号频谱 $X(\omega)$ 的实部和虚部进行讨论。

2) 试证明：如果图 7.13 中 $90^{\circ}$ 移相器改为 $H(\omega)=\mathrm{j}\,\mathrm{sgn}(\omega)$，系统输出 $y(t)$ 是只包含上边带的 SSB 信号。

3) 单边带调制信号必须采用同步解调方案，试画出单边带同步解调器的方框图，并概略画出解调器主要点的信号频谱图，说明能恢复出发送端的调制信号 $x(t)$。进一步讨论单边带调制和解调端的载波不同相时，将对解调器输出的信号有什么影响？此时将产生所谓正交失真，在数据通信中，这种正交失真是特别伤脑筋的。

4) 在离散时间中也有单边带调制，试画出取上边带的离散时间单边带调制器方框图，并确定图中所用的离散时间 $90^{\circ}$ 移相器的频率响应。

**7.11** 本题讨论 7.6 节提及的“残留边带调制(VSB)”，它调制和解调的原理框图如图 P7.11.1(a)所示。假设信息信号 $x(t)$ 带限于 $\omega_{\mathrm{M}}$，并且包含直流分量，其频谱 $X(\omega)$ 如图 P7.26.1(b)所示。

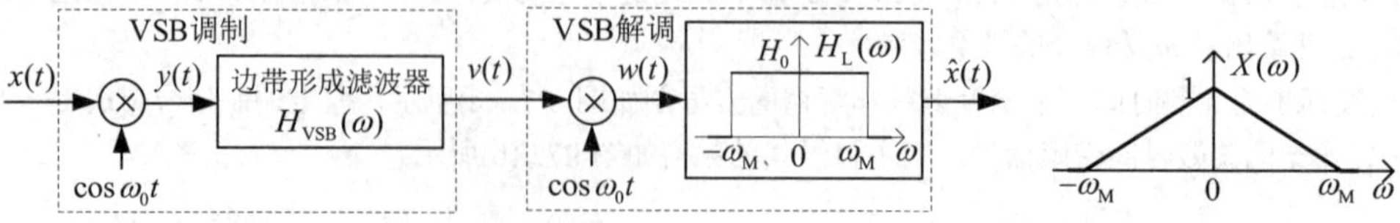


(a) VSB调制和解调 (b)

图 P7.11.1

VSB 调制过程首先对 $x(t)$ 进行抑制载波的双边带调制，然后通过“边带形成滤波器”，产生 VSB 已调制信号 $v(t)$ 输出。边带形成滤波器的频率响应 $H_{\mathrm{VSB}}(\omega)$ 设计成在载频 $\pm\omega_0$ 左右具有奇对称的滚降特性(例如，像 7.10.1 小节图 7.39 那样的余弦滚降特性)，$H_{\mathrm{VSB}}(\omega)$ 和 VSB 已调制信号 $v(t)$ 的频谱 $V(\omega)$，

以及对应的保留上边带的 SSB 信号的频谱 $Y_{uSSB}(\omega)$，如图 P7.11.2 所示。VSB 解调采用相干解调，试分别概略画出 VSB 解调端的信号 $w(t)$ 和低通滤波器 $H_L(\omega)$ 输出 $\hat{x}(t)$ 的频谱 $W(\omega)$ 和 $\hat{X}(\omega)$，证明 $\hat{X}(\omega)=aX(\omega)$，并解释这个结果，若要使 $\hat{X}(\omega)=X(\omega)$，低通滤波器 $H_L(\omega)$ 的 $H_0$ 值应等于什么？

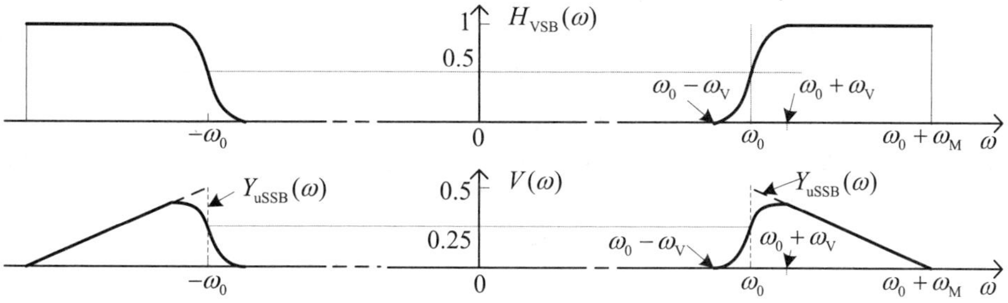

图 P7.11.2

**7.12** 在 7.7.2 小节图 7.16 的超外差接收方框图中，假设本地振荡器频率 $\omega_v$ 等于要接收信号的载波频率 $\omega_s$ 与接收机中频 $\omega_0$ 之和，即 $\omega_v=\omega_0+\omega_s$。天线进入的信号 $x(t)$ 中既有要接收的接收信号 $x_s(t)$，又有载波频率 $(\omega_s+2\omega_0)$ 的另一个电台信号 $r(t)$，即 $x(t)=x_s(t)+r(t)$，其频谱 $X(\omega)=X_s(\omega)+R(\omega)$ 见图 P7.12。

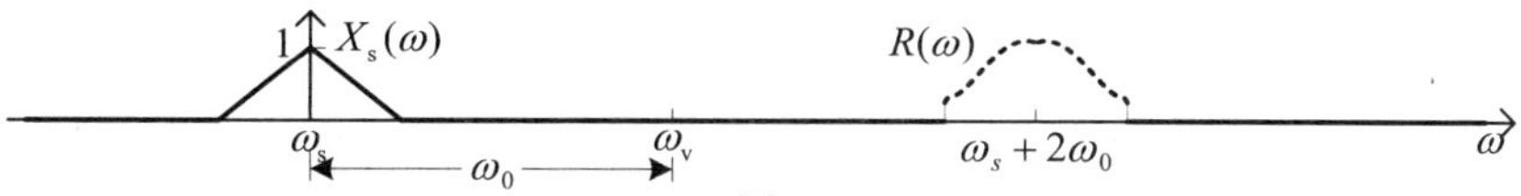

图 P7.12

1) 如果图 7.16 中没有粗调滤波器 $H_1(\omega)$，即混频器的输入 $g(t)$ 就是 $x(t)$，试分别画出混频器输出 $w(t)$ 和中频滤波器输出 $y(t)$ 的频谱。试问，此时的 $y(t)$ 频谱与要接收信号的频谱 $X_s(\omega)$ 相同吗？
2) 从 1)小题的结果中看到，载波频率为 $(\omega_s+2\omega_0)$ 的另一个电台信号就是所谓**镜像干扰**，如果镜像干扰进入了混频器，将无法滤除。抑制镜像干扰(包括其他互调干扰)，要靠图 7.16 中的粗调滤波器 $H_1(\omega)$。现假定 $H_1(\omega)$ 是具有等腰梯形滤波特性的带通滤波器，试设计既能让 $x_s(t)$ 无失真地通过，又能完全抑制上述镜像干扰 $r(t)$ 的粗调滤波器 $H_1(\omega)$，并希望 $H_1(\omega)$ 有尽可能宽的过渡带，因为更宽的过渡带意味着更低的滤波器实现代价。概略画出你设计的 $H_1(\omega)$。

**7.13** 在 7.7.3 小节图 7.18 中，介绍了一个用低通滤波器实现一个实带通滤波器的方法。

1) 试证明图 7.18(a)的系统等价于图 7.18(d)的系统。
2) 试画出与图 7.18(d)对偶的离散时间系统。并证明：它们的输入分别是包含中心频率为 $\omega_0$ 或 $\Omega_0$ 的带通频谱之任意实信号 $x(t)$ 和 $x[n]$ 时，系统输出 $y(t)$ 和 $y[n]$ 分别是一个只包含其带通频谱的实带通信号。
3) 试确定图 7.18(d)的系统和它的离散时间对偶系统的带通频率响应 $H_B(\omega)$ 和 $\tilde{H}_B(\Omega)$。
4) 当 $\omega_0$ 或 $\Omega_0$ 和低通滤波器截止频率 $\omega_{cL}$ 或 $\Omega_{cL}$ 分别为不同值时，概略画出 $H_B(\omega)$ 或 $\tilde{H}_B(\Omega)$，并说明：在 $\omega_0$，$\omega_{cL}$ 或 $\Omega_0$，$\Omega_{cL}$ 满足什么关系时，两个系统才真正等效为一个实带通滤波器。

**7.14** 图 P7.14.1 所示的系统是用两个低通滤波器和一个正弦振荡器构成的带通滤波器。设输入 $x(t)$ 是带限信号，其频谱 $X(\omega)$ 和两个低通滤波器的频率响应 $H_1(\omega)$ 和 $H_2(\omega)$ 见图 P7.14.2，且 $\omega_M<\omega_0$，$\omega_1<\omega_0$ 和 $\omega_2>(\omega_0-\omega_1)$。试概略画出 $v_1(t)$，$v_2(t)$，$v_3(t)$ 和输出 $y(t)$ 的频谱，证明图 P7.14.1 的系统等价于一个带通滤波器，并用 $\omega_0$，$\omega_1$ 和 $\omega_2$ 确定带通滤波器的高、低截止频率。

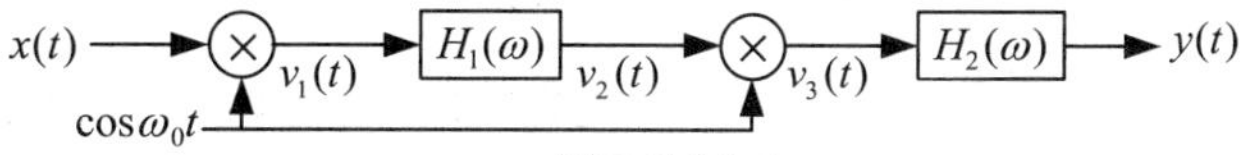

图 P 7.14.1

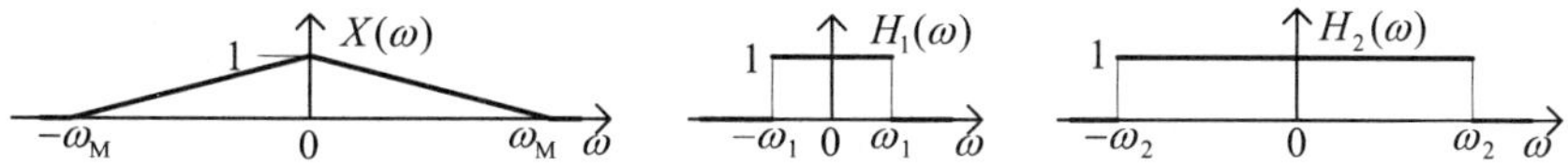

图 P7.14.2

**7.15** 用图 P7.15.1 所示的系统可以实现低通滤波，图中的 $H(\omega)$ 是一个连续时间 90° 移相器，其频率响应为 $H(\omega)=\mathrm{j}\,\mathrm{sgn}(\omega)$，$\mathrm{Im}\{*\}$ 的方框表示一个取虚部的系统。

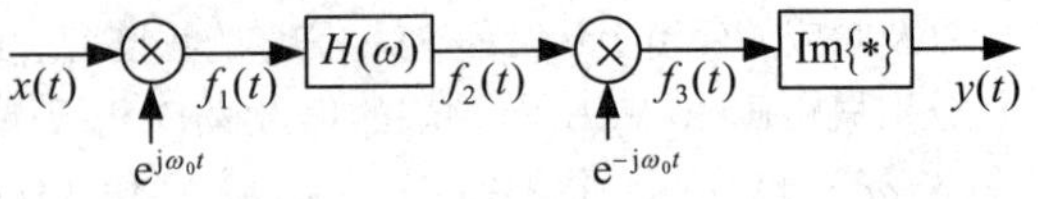

图 P7.15.1

1) 如果实信号 $x(t)$ 的频谱 $X(\omega)$ 如图 P7.15.2(a)所示，且 $\omega_0<\omega_M$。试分别概略画出 $f_1(t)$，$f_2(t)$，$f_3(t)$ 和 $y(t)$ 的频谱(实部和虚部)。并证明：对于任何实信号，图 P7.15.1 的系统是一个理想低通滤波器，并用载波频率 $\omega_0$ 表示这个低通滤波器的截止频率。

2) 试证明图 P7.15.2(b)的实系统等价于图 P7.15.1 的系统，两图中的 $H(\omega)$ 完全一样，且 $x(t)$ 是实信号。

3) 画出离散时间中用幅度调制和 90°移相器实现理想低通滤波的方框图，即图 P7.15.1 和 P7.15.2(b)系统的对偶系统，并对偶地重做 1)和 2)小题。

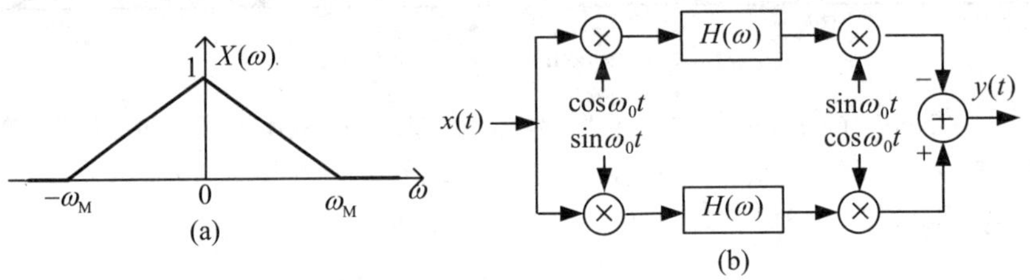

图 P7.15.2

**7.16** 在图 P7.16 所示的离散时间系统中，虚线框内是用一个基本的低通滤波器 $\tilde{H}_L(\Omega)$，和适当的复指数幅度调制构成的单个输入 $N$ 个输出的系统，它通常称为**调制滤波器组**。

1) 如果图 P7.16 中的 $\tilde{H}_L(\Omega)$ 是一个零相位的离散时间理想低通滤波器，其截止频率为 $\Omega_c$，试确定并画出滤波器组每一个通道，即从 $x[n]$ 到 $y_i[n]$，$i=0,\ 1,\ \cdots,\ N-1$，的频率响应 $\tilde{H}_i(\Omega)$，并求出每个通道的单位冲激响应 $h_i[n]$。

2) 如果图 P7.16 中的 $\tilde{H}_L(\Omega)$ 仍是一个零相位理想低通滤波器，为使从 $x[n]$ 到 $y[n]$ 的整个系统等效成恒等系统，即 $y[n]=x[n]$，则 $\tilde{H}_L(\Omega)$ 的截止频率 $\Omega_c$ 应选什么值？

3) 如果图中的 $\tilde{H}_L(\Omega)$ 不再限于理想低通滤波器，且 $h[n]$ 表示整个系统的单位冲激响应，试证明 $h[n]$ 可表示为 $h[n]=v[n]h_0[n]$，其中，$h_0[n]$ 是所用滤波器的单位冲激响应，并确定 $v[n]$，概略画出它的序列图形。

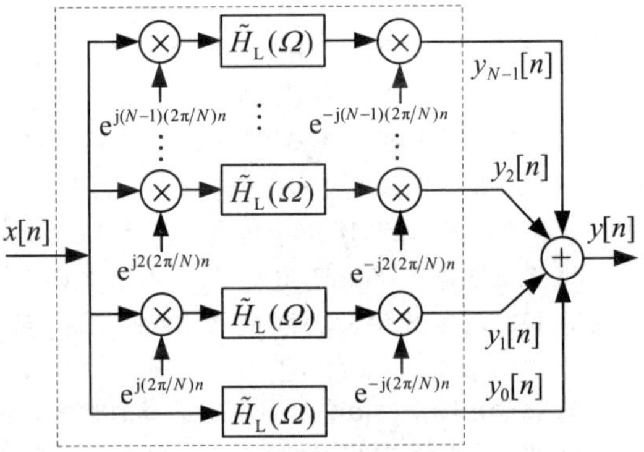

图 P7.16

4) 根据上面 3)小题的结果，为使整个系统等效成一个恒等系统，试确定 $h_0[n]$ 必须满足的充分和必要条件，且答案中不应包含任何和式。

**7.17** 图 P7.17(a)所示的离散时间系统，输入序列 $x[n]$ 与 $\phi_1[n]$ 相乘后，通过一个离散时间 LTI 系统，其输出再与 $\phi_2[n]$ 相乘，得到系统的输出 $y[n]$。

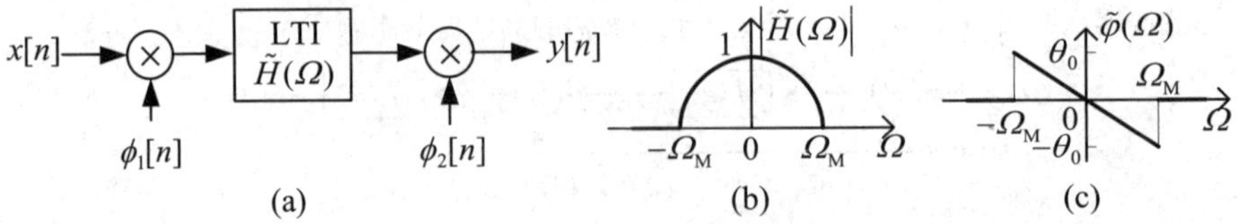

图 P7.17

1) 一般说来，整个系统是线性系统吗？是时不变系统吗？

2) 如果 $\phi_1[n]=z^{-n}$，$\phi_2[n]=z^{n}$，其中 $z$ 为任意复数，试证明整个系统是 LTI 系统。

3) 如果 $\phi_1[n]=(\mathrm{j})^{-n}$，$\phi_2[n]=(\mathrm{j})^{n}$，且图 P7.17(a)中 LTI 系统的幅频响应 $|\tilde{H}(\Omega)|$ 和相频响应 $\tilde{\varphi}(\Omega)$ 分别如图 P7.17(b)和(c)所示，画出这个等效 LTI 系统的幅频响应 $|\tilde{G}(\Omega)|$ 和相频响应 $\angle\tilde{G}(\Omega)$。

**7.18** 由于直流放大器的直流漂移问题，要放大一个包含很低频率分量的信号非常困难。通常采用幅度调制原理把信号搬移到较高的频率范围，再用一个带通放大器进行放大。这样的放大器称为斩波器，它可以消除直流漂移的影响。图 P7.18(a)给出了斩波器的原理方框图，图中调制载波 $p(t)$ 为图 P7.18(c)所示的周期为 $T$ 的周期方波，带通放大器和低通滤波器的频率响应 $H_{\mathrm{B}}(\omega)$ 和 $H_{\mathrm{L}}(\omega)$ 如图 P7.18(b)和(d)所示。

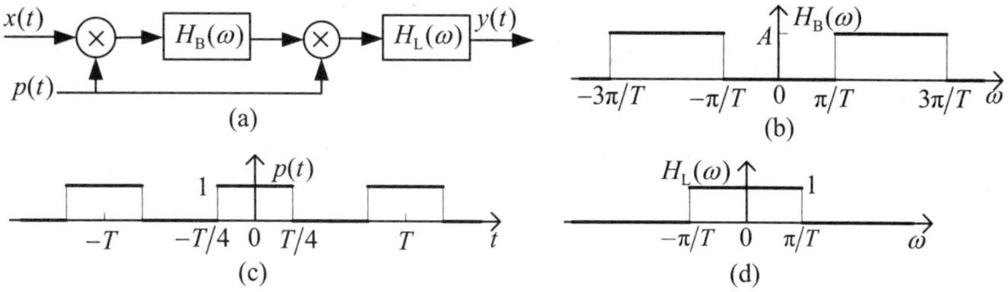


图 P7.18

1) 如果 $x(t)$ 是一个包含很低频率成分的带限于 $\omega_{\mathrm{M}}$ 的带限信号，为使图 P7.18(a)的系统等效为一个直流放大器，试确定允许输入信号 $x(t)$ 的最高频率 $\omega_{\mathrm{M}}$。

2) 如果输入 $x(t)$ 满足 1)小题的要求，试求整个系统的增益 $G$ (用 $T$ 和 $A$ 表示)。

**7.19** 假设 $x[n]$ 是一个离散时间信号，其频谱为 $\tilde{X}(\Omega)$，$p(t)$ 是一个连续时间脉冲信号，其频谱为 $P(\omega)$。若按照 $y(t)=\sum_{n=-\infty}^{\infty}x[n]p(t-n)$ 来形成脉冲幅度已调制信号 $y(t)$。

1) 用 $\tilde{X}(\Omega)$ 和 $P(\omega)$ 确定 $y(t)$ 的频谱 $Y(\omega)$。 2) 若 $p(t)=\begin{cases}\cos(8\pi t), & 0\leqslant t\leqslant 1\\ 0\ , & t<0,\ t>1\end{cases}$，试求 $P(\omega)$ 和 $Y(\omega)$。

**7.20** 图 P7.20(a)是离散时间脉冲幅度调制器，其中 $x[n]$ 是一个离散时间带限信号，带限频率为 $\Omega_{\mathrm{M}}$，其频谱如图 P7.20(b)所示；$\tilde{p}[n]$ 是周期为 $N$ 的周期脉冲序列。

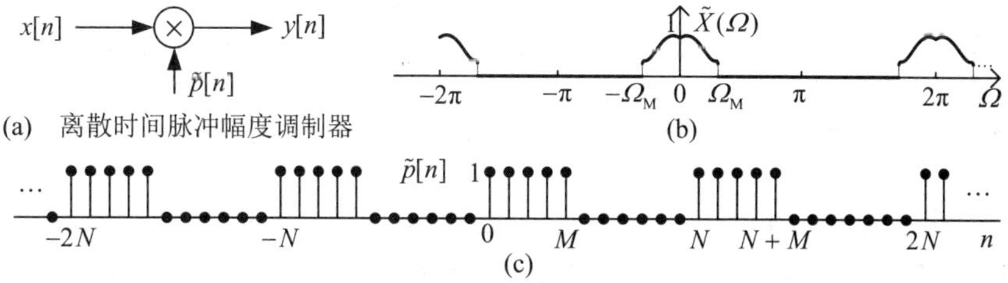


图 P7.20

1) 当 $\tilde{p}[n]$ 为图 P7.20(c)所示的周期矩形序列时，确定其傅里叶变换 $\tilde{P}(\Omega)$。

2) 试确定已调制信号 $y[n]$ 的频谱 $\tilde{Y}(\Omega)$。为使 $\tilde{Y}(\Omega)$ 不产生混叠，作为 $N$ 的函数，试确定 $x[n]$ 允许的最高频率 $\Omega_{\mathrm{M}}$，并概略画出此时的 $\tilde{Y}(\Omega)$。

3) 若 $\Omega_{\mathrm{M}}$ 满足 2)小题确定的条件，说画出解调器(从 $y[n]$ 中恢复出 $x[n]$)的方框图。

4) 试说明当 $\tilde{p}[n]$ 是周期为 $N$ 的周期冲激串，且 $\Omega_{\mathrm{M}}$ 满足 2)小题确定的条件时，这种离散时间脉冲幅度调制和解调，就等同于离散时间时域抽样定理。

**7.21** 有 12 个带限频率均为 10 kHz 的信息信号被调制和复用进行传输，若调制和复用采用如下方式：

(a) SSB 和 FDM　　　　(b) PAM 和 TDM

试确定这两种方式各自需要的最小传输带宽。

**7.22** 一个 PAM 遥测系统要遥测四个物理信号 $x_i(t)$，$i=1,\ 2,\ 3,\ 4$，并采用复用方式进行传输。已知 $x_1(t)$ 和 $x_2(t)$ 的最高频率成分为 80 Hz，$x_3(t)$ 和 $x_4(t)$ 的最高频率成分为 1 kHz；对 $x_3(t)$ 和 $x_4(t)$ 采用的抽样率 $f_s=2400$ 样本/秒。

1) 为了使系统中所用的频率来自同一个晶体振荡器，要求 $x_1(t)$ 和 $x_2(t)$ 采用的抽样率等于 $f_s/2^m$，$m$ 为正整数。试确定 $x_1(t)$ 和 $x_2(t)$ 的最低抽样速率。

2) 利用 1)小题确定的 $x_1(t)$ 和 $x_2(t)$ 之最低抽样率，设计一个两级 TDM 复用方案，即先把 $x_1(t)$ 和 $x_2(t)$ 的 PAM 信号序列 $x_1(t)$ 和 $x_2(t)$ 复用成第一级 TDM 序列 $x_5[n]$，然后再把 $x_5[n]$ 与 $x_3(t)$ 和 $x_4(t)$ 的 PAM 信号序列 $x_3[n]$ 和 $x_4[n]$ 复用成第二级 TDM 序列 $x_6[n]$。画出这个两级 TDM 复用系统的基本组成框图，并确定其中主要功能单元的特性，例如滤波特性、复用和解复用的脉冲载波等。

**7.23** 图 P7.23 为一个具有升余弦幅频特性和线性相位特性的滤波器原理电路图，图中虚线框内是一个运算放大器组成的三输入加法运算电路，$H_{LP}(f)$ 是截止频率为 2 $f_b$ 的理想低通滤波器，即

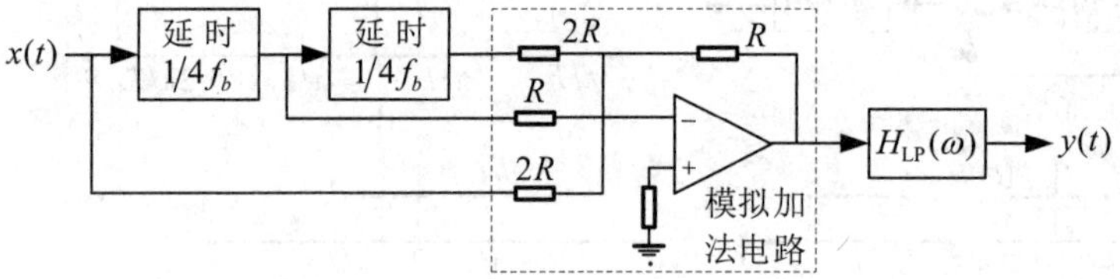


图 P7.23　具有升余弦滤波特性的原理框图

$$H_{LP}(f)=\begin{cases}1, & |f|<2f_b\\ 0, & |f|>2f_b\end{cases}$$

试求滤波器的单位冲激响应 $h(t)$ 和频率响应 $H(\omega)$。

**7.24** 7.10.1 小节中图 7.39 所示的余弦滚降滤波器的频率响应如下：

$$H(\omega)=\begin{cases}1\ , & 0\leqslant|\omega|<(1-\alpha)\omega_c\\ \dfrac{1}{2}+\dfrac{1}{2}\cos\left\{\dfrac{\pi}{2\alpha\omega_c}\left[|\omega|-(1-\alpha)\omega_c\operatorname{sgn}(\omega)\right]\right\}, & (1-\alpha)\omega_c\leqslant|\omega|\leqslant(1+\alpha)\omega_c\\ 0\ , & |\omega|>(1+\alpha)\omega\end{cases}$$

其中，$\alpha$ 称为滚降因子，$0\leqslant\alpha\leqslant1$。试求其单位冲激响应 $h(t)$，并概略画出它的波形。

**7.25** 一个带限的 90°移相器的幅频响应 $|H(\omega)|$ 和相频响应 $\varphi(\omega)$ 如下，试求其单位冲激响应 $h(t)$。

$$|H(\omega)|=\begin{cases}1, & |\omega|<\omega_c\\ 0, & |\omega|>\omega_c\end{cases}\quad 和\quad \varphi(\omega)=\begin{cases}-\pi/2, & \omega>0\\ \pi/2, & \omega<0\end{cases}$$

**7.26** 用差分方程描述的离散时间因果 LTI 系统，无论是 IIR 系统还是 FIR 系统，一般都不是无失真系统。但是，如果它又是最小相移系统(见后面 9.7.2 小节)，它就存在一个可实现的因果的理想均衡器，即原系统的因果逆系统(参见第 3 章习题 3.29)。对于下列差分方程表示的因果 LTI 系统，试分别求出它的因果均衡器的单位冲激响应，写出其差分方程表示，并说明这个均衡器是 FIR 系统，还是 IIR 系统。

1) $y[n]=x[n]+0.75x[n-1]+0.125x[n-2]$

2) $y[n]-0.25y[n-1]-0.125y[n-2]=x[n]+0.5x[n-1]$

3) $y[n]-1.5y[n-1]+0.75y[n-2]-0.125y[n-3]=x[n]$

**7.27** 已知某离散时间 LTI 系统的频率响应 $\tilde{H}(\Omega)$ 为

$$\tilde{H}(\Omega)=0.2-0.25\mathrm{e}^{-\mathrm{j}\Omega}+\mathrm{e}^{-\mathrm{j}2\Omega}+0.5\mathrm{e}^{-\mathrm{j}3\Omega}-0.25\mathrm{e}^{-\mathrm{j}4\Omega}$$

1) 说明该系统不满足无失真条件，也不满足带限无失真条件。

2) 若用图 P7.27 的 FIR 系统作为它近似的时域均衡器，即当输入 $x[n]=\delta[n]$ 时，使均衡器输出 $y[n]$ 满足 $y[4]=1$ 和 $y[2]=y[3]=y[5]=y[6]=0$，试求该 FIR 均衡器的系数 $g_i$，$0\leqslant i\leqslant4$。

3) 按照 2)小题求得的系数，图 P7.27 的整个系统并非理想的无失真系统，但比原系统 $\tilde{H}(\Omega)$ 更接近无失真。试求整个系统的单位冲激响应 $\hat{h}[n]$，并说明除 $\hat{h}[4]=1$ 外，$\hat{h}[n]$ 的最大非零序列值是多少？

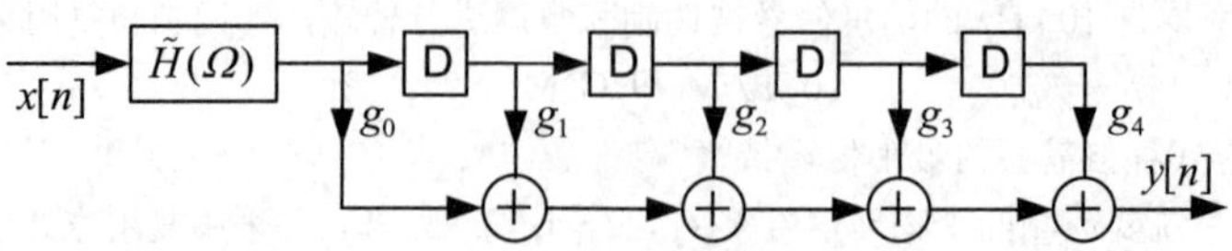


图 P7.27

# 第 8 章　系统的变换域分析和综合

## 8.1 引　　言

前面第 3 章和第 4 章分别讲述了 LTI 系统和用微分方程和差分方程描述的因果系统的时域分析方法，并深入讨论了这两大类系统的各种时域特性。本章基于信号和系统的频域和复频域表示法，全面讨论这两大类系统的变换域方法，既包括系统的变换域分析方法，又涉及系统综合的有关概念和方法，并从频域和复频域角度深入地研究系统的各种功能和特性。时域方法和变换域方法既互为补充，又相得益彰，共同组成信号与系统主要的基本理论和方法。

连续时间和离散时间系统的变换域分析包括**频域分析**与**复频域分析**，分别以连续和离散时间傅里叶变换与拉普拉斯变换和 Z 变换为分析工具，通常把频域分析称为**傅里叶分析**，把连续时间和离散时间系统的复频域分析分别称为 **$s$ 域分析**和 **$z$ 域分析**。在本章中，首先介绍基于双边拉普拉斯变换和双边 Z 变换及傅里叶变换的 LTI 系统(包括用微分方程和差分方程表征的 LTI 系统)的复频域和频域分析方法；再讨论基于**单边**拉普拉斯变换和**单边** Z 变换的、用微分方程和差分方程描述的因果增量线性系统的 $s$ 域分析和 $z$ 域分析，即零状态响应和零输入响应的复频域解法；然后，介绍和讨论由系统函数和频率响应表征的 LTI 系统的一系列功能和特性，包括系统函数收敛域和零、极点分布反映的 LTI 系统各种时域和频域特性；在此基础上，介绍在系统分析和综合中具有重要意义的另一些基本系统，例如，一阶系统和二阶系统、全通系统和最小相移系统等；接着介绍由信号和系统的变换域表示获得的、与系统的方框图表示等价的系统图形表示法——信号流图，并介绍和讨论以一阶和二阶系统为基础的另一类系统实现结构，即级联和并联实现结构。

## 8.2 LTI 系统的变换域分析方法

本节要介绍和讨论的 LTI 系统的变换域分析方法及其有关概念和方法，正是基于拉普拉斯变换和 Z 变换及傅里叶变换的时域卷积性质，把时域中 LTI 系统的输入输出卷积关系转换成变换域(复频域和频域)中的输入输出相乘关系的一系列直接结果。

在时域中，连续时间和离散时间 LTI 系统的输入输出关系是时域卷积关系，即

$$y(t)=x(t)*h(t) \quad 和 \quad y[n]=x[n]*h[n] \tag{8.2.1}$$

这是 LTI 系统时域分析的基本关系。根据变换的时域卷积性质(见(6.3.1)式、(6.3.2)式和(6.3.3)式)，在复频域和频域中，上述时域卷积关系分别转换成复频域和频域的相乘关系。即

$$Y(s)=X(s)H(s)\text{，}\ R_Y\supset R_X\cap R_H \quad \text{和} \quad Y(z)=X(z)H(z)\text{，}\ R_Y\supset R_X\cap R_H \tag{8.2.2}$$

及

$$Y(\omega)=X(\omega)H(\omega) \quad \text{和} \quad \tilde{Y}(\Omega)=\tilde{X}(\Omega)\tilde{H}(\Omega) \tag{8.2.3}$$

其中，$\{H(s),\ R_H\}$和$\{H(z),\ R_H\}$分别为连续时间和离散时间 LTI 系统的系统函数及其收敛域，$\{Y(s),\ R_Y\}$，$\{Y(z),\ R_Y\}$和$\{X(s),\ R_X\}$，$\{X(z),\ R_X\}$分别是输出和输入信号的拉普拉斯变换和 Z 变换表示；$H(\omega)$和$\tilde{H}(\Omega)$分别是连续和离散时间 LTI 系统的频率响应，$Y(\omega)$，$\tilde{Y}(\Omega)$和$X(\omega)$，$\tilde{X}(\Omega)$分别为输出和输入信号的频谱。它们分别是连续和离散时间 LTI 系统的复频域和频域输入输出信号变换关系。与(8.2.1)式在时域分析中的作用一样，它们提供了在频域和复频域中分析 LTI 系统的基本关系式，由此产生出 LTI 系统的变换域基本分析方法。

在工程上变换域方法成为人们更喜爱的系统分析方法，这是有其原因的。从下面讨论的几类情况将充分说明这一点。

## 8.2.1 LTI 系统的复频域和频域分析

在一般的分析或求解 LTI 系统问题中，通常已知 LTI 系统的时域表示和输入信号，希望得到系统的输出信号。对于这类问题，一种显然的选择是用时域卷积方法直接求解 LTI 系统的响应，在第 3 章中已对这种方法作过详细的讨论。如果用变换域方法求解，只要把输入信号$x(t)$和$x[n]$及 LTI 系统的单位冲激响应$h(t)$和$h[n]$，通过拉普拉斯变换和 Z 变换或傅里叶变换，分别变换成它们的复频域或频域表示，再利用(8.2.2)式或(8.2.3)式，求得输出信号的复频域或频域表示，最后通过反变换，求出输出信号的时域表达式和画出波形。乍看起来，用变换域方法求解这类问题好像绕了一个圈子，但它的最大好处是把时域中的卷积运算变成复频域和频域中的相乘运算，且可以利用变换的性质方便地求取变换和反变换，使得用变换域方法求解这类问题一般只涉及初等的代数运算，避免了微积分等高等运算。请看下面的例子。

**【例 8.1】** 已知某连续时间 LTI 系统的单位冲激响应$h(t)$和输入信号$x(t)$如图 8.1 所示，试求该系统在输入$x(t)$时的输出$y(t)$。

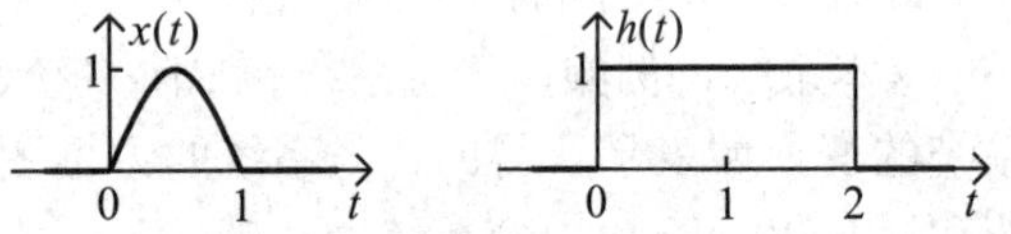


图 8.1 例 8.1 中的$x(t)$和$h(t)$

**解**：这里用拉普拉斯变换求解，图 8.1 中的$h(t)$和$x(t)$可分别表示成

$$h(t)=u(t)-u(t-2)$$

和

$$x(t)=\sin\pi(t)u(t)+\sin\pi(t-1)u(t-1)$$

对它们分别求拉普拉斯变换，得到

$$H(s)=\frac{1}{s}-\frac{e^{-2s}}{s}=\frac{1-e^{-2s}}{s}\text{，}\quad R_H=\text{整个 S 平面}$$

和

$$X(s)=\frac{\pi}{s^2+\pi^2}+\frac{\pi e^{-s}}{s^2+\pi^2}=\frac{\pi(1+e^{-s})}{s^2+\pi^2}\text{，}\ R_X=\text{整个 S 平面}$$

由于$x(t)$和$h(t)$均为因果的有限持续期信号，故$y(t)$也是因果的有限持续期信号。按照(8.2.2)式，它的拉普拉斯变换为

$$Y(s)=X(s)H(s)=\frac{\pi(1+e^{-s})(1-e^{-2s})}{s(s^2+\pi^2)}\text{，}\quad R_Y=\text{整个 S 平面}$$

剩下的问题是求上述$\{Y(s),\ R_Y\}$的反拉普拉斯变换，现令

$$Y_1(s)=\frac{\pi}{s(s^2+\pi^2)}\text{，}\quad R_{Y1}=(\text{Re}\{s\}>0)$$

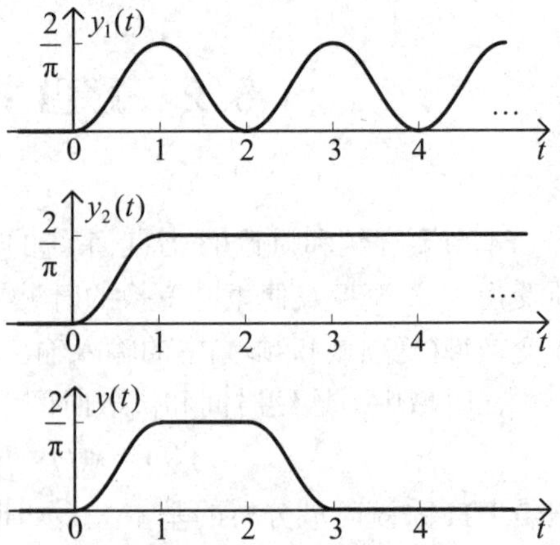


图 8.2 例 8.1 中的$y_1(t)$，$y_2(t)$和$y(t)$

且有

$$\mathscr{L}^{-1}\{1+e^{-s}\}=\delta(t)+\delta(t-1)$$

和

$$\mathscr{L}^{-1}\{1-e^{-2s}\}=\delta(t)-\delta(t-2)$$

则有　$$y(t)=y_1(t)*[\delta(t)+\delta(t-1)]*[\delta(t)-\delta(t-2)]$$

为求 $y_1(t)$ 的反拉普拉斯变换，把 $Y_1(s)$ 部分分式展开为

$$Y_1(s)=\frac{\pi}{s(s^2+\pi^2)}=\frac{1}{\pi}\left(\frac{1}{s}-\frac{s}{s^2+\pi^2}\right),\quad \mathrm{Re}\{s\}>0$$

利用一些基本的拉普拉斯变换对，可直接写出 $Y_1(s)$ 的反拉普拉斯变换，即

$$y_1(t)=[1-\cos\pi t u(t)]u(t)/\pi$$

$y_1(t)$ 的波形见图 8.2。该 LTI 系统对 $x(t)$ 的响应 $y(t)$ 为

$$y(t)=y_1(t)*[\delta(t)+\delta(t-1)]*[\delta(t)-\delta(t-2)]=[y_1(t)+y_1(t-1)]*[\delta(t)-\delta(t-2)]=y_2(t)-y_2(t-2)$$

其中　$$y_2(t)=y_1(t)+y_1(t-1)=\{[1-\cos\pi t]u(t)+[1-\cos\pi(t-1)]u(t-1)\}/\pi$$

$y_2(t)$ 和 $y(t)$ 的波形如图 8.2 所示。

由于 $h(t)$ 和 $x(t)$ 的傅里叶变换也存在，故本题也可用频域方法来求解，并将得出同样的结果。另外，直接用 $h(t)$ 和 $x(t)$ 卷积，利用卷积性质，也可方便地求出 $y(t)$，这些请读者自行练习。

**【例 8.2】** 已知如下离散时间 LTI 系统的 $h[n]$，试求对三角形序列 $x[n]=n\{u[n]-u[n-11]\}$ 的响应 $y[n]$。

$$h[n]=\delta[n+1]-2\delta[n]+\delta[n-1]$$

**解**：用 Z 变换求解如下：

$$H(z)=\mathscr{Z}\{h[n]\}=z-2+z^{-1}=z(1-z^{-1})^2,\quad 0<|z|<\infty$$

$$X(z)=\mathscr{Z}\{n(u[n]-u[n-11])\}=\mathscr{Z}\{nu[n]-(n-10)u[n-10]-10u[n-11]\}$$

利用基本 Z 变换对及其时移性质，则有：$X(z)=\dfrac{z^{-1}}{(1-z^{-1})^2}-\dfrac{z^{-11}}{(1-z^{-1})^2}-\dfrac{10z^{-11}}{1-z^{-1}}$，$|z|>0$。按照(8.2.2)式右式，系统输出 $y[n]$ 的 Z 变换为

$$Y(z)=X(z)H(z)=1-z^{-10}-10z^{-10}(1-z^{-1})=1-11z^{-10}+10z^{-11},\quad |z|>0$$

通过反 Z 变换，求得该 LTI 系统对给定三角形序列的响应为

$$y[n]=\mathscr{Z}^{-1}\{Y(z)\}=\delta[n]-11\delta[n-10]+10\delta[n-11]$$

由于本题中 $h[n]$ 和 $x[n]$ 均存在离散时间傅里叶变换，它们的 DTFT 可用 $e^{j\Omega}$ 替换其 Z 变换像函数中的 $z$ 后获得，因此，用频域方法也可求得上述结果。若直接用离散时域的卷积方法也可求得，请读者自行练习。

由于拉普拉斯变换和 Z 变换分别是 CFT 或 DTFT 的一般化，这两种傅里叶变换又分别是 S 平面中虚轴上的拉普拉斯变换和 Z 平面单位圆上的 Z 变换，因此频域和复频域分析方法本质上是一致的，方法也类似。对于具体 LTI 系统分析的问题，用哪一种变换域分析方法，要看给定的 LTI 系统表示(例如，单位冲激响应或单位阶跃响应等)和输入信号是否存在连续和离散时间傅里叶变换、拉普拉斯变换和 Z 变换。一般情况下，特别是稳定的 LTI 系统，且输入信号为能量信号时，信号和 LTI 系统都既有频域表示，又有复频域表示，频域和复频域方法都可以用。除了一些特殊的时间函数和序列(例如，抽样函数表示的信号以及下一章要介绍的一些理想滤波器)外，用拉普拉斯变换和 Z 变换方法求解更简便些，且很容易从信号和系统的复频域表示转换成它们的频域表示，获得输入信号通过 LTI 系统后，每个频率分量各自幅度和相位的变化。在一些 LTI 系统分析中，例如，不稳定的 LTI 系统和指数增长输入的情况下，由于它们不存在傅里叶变换表示，但存在拉普拉斯变换和 Z 变换，这类问题只能用复频域方法。而在另一些情况下，例如，周期输入时求 LTI 系统的稳态响应问题，由于周期信号不存在双边拉普拉斯变换和双边 Z 变换，但它们有傅里叶变换，此时应该用频域方法求解。

在用双边拉普拉斯变换和双边 Z 变换求解时，由于不同收敛域的像函数对应着不同的时间函数和序列，求解过程中应注意收敛域的变化。基于 5.8.3 节介绍的收敛域性质或约束，不难正确判断求解过程中收敛域的变化，求得正确的结果。

## 8.2.2 LTI 系统的变换域表示比其时域表示更容易获得

这类情况的典型例子是电路系统，在电路分析中，若在激励变成非零以前，电路中所有电容上的电压及所有电感里的电流均为零，即满足“起始松弛”条件，它们就是因果 LTI 系统，其系统函数 $H(s)$ 和频率响应 $H(\omega)$ 比单位冲激响应 $h(t)$ 或单位阶跃响应更容易获得。利用电路元件的 $s$ 域模型和复阻抗(或复导纳)表示，并根据 $s$ 域或频域形式的基尔霍夫电压方程和电流方程，或者网络定理，可以简便地求得该电路或网络的 $H(s)$ 和频率响应 $H(\omega)$。因此，可以直接利用频域和复频域输入输出信号变换关系，由给定的输入或激励，求得电路响应的频域和复频域表示，进而用反变换求出电路的时域响应，包括单位冲激响应和单位阶跃响应。

**【例 8.3】** 在图 8.3(a)的 RC 积分电路中，输入输出端电压 $v_i(t)$ 和 $v_o(t)$ 分别看作系统的输入和输出。试求：1) 对周期为 $T$，宽度为 $T_1$ 的单位幅度周期矩形脉冲电压的稳态响应。

2) 当电容 $C$ 上的电压为零时，电路的单位阶跃响应 $s(t)$。

**解：** 1) 电路对周期输入的稳态响应就是输入加入很长时间后电路的输出。由于周期信号可分解为一系列谐波复指数信号的线性组合，故可以用频域分析法求解。

图 8.3(b)画出了 RC 积分电路的复阻抗模型，它的频率响应为

$$H(\omega)=\frac{V_o(\omega)}{V_i(\omega)}=\frac{1/\mathrm{j}\omega C}{R+1/\mathrm{j}\omega C}=\frac{1}{1+\mathrm{j}\omega RC}=\frac{1/\tau}{\mathrm{j}\omega+1/\tau}$$

其中，$\tau=RC$ 为该 RC 积分电路的时间常数。按照前面 5.5 节例 5.10，该周期矩形脉冲信号的频域表示为

$$V_i(\omega)=\omega_0 T_1\sum_{k=-\infty}^{\infty}\mathrm{Sa}\left(\frac{k\omega_0 T_1}{2}\right)\delta\left(\omega-k\omega_0\right)$$

其中，$\omega_0=2\pi/T$。按照(8.2.3)式，输出电压的傅里叶变换为

$$V_o(\omega)=V_i(\omega)H(\omega)=\omega_0 T_1\sum_{k=-\infty}^{\infty}\frac{1/\tau}{\mathrm{j}k\omega_0+(1/\tau)}\mathrm{Sa}\left(\frac{k\omega_0 T_1}{2}\right)\delta(\omega-k\omega_0)$$

由此可得到输出电压中直流分量 $(k=0)$ 和各次谐波分量的幅度和相位，但要通过傅里叶反变换或傅里叶级数合成公式求出输出电压的时域表示就比较困难，待下面求出该电路的单位阶跃响应后再来讨论这个问题。

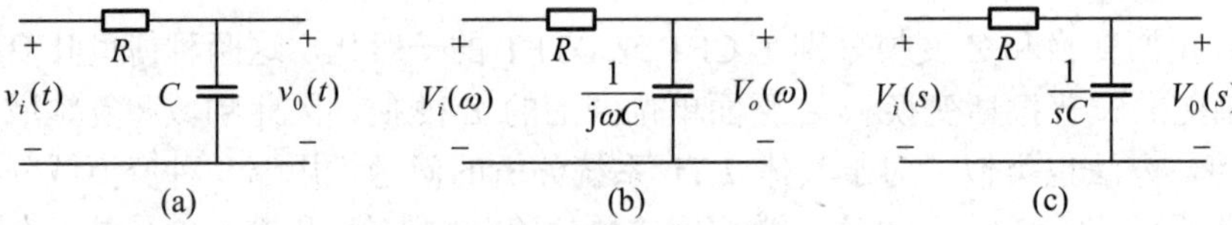


图 8.3 RC 积分电路及其频域和 $s$ 域模型

2) RC 电路的单位阶跃响应 $s(t)$ 就是 $v_i(t)=u(t)$ 时的 $v_o(t)$，这里用复频域方法求解。图 8.3(c)为 RC 积分电路的 $s$ 域模型，其系统函数为

$$H(s)=\frac{1/sC}{R+1/sC}=\frac{1}{1+sRC}=\frac{1/\tau}{s+1/\tau},\quad \mathrm{Re}\{s\}>-\frac{1}{\tau}$$

顺便指出，在电路和网络分析中遇到的都是因果系统，传递函数或系统函数的收敛域总是最右边极点为边界的右半个 S 平面，一般可不必说明，也不会造成求解结果的混淆。

单位阶跃输入电压的拉普拉斯变换为 $V_i(s)=1/s$，RC 积分电路的单位阶跃响应的复频域表示为

$$V_o(s)=V_i(s)H(s)=\frac{1/\tau}{s(s+1/\tau)}=\frac{1}{s}-\frac{1}{s+1/\tau},\quad \mathrm{Re}\{s\}>0$$

对上式进行拉普拉斯反变换，求得 RC 积分电路的单位阶跃响应为 $s(t)=(1-\mathrm{e}^{-t/\tau})u(t)$。

现在可方便求出 RC 积分电路对图 8.4(a)所示的周期脉冲的时域响应，该周期矩形脉冲可表示为

$$v_i(t)=\sum_{n=-\infty}^{\infty}\left[u(t-nT+\frac{T_1}{2})-u(t-nT-\frac{T_1}{2})\right]$$

根据 LTI 系统的线性性质和时不变性质，它对上述周期矩形脉冲输入的稳态响应 $v_o(t)$ 为

$$v_o(t)=\sum_{n=-\infty}^{\infty}\left[s(t-nT+T_1/2)-s(t-nT-T_1/2)\right]$$

其中，$s(t)$ 为上面已求得的 RC 积分电路的单位阶跃响应。图 8.4(b)画出了 $v_o(t)$ 的波形。

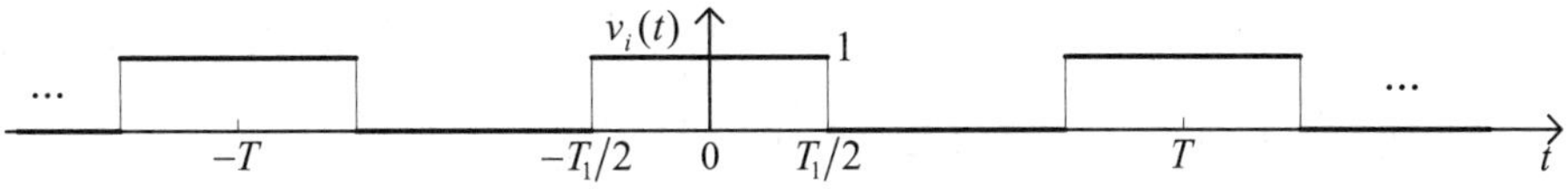


(a) 周期矩形脉冲

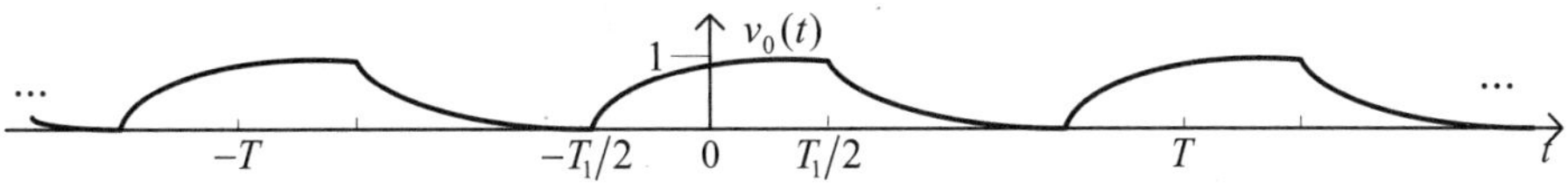


(b) RC 积分电路在周期矩形脉冲输入时的输出

图 8.4　周期矩形脉冲输入及其 RC 积分电路对它的响应

**【例 8.4】**　图 8.5(a)所示的一阶预测器可看成一个离散时间 LTI 系统，其中，$0<\rho<1$ 称为预测系数，它常用于预测编码系统中。试求其系统函数和频率响应。

**解**：图 8.5(b)为它的 $z$ 域模型，由图 8.5(b)可以写出如下的方程：

$$Y(z)=X(z)-\rho z^{-1}Y(z)\quad \text{或}\quad Y(z)=\frac{1}{1+\rho z^{-1}}X(z)$$

按照(8.2.2)式右式，一阶预测器的系统函数 $H(z)$ 为

$$H(z)=\frac{1}{1+\rho z^{-1}}\text{，}\quad |z|>\rho\text{，}\quad 0<\rho<1$$

收敛域包含单位圆，则令 $z=\mathrm{e}^{\mathrm{j}\Omega}$，可得到该一阶预测器的频率响应为 $\tilde{H}(\Omega)=1/(1+\rho\mathrm{e}^{-\mathrm{j}\Omega})$，这样，就可用离散时间傅里叶变换和 Z 变换方法求出在任何输入序列时的输出序列。

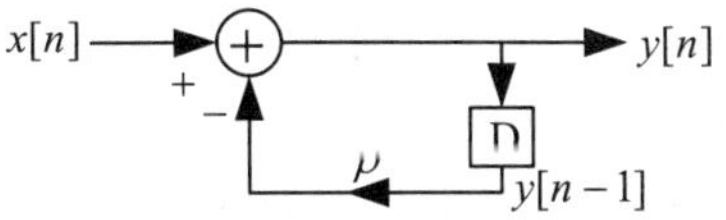


(a) 离散时间一阶预测器

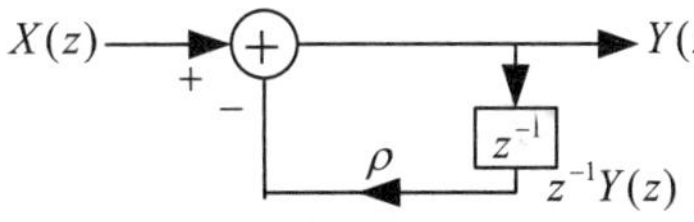


(b) 一阶预测器的 $z$ 域模型

图 8.5　离散时间一阶预测器及其 $z$ 域模型

## 8.2.3　用微分方程和差分方程描述的 LTI 系统的变换域分析

第 4 章讨论过用微分方程和差分方程描述的一类因果 LTI 系统的时域分析方法。通常先求出它们的单位冲激响应 $h(t)$ 和 $h[n]$，然后用卷积方法求解它们对给定输入信号的响应。还具体介绍了求解这类系统单位冲激响应的几种方法。从本节将会看到，用微分方程和差分方程描述的 LTI 系统的系统函数和频率响应可以直接写出，显然，更便于用变换域方法求解。

**1．用微分方程和差分方程表征的 LTI 系统的系统函数**

用如下的 $N$ 阶线性常系数微分方程或差分方程描述的连续时间或离散时间 LTI 系统：

$$\sum_{k=0}^{N}a_k y^{(k)}(t)=\sum_{k=0}^{M}b_k x^{(k)}(t)\quad \text{或}\quad \sum_{k=0}^{N}a_k y[n-k]=\sum_{k=0}^{M}b_k x[n-k]\tag{8.2.4}$$

它们的系统函数(像函数)可以直接由方程写出。为了说明这一点，假设 $x(t)$、$y(t)$ 或 $x[n]$、$y[n]$，分别存在双边拉普拉斯变换或双边 Z 变换，其像函数分别为 $X(s)$、$Y(s)$ 或 $X(z)$、$Y(z)$，那么，对上述微分方程或差分方程的两边分别取双边拉普拉斯变换或双边 Z 变换，即

$$\mathscr{L}\left\{\sum_{k=0}^{N}a_k y^{(k)}(t)\right\}=\mathscr{L}\left\{\sum_{k=0}^{M}b_k x^{(k)}(t)\right\} \quad 或 \quad \mathscr{Z}\left\{\sum_{k=0}^{N}a_k y[n-k]\right\}=\mathscr{Z}\left\{\sum_{k=0}^{M}b_k x[n-k]\right\}$$

利用变换的线性性质，交换求变换或求和的次序，可以分别写成

$$\sum_{k=0}^{N}a_k \mathscr{L}\left\{y^{(k)}(t)\right\}=\sum_{k=0}^{M}b_k \mathscr{L}\left\{x^{(k)}(t)\right\} \quad 或 \quad \sum_{k=0}^{N}a_k \mathscr{Z}\left\{y[n-k]\right\}=\sum_{k=0}^{M}b_k \mathscr{Z}\left\{x[n-k]\right\}$$

再运用拉普拉斯变换的时域微分性质或 Z 变换的时移性质，分别得到

$$Y(s)\sum_{k=0}^{N}a_k s^k = X(s)\sum_{k=0}^{M}b_k s^k \quad 或 \quad Y(z)\sum_{k=0}^{N}a_k z^{-k} = X(z)\sum_{k=0}^{M}b_k z^{-k}$$

由此，分别得到这类连续时间或离散时间 LTI 系统的系统函数 $H(s)$ 或 $H(z)$，它们分别为

$$H(s)=\frac{Y(s)}{X(s)}=\frac{\sum_{k=0}^{M}b_k s^k}{\sum_{k=0}^{N}a_k s^k} \quad 或 \quad H(z)=\frac{Y(z)}{X(z)}=\frac{\sum_{k=0}^{M}b_k z^{-k}}{\sum_{k=0}^{N}a_k z^{-k}} \tag{8.2.5}$$

由此看出，微分方程或差分方程描述的这类 LTI 系统的系统函数都是有理函数，其分子和分母分别是复变量 $s$ 或 $z^{-1}$ 的 $M$ 次和 $N$ 次多项式。若将其分母和分子多项式与原微分方程或差分方程左、右两边作比较，它们分别具有相同的线性组合结构，仅是将微分方程中时间函数的 $k$ 阶导数换成 $s$ 的 $k$ 次方，差分方程中序列的延时 $k$ 换成 $z^{-1}$ 的 $k$ 次方，故可以从它们的微分方程或差分方程表示直接写出各自的系统函数。同理，如果一个 LTI 系统的系统函数有(8.2.5)式这样的有理函数形式，那么也可以直接写出它们的微分方程或差分方程表示。

由 5.8.4 小节可知，对于双边拉普拉斯变换和双边 Z 变换，仅由像函数仍不能唯一确定其反变换，只有连同其收敛域一起，才能唯一确定其时域表示。因此，仅由微分方程和差分方程写出系统的系统函数，并不能唯一地表示一个 LTI 系统。换言之，同一个系统函数、不同的收敛域，就表示不同的 LTI 系统。另一方面，既然得到了(8.2.5)式那样的有理系统函数，系统的极点就完全确定了，它们就是分母多项式的根。那么按照拉普拉斯变换和 Z 变换收敛域的性质，可以得到系统函数 $H(s)$ 和 $H(z)$ 收敛域所有可能的选择，只是微分方程和差分方程本身并没有给出选择其中哪一个收敛域的信息，必须根据**附加信息**作出正确、唯一的选择。这些附加信息不外乎已知 LTI 系统是“**因果**”的、“**稳定**”的和“**反因果**”的，或者有关系统输入和输出的其他信息。至于如何由这些附加信息，唯一确定系统函数的收敛域，将由下面的例子来说明。一旦确定了系统函数和它的收敛域，就可通过反变换，求出 LTI 系统的单位冲激响应 $h(t)$ 或 $h[n]$，或者，由系统的输入信号用变换域方法求出系统的输出信号。

**【例 8.5】** 用变换域方法求解 4.5 节中的例 4.7 题，并求当输入 $x(t)=\mathrm{e}^{-2t}u(t)$ 时的系统输出 $y(t)$。

**解：** 由因果 LTI 系统的微分方程 $y''(t)+4y'(t)+3y(t)=x'(t)+2x(t)$，按照(8.2.5)式，它的系统函数为

$$H(s)=\frac{s+2}{s^2+4s+3}=\frac{s+2}{(s+1)(s+3)}, \quad R_H=(\mathrm{Re}\{s\}>-1)$$

该系统有两个极点，$p_1=-1$，$p_2=-3$，由于已知该系统为因果 LTI 系统，其收敛域只能是系统最右侧极点的右边半个 S 平面，即 $\mathrm{Re}\{s\}>-1$。最后利用部分分式展开，通过反变换求得其单位冲激响应。

$$h(t)=\mathscr{L}^{-1}\left\{\frac{s+2}{(s+1)(s+3)},\ \mathrm{Re}\{s\}>-1\right\}=\mathscr{L}^{-1}\left\{\frac{0.5}{s+1}+\frac{0.5}{s+3},\ \mathrm{Re}\{s\}>-1\right\}=0.5[\mathrm{e}^{-t}u(t)+\mathrm{e}^{-3t}u(t)]$$

这一结果与例 4.7 中的结果完全一样。

再用复频域方法求输入 $x(t)=\mathrm{e}^{-2t}u(t)$ 时系统的输出 $y(t)$。$X(s)=\mathscr{L}\{\mathrm{e}^{-2t}u(t)\}=1/(s+2)$，$\mathrm{Re}\{s\}>-2$，则系统输出 $y(t)$ 的拉普拉斯变换为

$$Y(s)=X(s)H(s)=\frac{1}{s+2}\cdot\frac{s+2}{(s+1)(s+3)}=\frac{1}{(s+1)(s+3)},\quad R_Y\supset R_X\cap R_H=(\mathrm{Re}\{s\}>-1)$$

同样地，可利用部分分式展开法求得系统的输出 $y(t)$ 如下：

$$y(t)=\mathscr{L}^{-1}\left\{\frac{1}{(s+1)(s+3)},\quad \mathrm{Re}\{s\}>-1\right\}=\mathscr{L}^{-1}\left\{\frac{0.5}{s+1}-\frac{0.5}{s+3},\quad \mathrm{Re}\{s\}>-1\right\}=0.5[\mathrm{e}^{-t}u(t)-\mathrm{e}^{-3t}u(t)]$$

**【例 8.6】**　由如下差分方程表示的因果 LTI 系统：

$$y[n]-(3/4)y[n-1]+(1/8)y[n-2]=2x[n]$$

试求其单位冲激响应 $h[n]$。

**解：** 按(8.2.5)式，它的系统函数为

$$H(z)=\frac{2}{1-0.75z^{-1}+0.125z^{-2}}=\frac{2}{(1-0.5z^{-1})(1-0.25z^{-1})}=\frac{4}{1-0.5z^{-1}}-\frac{2}{1-0.25z^{-1}},\quad R_H=(|z|>0.5)$$

由于该因果系统有两个一阶极点，$p_1=0.5$，$p_2=0.25$，因果性决定了其收敛域为 $|z|>0.5$。通过反 Z 变换求得系统的单位冲激响应为

$$h[n]=\mathscr{Z}^{-1}\left\{\frac{4}{1-0.5z^{-1}}-\frac{2}{1-0.25z^{-1}},\quad |z|>\frac{1}{2}\right\}=4(0.5)^n u[n]-2(0.25)^n u[n]$$

用拉普拉斯变换和 Z 变换求解这类因果 LTI 系统的单位冲激响应和单位阶跃响应，显然比 4.6 节介绍的时域方法简便。

**2．用微分方程和差分方程表示的稳定 LTI 系统的频率响应**

由 3.7.2 节讨论的 LTI 系统稳定性可知，稳定 LTI 系统的单位冲激响应 $h(t)$ 或 $h[n]$ 应分别满足模可积或模可和，故它们有频率响应表示，即 $h(t)$ 或 $h[n]$ 分别存在严格意义上的傅里叶变换。根据傅里叶变换与双边拉普拉斯变换或双边 Z 变换的关系，稳定 LTI 系统的系统函数收敛域分别包含 S 平面中的虚轴或 Z 平面上的单位圆，且在虚轴或单位圆上的系统函数分别就是连续时间或离散时间稳定 LTI 系统的频率响应，即

$$H(\omega)=H(s)\big|_{s=\mathrm{j}\omega}\quad 或\quad H(\Omega)=H(z)\big|_{z=\mathrm{e}^{\mathrm{j}\Omega}}\tag{8.2.6}$$

按照(8.2.5)式，对于微分方程或差分方程表示的稳定 LTI 系统，它们的频率响应分别为

$$H(\omega)=\frac{\sum_{k=0}^{M}b_k(\mathrm{j}\omega)^k}{\sum_{k=0}^{M}a_k(\mathrm{j}\omega)^k}\quad 或\quad \tilde{H}(\Omega)=\frac{\sum_{k=0}^{M}b_k\mathrm{e}^{-\mathrm{j}k\Omega}}{\sum_{k=0}^{M}a_k\mathrm{e}^{-\mathrm{j}k\Omega}}\tag{8.2.7}$$

上式表示的 $H(\omega)$ 或 $\tilde{H}(\Omega)$ 分别是复变量 $\mathrm{j}\omega$ 或 $\mathrm{e}^{\mathrm{j}\Omega}$ 的有理函数，将它们的分子和分母多项式与系统的微分方程或差分方程做对照，同样会看到，稳定 LTI 系统的频率响应也可以由它们的微分方程或差分方程直接写出。

上述讨论表明，对于用微分方程和差分方程表示的稳定 LTI 系统，(8.2.7)式表示的频率响应提供了分析它们的另一种方法，即频域(傅里叶)方法。

若例 8.5 中的微分方程表示的是一个**稳定**的连续时间 LTI 系统，那么按(8.2.7)式，该系统的频率响应为

$$H(\omega)=\frac{\mathrm{j}\omega+2}{(\mathrm{j}\omega)^2+4\mathrm{j}\omega+3}=\frac{\mathrm{j}\omega+2}{(\mathrm{j}\omega+1)(\mathrm{j}\omega+3)}=\frac{0.5}{\mathrm{j}\omega+1}+\frac{0.5}{\mathrm{j}\omega+3}$$

其中，复变量为 $\mathrm{j}\omega$ 的有理分式的部分分式展开，可完全等同于复变量为 $s$ 的部分分式展开。对它取傅里叶反变换，得到

$$h(t)=0.5\mathrm{e}^{-t}u(t)+0.5\mathrm{e}^{-3t}u(t)$$

这一结果和例 8.5 所求结果完全一样。这是不难理解的，因为由例 8.5 题给定的微分方程表示的 LTI 系统，因果性和稳定性所确定的系统函数收敛域都是 $\mathrm{Re}\{s\}>-1$，这就意味着在例 8.5 题中，“因果”和“稳定”的附加信息指的是同一个系统，具有相同的单位冲激响应。

### 8.2.4 变换域求反卷积

由第 3 章 LTI 系统的时域分析方法得知，在 LTI 系统分析问题中，若系统特性(单位冲激响应、单位阶跃响应或信号变换关系等)、输入信号和相应的输出信号这三者中，已知前两个(即 LTI 系统和它的输入信号)，欲求系统的输出信号这一类系统分析问题，时域卷积方法普遍可用，且行之有效。但如果已知这三者中的任意两个，欲求第三个，例如，已知某 LTI 系统的输入和相应的输出，要确定 LTI 系统的特性，或者已知 LTI 系统及其对某个输入的响应，要确定输入信号等这类“**反卷积**”问题，3.7.2 小节已指出，一般来说，需要解一个无限的卷积积分或卷积和方程，要用时域分析方法求解往往十分困难。然而，得益于变换的时域卷积性质，时间函数和序列的卷积运算变成相乘运算，根据((8.2.2)式和(8.2.3)式，就分别有

$$H(s)=\frac{Y(s)}{X(s)} \quad 和 \quad H(z)=\frac{Y(z)}{X(z)}，\ R_Y\supset R_X\cap R_H \tag{8.2.8}$$

与

$$X(s)=\frac{Y(s)}{H(s)} \quad 和 \quad X(z)=\frac{Y(z)}{H(z)}，\ R_Y\supset R_X\cap R_H \tag{8.2.9}$$

和

$$H(\omega)=\frac{Y(\omega)}{X(\omega)} \ 和\ \tilde{H}(\Omega)=\frac{\tilde{Y}(\Omega)}{\tilde{X}(\Omega)} \ 和\ X(\omega)=\frac{Y(\omega)}{H(\omega)} \ 和\ \tilde{X}(\Omega)=\frac{\tilde{Y}(\Omega)}{\tilde{H}(\Omega)} \tag{8.2.10}$$

由此看出，在变换域中只要已知 LTI 系统、输入信号和输出信号这三者中的任意两个，可方便求出另一个的变换域表示，然后，得到它的时域表示。在实际问题中，根据拉普拉斯变换或 Z 变换收敛域的约束或性质，完全可以按照(8.2.8)式和(8.2.9)式中收敛域满足的关系，由已知的两个收敛域，确定第三个收敛域。上述方法可以通过下面的例题来说明。

**【例 8.7】** 某个连续时间因果 LTI 系统，已知它对如下输入 $x(t)$ 的输出为 $y(t)$，试求该 LTI 系统的 $h(t)$。

$$x(t)=\begin{cases}1, & 0\leqslant t\leqslant 2\\ 0, & t<0,t>2\end{cases} \quad 和 \quad y(t)=\begin{cases}\sin\pi t, & 0\leqslant t\leqslant 1\\ 0, & t<0,t>1\end{cases}$$

**解：** $x(t)$ 和 $y(t)$ 的波形如图 8.6(a)和(b)所示，它们可分别表示为

$$x(t)=u(t)-u(t-2) \quad 和 \quad y(t)=\sin\pi t u(t)+\sin\pi(t-1)u(t-1)$$

根据(5.8.15)式左式和(6.2.10)式右式，并利用拉普拉斯变换的时移性质，它们的拉普拉斯变换分别为

$$X(s)=\frac{1-\mathrm{e}^{-2s}}{s}，\ R_X=整个\ \mathrm{S}\ 平面 \quad 和 \quad Y(s)=\frac{\pi(1+\mathrm{e}^{-s})}{s^2+\pi^2}，\ R_Y=整个\ \mathrm{S}\ 平面$$

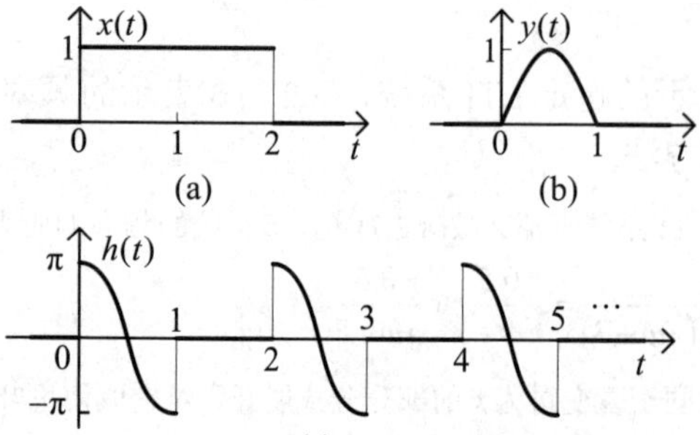

图 8.6

按照(8.2.8)式，该因果 LTI 系统的系统函数为

$$H(s)=\frac{Y(s)}{X(s)}=\frac{\pi s}{s^2+\pi^2}\frac{1}{1-\mathrm{e}^{-s}}，\ R_H=(\mathrm{Re}\{s\}>0)$$

为求 $\{H(s),\ R_H\}$ 的反拉普拉斯变换，考虑到在该收敛域中 $|\mathrm{e}^{-s}|<1$，利用如下泰勒级数：

$$\frac{1}{1-\mathrm{e}^{-s}}=\sum_{n=0}^{\infty}\mathrm{e}^{-sn}，\ \mathrm{Re}\{s\}>0$$

则可把 $H(s)$ 改写成

$$H(s)=\sum_{n=0}^{\infty}\frac{\pi s}{s^2+\pi^2}\mathrm{e}^{-ns}，\ \mathrm{Re}\{s\}>0$$

利用(6.2.10)式左式和拉普拉斯变换时移性质，可以求得其反变换，即该 LTI 系统的单位冲激响应 $h(t)$ 为

$$h(t)=\sum_{n=0}^{\infty}\pi\cos\pi(t-n)u(t-n) \tag{8.2.11}$$

它的波形如图 8.6(c)所示。

**【例 8.8】** 已知离散时间 LTI 系统单位冲激响应为 $h[n]=a^n u[n]$，在某个输入 $x[n]$ 时的输出为 $y[n]=b^n u[n]$，其中实数 $b>a>0$，试求这个输入 $x[n]$。

**解：** 首先求 $h[n]$ 和 $y[n]$ 的双边 Z 变换，它们分别为

$$H(z)=\frac{1}{1-az^{-1}},\ |z|>a \quad 和 \quad Y(z)=\frac{1}{1-bz^{-1}},\ |z|>b$$

由(8.2.9)式，$x[n]$ 的 Z 变换为 $X(z)=\dfrac{Y(z)}{H(z)}=\dfrac{1-az^{-1}}{1-bz^{-1}}$，$|z|>b$。根据收敛域性质，$x[n]$ 为一个右边序列，即

$$x[n]=\mathscr{Z}^{-1}\left\{\frac{1-az^{-1}}{1-bz^{-1}},\ |z|>b\right\}=\mathscr{Z}^{-1}\left\{1+\frac{(b-a)z^{-1}}{1-bz^{-1}},\ |z|>b\right\}=\delta[n]+(b-a)b^{n-1}u[n-1] \tag{8.2.12}$$

上面两个例子充分说明了变换域方法的好处。LTI 系统变换域分析方法的优越性，还将在本章后面有关逆系统、反馈系统的分析和 LTI 系统的信号流图表示法中显示出来。

## 8.2.5 有理函数反变换的部分分式展开法

用变换域方法分析 LTI 系统，特别是在微分方程和差分方程描述的一类 LTI 系统变换域求解时，经常遇到要把有理形式像函数进行反拉普拉斯变换、反 Z 变换或傅里叶反变换的问题。对于有理函数形式的拉普拉斯变换、Z 变换和傅里叶变换，最常用的反变换方法是部分分式展开法。5.8.4 小节曾介绍过简单情况下有理函数的部分分式展开，这里做进一步的讨论。

**1．部分分式展开法**

任何有理形式拉普拉斯变换或 Z 变换像函数 $F(s)$ 或 $F(z)$ 都可以分别写成如下一般形式

$$F(s)=\frac{b_M s^M+b_{M-1}s^{M-1}+\cdots+b_1 s+b_0}{s^N+\alpha_{N-1}s^{N-1}+\cdots+\alpha_1 s+\alpha_0},\quad \mathrm{ROC}=R_F \tag{8.2.13}$$

或

$$F(z)=\frac{b_0+b_1 z^{-1}+\cdots+b_{M-1}z^{-(M-1)}+b_M z^{-M}}{1+\alpha_1 z^{-1}+\cdots+\alpha_{N-1}z^{-(N-1)}+\alpha_N z^{-N}},\quad \mathrm{ROC}=R_F \tag{8.2.14}$$

它们的分子多项式是 $s$ 或 $z^{-1}$ 的 $M$ 次多项式，分母多项式是 $s$ 或 $z^{-1}$ 的 $N$ 次多项式。这里分别按分母多项式的最高次项 $s^N$ 或 $z^0$ (常数项)的系数归一化，以便使分母多项式分别分解成 $(s+p_i)$ 或 $(1-p_i z^{-1})$ 的因式。如果分母多项式的阶次高于分子多项式，即 $N>M$，称为**有理真分式**；反之，若 $N\leqslant M$，则称为**有理假分式**。有理假分式可通过多项式长除法化成一个 $s$ 或 $z^{-1}$ 的多项式与一个有理真分式之和。换言之，如果上面两式中 $N\leqslant M$，它们可以分别写成

$$F(s)=\sum_{m=0}^{M-N}C_m s^m+\frac{\beta_{N-1}s^{N-1}+\cdots+\beta_1 s+\beta_0}{s^N+\alpha_{N-1}s^{N-1}+\cdots+\alpha_1 s+\alpha_0} \tag{8.2.15}$$

或

$$F(z)=\sum_{m=0}^{M-N}C_m z^{-m}+\frac{\beta_0+\beta_1 z^{-1}+\cdots+\beta_{N-1}z^{-(N-1)}}{1+\alpha_1 z^{-1}+\cdots+\alpha_{N-1}z^{-(N-1)}+\alpha_N z^{-N}} \tag{8.2.16}$$

其中，等号右边第一项是多项式长除后的商；第二项是一个有理真分式，它的分子多项式是长除后的余式。若令上两式右边的有理真分式分别为 $G(s)$ 或 $G(z)$，即

$$G(s)=\frac{\beta_{N-1}s^{N-1}+\cdots+\beta_1 s+\beta_0}{s^N+\alpha_{N-1}s^{N-1}+\cdots+\alpha_1 s+\alpha_0} \quad 或 \quad G(z)=\frac{\beta_0+\beta_1 z^{-1}+\cdots+\beta_{N-1}z^{-(N-1)}}{1+\alpha_1 z^{-1}+\cdots+\alpha_{N-1}z^{-(N-1)}+\alpha_N z^{-N}} \tag{8.2.17}$$

部分分式展开就是分别把 $G(s)$ 或 $G(z)$ 这样的有理真分式展开成简单有理真分式的线性组合。

假设在有理真分式 $G(s)$ 和 $G(z)$ 中，$s$ 和 $z^{-1}$ 的 $N$ 次分母多项式分别有 $r$ 个 $\sigma_i$ 重根 $p_i$，$i=1, 2, \cdots, r$，则它们的分母多项式可以分别因式分解成

$$s^N+\sum_{k=0}^{N-1}\alpha_k s^k=\prod_{i=0}^{r}(s-p_i)^{\sigma_i} \quad 和 \quad 1+\sum_{k=1}^{N}\alpha_k z^{-k}=\prod_{i=1}^{r}(1-p_i z^{-1})^{\sigma_i} \tag{8.2.18}$$

那么根据代数中部分分式展开理论，可分别展开成如下形式：

$$G(s)=\sum_{i=1}^{r}\sum_{k=1}^{\sigma_i}\frac{A_{ik}}{(s-p_i)^k} \quad 和 \quad G(z)=\sum_{i=1}^{r}\sum_{k=1}^{\sigma_i}\frac{B_{ik}}{(1-p_i z^{-1})^k} \tag{8.2.19}$$

其中，$A_{ik}$ 和 $B_{ik}$ 为 $N$ 个待定系数，将分别由下面的公式确定：

$$A_{ik}=\frac{1}{(\sigma_i-k)!}\left\{\frac{\mathrm{d}^{(\sigma_i-k)}}{\mathrm{d}s^{(\sigma_i-k)}}\left[(s-p_i)^{\sigma_i}G(s)\right]\right\}_{s=p_i} \quad 和 \quad B_{ik}=\frac{(-p_i^{-1})^{(\sigma_i-k)}}{(\sigma_i-k)!}\left\{\frac{\mathrm{d}^{(\sigma_i-k)}}{\mathrm{d}(z^{-1})^{(\sigma_i-k)}}\left[(1-p_i z^{-1})^{\sigma_i}G(z)\right]\right\}_{z=p_i} \tag{8.2.20}$$

对单根和二重根的情况，例如单根 $p_i$，相应的系数 $A_i$ 或 $B_i$ 分别为

$$A_i=[(s-p_i)G(s)]_{s=p_i} \quad 和 \quad B_i=[(1-p_i z^{-1})G(z)]_{z=p_i} \tag{8.2.21}$$

若 $p_i$ 是一个二重根，则相应的两个系数分别为

$$A_{i1}=\frac{\mathrm{d}}{\mathrm{d}s}\left[(s-p_i)^2G(s)\right]\Big|_{s=p_i} \quad 和 \quad A_{i2}=[(s-p_i)^2G(s)]\big|_{s=p_i} \tag{8.2.22}$$

及

$$B_{i1}=\frac{-1}{p_i}\left\{\frac{\mathrm{d}}{\mathrm{d}(z^{-1})}\left[(1-p_i z^{-1})^2G(z)\right]\right\}\Big|_{z=p_i} \quad 和 \quad B_{i2}=[(1-p_i z^{-1})^2G(z)]\big|_{z=p_i} \tag{8.2.23}$$

按上述有理真分式的部分分式展开，若 $F(s)$ 和 $F(z)$ 本身就是真分式，此时有

$$F(s)=\sum_{i=1}^{r}\sum_{k=1}^{\sigma_i}\frac{A_{ik}}{(s-p_i)^k} \quad 和 \quad F(z)=\sum_{i=1}^{r}\sum_{k=1}^{\sigma_i}\frac{B_{ik}}{(1-p_i z^{-1})^k},\ \mathrm{ROC}=R_F,\ N>M \tag{8.2.24}$$

当 $N\le M$ 时，$F(s)$ 和 $F(z)$ 是有理假分式，按(8.2.15)式或(8.2.16)式，它们可展开为

$$F(s)=\sum_{m=0}^{M-N}C_m s^m+\sum_{i=1}^{r}\sum_{k=1}^{\sigma_i}\frac{A_{ik}}{(s-p_i)^k},\quad \mathrm{ROC}=R_F,\ N\leqslant M \tag{8.2.25}$$

和

$$F(z)=\sum_{m=0}^{M-N}C_m z^{-m}+\sum_{i=1}^{r}\sum_{k=1}^{\sigma_i}\frac{B_{ik}}{(1-p_i z^{-1})^k},\quad \mathrm{ROC}=R_F,\ N\leqslant M \tag{8.2.26}$$

以上四式中的 $A_{ik}$ 和 $B_{ik}$ 分别由(8.2.20)式确定。

**2．部分分式展开式的反变换**

得到有理像函数的部分分式展开式后，连同其收敛域，就可以通过反拉普拉斯变换或反 Z 变换确定其时域表示。

这里以 $N\leqslant M$ 的情况为例，讨论求反变换的一般过程。先看(8.2.25)式的反拉普拉斯变换，即

$$f(t)=\mathscr{L}^{-1}\left\{\sum_{m=0}^{M-N}C_m s^m+\sum_{i=1}^{r}\sum_{k=1}^{\sigma_i}\frac{A_{ik}}{(s-p_i)^k},\quad \mathrm{ROC}=R_F\right\} \tag{8.2.27}$$

一般地，收敛域 $R_F$ 是 S 平面中平行于虚轴的带状域，其左右边界分别是通过极点、且平行于虚轴的直线，收敛域内不再有任何极点。(8.2.25)式的部分分式中，第一项多项式部分的收敛域至少是除无穷远点外的有限 S 平面，它不影响部分分式中第二个求和项的收敛域，因此部分分式的收敛域仍是 $R_F$。则上式可表示为

$$f(t)=\mathscr{L}^{-1}\left\{\sum_{m=0}^{M-N}C_m s^m,\ s\neq\infty\right\}+\mathscr{L}^{-1}\left\{\sum_{i=1}^{r}\sum_{k=1}^{\sigma_i}\frac{A_{ik}}{(s-p_i)^k},\ \mathrm{ROC}=R_F\right\} \tag{8.2.28}$$

按照单位冲激函数及其导数的拉普拉斯变换对(见(6.5.7)式)，上式中第一部分的反变换为

$$\mathscr{L}^{-1}\left\{\sum_{m=0}^{M-N} C_m s^m, s \neq \infty\right\} = \sum_{m=0}^{M-N} C_m \delta^{(m)}(t) \qquad (8.2.29)$$

为求(8.2.28)式中的第二部分的反变换，将 $r$ 个 $\sigma_i$ 阶极点 $p_i$ 以收敛域 $R_F$ 为界分成两组：一组为收敛域左侧的极点，假设为 $r_{\mathrm{L}}$ 个极点，并重新标记为 $\sigma_{\mathrm{L}i}$ 重极点 $p_{\mathrm{L}i}$，$i=1,\ 2,\ \cdots,\ r_{\mathrm{L}}$；另一组是收敛域右侧的极点，并重新标记为 $\sigma_{\mathrm{R}i}$ 重极点 $p_{\mathrm{R}i}$，$i=1,\ 2,\ \cdots,\ r-r_{\mathrm{L}}$，如图 8.7 所示。按照上述划分极点的方法，相应地把部分分式展开式也分成两部分，即表示为

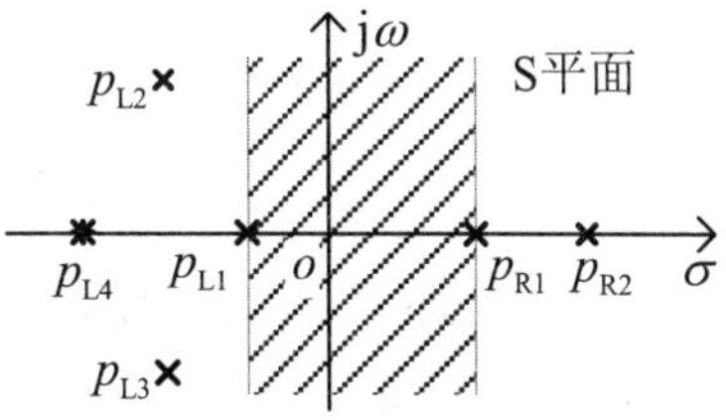

图 8.7　以收敛域 $R_F$ 为界把部分分式分式展开式中的极点分成左、右两组

$$\sum_{i=1}^{r}\sum_{k=1}^{\sigma_i}\frac{A_{ik}}{(s-p_i)^k} = \sum_{i=1}^{r_{\mathrm{L}}}\sum_{k=1}^{\sigma_{\mathrm{L}i}}\frac{A_{\mathrm{L}ik}}{(s-p_{\mathrm{L}i})^k} + \sum_{i=1}^{r-r_{\mathrm{L}}}\sum_{k=1}^{\sigma_{\mathrm{R}i}}\frac{A_{\mathrm{R}ik}}{(s-p_{\mathrm{R}i})^k} \qquad (8.2.30)$$

等号右边两个求和中的每一项都是一个极点 $p_{\mathrm{L}i}$ 或 $p_{\mathrm{R}i}$ 的有理函数，其收敛域只有两种可能，即极点右边的半个 S 平面，或极点左边的半个 S 平面。同时，所有这些单个极点的有理分式项收敛域的交集必须是 $R_F$。利用图 8.7 不难判定：在第一个求和项中，每个极点的有理真分式是 $A_{\mathrm{L}ik}/(s-p_{\mathrm{L}i})^k$，$k=1,\ 2,\ \cdots$，$\sigma_{\mathrm{L}i}$，收敛域应为 $(\mathrm{Re}\{s\}>\mathrm{Re}\{p_{\mathrm{L}i}\})$。换言之，在第一个求和项中，所有的有理真分式都对应着右边函数；然而，在第二个求和项中，对应每个极点 $p_{\mathrm{R}i}$ 的有理真分式是 $A_{\mathrm{R}ik}/(s-p_{\mathrm{R}i})^k$，$k=1,\ 2,\ \cdots$，$\sigma_{\mathrm{R}i}$，收敛域应为 $(\mathrm{Re}\{s\}<\mathrm{Re}\{p_{\mathrm{R}i}\}$。换言之，第二个求和项中所有有理真分式都对应着左边时间函数。只有这样，等式右边所有收敛域的交集才会等于 $R_F$。因此其拉普拉斯反变换可写成

$$\mathscr{L}^{-1}\left\{\sum_{i=1}^{r}\sum_{k=1}^{\sigma_i}\frac{A_{ik}}{(s-p_i)^k},\quad R_f\right\} = \mathscr{L}^{-1}\left\{\sum_{i=1}^{r_{\mathrm{L}}}\sum_{k=1}^{\sigma_{\mathrm{L}i}}\left[\frac{A_{\mathrm{L}ik}}{(s-p_{\mathrm{L}i})^k},\quad \mathrm{Re}\{s\}>\mathrm{Re}\{p_{\mathrm{L}i}\}\right]\right\}$$

$$+\mathscr{L}^{-1}\left\{\sum_{i=1}^{r-r_{\mathrm{L}}}\sum_{k=1}^{\sigma_{\mathrm{R}i}}\left[\frac{A_{\mathrm{R}ik}}{(s-p_{\mathrm{R}i})^k},\quad \mathrm{Re}\{s\}<\mathrm{Re}\{P_{\mathrm{R}i}\}\right]\right\} \qquad (8.2.31)$$

利用在 6.5.2 小节中两个重要的反变换对(见(6.5.29)式和(6.5.31)式)，可以直接写出上式的反拉普拉斯变换。连同(8.2.29)式求得的反变换，可得

$$f(t) = \sum_{m=0}^{M-N} C_m \delta^{(m)}(t) + \sum_{i=1}^{r_{\mathrm{L}}}\sum_{k=1}^{\sigma_{\mathrm{L}i}}\frac{A_{\mathrm{L}ik}t^{k-1}}{(k-1)!}\mathrm{e}^{p_{\mathrm{L}i}t}u(t) - \sum_{i=1}^{r-r_{\mathrm{L}}}\sum_{k=1}^{\sigma_{\mathrm{R}i}}\frac{A_{\mathrm{R}ik}t^{k-1}}{(k-1)!}\mathrm{e}^{p_{\mathrm{R}i}t}u(-t) \qquad (8.2.32)$$

如果有理像函数本身就是真分式，像(8.2.24)式左式那样，其拉普拉斯反变换将为

$$f(t) = \sum_{i=1}^{r_{\mathrm{L}}}\sum_{k=1}^{\sigma_{\mathrm{L}i}}\frac{A_{\mathrm{L}ik}t^{k-1}}{(k-1)!}\mathrm{e}^{p_{\mathrm{L}i}t}u(t) - \sum_{i=1}^{r-r_{\mathrm{L}}}\sum_{k=1}^{\sigma_{\mathrm{R}i}}\frac{A_{\mathrm{R}ik}t^{k-1}}{(k-1)!}\mathrm{e}^{p_{\mathrm{R}i}t}u(-t) \qquad (8.2.33)$$

对于因果时间函数和因果 LTI 系统的像函数 $F(s)$，它的所有 $r$ 个极点都位于收敛域 $R_F$ 的左边，在上面两式中，就没有最后一个反因果指数函数的线性组合，即

$$f(t) = \begin{cases} \displaystyle\sum_{m=0}^{M-N} C_m \delta^{(m)}(t) + \sum_{i=1}^{r}\sum_{k=1}^{\sigma_i}\frac{A_{ik}t^{k-1}}{(k-1)!}\mathrm{e}^{p_i t}u(t), & M \geqslant N \\ \displaystyle\sum_{i=1}^{r}\sum_{k=1}^{\sigma_i}\frac{A_{ik}t^{k-1}}{(k-1)!}\mathrm{e}^{p_i t}u(t), & M < N \end{cases} \qquad (8.2.34)$$

在离散时间情况中，有理函数 $F(z)$ 的反 Z 变换也可用类似的方法求得，对于 $N \leq M$ 的情况，(8.2.26)式中 $F(z)$ 的反 Z 变换为

$$f[n] = \mathscr{Z}^{-1}\left\{\sum_{m=0}^{M-N} C_m z^{-m} + \sum_{i=1}^{r}\sum_{k=1}^{\sigma_i}\frac{B_{ik}}{(1-p_i z^{-1})^k},\quad R_F\right\}$$

$$=\mathscr{Z}^{-1}\left\{\sum_{m=0}^{M-N}C_m z^{-m},\quad |z|>0\right\}+\mathscr{Z}^{-1}\left\{\sum_{i=1}^{r}\sum_{k=1}^{\sigma_i}\frac{B_{ik}}{(1-p_i z^{-1})^k},\quad R_F\right\} \tag{8.2.35}$$

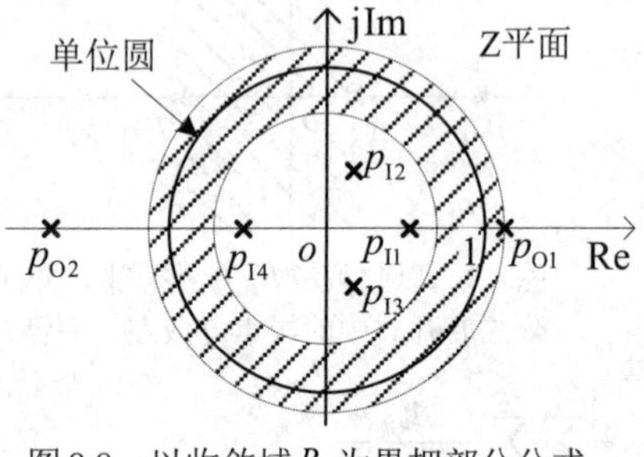


图8.8 以收敛域$R_F$为界把部分分式分式展开式中的极点分成里、外两组

其中，圆环域$R_F$的内外边界分别是通过极点的圆周。若以圆环域$R_F$为界，把$r$个极点分成圆环域内、外两侧的两组极点，内侧一组为$r_I$个$\sigma_{Ii}$阶极点$p_{Ii}$，外侧一组为$r-r_I$个$\sigma_{Oi}$阶极点$p_{Oi}$，见图8.8。相应地，可以把内、外侧两组极点和它们的对应系数分别标记为$B_{Iik}$和$B_{Oik}$。在部分分式展开中，对于$R_F$内、外侧的每个极点，它的有理真分式的收敛域只有两种选择，即对于所有内侧极点$p_{Ii}$，它的真分式的收敛域应选择$|z|>|p_{Ii}|$；对于所有外侧的极点$p_{Oi}$，其真分式的收敛域应选择$|z|<|p_{Oi}|$，只有这样，才能使这些收敛域的交集为$R_F$。因此，(8.2.35)式可改写成

$$f[n]=\mathscr{Z}^{-1}\left\{\sum_{m=0}^{M-N}C_m z^{-m},\quad |z|>0\right\}+\mathscr{Z}^{-1}\left\{\sum_{i=1}^{r_I}\sum_{k=1}^{\sigma_{Ii}}\left[\frac{B_{Iik}}{(1-p_{Ii}z^{-1})^k},\quad |z|>|p_{Ii}|\right]\right\}$$

$$+\mathscr{Z}^{-1}\left\{\sum_{i=1}^{r-r_I}\sum_{k=1}^{\sigma_{Oi}}\left[\frac{B_{Oik}}{(1-p_{Oi}z^{-1})^k},\quad |z|<|p_{Oi}|\right]\right\} \tag{8.2.36}$$

根据Z变换的时移性质，利用6.5.2小节求得的两个重要Z变换对(见(6.5.30)和(6.5.32)式)，则有

$$f[n]=\sum_{m=0}^{M-N}C_m\delta[n-m]+\sum_{i=1}^{r_I}\sum_{k=1}^{\sigma_{Ii}}B_{Iik}\frac{(n+k-1)!}{n!(k-1)!}p_{Ii}^n u[n]-\sum_{i=1}^{r-r_I}\sum_{k=1}^{\sigma_{Oi}}B_{Oik}\frac{(n+k-1)!}{n!(k-1)!}p_{Oi}^n u[-n-1] \tag{8.2.37}$$

如果$N>M$，有理像函数$F(z)$是真分式，像(8.2.24)式右式那样，则用部分分式展开的反Z变换结果将没有上式中的第一个求和项，即没有$\delta[n-m]$的线性组合项。

对于因果序列和因果LTI系统的像函数$F(z)$，其所有极点都在收敛域的内侧，即收敛域是通过最外侧极点的圆周以外的区域，此时(8.2.37)式中没有反因果序列的线性组合项，即

$$f[n]=\sum_{m=0}^{M-N}C_m\delta[n-m]+\sum_{i=1}^{r}\sum_{k=1}^{\sigma_i}B_{ik}\frac{(n+k-1)!}{n!(k-1)!}p_i^n u[n],\quad M\geqslant N \tag{8.2.38}$$

和

$$f[n]=\sum_{i=1}^{r}\sum_{k=1}^{\sigma_i}B_{ik}\frac{(n+k-1)!}{n!(k-1)!}p_i^n u[n],\quad M<N \tag{8.2.39}$$

**【例8.9】** 已知一个连续时间稳定的LTI系统的微分方程表示为

$$y^{(2)}(t)-y^{(1)}(t)-2y(t)=3x^{(2)}(t)+x^{(1)}(t)-5x(t)$$

试求其单位冲激响应$h(t)$，以及当输入$x(t)=\mathrm{e}^{-t}u(t)$时系统的输出$y(t)$。

**解：** 按照(8.2.5)式，该稳定LTI系统的系统函数(其收敛域应包含虚轴)为

$$H(s)=\frac{3s^2+s-5}{s^2-s-2}=3+\frac{4s+1}{s^2-s-2}=3+\frac{4s+1}{(s+1)(s-2)}$$

首先，系统有两个一阶极点：$p_1=-1$，$p_2=2$。连续时间稳定LTI系统的收敛域包括虚轴，故系统收敛域只有一个选择，即$R_H=(-1<\mathrm{Re}\{s\}<2)$。然后，对上式中的真分式进行部分分式展开，即有

$$\frac{4s+1}{(s+1)(s-2)}=\frac{A_1}{s+1}+\frac{A_2}{s-2},\quad -1<\mathrm{Re}\{s\}<2$$

利用(8.2.21)式左式，求得$A_1=1$，$A_2=3$，那么，$H(s)$可写成

$$H(s)=3+\frac{1}{s+1}+\frac{3}{s-2},\quad R_H=(-1<\mathrm{Re}\{s\}<2)$$

$H(s)$的一个极点$p_1=-1$在$R_H$的左侧，另一个极点$p_2=2$在$R_H$的右侧，故系统函数及其收敛域可分解为

$$H(s)=\{3,\ \text{整个 S 平面}\}+\left\{\frac{1}{s+1},\quad \mathrm{Re}\{s\}>-1\right\}+\left\{\frac{3}{s-2},\quad \mathrm{Re}\{s\}<2\right\}$$

对上式进行反拉普拉斯变换，得到该稳定 LTI 系统的单位冲激响应 $h(t)$ 为

$$h(t)=3\delta(t)+\mathrm{e}^{-t}u(t)-3\mathrm{e}^{2t}u(-t)$$

它是绝对可积的，这与该系统的稳定性相符。下面用拉普拉斯变换求系统对 $x(t)=\mathrm{e}^{-t}u(t)$ 的响应 $y(t)$ 。

$$X(s)=\mathscr{L}\left\{\mathrm{e}^{-t}u(t)\right\}=\frac{1}{s+1},\quad R_X=(\mathrm{Re}\{s\}>-1)$$

则系统输出的复频域表示为

$$Y(s)=H(s)X(s)=\frac{3s^2+s-5}{(s+1)(s-2)}\cdot\frac{1}{s+1}=\frac{3s^2+s-5}{(s+1)^2(s-2)},\quad R_Y=\left(-1<\mathrm{Re}\{s\}<2\right)$$

这是有理真分式，它有一个二阶极点， $p_1=-1$；一个一阶极点， $p_2=2$，可以部分分式展开为

$$Y(s)=\frac{A_{11}}{s+1}+\frac{A_{12}}{(s+1)^2}+\frac{A_2}{s-2},\quad R_Y=\left(-1<\mathrm{Re}\{s\}<2\right)$$

利用(8.2.21)式和(8.2.22)式中的左式，分别求得系数为 $A_{11}=2$， $A_{12}=1$ 和 $A_2=1$。代入上式则有

$$Y(s)=\frac{2}{s+1}+\frac{1}{(s+1)^2}+\frac{1}{s-2},\quad R_Y=\left(-1<\mathrm{Re}\{s\}<2\right)$$

按收敛域把极点分成左、右两部分的方法，二阶极点 $p_1=-1$ 在 $R_Y$ 的左侧，一阶极点 $p_2=2$ 在 $R_Y$ 的右侧，因此，可把 $Y(s)$ 及其收敛域分解为

$$Y(s)=\left\{\frac{2}{s+1}+\frac{1}{(s+1)^2},\quad \mathrm{Re}\{s\}>-1\right\}+\left\{\frac{1}{s-2},\quad \mathrm{Re}\{s\}<2\right\}$$

对上式进行反拉普拉斯变换得到该系统在 $x(t)=\mathrm{e}^{-t}u(t)$ 时的输出 $y(t)$ 为

$$y(t)=2\mathrm{e}^{-t}u(t)+t\mathrm{e}^{-t}u(t)-\mathrm{e}^{-2t}u(-t)$$

由于系统为稳定 LTI 系统，$x(t)=\mathrm{e}^{-t}u(t)$ 也存在傅里叶变换，还可用傅里叶方法求解，并用部分分式展开法求傅里叶反变换。对于有理函数形式的傅里叶变换，只要把 $\mathrm{j}\omega$ 和 $\mathrm{e}^{-\mathrm{j}\Omega}$ 看作复变量，与 $s$ 和 $z^{-1}$ 的有理函数部分分式展开完全相同。

下面再举一个用差分方程表示的离散时间 LTI 系统的例子。

**【例 8.10】** 用变换域方法求解第 4 章例 4.8。

**解**：例 4.8 中已知的离散时间**因果** LTI 系统的差分方程表示为

$$y[n]-5y[n-1]+6y[n-2]=x[n]-3x[n-2]$$

则该因果 LTI 系统的系统函数为

$$H(z)=\frac{1-3z^{-2}}{1-5z^{-1}+6z^{-2}}=-0.5+\frac{1.5-2.5z^{-1}}{(1-2z^{-1})(1-3z^{-1})},\quad R_H=(|z|>3)$$

收敛域不包含单位圆，系统不稳定。对上式中的有理真分式进行部分分式展开为

$$H(z)=-\frac{1}{2}+\frac{B_1}{1-2z^{-1}}+\frac{B_2}{1-3z^{-1}},\quad R_H=(|z|>3)$$

利用(8.2.21)式右式，求得两个系数为 $B_1=-1/2$， $B_2=2$。它们均被围在收敛域内侧，故收敛域可分解为

$$H(z)=\left\{-0.5,\quad 0\le|z|\le\infty\right\}+\left\{\frac{-0.5}{1-2z^{-1}},\quad |z|>2\right\}+\left\{\frac{2}{1-3z^{-1}},\quad |z|>3\right\}$$

对其求反 Z 变换，就是对右边的每一项求反 Z 变换，它们可以直接写出：

$$h[n]=-0.5\delta[n]-0.5\times2^n u[n]+2\times3^n u[n]$$

显然，这个是指数增长的序列，这和上述说明的系统不稳定相符合，并与例 4.8 所求结果相同。

在第 4 章的例 4.10 中，曾用差分方程两边函数项匹配的方法做过此题，感兴趣的读者可以把本例与例 4.10 的求解方法作比较，从中找出它们之间的联系。

# 8.3 用微分方程和差分方程描述的因果系统的复频域分析

在第 4 章中曾指出，对许多实际的连续时间和离散时间系统，特别是真实时间变量的系统，都是一类用微分方程和差分方程描述的因果系统。如果“起始不松弛”，这类系统就必须分别用具有非零起始条件的线性常系数微分方程和差分方程来描述。即

$$\begin{cases}\sum_{k=0}^{N}a_k y^{(k)}(t)=\sum_{k=0}^{M}b_k x^{(k)}(t),\\ y^{(k)}(0_-)\neq 0,\ k=0,\ 1,\ \cdots,\ N-1\end{cases} \quad 和 \quad \begin{cases}\sum_{k=0}^{N}a_k y[n-k]=\sum_{k=0}^{M}b_k x[n-k]\\ y[-k]\neq 0,\ k=1,\ 2,\ \cdots,\ N\end{cases} \tag{8.3.1}$$

其中，$x(t)=0$，$t<0$和$x[n]=0$，$n<0$。正如第 4 章所讨论的，由于非零起始条件，尽管系统是因果输入，即$x(t)=0$，$t<0$和$x[n]=0$，$n<0$，但其输出$y(t)$和$y[n]$并不满足$y(t)=0$，$t<0$和$y[n]=0$，$n<0$。然而人们感兴趣或希望获得的，通常只是这次输入$x(t)$和$x[n]$加入时刻之后的系统输出，即$y(t)$，$t\geqslant 0$和$y[n]$，$n\geqslant 0$，对于以前的那部分输出一般不感兴趣。第 4 章曾证明，它们是一类增量线性时不变系统(见图 4.4)，并且已介绍和讨论过它们的时域分析方法，即零状态响应和零输入响应的时域解法。

首先考察这类增量线性时不变系统能否用变换域方法进行分析，以及怎样用变换域方法求解。显然，这类系统的零状态响应是因果 LTI 系统对因果输入$x(t)$和$x[n]$的响应，可以用 8.2.3 节介绍的变换域方法求解。但系统的零输入响应与这次输入$x(t)$和$x[n]$无关，只知道有关它的部分“信息”，即非零起始条件。非零起始条件代表着这次输入$x(t)$和$x[n]$加入之前、过去曾有的某次输入给系统遗留下来的历史状态。即使没有这次输入，系统仍会有输出，这个输出就是系统的零输入响应$y_{zi}(t)$和$y_{zi}[n]$，它不仅在$t\geq 0$和$n\geq 0$时不等于 0，且在$t<0$和$n<0$时也不等于 0。由于不知道造成零输入响应的输入信号，当然就无法用前面讨论的傅里叶变换、双边拉普拉斯变换和双边 Z 变换的方法求出整个时域上零输入响应。幸运的是，尽管不知道过去的输入，但零输入响应与过去曾有的输入之间的关系也必须分别满足系统的该微分方程和差分方程。基于第 4 章的讨论，对于$N$阶线性常系数微分方程和差分方程描述的这类因果系统，它的$N$个非零起始条件已足以确定其零输入响应。前人研究的求解线性常系数微分方程的算子方法，和由此发展而来的单边拉普拉斯变换，以及它的离散时间对偶—单边 Z 变换方法，成功地解决了这个问题。从本节的讨论将会看到，单边拉普拉斯变换和单边 Z 变换方法，不仅可求解这类因果系统的零状态响应，而且可以从$N$个非零起始条件，分别直接得到零输入响应的单边拉普拉斯变换和单边 Z 变换像函数。

在讨论用单边拉普拉斯变换和单边 Z 变换分析这类因果系统之前，这里在 5.8 节的双边拉普拉斯变换和双边 Z 变换基础上，简单地介绍一下单边拉普拉斯变换和单边 Z 变换。

## 8.3.1 单边拉普拉斯变换和单边 Z 变换

由于是在双边拉普拉斯变换和双边 Z 变换的基础上，再介绍单边拉普拉斯变换和单边 Z 变换，因此，这里主要介绍它们的定义及其分别与双边拉普拉斯变换和双边 Z 变换的关系，并讨论单边拉普拉斯变换和单边 Z 变换特有的、与双边变换不同的性质等。

**1. 单边拉普拉斯变换和单边 Z 变换的定义**

对于一个任意的时间函数$x(t)$，$-\infty<t<\infty$，或任意的序列$x[n]$，$-\infty<n<\infty$，它们的单

边拉普拉斯变换和单边 Z 变换的正、反变换分别定义如下：

$$\begin{cases} X_u(s)=\int_{0_-}^{\infty}x(t)e^{-st}dt, \quad ROC=R_X \\ x(t)=\dfrac{1}{2\pi j}\int_{\sigma-j\infty}^{\sigma+j\infty}X_u(s)e^{st}ds, \quad t\geqslant 0_- \end{cases} \quad 和 \quad \begin{cases} X_u(z)=\sum\limits_{n=0}^{\infty}x[n]z^{-n}, \quad ROC=R_X \\ x[n]=\dfrac{1}{2\pi j}\oint_c X_u(z)z^{n-1}dz, \quad n\geqslant 0 \end{cases} \tag{8.3.2}$$

其中，单边拉普拉斯反变换中的积分路径为收敛域 $R_X$ 中包含平行于虚轴的自下而上直线的无穷大半圆周，而单边反 Z 变换的积分路径 $c$ 为收敛域中的一个以原点为圆心的圆周。

上述单边拉普拉斯变换和单边 Z 变换中的像函数分别以下标“u”标记，以区别双边拉普拉斯变换和双边 Z 变换。由上述定义，单边拉普拉斯变换和单边 Z 变换对则表示为

$$x(t)\xleftrightarrow{\text{Lu}}X_u(s) \quad 和 \quad x[n]\xleftrightarrow{\text{Zu}}X_u(z)$$

对于上述单边拉普拉斯变换和单边 Z 变换定义式，还须说明以下几点：

(1) 在有些著作和文献中，单边拉普拉斯变换的积分下限是 0 或 $0^+$，而(8.3.2)式左式的单边拉普拉斯正变换公式把积分下限定义成 $0_-$。不难看出，对于在 $t=0$ 处连续，或只是有限阶跃型不连续点的那些 $x(t)$，积分下限是 0、$0^+$ 和 $0_-$ 时，求得的 $X_u(s)$ 完全相同，只有当 $x(t)$ 在 $t=0$ 处包含有 $\delta(t)$ 或其导数，这些不同的积分下限将导致不同的 $X_u(s)$。本书中采用积分下限为 $0_-$ 的定义有两点考虑：第一，这可以适用于 $t=0$ 处存在冲激及其导数的情况，使得包含有 $\delta(t)$ 或其导数的时间函数都有确定和唯一的单边拉普拉斯变换；第二，由下一小节将会看到，只有积分下限为 $0_-$ 所定义的单边拉普拉斯变换，在用来求解微分方程表示的因果系统时，才会把非零起始条件直接化作零输入响应的单边拉普拉斯变换像函数。

(2) 由于(8.3.2)式中的正变换所定义的积分和求和下限分别为 $t=0_-$ 和 $n=0$，像函数 $X_u(s)$ 和 $X_u(z)$ 及其收敛域分别只代表 $t\geqslant 0_-$ 和 $n\geqslant 0$ 的时间函数 $x(t)$ 和序列 $x[n]$ 的信息，没有包含 $t<0_-$ 和 $n<0$ 的 $x(t)$ 和 $x[n]$ 的信息。这是它们与(双边)拉普拉斯变换和(双边)Z 变换最根本的区别。因此，用单边反拉普拉斯变换和单边反 Z 变换公式分别求得的 $x(t)$ 和 $x[n]$，只适合于 $t\geqslant 0_-$ 或 $n\geqslant 0$，不能代表在 $t<0_-$ 或 $n<0$ 的那部分 $x(t)$ 或 $x[n]$。

(3) 由于单边拉普拉斯变换和单边 Z 变换仅分别涉及 $t>0_-$ 和 $n\geqslant 0$ 那部分 $x(t)$ 和 $x[n]$，因此像函数 $X_u(s)$ 和 $X_u(z)$ 的收敛域，相比于(双边)拉普拉斯变换和(双边)Z 变换要单纯得多。分别只有两种可能的收敛域：对于单边拉普拉斯变换，一种是包含无穷远点的整个 S 平面，相当于有限时宽的和左边无限的 $x(t)$，另一种是最右边极点右边的半个 S 平面(可能包含或不包含无穷远点)，这相当于右边无限和两边无限的 $x(t)$；对于单边 Z 变换而言，一种是 $|z|>0$，相当于有限时宽和左边无限的 $x[n]$，另一种是最外边极点所在圆周外部的区域，相当于右边无限和两边无限的 $x[n]$。正由于收敛域如此单纯，即使不标出 $X_u(s)$ 和 $X_u(z)$ 的收敛域，也不会造成混淆。因此在后面的讨论中，常常省略掉单边拉普拉斯变换和单边 Z 变换的收敛域。

**2．单边与双边拉普拉斯变换和 Z 变换之间的关系**

将上述单边拉普拉斯变换和单边 Z 变换的定义与 5.8.1 节中(双边)拉普拉斯变换和(双边)Z 变换定义比较一下，不难得出它们之间存在如下两方面的关系：一方面有

$$\mathscr{L}_u\{x(t)\}=\mathscr{L}\{x(t)u_{0_-}(t)\} \quad 和 \quad \mathscr{Z}_u\{x[n]\}=\mathscr{Z}\{x[n]u[n]\} \tag{8.3.3}$$

换言之，任何时间函数 $x(t)$ 的单边拉普拉斯变换等于 $x(t)u_{0_-}(t)$ 的(双边)拉普拉斯变换，其中

$$x(t)u_{0_-}(t)=\begin{cases} x(t) & t>0_- \\ 0, & t<0_- \end{cases} \tag{8.3.4}$$

同样地，任何序列 $x[n]$ 的单边 Z 变换等于 $x[n]u[n]$ 双边 Z 变换；另一方面，如果 $x(t)$ 或 $x[n]$ 是因果时间函数或序列，即 $x(t)=0$，$t<0_-$ 或 $x[n]=0$，$n<0$，那么，它们的单边和双边拉普拉斯变换或单边和双边 Z 变换则完全相同，即

$$\mathscr{L}_{\mathrm{u}}\{x(t)\}=\mathscr{L}\{x(t)\},\ x(t)=0,\ t<0_- \quad 和 \quad \mathscr{Z}_{\mathrm{u}}\{x[n]\}=\mathscr{Z}\{x[n]\},\ x[n]=0,\ n<0 \quad (8.3.5)$$

如果时间函数 $x(t)$ 在 $t=0$ 处不包含冲激及其导数，上面的 $u_{0_-}(t)$ 可用 $u(t)$ 代替，$0_-$ 可用 0 代替。这里用一个具体的例子来说明上面的关系。

**【例 8.11】** 分别求取 $x(t)=\mathrm{e}^{-a(t+1)}u(t+1)$ 和 $x[n]=a^{n+1}u[n+1]$ 的双、单边拉普拉斯变换和 Z 变换。

**解：** 图 8.9(a)和(b)中分别画出了实衰减信号 $x(t)$ 和 $x[n]$ 的波形。根据双边拉普拉斯变换或双边 Z 变换的时移性质，不难求出 $x(t)$ 和 $x[n]$ 的双边拉普拉斯变换和双边 Z 变换如下：

$$X(s)=\frac{\mathrm{e}^{s}}{s+a},\ \mathrm{Re}\{s\}>-a \quad 和 \quad X(z)=\frac{z}{1-az^{-1}},\ |z|>|a|$$

而 $x(t)$ 的单边拉普拉斯变换则为

$$X_{\mathrm{u}}(s)=\int_{0_-}^{\infty}\mathrm{e}^{-a(t+1)}u(t+1)\mathrm{e}^{-st}\mathrm{d}t=\mathrm{e}^{-a}\int_{0_-}^{\infty}\mathrm{e}^{-(s+a)t}\mathrm{d}t=\frac{\mathrm{e}^{-a}}{s+a},\ \mathrm{Re}\{s\}>-a$$

$x[n]$ 的单边 Z 变换为

$$X_{\mathrm{u}}(z)=\sum_{n=0}^{\infty}a^{n+1}u[n+1]z^{-n}=a\sum_{n=0}^{\infty}(az^{-1})^{n}=\frac{a}{1-az^{-1}},\quad |z|>|a|$$

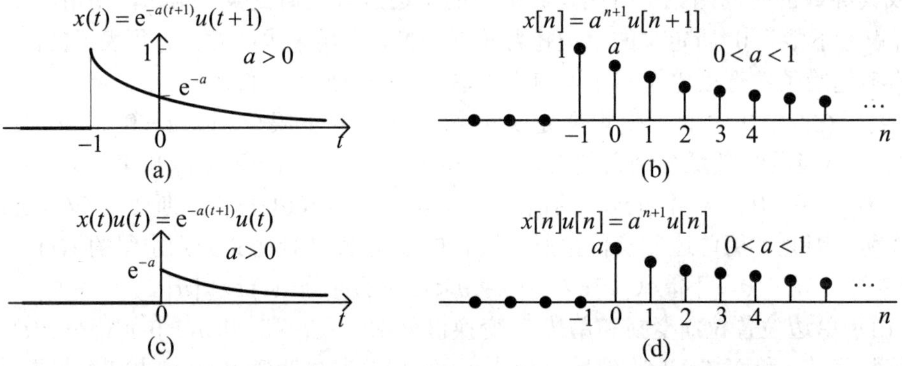


图 8.9 例 8.10 中的 $x(t)$ 和 $x[n]$ 以及 $x(t)u_{0_-}(t)$ 和 $x[n]u[n]$ 的波形

由上述结果可以看出，对于一般的时间函数或序列，它们的单边和双边拉普拉斯变换，单边和双边 Z 变换是不一样的。另一方面，对于因果时间函数或序列，例如上述 $x(t)$ 和 $x[n]$ 分别改成 $x(t)u(t)=\mathrm{e}^{-a(t+1)}u(t)$ 和 $x[n]u[n]=a^{n+1}u[n]$，分别如图 8.9(c)，(d)所示，它们的双边拉普拉斯变换和双边 Z 变换分别为

$$\mathscr{L}\{x(t)u(t)\}=\mathscr{L}\{\mathrm{e}^{-a(t+1)}u(t)\}=\frac{\mathrm{e}^{-a}}{s+a},\ \mathrm{Re}\{s\}>-a \quad 和 \quad \mathscr{Z}\{x[n]u[n]\}=\mathscr{Z}\{a^{n+1}u[n]\}=\frac{a}{1-az^{-1}},\ |z|>|a|$$

这和上面求得的 $X_{\mathrm{u}}(s)$ 或 $X_{\mathrm{u}}(z)$ 是完全一样的。

实际上，对于在 $t>0_-$ 有相同函数表达式，而在 $t<0_-$ 却不一样的任何连续时间函数都有完全相同的单边拉普拉斯变换，但是其双边拉普拉斯变换却各不相同。同样地，在 $n\geqslant 0$ 相同，而在 $n<0$ 却不一样的任何离散时间序列也都有完全相同的单边 Z 变换，但各自有不同的双边 Z 变换。因此，**对于任何时间函数或序列，其双边拉普拉斯变换或双边 Z 变换可以作为在复频域 $s$ 或 $z$ 中的唯一表示，而单边拉普拉斯变换和单边 Z 变换，却不能分别作为任意时间函数和序列在复频域的唯一表示**。然而，对于任何因果时间函数或序列，单边拉普拉斯变换或单边 Z 变换起到了双边拉普拉斯变换或 Z 变换相同的作用。基于这个观点，单边拉普拉斯变换

和单边 Z 变换可分别看作双边拉普拉斯变换和双边 Z 变换的一种**特例**。这就是本书以双边拉普拉斯变换和双边 Z 变换作为信号和系统的复频域表示，并作为它们复频域分析的主要数学工具的理由。但是，对于微分方程和差分方程描述的一类因果系统的复频域分析，单边拉普拉斯变换和单边 Z 变换起着不可替代的作用，这也是下面需进一步讨论它们的理由。

说明了单、双边拉普拉斯变换及单、双边 Z 变换之间的相互关系后，将不难弄清单边拉普拉斯变换和单边 Z 变换与 CFT 和 DTFT 之间的关系。对于任何非因果的时间函数和序列，即使其单边拉普拉斯变换和单边 Z 变换的收敛域分别包含 S 平面虚轴和 Z 平面单位圆，也不能用 $s=\mathrm{j}\omega$ 和 $z=\mathrm{e}^{\mathrm{j}\Omega}$ 代入其像函数的方法，来获得它们的傅里叶变换。然而，对于**因果的** $x(t)$ 和 $x[n]$，以及因果 LTI 系统的 $h(t)$ 和 $h[n]$，若它们的单边拉普拉斯变换和单边 Z 变换分别为 $X_{\mathrm{u}}(s)$、$X_{\mathrm{u}}(z)$ 和 $H_{\mathrm{u}}(s)$、$H_{\mathrm{u}}(z)$，且收敛域分别包含 S 平面虚轴或 Z 平面单位圆，则仍有

$$\mathscr{F}\{x(t)\}=X_{\mathrm{u}}(s)\big|_{s=\mathrm{j}\omega} \quad 和 \quad \mathscr{F}\{x[n]\}=X_{\mathrm{u}}(z)\big|_{z=\mathrm{e}^{\mathrm{j}\Omega}} \tag{8.3.6}$$

及

$$\mathscr{F}\{h(t)\}=H_{\mathrm{u}}(s)\big|_{s=\mathrm{j}\omega} \quad 和 \quad \mathscr{F}\{h[n]\}=H_{\mathrm{u}}(z)\big|_{z=\mathrm{e}^{\mathrm{j}\Omega}} \tag{8.3.7}$$

应该指出，由于(8.3.3)式的关系，使得一些不存在(双边)拉普拉斯变换或(双边)Z 变换的时间函数或序列，却存在单边拉普拉斯变换或单边 Z 变换。例如，常数信号或序列、周期信号或序列以及两边增长的函数或序列等。根据(8.3.3)式，它们的单边拉普拉斯变换或单边 Z 变换，就是它们在 $t\geqslant 0_-$ 或 $n\geqslant 0$ 那部分的双边拉普拉斯变换或双边 Z 变换，相当于因果时间函数或序列的双边拉普拉斯变换或 Z 变换，收敛域必定是 S 平面上某条直线右边半个 S 平面，或 Z 平面中某个圆周的外部。

**3．周期函数和序列的单边拉普拉斯变换和单边 Z 变换**

任意的连续时间周期信号 $\tilde{x}(t)$ 和离散时间周期序列 $\tilde{x}[n]$ 都可分别写成

$$\tilde{x}(t)=\sum_{l=-\infty}^{\infty}x_0(t-lT) \quad 和 \quad \tilde{x}[n]=\sum_{l=-\infty}^{\infty}x_0[n-lN] \tag{8.3.8}$$

其中 $T$ 和 $N$ 分别是周期，且 $x_0(t)$ 和 $x_0[n]$ 分别是它们一个周期区间 $[0_-,T_-)$ 和 $[0,N-1]$ 内的有限持续期信号，即

$$x_0(t)=\begin{cases}\tilde{x}(t), & 0_-\leqslant t<T_-\\ 0, & t<0_-,t\geqslant T_-\end{cases} \quad 或 \quad x_0[n]=\begin{cases}\tilde{x}[n], & 0\leqslant n\leqslant N-1\\ 0, & n<0,n\geqslant N\end{cases} \tag{8.3.9}$$

它们的波形如图 8.10 中所示。$\tilde{x}(t)$ 的单边拉普拉斯变换如下：

$$\mathscr{L}_{\mathrm{u}}\{\tilde{x}(t)\}=\mathscr{L}\left\{\tilde{x}(t)u_{0_-}(t)\right\}=\mathscr{L}\left\{\sum_{l=0}^{\infty}x_0(t-lT)\right\}=\sum_{l=0}^{\infty}X_0(s)\mathrm{e}^{-lTs}=\frac{X_0(s)}{1-\mathrm{e}^{-sT}}，\quad \mathrm{Re}\{s\}>0 \tag{8.3.10}$$

其中，$X_0(s)=\mathscr{L}\{x_0(t)\}$，即 $\tilde{x}(t)$ 在周期区间 $[0_-,T_-)$ 内信号的拉普拉斯变换。

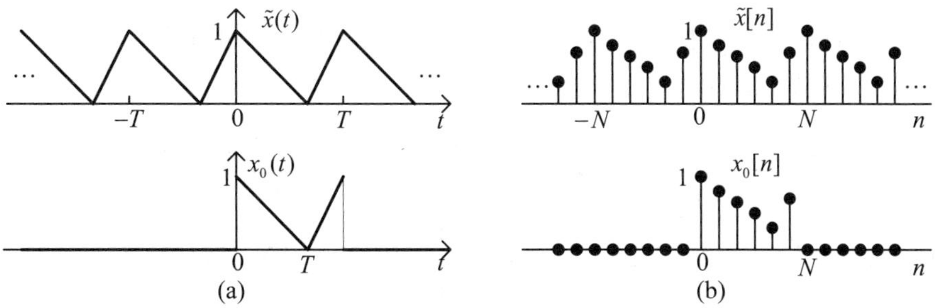


图 8.10　周期信号 $\tilde{x}(t)$ 和 $\tilde{x}[n]$ 及其一个周期内的信号 $x_0(t)$ 和 $x_0[n]$

同理，周期序列 $\tilde{x}[n]$ 的单边Z变换为

$$\mathscr{Z}_{\mathrm{u}}\{\tilde{x}[n]\}=\mathscr{Z}\{\tilde{x}[n]u[n]\}=\mathscr{Z}\left\{\sum_{l=0}^{\infty}x_0[n-lN]\right\}=X_0(z)\sum_{l=0}^{\infty}z^{-lN}=\frac{X_0(z)}{1-z^{-N}},\quad |z|>1 \qquad (8.3.11)$$

其中，$X_0(z)=\mathscr{Z}\{x_0[n]\}$，即 $\tilde{x}[n]$ 在周期区间 $[0,N-1]$ 内有限长度序列的Z变换。

【例 8.12】 试求周期冲激串 $\tilde{\delta}_T(t)$ 和 $\tilde{\delta}_N[n]$ (见(2.5.17)式和图 2.32)的单边拉普拉斯变换和单边Z变换。

解：分别利用上面的(8.3.10)式和(8.3.11)式，不难求得它们的单边拉普拉斯变换或Z变换：

$$\tilde{\delta}_T(t)=\sum_{l=-\infty}^{\infty}\delta(t-lT)\xleftrightarrow{\text{Lu}}\frac{1}{1-\mathrm{e}^{-sT}},\quad \mathrm{Re}\{s\}>0 \qquad (8.3.12)$$

和

$$\tilde{\delta}_N[n]=\sum_{l=-\infty}^{\infty}\delta[n-lN]\xleftrightarrow{\text{Zu}}\frac{1}{1-z^{-N}},\quad |z|>0 \qquad (8.3.13)$$

### 8.3.2 单边拉普拉斯变换和单边Z变换特有的性质

从变换的定义看，单边拉普拉斯变换或单边Z变换与(双边)拉普拉斯变换或(双边)Z变换之间的区别，仅在于正变换的积分或求和下限不同。首先会想到，单、双边变换的大部分性质是相同的，这里不再讨论那些相同的性质；但是，它们之间的区别也导致了单边变换有一些特殊的性质，特别是单边拉普拉斯变换的时域微分性质和单边Z变换的时移性质。正是这些特有的性质，在分析用微分方程和和差分方程描述的一类因果增量线性系统时，单边拉普拉斯变换或单边Z变换显示出不可替代的作用。下面分别讨论不同于双边变换的几个性质。

**1．单边拉普拉斯变换和单边Z变换的时移性质**

单边拉普拉斯变换的时移性质如下：若 $\mathscr{L}_{\mathrm{u}}\{x(t)\}=X_{\mathrm{u}}(s)$ 或 $\mathscr{L}\{x(t)u_{0\_}(t)\}=X_{\mathrm{u}}(s)$，则

$$x(t-t_0)u_{0\_}(t-t_0)\xleftrightarrow{\text{Lu}}\mathrm{e}^{-st_0}X_{\mathrm{u}}(s),\quad t_0\geqslant 0 \qquad (8.3.14)$$

图 8.11 中分别画出了某个 $x(t)$ 和 $x(t)u_{0\_}(t)$ 及其右移和左移的波形图，由图中不难看出，只有 $x(t)u_{0\_}(t)$ 的**延时**(即 $t_0>0$ 时)，才有和双边拉普拉斯变换类似的右移($t_0\geqslant 0$)性质。

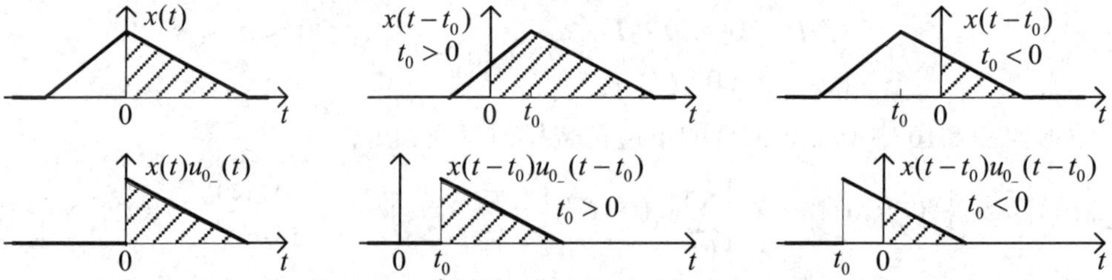


图 8.11 单边拉普拉斯变换时移性质的图解说明(阴影部分为单边拉普拉斯变换代表的信号部分)

单边Z变换的时移性质如下：若 $\mathscr{Z}_{\mathrm{u}}\{y[n]\}=Y_{\mathrm{u}}(z)$，则 $y[n]$ 的右移(延时)和左移(超前)性质不一样，它们可以分别表示为

$$y[n-n_0]\xleftrightarrow{\text{Zu}}z^{-n_0}\left[Y_{\mathrm{u}}(z)+\sum_{k=-n_0}^{-1}y[k]z^{-k}\right]=Y_{\mathrm{u}}(z)z^{-n_0}+\sum_{k=1}^{n_0}y[-k]z^{-(n_0-k)},\quad n_0\geqslant 1 \quad (8.3.15)$$

$$y[n+n_0]\xleftrightarrow{\text{Zu}}z^{n_0}\left[Y_{\mathrm{u}}(z)-\sum_{k=0}^{n_0-1}y[k]z^{-k}\right]=Y_{\mathrm{u}}(z)z^{n_0}-\sum_{k=0}^{n_0-1}y[k]z^{(n_0-k)},\quad n_0\geqslant 1 \qquad (8.3.16)$$

单边Z变换的延时(右移)性质证明如下：

$$\mathscr{Z}_u\{y[n-n_0]\}=\sum_{n=0}^{\infty}y[n-n_0]z^{-n}$$

$$=z^{-n_0}\sum_{n=0}^{\infty}y[n-n_0]z^{-(n-n_0)}$$

采用变量代换 $k=n-n_0$，上式可写成

$$\mathscr{Z}_u\{y[n-n_0]\}=z^{-n_0}\sum_{k=-n_0}^{\infty}y[k]z^{-k}$$

$$=z^{-n_0}\left[\sum_{k=-n_0}^{-1}y[k]z^{-k}+\sum_{k=0}^{\infty}y[k]z^{-k}\right]$$

$$=Y_u(z)z^{-n_0}+\sum_{k=1}^{n_0}y[-k]z^{-(n_0-k)}\text{，}\quad n_0\geqslant 1$$

等号右边方括号内的第二个求和就是 $y[n]$ 的单边 Z 变换 $Y_u(z)$，(8.3.15)式证毕。

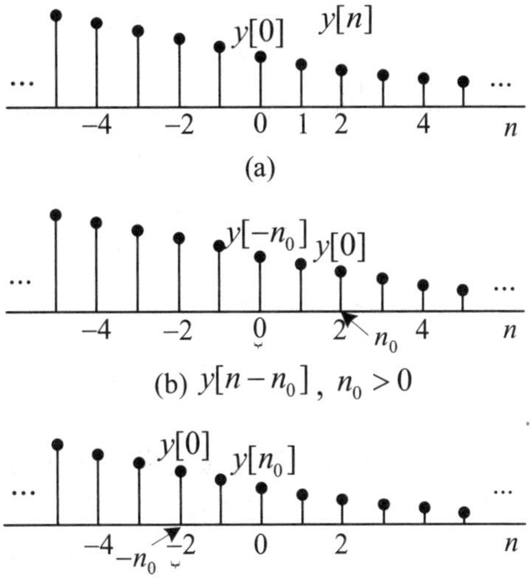


(a)

(b) $y[n-n_0]$，$n_0>0$

(c) $y[n+n_0]$，$n_0>0$

图 8.12　单边 Z 变换的时移性质的图解说明

当右移(延时) $n_0$ 时，$y[n]$ 中 $(-n_0\leqslant n\leqslant -1)$ 的序列值进入了正时域部分，故在 $y[n-n_0]$ 的单边 Z 变换中，必须加上这部分的 Z 变换，图 8.12(b)中对此作了图解说明。同样地，也可以证明左移性质。在图 8.12(c)中画出了 $y[n+n_0]$，$n_0\geqslant 1$ 的图形，不难解释在左移性质中，必须减去移出正时域的那部分序列值($y[n]$，$0\leqslant n\leqslant n_0-1$)的 Z 变换。有关左移性质的严格证明请读者自行练习。

进一步，如果 $x[n]$ 是因果序列，$x[n]=0$，$n<0$，将有 $\mathscr{Z}_u\{x[n]\}=\mathscr{Z}\{x[n]\}$，则(8.3.15)式的右移性质应改写为

$$x[n-n_0]\xleftrightarrow{\text{Zu}}X_u(z)z^{-n_0}\text{，}\quad n_0\geqslant 0 \tag{8.3.17}$$

然而，左移性质仍为(8.3.16)式。

下一小节将会看到，求解具有非零起始条件的、用线性常系数差分方程描述的因果系统时，单边 Z 变换的时移性质特别有用，这里把常用的右移(延时)和左移(超前)性质列出如下：

$$\mathscr{Z}_u\{y[n-1]\}=Y_u(z)z^{-1}+y[-1]\quad\text{和}\quad\mathscr{Z}_u\{y[n-2]\}=Y_u(z)z^{-2}+y[-1]z^{-1}+y[-2] \tag{8.3.18}$$

及 $$\mathscr{Z}_u\{y[n+1]\}=Y_u(z)z-y[0]z\quad\text{和}\quad\mathscr{Z}_u\{y[n+2]\}=Y_u(z)z^2-y[0]z^2-y[1]z \tag{8.3.19}$$

**2．单边拉普拉斯变换的时域微分和单边 Z 变换的时域差分性质**

单边拉普拉斯变换的时域微分性质如下：若有 $\mathscr{L}_u\{y(t)\}=Y_u(s)$，则有

$$y'(t)\xleftrightarrow{\text{Lu}}sY_u(s)-y(0\_)\quad\text{和}\quad y''(t)\xleftrightarrow{\text{Lu}}s^2Y_u(s)-y(0\_)s-y^{(1)}(0\_) \tag{8.3.20}$$

一般地，则有

$$\frac{\mathrm{d}^k y(t)}{\mathrm{d}t^k}\xleftrightarrow{\text{Lu}}s^kY_u(s)-\sum_{m=0}^{k-1}s^{k-1-m}y^{(m)}(0\_) \tag{8.3.21}$$

进一步，如果 $x(t)$ 是因果时间函数，即 $x(t)=0$，$t<0$，其单边拉普拉斯变换就等于双边拉普拉斯变换，因此，因果时间函数单边拉普拉斯变换的时域微分性质为

$$\frac{\mathrm{d}^k x(t)}{\mathrm{d}t^k}\xleftrightarrow{\text{Lu}}s^kX_u(s)\text{，}\quad\text{当 }x(t)=0\text{，}\ t<0 \tag{8.3.22}$$

在下面求解具有非零起始条件的微分方程描述的因果系统中，将直接用到单边拉普拉斯变换的时域微分性质。

单边 Z 变换的时域差分性质可直接由其时移性质得到，它们可表示为

$$\Delta x[n]=x[n]-x[n-1]\xleftrightarrow{\text{Zu}}(1-z^{-1})X_u(z)-x[-1] \tag{8.3.23}$$

$$\Delta^2 x[n]\xleftrightarrow{\text{Zu}}(1-z^{-1})^2X_u(z)-(2-z^{-1})x[-1]+x[-2] \tag{8.3.24}$$

**3．单边拉普拉斯变换的时域积分和单边 Z 变换的时域累加性质**

单边拉普拉斯变换的时域积分性质如下：若有 $\mathscr{L}_u\{x(t)\}=X_u(s)$，则

$$\int_{-\infty}^{t}x(\tau)\mathrm{d}\tau\xleftrightarrow{\text{Lu}}\frac{X_u(s)}{s}+\frac{1}{s}\int_{-\infty}^{0_-}x(\tau)\mathrm{d}\tau \tag{8.3.25}$$

单边 Z 变换的时域累加性质如下：若有 $\mathscr{Z}_u\{x[n]\}=X_u(z)$，则

$$\sum_{k=-\infty}^{n}x[k]\xleftrightarrow{\text{Zu}}\frac{1}{1-z^{-1}}\left[X_u(z)+\sum_{k=-\infty}^{-1}x[k]\right] \tag{8.3.26}$$

**4．其他与双边拉普拉斯变换和 Z 变换不同的性质**

例如对称性质，单边拉普拉斯变换和 Z 变换只有如下对称性质：

若有 $\mathscr{L}_u\{x(t)\}=X_u(s)$ 和 $\mathscr{Z}_u\{x[n]\}=X_u(z)$，则有

$$x^*(t)\xleftrightarrow{\text{Lu}}X_u^*(s^*)\quad 和\quad x^*[n]\xleftrightarrow{\text{Zu}}X_u^*(z^*) \tag{8.3.27}$$

又例如，单边拉普拉斯变换的尺度变换特性应为：若有 $\mathscr{L}_u\{x(t)\}=X_u(s)$，则

$$x(at)\xleftrightarrow{\text{Lu}}\frac{1}{a}X_u\left(\frac{s}{a}\right),\quad 实数\,a>0 \tag{8.3.28}$$

再例如，单边 Z 变换的内插零和抽取特性分别为：

若有 $\mathscr{Z}_u\{x[n]\}=\{X_u(z),\ \ R_X=(|z|>r)\}$，则分别有

$$x_{(M)}[n]\xleftrightarrow{\text{Zu}}\left\{X_u(z^M),\ \ R_X^{1/M}=(|z|>r^{1/M})\right\},\ \ M>0 \tag{8.3.29}$$

$$x[Mn]\xleftrightarrow{\text{Zu}}\left\{\frac{1}{M}\sum_{k=0}^{M-1}X_u\left(\mathrm{e}^{-\mathrm{j}2\pi k/M}z^{1/M}\right),\ \ R_X^M=\left(|z|>r^M\right)\right\},\ \ M>0 \tag{8.3.30}$$

根据单边拉普拉斯变换和单边 Z 变换的定义，显然，所有涉及时域反转的性质都不成立。

## 8.3.3　零状态响应和零输入响应的复频域求解

进一步考察这类增量线性时不变系统的变换域求解问题。由于是因果输入，即 $x(t)=0$，$t<0$ 和 $x[n]$，$n<0$，双边、单边拉普拉斯变换和 Z 变换都能唯一地表示它们。系统输出 $y(t)$ 和 $y[n]$ 中的零状态响应 $y_{zs}(t)$ 和 $y_{zs}[n]$ 仅由因果输入决定，且在 $t<0$ 和 $n<0$ 时，零状态响应也为零。显然，双边、单边拉普拉斯变换和 Z 变换，以及傅里叶变换(当系统是稳定时)，都可以求解这类系统的零状态响应；然而，零输入响应 $y_{zi}(t)$ 和 $y_{zi}[n]$ 却与这次输入无关，它仅取决于非零起始条件，且在 $t<0$ 和 $n<0$ 时，零输入响应也不等于 0。双边拉普拉斯变换和双边 Z 变换对求零输入响应却无能为力，单边拉普拉斯变换和单边 Z 变换却正好合适，尽管它们只能表示非负时域中的时间函数或序列，却正好适合于所要求的响应 $y(t)$，$t>0_-$ 或 $y[n]$，$n\geqslant 0$。下面的讨论将看到，用单边拉普拉斯变换和单边 Z 变换方法，不仅可以把非零起始条件直接化成零输入响应的复频域表示，还可以同时求出系统的零状态响应和零输入响应。

**1．具有非零起始条件的线性常系数微分方程的 $s$ 域求解**

假设在(8.3.1)式左式中，系统输入 $x(t)$ 和输出 $y(t)$ 的单边拉普拉斯变换分别为

$$\mathscr{L}_u\{x(t)\}=X_u(s)\quad 和\quad \mathscr{L}_u\{y(t)\}=Y_u(s)$$

对(8.3.1)式左式的方程两边取单边拉普拉斯变换，则有

$$\sum_{k=0}^{N} a_k \mathscr{L}_{\mathrm{u}}\{y^{(k)}(t)\} = \sum_{k=0}^{M} b_k \mathscr{L}_{\mathrm{u}}\{x^{(k)}(t)\} \tag{8.3.31}$$

由于 $x(t)=0$，$t<0$，根据(8.3.22)式，将有

$$\mathscr{L}_{\mathrm{u}}\{x^{(k)}(t)\} = s^k X_{\mathrm{u}}(s)，\ k \geqslant 0 \tag{8.3.32}$$

尽管 $y(t)\neq 0$，$t<0$，但按照(8.3.21)式，将有

$$\mathscr{L}_{\mathrm{u}}\{y^{(k)}(t)\} = s^k Y_{\mathrm{u}}(s) - \sum_{l=0}^{k-1} s^{k-1-l} y^{(l)}(0_-)，\ k \geqslant 1 \tag{8.3.33}$$

将上面两式代入(8.3.31)式，并整理后得到

$$Y_{\mathrm{u}}(s)\sum_{k=0}^{N} a_k s^k - \sum_{k=1}^{N} a_k \sum_{m=0}^{k-1} s^{k-1-m} y^{(m)}(0_-) = \left[\sum_{k=0}^{M} b_k s^k\right] X_{\mathrm{u}}(s)$$

则有

$$Y_{\mathrm{u}}(s) = \frac{\sum_{k=0}^{M} b_k s^k}{\sum_{k=0}^{N} a_k s^k} X_{\mathrm{u}}(s) + \frac{\sum_{k=1}^{N} a_k \sum_{m=0}^{k-1} s^{k-1-m} y^{(m)}(0_-)}{\sum_{k=0}^{N} a_k s^k} \tag{8.3.34}$$

上式右边第二项是一个 $s$ 的有理函数，它与输入的拉普拉斯变换 $X_u(s)$ 无关，除了与 $a_k$，$k=0, 1, \cdots, N$ 有关外，仅取决于 $y^{(m)}(0_-)$，$m=0, 1, \cdots, N-1$，这正是(8.3.1)式左式中的 $N$ 个非零起始条件，故这部分应是系统的**零输入响应** $y_{\mathrm{zi}}(t)$ 的**单边**拉普拉斯变换 $Y_{\mathrm{uzi}}(s)$，即

$$Y_{\mathrm{uzi}}(s) = \frac{\sum_{k=1}^{N} a_k \sum_{m=0}^{k-1} s^{k-1-m} y^{(m)}(0_-)}{\sum_{k=0}^{N} a_k s^k} \tag{8.3.35}$$

这是一个有理真分式，其反变换可唯一地确定 $t \geqslant 0$ 的零输入响应，即

$$y_{\mathrm{zi}}(t) = \mathscr{L}_{\mathrm{u}}^{-1}\{Y_{\mathrm{uzi}}(s)\}，\ t \geqslant 0 \tag{8.3.36}$$

(8.3.34)式右边第一项是一个有理函数乘以 $X_{\mathrm{u}}(s)$，由 8.2.3 节可知，这个有理函数就是用该微分方程表示的因果 LTI 系统的系统函数 $H(s)$，它正是**零状态响应的复频域表示**，即

$$Y_{\mathrm{uzs}}(s) = \mathscr{L}_{\mathrm{u}}\{y_{\mathrm{zs}}(t)\} = H(s)X_{\mathrm{u}}(s) = \frac{\sum_{k=0}^{M} b_k s^k}{\sum_{k=0}^{N} a_k s^k} X_{\mathrm{u}}(s) \tag{8.3.37}$$

由于 $y_{\mathrm{zs}}(t)=0$，$t<0_-$，故上式 $Y_{\mathrm{uzs}}(s)$ 的反拉普拉斯变换，就是该系统的零状态响应，即

$$y_{\mathrm{zs}}(t) = \mathscr{L}_{\mathrm{u}}^{-1}\{Y_{\mathrm{uzs}}(s)\} = \mathscr{L}^{-1}\{Y_{\mathrm{zs}}(s)\} \tag{8.3.38}$$

**2．具有非零起始条件的线性常系数差分方程的 $z$ 域求解**

用单边 Z 变换求解(8.3.1)式右式描述的离散时间增量线性系统，将会得到类似的结果。

假设 $\mathscr{Z}_{\mathrm{u}}\{x[n]\} = X_{\mathrm{u}}(z)$ 和 $\mathscr{Z}_{\mathrm{u}}\{y[n]\} = Y_{\mathrm{u}}(z)$

对(8.3.1)式右式方程的两边取单边 Z 变换，则有

$$\sum_{k=0}^{N} a_k \mathscr{Z}_{\mathrm{u}}\{y[n-k]\} = \sum_{k=0}^{M} b_k \mathscr{Z}_{\mathrm{u}}\{x[n-k]\} \tag{8.3.39}$$

由于 $x[n]=0$，$n<0$，根据(8.3.17)式将有

$$\mathscr{Z}_{\mathrm{u}}\{x[n-k]\} = z^{-k} X_{\mathrm{u}}(z)，\ k \geqslant 0 \tag{8.3.40}$$

尽管 $y[n]\neq 0$，$n<0$，但按照单边 Z 变换的右移性质(见(8.3.15)式)，将有

$$\mathscr{Z}_{\mathrm{u}}\{y[n-k]\}=z^{-k}Y_{\mathrm{u}}(z)+\sum_{m=1}^{k}y[-m]z^{-(k-m)}\ ,\quad k\geqslant 1 \tag{8.3.41}$$

将上面两式代入(8.3.39)式，并经整理后得到

$$Y_{\mathrm{u}}(z)=\frac{\sum\limits_{k=0}^{M}b_k z^{-k}}{\sum\limits_{k=0}^{N}a_k z^{-k}}X_{\mathrm{u}}(z)+\frac{-\sum\limits_{k=1}^{N}a_k\sum\limits_{m=1}^{k}y[-m]z^{-(k-m)}}{\sum\limits_{k=0}^{N}a_k z^{-k}} \tag{8.3.42}$$

由此可看出，系统在因果输入 $x[n]$ 时，其输出的单边 Z 变换由两部分组成：一部分为上式等号右边的第一项，它是由同一差分方程表示的离散时间因果 LTI 系统的系统函数 $H(z)$ 乘以输入 $x[n]$ 的 Z 变换 $X_{\mathrm{u}}(z)$ 或 $X(z)$，这正是**零状态响应的单边或双边 Z 变换**，即

$$Y_{\mathrm{uzs}}(z)=H(z)X_{\mathrm{u}}(z)=\frac{\sum\limits_{k=0}^{M}b_k z^{-k}}{\sum\limits_{k=0}^{N}a_k z^{-k}}X_{\mathrm{u}}(z) \tag{8.3.43}$$

由于 $y_{\mathrm{zs}}[n]=0$，$n<0$，故它的反 Z 变换就是零状态响应，即

$$y_{\mathrm{zs}}[n]=\mathscr{Z}_{\mathrm{u}}^{-1}\{Y_{\mathrm{uzs}}(z)\}=\mathscr{Z}^{-1}\{Y_{\mathrm{zs}}(z)\} \tag{8.3.44}$$

另一部分是(8.3.42)式右边第二项，它与 $X_{\mathrm{u}}(z)$ 无关，除和 $a_k$，$k=0,\ 1,\ \cdots,\ N$ 有关外，仅取决于 $y[-m]$，$m=0,\ 1,\ \cdots,\ N-1$，这正是(8.3.1)式右式中的 $N$ 个非零起始条件，因此，这部分就是系统**零输入响应** $y_{\mathrm{zi}}[n]$ 的**单边** Z 变换 $Y_{\mathrm{uzi}}(z)$，故

$$Y_{\mathrm{uzi}}(z)=\frac{-\sum\limits_{k=1}^{N}a_k\sum\limits_{m=1}^{k}y[-m]z^{-(k-m)}}{\sum\limits_{k=0}^{N}a_k z^{-k}} \tag{8.3.45}$$

而且它是一个有理真分式，其反变换可唯一地确定 $n\geqslant 0$ 的零输入响应，即有

$$y_{\mathrm{zi}}[n]=\mathscr{Z}_{\mathrm{u}}^{-1}\{Y_{\mathrm{uzi}}(z)\}\ ,\quad n\geqslant 0 \tag{8.3.46}$$

上述讨论充分展示了用单边拉普拉斯变换和 Z 变换分别求解微分方程和差分方程描述的一类因果线性系统的方法，即零状态响应和零输入响应的 $s$ 域或 $z$ 域求解方法。由于它们是一类增量线性时不变系统，零状态响应就是用同一微分方程或差分方程表示的因果 LTI 系统对因果输入 $x(t)$ 或 $x[n]$ 的响应，这个响应也是因果的时间函数或序列，即

$$y_{\mathrm{zs}}(t)=0\ ,\ t<0 \quad 或 \quad y_{\mathrm{zs}}[n]=0\ ,\ n<0$$

它们也可以用双边拉普拉斯变换或双边 Z 变换的方法来求出，即

$$Y_{\mathrm{zs}}(s)=\frac{\sum\limits_{k=0}^{M}b_k s^{-k}}{\sum\limits_{k=0}^{N}a_k s^{-k}}X(s) \quad 或 \quad Y_{\mathrm{zs}}(z)=\frac{\sum\limits_{k=0}^{M}b_k z^{-k}}{\sum\limits_{k=0}^{M}a_k z^{-k}}X(z) \tag{8.3.47}$$

其中，$X(s)$ 和 $X(z)$ 分别是因果输入 $x(t)$ 和 $x[n]$ 的拉普拉斯变换和 Z 变换，$Y_{\mathrm{zs}}(s)$ 和 $Y_{\mathrm{zs}}(z)$ 分别为零状态响应 $y_{\mathrm{zs}}(t)$ 和 $y_{\mathrm{zs}}[n]$ 的拉普拉斯变换和 Z 变换。由于是因果输入加入因果的 LTI 系统，零状态响应也是因果的，它们的单边与双边拉普拉斯变换和 Z 变换完全相同，故用单、双边变换都能求解。零输入响应却不同，它们与当前输入无关，也不是一个因果时间函数和

序列，只能分别用单边拉普拉斯变换和单边 Z 变换求解。此外，(8.3.35)式和(8.3.45)式表示的零输入响应，其变换域形式只能分别代表 $y_{zs}(t)$ 和 $y_{zs}[n]$ 在 $t\geqslant 0$ 和 $n\geqslant 0$ 的部分，与它们在 $t<0$ 和 $n<0$ 的部分没有任何必然的关系。下面将用几个具体的例子进一步说明上述求解方法。

**【例 8.13】** 试用变换域方法求如下微分方程表示的因果系统，在 $x(t)=\mathrm{e}^{-2t}u(t)$ 时的输出 $y(t)$，已知该系统的起始条件 $y(0_-)=1$，$y'(0_-)=1$。

$$y''(t)+4y'(t)+3y(t)=x'(t)+2x(t)$$

**解**：这是一个具有非零起始条件的连续时间因果系统，需用单边拉普拉斯变换求解。对方程两边求单边拉普拉斯变换，并利用单边拉普拉斯变换的微分性质(见(8.3.20)式)，则有

$$s^2Y_u(s)-sy(0_-)-y^{(1)}(0_-)+4[sY_u(s)-y(0_-)]+3Y_u(s)=sX_u(s)+2X_u(s)$$

代入已知的起始条件，并整理得到

$$Y_u(s)=\frac{s+2}{s^2+4s+3}X_u(s)+\frac{s+5}{s^2+4s+3}，\quad 其中，\quad X_u(s)=\mathscr{Z}_u\{\mathrm{e}^{-2t}u(t)\}=\frac{1}{s+2}$$

则输出 $y(t)$ 中的零状态响应的双边或单边拉普拉斯变换为

$$Y_{zs}(s)=\frac{s+2}{s^2+4s+3}\cdot\frac{1}{s+2}=\frac{1}{(s+1)(s+3)}=\frac{0.5}{s+1}-\frac{0.5}{s+3}$$

反变换得到零状态响应为

$$y_{zs}(t)=(1/2)[\mathrm{e}^{-t}u(t)-\mathrm{e}^{-3t}u(t)]$$

输出 $y(t)$ 中的零输入响应的单边拉普拉斯变换为

$$Y_{uzi}(s)=\frac{s+5}{s^2+4s+3}=\frac{s+5}{(s+1)(s+3)}=\frac{2}{s+1}-\frac{1}{s+3}$$

求单边反拉普拉斯变换得到零输入响应为

$$y_{zi}(t)=2\mathrm{e}^{-t}-\mathrm{e}^{-3t}，\quad t\geqslant 0$$

最后，把上面求得 $y_{zs}(t)$ 和 $y_{zi}(t)$ 相加，得到系统对输入 $x(t)=\mathrm{e}^{-2t}u(t)$ 的全响应为

$$y(t)=y_{zs}(t)+y_{zi}(t)=0.5(5\mathrm{e}^{-t}-3\mathrm{e}^{-3t})，\quad t\geqslant 0$$

**【例 8.14】** 试用变换域方法求由如下差分方程表示的因果系统，对输入 $x[n]=(0.5)^n u[n]$ 的零状态响应和零输入响应及全响应，已知系统的附加条件为 $y[0]=1$，$y[-1]=-6$。

$$y[n]+0.75y[n-1]+0.125y[n-2]=x[n]+3x[n-1] \tag{8.3.48}$$

**解**：对方程的两边分别取单边 Z 变换，并用单边 Z 变换的时移性质(见(8.3.18)式)，则有

$$Y_u(z)+0.75(Y_u(z)z^{-1}+y[-1])+0.125(Y_u(z)z^{-2}+y[-1]z^{-1}+y[-2])=X_u(z)+3X_u(z)z^{-1}$$

整理后得到

$$Y_u(z)=\frac{1+3z^{-1}}{1+0.75z^{-1}+0.125z^{-2}}X_u(z)-\frac{0.75y[-1]+0.125y[-2]+0.125y[-1]z^{-1}}{1+0.75z^{-1}+0.125z^{-2}} \tag{8.3.49}$$

上式的第二项需知道 $y[-2]$，而本题只已知 $y[0]$ 和 $y[-1]$，$y[-2]$ 可以用 4.3.3 节介绍的前推方程求得，它为

$$y[-2]=8\{x[0]+3x[-1]-y[0]-0.75y[-1]\}=36$$

现在用 $y[-1]=-6$，$y[-2]=36$，以及 $X_u(z)=\mathscr{Z}_u\{x[n]\}=1/(1-0.5z^{-1})$ 代入(8.3.49)式，分别得到零状态响应和零输入响应的单边 Z 变换为

$$Y_{uzs}(z)=\frac{1+3z^{-1}}{1+0.75z^{-1}+0.125z^{-2}}\cdot\frac{1}{1-0.5z^{-1}}=\frac{1+3z^{-1}}{(1+0.5z)(1+0.25z^{-1})(1-0.5z^{-1})}$$

和

$$Y_{uzi}(z)=-\frac{[0.75\times(-6)+0.125\times 36]+0.125\times(-6)z^{-1}}{1+0.75z^{-1}+0.125z^{-2}}=\frac{0.75z^{-1}}{(1+0.5z^{-1})(1+0.25z^{-1})}$$

分别把它们部分分式展开，得到

$$Y_{uzs}(z)=\frac{7/3}{1-0.5z^{-1}}-\frac{5}{1+0.5z^{-1}}+\frac{11/3}{1+0.25z^{-1}}\quad 和\quad Y_{uzi}(z)=\frac{3}{1+0.25z^{-1}}-\frac{3}{1+0.5z^{-1}}$$

分别求单边 Z 变换的反反变换，得到零状态响应 $y_{zs}[n]$ 和零输入响应 $y_{zi}[n]$ 如下：

$$y_{zs}[n]=[(7/3)(0.5)^n-5(-0.5)^n+(11/3)(-0.25)^n]u[n] \quad 和 \quad y_{zi}[n]=3(-0.25)^n-3(-0.5)^n，\ n\geqslant 0$$

该系统对 $x[n]=(0.5)^n u[n]$ 的全响应为

$$y[n]=y_{zs}[n]+y_{zi}[n]=(7/3)(0.5)^n+(20/3)\left(-0.25\right)^n-8\left(-0.5\right)^n，\ n\geqslant 0$$

由于 $y_{zs}[n]$ 是因果 LTI 系统对因果输入的响应，差分方程(8.3.48)式表示的因果 LTI 系统与如下差分方程

$$y[n+1]+0.75y[n]+0.125y[n-1]=x[n+1]+3x[n] \tag{8.3.50}$$

表示的因果 LTI 系统是同一个 LTI 系统。它们对 $x[n]=(0.5)^n u[n]$ 的响应相同，也是本题要求的零状态响应。

基于上述讨论，(8.3.50)式和附加条件 $y[0]=1$，$y[-1]=-6$ 表示的因果系统，等效于由(8.3.48)式和相同附加条件表示的因果系统。这样等效后，可直接以这样的附加条件，用单边 Z 变换求解当 $x[n]=(0.5)^n u[n]$ 输入时系统的的响应。此时的解法如下：对方程(8.3.50)式两边取单边 Z 变换，并用其时移性质，将有

$$zY_u(z)-y[0]z+0.75Y_u(z)+0.125(z^{-2}Y_u(z)+y[-1])z^{-1}=zX_u(z)-x[0]z+3X_u(z)$$

上式需要的正是本题给定的附加条件 $y[0]=1$，$y[-1]=-6$，直接代入上式，并整理得到

$$Y_u(z)=\frac{1+3z^{-1}}{1+0.75z^{-1}+0.125z^{-2}}X_u(z)+\frac{0.75z^{-1}}{1+0.75z^{-1}+0.125z^{-2}}$$

这个结果与前面已求的 $y_u(z)$ 完全相同，第一项为零状态响应的单边 Z 变换，第二项为零输入响应的单边 Z 变换。当然，对它们取反变换，将会获得和前面相同的零状态响应、零输入响应和全响应。

# 8.4 系统函数和频率响应表征的 LTI 系统特性

前面 3.7 节曾指出，LTI 系统的全部功能和特性完全在其时域表示，即单位冲激响应 $h(t)$ 和 $h[n]$ 上得到体现。LTI 系统的频率响应 $H(\omega)$ 和 $\tilde{H}(\Omega)$ 与系统函数及收敛域 $\{H(s),\ R_H\}$ 和 $\{H(z),\ R_H\}$ 分别是单位冲激响应的频域和复频域表示，连续时间和离散时间 LTI 系统的全部功能和特性，也应充分由其频率响应和系统函数(包括收敛域)表征出来。

## 8.4.1 系统函数和频率响应表征的 LTI 系统性质

正像单位冲激响应是 LTI 系统专有术语一样，频率响应和系统函数及其收敛域也只属于 LTI 系统专有，非 LTI 系统不存在这种意义上的频率响应和系统函数。本小节将讨论频率响应和系统函数表征的 LTI 系统的记忆性、因果性、稳定性和可逆性。再次强调，这里 LTI 系统的系统函数和收敛域是指它的双边拉普拉斯变换和双边 Z 变换，只有因果 LTI 系统($h(t)=0$，$t<0$ 和 $h[n]=h[n]u[n]$，才能用其单边拉普拉斯变换和单边 Z 变换的系统函数唯一地表示。

**1．LTI 系统的记忆性和无记忆性**

由 3.7.2 节可知：如果限于稳定的 LTI 系统，只有 $h(t)=c\delta(t)$ 和 $h[n]=c\delta[n]$（$c$ 为任意复常数)的连续和离散时间 LTI 系统才是无记忆的，任何其他**稳定** LTI 系统都有记忆。因此，只有频率响应和系统函数都等于一个复常数的稳定 LTI 系统才是无记忆的，即若分别满足：

$$H(\omega)=c \quad 及 \quad H(s)=c，\ R_H 为整个 S 平面 \tag{8.4.1}$$

和

$$\tilde{H}(\Omega)=c \quad 及 \quad H(z)=c，\ R_H 为整个 Z 平面 \tag{8.4.2}$$

则为无记忆的稳定 LTI 系统，否则，都是有记忆的。

进一步，对于实的无记忆稳定 LTI 系统，从频域上看，其幅频响应为正实数，其相频响应为 0 或 ±π；从复频域上看，无记忆稳定 LTI 系统在整个复平面上没有任何极点和零点。

**2．LTI 系统的因果性**

在时域中，若是因果的连续时间或离散时间 LTI 系统，其单位冲激响应必须满足

$$h(t)=0,\quad t<0 \quad 和 \quad h[n]=0,\quad n<0 \tag{8.4.3}$$

根据像函数收敛域的性质，连续时间因果 LTI 系统的系统函数收敛域是某条与虚轴平行的直线右侧的半个 S 平面(若 $h(t)$ 不包含 $\delta^{(k)}(t)$，还包括无穷远点)，离散时间因果 LTI 系统的系统函数收敛域是 Z 平面上某个以原点为圆心的圆周的外部区域，且**包括无穷远点**，即可表示为

$$R_H=(\mathrm{Re}\{s\}>\sigma_0)，可能包括无穷远点 \quad 和 \quad R_H=(r_0<|z|\leqslant\infty)，\ r_0\geqslant 0 \tag{8.4.4}$$

6.10.1 小节已指出，对于因果时间函数($t=0$ 处不包含冲激及其导数)和因果序列，它们傅里叶变换的实部和虚部分别满足各自的希尔伯特变换关系。故在频域 $\omega$ 和 $\Omega$ 上，因果性没有简单和直观的反映，但鉴于傅里叶变换与双边拉普拉斯变换或 Z 变换之间的关系，总可以把 LTI 系统的频率响应转换到复频域中，按照系统函数收敛域特性，判别 LTI 系统是否因果。

**3．LTI 系统的稳定性**

由 3.7.2 小节可知，依据连续时间和离散时间 LTI 系统的 $h(t)$ 和 $h[n]$ 来判定 LTI 系统是否稳定的条件分别为

$$\int_{-\infty}^{\infty}|h(t)|\mathrm{d}t<\infty \quad 和 \quad \sum_{n=-\infty}^{\infty}|h[n]|<\infty \tag{8.4.5}$$

它与连续和离散时间傅里叶变换的狄里赫利条件 1 是等价的，故对于连续时间和离散时间 LTI 系统，依据频率响应 $H(\omega)$ 和 $\tilde{H}(\Omega)$ 来判定系统是否稳定，条件是具有有界的幅频响应，即

$$|H(\omega)|<\infty,\ -\infty\leqslant\omega\leqslant\infty \quad 或 \quad |\tilde{H}(\Omega)|<\infty,\ -\infty\leqslant\Omega\leqslant\infty \tag{8.4.6}$$

按此条件，若频率响应中包含了冲激，例如，积分器和累加器的频率响应，系统就不稳定。另外，微分器的频率响应 $H(\omega)=\mathrm{j}\omega$ 也不满足(8.4.6)式，故它是不稳定的；而离散时间差分器的幅频响应为 $|\tilde{H}(\Omega)|=2|\sin(\Omega/2)|$，它满足(8.4.6)式，故是稳定的 LTI 系统。

根据傅里叶变换与拉普拉斯变换或 Z 变换之间的关系，在复频域上，LTI 系统是否稳定的判据分别为：若一个连续时间和离散时间 LTI 系统的系统函数 $H(s)$ 和 $H(z)$ 的收敛域，分别包含 S 平面的虚轴(包括无限远点)和 Z 平面的单位圆，则该 LTI 系统是稳定的，否则就不稳定。换言之，连续时间和离散时间 LTI 系统稳定性的复频域条件分别为

$$H(s),\quad R_H\supset(\mathrm{Re}\{s\}=0) \quad 和 \quad H(z),\quad R_H\supset(|z|=1) \tag{8.4.7}$$

综合因果和稳定两方面的判据，连续时间和离散时间 LTI 系统既因果又稳定的条件为：系统的所有极点必须分别位于虚轴左边半个有限 S 平面上和 Z 平面的单位圆内部。换言之，在虚轴及其右侧半个 S 平面上(包括无穷远点)和 Z 平面单位圆及其外部直至无穷远点，没有 $H(s)$ 和 $H(z)$ 的任何一个极点。

1) 微分方程或差分方程两边最高阶次 $N$ 和 $M$ 对稳定性的影响

对于用微分方程或差分方程描述的一类因果 LTI 系统，系统函数和频率响应分别为 $s$ 和 $\mathrm{j}\omega$ 或 $z^{-1}$ 和 $\mathrm{e}^{-\mathrm{j}\Omega}$ 的一个有理函数，它们可参照微分方程或差分方程直接写出。这类系统的极点仅由系统函数分母多项式的根，以及分子、分母多项式的最高阶数 $M$、$N$ 决定。换言之，系统的极点仅取决于微分方程和差分方程中的系数 $a_k$，$k=0,\ 1,\ \cdots,\ N$ 和阶次 $M$、$N$。因此，可以直接从描述它们的微分方程和差分方程来判定它们是否稳定。具体判别依据为：对于微分方程描述的连续时间因果 LTI 系统，当 $N<M$ 时，其系统函数和频率响应均是假分式，部分分式展开中包含 $s$ 或 $\mathrm{j}\omega$ 的 $m$ 次方($1\leqslant m\leqslant M-N$)的线性组合(见(8.2.34)式)，这意味着系

统的 $h(t)$ 中包含 $\delta^{(m)}(t)$，故不稳定；当 $N \geqslant M$ 时，连续时间 LTI 系统的稳定性则仅由 $a_k$，$k=0$，1，…，$N$ 决定；而对于用差分方程描述的离散时间因果 LTI 系统，任何有限的 $M$ 和 $N$ 值都不影响系统的稳定性。即便其频率响应和系统函数为假分式，展开的结果也只包含 $z^{-m}$，$m=0$，1，…，$M-N$ 的线性组合，只使得其 $h[n]$ 中包含 $\delta[n-m]$ 的有限项线性组合(见(8.2.38)式)，不影响系统稳定性。这就是说，用差分方程描述的离散时间因果 LTI 系统的稳定性仅由 $a_k$，$k=0$，1，…，$N$ 决定。

2) 微分方程和差分方程中的系数 $a_k$ 对稳定性影响

这些系数决定系统极点，即系统函数 $H(s)$ 和 $H(z)$ (或频率响应 $H(\mathrm{j}\omega)$ 和 $H(\mathrm{e}^{\mathrm{j}\Omega})$ )的分母多项式的根。如果这类连续时间和离散时间因果 LTI 系统的极点分别全部落在 S 平面虚轴左侧的半个 S 平面内(不包括无穷远点)和 Z 平面单位圆内部，即 S 平面上**所有极点的实部均小于 0** 和 Z 平面上**所有极点的模均小于 1**，分别经反拉普拉斯变换和反 Z 变换获得的 $h(t)$ 和 $h[n]$ 只包含因果的衰减指数项，系统必然稳定。否则，若分别有一个极点落在右半个 S 平面(含虚轴)和 Z 平面单位圆上或其外部，$h(t)$ 和 $h[n]$ 中就包含一个因果的非衰减指数项，系统将不稳定。

有时还把一类具有特定极点分布的不稳定因果 LTI 系统称为“**临界稳定**”的系统，即对于在 S 平面虚轴和 Z 平面单位圆上仅有一阶极点，其余极点均在左半有限 S 平面和 Z 平面单位圆内部的因果 LTI 系统，只要输入信号的拉普拉斯变换和 Z 变换像函数中不包含虚轴和单位圆上相同位置的极点，有界输入必定产生有界输出。但是，若输入中也包含虚轴和单位圆上相同位置的系统一阶极点，则将在输出信号的拉普拉斯变换和 Z 变换像函数中形成二阶极点，这就意味着输出中包含了线性增长的分量，有界输入产生了无界输出，系统将不稳定。一个典型例子是系统在 $s=0$ (连续时间)和 $z=\pm 1$ (离散时间)有一阶极点，只要输入信号中分别不包括 $u(t)$ 和 $(\pm 1)^n u[n]$，$s=0$ 和 $z=\pm 1$ 仍然只是系统输出的一阶极点，即输出信号中分别只会有 $u(t)$ 或 $(\pm 1)^n u[n]$ 分量，它们仍是有界分量。但是，若输入信号中包含 $u(t)$ 和 $(\pm 1)^n u[n]$，则在系统输出的像函数中，$s=0$ 和 $z=\pm 1$ 分别将变成二阶极点，输出信号中将包含一个 $tu(t)$ 和 $(n+1)(\pm 1)^n u[n]$ 分量，它们不再有界。另一个临界稳定的例子是系统在 $s=\pm\mathrm{j}\omega_0$ (连续时间)和 $z=\mathrm{e}^{\pm\mathrm{j}\Omega_0}$ (离散时间)有一对一阶共轭复极点，读者可自行分析之。

**4. LTI 系统的逆系统及其变换域反卷积求法**

对于单位冲响应为 $h(t)$ 和 $h[n]$ 的连续时间和离散时间 LTI 系统。从时域中判断其是否可逆，要看是否存在另一个单位冲激响应为 $h_{\mathrm{inv}}(t)$ 和 $h_{\mathrm{inv}}[n]$ 的 LTI 系统，使之满足

$$h(t) * h_{\mathrm{inv}}(t)=\delta(t) \quad \text{和} \quad h[t] * h_{\mathrm{inv}}[n]=\delta[n] \tag{8.4.8}$$

若上式成立，则系统可逆，且逆系统就分别是单位冲激响应为 $h_{\mathrm{inv}}(t)$ 和 $h_{\mathrm{inv}}[n]$ 的连续时间和离散时间 LTI 系统。正如 3.7.2 小节中指出的，一般情况下，在时域中要用上式来判断 LTI 系统是否可逆，或确定其逆系统比较困难，因为它涉及求解一个无限卷积积分和无限求和方程。由于时域中的卷积运算在变换域中转化成相乘运算，因此，下面将看到，在**变换域**(频域和复频域)**求反卷积**只涉及代数运算，就变得十分简便了。

通过傅里叶变换及拉普拉斯变换和 Z 变换，上面的(8.4.8)式就分别变成：

$$H(\omega)H_{\mathrm{inv}}(\omega)=1 \ \text{和}\ \tilde{H}(\Omega)\tilde{H}_{\mathrm{inv}}(\Omega)=1 \ \text{及}\ H(s)H_{\mathrm{inv}}(s)=1 \ \text{和}\ H(z)H_{\mathrm{inv}}(z)=1 \tag{8.4.9}$$

其中，$H(\omega)$ 和 $\tilde{H}(\Omega)$ 及 $\{H(s),\ R_H\}$ 和 $\{H(z),\ R_H\}$ 分别是 $h(t)$ 和 $h[n]$ 的傅里叶变换及拉普拉斯变换和 Z 变换。现在问题是，是否存在满足上述两式的频率响应 $H_{\mathrm{inv}}(\omega)$ 和 $\tilde{H}_{\mathrm{inv}}(\Omega)$，以及系统函数为 $\{H_{\mathrm{inv}}(s),\ R_{\mathrm{inv}}\}$ 和 $\{H_{\mathrm{inv}}(z),\ R_{\mathrm{inv}}\}$ 的 LTI 系统？假定该 LTI 系统是可逆的，就必定存

在 $\{H_{\text{inv}}(s),\ R_{\text{inv}}\}$ 和 $\{H_{\text{inv}}(z),\ R_{\text{inv}}\}$，由上面两式可以得到如下的关系

$$H_{\text{inv}}(s)=\frac{1}{H(s)} \quad 和 \quad H_{\text{inv}}(z)=\frac{1}{H(z)} \quad 及 \quad H_{\text{inv}}(\omega)=\frac{1}{H(\omega)} \quad 和 \quad \tilde{H}_{\text{inv}}(\varOmega)=\frac{1}{\tilde{H}(\varOmega)} \tag{8.4.10}$$

从上式可以看出，如果对逆系统无任何限制，即除逆系统的系统函数 $H_{\text{inv}}(s)$ 和 $H_{\text{inv}}(z)$ 及其收敛域 $R_{\text{inv}}$ 分别满足拉普拉斯变换和 Z 变换收敛域性质 1 和 2 以外，无任何其他限制，那么 $H_{\text{inv}}(s)$ 和 $H_{\text{inv}}(z)$ 总是存在的，其零、极点分别就是 $H(s)$ 和 $H(z)$ 的极、零点。换言之，如果并不限制逆系统必须既因果又稳定，那么任何 LTI 系统都是可逆的，其逆系统的系统函数可由(8.4.10)式给出，但其收敛域往往有多个选择，可根据一些实际需求(如要求因果、或稳定)，选择一个符合要求的收敛域。反之，若限定一个因果稳定的 LTI 系统的逆系统也必须既因果又稳定，这样的逆系统就不一定存在。确定 $\{H_{\text{inv}}(s),\ R_{\text{inv}}\}$ 和 $\{H_{\text{inv}}(z),\ R_{\text{inv}}\}$ 后，就可以通过其反拉普拉斯变换和反 Z 变换，得到 $h_{\text{inv}}(t)$ 和 $h_{\text{inv}}[n]$。

**【例 8.15】**　试用变换域方法求解第 3 章 3.7 节中的例 3.15 题。

**解**：例 3.15 给出的连续时间和离散时间 LTI 系统的系统函数分别为

$$H(s)=\frac{1}{s+a},\quad R_H=(\text{Re}\{s\}>-a) \quad 和 \quad H(z)=\frac{1}{1-az^{-1}},\quad R_H=(|z|>a)$$

显然，它们都是一个因果稳定的 LTI 系统，按(8.4.10)式，它们的逆系统的系统函数分别为

$$H_{\text{inv}}(s)=s+a,\ |s|<\infty \quad 和 \quad H_{\text{inv}}(z)=1-az^{-1},\quad |z|>0 \tag{8.4.11}$$

上式左边的连续时间逆系统是因果的，但不稳定，它的频率响应 $H_{\text{inv}}(\omega)$ 和单位激响应 $h_{\text{inv}}(t)$ 分别为

$$H_{\text{inv}}(\omega)=\text{j}\omega+a \quad 和 \quad h_{\text{inv}}(t)=\delta'(t)+a\delta(t)$$

(8.4.11)式右边的离散时间逆系统既因果又稳定，它的频率响应 $\tilde{H}_{\text{inv}}(\varOmega)$ 和单位激响应 $h_{\text{inv}}[n]$ 分别为

$$\tilde{H}_{\text{inv}}(\varOmega)=1-a\text{e}^{-\text{j}\varOmega} \quad 和 \quad h_{\text{inv}}[n]=\delta[n]-a\delta[n-1]$$

上述结果与 3.7 节例 3.15 中获得的结果完全相同，但求解方法要简便得多。

## 8.4.2　LTI 系统互联的系统函数和频率响应

3.7.3 小节讨论过 LTI 系统按照三种基本互联后的单位冲激响应。这里讨论用三种互联构成的 LTI 系统频率响应和系统函数，获得频域和复频域中 LTI 系统的互联特性。

**1. LTI 系统的级联**

若两个连续时间或离散时间 LTI 系统的单位冲激响应分别为 $h_1(t)$ 和 $h_2(t)$ 或 $h_1[n]$ 和 $h_2[n]$，它们级联后的 LTI 系统单位冲激响应分别为 $h(t)$ 或 $h[n]$，则有

$$h(t)=h_1(t)*h_2(t) \quad 或 \quad h[n]=h_1[n]*h_2[n] \tag{8.4.12}$$

若它们的系统函数分别为 $\{H_1(s),\ R_{H1}\}$ 和 $\{H_2(s),\ R_{H2}\}$ 或 $\{H_1(z),\ R_{H1}\}$ 和 $\{H_2(z),\ R_{H2}\}$，它们级联而成的 LTI 系统的系统函数 $\{H(s),\ R_H\}$ 或 $\{H(z),\ R_H\}$ 分别为

$$H(s)=H_1(s)H_2(s),\quad R_H\supset R_{H1}\cap R_{H2} \quad 或 \quad H(z)=H_1(z)H_2(z),\quad R_H\supset R_{H1}\cap R_{H2} \tag{8.4.13}$$

这表明，LTI 系统级联相当于它们系统函数相乘，其收敛域至少为两个收敛域的交集。若没有零、极点相消的情况，级联系统的零点和极点将分别继承各个 LTI 系统的零点和极点。

如果两个 LTI 系统系统函数的收敛域都分别包含 S 平面的虚轴或 Z 平面上的单位圆，表明它们均有频率响应，并假设分别为 $H_1(\omega)$ 和 $H_2(\omega)$ 或 $\tilde{H}_1(\varOmega)$ 和 $\tilde{H}_2(\varOmega)$，则它们分别级联而成的系统频率响应为两个频率响应的乘积，即

$$H(\omega)=H_1(\omega)H_2(\omega) \quad 或 \quad \tilde{H}(\varOmega)=\tilde{H}_1(\varOmega)\tilde{H}_2(\varOmega) \tag{8.4.14}$$

若分别用幅频响应和相频响应表示，则分别有

$$|H(\omega)|=|H_1(\omega)||H_2(\omega)| \quad 和 \quad \varphi(\omega)=\varphi_1(\omega)+\varphi_2(\omega) \tag{8.4.15}$$

或

$$|\tilde{H}(\Omega)|=|\tilde{H}_1(\Omega)||\tilde{H}_2(\Omega)| \quad 和 \quad \tilde{\varphi}(\Omega)=\tilde{\varphi}_1(\Omega)+\tilde{\varphi}_2(\Omega) \tag{8.4.16}$$

**2. LTI 系统的并联**

在时域中，两个 LTI 系统并联系统的单位冲激响应等于两个单位冲激响应之和，即

$$h(t)=h_1(t)+h_2(t) \quad 和 \quad h[n]=h_1[n]+h_2[n] \tag{8.4.17}$$

根据拉普拉斯变换和 Z 变换的线性性质，分别有

$$H(s)=H_1(s)+H_2(s) \quad 和 \quad H(z)=H_1(z)+H_2(z)，\ R_H \supset R_{H1}\cap R_{H2} \tag{8.4.18}$$

其中，$\{H(s),\ R_H\}$ 和 $\{H(z),\ R_H\}$ 是并联系统的系统函数和收敛域，即 $h(t)$ 和 $h[n]$ 的拉普拉斯变换或 Z 变换；$\{H_1(s),\ R_{H1}\}$ 及 $\{H_2(s),\ R_{H2}\}$ 和 $\{H_1(z),\ R_{H1}\}$ 及 $\{H_2(z),\ R_{H2}\}$ 分别是两个 LTI 系统的系统函数及其收敛域，它们分别是 $h_1(t)$ 及 $h_2(t)$ 和 $h_1[n]$ 及 $h_2[n]$ 的拉普拉斯变换和 Z 变换，式中，$R_H \supset R_{H1}\cap R_{H2}$ 的含义，与拉普拉斯变换和 Z 变换线性性质中完全一样。

上述结果表明，两个 LTI 系统并联系统的系统函数等于它们系统函数之和。对于有理系统函数，由(8.4.18)式可以得出以下结论：如果系统函数之和不出现零、极点相消的情况，那么并联系统的极点将继承各个系统的极点，然而零点将发生改变，形成并联系统新的零点。

如果两个系统函数的收敛域分别包含 S 平面虚轴和 Z 平面单位圆，它们均有频率响应 $H_1(\omega)$ 及 $H_2(\omega)$ 和 $\tilde{H}_1(\Omega)$ 及 $\tilde{H}_2(\Omega)$，则并联系统的频率响应也表示为两个频率响应之和，即

$$H(\omega)=H_1(\omega)+H_2(\omega) \quad 和 \quad \tilde{H}(\Omega)=\tilde{H}_1(\Omega)+\tilde{H}_2(\Omega) \tag{8.4.19}$$

显然，上述两个 LTI 系统级联和并联的结论可以推广到多个 LTI 系统级联和并联的情况。

**3. LTI 系统的反馈互联**

两个 LTI 系统构成的反馈系统也是一个 LTI 系统，如图 8.13 所示。

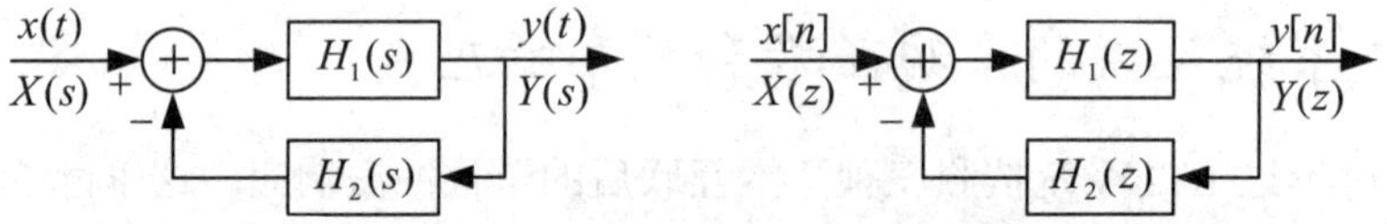


(a) 连续时间反馈系统　　(b) 离散时间反馈系统

图 8.13　LTI 系统反馈互联的变换域方框图

在时域中，反馈系统的单位冲激响应与反馈互联的两个 LTI 系统的单位冲激响应之间，没有像级联和并联那样简单的显式关系，只能得到它们之间满足的一个卷积方程(见(3.7.9)式和(3.7.10)式)。这使得时域中分析反馈互联比较困难。但在变换域(频域和复频域)中，它们的系统函数和频率响应之间存在着简单的显式关系。

假设图 8.13 中组成连续时间和离散时间反馈系统的两个 LTI 系统的系统函数分别为 $\{H_1 s),\ R_{H1}\}$、$\{H_2(s),\ R_{H2}\}$ 和 $\{H_1(z),\ R_{H1}\}$、$\{H_2(z),\ R_{H2}\}$，它们的输入及输出的 Z 变换分别为 $\{X(s),\ R_X\}$ 及 $\{Y(s),\ R_Y\}$ 和 $\{X(z),\ R_X\}$ 及 $\{Y(z),\ R_Y\}$，根据 LTI 系统的复频域输入输出关系，可以分别得到

$$Y(s)=H_1(s)[X(s)-H_2(s)Y(s)] \quad 和 \quad Y(z)=H_1(z)[X(z)-H_2(z)Y(z)]$$

整理后分别得到

$$Y(s)[1+H_1(s)H_2(s)]=H_1(s)X(s) \quad 和 \quad Y(z)[1+H_1(z)H_2(z)]=H_1(z)X(z) \tag{8.4.20}$$

由于 LTI 系统反馈互联后的系统仍是 LTI 系统，它们的系统函数 $H(s)$ 和 $H(z)$ 为

$$H(s)=\frac{Y(s)}{X(s)}=\frac{H_1(s)}{1+H_1(s)H_2(s)} \quad 和 \quad H(z)=\frac{Y(z)}{X(z)}=\frac{H_1(z)}{1+H_1(z)H_2(z)} \tag{8.4.21}$$

确定了反馈系统的系统函数 $H(s)$ 和 $H(z)$，还需定出其收敛域 $R_H$ 才能唯一地表征这个反馈系统，现在讨论如何来确定收敛域 $R_H$。针对一般的情况，即如果 $H_1(s)$ 和 $H_2(s)$ 及 $H_1(z)$ 和 $H_2(z)$ 都是有理像函数，这里以 $H_1(s)=P(s)/Q(s)$ 和 $H_2(s)=B(s)/A(s)$ 为例，则(8.4.21)式左式表示的连续时间反馈系统的系统函数 $H(s)$ 可以写成

$$H(s)=\frac{P(s)/Q(s)}{1+P(s)B(s)/Q(s)A(s)}=\frac{P(s)A(s)}{Q(s)A(s)+P(s)B(s)} \tag{8.4.22}$$

这一结果表明：第一，反馈系统的系统函数仍是一个有理函数，且反馈系统的极点也不再继承 $H_1(s)$ 和 $H_2(s)$ 各自的极点，换言之，通过反馈可以修改原有系统的极点；第二，反馈系统的极点可以由其分母多项式 $Q(s)B(s)+P(s)A(s)$ 确定，通常的实际情况是构成反馈的两个系统均为因果 LTI 系统，则反馈系统也必定是因果 LTI 系统，基于因果性的约束，由 $H(s)$ 的极点分布就可唯一地确定其收敛域 $R_H$。离散时间反馈系统的情况也完全类似。

进一步，若两个 LTI 系统既因果又稳定，则反馈系统的频率响应 $H(\omega)$ 或 $\tilde{H}(\Omega)$ 分别为

$$H(\omega)=\frac{H_1(\omega)}{1+H_1(\omega)H_2(\omega)} \quad 或 \quad \tilde{H}(\Omega)=\frac{\tilde{H}_1(\Omega)}{1+\tilde{H}_1(\Omega)\tilde{H}_2(\Omega)} \tag{8.4.23}$$

其中，$H_1(\omega)$ 和 $H_2(\omega)$ 或 $\tilde{H}_1(\Omega)$ 和 $\tilde{H}_2(\Omega)$ 分别为构成反馈的两个 LTI 系统的频率响应。

上述(8.4.21)式和(8.4.23)式称为**线性反馈系统的基本关系式**，它再次体现出变换域方法相比于时域方法的优点，它在系统分析中有着重要的地位和广泛应用。

综合上面讨论的 LTI 系统三种互联的变换域关系，就可以由组成一个复杂互联 LTI 系统的各个系统函数或频率响应，方便地求出整个系统的系统函数或频率响应。

**【例 8.16】** 已知图 8.14(a)所示的因果 LTI 系统中每个子系统的系统函数 $H_1$，$H_2$ … 它们可以是连续或离散时间系统函数，试求整个系统的系统函数 $H(s)$ 或 $H(z)$。

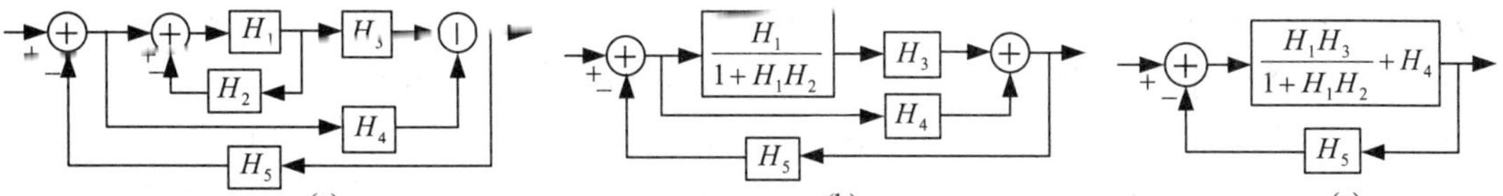


图 8.14　反馈系统的等效简化

**解**：这是一个具有两个反馈环，三种互联方式组成的复杂系统，利用上述关系，可得出总系统的系统函数，图 8.14(b)和(c)分别画出了该系统的等效简化过程。最后由图 8.14 (c)可得出整个系统的系统函数为

$$H=\frac{\dfrac{H_1H_3}{1+H_1H_2}+H_4}{1+\left(\dfrac{H_1H_3}{1+H_1H_2}+H_4\right)H_5}=\frac{H_1H_3+H_4+H_1H_2H_4}{1+H_1H_2+(H_1H_3+H_4+H_1H_2H_4)H_5}$$

由于每个系统均是因果 LTI 系统，总系统也是一个因果 LTI 系统，由此可以确定整个系统函数的收敛域。

## 8.5　系统函数与 LTI 系统时域和频域特性的关系

在 5.9 节中曾着重指出，在复频域表示中，拉普拉斯变换和 Z 变换的收敛域与零极点分布

体现了信号和 LTI 系统最重要的特性(或信息)。对于连续时间和离散时间 LTI 系统，特别是用微分方程和差分方程描述的一类 LTI 系统，它们的 $H(s)$ 和 $H(z)$ 都是有理函数，即它们的复频域表示(单位冲激响应的拉普拉斯变换和 Z 变换)分别可等价表示为

$$\{H_0\ ;z_k,\rho_k;\ p_i,\sigma_i;\ R_H\} \tag{8.5.1}$$

其中，$H_0$ 为一复常数，$z_k$，$\rho_k$ 和 $p_i$，$\sigma_i$ 分别是系统函数在 S 平面和 Z 平面上零、极点的位置和阶数，$R_H$ 为系统函数的收敛域。无疑，对于实际中相当广泛的一类**实的因果稳定的 LTI 系统**，它们的系统函数的收敛域和零、极点分布反映着 LTI 系统的一系列时域和频域特性，诸如单位冲激响应的各种时域分布特性，组成 $h(t)$ 和 $h[n]$ 各个分量的函数形式及其对系统响应的影响等，以及 LTI 系统的幅频特性和相频特性等。本节将归纳和讨论这些特性。

## 8.5.1 系统函数的零、极点分布和收敛域反映的时域分布特性

基于 5.8.3 小节中拉普拉斯变换和 Z 变换收敛域性质，系统函数 $H(s)$ 和 $H(z)$ 的收敛域 $R_H$ 反映了 LTI 系统单位冲激响应 $h(t)$ 和 $h[n]$ 的一些时域分布特征，例如，$h(t)$ 和 $h[n]$ 是否分别属于有限持续期的时间函数和序列、右边无限的时间函数和序列(甚至是否因果)、左边无限的时间函数和序列、两边无限的时间函数和序列(甚至是否是两边衰减的时间函数或序列)等？进一步，由 6.7 节讨论的拉普拉斯变换和 Z 变换的对称性质，可以由系统函数的零、极点分布和收敛域直接看出 $h(t)$ 和 $h[n]$ 的如下时域对称分布特征：

(1) 如果 $H(s)$ 的零点和极点都分别关于 S 平面原点成中心对称分布，而 $H(z)$ 的零点和极点都分别以 Z 平面单位圆成反比对称分布，且收敛域 $R_H$ 在 S 平面上和 Z 平面上分别为

$$R_H=(-\sigma_0<\mathrm{Re}\{s\}<\sigma_0)\text{，}\ \sigma_0>0 \quad 和 \quad R_H=(r_0<|z|<r_0^{-1})\text{，}\ \leqslant r_0<1 \tag{8.5.1}$$

那么 $h(t)$ 和 $h[n]$ 一定分别是时域上的奇函数和奇序列，或者偶函数和偶序列。

(2) 如果系统函数的零点和极点在 S 平面(或 Z 平面)上都分别成共轭对称分布，亦即系统函数的所有零点或极点要么是实零点和实极点，或者是成对的同阶共轭复极点和同阶共轭复零点，那么 $h(t)$ 和 $h[n]$ 一定分别是时域上的实函数和实序列或纯虚函数和序列。

(3) 如果 $H(s)$ 的零点和极点分别在 S 平面上既成共轭对称分布，又以原点成中心对称分布，而 $H(z)$ 的零点和极点分别在 Z 平面上既成共轭对称分布，又以单位圆成反比对称分布，且收敛域 $R_H$ 分别满足(8.5.1)式，那么 $h(t)$ 和 $h[n]$ 就分别是时域上的实奇函数和实奇序列或实偶函数和实偶序列，或者纯虚的实偶或实奇函数和序列。

## 8.5.2 系统函数的极点决定单位冲激响应组成分量的函数形式

对于常遇到的用**实**系数线性微分方程或**实**系数线性差分方程描述的一类**实的因果 LTI 系统**，它们的系统函数 $H(s)$ 或 $H(z)$ 为**实**系数的有理函数，根据有理函数部分分式展开及其反变换的结果(见(8.2.34)式或(8.2.38)式和(8.2.39)式)，系统函数的各个极点位置和阶数，以及零、极点的总数(即分子分母多项式的最高阶次 $M$ 和 $N$)，将完全确定 $h(t)$ 或 $h[n]$ 中所有分量的函数或序列形式，即极点的位置和阶数决定组成分量中的实函数分量或实序列分量；$M$ 和 $N$ 决定 $h(t)$ 中的冲激及其导数分量或 $h[n]$ 中的时移冲激序列分量。系统函数中的零点并不决定 $h(t)$ 和 $h[n]$ 中组成分量的函数和序列的形式，但它们与极点一起，将影响每个函数和序列分量的复数幅度，即部分分式展开式中的系数 $C_m$，$A_{ik}$ 和 $B_{ik}$ 等。

**1．用微分方程描述的实因果 LTI 系统**

由于因果性，连续时间系统函数的收敛域位于 S 平面上最右边极点右侧的半个 S 平面，可能包含无穷远点(当 $h(t)$ 不包含 $\delta^{(k)}(t)$，即 $M \leqslant N$ 的情况)，也可能不包含无穷远点(当 $h(t)$ 包含 $\delta^{(k)}(t)$，即 $M > N$ 的情况)。同时，由于它们是实系统，系统函数分母分子多项式的系数均为实数，系统所有极点只能是实极点或成对共轭复极点。图 8.15 画出了在 S 平面上、这类连续时间实的因果 LTI 系统可能出现的各种一阶和二阶极点及其决定的 $h(t)$ 中函数分量的形式。例如：某个连续时间因果 LTI 系统，若 $s=0$ 是它的一阶极点，其 $h(t)$ 必有一个 $u(t)$ 的分量；若 $s=0$ 是它的二阶极点，$h(t)$ 必有一个 $tu(t)$ 的分量；若虚轴上有一对一阶共轭虚极点 $s=\pm \mathrm{j}\omega_2$，$h(t)$ 必有一个 $\cos(\omega_2 t+\phi)u(t)$ 的单边正弦函数分量；若系统有一阶负实极点 $s=-a$，$h(t)$ 必有一个 $\mathrm{e}^{-at}u(t)$ 的单边衰减实指数分量；若系统虚轴左边有一对一阶共轭复极点 $s=-b\pm \mathrm{j}\omega_1$，$h(t)$ 必有一个 $\mathrm{e}^{-bt}\cos(\omega_1 t+\phi_1)u(t)$ 的单边衰减正弦分量；若系统有一个二阶负实极点 $s=-c$，$h(t)$ 必有一个 $t\mathrm{e}^{-ct}u(t)$ 的分量，等等。

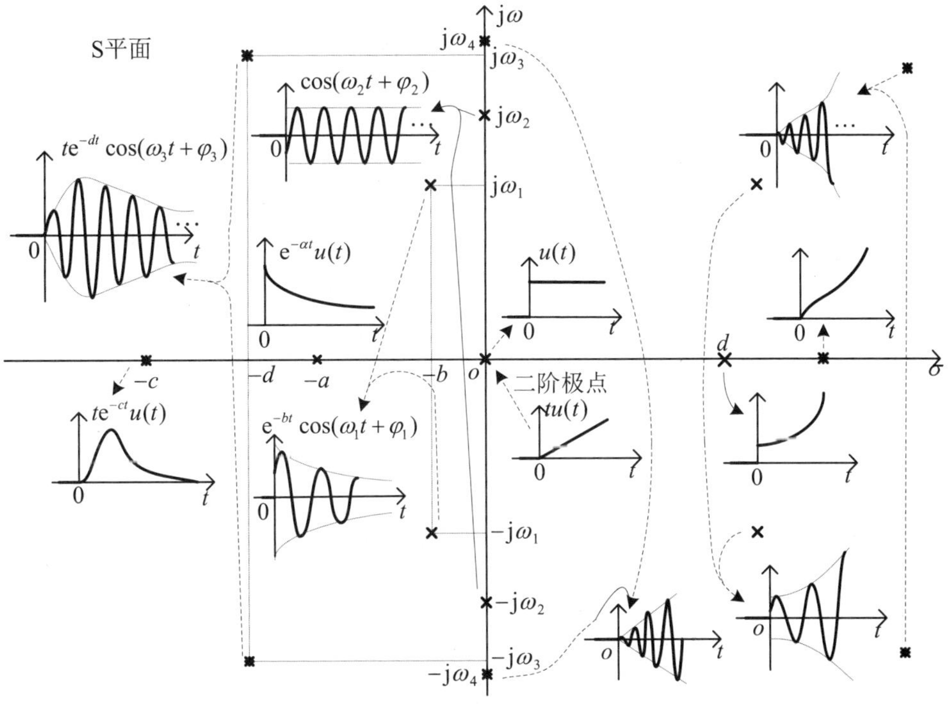


图 8.15　连续时间实因果 LTI 系统的一阶和二阶极点决定的组成分量示意图

**2．用差分方程描述的实因果 LTI 系统**

对于用线性实系数差分方程表示的离散时间因果 LTI 系统，系统函数收敛域是 Z 平面上原点为中心的一个圆周的外部直至无限远点，系统极点均在收敛域的内侧，且只能是实极点或成对共轭复极点。图 8.16 中也用图示形式画出了这类离散时间实因果 LTI 系统在 Z 平面中典型的一阶和二阶极点，及其决定的 $h[n]$ 组成分量。例如：若 $z=1$ 是系统的一阶极点，它的 $h[n]$ 必有一个 $u[n]$ 的分量；若 $z=1$ 是它的二阶极点，$h[n]$ 必有一个 $(n+1)u[n]$ 的分量；若 $z=-1$ 是其一阶极点，$h[n]$ 必有一个 $(-1)^n u[n]$ 的分量；若 Z 平面单位圆上有一对一阶共轭复极点 $z=\mathrm{e}^{\pm \mathrm{j}\Omega_0}$，$h[n]$ 必有一个频率为 $\Omega_0$ 的单边正弦序列分量；若单位圆内有一个一阶正实极点 $z=a$，$0<a<1$，$h[n]$ 必有一个 $a^n u[n]$ 的单边实指数衰减序列分量；若单位圆内有一个二阶

正实极点 $z=a$，$0<a<1$，$h[n]$ 必有一个 $(n+1)a^n u[n]$ 的单边实指数衰减序列分量；若单位圆内有一个一阶负实极点 $z=a$，$-1<a<0$，$h[n]$ 必有一个正负交替的单边实指数衰减序列分量 $a^n u[n]$；若单位圆内有一对一阶共轭复极点 $z=re^{\pm j\Omega_0}$，$|r|<1$，$h[n]$ 必有一个 $r^n\cos(\Omega_0 n+\phi_0)u[n]$ 的单边实指数衰减正弦序列分量；若单位圆外有一个一阶正实极点 $z=a$，$a>1$，$h[n]$ 必有一个 $a^n u[n]$ 的单边实指数增长序列分量；若单位圆外有一个一阶负实极点 $z=a$，$a<-1$，则其 $h[n]$ 中必有一个正负交替的单边实指数增长序列分量 $a^n u[n]$，等等。

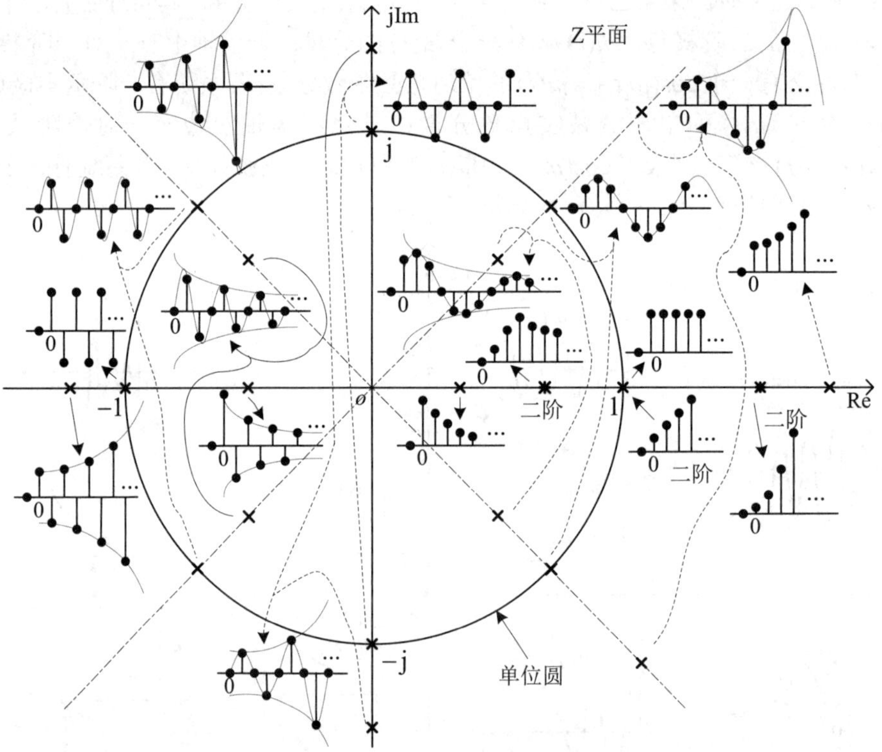


图 8.16　离散时间实因果 LTI 系统的一阶和二阶极点决定的组成分量示意图

由系统函数的零、极点就能确定实的因果 LTI 系统的单位冲激响应的组成分量的信息，在分析和求解这类 LTI 系统问题时很有帮助。

## 8.5.3　自由响应与强迫响应、暂态响应与稳态响应

**1．系统极点和源极点**

对于系统函数分别为 $\{H(s),\ R_H\}$ 和 $\{H(z),\ R_H\}$ 的连续时间和离散时间 LTI 系统，其输入输出关系的复频域表示分别为

$$Y(s)=H(s)X(s)\quad 和\quad Y(z)=H(z)X(z)，\quad R_Y\supset(R_H\cap R_X) \tag{8.5.2}$$

在给定输入或激励时，考察系统输出或响应的像函数收敛域 $R_Y$ 和零、极点分布，同样可以获得系统响应 $y(t)$ 和 $y[n]$ 的各种时域特性。上式的复频域输入输出关系表明：系统函数与输入的像函数相乘，可能出现彼此零、极点相消的情况；但不管是否有零极点相消，系统响应的像函数零点(或极点)，总由系统函数的零点(或极点)和输入像函数的零点(或极点)两部分组成；如果不发生零、极点相消，系统响应之像函数的零、极点分别继承了系统函数和输入

像函数的零、极点。通常把系统响应的像函数极点中，来自于系统函数的那部分极点称为**系统极点**，而把来自于输入像函数的那部分极点称为**源极点**。因此，就可以把系统响应的像函数极点分成**系统极点**和**源极点**。这样可以把上一小节中，有关系统函数收敛域和零、极点分布决定 LTI 系统时域特性的讨论，运用到分析系统响应 $y(t)$ 和 $y[n]$ 的时域特性中来，并在系统响应的时域特性中看出，哪些是由系统单独造成的，哪些是由输入单独造成，又有哪些是系统和输入共同造成的。

从(8.5.2)式又一次看出，就 LTI 系统的输出而言，输入和系统这两个因素，无论它们的收敛域还是零、极点，所起的作用是相同或彼此可替代的，这与卷积的交换律性质相一致。

下面用上述系统极点和源极点的概念，讨论微分方程和差分方程描述的一类因果增量线性系统的自由响应与强迫响应，以及暂态响应与稳定响应。

**2．自由响应和强迫响应**

第 4 章曾对微分方程和差分方程描述的一类因果的增量线性系统，在时域中讨论过自由响应和强迫响应的概念，这里进一步从复频域的观点来考察。

假设系统函数 $H(s)$ 和 $H(z)$ 是有理函数，当系统输入为因果输入 $x(t)$ 和 $x[n]$ 时，它们的像函数分别为 $X(s)$ 和 $X(z)$，系统响应 $y(t)$ 和 $y[n]$ 的复频域表示由(8.5.2)式确定。为简单起见，假设系统极点和源极点均为一阶极点，例如，系统极点 $p_i$，$i=1,\ 2,\ \cdots,\ N$，和源极点 $q_i$，$i=1,\ 2,\ \cdots,\ L$。若这两部分没有相同的极点，且 $H(s)$ 与 $X(s)$ 和 $H(z)$ 与 $X(z)$ 分别相乘，又没有零极点相消，若假定系统响应的像函数为有理真分式，则它们的部分分式展开分别为

$$Y(s)=\sum_{i=1}^{N}\frac{A_{Hi}}{s-p_i}+\sum_{i=1}^{L}\frac{A_{Xi}}{s-q_i} \quad 和 \quad Y(z)=\sum_{i=1}^{N}\frac{B_{Hi}}{s-p_i z^{-1}}+\sum_{i=1}^{L}\frac{B_{Xi}}{s-q_i z^{-1}} \tag{8.5.3}$$

通过反拉普拉斯变换或反 Z 变换，得到的输出信号和序列分别为

$$y(t)=\sum_{i=1}^{N}A_{Hi}e^{p_i t}u(t)+\sum_{i=1}^{L}A_{Xi}e^{q_i t}u(t) \quad 和 \quad y[n]=\sum_{i=1}^{N}B_{Hi}p_i^n u[n]+\sum_{i=1}^{L}B_{Xi}q_i^n u[n] \tag{8.5.4}$$

因此，可把系统的响应分成两部分：前一部分是由系统极点产生，称为**自由响应**；后一部分由源极点产生，叫做**强迫响应**。换言之，自由响应的函数或序列形式仅由系统本身决定，与输入无关；同样地，强迫响应的函数或序列形式也只由输入信号决定，与系统无关。根据部分分式展开法，这两部分响应分量的复数幅度(系数 $A_{Hi}$、$B_{Hi}$、$A_{Xi}$ 和 $B_{Xi}$)却分别与两者都有关。若系统极点和源极点之间有相同的极点，例如，$p_i$ 既是系统一阶极点，又是一阶源极点，则系统输出的像函数中，$p_i$ 是一个二阶极点，根据部分分式展开，它将产生如下的分量：

$$(A_{i1}e^{p_i t}+A_{i2}te^{p_i t})u(t) \quad 和 \quad (B_{i1}p_i^n+B_{i2}(n+1)p_i^n)u[n]$$

这种响应分量是由系统极点和源极点共同形成的，区分它属于自由响应还是强迫响应已没有意义。如果在(8.5.2)式中发生零、极点相消的现象，则被消去的系统极点和(或)源极点就不再在系统输出中形成各自的响应分量，物理上把这种现象称为“**吸收**”现象。对于系统极点和源极点中包含有高阶极点的情况，也可以得到相同的结论。

对于用微分方程和差分方程描述的因果增量线性系统，系统响应可以分解为零状态响应和零输入响应两部分。零状态响应与上面的讨论相同，也由自由响应和强迫响应两部分组成，前者由系统极点产生，后者由源极点造成。如果某个或某些系统极点被源零点消去，在零状态响应中将没有被消去的系统极点产生的自由响应分量。但根据(8.3.35)式和(8.3.45)式，零输入响应的单边拉普拉斯变换和单边 Z 变换像函数的极点，全部是系统极点，没有任何源极点。

因此零输入响应全部属于自由响应。物理中通常把系统极点称为系统的**固有频率**或**自然频率**。

上述复频域讨论得出的结论，与第 4 章从时域中讨论得出的结论是一致的，它们各自从不同的方面丰富了我们的认识，并加深了理解。

**3．暂态响应和稳态响应**

对于用微分方程和差分方程描述的稳定的因果增量线性系统，还可以把有界输入下的系统响应分别分成**暂态响应** $y_{\mathrm{T}}(t)$ 和 $y_{\mathrm{T}}[n]$ 及**稳态响应** $y_{\mathrm{S}}(t)$ 和 $y_{\mathrm{S}}[n]$ 两部分。暂态响应指输入加入后的一段时间内输出信号中暂时存在、分别随着时间 $t$ 和 $n$ 增大终将消失的那部分分量，即

$$\lim_{t\to\infty} y_{\mathrm{T}}(t)=0 \quad 和 \quad \lim_{n\to\infty} y_{\mathrm{T}}[n]=0 \tag{8.5.5}$$

而稳态响应则是系统输出信号中既不随 $t$ 和 $n$ 增加而消失，也不是无限增长的那部分响应，它通常指输出信号中的常数和周期信号分量，或者“因果的”常数信号和周期信号，例如，$u(t)$ 或 $u[n]$，$(\cos\omega_0 t)u(t)$ 或 $(\cos\Omega_0 n)u[n]$ 等。

若是因果稳定系统，其所有系统极点 $p_i$ 均位于 S 平面虚轴的左边或 Z 平面单位圆内部，即 $\mathrm{Re}\{p_i\}<0$ 和 $|p_i|<1$，$i=1,\ 2,\ \cdots,\ N$。当在有界的因果输入 $x(t)$ 和 $x[n]$ 时，源极点 $q_i$ 中也没有位于 S 平面虚轴右边或 Z 平面单位圆外部的极点，或者虚轴或单位圆上一阶以上的极点，系统响应中将不存在随时间增长的任何分量，此时系统的响应可以分别写成

$$y(t)=y_{\mathrm{T}}(t)+y_{\mathrm{S}}(t) \quad 和 \quad y[n]=y_{\mathrm{T}}[n]+y_{\mathrm{S}}[n] \tag{8.5.6}$$

由于自由响应是由系统极点形成的，因此因果稳定系统的自由响应全部是暂态响应。在强迫响应中，只有位于 S 平面虚轴或 Z 平面单位圆上的一阶源极点形成的那部分强迫响应，才是稳态响应。当然，对于 8.5.1 小节中提到的临界稳定系统，若 S 平面虚轴或 Z 平面单位圆上有一阶系统极点，若在源极点中没有与此相同的极点，也会产生出稳态响应分量。

## 8.5.4 系统的零、极点分布确定 LTI 系统的频域特性

稳定的连续时间和离散时间 LTI 系统可以用频率响应表示，且 $H(\mathrm{j}\omega)$ 和 $\tilde{H}(\Omega)$ (即 $H(\mathrm{e}^{\mathrm{j}\Omega})$) 分别是 $H(s)$ 和 $H(z)$ 在 S 平面虚轴上和 Z 平面单位圆上的值。因此，这种稳定 LTI 系统的零、极点分布(位置和阶数)，就可以完全确定它们的频率响应，包括幅频响应和相频响应。本节针对**实的因果稳定 LTI 系统**，讨论由零、极点分布确定频率响应的几何求值方法，并揭示信号和系统的复频域表示与其频域特性间的关系。按照此方法，在随后的两节中通过讨论几种很有用的基本的实因果稳定 LTI 系统，弄清零、极点分布对幅频特性和相频特性的各种影响。

**1．频率响应的几何求值法**

对于系统函数是有理函数的**实的因果稳定 LTI 系统**，其收敛域 $R_H$ 分别包括 S 平面虚轴和 Z 平面单位圆，以及 S 平面和 Z 平面上的无穷远点，则系统的频率响应 $H(\omega)$ 和 $\tilde{H}(\Omega)$ 分别为

$$H(\omega)=H(s)\big|_{s=\mathrm{j}\omega} \quad 和 \quad \tilde{H}(\Omega)=H(z)\big|_{z=\mathrm{e}^{\mathrm{j}\Omega}} \tag{8.5.7}$$

如果有理系统函数 $H(s)$ 和 $H(z)$ 分别表示为

$$H(s)=\frac{P(s)}{Q(s)}=H_0\frac{\prod_{i=1}^{M}(s-z_i)}{\prod_{i=1}^{N}(s-p_i)} \quad 和 \quad H(z)=\frac{P(z)}{Q(z)}=H_0\frac{\prod_{i=1}^{M}(z-z_i)}{\prod_{i=1}^{N}(z-p_i)} \tag{8.5.8}$$

其中，$H_0$ 为一实常数；$z_i$，$i=1,\ 2,\ \cdots,\ M$，和 $p_i$，$i=1,\ 2,\ \cdots,\ N$，分别是 $M$ 个零点和

$N$ 个极点，它们均在有限 S 平面或有限 Z 平面内，这里把高阶零、极点分别看成同一位置上相应数目的一阶零、极点。按(8.5.7)式，这类实因果稳定 LTI 系统的频率响应分别为

$$H(\omega)=H_0\frac{\prod_{i=1}^{M}(\mathrm{j}\omega-z_i)}{\prod_{i=1}^{N}(\mathrm{j}\omega-p_i)} \quad 和 \quad \tilde{H}(\Omega)=H_0\frac{\prod_{i=1}^{M}(\mathrm{e}^{\mathrm{j}\Omega}-z_i)}{\prod_{i=1}^{N}(\mathrm{e}^{\mathrm{j}\Omega}-p_i)} \tag{8.5.9}$$

在图 8.17(a)和(b)中，假设 $H(s)$ 和 $H(z)$ 的一阶极点 $p_1$，$p_2$ 和 $p_3$ 分别都位于 S 平面虚轴左边和 Z 平面单位圆内部，但各自的零点 $z_1$ 和 $z_2$ 不受此约束，某个连续时间和离散时间频率 $\omega$ 和 $\Omega$ 即分别为虚轴上的点 $\mathrm{j}\omega$ 和单位圆上的点 $\mathrm{e}^{\mathrm{j}\Omega}$。

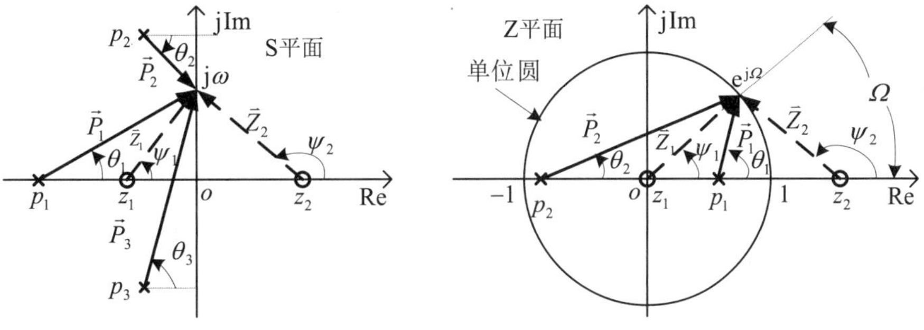


图 8.17　频率响应几何求值示意图

根据复数的向量表示法，S 平面上的复数 $\mathrm{j}\omega$、$z_i$ 与 $p_i$ 和 Z 平面上的复数 $\mathrm{e}^{\mathrm{j}\Omega}$、$z_i$ 与 $p_i$，分别可以用复平面上原点到该点的向量表示，按照向量的和差运算法则，两个复数的差 $(\mathrm{j}\omega-z_i)$、$(\mathrm{j}\omega-p_i)$ 和 $(\mathrm{e}^{\mathrm{j}\Omega}-z_i)$、$(\mathrm{e}^{\mathrm{j}\Omega}-p_i)$ 分别是 S 平面上点 $z_i$、$p_i$ 指向点 $\mathrm{j}\omega$ 的向量和 Z 平面上点 $z_i$、$p_i$ 指向点 $\mathrm{e}^{\mathrm{j}\Omega}$ 的向量。这里把零点 $z_i$ 指向点 $\mathrm{j}\omega$ 和 $\mathrm{e}^{\mathrm{j}\Omega}$ 的向量称为**零点向量**，记作 $\vec{Z}_i$；把极点 $p_i$ 指向点 $\mathrm{j}\omega$ 和 $\mathrm{e}^{\mathrm{j}\Omega}$ 的向量称作**极点向量**，记作 $\vec{P}_i$。并用 $P_i$ 和 $Z_i$ 分别表示极点向量和零点向量的长度，把极点向量 $\vec{P}_i$ 和零点向量 $\vec{Z}_i$ 与正实轴的夹角，分别表示为 $\theta_i$ 和 $\psi_i$，即

| | 连续时间(如图 8.17(a)所示) | 离散时间(如图 8.17(b)所示) |
|---|---|---|
| 极点向量 | $\vec{P}_i=P_i\mathrm{e}^{\mathrm{j}\theta_i}=\mathrm{j}\omega-p_i$，$i=1,2,\cdots,N$ | $\vec{P}_i=P_i\mathrm{e}^{\mathrm{j}\theta_i}=\mathrm{e}^{\mathrm{j}\Omega}-p_i$，$i=1,2,\cdots,N$ |
| 零点向量 | $\vec{Z}_i=Z_i\mathrm{e}^{\mathrm{j}\psi_i}=\mathrm{j}\omega-z_i$，$i=1,2,\cdots,M$ | $\vec{Z}_i=Z_i\mathrm{e}^{\mathrm{j}\psi_i}=\mathrm{e}^{\mathrm{j}\Omega}-z_i$，$i=1,2,\cdots,M$ |

用上述复数向量表示法，(8.5.9)式的连续时间和离散时间频率响应可以分别写成

$$H(\omega)\ 和\ \tilde{H}(\Omega)=H_0\frac{\prod_{i=1}^{M}\vec{Z}_i}{\prod_{i=1}^{N}\vec{P}_i}=|H_0|\mathrm{e}^{\mathrm{j}\psi_0}\frac{\prod_{i=1}^{M}Z_i\mathrm{e}^{\mathrm{j}\psi_i}}{\prod_{i=1}^{N}P_i\mathrm{e}^{\mathrm{j}\theta_i}}=|H_0|\frac{\prod_{i=1}^{M}Z_i}{\prod_{i=1}^{N}P_i}\mathrm{e}^{\mathrm{j}\left(\sum_{i=0}^{M}\psi_i-\sum_{i=1}^{N}\theta_i\right)} \tag{8.5.10}$$

其中，实常数 $H_0=|H_0|\mathrm{e}^{\mathrm{j}\psi_0}$，$\psi_0=0$ 或 $\pm\pi$。若 $H(\omega)$ 和 $\tilde{H}(\Omega)$ 表示成幅频响应和相频响应，当频率分别为 $\omega$ 和 $\Omega$ 时，幅频响应 $|H(\omega)|$、$|\tilde{H}(\Omega)|$ 和相频响应 $\varphi(\omega)$、$\tilde{\varphi}(\Omega)$ 的值由下式计算

$$|H(\omega)|\ 和\ |\tilde{H}(\Omega)|=|H_0|\frac{\prod_{i=1}^{M}Z_i}{\prod_{i=1}^{N}P_i}, \qquad \varphi(\omega)\ 和\ \tilde{\varphi}(\Omega)=\sum_{i=0}^{M}\psi_i-\sum_{i=1}^{N}\theta_i \tag{8.5.11}$$

这表明，无论是连续时间还是离散时间稳定 LTI 系统，它们的幅频响应值等于所有零点向量长度 $Z_i$ 的积除以所有极点向量长度 $P_i$ 的积，再乘以 $|H_0|$；相频响应值等于实常数的辐角 $\psi_0$ 与所有零点向量辐角 $\psi_i$ 之和，再减去所有极点向量辐角 $\theta_i$ 之和。用(8.5.11)式可以计算出所有频率 $\omega$ 和 $\Omega$ 的频率响应值，这就是实的因果稳定 LTI 系统**频率响应的几何求值方法**。

从上述讨论可以看出，连续时间和离散时间 LTI 系统频率响应的几何求值法基本相同，两者的差别仅在于：当 $\omega$ 改变时，S 平面上零点和极点向量的**终点**沿着虚轴移动；而当 $\Omega$ 改变时，Z 平面中零点和极点向量的**终点**沿着单位圆旋转，且 $\tilde{H}(\Omega)$ 呈现出 $2\pi$ 的周期性。

离散时间 LTI 系统常用 $z^{-1}$ 的有理系统函数形式(见(5.8.29)式右式)，因此，在离散时间中还有第二种频率响应的几何求值法。因为这种离散时间有理系统函数和频率响应可以写成

$$H(z)=\frac{P(z^{-1})}{Q(z^{-1})}=H_0\frac{\prod_{i=1}^{M}(1-z_iz^{-1})}{\prod_{i=1}^{N}(1-p_iz^{-1})} \quad \text{和} \quad \tilde{H}(\Omega)=H_0\frac{\prod_{i=1}^{M}(1-z_i\mathrm{e}^{-\mathrm{j}\Omega})}{\prod_{i=1}^{N}(1-p_i\mathrm{e}^{-\mathrm{j}\Omega})} \tag{8.5.12}$$

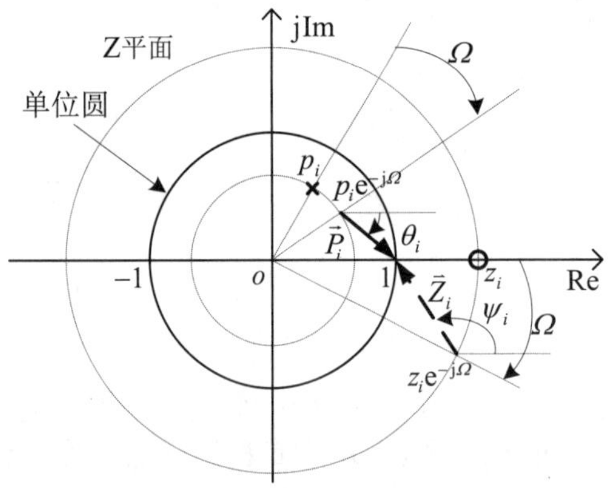


图 8.18 第二种离散时间频率响应几何求值

其中，$H_0$ 仍为实常数；$z_i$ 是有限 Z 平面内的零点；$p_i$ 是位于单位圆内部极点，高阶零、极点也折合成多个一阶零、极点。如果分别定义如下的零点向量和极点向量：

零点向量：　$\vec{Z}_i=Z_i\mathrm{e}^{\mathrm{j}\psi_i}=1-z_i\mathrm{e}^{-\mathrm{j}\Omega}$

极点向量：　$\vec{P}_i=P_i\mathrm{e}^{\mathrm{j}\theta_i}=1-p_i\mathrm{e}^{-\mathrm{j}\Omega}$

实常数：　$H_0=|H_0|\mathrm{e}^{\mathrm{j}\psi_0}$

Z 平面单位圆上某个频率 $\Omega$ 的零点和极点向量，分别是以起点 $\mathrm{z}_i\mathrm{e}^{-\mathrm{j}\Omega}$ 和 $p_i\mathrm{e}^{-\mathrm{j}\Omega}$ (即零点 $z_i$ 和极点 $p_i$ 顺时针旋转 $\Omega$ 角度的点)指向点 $z=1$ 的向量。图 8.18 中画出了在某个离散时间频率 $\Omega$ 时，一个复极点向量 $\vec{P}_i$ 和一个实零点向量 $\vec{Z}_i$，以及各自的辐角 $\theta_i$ 和 $\psi_i$。基于这样的零极点向量定义和作图法，仍可按照(8.5.11)式计算离散时间 LTI 系统的幅频响应 $|\tilde{H}(\Omega)|$ 和相频响应 $\tilde{\varphi}(\Omega)$，即只要将图 8.18 中的零点向量 $\vec{Z}_i$ 和极点向量 $\vec{P}_i$ 的**起点**，沿各自的圆周顺时针移动一周，而所有零、极点向量的终点始终为 $z=1$，就可得到 $\Omega$ 的一个周期内的频率响应值。

实际中遇到的 LTI 系统都是**实**的稳定的 LTI 系统，系统只能有实极点和实零点，或者成对的共轭复极点和复零点，不可能出现单个复极点或复零点。换言之，系统的零、极点分别关于实轴成对称分布。根据上述频率响应的几何确定法，不难看出：无论 S 平面虚轴上的 $\pm\mathrm{j}\omega$ 点，或 Z 平面单位圆上点 $\mathrm{e}^{\pm\mathrm{j}\Omega}$ (离散时间第二种几何确定法中的 $\pm\Omega$ 旋转)，计算出的幅频响应值分别相等，而相频响应值大小相等，符号相反。这再一次说明，实 LTI 系统幅频响应 $|H(\omega)|$ 和 $|\tilde{H}(\Omega)|$ 分别是 $\omega$ 和 $\Omega$ 的实偶函数，而相频响应 $\varphi(\omega)$ 和 $\tilde{\varphi}(\Omega)$ 分别是 $\omega$ 和 $\Omega$ 的实奇函数。因此，只需要计算 $\omega\geqslant 0$ 时的 $|H(\omega)|$ 及 $\varphi(\omega)$，和区间 $[0, \pi]$ 上的 $|\tilde{H}(\Omega)|$ 及 $\tilde{\varphi}(\Omega)$。

基于 CFT 和 DTFT 分别与拉普拉斯变换和 Z 变换之间的关系，只要连续时间和离散时间信号的拉普拉斯变换和 Z 变换收敛域分别包括 S 平面虚轴和 Z 平面单位圆，且在有限 S 平面和有限 Z 平面内零、极点数目有限，上述频率响应的几何确定法也适用于确定连续时间和离散时间信号的幅度频谱及相位频谱。因此，它更一般地称为**傅里叶变换的几何求值**方法。

# 8.6　连续时间和离散时间一阶系统及二阶系统

一阶和二阶系统通常指用一阶和二阶线性**实**系数微分方程和差分方程描述的因果 LTI 系统。根据微分方程和差分方程与其系统函数间的关系，也可用有限 S 平面和 Z 平面内零极点的数目和阶数来称谓一阶系统和二阶系统。在 8.9 节中将看到，它们是构成大量实际系统的两种基本系统，有必要充分讨论它们的各种特性，并具体考察零、极点分布对这些特性的影响。

## 8.6.1　连续时间和离散时间一阶系统

**1．连续时间一阶系统**

若限于实的因果稳定系统，有限 S 平面上系统函数零、极点的数目和阶数不超过 1 的系统称为连续时间一阶系统。两个最基本的连续时间一阶系统的微分方程通常有如下形式：

$$\tau y'(t)+y(t)=x(t) \quad \text{和} \quad \tau y'(t)+y(t)=\tau x'(t) \tag{8.6.1}$$

其中，$\tau$ 为实常数，通常称为**时间常数**。在实际系统中，它们的典型例子分别是图 8.19(a)和(b)所示的 RC 积分电路和 RC 微分电路，在这两个电路系统中，若把输入电压 $v_i(t)$ 和输出电压 $v_o(t)$ 分别作为系统的输入和输出信号，描述这两个电路的微分方程分别为

$$RCv_o'(t)+v_o(t)=v_i(t) \quad \text{和} \quad RCv_o'(t)+v_o(t)=RCv_i'(t) \tag{8.6.2}$$

若令 $\tau=RC$，它们分别就是(8.6.1)式中的左、右方程。

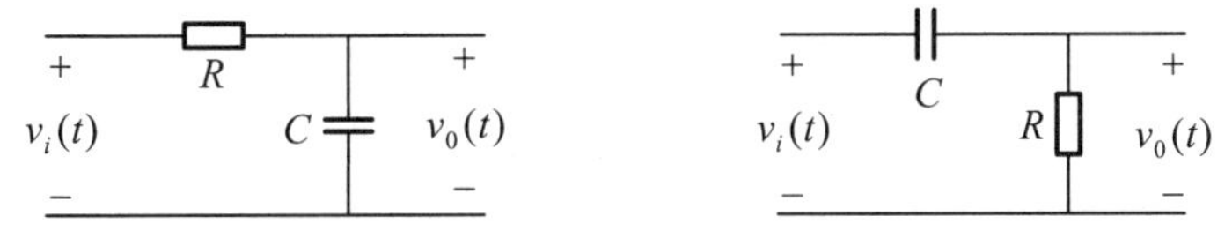


(a) RC积分电路　　(b) RC微分电路

图 8.19　两个基本的一阶电路系统

根据电路的 $s$ 域模型，由(8.6.1)式表示的一阶因果 LTI 系统的系统函数分别可写成

$$H_{1L}(s)=\frac{1/\tau}{s+(1/\tau)} \quad \text{和} \quad H_{1H}(s)=\frac{s}{s+(1/\tau)}, \quad \mathrm{Re}\{s\}>-\frac{1}{\tau} \tag{8.6.3}$$

由于收敛域均包括虚轴，可令 $s=\mathrm{j}\omega$，分别得到它们的频率响应为

$$H_{1L}(\omega)=\frac{1}{\mathrm{j}\omega\tau+1}=\frac{1/\tau}{\mathrm{j}\omega+1/\tau} \quad \text{和} \quad H_{1H}(\omega)=\frac{\mathrm{j}\omega\tau}{\mathrm{j}\omega\tau+1}=\frac{\mathrm{j}\omega}{\mathrm{j}\omega+1/\tau} \tag{8.6.4}$$

在有限 S 平面内，它们都有一个一阶实极点 $p_1=-1/\tau$，此外，$H_{1L}(s)$ 没有零点，$H_{1H}(s)$ 在 $z_1=0$ 有一个一阶零点，它们的零、极点和零、极点向量分别如图 8.20(a)和(b)所示。$\omega=0^+$ (此时 $\psi_1=\pi/2$)，使得零点向量 $\vec{Z}_i$ 的辐角产生从 $-\pi/2$ 到 $\pi/2$ 的跳变。

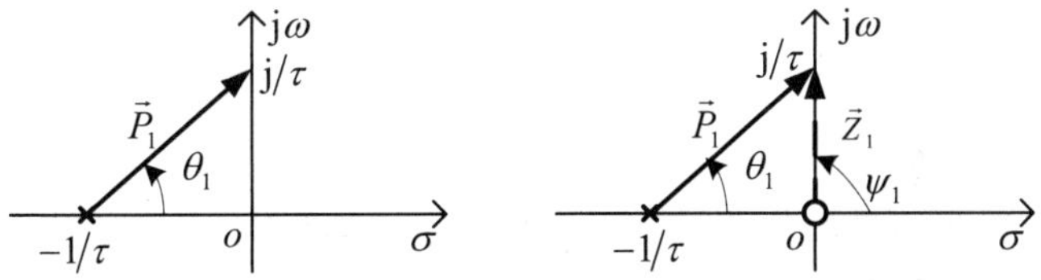


(a) 一阶低通系统　　(b) 一阶高通系统

图 8.20　(8.6.3)式表示的一阶系统零、极点向量图

按照傅里叶变换的几何求值法，这两种一阶系统的幅频响应和相频响应可分别表示为

$$\left|H_{1L}(\omega)\right|=\frac{1}{\tau}\frac{1}{P_1}，\ \varphi_{1L}(\omega)=-\theta_1 \quad 和 \quad \left|H_{1H}(\omega)\right|=\frac{Z_1}{P_1}，\ \varphi_{1H}(\omega)=\psi_1-\theta_1 \tag{8.6.5}$$

当零、极点向量的终点沿虚轴从 $\omega=0$ 向上移动时，按上式可计算出每个频率 $\omega(0\leqslant\omega<\infty)$ 的幅频响应和相频响应值，并概画出它们的幅频和相频特性曲线，分别如图 8.21(a)和(b)所示。从图 8.20(b)上看到，当 $\omega=0$ 是一阶零点时，零点向量的终点从 $\omega=0_-$ (此时 $\psi_1=-\pi/2$ )到 $\omega=0^+$ (此时 $\psi_1=\pi/2$)，使得在 $\omega=0$ 处的相频响应发生 $+\pi$ 的跳变。

由图 8.21 的幅频特性看出：由(8.6.1)式左式表示的一阶系统的幅频响应表现出低通滤波特性，故 RC 积分电路称为一阶低通滤波器；相反，(8.6.1)式右式的一阶系统则显示出高通滤波特性，故 RC 微分电路称为一阶高通滤波器。在它们的幅度滤波特性中，$\omega_c=1/\tau$ 分别称为一阶低通和一阶高通的 $-3$ dB 截止频率，时间常数 $\tau$ 愈大，$1/\tau$ 就愈小(极点 $p_1$ 愈靠近虚轴)，截止频率 $\omega_c$ 就愈低。

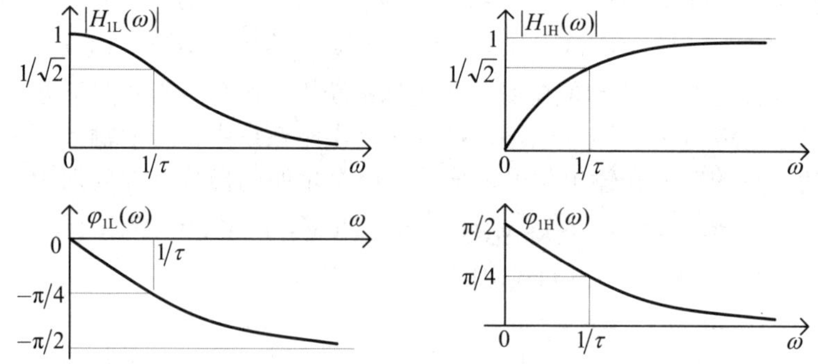

(a) 一阶低通系统　　(b) 一阶高通系统

图 8.21　一阶系统的幅频响应和相频响应

一阶低通和一阶高通的单位冲激响应和单位阶跃响应分别为

$$h_{1L}(t)=(1/\tau)e^{-t/\tau}u(t) \quad 和 \quad h_{1H}(t)=\delta(t)-(1/\tau)e^{-t/\tau}u(t) \tag{8.6.6}$$

及

$$s_{1L}(t)=(1-e^{-t/\tau})u(t) \quad 和 \quad s_{1H}(t)=e^{-t/\tau}u(t) \tag{8.6.7}$$

图 8.22 中画出了它们的时域响应，时间常数 $\tau$ 愈大(极点 $p_1$ 愈靠近虚轴)，时域响应到达稳态值的时间愈长。

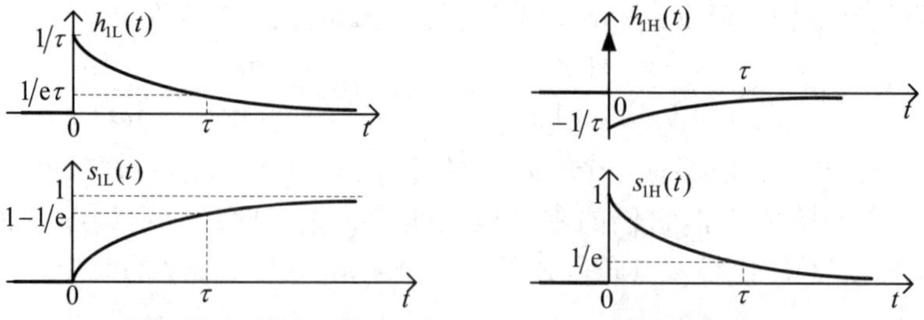

(a) 一阶低通的 $h_{1L}(t)$ 和 $s_{1L}(t)$　　(b) 一阶高通的 $h_{HL}(t)$ 和 $s_{HL}(t)$

图 8.22　连续时间一阶系统的单位冲激响应和单位阶跃响应

**2．离散时间一阶系统**

在用差分方程描述的离散时间实的因果稳定 LTI 系统中，也有两种基本的一阶系统，一种是一阶 IIR 系统，另一种是一阶 FIR 系统，它们的差分方程分别为

$$y[n]-ay[n-1]=x[n]，\ |a|<1 \quad 和 \quad y[n]=x[n]-bx[n-1] \tag{8.6.8}$$

它们的系统函数和频率响应可以分别写成

$$H_{1\text{IIR}}(z)=\frac{1}{1-az^{-1}}，\ |z|>|a| \quad 和 \quad \tilde{H}_{1\text{FIR}}(\Omega)=\frac{1}{1-a\mathrm{e}^{-\mathrm{j}\Omega}} \tag{8.6.9}$$

及

$$H_{1\text{FIR}}(z)=1-bz^{-1}，\ |z|>0 \quad 和 \quad \tilde{H}_{1\text{FIR}}(\Omega)=1-b\mathrm{e}^{-\mathrm{j}\Omega} \tag{8.6.10}$$

它们的单位冲激响应和单位阶跃响应分别为

$$h_{1\text{IIR}}[n]=a^n u[n] \quad 和 \quad s_{1\text{IIR}}[n]=\frac{1-a^{n+1}}{1-a}u[n] \tag{8.6.11}$$

及

$$h_{1\text{FIR}}[n]=\delta[n]-b\delta[n-1] \quad 和 \quad s_{1\text{FIR}}[n]=u[n]-bu[n-1] \tag{8.6.12}$$

一阶 FIR 系统的两个典型特例是 $b=1$ 和 $b=-1$ 的系统，前者是熟知的一阶差分器，后者是 $h_{1\text{FIR}}[n]=\delta[n]+\delta[n-1]$ 的一阶 FIR 系统。

按照图 8.18 所示的离散时间第二种几何求值法，图 8.23(a)和(b)分别画出一阶 IIR 系统($0<a<1$)和一阶差分器($b=1$)的零、极点向量图，且它们的幅频响应和相频响应可分别写成

$$\left|\tilde{H}_{1\text{IIR}}(\Omega)\right|=1/P_1，\ \tilde{\varphi}_{1\text{IIR}}(\Omega)=-\theta_1 \quad 和 \quad \left|\tilde{H}_{1\text{FIR}}(\Omega)\right|=Z_1，\ \tilde{\varphi}_{1\text{FIR}}(\Omega)=\psi_1 \tag{8.6.13}$$

当 $\Omega=0$ 时，$\left|\tilde{H}_{1\text{IIR}}(0)\right|=1/(1-a)$，$\left|\tilde{H}_{1\text{FIR}}(0)\right|=0$，$\theta_1=0$，$\psi_1=\pi/2$；随着 $\Omega$ 的增加，极、零点向量的起点分别沿圆周 $|z|=a$ 和 $|z|=b$ 顺时针移动，向量终点始终指向 $z=1$。在 $\Omega$ 增加到 $\Omega=\pi$ 的过程中，极、零点向量的长度 $P_1$ 和 $Z_1$ 逐渐增长；当 $\Omega=\pi$ 时，$P_1$ 和 $Z_1$ 均达到最大值，即 $\left|\tilde{H}_{1\text{IIR}}(\pi)\right|=1/(1+a)$ 和 $\left|\tilde{H}_{1\text{FIR}}(\pi)\right|=2$。它们的辐角 $\theta_1$ 和 $\psi_1$ 却有不同的变化：辐角 $\theta_1$ 先增加，当极点向量和圆周 $|z|=a$ 相切时，$\theta_1$ 达到最大值，可以证明，最大辐角为 $\theta_{1\max}=\arctan[a/\sqrt{1-a^2}]$。经过相切点后，随着 $\Omega$ 进一步增加，$\theta_1$ 逐渐减小，当 $\Omega=\pi$ 时，$\theta_1=0$；在图 8.23(b)中，零点向量随着 $\Omega$ 从 $\Omega=0^+$ 开始增加时，其辐角 $\psi_1$ 自 $\pi/2$ 线性地减小，当 $\Omega=\pi$ 时，$\psi_1$ 减小到 0。此外，$\Omega$ 从 $0_-$ 到 $0^+$ 时，辐角 $\psi_1$(即 $\tilde{\varphi}_{1\text{FIR}}(\Omega)$)经历 $-\pi/2$ 到 $\pi/2$ 的跳变。

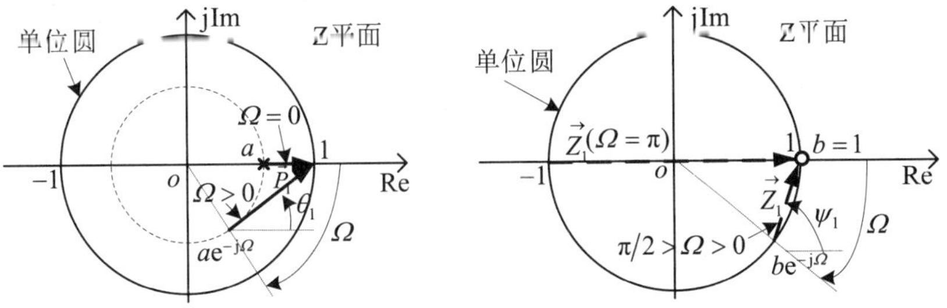


(a) 一阶IIR系统($0<a=1$)　　(b) 一阶FIR系统($b=1$)

图 8.23　离散时间一阶系统的零、极点向量

图 8.24 画出了它们的幅频和相频特性，可以看出：$0<a<1$ 的一阶 IIR 系统是低通滤波器，其幅频和相频特性与第 5 章图 5.16(a)和(c)一致；而 $b=1$ 的一阶差分器则是高通滤波器，其幅频和相频特性与第 5 章图 5.29(b)和(d)一致，此外，从图 8.23(b)零点矢量从 $\Omega=0$ 到 $\Omega=\pi$ 的变化过程，还可得出，$b>0$ 的一阶 FIR 系统都属于高通滤波器，只是滤波特性有所不同。

上面仅讨论和画出 $0<a<1$ 的一阶 IIR 系统和 $b>0$ 的一阶 FIR 系统特性，对于 $-1<a<0$ 和 $b<0$ 时的这两种一阶系统，也可以用相同的方法画出，但 $-1<a<0$ 的一阶 IIR 系统是高通滤波器，而 $b=-1$ 和 $b<0$ 的一阶 FIR 系统却是低通滤波器。此外，如果 $b=\mp1$，则离散时间一阶 FIR 系统在 $z=\pm1$ 是一阶零点。此时，当 $\Omega=0$ 或 $\Omega=\pi$ 时，其零点向量的长度 $Z_1=0$，当零点向量的起点越过 $\Omega=0$ 或 $\Omega=\pi$ 时，其辐角 $\psi_1$ 从 $\mp\pi/2$ 跃变到 $\pm\pi/2$，则导致其相频特

性在 $\Omega=0$ 或 $\Omega=\pi$ 处有 $\pm\pi$ 的相位跃变。

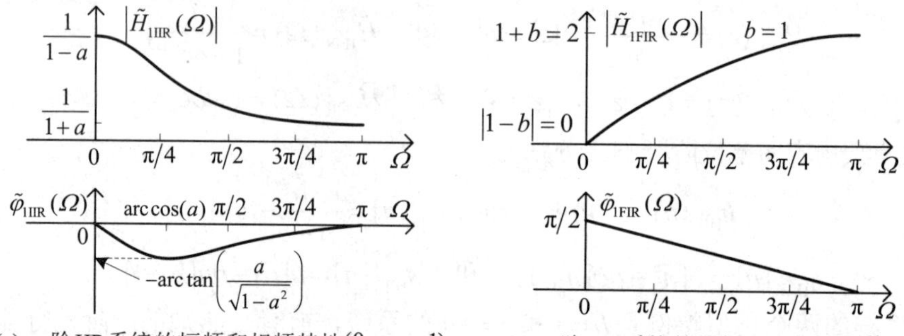


(a) 一阶IIR系统的幅频和相频特性($0<a<1$)　　(b) 一阶FIR系统的幅频和相频特性($b=1$)

图 8.24　离散时间一阶系统的频率响应

实际上，一阶 IIR 系统的极点因子 $(1-a\mathrm{e}^{-\mathrm{j}\Omega})$ 和一阶 FIR 系统的零点因子 $(1-b\mathrm{e}^{-\mathrm{j}\Omega})$ 的作图法相同，只是对幅频和相频响应起的作用不同：极点因子(极点向量)在分母上，故幅频响应和极点向量的长度成反比，相频响应中极点向量的辐角 $\theta_1$ 应取“–”号；零点向量在分子上，故幅度频响应和零点向量长度成正比，在相频响应中其辐角 $\psi_1$ 应取“+”号。实际上，对于 $0<a<1$ 与 $-1<a<0$ 的一阶 IIR 系统和 $b=1$ 与 $b=-1$ 的一阶 FIR 系统，当 $a$ 和 $b$ 各自的绝对值相同时，它们的频率特性之间有相互频移 π 的关系。图 8.25 和图 8.26 分别画出几个不同 $a$ 值下的一阶 IIR 系统的单位冲激响应和单位阶跃响应。

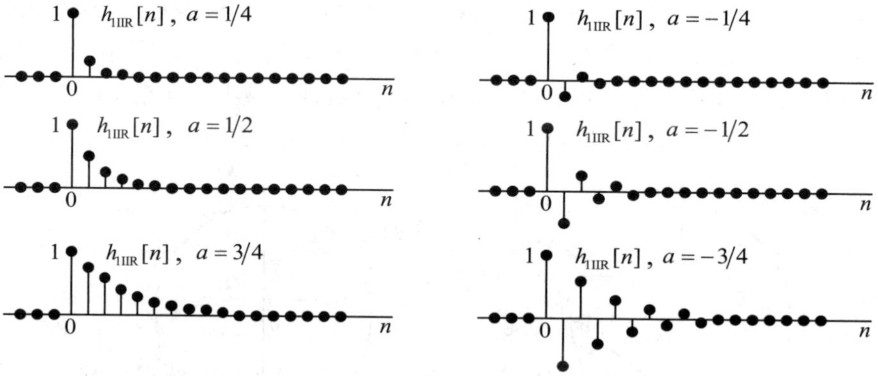


图 8.25　两种实的一阶 IIR 系统的单位冲激响应

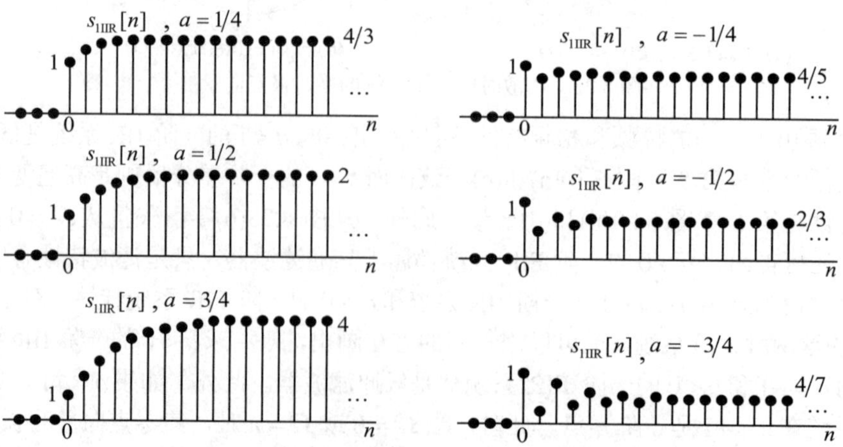


图 8.26　两种实的一阶 IIR 系统的单位阶跃响应

上述有关离散时间一阶系统各种特性的讨论，揭示出几种不同离散时间一阶系统各自频域和时域特性间的相应关系。如果与连续时间一阶系统作相应的比较，可以看到：$0<a<1$ 的一阶 IIR 系统类似于连续时间一阶低通滤波器，幅频响应都呈现低通特性，单位冲激响应具有单边指数衰减特性；但 $-1<a<0$ 的一阶 IIR 系统却有完全不同的特性，它的幅频响应显示高通特性，单位冲激响应和单位阶跃响应呈现正负交替的振荡特性，这是连续时间一阶系统没有的。此外，一阶 IIR 系统的参数 $a$ 所起的作用，也很类似于连续时间一阶低通系统中时间常数 $\tau$ 的作用：$\tau$ 和 $|a|$ 都决定了幅频响应的尖锐程度和时域响应的速率，$\tau$ 和 $|a|$ 愈小，幅频响应就愈平坦(通带愈宽)，而单位冲激响应却更急剧衰减，阶跃响应会更快建立起来；当 $\tau$ 愈大(极点 $p_1$ 愈靠近虚轴)或 $|a|$ 愈接近于 1(极点 $p_1$ 愈靠近单位圆)时，幅频响应愈尖锐(通带愈窄)，时域响应则更慢。这又一次体现出连续时域与频域，以及离散时域与频域之间的尺度反比关系。

## 8.6.2　连续时间和离散时间二阶系统

### 1. 连续时间二阶系统

一般地，在线性常系数微分方程描述的连续时间系统中，任何二阶微分方程表示的 LTI 系统都可称为连续时间二阶系统，但通常所说的连续时间二阶系统，大多数限于如下二阶实系数微分方程表示的**实的因果稳定 LTI 系统**

$$y''(t)+\alpha_1 y'(t)+\alpha_0 y(t)=x''(t)+\beta_1 x'(t)+\beta_0 x(t) \tag{8.6.14}$$

其中，系数 $\alpha_1$，$\alpha_0$ 和 $\beta_1$，$\beta_0$ 均为实数外，根据 8.4.1 节讨论的因果稳定性(包含临界稳定)条件，还要求 $\alpha_1$，$\alpha_0 \geqslant 0$。连续时间二阶系统的典型实例是图 8.27(a)和(b)所示的 RLC 串联和并联谐振电路，图中 RLC 串联和并联谐振电路各自满足的微分方程分别为

$$\frac{\mathrm{d}^2 i_o(t)}{\mathrm{d}t^2}+\frac{R}{L}\frac{\mathrm{d}i_0(t)}{\mathrm{d}t}+\frac{1}{LC}i_o(t)=\frac{1}{L}\frac{\mathrm{d}v_i(t)}{\mathrm{d}t} \quad 和 \quad \frac{\mathrm{d}^2 v_o(t)}{\mathrm{d}t^2}+\frac{G}{C}\frac{\mathrm{d}v_o(t)}{\mathrm{d}t}+\frac{1}{LC}v_o(t)=\frac{1}{C}\frac{\mathrm{d}i_i(t)}{\mathrm{d}t} \tag{8.6.15}$$

其中，$G=1/R$ 为电阻的电导。

其他的连续时间二阶系统见 2.3.1 节中的系统例子，它们的二阶微分方程与(8.6.14)式相比，只是方程右边某些项的系数等于 0。(8.6.14)式表示的一般连续时间二阶系统的系统函数为

$$H(s)=\frac{s^2+\beta_1 s+\beta_0}{s^2+\alpha_1 s+\alpha_0} \tag{8.6.16}$$

上述一般的实因果稳定二阶系统可归结为如下**基本的连续时间二阶系统**：

$$y''(t)+2\sigma y'(t)+\omega_0^2 y(t)=\omega_0^2 x(t) \tag{8.6.17}$$

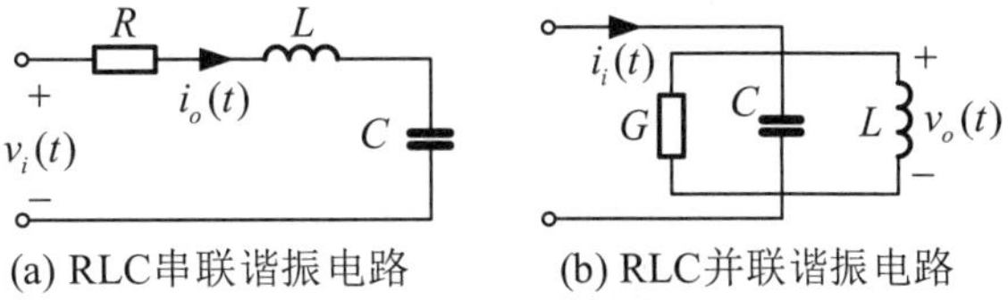


(a) RLC串联谐振电路　(b) RLC并联谐振电路

图 8.27　二阶谐振电路

为限于实的因果稳定系统，方程中的实常数 $\sigma \geqslant 0$，$\omega_0>0$。它的系统函数可写成

$$H_2(s)=\frac{\omega_0^2}{s^2+2\sigma s+\omega_0^2}=\frac{\omega_0^2}{(s-p_1)(s-p_2)} \tag{8.6.18}$$

它有两个一阶极点 $p_1$ 和 $p_2$，分别为

$$p_{1,2}=-\xi\omega_0 \pm \mathrm{j}\omega_0\sqrt{1-\xi^2}, \quad \omega_\mathrm{d}=\omega_0\sqrt{1-\xi^2} \tag{8.6.19}$$

其中，$\xi=\sigma/\omega_0$，称为二阶系统的**阻尼系数**，$\omega_0$ 称为二阶系统的**无阻尼自然频率**。

既然是稳定的 LTI 系统，那么用 $s=\mathrm{j}\omega$ 代入(8.6.18)式，得到基本的连续时间二阶系统的频率响应为

$$H_2(\omega)=\frac{\omega_0^2}{(\mathrm{j}\omega)^2+2\xi\omega_0\mathrm{j}\omega+\omega_0^2}=\frac{1}{1-(\omega/\omega_0)^2+2\xi(\mathrm{j}\omega/\omega_0)} \tag{8.6.20}$$

这表明，这个基本二阶系统的频率响应 $H_2(\omega)$ 是 $\omega/\omega_0$ 的函数，根据傅里叶变换的尺度比例性质，参数 $\omega_0$ 的改变，本质上只改变其时域和频域响应在时间坐标和频率坐标上的尺度。

在不同 $\xi$ 或 $\sigma$ 值时，该二阶系统的两个极点位置有四种不同分布，分别如图 8.28 所示：(a) 当 $\xi>1$ 或 $\sigma>\omega_0$ 时为两个不同的一阶负实极点 $p_{1,2}=-\xi\omega_0\pm\omega_0\sqrt{\xi^2-1}$；(b) 当 $\xi=1$ 或 $\sigma=\omega_0$ 时为一个二阶实极点 $p_{1,2}=-\sigma=-\omega_0$；(c) 当 $0<\xi<1$ 或 $0<\sigma<\omega_0$ 时，在虚轴左边有一对一阶共轭复极点 $p_{1,2}=-\sigma\pm\mathrm{j}\omega_\mathrm{d}$；(d) 当 $\xi=0$ 或 $\sigma=0$ 时为一对一阶共轭虚极点 $p_{1,2}=\pm\mathrm{j}\omega_0$。

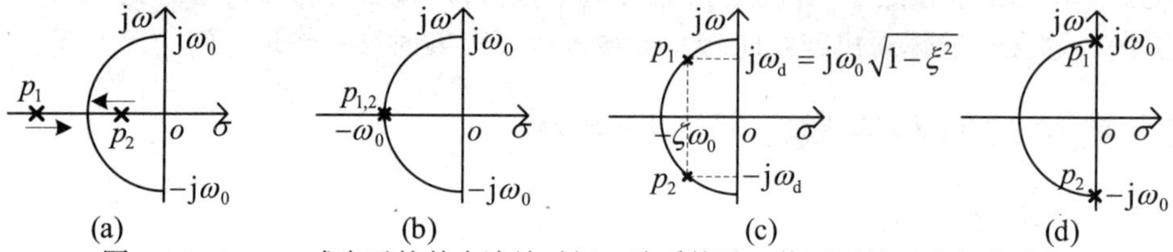


图 8.28 (8.6.20)式表示的基本连续时间二阶系统随 $\xi$ 值不同的四种极点分布

对有一个二阶负实极点 $p_1$ 和两个一阶负实极点 $p_1$ 和 $p_2$ 的情况，系统的频率响应分别为

$$H_2(\omega)=\omega_0^2\frac{1}{(\mathrm{j}\omega-p_1)^2} \quad 和 \quad H_2(\omega)=\omega_0^2\frac{1}{(\mathrm{j}\omega-p_1)(\mathrm{j}\omega-p_2)} \tag{8.6.21}$$

此时，系统可看成两个相同或不同的一阶低通滤波器的级联，它仍是低通滤波器。对于后两种极点分布情况，即系统有一对共轭复极点 $p_{1,2}=-\sigma\pm\mathrm{j}\omega_\mathrm{d}$ 和一对共轭虚极点 $p_{1,2}=\pm\mathrm{j}\omega_0$ 的情况，前面一阶系统无此情况。此时，它用零、极点向量表示的幅频响应和相频响应分别为

$$|H_2(\omega)|=\omega_0^2/P_1P_2\,,\quad \varphi_2(\omega)=-(\theta_1+\theta_2) \tag{8.6.22}$$

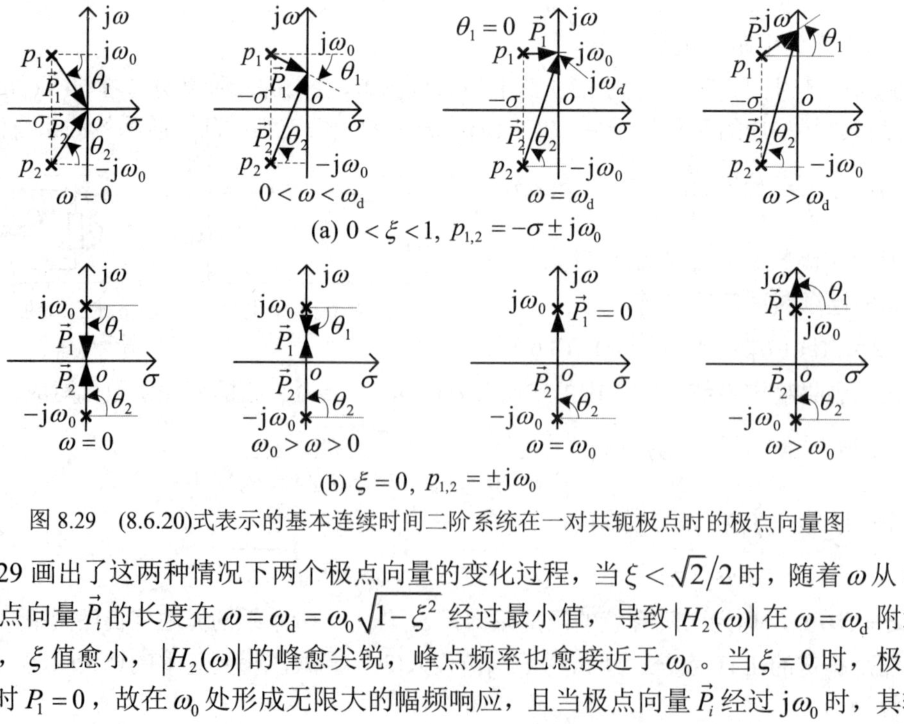


图 8.29 (8.6.20)式表示的基本连续时间二阶系统在一对共轭极点时的极点向量图

图 8.29 画出了这两种情况下两个极点向量的变化过程，当 $\xi<\sqrt{2}/2$ 时，随着 $\omega$ 从 0 开始增加，极点向量 $\vec{P}_i$ 的长度在 $\omega=\omega_\mathrm{d}=\omega_0\sqrt{1-\xi^2}$ 经过最小值，导致 $|H_2(\omega)|$ 在 $\omega=\omega_\mathrm{d}$ 附近出现一个峰尖，$\xi$ 值愈小，$|H_2(\omega)|$ 的峰愈尖锐，峰点频率也愈接近于 $\omega_0$。当 $\xi=0$ 时，极点在虚轴上，此时 $P_1=0$，故在 $\omega_0$ 处形成无限大的幅频响应，且当极点向量 $\vec{P}_i$ 经过 $\mathrm{j}\omega_0$ 时，其辐角 $\theta_1$

从 $-\pi/2$ 跳变到 $\pi/2$，使得 $\varphi_2(\omega)$ 在 $\pm\omega_0$ 处产生 $\mp\pi$ 的跳变。$\xi\geq 1$ 时，该二阶系统有一个二阶负实极点或两个一阶负实极点，随着 $\omega$ 的增加，$P_1$ 和 $P_2$ 均单调增长，$|H_2(\omega)|$ 呈现单调下降，同时 $\theta_1$ 和 $\theta_2$ 也逐渐变大，$\varphi_2(\omega)$ 则从 0 开始减少，在 $\omega=\omega_0$ 时为 $-\pi/2$，然后再逐渐减少，直至 $\omega\to\infty$ 时，$\varphi_2(\omega)$ 趋近于 $-\pi$。图 8.30 给出了四种 $\xi$ 值时该二阶系统的幅频和相频特性。

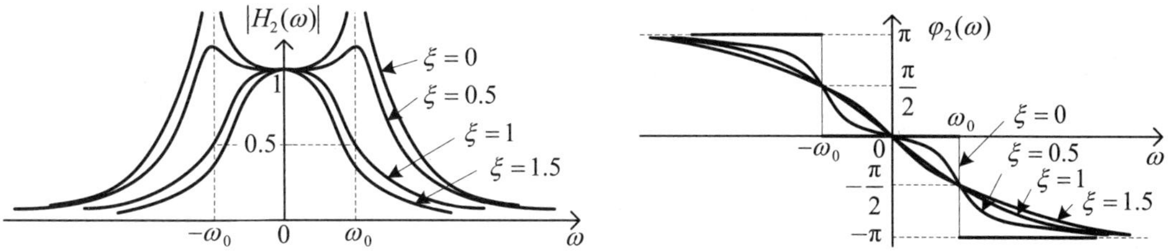


图 8.30　式(8.6.20)表示的基本连续时间二阶系统在不同 $\xi$ 值时的幅频响应和相频响应

下面讨论这个基本连续时间二阶系统的时域特性。由于它是因果 LTI 系统，对(8.6.18)式求反拉普拉斯变换，获得它的单位冲激响应，并进一步得到单位阶跃响应分别为

$$h_2(t)=\begin{cases}\dfrac{\omega_0}{2\sqrt{\xi^2-1}}\left(e^{p_1t}-e^{p_2t}\right)u(t), & \xi>1\\ \omega_0^2te^{-\omega_0t}u(t), & \xi=1\\ \dfrac{\omega_0e^{-\xi\omega_0t}}{\sqrt{1-\xi^2}}\sin\left(\omega_0\sqrt{1-\xi^2}\right)u(t), & 1>\xi>0\\ \sin\omega_0tu(t), & \xi=0\end{cases}\quad 和\quad s_2(t)=\begin{cases}\left[1+\dfrac{\omega_0}{2\sqrt{1-\xi^2}}\left(\dfrac{e^{p_1t}}{p_1}-\dfrac{e^{p_2t}}{p_2}\right)\right]u(t), & \xi>1\\ [1-e^{-\omega_0t}-\omega_0te^{-\omega_0t}]u(t), & \xi=1\\ \left[1-\dfrac{e^{-\xi\omega_0t}}{\omega_0\sqrt{1-\xi^2}}\sin(\omega_0\sqrt{1-\xi^2}t+\theta)\right]u(t), & 1>\xi>0\\ (1/\omega_0)[1-\cos(\omega_0t)]u(t), & \xi=0\end{cases}\tag{8.6.23}$$

其中，$p_1$ 和 $p_2$ 为两个一阶负实极点，它们为 $p_{1,2}=-\xi\omega_0\pm\omega_0\sqrt{\xi^2-1}$，$\theta=\arctan(\sqrt{1-\xi^2}/\xi)$。在不同阻尼系数 $\xi$ 时，它的单位冲激响应 $h_2(t)$ 和单位阶跃响应 $s_2(t)$ 分别如图 8.31 所示。

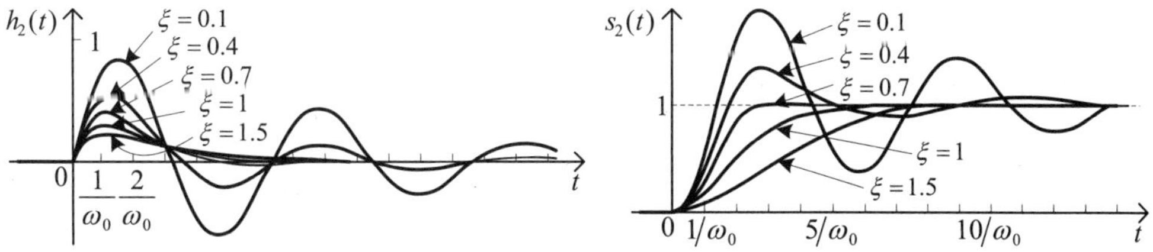


图 8.31　不同阻尼系数 $\xi$ 时基本连续时间二阶系统的单位冲激响应和单位阶跃响应

这里把这个基本的连续时间二阶系统与前一小节的一阶低通系统来做些比较：对 $\xi\geq 1$ 的二阶系统，无论是频域特性，还是时域响应均与一阶低通系统类似，这一点不难理解，此时的二阶 IIR 系统具有两个一阶或一个二阶负实极点，$H_2(s)$ 可以分解为两个 $H_{1L}(s)$ 相乘，即可看成两个一阶低通系统的级联；但当 $\xi<1$ 时，二阶系统的幅频特性在 $\omega_0$ 阶近出现一个峰，呈现出带通滤波特性，其单位冲激响应和单位阶跃响应都出现衰减振荡的特性。这是一对共轭复极点造成的，一阶实系统则没有这种情况。

现在讨论参数 $\xi$ 和 $\omega_0$ 的物理意义：$\xi$ 称为**阻尼系数**，$\omega_0$ 称为**无阻尼自然频率**；当 $\xi>1$，称为**过阻尼**情况，此时时域响应无振荡地变化到稳态值；当 $0<\xi<1$，称为**欠阻尼**情况，时域响应表现出衰减振荡的特性，幅频响应在 $\omega_0$ 附近呈现出峰；$\xi$ 值越小，即一对共轭极点愈靠近虚轴，峰变得越尖锐，通常用**品质因数** $Q$ 来衡量峰值的尖锐程度，它定义为

$$Q=1/(2\xi)\tag{8.6.24}$$

当$\xi=0$时，称为**无阻尼或无损**情况，系统受到一点小的激励就会产生频率为$\omega_0$的等幅振荡，并在$\omega_0$频率上呈现无限大幅频响应；当$\xi=1$时，称为**临界阻尼**，系统有一个二阶负实极点，时域响应处于振荡和不出现振荡的临界情况。

二阶系统在$0<\xi<1$时的特性有着重要的意义，某些应用中，例如要设计一个电路，使其在某一给定频率有峰状幅频响应，就可采用一对共轭复极点的二阶系统，设计出一个二阶带通滤波器。

**2．离散时间二阶系统**

对于离散时间因果稳定二阶实系统，其差分方程的一般形式为

$$y[n]+\alpha_1 y[n-1]+\alpha_2 y[n-2]=x[n]+\beta_1 x[n-1]+\beta_2 x[n-2] \tag{8.6.25}$$

其中，$\alpha_1$，$\alpha_0$和$\beta_1$，$\beta_0$均为实数，它的系统函数为

$$H_2(z)=\frac{1+\beta_1 z^{-1}+\beta_2 z^{-2}}{1+\alpha_1 z^{-1}+\alpha_2 z^{-2}} \tag{8.6.26}$$

显然，它可看成一个基本二阶 IIR 系统和一个二阶 FIR 系统的级联。因此，也有两种基本的离散时间二阶系统：一种是基本二阶 IIR 系统，其差分方程和系统函数分别可以表示为

$$y[n]+\alpha_1 y[n-1]+\alpha_2 y[n-2]=x[n] \quad 和 \quad H_{2\text{IIR}}(z)=\frac{1}{1+\alpha_1 z^{-1}+\alpha_2 z^{-2}} \tag{8.6.27}$$

另一种为二阶 FIR 系统，其差分方程和系统函数可以分别表示为

$$y[n]=x[n]+\beta_1 x[n-1]+\beta_2 x[n-2] \quad 和 \quad H_{2\text{FIR}}(z)=1+\beta_1 z^{-1}+\beta_2 z^{-2} \tag{8.6.28}$$

这两种基本二阶系统的区别仅在于零、极点分布不一样：基本二阶 IIR 系统在单位圆内部有两个一阶或一个二阶实极点，或一对一阶共轭复极点；二阶 FIR 系统有两个一阶或一个二阶实零点，或一对一阶共轭复零点，但零点位置无限制。尽管这两种基本二阶系统的时域响应有很大不同，但变换域特性的分析方法却是相通的。下面用类似于离散时间一阶系统的方法，着重讨论基本二阶 IIR 系统。借鉴它的特性，不难获得二阶 FIR 系统的各种特性。

若(8.6.27)式表示的基本二阶 IIR 系统在单位圆内有两个一阶极点，它们为

$$p_{1,2}=\frac{-\alpha_1\pm\sqrt{\alpha_1^2-4\alpha_2}}{2} \tag{8.6.29}$$

当$\alpha_1^2>4\alpha_2$时，它们是一阶实极点$p_{1,2}=r_{1,2}=(-\alpha_1\pm\sqrt{\alpha_1^2-4\alpha_2})/2$，此时差分方程和系统函数可以分别改写成

$$y[n]-(r_1+r_2)y[n-1]+r_1 r_2 y[n-2]=x[n] \tag{8.6.30}$$

$$H_{2\text{IIR}}(z)=\frac{1}{(1-r_1 z^{-1})(1-r_2 z^{-1})}=\frac{r_1/(r_1-r_2)}{1-r_1 z^{-1}}-\frac{r_2/(r_1-r_2)}{1-r_2 z^{-1}} \tag{8.6.31}$$

它可看成两个一阶 IIR 系统级联或并联，可用前一小节已讨论的离散时间一阶 IIR 系统的特性来分析。当$\alpha_1^2\leqslant 4\alpha_2$时，系统有一个二阶实极点或一对一阶共轭复极点。其差分方程改写为

$$y[n]-2r\cos\theta y[n-1]+r^2 y[n-2]=x[n] \tag{8.6.32}$$

其中，$0<r<1$，$0\leqslant\theta\leqslant\pi$，此时系统函数可写为

$$H_{2\text{IIR}}(z)=\frac{1}{[1-(r\mathrm{e}^{\mathrm{j}\theta})z^{-1}][1-(r\mathrm{e}^{-\mathrm{j}\theta})z^{-1}]}=\frac{B_1}{1-(r\mathrm{e}^{\mathrm{j}\theta})z^{-1}}+\frac{B_2}{1-(r\mathrm{e}^{-\mathrm{j}\theta})z^{-1}}，\quad B_{1,2}=\frac{\pm\mathrm{e}^{\mathrm{j}\theta}}{2\mathrm{j}\sin\theta} \tag{8.6.33}$$

它在单位圆内有两个极点$p_{1,2}=r\mathrm{e}^{\pm\mathrm{j}\theta}$，当$\theta=0$和$\pi$时，分别为正、负二阶实极点，系统可看成两个相同的离散时间一阶低通或一阶高通的级联，仍是低通或高通；当$0\leqslant\theta\leqslant\pi$时，系统有

一对一阶共轭复极点，这是离散时间一阶系统中没有出现的情况，下面着重讨论这种情况。

这种情况下，该二阶 IIR 系统的频率响应为

$$\tilde{H}_{2\mathrm{IIR}}(\Omega)=\frac{1}{[1-(r\mathrm{e}^{\mathrm{j}\theta})\mathrm{e}^{-\mathrm{j}\Omega}][1-(r\mathrm{e}^{-\mathrm{j}\theta})\mathrm{e}^{-\mathrm{j}\Omega}]} \tag{8.6.34}$$

按照 8.5.4 小节介绍的频率响应几何求值法，其幅频响应和相频响应的几何求值分别为

$$\left|\tilde{H}_{2\mathrm{IIR}}(\Omega)\right|=1/P_1P_2\,,\quad \tilde{\varphi}_{2\mathrm{IIR}}(\Omega)=-(\theta_1+\theta_2) \tag{8.6.35}$$

其中，$P_1=\left|1-(r\mathrm{e}^{\mathrm{j}\theta})\mathrm{e}^{-\mathrm{j}\Omega}\right|$，$P_2=\left|1-(r\mathrm{e}^{-\mathrm{j}\theta})\mathrm{e}^{-\mathrm{j}\Omega}\right|$，它们分别为极点 $p_1$、$p_2$ 沿其圆周逆时针转动 $\Omega$ 角度的点指向 $z=1$ 的向量长度，$\theta_1$ 和 $\theta_2$ 分别为向量的辐角。

图 8.32 分别画出了 $r=2/3$，$0\leqslant\theta\leqslant\pi$ 时，极点向量 $\vec{P}_1$ 和 $\vec{P}_2$ 的旋转示意图，并按照图 8.18 这样的基本离散时间第二种频率响应几何求值法，可以画出它的幅频特性和相频特性。

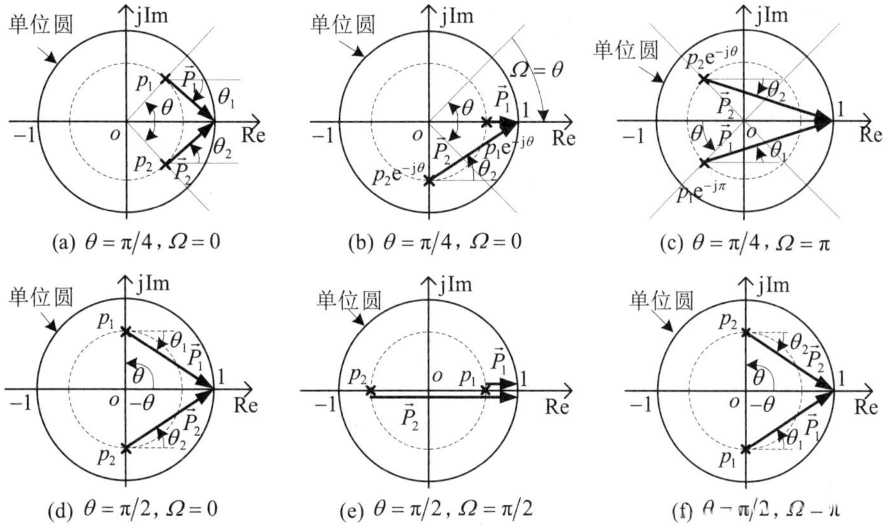


图 8.32　当 $r=2/3$，$\theta=\pi/4$ 和 $\pi/2$ 时，在不同 $\Omega$ 时的极点向量

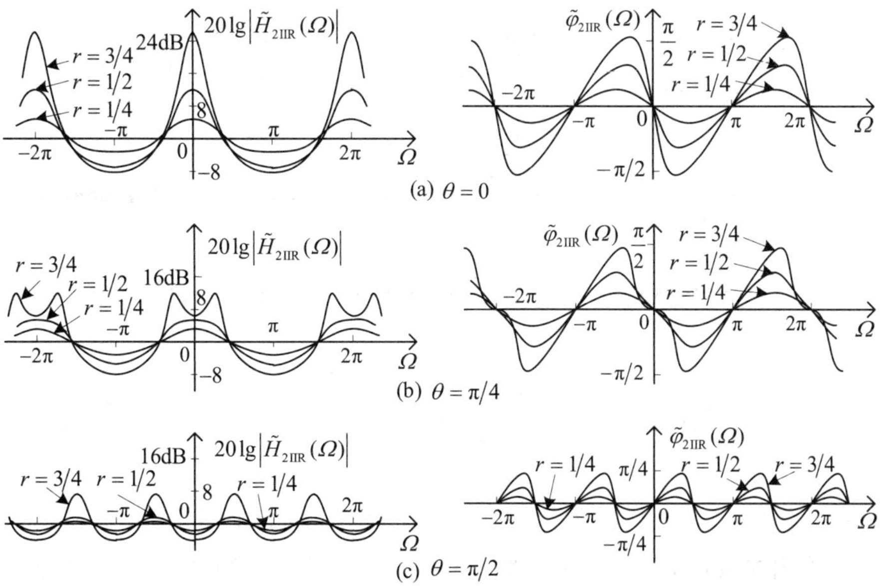


图 8.33　不同 $r$ 值和 $\theta$ 值时的基本离散时间二阶 IIR 系统的幅频响应和相频响应

图 8.33 中给出了几个不同的 $r$ 值，在 $\theta=0$，$\pi/4$ 和 $\pi/2$ 时的对数幅频特性 $20\lg\left|\tilde{H}_{2\mathrm{IIR}}(\Omega)\right|$ 和相频特性 $\tilde{\varphi}_{2\mathrm{IIR}}(\Omega)$。由于离散时间傅里叶变换的频移性质，$\theta=3\pi/4$ 和 $\theta=\pi$ 时的频率响应可分别由 $\theta=\pi/4$ 和 $\theta=0$ 时的频率响应频移 $\pi$ 得到。

把基本离散时间二阶 IIR 系统与基本连续时间二阶系统作比较，两者有类似的频率特性：当各有一对一阶共轭复极点，且分别靠近 Z 平面单位圆($r$ 接近于 1)和 S 平面虚轴($\xi$ 很小)时，两者都呈现带通幅频特性；与连续时间中的无阻尼($\xi=0$)情况一样，基本二阶 IIR 系统在 $r=1$(极点在单位圆上)时，在 $\Omega=\pm\theta$ 处产生无限大频率响应；然而，基本二阶 IIR 系统在 $\theta=\pi$ 时呈现高通特性，这是连续时间中所没有的；但在相频特性上两者却很不一样，当 $\Omega$ 从 $0\to\pi$(零频率到最高频率)时，基本二阶 IIR 系统的相位是从零相位又变回零相位，而基本连续时间二阶系统在 $\omega$ 从 $0\to\infty$(零频率到最高频率)时，其相位却是从零相位单调地变到 $-\pi$。

下面考察基本二阶 IIR 系统的时域响应。对于两个一阶实极点 $p_1=r_1$ 和 $p_2=r_2$ 的情况，根据(8.6.31)式，其单位冲激响应 $h_{2\mathrm{IIR}}[n]$ 和单位跃阶响应 $s_{2\mathrm{IIR}}[n]$ 分别为

$$h_{2\mathrm{IIR}}[n]=\frac{r_1^{n+1}-r_2^{n+1}}{r_1-r_2}u[n] \quad 和 \quad s_{2\mathrm{IIR}}[n]=\frac{1}{r_1-r_2}\left(r_1\frac{1-r_1^{n+1}}{1-r_1}-r_2\frac{1-r_2^{n+1}}{1-r_2}\right)u[n] \tag{8.6.36}$$

当一个二阶实极点和一对一阶共轭复极点 $p_{1,2}=r\mathrm{e}^{\pm\mathrm{j}\theta}$ 的情况，则 $h_{2\mathrm{IIR}}[n]$ 和 $s_{2\mathrm{IIR}}[n]$ 分别为

$$h_{2\mathrm{IIR}}[n]=\begin{cases}(n+1)r^n u[n], & \theta=0\\ \dfrac{r^n\sin[(n+1)\theta]}{\sin\theta}u[n], & 0<\theta<\pi\\ (n+1)(-r)^n u[n], & \theta=\pi\end{cases} \quad 和 \quad s_{2\mathrm{IIR}}[n]=\begin{cases}\left[\dfrac{1-r^{n+1}}{(1-r)^2}-(n+1)\dfrac{r^{n+!}}{1-r}\right]u[n], & \theta=0\\ \left\{\displaystyle\sum_{k=0}^{n}\frac{r^k\sin[(k+1)\theta]}{\sin\theta}\right\}u[n], & 0<\theta<\pi\\ \left[\dfrac{1-(-r)^{n+1}}{(1+r)^2}-\dfrac{(n+1)(-r)^{n+1}}{1+r}\right]u[n], & \theta=\pi\end{cases} \tag{8.6.37}$$

在图 8.34 和图 8.35 中，分别给出了几个不同 $r$ 和 $\theta$ 值时，基本离散时间二阶 IIR 系统的单位冲激响应 $h_{2\mathrm{IIR}}[n]$ 和单位跃阶响应 $s_{2\mathrm{IIR}}[n]$。

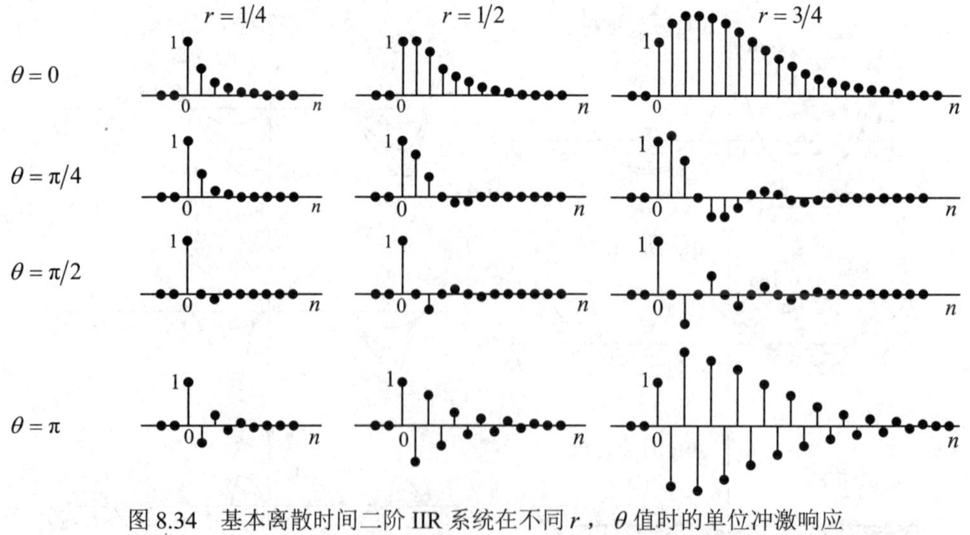


图 8.34　基本离散时间二阶 IIR 系统在不同 $r$，$\theta$ 值时的单位冲激响应

从图中可看出参数 $r$ 和 $\theta$ 对时域特性的影响：对于两个一阶正实极点(类似于连续时间中的过阻尼)的情况，即 $0<r_1,r_2<1$ 时，$h_{2\mathrm{IIR}}[n]$ 单调地衰减，$s_{2\mathrm{IIR}}[n]$ 单调地增长到稳态值；对于

一个二阶实极点和一对一阶共轭复极点的情况，$\theta=0$ 时相当于基本连续时间二阶系统的临界阻尼情况；$0<\theta\leqslant\pi$ 时相当于欠阻尼的情况，$h_{2\text{IIR}}[n]$ 都呈现一种衰减振荡特性，$s_{2\text{IIR}}[n]$ 则以衰减振荡的形式趋向稳态值。除此以外，$\theta$ 值类似于连续时间二阶系统中 $\omega_0$ 的作用，它决定幅频特性的峰点频率或时域响应中振荡频率；而 $r$ 值则决定了幅频特性峰值的尖锐程度和时域响应中振荡衰减的快慢程度，因此它有点像连续时间中阻尼系数 $\xi$ 的作用。基本离散时间二阶 IIR 系统与基本连续时间二阶系统之间，除上述的相似点之外，还有一些明显差别，这些差别也类似于离散时间一阶 IIR 系统与连续时间一阶低通系统间的差别。

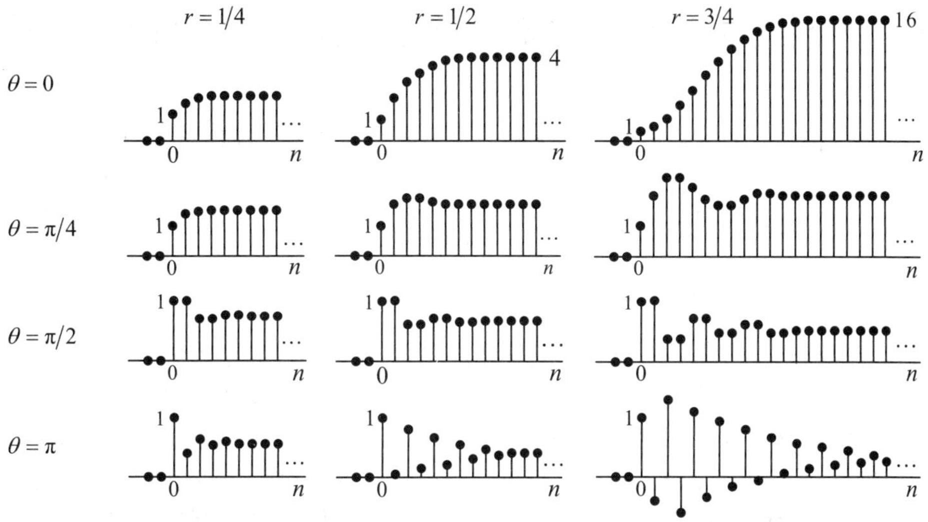


图 8.35　基本离散时间二阶 IIR 系统在不同 $r$，$\theta$ 值时的单位阶跃响应

对于连续时间和离散时间**实的因果稳定**(包括临界稳定)的 LTI 系统，通过本节的讨论可以看出，各种不同的零、极点分布对频域特性的有不同的影响。这些影响可以归纳如下：

(1) 若 $s=\pm j\omega_0$ 和 $z=e^{\pm j\Omega_0}$ 分别是 S 平面虚轴左侧和 Z 平面单位圆内部的一对共轭零点(包括实零点 $\omega_0=0$ 和 $\Omega_0=0$ 及 $\Omega=\pi$)，则分别在频率 $\pm\omega_0$ 和 $\pm\Omega_0$ 处呈现零幅频响应，且相频响应产生 $\pm\pi$ 的相位跃变；反之，若 $s=\pm j\omega_0$ 和 $z=e^{\pm j\Omega_0}$ 分别是一对一阶共轭极点(包括实极点)，将分别在频率 $\pm\omega_0$ 和 $\pm\Omega_0$ 处呈现无限大的幅频响应，且相频响应产生 $\mp\pi$ 的相位跃变。

(2) 若 $s=\sigma\pm j\omega_0$ 和 $z=re^{\pm j\Omega_0}$ 分别是 S 平面虚轴左侧和 Z 平面单位圆内部的一对一阶共轭极点，系统幅频响应将可能分别在频率 $\pm\omega_0$ 和 $\pm\Omega_0$ 处出现一个峰顶，如果系统有实常数 $H_0>0$，则其相频响应将以负斜率分别通过 $\omega_0$ 和 $\Omega_0$；反之，若 $s=\sigma\pm j\omega_0$ 和 $z=re^{\pm j\Omega_0}$ 分别是一对一阶共轭零点，系统幅频响应将可能分别在频率 $\pm\omega_0$ 和 $\pm\Omega_0$ 处出现一个峰谷，如果实常数 $H_0>0$，相频响应将以正斜率分别通过 $\omega_0$ 和 $\Omega_0$；而且上述零、极点越靠近 S 平面虚轴和 Z 平面单位圆，在频率 $\pm\omega_0$ 和 $\pm\Omega_0$ 处，幅频响应的峰(凸点)和谷(凹点)将越尖锐。

(3) 从相频响应在零频率的相位值 $\varphi(0)$ 和 $\tilde{\varphi}(0)$ 看，S 平面虚轴左侧和 Z 平面单位圆内部的一阶实零、极点，以及 Z 平面单位圆外部的一阶负实零点，它们的向量辐角对 $\varphi(0)$ 和 $\tilde{\varphi}(0)$ 的贡献均为 0，而 S 平面虚轴右侧和 Z 平面单位圆外部的一阶正实零点向量辐角，对 $\varphi(0)$ 和 $\tilde{\varphi}(0)$ 的贡献均为 $\pi$；就 S 平面或 Z 平面的共轭零、极点而言，一对共轭零点或极点向量辐角正负相抵消，故对 $\varphi(0)$ 和 $\tilde{\varphi}(0)$ 没有贡献。

(4) 就相频响应 $\varphi(\omega)$ 和 $\tilde{\varphi}(\Omega)$ 分别从 $\omega=0$ 和 $\Omega=0$ 到 $\omega\to\infty$ 和 $\Omega=\pi$ 总的**相位改变量**而

言，按照(8.5.11)式右式，零点向量辐角取“+”，极点向量辐角取“−”，故在 S 平面虚轴左侧和右侧的每阶零点平均导致 $\varphi(\omega)$ 从 $\omega=0$ 到 $\omega\to\infty$ 分别单调增加和减少 $\pi/2$，而 S 平面虚轴左侧的每阶极点则平均使得 $\varphi(\omega)$ 从 $\omega=0$ 到 $\omega\to\infty$ 单调减少 $\pi/2$。在离散时间中，从 $\Omega=0$ 到 $\Omega=\pi$，尽管单位圆外部实的或共轭复零点向量的辐角都经历改变，但是按每阶计算，从 $\Omega=0$ 到 $\Omega=\pi$ 平均的辐角改变量等于 0；而单位圆内部实的或共轭复零、极点，按每阶计算，从 $\Omega=0$ 到 $\Omega=\pi$ 平均都减少 $\pi$，即使得 $\tilde{\varphi}(\Omega)$ 从 $\Omega=0$ 到 $\Omega=\pi$ 的相位值减少了 $\pi$。

## 8.7　连续时间和离散时间全通系统及最小相移系统

在用微分方程和差分方程表示的连续时间和离散时间**实的因果稳定** LTI 系统中，有两种特殊的零、极点分布，使它们分别具有特殊的幅频特性或相频特性；一个在整个频域上有恒定的幅频响应，称为**全通系统**；另一个具有最小变化的相位特性，称为**最小相移系统**。

### 8.7.1　全通函数和全通系统

在微分方程和差分方程描述的**实的因果稳定** LTI 系统中，如果系统函数零、极点分别如图 8.36(a)和(b)所示那样，所有极点分别都位于 S 平面虚轴左侧和 Z 平面上单位圆内部，系统的所有零点分别都位于 S 平面虚轴右侧和 Z 平面上单位圆外部，且系统的所有零点与极点均分别关于虚轴互成镜像对称分布和关于单位圆互成反比镜像对称分布，这种连续时间和离散时间系统函数称为**全通函数**。相应地，这样的系统分别称为**连续时间和离散时间全通系统**。

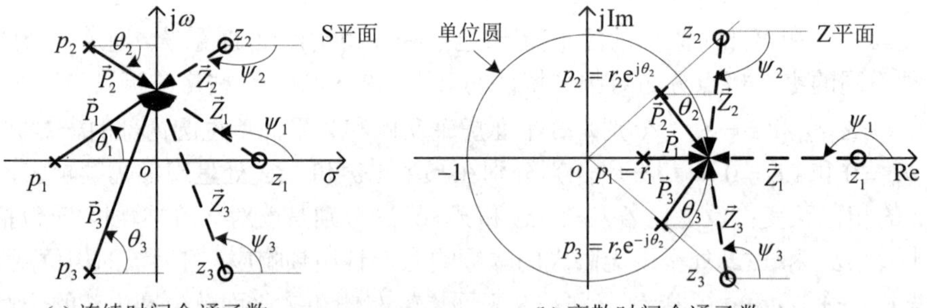


(a) 连续时间全通函数　　　　(b) 离散时间全通函数

图 8.36　连续时间和离散时间全通函数的零、极点分布和向量图

所谓“全通”意指幅频特性为常数，即对任何频率正弦信号的幅度增益都相等。根据频率响应的几何确定法，连续或离散时间全通系统的幅频响应分别为

$$\left|H_{\mathrm{ap}}(\omega)\right|=\left|H_0\right|\frac{\prod_{i=1}^{N}Z_i}{\prod_{i=1}^{N}P_i}\quad \text{和}\quad \left|\tilde{H}_{\mathrm{ap}}(\Omega)\right|=\left|H_0\right|\frac{\prod_{i=1}^{N}Z_i}{\prod_{i=1}^{N}P_i}\tag{8.7.1}$$

其中，$Z_i$ 和 $P_i$ 是 8.5.4 小节定义的零点向量和极点向量的长度，如图 8.36 所示，且把高阶零、极点都当作成多个相同的一阶零、极点。

很容易从图 8.36(a)中证明连续时间全通函数幅频响应等于常数，因为对于任何 $\omega$ 值，都有 $P_1=Z_1$，$P_2=Z_2$，… 因此，连续时间全通系统的幅频响应都等于实常数 $H_0$ 的绝对值。由于实的 LTI 系统的零、极点只能是实数或成对共轭复零、极点，为了证明离散时间全通函数，只要证明图 8.37(a)和(b)这样的离散时间一阶和二阶实系统函数是全通函数即可。用几何或解析几何的方法不难证明，图 8.37(a)和(b)的一阶和二阶实的全通系统的幅频响应分别为

$$\left|\tilde{H}_{1\mathrm{ap}}(\Omega)\right| = \left|H_0\right|/r \quad 和 \quad \left|\tilde{H}_{2\mathrm{ap}}(\Omega)\right| = \left|H_0\right|/r^2 \tag{8.7.2}$$

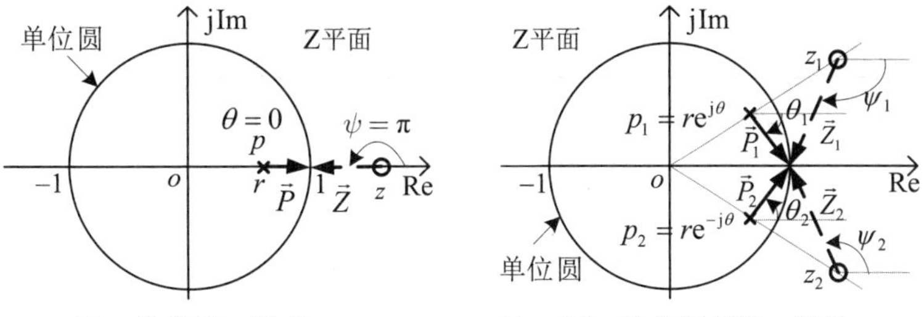


(a) 一阶实零、极点　　(b) 一对一阶共轭复零、极点

图 8.37　离散时间一阶和二阶全通系统零、极点向量示意图

归纳上述结果，任何实的连续时间和离散时间全通系统的幅频响应分别为

$$\left|H_{\mathrm{ap}}(\omega)\right| = \left|H_0\right| \quad 和 \quad \left|\tilde{H}_{\mathrm{ap}}(\Omega)\right| = \left|H_0\right|\prod_{i=1}^{N} r_i^{-1} \tag{8.7.3}$$

其中，$H_0$ 为全通函数的实常数，$r_i$ 为每个一阶(高阶折合成多个一阶)极点复数表示的模。

按照(8.5.11)式右式，连续时间和离散时间全通系统的相频响应分别为

$$\varphi_{\mathrm{ap}}(\omega) = \psi_0 + \sum_{i=1}^{N}(\psi_i - \theta_i) \quad 和 \quad \tilde{\varphi}_{\mathrm{ap}}(\Omega) = \psi_0 + \sum_{i=1}^{N}(\psi_i - \theta_i) \tag{8.7.4}$$

其中，$\psi_0$ 为全通函数实常数 $H_0$ 的辐角，取 0 或 π 值。

对于连续时间全通函数(见图 8.36(a))，当 $\omega = 0$ 时，负实极点向量的辐角为 0，一对共轭复极点向量的辐角和一对共轭复零点向量的辐角均正负抵消，只有正实零点向量的辐角为 $\pi$。当从 $\omega = 0$ 到 $\omega \to \infty$ 变化时，在左半 S 平面上，每个一阶负实极点向量的辐角均单调地增加 $\pi/2$，每一对共轭复极点向量的辐角之和单调地增加 $\pi$；然而，在右半 S 平面上，每个一阶正实零点向量的辐角均单调地减少 $\pi/2$，每一对一阶共轭复零点向量的辐角之和单调地减少 $\pi$，故从 $\omega = 0$ 到 $\omega \to \infty$，连续时间全通系统的相位单调地减少 $N\pi$。则有

$$\varphi_{\mathrm{ap}}(0) = \psi_0 + m\pi \quad 和 \quad \lim_{\omega\to\infty}\varphi_{\mathrm{ap}}(\omega) = \psi_0 + (m - N)\pi \tag{8.7.5}$$

其中，$m$ 为全通函数负实极点或正实零点的数目(高阶折合成多个一阶)，$N$ 为阶数。

对于离散时间全通函数(见图 8.36(b))，当 $\Omega = 0$ 时，单位圆内实极点向量和单位圆外负实零点向量的辐角都等于 0，共轭复零、极点向量辐角相互抵消，只有单位圆外的正实零点向量的辐角为 $\pi$。当从 $\Omega = 0$ 变化到 $\Omega = \pi$ 时，单位圆外的零点向量辐角并不贡献相位改变量，只有单位圆内实的和共轭复零、极点向量对相频响应的改变有贡献，平均每个一阶零点向量相位改变 $-\pi$。换言之，从 $\Omega = 0$ 变化到 $\Omega = \pi$，离散时间全通系统的相位单调地减少 $N\pi$，故有

$$\tilde{\varphi}_{\mathrm{ap}}(0) = \psi_0 + m\pi \quad 和 \quad \tilde{\varphi}_{\mathrm{ap}}(\pi) = \psi_0 + (m - N)\pi \tag{8.7.6}$$

其中，$m$ 为离散时间全通函数的正实零点的数目(高阶零点折合成等于阶数的一阶零点)，即单位圆外正实零点的数目；$N$ 为全通系统的阶数。在图 8.38(a)和(b)中，分别概画出图 8.36 中的三阶连续时间和离散时间全通系统的幅频响应及相频响应，且图中假设 $H_0 = 1$。

连续时间和离散时间全通系统具有恒定的幅频特性，这是它最重要的特性。它与连续时

间和离散时间实系数乘法器(理想放大或衰减器)有同样的幅频特性，但两者的相频特性却不一样，实数乘法器具有零相位特性(同相放大器)或π的相位特性(反相放大器)，而全通系统的相频特性在整个频率范围内有最大的非线性相位变化，即在 $0\leqslant\omega<\infty$ 或 $0\leqslant\Omega<\pi$ 范围内，相位减少 $N\pi$ 。除常数信号(直流分量)以外，所有不同频率的复指数信号 $e^{j\omega t}$ 和 $e^{j\Omega n}$ 分别通过连续时间和离散时间全通系统，都会造成不同的时间滞后，即会产生相位失真。

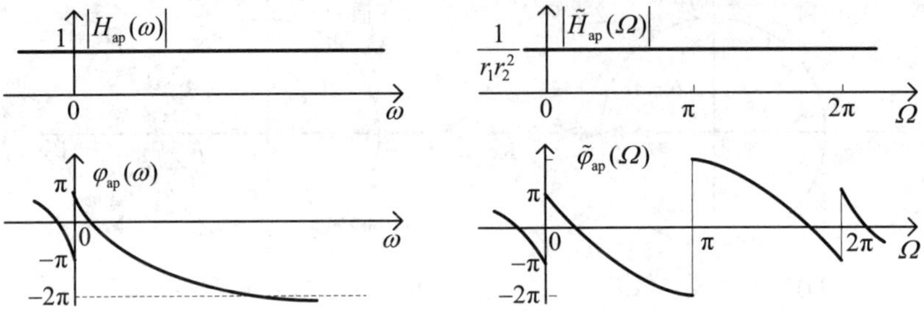

(a) (b)

图 8.38　图 8.36 中的三阶全通系统的幅频响应和相频响应示意图

由于全通系统独特的频率响应，在系统设计和信号处理中，它常用作相位校正或相位均衡器。对于一个具有非理想相频特性的 LTI 系统，如果希望保持原系统的幅频特性，那么只要把其相频特性校正或均衡成线性相位特性，或者希望不改变一个信号的幅度频谱，仅按某种要求改变其相位频谱，只要设计一个全通系统与原系统级联，就能达到上述目的。

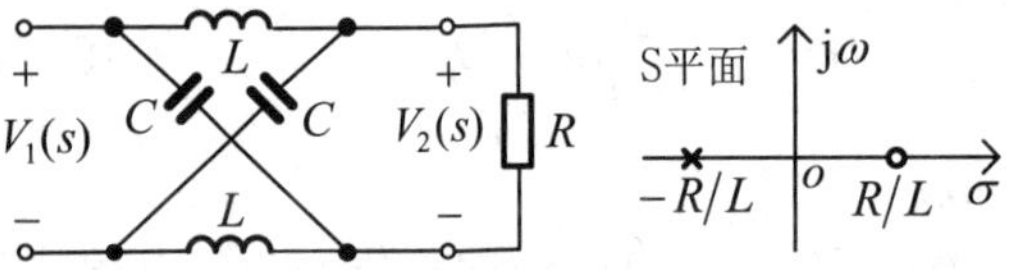

图 8.39　格形网络及其零极点分布

图 8.39 中的格形网络是一个典型的连续时间一阶全通系统，当电路参数满足 $L/C=R^2$ 时，电压传输函数 $H(s)$ 为

$$H(s)=\frac{V_2(s)}{V_1(s)}=\frac{s-R/L}{s+R/L} \tag{8.7.7}$$

它的零、极点图也画在图 8.40 中。它的幅频响应和相频特性分别为

$$|H(\omega)|=1, \quad \varphi(\omega)=-2\arctan\frac{\omega L}{R} \tag{8.7.8}$$

它的群延时特性 $\tau(\omega)$ 为

$$\tau(\omega)=-\frac{d\varphi(\omega)}{d\omega}=\frac{\tau_0}{1+(\omega\tau_0)^2} \tag{8.7.9}$$

其中，$\tau_0=L/R$ 。图 8.40(a)和(b)分别画出了它的相频特性和群延时特性。

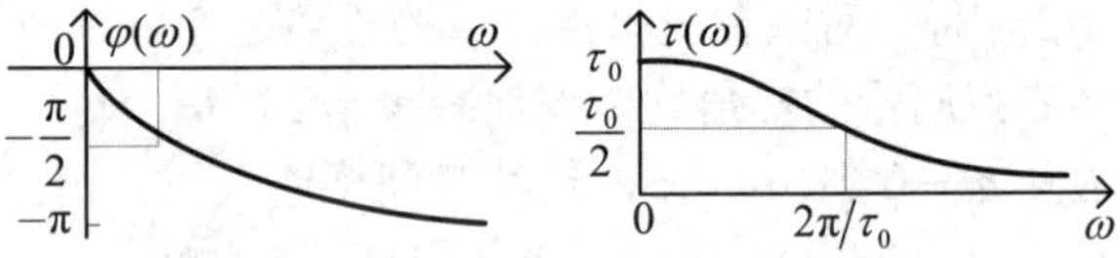

(a) 相频特性　　(b) 群延时特性

图 8.40　格形网络的相频特性和群延时特性

## 8.7.2　最小相移系统

根据 8.4.1 小节讨论的 LTI 系统性质，对于一个实的因果稳定连续时间和离散时间 LTI 系统，其全部极点必须分别位于 S 平面虚轴左侧和 Z 平面单位圆内部，而系统的零点则没有限制。现在考察另一种零点分布，即系统的全部零点也都分别位于 S 平面虚轴左侧和 Z 平面中单位圆内部，例如图 8.41(a)或(b)所示的例子。

**1. 最小相移函数和最小相移系统**

对于图 8.41(a)的连续时间 LTI 系统零、极点分布，三个一阶极点均位于 S 平面虚轴的左侧，正如分析连续时间全通系统那样，当 $\omega=0$ 时，极点向量辐角 $\theta_1+\theta_2+\theta_3=0$ ，当 $\omega=0$ 变

化到 $\omega\to\infty$ 时，平均每个一阶极点向量的辐角单调地增加 $\pi/2$，三个极点向量辐角共增加 $3\pi/2$；三个一阶零点也都位于虚轴左边，每个零点向量的辐角的改变与极点向量相似，只是对系统相位改变正好相反。如果系统的实常数 $H_0$ 为正实数，即 $\psi_0=0$，且零、极点数目相等，它的相频响应将有 $\varphi(0)=0$，和 $\varphi(\infty)=0$，且在 $\omega$ 从 $0\to\infty$ 的变化过程中，$\varphi(\omega)$ 将经历最小的相位改变；否则，只要有一个零点(例如 $z_1$)位于虚轴上或其右侧，则当 $\omega$ 从 0 变化到 $\infty$ 时，该零点向量的辐角 $\psi_1$ 将不是增加，而是将减小 $\pi/2$，与图 8.41(a)相比，相频响应在 $\omega$ 从 0 变化到 $\infty$ 时将单调地减小 $\pi$。如果全部零点都位于右半 S 平面或虚轴上，其相频响应将与图 8.36(a)的全通系统相频特性(见图 8.38(a))相类似，$\omega$ 从 0 变化到 $\infty$ 时，相移将单调地减小 $3\pi$。

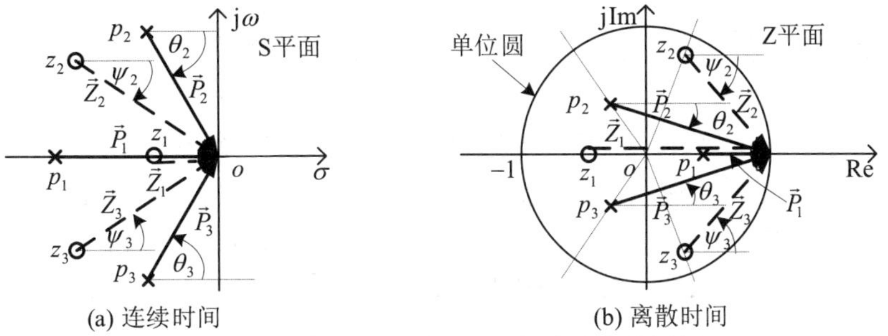


图 8.41　最小相移函数的零、极点分布的图例

由上述讨论可知，在所有 $N$ 阶连续时间实的因果稳定($M\leqslant N$)的 LTI 系统中，$N$ 个极点和全部零点均位于 S 平面虚轴左侧的那种系统函数，与其他有相同 $N$、$M$，但至少有一个零点在 S 平面虚轴右侧的系统函数相比，前者的相频特性具有最小相位或最小相移，故称为**连续时间最小相移系统**，这种系统函数也称为**连续时间最小相移函数**。否则就是为**非最小相移系统**，其系统函数就称为**非最小相移函数**。连续时间最小相移函数 $H_{\min}(s)$ 可以写成

$$H_{\min}(s)=H_0\frac{\prod_{i=1}^{M}(s-z_i)}{\prod_{i=1}^{N}(s-p_i)},\quad \mathrm{Re}\{z_i\}<0,\ \mathrm{Re}\{p_i\}<0 \tag{8.7.10}$$

离散时间中也有类似的情况，如图 8.41(b)所示的三阶系统零、极点分布，若 $H_0$ 为正实数，在 $\Omega=0$ 和 $\Omega=\pi$ 时，$\psi_1+\psi_2+\psi_3-(\theta_1+\theta_2+\theta_3)=0$，由于零点和极点都在单位圆内部，在 $\Omega$ 从 0 变到 $\pi$ 的过程中，系统的相频特性经历了最小的相移改变；但若至少有一个零点(例如 $z_1$)位于单位圆上或其外部，在 $\Omega$ 从 0 变到 $\pi$ 时，该零点就将贡献给相频特性 $-\pi$ 的相位改变。出于同样的道理，在所有实的离散时间因果稳定的 LTI 系统中，把全部极点和零点都位于单位圆内部的那种实因果稳定的 LTI 系统称为**离散时间最小相移系统**。与其他零点分布不同，但阶数 $N$、$M$ 相同的系统函数相比较，它的相频特性具有最小相移。离散时间 LTI 系统中的最小相移函数 $H_{\min}(z)$ 可以表示为

$$H_{\min}(z)=H_0\frac{\prod_{i=1}^{M}(1-z_iz^{-1})}{\prod_{i=1}^{N}(1-p_iz^{-1})}=H_0\frac{z^{(N-M)}\prod_{i=1}^{M}(z-z_i)}{\prod_{i=1}^{N}(z-p_i)} \tag{8.7.11}$$

其中，$|z_i|<1$，$i=1,\ 2,\ \cdots,\ M$；$|p_i|<1$，$i=1,\ 2,\ \cdots,\ N$；$N$，$M$ 为任意正整数。对于离散时间最小相移系统，无论 $M\leqslant N$ 还是 $M>N$，都是稳定的最小相移系统。

按照最小相移系统零、极点分布的定义，它并不限于 $M=N$ 的情况，但大多数情况下，最小相移系统一般指 $M=N$，即零、极点数目相等的情况，只有此时，系统才具有真正的最小相移。例如，在图 8.42(a)和(b)中分别画出了图 8.41(a)和(b)所示系统的相频特性。当然，连续时间和离散时间最小相移系统的幅频特性不可能是常数，可以呈现各种不同的幅频响应。

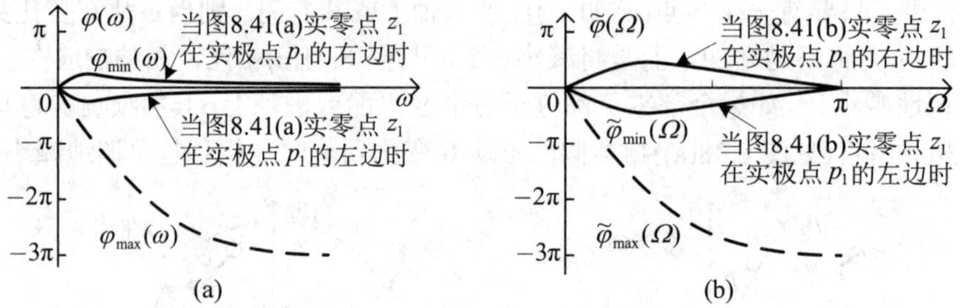


图 8.42　图 8.41(a)和(b)表示的最小相移系统的相频特性

与连续时间最小相移系统相比，离散时间最小相移系统还有一个重要的不同点，即不仅在实因果稳定 IIR 系统中有最小相移系统，而且在实因果稳定 FIR 系统中，也存在着最小相移系统，称为**最小相移 FIR 系统**。这种最小相移函数可以写成

$$H_{\min}(z)=H_0\prod_{i=1}^{M}(1-z_i z^{-1})\,,\quad |z_i|<1 \tag{8.7.12}$$

它的零点都在单位圆内部，$z=0$ 为 $M$ 阶极点，也在单位圆内部，而在单位圆上及其外部无任何零点和极点。它显然也是最小相移函数。图 8.43 给出了最小相移 FIR 系统的一个例子。

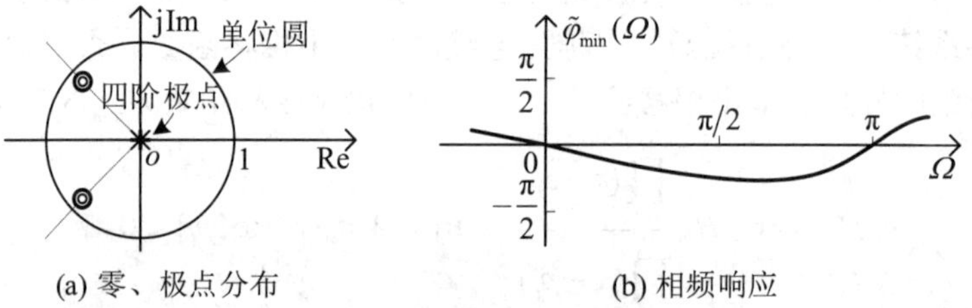


图 8.43　一个最小相移 FIR(全零点)系统的图例

**2．最小相移系统的性质**

最小相移系统除了上述最小相位频率特性外，还有如下几个有用的性质：

(1) 实的因果稳定最小相移系统的逆系统，也是一个实的因果稳定的最小相移系统。

基于 8.4.1 小节关于 LTI 系统的可逆性和逆系统的讨论，对于有理系统函数表征的 LTI 系统，其逆系统一定存在，且其零点和极点分别是原系统的同阶极点和零点。在连续时间和离散时间中，实的因果稳定最小相移系统($M=N$)，$N$ 个零点和 $N$ 个极点都分别位于 S 平面虚轴左侧和 Z 平面单位圆内部，它们逆系统的极点和零点也必定都分别位于虚轴的左侧和单位圆内部，因此，它的逆系统也既是一个实的因果稳定 LTI 系统，也是一个最小相移系统。

鉴于这一性质，最小相移系统有如下等效定义：若一个实的连续时间或离散时间 LTI 系统及其逆系统都既因果又稳定，那么该系统就称为连续时间或离散时间最小相移系统。

(2) 连续时间和离散时间最小相移系统的对数幅频响应与相频响应之间，分别满足连续希尔伯特变换和周期连续希尔伯特变换。

该性质证明如下：如果 $H_{\min}(s)$ 和 $H_{\min}(z)$ 分别是实的连续时间和离散时间最小相移函数，且分别表示为极

坐标形式

$$H_{\min}(s)=|H_{\min}(s)|\mathrm{e}^{\mathrm{j}\varphi_{\min}(s)} \quad 和 \quad H_{\min}(z)=|H_{\min}(z)|\mathrm{e}^{\mathrm{j}\varphi_{\min}(z)} \tag{8.7.13}$$

若定义一个新的复变函数 $\hat{H}(s)$ 和 $\hat{H}(z)$，它们分别为

$$\hat{H}(s)=\ln H_{\min}(s)=\ln|H_{\min}(s)|+\mathrm{j}\varphi_{\min}(s) \quad 和 \quad \hat{H}(z)=\ln H_{\min}(z)=\ln|H_{\min}(z)|+\mathrm{j}\varphi_{\min}(z) \tag{8.7.14}$$

并把它们分别看成新的连续时间函数 $\hat{h}(t)$ 和离散时间序列 $\hat{h}[n]$ 的拉普拉斯变换和 Z 变换，即

$$\mathscr{L}\{\hat{h}(t)\}=\hat{H}(s) \quad 和 \quad \mathscr{Z}\{\hat{h}[n]\}=\hat{H}(z)$$

根据(8.7.14)式，当 $H_{\min}(s)$ 和 $H_{\min}(z)$ 趋于 0 或 $\infty$ 时，$\hat{H}(s)$ 和 $\hat{H}(z)$ 都将趋于 $\infty$。换言之，在 S 平面和 Z 平面上，$H_{\min}(s)$ 和 $H_{\min}(z)$ 的零点和极点分别都变成了 $\hat{H}(s)$ 和 $\hat{H}(z)$ 的极点。由于 $H_{\min}(s)$ 和 $H_{\min}(z)$ 分别是实的连续时间和离散时间最小相移函数，它们的零、极点都分别位于 S 平面虚轴的左侧和 Z 平面单位圆的内部。从而确保 $\hat{H}(s)$ 和 $\hat{H}(z)$ 的极点都分别位于 S 平面虚轴的左侧和 Z 平面单位圆的内部，或者说，$\hat{H}(s)$ 和 $\hat{H}(z)$ 的收敛域分别是包括虚轴的右半个 S 平面和包括 Z 平面单位圆及其圆外区域。按照复频域的因果稳定性条件，$\hat{h}(t)$ 和 $\hat{h}[n]$ 分别是实的因果稳定时间函数和序列，它们的傅里叶变换存在，即有

$$\hat{H}(\mathrm{j}\omega)=\ln H_{\min}(\mathrm{j}\omega)=\ln|H_{\min}(\mathrm{j}\omega)|+\mathrm{j}\varphi_{\min}(\mathrm{j}\omega)$$

和

$$\hat{H}(\mathrm{e}^{\mathrm{j}\Omega})=\ln H_{\min}(\mathrm{e}^{\mathrm{j}\Omega})=\ln|H_{\min}(\mathrm{e}^{\mathrm{j}\Omega})|+\mathrm{j}\varphi_{\min}(\mathrm{e}^{\mathrm{j}\Omega}) \tag{8.7.15}$$

根据 6.10.1 小节介绍的因果时间函数和序列的傅里叶变换的实部和虚部满足的性质，$\hat{h}(t)$ 和 $\hat{h}[n]$ 的傅里叶变换之实部和虚部分别满足连续函数和连续周期函数的希尔伯特变换(见(6.10.19)式和(6.10.20)式)。

(3) 任何非最小相移函数都可以表示为一个同阶最小相移函数和一个全通函数的乘积。换言之，任何非最小相移系统等效为一个同阶最小相移系统和一个全通系统的级联。

这里以离散时间系统为例。假设一个实的因果稳定非最小相移函数 $H(z)$，它除 $L$ 个一阶零点 $z_i$，$i=1, 2, \cdots, L$ 外，其余零点和全部极点都在 Z 平面单位圆的内部，即可以写成

$$H(z)=H_1(z)\prod_{i=1}^{L}(1-z_iz^{-1})=H_1(z)\prod_{i=1}^{L}(1-z_i^{-1}z^{-1})\frac{\prod_{i=1}^{L}(1-z_iz^{-1})}{\prod_{i=1}^{L}(1-z_i^{-1}z^{-1})}, \quad |z_i|>1, \quad |z_i^{-1}|<1 \tag{8.7.16}$$

其中，$H_1(z)$ 是 $H(z)$ 中移去这 $L$ 个单位圆外零点因子后的有理函数，它所有零、极点均在单位圆内部。若令

$$H_{\min}(z)=H_1(z)\prod_{i=1}^{L}(1-z_i^{-1}z^{-1}), \quad |z_i|>1 \tag{8.7.17}$$

它的零点和极点都位于单位圆内部，且是一个与 $H(z)$ 同阶(即 $N$ 和 $M$ 分别相同)最小相移函数；至于(8.7.16)式最右边的有理分式，它的 $L$ 个极点 $z_i^{-1}$ 位于单位圆内部，$L$ 个零点 $z_i$ 位于单位圆外部，相互以单位圆成反比镜像关系，则是一个 $L$ 阶全通函数，记作 $H_{\mathrm{ap}}(z)$，即

$$H_{\mathrm{ap}}(z)=\prod_{i=1}^{L}\frac{(1-z_iz^{-1})}{(1-z_i^{-1}z^{-1})}, \quad |z_i|>1 \tag{8.7.18}$$

故(8.7.16)式右边是一个最小相移函数 $H_{\min}(z)$ 和一个全通函数 $H_{\mathrm{ap}}(z)$ 的乘积，这表明，系统函数为 $H(z)$ 的非最小相移系统可以等效成一个最小相移系统 $H_{\min}(z)$ 和一个全通系统 $H_{\mathrm{ap}}(z)$ 的级联。对于连续时间情况，也有完全相同的结果。因此，任意的连续时间和离散时间非最小相移函数 $H(s)$ 和 $H(z)$ 可以分别表示为

$$H(s)=H_{\min}(s)H_{\mathrm{ap}}(s) \quad 和 \quad H(z)=H_{\min}(z)H_{\mathrm{ap}}(z) \tag{8.7.19}$$

其中，$H(s)$ 和 $H(z)$ 分别为任意非连续时间和离散时间最小相移函数，$H_{\min}(s)$ 和 $H_{\min}(z)$ 分别为一个同阶的最小相移函数，$H_{\mathrm{ap}}(s)$ 和 $H_{\mathrm{ap}}(z)$ 分别是一个连续时间和离散时间全通函数。

由于全通系统的全通特性，在(8.7.19)式中，非最小相移系统 $H(s)$ 和 $H(z)$ 与其同阶的最小相移系统 $H_{\min}(s)$ 或 $H_{\min}(z)$ 分别具有相同的幅频特性，只是两者的相频特性不一样。

(4) 与同阶的非最小相移系统相比，最小相移系统具有最小的系统延时。

这是最小相移系统的时域特性，它意味着在同阶($N$ 和 $M$ 分别相同)的所有实的因果稳定 LTI 系统之 $h(t)$ 或 $h[n]$ 中，最小相移系统的单位冲激响应 $h_{\min}(t)$ 或 $h_{\min}[n]$ 更集中于 $t=0$ 或 $n=0$ 附近。这一特性可表示为：对所有的 $t$ 和对所有的 $n$，分别有

$$\frac{\int_0^t |h_{\min}(\tau)|^2 \mathrm{d}\tau}{\int_0^\infty |h_{\min}(\tau)|^2 \mathrm{d}\tau} \geqslant \frac{\int_0^t |h(\tau)|^2 \mathrm{d}\tau}{\int_0^\infty |h(\tau)|^2 \mathrm{d}\tau} \quad 和 \quad \frac{\sum_{k=0}^{n} |h_{\min}[k]|^2}{\sum_{k=0}^{\infty} |h_{\min}[k]|^2} \geqslant \frac{\sum_{k=0}^{n} |h[k]|^2}{\sum_{k=0}^{\infty} |h[k]|^2} \tag{8.7.20}$$

这表明，最小相移系统的单位冲激响应具有最小时间滞后，故有时又称为**最小延迟系统**。

顺便指出，尽管上述最小相移函数是针对实的因果稳定有理系统函数讨论的，但是对于连续时间和离散时间信号也成立。如果一个连续时间和离散时间因果信号的有理像函数满足最小相移条件，也可称为最小相移函数，其反变换则称为最小相移信号和序列。

# 8.8 LTI 系统的信号流图表示法

对于连续时间和离散时间 LTI 系统，特别是用微分方程和差分方程表示的因果 LTI 系统，我们已介绍了多种系统表示方法，例如，系统的输入输出卷积关系、系统满足的微分方程或差分方程、系统的单位冲激响应和单位阶跃响应、系统的频率响应和系统函数，以及用一些基本系统单元互联构成的系统方框图表示，例如 4.6 节介绍的直接实现结构的模拟方框图等。本节将介绍另一种很有用的系统表示方法，即**信号流图表示法**。

**1．系统方框图和信号流图**

变换域表示法最基本的结果是把 LTI 系统在时域中的输入输出卷积运算，变换成频域或复频域中的相乘运算。因此，基于 LTI 系统的变换域输入输出相乘关系，可以像图 8.44 所示的那样，借用数乘器的图形表示来表示 LTI 系统。因此，无论实际系统互联多么复杂，仍是用线性常系数微分方程和差分方程描述的因果 LTI 系统，在变换域中，信号通过各个子系统的过程都可以用一组**代数方程**来描述。这就是有关信号流图表示法的基本依据。

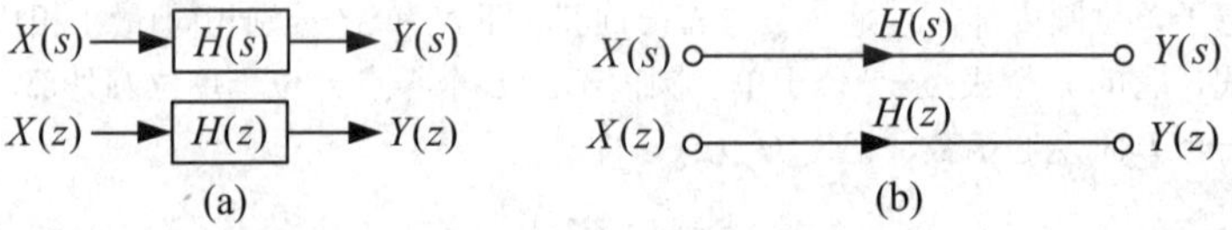


图 8.44　单个连续时间和离散时间 LTI 系统的方框图表示(a)及其信号流图表示(b)

所谓系统的信号流图表示法，就是用一些点和连接两点间的有向线段表示系统三种基本互联的一种变换域系统图形表示法，有向线段的起点和终点分别标记 $X(s)$、$Y(s)$ 或 $X(z)$、$Y(z)$，即系统输入和输出信号的复频域表示，这些点称为节点。有向线段表示信号传输或流经的路径，称为支路，信号传输方向用线段中部的箭头表示，并将该 LTI 系统的系统函数 $H(s)$ 或 $H(z)$ (或频率响应)标记在箭头旁，它类似于的数乘器的图形表示。在数乘器中，$c$ 称为数乘器的增益，因此也把 $H(s)$ 或 $H(z)$ 称作信号支路增益，即这一信号支路的系统函数。节点可以有多个输入和多个输出，例如图 8.45 中，节点 $X_4$ 有三个输入、两个输出。

信号流图构成的基本原则为：

(1) 支路输出信号等于输入信号乘以支路增益。

(2) 节点的信号等于所有流入该节点的信号之和。

例如，对于图 8.45，则有

$$X_4 = H_{14}X_1 + H_{24}X_2 + H_{34}X_3 \tag{8.8.1}$$

从图中可以看到在信号流图表示法中，用有向线段的汇合节点替代了方框图表示中的相加器。

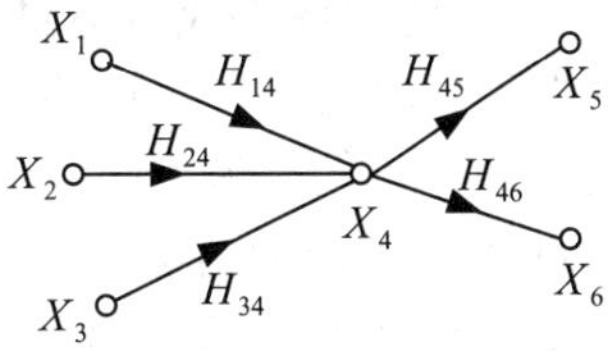


图 8.45　多个输入和输出的节点

根据以上信号流图表示的原则，可直接从 LTI 系统的方框图表示画出其信号流图。例如前面 8.4.2 小节中例 8.16 的系统(见图 8.14(a)所示)，其信号流图如图 8.46 所示。

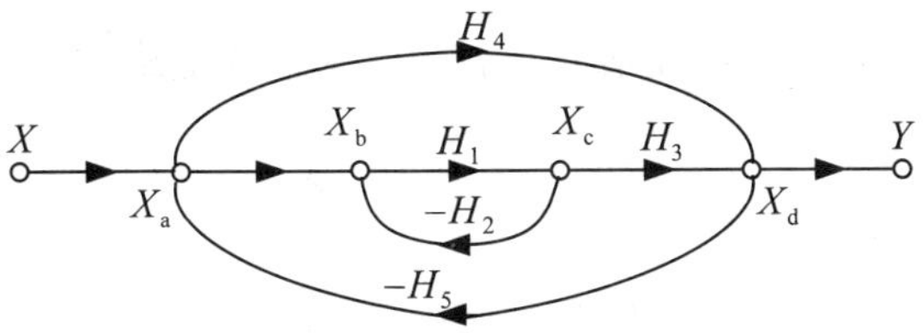


图 8.46　例8.16中图8.14(a)所示系统的的信号流图

**2．信号流图的术语和基本性质**

信号流图表示的有关术语定义如下：

**节点和支路**：表示系统中信号或变量的点称为**节点**；连接两节点的有向线段称为**支路**，**支路增益**就是两节点间信号的转移函数，即该支路代表的 LTI 系统的系统函数或频率响应。增益为 1 的支路称为单位传输支路，箭头旁的 1 可以省略不标。

**源点和汇点**：仅有输出支路的节点称为**源点**或**输入节点**，如图 8.46 中的节点 $X$；仅有输入支路的节点称为**汇点**或**输出节点**，如图 8.46 中的 $Y$ 节点。既有输入支路又有输出支路的节点称为**混合节点**，如图 8.46 中的 $X_a$， $X_b$， $X_c$ 和 $X_d$ 等节点。

**通路和通路增益**：从任一节点出发沿着支路箭头的方向，连续地经过各相连支路到达另一节点的路径称为通路。如果一条通路与任一节点相遇不多于一次，则称为**开通路**，图 8.46 中的 $X \to X_a \to H_4 \to X_d \to Y$，和 $X_a \to X_b \to H_1 \to X_c \to H_3 \to X_d$ 等都是开通路；如果通路的终点就是通路的起点，而且与其余节点相遇不多于一次，则称为**闭通路**或**回路**(有时称**环路**)，图 8.46 中 $X_a \to H_4 \to X_d \to -H_5 \to X_a$，和 $X_b \to H_1 \to X_c \to -H_2 \to X_b$ 等都是回路。相互间没有公共节点的回路称为**不接触回路**。只有一个节点与一条支路的回路称为**自回路(自环)**。回路中所有支路增益的乘积称为**回路增益**。从源点(输入节点)到汇点(输出节点)的开通路称为**前向通路**，前向通路中所有支路增益的乘积称为**前向通路增益**。

在利用信号流图表示 LTI 系统时，应遵循信号流图如下基本性质：

(1) 信号只能沿支路箭头方向传输，支路输出等于支路输入与支路增益的乘积。

(2) 当节点有多个输入时，该节点将所有输入支路的输出相加，并将此信号之和传送给所有与该节点相连的输出支路，即像图 8.45 和(8.8.1)式表示的那样。

由于信号流图中的节点表示系统中的信号，因此，上述两条性质实质上就表征了信号流图的线性性质。换言之，信号流图代表了在变换域中描述 LTI 系统或增量线性系统的线性代数方程或方程组。例如，图 8.46 中的信号流图就表示了如下代数方程组描述的 LTI 系统。

$$X_a = X - H_5X_d\,,\quad X_b = X_a - H_2X_c\,,\quad X_c = H_1X_b\,,\quad X_d = H_4X_a + H_3X_c\,,\quad Y = X_d \tag{8.8.2}$$

(3) 对于单输入单输出的 LTI 系统，其信号流图转置后，仍表示同一个 LTI 系统。所谓**转置**就是把信号流图各支路的信号传输方向颠倒过来，同时把输入节点和输出节点对换。信号流图按此规则转置后，仍表示同一个 LTI 系统，换言之，两者具有相同的输入输出关系，其系统函数保持不变。这一性质可用本节下面要介绍的梅森公式来说明，并见后面例 8.20。

### 3．信号流图的代数运算

既然信号流图所描述的是 LTI 系统满足的线性代数方程或方程组，它就可按代数运算规则进行简化。信号流图简化的基本规则如下：

1) 串联支路的合并

增益分别为 $H_1$ 和 $H_2$ 的两条支路相串联，可以合并成一条增益为 $H_1H_2$ 的支路，同时消去原串联支路的中间节点，如图 8.47(a)所示。

2) 并联支路的合并

增益为 $H_1$ 和 $H_2$ 的两条支路并联，可合并成一条增益为 $H_1+H_2$ 的支路，见图 8.47(b)。

3) 自环的消除

如图 8.47(c)左图所示的包含有自环的通路，它可简化成增益为 $H_1/(1-H_2)$ 的支路。

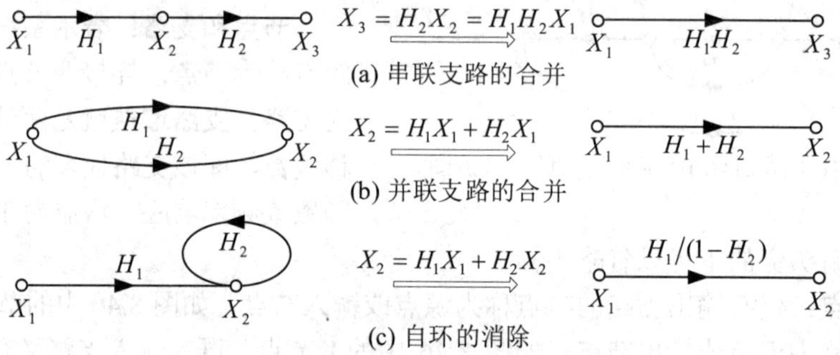


图 8.47　信号流图简化的基本代数规则

事实上，上述信号流图的基本代数运算规则等同于 8.4.2 小节中三种互联方式的变换域关系。图 8.13 中的反馈互联系统可表示成图 8.48(a)这样的信号流图，利用并联支路合并规则可等效成图 8.48(b)，再用自环消除规则，进一步简化成图 8.48(c)，即有

$$Y=\frac{H_1}{1+H_1H_2}X \tag{8.8.3}$$

这正是反馈互联的基本关系(8.4.21)式。

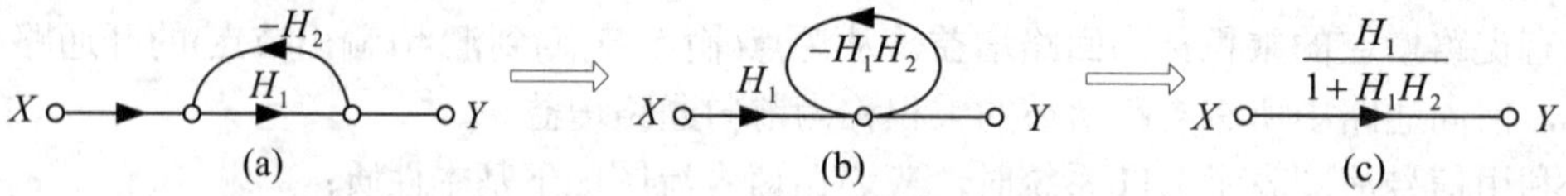


图 8.48　反馈互联的信号图之简化

由此看出，任何复杂的单输入单输出 LTI 系统，不外乎级联、并联和反馈互联三种方式的混合连接，通过其信号流图表示，利用上述三条代数运算规则，都可以简化成只有一个输入节点和一个输出节点的信号流图，同时得到总系统的系统函数或频率响应。

**【例 8.17】**　试化简图 8.49(a)所示的信号流图。

**解**：对于图 8.49(a)的信号流图，可首先利用串联支路合并规则消去节点 $X_4$，因为 $X_4$ 有两个输入支路，消去节点 $X_4$ 后如图 8.49(b)所示。再用串联和并联支路合并规则消去节点 $X_3$，得图 8.49(c)。然后，利用并联支路合并规则，将支路 $H_2H_4H_6$ 和 $H_3H_6$ 合并。得到图 8.49(d)。再消除自环，得到图 8.49(e)。最后，两条串联支路合并成图 8.49(f)，获得输入节点 $X_1$ 到输出节点 $X_6$ 的方程，即

$$X_6=\frac{H_1(H_3+H_2H_4)H_6}{1-H_4H_5H_6}X_1$$

顺便指出，信号流图化简的具体步骤可以不同，例如，图 8.49(a)可以先用串联支路合并规则消去节点 $X_3$，

然后再消去节点 $X_4$，但最终简化的结果相同。

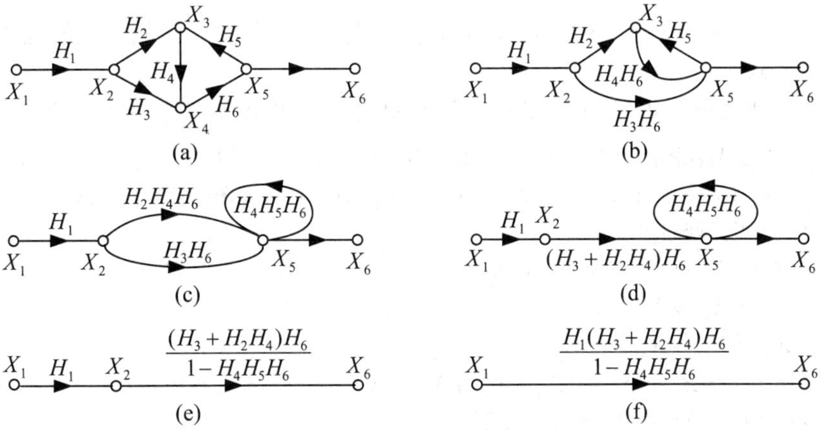


图 8.49　例 8.17 中信号流图的简化过程

**【例 8.18】**　试用信号流图化简规则，求出图 8.50(a)表示的离散时间二阶系统的系统函数。

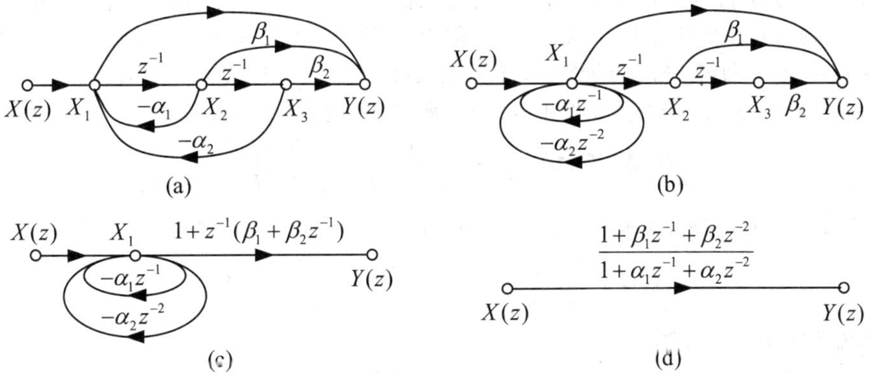


图 8.50　离散时间二阶系统的信号流图及其化简示意图

**解**：首先将图 8.50(a)的信号流图，利用串联支路合并规则，将两个反馈环路化简成两个自环，得到图 8.50(b)。再将 $X_i(z)$ 至 $Y_i(z)$ 的所有串、并联支路合并，得到图 8.50(c)。最后利用并联支路合并规则，将节点处的两个自环合并，并消去自环，得到图 8.50(d)。由此求得该系统的系统函数为

$$H_2(z)=\frac{Y(z)}{X(z)}=\frac{1+\beta_1 z^{-1}+\beta_2 z^{-2}}{1+\alpha_1 z^{-1}+\alpha_2 z^{-2}} \tag{8.8.4}$$

### 4. 信号流图的梅森增益公式

对于更为复杂的信号流图，若用代数规则化简的方法求输入输出之间的系统函数，步骤将比较复杂。利用梅森增益公式可较方便地写出系统函数。梅森增益公式表示为

$$H=\frac{1}{\Delta}\sum_i G_i\Delta_i \tag{8.8.5}$$

其中，$i$ 表示从输入节点到输出节点的第 $i$ 条前向通路的标号，$G_i$ 是由输入节点到输出节点的第 $i$ 条前向通路增益，$\Delta$ 称为信号流图的**特征行列式**，它由下式计算：

$$\Delta=1-\sum_k L_k+\sum_{m,n}L_mL_n-\sum_{p,q,r}L_pL_qL_r+\cdots \tag{8.8.6}$$

其中，$\sum_k L_k$ 为所有不同回路增益之和，$L_k$ 是第 $k$ 条回路的回路增益，$\sum_{m,n}L_mL_n$ 为所有两两互

不接触回路的增益乘积之和，$\sum_{p,q,r} L_p L_q L_r$ 为所有的三个都互不接触回路的增益乘积之和。$\Delta_i$ 称为第 $i$ 条前向通路特征行列式的余因子，它是除去与第 $i$ 条前向通路相接触的回路外、其余子流图的特征行列式。

有关梅森公式的证明可参阅书末的参考文献[14]，这里仅举几个例子，说明其应用。

**【例 8.19】** 用信号流图的梅森增益公式求例 8.16 中图 8.14(a)所示 LTI 系统的系统函数。

**解**：该系统的信号流图见图 8.46。首先根据(8.8.6)式，计算信号流图的特征行列式 $\Delta$。该信号流图共有三个回路，各个回路及其回路增益分别为

$X_a \to X_b \to X_c \to X_d \to X_a$ 回路： $L_1 = -H_1H_3H_5$

$X_b \to X_c \to X_b$ 回路： $L_2 = -H_1H_2$

$X_a \to X_d \to X_a$ 回路： $L_3 = -H_4H_5$

它只有两个互不接触回路 $X_b \to X_c \to X_b$ 与 $X_a \to X_d \to X_a$，回路增益的乘积为 $L_2L_3 = H_1H_2H_4H_5$。没有三个以上的互不接触回路，故按照(8.8.6)式，则有

$$\Delta = 1-(L_1L_2L_3)+L_2L_3 = 1+H_1H_3H_5+H_1H_2+H_4H_5+H_1H_2H_4H_5$$

然后再计算其他参数。该系统有两条前向通路，第一条前向通路 $X \to X_a \to X_b \to X_c \to X_d \to Y$，其前向通路增益为 $G_1 = H_1H_3$，由于所有回路都与该前向通路接触，第一条前向通路的特征行列式余因子为 1，即 $\Delta_1 = 1$；第二条前向通路为 $X \to X_a \to X_d \to Y$，其前向通路增益为 $G_2 = H_4$，不与这条前向通路接触的回路只有 $X_b \to X_c \to X_b$，故第二条前向通路的特征行列式余因子为 $\Delta_2 = 1-L_2 = 1+H_1H_2$。

按照梅森公式(8.8.5)式，求得图 8.42 中信号流图所表示系统的系统函数为

$$H = \frac{1}{\Delta}(G_1\Delta_1 + G_2\Delta_2) = \frac{H_1H_3+H_4(1+H_1H_2)}{1+H_1H_2+H_4H_5+H_1H_3H_5+H_1H_2H_4H_5}$$

**【例 8.20】** 用 $N$ 阶线性实系数微分方程描述的因果 LTI 系统的系统函数如下，试画出其信号流图。

$$H(s) = \frac{\beta_M s^M + \beta_{M-1}s^{M-1}+\cdots+\beta_1 s+\beta_0}{s^N+\alpha_{N-1}s^{N-1}+\cdots+\alpha_1 s+\alpha_0}, \quad M \leqslant N \tag{8.8.7}$$

**解**：系统函数 $H(s)$ 可以改写成

$$H(s) = \frac{\beta_M s^{-(N-M)}+\beta_{M-1}s^{-(N-M+1)}+\cdots+\beta_0 s^{-N}}{1+\alpha_{N-1}s^{-1}+\cdots+\alpha_1 s^{-(N-1)}+\alpha_0 s^{-N}} = \frac{\beta_M s^{-(N-M)}+\beta_{M-1}s^{-(N-M+1)}+\cdots+\beta_0 s^{-N}}{1-[-\alpha_{N-1}s^{-1}-\cdots-\alpha_1 s^{-(N-1)}-\alpha_0 s^{-N}]}, \quad M \leqslant N \tag{8.8.8}$$

根据梅森公式(8.8.5)式和(8.8.6)式，上式中的分母可以看成 $N$ 个回路的信号流图特征行列式，且各个回路都互相接触，没有两个及两个以上的互不接触回路，这 $N$ 个回路的回路增益分别为 $-\alpha_{N-1}s^{-1}$，$-\alpha_{N-2}s^{-2}\cdots$ $-\alpha_1 s^{-(N-1)}$；上式中的分子可看作 $M+1$ 条前向通路增益之和，且各条前向通路也没有不接触回路，故每一条前向通路的特征行列式余因子为 $\Delta_i = 1$，$i = 0,\ 1,\ \cdots,\ M$。就得到如图 8.51(a)和(b)所示的两种信号流图。

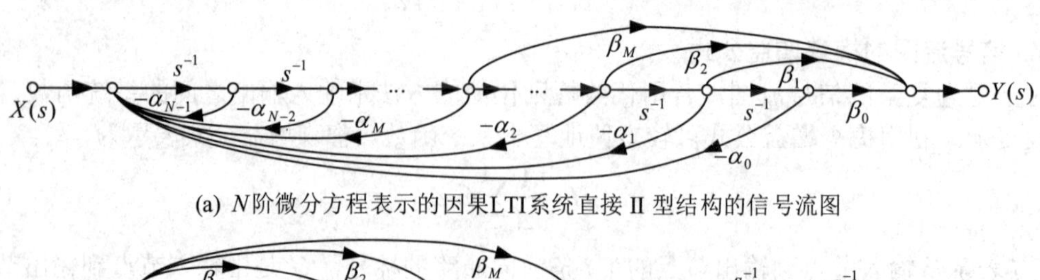


(a) $N$阶微分方程表示的因果LTI系统直接 II 型结构的信号流图

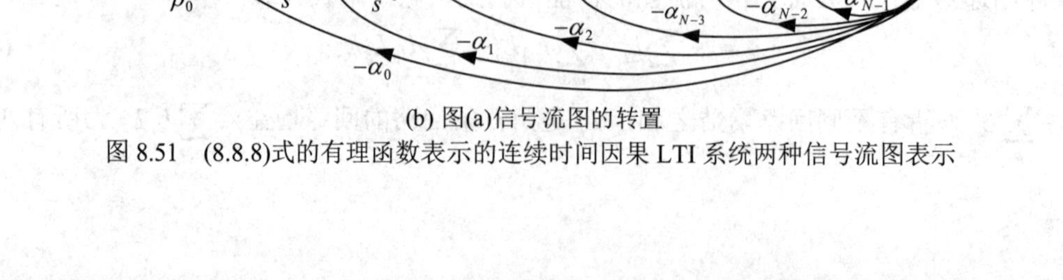

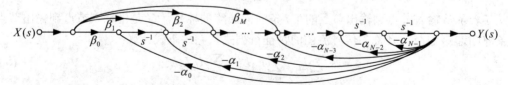

(b) 图(a)信号流图的转置

图 8.51 (8.8.8)式的有理函数表示的连续时间因果 LTI 系统两种信号流图表示

实际上，图 8.51(a)中的信号流图就是 $N$ 阶微分方程表示的因果 LTI 系统的直接 II 型实现结构的信号流图表示。比较图 8.51(a)和(b)两种信号流图可以发现，如果把图 8.51(a)中所有支路的信号传输方向都颠倒过来，并把输入和输出节点对调，就可得到图 8.51(b)。如上所述，信号流图的这种变换称为**信号流图的转置**。由此可得出信号流图的一个重要性质，即具有单个输入和单个输出节点的信号流转置以后，其系统函数保持不变，都表示同一个 LTI 系统。

# 8.9 有理系统函数表示的 LTI 系统的级联和并联实现结构

4.6 节曾讲述了用连续时间或离散时间三种基本系统单元(相加器、数乘器、连续时间积分器和离散时间单位延时)、构成以微分方程和差分方程表示的因果 LTI 系统的两种直接型实现结构及其模拟图表示。不仅如此，下面将会看到，从这类系统的变换域表示出发，还可得到它们的另外一些实现结构的模拟图或信号流图表示，例如这类因果 LTI 系统的级联实现结构和并联实现结构等。

首先考察连续时间和离散时间三种基本系统单元的变换域表示，它们的 $s$ 域和 $z$ 域模型(信号流图表示)分别如图 8.52(a)和(b)所示，图中的积分器和离散时间单位延时均是因果 LTI 系统，它们的系统函数分别是 $s^{-1}$ 和 $z^{-1}$。

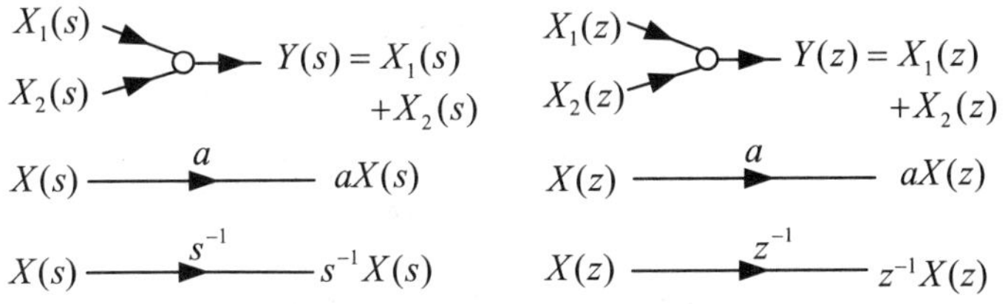


图 8.52　连续时间和离散时间三种基本单元的信号流图表示

## 8.9.1 级联型实现结构

用 $N$ 阶线性实系数微分方程和差分方程描述的因果 LTI 系统的系统函数可分别写成

$$H(s)=\frac{\sum_{k=0}^{N}b_k s^k}{\sum_{k=0}^{N}a_k s^k}=\frac{\sum_{k=0}^{N}b_{N-k}s^{-k}}{\sum_{k=0}^{N}a_{N-k}s^{-k}} \quad 和 \quad H(z)=\frac{\sum_{k=0}^{N}b_k z^{-k}}{\sum_{k=0}^{N}a_k z^{-k}} \tag{8.9.1}$$

为了方便，这里假定 $M=N$， 这并不失一般性。

用微分方程和差分方程描述的实的因果 LTI 系统的系统函数都是有理系统函数，其分子和分母多项式可分解成一阶和二阶因子的乘积，即可以写成一阶和二阶实的有理子系统函数相乘，这意味着它们可以用实的一阶和二阶子系统的级联来构成，这就是级联结构的基本思路。为了说明这一点，从(8.9.1)式表示的这类因果系统函数出发，它们又可写成

$$H(s)=\frac{b_N}{a_N}\frac{\sum_{k=0}^{N}(b_{N-k}/b_N)s^{-k}}{\sum_{k=0}^{N}(a_{N-k}/a_N)s^{-k}} \quad 和 \quad H(z)=\frac{b_0}{a_0}\frac{\sum_{k=0}^{N}(b_k/b_0)z^{-k}}{\sum_{k=0}^{N}(a_k/a_0)z^{-k}} \tag{8.9.2}$$

对于上式中的$H(s)$和$H(z)$，若分别令

$$H_0=b_N/a_N\,,\quad \beta_k=b_{N-k}/b_N\,,\quad \alpha_k=a_{N-k}/a_N\,,\quad k=0,\ 1,\ \cdots,\ N \tag{8.9.2}$$

和

$$H_0=b_0/a_0\,,\quad \beta_k=b_k/b_0\,,\quad \alpha_k=a_k/a_0\,,\quad k=0,\ 1,\ \cdots,\ N \tag{8.9.3}$$

那么，$H(s)$和$H(z)$就有完全一致的形式，即

$$H(s)=H_0\frac{1+\beta_1 s^{-1}+\beta_2 s^{-2}+\cdots+\beta_N s^{-N}}{1+\alpha_1 s^{-1}+\alpha_2 s^{-2}+\cdots+\alpha_N s^{-N}}\quad 和\quad H(z)=H_0\frac{1+\beta_1 z^{-1}+\beta_2 z^{-2}+\cdots+\beta_N z^{-N}}{1+\alpha_1 z^{-1}+\alpha_2 s^{-2}+\cdots+\alpha_N z^{-N}} \tag{8.9.4}$$

其中，$H(s)$的$H_0$，$\alpha_k$和$\beta_k$由(8.9.2)式确定，而$H(z)$中的$H_0$，$\alpha_k$和$\beta_k$则由(8.9.3)式确定。

这里限于讨论**实的**因果 LTI 系统(系数$a_k$和$b_k$，$\alpha_k$和$\beta_k$均为实数)，则在(8.9.4)式中分子、分母多项式的根(系统的零点和极点)只能是实数，或者是共轭复数对。假设分子多项式有$q$对共轭复根$z_i$和$z_i^*$，其余$N-2q$个实根$z_i$；分母多项式有$r$对共轭复根$p_i$和$p_i^*$，其余$N-2r$个负实根$p_i$；并把重根看作多个相同的单根。下面以$H(z)$为例，它可以写成

$$H(z)=H_0\frac{\prod_{i=1}^{q}(1-z_i z^{-1})(1-z_i^* z^{-1})}{\prod_{i=1}^{r}(1-p_i z^{-1})(1-p_i^* z^{-1})}\cdot\frac{\prod_{i=2q+1}^{N}(1-z_i z^{-1})}{\prod_{i=2r+1}^{N}(1-p_i z^{-1})} \tag{8.9.5}$$

如果把共轭成对的一次因子组合在一起，就可以得到一个实系数的二次因子，例如

$$(1-p_i z^{-1})(1-p_i^* z^{-1})=1-2\operatorname{Re}\{p_i\}z^{-1}+|p_i|^2 z^{-2} \tag{8.9.6}$$

$H(s)$也有完全相同的结果。为了方便，这里假定$q=r$，则$H(s)$和$H(z)$可以可分别改写成

$$H(s)=H_0\prod_{i=1}^{r}\frac{1+\beta_{1i}s^{-1}+\beta_{2i}s^{-2}}{1+\alpha_{1i}s^{-1}+\alpha_{2i}s^{-2}}\prod_{i=2r+1}^{N}\frac{1-z_i s^{-1}}{1-p_i s^{-1}}$$

和

$$H(z)=H_0\prod_{i=1}^{r}\frac{1+\beta_{1i}z^{-1}+\beta_{2i}z^{-2}}{1+\alpha_{1i}z^{-1}+\alpha_{2i}z^{-2}}\prod_{i=2r+1}^{N}\frac{1-z_i z^{-1}}{1-p_i z^{-1}} \tag{8.9.7}$$

其中，$\alpha_{1i}=-2\operatorname{Re}\{p_i\}$，$\alpha_{2i}=|p_i|^2$；$\beta_{1i}=-2\operatorname{Re}\{z_i\}$，$\beta_{2i}=|z_i|^2$。若$q\neq r$，如$q<r$，则可把共轭复根因子和两个一阶实根因子组合在一起。上面把$H(s)$和$H(z)$分解成一些实系数的一阶、二阶子系统函数与一个实常数的连乘，意味着它们是由若干个一阶和二阶实的子系统与一个$H_0$的数乘器级联而成。这些连续时间和离散时间一阶及二阶实的因果子系统函数分别为

$$H_{1i}(s)=\frac{1-z_i s^{-1}}{1-p_i s^{-1}}\quad 及\quad H_{2i}(s)=\frac{1+\beta_{1i}s^{-1}+\beta_{2i}s^{-2}}{1+\alpha_{1i}s^{-1}+\alpha_{2i}s^{-2}} \tag{8.9.8}$$

和

$$H_{1i}(z)=\frac{1-z_i z^{-1}}{1-p_i z^{-1}}\quad 及\quad H_{2i}(z)=\frac{1+\beta_{1i}z^{-1}+\beta_{2i}z^{-2}}{1+\alpha_{1i}z^{-1}+\alpha_{2i}z^{-2}} \tag{8.9.9}$$

它们分别代表如下一阶及二阶微分方程和差分方程表示的连续时间和离散时间因果 LTI 系统：

$$y_i'(t)-p_i y_i(t)=x_i'(t)-z_i x_i(t)\quad 和\quad y_i[n]-p_i y_i[n-1]=x_i[n]-z_i x_i[n-1]$$

及

$$y_i''(t)+\alpha_{1i}y_i'(t)+\alpha_{2i}y_i(t)=x_i''(t)+\beta_{1i}x_i'(t)+\beta_{2i}x_i(t)$$

和

$$y_i[n]+\alpha_{1i}y_i[n-1]+\alpha_{2i}y_i[n-2]=x_i[n]+\beta_{1i}x_i[n-1]+\beta_{2i}x_i[n-2]$$

按照 4.6 节介绍的方法，在图 8.53 中分别画出了它们直接 Ⅱ 型实现结构的信号流图。

由(8.9.7)式可以看出，用一般的$N$阶微分方程和差分方程表示的实因果 LTI 系统的系统函数，分别可以写成一个实常数$H_0$与由(8.9.8)式和(8.9.9)式这样的一阶和二阶实系数有理函数的

乘积，这说明这样的一般 $N$ 阶连续时间和离散实的因果 LTI 系统，可以分别看成一个实数数乘器与若干个连续时间和离散时间一阶和二阶实的因果 LTI 系统的级联，这就是级联实现结构的基本方法。下面的例子将说明如何具体构造这样的级联实现结构。

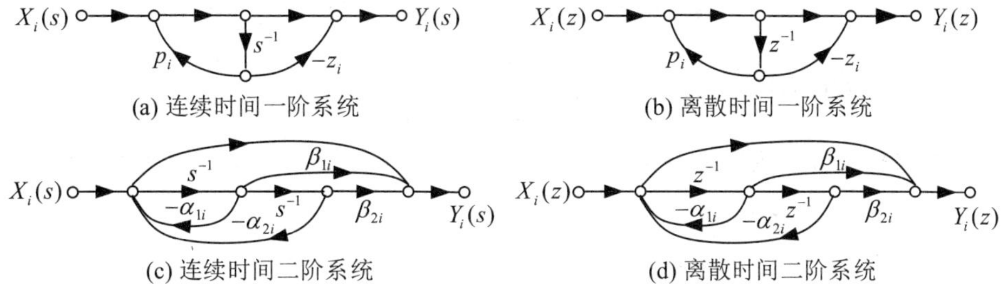


(a) 连续时间一阶系统　(b) 离散时间一阶系统

(c) 连续时间二阶系统　(d) 离散时间二阶系统

图 8.53　由(8.9.8)式和(8.9.9)式表示的连续时间和离散时间一阶和二阶实因果子系统的信号流图

**【例 8.21】**　由如下方程描述的连续时间因果 LTI 系统，试画出其级联结构的方框图表示。

$$y'''(t)+5y''(t)+8y'(t)+6y(t)=3x'(t)-3x(t)$$

**解**：按照(8.2.5)式，可直接写出该系统的系统函数为 $H(s)=\dfrac{3s-3}{s^3+5s^2+8s+6}=\dfrac{3(s-1)}{(s^2+2s+2)(s+3)}$，它有一对一阶共轭复极点 $-1\pm\mathrm{j}$，一个一阶实极点 $-3$，一个一阶实零点 $1$，故 $H(s)$ 可以写成：

$$H(s)=3\cdot\frac{1-s^{-1}}{1+3s^{-1}}\cdot\frac{s^{-2}}{1+2s^{-1}+2s^{-2}}\quad 或\quad H(s)=3\cdot\frac{s^{-1}-s^{-2}}{1+2s^{-1}+2s^{-2}}\cdot\frac{s^{-1}}{1+3s^{-1}}\tag{8.9.10}$$

因此，该系统可由一个一阶实系统、一个二阶实系统和一个数乘器级联构成，并且可以用两种稍有不同的级联结构来实现，它们的信号流图分别如图 8.54(a)和(b)所示。

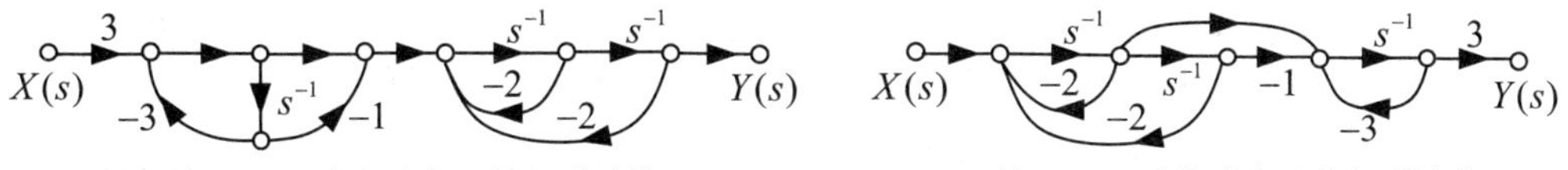


(a) 按(8.9.10)式左式实现的级联结构　(b) 按(8.9.10)式右式实现的级联结构

图 8.54　例 8.21 的连续时间因果 LTI 系统级联实现的信号流图表示

## 8.9.2　并联型实现结构

按照有理函数的部分分式展开方法，可将因果有理系统函数 $H(s)$ 和 $H(z)$ 表示为一些实的一阶和二阶因果系统函数之和，系统函数相加意味着系统并联，这就是并联实现结构的基本依据。下面基于 $M=N$（连续时间）和 $M\geqslant N$（离散时间）的情况，讨论它们的并联实现结构。

首先假设 $H(s)$ 和 $H(z)$ 只有一阶极点的简单情况，并有 $r$ 对不同的一阶共轭极点 $p_i$ 和 $p_i^*$，其余 $N-2r$ 个不同的一阶实极点 $p_i$。则(8.9.1)式表示的 $H(s)$ 和 $H(z)$ 可以部分分式展开成

$$H(s)=\frac{b_N}{a_N}+\sum_{i=1}^{r}\left(\frac{A_{ci}s^{-1}}{1-\lambda_i s^{-1}}+\frac{A_{ci}^*s^{-1}}{1-\lambda_i^* s^{-1}}\right)+\sum_{i=2r+1}^{N}\frac{A_i s^{-1}}{1-p_i s^{-1}}\tag{8.9.11}$$

和

$$H(z)=\sum_{m=0}^{M-N}C_m z^{-m}+\sum_{i=1}^{r}\left(\frac{B_{ci}}{1-\lambda_i z^{-1}}+\frac{B_{ci}^*}{1-\lambda_i^* z^{-1}}\right)+\sum_{i=2r+1}^{N}\frac{B_i}{1-p_i z^{-1}}\tag{8.9.12}$$

其中，$A_{ci}$、$A_{ci}^*$ 和 $B_{ci}$、$B_{ci}^*$ 分别是每一对一阶共轭复极点因子的部分分式系数，它们分别互为共轭复数。上述展开式中共轭成对的一阶系统函数可组合成实的二阶系统函数，即分别有

$$\frac{A_{ci}s^{-1}}{1-\lambda_i s^{-1}}+\frac{A_{ci}^*s^{-1}}{1-\lambda_i^* s^{-1}}=\frac{\mu_{1i}s^{-1}+\mu_{2i}s^{-2}}{1+\alpha_{1i}s^{-1}+\alpha_{2i}s^{-2}}\quad 和\quad \frac{B_{ci}}{1-\lambda_i z^{-1}}-\frac{B_{ci}^*}{1-\lambda_i^* z^{-1}}=\frac{v_{0i}+v_{1i}z^{-1}}{1+\alpha_{1i}z^{-1}+\alpha_{2i}z^{-2}}\tag{8.9.13}$$

其中，$\alpha_{1i}=-2\mathrm{Re}\{\lambda_i\}$，$\alpha_{2i}=|\lambda_i|^2$；$\mu_{1i}=2\mathrm{Re}\{A_{ci}\}$，$\mu_{2i}=-2\mathrm{Re}\{\lambda_i A_{ci}^*\}$；$\nu_{0i}=2\mathrm{Re}\{B_{ci}\}$，$\nu_{1i}=-2\mathrm{Re}\{\lambda_i B_{ci}^*\}$。由此，则(8.9.11)式和(8.9.12)式的$H(s)$和$H(z)$分别为

$$H(s)=\frac{b_N}{a_N}+\sum_{i=1}^{r}\frac{\mu_{1i}s^{-1}+\mu_{2i}s^{-2}}{1+\alpha_{1i}s^{-1}+\alpha_{2i}s^{-2}}+\sum_{i=2r+1}^{N}\frac{A_i s^{-1}}{1-p_i s^{-1}}$$

和
$$H(z)=\sum_{m=0}^{M-N}C_m z^{-m}+\sum_{i=1}^{r}\frac{\nu_{0i}+\nu_{1i}z^{-1}}{1+\alpha_{1i}z^{-1}+\alpha_{2i}z^{-2}}+\sum_{i=2r+1}^{N}\frac{B_i}{1-p_i z^{-1}} \tag{8.9.14}$$

它们右边两个求和项分别为实系数的连续时间和离散时间一阶及二阶因果系统函数，即

$$H_{1i}(s)=\frac{A_i s^{-1}}{1-p_i s^{-1}} \quad 和 \quad H_{1i}(z)=\frac{B_i}{1-p_i z^{-1}} \tag{8.9.15}$$

及
$$H_{2i}(s)=\frac{\mu_{1i}s^{-1}+\mu_{2i}s^{-2}}{1+\alpha_{1i}s^{-1}+\alpha_{2i}s^{-2}} \quad 和 \quad H_{2i}(z)=\frac{\nu_{0i}+\nu_{1i}z^{-1}}{1+\alpha_{1i}z^{-1}+\alpha_{2i}z^{-2}} \tag{8.9.16}$$

它们可以分别用连续时间和离散时间三种基本单元实现，其信号流图表示如图 8.55 所示。

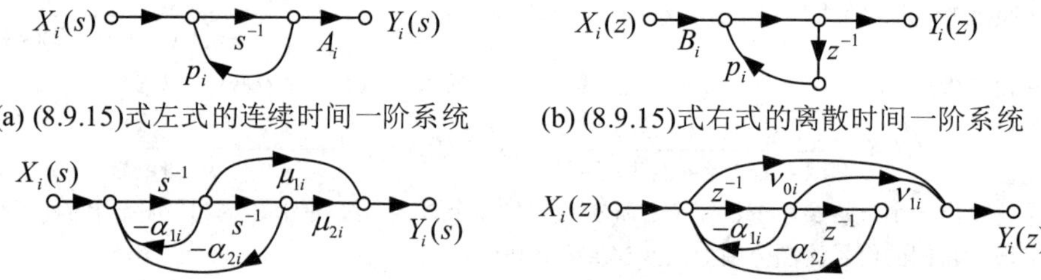


(a) (8.9.15)式左式的连续时间一阶系统　(b) (8.9.15)式右式的离散时间一阶系统

(c) (8.9.16)式左式的连续时间二阶系统　(d) (8.9.16)式右式的离散时间二阶系统

图 8.55　并联实现结构中的连续或离散时间一阶和二阶系统的信号流图

由此看出，按照(8.9.14)式，用线性实系数微分方程和差分方程描述的连续时间和离散时间因果 LTI 系统，可以由一些如图 8.55 所示的连续时间和离散时间一阶及二阶系统并联构成；此外，连续时间还有一个数乘$b_N/a_N$的并联支路，而离散时间则还有一个数乘$C_0$并联支路与$M-N$节单位延时链及抽头系数为$C_1$，$C_2$，…，$C_{M-N}$的级联/并联支路。请看下面例子：

**【例 8.22】**　用如下差分方程表示的离散时间因果 LTI 系统，试画出它的并联结构的模拟方框图。

$$y[n]-\frac{1}{3}y[n-1]-\frac{1}{4}y[n-2]+\frac{1}{12}y[n-3]=14x[n]+\frac{8}{3}x[n-1]-\frac{67}{12}x[n-2]-0.5x[n-3]+0.5x[n-4]$$

**解：** 可以直接写出该离散时间因果 LTI 系统的系统函数$H(z)$，并通过长除法得到

$$H(z)=\frac{14+(8/3)z^{-1}-(67/12)z^{-2}-(1/2)z^{-3}+(1/2)z^{-4}}{1-(1/3)z^{-1}-(1/4)z^{-2}+(1/12)z^{-3}}$$

$$=6z^{-1}+12+\frac{2+(2/3)z^{-1}-(7/12)z^{-2}}{[1-(1/2)z^{-1})(1+(1/2)z^{-1})(1-(1/3)z^{-1})}$$

利用部分分式展开法，上式可以展开成

$$H(z)=6z^{-1}+12+\frac{2}{1-0.5z^{-1}}+\frac{-1}{1+0.5z^{-1}}+\frac{1}{1-(1/3)z^{-1}}$$

参照图 8.55(b)，可以画出该系统并联结构的方框图，如图 8.56 所示。上式中的$6z^{-1}$项表示由数乘器和单位延时$z^{-1}$级联构成的一个并联支路。

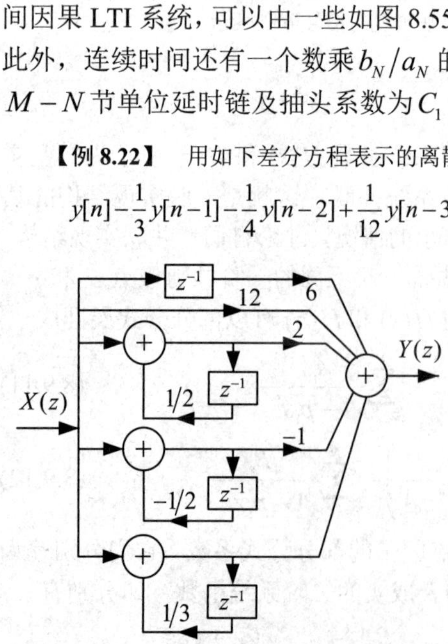


图 8.56　例 8.22 的离散时间并联结构方框图

如果系统函数 $H(s)$ 和 $H(z)$ 的分母多项式有重根(即高阶极点)，其并联实现结构将稍有不同。例如，它们的分母多项式有一个 $\sigma_i$ 重实根 $p_i$，则在其部分分式展开中，对应着该 $\sigma_i$ 阶实极点 $p_i$ 的子系统函数 $H_{\sigma_i}(s)$ 和 $H_{\sigma_i}(z)$ 分别是 $\sigma_i$ 项之和，即

$$H_{\sigma_i}(s)=\sum_{k=1}^{\sigma_i}H_{ik}(s)=\sum_{k=1}^{\sigma_i}A_{ik}\left(\frac{s^{-1}}{1-p_i s^{-1}}\right)^k \quad 和 \quad H_{\sigma_i}(z)=\sum_{k=1}^{\sigma_i}H_{ik}(z)=\sum_{k=1}^{\sigma_i}\frac{B_{ik}}{(1-p_i z^{-1})^k} \tag{8.9.17}$$

其中的第 $k$ 项 $H_{ik}(s)$ 和 $H_{ik}(z)$ 分别可以用 $k$ 个相同的一阶节级联，再级联一个数乘器来实现，这些一阶节分别见图 8.55(a)和(b)，故第 $k$ 个子系统的方框图分别如图 8.57(a)和(b)所示。这样，$H_{\sigma_i}(s)$ 和 $H_{\sigma_i}(z)$ 表示的 $\sigma_i$ 阶并联子系统，将分别由 $\sigma_i$ 条像图 8.57(a)和(b)这样的级联支路的并联来实现，总共需要 $(1+2+\cdots+\sigma_i)$ 个完全相同的一阶节。显然，如此 $\sigma_i$ 个级联支路并联实现是不经济的，例如，$H_{\sigma_i}(s)$ 可以等效地用图 8.58 这样的级联/并联结构来实现，此时只需要 $\sigma_i$ 个相同的一阶节。同样，$H_{\sigma_i}(z)$ 也可用类似的离散时间级联/并联结构实现。

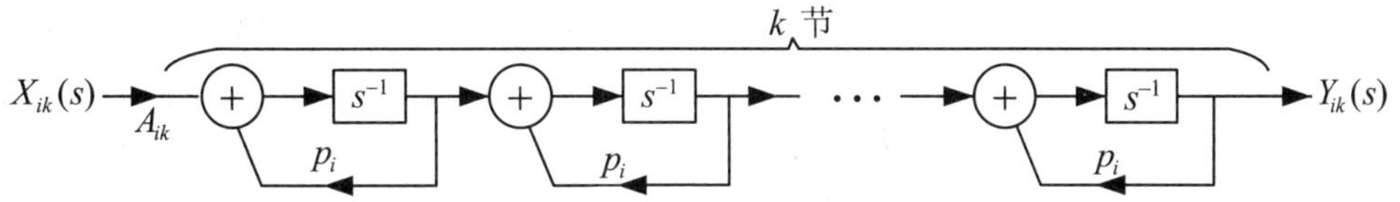


(a) $H_{ik}(s)$ 的级联实现

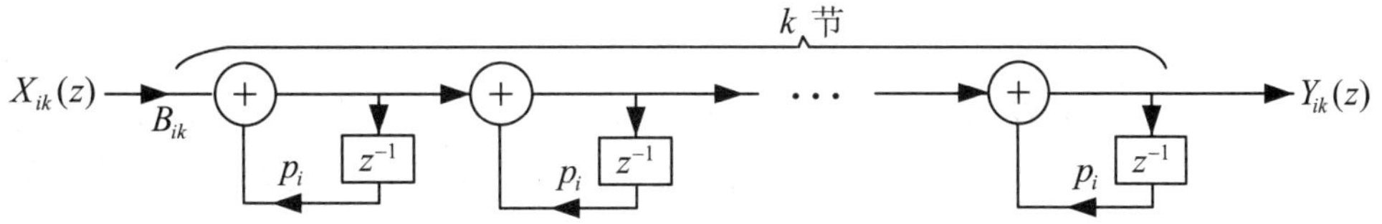


(b) $H_{ik}(z)$ 的级联实现

图 8.57　(8.9.17)式中 $H_{ik}(s)$ 和 $H_{ik}(z)$ 的级联实现

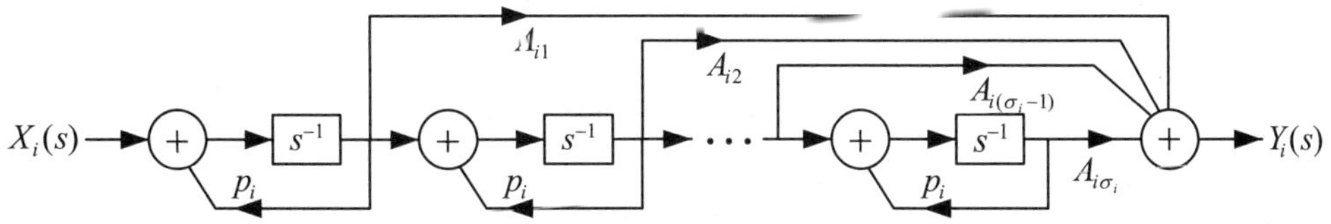


图 8.58　(8.9.17)式中 $H_{\sigma i}(s)$ 的级联/并联结构方框图表示

最后，对系统的各种实现结构作几点讨论和说明：

(1) 对于用微分方程和差分方程描述的实的因果 LTI 系统，既可像本节那样，从系统函数出发，获得它们的级联和并联实现结构，如果系统还是稳定的，也可以根据它们的频率响应 $H(\mathrm{j}\omega)$ 和 $H(\mathrm{e}^{\mathrm{j}\Omega})$，获得系统的级联和并联实现结构，两种方法完全相同，结果也一样。但用系统函数来获得其实现结构，不受系统稳定性的限制。

(2) 级联结构和并联结构需用的积分器(连续时间)和单位延时(离散时间)的数目，与直接 II 型(规范型)结构所用的积分器和单位延时数目相同，所需的数乘器和加法器的数目也相当。

(3) 用微分方程和差分方程描述的实的因果 LTI 系统，既有直接型实现结构，也有级联和并联实现结构，这充分说明，实际系统的实现结构并不唯一。此外，和直接型实现结构一样，在级联和并联结构中每一节的具体实现也可以不同。例如，在级联结构中，分子、分母用不同的一阶或二阶因子组合出来的一阶或二阶系统就不完全一样；在并联结构中，每条并联支

路中的数乘器可以放在支路中任何级联位置上。除了这三种结构外，这类因果 LTI 系统还有一些其他形式的结构，例如**T 型结构**(见本章末习题 8.42)，第 9 章 9.6 节还会介绍数字滤波器的一些特殊结构等。这些不同结构在理论上都是等价的，它们都可得到相同的输入输出特性。但是，若考虑一些实际因素，不同结构实现的系统性能可能不一样。例如：在任何实现结构中，实际数乘器系数都不会严格等于设计值，它们还可能随着温度而改变；离散时间系统实现时，还会面临数字系统有限字长(或量化误差)的影响等。这些系数的变化和精度对不同形式实现结构的影响是不一样的，即涉及某种实现结构对系数的变化和精度的敏感性问题。这些问题已超出本书的范围，这里不再作具体的讨论。但是，上面讨论的多种实现结构提供了多种可能的选择，在实际应用时，可根据具体要求来考虑选用合适的实现结构。

(4) 任何高阶微分方程和差分方程表示的实的因果 LTI 系统，都可由一些基本的一阶和二阶实系统通过级联或并联构成。无论是从分析的角度，还是从实现的角度，级联和并联结构各自的优点是显然的。一方面，从结构上看，级联和并联的一阶和二阶子系统都是相互独立的子系统，基于 8.6 节中的一阶和二阶基本系统的各种特性，将很容易分析整个系统的特性。同时，由于各种实际因素的影响而导致的每个子系统特性改变，基本上不影响到别的子系统，使得系统易于实现和调整。另一方面，级联和并联结构中的一阶和二阶子系统具有一致的结构模式，这提供了可以用不同方式来实现的可能性。例如，实现一个离散时间级联结构时，可以设想只用一个系数可调整的二阶数字系统来实现，即输入序列首先被这个二阶数字系统处理，只要把其系数设置成与级联结构中第一个二阶节的系数，然后将处理的结果逐次通过同一个二阶数字系统，每次按照级联结构中相应节的实系数来设置，一阶节可看成某些系数等于 0 的二阶节。这种处理方法只需用一个实的二阶数字系统，总的处理时间等于单个二阶节处理时间乘以级联结构中节数，通常称为**串行处理**；此外，也能按照其并联实现结构，用多个二阶或一阶数字系统来实现，此时，系统对输入的处理是同时进行的，总的处理时间就是一个二阶节的处理时间，这种处理方式称为**并行处理**。

## 习　题

**8.1** 分别用拉普拉斯变换或 Z 变换、连续或离散时间傅里叶变换，求解下列连续时间或离散时间 LTI 系统的响应，并和时域卷积方法作比较，体会各种方法的优缺点和适用范围。

1) 已知下列连续时间 LTI 系统的单位冲激响应 $h(t)$ 和输入 $x(t)$ 或 $\tilde{x}(t)$，试求输出 $y(t)$。

a) $h(t)=\mathrm{e}^{2t}u(t)$，$x(t)=\mathrm{e}^{-3t}u(t)$　　b) $h(t)=t\mathrm{e}^{-2t}u(t)$，$x(t)=\mathrm{e}^{-t}\cos(2t)u(t)$

c) $h(t)=t\mathrm{e}^{-2t}u(t)$，$x(t)=t\mathrm{e}^{-3t}u(t)$　　d) $h(t)=\mathrm{e}^{-t}u(t)$，$x(t)=\mathrm{e}^{t}u(-t)$

e) $h(t)=\dfrac{\sin 2\pi t}{\pi t}$，$\tilde{x}(t)=\sum\limits_{n=-\infty}^{\infty} r_\tau\left(t-\tau/2-2n\tau\right)$，$\tau=\dfrac{1}{3}$

f) $h(t)$ 同 e)小题；$x(t)$ 是一个**实**信号，在正频域上，它的相位频谱有恒定值 $\pi/2$，幅度频谱见图 P8.1。

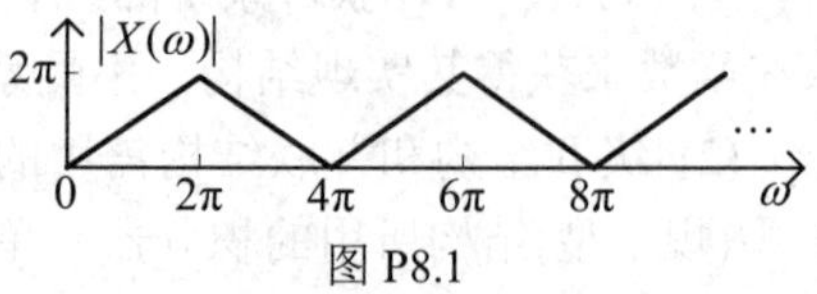

图 P8.1

g) $h(t)=\mathrm{e}^{-|t|}$，$x(t)=\cos(\pi t)$

h) 第 3 章题 3.12 中的 1) 和 2)小题

i) 第 3 章题 3.7 中的 1)小题　　j) 第 3 章题 3.7 中的 11) 小题　　k) 第 3 章题 3.7 中的 12)小题

2) 已知下列离散时间 LTI 系统的单位冲激响应 $h[n]$ 和输入 $x[n]$，试求输出 $y[n]$。

a) $h[n]=(1/2)^n u[n]$，$x[n]=(3/4)^n u[n]$　　b) $h[n]=(1/2)^n u[n]$，$x[n]=(n+1)(3/4)^n u[n]$

c) $h[n]=(0.5)^n\cos(\pi n/2)u[n]$，$x[n]=(0.5)^n u[n]$　d) $h[n]=(0.5)^n\cos(\pi n/2)u[n]$，$x[n]=\cos(\pi n/2)$

e) $h[n]$的 Z 变换 $H(z)$ 和 $x[n]$ 的频谱 $\tilde{X}(\Omega)$ 分别如下：

$$H(z)=z^4-z+2z^{-2}\quad 和 \quad \tilde{X}(\Omega)=3e^{j\Omega}+1-e^{-j\Omega}+2e^{-j3\Omega}$$

**8.2** 对于图 P8.2(a)和(b)所示的电路，电路的输入和输出分别为 $v_i(t)$ 和 $v_o(t)$，如果它们都看成起始是松弛的，试用变换域方法分别求：

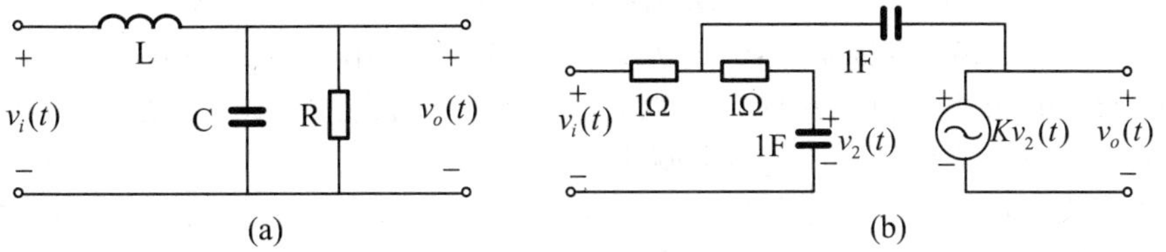


图 P8.2

1) 电路的系统函数 $H(s)$ 和频率响应 $H(\omega)$。　2)电路的单位冲激响应 $h(t)$ 和单位阶跃响应 $s(t)$。

3) 列出电路的微分方程，用时域方法求 1)和 2)小题，并和上面的变换域求解方法和结果进行比较。

**8.3** 对于图 P8.3(a)和(b)所示的离散时间 LTI 系统，D 为单位延时单元，试用变换域方法分别确定：

1) 系统函数 $H(z)$ 和频率响应 $\tilde{H}(\Omega)$。　2) 单位冲激响应 $h[n]$和单位阶跃响应 $s[n]$。

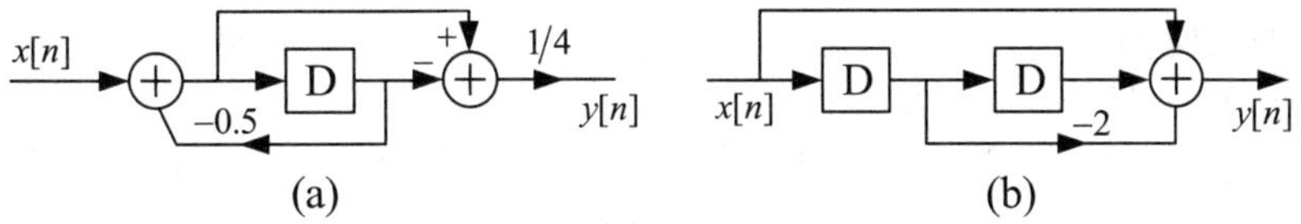


图 P8.3

**8.4** 考虑图 P8.4.1 所示的四个连续时间 LTI 系统的互联系统，已知：

$$H_1(\omega)=\begin{cases} j\omega/2, & |\omega|<\omega_c \\ 0, & |\omega|>\omega_c \end{cases},\quad h_3(t)=\frac{\sin 3\omega_c t}{\pi t},\quad H_2(\omega)=e^{-j(2\pi/\omega_c)\omega},\quad h_4(t)=u(t)$$

1) 如果输入 $x(t)$ 是图 P8.4.2 的周期方波，此时输出 $y(t)$ 是什么？

2) 求整个系统的频率响应 $H(\omega)$ 和单位冲激响应 $h(t)$，并概略画出它们的函数图形。

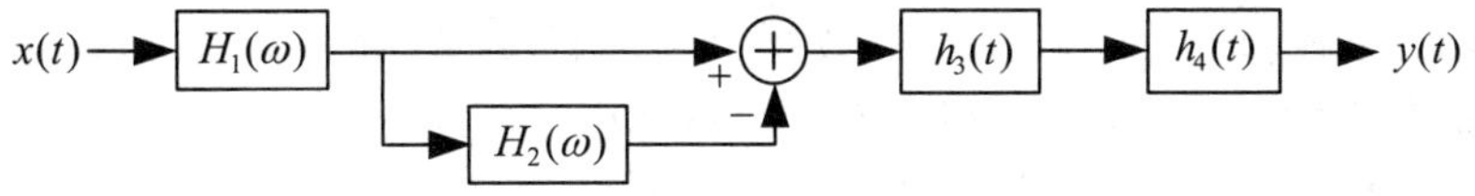


图 P8.4.1

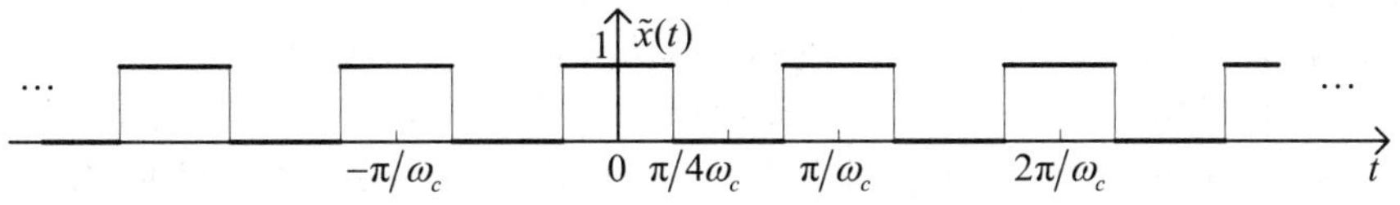


图 P8.4.2

**8.5** 试用变换域方法求解下列各题：

1) 第 3 章 3.30 题　2) 第 3 章 3.34 题中的 2)小题

3) 第 3 章 3.35 题中的 2)小题　4) 第 3 章 3.36 题中的 3)小题

**8.6** 已知某个连续时间 LTI 系统的如下信息：当输入为反因果信号 $x(t)=0$，$t>0$ 时，它的像函数 $X(s)$ 和系统输出信号 $y(t)$ 为

$$X(s)=\frac{s+2}{s-2}\quad 和 \quad y(t)=\frac{1}{3}e^{-t}u(t)-\frac{2}{3}e^{2t}u(-t)$$

1) 试求该系统的单位冲激响应 $h(t)$ 和单位阶跃响应 $s(t)$。　2) 写出该 LTI 系统的微分方程表示。

3) 如果该系统的输入为 $x(t)=e^{3t}$，$-\infty<t<\infty$，试确定系统的输出 $y(t)$。

**8.7** 一个连续时间因果 LTI 系统对输入 $x(t)$ 的响应是 $y(t)$，现已知

$$x(t)=(\mathrm{e}^{-t}+\mathrm{e}^{-3t})u(t) \quad 和 \quad y(t)=(2\mathrm{e}^{-t}-\mathrm{e}^{-4t})u(t)$$

1) 试求该系统的频率响应 $H(\omega)$ 和系统函数 $H(s)$ 及其收敛域，并概略画出它的零、极点图。

2) 确定该系统的单位冲激响应 $h(t)$ 和单位阶跃响应 $s(t)$。

3) 试求该系统对输入 $\mathrm{e}^{-t}u(t)$ 的响应。 4) 写出描述该系统的微分方程表示。

**8.8** 如果想要设计一个当输入为 $x[n]$ 时输出是 $y[n]$ 的离散时间因果 LTI 系统，其中

$$x[n]=(1/2)^n u[n]-0.25(1/2)^{n-1}u[n-1] \quad 和 \quad y[n]=(1/3)^n u[n]$$

1) 试求该系统的频率响应 $\tilde{H}(\Omega)$ 和系统函数 $H(z)$ 及其收敛域，并概略画出它的零、极点图。

2) 确定该系统的单位冲激响应 $h[n]$ 和单位阶跃响应 $s[n]$。 3) 写出描述该系统的差分方程表示。

**8.9** 假设某个离散时间因果 LTI 系统对输入 $(n+2)(0.5)^n u[n]$ 的响应是 $(0.25)^n u[n]$，试求当该系统的输出是 $y[n]=(-0.5)^{n+1}u[n]$ 时，系统的输入信号 $x[n]$。

**8.10** 考虑如下微分方程描述的连续时间 LTI 系统：

$$\frac{\mathrm{d}^3y(t)}{\mathrm{d}t^3}+\frac{\mathrm{d}^2y(t)}{\mathrm{d}t^2}-4\frac{\mathrm{d}y(t)}{\mathrm{d}t}-4y(t)=3\frac{\mathrm{d}^2x(t)}{\mathrm{d}t^2}+2\frac{\mathrm{d}x(t)}{\mathrm{d}t}-4x(t)$$

1) 试写出该系统的系统函数 $H(s)$，并画出 $H(s)$ 的零、极点图。

2) 对于该系统下列的每一种附加信息，确定它的单位冲激响应 $h(t)$：

a) 系统是稳定的 b) 系统是因果的 c) 系统是反因果的

**8.11** 考虑如下差分方程描述的离散时间 LTI 系统

$$y[n]-2y[n-1]-(1/4)y[n-2]+(1/2)y[n-3]=x[n]-4x[n-1]+(1/4)x[n-2]$$

1) 试写出该系统的系统函数 $H(z)$，并画出 $H(z)$ 的零、极点图。

2) 对于该系统下列的每一种附加信息，确定它的单位冲激响应 $h[n]$：

a) 系统是稳定的 b) 系统是因果的 c) 系统是反因果的

**8.12** 一个离散时间因果LTI 系统的输入和输出分别用 $x[n]$ 和 $y[n]$ 表示，已知该系统由如下两个包含有中间信号 $v[n]$ 的差分方程描述。

$$y[n]+(1/4)y[n-1]+v[n]+(1/2)v[n-1]=(2/3)x[n]$$
$$y[n]-(5/4)y[n-1]+2v[n]-2v[n-1]=-(5/3)x[n]$$

1) 试求该系统的频率响应 $\tilde{H}(\Omega)$ 和系统函数 $H(z)$ 及其收敛域，并概略画出它的零、极点图。

2) 确定该系统的单位冲激响应 $h[n]$ 和单位阶跃响应 $s[n]$。

3) 写出该系统用 $x[n]$ 和 $y[n]$ 描述的单一的差分方程表示。

**8.13** 对下列微分方程或差分方程表示的因果 LTI 系统，试分别用双边和单边拉普拉斯变换或双边和单边 Z 变换，求解和比较每个系统的单位冲激响应，并与第 4 章的时域方法作比较。

1) 第 4 章 4.11 题 b)小题 2) 第 4 章 4.11 题 d)小题 3) 第 4 章 4.12 题 b)小题

**8.14** 单边拉普拉斯变换和单边 Z 变换最重要的应用，是可以方便地求解用微分方程和差分方程和非零起始条件描述的一类因果系统。试用单边拉普拉斯变换或单边 Z 变换求解下列各系统在因果输入 $x(t)$ 和 $x[n]$ 时的零状态响应和零输入响应。

1) 第 4 章 4.14 题，$x(t)=\mathrm{e}^{-3t}u(t)$。 2) 第 4 章 4.15 题，$x(t)=\mathrm{e}^{-3t}u(t)$。

3) 第 4 章 4.16 题 c)小题，$x[n]=(0.5)^n u[n]$。 4) 第 4 章 4.16 题 d)小题，$x[n]=(0.5)^n u[n]$。

**8.15** 对于如下差分方程描述的离散时间因果系统，试求当因果输入 $x[n]=(0.5)^n u[n]$ 时，系统的零输入响应、零状态响应和全响应。假定系统此时的初始条件为 $y[0]=0$，$y[1]=1$。

$$0.125y[n]-0.75y[n+1]+y[n+2]=-0.5x[n+1]+x[n+2]$$

**8.16** 对于如下分微分方程描述的连续时间因果系统

$$\frac{\mathrm{d}^2y(t)}{\mathrm{d}t^2}+4\frac{\mathrm{d}y(t)}{\mathrm{d}t}+3y(t)=2\left[x(t)+\mathrm{e}^{-2t}\int_0^t \mathrm{e}^{2\tau}x(\tau)\mathrm{d}\tau\right]$$

已知 $x(t)=u(t)$，起始条件为 $y(0_{-})=1$，$y'(0_{-})=-5$，试求系统的全响应 $y(t)$，$t\geqslant 0$，并写出其中的零输入响应和零状态响应、自由响应和强迫响应，以及稳态响应和暂态响应各个组成分量。

**8.17** 对于如下差分方程描述的离散时间因果系统：

$$y[n]-\frac{1}{3}y[n-1]=2x[n]+\sum_{k=0}^{n}(0.5)^{n-k}x[k]$$

已知 $x[n]=u[n]$，起始条件为 $y[-1]=3$，试求系统的全响应 $y[n]$，$n\geqslant 0$，并写出其中的零输入响应和零状态响应、自由响应和强迫响应、稳态响应和暂态响应各分量。

**8.18** 对于下列变换域输入输出关系描述的连续时间或离散时间系统，试判定各自的下列性质：

a) 线性性质　　b) 时不变性　　c) 因果性　　d) 稳定性

1) $Y(\omega)=X(\omega/2)$　　2) $Y(\omega)=\omega X(\omega)$　　3) $\tilde{Y}(\Omega)=\tilde{X}(3\Omega)$　　4) $\tilde{Y}(\Omega)=\tilde{X}(\Omega)(1-\mathrm{e}^{-\mathrm{j}\Omega})$

5) $Y(s)=X(s)+X(-s)$，$R_Y=R_X$　　6) $Y(z)=X(z)+X(-z)$，$R_Y=R_X$

7) $Y(\omega)=X(\omega)\mathrm{e}^{-\mathrm{j}\omega}+\dfrac{\mathrm{d}X(\omega)}{\mathrm{d}\omega}$　　8) $\tilde{Y}(\Omega)=\tilde{X}(\Omega)\mathrm{e}^{\mathrm{j}\Omega}-\dfrac{\mathrm{d}\tilde{X}(\Omega)}{\mathrm{d}\Omega}$

9) $Y(\omega)=\int_{-W}^{W}X(\omega-\sigma)\mathrm{e}^{\mathrm{j}(\omega-\eta)}\mathrm{d}\sigma$　　10) $\tilde{Y}(\Omega)=\int_{-\pi/2}^{\pi/2}\tilde{X}(\Omega-\sigma)\mathrm{e}^{-\mathrm{j}(\Omega-\eta)}\mathrm{d}\sigma$

**8.19** 由如下差分方程描述的离散时间因果 LTI 系统：

$$y[n]+y[n-1]+0.25y[n-2]=x[n-1]-0.5x[n-2] \quad \text{(P8.19)}$$

1) 该系统的逆系统是什么？并证明它是非因果的。

2) 试求其因果的“**延迟逆系统**”，即求一个因果 LTI 系统，使图 P8.19 中的输出 $v[n]=x[n-1]$，并求其单位冲激响应 $\hat{h}_{\mathrm{inv}}[n]$ 和写出差分方程表示。

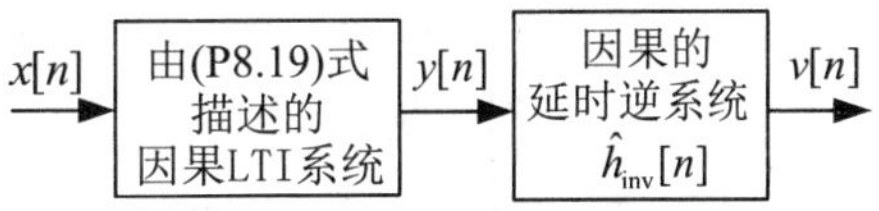

图 P8.19

**8.20** 对于下列微分方程或差分方程描述的因果 LTI 系统：

a) 第 4 章 4.11 题 b)小题　　b) $y''(t)+5y'(t)+6y(t)=x''(t)+2x'(t)+5x(t)$

c) 第 4 章 4.12 题 b)小题　　d) $y[n]-(5/6)y[n-1]+(1/6)y[n-2]=x[n]+0.25x[n-2]$

试确定：1) 系统是否稳定，写出它的逆系统的微分方程或差分方程表示，并讨论这个逆系统能否因果，能否稳定，能不能既因果又稳定？

2) 它的因果逆系统的单位冲激响应 $h_{\mathrm{inv}}(t)$ 或 $h_{\mathrm{inv}}[n]$。

**8.21** 已知一个单位冲激响应为 $h(t)$ 的连续时间因果 LTI 系统具有如下特性：

1) $h(t)$ 满足微分方程 $h'(t)+2h(t)=(\mathrm{e}^{-4t}+b)u(t)$，其中 $b$ 为一个待定常数。

2) 当该系统输入为 $x(t)=\mathrm{e}^{2t}$ 时，系统输出为 $y(t)=(1/6)\mathrm{e}^{2t}$。

试确定该系统的系统函数 $H(s)$，且其中不应含有未知常数 $b$，并写出其微分方程表示。

**8.22** 已知某个因果稳定的连续时间 LTI 系统，它对输入 $x(t)$ 的响应 $y(t)$ 为

$$y(t)=\delta(t)-6\mathrm{e}^{-t}u(t)+(4/34)\mathrm{e}^{4t}\cos 3t+(18/34)\mathrm{e}^{4t}\sin 3t$$

并已知 $x(t)$ 为三项之和，其中一项是冲激 $\delta(t)$，其余两项是 $\mathrm{e}^{s_0 t}$ 形式的复指数，$s_0$ 为个复常数。试确定该系统的系统函数 $H(s)$、零极点和收敛域，并写出它的微分方程。

**8.23** 已知一个离散时间 LTI 系统具有如下特性：

1) 系统对所有 $n$ 的输入为 $x[n]=(-2)^n$ 时，系统输出在所有 $n$ 都为零，即 $y[n]=0$。

2) 系统输入为 $x[n]=(0.5)^n u[n]$ 时的输出为 $y[n]=\delta[n]+(b/4)u[n]$，其中 $b$ 是一个待定常数。

试确定 $b$ 的值，并求当输入为 $x[n]=1$ 时系统的输出 $y[n]$。

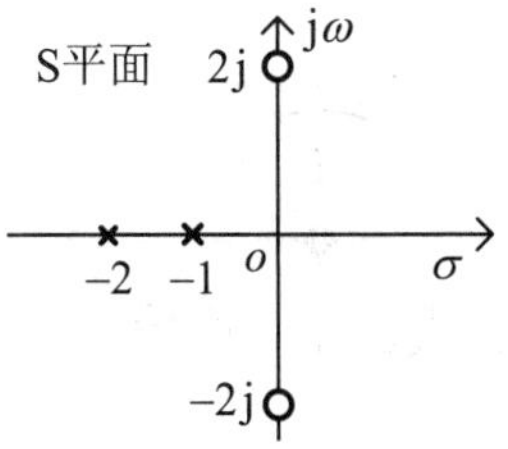

图 P8.24

**8.24** 已知一个实的连续时间因果 LTI 系统的零极点如图 P8.24，且系统在输入 $x(t)=\sin t$ 时的输出为 $y(t)=0.1\sin t-0.3\cos t$。

1) 试求当系统在如下输入时的稳态响应 $y(t)$，$-\infty<t<\infty$。

$$x(t)=\sum_{k=0}^{\infty}2^{-k}\cos(2t+k\pi/4)$$

2) 试说明系统单位冲激响应 $h(t)$ 由哪些分量组成？

3) 写出它系统函数 $H(s)$ 和收敛域。 4) 写出系统的微分方程表示。

5) 概略画出系统的幅频响应 $|H(\omega)|$ 和相频响应 $\varphi(\omega)$，并加以标注。

**8.25** 已知实的离散时间因果 LTI 系统的零、极点如图 P8.25 所示。

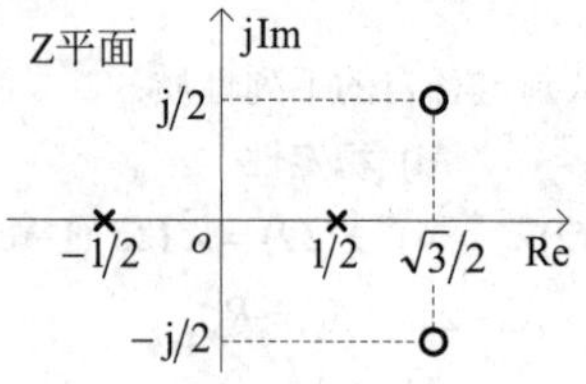


图 P8.25

1) 试求该系统在如下输入时的稳态响应 $y[n]$，$-\infty<n<\infty$。

$$x[n]=\sum_{k=0}^{\infty}\frac{1}{3^k}\sin\left(\frac{\pi n}{6}-\frac{k\pi}{4}\right)$$

2) 试说明该系统的单位冲激响应 $h[n]$ 由那些分量组成？

3) 若图 P8.25 的系统在输入为 $x[n]=\cos(\pi n)$ 时的输出为 $y[n]=(2+\sqrt{3})(-1)^n$。试写出系统的系统函数 $H(z)$ 和收敛域。

4) 写出 3)小题系统的频率响应，概略画出其幅频响应 $|\tilde{H}(\Omega)|$，并写出系统的差分方程表示。

5) 又若图 P8.25 的系统单位阶跃响应 $s[n]$ 在 $n=0$ 的值为 $s[0]=2$，试求此时系统的单位冲激响应 $h[n]$。

**8.26** 对图 P8.26 中每个零极点图表示的连续时间因果 LTI 系统，设每个系统函数的复常数 $H_0=1$。试用傅里叶变换的几何确定法概略画出幅频响应 $|H(\omega)|$ 和相频响应 $\varphi(\omega)$，并加以必要的标注。

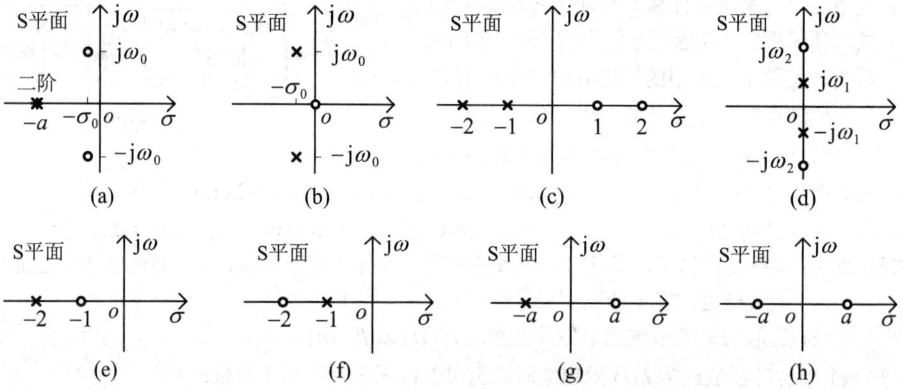


图 P8.26

**8.27** 对图 P8.27 的每个零极点图表示的离散时间因果 LTI 系统，假设每个系统函数的复常数 $H_0=1$。试用傅里叶变换的几何确定法，概略画出幅频响应 $|\tilde{H}(\Omega)|$ 和相频响应 $\tilde{\varphi}(\Omega)$，并加以必要的标注。

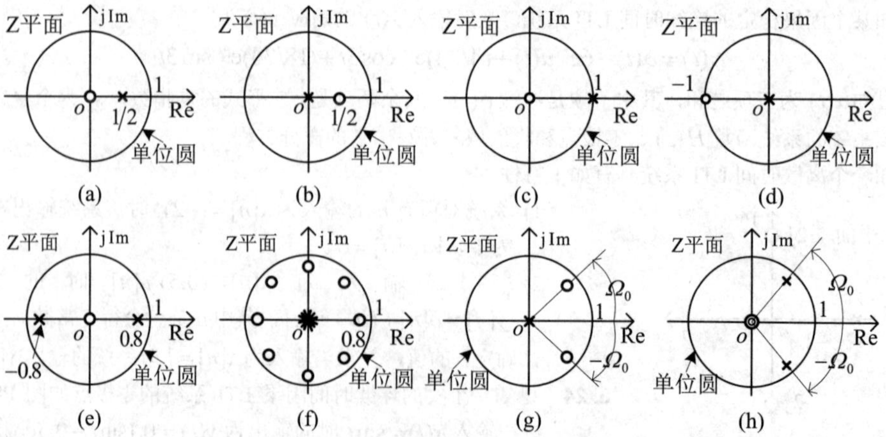


图 P8.27

**8.28** 在 8.6.1 节中引入了连续时间一阶系统的时间常数 $\tau$ 的概念，它是衡量一阶系统对输入响应快慢的一种度量。对单位阶跃响应 $s(t)$ 表示的一阶系统，时间常数 $\tau$ 等于 $s(t)$ 从 $s(0)$ 到 $s(\infty)(1-1/\mathrm{e})$ 所需的时间。该系统响应快慢的概念对高阶系统也同样重要。

1) 利用上述定义一阶系统时间常数相同的定量关系，写出确定如下二阶微分方程描述的因果 LTI 系统时间常数 $\tau$ 的代数方程，并求出它的时间常数。

$$y''(t)+11y'(t)+10y(t)=9x(t)$$

2) 将发现，用 1)小题的定义确定高阶系统的时间常数将过于复杂了。该二阶微分方程表示的系统可以看成两个一阶系统并联。这两个一阶系统各自的时间常数是多少，并与 1)小题所求结果相比较。

3) 通过 2)小题的讨论可知，两个时间常数中大的一个表示着系统响应最慢的部分，叫做系统的**主时间常数**。主时间常数的概念对任何高阶的实因果稳定 LTI 系统同样成立，高阶系统可看成若干个实的一阶或二阶系统的并联，系统主时间常数就是各个并联子系统时间常数中的最大值，它对整个系统响应的快慢起着支配作用，用它可简化高阶系统的分析。与主时间常数相比，那些很小时间常数的一阶系统的单位阶跃响应 $s_i(t)$，将很快达到它的稳态值 $s_i(\infty)$，它们就可以用如下的数乘系统来近似：

$$\hat{s}_i(t)=s_i(\infty)u(t) \quad 和 \quad \hat{h}_i(t)=s_i(\infty)\delta(t) \tag{P8.28.1}$$

它们是简单的数乘器。如此近似以后，再分析整个系统的各种特性将简单得多。

a) 利用上述简化分析方法，对 1)小题的因果 LTI 系统，试求其近似的单位冲激响应、单位阶跃响应、频率响应，概略画出函数图形，并与该系统的精确响应相比较。

b) 利用上述简化分析方法，对如下微分方程描述的因果 LTI 系统，重做 a)小题。

$$y'''(t)+23y''(t)+142y'(t)+120y(t)=3x''(t)+46x'(t)+142x(t)$$

c) 如果并联结构中存在很小时间常数 $\tau_2$ 的实的二阶子系统，它的子系统函数为

$$H_2(s)=\frac{\beta_1 s+\beta_0}{[s+(1/\tau_2)]^2+\omega_0^2} \tag{P8.28.2}$$

它可以近似成一个什么样的简单系统，即(P8.28.1)式将变成什么？

**8.29** 考虑一个测量系统，通常不能对被测量的变化做出瞬时的响应。假定该测量系统的单位阶跃响应 $s(t)$ 为

$$s(t)=(1-\mathrm{e}^{-t/\tau})u(t) \tag{P8.29.1}$$

1) 试设计一个补偿系统(如图 P8.29(a)所示)，使得测量系统的输出通过该补偿系统后得到对被测量瞬时响应 $\hat{x}(t)$，即在任何瞬时，补偿系统的输出值就是当时的被测量。

2) 任何实际测量装置都不可避免地存在干扰，通常把这种干扰建模为加性噪声 $n(t)$，连同上述补偿系统一起如图 P8.29(a)所示。假设 $n(t)=\beta\sin\omega t$，其中 $\beta$ 相对于被测量的信号是一个小量。若被测信号为 $u(t)$，试求此时补偿系统的输出，并说明 $n(t)$ 对此输出有什么影响，即这个输出随 $\omega$ 怎样改变？

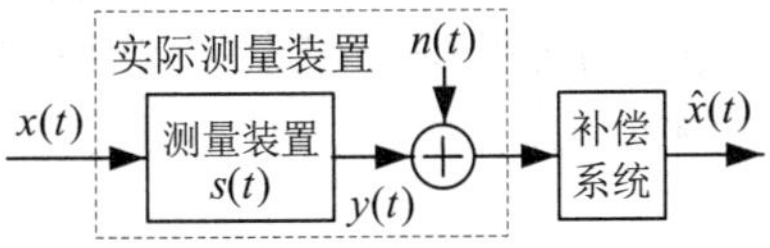

(a)

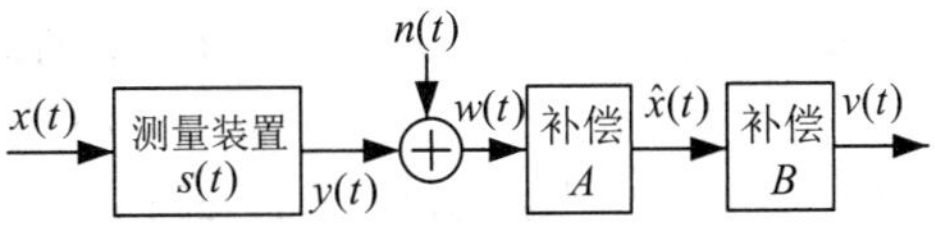

(b)

图 P8.29

3) 2)小题是逆系统应用中的一个重要问题。具体地说，通常必须在系统的响应速率与抑制高频干扰能力之间做出某种折衷。考虑图 P8.29(b)的系统，其中系统 $A$ 为图 P8.29(a)中的补偿系统，即在系统 A 的输出再接一个补偿系统 $B$，用来阻尼高频干扰。假设补偿系统 $B$ 的单位冲激响应为

$$h_{\mathrm{B}}(t)=\alpha\mathrm{e}^{-\alpha t}u(t) \tag{P8.29.2}$$

a) 若要使图 P8.29(a)的总系统对干扰 $n(t)=\sin\omega_0 t$ 所产生的输出不大于 0.1，并假设 $\omega_0\tau\gg 1$ 的条件下，试选择 $\alpha$，使得对输入为阶跃信号时的响应尽可能快地达到稳态值。

b) 在上述 $\alpha$ 值的选择下，总的补偿系统(即补偿系统 $A$ 和 $B$ 的级联系统)的频率响应是什么？并写出它的微分方程表示。

**8.30** 8.7.1 小节指出，实的因果稳定离散时间全通系统的零、极点以单位圆呈反比镜像对称分布，本题通过证明图 8.33(a)和(b)中零、极点图表示的离散时间系统分别是一阶和二阶全通系统来说明这一结论。

1) 试证明基本的离散时间一阶全通函数 $H_{1\text{ap}}(z)$ 具有如下的形式，且 $|H_{1\text{ap}}(z)|=1$，即具有单位增益。

$$H_{1\text{ap}}(z)=\frac{z^{-1}-a}{1-az^{-1}}=\frac{1-az}{z-a}\text{，}a\text{ 为 }|a|<1\text{ 的任意复数} \tag{P8.30.1}$$

如果 $a$ 限于实数，且 $|a|<1$，则上式的 $H_{1\text{ap}}(z)$ 就是实的因果稳定的一阶全通函数。

2) 试进一步证明如下的离散时间有理函数也是单位增益的实的因果稳定的二阶全通函数：

$$H_{2\text{ap}}(z)=\frac{z^{-1}-a^*}{1-az^{-1}}\cdot\frac{z^{-1}-a}{1-a^*z^{-1}}\text{，}\quad |a|<1 \tag{P8.30.2}$$

3) 进一步证明任意实的因果稳定的离散时间系统，只要零、极点以单位圆呈反比镜像对称分布，它们就是离散时间全通系统，且幅频响应表示为(8.7.3)式右式。

**8.31** 在图 P8.26 和图 P8.27 给出的零、极点图表示的连续和离散时间因果 LTI 系统中，哪些是全通系统？哪些是最小相移系统？

**8.32** 在 8.7.2 节曾指出，任何非最小相移系统都可以等效成一个同阶最小相移系统和一个全通系统的级联，参见(8.7.16)式。对于图 P8.32 中所示的每个零、极点图表示的连续时间或离散时间因果 LTI 系统，它们是最小相移系统吗？如果不是，试分别画出级联等效的最小相移系统和全通系统的零、极点图。假设它们系统函数的实常数 $H_0=1$，试分别写出它们各自的系统函数和微分方程或差分方程表示。

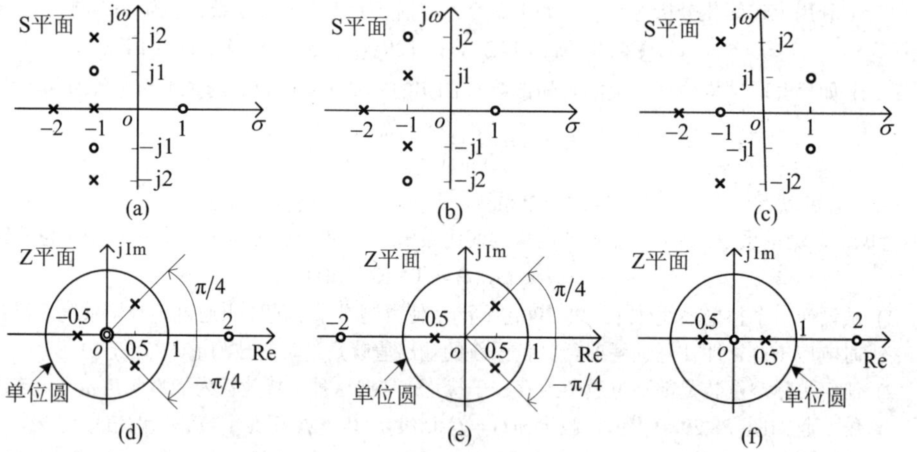


图 P8.32

**8.33** 全通系统的幅频响应是常数，但有较严重的非线性相位特性，纯时移系统也具有恒定幅频响应，相频响应却是线性的。通过本题可以对此有一定的认识。如下差分方程描述的离散时间因果 LTI 系统：

$$y[n]-ay[n-1]=bx[n]+x[n-1]$$

其中，$a$ 是实数，且绝对值小于 1。试求：

1) 当 $b$ 和 $a$ 应满足什么关系，该系统才是一个全通系统？

2) 若 $a=0.5$ 和 $a=-0.5$，试分别画出这个全通系统的相频响应 $\tilde{\varphi}(\Omega)$，$0\leqslant\Omega\leqslant\pi$，同时求出各自的单位冲激响应，并与单位延时系统作比较。

**8.34** 在长途电话通信中，由于传输线与发射机和接收机阻抗不匹配，信号在接收端和发射端之间来回地反射。具有这样反射现象的传输系统可用一个因果 LTI 系统来模拟，其单位冲激响应 $h(t)$ (见图 P8.34)为

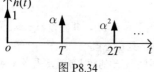

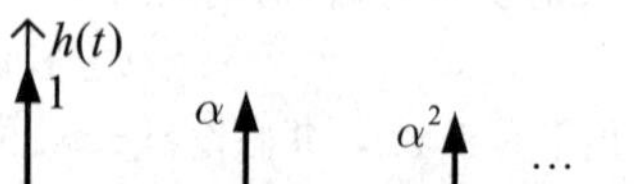


图 P8.34

$$h(t)=\sum_{k=0}^{\infty}\alpha^k\delta(t-kT) \tag{P8.34.1}$$

其中，$\alpha$ 和 $T$ 为从接收机反射回到发射机、再由发射机反

射回到接收机信号传输衰减和传播时间，且 $0<\alpha<1$ 。试求：

1) 试确定该系统的系统函数 $H(s)$ 和收敛域。
2) 画出该系统及其逆系统的零、极点图。
3) 概略画出该系统及其逆系统的幅频响应 $|H(\omega)|$ 和 $|H_{\text{inv}}(\omega)|$ 。
4) 让接收机接收到的信号先通过这样的逆系统，就可消除反射造成的信号失真。试求这个逆系统的单位冲激响应 $h_{\text{inv}}(t)$ ，并写出它的微分方程表示。

**8.35** 对于图 P8.35(a)所示的连续时间 LTI 系统，并已知：

$$h_1(t)=\frac{\sin(\pi t)}{\pi t}\ ;\qquad H_2(\omega)=\begin{cases}e^{-j\omega}, & |\omega|<\pi\\ 0, & |\omega|>\pi\end{cases}\ ;\qquad H_3(s)=\frac{1}{s}\ ,\quad \mathrm{Re}\{s\}>0\ ;$$

P8.35(a)中的系统 4 是图 P8.35(b)所示的 RC 积分电路，其时间常数为 $\tau=RC=1\,\text{ms}$。试求：

1) 当有如下系统输入 $x(t)$ 时，整个系统的输出 $y(t)$ 。

$$x(t)=\sum_{n=-\infty}^{\infty}r_1(t-n)\ ,\qquad 其中\ r(t)=\begin{cases}1, & |t|<1/4\\ 0, & |t|>1/4\end{cases}$$

2) 该系统的单位冲激响应 $h(t)$ ，并概略画出它的波形。

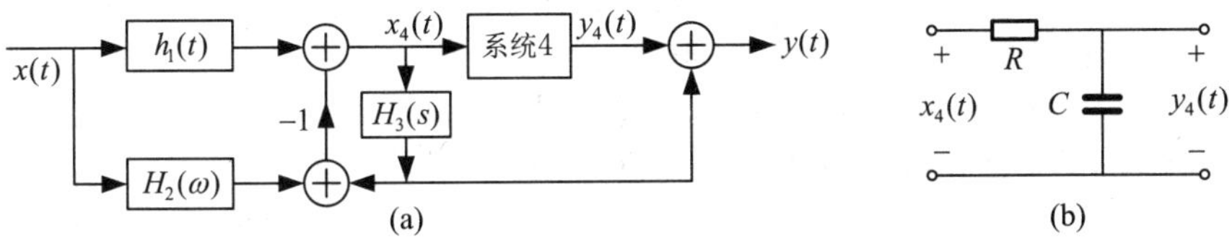


图 P8.35

**8.36** 对于图 P8.36(a)所示的离散时间 LTI 系统，现已知:

$$H_2(z)=z^{-1}\ ;\qquad \tilde{H}_1(\Omega)=e^{-j(\Omega-\pi)}\ ;\qquad \tilde{H}_3(\Omega)=\begin{cases}1, & |\Omega|<\pi/2\\ 0, & \pi/2<|\Omega|<\pi\end{cases}\ ;\qquad h[n]=\frac{\sin(\pi n/4)}{\pi n}$$

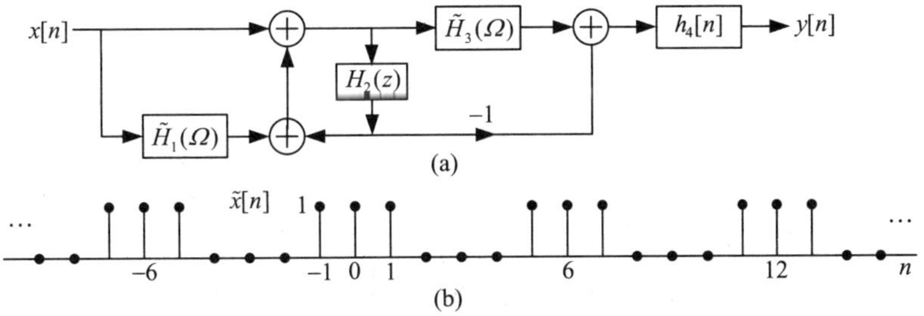


图 P8.36

1) 当输入为图 P8.36(b)所示的周期矩形序列 $\tilde{x}[n]$ 时，试求整个系统的输出 $y[n]$ 。
2) 该系统的单位冲激响应 $h[n]$，并概略画出它的序列图形。

**8.37** 对下列每个方框图或信号流图表示的连续或离散时间因果 LTI 系统，试给出 a)～d)四种系统表示:

a) 系统函数和零、极点图　　b) 概略画出幅频响应和相频响应

c) 单位冲激响应和单位阶跃响应　　d) 微分方程或差分方程表示

1) 系统如图 P8.37(a)所示。　2) 系统如图 P8.37(b)所示。

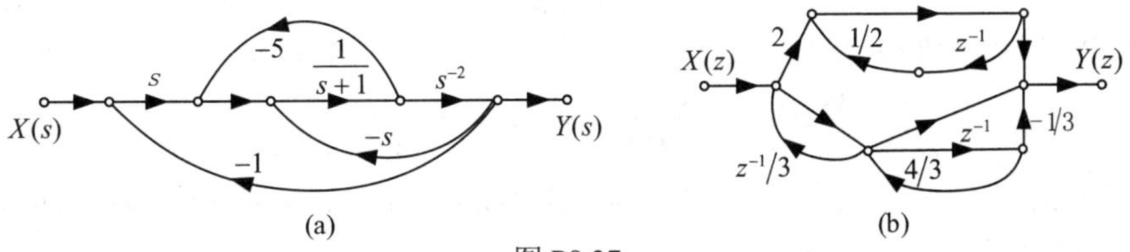


图 P8.37

**8.38** 对于下列每一个用微分方程或差分方程描述的连续或离散时间因果 LTI 系统，试分别画出用三种基本系统单元构成的一种级联结构和并联结构方框图或信号流图，其中数乘器应为实系数乘法器。

1) 第 4 章 4.18 题 1)小题　　2) 第 4 章 4.18 题 6)小题　　3) 第 4 章 4.19 题 1)小题

4) 第 4 章 4.19 题 2)小题　　5) 第 4 章 4.19 题 4)小题　　6) 第 4 章 4.19 题 5)小题

**8.39** 已知一个连续时间因果 LTI 系统的系统函数为 $H(s)=\dfrac{5s+7}{s^3+5s^2+5s+4}$，试求：

1) 确定该系统的单位阶跃响应 $s(t)$。

2) 用 1 个一阶实系统和 1 个二阶实系统的**级联**实现它，并画出这样的级联结构的方框图。

3) 用 1 个一阶实系统和 1 个二阶实系统的**并联**实现它，并画出这样的并联结构的方框图。

**8.40** 已知一个连续时间因果 LTI 系统的频率响应为 $H(\omega)=\dfrac{\mathrm{j}\omega-2}{(\mathrm{j}\omega+2)^2(\mathrm{j}\omega+1)}$，试求：

1) 用 1 个一阶实系统和 1 个二阶实系统的**并联**结构实现该系统，并画出并联结构方框图或信号流图。

2) 用 3 个一阶实系统**级联**结构实现该系统，并画出级联结构方框图或信号流图。

**8.41** 对于如下差分方程描述的离散时间因果 LTI 系统：

$$y[n]-0.25y[n-1]-0.125y[n-2]=x[n]+2x[n-1]-2x[n-3]-x[n-4]$$

1) 用 4 个一阶实系统组成的级联型结构实现该系统，其中有两个实 FIR 系统。

2) 用并联结构实现该系统，并求出它的单位冲激响应 $h[n]$。

**8.42** 本题讨论用微分方程或差分方程描述的因果 LTI 系统的 T 型实现结构。

1) 用微分方程描述的连续时间因果LTI 系统的系统函数 $H(s)$，可以写成如下 $s^{-1}$ 的有理函数：

$$H(s)=\frac{\beta_0+\beta_1 s^{-1}+\beta_2 s^{-2}+\ \cdots\ +\beta_M s^{-M}}{1+\alpha_1 s^{-1}+\alpha_2 s^{-2}+\ \cdots\ +\alpha_N s^{-N}},\quad M\leqslant N \tag{P8.42.1}$$

若将分子和分母多项式辗转进行多项式除法，当 $M\leqslant N$ 时，它可以展开为如下连分式：

$$H(s)=B_0 s^{-1}+\cfrac{1}{A_1+\cfrac{1}{B_1 s^{-1}+\cfrac{1}{A_2+\ddots\cfrac{1}{B_N s^{-1}+\cfrac{1}{A_N}}}}} \tag{P8.42.2}$$

当 $M=N$ 时，$H(s)$ 可以展开为

$$H(s)=A_0+\cfrac{1}{B_1 s^{-1}+\cfrac{1}{A_1+\cfrac{1}{B_2 s^{-1}+\ddots\cfrac{1}{B_N s^{-1}+\cfrac{1}{A_N}}}}} \tag{P8.42.3}$$

试把下列因果系统函数展开成(P8.42.2)式或(P8.42.3)式形式的连分式。

a) $H(s)=\dfrac{2s^2+1}{s^2+2s-2}$　　b) $H(s)=\dfrac{5s+7}{s^3+5s^2+5s+4}$　　c) $H(s)=\dfrac{s^3+5s^2+10s+11}{s^3+5s^2+5s+4}$

2) 在(P8.42.2)式或(P8.42.3)式形式的连分式中，分式部分的基本形式为

$$H_1(s)=\frac{1}{A+T_1(s)}\quad 和\quad H_2(s)=\frac{1}{Bs^{-1}+T_2(s)} \tag{P8.42.4}$$

且连分式的逐个分母部分的分式也是这两种基本形式。利用反馈系统的基本关系，则(P8.42.4)式中 $H_1(s)$ 和 $H_2(s)$ 可以分别改写成

$$H_1(s)=\frac{\dfrac{1}{T_1(s)}}{1+\dfrac{A}{T_1(s)}} \quad 和 \quad H_2(s)=\frac{\dfrac{1}{T_2(s)}}{1+\dfrac{Bs^{-1}}{T_2(s)}} \tag{P8.42.5}$$

试画出上述 $H_1(s)$ 和 $H_2(s)$ 的反馈系统方框图或信号流图。

3) 对于(P8.42.2)式或(P8.42.3)式的连分式，反复利用 2)小题的方法和结果，可以构成另一种实现结构，称为 **T 型实现结构**。基于(P8.42.2)式或(P8.42.3)式，试画出一般形式的 T 型实现结构的方框图或信号流图。

4) 对于 1)小题中 a)和 b)所列的 $H(s)$，画出它们的 T 型实现结构方框图或信号流图。

5) 对于用差分方程描述的离散时间因果 LTI 系统的系统函数 $H(z)$，可以写成如下 $z^{-1}$ 的有理函数：

$$H(s)=\frac{\beta_0+\beta_1 z^{-1}+\beta_2 z^{-2}+\ \cdots\ +\beta_M z^{-M}}{1+\alpha_1 z^{-1}+\alpha_2 z^{-2}+\ \cdots\ +\alpha_N z^{-N}} \tag{P8.42.6}$$

其中，$M$ 和 $N$ 不受 $M \leqslant N$ 的限制。当 $M \leqslant N$ 时，试写出上述连续时间系统 T 型实现结构的离散时间对偶形式。当 $M > N$ 时，利用长除法写成一个 $z^{-1}$ 的多项式与一个有理真分式之和(见(8.2.16)式)，然后可用 T 型实现结构和一个 FIR 系统的并联来实现。

6) 根据 5)小题的讨论，试分别画出 $M<N$、$M=N$ 和 $M>N$ 三种情况下，(P8.42.6)式表示的离散时间因果系统的一般形式的 T 型实现结构方框图或信号流图。

7) 把下列离散时间因果系统函数展开成连分式，并画出它们的 T 型实现结构方框图或信号流图。

a) $H(z)=\dfrac{-1+z^{-1}+(3/16)z^{-2}}{1+(1/4)z^{-1}-(1/8)z^{-2}}$　　b) $H(z)=\dfrac{1-(1/4)z^{-1}-(1/8)z^{-2}}{-1+z^{-1}}$

c) $H(z)=\dfrac{1-5z^{-2}}{2-z^{-1}+z^{-2}}$　　d) $H(z)=\dfrac{1-z^{-4}}{1-z^{-1}+(1/2)z^{-2}-z^{-3}}$

# 第9章　在信号分析与处理中的应用

## 9.1　引　　言

在信息信号的探测和获取、传输、交换的过程中，以及在按照各种不同的需要、对包含在信号中的信息进行有效利用时，都离不开对信号的各种各样的处理，这里的“**信号处理**”是一个广义的术语，其内涵包括信号分析、传输、存储、显示和控制等对信号的任何有意义的操作。在本书的绪论中就指出，任何的信号处理任务都是由某种功能和特性的系统来实现和完成的，因此，通过前面各章从时域到变换域(频域与复频域)，对信号与系统的基本概念、理论和方法做了全面深入的介绍、讲述和讨论，在获得有关系统分析和综合的一整套概念、理论和方法的同时，也建立了有关信号处理的基本概念、理论和方法。

信号处理应用于十分广泛的工程领域，实际上，前面第 7 章的内容可以看成在通信领域中主要的信号处理问题，其中的许多概念与方法也适用于其他工程领域的一般信号处理问题。本章将面向更广泛的工程领域，针对信号处理的一些基本的问题和实际应用，进一步介绍和深入讨论诸如连续时间信号处理和离散时间信号处理、连续时间信号的离散时间(数字)处理、离散傅里叶变换(DFT)在信号分析和处理中的应用、滤波和滤波器、滤波器的设计和实现、不同类型滤波器之间的频率变换，离散时间信号的多抽样率处理等的有关概念、方法及其主要的实际应用，以便进一步激发读者的兴趣和热情，引导读者系统地、灵活地理解、掌握和学会应用本书前面讲述的信号与系统的一系列概念、理论和方法。

## 9.2　连续时间信号处理和离散时间信号处理

**1．信号处理的两种基本方式**

在诸如通信系统、探测和遥感系统、控制和自动化系统，以及所有物理和生物信号测量设备中涉及信号处理，就其进行运算的方式而言，可分成如下两种不同方式的信号处理：

1) 连续时间(模拟)信号处理

以连续时间的方式或称“模拟”方式进行的信号处理称为“连续时间信号处理”或“**模拟信号处理**”。这类信号处理是通过直接求解实际工程问题所满足的数学方程(主要是各种微分方程)，并获得所希望的结果的一类信号处理方式。正如其名称的含义那样，模拟信号处理是借助于模拟元器件和电路(电阻、电容、电感、半导体器件和模拟集成电路等)，或其他物理形式的功能元部件来实现的。

2) 离散时间(数字)信号处理

以离散时间的方式进行的信号处理，则称为“离散时间信号处理”。这是一类通过数值运算来获得实际工程问题所希望的解答的一类信号处理方式。目前，实际的数值运算都是在通用数字计算机或专用数字硬件上，借助基本的数字运算单元和各种各样的计算机算法来实现的，因此，这种以离散时间方式进行的信号处理，更确切和通用地称为**“数字信号处理”**。

鉴于本书涵盖的内容范围，下面涉及信号处理的实现问题时，只落实到用前面已介绍的、各种连续时间和离散时间基本系统，以及一些基本算法(如 FFT 算法等)的实现层面，至于更具体、实际的实现问题已超出了本书的范围，它们分别是其他有关专业课程和专著的任务。

**2．两种信号处理方式的比较**

在过去相当长的时间内，连续时间方式的模拟信号处理一直是信号分析与处理实际可行的选择方式，直到上个世纪后半叶才逐渐退出其主导地位，被数字信号处理所取代。究其原因，除了实际的需求和技术发展的历史原因外，基本上是由它们各自本身的优缺点所决定。

与模拟信号处理方式相比较，数字信号处理方式具有如下重要优点：

(1) 精度高：数字信号处理的误差或精度取决于所采用的数字字长(比特数)，且可以几乎不受噪声和外界条件的影响，达到百分之一甚至更高的处理精度并不困难；而模拟信号处理的精度则取决于所采用元器件的特性和制造工艺，且易受噪声和外界条件(如电源电压和环境温度等)的影响，要达到百分之一的处理精度十分困难或需要付出相当高的代价。

(2) 高度的灵活性和易于实现自适应处理：只要更改或重新注入算法软件或算法的常数，同一部计算机或数字硬件就可以执行不同要求的数字信号处理；而在模拟信号处理的情况下，每一次改变信号处理的参数或指标，一般说来都不得不重新设计和制造新的处理系统。正是由于这一优点，数字信号处理易于实现自适应信号处理。

(3) 重复性高和鲁棒性强：在数字方式的情况下，可一遍又一遍、丝毫不差地重复给定的信号处理运算结果，反之，模拟信号处理会受到外界因素和条件的影响而有明显的变化。数字信号处理的这种高重复性，也使得数字处理系统有比模拟处理系统更高的鲁棒性。

当然，模拟信号处理也有一些重要的、甚至在有些场合不可替代的优点.

(1) 实时性好：由于用于执行模拟处理的元器件和部件都是实际的连续时间系统，它们具有固有的实时处理性能；数字方式则由于执行处理算法的数值运算需要时间，不能确保所有数字信号处理都能实时完成。

(2) 对于绝大部分实际工程问题都属于连续时间信号描述的数学模型，连续时间方式的模拟信号处理是它们所需信号处理的直接方式，即把连续时间信号经过处理，可以直接得到作为结果的连续时间信号；若采用数字处理方式，不仅先要把连续时间信号转换成数字信号，最后还要把作为处理结果的数字信号再转换成连续时间信号。

由于上述原因，一般说来，与直接模拟方式相比，采用数字信号处理方式所需的系统要复杂得多，相应的处理成本和代价也高，在过去相当长的时间里成为制约数字信号处理应用的主要因素。但是，随着微电子技术、计算机技术和数字信号处理技术的飞速进步，用数字处理的价格也日趋低廉，使得在相当大量的应用中，采用数字处理方式的性能/价格比已经优于模拟处理方式；此外，有许多原来认为在连续时间中难以完成的信号处理需求，用数字处理方式将能够、甚至方便地实现。因此，数字处理方式将日益成为设计者优先考虑和偏爱的选择。即使如此，由于数字处理方式的一些固有的缺点或限制，目前在诸如绝大部分信息的获取设备和信息终端，在实际传输媒质中的信号传输，在非常高的频率范围上所要求的信号处理等场合，模拟信号处理仍起着不可替代的作用，且在其他许多应用中也保持着相当的生命力。当然，对于一个具体的信号处理问题，到底是采用模拟处理方式还是数字处理方式来解决，需要权衡具体的应用和要求、可用的资源和构建处理系统的成本等因素。

需要指出，目前众多采用了数字处理方式的、满足各种应用需求实际系统，即冠以“数字”二字的林林总总应用系统、仪器和设备，事实上几乎都是兼有两种信号处理方式的混合式处理系统，过去曾被称为“数据抽样系统”，它们都合理地综合利用了模拟和数字这两种信号处理方式的优点。

# 9.3 连续时间信号的离散时间(数字)处理

对于混合式信号处理系统，必须解决两个基本问题：第一，连续时间信号与离散时间信号及数字信号之间如何无失真地相互转换；第二，用怎样的离散时间(数字)信号处理才能实现所希望的连续时间信号处理。本节将介绍和讨论这两个问题。

## 9.3.1 连续时间信号与离散时间信号的相互转换

6.6.1 节讨论的连续时间时域抽样定理表明，一个带限的连续时间信号可以唯一地由它的等间隔的样本来表示。这一事实给连续时间信号与离散时间信号(包括数字信号)之间架设了一个桥梁。本小节将从连续时间信号抽样定理出发，介绍它们之间相互转换的原理模型和基本关系，并讨论与实现这些转换有关的一些实际考虑。

**1. 连续时间与离散时间信号相互转换的原理模型**

图 9.1 给出了连续时间与离散时间信号相互转换的原理模型，图中表明：连续时间带限信号 $x_c(t)$ 通过**连续/离散转换器**(**C/D**)，转换成代表它的离散时间信号 $x[n]$；反过来，由离散时间信号 $x[n]$ 通过**离散/连续转换器**(**D/C**)，转换回连续时间信号 $x_c(t)$。

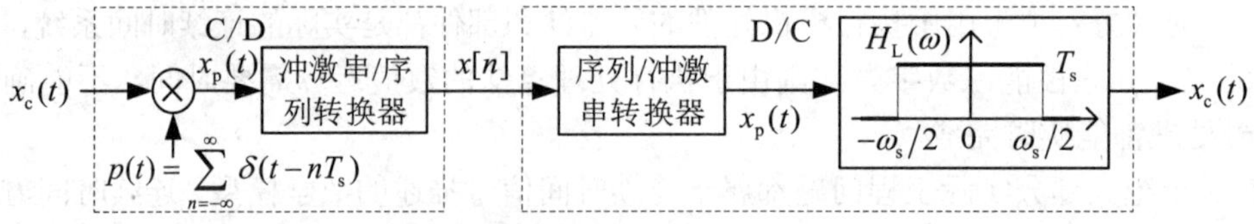


图 9.1 从连续时间信号转换成离散时间信号，再转换回连续时间信号的原理框图

在连续/离散转换(C/D)的过程中，首先将带限于 $\omega_M$ 的带限信号 $x_c(t)$ 进行理想抽样，并满足抽样定理(见(6.6.1)式)，获得抽样冲激串信号 $x_P(t)$，即

$$x_P(t)=\sum_{n=-\infty}^{\infty}x_c(nT_s)\delta(t-nT_s) \tag{9.3.1}$$

它仍然是一个连续时间信号，但逐个冲激的强度 $x_c(nT_s)$ 正是 $x_c(t)$ 的等间隔样本。要转换成样本值序列，还需通过一个称为**冲激串/序列转换**系统，它逐个地把冲激串 $x_P(t)$ 的强度值赋予离散时间序列 $x[n]$ 的序列值，即

$$x[n]=x_c(nT_s)\ ,\quad n=0,\ \pm1,\ \pm2\ \cdots \tag{9.3.2}$$

在 D/C 转换过程中，也必须先进行**序列/冲激串**转换，按离散时间序列 $x[n]$ 的各个序列值，产生等间隔 $T_s$ 的连续时间冲激串信号 $x_P(t)$，这是冲激串/序列转换的逆过程。最后用理想带限内插低通滤波器 $H_L(\omega)$，恢复出原连续时间信号 $x_c(t)$，其中

$$H_{\mathrm{L}}(\omega)=\begin{cases}T_s, & |\omega|\leqslant \pi/T_s\\ 0, & |\omega|>\pi/T_s\end{cases} \tag{9.3.3}$$

根据连续时间抽样定理，在图 9.1 中，只要 C/D 和 D/C 中两个 $x_{\mathrm{P}}(t)$ 的间隔 $T_{\mathrm{s}}$ 相等，并满足 $T_{\mathrm{s}}\leqslant \pi/\omega_{\mathrm{M}}$，通过两次转换，就能精确地恢复出原连续时间信号 $x_{\mathrm{c}}(t)$。因此，图 9.1 的整个系统等效为一个连续时间恒等系统。在图 9.2(a)和(b)中分别画出了在两种不同抽样间隔时，$x_{\mathrm{c}}(t)$、$x_{\mathrm{P}}(t)$ 和 $x[n]$ 的信号波形。

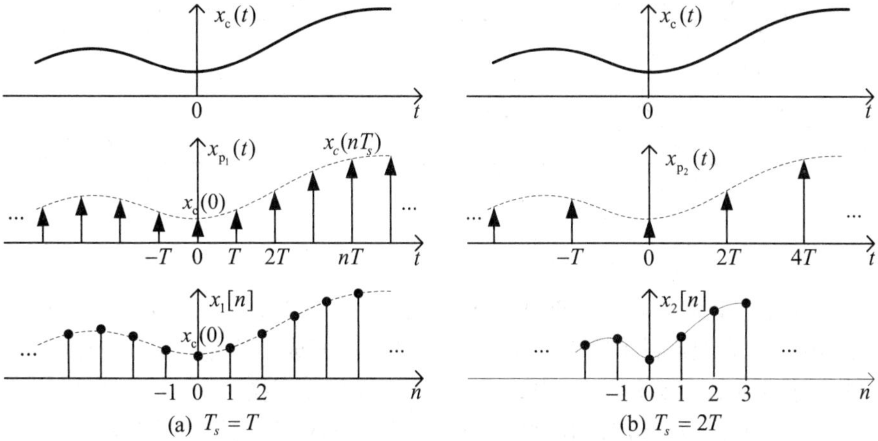


图 9.2　两种不同抽样间隔 $T_{\mathrm{s}}$ 时，C/D 转换各点波形示意图

在图 9.1 中，**冲激串/序列转换**和**序列/冲激串转换**均是混合系统。在冲激串/序列转换中，输入是等间隔冲激串信号 $x_{\mathrm{P}}(t)$，它的间隔为 $T_{\mathrm{s}}$，强度为相应时刻 $x_{\mathrm{c}}(t)$ 的样本值 $x_{\mathrm{c}}(nT_{\mathrm{s}})$；输出 $x[n]$ 则是以 $x_{\mathrm{c}}(nT_{\mathrm{s}})$ 为序列值的离散时间序列，序列值间隔为单位间隔，并用整型变量 $n$ 来标度。由此看出，冲激串/序列转换有两个功能：第一，由(9.3.2)式表示的赋值功能，即将输入冲激串的强度逐个地赋值给输出 $x[n]$ 的每个序列值；第二，时域尺度的归一化，即由 $x_{\mathrm{P}}(t)$ 的间隔 $T_{\mathrm{s}}$ 归一化成单位间隔。在图 9.2 中清楚地表示了这个时域尺度归一化过程，并且表明，当用不同的抽样间隔 $T_{\mathrm{s}}$ 抽样时，同一个带限连续时间信号转换成的离散时间序列虽然不一样，但是只要 $T_{\mathrm{s}}\leqslant \pi/\omega_{\mathrm{M}}$，都能还原成原信号 $x_{\mathrm{c}}(t)$。

在频域中，$x_{\mathrm{P}}(t)$ 和 $x_{\mathrm{c}}(t)$ 的频域关系已由第 6 章 6.6.1 小节中(6.6.5)式得到，即

$$X_{\mathrm{P}}(\omega)=\frac{1}{T_s}\sum_{k=-\infty}^{\infty}X_{\mathrm{c}}(\omega-k\omega_{\mathrm{s}}) \tag{9.3.4}$$

其中，$X_{\mathrm{c}}(\omega)$ 和 $X_{\mathrm{P}}(\omega)$ 分别是 $x_{\mathrm{c}}(t)$ 和 $x_{\mathrm{P}}(t)$ 的频谱，$\omega_{\mathrm{s}}=2\pi/T_{\mathrm{s}}$。也可对(9.3.1)式两边取连续傅里叶变换，考虑到 $x_{\mathrm{c}}(nT_{\mathrm{s}})$ 是数值，利用傅里叶变换的线性性质和时移性质，得到

$$X_{\mathrm{P}}(\omega)=\sum_{n=-\infty}^{\infty}x_{\mathrm{c}}(nT_{\mathrm{s}})\mathrm{e}^{-\mathrm{j}\omega nT_{\mathrm{s}}} \tag{9.3.5}$$

它建立了 $x_{\mathrm{c}}(t)$ 的样本值与 $X_{\mathrm{P}}(\omega)$ 之间的关系。同时，利用(9.3.2)式将得到

$$\tilde{X}(\varOmega)=\sum_{n=-\infty}^{\infty}x[n]\mathrm{e}^{-\mathrm{j}\varOmega n}=\sum_{n=-\infty}^{\infty}x_{\mathrm{c}}(nT_{\mathrm{s}})\mathrm{e}^{-\mathrm{j}\varOmega n} \tag{9.3.6}$$

比较以上两式可以得到连续/离散转换器(C/D)的频域输入输出关系：

$$\tilde{X}(\varOmega)=X_{\mathrm{P}}(\varOmega/T_{\mathrm{s}})=\frac{1}{T_{\mathrm{s}}}\sum_{k=-\infty}^{\infty}X_{\mathrm{c}}\left(\frac{\varOmega-2k\pi}{T_{\mathrm{s}}}\right) \tag{9.3.7}$$

这表明，$\tilde{X}(\Omega)$ 和 $X_{\mathrm{P}}(\omega)$ 之间只是两个频域之间的尺度变换 $\Omega=\omega T_{\mathrm{s}}$。与图 9.2 中的信号波形相对应，图 9.3(a)和(b)中分别画出了两种抽样率时的信号频谱 $X_{\mathrm{c}}(\omega)$，$X_{\mathrm{P}}(\omega)$ 和 $\tilde{X}(\Omega)$。

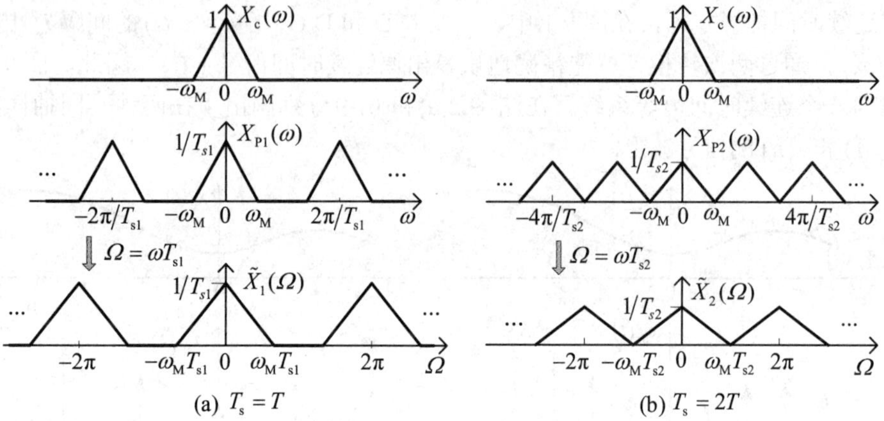


图 9.3　两种不同抽样间隔时，C/D 转换各点的频谱示意图

由图 9.3 可进一步解释 $x_{\mathrm{c}}(t)$ 转换成 $x[n]$ 的过程：由于 $\tilde{X}(\Omega)$ 是频域 $\Omega$ 上周期为 $2\pi$ 的周期函数，C/D 转换中的理想冲激串抽样将带限谱 $X_{\mathrm{c}}(\omega)$ 变成了周期为 $\omega_{\mathrm{s}}=2\pi/T_{\mathrm{s}}$ 的周期复制谱 $X_{\mathrm{P}}(\omega)$，再经过冲激串/序列转换，完成频域上的线性尺度变换 $\Omega=\omega T_{\mathrm{s}}$，把连续时间频域上的周期复制谱 $X_{\mathrm{P}}(\omega)$ 变换成离散时间频域上的周期谱 $\tilde{X}(\Omega)$。根据傅里叶变换的尺度反比变换性质，时域中 $1/T_{\mathrm{s}}$ 的尺度变换，必然导致频域上 $T_{\mathrm{s}}$ 倍的尺度变换，$\Omega=\omega T_{\mathrm{s}}$ 的变换正是 $x_{\mathrm{P}}(t)$ 以 $T_{\mathrm{s}}$ 归一化的结果；冲激串/序列转换的赋值功能，确保 $\tilde{X}(\Omega)$ 完全保持 $X_{\mathrm{P}}(\omega)$ 中每一个周期的谱信息，即对于任何一个 $n$ 值，$x_{\mathrm{P}}(t)$ 中的一个冲激的强度和 $x[n]$ 对应的一个序列值相等，即

$$\int_{-\infty}^{\infty} x_{\mathrm{c}}(nT_{\mathrm{s}})\delta(t-nT_{\mathrm{s}})\mathrm{d}t=x_{\mathrm{c}}(nT_{\mathrm{s}})=x[n]$$

这使得在(9.3.6)式和(9.3.5)式中的 $\tilde{X}(\Omega)$ 和 $X_{\mathrm{P}}(\omega)$ 有相同的函数形式。

D/C 是 C/D 的逆过程，当然，在通过序列/冲激串转换由 $x[n]$ 生成 $x_{\mathrm{P}}(t)$ 时，也把 $\tilde{X}(\Omega)$ 转换成 $X_{\mathrm{P}}(\omega)$，经历了频域上相反的尺度变换 $\omega=\Omega/T_{\mathrm{s}}$，即

$$X_{\mathrm{P}}(\omega)=\tilde{X}(\omega T_{\mathrm{s}}) \tag{9.3.8}$$

只要满足 $T_s\leqslant \pi/\omega_{\mathrm{M}}$，$X_{\mathrm{P}}(\omega)$ 和 $\tilde{X}(\Omega)$ 中就都不会产生谱的重叠，用(9.3.3)式表示的理想低通滤波器，总可从 $x_{\mathrm{P}}(t)$ 中无失真地恢复出原信号 $x_{\mathrm{c}}(t)$。

实际上，前面第 7 章 7.8 节介绍的 PAM 及 PCM 这两种调制与解调方式，就是以连续时间信号的离散时间(或数字)传输为目的、完成连续时间信号到离散时间信号或数字信号之间的相互转换的实现方法。因此，下面讨论图 9.1 中连续时间与离散时间信号相互转换原理模型的实现问题时，可以直接借用 7.8.1 小节中 PAM 调制与解调的实现方法。

**2．零阶保持抽样和重建**

图 9.1 只是连续时间信号与离散时间信号相互转换的原理模型，事实上，不可能产生周期冲激串信号 $p(t)$ 和实现理想抽样，获得理想抽样的已抽样冲激串信号 $x_{\mathrm{P}}(t)$；同时还要对 $x_{\mathrm{P}}(t)$ 进行任何实际的操作也不现实，因为这都要求系统或电路同时具有无限大的幅度动态范围和无限的带宽。在实际中，连续时间和离散时间信号的相互转换是基于所谓“零阶保持抽样与重建”的原理、亦即前面 7.8.1 小节中讲述的 PAM 解调的原理和实现方法。图 9.4(a)和(b)分别给出了零阶保持抽样与重建的系统组成及其等效系统，图 9.4(c)画出了系统主要点波形。

读者会发现，图 9.4 与第 7 章 7.8.1 小节中图 7.24 所示的 PAM 解调器的组成和原理是一致的，图 9.4 中的零阶保持系统 $h_0(t)$ 和重建滤波器 $H_r(\omega)$，分别替代图 7.24 中的零阶保持系统 $h_T(t)$ 和解调滤波器 $H_{DM}(\omega)$，因此，只要按照这些替代，7.8.1 小节中 PAM 解调的有关分析和响应的公式完全适用，这里不再重复。由于在抽样/保持(S/H)电路输出的“平顶抽样”信号 $x_0(t)$ 中，也包含了带限信号 $x_c(t)$ 的所有等间隔样本值 $x_c(nT_s)$，故可用 $x_0(t)$ 替代 $x_p(t)$ 来实现连续时间和离散时间信号相互转换。由此，图 9.1 中“冲激串/序列转换”和“序列/冲激串转换”就分别改变成“平顶脉冲幅度/序列转换”和“序列/平顶脉冲转换”，前者把 $x_0(t)$ 中逐个矩形脉冲的幅度 $x_c(nT_s)$ 转换成 $x[n]$ 的逐个序列值，后者则按 $x[n]$ 产生宽度为 $T_s$、幅度等于其逐个序列值的平顶脉冲信号 $x_0(t)$。

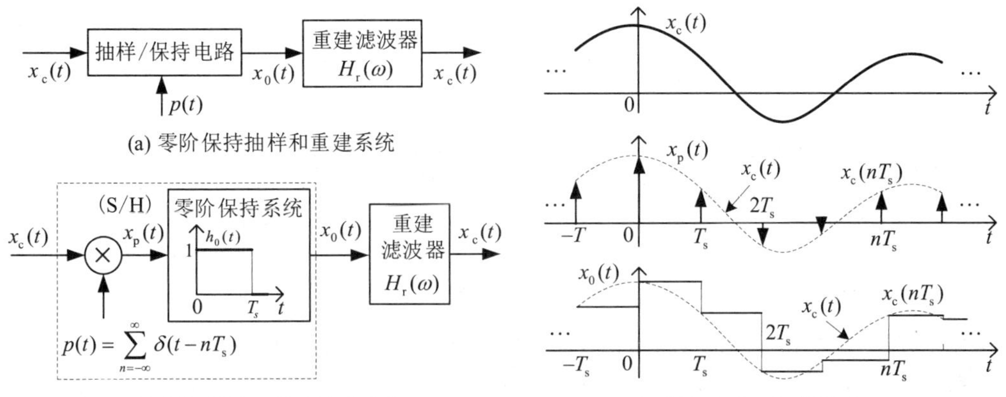


(a) 零阶保持抽样和重建系统

(b) 零阶保持抽样的等效系统

(c) 图(b)中的信号波形

图 9.4　零阶保持抽样和重建系统的图例说明

除用零阶保持抽样和重建(或内插)原带限信号的方法外，还可以用“**线性内插**”方法，也能从带限信号样本值序列中恢复出原信号。线性内插又称为**一阶保持内插**，它把相邻的样本点用直线段连接起来，如图 9.5 所示，它的有关问题可参见章末习题 9.5 中的 2)小题。

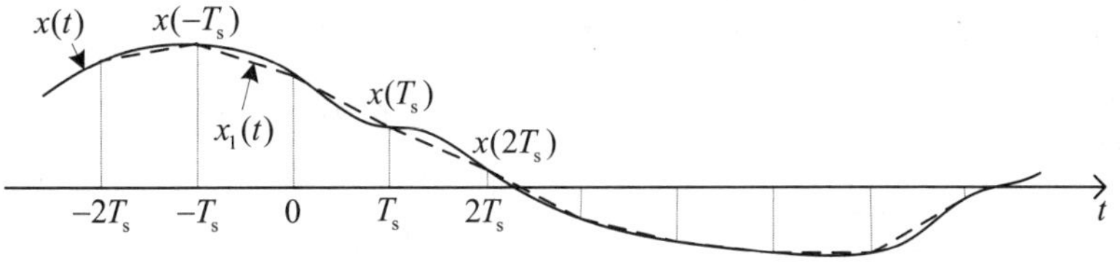


图 9.5　样本值之间的线性内插 $x_1(t)$

### 3．抗混叠滤波器

连续时间信号抽样和重建，以及上面有关连续与离散时间信号之间的相互转换的讨论，都必须建立在抽样定理的基础上，即要求连续时间信号是一个严格的带限信号，并且抽样的速率足够高，使之满足抽样定理的条件 $\omega_s \geqslant 2\omega_M$ 或 $T_s \leqslant \pi/\omega_M$，否则，在欠抽样($\omega_s < 2\omega_M$)的情况下，已抽样信号 $x_p(t)$ 的周期复制谱就会产生重叠，即使用截止频率为 $\omega_M$ 的理想带限内插滤波器，也不可能从 $x_p(t)$ 中恢复出 $x_c(t)$，导致混叠失真。由于混叠失真的频谱就落在原信号的频带内，一旦出现，要去掉或抑制它是十分困难的。另一方面，考虑到电路噪声和可能的外界干扰，抽样频率 $\omega_s$ 也不宜过高，这就要求合理地选择抽样参数 $\omega_s$ 或 $T_s$。因此实际应用时，在合理地选择抽样参数 $\omega_s$ 或 $T_s$ 后，为了确保不出现混叠，通常还在抽样前进行低通滤波，对在获取信号 $x_c(t)$ 时可能混入的频率高于 $\omega_M$ 的噪声干扰提供足够的抑制(见本章末的习题 9.5

和图 9.8)。这个抽样前的低通滤波器通常称为**抗混叠滤波器**，显然，它应该是在信号频带($|\omega| \leqslant \omega_M$)内无失真，而在带外($|\omega| \geqslant \omega_s - \omega_M$)具有足够高衰减的可实现的低通滤波器。

**4．离散时间信号到数字信号的转换：量化和量化噪声**

为了将连续时间信号进行数字处理、传输和存储，必须像前面 7.8.2 小节介绍的 PCM 中编码器那样，进一步把离散时间实信号 $x[n] = x_c(nT_s)$ 转换成数字信号。正如第 2 章 2.2.2 小节已指出的，数字信号是离散时间信号的一个子类，即序列值属于整数的一类离散时间信号，任何数字系统和数字计算机的输入只能接受一定字长或码位数的数字信号，故还需要将通过 C/D 转换，完成离散时间实序列 $x[n]$ 在幅值上的离散化，转换成一定字长(比特数)的二进制数字序列。这种把离散时间实序列进行幅值离散化的过程或功能称为“**量化**”或“**编码**”。在图 9.1 中的 C/D 和 D/C 之间插入一个“**量化器**”或“**编码器**”，如图 9.6 所示，进一步把离散时间信号 $x[n]$ 转换成数字信号 $\hat{x}_d[n]$，就可实现连续时间信号与数字信号的相互转换。

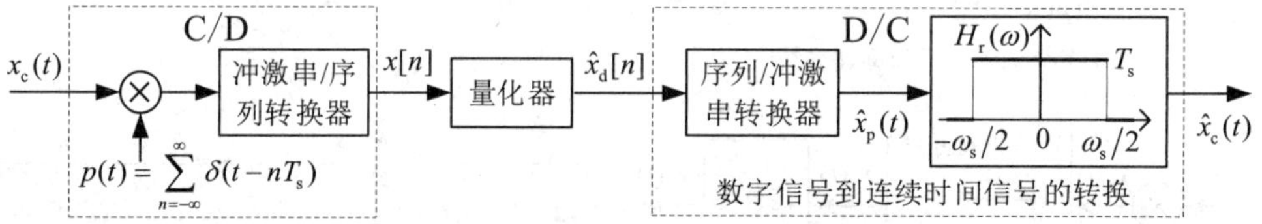


图 9.6　从连续时间信号转换成数字信号，再转换回连续时间信号的原理框图

量化器是一个离散时间的无记忆的非线性系统，其输入输出特性可以用瞬时值特性来表示，称为**量化特性**。图 9.7 给出了一个典型的均匀量化器的均匀量化特性，假如量化器采用的数字字长(比特数)为 $b$，就将输入实序列 $x[n]$ 的动态范围(最大最小值之间的范围)均匀地分成 $2^b$ 个量化台阶 $\Delta x$，例如采用 8 bit 均匀量化，就分成 $2^8 = 256$ 个量化台阶，每个量化台阶的中间值称为量化电平 $\hat{x}_i$，一共 $2^b$ 个量化电平。在每个时刻 $n$，量化器视输入序列值落入哪一个量化台阶内，就把该量化台阶的量化电平作为量化器的输出序列值。简言之，量化相当于围绕着每一个量化电平的四舍五入过程。显然，量化后的数字信号 $\hat{x}_d[n]$ 不再等于离散时间序列 $x[n]$，通常把两者之差信号称为**量化误差信号**(序列) $q[n]$，即

$$q[n] = \hat{x}_d[n] - x[n] \tag{9.3.9}$$

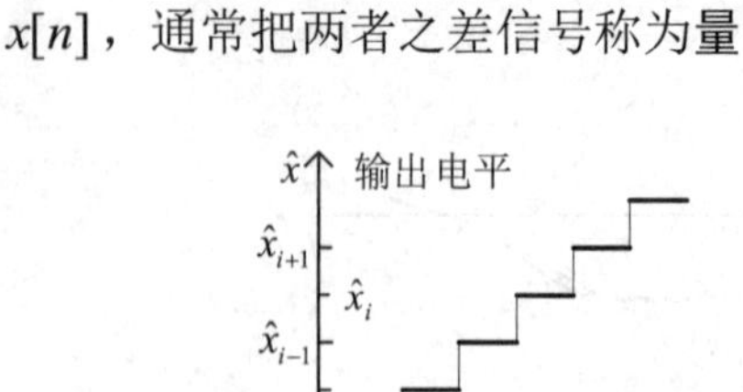

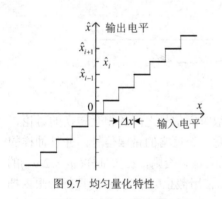

图 9.7　均匀量化特性

在实际情况中，带限信号 $x_c(t)$ 及其转换后的离散时间信号 $x[n]$ 是随机信号和序列，量化误差信号 $q[n]$ 也将是一个随机序列。但是，量化器是不可逆系统，无法再由 $\hat{x}_d[n]$ 恢复出 $x[n]$。因此，在需要把数字信号 $\hat{x}_d[n]$ 转换回连续时间信号时，只能像图 9.6 中那样，把 $\hat{x}_d[n]$ 直接通过 D/C 来转换。此时由 $\hat{x}_d[n]$ 产生的冲激串信号 $\hat{x}_p(t)$ 不再等于 C/D 中的 $x_p(t)$，转换回的连续时间信号 $\hat{x}_c(t)$ 也不再是原带限信号 $x_c(t)$。按照(9.3.9)式，它为

$$\hat{x}_c(t) = x_c(t) + q(t) \tag{9.3.10}$$

其中，$q(t)$ 是量化误差序列 $q[n]$ 通过 D/C 转换成的连续时间的随机误差信号。按照随机信号的理论，可以根据带限随机信号 $x_c(t)$ 的统计分布特性计算或估计量化误差信号 $q(t)$ 的统计特性，且通常把量化误差信号 $q(t)$ 作为类白色噪声来对待，它对信号造成的影响类似于加性噪声造成的影响，会导致 $\hat{x}_c(t)$ 有一个信号/量化噪声比，这通常称为“**量化效应**”。

上面有关连续时间与离散时间信号及数字信号相互转换的概念和方法表明：一方面，图 9.6 的连续时间信号与数字信号相互转换的原理和方法，和图 9.1 中连续时间与离散时间信号相互转换是一致的，差别只是前者多一个量化过程。数字信号仅是序列值限于整数的一类离散时间信号，本书只把数字信号看成离散时间信号的一个子类来对待。量化本身就可看作一种离散时间信号处理，它会产生上面所述的量化效应，因此，下面凡是涉及连续时间信号的离散时间(数字)处理的地方，都采用图 9.1 这样连续与离散时间信号相互转换的基本模型；另一方面，在连续时间与离散时间(数字)信号相互转换的实际应用中，除了脉冲载波调制(如前面 7.8.1 小节介绍的 PAM)等很少应用外，凡是连续时间信号的数字分析、处理、传输和存储，都必须在采用图 9.1 的转换基本模型分析的基础上，进一步考虑量化效应给结果带来的影响。

**5. 模/数(A/D)转换器和数/模(D/A)转换器**

目前，实际使用的连续时间(模拟)信号到数字信号和数字信号到连续时间信号的转换器，通常分别称为模/数转换器(ADC)和数/模转换器(DAC)，或 PCM 编码和解码器，它们就是基于本小节上面讲述的原理和实现考虑做成的集成电路。它们各自的系统组成如图 9.8 所示，图中的 $p(t)$ 是周期为 $T_s$、脉冲宽度很窄的周期矩形脉冲，且为了使数模转换器中的重建滤波器 $H_r(\omega)$ 是可实现的，故把(9.3.13)式表示的 $H_r(\omega)$ 修改成具有线性相频特性，并在 $|\omega| \geqslant \omega_M$ 上有足够高衰减，在信号频带内具有如下幅频特性(参见(7.8.17)式)：

$$|H_r(\omega)| = [1/\mathrm{Sa}(\omega T_s/2)]\,,\quad |\omega| \leqslant \omega_M \tag{9.3.11}$$

这种可实现的重建滤波器之幅频特性 $|H_r(\omega)|$ 也示意地画在图 9.8 中。关于模/数转换器(ADC)和数/模转换器(DAC)的具体电路，可参见有关电子线路方面的书籍。

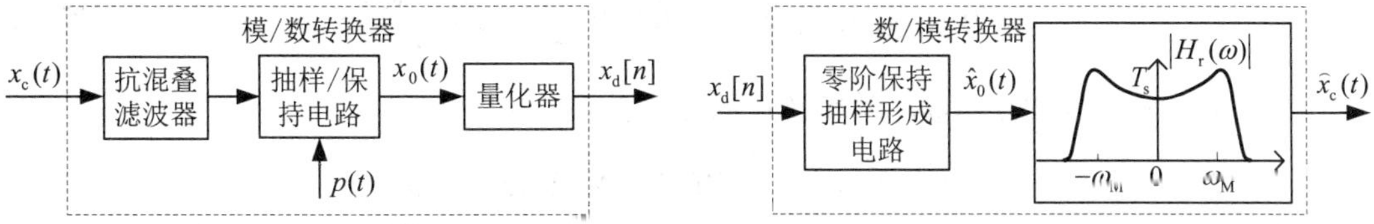


图 9.8　模/数转换器和数/模转换器的系统组成

## 9.3.2　连续时间信号的离散时间处理

前一小节已指出，将一个连续时间信号转换成离散时间信号的目的是为了实现连续时间信号的数字传输、存储和处理等。把连续时间信号进行离散时间处理的基本框图如图 9.9 所示。图中的离散时间系统可以分别是数字传输、数字存储和数字处理等系统。就输入信号 $x_c(t)$ 和最终的输出信号 $y_c(t)$ 而言，图中的整个系统可以等效成一个连续时间系统。

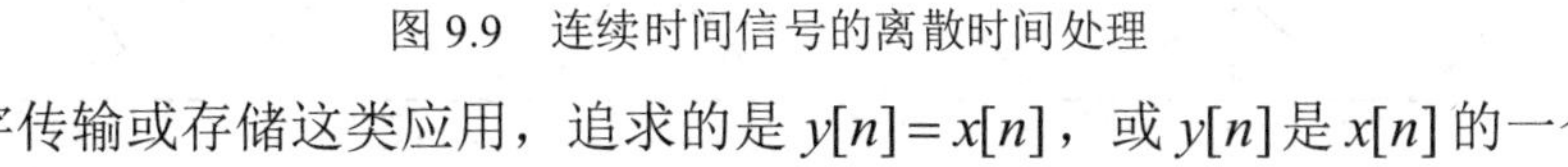


图 9.9　连续时间信号的离散时间处理

对于数字传输或存储这类应用，追求的是 $y[n]=x[n]$，或 $y[n]$ 是 $x[n]$ 的一个延时形式，此时的数字传输或存储系统都希望等效成一个无失真的离散时间 LTI 系统。然而，如果离散时间系统是一个数字处理系统，一般说来，输出 $y[n]$ 将不等于 $x[n]$ 或其简单的延时形式。此时经过 D/C 转换成的连续时间信号 $y_c(t)$，相当于 $x_c(t)$ 通过某个连续时间处理系统的输出，从而实现连续时间信号的离散时间处理或数字处理。这里着重讨论图 9.9 中的离散时间系统是一个稳定的离散时间 LTI 系统的情况，即用单位冲激响应 $h[n]$ 或频率响应 $\tilde{H}(\Omega)$ 表示的离散时间 LTI 系统。在图 9.1 转换模型的基础上可以画出这种情况下系统的方框图，如图 9.10 所示。正如前面已指出的，图中的整个系统等效为一个连续时间系统。

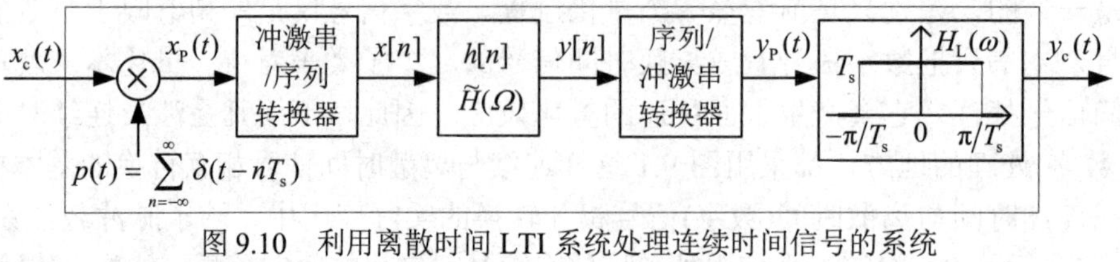


图 9.10　利用离散时间 LTI 系统处理连续时间信号的系统

当图 9.10 中的离散时间系统是一个恒等系统，即 $y[n]=x[n]$，整个系统就是一个连续时间恒等系统，即有 $y_c(t)=x_c(t)$。现在的问题是，如果已知所用离散时间 LTI 系统的特性是 $h[n]$ 和 $\tilde{H}(\Omega)$，那么，整个等效的连续时间系统将具有怎样的输入输出特性呢？

这里采用类似于 9.3.1 节的方法，从频域上进行分析。假设带限于 $\omega_M$ 的连续时间信号 $x_c(t)$ 的频谱为 $X_c(\omega)$，且抽样频率满足 $\omega_s \geqslant 2\omega_M$，抽样冲激串 $x_p(t)$ 的频谱为

$$X_p(\omega)=\frac{1}{T_s}\sum_{k=-\infty}^{\infty}X_c(\omega-k\omega_s) \tag{9.3.12}$$

利用冲激串/序列转换的输入输出频谱关系式(9.3.7)，得到 $\tilde{X}(\Omega)$，即

$$\tilde{X}(\Omega)=X_p(\Omega/T_s)=\frac{1}{T_s}\sum_{k=-\infty}^{\infty}X_c(\frac{\Omega-k2\pi}{T_s}) \tag{9.3.13}$$

经过离散时间 LTI 系统后的信号 $y[n]$ 之频谱 $\tilde{Y}(\Omega)$ 为

$$\tilde{Y}(\Omega)=\tilde{X}(\Omega)\tilde{H}(\Omega)=\frac{1}{T_s}\tilde{H}(\Omega)\sum_{k=-\infty}^{\infty}X_c(\frac{\Omega-k2\pi}{T_s}) \tag{9.3.14}$$

然后，根据(9.3.8)式表示的序列/冲激串转换的频域关系，将得到

$$Y_p(\omega)=\tilde{Y}(\omega T_s)=\frac{1}{T_s}\tilde{H}(\omega T_s)\sum_{k=-\infty}^{\infty}X_c(\omega-2k\pi/T_s) \tag{9.3.15}$$

它通过由(9.3.3)式表示的带限内插滤波器 $H_L(\omega)$，最后输出的连续时间信号 $y_c(t)$ 的频谱为

$$Y_c(\omega)=Y_p(\omega)H_L(\omega)=\frac{1}{T_s}\tilde{H}(\omega T_s)H_L(\omega)\sum_{k=-\infty}^{\infty}X_c(\frac{\omega T_s-k2\pi}{T_s})=\begin{cases}\tilde{H}(\omega T_s)X_c(\omega), & |\omega|<\pi/T_s\\ 0, & |\omega|>\pi/T_s\end{cases} \tag{9.3.16}$$

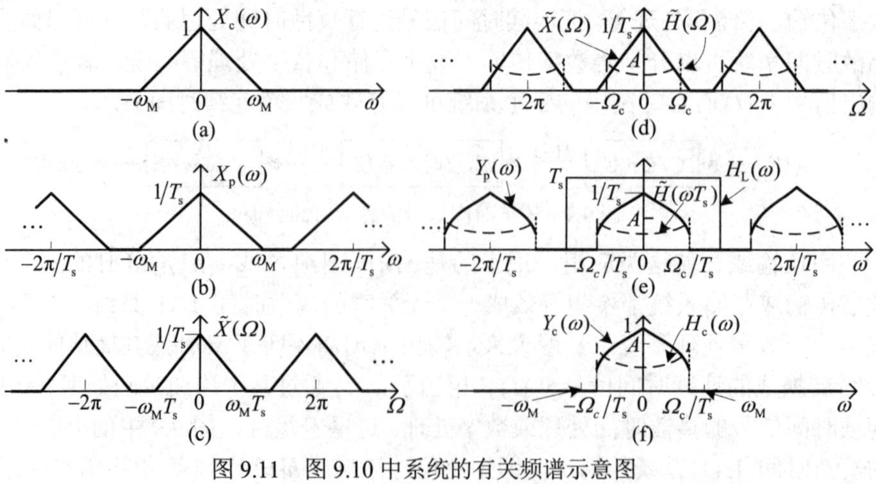


图 9.11　图 9.10 中系统的有关频谱示意图

上述频域变换过程可由图 9.11 的示意图说明，图中左列图形与图 9.3(a)中一样，表示 C/D 转换经历的频谱变换过程。在图 9.11(d)中将 $\tilde{X}(\Omega)$ 和 $\tilde{H}(\Omega)$ 重叠地画在一起，两者相乘为 $\tilde{Y}(\Omega)$；然后，$\tilde{X}(\Omega)$ 和 $\tilde{H}(\Omega)$ 都经过频域尺度变换 $\omega=\Omega/T_s$ 分别得到 $X_p(\omega)$ 和 $\tilde{H}(\omega T_s)$，两者相乘得到 $Y_p(\omega)$，见图 9.11(e)；最后通过 $H_L(\omega)$ 低通滤波，变成图 9.11(f)中的 $Y_c(\omega)$。

从(9.3.16)式和图 9.11 都可以看出，只要基于抽样定理把连续时间信号 $x_c(t)$ 转换成离散时间信号 $x[n]$，则图 9.10 系统的输入输出频域关系可以写成

$$Y_c(\omega)=X_c(\omega)H_c(\omega) \tag{9.3.17}$$

其中，

$$H_c(\omega)=\begin{cases}\tilde{H}(\omega T_s), & |\omega|\leqslant\pi/T_s \\ 0\ \ , & |\omega|>\pi/T_s\end{cases} \tag{9.3.18}$$

这说明图 9.10 的系统可以等效成一个频率响应为 $H_c(\omega)$ 的连续时间 LTI 系统，它与离散时间 LTI 系统频率响应 $\tilde{H}(\Omega)$ 之间的变换关系如图 9.12 所示。

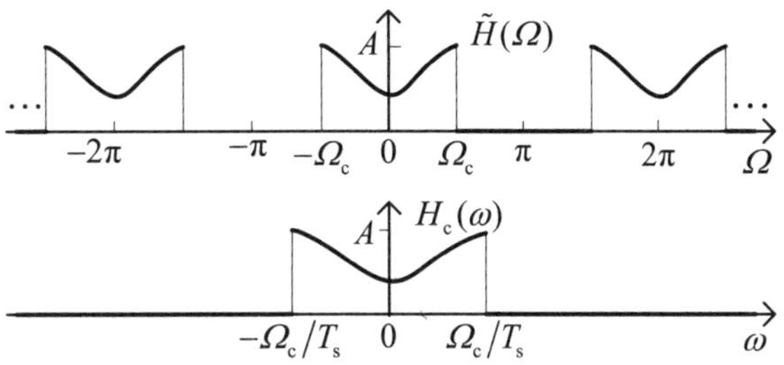


图 9.12　$\tilde{H}(\Omega)$ 与 $H_c(\omega)$ 的关系示意图

必须再次指出，上述的等效是有条件的，这个条件就是抽样定理的条件，即 $x_c(t)$ 必须为带限于 $\omega_M$ 的带限信号，并且必须满足 $\omega_M\leqslant\pi/T_s$ 或 $T_s\leqslant\pi/\omega_M$，同时，还需要在序列/冲激串转换时产生冲激串的间隔等于 $T_s$，图 9.10 系统才等效成具有(9.3.18)式表示的频率响应 $H_c(\omega)$ 的连续时间 LTI 系统。

当采用图 9.10 的方法处理连续时间信号时，碰到的情况正好相反，即首先根据信号处理要求，确定需要的连续时间滤波特性 $H_c(\omega)$，然后，设计出图 9.10 中的离散时间 LTI 系统。实际上，上面的分析方法已经提供了根据 $H_c(\omega)$ 确定 $\tilde{H}(\Omega)$ 的方法，即

$$\tilde{H}(\Omega)=\sum_{k=-\infty}^{\infty}H_c\left(\frac{\Omega-k2\pi}{T_s}\right) \tag{9.3.19}$$

这表明，$\tilde{H}(\Omega)$ 是 $H_c(\omega)$ 经尺度变换 $\Omega=\omega T_s$、以周期 $2\pi$ 重复的结果。上式也要求 $H_c(\omega)$ 必须是带限于 $\omega_M$，否则，上式右边以 $H_c(\Omega/T_s)$ 周期复制时也会出现混叠。但是，只要 $x_c(t)$ 带限于 $\omega_M$，即使 $H_c(\omega)$ 不带限于 $\omega_M$，$|\omega|>\omega_M$ 范围非零的 $H_c(\omega)$ 将不起作用，可以将 $H_c(\omega)$ 在 $\pm\omega_M$ 处截短成如下的 $H_{cM}(\omega)$，并不影响处理的结果。即有

$$\tilde{H}(\Omega)=\sum_{k=-\infty}^{\infty}H_{cM}\left(\frac{\Omega-k2\pi}{T_s}\right),\quad \text{其中，}\quad H_{cM}(\omega)=\begin{cases}H_c(\omega), & |\omega|\leqslant\omega_M \\ 0\ \ , & |\omega|>\omega_M\end{cases} \tag{9.3.20}$$

**1．数字微分器**

由例 5.14 可知，微分器的单位冲激响应为 $\delta'(t)$，频率响应为 $H_c(\omega)=\mathrm{j}\omega$。若用微分运算电路实现，因为不稳定，难以获得很好微分特性。如果要进行微分处理的信号是一个带限信号，且带限于 $\omega_M$，就只需要一个所谓带限微分器，其频率响应可表示为

$$H_{cM}(\omega)=\begin{cases}\mathrm{j}\omega, & |\omega|\leqslant\omega_M \\ 0\ \ , & |\omega|>\omega_M\end{cases} \tag{9.3.21}$$

它的幅频和相频特性如图 9.13(a)所示。

现考虑带限微分处理的离散时间实现，根据(9.3.20)式，在 $T_s<\pi/\omega_M$ 情况下，所要求的离

散时间 LTI 系统的频率响应 $\tilde{H}(\Omega)$ 在 $(-\pi,\ \pi)$ 主值区间上可表示为

$$\tilde{H}(\Omega)=\begin{cases}\mathrm{j}(\Omega/T_s), & |\Omega|<\omega_M T_s\\ 0, & \omega_M T_s\leqslant|\Omega|\leqslant\pi\end{cases},\quad -\pi<\Omega\leqslant\pi \tag{9.3.22}$$

如图 9.13(b)所示。利用这样的离散时间频率响应，只要 $x_c(t)$ 的最高频率不超过 $\omega_M$， $y_c(t)$ 就是 $x_c(t)$ 的一阶导数，故把具有上式频率响应的离散时间 LTI 系统称为**数字微分器**。后面 9.6.2 小节中的例 9.3 将用 FIR 数字滤波器精确实现这样的数字微分器。

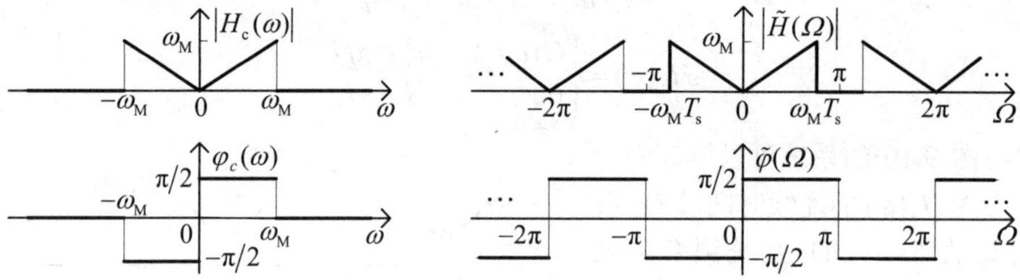

(a) 连续时间带限微分器的频率响应　　(b) 实现带限微分器的离散时间频率响应

图 9.13　数字微分器

**2．连续时间延时的离散时间实现**

连续时间延时系统的输入输出关系为 $y_c(t)=x_c(t-t_0)$， $t_0>0$。实际上，要实现一个任意延时的连续时间系统，并不是一件非常容易的事情。而用图 9.10 的方法，将可以实现对带限连续时间信号的任意精确的延时。

若连续时间信号 $x_c(t)$ 带限于 $\omega_M$，并按 $T_s\leqslant\pi/\omega_M$ 选取抽样间隔 $T_s$，如果采用图 9.10 的系统实现 $T_s$ 的整数倍的延时将很简单，只要采用 $m$ 个单位延时，即 $y[n]=x[n-m]$，就可以实现 $y_c(t)=x_c(t-mT_s)$。如果 $t_0\neq mT_s$，就不能再用简单的离散时间整数倍延时来实现。由于 $x_c(t)$ 带限于 $\omega_M$，图 9.12 的等效系统也只需满足带限于 $\omega_M$ 的延时特性，即其频率响应为

$$H_{cM}(\omega)=\begin{cases}\mathrm{e}^{-\mathrm{j}\omega t_0}, & |\omega|\leqslant\omega_M\\ 0\ , & |\omega|>\omega_M\end{cases} \tag{9.3.23}$$

它的幅度和相位特性见图 9.14(a)。按(9.3.23)式，相应的离散时间频率响应为

$$\tilde{H}(\Omega)=\mathrm{e}^{-\mathrm{j}\Omega(t_0/T_s)},\quad |\Omega|\leqslant\pi \tag{9.3.24}$$

它的幅频特性和相位特性如图 9.14(b)所示。上式表示的离散时间系统的输入输出关系为

$$y[n]=x[n-t_0/T_s] \tag{9.3.25}$$

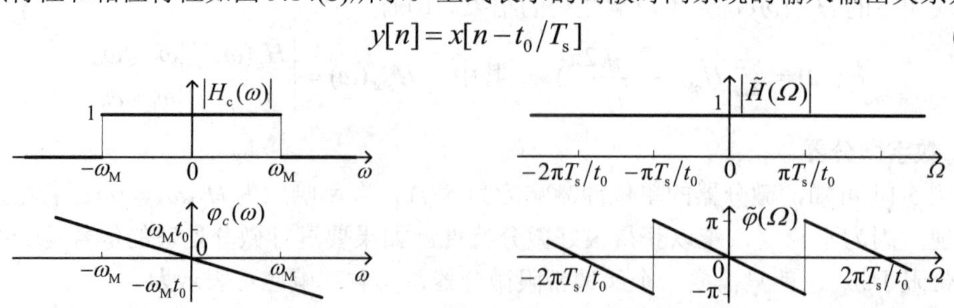

(a) 连续时间带限延时系统的频率响应　　(b) 相应的离散时间延时系统的频率响应

图 9.14　连续时间延时的离散时间实现

如果 $t_0/T_s$ 不是整数，这在离散时间中没有意义。但在图 9.10 的系统中，只要用具有(9.3.24)式的频率响应进行离散时间频域处理，对于任何最高频率不超过 $\omega_M$ 的连续时间信号 $x_c(t)$，输

出 $y_c(t)$ 就是它延时 $t_0$ 的信号。可以用带限内插来解释此时 $y[n]$ 和 $x[n]$ 的关系。信号 $x_c(t)$ 和 $x[n]$ 是通过抽样和带限内插相联系的,即 $x[n]=x_c(nT_s)$ ,而 $y[n]$ 和 $y_c(t)$ 也是一样,即 $y[n]=y_c(nT_s)$ 。由于 $y_c(t)$ 是 $x_c(t)$ 延时 $t_0$ 的连续时间信号,故此时的 $y[n]$ 为

$$y[n]=x_c(nT_s-t_0) \quad (9.3.26)$$

图 9.15 画出了当 $t_0 = T_s/2$ 时,$x_c(t)$ 和 $x[n]$ 及 $y[n]$ 和 $y_c(t)$ 之间的关系,这种情况($t_0 = T_s/2$)称为**半抽样间隔延时**。

(a) 连续时间信号 $x_c(t)$ 及其样本序列 $x[n]=x_c(nT_s)$

(b) $y[n]=x_c(nT_s-T_s/2)$ 及其带限内插后的连续时间信号 $y_c(t)$

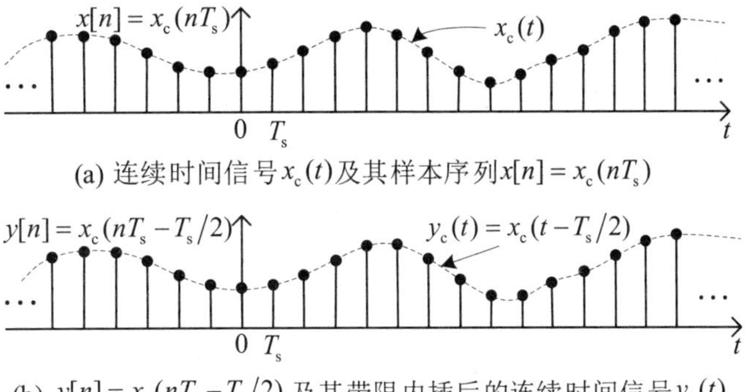

图 9.15 半抽样间隔延时的图例说明

最后需指出,当 $t_0/T_s$ 是任意的非整数时,所采用的离散时间 LTI 系统的 $h[n]$ 将变成

$$h[n]=\delta[n-t_0/T_s] \quad (9.3.27)$$

离散时间中不存在这样 $h[n]$ 的 LTI 系统,也不能用一般的离散时间 LTI 系统来实现。但在本章 9.8 节介绍了有理比值的抽样率转换后,可以利用增抽样和减抽样的组合,等效实现非整数延时的离散时间 LTI 系统。

同样地,利用上一小节的连续时间信号与离散时间信号及数字信号相互转换的原理和方法,也可以建立如图 9.16 所示的离散时间信号的连续时间处理的系统模型,即用一个连续时间系统,等效地实现原本要用离散时间系统完成的功能或任务,可参见章末习题 9.10。

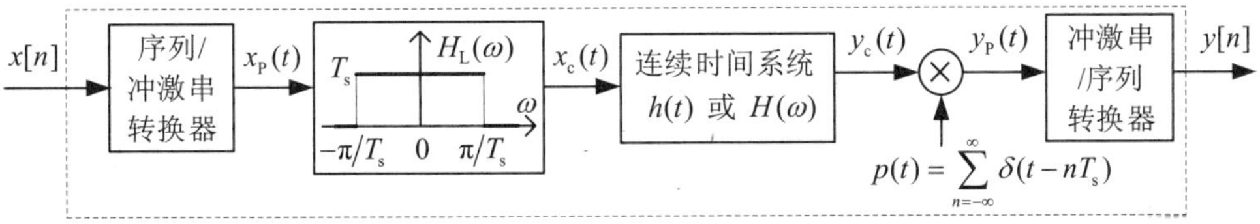

图 9.16 离散时间信号的连续时间处理的系统模型

众所周知,实际传输信道都是连续时间系统,计算机之间的数据通信,可看成数字信号的连续时间处理的一种典型应用,当然,这要求图 9.16 中的 $y[n]$ 是 $x[n]$ 的无失真变种。

# 9.4 离散傅里叶变换(DFT)的应用

第 5 章介绍和论述了时间函数和序列的各种傅里叶表示法:连续傅里叶变换(CFT)、连续傅里叶级数(CFS)、离散时间傅里叶变换(DTFT)、离散傅里叶级数(DFS),与 DFS 本质上相同的有限长序列的离散傅里叶变换(DFT)。在所有这些傅里叶表示法中,唯有 DFT(根据 5.6 节 (5.6.24)式的关系,也意味着包括 DFS)是能用数字计算机精确求值的傅里叶表示,因为唯有 DFT(也意味着 DFS)在时域和频域中都只涉及有限个数值或系数,而其他傅里叶表示法在时域和(或)频域中是连续的,这意味着它们在时域和(或)频域中要涉及无限个数值或系数。在计算机广泛普及和数字硬件日益廉价的时代,离散傅里叶变换(DFT)及其快速算法 FFT 的这一突出的优点,就决定了它在"信号与系统概念、理论和方法"实际应用中的重要地位和作用。

本节主要介绍和讨论 DFT 在信号分析和处理,特别是连续时间信号的离散时间(数字)分析和处理方面的实际应用,为此,首先介绍和讨论与有关信号加窗和窗函数的问题。

## 9.4.1 信号加窗和窗函数

在实际的信号分析和信号处理中，由于一些实际的考虑，往往需要采用分段的方法对很长的连续时间和离散时间信号进行分析或处理。最简单的截取或分段方法是从中截取一段，例如，$x(t)$ 和 $x[n]$ 分别为持续时间很长的连续时间和离散时间信号，分别截取$(-T/2，T/2]$和$[-N，N]$的一段 $x_T(t)$ 和 $x_{2N+1}[n]$，即

$$x_T(t)=\begin{cases}x(t), & |t|<T/2\\ 0, & |t|>T/2\end{cases} \quad 和 \quad x_{2N+1}[n]=\begin{cases}x[n], & |n|\leqslant N\\ 0, & |n|>N\end{cases} \tag{9.4.1}$$

这相当于信号 $x(t)$ 和 $x[n]$ 分别与一个矩形窗函数相乘的结果，即

$$x_T(t)=x(t)r_T(t) \quad 和 \quad x_{2N+1}[n]=x[n]r_{2N+1}[n] \tag{9.4.2}$$

其中，$r_T(t)$ 和 $r_{2N+1}[n]$ 分别是长度为 $T$ 的矩形窗函数和 $2N+1$ 点的矩形窗序列，即

$$r_T(t)=\begin{cases}1, & |t|<T/2\\ 0, & |t|>T/2\end{cases} \quad 和 \quad r_{2N+1}[n]=\begin{cases}1, & |n|\leqslant N\\ 0, & |n|>N\end{cases} \tag{9.4.3}$$

用窗函数或窗序列截取信号的方法，通常称为**信号加窗**，上面的 $x_T(t)$ 和 $x_{2N+1}[n]$ 就是对 $x(t)$ 和 $x[n]$ “矩形加窗”的结果。为此需要弄清楚，在时域上对信号加窗将会在频域上造成什么样的结果。假设 $x(t)$ 和 $x[n]$ 的频谱分别为 $X(\omega)$ 和 $\tilde{X}(\Omega)$，截取信号 $x_T(t)$ 和 $x_{2N+1}[n]$ 的频谱分别为 $X_T(\omega)$ 和 $\tilde{X}_{2N+1}(\Omega)$，矩形窗函数 $r_T(t)$ 和 $r_{2N+1}[n]$ 的傅里叶变换分别是 $R_T(\omega)$ 和 $\tilde{R}_{2N+1}(\Omega)$ (参见 5.4.3 小节例 5.6)。根据傅里叶变换的频域卷积性质，则有

$$X_T(\omega)=\frac{1}{2\pi}X(\omega)*R_T(\omega) \quad 和 \quad \tilde{X}_{2N+1}(\Omega)=\frac{1}{2\pi}\tilde{X}(\Omega)\circledast\tilde{R}_{2N+1}(\Omega) \tag{9.4.4}$$

由此看出，时域上对信号矩形加窗，在频域上就是原信号频谱和矩形窗之傅里叶变换的卷积再除以 $2\pi$。加窗后的频谱显然不再是原信号频谱，即频谱产生了畸变。这里用矩形状的信号频谱 $X(\omega)$ 和 $\tilde{X}(\Omega)$ 为例，来说明对其采用时域矩形加窗导致频谱 $X(\omega)$ 和 $\tilde{X}(\Omega)$ 的变化。由图 9.17 可以看出：在矩形频谱跃变的两边均出现起伏，尽管随着 $T$ 和 $N$ 不断增加，$X_T(\omega)$ 和 $\tilde{X}_{2N+1}(\Omega)$ 越来越接近于矩形，但这种起伏始终保持 9%的超量(或过冲)，这一现象称为“**吉布斯现象**”。$X_T(\omega)$ 和 $\tilde{X}_{2N+1}(\Omega)$ 中出现过冲和起伏是由于矩形窗函数傅里叶变换的旁瓣造成的，其根本原因是矩形窗不是一个**平滑**的窗函数和窗序列，它们在时域上有突变。

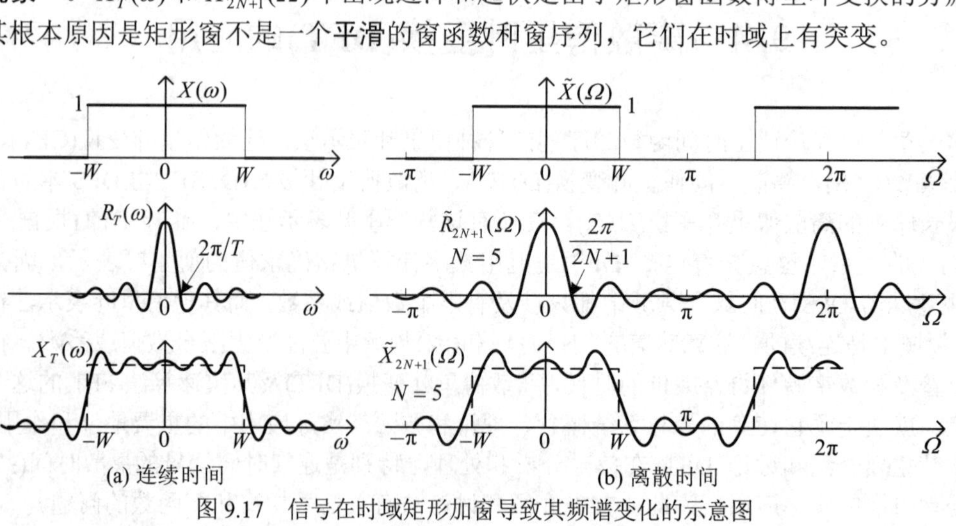


图 9.17 信号在时域矩形加窗导致其频谱变化的示意图

许多情况下不希望有这种过冲和起伏，例如，信号谱分析和信号分段处理，以及后面 9.6.2 小节讲述的 FIR 滤波器设计方法中，一般都要避免时域加窗后在频域产生过冲和起伏。

在例 6.5 和例 6.8 中已看到，三角形和升余弦脉冲的频谱旁瓣要比矩形脉冲小得多，7.10.1 小节图 7.36 进一步说明，时域上越平滑的脉冲函数必将具有越优良的谱特性。如果用时域上更平滑的窗函数来对信号加窗，就可以减轻、甚至基本消除加窗后信号频谱的过冲和起伏现象。

当选用宽度为 $T$ 和 $N$ 的窗函数 $w_T(t)$ 和 $w_N[n]$ 分别对信号 $x(t)$ 和 $x[n]$ 加窗时，加窗后的信号及其频谱分别可写成

$$x_T(t)=x(t)w_T(t) \quad 和 \quad x_N[n]=x[n]w_N[n] \tag{9.4.5}$$

$$X_T(\omega)=\frac{1}{2\pi}X(\omega)*W_T(t) \quad 和 \quad \tilde{X}_N(\Omega)=\frac{1}{2\pi}\tilde{X}(\Omega)\circledast\tilde{W}_N(\Omega) \tag{9.4.6}$$

其中，$W_T(\omega)$ 和 $\tilde{W}_N(\Omega)$ 分别为窗函数 $w_T(t)$ 和 $w_N[n]$ 的傅里叶变换。

在离散时间(数字)信号分析和处理中，最常用的离散时间平滑窗序列 $w[n]$ 有**汉宁窗**、**汉明窗**、**布莱克曼窗**、**凯泽窗**等，它们的序列表达式如下：

(1) 汉宁(Hanning)窗，它是升余弦窗函数的离散时间对偶，窗序列表达式为

$$w_N[n]=\frac{1}{2}\left[1-\cos\left(\frac{2\pi n}{N-1}\right)\right]，\ 0\leqslant n\leqslant N-1 \tag{9.4.7}$$

(2) 汉明(Hamming)窗，它是对汉宁窗的修正，具有更低的旁瓣，其序列表达式为

$$w_N[n]=0.54-0.46\cos\left(\frac{2\pi n}{N-1}\right)，\ 0\leqslant n\leqslant N-1 \tag{9.4.8}$$

(3) 布莱克曼(Blackman)窗，它是对汉明窗的修正，具有比汉明窗的旁瓣更低的谱特性，其序列表达式为

$$w_N[n]=0.42-0.5\cos\left(\frac{2\pi n}{N-1}\right)+0.08\cos\left(\frac{4\pi n}{N-1}\right)，\ 0\leqslant n\leqslant N-1 \tag{9.4.9}$$

表 9.1 列出了矩形窗和这三种窗序列的主要频域特性，图 9.18 给出来它们的形状。

**表 9.1　几种常用窗序列的主要频域特性比较**

| 窗序列 $W_N[n]$ | 主瓣宽度/ $(2\pi/N)$ | 最大旁瓣电平 (dB) |
|---|---|---|
| 矩形窗 | 2 | −13 |
| 汉宁窗 | 4 | −32 |
| 汉明窗 | 4 | −43 |
| 布莱克曼窗 | 6 | −58 |

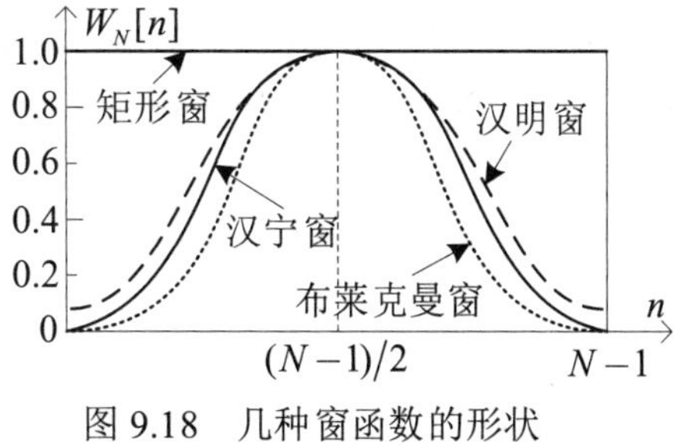


图 9.18　几种窗函数的形状

除了下面 DFT 的主要应用外，信号加窗以及更平滑的窗函数的概念与方法，还应用于后面 9.6.3 小节的 FIR 滤波器的窗函数设计法、信号的时—频分析和局部处理等众多场合。

## 9.4.2　利用 FFT 进行谱分析

离散傅里叶变换(DFT)和 FFT 的一类直接应用是信号分析，即用来计算信号和 LTI 系统的频域特性，例如谱分析，或者反过来计算它们的时域特性。对于原本就是有限长度的离散时间信号(如某些统计数据和数字图像数据等)，可以直接用 FFT 由它们的时域数据精确计算它们的频谱。但是，这类应用的绝大部分需求是对实际的连续时间信号和数字信号(通常都是由连

续时间信号转换而来)进行谱分析。此时面临的情况是:

(1) 这些信号的持续时间通常都很长，甚至可以看成无限长。

(2) 这些信号都属于随机信号，且对它们往往缺乏足够的先验信息。

(3) 许多场合还要求实时分析，即对分析和计算所需时间有严格的要求。

因此，对诸如雷达信号、通信信号和语声信号等进行实时谱分析时，首先必须通过 A/D 转换，把它们转换成数字信号，并采用把信号截短或分段处理的方法，运用 FFT 计算它们的 DFT，实现谱分析。这样利用离散傅里叶变换做谱分析时，会由于所谓混叠、泄漏和栅栏现象而造成分析误差。本节将讨论这三种现象带来的误差及其应用中的一些实际考虑。

**1．混叠现象**

根据上面 9.3.1 小节(9.3.7)式，若采用抽样间隔 $T_s$ (或抽样频率 $f_s=1/T_s$ )把连续时间信号 $x_c(t)$ 转换成离散时间序列 $x[n]$，则 $x[n]$ 与 $x_c(t)$ 的频谱 $\tilde{X}(\Omega)$ 与 $X_c(\omega)$ 之间的关系为

$$\tilde{X}(\Omega)=\frac{1}{T_s}\sum_{k=-\infty}^{\infty}X_c\left(\frac{\Omega}{T_s}-k\frac{2\pi}{T_s}\right) \tag{9.4.10}$$

其中，离散时间角频率 $\Omega$ 与连续时间角频率 $\omega$ 之间的关系为

$$\Omega=\omega T_s=2\pi f/f_s \tag{9.4.11}$$

上式中的 $f$ 是以赫兹(Hz)为单位的频率。根据连续时间抽样定理，当 $x_c(t)$ 中包含有 $f\geqslant 0.5f_s$ 的频率成分时，就会产生混叠失真，使得 $x[n]$ 的频谱 $\tilde{X}(\Omega)$ 和 $x_c(t)$ 的频谱 $X_c(\omega)$ 不一致，因此，如果产生混叠，DFT 系数 $X[k]$ 将无法真正代表 $X_c(\omega)$，从而造成谱分析的误差。

解决这个问题的唯一方法是让抽样频率 $f_s$ 足够高，确保不发生混叠，这就需要预先知道 $x_c(t)$ 的最高频率 $f_M$，以便确定它的抽样间隔 $T_s$。在实际应用中，$f_M$ 通常依据具体应用要求或获取 $x_c(t)$ 设备的带宽来确定，且在选择了抽样频率 $f_s\geqslant 2f_M$ 后，一般都采用抗混叠滤波器来确保无混叠现象发生。抗混叠滤波器的设计要求可参见章末习题 9.5 的 1)小题。

**2．泄漏现象**

由于 DFT 是对有限长序列定义的，因此，用 $N$ 点 FFT 对经过转换来的很长或无限长序列 $x[n]$ 计算其频谱 $\tilde{X}(\Omega)$ 时，必须要对 $x[n]$ 进行截短或分段，这相当于把 $x[n]$ 与 $N$ 点单位矩形序列 $r_N[n]=u[n]-u[n-N]$ 相乘，截短后的 $N$ 点序列 $x_N[n]$ 为

$$x_N[n]=x[n]r_N[n] \tag{9.4.12}$$

根据 DTFT 的频域周期卷积性质，$x_N[n]$ 和 $x[n]$ 的频谱( $\tilde{X}_N(\Omega)$ 和 $\tilde{X}(\Omega)$ )之间的关系为

$$\tilde{X}_N(\Omega)=\frac{1}{2\pi}\tilde{X}(\Omega)\circledast\tilde{R}_N(\Omega) \tag{9.4.13}$$

其中，$\tilde{R}_N(\Omega)$ 是 $N$ 点单位矩形序列 $r_N[n]$ 的 DTFT，它为

$$\tilde{R}_N(\Omega)=\mathscr{F}\{r_N[n]\}=\frac{\sin(N\Omega/2)}{\sin(\Omega/2)}\mathrm{e}^{-\mathrm{j}\frac{N-1}{2}\Omega} \tag{9.4.14}$$

显然，$\tilde{X}_N(\Omega)$ 将不同于 $\tilde{X}(\Omega)$，前一小节中的图 9.17(b)已给出了时域截短对一个 $\Omega$ 域上的矩形频谱所产生的影响。

$x[n]$ 的 $N$ 点 DFT 系数 $X[k]$ 是 $\tilde{X}_N(\Omega)$ 的等间隔( $2\pi/N$ )样本值，即

$$X[k]=\tilde{X}_N\big(k(2\pi/N)\big),\quad k=0,\ 1,\ \cdots,\ N-1 \tag{9.4.15}$$

不是 $\tilde{X}(\Omega)$ 的等间隔( $2\pi/N$ )样本值。因此，借用 $N$ 点 DFT 来表示 $x[n]$ 的频谱 $\tilde{X}(\Omega)$ 将带来误差。这里进步以一个简单的例子来说明时域截短对谱分析造成的分析误差。

【例 9.1】　有两个频率分别为 125 Hz 和 113.65 Hz 的余弦信号，若采用 1000 Hz 抽样和 16 点 DFT 对它们进行频谱分析，并讨论分析的效果和误差。

**解：** 对于频率分别为 125 Hz 和 113.65 Hz 的余弦信号，用 1000 Hz 抽样并转换成的离散时间序列分别是余弦序列 $x_1[n]=\cos(\pi n/4)$ 和 $x_2[n]=\cos(0.2273\pi n)$ 。

按照(6.2.5)式，余弦序列 $x[n]=\cos\Omega_0 n$ 的频谱 $\tilde{X}(\Omega)$ 为

$$\tilde{X}(\Omega)=\pi\sum_{k=-\infty}^{\infty}\left[\delta\left(\Omega+\Omega_0-2\pi k\right)+\delta\left(\Omega-\Omega_0-2\pi k\right)\right]$$

把它代入(9.4.4)式，就可得到 $N$ 点截短的余弦序列 $x_N[n]=(\cos\Omega_0 n)r_N[n]$ 的频谱 $\tilde{X}_N(\Omega)$ ，即

$$\tilde{X}_N(\Omega)=\frac{1}{2}\left\{\frac{\sin[N(\Omega+\Omega_0)/2]}{\sin[(\Omega+\Omega_0)/2]}\mathrm{e}^{-\mathrm{j}\frac{N-1}{2}(\Omega+\Omega_0)}+\frac{\sin[N(\Omega-\Omega_0)/2]}{\sin[(\Omega-\Omega_0)/2]}\mathrm{e}^{-\mathrm{j}\frac{N-1}{2}(\Omega-\Omega_0)}\right\}$$

它的实部和虚部分别为

$$\mathrm{Re}\left\{\tilde{X}_N(\Omega)\right\}=\frac{1}{2}\left\{\cos\left[\frac{(N-1)(\Omega+\Omega_0)}{2}\right]\frac{\sin[N(\Omega+\Omega_0)/2]}{\sin[(\Omega+\Omega_0)/2]}+\cos\left[\frac{(N-1)(\Omega-\Omega_0)}{2}\right]\frac{\sin[N(\Omega-\Omega_0)/2]}{\sin[(\Omega-\Omega_0)/2]}\right\}$$

和

$$\mathrm{Im}\left\{\tilde{X}_N(\Omega)\right\}=\frac{-1}{2}\left\{\sin\left[\frac{(N-1)(\Omega+\Omega_0)}{2}\right]\frac{\sin[N(\Omega+\Omega_0)/2]}{\sin[(\Omega+\Omega_0)/2]}+\sin\left[\frac{(N-1)(\Omega-\Omega_0)}{2}\right]\frac{\sin[N(\Omega-\Omega_0)/2]}{\sin[(\Omega-\Omega_0)/2]}\right\}$$

对于 $x_1[n]=\cos(\pi n/4)$ 的余弦序列， $\Omega_0=\pi/4$ ， $N=16$ 时，16 点序列 $x_1[n]r_{16}[n]$ 正好有 $x_1[n]$ 的两个完整周期，图 9.19 中分别画出了 $x_1[n]r_{16}[n]$ 的频谱 $\tilde{X}_{16}(\Omega)$ 的实部和虚部，及其 16 点 DFT 系数 $X[k]$ 的实部和虚部。由于 16 点 DFT 系数 $X[k]$ 是 $\tilde{X}_{16}(\Omega)$ 的等间隔( $2\pi/16=\pi/8$ )样本值，只有当 $k=2$ 和 14 时，$\mathrm{Re}\{X[k]\}=8$ ，其余的 $\mathrm{Re}\{X[k]\}$ 和 $\mathrm{Im}\{X[k]\}$ 都等于零，而余弦序列 $x_1[n]=\cos(\pi n/4)$ 的频谱 $\tilde{X}(\Omega)$ 在主值区间(0， $2\pi$ )内也是在 $\Omega_0=\pi/4$ 和 $7\pi/4$ 处有冲激(离散谱线)。因此，此种情况下，截短的 $N$ 点余弦序列的 $N$ 点 DFT 系数 $X[k]$ 正确反映了余弦序列的频谱，也正确地代表了原单频的 125Hz 余弦信号的频谱。

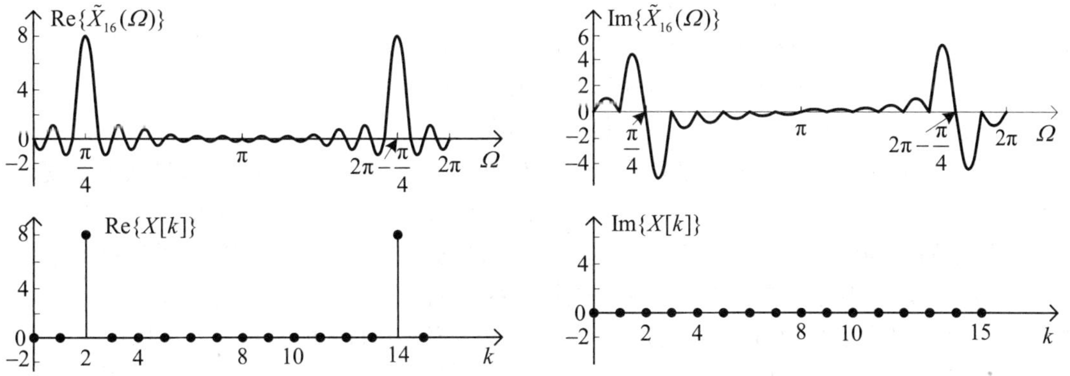


图 9.19　$x_1[n]=\cos(\pi n/4)$ 时的 $\tilde{X}_{16}(\Omega)$ 和其 16 点 DFT 系数 $X[k]$

对于 $x_2[n]=\cos(0.2273\pi n)$ 的余弦序列， $\Omega_0=0.2725\pi$ ， $N=16$ 时，16 点序列 $x_2[n]r_{16}[n]$ 包含 $x_2[n]$ 的约 2.2 个周期，图 9.20 中分别画出了 $x_2[n]r_{16}[n]$ 的频谱 $\tilde{X}_{16}(\Omega)$ 的实部和虚部，及其 16 点 DFT 系数 $X[k]$ 的实部和虚部。此时， $\tilde{X}_{16}(\Omega)$ 的等间隔( $2\pi/16=\pi/8$ )样本值不再像上一种情况那样，而是在几乎所有的 $k$ 时， $\mathrm{Re}\{X[k]\}$ 和 $\mathrm{Im}\{X[k]\}$ 都有非零值，但在主值区间(0， $2\pi$ )内，余弦序列 $x_2[n]=\cos(0.2725\pi n)$ 的频谱只应在 $\Omega_0=0.2273\pi$ 和 $1.7727\pi$ 处有非零值。这表明，对余弦序列 $x_2[n]=\cos(0.2273\pi n)$ 取 16 点 DFT 的结果好像把它的频谱扩散到整个频率范围($0\leqslant k\leqslant 15$)上，通常把这个现象称为 DFT 的“**泄漏现象**”。这种情况下，截短的 $N$ 点余弦序列的 $N$ 点 DFT 系数 $X[k]$ 不再能很好地反映余弦序列的频谱，当然也不能正确地代表了原单频的 113.65 Hz 余弦信号的频谱。

尽管本例针对的是单频正弦信号，但对一般的信号，这种泄漏现象仍然存在。因此，DFT 的泄漏现象使

得离散傅里叶变换的结果不能真正反映原信号的频谱。

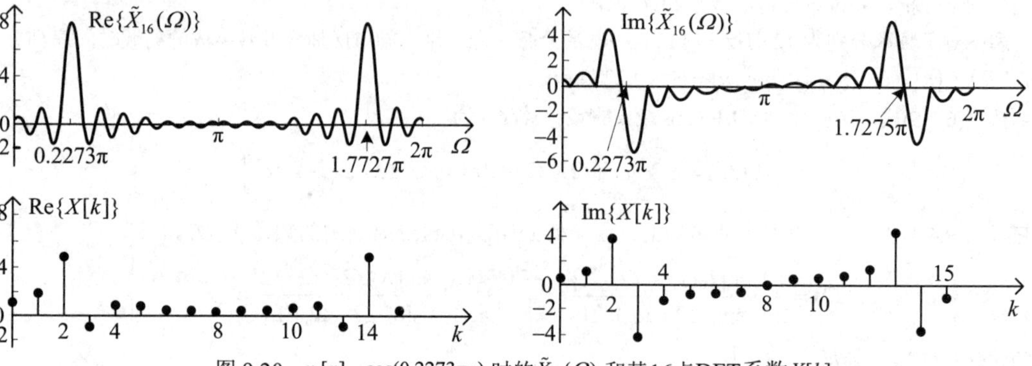


图 9.20 $x_2[n]=\cos(0.2273\pi n)$ 时的$\tilde{X}_{16}(\Omega)$ 和其16点DFT系数$X[k]$

泄漏现象是由截短造成的，但靠单纯增加 $N$ (即用更长点数的 DFT)并不能减轻泄漏现象，改善泄漏现象的有效方法是采用前一小节介绍的更平滑的窗函数 $w_N[n]$，代替(9.4.12)式中的矩形截短函数 $r_N[n]$，就可大大降低由 $\tilde{R}_N(\Omega)$ 的旁瓣造成的起伏，从而有效地减轻泄漏现象。

**3．栅栏效应和 DFT 的频率分辨率**

按照(9.4.15)式，$x[n]$ 的 $N$ 点 DFT 系数 $X[k]$ 是 $\tilde{X}_N(\Omega)$ 在离散频率点 $k(2\pi/N)$ 上的样本值，没有给出这些频率点之间的频谱内容，这好像在通过百叶窗观察窗外的景色，看到的是百叶窗缝内的部分景色，无法看到被百叶窗挡住的景色，这就是所谓"**栅栏效应**"。如果频谱 $\tilde{X}_N(\Omega)$ 的峰值正好在两个离散频率点之间，则 $X[k]$ 将不能很好地反映 $\tilde{X}_N(\Omega)$ 的峰值。改善栅栏效应的一个常用的办法是在截短的 $N$ 点序列 $x_N[n]$ 后增补一些零值，例如增补 $M$ 个零值，使它成为 $N+M$ 点序列，但它的频谱没有改变，仍是 $\tilde{X}_N(\Omega)$，然而，它的 $N+M$ 点 DFT 系数则是 $\tilde{X}_N(\Omega)$ 的 $N+M$ 个在离散频率点 $k[2\pi/(N+M)]$ 上的样本值。因此，增补零值的效果相当于加密并改变了 $\tilde{X}_N(\Omega)$ 的采样点位置，这样就可能采样到原来没有采样出的频谱峰值。

增补零值的方法在离散傅里叶变换的实际应用中经常用到，例如，为了采用点数为 2 的整数幂次的 FFT 程序，需要将原序列补零，再例如下一小节要介绍的利用 FFT 快速实现两个序列的线性卷积，为了获得正确的结果也需要将原序列补零。这里必须指出，对一个截取长度为 $N$ 的序列 $x_N[n]$，用 DFT 来分析它的频谱的**频率分辨率**等于 $N$ 点 DFT 的频率间隔，即 $2\pi/N$ 或 $f_s/N$，并不能靠增补零值、减小采样频率间隔来随意提高频率分辨率。实际上，根据前面 6.6.2 小节中的离散时间频域抽样定理，$N$ 点序列 $x_N[n]$ 的频谱 $\tilde{X}_N(\Omega)$ 可以用它的 $N$ 点 DFT 系数 $X[k]$ 内插出来(见(6.6.37)式)。换言之，$x_N[n]$ 的 $N$ 个序列值只给出了 $N$ 个信息，对它增补零值并没有获得更多的信息，因此，规定 DFT 的频率分辨率为 $2\pi/N$ 或 $f_s/N$。只有增加截取的长度 $N$，才能提高 DFT 的频率分辨率。

### 9.4.3 快速卷积算法及其应用

在涉及滤波等信号处理的数字实现中，经常需要实时实现两个数字信号的线性卷积，本小节将介绍和讨论利用快速傅里叶变换(FFT)算法实现快速卷积的方法及其应用。

**1．快速卷积算法**

如果是数字信号通过 IIR 系统，则其有效的实时实现方法是 4.3.3 小节介绍的后推算法(见(4.3.24)式)。但若是有限或无限长的数字信号通过 FIR 滤波器，且当 FIR 滤波器阶数较高或其单位冲激响应较长时，完成线性卷积的计算量是巨大的。因为根据 3.3.2 小节中有关离散时间卷积和的矩阵运算的讨论，如果有两个长度均为 $N_1$ 的序列 $x[n]$ 和 $h[n]$，$n=0,\ 1,\ \cdots,\ N_1-1$，它们的离散时间卷积和序列 $y[n]$ 是一个长度为 $2N_1-1$ 的序列，即

$$y[n]=x[n]*h[n]=\sum_{k=0}^{N_1-1}x[k]h[n-k],\quad n=0,\ 1,\ \cdots,\ 2N_1-2 \tag{9.4.16}$$

或表示成矩阵运算(为了简便，序列值的序号用下标表示)

$$\begin{bmatrix} y_0 \\ y_1 \\ y_2 \\ \vdots \\ y_{N_1-2} \\ y_{N_1-1} \\ y_{N_1} \\ \vdots \\ y_{2N_1-3} \\ y_{2N_1-2} \end{bmatrix}=\begin{bmatrix} h_0 & 0 & 0 & \cdots & 0 & 0 & 0 & \cdots & 0 & 0 \\ h_1 & h_0 & 0 & \cdots & 0 & 0 & 0 & \cdots & 0 & 0 \\ h_2 & h_1 & h_0 & \cdots & 0 & 0 & 0 & \cdots & 0 & 0 \\ \vdots & \vdots & \vdots & \vdots & \vdots & \vdots & \vdots & \vdots & \vdots & \vdots \\ 0 & 0 & 0 & \cdots & h_{N_1-2} & h_{N_1-3} & h_{N_1-4} & \cdots & h_0 & 0 \\ 0 & 0 & 0 & \cdots & h_{N_1-1} & h_{N_1-2} & h_{N_1-3} & \cdots & h_1 & h_0 \\ 0 & 0 & 0 & \cdots & 0 & h_{N_1-1} & h_{N_1-2} & \cdots & h_2 & h_1 \\ \vdots & \vdots & \vdots & \vdots & \vdots & \vdots & \vdots & \vdots & \vdots & \vdots \\ 0 & 0 & 0 & \cdots & 0 & 0 & 0 & \cdots & h_{N_1-1} & h_{N_1-2} \\ 0 & 0 & 0 & \cdots & 0 & 0 & 0 & \cdots & 0 & h_{N_1-1} \end{bmatrix}\cdot\begin{bmatrix} x_0 \\ x_1 \\ x_2 \\ \vdots \\ x_{N_1-2} \\ x_{N_1-1} \\ 0 \\ \vdots \\ 0 \\ 0 \end{bmatrix} \tag{9.4.17}$$

为了完成上述两个 $N_1$ 点**实**序列的离散时间卷积和运算，约需要 $N_1^2$ 次实数乘法运算和 $N_1^2$ 次实数加法运算，当 $N_1$ 很大时，其运算量是巨大的，这给它的实时实现带来了困难。

更一般地，假设两个 $N_1$ 和 $N_2$ 点序列 $x[n]$ 和 $h[n]$ 的离散时间卷积和序列是 $y[n]$，它是一个 $N_1+N_2-1$ 点序列，且 $x[n]$、$h[n]$ 和 $y[n]$ 的 $N=N_1+N_2-1$ 点 DFT 系数分别为 $X[k]$、$H[k]$ 和 $Y[k]$，根据 6.3.1 小节中介绍的 DFT 的时域**线性卷积**性质(见(6.3.10)式)，即

$$y[n]=x[n]*h[n]\xleftrightarrow{\text{DFT}}Y[k]=X[k]H[k] \tag{9.4.18}$$

基于上式，则有

$$y[n]=\text{IDFT}\{Y[k]\}=\text{IDFT}\{X[k]\cdot H[k]\} \tag{9.4.19}$$

因此，利用 DFT 和 IDFT 可以计算两个序列的线性卷积。图 9.21 中给出了利用 FFT 算法实现长度分别为 $N_1$ 和 $N_2$ 的序列 $x[n]$ 与 $h[n]$ 快速卷积算法的原理框图，为确保快速卷积结果是 $x[n]$ 与 $h[n]$ 的线性卷积，必须选择 $N\geqslant(N_1+N_2-1)$，且是 2 的最小整数次幂，以便于选用通用的 FFT 程序或其数字硬件。为此，首先需用增补零值的办法把 $x[n]$ 和 $h[n]$ 都变成 $N$ 点序列，以便分别计算它们的 $N$ 点 DFT 系数 $X[k]$ 和 $H[k]$。

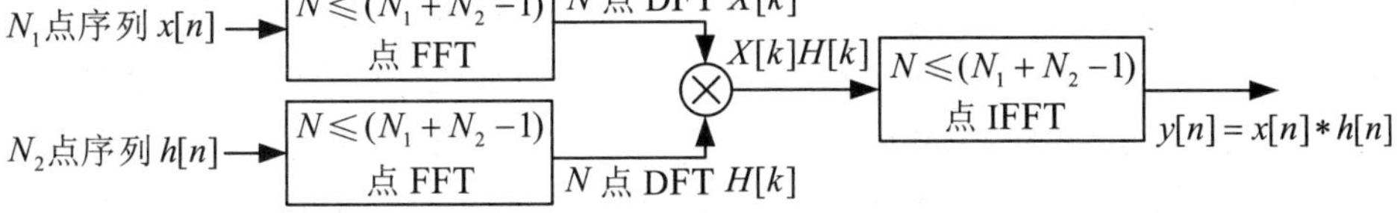


图 9.21　利用 FFT 实现两个有限长序列快速卷积的方框图

由上图可以看到，快速卷积需要两次 $N$ 点 FFT 和一次 $N$ 点 IFFT 计算，但在实际的数字信号实时滤波中，$h[n]$ 一般是设计好不变的，它的 $N$ 点 DFT 系数 $H[k]$ 可以预先计算好置于存储器中，故实际上只需要一次 $N$ 点 FFT 和一次 $N$ 点 IFFT 计算，即两倍 $N$ 点 FFT 的运算量。若假定 $N_1=N_2$，且选 $N=2N_1$，根据 5.7 节中的(5.7.17)式，按照图 9.21 这样的快速卷积，就

需要 $2\times(N/2)\log N=2N_1\log(2N_1)$ 次复数乘法运算和 $2\times(N\log N)=4N_1\log(2N_1)$ 次复数加法运算，再加上 $X[k]$ 与 $H[k]$ 相乘还要 $2N=4N_1$ 次复数乘法运算，故总共需要 $2N_1[1+\log(2N_1)]$ 次复乘运算和 $4N_1\log(2N_1)$ 次复加运算。考虑到每一次复数乘法需要 4 次实数乘法和 2 次实数加法，每一次复数加法需要 2 次实数加法，则快速卷积的总计算量为

$$\text{实乘次数：}\ 8N_1[1+\log(2N_1)] \qquad \text{实加次数：}\ 16N_1\log(2N_1) \tag{9.4.20}$$

当 $N_1$ 很大时，上式的计算量要比直接卷积运算所需的 $N_1^2$ 次实数乘法和 $N_1^2$ 次实数加法的计算量小得多。由于乘法运算对计算时间和计算资源的耗费远大于加法运算，故可以用实乘运算的计算量来估计算法的处理速度。当 $N_1<64$ 时，快速卷积算法的处理速度甚至不及直接线性卷积运算；当 $N_1=64$ 时，两种算法的处理速度基本相当；随着 $N_1$ 的增加，快速卷积算法处理速度逐渐提高；当 $N_1=1024$ 时；快速卷积算法的处理速度比直接线性卷积提高约 10 倍。

数字信号实时滤波通常属于这样的情况，即一个序列(如 FIR 滤波器的单位冲激响应 $h[n]$)相对较短，而另一个序列(如信号 $x[n]$)十分长，甚至无限长的情况，如果等到输入 $x[n]$ 的所有序列值全部存贮完，再对它进行巨大点数的 FFT，不仅运算量太大，且会导致很长的处理延时，不满足实时实现的要求。解决这一问题的有效方法是把输入信号 $x[n]$ 逐段地与 $h[n]$ 进行快速卷积，然后，再以适当的方式将逐段快速卷积的结果组合起来，形成连贯的线性卷积输出。下面介绍两种常用的分段线性卷积及其组合方法：重叠相加法和重叠保留法。

1) 重叠相加法

假设无限长数字信号 $x[n]$ 与长度为 $N_2$ 的 $h[n]$ $(0\leqslant n\leqslant N_2-1)$线性卷积的输出 $y[n]$ 为

$$y[n]=x[n]*h[n]=\sum_{k=0}^{\infty}x[k]h[n-k],\quad n\geqslant 0 \tag{9.4.21}$$

如果把 $x[n]$ 分段，每一段的长度为 $N_1$，则第 $i$ 段的信号 $x_i[n]$ 为

$$x_i[n]=\begin{cases}x[n], & iN_1\leqslant n\leqslant (i+1)N_1-1\\ 0, & \text{其他}\ n\end{cases},\quad i=0,\ 1,\ 2,\ \cdots \tag{9.4.22}$$

则有

$$\begin{aligned}y[n]&=\sum_{k=0}^{N_1-1}x_0[k]h[n-k]+\sum_{k=N_1}^{2N_1-1}x_1[k]h[n-k]+\sum_{k=2N_1}^{3N_1-1}x_2[k]h[n-k]+\cdots\\&=\sum_{i=0}^{\infty}\left[\sum_{k=iN_1}^{(i+1)N_1-1}x_i[k]h[n-k]\right]=\sum_{i=0}^{\infty}y_i[n]\end{aligned} \tag{9.4.23}$$

其中

$$y_i[n]=\sum_{k=iN_1}^{(i+1)N_1-1}x_i[k]h[n-k],\quad iN_1\leqslant n\leqslant (i+1)N_1+N_2-2 \tag{9.4.24}$$

每段线性卷积结果 $y_i[n]$ 的长度都是 $N_1+N_2-1$，它们都可以利用 $N=N_1+N_2-1$ 点 FFT 的快速卷积算法来计算。图 9.22 给出了这样的分段线性卷积和相邻的 $y_i[n]$ 段彼此衔接的示意图。

由图 9.22 看出，相邻两段的 $y_i[n]$ 之间都有 $N_2-1$ 个序列值是重叠的，例如第 $i$ 段的 $y_i[n]$ 与第 $i+1$ 段的 $y_{i+1}[n]$ 之间，从 $(i+1)N_1$ 起到 $(i+1)N_1+N_1-2$ 这部分的序列值有重叠，根据(9.4.23)式，应该把每个相邻段的重叠的序列值逐个相加方式连接成连贯的输出 $y[n]$，这就是“**重叠相加法**”名称的来由。

2) 重叠保留法

根据 6.3.1 小节讲述的有关 DFT 的时域循环卷积和线性卷积之间的关系(见第 6 章例 6.7)，则有另一种分段快速卷积及其组合方法，即所谓**重叠保留法**，它可以用图 9.23 来说明。

在重叠保留法中不是像重叠相加法那样，把 $x[n]$ 的每个分段 $x_i[n]$ 与 $h[n]$ $(0\leqslant n\leqslant N_2-1)$

做快速线性卷积，而是将它们逐次做快速循环卷积。

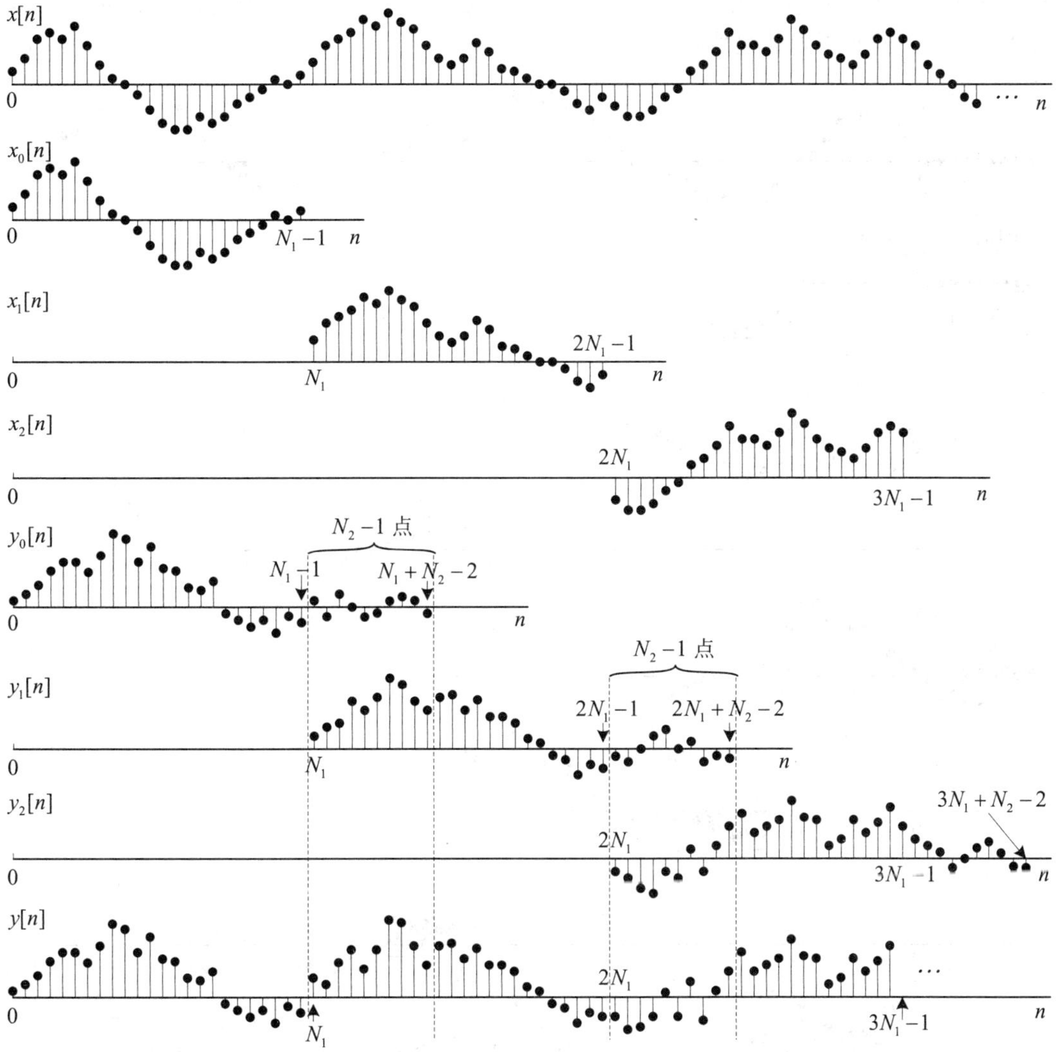


图 9.22　重叠相加法实现分段线性卷积并衔接起来的示意图

根据 6.3.1 小节例 6.6 和例 6.7 中的结果及其讨论，快速循环卷积的结果中的前面部分(长度为 $N_2-1$)有混叠，其余部分才是真正线性卷积的结果，故必须抛弃每次循环卷积结果中的前 $N_2-1$ 个值，保留其余的值。但是，如果仍像重叠相加法中、按(9.4.22)式那样来对 $x[n]$ 分段的话，则逐次循环卷积结果中保留的序列值将无法衔接起来，为了能衔接成正确的线性卷积结果，在重叠保留法中必须采用相邻段之间有 $N_2-1$ 个值重叠的方法来对 $x[n]$ 的分段，即

$$x_i[n]=\begin{cases}x[n], & iN-(i+1)(N_2-1)\leqslant n\leqslant(i+1)(N-N_2+1)-1\\ 0, & \text{其他}\ n\end{cases},\quad i=0,\ 1,\ 2,\ \cdots \tag{9.4.25}$$

其中，$N$ 为每个分段序列 $x_i[n]$ 的长度。这样分段的 $x_i[n]$ 与 $x_{i+1}[n]$ 之间有 $N_2-1$ 个值的重叠，再逐个地把 $N$ 点序列 $x_i[n]$ 与 $h[n]$ 进行利用 $N$ 点 FFT 算法的快速卷积，得到 $N$ 点的循环卷积序列 $y_i[n]$，再丢弃 $y_i[n]$ 中的前 $N_2-1$ 个序列值，然后逐次把每个 $y_i[n]$ 中的保留部分前后衔接起来，就形成正确的 $x[n]$ 与 $h[n]$ 线性卷积输出 $y[n]$。这就是“**重叠保留法**”名称的来由，图

9.23 说明了上述的重叠保留法的重叠分段、丢弃和保留部分衔接的示意图，图中的第一段（$i=0$ 的段）$x_0[n]$ 的前 $N_2-1$ 个值是添加的零值，其用意是使第一段循环卷积的结果 $y_0[n]$ 中舍弃前 $N_2-1$ 个值后，得到正确的线性卷积结果。

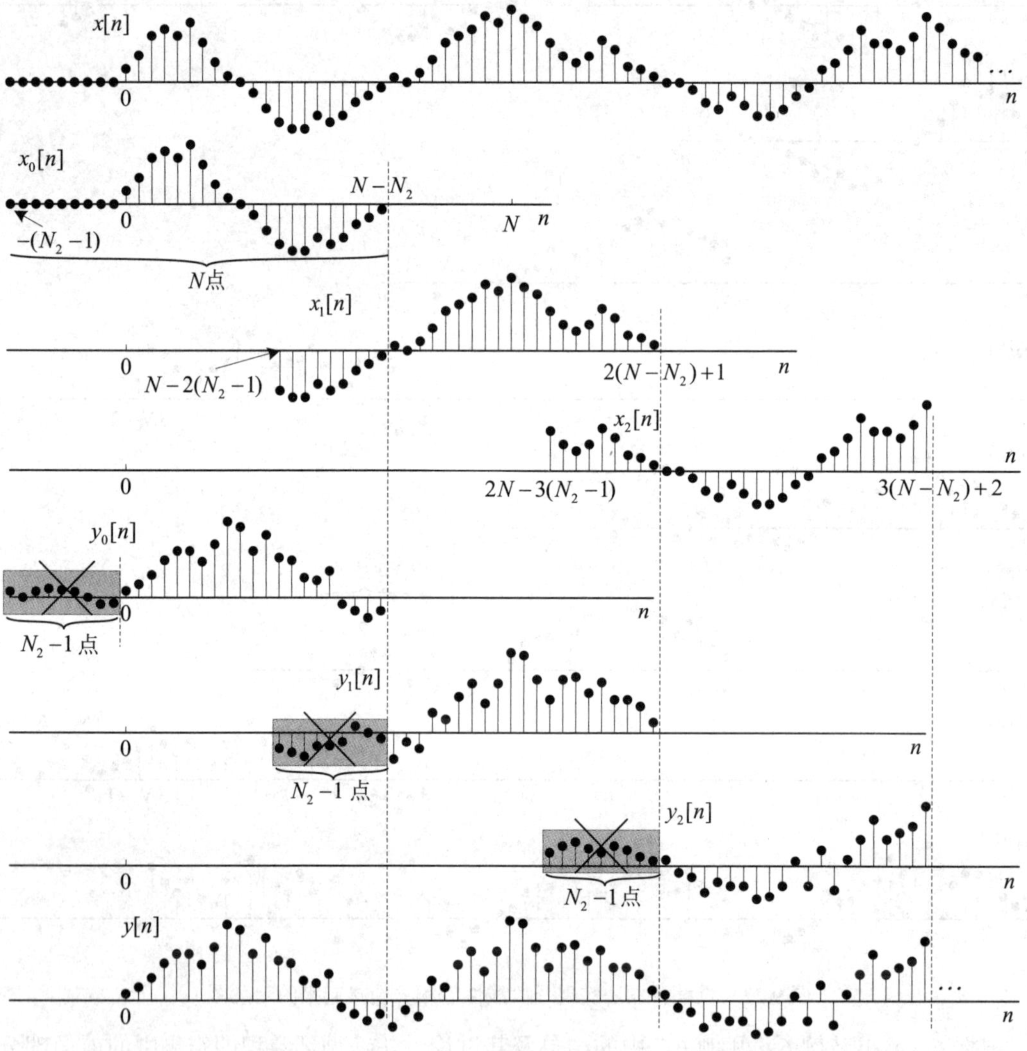


图 9.23 重叠保留法之重叠分段循环卷积并衔接起来实现线性卷积的示意图

**2．快速卷积方法的有关应用**

上面介绍了利用 FFT 实现时域卷积的快速卷积算法，它的直接应用就是所谓频域滤波，这在连续时间信号的滤波实现中是很难想象的。此外，快速卷积方法还在解卷积、雷达和声呐信号处理中相关或匹配滤波器的数字实现以及信号的功率谱估计等方面有其应用。

1) 快速解卷积

假设两个 $N_1$ 和 $N_2$ 点序列 $x[n]$ 和 $h[n]$ 的离散时间卷积和序列是 $y[n]$，它是一个 $N_1+N_2-1$ 点序列，且 $x[n]$、$h[n]$ 和 $y[n]$ 的 $N=N_1+N_2-1$ 点 DFT 系数分别为 $X[k]$、$H[k]$ 和 $Y[k]$，根据 DFT 的时域线性卷积性质(见(6.3.13)式)，则有

$$y[n]=x[n]*h[n]\xleftrightarrow{\text{DFT}}Y[k]=X[k]H[k] \tag{9.4.26}$$

如果已知 $h[n]$ 和 $y[n]$，基于 9.2.4 小节中变换域解卷积的概念和方法，要求的 $x[n]$ 为

$$x[n]=\mathrm{IDFT}\left\{X[k]\right\}=\mathrm{IDFT}\left\{Y[k]\cdot(1/H[k])\right\} \tag{9.4.27}$$

其中，$(1/H[k])$ 是 $1/H[0]$，$1/H[1]$，…，$1/H[N-1]$ 组成的数值序列。因此，也可以利用 FFT 算法实现离散时间解卷积，图 9.24 给出了用 FFT 算法实现**快速解卷积**的计算示意图。如果要解卷积的信号 $y[n]$ 很长，甚至无限长，也可以像上面快速卷积方法那样，用重叠相加法或重叠保留法来实时实现信号的解卷积。

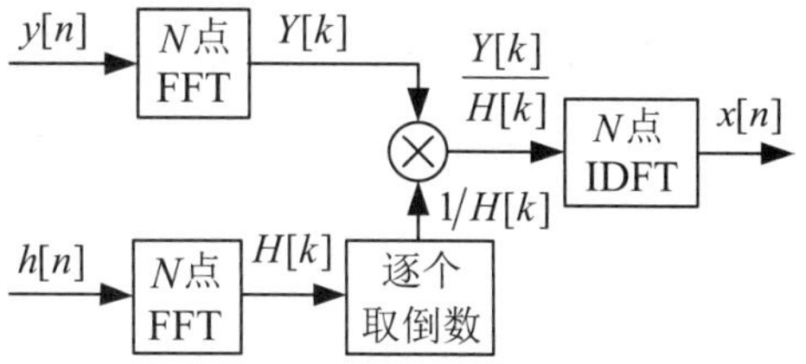


图 9.24　利用 FFT 实现解卷积的计算框图

2) 快速相关和功率谱估计

根据 3.4.4 小节讲述的相关运算和卷积运算的关系，长度分别为 $N_1$ 和 $N_2$ 点的两个序列 $x_1[n]$ 和 $x_2[n]$ 的互相关序列 $R_{12}[n]$，等于 $x_1[n]$ 与 $x_2[-n]$ 的线性卷积，即 $R_{12}[n]=x_1[n]*x_2^*[-n]$。假设 $x_1[n]$ 和 $x_2[n]$ 的 $N=N_1+N_2-1$ 点 DFT 系数分别为 $X_1[k]$ 和 $X_2[k]$，按照 DFT 的相关定理(见 6.9 节中(6.9.3)式)，可以利用 $N=N_1+N_2-1$ 点的 DFT 来计算它们的互相关序列 $R_{12}[n]$，即

$$R_{12}^{\circledcirc}[n]=\mathrm{IDFT}\{X_1[k]X_2^*[k]\} \tag{9.4.28}$$

由于 DFT 的点数为 $N=N_1+N_2-1$，故按照(9.4.28)式计算的 $R_{12}^{\circledcirc}[n]$ 就是 $x_1[n]$ 和 $x_2[n]$ 的互相关序列 $R_{12}[n]$。图 9.25 给出了用 FFT 算法实现快相关的计算示意图。在雷达和声呐系统中用于确知信号相关接收的数字匹配滤波器，就是用这样的快速相关算法实现的，此时，$x_1[n]$ 是雷达接收到的包含噪声和杂波的信号，$x_2[n]$ 是确知的目标回波信号，其 DFT 系数可以预先计算好置于存储器中，并用上面重叠相加法或重叠保留法来实时实现信号 $x_1[n]$ 的相关接收。

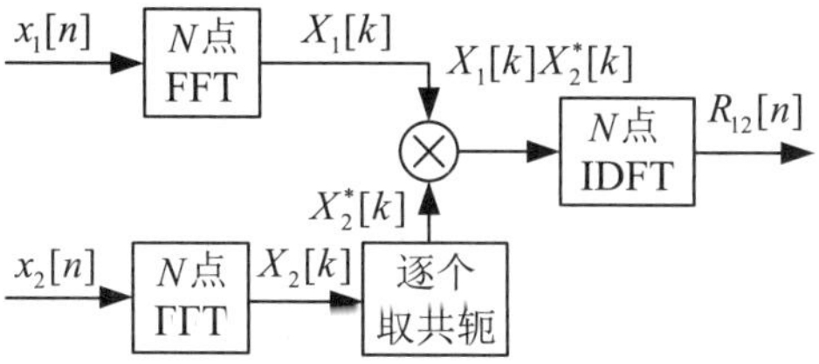


图 9.25　利用 FFT 实现快速相关的计算框图

图 9.25 的快速相关原理，也可以实现信号的功率谱估计。在功率谱计算中，$x_1[n]$ 和 $x_2[n]$ 是同一个要功率谱估计的一段数字信号 $x[n]$，即 $x[n]=x_1[n]=x_2[n]$，故可以省去一个 FFT 运算。另外，根据 6.9 节有关有 DFT 的相关定理(见(6.9.5)式)，图 9.25 中可以用循环卷积替代线性卷积，即 FFT 的点数与 $x[n]$ 相同，由此获得的是 $x[n]$ 的循环自相关序列 $R_x^{\circledcirc}[n]$，此时图中的 $X_1[k]X_2^*[k]=|X[k]|^2$ 即为 $N$ 点序列 $x[n]$ 的能量谱，其功率谱等于 $|X[k]|^2/N$；为了实现无限长信号的功率谱估计，必须采用截短和分段计算的方法，因此，也需遵循前一小节中利用 DFT 进行信号频谱分析的有关考虑。

# 9.5　滤波和滤波器

## 9.5.1　滤波

LTI 系统最重要和广泛的应用是滤波。一般地说，能改变信号中各个频率分量的相对大小，或者抑制、甚至全部滤除某些频率分量的过程称为**滤波**，完成滤波功能的系统称为**滤波器**。

由于连续时间和离散时间 LTI 系统的输出信号频谱等于输入信号频谱乘以系统的频率响应，适当地选择或设计 LTI 系统的频率响应 $H(\omega)$ 和 $\tilde{H}(\Omega)$，就可以实现各种不同要求的滤波。

滤波的概念和方法广泛应用于各种不同场合和目的，第 7 章介绍和讨论的各种调制和解调方法中，当信号经过非 LTI 系统(如相乘器)后，都需通过不同类型的滤波，选取或保留需要的信号，去掉所需信号频率范围外的不需要的无用信号(或干扰)；7.11.2 小节介绍的频域均衡也是一种滤波，它改变了信号各个频率分量的相对大小和相位，达到补偿实际系统非理想频率特性的作用；在欣赏交响乐时，加强低沉浑厚的低音，或提升小提琴悦耳的高音会有不同的效果，音响系统中一般都有一个音调滤波器，通过音调控制旋钮来改变滤波器的频率特性。

在许多实际问题中，代表信息的信号(有用信号)和干扰(或无用信号)同时存在，但各自分别处在不同的频率范围，通常采用选择性滤波来选择出有用信号，抑制或滤除干扰或无用信号。所谓**选择性滤波**，就是让一个或一组频率范围内的信号无失真地通过，而衰减或完全抑制其余频率范围的信号，实现这种功能的系统称为**选择性滤波器**。一个熟知的例子是收音机中的中频滤波器，调谐收音机进行选台时，主要靠它选择电台的广播信号，抑制其余电台信号。有些被认为的干扰或无用信号是前一步处理系统产生的，例如已抽样信号频谱中的“像”和系统非线性特性产生的谐波失真等，都可以用选择性滤波器进行抑制或滤除。

几乎所有信号在实际的获取、传输和处理过程中，都不可避免地混入或叠加上噪声等随机干扰，它们会降低信号的质量：电视屏幕上出现的雪花干扰、收音机扬声器中的背景噪声等，就是典型的例子。因此，**“噪声滤除”**或**“去噪”**，即减小或降低这种噪声或随机干扰，就成为所有电子系统(也包括其他物理系统)，以及系统中许多部件的主要功能。由于噪声的频谱分布在远宽于信号带宽的频率范围上，这类问题最通常并有效的解决办法是采用选择性滤波，抑制或滤除信号频带之外的噪声或随机干扰，从而大大提高信号的“**信号噪声比(SNR)**”。

滤波的另一类应用是分离和增强信号中代表不同信息的信号。一般情况下，不同信息的信号相应地集中在不同的频率范围。例如，在股票市场统计数据分析中，长期变化(相应于低频)和短时变化(相应于高频)具有不同意义，代表不同影响因素，需要分开来研究，就可用离散时间选择性滤波器把它们分离出来。在信息或信号处理中为了某一目的，有时需要突出或增强信号中某些信息，或提取信号中的某些特征，例如，图像处理中的**边缘增强**和**轮廓提取**，直观地看，图像中物体边缘的亮度改变比其余部分大，可以想到，微分器和一阶差分器可以达到这一目的。微分器和一阶差分器的幅度增益随着频率升高而增大，它们都能达到增强信号中快变化成分的作用，且对变化愈快的分量，其增强作用愈大，这种信号滤波又称为**信号锐化**。相反，增强信号中的慢变化成分，而对信号中变化更快的成分有更大抑制，这种功能叫做**信号平滑**。2.3.1 小节中介绍的连续时间和离散时间平滑系统，就可以实现信号平滑。

以上提及的是滤波的几种不同应用，可以毫不夸张地说，在所有的电子系统中，滤波的应用随处可见，所有的设备甚至部件中，都少不了一个或几个不同功能和作用的滤波器。正如前面指出的，滤波的概念是傅里叶变换时域卷积性质的一个直接结果，因此，用 LTI 系统实现的这类滤波称为**线性滤波**。还有所谓非线性滤波，即用非线性系统实现某种滤波功能，本章后习题 9.20 讨论的中值滤波，就是非线性滤波的一个例子。滤波这一专题包含很多方面，涉及各种滤波器的原理、设计和实现等。另外，对滤波的各种特定应用，选择各自适当的滤波器绝对是很有讲究的，这些问题超出了本书的范围，本节和下面两节的主要目的是介绍有关滤波和滤波器，以及滤波器设计方面的基本概念和主要方法。

## 9.5.2　理想滤波器

### 1．理想滤波器的频域特性

理想选择性滤波定义为具有这样的频率特性，即能让某个频率范围内的复正弦信号 $e^{j\omega t}$ 或 $e^{j\Omega n}$ (或正弦信号 $\cos\omega t$，$\cos\Omega n$)无失真地通过，而在该频率范围之外则给予完全抑制。在有关滤波的术语中，通常把信号能通过的频率范围称为滤波器的**通带**，阻止信号通过的频率范围称为**阻带**，通带的边界频率称为**截止频率**。根据滤波器通带、阻带所处的不同位置，可分为**低通滤波器**、**高通滤波器**和**带通滤波器**等类型的滤波器。前面讲述抽样重建、调制和解调、复用和解复用等时，已一再利用理想滤波器的概念和特性进行过有效的分析，它们可看作重要的连续时间和离散时间基本系统，这里专门介绍它们频域和时域的各种功能和特性。

1) 理想低通滤波器

连续和离散时间理想低通滤波器频率响应 $H_{LP}(\omega)$ 和 $\tilde{H}_{LP}(\Omega)$ (主值区间 $(-\pi,\pi]$ 内)分别为

$$H_{LP}(\omega)=\begin{cases}1, & |\omega|<\omega_c\\ 0, & |\omega|>\omega_c\end{cases} \quad 和 \quad \tilde{H}_{LP}(\Omega)=\begin{cases}1, & |\Omega|<\Omega_c\\ 0, & \Omega_c<|\Omega|<\pi\end{cases},\quad \Omega_c<\pi \tag{9.5.1}$$

其中，$\omega_c$ 和 $\Omega_c$ 分别是连续和离散时间理想低通的截止频率。它们分别如图 9.26(a)和(b)所示。

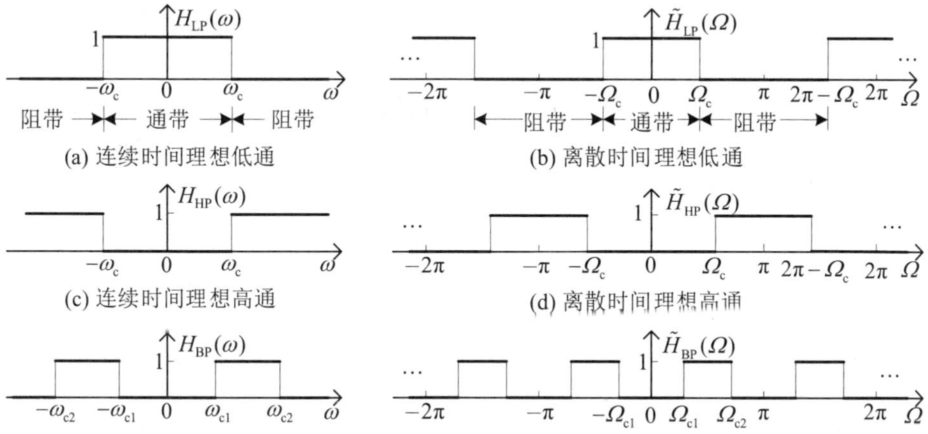

(a) 连续时间理想低通　(b) 离散时间理想低通

(c) 连续时间理想高通　(d) 离散时间理想高通

(e) 连续时间理想带通　(f) 离散时间理想带通

图 9.26　连续时间和离散时间理想滤波器的频率响应

2) 理想高通滤波器

连续和离散时间理想高通滤波器频率响应 $H_{HP}(\omega)$ 和 $\tilde{H}_{HP}(\Omega)$ (主值区间 $(-\pi,\pi]$ 内)分别为

$$H_{HP}(\omega)=\begin{cases}0, & |\omega|<\omega_c\\ 1, & |\omega|>\omega_c\end{cases} \quad 和 \quad \tilde{H}_{HP}(\Omega)=\begin{cases}0, & |\Omega|<\Omega_c\\ 1, & \Omega_c<|\Omega|<\pi\end{cases},\quad \Omega_c<\pi \tag{9.5.2}$$

其中，$\omega_c$ 和 $\Omega_c$ 是连续时间和离散时间理想高通的截止频率。它们如图 9.26(c)和(d)所示。

3) 理想带通滤波器

连续和离散时间理想带通滤波器频率响应 $H_{BP}(\omega)$ 和 $\tilde{H}_{BP}(\Omega)$ (主值区间 $(-\pi,\pi]$ 内)分别为

$$H_{BP}(\omega)=\begin{cases}1, & \omega_{c1}<|\omega|<\omega_{c2}\\ 0, & |\omega|<\omega_{c1},\ |\omega|>\omega_{c2}\end{cases},\quad 0<\omega_{c1}<\omega_{c2} \tag{9.5.3}$$

和

$$\tilde{H}_{BP}(\Omega)=\begin{cases}1, & \Omega_{c1}<|\Omega|<\Omega_{c2}\\ 0, & |\Omega|>\Omega_{c1},\ |\Omega|<\Omega_{c2}\end{cases},\quad 0<\Omega_{c1}<\Omega_{c2}<\pi \tag{9.5.4}$$

其中，$\omega_{c1}$、$\Omega_{c1}$和$\omega_{c2}$、$\Omega_{c2}$分别是理想带通的低频和高频截止频率。如图 9.26(e)和(f)所示。

必须指出，上述所有连续时间和离散时间理想滤波器通常都定义成频域上具有零相位频率响应。实际上，各自再分别乘以$e^{-j\omega t_0}$和$e^{-j\Omega n_0}$，仍能让通带内的信号无失真地通过，并完全抑制带外的信号。根据傅里叶变换的时移性质，乘以线性相移因子$e^{-j\omega t_0}$和$e^{-j\Omega n_0}$，只使信号分别产生一个时间滞后$t_0$和$n_0$，它们仍然是理想滤波器。相应地称为**线性相位理想滤波器**，以区别于上面定义的零相位理想滤波器。图 9.27 给出了线性相位理想低通滤波器的特性频率。

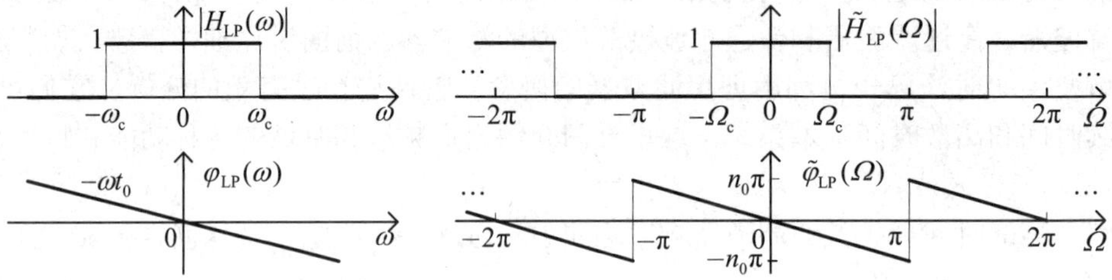


图 9.27　线性相位理想低通滤波器的幅频响应和相频响应

**2．理想滤波器的时域特性**

理想低通、高通和带通是按其频域特性定义的一类基本 LTI 稳定系统，通常也要考虑它们的时域特性，即单位冲激响应和单位阶跃响应等。在不同类型的理想滤波器中，连续时间和离散时间理想低通滤波器是更基本的理想滤波器，故首先讨论理想低通滤波器的时域特性。可直接利用第 5 章例 5.7 的结果，求出连续时间和离散时间理想低通的单位冲激响应分别为

$$h_{LP}(t)=\frac{\omega_c}{\pi}\mathrm{Sa}(\omega_c t)=\frac{\sin\omega_c t}{\pi t}\quad 和\quad h_{LP}[n]=\frac{\Omega_c}{\pi}\mathrm{Sa}(\Omega_c n)=\frac{\sin\Omega_c n}{\pi n}\tag{9.5.5}$$

它们分别如图 9.28(a)和图 9.29 所示，在图 9.29 中画出了截止频率$\Omega_c=\pi/4$时的$h_{LP}[n]$。对图 9.27 那样的线性相位理想低通滤波器，其单位冲激响应只是上述的$h_{LP}(t)$和$h_{LP}[n]$分别延时了$t_0$和$n_0$。例如，连续时间线性相位理想低通滤波器的单位冲激响应如图 9.28(b)所示。

由图 9.28 和图 9.29 可以看出，单位冲激响应的主瓣宽度(波形中心两边第一个 0 值之间的宽度)反比于低通滤波器截止频率$\omega_c$和$\Omega_c$。换言之，理想滤波器的带宽愈宽，单位冲激响应的脉冲宽度变得愈窄，这与傅里叶变换的尺度比例变换性质相一致。

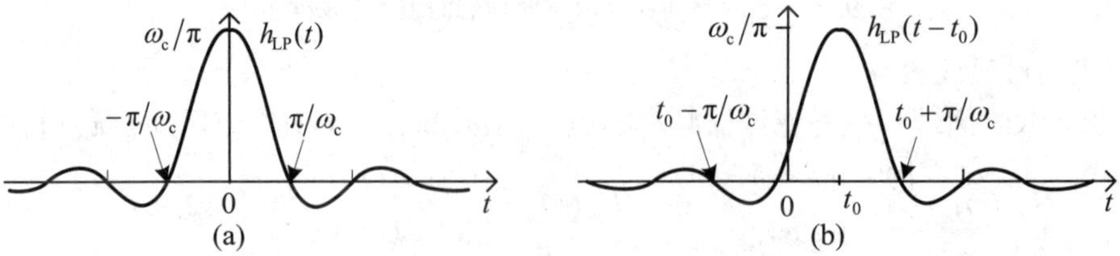


图 9.28　连续时间理想低通滤波器单位冲激响应

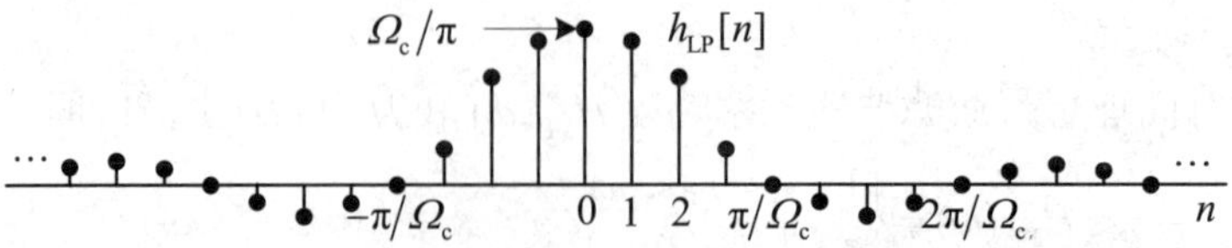


图 9.29　当$\Omega_c=\pi/4$时的离散时间理想低通滤波器的单位冲激响应

单位阶跃响应表征了滤波器的另一种时域特性，它分别是单位冲激响应的积分和累加，则连续时间理想低通滤波器的单位阶跃响应$s_{LP}(t)$为

$$s_{\mathrm{LP}}(t)=\int_{-\infty}^{t}h_{\mathrm{Lp}}(\tau)\mathrm{d}\tau=\frac{1}{\pi}\int_{-\infty}^{t}\frac{\sin\omega_c\tau}{\tau}\mathrm{d}\tau=\frac{1}{\pi}\int_{-\infty}^{0}\frac{\sin\omega_c\tau}{\tau}\mathrm{d}\tau+\frac{1}{\pi}\int_{0}^{t}\frac{\sin\omega_c\tau}{\tau}\mathrm{d}\tau$$

由于 $\sin\omega_c\tau/\tau$ 是偶函数，上式右边的第一项积分为 $\frac{1}{\pi}\int_{-\infty}^{0}\frac{\sin\omega_c\tau}{\tau}\mathrm{d}\tau=\frac{1}{\pi}\int_{0}^{\infty}\frac{\sin\omega_c\tau}{\tau}\mathrm{d}\tau=\frac{1}{\pi}\cdot\frac{\pi}{2}=\frac{1}{2}$，而对于右边第二项积分，若利用变量代换 $x=\omega_c\tau$，则有 $\frac{1}{\pi}\int_{0}^{t}\frac{\sin\omega_c\tau}{\tau}\mathrm{d}\tau=\frac{1}{\pi}\int_{0}^{\omega_c t}\frac{\sin x}{x}\mathrm{d}x=\frac{1}{\pi}\mathrm{Si}(\omega_c t)$，其中

$$\mathrm{Si}(x)=\int_{0}^{\omega_c t}\frac{\sin x}{x}\mathrm{d}x \tag{9.5.6}$$

它在数学上称为“正弦积分”。由此，连续时间理想低通滤波器的单位阶跃响应为

$$s_{\mathrm{LP}}(t)=\frac{1}{2}+\frac{1}{\pi}\mathrm{Si}(\omega_c t) \tag{9.5.7}$$

它的波形见图 9.30(a)。也可求得离散时间理想低通的单位阶跃响应 $s_{\mathrm{LP}}[n]$，它示于图 9.30(b)。可以看到，理想低通滤波器的阶跃响应都经历一段时间才达到稳态值，并呈现起伏和超量。通常分别把在 $t=0$ 和 $n=0$ 左右两个峰之间的时间定义成理想低通滤波器的上升时间，则连续时间和离散时间理想低通滤波器的上升时间分别为 $t_r=2\pi/\omega_c$ 和 $n_r=2\pi/\Omega_c$ 取整的值。这表明：若理想低通滤波器的通带宽度愈窄，它们阶跃响应的上升时间就愈长，即需经历更长的时间才能建立起稳态值。这里又一次体现了时域与频域之间的尺度反比关系。

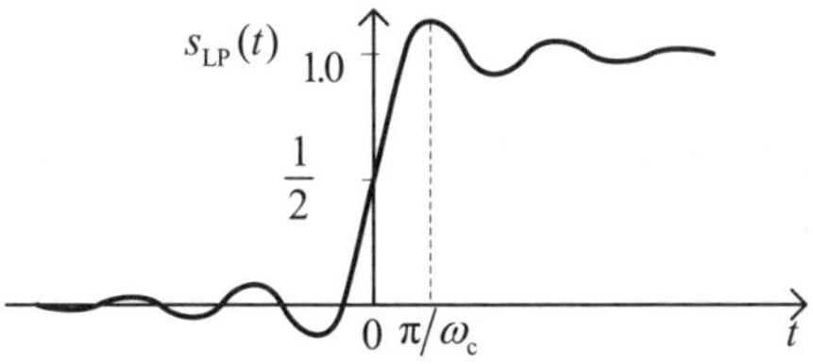

(a) 连续时间理想低通滤波器

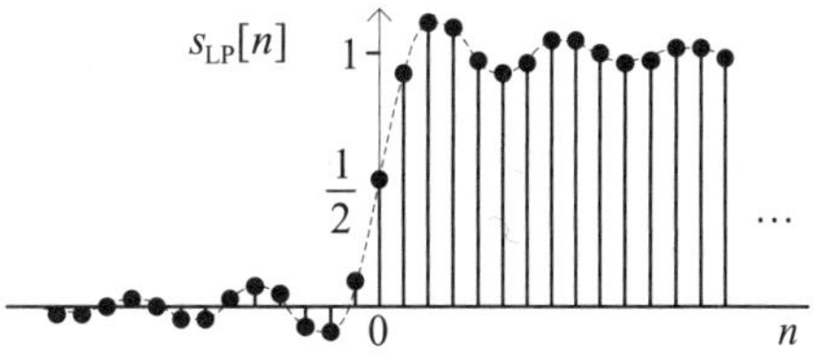

(b) 离散时间理想低通滤波器

图 9.30　理想低通滤波器的单位阶跃响应

基于理想低通滤波器的时域响应，利用傅里叶变换的性质，可以得到理想高通和理想带通滤波器的时域特性。例如图 9.26(c)和(d)中的理想高通滤波器的频率响应可分别写成

$$H_{\mathrm{HP}}(\omega)=1-H_{\mathrm{LP}}(\omega)\quad 和\quad \tilde{H}_{\mathrm{HP}}(\Omega)=1-\tilde{H}_{\mathrm{LP}}(\Omega) \tag{9.5.8}$$

理想高通滤波器的单位冲激响应 $h_{\mathrm{HP}}(t)$ 和 $h_{\mathrm{HP}}[n]$，可分别由 $h_{\mathrm{LP}}(t)$ 和 $h_{\mathrm{LP}}[n]$ 得到，即

$$h_{\mathrm{HP}}(t)=\delta(t)-\frac{\omega_c}{\pi}\mathrm{Sa}(\omega_c t)\quad 和\quad h_{\mathrm{HP}}[n]=\delta[n]-\frac{\Omega_c}{\pi}\mathrm{Sa}(\Omega_c n) \tag{9.5.9}$$

另外，离散时间理想高通频率响应还可表示成一个理想低通特性频移 π 的结果，即

$$\tilde{H}_{\mathrm{HP}}(\Omega)=\tilde{H}_{\mathrm{LP1}}(\Omega-\pi) \tag{9.5.10}$$

其中

$$\tilde{H}_{\mathrm{LP1}}(\Omega)=\begin{cases}1, & |\Omega|<(\pi-\Omega_c)\\ 0, & (\pi-\Omega_c)<|\Omega|<\pi\end{cases},\quad \Omega_c<\pi \tag{9.5.11}$$

这是一个离散时间理想低通滤波器，请注意其截止频率为 $\pi-\Omega_c$，而不是 $\Omega_c$，如图 9.31 所示。根据(9.5.5)式，这个离散时间理想低通滤波器 $\tilde{H}_{\mathrm{LP1}}(\Omega)$ 的单位冲激响应为

$$h_{\mathrm{LP1}}[n]=\frac{\pi-\Omega_c}{\pi}\mathrm{Sa}[(\pi-\Omega_c)n] \tag{9.5.12}$$

利用 DTFT 频移 π 的频移性质，截止频率为 $\Omega_c$ 的离散时间理想高通滤波器单位冲激响应为

$$h_{\mathrm{HP}}[n]=(-1)^n h_{\mathrm{LP1}}[n]=(-1)^n\frac{\pi-\Omega_c}{\pi}\mathrm{Sa}[(\pi-\Omega_c)n] \tag{9.5.13}$$

可以证明，(9.5.13)式和(9.5.9)式右式的结果是一样的。

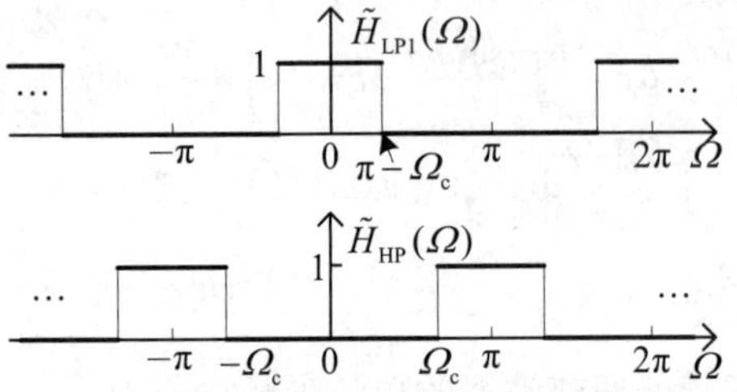


图 9.31 (9.5.10)式的图例说明

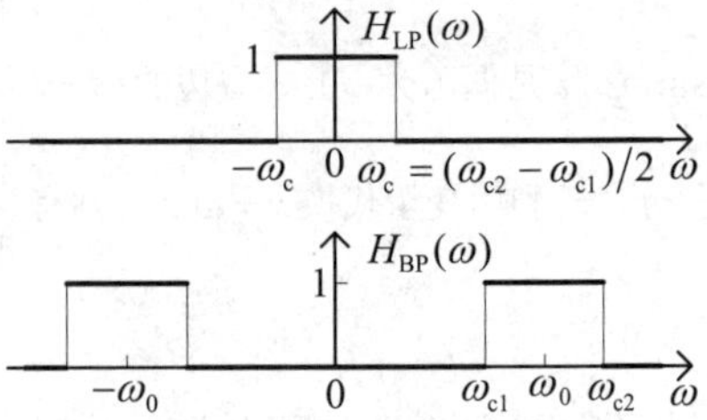


图 9.32 (9.5.14)式的图例说明

理想带通滤波特性也可用理想低通滤波特性表示，例如在连续时间中，(9.5.3)式可写成

$$H_{BP}(\omega)=H_{LP}(\omega+\omega_0)+H_{LP}(\omega-\omega_0) \tag{9.5.14}$$

其中，$\omega_0=(\omega_{c1}+\omega_{c2})/2$，$H_{LP}(\omega)$的截止频率$\omega_c=(\omega_{c2}-\omega_{c1})/2$，如图 9.32 所示。进一步有

$$H_{BP}(\omega)=H_{LP}(\omega)*[\delta(\omega+\omega_0)+\delta(\omega-\omega_0)] \tag{9.5.15}$$

对它取傅里叶反变换，并利用$\cos\omega_0 t$的傅里叶变换(见(6.2.6)式)和频域卷积性质，可求得连续时间理想带通的$h_{BP}(t)$，并完全类似地求得离散时间理想带通的$h_{BP}[n]$，它们分别为

$$h_{BP}(t)=\frac{2\omega_c}{\pi}\mathrm{Sa}(\omega_c t)\cos\omega_0 t \quad 和 \quad h_{BP}[n]=\frac{2\Omega_c}{\pi}\mathrm{Sa}(\Omega_c n)\cos\Omega_0 n \tag{9.5.16}$$

其中，$\Omega_0=(\Omega_{c1}+\Omega_{c2})/2$，$\Omega_c=(\Omega_{c2}-\Omega_{c1})/2$。

下面通过矩形脉冲信号通过连续时间理想低通的情况，加深对理想滤波器频域和时域特性的认识。一个宽度为$\tau$的单位幅度矩形脉冲$x(t)$和其频谱$X(\omega)$如图 9.33(a)和(b)所示，让它分别通过截止频率$\omega_c$的理想低通滤波器，其输出频谱就是$X(\omega)$的截短频谱，即

$$Y(\omega)=X(\omega)H_{LP}(\omega)=\begin{cases}X(\omega), & |\omega|<\omega_c\\ 0, & |\omega|>\omega_c\end{cases} \tag{9.5.17}$$

输出信号$y(t)$则为

$$y(t)=x(t)*h_{LP}(t)=s_{LP}(t+\tau/2)-s_{LP}(t-\tau/2) \tag{9.5.18}$$

其中，$h_{LP}(t)$和$s_{LP}(t)$分别是连续时间理想低通滤波器的单位冲激响应和单位阶跃响应。

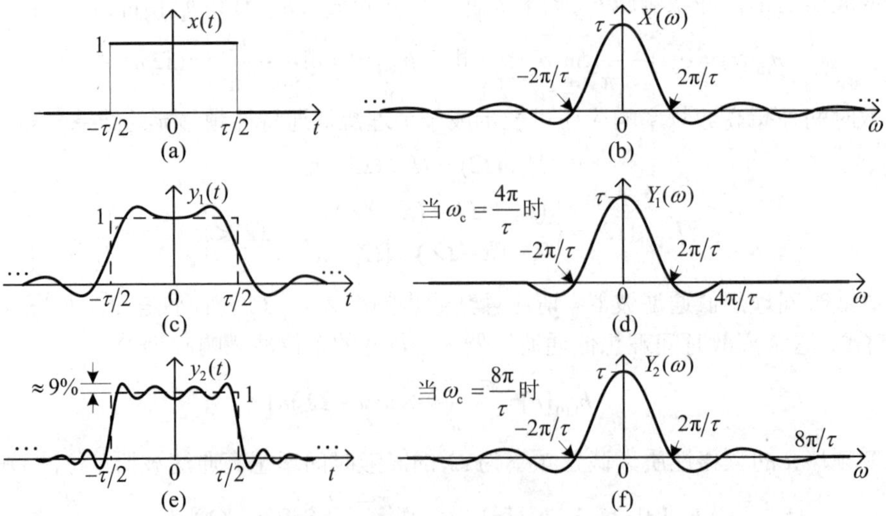


图 9.33 矩形脉冲通过不同通带宽度理想低通滤波器的输出波形和频谱

当截止频率 $\omega_c$ 分别为 $4\pi/\tau$ 和 $8\pi/\tau$ 时，理想低通滤波器输出波形和频谱分别见图 9.33(c)至(f)。图中可以看出：如果增加低通滤波器通带 $\omega_c$，即允许矩形脉冲的更多高频旁瓣通过，输出波形将更接近于矩形脉冲，且顶部的超量(过冲)将愈靠近跳变点；但这个超量既不消失，也不减少，它趋近于输入跳变值的 9%。这里又一次碰到**吉布斯现象**，它正是 9.4.1 小节讲述的在时域上对信号“矩形加窗(截取)”的对偶现象。在这里，理想滤波特性起到了频域上矩形窗函数的作用，这导致时域中的波形在其跳变处出现过冲，并在其附近产生起伏或波动。

许多场合希望滤波器具有理想频率选择特性，例如，当有用信号和干扰信号的频率范围十分靠近，但不重叠时，理想滤波器将有最佳的滤波效果。但是，由于理想滤波器都是非因果的 LTI 系统，即使是线性相位理想滤波器，也只有一个有限的 $t_0$ 和 $n_0$，仍是非因果的 LTI 系统。换言之，所有连续时间和离散时间理想滤波器都不可能实现，只能用可实现的因果滤波器逼近理想滤波特性。下面将讨论用可实现的非理想滤波器逼近一个理想滤波器的概念和设计方法。尽管理想滤波器不可实现，但在信号与系统问题的分析中有特别重要的作用，本书的内容中，不乏用理想滤波器代替实际的滤波器进行分析，达到简化分析结果的例子。

## 9.5.3　用微分方程和差分方程表示的频率选择性滤波器

### 1. 非理想频率选择性滤波器

许多滤波应用并非必须或希望具有理想滤波特性。例如，要分离的信号并不占据完全分离的频率范围，即有用信号和干扰信号的频谱有部分重叠，要过滤两个信号的频谱重叠部分，倒宁可采用从通带到阻带逐渐过渡的滤波特性；在另一些情况下，要分离的两个信号的频率范围相隔很远，理想的矩形频率选择特性就不再必要，通带和阻带之间有一个渐变的过渡特性，也可以达到完全分离信号或滤除干扰的目的；此外，无论在连续时间和离散时间中，理想滤波器的阶跃响应都在跳变点附近呈现过冲和起伏，某些情况中这种时域特性是有害的。实际上，往往并不严格要求滤波器在其通带内具有绝对平坦的增益和在阻带内是零增益，通常都允许在通带和阻带中的增益有小的偏离或起伏。通带和阻带之间有一个渐变的过渡特性，通带和阻带中增益允许有某些小的偏离或起伏，这样的滤波器称为**非理想频率选择性滤波器**。图 9.34 给出了非理想低通滤波特性的图例，图中还画出了幅频特性的容限，作为连续时间和离散时间非理想滤波器的规格化设计要求，$\omega_P$ 或 $\Omega_P$ 称为**通带边界频率**，$\omega_S$ 或 $\Omega_S$ 称为**阻带边界频率**，两者之间的频率范围称为**过渡带**：$\delta_1$ 是容许的通带偏离，而 $\delta_2$ 是容许的阻带衰减，它们分别称为**通带起伏(波动)**和**阻带起伏**。必须指出，频率选择特性是指滤波器的幅频特性，一般也只规定滤波器幅频特性的容限，即要求滤波器的幅频特性应位于图中非阴影区域内，并要求在通带范围内有近似的线性相位特性。另外，实际的线性滤波器都是实的 LTI 系统，正如傅里叶变换对称性质所指出的，它们的幅频响应和相频响应分别是频域 $\omega$ 或 $\Omega$ 上的偶函数和奇函数，通常只给出正频域的特性，而离散时间频域特性只画出 $(0,\ \pi]$ 区间上的特性。

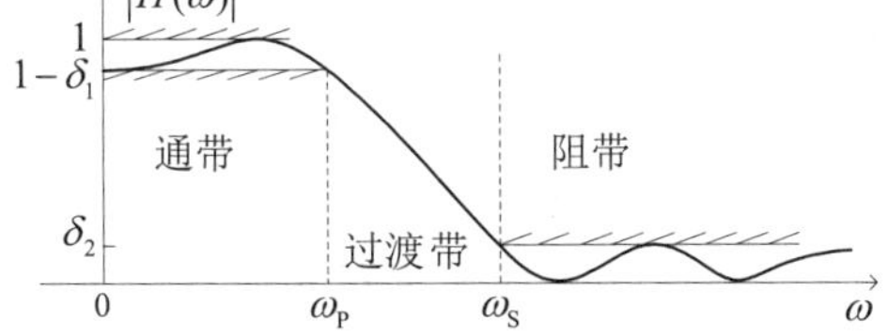


(a) 连续时间(模拟)滤波器

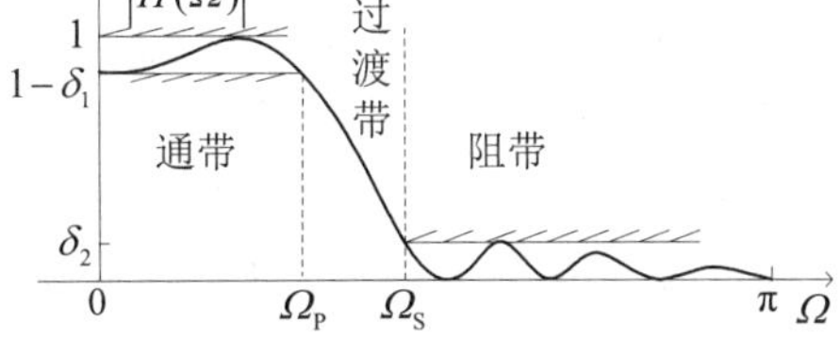


(b) 离散时间(数字)滤波器

图 9.34　非理想低通滤波器的幅频特性和规格化设计容限要求

**2．用微分方程和差分方程表示的连续时间和离散时间滤波器**

就滤波器的设计和可实现性而言，实的因果 LTI 系统是必要的约束，此外，系统的稳定性也是一个必须满足的要求。在实的因果稳定的 LTI 系统中，8.6 节讨论的连续时间和离散时间一阶和二阶系统，就是最简单和最基本的可实现的非理想滤波器，且分别具有低通、高通和带通等不同类型的滤波特性。在某些实际的滤波应用中，这些简单的一阶和二阶滤波特性已能满足要求。但在相当多的情况下，这样的滤波特性并不满意，主要因为一阶和二阶滤波特性从通带到阻带的过渡太缓慢了，或者说，它们的过渡带太宽了。

有许多方法可以获得陡峭的过渡特性，或者逼近一个理想的矩形滤波特性。一种简单方法是将多个同类型的一阶或二阶滤波器级联，例如：为使得收音机的中频滤波器获得接近矩形的频率选择性，就是多个二阶带通滤波器(LC 谐振回路)级联实现的；电子线路中，高阶有源滤波器也都用此方法来设计和实现给定的滤波特性。这里仅以连续时间一阶低通滤波器级联为例，来讨论这种用低阶滤波器级联，获得所希望滤波特性的原理和基本方法。

如果把 $N$ 个相同的一阶 RC 低通滤波器级联，按照 8.6.1 小节中(8.6.4)式左式，一阶 RC 低通滤波器的幅频和相频特性分别为

$$|H_{1L}(\omega)| = \frac{1}{\sqrt{1+(\omega/\omega_{c1})^2}} \quad 和 \quad \varphi_{1L}(\omega) = -\arctan\left(\omega/\omega_{c1}\right) \tag{9.5.19}$$

其中，$\omega_{c1} = 1/RC$，即一阶 RC 低通滤波器 $-3\,\text{dB}$ 截止频率。假设 $N$ 级 RC 低通滤波器级联后的总频率响应为 $H_{NL}(\omega)$，它的幅频响应和相频响应分别为

$$|H_{NL}(\omega)| = \frac{1}{[1+(\omega/\omega_{c1})^2]^{N/2}} \quad 和 \quad \varphi_{1L}(\omega) = -N\arctan\left(\omega/\omega_{c1}\right) \tag{9.5.20}$$

一阶 RC 低通滤波器在通带外有 $-20\text{dB}/\text{dec}$ 的衰减特性，那么 $N$ 级级联后，总的幅频特性在通带外将有 $-20N\text{dB}/\text{dec}$ 的衰减。随着级数 $N$ 的增加，过渡带将愈加陡峭。但需指出，随着 $N$ 的增加，级联滤波器的 $-3\,\text{dB}$ 通带也愈来愈窄。图 9.35 中画出了不同 $N$ 时，级联后的幅频特性和相频特性。实际上，$N$ 个一阶 RC 低频滤波器级联，就是一个用 $N$ 阶微分方程表示的因果递归 LTI 系统，当 $N$ 足够大时，可以获得理想低通滤波特性的一个很好近似。

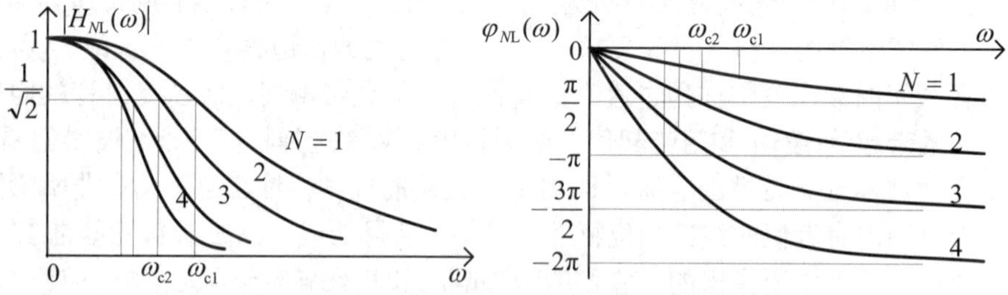


图 9.35　$N$ 级一阶RC低通滤波器级联的幅频响应和相频响应

基于这个原理，要设计一个满足给定滤波特性要求的模拟低通滤波器的基本步骤如下：首先按照滤波特性的过渡带的指标，估计或计算所需级联的最少级数 $N$；然后根据(9.5.20)式左式，由给定滤波特性的 $-3\,\text{dB}$ 截止频率 $\omega_c$ 计算单级 RC 低频滤波器的 $-3\,\text{dB}$ 截止频率 $\omega_{c1}$；然后，设计或选用一个 $-3\,\text{dB}$ 截止频率为 $\omega_{c1}$ 的一阶 RC 有源低频滤波器，再用 $N$ 个这样相同的一阶低频滤波器级联，并核算总的滤波特性能满足要求，设计即告完成。

这种用低阶滤波器级联获得希望的滤波特性的方法，既适用于各种低通、高通和带通的连续时间滤波器，也适用于离散时间滤波器，包括 IIR 滤波器和 FIR 滤波器。但在相同阶数条

件下，它不是一种获得最优化逼近滤波特性的方法。

滤波器的设计技术及其实际应用，作为信号与系统理论和方法的最主要研究和应用领域之一，20 世纪初以来，经历了漫长和曲折的发展道路，已形成可以应付各种各样应用的一整套成熟有效的综合和设计方法。由于篇幅的限制，这里仅从信号与系统理论和方法应用的角度，选择最具代表性的知识，来建立滤波器设计和实现的基本概念、原理和方法，有关更详尽、更深入的各种滤波器设计和实现技术，可参看书末有关参考文献[6]~[9]、[14]。

根据本书前面的有关论述，用实系数线性微分方程和差分方程表示的一类实的因果稳定的 LTI 系统是可实现的，即系统函数(包括相应的频率响应)也都是可实现的实系数有理函数：

$$H(s)=\frac{\sum_{k=0}^{M}b_k s^k}{\sum_{k=0}^{N}a_k s^k},\quad H(\omega)=\frac{\sum_{k=0}^{M}b_k(\mathrm{j}\omega)^k}{\sum_{k=0}^{M}a_k(\mathrm{j}\omega)^k}\quad 和\quad H(z)=\frac{\sum_{k=0}^{M}b_k z^{-k}}{\sum_{k=0}^{N}a_k z^{-k}},\quad \tilde{H}(\Omega)=\frac{\sum_{k=0}^{M}b_k \mathrm{e}^{-\mathrm{j}k\Omega}}{\sum_{k=0}^{M}a_k \mathrm{e}^{-\mathrm{j}k\Omega}} \tag{9.5.21}$$

其幅频特性和相频特性取决于系统的零、极点分布。因此，从原理上讲，只要适当地设计或安排这类实的因果稳定的 LTI 系统的零、极点分布，就可获得满足给定滤波器规格化容限要求的各种类型的连续时间和离散时间非理想滤波特性。

用微分方程和差分方程表示的这类实的因果稳定滤波器有两类不同结构的滤波器：一类是包含递归方程的连续时间和离散时间实的因果稳定 LTI 系统，在连续时间中通常称为“**模拟滤波器**”，而在离散时间中叫做“**无限冲激响应(IIR)数字滤波器**”。对于模拟滤波器，只要其全部极点均位于 S 平面虚轴的左边，且零点数不多于极点数(即 $M \leqslant N$)，就满足因果和稳定性条件；对于 IIR 数字滤波器，只要其全部极点都位于 Z 平面单位圆内部，也是因果稳定的；另一类是由非递归差分方程表示的离散时间因果 LTI 系统，即所谓“**有限冲激响应(FIR)数字滤波器**”。至于由非递归微分方程表示的连续时间 LTI 系统，单位冲激响应都包含冲激函数导数的线性组合，它们肯定不稳定，除了一阶微分器外几乎没有什么实际应用，将不做讨论。

在前一小节有关理想滤波器特性的讨论表明，高通和带通理想滤波器的滤波特性可以由理想低通滤波器转换而来，这一事实对一般的非理想滤波器也成立，因此，在不同类型的滤波器中，低通滤波器是最基本的滤波器。无论在滤波器设计，还是在其实际应用中，通常先设计出**低通原型滤波器**，再采用滤波特性的频率变换方法，获得所需的低通、高通和带通等其他类型滤波器，这些频率变换方法将在 9.7 节中讲述。下一节将主要以连续时间和离散时间非理想低通滤波器为例，介绍和讨论有关滤波器设计和实现的基本原理和方法。

## 9.6　滤波器的设计与实现

在给定像图 9.34 这样的滤波特性要求下，连续时间(模拟)和离散时间(数字)滤波器综合的各种最优化设计方法，基本上可以归结为三类：

(1) 模拟方法，主要应用于各种模拟滤波器的设计的一整套成熟有效的设计方法。

(2) 模拟—数字方法，即建立在模拟滤波器设计基础上的 IIR 数字滤波器设计方法。

(3) 直接数字方法，即借助计算机算法，直接在频域或时域上逼近滤波器特性的 FIR 和 IIR 数字滤波器设计方法。在频域上逼近数字滤波器频率响应的设计方法称为频域设计方法；而在时域上逼近数字滤波器单位冲激响应的设计方法称为时域设计方法。鉴于篇幅限制，本书只介绍和讨论频域设计方法，有关数字滤波器的时域设计方法可参阅参考文献[6]~[9]、[14]。

在 4.6 节和 8.9 节中，已详细地介绍和讨论过因果的连续时间和离散时间 LTI 系统的多种不同实现结构，因此，本节讲述的各类滤波器设计将以落实到这些实现结构为目标。

## 9.6.1 模拟滤波器

连续时间(模拟)滤波器的设计、实现和应用已有很长的历史，并形成了一套成熟、完整和规范化的设计方法。在这套设计方法中，包括低通、高通、带通和带阻等各种模拟滤波器的设计，都归结为先设计一个作为“样本”的归一化低通原型滤波器，然后通过模拟滤波器的频率变换，获得所需类型的模拟滤波器。所谓“归一化低通原型滤波器”，指的是以低通通带边界频率对连续时间频率 $\omega$ 和复频率 $s$ 归一化后的低通滤波器频率响应和系统函数。对于巴特沃斯型低通滤波器，一定是以其 $-3\,\text{dB}$ 截止频率 $\omega_c$ 归一化为 $\omega_c=1$；对于切比雪夫型等低通滤波器，常以某一衰减(例如，0.1dB、1dB、2dB、3dB 等)的通带边界频率 $\omega_p$ 归一化为 $\omega_p=1$。现有的各种模拟滤波器参考书和手册中，都给出了几种典型(如巴特沃斯型和切比雪夫型等)的归一化低通原型滤波器的系统函数的系数和极点的数值。只要确定了模拟低通原型滤波器的 $-3\,\text{dB}$ 截止频率 $\omega_c$(或通带边界频率 $\omega_p$ 处的衰减 dB 数)和阻带边界频率 $\omega_S$ 处的衰减 dB 数，就可求出某型式低通滤波器的阶数 $N$，然后可查表求得该型归一化低通原型滤波器的系统函数，最后经过模拟滤波器频率变换，获得所需的各种类型模拟滤波器。本小节介绍和讨论模拟低通滤波器的设计原理，下面 9.7.1 小节介绍和讨论模拟滤波器频率变换的原理和方法，并通过例题说明各种类型模拟滤波器的设计方法。

现有的多种型式模拟低通滤波器的设计方法，基本上都针对与可实现的有理系统函数所对应的给定频率特性(如幅频响应或相频响应等)，选择某种形式的近似函数，并按照一定的最优化准则，进行逼近的各种模拟滤波器设计技术。下面着重针对与可实现的有理系统函数对应的频率响应模平方，进行逼近的一类模拟低通滤波器设计方法，并以其中的巴特沃斯滤波器为例，简要介绍其设计原理和性能特点。

**1. 频率响应模平方与可实现的有理系统函数间的关系**

要设计的滤波器必须是可实现的实的因果稳定的 LTI 系统，若以幅频响应作为要逼近的滤波特性，则必须寻求滤波器的幅频响应与一个可实现的有理系统函数之间的关系，普遍采用的是频率响应模平方与可实现的有理系统函数的关系。

假定实的因果稳定的模拟滤波器的频率响应为 $H_c(\mathrm{j}\omega)$，频率响应模平方为

$$|H_c(\mathrm{j}\omega)|^2=H_c(\mathrm{j}\omega)H_c^*(\mathrm{j}\omega)=H_c(\mathrm{j}\omega)H_c(-\mathrm{j}\omega) \tag{9.6.1}$$

其中的第二个等号是基于实的 LTI 系统的单位冲激响应 $h_c(t)$ 是实函数，根据傅里叶变换的对称性质(见(6.7.24)式)，即 $H_c^*(\mathrm{j}\omega)=H_c(-\mathrm{j}\omega)$。进一步，LTI 系统稳定性约束又决定了系统函数 $H_c(s)$ 的收敛域必然包含 S 平面的虚轴，则有

$$H_c(s)\big|_{s=\mathrm{j}\omega}=H_c(\mathrm{j}\omega) \quad 和 \quad |H_c(\mathrm{j}\omega)|^2=|H_c(s)|^2\big|_{s=\mathrm{j}\omega}=H_c(s)H_c(-s)\big|_{s=\mathrm{j}\omega} \tag{9.6.2}$$

现在进一步考察可实现的有理函数 $|H_c(s)|^2$ 的零、极点分布：显然，它们在有限 S 平面上的所有零、极点中，分别有一半属于 $H_c(s)$，另一半则属于 $H_c(-s)$；根据实的因果稳定的 LTI 系统零、极点分布的特点，所有零点和极点都以实轴呈对称分布，属于 $H_c(s)$ 的那一半极点必须位于虚轴的左边，零点则不受限制；又根据双边拉普拉斯变换的对称性质，属于 $H_c(-s)$ 的

那一半零、极点与 $H_c(s)$ 的零、极点呈中心对称分布；因此，可实现的 $|H_c(s)|^2$ 的所有零、极点既关于实轴呈对称分布，又关于虚轴呈对称分布。图 9.36 给出 $|H_c(s)|^2$ 零、极点分布的一个例子，图中虚轴上的零点必须是偶数阶共轭零点，其一半阶数分属于 $H_c(s)$ 和 $H_c(-s)$。

根据上述 $|H_c(s)|^2$ 的零、极点分布，在两种情况下可唯一地确定 $H_c(s)$：

(1) 模拟滤波器是最小相移系统的情况，因为连续时间最小相移系统的零、极点都全部在 S 平面虚轴的左边。该情况下，$H_c(s)$ 的零、极点就是 $|H_c(s)|^2$ 的零、极点中所有位于虚轴左边的零、极点；

(2) $|H_c(s)|^2$ 在有限 S 平面上只有极点，没有任何零点(理论上或允许虚轴上有偶数阶共轭零点)的情况。此情况下，$H_c(s)$ 的极点和零点就是位于虚轴左边的极点和虚轴上的共轭零点(阶数取半)。下面要介绍的巴特沃斯滤波器和切比雪夫滤波器等，就属于这种情况。

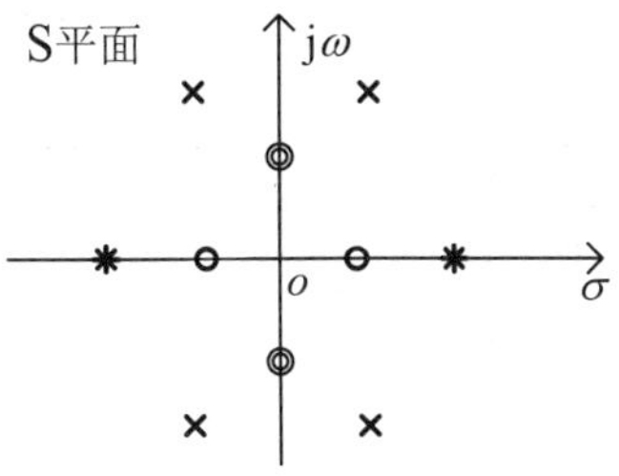


图 9.36　$|H_c(s)|^2$ 零极点分布的示例

**2．巴特沃斯滤波器**

模拟巴特沃斯低通滤波器的幅频响应 $|B_c(j\omega)|$ 和它的平方 $|B_c(j\omega)|^2$ 具有如下形式

$$|B_c(j\omega)| = \frac{1}{\sqrt{1+(\omega/\omega_c)^{2N}}} \quad \text{和} \quad |B_c(j\omega)|^2 = B_c(j\omega)B_c^*(j\omega) = \frac{1}{1+(\omega/\omega_c)^{2N}} \tag{9.6.3}$$

其中，$N$ 为滤波器的阶数，$\omega_c$ 是 $-3$ dB 截止频率，$|B_c(j\omega)|^2$ 称为 $N$ 阶巴特沃斯函数。

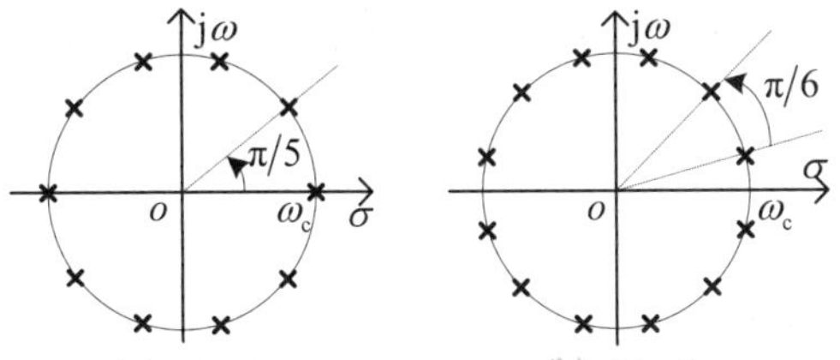


(a) $N=5$　　(b) $N=6$

图 9.37　$|B(s)|^2$ 的零极点分布图

按照(9.6.2)式，$s$ 域的 $N$ 阶巴特沃斯函数为

$$|B_c(s)|^2 = \frac{1}{1+(s/j\omega_c)^{2N}} \tag{9.6.4}$$

它没有零点，只有 $2N$ 个一阶极点，它们是

$$p_k = \omega_c e^{j\left[\frac{(2k-1)\pi}{2N}+\frac{\pi}{2}\right]},\quad 1 \leqslant k \leqslant 2N \tag{9.6.5}$$

例如，当 $N=5$ 和 6 时，这些一阶极点分布见图 9.37(a)和(b)，它们等间隔地分布在半径为 $\omega_c$ 的圆周上，并关于虚轴互成镜像，对任何 $N$ 值，虚轴上无极点。因 $B_c(s)$ 和 $B_c(-s)$ 的零极点以虚轴互为镜像，$B_c(s)$ 的极点应是这 $2N$ 个极点中位于虚轴左边的 $N$ 个一阶极点，即

$$p_i = \omega_c e^{j\left[\frac{(2i-1)\pi}{2N}+\frac{\pi}{2}\right]},\quad 1 \leqslant i \leqslant N \tag{9.6.6}$$

图 9.38 分别给出了当 $N=1, 2, 3$ 和 4 时，巴特沃斯低通滤波器的零、极点分布。为了使用方便，通常对复频率 $s$ 和频率 $\omega$ 进行归一化处理，即令 $s'=s/\omega_c$ 和 $\omega'=\omega/\omega_c$，$N$ 阶巴特沃斯低通滤波器的频率归一化的系统函数 $B_c(s')$ 可以表示为

$$B_c(s') = \frac{1}{\prod_{i=1}^{N}\left\{s' - e^{j\left[\frac{(2i-1)\pi}{2N}+\frac{\pi}{2}\right]}\right\}} \quad \text{或} \quad B_c(s) = \frac{\omega_c^N}{\prod_{i=1}^{N}\left\{s - \omega_c e^{j\left[\frac{(2i-1)\pi}{2N}+\frac{\pi}{2}\right]}\right\}} \tag{9.6.7}$$

上式左式的分母多项式称为 $N$ 阶巴特沃斯多项式 $B_{cN}(s')$，表 9.2 中列出了几个低通巴特沃斯多项式。根据巴特沃斯多项式或上式表示的系统函数，就不难写出 $N$ 阶巴特沃斯低通滤波的 $N$ 阶微分方程表示，也可得到用相加器、数乘器和积分器构成的滤波器实现方框图。

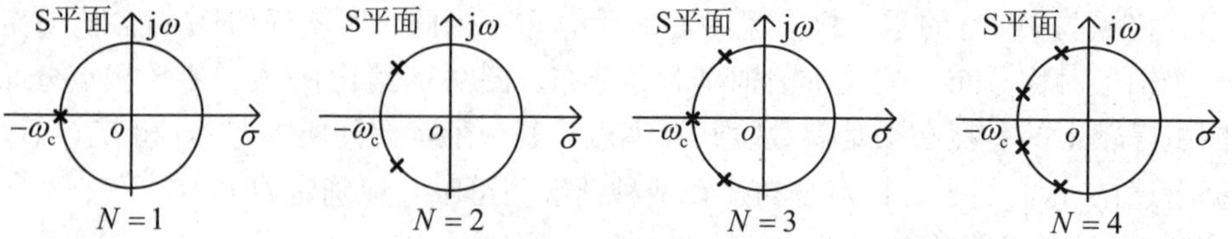


图 9.38 巴特沃斯低通滤波器的零、极点分布

**表 9.2 巴特沃斯多项式**

| $N$ | 巴特沃斯多项式 $B_{cN}(s')$ |
| --- | --- |
| 1 | $s'+1$ |
| 2 | $(s')^2+\sqrt{2}s'+1$ |
| 3 | $(s')^3+2(s')^2+2s'+1$ |
| 4 | $(s')^4+2.6131(s')^3+3.4142(s')^2+2.6131s'+1$ |
| 5 | $(s')^5+3.2361(s')^4+5.2361(s')^3+5.2361(s')^2+3.2361s'+1$ |
| 6 | $(s')^6+3.8637(s')^5+7.4641(s')^4+9.1416(s')^3+7.4641(s')^2+3.8637s'+1$ |

在图 9.39(a)和(b)中，分别画出了 $N=1, 2, 4$ 和 8 时，巴特沃斯低通滤波器的幅频特性及其波特图。巴特沃斯低通滤波器的频率特性有如下特点：

(1) 通带内幅频响应的最大平坦性，可以证明，$|B_c(\mathrm{j}\omega)|^2$ 的前 $(2N-1)$ 阶导数在 $\omega=0$ 的值都等于零。实际上，它正是以通带具有最大平坦幅频特性为最优化近似准则，获得幅频响应平方的一种近似函数，故巴特沃斯滤波器也称为具有最平坦幅频响应滤波器。

(2) 通带和阻带都呈现单调下降的幅频特性，并具有 $-3$ dB 通带边界频率不变性。随着 $N$ 的增加，带外的衰减愈加陡峭，高频渐近线的斜率为 $-20N$ dB/dec，幅频特性逐渐接近理想的矩形特性，但在频率 $\omega_c$ 处的增益一直等于 $1/\sqrt{2}$，即 $-3$ dB，它与滤波器的阶数 $N$ 无关，这给滤波器的设计带来了方便。

(3) 相频特性具有良好的线性。一般说来，如果幅频响应在通带内越平坦，并没有起伏地单调下降的话，相应的相位频率相应也越具有良好的线性。

巴特沃斯低通滤波器的基本设计步骤和实例可见 9.6.3 小节中例 9.4 和例 9.5 以及 9.7.1 小节中例 9.6～例 9.9。

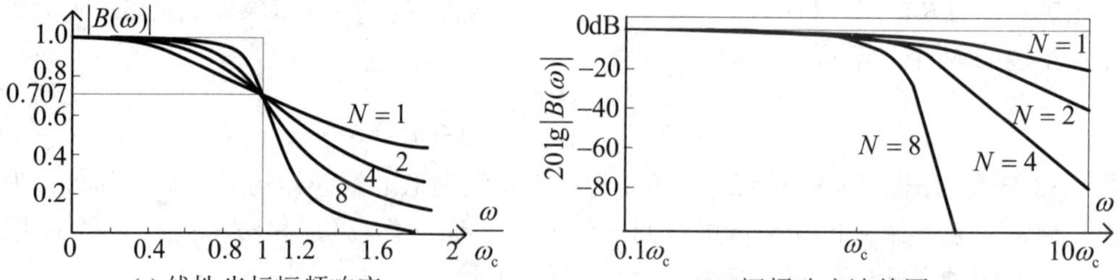


(a) 线性坐标幅频响应 (b) 幅频响应波特图

图 9.39 模拟巴特沃斯低通滤波特性

### 3. 其他类型的模拟滤波器

在基于频率响应模平方确定的有理系统函数作为近似函数的滤波器设计方法中，以滤波器通带或(和)阻带等波纹起伏为最优化准则，获得了分别称为“**切比雪夫滤波器**”和“**椭圆滤波器**”的规格化设计图表，其中，通带内具有等波纹特性、阻带单调下降的滤波特性叫做切比雪夫 I 型，而在阻带呈等波纹特性、通带单调衰减的滤波特性则称为切比雪夫 II 型，它们

的低通滤波特性的例子分别如图 9.40(a)和(b)所示，低通椭圆滤波器的滤波特性如图 9.41 所示，它在通带和阻带均呈等波纹的滤波特性。与巴特沃斯滤波器相比，在相同的阶数下，切比雪夫滤波器幅频响应的过渡带更窄些，而椭圆滤波器的幅频特性最陡峭；但是，由于它们在通带内等波纹起伏的幅频特性，使得通带内具有非线性相位特性，这会使信号产生明显的相位失真或群延时失真。此外，还有选择逼近相频响应作为近似准则的模拟滤波器设计方法，例如，具有最平直群延时特性的所谓“**贝塞尔滤波器**”，以及补偿非线性相移的各种相位均衡器等，因限于篇幅，这里不再一一介绍，读者可参看书后面所列的参考文献[6]~[9]、[14]。

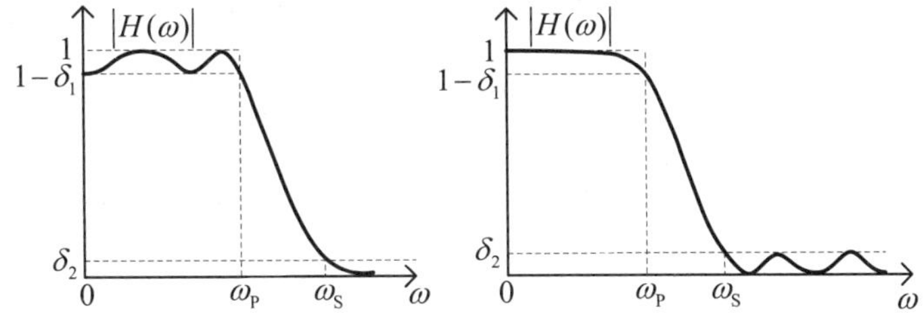


(a) 切比雪夫 I 型　　(b) 切比雪夫 II 型

图 9.40　切比雪夫低通滤波器滤波特性

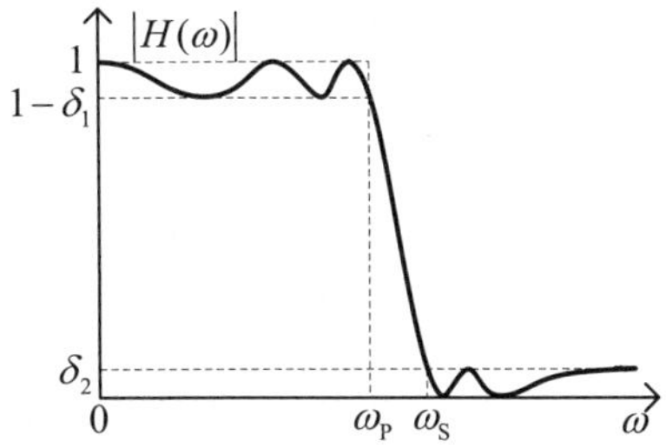


图 9.41　低通椭圆滤波器滤波特性

## 9.6.2　有限冲激响应(FIR)数字滤波器

本小节专门介绍离散时间中特有的一类因果稳定的非理想滤波器，即用非递归差分方程描述的有限冲激响应(FIR)数字滤波器，并讨论它的主要特性和基本的设计方法。

作为离散时间中可实现的非理想滤波器，FIR 数字滤波器与 IIR 数字滤波器一样，也都可以成为低通、高通和带通等不同类型的滤波器，它们在数字信号处理领域都占有重要的地位，但两者各自有其显著的特点，性能也各有所长，因而就有不同的应用：

(1) FIR 滤波器具有有限长的单位冲激响应，而 IIR 滤波器具有无限长单位冲激响应。

(2) FIR 滤波器很容易获得线性相移特性，而 IIR 滤波器难以实现严格的线性相移特性。

(3) IIR 滤波器具有 FIR 滤波器难以相比的幅度滤波特性，这意味着为了实现相同滤波特性，相比于 IIR 滤波器，FIR 滤波器要用高得多的阶次 $N$，换言之，FIR 滤波器通常要比 IIR 滤波器需要多得多的单位延时、数乘器和相加器。

(4) FIR 滤波器无论是在理论上还是在具体实现上都能确保严格的稳定性，而 IIR 滤波器则容易受一些因素(如设计误差、数字字长效应等)的影响，在具体实现时变得不稳定。

(5) FIR 滤波器可以运用 FFT 技术来设计任意形状的幅频特性，而 IIR 滤波器设计算法的灵活性和效率都不及 FIR 滤波器等等。

在 8.6 节中已介绍过一阶和二阶的 FIR 系统的各种特性，从其频域特性上讲，它们可以具有低通、高通和带通等滤波特性，但这样的滤波特性远不能令人满意，简单的考虑是增加阶数，来获得满足要求或逼近理想的滤波特性。

对于一般的长度为 $N$ 的 $N-1$ 阶 FIR 滤波器，它的单位冲激响应 $h_N[n]$ 和非递归差分方程(也就是滤波器的输入输出关系)表示分别为

$$h_N[n]=\sum_{k=0}^{N-1}h_N[k]\delta[n-k] \quad 和 \quad y[n]=\sum_{k=0}^{N-1}h_N[k]x[n-k] \tag{9.6.8}$$

为了区别，下面均以下标“$_N$”表示 $N$ 点 FIR 滤波器。它的系统函数和频率响应分别为

$$H_N(z)=\sum_{n=0}^{N-1}h_N[n]z^{-n}\text{，}\ |z|>0 \quad 和 \quad H_N(e^{j\Omega})=\tilde{H}_N(\Omega)=\sum_{n=0}^{N-1}h_N[n]e^{-j\Omega n} \tag{9.6.9}$$

它在Z平面上除了$z=0$是$N-1$阶极点外，只有$N-1$个不同零点，因此，只要$h_N[n]$的$N$个序列值均为有限实数，它必定是实的因果稳定的离散时间滤波器。

**1．线性相移FIR数字滤波器**

FIR滤波器突出的优点是能获得真正的线性相移特性，而不是近似的线性相移特性，在一些滤波应用中，它有着不可取代的作用。为此，首先考察**FIR滤波器的线性相移条件**。

对于长度为$N$的有限单位冲激响应$h_N[n]$的因果FIR滤波器，它的频率响应可以表示为

$$H_N(e^{j\Omega})=\sum_{k=0}^{N-1}h_N[n]e^{-jk\Omega}=\tilde{H}_R(\Omega)e^{j\tilde{\varphi}(\Omega)} \tag{9.6.10}$$

其中，$\tilde{H}_R(\Omega)$是一个周期为$2\pi$的实偶周期函数，它代表幅度特性。如果$\tilde{\varphi}(\Omega)$具有如下形式

$$\tilde{\varphi}(\Omega)=-\alpha\Omega \quad 或 \quad \tilde{\varphi}(\Omega)=\beta-\alpha\Omega \tag{9.6.11}$$

其中，$\alpha$和$\beta$均为实常数，则$H_N(e^{j\Omega})$就具有线性相移特性。现在的问题是对实序列$h_N[n]$而言，$\alpha$和$\beta$具有什么样的约束，就可保证$H_N(e^{j\Omega})$具有(9.6.11)式右式这样的线性相移特性。令(9.6.10)式第二个等号两边实部、虚部分别相等，则有

$$\tilde{H}_R(\Omega)\cos(\beta-\alpha\Omega)=\sum_{n=0}^{N-1}h_N[n]\cos(\Omega n) \quad 和 \quad \tilde{H}_R(\Omega)\sin(\beta-\alpha\Omega)=-\sum_{n=0}^{N-1}h_N[n]\sin(\Omega n)$$

将这两式等号两边交叉相乘，并消去等号两边的相同因子$\tilde{H}_R(\Omega)$后得到

$$\sum_{n=0}^{N-1}h_N[n]\cos(\Omega n)\sin(\beta-\alpha\Omega)=-\sum_{n=0}^{N-1}h_N[n]\sin(\Omega n)\cos(\beta-\alpha\Omega)$$

或

$$\sum_{n=0}^{N-1}h_N[n]\left[\sin(\beta-\alpha\Omega)\cos(\Omega n)-\cos(\beta-\alpha\Omega)\sin(\Omega n)\right]=0$$

利用三角恒等式，上式可写成

$$\sum_{n=0}^{N-1}h_N[n]\sin\left[\beta-(\alpha-n)\Omega\right]=0 \tag{9.6.12}$$

有两种情况可使这两个实序列$h_N[n]$和$\sin[\beta-(\alpha-n)\Omega]$相乘后的$N$项求和等于0，并由此得到FIR滤波器满足线性相位的如下两组约束条件：

(1) $h_N[n]$和$\sin[\beta-(\alpha-n)\Omega]$分别关于$(N-1)/2$成偶、奇对称，第一组线性相位条件为

$$h_N[n]=h_N[N-1-n]\text{，}\ \alpha=(N-1)/2\text{，}\ \beta=0 \tag{9.6.13}$$

(2) $h_N[n]$和$\sin[\beta-(\alpha-n)\Omega]$分别关于$(N-1)/2$成奇、偶对称，第二组线性相位条件为

$$h_N[n]=-h_N[N-1-n]\text{，}\ \alpha=(N-1)/2\text{，}\ \beta=\pm\pi/2 \tag{9.6.14}$$

对于上述两组约束条件，当$N$为奇数和偶数时，总共有四种不同情况的线性相移FIR滤波器，表9.3给出了这四种不同情况下的幅度特性、相频特性和单位冲激响应的示例。

由表9.3中可以看出，这四种不同的线性相位FIR滤波器特性各有特点，可归纳如下：

**情况1**：单位冲激响应$h_N[n]$和幅度特性$\tilde{H}_R(\Omega)$都分别以$(N-1)/2$和$\pi$偶对称，并且$\tilde{H}_R(\Omega)$在$\Omega=0$，$\pi$和$2\pi$处不等于0，这样的幅度特性适用于设计合实现各种类型的滤波器。

**情况2**：$h_N[n]$关于$(N-1)/2$偶对称，而$\tilde{H}_R(\Omega)$关于$\pi$奇对称，因此$\tilde{H}_R(\pi)=0$，即$z=-1$是滤波器系统函数$H(z)$的零点，故无法实现高通滤波器和带阻滤波器。

**表 9.3　四种不同情况下的线性相位 FIR 滤波器频域和时域特性的图例**

| | 相位特性 $\tilde{\varphi}(\Omega)$ | 幅度特性 $\tilde{H}_{\mathrm{R}}(\Omega)$ | 单位冲激响应 $h_N[n]$ |
|---|---|---|---|
| 情况 1 | $h_N[n]$ 关于 $(N-1)/2$ 偶对称<br>$h_N[n]=h_N[N-1-n]$<br>$\tilde{H}_N(\Omega)=\tilde{H}_{\mathrm{R}}(\Omega)\mathrm{e}^{\mathrm{j}\tilde{\varphi}(\Omega)}$<br>$\tilde{\varphi}(\Omega)=-\alpha\Omega$，$\alpha=\dfrac{N-1}{2}$ | $N$ 为奇数<br>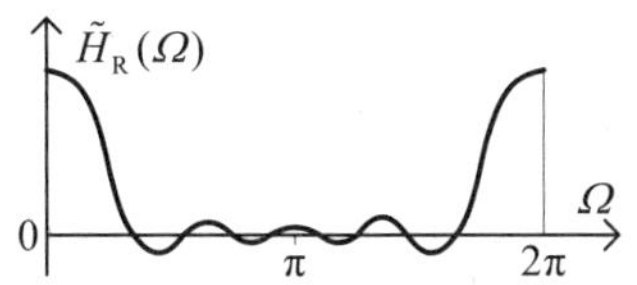 | 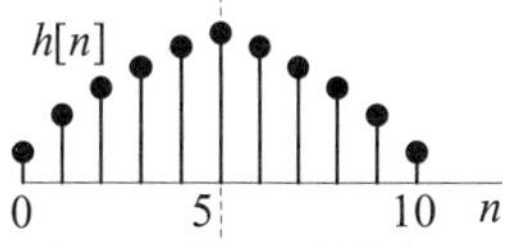<br>$(N-1)/2$，$N$ 为奇数 |
| 情况 2 | 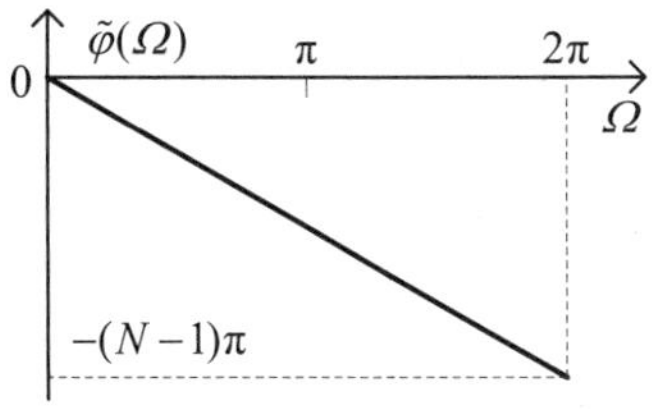 | $N$ 为偶数<br>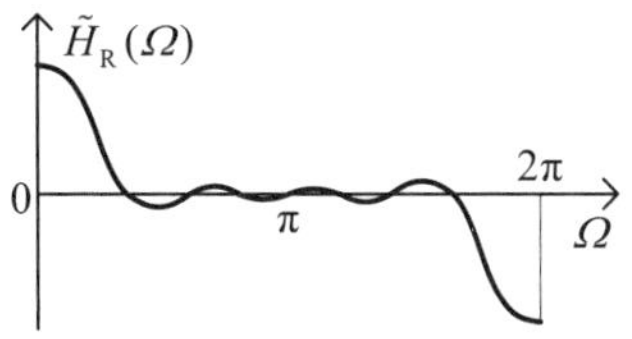 | 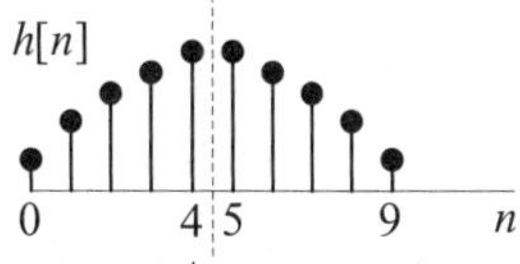<br>$(N-1)/2$，$N$ 为偶数 |
| 情况 3 | $h_N[n]$ 关于 $(N-1)/2$ 奇对称<br>$h_N[n]=-h_N[N-1-n]$<br>$\tilde{H}_N(\Omega)=\tilde{H}_{\mathrm{R}}(\Omega)\mathrm{e}^{\mathrm{j}\tilde{\varphi}(\Omega)}$<br>$\tilde{\varphi}(\Omega)=\dfrac{\pi}{2}-\alpha\Omega$，$\alpha=\dfrac{N-1}{2}$ | $N$ 为奇数<br>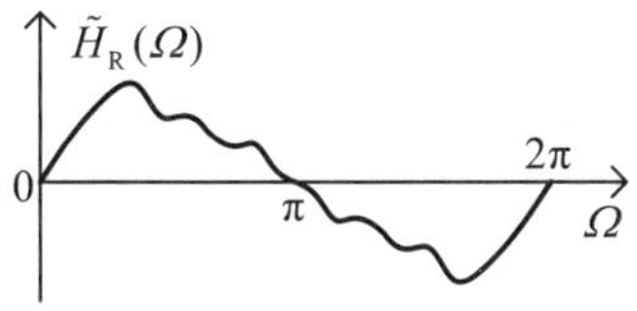 | 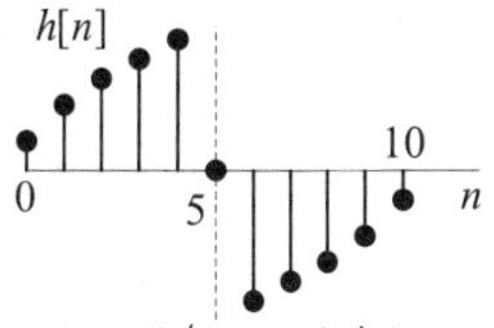<br>$(N-1)/2$，$N$ 为奇数 |
| 情况 4 | 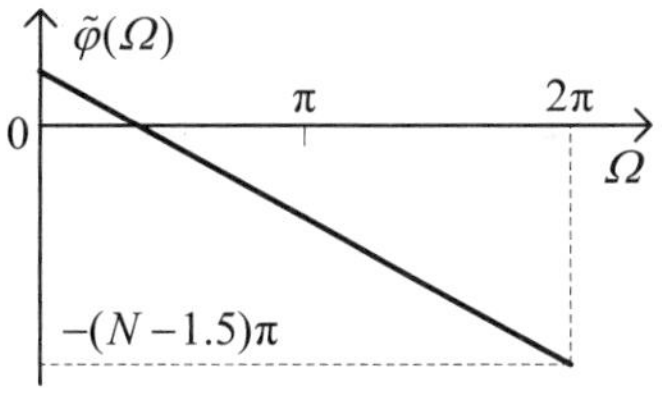 | $N$ 为偶数<br>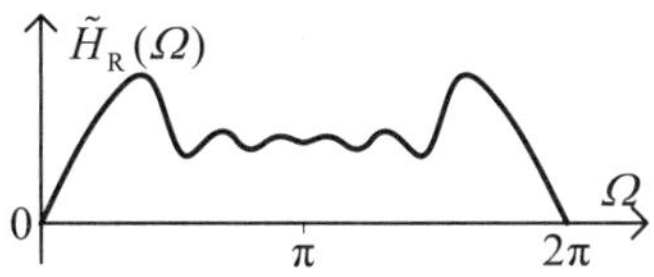 | 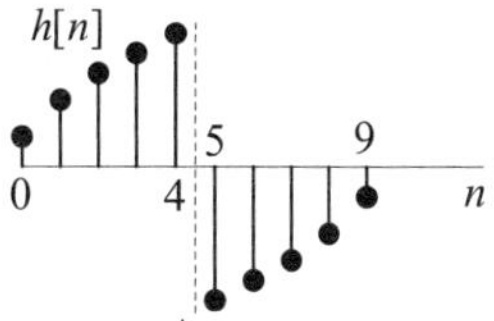<br>$(N-1)/2$，$N$ 为偶数 |

**情况 3**：$h_N[n]$ 和 $\tilde{H}_{\mathrm{R}}(\Omega)$ 都分别关于 $(N-1)/2$ 和 $\pi$ 奇对称，且 $\tilde{H}_{\mathrm{R}}(\Omega)$ 在 $\Omega=0$，$\pi$ 和 $2\pi$ 处等于 0，即 $z=\pm1$ 都是滤波器系统函数 $H(z)$ 的零点，这样的幅度特性不适用于设计和实现低通、高通和带阻滤波器，只适用于实现带通滤波器。

**情况 4**：$h_N[n]$ 关于 $(N-1)/2$ 奇对称，而 $\tilde{H}_{\mathrm{R}}(\Omega)$ 关于 $\pi$ 偶对称，且 $\tilde{H}_{\mathrm{R}}(2k\pi)=0$，即 $z=1$ 是滤波器系统函数 $H_N(z)$ 的零点，故它无法实现低通和带阻滤波器。

此外，需特别指出：对于满足第二组线性相位约束条件的后两种情况，即单位冲激响应 $h_N[n]$ 关于 $(N-1)/2$ 奇对称的两种情况，FIR 滤波器的相频响应为

$$\tilde{\varphi}(\Omega)=\frac{\pi}{2}-\alpha\Omega \tag{9.6.15}$$

严格地说，这并不是真正的线性相移特性，但此时的群延时仍是一个实常数，即

$$n(\Omega)=-\frac{\mathrm{d}}{\mathrm{d}\Omega}\tilde{\varphi}(\Omega)=\alpha \tag{9.6.16}$$

故也把具有这样相频特性的两种 FIR 滤波器看成线性相移 FIR 滤波器；更有意义的是，具有这样相频特性的后两种频率响应可写成如下形式

$$H_N(\mathrm{e}^{\mathrm{j}\Omega})=\mathrm{e}^{\mathrm{j}(\pi/2)}\cdot\tilde{H}_{\mathrm{R}}(\Omega)\mathrm{e}^{-\mathrm{j}\alpha\Omega} \tag{9.6.17}$$

即它们可以看成一个具有真正线性相移$(-\alpha\Omega)$的 FIR 滤波器 $\tilde{H}_{\mathrm{R}}(\Omega)\mathrm{e}^{-\mathrm{j}\alpha\Omega}$ 和一个 $90^\circ$ 移相器的级联，这相当于信号的所有频率成分在通过线性相移滤波时，又都额外附加了 $90^\circ$ 相移。这在

某些场合，例如实现数字微分器、数字希尔伯特变换器(90°移相器)等中特别有用。

**2．FIR 滤波器的设计**

在给定频率特性要求的情况下，FIR 滤波器的设计就是按照某种最佳近似准则，确定 FIR 滤波器的阶数 $N-1$ 及其单位冲激响应 $h_N[n]$ 的 $N$ 个序列值。这种基于给定频率特性的 FIR 滤波器设计方法通常有三种，分别称为“**窗函数加权法**”、“**频域取样法**”和“**等波纹逼近法**”，它们分别是按照不同的最佳近似准则获得的，各有优缺点和不同的应用场合：

(1) 窗函数加权法是按照均方误差最小的逼近，它可以利用现成的窗函数(见前面 9.4.1 小节)，设计简单方便，且可灵活控制通带、阻带频率，故在指标要求不很高的场合乐于采用。

(2) 频域取样法则属于插值法逼近，即保证在取样频率 $\Omega_k$ 上与给定的频率响应 $H_{\mathrm{d}}(\mathrm{e}^{\mathrm{j}\Omega})$ 完全一致，而在所有非取样频率上的 $H_{\mathrm{d}}(\mathrm{e}^{\mathrm{j}\Omega})$ 等于某种最佳内插函数的叠加。这种方法设计不够灵活，难以控制通带、阻带截止频率。

(3) 等波纹逼近法是基于切比雪夫逼近理论的、误差分布均匀的最佳逼近，故它具有最佳的性能，即在实现滤波特性相同时，滤波器的阶数比前两种方法低，且可以利用各种计算机优化算法，设计效率较高，在指标高的场合常采用这个方法。

由于篇幅限制，这里主要介绍和讨论窗函数加权法，其他方法可参阅参考文献[6]～[9]、[14]。

为了弄清 FIR 滤波器的滤波特性和了解窗函数加权法的原理，首先考察一般的 $N$ 点( $N-1$ 阶)因果平滑低通滤波器，它的单位冲激响应、非递归差分方程和频率响应分别为

$$h_N[n]=\begin{cases}1/N, & 0\leqslant n\leqslant N-1\\ 0, & n<0,\ n\geqslant N\end{cases} \quad 和 \quad y[n]=\frac{1}{N}\sum_{k=0}^{N-1}x[n-k] \tag{9.6.18}$$

$$\tilde{H}_N(\Omega)=\frac{1}{N}\frac{\sin(N\Omega/2)}{\sin(\Omega/2)}\mathrm{e}^{-\mathrm{j}(N\Omega/2)} \tag{9.6.19}$$

图 9.42 画出了 $N=33$ 时它的 $h_N[n]$ 和对数幅频响应，显然，随着 $N$ 的增加，过渡特性愈来愈陡峭，阻带的衰减也随着增大。但这种平滑滤波器的截止频率(或通带宽度)只取决于 $N$，并随着 $N$ 的增加而减小，无法既保持带宽不变的同时，又获得陡峭的过渡特性。

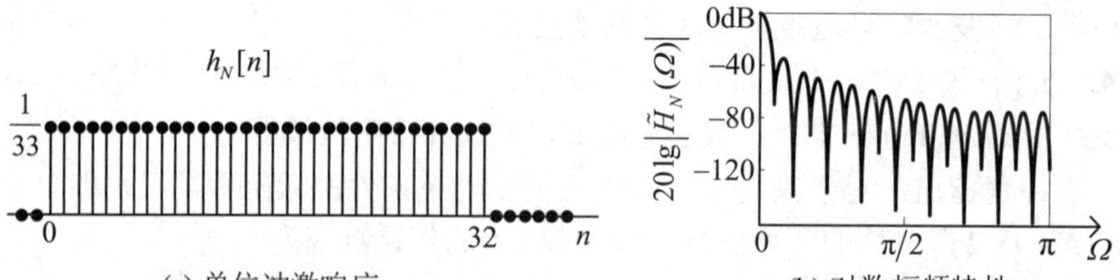


(a) 单位冲激响应　　(b) 对数幅频特性

图 9.42　33 点平滑低通滤波器的单位冲激响应和对数幅频特性

简单 FIR 平滑滤波器的这一缺点源于它只有一个参数 $N$，所有系数都等于 $1/N$。如果让这 $N$ 个系数分别设置成不同的值，构成所谓加权平滑的低通 FIR 滤波器，就可大大增加设计的自由度，获得更优良的滤波特性。

为得到离散时间理想低通滤波特性更好的逼近，考察由(9.5.5)式右式和图 9.29 表示的单位冲激响应 $h_{\mathrm{LP}}[n]$，若把它对称地截短并右移得到的有限长因果序列，作为 FIR 低通滤波器的单位冲激响应 $h_N[n]$，将更接近于理想的低通滤波特性。而且截短后的序列中包含 $h_{\mathrm{LP}}[n]$ 的旁瓣愈多，滤波特性就愈逼近矩形。因此一个 $N$ ( $N$ 为奇数)点因果 FIR 滤波器，若其单位冲激响应 $h_N[n]$ 取 $h_{\mathrm{LP}}[n]$ 的截短并右移 $(N-1)/2$，即

$$h_N[n]=h_{\text{LP}}[n-(N-1)/2]r_N[n]=\frac{\Omega_c\sin\{\Omega_c[n-(N-1)/2]\}}{\pi[n-(N-1)/2]}r_N[n]\text{，}N\text{ 为奇数} \tag{9.6.20}$$

其中，$\Omega_c$ 为理想低通的截止频率，$r_N[n]=u[n]-u[n-N]$，即长度为 $N$ 的因果单位矩形窗序列。这样的 $N$ 点 FIR 线性相位低通滤波器截止频率为 $\Omega_c=(m+1)\pi/N$，$m$ 为截取旁瓣的数目。例如，$m=1$，截取一个旁瓣的 $N=33$ 点因果 FIR 低通滤波器的 $h_N[n]$ 和幅频响应如图 9.43(a)和(b)所示，为了比较，在图 9.43(b)中用虚线画出了 33 点因果平滑低通滤波器的幅频响应。显然，与简单的平滑低通相比，滤波特性更接近理想低通滤波器。

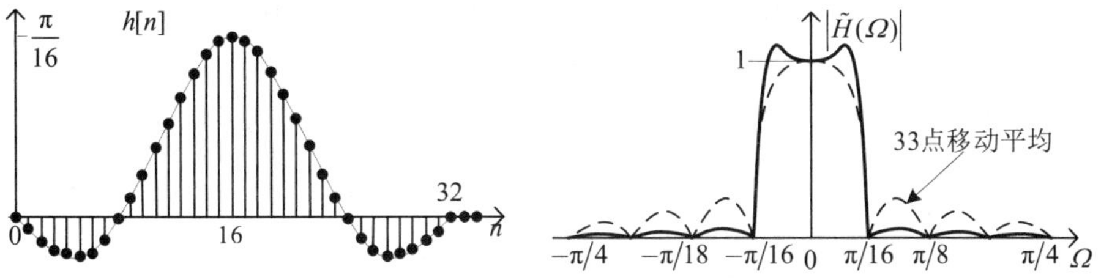


(a) 单位冲激响应　　(b) 幅频特性

图 9.43　(9.6.20)式表示的 33 点 FIR 低通滤波器

鉴于 DTFT 和 CFS 之间的对偶性质，离散时间理想低通滤波器的 $h_{\text{LP}}[n]$ 就是 $\tilde{H}_{\text{LP}}(\Omega)$ 的傅里叶级数系数，又根据 5.3.2 小节有关 CFS 的截短近似的论述，用截短的 $h_{\text{LP}}[n]$ 来近似 $h_N[n]$ 是均方误差意义上的最佳逼近，故这样的 FIR 滤波器设计方法称为**傅里叶级数设计方法**。

实际上，(9.6.20)式也可以看成用矩形窗 $r_N[n]$ 对线性相位理想低通的单位冲激响应 $h_{\text{LP}}[n-(N-1)/2]$ 截短的结果。前面一再指出，时域上简单矩形截短会导致频域出现吉布斯现象：① 矩形窗 $r_N[n]$ 的 DTFT 将造成通带内有 0.75 dB 的起伏，阻带的最大衰减约为 –21 dB，且不随着截取长度 $N$ 的增加而改善；② 在理想低通的截止频率 $\Omega_c$ 两边形成过渡带，过渡带宽度($\Omega_S-\Omega_P$)约为 $0.9(2\pi/N)$，它与 $N$ 成反比。按照 9.4.1 节有关信号加窗和窗函数的论述，如果采用较平滑的窗函数，就会大大改善吉布斯现象，这就是 FIR 滤波器设计的“**窗函数加权法**”的来由和基本原理。换言之，如果(9.6.20)式中的矩形窗 $r_N[n]$ 改成 9.4.1 小节中一些更平滑的窗序列 $w_N[n]$，如汉宁窗、汉明窗、布莱克曼窗等，$N$ 点因果 FIR 滤波器的 $h_N[n]$ 为

$$h_N[n]=\frac{\Omega_c}{\pi}\text{Sa}\left[\Omega_c\left(n-\frac{N-1}{2}\right)\right]w_N[n]=\frac{\sin\{\Omega_c[n-(N-1)/2]\}}{\pi[n-(N-1)/2]}w_N[n]\text{，}N\text{ 为奇数} \tag{9.6.21}$$

那么，不仅平滑了通带的起伏，也大大增加了阻带衰减；但导致过渡带加宽，通带、阻带边界频率也不易控制。不过当 $N$ 较大时，过渡带的中心很接近理想低通的截止频率 $\Omega_c$，即

$$\Omega_c\approx0.5(\Omega_S-\Omega_P) \tag{9.6.22}$$

**表 9.4　几种常用窗序列截取 $h_{\text{LP}}[n-(N-1)/2]$ 获得的 FIR 滤波器的主要滤波特性对比**

| 窗序列 | 加权后相应滤波器的指标 | |
|---|---|---|
| | 过渡带宽度 $(2\pi/N)$ | 最小阻带衰减(dB) |
| 矩形窗 | 0.9 | –21 |
| 汉宁窗 | 3.1 | –44 |
| 汉明窗 | 3.3 | –53 |
| 布莱克曼窗 | 5.5 | –74 |

这给设计带来了方便。表 9.4 列出了用不同窗函数对 $h_{\text{LP}}[n-(N-1)/2]$ 加权获得的 FIR 低通滤

波器的滤波特性。

窗函数加权法不限于设计上述的线性相移 FIR 低通滤波器，任意给定频率响应的各种类型的 FIR 滤波器，原则上都可以用窗函数加权法来设计，通常的设计步骤如下：

(1) 由给定的数字滤波器频率响应 $\tilde{H}_{\mathrm{d}}(\Omega)$ 求出或计算相应的单位冲激响应 $h_{\mathrm{d}}[n]$，这相当于上面由理想滤波特性 $\tilde{H}_{\mathrm{LP}}(\Omega)$ 求得 $h_{\mathrm{LP}}[n]$。

(2) 根据要求的阻带衰减和过渡带宽，选择适合的窗函数，并确定 FIR 滤波器的长度 $N$，如果在有线性相移要求，确定 $N$ 时还需考虑四种线性相移情况所适合的滤波器类型。

(3) 用确定的 $N$ 和选择的窗函数 $w_N[n]$，计算 $N$ 点 FIR 滤波器的系数，即

$$h_N[n]=h_{\mathrm{d}}[n]w_N[n],\quad 0\leqslant n\leqslant N-1 \tag{9.6.23}$$

(4) 按照下式计算 $h_N[n]$ 的频率响应 $\tilde{H}_N(\Omega)$，验算是否满足给定的各项设计指标。

$$\tilde{H}_N(\Omega)=\frac{1}{2\pi}\tilde{H}_{\mathrm{d}}(\Omega)\circledast\tilde{W}_N(\Omega) \tag{9.6.24}$$

其中，$\tilde{W}_N(\Omega)$ 是所选择窗序列 $w_N[n]$ 的离散时间傅里叶变换。

(5) 由计算出 FIR 滤波器的 $N$ 个系数 $h_N[n]$，$0\leqslant n\leqslant N-1$，实现该 FIR 数字滤波器。

下面通过具体的例子，说明用窗函数加权法设计 FIR 数字滤波器的具体步骤。

**【例 9.2】** 用窗函数加权法设计和实现一个线性相移 FIR 低通滤波器，它的设计指标为：通带边界频率 $\Omega_{\mathrm{P}}=0.2\pi$，阻带边界频率 $\Omega_{\mathrm{S}}=0.4\pi$，且阻带衰减不低于 $-50$ dB。

**解**：用表 9.4 所列的窗函数设计 FIR 滤波器时，通带、阻带边界频率不易控制，为此，借助(9.6.22)式的近似关系，确定被加权的理想滤波器截止频率 $\Omega_{\mathrm{c}}$ 为

$$\Omega_{\mathrm{c}}\approx 0.5(\Omega_{\mathrm{S}}-\Omega_{\mathrm{P}})=0.5(0.4\pi-0.2\pi)=0.3\pi$$

然后，根据阻带衰减要求不低于 $-50$ dB，查表 9.4 可知，用汉明窗可满足要求。根据表中给出用汉明窗的过渡带宽为 $2\pi/N=3.3$，由此计算 FIR 滤波器长度 $N$ 为

$$N=3.3\frac{2\pi}{\Omega_{\mathrm{S}}-\Omega_{\mathrm{P}}}=3.3\frac{2\pi}{0.4\pi-0.2\pi}=33$$

进一步，计算 $N$ 点 FIR 滤波器的单位冲激响应 $h_N[n]$，按照(9.6.21)式和(9.4.8)式的汉明窗序列公式，$N$ 点线性相移 FIR 低通滤波器的单位冲激响应 $h_N[n]$ 为

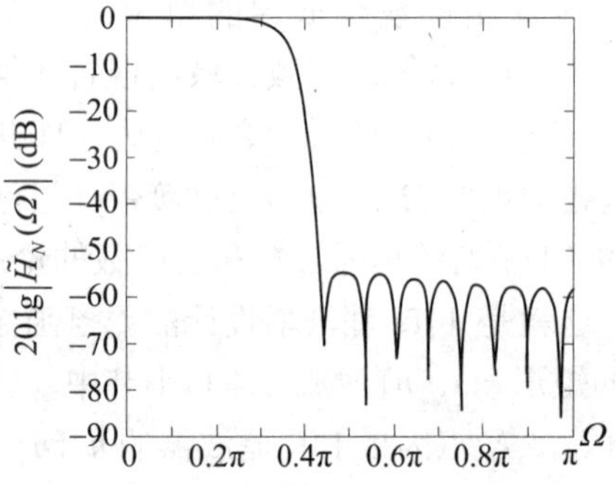


图 9.44 $N=33$ 点汉明窗加权低通滤波特性

$$h_N[n]=\frac{\sin\{\Omega_{\mathrm{c}}[n-(N-1)/2]\}}{\pi[n-(N-1)/2]}w_N[n]=\frac{\sin[0.3\pi(n-16)]}{\pi(n-16)}\left[0.54-0.46\cos\left(\frac{\pi n}{16}\right)\right],\quad 0\leqslant n\leqslant 32$$

由上式可计算并列出所设计的 FIR 低通数字滤波器的 33 个系数 $h_N[n]$，$0\leqslant n\leqslant 32$，这里略去。

最后，还需核算上述低通滤波器的频率响应是否满足设计要求，由求得的 $h_N[n]$ 计算出线性相位 FIR 低通滤波器的对数幅频特性如图 9.44 所示，它满足给定的设计指标。

**【例 9.3】** 在 9.3.2 小节介绍了数字微分器(见(9.3.22)式和图 9.13(b))，试用 FIR 滤波器设计一个较为精确的数字微分器。由于用 $N$ 点 FIR 滤波器来实现数字微分器，满带的数字微分器的频率响应可改写为

$$\tilde{H}_{\mathrm{d}}(\Omega)=\mathrm{j}\Omega\mathrm{e}^{-\mathrm{j}\frac{N-1}{2}\Omega}=\Omega\mathrm{e}^{\mathrm{j}\left[\frac{\pi}{2}-\frac{N-1}{2}\Omega\right]},\quad -\pi<\Omega\leqslant\pi \tag{9.6.25}$$

试用汉明窗设计和一个线性相移 FIR 数字微分器。

**解**：由(9.6.25)式可知，它属于 FIR 滤波器的后两种情况，为了使带外衰减尽可能大，故选择前面表 9.3 中的情况 3，即 $N$ 是奇数。然后，求出上式的频率响应 $\tilde{H}_{\mathrm{d}}(\Omega)$ 相应的单位冲激响应 $h_{\mathrm{d}}[n]$，即

$$h_{\mathrm{d}}[n]=\mathscr{F}^{-1}\left\{\tilde{H}_{\mathrm{d}}(\Omega)\right\}=\frac{1}{2\pi}\int_{-\pi}^{\pi}\mathrm{j}\Omega\mathrm{e}^{-\mathrm{j}\frac{N-1}{2}\Omega}\mathrm{e}^{\mathrm{j}\Omega n}\mathrm{d}\Omega$$

经过分部积分后得到(见第 5 章习题 5.18 的 5)小题)

$$h_d[n]=\frac{\cos\{\pi[n-(N-1)/2]\}}{n-(N-1)/2}-\frac{\sin\{\pi[n-(N-1)/2]\}}{\pi[n-(N-1)/2]^2},\quad -\infty<n<\infty$$

选择 $N=13$，用汉明窗加权后的 13 点 FIR 数字微分器的单位冲激响应 $h_N[n]$ 为

$$h_N[n]=h_d[n]w_N[n]=\left\{\frac{\cos[\pi(n-6)]}{n-6}-\frac{\sin[\pi(n-6)]}{\pi(n-6)^2}\right\}\left[0.54-0.46\cos\left(\frac{\pi n}{6}\right)\right]$$

**表 9.5　13 点 FIR 数字微分器的系数**

| $n$ | $h_N[n]$ | $n$ | $h_N[n]$ |
|---|---|---|---|
| 0 | −0.0133 | 7 | −0.9384 |
| 1 | 0.0283 | 8 | 0.3850 |
| 2 | −0.0775 | 9 | −0.1800 |
| 3 | 0.1800 | 10 | 0.0775 |
| 4 | −0.3850 | 11 | −0.0283 |
| 5 | 0.9384 | 12 | 0.0133 |
| 6 | 0.0000 | | |

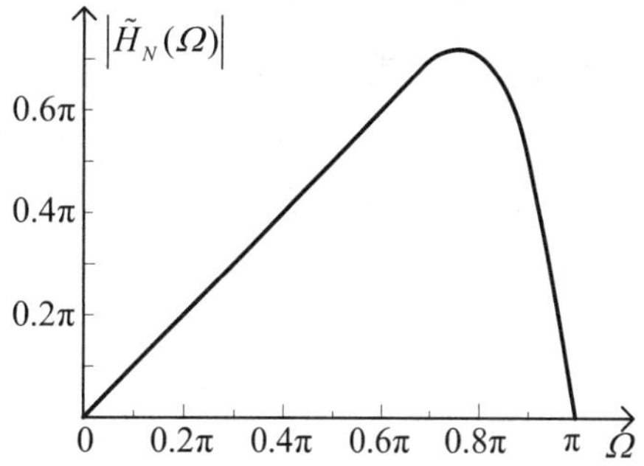

图 9.45　13 点汉明窗加权数字微分器幅频特性

按 $N=13$ 计算得到 13 个系数值 $h_N[n]$ 列在表 9.5 中，它关于中心点奇对称。图 9.45 画出了幅频响应 $|\tilde{H}_N(\Omega)|$，它与 $\Omega$ 成正比的带宽达 $0.7\pi$，增加 $N$ 可以展宽这个带宽；它的相频响应为 $\tilde{\varphi}_N(\Omega)=0.5\pi-6\Omega$。

FIR 数字滤波器的实现比较简单，它都像 7.11.3 小节中图 7.45 所示的非递归直接型结构，故可以由计算出的 FIR 数字滤波器的 $N$ 个系数 $h_N[n]$，$0\leqslant n\leqslant N-1$，直接画出它的实现结构或信号流图。进一步，如果是线性相位的 FIR 数字滤波器，则利用其 $h_N[n]$ 具有的中心偶、奇对称性(见(9.6.13)式和(9.6.14)式)，可以得到所谓“**线性相移 FIR 直接型实现结构**”，它可节省一半数乘器(即滤波算法中的乘法次数)。图 9.46 画出了 $h_N[n]$ 是中心偶对称情况的线性相移 FIR 直接型结构的信号流图，$h_N[n]$ 具有中心奇对称的情况留给读者自行画出。

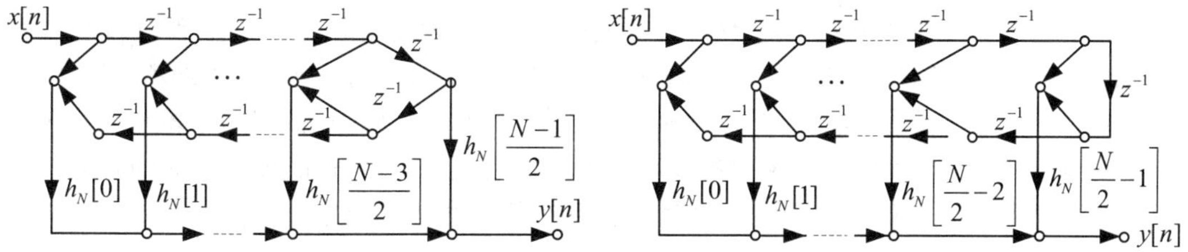


图 9.46　$h_N[n]=h_N[N-1-n]$ 时的线性相移 FIR 直接型结构

当 FIR 滤波器有精确零点的设计要求时，可对设计获得的多项式系统函数 $H_N(z)$ (见(9.6.9)式)进行因式分解，用级联结构实现。

窗函数加权法必须首先利用 DTFT 的反变换，由给定的频率响应 $\tilde{H}_d(\Omega)$ 求出 FIR 滤波器的单位冲激响应 $h_d[n]$，有时难以做到这一点。一个替代的办法是对要求的频率响应 $\tilde{H}_d(\Omega)$ 进行取样，获得它在主值区间[0，$2\pi$)内的 $M$ 个样本值 $\tilde{H}_d[k(2\pi/M)]$ 替代 $\tilde{H}_d(\Omega)$，然后，通过对它的频域样本进行 $M$ 点逆离散傅里叶变换(IDFT)，得到近似的 $\hat{h}_d[n]$，即

$$\hat{h}_d[n]=\text{IDFT}\left\{\tilde{H}_d[k(2\pi/M)]\right\}=\frac{1}{M}\sum_{k=0}^{M-1}\tilde{H}_d[k(2\pi/M)]e^{jk\frac{2\pi}{M}n}\qquad(9.6.26)$$

且 $M$ 越大，$\hat{h}_d[n]$ 就越精确地等于要求的 $h_d[n]$。基于这一点，窗函数加权法可以适用于设计具有任意形状频率特性的 FIR 滤波器。

## 9.6.3 无限冲激响应(IIR)数字滤波器——模拟到数字滤波器的映射

到目前为止，IIR 数字滤波器有两种不同的设计方法：

一种称为“直接数字方法”，其基本设计原理与 9.6.1 小节所述模拟滤波器相同，直接针对给定频率特性或单位冲激响应等，采用最优化逼近技术，设计出满足要求的 IIR 数字滤波器。例如，像本章后习题 9.25 给出的那样，针对可实现的离散时间 LTI 系统的频率响应模平方函数，选择相应的近似方法，也可获得巴特沃斯和切比雪夫等类型的数字滤波器。由于直接数字方法可以针对各种各样预定的频域和时域设计要求这一突出优点，也得益于计算机算法技术的飞速发展，它获得了越来越多的关注，也出现了许多针对特定应用的数字滤波器计算机设计算法。处于篇幅限制，本书对此不做介绍和讨论，感兴趣的读者可查阅参考文献[6]～[9]。

另一种是所谓“模拟-数字方法”，即在模拟滤波器设计技术的基础上，借助连续时间和离散时间 LTI 系统之间的变换，得到满足要求的 IIR 数字滤波器。由于在数字信号处理兴起并对数字滤波器设计产生实际需求之前，模拟滤波器综合和设计技术已相当成熟，并有成套规范化的计算公式、设计资料和算法程序；又鉴于 IIR 滤波器和模拟滤波器之间，在时域单位冲激响应和单位阶跃响应、频域滤波特性、复频域的有理系统函数形式及其实现结构等方面存在一系列对偶或类比关系，因此，模拟-数字方法就顺理成章地成为设计 IIR 数字滤波器的通行方法。采用模拟-数字方法设计 IIR 数字滤波器又有如图 9.47(a)和(b)所示的两种方案：它们都从设计模拟低通原型滤波器开始，得到一个归一化的模拟低通原型滤波器系统函数 $H_{c0}(s)$ (后面都简称为**低通原型滤波器**)；在图 9.47(a)所示的第一种方案中，首先在连续时间频域进行频率变换，把 $H_{c0}(s)$ 变换成具有期望类型(低通、高通、带通和带阻等)频率响应的连续时间系统函数 $H_c(s)$，然后从 S 平面到 Z 平面的映射，得到所需要类型(低通、高通、带通和带阻等)频率响应的 IIR 数字滤波器系统函数 $H_d(s)$；在图 9.47(b)所示的第二种方案中，首先进行从 S 平面到 Z 平面的映射，把 $H_{c0}(s)$ 变换成 IIR 数字低通滤波器系统函数 $H_{d0}(z)$，然后在离散时间频域进行频率变换，把 $H_{d0}(z)$ 变换成所需要类型(低通、高通、带通和带阻等)频率响应的 IIR 数字滤波器系统函数 $H_d(z)$。可以看出，两个方案所使用的技术基本相同，区别在于：第一种方案先在连续时间频域进行频率变换，然后进行从 S 平面到 Z 平面的映射；而第二种方案先进行从 S 平面到 Z 平面的映射，然后在离散时间频域进行频率变换。

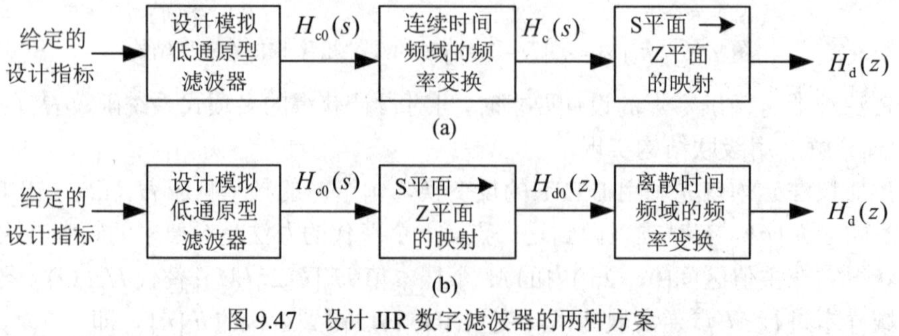


图 9.47 设计 IIR 数字滤波器的两种方案

这两种方案中的连续时间和离散时间频率变换将在下一节讲述，本小节专门介绍和讨论这两种方案中都用到的 S 平面和 Z 平面之间映射的原理和方法。

由第 8 章有关内容可知，对于有理系统函数表示连续时间和离散时间因果 LTI 系统，系统的频域和时域特性分别由 S 平面和 Z 平面中的零、极点分布决定。由此得到启发，可以通过某些 S 平面和 Z 平面之间的映射关系，建立因果稳定的连续时间系统函数与离散时间系统函数之间的变换，这种映射关系必须满足下列条件：其一，S 平面的虚轴($-\infty<\omega<\infty$)映射成 Z 平面上的单位圆($-\pi<\Omega\leqslant\pi$)，以便确保不同类型的连续时间和离散时间频率响应之间有忠实的对应关系；其二，左半个 S 平面($\mathrm{Re}\{s\}<0$)映射到 Z 平面上单位圆的内部($|z|<1$)，以便确保一个实的因果稳定的连续时间 LTI 系统变换成一个实的因果稳定的离散时间 LTI 系统。

下面首先介绍和讨论两种最常用的连续时间和离散时间 LTI 系统之间的变换，并以例子说明如何借助这些变换关系来设计 IIR 数字滤波器的基本步骤，以及比较各自的优缺点。

**1．冲激响应不变法**

由于连续时间和离散时间 LTI 系统的特性可以由其单位冲激响应完全确定，为把一个连续时间 LTI 系统变换为离散时间 LTI 系统，一个直接的方法是使离散时间 LTI 系统的单位冲激响应 $h_d[n]$，等于该连续时间 LTI 系统单位冲激响应 $h_c(t)$ 的等间隔样本，即

$$h_d[n]=h_c(nT) \tag{9.6.27}$$

如果选择 $T$ 满足抽样定理，$h_d[n]$ 就完全代表了 $h_c(t)$ 的全部信息。连续时间和离散时间 LTI 系统的特性均由其单位冲激响应完全确定，认为这样得到的离散时间 LTI 系统将和原连续时间 LTI 系统有相同的特性。通常把这种连续时间到离散时间 LTI 系统的变换叫做**冲激响应不变法**。与前面 9.3.1 小节中讲述的连续时间信号转换成它的离散时间表示一样，从 $h_c(t)$ 到 $h_d[n]$ 的变换可以看成图 9.48 这样的过程，因此，这里直接利用 9.3.1 小节中的有关结果。

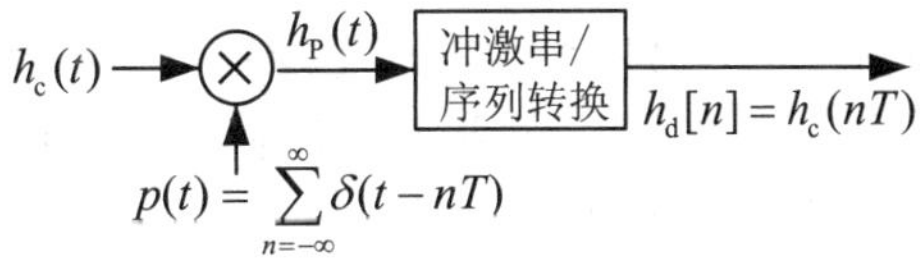

图 9.48　冲激响应不变法将 $h_c(t)$ 变换为 $h_d[n]$

若连续时间 LTI 系统的频率响应和系统函数分别为 $H_c(\mathrm{j}\omega)$ 和 $H_c(s)$，由冲激响应不变法得到的离散时间 LTI 系统的频率响应和系统函数分别为 $H_d(\mathrm{e}^{\mathrm{j}\Omega})$ 和 $H_d(z)$，根据 9.3.1 小节中(9.3.4)式，$h_p(t)$ 的傅里叶变换为

$$H_p(\mathrm{j}\omega)=\frac{1}{T}\sum_{k=-\infty}^{\infty}H_c\left(\mathrm{j}\omega-\mathrm{j}k\frac{2\pi}{T}\right) \tag{9.6.28}$$

再按照 9.3.1 小节中的(9.3.7)式，通过该变换得到的离散时间 LTI 系统的频率响应为

$$H_d(\mathrm{e}^{\mathrm{j}\Omega})=H_p\left(\mathrm{j}\frac{\Omega}{T}\right)=\frac{1}{T}\sum_{k=-\infty}^{\infty}H_c\left(\mathrm{j}\left[\frac{\Omega}{T}-k\frac{2\pi}{T}\right]\right) \tag{9.6.29}$$

这表明，$\omega$ 到 $\Omega$ 的频率变换是如下的线性变换关系：

$$\Omega=\omega T \tag{9.6.30}$$

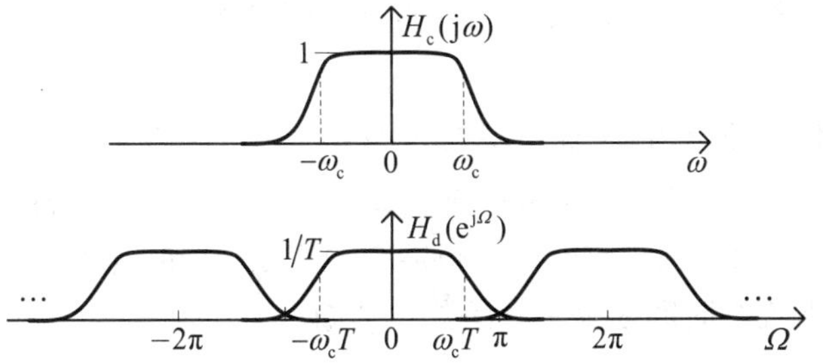

图 9.49　冲激响应不变法将 $H_c(\mathrm{j}\omega)$ 变换成 $H_d(\mathrm{e}^{\mathrm{j}\Omega})$ 的示意图

图 9.49 画出了通过冲激响应不变法、把一个 $H_c(\mathrm{j}\omega)$ 变换成 $H_d(\mathrm{e}^{\mathrm{j}\Omega})$ 的示意图，可以看出，$H_d(\mathrm{e}^{\mathrm{j}\Omega})$ 是 $H_c(\mathrm{j}\omega)$ 的周期重复，并在幅度和频率上都经历 $1/T$ 的线性尺度变换。由于实际的模拟滤波器频率响应 $H_c(\mathrm{j}\omega)$ 不可能像图 9.49 所示的那样严格带限，混叠将不可避免。但是，可适当用更

小的$T$来减轻混叠的影响，例如选择$T$远小于$\pi/\omega_c$。

现在考察冲激响应不变法建立的连续时间和离散时间系统函数间的关系。由图 9.48 得到

$$h_P(t)=\sum_{n=-\infty}^{\infty}h_c(nT)\delta(t-nT)$$

对上式取拉普拉斯变换，并利用其线性性质和时移性质，则有

$$H_P(s)=\sum_{n=-\infty}^{\infty}h_c(nT)\mathrm{e}^{-snT} \tag{9.6.31}$$

另一方面，根据(9.6.27)式，单位冲激响应为$h_d[n]$的离散时间 LTI 系统的系统函数为

$$H_d(z)=\sum_{n=-\infty}^{\infty}h_d[n]z^{-n}=\sum_{n=-\infty}^{\infty}h_c(nT)z^{-n} \tag{9.6.32}$$

比较以上两式可以得到 Z 平面和 S 平面之间的变换关系为

$$z=\mathrm{e}^{sT} \tag{9.6.33}$$

利用(9.6.29)式，最终得到$H_d(z)$和$H_c(s)$之间的变换关系为

$$H_d(z)\Big|_{z=\mathrm{e}^{sT}}=H_P(s)=\frac{1}{T}\sum_{k=-\infty}^{\infty}H_c\left(s-\mathrm{j}k\frac{2\pi}{T}\right) \tag{9.6.34}$$

上面的分析表明，冲激响应不变法将 S 平面上的$H_c(s)$变换成 Z 平面上$H_d(z)$，像图 9.50 表示的那样，经历了两个步骤：第一步按照(9.6.34)式，将 S 平面上所有宽度为$2\pi/T$，平行于实轴的水平带域内的$H_c(s)$特性，移叠到图 9.50(a)中的阴影带域，这与时域抽样导致频域(虚轴)上周期重复的机理相一致，将会产生混叠；第二步依照(9.6.33)式的映射关系$z=\mathrm{e}^{sT}$，将 S 平面上的宽度为$2\pi/T$的水平带域(图 9.50(a)中的阴影部分)，映射成整个 Z 平面，最终完成$H_c(s)$到$H_d(z)$的变换。这个映射具有如下性质：第一，若$\mathrm{Re}\{s\}<0$，则$|z|<1$，即位于左半 S 平面上阴影水平带域(包括其他水平带域移叠进来)内的点，将一一映射到 Z 平面单位圆的内部，位于右半 S 平面上阴影水平带域(也包括其他水平带域移叠进来)内的点，则一一映射到 Z 平面单位圆的外部；第二，水平带域内长度为$2\pi/T$的一段虚轴(包括移叠进来的其他长度为$2\pi/T$的虚轴段)，都被映射成 Z 平面上的单位圆。

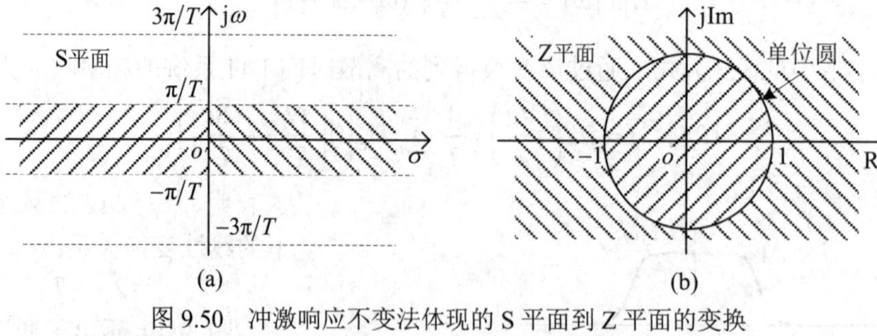


图 9.50 冲激响应不变法体现的 S 平面到 Z 平面的变换

因为连续时间和离散时间系统函数是(9.5.21)式那样的有理函数，按照(9.6.34)式的$H_d(z)$和$H_c(s)$之间的关系，可以进一步考察离散时间和连续时间单位冲激响应$h_d[n]$和$h_c(t)$之间的关系。若考虑一个用部分分式展开表示的连续时间因果系统函数，例如：

$$H_c(s)=\sum_{i=1}^{N}\frac{A_i}{s-p_i}，\quad \mathrm{Re}\{p_i\}<0，\quad i=1，2，\cdots，N \tag{9.6.35}$$

该连续时间 LTI 系统单位冲激响应$h_c(t)$为

$$h_c(t)=\sum_{i=1}^{N}A_i e^{p_i t}u(t) \tag{9.6.36}$$

按照(9.6.27)式，冲激响应不变法得到的离散时间 LTI 系统的单位冲激响应 $h_d[n]$ 为

$$h_d[n]=h_c(nT)=\sum_{i=1}^{N}A_i(e^{p_i T})^n u[n] \tag{9.6.37}$$

因此，离散时间 LTI 系统函数 $H_d(z)$ 为

$$H_d(z)=\sum_{i=1}^{N}\frac{A_i}{1-e^{p_i T}z^{-1}} \tag{9.6.38}$$

上述结果表明，对于有理系统函数表示的连续时间因果 LTI 系统，可由其部分分式展开直接写出离散时间系统函数 $H_d(z)$；且 $H_c(s)$ 在 $s=p_i$ 的一个极点映射成 $H_d(z)$ 在 $z=e^{p_i T}$ 的一阶极点，极点的留数 $A_i$ 也被保留；通过这个变换，由一阶因果稳定的连续时间 LTI 系统得到的仍是一个因果稳定的离散时间 LTI 系统。尽管这是在假设仅有一阶极点的情况下获得的，但是在有高阶极点时，也可以推导出两个系统函数对应关系，且有类似的结论。

现在从 S 平面到 Z 平面映射的角度，讨论冲激响应不变法的混叠问题。如果 $H_c(s)$ 的所有零、极点都落在图 9.50(a)中宽度为 $2\pi/T$ 的阴影部分，在第一步由 $H_c(s)$ 到 $H_P(s)$ 的变换中，将不存在零极点的移叠，第二步经历 $z=e^{sT}$ 的映射，$H_c(s)$ 的所有零、极点都以原有的相对位置一一映射到 Z 平面，这将使得 $H_d(e^{j\Omega})$ 较为忠实的保持 $H_c(j\omega)$ 原有的特性。基于这个认识，样本间隔 $T$ 必须足够小，使得 $H_c(s)$ 的所有零、极点不仅都落在图 9.50(a)中宽度为 $2\pi/T$ 的阴影部分内，还与其上下边界( $\omega=\pm\pi/T$ )留有足够的距离。否则，由于抽样的混叠效应，用冲激响应不变法得到的离散时间 LTI 系统特性，将与原连续时间 LTI 系统有较大的偏离。

下面通过一个具体的例子，说明利用冲激响应不变法设计 IIR 数字滤波器的具体步骤。

**【例 9.4】** 给定的 IIR 数字低通滤波器滤波特性为：通带(频率 $\Omega_P\leqslant 0.2\pi$ )内衰减小于等于 1 dB；阻带(频率 $\Omega_S\geqslant 0.3\pi$ )衰减大于等于 15 dB。考虑借助单位冲激响应不变法，并用巴特沃斯模拟滤波器来设计和实现，试求该数字低通滤波器的系统函数 $H_d(z)$ 。

**解：** 基于模拟滤波器的设计，借助冲激响应不变法设计和实现 IIR 数字滤波器，通常的步骤如下：

(1) 由给定的数字滤波器设计要求确定模拟滤波器的技术指标。

由于考虑采用单位冲激响应不变法，根据(9.6.11)式，$\omega$ 和 $\Omega$ 之间的关系为 $\Omega=\omega T$ ，由于给定的是 $H_d(e^{j\Omega})$ 在 $\Omega$ 上的指标，故 $T$ 可以任意选择，为便于计算，选择 $T=1$，则用于变换的模拟滤波器指标为：

通带(频率 $\omega_P=\Omega_P/T=0.2\pi$ rad/s)内衰减小于等于 1 dB，

阻带(频率 $\omega_S=\Omega_S/T=0.3\pi$ rad/s)内衰减不低于 15 dB

(2) 选择用于变换的模拟滤波器类型，并设计出满足上述要求的模拟滤波器。

本题规定用巴特沃斯模拟滤波器、借助单位冲激响应不变法设计，首先确定满足上述要求的巴特沃斯模拟低通滤波器的阶数 $N$ 和 −3 dB 截止频率 $\omega_c$ 。为此，按照巴特沃斯模拟低通滤波器的对数幅频响应公式(即把(9.6.3)式写成波特图表示的对数幅频响应)，并根据上面已确定的通、阻带指标，可以得到下列两个方程：

$$|B_c(j\omega_P)|=|B_c(j0.2\pi)|=\frac{1}{\sqrt{1+(0.2\pi/\omega_c)^{2N}}}=10^{-\frac{1}{20}} \quad 和 \quad |B_c(j\omega_s)|=|B_c(j0.3\pi)|=\frac{1}{\sqrt{1+(0.3\pi/\omega_c)^{2N}}}=10^{-\frac{15}{20}}$$

联立这两个方程，解得 $N\approx 5.8858$ 。选取 $N=6$ 代入上式左式，得到 $\omega_c\approx 0.7032$ rad。显然，按这样确定的 $N$ 和 $\omega_c$ 设计的巴特沃斯低通滤波器，通带指标满足要求，阻带指标将有富裕，故可减少由于混叠造成的影响。

然后，计算巴特沃斯低通滤波器的 $N$ 个一阶极点，并确定它的系统函数 $B_c(s)$ 。按照(9.6.6)式，巴特沃斯低通滤波器的六个极点为三对一阶共轭极点，它们分别为

$$p_1=p_6^*=0.7032e^{j(7\pi/12)}, \quad p_2=p_5^*=0.7032e^{j(9\pi/12)}, \quad p_3=p_4^*=0.7032e^{j(11\pi/12)}$$

进而，按照(9.6.35)式，该六阶巴特沃斯低通滤波器的系统函数(传递函数) $B_c(s)$ 为

$$B_c(s)=\sum_{i=1}^{6}\frac{A_i}{s-p_i}=\sum_{i=1}^{3}\left(\frac{A_i}{s-p_i}+\frac{A_i^*}{s-p_i^*}\right)，\text{其中，}\ A_i=B_c(s)(s-p_i)\big|_{s=p_i}$$

(3) 利用冲激响应不变法的映射关系，确定所要设计的 IIR 数字滤波器的系统函数 $H_d(z)$。

由于巴特沃斯模拟滤波器的 $N$ 个极点都是一阶极点，故不必通过映射关系由 $B_c(s)$ 确定 $H_d(z)$，可以按照(9.6.38)式，直接得到 $H_d(z)$ 为

$$H_d(z)=\sum_{i=1}^{6}\frac{A_i}{1-e^{p_i}z^{-1}}=\sum_{i=1}^{3}\left(\frac{A_i}{1-e^{p_i}z^{-1}}+\frac{A_i^*}{1-e^{p_i^*}z^{-1}}\right)，\text{其中，}\ A_i=B_c(s)(s-p_i)\big|_{s=p_i}$$

代入上面已求得的 $p_i$ 值，$1\leqslant i\leqslant 3$，可以计算得到

$$A_1=0.1435+\mathrm{j}0.2483，\quad A_2=-1.0714\quad 和\quad A_1=0.9278-\mathrm{j}1.6071$$

最后，得到所设计的 IIR 数字滤波器的系统函数 $H_d(z)$ 为

$$H_d(z)=\frac{0.2871-0.4466z^{-1}}{1-1.2971z^{-1}+0.6949z^{-2}}+\frac{-2.1428+1.1454z^{-1}}{1-1.0691z^{-1}+0.3699z^{-2}}+\frac{1.8558-0.6304z^{-1}}{1-0.9972z^{-1}+0.2570z^{-2}}$$

这个 $H_d(z)$ 是三个二阶系统函数相加，故可以用第 8 章图 8.55(d)的二阶数字系统的**并联结构**来实现。

**2．双线性变换**

如果在 S 平面和 Z 平面之间有这样一种映射关系，它将左半 S 平面一一对应地映射到 Z 平面的单位圆内部，并将 S 平面的虚轴单值地映射成 Z 平面上的单位圆。那么不仅可将一个因果稳定的连续时间 LTI 系统变换成因果稳定的离散时间 LTI 系统，而且连续时间频率响应 $H_c(\mathrm{j}\omega)$ 在整个频率范围内的特性，将会在离散时间频域的主值区间$(-\pi,\ \pi)$内完整地重现。**双线性变换**就是这样的一种映射，其变换和逆变换分别为

$$s=\frac{2}{T}\cdot\frac{1-z^{-1}}{1+z^{-1}}\quad 和\quad z=\frac{1+(T/2)s}{1-(T/2)s} \tag{9.6.39}$$

在这种双线性变换下，从连续时间系统函数 $H_c(s)$ 到离散时间系统函数 $H_d(z)$ 的变换为

$$H_d(z)=H_c\left(\frac{2}{T}\cdot\frac{1-z^{-1}}{1+z^{-1}}\right) \tag{9.6.40}$$

正如本章末习题 9.34 所指出的，该变换是按照梯形规则对微分方程和积分方程的数值近似方法中获得的。如果用 $s=\sigma+\mathrm{j}\omega$ 代入(9.6.39)式右式，将得到

$$z=\frac{[1+(T/2)\sigma]+\mathrm{j}\omega T/2}{[1-(T/2)\sigma]-\mathrm{j}\omega T/2} \tag{9.6.41}$$

在上式中，若 $\sigma<0$，则 $|z|<1$，即虚轴左边半个 S 平面映射到 Z 平面单位圆内部；若 $\sigma>0$，则 $|z|>1$，即虚轴右边半个 S 平面被映射到单位圆外。单位圆 $z=e^{\mathrm{j}\Omega}$ 代入(9.6.39)式左式，将有

$$s=\frac{2}{T}\cdot\frac{1-e^{-\mathrm{j}\Omega}}{1+e^{-\mathrm{j}\Omega}}=\frac{2}{T}\cdot\frac{\mathrm{j}\sin(\Omega/2)}{\cos(\Omega/2)}=\mathrm{j}\frac{2}{T}\tan\left(\frac{\Omega}{2}\right) \tag{9.6.42}$$

可见，Z 平面上的单位圆被映射成 S 平面的虚轴，图 9.51(a)表示出这样的映射关系。

由(9.6.42)式可以得到双线性变换下连续时间和离散时间频域之间的关系为

$$\omega=\frac{2}{T}\tan\left(\frac{\Omega}{2}\right)\quad 和\quad \Omega=2\arctan\left(\frac{\omega T}{2}\right) \tag{9.6.43}$$

图 9.51(b)给出了双线性变换所体现的 $\omega$ 和 $\Omega$ 之间的变换特性，这是一个非线性频率变换，它会使得变换来的数字滤波器的频率响应 $H_d(e^{\mathrm{j}\Omega})$(包括幅频和相频响应)产生畸变。但是，由于整个虚轴被单值地映射成 Z 平面单位圆的一周($-\pi\leqslant\Omega\leqslant\pi$)，故采用双线性变换可以完全避

免冲激响应不变法的混叠现象。

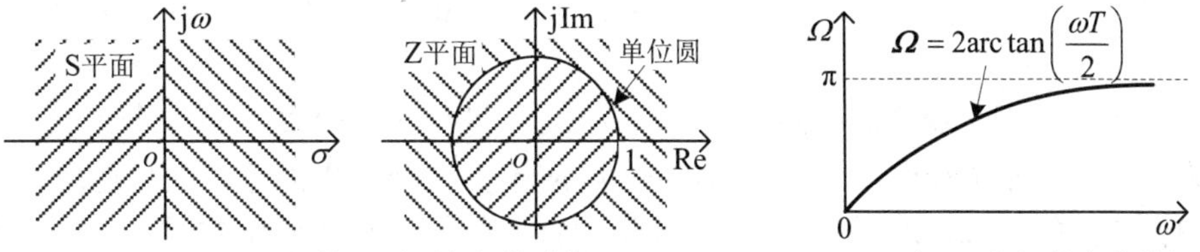


(a)　S平面与Z平面之间的映射　　(b)　$\omega$ 与 $\Omega$ 之间的变换特性

图 9.51　双线性变换的映射关系

下面通过一个具体的例子，说明利用双线性变换法设计 IIR 数字滤波器的具体步骤。

**【例 9.5】**　给定的 IIR 数字低通滤波器的设计指标与例 9.4 相同，也利用巴特沃斯模拟滤波器设计，但改用双线性变换法，试设计和实现所要求的数字低通滤波器的系统函数 $H_d(z)$ 。

**解**：利用模拟滤波器设计，采用双线性变换法，设计和实现 IIR 数字滤波器通常按照如下步骤进行：

(1) 由给定的数字滤波器设计要求确定模拟滤波器的技术指标。

由于双线性变换是 $\omega$ 和 $\Omega$ 间的非线性变换，为了确保由模拟滤波器变换来的数字滤波器满足给定的指标，必须按照(9.6.43)式，对模拟滤波器的通带、阻带频率 $\omega_P$ 和 $\omega_S$ 进行预调整。按照例 9.4 中同样理由，选择 $T=1$，预调整的 $\omega_P$ 和 $\omega_S$ 计算如下：

$$\omega_P=\frac{2}{T}\tan\left(\frac{\Omega_P}{2}\right)=2\tan\left(\frac{0.2\pi}{2}\right)=0.6498\ \text{rad/s}\quad 和\quad \omega_S=\frac{2}{T}\tan\left(\frac{\Omega_S}{2}\right)=2\tan\left(\frac{0.3\pi}{2}\right)=1.0191\ \text{rad/s}$$

通带、阻带内的指标与例 9.4 中的相同。

(2) 选择用于变换的模拟滤波器类型，并确定模拟滤波器的系统函数(传递函数) $H_c(s)$ 。

首先，确定巴特沃斯模拟滤波器阶数 $N$ 和 $-3$ dB 截止频率 $\omega_c$ 。确定 $N$ 和 $\omega_c$ 的方法与例 9.4 中的相同，但必须用上面通过预调整计算出的通带、阻带频率 $\omega_P$ 和 $\omega_S$ ，得到下列两个方程：

$$\left|B_c(j\omega_P)\right|=\frac{1}{\sqrt{1+(0.6498\pi/\omega_c)^{2N}}}=10^{-\frac{1}{20}}\quad 和\quad \left|B_c(j\omega_s)\right|=\frac{1}{\sqrt{1+(1.0191\pi/\omega_c)^{2N}}}=10^{-\frac{15}{20}}$$

联立这两个方程，解得 $N\approx 5.3044$ 。故取 $N=6$ 。由于双线性变换没有混叠效应，故让阻带满足要求，即把 $N=6$ 代入上式右式，计算出 $\omega_c\approx 0.7662$ rad，显然，这样使得通带指标会有富裕。

然后，按照 9.6.1 小节中的(9.6.6)式，计算六阶巴特沃斯低通滤波器的极点，它们分别为

$$p_1=p_6^*=-0.1983+j0.7401,\quad p_2=p_5^*=-0.5418+j0.5418\quad 和\quad p_3=p_4^*=-0.7401+j0.1983$$

进而，按照 9.6.1 小节中的(9.6.7)式，该六阶巴特沃斯低通滤波器的系统函数(传递函数) $B_c(s)$ 为

$$B_c(s)=\frac{\omega_c^N}{\prod_{i=1}^{6}(s-p_i)}=\frac{\omega_c^N}{\prod_{i=1}^{3}(s-p_i)(s-p_i^*)}=\frac{\omega_c^N}{\prod_{i=1}^{3}(s^2-2\mathrm{Re}\{p_i\}+|p_i|^2)}$$

(3) 利用双线性变换的映射关系，确定所要设计的 IIR 数字滤波器的系统函数 $H_d(z)$

把(9.6.39)式表示的变换关系 $s=2\dfrac{1-z^{-1}}{1+z^{-1}}$ 和上面求得的 $\omega_c$、 $p_i$ 的值一起代入上式，并整理后得到

$$H_d(z)=0.0007378\frac{(1+2z^{-1}+z^{-2})^3}{(1-1.2686z^{-1}+0.7051z^{-2})(1-1.0106z^{-1}+0.3583z^{-2})(1-0.9044z^{-1}+0.2155z^{-2})}$$

这个 $H_d(z)$ 可以看成由三个二阶系统函数相乘，故可以用上一章图 8.53(d)的二阶数字系统的**级联结构**实现。

如果把本题获得的数字滤波器与例 9.4 中获得结果作比较，它们都是 6 阶的 IIR 滤波器，在通带频率 $\Omega_P=0.2\pi$ 处，本例的衰减为 0.5632 dB，而例 9. 4 中的衰减为 1 dB；在阻带频率 $\Omega_S=0.3\pi$ 处，例 9. 2 中的衰减约为 17 dB，而本例的衰减为 15 dB，但本例不仅没有混叠，而且在阻带中的衰减要比例 9. 2 中的快得多，因为通过双线性变换，六阶巴特沃斯低通滤波器在 S 平面无穷远点的 6 阶零点，映射成 Z 平面上 $z=-1$(即

$\Omega=\pm\pi$)的六阶零点之故。

最后，对在模拟滤波器基础上，设计 IIR 数字滤波器的上述从 S 平面到 Z 平面的两种映射方法作个比较：

(1) 它们都能将因果稳定的模拟滤波器变换成因果稳定的 IIR 数字滤波器。

(2) 在 $H_c(j\omega)$ 到 $H_d(e^{j\Omega})$ 的变换中，冲激响应不变法会产生混叠，故只适用于具有很好带限频率响应的情况，例如在阻带具有很好抑制特性的低通和带通滤波器，不适用于高通或带阻滤波器，这限制了冲激响应不变法在第一种 IIR 数字滤波器设计方案中的应用；双线性变换避免了混叠现象，且把整个连续时间频域特性在离散时间频域($-\pi<\Omega\leqslant\pi$)中重现，不仅连续时间低通、高通、带通或带阻滤波特性得到保持，而且也维持着通带、阻带内相应的起伏。因此，在利用模拟滤波器设计的规范化公式和图表、借助变换的方法设计 IIR 数字滤波器的应用中，双线性变换法获得更多的青睐。

(3) 从 $\omega$ 和 $\Omega$ 之间变换的线性(比例)程度上看，冲激响应不变法在 $|\omega|<\pi/T$ 范围内是线性变换；而双线性变换方法只有在 $|\omega|\ll 1/T$ 范围内，才近似地呈出 $\omega$ 和 $\Omega$ 之间的线性变换特性。特别地，从图 9.51(b)和(9.6.43)式看到，在 $\omega$ 和 $\Omega$ 的整个范围内双线性变换存在较严重的非线性变换关系，会使频率特性在变换后产生畸变，它可看成为避免混叠付出的代价。在借助双线性变换法，利用模拟滤波器设计公式和图表来设计一个给定要求的 IIR 数字滤波器时，为计及双线性变换引入的频率(幅频和相频)响应非线性畸变带来的影响，首先必须按照(9.6.43)式左式，把离散时间频率特性的参数(通带、阻带边界频率等)，折算到连续时间频域，并确定 $H_c(j\omega)$ 的相关参数。此外，在对线性相位要求较高的场合，还必须考虑引入的相位非线性畸变是否满足设计要求，或采取一些特殊的设计措施，校正相位畸变的影响。

(4) 用冲激响应不变法得到的离散时间 LTI 系统，较忠实地保持了连续时间 LTI 系统的时域特性，故能从时域上模仿连续时间 LTI 系统的功能，这方面双线性变换有所不及。

在实际应用中，除了上面介绍的两种从 S 平面到 Z 平面的映射方法外，还有称为“阶跃响应不变法”的映射方法(参见本章习题 9.32 或书末的参考文献[6])，这一方法特别应用在一些要求忠实保有模拟滤波器阶跃响应特性的抽样数据系统中。

## 9.7 不同类型滤波器之间的频率变换

基于本书前面的有关知识，特别是傅里叶变换、拉普拉斯变换和 Z 变换的有关性质，已可以获得实现不同类型滤波特性相互转换的一些概念和方法，下面举出几个这样的转换方法。

根据前面(9.5.8)式，可像图 9.52 那样，用一个低通滤波器得到一个高通滤波器，反之亦然。

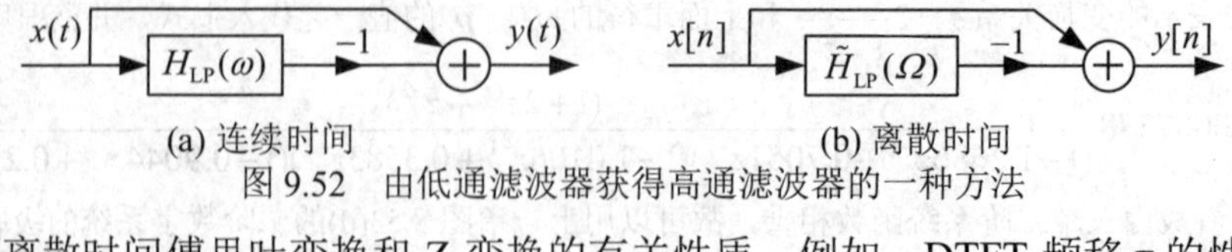


图 9.52 由低通滤波器获得高通滤波器的一种方法

从前面离散时间傅里叶变换和 Z 变换的有关性质，例如，DTFT 频移 $\pi$ 的性质(见(6.4.13)式)和 Z 变换 $z$ 域旋转 $\pi$ 的性质(见(6.4.19)式)等，已经给出了离散时间低通与高通滤波特性之间转换的概念和方法：对于一个离散时间低通滤波器，若其单位冲激响应为 $h_L[n]$，则单位冲激响应为 $(-1)^n h_L[n]$ 的 LTI 系统就是一个离散时间高通滤波器，反之亦然；若一个低通或高通滤波器的系统函数为 $H_L(z)$，则 $H_L(-z)$ 就是按照该方法转换得到的高通或低通滤波器的系统函数。必须指出，这种变换将导致低通或高通的 −3 dB 截止频率由 $\Omega_c$ 变换成 $\pi-\Omega_c$，但通带宽度保持不变，滤波特性的形状不变。另外，这种变换对 FIR 和 IIR 滤波器都适用。

连续时间和离散时间理想带通滤波特性，都可看成相应的低通滤波特性的频移或调制。根据这一点，可用低通滤波器获得带通滤波器，或者反过来，用带通滤波器获得低通滤波器。这一方法已在前面 7.7.3 小节介绍和讨论调制的应用时讲述过，这里不再重复。

利用低通和高通滤波器的级联或并联，分别可以构成一个带通或带阻滤波器。这里以连续时间为例加以说明。如果 $H_L(\omega)$ 为一实的低通滤波器，其截止频率为 $\omega_{cL}$，而 $H_H(\omega)$ 为一实的高通滤波器，截止频率为 $\omega_{cH}$，且有 $\omega_{cL}>\omega_{cH}$。则两者**级联**后的系统，就是一个低频截止频率 $\omega_{cH}$，高频截止频率 $\omega_{cL}$ 的带通滤波器，如图 9.53(a)所示，即

$$H_B(\omega)=H_L(\omega)H_H(\omega)\ ,\quad \omega_{cL}>\omega_{cH} \tag{9.7.1}$$

如果 $\omega_{cL}<\omega_{cH}$，则上述 $H_L(\omega)$ 和 $H_H(\omega)$ 的**并联**系统，将成为一个带阻滤波器，即

$$H_{BS}(\omega)=H_L(\omega)+H_H(\omega)\ ,\quad \omega_{cL}<\omega_{cH} \tag{9.7.2}$$

如图 9.53(b)所示，它将阻止 $\omega_{cL}<\omega<\omega_{cH}$ 范围内的频率成分通过，故称为带阻滤波器。这样的方法也适用于离散时间滤波器，读者可自行分析。

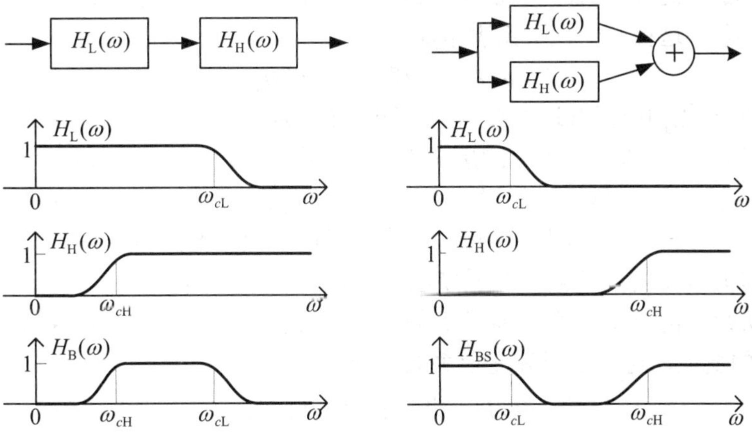

(a) 低通和高通滤波器级联成带通滤波器　(b) 低通和高通滤波器并联成带阻滤波器

图 9.53　利用低通和高通滤波器构成带通和带阻滤波器

上面这些滤波器转换的概念和方法对于巴特沃斯滤波器、切比雪夫滤波器和椭圆滤波器等都是可行的，它们在滤波器实际应用中都有所采用。但是，这样转换来的滤波器的通、阻带不好掌握，在工程上未被普遍采用，普遍采用的是本节下面要介绍的频率变换方法。

鉴于滤波技术和滤波器在众多实际工程领域中的广泛应用，需要设计不同类型的、具有各种各样滤波特性要求的模拟和数字滤波器。到目前为止，已开发和归纳出一整套便于工程设计、又可灵活应用的模拟和数字滤波器设计方法，其中，除了前一节介绍和讨论的模拟和数字低通滤波器的设计方法及其设计公式和图表外，在低通滤波器的基础上，采用适合于低通到各种其他类型滤波特性变换要求的一套频率变换技术和具体设计公式。下面两小节分别针对模拟和数字滤波器，介绍和讨论建立这些频率变换技术的基本方法。

对于任何可实现的连续时间和离散时间滤波器(LTI 系统)，根据它们的零、极点分布必须满足实的因果稳定有理系统函数 $H(s)$ 和 $H(z)$ 的条件，它们的频率响应 $H(\mathrm{j}\omega)$ 和 $H(\mathrm{e}^{\mathrm{j}\Omega})$ 分别

就是S平面虚轴和Z平面单位圆上的系统函数，且由各自的零、极点分布决定等事实和概念，不同类型滤波器的频率($\omega$或$\Omega$)变换，实际上体现了由导致不同类型频率特性的零、极点分布在复平面(S平面或Z平面)上的变换或映射。因此，对S平面或Z平面各自作适当的变换或映射，就可以把低通类型的频率特性变换到其他不同的频率范围，实现连续时间或离散时间的低通滤波器到低通、高通、带通和带阻等不同类型滤波器的变换。

### 9.7.1 连续时间(模拟)滤波器的频率变换

在模拟(连续时间)滤波器设计中，通常都先设计出低通原型滤波器，然后采用模拟滤波器的频率变换方法，将它转换成满足指标要求的模拟低通、高通、带通和带阻等其他类型的滤波器。这一设计过程如图9.54所示。

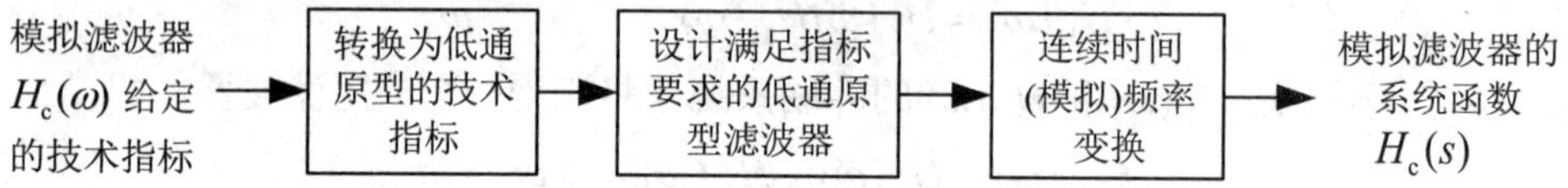


图9.54 模拟滤波器设计步骤

在图9.54的设计步骤中，首先把要求设计的模拟滤波器技术指标转换为低通原型滤波器的指标。所谓**"低通原型滤波器"**是指频率$\omega$和S平面(复频率$s$)都被其$-3$ dB截止频率$\omega_{c0}$归一化的低通滤波器，这种归一化关系表示如下

$$\omega' = \omega/\omega_{c0} \quad 和 \quad s' = s/\omega_{c0} \tag{9.7.3}$$

其中，$\omega_{c0}$是非归一化的模拟低通滤波器的$-3$ dB截止频率，$\omega'$和$s'$分别称为归一化频率和复频率。在本小节中，低通原型滤波器的频率响应和系统函数都分别表示为$H_{c0}(\mathrm{j}\omega')$和$H_{c0}(s')$。

通过模拟频率变换，可以把设计好的满足指标的低通原型滤波器，变换成具有不同类型频率特性(低通、高通、带通和带阻)且满足给定指标的模拟滤波器。假设经各种模拟频率变换后得到的模拟滤波器的频率响应和系统函数分别为$H_c(\mathrm{j}\omega)$和$H_c(s)$，为了完成模拟频率变换，需要进行从归一化的S′平面(复频率$s'$)到S平面(复频率$s$)的映射，并等效地从归一化频率$\omega'$到频率$\omega$的变换，这种映射和变换关系分别为

$$s' = g(s) \quad 和 \quad \mathrm{j}\omega' = g(\mathrm{j}\omega) \tag{9.7.4}$$

其中，$g(*)$称为频率变换函数或映射函数。由此，$H_c(s)$和$H_c(\mathrm{j}\omega)$与$H_{c0}(s')$和$H_{c0}(\mathrm{j}\omega')$的关系分别为

$$H_c(s) = H_{c0}(s')\big|_{s'=g(s)} = H_{c0}(g(s)) \quad 和 \quad H_c(\mathrm{j}\omega) = H_{c0}(\mathrm{j}\omega')\big|_{\mathrm{j}\omega'=g(\mathrm{j}\omega)} = H_{c0}(g(\mathrm{j}\omega)) \tag{9.7.5}$$

为了能实现从模拟低通原型滤波器到具有不同类型频率特性的低通、高通、带通和带阻等模拟滤波器，所有频率变换函数或映射函数$g(*)$必须满足以下三点要求：

(1) 实际可实现的模拟滤波器的系统函数都是实的有理函数，为使得$H_{c0}(s')$和$H_c(s)$都是实的有理函数，$g(s)$也必须是实的有理函数，同时按照(9.7.4)式右式，$g(\mathrm{j}\omega)$必须是纯虚函数。

(2) 为了使因果稳定的低通原型滤波器$H_{c0}(s')$和$H_{c0}(\mathrm{j}\omega')$经过(9.7.4)式这样的映射或频率变换后，得到的$H_c(s)$和$H_c(\mathrm{j}\omega)$也是一个因果稳定的模拟滤波器，必须要求归一化S′平面(复频率$s'$)上的虚轴$s' = \mathrm{j}\omega'$(或$\mathrm{Re}\{s'\} = 0$)及其左半和右半个S′平面，分别对应地映射成S平面(复频率$s$)上的虚轴$s = \mathrm{j}\omega$(或$\mathrm{Re}\{s\} = 0$)及其左半和右半个S平面。这样就可以确保$H_c(s)$的所有极点都落在虚轴左边的半个S平面，且无穷远点不是极点，也确保能把最小相移函数变换成另一个最小相移函数。

(3) $g(*)$ 并非必须是一对一的映射或变换函数，也可以是一个对多个的映射或变换函数，以便适合一个通带到多个通带的变换。

下面形式的实的有理函数满足上述三点要求

$$g(s)=\frac{k(s^2+\beta_1^2)(s^2+\beta_2^2)\ \cdots}{s(s^2+\alpha_1^2)(s^2+\alpha_2^2)\ \cdots} \tag{9.7.6}$$

其中，参数 $k$ 、$\alpha_i$ 和 $\beta_i$ 都是实数。适当选择(9.7.6)式中的复变因子和实参数，就可以构造出各种需要的模拟频率变换函数。

**1．低通原型滤波器到低通滤波器的频率变换**

从低通原型滤波器到任意频率特性的同类型低通滤波器的频率变换，其实就是(9.7.3)式表示的归一化的逆变换，它属于频域和 S 平面的尺度比例变换，假设要变换成的低通滤波器为 $H_c(\mathrm{j}\omega)$ 和 $H_c(s)$ ，它的 $-3$ dB 截止频率为 $\omega_c$ ，则从低通原型滤波器 $H_{c0}(\mathrm{j}\omega')$ 和 $H_{c0}(s')$ 到 $H_c(\mathrm{j}\omega)$ 和 $H_c(s)$ 的模拟频率变换和映射函数为

$$s'=ks=\frac{s}{\omega_c}\left(\text{即}g(s)=\frac{k(s^2+\beta_2^2)}{s},\ \beta_2=0,\quad k=\frac{1}{\omega_c}\right)\quad \text{和}\quad \omega'=\omega/\omega_c \tag{9.7.7}$$

图 9.55 画出了由低通原型滤波器 $H_{c0}(\mathrm{j}\omega')$ 变换成同类型低通滤波器 $H_c(\mathrm{j}\omega)$ 的频率变换，其右上图是(9.7.7)式右式的频率变换的线性函数关系曲线。

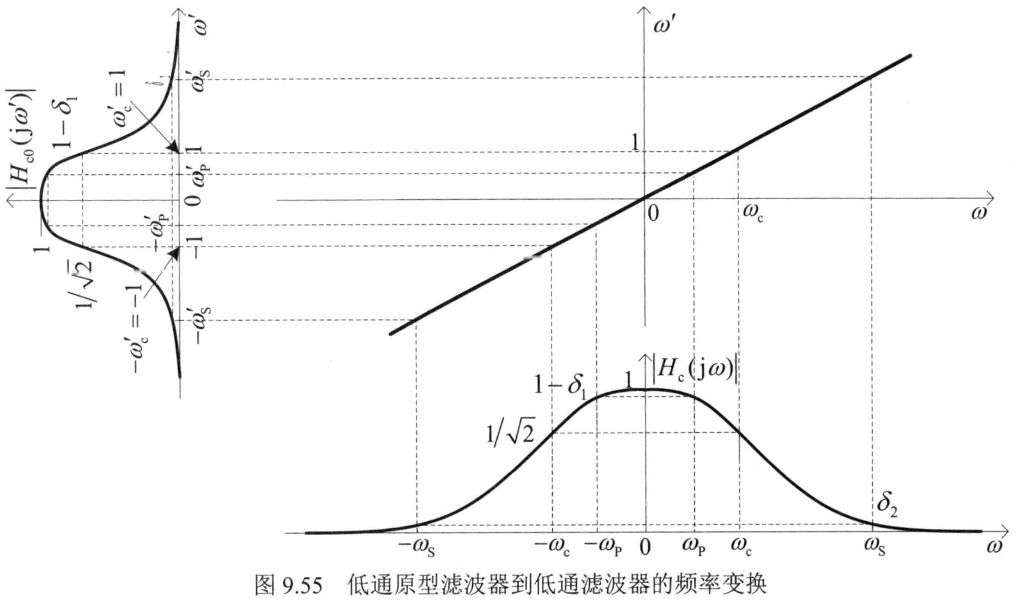


图 9.55　低通原型滤波器到低通滤波器的频率变换

按照(9.7.5)式，用(9.7.7)式的映射和频率变换关系分别代入低通原型滤波器的 $H_{c0}(s')$ 和 $H_{c0}(\mathrm{j}\omega')$ ，就可得到要转换成的另一个同类型低通滤波器的 $H_c(s)$ 和 $H_c(\mathrm{j}\omega)$ 。

其实在 9.6.1 小节(9.6.7)式中，由归一化的巴特沃斯低通滤波器系统函数 $B_c(s')$ 得到实际的 $-3$ dB 截止频率 $\omega_c$ 的巴特沃斯低通滤波器系统函数 $B_c(s)$，就是使用了这个频率变换。

**2．低通原型滤波器到高通滤波器的频率变换**

高通滤波器的频率响应 $H_c(\mathrm{j}\omega)$ 与低通原型滤波器的频率响应 $H_{c0}(\mathrm{j}\omega')$ 相比，它们的幅频响应沿正、负频率轴方向刚好相反，要将后者变化成前者，需要把低频段与高频段对换，即把 $H_{c0}(\mathrm{j}\omega')$ 的通带中心频率 $\omega'=0$ 变换成 $H_c(\mathrm{j}\omega)$ 的通带中心频率 $\omega\to\pm\infty$ ，换言之，需要把

原点映射成无穷远点，把无穷远点映射为原点。不难想到，只要让 $s'$ 与 $s$ 成倒数关系即可。(9.7.6)式最简单的倒数关系是 $s'=k/s$，其中反比系数 $k$ 可根据 $\omega'$ 与 $\omega$ 典型频率点对应关系求出。由映射关系 $s'=k/s$ 得到 $\omega'=-k/\omega$，按此频率变换关系，$\omega'$ 从 $-\infty\to 0_-$ 和从 $0^+\to+\infty$ 的负、正虚轴分别变换成 $\omega$ 从 $0^+\to+\infty$ 和从 $-\infty\to 0_-$ 的正、负虚轴，要使低通原型的归一化 $-3\,\text{dB}$ 截止频率 $\omega'_c=1$ 变换成高通的 $-3\,\text{dB}$ 截止频率 $-\omega_c$，即 $1=-k/-\omega_c$，由此可求得 $k=\omega_c$。则低通原型到高通的映射和频率变换函数分别为

表 9.6　低通原型到高通的频率参数对应表

| 低通原型的归一化频率 $\omega'$ | 高通滤波器频率 $\omega$ |
|---|---|
| $\omega'=0$ | $\omega\to\mp\infty$ |
| $\pm\omega'_P$ | $\mp\omega_P=-\omega_c/\omega'_P$ |
| $\omega'_c=\pm1$ | $\mp\omega_c$ |
| $\pm\omega'_S$ | $\mp\omega_S=-\omega_c/\omega'_S$ |
| $\omega'\to\pm\infty$ | $\omega=0$ |

$$s'=\omega_c/s \quad 和 \quad \omega'=-\omega_c/\omega \tag{9.7.8}$$

表 9.6 中列出了低通原型到高通变换的频率点对应关系，图 9.56 画出了由低通原型滤波器 $H_{c0}(\mathrm{j}\omega')$ 变换成高通滤波器 $H_c(\mathrm{j}\omega)$ 的频率变换示意图，其右上图是(9.7.8)式右式的频率变换函数关系曲线，显然它不是频率的线性变换。

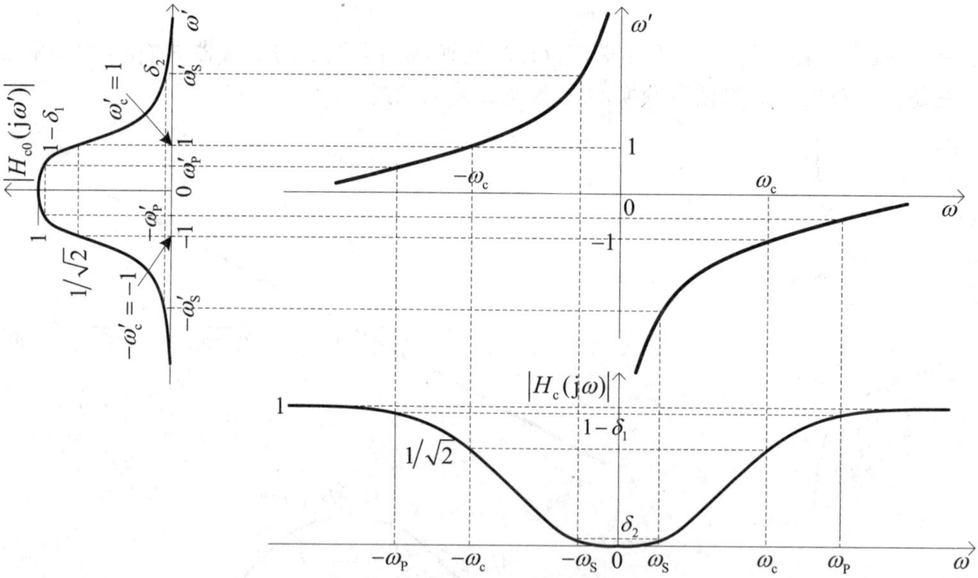


图 9.56　低通原型滤波器到高通滤波器的频率变换

按照(9.7.5)式，用(9.7.8)式的映射和频率变换关系分别代入低通原型滤波器的 $H_{c0}(s')$ 和 $H_{c0}(\mathrm{j}\omega')$，就可得到要转换成的高通滤波器的 $H_c(s)$ 和 $H_c(\mathrm{j}\omega)$。下面通过例子介绍具体的设计步骤。

**【例 9.6】** 给定模拟高通滤波器的技术要求为：通带($2\pi\times1.5\times10^4\leqslant\omega<\infty$)内衰减$\leqslant1\,\text{dB}$；阻带($0\leqslant\omega\leqslant2\pi\times10^4$)衰减$\geqslant15\,\text{dB}$。考虑用巴特沃斯模拟滤波器来设计，试求该高通滤波器的系统函数 $H_c(s)$ 及其用连续时间积分器、数乘器和相加器的实现结构或信号流图。

**解**：基于模拟低通原型滤波器设计方法，采用低通原型到高通滤波器的模拟频率变换，给定技术要求的模拟高通滤波器设计和实现步骤通常如下：

(1) 由给定的高通滤波器技术要求确定低通原型滤波器归一化频率下幅频响应 $|H_{c0}(\mathrm{j}\omega')|$ 的技术要求。

按照表 9.6，低通原型滤波器通带、阻带归一化频率 $\omega'_P$ 和 $\omega'_S$ 及其技术指标分别为：

$$\omega'_P=-\omega_c/\omega_P=-\omega_c/2\pi\times1.5\times10^4，通带(0\leqslant\omega'\leqslant\omega'_P)衰减\leqslant1\,\text{dB}$$

$$\omega_S' = -\omega_c/\omega_S = -\omega_c/2\pi\times10^4\text{，阻带(}\omega_s'\leqslant\omega'<\infty\text{)衰减}\geqslant 15\text{ dB}$$

由于本题高通滤波器技术要求中未给出其 –3 dB 截止频率 $\omega_c$，则暂作为未知参数待定。

题意采用巴特沃斯模拟滤波器，根据 9.6.1 小节中的(9.6.3)式左式，则有

$$\left|H_{c0}(j\omega_P')\right| = \frac{1}{\sqrt{1+\left(\dfrac{\omega_c}{2\pi\times1.5\times10^4}\right)^{2N}}} = 10^{-\frac{1}{20}} \quad \text{和} \quad \left|H_{c0}(j\omega_S')\right| = \frac{1}{\sqrt{1+\left(\dfrac{\omega_c}{2\pi\times10^4}\right)^{2N}}} = 10^{-\frac{15}{20}} \tag{9.7.9}$$

(2) 设计并确定模拟低通原型滤波器归一化复频率下的系统 $H_{c0}(s')$。

首先，确定巴特沃斯低通原型滤波器的阶数 $N$：联立上面(9.7.9)式中的两个方程，求得

$$N = \lg\left(\frac{10^{1.5}-1}{10^{0.1}-1}\right)\Bigg/\left[2\times\lg\left(\frac{2\pi\times1.5\times10^4}{2\pi\times10^4}\right)\right] \approx 5.8858$$

取 $N=6$；将 $N=6$ 代入(9.7.9)式右式，计算出高通滤波器 –3 dB 截止频率 $\omega_c$，即

$$\omega_c = 2\pi\times10^4(\sqrt[12]{10^{1.5}-1}) = 2\pi\times1.33\times10^4 \quad \text{rad/s}$$

显然，按 $N=6$ 和上述 $\omega_c$ 设计的巴特沃斯低通原型滤波器，其阻带指标满足要求，通带指标将有富裕。然后，查 9.6.1 小节中的表 9.2 和(9.6.7)式，可写出归一化原型巴特沃斯低通滤波器的系统函数 $H_{c0}(s')$，即

$$H_{c0}(s') = \frac{1}{(s')^6+3.8637(s')^5+7.4641(s')^4+9.1416(s')^3+7.4641(s')^2+3.8637s'+1}$$

(3) 设计并求得模拟高通滤波器的系统函数 $H_c(s)$。

按照(9.7.8)式，用 $s'=\omega_c/s=2\pi\times1.33\times10^4/s$ 代入上式的 $H_{c0}(s')$，就得到所要设计的高通滤波器系统函数 $H_c(s)$，它为

$$H_c(s) = \frac{s^6}{s^6+3.23\times10^5s^5+5.21\times10^{10}s^4+5.33\times10^{15}s^3+3.64\times10^{20}s^2+1.57\times10^{25}s+3.41\times10^{29}}$$

由于上面设计的巴特沃斯低通原型滤波器是阻带指标满足要求，通带指标将有富裕，则经频率变换得到的上述高通滤波器是通带指标满足要求，阻带指标有富裕。

(4) 设计出的模拟高通滤波器的系统实现。

根据(3)中获得的模拟高通滤波器的系统函数 $H_c(s)$，就可用前面介绍的连续时间因果 LTI 系统的直接 II 型结构来实现，画出其方框图或信号流图，这些请读者自行完成。

### 3．低通原型滤波器到带通滤波器的频率变换

图 9.57 下图是带通滤波器的幅频响应 $\left|H_c(j\omega)\right|$，其通带的高、低 –3 dB 截止频率为 $\omega_{c2}$ 和 $\omega_{c1}$，通带的高、低边界频率为 $\omega_{P2}$ 和 $\omega_{P1}$，阻带的高、低边界频率为 $\omega_{S2}$ 和 $\omega_{S1}$。把它与左上图的低通原型滤波器幅频响应 $\left|H_{c0}(j\omega')\right|$ 作对比，可以看出：从低通原型到带通的频率变换，要把在 $\omega'$ 整个频率轴上以 $\omega'=0$ 为中心的一个通带的低通频率特性，变换成在 $\omega$ 整个频率轴上分别以 $\omega=\pm\omega_0$ 为中心的两个通带的带通频率特性。具体地说，这个频率变换和映射关系应是一对二的变换和映射，它要把 S′ 平面上从 $-\infty$ 到 $+\infty$ 的整个虚轴同时映射成 S 平面上从 0 到 $+\infty$ 的半虚轴和从 $-\infty$ 到 0 的半虚轴。这就要求：① 要把 $\omega'=0$ 分别变换成 $\omega=\pm\omega_0$，这就要求从低通原型到带通的频率变换和映射的有理函数 $g(s)$（参见(9.7.6)式)应含有 $s$ 的二次乘因子 $(s^2+\beta_1^2)=(s+j\beta_1)(s-j\beta_1)$；② 又要把 $\omega'\to\pm\infty$ 分别变换成 $\omega\to0\_$ 和 $\omega\to0^+$，则 $g(s)$ 又应含有 $1/s$ 的乘因子(即像低通到高通的变换中那样)；③ 还要使 $\omega'\to\pm\infty$ 分别变换成 $\omega\to\pm\infty$，则要求 $g(s)$ 的分子多项式次数比分母多项式至少高 1 次。由此并参照(9.7.6)式，满足上述三条要求的最简单的映射和频率变换函数应分别为

$$s' = \frac{k(s^2+\beta_1^2)}{s} \quad \text{和} \quad \omega' = \frac{-k(-\omega^2+\beta_1^2)}{\omega} \tag{9.7.10}$$

其中的常数 $k$ 和 $\beta_1$ 可以由低通原型和带通滤波器 $-3\,\mathrm{dB}$ 截止频率的变换对应关系求得。例如，若要使低通原型的归一化 $-3\,\mathrm{dB}$ 截止频率 $\pm\omega_c'=\pm1$ 分别变换成带通滤波器的高、低 $-3\,\mathrm{dB}$ 截止频率为 $\omega_{c2}$ 和 $\omega_{c1}$，则把它们分别代入(9.7.10)式左式的频率变换函数中，可分别得到

$$\omega_c'=\frac{-k(-\omega_{c2}^2+\beta_1^2)}{\omega_{c2}}=1 \quad \text{和} \quad -\omega_c'=\frac{-k(-\omega_{c1}^2+\beta_1^2)}{\omega_{c1}}=-1$$

联合求解上式的两个方程，可以得到

$$\beta_1^2=\omega_{c1}\omega_{c2}=\omega_0^2 \qquad \text{和} \qquad k=1/(\omega_{c2}-\omega_{c1})=1/B_c \tag{9.7.11}$$

其中，$B_c=(\omega_{c2}-\omega_{c1})$ 是带通滤波器的 $-3\,\mathrm{dB}$ **通带宽度**；$\beta_1=\sqrt{\omega_{c1}\omega_{c2}}=\omega_0$，它等于带通滤波器通带的 $-3\,\mathrm{dB}$ 高、低截止频率的几何均值，称为带通滤波器的**通带几何中心频率**。由于(9.7.10)式右式的频率变换是非线性变换，不仅使得带通滤波器的高、低 $-3\,\mathrm{dB}$ 截止频率( $\omega_{c2}$、$\omega_{c1}$ )对于其通带几何中心频率 $\omega_0$ 不对称，也导致其通带频率特性分别对于 $\omega=\pm\omega_0$ 不对称，而且随着带通滤波器相对带宽 $B_c/\omega_0$ 的增大，不对称也就愈厉害。

将(9.7.11)代入(9.7.10)式，得出从低通原型到带通滤波器的映射和频率变换函数分别为

$$s'=\frac{s^2+\omega_0^2}{B_c s} \qquad \text{和} \qquad \omega'=\frac{\omega^2-\omega_0^2}{B_c\omega} \tag{9.7.12}$$

其中，$\omega_0=\sqrt{\omega_{c1}\omega_{c2}}$，$B_c=(\omega_{c2}-\omega_{c1})$。

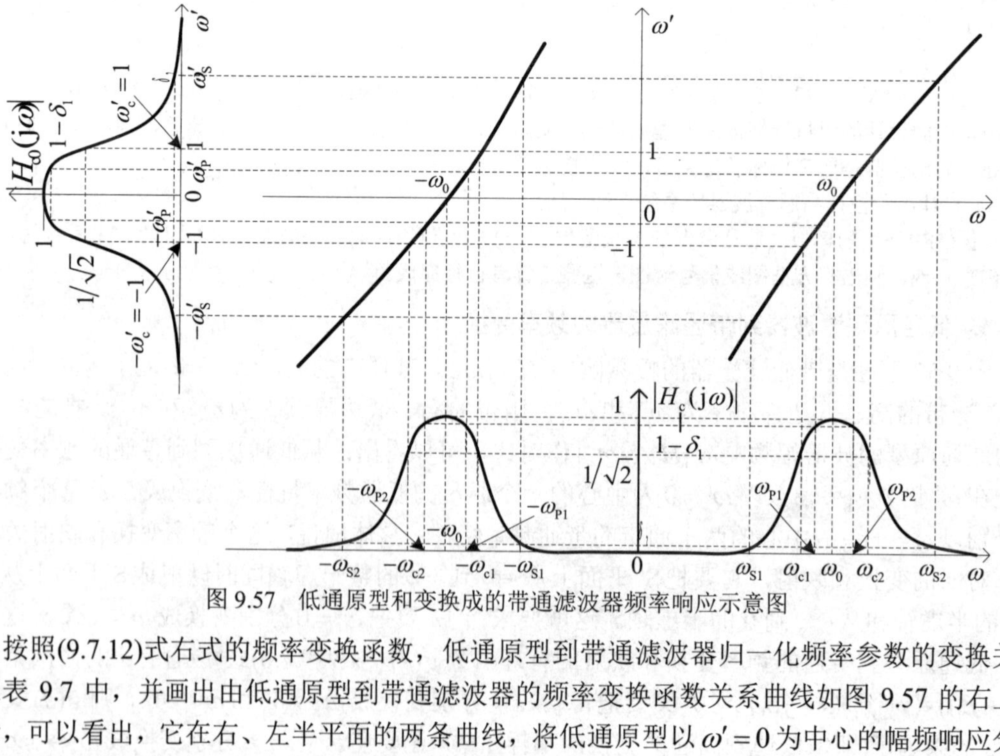


图 9.57 低通原型和变换成的带通滤波器频率响应示意图

按照(9.7.12)式右式的频率变换函数，低通原型到带通滤波器归一化频率参数的变换关系列在表 9.7 中，并画出由低通原型到带通滤波器的频率变换函数关系曲线如图 9.57 的右上图所示，可以看出，它在右、左半平面的两条曲线，将低通原型以 $\omega'=0$ 为中心的幅频响应分别变换成正、负 $\omega$ 频率轴上以 $\pm\omega_0$ 为中心的带通幅频响应。

按照(9.7.5)式，用(9.7.12)式的映射和频率变换关系分别代入低通原型滤波器的 $H_{c0}(s')$ 和 $H_{c0}(j\omega')$，就可得到要转换成的带通滤波器的 $H_c(s)$ 和 $H_c(j\omega)$。

下面通过例子介绍具体的设计步骤。

【例 9.7】 给定的模拟带通滤波器的技术要求如下：

通带的两个 −3 dB 截止频率为：

$$\omega_{c1}=2\pi\times1.5\times10^4 \ \ \text{rad/s}$$

和 $$\omega_{c2}=2\pi\times2.5\times10^4 \ \ \text{rad/s}$$

阻带衰减≥18 dB 的两个边界频率为：

$$\omega_{S1}=2\pi\times10^4 \ \ \text{rad/s} \quad 和 \quad \omega_{S2}=2\pi\times3\times10^4 \ \ \text{rad/s}$$

考虑用巴特沃斯模拟滤波器来设计，试求该带通滤波器的系统函数 $H_c(s)$ 及其系统实现。

表 9.7 低通到带通频率变换参数对应表

| 低通原型归一化频率 $\omega'$ | 带通滤波器频率 $\omega$ |
|---|---|
| $\omega'\to+\infty$ | $\omega\to+\infty$ 和 $\omega\to0_-$ |
| $\omega'\to-\infty$ | $\omega\to0^+$ 和 $\omega\to-\infty$ |
| $\omega'=0$ | $\omega\to\pm\omega_0$ |
| $\omega'_c=1$ | $\omega=\omega_{c2}$ 和 $\omega=-\omega_{c1}$ |
| $-\omega'_c=-1$ | $\omega=\omega_{c1}$ 和 $\omega=-\omega_{c2}$ |
| $\omega'=\omega'_P$ | $\omega=\omega_{P2}$ 和 $\omega=-\omega_{P1}$ |
| $\omega'=-\omega'_P$ | $\omega=\omega_{P1}$ 和 $\omega=-\omega_{P2}$ |
| $\omega'=\omega'_S$ | $\omega=\omega_{S2}$ 和 $\omega=-\omega_{S1}$ |
| $\omega'=-\omega'_S$ | $\omega=\omega_{S1}$ 和 $\omega=-\omega_{S2}$ |

**解**：用低通到带通滤波器的频率变换方法，设计给定技术要求的模拟带通滤波器的步骤通常如下：

(1) 计算模拟低通原型滤波器有关的归一化频率参数及其相应的设计技术要求。

首先计算带通滤波器的通带宽度 $B_c=(\omega_{c2}-\omega_{c1})$ 和通带的几何中心频率 $\omega_0$。

$$B_c=(\omega_{c2}-\omega_{c1})=2\pi\times2.5\times10^4-2\pi\times1.5\times10^4=2\pi\times10^4 \ \ \text{rad/s}$$

$$\omega_0=\sqrt{\omega_{c1}\omega_{c2}}=\sqrt{3.75}\times2\pi\times10^4\approx1.9365\times2\pi\times10^4 \ \ \text{rad/s}$$

按照(9.7.12)式右式的频率变换函数，计算出低通原型滤波器有关的归一化频率分别为

归一化 −3 dB 截止频率： $-\omega'_c=\dfrac{\omega_{c1}^2-\omega_0^2}{B_c\omega_{c1}}=\dfrac{1.5^2-3.75}{1.5}=-1$ 和 $\omega'_c=\dfrac{\omega_{c2}^2-\omega_0^2}{B_c\omega_{c2}}=\dfrac{2.5^2-3.75}{2.5}=1$

阻带衰减≥18 dB 的归一化边界频率： $-\omega'_S=\dfrac{\omega_{S1}^2-\omega_0^2}{B_c\omega_{S1}}=\dfrac{1^2-3.75}{1}=-2.75$

和 $$\omega'_S=\frac{\omega_{S2}^2-\omega_0^2}{B_c\omega_{S2}}=\frac{3^2-3.75}{3}=1.75$$

显然，由于非线性频率变换函数，造成上述计算出低通原型滤波器的两边频率特性不对称。

(2) 按(1)中的技术要求，设计低通原型滤波器，确定它在归一化复频率 $s'$ 下的系统函数 $H_{c0}(s')$。

首先，确定巴特沃斯低通原型滤波器的阶数 $N$：由于两个阻带边界频率 $-\omega'_S$ 和 $\omega'_S$ 不对称，为确保指标要求，选择绝对值较小的一个作为低通原型滤波器的阻带归一化边界频率 $\omega'_S=1.75$，按(9.6.3)式左式，则有

$$|H_{c0}(j\omega'_s)|=\frac{1}{\sqrt{1+(1.75)^{2N}}}=10^{-\frac{18}{20}}, \qquad N=\frac{\lg(10^{1.8}-1)}{2\lg(1.75)}\approx3.6888$$

取 $N=4$；然后查 9.6.1 小节中的表 9.2 和(9.6.7)式，写出归一化频率下低通原型的系统函数 $H_{c0}(s')$ 为

$$H_{c0}(s')=\frac{1}{(s')^4+2.6131(s')^3+3.4142(s')^2+2.6131s'+1}$$

(3) 设计并求得模拟高通滤波器的系统函数 $H_c(s)$。

按照(9.7.12)式左式，得到低通原型到带通滤波器频率变换函数为

$$s'=\frac{s^2+\omega_0^2}{s(\omega_{c2}-\omega_{c1})}=\frac{s^2+\omega_{c1}\omega_{c2}}{s(\omega_{c2}-\omega_{c1})}=\frac{s^2+3.75\times(2\pi)^2\times10^8}{2\pi\times10^4 s}$$

把它代入上面(3)中求得的 $H_{c0}(s')$，并经过整理就得到所要设计的带通滤波器系统函数 $H_c(s)$，它为

$$H_c(s)=(1.558\times10^{19})s^4[s^8+(1.642\times10^5)s^7+(7.272\times10^{10})s^6+(7.943\times10^{15})s^5+(1.731\times10^{21})s^4$$
$$+(1.176\times10^{26})s^3+(1.595\times10^{31})s^2+(5.334\times10^{36})s+(4.812\times10^{40})]^{-1}$$

由于上面设计的巴特沃斯低通原型滤波器是通带指标满足要求，阻带指标将有富裕，则经频率变换得到的带通滤波器也是通带指标满足要求，阻带指标有富裕。

(4) 设计出的模拟带通滤波器的系统实现。

根据(3)中获得的模拟带通滤波器的系统函数 $H_c(s)$，可以用直接 II 型结构来实现，画出其方框图或信号流图。这些也请读者自行完成。

**4．低通原型滤波器到带阻滤波器的频率变换**

图 9.58 下图是带阻滤波器的幅频响应 $|H_c(j\omega)|$，其阻带的高、低边界频率为 $\omega_{S2}$ 和 $\omega_{S1}$，通带的高、低 −3 dB 截止频率为 $\omega_{c2}$ 和 $\omega_{c1}$，通带的高、低边界频率为 $\omega_{P2}$ 和 $\omega_{P1}$。把它与左上图的低通原型滤波器幅频响应 $|H_{c0}(j\omega')|$ 作对比，可以看出：从低通原型到带阻的频率变换，既要把在 $\omega'$ 整个频率轴上以 $\omega' \to \pm\infty$ 为中心的一个阻带频率特性，变换成在 $\omega$ 整个频率轴上分别以 $\omega = \pm\omega_{S0}$ 为中心的两个阻带的带阻频率特性；又要把 $\omega'$ 整个频率轴上以 $\omega' = 0$ 为中心的一个通带频率特性，变换成在 $\omega$ 整个频率轴上分别以 $\omega = 0$ 和 $\omega = \pm\infty$ 为中心的两个通带的频率特性。具体说，这个频率变换和映射关系也应是一对二的变换和映射，它既要把 $\omega' \to +\infty$ 和 $\omega' \to -\infty$ 同时分别变换成 $\omega = \pm\omega_{S0}$（$\omega_{S0}$ 是带阻滤波器阻带的中心频率），又要把 S′ 平面上从 $-\infty$ 经过 $s' = 0$ 到 $+\infty$ 的整个虚轴映射成 S 平面上从 $s = -j\omega_{S0}$ 经过 $s = 0$ 到 $s = +j\omega_{S0}$ 的一段虚轴的同时，又映射成 S 平面上从 $s = +j\omega_{S0}$ 经过无穷远点到 $s = -j\omega_{S0}$ 的两段虚轴。

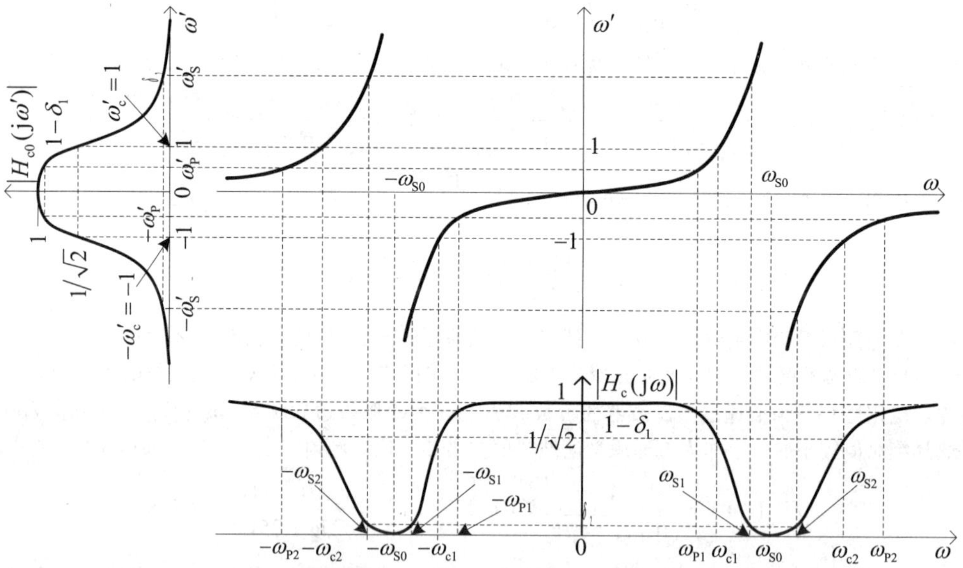

图 9.58 低通原型滤波器到带阻滤波器的频率变换

上述频率变换和映射关系要求：① 把 $\omega' \to +\infty$ 和 $\omega' \to -\infty$ 同时分别变换成 $\omega = \pm\omega_{S0}$，则频率变换和映射函数 $g(s)$（参见(9.7.6)式）应包含有 $\dfrac{1}{s^2+\alpha_1^2} = \dfrac{1}{(s+j\alpha_1)(s-j\alpha_1)}$ 的二次乘因子；② 把 $\omega' = 0$ 分别变换成 $\omega = 0$ 和 $\omega \to \pm\infty$，这要求 $g(s)$ 还应含有 $s$ 的乘因子，且分母多项式次数比分子多项式至少高 1 次。参照(9.7.6)式，要满足这两点要求，低通原型到带阻的映射和频率变换函数应分别为

$$s' = \frac{ks}{(s^2+\alpha_1^2)} \quad 和 \quad \omega' = \frac{k\omega}{-\omega^2+\alpha_1^2} \tag{9.7.13}$$

其中的常数 $k$ 和 $\alpha_1$ 可以由低通原型和带通滤波器的通、阻带边界频率变换对应关系求得，通常采用低通原型的归一化阻带边界频率 $\pm\omega_S'$ 与带阻滤波器阻带的低、高边界频率为 $\omega_{S1}$ 和 $\omega_{S2}$ 之间的变换对应关系(见图 9.58)求得，把它们分别代入(9.7.13)式左式，可分别得到

$$\omega'_{\mathrm{S}}=\frac{k\omega_{\mathrm{S1}}}{-\omega_{\mathrm{S1}}^2+\alpha_1^2} \quad 和 \quad -\omega'_{\mathrm{S}}=\frac{k\omega_{\mathrm{S2}}}{-\omega_{\mathrm{S2}}^2+\alpha_1^2}$$

联合求解上式的两个方程，可以得到

$$\alpha_1^2=\omega_{\mathrm{S1}}\omega_{\mathrm{S2}}=\omega_{\mathrm{S0}}^2 \quad 和 \quad k=(\omega_{\mathrm{S2}}-\omega_{\mathrm{S1}})\omega'_{\mathrm{S}}=B_{\mathrm{S}}\omega'_{\mathrm{S}} \tag{9.7.14}$$

其中，$(\omega_{\mathrm{S2}}-\omega_{\mathrm{S1}})=B_{\mathrm{S}}$是带阻滤波器的**阻带宽度**；$\alpha_1=\sqrt{\omega_{\mathrm{S1}}\omega_{\mathrm{S2}}}=\omega_{\mathrm{S0}}$，它等于带阻滤波器阻带高、低边界频率的几何均值，称为带阻滤波器的**阻带几何中心频率**。由于(9.7.13)式右式的频率变换是非线性变换，不仅使得变换得到的带阻滤波器的阻带高、低边界频率($\omega_{\mathrm{c2}}$、$\omega_{\mathrm{c1}}$)对于其阻带几何中心频率$\omega_{\mathrm{S0}}$不对称，也导致频率特性分别对于$\omega=\pm\omega_{\mathrm{S0}}$不对称，而且随着带阻滤波器相对带宽$(\omega_{\mathrm{S2}}-\omega_{\mathrm{S1}})/\omega_{\mathrm{S0}}$的增大，不对称也就愈加厉害。

将(9.7.14)式代入(9.7.13)式，得出从低通原型到带阻滤波器的映射和频率变换函数分别为

$$s'=\frac{\omega'_{\mathrm{S}}B_{\mathrm{S}}s}{s^2+\omega_0^2} \quad 和 \quad \omega'=\frac{\omega'_{\mathrm{S}}B_{\mathrm{S}}\omega}{\omega_{\mathrm{S0}}^2-\omega^2} \tag{9.7.15}$$

其中：$\omega_{\mathrm{S0}}=\sqrt{\omega_{\mathrm{S1}}\omega_{\mathrm{S2}}}$；$B_{\mathrm{S}}=(\omega_{\mathrm{S2}}-\omega_{\mathrm{S1}})$；$\omega'_{\mathrm{S}}$是低通原型滤波器的阻带边界频率，它可以用低通原型归一化$-3$ dB 截止频率$\omega'_{\mathrm{c}}=1$来求得，请看下面例 9.8。

按照(9.7.15)式右式的频率变换函数，低通原型到带阻滤波器频率变换参数的对应关系列在表 9.8 中，并画出由低通原型到带阻滤波器的频率变换函数关系曲线如图 9.58 的右上图所示，可以看出，它在右、左半平面的三条曲线，将低通原型以$\omega'\to\pm\infty$为中心的阻带幅频响应分别变换成正、负$\omega$频率轴上以$\pm\omega_{\mathrm{S0}}$为中心的带阻幅频响应。

**表 9.8　低通到带阻频率变换参数对应表**

| 低通原型归一化频率 $\omega'$ | 带阻滤波器频率 $\omega$ |
|---|---|
| $\omega'\to+\infty$ | $\omega=\pm\omega_{\mathrm{S0}}$ |
| $\omega'\to-\infty$ | $\omega=\mp\omega_{\mathrm{S0}}$ |
| $\omega'=0$ | $\omega=0$ 和 $\omega\to\pm\infty$ |
| $\omega'_{\mathrm{c}}=1$ | $\omega=\omega_{\mathrm{c1}}$ 和 $\omega=-\omega_{\mathrm{c2}}$ |
| $-\omega'_{\mathrm{c}}=-1$ | $\omega=-\omega_{\mathrm{c1}}$ 和 $\omega=\omega_{\mathrm{c2}}$ |
| $\omega'=\omega'_{\mathrm{P}}$ | $\omega=\omega_{\mathrm{P1}}$ 和 $\omega=-\omega_{\mathrm{P2}}$ |
| $\omega'=-\omega'_{\mathrm{P}}$ | $\omega=-\omega_{\mathrm{P1}}$ 和 $\omega=\omega_{\mathrm{P2}}$ |
| $\omega'=\omega'_{\mathrm{S}}$ | $\omega=\omega_{\mathrm{S1}}$ 和 $\omega=-\omega_{\mathrm{S2}}$ |
| $\omega'=-\omega'_{\mathrm{S}}$ | $\omega=-\omega_{\mathrm{S1}}$ 和 $\omega=\omega_{\mathrm{S2}}$ |

按照(9.7.5)式，用(9.7.15)式的映射和频率变换关系分别代入低通原型滤波器的$H_{\mathrm{c0}}(s')$和$H_{\mathrm{c0}}(\mathrm{j}\omega')$，就可得到要转换成的带通滤波器的$H_{\mathrm{c}}(s)$和$H_{\mathrm{c}}(\mathrm{j}\omega)$。

下面通过例子介绍具体的设计步骤。

**【例 9.8】**　给定的模拟带阻滤波器的技术要求如下：

阻带衰减≥25 dB 的两个边界频率为：$\omega_{\mathrm{S1}}=2\pi\times400$ rad/s　和　$\omega_{\mathrm{S2}}=2\pi\times600$ rad/s

通带的两个 −3 dB 截止频率为：$\omega_{\mathrm{c1}}=2\pi\times100$ rad/s　和　$\omega_{\mathrm{c2}}=2\pi\times900$ rad/s

考虑用巴特沃斯模拟滤波器来设计，试求该带阻滤波器的系统函数$H_{\mathrm{c}}(s)$。

**解**：用低通到带阻滤波器的频率变换方法，设计给定技术要求的模拟带阻滤波器的步骤通常如下：

(1) 计算低通原型滤波器有关的归一化频率参数及其相应的设计技术要求。

首先计算带阻滤波器的通带宽度$B_{\mathrm{S}}=(\omega_{\mathrm{S2}}-\omega_{\mathrm{S1}})$和通带的几何中心频率$\omega_{\mathrm{S0}}$。

$$B_{\mathrm{S}}=(\omega_{\mathrm{S2}}-\omega_{\mathrm{S1}})=2\pi\times600-2\pi\times400=2\pi\times200\ \ \mathrm{rad/s}$$

$$\omega_{\mathrm{S0}}=\sqrt{\omega_{\mathrm{S1}}\omega_{\mathrm{S2}}}=2\sqrt{6}\times2\pi\times100\approx4.899\times2\pi\times100\ \ \mathrm{rad/s}$$

然后，把它们代入(9.7.15)式，分别得到映射和频率变换函数为

$$s'=\frac{\omega'_{\mathrm{S}}B_{\mathrm{S}}s}{s^2+\omega_{\mathrm{S0}}^2}=\frac{2\pi\times200\omega'_{\mathrm{S}}s}{s^2+4\pi^2\times24\times10^4} \quad 和 \quad \omega'=\frac{\omega'_{\mathrm{S}}B_{\mathrm{S}}\omega}{-\omega^2+\omega_{\mathrm{S0}}^2}=\frac{2\pi\times200\omega'_{\mathrm{S}}\omega}{-\omega^2+4\pi^2\times24\times10^4}$$

可利用低通原型的归一化$-3$ dB 截止频率$\omega'_{\mathrm{c}}=1$与其归一化阻带边界频率$\omega'_{\mathrm{S}}$的关系，求得上式中的$\omega'_{\mathrm{S}}$。为

此，将带阻滤波器的 −3 dB 低、高截止频率 $\omega_{c1}$ 和 $\omega_{c2}$ 分别代入上式右式的频率变换关系，可得到低通原型的两个归一化 −3 dB 截止频率 $\omega'_{c1}$ 和 $\omega'_{c2}$：

$$\omega'_{c1}=\frac{\omega'_S B_S\omega_{c1}}{-\omega_{c1}^2+\omega_{S0}^2}=\frac{2\pi\times 200\omega'_S(2\pi\times 100)}{-(2\pi\times 100)^2+4\pi^2\times 24\times 10^4}=0.087\omega'_S$$

$$\omega'_{c2}=\frac{\omega'_S B_S\omega_{c2}}{-\omega_{c2}^2+\omega_{S0}^2}=\frac{2\pi\times 200\omega'_S(2\pi\times 900)}{-(2\pi\times 900)^2+4\pi^2\times 24\times 10^4}=-0.316\omega'_S$$

这是由于非线性频率变换造成的，为了使低通原型通带内的最大衰减不超过 3 dB，应取 $\omega'_{c1}$ 和 $\omega'_{c2}$ 两个中绝对值大的作为低通原型的归一化 −3 dB 截止频率 $\omega'_c$，即 $\omega'_c=\max\{|\omega'_{c1}|,\ |\omega'_{c2}|\}=0.316\omega'_S$。由于 $\omega'_c=1$，可以求得 $\omega'_S=\omega'_c/0.316=1/0.316=3.1646$。最后得出需要设计的归一化低通原型滤波器的技术指标为：

归一化 −3 dB 截止频率 $\omega'_c=1$ 和 阻带衰减≥25 dB 的归一化边界频率 $\omega'_S=3.1646$

(2) 设计低通原型滤波器有关的归一化频率参数及其相应的设计技术要求。

首先，确定巴特沃斯低通原型滤波器的阶数 $N$，按(9.6.3)式左式，则有

$$|H_{c0}(\mathrm{j}\omega'_s)|=\frac{1}{\sqrt{1+(3.1646)^{2N}}}=10^{-\frac{25}{20}},\qquad N=\frac{\lg(10^{2.5}-1)}{2\lg(3.1646)}\approx 2.1962$$

取 $N=3$；然后查 9.6.1 小节中的表 9.2 和(9.6.7)式，写出归一化频率下低通原型的系统函数 $H_{c0}(s')$ 为

$$H_{c0}(s')=\frac{1}{(s')^3+2(s')^2+2s'+1}$$

(3) 设计并求得带阻滤波器的系统函数 $H_c(s)$。

将上面求得的 $\omega'_S=3.1646$ 代入(9.7.15)式左式，得到低通原型到带阻滤波器频率变换函数为

$$s'=\frac{\omega'_S B_S s}{s^2+\omega_{S0}^2}=\frac{2\pi\times 200\times 3.1646s}{s^2+4\pi^2\times 24\times 10^4}=\frac{1265.84s}{s^2+947.482\times 10^4}$$

把它代入上面(2)中求得的 $H_{c0}(s')$，并经过整理就得到所要设计的带通滤波器系统函数 $H_c(s)$，它为

$$H_c(s)=\frac{s^6+2.843\times 10^6 s^4+2.693\times 10^{14}s^2+8.506\times 10^{20}}{s^6+2.532\times 10^3 s^5+3.153\times 10^7 s^4+5.002\times 10^{10}s^3+2.997\times 10^{14}s^2+2.274\times 10^{17}s+8.507\times 10^{20}}$$

表 9.9 中归纳和总结了从归一化低通原型滤波器到低通、高通、带通和带阻 4 种类型滤波器的模拟(连续时间)频率变换。

**表 9.9 模拟滤波器频率变换 $H_c(s)=H_{c0}(g(s))$ 和 $H_c(\mathrm{j}\omega)=H_{c0}(g(\mathrm{j}\omega))$**

| 变换类型 | $H_c(s)$ 和 $H_c(\mathrm{j}\omega)$ | 频率变换映射函数 $s'=g(s)$ 和 $\mathrm{j}\omega'=g(\mathrm{j}\omega)$ |
|---|---|---|
| 低通原型到低通 | 低通滤波器 −3 dB 截止频率 $\omega_c$ | $s'=\dfrac{s}{\omega_c}$ 和 $\omega'=\dfrac{\omega}{\omega_c}$ |
| 低通原型到高通 | 高通滤波器 −3 dB 截止频率 $\omega_c$ | $s'=\dfrac{\omega_c}{s}$ 和 $\omega'=-\dfrac{\omega_c}{\omega}$ |
| 低通原型到带通 | 带通滤波器**通带** −3 dB 低、高截止频率 $\omega_{c1}$、$\omega_{c2}$ | $s'=\dfrac{s^2+\omega_0^2}{B_c s}$，$\omega'=\dfrac{\omega^2+\omega_0^2}{B_c\omega}$，$\omega_0=\sqrt{\omega_{c1}\omega_{c2}}$，$B_c=\omega_{c2}-\omega_{c1}$ |
| 低通原型到带阻 | 带阻滤波器**阻带**低、高边界频率 $\omega_{S1}$、$\omega_{S2}$ | $s'=\dfrac{\omega'_S B_S s}{s^2+\omega_{S0}^2}$，$s'=\dfrac{\omega'_S B_S\omega}{\omega_{S0}^2-\omega^2}$，$\omega_{S0}=\sqrt{\omega_{S1}\omega_{S2}}$，$B_S=\omega_{S2}-\omega_{S1}$ [注] |

[注] $\omega'_S$ 是低通原型滤波器的归一化阻带边界频率，它可以由低通原型的归一化 −3 dB 截止频率 $\omega'_c=1$ 求得(详见例 9.8)。

最后需要说明的是，按照前面 9.6.3 小节中 IIR 数字滤波器设计的第一方案(见图 9.47(a))，利用上述模拟频率变换方法得到的所需类型的模拟滤波器，还需要通过从 S 平面到 Z 平面的映

射，获得所需类型的数字滤波器。这种情况下，本小节开头图 9.54 中左边的模拟滤波器 $H_c(\omega)$ 给定的技术指标，应按照前面例 9.4 和例 9.5 中那样，由给定 IIR 数字滤波器的技术指标确定。

## 9.7.2　离散时间(数字)滤波器的频率变换

在 IIR 数字滤波器的模拟-数字设计方法的第二方案(见图 9.47(b))中，模拟低通原型滤波器通过 S 平面到 Z 平面的映射，变换成数字低通滤波器后，还需进行离散时间(数字)滤波器的频率变换，得到所需的各种类型(低通、高通、带通、带阻、多带通和多带阻)的数字滤波器。本小节将介绍和讨论离散时间(数字)滤波器的频率变换的原理和方法，并用具体例子来说明其设计步骤。

数字低通滤波器的系统函数和频率响应分别为 $H_{d0}(\hat{z})$ 和 $H_{d0}(e^{j\hat{\Omega}})$，所需类型的数字滤波器的系统函数和频率响应分别为 $H_d(z)$ 和 $H_d(e^{j\Omega})$，离散时间(数字)的频率变换就是将数字低通 $H_{d0}(\hat{z})$ 的 $\hat{Z}$ 平面映射成所需类型的数字滤波器 $H_d(z)$ 的 Z 平面，也把 $H_{d0}(e^{j\hat{\Omega}})$ 相应地变换成 $H_d(e^{j\Omega})$。假设这个映射和变换关系分别为

$$\hat{z}^{-1}=g(z^{-1}) \quad 和 \quad e^{-j\hat{\Omega}}=g(e^{-j\Omega}) \tag{9.7.16}$$

则有

$$H_d(z)=H_{d0}(\hat{z})\Big|_{\hat{z}^{-1}=g(z^{-1})} \quad 和 \quad H_d(e^{j\Omega})=H_{d0}(e^{j\hat{\Omega}})\Big|_{e^{-j\hat{\Omega}}=g(e^{-j\Omega})} \tag{9.7.17}$$

这类映射和频率变换函数 $g(z^{-1})$ 必须满足如下三个基本条件：

(1) 它把 $\hat{Z}$ 平面上的单位圆 $\hat{z}=e^{j\hat{\Omega}}$ 变换成 Z 平面上的单位圆 $z=e^{j\Omega}$，按照(9.7.16)式右式将有

$$e^{-j\hat{\Omega}}=g(e^{-j\Omega})=\left|g(e^{-j\Omega})\right|e^{j\angle\{g(e^{-j\Omega})\}}$$

其中，$\angle\{g(e^{-j\Omega})\}$ 表示 $g(e^{-j\Omega})$ 的辐角。这就要求：

$$\left|g(e^{-j\Omega})\right|=1 \quad 和 \quad \hat{\Omega}=-\angle\{g(e^{-j\Omega})\} \tag{9.7.18}$$

这表明：映射函数 $g(z^{-1})$ 在 Z 平面单位圆上的幅度必须恒等于 1，即它必须是一个单位增益的离散时间因果稳定的全通函数。

(2) 为把因果稳定的数字低通滤波器系统函数 $H_{d0}(\hat{z})$，变换成另一个因果稳定的数字滤波器系统函数 $H_d(z)=H_{d0}\left(g(z^{-1})\right)$，这要求：$\hat{Z}$ 平面的单位圆内、外部仍分别映射成 Z 平面的单位圆内、外部，即

$$\left\{H_{d0}(\hat{z}),\ |\hat{z}|<1\right\} \xrightarrow{g(z^{-1})} \left\{H_d(z),\ |z|<1\right\}$$

和

$$\left\{H_{d0}(\hat{z}),\ |\hat{z}|>1\right\} \xrightarrow{g(z^{-1})} \left\{H_d(z),\ |z|>1\right\}$$

(3) 由于实际可实现的 IIR 滤波器的系统函数都是实的有理函数，为使得 $H_d(z)$ 是实的有理函数，映射函数 $g(z^{-1})$ 本身也必须是实的有理函数。

还可以证明，满足上述三个基本条件的映射函数 $g(z^{-1})$ 具有如下的性质：

(1) 若 $g(z^{-1})$ 是一个映射函数，则 $-g(z^{-1})$ 和逆(反)函数 $g^{-1}(z^{-1})$ 也是一个映射函数。

(2) 若 $g_1(z^{-1})$ 和 $g_2(z^{-1})$ 是不同映射函数，则乘积函数 $g_1(z^{-1})g_2(z^{-1})$ 仍是一个映射函数。

(3) 若 $g_1(z^{-1})$ 和 $g_2(z^{-1})$ 是不同映射函数，则复合映射函数 $g_2[g_1(z^{-1})]$ 还是一个映射函数。

为了寻求同时满足上述三个基本条件的映射函数 $g(z)$，可从第 8 章习题 8.30 中得到启示，具有单位增益的的实的一阶和二阶因果稳定全通函数分别为

$$g_1(z^{-1})=\frac{z^{-1}-a}{1-az^{-1}},\ 实数\ a,\ |a|<1 \quad 和 \quad g_2(z^{-1})=\frac{z^{-1}-a^*}{1-az^{-1}}\cdot\frac{z^{-1}-a}{1-a^*z^{-1}},\ |a|<1 \tag{9.7.19}$$

若它们作为(9.7.16)式左式的映射函数，可以证明：如果$|\hat{z}|<1$，一定可以得到$|z|<1$。因此，它们满足上面三个基本条件。进一步，根据频率变换映射函数的性质(1)和(2)，满足上述三个基本条件的离散时间频率变换映射函数的一般形式为

$$\hat{z}^{-1}=g(z^{-1})=\pm\prod_{i=1}^{N}\frac{z^{-1}-a_i^*}{1-a_i z^{-1}},\quad |a_i|<1 \tag{9.7.20}$$

其中，$a_i$可以是绝对值小于1的实数；也可以是模小于1的复数，但必须相互共轭成对。

(9.7.20)式就是可以实现各种类型数字滤波器相互转换所需频率变换映射函数的**一般形式**。上式中的阶次$N$可作如下解释：根据复变量变换的辐角原理，在Z平面上沿单位圆反时针旋转一圈(相当于$\Omega$从$-\pi$到$\pi$)，经$N$阶频率变换映射函数$g(z^{-1})$映射到$\hat{\mathrm{Z}}$平面，成为沿单位圆反时针旋转$N$圈。这表明，如果$H_{\mathrm{d0}}(\hat{z})$是数字低通滤波器系统函数，经过$N$阶频率变换映射函数$\hat{z}^{-1}$=$g(z^{-1})$的变换，得到的$H_{\mathrm{d}}(z)=H_{\mathrm{d0}}\left(g(z^{-1})\right)$在$\Omega$的主值区间有$N$通带。例如，要把原型数字低通滤波器变换成数字带通滤波器，就必须用$N=2$的频率变换映射函数。

最后还需说明两点：

(1) 离散时间频率变换的映射关系采用$\hat{z}^{-1}=g(z^{-1})$，不仅可以用$g(z^{-1})$替代$H_{\mathrm{d0}}(\hat{z})$中的$\hat{z}^{-1}$，得到所需类型数字滤波器的系统函数$H_{\mathrm{d}}(z)$，更有意义的是，可以用(9.7.19)式表示的实的一阶和二阶全通系统实现结构，替代原数字低通滤波器$H_{\mathrm{d0}}(\hat{z})$实现结构中的单位延时单元，直接得到所需类型数字滤波器$H_{\mathrm{d}}(z)$的实现结构。

(2) 由于离散时间频域(即$\Omega$的主值区间$-\pi<\Omega\leqslant\pi$)是有限实数区间，故无需像连续时间滤波器频率变换那样的频率归一化处理。

下面基于(9.7.20)式离散时间频率变换的一般映射函数，介绍和讨论数字低通到低通、高通、带通和带阻等数字滤波器的离散时间频率变换关系，及其有关设计公式。

**1．数字低通到数字低通的频率变换**

数字低通$H_{\mathrm{d0}}(\hat{z})$到数字低通$H_{\mathrm{d}}(z)$的频率变换中，两者都是数字低通滤波器，只是通、阻带边界频率不同，前者分别是$\hat{\Omega}_{\mathrm{P}}$、$\hat{\Omega}_{\mathrm{S}}$，后者分别是$\Omega_{\mathrm{P}}$、$\Omega_{\mathrm{S}}$。这个频率变换映射函数$g(z^{-1})$的具体要求是：当$\hat{\Omega}$从0变到$\pi$时，$\Omega$也相应地从0变到$\pi$，以$\hat{\Omega}=0$为中心的一个通带变成以$\Omega=0$为中心的另一个通带。这要求$g(z^{-1})$的阶数$N=1$，且将$\hat{z}=1$和$\hat{z}=-1$分别映射成的$z=1$和$z=-1$。(9.7.20)式映射函数的最简单形式正好满足上述的变换和映射关系，即

$$\hat{z}^{-1}=g(z^{-1})=\frac{z^{-1}-a}{1-az^{-1}}\quad 和\quad \mathrm{e}^{-\mathrm{j}\hat{\Omega}}=g(\mathrm{e}^{-\mathrm{j}\Omega})=\frac{\mathrm{e}^{-\mathrm{j}\Omega}-a}{1-a\mathrm{e}^{-\mathrm{j}\Omega}},\quad 实数a,\ |a|<1 \tag{9.7.21}$$

这就是数字低通到数字低通频率变换的映射关系，其中，用以控制滤波器通带参数的实常数$a$，可由所要求的两个数字低通的通、阻带边界频率对应关系求得。通常都要求$H_{\mathrm{d0}}(\hat{z})$的通带边界频率$\hat{\Omega}_{\mathrm{P}}$变换成$H_{\mathrm{d}}(z)$的通带边界频率$\Omega_{\mathrm{P}}$，即

$$\mathrm{e}^{-\mathrm{j}\hat{\Omega}_{\mathrm{P}}}=\frac{\mathrm{e}^{-\mathrm{j}\Omega_{\mathrm{P}}}-a}{1-a\mathrm{e}^{-\mathrm{j}\Omega_{\mathrm{P}}}}$$

由上式解得

$$a=\frac{\mathrm{e}^{-\mathrm{j}\Omega_{\mathrm{P}}}-\mathrm{e}^{-\mathrm{j}\hat{\Omega}_{\mathrm{P}}}}{1-\mathrm{e}^{-\mathrm{j}(\Omega_{\mathrm{P}}+\hat{\Omega}_{\mathrm{P}})}}=\frac{\sin[(\hat{\Omega}_{\mathrm{P}}-\Omega_{\mathrm{P}})/2]}{\sin[(\hat{\Omega}_{\mathrm{P}}+\Omega_{\mathrm{P}})/2]} \tag{9.7.22}$$

基于(9.7.21)式右式，还可以求出从数字低通到数字低通的频率变换关系，由(9.7.21)式右式可以导出

$$e^{-j\Omega}=\frac{e^{-j\hat{\Omega}}+a}{1+ae^{-j\hat{\Omega}}}=e^{-j\hat{\Omega}}\frac{1+ae^{j\hat{\Omega}}}{1+ae^{-j\hat{\Omega}}}=e^{-j\hat{\Omega}}\frac{1+a\cos\hat{\Omega}+ja\sin\hat{\Omega}}{1+a\cos\hat{\Omega}-ja\sin\hat{\Omega}}$$

由此可以得到

$$\Omega=\hat{\Omega}-2\arctan\left(\frac{a\sin\hat{\Omega}}{1+a\cos\hat{\Omega}}\right)\tag{9.7.23}$$

图 9.59 给出了从数字低通 $H_{d0}(e^{j\hat{\Omega}})$ 到数字低通 $H_d(e^{j\Omega})$ 的幅频响应频率变换示意图，其中右上图就是上式得频率变换函数曲线，除 $a=0$ (此时 $\Omega=\hat{\Omega}$，无需变换)外，在其他 $a$ 值下，频率变换都是非线性变换，$0<a<1$ 表示频率轴压缩，即变换后的通带边界频率 $\Omega_P$ 小于变换前的通带边界频率 $\hat{\Omega}_P$，$-1<a<0$ 表示频率轴扩展，即变换后的通带边界频率 $\Omega_P$ 大于变换前的通带边界频率 $\hat{\Omega}_P$。

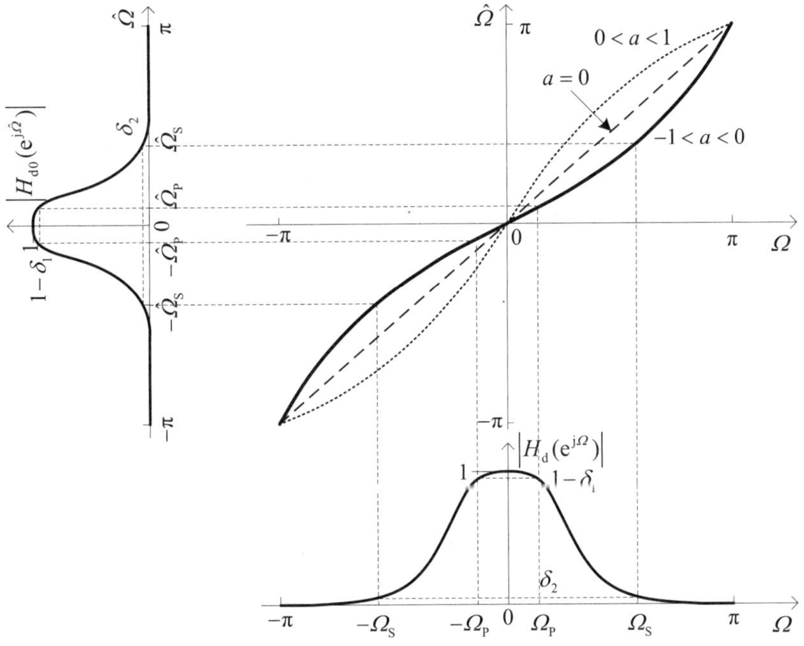


图 9.59　数字低通到数字低通滤波器的频率变换

将(9.7.21)式左式替代 $H_{d0}(\hat{z})$ 中的 $\hat{z}^{-1}$，得到变换后的数字低通滤波器的系统函数，即

$$H_d(z)=H_{d0}(\hat{z})\Big|_{\hat{z}^{-1}=\frac{z^{-1}-a}{1-az^{-1}}}\tag{9.7.24}$$

也可以用 $\hat{z}^{-1}=(z^{-1}-a)/(1-az^{-1})$ 的一阶全通系统实现结构(其信号流图如图 9.60 所示)，替代数字低通滤波器 $H_{d0}(\hat{z})$ 实现结构中的单位延时节( $\hat{z}^{-1}$ )，直接得到所需数字低通滤波器的实现结构。

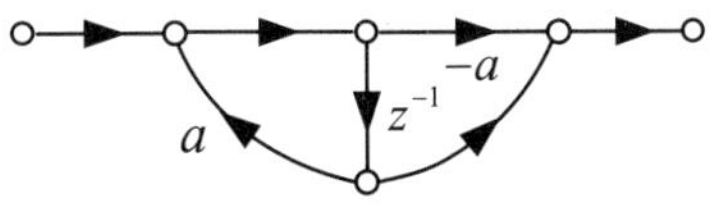

图 9.60　一阶全通系统 $\frac{z^{-1}-a}{1-az^{-1}}$ 的信号流图

**2．数字低通到数字高通的频率变换**

根据 Z 变换的 $z$ 域旋转 π 的性质(见(6.4.19)式)，将(9.7.21)式左式中的 $z$ 变成 $-z$，亦即把数字低通到数字低通频率变换得到的数字低通频率响应在单位圆上旋转180°，就得到数字低通到数字高通频率变换的映射函数。因此，将(9.7.21)式中分别以 $-z^{-1}$ 替代 $z^{-1}$ 和以 $-e^{-j\Omega}$ 替代 $e^{-j\Omega}$，就得到数字低通到数字高通频率变换的映射函数和频率变换函数分别为

$$\hat{z}^{-1}=-\frac{z^{-1}+a}{1+az^{-1}} \quad 和 \quad e^{-j\hat{\Omega}}=-\frac{e^{-j\Omega}+a}{1+ae^{-j\Omega}}，\quad 实数 a，\ |a|<1 \tag{9.7.25}$$

这个频率变换映射函数把 $\hat{Z}$ 平面上 $\hat{z}=1$ 映射成 Z 平面上 $z=-1$，又把 $\hat{Z}$ 平面上 $\hat{z}=-1$ 映射成 Z 平面上 $z=1$；把数字低通滤波器 $H_{d0}(\hat{z})$ 以 $\hat{\Omega}=0$ 为中心的单个通带的频率响应 $H_{d0}(e^{j\hat{\Omega}})$，变换成数字高通滤波器以 $\Omega=\pm\pi$ 为中心的单个通带的频率响应 $H_d(e^{j\Omega})$。

这个频率变换中用以控制滤波器通带参数的实常数 $a$，也可根据数字低通和数字高通的通、阻带边界频率对应关系求得，采用不同的对应关系，求得 $a$ 的计算公式也不同。通常根据数字低通 $H_{d0}(e^{j\hat{\Omega}})$ 的通带边界频率 $\hat{\Omega}_P$ 变换成数字高通 $H_d(e^{j\Omega})$ 的通带边界频率 $-\Omega_P$ 的对应关系求得，将此对应关系代入(9.7.25)式右式，会有

$$e^{-j\hat{\Omega}_P}=-\frac{e^{j\Omega_P}+a}{1+ae^{j\Omega_P}}$$

求解上式，可得到控制滤波器通带参数的实常数 $a$ 为

$$a=-\frac{\cos\left[(\hat{\Omega}_P+\Omega_P)/2\right]}{\cos\left[(\hat{\Omega}_P-\Omega_P)/2\right]} \tag{9.7.26}$$

当 $\Omega_P=\pi-\hat{\Omega}_P$ 时，上式有 $a=0$，(9.7.25)式的映射函数和频率变换函数就分别成 $\hat{z}=g(z)=-z$ 和 $e^{j\hat{\Omega}}=-e^{j\Omega}=e^{j(\Omega-\pi)}$，这与 Z 变换的 Z 域旋转 $\pi$ 性质和 DTFT 的频移 $\pi$ 性质完全一致。

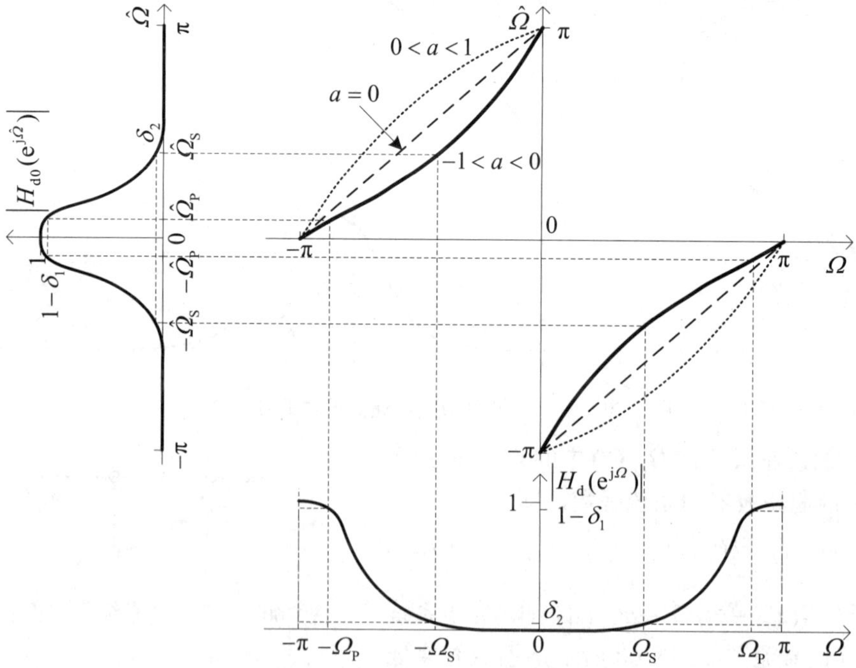


图 9.61　数字低通到数字高通滤波器的频率变换

图 9.61 是给出来从数字低通 $H_{d0}(e^{j\hat{\Omega}})$ 到数字高通 $H_d(e^{j\Omega})$ 的幅频响应频率变换示意图，其中右上图也画出了不同 $a$ 之时的频率变换函数曲线，对它们的解释与数字低通到数字低通频率变换中的解释完全相同。

在应用数字低通到数字高通频率变换方法进行设计时，只要根据给定数字高通滤波器的技术指标，按照(9.7.26)式计算出通带频率控制参数 $a$，就可以用(9.7.25)式左式的 $\hat{z}^{-1}=g(z^{-1})$

代入数字低通滤波器的系统函数 $H_{d0}(\hat{z})$，得到所需高通滤波器的系统函数 $H_d(z)$，即

$$H_d(z)=H_{d0}(\hat{z})\Big|_{\hat{z}^{-1}=-\frac{z^{-1}+a}{1+az^{-1}}} \tag{9.7.27}$$

或者，用 $\hat{z}^{-1}=1/g(z)=-(z^{-1}+a)/(1+az^{-1})$ 的实现结构(其信号流图见图 9.62)，替代数字低通滤波器 $H_{d0}(\hat{z})$ 实现结构中的单位延时单元 $\hat{z}^{-1}$，得到的就是数字高通滤波器的实现结构。

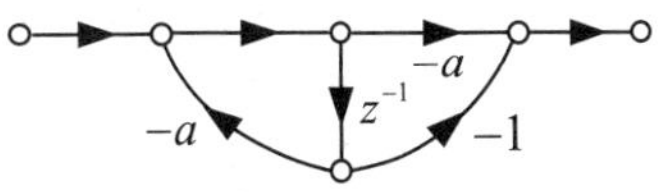


图 9.62　一阶全通系统 $\left(-\dfrac{z^{-1}+a}{1+az^{-1}}\right)$ 的信号流图

**3．数字低通到数字带通的频率变换**

数字低通滤波器到数字带通滤波器的频率变换，要求把一个数字低通 $H_{d0}(\hat{z})$ 在 $\hat{\Omega}$ 的主值区间上、以 $\hat{\Omega}=0$ 为中心的单个通带频率响应 $H_{d0}(e^{j\hat{\Omega}})$，变换成数字带通 $H_d(z)$ 分别以 $\Omega=\pm\Omega_0$ 为中心的两个通带的频率响应 $H_d(e^{j\Omega})$，即当在 Z 平面单位圆上旋转一周时，在 $\hat{Z}$ 平面单位圆上需要旋转两周，则映射函数 $g(z^{-1})$ 的阶数应取 $N=2$；又要把 $\hat{Z}$ 平面的 $\hat{z}=-1$ 映射成 Z 平面的 $z=1$ 和 $z=-1$，则要求(9.7.20)式的映射函数 $g(z^{-1})$ 一般形式中应取“－”号，因此，数字低通到数字带通的频率变换映射函数为

$$\hat{z}^{-1}=g(z^{-1})=-\frac{z^{-1}-a^*}{1-az^{-1}}\cdot\frac{z^{-1}-a}{1-a^*z^{-1}}=-\frac{z^{-2}+d_1z^{-1}+d_2}{d_2z^{-2}+d_1z^{-1}+1}\,,\qquad |a|<1 \tag{9.7.28}$$

其中，$d_1$ 和 $d_2$ 为实数，它们通常用数字低通和数字带通的通带边界频率的变换对应关系求得。

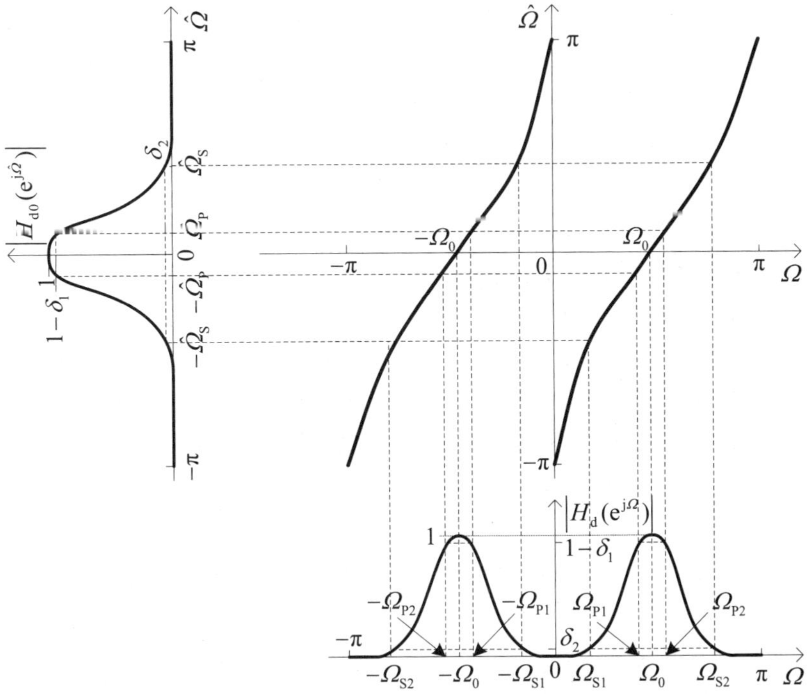


图 9.63　数字低通到数字带通滤波器的频率变换

图 9.63 画出了把数字低通的幅频响应 $|H_{d0}(e^{j\hat{\Omega}})|$ 变换成数字带通的幅频响应 $|H_d(e^{j\Omega})|$ 的示意图，两者频率点的变换对应关系为：(1) 数字低通通带边界频率 $\hat{\Omega}=\mp\hat{\Omega}_P$ 分别变换成数字带通两个通带的边界频率 $\Omega=\Omega_{P1}$ 和 $\Omega=\Omega_{P2}$；(2) 数字低通通带边界频率 $\hat{\Omega}=\mp\hat{\Omega}_P$ 又要分别变换成数字带通两个通带的边界频率 $\Omega=-\Omega_{P2}$ 和 $\Omega=-\Omega_{P1}$；(3) 数字低通通带中心频率

$\hat{\Omega}=0$(即 $\hat{z}=1$)分别变换成数字带通两个通带的中心频率 $\Omega=\pm\Omega_0$。上述变换对应关系(1)意味着(9.7.28)式的映射函数 $g(z^{-1})$ 要求满足：

$$\mathrm{e}^{\mathrm{j}\hat{\Omega}_\mathrm{P}}=g(\mathrm{e}^{-\mathrm{j}\Omega_{\mathrm{P}1}}) \quad 和 \quad \mathrm{e}^{-\mathrm{j}\hat{\Omega}_\mathrm{P}}=g(\mathrm{e}^{-\mathrm{j}\Omega_{\mathrm{P}2}})$$

将它们分别代入(9.7.28)式，分别得到：

$$\mathrm{e}^{\mathrm{j}\hat{\Omega}_\mathrm{P}}=-\frac{\mathrm{e}^{-\mathrm{j}2\Omega_{\mathrm{P}1}}+d_1\mathrm{e}^{-\mathrm{j}\Omega_{\mathrm{P}1}}+d_2}{1+d_1\mathrm{e}^{-\mathrm{j}\Omega_{\mathrm{P}1}}+d_2\mathrm{e}^{-\mathrm{j}2\Omega_{\mathrm{P}1}}} \quad 和 \quad \mathrm{e}^{-\mathrm{j}\hat{\Omega}_\mathrm{P}}=-\frac{\mathrm{e}^{-\mathrm{j}2\Omega_{\mathrm{P}2}}+d_1\mathrm{e}^{-\mathrm{j}\Omega_{\mathrm{P}2}}+d_2}{1+d_1\mathrm{e}^{-\mathrm{j}\Omega_{\mathrm{P}2}}+d_2\mathrm{e}^{-\mathrm{j}2\Omega_{\mathrm{P}2}}}$$

由这两式经过推导，可以得到控制滤波器通带的两个实参数 $d_1$ 和 $d_2$ 分别为

$$d_1=-\frac{2bc}{c+1} \quad 和 \quad d_2=\frac{c-1}{c+1} \tag{9.7.29}$$

其中

$$b=\frac{\cos[(\Omega_{\mathrm{P}2}+\Omega_{\mathrm{P}1})/2]}{\cos[(\Omega_{\mathrm{P}2}-\Omega_{\mathrm{P}1})/2]} \quad 和 \quad c=\tan\left(\frac{\hat{\Omega}_\mathrm{P}}{2}\right)\cot\left(\frac{\Omega_{\mathrm{P}2}-\Omega_{\mathrm{P}1}}{2}\right) \tag{9.7.30}$$

这样，(9.7.28)式表示的数字低通到带通滤波器频率变换映射函数可以写成

$$\hat{z}^{-1}=g(z^{-1})=-\frac{z^{-2}-\dfrac{2bc}{c+1}z^{-1}+\dfrac{c-1}{c+1}}{1-\dfrac{2bc}{c+1}z^{-1}+\dfrac{c-1}{c+1}z^{-2}} \tag{9.7.31}$$

图 9.63 中的右上图画出了从数字低通到数字带通的频率变换曲线。

在应用上述数字低通到带通滤波器的频率变换方法进行设计时，只要按照给定数字带通滤波器通带的技术指标，利用(9.7.30)式计算出实参数 $b$ 和 $c$，就可以用上式的 $\hat{z}^{-1}=g(z^{-1})$ 代入数字低通滤波器的系统函数 $H_{\mathrm{d}0}(\hat{z})$，得到所需带通滤波器的系统函数 $H_\mathrm{d}(z)$。或者，用(9.7.31)式表示的二阶数字系统 $g(z^{-1})$ 之实现结构(请读者自行画出)，替代数字低通滤波器 $H_{\mathrm{d}0}(\hat{z})$ 实现结构中的单位延时单元 $\hat{z}^{-1}$，就得到所需数字带通滤波器的实现结构。

**4．数字低通到数字带阻的频率变换**

数字低通滤波器到数字带阻滤波器的频率变换，要求把一个数字低通 $H_{\mathrm{d}0}(\hat{z})$ 在 $\hat{\Omega}$ 的主值区间单个阻变换成数字带阻滤波器 $H_\mathrm{d}(z)$ 的两个阻带，则其映射函数 $g(z^{-1})$ 的阶数也应取 $N=2$；又要把 $\hat{Z}$ 平面的 $\hat{z}=1$ 映射成 Z 平面的 $z=1$ 和 $z=-1$，则要求(9.7.20)式的映射函数 $g(z^{-1})$ 一般形式中应取“+”号，因此，数字低通到数字带通的频率变换映射函数为

$$\hat{z}^{-1}=g(z^{-1})=\frac{z^{-1}-a^*}{1-az^{-1}}\cdot\frac{z^{-1}-a}{1-a^*z^{-1}}=\frac{z^{-2}+d_1z^{-1}+d_2}{d_2z^{-2}+d_1z^{-1}+1}, \quad |a|<1 \tag{9.7.32}$$

其中，$d_1$ 和 $d_2$ 为实数，它们通常用数字低通和数字带阻的通带边界频率的变换对应关系求得。

图 9.64 画出了把数字低通的幅频响应 $|H_{\mathrm{d}0}(\mathrm{e}^{\mathrm{j}\hat{\Omega}})|$ 变换成数字带阻的幅频响应 $|H_\mathrm{d}(\mathrm{e}^{\mathrm{j}\Omega})|$ 的示意图，两者频率点的变换对应关系为：(1) 数字低通通带边界频率 $\hat{\Omega}=\pm\hat{\Omega}_\mathrm{P}$ 分别变换成数字带阻两个通带的边界频率 $\Omega=\Omega_{\mathrm{P}1}$ 和 $\Omega=\Omega_{\mathrm{P}2}$；(2) 数字低通通带边界频率 $\hat{\Omega}=\pm\hat{\Omega}_\mathrm{P}$ 又要分别变换成数字带阻两个通带的边界频率 $\Omega=-\Omega_{\mathrm{P}2}$ 和 $\Omega=-\Omega_{\mathrm{P}1}$；(3) 数字低通的阻带中心频率 $\hat{\Omega}=\pm\pi$(即 $\hat{z}=-1$)分别变换成数字带阻两个阻带的中心频率 $\Omega=\pm\Omega_0$。上述变换对应关系(1)意味着(9.7.32)式的映射函数 $g(z^{-1})$ 要求满足：

$$\mathrm{e}^{-\mathrm{j}\hat{\Omega}_\mathrm{P}}=g(\mathrm{e}^{-\mathrm{j}\Omega_{\mathrm{P}1}}) \quad 和 \quad \mathrm{e}^{\mathrm{j}\hat{\Omega}_\mathrm{P}}=g(\mathrm{e}^{-\mathrm{j}\Omega_{\mathrm{P}2}})$$

将它们分别代入(9.7.32)式，分别得到：

$$\mathrm{e}^{-\mathrm{j}\hat{\Omega}_{\mathrm{P}}}=\frac{\mathrm{e}^{-\mathrm{j}2\Omega_{\mathrm{P1}}}+d_1\mathrm{e}^{-\mathrm{j}\Omega_{\mathrm{P1}}}+d_2}{1+d_1\mathrm{e}^{-\mathrm{j}\Omega_{\mathrm{P1}}}+d_2\mathrm{e}^{-\mathrm{j}2\Omega_{\mathrm{P1}}}}\quad 和\quad \mathrm{e}^{\mathrm{j}\hat{\Omega}_{\mathrm{P}}}=\frac{\mathrm{e}^{-\mathrm{j}2\Omega_{\mathrm{P2}}}+d_1\mathrm{e}^{-\mathrm{j}\Omega_{\mathrm{P2}}}+d_2}{1+d_1\mathrm{e}^{-\mathrm{j}\Omega_{\mathrm{P2}}}+d_2\mathrm{e}^{-\mathrm{j}2\Omega_{\mathrm{P2}}}}$$

由这两式经过推导，可以得到控制滤波器通带的两个实参数 $d_1$ 和 $d_2$ 分别为

$$d_1=-\frac{2b}{1+c}\quad 和\quad d_2=\frac{1-c}{1+c} \tag{9.7.33}$$

其中

$$b=\frac{\cos[(\Omega_{\mathrm{P2}}+\Omega_{\mathrm{P1}})/2]}{\cos[(\Omega_{\mathrm{P2}}-\Omega_{\mathrm{P1}})/2]}\quad 和\quad c=\tan\left(\frac{\hat{\Omega}_{\mathrm{P}}}{2}\right)\cot\left(\frac{\Omega_{\mathrm{P2}}-\Omega_{\mathrm{P1}}}{2}\right) \tag{9.7.34}$$

这样，(9.7.32)式表示的数字低通到带阻滤波器频率变换映射函数可以写成

$$\hat{z}^{-1}=g(z^{-1})=-\frac{z^{-2}-\dfrac{2b}{1+c}z^{-1}+\dfrac{1-c}{1+c}}{1-\dfrac{2b}{1+c}z^{-1}+\dfrac{1-c}{1+c}z^{-2}} \tag{9.7.35}$$

图 9.64 中的右上图画出了从数字低通滤波器到数字带阻滤波器的频率变换曲线。

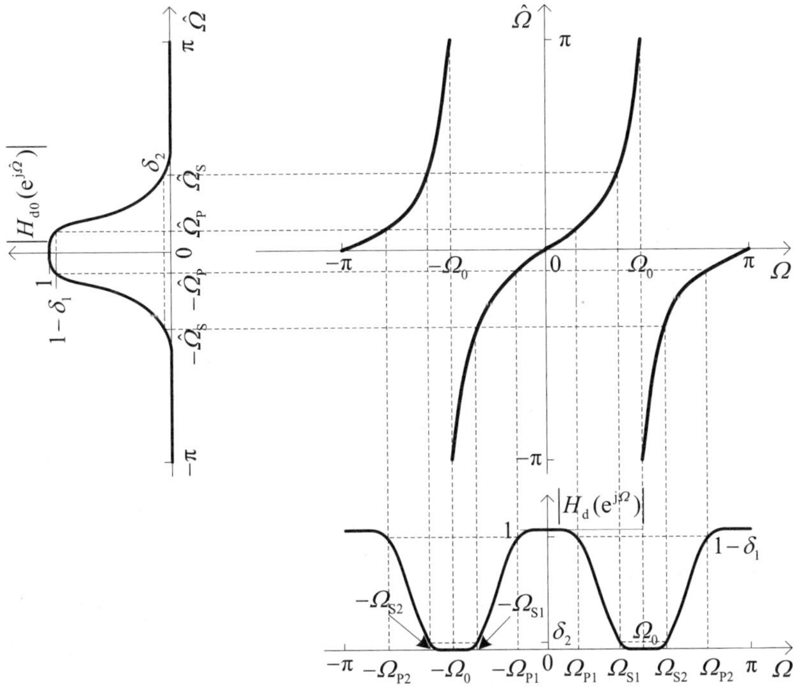


图 9.64　数字低通到数字带阻滤波器的频率变换

在应用上述数字低通到带阻滤波器的频率变换方法进行设计时，只要按照给定数字带阻滤波器通带的技术指标，利用(9.7.34)式计算出实参数 $b$ 和 $c$，就可用上式的 $\hat{z}^{-1}=g(z^{-1})$ 代入数字低通滤波器的系统函数 $H_{\mathrm{d0}}(\hat{z})$，得到所需带阻滤波器的系统函数 $H_{\mathrm{d}}(z)$。或者用(9.7.35)式表示的二阶数字系统 $g(z^{-1})$ 的实现结构(请读者自行画出)，替代数字低通滤波器 $H_{\mathrm{d0}}(\hat{z})$ 实现结构中的单位延时单元 $\hat{z}^{-1}$，就得到所需数字带阻滤波器的实现结构。

基于上面介绍和讨论的数字滤波器频率变换的原理和方法，目前已开发出由数字低通滤

波器，通过频率变换，设计不同类型(低通、高通、带通、带阻、多带通和多带阻等)、不同技术规格的数字滤波器的一整套设计公式列于表 9.9 中，供读者查用。

**表 9.9 数字滤波器频率变换公式表**

| 变换类型 | 频率变换映射函数 $\hat{z}=g(z)$ | 有关设计公式 | |
|---|---|---|---|
| 低通到低通 | $\hat{z}^{-1}=\dfrac{z^{-1}-a}{1-az^{-1}}$ | $a=\dfrac{\sin\left[(\hat{\Omega}_P-\Omega_P)/2\right]}{\sin\left[(\hat{\Omega}_P+\Omega_P)/2\right]}$ | 式中：$\hat{\Omega}_P$ 和 $\Omega_P$ 分别是数字低通和要设计数字低通的通带边界频率 |
| 低通到高通 | $\hat{z}^{-1}=-\dfrac{z^{-1}+a}{1+az^{-1}}$ | $a=-\dfrac{\cos\left[(\hat{\Omega}_P+\Omega_P)/2\right]}{\cos\left[(\hat{\Omega}_P-\Omega_P)/2\right]}$ | 式中：$\hat{\Omega}_P$ 和 $\Omega_P$ 分别是数字低通和要设计数字低通的通带边界频率 |
| 低通到带通 | $\hat{z}^{-1}=-\dfrac{\frac{c-1}{c+1}-\frac{2bc}{c+1}z^{-1}+z^{-2}}{1-\frac{2bc}{c+1}z^{-1}+\frac{c-1}{c+1}z^{-2}}$ | $b=\dfrac{\cos\left[(\Omega_{P2}+\Omega_{P1})/2\right]}{\cos\left[(\Omega_{P2}-\Omega_{P1})/2\right]}=\cos\Omega_0$<br>$c=\tan\left(\dfrac{\hat{\Omega}_P}{2}\right)\cot\left(\dfrac{\Omega_{P2}-\Omega_{P1}}{2}\right)$ | 式中：$\hat{\Omega}_P$ 是数字低通滤波器的通带边界频率，而 $\Omega_{P2}$ 和 $\Omega_{P1}$ 分别是要设计的数字带通滤波器的通带高、低边界频率，$\Omega_0$ 为通带中心频率 |
| 低通到带阻 | $\hat{z}^{-1}=\dfrac{\frac{1-c}{1+c}-\frac{2b}{1+c}z^{-1}+z^{-2}}{1-\frac{2b}{1+c}z^{-1}+\frac{1-c}{1+c}z^{-2}}$ | $b=\dfrac{\cos\left[(\Omega_{P2}+\Omega_{P1})/2\right]}{\cos\left[(\Omega_{P2}-\Omega_{P1})/2\right]}=\cos\Omega_0$<br>$c=\tan\left(\dfrac{\hat{\Omega}_P}{2}\right)\tan\left(\dfrac{\Omega_{P2}-\Omega_{P1}}{2}\right)$ | 式中：$\hat{\Omega}_P$ 是数字低通滤波器的通带边界频率，而 $\Omega_{P2}$ 和 $\Omega_{P1}$ 分别是要设计的数字带阻滤波器的通带高、低边界频率，$\Omega_0$ 为阻带中心频率 |
| 低通到多带通 | $\hat{z}^{-1}=-\dfrac{z^{-N}+\sum_{k=1}^{N}d_k z^{-(N-k)}}{1+\sum_{k=1}^{N}d_k z^{-k}}$ | $\cos\left(\dfrac{\hat{\Omega}_P+N\Omega_{i1}}{2}\right)+\sum_{k=1}^{N}d_k\cos\left(\dfrac{\hat{\Omega}_P+N\Omega_{i1}}{2}-k\Omega_{i1}\right)=0$<br>$\cos\left(\dfrac{\hat{\Omega}_P-N\Omega_{i2}}{2}\right)+\sum_{k=1}^{N}d_k\cos\left(\dfrac{\hat{\Omega}_P-N\Omega_{i2}}{2}+k\Omega_{i2}\right)=0$<br>式中：$\hat{\Omega}_P$ 是数字低通滤波器的通带边界频率；$N/2$ 为要设计的数字多带通滤波器$(0,\ \pi)$区间内的通带数，$\Omega_{i2}$ 和 $\Omega_{i1}$ 分别是第 $i$ 个通带的高、低边界频率，$0\leqslant i\leqslant N/2$ | |
| 低通到多带阻 | $\hat{z}^{-1}=\dfrac{z^{-N}+\sum_{k=1}^{N}d_k z^{-(N-k)}}{1+\sum_{k=1}^{N}d_k z^{-k}}$ | $\sin\left(\dfrac{\hat{\Omega}_P+N\Omega_{i1}}{2}\right)+\sum_{k=1}^{N}d_k\sin\left(\dfrac{\hat{\Omega}_P+N\Omega_{i1}}{2}-k\Omega_{i1}\right)=0$<br>$\sin\left(\dfrac{\hat{\Omega}_P-N\Omega_{i2}}{2}\right)+\sum_{k=1}^{N}d_k\sin\left(\dfrac{\hat{\Omega}_P-N\Omega_{i2}}{2}+k\Omega_{i2}\right)=0$<br>式中：$\hat{\Omega}_P$ 是数字低通滤波器的通带边界频率；$N/2$ 为要设计的数字多带通滤波器$(0,\ \pi)$区间内的通带数，$\Omega_{i2}$ 和 $\Omega_{i1}$ 分别是第 $i$ 个通带的高、低边界频率，$0\leqslant i\leqslant N/2$ | |

下面通过例子介绍采用模拟—数字设计方法的第二方案(见图 9.47(b))，设计 IIR 数字滤波器的具体步骤。

**【例 9.9】** 试用离散时间(数字)频率变换方法设计一个巴特沃斯型数字带通滤波器，给定的数字带通滤波器的技术要求为：通带($0.35\pi\leqslant\Omega\leqslant0.65\pi$)内衰减≤3 dB；阻带($0\leqslant\Omega\leqslant0.25\pi$ 和 $0.75\pi\leqslant\Omega\leqslant\pi$)衰减≥15 dB。

**解**：基于模拟低通原型滤波器，采用图 9.47(b)的第二种方案设计 IIR 带通滤波器的步骤通常如下：

(1) 由给定的数字带通滤波器技术要求，确定模拟低通原型滤波器的技术要求。

数字带通滤波器 −3 dB 通带边界频率：　$\Omega_{P1}=0.35\pi$，$\Omega_{P2}=0.65\pi$

衰减 15 dB 的阻带边界频率：　$\Omega_{S1}=0.25\pi$，$\Omega_{S1}=0.75\pi$

首先按双线性变换法中的(9.6.43)式左式，将数字带通的通、阻带边界频率 $\Omega_{P1}$ 和 $\Omega_{P2}$、$\Omega_{S1}$ 和 $\Omega_{S2}$ 预调整成模拟带通的通、阻带边界频率 $\omega_{P1}=\omega_{c1}$ 和 $\omega_{P2}=\omega_{c2}$、$\omega_{S1}$ 和 $\omega_{S2}$，在用(9.6.43)式时取 $T=2$，并考虑到本题的通带边界频率就是 −3 dB 截止频率。

$$\omega_{c1}=\omega_{P1}=(2/T)\tan(\Omega_{P1}/2)=\tan(0.125\pi)=0.6128 \quad 和 \quad \omega_{c2}=\omega_{P2}=(2/T)\tan(\Omega_{P2}/2)=\tan(0.325\pi)=1.6319$$

$$\omega_{S1}=(2/T)\tan(\Omega_{S1}/2)=2\tan(0.125\pi)=0.4142 \quad 和 \quad \omega_{S2}=(2/T)\tan(\Omega_{S2}/2)=2\tan(0.375\pi)=2.4142$$

然后按照模拟低通原型到模拟带通滤波器的频率变换方法，计算并确定模拟低通原型滤波器的通、阻带归一化频率 $\omega'_P$ 和 $\omega'_S$ 及其技术指标：

$$B_c=\omega_{c2}-\omega_{c1}=1.6319-0.6128=1.0191 \quad 和 \quad \omega_0^2=\omega_{c1}\omega_{c2}=0.6128\times1.6319=1.0000$$

$$\omega'_{S1}=\frac{\omega_{S1}^2-\omega_0^2}{B_c\omega_{S1}}=\frac{0.4142^2\times1.000}{1.0191\times0.4142}=-1.9626 \quad 和 \quad \omega'_{S2}=\frac{\omega_{S2}^2-\omega_0^2}{B_c\omega_{S2}}=\frac{2.4142^2\times1.000}{1.0191\times2.4142}=1.9625$$

模拟低通原型滤波器的阻带边界频率 $\omega'_S$ 选上述 $\omega'_{S1}$ 和 $\omega'_{S2}$ 中绝对值小的，即

$$\omega'_S=\min\{|\omega'_{S1}|,\ |\omega'_{S2}|\}=1.9625$$

最后得到巴特沃斯低通原型模拟滤波器归一化的设计指标为：

−3 dB 通带边界频率 $\omega'_P=\omega_c=1$；衰减 15 dB 的阻带边界频率 $\omega'_S=1.9625$

(2) 设计并确定模拟低通原型滤波器归一化复频率下的系统 $H_{c0}(s')$。

首先，确定巴特沃斯低通原型滤波器的阶数 $N$。

题意采用巴特沃斯模拟滤波器，根据 9.6.1 小节中的(9.6.3)式左式，则有

$$|H_{c0}(\mathrm{j}\omega'_s)|=\frac{1}{\sqrt{1+(1.9625)^{2N}}}=10^{-\frac{15}{20}}, \qquad N=\frac{\lg(10^{1.5}-1)}{2\lg(1.9625)}\approx2.5409$$

取 $N=3$。查 9.6.1 小节中的表 9.2 和(9.6.7)式，归一化巴特沃斯低通原型滤波器的系统函数 $H_{c0}(s')$ 为

$$H_{c0}(s')=\frac{1}{(s')^3+2(s')^2+2s'+1}$$

(3) 利用双线性变换法，将上面得到的低通原型滤波器的系统函数 $H_{c0}(s')$ 映射成数字低通滤波器 $H_{d0}(\hat{z})$。

按照(9.6.39)式左式，并取 $T=2$，用 $s'=(\hat{z}-1)/(\hat{z}+1)$ 代入上式的 $H_{c0}(s')$，得到离散时间(数字)频率变换前的数字低通滤波器系统函数 $H_{d0}(\hat{z})$，即

$$H_{d0}(\hat{z})=\frac{1}{\left(\frac{\hat{z}-1}{\hat{z}+1}\right)^3+2\left(\frac{\hat{z}-1}{\hat{z}+1}\right)^2+2\left(\frac{\hat{z}-1}{\hat{z}+1}\right)+1}=\frac{(\hat{z}+1)^3}{6\hat{z}^3+2\hat{z}}=\frac{(1+\hat{z}^{-1})^3}{6+2\hat{z}^{-2}}$$

然后计算数字低通滤波器的 −3 dB 通带边界频率 $\hat{\Omega}_P$，按照(9.6.43)式右式，并取 $T=2$，得到

$$\hat{\Omega}_P=2\arctan\omega'_P=2\arctan(1)=1.5708$$

(4) 进行离散时间(数字)频率变换，从数字低通变换成数字带通滤波器 $H_d(z)$。

查表 8.9，并计算从数字低通到数字带通频率变换的参数。

$$b=\frac{\cos[(\Omega_{P2}+\Omega_{P1})/2]}{\cos[(\Omega_{P2}-\Omega_{P1})/2]}=\frac{\cos[(0.65+0.35)\pi/2]}{\cos[(0.65-0.35)\pi/2]}=0$$

$$c=\tan\frac{\hat{\Omega}_P}{2}\cot\frac{\Omega_{P2}-\Omega_{P1}}{2}=\tan\frac{1.5708}{2}\cot\frac{(0.65-0.35)\pi}{2}=1.9626$$

进一步得到：　$d_1=-\dfrac{2bc}{c+1}=0$ 　和　 $d_2=\dfrac{c-1}{c+1}=\dfrac{1.9626-1}{1.9626+1}=0.3249$

由此得到频率变换的映射函数为

$$\hat{z}^{-1}=-\frac{z^{-2}+d_1z^{-1}+d_2}{d_2z^{-2}+d_1z^{-1}+1}=-\frac{z^{-2}+0.3249}{0.3249z^{-2}+1}$$

将这个映射函数代入数字地图滤波器的系统函数 $H_{d0}(\hat{z})$，得到要设计的数字带通滤波器的系统函数为

$$H_d(z)=\frac{\left(1-\dfrac{z^{-2}+0.3249}{0.3249z^{-2}+1}\right)^3}{6+2\left(-\dfrac{z^{-2}+0.3249}{0.3249z^{-2}+1}\right)^2}=\frac{0.3077(-z^{-6}+3z^{-4}-3z^{-2}+1)}{0.8556z^{-6}+4.3224z^{-4}+7.2164z^{-2}+6.2111}$$

$$=\frac{1-3z^{-2}+3z^{-4}-z^{-6}}{20.1856+23.4527z^{-2}+14.0474z^{-4}+2.7806z^{-6}}$$

# 9.8 抽样率转换和多抽样率信号处理

## 9.8.1 抽样率转换

许多数字形式的离散时间信号(即数字信号)，例如，数字语音、数字音乐和数字视频信号等，都是连续时间信号(即模拟信号)通过模/数(A/D)转换器转换来的，它们最终都必须再转换回模拟信号。如果这些数字信号在到达其最终接受者之前所经历的数字传输、交换、存储和处理过程，都在同一个抽样率下进行，那当然没有什么问题。但实际上，不同的数字系统或系统不同点的数字信号对应的或要求的抽样率可能不一样，这就需要自由地改变数字信号的抽样率，以便满足不同的需求，或者提高信号的处理效率。例如，用于数字广播、数字存储和数字消费类产品等的音频节目的带宽不同，各自的抽样率不一样，需要将数字音频信号从一个抽样率转换到另一个抽样率。数字通信网络中有许多需要转换数字信号抽样率的情况：一种是不同数字调制信号编码格式间的转换，例如，脉冲编码调制(PCM)信号和脉冲增量调制(Delta Modulation)信号间的转换；另一种是数字时分多路复用(TDM)信号和频分多路复用(FDM)信号间的转换；在语音或图像信号的子带编码和小波变换编码中，采用的数字信号分析/合成系统是另一个典型的抽样率转换系统，等等。

有一种很直观的改变数字信号抽样率的方法，如图 9.65 所示，即把在某个抽样率 $f_{s1}$(抽样间隔 $T_1$)下的数字信号 $x_1[n]$，通过数/模(D/A)转换器恢复原连续时间信号 $x_c(t)$，然后用 A/D 转换器，以新的抽样率 $f_{s2}$ (抽样间隔 $T_2$)对 $x_c(t)$ 重新抽样，得到新抽样率下的数字信号 $x_2[n]$。按 9.3.1 小节和图 9.4 的知识，并利用连续时间的时域抽样定理的结果(参见(6.6.11)式)，将有

$$x_2[n]=x_c(t)\Big|_{t=nT_2}=\left\{\sum_{m=-\infty}^{\infty}x_1[m]h_L(t-mT_1)\right\}_{t=nT_2}=\sum_{m=-\infty}^{\infty}x_1[m]h_L(nT_2-mT_1) \qquad (9.8.1)$$

其中，$h_L(t)$ 是 D/A 转换器的重建滤波器之单位冲激响应。该方法称为**抽样率转换的模拟方法**。

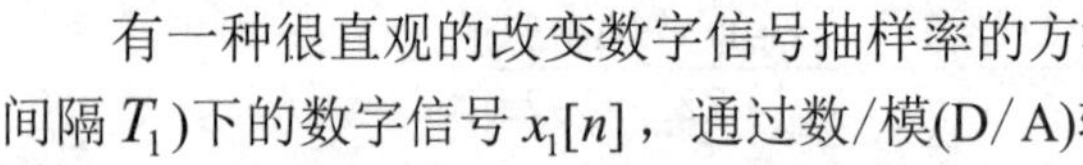


图 9.65 抽样率转换的模拟方法

由于这种方法要转换回连续时间信号再重新抽样，实际应用时有很大的缺点，即每次抽样率转换必须经过 D/A 和 A/D 转换，多经历一次量化过程。正如前面 9.3.1 小节所述，每一次量化都使原信号叠加一个与信号有关的量化噪声，这将导致信号质量(信号噪声比)下降。如果经过多次这样的抽样率转换，每次转换产生的量化噪声具有累积效应，使得最终的信号质量更加恶化，因此，这种模拟方法的抽样率转换是一种有失真的抽样率转换。

另一种方法是**直接数字式抽样率转换**，它不经过 D/A 和 A/D 转换，直接把数字信号 $x_1[n]$ 转换成数字信号 $x_2[n]$，如图 9.66 所示。该方法不会引入新的量化噪声，理论上可实现无失真的抽样率转换，如果中间不进行其他数字信号处理，经历多次抽样率转换也将保持信号的原有质量。

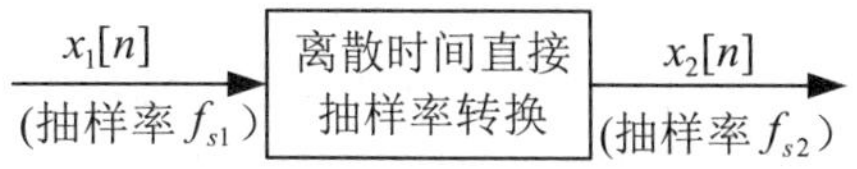


图 9.66　抽样率转换的直接数字方法

下面将介绍三种基本的抽样率转换，即 $M$ 倍减抽样、$L$ 倍增抽样和有理比 $L/M$ 抽样率转换，讨论直接数字转换方法的原理和实现，引入多抽样率信号处理和多抽样率系统的概念。

## 9.8.2　整数倍减抽样和增抽样

### 1．整数 $M$ 倍减抽样

$M$ 倍减抽样就是把数字信号的抽样率减少 $M$ 倍，如果原抽样率为 $f_{s1}$，即抽样间隔为 $T_1=1/f_{s1}$，则 $M$ 倍减抽样后的抽样率为 $f_{s2}=f_{s1}/M$，即抽样间隔变为 $T_2=1/f_{s2}=MT_1$。根据第 6 章 6.6.2 小节的离散时间时域抽样定理，一个带限于 $\Omega_M\leqslant\pi/M$ 的 $x[n]$，可以用它等间隔 $M$ 的样本序列 $x_p[n]$ 唯一表示，其中 $M$ 为抽样间隔，且将已抽样序列 $x_p[n]$ 通过一个理想内插低通滤波器 $\tilde{H}_L(\Omega)$，就可以完全恢复原信号 $x[n]$。但从 6.6.2 小节中图 6.24(b)的已抽样序列 $x_p[n]$ 会发现，它在抽样时刻之间的 $(M-1)$ 个零值是多余的，直接传输、存储和处理 $x_p[n]$ 很不经济。如果用 $x_p[n]$ 的 $M$ 倍抽取序列 $x_d[n]$ 来代替它，由于 $x_d[n]$ 保留了 $x_p[n]$ 中全部抽样时刻的序列值，丢弃的是多余的零值，故 $x_d[n]$ 完全保留了 $x_p[n]$ 的全部信息，即带限信号 $x[n]$ 的全部信息。只要对 $x_d[n]$ 进行 $M$ 倍内插零操作，就能恢复 $x_p[n]$，再让 $x_p[n]$ 通过内插低通滤波器 $\tilde{H}_L(\Omega)$，就可以重建原离散时间序列，如图 9.67(a)所示。

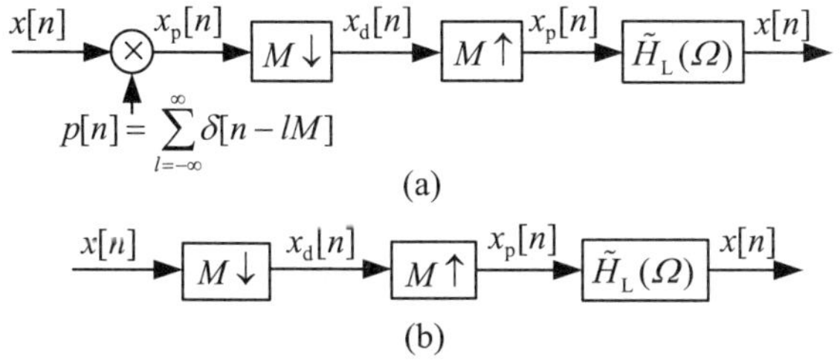


图 9.67　离散时间抽样和重建与抽取和内插间的关系

事实上，若 $x[n]$ 带限于 $\Omega_M\leqslant\pi/M$，直接对 $x[n]$ 进行 $M$ 倍抽取，与对 $x_p[n]$ 进行 $M$ 倍抽取的结果是一样的，即

$$x_d[n]=x_p[Mn]=x[Mn] \tag{9.8.2}$$

图 9.67(a)的系统就可进一步等效为图 9.67(b)所示的系统。实际上，若 $x[n]$ 带限于 $\Omega_M\leqslant\pi/M$，表明它从连续时间信号转换过来时，至少过抽样 $M$ 倍，对 $x[n]$ 做 $M$ 倍抽取相当于连续时间信号以原抽样率的 $1/M$ 进行连续时间抽样的结果。故只要数字信号 $x[n]$ 的频谱带限于 $\Omega_M\leqslant\pi/M$，对它的 $M$ 倍抽取序列 $x_d[n]$ 进行传输、存储和处理，可以获得对 $x[n]$ 进行传输、存储和处理相同的效果，但实现的代价显然要节省很多。

在 6.8.2 小节中，已对 $M$ 倍抽取的频域特性作了详细的讨论，它不仅体现了离散时域与频域间的尺度变换特性，即时域 $M$ 倍压缩导致频域 $M$ 倍扩展，还包含了离散时间抽样所产生的 $(M-1)$ 个周期复制频谱(像)。这里直接利用其结果(见(6.8.17)式)，当 $x[n]$ 的频谱带限于 $\Omega_M\leqslant\pi/M$ 时，即 $\tilde{X}(\Omega)=\mathscr{F}\{x[n]\}=0$，$\pi/M\leqslant|\Omega|\leqslant\pi-\pi/M$ (主值区间$(-\pi,\ \pi]$内)，则有

$$\tilde{X}_d(\Omega)=\frac{1}{M}\sum_{k=0}^{M-1}\tilde{X}\left(\frac{\Omega-2\pi k}{M}\right) \tag{9.8.3}$$

图 9.68 中画出了 $M=3$ 时的 $x[n]$，$x_p[n]$ 和 $x_d[n]$ 的频谱 $\tilde{X}(\Omega)$，$\tilde{X}_p(\Omega)$ 和 $\tilde{X}_d(\Omega)$。

从图 9.68 中可以看到，只要数字信号 $x[n]$ 的频谱 $\tilde{X}(\Omega)$ 带限于 $\Omega_{\mathrm{M}}$，且 $\Omega_{\mathrm{M}} \leqslant \pi/M$，对它 $M$ 倍抽取所产生的 $M$ 个扩展频移谱就互不重叠，在 $M$ 倍抽取序列 $x_{\mathrm{d}}[n]$ 的频谱 $\tilde{X}_{\mathrm{d}}(\Omega)$ 中完整地保留了 $x[n]$ 的全部谱信息，就可以通过图 9.67(b)中的 $M$ 倍内插零和后接的低通滤波器 $\tilde{H}_{\mathrm{L}}(\Omega)$ 恢复出 $x[n]$，即内插出 $x[n]$ 中被 $M$ 倍抽取丢弃的所有序列值。但当 $x[n]$ 的频谱 $\tilde{X}(\Omega)$ 不带限于 $\Omega_{\mathrm{M}} \leqslant \pi/M$，若直接对它进行 $M$ 倍抽取操作，像 6.8.2 小节图 6.36(b)和(c)中所显示的那样，$M$ 个扩展频移谱将出现混叠，此时的 $M$ 倍抽取序列 $x_{\mathrm{d}}[n]$ 已不再能代表原来的数字信号 $x[n]$，也不可能再从 $x_{\mathrm{d}}[n]$ 恢复出 $x[n]$。

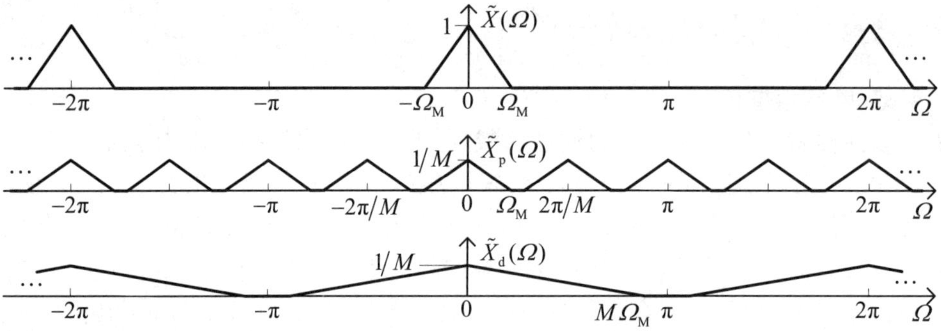


图 9.68 对带限于 $\Omega_{\mathrm{M}} \leqslant \pi/M$ 的数字信号进行周期为 $M$ 的离散时间抽样和 $M$ 倍抽取的频域关系

上述讨论表明，假设数字信号 $x_1[n]$ 的抽样间隔为 $T_1$，如果它是带限于 $\Omega_{\mathrm{M}} \leqslant \pi/M$ 的带限信号，要把它转换成 $M$ 倍减抽样(抽样间隔 $T_2 = MT_1$)的数字信号 $x_2[n]$ 将非常简单，只要用 $M$ 倍抽取就可以实现。但在一般情况下，数字信号 $x[n]$ 是连续时间信号 $x_{\mathrm{c}}(t)$ 在接近于临界抽样条件下得到的，即抽样间隔 $T_1$ 稍小于 $x_{\mathrm{c}}(t)$ 的奈奎斯特间隔，此时的 $x[n]$ 是一个接近于满带的数字信号，其最高频率 $\Omega_{\mathrm{M}}$ 稍小于 $\pi$。为了对它进行 $M$ 倍减抽样，就必须像图 9.69 所示的那样，首先必须通过一个称为**抽取滤波器**的带限低通滤波器 $h_{\mathrm{d}}[n]$，变成带限于 $\Omega_{\mathrm{M}} \leqslant \pi/M$ 的信号 $v[n]$，然后再进行 $M$ 倍抽取，得到 $M$ 倍减抽样的数字信号 $y[n]$。

为了分析方便，假设 $h_{\mathrm{d}}[n]$ 是截止频率为 $\Omega_{\mathrm{M}} \leqslant \pi/M$ 的离散时间理想低通滤波器，即其频率响应 $\tilde{H}_{\mathrm{d}}(\Omega)$ 在主值区间$(-\pi,\ \pi]$内为

$$\tilde{H}_{\mathrm{d}}(\Omega) = \begin{cases} 1, & |\Omega| \leqslant \pi/M \\ 0, & |\Omega| > \pi/M \end{cases} \tag{9.8.4}$$

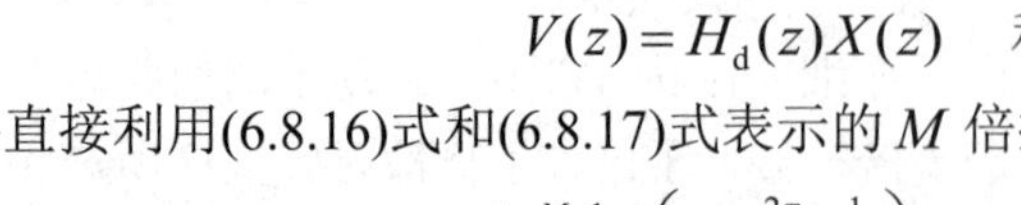


图 9.69 数字信号的 $M$ 倍减抽样系统方框图

假设图 9.69 中的 $x[n]$，$h_{\mathrm{d}}[n]$，$v[n]$ 和 $y[n]$ 的 Z 变换分别为 $X(z)$，$H_{\mathrm{d}}(z)$，$V(z)$ 和 $Y(z)$，它们的 DTFT 分别为 $\tilde{X}(\Omega)$，$\tilde{H}_{\mathrm{d}}(\Omega)$，$\tilde{V}(\Omega)$ 和 $\tilde{Y}(\Omega)$，则有

$$V(z) = H_{\mathrm{d}}(z)X(z) \quad 和 \quad \tilde{V}(\Omega) = \tilde{H}_{\mathrm{d}}(\Omega)\tilde{X}(\Omega) \tag{9.8.5}$$

并直接利用(6.8.16)式和(6.8.17)式表示的 $M$ 倍抽取的变换域关系，即有

$$Y(z) = \frac{1}{M}\sum_{k=0}^{M-1} V\left(\mathrm{e}^{-\mathrm{j}k\frac{2\pi}{M}} z^{\frac{1}{M}}\right) \quad 和 \quad \tilde{Y}(\Omega) = \frac{1}{M}\sum_{k=0}^{M-1} \tilde{V}\left(\frac{\Omega - 2\pi k}{M}\right) \tag{9.8.6}$$

将(9.8.5)式左、右式分别代入(9.8.6)式左、右式，则有

$$Y(z) = \frac{1}{M}\sum_{k=0}^{M-1} H_{\mathrm{d}}\left(\mathrm{e}^{-\mathrm{j}k\frac{2\pi}{M}} z^{\frac{1}{M}}\right) X\left(\mathrm{e}^{-\mathrm{j}k\frac{2\pi}{M}} z^{\frac{1}{M}}\right) \quad 和 \quad \tilde{Y}(\Omega) = \frac{1}{M}\sum_{k=0}^{M-1} \tilde{H}_{\mathrm{d}}\left(\frac{\Omega - 2\pi k}{M}\right) \tilde{X}\left(\frac{\Omega - 2\pi k}{M}\right) \tag{9.8.7}$$

这表明，$M$ 倍减抽样信号的 $\tilde{Y}(\Omega)$ 是输入信号频谱经低通滤波后的 $M$ 个扩展和频移分量的叠加，若 $\tilde{H}_{\mathrm{d}}(\Omega)$ 的截止频率为 $\Omega_{\mathrm{M}} \leqslant \pi/M$，这 $M$ 个扩展频移分量将互不重叠。图 9.70 画出了当 $M=3$ 的减抽样系统中各点的频谱示意图，图中 $\tilde{H}_{\mathrm{d}}(\Omega)$ 是(9.8.4)式表示的理想低通滤波特性。

由图 9.70 看到，在 $\Omega$ 的主值区间$(-\pi，\pi]$内，$\tilde{Y}(\Omega)$ 仅仅是 $\tilde{V}(\Omega)$ 在幅度和频率上经历一个线性尺度变换，且以此按 $2\pi$ 周期重复的频谱，即

$$\tilde{Y}(\Omega)=\frac{1}{M}\tilde{V}\left(\frac{\Omega}{M}\right)=\frac{1}{M}\tilde{H}_{\mathrm{d}}\left(\frac{\Omega}{M}\right)\tilde{X}\left(\frac{\Omega}{M}\right)，\quad -\pi<\Omega\leqslant\pi \tag{9.8.8}$$

它精确地保留了输入信号 $x[n]$ 在 $|\Omega| \leqslant \pi/M$ 频带内的全部谱信息。

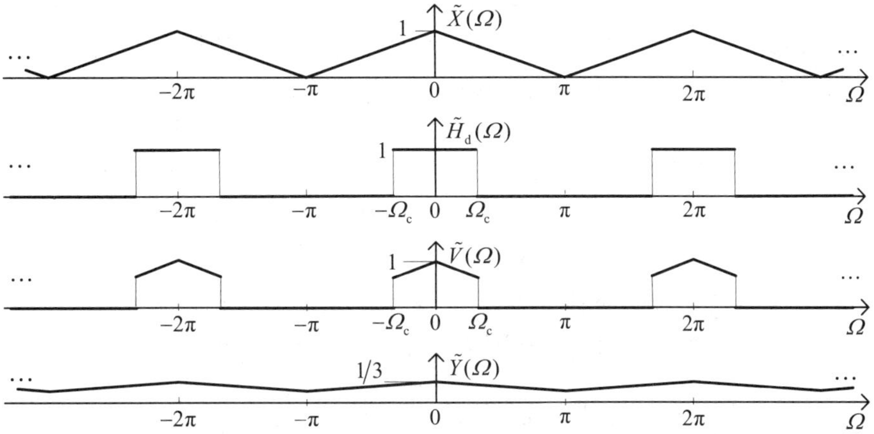


图 9.70　$M=3$ 的减抽样系统中各点频谱示意图

若 $x[n]$ 是带限于 $\omega_{\mathrm{M}}$ 的连续时间信号 $x_{\mathrm{c}}(t)$ 以抽样间隔 $T_1 \leqslant \pi/\omega_{\mathrm{M}}$ 抽样，并通过 A/D 转换来的数字信号，如图 9.71(a)所示，可证明，图 9.71(a)的系统等效于图 9.71(b)的系统，即数字信号 $x[n]$ 经过 $M$ 倍减抽样后的输出 $y[n]$，等于 $x_{\mathrm{c}}(t)$ 通过连续时间低通滤波器 $H_{\mathrm{c}}(\omega)$ 后，再以抽样间隔 $T_2=MT_1$ 抽样，并通过 A/D 转换来的数字信号，其中，低通滤波器 $H_{\mathrm{c}}(\omega)$ 为

$$H_{\mathrm{c}}(\omega)=\begin{cases}1, & |\omega| \leqslant \pi/MT_1\\ 0, & |\omega|>\pi/MT_1\end{cases} \tag{9.8.9}$$

其作用是防止用抽样间隔 $T_2=MT_1$ 抽样时产生混叠。

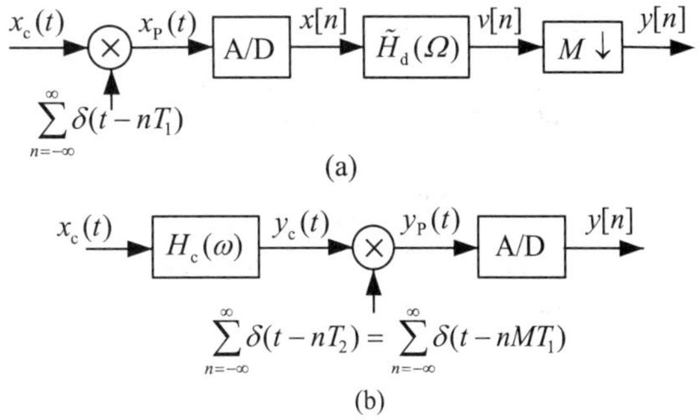


图 9.71　$M$ 倍减抽样及其连续时间等效方框图

上述分析说明，在图 9.69 的 $M$ 倍减抽样系统中，抽取滤波器 $\tilde{H}_{\mathrm{d}}(\Omega)$ 的作用是防止后接的 $M$ 倍抽取产生混叠，这等效于图 9.71(b)中抗混叠滤波器 $H_{\mathrm{c}}(\omega)$ 的作用。实际应用中的 $\tilde{H}_{\mathrm{d}}(\Omega)$ 不会是(9.8.4)式这样的理想低通滤波器，而是一个可实现的离散时间低通滤波器。这就要求实际采用的抽取滤波器必须在 $|\Omega| \geqslant \pi/M$ 的阻带范围内有足够的衰减，以确保可能产生的混叠可以忽略不计。

如果从时域上考察图 9.69 的 $M$ 倍减抽样系统，则有

$$v[n]=\sum_{k=-\infty}^{\infty}x[k]h_{\mathrm{d}}[n-k] \quad 和 \quad y[n]=v[Mn] \tag{9.8.10}$$

由此得到

$$y[n]=\sum_{k=-\infty}^{\infty}x[k]h_{\mathrm{d}}[Mn-k]\quad 或\quad y[n]=\sum_{k=-\infty}^{\infty}h_{\mathrm{d}}[k]x[Mn-k]\tag{9.8.11}$$

上式表明，图 9.69 的 $M$ 倍减抽样系统可以直接通过(9.8.11)式的卷积和运算来实现，而且这种卷积和运算是把 $x[n]$ 或 $h_{\mathrm{d}}[n]$ 中每隔 $M$ 个序列值计算一次求和，获得输出 $y[n]$ 的一个序列值。这与(9.8.10)式左式中用 $h_{\mathrm{d}}[n]$ 与 $x[n]$ 的卷积和滤波运算相比，计算量可以减少 $M$ 倍。

**2．*L* 倍增抽样**

$L$ 倍增抽样就是把离散时间(数字)信号的抽样率增加 $L$ 倍，如果原抽样率为 $f_{\mathrm{s1}}$，抽样间隔为 $T_1=1/f_{\mathrm{s1}}$，$L$ 倍增抽样后的抽样率为 $f_{\mathrm{s2}}=Lf_{\mathrm{s1}}$，抽样间隔为 $T_2=1/f_{\mathrm{s2}}=T_1/L$。

正如图 9.67(b)中表示的，对 $M$ 倍抽取后的数字信号 $h_{\mathrm{d}}[n]$ 进行 $M$ 倍内插零，再通过内插滤波器 $\tilde{H}_{\mathrm{L}}(\varOmega)$，就可以重建原数字信号 $x[n]$，即又转换回原来的抽样率。因此采用离散时间内插零系统级联内插滤波器，就可以实现抽样率的整倍数增加。

一般的 $L$ 倍增抽样系统方框图如图 9.72(a)所示，它经历两步：第一步是 $L$ 倍内插零，即在数字(离散时间)信号 $x[n]$ 的每个序列值之间内插($L-1$)个零值，变成 $w[n]$，即

$$w[n]=x_{(L)}[n]=\begin{cases}x[n/L], & n=0,\ \pm L,\ \pm 2L,\cdots\\ 0, & n\neq 0,\ \pm L,\ \pm 2L,\cdots\end{cases}\tag{9.8.12}$$

第二步，再让 $w[n]$ 通过一个内插低通滤波器，其单位冲激响应和频率响应为 $h_{\mathrm{L}}[n]$ 和 $\tilde{H}_{\mathrm{L}}(\varOmega)$，得到 $L$ 倍增抽样信号 $y[n]$，在图 9.72(b)中给出了这两步过程各点序列的示意图。

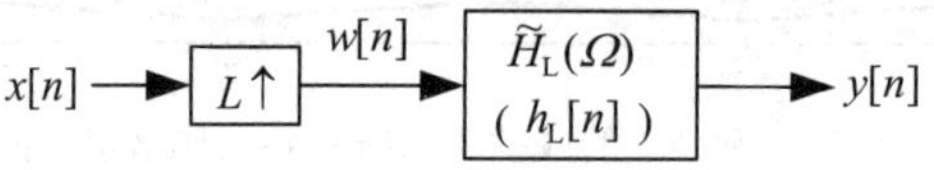


(a) $L$ 倍增抽样系统方框图

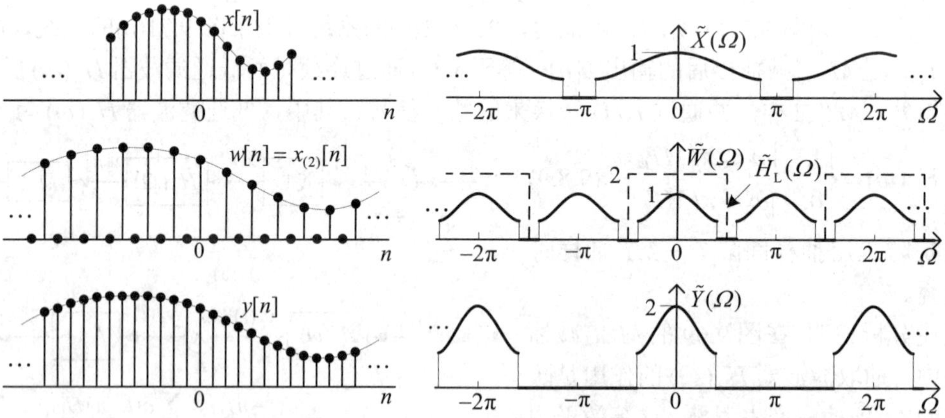


(b) 2倍增抽样过程的序列图　　(c) 2倍增抽样过程的频谱示意图

图 9.72　$L$ 倍增抽样系统方框图和图解说明

首先考察图 9.72(a)所示的 $L$ 倍增抽样系统的频域关系。假设 $x[n]$，$w[n]$、$h_{\mathrm{L}}[n]$ 和 $y[n]$ 的 DTFT 分别为 $\tilde{X}(\varOmega)$、$\tilde{W}(\varOmega)$、$\tilde{H}_{\mathrm{L}}(\varOmega)$ 和 $\tilde{Y}(\varOmega)$，直接利用 6.8.2 小节(6.8.10)式，将有

$$\tilde{W}(\varOmega)=\tilde{X}(L\varOmega)\tag{9.8.13}$$

当 $L=2$ 时，$L$ 倍增抽样过程的各点频谱如图 9.72(c)所示，其中，$w[n]$ 的频谱不仅包含 $\tilde{X}(\varOmega)$ 压缩 $L$ 倍的基带谱，还分别在频率 $2\pi/L$ 的整倍数处产生($L-1$)个压缩 $L$ 倍的像。为了恢复感兴趣的基带谱和去掉不需要的($L-1$)个像，必须用一低通滤波器对 $w[n]$ 进行滤波，为了方便，

假定内插滤波器 $\tilde{H}_{\mathrm{L}}(\Omega)$ 是具有增益为 $G$、截止频率为 $\pi/L$ 的理想低通滤波器，则低通滤波后的输出频谱在 $(-\pi,\ \pi]$ 主值区间内为

$$\tilde{Y}(\Omega)=\tilde{H}_{\mathrm{L}}(\Omega)\tilde{W}(\Omega)=\begin{cases}G\tilde{X}(L\Omega), & |\Omega|\leqslant\pi/L\\ 0\ , & |\Omega|>\pi/L\end{cases}\tag{9.8.14}$$

如果 $x[n]$ 是带限连续时间信号 $x_{\mathrm{c}}(t)$ 以抽样间隔 $T_1$ 抽样并转换来的离散时间信号，利用前面 9.3.1 小节中(9.3.7)式的结果，将有

$$\tilde{X}(\Omega)=\frac{1}{T_1}\sum_{k=-\infty}^{\infty}X_{\mathrm{c}}\left(\frac{\Omega-k2\pi}{T_1}\right)\tag{9.8.15}$$

其中，$X_{\mathrm{c}}(\omega)$ 是 $x_{\mathrm{c}}(t)$ 的频谱。把上式代入(9.8.14)式，并令 $T_2=T_1/L$，将得到

$$\tilde{Y}(\Omega)=\frac{G/L}{T_2}\sum_{k=-\infty}^{\infty}X_{c}\left(\frac{\Omega-k2\pi}{T_2}\right)\tag{9.8.16}$$

只要内插滤波器的通带增益 $G=L$，$\tilde{Y}(\Omega)$ 就是 $x_{\mathrm{c}}(t)$ 以抽样率 $f_{s2}=1/T_2=L/T_1=Lf_{s1}$ 抽样和转换来的离散时间信号频谱，这表明 $y[n]$ 是 $x[n]$ 的 $L$ 倍增抽样信号。同时还表明，为确保 $y[n]$ 是 $x[n]$ 的 $L$ 倍增抽样序列，必须使图 9.72(a)中的内插滤波特性为

$$\tilde{H}_{\mathrm{L}}(\Omega)=\begin{cases}L, & |\Omega|\leqslant\pi/L\\ 0, & |\Omega|>\pi/L\end{cases},\quad \text{在}(-\pi,\ \pi]\text{主值区间内}\tag{9.8.17}$$

实际上，从时域上看(见图 9.72(b))，$w[n]$ 就是 $y[n]$ 以抽样间隔 $L$ 的离散时间已抽样序列，根据 6.6.2 节的离散时间时域抽样定理，上述低通滤波器 $\tilde{H}_{\mathrm{L}}(\Omega)$ 就是从已抽样序列重建原序列的理想内插滤波器。因此在 $y[n]$ 中，除了其每隔 $L$ 的序列值就是原序列 $x[n]$ 的序列值外，其余序列值都是通过这个内插低通滤波器内插出来的。如果离散时间内插滤波器的单位冲激响应为 $h_{\mathrm{L}}[n]$，则 $y[n]$ 可以表示为

$$y[n]=\sum_{k=-\infty}^{\infty}w[k]h_{\mathrm{L}}[n-k]\tag{9.8.18}$$

由于 $w[n]$ 中每 $L$ 个序列值中有 $(L-1)$ 个零值，上式卷积和的计算量也可以减少 $L$ 倍，则 $L$ 倍增抽样的输入输出关系可以表示为

$$y[n]=\sum_{k=-\infty}^{\infty}x[k/L]h_{\mathrm{L}}[n-k]=\sum_{r=-\infty}^{\infty}x[r]h_{\mathrm{L}}[n-rL],\quad k/L\in Z\tag{9.8.19}$$

### 9.8.3　有理比 $L/M$ 的抽样率转换

以上面介绍的 $L$ 倍增抽样和 $M$ 倍减抽样为基础，本小节讨论一般的抽样率转换，即有理比 $L/M$ 的抽样率转换。假设原抽样率和抽样间隔为 $f_{\mathrm{s1}}$ 和 $T_1$，转换后的抽样率和抽样间隔为 $f_{\mathrm{s2}}$ 和 $T_2$，若抽样率的比值为

$$f_{\mathrm{s2}}/f_{\mathrm{s1}}=T_1/T_2=L/M\tag{9.8.20}$$

就称为**有理比 $L/M$ 抽样率转换**。

这种抽样率转换能用 $L$ 倍增抽样级联 $M$ 倍减抽样来实现，如图 9.73(a)所示。即先对 $x[n]$ 做 $L$ 倍增抽样，得到序列 $z[n]$，然后再经过 $M$ 倍减抽样，实现 $x[n]$ 的有理比 $L/M$ 抽样率转换。

从图 9.73(a)中可以看到，内插滤波器 $h_{\mathrm{L}}[n]$ 和抽取滤波器 $h_{\mathrm{d}}[n]$ 是在抽样率 $Lf_{s1}$(或抽样间隔 $T_1/L$)上工作的级联系统，它们可以等效为一个低通滤波器 $h[n]$ 或 $\tilde{H}(\Omega)$，如图 9.73(b)所示。

由(9.8.17)式和(9.8.4)式可以得到它的频率响应(主值区间内)为

$$\tilde{H}(\Omega)=\tilde{H}_{\mathrm{L}}(\Omega)\tilde{H}_{\mathrm{d}}(\Omega)=\begin{cases}L, & |\Omega|\leqslant\min\{\pi/L,\ \pi/M\}\\ 0, & |\Omega|>\min\{\pi/L,\ \pi/M\}\end{cases}\tag{9.8.21}$$

这就是说，这个组合滤波器理论上应具有理想低通特性，其低通截止频率等于内插滤波器和抽取滤波器低通截止频率的最小值。

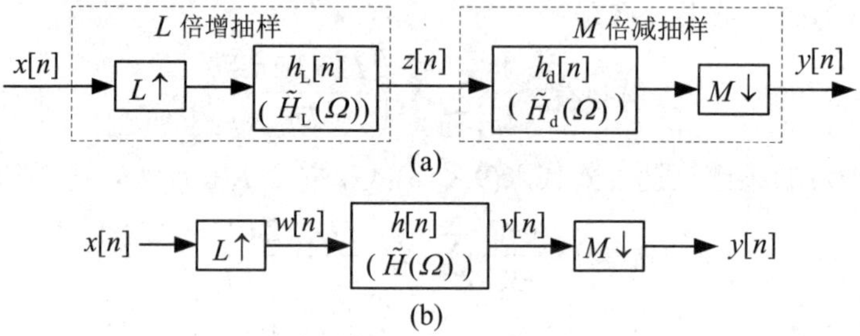


图 9.73 有理比 $L/M$ 的抽样率转换方框图

基于上述 $\tilde{H}(\Omega)$，并借助(9.8.8)式、(9.8.13)式和(9.8.14)式，可得到图 9.73(b)中各点信号之间的频域关系，在 $\Omega$ 的主值$(-\pi,\ \pi]$内，则有

$$\tilde{Y}(\Omega)=\frac{1}{M}\tilde{V}\left(\frac{\Omega}{M}\right),\quad -\pi<\Omega\leqslant\pi \quad 和 \quad \tilde{V}(\Omega)=\begin{cases}L\tilde{W}(\Omega), & |\Omega|\leqslant\min\{\pi/L,\ \pi/M\}\\ 0\ , & |\Omega|>\min\{\pi/L,\ \pi/M\}\end{cases}$$

以及

$$\tilde{W}(\Omega)=\tilde{X}(L\Omega)$$

联立上述三式，在 $\Omega$ 的主值内，一般抽样率转换系统的输入输出频域关系为

$$\tilde{Y}(\Omega)=\begin{cases}(L/M)\tilde{X}(\Omega L/M), & |\Omega|\leqslant\min\{\pi/L,\ \pi/M\}\\ 0\ , & |\Omega|>\min\{\pi/L,\ \pi/M\}\end{cases},\quad -\pi<\Omega\leqslant\pi\tag{9.8.22}$$

根据(9.8.11)式和(9.8.19)式，有理比抽样率转换系统(见图 9.73(b))的输入输出关系为

$$y[n]=v[Mn]=\sum_{r=-\infty}^{\infty}x[r]h[Mn-rL]\tag{9.8.23}$$

必须指出：在图 9.73 的有理比抽样率转换中，为确保任何离散时间信号进行有理比抽样率转换时不产生混叠，$L$ 倍内插零必须先于 $M$ 倍抽取。否则，若先 $M$ 倍减抽样，后 $L$ 倍增抽样，就可能产生混叠，当离散时间信号 $x[n]$ 的最高频率 $\Omega_{\mathrm{M}}>\pi/M$ 时，混叠必定产生。

顺便指出，上述一般形式的有理比 $L/M$ 抽样率转换方法，不仅适用于低通的数字信号，还适用于带通或高通的数字信号。换言之，图 9.73(b)中的滤波器 $h[n]$ 还可以是带通或高通滤波器，只要其通带宽度小于或等于 $2\pi/M$ 和 $2\pi/L$ 中的最小值，抽样率转换系统也将不发生混叠，并且也能通过相反的抽样率转换，内插并恢复出原来的数字带通或高通信号。

应该指出，上述的一般直接数字形式抽样率转换只能做到有理比值的抽样率转换，不能实现无理比值的抽样率转换，即使如此，已能满足实际的需要。

## 9.8.4 多抽样率信号处理和多抽样率系统

始终以数字形式并以多个抽样率处理信号的方法，称为**多抽样率信号处理**，相应地，实现或进行多抽样率信号处理的数字系统就称为**多抽样率系统**。近 30 年来，为适应数字调制和复用技术、数字语声和图像编码技术、子带分解和小波变换等的需要，多抽样率信号处理和系统已成为数字信号处理和系统的一个重要领域，已出版好几种专著，发表了大量论文(见参考文献[16]～[20])。上面的三种抽样率转换系统是多抽样率系统中最基本的单元，本小节简单介绍它们的几个典型应用，以此引入多抽样率数字信号处理和系统的基本概念和方法。

**1．基于多抽样率概念的分数抽样间隔延时**

在前面 9.3.2 小节讨论连续时间延时的离散时间实现时曾提到，连续时间信号以抽样间隔 $T_s$ 抽样，并转换成离散时间信号后，利用一个具有线性相移的离散时间系统，可以实现连续时间的任意延时 $t_0$，这个离散时间系统的输入输出关系见(9.3.25)式。当 $t_0/T_s$ 是一个正整数 $n_0$ 时，它可以用 $n_0$ 个单位延时单元的级联来实现。但是，当 $t_0/T_s$ 不是整数时，比如，$t_0/T_s$ 等于一个有理数 $k/M$ 时，要求离散时间全通系统的输入输出关系为

$$y[n]=x[n-k/M] \tag{9.8.24}$$

它不是 LTI 系统，在单个抽样率下要实现它是相当困难。在一些通信和数字信号处理应用中，往往要求输出信号 $y[n]$ 是输入信号 $x[n]$ 的一个有理分数延时，例如，一些数字相位调制和数字均衡中的**半抽样延时**($t_0/T_s=0.5$)等。利用多抽样率信号处理的概念，这将很容易实现。图 9.74 中给出了 $k/M$ 抽样间隔延时的多抽样率实现结构，其中 $z^{-k}$ 是 $k$ 个单位延时的级联，$h_L[n]$ 或 $\tilde{H}_L(\Omega)$ 是一个具有零相移的低通滤波器，它起着抽取滤波器的作用。

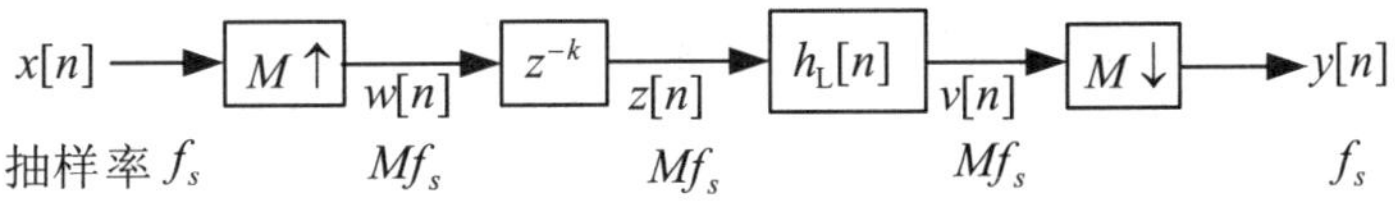


图 9.74　有理分数 $k/M$ 抽样间隔延时的多抽样率实现结构

在频域上可以很简单地分析图 9.74 中的系统，系统中各点信号的频谱依次为

$$\tilde{W}(\Omega)=\tilde{X}(M\Omega) \quad \text{和} \quad \tilde{Z}(\Omega)=\tilde{W}(\Omega)\mathrm{e}^{-\mathrm{j}k\Omega}=\tilde{X}(M\Omega)\mathrm{e}^{-\mathrm{j}k\Omega}$$

$$\tilde{V}(\Omega)=\tilde{H}_L(\Omega)\tilde{Z}(\Omega)=\tilde{H}_L(\Omega)\tilde{X}(M\Omega)\mathrm{e}^{-\mathrm{j}k\Omega}$$

$$\tilde{Y}(\Omega)=\frac{1}{M}\sum_{l=0}^{M-1}\tilde{V}\left(\frac{\Omega-2\pi l}{M}\right)=\frac{1}{M}\sum_{l=0}^{M-1}\tilde{H}_L\left(\frac{\Omega-2\pi l}{M}\right)\tilde{X}\left(\Omega-\frac{2\pi l}{M}\right)\mathrm{e}^{-\mathrm{j}\frac{k}{M}\Omega} \tag{9.8.25}$$

为使最后的 $M$ 抽取不产生混叠，并精确地保持 $x[n]$ 的幅度频谱，该低通滤波特性必须满足

$$\tilde{H}_L(\Omega)=\begin{cases}M, & |\Omega|\leqslant\pi/M\\ 0, & |\Omega|>\pi/M\end{cases}, \quad \text{在主值区间}(-\pi,\ \pi]\text{内} \tag{9.8.26}$$

把它代入(9.8.25)式，将滤除式中($M-1$)个 $\tilde{X}(\Omega)$ 的像，只剩下 $l=0$ 的项，即

$$\tilde{Y}(\Omega)=\frac{1}{M}\tilde{H}_L(\Omega/M)\tilde{X}(\Omega)\mathrm{e}^{-\mathrm{j}\frac{k}{M}\Omega} \tag{9.8.27}$$

显然，$\tilde{H}_L(\Omega/M)$ 将是增益为 $M$ 的零相位满带滤波器。最后有

$$\tilde{Y}(\Omega)=\tilde{X}(\Omega)\mathrm{e}^{-\mathrm{j}\frac{k}{M}\Omega} \tag{9.8.28}$$

这表明，图 9.74 系统的时域输入输出关系即为(9.8.24)式。

**2．抽样率转换在数字音频系统中的应用**

在高质量数字音频系统中，必须通过 A/D 转换器把音频信号 $x_c(t)$ 转换成数字音频信号 $x_d[n]$，基于高保真的要求，最高频率通常选定为 $f_M\leqslant 22$ kHz。从有效存储和处理考虑，希望接近临界抽样频率 $f_{s1}=44$ kHz 采样，这要求抗混叠滤波器 $H_a(\omega)$ 应是通带为 22 kHz 的高性能模拟低通滤波器，即通带内有很平坦的幅频特性和很好的线性相移特性，且过渡带非常陡。

换言之，几乎要求是一个 22 kHz 的理想低通滤波器。有关模拟滤波器设计和实现的经验表明，这个要求苛刻得难以实现，或实现起来要付出很高的代价。图 9.75(a)中给出一个利用多抽样率概念的解决办法，只要对 $x_c(t)$ 进行过抽样，例如抽样频率为 $f_{s2}=88$ kHz，通过 A/D 转换器转换成抽样率为 $f_{s2}$ 的数字信号后，再 2 倍减抽样成临界抽样率 $f_{s1}$ 的数字信号 $x_d[n]$。

在这个系统中，为满足连续时间抽样定理，抗混叠滤波器要求的幅度和相位特性可以如图 9.75(b)所示，在 22 kHz 以下有足够平坦的幅频特性和线性相移特性，过渡带可以从 22 kHz 到 44 kHz，一个低阶的模拟贝塞尔滤波器(在通带内具有线性相位特性)就可满足这样的要求。图 9.75(a)中的抽取滤波器 $h_d[n]$ 是一个锐截止线性相移数字滤波器，这在数字滤波器设计和实现中并不困难，采用高阶的线性相移 FIR 滤波器，就可以到达要求。

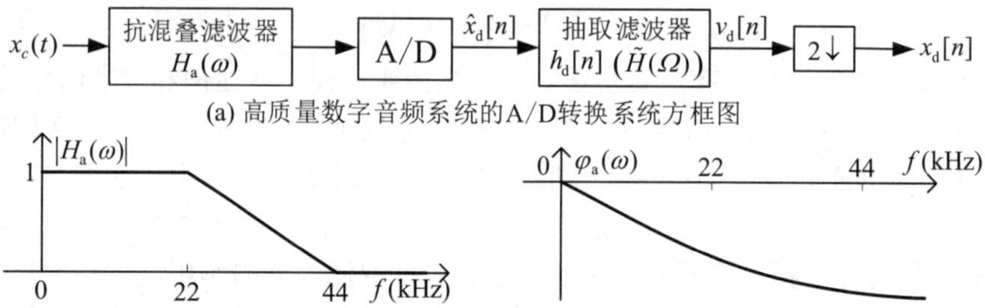


(a) 高质量数字音频系统的A/D转换系统方框图

(b) 模拟抗混叠滤波器的幅频和相频特性示意图

图 9.75　高质量数字音频系统的 A/D 转换系统方案示意图

在数字音频领域，诸如音频节目素材的数字存储、数字传输和数字处理系统中，当被用于广播、储存、消费类产品等不同场合时，音频带宽或抽样率有不同要求；另外，为了改变音频素材播放速度，要求在数字处理时对它们进行不同类型的速率控制。这就要求数字音频信号以不同抽样率或数字格式出现，并能进行相互转换。实现这种转换的一种方法是返回模拟形式，再以新的数字格式将它数字化。正如本节开头指出的，这将导致数字音频质量的退化。一种更有吸引力的方法是在两种数字格式之间，通过波形内插直接进行转换，如图 9.76 所示。这是一个典型的抽样率转换问题，采用适当的数字字长控制和数字内插滤波器设计，数字格式转换的精度可以做到任意高，基本上实现两个系统之间的无失真和无噪声连接。

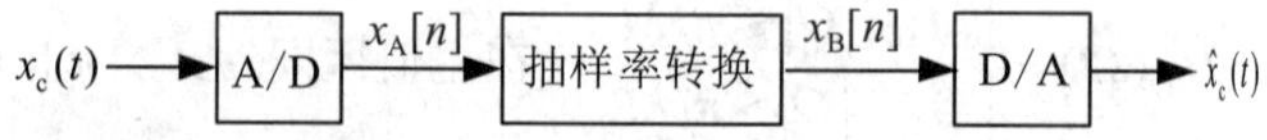


图9.76　两个数字音频格式之间直接转换的方框图

**3．脉冲增量调制和脉冲编码调制信号编码格式之间的转换**

在数字通信网的不同部分，可能采用不同的数字编码格式，例如，有些语音终端或 A/D 转换器采用脉冲增量调制(DM)，即信号经高度过抽样后，对相邻样本值之差的正负符号进行编码，这是 1 比特/样本的编码技术，而且可以省去抽样前的抗混叠滤波器，编码后的数字信号是简单的无帧比特流格式，实现和操作都很简单；另一方面，为把数字信号远程传输和交换，或进行一系列信号处理(滤波和均衡等)，通常希望数字信号具有脉冲编码调制(PCM)格式。这就要求经常在高抽样率的单个比特 DM 格式和低抽样率的多比特 PCM 格式之间相互转换，图 9.77(a)和(b)分别给出了 DM 到 8 比特 PCM 转换和 8 比特 PCM 到 DM 转换的基本方框图。显然，不同数字编码格式之间的转换，又是抽样率转换概念和方法的另一类应用。

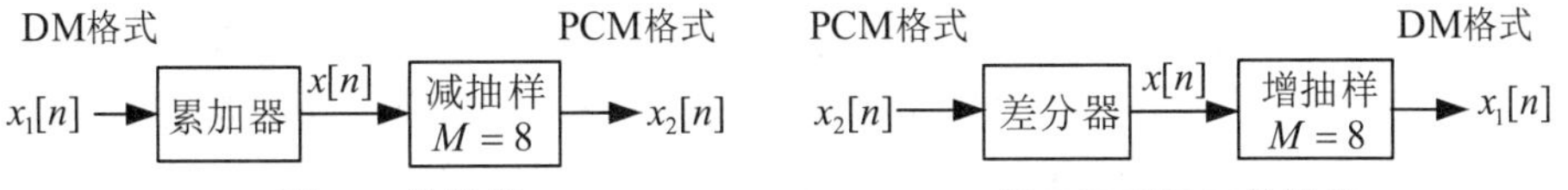


(a) DM到PCM的转换　(b) PCM到DM的转换

图 9.77　DM 格式和 PCM 格式之间相互转换的基本方框图

**4．混合多路复用**(Transmultiplexing)

当今世界的公用电话网存在两种基本类型的多路复用体制，即数字形式的时分多路复用(TDM)制式和模拟形式的频分多路复用(FDM)制式。由于历史原因， FDM 制式通常用于除光纤以外的长距离传输设备中。另外，前面 7.9.1 小节已指出 TDM 制式的许多优点，它更多地用于本地的数字交换设备中，因此需要在两种多路复用制式之间进行相互转换。这种从一种多路复用制式到另一种的转换过程和技术称为**混合多路复用(调制)**。在早期的两种多路复用制式间的转换中，先在原制式下解复用和解调，恢复成单路原始信号，再以另一种制式进行调制和多路复用，形成新的多路复用信号。显然，这种方法很不经济，且每经历一次转换都会导致信号质量恶化。一个有效和无噪的办法是直接以数字形式实现这种转换。图 9.78(a)和(b)中分别表示 TDM 到 FDM 和 FDM 到 TDM 直接转换过程中，信号经历的几个基本处理。

在 TDM 制式中，每路语音信号的抽样率是 8 kHz，而 $N$ 路 FDM 多路复用信号的带宽为 $4N$ kHz，且处于某个规定的带通频率范围内。故在图 9.78 中，A/D 转换器的抽样率要高得多，如要 $8N$ kHz ( $N$ 为路数)，且 D/A 中的重建滤波器和 A/D 中的抗混叠滤波器，都是模拟带通滤波器。此外，图 9.78 中的单边带调制和解调都是在数字形式下完成的。显然，由图 9.78 看到，TDM 和 FDM 制式信号间的转换涉及抽样率转换。

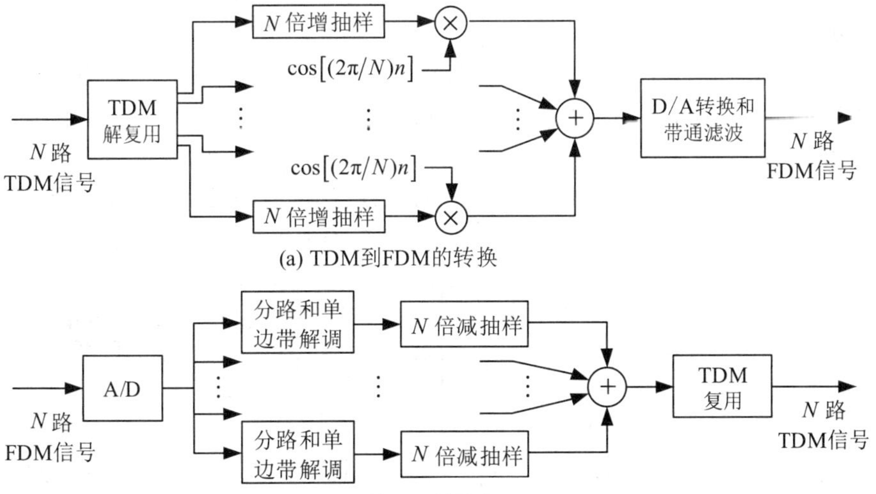


(b) FDM到TDM的转换

图 9.78　TDM 和 FDM 之间相互转换的基本方框图

**5．多信道分析/合成系统及其滤波器组**

把一个信号分解成若干个子信号，然后将所有子信号重构或合成出原信号的系统，称为**多信道分析/合成系统**。数字信号多信道分析/合成系统有很多实际应用，并已广泛应用于谱分析、子带编码(Sub-Band Coding)、小波变换编码(Wavelet Transform Coding)、多载波正交调制(Multi-Carrier Orthogonal Modulation)，以及其他数字信号处理等众多方面。特别是近 30 年来，已有相当大量的文献和专著，成为信号与系统领域的一个研究热点。

图 9.79 是一个$M$ **信道分析/合成系统**的框图，图中，左边称为**分析器**，它由$M$个$M$倍减抽样器组成，每个减抽样器都包含一个抽取滤波器$h_i[n]$，$M$个抽取滤波器组成所谓**分析滤波器组**；右边叫做**合成器或综合器**，它由$M$个$M$倍增抽样器组成，每个增抽样都包含一个内插滤波器$g_i[n]$，这$M$个内插滤波器组成所谓**合成滤波器组**。在分析器中，数字信号$x[n]$被分解成$M$个子信号$v_i[n]$；在合成器中，$M$个子信号$\hat{v}_i[n]$又合成出单个输出信号$\hat{x}[n]$。

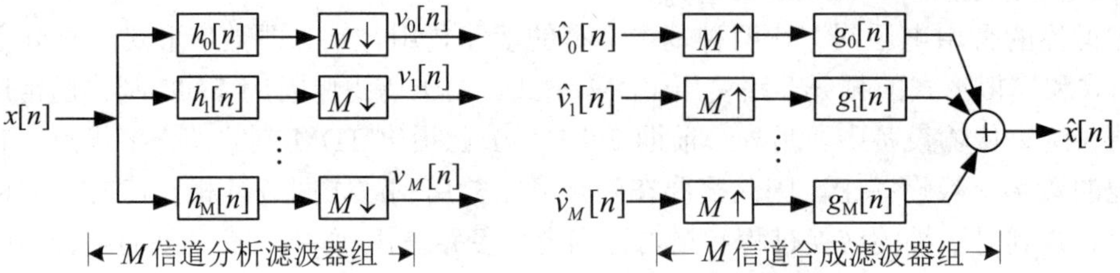


图 9.79　$M$信道分析/合成系统的方框图

如果把图 9.79 中左右两部分对应地直接连接，即让$\hat{v}_i[n]=v_i[n]$，$i=1, 2, \cdots, M$，并且有$\hat{x}[n]=x[n-n_0]$，则整个系统就是一个无失真系统，或称为**精确重构(PR)的分析/合成系统**。在实际应用中，$v_i[n]$到$\hat{v}_i[n]$中间还经历其他数字信号处理和传输过程，例如，量化、编码和有噪传输等，此时$\hat{v}_i[n]$将不等于$v_i[n]$或其延时形式，最后输出$\hat{x}[n]$也将不等于$x[n-n_0]$。一般说来，每个子信号处理和传输造成$\hat{x}[n]$的失真取决于所采用的不同处理和传输系统，与分析/合成系统无关。研究和设计多信道分析/合成系统的任务，就归结为怎样使它成为精确重构分析/合成系统。下面以最简单也是最基本的两信道分析/合成系统为例，介绍和讨论它的基本工作原理和基本关系，由此获得一般的多信道分析/合成系统的一些基本概念和方法。

两信道分析/合成系统如图 9.80 所示，一般地，第 0 信道中的$H_0(z)$和$G_0(z)$都是通带为$\pi/2$的**半带低通滤波器**，而第 1 信道中的$H_1(z)$和$G_1[(z)$是通带为$\pi/2$的**半带高通滤波器**。输入信号$x[n]$首先被$H_0(z)$和$H_1(z)$滤波后，分别成为低通和高通信号$y_0[n]$和$y_1[n]$，通过 2 倍抽取，接着 2 倍内插零，分别得到$y_{0P}[n]$和$y_{1P}[n]$。实际上，$y_{0P}[n]$和$y_{1P}[n]$分别是$y_0[n]$和$y_1[n]$以抽样间隔 2 的已抽样序列，即分别是令$y_0[n]$和$y_1[n]$的所有奇数时刻序列值等于零的结果。再分别经$G_0(z)$和$G_1[(z)$，内插出$x_0[n]$和$x_1[n]$，最后相加得到输出信号$\hat{x}[n]$。

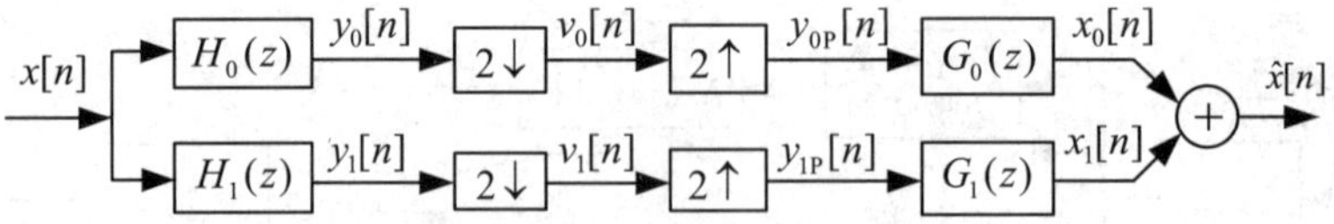


图 9.80　两信道分析/合成系统方框图

首先考察$H_0(z)$，$G_0(z)$和$H_1(z)$，$G_1[(z)$都是理想半带低通和高通滤波器的理想情况，假若输入信号$x[n]$接近于全带信号，即稍稍过抽样得到的数字信号，则可画出图 9.80 中主要点的信号频谱，如图 9.81 所示。按照图 9.80，若有

$$\tilde{X}_0(\Omega)=\tilde{Y}_0(\Omega) \quad 和 \quad \tilde{X}_1(\Omega)=\tilde{Y}_1(\Omega)$$

则有

$$\tilde{\hat{X}}(\Omega)=\tilde{Y}_0(\Omega)+\tilde{Y}_1(\Omega)=\tilde{X}(\Omega)$$

即$\hat{x}[n]=x[n]$。这表明，若采用理想半带低通和高通滤波器，两信道分析/合成系统就可以达到精确重构。但是在实际应用中，即使采用锐截止特性的线性相位半带低通和高通滤波器，

似乎既不可能完全避免混叠，也不可能做到理想带限内插。

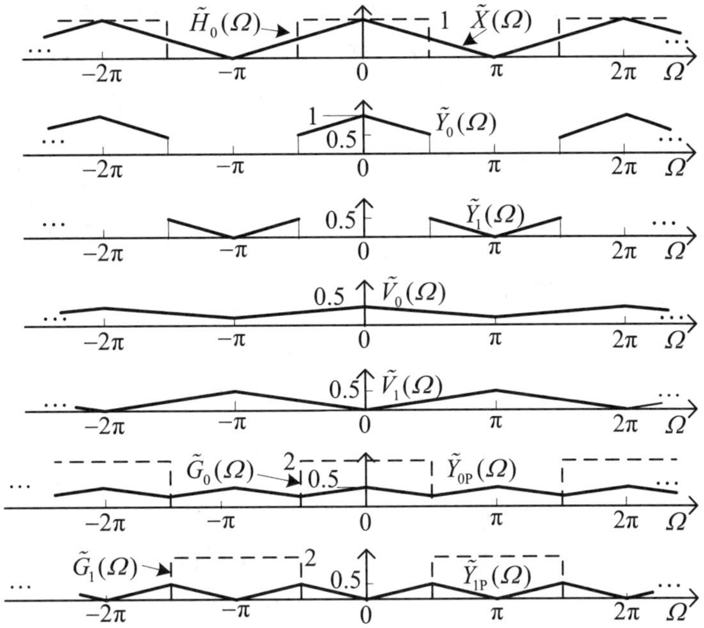

图 9.81　理想半带滤波器两信道分析/合成系统中的频谱示意图

图 9.79 所示的 $M$ 信道分析/合成系统能否实现信号的精确重构？若能够实现的话，分析和合成滤波器组应满足什么样的关系，又怎样设计它们？大量的研究结果表明，结论是肯定的，且归结为所谓**正交镜像滤波器组(QMF**，Quadrature Mirror Filter Bank)的设计。这里仍以图 9.80 所示的两信道分析/合成系统为例，作一简单介绍。

如果图 9.80 中的信号和滤波器都用其 Z 变换表示，则有

$$X(z)=X_0(z)+X_1(z)=G_0(z)Y_{0P}(z)+G_1(z)Y_{1P}(z) \tag{9.8.29}$$

考虑到 $y_{0P}[n]$ 和 $y_{1P}[n]$ 分别是让 $y_0[n]$ 和 $y_1[n]$ 的所有奇数时刻序列值等于 0 的结果，即

$$y_{0P}[n]=0.5\{y_0[n]+(-1)^n y_0[n]\} \quad 和 \quad y_{1P}[n]=0.5\{y_1[n]+(-1)^n y_1[n]\} \tag{9.8.30}$$

利用前面 6.4.2 小节中的(6.4.19)式，上式的 Z 变换为

$$Y_{0P}(z)=0.5[Y_0(z)+Y_0(-z)] \quad 和 \quad Y_{1P}(z)=0.5[Y_1(z)+Y_1(-z)] \tag{9.8.31}$$

其中

$$Y_0(z)=H_0(z)X(z) \quad 和 \quad Y_1(z)=H_1(z)X(z) \tag{9.8.32}$$

将上面三式代入(9.8.29)式，并经整理后得到

$$\hat{X}(z)=\frac{1}{2}\big[H_0(z)G_0(z)+H_1(z)G_1(z)\big]X(z)+\frac{1}{2}\big[H_0(-z)G_0(z)+H_1(-z)G_1(z)\big]X(-z) \tag{9.8.33}$$

或者利用(6.4.13)式，写成它的离散时间傅里叶变换形式为

$$\begin{aligned}\tilde{\hat{X}}(\Omega)=&\frac{1}{2}\Big[\tilde{H}_0(\Omega)\tilde{G}_0(\Omega)+\tilde{H}_1(\Omega)\tilde{G}_1(\Omega)\Big]\tilde{X}(\Omega)\\&+\frac{1}{2}\Big[\tilde{H}_0(\Omega-\pi)\tilde{G}_0(\Omega)+\tilde{H}_1(\Omega-\pi)\tilde{G}_1(\Omega)\Big]\tilde{X}(\Omega-\pi)\end{aligned} \tag{9.8.34}$$

显然，上两式中包含 $\tilde{X}(\Omega-\pi)$ 或 $X(-z)$ 的第二项是采用非理想半带低通和高通滤波器产生的混叠分量。如果按如下关系选择这四个分析和合成滤波器：

$$G_0(z)=H_0(z)\,,\quad H_1(z)=H_0(-z)\,,\quad G_1(z)=-H_0(-z) \tag{9.8.35}$$

或
$$\tilde{G}_0(\Omega)=\tilde{H}_0(\Omega)\,,\quad \tilde{H}_1(\Omega)=\tilde{H}_0(\Omega-\pi)\,,\quad \tilde{G}_1(\Omega)=-\tilde{H}_0(\Omega-\pi) \tag{9.8.36}$$

(9.8.33)式和(9.8.34)式中第二项的混叠分量就抵消了。此时将有

$$\hat{X}(z)=T(z)X(z)\quad 或\quad \tilde{\hat{X}}(\Omega)=\tilde{T}(\Omega)\tilde{X}(\Omega) \tag{9.8.37}$$

其中，
$$T(z)=\frac{1}{2}\left[H_0^2(z)-H_0^2(-z)\right]\quad 或\quad \tilde{T}(\Omega)=\frac{1}{2}\left[\tilde{H}_0^2(\Omega)-\tilde{H}_0^2(\Omega-\pi)\right] \tag{9.8.38}$$

显然，此时两信道分析/合成系统等效为一个 LTI 系统，$T(z)$ 或 $\tilde{T}(\Omega)$ 就是它的等效系统函数或等效频率响应。

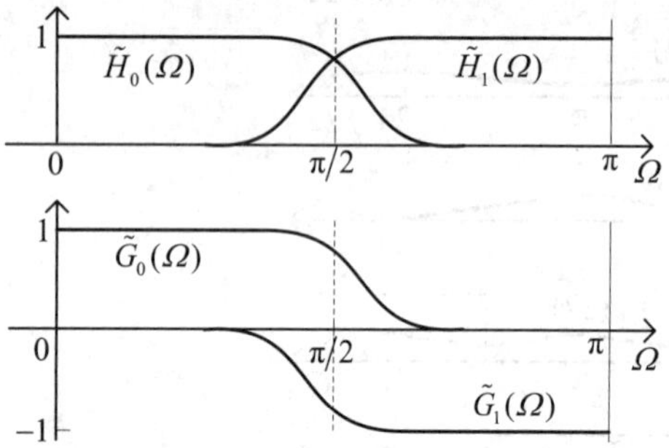

图 9.82 正交镜像滤波器(QMF)滤波特性

如果 $\tilde{H}_0(\Omega)$ 是一个非理想半带低通滤波器，按照(9.8.36)式，$\tilde{G}_0(\Omega)$ 和 $\tilde{H}_0(\Omega)$ 是相同的低通滤波器，比如，它们的幅频特性如图 9.82 所示；$\tilde{H}_1(\Omega)$ 是一个非理想半带高通滤波器，其频率特性是 $\tilde{H}_0(\Omega)$ 频移了 π，即 $\tilde{H}_1(\Omega)$ 和 $\tilde{H}_0(\Omega)$ 关于 $\Omega=\pi/2$ 互为偶对称；而 $\tilde{G}_1(\Omega)$ 也是一个非理想半带高通滤波器，但它和 $\tilde{H}_0(\Omega)$ 关于 $\Omega=\pi/2$ 互为奇对称。换言之，在满足上述无混叠的两信道分析/合成系统中，两信道的合成滤波器和分析滤波器频率特性间都以 $\Omega=\pi/2$ 为轴，分别成偶、奇镜像关系，因此把它们称为**正交镜像滤波器**(QMF)。

采用基于(9.8.36)式的 QMF 滤波器，尽管可消除混叠失真，但是并不意味着可以获得精确重构。此时的两信道分析/合成系统只等效为一个 LTI 系统，其变换域输入输出关系为(9.8.37)式，LTI 系统还可能产生幅度失真和相位失真(或群延时失真)。只有这两类线性失真也同时被消除，才能实现真正的精确重构。

根据前面 7.2.1 小节讨论的信号无失真条件，可以从两条思路来研究 QMF 滤波器组的精确重构问题，相应地也有两类精确重构 QMF 滤波器组的设计方法。一类是从无失真系统的频域条件出发，即等效 LTI 系统的幅频响应 $\left|\tilde{T}(\Omega)\right|$ 和相频响应 $\tilde{\varphi}(\Omega)$ 应分别满足

$$\left|\tilde{T}(\Omega)\right|=a\,,\quad \tilde{\varphi}(\Omega)=-\Omega n_0\,,\quad -\pi<\Omega\leqslant\pi \tag{9.8.39}$$

即可同时消除幅度失真和相位失真的条件和方法；另一类是从精确重构系统应等效为一个全带的纯时移系统出发，即

$$\hat{x}[n]=ax[n-n_0]\quad 或\quad T(z)=az^{-n_0}\,,\ a\ 为实常数 \tag{9.8.40}$$

并以卷积和的矢量矩阵表示法，研究精确重构条件和 QMF 滤波器组设计方法。

实际上，只要设计出称为**原形滤波器**的 $H_0(z)$ 或 $h_0[n]$，就可按照(9.8.35)式完成 QMF 滤波器组设计。原形滤波器典型地采用线性相移 FIR 滤波器，也可用具有近似线性相移的 IIR 滤波器，对此已经得出许多成功的设计方法，并有现成的设计结果可查。利用这些设计结果，采用不复杂(或低阶)的线性相移 FIR 滤波器，在不计及滤波器系数量化效应的情况下，要做到 100 dB 以上的重构信噪比是不困难的。

两信道精确重构分析/合成系统是一般 $M$ 信道分析/合成系统的基础，也是新近发展起来的小波分析/合成系统的基础。实现 $M$ 信道分析/合成系统的一个简单的方法，是采用多级的两信道分析/合成结构，例如，一个两级级联结构的四信道分析/合成系统如图 9.83 所示。在

图 9.76 中的左半部分是两级两信道分析器，其中的第一级把离散时间序列 $x[n]$ 分解成含有其高、低半带的两个序列 $x_0[n]$ 和 $x_1[n]$，然后，分别将 $x_0[n]$ 和 $x_1[n]$ 再进行第二级两带分解，分别得到 $v_0[n]$、$v_1[n]$ 和 $v_2[n]$、$v_3[n]$，它们分别是 $x[n]$ 在(0 至$\pi/4$)、($\pi/4$ 至$\pi/2$)和($\pi/2$ 至$3\pi/4$)、($3\pi/4$ 至$\pi$)频带内的子信号，实现了 $x[n]$ 的四带分解。图 9.83 中的右半部分是两级两信道合成器，通过两级合成，最后合成出 $\hat{x}[n]$。如果其中的两信道分析/合成器是精确重构的，那么，$\hat{x}[n]$ 将是 $x[n]$ 的精确的代表。

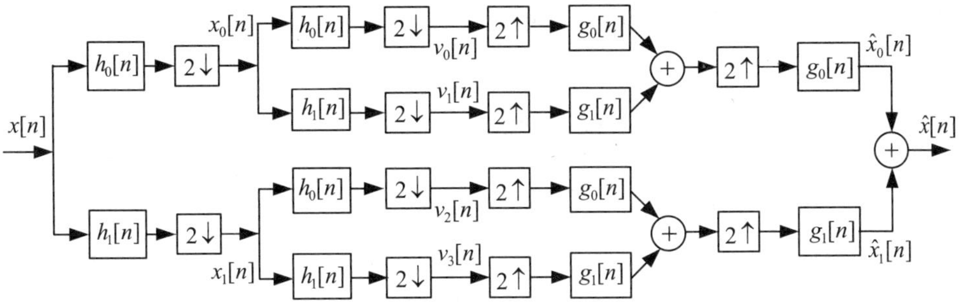

图 9.83　两级两信道分析/合成的级联结构

这里仅作上述概念性的介绍，详细讨论它们不是本课程的任务，感兴趣的读者可参阅有关专著和文献，例如书后的参考文献[18]～[20]。

# 习　题

**9.1**　已知 $x_c(t)$ 是带限的连续时间信号，假设 $x[n]$ 是 $x_c(t)$ 通过无混叠的 C/D 转换得到的离散时间信号，且抽样间隔 $T_s = 0.5$ ms。试针对下列每个 $x[n]$ 之频谱 $\tilde{X}(\Omega)$ 的限制，确定对 $x_c(t)$ 之频谱 $X(\omega)$ 的限制：

1) $\tilde{X}(\Omega)$ 是实函数　　2) $\tilde{X}(\Omega)=0$，$0.75\pi \leqslant \Omega \leqslant \pi$　　3) $\tilde{X}(\Omega)=\tilde{X}(\Omega-\pi)$

**9.2**　像在 9.3.1 小节图 9.1 中那样，把连续时间带限的能量信号 $x_c(t)$ 以高于奈奎斯特频率进行抽样，然后转换成离散时间序列 $x[n]$。试确定 $x[n]$ 的能量 $E$、$x_c(t)$ 的能量 $E_c$ 和抽样间隔 $T_s$ 之间的关系。

**9.3**　把连续时间周期信号 $\tilde{x}(t)$ 转换成离散时间序列 $x[n]$ 的系统如图 P9.3(a)所示，其中 $\tilde{x}(t)$ 的周期 $T$ 为 0.1 s，它的傅里叶级数系数为

$$F_k = (1/2)^{|k|}, \quad k = 0,\ \pm 1,\ \pm 2\ \cdots$$

低通滤波器的频率响应 $H(\omega)$ 如图 P9.3(b)所示，并已知抽样间隔 $T_s = 5\times 10^{-3}$ s。

1) 试证明 $x[n]$ 是一个周期序列，并确定其周期 $N$。　　2) 确定 $x[n]$ 的离散傅里叶级数系数 $\tilde{F}_k$。

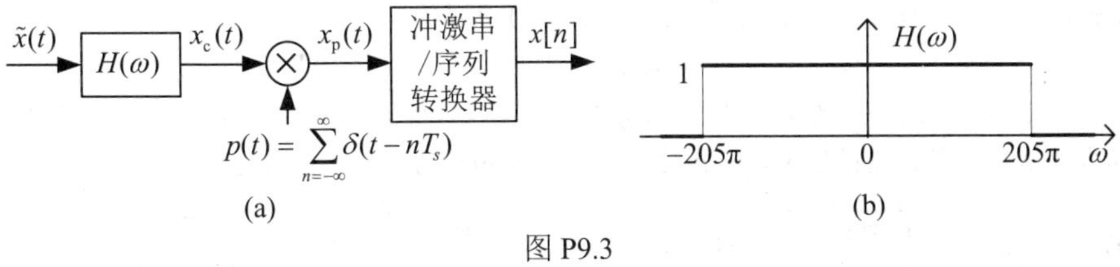

图 P9.3

**9.4**　图 P9.4 是一个输入为连续时间带限信号 $x_c(t)$，输出为离散时间序列 $x[n]$ 的混合系统，图中的连续时间系统是如下微分方程表示的因果 LTI 系统：

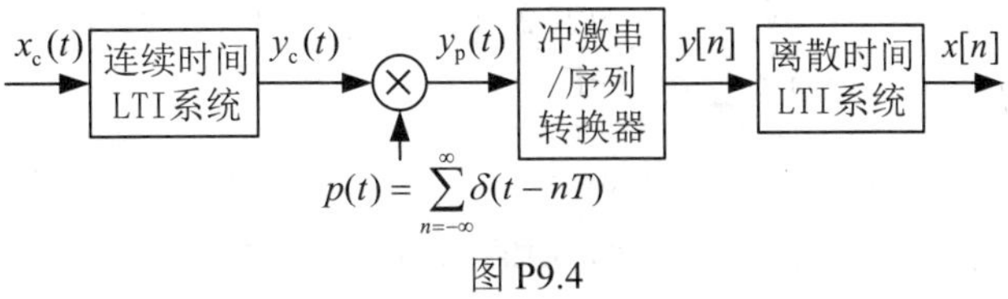

图 P9.4

$$\frac{\mathrm{d}y_c(t)}{\mathrm{d}t}+y_c(t)=x_c(t)$$

图中的抽样为临界抽样。要求图 P9.4 中的离散时间 LTI 系统，能够完全均衡上述连续时间系统造成的失真，试确定这个离散时间 LTI 系统的频率响应 $\tilde{H}(\Omega)$ 和单位冲激响应 $h[n]$。

**9.5** 实用的模/数(A/D)和数/模(D/A)转换器可以建模为图 P9.5(a)的系统，为了简单，图中省去了冲激串到序列和序列到冲激串的转换，且不考虑量化。通常模/数转换器中有一个抗混叠滤波器 $H_a(\omega)$，数/模转换器中采用零阶保持电路，以增加输出信号的幅度。假定数/模转换器中的重构滤波器 $H_L(\omega)$ 是一个截止频率为 $\pi/T$ 的零相位理想低通滤波器，其中 $T_s$ 为抽样间隔。

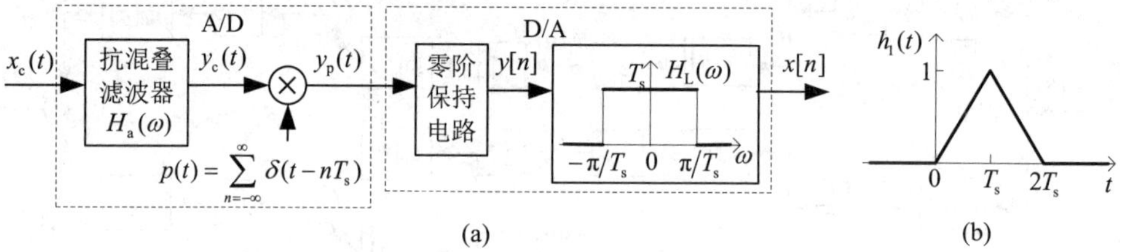


图 P9.5

1) 为了使得模/数和数/模转换器成对使用时，它们本身不产生失真(量化失真除外)，试确定并概略画出模/数转换器中抗混叠滤波器的频率响应 $H_a(\omega)$。

2) 如果数/模转换器中采用一阶保持电路(其单位冲激响应 $h_1(t)$ 见图 P9.5(b))，则 $H_a(\omega)$ 要作什么修改？

**9.6** 在图 9.10 所示连续时间信号的离散时间处理系统中，若其中的离散时间系统是如下差分方程描述的因果 LTI 系统，且输入的连续时间信号是带限于 $\pi/T_s$ 的带限信号，其中 $T_s$ 为抽样间隔，试求并概略画出该等效连续时间系统的频率响应 $H_c(\omega)$。

$$y[n]-0.5y[n-1]=x[n]$$

**9.7** 在图 9.10 所示连续时间信号的离散时间处理系统中，已知输入的连续时间信号 $x_c(t)$ 是带限的，即 $X_c(\omega)=0$，$|\omega|>2\pi\times10^4$，若采用的离散时间系统的输入输出关系为

$$y[n]=T_s\sum_{k=-\infty}^{n}x[k] \tag{P9.7.1}$$

1) 为使该处理系统避免混叠失真，允许的最大抽样间隔 $T_{s\max}$ 是多少？

2) 确定(P9.7.1)式表示的 LTI 系统的单位冲激响应 $h[n]$ 和频率响应 $\tilde{H}(\Omega)$。

3) 试确定是否有任何 $T_s$ 值，使得下式成立。如果有，求出 $T_s$ 的最大值；如果没有，试作出解释，并说明应该如何限制 $T_s$，才能使得下式最近似地成立。

$$\lim_{n\to\infty}y[n]=\lim_{t\to\infty}\int_{-\infty}^{t}x(\tau)\mathrm{d}\tau \tag{P9.7.2}$$

**9.8** 在有多径信号传输的情况下，接收机收到的信号 $x_c(t)$ 可以建模为

$$x_c(t)=x(t)+\alpha x(t-T),\quad 0<|\alpha|<1 \tag{P9.8.1}$$

其中，$x(t)$ 是通过直达路径传输来带限于 $\omega_M$ 的带限信号，且 $\omega_M<\pi/T_s$，$\alpha x(t-T)$ 代表经历另一条路径传输来的信号，$T$ 为路径延时。可通过图 P9.8 的模拟信号之数字信号处理来消除多径的影响。

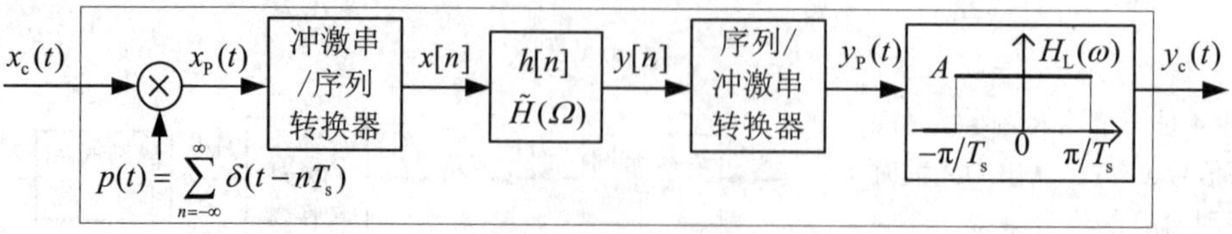


图 P9.8

1) $x_c(t)$ 是否是带限信号，如果是，它的最高频率是多少？

2) 如果(P9.8.1)式中的路径延时 $T<\pi/\omega_M$，并且选择抽样间隔 $T_s=T$，为使 $y_c(t)=x(t)$，试确定图中数字滤波器的单位冲激响应 $h[n]$ 和差分方程表示，并画出用三种离散时间基本单元组成的实现方框图。

3) 若路径延时满足 $\pi/\omega_M<T<2\pi/\omega_M$，为使得 $y_c(t)=x(t)$，试选择抽样间隔 $T_s$，确定图中数字滤波器的频率响应 $\tilde{H}(\Omega)$ 和理想低通滤波器 $H_L(\omega)$ 的增益 $A$，并画出用离散时间基本单元组成的方框图。

**9.9** 在习题 8.34 中把长途通信中的传输反射问题建模成一个连续时间 LTI 系统，它的单位冲激响应为

$$h(t)=\sum_{k=0}^{\infty}\alpha^k\delta(t-kT) \tag{P9.9}$$

并求出了它的逆系统，利用求出的逆系统，可以消除这种反射造成的信号失真。现考虑采用图 9.10 的离散时间处理方法解决这个问题，并与习题 8.34 所求结果作比较。

1) 若发送端发送的信号 $x(t)$ 是带限于 $\omega_M$ 的带限信号，试确定经多次反射后接收到的信号 $y(t)$。它是带限的吗，带限频率是多少？

2) 现把接收信号 $y(t)$ 作为图 9.10 系统的输入 $x_c(t)$，希望系统输出 $y_c(t)$ 是发送信号 $x(t)$ 的无失真波形，例如，$y_c(t)$ 正比于 $x(t)$，且已知 $T<\pi/\omega_M$，并选择抽样间隔 $T_s=T$。试确定图 9.10 中离散时间 LTI 系统的单位冲激响应 $h[n]$ 和差分方程表示，并画出用三种离散时间基本单元组成的方框图。

3) 如果 $T>\pi/\omega_M$，为使 $y_c(t)$ 是 $x(t)$ 的无失真波形，抽样间隔 $T_s$ 应如何选择，使得离散时间 LTI 系统实现起来最简单，并确定其单位冲激响应 $h[n]$，及其用三种离散时间基本单元组成的方框图。

4) 消除长途通信中反射造成的失真已有两种方法，一种是习题 8.34 中求逆系统的方法，另一种是本题 2)和 3)小题的离散时间处理方法，试比较这两种方法的性能和实现代价，并作出你的结论。

**9.10** 与连续时间信号的离散时间处理相对偶，图 P9.10.1 是离散时间信号的连续时间处理系统方框图。首先经 C/D 把离散时间序列 $x[n]$ 转换成连续时间信号 $x_c(t)$，假设采用理想带限内插滤波器 $H_L(\omega)$，即

$$H_L(\omega)=\begin{cases}T_s, & |\omega|\leqslant\pi/T_s\\ 0, & |\omega|>\pi/T_s\end{cases} \tag{P9.10}$$

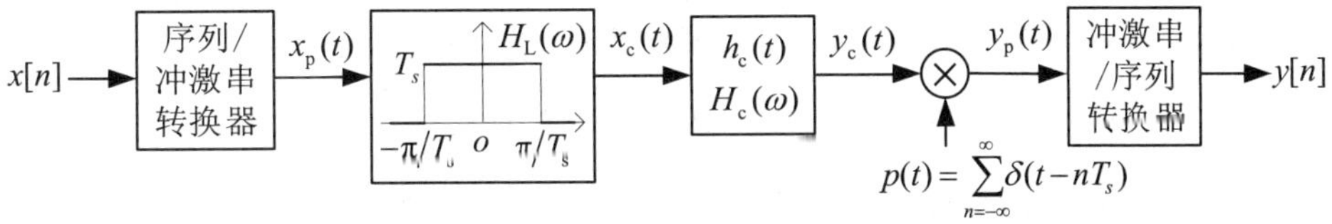


图 P9.10.1

然后用一个连续时间 LTI 系统 $h(t)$ 或 $H_c(\omega)$ 进行处理，得到 $y_c(t)$；再经过 D/C 转换成新的离散时间序列 $y[n]$，其中的抽样间隔 $T_s$ 和(P9.10)式中的 $T_s$ 相等。

1) 如果图 P9.10.1 中采用的连续时间因果 LTI 系统的微分方程表示如下

$$y_c''(t)+4y_c'(t)+3y_c(t)=x_c(t)$$

试确定图 P9.10.1 系统的等效离散时间频率响应 $\tilde{H}(\Omega)$。

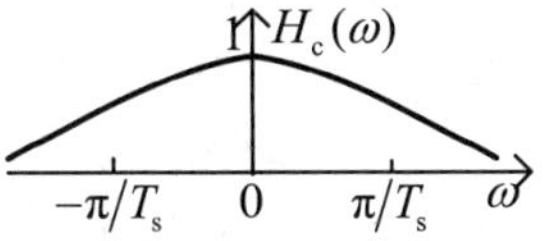


图 P9.10.2

2) 如果 $x[n]$ 是因果离散时间满带信号，即其频谱在 $-\pi\leqslant\Omega\leqslant\pi$ 上都是非零的，且图 P9.10.1 中的 $H_c(\omega)$ 如图 P9.10.2 所示，试概略画出图 P9.10.1 中各点的频谱。

3) 在一般情况下，试确定图 P9.10.1 系统等效频率响应 $\tilde{H}(\Omega)$ 和其中采用的连续时间处理系统频率响应 $H_c(\omega)$ 之间的关系。

**9.11** 有时会遇到用示波器显示具有极短时间的部分波形，通常示波器的上升时间比此时间长，无法直接显示这样一个波形。然而，如果这个波形是周期的，可采用称为**取样示波器**来测量。图 P9.11.1 表示这种方法的原理，它对快速变化波形 $x(t)$ 每个周期采样一次，但在相邻的下一个周期内抽样点都推迟一个增量 $\Delta$，即抽样间隔为 $T+\Delta$，再让 $x_p(t)$ 通过一个合适的低通滤波器 $H_L(\omega)$，它的输出 $y(t)$ 将是 $x(t)$ 被减慢或被展宽了的波形，即 $y(t)$ 正比于 $x(at)$，$0<a<1$ (见图 P9.11.1)。若 $x(t)=A+B\cos[(2\pi/T)t+\theta]$，

为了使得图 P9.11.2 中的 $y(t)$ 正比 $x(at)$，$0<a<1$，试求 $\Delta$ 的取值范围，并将 $a$ 用 $T$ 和 $\Delta$ 表示。

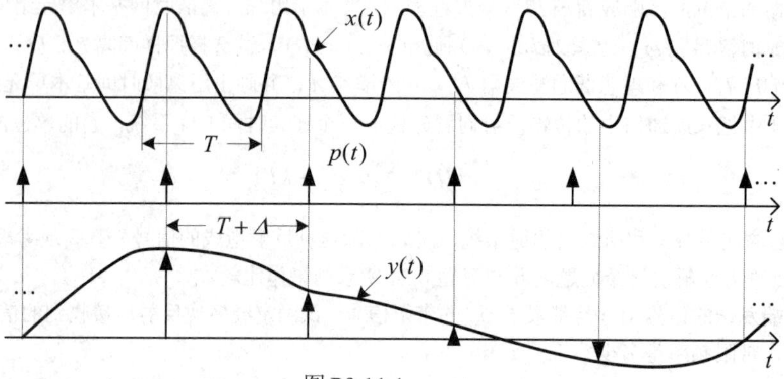


图 P9.11.1

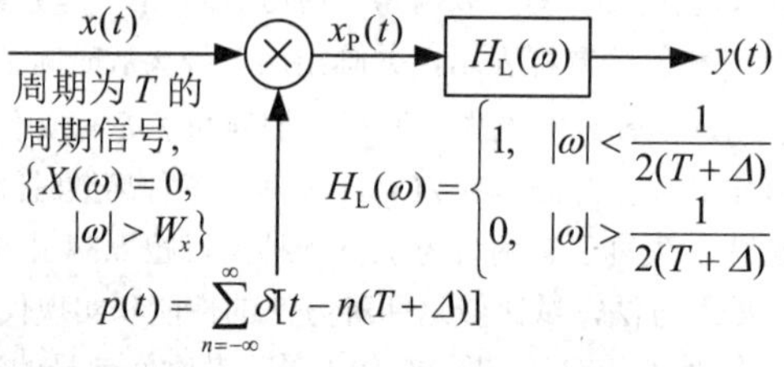


图 P9.11.2

**9.12** 本题介绍一种可以产生频率在 $\omega_1 \leqslant \omega \leqslant \omega_2$ 范围内连续可调的正弦信号的**数字式正弦波发生器**，它的基本设计想法如下：在存储器内预先存储了余弦函数一个周期的 $N$ 个等间隔样本值构成 $N$ 点余弦序列 $x_0[n]=\cos(2\pi n/N)$，$0\leqslant N \leqslant N-1$，每隔 $NT$ 秒重复从存储器中取一次 $x_0[n]$，形成周期为 $N$ 的余弦序列 $\hat{x}[n]=\cos(2\pi n/N)$，并通过序列/冲激串转换器转换成 $x_{\mathrm{P}}(t)$，即

$$x_{\mathrm{P}}(t)=\sum_{n=-\infty}^{\infty}\hat{x}[n]\delta(t-nT)=\sum_{n=-\infty}^{\infty}\cos\left(\frac{2\pi n}{N}\right)\delta(t-nT)$$

然后，让 $x_{\mathrm{P}}(t)$ 通过一个截止频率为 $\omega_{\mathrm{c}}$ 的单位增益理想低通滤波器 $H_{\mathrm{LP}}(\omega)$ 得到输出 $x(t)$。

1) 画出 $x_{\mathrm{P}}(t)$ 和 $x(t)$ 的频谱 $X_{\mathrm{P}}(\omega)$ 和 $X(\omega)$，要使 $x(t)=\cos\omega_0 t$，$\omega_1\leqslant\omega_0\leqslant\omega_2$，确定其频率 $\omega_0$ 和 $T$ 的调节范围。

2) 若要求在 $\omega_1\leqslant\omega\leqslant\omega_2$ 范围内频率连续可调，试确定最小的 $N$ 值和 $H_{\mathrm{LP}}(\omega)$ 的截止频率 $\omega_{\mathrm{c}}$。

**9.13** 重叠相加法和重叠保留法都可以利用 FFT 算法实时实现信号的频域滤波，现假设要利用 $N=128$ 点的 FFT 程序来实现 32 点的 $h[n]$ 对一长串数据信号 $x[n]$ 的频域滤波。

1) 如果采用重叠相加法来实现，试选择 $x[n]$ 的分段长度 $N_1$，每一段 128 点快速线性卷积的结果 $y_i[n]$ 中有多少个数据要与下一段 $y_{i+1}[n]$ 的数据重叠相加，并确定重叠相加数据的起止序号。

2) 如果采用重叠保留法来实现，若选择 $x[n]$ 的分段长度 $N=128$，试求各相邻段之间必须重叠的数据长度，以及应从每一段数据的 128 点循环卷积结果 $y_i[n]$ 中、取出多少个数据衔接起来才能得到滤波输出，并确定从 $y_i[n]$ 中取出数据的起止序号。

3) 试比较用这两种方法的计算效率(即计算量的多少)。

**9.14** 除了 9.5.2 小节定义的理想低通、高通和带通滤波器为，还有一种**理想带阻滤波器**，连续时间和离散时间理想带阻滤波器的频率响应 $H_{\mathrm{BS}}(\omega)$ 和 $\tilde{H}_{\mathrm{BS}}(\Omega)$ 分别为

$$H_{\mathrm{BS}}(\omega)=\begin{cases}1, & |\omega|<\omega_{\mathrm{c1}},\ |\omega|>\omega_{\mathrm{c2}}\\ 0, & \omega_{\mathrm{c1}}<|\omega|<\omega_{\mathrm{c2}}\end{cases} \quad 和 \quad \tilde{H}_{\mathrm{BS}}(\Omega)=\begin{cases}1, & |\Omega|<\Omega_{\mathrm{c1}},\ \Omega_{\mathrm{c2}}<|\Omega|<\pi\\ 0, & \Omega_{\mathrm{c1}}<|\Omega|<\Omega_{\mathrm{c2}}\end{cases},\quad -\pi<\Omega\leqslant\pi$$

试分别求它们的单位冲激响应 $h_{\mathrm{BS}}(t)$ 和 $h_{\mathrm{BS}}[n]$。

**9.15** 某个离散时间带阻滤波器的频率响应 $\tilde{H}_{BS}(\Omega)$ 为

$$\tilde{H}_{BS}(\Omega)=\begin{cases}1, & |\Omega|<\pi/4,\ 3\pi/4<|\Omega|<\pi \\ 0, & \pi/4<|\Omega|<3\pi/4\end{cases},\quad -\pi<\Omega\leqslant\pi$$

假定其单位冲激响应为 $h_{BS}[n]$，试求单位冲激响应为 $h_{BS}[2n]$ 的离散时间滤波器的频率响应，它是什么类型的滤波器，试解释这一结果。

**9.16** 连续时间带限低通微分器的频率响应 $H(\omega)$ 为

$$H(\omega)=\begin{cases}\mathrm{j}\omega, & |\omega|<\omega_0 \\ 0, & |\omega|>\omega_0\end{cases}$$

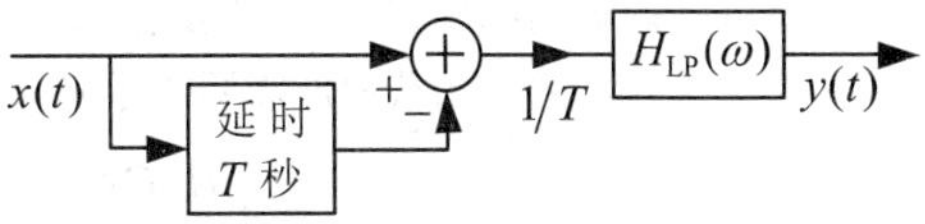

图 P9.16

1) 试画出它的幅频响应 $|H(\omega)|$ 和相频响应 $\varphi(\omega)$。

2) 当输入 $x(t)=\begin{cases}\sin(2\omega_0 t/3), & x(t)\geqslant 0 \\ 0\ , & x(t)<0\end{cases}$ 时，求该低通微分器的输出 $y(t)$。

3) 试求该低通微分器的单位冲激响应 $h(t)$，并概略画出其波形。

4) 图 P9.16 是一个近似的连续时间带限微分器，其中 $H_{LP}(f)$ 是截止频率 $f_c$ 的理想低通滤波器，即

$$H_{LP}(f)=\begin{cases}1, & |f|<f_c \\ 0, & |f|>f_c\end{cases}$$

如果要求在 0 到 $f_c$ Hz 范围内、图 P9.16 所示系统的幅频特性与理想微分器幅频特性的误差在 ±10 % 以内，试求理想延时 $T$ 应是多少？

**9.17** 某连续时间低通滤波器的幅频响应具有理想矩形特性，但有非线性相频响应 $\varphi(\omega)=-\omega t_0-\Delta\varphi(\omega)$，即它的频率响应为 $H(\omega)=H_{LP}(\omega)\mathrm{e}^{-\mathrm{j}\varphi(\omega)}$，其中，$H_{LP}(\omega)$ 为(9.5.1)式表示的零相移理想低通滤波器的频率响应，假设在通带内，$\Delta\varphi(\omega)\ll 1$，并可以展开为如下级数：

$$\varphi(\omega)=a_1\sin(\omega/\omega_1)+a_2\sin(2\omega/\omega_1)+\ \cdots\ +a_m\sin(m\omega/\omega_1)$$

其中，$\omega_1=\omega_c/\pi$。试求该低通滤波器的单位冲激响应 $h(t)$，并与理想低通滤波器的 $h_{LP}(t)$ 作比较。

**9.18** 离散时间零相移理想低通滤波器的频率响应如本章图 9.26(b)所示。

1) 试求其单位阶跃响应 $s_{LP}[n]$。

2) 若另一个离散时间 LTI 系统的单位冲激响应 $h[n]$ 是 $h_{LP}[n]$ 的 1 : 2 内插零序列，即

$$h[n]=\begin{cases}h_{LP}[n/2], & n=2m \\ 0\ , & n\neq 2m\end{cases},\quad m\text{ 是整数}$$

确定并概略画出它的频率响应 $\tilde{H}(\Omega)$，同时说明它属于哪种类型的滤波器。

**9.19** 在许多滤波问题中，希望获得线性相位滤波或零相移滤波。线性相位滤波可通过设计线性相移因果 FIR 滤波器来实现；在一些不要求实时滤波的应用中，可用具有偶或奇对称的有限长单位冲激响应的非因果滤波器实现零相移数字滤波。在对有限长的数字信号 $x[n]$ 进行非实时滤波的情况下，倒是可以用有任意滤波特性的因果数字滤波器，实现零相移滤波。假定实因果数字滤波器单位冲激响应为 $h[n]$，其频率响应为 $\tilde{H}(\Omega)$，则可以用下面的两种方法，实现对有限长序列 $x[n]$ 的零相移滤波。

1) 一个方法见图 P9.19.1(a)，即先让 $x[n]$ 通过实因果滤波器 $h[n]$ 得到 $g[n]$，再将 $g[n]$ 的倒序(反转)序列 $g[-n]$ 通过同样的 $h[n]$ 得到输出 $r[n]$，把 $r[n]$ 的反转 $r[-n]$ 作为最后的输出 $y[n]$。

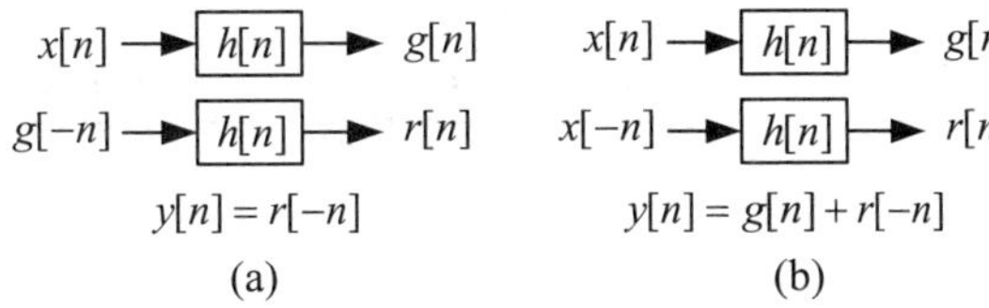

图 P9.19.1

a) 试证明从 $x[n]$ 到 $y[n]$ 的系统是 LTI 系统，并确定其单位冲激响应 $h_1[n]$，证明它具有零相位特性。

b) 试用因果滤波器 $\tilde{H}(\Omega)$ 的模 $|\tilde{H}(\Omega)|$ 和相位 $\tilde{\varphi}(\Omega)$，表示这个等效 LTI 系统的频率响应 $\tilde{H}_1(\Omega)$。

2) 另一个方法如图 P9.19.1(b)所示，即先让 $x[n]$ 通过实的因果滤波器 $h[n]$，得到 $g[n]$，并让 $x[n]$ 的反

转序列 $x[-n]$ 通过同样的 $h[n]$，得到输出 $r[n]$，然后把 $r[n]$ 的反转序列 $r[-n]$ 和 $g[n]$ 相加，作为最后的输出 $y[n]$。对此方法重做 1)中的 a)和 b)小题。

3) 现要对某个有限长序列 $x[n]$ 进行零相移带通滤波，若所用的实带通滤波器具有图 P9.19.2 所示的幅频特性和线性相位特性，用这两种方法都可以获得等效的零相移特性。当采用 1)和 2)方法时，分别画出等效滤波器的频率响应 $\tilde{H}_1(\Omega)$ 和 $\tilde{H}_2(\Omega)$ (或其幅频响应 $|\tilde{H}_1(\Omega)|$ 和 $|\tilde{H}_2(\Omega)|$)。并根据这些结果，说明应该用哪种方法才能实现所要求的带通滤波，为什么？更一般地，如果所用滤波器的相频特性是非线性的，为获得所需要的零相位滤波特性，哪一种方法更可取？

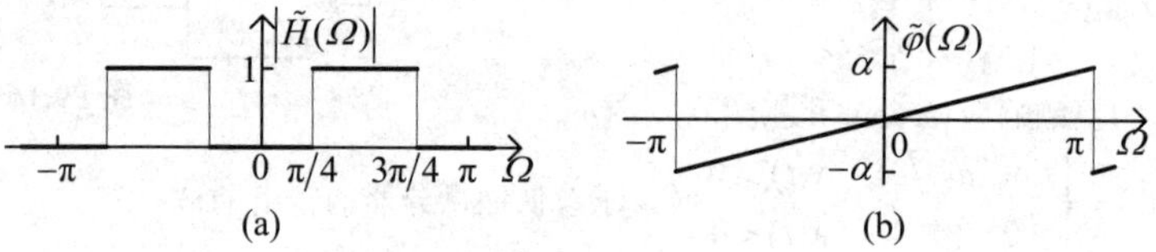


图 P9.19.2

**9.20** 本题研究一个非线性滤波问题，即所谓**中值滤波**(Mediam Filtering)。当叠加在信号上的干扰是随机尖峰干扰(偶然出现的，具有很大干扰值的一种干扰)时，常常采用中值滤波。例如，在深层空间通信中，地球上接收到的信号可能叠加了随机的高幅度短暂脉冲，中值滤波提供了较好的滤除这种干扰的一个方法。一个离散时间中值滤波器的输入 $x[n]$ 输出 $y[n]$ 的关系如下

$$y[n]=\begin{cases} x[n+1], & r_+[n]=\max\{r_+[n],\ r_0[n],\ r_-[n]\} \\ x[n], & r_0[n]=\max\{r_+[n],\ r_0[n],\ r_-[n]\} \\ x[n-1], & r_-[n]=\max\{r_+[n],\ r_0[n],\ r_-[n]\} \end{cases} \tag{P9.20.1}$$

其中，$r_+[n]=|x[n]-x[n-1]|$，$r_0[n]=|x[n+1]-x[n-1]|$，$r_-[n]=|x[n+1]-x[n]|$。

1) 试证明该中值滤波器不是线性系统，即满足比例性，但不满足可加性。

2) 现在考虑如下三个不同滤波器滤除干扰的效果：滤波器 A 是(P9.20.1)式表示的中值滤波器；滤波器 B 是一个求三点移动平均值的滤波器，即

$$y[n]=(1/3)\{x[n+1]+x[n]+x[n-1]\}$$

滤波器 C 是一个三点加权移动平均值的滤波器，即

$$y[n]=0.25x[n+1]+0.5x[n]+0.25x[n-1]\}$$

并假设输入 $x[n]$ 是由信号 $x_s[n]$ 和干扰 $r[n]$ 组成。即 $x[n]=x_s[n]+r[n]$。

a) 当没有干扰时，即 $r[n]=0$，当信号分别为图 P9.20(a)和(b)所示的 $x_s[n]$ 时，试求三个滤波器的输出，并概略画出它们的序列图形。比较它们对不同信号产生的失真。

b) 当信号为图 P9.20(a)所示的 $x_s[n]$，干扰为图 P9.20(c)所示的 $r[n]$ 时，分别求出这三个滤波器的输出，概略画出它们的序列图形，并比较这三个滤波器对这种偶发性高峰值干扰的滤除效果，你会发现，中值滤波的效果最好。

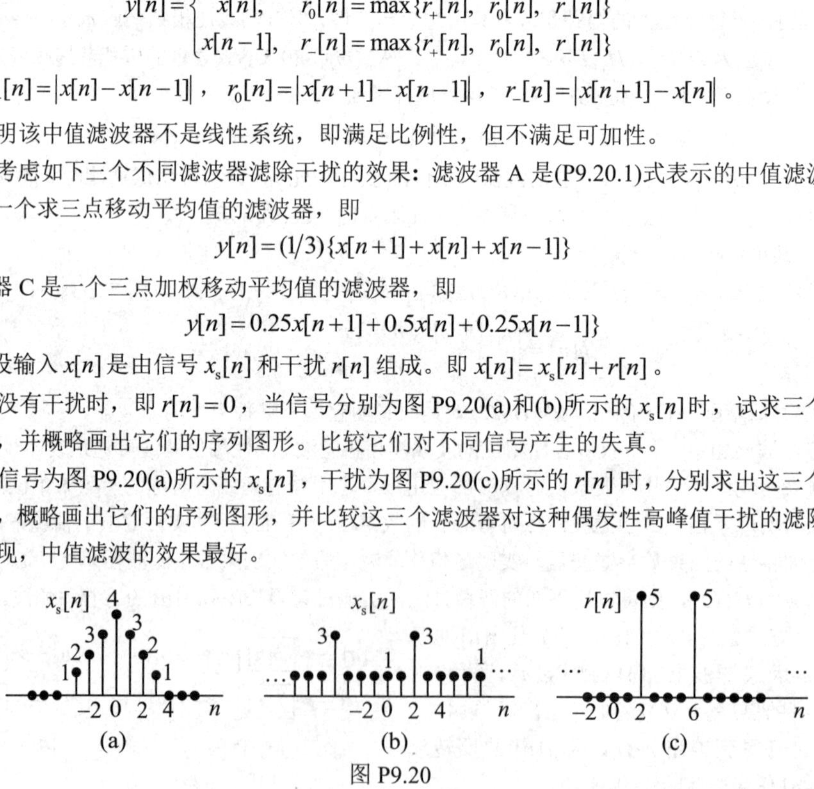


图 P9.20

c) 当信号为图 P9.20(a)所示的 $x_s[n]$，干扰 $r[n]=5(-1)^n$ 时，分别求出这三个滤波器的输出，概略画出它们的序列图形，并比较这三个滤波器对这种偶发性高峰值干扰的滤除效果，你会发现滤波器 C 非常适合于抑制这种干扰，请说明其理由。

d) 当信号为图 P9.20(b)所示的 $x_s[n]$、干扰 $r[n]=5(-1)^n$ 时，求中值滤波器和滤波器 C 的输出，概略

画出它们的序列图形，并与 c)小题的结果相比较。通过本题的讨论可以看出，为了从干扰或噪声背景中选取所需要的信号，较好地抑制干扰或噪声，选择不同的滤波器会有很不同的结果。而且，选择什么样的滤波器可以得到最佳的效果，不仅取决于所需信号的特性，还取决于干扰的特性。

**9.21** 正如 9.5.3 节开头指出的，当用频率选择性滤波器来分离两个加性信号时，如果两个信号的频谱靠得很近又不重叠时，采用理想滤波器是最好的选择。但是，若两个信号的频谱有重叠时，采用从通带到阻带逐渐过渡的非理想滤波器将更可取，本题讨论这一概念。假设 $x(t)=x_s(t)+r(t)$，其中，$x_s(t)$ 是要选择的有用信号，$r(t)$ 为干扰信号，现希望设计一个频率响应为 $H(\omega)$ 的滤波器，使得在如下最小误差能量谱意义下，滤波器的输出 $y(t)$ 是有用信号 $x_s(t)$ 的一个最佳近似。$y(t)$ 和 $x_s(t)$ 的误差能量谱定义为

$$\varepsilon(\omega)=\left|X_c(\omega)-Y(\omega)\right|^2 \tag{P9.21.1}$$

其中，$X_s(\omega)$ 和 $Y(\omega)$ 分别是 $x_s(t)$ 和 $y(t)$ 的频谱。

1) 试用 $X_s(\omega)$，$H(\omega)$ 和 $R(\omega)$ 表示 $\varepsilon(\omega)$。其中 $R(\omega)$ 是 $r(t)$ 的频谱。
2) 若限定 $H(\omega)$ 为实函数，即有 $H(\omega)=H^*(\omega)$，试确定使 $\varepsilon(\omega)$ 最小的 $H(\omega)$。
3) 试证明：如果 $X_s(\omega)$ 和 $R(\omega)$ 不重叠。则 2)小题确定的 $H(\omega)$ 是一个理想滤波器。
4) 如果 $X_s(\omega)$ 和 $R(\omega)$ 有重叠，且如图 P9.21 所示，根据 2)小题的结果，确定和概略画出最小误差能量谱意义下最佳的滤波特性 $H(\omega)$。
5) 对于离散时间情况，试推导出 2)小题类似的结果。

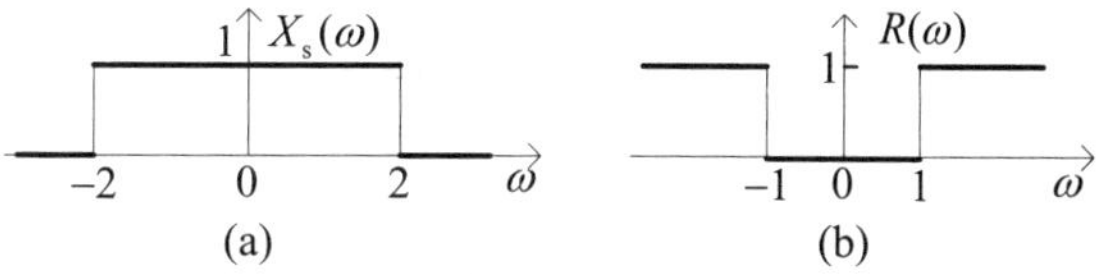


图 P9.21

**9.22** 本题研究录音机盒式磁带走带机构中涉及的某些滤波问题。该系统的主要噪声源是磁带放音过程中的高频咝咝声，它主要是由磁带和放音头之间的摩擦引起的。假设叠加在信号上的这种噪音 $n(t)$ 以 dB 计的频谱 $20\lg|N(\omega)|$ 如图 P9.22(a)所示，放音信号 $x_s(t)$ 的频谱 $20\lg|X_s(\omega)|$ 如图 P9.22(b)所示。在 100 Hz 处信号电平为 0 dB。如果希望在放音时，在 $50\text{Hz}<f<20\,\text{kHz}$ 的整个音频频率范围内处处具有 40 dB 信号噪声比。为此，必须在磁带录音时用一个滤波器 $H_1(\omega)$ 适当改变信号 $x_s(t)$ 的频谱，以满足信噪比的要求；并在放音时，采用另一个滤波器 $H_2(\omega)$ 来校正 $H_1(\omega)$ 的影响，使得放出的信号 $\hat{x}_s(t)$ 逼真于原声音信号 $x_s(t)$。上述系统如图 P9.22(c)所示。

1) 试确定满足上述要求的滤波器 $H_1(\omega)$ 的频率响应，并概略画出它的幅度波特图。
2) 如果不用滤波器 $H_2(\omega)$，即你听到的声音是图 P9.22(c)中的 $y(t)$，除了听到叠加的咝咝声外，对听到的声音信号有什么感觉？
3) 为了消除这种不好的感觉，应使滤波器 $H_2(\omega)$ 的频率响应是什么？并概略画出它的幅度波特图，确定它的微分方程表示。

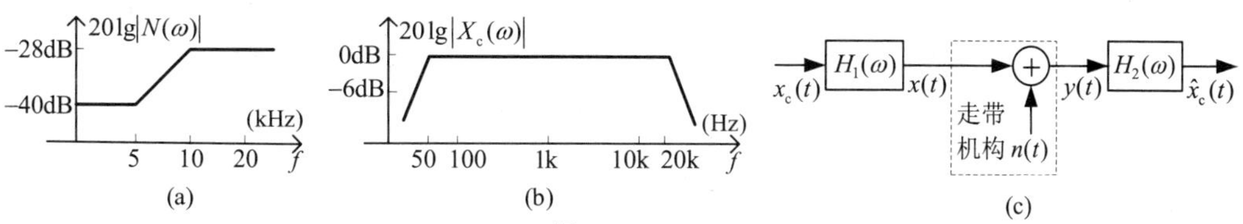


图 P9.22

**9.23** 在许多滤波应用中，往往不希望滤波器的单位阶跃响应出现过冲。试分别证明：如果一个实的连续时间和离散时间 LTI 系统的单位冲激响应 $h(t)$ 和 $h[n]$ 是非负的，即对于所有的 $t$ 和 $n$，都分别有 $h(t)\geq 0$ 和 $h[n]\geq 0$，则它们的阶跃响应就是单调非减函数，即不会出现过冲。

**9.24** 9.6.1 小节中介绍和讨论了连续时间中基于频率响应模平方 $\left|H_c(\mathrm{j}\omega)\right|^2$ 确定模拟滤波器系统函数 $H_c(s)$ 的方法，类似的方法在离散时间中对 IIR 数字滤波器也成立。试推导由离散时间频率响应 $H_d(\mathrm{e}^{\mathrm{j}\Omega})$ 的模平方确定 IIR 数字滤波器传递函数 $H_d(z)$ 的方法，并讨论 $H_d(z)$ 的零、极点分布特点。

**9.25** 在连续时间和离散时间中，把在有限 S 平面和 Z 平面上只有极点、没有任何零点的实的因果稳定的 LTI

系统称为“**全极点系统**”，它们的有理系统函数及频率响应分别有如下的归一化函数形式

$$H_c(s)=\frac{1}{1+\sum_{k=1}^{N}a_k s^k}\text{，}\ H_c(\mathrm{j}\omega)=\frac{1}{1+\sum_{k=1}^{N}a_k(\mathrm{j}\omega)^k}\quad\text{和}\quad H_d(z)=\frac{1}{1+\sum_{k=1}^{N}a_k z^{-k}}\text{，}\ H_d(\mathrm{e}^{\mathrm{j}\Omega})=\frac{1}{1+\sum_{k=1}^{N}a_k\mathrm{e}^{-jk\Omega}}\qquad\text{(P9.25.1)}$$

1) 试证明：它们的频率响应模平方 $|H_a(\mathrm{j}\omega)|^2$ 和 $|H_d(\mathrm{e}^{\mathrm{j}\Omega})|^2$ 分别可以表示为如下归一化函数形式

$$|H_a(\mathrm{j}\omega)|^2=\frac{1}{1+\sum_{k=1}^{N}\alpha_k\omega^{2k}}\quad\text{和}\quad |H_d(\mathrm{e}^{\mathrm{j}\Omega})|^2=\frac{1}{1+\sum_{k=1}^{N}\alpha_k\cos^2(k\Omega/2)}\qquad\text{(P9.25.2)}$$

其中，$\alpha_k$ 为实系数，且上式左式中 $\alpha_k=a_k^2$ 为正实数。

2) 进一步，上式可简化成由离散时间实的因果稳定 IIR 系统一般的有理频率响应函数，证明它的频率响应模平方具有如下的基本形式

$$|H_d(\mathrm{e}^{\mathrm{j}\Omega})|^2=\frac{1}{1+A_N^2(\Omega)}\qquad\text{(P9.25.3)}$$

其中，$A_N(\Omega)$ 是一个 $N$ 阶有理三角多项式。针对不同幅频特性的要求，选择合适的近似函数 $A_N(\Omega)$ 可以设计出各种类型的 IIR 数字滤波器。例如，当 $A_N(\Omega)=\tan^N(\Omega/2)/\tan^N(\Omega_c/2)$ 时，就得到巴特沃斯数字低通滤波器，它的频率响应模平方为

$$|H_d(\mathrm{e}^{\mathrm{j}\Omega})|^2=\frac{1}{1+\left[\tan(\Omega/2)/\tan(\Omega_c/2)\right]^{2N}}\qquad\text{(P9.25.4)}$$

**9.26** 对于幅频响应为 $|H(\omega)|$ 的**实**的连续时间非理想低通滤波器，通常把滤波器的阻带边界频率 $\omega_S$ 和通带截止频率 $\omega_c$ 之比 $\omega_S/\omega_c$，称为滤波器的**过渡比**(Transition Ratio)。$\omega_c$ 为归一化幅频特性 $|H(\omega)|/|H(0)|$ 等于 $-3$ dB 的频率。本题讨论巴特沃斯低通滤波器的过渡带指标与所需阶数 $N$ 之间的关系。

1) 若 $\omega_S$ 定为 $|H(\omega)|/|H(0)|=-40\,\text{dB}$ 的频率，对于由(10.6.3)式表示的连续时间巴特沃斯低通滤波器，固定 $\omega_c$，并作合理近似情况下，试概略画出过渡比作为阶数 $N$ 的函数曲线。

2) 对于更一般的情况，如果要求巴特沃斯低通滤波器在通带边界频率 $\omega_P$ 处的衰减为 $\delta_1$ (dB)，在阻带边界频率 $\omega_S$ 处的衰减为 $\delta_2$ (dB)，试导出确定巴特沃斯低通滤波器所需阶数的公式。

**9.27** 9.6.1 小节中介绍了连续时间的巴特沃斯低通滤波器，它们模平方函数分别为 $|B(\mathrm{j}\omega)|^2=\dfrac{1}{1+(\omega/\omega_c)^{2N}}$，试证明：$|B(\mathrm{j}\omega)|^2$ 的前 $(2N-1)$ 阶导数在 $\omega=0$ 均为 0，即具有最大平坦幅频特性。

**9.28** 设计一个满足下列滤波性能指标的巴特沃斯模拟低通滤波器：通带($0\leqslant f\leqslant 10\,\text{kHz}$)衰减小于 1 dB；阻带($f\geqslant 20$)衰减大于 20 dB。试写出它的系统函数 $H_c(s)$，并画出它的直接 II 型实现结构

**9.29** 试用冲激响应不变法将如下的微分方程表示的连续时间因果 LTI 系统转换成离散时间因果 LTI 系统，确定它的系统函数 $H_d(z)$，并画出它用三种离散时间基本单元实现的方框图。

$$\frac{\mathrm{d}^2y_c(t)}{\mathrm{d}t^2}+2a\frac{\mathrm{d}y_c(t)}{\mathrm{d}t}+(a^2+\omega_0^2)y_c(t)=\frac{\mathrm{d}x_c(t)}{\mathrm{d}t}+ax_c(t)$$

**9.30** 有两个连续时间滤波器，它们的系统函数分别为

$$H_{1a}(s)=\frac{1}{s+a}\text{，}\ a>0\quad\text{和}\quad H_{2a}(s)=\frac{s+a}{(s+a)^2+(2\pi/T)^2}\text{，}\ a>0$$

试分别写出它们通过抽样周期为 $T$ 的冲激响应不变法变换获得的数字滤波器的系统函数，你会发现由此得到的两个数字滤波器具有相同的离散时间系统函数，试从物理上解释这一结果。

**9.31** 在 9.6.3 小节中的(9.6.35)式给出了只有一阶极点的连续时间因果系统函数 $H_c(s)$ 的部分分式展开式，通过冲激响应不变法转换成离散时间因果系统函数 $H_d(z)$ 的部分分式展开式(见(9.6.38)式)。对于包含二阶极点的连续时间因果有理系统函数 $H_c(s)$ 的部分分式展开表达式(见(8.2.24)式左式)，试用同样的方法，导出通过冲激响应不变法转换成的离散时间因果有理系统函数 $H_d(z)$ 的部分分式展开表达式。

**9.32** 与冲激响应不变法相对应，还有称为“**阶跃响应不变法**”的连续与离散时间因果 LTI 系统的另一种变换方法，这个方法是让离散时间因果 LTI 系统的单位阶跃响应 $s_{\mathrm{d}}[n]$ 等于连续时间因果 LTI 系统的单位阶跃响应 $s_{\mathrm{c}}(t)$ 的等间隔样本，即

$$s_{\mathrm{d}}[n]=s_{\mathrm{c}}(nT) \tag{P9.32.1}$$

1) 对于单位冲激响应 $h_{\mathrm{c}}(t)=\mathrm{e}^{-0.9t}u(t)$ 的模拟滤波器，试分别求出用冲激响应不变法和阶跃响应不变法变换成的两个数字滤波器的单位冲激响应、单位阶跃响应和系统函数，其中样本间隔 $T$ 作为参数。

2) 试简要讨论阶跃响应不变法和冲激响应不变法各自的变换特性及其应用特点和优劣。

**9.33** 假设一个因果的连续时间 LTI 滤波器的单位冲激响应为 $h_{\mathrm{c}}(t)$，其单位阶跃响应为 $s_{\mathrm{c}}(t)$。

1) 若离散时间 LTI 滤波器的单位冲激响应为 $h_{\mathrm{d}}[n]=h_{\mathrm{c}}(nT)$，它的单位阶跃响应 $s_{\mathrm{d}}[n]=\sum_{k=-\infty}^{n}h_{\mathrm{c}}(kT)$ 吗？

2) 若离散时间 LTI 滤波器的单位阶跃响应为 $s_{\mathrm{d}}[n]=s_{\mathrm{c}}(nT)$，它的单位冲激响应为 $h_{\mathrm{d}}[n]=h_{\mathrm{c}}(nT)$ 吗？

**9.34** 9.6.3 小节介绍了 S 平面映射到 Z 平面的双线性变换，并指出这一变换是按照梯形规则对微分方程和积分方程进行数值近似得到的。在数值分析中，所谓梯形积分法则是把图 P9.34 中的连续函数 $x_{\mathrm{c}}(t)$，用其等间隔 $T$ 的样本点之间连接起来的折线近似，然后把折线下的一系列梯形的面积相加来近似计算该连续函数的积分。现考察最简单的一个连续时间系统—积分器，它的微分方程和等效的积分方程表示分别为

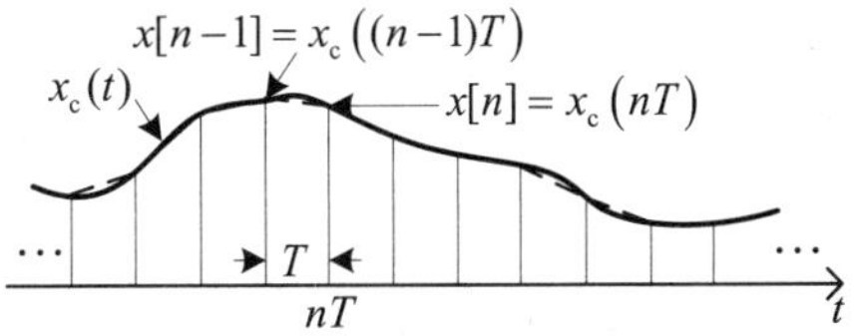

图 P9.34

$$\frac{\mathrm{d}y_{\mathrm{c}}(t)}{\mathrm{d}t}=x_{\mathrm{c}}(t) \quad 和 \quad y_{\mathrm{c}}(t)=\int_{-\infty}^{t}x_{\mathrm{c}}(\tau)\mathrm{d}\tau \tag{P9.34.1}$$

如果令 $y[n]$ 和 $x[n]$ 分别表示 $y_{\mathrm{c}}(t)$ 和 $x_{\mathrm{c}}(t)$ 的等间隔 $T$ 的样本值，即

$$y[n]=y_{\mathrm{c}}(nT) \quad 和 \quad x[n]=x_{\mathrm{c}}(nT) \tag{p9.34.2}$$

1) 按照上述梯形积分法则，试证明：(P9.34.1)式右边积分的数值近似为

$$y[n]=y[n-1]+0.5T\{x[n]+x[n-1]\} \tag{P9.34.3}$$

这表明，(P9.34.1)式微分和积分方程表示的连续时间因果 LTI 系统，可以用(P9.34.3)式差分方程表示的离散因果 LTI 系统来近似。

2) 确定(P9.34.3)式的差分方程表示的离散时间系统函数 $H_{\mathrm{d}}(z)$，并证明该离散时间系统函数与采用双线性变换、由连续时间积分器的系统函数变换来的系统函数完全相同。

**9.35** 通信系统中经常遇 90° 到相位分离器，图 P9.35(a)和(b)分别画出连续时间和离散时间的 90° 相位分离器，图中：

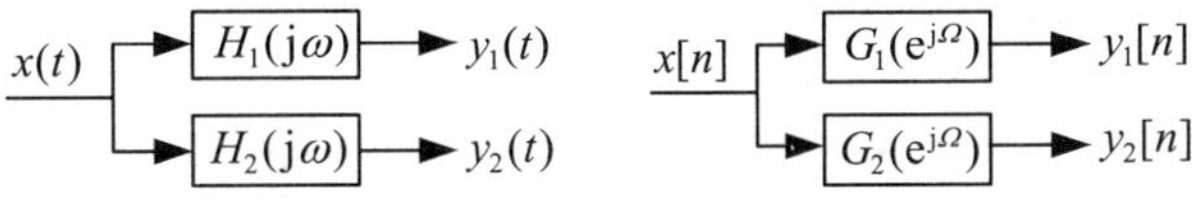

(a) 连续时间　　(b) 离散时间

图 P9.35　90° 相位分离器

$$H_1(\mathrm{j}\omega)=\mathrm{e}^{\mathrm{j}\theta_1(\omega)},\quad H_2(\mathrm{j}\omega)=\mathrm{e}^{\mathrm{j}\theta_2(\omega)}$$

和 $G_1(\mathrm{e}^{\mathrm{j}\Omega})=\mathrm{e}^{\mathrm{j}\tilde{\varphi}_1(\Omega)}$，$G_2(\mathrm{e}^{\mathrm{j}\Omega})=\mathrm{e}^{\mathrm{j}\tilde{\varphi}_2(\Omega)}$

且有

$$\theta_1(\omega)-\theta_1(\omega)=\begin{cases}\pi/2, & \omega>0\\ -\pi/2, & \omega<0\end{cases} \quad 和 \quad \tilde{\varphi}_1(\Omega)-\tilde{\varphi}_2(\Omega)=\begin{cases}\pi/2, & 0<\Omega<\pi\\ -\pi/2, & -\pi<\Omega<0\end{cases}$$

试利用双线性变换，把连续时间 90° 相位分离器 $H_1(\mathrm{j}\omega)$ 和 $H_2(\mathrm{j}\omega)$ 分别转换成图 P9.35(b)中的 $G_1(\mathrm{e}^{\mathrm{j}\Omega})$ 和 $G_2(\mathrm{e}^{\mathrm{j}\Omega})$，试问得到的是否一定是离散时间 90° 相位分离器？

**9.36** 在连续时间系统到离散时间系统的转换方法中，还有一种基于微分的**后向差分近似**的转换方法，即

$$\frac{\mathrm{d}^k y_{\mathrm{c}}(t)}{\mathrm{d}t^k}\approx\frac{\Delta^k y[n]}{T^k} \quad 和 \quad \frac{\mathrm{d}^k x_{\mathrm{c}}(t)}{\mathrm{d}t^k}\approx\frac{\Delta^k x[n]}{T^k} \tag{P9.36.1}$$

其中，$x[n]=x_{\mathrm{c}}(nT)$，$y[n]=y_{\mathrm{c}}(nT)$，$T$ 为样本间隔，$\Delta^k$ 为 $k$ 阶后向差分算子，例如，$y[n]$ 的一阶

后向差分为 $\Delta y[n]=y[n]-y[n-1]$，而 $y[n]$ 的二阶后向差分为 $\Delta^2 y[n]=y[n]-2y[n-1]+y[n-2]$，等等。基于上述近似，一般 $N$ 阶微分方程 $\sum_{k=1}^{N}a_k y_c^{(k)}(t)=\sum_{k=1}^{M}b_k x_c^{(k)}(t)$ 表示的连续时间因果 LTI 系统，就可以近似表示成如下差分方程表示的离散时间因果 LTI 系统：

$$\sum_{k=0}^{N}a_k\frac{\Delta^k y[n]}{T^k}=\sum_{k=0}^{M}b_k\frac{\Delta^k x[n]}{T^k} \tag{P9.36.2}$$

1) 已知一个连续时间因果 LTI 系统的系统函数为 $H_c(s)=\dfrac{s+2}{(s+1)(s+3)}$，试确定用上述微分的后向差分近似得到的离散时间因果系统的系统函数 $H_d(z)$。
2) 对于一般微分方程表示的连续时间因果稳定 LTI 系统，采用上述微分的后向差分近似的方法获得一个离散时间因果 LTI 系统，则该离散时间系统函数 $H_d(z)$ 与连续时间系统函数 $H_c(s)$ 之间是什么关系？
3) 上述微分的后向差分近似转换方法把 S 平面的虚轴转换成 Z 平面上的什么闭合曲线？如果 $H_c(s)$ 是因果稳定的，若 $H_d(z)$ 也是因果的，能保证它也是稳定的吗？

**9.37** 把连续时间有理系统函数 $H_c(s)$ 转换到离散时间系统函数 $H_d(z)$ 的一种变换如下：

$$H_d(z)=H_c(s)\big|_{s=\beta\frac{1-z^{-m}}{1+z^{-m}}}$$

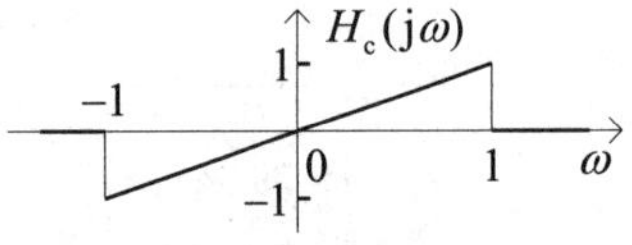

图 P9.37

其中，$m$ 为非零整数，$\beta$ 是实数。

1) 若 $m>0$，试确定 $\beta$ 的范围，使在此范围内通过该变换，因果稳定的连续时间系统总能得到因果稳定的离散时间系统。
2) 若 $m<0$，试确定总能把因果稳定模拟滤波器变换成因果稳定数字滤波器的 $\beta$ 值范围。
3) 如果 $m=-1$，试确定 S 平面上的虚轴映射成 Z 平面上的什么闭合曲线？
4) 已知某连续时间 LTI 系统的频率响应 $H_c(j\omega)$ 如图 P9.37 所示，当 $\beta=1$，$m=-1$ 时，通过该变换由图示的 $H_c(j\omega)$ 得到 $H_d(e^{j\Omega})$，概略画出 $H_d(e^{j\Omega})$，并加以标注。

**9.38** 试用双线性变换，从一个合适的连续时间巴特沃斯低通滤波器设计出频率响应为 $H(e^{j\Omega})$ 离散时间低通滤波器，使之满足如下技术要求：

$$0.8<\left|H(e^{j\Omega})\right|<1.2,\quad 0\leqslant|\Omega|\leqslant 0.2\pi \qquad 和 \qquad \left|H(e^{j\Omega})\right|<0.2,\quad 0.8\pi\leqslant|\Omega|\leqslant\pi$$

1) 在(9.6.39)式和(9.6.43)式中，当取 $T=2$ 时，确定通过双线性映射得到上述 $H(e^{j\Omega})$ 的连续时间巴特沃斯低通滤波器的技术要求。
2) 确定满足 1)小题要求的连续时间巴特沃斯低通滤波器的最低阶次和截止频率，并写出它的系统函数。
3) 对求得的连续时间滤波器采用双线性变换，确定所得离散时间低通滤波器的系统函数和幅频响应。
4) 当取 $T=1$ 时，重做 1)至 3)小题。
5) 比较 3)和 4)小题两种 $T$ 的结果，讨论双线性变换中的参数 $T$ 对设计离散时间滤波器的一般影响。

**9.39** 离散时间对称的三点平滑(加权移动平均值)滤波器的一般输入输出关系为

$$y[n]=b\{ax[n+1]+x[n]+ax[n-1]\} \tag{P9.39.1}$$

1) 试求该三点平滑滤波器的频率响应 $\tilde{H}(\Omega)$。
2) 许多情况下，往往把(P9.39.1)式的差分方程的系数 $a$ 选择为 $a=0.5$，并希望 $\tilde{H}(\Omega)$ 在零频率具有单位增益，试确定比例因子 $b$，并概略画出此时滤波器的频率响应。
3) 如下差分方程表示的四点移动平均值离散时间因果滤波器

$$y[n]=b_0x[n]+b_1x[n-1]+b_2x[n-2]+b_3x[n-3] \tag{P9.39.2}$$

对于下列每一种系数情况，试概略画出滤波器的幅频响应 $\left|\tilde{H}(\Omega)\right|$。

a) $b_0=b_3=0$，$b_1=b_2$　　b) $b_1=b_2=0$，$b_0=b_3$　　c) $b_0=b_1=b_2=b_3$　　d) $b_0=-b_1=b_2=-b_3$

**9.40** 现有一个用差分方程描述的离散时间滤波器，其差分方程为

$$\sum_{k=0}^{N} a_k y[n-k] = \sum_{k=0}^{N} b_k x[n-k] \tag{P9.40.1}$$

如果把上述差分方程修改为

$$\sum_{k=0}^{N} (-1)^k a_k y[n-k] = \sum_{k=0}^{N} (-1)^k b_k x[n-k] \tag{P9.40.2}$$

将得到一个新的离散时间滤波器。试证明：若方程(P9.40.1)表示的是一个低通滤波器，其频率响应为 $\tilde{H}_{\mathrm{L}}(\Omega)$，则方程(P9.40.2)就是一个高通滤波器，且频率响应为 $\tilde{H}_{\mathrm{L}}(\Omega-\pi)$；反之亦然。

**9.41** 对于实的离散时间滤波器 $h[n]$，若其频率响应 $\tilde{H}(\Omega)$ 表示成模和辐角形式，即 $\tilde{H}(\Omega)=\left|\tilde{H}(\Omega)\right|\mathrm{e}^{\mathrm{j}\tilde{\varphi}(\Omega)}$，若实的离散时间滤波器的持续期 $D$ 定义为

$$D=\sum_{k=-\infty}^{\infty} n^2 h^2[n] \tag{P9.41.1}$$

试证明：在具有相同幅频特性 $\tilde{H}(\Omega)$ 的所有实的滤波器中，只有又具有零相移的滤波器，即 $\tilde{\varphi}(\Omega)=0$，$-\pi\leqslant\Omega\leqslant\pi$，其持续期 $D$ 最小。

**9.42** 数字带通滤波器可以用双线性变换通过模拟带通滤波器来设计，而模拟带通滤波器又可以用模拟低通到带通的频率变换得到。按照这一思路，本题讨论由归一化复频率下的模拟低通原型滤波器 $H_{c0}(s')$，通过模拟归一化复频率 $s'$ 与离散时间复频率 $z$ 之间的映射关系 $s'=g(z)$，直接获得要求的 IIR 数字带通滤波器的系统函数 $H_{\mathrm{d}}(z)$。

1) 试证明：从模拟低通原型滤波器 $H_{c0}(s')$ 到数字带通滤波器 $H_{\mathrm{d}}(z)$ 的 $s'$ 与 $z$ 之间的映射关系为

$$s'=g(z)=a\frac{1-2bz^{-1}+z^{-2}}{1-z^{-2}} \tag{P9.42.1}$$

且模拟低通原型滤波器的归一化频率 $\omega'$ 与数字带通滤波器的频率 $\Omega$ 之间的变换关系为

$$\omega'=a\frac{b-\cos\Omega}{\sin\Omega} \tag{P9.42.2}$$

试导出上述关系中的参数 $a$ 和 $b$ 与数字带通滤波器的通带高、低截止频率 $\Omega_{c2}$ 和 $\Omega_{c1}$ 之间的关系。

2) 试设计并实现一个巴特沃斯型数字带通滤波器 $H_{\mathrm{d}}(z)$，给定的技术要求为

$-3$ dB 通带范围为 $0.3\pi\leqslant\Omega\leqslant0.4\pi$；　　阻带($0\leqslant\Omega\leqslant0.2\pi$，$0.5\pi\leqslant\Omega\leqslant\pi$)衰减≥15 dB

求出数字带通滤波器的系统函数 $H_{\mathrm{d}}(z)$，并画出它的实现结构或信号流图。

**9.43** 本题讨论多抽样率系统中两个基本的等价关系。在图 P9.43(a)至(d)中分别画出了 $M$ 倍抽取器或 $L$ 倍内插零系统、与一个系统函数为 $H(z)$ 的离散时间滤波器级联。

1) 试证明图 P9.43(a)和(b)的两个系统等价。　2) 试证明图 P9.43(c)和(d)的两个系统等价。

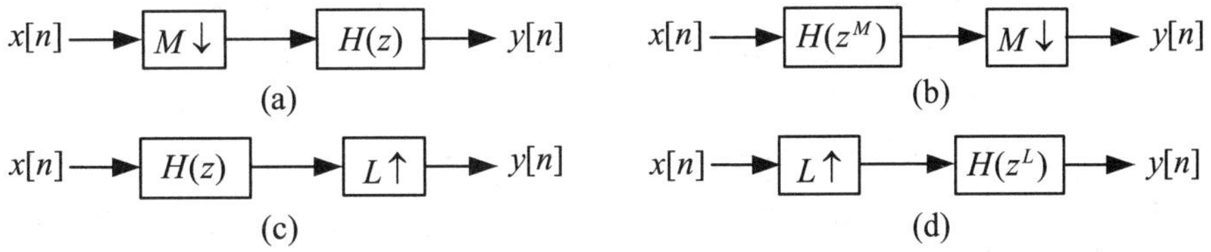


图 P9.43

**9.44** 本题讨论在多抽样率系统中很有用的多相(Polyphase)分解的基本概念和基本结构。对于任意的离散时间 LTI 系统，其单位冲激响应和系统函数分别为 $h[n]$ 和 $H(z)$。

1) 试证明如下两个多相分解关系式：

$$H(z)=\sum_{k=0}^{M-1} z^{-k} E_k(z^M) \tag{P9.44.1}$$

其中，$E_k(z)$ 称为 $H(z)$ 的第 $k$ 相分量，它是序列 $e_k[n]$ 的 Z 变换；$e_k[n]$ 是 $h[n]$ 的第 $k$ 相子序列，即

$$e_k[n]=h[Mn+k],\quad 0\leqslant k\leqslant M-1 \tag{P9.44.2}$$

或
$$H(z)=\sum_{k=0}^{M-1}z^{-(M-1-k)}R_k(z^M) \tag{P9.44.3}$$

其中 $R_k(z)$ 是 $r_k[n]$ 的 Z 变换，称为 $H(z)$ 的第 $k$ 相分量；$R_k(z)$ 和 $E_k(z)$，或 $r_k[n]$ 和 $e_k[n]$ 间关系为
$$R_k(z)=E_{M-1-k}(z) \quad 或 \quad r_k[n]=e_{M-1-k}[n] \tag{P9.44.4}$$
通常把(P9.44.1)式和(P9.44.3)式的关系分别称为 $H(z)$ 的第一类 $M$ 相分解和第二类 $M$ 相分解。

2) 已知 $h[n]=a^n u[n]$，试分别写出它的第一类和第二类两相分解表达式，并分别确定 $E_0(z)$，$E_1(z)$ 和 $R_0(z)$，$R_1(z)$，以及 $e_0[n]$，$e_1[n]$ 和 $r_0[n]$，$r_1[n]$。

3) 基于(P9.44.1)式和(P9.44.3)式，在图 P9.44.1(a)和(b)中，分别画出了离散时间因果 LTI 系统的两种 $M$ 相并联实现结构的方框图，试确定它们中的每个分相并联子系统的系统函数 $H_k(z)$ 和单位冲激响应 $h_k[n]$。实际上，图 P9.44.1(a)和(b)互为转置结构。

4) 利用 3)小题的两种分相并联实现结构，试分别画出 $h[n]=a^n u[n]$ 的离散时间 LTI 系统的两种两相并联实现结构的方框图，并确定其中的每个并联子系统的 $h_k[n]$。

5) 试证明：图 P9.44.2(a)和(b)中的 $M$ 倍减抽样系统和 $L$ 倍增抽样系统，分别等价于图 P9.44.3(a)和(b)的信号流图表示的有效多相实现结构的信号流图。

**提示**：可以利用习题 9.43 中的两个基本等价关系，以及图 P9.44.1(a)和(b)的多相结构。

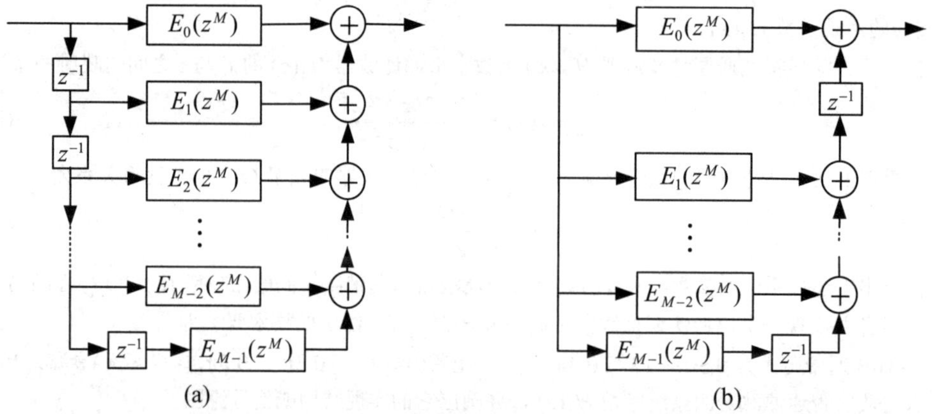


图 P9.44.1

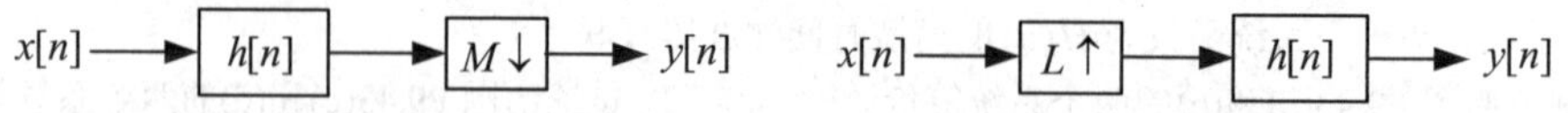


(a) $M$倍减抽样系统　　(b) $L$ 倍增抽样系统

图 P9.44.2　$M$ 倍减抽样和 $L$ 倍增抽样的方框图

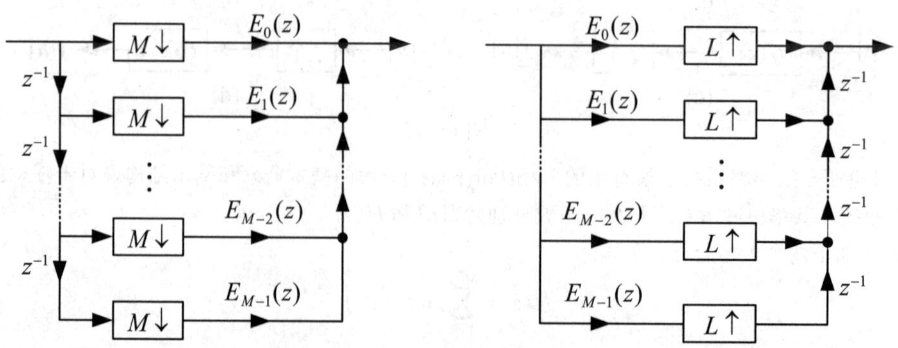


(a) $M$倍减抽样　　(b) $L$倍增抽样

图 P9.44.3　$M$ 倍减抽样和 $L$ 倍增抽样的多相实现结构的信号流图

# 第 10 章　在反馈和控制中的应用

## 10.1 引　言

利用系统的输出去控制或调节系统输入就会产生反馈效应，人们很早就认识到利用反馈可以获得许多好处。例如，人们用手去拿某件物体时，通常都依靠视觉来判断手与物体之间的距离，先快后慢地逐步接近物体，如果闭上眼睛(没有视觉反馈)去拿物体的话，就达不到这样好的效果；杂技演员表演用手或头部顶长杆，他凭视觉判断长杆倾斜的方位，一刻不停地移动手或头的位置使长杆稳定不倒下，如果没有视觉反馈就不可能做到；在人们的日常生活、生产和社会活动之中，这样的例子相当普遍。

反馈系统理论始于 20 世纪 20 年代，美国贝尔电话实验室布莱克(H. S. Black)等人围绕改善放大器性能方面的研究成果，对此作出了重要贡献。由此开创了线性反馈系统一个方面的广泛应用，例如，在模拟电子线路中，反馈放大器、运算放大器和有源滤波器等，都把反馈引入系统的设计来获得系统性能的改善，以及降低外部干扰对系统工作的影响等；此外，利用反馈可以产生自激振荡也成为各种振荡器设计的基本原理。

到 20 世纪 40 年代～50 年代，以反馈系统理论为基础的自动控制方法和技术，逐渐在许多工程领域获得另一方面的广泛应用。图 10.1 给出了最基本的单反馈环控制或跟踪系统模型，图中的 $y(t)$ 表示控制或跟踪系统的输出信号，它与外加的参考输入 $x(t)$ (例如控制或跟踪对象所希望的动态特性)比较，得到跟踪误差信号 $e(t)$，它再通过一个称为“**控制器**”(有时称为补偿器)的系统产生出一个控制信号 $c(t)$，作为受控装置的输入信号，达到控制或调节其输出信号 $y(t)$ 跟踪外部参考信号 $x(t)$ 之目的，构成一个含有反馈的所谓“**闭环系统**”，其中的控制器，正是该反馈控制或跟踪系统中要设计的部分。可以想到，如果断开反馈，仅用参考输入 $x(t)$ 通过一个控制器直接调节控制装置(所谓“**开环系统**”)，也可达到控制或跟踪目的。然而，闭环控制相比于开环控制有显著的优点：第一，在闭环控制中，可以感受到控制或跟踪对象偏离正常特性的任何扰动，用它们的误差信号来校正，使之回到正常特性，开环控制则不具备这种抵御扰动的能力；第二，在开环系统中，必须预先知道整个系统(包括控制或跟踪对象)的精确特性，才能设计出适当的参考输入，而闭环系统的设计则无需精确知道这些，也不必对系统性能参数有过细的了解。在工业生产、交通和生活设施的各种自动化过程，以及自动武器系统和空间系统中，这种反馈控制或跟踪原理的应用实例不胜枚举。在通信领域，接收机中的自动增益控制和用于载波恢复的锁相环及自动频率微调电路，都是基于反馈控制或跟踪原理设计的产物。至今可以毫不夸张地说，反馈的概念和理论涉及与自动控制有关的所有事物，它不限于

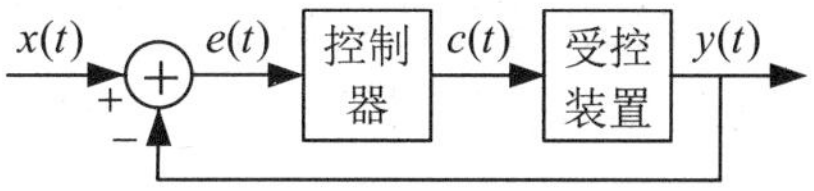

图 10.1　单反馈环控制或跟踪系统模型

各种工程技术，也包括经济和社会系统的行为，甚至人类或动物的生理与心理过程。

本书在 2.9.1 小节介绍系统的三种基本互联方式时，就提及了反馈和反馈系统的概念，并在 3.7.3 小节和 8.4.2 小节分别讲述了涉及 LTI 系统反馈互联的时域和变换域基本分析方法，获得了连续时间和离散时间线性反馈系统的基本关系式(见(8.4.21)式和(8.4.23)式)。必须指出，许多实际系统并不刻意具有利用反馈的企图，但它却包含有反馈的机理，2.9.1 小节中图 2.51 给出的电容和电阻的并联电路，以及所有用递归形式的微分方程和差分方程描述的实际系统都是这样的例子。对于这些系统，本书前面的内容中已经介绍和讨论了它们的分析和综合方法。本章将以此为基础，首先介绍和讨论线性反馈系统的基本特性及其对系统性能的一系列改善，以及由此获得的主要应用，并对控制和跟踪系统、抽样数据反馈系统做一简单介绍和分析；然后，针对反馈系统的稳定性这一基本问题，从两条途径探讨反馈系统稳定性分析的基本方法：一条是基于反馈系统传递函数(系统函数)极点的位置，介绍根轨迹法和奈奎斯特稳定性准则；另一条是以反馈系统频率响应的波特图为基础，介绍反馈系统的相对稳定性，即增益裕度和相位裕度的概念和方法。

## 10.2 线性反馈系统的基本特性和应用

由 LTI 系统通过反馈互联构成的系统，亦即图 10.1 中的受控装置、控制器和反馈环中的传感器都是 LTI 系统的反馈控制或跟踪系统称作**线性反馈系统**。图 10.2(a)和(b)分别是最基本的连续时间和离散时间线性反馈系统的方框图，图中的 $G(s)$ 和 $G(z)$ 称为**正向通路系统函数**，而 $F(s)$ 和 $F(z)$ 则称为**反馈通路系统函数**。由于反馈的实际应用场合都是因果系统，故自然地把图 10.2 中的系统都局限于实的因果 LTI 系统，它们的系统函数既可分别认为是各自单位冲激响应的双边拉普拉斯变换和双边 Z 变换，也可分别认为是单边拉普拉斯变换和单边 Z 变换。作为因果性的必然结果，这些系统函数的收敛域总分别是 S 平面上系统函数最右边极点的右边和 Z 平面上系统函数最外层极点的外面，因此，本章下面的所有系统函数一般都不提及它们的收敛域。此外，按照习惯，都约定误差信号是从输入信号中减去反馈信号产生的。

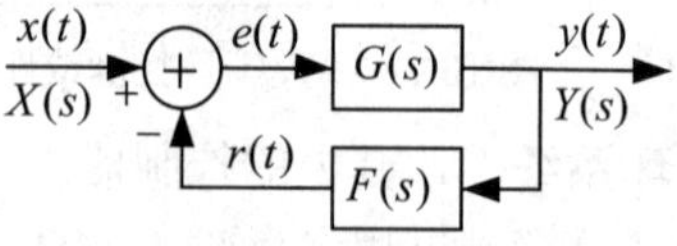


(a) 连续时间线性反馈系统

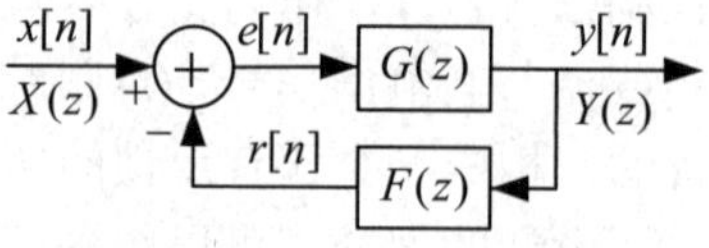


(b) 离散时间线性反馈系统

图 10.2 线性反馈系统的基本模型

按照第 8 章 8.4.2 小节中的(8.4.21)式，图 10.2(a)和(b)中连续时间和离散时间线性反馈系统的系统(传递)函数 $H(s)$ 和 $H(z)$，通常称为**闭环系统(传递)函数**，分别为

$$H(s)=\frac{Y(s)}{X(s)}=\frac{G(s)}{1+G(s)F(s)} \quad 和 \quad H(z)=\frac{Y(z)}{X(z)}=\frac{G(z)}{1+G(z)F(z)} \tag{10.2.1}$$

其中

$$L(s)=G(s)F(s) \quad 和 \quad L(z)=G(z)F(z) \tag{10.2.2}$$

称为**环路系统(传递)函数或开环系统函数**。并且把(10.2.1)式中的分母项称作为**回差**，即

$$Q(s)=1+G(s)F(s)=1+L(s) \quad 和 \quad Q(z)=1+G(z)F(z)=1+L(z) \tag{10.2.3}$$

如果反馈系统稳定，可分别用 $s=\mathrm{j}\omega$ 和 $z=\mathrm{e}^{\mathrm{j}\Omega}$ 代入，得到它们的频域表示。这些分别就

是连续时间和离散时间线性反馈系统的基本关系，本章的分析和讨论都将基于这一基本关系。

## 10.2.1　线性反馈系统的基本特性及其应用

线性反馈系统及其绝大部分应用都基于所谓“**负反馈**”的机理，即在系统要求的工作频率范围内，由反馈通路返回的信号起到**抵消**或**减轻**外部输入信号的作用。进一步，如果处于深度负反馈下，即环路系统函数的模通常都远大于 1，例如在图 10.2(a)的连续时间线性反馈系统中，$|G(s)F(s)|\gg 1$。这种情况下，由(10.2.1)式左式可以得到如下近似关系式

$$H(s)=\frac{G(s)}{1+G(s)F(s)}\approx\frac{G(s)}{G(s)F(s)}=\frac{1}{F(s)},\quad 当|G(s)F(s)|\gg 1 \tag{10.2.4}$$

由此得到线性反馈系统的重要特性，即正向通路系统函数 $G(s)$ 的主要作用是确保 $|G(s)F(s)|\gg 1$，使得闭环系统传递函数 $H(s)$ 近似等于反馈通路系统函数 $F(s)$ 的倒数，而对闭环系统传递函数 $H(s)$ 几乎不产生影响。显然，这一结论对离散时间线性反馈系统同样成立。

**1. 线性反馈系统的基本特性**

首先介绍和讨论连续时间和离散时间线性反馈系统的一系列基本特性。

在电子线路放大器、运算放大器、有源滤波器等这类连续时间线性反馈系统的应用中，利用反馈的目的是它可以明显改善系统的一系列特性和性能。主要的性能改善有：① 改善系统的频率特性，展宽放大器的频带；② 改善闭环系统的灵敏度，大大减轻外部环境对系统特性的影响；③ 降低反馈环内部干扰和噪声的影响；④ 改善系统的非线性失真等。线性反馈系统这些优良的特性正是 20 世纪 20 年代美国贝尔电话实验室布莱克等人的主要研究成果。

1) 改善系统的频率特性

利用反馈可以改善 LTI 系统的频率特性，展宽具有良好频率特性(几乎恒定的幅频响应和线性相频响应)的通频带。这一特性及其应用是基于如下事实，电子放大器或运算放大器能提供很高(达几个数量级)的增益(放大倍数)，但却带来一系列不良的性能，例如，具有良好频率特性的频带很窄，增益和频率特性会随时间和外部环境的变化而波动，也会引入不希望的非线性失真等。布莱克提出把这样一个具有强大放大能力，但特性不好控制的放大器作为正向通路系统 $G(s)$，而把反馈通路的 $F(s)$ 选为常数，即 $F(s)=K$，构成一个反馈放大器。若在希望或给定的频带内满足 $|KG(\mathrm{j}\omega)|\gg 1$，则闭环频率响应 $H(\mathrm{j}\omega)$ 为

$$H(\mathrm{j}\omega)=H(s)\big|_{s=\mathrm{j}\omega}=\frac{G(\mathrm{j}\omega)}{1+KG(\mathrm{j}\omega)}\approx\frac{1}{K},\quad 当|KG(j\omega)|\gg 1 \tag{10.2.5}$$

这表明，在给定的频带内反馈放大器的频率响应近似等于一个常数。当然，这一结果有两个条件：其一，假定 $F(\mathrm{j}\omega)=K$，即反馈通路频率响应等于常数，在实际的反馈放大器和运算放大器中，反馈通路系统都采用电阻衰减器或电阻网络，它在比给定频带宽得多的频率范围上都能符合这个假定；其二，正向通路放大器 $G(\mathrm{j}\omega)$ 必须提供足够高的增益，且高到能确保在希望或给定的频带内满足 $|KG(\mathrm{j}\omega)|\gg 1$，电子线路放大器和开环运算放大器都能成就这一要求。

这里考察一个实例，以便更清楚地了解利用反馈能够展宽 LTI 系统的频率特性。在图 10.3 中，正向通路系统是一个一阶低通滤波器，它的频率响应为 $G(\mathrm{j}\omega)=A_0(\alpha/\mathrm{j}\omega+\alpha)$，借用 8.6.1 小节图 8.21 的结果，它的 −3 dB 通带等于 $\alpha$，通带中心频率的增益等于 $A_0$；

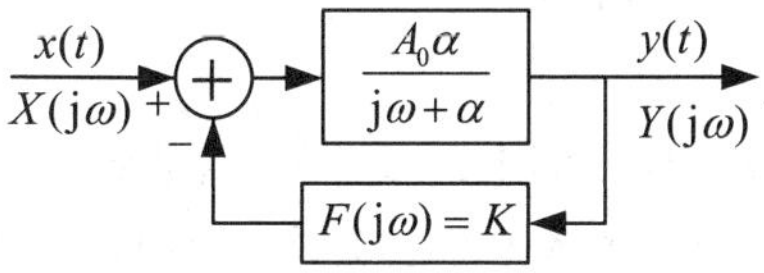


图 10.3　利用反馈展宽系统频带

反馈通路的频率响应为$F(\mathrm{j}\omega)=K$。闭环系统的频率响应$H(\mathrm{j}\omega)$为

$$H(\mathrm{j}\omega)=\frac{G(\mathrm{j}\omega)}{1+KG(\mathrm{j}\omega)}=\frac{A_0\alpha}{\mathrm{j}\omega+(1+KA_0)\alpha} \tag{10.2.6}$$

它仍是一阶低通，但$-3\,\mathrm{dB}$通带变成$(1+KA_0)\alpha$，中心频率增益变成$A_0/(1+KA_0)$。这表明，闭环系统与原系统(正向通路系统)相比，$-3\,\mathrm{dB}$ 通带从$\alpha$扩展到$(1+KA_0)\alpha$，展宽$(1+KA_0)$倍；但最大增益却从$A_0$降至$A_0/(1+KA_0)$，降低$(1+KA_0)$倍。然而，在有反馈和没有反馈的两种情况下，各自系统的带宽与最大增益的乘积保持不变，仍为$\alpha A_0$。换言之，反馈所以能改善 LTI 系统的频率响应，展宽其频带，正是依靠系统增益同比下降为代价获得的。此外，由 8.6.1 小节的分析可知，在系统频率特性改善、频带展宽的同时，系统的时域特性也将得到改善，即反馈可以减小系统的时间常数和单位阶跃响应的上升时间。

2) *改善系统的灵敏度*

系统的灵敏度是用来衡量由于外部环境的影响或系统内部部件参数的变化，导致系统主要特性(如放大器的增益、带宽等)改变程度的一个系统性能或指标。

利用反馈可以改善系统的灵敏度，为此先看一个实例：一个增益$A_0=10$的放大器，由于外部负载或环境改变，或者内部器件老化，其增益可能降至 5，这样的增益灵敏度使它难以用于实际。如果像图 10.4 中那样对放大器$A_0$施加反馈，情况就大为改观，当然，由于反馈会导致整个系统增益下降，为使闭环放大器仍有原来的增益 10，则必须在正向通路中级联一个前置放大器，并适当配置其增益$A_1$。假设$A_1=100$，反馈通路增益$K=0.099$，当$A_0$从 10 降至 5 时，整个反馈放大器增益将从如下的$H$变成$\hat{H}$：

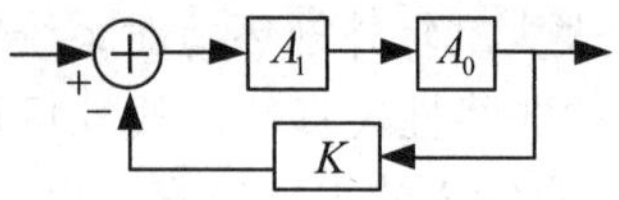

图 10.4　反馈系统非线性失真分析

$$H=\frac{A_1A_0}{1+KA_1A_0}=\frac{1000}{1+0.099\times1000}=10\text{，}\qquad \hat{H}=\frac{500}{1+0.099\times500}=9.9009\approx10$$

可见，闭环系统的增益变化很小，几乎完全不影响它的实际使用。

利用反馈改善系统灵敏度可以定量分析如下：例如，图 10.2(a)的闭环系统的增益$H$为

$$H=\frac{G}{1+GF} \tag{10.2.7}$$

其中，$G$和$F$分别是正向通路和反馈通路的增益。

现假定正向通路增益$G$有一个变化量$\Delta G$，对上式求关于$G$的偏微分，得到闭环系统增益$H$的变化量$\Delta H$为

$$\Delta H=\frac{\partial H}{\partial G}\Delta G=\frac{1}{(1+GF)^2}\Delta G \tag{10.2.8}$$

通常，系统增益的灵敏度指标$S$定义为

$$S=\frac{\Delta H/H}{\Delta G/G} \tag{10.2.9}$$

灵敏度$S$越小，系统特性的相对稳定性就越好。按此定义，由(10.2.7)式和(10.2.8)式可以得到闭环系统的增益灵敏度为

$$S=1/(1+GF) \tag{10.2.10}$$

这表明，反馈使增益灵敏度减少为无反馈时的$1/(1+GF)$，即使得系统灵敏度改善$(1+GF)$倍。

3) *降低干扰和噪声的影响*

反馈的另一个益处是可以大大降低反馈环内部干扰和噪声的影响。这可以用图 10.5 来说明，

图中的 $G$ 和 $F$ 分别是正向和反馈通路的增益，$v$ 代表环内部的干扰或噪声。基于 LTI 系统的线性性质，可以用叠加原理计算在输入信号 $x$，并同时存在内部干扰 $v$ 时闭环系统的输出 $y$，即有

$$y = y\big|_{v=0} + y\big|_{x=0} = \frac{G}{1+GF}x + \frac{1}{1+GF}v \quad (10.2.11)$$

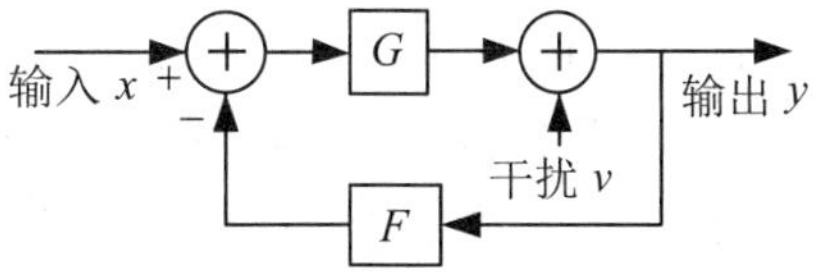

图 10.5　包含内部干扰的反馈系统模型

其中，第一项代表需要的输出信号，第二项代表无用的干扰和噪声输出。上式清楚表明，闭环系统相比于无反馈时，输出信号中无用的干扰和噪声降低 $(1+GF)$ 倍。

4) 改善系统的非线性失真

一个实际的物理系统，若在输入信号较小时可以看成线性系统，甚至 LTI 系统，但是当输入信号大到一定程度时，系统就呈现出非线性特性，产生所谓非线性失真。利用反馈效果能改善系统的非线性特性，降低系统的非线性失真。

通常用系统的输出对输入的非线性变换关系来分析系统(例如电子线路放大器)的非线性失真，也可以用系统的输入对输出的非线性变换关系来等价进行分析，下面采用后一种方法、借助图 10.6 来分析反馈对系统非线性失真的影响。

在图 10.6 中，假设正向通路系统的输入 $e$ 对输出 $y$ 的非线性变换关系为

$$e = a_1 y + a_2 y^2 \quad (10.2.12)$$

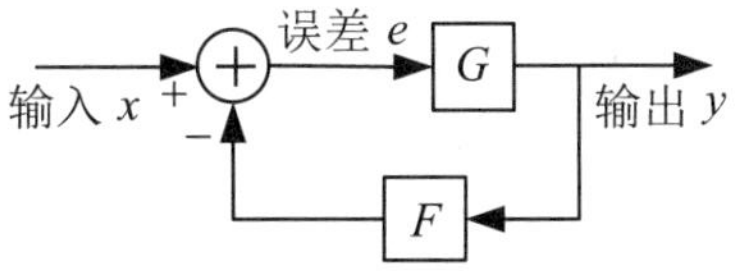

图 10.6　反馈系统非线性失真分析

其中，常数 $a_1 = 1/G$，它代表正向通路系统需要的线性特性，而常数 $a_2$ 表示系统特性偏离线性的程度。在施加反馈后，正向通路系统的输入 $e$ 则为

$$e = x - Fy \quad (10.2.13)$$

联立以上两式消去 $e$，就得到有反馈时闭环系统的输入 $x$ 对输出 $y$ 的非线性变换关系为

$$x = (a_1 + F)y + a_2 y^2 \quad (10.2.14)$$

其中同样地，$(a_1+F)$ 代表闭环系统的线性特性，$a_2$ 仍表示非线性因素。在没有反馈时的，系统就是正向通路本身，外部输入 $x$ 将替代 $e$，故无反馈时的输入 $x$ 对输出 $y$ 的信号变换关系为

$$x = a_1 y + a_2 y^2 \quad (10.2.15)$$

针对(10.2.14)式和(10.2.15)式，分别求输入 $x$ 关于输出 $y$ 的导数，将分别有

$$\frac{\mathrm{d}x}{\mathrm{d}y} = (a_1+F) + 2a_2 y = (a_1+F)\left(1 + \frac{2a_2}{a_1+F}y\right) \quad 和 \quad \frac{\mathrm{d}x}{\mathrm{d}y} = a_1 + 2a_2 y = a_1\left(1 + \frac{2a_2}{a_1}y\right) \quad (10.2.16)$$

若 $\mathrm{d}x/\mathrm{d}y$ 等于常数，表示系统只有线性项，没有非线性失真。上式左、右两式都表示成被各自的线性项(分别为 $(a_1+F)$ 和 $a_1$ 归一化，为的是便于在两者之间进行比较，上式左式中的 $2a_2 y/(a_1+F)$ 提供了有反馈时闭环系统的失真度量，而上式右式中的 $2a_2 y/a_1$ 则是无反馈时系统的失真度量，两者的比值 $D$ 可以表示反馈效应降低由系统非线性造成失真的程度，即

$$D = \frac{2a_2 y/(a_1+F)}{2a_2 y/a_1} = \frac{a_1}{a_1+F} = \frac{1/G}{1/G+F} = \frac{1}{1+GF} \quad (10.2.17)$$

这一结果表明，利用反馈能大大改善系统的非线性，使系统的非线性失真也降低 $(1+GF)$ 倍。

上面针对电子线路放大器、运算放大器和有源滤波器等一类连续时间线性反馈系统应用，获得的线性反馈系统的基本特性，以及利用反馈可以获得一些益处的分析方法和有关结论，在离散时间线性反馈系统仍然使用和成立，这里不再重复。

除了与上述基本特性有关的应用以外，线性反馈系统还有下面一些主要应用。

**2．逆系统的设计**

本节开头就分析了图 10.2 所示的连续时间和离散时间线性反馈系统在深度负反馈下的重要特性(见(10.2.4)式)，即当环路系统函数的模$|G(s)F(s)|$和$|G(z)F(z)|$远大于 1 时，闭环系统传递函数近似等于反馈通路系统函数的倒数。根据一个 LTI 系统的逆系统指系统函数就是原系统函数的倒数之关系，线性反馈系统这一基本特性可以用于逆系统的设计。

如果分别像图 10.7(a)和(b)所示的那样，$F(s)$和$F(z)$是某个 LTI 系统的系统函数，而正向通路系统函数的增益$K$足够大，以便分别确保在要求的工作频率范围内，环路系统函数的模远大于 1，即$|KF(s)|\gg 1$和$|KF(z)|\gg 1$，则分别有

$$H(s)=\frac{K}{1+KF(s)}\approx\frac{1}{F(s)} \quad 和 \quad H(z)=\frac{K}{1+KF(z)}\approx\frac{1}{F(z)} \tag{10.2.18}$$

这表明，如果要设计一个连续时间和离散时间因果 LTI 系统的逆系统，只要像图 10.7(a)和(b)那样，分别让反馈通路系统函数是该 LTI 系统函数$F(s)$和$F(z)$，并使正向通路增益$K$设计得足够大，由此获得的闭环反馈系统就分别是系统$F(s)$和$F(z)$的因果逆系统的一个很好近似。

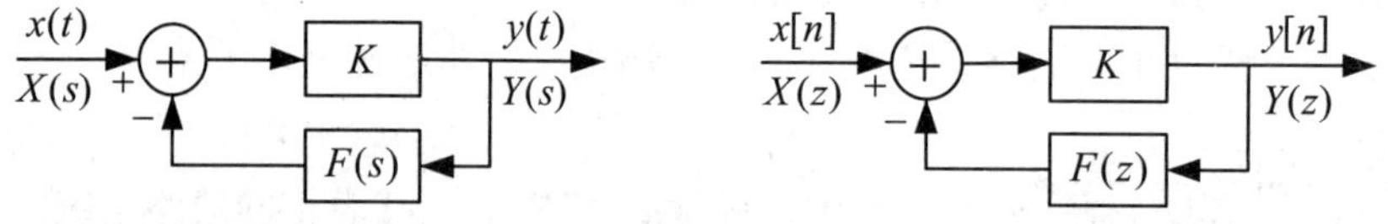


(a) 连续时间系统函数$F(s)$的逆系统　　(b) 离散时间系统函数$F(z)$的逆系统

图 10.7　线性反馈用于逆系统的设计

运算放大器是具有足够高增益$K$的器件或系统，故它常被用来设计和实现连续时间逆系统。例如，由于流过电容器的电流与它两端的电压的导数成正比，即电容$C$的系统函数是$Cs$，把它插入运算放大器的反馈通路，组成如图 10.8 所示的积分运算电路，它的系统函数为

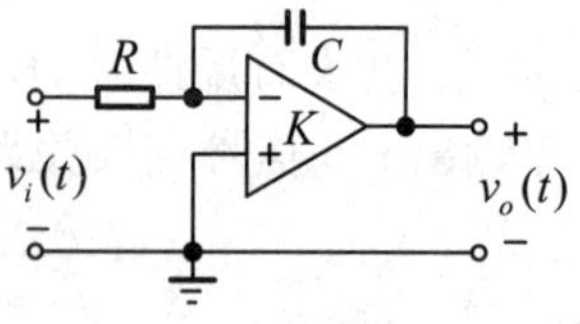


图 10.8　积分运算电路

$$H(s)=\frac{V_0(s)}{V_i(s)}=-\frac{1}{RC}\cdot\frac{1}{s} \tag{10.2.19}$$

除了常数$(-1/RC)$外，它是微分器系统函数的逆系统函数。这种逆系统的设计方法常被用于有源滤波器的设计和制作，本章末的习题 10.6 给出这种应用的一个例子。

值得指出，这种可实现的逆系统设计方法不仅适用于 LTI 系统，在设计和实现一个非线性系统的逆系统时，一般也采用这个方法，在章末的习题 10.7 中利用半导体二极管的电流/电压指数特性，设计和实现输入输出具有对数特性的放大器，就是其中的一个例子。

**3．使不稳定系统成为稳定系统**

许多自然系统和人为系统本身可能是一个不稳定系统，利用反馈可以使它们变成稳定系统，这是线性反馈系统的又一个重要应用。这些应用例子包括核电站中核反应堆控制、飞行体稳定控制、火箭轨道控制、生物繁殖和经济过热的节制等。

为了说明反馈可以使不稳定系统变为稳定系统的概念和方法，分别考察连续时间和离散时间一阶不稳定系统的例子，它们都是这种应用的例子。

**【例 10.1】**　一阶实系统函数$G(s)=b/(s-a)$，当$a>0$时系统不稳定，试利用反馈使之成为稳定系统。

**解：**图 10.9 画出了引入反馈后的闭环系统，其中，反馈通路系统函数设计成常数$K$，则闭环系统函数$H(s)$为

$$H(s)=\frac{G(s)}{1+G(s)F(s)}=\frac{b}{s+(K-a)} \tag{10.2.19}$$

它仍是一阶低通系统，但极点位置为$(a-K)$。图 10.10 画出了$K$值在$K>0$和$K<0$范围内变化时一阶极点在 S 平面上移动的轨迹，只要$(K-a)>0$，或$K>a$，极点移到虚轴的左边，成为负实极点，它就变成应稳定的一阶低通系统，单位冲激响应就变成单边衰减指数信号，即$h(t)=\mathrm{e}^{-(K-a)t}u(t)$。

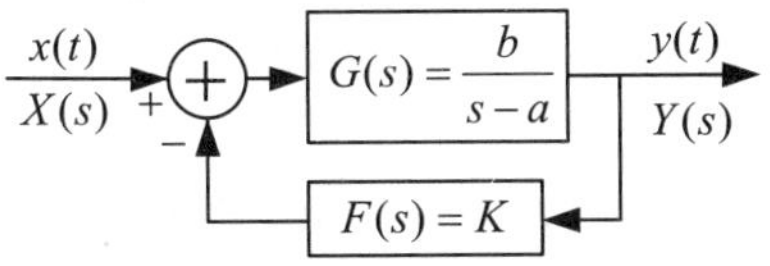


图 10.9　连续时间一阶不稳定系统的稳定

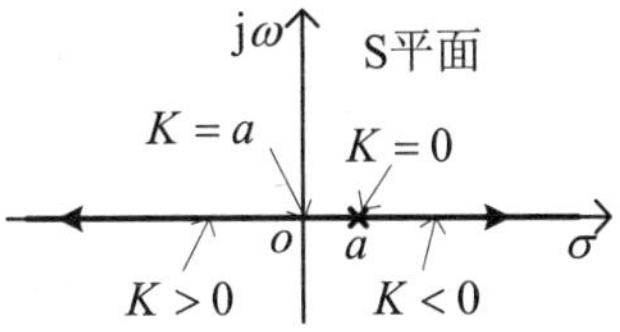


图 10.10　改变$K$时极点移动的轨迹

**【例 10.2】**　离散时间不稳定系统的典型例子是简化的物种增值模型，假定在没有任何阻碍因素的条件下，某种动物自然繁殖将使每代总数以$a$倍($a>1$)增长，令$y[n]$为某种动物到第$n$代时的总数，$e[n]$代表外界影响对动物总数的增减，则该种动物数量的增长满足如下一阶差分方程

$$y[n]-ay[n-1]=e[n] \tag{10.2.20}$$

这种无反馈下的物种增值模型显然是不稳定的，因为它的单位冲激响应是单边指数增长序列，即$a^n u[n]$，其因果系统函数为$G(z)=1/(1-az^{-1})$，极点为$a>1$，在 Z 平面单位圆的外部。

实际上，生态环境中总存在一些阻碍物种总量无限增长的因素，例如有限食物的限制、人类捕杀或此类动物“天敌”的捕食等节制因素，这些因素起着负反馈的作用。假定节制因素起着以一个固定的比值$\beta$来造成动物数量减少，连同该类动物自身每代$a$倍增长的增值率，使得它以每代$a(1-\beta)$倍的比率增长，则该类动物的反馈动态模型满足的差分方程为

$$y[n]-a(1-\beta)y[n-1]=x[n] \tag{10.2.21}$$

其中，$x[n]$表示动物的外迁和引入对总数的影响。试画出这一动态反馈模型的方框图，并讨论系统的稳定性性能。

**解**：图 10.11 画出了这一动态反馈模型的方框图，这一动态反馈系统的系统函数$H(z)$为

$$H(z)=\frac{G(z)}{1+G(z)F(z)}=\frac{1}{1-a(1-\beta)z^{-1}} \tag{10.2.22}$$

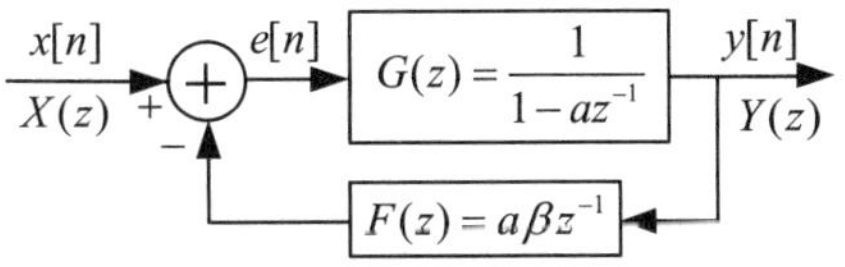


图 10.11　节制物种繁殖的动态反馈模型

它仍是一个因果的离散时间一阶系统，但极点位置移到$a(1-\beta)$处，图 10.12 画出了$\beta$值在$\beta>0$和$\beta<0$的范围内变化时，一阶极点在 Z 平面上移动的轨迹，按照离散时间一阶因果系统函数的稳定条件，只要极点移到单位圆内就成为稳定系统，因此，若代表节制因素的$\beta$满足$|a(1-\beta)|<1$，即

$$\frac{a-1}{a}<\beta<\frac{a+1}{a} \tag{10.2.23}$$

系统的极点移到了 Z 平面单位圆的内部，就成为一个因果稳定的离散时间一阶系统。

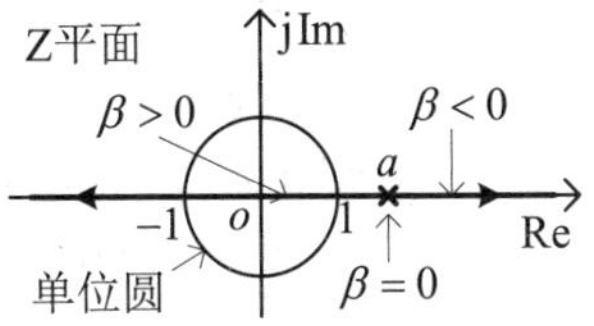


图 10.12　改变$\beta$时极点移动的轨迹

在上述使连续时间和离散时间一阶不稳定系统变为稳定系统的例子中，反馈通路仅以比例常数(图 10.9 中的$K$和图 10.10 中的$a\beta z^{-1}$)的形式来实施反馈控制或节制作用，故这种变系统不稳定为稳定的方式通常分别称为**比例反馈**(连续时间)和**比例延时反馈**(离散时间)。但必须指出，不是仅靠这个单一方式就能使所有不稳定系统变成稳定系统，这可见本章末的习题 10.10 和习题 10.11。

## 10.2.2　反馈对系统稳定性的影响

上一小节介绍的线性反馈系统的基本特性和带来的一系列益处，以及利用反馈获得系统

性能改善，都是“**负反馈**”的效果。在利用负反馈获得这些益处的同时，也付出了一定的代价，这些代价除了上面已指出的降低系统增益外，主要就是给系统的稳定性带来了影响。上一小节讲述的利用反馈使不稳定系统变为稳定系统，可以看成此类影响的一个方面，除此以外，本小节再从两方面来讨论反馈对系统稳定性的影响：其一，可能出现“**正反馈**”效应，导致系统不稳定；其二，利用正反馈效应产生自激振荡。

**1．正反馈效应导致系统不稳定**

在利用反馈的益处来改善系统的各种性能时，本意都是着眼于负反馈的概念和方法，但随之也出现了不希望的结果，就是可能导致系统的不稳定。例如一个深度负反馈的放大器，为了大大改善它的频带和灵敏度等性能，必须大大提高正向通路放大器的增益，增益过度提高反而会使它产生自激而不能工作。实际中还有许多例子都表明，反馈可以引起系统不稳定。一个常见的例子是音响系统中的反馈，扬声器放出的声音通过话筒进入系统，形成了事实上的反馈，当它们之间的距离太近时，就会导致音响系统不稳定，表现为音频信号被过渡放大和失真，甚至啸叫。所有这些导致或引起系统不稳定的根本原因是事实上的正反馈(布莱克称之为再生反馈)效应，下面将分析线性反馈系统可能形成正反馈的机理和产生自激的条件。

1) 负反馈和正反馈

现在重新考察由图 10.13(a)所示的连续时间线性反馈系统，若用傅里叶变换表示，则有

$$E(\mathrm{j}\omega)=X(\mathrm{j}\omega)-[G(\mathrm{j}\omega)F(\mathrm{j}\omega)]E(\mathrm{j}\omega) \quad 或 \quad X(\mathrm{j}\omega)=E(\mathrm{j}\omega)[1+G(\mathrm{j}\omega)F(\mathrm{j}\omega)] \qquad (10.2.24)$$

上式右式等号右边方括号内就是回差 $Q(s)$ 的频域表示 $Q(\mathrm{j}\omega)$，其中的 1 表示正向通路的输入 $E(\mathrm{j}\omega)$，$G(\mathrm{j}\omega)F(\mathrm{j}\omega)=L(\mathrm{j}\omega)$ (环路频率响应)代表反馈回来加入正向通路输入的那部分。

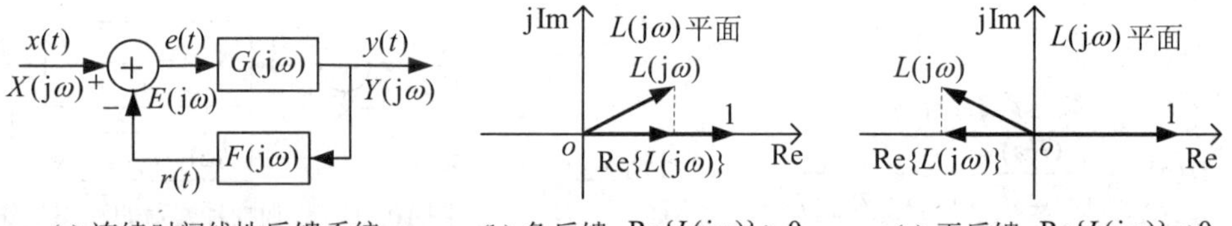


(a) 连续时间线性反馈系统　　(b) 负反馈，$\mathrm{Re}\{L(\mathrm{j}\omega)\}>0$　　(c) 正反馈，$\mathrm{Re}\{L(\mathrm{j}\omega)\}<0$

图 10.13　由环路系统函数 $L(s)$ 判别负反馈和正反馈的示意图

$L(\mathrm{j}\omega)$ 一般是复数，在傅里叶变换函数的幅相平面( $L(\mathrm{j}\omega)$ 平面)上，$L(\mathrm{j}\omega)$ 和 1 都可表示为向量。显然，对于某个频率 $\omega$，向量 $L(\mathrm{j}\omega)$ 在实轴上的分量 $\mathrm{Re}\{L(\mathrm{j}\omega)\}$ 就表示对外部输入 $X(\mathrm{j}\omega)$ 中的该频率分量起反相抵消作用，还是起同相增强作用。由于反馈系统输入端采用“相减”的约定，如果像图 10.13(b)那样，向量 $L(\mathrm{j}\omega)$ 落在 $L(\mathrm{j}\omega)$ 平面的一、四象限，即 $\mathrm{Re}\{L(\mathrm{j}\omega)\}>1$，由(10.2.24)式左式看出，要加大外部输入 $X(\mathrm{j}\omega)$ 中的该频率分量，才能使 $E(\mathrm{j}\omega)$ 中该频率分量有同样大小，这表示反馈回来信号起着某种抵消或降低外部输入信号的作用，即显示出负反馈机理；相反地，如果像图 10.13(c)那样，向量 $L(\mathrm{j}\omega)$ 落在二、三象限，即 $\mathrm{Re}\{L(\mathrm{j}\omega)\}<1$，则表示反馈回来信号起着某种增强外部输入信号的作用，反馈系统就表现为正反馈。随着 $\omega$ 的变化，向量 $L(\mathrm{j}\omega)$ 也不断改变其大小和辐角，因此对于一个线性反馈系统，可能在某个频率范围内，向量 $L(\mathrm{j}\omega)$ 落在一、四象限，具有负反馈机理；而在另一个频率范围内，向量 $L(\mathrm{j}\omega)$ 可能落在二、三象限，呈现出正反馈效果。因此，负反馈和正反馈是相对的，它并不取决于图 10.3 方框图中输入端相加器所用符号“＋”或“－”的约定。

上面的分析表明，在利用反馈带来的益处的这类应用中，即使按负反馈机理设计和实现的线性反馈系统，也可能在某个或某些频率范围上变成正反馈机理。当系统处于正反馈的情

况下，不仅丧失负反馈效应的基本特性和益处，结果还正好相反，例如系统的频带反而变窄，增益也随之增大，干扰和噪声的影响反而加大等；同时，系统特性的稳定性将变差，甚至当正反馈增强到一定程度，就会导致反馈系统发生自激振荡现象。因此，在一个线性反馈系统中，可能形成的正反馈机理是引起系统不稳定，甚至出现自激振荡的根本原因。

2) 线性反馈系统产生自激的条件

正反馈引起系统不稳定性的一个严重结果是产生自激。所谓系统自激，就是系统处于不需要输入信号也能产生某种输出信号的一种状态。一旦系统产生自激，它将不再是 LTI 系统，既没有原来的输入输出关系，也不再具有原有的所有特性。在上面有关正反馈机理分析的基础上，可进一步得到线性反馈系统产生自激振荡的条件。

在图 10.13(a)所示的线性反馈系统中，如果反馈环路内满足：

$$L(\mathrm{j}\omega)=G(\mathrm{j}\omega)F(\mathrm{j}\omega)=-1 \quad \text{或} \quad L(s)=G(s)F(s)=-1 \tag{10.2.25}$$

则造成反馈回来的信号 $r(t)$ 等于误差信号 $e(t)$。这表明，若 $x(t)=0$，即没有任何输入信号的情况下，系统自己就能维持输出信号。因此，上式就是反馈系统产生**自激振荡的条件**，简称为**振荡条件**。若把环路(或开环)频率响应表示成模和辐角的形式，振荡条件又可以表示为

$$|L(\mathrm{j}\omega)|=|G(\mathrm{j}\omega)F(\mathrm{j}\omega)|=1 \quad \text{和} \quad \angle L(s)=\angle\{G(s)F(s)\}=\pi \tag{10.2.26}$$

上式左式称为**振荡的幅度(模量)条件**，即环路幅频响应等于 1，右式称为**振荡的相位(辐角)条件**，即环路相频响应等于π(或π的奇数倍)。若在某个频率 $\omega_0$ 上两者同时满足，反馈系统就会产生频率等于 $\omega_0$ 正弦波振荡。从系统函数的角度说，若在某个频率 $\omega_0$ 上线性反馈系统满足振荡条件，由于(10.2.25)式右式等价为 $1+G(s)F(s)=0$，这也表明，$s=\pm\mathrm{j}\omega_0$ 是(10.2.1)式的闭环系统函数 $H(s)$ 的一对共轭极点，故系统处于临界稳定或不稳定状态。人们设计和制作好的一个所需频带的深度负反馈放大器，很可能一接上电源就产生自激，其原因在于：尽管在要求的频带内是负反馈放大器，但由于 $|G(s)F(s)|\gg 1$，在此频带外的某个频率上，仍有可能同时满足振荡的幅度条件和相位条件，就会产生该带外频率的自激振荡。

**2．利用正反馈产生自激振荡**

以上的讨论表明：一方面，正反馈在通常的应用中是不稳定因素，应设法避免线性反馈系统形成正反馈；另一方面，又可以利用正反馈来产生自激振荡，形成设计和实现各种不同信号的振荡器，人们熟知的三点式正弦波振荡器就是其中的典型例子。

图 10.14 是通信和电子系统中常用的三点式正弦波振荡器原理电路，图中，$K$ 是放大器的增益，阻抗 $Z_1(s)$、$Z_2(s)$ 和 $Z_3(s)$ 构成反馈网络。在此反馈系统中，正向通路系统函数 $G(s)$ 为

$$G(s)=\frac{V_o(s)}{V_2(s)-V_1(s)}=\frac{-KZ_{\mathrm{L}}(s)}{R_o+Z_{\mathrm{L}}(s)} \tag{10.2.27}$$

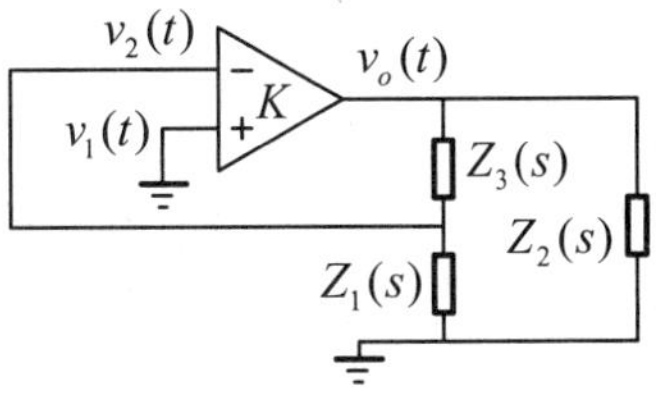

图 10.14　三点式正弦波振荡器

其中，$R_o$ 为放大器的输出电阻，负载阻抗 $Z_{\mathrm{L}}(s)$ 为

$$Z_{\mathrm{L}}(s)=\frac{Z_2(s)[Z_1(s)+Z_3(s)]}{Z_1(s)+Z_2(s)+Z_3(s)} \tag{10.2.28}$$

反馈通路系统函数 $F(s)$ 为

$$F(s)=\frac{V_2(s)}{V_o(s)}=\frac{-Z_1(s)}{Z_1(s)+Z_1(s)} \tag{10.2.29}$$

为了确保满足环路系统函数 $G(s)F(s)=-1$ 的振荡条件，代入上面的 $G(s)$ 和 $F(s)$，则要求

$$G(s)F(s)=\frac{KZ_1(s)Z_2(s)}{R_o[Z_1(s)+Z_2(s)+Z_3(s)]+Z_2(s)[Z_1(s)+Z_3(s)]}=-1 \tag{10.2.30}$$

即 $$Z_2(s)[Z_1(s)+Z_3(s)]+KZ_1(s)Z_2(s)+R_o[Z_1(s)+Z_2(s)+Z_3(s)]=0 \tag{10.2.31}$$

假设反馈网络为**纯电抗**网络，即 $\mathrm{j}X_1(\mathrm{j}\omega)$、$\mathrm{j}X_2(\mathrm{j}\omega)$ 和 $\mathrm{j}X_3(\mathrm{j}\omega)$，其中 $X_i(\mathrm{j}\omega)$，$i=1,2,3$，均为实函数，则上式可写为

$$-X_2(\mathrm{j}\omega)[X_1(\mathrm{j}\omega)+X_3(\mathrm{j}\omega)]-KX_1(\mathrm{j}\omega)X_2(\mathrm{j}\omega)+\mathrm{j}R_o[X_1(\mathrm{j}\omega)+X_2(\mathrm{j}\omega)+X_3(\mathrm{j}\omega)]=0 \tag{10.2.32}$$

为此，上式的实部和虚部都必须为零，即有

$$[X_1(\mathrm{j}\omega)+X_3(\mathrm{j}\omega)]+KX_1(\mathrm{j}\omega)=0 \quad 和 \quad X_1(\mathrm{j}\omega)+X_2(\mathrm{j}\omega)+X_3(\mathrm{j}\omega)=0$$

联立这两个方程，则得到图 10.14 的三点式振荡器满足振荡的条件为

$$X_2(\mathrm{j}\omega)=KX_1(\mathrm{j}\omega) \quad 和 \quad X_1(\mathrm{j}\omega)+X_2(\mathrm{j}\omega)+X_3(\mathrm{j}\omega)=0 \tag{10.2.33}$$

因增益 $K$ 为正数，该振荡条件表明：电抗 $X_1(\mathrm{j}\omega)$ 与 $X_2(\mathrm{j}\omega)$ 必须同号，即同为电感或同为电容；而 $X_1(\mathrm{j}\omega)$ 和 $X_2(\mathrm{j}\omega)$ 则必须与 $X_3(\mathrm{j}\omega)$ 异号，即一个是电感，另一个是电容，或者反之。

假设三点式正弦波振荡器的三个纯电抗元件分别是 $L_1$、$L_2$ 和 $C_3$，则可以由(10.2.33)式右式求得它产生正弦自激振荡的频率 $\omega_0$，即

$$\omega_0=\frac{1}{\sqrt{(L_1+L_2)C_3}} \tag{10.2.34}$$

实际的三点式反馈网络通常采用 LC 串、并联谐振回路或石英晶体，石英晶体的等效电路为高品质的 LC 串、并联谐振回路，采用它构成的三点式正弦波振荡器有很高的频率稳定度。

必须指出：第一，上述(10.2.33)式的振荡条件其实只是满足振荡的相位条件，并没有体现振荡的幅度条件，但一般放大器的增益 $K\gg 1$，满足幅度条件没有什么困难；第二，一个满足振荡条件的自激振荡器在没有输入信号时，依靠内部的固有噪声(或扰动)和 $K\gg 1$ 产生振幅不断增长的自激振荡；第三，这样产生的自激振荡振幅也不会无限增长下去，由于环路内的放大器件的非线性效应，随着振幅的增大，增益 $K$ 将逐渐减小，直到 $|KF(\mathrm{j}\omega)|=1$，振幅就不再增大，维持恒定的振荡输出。因此，环路增益的非线性效应也是实现自激振荡器的一个必要因素，严格说来自激振荡器是一个具有正反馈的非线性系统。由于存在非线性效应，自激振荡器可能产生各种复杂的结果，例如周期性振荡、间歇振荡和其他非确定性现象。

### 10.2.3 反馈控制和跟踪系统

在本章引言中，已给出了反馈控制或跟踪系统的基本概念和系统组成(见图 10.1)，本小节从连续时间控制或跟踪系统入手，分析其基本特性，并简要讨论面向应用的一些设计考虑。

在图 10.1 的连续时间反馈控制或跟踪系统中，假设控制器的系统函数为 $F(s)$，受控装置的系统函数为 $G(s)$，如图 10.15(a)所示。图中，参考输入 $x(t)$ 代表控制或跟踪对象所希望的动态特性，系统输出信号 $y(t)$ 则表示控制或跟踪对象的实际动态响应。在控制或跟踪系统的应用中，还需考虑实际存在的干扰对控制或跟踪性能的影响，例如，必须有测量装置测出控制对象的动态响应 $y(t)$，以便与参考输入 $x(t)$ 作比较产生误差信号 $e(t)$，又如，在目标跟踪系统中，参考输入 $x(t)$ 是通过探测设备获得的目标动态位置，而任何测量或探测设备都有测量误差和其他误差源(如这些设备的热噪声等)，这些误差都可以看成干扰 $d(t)$，如图 10.15(a)所示。

一个高品质的反馈控制或跟踪系统，要求在没有干扰($d(t)=0$)时，控制或跟踪对象的实际动态响应 $y(t)$ 与所希望动态响应 $x(t)$ 精确地保持一致，即 $y(t)\approx x(t)$，则意味着控制或跟踪误差信号 $e(t)\approx 0$。由图 10.15(a)可以求得在没有干扰存在时，即 $d(t)=0$ 时，反馈控制或跟踪系统有如下变换域关系

$$Y(s)=\frac{G(s)F(s)}{1+G(s)F(s)}X(s)=\frac{L(s)}{1+L(s)}X(s) \quad 和 \quad E(s)=\frac{X(s)}{1+G(s)F(s)}=\frac{X(s)}{1+L(s)} \tag{10.2.35}$$

其中，$L(s)=G(s)F(s)$ 是环路(开环)系统函数，反馈控制或跟踪系统的闭环系统函数 $H(s)$ 为

$$H(s)=\frac{G(s)F(s)}{1+G(s)F(s)}=\frac{L(s)}{1+L(s)} \tag{10.2.36}$$

可以看出，当环路系统函数 $|L(s)|=|G(s)F(s)|\gg 1$ 时，将有 $Y(s)\approx X(s)$。$E(s)\approx 0$ 和 $H(s)\approx 1$。或用傅里叶变换表示的话，当 $|G(\mathrm{j}\omega)F(\mathrm{j}\omega)|\gg 1$ 时，$Y(\mathrm{j}\omega)\approx X(\mathrm{j}\omega)$、$E(\mathrm{j}\omega)\approx 0$ 和 $H(\mathrm{j}\omega)\approx 1$。

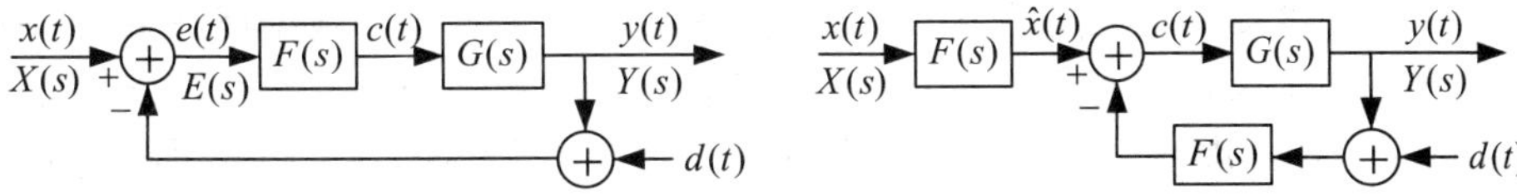


(a) 连续时间反馈控制或跟踪系统　　(b) (a)图系统的等效框图

图 10.15　反馈控制或跟踪系统

从上述分析表明，在 $x(t)$ 或 $y(t)$ 的频带内，精确地控制或跟踪特性，即 $y(t)\approx x(t)$ 和控制或跟踪误差 $e(t)\approx 0$，都希望环路(开环)增益 $|G(\mathrm{j}\omega)F(\mathrm{j}\omega)|$ 尽可能大。而在环路系统函数中，受控装置的系统函数 $G(s)$ 是选择好或确定了的，只有控制器的系统函数 $F(s)$ 才是要设计的。由此可以得到设计反馈控制或跟踪系统的一个基本原则，即高品质的控制或跟踪特性要求尽可能大的环路增益，这意味着要求控制器具有尽可能高的增益。

进一步，图 10.15(a)的反馈控制或跟踪系统可以等效为图 10.15(b)的系统，考察图 10.15(b)可知，在没有干扰($d(t)=0$)时，图中右边的反馈系统与图 10.2(a)的反馈系统完全相同。因此，10.2.1 小节讨论的线性反馈可以获得的益处或优点，基本上都适用于反馈控制或跟踪系统，成为闭环控制相比于开环控制显示出益处或优点。因此，从获得更大的益处的角度看，也希望环路增益 $|G(\mathrm{j}\omega)F(\mathrm{j}\omega)|$ 尽可能大。然而，还有一些考虑会限制很高的环路增益，主要有：

(1) 上面已提及的以测量和探测误差等形成的干扰 $d(t)$ 之影响。由图 10.15(a)可以推导出存在 $d(t)$ 时，反馈控制或跟踪系统的输出 $Y(s)$，它为

$$Y(s)=\frac{G(s)F(s)}{1+G(s)F(s)}X(s)-\frac{G(s)F(s)}{1+G(s)F(s)}D(s) \tag{10.2.37}$$

其中，$D(s)$ 是干扰 $d(t)$ 的拉普拉斯变换像函数。由上式可知，为减少这种干扰 $d(t)$ 对反馈控制或跟踪输出 $y(t)$ 的影响，除了尽可能减小这些测量或探测误差外，就是使环路增益 $|G(\mathrm{j}\omega)F(\mathrm{j}\omega)|$ 尽量小。这与提高系统的控制或跟踪的基本特性互为矛盾，设计中必须合理地权衡，作出一个可以接受的系统设计。读者可以从图 10.15(b)与图 10.5 的差别中，理解这里的干扰 $d(t)$ 与图 10.5 中内部干扰 $v$ 所产生的不同影响。合理地权衡和设计需要知道输入 $x(t)$ 和干扰 $d(t)$ 的更为详细的特性，例如在很多应用中，$x(t)$ 具有低通型的频谱，而测量或探测误差和噪声等干扰则包含大部分较高的频谱，设计控制器的 $F(s)$ 具有某种低通滤波特性，通常是一个好的合理选择。

(2) 环路增益增大对系统稳定性的影响。如果环路增益过大，可能使得闭环系统出现一些不希望的特性，例如，由于增益过大导致闭环系统有过小的阻尼，造成控制或跟踪出现不希望的起伏，甚至导致系统事实上不稳定。

在控制或跟踪系统中，控制器 $F(s)$ 的设计除了要保证系统稳定外，有时还希望设计成对某些给定的输入，例如，冲激型输入和阶跃型输入等，其控制或跟踪误差信号 $e(t)\approx 0$。就需

要诸如**比例型控制**(P 控制)、比例-**积分型控制**(PI 控制)和**比例-积分-微分型控制**(PID 控制)等不同的控制器。对此，可见本章习题 10.10。

最后需指出，尽管上面关于反馈控制或跟踪系统的分析是在连续时间情况下进行的，对离散时间反馈控制或跟踪系统，也可用完全类似分析方法得出同样的基本特性和相应结论。

### 10.2.4 抽样数据反馈系统

随着数字计算机和数字信号处理技术和应用的兴起和发展，它们也用于反馈控制和跟踪系统中，形成所谓“**抽样数据反馈系统**”的概念和方法。所谓抽样数据反馈系统，就是数字计算机或数字硬件作为系统的控制器中的主要部件组成的反馈控制或跟踪系统，其基本框图如图 10.16 所示。图中虚线框外的部分与图 10.15(a)中的连续时间反馈控制系统完全相同，虚线框部分起着连续时间控制器 $F_c(s)$ 的作用，它由模数/转换(A/D)、数字控制器 $F_d(z)$ 和数模转换(D/A)组成。数字控制的显著优点是提高了控制程序的灵活性，并使之具有更高的精度。

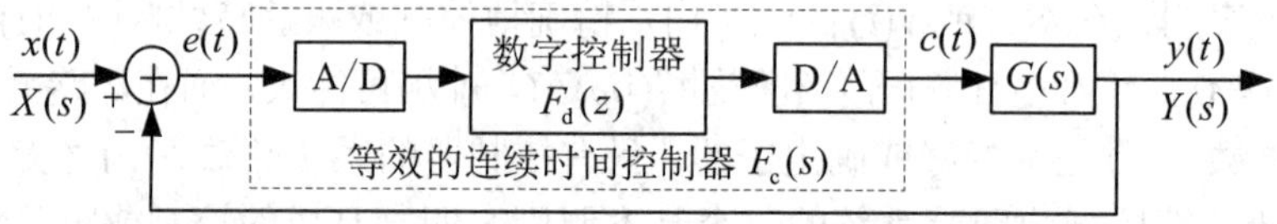


图 10.16 基本的抽样数据反馈控制系统

在抽样数据反馈系统的环路内既有连续时间系统，又包含离散时间系统，分析起来要复杂些。但从图 10.16 中看出，虚线框内的组成和功能与 9.3.2 小节讲述的连续时间信号的数字信号处理完全相同，并与 9.6.3 小节介绍的冲激响应不变法的概念和方法类似。因此，可以直接利用这两小节中的分析方法和结果，来分析和研究抽样数据反馈控制系统。

利用 9.3.2 小节中的(9.3.18)式和(9.3.19)式，可以得到图 10.16 中数字控制器系统函数 $F_d(z)$ 与等效的连续时间控制器系统函数 $F_c(s)$ 之间的关系。在满足抽样定理(由合理选择 A/D 的抽样间隔 $T$ 和其前置抗混叠滤波器保证)的情况下，将有

$$F_c(\mathrm{j}\omega)=\begin{cases}F_d(\mathrm{e}^{\mathrm{j}\omega T}), & |\omega|\leqslant\pi/T\\ 0, & |\omega|>\pi/T\end{cases}\quad 和 \quad F_d(\mathrm{e}^{\mathrm{j}\Omega})=\sum_{k=-\infty}^{\infty}F_c(\mathrm{j}\frac{\Omega-k2\pi}{T}) \tag{10.2.38}$$

上式左右两式分别利用 $s=\mathrm{j}\omega$，$z=\mathrm{e}^{sT}$ (见(9.6.33)式)和 $z=\mathrm{e}^{\mathrm{j}\Omega}$ 的关系，把上式转换成系统函数之间的关系为

$$F_c(s)=F_d(\mathrm{e}^{sT})\quad 和 \quad F_d(z)=\sum_{k=-\infty}^{\infty}F_c\left(\mathrm{j}\frac{\Omega}{T}-\mathrm{j}k\frac{2\pi}{T}\right)\bigg|_{\mathrm{e}^{\mathrm{j}\Omega}=z} \tag{10.2.39}$$

由此，图 10.16 中的虚线框部分就等效成一个系统函数 $F_c(s)$ 为上式左式表示的连续时间控制器，图 10.16 的抽样数据反馈控制系统也就等效成图 10.15(a)的连续时间反馈控制系统，则可用前一小节中的有关公式和方法，对系统特性和稳定性作进一步分析和研究，只要记住用上式左式表示的 $F_c(s)$ 替代 $F(s)$ 即可。和连续时间信号的离散时间处理一样，上面(10.2.39)式和(10.2.38)式中的右式则用于由需要的连续时间控制器来设计等效的离散时间控制器。

由于抽样数据反馈系统中包含模/数转换器(A/D)，故应当考虑量化效应对控制特性的影响。好在 A/D 一般在环路内部，根据 10.2.1 小节有关反馈对噪声影响的分析，量化噪声对控制精度等特性的影响会减弱 $(1+GF)$ 倍，当环路增益 $|G(s)F(s)|\gg 1$ 时，几乎可以忽略其影响。

在实际应用中，往往用零阶保持电路代替图 10.16 中的 D/A，即省去 D/A 中的内插滤波

器 $H_r(\omega)$ (见图 9.8)，使得系统更简单些。在这种情况下，图 10.16 中受控装置的控制信号 $c(t)$ 将是阶梯状信号(参见图 9.4 中 $x_0(t)$ 的波形)，必须用它的单位阶跃响应的拉普拉斯变换(即 $G(s)/s$ )替代其系统函数 $G(s)$，具体请见章末习题 10.12。

随着各种各样数字系统的广泛应用，也出现一些适合于不同应用场合、与图 10.16 的基本框图稍有不同的抽样数据反馈系统。它们也可以利用本书建立的有关概念和方法，即连续时间与离散时间信号相互转换，以及冲激响应不变法或阶跃响应不变法等概念与方法，进行具体分析和研究。这些分析通常有两条途径：一条是像上面那样，把具体的抽样数据反馈系统等效成一个连续时间反馈控制系统；另一条是把它们等效成一个离散时间反馈控制系统，用离散时间反馈控制系统的基本关系进行分析和讨论。鉴于篇幅的限制，这里不再逐个讨论。

# 10.3　线性反馈系统的根轨迹分析法

上一节介绍和讨论线性反馈系统的基本特性及其各种应用中，已用充分的理由表明，在系统的工作频带内有足够高的环路增益，以及在高环路增益下反馈系统的稳定性问题在反馈系统中的重要性。故线性反馈系统的稳定性问题，不仅在设计时关系到系统所要求的性能与稳定性之间的权衡，而且涉及在可能的工作条件下系统是否都能稳定工作的问题。

根据本书前面已有的涉及因果 LTI 系统是否稳定的有关概念和知识，可以有两种不同的方法来分析和研究线性反馈系统的稳定性问题：一种是从闭环系统函数的极点位置入手的“**根轨迹**”方法，另一种是基于频率响应的两个方法，即“**奈奎斯特稳定性判据**”和“**增益和相位裕度**”方法。本节讲述前一种方法，第二种的两个方法分别在后两节中介绍。

## 10.3.1　线性反馈系统的闭环极点方程和根轨迹

为研究环路增益改变对线性反馈系统性能和稳定性的影响，可以等效认为环路内都包含一个可调节的增益 $K$ 。针对连续时间线性反馈系统的不同应用，图 10.17(a)和(b)画出了可调增益 $K$ 分别位于反馈通路和正向通路的两种情况，图中， $G(s)$ 和 $F(s)$ 则看成像(5.8.29)式左式那样且实常数 $F_0$ 等于 1 的实有理系统函数。离散时间线性反馈系统也可以作类似的等效。

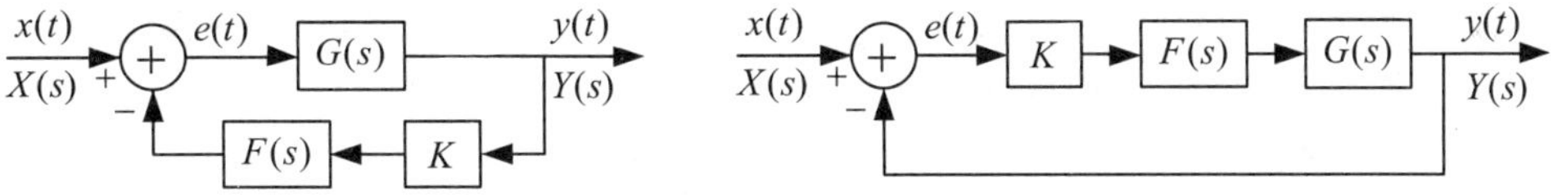


(a) 可调增益位于反馈通路　　(b) 可调增益位于前馈通路

图10.17　以连续时间为例的线性反馈系统等效看成包含一个可调增益的两种情况

像图 10.17(a)这样的连续时间和离散时间线性反馈系统的闭环系统函数将分别表示为

$$H(s)=\frac{G(s)}{1+KG(s)F(s)}=\frac{G(s)}{1+K\cdot L(s)} \quad 和 \quad H(z)=\frac{G(z)}{1+KG(z)F(z)}=\frac{G(z)}{1+K\cdot L(z)} \tag{10.3.1}$$

而像图 10.17(b)这样的连续时间和离散时间线性反馈系统的闭环系统函数将则分别为

$$H(s)=\frac{KG(s)F(s)}{1+KG(s)F(s)}=\frac{K\cdot L(s)}{1+K\cdot L(s)} \quad 和 \quad H(z)=\frac{KG(z)F(z)}{1+KG(z)F(z)}=\frac{K\cdot L(z)}{1+K\cdot L(z)} \tag{10.3.2}$$

其中，这里的环路(开环)系统函数 $KL(s)$ 和 $KL(z)$ 与前面(10.2.2)式相比，零、极点完全相同，

只差一个实常数 $K$ 。闭环系统函数分母多项式的根就是闭环系统的极点，图 10.17(a)和(b)两种情况的闭环系统函数之分母多项式完全相同。它们的特征方程分别为

$$1+K\cdot G(s)F(s)=0 \quad 和 \quad 1+K\cdot G(z)F(z)=0 \tag{10.3.3}$$

它们通常称为连续时间和离散时间线性反馈系统的**"闭环极点方程"**。显然，随着可调增益 $K$ 的变化，闭环极点方程的每一个根(即闭环系统的极点)都将分别在 S 平面和 Z 平面上移动，这些根在 S 平面和 Z 平面上移动的轨迹(路径)称为线性反馈系统(闭环系统)的**"根轨迹"**。在此根轨迹的基础上，再根据实的因果稳定 LTI 系统的极点位置必须满足的条件：第一，所有极点都是实极点或共轭成对的复极点；第二，所有极点必须位于 S 平面虚轴的左边(连续时间)和 Z 平面单位圆的内部(离散时间)。就可以清楚地考察线性反馈系统的稳定性特性，并确定保证系统稳定的可调增益 $K$ 的取值范围。这种基于根轨迹来分析线性反馈系统稳定性的图示方法就称为**"根轨迹分析法"**。

对于简单的线性反馈系统，很容易由其闭环系统极点的表达式画出根轨迹，例如，前面例 10.1 和例 10.2 这样的连续时间和离散时间一阶闭环系统函数，它们的根轨迹见图 10.10 和图 10.12。对于复杂的线性反馈系统，不能期望如此简便地画出其根轨迹。下面的介绍可知，既不必求出所有极点位置的闭合表达式，也无需针对任何一个 $K$ 值确定所有极点的位置，就可以获得有关根轨迹的作图规则，准确地勾画出增益 $K$ 从 $-\infty$ 到 $+\infty$ 变化时系统的所有根轨迹，并根据根轨迹是否跨过因果系统稳定的边界(S 平面虚轴和 Z 平面单位圆)，分析系统的稳定性，并确定为确保系统稳定，可调增益 $K$ 应有的取值范围。

## 10.3.2 根轨迹的模准则和辐角准则

鉴于线性反馈系统在连续时间和离散时间有完全对偶的表示，下面将着重以连续时间为例作介绍和讨论，由此获得的分析方法和结论可类同地用于离散时间线性反馈系统。

上面(10.3.3)式的闭环极点方程可以改写如下：

$$G(s)F(s)=-1/K \quad 和 \quad G(z)F(z)=-1/K \tag{10.3.4}$$

$G(s)F(s)$ 是复数，可用模值和辐角表示，即 $G(s)F(s)=|G(s)F(s)|\mathrm{e}^{\mathrm{j}\angle\{G(s)F(s)\}}$ ，但 $K$ 是实数，则上式中的 $G(s)F(s)$ 也必须是实数，故开环系统函数的模和辐角分别受到如下约束

$$|G(s)F(s)|=1/|K| \quad 和 \quad \angle\{G(s)F(s)\}=\pm 1=\mathrm{e}^{\mathrm{j}l\pi} \tag{10.3.5}$$

换言之，根轨迹上的点必须受到上式的两个约束，它们分别称为根轨迹的**"模准则"**和**"辐角准则"**。下面将借用 8.5.4 小节论述"频率响应的几何作图法"中介绍的零、极点向量的概念和方法，介绍具体的模准则和辐角准则。

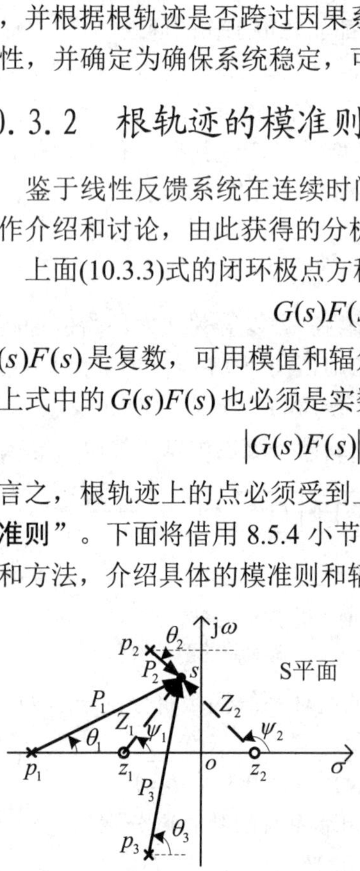

图 10.18 开环系统零、极点向量的示例

开环系统函数 $G(s)F(s)$ 是有理函数，可以表示为

$$G(s)F(s)=\frac{\prod_{i=1}^{M}(s-z_i)}{\prod_{i=1}^{N}(s-p_i)}=\frac{\prod_{i=1}^{M}Z_i}{\prod_{i=1}^{N}P_i}\mathrm{e}^{\mathrm{j}\left(\sum_{i=1}^{M}\psi_i-\sum_{i=1}^{N}\theta_i\right)} \tag{10.3.6}$$

其中，$z_i$ ，$i=1,\ 2,\ \cdots,\ M$ ，和 $p_i$ ，$i=1,\ 2,\ \cdots,\ N$ ，分别是开环系统的 $M$ 个零点和 $N$ 个极点，且高阶零、极点都折合成一阶；零点向量 $\vec{Z}_i=(s-z_i)=Z_i\mathrm{e}^{\mathrm{j}\psi_i}$ 和极点向量 $\vec{P}_i=(s-p_i)=P_i\mathrm{e}^{\mathrm{j}\theta_i}$ 分别是 S 平面上零点 $z_i$ 和极点 $p_i$ 指向任何点 $s$ 的复数向量；$Z_i$ 、$P_i$ 和

$\psi_i$、$\theta_i$分别为这样的零、极点向量之模和辐角，如图 10.18 所示。

把(10.3.6)式中$G(s)F(s)$的模和辐角表示代替(10.3.5)式中的模和辐角，就分别得到闭环系统根轨迹式的点$s$必须满足的两个约束，即

$$\frac{\prod_{i=1}^{M} P_i}{\prod_{i=1}^{N} Z_i} = |K| \tag{10.3.7}$$

和

$$\sum_{i=1}^{M} \psi_i - \sum_{i=1}^{N} \theta_i = l\pi \begin{cases} K>0, & l=2k+1 \\ K<0, & l=2k \end{cases} \tag{10.3.8}$$

请注意，上式中零、极点向量的总辐角必须等于π的整数倍，这意味着：当$K$在正值范围内变化($K>0$)时，总辐角为π的奇数倍；而当$K$在负值范围内变化($K<0$)时，总辐角为π的偶数倍。(10.3.7)式称为闭环系统根轨迹的“**模准则**”，而(10.3.8)式则称为闭环系统根轨迹的“**辐角准则**”。S 平面上根轨迹的所有点$s$(即闭环系统的极点)应同时符合这两个准则，其中，辐角准则是根轨迹的必要条件，它主要决定根轨迹上点(闭环系统极点)的位置和随着$K$值变化时的走向，而模准则可看作充分条件，主要用于确定根轨迹上的点所对应的$K$值。

## 10.3.3　根轨迹的性质和作图规则

基于闭环极点方程及根轨迹的辐角准则，可以得到闭环系统根轨迹的几个性质，这些性质也体现了根轨迹的相应作图规则。

**性质 1**　在$K>0$和$K<0$，各有条数等于开环系统函数分母和分子多项式阶数($N$和$M$)中的大者的根轨迹分支。

根轨迹的一条分支是指$K$从零变到正、负无穷时，闭环极点方程的一个根的轨迹。根轨迹有此性质的理由是：当$K=0$时，(10.3.4)式的闭环极点方程的解就是开环系统函数$G(s)F(s)$和$G(z)F(z)$的极点，而当$K=\pm\infty$时，(10.3.4)式方程的解就是$G(s)F(s)$和$G(z)F(z)$的零点。不过，在连续时间中，一般$N \geqslant M$，在离散时间中则可能遇到$M>N$的情况。

**性质 2**　根轨迹每条分支数都始于开环系统函数的一个极点，终于它的一个零点，这些零、极点中也包括无穷远点的零、极点。

这个性质出于性质 1 同样的理由。对于$N \geqslant M$的情况，在$K>0$和$K<0$时，各有$N$条根轨迹分支分别始于开环系统函数$G(s)F(s)$和$G(z)F(z)$的$N$个极点，其中，各有$M$条分支分别终于$G(s)F(s)$和$G(z)F(z)$的$M$个零点，而其余的$(N-M)$条分支都终于无穷远点；对于$M>N$的离散时间情况，在$K>0$和$K<0$时，各有$M$条根轨迹分支分别终于$G(z)F(z)$的$M$个零点，其中，各有$N$条分支分别始于$G(z)F(z)$的$N$个极点，而其余的$(M-N)$条分支都始于 Z 平面的无穷远点。

**性质 3**　根轨迹在 S 平面和 Z 平面上都以实轴呈镜像对称。

由于闭环极点方程是实系数的复变量$s$或$z$的高次代数方程，方程的根必然是实数，或成对的共轭复数，它们都关于实轴对称分布。当$K$值变化时，尽管根的位置随之而变，但它们关于实轴镜像对称的特性不变。

**性质 4**　只要开环系统有实极点和(或)实零点，则相邻的实零、极点(包括无穷远的零、极点)之间的一段实轴都是根轨迹中某条分支的一段路径。至于这样的一段实轴是属于$K>0$、

还是$K<0$的根轨迹分支，则视它右边的实零、极点总数(不计及无穷远的零、极点)是奇数、还是偶数而定，若是奇数，它就属于$K>0$的根轨迹分支；若是偶数，则属于$K<0$的根轨迹分支。当开环系统函数只有共轭零、极点，无任何实零、极点时，除了共轭零、极点对的数目相等的情况外，沿实轴的根轨迹分支都属于$K<0$。

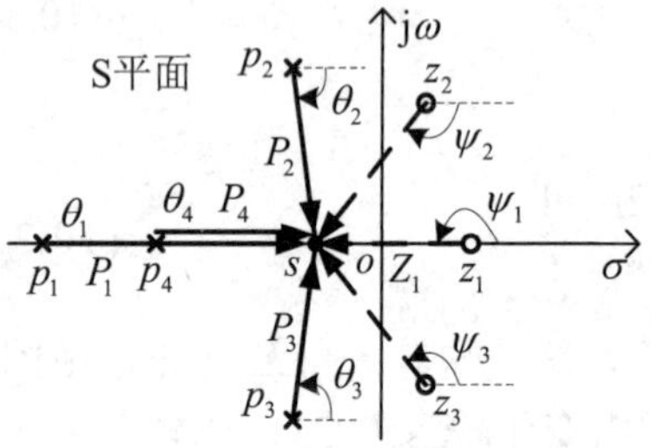


图 10.19 开环系统零、极点指向实轴上任一点$s$的向量图

这里将基于(10.3.8)式的辐角准则，以连续时间为例来简要证明这个性质。开环系统函数$G(s)F(s)$的实零、极点指向S平面实轴上任一点$s$的向量辐角只能是0或$\pi$，而$G(s)F(s)$成对的共轭零点或极点指向实轴上任一点$s$的向量对的辐角之和总等于0或$2\pi$，图10.19中用一个实例具体展示了这些结论。因此，实轴上所有点都符合(10.3.8)式的辐角准则，即它们满足根轨迹的必要条件。如果$G(s)F(s)$有实零点和(或)实极点(包括可能的无穷远点)，根据上面的性质2，它们每个都是根轨迹一条分支的起点或终点，因此，$G(s)F(s)$的任何相邻实零、极点(包括无穷远的零、极点)之间的一段实轴必定是根轨迹某条分支中的一段路径。进一步，对于$G(s)F(s)$相邻的实零点和(或)实极点之间的一段实轴，如果其右边的实零、极点总数(不计及无穷远的零、极点)是奇数，如图10.19中$p_4$与$z_1$之间及$p_1$左边直到无穷远点的两段实轴，按照(10.3.8)式计算的零、极点向量的总辐角必定等于$\pi$的奇数倍，故它们属于$K>0$的根轨迹；反之，如果其右边的实零、极点总数是偶数，如图10.19中$p_4$与$p_1$之间的实轴段，按照(10.3.8)式计算的零、极点向量的总辐角必定等于0或$\pi$的偶数倍，故它们属于$K<0$的根轨迹。

**性质5** 始于开环系统函数的两个相邻实极点、并沿实轴相向而行的两条根轨迹分支，随着$|K|$进一步增大，必将在此段实轴中的一点分裂后，沿关于实轴对称的路径进入复平面。相应地，两个相邻实零点之间的根轨迹分支，必定是沿关于实轴对称的路径行进，并交汇于这两个实零点间实轴上的一点后，沿实轴相反而行终止于这两个实零点的两条根轨迹分支。

这个性质是显然的，因为根据性质2，根轨迹的每一个分支必须始于$G(s)F(s)$的一个极点，终于$G(s)F(s)$的一个零点。那么，如果$G(s)F(s)$相邻的两个实极点或两个实零点之间的一段实轴是根轨迹的一部分的话，它们必定是始于这两个实极点或终于这两个实零点，在这段实轴中间的一点分裂或交汇，并沿关于实轴对称的路径经过复平面，并终于或始于$G(s)F(s)$的两个零点或极点(无穷远点、实的零点或极点、一对共轭零点或极点)的两条根轨迹分支。

由实系数二次方程根的知识可知，这种沿实轴段的两条根轨迹分支的分裂点和交汇点一定是闭环极点方程的二重根，即闭环系统的二阶极点，它可由求解如下方程得到。

$$\frac{\mathrm{d}}{\mathrm{d}s}\left[1+K\cdot G(s)F(s)\right]=\frac{\mathrm{d}}{\mathrm{d}s}\left[G(s)F(s)\right]=0 \quad 和 \quad \frac{\mathrm{d}}{\mathrm{d}z}\left[G(z)F(z)\right]=0 \tag{10.3.9}$$

至于该方程的解是分裂点还是交汇点，可由性质5判断出的两条根轨迹分支走向来确定。

**性质6** S平面的虚轴和Z平面的单位圆，分别是判定连续时间和离散时间根轨迹是否属于稳定的闭环系统根轨迹的边界，且S平面上不含虚轴的左半平面和Z平面上单位圆的内部的根轨迹，分别是连续时间和离散时间因果稳定的闭环系统根轨迹。根轨迹穿过稳定与不稳定边界的点的坐标及其对应的$K$值求法分两种：一种分别是S平面原点(连续时间)和Z平面单位圆与实轴的交点($z=\pm1$，离散时间)，对应的$K$值分别满足这些点的闭环极点方程，即

$$G(s)F(s)\big|_{s=0}=-1/K \quad 和 \quad G(z)F(z)\big|_{z=\pm1}=-1/K \tag{10.3.10}$$

另一种分别是 S 平面和 Z 平面上的一对共轭虚数点($s=\pm\mathrm{j}\omega$ 和 $z=\mathrm{e}^{\pm\mathrm{j}\phi}$)，$\omega$ 和 $\phi$ 及其对应的 $K$ 值可分别通过解下列闭环极点方程求得

$$G(s)F(s)\big|_{s=\mathrm{j}\omega}=-1/K \quad 和 \quad G(z)F(z)\big|_{z=\mathrm{e}^{\mathrm{j}\phi}}=-1/K \tag{10.3.11}$$

这一性质直接由连续时间和离散时间因果稳定 LTI 系统极点的性质决定，用来配合画出的根轨迹，判定和分析闭环系统的稳定性特性。

一般情况下，利用上面根轨迹的前五个性质已足以勾画出闭环反馈系统的根轨迹，再根据性质 6，就可以分析和确定确保闭环系统稳定允许可调增益 $K$ 值的范围。例如，前面例 10.1 和例 10.2 这样最简单的连续时间和离散时间一阶系统，它们的 $K>0$ 和 $K<0$ 的根轨迹分别见图 10.10 和图 1.12。为了具体说明如何用这些性质勾画出根轨迹，再看下面的例子。

**【例 10.3】**　现知一个线性反馈系统的开环系统函数为 $K\cdot G(s)F(s)=\dfrac{K}{(s+3)(s-1)}$，试分别画出闭环系统在 $K>0$ 和 $K<0$ 时的根轨迹，并确定保证闭环系统稳定的可调增益 $K$ 的范围。

**解**：该 $G(s)F(s)$ 有两个实极点 $p_1=-3$ 和 $p_2=1$，两个零点都在无穷远点。根据根轨迹的性质 1 和性质 2，在 $K>0$ 和 $K<0$ 时，各有两条分别始于 $s=-3$ 和 $s=1$、终止于无穷远点的根轨迹分支。

(1) $K<0$ 的两条根轨迹分支：根据性质 4，实轴上 $1\to+\infty$ 和 $-3\to-\infty$ 的两段，由于它们右边的实轴上有限实零。极点的总数是**偶数**(分别是 0 和 2)，故这两段属于 $K<0$ 的、始于极点、终止于零点的两条根轨迹如图 10.20 中的**粗虚线**所示。

(2) $K>0$ 的两条根轨迹分支：剩下的一段实轴段，即两个开环极点之间实轴段($-3<\mathrm{Re}\{s\}<1$)，因为其右边的有限实零、极点的总数是**奇数**(1 个)，故它属于 $K>0$ 的根轨迹分支，但它是相邻极点之间的实轴段，根据性质 5，根轨迹应是始于这两个开环极点，随着 $K$ 的增大沿实轴相向地移动，在中间的一点相逢后分裂进入复平面，并沿关于实轴对称的路径走向两个零点(本例的两个零点都是无穷远点)的两条根轨迹。对于这两条 $K>0$ 的根轨迹，剩下的问题是它们在那一点分裂，又按怎样关于实轴对称的路径走向无穷远点。

该系统的闭环极点方程可化简为二次方程

$$s^2+2s+(K-3)=0$$

它的两个根为

$$s_{1,2}=-1\pm\mathrm{j}\sqrt{K-4} \tag{10.3.12}$$

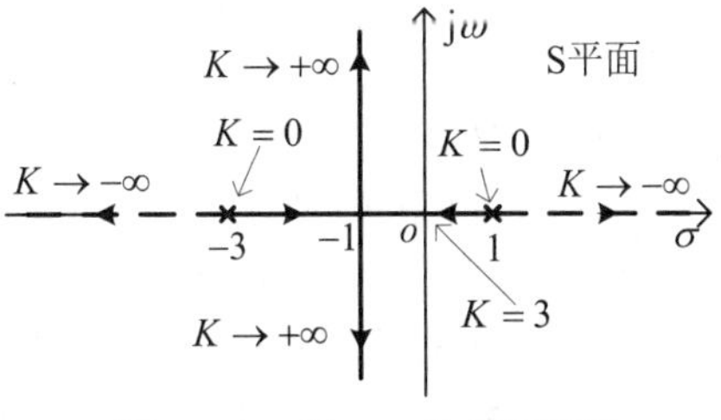


图 10.20　例 10.3 的根轨迹图

可知当 $K$ 从 $0\to+\infty$ 时这两个根的变化规律，即从两个不同的实根(1，$-3$)沿实轴相向靠拢，演变成二重根($-1$)，再变成实部($-1$)不变的一对共轭复极点。因此，这两条根轨迹分支在实轴上的分裂点为 $s=-1$，在复平面中沿 $\mathrm{Re}\{s\}=-1$ 的直线分别向上和向下沿平行于虚轴的路径走向无穷远点，如图 10.20 中的**粗实线**所示。

根据上面的性质 6，由图 10.20 中根轨迹图可知，在 $K\leqslant 0$ 时，有一条完整的根轨迹分支全部处在右半个 S 平面，表示闭环系统两个极点之一始终在虚轴右边，故都不稳定；在 $K>0$ 时，有一条完整的根轨迹分支全部处在右半个 S 平面，另一条随着 $K$ 增大，始于 $s=1$，然后沿实轴左行，仅原点($s=0$)越过虚轴，越过虚轴的点所对应的 $K$ 值，可以由(10.3.12)式令 $s_1=0$ 求得，即 $K=3$。因此，确保该线性反馈系统稳定的可调增益范围是 $3<K<+\infty$。

**【例 10.4】**　有一个可等效成图 10.17(b)这样的线性反馈控制系统，已知 $G(s)=\dfrac{s-1}{(s+2)}$ 和 $F(s)=\dfrac{1}{(s+1)}$，试画出闭环系统在 $K>0$ 和 $K<0$ 时的根轨迹，并确定保证闭环系统稳定的可调增益 $K$ 的范围。

**解**：该线性反馈系统开环系统函数 $KG(s)F(s)$ 为

$$KG(s)F(s)=K\frac{s-1}{(s+1)(s+2)} \tag{10.3.13}$$

它有两个实极点 $p_1=-1$ 和 $p_2=-2$，两个零点 $z_1=1$ 和无穷远点。根据上面性质 1 和 2，闭环系统在 $K>0$ 和 $K<0$ 时，各有两条分别始于 $s_1=-1$ 和 $s_2=-2$、终止于 $z_1=1$ 和无穷远点的根轨迹分支。

(1) $K>0$ 的两条根轨迹分支：根据性质 4，位于实轴上相邻零、极点之间且其右边实轴上有限实零、极点的总数是**奇数**(分别是 1 和 3)的两条实轴段分别是 $-1<\mathrm{Re}\{s\}<1$ 和 $\mathrm{Re}\{s\}<-2$，故 $K>0$ 的两条根轨迹分支中，一条是始于 $-1$，终止于 1 的实轴段；另一条是始于 $-2$，终止于无穷远点的实轴段，它们分别被画在图 10.21 中，并以带箭头的**粗实线**展示。这两条 $K>0$ 的根轨迹分支中，后一条全在负实轴上，前一条在原点($s=0$)越过虚轴进入右半 S 平面，可以用根轨迹的模准则求得对应于此越过点($s=0$)的 $K$ 值，即 $K=P_1P_2/Z_1=2$。因此，在 $K>0$ 时，闭环系统稳定的范围为 $0\leqslant K<2$。

(2) $K<0$ 的两条根轨迹分支：根据性质 4，位于实轴上相邻零、极点之间、且其右边实轴上有限实零、极点的总数为**偶数**(分别是 2 和 0)的两段实轴分别是 $-2<\mathrm{Re}\{s\}<-1$ 和 $\mathrm{Re}\{s\}>1$，由于前者是两个开环极点之间实轴段，后者是两个开环零点之间实轴段，根据性质 5，在 $K<0$ 时的两条根轨迹分别始于这两个开环极点($-1$ 和 $-2$)、随着 $K$ 的增大沿实轴相向地移动，在中间的一点相逢后分裂进入复平面，并沿关于实轴对称的路径走向两个零点；又因为本例的两个开环零点既非共轭零点，又不都是无穷远点，而是一个为 $z_1=1$，另一个为无穷远点。因此，只有一种可能路径走向这两个零点才符合关于实轴对称的路径，即如图 10.21 中以带箭头的**粗虚线**所示的那样，它们在 $-1$ 和 $-2$ 之间的实轴某点分裂后，分别向右穿过正负虚轴，并在 $\mathrm{Re}\{s\}>1$ 的实轴段中某一点交会后，一条沿实轴向左终止于开环零点 $z_1=1$，另一条沿实轴向右走向无穷远点。且可以证明，这种自实轴上的分裂点到实轴上的交汇点的绕行路径是一个圆。对于这两条 $K<0$ 的根轨迹分支，实轴上的分裂点和交汇点是闭环极点方程的二重实根，它们可用求解(10.3.9)式左式的方程得到。以(10.3.13)式表示的 $G(s)F(s)$ 代入(10.3.9)式左式，则得到的方程为

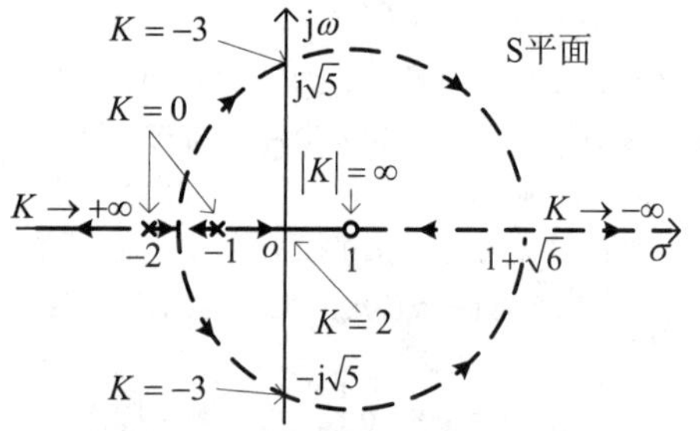


图 10.21　例 10.3 的根轨迹图

$$s^2-2s-5=0$$

解此方程求得 $s=1\pm\sqrt{6}$。按照图 10.21 中**粗虚线**表示的根轨迹，显然，$s=1-\sqrt{6}$ 是分裂点，而 $s=1+\sqrt{6}$ 则是交汇点。根据性质 6，这两条圆形的根轨迹分支应穿过正负虚轴的点 $s=\pm\mathrm{j}\omega$，并满足其(10.311)式左式的方程。因此，令方程之实部和虚部分别等于 0，得到 $\omega$ 和 $K$ 需满足的两个方程为

$$\omega^2+K-2=0 \quad 和 \quad (K+3)\omega=0$$

联立这两个方程的解分别为 $\omega=\pm\sqrt{5}$ 和 $K=-3$。因此闭环极点方程的一对共轭虚根为 $\pm\mathrm{j}\sqrt{5}$，它们就是根轨迹穿过虚轴的两个点，且对应的可调增益为 $K=-3$，如图 10.21 所示。根据性质 6，结合 $K<0$ 的这两条根轨迹分支的走向可知，闭环系统在 $-3<K\leqslant 0$ 时是稳定的。

综合上述对 $K>0$ 和 $K<0$ 时的分析结果，确保闭环系统稳定的可调增益范围是 $-3<K<2$。

**【例 10.5】** 如图 10.22 所示的离散时间反馈系统，已知 $G(z)=Kz^{-1}/(1-0.5z^{-1})$，$F(z)=1/(1-0.25z^{-1})$，试分别画出该反馈系统在 $K>0$ 和 $K<0$ 时的根轨迹，并确定保证系统稳定的 $K$ 的范围。

**解**：该系统的开环系统函数为

$$G(z)F(z)=K\frac{z^{-1}}{(1-0.5z^{-1})(1-0.25z^{-1})}=K\frac{z}{(z-0.5)(z-0.25)}$$

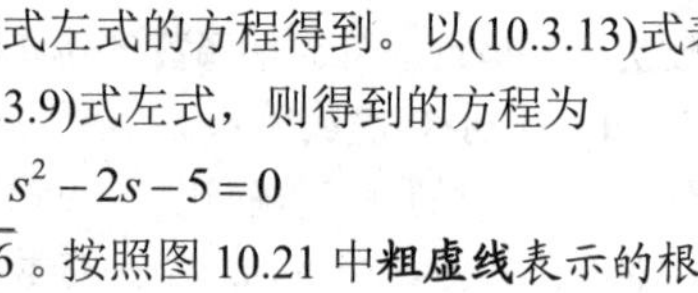

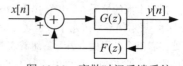

图 10.22　离散时间反馈系统

它有两个实极点 $p_1=0.5$ 和 $p_2=0.25$，两个零点 $z_1=0$ 和无穷远点。根据上面性质 1 和 2，闭环系统在 $K>0$ 和 $K<0$ 时，各有两条分别始于 $p_1=0.5$ 和 $p_2=0.25$，分别终止于 $z_1=0$ 和无穷远点的根轨迹分支。

(1) $K<0$ 的两条根轨迹分支：根据性质 4，位于实轴上相邻零、极点之间，且其右边实轴上有限实零、极点的总数是**偶数**(2 和 0)的两条实轴段分别是 $0<\mathrm{Re}\{z\}<1/4$ 和 $1/2<\mathrm{Re}\{z\}<+\infty$，故在 $K<0$ 的两条根轨迹分支中，一条始于 $1/4$、终止于原点的实轴段，另一条始于 $1/2$、终止于无穷远点的实轴段，它们分别被画在图 10.23 中，并以带箭头的**粗虚线**展示。这两条 $K<0$ 的根轨迹分支中，前一条全在 Z 平面单位圆内，后一条自左至右、在 $z=0$ 点越过单位圆，可以用根轨迹的模准则求得对应此点的 $K$ 值为 $K=P_1P_2/Z_1=-3/8$。因此，

在 $K<0$ 时，闭环系统稳定的范围为 $-3/8<K\leqslant 0$。

(2) $K>0$ 的两条根轨迹分支：根据性质 4，位于实轴上相邻零、极点之间，且其右边实轴上有限实零、极点的总数为**奇数**(分别是 3 和 1)的两段实轴分别是 $-\infty<\mathrm{Re}\{z\}<0$ 和 $1/4<\mathrm{Re}\{z\}<1/2$，由于它们都是两个开环极点之间或两个开环零点之间的实轴段，根据性质 5，这两条 $K>0$ 的根轨迹应分别始于开环极点(1/4 和 1/2)，随着 $K$ 的增大沿实轴相向地移动，在中间的一点相逢后分裂进入复平面，并沿关于实轴对称的路径走向两个零点；又因为本例的两个开环零点中一个是原点 $z_1=0$，另一个为无穷远点。因此，只有一种可能路径走向这两个零点，即如图 10.23 中以带箭头的**粗实线**所示的那样，它们在 1/4 和 1/2 之间的实轴某点分裂后，分别向右穿过正负虚轴，并在负实轴中某点交会后，一条沿实轴向右终止于原点，另一条沿实轴向左走向无穷远点。对于这两条 $K>0$ 的根轨迹分支，实轴上的分裂点和交汇点是闭环极点方程的二重实根，按照上面(10.3.9)式右式，它们满足方程

$$\frac{\mathrm{d}}{\mathrm{d}z}\left[\frac{z}{(z-0.5)(z-0.25)}\right]=0$$

该方程的解为 $z=\pm 1/\sqrt{8}$。由于这两点及其绕行的圆形路径都在单位圆内部(见图 10.2)，闭环系统都稳定，无需求对应的 $K$ 值。只有那条沿负实轴走向无穷远点的根轨迹分支，随着 $K$ 的增大，在 $z=-1$ 点越过单位圆，使闭环系统进入不稳定区域，并可用模准则求得对应此点的 $K$ 值为 $K=P_1P_2/Z_1=15/8$。根据性质 6，对于 $K>0$，闭环系统稳定的 $K$ 值范围为 $0\leqslant K<15/8$。

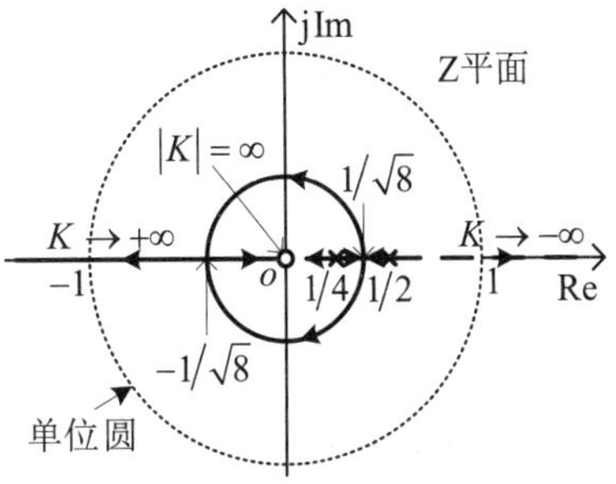


图 10.23　例 10.5 的根轨迹图

综合上述对 $K>0$ 和 $K<0$ 时的分析结果，确保闭环系统稳定的可调增益范围是 $-3/8<K<15/8$。

需要强调指出，介绍和讨论闭环系统根轨迹的作用和主要目的是简便、清楚地分析线性反馈系统的稳定性特性，以及确定保证闭环系统稳定的可调增益 $K$ 之变化范围，并不在于根轨迹的精确作图，上面的例子表明了这一点。进一步，基于闭环极点方程和有关实系数高次方程更多知识，还可以得到一些有助于准确勾画出根轨迹的其他性质，例如：

**性质 7**　对于 $N\geqslant M$ 的情况，在终于无穷远点的 $2(N-M)$ 根轨迹分支数中，属于 $K>0$ 的 $(N-M)$ 条分支，当 $K\to+\infty$ 时分别沿如下角度 $\phi_{K>0}$ 的**渐近线**趋向于无穷远点；

$$\phi_{K>0}=\frac{(2k+1)\pi}{N-M},\quad k=0,\ 1,\ \cdots,\ (N-M)-1 \tag{10.3.14}$$

而属于 $K<0$ 的 $(N-M)$ 条分支当 $K\to-\infty$ 时分别沿如下辐角 $\phi_{K<0}$ 的**渐近线**趋向于无穷远点。

$$\phi_{K<0}=\frac{2k\pi}{N-M},\quad k=0,\ 1,\ \cdots,\ (N-M)-1 \tag{10.3.15}$$

同样地，对于离散时间的 $M\geqslant N$ 的情况，属于 $K>0$ 和 $K<0$、始于无穷远点的各 $(M-N)$ 条分支分别当 $K\to+\infty$ 和 $K\to-\infty$ 时，也分别按上两式表示之辐角 $\phi_{K>0}$ 和 $\phi_{K<0}$ 的渐近线趋向于无穷远点。这些渐近线与实轴的交点称为**渐近线形心**，其实轴坐标 $\sigma_0$ 与 $K$，且可由下式确定：

$$\sigma_0=\frac{\sum_{i=1}^{N}p_i-\sum_{i=1}^{M}z_i}{N-M} \tag{10.3.16}$$

其中，$p_i$ 和 $z_i$ 分别是 $G(s)F(s)$ 和 $G(z)F(z)$ 的 $N$ 个极点和 $M$ 个零点(参见(10.3.6)式)。

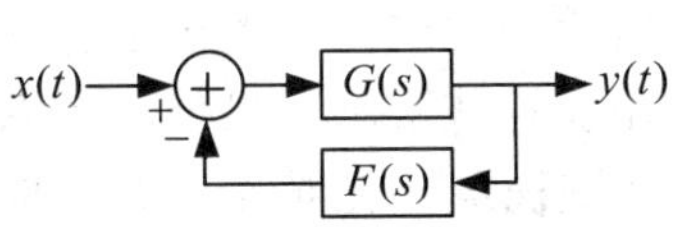


图 10.24　连续时间反馈系统

读者也可用前面的例题来验证这一性质，并见下一个例子。

【**例 10.6**】　在图 10.24 的反馈系统中，已知 $G(z)=1/(s+2)(s+4)$，$F(z)=K/s$，试分别画出它在 $K>0$ 和 $K<0$ 的根轨迹，确定保证系统稳定的 $K$ 的范围。

**解**：该系统的开环系统函数为

$$G(s)F(s)=K\frac{1}{s(s+2)(s+4)}$$

它有三个开环实极点 $p_1=0$，$p_2=-2$ 和 $p_3=-4$，三个零点均是无穷远点。根据根轨迹性质 1 和 2，闭环系统在 $K>0$ 和 $K<0$ 时，各有三条分别始于这三个极点，终止于无穷远点的根轨迹分支。

(1) $K>0$ 的三条根轨迹分支：由于 $G(s)F(s)$ 的 $N=3$，$M=0$，根据根轨迹性质 7，以及(10.3.14)式和(10.3.16)式，可以计算出：这三条分别始于三个开环实极点、终止于无穷远零点的根轨迹分支的渐近线辐角为 $\phi_{K>0}=k\pi/3$，$k=1$，3，5；渐近线形心为 $\sigma_0=(-4-2+0)/3=-2$，如图 10.25 中所示。因此，始于开环极点 $(-4)$、以辐角 $\phi_{K>0}=\pi$ 趋向于无穷远点的渐近线正是负实轴上一条完整的根轨迹分支，其他两条是分别始于开环极点($-2$ 和原点)、沿实轴相向而行，相逢后分裂进入复平面，并按以辐角 $\phi_{K>0}=\pm\pi/3$ 的渐近线趋向无穷远点，如图 10.25 中带箭头的**粗实线**所示。由于该分裂点在左半 S 平面，该点的闭环系统稳定，无需求出该点的坐标及其对应之 $K$ 值。在这三条 $K>0$ 的根轨迹分支中，后两条随着 $K$ 的增大会越过虚轴，进入右半 S 平面后使闭环系统变成不稳定，按照性质 6 和(10.3.11)式左式，可以得到求穿过正负虚轴点 $s=\pm j\omega$ 及其对应的 $K$ 值应满足的方程为

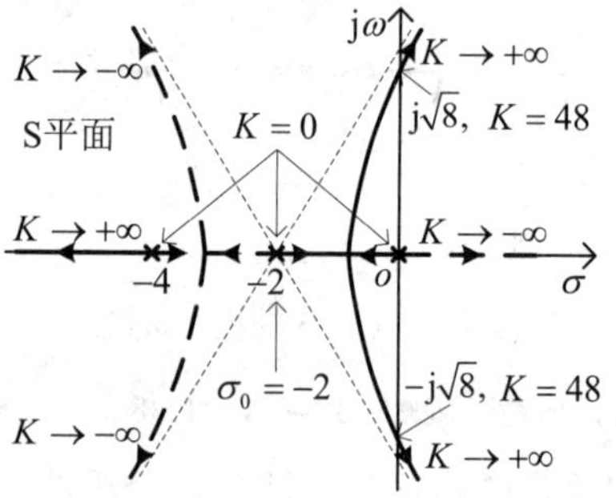


图 10.25 例 10.6 的根轨迹图

$$(j\omega)^3+6(j\omega)^2+8(j\omega)+K=0$$

令该方程实部和虚部分别等于 0，得到 $\omega$ 和 $K$ 满足的两个方程为

$$K-6\omega^2=0 \quad 和 \quad \omega^2-8=0$$

由此求得穿过虚轴上点的坐标为 $s=j\omega=\pm j\sqrt{8}$，对应的可调增益为 $K=48$。故 $K>0$ 时闭环系统稳定的 $K$ 值范围为 $0<K<48$。

(2) $K<0$ 的三条根轨迹分支：根据根轨迹性质 7、(10.3.15)式和(10.3.16)式，可以计算出这三条分别始于三个开环实极点，终止于无穷远点的根轨迹分支的渐近线辐角为 $\phi_{K<0}=2k\pi/3$，$k=0$，1，2；渐近线形心为 $\sigma_0=-2$，如图 10.25 所示。因此，始于开环极点(原点)、以辐角 $\phi_{K<0}=0$ 趋向于无穷远点的渐近线正是正实轴，它是一条完整的根轨迹分支，另两条分别始于开环极点($-2$ 和 $-4$)、沿实轴相向而行，相逢后分裂进入复平面，并按以辐角 $\phi_{K<0}=\pm2\pi/3$ 的渐近线趋向无穷远点，分别如图 10.25 中带箭头的**粗虚线**所示。由于该分裂点也在左半 S 平面，该也无需求出该点的坐标及其对应之 $K$ 值。在这三条 $K<0$ 的根轨迹分支中，尽管后两条分支整个都在左半 S 平面，但第一条分支全部在右半 S 平面，故对于 $K<0$，闭环系统都处于不稳定。

综合上述对 $K>0$ 和 $K<0$ 时的分析结果，确保闭环系统稳定的可调增益范围是 $0<K<48$。

必须指出，若渐近线是正负实轴(即辐角 $\phi_{K>0}$ 和 $\phi_{K<0}$ 等于 0 和 $\pi$)，渐近线就是根轨迹分支，其他辐角的渐近线并不是根轨迹，只有当 $|K|\to\infty$ 时才与根轨迹重合。但利用性质 7，可以更准确的勾画出根轨迹，例 10.6 和图 10.25 充分说明性质 7 的作用。

上面关于根轨迹性质及其作图规则的介绍和相应的例题表明，根轨迹法提供了环路增益变化时有关闭环系统函数极点的详细信息，利用这些信息不仅可以像本节说明讲述的那样，分析和评价线性反馈系统的稳定性特性，还可以根据第 8 章中有关系统时域特性与系统极点之间关系的知识，用于了解和评价与线性反馈系统时域响应有关的特性，通过改变可调增益 $K$，适当调整系统的极点分布，以获得所需的时域和频域特性，这可见本章末的习题 10.15 和 10.17。这些都充分显示出根轨迹法在线性反馈系统分析和系统设计中的重要作用及优点，但它也有一些局限，例如，必须知道正向和反馈通路系统函数的解析表达式，且仅仅是有理函数时才适用。下一节介绍和讨论的奈奎斯特稳定性判据方法则不受这些限制。另外，考虑到实际工作环境对系统参数的影响，用根轨迹法在确定保证闭环系统稳定的 $K$ 值范围时，应留有一定的裕度，详见后面 10.5 节。

# 10.4　奈奎斯特稳定性判据

奈奎斯特稳定性判据是分析和研究线性反馈系统稳定性的另一种作图方法。它也是针对像前一节图 10.17 这样的包含可调增益$K$的连续时间和离散时间线性反馈系统，基于(10.3.3)式的闭环极点方程，在连续时间和离散时间频域上，通过研究系统的频率特性来分析和研究其稳定性。更具体地说，根据连续时间和离散时间的闭环极点方程，即

$$Q(s)=1+K\cdot G(s)F(s)=0 \quad 和 \quad Q(z)=1+K\cdot G(z)F(z)=0 \qquad (10.4.1)$$

若在右半 S 平面内(连续时间)和 Z 平面单位圆外部(离散时间)没有上述闭环极点方程的根，即没有闭环系统的极点，则线性反馈系统是绝对稳定的。因此，可以分别沿着 S 平面虚轴($s=\mathrm{j}\omega$)和 Z 平面单位圆($z=\mathrm{e}^{\mathrm{j}\Omega}$)，检查开环系统函数的值(即开环频率响应$G(\mathrm{j}\omega)F(\mathrm{j}\omega)$和$G(\mathrm{e}^{\mathrm{j}\Omega})F(\mathrm{e}^{\mathrm{j}\Omega})$)，来判断线性反馈系统稳定性，由此获得的判定方法就称为“**奈奎斯特稳定性判据**”，简称“**奈奎斯特判据**”。本节首先介绍作为这一判据基础的围线映射及其性质，以及所谓“奈奎斯特围线”和“奈奎斯特图”及其作图方法；然后，分别介绍连续时间和离散时间奈奎斯特稳定性判据，讨论并通过例子说明如何用它来分析线性反馈系统的稳定性特性。

## 10.4.1　围线映射及其性质

在复变函数理论中，复变量$v$及其函数$Q(v)$的值都是复数，它们分别可以用复变量$v$的平面(V 平面)和$Q(v)$的函数值平面(Q 平面)表示，单值函数$Q(v)$就称为从 V 平面到 Q 平面的**映射关系**。若在 V 平面内有一条与自身不相交的闭合围线 C(称为**围线**)，且围线 C 上没有$Q(v)$的任何奇点(极点或零点)，当复变量$v$沿围线 C 单向行进一圈时，$Q(v)$的值也相应地变化，在 Q 平面上形成一条$Q(v)$的闭合围线$\Gamma$，通常称它为围线 C 在 Q 平面上函数$Q(v)$的**映射图**(有的书叫做$Q(v)$的**复轨迹**)。

如果$Q(v)$是有理函数，其函数形式完全由它的零点和极点决定，即

$$Q(v)=Q_0\frac{\prod_{i=1}^{M}(v-z_i)}{\prod_{i=1}^{N}(v-p_i)}=|Q(v)|\mathrm{e}^{\mathrm{j}\varphi(v)} \qquad (10.4.2)$$

其中，$\varphi(v)$是$Q(v)$的辐角，它可表示为

$$\varphi(v)=\sum_{i=0}^{M}\psi_i-\sum_{i=1}^{N}\theta_i \qquad (10.4.3)$$

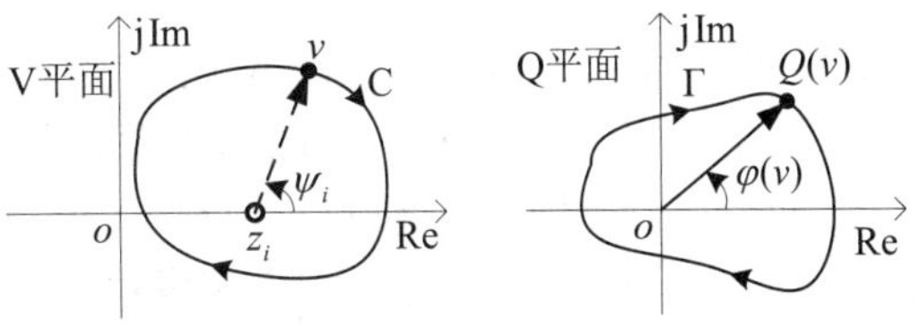


图 10.26　围线 C 内包含一个零点的围线映射

当复变量$v$沿围线 C 顺时针行进一圈时，在 Q 平面上画出$Q(v)$的映射图，即 Q 平面上模为$|Q(v)|$、辐角为$\varphi(v)$的复数向量端点的轨迹，如图 10.26 所示。如果围线 C 内只包含$Q(v)$的一个零点$z_i$，当$v$沿围线 C 顺时针变化一圈，即该零点向量$(v-z_i)$也顺时针绕了一周，其辐角$\psi_i$减少了$2\pi$，根据(10.4.3)式，这使得$\varphi(v)$减少了$2\pi$，则表明 Q 平面上$Q(v)$的映射图(围线$\Gamma$)内包含原点$o$，即$Q(v)$也是沿围线$\Gamma$**顺时针**环绕原点一周，图 10.26 所示的正是这个情况；若围线 C 内只包含一个极点$p_i$，当$v$沿围线 C 顺时针变化一圈，即该极点向量$(v-p_i)$的辐角$\theta_i$减少了$2\pi$，由于(10.4.3)式中$\theta_i$取负号，这使得$\varphi(v)$增加了$2\pi$，则表明在 Q 平面上$Q(v)$沿围

线Γ**逆时针**环绕原点一周。相反地，如果围线 C 的外部有 $Q(v)$ 的一个零点 $z_i$ 或极点 $p_i$ (例如，图 10.27 中画了一个极点 $p_i$ )，当 $v$ 沿围线 C 顺时针变化一圈，该零点或极点向量的辐角( $\psi_i$ 或 $\theta_i$ )尽管先增后减或先减后增，但净变化都等于零，按照(10.4.3)式，也使得 $\varphi(v)$ 的净变化等于零，则表明在 Q 平面上 $Q(v)$ 沿围线 Γ 顺时针或逆时针变化一圈。但不环绕原点，如图 10.27 中的右图所示。

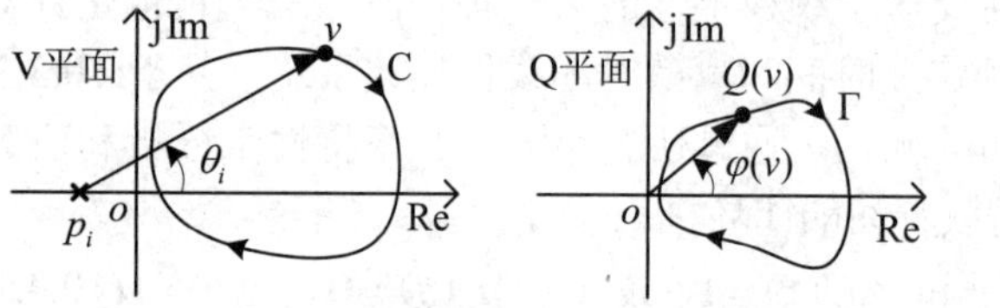

图 10.27　围线 C 外部有一个零点的围线映射

上述分析和图例表明：围线 C 在 Q 平面上的映射图(围线 Γ)是否包围(即在围线 Γ 的内部)Q 平面原点，以及顺时针或逆时针环绕原点几次，都完全由围线 C 的内部区域是否包含 $Q(v)$ 的零点和(或)极点，以及包含零、极点数目来决定。因此，可以归纳出围线映射的如下性质：

当在 V 平面上沿围线 C **顺时针**绕行一周时，在函数 $Q(v)$ 的 Q 平面上，其映射图 (围线 Γ) 以**顺时针**方向环绕原点的净次数、等于 V 平面上围线 C 内 $Q(v)$ 的零点数减去它的极点数。当然，零点数和极点数都指折合成一阶零、极点的数目，且不包括无穷远点的零、极点。

## 10.4.2　奈奎斯特围线和奈奎斯特图

围线映射及其性质所以能用来分析和研究线性反馈系统的稳定性，有如下几点考虑：

(1) 在(10.4.1)式中，$Q(s)$ 和 $Q(z)$ 的零点就是闭环极点方程的根，也就是线性反馈系统的极点，只要在虚轴及其右半 S 平面和 Z 平面单位圆及其外部分别没有 $Q(s)$ 和 $Q(z)$ 的任何零点，则线性反馈系统就是绝对稳定的系统。

(2) 开环系统函数 $L(s)$ 和 $L(z)$ 一般都是实的有理函数，它们可分别表示为

$$L(s)=G(s)F(s)=\frac{B(s)}{A(s)} \quad \text{和} \quad L(z)=G(z)F(z)=\frac{B(z)}{A(z)} \tag{10.4.4}$$

相应地，$Q(s)$ 和 $Q(z)$ 也是实的有理函数，它们分别为

$$Q(s)=1+K\frac{B(s)}{A(s)}=\frac{A(s)+K\cdot B(s)}{A(s)} \quad \text{和} \quad Q(z)=1+K\frac{B(z)}{A(z)}=\frac{A(z)+K\cdot B(z)}{A(z)} \tag{10.4.5}$$

其中，$A(s)$ 和 $A(z)$ 是实系数的 $N$ 次多项式，而 $B(s)$ 和 $B(z)$ 是实系数的 $M$ 次多项式，且在连续时间中一般有 $N \geqslant M$ 。由上面两式可以看到，$Q(s)$ 和 $L(s)$ 或 $Q(z)$ 和 $L(z)$ 的分母多项式同为 $A(s)$ 或 $A(z)$ ，即 $Q(s)$ 和 $L(s)$ 或 $Q(z)$ 和 $L(z)$ 具有完全相同的极点。因此，只要开环系统是绝对稳定的，即 $L(s)$ 和 $L(z)$ 分别在虚轴及其右半 S 平面和 Z 平面单位圆及其外部没有任何极点，则 $Q(s)$ 和 $Q(z)$ 分别在虚轴及其右半 S 平面和 Z 平面单位圆及其外部也没有任何极点。实际上，在没有反馈时开环系统本身是稳定系统，至少是相对稳定的系统(在 S 平面虚轴和 Z 平面单位圆上允许有一阶极点)。

**1．奈奎斯特围线和及其 $Q(s)$ 和 $Q(z)$ 的奈奎斯特图**

综合以上两点考虑，如果 $Q(s)$ 和 $Q(z)$ 分别在虚轴及其右半 S 平面和 Z 平面单位圆及其外部没有任何零点和极点，则不仅开环系统是绝对稳定的，而且闭环系统也绝对稳定。因此，只要针对 $Q(s)$ 和 $Q(z)$ ，利用上面的围线映射及其性质，就可以分析和研究连续时间和离散时间线性反馈系统的稳定性特性。

剩下的问题是如何选择和设计 S 和 Z 平面上的围线 C。很显然，离散时间中围线 C 应选

择 Z 平面上**逆时针**旋转一圈的单位圆，它行进方向右边包围了单位圆外整个区域，如图 10.28 所示；在连续时间中，包围 S 平面虚轴右边半个 S 平面的围线 C 的合理选择是连接虚轴、顺时针方向的无穷大半圆周，如图 10.29(a)所示。根据(10.4.5)式左式，$Q(s)$ 的分子和分母多项式次数相等，故无穷远点不是 $Q(s)$ 的零点和极点，满足围线 C 上不能有任何奇点的要求，但虚轴上仍可能有 $Q(s)$ 的零点，也可能有 $L(s)$ 的一阶极点(即 $Q(s)$ 的一阶极点)，为了排除 $Q(s)$ 和 $L(s)$ 在虚轴上的这些奇点，像图 10.29(b)中那样，在虚轴是设计绕过这些奇点的无限小的半圆路径，就可以确保图 10.29(b)中粗黑线所示的围线 C 不经过 $Q(s)$ 的任何零点和极点。在离散时间中，也可以类似地让围线 C 绕过单位圆上 $Q(z)$ 可能的奇点。这些零点表示 $Q(s)=0$ 或 $Q(z)=0$，则 $Q(s)$ 或 $Q(z)$ 在 S 平面或 Z 平面上所有的零点都映射到 Q 平面原点。

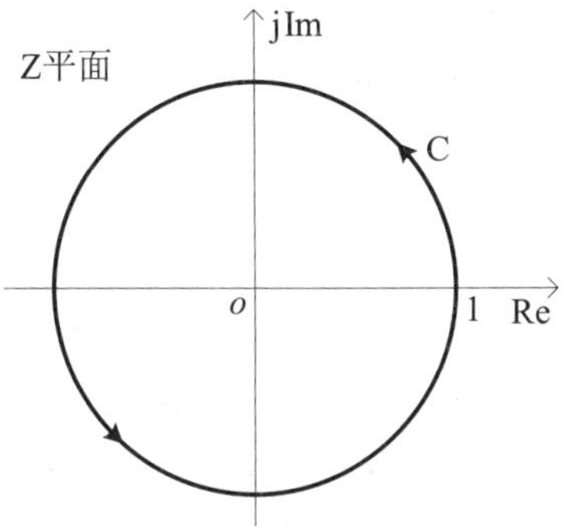


图 10.28　离散时间奈奎斯特围线

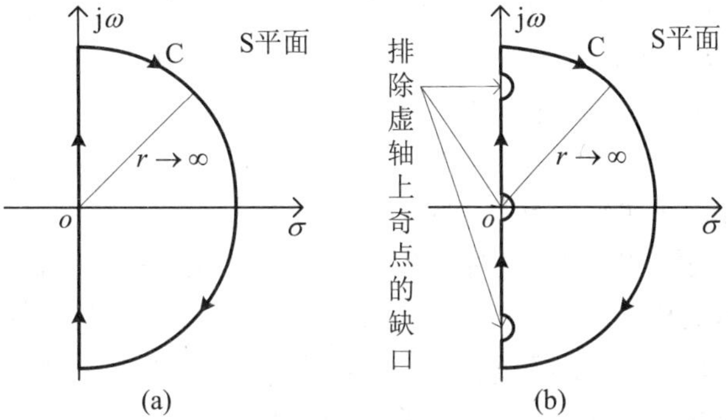


图 10.29　连续时间奈奎斯特围线

上述专门用于分析线性反馈系统稳定性的围线 C 称为“**奈奎斯特围线**”，连续时间和离散时间奈奎斯特围线分别是图 10.29 和图 10.28 所示的围线 C。这样的奈奎斯特围线在 Q 平面上的映射图，分别称为 $Q(s)$ 和 $Q(z)$ 的“**奈奎斯特图**”或“**奈奎斯特轨迹**”。

**2．开环频率响应 $L(\mathrm{j}\omega)$ 和 $L(\mathrm{e}^{\mathrm{j}\Omega})$ 的奈奎斯特图**

再次考察(10.4.1)式表示的闭环极点方程，它们可以分别改写为关于开环系统函数 $L(s)$ 和 $L(z)$ 的等价方程，即

$$L(s)=G(s)F(s)=-1/K \quad 和 \quad L(z)=G(z)F(z)=-1/K \tag{10.4.6}$$

其中，可调增益 $K$ 是非零实数。由于在 S 平面和 Z 平面上的奈奎斯特围线 C 分别就是连续时间和离散时间频域，因此，在奈奎斯特围线 C 上，闭环极点方程就转换成如下的频域方程

$$L(\mathrm{j}\omega)=G(\mathrm{j}\omega)F(\mathrm{j}\omega)=-1/K \quad 和 \quad L(\mathrm{e}^{\mathrm{j}\Omega})=G(\mathrm{e}^{\mathrm{j}\Omega})F(\mathrm{e}^{\mathrm{j}\Omega})=-1/K \tag{10.4.7}$$

这表明，用开环频率响应 $L(\mathrm{j}\omega)$ 和 $L(\mathrm{e}^{\mathrm{j}\Omega})$ 分别代替 $Q(s)$ 和 $Q(z)$，即用 L 平面(即函数值 $L(\mathrm{j}\omega)$ 和 $L(\mathrm{e}^{\mathrm{j}\Omega})$ 的复平面)替代 Q 平面，Q 平面上 $Q(s)$ 和 $Q(z)$ 的奈奎斯特图就分别转换成 L 平面上 $L(\mathrm{j}\omega)$ 和 $L(\mathrm{e}^{\mathrm{j}\Omega})$ **的奈奎斯特图**，它们可以完全等价地评价奈奎斯特图的特性。特别地，对照(10.4.1)式和(10.4.6)式这两个等价的闭环极点方程可知：Q 平面的原点(即 $Q(s)=0$ 和 $Q(z)=0$ 的点)就分别是 L 平面实轴上坐标为 $-1/K$ 这一点。则上面有关围线性质的陈述中，“**映射图环绕原点**”应改换成“ $L(\mathrm{j}\omega)$ 和 $L(\mathrm{e}^{\mathrm{j}\Omega})$ **的奈奎斯特图环绕实轴上 $-1/K$ 的点**”。

S 平面和 Z 平面的奈奎斯特围线分别是 S 平面虚轴（包含无穷远点）和 Z 平面单位圆，则在 L 平面上 $L(\mathrm{j}\omega)$ 和 $L(\mathrm{e}^{\mathrm{j}\Omega})$ 的奈奎斯特图，就可借助 8.5.4 小节介绍的频率响应几何求值法来作图，即在 L 平面上 $L(\mathrm{j}\omega)$ 和 $L(\mathrm{e}^{\mathrm{j}\Omega})$ 之奈奎斯特图(围线)上点的模($|L(\mathrm{j}\omega)|$ 与 $|L(\mathrm{e}^{\mathrm{j}\Omega})|$)和辐角($\varphi(\mathrm{j}\omega)$ 与 $\varphi(\mathrm{e}^{\mathrm{j}\Omega})$)分别为

$$|L(\mathrm{j}\omega)| \text{ 和 } |L(\mathrm{e}^{\mathrm{j}\Omega})| = \frac{\prod_{i=1}^{M} Z_i}{\prod_{i=1}^{N} P_i}, \qquad \varphi(\mathrm{j}\omega) \text{ 和 } \varphi(\mathrm{e}^{\mathrm{j}\Omega}) = \sum_{i=1}^{M}\psi_i - \sum_{i=1}^{N}\theta_i \tag{10.4.8}$$

其中，$Z_i$ 及 $\psi_i$ 和 $P_i$ 及 $\theta_i$ 分别是开环系统函数 $L(s)$ 和 $L(z)$ 的零点和极点指向 S 平面虚轴或 Z 平面单位圆上一点的向量之模和辐角(见图 8.17)。在用具体例子说明奈奎斯特图的作图法之前，先讨论一下奈奎斯特图的有关性质。

**3．奈奎斯特图的性质**

进一步，还可以得到奈奎斯特图如下的一些性质：

(1) 在(10.4.7)式和(10.4.1)式的闭环极点方程中 $K$ 为实数，$L(\mathrm{j}\omega)$ 和 $L(\mathrm{e}^{\mathrm{j}\Omega})$ 及 $Q(s)$ 和 $Q(z)$ 都是实的有理函数，因此，对于奈奎斯特围线上的两个特殊点(即 $\omega=0$ 及 $\omega\to\pm\infty$ 和 Z 平面上 $\Omega=0$ 及 $\Omega=\pm\pi$)的 $L(\mathrm{j}\omega)$ 和 $L(\mathrm{e}^{\mathrm{j}\Omega})$ 及 $Q(s)$ 和 $Q(z)$ 之函数值都是实数，当已知正向通路和反馈通路系统函数时，这些值不难求得。换言之，这两个特殊点映射到奈奎斯特图上两点都位于实轴，且易于确定。

(2) 实际的连续时间和离散时间线性反馈系统都是实的 LTI 系统，它们的时域响应也都是实函数和实序列。由于在 S 平面和 Z 平面上的奈奎斯特围线 C 分别是连续时间和离散时间频域，其上的 $L(s)$ 和 $L(z)$ 及 $Q(s)$ 和 $Q(z)$ 即分别为 $L(\mathrm{j}\omega)$ 和 $L(\mathrm{e}^{\mathrm{j}\Omega})$ 与 $Q(\mathrm{j}\omega)$ 和 $Q(\mathrm{e}^{\mathrm{j}\Omega})$，根据实函数和实序列之傅里叶变换的对称性质，分别有

$$|L(\mathrm{j}\omega)| = |L(-\mathrm{j}\omega)| \quad \text{及} \quad |L(\mathrm{e}^{\mathrm{j}\Omega})| = |L(\mathrm{e}^{-\mathrm{j}\Omega})| \tag{10.4.9}$$

和

$$\varphi(\mathrm{j}\omega) = -\varphi(-\mathrm{j}\omega) \quad \text{及} \quad \varphi(\mathrm{e}^{\mathrm{j}\Omega}) = -\varphi(\mathrm{e}^{-\mathrm{j}\Omega}) \tag{10.4.10}$$

$Q(\mathrm{j}\omega)$ 和 $Q(\mathrm{e}^{\mathrm{j}\Omega})$ 也有同样的关系。因此，在奈奎斯特围线 C 上，S 平面正和负虚轴或者 Z 平面单位圆的上和下半圆周分别映射成的奈奎斯特图，必然以实轴对称，即 $\omega\leqslant 0$ 和 $-\pi\leqslant\Omega\leqslant 0$ 的奈奎斯特图分别与 $\omega\geqslant 0$ 和 $0\leqslant\Omega\leqslant\pi$ 的奈奎斯特图关于实轴对称。

(3) $L(\mathrm{j}\omega)$ 和 $L(\mathrm{e}^{\mathrm{j}\Omega})$ 的奈奎斯特图与 $Q(s)$ 和 $Q(z)$ 的奈奎斯特图的关系：上面已说明，对于闭环极点方程而言，Q 平面上的原点就是 L 平面实轴上坐标为 $-1/K$ 的点，因此，L 平面的奈奎斯特图是 Q 平面上奈奎斯特图向左平移的结果，左移的坐标距离为 $1/K$。

需要指出：由于在 S 平面和 Z 平面上的奈奎斯特围线分别就是连续时间和离散时间频域，若开环系统稳定，则开环频率响应为 $L(\mathrm{j}\omega)=L(s)|_{s=\mathrm{j}\omega}$ 和 $L(\mathrm{e}^{\mathrm{j}\Omega})=L(z)|_{z=\mathrm{e}^{\mathrm{j}\Omega}}$，故 $L(\mathrm{j}\omega)$ 和 $L(\mathrm{e}^{\mathrm{j}\Omega})$ 的奈奎斯特图就是 $L(s)$ 和 $L(z)$ 的奈奎斯特图。如果开环系统不稳定，严格地说，就不存在 $L(\mathrm{j}\omega)$ 和 $L(\mathrm{e}^{\mathrm{j}\Omega})$ 的奈奎斯特图，但是仍可以作出 $L(s)$ 和 $L(z)$ 的奈奎斯特图。

根据上述的性质，将能方便地勾画出奈奎斯特图，请看下面的例子。

**【例 10.7】** 对于例 10.3 的连续时间反馈系统，假设可调增益 $K=1$，试分别画出该线性反馈系统的开环系统函数 $L(s)$ 和回差 $Q(s)$ 之奈奎斯特图。

**解：** 当 $K=1$ 时，该线性反馈系统的开环系统函数 $L(s)$ 和回差 $Q(s)$ 分别为

$$L(s)=\frac{1}{(s+3)(s-1)} \quad \text{和} \quad Q(s)=1+\frac{1}{(s+3)(s-1)}$$

可借助 8.5.4 小节的频率响应几何求值法来勾画出 $L(s)$ 的奈奎斯特图。开环系统函数 $L(s)=G(s)F(s)$ 有两个实极点 $p_1=-3$ 和 $p_2=1$，它们指向奈奎斯特围线 C(虚轴)上一点($s=\mathrm{j}\omega$)的两个极点向量如图 10.30 所示。显然，当 $s=0$ 时，按照(10.4.8)式，它在 L 平面的映射点的模和辐角分别是 $|L(0)|=1/3$ 和 $\varphi(0)=-\pi$，即是 L

平面实轴上 $-1/3$ 的点；随着沿虚轴顺时针向上移动时，$P_1$ 和 $P_2$ 的长度都越来越大，$\varphi(s)=-(\theta_1+\theta_2)$ 从 $-\pi$ 单调地逐渐增加到 0；当 $s\to\infty$ 时，有 $|L(\infty)|=0$ 和 $\varphi(\infty)=0$。故当沿正虚轴 $s$ 从 0 到无穷远点时，L 平面上的奈奎斯特图从实轴上 $-1/3$ 的点向下**逆时针**绕到坐标原点，如图 10.31(a)中所示。根据上面奈奎斯特图的性质(2)，$s$ 顺时针沿围线 C(负虚轴)从无穷远点到 $s=0$ 的奈奎斯特图，则是从坐标原点向上**逆时针**绕**半圈**到负实轴上 $-1/3$ 的点，且与 $s$ 从 0 到无穷远点的奈奎斯特图以实轴对称，如图 10.31(a)中所示。

由上面写出的 $Q(s)$ 的表达式，按照类似的方法，可以画出在 Q 平面上 $Q(s)$ 的奈奎斯特图，如图 10.31(b)中所示。实际上，根据上面奈奎斯特图的性质(3)，$Q(s)$ 的奈奎斯特图是 $L(\mathrm{j}\omega)$ 的奈奎斯特图在复平面上向右平移 $1/K$，本题中 $K=1$，故向右平移 1，图 10.31 中显示出这个性质。

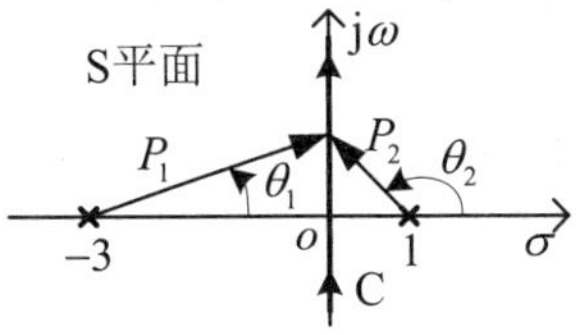


图 10.30

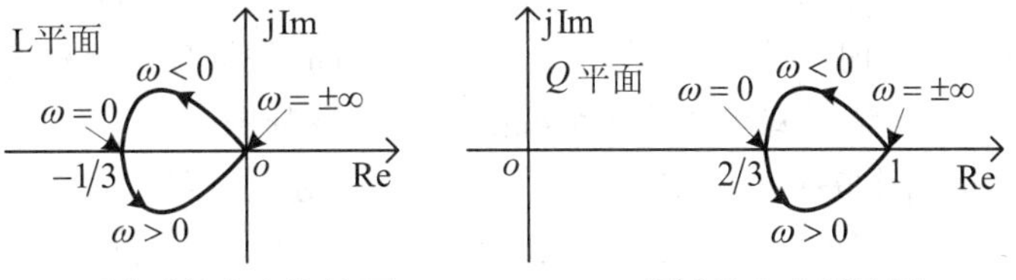


(a) $L(\mathrm{j}\omega)$的奈奎斯特图　　(b) $Q(s)$的奈奎斯特图

图 10.31　例 10.7 的连续时间奈奎斯特图

**【例 10.8】**　已知离散时间线性反馈系统的正向通路系统函数为 $G(z)=z^{-1}/(1+0.5z^{-1})$，反馈通路系统函数为 $F(z)=Kz^{-1}$，假设可调增益 $K=1$，试画出该系统的开环系统函数 $L(z)$ 和回差 $Q(z)$ 之奈奎斯特图。

**解：** 当 $K=1$ 时，该线性反馈系统的开环频率响应 $L(z)$ 和回差 $Q(z)$ 分别为

$$L(z)\overset{K=1}{=}\frac{1}{z(z+0.5)}\quad 和\quad Q(z)\overset{K=1}{=}1+\frac{1}{z(z+0.5)}$$

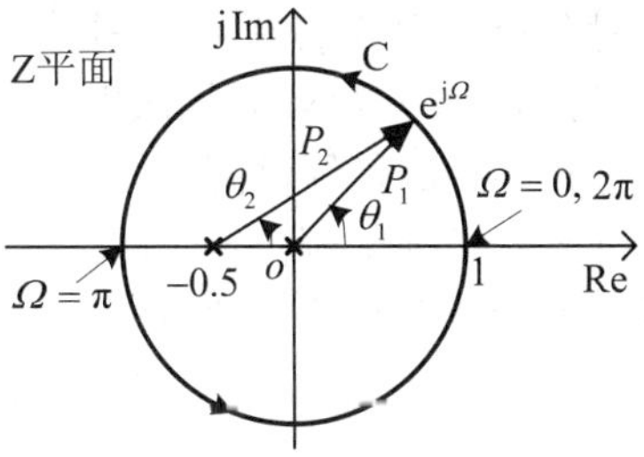


图 10.32

开环系统函数 $L(z)=G(z)F(z)$ 共有两个实极点，即 $p_1=0$ 和 $p_2=-0.5$，它们指向奈奎斯特围线 C(单位圆)上一点($z=\mathrm{e}^{\mathrm{j}\Omega}$)的两个极点向量如图 10.32 所示。显然，当 $\Omega=0$ ($z=1$)时，按照(10.4.8)式，Z 平面上 $z=1$ 的点映射到 L 平面上点的模和辐角分别是 $|L(1)|=2/3$ 和 $\varphi(1)=0$，即是 L 平面实轴上的点 2/3；随着沿单位圆**逆时针**移动半圈($\Omega$ 从 0 到 $\pi$)，$P_1$ 的长度不变，始终为 1，而 $P_2$ 的长度从 1.5 逐渐减小到 0.5，$\varphi(\mathrm{e}^{\mathrm{j}\Omega})=-(\theta_1+\theta_2)$ 从 0 增加到 $2\pi$；当 $\Omega=\pi$ 时，有 $|L(-1)|=2$ 和 $\varphi(-1)=0$。故当 $\Omega$ 从 0 变到 $\pi$ 时，L 平面上的奈奎斯特图从实轴上 2/3 的点向上**逆时针向左**绕过实轴转动一圈，到达正实轴上 2 的点，如图 10.33(a)中**实线**所示。绕过实轴时与实轴之交点的 $\varphi(\mathrm{e}^{\mathrm{j}\Omega})=\pi$，即 $L(\mathrm{e}^{\mathrm{j}\Omega})=-1/K=-1$，故可求得此点的 $\Omega\approx0.58\pi$。根据上面奈奎斯特图的性质(2)，$z$ 逆时针沿围线 C(单位圆)从 $\Omega=\pi$ 到 $\Omega=2\pi$ 的奈奎斯特图与 $\Omega=0$ 到 $\Omega=\pi$ 的奈奎斯特图以实轴对称，如图 10.33(a)中**虚线**所示。

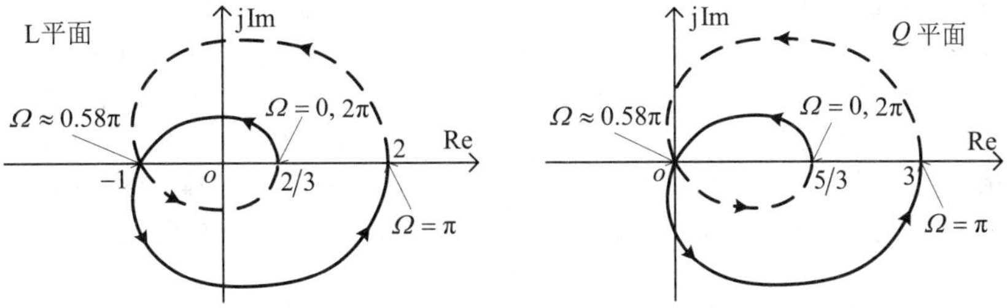


(a) $L(\mathrm{e}^{\mathrm{j}\Omega})$或$L(z)$的奈奎斯特图　　(b) $Q(z)$的奈奎斯特图

图 10.33　例 10.8 的连续时间奈奎斯特图

由上面写出的 $Q(z)$ 的表达式，按照类似的方法，也可画出在 Q 平面上 $Q(z)$ 的奈奎斯特图，如图 10.33(b)中所示。与连续时间中一样，根据上面奈奎斯特图的性质(3)，像图 10.31 中显示出的那样，$Q(z)$ 的奈奎斯特

图是 $L(\mathrm{j}\omega)$ 或 $L(z)$ 的奈奎斯特图在复平面上向右平移 $1/K$，本题中 $K=1$，故向右平移 1。

### 10.4.3 连续时间和离散时间线性反馈系统的奈奎斯特判据

对于像图 10.17 这样的连续时间和离散时间线性反馈系统，若要它们绝对稳定，必须要求在 S 平面虚轴及其右半个 S 平面上和 Z 平面单位圆及其外部区域分别没有(10.4.1)式的闭环极点方程的根，换言之，要求在 S 平面虚轴及其右半个 S 平面上和 Z 平面单位圆及其外部区域分别没有 $Q(s)$ 和 $Q(z)$ 的零点。进一步，由于 $Q(s)$ 和 $Q(z)$ 的极点也分别是 $L(s)=G(s)F(s)$ 和 $L(z)=G(z)F(z)$ 的极点，根据前面 10.4.1 小节所述的围线映射性质，利用上面有关奈奎斯特图的作图知识，就可以获得用于分析和判断线性反馈系统稳定性的"**奈奎斯特判据**"。

**1．连续时间线性反馈系统的奈奎斯特判据**

把围线映射的性质应用于上一小节所述的连续时间的奈奎斯特围线及其 $Q(s)$ 之奈奎斯特图中，就变成如下的连续时间中针对 $Q(s)$ 的奈奎斯特围线映射性质：

在 S 平面上沿连续时间奈奎斯特围线**顺时针**绕行一圈，其 $Q(s)$ 的奈奎斯特图**顺时针**环绕 Q 平面"原点"点的净次数等于右半 S 平面上 $Q(s)$ 的零点数(即闭环系统的极点数)减去 $Q(s)$ 的极点数。

或者等同于如下的针对 $L(\mathrm{j}\omega)$ 或 $L(s)$ 的奈奎斯特围线映射性质：

在 S 平面上沿连续时间奈奎斯特围线**顺时针**绕行一圈，其 $L(\mathrm{j}\omega)$ 或 $L(s)$ 的奈奎斯特图**顺时针**环绕 L 平面实轴上"$-1/K$"点的净次数，等于右半 S 平面上 $Q(s)$ 的零点数(即闭环系统的极点数)减去 $L(s)$ 的极点数。

在实际的连续时间线性反馈系统中，开环系统函数 $L(s)$ 可能有右半 S 平面内的极点，但闭环系统必须绝对稳定，即在虚轴及其右半个 S 平面上闭环系统的极点数应等于零。因此，判定连续时间线性反馈系统绝对稳定的奈奎斯特判据可陈述如下：

当在 S 平面上沿奈奎斯特围线 C 顺时针绕行一圈时，如果开环频率响应 $L(\mathrm{j}\omega)$ 或 $L(s)$ 在 L 平面上的奈奎斯特图，**顺时针**方向环绕实轴上"$-1/K$"点的净次数等于 $L(s)$ 在右半 S 平面内极点数的**负值**，即**逆时针**方向环绕实轴上"$-1/K$"点的净次数等于 $L(s)$ 在右半 S 平面内的极点数，则闭环系统就是绝对稳定的，否则，闭环系统就不稳定。

一般情况下，正向通路和反馈通路系统都是稳定(包括临界稳定)的，$L(s)$ 在右半 S 平面内就没有任何极点。此时，闭环系统稳定就要求 $L(\mathrm{j}\omega)$ 或 $L(s)$ 的奈奎斯特图不围绕"$-1/K$"点。

**【例 10.9】** 对于例 10.3 的连续时间线性反馈系统，试用奈奎斯特判据分析其稳定性，并确定确保系统稳定的可调增益 $K$ 之取值范围。

**解**：由于 $K$ 可以是任何实数，为了方便，可先取 $K=1$，并勾画出 $L(\mathrm{j}\omega)$ 或 $L(s)$ 的奈奎斯特图。例 10.7 中已画出该系统在 $K=1$ 时，$L(s)$ 之奈奎斯特图见前面图 10.31(a)。由于本题的开环系统函数 $L(s)$ 在右半 S 平面有一个一阶极点 $p_2=1$，按照上面的连续时间奈奎斯特判据，该系统绝对稳定要求 $L(s)$ 的奈奎斯特图需逆时针围绕实轴上 $-1/K$ 点一次。即实轴上的 $-1/K$ 点应被图 10.31(a)中的奈奎斯特图包围。为此，这就要求 $(-1/3)<-1/K<0$，即等价于 $3<K<\infty$。由此可以得出结论：只要可调增益 $K$ 满足：

$$3<K<\infty$$

该连续时间线性反馈系统将是稳定系统。这个结果与例 10.3 中用根轨迹方法的分析结果完全相同。

**2．离散时间线性反馈系统的奈奎斯特判据**

对于离散时间线性反馈系统，基于(10.4.1)式右式的闭环极点方程，闭环系统稳定要求在 Z 平面单位圆外没有闭环系统的极点(即 $Q(z)$ 的零点)。

回顾 10.4.1 小节的围线映射性质，它涉及的是**围线内**的零点和极点，而在分析离散时间线性反馈系统的稳定性时，却只关注 $Q(z)$ 在**单位圆外**的零点。为了能应用围线映射的性质，考虑对 $Q(z)$ 作如下变换：

$$\hat{Q}(z)=Q(z^{-1}) \tag{10.4.11}$$

这意味着 $Q(z)$ 在单位圆外的零点和极点完全等同于 $\hat{Q}(z)$ 在单位圆内的零点和极点。按照围线映射的性质，在 Z 平面上沿单位圆顺时针旋转一周，$\hat{Q}(z)$ 的奈奎斯特图环绕原点的净次数等于 $\hat{Q}(z)$ 在单位圆内的零点数和极点数之差，当然，也等于 $\hat{Q}(z)$ 在单位圆外的零点数和极点数之差。此外，在 Z 平面的单位圆上，$z=\mathrm{e}^{\mathrm{j}\Omega}$，而 $z^{-1}=\mathrm{e}^{-\mathrm{j}\Omega}$，因此有

$$\hat{Q}(\mathrm{e}^{\mathrm{j}\Omega})=Q(\mathrm{e}^{-\mathrm{j}\Omega}) \tag{10.4.12}$$

这表明，**顺时针**沿单位圆一周(即 $\Omega$ 从 0 到 $-2\pi$)对 $\hat{Q}(z)$ 的几何求值，就完全等同于**逆时针**沿单位圆一周(即 $\Omega$ 从 0 到 $2\pi$)对 $Q(z)$ 的几何求值。这也是在前面图 10.28 中，Z 平面上的奈奎斯特围线选择成**逆时针**沿单位圆一周的原因。

基于上述讨论，在离散时间中，针对 $Q(z)$ 和 $L(\mathrm{e}^{\mathrm{j}\Omega})$ (或 $L(z)$ )的奈奎斯特围线映射性质为：

在 Z 平面上沿单位圆**逆时针**绕行一圈，$Q(z)$ 和 $L(\mathrm{e}^{\mathrm{j}\Omega})$ (或 $L(z)$ )的奈奎斯特图分别**顺时针**环绕 Q 平面"原点"点和 L 平面实轴上"$-1/K$"点的净次数，分别等于单位圆内 $Q(z)$ 和 $L(z)$ 的零点数(即闭环系统的极点数)减去 $Q(z)$ 和 $L(z)$ 的极点数。

在实际的离散时间线性反馈系统中，开环系统函数 $L(z)$ 可能有单位圆外的极点，但闭环系统必须绝对稳定，即在单位圆及其外部区域上闭环系统的极点数应等于零。因此，判定离散时间线性反馈系统绝对稳定的奈奎斯特判据可陈述如下：

当在 Z 平面上沿单位圆**逆时针**绕行一圈(即 $\Omega$ 从 0 到 $2\pi$)，如果开环频率响应 $L(\mathrm{e}^{\mathrm{j}\Omega})$ 或 $L(z)$ 在 L 平面上的奈奎斯特图**逆时针**方向环绕实轴上"$-1/K$"点的净次数等于 $L(z)$ 在单位圆外的极点数，则闭环系统就是绝对稳定的，否则，闭环系统就不稳定。

与连续时间中一样，如果正向通路和反馈通路都是稳定(含临界稳定)系统，$L(z)$ 在单位圆外没有任何极点。此时，闭环系统稳定就要求 $L(\mathrm{e}^{\mathrm{j}\Omega})$ 或 $L(z)$ 的奈奎斯特图不围绕"$-1/K$"点。请看下面的例子。

**【例 10.10】** 对于例 10.8 中给出的离散时间线性反馈系统，试用奈奎斯特判据分析其稳定性，并确定确保系统稳定的可调增益 $K$ 之取值范围。

**解：** 由于 $K$ 可以是任何实数，为了方便，可先取 $K=1$，并勾画出 $L(\mathrm{e}^{\mathrm{j}\Omega})$ 或 $L(z)$ 的奈奎斯特图。例 10.8 中已画出该系统在 $K=1$ 时的 $L(\mathrm{e}^{\mathrm{j}\Omega})$ 之奈奎斯特图，见前面图 10.33(a)。由于本题的开环系统函数 $L(z)$ 在单位圆外没有极点，按照上面的离散时间奈奎斯特判据，该系统绝对稳定要求 $L(\mathrm{e}^{\mathrm{j}\Omega})$ 的奈奎斯特图不环绕实轴上的 $-1/K$ 点。即实轴上的 $-1/K$ 点应不被图 10.33(a)中的奈奎斯特图包围。为此要求 $-1/K<-1$ 和 $-1/K>2$，这等价于 $-0.5<K<1$。由此可以得出结论：只要可调增益 $K$ 满足

$$-0.5<K<1$$

该离散时间线性反馈系统将是稳定系统。

通过上面关于奈奎斯特图和奈奎斯特稳定性判据的讨论及其相应的例子，已经可以体会到，用开环频率响应 $L(\mathrm{j}\omega)$ 和 $L(\mathrm{e}^{\mathrm{j}\Omega})$ (或开环系统函数 $L(s)$ 和 $L(z)$ )代替回差 $Q(s)$ 和 $Q(z)$，给分析和研究线性反馈系统的稳定性带来的方便。更重要的是，这样的替代给工程分析和设计带来一些实际的好处，这些好处也显示出奈奎斯特判据方法相比于前一节的根轨迹方法的优点。主要的好处或优点如下：

(1) 在实际的线性反馈系统的分析和设计问题中，对开环系统一般都有确定或已知的特性，而闭环系统却有许多不确定或未知的特性。基于 $L(\mathrm{j}\omega)$ 和 $L(\mathrm{e}^{\mathrm{j}\Omega})$ (或 $L(s)$ 和 $L(z)$ )的奈奎斯特稳定性判据恰恰只需要知道开环系统的特性。

(2) 在实际的线性反馈系统中，一般的情况是开环系统是稳定的，哪怕开环系统函数不是有理函数，甚至不知道或难以得到开环系统函数的表达式，仍可用上述的奈奎斯特稳定性判据进行分析和设计。对于不知道或难以得到开环系统函数的表达式的情况，只要开环系统稳定，就可用实际测量的方法获得开环系统的幅频响应 $|L(\mathrm{j}\omega)|$ (或 $|L(\mathrm{e}^{\mathrm{j}\Omega})|$ )和相频响应 $\varphi(\mathrm{j}\omega)$ (或 $\varphi(\mathrm{e}^{\mathrm{j}\Omega})$ )，或者其波特图，来勾画 L 平面上的奈奎斯特图，并用奈奎斯特稳定性判据进行分析和设计。奈奎斯特稳定性判据也适用于开环系统函数是非有理函数的情况，请看下例。

**【例 10.11】** 图 10.34 是音响反馈系统的模型，图中，$K$ 为音频放大器的可调增益，反馈通路 $F(s)$ 为扬声器到话筒之间的声音传播路径，它的路径衰减为 $\alpha$，$0<\alpha<1$，路径延时为 $T$。试分析该音响反馈系统的稳定性。

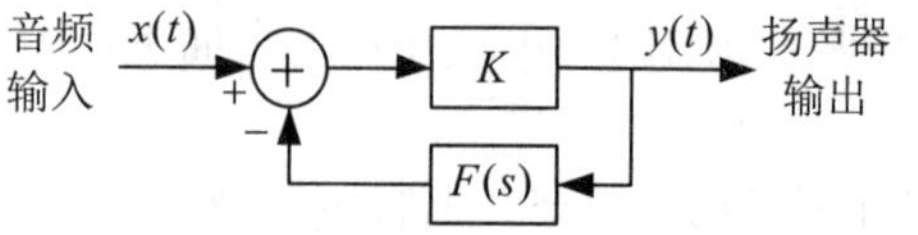


图 10.34 音响反馈系统模型

**解**：按照图 10.34，反馈通路系统函数 $F(s)$ 为

$$F(s)=\mathscr{L}\{-\alpha\delta(t-T)\}=-\alpha\mathrm{e}^{-sT}=\alpha\mathrm{e}^{-(sT-\mathrm{j}\pi)}$$

则该系统的开环系统函数 $L(s)=F(s)=\alpha\mathrm{e}^{-(sT-\mathrm{j}\pi)}$，它不是有理系统函数，难以用上一节介绍的根轨迹方法分析其稳定性。但是，只要实际的音频放大器是稳定的，开环系统也必然稳定，开环频率响应 $L(\mathrm{j}\omega)$ 为

$$L(\mathrm{j}\omega)=\alpha\mathrm{e}^{-\mathrm{j}(\omega T-\pi)}$$

其幅频响应 $|L(\mathrm{j}\omega)|$ 和相频响应 $\varphi(\mathrm{j}\omega)$ 分别为

$$|L(\mathrm{j}\omega)|=\alpha \quad 和 \quad \varphi(\mathrm{j}\omega)=-(\omega T-\pi)$$

则 $L(\mathrm{j}\omega)$ 的奈奎斯特图是 L 平面上以原点为圆心、$\alpha$ 为半径的圆周，如图 10.35 所示。它表明，当 $\omega$ 从 $-\pi/T$ 变到 $\pi/T$，$L(\mathrm{j}\omega)$ 的辐角从 0 变到 $-2\pi$，即顺时针旋转一周，且 $\omega$ 每增加 $2\pi/T$，$L(\mathrm{j}\omega)$ 就在该圆上顺时针旋转一次；当 $\omega$ 从 $-\infty$ 变到 $+\infty$，$L(\mathrm{j}\omega)$ 就顺时针旋转无穷多次。按照奈奎斯特稳定性判据，只要图 10.35 中的圆周不包围 $-1/K$ 这一点，该音响反馈系统就据对稳定。为此，必须有

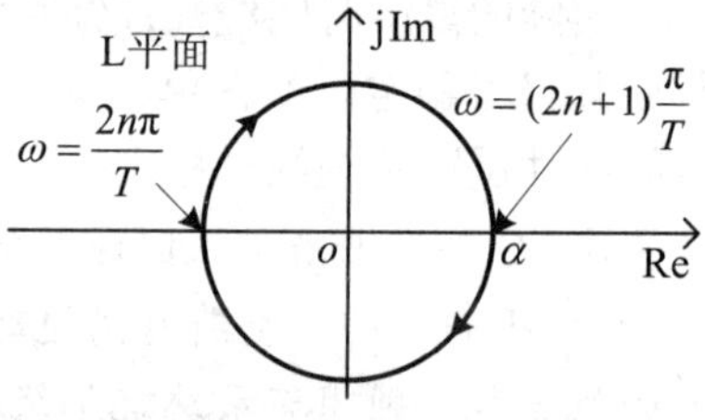


图 10.35 音响反馈系统的奈奎斯特图

$$\alpha<1/K \quad 或 \quad K<1/\alpha$$

这表明，当路径衰减 $\alpha$ 固定时，只要音频放大器的增益 $K<1/\alpha$，系统必定稳定，或当音频放大器的增益 $K$ 固定时，只要使路径衰减 $\alpha<1/K$，也确保系统稳定，这可以通过调节扬声器到话筒之间的距离来保证。

## 10.5 线性反馈系统的增益裕度和相位裕度

在线性反馈系统的许多实际应用中，正向通路和反馈通路的系统函数都是近似的，或者由于系统工作环境的变化和元部件的老化、磨损等原因，都会有所变化。因此，往往不仅要知道一个线性反馈系统是否稳定，如果是稳定的，还要了解它离变成不稳定系统有多大的“距离”；或者，所设计的线性反馈系统留了多大稳定性“余量”来承受实际系统可能有的变化。这类问题涉及线性反馈系统的“**稳定性裕度**”的概念和方法，它是基于频率响应分析线性反馈系统稳定性的另一个作图方法。本节主要以连续时间线性反馈系统为例加以介绍。

**1. 增益裕度和相位裕度**

从上一节有关奈奎斯特图和奈奎斯特判据的知识可知，连续时间和离散时间线性反馈系

统的稳定性都取决于开环频率响应的模特性和相位特性。为了研究和评价线性反馈系统的稳定性裕度，以连续时间线性反馈系统为例，可以采用如图 10.36 所示的包含增益和相位偏离的系统模型，即在一个稳定的线性反馈系统的反馈环路中插入一个复数 $Ke^{-j\phi}$ 数乘器，其中 $K$ 和 $\phi$ 分别表示开环频率响应 $L(j\omega)$ 的增益(模)偏离和相位偏离。在这个模型中，如果原本的线性反馈系统、也就是图 10.36 中当 $Ke^{-j\phi}=1$ (即 $K=1$ 和 $\phi=0$ )时的系统是稳定的，它就有确定的开环频率响应 $L(j\omega)$，即

$$L(j\omega)=G(j\omega)F(j\omega) \tag{10.5.1}$$

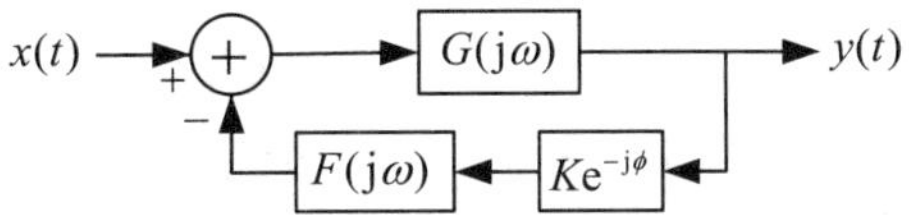

图 10.36 包含增益和相位偏离的反馈系统模型

通过插入 $Ke^{-j\phi}$，研究分别允许有多大的增益偏离 $K$ 和多大的相位偏离 $\phi$，仍不会丧失系统的稳定性。线性反馈系统的**增益裕度** $K_0$ 定义为当 $\phi=0$ 时，使得闭环系统变成不稳定的最小 $K$ 值；类似地，**相位裕度** $\phi_0$ 就是在 $K=1$ 时，导致闭环系统不稳定的附加相位滞后，这里习惯上把 $\phi_0$ 看成一个正的量，即等于使闭环系统变成不稳定的负附加相移的大小。

在图 10.36 中，在 $Ke^{-j\phi}=1$ 时，闭环系统的所有极点均位于虚轴以左的左半 S 平面，故当 $K$ 和 $\phi$ 变化时，需至少有一个闭环系统的极点越过虚轴进入右半 S 平面，闭环系统才能成为不稳定系统。例如，当 $Ke^{-j\phi}$ 中的 $K$ 或 $\phi$ 分别是某个值时，闭环系统的一个极点位于虚轴上的某点 $j\omega$，则 $s=j\omega$ 就是(10.4.1)式左式之闭环极点方程的一个根，即在这个频率 $\omega$ 上，就有

$$1+Ke^{-j\phi}G(j\omega)F(j\omega)=0 \quad 或 \quad Ke^{-j\phi}G(j\omega)F(j\omega)=-1 \tag{10.5.2}$$

并在 $Ke^{-j\phi}=1$ 时，无任何 $\omega$ 能满足上式。根据增益裕度和相位裕度的定义，该线性反馈系统的增益裕度 $K_0$ 就是满足如下两个方程

$$\phi=0 \quad 和 \quad K\cdot L(j\omega)=-1 \tag{10.5.3}$$

的联合解 $\omega_K$ 时的最小 $K$ 值，而相位裕度 $\phi_0$ 则是满足如下两个方程

$$K=1 \quad 和 \quad e^{-j\phi}L(j\omega)=-1 \tag{10.5.4}$$

的联合解 $\omega_\phi$ 时的最小 $\phi$ 值。

实际的连续时间和离散时间线性反馈系统的开环系统频率响应 $L(j\omega)$ 和 $L(e^{j\Omega})$，都是实的有理函数型频率响应。工程上习惯用 5.4.5 小节介绍的波特图表示它们的幅频响应和相频响应，这就提供了一种线性反馈系统稳定性裕度的图解方法，即借助波特图，用作图的方法分别求解(10.5.3)式和(10.5.4)式的方程，来确定线性反馈系统的增益裕度和相位裕度。在讲述这种图解方法之前，先简要介绍一下有理函数型频率响应的波特图作图方法。

**2．有理函数型频率响应的波特图**

由第 8 章的知识可知，实的有理函数型频率响应都可以表示成一个实数增益 $G_0$ 乘以分子和分母都是实系数一阶与二阶因式的有理函数。在连续时间中，分母中的一阶和二阶因子可分别表示如下的一阶和二阶频率响应：

$$H_1(j\omega)=\frac{1}{1+j(\omega/\omega_1)} \quad 和 \quad H_2(j\omega)=\frac{1}{1+2\xi(j\omega/\omega_2)+(j\omega/\omega_2)^2} \tag{10.5.5}$$

根据 8.6 节的知识，上式中的 $\omega_1$ 是连续时间一阶低通的 −3 dB 截止频率；$\omega_2$ 和 $\xi$ 分别是连续时间二阶系统的自然频率和阻尼系数，当 $\xi\geqslant 1$(两个不同和相同一阶实极点)时，$H_2(j\omega)$ 可以看成两个一阶频率响应相乘，故下面只讨论 $\xi<1$ 的一对共轭复极点的情况。

这些一阶及二阶因子的模和相位分别为

$$|H_1(\mathrm{j}\omega)|=\frac{1}{\sqrt{1+(\omega/\omega_1)^2}} \quad 和 \quad \varphi_1(\mathrm{j}\omega)=-\arctan(\omega/\omega_1) \tag{10.5.6}$$

$$|H_2(\mathrm{j}\omega)|=\frac{1}{\sqrt{[1-(\omega/\omega_2)^2]^2+[2\xi(\omega/\omega_2)]^2}} \quad 和 \quad \varphi_2(\mathrm{j}\omega)=-\arctan\left[\frac{2\xi(\omega/\omega_2)}{1-(\omega/\omega_2)^2}\right] \tag{10.5.7}$$

按照 5.4.5 小节的波特图知识，(10.5.6)式的一阶幅度波特图为

$$20\lg|H_1(\mathrm{j}\omega)|=0-10\lg[1+(\omega/\omega_1)^2] \tag{10.5.8}$$

当$\omega\ll\omega_1$和$\omega\gg\omega_1$时，上式分别可近似表示为

$$20\lg|H_1(\mathrm{j}\omega)|\approx 0,\ \omega\ll\omega_1 \quad 和 \quad 20\lg|H_1(\mathrm{j}\omega)|\approx -20\lg\omega+20\lg\omega_1,\ \omega\gg\omega_1 \tag{10.5.9}$$

(10.5.9)式的两个方程在幅度波特图中都是直线，左式称为 0 dB 渐近线，右式是 –20 dB/dec 线，如图 10.37(a)所示。上式表明：在$\omega\ll\omega_1$和$\omega\gg\omega_1$范围内，$H_1(\mathrm{j}\omega)$的幅度波特图可分别用这两条渐近线近似；只有在$\omega=\omega_1$左右，它是(10.5.8)式表示的曲线，因为当$\omega=\omega_1$时，$20\lg|H_1(\mathrm{j}\omega)|=-3\,\mathrm{dB}$，故可以像图 10.37(a)那样相当准确地勾画出这条曲线。同理，$H_1(\mathrm{j}\omega)$的相位波特图如图 10.37(b)所示。

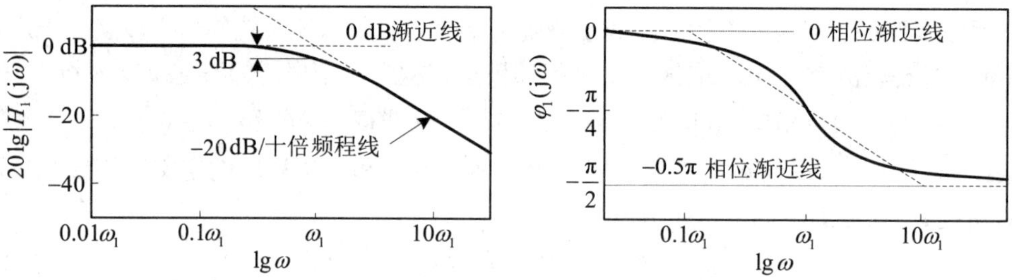


(a) 幅度波特图　　(b) 相位波特图

图 10.37　(10.5.6)式表示的一阶系统波特图

(10.5.7)式的二阶幅度波特图为

$$20\lg|H_2(\mathrm{j}\omega)|=0-10\lg[1+2(2\xi^2-1)(\omega/\omega_2)^2+(\omega/\omega_2)^4] \tag{10.5.10}$$

当$\omega\ll\omega_2$和$\omega\gg\omega_2$时，(10.5.10)式分别可近似表示为

$$20\lg|H_2(\mathrm{j}\omega)|\approx 0,\ \omega\ll\omega_2 \quad 和 \quad 20\lg|H_2(\mathrm{j}\omega)|\approx -40\lg\omega+40\lg\omega_2,\ \omega\gg\omega_2 \tag{10.5.11}$$

同样地，(10.5.11)式左式的直线是 0 dB 渐近线，而右式的直线是 –40 dB/dec 线；当$\omega=\omega_2$时，$20\lg|H_2(\mathrm{j}\omega)|\approx -6\,\mathrm{dB}$，故可以像图 10.38(a)那样勾画出(10.5.10)式的二阶幅度波特图。需指出，尽管这两条直线与阻尼系数$\xi$无关，但二阶幅度波特图曲线还是在$\xi$不同时有些差别。二阶因子的相位波特图如图 10.38(b)所示，其曲线形状与阻尼系数$\xi$的关系就更大些。

至于有理函数型频率响应分子中的一阶和二阶因子，它们可分别表示为(10.5.5)式中$H_1(\mathrm{j}\omega)$和$H_2(\mathrm{j}\omega)$的倒数，即$1/H_1(\mathrm{j}\omega)$和$1/H_1(\mathrm{j}\omega)$。按照如下的关系：

$$20\lg\left|\frac{1}{H_1(\mathrm{j}\omega)}\right|=-20\lg|H_1(\mathrm{j}\omega)| \quad 和 \quad \angle\left\{\frac{1}{H_1(\mathrm{j}\omega)}\right\}=-\angle\{H_1(\mathrm{j}\omega)\} \tag{10.5.12}$$

则不难画出作为分子的一阶和二阶因子的波特图，与图 10.36 和图 10.37 中不同的是：幅度波特图中下降的 –20 dB/dec 线和 –40 dB/dec 线，要分别改为上升的 +20 dB/dec 线和 +40 dB/dec 线；相位波特图中的。–0.5π 渐近线和 –π 渐近线要分别改为 0.5π 渐近线和 π 渐近线。

有理函数型频率响应中的实数增益$G_0=|G_0|\mathrm{e}^{\mathrm{j}\pi}$，它的幅度和相位波特图分别为$20\lg|G_0|$

和 $\angle\{G_0\}=\pi$ 的水平直线。

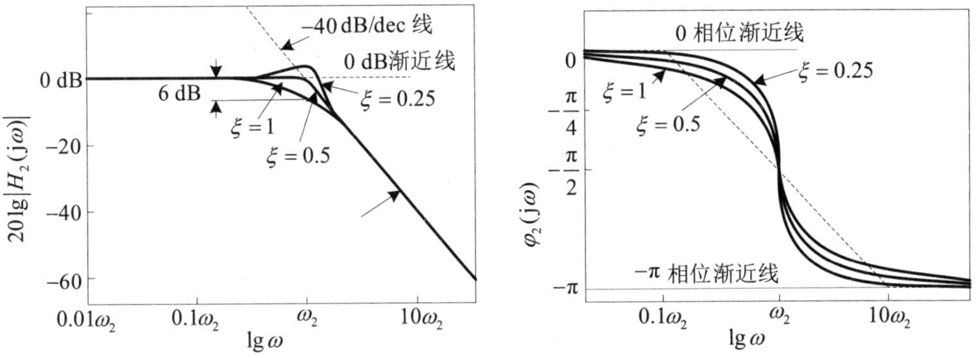


(a) 幅度波特图　　(b) 相位波特图

图 10.38　(10.5.7)式表示的二阶系统波特图

上述讨论表明，勾画出一般的有理函数型频率响应的波特图是相当简便的，只要分别在幅度波特图和相位波特图坐标上，把上述实常数 $G_0$ 及所有分子和分母一阶、二阶的幅度波特图和相位波特图分别相加，就可以得到整个有理函数型频率响应的波特图。

有些实的有理系统函数是分子和(或)分母中包含 $s$ 的因子，它们分别代表系统的级联结构中包含微分器和积分器。微分器和积分器是两个特殊的连续时间一阶系统，也可以画出它们的波特图，请见习题 5.23。

离散时间有理函数型频率响应的波特图也可用类似的方法画出。请读者自己分析。

顺便指出，在当今的工程应用中，已可以用计算机作图方法获得精确的波特图，但在系统分析中，上述有关波特图的作图法仍十分有用，用波特图确定增益和相位裕度就是一例。

**3．用波特图确定增益和相位裕度**

借助波特图，用作图的方法分别求解(10.5.3)式和(10.5.4)式的方程，可以直观地确定线性反馈系统的增益裕度和相位裕度。

假设(10.5.1)式的开环频率响应 $L(j\omega)=|L(j\omega)|e^{j\varphi(j\omega)}$ 的幅度和相位波特图分别表示为

$$20\lg|L(j\omega)| \quad 和 \quad \varphi(j\omega) \tag{10.5.13}$$

则(10.5.2)式方程的幅度和相位波特图可以分别表示为

$$20\lg K+20\lg|L(j\omega)|=0\ \ (\text{dB}) \quad 和 \quad \varphi(j\omega)-\phi=-\pi \tag{10.5.14}$$

因此，增益裕度 $K_0$ 及其相应频率 $\omega_K$ 就是如下两个方程联合的解

$$\varphi(j\omega)=-\pi \quad 和 \quad 20\lg K_0+20\lg|L(j\omega)|=0\ \ (\text{dB}) \tag{10.5.15}$$

具体图解方法是：先由 $-\pi$ 的水平直线与相位波特图曲线的交点确定频率 $\omega_K$，然后在幅度波特图上，由通过 $\omega_K$ 的垂直线所截取之 0 dB 的水平直线与波特图曲线间的距离，就是增益裕度 $K_0$ 的分贝值。而相位裕度 $\phi_0$ 及其相应频率 $\omega_\phi$ 就是如下两个方程联合的解

$$20\lg|L(j\omega)|=0\ \ (\text{dB}) \quad 和 \quad \phi=\pi+\varphi(j\omega) \tag{10.5.16}$$

具体图解方法是：先由 0 dB 的水平直线与幅度波特图曲线的交点确定频率 $\omega_\phi$，然后在相位波特图上，由通过 $\omega_\phi$ 的垂直线所截取之相位波特图曲线与 $-\pi$ 的水平直线间的距离，就是相位裕度 $\phi_0$ 的弧度值。由此求得的增益裕度 $K_0$ 和相位裕度 $\phi_0$ 分别为

$$K_0(\text{dB})=-20\lg|L(j\omega_K)|\ \ (\text{dB}) \quad 和 \quad \phi_0=\pi+\varphi(j\omega_\phi) \tag{10.5.17}$$

下面通过例子来说明增益裕度 $K_0$ 和相位裕度 $\phi_0$ 的具体作图求解方法。

**【例 10.12】** 已知某个连续时间线性反馈系统的开环系统函数 $L(s)=G(s)F(s)$

$$L(s)=G(s)F(s)=\frac{4(1+0.5s)}{s(1+2s)[1+0.05s+(0.125s)^2]}$$

试分析该线性反馈系统的稳定性，并确定它的增益裕度 $K_0$ 和相位裕度 $\phi_0$ 。

**解**：可以用根轨迹和奈奎斯特判据来分析该线性反馈系统的稳定性，这里留给读者练习。尽管开环系统函数在 $s=0$ 有一个一阶极点，即开环系统临界稳定，但闭环系统是稳定的。

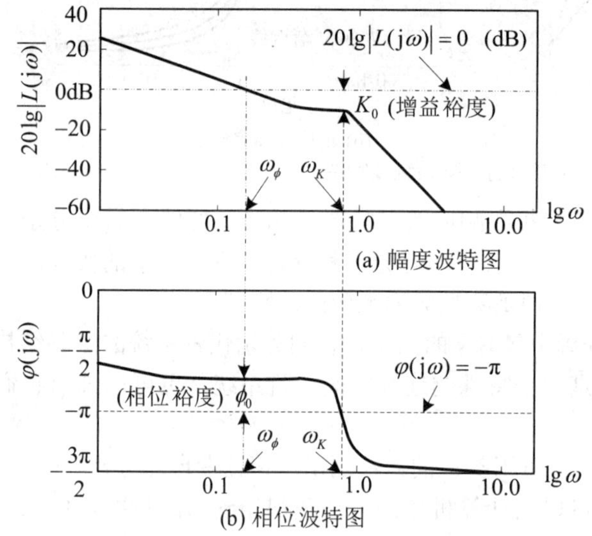


图 10.39 利用波特图确定例 10.12 系统的增益和相位裕度

按照有理函数形式频率响应的波特图作图法，可以画出图 10.39 所示的开环频率响应 $L(\mathrm{j}\omega)=G(\mathrm{j}\omega)F(\mathrm{j}\omega)$ 的波特图。

首先，由求解增益裕度及其对应频率 $\omega_K$ 的作图方法(见(10.5.7)式)，在图 10.37(b)中，相位波特图和水平直线 $\varphi(\mathrm{j}\omega)=-\pi$ 的交点就是 $\omega_K$ 的解；在图 10.39(a)中，通过 0 dB 的水平直线代表方程 $20\lg|L(\mathrm{j}\omega)|=0\ (\mathrm{dB})$ ，因此，通过这个 $\omega_K$ 的垂直线所截取的 0 dB 水平直线与幅度波特图之间的距离，就是增益裕度 $K_0$ 的分贝值，它如图 10.39(a)中所示。

然后，再由求解相位裕度及其对应频率 $\omega_\phi$ 的作图方法(见(10.5.8)式)，在图 10.39(a)中， $20\lg|L(\mathrm{j}\omega)|=0\ (\mathrm{dB})$ 的水平直线与幅度波特图的交点频率即为 $\omega_\phi$ 的解，通过这个 $\omega_\phi$ 的垂直线在图 10.39(b) 中所截取的相位波特图与 $\varphi(\mathrm{j}\omega)=-\pi$ 的水平直线之间的距离，就是相位裕度 $\phi_0$ 的弧度值，它如图 10.39(b)中所示。

### 4. 由开环频率响应的对数幅-相图确定增益和相位裕度

在确定线性反馈系统的增益和相位裕度时，实际上并不关心它们相对应的频率值 $\omega_K$ 和 $\omega_\phi$ 。因此，可以由开环频率响应 $L(\mathrm{j}\omega)$ 的“**对数幅-相图**”上直接确定增益裕度 $K_0$ 和相位裕度 $\phi_0$ 。 $L(\mathrm{j}\omega)$ 的对数幅-相图是当 $\omega$ 从 0 变到 $+\infty$ 时， $20\lg|L(\mathrm{j}\omega)|$ 对 $\varphi(\mathrm{j}\omega)$ 的图，例如，例 10.12 的系统之开环频率响应 $L(\mathrm{j}\omega)$ 的对数幅-相图如图 10.40 所示，它可以由图 10.39 描绘出来，图中粗黑线上的箭头表示 $\omega$ 增加的方向。在 $L(\mathrm{j}\omega)$ 的对数幅-相图上，增益裕度 $K_0$ 可以由 $-\pi$ 线上对数幅-相曲线与 0 dB 线之间距离读出，相位裕度 $\phi_0$ 则等于在 0 dB 线上对数幅-相曲线与 $-\pi$ 线之间距离，它们分别如图 10.40 所示。

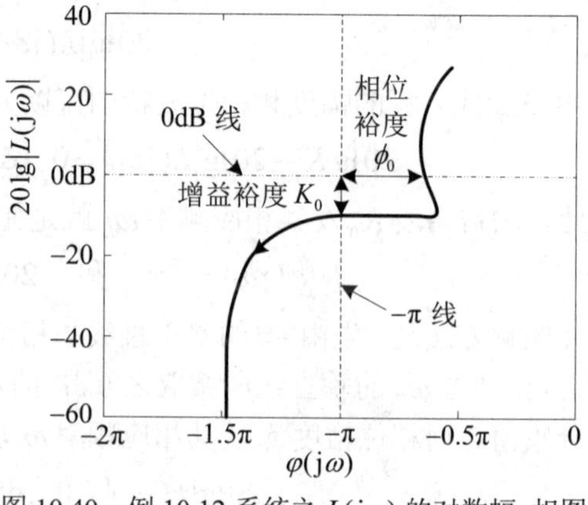


图 10.40 例 10.12 系统之 $L(\mathrm{j}\omega)$ 的对数幅-相图

离散时间线性反馈系统的增益裕度与相位裕度的概念和方法，同连续时间线性反馈系统相同，不必重复。这里通过下面的例子来说明离散时间线性反馈系统增益裕度和相位裕度的图解方法，可以看到其步骤与连续时间中基本上一致。

【例 10.13】　已知某个离散时间线性反馈系统的开环系统函数为

$$L(z)=G(z)F(z)=\frac{(7\sqrt{2}/4)z^{-1}}{1-(7\sqrt{2}/8)z^{-1}+(49/64)z^{-2}}$$

试分析该线性反馈系统的稳定性，并确定它的增益裕度 $K_0$ 和相位裕度 $\phi_0$ 。

**解**：读者可以通过直接计算或用根轨迹和奈奎斯特判据方法证明该离散时间线性反馈系统是稳定系统。借助开环频率响应 $L(e^{j\Omega})$ 的波特图或计算 $20\lg|L(e^{j\Omega})|$ 和 $\varphi(e^{j\Omega})=\angle\{L(e^{j\Omega})\}$ ，可以画出 $\Omega$ 从 0 到 $2\pi$ 变化时的 $L(e^{j\Omega})$ 之对数幅-相图，如图 10.41 所示。并用图 10.40 中相同的方法，读出该离散时间线性反馈系统的增益裕度 $K_0=1.68\text{ dB}$，相位裕度 $\phi_0=0.0685$ 弧度。

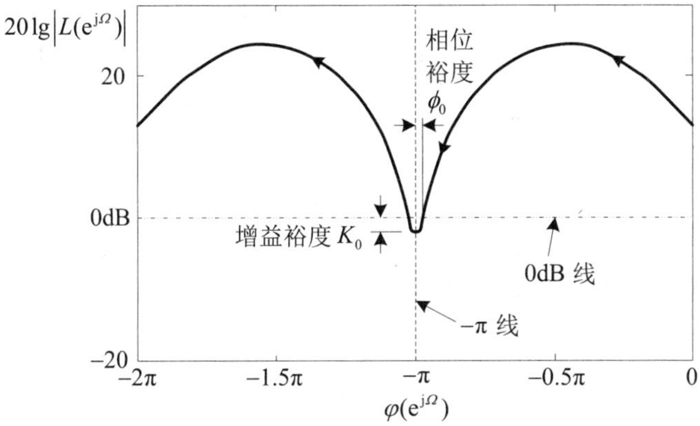


图 10.41　例 10.13 系统之 $L(e^{j\Omega})$ 的对数幅-相图

最后必须指出，增益裕度是连续时间和离散时间线性反馈系统的一个或几个闭环极点分别移到 S 平面虚轴和 Z 平面单位圆上，使得闭环系统不稳定的**最小**增益改变量；但这并不意味着闭环系统对所有超过此增益裕度的增益变化都是不稳定的。这是因为，有些线性反馈系统随着 $K$ 的增加，根轨迹先从左半 S 平面越过虚轴进入右半 S 平面，然后又绕回左半 S 平面，或者先从 Z 平面单位圆内部移到单位圆外部，然后又返回单位圆内部。对此情况，增益裕度只给出首次移到 S 平面虚轴或 Z 平面单位圆上的增益改变量，并没有提供在比此更大的增益变化时，闭环系统仍可能稳定时的信息。为了获得这些信息，就必须借助根轨迹或奈奎斯特判据来分析。这一点可以认为是增益裕度和相位裕度方法的一个局限。

## 习　　题

**10.1**　对于图 P10.1(a)和(b)所示的连续时间和离散时间因果 LTI 系统，试分别写出它们的总系统函数。

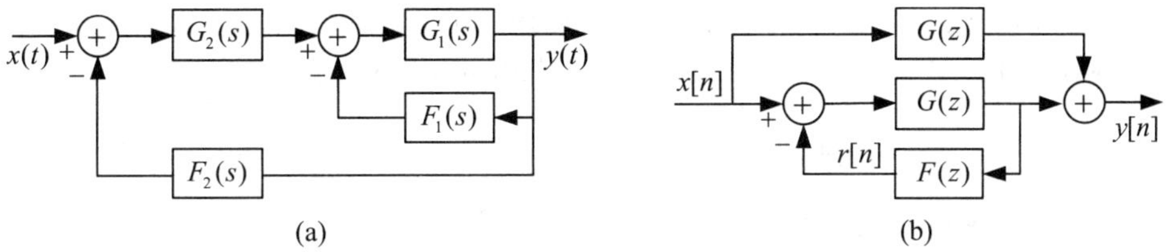


图 P10.1

**10.2**　已知系统函数分别为 $G(s)=\dfrac{1}{s-2}$ 和 $G(z)=\dfrac{1}{1-2z^{-1}}$ 的连续时间和离散时间因果 LTI 系统。

1) 分别概略画出则两个系统的零、极点图和收敛域，它们稳定吗？

2) 利用反馈可使它们变成稳定系统，若对 $G(s)$ 采用比例反馈，即反馈通路系统函数 $F(s)=K$，对 $G(z)$ 采用比例延时反馈，即反馈通路系统函数 $F(z)=Kz^{-1}$，试分别写出这两个因果的比例反馈系统的系统函数 $H(s)$ 和 $H(z)$，并分别确定可使它们变成稳定系统的 $K$ 值范围。

3) 如果要使 2)小题这样的**因果**比例反馈系统，分别与系统函数仍为 $G(s)$ 和 $G(z)$ 的**非因果** LTI 系统具有相同的幅频响应，试分别确定满足此要求的 $K$。

**10.3** 用运算放大器组成的反馈系统有两种基本接法：分别如图 P10.3(a)和(b)所示的反相接法和同相接法，图中运算放大器可以看成输入阻抗为无穷大、输出阻抗为零、增益(开环增益) $K \gg 1$ 的器件，故流入其输入端的电流和它的输入端电压均可近似为零；$Z_1(s)$ 和 $Z_2(s)$ 为复阻抗函数。

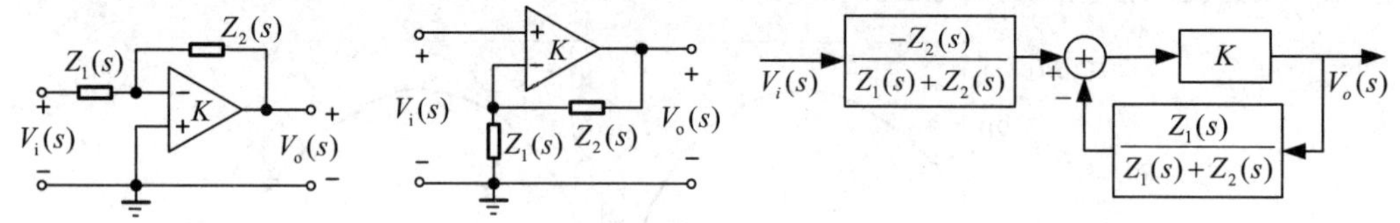

(a) 反相接法　(b) 同相接法　(c)

图 P10.3

1) 分别画出像图 10.2(a)这样的反馈系统框图，确定框图中正向通路和反馈通路系统函数 $G(s)$ 和 $F(s)$。

2) 对于反相接法，试证明：它还可以等效成图 P10.3(c)这样的反馈系统框图，且若 $K \gg 1$，则反相放大器的系统函数为

$$H(s)=\frac{V_o(s)}{V_i(s)} \approx -\frac{Z_2(s)}{Z_1(s)}。$$

3) 负反馈放大器的主要特性之一是降低系统对其内部参数变化的灵敏度，这对于涉及运算放大器的电路显得特别重要，因为其增益 $K$ 是近似知道的，且外部环境变化对它影响较大。对于图 P10.3(a)的反相接法，若 $Z_1(s)=R_1$ 和 $Z_2(s)=R_2$，即所谓"**反相放大器**"，且已知 $R_2/R_1=100$。试求：

(a) 如果 $K$ 从 $10^6$ 变到 $5\times10^5$，反相放大器的闭环增益变化了多少？

(b) 为了使 $K$ 值减小 50%时，只导致反相放大器的闭环增益减小 1%，因选择多大 $K$ 值的运放？

4) 对于图 P10.3(a)的反相接法的反馈系统，若 $Z_1(s)$ 和 $Z_2(s)$ 分别是电阻 $R$ 和电容 $C$，即

$$Z_1(s)=R \quad 和 \quad Z_2(s)=1/sC$$

试证明：当 $K \gg 1$ 时，这个系统可近似为一个连续时间积分器，并求其系统函数 $H(s)$。

**10.4** 对于图 10.2(b)的离散时间线性反馈系统，若已知：$G(z)=1-z^{-N}$ 和 $F(z)=\dfrac{-z^{-1}}{1-z^{-N}}$。这个线性反馈系统是 IIR 系统，还是 FIR 系统？

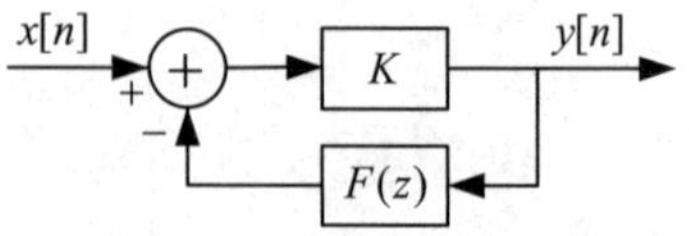

图 P10.4

**10.5** 本题给出了由 FIR 滤波器获得 IIR 滤波器的一个可行方法。在图 P10.4 的离散时间线性反馈系统中，$K$ 为实常数，反馈通路是一个 $N$ 阶 FIR 滤波器，即 $F(z)=\sum_{k=1}^{N}\alpha_k z^{-k}$，试求该反馈系统的闭环系统函数 $H(z)$，并写出其差分方程表示。

**10.6** 本题给出利用反馈设计逆系统的一个例子，即用开环增益为 $K$ 的运算放大器作为正向通路系统，并用图 P10.6(a)所示的桥 T 型网络作为反馈通路，构成图 P10.6 (b)所示线性反馈系统。

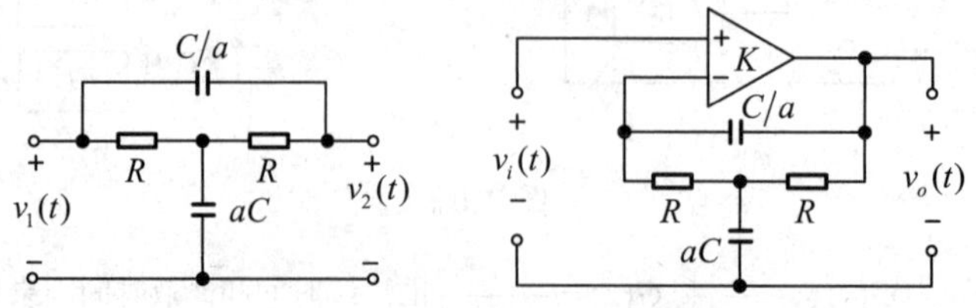

(a) 桥 T 型网络　(b) 带通滤波器

图 P10.6

1) 试证明图 P10.6(a)所示的桥 T 型网络的系统函数 $H(s)$ 为

$$H(s)=\frac{V_2(s)}{V_1(s)}=\frac{s^2+(2/a)\omega_0 s+\omega_0^2}{s^2+[(2/a)+a]\omega_0 s+\omega_0^2}，\ 其中\ \omega_0=\frac{1}{RC}$$

并概略画出当 $a=10$ 时，$H(s)$ 的零、极点图和它的幅频响应 $|H(\mathrm{j}\omega)|$ 的图形。

2) 试求图 P10.6(b)所示线性反馈系统在 $K\gg1$ 时的系统函数 $\hat{H}(s)$，并概略画出当 $a=10$ 时，$\hat{H}(s)$ 的零、极点图和它的幅频响应 $|\hat{H}(\mathrm{j}\omega)|$ 的图形。

**10. 7** 在图 P10.7(a)所示的运算放大器反相接法的电路中，跨接的半导体二极管认为具有如下的伏安特性：

$$i_\mathrm{d}(t)=\begin{cases}A\mathrm{e}^{v_\mathrm{d}(t)q/kT}, & v_\mathrm{d}(t)\geqslant0\\ 0, & v_\mathrm{d}(t)<0\end{cases}$$

其中，$A$ 是一个与二极管结构有关的常数，$q$ 是电子的电荷量，$k$ 是玻尔兹曼常数，$T$ 为绝对温度。

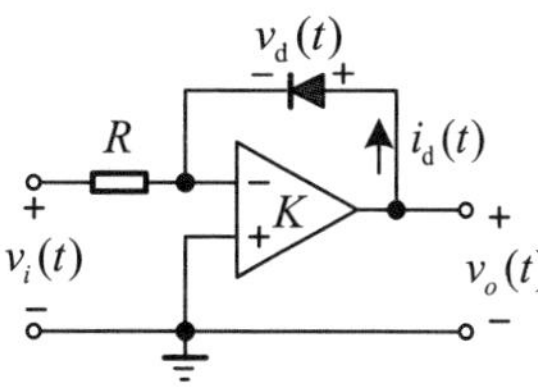

图 P10.7(a)　对数放大器

1) 假设运算放大器的输入阻抗为无穷大，而输出阻抗为零，试证明如下关系成立：

$$v_\mathrm{o}(t)=v_\mathrm{d}(t)+Ri_\mathrm{d}(t)+v_\mathrm{i}(t)\quad 和\quad v_\mathrm{o}(t)=-K[v_\mathrm{o}(t)-v_\mathrm{d}(t)]$$

2) 试证明：当 $K\gg1$ 时，图 P10.7(a)中的电路可等效成图 P10.7(b)的反馈系统，它的反馈通路是一个非线性系统，其输入输出关系为

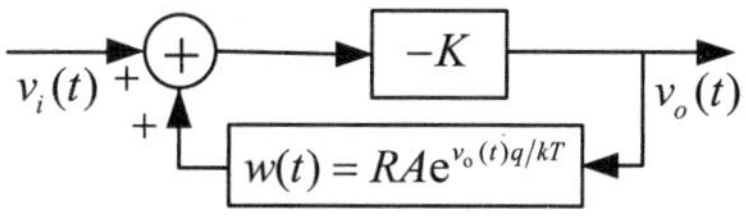

图 P10.7(b)

$$w(t)=RA\mathrm{e}^{v_\mathrm{o}(t)q/kT}$$

3) 进一步证明：当 $K\gg1$ 时，图 P10.6(b)的反馈系统的输入输出关系为

$$v_\mathrm{o}(t)\approx\frac{kT}{q}\ln\left[-\frac{v_\mathrm{i}(t)}{RA}\right],\quad v_i(t)\leqslant0$$

因此，通常把图 P10.7(a)所示的运算放大器电路叫做“**对数放大器**”。

**10. 8** 由图 P10.8 所示的连续时间线性反馈系统，图中 $K$ 为实常数，试写出它的闭环系统函数，并确定使闭环系统稳定的 $K$ 值范围。

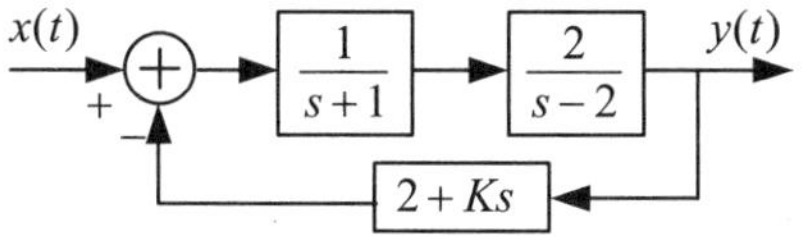

图 P10.8

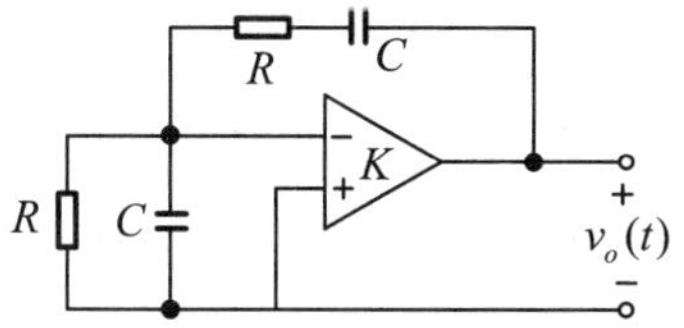

图 P10.9　RC振荡器

**10. 9** 图 P10.9 是常用的 RC 振荡器的电路图，图中 $K$ 为放大器的电压增益，$R$ 和 $C$ 分别为电阻值和电容量。试求为满足自激振荡条件的 $K$ 值，以及产生自激振荡的振荡频率 $\omega_0$。

**10. 10** 图 P10.10 是一个跟踪系统的方框图，图中，$G(s)$ 是其输出要被控制的系统，$F(s)$ 是要设计的控制器。选择和设计 $F(s)$ 的目的，除了使反馈系统稳定外，特别要想使输出 $y(t)$ 跟踪输入 $x(t)$，即想使该跟踪系统设计成对某些给定的输入 $x(t)$，稳态误差信号为零，即 $e(t)\to0$ 或 $\lim\limits_{t\to\infty}e(t)=0$。

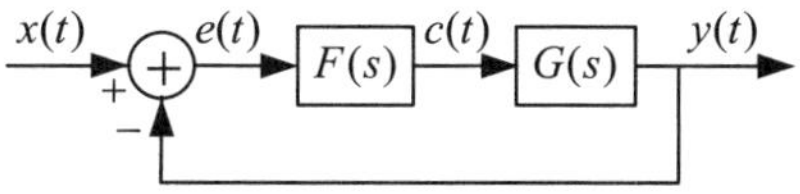

图 P10.10　连续时间跟踪系统

1) 假设 $G(s)$ 是一阶系统，例如

$$G(s)=\frac{a}{s+a},\quad a\neq0 \tag{P10.10.1}$$

试证明：若采用所谓“**比例控制**(P 控制)”，即 $F(s)=K$，就能够选择一个 $K$ 值，不仅能使系统稳定，且能跟踪冲激型的输入，即可使得在 $x(t)=\delta(t)$ 时，有 $e(t)\to0$；但不能跟踪阶跃型输入，即如果 $x(t)=u(t)$，就不能得到 $e(t)\to0$。

2) 对于(P10.10.1)式的 $G(s)$，如果采用所谓“**比例-积分控制**(PI 控制)”，即

$$F(s)=K_1+K_2/s \text{，} K_1 \text{和} K_2 \text{是实常数} \qquad \text{(P10.10.2)}$$

试证明：能选择 $K_1$ 和 $K_2$ 的值使系统稳定，且能跟踪阶跃型输入，即如果 $x(t)=u(t)$，还能得到 $e(t)\to 0$。实际上，这说明在线性反馈控制或跟踪系统设计中，有这样一个基本而重要的原理：为了跟踪阶跃变化(即 $X(s)=1/s$)，反馈环路中必须有一个积分器($1/s$)。

3) 进一步，如果 $G(s)$ 是二阶系统，例如 $G(s)=\dfrac{1}{(s-1)^2}$，试证明：若仍采用(P10.10.2)式这样的 PI 控制器，将不能稳定这个反馈系统。但是，如果采用所谓"**比例-积分-微分控制**(PID 控制)"，即

$$F(s)=K_1+K_2/s+K_3 s \text{，} K_1\text{、} K_2 \text{和} K_3 \text{是实常数} \qquad \text{(P10.10.3)}$$

就能使反馈系统稳定，且能跟踪一个阶跃的变化。

4) 更一般地，假设图 P10.10 的线性反馈系统中，闭环系统函数 $L(s)$ 为

$$L(s)=G(s)F(s)=\frac{K\prod_{i=1}^{M}(s-\beta_k)}{s^l\prod_{i=1}^{N}(s-\alpha_k)} \text{，其中，} \mathrm{Re}\{\alpha_i\}<0 \text{，} 1\leqslant i\leqslant N \qquad \text{(P10.10.4)}$$

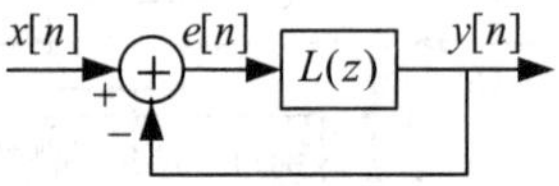


图 P 10.11 离散时间跟踪系统

试证明：(a) 若 $x(t)=u_{-k}(t)$，$k\leqslant l$，则 $e(t)\to 0$；

(b) 若 $x(t)=u_{-l+1}(t)$，则 $e(t)\to$ 有限常数；

(c) 若 $x(t)=u_{-k}(t)$，$k>l+1$，则 $e(t)\to\infty$

**提示**：利用拉普拉斯变换的终值定理。

**10.11** 题 10.10 中讨论的连续时间情况相对应，考虑图 P10.11 的离散时间反馈控制或跟踪系统，试证明：

1) 假设：$L(z)=\dfrac{1}{(z-1)(z+0.5)}$，则该系统能跟踪阶跃变化，即若 $x[n]=u[n]$，则有 $\lim\limits_{n\to\infty}e[n]=0$。

2) 一般地，假设图闭环系统函数 $L(z)$ 除了在 $z=1$ 的极点外，其余极点都在单位圆内部，则图 P10.11 的反馈系统能跟踪阶跃变化，并解释为什么 $e[n]$ 的 Z 变换之极点全部在单位圆内部。

**提示**：用 $L(z)$ 和 $u[n]$ 的 Z 变换表示 $e[n]$ 的 Z 变换 $E(z)$，并根据 Z 变换的终值定理。

3) 在离散时间中，可以考虑经过若干步以后系统能完全跟踪给定输入变化的。所谓"**临界阻尼反馈系统**"的设计问题。试证明：

(a) 在图 P10.11 的系统中，若 $L(z)=\dfrac{z^{-1}}{1-z^{-1}}$，整个闭环系统在经过一步以后，就能完全跟踪阶跃变化，即若 $x[n]=u[n]$，则有 $e[n]=0$，$n\geqslant 1$。

(b) 在图 P10.11 的系统中，若 $L(z)=\dfrac{0.75z^{-1}+0.25z^{-2}}{(1-z^{-1})(1+0.25z^{-1})}$，该系统在经过若干步以后，就能完全跟踪阶跃变化，并确定在哪一步误差信号 $e[n]$ 首先到达零。

4) 更一般地，对于图 P10.11 的系统，试求出使 $y[n]$ 在 $n\geqslant N$ 后完全跟踪阶跃变化的 $L(z)$，即当 $x[n]=u[n]$ 时，能得到如下误差信号 $e[n]$。

$$e[n]=\sum_{k=0}^{N-1}a_k\delta[n-k] \text{，其中，} a_k \text{是实常数，} 0\leqslant k\leqslant N-1 \qquad \text{(P10.10.1)}$$

5) 在图 P10.11 的系统中，若 $L(z)=\dfrac{z^{-1}+z^{-2}-z^{-3}}{(1-z^{-1})^2(1+z^{-1})}$，该系统在经过两步以后，就能完全跟踪一个斜坡输入 $x[n]=(n+1)u[n]$。

**10.12** 在图 10.16 的抽样数据反馈系统中，外部输入 $x(t)$ 通常是通过零阶保持抽样后，或者本身就是离散时间序列 $r[n]$ 通过"序列/冲激串转换"和零阶保持系统得到的阶梯状连续时

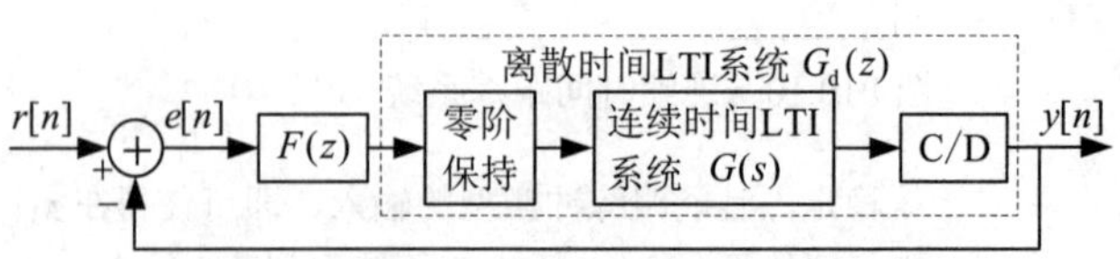


图 P10.12 图 10.16 的等效离散时间反馈系统

间信号，即

$$x(t)=r[n],\quad nT\leqslant t\leqslant (n+1)T \tag{P10.12.1}$$

对于这种情况，图 10.16 的系统就可以等效为图 P10.12 的系统，图中的 C/D 是连续时间到离散时间信号转换器，它由冲激串抽样和“冲激串/序列转换”级联组成(见图 9.1)。

1) 试证明：图 P10.12 中虚线框表示的离散时间系统函数为 $G_d(z)$，是系统函数为 $G(s)$ 的连续时间 LTI 系统通过**阶跃响应不变法**变换而来。换言之，若 $s(t)$ 是系统 $G(s)$ 的单位阶跃响应，$s_d[n]$ 是系统 $G_d(z)$ 的单位阶跃响应，则有 $s_d[n]=s(nT)$，$n=0$，$\pm1$，$\pm2$，…，其中 $T$ 为抽样间隔。

2) 假设：$G(s)=1/(s-1)$，$\mathrm{Re}\{s\}>1$，试证明：按阶跃响应不变法变换成的离散时间 LTI 系统的系统函数 $G_d(z)$ 为

$$G_d(z)=\frac{(e^T-1)z^{-1}}{1-e^Tz^{-1}},\quad |z|>e^T$$

又若 $F(z)=K$，试求使图 P10.12 的离散时间反馈控制系统稳定的 $K$ 值范围。

3) 假设：$G(s)$ 与 2)小题相同，而 $F(z)=\dfrac{K}{1+0.5z^{-1}}$，试问抽样间隔 $T$ 在什么条件下能找到一个 $K$ 值使整个闭环系统稳定？并求出一对 $T$ 和 $K$ 值可导致一个稳定的闭环系统。

**提示：**考查闭环系统的根轨迹，找出使极点进入或离开单位圆的 $K$ 值。

**10.13** 对于图 10.17 所示的连续时间线性反馈系统，针对下列的开环系统函数 $L(s)=G(s)F(s)$，试分别画出 $K>0$ 和 $K<0$ 的根轨迹，并确定为保证该反馈系统稳定的 $K$ 值范围。

1) $L(s)=\dfrac{1}{(s+1)(s+3)}$　2) $L(s)=\dfrac{1-s}{(s+2)(s+3)}$　3) $L(s)=\dfrac{1}{s^2+s+1}$

4) $L(s)=\dfrac{s+1}{s^2}$　5) $L(s)=\dfrac{1}{(s+1)(s+2)(s+3)}$　6) $L(s)=\dfrac{(s-1)(s-2)}{s(s+3)(s+6)}$

**10.14** 对于与图 10.17 具有相同结构的离散时间线性反馈系统，针对下列的开环系统函数 $L(z)=G(z)F(z)$，试分别画出 $K>0$ 和 $K<0$ 的根轨迹，并确定保证该反馈系统稳定的 $K$ 值范围。

1) $L(z)=\dfrac{2}{z^2-0.25}$　2) $L(z)=\dfrac{z-1}{z^2-0.25}$　3) $L(z)=\dfrac{z^{-1}(1+z^{-1})}{1-0.25z^{-2}}$　4) $L(z)=z^{-1}-z^{-2}$

5) $L(z)$ 是由差分方程 $y[n]-2y[n-1]=x[n-1]-x[n-2]$ 表示的因果 LTI 系统的系统函数。

**10.15** 对于图 10.2(a)所示的连续时间线性反馈系统，已知 $G(s)=(s+2)/(s^2+2s+4)$ 和 $F(s)=K$。试求：

1) 试分别画出 $K>0$ 和 $K<0$ 的根轨迹。

2) 闭环系统单位冲激响应不呈现任何振荡的最小正 $K$ 值。

**10.16** 对于图 P10.16 所示的离散时间线性反馈系统，图中的 D 表示单位延时。试求：

1) 当比例反馈 $K$ 从图中 $A$ 点接入时，试画出 $K>0$ 和 $K<0$ 的根轨迹，并判断改变 $K$ 值能否使闭环系统稳定，若能则确定保证闭环系统稳定的 $K$ 值范围。

2) 当比例反馈 $K$ 从图中 $B$ 点接入时，试画出 $K>0$ 和 $K<0$ 的根轨迹，并判断改变 $K$ 值能否使闭环系统稳定，若能则确定保证闭环系统稳定的 $K$ 值范围。

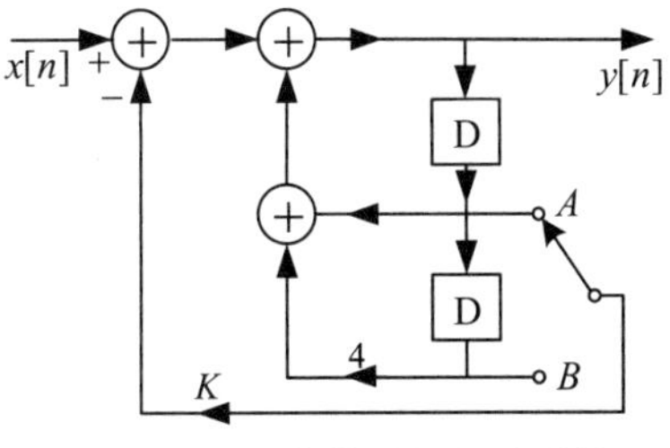


图 P10.16　离散时间跟踪系统

**10.17** 对于与图 10.17(b)具有相同结构的离散时间线性反馈系统，已知 $G(z)=z^{-1}/(1-z^{-1})$ 和 $F(z)=1-az^{-1}$。试求：

1) 当 $a=0.5$ 时，分别画出 $K>0$ 和 $K<0$ 的根轨迹。

2) 当 $a=-0.5$ 时，重做 1)小题。

3) 当 $a=-0.5$ 时，求出 $K$ 的一个值，使闭环系统单位冲激响应 $h[n]$ 对于实常数 $A$、$B$ 和 $\alpha$，$|\alpha|<1$，具有 $(A+Bn)\alpha^n$ 的形式。

**10.18** 对于图 10.17 所示的连续时间线性反馈系统，已知 $K>0$，针对下列的开环系统函数 $L(s)=G(s)F(s)$。试分别画出它们各自 $L(s)$ 的奈奎斯特图，并确定为保证系统稳定的 $K$ 值范围。

1) $L(s)=\dfrac{1}{s+1}$　2) $L(s)=\dfrac{1}{s-1}$　3) $L(s)=\dfrac{1}{s^2-1}$　4) $L(s)=\dfrac{1}{s^2+2s+2}$

5) $L(s)=\dfrac{1}{(s+1)^2}$　6) $L(s)=\dfrac{1}{(s+1)^4}$　7) $L(s)=\dfrac{1}{(s+1)(0.1s+1)}$　8) $L(s)=\dfrac{1}{s(s+1)(s+4)}$

**10.19** 对于与图 10.17 具有相同结构的离散时间线性反馈系统，已知 $K>0$，针对下列的开环系统函数 $L(z)=G(z)F(z)$。试分别画出它们各自 $L(z)$ 的奈奎斯特图，并确定为保证系统稳定的 $K$ 值范围。

1) $L(z)=z^{-3}$　2) $L(z)=\dfrac{1}{z-0.5}$　3) $L(z)=\dfrac{1}{z-2}$　4) $L(z)=\dfrac{1}{(z+0.5)(z-1.5)}$

**10.20** 对于如下两个像图 11.2(a)那样的连续时间线性反馈系统：

a) $G(s)=\dfrac{1-s/100}{(s+1)^2}$ 和 $F(s)=\dfrac{10s+1}{s/10+1}$　b) $G(s)=\dfrac{s+1}{s^2+s+1}$ 和 $F(s)=1$

1) 分别画出它们开环频率响应 $L(\mathrm{j}\omega)$ 的波特图；

2) 分别画出它们开环频率响应 $L(\mathrm{j}\omega)$ 的幅-相图；

3) 分别确定它们的系统增益裕度 $K_0$ 和相位裕度 $\phi_0$。

**10.21** 对于如下两个像图 11.2(b)那样的离散时间线性反馈系统：

a) $G(z)=\dfrac{1}{(1-0.5z^{-1})(1+0.5z^{-1})}$ 和 $F(z)=z^{-2}$　b) $G(z)=\dfrac{z^{-2}}{(1-z^{-1}+(1/3)z^{-2})}$ 和 $F(z)=0.5$

1) 分别画出它们开环频率响应 $L(\mathrm{e}^{\mathrm{j}\Omega})$ 的幅-相图；

2) 分别确定它们的增益裕度 $K_0$ 和相位裕度 $\phi_0$。

# 第 11 章　系统的状态变量分析

## 11.1 引　言

本书前面各章是在系统的端口模型及其输入输出描述方式下，且基本上针对单输入单输出(SISO)系统讲述和讨论信号与系统问题，获得在“系统分析与综合”和“信号分析与处理”两个方面、有关时域和变换域的一整套概念、理论、方法及其应用。在此基础上，本章将针对更一般的多输入多输出(MIMO)系统，简要介绍系统的状态空间模型及其状态变量描述方法，并讲述和讨论基于状态变量描述的系统的分析与综合及其有关概念和方法。

在介绍和讨论之前，首先对本章讲述方式、本章内容与本书前面内容之间的关系等作几点交代。

(1) 在系统的状态变量描述下，连续时间和离散时间之间的对偶与类比关系仍然存在，同本书前面一样，本章也沿用完全并行的方式展开连续时间和离散时间的有关内容。

(2) 有关系统的状态变量描述和状态变量分析方法，将针对一般的连续时间和离散时间多输入多输出系统进行介绍和讨论，也主要涉及两大类实际系统，即因果 LTI 系统以及用微分方程和差分方程描述的一类因果的增量线性系统，后者通常又称为**“因果动态系统”，简称动态系统**。

(3) 有关系统的一整套概念、理论和方法，既可以在输入输出描述方式下，也可以在状态变量描述方式下展开。由于前面已对输入输出描述及其解析体系下的概念、理论和方法作了详细深入的介绍和讨论，因此，在本章内容的讲述中，将在充分继承和利用前面从系统的输入输出描述方式下获得的有关概念、理论和方法的同时，把侧重点放在两个方面：一方面是它与输入输出描述之间的关系，以及系统的两种描述方式之间的相互转换；另一方面是状态变量描述方式和系统分析与综合方法的不同特点。

本章首先利用矩阵代数的数学工具，将本书前面有关单输入单输出系统的概念、理论和方法推广到多输入多输出系统，在此基础上，简要介绍和讨论因果动态系统状态变量描述的数学模型及其基本概念；然后，讲述和讨论系统的状态变量描述的各种编写方法，介绍系统的状态变量描述与输入输出描述之间的转换；进一步，简要介绍状态变量描述下，因果动态系统的时域和复频域分析方法，即矢量微分方程和矢量差分方程的时域解法和复频域(单边拉普拉斯变换与单边 Z 变换)解法；接下来，介绍和讨论在系统状态变量分析中有重要作用的系统状态矢量的线性变换方法及其有关概念；最后介绍和讨论在状态变量描述方式下系统的两个特有的性质，即系统的可控制性和可观测性，及其它们在系统分析和综合中的作用。

# 11.2 从系统的输入输出描述到状态变量描述

## 11.2.1 从单输入单输出系统到多输入多输出系统

本书前面各章所涉及的系统，除相加器、相乘器等几个极平凡的 MIMO 系统外，几乎都是 SISO 系统。对系统的研究和讨论，无论在时域还是变换域，也都在系统的输入输出描述方式下，把系统看成黑匣子，通过输入输出信号，$x(t)$、$y(t)$ 和 $x[n]$、$y[n]$，或者 $X(\omega)$、$Y(\omega)$ 和 $\tilde{X}(\Omega)$、$\tilde{Y}(\Omega)$ 等，来建立它与外部(或别的系统)之间的联系；系统特性是由其输入输出满足的某种数学关系来表征。例如，对于单输入单输出因果 LTI 统，可用单位冲激响应 $h(t)$ 和 $h[n]$，频率响应 $H(\omega)$ 和 $\tilde{H}(\Omega)$，系统函数 $\{H(s),\ R_H\}$ 和 $\{H(z),\ R_H\}$，以及三种基本系统单元组成的方框图或信号流图来表征；它们的时域、频域和复频域的输入输出关系分别为

$$y(t)=x(t)*h(t) \quad 和 \quad y[n]=x[n]*h[n] \tag{11.2.1}$$

$$Y(\omega)=X(\omega)H(\omega) \quad 和 \quad \tilde{Y}(\Omega)=\tilde{X}(\Omega)\tilde{H}(\Omega) \tag{11.2.2}$$

$$Y(s)=X(s)H(s)，\ R_Y\supset(R_X\cap R_H) \quad 和 \quad Y(z)=X(z)H(z)，\ R_Y\supset(R_X\cap R_H) \tag{11.2.3}$$

实际上，这一套输入输出描述下有关系统的概念、理论和方法，不仅适用于 SISO 系统，还可以推广到 MIMO 系统。例如，对于图 11.1 所示的连续时间 MIMO 因果 LTI 系统，它有 $L$ 个输入 $x_l(t)$，$l=1,\ 2,\ \cdots,\ L$，和 $K$ 个输出 $y_k(t)$，$k=1,\ 2,\ \cdots,\ K$，就可以借助于函数或序列矢量和矩阵这一数学工具，描述它的时域、频域和复频域输入输出关系。它的时域输入输出关系是如下定义的**矢量卷积运算**关系

图 11.1 MIMO系统

$$\begin{bmatrix} y_1(t) \\ y_2(t) \\ \vdots \\ y_K(t) \end{bmatrix} = \begin{bmatrix} h_{11}(t) & h_{12}(t) & \cdots & h_{1L}(t) \\ h_{21}(t) & h_{22}(t) & \cdots & h_{2L}(t) \\ \vdots & \vdots & \cdots & \vdots \\ h_{K1}(t) & h_{K2}(t) & \cdots & h_{KL}(t) \end{bmatrix} * \begin{bmatrix} x_1(t) \\ x_2(t) \\ \vdots \\ x_L(t) \end{bmatrix} \tag{11.2.4}$$

即

$$y_k(t)=\sum_{l=1}^{L}h_{kl}(t)*x_l(t)，k=1，2，\cdots，K \tag{11.2.5}$$

或者写成

$$\boldsymbol{y}(t)=\boldsymbol{h}(t)*\boldsymbol{x}(t) \tag{11.2.6}$$

其中，$\boldsymbol{y}(t)$ 和 $\boldsymbol{x}(t)$ 称为 MIMO 系统的输出信号矢量和输入信号矢量；$\boldsymbol{h}(t)$ 是一个 $K$ 行 $L$ 列矩阵，称为该系统的**单位冲激响应矩阵**，其第 $k$ 行 $l$ 列元素为 $h_{kl}(t)$，它是在系统的其他输入端为零输入时，从第 $l$ 个输入端到第 $k$ 个输出端的单位冲激响应，即

$$h_{kl}(t)=y_k(t)，当 x_l(t)=\delta(t) \ 和 \ x_i(t)=0，i=1,\ 2,\ \cdots,\ l-1,\ l+1,\ \cdots,\ L \tag{11.2.7}$$

图 11.1 所示的连续时间 MIMO 系统的频域和复频域输入输出关系分别如下

$$\begin{bmatrix} Y_1(\omega) \\ Y_2(\omega) \\ \vdots \\ Y_K(\omega) \end{bmatrix} = \begin{bmatrix} H_{11}(\omega) & H_{12}(\omega) & \cdots & H_{1L}(\omega) \\ H_{21}(\omega) & H_{22}(\omega) & \cdots & H_{2L}(\omega) \\ \vdots & \vdots & \cdots & \vdots \\ H_{K1}(\omega) & H_{K2}(\omega) & \cdots & H_{KL}(\omega) \end{bmatrix} \cdot \begin{bmatrix} X_1(\omega) \\ X_2(\omega) \\ \vdots \\ X_L(\omega) \end{bmatrix} \tag{11.2.8}$$

即
$$Y_k(\omega)=\sum_{l=1}^{L}H_{kl}(\omega)X_l(\omega)\,,\quad k=1,\ 2,\ \cdots,\ K \tag{11.2.9}$$
或者写成
$$\boldsymbol{Y}(\omega)=\boldsymbol{H}(\omega)\boldsymbol{X}(\omega) \tag{11.2.10}$$
和
$$\begin{bmatrix}Y_1(s)\\Y_2(s)\\\vdots\\Y_K(s)\end{bmatrix}=\begin{bmatrix}H_{11}(s)&H_{12}(s)&\cdots&H_{1L}(s)\\H_{21}(s)&H_{22}(s)&\cdots&H_{2L}(s)\\\vdots&\vdots&\cdots&\vdots\\H_{K1}(s)&H_{K2}(s)&\cdots&H_{KL}(s)\end{bmatrix}\cdot\begin{bmatrix}X_1(s)\\X_2(s)\\\vdots\\X_L(s)\end{bmatrix} \tag{11.2.11}$$
即
$$Y_k(s)=\sum_{l=1}^{L}H_{kl}(s)X_l(s)\,,\quad k=1,\ 2,\ \cdots,\ K \tag{11.2.12}$$
或者写成
$$\boldsymbol{Y}(s)=\boldsymbol{H}(s)\boldsymbol{X}(s) \tag{11.2.13}$$
其中，$\boldsymbol{Y}(\omega)$ 和 $\boldsymbol{Y}(s)$ 、$\boldsymbol{X}(\omega)$ 和 $\boldsymbol{X}(s)$ 分别是频域和复频域表示的输出、输入信号矢量；$\boldsymbol{H}(\omega)$ 和 $\boldsymbol{H}(s)$ 都是 $K$ 行 $L$ 列矩阵，称为系统的**频率响应矩阵**和**系统(传递)函数矩阵**，其中第 $k$ 行 $l$ 列元素为 $H_{kl}(\omega)$ 和 $H_{kl}(s)$，它们分别是在系统其他输入端为零输入时，从第 $l$ 个输入端到第 $k$ 个输出端的频率响应和系统函数，即(11.2.7)式的 $h_{kl}(t)$ 的傅里叶变换和拉普拉斯变换。

对于多输入多输出的一类因果增量线性系统，必须用微分方程组和所有输出信号的起始条件来描述。例如，图 11.1 这样的增量线性系统在因果输入下的数学描述为
$$\sum_{i=0}^{N_k}\alpha_{li}\frac{\mathrm{d}^i y_k(t)}{\mathrm{d}t^i}=\sum_{l=1}^{L}\sum_{i=0}^{M_l}\beta_{li}\frac{\mathrm{d}^i x_l(t)}{\mathrm{d}t^i}\,,\quad k=1,\ 2,\ \cdots,\ K \tag{11.2.14}$$
和非零起始条件
$$\frac{\mathrm{d}^i y_k(0_-)}{\mathrm{d}t^i}=\gamma_{ki}\,,\quad i=0,\ 1,\ \cdots,\ N_k-1\,,\ k=1,\ 2,\ \cdots,\ K \tag{11.2.15}$$
在时域和变换域(单边拉普拉斯变换)中，用零状态响应和零输入响应表示的输入输出关系为
$$\boldsymbol{y}(t)=\boldsymbol{h}(t)*\boldsymbol{x}(t)+\boldsymbol{y}_{\mathrm{zi}}(t) \tag{11.2.16}$$
和
$$\boldsymbol{Y}_{\mathrm{u}}(s)=\boldsymbol{H}(s)\boldsymbol{X}(s)+\boldsymbol{Y}_{\mathrm{uzi}}(s) \tag{11.2.17}$$
其中，$\boldsymbol{y}_{\mathrm{zi}}(t)$ 和 $\boldsymbol{Y}_{\mathrm{uzi}}(s)$ 分别是该系统的零输入响应列矢量和其单边拉普拉斯变换；$\boldsymbol{h}(t)*\boldsymbol{x}(t)$ 和 $\boldsymbol{H}(s)\boldsymbol{X}(s)$ 分别是(11.2.4)式和(11.2.11)式表示的零状态响应列矢量。

离散时间中也可用完全类似的方法，把单输入单输出 LTI 系统的单位冲激响应 $h[n]$，频率响应 $\tilde{H}(\Omega)$ 和系统函数 $\{H(z),\ R_H\}$，及其时域、频域和复频域的输入输出关系推广到离散时间多输入多输出 LTI 系统，得到离散时间 MIMO 系统的类似(11.2.4)式至(11.2.17)式的关系。

### 11.2.2 从系统的输入输出描述到状态变量描述

通过前一小节这样的推广，借助矢量和矩阵运算这一数学工具，就可以分析连续时间或离散时间 MIMO 系统，包括 LTI 系统和用微分方程组和差分方程组描述的一类增量线性系统，形成在输入输出描述及其解析体系上更为完整的信号与系统的概念、理论和方法。它们主要着眼于系统的外在特性和功能，即在研究系统问题时，主要关心系统在什么样的输入下有什么样的输出，至于某个输入是怎样一步一步地变成相应的输出，以及系统的内部组成及中间信号又是怎样影响输出等，则不太在意。在输入输出描述及其解析体下，尽管也开发出系统

的各种不同结构的模拟实现，例如，直接型实现结构、级联结构和并联结构等，以及一个复杂系统分解成一些简单系统的互联等。但在输入输出描述及其解析体系下，只要这些不同结构的系统有相同的输入输出信号关系，它们就是等价或等效的，并认为是同一个系统。这正是以输入输出描述为基础的系统理论和方法的主要特点或优点，同时，这也成为它的某种局限。正如 2.3 节中指出的，对于相当大量的信号与系统问题，特别在通信和信号处理等领域，输入输出描述下的一整套信号与系统的概念、理论和方法已基本够用了，且其特点或优点得到充分的发扬，而局限性却无多大妨碍。这正是本书用主要的篇幅详细介绍和讨论以输入输出描述为基础的一整套信号与系统概念、理论和方法的主要考虑。

随着系统工程问题和现代控制论研究的深入，对许多所谓“大系统”，诸如航空和航天、过程控制和计量经济学的研究，这些系统的外在特性已相当复杂，而且人们不仅对系统的输入输出关系感兴趣，特别需要研究系统内部的动态过程，以及系统内部参量对系统特性或功能的影响。此时，本书前面介绍的一整套信号与系统的理论和方法就显得不够了，需要本章介绍的以系统状态变量描述和状态空间模型为解析体系的理论和方法。即使是通信和信号处理领域，例如统计信号处理、系统辨识、通信网，以及许多信号处理的最优化问题等，状态变量描述及其分析方法也有其应用。

状态变量方法起源于工程学中所谓有限维线性系统的研究，进一步到多变量系统的研究，逐渐发展成为系统工程领域中的一个重要的理论和方法。

# 11.3 系统的状态变量描述

## 11.3.1 系统用状态变量描述的基本依据

长时期以来，对系统的观察和研究发现如下事实：任何实际的连续时间和离散时间因果动态系统，这里包括非线性和时变系统，都存在着一组最少数目的系统内部变量(中间信号)，这组内部变量在 $t_0$ 和 $n_0$ 时刻的值，充分概括了该系统过去时刻的行为对现在和将来全部行为有影响的那部分历史。换言之，这组内部变量在当前时刻 $t_0$ 和 $n_0$ 的值和系统的输入一起，完全决定了现在和将来($t \geqslant t_0$ 和 $n \geqslant n_0$)该系统的全部行为，所谓系统行为指系统的所有输出和内部响应。例如 4.4.1 小节中讨论的用 $N$ 阶微分方程和差分方程描述的连续时间和离散时间因果系统(见(4.4.2)式)，由 $t \geqslant 0$ 和 $n \geqslant 0$ 的输入 $x(t)$ 和 $x[n]$ 和系统在 $t=0_-$ 和 $n=0$ 时刻的 $N$ 个起始条件，就完全确定了 $t \geqslant 0$ 和 $n \geqslant 0$ 的系统输出 $y(t)$ 和 $y[n]$(系统的部分行为)。这 $N$ 个起始条件，即 $y^{(k)}(0_-)$，$k=0, 1, \cdots, N-1$ 和 $y[-k]$，$k=1, 2, \cdots, N$，就充分代表影响 $t \geqslant 0$ 和 $n \geqslant 0$ 系统全部行为的那部分历史。为了更充分说明这一事实，再看下面两个例子。

一个例子是图 11.2 所示的两个回路的电路，根据电路理论，这个电路的全部行为，包括回路电流、支路电流、节点电压、电路中流过任何元件的电流及其两端的电压，以及电路中每一个元件上的瞬时储能或功率等等，都只取决于两个内部变量，这两个独立的内部变量可以是两个回路电流 $i_1(t)$ 和 $i_2(t)$，也可以是两个节点电压 $v_a(t)$ 和 $v_b(t)$，还可以是电容 $C$ 上的电压 $v_C(t)$ 和电感 $L$ 里流的电流 $i_L(t)$。例如这两个独立变

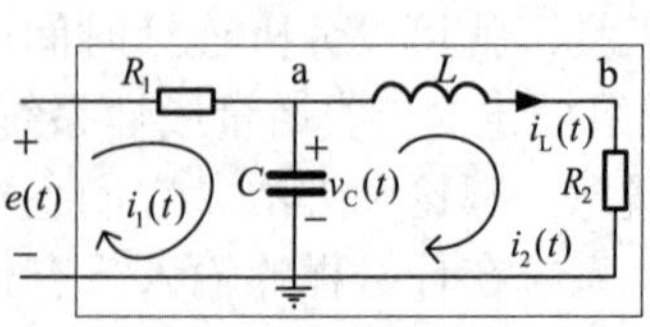

图 11.2

量分别取 $v_C(t)$ 和 $i_L(t)$，那么电路的全部行为都可以表示成 $v_C(t)$，$i_L(t)$ 和激励 $e(t)$ 的数学关系式，只要知道 $v_C(0_-)$ 和 $i_L(0_-)$，以及 $t \geqslant 0$ 的激励电压 $e(t)$，就可完全确定 $t \geqslant 0$ 的任何时刻电路中任何一个电流、电压和瞬时储能或功率。且随着时间的推移，两个独立变量以如下关系不断更新：

$$\frac{\mathrm{d}}{\mathrm{d}t}v_C(t)=\frac{e(t)-v_C(t)}{R_1C}-\frac{1}{C}i_L(t) \quad 和 \quad \frac{\mathrm{d}}{\mathrm{d}t}i_L(t)=\frac{v_C(t)-R_2i_L(t)}{L} \tag{11.3.1}$$

或

$$v_C(t)=v_C(0_-)+\int_{0_-}^{t}v_C(\tau)\mathrm{d}\tau \quad 和 \quad i_L(t)=i_L(0_-)+\int_{0_-}^{t}i_L(\tau)\mathrm{d}\tau \tag{11.3.2}$$

第二个例子是一个离散时间系统，它的任一时刻的输出信号值 $y[n]$ 等于过去直到该时刻为止，系统所有输入信号值 $x[n]$ 中的最大值与最小值之差，即

$$y[n]=\max\{x[n-k],\quad k\leqslant 0\}-\min\{x[n-k],\quad k\leqslant 0\} \tag{11.3.3}$$

这是一个因果时不变系统，但不是线性系统。显然，为了计算任意的某一时刻 $n_0$ 的系统输出 $y[n_0]$ 并不需要知道它过去所有时刻的输入信号值 $\{x[n_0-k],\ k\geqslant 0\}$，只要知道或保留其中的最大和最小值就足够了。如果把该系统在任意时刻 $n$ 以前的所有输入信号值中的最大值和最小值，分别定义为该系统的两个独立变量 $\lambda_1[n]$ 和 $\lambda_2[n]$，即

$$\lambda_1[n]=\max\{x[n-k],\quad k\leqslant 1\} \quad 和 \quad \lambda_2[n]=\min\{x[n-k],\quad k\leqslant 1\} \tag{11.3.4}$$

那么任意时刻 $n$ 系统的输出 $y[n]$ 可以表示为

$$y[n]=\max\{x[n],\quad \lambda_1[n]\}-\min\{x[n],\quad \lambda_2[n]\} \tag{11.3.5}$$

这又表明，对于该离散时间因果动态系统，系统的这两个内部变量充分代表了影响系统当前和将来全部行为的历史，它们和外部输入一起，决定当前和将来时刻系统的输出和其他行为，例如，过去直到当前所有输入信号值中的最大与最小值之和，过去直到当前所有输入信号能量的最大或最小值等。且随着时刻向后推移，$\lambda_1[n]$ 和 $\lambda_2[n]$ 以下面的方式不断更新：

$$\lambda_1[n+1]=\max\{x[n],\quad \lambda_1[n]\} \quad 和 \quad \lambda_2[n]=\min\{x[n],\quad \lambda_2[n]\} \tag{11.3.6}$$

由 $\lambda_1[n+1]$ 和 $\lambda_2[n+1]$ 又可以按照(11.3.5)式计算出 $y[n+1]$，即

$$y[n+1]=\max\{x[n+1],\quad \lambda_1[n+1]\}-\min\{x[n+1],\quad \lambda_2[n+1]\} \tag{11.3.7}$$

以此类推。

## 11.3.2　系统状态变量描述的基本术语

根据上面的例子及其论述的概念，可以介绍系统状态变量描述中常用的基本术语。

**1．状态或状态变量**

与输入信号一起，能充分表示一个因果动态系统全部行为的一组系统内部变量(即本书前面的信号)，称为系统的**状态**或**状态变量**，用 $\lambda_i(t)$ 或 $\lambda_i[n]$，$i=1,\ 2,\ \cdots$ 表示。

**2．状态矢量**

由能充分描述因果动态系统的一组状态变量组成的函数(信号)矢量称为**状态矢量**，通常用列矢量 $\boldsymbol{\lambda}(t)$ 或 $\boldsymbol{\lambda}[n]$ 表示。例如上面第一和第二个例子中的状态矢量分别为

$$\boldsymbol{\lambda}(t)=\begin{bmatrix}\lambda_1(t)\\ \lambda_2(t)\end{bmatrix}=\begin{bmatrix}v_C(t)\\ i_L(t)\end{bmatrix} \quad 和 \quad \boldsymbol{\lambda}[n]=\begin{bmatrix}\lambda_1[n]\\ \lambda_2[n]\end{bmatrix}$$

**3．初始和起始状态矢量**

在系统输入由零变成非零的时刻，所有状态变量的值构成的列矢量称为系统的**初始状态**

**矢量**，而它的前一时刻的状态变量值构成的矢量，则称为**起始状态矢量**。

**4. 状态空间及其维数**

由充分描述因果动态系统的一组状态变量作为基函数或基序列构成的函数空间或序列空间称为该系统的**状态空间**，系统的状态矢量是属于系统状态空间中的矢量。如果这个因果动态系统可以用最少数目( $N$ 个)状态变量来充分描述，该系统的状态空间即为 $N$ 维状态空间。换言之，系统状态空间的维数等于能充分描述该系统的最少状态变量个数。如果一个因果动态系统可用有限个状态变量充分描述，就称为**有限维系统**；反之，需要无限个状态变量才能充分描述的系统称为**无限维系统**。下面只限于研究有限维动态系统。

**5. 状态轨迹**

在描述一个因果动态系统的状态空间中，状态矢量的端点随时间变化所经历的路径称为系统的**状态轨迹**。一个因果动态系统的状态轨迹不仅取决于系统的内部结构，还与系统的输入有关。因此系统的状态轨迹可以形象地描绘出在确定的输入作用下系统内部的动态过程。

由上述介绍的术语，可以进一步得出如下几点结论：

(1) 对于无记忆系统，任一时刻的输出及系统的全部行为仅仅取决于同一时刻的输入，无需内部状态变量来描述。因此无记忆系统没有状态变量，即无记忆系统属于零维的系统。

(2) 能充分描述有关动态系统全部行为的最少数目内部变量的选择不是唯一的。例如，对于图 11.2 所示的电路，最少数目的内部变量是两个，这两个状态变量可以选择 $v_C(t)$ 和 $i_L(t)$，也可选择两个回路电流 $i_1(t)$ 和 $i_2(t)$，还可以是两个节点电压 $v_a(t)$ 和 $v_b(t)$，等等。在上述离散时间系统的例子中，它的两个最少数目的状态变量可以选择(11.3.4)式表示的 $\lambda_1[n]$ 和 $\lambda_2[n]$，也可以选择如下的 $\mu_1[n]$ 和 $\mu_2[n]$ 作为该系统的状态变量：

$$\mu_1[n]=\max\{x[n-k],\quad k\leqslant 1\}+\min\{x[n-k],\quad k\leqslant 1\} \tag{11.3.8}$$

和

$$\mu_2[n]=\max\{x[n-k],\quad k\leqslant 1\}-\min\{x[n-k],\quad k\leqslant 1\} \tag{11.3.9}$$

在这样的状态变量选择下，该系统的输出表示为

$$y[n]=\max\{x[n],\quad 0.5(\mu_1[n]+\mu_2[n])\}-\min\{x[n],\quad 0.5(\mu_1[n]-\mu_2[n])\} \tag{11.3.10}$$

显然，这组状态变量与前面选择的状态变量 $\lambda_1[n]$ 和 $\lambda_2[n]$ 之间有如下的关系：

$$\mu_1[n]=\lambda_1[n]+\lambda_2[n] \quad 和 \quad \mu_2[n]=\lambda_1[n]-\lambda_2[n] \tag{11.3.11}$$

或

$$\lambda_1[n]=0.5(\mu_1[n]+\mu_2[n]) \quad 和 \quad \lambda_2[n]=0.5(\mu_1[n]-\mu_2[n]) \tag{11.3.12}$$

(3) 对于任何有限维(例如 $N$ 维)的动态系统，总存在着能充分代表系统历史的最少数目的状态变量，即可以用一个 $N$ 维状态空间来描述。但是，选择或采用多于 $N$ 个的状态变量也是允许的，只要它们也能充分描述该系统历史对当前和将来全部系统行为的影响。例如，在上面的例子中，若采用这样三个内部变量，即 $v_1[n]=x[n-1]$，$v_2[n]=\max\{x[n-k],\quad k\leqslant 2\}$ 和 $v_3[n]=\min\{x[n-k],\quad k\leqslant 2\}$，此时系统的输出将表示为

$$y[n]=\max\{x[n],\quad v_1[n],\quad v_2[n]\}-\min\{x[n],\quad v_1[n],\quad v_3[n]\} \tag{11.3.13}$$

显然，用多于系统状态空间维数的状态变量来描述是有冗余的，无论从直觉还是从数学上，都可以由状态矢量 $\boldsymbol{v}[n]$ 推导出 $\boldsymbol{\lambda}[n]$，即有

$$\lambda_1[n]=\max\{v_1[n],\quad v_2[n]\} \quad 和 \quad \lambda_2[n]=\min\{v_1[n],\quad v_3[n]\} \tag{11.3.14}$$

但是，将无法从状态矢量 $\boldsymbol{\lambda}[n]$ 推导出 $\boldsymbol{v}[n]$。

## 11.3.3　连续时间和离散时间系统的状态变量描述

在前两节有关因果动态系统的概念基础上，本节将介绍因果动态系统状态变量描述的一般数学模型，并给出连续时间和离散时间因果动态系统状态变量描述的规范形式。

对一个有 $L$ 个输入和 $K$ 个输出的连续时间和离散时间因果动态系统，假定它们的 $L$ 个输入分别为 $x_l(t)$ 和 $x_l[n]$，$l=1,\ 2,\ \cdots,\ L$，$K$ 个输出分别是 $y_k(t)$ 和 $y_k[n]$，$k=1,\ 2,\ \cdots,\ K$，并且假设能充分描述它们的内部状态各有 $N$ 个，各自这 $N$ 个状态变量 $\lambda_i(t)$ 和 $\lambda_i[n]$，$i=1,\ 2,\ \cdots,\ N$，分别充分代表了过去遗留下来的、影响该系统当前和将来行为的那部分历史，它们和 $L$ 个输入一起完全决定系统的全部行为。换言之，连续时间和离散时间因果动态系统的任何一个行为均可以表示为这 $N$ 个状态变量和 $L$ 个输入的一个函数。而系统的 $K$ 个输出就是它全部行为中感兴趣的 $K$ 个行为，则连续时间和离散时间因果动态系统分别有如下 $K$ 个方程：

$$y_k(t)=f_k\{\lambda_1(t),\lambda_2(t)\ \cdots\ \lambda_N(t);\ x_1(t),x_2(t)\ \cdots\ x_L(t)\},\quad k=1,\ 2,\ \cdots,\ K \tag{11.3.15}$$

和

$$y_k[n]=f_k\{\lambda_1[n],\lambda_2[n]\ \cdots\ \lambda_N[n];\ x_1[n],x_2[n]\ \cdots\ x_L[n]\},\quad k=1,\ 2,\ \cdots,\ K \tag{11.3.16}$$

其中，$f_k\{*\}$ 表示线性函数关系。这 $K$ 个方程分别称为连续时间和离散时间系统的**输出方程**。

随着时间的推移，代表系统历史的 $N$ 个状态变量 $\lambda_i[n]$ 和 $\lambda_i(t)$，$i=1,\ 2,\ \cdots,\ N$，将不断地更新，例如，对于离散时间因果动态系统而言，在 $n+1$ 时刻的状态变量值 $\lambda_i[n+1]$，将由 $n$ 时刻的 $N$ 个状态变量值 $\lambda_i[n]$ (它们代表 $n$ 时刻及其以前的历史对系统将来行为的影响)和 $n$ 时刻的 $L$ 个输入信号值 $x_l[n]$ 一起决定，因此，离散时间因果动态系统又有如下 $N$ 个方程：

$$\lambda_i[n+1]=g_i\{\lambda_1[n],\lambda_2[n]\ \cdots\ \lambda_N[n];\ x_1[n],x_2[n]\ \cdots\ x_L[n]\},\quad i=1,\ 2,\ \cdots,\ N \tag{11.3.17}$$

对于连续时间因果动态系统，正如前面电路例子所说明的(见(11.3.1)式)那样，$N$ 个状态变量的更新关系可用其一阶导数满足的方程来表示。换言之，每个状态变量在任何时刻 $t$ 的一阶导数可表示为该时刻的 $N$ 个状态变量 $\lambda_i(t)$ 和 $L$ 个输入 $x_l(t)$ 的一个函数，即

$$\dot{\lambda}_i(t)=g_i\{\lambda_1(t),\lambda_2(t)\ \cdots\ \lambda_N(t);\ x_1(t),x_2(t)\ \cdots\ x_L(t)\},\quad i=1,\ 2,\ \cdots,\ N \tag{11.3.18}$$

其中，用符号 $\dot{\lambda}_i(t)$ 表示 $\lambda_i(t)$ 的一阶导数。在(11.3.17)式和(11.3.18)式中，$g_i\{*\}$ 表示另一种线性或非线性函数关系。连续时间和离散时间因果动态系统的这 $N$ 个方程描述了系统内部状态的演变，通常称为该因果动态系统的**状态方程**。

如果离散时间和连续时间动态系统分别是用差分方程和微分方程描述的一类因果的增量 LTI 系统，根据第 4 章的知识，上述状态方程和输出方程中的所有函数关系 $g_i\{*\}$ 和 $f_k\{*\}$ 将都是线性组合关系，(11.3.17)式与(11.3.16)式和(11.3.18)式与(11.3.15)式可以分别写成如下的形式：

$$\begin{cases}\lambda_1[n+1]=a_{11}\lambda_1[n]+a_{12}\lambda_2[n]+\cdots+a_{1N}\lambda_N[n]+b_{11}x_1[n]+b_{12}x_2[n]+\cdots+b_{1L}x_L[n]\\ \lambda_2[n+1]=a_{21}\lambda_1[n]+a_{22}\lambda_2[n]+\cdots+a_{2N}\lambda_N[n]+b_{21}x_1[n]+b_{22}x_2[n]+\cdots+b_{2L}x_L[n]\\ \qquad\vdots\\ \lambda_N[n+1]=a_{N1}\lambda_1[n]+a_{N2}\lambda_2[n]+\cdots+a_{NN}\lambda_N[n]+b_{N1}x_1[n]+b_{N2}x_2[n]+\cdots+b_{NL}x_L[n]\end{cases} \tag{11.3.19}$$

与

$$\begin{cases}y_1[n]=c_{11}\lambda_1[n]+c_{12}\lambda_2[n]+\cdots+c_{1N}\lambda_N[n]+d_{11}x_1[n]+d_{12}x_2[n]+\cdots+d_{1L}x_L[n]\\ y_2[n]=c_{21}\lambda_1[n]+c_{22}\lambda_2[n]+\cdots+c_{2N}\lambda_N[n]+d_{21}x_1[n]+d_{22}x_2[n]+\cdots+d_{2L}x_L[n]\\ \qquad\vdots\\ y_K[n]=c_{K1}\lambda_1[n]+c_{K2}\lambda_2[n]+\cdots+c_{KN}\lambda_N[n]+d_{K1}x_1[n]+d_{K2}x_2[n]+\cdots+d_{KL}x_L[n]\end{cases} \tag{11.3.20}$$

和
$$\begin{cases}\dot{\lambda}_1(t)=a_{11}\lambda_1(t)+a_{12}\lambda_2(t)+\cdots+a_{1N}\lambda_N(t)+b_{11}x_1(t)+b_{12}x_2(t)+\cdots+b_{1L}x_L(t)\\ \dot{\lambda}_2(t)=a_{21}\lambda_1(t)+a_{22}\lambda_2(t)+\cdots+a_{2N}\lambda_N(t)+b_{21}x_1(t)+b_{22}x_2(t)+\cdots+b_{2L}x_L(t)\\ \vdots\\ \dot{\lambda}_N(t)=a_{N1}\lambda_1(t)+a_{N2}\lambda_2(t)+\cdots+a_{NN}\lambda_N(t)+b_{N1}x_1(t)+b_{N2}x_2(t)+\cdots+b_{NL}x_L(t)\end{cases}\tag{11.3.21}$$

与
$$\begin{cases}y_1(t)=c_{11}\lambda_1(t)+c_{12}\lambda_2(t)+\cdots+c_{1N}\lambda_N(t)+d_{11}x_1(t)+d_{12}x_2(t)+\cdots+d_{1L}x_L(t)\\ y_2(t)=c_{21}\lambda_1(t)+c_{22}\lambda_2(t)+\cdots+c_{2N}\lambda_N(t)+d_{21}x_1(t)+d_{22}x_2(t)+\cdots+d_{2L}x_L(t)\\ \vdots\\ y_K(t)=c_{K1}\lambda_1(t)+c_{K2}\lambda_2(t)+\cdots+c_{KN}\lambda_N(t)+d_{K1}x_1(t)+d_{K2}x_2(t)+\cdots+d_{KL}x_L(t)\end{cases}\tag{11.3.22}$$

由此看出，上面(11.3.22)式和(11.3.20)式的 $K$ 个输出方程都是线性常系数即时(无记忆)方程，而(11.3.21)式和(11.3.19)式的 $N$ 个状态方程却分别是一阶线性常系数微分方程和差分方程。假定连续时间和离散时间因果系统都是因果输入，即 $x_l(t)=0$，$t<0$ 和 $x_l[n]=0$，$n<0$，基于 4.4 节有关因果增量 LTI 系统的零输入和零状态响应的概念，对于这 $N$ 个一阶线性常系数微分方程和差分方程，为确定 $N$ 个状态变量 $\lambda_i(t)$，$t\geqslant 0$ 和 $\lambda_i[n]$，$n\geqslant 0$，还需要知道 $N$ 个**初始状态**值 $\lambda_i[0]$ 和 $N$ 个**起始状态**值 $\lambda_i(0_-)$，$i=1, 2, \cdots, N$，可把它们表示成矢量形式为

$$\boldsymbol{\lambda}(0_-)=\begin{bmatrix}\lambda_1(0_-) & \lambda_2(0_-) & \cdots & \lambda_N(0_-)\end{bmatrix}^{\mathrm{T}} \quad 和 \quad \boldsymbol{\lambda}[0]=\begin{bmatrix}\lambda_1[0] & \lambda_2[0] & \cdots & \lambda_N[0]\end{bmatrix}^{\mathrm{T}}\tag{11.3.23}$$

它们分别称为连续时间和离散动态增量线性系统的**起始状态矢量和初始状态矢量**。

综上所述，对于用高阶线性常系数微分方程组和差分方程组描述的一般连续和离散时间 MIMO 动态系统，其完整的状态变量描述是由各自的状态方程组、输出方程组与起始状态矢量(连续时间)和初始状态矢量(离散时间)三部分组成。通常分别把它们写成如下的矢量形式：

$$\begin{cases}\dot{\boldsymbol{\lambda}}(t)=\boldsymbol{A}\boldsymbol{\lambda}(t)+\boldsymbol{B}\boldsymbol{x}(t)\\ \boldsymbol{y}(t)=\boldsymbol{C}\boldsymbol{\lambda}(t)+\boldsymbol{D}\boldsymbol{x}(t)\\ \boldsymbol{\lambda}(0_-)\neq\boldsymbol{0}\end{cases} \quad 和 \quad \begin{cases}\boldsymbol{\lambda}[n+1]=\boldsymbol{A}\boldsymbol{\lambda}[n]+\boldsymbol{B}\boldsymbol{x}[n]\\ \boldsymbol{y}[n]=\boldsymbol{C}\boldsymbol{\lambda}[n]+\boldsymbol{D}\boldsymbol{x}[n]\\ \boldsymbol{\lambda}[0]\neq\boldsymbol{0}\end{cases}\tag{11.3.24}$$

其中，$\boldsymbol{A}$，$\boldsymbol{B}$，$\boldsymbol{C}$ 和 $\boldsymbol{D}$ 分别是 $N\times N$ 阶，$N\times L$ 阶，$K\times N$ 阶和 $K\times L$ 阶常系数矩阵，即

$$\boldsymbol{A}=\begin{bmatrix}a_{11} & a_{12}\cdots & a_{1N}\\ a_{21} & a_{22}\cdots & a_{2N}\\ \vdots & \vdots\ \cdots & \vdots\\ a_{N1} & a_{N2}\cdots & a_{NN}\end{bmatrix}\ \boldsymbol{B}=\begin{bmatrix}b_{11} & b_{12}\cdots & b_{1L}\\ b_{21} & b_{22}\cdots & b_{2L}\\ \vdots & \vdots\ \cdots & \vdots\\ b_{N1} & b_{N2}\cdots & b_{NL}\end{bmatrix}\ \boldsymbol{C}=\begin{bmatrix}c_{11} & c_{12}\cdots & c_{1N}\\ c_{21} & c_{22}\cdots & c_{2N}\\ \vdots & \vdots\ \cdots & \vdots\\ c_{K1} & c_{K2}\cdots & c_{KN}\end{bmatrix}\ \boldsymbol{D}=\begin{bmatrix}d_{11} & d_{12}\cdots & d_{1L}\\ d_{21} & d_{22}\cdots & d_{2L}\\ \vdots & \vdots\ \cdots & \vdots\\ d_{K1} & d_{K2}\cdots & d_{KL}\end{bmatrix}\tag{11.3.25}$$

这就是一般的连续时间和离散时间因果动态线性系统状态变量描述的数学模型，通常把(11.3.24)左、右式中的第一、二式，分别称为矢量形式的状态方程和输出方程。

连续时间和离散时间因果动态线性系统状态变量描述可以形象地分别表示成图 11.3 和图 11.4 所示的模型。它们有 $L$ 个因果输入、$K$ 个输出，实线框内代表系统状态变量描述的数学关系，即输出方程、状态方程和初始状态矢量(连续时间为起始状态矢量)。虚线框内表示系统的内部结构，其中，图 11.4 中的离散时间状态变量模型用 $N$ 个单位延时表示 $N$ 个状态变量 $\lambda_i[n]$ 的更新机构；参照(11.3.2)式的关系，$N$ 个连续时间状态变量 $\lambda_i(t)$ 的更新关系为

$$\lambda_i(t+\Delta t)=\lambda_i(t)+\int_t^{t+\Delta t}\dot{\lambda}_i(\tau)\mathrm{d}\tau, \quad i=1, 2, \cdots, N\tag{11.3.26}$$

因此，在图 11.3 中，用 $N$ 个积分器来表示系统内部 $N$ 个连续时间状态变量的更新机构。

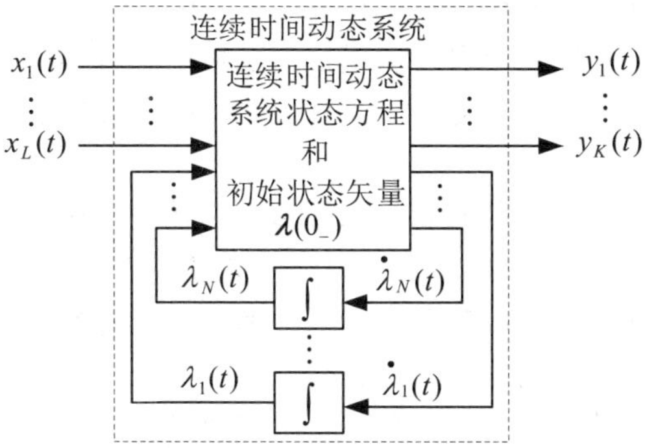


图 11.3　连续时间动态系统状态变量描述示意图

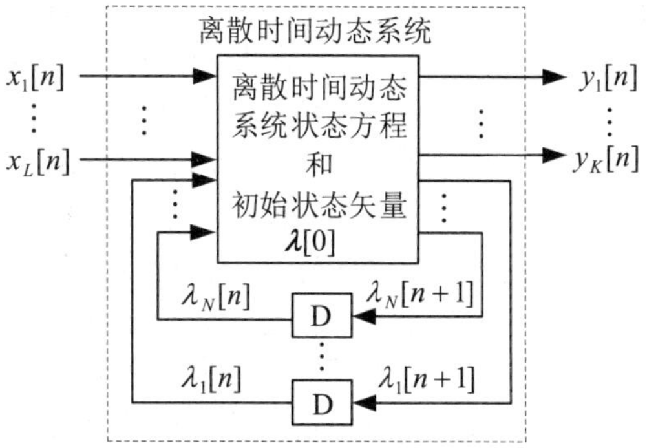


图 11.4　离散时间动态系统状态变量描述示意图

如果是“起始松弛的”因果 LTI 系统，这意味着连续和离散时间系统的起始状态矢量是零矢量，即 $\boldsymbol{\lambda}[-1]=\boldsymbol{0}$ 和 $\boldsymbol{\lambda}(0_-)=\boldsymbol{0}$，对于离散时间因果 LTI 系统，还需转换为初始状态矢量 $\boldsymbol{\lambda}[0]$，在(11.3.24)式右式的矢量状态方程中，令 $n=-1$，则有 $\boldsymbol{\lambda}[0]=\boldsymbol{A\lambda}[-1]+\boldsymbol{Bx}[-1]=\boldsymbol{0}$ 即初始状态矢量也是零矢量。因此，连续时间和离散时间因果 LTI 系统的状态变量描述分别为

$$\begin{cases}\dot{\boldsymbol{\lambda}}(t)=\boldsymbol{A\lambda}(t)+\boldsymbol{Bx}(t)\\ \boldsymbol{y}(t)=\boldsymbol{C\lambda}(t)+\boldsymbol{Dx}(t)\\ \boldsymbol{\lambda}(0_-)=\boldsymbol{0}\end{cases}\quad 和 \quad \begin{cases}\boldsymbol{\lambda}[n+1]=\boldsymbol{A\lambda}[n]+\boldsymbol{Bx}[n]\\ \boldsymbol{y}[n]=\boldsymbol{C\lambda}[n]+\boldsymbol{Dx}[n]\\ \boldsymbol{\lambda}[0]=\boldsymbol{0}\end{cases}\tag{11.3.27}$$

即因果 LTI 系统状态方程和输出方程与动态增量线性系统有相同的形式，不同仅在于起始或初始状态矢量是零矢量。这里沿用第 4 章有关因果 LTI 系统的微分方程和差分方程表征方式，因果 LTI 系统的“起始松弛”性质隐含着 $\boldsymbol{\lambda}[0]=\boldsymbol{0}$ 和 $\boldsymbol{\lambda}(0_-)=\boldsymbol{0}$，因此，连续时间和离散时间因果 LTI 系统的状态变量描述可以只给出状态方程和输出方程。但是，不满足“起始松弛”的因果动态线性系统的完整的状态变量描述，就必须像(11.3.24)式那样，分别给出连续时间动态系统的非零起始状态矢量 $\boldsymbol{\lambda}(0_-)$ 和离散时间动态系统的非零初始状态矢量 $\boldsymbol{\lambda}[0]$。

系统的状态变量描述方法有如下的特点或优点：

(1) 系统的状态变量描述方法本身提供了系统内部状态(中间信号)对系统全部行为和特性影响的数学描述，这是输入输出描述方法所不具有的。

(2) 对于两类因果动态线性系统，即用微分方程和差分方程表示的一类起始松弛的因果 LTI 系统，以及具有非零起始条件的一类因果的动态线性系统，它们的状态变量描述有标准的形式：连续时间和离散时间因果 LTI 系统的标准形式分别见(11.3.27)式；“起始不松弛”的连续时间和离散时间因果动态线性系统的标准形式分别见(11.3.24)式。应该指出，就这两类动态线性系统状态变量描述而言，它们的数学表征就是 $\boldsymbol{A}$，$\boldsymbol{B}$，$\boldsymbol{C}$ 和 $\boldsymbol{D}$ 矩阵和起始状态矢量 $\boldsymbol{\lambda}(0_-)$ 和 $\boldsymbol{\lambda}[0]$。换言之，连续时间和离散时间因果 LTI 系统状态变量描述的数学表征分别为

$$\{\boldsymbol{A},\ \boldsymbol{B},\ \boldsymbol{C},\ \boldsymbol{D};\ \boldsymbol{\lambda}(0_-)=\boldsymbol{0}\}\quad 和 \quad \{\boldsymbol{A},\ \boldsymbol{B},\ \boldsymbol{C},\ \boldsymbol{D};\ \boldsymbol{\lambda}[0]=\boldsymbol{0}\}$$

或者像前面输入输出描述方式下，真实时间变量的因果 LTI 系统就意味着“起始松弛”，即零起始状态矢量，更简单地就用$\{\boldsymbol{A},\ \boldsymbol{B},\ \boldsymbol{C}$ 和 $\boldsymbol{D}\}$来表示；而“起始不松弛”的连续时间和离散时间因果动态线性系统则应分别表示为

$$\{\boldsymbol{A},\ \boldsymbol{B},\ \boldsymbol{C},\ \boldsymbol{D};\ \boldsymbol{\lambda}(0_-)\}\quad 和 \quad \{\boldsymbol{A},\ \boldsymbol{B},\ \boldsymbol{C},\ \boldsymbol{D};\ \boldsymbol{\lambda}[0]\}$$

并且，由于这两类系统之间存在着图 4.4 这样的增量 LTI 系统结构的关系，若它们分别具有相同的微分方程和差分方程，它们各自的 ***A***，***B***，***C*** 和 ***D*** 矩阵将完全相同。

(3) 在动态线性系统的状态变量描述中，状态方程是一组一阶线性常系数微分方程或差分方程，输出方程是一组瞬时值代数方程，它们具有标准形式，可以用矢量和矩阵代数等数学工具来编写和分析，更适合于用计算机编写和分析。

(4) 非线性动态系统的状态变量描述也只涉及一阶非线性微分方程和差分方程，相比于输入输出描述的高阶非线性微分方程或差分方程，在系统分析中将带来许多方便。

用状态变量描述方法也可以分析非线性或/和时变的动态系统，但在本章中，将着重讨论用线性常系数微分方程和差分方程描述的因果 LTI 系统与因果动态线性系统。从上面介绍的这两类系统状态变量描述的数学模型上看，完全类似于 4.4.1 小节中介绍的用微分方程和差分方程描述的因果 LTI 系统与起始不松弛的因果系统之间的关系，即后者具有增量线性时不变的系统结构。因此在本章的余下部分，也将着重讨论用状态方程和输出方程描述的因果 LTI 系统，在此基础上再考虑非零起始状态矢量的影响和结果。

## 11.4 系统状态变量描述的编写

本节首先介绍建立系统状态变量描述的基本方法，然后，以本书前面讲述的因果 LTI 系统的几种实现结构或信号流图为基础，着重介绍直接规划法、级联规划法和并联规划法等状态变量描述编写方法。为了简便，本节仍从 SISO 系统着手，再推广到 MIMO 系统，并归纳出连续时间和离散时间动态线性系统的一般模型，并讨论与该一般模型有关的一些概念。

### 11.4.1 建立系统状态变量描述的编写方法

**1．建立系统状态变量描述的基本方法**

建立或编写动态系统的状态变量描述有多种方法。这里可以把它们分成两大类：

(1) 一类是直接从实际的物理系统或问题出发，根据相应的物理原理和其他机理(例如，基本电路定律和网络定理，力学和机械系统中的动力学原理，以及社会和经济系统中的统计经济学原理等)，选择一组合适的状态变量，编写系统的状态方程和输出方程，并确定起始或初始状态矢量。这类建模或编写方法是各个专业课程的任务，这里不再多加讨论。

(2) 另一类基于系统的模拟或仿真概念，建立或编写系统的状态变量描述。正如本书前面一再指出的，许多属于不同物理形态的，看起来很不相同的实际系统，却有着相同的数学描述，它们可以用同一个系统结构来模拟或仿真。因此，可以从它们的模拟图或仿真结构出发，编写系统的状态方程和输出方程，并确定其起始或初始状态矢量，这类方法通常称为**状态空间模型规划法**。因此，第二类状态变量描述的编写方法，实际上就是从系统的输入输出描述到状态变量描述的转换方法。显然，第二类编写方法更具有普遍的意义，可以适用于各种不同的应用领域，本章将主要介绍和讨论这类编写方法。

对于用线性常系数微分方程和差分方程(或方程组)描述的因果动态线性系统，包括“起始松弛”的因果 LTI 系统和具有非零起始条件的因果系统，由于这两类系统存在第 4 章图 4.4 中的增量 LTI 系统结构所表示的关系，如果它们的输入输出满足同样的微分方程或差分方程，那么，它们状态变量描述中将分别具有同样的状态方程和输出方程。因此，可首先根据 4.6 节和 8.9 节介绍和讨论的因果 LTI 系统之各种模拟实现结构，即直接实现结构、级联和并联实现结构等的模拟图或信号流图，选择一组状态变量，编写出它们的状态方程和输出方程。然后，若是因果 LTI 系统，起始状态矢量 $\boldsymbol{\lambda}(0_{-})$ 和初始状态矢量 $\boldsymbol{\lambda}[0]$ 就分别为零矢量；若是具有非零起始条件的因果动态系统，则还要在编写出的状态方程和输出方程的基础上，分别把系统的非零起始条件转化为非零的起始状态矢量 $\boldsymbol{\lambda}(0_{-})$ 或初始状态矢量 $\boldsymbol{\lambda}[0]$。而且正如前一节已看到的，对于用微分方程和差分方程描述的因果动态线性系统，它们的状态变量描述都具有标准形式，这给第二类编写方法开辟了规范化的路子。

**2．状态变量的选择**

编写系统状态变量描述的关键是选择状态变量。从 11.3.1 小节的例子已看到，能充分描述因果动态系统的一组状态变量的选择不是唯一的。但只要状态变量的个数是充分的，即数目不少于系统状态空间的维数，不同状态变量选择下建立起来的系统状态变量描述都能充分表示该系统。既然如此，如何选择合适的状态变量，就看是否方便于状态方程和输出方程的编写，以及起始(或初始)状态矢量的确定。下面将从这一点出发，讨论系统状态变量的选择。

在不同的物理系统和其他实际问题中，状态变量的选择可能很不一样。例如，机械和动力学系统中所有物体的初始位置和速度，决定着系统的动能和势能，它们连同作用在各个物体上的力一起，就可确定系统的动态响应和全部行为。显然，系统中所有物体的位置和速度选作状态变量是可行的选择，这是以能量为基础的选择方法；电路中电容两端的电压和流过电感的电流决定着电路的储能，它们连同电路的激励一起，足以确定电路中所有电压和电流。因此，选择所有电容上的电压和电感里的电流作为状态变量是合适的，这和研究电路的能量相一致；再如电力网，感兴趣的是电网中能量与功率分配的动态情况，因此把各条支路电流(或回路电流)作为状态变量是合适的选择。这些例子表明，实际物理系统的能量或功率关系，提供了系统状态变量的一种自然的选择方法。

在基于系统模拟实现结构的状态空间模型规划法中，状态变量选择将遵循另一种规律。在三种基本单元构成的连续时间和离散时间因果 LTI 系统的模拟结构中，连续时间和离散时间数乘器及相加器都是即时(无记忆)单元，它们无需状态变量来描述，与系统状态变量的选择无关；只有积分器和离散时间单位延时是动态(有记忆)单元，在图 11.3 和图 11.4 中已表明，正是它们决定了系统中每个状态变量的动态更新。很显然，把连续时间模拟结构中所有积分器和离散时间模拟结构中每个单位延时的输出，作为系统的一组状态变量是最合理的选择。

本书前面一直把连续时间积分器和离散时间单位延时看作“起始松弛”的因果 LTI 系统，更一般地说，它们分别是用一阶微分方程和差分方程描述的因果线性系统，像图 11.5(a)和(b)所示的那样，它们的微分(积分)方程和差分方程分别表示为

$$\frac{\mathrm{d}y(t)}{\mathrm{d}t}=x(t) \text{ 或 } y(t)=\int_{-\infty}^{t}x(\tau)\mathrm{d}\tau \text{ 和 } y[n]=x[n-1] \text{ 或 } y[n+1]=x[n] \quad (11.4.1)$$

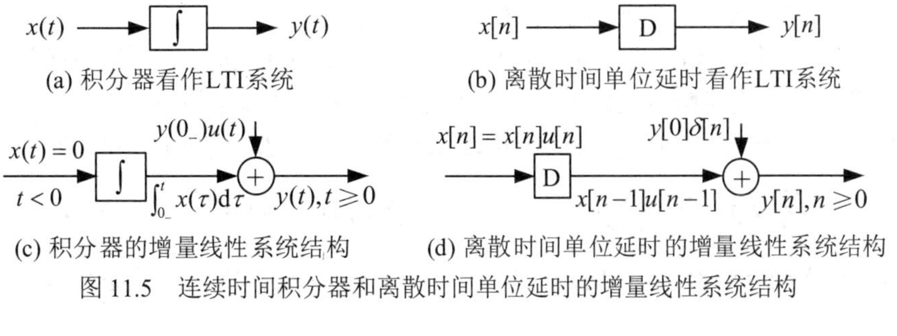


图 11.5　连续时间积分器和离散时间单位延时的增量线性系统结构

只有在“起始松弛”的假设下，它们才可看成 LTI 系统。若它们起始不松弛，且在因果输入时，即$x(t)=0$，$t<0$，或$x[n]=x[n]u[n]$，它们在$t\geqslant 0$或$n\geqslant 0$的输出为

$$y(t)=y(0_-)+\int_{0_-}^{t}x(\tau)\mathrm{d}\tau \quad 或 \quad y[n]=y[0]\delta[n]+x[n-1]u[n-1] \tag{11.4.2}$$

其中，$\int_{0_-}^{t}x(\tau)\mathrm{d}\tau$和$x[n-1]u[n-1]$分别是积分器和单位延时单元的零状态响应；而$y(0_-)u(t)$和$y[0]\delta[n]$分别是它们的零输入响应。它们的增量线性系统结构如图 11.5(c)和(d)所示。

一般微分方程和差分方程描述的连续时间和离散时间因果动态线性系统，都有 4.4 节中图 4.4 这样的增量 LTI 系统结构，其中的因果 LTI 系统都可用连续时间或离散时间的三种基本单元实现，例如它们的直接型、级联和并联实现结构等。如果把模拟结构中的积分器和离散时间延时单元的输出分别作为状态变量$\lambda_i(t)$和$\lambda_i[n]$，只要把原结构中的积分器和单位延时分别用图 11.5(c)和(d)那样的积分器和单位延时的增量线性系统结构替换，就获得起始不松弛的因果动态线性系统的模拟图。这样替换后，因果动态线性系统在因果输入下的零输入响应将是系统所有输入都等于零信号时，仅仅分别由起始状态矢量$\boldsymbol{\lambda}(0_-)$和初始状态矢量$\boldsymbol{\lambda}[0]$造成的那部分响应。必须指出，一般的因果动态线性系统不满足“起始松弛”假设，在因果输入时，系统的$\boldsymbol{\lambda}(0_-)$和$\boldsymbol{\lambda}[0]$将不是零矢量，即系统的状态变量将不都是因果信号，或者说，至少有一个状态变量不是因果信号。因此，这类因果动态线性系统模拟图的变换域表示，只能用单边拉普拉斯变换或单边 Z 变换来表示。在图 11.6(c)和(d)中，给出了积分器和单位延时分别作为增量线性系统时的单边拉普拉斯变换和单边 Z 变换模拟结构。

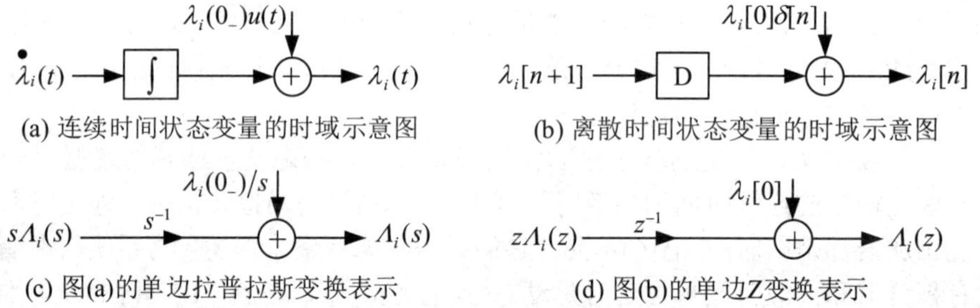


(a) 连续时间状态变量的时域示意图 (b) 离散时间状态变量的时域示意图

(c) 图(a)的单边拉普拉斯变换表示 (d) 图(b)的单边Z变换表示

图 11.6 连续时间和离散时间状态变量的时域及单边拉普拉斯变换和单边 Z 变换示意图

### 11.4.2 直接规划法

系统状态变量描述的直接规划法，就是从其因果 LTI 系统的直接型实现结构出发，分别选择每个积分器和离散时间单位延时的输出作为一组状态变量，建立系统状态变量描述的一类编写方法。

**1. 动态线性系统的第一种直接规划法**

1) 连续时间和离散时间动态线性系统的第一种直接规划法

所谓“第一种直接规划法”，就是从前面 4.6 节阐述的连续时间和离散时间因果 LTI 系统的直接 II 型实现结构或其信号流图着手，编写系统状态变量描述的方法。

若一个 SISO 连续时间和离散时间因果动态系统的一般$N$阶微分方程和差分方程分别为

$$\sum_{k=0}^{N}a_k y^{(k)}(t)=\sum_{k=0}^{N}b_k x^{(k)}(t) \quad 和 \quad \sum_{k=0}^{N}a_k y[n-k]=\sum_{k=0}^{N}b_k x[n-k] \tag{11.4.3}$$

并已知在因果输入($x(t)=0,\ \ t<0$和$x[n]=0,\ \ n<0$)下系统输出的起始条件分别为

$$y^{(k)}(0_-)\text{，}\ k=0,\ 1,\cdots,\ N-1 \quad 和 \quad y[-k]\text{，}\ k=1,\ 2,\cdots,\ N \tag{11.4.4}$$

按照 4.4 节的讨论和图 4.4，它们分别是图 11.7(a)和(b)这样的增量 LTI 系统，图中的方框分别是(11.4.3)式的 $N$ 阶微分方程方程和 $N$ 阶差分方程表示连续时间和离散时间因果 LTI 系统，它们分别可以用连续时间和离散时间的三种基本单元的直接 II 型结构来实现(分别参见图 4.16 和图 4.13)，用连续时间和离散时间因果 LTI 系统的直接 II 型结构代替图 11.7(a)和(b)中的方框，就获得这类连续时间和离散时间动态线性系统的直接 II 型模拟实现结构。

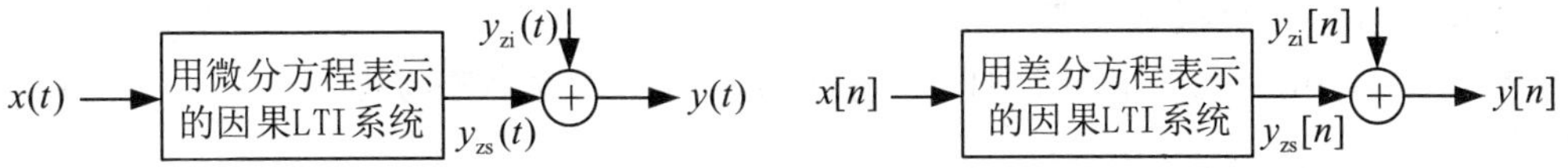


(a) 连续时间因果动态线性系统　　(b) 离散时间因果动态线性系统

图 11.7　因果动态线性系统的增量线性系统结构

图 11.8(a)和(b)分别画出了图 11.7(a)和(b)的增量 LTI 系统结构的直接 II 型实现结构的模拟图，其中，图 11.8(a)中的系数 $\alpha_k$ 和 $\beta_k$ 与(11.4.3)式微分方程中的系数 $a_k$ 和 $b_k$ 之关系分别为

$$\alpha_k=\frac{a_{N-k}}{a_N} \quad 和 \quad \beta_k=\frac{b_{N-k}}{b_N}\text{，}\quad k=0,\ 1,\cdots,\ N \tag{11.4.5}$$

而图 11.8(b)中的系数 $\alpha_k$ 和 $\beta_k$ 与(11.4.3)右式的差分方程中的系数 $a_k$ 和 $b_k$ 之关系分别为

$$\alpha_k=\frac{a_k}{a_0} \quad 和 \quad \beta_k=\frac{b_k}{b_0}\text{，}\quad k=0,\ 1,\cdots,\ N \tag{11.4.6}$$

但是，在图 11.8(a)和(b)中的 $y_{zi}(t)$ 和 $y_{zi}[n]$ 分别是因果动态线性系统之零输入响应，它们与输入 $x(t)$ 和 $x[n]$ 无关，只分别由(11.4.4)式的 $N$ 个非零起始条件决定。因此，第一种直接规划法就是要从图 11.8(a)和(b)着手，分别编写连续时间和离散时间动态线性系统的状态变量描述，即它们的状态方程、输出方程和起始状态矢量(连续时间)和初始状态矢量(离散时间)。

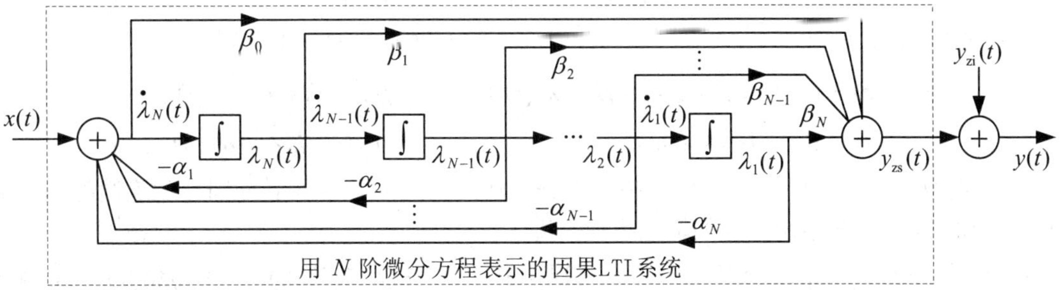


(a) 连续时间

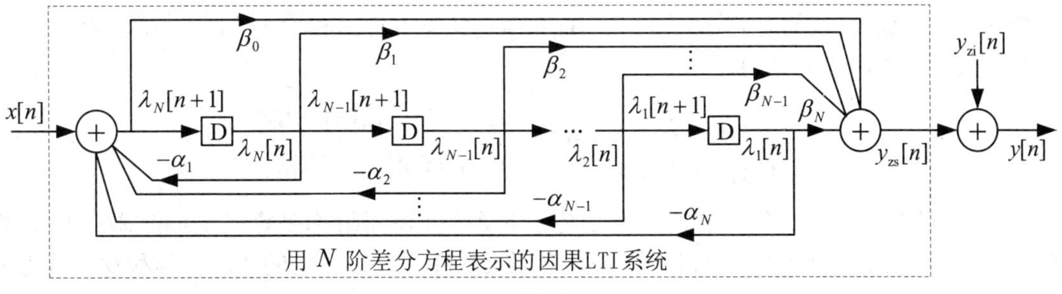


(b) 离散时间

图 11.8　用(11.4.3)式和(11.4.4)式方程表示因果动态线性系统的直接II型模拟结构及其状态变量选择

下面分别针对图 11.8(a)和(b)，介绍和讨论连续时间和离散时间动态线性系统(包括起始松弛的因果 LTI 系统)之状态变量描述的第一种直接规划法。

首先，针对图 11.8(a)和(b)中虚线框内的连续时间和离散时间因果 LTI 系统，介绍它们的状态方程和输出方程的编写方法。分别选择图 11.8(a)和(b)中每个积分器和单位延时的输出作为系统的状态变量，总共有 $N$ 个，即 $\lambda_i(t)$ 和 $\lambda_i[n]$，$i=1,\ 2$，…，$N$，且像图 11.8(a)和(b)中所标明的那样，自右(输出)往左(输入)反向排列。然后按照图 11.8(a)和(b)中所示的信号间关系，可以直接写出 $N$ 个状态方程。

根据图 11.8(a)，可以写出连续时间因果 LTI 系统的 $N$ 个状态方程为

$$\begin{aligned}
&\dot{\lambda}_1(t)=\lambda_2(t)\\
&\dot{\lambda}_2(t)=\lambda_3(t)\\
&\quad\vdots\\
&\dot{\lambda}_{N-1}(t)=\lambda_N(t)\\
&\dot{\lambda}_N(t)=-\alpha_N\lambda_1(t)-\alpha_{N-1}\lambda_2(t)-\ \cdots\ -\alpha_1\lambda_N(t)+x(t)
\end{aligned}\tag{11.4.7}$$

同样地，按照图 11.8(b)写出的离散时间因果 LTI 系统的 $N$ 个状态方程为

$$\begin{aligned}
&\lambda_1[n+1]=\lambda_2[n]\\
&\lambda_2[n+1]=\lambda_3[n]\\
&\quad\vdots\\
&\lambda_N[n+1]=-\alpha_N\lambda_1[n]-\alpha_{N-1}\lambda_2[n]-\ \cdots\ -\alpha_1\lambda_N[n]+x[n]
\end{aligned}\tag{11.4.8}$$

连续时间和离散时间因果 LTI 系统的输出 $y(t)$ 和 $y[n]$ 分别就是图 11.8(a)和(b)中的 $y_{\mathrm{zs}}(t)$ 和 $y_{\mathrm{zs}}[n]$，因此可以按照图 11.7(a)和(b)虚线框内的结构，分别直接写出连续时间和离散时间因果 LTI 系统的输出方程。连续时间和离散时间因果 LTI 系统的输出分别为

$$\begin{aligned}
y(t)&=y_{\mathrm{zs}}(t)=\beta_N\lambda_1(t)+\beta_{N-1}\lambda_2(t)+\ \cdots\ +\beta_1\lambda_N(t)+\beta_0\dot{\lambda}_N(t)\\
y[n]&=\beta_N\lambda_1[n]+\beta_{N-1}\lambda_2[n]+\ \cdots\ +\beta_1\lambda_N[n]+\beta_0\lambda_N[n+1]
\end{aligned}$$

将(11.4.7)式和(11.4.8)式的最后一个状态方程分别代入上式，并整理后分别得到连续时间和离散时间 SISO 因果 LTI 系统标准的输出方程，即

$$y(t)=(\beta_N-\beta_0\alpha_N)\lambda_1(t)+(\beta_{N-1}-\beta_0\alpha_{N-1})\lambda_2(t)+\ \cdots\ +(\beta_1-\beta_0\alpha_1)\lambda_N(t)+\beta_0x(t)\tag{11.4.9}$$

$$y[n]=(\beta_N-\beta_0\alpha_N)\lambda_1[n]+(\beta_{N-1}-\beta_0\alpha_{N-1})\lambda_2[n]+\ \cdots\ +(\beta_1-\beta_0\alpha_1)\lambda_N[n]+\beta_0x[n]\tag{11.4.10}$$

如果把上述连续时间和离散时间因果LTI系统的状态方程组和输出方程分别写成(11.3.27)式那样的矢量方程，它们分别为

$$\begin{cases}\dot{\boldsymbol{\lambda}}(t)=\boldsymbol{A\lambda}(t)+\boldsymbol{B}x(t)\\ y(t)=\boldsymbol{C\lambda}(t)+\boldsymbol{D}x(t)\end{cases}\quad 和\quad \begin{cases}\boldsymbol{\lambda}[n+1]=\boldsymbol{A\lambda}[n]+\boldsymbol{B}x[n]\\ y[n]=\boldsymbol{C\lambda}[n]+\boldsymbol{D}x[n]\end{cases}\tag{11.4.11}$$

由于是因果 LTI 系统，它们的状态变量描述中的 $\boldsymbol{\lambda}(0_-)$ 和 $\boldsymbol{\lambda}[0]$ 都是零矢量，即 $\boldsymbol{\lambda}(0_-)=\boldsymbol{0}$ 和 $\boldsymbol{\lambda}[0]=\boldsymbol{0}$。而且对于连续时间和离散时间 SISO 因果 LTI 系统，它们的状态方程和输出方程中的 $\boldsymbol{A}$，$\boldsymbol{B}$，$\boldsymbol{C}$ 和 $\boldsymbol{D}$ 矩阵形式上完全相同，分别是 $N\times N$，$N\times 1$，$1\times N$ 和 $1\times 1$ 阶矩阵，它们分别表示为

$$\boldsymbol{A}=\begin{bmatrix}0&1&0&\cdots&0&0\\0&0&1&\cdots&0&0\\0&0&0&\cdots&0&0\\\vdots&\vdots&\vdots&\cdots&1&\vdots\\0&0&0&\cdots&0&1\\-\alpha_N&-\alpha_{N-1}&-\alpha_{N-2}&\cdots&-\alpha_2&-\alpha_1\end{bmatrix}\qquad \boldsymbol{B}=\begin{bmatrix}0\\0\\0\\\vdots\\0\\1\end{bmatrix}$$

和
$$\boldsymbol{C}=\left[(\beta_N-\beta_0\alpha_N)\quad(\beta_{N-1}-\beta_0\alpha_{N-1})\quad\cdots\quad(\beta_1-\beta_0\alpha_1)\right]\qquad \boldsymbol{D}=\left[\beta_0\right]\tag{11.4.12}$$

只是上述中的 $\alpha_k$ 和 $\beta_k$ 在连续时间和离散时间情况时必须分别按照(11.4.5)式或(11.4.6)式。

如果系统分别是由(11.4.3)式这样的 $N$ 阶微分方程和差分方程表示的 SISO 因果 LTI 系统，那么编写出(11.4.11)式这样的状态方程和输出方程，分别加上 $\boldsymbol{\lambda}(0_-)=\boldsymbol{0}$ 和 $\boldsymbol{\lambda}[0]=\boldsymbol{0}$，就是它们的状态变量数学描述。然而，如果系统是由(11.4.3)式这样的 $N$ 阶微分方程和差分方程，以及(11.4.4)式的 $N$ 个起始条件描述的因果动态线性系统，那么在分别得到(11.4.11)式和(11.4.12)式这样的状态方程和输出方程之后，还必须确定连续时间系统的起始状态矢量 $\boldsymbol{\lambda}(0_-)$ 和离散时间系统的初始状态矢量 $\boldsymbol{\lambda}[0]$，分别替换掉图 11.8(a)和(b)中零输入响应 $y_{zi}(t)$ 和 $y_{zi}[n]$，才算完成它们状态变量描述的编写。换言之，必须把给定的 $N$ 个非零起始条件，分别转换成系统的起始状态矢量 $\boldsymbol{\lambda}(0_-)$ 和初始状态矢量 $\boldsymbol{\lambda}[0]$。利用(11.4.11)式的因果 LTI 系统输出方程和状态方程，可以建立(11.4.4)式中的 $N$ 个起始条件与系统 $N$ 个起始状态之间的关系。

首先讨论连续时间情况，在(11.4.11)式左式的连续时间 SISO 因果 LTI 系统的输出矢量方程中，若令 $t=0_-$，并考虑到 $x(0_-)=0$，则有

$$y(0_-)=\boldsymbol{C}\boldsymbol{\lambda}(0_-)\tag{11.4.13}$$

然后对矢量输出方程取一阶导数，得到

$$y'(t)=\boldsymbol{C}\dot{\boldsymbol{\lambda}}(t)+\boldsymbol{D}x'(t)\tag{11.4.14}$$

再把(11.4.11)左式的矢量状态方程代入上式，整理后得到

$$y'(t)=\boldsymbol{CA\lambda}(t)+\boldsymbol{CB}x(t)+\boldsymbol{D}x'(t)\tag{11.4.15}$$

逐次对上式取导数，并令上式中 $t=0_-$，考虑到 $x^{(k)}(0_-)=0$，$k=0,\ 1,\ \cdots,\ N-1$，则分别有

$$y'(0_-)=\boldsymbol{CA\lambda}(0_-)，\quad y''(0_-)=\boldsymbol{CA}^2\boldsymbol{\lambda}(0_-)，\ \cdots\tag{11.4.16}$$

以此类推，直到 $y^{(N-1)}(0_-)$。可以归纳出连续时间动态线性 SISO 系统输出的 $N$ 个起始条件与系统起始状态矢量之间的一般关系，即

$$y^{(k)}(0_-)=\boldsymbol{CA}^k\boldsymbol{\lambda}(0_-)，\quad k=0,\ 1,\ \cdots,\ N-1\tag{11.4.17}$$

对于 SISO 系统，这 $N$ 个代数方程中的 $\boldsymbol{CA}^k$ 均为 $N$ 维行矢量。现令如下维行矢量 $\boldsymbol{q}_k$ 为

$$\boldsymbol{q}_k=\left[q_{k1}\quad q_{k2}\quad\cdots\quad q_{kN}\right]=\boldsymbol{CA}^k，\quad k=0,\ 1,\ \cdots,\ N-1\tag{11.4.18}$$

可以把(11.4.17)式的 $N$ 个代数方程写成一个矢量代数方程，即

$$\boldsymbol{y}(0_-)=\boldsymbol{Q\lambda}(0_-)\tag{11.4.19}$$

其中，
$$\boldsymbol{y}(0_-)=\begin{bmatrix}y(0_-)\\y^{(1)}(0_-)\\y^{(2)}(0_-)\\\vdots\\y^{(N-1)}(0_-)\end{bmatrix}\quad \boldsymbol{\lambda}(0_-)=\begin{bmatrix}\lambda_1(0_-)\\\lambda_2(0_-)\\\lambda_3(0_-)\\\vdots\\\lambda_N(0_-)\end{bmatrix}\quad \boldsymbol{Q}=\begin{bmatrix}\boldsymbol{q}_0\\\boldsymbol{q}_1\\\boldsymbol{q}_2\\\vdots\\\boldsymbol{q}_{N-1}\end{bmatrix}=\begin{bmatrix}\boldsymbol{C}\\\boldsymbol{CA}\\\boldsymbol{CA}^2\\\vdots\\\boldsymbol{CA}^{N-1}\end{bmatrix}\tag{11.4.20}$$

其中，$\boldsymbol{Q}$ 是一个 $N\times N$ 阶方阵。求解(11.4.19)式的方程，可以得到起始状态矢量 $\boldsymbol{\lambda}(0_-)$，即

$$\boldsymbol{\lambda}(0_-)=\boldsymbol{Q}^{-1}\boldsymbol{y}(0_-)\tag{11.4.21}$$

其中，$\boldsymbol{Q}^{-1}$ 是 $\boldsymbol{Q}$ 的逆矩阵，也是一个 $N\times N$ 阶方阵。这就是连续时间动态系统的起始状态矢量，连同上面编写的状态方程和输出方程(见(11.4.11)式)，一起组成连续时间起始不松弛的动态线性系统的状态变量描述。

现在讨论离散时间情况，在(11.4.11)式右式的离散时间系统的矢量状态方程是一个矢量前推方程，令 $n=-k$，并考虑到 $x[-k]=0$，$k=1,\ 2,\ \cdots,\ N$，就有

$$\boldsymbol{\lambda}[-k+1]=\boldsymbol{A}\boldsymbol{\lambda}[-k],\quad k=1,\ 2,\ \cdots,\ N \tag{11.4.22}$$

在离散时间动态系统的矢量输出方程中，令 $n=-k$，并考虑到 $x[-k]=0$，$k=1,\ 2\ \cdots\ N$，则有

$$y[-k]=\boldsymbol{C}\boldsymbol{\lambda}[-k],\quad k=1,\ 2,\ \cdots,\ N \tag{11.4.23}$$

反复利用(11.4.22)式和(11.4.23)式，将得到输出的 $N$ 个起始条件与状态矢量 $\boldsymbol{\lambda}[-N]$ 之间有如下关系：

当 $k=N$ 时 $\quad y[-N]=\boldsymbol{C}\boldsymbol{\lambda}[-N]$

当 $k=N-1$ 时 $\quad y[-N+1]=\boldsymbol{C}\boldsymbol{\lambda}[-N+1]=\boldsymbol{C}\boldsymbol{A}\boldsymbol{\lambda}[-N]$

当 $k=N-2$ 时 $\quad y[-N+2]=\boldsymbol{C}\boldsymbol{\lambda}[-N+2]=\boldsymbol{C}\boldsymbol{A}^2\boldsymbol{\lambda}[-N]$

$\vdots \qquad \vdots$

当 $k=1$ 时 $\quad y[-1]=\boldsymbol{C}\boldsymbol{\lambda}[-1]=\boldsymbol{C}\boldsymbol{A}^{N-1}\boldsymbol{\lambda}[-N]$

它们可归纳为：

$$y[-N+k]=\boldsymbol{C}\boldsymbol{A}^k\boldsymbol{\lambda}[-N],\quad k=0,\ 1,\ \cdots,\ N-1 \tag{11.4.24}$$

这与连续时间中的(11.4.17)式完全类似。同样用(11.4.18)式和(11.4.20)式定义的 $N$ 个行矢量 $\boldsymbol{q}_k$ 和 $\boldsymbol{Q}$ 矩阵，就可以把上式的 $N$ 个代数方程写成一个矢量代数方程，即

$$\boldsymbol{y}[-k]=\boldsymbol{Q}\boldsymbol{\lambda}[-N] \tag{11.4.25}$$

其中，$\boldsymbol{Q}$ 也是 $N\times N$ 阶方阵，形式和(11.4.20)式的 $\boldsymbol{Q}$ 矩阵相同；$\boldsymbol{y}[-k]$ 和 $\boldsymbol{\lambda}[-N]$ 都是列矢量，即

$$\boldsymbol{y}[-k]=\begin{bmatrix}y[-N] & y[-N+1] & y[-N+2] & \cdots & y[-1]\end{bmatrix}^{\mathrm{T}} \tag{11.4.26}$$

和

$$\boldsymbol{\lambda}[-N]=\begin{bmatrix}\lambda_1[-N] & \lambda_2[-N] & \lambda_3[-N] & \cdots & \lambda_N[-N]\end{bmatrix}^{\mathrm{T}} \tag{11.4.27}$$

求解(11.4.25)式可得到状态矢量 $\boldsymbol{\lambda}[-N]$，即

$$\boldsymbol{\lambda}[-N]=\boldsymbol{Q}^{-1}\boldsymbol{y}[-k] \tag{11.4.28}$$

$\boldsymbol{Q}^{-1}$ 是 $\boldsymbol{Q}$ 的逆矩阵，它也是一个 $N\times N$ 阶方阵。进一步，利用(11.4.22)式，可以推导出初始状态矢量 $\boldsymbol{\lambda}[0]$ 与(11.4.27)式状态矢量 $\boldsymbol{\lambda}[-N]$ 之间的关系，即

$$\boldsymbol{\lambda}[0]=\boldsymbol{A}\boldsymbol{\lambda}[-1]=\boldsymbol{A}^2\boldsymbol{\lambda}[-2]=\ \cdots\ =\boldsymbol{A}^N\boldsymbol{\lambda}[-N] \tag{11.4.29}$$

联立(11.4.28)式和(11.4.29)式，将得到确定离散时间动态系统起始状态矢量的一般公式，即

$$\boldsymbol{\lambda}[0]=\boldsymbol{A}^N\boldsymbol{Q}^{-1}\boldsymbol{y}[-k] \tag{11.4.30}$$

上式连同上面已编写的状态方程和输出方程一起，组成离散时间起始不松弛的动态线性系统的状态空间模型。

上述推导表明：由连续时间和离散时间 SISO 动态线性系统的 $N$ 个非零起始条件，分别转换成系统的起始状态矢量 $\boldsymbol{\lambda}(0_-)$ 和初始状态矢量 $\boldsymbol{\lambda}[0]$ 的方法是类似的。首先，把连续时间和离散时间 SISO 动态线性系统的 $N$ 个非零起始条件，分别按照(11.4.20)式和(11.4.26)式构成列矢量 $\boldsymbol{y}(0_-)$、$\boldsymbol{y}[-k]$ 和 $\boldsymbol{Q}$ 矩阵，然后，在连续时间情况下，用(11.4.21)式求出起始状态矢量 $\boldsymbol{\lambda}(0_-)$，而离散时间情况下，则用(11.4.30)式求出初始状态矢量 $\boldsymbol{\lambda}[0]$。

总之，对于 SISO 连续时间或离散时间因果 LTI 系统，其状态空间模型为(11.4.11)式，并隐含着零起始状态矢量；而 SISO 连续时间或离散时间因果动态线性系统的状态变量描述为

$$\begin{cases}\dot{\boldsymbol{\lambda}}(t)=\boldsymbol{A}\boldsymbol{\lambda}(t)+\boldsymbol{B}x(t)\\ y(t)=\boldsymbol{C}\boldsymbol{\lambda}(t)+\boldsymbol{D}x(t)\\ \boldsymbol{\lambda}(0_-)=\boldsymbol{Q}^{-1}\boldsymbol{y}(0_-)\end{cases}\quad 或 \quad \begin{cases}\boldsymbol{\lambda}[n+1]=\boldsymbol{A}\boldsymbol{\lambda}[n]+\boldsymbol{B}x[n]\\ y[n]=\boldsymbol{C}\boldsymbol{\lambda}[n]+\boldsymbol{D}x[n]\\ \boldsymbol{\lambda}[0]=\boldsymbol{A}^N\boldsymbol{Q}^{-1}\boldsymbol{y}[-k]\end{cases} \tag{11.4.31}$$

其中，上述第一种直接规划法编写的 $\boldsymbol{A}$，$\boldsymbol{B}$，$\boldsymbol{C}$ 和 $\boldsymbol{D}$ 矩阵见(11.4.12)式；$\boldsymbol{Q}$ 矩阵和列矢量 $\boldsymbol{y}(0_-)$

及 $\boldsymbol{y}[-k]$ 分别见(11.4.20)式及(11.4.26)式。

必须强调，由于动态线性系统的状态方程和输出方程都是一样的标准形式，上述由系统的 $N$ 个起始条件转换成起始状态矢量 $\boldsymbol{\lambda}(0_-)$ 和初始状态矢量 $\boldsymbol{\lambda}[0]$ 的方法，都适用于后面要介绍的其他编写方法。

2) 连续时间和离散时间动态线性系统的状态变量模拟结构

在前面 4.6 节和 8.9 节中，曾介绍和讨论过用 $N$ 阶线性实系数微分方程和差分方程描述的一类因果 LTI 系统的几种模拟实现结构，对于用微分方程和差分方程描述的起始不松弛的因果线性系统，只讨论过它们的增量线性系统结构(见图 4.4)，即用一个因果 LTI 系统模拟结构的零状态响应和系统的零输入响应相加来模拟。在讨论了这类动态线性系统的状态变量描述后，已分别知道从连续时间和离散时间因果动态线性系统的非零起始条件到起始状态矢量 $\boldsymbol{\lambda}(0_-)$ 和初始状态矢量 $\boldsymbol{\lambda}[0]$ 的转换，依据图 11.6 给出的积分器和离散时间单位延时的增量线性系统结构，就可获得这类因果 LTI 系统和起始不松弛的因果动态线性系统的模拟实现结构，这种模拟实现结构称为**状态变量模拟实现结构**。例如，用(11.4.3)式的 $N$ 阶实系数线性微分方程和差分方程，以及(11.4.4)式的 $N$ 个非零起始条件描述的连续时间和离散时间因果动态线性系统，它们用三种基本单元构成的直接II型状态变量模拟实现结构如图 11.9(a)和(b)所示。

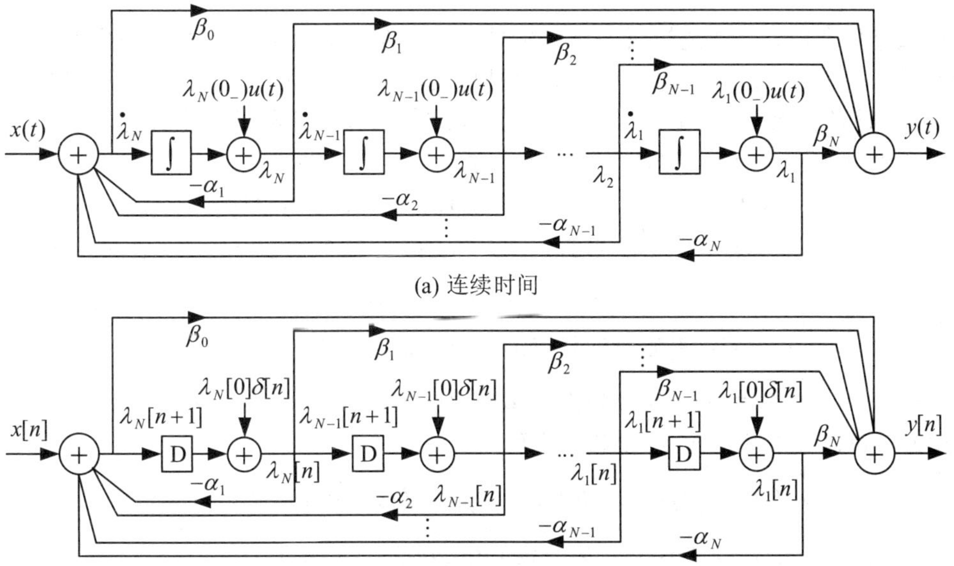


(a) 连续时间



(b) 离散时间

图 11.9　用微分方程和差分方程表示的因果动态线性系统按第一种直接编写法的状态变量模拟结构

**2．连续时间和离散时间动态线性系统的第二种直接规划法**

(11.4.3)式中的 $N$ 阶微分方程和差分方程可以分别改写成如下的形式：

$$y(t)=\sum_{k=0}^{N}\beta_k x_{(k)}(t)+\sum_{k=1}^{N}-\alpha_k y_{(k)}(t) \quad \text{和} \quad y[n]=\sum_{k=0}^{N}\beta_k x[n-k]+\sum_{k=1}^{N}-\alpha_k y[n-k] \tag{11.4.32}$$

上式左式中的 $x_{(k)}(t)$ 和 $y_{(k)}(t)$ 分别表示 $x(t)$ 和 $y(t)$ 的 $k$ 次积分，$\alpha_k$ 和 $\beta_k$ 由(11.4.5)式决定；右式即为离散时间因果 LTI 系统的后向递推方程，其中的 $\alpha_k$ 和 $\beta_k$ 由(11.4.6)式决定。

按照(11.4.32)式，又可以分别得到这样的连续时间和离散时间因果 LTI 系统的另一种直接II型实现结构，这种结构的模拟图如图 11.10(a)和(b)所示。依据这种模拟结构编写状态变量描述的方法，叫做第二种直接规划法。

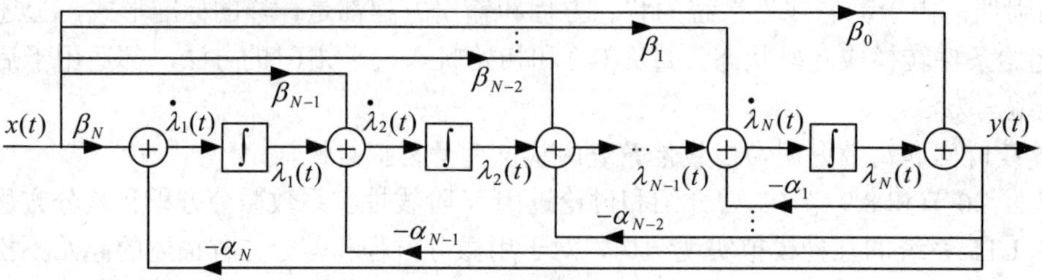

(a) 连续时间

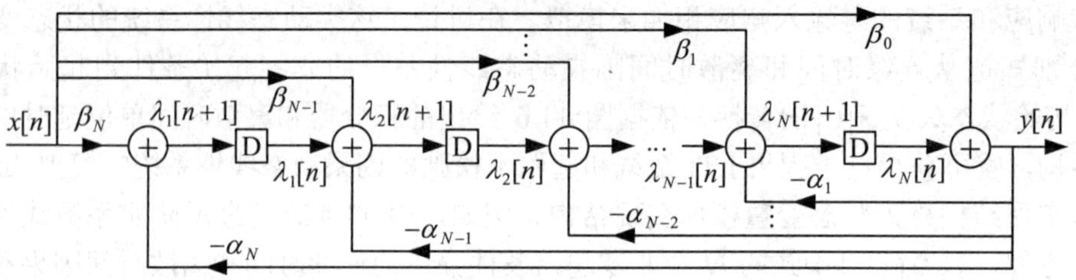

(b) 离散时间

图 11.10 按第二种直接编写法，用(11.4.3)式表示的因果 LTI 系统的模拟结构及其状态变量选择

首先选择每个积分器或离散时间单位延时输出作为系统的状态变量，如图 11.10(a)和(b)中标明的那样。请注意，这里的 $N$ 个状态变量是从输入到输出的正序排列，正好与图 11.8(a)和(b)中的排列相反。按照图 11.10(a)和(b)，可以分别直接写出系统的输出方程，即连续时间和离散时间 SISO 因果 LTI 系统的输出方程分别为

$$y(t)=\lambda_N(t)+\beta_0 x(t) \quad 和 \quad y[n]=\lambda_N[n]+\beta_0 x[n] \tag{11.4.33}$$

然后，编写它的 $N$ 个状态方程。连续时间因果 LTI 系统 $N$ 个状态方程中 $\lambda_1(t)$ 的方程为

$$\dot{\lambda}_1(t)=-\alpha_N y(t)+\beta_N x(t)$$

把(11.4.33)式左式代入上式，并整理成标准的状态方程形式为

$$\dot{\lambda}_1(t)=-\alpha_N\lambda_N(t)+(\beta_N-\beta_0\alpha_N)x(t)$$

类似地，可以导出其余 $N-1$ 个状态方程

$$\begin{aligned}
\dot{\lambda}_2(t)&=\lambda_1(t)-\alpha_{N-1}\lambda_N(t)+(\beta_{N-1}-\beta_0\alpha_{N-1})x(t)\\
\dot{\lambda}_3(t)&=\lambda_2(t)-\alpha_{N-2}\lambda_N(t)+(\beta_{N-2}-\beta_0\alpha_{N-2})x(t)\\
&\ \ \vdots\\
\dot{\lambda}_N(t)&=\lambda_{N-1}(t)-\alpha_1\lambda_N(t)+(\beta_1-\beta_0\alpha_1)x(t)
\end{aligned} \tag{11.4.34}$$

按照图 11.10(b)，用完全类似的方法，可以导出离散时间因果 LTI 系统的 $N$ 个状态方程为

$$\begin{aligned}
\lambda_1[n+1]&=-\alpha_N\lambda_N[n]+(\beta_N-\beta_0\alpha_N)x[n]\\
\lambda_2[n+1]&=\lambda_1[n]-\alpha_{N-1}\lambda_N[n]+(\beta_{N-1}-\beta_0\alpha_{N-1})x[n]\\
&\ \ \vdots\\
\lambda_{N-1}[n+1]&=\lambda_{N-2}[n]-\alpha_2\lambda_N[n]+(\beta_2-\beta_0\alpha_2)x[n]\\
\lambda_N[n+1]&=\lambda_{N-1}[n]-\alpha_1\lambda_N[n]+(\beta_1-\beta_0\alpha_1)x[n]
\end{aligned} \tag{11.4.35}$$

也可把上述状态方程组和输出方程分别写成(11.3.27)式那样的矢量方程，即

$$\begin{cases}\dot{\boldsymbol{\lambda}}(t)=\boldsymbol{A}\boldsymbol{\lambda}(t)+\boldsymbol{B}x(t)\\ y(t)=\boldsymbol{C}\boldsymbol{\lambda}(t)+\boldsymbol{D}x(t)\end{cases} \quad \text{或} \quad \begin{cases}\boldsymbol{\lambda}[n+1]=\boldsymbol{A}\boldsymbol{\lambda}[n]+\boldsymbol{B}x[n]\\ y[n]=\boldsymbol{C}\boldsymbol{\lambda}[n]+\boldsymbol{D}x[n]\end{cases} \tag{11.4.36}$$

而且，对于连续时间和离散时间因果 LTI 系统，状态方程和输出方程中的 $\boldsymbol{A}$，$\boldsymbol{B}$，$\boldsymbol{C}$ 和 $\boldsymbol{D}$ 矩阵分别是 $N\times N$，$N\times 1$，$1\times N$ 和 $1\times 1$ 阶矩阵，它们分别表示为

$$\boldsymbol{A}=\begin{bmatrix}0&0&\cdots&0&-\alpha_N\\1&0&\cdots&0&-\alpha_{N-1}\\0&1&\cdots&0&-\alpha_{N-2}\\\vdots&\vdots&\cdots&\vdots&\vdots\\0&0&\cdots&1&-\alpha_1\end{bmatrix}\quad \boldsymbol{B}=\begin{bmatrix}(\beta_N-\beta_0\alpha_N)\\(\beta_{N-1}-\beta_0\alpha_{N-1})\\(\beta_{N-2}-\beta_0\alpha_{N-2})\\ \\(\beta_1-\beta_0\alpha_1)\end{bmatrix}\quad \boldsymbol{C}=\begin{bmatrix}0&0&\cdots&0&1\end{bmatrix}\quad \boldsymbol{D}=[\beta_0] \tag{11.4.37}$$

其中，连续时间和离散时间情况下的 $\alpha_k$ 和 $\beta_k$ 必须分别按照(11.4.5)式和(11.4.6)式。

对于具有非零起始条件的连续时间和离散时间因果动态系统，还需分别确定系统的起始状态矢量 $\boldsymbol{\lambda}(0_-)$ 和初始状态矢量 $\boldsymbol{\lambda}[0]$，确定方法与第一种直接规划法介绍的方法和公式完全相同，只是在(11.4.20)式和(11.4.30)式中的 $\boldsymbol{Q}$ 矩阵所用的 $\boldsymbol{A}$ 及 $\boldsymbol{C}$ 矩阵，需换成(11.4.37)式中的 $\boldsymbol{A}$ 及 $\boldsymbol{C}$ 矩阵。同样地，按照获得的起始状态矢量 $\boldsymbol{\lambda}(0_-)$ 和初始状态矢量 $\boldsymbol{\lambda}[0]$，利用得到图 11.8 相同的方法，也可以画出它们的第二种直接 II 型状态变量模拟实现结构，读者可自行画出。

**【例 11.1】**　已知用如下微分方程和起始条件描述的连续时间动态线性系统，试用两种直接规范法编写其状态变量描述，即状态方程和输出方程(或 $\boldsymbol{A}$，$\boldsymbol{B}$，$\boldsymbol{C}$ 和 $\boldsymbol{D}$ 矩阵)，以及起始状态矢量。

$$\begin{cases}y'''(t)+2y''(t)-y'(t)-2y(t)=x(t)\\ y(0_-)=2,\quad y'(0_-)=1,\quad y''(0_-)=0\end{cases} \tag{11.4.38}$$

**解：** 1) 首先用第一种直接规划法编写。该微分方程表示的因果 LTI 系统的直接II型实现结构，以及系统的三个状态变量 $\lambda_1(t)$，$\lambda_2(t)$ 和 $\lambda_3(t)$ 如图 11.11 所示。按此图可直接写出系统的三个状态方程如下：

$$\dot{\lambda}_1(t)=\lambda_2(t)\,,\qquad \dot{\lambda}_2(t)=\lambda_3(t)\,,\qquad \dot{\lambda}_3(t)=2\lambda_1(t)+\lambda_2(t)-2\lambda_3(t)+x(t)$$

也可直接写出系统的输出方程：

$$y(t)=\lambda_1(t)$$

或者，该系统的 $\boldsymbol{A}$，$\boldsymbol{B}$，$\boldsymbol{C}$ 和 $\boldsymbol{D}$ 矩阵分别为

$$\boldsymbol{A}=\begin{bmatrix}0&1&0\\0&0&1\\2&1&-2\end{bmatrix}\qquad \boldsymbol{B}=\begin{bmatrix}0\\0\\1\end{bmatrix}$$

$$\boldsymbol{C}=\begin{bmatrix}1&0&0\end{bmatrix}\qquad \boldsymbol{D}=[0]$$

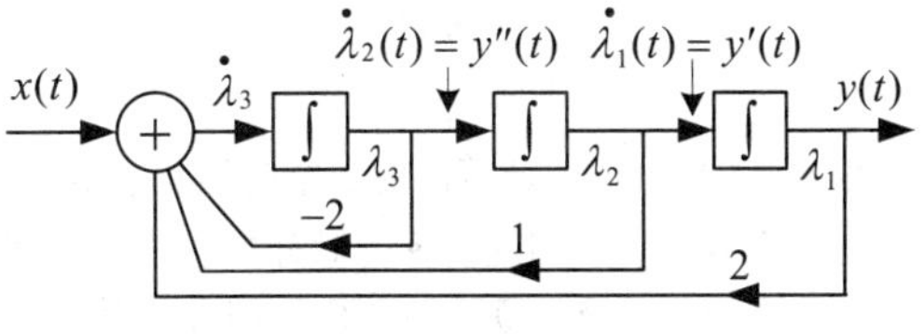


图 11.11

然后，要根据(11.4.21)式确定系统的起始状态矢量 $\boldsymbol{\lambda}(0_-)$，为此，先按照(11.4.20)式，该系统的 $\boldsymbol{Q}$ 矩阵为

$$\boldsymbol{Q}=\begin{bmatrix}\boldsymbol{C}\\\boldsymbol{CA}\\\boldsymbol{CA}^2\end{bmatrix}=\begin{bmatrix}1&0&0\\0&1&0\\0&0&1\end{bmatrix}$$

这是一个单位矩阵，它的逆矩阵也是单位矩阵，即 $\boldsymbol{Q}^{-1}=\boldsymbol{I}$。最后根据(11.4.21)式，系统的三个起始状态值为

$$\lambda_1(0_-)=y(0_-)=2\,,\quad \lambda_2(0_-)=y'(0_-)=1\quad \text{和}\quad \lambda_3(0_-)=y''(0_-)=0$$

在本例的系统中，3 个起始状态值恰好等于系统输出的三个起始条件值，这并不奇怪。从图 11.11 可以看出：$\lambda_1(t)=y(t)$，$\lambda_2(t)=y'(t)$ 和 $\lambda_3(t)=y''(t)$，它们正好是系统输出及其一、二阶导数。必须指出，只有纯粹递归微分方程表示的连续时间因果动态线性系统，且用第一种直接规划法编写的状态空间模型时，才有如

此巧合，其他的连续时间和离散时间因果动态线性系统，都不会出现这样的情况。

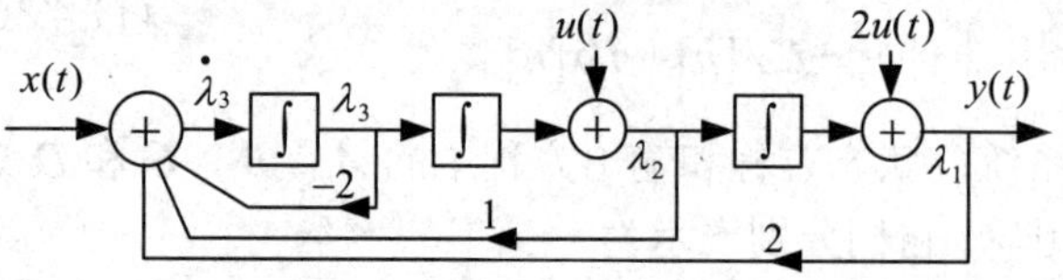

图 11.12

把起始状态画入图 11.11，得到该系统的状态变量模拟实现结构，如图 11.12 所示。

2) (11.4.38)式中微分方程表示因果 LTI 系统，可以用改写的如下积分方程来表示：

$$y(t)=x(t)-2y_{(1)}(t)+y_{(2)}(t)+2y_{(3)}(t)$$

按照上式，可以画出它的另一种直接II型实现结构，如图 11.13 所示，从输入到输出的三个积分器的输出选作系统的三个状态变量 $\lambda_1(t)$，$\lambda_2(t)$ 和 $\lambda_3(t)$。按照这个方框图，可以直接写出系统的三个状态方程如下：

$$\dot{\lambda}_1=2\lambda_3+x(t)$$

$$\dot{\lambda}_2=\lambda_1+\lambda_3$$

$$\dot{\lambda}_3=\lambda_2-2\lambda_2$$

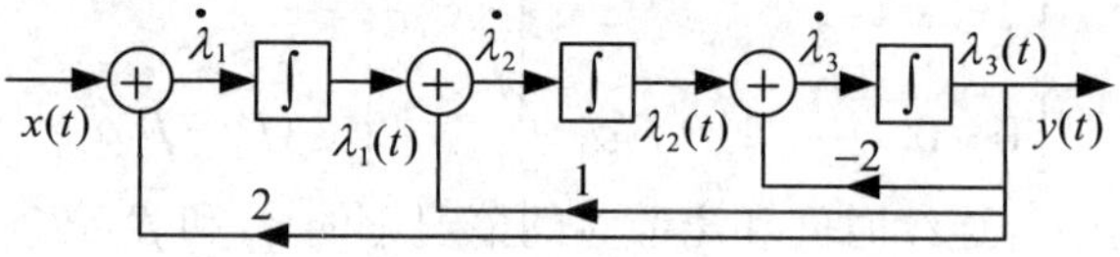

图 11.13

其中，用 $\dot{\lambda}_i$ 代表 $\dot{\lambda}_i(t)$，$\lambda_i$ 代表 $\lambda_i(t)$。

在后面的内容中，为了简便，连续时间状态变量及其一阶导数也这样表示。从图 11.13 中也可以直接写出系统的输出方程：

$$y(t)=\lambda_3(t)$$

该系统的 $\boldsymbol{A}$，$\boldsymbol{B}$，$\boldsymbol{C}$ 和 $\boldsymbol{D}$ 矩阵分别为

$$\boldsymbol{A}=\begin{bmatrix}0&0&2\\1&0&1\\0&1&-2\end{bmatrix}\qquad \boldsymbol{B}=\begin{bmatrix}1\\0\\0\end{bmatrix}\qquad \boldsymbol{C}=\begin{bmatrix}0&0&1\end{bmatrix}\qquad \boldsymbol{D}=\begin{bmatrix}0\end{bmatrix}$$

然后，确定系统的起始状态矢量 $\boldsymbol{\lambda}(0_-)$。为此，先按照(11.4.20)式，该系统的 $\boldsymbol{Q}$ 矩阵为

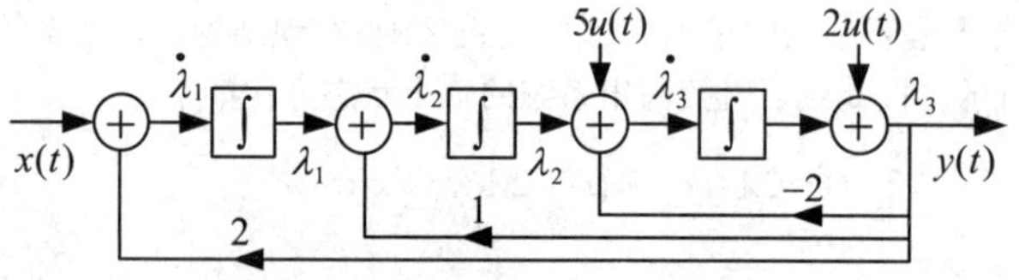

图 11.14

$$\boldsymbol{Q}=\begin{bmatrix}\boldsymbol{C}\\\boldsymbol{CA}\\\boldsymbol{CA}^2\end{bmatrix}=\begin{bmatrix}0&0&1\\0&1&-2\\1&-2&5\end{bmatrix}$$

它的逆矩阵为

$$\boldsymbol{Q}^{-1}=\begin{bmatrix}-1&2&1\\2&1&0\\1&0&0\end{bmatrix}$$

最后根据(11.4.21)式，计算出的三个起始状态值为 $\lambda_1(0_-)=0$，$\lambda_2(0_-)=5$ 和 $\lambda_3(0_-)=2$。

这里看到，对于用纯粹递归微分方程表示的连续时间动态线性系统，用第二种直接规划法确定起始状态矢量就没有第一种直接规划法那样的巧合，系统各个起始状态值不再正好等于系统输出的各个起始条件值。

考虑上述起始状态后，该动态线性系统的另一种直接II型状态变量模拟实现见图 11.14。它是图 11.13 的等价模拟实现，在相同的因果输入时，有相同的输出 $y(t)$，$t\geqslant 0$。

**【例 11.2】** 已知用如下差分方程和起始条件描述的离散时间动态线性系统，试用两种直接规范法，编写其状态变量描述，即状态方程和输出方程(或 $\boldsymbol{A}$，$\boldsymbol{B}$，$\boldsymbol{C}$ 和 $\boldsymbol{D}$ 矩阵)，以及初始状态矢量 $\boldsymbol{\lambda}[0]$。

$$\begin{cases}y[n]-2y[n-1]+y[n-2]=x[n-2]\\y[-1]=2,\quad y[-2]=1\end{cases}$$

**解**：1) 用第一种直接规划法编写。这个离散时间因果 LTI 系统的直接II型实现结构，以及系统的两个状态变量 $\lambda_1[n]$ 和 $\lambda_2[n]$，如图 11.15 所示。按照这个方框图，可以直接写出系统的两个状态方程如下：

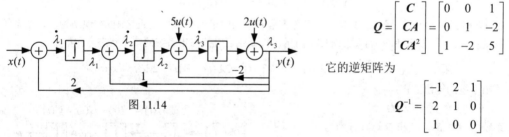

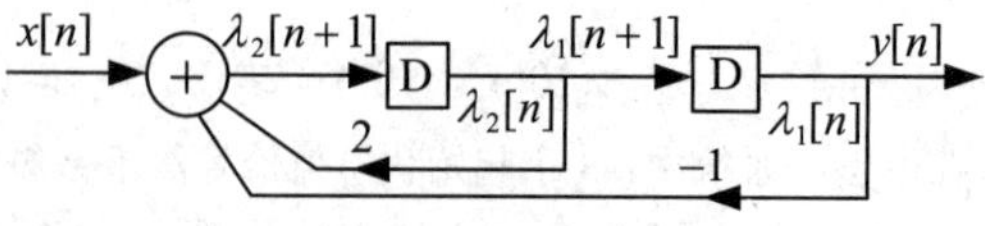

图 11.15

$$\lambda_1[n+1]=\lambda_2[n],\quad \lambda_2[n+1]=-\lambda_1[n]+2\lambda_2(t)+x[n]$$

也可以直接写出系统的输出方程：

$$y[n]=\lambda_1[n]$$

即系统的 $\boldsymbol{A}$，$\boldsymbol{B}$，$\boldsymbol{C}$ 和 $\boldsymbol{D}$ 矩阵分别为

$$\boldsymbol{A}=\begin{bmatrix}0 & 1\\ -1 & 2\end{bmatrix}\qquad \boldsymbol{B}=\begin{bmatrix}0\\ 1\end{bmatrix}\qquad \boldsymbol{C}=\begin{bmatrix}1 & 0\end{bmatrix}\qquad \boldsymbol{D}=\begin{bmatrix}0\end{bmatrix}$$

然后，根据(11.4.28)式确定系统的状态矢量 $\boldsymbol{\lambda}[-2]$。为此，先按照(11.4.20)式，该系统的 $\boldsymbol{Q}$ 矩阵为

$$\boldsymbol{Q}=\begin{bmatrix}\boldsymbol{C}\\ \boldsymbol{CA}\end{bmatrix}=\begin{bmatrix}1 & 0\\ 0 & 1\end{bmatrix}$$

这是单位矩阵，其逆矩阵为 $\boldsymbol{Q}^{-1}=\boldsymbol{I}$。根据(11.4.28)式，在 $n=-2$ 时的两个状态值为

$$\lambda_1[-2]=y[-2]=1\qquad \lambda_2[-2]=y[-1]=2$$

最后根据(11.4.30)式，确定系统的起始状态矢量 $\boldsymbol{\lambda}[0]$，即

$$\begin{bmatrix}\lambda_1[0]\\ \lambda_2[0]\end{bmatrix}=\begin{bmatrix}0 & 1\\ -1 & 2\end{bmatrix}^2\begin{bmatrix}1\\ 2\end{bmatrix}=\begin{bmatrix}3\\ 4\end{bmatrix}$$

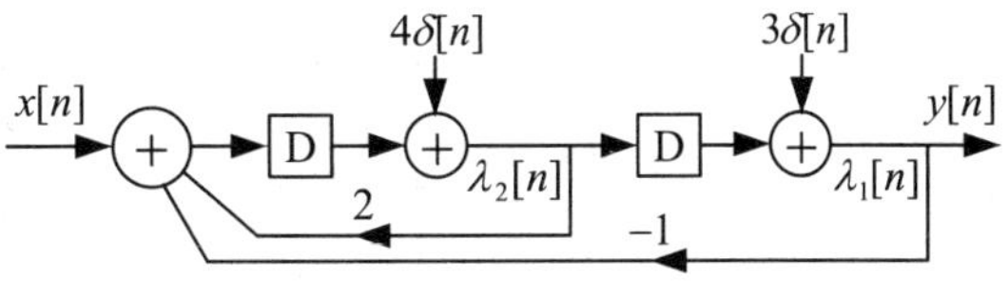

图 11.16

以上编写的状态变量模拟实现见图 11.16。

2) 该系统的差分方程可以用改写的如下后推方程：

$$y[n]=x[n-2]-y[n-2]+2y[n-1]$$

按照此后推方程，可以画出另一种直接II型实现结构，并选定两个状态变量 $\lambda_1[n]$ 和 $\lambda_2[n]$，如图 11.17 所示。

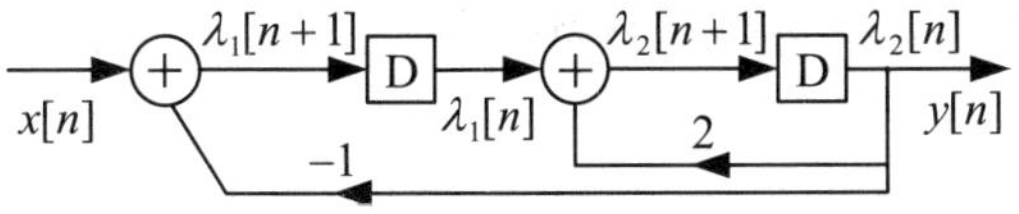

图 11.17

由此可以直接写出系统的三个状态方程如下：

$$\lambda_1[n+1]=-\lambda_2[n]+x[n]$$

$$\lambda_2[n+1]=\lambda_1[n]+2\lambda_2[n]$$

从图 11.17 也可直接写出系统的输出方程：

$$y[n]=\lambda_2[n]$$

因此，第二种直接规划法编写出该系统的 $\boldsymbol{A}$，$\boldsymbol{B}$，$\boldsymbol{C}$ 和 $\boldsymbol{D}$ 矩阵分别为

$$\boldsymbol{A}=\begin{bmatrix}0 & -1\\ 1 & 2\end{bmatrix}\qquad \boldsymbol{B}=\begin{bmatrix}1\\ 0\end{bmatrix}\qquad \boldsymbol{C}=\begin{bmatrix}0 & 1\end{bmatrix}\qquad \boldsymbol{D}=\begin{bmatrix}0\end{bmatrix}$$

然后确定系统的状态矢量 $\boldsymbol{\lambda}[-2]$。为此，先根据(11.5.20)式，该系统的 $\boldsymbol{Q}$ 矩阵和它的逆矩阵 $\boldsymbol{Q}^{-1}$ 分别为

$$\boldsymbol{Q}=\begin{bmatrix}\boldsymbol{C}\\ \boldsymbol{CA}\end{bmatrix}=\begin{bmatrix}0 & 1\\ 1 & 2\end{bmatrix}\quad 和\quad \boldsymbol{Q}^{-1}=\begin{bmatrix}-2 & 1\\ 1 & 0\end{bmatrix}$$

根据(11.4.28)式，系统在 $n=-2$ 时刻的两个状态值为

$$\begin{bmatrix}\lambda_1[-2]\\ \lambda_2[-2]\end{bmatrix}=\begin{bmatrix}-2 & 1\\ 1 & 0\end{bmatrix}\begin{bmatrix}1\\ 2\end{bmatrix}=\begin{bmatrix}0\\ 1\end{bmatrix}$$

按照(11.4.30)式，确定系统的起始状态矢量 $\boldsymbol{\lambda}[0]$，即

$$\begin{bmatrix}\lambda_1[0]\\ \lambda_2[0]\end{bmatrix}=\begin{bmatrix}0 & -1\\ 1 & 2\end{bmatrix}^2\begin{bmatrix}0\\ 1\end{bmatrix}=\begin{bmatrix}-2\\ 3\end{bmatrix}$$

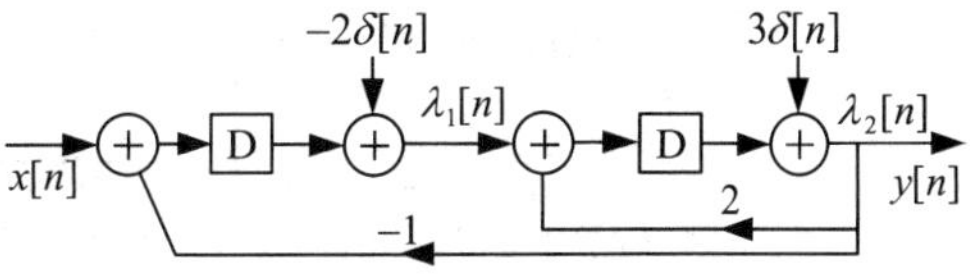

图 11.18

按照以上编写的状态变量描述，该系统的另一种模拟实现方框图如图 11.18 所示。

**【例 11.3】** 试用第一种直接规范法，编写如下微分方程和起始条件描述的连续时间动态线性系统的状态变量描述，即确定系统的 $\boldsymbol{A}$，$\boldsymbol{B}$，$\boldsymbol{C}$ 和 $\boldsymbol{D}$ 矩阵和起始状态矢量 $\boldsymbol{\lambda}(0_-)$。

$$\begin{cases} y'''(t)+4y''(t)+y'(t)-6y(t)=x''(t)+2x'(t)-15x(t)\\ y(0^-)=1,\quad y'(0^-)=-1,\quad y''(0^-)=0\end{cases}\tag{11.4.39}$$

**解**：该微分方程表示的动态线性系统的直接II型状态变量模拟实现方框图如图 11.19 所示。按第一种直接规划法选择的三个状态变量 $\lambda_1$、$\lambda_2$ 和 $\lambda_3$，及其起始状态均画在图中。按照图 11.19，可以分别写出该系统的三个状态方程和输出方程，其 $\boldsymbol{A}$，$\boldsymbol{B}$，$\boldsymbol{C}$ 和 $\boldsymbol{D}$ 矩阵为

$$\boldsymbol{A}=\begin{bmatrix}0 & 1 & 0\\ 0 & 0 & 1\\ 6 & -1 & -4\end{bmatrix}\qquad \boldsymbol{B}=\begin{bmatrix}0\\ 0\\ 1\end{bmatrix}\qquad \boldsymbol{C}=\begin{bmatrix}-15 & 2 & 1\end{bmatrix}\qquad \boldsymbol{D}=\begin{bmatrix}0\end{bmatrix}$$

然后，根据(11.4.21)式确定起始状态矢量，其中，按照(11.4.20)式的 $\boldsymbol{Q}$ 矩阵及其逆矩阵分别为

$$\boldsymbol{Q}=\begin{bmatrix}-15 & 2 & 1\\ 6 & -16 & -2\\ -12 & 8 & -8\end{bmatrix}\quad 和 \quad \boldsymbol{Q}^{-1}=\begin{bmatrix}-1/15 & -1/90 & -1/180\\ -1/30 & -11/180 & 1/90\\ 1/15 & -2/45 & -19/180\end{bmatrix}$$

最后求得三个起始状态值为 $\lambda_1(0_-)=-1/18$，　$\lambda_2(0_-)=1/36$，　$\lambda_3(0_-)=1/9$

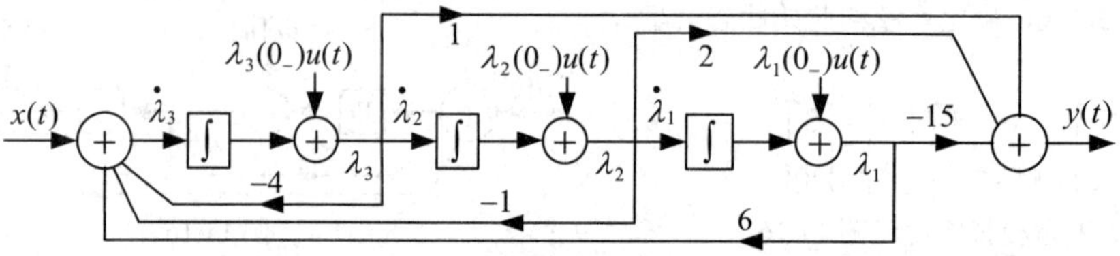


图 11.19　(11.4.39)式表示的连续时间动态系统的第一种直接II型状态变量模拟图

**【例 11.4】**　试用第二种直接规范法，编写如下差分方程和起始条件描述的离散时间动态线性系统的状态变量描述，即确定系统的 $\boldsymbol{A}$，$\boldsymbol{B}$，$\boldsymbol{C}$ 和 $\boldsymbol{D}$ 矩阵和起始状态矢量 $\boldsymbol{\lambda}[0]$。

$$\begin{cases}y[n]-\dfrac{11}{6}y[n-1]+y[n-2]-\dfrac{1}{6}y[n-3]=3x[n]-\dfrac{11}{3}x[n-1]+x[n-2]\\ y[-1]=1,\quad y[-2]=0,\quad y[-3]=1\end{cases}\tag{11.4.40}$$

**解**：该差分方程改写成后推方程如下

$$y[n]=3x[n]-(11/3)x[n-1]+(11/6)y[n-1]+x[n-2]-y[n-2]+(1/6)y[n-3]$$

它表示的离散时间因果系统可用图 11.20 的方框图实现，图中还标明了选定的三个状态变量，起始状态也一并画入图中。按照图 11.20，可以分别写出该系统的三个状态方程和输出方程，其中 $\boldsymbol{A}$，$\boldsymbol{B}$，$\boldsymbol{C}$ 和 $\boldsymbol{D}$ 矩阵为

$$\boldsymbol{A}=\begin{bmatrix}0 & 0 & 1/6\\ 1 & 0 & -1\\ 0 & 1 & 11/6\end{bmatrix}\qquad \boldsymbol{B}=\begin{bmatrix}1/2\\ -2\\ 11/6\end{bmatrix}\qquad \boldsymbol{C}=\begin{bmatrix}0 & 0 & 1\end{bmatrix}\qquad \boldsymbol{D}=\begin{bmatrix}3\end{bmatrix}$$

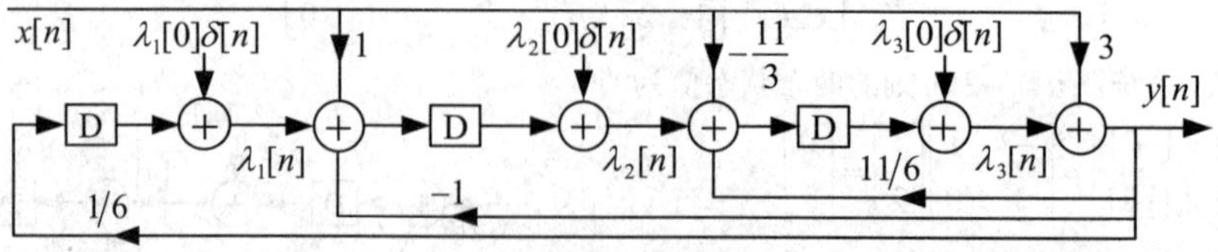


图 11.20　(11.4.40)式表示的离散时间动态系统的第二种直接II型状态变量模拟图

然后，根据(11.4.28)式确定系统的状态矢量 $\boldsymbol{\lambda}[-3]$，其中的 $\boldsymbol{Q}$ 矩阵及其逆矩阵分别为

$$\boldsymbol{Q}=\begin{bmatrix}0 & 0 & 1\\ 0 & 1 & 11/6\\ 1 & 11/6 & 85/36\end{bmatrix}\quad 和 \quad \boldsymbol{Q}^{-1}=\begin{bmatrix}1 & -11/6 & 1\\ -11/6 & 1 & 0\\ 1 & 0 & 0\end{bmatrix}$$

求得在 $n=-3$ 时刻的三个状态变量值分别为 $\lambda_1[-3]=2$，$\lambda_2[-3]=-11/6$，$\lambda_3[-3]=1$。最后，根据(11.4.30)式求得系统的三个初始状态值为

$$\lambda_1[0]=1/6,\quad \lambda_2[0]=-1,\quad \lambda_3[0]=2$$

## 11.4.3　级联规划法和并联规划法

从 8.9 节介绍的因果动态线性系统的级联和并联模拟实现结构出发，建立系统状态空间模型的编写方法分别称为**级联规划法**和**并联规划法**。

**1．级联规划法**

对(11.4.3)式表示的连续时间和离散时间因果系统的系统函数分别可以写成(见(8.9.4)式)

$$H(s)=H_0\frac{1+\beta_1s^{-1}+\beta_2s^{-2}+\cdots+\beta_Ns^{-N}}{1+a_1s^{-1}+\alpha_2s^{-2}+\cdots+\alpha_Ns^{-N}}\quad 和\quad H(z)=H_0\frac{1+\beta_1z^{-1}+\beta_2z^{-2}+\cdots+\beta_Nz^{-N}}{1+a_1z^{-1}+\alpha_2s^{-2}+\cdots+\alpha_Nz^{-N}}\tag{11.4.41}$$

连续时间和离散时间因果 LTI 系统有完全类似的有理系统函数形式，仅其中系数 $\alpha_k$ 和 $\beta_k$ 与各自的微分方程和差分方程中系数 $a_k$ 和 $b_k$ 的关系不同(见(8.9.2)式和(8.9.3)式)。若系统的 $N$ 个零点和极点(分子和分母多项式的根)分别为 $z_i$ 和 $p_i$，$i=1,\ 2,\ \cdots,\ N$，则系统函数可分别写成

$$H(s)=H_0\prod_{i=1}^{N}\frac{1-z_is^{-1}}{1-p_is^{-1}}\quad 和\quad H(z)=H_0\prod_{i=1}^{N}\frac{1-z_iz^{-1}}{1-p_iz^{-1}}\tag{11.4.42}$$

其中，$H_0=\beta_0$，即在 $H(s)$ 中，$H_0=b_N/a_N$；在 $H(z)$ 中，$H_0=b_0/a_0$。利用图 8.53(a)和(b)，可画出连续时间和离散时间因果 LTI 系统的 $N$ 个一阶节的级联结构，分别如图 11.21(a)和(b)所示。并像图 11.21(a)和(b)中标明的那样，分别选择图中 $N$ 个积分器和离散时间单位延时的输出作为各自的 $N$ 个状态变量 $\lambda_i(t)$ 和 $\lambda_i[n]$，$i=1,\ 2,\ \cdots,\ N$。

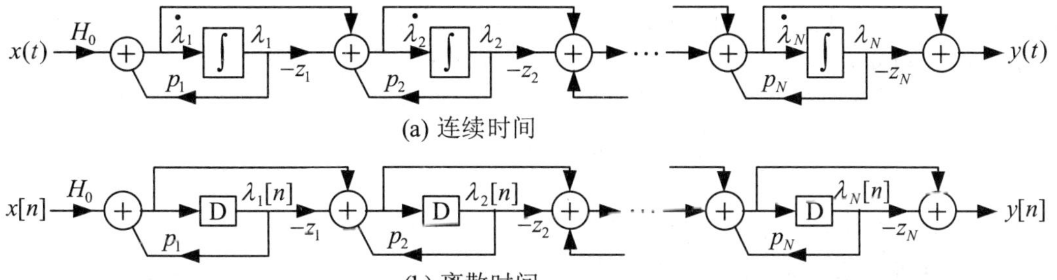


(a) 连续时间

(b) 离散时间

图 11.21　(11.4.42)式表示的因果 LTI 系统的级联模拟结构及其状态变量的选择

按照图 11.21(a)和(b)的级联结构，可以直接写出连续和离散时间因果 LTI 系统的状态方程和输出方程，由于除积分器和离散时间单位延时外，图 11.21(a)和(b)有完全相同的结构，它们的状态方程和输出方程形式上完全相同。这里以图 11.21(a)为例，$N$ 个状态变量 $\dot{\lambda}_i$ 分别为

$$\dot{\lambda}_1=p_1\lambda_1+H_0x(t),\quad \dot{\lambda}_2=-z_1\lambda_1+\dot{\lambda}_1+p_2\lambda_2,\quad \dot{\lambda}_3=-z_2\lambda_2+\dot{\lambda}_2+p_3\lambda_3,\ \cdots$$

$$\dot{\lambda}_N=-z_{N-1}\lambda_{N-1}+\dot{\lambda}_{N-1}+p_N\lambda_N$$

从上面第二个式子开始，逐个地代入上一个式子中的 $\dot{\lambda}_i$，并整理成标准的状态方程为

$$\begin{aligned}
\dot{\lambda}_1&=p_1\lambda_1+H_0x(t)\\
\dot{\lambda}_2&=(-z_1+p_1)\lambda_1+p_2\lambda_2+H_0x(t)\\
\dot{\lambda}_3&=(-z_1+p_1)\lambda_1+(-z_2+p_2)\lambda_2+p_3\lambda_3+H_0x(t)\\
&\ \ \vdots\\
\dot{\lambda}_N&=(-z_1+p_1)\lambda_1+\ \cdots\ +(-z_{N-1}+p_{N-1})\lambda_{N-1}+p_N\lambda_N+H_0x(t)
\end{aligned}\tag{11.4.43}$$

图 11.21(a)中的输出 $y(t)$ 为 $y(t)=-z_N\lambda_N+\dot{\lambda}_N$，代入 $\dot{\lambda}_N$ 的状态方程并整理得到输出方程如下：

$$y(t)=(-z_1+p_1)\lambda_1+\ \cdots\ +(-z_{N-1}+p_{N-1})\lambda_{N-1}+p_N\lambda_N+H_0x(t) \tag{11.4.44}$$

上述状态方程组和输出方程也可以写成矢量方程形式，其 $\boldsymbol{A}$，$\boldsymbol{B}$，$\boldsymbol{C}$ 和 $\boldsymbol{D}$ 矩阵为

$$\boldsymbol{A}=\begin{bmatrix} p_1 & 0 & 0 & \cdots & 0 & 0 \\ p_1-z_1 & p_2 & 0 & \cdots & 0 & 0 \\ p_1-z_1 & p_2-z_2 & p_3 & \cdots & 0 & 0 \\ \vdots & \vdots & \vdots & \cdots & 0 & \vdots \\ p_1-z_1 & p_2-z_2 & p_3-z_3 & \cdots & p_{N-1} & 0 \\ p_1-z_1 & p_2-z_2 & p_3-z_3 & \cdots & p_{N-1}-z_{N-1} & p_N \end{bmatrix} \qquad \boldsymbol{B}=\begin{bmatrix} 1 \\ 1 \\ 1 \\ \vdots \\ 1 \\ 1 \end{bmatrix}$$

$$\boldsymbol{C}=\begin{bmatrix}(p_1-z_1) & (p_2-z_2) & \cdots & (p_{N-1}-z_{N-1}) & (p_N-z_N)\end{bmatrix} \qquad \boldsymbol{D}=\begin{bmatrix}H_0\end{bmatrix} \tag{11.4.45}$$

对图 11.21 (b)的离散时间因果 LTI 系统的级联结构，其状态变量描述的 $\boldsymbol{A}$，$\boldsymbol{B}$，$\boldsymbol{C}$，$\boldsymbol{D}$ 矩阵和(11.4.45)式完全一样。这就是用级联规划法编写的 $N$ 阶微分方程或差分方程表示的 SISO 因果 LTI 系统的状态变量描述，当然，它们的起始状态矢量 $\boldsymbol{\lambda}(0_-)$ 和初始状态矢量 $\boldsymbol{\lambda}[0]$ 均为零矢量。由(11.4.45)式看到，$\boldsymbol{A}$ 矩阵是一个复的三角矩阵。换言之，只要 $N$ 个状态变量像图 11.21 中那样自左至右或自右至左顺序排列，按级联规划法编写获得的 $\boldsymbol{A}$ 矩阵一定是复的下或上三角矩阵，且对角线元素正好是系统的 $N$ 个极点值，这是级联规划法的主要特点。

必须指出，如果系统是实系数微分方程和差分方程表示的因果 LTI 系统，系统的零点 $z_i$ 和(或)极点 $p_i$ 仍可能是复数，因此一般说来，(11.4.45)式中的 $\boldsymbol{A}$ 和 $\boldsymbol{C}$ 矩阵将是复矩阵。如果限定 $\boldsymbol{A}$，$\boldsymbol{B}$，$\boldsymbol{C}$，$\boldsymbol{D}$ 矩阵为实矩阵，即限定状态方程和输出方程为实系数方程，就必须像 8.9.1 节那样，其级联结构是一系列实的一阶和二阶节的级联(见图 8.53)，此时用级联规划法获得的 $\boldsymbol{A}$，$\boldsymbol{B}$，$\boldsymbol{C}$，$\boldsymbol{D}$ 矩阵将是实元素矩阵。具体情况将由本小节后面的例子来说明。

进一步，如果系统是一个起始不松弛的因果动态线性系统，用上述级联规划法在编写出状态方程和输出方程后，还必须将系统的一组起始条件转换成起始状态矢量 $\boldsymbol{\lambda}(0_-)$ 或初始状态矢量 $\boldsymbol{\lambda}[0]$。转换方法和前面两种直接规划法一样，分别见(11.4.21)式或(11.4.30)式，只是这些公式中的 $\boldsymbol{A}$ 和 $\boldsymbol{C}$ 矩阵，必须用级联规划法得到的 $\boldsymbol{A}$ 和 $\boldsymbol{C}$ 矩阵。具体转换方法见下面的例子。

**【例 11.5】** 对例 11.3 和例 11.4 中的连续时间和离散时间动态线性系统，分别用级联规划法编写它们的实系数状态方程、输出方程，并确定各自的起始状态矢量 $\boldsymbol{\lambda}(0_-)$ 或初始状态矢量 $\boldsymbol{\lambda}[0]$。

**解：**(1) 首先用级联规划法编写例 11.3 的连续时间动态线性系统状态变量描述。由(11.4.39)式中的微分方程可以写出系统的系统函数为

$$H(s)=\frac{s^2+2s-15}{s^3+4S^2+s-6}=\frac{(s+5)(s-3)}{(s-1)(s+2)(s+3)}=\frac{1+5s^{-1}}{1-s^{-1}}\cdot\frac{1-3s^{-1}}{1+2s^{-1}}\cdot\frac{s^{-1}}{1+3s^{-1}}$$

该系统函数的一种级联实现结构和选定的三个状态变量见图 11.22，图中也画出了三个起始状态值的模拟。按照图 11.22，可以编写出如下的状态方程和输出方程：

$$\begin{cases} \dot{\lambda}_1=\lambda_1+x(t) \\ \dot{\lambda}_2=5\lambda_1+\dot{\lambda}_1-2\lambda_2=6\lambda_1-2\lambda_2+x(t) \\ \dot{\lambda}_3=-3\lambda_2+\dot{\lambda}_2-3\lambda_3=6\lambda_1-5\lambda_2-3\lambda_3+x(t) \end{cases} \tag{11.4.46}$$

和

$$y(t)=\lambda_3 \tag{11.4.47}$$

或者写成(11.4.11)式那样的矢量状态方程和输出方程，其中 $\boldsymbol{A}$，$\boldsymbol{B}$，$\boldsymbol{C}$ 和 $\boldsymbol{D}$ 矩阵为

$$\boldsymbol{A}=\begin{bmatrix}1&0&0\\6&-2&0\\6&-5&-3\end{bmatrix}\qquad \boldsymbol{B}=\begin{bmatrix}1\\1\\1\end{bmatrix}\qquad \boldsymbol{C}=\begin{bmatrix}0&0&1\end{bmatrix}\qquad \boldsymbol{D}=\begin{bmatrix}0\end{bmatrix}\tag{11.4.48}$$

然后确定起始状态矢量，根据(11.4.20)式，$\boldsymbol{Q}$ 及其逆矩阵分别为

$$\boldsymbol{Q}=\begin{bmatrix}0&0&1\\6&-5&-3\\-42&25&9\end{bmatrix}\qquad \boldsymbol{Q}^{-1}=\begin{bmatrix}-1/2&-5/12&-1/12\\-6/5&-7/10&-1/10\\1&0&0\end{bmatrix}$$

依据(11.4.21)式求得的三个起始状态值分别为

$$\lambda_1(0_-)=-1/12\,,\quad \lambda_2(0_-)=-1/2\,,\quad \lambda_3(0_-)=1$$

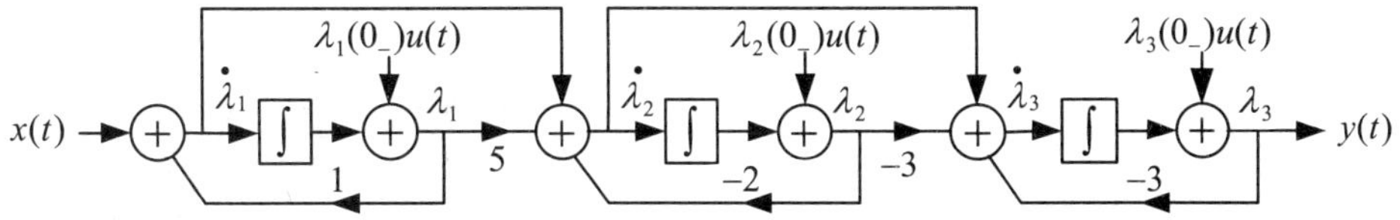


图 11.22　(11.4.39)式表示的连续时间动态线性系统的一种级联结构状态变量模拟图

(2) 现用级联规划法编写例 11.4 的离散时间动态线性系统状态变量描述。由(11.4.40)式中的差分方程可以写出其系统函数，并考虑到有一对共轭复零点，故可以写为

$$H(z)=\frac{3-(11/3)z^{-1}+z^{-2}}{1-(11/6)z^{-1}+z^{-2}-(1/6)z^{-3}}=\frac{1-(11/9)z^{-1}+(1/3)z^{-2}}{1-(5/6)z^{-1}+(1/6)z^{-2}}\cdot\frac{3}{1-z^{-1}}$$

该系统函数的一种级联实现结构和选定的三个状态变量如图 11.23 所示，图中也画出了三个起始状态值的模拟。由该图可以编写出如下状态方程和输出方程：

$$\begin{cases}\lambda_1[n+1]=(5/6)\lambda_1[n]-(1/6)\lambda_2[n]+x[n]\\ \lambda_2[n+1]=\lambda_1[n]\\ \lambda_3[n+1]=-(7/18)\lambda_1[n]+(1/6)\lambda_2[n]+\lambda_3[n]+x[n]\end{cases}$$

和

$$y[n]=3\lambda_3[n+1]=-(7/6)\lambda_1[n]+(1/2)\lambda_2[n]+3\lambda_3[n]+3x[n]\tag{11.4.49}$$

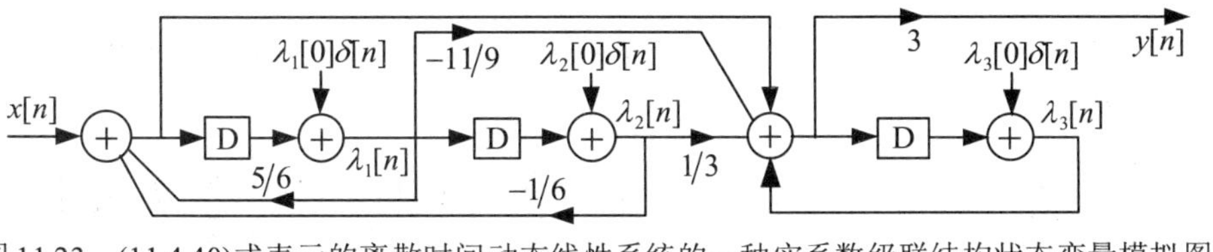


图 11.23　(11.4.40)式表示的离散时间动态线性系统的一种实系数级联结构状态变量模拟图

或者写成(11.4.11)式这样的离散时间矢量状态方程和输出方程，其中，$\boldsymbol{A}$，$\boldsymbol{B}$，$\boldsymbol{C}$，$\boldsymbol{D}$ 矩阵为

$$\boldsymbol{A}=\begin{bmatrix}5/6&-1/6&0\\1&0&0\\-7/18&1/6&1\end{bmatrix}\qquad \boldsymbol{B}=\begin{bmatrix}1\\0\\1\end{bmatrix}\qquad \boldsymbol{C}=\begin{bmatrix}-7/6&1/2&3\end{bmatrix}\qquad \boldsymbol{D}=\begin{bmatrix}3\end{bmatrix}\tag{11.4.50}$$

然后确定起始状态矢量，根据(11.4.20)式，$\boldsymbol{Q}$ 及其逆矩阵分别为

$$\boldsymbol{Q}=\begin{bmatrix}-7/6&1/2&3\\-59/36&25/36&3\\-387/216&167/216&3\end{bmatrix}\qquad \boldsymbol{Q}^{-1}\approx\begin{bmatrix}10.552&-36.621&26.069\\20.483&-83.793&63.310\\1.023&-0.276&-0.414\end{bmatrix}$$

依据(11.4.28)式求得 $n=-3$ 时刻的三个状态值分别为 $\lambda_1[-3]\approx36.621$，$\lambda_2[-3]\approx83.793$ 和 $\lambda_3[-3]\approx0.609$。最后，由(11.4.30)式得到三个起始状态值为

$$\lambda_1[0]\approx3.649\,,\quad \lambda_2[0]\approx7.689\,,\quad \lambda_3[0]\approx7.946$$

**2．并联规划法**

基于 8.9.2 节的并联实现结构，就可获得系统状态变量描述的并联规划法。

首先讨论简单的情况，假设(11.4.41)式 $H(s)$ 和 $H(z)$ 的分母多项式有 $N$ 个互不相同的单根为 $p_i$，$i=1,\ 2,\ \cdots,\ N$，它们一般为复数，则 $H(s)$ 和 $H(z)$ 分别可以部分分式展开为

$$H(s)=H_0+\sum_{i=1}^{N}\frac{A_i s^{-1}}{1-p_i s^{-1}} \quad 和 \quad H(z)=H_0+\sum_{i=1}^{N}\frac{B_i}{1-p_i z^{-1}} \tag{11.4.51}$$

其中，左式的 $H_0=b_N/a_N$，右式的 $H_0=b_0/a_0$。由此，它们的并联结构模拟图分别如图 11.24(a)和(b)所示，并在图中标明了选定的 $N$ 个状态变量。

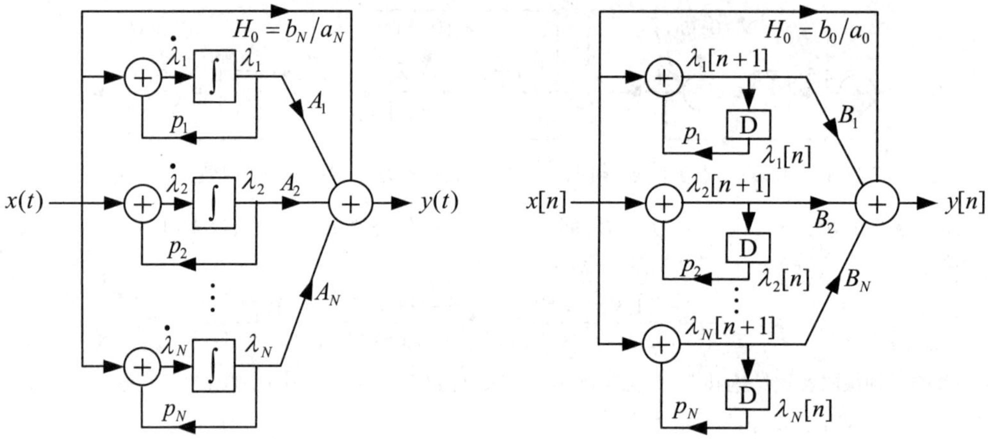


(a) 连续时间　　　　(b) 离散时间

图 11.24　(11.4.51)式的因果 LTI 系统函数的并联结构模拟图

按照图 11.24(a)和(b)，很容易编写出它们的状态方程和输出方程：连续时间和离散时间情况下的系统状态方程分别为

$$\dot{\lambda}_i=p_i\lambda_i+x(t) \quad 和 \quad \lambda_i[n+1]=p_i\lambda_i[n]+x[n],\quad i=1,\ 2,\ \cdots,\ N \tag{11.4.52}$$

它们的输出方程分别为

$$y(t)=\sum_{i=1}^{N}A_i\lambda_i(t)+H_0x(t) \quad 和 \quad y[n]=\sum_{i=1}^{N}B_ip_i\lambda_i[n]+\left(H_0+\sum_{i=1}^{N}B_i\right)x[n] \tag{11.4.53}$$

或者写成(11.4.11)式这样的矢量状态方程和输出方程，其中的 $\boldsymbol{A}$，$\boldsymbol{B}$，$\boldsymbol{C}$，$\boldsymbol{D}$ 矩阵，对于图 11.24(a)的连续时间系统为

$$\boldsymbol{A}=\begin{bmatrix} p_1 & 0 & 0 & \cdots & 0 & 0 \\ 0 & p_2 & 0 & \cdots & 0 & 0 \\ 0 & 0 & p_3 & \cdots & 0 & 0 \\ \vdots & \vdots & \vdots & \cdots & \vdots & \vdots \\ 0 & 0 & 0 & \cdots & p_{N-1} & 0 \\ 0 & 0 & 0 & \cdots & 0 & p_N \end{bmatrix} \qquad \boldsymbol{B}=\begin{bmatrix} 1 \\ 1 \\ 1 \\ \vdots \\ 1 \\ 1 \end{bmatrix}$$

和

$$\boldsymbol{C}=\begin{bmatrix} A_1 & A_2 & A_3 & \cdots & A_{N-1} & A_N \end{bmatrix} \qquad \boldsymbol{D}=\begin{bmatrix} H_0 \end{bmatrix} \tag{11.4.54}$$

对于图 11.24(b)的离散时间系统为

$$A=\begin{bmatrix} p_1 & 0 & 0 & \cdots & 0 & 0 \\ 0 & p_2 & 0 & \cdots & 0 & 0 \\ 0 & 0 & p_3 & \cdots & 0 & 0 \\ \vdots & \vdots & \vdots & \cdots & \vdots & \vdots \\ 0 & 0 & 0 & \cdots & p_{N-1} & 0 \\ 0 & 0 & 0 & \cdots & 0 & p_N \end{bmatrix} \qquad B=\begin{bmatrix} 1 \\ 1 \\ 1 \\ \vdots \\ 1 \\ 1 \end{bmatrix}$$

$$C=\begin{bmatrix} B_1p_1 & B_2p_2 & B_3p_3 & \cdots & B_{N-1}p_{N-1} & B_Np_N \end{bmatrix} \quad D=\left[H_0+\sum_{i=1}^{N}B_i\right] \tag{11.4.55}$$

**【例 11.6】** 对例 11.3 和例 11.4 中的连续时间和离散时间动态线性系统，试分别用并联规划法编写它们的状态方程、输出方程，并分别确定系统的起始状态矢量 $\boldsymbol{\lambda}(0_-)$ 和初始状态矢量 $\boldsymbol{\lambda}[0]$。

**解：** 由(11.4.39)式中的微分方程表示的因果系统函数可以部分分式展开为

$$H(s)=\frac{s^2+2s-15}{s^3+4s^2+s-6}=\frac{s^2+2s-15}{(s-1)(s+2)(s+3)}=\frac{-1}{s-1}+\frac{5}{s+2}+\frac{-3}{s+3}$$

而(11.4.40)式中的差分方程表示的因果系统函数可以部分分式展开为

$$H(z)=\frac{3-(11/3)z^{-1}+z^{-2}}{1-(11/6)z^{-1}+z^{-2}+(1/6)z^{-3}}=\frac{1}{1-(1/2)z^{-1}}+\frac{1}{1-(1/3)z^{-1}}+\frac{1}{1-z^{-1}}$$

由此分别画出它们的并联结构模拟图见图 11.25(a)和(b)，图中也分别画出了系统起始状态值。按照图 11.25(a)和(b)，可以编写出这两个系统的状态方程和输出方程。它们的状态方程分别为

$$\begin{cases} \dot{\lambda}_1=\lambda_1-x(t) \\ \dot{\lambda}_2=-2\lambda_2+5x(t) \\ \dot{\lambda}_3=-3\lambda_3-3x(t) \end{cases} \quad 和 \quad \begin{cases} \lambda_1[n+1]=(1/2)\lambda_1[n]+x[n] \\ \lambda_1[n+1]=(1/3)\lambda_1[n]+x[n] \\ \lambda_1[n+1]=\lambda_1[n]+x[n] \end{cases} \tag{11.4.56}$$

它们的输出方程则为

$$y(t)-\lambda_1(t)+\lambda_2(t)+\lambda_3(t) \quad 和 \quad y[n]=(1/2)\lambda_1[n]+(1/3)\lambda_2[n]+\lambda_3[n]+3x[n] \tag{11.4.57}$$

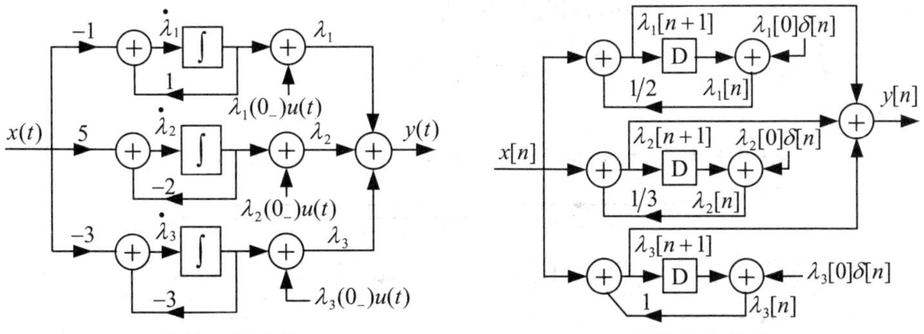


(a) 连续时间系统　　　　(b) 离散时间系统

图 11.25　(11.4.39)式和(11.4.40)式表示的连续时间和离散时间因果 LTI 系统的并联结构模拟图

也可以写成标准的矢量状态方程和输出方程形式，其中连续时间系统的 $\boldsymbol{A}$，$\boldsymbol{B}$，$\boldsymbol{C}$ 和 $\boldsymbol{D}$ 矩阵为

$$A=\begin{bmatrix} 1 & 0 & 0 \\ 0 & -2 & 0 \\ 0 & 0 & -3 \end{bmatrix} \quad B=\begin{bmatrix} -1 \\ 5 \\ -3 \end{bmatrix} \quad C=\begin{bmatrix} 1 & 1 & 1 \end{bmatrix} \quad D=\begin{bmatrix} 0 \end{bmatrix} \tag{11.4.58}$$

而离散时间系统的 $\boldsymbol{A}$，$\boldsymbol{B}$，$\boldsymbol{C}$ 和 $\boldsymbol{D}$ 矩阵为

$$\boldsymbol{A}=\begin{bmatrix}1/2&0&0\\0&1/3&0\\0&0&1\end{bmatrix}\qquad \boldsymbol{B}=\begin{bmatrix}1\\1\\1\end{bmatrix}\qquad \boldsymbol{C}=\begin{bmatrix}1/2&1/3&1\end{bmatrix}\qquad \boldsymbol{D}=\begin{bmatrix}3\end{bmatrix}\tag{11.4.59}$$

然后，确定它们的起始状态矢量 $\boldsymbol{\lambda}(0_-)$ 和初始状态矢量 $\boldsymbol{\lambda}[0]$。对于连续时间系统，$\boldsymbol{Q}$ 矩阵及其逆矩阵分别为

$$\boldsymbol{Q}=\begin{bmatrix}1&1&1\\1&-2&-3\\1&4&9\end{bmatrix}\qquad \boldsymbol{Q}^{-1}=\begin{bmatrix}1/2&5/12&1/12\\1&2/3&1/3\\-1/2&1/4&1/4\end{bmatrix}$$

依据(11.4.21)式，求得图 11.24(a)的连续时间系统的三个起始状态值为

$$\lambda_1(0_-)=1/12,\quad \lambda_2(0_-)=1/3,\quad \lambda_3(0_-)=3/4$$

对于图 11.25(b)的离散时间系统，$\boldsymbol{Q}$ 矩阵及其逆矩阵分别为

$$\boldsymbol{Q}=\begin{bmatrix}1/2&1/3&1\\1/4&1/9&1\\1/8&1/27&1\end{bmatrix}\qquad \boldsymbol{Q}^{-1}=\begin{bmatrix}-8&32&-24\\27/2&-81/2&27\\1/2&-5/2&3\end{bmatrix}$$

依据(11.4.28)式求得 $n=-3$ 时刻的 3 个状态值分别为

$$\lambda_1[-3]=-32,\quad \lambda_2[-3]=81/2,\quad \lambda_2[-3]=7/2$$

最后，由(11.4.30)式得到 3 个起始状态值为

$$\lambda_1[0]\approx1.921,\quad \lambda_2[0]\approx1.639,\quad \lambda_2[-3]\approx0.999$$

如果系统有高阶极点(包括共轭复极点)，连续时间系统的并联结构中就包含有第 8 章 8.9 节图 8.58 那样的级联/并联子系统，离散时间系统也是一样。此时系统的状态变量描述和上面仅有一阶极点的情况有所不同。假设连续时间和离散时间因果系统函数的分母多项式有一个 $\sigma_i$ 重根 $p_i$，则在 $H(s)$ 和 $H(z)$ 的部分分式中就分别包含一个子系统函数 $H_i(s)$ 和 $H_i(z)$，即

$$H_i(s)=\sum_{k=1}^{\sigma_i}A_{ik}\left(\frac{s^{-1}}{1-p_is^{-1}}\right)^k \quad 和 \quad H_i(z)=\sum_{k=1}^{\sigma_i}\frac{B_{ik}}{(1-p_iz^{-1})^k}\tag{11.4.60}$$

这个连续时间和离散时间子系统函数的级联/并联结构分别如图 11.26(a)和(b)所示，且分别选定 $\sigma_i$ 个状态变量 $\lambda_{ik}(t)$ 和 $\lambda_{ik}[n]$，$k=1,\ 2,\ \cdots,\ \sigma_i$。根据这样的模拟图，可以编写出子系统的状态方程和输出方程。图 11.26(a)的状态方程为

$$\dot{\lambda}_{i1}=p_i\lambda_{i1}+x(t) \quad 和 \quad \dot{\lambda}_{ik}=\lambda_{i(k-1)}+p_i\lambda_{ik},\quad k=2,\ 3\ \cdots\ \sigma_i$$

相应的输出方程为

$$y_i(t)=A_{i1}\lambda_{i1}+A_{i2}\lambda_{i2}+\ \cdots\ +A_{i(\sigma_i-1)}\lambda_{i(\sigma_i-1)}+A_{i\sigma_i}\lambda_{i\sigma_i}\tag{11.4.61}$$

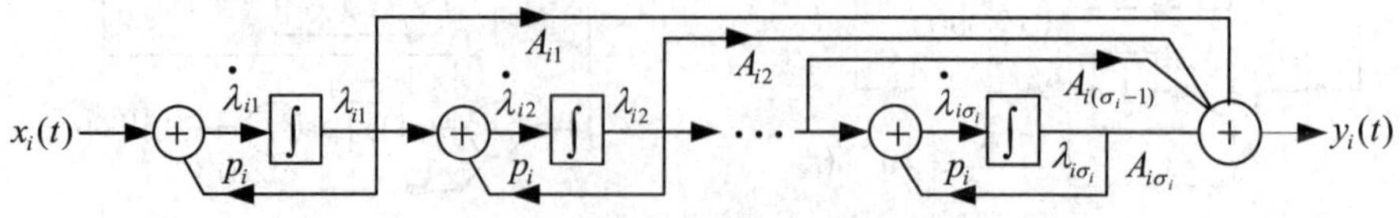

(a) $H_{\sigma_i}(s)$的级联/并联结构模拟图

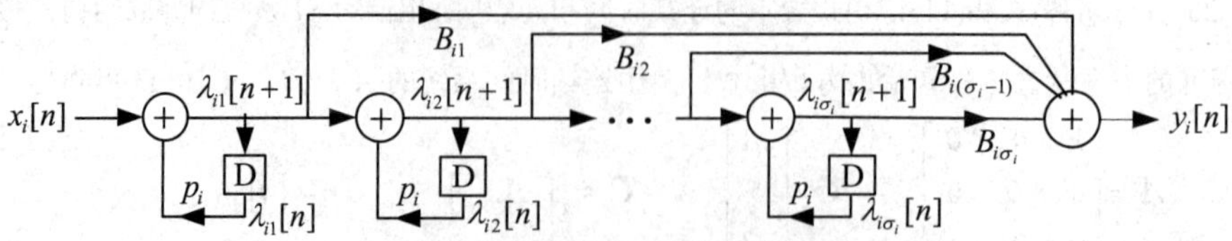

(b) $H_{\sigma_i}(z)$的级联/并联结构模拟图

图 11.26 (11.4.60)式中子系统函数的级联/并联结构模拟方框图

而图 11.26(b)中的离散时间级联/并联子系统之状态方程和输出方程分别为

$$\lambda_{ik}[n+1]=p_i\sum_{l=1}^{k}\lambda_{il}[n]+x[n]，\quad k=1,\ 2,\ \cdots,\ \sigma_i$$

和

$$y_i[n]=p_i\sum_{k=1}^{\sigma_i}\left[\left(\sum_{l=k}^{\sigma_i}B_{il}\right)\lambda_{ik}[n]\right]+\left(\sum_{k=1}^{\sigma_i}B_{ik}\right)x[n] \qquad (11.4.62)$$

或写成(11.4.11)式的矢量形式状态方程和输出方程，其中的子矩阵 $\boldsymbol{A}_i$，$\boldsymbol{B}_i$，$\boldsymbol{C}_i$ 和 $\boldsymbol{D}_i$ 分别如下：

对于图 11.26(a)的连续时间级联/并联子系统为

$$\boldsymbol{A}_i=\begin{bmatrix} p_i & 0 & 0 & \cdots & 0 & 0\\ 1 & p_i & 0 & \cdots & 0 & 0\\ 0 & 1 & p_i & \cdots & 0 & 0\\ \vdots & \vdots & \vdots & \cdots & \vdots & \vdots\\ 0 & 0 & 0 & \cdots & p_i & 0\\ 0 & 0 & 0 & \cdots & 1 & p_i \end{bmatrix} \qquad \boldsymbol{B}_i=\begin{bmatrix}1\\0\\0\\\vdots\\0\\0\end{bmatrix}$$

$$\boldsymbol{C}_i=[A_{i1}\quad A_{i2}\quad A_{i3}\quad \cdots\quad A_{i(\sigma_i-1)}\quad A_{i\sigma_i}] \qquad \boldsymbol{D}_i=[0] \qquad (11.4.63)$$

对于图 11.26(b)的离散时间级联/并联子系统为

$$\boldsymbol{A}_i=\begin{bmatrix} p_i & 0 & 0 & \cdots & 0\\ p_i & p_i & 0 & \cdots & 0\\ p_i & p_i & p_i & \cdots & 0\\ \vdots & \vdots & \vdots & \cdots & \vdots\\ p_i & p_i & p_i & \cdots & p_i \end{bmatrix} \qquad \boldsymbol{B}_i=\begin{bmatrix}1\\1\\1\\\vdots\\1\end{bmatrix}$$

$$\boldsymbol{C}_i=\left[p_i\sum_{k=1}^{\sigma_i}B_{ik}\quad p_i\sum_{k=2}^{\sigma_i}B_{ik}\quad p_i\sum_{k=3}^{\sigma_i}B_{ik}\quad \cdots\quad p_i\sum_{k=\sigma_i-1}^{\sigma_i}B_{ik}\quad p_iB_{i\sigma_i}\right] \quad \boldsymbol{D}_i=\left[\sum_{ki=1}^{\sigma_i}B_{ik}\right] \qquad (11.4.64)$$

上述结果可以看出，对应着连续时间和离散时间系统的一个 $\sigma_i$ 阶极点 $p_i$ 的级联/并联子系统，其子矩阵 $\boldsymbol{A}_i$ 分别是一个 $\sigma_i\times\sigma_i$ 阶约当阵和一个 $\sigma_i\times\sigma_i$ 阶三角矩阵。

**【例 11.7】**　用并联规划法编写如下系统函数表示的连续时间因果 LTI 系统的状态变量描述。

$$H(s)=\frac{s+4}{(s+1)^3(s+2)(s+3)}$$

**解：** $H(s)$ 可部分分式展开为

$$H(s)=\frac{-2}{s+2}+\frac{1/8}{s+3}+\frac{15/8}{s+1}+\frac{-7/4}{(s+1)^2}+\frac{3/2}{(s+1)^3}$$

其并联结构模拟图见图 11.27，图中还标明了选定的五个状态变量。按照图 11.27，可以直接写出系统的矢量状态方程和输出方程，其中，$\boldsymbol{A}$，$\boldsymbol{B}$，$\boldsymbol{C}$ 和 $\boldsymbol{D}$ 矩阵为

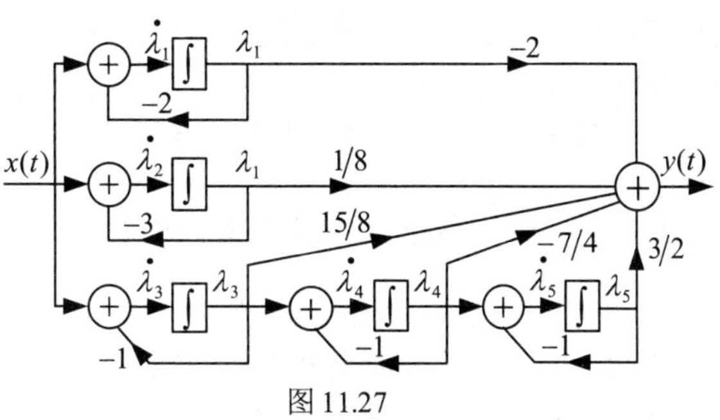

图 11.27

$$\boldsymbol{A}=\begin{bmatrix} -2 & & 0 & 0 & 0\\ 0 & -3 & 0 & 0 & 0\\ 0 & 0 & -1 & 0 & 0\\ 0 & 0 & 1 & -1 & 0\\ 0 & 0 & 0 & 1 & -1 \end{bmatrix} \qquad \boldsymbol{B}=\begin{bmatrix}1\\1\\1\\0\\0\end{bmatrix} \qquad \boldsymbol{C}=[-2\quad 1/8\quad 15/8\quad -7/4\quad 3/2] \qquad \boldsymbol{D}=[0]$$

由于系统是因果 LTI 系统，故系统的起始状态矢量是零矢量，即 $\boldsymbol{\lambda}(0_-)=\boldsymbol{0}$ 。

**【例 11.8】** 用并联规划法编写如下系统函数表示的离散时间因果 LTI 系统的状态变量描述。

$$H(z)=\frac{1-(1/6)z^{-1}-(1/12)z^{-2}}{[1-(1/2)z^{-1}]^3[1-(1/3)z^{-1}]}$$

**解：** $H(z)$ 可以部分分式展开为

$$H(z)=\frac{2}{[1-(1/3)z^{-1}]}+\frac{-3}{1-(1/2)z^{-1}}+\frac{1}{[1-(1/2)z^{-1}]^2}+\frac{1}{[1-(1/2)z^{-1}]^3}$$

它的并联结构模拟图见图 11.28，图中也标明了选定的四个状态变量。按照图 11.28，可直接写出系统的状态方程和输出方程。也可把它们写成矢量状态方程和输出方程，其中的 $\boldsymbol{A}$，$\boldsymbol{B}$，$\boldsymbol{C}$ 和 $\boldsymbol{D}$ 矩阵为

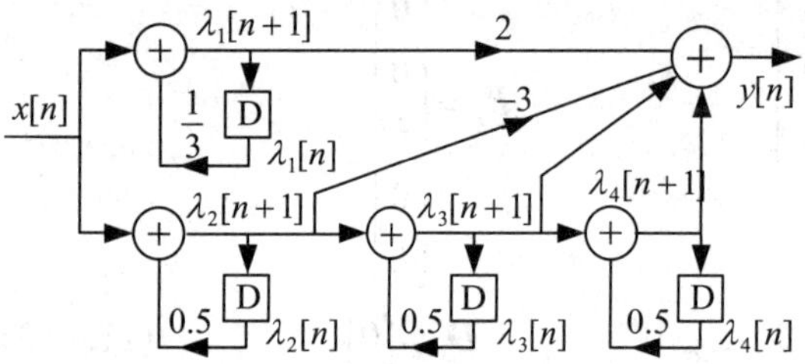

图 11.28

$$\boldsymbol{A}=\begin{bmatrix}1/3 & 0 & 0 & 0\\ 0 & 1/2 & 0 & 0\\ 0 & 1/2 & 1/2 & 0\\ 0 & 1/2 & 1/2 & 1/2\end{bmatrix}\qquad \boldsymbol{B}=\begin{bmatrix}1\\1\\1\\1\end{bmatrix}$$

$$\boldsymbol{C}=\begin{bmatrix}1/2 & -1/2 & 1 & 1/2\end{bmatrix}\qquad \boldsymbol{D}=[3]$$

上述讨论和例子都表明，用并联规划法编写的状态变量描述中，$\boldsymbol{A}$ 矩阵是一个相当稀疏的矩阵，并有如下的特点：在连续时间中，$\boldsymbol{A}$ 矩阵是一个分块约当阵，每个不同的约当块对应着系统的一个不同的极点；在离散时间中，$\boldsymbol{A}$ 矩阵是一个分块三角阵，每个不同的三角块对应着系统的一个不同的极点；且 $\boldsymbol{A}$ 矩阵的对角线元素也正好是系统的各个极点值。

最后必须指出，正如前面一再说明的那样，对于用实系数微分方程和差分方程，或者实的有理系统函数表示的连续时间和离散时间因果 LTI 系统，用直接规划法获得的 $\boldsymbol{A}$，$\boldsymbol{B}$，$\boldsymbol{C}$，$\boldsymbol{D}$ 矩阵都是实矩阵。由于这类实系统的零、极点可能是成对的共轭复零、极点，故用级联和并联规划法获得的 $\boldsymbol{A}$，$\boldsymbol{B}$，$\boldsymbol{C}$，$\boldsymbol{D}$ 矩阵一般为复矩阵。只有当**系统的所有极点都是实极点**时，用并联规划法得到的 $\boldsymbol{A}$ 矩阵，才分别是实的分块约当阵(连续时间)和实的分块三角阵(离散时间)；用级联规划法得到的 $\boldsymbol{A}$ 矩阵才是实的三角矩阵。另一方面，如果限定级联和并联规划法编写的系统状态方程和输出方程都是实系数方程，即限定 $\boldsymbol{A}$，$\boldsymbol{B}$，$\boldsymbol{C}$，$\boldsymbol{D}$ 矩阵都是实矩阵，就必须像第 8 章 8.9 节介绍的那样，在系统的级联和并联结构中，对应着系统的一对共轭零点或极点，用一个实的二阶子系统来模拟，这种实的二阶子系统是直接型实现结构，此时用级联和并联规划法得到的 $\boldsymbol{A}$ 矩阵，就不再具有上述特点。例 11.5 中的离散时间系统就是这种情况的一个例子，可见(11.4.50)式中的 $\boldsymbol{A}$ 矩阵。

## 11.4.4 多输入多输出系统状态变量描述的编写

从 11.1 节介绍的系统函数矩阵出发，也可以编写多输入多输出系统的状态变量描述。假设像图 11.1 那样的连续时间和离散时间 MIMO 因果系统，它们有 $L$ 个输入和 $K$ 个输出，它们的系统函数矩阵分别为 $\boldsymbol{H}(s)$ 或 $\boldsymbol{H}(z)$，即

$$\boldsymbol{H}(s)=\begin{bmatrix}H_{11}(s) & H_{12}(s) & \cdots & H_{1L}(s)\\ H_{21}(s) & H_{22}(s) & \cdots & H_{2L}(s)\\ \vdots & \vdots & \cdots & \vdots\\ H_{K1}(s) & H_{K2}(s) & \cdots & H_{KL}(s)\end{bmatrix} \quad 或 \quad \boldsymbol{H}(z)=\begin{bmatrix}H_{11}(z) & H_{12}(z) & \cdots & H_{1L}(z)\\ H_{21}(z) & H_{22}(z) & \cdots & H_{2L}(z)\\ \vdots & \vdots & \cdots & \vdots\\ H_{K1}(z) & H_{K2}(z) & \cdots & H_{KL}(z)\end{bmatrix} \tag{11.4.65}$$

其中
$$H_{kl}(s)=\left.\frac{Y_k(s)}{X_l(s)}\right|_{X_i(s)=0,\ i\neq l} \quad 和 \quad H_{kl}(z)=\left.\frac{Y_k(z)}{X_l(z)}\right|_{X_i(z)=0,\ i\neq l} \tag{11.4.66}$$

称为 MIMO 系统的第 $l$ 个输入端到第 $k$ 个输出端的传递函数，它们通常都是实的有理函数。每个 $H_{kl}(s)$ 或 $H_{kl}(z)$，$k=1,\ 2,\ \cdots,\ K$，$l=1,\ 2,\ \cdots,\ L$，都分别对应着 $y_k(t)$ 和 $y_k[n]$ 及 $x_l(t)$ 和 $x_l[n]$ 所满足的微分方程或差分方程，也可以画出 $x_l(t)$ 和 $x_l[n]$ 到 $y_k(t)$ 和 $y_k[n]$ 的模拟实现结构，进而得到 MIMO 系统的模拟方框图。在此基础上，分别选择所有积分器和离散时间单位延时的输出作为状态变量，并根据系统模拟图编写系统的状态方程和输出方程。同样地，若是因果 LTI 系统，各自的起始状态矢量 $\boldsymbol{\lambda}(0_-)$ 或初始状态矢量 $\boldsymbol{\lambda}[0]$ 均为零矢量；若是因果动态线性系统，也需按照(11.4.21)式和(11.4.30)式确定系统的起始状态矢量 $\boldsymbol{\lambda}(0_-)$ 和初始状态矢量 $\boldsymbol{\lambda}[0]$。因此前面介绍的 SISO 系统状态空间模型的规划方法，可以直接推广到 MIMO 系统，具体编写方法可以通过下面的例子来说明。

**【例 11.9】**　已知某连续时间系统的传递函数矩阵为 $\boldsymbol{H}(s)=\begin{bmatrix}\dfrac{6s+5}{s^2+3s+2} & \dfrac{7}{s+2}\\ \dfrac{5}{s+2} & \dfrac{6s+17}{s^2+5s+6}\end{bmatrix}$，试建立该两输入两输出连续时间因果 LTI 系统的状态空间模型，或求 $\boldsymbol{A}$，$\boldsymbol{B}$，$\boldsymbol{C}$，$\boldsymbol{D}$ 矩阵。

**解:** 根据(11.4.65)式和(11.4.66)式关于系统函数矩阵的定义，这个 $\boldsymbol{H}(s)$ 所表示的两输入两输出系统的方框图如图 11.29 所示。为了建立该系统状态变量描述，一种直观的方法是针对图 11.29 中的每一个子系统函数，画出其直接型模拟结构，得到整个系统的模拟图如图 11.30 所示，然按照直接规划法，编写出系统的状态方程和输出方程。

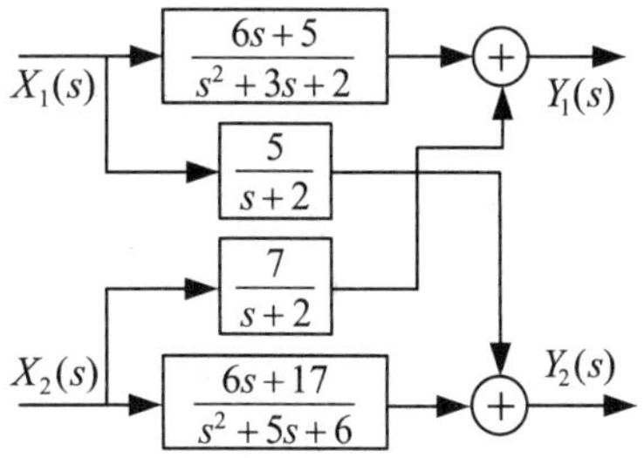


图 11.29

把图 11.30 中 6 个积分器输出依次选作为 $\lambda_1$，$\lambda_2$，$\cdots$，$\lambda_6$，则系统的输出方程和状态方程分别为

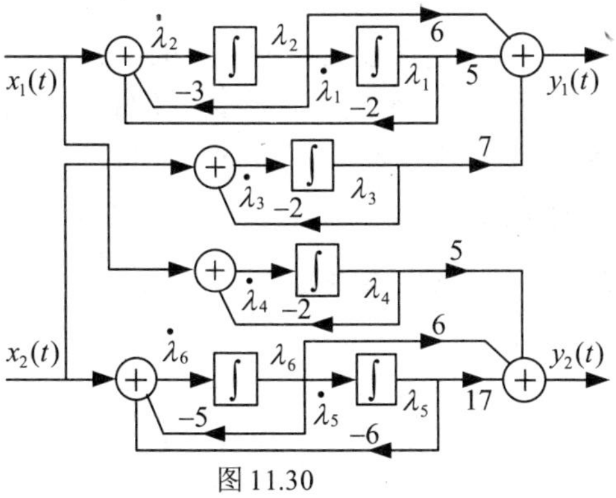


图 11.30

$$\begin{cases} y_1(t)=5\lambda_1+6\lambda_2+7\lambda_3\\ y_2(t)=5\lambda_4+17\lambda_5+6\lambda_6\end{cases}$$

和

$$\begin{cases}\dot{\lambda}_1=\lambda_2\\ \dot{\lambda}_2=-2\lambda_1-3\lambda_2+x_1(t)\\ \dot{\lambda}_3=-2\lambda_3+x_2(t)\\ \dot{\lambda}_4=-2\lambda_4+x_1(t)\\ \dot{\lambda}_5=\lambda_6\\ \dot{\lambda}_6=-6\lambda_5-5\lambda_6+x_2(t)\end{cases}$$

也可写成矢量状态方程和输出方程，它们的 $\boldsymbol{A}$，$\boldsymbol{B}$，$\boldsymbol{C}$，$\boldsymbol{D}$ 矩阵为

$$\boldsymbol{A}=\begin{bmatrix}0&1&0&0&0&0\\-2&-3&0&0&0&0\\0&0&-2&0&0&0\\0&0&0&-2&0&0\\0&0&0&0&0&1\\0&0&0&0&-6&-5\end{bmatrix}\quad \boldsymbol{B}=\begin{bmatrix}0&0\\1&0\\0&1\\1&0\\0&0\\0&1\end{bmatrix}\quad \boldsymbol{C}=\begin{bmatrix}5&6&7&0&0&0\\0&0&0&5&17&6\end{bmatrix}\quad \boldsymbol{D}=\begin{bmatrix}0&0\\0&0\end{bmatrix} \tag{11.4.67}$$

由于是因果 LTI 系统，系统的起始状态矢量为零矢量，即 $\boldsymbol{\lambda}(0_-)=\boldsymbol{0}$。

由 $\boldsymbol{H}(s)$ 可以看出，它的 4 个子系统函数只有 3 个不同的一阶极点，即 $\boldsymbol{H}(s)$ 可以写成

$$\boldsymbol{H}(s)=\begin{bmatrix} \dfrac{-1}{s+1}+\dfrac{7}{s+2} & \dfrac{7}{s+2} \\ \dfrac{5}{s+2} & \dfrac{5}{s+2}+\dfrac{1}{s+3} \end{bmatrix}$$

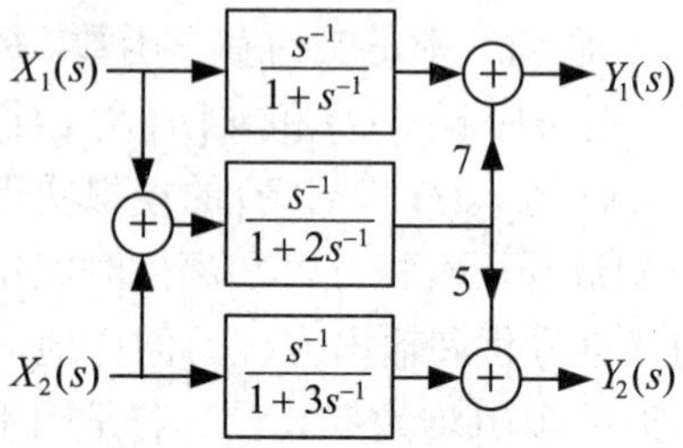


图 11.31　图 11.29 系统的等效方框图

因此，该系统可以画成图 11.31 这样的方框图，即图 11.31 的系统和图 11.29 的系统等效。该等效系统是一个仅有 3 个一阶系统的互联系统，它可以用图 11.32 的实现结构来模拟，并像图中标明的那样，选择 3 个积分器的输出为状态变量 $\lambda_1$、$\lambda_2$ 和 $\lambda_3$。然后按照图 11.32，可编写出状态方程和输出方程分别为

$$\begin{cases} \dot{\lambda}_1=-\lambda_1-x_1(t) \\ \dot{\lambda}_2=-2\lambda_2+x_1(t)+x_2(t) \\ \dot{\lambda}_3=-3\lambda_3+x_2(t) \end{cases}$$

和

$$\begin{cases} y_1(t)=\lambda_1+7\lambda_2 \\ y_2(t)=5\lambda_2+\lambda_3 \end{cases} \tag{11.4.68}$$

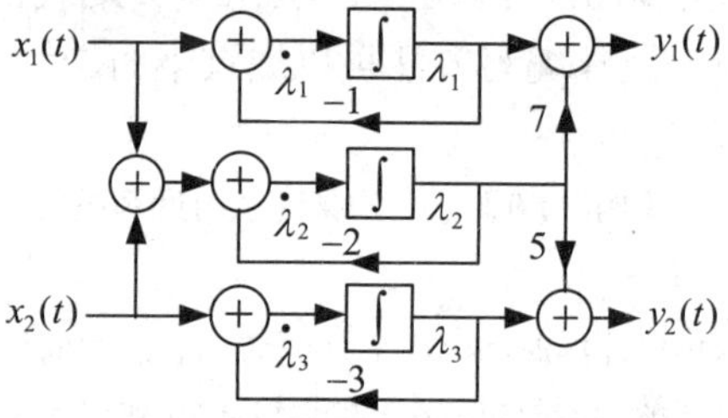


图 11.32　图 11.31系统的模拟图

或者，系统的 $\boldsymbol{A}$，$\boldsymbol{B}$，$\boldsymbol{C}$，$\boldsymbol{D}$ 矩阵为

$$\boldsymbol{A}=\begin{bmatrix} -1 & 0 & 0 \\ 0 & -2 & 0 \\ 0 & 0 & -3 \end{bmatrix}\qquad \boldsymbol{B}=\begin{bmatrix} -1 & 0 \\ 1 & 1 \\ 0 & 1 \end{bmatrix}\qquad \boldsymbol{C}=\begin{bmatrix} 1 & 7 & 0 \\ 0 & 5 & 1 \end{bmatrix}\qquad \boldsymbol{D}=\begin{bmatrix} 0 & 0 \\ 0 & 0 \end{bmatrix} \tag{11.4.69}$$

同样地，系统的起始状态矢量是零矢量。

上述两输入、两输出系统编写出两种不同的状态变量描述，前一种可以看作是由直接规划法得到的 6 个状态变量描述；后一种本质上是并联规划法，获得系统的 3 个状态变量描述。实际上，从(11.4.67)式的 $\boldsymbol{A}$ 矩阵已可以发现，该系统的 6 个状态变量描述是多余的。在 11.1 节中曾指出：对于任何一个因果动态系统，都存在着可充分描述该系统的最少数目的状态变量，这个最少数目就等于该系统状态空间的维数；任何系统也可以用多于其最少数目的状态变量来描述，只要是描述得正确，也是该系统的一种状态变量描述。

**【例 11.10】**　已知一个两输入两输出离散时间动态线性系统的传递函数矩阵为

$$\boldsymbol{H}(z)=\begin{bmatrix} \dfrac{z^{-1}}{1-\alpha_1 z^{-1}} & \dfrac{z^{-1}}{1-\alpha_2 z^{-1}} \\ 1 & \dfrac{z^{-1}}{1-\alpha_2 z^{-1}} \end{bmatrix} \tag{11.4.70}$$

并已知系统的起始条件为 $y_1[-1]=1$，$y_2[-1]=1$。试建立系统的状态空间模型。

**解：**首先根据系统函数矩阵画出其因果 LTI 系统的方框图，继而画出用三种离散时间基本单元实现的模拟图，见图 11.33(a)和(b)。这是由两个一阶系统互联的系统，选定的状态变量 $\lambda_1[n]$ 和 $\lambda_2[n]$ 如图 11.33(b)所示。由此编写出该系统的状态方程和输出方程如下：

$$\begin{cases} \lambda_1[n+1]=\alpha_1\lambda_1[n]+x_1[n] \\ \lambda_2[n+1]=\alpha_2\lambda_2[n]+x_2[n] \end{cases} \quad 和 \quad \begin{cases} y_1[n]=\lambda_1[n]+\lambda_2[n] \\ y_2[n]=\lambda_2[n]+x_1[n] \end{cases} \tag{11.4.71}$$

也可以写成(11.4.11)式那样的矢量状态方程和输出方程，其中的 $\boldsymbol{A}$，$\boldsymbol{B}$，$\boldsymbol{C}$，$\boldsymbol{D}$ 矩阵为

$$\boldsymbol{A}=\begin{bmatrix}\alpha_1 & 0\\ 0 & \alpha_2\end{bmatrix}\qquad \boldsymbol{B}=\begin{bmatrix}1 & 0\\ 0 & 1\end{bmatrix}\qquad \boldsymbol{C}=\begin{bmatrix}1 & 1\\ 0 & 1\end{bmatrix}\qquad \boldsymbol{D}=\begin{bmatrix}0 & 0\\ 1 & 0\end{bmatrix}\tag{11.4.72}$$

最后把系统的起始条件转换成 $\boldsymbol{\lambda}[0]$，在输出方程和状态方程中令 $n=-1$，并考虑到 $x_1[-1]=0$ 和 $x_2[-1]=0$，则有

$$\begin{bmatrix}y_1[-1]\\ y_2[-1]\end{bmatrix}=\begin{bmatrix}1 & 1\\ 0 & 1\end{bmatrix}\begin{bmatrix}\lambda_1[-1]\\ \lambda_2[-1]\end{bmatrix}\quad 和\quad \begin{bmatrix}\lambda_1[0]\\ \lambda_2[0]\end{bmatrix}=\begin{bmatrix}\alpha_1 & 0\\ 0 & \alpha_2\end{bmatrix}\begin{bmatrix}\lambda_1[-1]\\ \lambda_2[-1]\end{bmatrix}$$

进一步有

$$\begin{bmatrix}\lambda_1[0]\\ \lambda_2[0]\end{bmatrix}=\boldsymbol{AC}^{-1}\begin{bmatrix}y_1[-1]\\ y_2[-1]\end{bmatrix}=\begin{bmatrix}\alpha_1 & 0\\ 0 & \alpha_2\end{bmatrix}\begin{bmatrix}1 & 1\\ 0 & 1\end{bmatrix}^{-1}\begin{bmatrix}y_1[-1]\\ y_2[-1]\end{bmatrix}$$

代入给定的起始条件，求得系统的两个起始状态值，即 $\lambda_1[0]=0$ 和 $\lambda_2[0]=\alpha_2$。把这两个起始状态画入图 11.33(b)中，就得到该离散时间动态线性系统的状态变量模拟图，请读者自行画出。

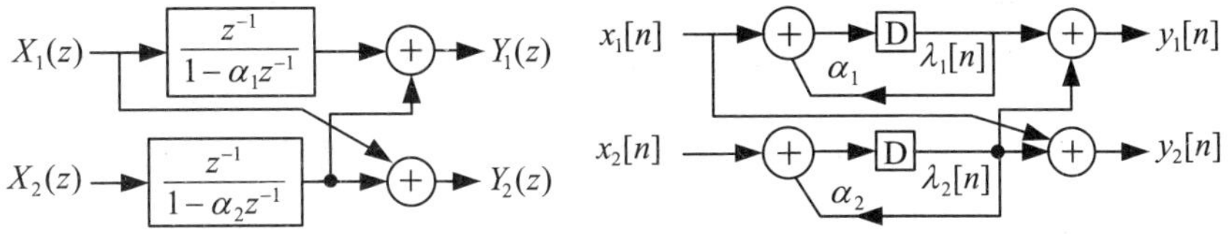


(a) 系统方框图　　(b) 系统模拟图

图 11.33　(11.4.70)式表示的离散时间因果 LTI 系统的方框图和的模拟图

到此为止，本节比较全面地介绍了状态变量描述的几种规划法，即从连续时间和离散时间因果动态线性系统的输入输出描述到状态变量描述的几种典型的转换方法。它们适用于两大类系统，即用微分方程和差分方程表示的因果 LTI 系统，以及“起始不松弛”(具有非零起始条件)的因果动态线性系统。这里就一般的多输入多输出系统(单输入单输出系统看成它的一种特殊情况)，对系统的状态空间模型作一下小结，以便加深对它们的认识。

(1) 系统的状态变量描述包括三部分，即状态方程、输出方程和起始(或初始)状态矢量。一般说来，系统的状态方程分别是一阶线性常系数微分方程组或差分方程组，输出方程则是一个即时(无记忆)线性代数方程组，它们具有(11.3.24)式这样的标准矢量方程形式；因果 LTI 系统的起始状态矢量 $\boldsymbol{\lambda}(0_-)$ 或初始状态矢量 $\boldsymbol{\lambda}[0]$ 均是零矢量，而“起始不松弛”的动态线性系统的起始状态矢量 $\boldsymbol{\lambda}(0_-)$ 或初始状态矢量 $\boldsymbol{\lambda}[0]$ 则是一个非零矢量。

(2) 一个因果动态线性系统的状态变量描述可以用状态矢量空间中的 $\boldsymbol{A}$，$\boldsymbol{B}$，$\boldsymbol{C}$，$\boldsymbol{D}$ 矩阵以及起始状态矢量 $\boldsymbol{\lambda}(0_-)$ 或初始状态矢量 $\boldsymbol{\lambda}[0]$ 来表征。换言之，在系统的状态变量描述中，$\boldsymbol{A}$，$\boldsymbol{B}$，$\boldsymbol{C}$，$\boldsymbol{D}$ 矩阵和 $\boldsymbol{\lambda}(0_-)$ 或 $\boldsymbol{\lambda}[0]$ 是充分表征一个因果动态线性系统特性的数字特征。其中，$\boldsymbol{A}$ 矩阵是描述系统内部状态变量动态变化规律的一个矩阵，通常称为**状态矩阵**。它决定了系统的状态矢量在状态矢量空间中的动态轨迹(状态轨迹)。后面将会进一步看到，它是反映系统性质最重要的一个矩阵。$\boldsymbol{B}$ 矩阵反映外加输入对系统内部状态变化的影响，通常称为**输入矩阵**。$\boldsymbol{C}$ 矩阵体现系统内部状态变化对系统输出所作的贡献，通常称为**输出矩阵**。$\boldsymbol{D}$ 矩阵则表示系统输入直接(不通过内部状态)影响系统输出的一个矩阵，故称为**直通矩阵**。如果在系统模拟图中，从任何一个输入到任何一个输出之间，都没有直通路径，即除通过积分器或单位延时外，不再有任何输入到输出的信号通路，那么，该系统的 $\boldsymbol{D}$ 矩阵是零矩阵。起始状态矢量 $\boldsymbol{\lambda}(0_-)$ 或初始状态矢量 $\boldsymbol{\lambda}[0]$ 表示状态空间中系统状态轨迹的起点，因果 LTI 系统的动态轨迹起点就是状态矢量空间的原点。用图 11.34 这样的结构图，可以形象地说明在动态线性系统的状态空间模型中，$\boldsymbol{A}$，$\boldsymbol{B}$，$\boldsymbol{C}$，$\boldsymbol{D}$ 矩阵和起始状态矢量 $\boldsymbol{\lambda}(0_-)$ 或初始状态矢量 $\boldsymbol{\lambda}[0]$ 的上述作用。图中状态更新机构为 $N$ 个积分器(连续时间)或 $N$ 个离散时间单位延时(离散时间)。

(3) 建立数学描述的主要目的是为了对系统进行分析和研究。状态变量描述是在状态信号空间中、利用矢量和矩阵建立的一种系统数学模型，可借助矩阵代数等数学工具，深入地分析和研究系统，并获得有关系统分析和综合的另一套概念、理论和方法，后面几节将对此作简单的介绍。读者将会发现，除了状态变量描述方式下一些特有的概念和方法外，状态变量描述下得到的许多概念和方法，与输入输出描述下得到的概念和方法是一致的。

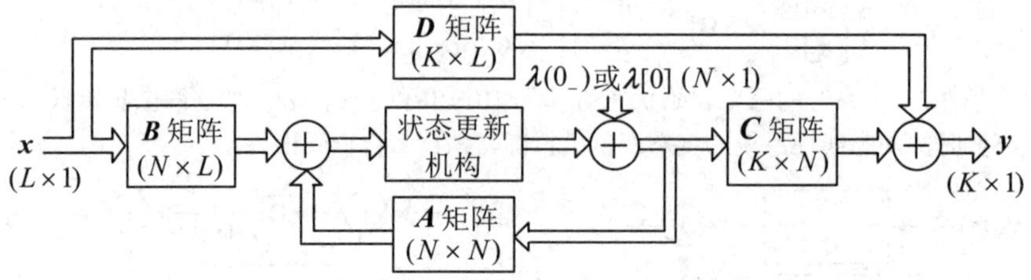


图 11.34 连续时间或离散时间动态线性系统状态空间模型的结构图

## 11.4.5 系统的状态变量描述到输入输出描述的转换

从系统的状态变量描述到输入输出描述的转换，就是从系统的状态方程、输出方程和起始(或初始)状态矢量出发，得到系统的输入输出描述的一种转换方法。具体地说，就是分别由连续时间和离散时间系统的 $\boldsymbol{A}$，$\boldsymbol{B}$，$\boldsymbol{C}$，$\boldsymbol{D}$ 矩阵及起始状态矢量 $\boldsymbol{\lambda}(0_-)$ 或初始状态矢量 $\boldsymbol{\lambda}[0]$，写出该系统的任何一种输入输出表示的方法。

前面几小节介绍和讨论了从系统的输入输出描述到状态变量描述的转换，可以看到，不同规划法都通过共同的桥梁完成这种转换，这个桥梁就是因果 LTI 系统的模拟实现结构。如果能由系统的状态方程和输出方程，或者由 $\boldsymbol{A}$，$\boldsymbol{B}$，$\boldsymbol{C}$，$\boldsymbol{D}$ 矩阵，得到或画出一个因果 LTI 系统的模拟结构，就实现了这种转换，因为根据模拟结构，可以得到因果 LTI 系统的任何其他表示，例如系统函数矩阵、微分方程或差分方程表示，等等。对于简单的系统，或者像前面直接规划法、级联和并联规划法那样规范的 $\boldsymbol{A}$，$\boldsymbol{B}$，$\boldsymbol{C}$，$\boldsymbol{D}$ 矩阵，这种转换方法能够比较方便地画出系统的模拟图，但一般情况下，这样做并不容易。更常用的方法是由系统的 $\boldsymbol{A}$，$\boldsymbol{B}$，$\boldsymbol{C}$，$\boldsymbol{D}$ 矩阵，确定因果 LTI 系统的系统函数矩阵。

**1. 由 $\boldsymbol{A}$，$\boldsymbol{B}$，$\boldsymbol{C}$，$\boldsymbol{D}$ 矩阵确定系统函数矩阵**

对于用微分方程或差分方程描述的连续时间或离散时间因果 LTI 系统，在输入输出描述方式下，它们可以用有理系统函数或有理系统函数矩阵表示；另一方面，在状态变量描述方式下，它们也可以用状态方程和输出方程，或者 $\boldsymbol{A}$，$\boldsymbol{B}$，$\boldsymbol{C}$，$\boldsymbol{D}$ 矩阵表示。同一个系统的这两种表示之间肯定有必然的联系，可以用拉普拉斯变换或 Z 变换来导出两者之间的关系。

假设连续时间或离散时间因果 LTI 系统的矢量状态方程、输出方程及零起始状态矢量为

$$\begin{cases}\dot{\boldsymbol{\lambda}}(t)=\boldsymbol{A}\boldsymbol{\lambda}(t)+\boldsymbol{B}\boldsymbol{x}(t)\\ \boldsymbol{y}(t)=\boldsymbol{C}\boldsymbol{\lambda}(t)+\boldsymbol{D}\boldsymbol{x}(t)\\ \boldsymbol{\lambda}(0_-)=\boldsymbol{0}\end{cases}\quad\text{或}\quad\begin{cases}\boldsymbol{\lambda}[n+1]=\boldsymbol{A}\boldsymbol{\lambda}[n]+\boldsymbol{B}\boldsymbol{x}[n]\\ \boldsymbol{y}[n]=\boldsymbol{C}\boldsymbol{\lambda}[n]+\boldsymbol{D}\boldsymbol{x}[n]\\ \boldsymbol{\lambda}[0]=\boldsymbol{0}\end{cases}\tag{11.4.73}$$

并分别假设如下的拉普拉斯变换或 Z 变换

$$\mathscr{L}\{\boldsymbol{\lambda}(t)\}=\boldsymbol{\Lambda}(s)\qquad \mathscr{L}\{\boldsymbol{x}(t)\}=\boldsymbol{X}(s)\qquad \mathscr{L}\{\boldsymbol{y}(t)\}=\boldsymbol{Y}(s)$$

或　　$\mathscr{Z}\{\boldsymbol{\lambda}[n]\}=\boldsymbol{\Lambda}(z)$　　$\mathscr{Z}\{\boldsymbol{x}[n]\}=\boldsymbol{X}(z)$　　$\mathscr{Z}\{\boldsymbol{y}[n]\}=\boldsymbol{Y}(z)$

由于是因果 LTI 系统，当因果输入，即分别是 $\boldsymbol{x}(t)=\boldsymbol{0}$，$t<0$ 和 $\boldsymbol{x}[n]=\boldsymbol{0}$，$n<0$ 时，系统的输出也都是因果的，即也有 $\boldsymbol{y}(t)=\boldsymbol{0}$，$t<0$ 和 $\boldsymbol{y}[n]=\boldsymbol{0}$，$n<0$，“起始松弛”性质也确保系统所有状态变量都是因果的，即 $\boldsymbol{\lambda}(t)=\boldsymbol{0}$，$t<0$ 或 $\boldsymbol{\lambda}[n]=\boldsymbol{0}$，$n<0$，故分别用双边和单边拉普拉斯变换或 Z 变换进行分析，结果是相同的，这里无需强调是用单边还是双边变换。

对(11.4.73)式的矢量状态方程和输出方程的两边分别取拉普拉斯变换和 Z 变换，将分别有

$$s\boldsymbol{\Lambda}(s)=\boldsymbol{A}\boldsymbol{\Lambda}(s)+\boldsymbol{B}\boldsymbol{X}(s)\quad \text{和}\quad \boldsymbol{\Lambda}(z)=z^{-1}\boldsymbol{A}\boldsymbol{\Lambda}(z)+z^{-1}\boldsymbol{B}\boldsymbol{X}(z)\tag{11.4.74}$$

$$\boldsymbol{Y}(s)=\boldsymbol{C}\boldsymbol{\Lambda}(s)+\boldsymbol{D}\boldsymbol{X}(s)\quad \text{和}\quad \boldsymbol{Y}(z)=\boldsymbol{C}\boldsymbol{\Lambda}(z)+\boldsymbol{D}\boldsymbol{X}(z)\tag{11.4.75}$$

利用矩阵代数的运算规则，由(11.4.74)式分别得到

$$(s\boldsymbol{I}-\boldsymbol{A})\boldsymbol{\Lambda}(s)=\boldsymbol{B}\boldsymbol{X}(s)\quad \text{和}\quad (\boldsymbol{I}-z^{-1}\boldsymbol{A})\boldsymbol{\Lambda}(z)=z^{-1}\boldsymbol{B}\boldsymbol{X}(z)\tag{11.4.76}$$

其中，$\boldsymbol{I}$ 表示与 $\boldsymbol{A}$ 矩阵同阶的单位矩阵。进一步将分别有

$$\boldsymbol{\Lambda}(s)=(s\boldsymbol{I}-\boldsymbol{A})^{-1}\boldsymbol{B}\boldsymbol{X}(s)\quad \text{和}\quad \boldsymbol{\Lambda}(z)=(\boldsymbol{I}-z^{-1}\boldsymbol{A})^{-1}z^{-1}\boldsymbol{B}\boldsymbol{X}(z)\tag{11.4.77}$$

其中，$(s\boldsymbol{I}-\boldsymbol{A})^{-1}$ 和 $(\boldsymbol{I}-z^{-1}\boldsymbol{A})^{-1}$ 分别是矩阵 $(s\boldsymbol{I}-\boldsymbol{A})$ 和 $(\boldsymbol{I}-z^{-1}\boldsymbol{A})$ 的逆矩阵。把上式分别代入(11.4.75)式，则分别有

$$\boldsymbol{Y}(s)=[\boldsymbol{C}(s\boldsymbol{I}-\boldsymbol{A})^{-1}\boldsymbol{B}+\boldsymbol{D}]\boldsymbol{X}(s)\quad \text{和}\quad \boldsymbol{Y}(z)=[\boldsymbol{C}(\boldsymbol{I}-z^{-1}\boldsymbol{A})^{-1}z^{-1}\boldsymbol{B}+\boldsymbol{D}]\boldsymbol{X}(z)\tag{11.4.78}$$

在上式两个方程的两边分别左乘行矢量 $[\boldsymbol{X}(s)]^{-1}$ 和 $[\boldsymbol{X}(z)]^{-1}$，将得到连续时间和离散时间因果 LTI 系统的系统函数矩阵，即分别有

$$\boldsymbol{H}(s)=\boldsymbol{Y}(s)[\boldsymbol{X}(s)]^{-1}=\boldsymbol{C}(s\boldsymbol{I}-\boldsymbol{A})^{-1}\boldsymbol{B}+\boldsymbol{D}\tag{11.4.79}$$

和

$$\boldsymbol{H}(z)=\boldsymbol{Y}(z)[\boldsymbol{X}(z)]^{-1}=\boldsymbol{C}(\boldsymbol{I}-z^{-1}\boldsymbol{A})^{-1}z^{-1}\boldsymbol{B}+\boldsymbol{D}\tag{11.4.80}$$

其中，$[\boldsymbol{X}(s)]^{-1}$ 和 $[\boldsymbol{X}(z)]^{-1}$ 可以分别看作 $\boldsymbol{X}(s)$ 和 $\boldsymbol{X}(z)$ 的逆矢量，即是如下的 $1\times L$ 阶行矢量：

$$[\boldsymbol{X}(s)]^{-1}=\begin{bmatrix}\dfrac{1}{X_1(s)} & \dfrac{1}{X_2(s)}\cdots & \dfrac{1}{X_L(s)}\end{bmatrix}\quad \text{和}\quad [\boldsymbol{X}(z)]^{-1}=\begin{bmatrix}\dfrac{1}{X_1(z)} & \dfrac{1}{X_2(z)}\cdots & \dfrac{1}{X_L(z)}\end{bmatrix}\tag{11.4.81}$$

上面(11.4.79)式和(11.4.80)式分别就是在状态变量描述下，连续时间和离散时间因果 LTI 系统的系统函数矩阵。当系统有 $L$ 个输入、$K$ 个输出，充分描述系统的最少状态变量数目是 $N$ 个，那么 $[\boldsymbol{C}(s\boldsymbol{I}-\boldsymbol{A})^{-1}\boldsymbol{B}+\boldsymbol{D}]$ 和 $[\boldsymbol{C}(\boldsymbol{I}-z^{-1}\boldsymbol{A})^{-1}z^{-1}\boldsymbol{B}+\boldsymbol{D}]$ 运算的结果就是 $K\times L$ 阶的系统函数矩阵。如果是单输入单输出系统，那么(11.4.79)式或(11.5.80)式就归结如下的系统函数表达式：

$$H(s)=\boldsymbol{C}(s\boldsymbol{I}-\boldsymbol{A})^{-1}\boldsymbol{B}+\boldsymbol{D}\quad \text{或}\quad H(z)=\boldsymbol{C}(\boldsymbol{I}-z^{-1}\boldsymbol{A})^{-1}z^{-1}\boldsymbol{B}+\boldsymbol{D}\tag{11.4.82}$$

对于因果 LTI 系统这样一类连续时间和离散时间动态线性系统，根据上式或者(11.4.79)式和(11.4.80)式，就可以由系统的 $\boldsymbol{A}$，$\boldsymbol{B}$，$\boldsymbol{C}$，$\boldsymbol{D}$ 矩阵确定它的系统函数或系统函数矩阵，并由此获得因果 LTI 系统的其他表示，例如，单位冲激响应(或矩阵)、微分方程和差分方程(或方程组)表示，以及用三种基本单元组成的各种模拟结构，若又是稳定系统的话，还可以写出系统的频率响应(或矩阵)，等等。

如果不是“起始松弛”的因果动态系统，而是起始不松弛的连续时间或离散时间因果增量 LTI 系统，其状态变量描述除 $\boldsymbol{A}$，$\boldsymbol{B}$，$\boldsymbol{C}$，$\boldsymbol{D}$ 矩阵外，还分别有非零起始状态矢量 $\boldsymbol{\lambda}(0_-)$ 或初始状态矢量 $\boldsymbol{\lambda}[0]$。对这类系统，从状态变量描述转换成输入输出描述，除了像因果 LTI 系统那样确定系统的系统函数矩阵，进而分别写出系统的微分方程或差分方程(或方程组)外，还必须把系统的起始状态矢量 $\boldsymbol{\lambda}(0_-)$ 或初始状态矢量 $\boldsymbol{\lambda}[0]$ 分别转换成系统输出的非零起始条件。在前面介绍状态变量描述的各种规划法时，已给出了由系统的非零起始条件分别确定 $\boldsymbol{\lambda}(0_-)$ 或

$\boldsymbol{\lambda}[0]$的方法(见(11.4.21)式和(11.4.30)式)，这里需要相反的转换关系，即

$$\boldsymbol{y}(0_-)=\boldsymbol{Q}\boldsymbol{\lambda}(0_-) \quad 和 \quad \boldsymbol{y}[-k]=\boldsymbol{Q}\boldsymbol{A}^{-N}\boldsymbol{\lambda}[0] \tag{11.4.83}$$

其中，$\boldsymbol{Q}$矩阵见(11.4.20)式。对于单输入单输出系统，$\boldsymbol{y}(0_-)$或$\boldsymbol{y}[-k]$分别见(11.4.20)式和(11.4.26)式，对于多输入多输出系统，$\boldsymbol{y}(0_-)$或$\boldsymbol{y}[-k]$均是一个矩阵。此外，也可由$\boldsymbol{A}$，$\boldsymbol{B}$，$\boldsymbol{C}$，$\boldsymbol{D}$矩阵，$\boldsymbol{\lambda}(0_-)$或$\boldsymbol{\lambda}[0]$和给定的因果输入一起，直接转换成输入输出描述下系统的初始条件，即连续时间情况中的$\boldsymbol{y}(0^+)$和离散时间情况中的$y[0]$，$y[1]$ $\cdots$ $y[N-1]$。

**【例 11.11】** 在例 11.9 中编写出的连续时间因果 LTI 系统的$\boldsymbol{A}$，$\boldsymbol{B}$，$\boldsymbol{C}$和$\boldsymbol{D}$矩阵如下：

$$\boldsymbol{A}=\begin{bmatrix}-1&0&0\\0&-2&0\\0&0&-3\end{bmatrix} \qquad \boldsymbol{B}=\begin{bmatrix}-1&0\\1&1\\0&1\end{bmatrix} \qquad \boldsymbol{C}=\begin{bmatrix}1&7&0\\0&5&1\end{bmatrix} \qquad \boldsymbol{D}=\begin{bmatrix}0&0\\0&0\end{bmatrix}$$

试确定该系统的系统函数矩阵。

**解**：从输入矩阵$\boldsymbol{B}$和输出矩阵$\boldsymbol{C}$可以得知，它是一个两输入两输出系统，可以直接利用(11.4.79)式求得它的系统函数矩阵。其中

$$(s\boldsymbol{I}-\boldsymbol{A})^{-1}=\begin{bmatrix}s+1&0&0\\0&s+2&0\\0&0&s+3\end{bmatrix}^{-1}=\frac{\begin{bmatrix}s^2+5s+6&0&0\\0&s^2+4s+3&0\\0&0&s^2+3s+2\end{bmatrix}}{(s+1)(s+2)(s+3)}$$

则有 $\boldsymbol{H}(s)=\boldsymbol{C}(s\boldsymbol{I}-\boldsymbol{A})^{-1}\boldsymbol{B}+\boldsymbol{D}$

$$=\frac{\begin{bmatrix}1&7&0\\0&5&1\end{bmatrix}\begin{bmatrix}s^2+5s+6&0&0\\0&s^2+4s+3&0\\0&0&s^2+3s+2\end{bmatrix}\begin{bmatrix}-1&0\\1&1\\0&1\end{bmatrix}}{(s+1)(s+2)(s+3)}=\begin{bmatrix}\dfrac{6s+5}{s^2+3s+2}&\dfrac{7}{s+2}\\\dfrac{5}{s+2}&\dfrac{6s+17}{s^2+5s+6}\end{bmatrix}$$

在例 11.9 中，还得到该系统 6 个状态变量描述的$\boldsymbol{A}$，$\boldsymbol{B}$，$\boldsymbol{C}$和$\boldsymbol{D}$矩阵，见(11.4.67)式。读者也可以用这组$\boldsymbol{A}$，$\boldsymbol{B}$，$\boldsymbol{C}$和$\boldsymbol{D}$矩阵，代入(11.4.79)式，会求得完全相同的相同函数矩阵，当然，计算要繁杂得多。

**【例 11.12】** 在例 11.4 中编写出的离散时间动态线性系统的$\boldsymbol{A}$，$\boldsymbol{B}$，$\boldsymbol{C}$和$\boldsymbol{D}$矩阵和起始状态矢量如下，试写出该系统的差分方程表示和系统输出的非零起始条件。

$$\boldsymbol{A}=\begin{bmatrix}0&0&1/6\\1&0&-1\\0&1&11/6\end{bmatrix} \qquad \boldsymbol{B}=\begin{bmatrix}1/2\\-2\\11/6\end{bmatrix} \qquad \boldsymbol{C}=\begin{bmatrix}0&0&1\end{bmatrix} \qquad \boldsymbol{D}=[3] \qquad \boldsymbol{\lambda}[0]=\begin{bmatrix}1/6\\-1\\2\end{bmatrix}$$

**解**：这是一个离散时间 SISO 动态线性系统，可以求得与其相应的因果 LTI 系统的系统函数，其中

$$(\boldsymbol{I}-z^{-1}\boldsymbol{A})^{-1}=\begin{bmatrix}1&0&-(1/6)z^{-1}\\-z^{1}&1&z^{-1}\\0&-z^{-1}&1-(11/6)z^{-1}\end{bmatrix}^{-1}=\frac{\begin{bmatrix}1-(11/6)z^{-1}+z^{-2}&(1/6)z^{-2}&(1/6)z^{-2}\\z^{-1}-(11/6)z^{-2}&1-(11/6)z^{-1}&-z^{-1}+(1/6)z^{-2}\\z^{-2}&z^{-1}&1\end{bmatrix}}{1-(11/6)z^{-1}+z^{-2}-(1/6)z^{-3}}$$

$$H(z)=[\boldsymbol{C}(\boldsymbol{I}-z^{-1}\boldsymbol{A})^{-1}z^{-1}\boldsymbol{B}+\boldsymbol{D}]$$

$$=\frac{\begin{bmatrix}0&0&1\end{bmatrix}\begin{bmatrix}1-(11/6)z^{-1}+z^{-2}&(1/6)z^{-2}&(1/6)z^{-2}\\z^{-1}-(11/6)z^{-2}&1-(11/6)z^{-1}&-z^{-1}+(1/6)z^{-2}\\z^{-2}&z^{-1}&1\end{bmatrix}z^{-1}\begin{bmatrix}1/2\\-2\\11/6\end{bmatrix}}{1-(11/6)z^{-1}+z^{-2}-(1/6)z^{-3}}+3=\frac{3-(11/3)z^{-1}+z^{-2}}{1-(11/6)z^{-1}+z^{-2}-(1/6)z^{-3}}$$

然后，由求得的离散时间系统函数 $H(z)$，写出该系统的差分方程为

$$y[n]-(11/6)y[n-1]+y[n-2]-(1/6)y[n-3]=3x[n]-(11/3)x[n-1]+x[n-2]$$

最后，利用(11.4.86)式确定起始条件 $y[-k]$，$k=1,\ 2,\ 3$。依据(11.4.20)中的 $\boldsymbol{Q}$ 矩阵表达式，则有

$$\begin{bmatrix} y[-3] \\ y[-2] \\ y[-1] \end{bmatrix}=\begin{bmatrix} \boldsymbol{C} \\ \boldsymbol{CA} \\ \boldsymbol{CA}^2 \end{bmatrix}\boldsymbol{A}^{-3}\boldsymbol{\lambda}[0]=\begin{bmatrix} \boldsymbol{CA}^{-3} \\ \boldsymbol{CA}^{-2} \\ \boldsymbol{CA}^{-1} \end{bmatrix}\boldsymbol{\lambda}[0] \quad \text{或} \quad \begin{bmatrix} y[-1] \\ y[-2] \\ y[-3] \end{bmatrix}=\begin{bmatrix} \boldsymbol{CA}^{-1} \\ \boldsymbol{CA}^{-2} \\ \boldsymbol{CA}^{-3} \end{bmatrix}\boldsymbol{\lambda}[0]$$

代入 $\boldsymbol{C}$，$\boldsymbol{A}$ 和 $\boldsymbol{\lambda}[0]$，确定该系统输出的 3 个起始条件为

$$y[-1]=1, \quad y[-2]=0, \quad y[-3]=1$$

在(11.4.79)式、(11.4.80)式和(11.4.82)式中，通常把 $(s\boldsymbol{I}-\boldsymbol{A})^{-1}$ 和 $(\boldsymbol{I}-z^{-1}\boldsymbol{A})^{-1}$ 分别称为连续时间和离散时间动态 LTI 系统的**特征矩阵**，并分别记作 $\boldsymbol{\Phi}(s)$ 和 $\boldsymbol{\Phi}(z)$，即

$$\boldsymbol{\Phi}(s)=(s\boldsymbol{I}-\boldsymbol{A})^{-1} \quad \text{和} \quad \boldsymbol{\Phi}(z)=(\boldsymbol{I}-z^{-1}\boldsymbol{A})^{-1} \tag{11.4.84}$$

按照逆矩阵公式，将有

$$\boldsymbol{\Phi}(s)=\frac{\operatorname{adj}(s\boldsymbol{I}-\boldsymbol{A})}{\det(s\boldsymbol{I}-\boldsymbol{A})} \quad \text{和} \quad \boldsymbol{\Phi}(z)=\frac{\operatorname{adj}(\boldsymbol{I}-z^{-1}\boldsymbol{A})}{\det(\boldsymbol{I}-z^{-1}\boldsymbol{A})} \tag{11.4.85}$$

其中，$\det(*)$ 是矩阵(*)的行列式，$\operatorname{adj}(*)$ 是其伴随矩阵。把它们分别代入(11.4.82)式，将有

$$H(s)=\frac{\boldsymbol{C}[\operatorname{adj}(s\boldsymbol{I}-\boldsymbol{A})\boldsymbol{B}]}{\det(s\boldsymbol{I}-\boldsymbol{A})}+\boldsymbol{D} \quad \text{和} \quad H(z)=\frac{\boldsymbol{C}[\operatorname{adj}(\boldsymbol{I}-z^{-1}\boldsymbol{A})z^{-1}\boldsymbol{B}]}{\det(\boldsymbol{I}-z^{-1}\boldsymbol{A})}+\boldsymbol{D} \tag{11.4.86}$$

这类动态 LTI 系统的系统函数或系统函数矩阵中的元素，都分别是 $s$ 和 $z^{-1}$ 有理函数。因此，上式中的 $\det(s\boldsymbol{I}-\boldsymbol{A})$ 和 $\det(\boldsymbol{I}-z^{-1}\boldsymbol{A})$ 就分别是连续时间和离散时间系统函数的分母多项式，即各自微分方程和差分方程的特征多项式，它们充分代表了系统所有极点的信息，上面两个例子已看到这一点。这也是把(11.4.84)式的 $\boldsymbol{\Phi}(s)$ 和 $\boldsymbol{\Phi}(z)$ 叫做系统特征矩阵的理由。

**2．转置结构**

由动态 LTI 系统的 $\boldsymbol{A}$，$\boldsymbol{B}$，$\boldsymbol{C}$，$\boldsymbol{D}$ 矩阵和系统函数矩阵之间的关系，会得到一个很有意义的现象，即所谓系统的**转置结构**。把(11.4.79)式等号两边的矩阵分别做转置运算，则有

$$[\boldsymbol{H}(s)]^{\mathrm{T}}=[\boldsymbol{C}(s\boldsymbol{I}-\boldsymbol{A})^{-1}\boldsymbol{B}+\boldsymbol{D}]^{\mathrm{T}}=\boldsymbol{B}^{\mathrm{T}}[(s\boldsymbol{I}-\boldsymbol{A})^{-1}]^{\mathrm{T}}\boldsymbol{C}^{\mathrm{T}}+\boldsymbol{D}^{\mathrm{T}}=\boldsymbol{B}^{\mathrm{T}}(s\boldsymbol{I}-\boldsymbol{A}^{\mathrm{T}})^{-1}\boldsymbol{C}^{\mathrm{T}}+\boldsymbol{D}^{\mathrm{T}} \tag{11.4.87}$$

在离散时间中也能得到完全类似的关系，即

$$[\boldsymbol{H}(z)]^{\mathrm{T}}=\boldsymbol{B}^{\mathrm{T}}(\boldsymbol{I}-z^{-1}\boldsymbol{A}^{\mathrm{T}})^{-1}z^{-1}\boldsymbol{C}^{\mathrm{T}}+\boldsymbol{D}^{\mathrm{T}} \tag{11.4.88}$$

上述结果表明，有两个动态 LTI 系统的状态变量描述分别为$\{\boldsymbol{A},\boldsymbol{B},\boldsymbol{C},\boldsymbol{D}\}$和$\{\hat{\boldsymbol{A}},\hat{\boldsymbol{B}},\hat{\boldsymbol{C}},\hat{\boldsymbol{D}}\}$，它们的系统函数矩阵分别为 $\boldsymbol{H}(s)$ 和 $\hat{\boldsymbol{H}}(s)$，如果它们之间有如下关系

$$\hat{\boldsymbol{A}}=\boldsymbol{A}^{\mathrm{T}} \qquad \hat{\boldsymbol{B}}=\boldsymbol{C}^{\mathrm{T}} \qquad \hat{\boldsymbol{C}}=\boldsymbol{B}^{\mathrm{T}} \qquad \hat{\boldsymbol{D}}=\boldsymbol{D}^{\mathrm{T}} \tag{11.4.89}$$

那么，这两个动态 LTI 系统的系统函数矩阵互为转置关系，即有

$$\hat{\boldsymbol{H}}(s)=[\boldsymbol{H}(s)]^{\mathrm{T}} \quad \text{和} \quad \hat{\boldsymbol{H}}(z)=[\boldsymbol{H}(z)]^{\mathrm{T}} \tag{11.4.90}$$

若它们是 MIMO 系统，这意味着它们分别代表着 $L$ 个输入，$K$ 个输出和 $K$ 个输入，$L$ 个输出的系统。若是 SISO 系统，必然有 $[\boldsymbol{H}(s)]^{\mathrm{T}}=H(s)$ 或 $[\boldsymbol{H}(z)]^{\mathrm{T}}=H(z)$，则表明，分别由$\{\hat{\boldsymbol{A}},\hat{\boldsymbol{B}},\hat{\boldsymbol{C}},\hat{\boldsymbol{D}}\}$和$\{\boldsymbol{A},\boldsymbol{B},\boldsymbol{C},\boldsymbol{D}\}$描述的 SISO 系统有相同的系统函数，在输入输出描述方式下，它们是同一个系统。

在 11.4.2 小节中的例 11.1 和例 11.2 曾分别对一个 SISO 连续时间和离散时间动态 LTI 系统、用两种直接规划法编写得到的两种 $\boldsymbol{A}$，$\boldsymbol{B}$，$\boldsymbol{C}$，$\boldsymbol{D}$ 矩阵之间，就满足(11.4.89)式的关系。

另外，在第8章8.8节的最后曾提到信号流图转置的概念(见图8.51)，两种直接规划法得到的$\boldsymbol{A}$，$\boldsymbol{B}$，$\boldsymbol{C}$，$\boldsymbol{D}$矩阵之间所以有如此关系，正是因为它们所基于的模拟图(图 11.8 的虚线框内的结构和图 11.10 的结构)互为**转置结构**。这就是说，对于任何连续时间和离散时间 SISO 动态线性系统，按照系统的某种模拟图(或信号流图)和其转置结构，分别编写的两种$\boldsymbol{A}$，$\boldsymbol{B}$，$\boldsymbol{C}$，$\boldsymbol{D}$矩阵之间满足(11.4.89)式的关系。这种转置结构关系不仅对直接规划法成立，对级联和并联规划法，或基于模拟图或信号流图的其他规划法也同样成立。

对于上述有关转置结构的概念，还必须指出两点：

(1) 由于 SISO 因果动态 LTI 系统的起始状态矢量$\boldsymbol{\lambda}(0_-)$和初始状态矢量$\boldsymbol{\lambda}[0]$是零矢量，按(11.4.89)式分别获得的$\{\hat{\boldsymbol{A}}，\hat{\boldsymbol{B}}，\hat{\boldsymbol{C}}，\hat{\boldsymbol{D}}\}$描述下的$\hat{\boldsymbol{\lambda}}(0_-)$和$\hat{\boldsymbol{\lambda}}[0]$也都是零矢量。但一般的 SISO 因果动态线性系统的起始状态矢量不是零矢量，满足(11.4.89)式的两种$\boldsymbol{A}$，$\boldsymbol{B}$，$\boldsymbol{C}$，$\boldsymbol{D}$矩阵描述下的起始和初始状态矢量却不一样，必须由$\boldsymbol{\lambda}(0_-)$和$\boldsymbol{\lambda}[0]$分别转换成$\hat{\boldsymbol{\lambda}}(0_-)$和$\hat{\boldsymbol{\lambda}}[0]$。

(2) 对于 MIMO 系统，系统模拟图或信号流图转置以后，尽管两种$\boldsymbol{A}$，$\boldsymbol{B}$，$\boldsymbol{C}$，$\boldsymbol{D}$矩阵之间仍有(11.4.89)式的关系，但是它们已代表不同的两个系统。

# 11.5 用状态变量描述的系统的求解方法

在输入输出描述方式下，用微分方程和差分方程描述的因果 LTI 系统和因果动态线性系统有两种分析和求解方法，即时域方法和变换域方法。在状态变量描述方式下，这两类系统的分析或求解也有时域解法和变换域解法。本节先介绍时域解法，然后介绍变换域解法，通过这两种解法的介绍，将会发现许多概念和方法与输入输出描述方式下是一致的。

## 11.5.1 矢量差分方程和矢量微分方程的时域解法

### 1. 离散时间矢量差分方程的求解

在离散时间动态线性系统(包括因果 LTI 系统)的状态变量描述中，输出方程(或方程组)是即时(无记忆)方程，无需求解，因此用状态变量描述的离散时间系统的求解，就归结为状态方程组的求解。离散时间状态方程组是(11.4.31)式右式这样的一阶差分方程组，它们的求解方法称为矢量差分方程解法。

1) 矢量差分方程的解法

状态变量的矢量差分方程的数学表征为

$$\boldsymbol{\lambda}[n+1]=\boldsymbol{A\lambda}[n]+\boldsymbol{Bx}[n] \quad 和 \quad \boldsymbol{\lambda}[0] \tag{11.5.1}$$

它的求解问题就是在给定因果输入($\boldsymbol{x}[n]=\boldsymbol{0}$，$n<0$，或$\boldsymbol{x}[n]=\boldsymbol{x}[n]u[n]$)时，求解$\boldsymbol{\lambda}[n]$，$n\geqslant 0$。可用与 4.3.3 节的后推算法类似的方法，求解上述矢量差分方程。对(11.5.1)式，先后令

$n=0$时，　$\boldsymbol{\lambda}[1]=\boldsymbol{A\lambda}[0]+\boldsymbol{Bx}[0]$；

$n=1$时，　$\boldsymbol{\lambda}[2]=\boldsymbol{A\lambda}[1]+\boldsymbol{Bx}[1]=\boldsymbol{A}^2\boldsymbol{\lambda}[0]+\boldsymbol{ABx}[0]+\boldsymbol{Bx}[1]$；

$n=2$时，　$\boldsymbol{\lambda}[3]=\boldsymbol{A\lambda}[2]+\boldsymbol{Bx}[2]=\boldsymbol{A}^3\boldsymbol{\lambda}[0]+\boldsymbol{A}^2\boldsymbol{Bx}[0]+\boldsymbol{ABx}[1]+\boldsymbol{Bx}[2]$；等等。

用归纳法得到如下的一般解，其形式为

$$\boldsymbol{\lambda}[n]=\boldsymbol{A}^n\boldsymbol{\lambda}[0]+\sum_{k=0}^{n-1}\boldsymbol{A}^{n-1-k}\boldsymbol{Bx}[k], \quad n\geqslant 0 \tag{11.5.2}$$

由求得的 $\boldsymbol{\lambda}[n]$，就可确定该离散时间动态系统的全部行为。作为感兴趣的一部分行为，系统的输出可以将上式的 $\boldsymbol{\lambda}[n]$ 代入输出方程求得，即有

$$\boldsymbol{y}[n]=\boldsymbol{CA}^n\boldsymbol{\lambda}[0]+\sum_{k=0}^{n-1}\boldsymbol{CA}^{n-1-k}\boldsymbol{Bx}[k]+\boldsymbol{Dx}[n],\quad n\geqslant 0 \tag{11.5.3}$$

利用类似于(11.2.4)式的定义，(11.5.2)式和(11.5.3)式可改写成如下离散时间矢量卷积和形式：

$$\boldsymbol{\lambda}[n]=\boldsymbol{A}^n\boldsymbol{\lambda}[0]+\{\boldsymbol{A}^{n-1}\boldsymbol{B}u[n-1]\}*\boldsymbol{x}[n],\quad n\geqslant 0 \tag{11.5.4}$$

和

$$\boldsymbol{y}[n]=\boldsymbol{CA}^n\boldsymbol{\lambda}[0]+\{(\boldsymbol{CA}^{n-1}\boldsymbol{B}u[n-1])+\boldsymbol{D}\delta[n]\}*\boldsymbol{x}[n],\quad n\geqslant 0 \tag{11.5.5}$$

2) 系统的零状态响应和零输入响应

考察(11.5.4)式和(11.5.5)式可以看出，对于一般“起始不松弛”的离散时间动态线性系统，它的所有状态变量和全部行为都与系统的 $\boldsymbol{A}$，$\boldsymbol{B}$，$\boldsymbol{C}$，$\boldsymbol{D}$ 矩阵有关，且都有两部分组成：一部分是这两式中的第一项，它仅由系统及其非零初始状态矢量 $\boldsymbol{\lambda}[0]$ 决定，而与系统当前所有输入(即输入矢量 $\boldsymbol{x}[n]$)无关，这就是状态变量和输出信号中的零输入响应部分，即

$$\boldsymbol{\lambda}_{\text{zi}}[n]=\boldsymbol{A}^n\boldsymbol{\lambda}[0]\quad 和\quad \boldsymbol{y}_{\text{zi}}[n]=\boldsymbol{CA}^n\boldsymbol{\lambda}[0],\quad n\geqslant 0 \tag{11.5.6}$$

另一部分是这两式中的第二项，它仅取决于当前系统的输入矢量 $\boldsymbol{x}[n]$，而与由非零起始状态 $\boldsymbol{\lambda}[0]$ 体现的系统过去历史无关，这就是状态矢量和输出矢量中的零状态响应部分，即

$$\boldsymbol{\lambda}_{\text{zs}}[n]=\{\boldsymbol{A}^{n-1}\boldsymbol{B}u[n-1]\}*\boldsymbol{x}[n],\quad n\geqslant 0 \tag{11.5.7}$$

和

$$\boldsymbol{y}_{\text{zs}}[n]=\{(\boldsymbol{CA}^{n-1}\boldsymbol{B}u[n-1])+\boldsymbol{D}\delta[n]\}*\boldsymbol{x}[n],\quad n\geqslant 0 \tag{11.5.8}$$

如果系统是“起始松弛”的，初始状态矢量为零矢量，即 $\boldsymbol{\lambda}[0]=\boldsymbol{0}$，系统的状态矢量和输出矢量只有(11.5.4)式和(11.5.5)式中的第二项，即零状态响应部分，它们分别为

$$\boldsymbol{\lambda}[n]=\{\boldsymbol{A}^{n-1}\boldsymbol{B}u[n-1]\}*\boldsymbol{x}[n],\quad n>0 \tag{11.5.9}$$

和

$$\boldsymbol{y}[n]=\{(\boldsymbol{CA}^{n-1}\boldsymbol{B}u[n-1])+\boldsymbol{D}\delta[n]\}*\boldsymbol{x}[n],\quad n\geqslant 0 \tag{11.5.10}$$

且当 $n<0$ 时，$\boldsymbol{\lambda}[n]=\boldsymbol{0}$，$\boldsymbol{y}[n]=\boldsymbol{0}$。

上述结果表明，对于离散时间因果 LTI 系统，其输出矢量和状态矢量都表示为一个离散时间序列矢量与因果输入矢量的**矢量卷积和**形式。如果以该系统的状态矢量作为输出矢量之系统也看成一个虚拟的 LTI 系统(见图 11.35)，则它和原系统的单位冲激响应矢量分别为

$$\boldsymbol{h}_\lambda[n]=\boldsymbol{A}^{n-1}\boldsymbol{B}u[n-1]\quad 和\quad \boldsymbol{h}[n]=(\boldsymbol{CA}^{n-1}\boldsymbol{B}u[n-1])+\boldsymbol{D}\delta[n] \tag{11.5.11}$$

其中，$\boldsymbol{h}[n]$ 是 $K$ 维列矢量，即原系统的单位冲激响应矢量，而 $\boldsymbol{h}_\lambda[n]$ 是这个虚拟 LTI 系统的单位冲激响应矢量，它是 $N$ 维列矢量，即

$$\boldsymbol{h}_\lambda[n]=(h_{\lambda_1}[n]\quad h_{\lambda_2}[n]\quad\cdots\quad h_{\lambda_N}[n])^{\text{T}} \tag{11.5.12}$$

它是当所有输入均为 $\delta[n]$ 时因果 LTI 系统的状态矢量。

由 $\boldsymbol{h}_\lambda[n]$ 表达式可知，当 $n\leqslant 0$ 时，$\boldsymbol{h}_\lambda[n]=\boldsymbol{0}$。这可用图 11.35 来说明，状态变量是每个单位延时的输出，所有输入均通过一个或多个单位延时才达到状态变量点，由于 $\boldsymbol{\lambda}[0]=\boldsymbol{0}$，当所有输入都是 $\delta[n]$ 时，所有状态变量在 $n\geqslant 1$ 时，才可能变成非零。

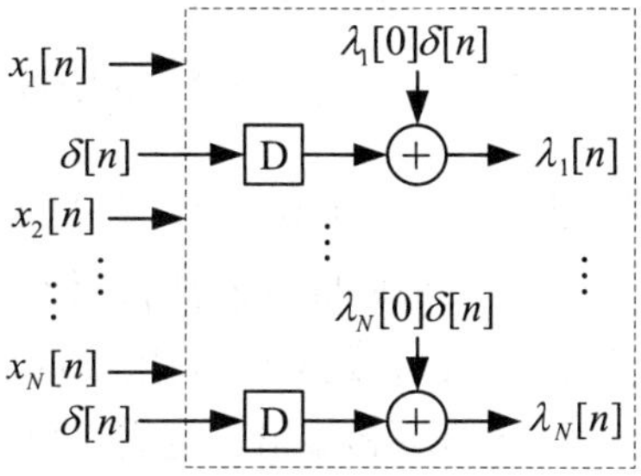

图 11.35 虚拟系统示意图

3) 状态转移矩阵

在离散时间系统的状态空间模型中，常把 $\boldsymbol{A}^n$ 称为系统的**状态转移矩阵**，并记作 $\boldsymbol{\phi}[n]$，其中，$n$ 是离散时间变量。请注意，这里 $\boldsymbol{A}^n$ 或 $\boldsymbol{\phi}[n]$ 是一个 $N\times N$ 阶的离散时间矩阵函数，它的

每一个元素都是一个离散时间序列，它表示为

$$\boldsymbol{\phi}[n]=\boldsymbol{A}^n=\begin{bmatrix}\phi_{11}[n] & \phi_{12}[n] & \cdots & \phi_{1N}[n]\\ \phi_{21}[n] & \phi_{22}[n] & \cdots & \phi_{2N}[n]\\ \vdots & \vdots & \cdots & \vdots\\ \phi_{N1}[n] & \phi_{N2}[n] & \cdots & \phi_{NN}[n]\end{bmatrix},\quad n\geqslant 0 \tag{11.5.13}$$

可以用(11.5.6)式左式来说明状态转移矩阵 $\boldsymbol{\phi}[n]$ 的物理含义，它可以改写成

$$\boldsymbol{\lambda}_{zi}[n]=\boldsymbol{A}^n*\boldsymbol{\lambda}[0]\delta[n]$$

这就意味着当系统真正的输入端都处于零输入时，同时在系统内部的 $N$ 个起始状态注入点(见图 11.35)都加入单位冲激序列 $\delta[n]$，此时系统的状态矢量为

$$\boldsymbol{\lambda}[n]=\boldsymbol{A}^n*\boldsymbol{\delta}[n]=\begin{bmatrix}\phi_{11}[n] & \phi_{12}[n] & \cdots & \phi_{1N}[n]\\ \phi_{21}[n] & \phi_{22}[n] & \cdots & \phi_{2N}[n]\\ \vdots & \vdots & \cdots & \vdots\\ \phi_{N1}[n] & \phi_{N2}[n] & \cdots & \phi_{NN}[n]\end{bmatrix}*\begin{bmatrix}\delta[n]\\ \delta[n]\\ \vdots\\ \delta[n]\end{bmatrix},\quad \boldsymbol{x}[n]=\boldsymbol{0} \tag{11.5.14}$$

上式表明，像图 11.35 所示的那样，状态转移矩阵 $\boldsymbol{\phi}[n]$ 或 $\boldsymbol{A}^n$ 可以看作 $N$ 个起始状态注入点作为输入端、$N$ 个状态变量作为输出的系统的单位冲激响应矩阵。为了进一步看清 $\boldsymbol{\phi}[n]$ 的物理意义，假设系统的状态空间是对角化状态空间，它相当于 $N$ 个不同单极点系统经并联规划法建立的状态空间模型，此时 $\boldsymbol{A}$ 是一个对角矩阵，$\boldsymbol{A}^n$ 是一个对角化的矩阵函数，即

$$\boldsymbol{A}^n=\begin{bmatrix}\phi_1[n] & 0 & \cdots & 0 & 0\\ 0 & \phi_2[n] & \cdots & 0 & 0\\ 0 & 0 & \cdots & 0 & 0\\ 0 & 0 & \cdots & \phi_{N-1}[n] & 0\\ 0 & 0 & \cdots & 0 & \phi_N[n]\end{bmatrix},\quad n\geqslant 0 \tag{11.5.15}$$

则有

$$\boldsymbol{\lambda}[n]=\boldsymbol{A}^n*\boldsymbol{\delta}[n]=[\phi_1[n]\ \ \phi_2[n]\ \ \cdots\ \ \phi_N[n]]^{\mathrm{T}},\quad \boldsymbol{x}[n]=\boldsymbol{0} \tag{11.5.16}$$

这表明，这样的 $N$ 个状态变量相互是可分离的，每个状态变量各自独立地变化，对别的状态变量不产生影响。然而在一般情况下，$\boldsymbol{A}$ 不是一个对角矩阵，$\boldsymbol{A}^n$ 也不是对角化的矩阵函数，每个状态变量的变化是相互影响的，根据(11.5.14)式，此时将有

$$\lambda_i[n]=\sum_{j=1}^{N}\left\{\phi_{ij}[n]*\delta[n]\right\}=\sum_{j=1}^{N}\phi_{ij}[n],\quad i=1,\ 2,\ \cdots,\ N,\ \boldsymbol{x}[n]=\boldsymbol{0} \tag{11.5.17}$$

则可把 $\phi_{ij}[n]$ 看作第 $j$ 个状态变量对第 $i$ 个状态变量的影响，状态转移矩阵就依此命名。

对于离散时间动态线性系统，包括“起始松弛”的因果 LTI 系统，一旦求出系统的状态转移矩阵 $\boldsymbol{\phi}[n]$ 或 $\boldsymbol{A}^n$，利用前面矢量差分方程的求解结果，就可得到在当前输入下系统的所有的状态变量和输出。这就是状态变量描述的离散时间系统的时域求解方法。

这里简单介绍离散时间的实矩阵函数 $\boldsymbol{A}^n$ 的计算方法。利用卡累—汉密尔顿定理，则有

$$\boldsymbol{A}^j=c_0\boldsymbol{I}+c_1\boldsymbol{A}+c_2\boldsymbol{A}^2+\ \cdots\ +c_{k-1}\boldsymbol{A}^{k-1},\quad j\geqslant k \tag{11.5.18}$$

其中，$\boldsymbol{A}$ 为系统的状态矩阵，式中的各项系数 $c_0$，$c_1$，…，$c_{k-1}$ 都是时间变量 $n$ 的序列(在下面的例题中将会看到)。这个定理表明，高于 $(k-1)$ 次的 $\boldsymbol{A}^j$ ($j\geqslant k$)总可以表示成低于 $k$ 次的 $\boldsymbol{A}$ 的幂项之和。按照这一定理，矩阵 $\boldsymbol{A}$ 满足其本身的特征方程，换言之，用 $\boldsymbol{A}$ 矩阵的特征值 $\alpha$ 代

替(11.5.18)式中的 $\boldsymbol{A}$，方程也成立，即

$$\alpha^n = c_0 + c_1\alpha + c_2\alpha^2 + \cdots + c_{k-1}\alpha^{k-1}, \quad n\ n \geqslant k \tag{11.5.19}$$

其中，特征值 $\alpha$ 是行列式 $|\alpha\boldsymbol{I}-\boldsymbol{A}|$ 的根。如果 $\boldsymbol{A}$ 矩阵的特征根是 $N$ 个不同的单根 $\alpha_i$，$i=1,\ 2$，…，$N$，那么将 $N$ 个 $\alpha_i$ 代入(11.5.19)式，得到 $N$ 个代数方程，解此代数方程组，就可以求得系数 $c_0$，$c_1$，…；若 $\boldsymbol{A}$ 矩阵的特征根中有重根，例如 $\alpha_1$ 是 $|\alpha\boldsymbol{I}-\boldsymbol{A}|$ 的 $\sigma_1$ 重根，则可对(11.5.19)式取 $\alpha$ 的一阶到 $\sigma_1-1$ 阶导数，连同(11.5.19)式本身，共有 $\sigma_1$ 个代数方程。再与其他单根代入上式获得的代数方程联立，可以求得系数 $c_0$，$c_1$，…，它们一般是一个离散变量 $n$ 的序列。

**【例 11.13】**　已知离散时间因果 LTI 系统的状态矩阵 $\boldsymbol{A}=\begin{bmatrix}0&1&0\\0&0&1\\1&-2&5/2\end{bmatrix}$，试求系统的状态转移矩阵 $\boldsymbol{A}^n$。

**解：** $\boldsymbol{A}$ 的特征方程为　$|\alpha\boldsymbol{I}-\boldsymbol{A}|=\begin{vmatrix}\alpha&-1&0\\0&\alpha&-1\\-1&2&\alpha-5/2\end{vmatrix}=0$

即　$$\alpha^3-(5/2)\alpha^2+2\alpha-1=(\alpha-1)^2(\alpha-1/2)=0$$

求得两个特征根为 $\alpha_1=1/2$ 和二重根 $\alpha_2=1$。对于单根 $\alpha_1=1/2$，将它代入(11.5.19)式，将有

$$c_0+(c_1/2)+(c_2/4)=(1/2)^n$$

对于二重根 $\alpha_2=1$，将它分别代入(11.5.19)式及其对 $\alpha$ 的一阶导数式，分别得到

$$c_0+c_1+c_2=1 \quad 和 \quad c_1+2c_2=n$$

联立这三个代数方程，求得系数 $c_0$、$c_1$ 和 $c_2$ 分别为

$$c_0=1+n-4[1-(1/2)^n],\quad c_1=8[1-(1/2)^n]-3n,\quad c_2=2n-4[1-(1/2)^n]$$

然后，将它们代入(11.5.18)式，即

$$\boldsymbol{A}^n=\{1+n-4[1-(1/2)^n]\}\begin{bmatrix}1&0&0\\0&1&0\\0&0&1\end{bmatrix}+\{8[1-(1/2)^n]-3n\}\begin{bmatrix}0&1&0\\0&0&1\\1&-2&5/2\end{bmatrix}+\{2n-4[1-(1/2)^n]\}\begin{bmatrix}0&1&0\\0&0&1\\1&-2&5/2\end{bmatrix}^2$$

最后得到该系统的状态转移矩阵如下：

$$\boldsymbol{A}^n=\begin{bmatrix}4(1/2)^n+n-3 & -8(1/2)^n-3n+8 & 4(1/2)^n+2n-4\\4(1/2)^n+2n-4 & -4(1/2)^n-3n+5 & 2(1/2)^n+2n-2\\2(1/2)^n+2n-2 & -2n & (1/2)^n+2n\end{bmatrix}u[n]$$

**2．连续时间矢量微分方程的求解**

在连续时间动态线性系统(包括因果 LTI 系统)的状态变量描述中，输出方程(或方程组)是即时(无记忆)方程，它也无需求解。因此用状态变量描述的连续时间系统的求解，也归结为状态方程组的求解。连续时间状态方程组是(11.4.31)式左式这样的一阶微分方程组，它们的求解方法称为矢量微分方程的解法。

1) 矢量微分方程的解法

状态变量的矢量微分方程的数学表征为如下：

$$\frac{\mathrm{d}}{\mathrm{d}t}\boldsymbol{\lambda}(t)=\boldsymbol{A\lambda}(t)+\boldsymbol{Bx}(t) \quad 和 \quad \boldsymbol{\lambda}(0_-) \tag{11.5.20}$$

其中，$\boldsymbol{x}(t)=\boldsymbol{0}$，$t<0$。若是连续时间因果 LTI 系统，起始状态矢量 $\boldsymbol{\lambda}(0_-)=\boldsymbol{0}$。

为求解上述矢量微分方程，需引入矩阵指数(函数) $\mathrm{e}^{\boldsymbol{A}t}$。$\mathrm{e}^{\boldsymbol{A}t}$ 是一种矩阵的初等函数，它类

似于复变量$a$的指数函数$\mathrm{e}^{at}$，通常用如下的无穷幂级数来定义矩阵指数$\mathrm{e}^{\boldsymbol{A}t}$，即

$$\mathrm{e}^{\boldsymbol{A}t}=\sum_{k=0}^{\infty}\frac{1}{k!}\boldsymbol{A}^k t^k=\boldsymbol{I}+\boldsymbol{A}t+\frac{1}{2}\boldsymbol{A}^2t^2+\ \cdots\ +\frac{1}{k!}\boldsymbol{A}^k t^k+\ \cdots \tag{11.5.21}$$

矩阵指数$\mathrm{e}^{\boldsymbol{A}t}$的运算也与复变量的指数函数类似，例如：

(1)
$$\boldsymbol{A}\mathrm{e}^{\boldsymbol{A}t}=\mathrm{e}^{\boldsymbol{A}t}\boldsymbol{A} \tag{11.5.22}$$

(2)
$$\mathrm{e}^{-\boldsymbol{A}t}=\mathrm{e}^{\boldsymbol{A}(-t)}=\sum_{k=0}^{\infty}\frac{(-1)^k}{k!}\boldsymbol{A}^k t^k \tag{11.5.23}$$

(3)
$$\frac{\mathrm{d}}{\mathrm{d}t}\mathrm{e}^{\boldsymbol{A}t}=\frac{\mathrm{d}}{\mathrm{d}t}\left(\sum_{k=0}^{\infty}\frac{1}{k!}\boldsymbol{A}^k t^k\right)=\sum_{k=0}^{\infty}\frac{1}{k!}\boldsymbol{A}^k\left(\frac{\mathrm{d}}{\mathrm{d}t}t^k\right)=\sum_{k=0}^{\infty}\frac{1}{(k-1)!}\boldsymbol{A}^k t^{k-1}=\boldsymbol{A}\sum_{k=0}^{\infty}\frac{1}{k!}\boldsymbol{A}^k t^k=\boldsymbol{A}\mathrm{e}^{\boldsymbol{A}t} \tag{11.5.24}$$

(4)
$$\frac{\mathrm{d}}{\mathrm{d}t}\left[\mathrm{e}^{\boldsymbol{A}t}\boldsymbol{G}(t)\right]=\mathrm{e}^{\boldsymbol{A}t}\frac{\mathrm{d}}{\mathrm{d}t}\boldsymbol{G}(t)+\left(\frac{\mathrm{d}}{\mathrm{d}t}\mathrm{e}^{\boldsymbol{A}t}\right)\boldsymbol{G}(t)=\mathrm{e}^{\boldsymbol{A}t}\frac{\mathrm{d}}{\mathrm{d}t}\boldsymbol{G}(t)+\boldsymbol{A}\mathrm{e}^{\boldsymbol{A}t}\boldsymbol{G}(t) \tag{11.5.25}$$

(5)
$$\int_{t_0}^{t}\frac{\mathrm{d}}{\mathrm{d}\tau}\left[\mathrm{e}^{\boldsymbol{A}\tau}\boldsymbol{G}(\tau)\right]\mathrm{d}\tau=\mathrm{e}^{\boldsymbol{A}t}\boldsymbol{G}(t)-\mathrm{e}^{\boldsymbol{A}t_0}\boldsymbol{G}(t_0) \tag{11.5.26}$$

(6)
$$\mathrm{e}^{\boldsymbol{A}t}\cdot\mathrm{e}^{-\boldsymbol{A}t}=\boldsymbol{I}\quad \text{或}\quad [\mathrm{e}^{\boldsymbol{A}t}]^{-1}=\mathrm{e}^{-\boldsymbol{A}t} \tag{11.5.27}$$

利用矩阵指数$\mathrm{e}^{\boldsymbol{A}t}$的定义和上述的运算性质，即可求解(11.5.20)式的矢量微分方程。首先对(11.5.20)式两边左乘$\mathrm{e}^{-\boldsymbol{A}t}$，并整理为

$$\mathrm{e}^{-\boldsymbol{A}t}\frac{\mathrm{d}}{\mathrm{d}t}\boldsymbol{\lambda}(t)-\mathrm{e}^{-\boldsymbol{A}t}\boldsymbol{A}\boldsymbol{\lambda}(t)=\mathrm{e}^{-\boldsymbol{A}t}\boldsymbol{B}\boldsymbol{x}(t)$$

上式左边利用(11.5.25)式，则有

$$\frac{\mathrm{d}}{\mathrm{d}t}\left[\mathrm{e}^{-\boldsymbol{A}t}\boldsymbol{\lambda}(t)\right]=\mathrm{e}^{-\boldsymbol{A}t}\boldsymbol{B}\boldsymbol{x}(t)$$

对上式两边从$0_-$到$t$积分，即

$$\int_{0_-}^{t}\frac{\mathrm{d}}{\mathrm{d}t}\left[\mathrm{e}^{-\boldsymbol{A}t}\boldsymbol{\lambda}(t)\right]\mathrm{d}t=\int_{0_-}^{t}\mathrm{e}^{-\boldsymbol{A}\tau}\boldsymbol{B}\boldsymbol{x}(\tau)\mathrm{d}\tau$$

利用(11.5.26)式，则有

$$\mathrm{e}^{-\boldsymbol{A}t}\boldsymbol{\lambda}(t)-\boldsymbol{\lambda}(0_-)=\int_{0_-}^{t}\mathrm{e}^{-\boldsymbol{A}\tau}\boldsymbol{B}\boldsymbol{x}(\tau)\mathrm{d}\tau$$

上式等号两边左乘$\mathrm{e}^{\boldsymbol{A}t}$，并利用(11.5.27)式，就有

$$\boldsymbol{\lambda}(t)=\mathrm{e}^{\boldsymbol{A}t}\boldsymbol{\lambda}(0_-)+\int_{0_-}^{t}\mathrm{e}^{\boldsymbol{A}(t-\tau)}\boldsymbol{B}\boldsymbol{x}(\tau)\mathrm{d}\tau,\quad t\geqslant 0 \tag{11.5.28}$$

这就是(11.5.20)式的矢量微分方程的解，将它代入系统的输出方程，将有

$$\boldsymbol{y}(t)=\boldsymbol{C}\mathrm{e}^{\boldsymbol{A}t}\boldsymbol{\lambda}(0_-)+\int_{0_-}^{t}\boldsymbol{C}\mathrm{e}^{\boldsymbol{A}(t-\tau)}\boldsymbol{B}\boldsymbol{x}(\tau)\mathrm{d}\tau+\boldsymbol{D}\boldsymbol{x}(t),\quad t\geqslant 0 \tag{11.5.29}$$

和离散时间中一样，以上两式中的积分项也可以写成矢量卷积积分形式，即

$$\boldsymbol{\lambda}(t)=\mathrm{e}^{\boldsymbol{A}t}\boldsymbol{\lambda}(0_-)+[\mathrm{e}^{\boldsymbol{A}t}\boldsymbol{B}u(t)]*\boldsymbol{x}(t),\quad t\geqslant 0 \tag{11.5.30}$$

和
$$\boldsymbol{y}(t)=\boldsymbol{C}\mathrm{e}^{\boldsymbol{A}t}\boldsymbol{\lambda}(0_-)+[(\boldsymbol{C}\mathrm{e}^{\boldsymbol{A}t}\boldsymbol{B})u(t)+\boldsymbol{D}\delta(t)]*\boldsymbol{x}(t),\quad t\geqslant 0 \tag{11.5.31}$$

2) 系统的零状态响应和零输入响应

从上述结果也看出，与离散时间一样，“起始不松弛”的连续时间因果动态线性系统的所有状态变量和输出都有两部分组成：一部分是上两式中的第一项，即状态矢量和输出矢量

中的零输入响应，它仅由系统及其非零起始状态矢量 $\boldsymbol{\lambda}(0_-)$ 决定，与当前的输入 $\boldsymbol{x}(t)$ 无关，即

$$\boldsymbol{\lambda}_{zi}(t)=\mathrm{e}^{\boldsymbol{A}t}\boldsymbol{\lambda}(0_-) \quad 和 \quad \boldsymbol{y}_{zi}(t)=\boldsymbol{C}\mathrm{e}^{\boldsymbol{A}t}\boldsymbol{\lambda}(0_-),\quad t\geqslant 0 \tag{11.5.32}$$

另一部分是(11.5.30)式和(11.5.31)式中的第二项，它仅取决于当前系统的输入 $\boldsymbol{x}(t)$，与非零起始状态 $\boldsymbol{\lambda}(0_-)$ 体现的系统历史无关，这是状态矢量和输出矢量中的零状态响应部分，即

$$\boldsymbol{\lambda}_{zs}(t)=[\mathrm{e}^{\boldsymbol{A}t}\boldsymbol{B}u(t)]*\boldsymbol{x}(t) \quad 和 \quad \boldsymbol{y}_{zs}(t)=[(\boldsymbol{C}\mathrm{e}^{\boldsymbol{A}t}\boldsymbol{B})u(t)+\boldsymbol{D}\delta(t)]*\boldsymbol{x}(t) \tag{11.5.33}$$

如果系统是“起始松弛”的因果 LTI 系统，起始状态矢量为零矢量，即 $\boldsymbol{\lambda}(0_-)=\boldsymbol{0}$，系统的状态矢量和输出矢量只有(11.5.30)式和(11.5.31)式中的第二项，即零状态响应，它们分别为

$$\boldsymbol{\lambda}(t)=[\mathrm{e}^{\boldsymbol{A}t}\boldsymbol{B}u(t)]*\boldsymbol{x}(t) \quad 和 \quad \boldsymbol{y}(t)=[(\boldsymbol{C}\mathrm{e}^{\boldsymbol{A}t}\boldsymbol{B})u(t)+\boldsymbol{D}\delta(t)]*\boldsymbol{x}(t) \tag{11.5.34}$$

且当 $t<0$ 时，$\boldsymbol{\lambda}(t)=\boldsymbol{0}$，$\boldsymbol{y}(t)=\boldsymbol{0}$。

根据连续时间 LTI 系统的卷积积分关系，其中的 $[\boldsymbol{C}\mathrm{e}^{\boldsymbol{A}t}\boldsymbol{B}]u(t)+\boldsymbol{D}\delta(t)$ 和 $\mathrm{e}^{\boldsymbol{A}t}\boldsymbol{B}u(t)$，就分别是原连续时间因果 LTI 系统和把系统中 $N$ 个积分器的输入点作为输入端，而把 $N$ 个状态看作 $N$ 个输出的虚拟系统之单位冲激响应矢量，即

$$\boldsymbol{h}(t)=(\boldsymbol{C}\mathrm{e}^{\boldsymbol{A}t}\boldsymbol{B})u(t)+\boldsymbol{D}\delta(t) \quad 和 \quad \boldsymbol{h}_{\lambda}(t)=\mathrm{e}^{\boldsymbol{A}t}\boldsymbol{B}u(t) \tag{11.5.35}$$

其中，$\boldsymbol{h}(t)$ 和 $\boldsymbol{h}_{\lambda}(t)$ 分别是 $K$ 维和 $N$ 维列矢量，它们分别表示当所有输入均为 $\delta(t)$ 时，该因果 LTI 系统的状态矢量和输出矢量。

3) 状态转移矩阵

连续时间动态线性系统的状态转移矩阵就是上面的矩阵指数 $\mathrm{e}^{\boldsymbol{A}t}$，即

$$\boldsymbol{\phi}(t)=\mathrm{e}^{\boldsymbol{A}t}=\begin{bmatrix}\phi_{11}(t) & \phi_{12}(t) & \cdots & \phi_{1N}(t)\\ \phi_{21}(t) & \phi_{22}(t) & \cdots & \phi_{2N}(t)\\ \vdots & \vdots & \cdots & \vdots\\ \phi_{N1}(t) & \phi_{N2}(t) & \cdots & \phi_{NN}(t)\end{bmatrix} \tag{11.5.36}$$

它的物理解释和离散时间中的状态转移矩阵 $\boldsymbol{\phi}[n]$ 或 $\boldsymbol{A}^n$ 相同，在连续时间动态线性系统中，该矩阵中的元素 $\phi_{ij}(t)$ 表示第 $j$ 个状态变量对第 $i$ 个状态变量的内部影响。也可以从(11.5.32)式左式表示的状态矢量的零输入响应部分来理解它的物理含义。在图 11.34 的一般动态线性系统的状态空间模型图中，当系统零输入时，即 $\boldsymbol{x}(t)=\boldsymbol{0}$ 时，从图中的 $N$ 个起始状态注入端分别加入冲激信号 $\lambda_i(0_-)\delta(t)$，$i=1,\ 2,\ \cdots,\ N$，此时系统的状态矢量即为系统状态矢量的零输入响应部分，见(11.5.32)式左式，它可以改写成如下卷积形式

$$\boldsymbol{\lambda}_{zi}(t)=\mathrm{e}^{\boldsymbol{A}t}\boldsymbol{\lambda}(0_-)=\mathrm{e}^{\boldsymbol{A}t}*[\boldsymbol{\lambda}(0_-)\ \delta(t)] \tag{11.5.37}$$

这也意味着系统零输入时，系统的 $N$ 个起始状态注入端均加入单位冲激信号 $\delta(t)$，此时系统的状态矢量为

$$\boldsymbol{\lambda}(t)=\mathrm{e}^{\boldsymbol{A}t}*\boldsymbol{\delta}(t)=\boldsymbol{\phi}(t)*\boldsymbol{\delta}(t),\quad 当\ \boldsymbol{x}(t)=\boldsymbol{0}\ 时 \tag{11.5.38}$$

由此看出，系统的状态转移矩阵可以看作当系统处于零输入时，把系统 $N$ 个起始状态注入端作为系统输入端，系统状态变量作为输出时的单位冲激响应矩阵，即

$$\lambda_i(t)=\sum_{j=1}^{N}\left\{\phi_{ij}(t)*\delta(t)\right\}=\sum_{j=1}^{N}\phi_{ij}(t),\quad i=1,\ 2,\ \cdots,\ N,\quad 当\ \boldsymbol{x}(t)=\boldsymbol{0}\ 时 \tag{11.5.39}$$

由上面矢量微分方程的解可知，只要计算出 $\mathrm{e}^{\boldsymbol{A}t}$，就可以求出系统所有的解，包括每个状态变量和输出。这里也利用矩阵理论中的卡累—汉密尔顿定理(见(11.5.18)式)，介绍计算矩阵

指数 $e^{At}$ 的方法。按照 $e^{At}$ 的定义(见(11.5.21)式)，借助(11.5.18)式，$e^{At}$ 可以写成如下的 $\boldsymbol{A}$ 的低次幂之和，即

$$e^{\boldsymbol{A}t}=c_0\boldsymbol{I}+c_1\boldsymbol{A}+c_2\boldsymbol{A}^2+\ \cdots\ +c_{k-1}\boldsymbol{A}^{k-1} \tag{11.5.40}$$

其中，$\boldsymbol{A}$ 为连续时间动态系统的状态矩阵，式中的各项系数 $c_0$，$c_1$，…，$c_{k-1}$ 都是时间 $t$ 的函数(在下面的例题中将会看到)。同样按照卡累—汉密尔顿定理，矩阵 $\boldsymbol{A}$ 满足其本身的特征方程，换言之，用 $\boldsymbol{A}$ 矩阵的特征值 $\alpha$ 代替(11.5.18)式中的 $\boldsymbol{A}$，方程也成立，即有

$$e^{\alpha t}=c_0+c_1\alpha+c_2\alpha^2+\ \cdots\ +c_{k-1}\alpha^{k-1} \tag{11.5.41}$$

其中，特征值 $\alpha$ 是行列式 $|\alpha\boldsymbol{I}-\boldsymbol{A}|$ 的根。这里也有两种情况：

(1) 如果 $\boldsymbol{A}$ 矩阵的特征根是 $N$ 个不同单根 $\alpha_i$，$i=1,\ 2,\ \cdots,\ N$，可将 $N$ 个 $\alpha_i$ 代入上式，得到 $N$ 个代数方程，解此代数方程组，就可以求得系数 $c_0$，$c_1$，…。

(2) 若 $\boldsymbol{A}$ 矩阵的特征根中有重根，例如，$\alpha_1$ 是 $|\alpha\boldsymbol{I}-\boldsymbol{A}|$ 的 $\sigma_1$ 重根，则可对(11.5.41)式取 $\alpha$ 的一阶到 $\sigma_1-1$ 阶导数，连同(11.5.41)式本身，共有 $\sigma_1$ 个代数方程。再与其他单根代入上式获得的代数方程联立，可以求得系数 $c_0$，$c_1$，…。

**【例 11.14】** 已知某连续时间动态线性系统的状态矩阵 $\boldsymbol{A}=\begin{bmatrix}0 & 1\\ 0 & -2\end{bmatrix}$，试求系统的 $e^{At}$。

**解**：$\boldsymbol{A}$ 的特征方程为 $|\alpha\boldsymbol{I}-\boldsymbol{A}|=\begin{vmatrix}\alpha & -1\\ 0 & \alpha+2\end{vmatrix}=\alpha(\alpha+2)=0$，解得特征根为 $\alpha_1=0$ 和 $\alpha_1=-2$。将它们代入(11.5.41)式，得到联立方程为 $\begin{cases}c_0=1\\ c_0-2c_1=e^{-2t}\end{cases}$，并解得 $\begin{cases}c_0=1\\ c_1=(1/2)(1-e^{-2t})\end{cases}$。将求得的 $c_0$ 和 $c_1$ 代入(11.5.40)式，得到该系统的状态转移矩阵

$$e^{\boldsymbol{A}t}=c_0\boldsymbol{I}+c_1\boldsymbol{A}=\begin{bmatrix}1 & 0\\ 0 & 1\end{bmatrix}+\frac{1}{2}(1-e^{-2t})\begin{bmatrix}0 & 1\\ 0 & -2\end{bmatrix}=\begin{bmatrix}1 & 0.5(1-e^{-2t})\\ 0 & e^{-2t}\end{bmatrix}u(t)$$

**【例 11.15】** 已知某连续时间动态线性系统的状态矩阵 $\boldsymbol{A}=\begin{bmatrix}1 & -1\\ 1 & 3\end{bmatrix}$，试求系统的 $e^{At}$。

**解**：$\boldsymbol{A}$ 的特征方程为 $|\alpha\boldsymbol{I}-\boldsymbol{A}|=\begin{vmatrix}\alpha-1 & 1\\ -1 & \alpha-3\end{vmatrix}=(\alpha-1)(\alpha-3)+1=(\alpha-2)^2=0$，其特征根 $\alpha=2$ 是二重根。将它代入(11.5.41)式得到 $c_0+2c_1=e^{2t}$，再将(11.5.41)式两边对 $\alpha$ 取一阶导数后代入 $\alpha=2$ 得到 $c_1=te^{2t}$。联立这两个代数方程，并解得 $\begin{cases}c_0=e^{2t}-2te^{2t}\\ c_1=te^{2t}\end{cases}$，将求得的 $c_0$ 和 $c_1$ 代入(11.4.40)式，得到该系统的状态转移矩阵

$$e^{\boldsymbol{A}t}=c_0\boldsymbol{I}+c_1\boldsymbol{A}=(e^{2t}-2te^{2t})\begin{bmatrix}1 & 0\\ 0 & 1\end{bmatrix}+te^{2t}\begin{bmatrix}1 & -1\\ 1 & 3\end{bmatrix}=\begin{bmatrix}e^{2t}-te^{2t} & -te^{2t}\\ te^{2t} & e^{2t}+te^{2t}\end{bmatrix}u(t)$$

### 11.5.2 矢量微分方程和矢量差分方程的变换域解法

与在输入输出描述方式下，用线性常系数微分方程或差分方程描述的一类因果 LTI 系统的变换域解法一样，对于用状态变量描述的连续时间或离散时间动态线性系统，如果是“起始松弛”($\boldsymbol{\lambda}(0_-)=\boldsymbol{0}$ 或 $\boldsymbol{\lambda}[0]=\boldsymbol{0}$)的因果 LTI 系统，那么它们可以分别用傅里叶变换、双边或单边拉普拉斯变换和双边或单边 Z 变换求解，而且不限于因果输入；若是“起始不松弛”的因果线性系统，并在因果输入下的求解系统，则只能分别用单边拉普拉斯变换或单边 Z 变换来

解。这里只介绍用单边拉普拉斯变换或单边 Z 变换的求解方法，即用 $\boldsymbol{A}$，$\boldsymbol{B}$，$\boldsymbol{C}$，$\boldsymbol{D}$ 矩阵及起始状态矢量 $\boldsymbol{\lambda}(0_-)$ 或初始状态矢量 $\boldsymbol{\lambda}[0]$ 描述的连续时间或离散时间动态线性系统，在因果输入时的零输入响应和零状态响应的变换域求法。读者将会发现，分别用单边拉普拉斯变换和单边 Z 变换的求解方法，避开了前一小节介绍的、数学中较为高深的矢量微分方程和矢量差分方程的方程解法，求解起来显得方便和容易得多。

对于用如下状态方程、输出方程和起始状态矢量描述的连续或离散时间动态线性系统：

$$\begin{cases}\dot{\boldsymbol{\lambda}}(t)=\boldsymbol{A\lambda}(t)+\boldsymbol{Bx}(t)\\ \boldsymbol{y}(t)=\boldsymbol{C\lambda}(t)+\boldsymbol{Dx}(t)\\ \boldsymbol{\lambda}(0_-)\end{cases}\quad 或 \quad \begin{cases}\boldsymbol{\lambda}[n+1]=\boldsymbol{A\lambda}[n]+\boldsymbol{Bx}[n]\\ \boldsymbol{y}[n]=\boldsymbol{C\lambda}[n]+\boldsymbol{Dx}[n]\\ \boldsymbol{\lambda}[0]\end{cases}\tag{11.5.42}$$

若已知因果输入 $\boldsymbol{x}(t)=\boldsymbol{0}$，$t<0$ 或 $\boldsymbol{x}[n]=\boldsymbol{0}$，$n<0$ 时，对状态方程和输出方程的等号两边分别取单边拉普拉斯变换和单边 Z 变换(为简化，这里省略表示单边变换的符号下标“u”)，将分别有

$$\begin{cases}s\boldsymbol{\Lambda}(s)-\boldsymbol{\lambda}(0_-)=\boldsymbol{A\Lambda}(s)+\boldsymbol{BX}(s)\\ \boldsymbol{Y}(s)=\boldsymbol{C\Lambda}(s)+\boldsymbol{DX}(s)\end{cases}\quad 和 \quad \begin{cases}z\boldsymbol{\Lambda}(s)-z\boldsymbol{\lambda}[0]=\boldsymbol{A\Lambda}(z)+\boldsymbol{BX}(z)\\ \boldsymbol{Y}(z)=\boldsymbol{C\Lambda}(z)+\boldsymbol{DX}(z)\end{cases}\tag{11.5.43}$$

其中，$\boldsymbol{\Lambda}(s)$，$\boldsymbol{X}(s)$ 及 $\boldsymbol{Y}(s)$ 和 $\boldsymbol{\Lambda}(z)$，$\boldsymbol{X}(z)$ 及 $\boldsymbol{Y}(z)$ 分别是系统状态矢量 $\boldsymbol{\lambda}(t)$ 和 $\boldsymbol{\lambda}[n]$，输入矢量 $\boldsymbol{x}(t)$ 和 $\boldsymbol{x}[n]$ 及输出矢量 $\boldsymbol{y}(t)$ 和 $\boldsymbol{y}[n]$ 的单边拉普拉斯变换和单边 Z 变换像函数矢量。解上式中的矢量代数方程，将分别得到

$$\boldsymbol{\Lambda}(s)=(s\boldsymbol{I}-\boldsymbol{A})^{-1}\boldsymbol{\lambda}(0_-)+(s\boldsymbol{I}-\boldsymbol{A})^{-1}\boldsymbol{BX}(s)\tag{11.5.44}$$

与

$$\boldsymbol{Y}(s)=\boldsymbol{C}(s\boldsymbol{I}-\boldsymbol{A})^{-1}\boldsymbol{\lambda}(0_-)+[\boldsymbol{C}(s\boldsymbol{I}-\boldsymbol{A})^{-1}\boldsymbol{B}+\boldsymbol{D}]\boldsymbol{X}(s)\tag{11.5.45}$$

和

$$\boldsymbol{\Lambda}(z)=(\boldsymbol{I}-z^{-1}\boldsymbol{A})^{-1}z\boldsymbol{\lambda}[0]+(\boldsymbol{I}-z^{-1}\boldsymbol{A})^{-1}z^{-1}\boldsymbol{BX}(z)\tag{11.5.46}$$

与

$$\boldsymbol{Y}(z)=\boldsymbol{C}(\boldsymbol{I}-z^{-1}\boldsymbol{A})^{-1}\boldsymbol{\lambda}[0]+[\boldsymbol{C}(\boldsymbol{I}-z^{-1}\boldsymbol{A})^{-1}z^{-1}\boldsymbol{B}+\boldsymbol{D}]\boldsymbol{X}(z)\tag{11.5.47}$$

上述式中的第一项分别是状态矢量和输出矢量零输入响应的单边拉普拉斯变换和 Z 变换，即

$$\boldsymbol{\Lambda}_{zi}(s)=(s\boldsymbol{I}-\boldsymbol{A})^{-1}\boldsymbol{\lambda}(0_-)\quad 和 \quad \boldsymbol{Y}_{zi}(s)=\boldsymbol{C}(s\boldsymbol{I}-\boldsymbol{A})^{-1}\boldsymbol{\lambda}(0_-)\tag{11.5.48}$$

和

$$\boldsymbol{\Lambda}_{zi}(z)=(\boldsymbol{I}-z^{-1}\boldsymbol{A})^{-1}\boldsymbol{\lambda}[0]\quad 和 \quad \boldsymbol{Y}_{zi}(s)=\boldsymbol{C}(\boldsymbol{I}-z^{-1}\boldsymbol{A})^{-1}\boldsymbol{\lambda}[0]\tag{11.5.49}$$

而上述式中的第二项分别是状态矢量和输出矢量零状态响应单边拉普拉斯变换和 Z 变换，即

$$\boldsymbol{\Lambda}_{zs}(s)=(s\boldsymbol{I}-\boldsymbol{A})^{-1}\boldsymbol{BX}(s)\quad 和 \quad \boldsymbol{Y}_{zs}(s)=[\boldsymbol{C}(s\boldsymbol{I}-\boldsymbol{A})^{-1}\boldsymbol{B}+\boldsymbol{D}]\boldsymbol{X}(s)\tag{11.5.50}$$

和

$$\boldsymbol{\Lambda}_{zs}(z)=(\boldsymbol{I}-z^{-1}\boldsymbol{A})^{-1}z^{-1}\boldsymbol{BX}(z)\quad 和 \quad \boldsymbol{Y}_{zs}(z)=[\boldsymbol{C}(\boldsymbol{I}-z^{-1}\boldsymbol{A})^{-1}z^{-1}\boldsymbol{B}+\boldsymbol{D}]\boldsymbol{X}(z)\tag{11.5.51}$$

对它们分别取反单边拉普拉斯变换和反单边 Z 变换，就可以得到它们的时域表示，即

$$\boldsymbol{\lambda}(t)=[\mathscr{L}^{-1}\{(s\boldsymbol{I}-\boldsymbol{A})^{-1}\}]\boldsymbol{\lambda}(0_-)+[\mathscr{L}^{-1}\{(s\boldsymbol{I}-\boldsymbol{A})^{-1}\}\boldsymbol{B}]*\boldsymbol{x}(t)\tag{11.5.52}$$

及

$$\boldsymbol{y}(t)=\boldsymbol{C}[\mathscr{L}^{-1}\{(s\boldsymbol{I}-\boldsymbol{A})^{-1}\}]\boldsymbol{\lambda}(0_-)+\{\boldsymbol{C}[\mathscr{L}^{-1}\{(s\boldsymbol{I}-\boldsymbol{A})^{-1}\}]\boldsymbol{B}+\boldsymbol{D}\delta(t)\}*\boldsymbol{x}(t)\tag{11.5.53}$$

和

$$\boldsymbol{\lambda}[n]=[\mathscr{Z}^{-1}\{(\boldsymbol{I}-z^{-1}\boldsymbol{A})^{-1}\}]\boldsymbol{\lambda}[0]+[\mathscr{Z}\{(\boldsymbol{I}-z^{-1}\boldsymbol{A})^{-1}z^{-1}\}\boldsymbol{B}]*\boldsymbol{x}[n]\tag{11.5.54}$$

及

$$\boldsymbol{y}[n]=\boldsymbol{C}[\mathscr{Z}^{-1}\{(\boldsymbol{I}-z^{-1}\boldsymbol{A})^{-1}\}]\boldsymbol{\lambda}[0]+\{\boldsymbol{C}[\mathscr{Z}^{-1}\{(\boldsymbol{I}-z^{-1}\boldsymbol{A})^{-1}z^{-1}\}]\boldsymbol{B}+\boldsymbol{D}\delta[n]\}*\boldsymbol{x}[n]\tag{11.5.55}$$

或分别写成 $t\geqslant 0$ 和 $n\geqslant 0$ 时的零输入响应和零输出响应，对于连续时间情况，它们分别为

$$\boldsymbol{\lambda}_{zi}(t)=[\mathscr{L}^{-1}\{(s\boldsymbol{I}-\boldsymbol{A})^{-1}\}]\boldsymbol{\lambda}(0_-)\quad 及 \quad \boldsymbol{y}_{zi}(t)=\boldsymbol{C}[\mathscr{L}^{-1}\{(s\boldsymbol{I}-\boldsymbol{A})^{-1}\}]\boldsymbol{\lambda}(0_-)\tag{11.5.56}$$

和

$$\boldsymbol{\lambda}_{zs}(t)=\{[\mathscr{L}^{-1}\{(s\boldsymbol{I}-\boldsymbol{A})^{-1}\}]\boldsymbol{B}\}*\boldsymbol{x}(t)\tag{11.5.57}$$

及
$$\boldsymbol{y}_{\text{zs}}(t)=\{\boldsymbol{C}[\mathscr{L}^{-1}\{(s\boldsymbol{I}-\boldsymbol{A})^{-1}\}]\boldsymbol{B}+\boldsymbol{D}\delta(t)\}*\boldsymbol{x}(t) \tag{11.5.58}$$

$$\boldsymbol{\lambda}_{\text{zi}}[n]=[\mathscr{Z}^{-1}\{(\boldsymbol{I}-z^{-1}\boldsymbol{A})^{-1}\}]\boldsymbol{\lambda}[0] \quad 及 \quad \boldsymbol{y}_{\text{zi}}[n]=\boldsymbol{C}[\mathscr{Z}^{-1}\{(\boldsymbol{I}-z^{-1}\boldsymbol{A})^{-1}\}]\boldsymbol{\lambda}[0] \tag{11.5.59}$$

和
$$\boldsymbol{\lambda}_{\text{zs}}[n]=\{[\mathscr{Z}^{-1}\{(\boldsymbol{I}-z^{-1}\boldsymbol{A})^{-1}z^{-1}\}]\boldsymbol{B}\}*\boldsymbol{x}[n] \tag{11.5.60}$$

及
$$\boldsymbol{y}_{\text{zs}}[n]=\{\boldsymbol{C}[\mathscr{Z}^{-1}\{(\boldsymbol{I}-z^{-1}\boldsymbol{A})^{-1}z^{-1}\}]\boldsymbol{B}+\boldsymbol{D}\delta[n]\}*\boldsymbol{x}[n] \tag{11.5.61}$$

若将上述结果分别与前一小节时域求解得到的结果作比较，两种方法求解的结果完全一样，通过比较还可以得到如下关系：在连续时间和离散时间中分别有

$$\mathrm{e}^{\boldsymbol{A}t}=\mathscr{L}^{-1}\{(s\boldsymbol{I}-\boldsymbol{A})^{-1}\} \quad 及 \quad \boldsymbol{\Phi}(s)=(s\boldsymbol{I}-\boldsymbol{A})^{-1}=\mathscr{L}\{\boldsymbol{\phi}(t)\}=\mathscr{L}\{\mathrm{e}^{\boldsymbol{A}t}\} \tag{11.5.62}$$

和
$$\boldsymbol{A}^n=\mathscr{Z}^{-1}\{(\boldsymbol{I}-z^{-1}\boldsymbol{A})^{-1}\} \quad 与 \quad \boldsymbol{A}^{n-1}=\mathscr{Z}^{-1}\{(\boldsymbol{I}-z^{-1}\boldsymbol{A})^{-1}z^{-1}\} \tag{11.5.63}$$

及
$$\boldsymbol{\Phi}(z)=(\boldsymbol{I}-z^{-1}\boldsymbol{A})^{-1}=\mathscr{Z}\{\boldsymbol{\phi}[n]\}=\mathscr{Z}\{\boldsymbol{A}^n\} \tag{11.5.64}$$

上述结果表明：连续时间和离散时间动态线性系统的状态转移矩阵 $\boldsymbol{\phi}(t)=\mathrm{e}^{\boldsymbol{A}t}$ 和 $\boldsymbol{\phi}[n]=\boldsymbol{A}^n$ 分别与其特征矩阵 $\boldsymbol{\Phi}(s)$ 和 $\boldsymbol{\Phi}(z)$，各自分别形成单边拉普拉斯变换对和单边 Z 变换对。这提供了另一种计算状态转移矩阵的方法，即无需像 11.5.1 小节中那样，利用卡累-汉密尔顿定理的计算方法，只要对系统特征矩阵 $\boldsymbol{\Phi}(s)=(s\boldsymbol{I}-\boldsymbol{A})^{-1}$ 和 $\boldsymbol{\Phi}(z)=(\boldsymbol{I}-z^{-1}\boldsymbol{A})^{-1}$ 分别取单边反拉普拉斯变换或单边反 Z 变换即可求得。下面分别通过例子具体介绍这种变换域求解方法。

**【例 11.16】** 试用变换域方法，计算例 11.15 给定的连续时间动态线性系统的 $\mathrm{e}^{\boldsymbol{A}t}$ 。

**解**：该系统的 $\boldsymbol{A}$ 矩阵为 $\boldsymbol{A}=\begin{bmatrix}1 & -1\\ 1 & 3\end{bmatrix}$，则系统的特征矩阵为

$$(s\boldsymbol{I}-\boldsymbol{A})^{-1}=\begin{bmatrix}s-1 & 1\\ -1 & s-3\end{bmatrix}^{-1}=\frac{1}{(s-1)(s-3)+1}\begin{bmatrix}s-3 & -1\\ 1 & s-1\end{bmatrix}=\begin{bmatrix}\dfrac{s-3}{(s-2)^2} & \dfrac{-1}{(s-2)^2}\\ \dfrac{1}{(s-2)^2} & \dfrac{s-3}{(s-2)^2}\end{bmatrix}$$

按(11.5.62)式，取上式特征矩阵的单边反拉普拉斯变换，求得该系统的状态转移矩阵为

$$\mathrm{e}^{\boldsymbol{A}t}=\mathscr{L}^{-1}\left\{\begin{bmatrix}\dfrac{s-3}{(s-2)^2} & \dfrac{-1}{(s-2)^2}\\ \dfrac{1}{(s-2)^2} & \dfrac{s-3}{(s-2)^2}\end{bmatrix}\right\}=\begin{bmatrix}\mathrm{e}^{2t}-t\mathrm{e}^{2t} & -t\mathrm{e}^{2t}\\ t\mathrm{e}^{2t} & \mathrm{e}^{2t}+t\mathrm{e}^{2t}\end{bmatrix}u(t)$$

在计算出系统的 $\mathrm{e}^{\boldsymbol{A}t}$ 后，根据给定的系统输入 $\boldsymbol{x}(t)$，即可按照(11.5.30)式和(11.5.31)式，求得系统的状态矢量和输出矢量。因此，对于用状态变量描述的连续时间动态线性系统，它的变换域求解，实际上就是用单边拉普拉斯变换计算状态转移矩阵 $\mathrm{e}^{\boldsymbol{A}t}$ 。

**【例 11.17】** 例 11.13 离散时间动态线性系统的的状态矩阵 $\boldsymbol{A}=\begin{bmatrix}0 & 1 & 0\\ 0 & 0 & 1\\ 1 & -2 & 5/2\end{bmatrix}$，试用变换域方法计算 $\boldsymbol{A}^n$ 。

**解**：系统的特征矩阵 $\boldsymbol{\Phi}(z)$ 为

$$\boldsymbol{\Phi}(z)=(\boldsymbol{I}-z^{-1}\boldsymbol{A})^{-1}=\begin{bmatrix}1 & -z^{-1} & 0\\ 0 & 1 & -z^{-1}\\ -z^{-1} & 2z^{-1} & 1-(5/2)z^{-1}\end{bmatrix}^{-1}=\frac{\begin{bmatrix}1-(5/2)z^{-1}+2z^{-2} & z^{-1}-(5/2)z^{-2} & z^{-2}\\ z^{-2} & 1-(5/2)z^{-1} & z^{-1}\\ z^{-1} & -2z^{-1}+z^{-2} & 1\end{bmatrix}}{1-(5/2)z^{-1}+2z^{-2}-z^{-3}}$$

根据(11.5.63)式，对上式取单边 Z 变换的反变换，求得该系统的状态转移矩阵为

$$A^n=\begin{bmatrix}4(1/2)^n+n-3 & -8(1/2)^n-3n+8 & 4(1/2)^n+2n-4\\ 4(1/2)^n+2n-4 & -4(1/2)^n-3n+5 & 2(1/2)^n+2n-2\\ 2(1/2)^n+2n-2 & -2n & (1/2)^n+2n\end{bmatrix}u[n]$$

对于用状态变量描述的连续时间和离散时间动态线性系统，无论用变换域方法，还是用前一小节的时域方法，只要分别求出系统的状态转移矩阵 $\mathrm{e}^{\boldsymbol{A}t}$ 和 $\boldsymbol{A}^n$，就可根据给定的系统输入，计算系统的状态矢量和输出。由求得的系统状态矢量，可以清楚地讨论系统内部状态的动态过程。这里以一个离散时间系统例子，具体介绍系统状态变量分析方法的求解过程。

**【例 11.18】** 已知图 11.36 所示的离散时间两输入单输出因果 LTI 系统，它的两个输入分别为 $x_1[n]=\delta[n]$ 和 $x_2[n]=u[n]$，试求系统的状态矢量和输出。

**解：** 选择图 11.36 中两个单位延时的输出为状态变量 $\lambda_1[n]$ 和 $\lambda_2[n]$，写出状态方程和输出方程如下：

$$\begin{cases}\lambda_1[n+1]=-\lambda_1[n]+3\lambda_2[n]+11x_1[n]\\ \lambda_2[n+1]=-2\lambda_1[n]+4\lambda_2[n]+16x_2[n]\end{cases}$$

和

$$y[n]=\lambda_1[n]-\lambda_2[n]+x_2[n]$$

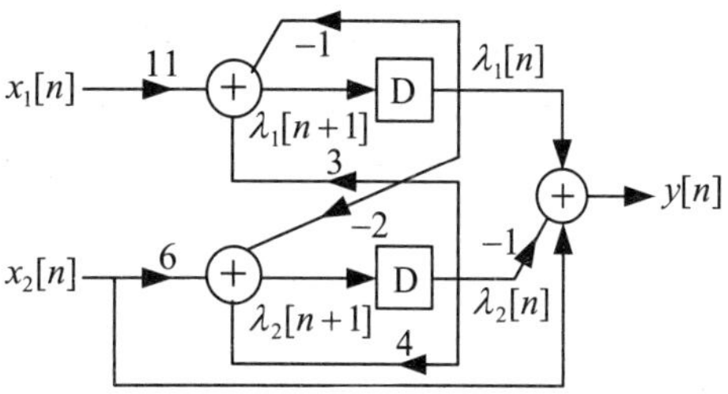

图 11.36　例 11.18 的离散时间因果 LTI 系统

则该系统的 $\boldsymbol{A}$，$\boldsymbol{B}$，$\boldsymbol{C}$ 和 $\boldsymbol{D}$ 矩阵为

$$\boldsymbol{A}=\begin{bmatrix}-1 & 3\\ -2 & 4\end{bmatrix}\qquad \boldsymbol{B}=\begin{bmatrix}11 & 0\\ 0 & 6\end{bmatrix}$$

$$\boldsymbol{C}=\begin{bmatrix}1 & -1\end{bmatrix}\qquad \boldsymbol{D}=\begin{bmatrix}0 & 1\end{bmatrix}$$

由于系统起始松弛，起始状态矢量为零矢量，即 $\boldsymbol{\lambda}[0]=\boldsymbol{0}$。

然后计算该离散时间系统的状态转移矩阵 $\boldsymbol{A}^n$。这里用变换域方法来求，先求该系统的特征矩阵，即

$$\boldsymbol{\Phi}(z)=(\boldsymbol{I}-z^{-1}\boldsymbol{A})^{-1}=\begin{bmatrix}1+z^{-1} & -3z^{-1}\\ 2z^{-1} & 1-4z^{-1}\end{bmatrix}^{-1}=\begin{bmatrix}\dfrac{1-4z^{-1}}{1-3z^{-1}+2z^{-2}} & \dfrac{3z^{-1}}{1-3z^{-1}+2z^{-2}}\\ \dfrac{-2z^{-1}}{1-3z^{-1}+2z^{-2}} & \dfrac{1+z^{-1}}{1-3z^{-1}+2z^{-2}}\end{bmatrix}$$

再对矩阵中的每个像函数分别求单边反 Z 变换，得到状态转移矩阵 $\boldsymbol{A}^n$，即

$$\boldsymbol{A}^n=\mathscr{Z}^{-1}\left\{\begin{bmatrix}\dfrac{1-4z^{-1}}{1-3z^{-1}+2z^{-2}} & \dfrac{3z^{-1}}{1-3z^{-1}+2z^{-2}}\\ \dfrac{-2z^{-1}}{1-3z^{-1}+2z^{-2}} & \dfrac{1+z^{-1}}{1-3z^{-1}+2z^{-2}}\end{bmatrix}\right\}=\begin{bmatrix}3-2^{n+1} & 3\times2^n-3\\ 2-2^{n+1} & 3\times2^n-2\end{bmatrix},\quad n\geqslant0$$

按照(11.5.9)式计算该因果 LTI 系统的状态矢量，为此需计算 $\boldsymbol{A}^{n-1}$，即 $\boldsymbol{A}^{n-1}=\begin{bmatrix}3-2^n & 3\times2^{n-1}-3\\ 2-2^n & 3\times2^{n-1}-2\end{bmatrix}$

则有

$$\begin{aligned}\boldsymbol{\lambda}[n]&=\{\boldsymbol{A}^{n-1}\boldsymbol{B}u[n-1]\}*\boldsymbol{x}[n]\\ &=\begin{bmatrix}33u[n-1]-11\times2^nu[n-1] & 18\times2^nu[n-1]-18u[n-1]\\ 22u[n-1]-11\times2^nu[n-1] & 18\times2^nu[n-1]-12u[n-1]\end{bmatrix}*\begin{bmatrix}\delta[n]\\ u[n]\end{bmatrix}\end{aligned}$$

即有

$$\begin{bmatrix}\lambda_1[n]\\ \lambda_2[n]\end{bmatrix}=\begin{bmatrix}(7\times2^n+15-18n)u[n-1]\\ (7\times2^n+4-12n)u[n-1]\end{bmatrix}$$

并按照系统的输出方程计算出该系统的输出，即

$$\begin{aligned}y[n]&=\lambda_1[n]-\lambda_2[n]+x_2[n]=(7\times2^n+15-18n)u[n-1]-(7\times2^n+4-12n)u[n-1]+u[n]\\ &=u[n]+11u[n-1]-6nu[n-1]\end{aligned}$$

# 11.6 状态矢量的线性变换

11.2 节引入系统状态变量描述时曾指出，能充分描述系统的一组状态变量选择不是唯一的。同一个系统选择不同组的状态变量，就有不同的状态变量描述，即不同的 $\boldsymbol{A}$，$\boldsymbol{B}$，$\boldsymbol{C}$，$\boldsymbol{D}$ 矩阵及起始和初始状态矢量 $\boldsymbol{\lambda}(0_-)$ 和 $\boldsymbol{\lambda}[0]$，例如，用 11.3 节中的不同规划法可编写出一个系统的不同状态变量描述。显然，这些不同状态变量描述之间存在着确定的关系，这种关系可以用状态空间中状态矢量的线性变换来说明，即把一个系统的不同状态变量描述看作在状态空间中选取不同基底得到的系统描述。通过对状态矢量线性变换的讨论，不仅可以深化对系统状态空间模型的理解，而且可利用状态矢量的线性变换，简化系统的求解和分析。

**1．状态矢量线性变换下系统状态变量描述的关系**

对于用 $N$ 维状态空间 $\boldsymbol{V}_N$ 可以充分描述的某个连续时间或离散时间动态线性系统，假设 $\boldsymbol{\lambda}$ 和 $\boldsymbol{\gamma}$ 是 $N$ 维状态空间 $\boldsymbol{V}_N$ 中选取的两组不同的基底，且它们之间有如下的线性变换关系：

$$\begin{cases} \gamma_1 = p_{11}\lambda_1 + p_{12}\lambda_2 + \cdots + p_{1N}\lambda_N \\ \gamma_2 = p_{21}\lambda_1 + p_{22}\lambda_2 + \cdots + p_{2N}\lambda_N \\ \vdots \quad\quad \vdots \quad\quad \vdots \quad\quad \cdots \quad\quad \vdots \\ \gamma_N = p_{N1}\lambda_1 + p_{N2}\lambda_2 + \cdots + p_{NN}\lambda_N \end{cases} \tag{11.6.1}$$

或者表示成矢量形式为

$$\boldsymbol{\gamma} = \boldsymbol{P}\boldsymbol{\lambda} \tag{11.6.2}$$

其中 $\boldsymbol{\gamma} = \begin{bmatrix} \gamma_1 \\ \gamma_2 \\ \vdots \\ \gamma_N \end{bmatrix} \quad \boldsymbol{\lambda} = \begin{bmatrix} \lambda_1 \\ \lambda_2 \\ \vdots \\ \lambda_N \end{bmatrix} \quad \boldsymbol{P} = \begin{bmatrix} p_{11} & p_{12} & \cdots & p_{1N} \\ p_{21} & p_{22} & \cdots & p_{2N} \\ \vdots & \vdots & \cdots & \vdots \\ p_{N1} & p_{N2} & \cdots & p_{NN} \end{bmatrix}$

数学中把这种矢量线性变换称为 $N$ 维线性空间中从基底 $\boldsymbol{\lambda}$ 到基底 $\boldsymbol{\gamma}$ 的线性映射，$\boldsymbol{P}$ 称为线性变换矩阵。进一步，假设以 $\boldsymbol{\lambda}$ 和 $\boldsymbol{\gamma}$ 作为该连续时间或离散时间动态线性系统的状态矢量，编写出的系统状态变量描述分别为

$$\{\boldsymbol{A},\ \boldsymbol{B},\ \boldsymbol{C},\ \boldsymbol{D},\ \boldsymbol{\lambda}(0_-)\text{或}\boldsymbol{\lambda}[0]\} \quad \text{和} \quad \{\hat{\boldsymbol{A}},\ \hat{\boldsymbol{B}},\ \hat{\boldsymbol{C}},\ \hat{\boldsymbol{D}},\ \boldsymbol{\gamma}(0_-)\text{或}\boldsymbol{\gamma}[0]\}$$

即连续时间系统为

$$\begin{cases} \dot{\boldsymbol{\lambda}}(t) = \boldsymbol{A}\boldsymbol{\lambda}(t) + \boldsymbol{B}\boldsymbol{x}(t) \\ \boldsymbol{y}(t) = \boldsymbol{C}\boldsymbol{\lambda}(t) + \boldsymbol{D}\boldsymbol{x}(t) \\ \boldsymbol{\lambda}(0_-) \end{cases} \quad \text{和} \quad \begin{cases} \dot{\boldsymbol{\gamma}}(t) = \hat{\boldsymbol{A}}\boldsymbol{\gamma}(t) + \hat{\boldsymbol{B}}\boldsymbol{x}(t) \\ \boldsymbol{y}(t) = \hat{\boldsymbol{C}}\boldsymbol{\gamma}(t) + \hat{\boldsymbol{D}}\boldsymbol{x}(t) \\ \boldsymbol{\gamma}(0_-) \end{cases} \tag{11.6.3}$$

离散时间系统为

$$\begin{cases} \boldsymbol{\lambda}[n+1] = \boldsymbol{A}\boldsymbol{\lambda}[n] + \boldsymbol{B}\boldsymbol{x}[n] \\ \boldsymbol{y}[n] = \boldsymbol{C}\boldsymbol{\lambda}[n] + \boldsymbol{D}\boldsymbol{x}[n] \\ \boldsymbol{\lambda}[0] \end{cases} \quad \text{和} \quad \begin{cases} \boldsymbol{\gamma}[n+1] = \hat{\boldsymbol{A}}\boldsymbol{\gamma}[n] + \hat{\boldsymbol{B}}\boldsymbol{x}[n] \\ \boldsymbol{y}[n] = \hat{\boldsymbol{C}}\boldsymbol{\gamma}[n] + \hat{\boldsymbol{D}}\boldsymbol{x}[n] \\ \boldsymbol{\gamma}[0] \end{cases} \tag{11.6.4}$$

如果(11.6.2)式的变换是可逆的，即 $\boldsymbol{P}$ 的逆矩阵 $\boldsymbol{P}^{-1}$ 存在，则有

$$\boldsymbol{\lambda}=\boldsymbol{P}^{-1}\boldsymbol{\gamma} \tag{11.6.5}$$

这里以连续时间情况为例，导出当 $\boldsymbol{\lambda}$ 经历线性变换变成 $\boldsymbol{\gamma}$ 时，$\boldsymbol{\lambda}$ 的状态变量描述怎样转换成 $\boldsymbol{\gamma}$ 的状态变量描述。将上式代入(11.6.3)式左式 $\boldsymbol{\lambda}$ 的状态变量描述，得到

$$\begin{cases}\boldsymbol{P}^{-1}\dot{\boldsymbol{\gamma}}(t)=\boldsymbol{A}\boldsymbol{P}^{-1}\boldsymbol{\gamma}(t)+\boldsymbol{B}\boldsymbol{x}(t)\\ \boldsymbol{y}(t)=\boldsymbol{C}\boldsymbol{P}^{-1}\boldsymbol{\gamma}(t)+\boldsymbol{D}\boldsymbol{x}(t)\\ \boldsymbol{P}^{-1}\boldsymbol{\gamma}(0_-)\end{cases}$$

再将上式中的状态方程两边左乘以 $\boldsymbol{P}$，则有

$$\begin{cases}\dot{\boldsymbol{\gamma}}(t)=\boldsymbol{P}\boldsymbol{A}\boldsymbol{P}^{-1}\boldsymbol{\gamma}(t)+\boldsymbol{P}\boldsymbol{B}\boldsymbol{x}(t)\\ \boldsymbol{y}(t)=\boldsymbol{C}\boldsymbol{P}^{-1}\boldsymbol{\gamma}(t)+\boldsymbol{D}\boldsymbol{x}(t)\\ \boldsymbol{P}^{-1}\boldsymbol{\gamma}(0_-)\end{cases} \tag{11.6.6}$$

在离散时间情况中，也能导出完全相同的关系。上式就是以 $\boldsymbol{\gamma}$ 为状态矢量的状态变量描述，把它与(11.6.3)式右边比较，可得到连续时间和离散时间中这两种状态变量描述之间的关系，即

$$\begin{cases}\hat{\boldsymbol{A}}=\boldsymbol{P}\boldsymbol{A}\boldsymbol{P}^{-1}\\ \hat{\boldsymbol{B}}=\boldsymbol{P}\boldsymbol{B}\\ \hat{\boldsymbol{C}}=\boldsymbol{C}\boldsymbol{P}^{-1}\\ \hat{\boldsymbol{D}}=\boldsymbol{D}\\ \boldsymbol{\gamma}(0_-)=\boldsymbol{P}\boldsymbol{\lambda}(0_-)\end{cases}\quad \text{和} \quad \begin{cases}\hat{\boldsymbol{A}}=\boldsymbol{P}\boldsymbol{A}\boldsymbol{P}^{-1}\\ \hat{\boldsymbol{B}}=\boldsymbol{P}\boldsymbol{B}\\ \hat{\boldsymbol{C}}=\boldsymbol{C}\boldsymbol{P}^{-1}\\ \hat{\boldsymbol{D}}=\boldsymbol{D}\\ \boldsymbol{\gamma}[0]=\boldsymbol{P}\boldsymbol{\lambda}[0]\end{cases} \tag{11.6.7}$$

由上式中 $\boldsymbol{A}$ 和 $\hat{\boldsymbol{A}}$ 的关系可以看出，在(11.6.2)式的线性变换下，只要变换矩阵 $\boldsymbol{P}$ 是非奇异的，则系统的状态矩阵经历的就是一个相似变换。

**2．状态矢量线性变换下的系统特性**

1) 状态矢量线性变换下系统输入输出特性保持不变

在同一个系统的状态空间中选择两组不同的基底 $\boldsymbol{\lambda}$ 和 $\boldsymbol{\gamma}$ 作为状态矢量，获得不同的状态变量描述，即 $\boldsymbol{A}$，$\boldsymbol{B}$，$\boldsymbol{C}$，$\boldsymbol{D}$ 矩阵及起始或初始状态矢量($\boldsymbol{\lambda}(0_-)$ 或 $\boldsymbol{\lambda}[0]$)不一样。但是它们都正确地描述同一个系统，显然，这两种不同状态变量描述所反映的系统输入输出特性应相同。

现在考察这两种状态变量描述下的系统函数矩阵，并以离散时间系统为例说明这一概念。假设在 $\boldsymbol{\lambda}$ 和 $\boldsymbol{\gamma}$ 作为状态矢量的状态变量描述下，离散时间因果 LTI 系统的系统函数矩阵分别为 $\boldsymbol{H}(z)$ 和 $\hat{\boldsymbol{H}}(z)$，按照(11.4.80)式，将分别有

$$\boldsymbol{H}(z)=\boldsymbol{C}(\boldsymbol{I}-z^{-1}\boldsymbol{A})^{-1}z^{-1}\boldsymbol{B}+\boldsymbol{D} \quad \text{和} \quad \hat{\boldsymbol{H}}(z)=\hat{\boldsymbol{C}}(\boldsymbol{I}-z^{-1}\hat{\boldsymbol{A}})^{-1}z^{-1}\hat{\boldsymbol{B}}+\hat{\boldsymbol{D}}$$

由于 $\boldsymbol{\lambda}$ 和 $\boldsymbol{\gamma}$ 满足(11.6.2)式的线性变换，将(11.6.7)式代入 $\hat{\boldsymbol{H}}(z)$，并用矩阵的运算规则，将有

$$\begin{aligned}\hat{\boldsymbol{H}}(z)&=\boldsymbol{C}\boldsymbol{P}^{-1}(\boldsymbol{I}-z^{-1}\boldsymbol{P}\boldsymbol{A}\boldsymbol{P}^{-1})^{-1}\boldsymbol{P}\boldsymbol{B}z^{-1}+\boldsymbol{D}=\boldsymbol{C}[\boldsymbol{P}^{-1}(\boldsymbol{I}-z^{-1}\boldsymbol{P}\boldsymbol{A}\boldsymbol{P}^{-1})^{-1}(\boldsymbol{P}^{-1})^{-1}]z^{-1}\boldsymbol{B}+\boldsymbol{D}\\ &=\boldsymbol{C}[\boldsymbol{P}^{-1}(\boldsymbol{I}-z^{-1}\boldsymbol{P}\boldsymbol{A}\boldsymbol{P}^{-1})\boldsymbol{P}]^{-1}z^{-1}\boldsymbol{B}+\boldsymbol{D}=\boldsymbol{C}[\boldsymbol{P}^{-1}\boldsymbol{I}\boldsymbol{P}-z^{-1}\boldsymbol{P}^{-1}\boldsymbol{P}\boldsymbol{A}\boldsymbol{P}^{-1}\boldsymbol{P}]^{-1}z^{-1}\boldsymbol{B}+\boldsymbol{D}\\ &=\boldsymbol{C}(\boldsymbol{I}-z^{-1}\boldsymbol{A})^{-1}z^{-1}\boldsymbol{B}+\boldsymbol{D}=\boldsymbol{H}(z)\end{aligned} \tag{11.6.8}$$

在连续时间中也有完全相同的结果，读者可自行证明之。这一结果表明，在状态矢量的线性变换下，因果 LTI 系统的系统函数矩阵保持不变。

既然在状态矢量的线性变换下，因果 LTI 系统的系统函数矩阵保持不变，那么系统的输入输出描述下的各种表征或特性将保持不变。例如，系统的单位冲激响应矩阵和单位阶跃响应矩阵不变，动态线性系统的零状态响应和零输入响应保持不变，系统的特征方程不变，系统的零、极点保持不变等等。

2) 在状态矢量的线性变换下，系统特征矩阵和状态转移矩阵分别是相似变换关系

系统经历状态矢量的线性变换，其输入输出描述的各种表征或特征保持不变，但两种不同状态变量描述下的各种表征(系统的 $\boldsymbol{A}$，$\boldsymbol{B}$，$\boldsymbol{C}$，$\boldsymbol{D}$ 矩阵及 $\boldsymbol{\lambda}(0_-)$ 或 $\boldsymbol{\lambda}[0]$、系统的特征矩阵和状态转移矩阵等)却不相同。由于不同状态变量描述都表示同一个系统，这些不同的系统表征之间也有确定的关系。(11.6.7)式表示了两种 $\boldsymbol{A}$，$\boldsymbol{B}$，$\boldsymbol{C}$，$\boldsymbol{D}$ 矩阵及 $\boldsymbol{\lambda}(0_-)$ 和 $\boldsymbol{\lambda}[0]$ 之间的一种关系，此外，两种状态变量描述下的特征矩阵和状态转移矩阵也都有相似变换的关系。

假设在某个连续时间和离散时间动态线性系统的状态空间中，选择两组不同的基底 $\boldsymbol{\lambda}$ 和 $\boldsymbol{\gamma}$ 作为状态矢量，且 $\boldsymbol{\lambda}$ 和 $\boldsymbol{\gamma}$ 满足(11.6.2)式的线性变换关系，获得的两种不同状态变量描述下的特征矩阵分别为 $\boldsymbol{\Phi}(s)$ 与 $\hat{\boldsymbol{\Phi}}(s)$ 或 $\boldsymbol{\Phi}(z)$ 与 $\hat{\boldsymbol{\Phi}}(z)$；状态转移矩阵分别为 $\boldsymbol{\phi}(t)=\mathrm{e}^{\boldsymbol{A}t}$ 与 $\hat{\boldsymbol{\phi}}(t)=\mathrm{e}^{\hat{\boldsymbol{A}}t}$ 或 $\boldsymbol{\phi}[n]=\boldsymbol{A}^n$ 与 $\hat{\boldsymbol{\phi}}[n]=\hat{\boldsymbol{A}}^n$，则可以证明它们之间有如下关系：

$$\hat{\boldsymbol{\Phi}}(s)=\boldsymbol{P}\boldsymbol{\Phi}(s)\boldsymbol{P}^{-1} \quad 或 \quad \hat{\boldsymbol{\Phi}}(z)=\boldsymbol{P}\boldsymbol{\Phi}(z)\boldsymbol{P}^{-1} \tag{11.6.9}$$

与

$$\hat{\boldsymbol{\phi}}(t)=\boldsymbol{P}\boldsymbol{\phi}(t)\boldsymbol{P}^{-1} \quad 或 \quad \hat{\boldsymbol{\phi}}[n]=\boldsymbol{P}\boldsymbol{\phi}[n]\boldsymbol{P}^{-1} \tag{11.6.10}$$

及

$$\mathrm{e}^{\hat{\boldsymbol{A}}t}=\boldsymbol{P}\mathrm{e}^{\boldsymbol{A}t}\boldsymbol{P}^{-1} \quad 或 \quad \hat{\boldsymbol{A}}^n=\boldsymbol{P}\boldsymbol{A}^n\boldsymbol{P}^{-1} \tag{11.6.11}$$

即两种状态变量描述下的特征矩阵和状态转移矩阵之间都有相似变换的关系。

**3. $\boldsymbol{A}$ 矩阵的对角化**

在状态空间的线性变换中，使 $\boldsymbol{A}$ 矩阵对角化的线性变换是人们最感兴趣的线性变换。无论是状态方程的时域和变换域求解，计算状态转移矩阵，还是确定起始状态矢量，以及在下一节的内容中，对角化的 $\boldsymbol{A}$ 矩阵将大大简化分析过程。例如，如果 $\boldsymbol{A}$ 矩阵是如下对角矩阵：

$$\boldsymbol{A}=\begin{bmatrix} \alpha_1 & 0 & \cdots & 0 \\ 0 & \alpha_2 & \cdots & 0 \\ \vdots & \vdots & \cdots & \vdots \\ 0 & 0 & \cdots & \alpha_N \end{bmatrix} \tag{11.6.12}$$

其中，$\alpha_1$，$\alpha_2$，…，$\alpha_N$ 是 $\boldsymbol{A}$ 矩阵的特征值，且当 $i \neq j$ 时，$\alpha_i \neq \alpha_j$，这相当于系统有 $N$ 个互不相同的一阶极点的情况。此时的特征矩阵 $\boldsymbol{\Phi}(s)$ 和 $\boldsymbol{\Phi}(z)$ 分别为

$$\boldsymbol{\Phi}(s)=(s\boldsymbol{I}-\boldsymbol{A})^{-1}=\begin{bmatrix} s-\alpha_1 & 0 & \cdots & 0 \\ 0 & s-\alpha_2 & \cdots & 0 \\ \vdots & \vdots & \cdots & \vdots \\ 0 & 0 & \cdots & s-\alpha_N \end{bmatrix} \tag{11.6.13}$$

和

$$\boldsymbol{\Phi}(z)=(\boldsymbol{I}-z^{-1}\boldsymbol{A})^{-1}=\begin{bmatrix} 1-\alpha_1 z^{-1} & 0 & \cdots & 0 \\ 0 & 1-\alpha_2 z^{-1} & \cdots & 0 \\ \vdots & \vdots & \cdots & \vdots \\ 0 & 0 & \cdots & 1-\alpha_N z^{-1} \end{bmatrix} \tag{11.6.14}$$

而状态转移矩阵 $\mathrm{e}^{\boldsymbol{A}t}$ 或 $\boldsymbol{A}^n$ 分别为

$$e^{At}=\begin{bmatrix} e^{\alpha_1 t} & 0 & \cdots & 0 \\ 0 & e^{\alpha_2 t} & \cdots & 0 \\ \vdots & \vdots & \cdots & \vdots \\ 0 & 0 & \cdots & e^{\alpha_N t} \end{bmatrix} \quad 和 \quad \boldsymbol{A}^n=\begin{bmatrix} \alpha_1^n & 0 & \cdots & 0 \\ 0 & \alpha_2^n & \cdots & 0 \\ \vdots & \vdots & \cdots & \vdots \\ 0 & 0 & \cdots & \alpha_N^n \end{bmatrix} \tag{11.6.15}$$

根据线性代数和矩阵理论，$\boldsymbol{A}$ 矩阵的对角化就是把状态矢量 $\boldsymbol{\lambda}$ 变换成 $\boldsymbol{A}$ 矩阵的特征矢量 $\boldsymbol{\gamma}$ 的一种线性变换。因此，在状态矢量 $\boldsymbol{\lambda}$ 下 $\boldsymbol{A}$ 矩阵对角化所需要的线性变换，就是寻求 $\boldsymbol{A}$ 矩阵的特征矢量 $\xi_i$，$i=1, 2, \cdots, N$，并以此构造特征矢量变换矩阵 $\boldsymbol{P}$，即

$$\boldsymbol{\gamma}=\boldsymbol{P\lambda}, \qquad 其中，\ \boldsymbol{P}^{-1}=[\boldsymbol{\xi}_1 \quad \boldsymbol{\xi}_2 \quad \boldsymbol{\xi}_3 \quad \cdots\boldsymbol{\xi}_N] \tag{11.6.16}$$

然后按照(11.6.7)式，分别获得 $\hat{\boldsymbol{A}}$，$\hat{\boldsymbol{B}}$，$\hat{\boldsymbol{C}}$，$\hat{\boldsymbol{D}}$ 矩阵及起始状态矢量 $\boldsymbol{\gamma}(0_-)$ 或初始状态矢量 $\boldsymbol{\gamma}[0]$，其中的 $\hat{\boldsymbol{A}}$ 矩阵必定是对角化矩阵。

实际上，在用并联规划法编写的系统状态变量描述中，$\boldsymbol{A}$ 矩阵就是对角化的矩阵。因此，可用另一种方法得到对角化 $\boldsymbol{A}$ 矩阵的状态变量描述：首先把非对角化 $\boldsymbol{A}$ 矩阵的状态变量描述转换成系统的输入输出描述，即按照(11.4.79)式或(11.4.80)式确定系统的系统函数矩阵，如果系统起始或初始状态矢量是非零矢量，则可按(11.4.83)式确定系统的非零起始条件；然后，用 11.4.3 节中介绍的并联规划法编写的系统状态变量描述，就是对角化 $\boldsymbol{A}$ 矩阵的状态变量描述。

**【例 11.19】**　某个连续时间 SISO 因果 LTI 系统的状态方程和输出方程分别为

$$\dot{\boldsymbol{\lambda}}(t)=\begin{bmatrix} -5 & -1 \\ 3 & -1 \end{bmatrix}\boldsymbol{\lambda}(t)+\begin{bmatrix} 2 \\ 5 \end{bmatrix}x(t) \quad 和 \quad y(t)=\begin{bmatrix} 1 & 2 \end{bmatrix}\boldsymbol{\lambda}(t)$$

试把系统的 $\boldsymbol{A}$ 矩阵对角化，并给出对角化的系统状态变量描述。

**解：**(1) 用寻求 $\boldsymbol{A}$ 的特征矢量 $\xi_i$ 的方法求解。先求 $\boldsymbol{A}$ 的特征值，即如下特征方程的根：

$$|\alpha\boldsymbol{I}-\boldsymbol{A}|=\begin{vmatrix} \alpha+5 & 1 \\ -3 & \alpha+1 \end{vmatrix}=(\alpha+5)(\alpha+1)+3=\alpha^2+6\alpha+8=0$$

求得的两个特征值为：$\alpha_1=-2$ 和 $\alpha_2=-4$。根据特征矢量的定义，即

$$\boldsymbol{A\xi}_i=\alpha_i\ \boldsymbol{\xi}_i \quad 或 \quad (\boldsymbol{A}-\alpha_i\boldsymbol{I})\ \boldsymbol{\xi}_i=\boldsymbol{0}, \qquad i=1,\ 2,\ \cdots \tag{11.6.17}$$

可以求得特征矢量 $\boldsymbol{\xi}_i$ 和 $\boldsymbol{\xi}_2$。现令属于 $\alpha_1=-2$ 和 $\alpha_2=-4$ 的特征矢量分别为 $\boldsymbol{\xi}_i=\begin{bmatrix} g_{11} \\ g_{21} \end{bmatrix}$ 和 $\boldsymbol{\xi}_2=\begin{bmatrix} g_{12} \\ g_{22} \end{bmatrix}$，按照(11.6.17)式，则分别有

$$\begin{bmatrix} -5+2 & -1 \\ 3 & -1+2 \end{bmatrix}\begin{bmatrix} g_{11} \\ g_{21} \end{bmatrix}=\boldsymbol{0} \quad 和 \quad \begin{bmatrix} -5+4 & -1 \\ 3 & -1+4 \end{bmatrix}\begin{bmatrix} g_{12} \\ g_{22} \end{bmatrix}=\boldsymbol{0}$$

即有

$$\begin{cases} -3g_{11}-g_{21}=0 \\ 3g_{11}+g_{21}=0 \end{cases} \quad 和 \quad \begin{cases} -g_{12}-g_{22}=0 \\ 3g_{12}+3g_{22}=0 \end{cases}$$

这两个代数方程是多解的，因为特征矢量乘以任意常数，仍可表示同一个特征矢量，故取其一组解。例如取

$$\xi_i=\begin{bmatrix} g_{11} \\ g_{21} \end{bmatrix}=\begin{bmatrix} 1 \\ -3 \end{bmatrix} \quad 和 \quad \xi_2=\begin{bmatrix} g_{12} \\ g_{22} \end{bmatrix}=\begin{bmatrix} 1 \\ -1 \end{bmatrix}$$

由此求得原状态矢量 $\boldsymbol{\lambda}(t)$ 和特征状态矢量 $\boldsymbol{\gamma}(t)$ 的线性变换为

$$\boldsymbol{\lambda}(t)=\begin{bmatrix} g_{11} & g_{12} \\ g_{21} & g_{22} \end{bmatrix}\boldsymbol{\gamma}(t)=\begin{bmatrix} 1 & 1 \\ -3 & -1 \end{bmatrix}\boldsymbol{\gamma}(t) \tag{11.6.18}$$

对比(11.6.16)式，$\boldsymbol{A}$ 矩阵对角化的相似变换 $\hat{\boldsymbol{A}}=\boldsymbol{PAP}^{-1}$ 的变换矩阵为

$$\boldsymbol{P}^{-1}=\begin{bmatrix} g_{11} & g_{12} \\ g_{21} & g_{22} \end{bmatrix}=\begin{bmatrix} 1 & 1 \\ -3 & -1 \end{bmatrix} \quad 和 \quad \boldsymbol{P}=\begin{bmatrix} 1 & 1 \\ -3 & -1 \end{bmatrix}^{-1}=\frac{1}{2}\begin{bmatrix} -1 & -1 \\ 3 & 1 \end{bmatrix}$$

故有
$$\hat{\boldsymbol{A}}=\boldsymbol{PAP}^{-1}=\frac{1}{2}\begin{bmatrix}-1&-1\\3&1\end{bmatrix}\begin{bmatrix}-5&-1\\3&-1\end{bmatrix}\begin{bmatrix}1&1\\-3&-1\end{bmatrix}=\begin{bmatrix}-2&0\\0&-4\end{bmatrix}$$

以及
$$\hat{\boldsymbol{B}}=\boldsymbol{PB}=\frac{1}{2}\begin{bmatrix}-1&-1\\3&1\end{bmatrix}\begin{bmatrix}2\\5\end{bmatrix}=\begin{bmatrix}-7/2\\11/2\end{bmatrix}\quad 和\quad \hat{\boldsymbol{C}}=\boldsymbol{CP}^{-1}=\begin{bmatrix}1&2\end{bmatrix}\begin{bmatrix}1&1\\-3&-1\end{bmatrix}=\begin{bmatrix}-5&-1\end{bmatrix}$$

因此，状态矩阵对角化的系统状态方程和输出方程分别为
$$\dot{\boldsymbol{\gamma}}(t)=\begin{bmatrix}-2&0\\0&-4\end{bmatrix}\boldsymbol{\gamma}(t)+\begin{bmatrix}-7/2\\11/2\end{bmatrix}x(t)$$
和
$$y(t)=\begin{bmatrix}-5&-1\end{bmatrix}\boldsymbol{\gamma}(t)$$

该对角化状态方程对应的系统模拟结构如图11.37所示。

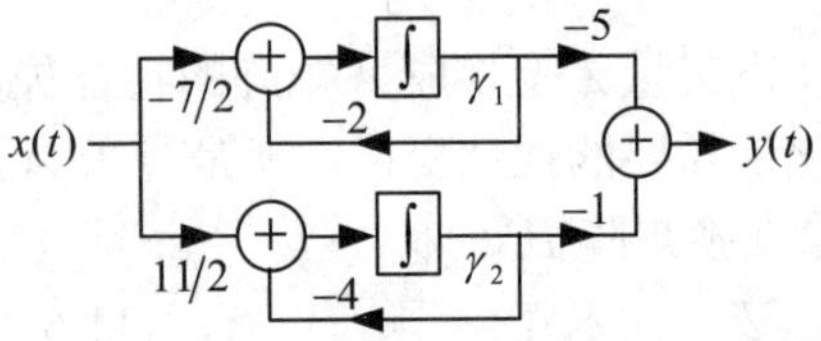

图11.37

由图中看出，状态变量$\gamma_1(t)$和$\gamma_2(t)$相互独立，彼此互不影响。

(2) 用并联规划法给出系统状态变量描述。

这是连续时间单输入单输出系统，按照已知的状态方程和输出方程，系统的模拟图如图11.38所示。图中的两个状态变量$\lambda_1(t)$和$\lambda_2(t)$不是独立的，彼此之间有耦合。根据(11.4.82)式左式，该系统的系统函数为

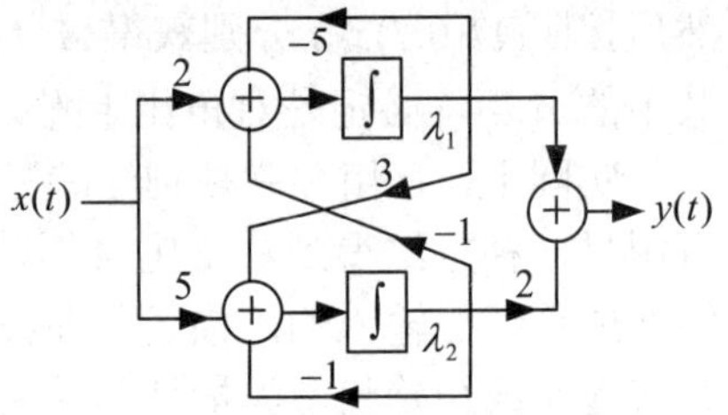

图11.38

$$H(s)=[\boldsymbol{C}(s\boldsymbol{I}-\boldsymbol{A})^{-1}\boldsymbol{B}+\boldsymbol{D}]=\begin{bmatrix}1&2\end{bmatrix}\begin{bmatrix}s+5&1\\-3&s+1\end{bmatrix}^{-1}\begin{bmatrix}2\\5\end{bmatrix}=\frac{12s+59}{(s+2)(s+4)}$$

它可部分分式展开为$H(s)=\dfrac{35/2}{s+2}-\dfrac{11/2}{s+4}$。由此，可以画出图11.39这样的系统并联结构模拟图，然后选择两个积分器输出为状态变量$\gamma_1(t)$和$\gamma_2(t)$，编写出系统的状态方程和输出方程如下：

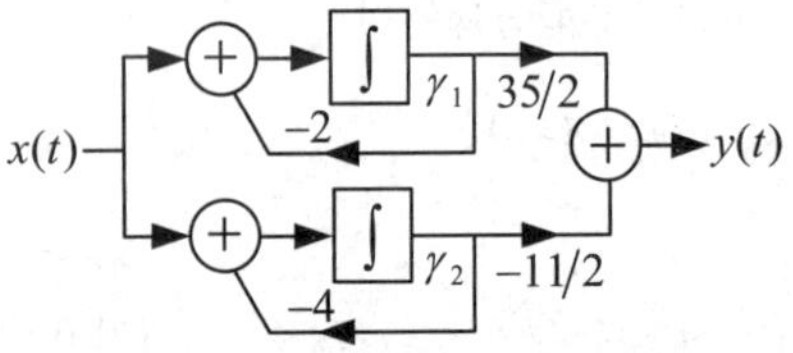

图11.39

$$\dot{\boldsymbol{\gamma}}(t)=\begin{bmatrix}-2&0\\0&-4\end{bmatrix}\boldsymbol{\gamma}(t)+\begin{bmatrix}1\\1\end{bmatrix}x(t)\quad 和\quad y(t)=\begin{bmatrix}35/2&-11/2\end{bmatrix}\boldsymbol{\gamma}(t)$$

这个对角化的系统状态变量描述和上面用寻求特征矢量方法的结果是一样的，因为只要把图11.37中两个并联支路的一阶系统前后的数乘器合并成一个数乘器，就可以得到图11.39的并联结结构模拟图。

## 11.7 系统的可控制性和可观察性

在系统的输入输出描述下，曾定义和讨论过系统的6个性质，即系统的记忆或无记忆性、因果性、稳定性、可逆性、线性和时不变性。同样地，从系统的状态变量描述(系统的状态方程、输出方程及$\boldsymbol{\lambda}(0_-)$和$\boldsymbol{\lambda}[0]$)出发，也能分析和确定系统的这些性质。可借用系统输入输出描述下的有关概念和方法，来讨论和确定状态变量描述下系统的这些性质。例如，本章只讨论实际动态系统的状态变量描述，它们都是因果系统，故因果性是无疑的；在状态方程中如果有一个方程是微分方程或差分方程，且系统输出与这个状态变量有关，该系统就有记忆，只有所有状态方程均是即时方程，系统才是无记忆的；用非线性状态方程和(或)输出方程描述的系统将必定是非线性系统；如果$\boldsymbol{A}$，$\boldsymbol{B}$，$\boldsymbol{C}$，$\boldsymbol{D}$矩阵中的元素不是常数，则系统一定是时变系统；如果状态方程和输出方程都是常系数线性方程，即$\boldsymbol{A}$，$\boldsymbol{B}$，$\boldsymbol{C}$，$\boldsymbol{D}$矩阵中的元素都

是常数，且 $\boldsymbol{\lambda}(0_-)=\boldsymbol{0}$ 和 $\boldsymbol{\lambda}[0]=\boldsymbol{0}$，则是因果 LTI 系统；但是，若状态方程和输出方程都是线性方程，而起始和初始状态矢量是非零矢量，它就是增量线性时不变系统；如果是状态变量描述的因果 LTI 系统，那么它一定可逆，且可通过求出它的系统函数矩阵，确定它的逆系统。

至于系统的稳定性问题，也可将 $\boldsymbol{A}$，$\boldsymbol{B}$，$\boldsymbol{C}$，$\boldsymbol{D}$ 矩阵转换成系统输入输出描述下的系统函数矩阵来确定。实际上，特征矩阵 $\boldsymbol{\Phi}(s)$ 和 $\boldsymbol{\Phi}(z)$ 的行列式 $\det(s\boldsymbol{I}-\boldsymbol{A})$ 或 $\det(\boldsymbol{I}-z^{-1}\boldsymbol{A})$ 就是系统的特征多项式，只有分别求出如下特征方程的根(即系统的极点)：

$$\left|s\boldsymbol{I}-\boldsymbol{A}\right|=0 \quad 和 \quad \left|\boldsymbol{I}-z^{-1}\boldsymbol{A}\right|=0 \tag{11.7.1}$$

并根据它们是否全部落在 S 平面虚轴的左边或 Z 平面单位圆内部，来确定系统是否稳定。换言之，这类动态线性系统的稳定性完全由系统的状态矩阵 $\boldsymbol{A}$ 确定。

这 6 个系统性质是在系统的输入输出描述下定义的，即它们仅由系统的输入和输出信号之间的关系确定，与系统的内部动态过程无关。在用状态变量描述的系统数学模型中，还增加了系统的内部状态或中间信号，因此，对于状态变量描述的系统，还能表征和定义系统另外的性质，例如系统的**可控制性**和**可观察性**。

在现代控制理论中，系统的可控制性和可观察性是两个重要概念。以输入输出描述为基础的经典控制论中，输出量既是被观察量，也是被控制量，且输出量通过微分方程和差分方程直接与输入相联系，因此不存在可控制性和可观察性问题。但基于状态变量描述的现代控制论中，主要着眼于系统内部状态变量的变化，此时，系统或过程控制问题可用图 11.40 说明。控制器提供输入控制作用，使系统内部状态达到某种预期状态。一方面，需根据对系统输出量测量获得的系统内部状态信息，确定控制的形式；另一方面，也希望通过对系统输出量的测量，能观察到系统所有内部状态的变化。**可控制性**和**可观察性**就用来表示系统的这两种物理特性，系统的**可控制性**表示通过控制作用，在有限时间内是否可使系统所有内部状态，从起始状态必定能指引到所要求的状态；所谓系统的**可观察性**，指的是通过观察有限时间内的系统输出量，是否必定能识别系统的起始状态。因为一旦识别出系统的起始状态，系统的所有状态的动态变化过程就唯一地确定了。

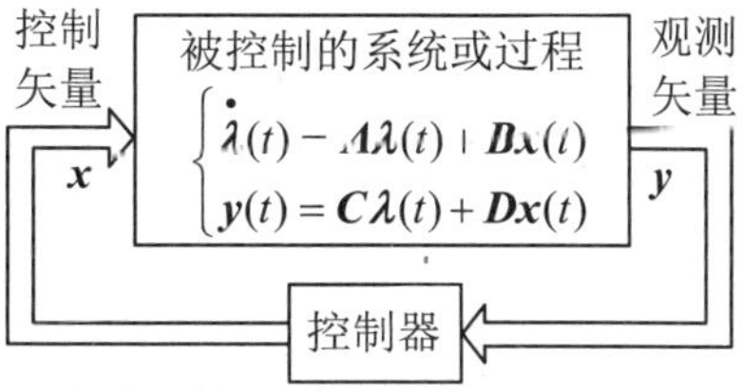


图 11.40　用状态变量表示系统控制过程示意图

## 11.7.1　系统的可控制性

严格地说，系统的可控制性还可分为两种：一种叫做**达原点可控制性**，简称**可控性**，即在系统状态变量描述下，可以找到或设计出容许的输入量(即控制矢量) $\boldsymbol{x}$，在有限时间内把系统从状态空间的任意状态点，引向状态空间原点(即零状态点)。如能做到这一点，那么系统是完全可控制的，如果只有部分状态变量可以做到这一点，则系统就不完全可控制；另一种称为**离原点可达性**，简称**可达性**，即系统存在容许的输入量 $\boldsymbol{x}$，在有限时间内能把系统从状态空间原点引向预先指定的任意状态点。如能做到这一点，那么系统是完全可达的，否则就不完全可达。下面分别以单输入单输出系统为例，讨论这两种可控制性的判据。

**1．系统的可控性和可控方阵与 $\boldsymbol{A}$ 矩阵满秩判别法**

首先，用一个离散时间 SISO 动态线性系统例子来说明系统可控性问题。

【例 11.20】 假设某离散时间 SISO 系统的状态方程和起始状态矢量分别为

$$\boldsymbol{\lambda}[n+1]=\begin{bmatrix}0 & 1\\ -1 & 0\end{bmatrix}\boldsymbol{\lambda}[n]+\begin{bmatrix}1\\ 3\end{bmatrix}x[n] \quad 和 \quad \boldsymbol{\lambda}[0]=\begin{bmatrix}1\\ 1\end{bmatrix} \tag{11.7.1}$$

根据(11.5.2)式，上述状态方程的解为

$$\boldsymbol{\lambda}[n]=\boldsymbol{A}^n\boldsymbol{\lambda}[0]+\sum_{k=0}^{n-1}\boldsymbol{A}^{n-1-k}\boldsymbol{B}x[k]\,,\quad n\geqslant 0$$

按照系统可控性的定义，要求能找到某种输入量 $x[0]$，$x[1]$ $\cdots$ $x[N-1]$，使得 $\boldsymbol{\lambda}[N]=\boldsymbol{0}$。这个问题就变成求解当 $n=N$ 时，上式左边等于零矢量的方程，即

$$\boldsymbol{A}^N\boldsymbol{\lambda}[0]+\sum_{k=0}^{N-1}\boldsymbol{A}^{N-1-k}\boldsymbol{B}x[k]=\boldsymbol{0} \tag{11.7.2}$$

如果 $\boldsymbol{A}$ 矩阵是非奇异的，即 $\boldsymbol{A}$ 的逆 $\boldsymbol{A}^{-1}$ 存在，上式两边左乘以 $\boldsymbol{A}^{-N}$，并整理后得到

$$\sum_{k=0}^{N-1}\boldsymbol{A}^{-(1+k)}\boldsymbol{B}x[k]=-\boldsymbol{\lambda}[0] \tag{11.7.3}$$

显然，对于这个系统，当 $N=2$ 时，即在某种输入量 $x[0]$ 和 $x[1]$ 的控制下，就可以达到。即

$$\begin{bmatrix}0 & 1\\ -1 & 0\end{bmatrix}^{-1}\begin{bmatrix}1\\ 3\end{bmatrix}x[0]+\begin{bmatrix}0 & 1\\ -1 & 0\end{bmatrix}^{-2}\begin{bmatrix}1\\ 3\end{bmatrix}x[1]=-\begin{bmatrix}1\\ 1\end{bmatrix}$$

由此可以得到如下代数方程和该方程的解：

$$\begin{cases}3x[0]+x[1]=1\\ -x[0]+3x[1]=1\end{cases} \quad 和 \quad \begin{cases}x[0]=1/5\\ x[1]=2/5\end{cases}$$

这表明，只要 $x[0]$ 和 $x[1]$ 相互独立，通过两次输入量作用，就可把系统引向状态空间原点。

1) 离散时间动态线性系统的可控性

对于一般 $N$ 维状态空间的离散时间动态线性系统，如果系统有任意的非零起始状态矢量 $\boldsymbol{\lambda}[0]\neq\boldsymbol{0}$，只要 $N$ 个相互独立的输入控制量 $x[0]$，$x[1]$，$\cdots$，$x[N-1]$，就有可能在有限时间 $(0\leqslant n<N)$ 内，把系统从状态点 $\boldsymbol{\lambda}[0]$ 引向状态空间原点。(11.7.3)式可展开为

$$\{\boldsymbol{A}^{-N}\boldsymbol{B}x[N-1]+\boldsymbol{A}^{-N+1}\boldsymbol{B}x[N-2]+\cdots+\boldsymbol{A}^{-2}\boldsymbol{B}x[1]+\boldsymbol{A}^{-1}\boldsymbol{B}x[0]\}=-\boldsymbol{\lambda}[0] \tag{11.7.4}$$

即

$$\boldsymbol{\lambda}[0]=-\boldsymbol{A}^{-N}(\boldsymbol{B}\ \ \boldsymbol{AB}\ \ \boldsymbol{A}^2\boldsymbol{B}\ \cdots\ \boldsymbol{A}^{N-2}\boldsymbol{B}\ \ \boldsymbol{A}^{N-1}\boldsymbol{B})\begin{bmatrix}x[N-1]\\ x[N-2]\\ \vdots\\ x[1]\\ x[0]\end{bmatrix}=-\boldsymbol{A}^{-N}\boldsymbol{Mx} \tag{11.7.5}$$

其中，$\boldsymbol{A}$ 和 $\boldsymbol{B}$ 分别是 $N\times N$ 阶方阵和 $N$ 维列矢量。如果令

$$\boldsymbol{x}=(x[N-1]\ \ x[N-1]\ \ \cdots\ \ x[1]\ \ x[0])^{\mathrm{T}} \tag{11.7.6}$$

和

$$\boldsymbol{M}=(\boldsymbol{B}\ \ \boldsymbol{AB}\ \ \boldsymbol{A}^2\boldsymbol{B}\ \cdots\ \boldsymbol{A}^{N-2}\boldsymbol{B}\ \ \boldsymbol{A}^{N-1}\boldsymbol{B}) \tag{11.7.7}$$

$\boldsymbol{M}$ 是一个 $N\times N$ 阶方阵，常称为**可控方阵**。只要可控方阵 $\boldsymbol{M}$ 是非奇异的或满秩的，(11.7.5)式的方程就必定有解，即总能找到控制矢量 $\boldsymbol{x}$，使控制终结时系统的状态矢量为零矢量。因此当 $\boldsymbol{A}$ 非奇异时，离散时间动态线性系统**可控的充要条件**为可控方阵 $\boldsymbol{M}$ 是非奇异或满秩的。

2) 连续时间动态线性系统的可控性

在连续时间中，可控性也有同样的判据。根据(11.5.28)式，连续时间状态方程的解为

$$\boldsymbol{\lambda}(t)=\mathrm{e}^{\boldsymbol{A}t}\boldsymbol{\lambda}(0_-)+\int_{0_-}^{t}\mathrm{e}^{\boldsymbol{A}(t-\tau)}\boldsymbol{B}x(\tau)\mathrm{d}\tau\,,\quad t\geqslant 0$$

在有限时间 $(0_-<t\leqslant t_1)$ 内，通过输入 $x(t)$ 的控制作用，要把系统从任意非零起始状态引向零

状态($\boldsymbol{\lambda}(t_1)=\boldsymbol{0}$)，只要如下方程有解

$$\mathrm{e}^{\boldsymbol{A}t_1}\boldsymbol{\lambda}(0_-)+\int_{0_-}^{t_1}\mathrm{e}^{\boldsymbol{A}(t_1-\tau)}\boldsymbol{B}x(\tau)\mathrm{d}\tau=\boldsymbol{0} \tag{11.7.8}$$

且若 $\boldsymbol{A}$ 非奇异，则状态转移矩阵 $\mathrm{e}^{\boldsymbol{A}t_1}$ 也非奇异，它的逆 $\mathrm{e}^{-\boldsymbol{A}t_1}$ 存在，在上式两边左乘 $\mathrm{e}^{-\boldsymbol{A}t_1}$ 后为

$$\boldsymbol{\lambda}(0_-)=-\int_{0_-}^{t_1}\mathrm{e}^{-\boldsymbol{A}\tau}\boldsymbol{B}x(\tau)\mathrm{d}\tau \tag{11.7.9}$$

根据卡累-汉密尔顿定理(参见(11.5.18)式)，$\mathrm{e}^{-\boldsymbol{A}\tau}$ 可表示为

$$\mathrm{e}^{-\boldsymbol{A}\tau}=c_0(\tau)\boldsymbol{I}+c_1(\tau)\boldsymbol{A}+c_2(\tau)\boldsymbol{A}^2+\ \cdots\ +c_{N-1}(\tau)\boldsymbol{A}^{N-1}=\sum_{i=0}^{N-1}c_i(\tau)\boldsymbol{A}^i \tag{11.7.10}$$

代入上式得到

$$\boldsymbol{\lambda}(0_-)=-\int_{0_-}^{t_1}\left(\sum_{i=0}^{N-1}c_i(\tau)\boldsymbol{A}^i\right)\boldsymbol{B}x(\tau)\mathrm{d}\tau=-\sum_{i=0}^{N-1}\boldsymbol{A}^i\boldsymbol{B}\int_{0_-}^{t_1}c_i(\tau)x(\tau)\mathrm{d}\tau \tag{11.7.11}$$

若令

$$v_i(t_1)=\int_{0_-}^{t_1}c_i(\tau)x(\tau)\mathrm{d}\tau \tag{11.7.12}$$

则(11.7.11)式可写成

$$\boldsymbol{\lambda}(0_-)=-\sum_{i=0}^{k-1}\boldsymbol{A}^i\boldsymbol{B}v_i(t_1)=\begin{bmatrix}\boldsymbol{B} & \boldsymbol{AB} & \boldsymbol{A}^2\boldsymbol{B} & \cdots & \boldsymbol{A}^{N-1}\boldsymbol{B}\end{bmatrix}\begin{bmatrix}v_0(t_1)\\ v_1(t_1)\\ \vdots\\ v_{N-1}(t_1)\end{bmatrix}=\boldsymbol{Mx} \tag{11.7.13}$$

其中，$\boldsymbol{M}$ 也是(11.7.7)式定义的 $N\times N$ 阶可控方阵，$\boldsymbol{x}$ 是 $N$ 维输入控制列矢量，即

$$\boldsymbol{x}=[v_0(t_1)\quad v_1(t_1)\quad v_2(t_1)\quad \cdots\quad v_{N-1}(t_1)]^{\mathrm{T}} \tag{11.7.14}$$

只要可控方阵 $\boldsymbol{M}$ 是非奇异或满秩的，方程(11.7.13)式就必定有解，总能找到控制矢量 $\boldsymbol{x}$ 使控制终了时系统的状态矢量为零矢量。因此，连续时间和离散时间系统有完全相同的可控性判据。

**2．系统的可达性和可控方阵满秩判别法**

根据可达性定义，对于用{$\boldsymbol{A}$，$\boldsymbol{B}$，$\boldsymbol{C}$，$\boldsymbol{D}$，$\boldsymbol{\lambda}(0_-)$ 或 $\boldsymbol{\lambda}[0]$}描述的连续时间或离散时间动态线性系统，若给定起始或初始状态矢量为零矢量，分别在有限时间($0_-<t\leqslant t_1$)或($0\leqslant n<N$)内，存在某种容许的输入控制矢量 $\boldsymbol{x}$，能使系统的状态点到达任意指定状态 $\boldsymbol{\lambda}(t_1)$ 或 $\boldsymbol{\lambda}[N]$，则系统就完全可达。按照状态方程的解(见(11.5.28)式或(11.5.2)式)，连续时间或离散时间动态线性系统可达性问题，就变成在已知 $\boldsymbol{\lambda}(t_1)$ 或 $\boldsymbol{\lambda}[N]$ 时分别求解如下方程的问题，即

$$\boldsymbol{\lambda}(t_1)=\int_{0_-}^{t_1}\mathrm{e}^{\boldsymbol{A}(t_1-\tau)}\boldsymbol{B}x(\tau)\mathrm{d}\tau\quad 或\quad \boldsymbol{\lambda}[N]=\sum_{k=0}^{N-1}\boldsymbol{A}^{N-1-k}\boldsymbol{B}x[k] \tag{11.7.15}$$

按照上面推导(11.7.5)式或(11.7.13)式类似的方法，(11.7.15)式的方程可以分别写成

$$\boldsymbol{\lambda}(t_1)=\boldsymbol{M}\begin{bmatrix}w_0(t_1)\\ w_1(t_1)\\ \vdots\\ w_{N-1}(t_1)\end{bmatrix}\quad 或\quad \boldsymbol{\lambda}[N]=\boldsymbol{M}\begin{bmatrix}x[N-1]\\ \vdots\\ x[1]\\ x[0]\end{bmatrix} \tag{11.7.16}$$

其中，$\boldsymbol{M}$ 也是(11.7.7)式定义的 $N\times N$ 阶可控方阵，$N$ 个控制量 $w_i(t_1)$ 由下式确定：

$$w_i(t_1)=\int_{0_-}^{t_1}c_i(t_1-\tau)x(\tau)\mathrm{d}\tau,\quad i=0,\ 1,\ \cdots,\ N-1 \tag{11.7.17}$$

其中的 $c_i(t_1-\tau)$ 来自于 $\mathrm{e}^{\boldsymbol{A}(t_1-\tau)}$ 的卡累—汉密尔顿定理(参见(11.7.10)式)表示，即

$$\mathrm{e}^{\boldsymbol{A}(t_1-\tau)}=\sum_{i=0}^{N-1}c_i(t_1-\tau)\boldsymbol{A}^i \tag{11.7.18}$$

只要方阵 $\boldsymbol{M}$ 是非奇异或满秩的，方程(11.7.16)就必定有解，即分别能找到如下的输入控制量：

$$\boldsymbol{x}=[w_0(t_1)\ \ w_1(t_1)\ \ \cdots\ \ w_{N-1}(t_1)]^{\mathrm{T}} \quad 或 \quad \boldsymbol{x}=[x[N-1]\ \ x[N-2]\ \ \cdots\ \ x[1]\ \ x[0]]^{\mathrm{T}} \tag{11.7.19}$$

在有限时间($0_- < t \leqslant t_1$)或($0 \leqslant n < N$)内，分别使连续时间或离散时间动态线性系统从零状态点引向任意指定状态点 $\boldsymbol{\lambda}(t_1)$ 或 $\boldsymbol{\lambda}[N]$。故可达性的充要条件也是 $\boldsymbol{M}$ 为非奇异或满秩的可控方阵。

将系统可控性需满足的方程(见(11.7.13)式或(11.7.5)式)与可达性需满足的方程(见(11.7.16)式)作比较，它们有这样的区别：系统可控性是在任意指定的当前非零状态点 $\boldsymbol{\lambda}(0_-)$ 或 $\boldsymbol{\lambda}[0]$，利用**未来的输入**，把系统引向状态空间原点，即使得 $\boldsymbol{\lambda}(t_1)=\boldsymbol{0}$ 或 $\boldsymbol{\lambda}[N]=\boldsymbol{0}$；系统的可达性是在任意指定的当前非零状态点 $\boldsymbol{\lambda}(t_1)$ 或 $\boldsymbol{\lambda}[N]$ 下，利用属于**过去的输入**，使系统离开状态空间原点 $\boldsymbol{\lambda}(0_-)=\boldsymbol{0}$ 或 $\boldsymbol{\lambda}[0]=\boldsymbol{0}$，引向当前非零状态点 $\boldsymbol{\lambda}(t_1)$ 或 $\boldsymbol{\lambda}[N]$。从这个意义上说，对于因果 LTI 系统，由于系统起始是松弛的，即 $\boldsymbol{\lambda}(0_-)=\boldsymbol{0}$ 或 $\boldsymbol{\lambda}[0]=\boldsymbol{0}$，系统的可控性是利用未来的输入，把系统从任意指定的状态点 $\boldsymbol{\lambda}(t_1)$ 或 $\boldsymbol{\lambda}[N]$，引向状态空间原点，此时，系统要满足的方程也是(11.7.16)式。因此，对因果 LTI 系统而言，系统的可达性和可控性是等价的。

必须指出，系统可达性和可控性的充要条件都要求(11.7.7)式的方阵 $\boldsymbol{M}$ 非奇异或满秩的，但可控性还要求 $\boldsymbol{A}$ 是非奇异的，而可达性却无此要求。$\boldsymbol{A}$ 非奇异意味着 $\boldsymbol{A}$ 满秩的，即它必须是用最少数目状态变量描述 $N$ 维系统时获得的 $\boldsymbol{A}$ 矩阵。换言之，如果用多于最少数目的状态变量描述系统，获得的 $\boldsymbol{A}$ 矩阵将不满秩，即使 $\boldsymbol{M}$ 是非奇异的，系统完全可达，但不一定完全可控。这表明，如果状态矩阵 $\boldsymbol{A}$ 是非奇异的，系统可达性和可控性是等价的。

## 11.7.2 系统的可观察性

系统的可观察性是指能否根据系统的输出量确定系统所有状态的系统性质。严格地说，它与系统可控制性一样，也有两种不同含义的可观察性：一种是能否根据在**未来**有限时间内观察到的输出量，来确定系统所有起始或初始状态的性质，称为**可观察性**，若能做到这点，系统就完全可观，否则系统就不完全可观；另一种是能否根据在**先前**(**过去**)有限时间内观察到的输出量，来确定系统当前所有状态的性质，称为**可构造性**或**可检测性**，若能做到，系统就完全可检，否则就不完全可检。为了简便，仍以 SISO 系统为例，讨论这两种可观察性。

**1．系统的可观察性和可观察方阵满秩判别法**

当连续时间和离散时间动态系统分别为零输入时，即分别在 $x(t)=0$，$t \geqslant 0$ 和 $x[n]=0$，$n \geqslant 0$ 时，它们的输出 $y(t)$ 和 $y[n]$ 分别就是系统的零输入响应 $y_{\mathrm{zi}}(t)$ 和 $y_{\mathrm{zi}}[n]$，分别按照前面的(11.5.32)式和(11.5.6)式，它们分别为

$$y(t)=y_{\mathrm{zi}}(t)=\boldsymbol{C}\mathrm{e}^{\boldsymbol{A}t}\boldsymbol{\lambda}(0_-) \quad 和 \quad y[n]=y_{\mathrm{zi}}[n]=\boldsymbol{C}\boldsymbol{A}^n\boldsymbol{\lambda}[0] \tag{11.7.20}$$

如果分别要在有限时间间隔($0_- < t \leqslant t_1$)和($0 \leqslant n < N$)之内，分别从连续时间和离散时间动态系统观察到的输出量 $\boldsymbol{y}$，即

$$\boldsymbol{y}=[y(t_1)\ \ y'(t_1)\ \ y''(t_1)\ \ \cdots\ \ y^{(N-1)}(t_1)]^{\mathrm{T}} \quad 和 \quad \boldsymbol{y}=[y[0]\ \ y[1]\ \ y[2]\ \ \cdots\ \ y[N-1]]^{\mathrm{T}} \tag{11.7.21}$$

就能够分别确定系统的起始和初始状态矢量 $\boldsymbol{\lambda}(0_-)$ 和 $\boldsymbol{\lambda}[0]$，那么系统就是可观察的。为了导出系统可观察性的判据，可以从(11.7.20)式出发，采用前面 11.4.2 小节中分别推导出(11.4.17)式

和(11.4.24)式类似的方法，可以分别推导出如下的矩阵方程：

$$\begin{bmatrix} y(t_1) \\ y'(t_1) \\ y''(t_1) \\ \vdots \\ y^{(N-1)}(t_1) \end{bmatrix} = \begin{bmatrix} \boldsymbol{C} \\ \boldsymbol{CA} \\ \boldsymbol{CA} \\ \vdots \\ \boldsymbol{CA}^{N-1} \end{bmatrix} \boldsymbol{\lambda}(0_-) \quad 和 \quad \begin{bmatrix} y[0] \\ y[1] \\ y[2] \\ \vdots \\ y[N-1] \end{bmatrix} = \begin{bmatrix} \boldsymbol{C} \\ \boldsymbol{CA} \\ \boldsymbol{CA} \\ \vdots \\ \boldsymbol{CA}^{N-1} \end{bmatrix} \boldsymbol{\lambda}[0] \tag{11.7.22}$$

其中，左式的推导利用了(11.5.40)式的矩阵指数 $e^{\boldsymbol{A}t}$ 的性质。按照(11.4.20)式的矩阵 $\boldsymbol{Q}$，即

$$\boldsymbol{Q} = \begin{bmatrix} \boldsymbol{C} \\ \boldsymbol{CA} \\ \boldsymbol{CA}^2 \\ \vdots \\ \boldsymbol{CA}^{N-1} \end{bmatrix} \tag{11.7.23}$$

它是一个 $N \times N$ 的方阵，称为**可观方阵**。只要可观方阵 $\boldsymbol{Q}$ 是非奇异或满秩的，(11.7.22)式的方程必定分别有解，即一定能由(11.7.21)式定义的输出量 $\boldsymbol{y}$，分别确定系统的起始和初始状态矢量 $\boldsymbol{\lambda}(0_-)$ 和 $\boldsymbol{\lambda}[0]$。因此，连续时间和离散时间动态线性系统可观察性的充要条件为可观方阵 $\boldsymbol{Q}$ 是非奇异或满秩的。

**2．系统的可检测性和可观方阵与 $\boldsymbol{A}$ 矩阵满秩判别法**

基于上面系统可观察性的讨论，当连续时间和离散时间动态系统分别为零输入时，即分别在 $x(t)=0$，$t \geqslant 0$ 和 $x[n]=0$，$n \geqslant 0$ 时，分别按照(11.5.32)式和(11.5.6)式，在时刻 $t_1 > 0$ 和 $N > 0$ 的系统状态矢量 $\boldsymbol{\lambda}(t_1)$ 和 $\boldsymbol{\lambda}[N]$ 分别为

$$\boldsymbol{\lambda}(t_1) = e^{\boldsymbol{A}t_1}\boldsymbol{\lambda}(0_-) \quad 和 \quad \boldsymbol{\lambda}[N] = \boldsymbol{A}^N \boldsymbol{\lambda}[0] \tag{11.7.24}$$

当系统用最少数目状态变量描述时，$\boldsymbol{A}$ 是非奇异或满秩的，则 $e^{\boldsymbol{A}t_1}$ 和 $\boldsymbol{A}^N$ 也是非奇异的，即它们的逆 $e^{-\boldsymbol{A}t_1}$ 和 $\boldsymbol{A}^{-N}$ 存在，且分别有

$$\boldsymbol{\lambda}(0_-) = e^{-\boldsymbol{A}t_1}\boldsymbol{\lambda}(t_1) \quad 和 \quad \boldsymbol{\lambda}[0] = \boldsymbol{A}^{-N} \boldsymbol{\lambda}[N] \tag{11.7.25}$$

把它们分别代入(11.7.22)式，将分别有

$$\begin{bmatrix} y(t_1) \\ y'(t_1) \\ y''(t_1) \\ \vdots \\ y^{(N-1)}(t_1) \end{bmatrix} = \begin{bmatrix} \boldsymbol{C} \\ \boldsymbol{CA} \\ \boldsymbol{CA} \\ \vdots \\ \boldsymbol{CA}^{N-1} \end{bmatrix} e^{-\boldsymbol{A}t_1}\boldsymbol{\lambda}(t_1) \quad 和 \quad \begin{bmatrix} y[0] \\ y[1] \\ y[2] \\ \vdots \\ y[N-1] \end{bmatrix} = \begin{bmatrix} \boldsymbol{C} \\ \boldsymbol{CA} \\ \boldsymbol{CA} \\ \vdots \\ \boldsymbol{CA}^{N-1} \end{bmatrix} \boldsymbol{A}^{-N}\boldsymbol{\lambda}[N] \tag{11.7.26}$$

这表明，只要(11.7.23)式定义的可观方阵 $\boldsymbol{Q}$ 是非奇异或满秩的，分别在有限时间($0_- < t \leqslant t_1$)和($0 \leqslant n < N$)内，由分别观察到的系统输出量 $\boldsymbol{y}$，即

$$\boldsymbol{y} = [y(t_1) \;\; y'(t_1) \;\; y''(t_1) \;\; \cdots \;\; y^{(N-1)}(t_1)]^{\mathrm{T}} \quad 和 \quad \boldsymbol{y} = [y[0] \;\; y[1] \;\; y[2] \;\; \cdots \;\; y[N-1]]^{\mathrm{T}}$$

就可分别确定任意指定的系统状态矢量 $\boldsymbol{\lambda}(t_1)$ 和 $\boldsymbol{\lambda}[N]$。因此，系统可检测性的充要条件和可观察性相同，即要求方阵 $\boldsymbol{Q}$ 非奇异或满秩；同时，系统的可检测性还要求 $\boldsymbol{A}$ 矩阵非奇异或满秩，可观察性却无此要求。从这个意义上说，若把系统的可观察性和可检测性与系统的可达性和可控性相比较，系统的可观察性对应系统的可达性，而系统的可检测性对应系统的可控性。

## 11.7.3 $\boldsymbol{A}$矩阵对角化状态变量描述下系统的可控制性和可观察性

上述有关系统可控制性和可观察性的判据并不直观，且只能说明系统是否可控或者可观。至于系统中哪些状态可控或可观？哪些状态不可控或不可观？并未给出回答。实际上，可控性表示系统状态变量与输入之间的联系，而可观性则表示系统状态变量与输出之间的联系。由 11.6 节和 11.4.3 小节可知，$\boldsymbol{A}$ 矩阵对角化的系统状态变量描述中，系统内部各个状态变量之间相互完全分离，很容易看出系统中每个状态变量与输入或输出之间有无关联，可以直观地判断系统中哪些状态可控或可观，哪些状态不可控或不可观。这就形成系统可控性和可观性的另一形式的判据。下面只给出这种判据的形式，略去了有关证明。

为简明起见，先用 $\boldsymbol{A}$ 矩阵完全对角化(系统只有互不相同的单极点)的单输入单输出情况，来说明可控性和可观性的另一种判据。假设连续或离散时间动态线性系统状态变量描述为

$$\{\boldsymbol{A},\ \boldsymbol{B},\ \boldsymbol{C},\ \boldsymbol{D},\ \boldsymbol{\lambda}(0_-)\text{或}\boldsymbol{\lambda}[0]\}$$

其中，$\boldsymbol{A}$ 为非对角化方阵，它经线性变换成对角化矩阵 $\hat{\boldsymbol{A}}$，且这个对角化状态变量描述为

$$\{\hat{\boldsymbol{A}},\ \hat{\boldsymbol{B}},\ \hat{\boldsymbol{C}},\ \hat{\boldsymbol{D}},\ \gamma(0_-)\text{或}\gamma[0]\}$$

上述 $\hat{\boldsymbol{A}}$，$\hat{\boldsymbol{B}}$，$\hat{\boldsymbol{C}}$，$\hat{\boldsymbol{D}}$ 矩阵与 $\boldsymbol{A}$，$\boldsymbol{B}$，$\boldsymbol{C}$，$\boldsymbol{D}$ 矩阵的关系见(11.6.7)式。对角化后连续时间和离散时间动态系统的状态方程和输出方程分别为

$$\begin{cases}\dot{\gamma}(t)=\hat{\boldsymbol{A}}\boldsymbol{\lambda}(t)+\hat{\boldsymbol{B}}\boldsymbol{x}(t)\\ \boldsymbol{y}(t)=\hat{\boldsymbol{C}}\boldsymbol{\lambda}(t)+\hat{\boldsymbol{D}}\boldsymbol{x}(t)\end{cases}\quad\text{和}\quad\begin{cases}\gamma[n+1]=\hat{\boldsymbol{A}}\boldsymbol{\lambda}[n]+\hat{\boldsymbol{B}}\boldsymbol{x}[n]\\ \boldsymbol{y}[n]=\hat{\boldsymbol{C}}\boldsymbol{\lambda}[n]+\hat{\boldsymbol{D}}\boldsymbol{x}[n]\end{cases}\tag{11.7.27}$$

其中，状态方程和输出方程分别具有(11.4.52)式和(11.4.53)式的形式，$\hat{\boldsymbol{A}}$，$\hat{\boldsymbol{B}}$，$\hat{\boldsymbol{C}}$，$\hat{\boldsymbol{D}}$ 矩阵具有(11.4.54)式和(11.4.55)式的形式。参照图 11.24 的并联结构模拟图，不难获得可控性和可观性的另一种判据，即对于对角化状态变量描述的 SISO 系统，状态完全可控的充分必要条件是输入矩阵 $\hat{\boldsymbol{B}}=\boldsymbol{PB}$ 中不包含零元素；系统状态完全可观的充分必要条件则是输出矩阵 $\hat{\boldsymbol{C}}=\boldsymbol{CP}^{-1}$ 中不包含零元素。否则，只要 $\hat{\boldsymbol{B}}$ 和 $\hat{\boldsymbol{C}}$ 矩阵中有一个零元素，系统就分别不完全可控和不完全可观。

系统可控性和可观性的这种判据，很容易推广到具有互不相同单极点的多输入多输出系统，尽管此时 $\hat{\boldsymbol{B}}$ 和 $\hat{\boldsymbol{C}}$ 矩阵将不再是列矩阵或行矩阵，但判据完全一样。对于系统有高阶极点的情况，可控性或可观性判据就有些差别，可以用线性矢量空间独立子空间的概念来讨论，读者可自行分析，这里不再赘述。下面用单输入单输出系统来解释上述结论。

现在考察系统可控性和可观性与输入输出系统函数之间的关系。按照线性变换下系统的输入输出系统函数保持不变的特性，则有

$$H(s)=\hat{\boldsymbol{C}}(s\boldsymbol{I}-\hat{\boldsymbol{A}})^{-1}\hat{\boldsymbol{B}}+\hat{\boldsymbol{D}}\quad\text{或}\quad H(z)=\hat{\boldsymbol{C}}(\boldsymbol{I}-z^{-1}\hat{\boldsymbol{A}})^{-1}z^{-1}\hat{\boldsymbol{B}}+\hat{\boldsymbol{D}}$$

这里以离散时间为例。在系统具有两两互不相同的单极点 $\alpha_1$，$\alpha_2$，$\alpha_3$ $\cdots$ $\alpha_N$ 时，则有

$$\begin{aligned}H(z)&=\hat{\boldsymbol{C}}(\boldsymbol{I}-z^{-1}\hat{\boldsymbol{A}})^{-1}z^{-1}\hat{\boldsymbol{B}}+\hat{\boldsymbol{D}}\\&=\begin{bmatrix}\hat{c}_1 & \hat{c}_2 & \cdots & \hat{c}_N\end{bmatrix}\begin{bmatrix}1-\alpha_1z^{-1} & 0 & \cdots & 0\\ 0 & 1-\alpha_2z^{-1} & \cdots & 0\\ \vdots & \vdots & \cdots & \vdots\\ 0 & 0 & \cdots & 1-\alpha_Nz^{-1}\end{bmatrix}^{-1}z^{-1}\begin{bmatrix}\hat{b}_1\\ \hat{b}_2\\ \vdots\\ \hat{b}_N\end{bmatrix}+\hat{\boldsymbol{D}}\end{aligned}\tag{11.7.28}$$

其中，**直通矩阵** $\hat{\boldsymbol{D}}$ 表示不通过内部状态变量的输入与输出之间的联系，它与系统可控性和可观性无关，可不考虑。上式中除 $\hat{\boldsymbol{D}}$ 以外的系统函数部分是一个有理真分式 $H_0(z)$，即(11.7.28)式中的第一项，它经运算并可以展开为

$$H_0(z)=\frac{\hat{c}_1\hat{b}_1z^{-1}}{1-\alpha_1z^{-1}}+\frac{\hat{c}_2\hat{b}_2z^{-1}}{1-\alpha_2z^{-1}}+\ \cdots\ +\frac{\hat{c}_N\hat{b}_Nz^{-1}}{1-\alpha_Nz^{-1}}=\sum_{i=1}^{N}\frac{\hat{c}_i\hat{b}_iz^{-1}}{1-\alpha_iz^{-1}} \tag{11.7.29}$$

如果系统不完全可控或不完全可观，则矩阵 $\hat{\boldsymbol{B}}$ 或 $\hat{\boldsymbol{C}}$ 中包含有零元素。只要 $\hat{b}_i$ 或 $\hat{c}_i$ 两组元素中有一个元素为 0，就使得(11.7.29)式中的对应项消失，这就是说，$H(z)$ 中原有的极点 $\alpha_i$ 消失，或者说，$H(z)$ 的特征多项式 $\left|\boldsymbol{I}-z^{-1}\boldsymbol{A}\right|$ 有降阶现象。就系统函数而言，降阶是由其分母中的极点因子与分子中的零点因子相抵消造成的，即系统出现零、极点相消所致。由此，可以得到系统函数的一个重要特性：若系统是不完全可控或不完全可观的，则它在复频域上就必定出现零、极点相消现象。另外，由(11.7.29)式可知，零、极点相消的部分必定是系统中不可控或不可观的状态变量部分。因此，用输入输出系统函数描述的系统只反映了系统中既可控又可观的那部分的运动规律，可见，仅用输入输出系统函数来描述因果 LTI 系统是不全面的，而用状态方程和输出方程来描述才更全面、更详尽。

上面是以离散时间的情况为例得出的结论，也完全适合于连续时间系统。为了进一步证实上述的结论，请看下面的例子。

**【例 11.21】**　已知某连续时间因果 LTI 系统的状态方程和输出方程分别为

$$\dot{\boldsymbol{\lambda}}(t)=\begin{bmatrix}-1&-2&-1\\0&-3&0\\0&0&-2\end{bmatrix}\boldsymbol{\lambda}(t)+\begin{bmatrix}2\\1\\1\end{bmatrix}x(t)\quad 和\quad y(t)=\begin{bmatrix}1&-1&0\end{bmatrix}\boldsymbol{\lambda}(t)$$

1) 试检查该系统的可控性和可观性；　　2) 试求该系统可控和可观的状态变量个数；

3) 试求该系统的输入输出系统函数。

**解：** 1) 由于 $\boldsymbol{A}$ 矩阵是非奇异的，只要检查矩阵 $\boldsymbol{M}=\begin{bmatrix}\boldsymbol{B}&\boldsymbol{AB}&\boldsymbol{A}^2\boldsymbol{B}\end{bmatrix}$ 和 $\boldsymbol{Q}=\begin{bmatrix}\boldsymbol{C}\\\boldsymbol{CA}\\\boldsymbol{CA}^2\end{bmatrix}$ 是否满秩。

因有

$$\boldsymbol{AB}=\begin{bmatrix}-1&-2&-1\\0&-3&0\\0&0&-2\end{bmatrix}\begin{bmatrix}2\\1\\1\end{bmatrix}=\begin{bmatrix}-5\\-3\\-2\end{bmatrix}\qquad \boldsymbol{A}^2\boldsymbol{B}=\begin{bmatrix}-1&-2&-1\\0&-3&0\\0&0&-2\end{bmatrix}\begin{bmatrix}-5\\-3\\-2\end{bmatrix}=\begin{bmatrix}13\\9\\4\end{bmatrix}$$

和

$$\boldsymbol{CA}=\begin{bmatrix}-1&1&-1\end{bmatrix}\qquad \boldsymbol{CA}^2=\begin{bmatrix}-1&1&3\end{bmatrix}$$

则有

$$\boldsymbol{M}=\begin{bmatrix}2&-5&13\\1&-3&9\\1&-2&4\end{bmatrix}\quad 和\quad \boldsymbol{Q}=\begin{bmatrix}1&-1&0\\-1&1&-1\\1&-1&3\end{bmatrix}$$

对于 $\boldsymbol{M}$，其第 2 行与第 3 行相加等于第 1 行，它不是满秩的；对于 $\boldsymbol{Q}$，其第 1 列乘以 $(-1)$ 等于第 2 列，故也不是满秩的。实际上，可以证明 $\mathrm{rank}\boldsymbol{M}=2\neq3$，$\mathrm{rank}\boldsymbol{Q}=2\neq3$，由于 $\boldsymbol{M}$ 和 $\boldsymbol{Q}$ 均不满秩，尽管 $\boldsymbol{A}$ 矩阵是非奇异的，但该系统仍然既不完全可控，也不完全可观。

2) 为求出可控和可观的状态变量个数，需把给定的状态变量描述对角化。根据矩阵的线性变换，不难求得 $\boldsymbol{A}$ 矩阵对角化所需的变换矩阵，即

$$\boldsymbol{P}=\begin{bmatrix}1&-1&-1\\0&0&1\\0&1&0\end{bmatrix}\quad 和\quad \boldsymbol{P}^{-1}=\begin{bmatrix}1&1&1\\0&0&1\\0&1&0\end{bmatrix}$$

按照(11.7.6)式，系统对角化状态变量描述的 $\hat{A}$，$\hat{B}$，$\hat{C}$，$\hat{D}$ 矩阵分别为

$$\hat{A}=\begin{bmatrix}-1&0&0\\0&-2&0\\0&0&-3\end{bmatrix}\qquad \hat{B}=\begin{bmatrix}0\\1\\1\end{bmatrix}\qquad \hat{C}=\begin{bmatrix}1&1&0\end{bmatrix}\qquad \hat{D}=[0]$$

其中，$\hat{B}$ 和 $\hat{C}$ 各包含一个零元素，因此在其 $A$ 矩阵对角化的状态矢量 $\gamma(t)$ 中，$\gamma_2(t)$ 和 $\gamma_3(t)$ 这两个状态变量是可控的，$\gamma_1(t)$ 和 $\gamma_2(t)$ 这两个状态变量是可观的。上述对角化状态变量描述下的系统模拟图画在图 11.41 中，可直观地看出哪些状态变量是可控或可观的，哪些状态变量是不可控或不可观的。

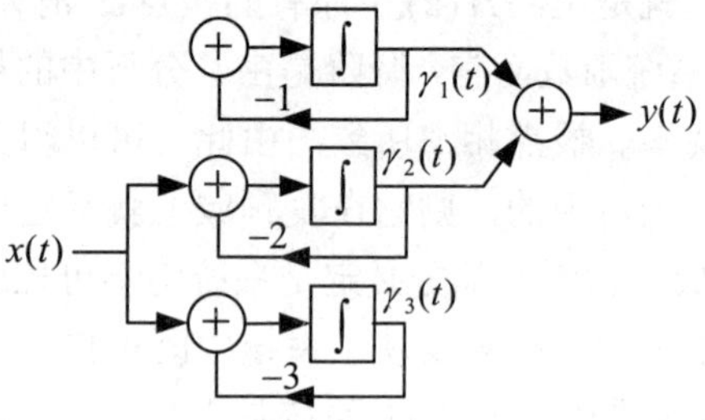

图 11.41

3) 该系统的输入输出系统函数为

$$H(s)=\hat{C}(sI-\hat{A})^{-1}\hat{B}$$

$$=\begin{bmatrix}1&1&0\end{bmatrix}\begin{bmatrix}s+1&0&0\\0&s+2&0\\0&0&s+3\end{bmatrix}\begin{bmatrix}0\\1\\1\end{bmatrix}$$

$$=\frac{(s+1)(s+3)}{(s+1)(s+2)(s+3)}=\frac{1}{s+2}$$

系统函数有零、极点相消的现象，相消的结果只保留了( −2 )这一个极点。可以得到这样的结论：如果系统函数出现零、极点相消现象时，那么系统将不是可控或(和)可观的。同时，从图 11.41 中看出，该系统的输入仅仅通过状态变量 $\gamma_2(t)$ 来影响输出，这说明仅用系统函数来描述一个 LTI 系统是不够全面的。

## 习　　题

**11.1** 对于第 4 章习题 4.18 中用差分方程或微分方程描述的每一个因果 LTI 系统，即

1) $2y[n]-y[n-1]+y[n-3]=x[n]-5x[n-2]$
2) $y[n]=x[n]-x[n-1]+2x[n-3]+3x[n-4]$
3) $y[n]-(2/3)y[n-1]-(1/3)y[n-2]=x[n]-(1/3)x[n-2]$　　4) $y'''(t)=x(t)-2x'(t)$
5) $y''(t)+2y'(t)-2y(t)=x(t)+2x''(t)$　　6) $4y''(t)+2y'(t)=x(t)-3x''(t)$

试用两种直接规划法编写它们的状态方程和输出方程，并分别写出 $A$，$B$，$C$，$D$ 矩阵。

**11.2** 对于下列微分方程或差分方程表示的因果 LTI 系统，试用直接规划法编写出它们的实系数状态方程和输出方程，并分别写出它们的 $A$，$B$，$C$，$D$ 矩阵。

1) $y''(t)+5y'(t)+6y(t)=2x'(t)+3x(t)$　　2) $y''(t)+4y'(t)+3y(t)=2\int_{-\infty}^{t}e^{-2(t-\tau)}x(\tau)d\tau$
3) $y[n]-(5/6)y[n-1]+(1/6)y[n-2]=x[n]-x[n-1]+(1/6)x[n-2]$
4) $y[n]-(3/2)y[n-1]+(1/2)y[n-2]=x[n]+\sum_{k=-\infty}^{n}x[k]$

**11.3** 对于图 P11.3 所示的电路系统，其中，$x(t)$ 为激励电压，$y(t)$ 为输出电压，试列出它的状态方程和输出方程，并写出其 $A$，$B$，$C$，$D$ 矩阵。这里假定该电路起始是松弛的。

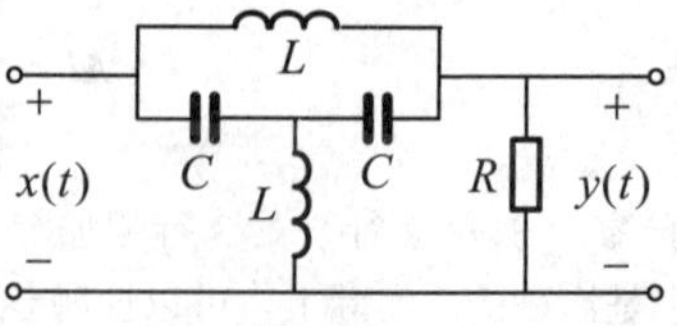

图 P11.3

**11.4** 对于第 4 章习题 4.14 给出的连续时间因果系统，试求：

1) 写出该系统的任一种状态变量描述，并写出其 $A$，$B$，$C$，$D$ 矩阵和起始状态矢量 $\lambda(0_-)$，并画出包含起始状态的系统模拟图。
2) 当 $x(t)=e^{-3t}u(t)$ 时，用矢量微分方程的解法确定其输出 $y(t)$，并与习题 4.14 所求的结果作比较。
3) 用变换域方法求解 2)小题，并比较它们的结果。

**11.5** 对于第 4 章习题 4.16 中的 b)小题给定的离散时间因果系统，试求：

1) 写出任何一种正确的状态方程、输出方程和起始状态矢量 $\boldsymbol{\lambda}[0]$，并画出包含起始状态的模拟图。

2) 当 $x[n]=(1/2)^n u[n]$ 时，用矢量差分方程解法求其输出 $y[n]$，并与题 4.16 中 b)小题所求的结果作比较。

3) 用变换域方法求解 2)小题，并比较它们的结果。

**11.6** 对于下列微分方程或差分方程表示的因果 LTI 系统，试分别用级联规划法和并联规划法，编写出它们的实系数状态方程和输出方程，并分别写出它们的 $\boldsymbol{A}$，$\boldsymbol{B}$，$\boldsymbol{C}$，$\boldsymbol{D}$ 矩阵。

1) $y''(t)+5y'(t)+6y(t)=2x'(t)+3x(t)$　　2) $y''(t)+4y'(t)+3y(t)=2\int_{-\infty}^{t}\mathrm{e}^{-2(t-\tau)}x(\tau)\mathrm{d}\tau$

3) $y[n]-(5/6)y[n-1]+(1/6)y[n-2]=x[n]-x[n-1]+(1/6)x[n-2]$

4) $y[n]-(3/2)y[n-1]+(1/2)y[n-2]=x[n]+\sum_{k=-\infty}^{n}x[k]$

**11.7** 已知如下状态方程和输出方程及零起始状态矢量描述的离散时间因果 LTI 系统，试求：

$$\begin{cases}\lambda_1[n+1]=(1/2)\lambda_1[n]+x[n]\\ \lambda_2[n+1]=(1/2)\lambda_1[n]+2\lambda_2[n]+x[n]\end{cases}\quad 和\quad y[n]=2\lambda_1[n]$$

1) 当输入 $x[n]=\delta[n]$ 时，确定 $\lambda_1[n]$，$\lambda_2[n]$，并求系统的输出 $y[n]$。

2) 确定该系统的系统函数，并写出它的差分方程表示。

**11.8** 用如下状态方程和输出方程描述的离散时间因果系统。

$$\begin{bmatrix}\lambda_1[n+1]\\ \lambda_2[n+1]\end{bmatrix}=\begin{bmatrix}1 & -2\\ a & b\end{bmatrix}\begin{bmatrix}\lambda_1[n]\\ \lambda_2[n]\end{bmatrix}+\begin{bmatrix}1\\ 0\end{bmatrix}x[n]\quad 和\quad y[n]=\begin{bmatrix}1 & 1\end{bmatrix}\begin{bmatrix}\lambda_1[n]\\ \lambda_2[n]\end{bmatrix}$$

已知当 $n\geqslant 0$ 时，$x[n]=0$ 和 $y[n]=[8(-1)^n-5(-2)^n]u[n]$，试求：

1) 常数 $a$ 和 $b$，以及 $\lambda_1[n]$ 和 $\lambda_2[n]$，$n\geqslant 0$。

2) 写出描述该因果系统的差分方程和非零起始条件。

**11.9** 某连续时间因果系统的状态方程和起始状态矢量分别为

$$\begin{bmatrix}\dot{\lambda}_1(t)\\ \dot{\lambda}_2(t)\end{bmatrix}=\begin{bmatrix}1 & -2\\ 1 & 4\end{bmatrix}\begin{bmatrix}\lambda_1(t)\\ \lambda_2(t)\end{bmatrix}\quad 和\quad \begin{bmatrix}\lambda_1(0_-)\\ \lambda_2(0_-)\end{bmatrix}=\begin{bmatrix}3\\ 2\end{bmatrix}$$

1) 试求其状态转移矩阵 $\boldsymbol{\phi}(t)$。　　2) 试确定 $\lambda_1(t)$ 和 $\lambda_2(t)$。

**11.10** 已知某连续时间因果 LTI 系统的状态转移矩阵 $\boldsymbol{\phi}(t)=\begin{bmatrix}\mathrm{e}^{-at} & t\mathrm{e}^{-at}\\ 0 & \mathrm{e}^{-at}\end{bmatrix}$，试求该系统的 $\boldsymbol{A}$ 矩阵。

**11.11** 已知某连续时间因果增量 LTI 系统在零输入条件下有如下信息：

$$当\ \boldsymbol{\lambda}(0_-)=\begin{bmatrix}1\\ -1\end{bmatrix}时，\boldsymbol{\lambda}(t)=\begin{bmatrix}\mathrm{e}^{-2t}\\ -\mathrm{e}^{-2t}\end{bmatrix}；\quad 而当\ \boldsymbol{\lambda}(0_-)=\begin{bmatrix}2\\ -1\end{bmatrix}时，\boldsymbol{\lambda}(t)=\begin{bmatrix}2\mathrm{e}^{-t}\\ -\mathrm{e}^{-t}\end{bmatrix}$$

试求：1) 该系统的状态转移矩阵 $\boldsymbol{\phi}(t)$。　　2) 确定相应的 $\boldsymbol{A}$ 矩阵。

**11.12** 已知两个连续时间因果 LTI 系统的状态变量描述分别为

$$\begin{cases}\dot{\boldsymbol{\lambda}}(t)=\boldsymbol{A}\boldsymbol{\lambda}(t)+\boldsymbol{B}x(t)\\ y(t)=\boldsymbol{C}\boldsymbol{\lambda}(t)\end{cases}\quad 和\quad \begin{cases}\dot{\boldsymbol{\gamma}}(t)=-\boldsymbol{A}^{\mathrm{T}}\boldsymbol{\gamma}(t)+\boldsymbol{C}^{\mathrm{T}}x(t)\\ y(t)=\boldsymbol{B}^{\mathrm{T}}\boldsymbol{\gamma}(t)\end{cases}$$

试证明：这两个系统的输出单位冲激响应的关系为 $h_1(t)=h_2(-t)$。

**11.13** 对于用状态变量描述的SISO系统或MIMO系统，都可以由状态方程或其 $\boldsymbol{A}$ 矩阵来判断系统的稳定性，本题讨论此问题，并得到判定的方法。已知连续时间和离散时间因果系统的状态方程分别为

$$\begin{cases}\dot{\lambda}_1(t)=\lambda_2(t)\\ \dot{\lambda}_2(t)=K\lambda_1(t)-2\lambda_2(t)+x(t)\end{cases}\quad 和\quad \begin{cases}\lambda_1[n+1]=\lambda_2[n]\\ \lambda_2[n+1]=K\lambda_1[n]-\lambda_2[n]+x[n]\end{cases}$$

1) 由这两个系统的 $\boldsymbol{A}$ 矩阵分别求得它们的状态矩阵 $\boldsymbol{\Phi}(s)$ 和 $\boldsymbol{\Phi}(z)$，并分别写出系统的特征方程。

2) 由特征多项式分别判定它们的稳定性，并分别确定使系统稳定的实数 $K$ 的范围。

**11.14** 已知下列两种状态方程、输出方程和起始状态矢量表示的连续时间因果线性系统：

1) $\begin{cases}\dot{\boldsymbol{\lambda}}(t)=\begin{bmatrix}-1 & 0\\ 0 & -2\end{bmatrix}\boldsymbol{\lambda}(t)+\begin{bmatrix}3/2\\ 1\end{bmatrix}x(t)\\ y(t)=\begin{bmatrix}1 & 2\end{bmatrix}\boldsymbol{\lambda}(t)\end{cases}$ 和 $\boldsymbol{\lambda}(0_-)=\begin{bmatrix}1\\ -1\end{bmatrix}$

2) $\begin{cases}\dot{\boldsymbol{\lambda}}(t)=\begin{bmatrix}1 & 2\\ 0 & -1\end{bmatrix}\boldsymbol{\lambda}(t)+\begin{bmatrix}0 & 1\\ 1 & 0\end{bmatrix}\boldsymbol{x}(t)\\ \boldsymbol{y}(t)=\begin{bmatrix}1 & 1\\ 0 & -1\end{bmatrix}\boldsymbol{\lambda}(t)+\begin{bmatrix}1 & 0\\ 0 & 1\end{bmatrix}\boldsymbol{x}(t)\end{cases}$ 和 $\boldsymbol{\lambda}(0_-)=\begin{bmatrix}0\\ 0\end{bmatrix}$

试求：a) 试画出用三种基本单元构成的系统方框图表示或信号流图表示。

b) 试求系统的系统函数或系统函数矩阵。 c) 试写出系统的微分方程表示。

**11.15** 对用第一种直接规划法获得 $N\times N$ 阶状态矩阵 $\boldsymbol{A}$ 的标准形式见(11.4.12)式，如果其 $N$ 个特征值各不相同，对角化矩阵为 $\boldsymbol{A}=\boldsymbol{PAP}^{-1}$=diag($a_1$, $a_2$, $a_3$ $\cdots$ $a_N$)。试证明其中的线性变换矩阵 $\boldsymbol{P}^{-1}$ 为

$$\boldsymbol{P}^{-1}=\begin{bmatrix}1 & 1 & 1 & \cdots & 1\\ a_1 & a_2 & a_3 & \cdots & a_N\\ a_1^2 & a_2^2 & a_3^2 & \cdots & a_N^2\\ \vdots & \vdots & \vdots & \cdots & \vdots\\ a_1^{N-1} & a_2^{N-1} & a_3^{N-1} & \cdots & a_N^{N-1}\end{bmatrix}$$

**11.16** 对于下列用微分方程或差分方程表示的因果 LTI 系统：

1) $y''(t)+3y'(t)+2y(t)=x'(t)+3x(t)$

2) $y'''(t)+4y''(t)+y'(t)-6y(t)=3x''(t)+5x'(t)+8x(t)$

3) $y[n]-0.5y[n-1]-y[n-2]+0.5y[n-3]=2x[n]+2x[n-1]+3x[n-2]$

试用两种不同方法编写系统的对角化 $\boldsymbol{A}$ 矩阵的状态变量描述，并比较其结果。第一种方法先以直接规划法编写其状态方程和输出方程，然后寻求其 $\boldsymbol{A}$ 矩阵的对角化变换矩阵 $\boldsymbol{P}^{-1}$，用状态矢量的线性变换，写出其对角化的状态变量描述；第二种方法是用并联规划法编写其状态并联描述。

**11.17** 已知某连续时间因果 LTI 系统的状态方程和输出方程分别为

$$\dot{\boldsymbol{\lambda}}(t)=\begin{bmatrix}-2 & 2 & 1\\ 0 & -2 & 0\\ 1 & -4 & 0\end{bmatrix}\boldsymbol{\lambda}(t)+\begin{bmatrix}0\\ 1\\ 1\end{bmatrix}x(t) \quad 和 \quad y(t)=\begin{bmatrix}1 & 0 & 0\end{bmatrix}\boldsymbol{\lambda}(t)$$

1) 试检查该系统的可控性和可观性。

2) 试求该系统的系统函数，并写出它的微分方程表示。

**11.18** 有两个既可控又可观的连续时间 SISO 因果 LTI 系统 S1 和 S2，它们 $\boldsymbol{A}$，$\boldsymbol{B}$，$\boldsymbol{C}$，$\boldsymbol{D}$ 矩阵分别为

$$\boldsymbol{A}_1=\begin{bmatrix}0 & 1\\ -3 & -4\end{bmatrix} \quad \boldsymbol{B}_1=\begin{bmatrix}0\\ 1\end{bmatrix} \quad \boldsymbol{C}_1=\begin{bmatrix}2 & 1\end{bmatrix} \quad \boldsymbol{D}_1=\begin{bmatrix}0\end{bmatrix}$$

和 $\boldsymbol{A}_2=\begin{bmatrix}-2\end{bmatrix}$ $\boldsymbol{B}_2=\begin{bmatrix}1\end{bmatrix}$ $\boldsymbol{C}_2=\begin{bmatrix}1\end{bmatrix}$ $\boldsymbol{D}_2=\begin{bmatrix}0\end{bmatrix}$

现分别考虑由这两个系统 S1 和 S2 级联和并联构成的系统。试求：

1) 级联和并联系统的状方程和输出方程。

2) 检查级联和并联系统的可控性和可观性。

3) 级联和并联系统的系统函数，并考察是否有零、极点相消现象。

**11.19** 有两个既可控又可观的连续时间 SISO 因果 LTI 系统 S1 和 S2，它们 $\boldsymbol{A}$，$\boldsymbol{B}$，$\boldsymbol{C}$，$\boldsymbol{D}$ 矩阵分别为

$$\boldsymbol{A}_1=\begin{bmatrix}0 & 1\\ 3 & -2\end{bmatrix} \quad \boldsymbol{B}_1=\begin{bmatrix}0\\ 1\end{bmatrix} \quad \boldsymbol{C}_1=\begin{bmatrix}8 & 4\end{bmatrix} \quad \boldsymbol{D}_1=\begin{bmatrix}0\end{bmatrix}$$

和　　$A_2 = [-2]$　　$B_2 = [1]$　　$C_2 = [1]$　　$D_2 = [0]$

现考虑用它们构成的反馈系统，如图 P11.19 所示。试求：

1) 分别求系统 $S_1$ 和 $S_2$ 的系统函数，并说明各自是否稳定？

2) 确定反馈系统的系统函数，并说明它是否稳定？

3) 写出反馈系统的状态并联描述。

4) 当反馈系统的输入 $x(t)=e^{-2t}u(t)$ 时，系统的输出 $y(t)$ 。

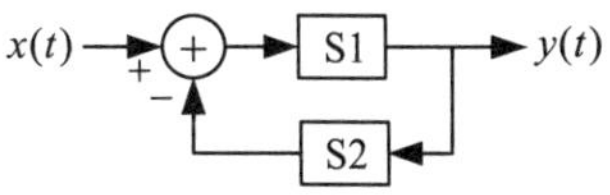


图 P11.19

**11.20** 已知连续时间因果 LTI 系统的状态方程和输出方程如下：

$$\dot{\boldsymbol{\lambda}}(t)=\begin{bmatrix}0 & 1\\ -2 & -3\end{bmatrix}\boldsymbol{\lambda}(t)+\begin{bmatrix}0\\ 1\end{bmatrix}x(t)\quad 和 \quad y(t)=\begin{bmatrix}c_1 & c_2\end{bmatrix}\boldsymbol{\lambda}(t)+[d]x(t)$$

其中，$c_1$，$c_2$ 和 $d$ 为待定常数，已知它的幅频响应 $|H(\omega)|$ 如图 P11.20 所示，其相频响应 $\varphi(\omega)\big|_{\omega=0}=0$ 。试确定 $c_1$， $c_2$ 和 $d$ 的值。

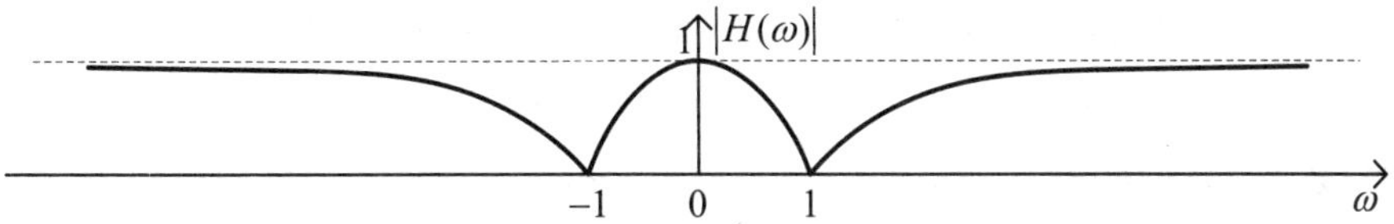


图 P11.20

# 参 考 文 献


[1] 徐守时. 信号与系统：理论、方法和应用[M]. 合肥：中国科学技术大学出版社，1999.

[2] Oppenheim A V, Willsky A S. Signals and Systems[M]. Englewood Cliffs，NJ: Prentice-Hall Inc., 1983.

[3] 郑君里，杨为理，应启珩. 信号与系统：上、下册[M]. 2 版. 北京：人民教育出版社，2000.

[4] 西蒙 • 赫金，等. 信号与系统[M]. 2 版. 林秩盛 林宁，等译. 西安：西安交通大学出版社，1997.

[5] A. V. 奥本海姆，等. 信号与系统[M]. 2 版. 刘树棠，译. 北京：电子工业出版社，2004.

[6] 程佩青. 数字信号处理教程[M]. 4 版. 北京：清华大学出版社，2013.

[7] 姚天任. 数字信号处理[M]. 北京：清华大学出版社，2011.

[8] 应启珩，冯一云，窦维蓓. 离散时间信号分析和处理[M]. 北京：清华大学出版社，2002.

[9] 王世一. 数字信号处理[M]. 北京：北京理工大学出版社，1997.

[10] 乐正友，杨为理，应启珩. 信号与系统例题分析及习题[M]. 北京：清华大学出版社，1985.

[11] 西安交通大学，南京工学院，清华大学. 信息与系统：上、下册[M]. 北京：国防工业出版社，1980.

[12] 常迥. 信号、电路、系统资料选编：I，系统基本概念、系统状态空间分析[M]. 北京：高等教育出版社，1985.

[13] Schwartz M, Bennett W R, Stein S. Communication Systems and Techniques[M]. McSraw-Hill Book Company, 1968.

[14] Humpherys D S. The Analysis, Design and Synthesis of Electrical Filters [M]. Prentice-Hall Inc., 1970.

[15] Mason S J. Feedback Theorys: Further Properies of Signal Flow Graphs [M]. Proc. IRE 44. 1956.

[16] Lim J S, Oppenheim A V. Advanced Topics in Signal Processing [M]. Prentice-Hall Inc., 1988.

[17] Crochiere R E, Rabiner L R. Multirate Digital signal Processing [M]. Englewood Cliffs, NJ: Prentice-Hall Inc. 1983.

[18] Vaidyanathan P P. Multirate Digital Filters, Filter Banks, Polyphase Networks and Appli-cations: A Tutorial [J]. Proceedings of The IEEE, 1990,78(1).

[19] Chen Tsuhan, Vaidyanathan P P. Recent Developments in Multidimensional Multirate Systems [J]. IEEE Trans. Circuts and systems for Video Technology, 1993,3(2).

[20] Mallat S. A Theory for Multiresolution signal Decomposition: The Wavelet Representation [J]. IEEE Trans, Patt. and Machine Intell., 1989,11(7).